CEM BILHÕES DE NEURÔNIOS?

CONCEITOS FUNDAMENTAIS DE NEUROCIÊNCIA

2ª Edição

Atualize-se!
VISITE A COLUNA BILHÕES DE NEURÔNIOS, PUBLICADA
NA ÚLTIMA SEXTA-FEIRA DO MÊS NA CIÊNCIA HOJE ON-LINE
http://www.cienciahoje.org.br/
colunas/bilhoes-de-neuronios

SAL
SERVIÇO DE ATENDIMENTO AO LEITOR
Tel.: 08000267753
www.atheneu.com.br
(21) 99165-6798
Facebook.com/editoraatheneu
Twitter.com/editoraatheneu
Youtube.com/atheneueditora

CEM BILHÕES DE NEURÔNIOS?

CONCEITOS FUNDAMENTAIS DE NEUROCIÊNCIA

2ª Edição

ROBERTO LENT

Professor Titular do Instituto de Ciências Biomédicas,
Universidade Federal do Rio de Janeiro

As figuras e ilustrações deste livro, em formato digital, encontram-se disponíveis para o leitor.
Para obtê-las contatar o Serviço de Atendimento ao Leitor, SAL.

EDITORA ATHENEU

São Paulo – Rua Jesuíno Pascoal, 30
Tels.: (11) 2858-8750
Fax: (11) 2858-8766
E-mail: atheneu@atheneu.com.br

Rio de Janeiro – Rua Bambina, 74
Tel.: (21) 3094-1295
Fax: (21) 3094-1284
E-mail: atheneu@atheneu.com.br

Belo Horizonte – Rua Domingos Vieira, 319 – Conj. 1.104

IMAGEM DA CAPA: Fascigrafia por ressonância magnética do corpo caloso de um indivíduo normal. Fernanda Tovar-Moll

ILUSTRAÇÃO DA CONTRA-CAPA: Flavio Dealmeida

CAPA: Paulo Verardo

PRODUÇÃO EDITORIAL/DIAGRAMAÇÃO: Fernando Palermo

ILUSTRAÇÃO: Simone Mendes e José Renato Gomes de Souza

Dados Internacionais de Catalogação na Publicação (CIP)
(Câmara Brasileira do Livro, SP, Brasil)

Lent, Roberto
Cem bilhões de neurônios? : conceitos fundamentais de neurociência / Roberto Lent. — 2. ed. — São Paulo: Editora Atheneu, 2010.

Vários colaboradores.
Bibliografia
ISBN 978-85-388-0102-3

1. Neurônios 2. Neurociências 3. Sistema nervoso I. Título.

CDD-612.8
10-00143 NLM-WL 100

Índices para catálogo sistemático:

1. Neurônios: Neurociências: Medicina 612.8

LENT, R.
Cem Bilhões de Neurônios? Conceitos Fundamentais de Neurociência – 2ª Edição

Para Cilene, minha luz

AGRADECIMENTOS

Ana Maria Blanco Martinez

Professora associada do Instituto de Ciências Biomédicas da Universidade Federal do Rio de Janeiro

Anna Carolina Fonseca

Aluna do Instituto de Ciências Biomédicas da Universidade Federal do Rio de Janeiro

Anna Letycia

Artista plástica

Antonio Carlos Campos de Carvalho

Professor titular do Instituto de Biofísica Carlos Chagas Filho da Universidade Federal do Rio de Janeiro

Antonio Henrique do Amaral

Artista plástico

Antonio Pereira Junior

Professor adjunto da Universidade Federal do Rio Grande do Norte

Bechara Kachar

Pesquisador chefe da Seção de Biologia Celular Estrutural do National Institute on Deafness and other Communication Disorders, EUA

Bettina Malnic

Professora associada do Departamento de Bioquímica do Instituto de Ciências Biomédicas da Universidade de São Paulo

Brian Wandell

Professor do Departamento de Psicologia da Universidade Stanford, EUA

Carla Dalmaz

Professora associada do Instituto de Ciências Básicas da Saúde da Universidade Federal do Rio Grande do Sul

Carlos Eduardo Rocha-Miranda

Professor aposentado do Instituto de Biofísica Carlos Chagas Filho, da Universidade Federal do Rio de Janeiro

Carlos Vergara

Artista plástico

Caulos

Artista plástico

Cilene Vieira Lent

Editora

Christopher Cohan

Professor da Universidade do Estado de Nova York, EUA

Claudia Domingues Vargas

Professora associada do Instituto de Biofísica Carlos Chagas Filho da Universidade Federal do Rio de Janeiro

Claudio Mello

Professor associado da Universidade Oregon de Ciência e Saúde, EUA

Cristina Maeda Takyia

Professora associada do Instituto de Ciências Biomédicas da Universidade Federal do Rio de Janeiro

Dania Emi Hamassaki

Professora titular do Instituto de Ciências Biomédicas da Universidade de São Paulo

Daniela Uziel

Professora adjunta do Instituto de Ciências Biomédicas da Universidade Federal do Rio de Janeiro

Dong-Jing Zou

Professor do Departamento de Ciências Biológicas da Universidade Columbia, EUA

Eliane Volchan

Professora associada do Instituto de Biofísica Carlos Chagas Filho da Universidade federal do Rio de Janeiro

Fernanda Guarino de Felice

Professora associada do Instituto de Bioquímica Médica da Universidade Federal do Rio de Janeiro

Fernanda Tovar Moll

Pesquisadora do Instituto D´Or de Pesquisa e Ensino

Flavia Carvalho Alcantara Gomes

Professora associada do Instituto de Ciências Biomédicas da Universidade Federal do Rio de Janeiro

Francisco Scliar

Representante do pintor Carlos Scliar

Francisco Silveira Guimarães

Professor titular do Departamento de Farmacologia da Universidade de São Paulo em Ribeirão Preto

Franz Kracjberg

Artista plástico

Gustavo Rosa

Artista plástico

Heidi Hofer

Professora do Centro para a Ciência Visual da Universidade de Rochester, EUA

Ivan Izquierdo

Professor titular da Pontifícia Universidade Católica do Rio Grande do Sul

Ivanei Bramati

Físico-médico do Instituto D´Or de Pesquisa e Ensino

Jackson Cioni Bittencourt

Professor titular do Departamento de Anatomia do Instituto de Ciências Biomédicas da Universidade de São Paulo

Jaime Araujo Vieira Neto

Médico da Rede Labs-D´Or Hospitais

Jan Nora Hokoç

Professora titular do Instituto de Biofísica Carlos Chagas Filho da Universidade Federal do Rio de Janeiro

Janaína Brusco

Faculdade de Medicina da Universidade de São Paulo em Ribeirão Preto

Jean-Christophe Houzel

Professor adjunto do Instituto de Ciências Biomédicas da Universidade Federal do Rio de Janeiro

John Morris

Pesquisador do Wellcome Department of Cognitive Neurology, Londres, Inglaterra

Jorge E. Moreira

Professor associado do Departamento de Morfologia e Biologia Celular da Faculdade de Medicina de Ribeirão Preto da Universidade de São Paulo

Jorge Marcondes

Professor associado do Departamento de Clínica Cirúrgica da Faculdade de Medicina da Universidade Federal do Rio de Janeiro

JORGE MOLL NETO

Pesquisador do Instituto D´Or de Pesquisa e Ensino

JOSÉ CIPOLLA NETO

Professor titular do Departamento de Fisiologia do Instituto de Ciências Biomédicas da Universidade de São Paulo

JOSÉ RENATO GOMES DE SOUZA

Ilustrador

JULIANA SOARES

Professora adjunta do Instituto de Biofísica Carlos Chagas Filho da Universidade Federal do Rio de Janeiro

LEDA CATUNDA

Artista plástica

LEILA CHIMELLI

Professora titular do Departamento de Anatomia Patológica da Faculdade de Medicina da Universidade Federal do Rio de Janeiro

LEONARDO FUKS

Professor da Escola de Música da Universidade Federal do Rio de Janeiro

LUCIANA NOGAROLI

Aluna de Doutorado do Programa de Ciências Morfológicas do Instituto de Ciências Biomédicas da Universidade Federal do Rio de Janeiro

LUCIANA ROMÃO

Professora adjunta do Campus de Macaé da Universidade Federal do Rio de Janeiro

LUIZ CARLOS DE LIMA SILVEIRA

Professor associado do Departamento de Fisiologia do Centro de Ciências Biológicas da Universidade Federal do Pará

MARCELO FELIPE SANTIAGO

Professor adjunto do Instituto de Biofísica Carlos Chagas Filho da Universidade Federal do Rio de Janeiro

MARCO ROCHA CURADO

Aluno de Mestrado do Programa de Ciências Morfológicas do Instituto de Ciências Biomédicas da Universidade Federal do Rio de Janeiro

MARCUS VINICIUS BALDO

Professor associado do Instituto de Ciências Biomédicas da Universidade de São Paulo

MARILIA ZALUAR GUIMARÃES

Professora adjunta do Instituto de Ciências Biomédicas da Universidade Federal do Rio de Janeiro

MARIZ VAINZOF

Professora associada do Instituto de Biociências da Universidade de São Paulo

MARTÍN CAMMAROTA

Professor adjunto da Faculdade de Medicina e do Instituto de Pesquisas Biomédicas da Pontifícia Universidade Católica do Rio Grande do Sul

MAURO SOLA-PENNA

Professor associado da Faculdade de Farmácia da Universidade Federal do Rio de Janeiro

MILTON M.B. COSTA

Professor titular do Instituto de Ciências Biomédicas da Universidade Federal do Rio de Janeiro

MIRIAM STRUCHINER

Professora associada do Núcleo de Tecnologia Educacional da Universidade Federal do Rio de Janeiro

MONICA ROCHA

Professora associada do Instituto de Ciências Biomédicas da Universidade Federal do Rio de Janeiro

NEWTON CANTERAS

Professor titular do Departamento de Anatomia do Instituto de Ciências Biomédicas da Universidade de São Paulo

Patricia Gardino

Professora associada do Instituto de Biofísica Carlos Chagas Filho da Universidade Federal do Rio de Janeiro

Paulo Sergio Lacerda Beirão

Professor titular do Instituto de Ciências Biológicas da Universidade Federal de Minas Gerais

Peter Somogyi

Pesquisador da Unidade de Neurofarmacologia Anatômica do Conselho Médico de Pesquisa, Inglaterra

Ricardo Gattass

Professor titular do Instituto de Biofísica Carlos Chagas Filho da Universidade Federal do Rio de Janeiro

Ricardo de Oliveira Souza

Professor associado da Escola de Medicina e Cirurgia da Universidade Federal do Estado do Rio de Janeiro

Roberto Paes de Carvalho

Professor associado do Instituto de Biologia da Universidade Federal Fluminense

Rubens Gerchman

Artista plástico

Sérgio Teixeira Ferreira

Professor titular do Instituto de Bioquímica Médica da Universidade Federal do Rio de Janeiro

Sheila Nascimento Silva

Professora adjunta do Instituto de Ciências Biomédicas da Universidade Federal do Rio de Janeiro

Sidarta Ribeiro

Professor titular da Universidade Federal do Rio Grande do Norte e Pesquisador do Instituto de Neurociências de Natal Edmond e Lily Safra

Simone Mendes

Ilustradora

Siron Franco

Artista plástico

Stevens Kastrup Rehen

Professor associado do Instituto de Ciências Biomédicas da Universidade Federal do Rio de Janeiro

Suzana Herculano-Houzel

Professora adjunta do Instituto de Ciências Biomédicas da Universidade Federal do Rio de Janeiro

Tania Salvini

Professora associada da Universidade Federal de São Carlos

Vidar Gundersen

Professor do Departamento de Anatomia da Universidade de Oslo, Noruega

Vivaldo Moura-Neto

Professor titular do Instituto de Ciências Biomédicas da Universidade Federal do Rio de Janeiro

Vladimir Lazarev

Pesquisador do Instituto Fernandes Figueira da Fundação Oswaldo Cruz.

PREFÁCIO DA SEGUNDA EDIÇÃO

Fui incumbido da muito agradável tarefa de escrever um prefácio para a nova edição de meu livro-texto de Neurociência predileto: a obra de Roberto Lent, "Cem Bilhões de Neurônios?". Esta nova edição cumpre algo que acho uma verdadeira façanha: melhora um livro-texto que já era excelente. O Professor Roberto Lent, um dos mais destacados neurocientistas do Brasil, incorporou novos achados próprios e da literatura universal, acrescentou mais e melhores quadros aos que já tinha, reescreveu numerosos trechos, e consolidou esta obra como o que eu julgo ser o melhor texto de Neurociência existente.

Está redigido num estilo claro, preciso, fácil e acessível, seguramente oriundo da longa e fértil experiência do autor e seus colaboradores na divulgação da ciência, e em particular da Neurociência; tarefa na que têm sido incansáveis e enormemente efetivos. As figuras, que são de grande qualidade, superam as das edições anteriores e são de alto valor didático. O livro está redigido e construído de maneira que possa ser de utilidade a alunos e professores de diversos níveis (graduação, pós-graduação) de uma variedade de cursos (medicina, biologia, biomedicina, psicologia, veterinária, bioquímica, enfermagem), e de diversas disciplinas (neurociência, fisiologia, farmacologia, anatomia, bioquímica, biologia celular, neurologia, psiquiatria, etc.).

Estão de parabéns o Prof. Roberto Lent e seus colaboradores, e, mais ainda, os leitores da nova edição deste magnífico livro. Estes terão o prazer de viajar da maneira mais agradável e instrutiva possível pelo mundo da Neurociência moderna, guiados pela mão segura e amistosa de alguém que a conhece como poucos. Desejo, assim, aos leitores desta obra uma boa viagem por este maravilhoso mundo. Certamente, entre estes felizes viageiros estarão meus alunos de graduação e pós-graduação.

Porto Alegre, setembro de 2009

Ivan Izquierdo

Neurocientista, membro da Diretoria da Academia Brasileira de Ciências;
Foreign Associate, National Academy of Sciences, USA;
Membro da Academia de Ciencias Médicas da Argentina

APRESENTAÇÃO DA SEGUNDA EDIÇÃO

A Neurociência é uma das disciplinas mais dinâmicas e revolucionárias destas primeiras décadas do século 21. Novas informações, ideias, conceitos e tecnologias se sucedem vertiginosamente a cada dia, tornando os livros rapidamente obsoletos ou incompletos. Quem escreve nestas condições, arrisca-se a ver o produto de seu trabalho ser superado em pouquíssimo tempo pela contribuição de outros autores.

Maior exemplo disso é a história deste livro, bem simbolizada por seu título. Escolhi, já na primeira edição, um título eufônico e menos sisudo que os títulos usuais em livros científicos: Cem Bilhões de Neurônios. Entre essa primeira edição, lançada em 2000, e uma versão revista e ampliada publicada em 2002, Suzana Herculano-Houzel e eu iniciamos um projeto de pesquisa destinado a questionar o próprio título que eu havia escolhido. Quem diz que o cérebro humano tem de fato cem bilhões de células nervosas? Dessa pergunta surgiu uma técnica original inventada por Suzana, capaz de determinar com precisão a composição celular do cérebro e de regiões cerebrais mais restritas. A técnica do fracionador isotrópico, como a denominamos, foi então validada no rato, e utilizada para contar neurônios e células gliais de roedores, insetívoros e primatas, inclusive os seres humanos. Pudemos, com ela, abordar diversos dogmas da neurociência, e contribuir para revertê-los ou ajustá-los a dados mais precisos.

No caso do cérebro humano, estudamos um pequeno grupo de indivíduos do sexo masculino e idade entre 50 e 70 anos, e encontramos uma média de 86 bilhões de neurônios e um número equivalente de células gliais. E agora? O que fazer com o título do livro? Ainda não temos certeza da generalidade do número que encontramos. Será que as mulheres têm igual número? E o que dizer de indivíduos mais jovens e mais velhos que a faixa que estudamos? Estamos abordando essas questões ativamente, e talvez na terceira edição já possamos confirmar ou negar a cifra que é título do livro. Por enquanto, a alternativa que me pareceu mais válida foi assumir a incerteza e adicionar um ponto de interrogação ao título. Por isso, o livro se chama agora Cem Bilhões de Neurônios?, com ponto de interrogação.

Esta nova edição foi totalmente reescrita e atualizada, com novas figuras e outras redesenhadas. Encartado no meio, o leitor pode encontrar um mini-atlas de Neuroanatomia, cujas estruturas são indicadas ao longo do texto para melhor identificação. Novos quadros foram escritos por um time de jovens neurocientistas brasileiros, a bibliografia ao final de cada capítulo foi atualizada. Além disso, disponibilizamos as figuras e ilustrações em formato digital para que os interessados possam utilizá-las livremente em aulas, seminários e conferências.*

** Contatar o Serviço de Atendimento ao Leitor da Editora Atheneu*

Minha expectativa é que o leitor interessado nas coisas do cérebro e da mente encontre neste novo Cem Bilhões de Neurônios? uma fonte de informações fidedigna, fácil de ler e entender, e quem sabe, divertida. Além disso, minha coluna mensal na revista eletrônica Ciência Hoje On Line (http://www.cienciahoje.org.br/colunas/bilhoes-de-neuronios) poderá servir como fonte de atualização permanente.

Verão de 2010
Roberto Lent

APRESENTAÇÃO DA PRIMEIRA EDIÇÃO – REVISTA E ATUALIZADA

A primeira edição destes Conceitos Fundamentais de Neurociência *foi publicada no início de 2002, e felizmente foi bem recebida por meus colegas, pelos alunos e pelo público em geral. Recebi comentários, críticas e sugestões, e pude agora incorporá-los a esta edição revista e atualizada que a Editora Atheneu traz a público. O texto foi inteiramente revisto, várias figuras foram modificadas para se tornarem mais claras, e a bibliografia sugerida ao final de cada capítulo foi ampliada com referências mais recentes. Penso que o livro se tornou agora mais "redondo", e espero que possa continuar a ser útil a todos os que se interessam pelo Sistema Nervoso por curiosidade ou obrigação profissional.*

Mas vejam como são as coisas da Ciência, como é realmente vertiginoso e apaixonante o ritmo de aquisição de novos conhecimentos que a prática científica propicia, e como são surpreendentes os caminhos a que ela nos conduz. Logo após a publicação do livro, minha colega Suzana Herculano-Houzel, com seu agudo espírito crítico, interessou-se em investigar a origem desse número tão eufônico que a literatura científica consagrou, e que sintetiza tão bem a complexidade do cérebro humano: Cem Bilhões de Neurônios. *De que modo se obteve esse dado? Como se pôde contar o número de neurônios do cérebro? Haveria variações entre indivíduos? Entre homens e mulheres? Suzana foi às fontes, pesquisou artigos originais de anos atrás, outros mais recentes, e qual não foi a nossa surpresa quando constatamos que, embora todos os textos admitissem que esse era o número absoluto de neurônios do cérebro humano, não apresentavam evidência segura dele, simplesmente porque a técnica que utilizavam de quantificação por amostragem era altamente imperfeita quando aplicada ao mais complexo dos órgãos, no qual cada milímetro cúbico se apresenta extremamente heterogêneo e diverso. Assim, a estimativa prevalente – cem bilhões de neurônios – era baseada em técnica imprecisa, e era bem possível que não estivesse correta! Determinada a encontrar uma resposta a essa questão, Suzana propôs um método novo, original e preciso, para medir de maneira confiável o número de células cerebrais. Decidimos, então, constituir uma equipe de pesquisa no Departamento de Anatomia da UFRJ, com o objetivo de testar a técnica em animais de laboratório, e partir para a contagem do cérebro humano.*

Neste momento em que escrevo, o trabalho já vai a meio. A nova técnica de contagem mostrou-se confiável, e os dados preliminares nos trouxeram uma grande surpresa: o número de neurônios cerebrais é bem maior do que se supunha, nos animais e no homem. No homem, ao que parece só o cerebelo apresenta quase todos os cem bilhões de neurônios que a literatura científica atribui ao cérebro todo!

Os próximos meses nos trarão a resposta segura a esse problema. Suspeito, entretanto, que a próxima edição deste livro já não poderá envergar mais o eufônico título Cem Bilhões de Neurônios...

Primavera de 2003
Roberto Lent

PREFÁCIO DA PRIMEIRA EDIÇÃO

Dentro das Ciências Biomédicas, o termo Neurociência é relativamente recente. O seu emprego atual, adotado neste livro, corresponde à necessidade de integrar as contribuições das diversas áreas da pesquisa científica e das ciências clínicas para a compreensão do funcionamento do sistema nervoso. Os atuais estudiosos do seu órgão máximo, o cérebro, por exemplo, sabem que para compreendê-lo há que derrubar as barreiras das disciplinas tradicionais, a neuroanatomia, a neurofisiologia, a neurologia, a psicologia, para mencionar apenas algumas das divisões que foram sendo criadas, em grande parte, para caracterizar os métodos de estudo. Essa tendência fica muito evidente nas obras científicas recentes, que tratam das funções mais complexas desse órgão, como as emoções e a consciência, nas quais seus autores sentem a necessidade de apoiar os principais conceitos em evidências provenientes de diversas áreas. Com esse mesmo espírito, o Professor Roberto Lent adotou o conceito de Neurociência para este livro-texto, Cem Bilhões de Neurônios, dirigido ao aprendizado do sistema nervoso em nível de graduação. No conteúdo de seus capítulos, o leitor irá verificar a preocupação que o autor teve para com a aplicação do princípio da multidisciplinaridade do tema, entendendo-se como tal não a mera descrição de informações provenientes de diversas disciplinas, mas a cuidadosa tessitura de dados que se inter-relacionam para permitir que o conhecimento brote.

Outra originalidade desta obra, que merece ser destacada, tem suas prováveis raízes nas atividades de divulgação de ciência da carreira do autor. Ao longo do texto, à guisa de uma pausa para permitir a consolidação do aprendizado, há breve textos (Quadros) referentes ao que acabou de ser exposto, numa linguagem menos técnica, mais de divulgação. Essas pausas são de grande valor para encorajar o leigo a conquistar algum conhecimento do tema, que, por mais complexo que seja, sempre pode ser reduzido à sua expressão mais simples. Corroborando esse mesmo sentido está o valor estético e didático das ilustrações, que colaboram para tornar a leitura de um livro-texto uma experiência prazerosa.

Ao descrever o plano geral desta obra, por ocasião da solicitação de apoio à Academia Brasileira de Ciências, o Professor Lent havia pretendido incluir, acompanhando o texto, dispositivos muito originais para contornar alguns dos problemas comuns a todos os livros didáticos, tais como a diversidade de formação dos diferentes leitores, as distintas motivações dos que buscam o aprendizado e a curta sobrevida dos conceitos mais sagrados. Para tanto, pretendia apoiar-se no instrumental da informática, com a produção de um CD-ROM que permitisse direcionar o estudo de problemas elaborados para cada uma das profissões

Biomédicas e a criação de um site com informações que manteriam o texto atualizado. Entendo que há planos para a continuação do projeto, encerrada a etapa de lançamento, o que é algo a desejar para um futuro próximo, tendo em vista o potencial didático desses procedimentos para o aprendizado da matéria. Contudo, é importante assinalar que já a presente etapa se constitui numa obra completa e pioneira no ensino da Neurociência neste País.

Carlos Eduardo Rocha-Miranda

Neurocientista, Vice-presidente da Academia Brasileira de Ciências

SUMÁRIO

PARTE 1 – NEUROCIÊNCIA CELULAR

PARTE 2 – NEUROCIÊNCIA SENSORIAL

PARTE 5 – NEUROCIÊNCIA DAS FUNÇÕES MENTAIS

SUMÁRIO DOS QUADROS

PARTE 1

NEUROCIÊNCIA CELULAR

1

Primeiros Conceitos da Neurociência

Uma Apresentação do Sistema Nervoso

Figura de Milton Dacosta (1954), óleo sobre tela

Saber o Principal

Resumo

Sistema nervoso central e sistema nervoso periférico são as duas principais divisões do sistema nervoso. O primeiro reúne as estruturas situadas dentro do crânio e da coluna vertebral, enquanto o segundo reúne as estruturas distribuídas pelo organismo. Ambos são constituídos de dois tipos celulares principais: neurônios e gliócitos.

O neurônio é a principal unidade sinalizadora do sistema nervoso e exerce as suas funções com a participação dos gliócitos. É uma célula cuja morfologia está adaptada para as funções de transmissão e processamento de sinais: tem muitos prolongamentos próximos ao corpo celular (os dendritos), que funcionam como antenas para os sinais de outros neurônios, e um prolongamento longo que leva as mensagens do neurônio para sítios distantes (o axônio).

Os neurônios comunicam-se através de estruturas chamadas sinapses, que consistem cada uma delas em uma zona de contato entre dois neurônios, ou entre um neurônio e uma célula muscular. A sinapse é o *chip* do sistema nervoso; é capaz não só de transmitir mensagens entre duas células, mas também de bloqueá-las ou modificá-las inteiramente: realiza um verdadeiro processamento de informação.

O impulso nervoso é o principal sinal de comunicação do neurônio, um pulso elétrico gerado pela membrana, rápido e invariável, que se propaga com enorme velocidade ao longo do axônio. Ao chegar à extremidade do axônio, o impulso nervoso provoca a emissão de uma mensagem química que leva a informação – intacta ou modificada – para a célula seguinte.

Neuroglia é o conjunto de células não neuronais, os gliócitos, tão numerosos quanto os neurônios no cérebro como um todo, e que desempenham funções de infraestrutura, mas também de processamento de informação: nutrem, dão sustentação mecânica, controlam o metabolismo dos neurônios, ajudam a construir o tecido nervoso durante o desenvolvimento, funcionam como células imunitárias, e de certo modo regulam a transmissão sináptica entre os neurônios.

No sistema nervoso, os neurônios são agrupados em grandes conjuntos com identidade funcional. Isso faz com que as diferentes funções sejam localizadas em regiões restritas, embora haja uma enorme conectividade e interação entre elas. Cada região faz a sua parte, contribuindo para a integração funcional do conjunto. Quando conversamos com alguém, ao mesmo tempo o vemos (visão), falamos (linguagem), conservamos a postura (motricidade), temos emoções e memórias etc. Cada uma dessas funções é executada por uma parte do sistema nervoso, mas todas as partes operam coordenadamente. Essa é a teoria da localização de funções no sistema nervoso.

HÁ VÁRIAS MANEIRAS DE VER O CÉREBRO

Há muitas maneiras de ver o cérebro, como há muitas maneiras de ver o mundo. Um astrônomo, por exemplo, pensa na Terra como uma esfera azulada que se move em torno de seu próprio eixo e em torno do Sol. A Terra inteira é parte de um gigantesco conjunto de objetos semelhantes espalhados pelo cosmos. O modo de ver de um geólogo é diferente: ele vê a Terra como uma esfera mineral, constituída por diversas camadas de matéria sobrepostas umas às outras e dotadas de um lento mas constante movimento tangencial. Já o biólogo pensa apenas na camada mais externa da Terra, aquela que aloja os milhões de formas vivas vegetais e animais existentes em nosso planeta. Um modo de ver não é menos verdadeiro que o outro. Cada um privilegia a sua abordagem, mas é preciso reconhecer que a Terra existe igualmente como planeta, objeto mineral e macroecossistema. E de inúmeros outros modos.

Também o sistema nervoso, e o cérebro em particular, podem ser estudados de várias maneiras, todas verdadeiras e igualmente importantes (Quadro 1.1). Podemos encará-lo como um objeto desconhecido, mas capaz de produzir comportamento e consciência, e assim nos dedicar a estudar apenas essas propriedades (ditas "emergentes") do sistema nervoso. É o modo de ver dos psicólogos. Podemos também vê-lo como um conjunto de células que se tocam através de finos prolongamentos, formando trilhões de complexos circuitos intercomunicantes. É a visão dos neurobiólogos celulares. Alternativamente, podemos pensar apenas nos sinais elétricos produzidos pelos neurônios como elementos de comunicação, como fazem os eletrofisiologistas. Ou então nas reações químicas que ocorrem entre as moléculas existentes dentro e fora das células nervosas, como fazem os neuroquímicos. E assim por diante. Como se vê, são muitos os modos (chamados *níveis*) de existência do sistema nervoso, abordados especificamente pelos diferentes especialistas. E seriam ainda muitos mais, se considerássemos os pontos de vista não científicos.

Os estudiosos sempre discutiram muito acerca desses níveis de existência do sistema nervoso, quase sempre acreditando na prevalência de um deles em detrimento dos demais. O mais comum era acreditar que os fenômenos de cada nível poderiam ser mais bem explicados pelo nível inferior: os fenômenos psicológicos seriam, assim, reduzidos a suas manifestações fisiológicas, os fenômenos fisiológicos reduzidos a suas manifestações celulares, e os fenômenos celulares a suas manifestações moleculares. Tudo, então, se resumiria às interações entre as moléculas componentes do sistema nervoso. Uma frase típica dessa abordagem é: "a consciência é uma propriedade das moléculas do cérebro". Hoje está claro que esta atitude reducionista não é uma boa explicação, embora possa ser um bom método de estudo. Os níveis de existência do sistema nervoso não são, uns, "consequências" dos outros; coexistem simultaneamente, em paralelo.

Neste capítulo introdutório, faremos um "sobrevoo" por esses vários níveis. Isso significa que eles serão considerados de um modo muito geral, apenas para os apresentar. Em cada capítulo subsequente, o tema específico será abordado também levando em conta esses níveis, mas com maior profundidade. O objetivo agora é uma primeira apresentação do nosso objeto de estudo – o sistema nervoso – desde a sua estrutura macroscópica (o nível anatômico), a organização microscópica (o nível histológico), até a forma dos seus constituintes unitários, as células e as organelas subcelulares (o nível celular). Você verá como esses níveis se sobrepõem amplamente, o que torna obrigatório levar em conta todos eles (ou muitos deles) para formar uma ideia realista do funcionamento do cérebro. Depois disso, seremos apresentados também às funções neurais mais abstratas e caracteristicamente humanas, como a memória, a linguagem e a percepção (o nível psicológico), outras mais concretas e mais frequentes entre os animais, como a motricidade e as sensações (o nível fisiológico), e ainda outras típicas das células e suas interações moleculares (o nível bioquímico, ou microfisiológico). Neste capítulo, como ao longo do livro inteiro, a ideia será sempre analisar o sistema nervoso sob diferentes ângulos, como ele realmente existe nos animais e no homem.

O SISTEMA NERVOSO VISTO A OLHO NU

Se você examinar pela primeira vez o sistema nervoso de um vertebrado, logo concluirá que ele tem partes situadas dentro do crânio e da coluna vertebral, e outras distribuídas por todo o organismo (Figura 1.1). As primeiras recebem o nome coletivo de sistema nervoso central (SNC), e as últimas, de sistema nervoso periférico (SNP). É no sistema nervoso central que está a grande maioria das células nervosas, seus prolongamentos e os contatos que fazem entre si. No sistema nervoso periférico ficam relativamente poucas células, mas um grande número de prolongamentos chamados fibras nervosas, agrupados em filetes alongados chamados nervos[G].

[G] *Termo constante do glossário ao final do capítulo.*

Quadro 1.1
Neurociências, Neurocientistas

O que chamamos simplificadamente Neurociência é na verdade Neurociências. No plural. Se é assim, quais são elas? E quem são os profissionais que lidam com elas?

Há muitos modos de classificá-las, de acordo com os níveis de abordagem que mencionamos no início do capítulo. Um modo simples, mas esquemático, seria considerar cinco grandes disciplinas neurocientíficas. A *Neurociência molecular* tem como objeto de estudo as diversas moléculas de importância funcional no sistema nervoso, e suas interações. Pode ser também chamada de Neuroquímica ou Neurobiologia molecular. A *Neurociência celular* aborda as células que formam o sistema nervoso, sua estrutura e sua função. Pode ser chamada também de Neurocitologia ou Neurobiologia celular. A *Neurociência sistêmica* considera populações de células nervosas situadas em diversas regiões do sistema nervoso, que constituem sistemas funcionais como o visual, o auditivo, o motor etc. Quando apresenta uma abordagem mais morfológica é chamada Neuro-histologia ou Neuroanatomia, e quando lida com aspectos funcionais é chamada Neurofisiologia. A *Neurociência comportamental* dedica-se a estudar as estruturas neurais que produzem comportamentos e outros fenômenos psicológicos como o sono, os comportamentos sexuais, emocionais, e muitos outros. É às vezes conhecida também como Psicofisiologia ou Psicobiologia. Finalmente, a *Neurociência cognitiva* trata das capacidades mentais mais complexas, geralmente típicas do homem, como a linguagem, a autoconsciência, a memória etc. Pode ser também chamada de Neuropsicologia. É claro que os limites entre essas disciplinas não são nítidos, o que nos obriga a saltar de um nível a outro, ou seja, de uma disciplina a outra, sempre que tentamos compreender o funcionamento do sistema nervoso.

Os profissionais que lidam com o sistema nervoso são de dois tipos: os neurocientistas, cuja atividade é a pesquisa científica em Neurociência; e os profissionais de saúde, cujo objetivo é preservar e restaurar o desempenho funcional do sistema nervoso. Os neurocientistas geralmente estudam em alguma faculdade de biologia, ciências biomédicas ou ciências da saúde, depois cursam um programa de pós-graduação já voltado especificamente para o sistema nervoso, e finalmente são admitidos como professores universitários ou pesquisadores de instituições científicas não universitárias. Seu trabalho é financiado por recursos governamentais ou privados, e os resultados que obtêm são publicados em revistas científicas especializadas. Você conhecerá alguns deles ao longo deste livro. Já os profissionais de saúde incluem médicos (especialmente os neurologistas, neurocirurgiões e psiquiatras), psicólogos, fisioterapeutas, fonoaudiólogos, enfermeiros etc. Sua formação passa pelas faculdades correspondentes, e às vezes inclui alguns anos de residência ou especialização. Alguns desses profissionais se voltam também para a pesquisa científica básica ou clínica.

Recentemente, outros profissionais têm-se interessado pelo sistema nervoso; é o caso dos engenheiros, especialmente aqueles voltados para a informática. Isso porque os computadores e alguns robôs mais modernos têm a arquitetura projetada de acordo com os conceitos originados das Neurociências. Também os artistas gráficos e programadores visuais têm-se aproximado das Neurociências, pois necessitam dominar conceitos modernos sobre a percepção visual das cores, do movimento etc. Da mesma forma, os educadores e pedagogos estão interessados em saber como o sistema nervoso exerce a capacidade de selecionar e armazenar informações, atributo importante dos processos de aprendizagem.

Tanto na pesquisa científica como nas profissões da saúde, o trabalho se beneficia muito da interação multidisciplinar, envolvendo várias das disciplinas citadas. Na verdade, a multidisciplinaridade torna-se cada vez mais indispensável, pois o sistema nervoso tem vários níveis de existência, como já vimos, e compreendê-lo exige múltiplas abordagens. É por isso que as equipes de saúde dos hospitais são geralmente multiespecializadas, e é por isso também que os trabalhos científicos modernos em Neurociência envolvem a colaboração de diferentes especialistas.

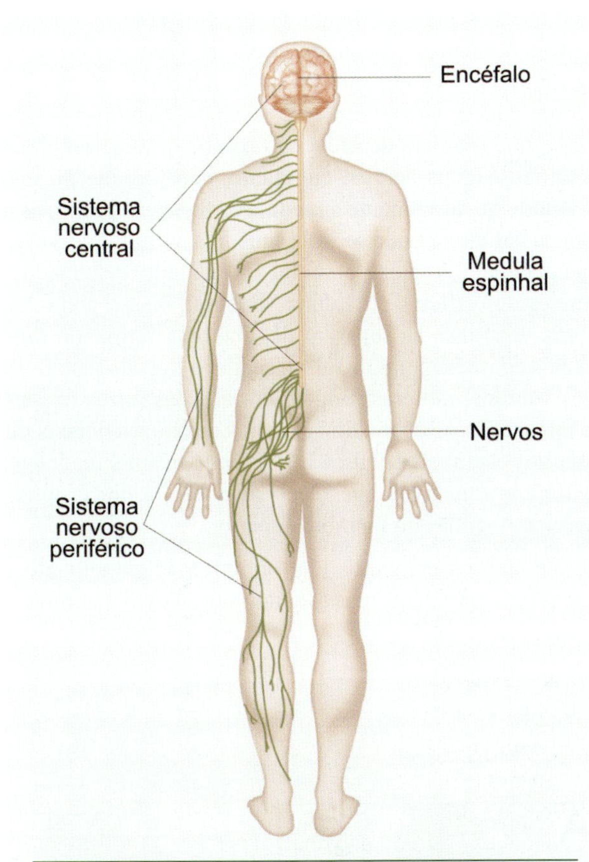

Figura 1.1. *O sistema nervoso central do homem aloja a imensa maioria dos neurônios, e está contido no interior da caixa craniana[A] (o encéfalo) e da coluna vertebral (a medula espinhal[A]). Já o sistema nervoso periférico é constituído de uma menor proporção de neurônios, mas apresenta uma extensa rede de fibras nervosas espalhadas por quase todos os órgãos e tecidos do organismo. No desenho, apenas a metade esquerda foi representada.*

O SISTEMA NERVOSO PERIFÉRICO

Os nervos, principais componentes do sistema nervoso periférico, podem ser encontrados em quase todas as partes do corpo. Seguindo o trajeto de um nervo qualquer, percebe-se que uma extremidade termina em um determinado órgão, enquanto a extremidade oposta se insere no sistema nervoso central através de orifícios no crânio e na coluna vertebral. Essa constatação permite supor – como fizeram os primeiros anatomistas – que os nervos são "cabos de conexão" entre o sistema nervoso central e os órgãos. No início pensou-se – erradamente – que a mensagem nervosa era transmitida pelo fluxo de um líquido no interior dos nervos. Depois se esclareceu que a mensagem consistia em impulsos elétricos conduzidos ao longo dos nervos. Em seu trajeto, alguns filetes nervosos se separam do nervo, outros se juntam a ele. Isso ocorre não porque as fibras nervosas individuais se ramifiquem ao longo do nervo, mas porque grupos delas saem ou entram no tronco principal[1]. Geralmente, perto do sistema nervoso central os nervos são mais calibrosos, pois contêm maior número de fibras. Próximo aos locais de terminação nos órgãos, como muitos filetes vão se separando no caminho, eles ficam mais finos. Nesse ponto é que as fibras nervosas individuais se ramificam profusamente, até que cada ramo termina em estruturas microscópicas especializadas.

Nem só de nervos é formado o sistema nervoso periférico. Existem células nervosas agrupadas em *gânglios*[G] situados nas proximidades do sistema nervoso central (Figura 1.2), ou próximo e até mesmo dentro das paredes das vísceras. Muitas fibras nervosas que constituem os nervos têm sua origem em neurônios ganglionares. Outras fibras têm origem em células nervosas situadas dentro do sistema nervoso central.

A organização morfológica do SNP é bastante complexa e característica de cada espécie. Em cada animal, são centenas de filetes nervosos com origens, trajetos e locais de terminação próprios, cada um deles com nomes específicos para sua identificação. O estudo minucioso da morfologia dos nervos e dos gânglios é relevante para os profissionais de saúde das diferentes especialidades. Os cirurgiões gerais e os fisioterapeutas precisam conhecer detalhes dos trajetos dos nervos e da localização dos gânglios em todo o corpo humano. Os dentistas e os fonoaudiólogos concentram-se na cabeça e no pescoço. O estudo topográfico da anatomia dos nervos e gânglios não é objeto deste capítulo. O fundamental aqui é compreender os grandes conceitos estruturais do sistema nervoso periférico. Maiores detalhes se encontram nos capítulos subsequentes.

Esquematicamente, os nervos se dividem em *espinhais*, quando se unem ao SNC através de orifícios na coluna vertebral (Figura 1.2), e *cranianos*, quando o fazem através de orifícios existentes no crânio. As duas classes podem veicular informações sensitivas ou motoras, somáticas ou viscerais. Muitos nervos são mistos, isto é, carreiam mais de um desses tipos funcionais de informação. Como os nervos são formados por fibras, e estas são, na verdade, prolongamentos de neurônios, é fundamental conhecer a localização dos corpos celulares destes. As fibras dos nervos espinhais podem ter sua origem em neurônios situados dentro da medula, ou então em gânglios distribuídos fora dela, perto da coluna vertebral. No caso das fibras dos

[A] *Estrutura encontrada no* Miniatlas de Neuroanatomia *(p. 367).*

[1] *Embora não se ramifiquem durante o trajeto no interior dos nervos, as fibras nervosas podem-se ramificar – às vezes bastante – quando atingem os seus alvos na pele, nos órgãos e dentro do cérebro.*

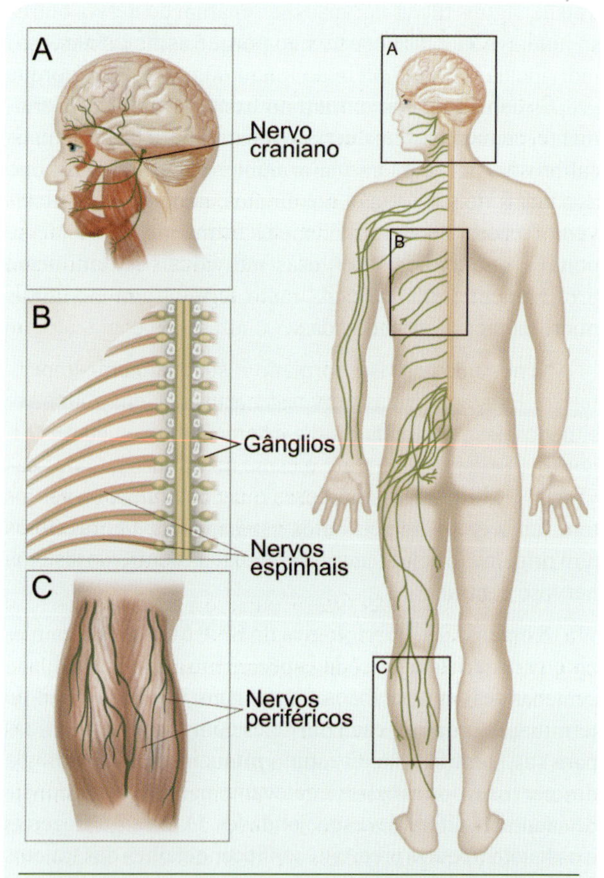

Figura 1.2. *Os nervos do sistema nervoso periférico podem emergir diretamente do encéfalo (nervos cranianos, exemplificados em **A**), inervando órgãos e tecidos da cabeça. Ou então emergem de cada segmento da medula (nervos espinhais, exemplificados em **B**), formando os nervos periféricos que se espalham por todo o corpo (**C**).*

nervos cranianos[A], a organização é semelhante, só que os neurônios estão situados em núcleos[G] do encéfalo ou em gânglios situados fora dele, nas proximidades do crânio.

De onde vêm, por onde passam e onde terminam os nervos espinhais? Vamos acompanhar, a título de exemplo, a organização de um dos nervos que inervam as diversas regiões do membro superior (Figura 1.3). *Inervar* significa ramificar-se profusamente em um território específico do corpo, seja para comandar os músculos, seja para veicular as sensações de tato, dor e outras, provenientes dos tecidos dessa região. Cada uma das muitas fibras nervosas sensitivas que inervam os diferentes tecidos dos dedos e da mão (Figura 1.3B) vai se juntando a outras em filetes nervosos que vão ficando mais e mais calibrosos. Na altura do punho, os filetes já constituem um feixe calibroso que recebe o nome de nervo mediano. O nervo mediano passa pelo antebraço e pelo braço, recolhendo muitas fibras sensitivas e motoras dessas regiões e, assim, tornando-se mais e mais calibroso. Na altura da axila, algumas fibras do nervo mediano se separam e depois se juntam a outras vindas de regiões diferentes. Isso acontece várias vezes, como se vê na Figura 1.3. Esse conjunto intrincado de fascículos[G] e nervos que se encontram e se separam chama-se plexo, e este que estamos descrevendo recebe o nome de plexo braquial. Alguns nervos, entretanto, não formam plexos, dirigindo-se diretamente à medula espinhal. Já próximas à coluna vertebral, onde se aloja a medula, as fibras nervosas que emergem do plexo braquial aproximam-se da medula através de orifícios na coluna vertebral. Nesse ponto, as fibras sensitivas se separam das motoras formando dois grupos de *raízes* (Figura 1.3A), sendo as dorsais sensitivas e as ventrais, motoras. Logo à entrada das raízes dorsais se encontram os chamados gânglios das raízes dorsais ou gânglios espinhais (Figura 1.3A), onde ficam situados os neurônios sensitivos que recebem o tato, a dor e outras sensações vindas do membro superior.

Os nervos cranianos têm organização semelhante à dos nervos espinhais, mas são mais complexos e variáveis

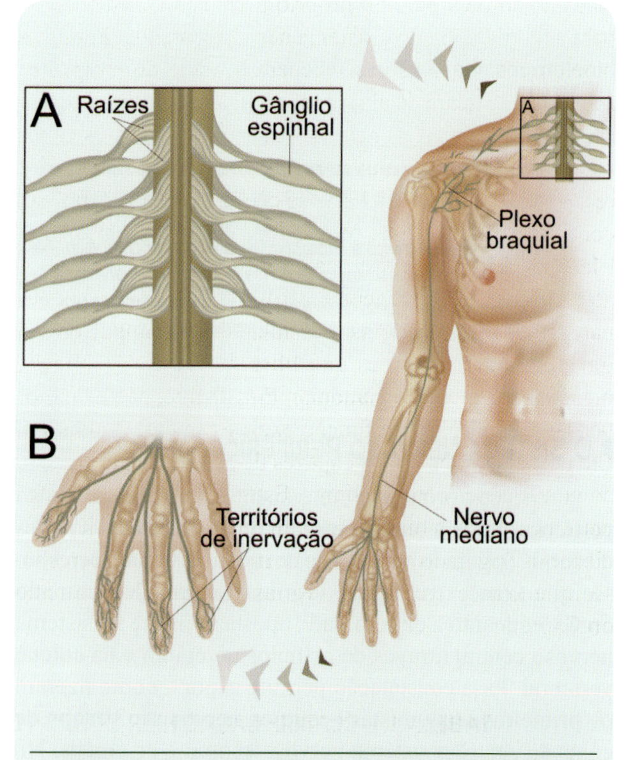

Figura 1.3. *Os nervos periféricos espinhais, como o mediano, são formados por inúmeras fibras nervosas compactadas. Na sua inserção central eles se separam em finos fascículos que se abrem em leque, formando as raízes (**A**) que se ligam à medula espinhal. Ao longo do trajeto, os nervos também se separam em fascículos que podem formar plexos, como o braquial, ou dispersar-se em diferentes territórios de inervação. Nos dedos da mão, por exemplo (**B**), muitos filetes vão se separando do tronco principal e cada fibra nervosa finalmente se ramifica em uma diminuta região terminal.*

que estes. Suas terminações distribuem-se geralmente (mas nem sempre) nas diferentes partes da cabeça, de onde vão se juntando em filetes mais e mais calibrosos até constituir os nervos propriamente ditos. Quando contêm fibras sensitivas, os nervos cranianos ligam-se a gânglios que são homólogos aos espinhais, onde se alojam os corpos celulares dessas fibras. Entretanto, em face dos dobramentos e irregularidades do encéfalo, que não apresenta a estrutura tubular típica da medula, os nervos cranianos não se dividem em raízes dorsais e ventrais, como os espinhais. Penetram no crânio através de orifícios específicos (chamados forames), e depois entram no encéfalo em diferentes pontos. Você pode encontrar maiores detalhes sobre os nervos cranianos no Miniatlas de Neuroanatomia (p. 367).

Por analogia com algumas máquinas, o sistema nervoso periférico pode ser compreendido como um conjunto de sensores, cabos e *chips*. Os sensores distribuem-se por todos os tecidos do organismo: a pele, os músculos, ossos e articulações, as vísceras e outros tecidos. Sua função é captar as várias formas de energia (= informação) produzidas no ambiente ou no próprio organismo, e traduzi-las para a linguagem que o sistema nervoso entende: impulsos bioelétricos. Os sensores recebem o nome de *receptores sensoriais*, e ficam de algum modo ligados às fibras nervosas que constituem os nervos. Estes últimos são os cabos cuja função é conduzir os impulsos elétricos gerados pelos receptores até o sistema nervoso central. Os cabos também conduzem informações no sentido oposto: impulsos elétricos produzidos no sistema nervoso central são levados aos músculos esqueléticos e cardíacos, aos músculos das paredes das vísceras e às glândulas. Lá, os impulsos são transformados em ações que liberam energia: contração muscular ou secreção glandular. Finalmente, não devemos pensar que o SNP tem função exclusivamente condutora. Ele possui também *chips* capazes de processar informação como pequenos computadores. Estes *chips* são os contatos entre neurônios situados nos gânglios sensitivos, já mencionados (gânglios espinhais), e nos gânglios motores ou secretomotores, situados em várias vísceras. Este é o tema do Capítulo 4.

O SISTEMA NERVOSO CENTRAL

Sistema nervoso central (SNC) é um termo muito geral, que reúne todas as estruturas neurais situadas dentro do crânio[A] e da coluna vertebral. É onde se situa a grande maioria dos neurônios dos animais. Inicialmente, é necessário que você consiga "visualizar" em três dimensões as relações entre as grandes divisões do SNC, para posteriormente esmiuçar em detalhes a estrutura de regiões menores e mais restritas. Essa tarefa só pode ser conseguida com o auxílio de ilustrações, pelo estudo repetido de peças anatômicas ou através de programas de neuroanatomia para computador (Quadro 1.2).

Pode-se dividir o SNC, segundo critérios exclusivamente anatômicos, em grandes partes que obedecem a uma hierarquia ascendente de complexidade, conforme a Tabela 1.1.

Denomina-se *encéfalo* a parte do SNC contida no interior da caixa craniana, e *medula espinhal* a parte que continua a partir do encéfalo no interior do canal da coluna vertebral (Figura 1.4). A medula tem uma forma aproximadamente cilíndrica ou tubular, no centro da qual existe um canal estreito cheio de líquido; apresenta funções motoras e sensitivas, principalmente, relacionadas ao controle imediato do funcionamento do corpo. Já o encéfalo possui uma forma irregular, cheia de dobraduras e saliências, o que permite reconhecer nele diversas subdivisões. As funções do encéfalo são bastante mais complexas que as da medula espinhal, possibilitando toda a capacidade cognitiva e afetiva dos seres humanos, e as funções correlatas de que os animais não humanos são capazes. A cavidade interna do encéfalo acompanha as suas irregularidades de forma, constituindo diferentes câmaras cheias de líquido, os *ventrículos*[A]. Essa forma irregular do encéfalo se deve ao enorme crescimento que sofre a porção cranial do tubo neural primitivo (o primórdio embrionário do SNC), muito mais exuberante do que a porção caudal, que dá origem à medula. Pode-se, então, reconhecer três partes do encéfalo: o cérebro, constituído por dois hemisférios justapostos e separados por um sulco profundo (Figura 1.4A); o cerebelo[A], um "cérebro" em miniatura, também constituído por

TABELA 1.1. CLASSIFICAÇÃO HIERÁRQUICA DAS GRANDES ESTRUTURAS NEUROANATÔMICAS

<table>
<tr><th colspan="9">SNC</th></tr>
<tr><th colspan="8">Encéfalo</th><th rowspan="5">Medula espinhal</th></tr>
<tr><th colspan="3">Cérebro</th><th colspan="2">Cerebelo</th><th colspan="3">Tronco encefálico</th></tr>
<tr><td colspan="2">Telencéfalo</td><td rowspan="2">Diencéfalo</td><td rowspan="2">Córtex cerebelar</td><td rowspan="2">Núcleos profundos</td><td rowspan="2">Mesencéfalo</td><td rowspan="2">Ponte</td><td rowspan="2">Bulbo</td></tr>
<tr><td>Córtex cerebral</td><td>Núcleos da base</td></tr>
</table>

Quadro 1.2
A Geometria do Sistema Nervoso

Para compreender a estrutura tridimensional do sistema nervoso é preciso visualizá-lo mentalmente, e para isso é preciso conhecer certos pontos, linhas e planos usados como referência, as chamadas referências anatômicas. A Figura 1 mostra as principais referências anatômicas para o sistema nervoso de um cão, e a Figura 2, as que são usadas para o de um homem. No caso do cão, se o vemos de lado, tudo que está mais próximo ao focinho é dito *rostral* ou *anterior*, enquanto o que está mais para trás é dito *caudal* ou *posterior*. Do mesmo modo, tudo que está para baixo é dito *ventral* ou *inferior*, enquanto o que está para cima é *dorsal* ou *superior*. A nomenclatura acompanha a posição do corpo do animal, que, por ser quadrúpede, possui um sistema nervoso organizado ao longo de um plano paralelo ao chão. Os termos, neste caso, originam-se das partes do corpo do animal: o rosto, a cauda, o ventre e o dorso. Essas referências são todas relativas, e dependem de planos móveis posicionados de diferentes modos. O plano *coronal* (ou frontal) pode ser movido para frente e para trás, e permite definir o que é rostral e o que é caudal. Por convenção, pode-se escolher um determinado plano coronal para ser o plano zero e fazer referência aos demais segundo seu afastamento do plano zero, em milímetros. Um segundo plano é o *horizontal*, que pode ser movido para cima e para baixo, e portanto define o que é dorsal e o que é ventral. Igualmente, pode-se considerar um determinado plano horizontal como plano zero e fazer referência aos demais em função de seu afastamento em milímetros. O plano móvel perpendicular aos dois primeiros chama-se *parassagital*. Neste caso, o plano zero é o que passa exatamente pelo meio do sistema nervoso, dividindo-o em duas metades aproximadamente simétricas. Esse plano recebe o nome especial de *sagital*. As estruturas que se situam próximo à linha média, onde está o plano sagital, são ditas *mediais*, enquanto as que estão mais para os lados são ditas *laterais*. Em relação ao plano sagital, se estivermos considerando um dos lados como referência (seja o direito ou o esquerdo), as estruturas situadas nesse mesmo lado são chamadas *ipsilaterais* (ou homolaterais), enquanto aquelas situadas no lado oposto são chamadas *contralaterais*. A maioria das áreas do sistema nervoso central que comandam os músculos do lado direito, por exemplo, encontra-se no lado esquerdo. Diz-se então que o comando motor, neste caso, é contralateral.

No caso do homem, que é bípede, a cabeça e os olhos apresentam-se inclinados 90º em relação ao corpo (Figura 2). Assim, para o encéfalo as referências são as mesmas utilizadas para os mamíferos quadrúpedes. É mais comum, entretanto, utilizar superior e inferior em vez de dorsal e ventral. Para a medula, as convenções são diferentes, por conta do ângulo de 90º entre ela e o encéfalo. Anterior, no caso da medula humana, é sinônimo de ventral, enquanto posterior é sinônimo de dorsal. O plano móvel que define essas referências para a medula é chamado *longitudinal*. Por sua vez, as estruturas mais próximas da cabeça são ditas *superiores*, e aquelas mais

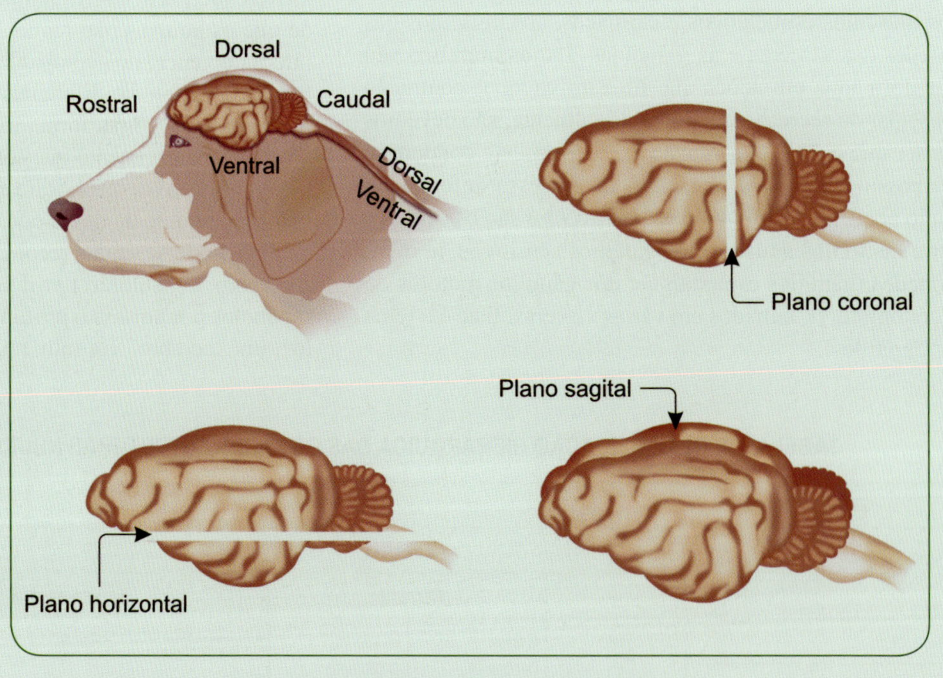

Figura 1. *Planos de referência para o sistema nervoso de um animal quadrúpede.*

próximas das pernas são ditas *inferiores*. O plano móvel que as define é chamado *transverso*. O plano sagital e os planos parassagitais, assim como suas referências associadas (medial e lateral), são os mesmos para o encéfalo e para a medula do homem e dos animais.

A criação de um sistema de referências tridimensionais para o sistema nervoso tem uma aplicação muito importante para os médicos neurologistas, neurocirurgiões e neurorradiologistas. É fácil compreender por quê. Imagine, por exemplo, um tumor situado no interior do encéfalo. Como retirá-lo sem atingir as estruturas vizinhas? Inicialmente, a equipe médica precisa localizá-lo aproximadamente através do estudo dos sintomas que o paciente apresenta, e mais precisamente através de imagens que o mostram de forma direta. Em tempos recentes, essas imagens passaram a ser tomográficas (do grego *tomos* = corte, fatia), isto é, passaram a representar cortes virtuais do sistema nervoso, reconstruídos pelo computador em planos semelhantes aos descritos anteriormente. O tumor, assim, pode ter as suas bordas delimitadas e localizadas com coordenadas tridimensionais milimétricas. Em seguida, os cirurgiões precisam chegar ao tumor para removê-lo. Mas como, se o tecido é opaco? As coordenadas tridimensionais (chamadas estereotáxicas) do tumor são utilizadas, então, para inserir instrumentos cirúrgicos capazes de possibilitar a remoção do tumor com o mínimo de lesão às estruturas vizinhas.

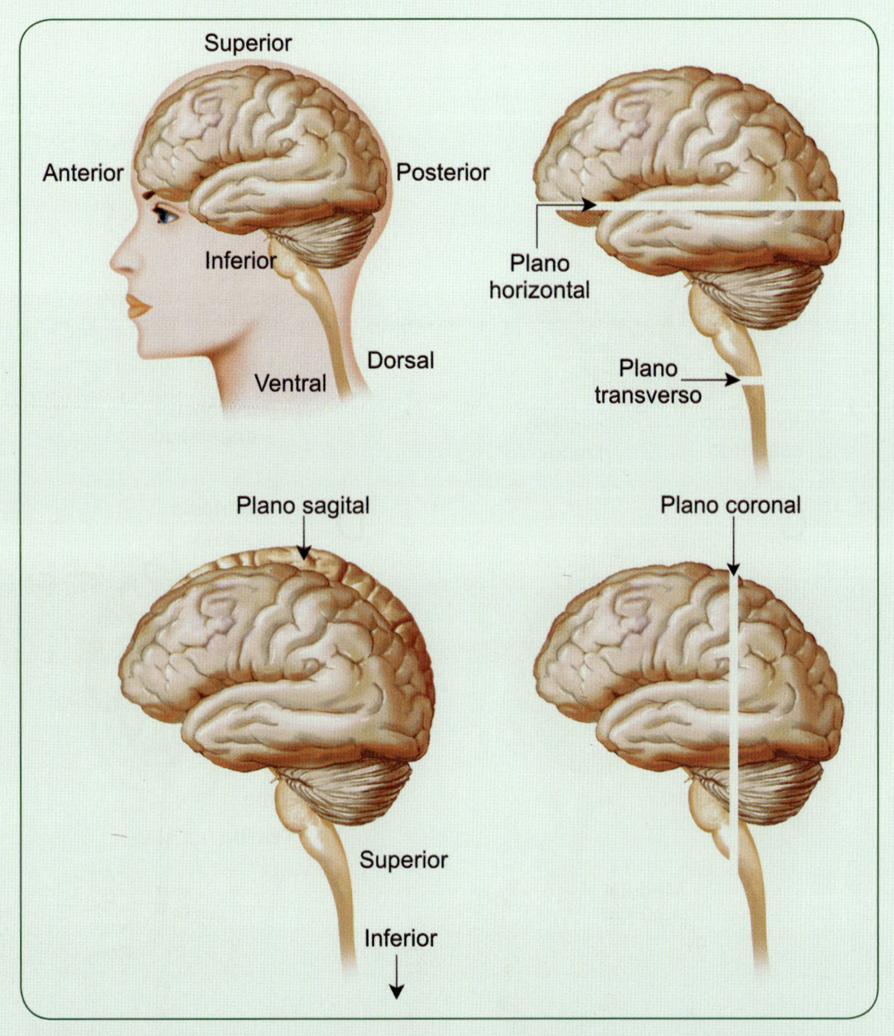

Figura 2. *O desenho de cima à esquerda mostra as principais referências para o sistema nervoso central humano. Os demais desenhos mostram os principais planos de corte utilizados na observação morfológica das estruturas internas.*

dois hemisférios, mas sem um claro sulco de separação (Figura 1.4B); e o tronco encefálico, uma estrutura em forma de haste que se continua com a medula espinhal inferiormente, escondendo-se por baixo do cerebelo e por dentro do cérebro superiormente (Figura 1.4C). No cérebro, a superfície enrugada cheia de giros[G] e sulcos[G] é o córtex cerebral, região em que estão representadas as funções neurais e psíquicas mais complexas. Grandes regiões do cérebro, de delimitação às vezes pouco precisa, são os chamados lobos (Figura 1.4C): frontal, parietal, occipital, temporal e insular[A] (este último situado em uma dobra mais profunda de cada hemisfério, portanto invisível por fora). No interior dos hemisférios estão os núcleos da base (às vezes chamados impropriamente de gânglios da base) e o diencéfalo[A], invisíveis ao exame superficial. No cerebelo, a superfície é também enrugada, mas os giros são chamados de "folhas" e os sulcos de "fissuras". Semelhantemente ao cérebro, no interior dos hemisférios cerebelares estão os núcleos profundos, invisíveis ao exame de superfície. O tronco encefálico também se subdivide (Figura 1.4D): o mesencéfalo é a parte mais rostral dele, que se continua com o diencéfalo bem no centro do cérebro; a ponte[A] é uma estrutura intermediária; e o bulbo[A] ou medula oblonga é a parte mais caudal, que se continua com a medula espinhal. É do tronco encefálico que emerge a maioria dos nervos cranianos mencionados anteriormente.

O cirurgião que abre o crânio de um indivíduo vivo e anestesiado para operar o encéfalo depara-se, primeiro, com um conjunto de membranas que formam um saco fechado cheio de líquido, onde o encéfalo praticamente flutua. A mesma disposição é encontrada na medula. As membranas são as meninges, e o líquido que elas contêm é o líquor, ou líquido cefalorraquidiano. Esse colchão líquido

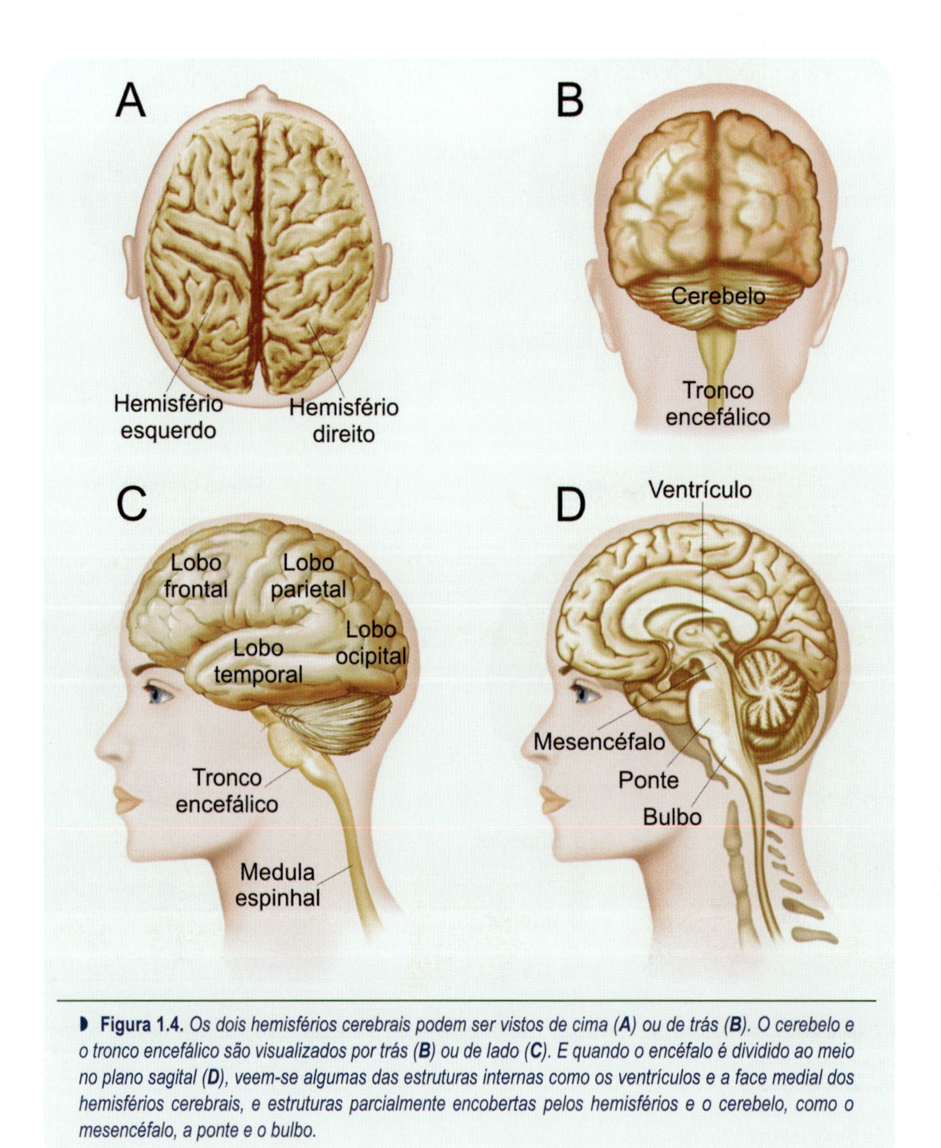

Figura 1.4. *Os dois hemisférios cerebrais podem ser vistos de cima (**A**) ou de trás (**B**). O cerebelo e o tronco encefálico são visualizados por trás (**B**) ou de lado (**C**). E quando o encéfalo é dividido ao meio no plano sagital (**D**), veem-se algumas das estruturas internas como os ventrículos e a face medial dos hemisférios cerebrais, e estruturas parcialmente encobertas pelos hemisférios e o cerebelo, como o mesencéfalo, a ponte e o bulbo.*

que envolve o sistema nervoso central o protege mecanicamente contra traumatismos que possam atingir a cabeça, e também contribui com a sua nutrição e a manutenção do meio bioquímico ótimo para o funcionamento neural. Ao ultrapassar as meninges, o cirurgião visualiza o encéfalo, que tem uma cor rosada devido à extensa rede de capilares sanguíneos do tecido e uma consistência gelatinosa (Figura 1.5A). Na superfície, podem-se ver os ramos maiores dos vasos sanguíneos cerebrais com seu trajeto tortuoso e sua dinâmica pulsátil. É bem diferente o que vê o estudante de anatomia quando disseca o crânio de um cadáver, cujos tecidos são quimicamente preservados pelo uso de substâncias fixadoras como o formol (Figura 1.5B). Neste caso, o líquor e o sangue são substituídos pelo fixador. Os grandes vasos podem ser ainda visíveis (não na Figura 1.5B), de cor escura, enquanto a consistência do tecido encefálico é mais sólida e sua cor, mais esbranquiçada ou amarelada.

Um estudante de anatomia pode remover o cérebro e a medula para estudá-los melhor. Pode ainda cortá-los em fatias segundo diferentes planos de corte, para ver o seu interior (Figura 1.6). Nesse caso, verá os ventrículos e também os núcleos[G] e tratos[G] que compõem o telencéfalo, o diencéfalo e o tronco encefálico. Ao examinar com cuidado as fatias, verá algumas regiões mais escuras e outras mais claras. As mais escuras receberam dos primeiros anatomistas o nome de substância ou matéria cinzenta (que na linguagem comum é dita massa cinzenta), e as mais claras, o nome de substância ou matéria branca. A substância branca[A], como se verá adiante, é uma região de maior concentração de fibras nervosas, muitas delas possuindo um envoltório gorduroso esbranquiçado que lhe dá o tom. A substância cinzenta[A], ao contrário, possui maior concentração de células nervosas e menor quantidade do envoltório gorduroso. No córtex cerebral e no córtex cerebelar, a substância cinzenta é externa e a substância branca é interna. Em outras regiões ocorre o oposto: a substância cinzenta é interna em relação à substância branca.

O SISTEMA NERVOSO VISTO AO MICROSCÓPIO

São limitadas as possibilidades de compreensão da organização estrutural do sistema nervoso, se ficarmos restritos à observação macroscópica. Por isso, é necessário estudar a estrutura microscópica do tecido nervoso. Esse, aliás, foi um passo histórico da maior importância para a Neurociência, ocorrido ao final do século 19, e que possibilitou identificar as unidades estruturais e funcionais do sistema nervoso – o *neurônio* e o *gliócito* (ou célula glial).

Para estudar o sistema nervoso ao microscópio é preciso preparar o tecido adequadamente, o que é feito pelos histologistas e citologistas, e também pelos patologistas, estes interessados nas alterações estruturais do sistema

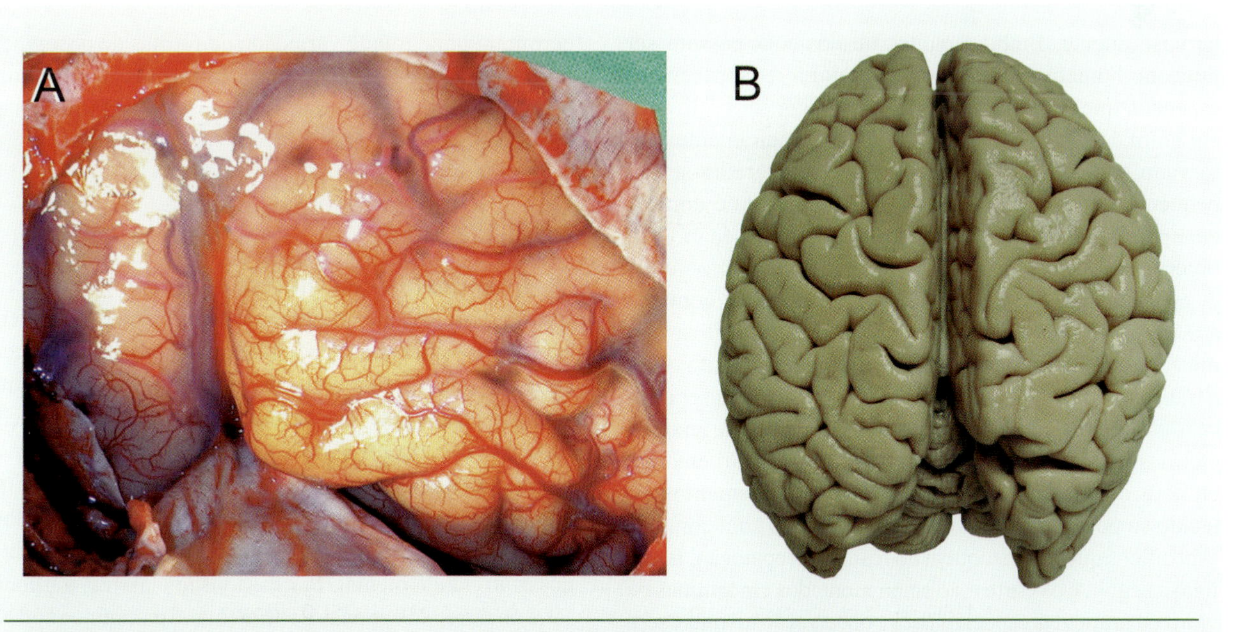

Figura 1.5. *O encéfalo vivo tem aspecto diferente do encéfalo fixado em formol. Em **A** vemos a superfície do córtex cerebral de um indivíduo vivo, tal como se apresenta em um campo cirúrgico. Pode-se ver uma das membranas de cobertura, com aspecto leitoso à esquerda e acima, bem como os vasos sanguíneos que irrigam o córtex cerebral. Em **B**, foto de um encéfalo fixado, com as membranas e os vasos removidos. Foto **A** cedida por Jorge Marcondes, do Serviço de Neurocirurgia do Hospital Universitário Clementino Fraga Filho, da UFRJ.*

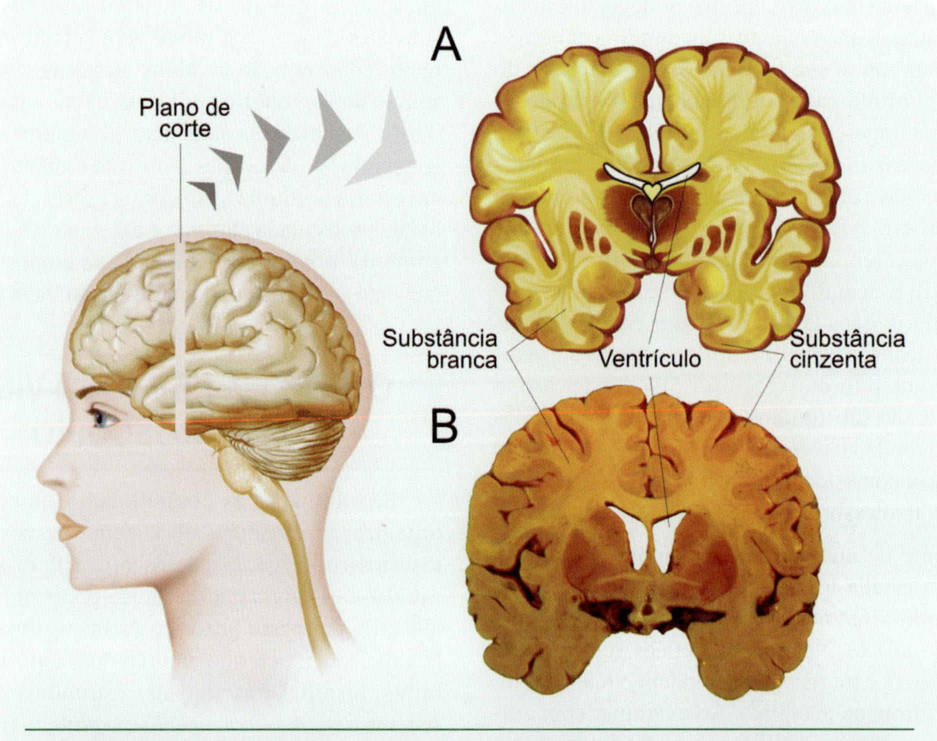

Figura 1.6. *As estruturas internas do encéfalo podem ser mais bem observadas em cortes, como no plano indicado no desenho à esquerda. Nesses cortes (**A** e **B**) pode-se diferenciar a substância cinzenta da substância branca do córtex cerebral, assim como os ventrículos e outras estruturas. A foto **B** foi tirada de um encéfalo fixado, em plano próximo ao desenhado em **A**. Foto cedida por Leila Chimelli, do Departamento de Anatomia Patológica da Faculdade de Medicina da UFRJ.*

nervoso doente. Embora muitas observações possam ser feitas no homem após a morte, a maioria requer técnicas especiais que, por razões éticas, só podem ser realizadas em animais. O tecido neural deve ser primeiramente preservado com substâncias fixadoras. Depois, retira-se um pequeno bloco da região a ser estudada e este é cortado em aparelhos especiais chamados micrótomos, de modo a obter fatias (cortes) muito finas, com alguns micrômetros de espessura (lembrar que 1 micrômetro, ou 1 μm, equivale a 0,001 mm), ou até menos, se a intenção for utilizar um microscópio eletrônico. Esse procedimento permite obter a transparência necessária para que o tecido possa ser atravessado pelo feixe luminoso do microscópio (ou feixe de elétrons, no caso do microscópio eletrônico). No entanto, embora os cortes sejam transparentes, os elementos do tecido só podem ser vistos se forem tratados com corantes específicos que os destaquem do resto da preparação. Isso é feito a seguir, e os cortes são então montados em lâminas de vidro ou gratículas especiais para a observação ao microscópio. As variantes técnicas são inúmeras e permitem marcar seletivamente diferentes células, organelas subcelulares e até mesmo moléculas específicas (Figura 1.7). Igualmente, inúmeros tipos de microscópios disponíveis atualmente permitem uma grande variedade de formas de observação do tecido nervoso. Além disso, aumentos bem maiores podem ser obtidos utilizando o microscópio eletrônico em vez do microscópio óptico.

O NEURÔNIO

Classicamente se considera o neurônio (Figura 1.8) como a unidade morfofuncional fundamental do sistema nervoso, e o gliócito como unidade de apoio. Isso porque se verificou que a célula nervosa produz e veicula diminutos sinais elétricos que são verdadeiros *bits* de informação, capazes de codificar tudo o que percebemos a partir do mundo exterior e do interior do organismo, os comandos que damos aos efetuadores do nosso corpo (como os músculos e as glândulas), e tudo o que sentimos e pensamos a partir de nossa atividade mental. Por essa visão clássica, o gliócito seria encarregado apenas de alimentar e garantir a saúde do neurônio. Entretanto, a importância dessas células de apoio cresceu muito em tempos recentes, depois que se constatou que elas lidam com sinais também, embora de tipos diferentes – sinais químicos de orientação do crescimento

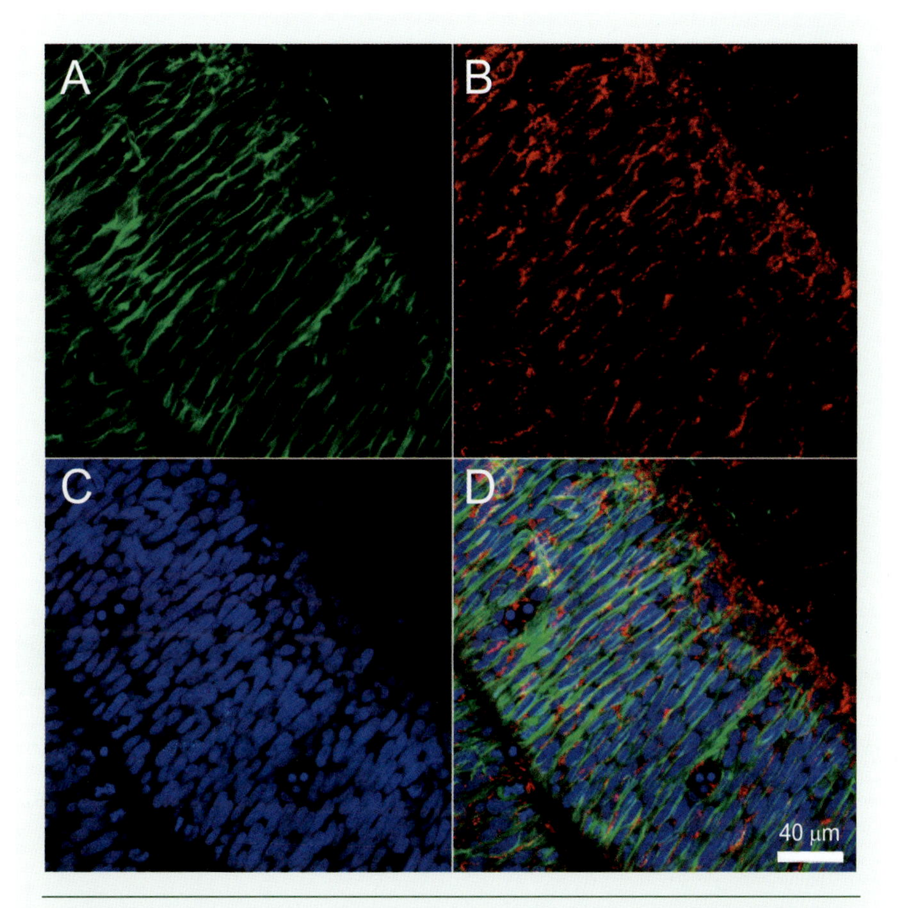

Figura 1.7. *No tecido nervoso, neurônios e gliócitos coexistem de um modo ordenado que favorece a sua interação funcional. As quatro fotos representam o mesmo campo de um corte histológico fino passando através do córtex cerebral de um embrião de camundongo. Utilizou-se um conjunto de marcadores fluorescentes específicos que mostram: (**A**) os prolongamentos radiais dos gliócitos, em verde; (**B**) a presença de moléculas de reconhecimento intercelular (em vermelho) nos neurônios jovens que migram sobre esses prolongamentos; (**C**) os núcleos de todas as células presentes na região (em azul); e (**D**) a sobreposição dos três marcadores. Fotos de Marcelo F. Santiago, do Instituto de Biofísica Carlos Chagas Filho, UFRJ.*

e da migração dos neurônios durante o desenvolvimento, de comunicação entre eles durante a vida adulta, de defesa e reconhecimento na vigência de situações patológicas e outras funções. Constatou-se mesmo que os gliócitos interferem na comunicação entre os neurônios, podendo assim modificar o conteúdo da informação transmitida.

Sendo unidades funcionais de informação, os neurônios operam em grandes conjuntos, e não isoladamente. Há uma tendência geral na evolução – embora com exceções – de selecionar animais com cérebros cada vez maiores, dotados de um número de neurônios e gliócitos cada vez maior. Provavelmente isso ocorre porque, sendo dotados de maior número de neurônios e gliócitos, os animais tornam-se capazes de comportamentos mais ricos e mais adaptados aos diferentes ambientes que encontram na Terra. Veja no Quadro 1.3 como se pode estimar o número de neurônios das diversas espécies de animais, e descobrir as regras de acréscimo de unidades celulares no desenvolvimento e na evolução.

Esses conjuntos de neurônios associados formam os chamados *circuitos* ou *redes neurais*. Por exemplo, as células nervosas da retina, que captam as imagens formadas pela luz do ambiente, só se tornam capazes de propiciar a visão se veicularem os sinais elétricos que geram em resposta à luz, para outros neurônios localizados na própria retina e depois no cérebro. Cada um deles realiza uma pequena parte do trabalho cooperativo que ao final nos possibilitará ler um livro, ver um filme ou admirar uma tela de pintura. Do mesmo modo, não são apenas os neurônios da medula espinhal, que inervam os músculos, os únicos envolvidos

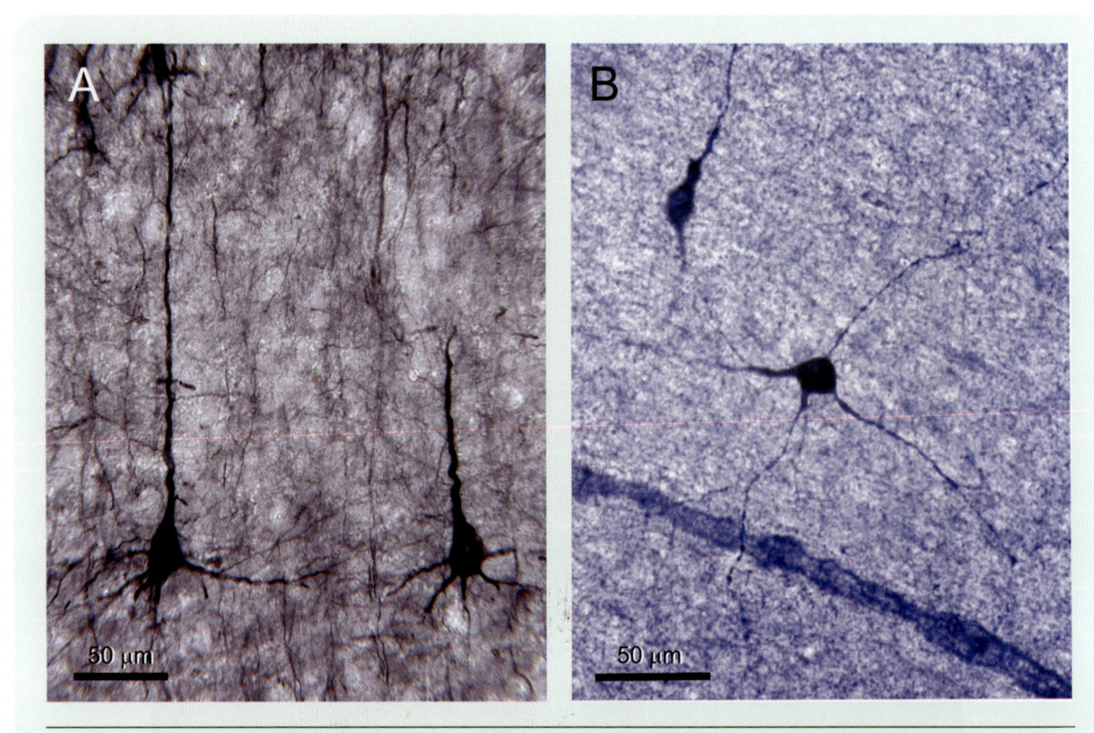

Figura 1.8. *Há muitos tipos de neurônios. A figura mostra apenas dois exemplos: um neurônio piramidal (**A**), e um neurônio estrelado (**B**) do córtex cerebral de um macaco e de um rato, respectivamente. Em **B**, pode-se ver também um capilar cerebral, na metade inferior da ilustração. Foto **A** cedida por Juliana Soares, do Instituto de Biofísica Carlos Chagas Filho, da UFRJ; **B** por Marco Rocha Curado, do Instituto de Ciências Biomédicas da UFRJ.*

na realização do movimento. Antes de chegar até eles, os sinais elétricos de comando muscular percorrem numerosos circuitos de programação, preparação e controle da ação muscular, cujo resultado poderá ser o recital de um pianista, a carta que escrevemos, ou o drible de um jogador de futebol. Os circuitos neurais serão amplamente estudados ao longo do livro, em praticamente todos os capítulos. Nesta fase, entretanto, consideraremos o neurônio isoladamente, apenas para apresentar sua estrutura e suas propriedades fundamentais.

Como toda célula, o neurônio possui uma membrana plasmática que envolve um citoplasma contendo organelas que desempenham diferentes funções: o núcleo, repositório do material genético; as mitocôndrias, usinas de energia para o funcionamento celular; o retículo endoplasmático, sistema de cisternas onde ocorre a síntese e o armazenamento de substâncias que participam do metabolismo celular; e muitas outras. O que diferencia os neurônios das demais células do organismo animal é a sua morfologia adaptada para o processamento de informações e a variedade de seus tipos morfológicos.

A Figura 1.9 apresenta uma coleção de tipos de neurônios encontrados em diferentes locais do sistema nervoso (confira também a Figura 1.8). Pode-se observar que o *corpo neuronal* ou soma apresenta grande número de prolongamentos, ramificados múltiplas vezes como pequenos arbustos; são os *dendritos*, palavra de origem grega que significa "pequenos ramos de árvore". É através dos dendritos que cada neurônio recebe as informações provenientes dos demais neurônios a que se associa. O grande número de dendritos é útil à célula nervosa, pois permite multiplicar a área disponível para receber as informações aferentes[G].

Observando os prolongamentos que emergem do soma, percebe-se que um deles é mais longo e fino, ramificando-se pouco no trajeto e muito na sua porção terminal: é o *axônio,* ou fibra nervosa. Cada neurônio tem um único axônio, e é por ele que saem as informações eferentes[G] dirigidas às outras células de um circuito neural. A saída de informação da célula é concentrada no axônio, mas deve ser veiculada a muitos outros neurônios do circuito. É por essa razão que o axônio se ramifica profusamente na sua porção terminal, formando um telodendro (palavra de origem grega para "ramos distantes") com inúmeros botões de contato com os dendritos das células seguintes. Axônios de neurônios semelhantes muitas vezes se associam em tratos ou feixes[G] no SNC e em nervos no SNP. Essas estruturas são verdadeiros cabos de comunicação entre neurônios situados em diferentes regiões neurais. Neles, o essencial é conduzir

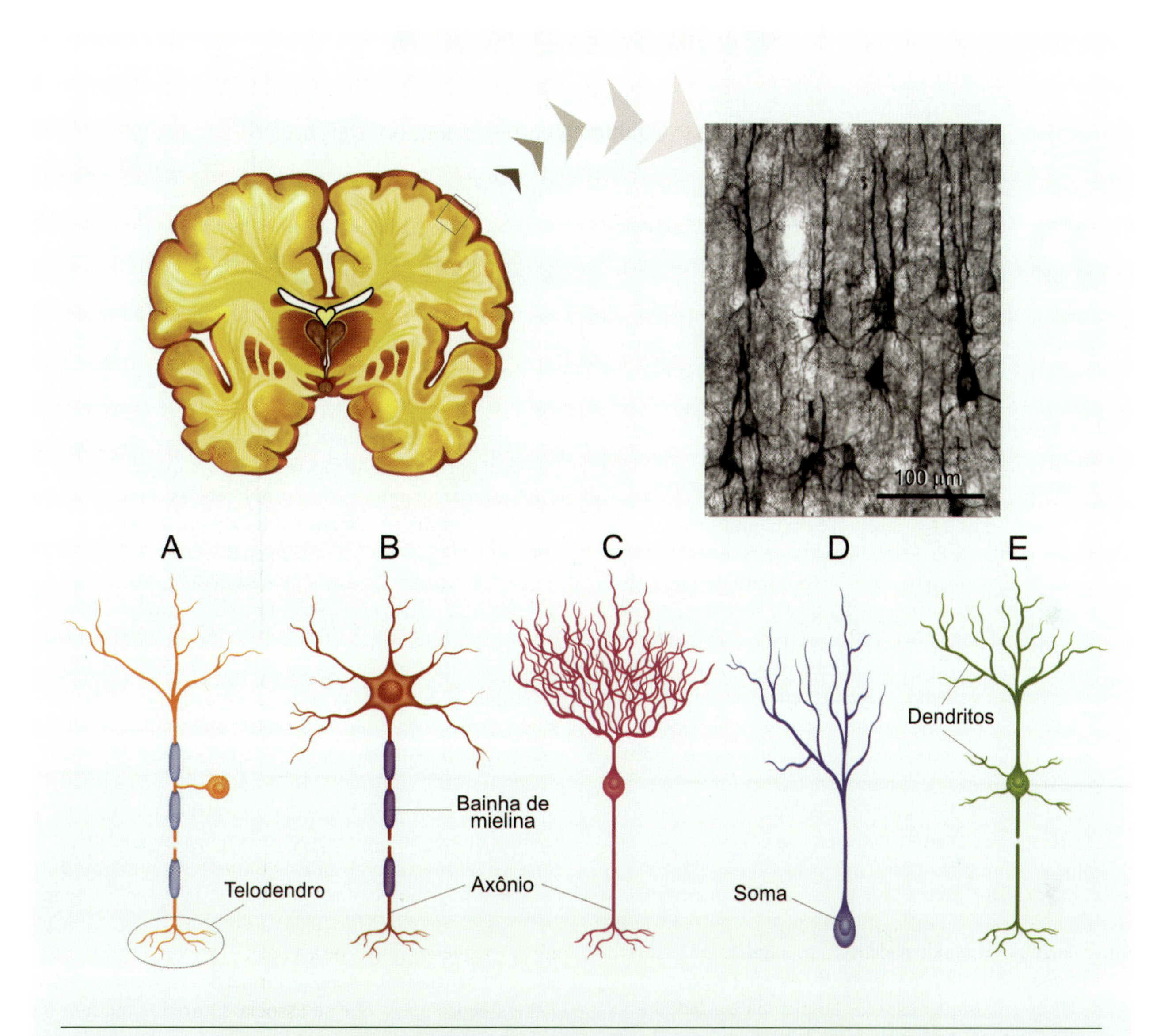

Figura 1.9. *Os neurônios só podem ser vistos ao microscópio, geralmente depois que se retira um pequeno pedaço do encéfalo (acima, à esquerda), levando-o ao micrótomo para obter cortes bem finos. Estes podem ser corados com substâncias fluorescentes ou corantes visíveis a iluminação comum, para mostrar os neurônios com suas formas variadas na disposição dos dendritos e do axônio (acima, à direita). Os desenhos representam neurônios de diversos tipos morfológicos, localizados em diferentes regiões do sistema nervoso: pseudounipolar (**A**), estrelado (**B**), de Purkinje (**C**), unipolar (**D**) e piramidal (**E**). A foto, ilustrando neurônios do córtex cerebral de um macaco, foi cedida por Juliana Soares, do Instituto de Biofísica Carlos Chagas Filho, UFRJ.*

sinais com a maior velocidade possível[2]. Por isso, muitas fibras nervosas se associam a certas células gliais que estabelecem em torno da fibra uma espessa camada isolante chamada bainha de mielina (Figura 1.10), que possibilita a condução ultrarrápida dos sinais elétricos produzidos pelos neurônios.

A região de contato entre um terminal de uma fibra nervosa e um dendrito ou o corpo (mais raramente, um outro axônio) de uma segunda célula, chama-se *sinapse*, e constitui uma região especializada fundamental para o processamento da informação pelo sistema nervoso. Na sinapse, os sinais elétricos que chegam a um neurônio

[2] *Para se ter uma ideia, em muitos axônios a velocidade de condução dos sinais elétricos dos neurônios pode atingir cerca de 20 m/s, o equivalente a 72 km/h. Isso significa que os seus neurônios motores da medula espinhal podem enviar um impulso de comando para os músculos de seu polegar em aproximadamente 0,02 s, ou 20 milésimos de segundo.*

NEUROCIÊNCIA EM MOVIMENTO

Quadro 1.3
Quebrando Dogmas: Quantos Neurônios tem um Cérebro?

*Roberto Lent**

Durante a elaboração da primeira edição deste livro, minha colega Suzana Herculano-Houzel, na época iniciando sua carreira profissional de neurocientista, questionou o título que eu havia pensado para o livro: *Cem Bilhões de Neurônios*. Quais as evidências para esse número? – perguntou. A pergunta instigante me pegou de jeito: embora todos os livros e artigos admitissem esse número, não conseguimos encontrar quem houvesse contado de fato o número absoluto de células existentes no sistema nervoso.

Discutimos intensamente, e concluímos que a razão para essa falta de dados quantitativos absolutos consistia na dificuldade técnica de estimar o número de células cerebrais por amostragem, já que o tecido nervoso é bastante heterogêneo e as amostras acabam contendo números muito pouco representativos. Suzana acabou inventando um método elegante e eficiente para resolver o problema, que chamamos *fracionador isotrópico*. A heterogeneidade de densidades celulares no cérebro poderia ser contornada transformando quimiomecanicamente o tecido em uma "sopa de núcleos". A "sopa" – produzida passando o tecido nervoso em uma espécie de pilão e misturando-a constantemente – apresentaria uma densidade muito mais homogênea, permitindo realizar a contagem de amostras com maior precisão. E como cada célula só tem um núcleo, contando núcleos contamos células. Além disso, os núcleos dos neurônios podiam ser diferenciados dos demais pela reação imunocitoquímica para uma proteína especificamente neuronal. Testamos o método em ratos, e ele funcionou!

Daí para frente, uma profícua linha de pesquisa se desenvolveu, rendendo resultados surpreendentes e questionando uma série de dogmas até então inabalados. O primeiro deles era a concepção de que o córtex cerebral seria o pináculo da evolução – a região do cérebro que mais havia se desenvolvido ao longo do tempo. Os dados para esse conceito eram baseados nas medidas de volume (ou massa) das diferentes regiões cerebrais em diversas espécies – quanto maior o cérebro, maior a proporção do seu volume ocupada pelo córtex. Contando neurônios, entretanto, verificamos que o campeão na verdade é o cerebelo[A], cujo crescimento evolutivo (em número de neurônios) revelou-se bem maior que o do córtex cerebral. Em termos numéricos, inclusive, o cérebro humano não apresenta especial crescimento em relação aos demais

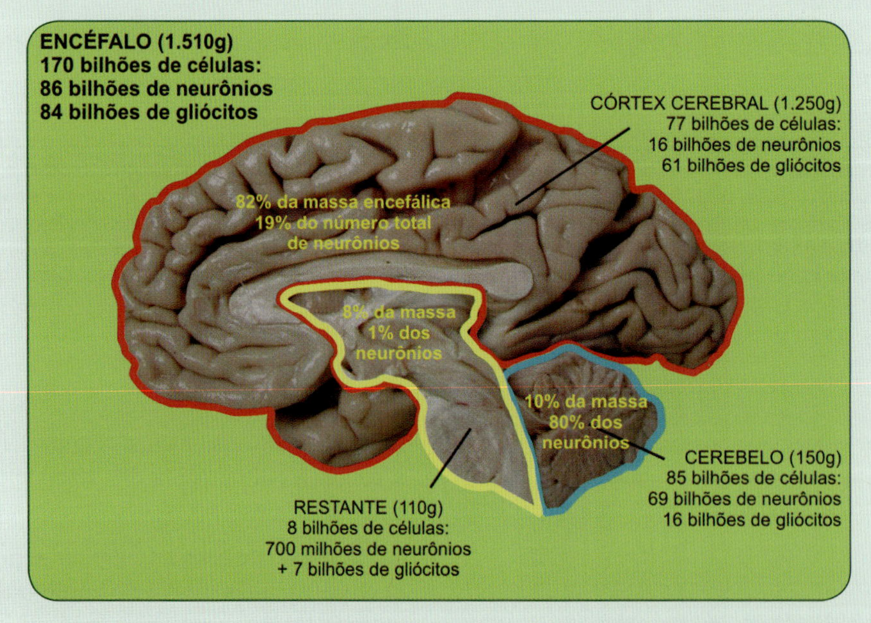

Utilizando a técnica do fracionador isotrópico, foi possível estimar com precisão o número de neurônios e gliócitos do cérebro humano. Modificado de F.A.C. Azevedo e cols., Journal of Comparative Neurology, vol. 513, pp. 530-541 (2009).

primatas – sua composição quantitativa é o que seria de se esperar para um primata com um cérebro pesando 1,3 kg... E o cerebelo, modestamente, aloja quase 80% dos neurônios do cérebro humano!

O segundo dogma que abordamos foi a relação entre o número de neurônios e o número de gliócitos. Os livros eram quase unânimes: "o cérebro tem pelo menos dez vezes mais gliócitos do que neurônios". Verificamos que essa relação é próxima do que encontramos para o córtex cerebral (um neurônio para cada seis gliócitos), mas não para o cérebro como um todo (1:1) e muito menos para o cerebelo (cinco neurônios para cada gliócito).

Um terceiro dogma da literatura neurocientífica abordava o modo pelo qual – durante a evolução e ao longo do desenvolvimento – o cérebro cresce de tamanho. Considerava-se que isso ocorre pela adição de módulos gerados na vida embrionária, cada um deles com um número constante de neurônios, independentemente da espécie ou da região considerada. No córtex cerebral, aceitava-se como verdadeiro o número fixo de 150 mil neurônios em cada coluna com área de 1 mm^2 na superfície. Contando neurônios com o novo método, entretanto, constatamos uma variação de três vezes entre diversas espécies de macacos. Aprendemos que os módulos existem, mas não têm número constante de neurônios...

Por fim, chegamos a um veredito sobre o real número de neurônios do cérebro humano (Figura). Analisando encéfalos de homens entre 50 e 70 anos de idade, encontramos um número médio de 85 bilhões de neurônios, um pouco menos que o número mágico de cem bilhões. Não sabemos ainda se esse número é exclusivo dessa faixa etária. De qualquer modo, a descoberta colocou-me um dilema: devo ou não devo mudar o título do livro? Já estava decidido a mudar, quando lembrei de um perfeito álibi para manter esse título eufônico. A composição celular do cérebro de pessoas mais jovens talvez leve de volta a composição absoluta do sistema nervoso humano aos cem bilhões de neurônios... Será?

Professor-titular do Instituto de Ciências Biomédicas da Universidade Federal do Rio de Janeiro. Correio eletrônico: rlent@anato.ufrj.br

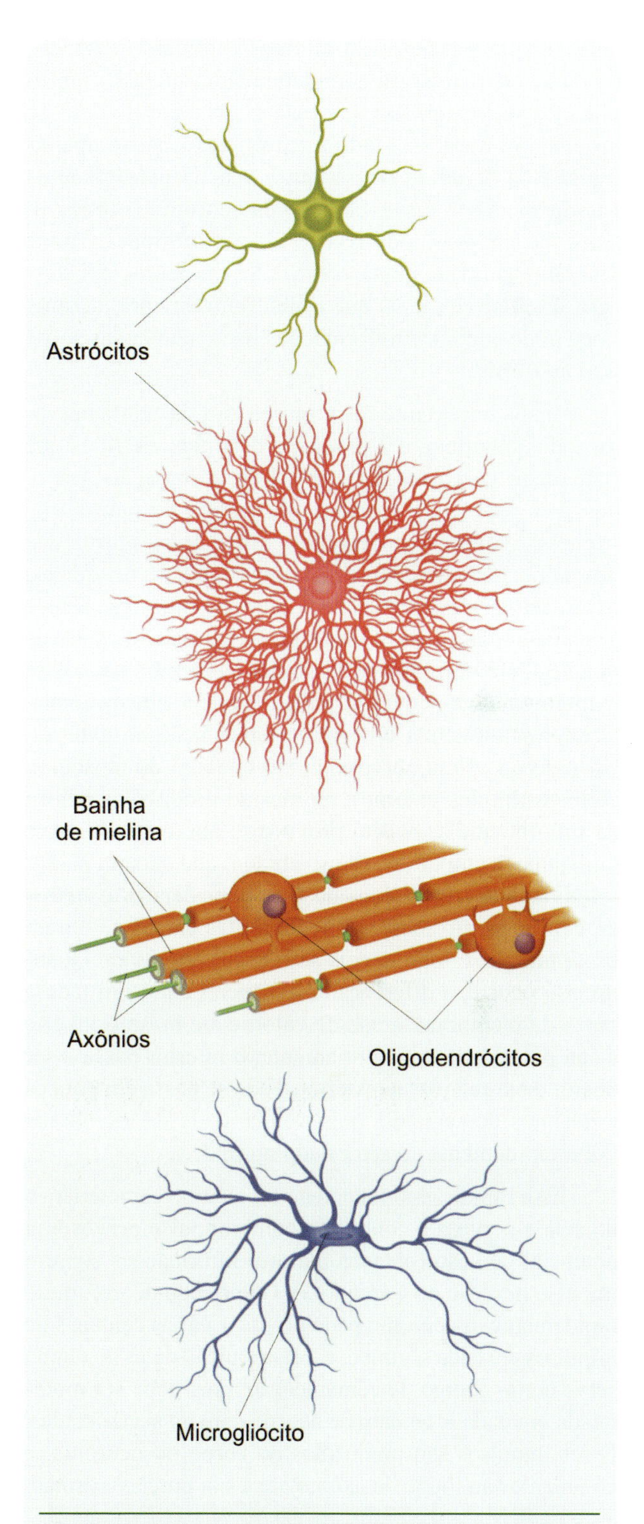

Figura 1.10. *Da mesma forma que os neurônios, os gliócitos também apresentam formas variadas quando vistos ao microscópio. Os astrócitos e os oligodendrócitos têm somas maiores, e por isso fazem parte da chamada macroglia. Os oligodendrócitos têm poucos prolongamentos, e cada um deles forma uma espiral de membrana em torno dos axônios, a bainha de mielina. Os microgliócitos – em conjunto, chamados microglia – são os representantes do sistema imunitário no sistema nervoso.*

nem sempre passam sem alteração: muitas vezes são bloqueados, parcial ou completamente, ou então multiplicados. Isso significa que esse é um local de decisão no sistema nervoso, onde a informação não é apenas transferida de uma célula a outra, mas transformada na passagem. Além disso, como cada neurônio recebe milhares de sinapses, toda essa volumosa informação[3] pode ser combinada (integrada, como dizem os neurocientistas) para orientar os sinais que o neurônio enviará adiante. Você pode encontrar informações mais detalhadas sobre isso no Capítulo 4.

A mais importante das propriedades da célula nervosa, todos admitem, é a produção de sinais elétricos que funcionam como unidades (*bits*) de informação. Isso é possível porque a membrana plasmática do neurônio é excitável. Como se pode supor, a membrana plasmática de qualquer célula separa dois compartimentos diferentes: o intracelular e o extracelular. Como a composição iônica desses compartimentos é distinta, existe uma diferença de potencial elétrico entre os dois lados da membrana, que se mantém relativamente constante durante a vida da célula. O interior da célula é negativo em relação ao exterior. No caso da célula nervosa, como também da muscular, certos estímulos externos, ou mesmo produzidos dentro da própria célula, podem provocar a abertura de canais moleculares embutidos na membrana, que deixam passar seletivamente certos íons de fora para dentro, e outros de dentro para o meio extracelular. Os canais se abrem bruscamente, e logo depois se fecham outra vez. Quando isso ocorre, a diferença de potencial entre um lado e outro da membrana muda de valor, e até mesmo inverte a sua polaridade, transitoriamente: o interior passa a ser positivo em relação ao exterior. Tudo se passa em poucos milésimos de segundo, pois a polaridade da membrana volta rapidamente ao seu estado normal.

Esse rapidíssimo fenômeno bioelétrico característico da célula nervosa é conhecido como impulso nervoso ou potencial de ação (obtenha maiores informações sobre o impulso nervoso no Capítulo 3). Como tudo ocorre muito rapidamente, o neurônio pode produzir várias centenas de impulsos em cada segundo, e a distribuição deles no tempo serve como código de comunicação, pois pode ser modificada em cada momento de acordo com as necessidades. Esses impulsos são produzidos no corpo do neurônio, e conduzidos ao longo do axônio até a sua porção terminal, onde poderão determinar fenômeno semelhante no neurônio seguinte.

Os neurônios da medula espinhal que comandam um músculo do braço, por exemplo, disparam um grande número de potenciais de ação em cada segundo, quando a necessidade obriga a uma forte contração muscular. O número cai se for necessária uma contração mais fraca. Os impulsos são originados dentro da medula, onde estão os corpos celulares, mas emergem pelas fibras que formam os nervos espinhais, e através delas são conduzidos até o músculo correspondente. Diz-se, neste caso, que os impulsos nervosos dos neurônios motores da medula *codificam* a força muscular. De modo semelhante, o mesmo processo ocorre para outras funções neurais, como a percepção de intensidade luminosa ou da tonalidade de um som, a secreção de uma certa quantidade de hormônio, a emissão de palavras faladas, um comportamento de raiva ou de medo, e assim por diante.

Desse modo, os impulsos nervosos são considerados sinais de um código, palavras de uma linguagem, ou unidades de informação. E essa fantástica capacidade de produzi-los é justamente encarada como a principal propriedade dos neurônios.

A NEUROGLIA

Glia é um termo que provém do grego e significa cola. Neuroglia (ou neuróglia, como preferem alguns) seria "cola neural". Isso porque os primeiros histologistas consideraram que as células da neuroglia – os gliócitos – desempenhariam papel de agregação e sustentação entre os neurônios. O conceito não está de todo errado à luz dos conhecimentos atuais, mas hoje se sabe que as funções dos gliócitos são muito mais complexas e fundamentais que essa.

Os gliócitos são tão numerosos quanto os neurônios, no cérebro como um todo (ver o Quadro 1.3), e apresentam também diferentes tipos morfológicos (Figura 1.10). O corpo celular geralmente é menor que o dos neurônios, e o núcleo ocupa grande proporção dele. Do corpo emergem inúmeros prolongamentos que se enovelam e ramificam-se nas proximidades. Os gliócitos não apresentam axônios. Seus prolongamentos podem contactar capilares sanguíneos, células nervosas e outros gliócitos, estabelecendo entre eles uma "ponte" metabólica. Podem também englobar sinapses, formando cápsulas de isolamento delas em relação ao meio extracelular. Nesses casos, considera-se que os gliócitos participam da regulação da concentração de íons, nutrientes e mensageiros químicos nas proximidades do neurônio. Frequentemente, prolongamentos de gliócitos enrolam-se em torno de fibras nervosas para formar a bainha de mielina, já mencionada, importante na condução dos impulsos nervosos. Finalmente, certos gliócitos são na

[3] *Mais dados numéricos intrigantes para você: sabe-se que o sistema nervoso central humano tem quase cem bilhões (10^{11}) de neurônios, e acredita-se que cada um deles receba cerca de 10 mil (10^4) sinapses, em média. Isso significa que podem existir no nosso sistema nervoso aproximadamente 1.000.000.000.000.000 (10^{15} ou 1 quatrilhão) de circuitos neurais! Veja o Quadro 1.3 sobre alguns desses números.*

verdade representantes do sistema imunitário no sistema nervoso. Assim, desempenham funções de proteção contra agentes agressores, de absorção de partes dos neurônios que eventualmente degeneram, e até de arcabouço para a regeneração de fibras nervosas em casos de lesão.

OS CIRCUITOS NEURAIS E SEU FUNCIONAMENTO

São inúmeros, e de incrível variedade funcional e estrutural, os circuitos que os neurônios estabelecem entre si. A morfologia desses circuitos já há muito tem sido estudada em animais de experimentação, e mais recentemente, também em seres humanos (veja sobre isso o Quadro 1.4). Mas a pergunta mais importante é: de que modo esses circuitos funcionam? Como são capazes de propiciar o funcionamento complexo do sistema nervoso?

Tomemos um primeiro exemplo. De que modo você pode verificar o significado de um termo existente no glossário deste capítulo? Primeiro, você identifica o símbolo [G] ao lado da palavra desconhecida, utilizando os circuitos visuais, aqueles que envolvem neurônios da retina. Esses neurônios se comunicam com certas regiões do cérebro por uma cadeia de sinapses, que rapidamente detectam a forma do símbolo e o associam à palavra "glossário". Você então interpreta o significado do símbolo, e agora aciona os neurônios das regiões mais frontais do cérebro, onde se origina a sua "curiosidade" por compreender a palavra desconhecida. Nova cadeia de sinapses leva a informação a neurônios do córtex cerebral que comandam os movimentos do corpo, e estes planejam os movimentos dos dedos que são necessários para virar as páginas até o final do capítulo, onde fica o glossário. O comando final para os movimentos é produzido pelos neurônios que ficam posicionados na medula espinhal na altura do pescoço, cujos axônios emergem do sistema nervoso central em direção ao braço, à mão e aos dedos. Os músculos correspondentes fazem o trabalho, e você vira as páginas até o glossário.

Um segundo exemplo. Distraído na leitura deste capítulo, subitamente você ouve o barulho de uma freada de automóvel, seguido de um estrondo. Você leva um susto, seu coração dispara, e você se pergunta se terá ocorrido um acidente de trânsito, e se alguém se feriu. Como ocorreram esses fenômenos em você? Neste caso, tudo começou no seu ouvido, que foi capaz de transformar em impulsos nervosos as vibrações do ar correspondentes aos sons que você ouviu. Um circuito de neurônios conectando os seus ouvidos com as regiões temporais do cérebro permitiu que você percebesse perfeitamente os sons, e mais: que você os comparasse com o "catálogo de sons" armazenado em sua memória, e os identificasse como barulhos de freada e de uma batida. Os circuitos da audição e da memória estendem-se também a outras regiões cerebrais relacionadas às emoções, e você apresenta reações corporais correspondentes, bem como os sentimentos negativos derivados de um acidente desse tipo. Essas mesmas regiões cerebrais "emocionais" acionam neurônios que comandam seu corpo, em especial o coração, o que o faz bater aceleradamente.

Desses dois exemplos cotidianos, podemos tirar conclusões importantes. Há neurônios de diferentes funções: visuais, motores, auditivos, neurônios que produzem emoções, outros que comandam os músculos e os órgãos como o coração, neurônios da memória, outros que produzem pensamentos e vontades. Neurônios para tudo! E mais: os conjuntos funcionais de neurônios são na verdade subespecializados. Ou seja: dentre os neurônios visuais, há aqueles que detectam cores, os que detectam movimento de algo no campo visual, os que sinalizam as linhas de contraste da borda dos objetos, e assim por diante. O mesmo para os neurônios auditivos: alguns detectam sons graves, outros, sons agudos, outros sinalizam sons musicais (cuja frequência é modulada de uma certa maneira que identificamos como "música"). Até mesmo os neurônios mais complexos, como aqueles que participam das emoções, são especializados: alguns respondem a estímulos negativos e provocam tristeza, angústia, medo e demais emoções com essa valência, enquanto outros respondem a estímulos positivos e provocam sentimentos de amor, amizade, prazer etc. A cada dia que passa, os neurocientistas descrevem um tipo diferente de neurônio, participante de cada uma das infinitas capacidades que o nosso cérebro nos propicia.

O estudo funcional dos neurônios, individualmente ou em grupos, pode ser realizado em animais experimentais ou mesmo em seres humanos, neste caso em situações terapêuticas que envolvem alguma neurocirurgia. Como os neurônios produzem atividade elétrica, que na verdade representa a sua função informacional, é possível captá-la utilizando finíssimos fios metálicos ou micropipetas de vidro contendo uma solução iônica, e amplificá-la com uma aparelhagem eletrônica ligada a computadores de alto desempenho. Podendo registrar a atividade elétrica de um neurônio (ou vários), os neurocientistas tratam de descobrir qual o melhor modo de fazê-lo(s) disparar impulsos nervosos. Por exemplo: se querem saber se um neurônio é visual, estimulam o sujeito experimental (animal ou homem) com formas projetadas em uma tela defronte aos olhos; se querem estudar um neurônio motor, observam o seu disparo correlacionando-o aos movimentos que o animal executa. Os neurônios relacionados a funções mais complexas são estudados por meio de engenhosos experimentos que levam os sujeitos experimentais a realizar tarefas complicadas como lembrar-se de um objeto, falar alguma frase ou emitir um som vocal característico, ser tomado por uma forte emoção, realizar um movimento composto, e assim por diante. O estudo eletrofisiológi-

QUESTÃO DE MÉTODO

Quadro 1.4
Circuitos do Cérebro Humano ao Vivo e em Cores

*Fernanda Tovar-Moll**

Diversas funções cerebrais são mediadas pelo recrutamento de áreas corticais e subcorticais espacialmente distantes. Portanto, o conhecimento detalhado das complexas interconexões cerebrais da substância branca (SB) é fundamental para o entendimento do funcionamento do cérebro, tanto nas condições fisiológicas como nas patológicas. No entanto, os modelos anatômicos de conectividade do cérebro humano foram construídos com base em achados de degeneração walleriana[G] em pacientes, dissecção *post mortem* de grandes feixes, ou comparações com estudos anatômicos em animais. Contudo, os métodos robustos para o estudo da conectividade cerebral em animais não podem ser aplicados a seres humanos, por serem invasivos, o que limita até hoje o conhecimento anatômico refinado da conectividade do cérebro humano.

Recentemente, no entanto, uma técnica de ressonância magnética (RM) foi desenvolvida, chamada imagem do tensor de difusão (DTI – do inglês *diffusion tensor imaging*), que parece ser bastante promissora para o estudo da conectividade do cérebro humano em vida. Medindo o sinal magnético emitido pelo movimento das moléculas de água presentes no cérebro, e transformando-o em imagem, a RM permite o estudo anatômico e funcional do cérebro, bem como a detecção e o acompanhamento de diversas patologias neurológicas. A técnica de DTI vai além, e é capaz de detectar o grau de movimento direcional das moléculas de água no cérebro, possibilitando o estudo da microestrutura e dos principais circuitos cerebrais. Como a água se difunde mais facilmente ao longo do que transversalmente aos axônios, o movimento das moléculas nos feixes de SB é marcadamente direcional (ou *anisotrópico*), ocorrendo predominantemente na direção paralela às fibras (Figura 1). A DTI consegue captar tais informações e, por métodos de computação gráfica, reconstruir a trajetória de conjuntos de fibras axonais. Este desdobramento da técnica chama-se *fascigrafia*, e representa o primeiro método capaz de rastrear as fibras da SB no cérebro humano *in vivo* (Figura 2).

Desta forma, atualmente, sistemas de feixes da SB podem ser identificados no cérebro de indivíduos vivos normais (Figura 3), e a falta ou degeneração de feixes pode ser comprovada e quantificada em estados patológicos. Ainda, a DTI permite a identificação de alterações anatômicas ou feixes anômalos decorrentes da reorganização plástica cerebral que pode ocorrer frente a diversas patologias do desenvolvimento humano.

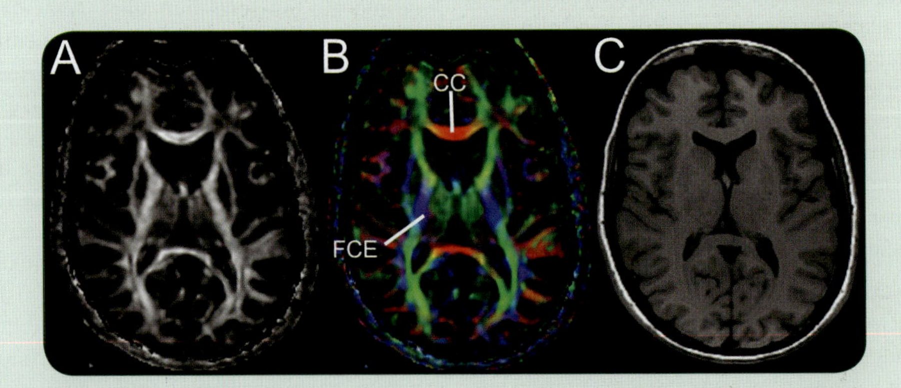

Figura 1. *A informação anatômica conferida pela DTI baseia-se no movimento das moléculas da água em cada ponto do cérebro, calculado (tensor) e representado por vetores. A anisotropia mede o quanto a difusão em uma das direções (o vetor maior) é preponderante em relação às outras. Existem vários índices de anisotropia, sendo a anisotropia fracional (FA, da expressão em inglês) o índice mais comumente usado. Em imagens de um indivíduo normal no plano transverso, os grandes feixes de SB possuem anisotropia alta e aparecem mais claros no mapa de FA (**A**). O mapa pode ser também representado em cores segundo a orientação dos feixes: fibras em disposição látero-lateral em vermelho, fibras ântero-posteriores em verde e fibras súpero-inferiores em azul (**B**). Para comparação, uma imagem comum de RM, na mesma localização (**C**). CC: corpo caloso[G,A]; FCE: feixe córtico-espinhal.*

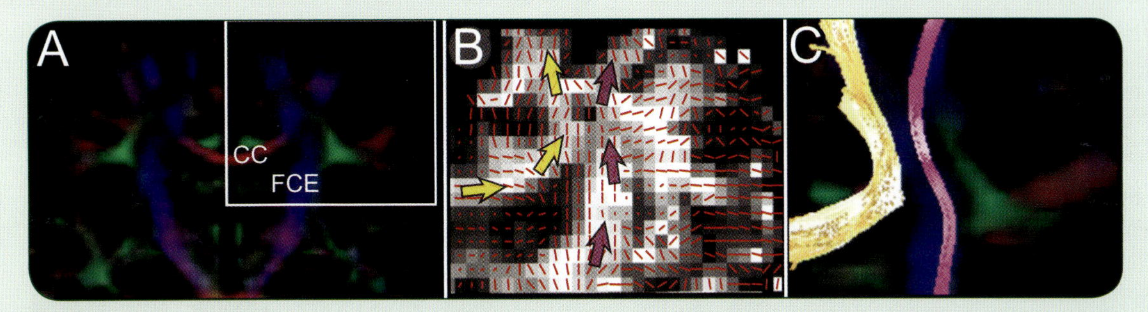

Figura 2. *A fascigrafia permite a construção, por computação gráfica, de linhas que representam os feixes de substância branca in vivo. Tais linhas são construídas obedecendo ao sentido principal de difusão (ou vetor) e à intensidade da anisotropia fracional (FA) em cada unidade cúbica de volume (voxel) do tecido. O princípio da fascigrafia compara as vias que possuem a maior coerência possível de difusão, e interliga pontos contíguos de um feixe quando seus vetores têm direção semelhante.* ***A.*** *Mapa de FA codificado em cores segundo a orientação dos feixes em plano coronal. O quadro representa a região destacada em maior aumento em* ***B*** *e* ***C***. *Em* ***B*** *mostra-se a representação dos vetores principais (traços vermelhos) no interior de cada voxel, sobrepostos em mapa de FA. As setas indicam a interligação de pontos que vão reconstruir alguns dos feixes: corpo caloso (CC, setas amarelas) e feixe córtico-espinhal (FCE, setas rosas). Em* ***C****, fibras do CC e do FCE reconstruídas em sobreposição ao mapa de FA codificado em cores, segundo a orientação dos feixes.*

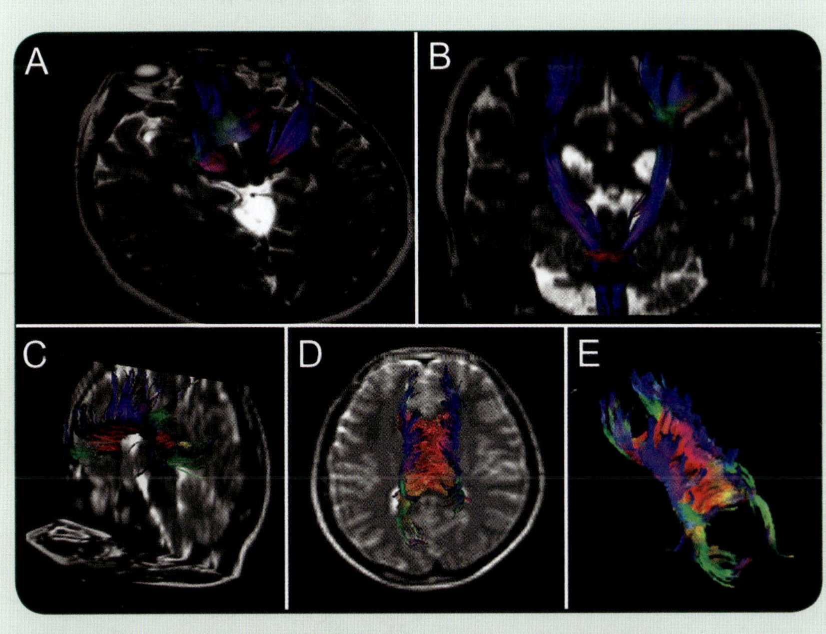

Figura 3. *Reconstrução de alguns circuitos de um individuo normal.* ***A*** *e* ***B.*** *Feixes córtico--espinhais projetados em imagens dos planos transverso* ***(A)*** *e coronal* ***(B)***. ***C*** *e* ***D*** *representam fibras do corpo caloso projetadas em imagens de ressonância magnética nos planos sagital* ***(C)*** *e transverso* ***(D)***. *Em* ***E****, o corpo caloso em detalhe.*

A família Tovar Moll.

**Pesquisadora do Instituto D'Or de Pesquisa e Ensino, Rio de Janeiro. Correio eletrônico: tovarmollf@gmail.com*

co de neurônios isolados levou ao estudo de conjuntos multineuronais relacionados a funções complexas, o que, pela análise dos padrões de atividade, tem possibilitado visualizar o desenvolvimento futuro de neuropróteses ou próteses inteligentes (Figura 1.11), movidas pelo "pensamento" da pessoa. Veja as repercussões éticas dessa possibilidade no Quadro 1.5.

Esse tipo de abordagem é essencialmente reducionista, pois pretende inferir as propriedades funcionais de uma região cerebral com milhões de neurônios interconectados, a partir das propriedades de cada um ou de um pequeno grupo deles. No entanto, apesar dessa aparente impropriedade teórica, a estratégia tem possibilitado grandes avanços na compreensão do funcionamento do sistema nervoso. Como mencionamos anteriormente, foram descobertos neurônios por uma lista inumerável de funções.

Esses e muitos outros estudos científicos tornaram irretorquível, nos dias de hoje, a concepção de que as funções mentais são o resultado da atividade coordenada de populações neuronais agrupadas em regiões restritas do cérebro. Cada um dos neurônios tem um papel analítico determinado, se se tratar de uma função sensorial, ou um papel executor muito específico, no caso de uma função motora. Como os neurônios se conectam profusamente, a atividade de um deles influencia a atividade de milhares de outras células. Por isso, fica evidente que os caminhos que a atividade neural toma através dos múltiplos circuitos neurais existentes em uma região podem variar muito em cada momento. Daí se origina a espantosa variabilidade do comportamento, especialmente do comportamento humano.

AS GRANDES FUNÇÕES NEURAIS

Mas afinal, tendo essa organização tão complexa, de que modo o sistema nervoso funciona, considerado como um todo? Como as suas funções estão representadas no tecido cerebral?

A história da Neurociência registra um confronto recorrente entre defensores de concepções opostas. Em um campo de discussão, de um lado ficavam os globalistas (ou *holistas*[4], como muitas vezes se diz), de outro os localizacionistas (ver o Quadro 1.6). Neste caso, discutia-se se as funções neurais estariam representadas simultaneamente em todas – ou pelo menos em muitas – regiões cerebrais, ou então se cada uma delas estaria representada em uma região específica. Em outro campo de discussão, de um lado se colocavam os espiritualistas, de outro os materialistas (muitas vezes chamados reducionistas). Os primeiros achavam que as funções mais complexas, como o pensamento, a emoção, a memória e outras tantas, mesmo tendo relações

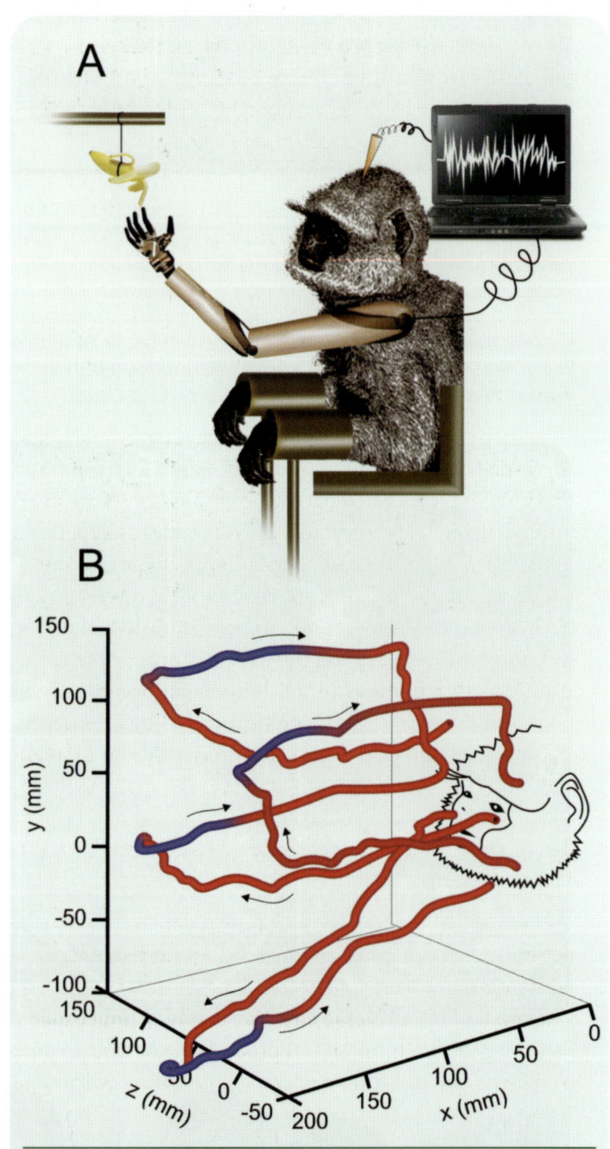

Figura 1.11. *Neste experimento, os pesquisadores captaram, por meio de microeletródios inseridos no cérebro de um macaco (**A**), a atividade elétrica simultânea de grande número de neurônios encarregados da programação motora do braço. Depois, a atividade dessa população de neurônios foi analisada por um computador, e os padrões obtidos foram utilizados para movimentar um braço robótico capaz de coletar uma fruta colocada à sua frente e levá-la à boca para comer. **B** mostra os trajetos do braço robótico no espaço (em vermelho), e os movimentos de preensão do alimento pela mão robótica (em azul). Trata-se de um experimento de neuroengenharia, ramo aplicado da Neurociência que pretende criar verdadeiras próteses inteligentes que possam ser empregadas para ajudar pessoas com doenças neurológicas incapacitantes. Modificado de S.K. Velliste e cols. (2008)* Nature *vol. 453: pp. 1098-1101.*

[4] *Termo derivado da palavra grega holos, que significa todo, conjunto.*

Quadro 1.5
Neuroética

Imagine se você pudesse tomar um comprimido um pouco antes de uma prova, que a fizesse lembrar todo o conteúdo da matéria com a rapidez de um raio. Imagine se fosse possível controlar o comportamento de um psicopata, colocando em seu cérebro um *chip* capaz de inibir suas manifestações de extrema agressividade. Imagine se uma pessoa paraplégica, cadeirante, pudesse utilizar o próprio pensamento, através de um computador, para direcionar a cadeira-de-rodas e locomover-se livremente pela casa ou pela rua. Imagine se fosse possível prognosticar ao nascimento, pela análise do seu genoma, se você seria propensa a desenvolver grave doença neurodegenerativa quando se aproximasse dos 50 anos.

Todas essas possibilidades parecem fantasiosas, mas na verdade estão no horizonte tecnológico das próximas décadas. O progresso vertiginoso da Neurociência aperfeiçoa a cada dia as neurotecnologias capazes de intervir no cérebro e modificá-lo, para o bem ou para o mal. É o que se chama atualmente *tecnologias convergentes NBIC* (nano-bio-info-cogno), uma espécie de associação de nano e biotecnologias com as técnicas de informática e aquelas que mimetizam ou influenciam os processos cognitivos humanos. As possibilidades desses desenvolvimentos são espantosas, e interferirão em todos os domínios da vida humana – na educação, na medicina, no trabalho, na vida social. Isso significa que é preciso discutir as implicações éticas desses procedimentos que se aproximam.

A pílula da memória, se for possível desenvolvê-la, deveria ser consumida por quem? Por um paciente com perda de memória? Parece razoável. Por um aluno na véspera da prova? Nesse caso, seria talvez uma espécie de dopagem, no mínimo um procedimento injusto com os demais que não teriam acesso ao mesmo medicamento. Haveria também um dilema social: alguns teriam recursos para comprar o comprimido, outros não. O implante de um *chip* controlador do comportamento talvez se justificasse em um caso claro de psicopatologia grave – mas são tênues os limites entre uma real patologia, um desvio de comportamento, e uma personalidade rebelde. Correríamos o risco de uso dessa tecnologia para o controle de dissidentes políticos, por exemplo. Um cadeirante obviamente se beneficiaria de uma cadeira-de-rodas inteligente, controlada pelo próprio cérebro do usuário. Mas... e se uma empresa exigisse de seus empregados o implante de *chips* que permitissem um controle motor mais preciso de instrumentos e robôs? E finalmente, você gostaria de saber que aos 50 anos estaria inválida pela morte inexorável de uma parcela de seus neurônios? Se soubesse o mesmo a respeito de seu filho, guardaria para si a informação, ou a revelaria a ele em algum momento da vida? Se essa informação delicada fosse dada a público, que seguradora de saúde aceitaria dar-lhe cobertura? Quem lhe ofereceria emprego?

Não é prático, porque seria ineficaz, negar o desenvolvimento dessas novas descobertas e tecnologias. Ao contrário, a maioria dos analistas tem recebido com entusiasmo essa nova onda de desenvolvimento tecnológico que prenuncia suceder à revolução das comunicações que tem caracterizado a transição entre o século 20 e o século 21. No entanto, todo novo conhecimento apresenta desafios e suas aplicações podem ser benéficas ou não. Por isso, é indispensável que todos discutamos, em sociedade, os desafios da Neuroética. A discussão poderia começar por aqueles que lidam mais de perto com esses temas, os neurocientistas, os profissionais de saúde, os estudantes e aqueles que se interessam pelo assunto. Mas, na verdade, é uma discussão que pertence a toda a sociedade.

com o cérebro, seriam no entanto emergentes, ou seja, obedeceriam a uma lógica própria, independente dele. Os últimos argumentavam que todas as funções psicológicas seriam originadas da atividade cerebral. Essa discussão de natureza filosófica se estende até os dias de hoje, estando ainda por serem resolvidos muitos de seus aspectos. O autor deste livro considera que os localizacionistas e os materialistas têm apresentado melhores argumentos do que os seus opositores, e que suas teses constituem explicações mais sólidas para os dados obtidos pela experimentação científica.

A LOCALIZAÇÃO DAS FUNÇÕES

Um bom exemplo – mas não o único – de localização cerebral de uma função neuropsicológica complexa, típica do homem, é a linguagem. Já no século passado, neurologistas europeus descreveram casos de pacientes que haviam perdido a capacidade de falar (afásicos, segundo a terminologia atual), e cujos cérebros, observados após a morte, apresentavam sinais de lesão em uma região restrita do hemisfério cerebral esquerdo (Figura 1.12). Além disso, foram identificados a seguir outros pacientes que haviam perdido

HISTÓRIA E OUTRAS HISTÓRIAS

Quadro 1.6
A Frenologia e o Nascimento da Neurociência Experimental

Suzana Herculano-Houzel*

O século 19 viu grandes mudanças na apreciação da existência humana. Emergia uma sociedade civil desejosa de se construir independentemente do dogma e do poder religioso. Nascia a Biologia, identificando funções e localizando-as em estruturas anatômicas definidas. Findava a crença em um reino humano à parte, numa revolução de ideias cujo mais veemente porta-voz era Charles Darwin (1809-1882), que abalou a sociedade com a proposição de que o homem descende do macaco. E a mente, atributo supremo e divino do homem, deixava os vapores etéreos para encarnar-se na matéria cerebral humana.

Até então, a principal teoria considerava que a mente residia nos espaços ventriculares do cérebro. Era a doutrina ventricular, iniciada no século 4 d.C., quando a Igreja Católica incorporou os ensinamentos anatômicos do romano Galeno (130-200 d.C.). Provavelmente considerando as "partes sólidas" do cérebro sujas e terrenas demais para agir como intermediárias entre o corpo e a alma, as funções superiores foram atribuídas aos ventrículos cerebrais, confundidos com "espaços" vazios e, portanto, mais "puros" e nobres para receber espíritos etéreos do que a carne da matéria cerebral. Além do mais, a identificação de três "células" ventriculares – a anterior, a mediana e a posterior – traçava um paralelo benvindo com a Santa Trindade. Em todas as versões dessa doutrina ao longo dos séculos obedeceu-se a um esquema básico de distribuição das funções mentais em três etapas sucessivas, correspondentes aos três ventrículos. A primeira etapa era a coleta de impressões do ambiente (as sensações); a segunda, o processamento das impressões em imaginação ou pensamento; e a terceira, seu armazenamento na memória.

O reinado da doutrina ventricular coincidiu razoavelmente com a crença de que o córtex cerebral não possui uma estrutura ordenada, e caiu junto com ela. A partir do momento em que se reconheceu que o córtex tem zonas anatomicamente definidas, passou a ser possível – e mesmo compreensível – propor que diferentes funções mentais se alojam em diferentes porções do córtex. O mais ilustre e provavelmente primeiro proponente da localização cerebral das funções mentais foi o austríaco Franz Gall (1758-1828), aliás um grande anatomista e um dos primeiros a ilustrar com precisão as circunvoluções corticais.

Gall acreditava que o cérebro é uma máquina sofisticada que produz comportamento, pensamento e emoção, e que o córtex cerebral é na verdade um conjunto de órgãos com diferentes funções. Postulou a existência de 27 faculdades "afetivas e intelectuais", e assumiu que: (1) elas se localizam em órgãos específicos (áreas) do córtex cerebral; (2) o nível de atividade de cada função determina o tamanho do órgão cortical respectivo; e (3) o desenvolvimento das faculdades mentais de cada indivíduo (e, portanto, de seus órgãos corticais) causa protuberâncias características nas partes do crânio que os cobrem, através das quais a personalidade do indivíduo pode ser avaliada (Figura).

Dividir a mente em 27 faculdades localizadas em órgãos cerebrais era demais em uma época em que o cérebro sequer era aceito abertamente como o órgão da mente (veja a Figura 1.14A). E, se repartir a mente era uma afronta à unidade da alma exigida pela Igreja, repartir o cérebro em 27 pedacinhos, cada um com sua função, era uma ameaça à unidade do Estado. Consequência: em 1805, Gall foi expulso de Viena. Dois anos depois chegou a Paris, onde tentou entrar para a Academia de Ciências. Suas ideias descentralizadoras bateram de frente com a visão de Georges Cuvier (1769-1832), anatomista francês que liderou a comissão que julgou o mérito de Gall. Para Cuvier, o cérebro servia para receber impressões dos sentidos pelos nervos e transmiti-las ao espírito, conservar traços dessas impressões e reproduzir as impressões quando o espírito precisasse delas para suas operações. Compreender essas três funções requereria transpor o hiato entre a matéria e o "eu indivisível", e seria preciso buscar uma zona do cérebro à qual todos os nervos levariam ou da qual todos partiriam, "que denominamos, na anatomia, o trono da alma". Gall, que mostrava inclusive que os nervos não deixavam o cérebro de um só ponto, foi obviamente rejeitado pela Academia. Ainda assim, suas ideias tiveram uma influência marcante nas gerações seguintes. Mesmo porque seu discípulo Johann Spurzheim (1776-1832), que partiu em 1813 para a Inglaterra e em seguida para os Estados Unidos, continuou publicando artigos e popularizando as ideias do que ele denominou "frenologia".

Por mais infundada que fosse a proposição de Gall de medir as funções mentais através de protuberâncias do crânio, a novidade da sua suposta localização em diferentes regiões do cérebro oferecia uma hipótese de

Os frenologistas realizavam sessões de craniometria para avaliar as "capacidades mentais" dos seus clientes. A ideia de localização funcional era correta, mas sua "aplicação" prática foi indevida. Modificado de L'Âme au Corps (1993) Gallimard/Electa, França.

trabalho muito clara e facilmente testável: se cada parte do córtex tem uma função diferente, deveria ser possível provocar deficiências específicas no comportamento animal através da remoção de porções circunstritas do córtex cerebral. Movidos pela ânsia de provar que Gall não tinha razão, em breve os cientistas começaram a provocar lesões cerebrais em animais de laboratório e a observar suas consequências – que, afinal, dependiam da localização das lesões. Nascia o espírito da Neurociência experimental que conhecemos hoje.

*Professora-adjunta do Instituto de Ciências Biomédicas da Universidade Federal do Rio de Janeiro. Correio eletrônico: suzanahh@gmail.com.

a capacidade de compreender a fala de seus interlocutores, embora fossem capazes de falar razoavelmente. Estes doentes apresentavam lesões cerebrais também restritas ao hemisfério esquerdo, mas situadas em regiões diferentes, mais posteriores. Concluiu-se que a expressão da linguagem (a fala propriamente dita) estaria representada no lobo[G] frontal do hemisfério esquerdo, enquanto a compreensão da linguagem estaria representada na parte posterior do lobo temporal desse mesmo hemisfério. Recentemente esse quadro se modificou, pois se encontraram pacientes com alterações sutis da linguagem, como a expressão de aspectos afetivos (emocionais) que a acompanham, relacionados com a expressão facial e a gesticulação, que conferem afetividade à fala. Os cérebros desses pacientes apresentaram lesões restritas em regiões semelhantes às descritas por Broca, só que no hemisfério direito. Você encontrará maiores detalhes sobre a localização da linguagem no Capítulo 19.

O trabalho de mais de um século dos neurologistas que estudaram o efeito de lesões no cérebro sobre a linguagem permitiu concluir que os vários componentes dessa função estão representados em regiões cerebrais circunscritas. A lógica desses trabalhos, entretanto, admitia que, se o desaparecimento de uma região cerebral produzisse um déficit funcional, então essa região seria, em condições normais, a "sede" dessa função. Essa lógica deixava de considerar que após uma lesão o cérebro poderia se reorganizar de algum modo, com outras regiões passando a participar da função. Isso acontece com o cérebro dos cegos, por exemplo, cujas regiões visuais são gradativamente "invadidas" por circuitos que representam outros sentidos, como o tato e a audição. Portanto, o déficit final poderia não refletir exatamente a pura falta da região lesada, mas sim o resultado da reorganização funcional do sistema. Essa desvantagem do tradicional método das lesões foi dirimida com o advento das técnicas de imagem funcional do sistema nervoso. Essas técnicas permitem produzir imagens precisas do fluxo sanguíneo cerebral ou do metabolismo neuronal de indivíduos normais, representando-os com cores diferentes para os diversos valores medidos (Figura 1.13). Tanto o fluxo sanguíneo como o metabolismo neuronal de cada região são proporcionais à atividade sinalizadora dos neurônios aí existentes, isto é, à produção e veiculação de impulsos nervosos. Dessa forma, as cores mais claras representam as regiões mais ativas, e as escuras, as regiões pouco ativas.

O procedimento consiste em provocar uma determinada função do indivíduo e analisar se essa atividade funcional específica "ilumina" uma, muitas ou todas as regiões cerebrais. Observou-se, por exemplo, em concordância com os estudos de pacientes com lesões, que a função do tato está representada em uma região bem demarcada do lobo parietal, que a função auditiva é realizada por um setor restrito do lobo temporal (Figura 8.10), que a visão é localizada no lobo occipital[A] (Figura 9.8), e assim por diante. Nesses estudos, o indivíduo não apresenta lesões. Portanto,

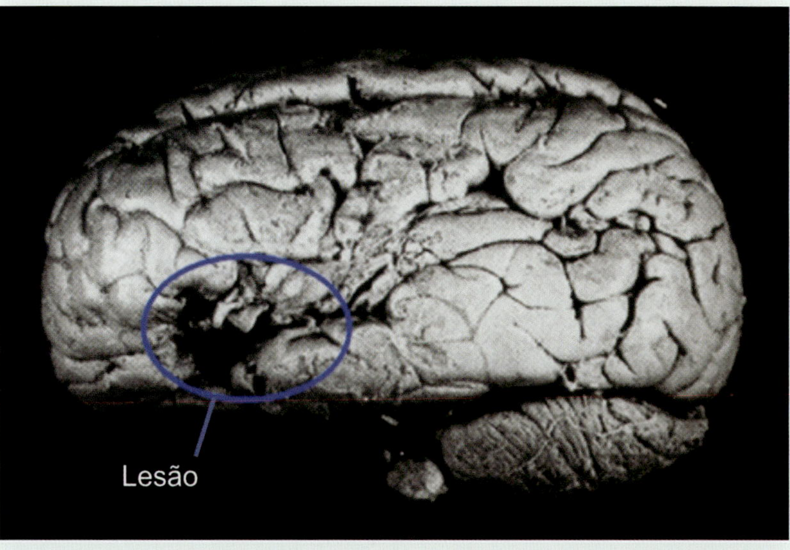

Figura 1.12. *Monsieur Laborgne foi um paciente que possibilitou uma grande descoberta da Neurologia. Depois de um acidente vascular encefálico, Laborgne não conseguiu mais falar. Após sua morte, seu cérebro (à direita) foi estudado pelo neurologista francês Pierre-Paul Broca (1824-1880; foto à esquerda), que lançou a hipótese, hoje muitas vezes confirmada, de que a linguagem e muitas outras funções neurais são precisamente localizadas em regiões específicas do encéfalo.*

experimentos como este permitem concluir fortemente em favor da localização cerebral das funções neurais, mesmo as mais complexas dentre as funções mentais, como é o caso da linguagem e – ainda mais – de julgamentos emocionais ou morais (Figura 1.13). Experimentos desse tipo podem ser feitos facilmente, bastando solicitar ao indivíduo que reflita sobre uma frase que lhe é apresentada durante uma sessão de ressonância magnética funcional: "o aborto deve ser liberado", por exemplo, ou "os índios são seres inferiores". Ao julgar o conteúdo moral dessas frases (concordando ou discordando delas), o indivíduo emprega certas áreas cerebrais e não outras, e a sua localização é assim determinada.

Experimentos como os descritos anteriormente são fortes evidências da tese dos localizacionistas de que o sistema nervoso funciona como um mosaico de regiões, cada uma encarregada de realizar uma determinada função. Isso não significa, é claro, que essas regiões operem isoladamente. Ao contrário, o grau de interação entre elas é altíssimo, pois o número e a variedade de conexões neurais é muito grande. E é natural que seja assim, pois não há função mental pura, mas sempre uma combinação muito complexa de ações fisiológicas e psicológicas em cada ato que os indivíduos realizam. Um exemplo bastaria para compreender esse aspecto. É só pensar em um professor que fala a seus alunos. Ao mesmo tempo em que articula as palavras, o professor olha e vê seus alunos, ouve o burburinho da sala e as perguntas, modula a respiração de acordo com o seu discurso, pensa no que vai dizer a seguir, lembra-se do que disse antes, busca na memória o que aprendeu durante sua carreira, move os olhos, a cabeça e o corpo em diferentes direções, gesticula de acordo com o que diz, e assim por diante. A lista não termina aqui, e poderia ser aumentada indefinidamente.

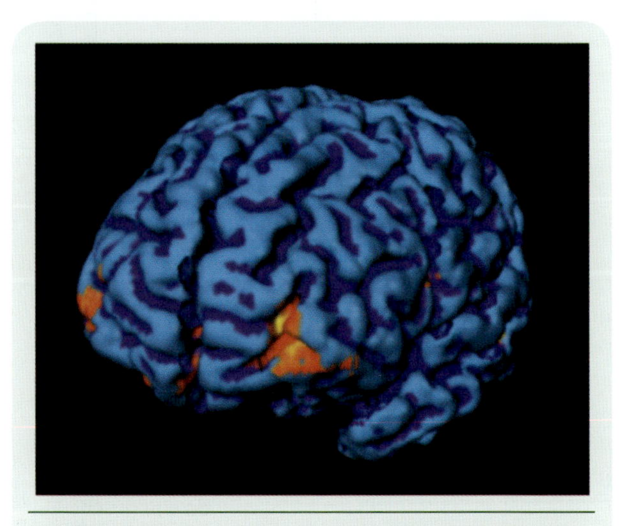

Figura 1.13. *A localização funcional pode hoje ser demonstrada em pessoas normais em vida, através da ressonância magnética funcional. Essa técnica de imagem mostra as regiões mais ativas do cérebro, quando o indivíduo é estimulado ou executa uma tarefa específica. Neste caso, o indivíduo foi solicitado a refletir sobre uma frase com implicações morais: a atividade neural correspondente ficou bem localizada no lobo frontal*[A] *em ambos os lados (áreas em vermelho e amarelo). Foto cedida por Jorge Moll Neto, do Instituto D'Or de Ensino e Pesquisa, Rio de Janeiro.*

Com a devida cautela, portanto (porque a lista aumenta a cada dia), pode-se considerar que o mosaico de funções cerebrais é algo parecido com o que está representado na Figura 1.14B. Se formos subdividindo as funções, o "grão" do mosaico ficará cada vez mais reduzido. Por isso, a Figura 1.14B deve ser considerada apenas como um esquema aproximado e necessariamente incompleto. Observa-se então que o lobo occipital concentra as funções relacionadas à visão, o lobo temporal[A] representa a audição, aspectos elaborados da visão, a compreensão linguística e alguns aspectos da memória, o lobo parietal agrupa as funções de sensibilidade corporal e reconhecimento espacial, e o lobo frontal as funções motoras, de expressão linguística, memória e funções de planejamento mental do comportamento.

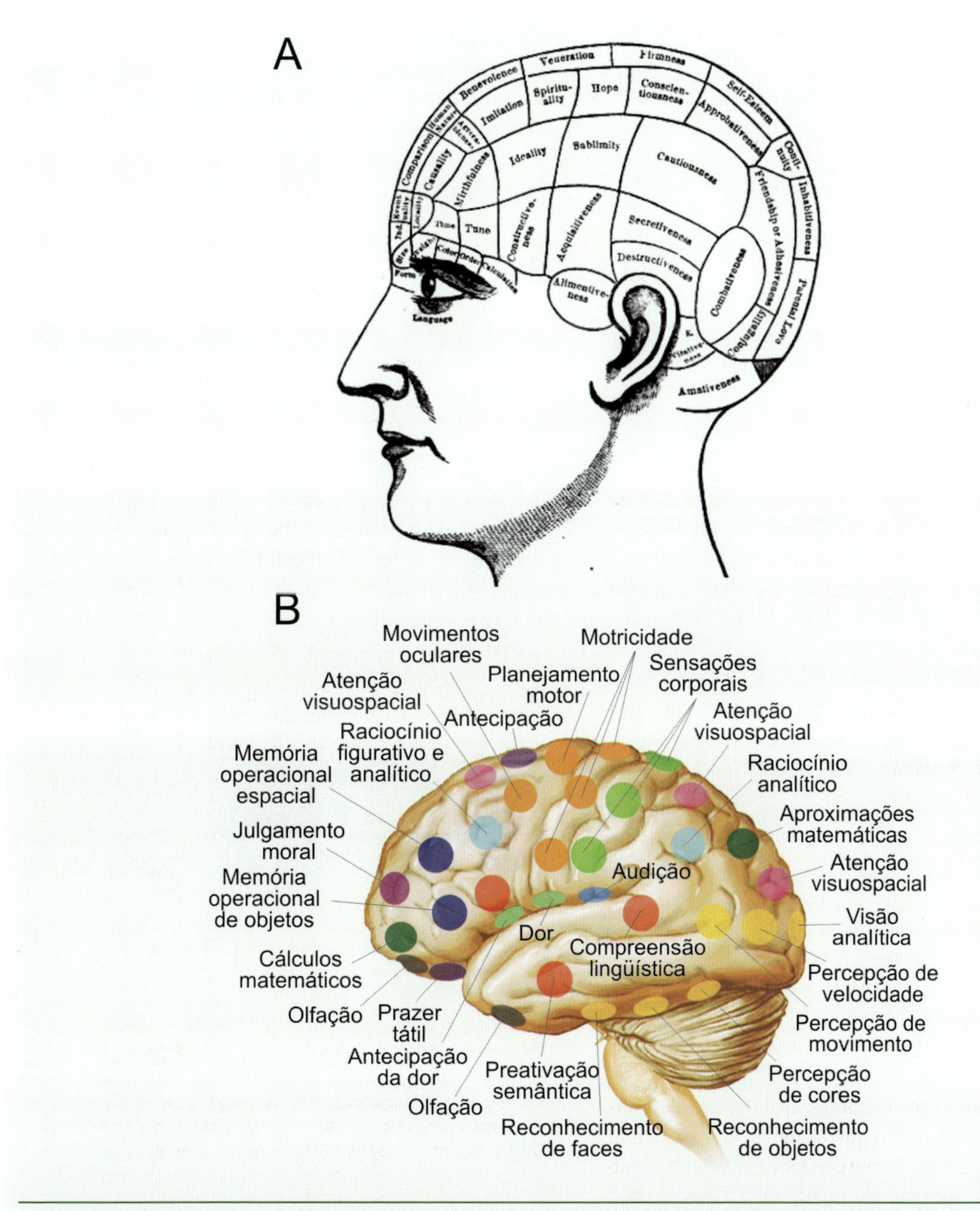

▸ **Figura 1.14.** *No século 19, os localizacionistas atribuíam ao cérebro funções imaginárias em locais imaginários (**A**), acreditando que elas causavam as irregularidades observadas no crânio, e mais: acreditando poder prever a personalidade de um indivíduo pela palpação craniana. Os mapas funcionais da atualidade (**B**) baseiam-se em dados científicos obtidos em animais experimentais, e confirmados em seres humanos através do estudo de lesões e das técnicas de imagem funcional. **B** modificado de M.J. Nichols e W.T. Newsome (1999)* Nature *vol. 402 (suppl.), pp. C35-C38.*

Conclui-se de tudo isso que o sistema nervoso central – o cérebro em especial – é o grande maestro da mente e do comportamento humano. Com os seus numerosos circuitos neuronais e a participação essencial das células gliais, cada região cerebral executa em paralelo, a cada momento, a sua parte na coordenação de todas as nossas atividades do dia-a-dia. Nosso cérebro está em atividade permanente: não há regiões silenciosas, ou "de reserva" – usamos todo o cérebro, sempre. Algumas regiões, é claro, tornam-se mais ativas quando a sua função é mais requisitada, e até mesmo durante o sono o cérebro está em atividade. Os sonhos são uma prova disso.

A Neurociência é uma das disciplinas mais ricas e inovadoras da ciência moderna. Prepara-se para revelar um dos mistérios mais complexos da natureza: de que modo uma espécie peculiar de animais pôde se tornar capaz de pensar, planejar o futuro, guardar registro do passado remoto, e intervir no meio ambiente com tanta intensidade (para o bem ou para o mal...) como o faz a espécie humana. A revelação dos mecanismos neurais da mente humana permitirá sonhar com a cura de doenças incapacitantes – neurológicas e psiquiátricas – que afligem tantos seres humanos. E também ampliar a um nível imprevisível as capacidades sensoriais e informacionais da humanidade, pela invenção de máquinas e dispositivos inteligentes, capazes de realizar as nossas sofisticadas funções mentais, e substituir-nos quando for necessário. Uma perspectiva desafiadora para o século 21!

GLOSSÁRIO

AFERENTE: adjetivo que qualifica um elemento que *chega* a um ponto de referência qualquer do sistema nervoso. Ver também *eferente*.

CORPO CALOSO: grande feixe de fibras nervosas que interliga os dois hemisférios cerebrais.

DEGENERAÇÃO WALLERIANA: forma de degeneração de um axônio quando este é desconectado do corpo celular, descoberta por Augustus Waller (1816-1870). O fenômeno progride da região da lesão até as regiões terminais, e é por isso chamado também *degeneração anterógrada*.

EFERENTE: adjetivo que qualifica um elemento que *sai* de um ponto de referência qualquer do sistema nervoso. Ver também aferente.

FASCÍCULO: conjunto de fibras nervosas paralelas, menos calibroso que um nervo ou feixe.

FILETE: conjunto de fibras nervosas paralelas, menos calibroso que um fascículo.

GÂNGLIO: agrupamento periférico de neurônios, às vezes encapsulado, outras vezes embutido na parede das vísceras, com função sensitiva ou motora visceral. Alguns autores usam "gânglio" como sinônimo de núcleo.

GIRO: dobradura do córtex cerebral de alguns animais, delimitada por dois sulcos laterais. Também chamado circunvolução.

LOBO: uma das cinco divisões arbitrárias da superfície do cérebro: frontal, parietal, temporal, occipital e lobo da ínsula.

NERVO: conjunto de fibras nervosas agrupadas em paralelo, geralmente situado no sistema nervoso periférico formando longos cordões revestidos de tecido conjuntivo.

NÚCLEO: agrupamento de neurônios do SNC, identificável ao microscópio por suas características morfológicas, e que geralmente tem uma única função.

SULCO: depressão estreita situada entre dois giros do córtex cerebral de alguns animais. Também chamado fissura.

TRATO OU FEIXE: conjunto de fibras nervosas paralelas compactadas como em um nervo, porém embutidas no interior do sistema nervoso central, sem o revestimento conjuntivo típico do nervo.

SABER MAIS

LEITURA BÁSICA

Bear MF, Connors BW, Paradiso MA. Neuroscience: Past, Present, and Future. Capítulo 1 de *Neuroscience: Exploring the Brain*. Baltimore: Lippincott Williams & Wilkins, 2007 pp. 3-22. *Texto introdutório de conotação histórica sobre o sistema nervoso e a disciplina que o estuda.*

Herculano-Houzel S. Uma Breve História da Relação entre o Cérebro e a Mente. Capítulo 1 de *Neurociência da Mente e do Comportamento* (Lent R, coord.). Rio de Janeiro: Guanabara-Koogan 2008, pp. 1-17. *Abordagem histórica da Neurociência.*

Lent R. A Estrutura do Sistema Nervoso. Capítulo 2 de *Neurociência da Mente e do Comportamento* (Lent R, coord.). Rio de Janeiro: Guanabara-Koogan, 2008, pp. 19-43. *Texto conciso sobre as bases da neuroanatomia e neuro-histologia.*

Bloom FE. Fundamentals of Neuroscience. Capítulo 1 de *Fundamental Neuroscience* (Squire LR *et al.*, orgs.). Nova York: Academic Press, 2008, pp. 3-14. *Texto introdutório sobre os objetivos da Neurociência.*

Swanson LW. Basic Plan of the Nervous System. Capítulo 2 de *Fundamental Neuroscience* (Squire LR *et al.*, orgs.), Nova York: Academic Press, 2008, pp. 15 a 40. *Conceitos fundamentais sobre evolução, desenvolvimento e estrutura do sistema nervoso.*

LEITURA COMPLEMENTAR

Spurzheim JG. *Phrenology, or the Doctrine of the Mind* . Londres: Knight, (3ª ed.), 1825.

Lashley KS. *Brain Mechanisms and Intelligence: A Quantitative Study of Injuries to the Brain*. Chicago: University of Chicago Press, 1929.

Sherrington C. *The Integrative Action of the Nervous System* (2ª ed.). Cambridge: Cambridge University Press, 1947.

Shepherd GM. *Foundations of the Neuron Doctrine*. Oxford: Oxford University Press, 1991.

Churchland PM. *The Engine of Reason, the Seat of the Soul. A Philosophical Journey into the Brain*. Cambridge: MIT Press, 1995.

Rose S. *The future of the brain*. *Biologist* 2000; 47:96-99.

Kandel ER e Squire LR. Neuroscience: breaking down scientific barriers to the study of brain and mind. *Science* 2000; 290:1113-1120.

Albright TD, Jessell TM, Kandel ER, Posner MI. Neural science: a century of progress and the mysteries that remain. *Neuron* 2000; 25 Suppl: S1-S5.

Nicolelis MA e Ribeiro S. Multielectrode recordings: the next steps. *Current Opinion in Neurobiology* 2002; 12:602-606.

Toga AW. Imaging databases and neuroscience. *Neuroscientist* 2002; 8:423-436.

Kosik KS. Beyond phrenology, at last. *Nature Reviews Neuroscience* 2003; 4:234-239.

Fuchs T. Ethical issues in neuroscience. *Current Opinion in Psychiatry* 2006; 19:600-607.

Herculano-Houzel S, Mota B, Lent R. O How to build a bigger brain: Cellular scaling rules in rodent brains. In: *Evolution of Nervous Systems: A Comprehensive Reference*, vol. 4 (J. Kaas, Ed.), Oxford: Elsevier, 2007, pp. 156-166.,.

Herculano-Houzel S, Collins CE, Wong P, Kaas JH, Lent R. The basic non-uniformity of the cerebral cortex. *Proceedings of the National Academy of Sciences of the USA*, 2008; 105:12593-12598.

Velliste M, Perel S, Spalding MC, Whitford AS, Schwartz AB. Cortical control of a prosthetic arm for self-feeding. *Nature* 2008; 453:1098-1101.

Azevedo FAC, Carvalho LRB, Grinberg LT, Farfel JM, Ferretti R, Lent R, Leite R, Jacob Filho W, R. Lent e S. Herculano-Houzel. Eighty-five billion neurons and an equivalent number of glial cells make the human brain an isometrically scaled-up primate brain. *Journal of Comparative Neurology*, 2009; 513:532-541.

2

Nascimento, Vida e Morte do Sistema Nervoso

Desenvolvimento Embrionário, Maturação Pós-natal, Envelhecimento e Morte do Sistema Nervoso

Maternidade, de Emiliano Di Cavalcanti (1949), óleo sobre tela

SABER O PRINCIPAL

Resumo

O sistema nervoso transforma-se com o tempo. Por isso, o desenvolvimento embrionário, a maturidade, o envelhecimento e a morte são fenômenos sequenciais da sua existência.

A morfogênese do sistema nervoso representa a série de transformações morfológicas que ocorrem durante o desenvolvimento embrionário. O sistema nervoso surge muito cedo no embrião, como uma placa de células ectodérmicas que proliferam e se transformam em um tubo cilíndrico. Este cresce, contorce-se e se transforma em uma estrutura composta de vesículas – protuberâncias que sobressaem ao tubo neural – que são as precursoras das grandes regiões do sistema nervoso.

O desenvolvimento neural segue uma sucessão de etapas que conduzem à gradativa especialização dos neurônios juvenis, à sua agregação e à formação dos circuitos neurais entre eles. As células nervosas se dividem várias vezes, mas em um certo momento interrompem o ciclo celular, migram para seus locais de destino, adquirem suas características morfológicas, funcionais e químicas, emitem axônios que crescem até locais distantes do corpo e lá estabelecem sinapses. A finalização do desenvolvimento consiste na eliminação seletiva de neurônios, axônios e sinapses excedentes, e finalmente na mielinização dos feixes. As células da neuroglia desenvolvem-se mais prolongadamente ao longo do tempo.

Em paralelo com essa sequência biológica de eventos, estabelecem-se gradativamente as funções do sistema nervoso humano: ainda dentro do útero, o feto começa a se mover e a indicar que capta informações sensoriais; depois, ao nascimento, alguns reflexos simples são logo associados e se tornam mais e mais complexos. Algumas capacidades cognitivas aparecem, e logo a linguagem permite um grande avanço psicológico da criança, que se estende em uma série intensiva de aquisições mentais.

O envelhecimento representa uma cadeia de etapas degenerativas que inevitavelmente resultam na morte do sistema nervoso e do indivíduo. O cérebro envelhece por uma crescente dificuldade em sintetizar substâncias essenciais ao metabolismo e à função neuronal, e pela síntese de substâncias anômalas que agridem os neurônios e se depositam no tecido. Como consequência, o indivíduo apresenta sintomas cada vez mais acentuados de deficiências sensoriais, motoras e psicológicas.

Quando pensamos no sistema nervoso, geralmente o fazemos considerando-o adulto e já formado. Algo pronto e acabado. No entanto, como todas as estruturas biológicas, ele se modifica muito ao longo do tempo de vida de um indivíduo. Surge de repente a partir de uma única célula-ovo, sofre um explosivo crescimento que modifica inteiramente sua forma e sua função durante a vida embrionária, parece estável após o nascimento e durante a vida adulta (sem sê-lo realmente, pois muita coisa muda na microestrutura e no funcionamento dos circuitos neurais maduros), e lentamente degenera e morre. O sistema nervoso do homem, que surge de umas poucas células do embrião, chega a atingir cerca de centenas de bilhões de células na vida adulta, formando muitos trilhões de circuitos de alta precisão. Como ocorre essa incrível transformação? De que modo as células-filhas vão se modificando e se especializando? Como os axônios de uma certa população de neurônios conseguem encontrar seus alvos, situados a distância, para formar os circuitos corretos? Quem controla esses processos, o genoma ou o ambiente? E por que tudo isso acaba por degenerar e, finalmente, desaparecer com a morte?

São inúmeras as questões que podemos formular ao introduzir no estudo do sistema nervoso a dimensão tempo. Mas ao fazer isso devemos estar cientes de uma diferença importante: há o tempo dos indivíduos e o tempo das espécies. O primeiro caracteriza o estudo da neuroembriologia, e é o tema deste capítulo. O segundo caracteriza o estudo da filogênese do sistema nervoso. A diferença é a escala. O tempo dos indivíduos varia muito com a espécie, mas raramente ultrapassa 200 anos, no caso dos animais. Já o tempo das espécies se estende para trás por muitos milhões de anos, desde que apareceram os primeiros seres unicelulares, e possivelmente alcançará outro tanto em direção ao futuro.

Neste capítulo, acompanharemos as mudanças morfológicas e funcionais que o sistema nervoso sofre desde que primeiro se forma no embrião até que atinge a maturidade no indivíduo adulto. A seguir, conheceremos os mecanismos celulares que determinam os fenômenos do desenvolvimento. É que não basta descrever as transformações: é preciso conhecer os seus determinantes. Os mecanismos celulares são determinantes do desenvolvimento biológico do sistema nervoso, e este por sua vez determina em grande medida o desenvolvimento das funções e capacidades neuropsicológicas do indivíduo. Depois, você acompanhará as transformações naturais que ocorrem no cérebro e nas funções neurais durante o envelhecimento, até a morte. Do mesmo modo, conhecerá os mecanismos celulares que determinam esses processos neurodegenerativos.

DO OVO AO INDIVÍDUO ADULTO: A ESTRUTURA DO SISTEMA NERVOSO TRANSFORMA-SE RADICALMENTE

Depois que o espermatozoide penetra no óvulo, o zigoto[G] adquire sua plena carga genética e inicia as transformações que originarão o embrião e depois o indivíduo adulto. O primeiro fenômeno importante ocorre no dia seguinte à fecundação, ainda na trompa da mulher (Figura 2.1A), e consiste em uma série de divisões mitóticas do zigoto, até que se forma uma pequena esfera sólida composta de muitas células. Por analogia com uma amora, essa esfera foi chamada de mórula. A mórula atinge o útero, continuando a se dividir (Figura 2.1A), e logo aparece uma cavidade no seu interior, chamada blastocele. A esfera agora se parece com uma bola oca. Nesta fase recebe o nome de blástula e está prestes a implantar-se na parede uterina (Figura 2.1B). As células da blástula não param de dividir-se, mas proliferam mais em um dos polos, cuja parede se torna mais espessa. No final da 1ª semana de gravidez, a blástula está firmemente inserida na parede uterina, e por isso passa a se chamar blastocisto (Figura 2.1C). Nessa ocasião, uma nova cavidade forma-se na sua parte mais espessa, a cavidade amniótica. Uma estrutura plana em forma de fita, constituída por dois folhetos de células, separa agora a cavidade amniótica da blastocele. O folheto mais interno é o *endoderma*, e o mais externo é o *ectoderma*. É o ectoderma que vai dar origem ao sistema nervoso. O conjunto dos dois folhetos é o embrião em sua forma mais precoce.

Na passagem da segunda para a 3ª semana de gravidez, em um certo ponto do ectoderma as células proliferam mais intensamente e migram para dentro de um orifício que se forma nesse folheto, como a água que penetra em um ralo. Diz-se então que ocorre a invaginação do ectoderma, formando um terceiro folheto entre este e o endoderma, chamado *mesoderma* (Figura 2.1D). Neste ponto o embrião fica constituído por três folhetos justapostos, que podem ser vistos em corte na Figura 2.2.

O mesoderma exerce uma forte influência sobre o ectoderma que o cobre, agora chamado *neuroectoderma,* porque é a partir dele que se formará a quase totalidade do sistema nervoso. O resultado da interação do mesoderma com o neuroectoderma é que as células deste proliferam e se alongam, tornando-se cilíndricas. A região fica mais

[G] *Termo constante do glossário ao final do capítulo.*

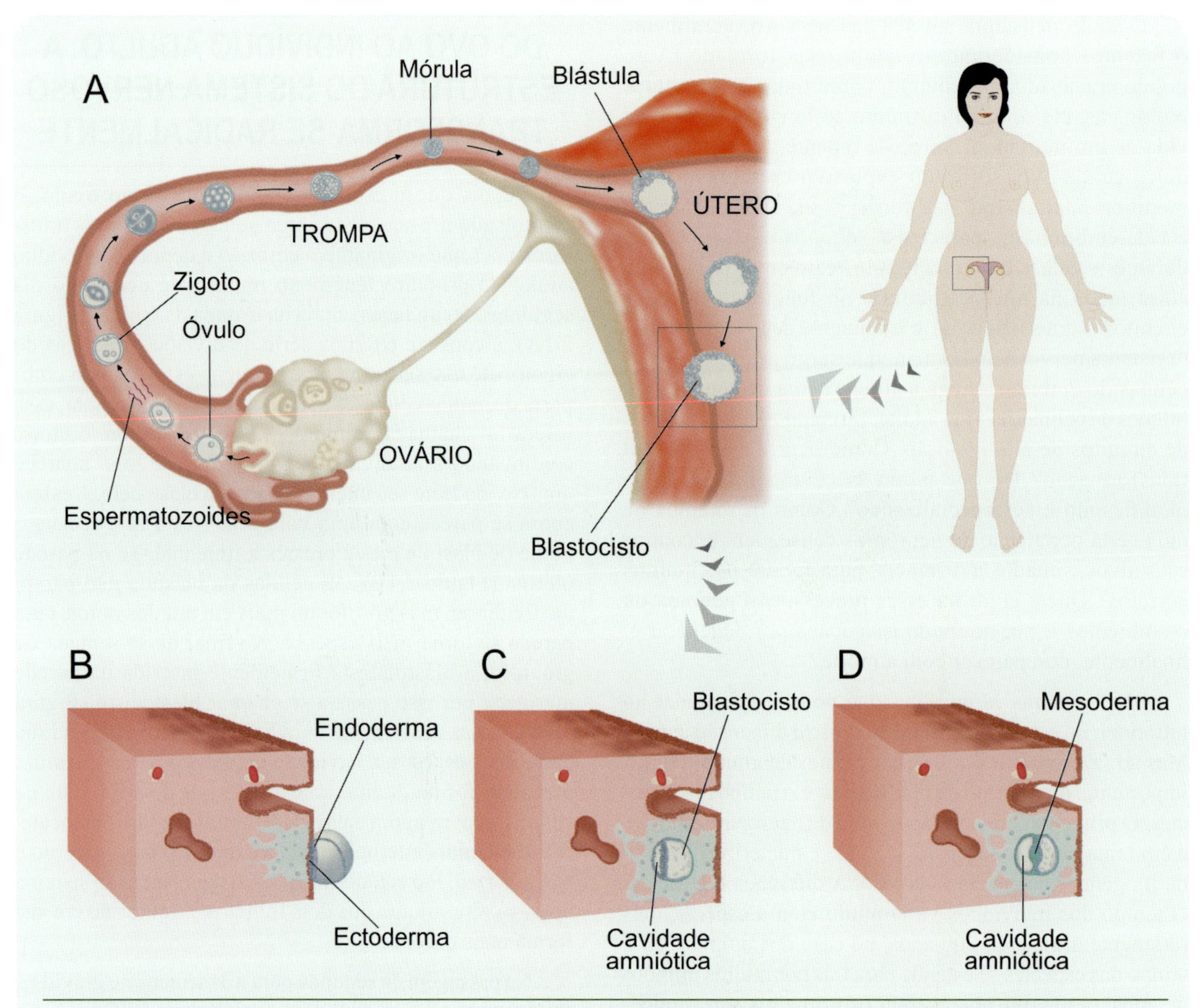

Figura 2.1. *Os estágios iniciais da embriogênese transcorrem em diferentes regiões do sistema reprodutor da mulher (pequeno retângulo no desenho de cima, à direita). Na ampliação em* ***A*** *vê-se um esquema dos eventos que transcorrem entre a fecundação e a implantação do embrião no útero. O zigoto divide-se várias vezes a caminho do útero, e o embrião finalmente "ancora" em algum ponto da parede uterina. A sequência de baixo mostra as transformações do embrião ao implantar-se (****B****), na fase de aparecimento da cavidade amniótica (****C****) e do surgimento dos três folhetos embrionários primordiais (****D****).*

espessa e passa a ser chamada de *placa neural* (Figura 2.2A, A1). As células continuam a se dividir e tornam-se agora prismáticas, causando com isso o dobramento da placa neural em torno de um sulco – o sulco neural (Figura 2.2B, B1). O dobramento da placa acentua-se gradativamente, e ela acaba por se fechar sobre si mesma e formar um tubo – o *tubo neural* (Figura 2.2C, C1, D, D1). No ponto de encontro dos lábios do sulco neural, quando o tubo está prestes a se formar, algumas células se destacam e constituem duas lâminas longitudinais, conhecidas como *cristas neurais* (ver a Figura 2.5). A placa e, depois, o tubo e as cristas neurais, podem ser considerados as mais precoces estruturas precursoras do sistema nervoso. O tubo neural irá formar o sistema nervoso central, enquanto a crista dará origem aos componentes do sistema nervoso periférico.

O embrião tem agora 1 mês de vida intrauterina. A formação de vários órgãos já se iniciou, em paralelo com a do sistema nervoso. O desenvolvimento deste pode agora ser acompanhado separadamente, para facilitar a compreensão de suas transformações estruturais (Figura 2.3). Logo que o tubo neural completa o seu fechamento, pode-se perceber que a extremidade cranial vai se dilatando, formando três "bolhas" conhecidas como *vesículas encefálicas primitivas*, resultantes da intensa proliferação das células dessa região. A vesícula mais anterior é chamada *prosencéfalo*, a do meio, *mesencéfalo*, e a mais posterior, *rombencéfalo*.

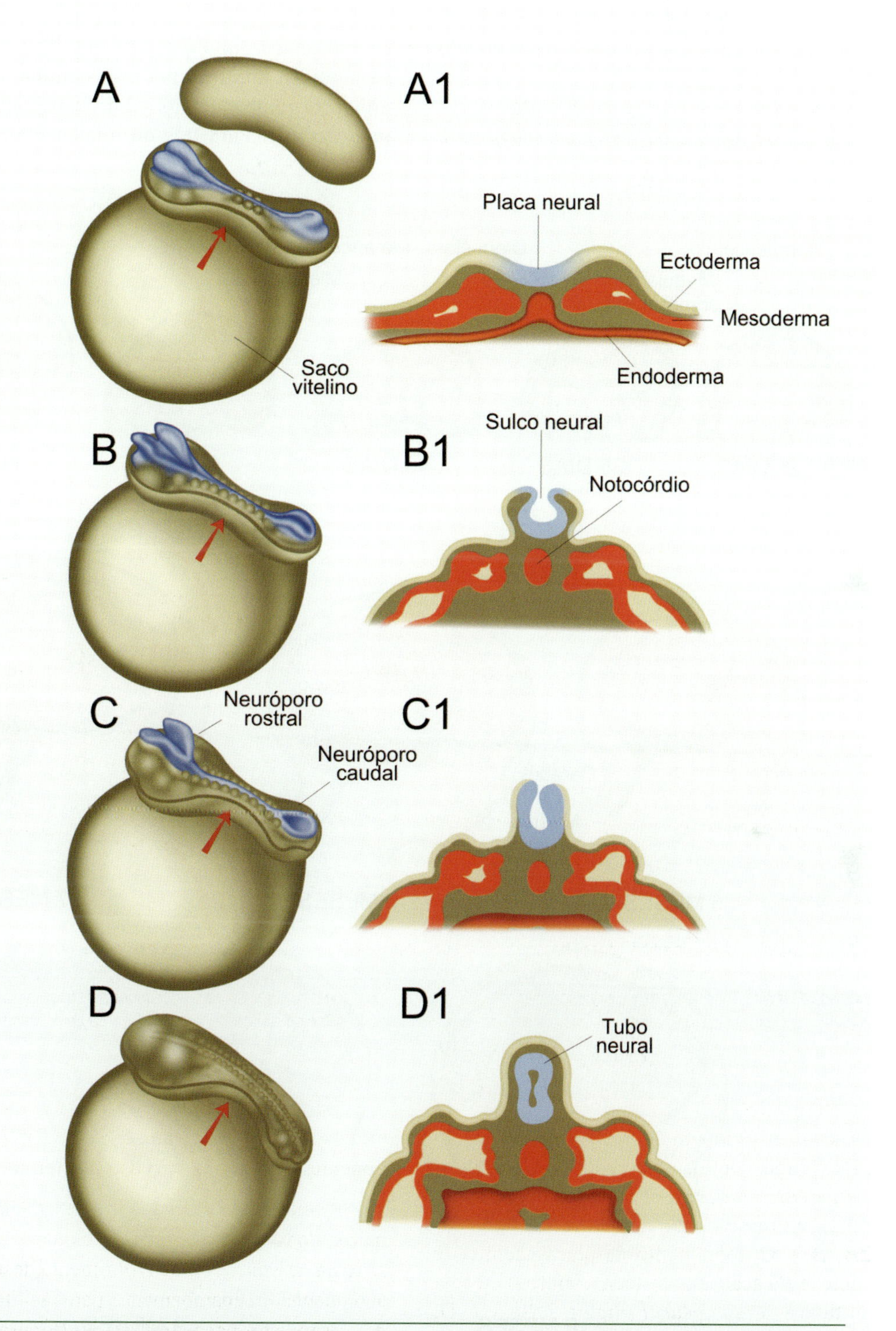

Figura 2.2. *Durante o primeiro mês de gestação, o embrião pode ser visto "de cima", abrindo-se a cavidade amniótica como se mostra em **A**. A formação do tubo neural a partir da placa neural pode ser acompanhada por esse mesmo ângulo (**A-D**), ou então em cortes que passam nos planos assinalados pelas setas vermelhas, e que podem ser vistos à direita (**A1-D1**). O fechamento do tubo parece um zíper que se fecha do centro para as extremidades rostral (cranial) e caudal. Os últimos pontos a se fecharem são os neuróporos.*

O espaço no interior das vesículas é ocupado por um fluido orgânico, e dará origem aos ventrículos[A] cerebrais e aos canais de comunicação entre eles. Durante o segundo mês de gestação, o tubo encurva-se e as vesículas subdividem-se, passando a ser cinco (Tabela 2.1). O prosencéfalo forma o *telencéfalo* e o *diencéfalo*[A]. O mesencéfalo não se modifica muito, e por isso continua sendo chamado assim. O rombencéfalo subdivide-se em *metencéfalo* e *mielencéfalo*. Para trás do mielencéfalo, o tubo neural

[A]*Estrutura encontrada no Miniatlas de Neuroanatomia (p. 367).*

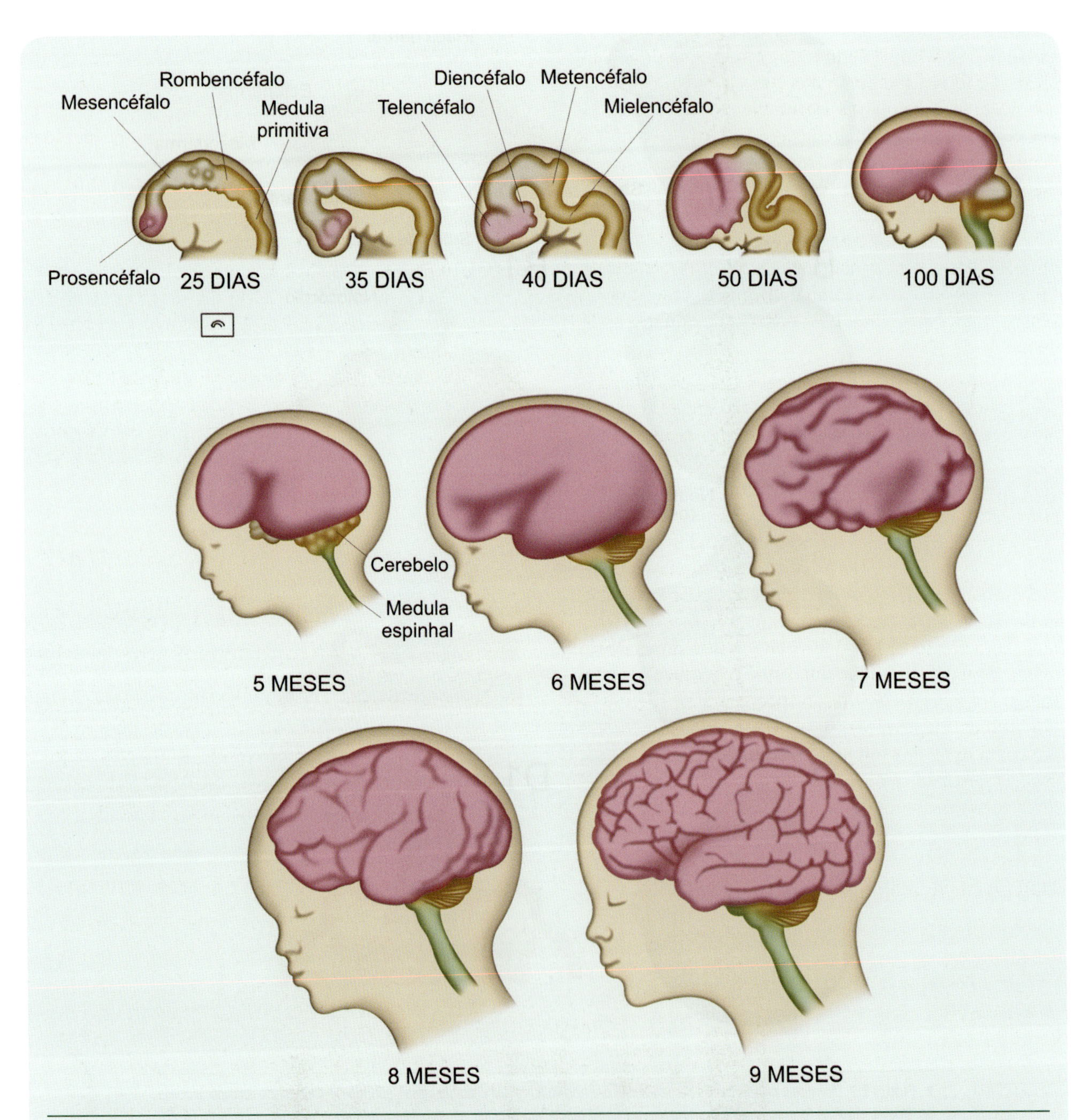

Figura 2.3. *Logo que o tubo neural se fecha, no final do primeiro mês de gestação, podem-se identificar as três vesículas primitivas que formam o sistema nervoso do embrião. Depois, o tubo vai se retorcendo, as vesículas crescem desigualmente, e apenas no quarto mês o SNC do embrião começa a se parecer com o do adulto, embora o córtex cerebral e o cerebelo ainda não apresentem os giros e folhas que mais tarde se formarão. Note que os desenhos da fileira de cima estão feitos em uma escala muito ampliada, em relação aos de baixo. Se a escala fosse a mesma, o embrião de 25 dias teria a dimensão ilustrada no pequeno quadro à esquerda. Aos 25 dias, o sistema nervoso do embrião não mede mais que 2 milímetros. Modificado de W. M. Cowan (1979)* Scientific American *vol. 241: pp.112-133.*

continua cilíndrico, transformando-se gradativamente na *medula espinhal primitiva*.

É importante perceber que o conhecimento dessas transformações embrionárias contribui para entender a organização estrutural geral do sistema nervoso central (SNC), descrita no Capítulo 1. É o que mostra a Tabela 2.1, que pode ser comparada à Tabela 1.1, no capítulo anterior. Assim, a vesícula telencefálica cresce enormemente para os lados e para trás (Figura 2.3) e forma os dois hemisférios cerebrais, incluindo o córtex e os núcleos da base, que acabam cobrindo as estruturas mais posteriores. O diencéfalo e o mesencéfalo são as estruturas cobertas pelos hemisférios e se originam, respectivamente, da vesícula diencefálica e da vesícula mesencefálica do embrião. A vesícula metencefálica dá origem ao cerebelo[A] e à ponte[A]. O primeiro cresce para cima e acaba cobrindo esta última. O bulbo[A] é formado pela vesícula mielencefálica. Finalmente, a medula espinhal primitiva cresce por igual sem se modificar muito, e dá origem à medula espinhal[A] do adulto.

Essas transformações morfogenéticas do sistema nervoso central, resultantes de intensa proliferação e deslocamentos celulares nas estruturas embrionárias precursoras, ocorrem durante os primeiros 4 meses de gestação na espécie humana (Figura 2.3), mas têm cronograma diferente, é claro, em outras espécies. As etapas iniciais, entretanto, são muito semelhantes entre todos os vertebrados. No embrião humano de 4 a 5 meses as principais estruturas anatômicas estão já constituídas. O córtex cerebral e o córtex cerebelar, nessa fase, são lisos. Seu crescimento posterior adquire uma velocidade maior que o da caixa craniana, o que leva à formação das dobraduras que constituem os giros e folhas e os sulcos e fissuras, respectivamente (Figura 2.3). No caso da medula, ocorre o oposto. A coluna vertebral e o canal ósseo que aloja a medula se alongam mais que esta, e o resultado é que a extremidade posterior acaba por localizar-se na altura das primeiras vértebras lombares no indivíduo adulto. Essa diferença de comprimento é que faz com que os nervos raquidianos[G] dos segmentos lombossacros tenham um trajeto oblíquo e até longitudinal (Figura 2.4), formando uma estrutura anatômica conhecida como cauda equina.

Enquanto se processa a morfogênese do SNC, tem lugar também a do sistema nervoso periférico. São as cristas neurais, que se formam lateralmente ao longo do tubo neural quando este se fecha, que vão dar origem à maioria das estruturas do SNP. As cristas contêm células-tronco[G] e por isso participam também da formação de outros tecidos[G] que não fazem parte do sistema nervoso. É o caso da pele, cujas células pigmentadas – os melanócitos – têm origem nas cristas neurais. As células das cristas proliferam e migram ativamente, afastando-se do tubo neural. Ao longo do caminho, algumas se fixam em uma determinada região, agrupam-se e formam gânglios, enquanto as outras continuam a migração (Figura 2.5). Assim são formados os gânglios espinhais e os gânglios autonômicos[G], cujas células logo em seguida emitem axônios compactados em fascículos, que constituem os nervos. As células da glia que formam a bainha de mielina da maioria dos nervos são também originadas da crista neural. Também a porção medular da glândula suprarrenal[G] tem essa origem embrionária.

O Sistema Nervoso Embrionário Funciona?

Não existem muitos dados sobre o funcionamento do sistema nervoso durante o desenvolvimento embrionário e fetal, especialmente no que se refere ao cérebro humano. A razão é óbvia: é difícil investigar a criança no interior do útero materno. Os dados existentes provêm de imagens por ultrassom e do registro de sinais magnéticos do cérebro fetal captados externamente (magnetoencefalografia[G]). Entretanto, ainda que escassos, esses dados são bastante importantes para orientar inúmeras decisões de caráter

TABELA 2.1. VESÍCULAS PRIMITIVAS DO EMBRIÃO E AS ESTRUTURAS ANATÔMICAS PRINCIPAIS DO INDIVÍDUO ADULTO

Vesículas Primitivas		*Estruturas Anatômicas*
Prosencéfalo	Telencéfalo	Córtex cerebral
		Núcleos da base
	Diencéfalo	Diencéfalo
Mesencéfalo	Mesencéfalo	Mesencéfalo
Rombencéfalo	Metencéfalo	Cerebelo
		Ponte
	Mielencéfalo	Bulbo
Medula primitiva	Medula primitiva	Medula espinhal

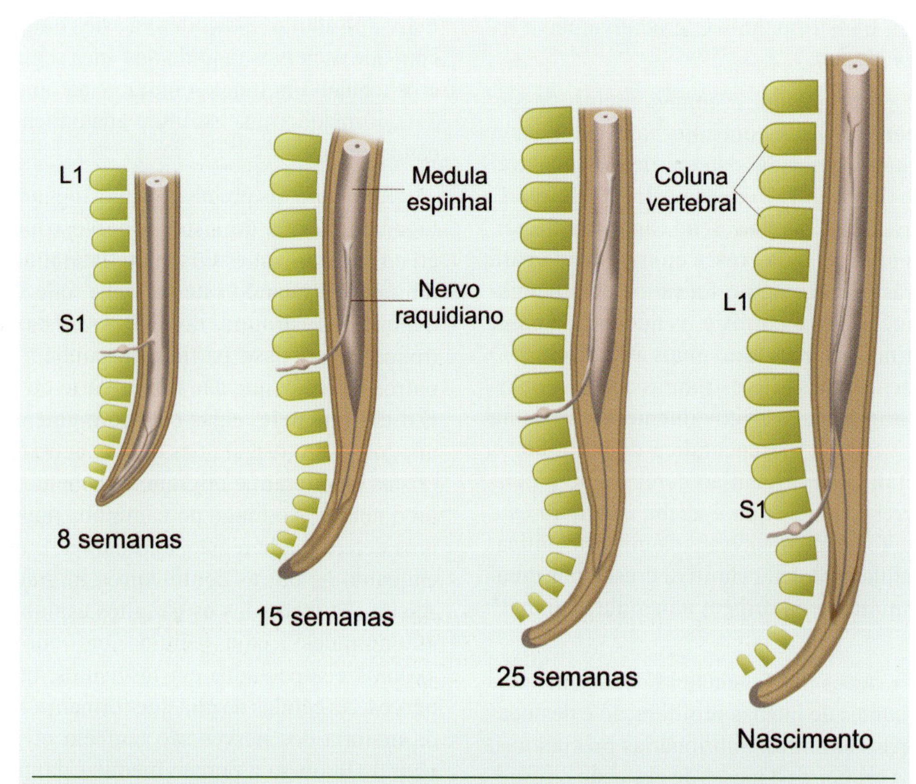

Figura 2.4. *A medula espinhal cresce menos que a coluna vertebral. O embrião de 8 semanas apresenta os nervos raquidianos de cada segmento medular alinhados com os segmentos vertebrais. Entretanto, o maior crescimento da coluna faz com que os segmentos vertebrais se desalinhem gradativamente dos segmentos medulares. O resultado é que, ao nascimento, a medula do bebê termina na altura do segundo segmento lombar, e o conjunto dos nervos raquidianos forma uma estrutura parecida com a cauda de um cavalo (cauda equina). O primeiro segmento lombar (L1) e o primeiro sacro (S1) são indicados como referência. A cauda equina não pode ser vista claramente no desenho, pois apenas um nervo foi representado para facilitar a compreensão.*

ético que a sociedade discute acaloradamente, como a utilização de células-tronco embrionárias humanas para procedimentos terapêuticos, e os critérios para adoção ou proibição do aborto.

A entrada em funcionamento de um órgão durante o desenvolvimento, inclusive o cérebro, raramente é abrupta e marcada, e se caracteriza quase sempre por uma lenta transição. A formação do tubo neural ocorre durante a 3ª semana de gestação, e já na semana seguinte aparecem as vesículas primitivas que resultam da proliferação celular mais ativa na região rostral do embrião. Os primeiros sinais de atividade bioelétrica produzida pelos jovens neurônios surgem por volta da 6ª semana e consistem em impulsos de células isoladas, já que as sinapses – contatos funcionais entre os neurônios – começam a surgir muito mais tarde. Durante a 8ª e a 9ª semana ocorre intensa proliferação e ativa migração das células. O córtex cerebral ainda é liso, sem as circunvoluções características do cérebro maduro, e os dois hemisférios cerebrais permanecem separados, já que a comissura anterior[A] e o corpo caloso[A] começam a se formar na 10ª e 12ª semanas, respectivamente. Os primeiros movimentos do feto podem ser sentidos pela mãe na altura da 13ª semana de gestação, sugerindo no mínimo a entrada em funcionamento dos músculos. Os primeiros sulcos corticais surgem na altura da 16ª semana, e logo a seguir começam a se formar as primeiras sinapses, indicando a formação dos circuitos neurais. Na 23ª semana, o feto prematuro já é capaz de sobreviver fora do útero, desde que assistido em unidades hospitalares equipadas. É nesse momento que surgem as primeiras respostas a estímulos mecânicos, sugerindo algum amadurecimento funcional das vias sensitivas. Na 28ª semana, a formação de sinapses é maior, e já se consegue registrar respostas cerebrais a sons externos, o que indica a entrada em funcionamento do sistema auditivo. Na 32ª semana o feto adquire a capacidade de controlar autonomamente a sua respiração e a temperatura corporal: a partir desse momento, bebês prematuros têm grande probabilidade de sobrevivência fora do útero.

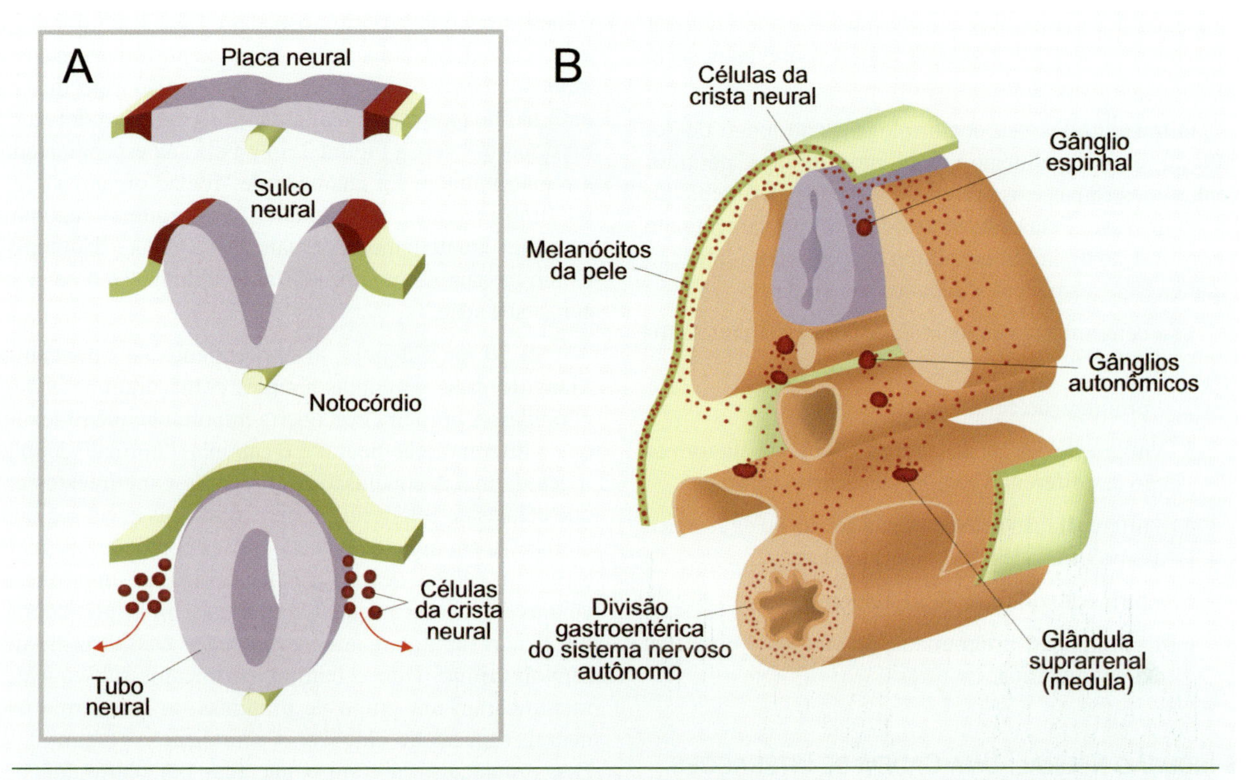

Figura 2.5. A. *As cristas neurais aparecem em cada lado a partir das células que ficam nas bordas de fusão (em vermelho) da placa neural, quando esta se dobra para formar o tubo neural.* **B.** *Imediatamente as células da crista neural (pequenas bolinhas vermelhas) migram por longas distâncias para formar diversos gânglios e outros órgãos e tecidos.*

ETAPAS E PRINCÍPIOS DO DESENVOLVIMENTO DO SISTEMA NERVOSO

O conhecimento das transformações estruturais do sistema nervoso do embrião sugere-nos uma série de perguntas fundamentais. Como, de repente, o ectoderma transforma-se em neuroectoderma? De que modo as células do neuroectoderma ficam *comprometidas* com um destino neural? Ao migrar para seu local definitivo, como essas células acham o caminho? E como sabem onde parar? Quais os processos moleculares que comandam a aquisição das múltiplas formas das células nervosas e gliais? Quando os neurônios juvenis emitem seus axônios, como eles crescem? E como encontram seus alvos sinápticos?

Estas e muitas outras questões representam atualmente o motivo do trabalho dos neuroembriologistas, depois que se completou a fase histórica de observação das transformações estruturais que acabamos de descrever. Para respondê-las, pesquisadores de várias formações trabalham em cooperação, utilizando técnicas anatômicas, histológicas, histoquímicas, citológicas, bioquímicas e biofísicas. Muitos experimentos podem ser feitos utilizando embriões de animais mais simples que os mamíferos. Alguns são invertebrados, como é o caso de um pequeno verme nematoide chamado *Caenorhabditis elegans* e a mosquinha-das-frutas (*Drosophila melanogaster*), que têm fornecido informações importantes sobre a determinação genética da identidade celular.

Os invertebrados têm um sistema nervoso muito simples, com poucas células nervosas. Além disso, reproduzem-se rapidamente e em grande número, o que acelera a obtenção dos dados experimentais. Outros animais utilizados em embriologia são vertebrados não mamíferos: anfíbios como as rãs e as salamandras, aves como a galinha comum e a codorna, e mais recentemente, mamíferos, em especial diversos camundongos mutantes produzidos em laboratório. Os embriões desses animais podem ser facilmente removidos do ovo ou do útero, manipulados de diversas maneiras e observados ao microscópio muitas vezes sem a necessidade de realizar cortes histológicos. Finalmente, em anos recentes têm-se desenvolvido bastante as técnicas de cultura de tecido embrionário. Neste caso, um fragmento de tecido nervoso é removido do embrião e cultivado em condições controladas: o desenvolvimento prossegue por vários dias, e o pesquisador pode realizar experimentos sem se preocupar com a sobrevivência do embrião como um todo.

O trabalho dos neuroembriologistas ao longo do século 20, e principalmente nos últimos 20 anos, permitiu conhecer as etapas e os princípios do desenvolvimento do tecido nervoso. Estas etapas sucedem-se rapidamente até a constituição do indivíduo adulto, e apenas com intenção didática é que as podemos separar. São elas:

1. a determinação da identidade neural do neuroectoderma;
2. a proliferação celular controlada;
3. a migração das células jovens, resultando na formação das diferentes regiões do sistema nervoso;
4. a diferenciação celular, com a aquisição da forma e das propriedades das células maduras;
5. a formação dos circuitos neurais;
6. a eliminação programada de células e circuitos extranumerários.

Indução Neural: Uma Cadeia de Interações Celulares

Do que se disse já é possível perceber que, logo no início da formação do embrião, uma região do ectoderma transforma-se em neuroectoderma, dando início à neurulação[G]. Isso significa que essa região adquiriu identidade neural, isto é, que está agora comprometida com um destino neural. O restante do ectoderma dará origem às estruturas da pele. A pergunta que surge é: como ocorre a determinação da identidade neural do neuroectoderma? Essa pergunta começou a ser respondida por dois pesquisadores alemães na década de 1920, Hans Spemann (1869-1941) e Hilde Mangold (1898-1924), pioneiros da embriologia experimental. Spemann foi o ganhador do prêmio Nobel de medicina ou fisiologia em 1935.

Os dois pesquisadores tomaram embriões de anfíbios e, utilizando uma lupa, dissecaram de cada um deles um minúsculo pedaço da região precursora do mesoderma (Figura 2.6A). A seguir inseriram cada pedaço no ectoderma de outros embriões, longe da região precursora do mesoderma deles. Os embriões hospedeiros dos transplantes continuaram o seu desenvolvimento, com Spemann e Mangold a observá-los passo a passo. Viram que, na região do transplante, formava-se uma segunda placa e depois um segundo tubo neural com os tecidos adjacentes (Figura 2.6B), prosseguindo a embriogênese até a formação de um animal "xifópago" aderido ao animal original (Figura 2.6C). Os pesquisadores concluíram que o tecido transplantado havia induzido de algum modo a transformação do ectoderma das proximidades em neuroectoderma, em paralelo com o mesoderma do próprio hospedeiro, que fazia o mesmo com o ectoderma adjacente. O fenômeno foi chamado de *indução neural*, e só ocorria para uma região específica do embrião doador (chamada, no anfíbio, de lábio dorsal do blastóporo – veja a Figura 2.6A). Pela sua especificidade, a região indutora foi chamada de "região organizadora", ou simplesmente "organizador". As perguntas seguintes surgiram imediatamente: Quais são os sinais indutores? Como passam do organizador ao ectoderma? Como exercem a sua ação?

Só 70 anos depois do experimento de Spemann e Mangold estas perguntas simples começaram a ser respondidas. A primeira descoberta importante que se fez foi que a diferenciação neural é o caminho "normal" de todo o ectoderma. A conclusão foi tirada de experimentos em que células de ectoderma eram dissociadas e, em seguida, cultivadas em meio de cultura: nessas condições, todas se tornavam células neurais. Então, era lógico supor que as células ectodérmicas que *não* se tornariam células neurais disporiam de algum fator bloqueador dessa via de desenvolvimento. Dito e feito: experimentos subsequentes identificaram um grupo de proteínas do ectoderma não neural, capazes de bloquear a neuralização (Figura 2.7). Essas moléculas já eram conhecidas por outras funções com o nome de proteínas morfogenéticas ósseas (BMPs, sigla criada a partir da expressão inglesa correspondente), e faziam parte de uma grande família de moléculas chamadas fatores tróficos transformantes (TGFs, sigla também criada a partir da expressão inglesa correspondente).

E o que fazem, então, os presumidos sinais indutores emitidos pela região organizadora? Já se sabe que eles bloqueiam o bloqueador (Figura 2.7), isto é, suprimem o efeito das BMPs no ectoderma vizinho. Desse modo, a região da placa neural pode seguir a via neuralizante "normal", sem ser desviada pela ação das BMPs. Vários fatores indutores foram já identificados, destacando-se três: folistatina, noguina e cordina. Sua ação consiste em ligar-se às BMPs, inibindo sua atividade.

A neurulação, assim, consiste no direcionamento da expressão gênica das células ectodérmicas no sentido da síntese de proteínas específicas do tecido nervoso, que vão resultar na gradativa transformação dessas células precursoras em células neurais. Já vimos que esse direcionamento seria a via normal de todo o ectoderma, não fosse bloqueado pelas BMPs, exceto na região da placa neural, que recebe influência do mesoderma subjacente através dos fatores indutores capazes de suprimir a ação das BMPs. Fica clara a importância de um aspecto essencial para o destino das células durante a embriogênese: a sua posição. É preciso estar no lugar certo na hora certa. Esse princípio simples é verdadeiro também para a especificação regional do sistema nervoso do embrião, como veremos adiante.

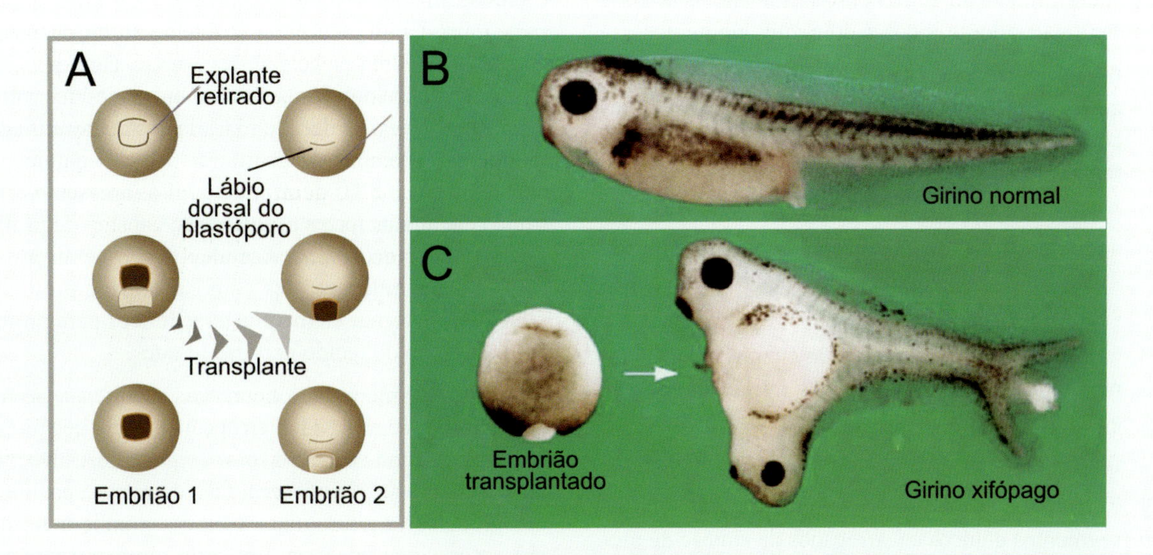

Figura 2.6. *Os alemães Hans Spemann e Hilde Mangold foram pioneiros da embriologia experimental, e ficaram famosos por seu experimento (**A**) de transplante de mesoderma do embrião de um anfíbio para uma região que normalmente seria ocupada pelo ectoderma, em outro embrião. Em vez de dar origem a um girino normal (**B**), o mesoderma transplantado induz a transformação do ectoderma em neuroectoderma, e o embrião desenvolve duas placas neurais, cresce e finalmente se transforma em dois animais "xifópagos", com dois sistemas nervosos e dois corpos fundidos (**C**). **B** e **C** gentilmente cedidas por E.M. DeRobertis [de E.M. DeRobertis (2004)* Annual Reviews of Cellular and Developmental Biology *vol. 20: pp.285-308].*

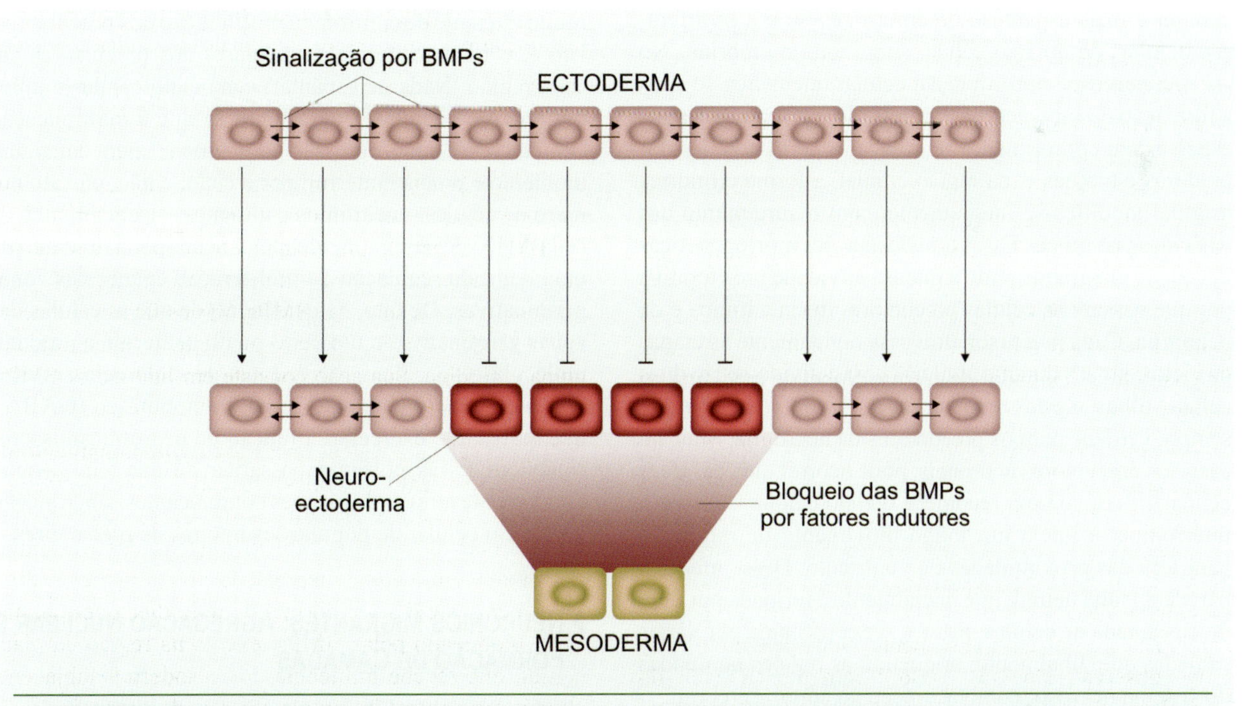

Figura 2.7. *Todo o ectoderma se tornaria neuroectoderma se não fosse a ação intercelular bloqueadora desse caminho ontogenético, por parte das BMPs (acima). Na região da placa neural, entretanto (abaixo), o mesoderma subjacente libera fatores indutores que "bloqueiam os bloqueadores", fazendo com que essa região se transforme gradativamente em tecido nervoso.*

A intensa interação entre células vizinhas através de moléculas sinalizadoras envolve diferentes elementos:

1. fatores morfogenéticos secretados (como as BMPs, por exemplo), que provocam no interior de células adjacentes uma cadeia de reações que leva à diferenciação numa certa direção;
2. fatores indutores difusíveis (por exemplo, cordina, noguina e folistatina), secretados por células próximas, que poderão atuar à distância sobre outras células, desviando sua diferenciação inicial;
3. moléculas de transdução (certas enzimas, por exemplo), encarregadas das reações intracelulares que acabarão por influenciar a expressão gênica;
4. fatores de transcrição, que regulam a expressão gênica e, finalmente;
5. segmentos gênicos encarregados da síntese de proteínas específicas de cada tipo celular.

A Explosiva Multiplicação Celular no Sistema Nervoso Embrionário: Quem Será Quem?

A partir da célula-ovo, o fenômeno mais típico, mais comum e mais espantoso da embriogênese é a proliferação celular: de uma só célula, surge todo o embrião. No sistema nervoso, a proliferação celular intensifica-se após a formação do tubo neural. A parede do tubo torna-se mais espessa, seu comprimento se alonga, o perfil adquire dobraduras e torções e, na região cranial, a forma cilíndrica original modifica-se inteiramente, com o surgimento das vesículas primitivas. Essas transformações morfogenéticas devem-se em grande parte à intensa atividade proliferativa por que passam as células precursoras dos neurônios e da neuroglia. Cada precursor atravessa rapidamente as etapas do ciclo celular[G] durante algumas horas, divide-se em duas células-filhas, e estas recomeçam novo ciclo. Isso é quase sempre verdade para os precursores da neuroglia. Mas, no caso dos precursores neuronais, pode ocorrer que, das duas células-filhas, só uma recomece o ciclo celular. A outra o interrompe, e inicia um longo movimento de migração para fora das proximidades do ventrículo. Desse modo, a parede do tubo neural, que inicialmente é formada por uma única camada de células, passa a ser constituída por várias camadas que, finalmente, originarão as regiões laminadas do sistema nervoso, como acontece no córtex cerebral.

Em outros casos, formam-se aglomerações de neurônios que não apresentam a disposição em camadas, e que vão dar origem aos núcleos do sistema nervoso, como ocorre no diencéfalo. As células-filhas que interrompem o ciclo celular para migrar não reiniciam um novo ciclo, a não ser algumas delas, que permanecem em estado quiescente, mas capaz de em algum momento reiniciar a proliferação. Durante muitos anos, acreditou-se que o sistema nervoso não apresenta a mesma capacidade regenerativa dos demais tecidos porque os neurônios se tornam incapazes de proliferar. Essa é uma meia-verdade: a maioria dos neurônios adultos realmente é incapaz de proliferar. Mas recentemente se constatou que o SNC de animais adultos apresenta células-tronco em alguns locais estratégicos, capazes de proliferar e gerar novos neurônios. Acendeu-se a esperança de que essas células multipotentes com capacidade proliferativa pudessem se tornar elementos terapêuticos para promover a regeneração do tecido nervoso lesado.

Para os precursores neuronais, a intensa atividade proliferativa, seguida da interrupção do ciclo que precede a migração, chama-se *neurogênese* (Figura 2.8A). Do mesmo modo, chama-se *gliogênese* a fase de intensa proliferação dos precursores neurogliais. Como a grande maioria dos precursores neuronais em um certo momento interrompe a proliferação, pode-se identificar para cada um deles uma data de nascimento que marca a sua transformação em um neurônio juvenil pós-mitótico. Para os precursores neurogliais não se pode determinar o mesmo, já que as células da neuroglia, mesmo na vida adulta, mantêm a capacidade de proliferar.

É inevitável supor que cada espécie deve ter um meio muito eficiente de controlar a proliferação dos precursores, isto é, o número de ciclos celulares dos precursores em cada região. Nada de espantar: cada ciclo celular duplica o número de células, o que significa que a multiplicação celular cresce em progressão geométrica. Logo, em algum momento é preciso interromper o ciclo: então, o exato número de células – neurônios e gliócitos – característico de cada região deve ser atingido, pelo menos parcialmente, por uma delicada regulação da proliferação celular nas zonas germinativas. De fato, há evidências de que as células das zonas germinativas a um certo ponto começam a produzir moléculas específicas reguladoras do ciclo celular, entre elas o glutamato e o ácido gama-aminobutírico (GABA), que mais tarde exercerão a função de neurotransmissores sinápticos. Essas moléculas passariam de uma célula a outra rapidamente através de junções comunicantes, sincronizando o ciclo celular de populações inteiras de precursores.

Neurônios Migrantes: Agregação Nuclear e Formação de Camadas

Logo que a célula precursora de um neurônio pára de se dividir, inicia-se um movimento migratório que leva o neurônio juvenil ao local definitivo onde se estabelecerá. Isso ocorre tanto para as células do tubo neural, que formarão as estruturas do SNC, como para as células da crista neural, que formarão as estruturas do SNP. O neurônio juvenil pode migrar de diferentes maneiras. A mais frequente

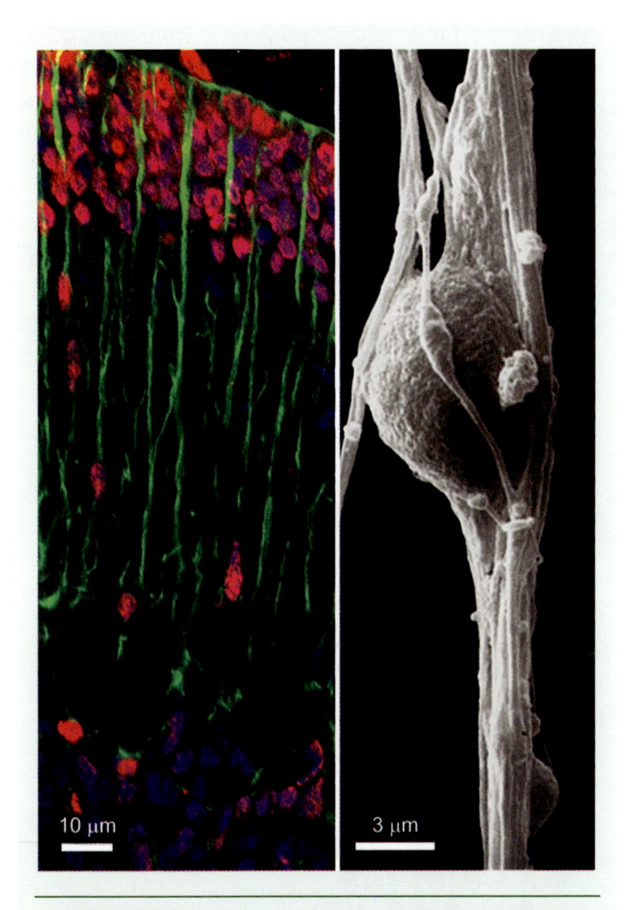

Figura 2.8. *Neurogênese e migração dos precursores neuronais do cerebelo.* ***A*** *mostra os prolongamentos da glia radial do cerebelo de um camundongo, que orientam o trajeto migratório dos precursores. Os prolongamentos radiais estão marcados em verde, por meio de anticorpos fluorescentes capazes de reconhecer de forma específica a proteína acídica fibrilar glial. Todos os núcleos estão marcados em azul, e aqueles que completaram a neurogênese por meio da síntese de novo DNA aparecem em vermelho. Em* ***B****, pode-se ver um neurônio jovem migrante aderido a prolongamentos da glia radial, em uma cultura de células feita no laboratório e fotografada em microscópio eletrônico de varredura*[G]*. Fotos de Marcelo F. Santiago, do Instituto de Biofísica Carlos Chagas Filho, da UFRJ.*

é a chamada locomoção: como um caracol que se move arrastando a própria concha, a célula migrante desloca-se arrastando o corpo celular. Um dos seus polos estende projeções de membrana para frente em uma determinada direção, formando um prolongamento-líder, e o corpo do neurônio segue atrás, puxando um prolongamento menor, caudal. Outro modo de deslocamento celular é chamado translocação nuclear: a célula apresenta prolongamentos em duas direções, ancorados nas superfícies do tubo neural, e o núcleo com algumas organelas deslocam-se "por dentro" dos prolongamentos, reposicionando o corpo celular. Finalmente, quando um desses prolongamentos se solta, o que permanece pode "puxar" o corpo celular, que então se desloca para uma posição diferente. As proteínas que compõem o citoesqueleto do neurônio (veja o Capítulo 3 para maiores detalhes sobre essas proteínas estruturais) são as grandes responsáveis pela migração neuronal do desenvolvimento, pois sofrem transformações que encurtam e alongam prolongamentos, e movem o citoplasma, o núcleo e as demais organelas citoplasmáticas.

O cerebelo, no rombencéfalo (Figura 2.8), e o córtex cerebral, no prosencéfalo (Figura 2.9A), são as regiões mais bem conhecidas do sistema nervoso embrionário quanto ao fenômeno da migração neuronal. Tanto um quanto o outro apresentam camadas de neurônios bem definidas, cada uma delas com características morfológicas e funcionais distintas. O exemplo do prosencéfalo é ilustrativo dos mecanismos de formação dessas camadas. Durante a neurogênese, a parede da vesícula prosencefálica é bastante simples, constituída por uma camada única de células precursoras que se dividem sucessivamente (Figuras 2.9C). Os histologistas identificam logo a seguir o aparecimento de uma segunda camada celular, a pré-placa cortical (Figura 2.9D). Em seguida, aparece uma nova camada de neurônios inseridos bem no meio da pré-placa: a placa cortical (Figura 2.9E). E logo depois a placa começa a se subdividir em sucessivas camadas de neurônios, típicas do córtex cerebral maduro (Figura 2.9F).

De que modo se formam, tão ordenadamente, todas essas camadas? O pesquisador americano Richard Sidman, no início dos anos 1960, descobriu que elas se formam pela migração dos neurônios juvenis. Sidman e seus colaboradores injetaram em camundongas grávidas uma pequena quantidade de timidina[G] marcada com um isótopo radioativo do hidrogênio. Só os precursores neuronais que se encontravam na fase S do ciclo celular (a fase de síntese de novo DNA) eram capazes de incorporar a timidina radioativa no novo DNA, e mais: só aqueles que se encontravam no seu último ciclo mantinham a quantidade máxima de timidina radioativa, porque os demais, dividindo-se outras vezes, passavam a incorporar timidina não radioativa, diluindo a radioatividade do seu DNA. As injeções eram feitas em diferentes fases da gestação. Os filhotes marcados nasciam normalmente, e ao atingir a maturidade eram sacrificados para o estudo histológico do córtex cerebral, em busca da posição dos neurônios mais radioativos (marcados na sua data de nascimento).

Um exemplo da experiência de Sidman pode ser visto na Figura 2.8A, neste caso com um marcador não radioativo mais moderno. Sidman verificou que os neurônios radioativos situados nas camadas profundas pertenciam a camundongos injetados em fases mais precoces do desenvolvimento do córtex, e que os neurônios radioativos das camadas superficiais pertenciam aos camundongos injetados em idades gestacionais posteriores. Concluiu que as camadas corticais se formavam em sequência "inversa", as mais profundas primeiro, seguidas ordenadamente pelas

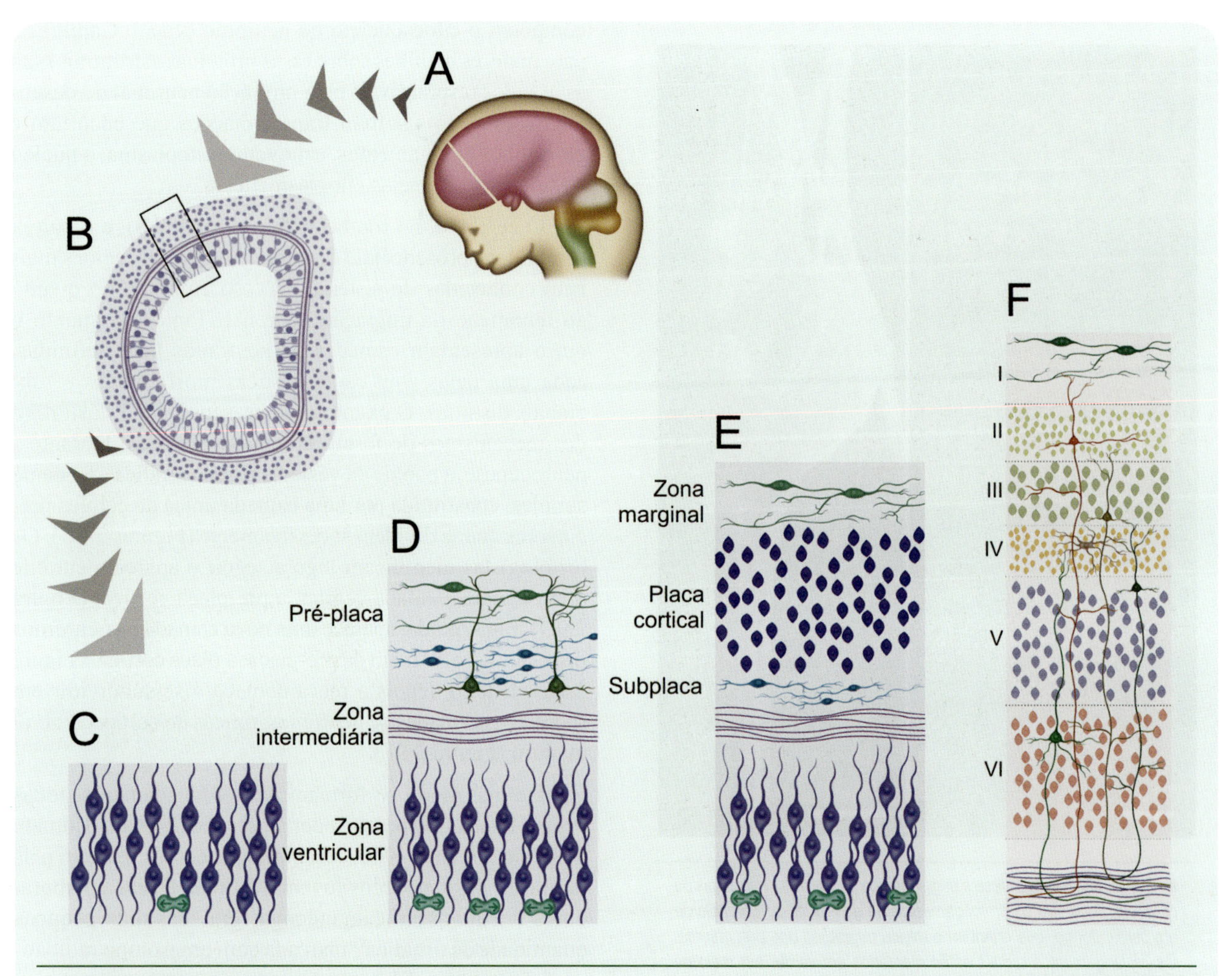

Figura 2.9. *No telencéfalo do embrião (**A**), a formação das camadas corticais pode ser acompanhada passo a passo, observando ao microscópio cortes histológicos (**B**) do tecido nervoso. Inicialmente (**C**), o córtex cerebral primitivo apresenta-se como um epitélio pseudoestratificado, mostrando figuras mitóticas na base (em verde). Com a migração dos neurônios pós-mitóticos, começam a se formar as camadas primitivas: primeiro a pré-placa (**D**), depois a placa, a camada marginal e a subplaca (**E**), e finalmente as camadas definitivas (**F**) que se formam dentro da placa cortical.*

mais superficiais. Além disso, concluiu que as camadas se formavam pela migração dos neurônios juvenis logo após a última divisão celular.

De que modo os neurônios migrantes encontram o trajeto certo até o seu destino final? Esta pergunta foi abordada inicialmente pelo neurobiólogo croata Pasko Rakic, trabalhando nos EUA. Rakic baseou-se na observação dos antigos histologistas de que bem precocemente o tubo neural apresenta uma paliçada de células de glia cujos prolongamentos se estendem da superfície ventricular à superfície pial (veja a Figura 1.7): essas células são conhecidas pelo seu coletivo, *glia radial*, e dão origem posteriormente a astrócitos e neurônios. Rakic verificou, ao microscópio eletrônico, que os neurônios migrantes frequentemente se encontravam aderidos a um prolongamento da glia radial (Figura 2.10; veja também a Figura 2.8B), e propôs a hipótese de que a paliçada radial forneceria os trilhos ao longo dos quais deslizariam os neurônios migrantes. Deste modo posicionam-se os futuros neurônios piramidais do córtex cerebral, nascidos na zona ventricular: ascendem perpendicularmente à superfície, utilizando os prolongamentos da glia radial como guia. Esse tipo de migração ficou conhecido como *gliofílica* ou *radial*.

Outros experimentos comprovaram a ideia de Rakic, mas descobriram também casos de migração não gliofílica, também chamada *tangencial*, cujos "trilhos" são ainda mal conhecidos. É o caso dos futuros interneurônios inibitórios do córtex e do bulbo olfatório[A], que nascem longe do seu destino final e migram por longas distâncias dentro de túneis celulares ou seguindo bordas moleculares dispostas paralelamente à superfície.

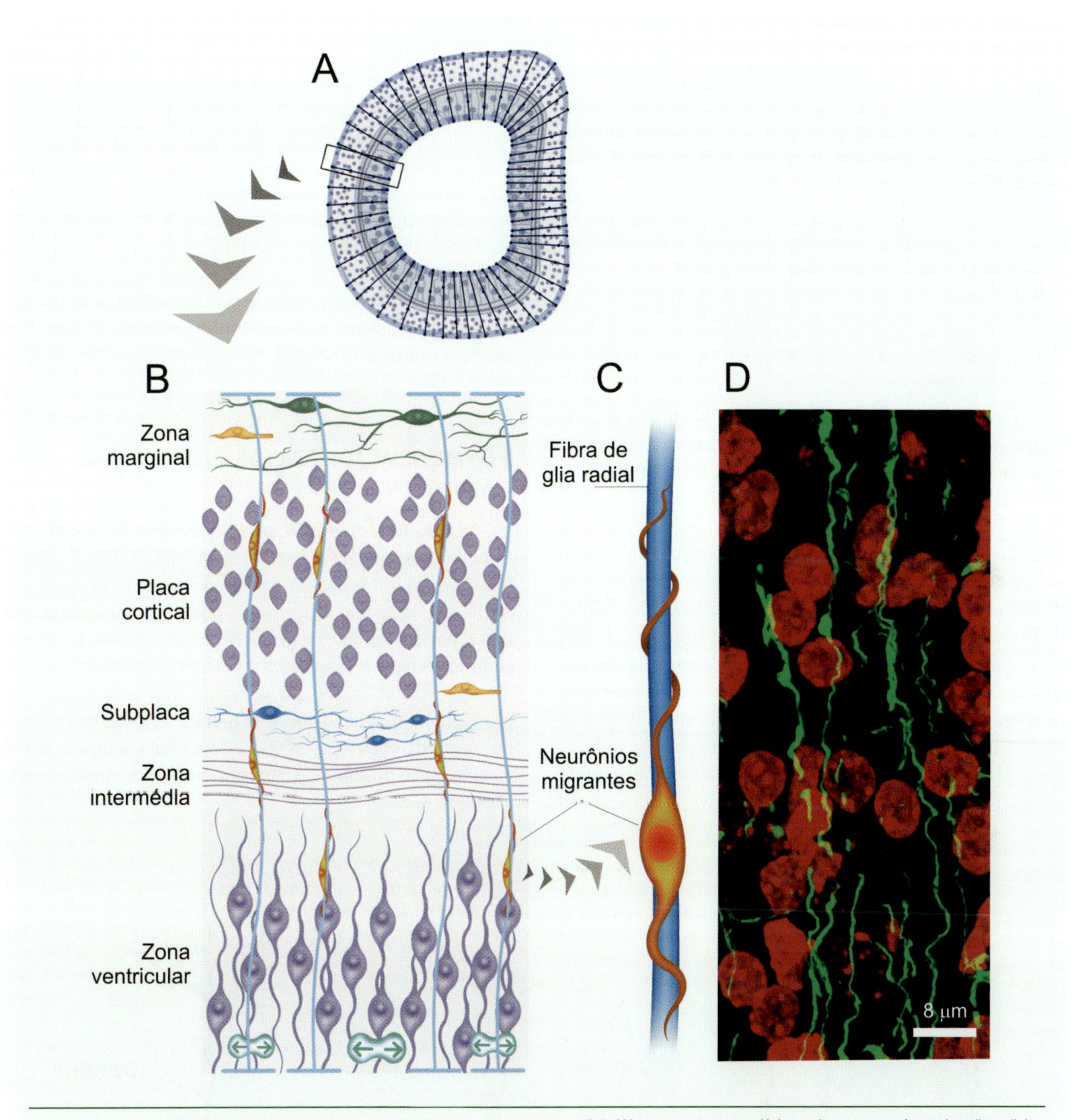

Fig. 2.10. *A parede do tubo neural apresenta uma paliçada de prolongamentos radiais (**A**), que pertencem a células muito precoces chamadas glia radial (**B**, em azul-claro). Os prolongamentos radiais atuam como "trilhos" sobre os quais migram alguns dos neurônios pós-mitóticos juvenis (**B** e **C**, em amarelo). Nem todos os neurônios migrantes utilizam esses trilhos radiais: alguns migram obliquamente (tangencialmente) seguindo pistas ainda mal conhecidas. **D** mostra prolongamentos de glia radial no córtex cerebral de um camundongo recém-nascido. O citoesqueleto dos prolongamentos radiais está marcado em verde, e entre eles podem-se ver os núcleos dos neurônios juvenis marcados em vermelho. Foto em **D** de Marcelo F. Santiago, do Instituto de Biofísica Carlos Chagas Filho, da UFRJ.*

Grande esforço tem sido feito para identificar os sinais que regulam a migração dos neurônios juvenis. Alguns deles foram já identificados, e são semelhantes aos que regulam o crescimento dos axônios, um tema abordado adiante. Há sinais de iniciação do movimento (motogênicos), outros que repelem os neurônios, outros ainda que os atraem, não só nos pontos de origem e de destino final, mas também ao longo do trajeto. No destino final, o neurônio encontra moléculas que "desligam" a sua maquinaria intracelular de movimento. Imagine a delicadeza e precisão dessa orquestra molecular. As células presentes no trajeto devem ser capazes de sintetizar e secretar moléculas que formam a matriz extracelular, moléculas que ficam incrustadas na sua membrana mas expostas ao exterior para o reconhecimento das células migrantes, e moléculas pequenas, difusíveis, que estabelecem um gradiente "percebido" pelos prolongamentos-líderes dos neurônios migrantes. Tudo na hora certa e no lugar certo. Essa precisa orquestração de sinais às vezes falha, por razões genéticas (mutações) ou ambientais (drogas de abuso durante a gravidez), e o resultado é o aparecimento de defeitos no posicionamento dos neurônios, que resultam em doenças congênitas que podem provocar epilepsia, retardo mental, deficiências motoras e outros sintomas.

Algumas células da crista neural encontram, a certa altura de seu trajeto, células mesodérmicas que vão formar a parte mais externa da glândula suprarrenal (chamada córtex). Nessa ocasião param de migrar e associam-se a elas, formando a outra parte da glândula, mais profunda (a medula suprarrenal). Como as células da córtex suprarrenal são já capazes de secretar hormônios glicocorticoides, é provável que estes sejam os sinais de parada das células migrantes e, ao mesmo tempo, fatores indutores de sua transformação em células glandulares da medula suprarrenal, em vez de neurônios típicos. No córtex cerebral, os neurônios migrantes de cada camada param após ultrapassar os da camada antecedente, possivelmente pelo reconhecimento de um sinal molecular secretado por neurônios muito precoces que residem desde o início do desenvolvimento na camada mais superficial do córtex (chamadas células de Cajal-Retzius).

Nas regiões laminadas do sistema nervoso central (como o córtex cerebral e cerebelar, a retina e outras regiões), as camadas são formadas pela migração simultânea de conjuntos de neurônios juvenis que param em um certo local sincronizadamente. Nas regiões não laminadas (como no diencéfalo e no tronco encefálico), grupos de neurônios migrantes se agregam para formar os núcleos. É desse modo que se constituem as entidades citoarquitetônicas[G] características do sistema nervoso adulto, às quais se atribuem também unidade funcional, ou seja, participação coletiva numa mesma função.

DIFERENCIAÇÃO: CÉLULAS JUVENIS VIRAM ADULTAS

Já durante a migração, mas principalmente depois que os neurônios juvenis se estabelecem em seus locais definitivos, começa o processo conhecido como *diferenciação.* A diferenciação tem aspectos morfológicos, bioquímicos e funcionais, e consiste na gradativa expressão dos fenótipos neuronais em cada um desses níveis. No plano morfológico, o corpo celular cresce em volume e vão se formando os prolongamentos dendríticos (Figura 2.11), até que a configuração de cada tipo celular esteja estabelecida, como é característico do adulto. Ao mesmo tempo, em um dos polos

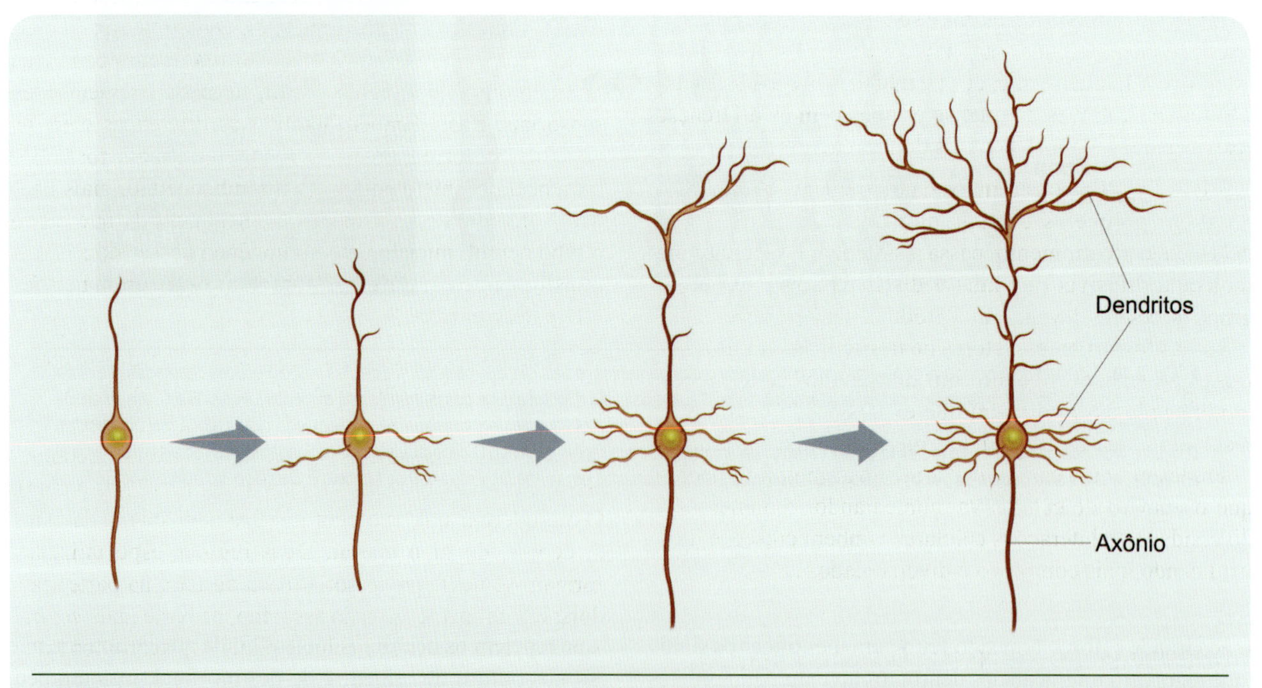

Figura 2.11. *Depois de migrarem, os neurônios juvenis começam a se diferenciar, isto é, a assumir a sua forma madura característica. São inicialmente células bipolares simples, adaptadas à migração. Depois emitem dendritos que se ramificam cada vez mais, e um axônio que se alonga até o alvo. Na figura, apresenta-se como exemplo um neurônio piramidal do córtex cerebral, mas o processo é semelhante para quase todos os neurônios.*

do soma de cada neurônio ocorre a emissão de um axônio, que cresce numa direção determinada para buscar alvos sinápticos próximos ou distantes. No plano bioquímico, as células começam a sintetizar as moléculas que garantirão a função neuronal madura, especialmente as enzimas que participam do metabolismo de neuromediadores[G]; as proteínas que compõem canais iônicos embutidos na membrana, participantes dos processos de produção de sinais elétricos, e muitas outras moléculas. Finalmente, no plano funcional, começam a aparecer e a amadurecer os diferentes sinais elétricos que serão utilizados pelos neurônios para gerar, receber e transmitir informações.

A diferenciação da neuroglia é semelhante, mas obedece a um curso temporal mais prolongado que o dos neurônios. As células de glia radial, mencionadas anteriormente, perdem seus prolongamentos radiais e se transformam em neurônios e em um tipo celular estrelado de gliócito, o astrócito. Outros tipos celulares formam-se a partir de precursores que migram da região germinativa situada nas proximidades da parede ventricular e se espalham por todo o tecido nervoso. Do mesmo modo ocorre a diferenciação bioquímica e funcional, de modo compatível com as funções dos gliócitos, que são diferentes das que os neurônios exercem.

Conceitualmente, a diferenciação deve ser entendida como uma sequência ordenada de expressão de diferentes genes em cada tipo neuronal, que leva as células a produzirem as suas moléculas características e assim se tornarem maduras (diferenciadas). Mas o que leva algumas células a se tornarem neurônios e outras a se tornarem gliócitos? E o que faz com que alguns neurônios sejam piramidais e outros granulares? E, finalmente, de que modo ocorre a diferenciação regional através da qual se estabelecem as diferenças rostro-caudais e dorso-ventrais do tubo neural?

Esses múltiplos caminhos da diferenciação tornam-se possíveis porque as células interagem: um certo grupo delas, em certo momento, passa a sintetizar e secretar uma molécula difusível que atua a distância sobre um outro grupo de células, levando-as a produzir sinais intracelulares (enzimas fosforilantes, fatores de transcrição e muitos outros), que acabam "ligando" ou "desligando" certos genes, modificando assim o padrão de expressão do genoma. O resultado é que esse segundo grupo de células passa a se diferenciar por um caminho distinto do primeiro. À medida que o número de células vai aumentando, o número e a diversidade de interações celulares também cresce, e tudo vai ficando mais complexo e diversificado.

Diferenciação Regional: Dorsal x Ventral, Rostral x caudal

Os neurônios diferenciam-se individualmente, e cada um expressa as moléculas específicas para o seu funcionamento e para a aquisição de sua forma característica. Mas há moléculas e características morfológicas comuns que reúnem neurônios em tipos celulares, e há tipos celulares que se reúnem em camadas, setores e regiões particulares do sistema nervoso. Quer dizer: existe uma diferenciação regional que estabelece características coletivas aos neurônios de cada região. É por isso que a área visual do córtex cerebral recebe informações originárias da retina, e não da orelha, e por essa razão os seus neurônios estão habilitados a processar cores, movimentos, formas, contrastes. Da mesma forma, o córtex motor emite conexões para outras regiões motoras do cérebro, terminando nos músculos, e isso permite que seja capaz de controlar eficientemente os movimentos do corpo. Assim ocorre em todo o sistema nervoso, que apresenta um padrão regional bastante bem diferenciado e característico de cada espécie animal, responsável pelas diferentes funções neurais. A questão a examinar, então, é como, durante o desenvolvimento, processa-se essa diferenciação regional tão múltipla.

Necessariamente isso deve ocorrer através da interação entre as células em desenvolvimento e o seu genoma, e a investigação dessas interações levou à elucidação de alguns dos mecanismos moleculares que fazem o genoma expressar-se de um modo em alguns neurônios, de outro em outros neurônios; de uma maneira em certas regiões, de outra maneira em outras regiões.

O tubo neural apresenta pelo menos dois grandes eixos de diferenciação regional: dorsoventral e rostrocaudal. É fácil compreendê-los. Basta pensar nas diferenças entre a região ventral da medula espinhal, constituída principalmente por motoneurônios; a região intermédia com seus interneurônios; e a região dorsal, formada por neurônios sensoriais. Basta também lembrar as diferenças entre as vesículas embrionárias: o prosencéfalo, mais rostral, o mesencéfalo, intermediário, e o rombencéfalo, mais caudal. A pergunta que se coloca é a seguinte: de que modo o tubo neural, inicialmente homogêneo nesses dois eixos, transforma-se em uma estrutura com essas pronunciadas diferenças regionais?

Vejamos primeiro o que se passa no eixo dorsoventral (Figura 2.12). Já vimos que o tubo neural se forma pela invaginação da placa neural até que os lábios dorsais se unam na linha média e o ectoderma não neural recubra a estrutura cilíndrica assim formada (Figura 2.12 à esquerda). O mesoderma axial (notocórdio) fica bem abaixo da placa e, depois, do tubo neural. Duas regiões especializadas formam-se nesse processo: a placa do teto, na parte mais dorsal do tubo, e a placa do assoalho, na parte mais ventral – ambas compostas por células gliais. Os neurônios juvenis que constituem o resto do tubo, de início semelhantes, logo se transformam em motoneurônios, ventralmente, e em interneurônios sensoriais, dorsalmente. Recentemente, revelou-se que essas transformações são comandadas por sinais moleculares de comunicação entre as células (Figura 2.12 à direita). O notocórdio produz uma proteína de nome intraduzível – *Sonic hedgehog*[1] ou SHH – que se difunde em sentido dorsal pelo tubo neural. Mais tarde a placa do assoalho passa também a produzir essa proteína. As células juvenis do tubo neural reconhecem a SHH, e disso resultam sinais intracelulares que modificam a expressão gênica. Só que a natureza desses sinais varia com a concentração de SHH. Por isso, nas regiões mais ventrais, próximas da "fonte" dessa proteína sinalizadora, as células do tubo neural diferenciam-se em motoneurônios; nas regiões mais distantes, onde é mais baixa a concentração de SHH, as células diferenciam-se em interneurônios. As moléculas que produzem efeitos diferentes segundo a sua concentração são chamadas morfógenos.

[1] Hedgehog *é o termo em inglês que denomina um mamífero insetívoro do gênero* Tupaia. *Foi utilizado para identificar uma família de genes que controlam o desenvolvimento embrionário regional da mosca* Drosophila, *e que tem homólogos em vertebrados.* Sonic hedgehog *é um desses homólogos, denominado assim pelo seu descobridor em referência ao personagem de um videojogo famoso na década de 1990.*

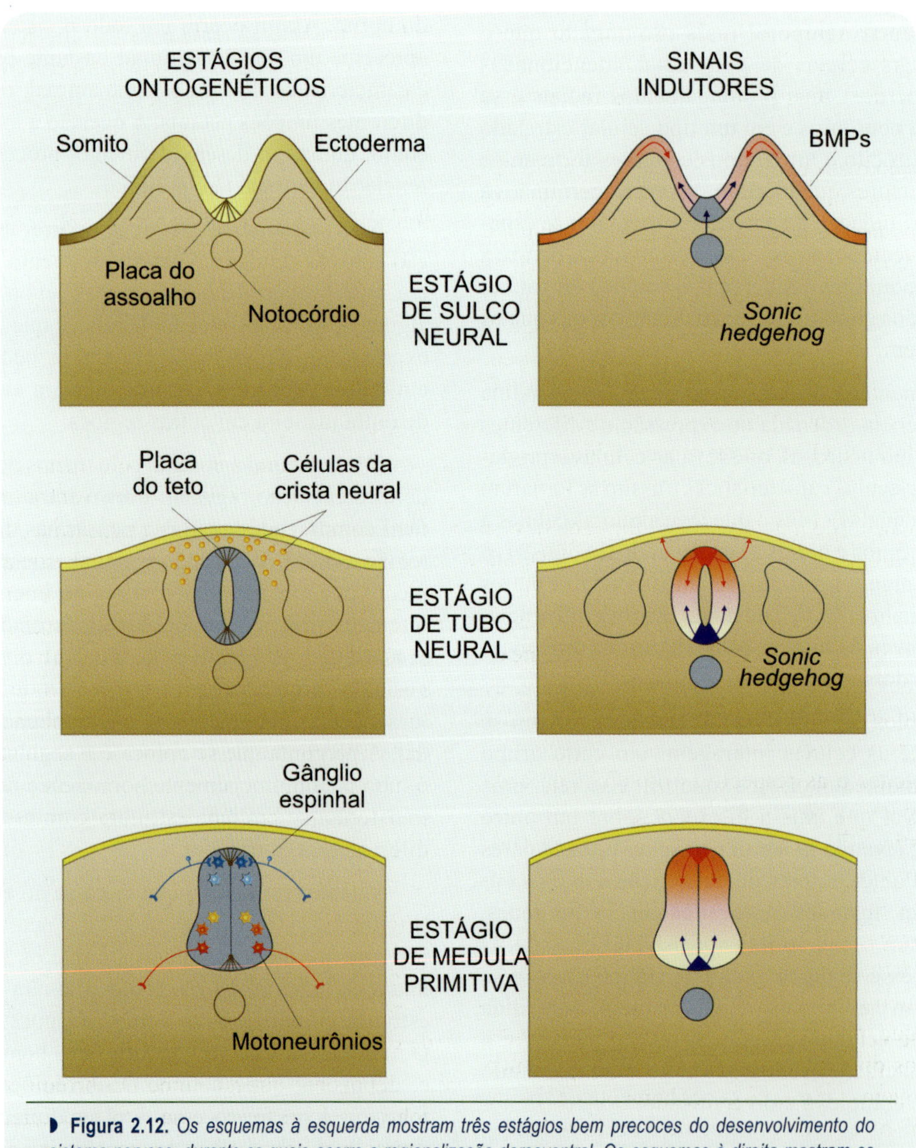

Figura 2.12. *Os esquemas à esquerda mostram três estágios bem precoces do desenvolvimento do sistema nervoso, durante os quais ocorre a regionalização dorsoventral. Os esquemas à direita mostram os sinais moleculares correspondentes. Proteínas da família das BMPs são sinais dorsalizantes secretados pelo ectoderma e pela placa do teto do tubo neural, reconhecidos pelos neuroprecursores mais dorsais que vão originar neurônios sensoriais. Já a proteína Sonic hedgehog é um sinal ventralizante liberado pelo notocórdio e pela placa do assoalho do tubo neural, cuja concentração é "percebida" pelos neuroprecursores mais ventrais que vão originar os motoneurônios.*

Algo semelhante acontece dorsalmente. Só que neste caso não se trata de um morfógeno, mas de uma família de proteínas já mencionadas: as BMPs. Como vimos, essas proteínas são produzidas e secretadas pelo ectoderma. Mais tarde (Figura 2.12), passam a ser produzidas também pela placa do teto. As diferentes BMPs se difundem em sentido ventral e são reconhecidas pelos neuroprecursores mais dorsais, que se diferenciam em distintos tipos de interneurônios, de acordo com o tipo de BMP que logram reconhecer.

O papel dessas duas moléculas indutoras e morfogenéticas está bem demonstrado para a medula espinhal primitiva, mas há evidências de que elas atuam também em níveis mais rostrais do tubo neural, no rombencéfalo, mesencéfalo e diencéfalo. Nestes casos, entretanto, a diversidade de moléculas envolvidas é maior, tornando mais complexo o processo.

A diferenciação rostrocaudal do SNC embrionário começa também na placa neural, junto com a indução (Figura 2.13A), porque os fatores indutores folistatina, noguina e cordina ativam genes rostrais, enquanto fatores diferentes ativam genes mais caudais. Dentre estes últimos, destacam-se o FGF8[2] (um fator trófico, veja adiante) e um morfógeno de molécula surpreendentemente simples, o ácido retinoico. Assim, no estágio de placa neural o SNC já está diferenciado em dois "compartimentos": um mais anterior, que dará origem aos neurônios e gliócitos do prosencéfalo, e outro mais posterior, que formará as demais vesículas.

Um pouco mais tarde, quando já está formado o tubo neural, os neurobiólogos do desenvolvimento observaram um fato curioso. O rombencéfalo apresenta intumescências periódicas visíveis ao microscópio, que foram chamadas de rombômeros (Figura 2.13B). Cada rombômero reúne os neurônios precursores de um par de nervos cranianos, de modo semelhante aos segmentos espinhais, relacionados com um par de nervos espinhais cada um. Investigando a natureza dos genes e as respectivas proteínas de cada rombômero, chegou-se à conclusão de que cada um tem um padrão característico (Figura 2.13B). Trata-se de genes homeóticos e suas proteínas, uma família de moléculas muito conservada ao longo da evolução, desde os invertebrados até o homem, e sempre relacionada com a determinação dos segmentos do eixo rostrocaudal do corpo. Os genes homeóticos dos rombômeros, desse modo, vão produzindo proteínas específicas que, por sua vez, conferem especificidade aos neurônios dos diferentes núcleos ao longo do tronco encefálico. Mas quem controla os genes homeóticos? Neste caso, o "culpado" parece ser novamente o ácido retinoico mencionado anteriormente, secretado pelo mesoderma adjacente em concentrações diferentes, de acordo com o nível rostrocaudal: as diferentes concentrações provocam a expressão de genes homeóticos distintos.

Não se conseguiu reconhecer segmentos claramente visíveis ao microscópio no mesencéfalo e no prosencéfalo, mas foi possível identificar a expressão "segmentar" de genes homeóticos próprios e suas respectivas proteínas, possivelmente envolvidos com a diferenciação dos diversos setores e núcleos dessas regiões do SNC. Assim, foi possível estabelecer a generalidade de um princípio fundamental da diferenciação regional do SNC embrionário: fatores indutores e morfogenéticos mesodérmicos ativam genes homeóticos diferentes nos diversos níveis, e estes sintetizam proteínas que aos poucos vão tornando diferentes as células que inicialmente eram iguais, permitindo o aparecimento dos diversos núcleos com sua morfologia típica, seus neurônios e gliócitos característicos e suas conexões específicas.

NOVOS CIRCUITOS SE FORMAM: CRESCIMENTO AXÔNICO E SINAPTOGÊNESE

Ainda durante a migração, o neurônio juvenil pode emitir um axônio, que cresce ao longo de um trajeto preciso e consistente até a proximidade das células-alvo, com as quais estabelece contatos especializados. Esse processo é de grande importância, pois de sua ocorrência apropriada depende a precisão dos circuitos formados durante a embriogênese, que garantirá o funcionamento adequado do sistema nervoso. A grande questão, neste caso, consiste em indagar de que modo os neurônios conseguem estabelecer conexões tão precisas. De que modo o axônio cresce? Como percorre o trajeto correto? Que pistas utiliza para encontrar os alvos certos? Dentro das regiões-alvo, como reconhece e estabelece contato com os neurônios certos? Para se ter uma ideia da magnitude desse problema ontogenético[G], basta lembrar que uma determinada população de neurônios da nossa medula – sempre e só aquela população – inerva o músculo flexor do nosso polegar direito – sempre ele, e só ele. Outro exemplo pode ser retirado do sistema visual: certos neurônios do canto da retina mais próximo ao nariz veem apenas uma região restrita da porção mais lateral do campo visual, e esses neurônios formam uma cadeia de conexões[G] que alcançam uma região muito restrita do córtex cerebral – sempre a mesma para todos os indivíduos da espécie.

O axônio emerge como um prolongamento do corpo celular, e logo forma uma estrutura característica na sua extremidade, chamada *cone de crescimento* (Figura 2.14). O cone de crescimento foi descoberto em preparações histológicas pelo morfologista espanhol Santiago Ramón y Cajal no início do século 20, não só na ponta de axônios, mas também em dendritos. Modernamente, tem tido sua estrutura estudada ao microscópio eletrônico e seu com-

[2] *Abreviatura em inglês de* fator de crescimento de fibroblastos.

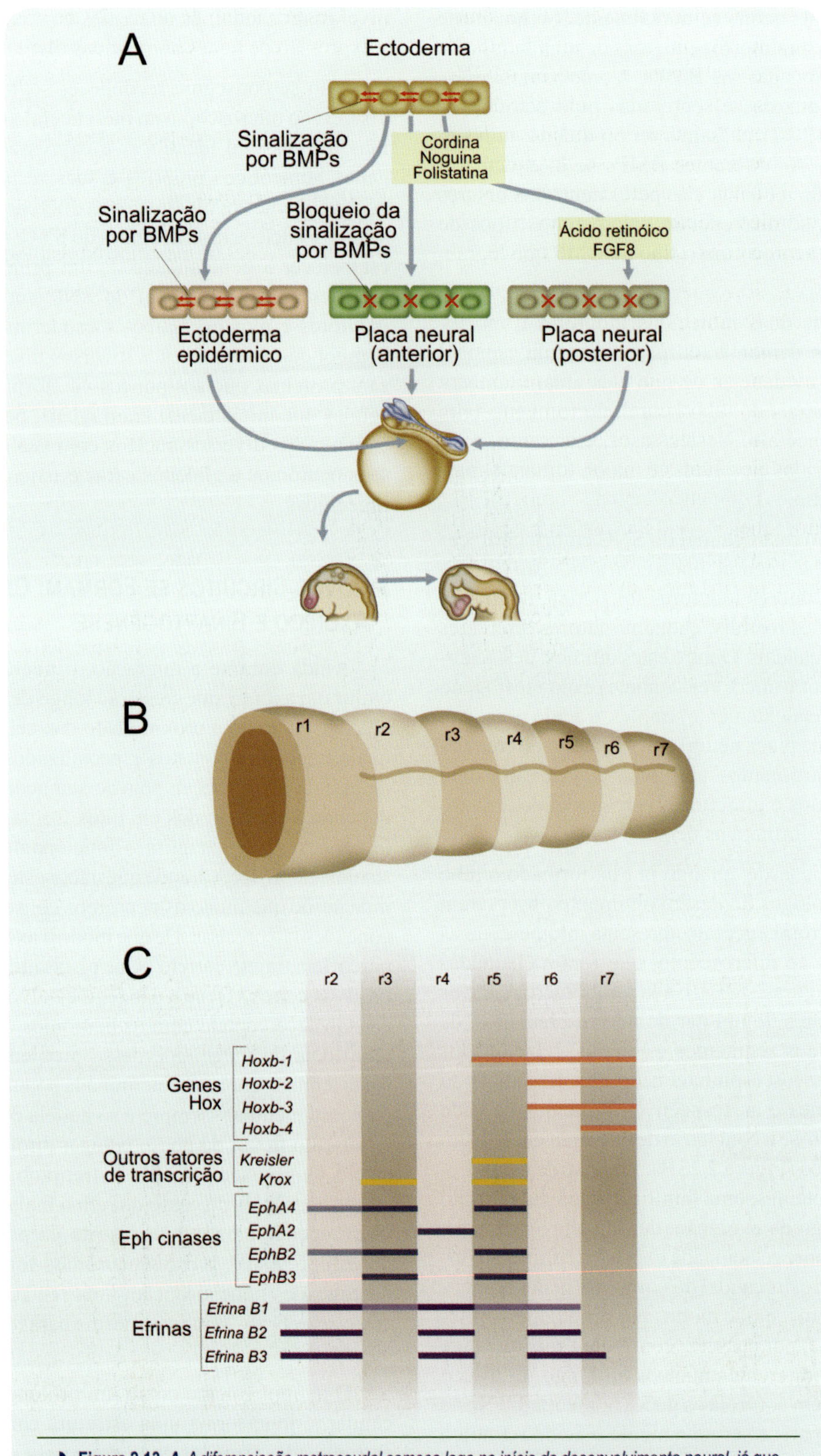

▸ **Figura 2.13.** ***A.*** *A diferenciação rostrocaudal começa logo no início do desenvolvimento neural, já que os fatores indutores são diferentes nas regiões rostrais e caudais da placa neural.* ***B.*** *Mais tarde, o tubo neural apresenta segmentos (rombômeros r1, r2 etc.) que possuem padrões próprios de expressão (barras horizontais) dos genes homeóticos e suas proteínas (à esquerda, em* ***C****).* ***A*** *modificado de Y. Tanabe e T.M. Jessell (1996) Science vol. 274: pp. 1115-1123.* ***B*** *e* ***C*** *modificados de A. Lumsden e R. Krumlauf (1996) Science vol. 274: pp. 1109-1115.*

portamento dinâmico acompanhado através de uma câmera de vídeo acoplada ao microscópio óptico, em preparações vivas de tecido nervoso embrionário e outros modelos experimentais. Esses estudos revelaram que o cone é a estrutura especializada em "conduzir" o axônio ao longo do trajeto certo até o alvo. Por isso, não só ele possui uma ultraestrutura[G] especializada para movimentar-se, como também sensores químicos capazes de reconhecer pistas presentes no microambiente no qual o axônio cresce.

A Figura 2.14 mostra que o cone apresenta finas protrusões como dedos, unidas por membranas, como na pata de um pato. Os dedos são os *filopódios*, e são eles que "tateiam" o ambiente para reconhecer as pistas químicas. As membranas são os *lamelipódios,* que se movem como bandeiras ao vento durante o deslocamento do cone de crescimento. Os filopódios são constituídos por finos filamentos (Figura 2.14A) contendo actina (Figura 2.14G), uma proteína do citoesqueleto[G] celular presente em todos os tecidos. Como a actina é uma proteína contrátil, a ela se deve a grande mobilidade dos filopódios e, por extensão, do cone de crescimento (Figura 2.14A-D). A região mais interna do cone possui um grande número de microtúbulos (Figura 2.14H), estruturas que participam também da sua motilidade.

Desde o início do século 20, os neurobiólogos inventaram diferentes hipóteses para explicar como, durante o desenvolvimento, as conexões axônicas adquiriam tão alto grau de precisão. Uma delas, entretanto, teve aceitação mais forte por ter sido sustentada por muitas evidências experimentais, e transformou-se numa teoria. É a teoria da quimioafinidade ou *quimioespecificidade*, criada nos anos 1940 pelo neurobiólogo norte-americano Roger Sperry (1913-1994), ganhador do prêmio Nobel de medicina ou fisiologia em 1981.

Sperry utilizou o cérebro do sapo como modelo experimental (Figura 2.15A). Primeiro, cortou os nervos ópticos dos olhos de animais adultos anestesiados, exatamente no ponto em que eles cruzam a linha média, passando para o lado oposto do cérebro (Figura 2.15B). Como os animais de sangue frio são dotados de grande capacidade de regeneração axônica, diferentemente dos animais de sangue quente, os axônios retinianos cortados cresceram novamente em direção ao cérebro, reconstituindo o circuito interrompido, só que do mesmo lado, sem cruzar. Durante vários dias após a cirurgia, Sperry testou a visão dos animais pela sua capacidade de projetar a língua para capturar pequenos insetos que entram no campo visual. Obviamente, os animais recém-operados tornavam-se incapazes de realizar esse comportamento, estritamente dependente da visão.

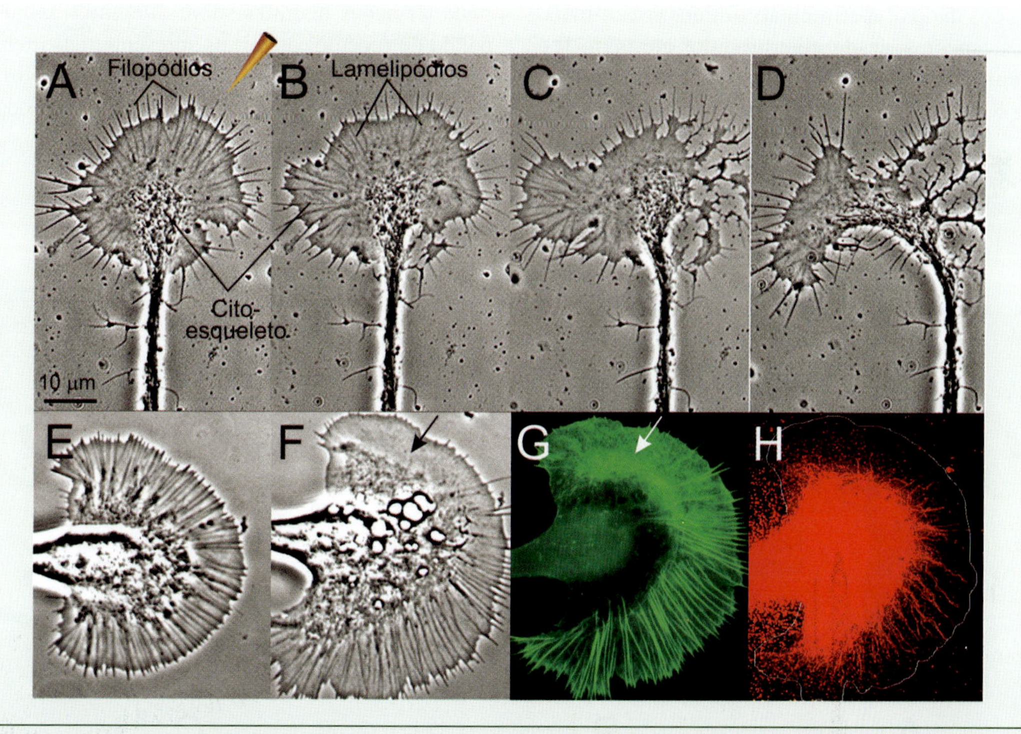

▶ **Figura 2.14.** *Cones de crescimento de neurônios de um caramujo, mantidos em cultura, isto é, em condições artificiais de laboratório. A morfologia é semelhante à dos cones que se formam dentro do sistema nervoso do embrião. A sequência de **A** a **D** mostra um cone submetido à ação de uma droga (depositada acima e à direita em **A** por uma micropipeta) que desorganiza os feixes de actina do citoesqueleto, provocando uma "curva" de trajeto para a esquerda. As fotos de **E** a **G** mostram a desorganização do citoesqueleto antes da curva ocorrer (no local assinalado pelas setas), especialmente dos filamentos de actina (corados em verde, em **G**). A foto em **H** mostra grande quantidade de microtúbulos no centro do cone (corados em vermelho, em **H**). Fotos gentilmente cedidas por Christopher Cohan, da Universidade do Estado de Nova York, em Buffalo, EUA [Zhou e cols. (2002) Journal of Cell Biology, vol. 157: pp.839-849].*

No entanto, após um certo tempo, Sperry verificou que os animais recuperavam essa capacidade visuomotora, em função da chegada dos axônios regenerantes aos seus alvos cerebrais. Só que o comportamento dos animais era agora invertido! Ao constatar a entrada de um inseto pelo lado esquerdo do campo visual, por exemplo, os animais projetavam a língua para o lado direito, e vice-versa (Figura 2.15C). Sperry interpretou esse resultado do experimento imaginando (e depois demonstrando) que os axônios de cada região da retina haviam crescido novamente em direção às regiões correspondentes do cérebro, mas, como os lados estavam trocados, a região da retina que anteriormente via o lado esquerdo do campo agora passara a ver o lado direito e vice-versa. A existência de uma resposta comportamental significava que os axônios regenerantes haviam conseguido encontrar as regiões cerebrais que normalmente recebem da retina. O fato de que a resposta era invertida, entretanto, indicava que o mapa topográfico de projeção havia sido reconstituído, embora no lado errado. Sperry extrapolou seus resultados para o desenvolvimento, e postulou que os neurônios possuiriam marcas químicas altamente específicas, reconhecidas individualmente pelos axônios em crescimento.

A teoria da quimioespecificidade foi modificada em relação à formulação original de Sperry, mas tem hoje amplo apoio dos dados experimentais obtidos em animais de diferentes espécies, desde invertebrados até mamíferos. Conhecem-se já diferentes pistas moleculares que influenciam o direcionamento dos cones de crescimento, e com isso a formação dos circuitos neurais durante o desenvolvimento. De fato, hoje se sabe que o axônio em crescimento realiza um percurso específico através de um meio cheio de sinais moleculares que o vão orientando até alcançar o seu alvo, também específico. É como no trânsito das grandes cidades: há sinais para parar, para prosseguir, para virar à direita ou à esquerda, para regular a velocidade e para estacionar. Assim, também o cone de crescimento apresenta receptores moleculares na sua membrana que reconhecem as pistas existentes no meio. O cone, então, responde a elas: faz uma curva, acelera ou pausa, às vezes até realiza uma "marcha à ré". Os receptores são proteínas incrustadas na membrana do cone, geralmente com uma parte voltada para o exterior (a que reconhece a pista externa) e outra voltada para o citoplasma (que produz sinais intracelulares para modificar o movimento dos filopódios e do próprio cone). Dentre os sinais intracelulares que o reconhecimento das pistas externas provoca nos cones, alguns causam a polimerização do citoesqueleto e a adição de membrana, o que resulta no alongamento do axônio e, muitas vezes, na formação de ramos colaterais.

A identidade molecular de inúmeras pistas para o crescimento axônico tem sido revelada recentemente. No entanto, verificou-se que uma mesma molécula sinalizadora pode ter ações distintas sobre diferentes axônios, dependendo do receptor que estes apresentem na membrana dos seus cones de crescimento. Mais importante do que o tipo de molécula, portanto, é compreender os modos de ação

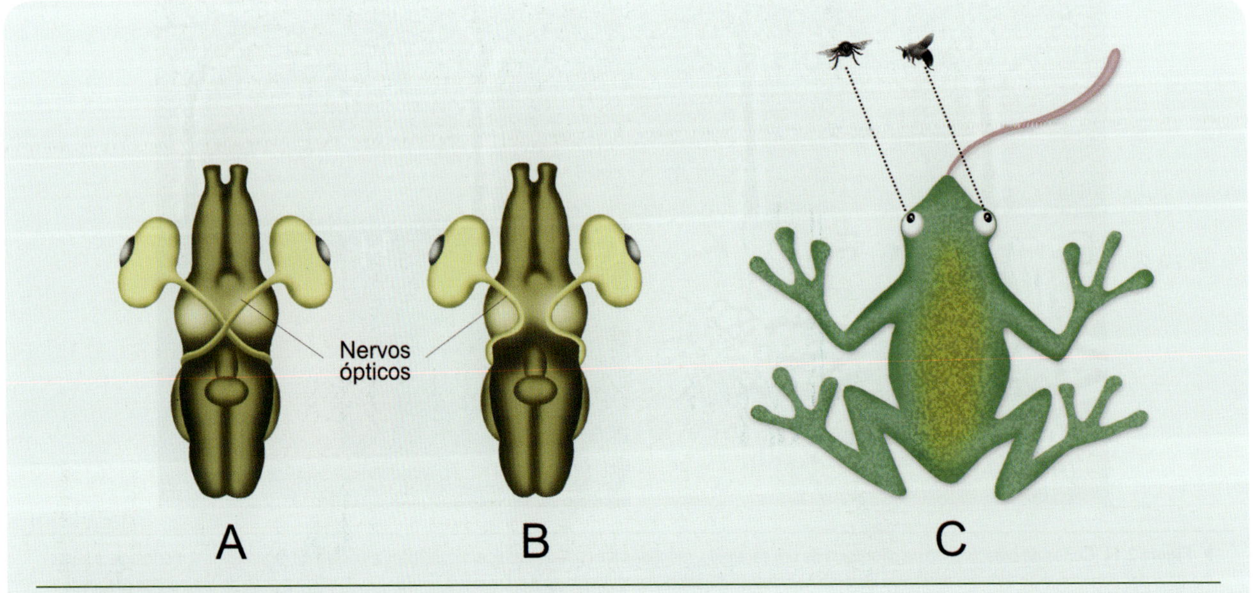

Figura 2.15. *Os experimentos do neurocientista americano Roger Sperry foram pioneiros, pois permitiram a formulação da hipótese da quimioespecificidade. Neste exemplo, uma rã, cujos nervos ópticos normalmente cruzam para o lado oposto (**A**), era submetida a uma cirurgia de reorientação do sistema visual (**B**), após a qual os axônios da retina eram forçados a regenerar para o mesmo lado. Os circuitos re-formados atingiam o alvo correto, mas do lado trocado. Por consequência, a rã lançava a língua para o lado errado (**C**), ao visualizar um estímulo alimentício no seu campo visual.*

dessas pistas sobre os cones (Figura 2.16). Um cone que emerge de um neurônio logo se defronta com uma matriz extracelular[G] de composição variada, contendo moléculas adesivas, promotoras ou mesmo inibidoras do crescimento axônico (Figura 2.16A): as lamininas, a fibronectina e os proteoglicanos são algumas delas. A maioria dos cones possui as moléculas de membrana capazes de reconhecer essas pistas fixas do meio. As integrinas são as mais conhecidas, capazes de reconhecer as lamininas.

Ao prosseguir a sua navegação em direção ao alvo, o cone defronta-se também com diversas células ao longo do caminho, e estas apresentam proteínas de membrana que podem promover a sua adesão a elas (Figura 2.16B), direcionando seu crescimento ao longo de uma fileira de

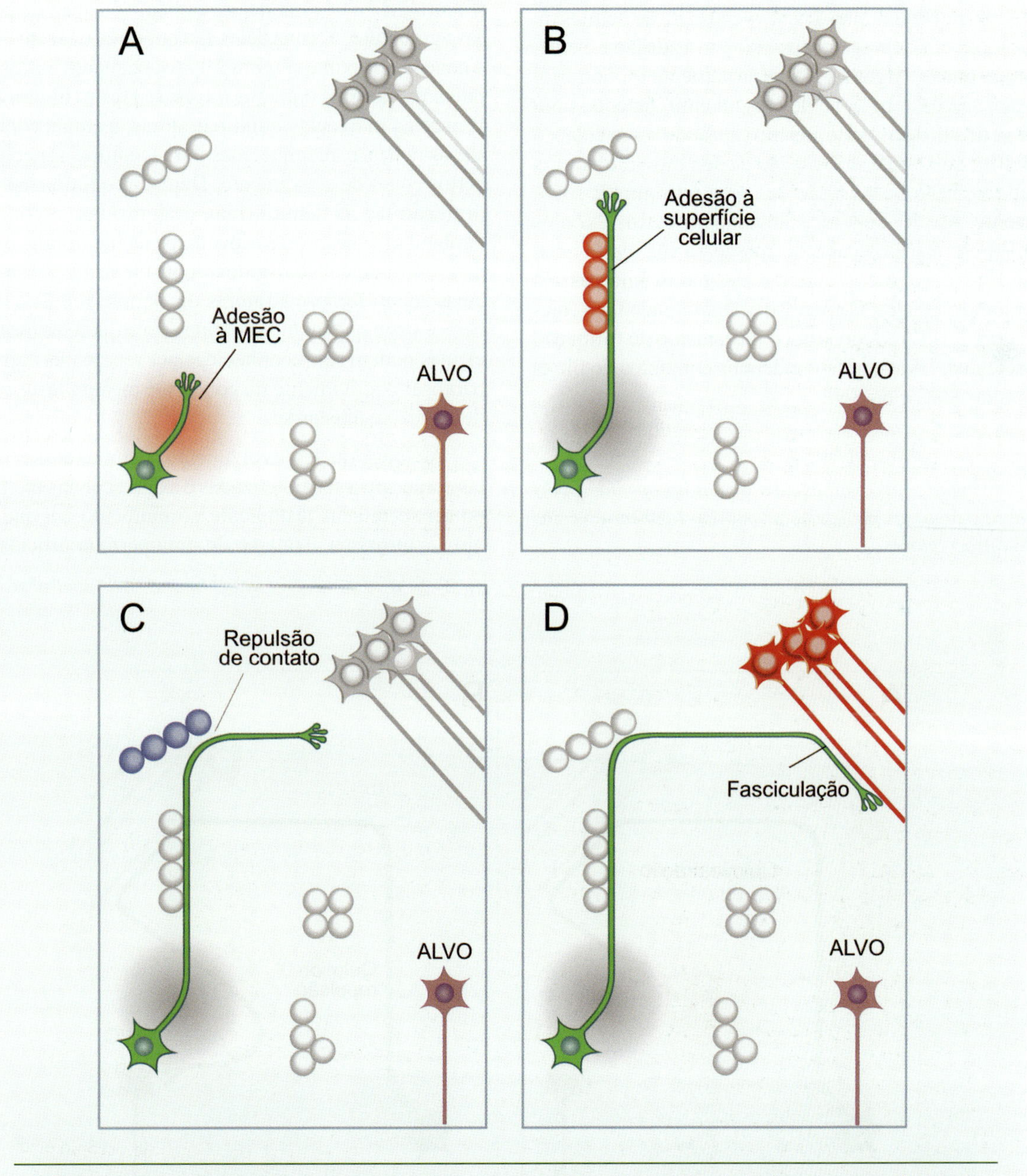

Figura 2.16. *No trajeto do cone de crescimento em direção ao seu alvo, são muitas as pistas de direcionamento com ação de curta distância. O cone de crescimento pode aderir a moléculas da matriz extracelular (MEC, em* ***A****) ou a moléculas situadas na membrana de células ao longo do caminho (****B****). Outras moléculas na membrana de outras células podem provocar o efeito contrário, repulsão. Neste caso, o cone se afasta (****C****). Finalmente, ao encontrar outros axônios, o cone pode aderir a eles e crescer junto, formando um feixe: é a chamada fasciculação (****D****). Continua na Figura 2.17.*

células, por exemplo: são as chamadas moléculas de adesão celular[3]. As moléculas de adesão dividem-se em duas grandes famílias: (1) as caderinas, glicoproteínas cuja ação depende da concentração de cálcio intracelular, reconhecidas por outras caderinas situadas no cone de crescimento (reconhecimento homofílico), e (2) as imunoglobulinas, proteínas semelhantes aos anticorpos do sistema imunitário, reconhecidas homofílica ou heterofilicamente pelos cones de crescimento.

Mas as moléculas situadas na membrana de células ou de outros axônios nem sempre promovem a adesão e o crescimento axônico. Algumas fazem justamente o contrário: provocam repulsão do cone de crescimento, fazendo com que ele se afaste delas, e até mesmo causando o seu colapso temporário, que leva à interrupção do seu movimento. É a chamada inibição ou repulsão de contato (Figura 2.16C). Finalmente, não só células, mas também outros axônios podem apresentar moléculas de adesão na sua membrana. Se esse for o caso, o cone adere a eles e o axônio passa a crescer junto com eles. O processo é denominado fasciculação (Figura 2.16D) e representa o mecanismo de formação dos fascículos, feixes, nervos e demais conjuntos de fibras nervosas do SNC e do SNP.

[3] *O termo é muito usado, mas não é dos mais apropriados, pois além de adesão essas moléculas promovem também diversas reações intracelulares.*

Os sinais moleculares que acabamos de descrever constituem o conjunto de pistas que atuam a curta distância, uma vez que estão todas integradas à membrana ou à matriz extracelular das fibras nervosas e células pelas quais passa o nosso axônio em crescimento. No entanto, existe um outro grupo de pistas que atuam a longa distância. São geralmente secretadas pelas células situadas próximo ao trajeto do cone de crescimento, difundindo-se gradativamente para longe da fonte e com isso criando um gradiente[G] de concentração (Figura 2.17). O cone de crescimento é capaz de perceber esse gradiente. Alguns deles são atratores e fazem com que o cone se aproxime (Figura 2.17A), enquanto outros são repulsores, fazendo com que o cone se afaste (Figura 2.17B). Dentre as moléculas quimioatratoras, as mais conhecidas são as netrinas, reconhecidas por receptores específicos de certos cones de crescimento. Dentre as quimiorrepulsoras, destacam-se as semaforinas e as efrinas, reconhecidas também por receptores específicos da membrana de cones de crescimento. Não se deve considerar que essas moléculas sejam sempre atratoras ou sempre repulsoras. Já se demonstrou que tanto as netrinas como as semaforinas e as efrinas podem ser reconhecidas por receptores cuja ação é paralisar o movimento do cone e até mesmo fazê-lo mudar de direção e afastar-se.

Ao longo do desenvolvimento, algumas dessas moléculas começam a ser sintetizadas e a aparecer nas membranas ou ser secretadas justamente no momento em que o axônio se aproxima. Trata-se de uma perfeita articulação de

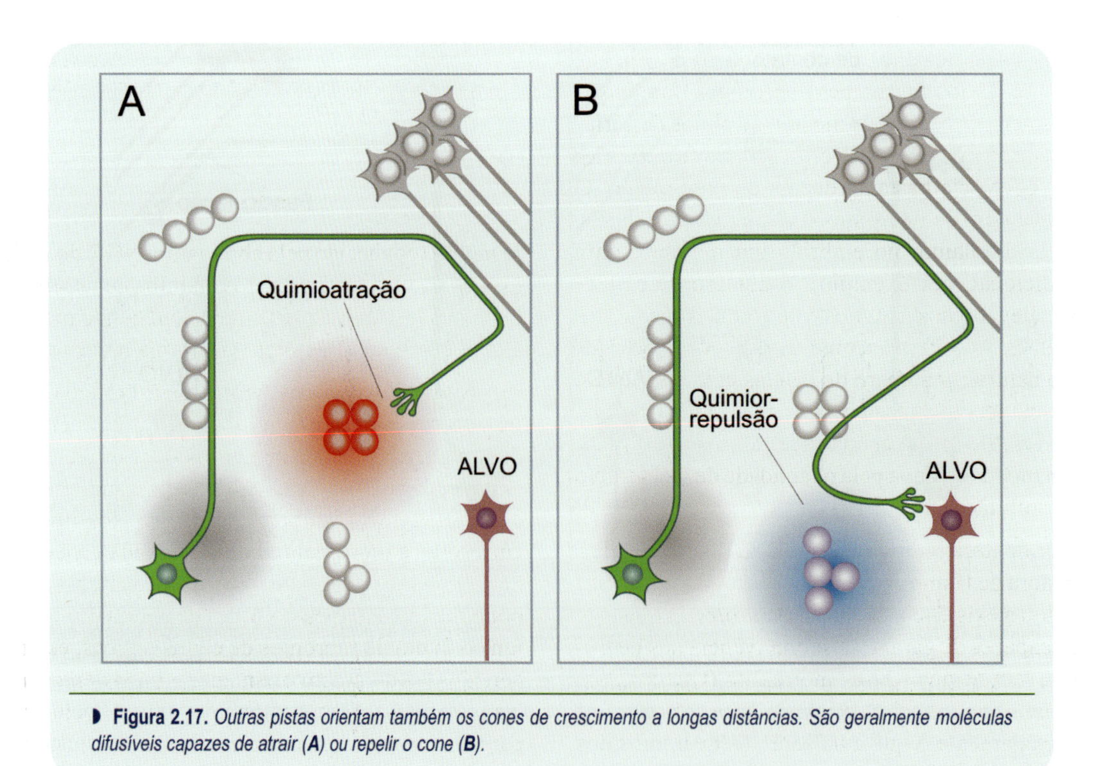

▸ **Figura 2.17.** *Outras pistas orientam também os cones de crescimento a longas distâncias. São geralmente moléculas difusíveis capazes de atrair (**A**) ou repelir o cone (**B**).*

eventos, que resulta no direcionamento de cada população de axônios em crescimento para os seus alvos distantes (Figuras 2.16 e 2.17).

Ao chegar à região-alvo, a região terminal do axônio em crescimento passa por um intenso processo de arborização, ou seja, ramifica-se profusamente (Figura 2.18). Ainda não se conhecem precisamente os mecanismos moleculares que comandam esse processo. Resulta da arborização terminal uma configuração típica de cada neurônio. Alguns formam árvores terminais densas e restritas, outros, no outro extremo, formam árvores esparsas mas bastante extensas. Nesse momento do desenvolvimento começa a *sinaptogênese*, isto é, a formação de sinapses[G]. Em cada ramo aparecem pequenos botões que tocam os dendritos ou o corpo das células-alvo (os botões sinápticos). Nestas regiões de contato é estabelecida uma complexa maquinaria molecular que permite a comunicação entre os neurônios. Assim, quando se completa a formação das sinapses, as informações codificadas pelos impulsos nervosos podem ser transmitidas de uma célula a outra e o circuito começa a funcionar. Você pode obter maiores detalhes sobre as sinapses e a transmissão sináptica no Capítulo 4.

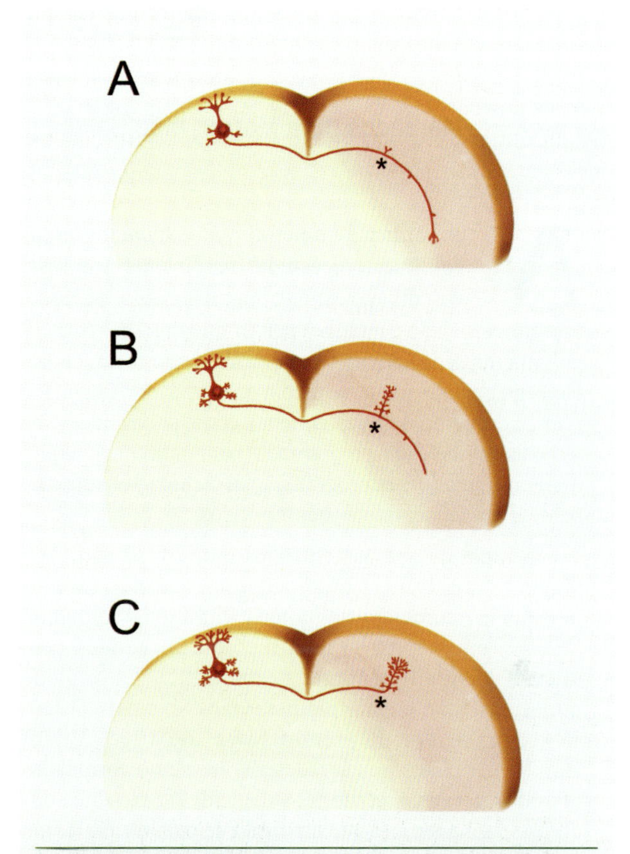

Figura 2.18. *Os axônios em crescimento buscam o seu território-alvo para arborizar perto das células pós-sinápticas. Alguns — como os neurônios do córtex cerebral que atravessam a linha média em busca do hemisfério oposto — ultrapassam o alvo (situado na altura do asterisco) crescendo para longe (**A**), mas emitem ramos colaterais que arborizam no lugar certo (**B**). No final (**C**), o ramo que cresceu demais é eliminado. Modificado de C. Hedin-Pereira e cols. (1999)* Cerebral Cortex *vol. 9: pp. 50-64.*

Processos Regressivos: Eliminação e Morte Anunciada

Pouca gente imaginaria que as etapas ontogenéticas descritas até agora resultassem num excesso de neurônios, de circuitos neurais e de sinapses. No entanto, foi isso que descobriu o neuroembriologista alemão Viktor Hamburger (1900-2001) nos anos 1940, sendo posteriormente confirmado por vários outros pesquisadores. Hamburger contava o número de células da medula de pintos de várias idades e descobriu que o número crescia durante a embriogênese, mas decrescia bastante depois do nascimento. O mesmo ocorria com os neurônios dos gânglios espinhais. Entretanto, ao implantar no embrião um membro extra (uma asa adicional, por exemplo), o número de células mantinha-se elevado nos gânglios e nas regiões medulares correspondentes. O inverso acontecia após a remoção de um membro natural: o número de células caía mais que o normal. Hamburger concluiu que o desenvolvimento normal incluía uma fase de morte celular natural, e que esta fase era de algum modo regulada pela quantidade de tecido-alvo presente no embrião.

Posteriormente, a bióloga italiana Rita Levi-Montalcini, colaboradora de Hamburger que trabalhava com ele nos EUA, postulou a existência de *fatores neurotróficos*, isto é, substâncias capazes de garantir a sobrevivência dos neurônios juvenis, sem as quais estes morreriam (Quadro 2.1). Levi-Montalcini identificou o primeiro fator neurotrófico conhecido, exatamente o que atua sobre os neurônios dos gânglios espinhais, dando-lhe o nome de *fator de crescimento neural* (conhecido pela abreviatura NGF, do inglês *nerve growth factor*). Uma numerosa família de fatores neurotróficos está identificada atualmente, incluindo moléculas que atuam em diversos setores do sistema nervoso.

A identificação dos fatores neurotróficos seguiu-se à descoberta de que o fenômeno da morte celular natural ocorre em todo o sistema nervoso das diferentes espécies animais, desde os invertebrados até os mamíferos superiores e provavelmente também o homem. Nos invertebrados, entretanto, a morte celular é programada geneticamente, e não é regulada pelos alvos como nos vertebrados. Nestes, pode ocorrer até mesmo o desaparecimento completo de um conjunto de neurônios de certas regiões, existentes em certas fases do desenvolvimento e inexistentes no adulto. Na maioria dos casos, entretanto, a morte celular é apenas parcial, e parece ser um mecanismo de ajuste numérico das populações de neurônios em relação aos seus alvos.

HISTÓRIA E OUTRAS HISTÓRIAS

Quadro 2.1
Marcados para Morrer, mas Salvos pelo Alvo: a Descoberta das Neurotrofinas

*Suzana Herculano-Houzel**

Normalmente se pensa que estudar o desenvolvimento é estudar fenômenos progressivos: divisão celular, migração, organogênese, crescimento. Não é intuitivo pensar que durante o desenvolvimento de um animal ocorra também morte de células. Hoje, no entanto, não só se reconhece que a morte celular é normal durante o desenvolvimento, como se considera que todas as células estão programadas para morrer a qualquer momento, sendo esse programa fatal contido por sinais de sobrevivência: os fatores neurotróficos.

A ideia de que os neurônios morrem se não obtiverem fatores tróficos produzidos por seu alvo foi proposta pela neurocientista italiana Rita Levi-Montalcini (1909–) em resposta a uma hipótese formulada pelo alemão Viktor Hamburger (1900-2001). Estimulado por seu mentor, o embriologista Hans Spemann (1869-1941), ganhador do prêmio Nobel de 1935, Viktor Hamburger observou que o desenvolvimento normal dos gânglios nervosos periféricos depende da presença dos alvos. Com a remoção de um broto de pata ou asa de um embrião, os gânglios que os inervariam ficam atrofiados, e o contrário acontece com o transplante de um membro adicional: os gânglios ficam hipertrofiados. Hamburger propôs então, em 1934, que cada alvo periférico controla quantitativamente o desenvolvimento do seu próprio centro nervoso. Com a inervação do alvo, os neuroblastos ainda indiferenciados presentes nos gânglios seriam recrutados, transformando-se em neurônios maduros, o que não aconteceria na ausência do alvo.

Rita Levi-Montalcini soube da descoberta através de seu professor Giuseppe Levi, na Universidade de Turim, e achou a ideia de recrutamento improvável. Repetiu os experimentos de Hamburger e observou que o número de neurônios era inicialmente normal, mas logo diminuía nos gânglios cujo alvo fora removido, como se estivessem morrendo. Hamburger tomou conhecimento, após a guerra, de que Rita desacreditara de sua hipótese de recrutamento e a convidou para 1 ano de colaboração nos Estados Unidos. Rita chegou a Saint Louis em 1947, e acabou ficando 25 anos. Juntos verificaram que, de fato, havia morte neuronal nos gânglios, ocorrendo justamente no período de chegada dos seus axônios ao alvo.

Alvos maiores pareciam manter mais neurônios vivos, e alvos menores, menos. Era o que Rita tinha em mente quando confirmou a descoberta de um ex-aluno de Hamburger de que certos tumores musculares originários de camundongos, quando implantados em pintinhos, são invadidos por fibras sensoriais, como se fossem um membro adicional transplantado. Mas Rita viu que as fibras cresciam sem rumo tumor adentro, e intuiu que o tumor agia não como território adicional, mas sim secretando um fator de crescimento. Para verificar sua hipótese, era preciso um teste biológico simples e rápido que pudesse demonstrar o efeito de um extrato líquido do tumor, um teste como a cultura de tecidos que Rita havia aprendido com Levi, e que sua amiga Hertha Meyer desenvolvia no Instituto de Biofísica da antiga Universidade do Brasil, no Rio de Janeiro.

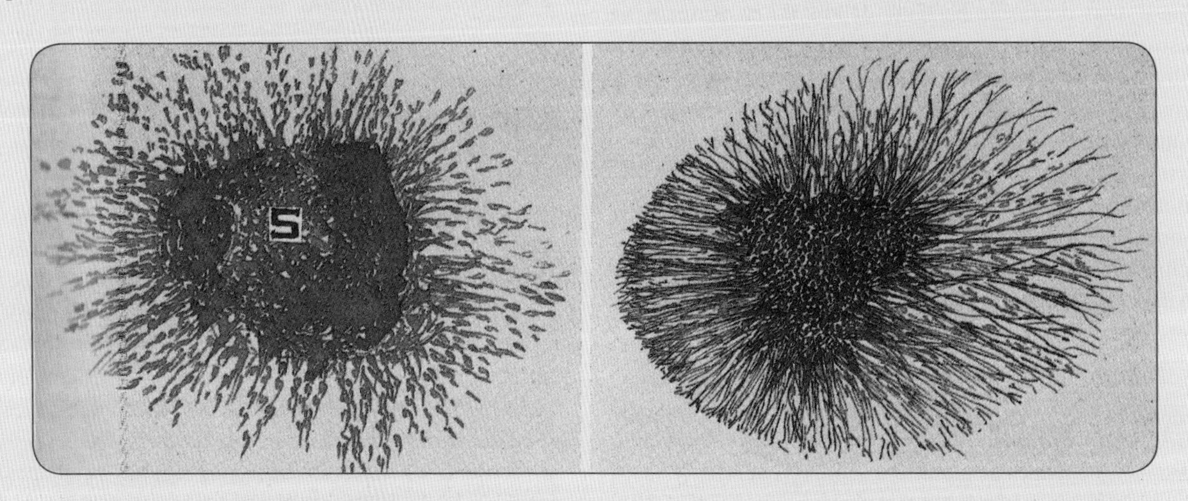

Desenho enviado do Rio de Janeiro por Rita Levi-Montalcini a Viktor Hamburger, ilustrando o efeito do tumor (S, à esquerda) sobre um gânglio espinhal do pinto (à direita). O gânglio apresentava profuso crescimento de prolongamentos neuronais. Reproduzido de D. Purves e J. W. Lichtman (1985). Principles of Neural Development, *Sinauer, EUA.*

Rita chegou ao Rio em outubro de 1952, trazendo na bolsa dois camundongos portadores do tumor. Colocou um pedaço do tumor ao lado de gânglios simpáticos em cultura e... não funcionou. Pior: na presença do tumor, os gânglios produziam ainda menos fibras do que gânglios-controle! Pensando que talvez houvesse alguma toxina contaminante, Rita transferiu os tumores para embriões de pinto, como havia feito anteriormente, e deles para a cultura. Na manhã seguinte, surpresa: em presença do tumor os gânglios irradiavam um halo de fibras, como se fossem raios de sol (Figura). A notícia espalhou-se rapidamente pelo Instituto, e foi comemorada na casa do Prof. Carlos Chagas Filho.

Três meses depois Rita estava de volta a Saint Louis, pronta para tentar isolar o possível fator de crescimento. O bioquímico americano Stanley Cohen juntou-se ao grupo, e em 1954 obtiveram uma primeira fração que continha o princípio ativo, logo apelidado de NGF (*Nerve Growth Factor*). Continuando a purificação para isolar a molécula de NGF, Cohen usou veneno de cobra, rico em fosfodiesterases, com o objetivo de destruir os ácidos nucleicos do extrato de tumor. Só que o veneno aumentou ainda mais o "efeito halo" do extrato. Ou ele havia destruído algum inibidor, ou o próprio veneno continha NGF – o que eles testaram imediatamente, pingando veneno de cobra sobre os gânglios em cultura. Em 6 horas, o resultado: um belo halo de fibras ao redor dos gânglios. O veneno contém mil vezes mais NGF do que os tumores, e propiciou a purificação do NGF em apenas 2 anos.

O NGF atua somente sobre neurônios simpáticos e alguns neurônios sensoriais. Como ocorre morte celular natural também em outras partes do sistema nervoso, outros fatores tróficos deviam existir. A demonstração de um segundo fator trófico neuronal somente foi feita em 1982, quase 30 anos depois da purificação do NGF. O novo fator, BDNF (de *Brain-Derived Neurotrophic Factor*), não foi purificado a partir de uma fonte enriquecida como o veneno de cobra, mas sim a partir de baldes de cérebro de porco e muita determinação do grupo do francês Yves-Alain Barde. Logo após, em 1986, Rita Levi-Montalcini e Stanley Cohen receberam o Prêmio Nobel pela descoberta do NGF. A partir daí, a busca de sequências homólogas com a tecnologia do DNA recombinante resultou na identificação de outras neurotrofinas e seus respectivos receptores. Sem precisar da sorte de encontrar uma fonte enriquecida, nem de baldes de matéria-prima. Bastaram uma ideia na cabeça e uma sequência na mão...

**Professora adjunta do Instituto de Ciências Biomédicas da Universidade Federal do Rio de Janeiro. Correio eletrônico: suzanahh@gmail.com*

Os fatores tróficos são produzidos pelos alvos e talvez também pelas fibras aferentes. São, então, secretados, e logo reconhecidos e capturados pelos neurônios, que com eles fazem contato sináptico. No interior dos neurônios, atuam sobre o DNA, bloqueando um processo ativo de "suicídio" da célula, chamado *apoptose*, e realizado através da síntese de enzimas cuja função é matar a célula. As células que projetam axônios para uma mesma região-alvo competem pelos neurônios com os quais estabelecerão contato. Aquelas que conseguem estabilizar suas sinapses obtêm suficiente quantidade de fatores neurotróficos do alvo e sobrevivem, mas as que não conseguem entram em apoptose e desaparecem. Veja mais sobre a morte neuronal do desenvolvimento no Quadro 2.2.

A morte das células produzidas "em excesso" não é o único processo regressivo que se observa durante o desenvolvimento do sistema nervoso. Ocorre também a eliminação seletiva de axônios e de sinapses, ambos produzidos "em excesso" como os neurônios. A esse respeito, mostrou-se que mais de 70% dos axônios inter-hemisféricos do córtex do macaco recém-nascido desaparecem até a vida adulta (Figura 2.19A). O fenômeno não implica a morte dos neurônios correspondentes, mas apenas a retirada do axônio contralateral e a formação de ramos colaterais que se projetam ao hemisfério do mesmo lado, em substituição àquele. Fenômenos semelhantes foram observados em outras regiões do sistema nervoso e em outras espécies. Em particular, deve-se mencionar que a contagem de sinapses indicou também que um número excessivo é atingido durante o desenvolvimento, seguindo-se uma fase declinante até a estabilização, próximo à vida adulta (Figura 2.19B).

MIELINIZAÇÃO: FINAL DO DESENVOLVIMENTO?

Não se pode determinar um momento preciso em que o sistema nervoso se torna adulto, isto é, o ponto final do desenvolvimento. Mesmo porque o sistema continua a transformar-se, embora menos aceleradamente, durante toda a vida adulta. Entretanto, geralmente se considera que o processo da mielinização marca o estágio final de maturação ontogenética do sistema nervoso. A mielina, como sabemos, é um material isolante (quimicamente constituído por lipídios ou gorduras) que faz parte da membrana de certas células da neuroglia, os oligodendrócitos. Em um certo momento, quando essa membrana glial toca as fibras nervosas, vai-se enrolando em torno delas (Figura 2.20) até formar uma espessa espiral que cobre a fibra toda, a não ser em alguns pontos (Figuras 3.5 e 3.17) . Nem todas as fibras do sistema nervoso são mielinizadas, mas as que são possuem maiores velocidades de condução dos impulsos nervosos. A mielinização, portanto, é um dispositivo que permite adquirir maior eficiência na

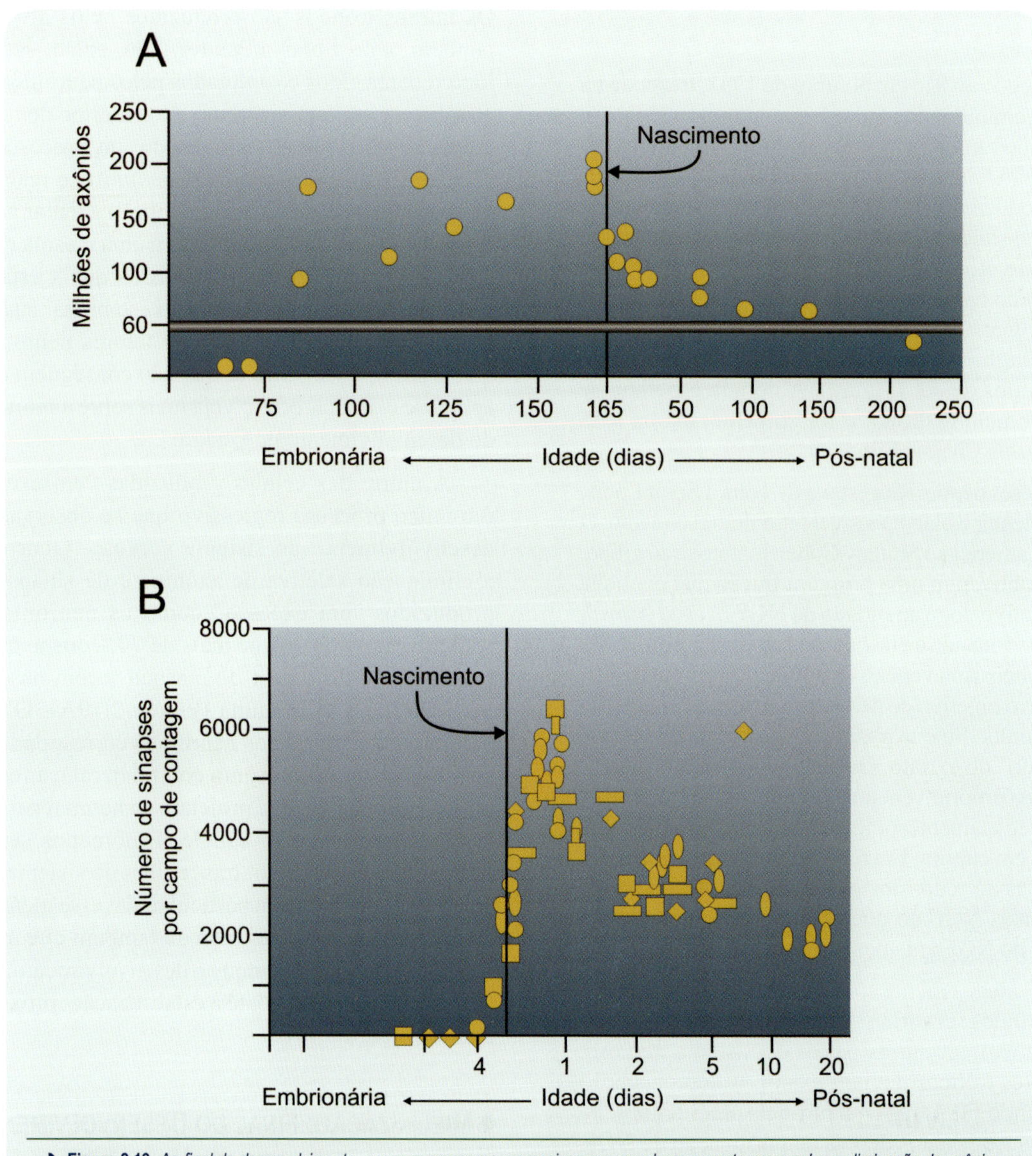

Figura 2.19. *Ao final do desenvolvimento, ocorrem processos regressivos que envolvem a morte neuronal e a eliminação de axônios e sinapses. O gráfico* **A** *mostra a diminuição do número de axônios inter-hemisféricos após o nascimento. Nesse gráfico, o número de axônios de embriões de macacos em diferentes idades é representado pelos círculos, e a média encontrada no adulto é indicada pela barra horizontal. O gráfico* **B** *mostra o enorme aumento do número de sinapses que ocorre um pouco antes e depois do nascimento, seguido da lenta diminuição posterior, em uma região restrita do córtex cerebral. Neste caso, os diferentes símbolos representam contagens realizadas em diferentes animais.* **A** *modificado de A.S. LaMantia e P. Rakic (1990)* Journal of Neuroscience *vol. 10: pp. 2156-2175.* **B** *modificado de P. Rakic e cols. (1986)* Science *vol. 232: pp. 232-235.*

transmissão de informação. Veja o Capítulo 3 para mais informações sobre isso.

No cérebro humano, a mielinização pode atualmente ser acompanhada em vida por técnicas de neuroimagem por ressonância magnética capazes de revelar detalhes da composição da substância branca[A] cerebral. Essa técnica revelou que a mielinização se inicia nos grandes feixes de fibras do tronco encefálico, bem ao final da gravidez e nos primeiros dias após o nascimento, ascendendo depois aos feixes diencefálicos e à parte posterior do corpo caloso (1 a 3 meses pós-natais), em seguida à cápsula interna[A] e ao restante do corpo caloso (na altura dos 6-8 meses), alcançando a substância branca dos hemisférios cerebrais ao final do primeiro ano de vida. A partir daí, acredita-se que o processo se prolongue lentamente até a puberdade, em todas as regiões cerebrais.

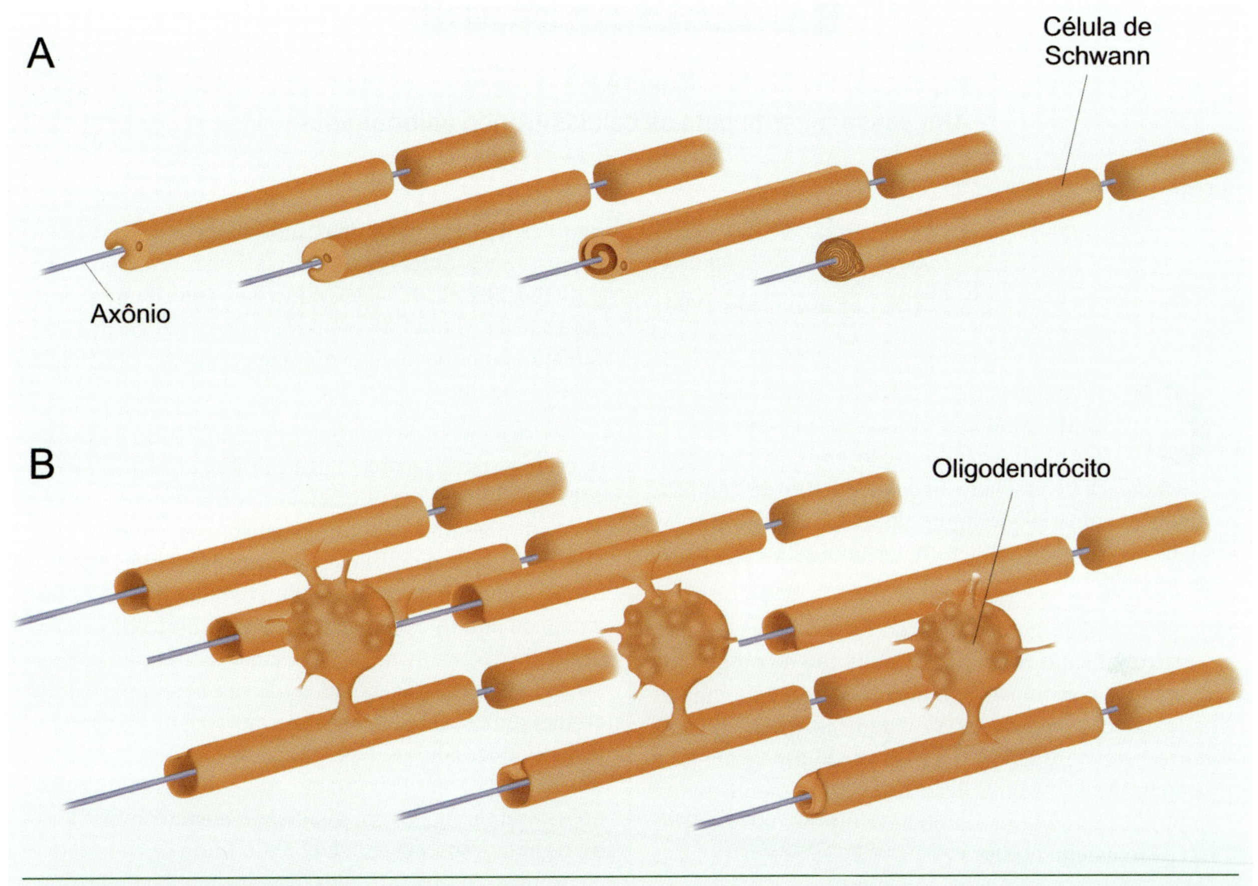

▸ **Figura 2.20.** *A mielinização marca o estágio final do desenvolvimento do sistema nervoso. Nesse processo, tipos especiais de gliócitos enrolam-se em torno das fibras nervosas, formando uma bainha isolante de mielina que contribui para o aumento da velocidade de propagação do impulso nervoso. As células de Schwann são os gliócitos que englobam axônios do SNP (**A**), e os oligodendrócitos são os que embainham axônios do SNC (**B**).*

DESENVOLVIMENTO CEREBRAL E DESENVOLVIMENTO PSICOLÓGICO

Um grande debate estabeleceu-se no século 20 sobre o desenvolvimento psicológico das crianças e suas bases cerebrais. A questão era saber com que repertório de capacidades as crianças nascem, e como desenvolvem as capacidades psicológicas e cognitivas dos adultos. Além disso, como essa trajetória se relaciona com o desenvolvimento cerebral? Em outras palavras: quais de nossas capacidades mentais são inatas, e quais são adquiridas pela experiência e pela interação social?

Dois grandes psicólogos destacaram-se nesse debate: o suíço Jean Piaget (1896-1980) e o bielorrusso Lev Vygotsky (1896-1934). Vygotsky dava grande ênfase às interações sociais, especialmente através da linguagem, argumentando que o desenvolvimento do pensamento humano é determinado pelas condições sociais, especialmente a educação. Piaget pensava de modo semelhante, mas sendo biólogo de formação, e mais longevo que Vygotsky, foi capaz de formular mais detalhadamente uma consistente teoria do desenvolvimento psicológico humano, em relação ao seu desenvolvimento biológico. Ambos defenderam uma escola de pensamento sobre o desenvolvimento cognitivo e a educação que ficou conhecida como *construtivismo*.

De acordo com essa escola, o desenvolvimento psicológico da criança se dá por estágios bem definidos, a partir de um repertório inato de reflexos simples, utilizados e modificados pela interação ativa com o ambiente, possibilitando assim a construção gradual da cognição adulta. O primeiro estágio é chamado *sensório-motor*, do nascimento aos 2 anos de idade, durante o qual a criança ainda não fala, mas utiliza seus reflexos inatos para explorar o mundo, agindo sobre ele com seu corpo (especialmente as mãos e a boca), e recebendo dele informações sensoriais. Os objetos são agarrados através de reflexos de preensão palmar[4], e levados

[4] *A preensão palmar consiste no fechamento firme da mão toda vez que a palma é estimulada com algum objeto.*

NEUROCIÊNCIA EM MOVIMENTO

Quadro 2.2
Um passo à frente para as células-tronco embrionárias

*Stevens K. Rehen**

Posso sair daqui pra me organizar, posso sair daqui pra me desorganizar

(Da Lama ao Caos, 1994)

Chico Science & Nação Zumbi lançaram seu primeiro álbum no mesmo ano em que eu terminava a graduação em Ciências Biológicas na Universidade Federal do Rio de Janeiro. Jamais imaginaria que alguns de seus versos pudessem relacionar-se com o objeto de estudo de meu próprio laboratório.

Na camada germinativa do sistema nervoso em desenvolvimento embrionário, a divisão de progenitores neurais é acompanhada pela eliminação de grande parte das células geradas. O fenômeno é denominado *morte celular proliferativa* e antecede a degeneração de neurônios juvenis, descrita originalmente pelos embriologistas Viktor Hamburger (1900-2001) e Rita Levi-Montalcini (1909–).

Durante minha iniciação científica, mestrado e doutorado sob orientação de Rafael Linden, no Instituto de Biofísica Carlos Chagas Filho, na UFRJ, demonstrei que os mecanismos de morte celular no sistema nervoso em desenvolvimento dependem do estágio de diferenciação. Neurônios recém-nascidos situados nas zonas proliferativas, para sobreviver, precisam sintetizar proteínas capazes de bloquear um programa latente de morte celular programada (apoptose). Por outro lado, neurônios juvenis, mesmo ultrapassando a fase de morte celular programada, podem ser eliminados pela síntese de proteínas apoptóticas, caso percam a competição por fatores tróficos depois de se estabelecerem em seus locais definitivos.

Na expectativa de melhor entender tais mecanismos, logo após meu doutoramento parti para o Instituto de Pesquisa Scripps (Califórnia, EUA) onde trabalhei com Jerold Chun, primeiro cientista a descrever a morte celular proliferativa. Em seu laboratório, com a colaboração de um grupo seleto de pesquisadores, descrevi a surpreendente existência de alterações cromossômicas (aneuploidias) no cérebro de camundongos e humanos normais. Os resultados da pesquisa indicaram que neurônios aneuploides, não necessariamente associados a disfunções ou doenças, poderiam contribuir para a geração da grande diversidade característica dos diferentes fenótipos neuronais que compõem o sistema nervoso adulto.

Essa geração de neurônios com diferentes números de cromossomos, aparentemente desorganizada, poderia explicar também a morte celular proliferativa. O repertório cromossômico adquirido pelo progenitor neuronal após sua mitose definiria seu destino: morrer ou diferenciar-se e compor o cérebro adulto. Células com perda ou ganho de múltiplos cromossomos são eliminadas ainda durante o desenvolvimento, enquanto células com perdas ou ganhos menos acentuados (de somente um ou dois cromossomos) sobrevivem e passam a compor o cérebro de indivíduos adultos. Essa "imperfeição" rara, possível resultado da "má distribuição" de cromossomos entre nossas células nervosas, justificaria nossa complexidade e garantiria a nossos cérebros o título de mosaicos. Neurônios "desorganizados" organizam o cérebro de cada um de nós de maneira inimitável.

Na mesma época, contribuí ainda para a descrição do aumento de complexidade do cérebro, mediado pela ação de um fosfolipídio simples, capaz de criar, em roedores, giros e sulcos característicos de cérebros humanos. A molécula atende pelo nome de ácido lisofosfatídico e influencia o ciclo celular, reduz a morte celular proliferativa, favorece a diferenciação dos neurônios, além de alterar a própria anatomia do córtex cerebral de camundongos embrionários.

Um passo à frente e você não está mais no mesmo lugar

(Um passeio no mundo livre, 1996)

Na busca dos mecanismos geradores de diversidade no sistema nervoso, passei a me interessar pelas células-tronco embrionárias, que têm a capacidade de se transformar em qualquer tipo celular (pluripotencialidade). Possibilidades reais e expectativas sobre sua utilização

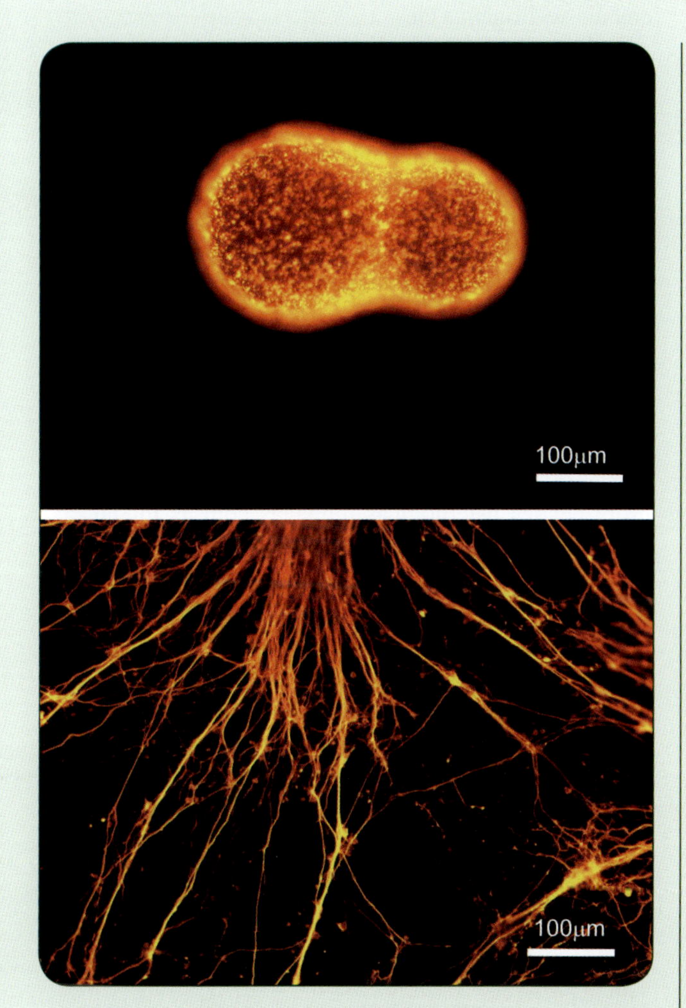

A foto de cima (de Aline Marie Fernandes e Paulo Marinho) mostra uma colônia de células-tronco embrionárias, cultivadas no laboratório sobre micro-carregadores (matrizes que permitem o crescimento em suspensão de células aderentes). Nessas condições, as células mantêm a sua pluripotencialidade. A foto de baixo (de Daniel Cadilhe e Fabio Conceição) mostra uma intrincada rede neural formada numa placa de cultura pelas células-tronco embrionárias quando se transformam em neurônios.

em medicina regenerativa explicam o enorme interesse que despertam na sociedade contemporânea. Entretanto, os estudos sobre seus mecanismos de diferenciação precisam ser aprofundados antes que ensaios clínicos sejam realizados. A obtenção de populações celulares diferenciadas em grandes quantidades a partir dessas células pluripotentes é um dos principais desafios da área biomédica.

Stevens Rehen, Helena Lobo Borges e Alice Borges Rehen.

De volta ao Brasil desde 2005, coordeno um grupo de estudantes e colegas que busca cultivar células-tronco embrionárias em grande escala (Figura) e entender as consequências funcionais da aneuploidia e da utilização de diferentes lisofosfolipídios na indução de neurogênese nessas células. Esses estudos poderão contribuir para um melhor entendimento dos mecanismos envolvidos na geração de diversidade do cérebro adulto, na gênese de doenças como lisencefalia e esquizofrenia, e principalmente possibilitar a criação de novas formas de cultivo e diferenciação neuronal a partir de células-tronco embrionárias humanas.

*Professor associado do Instituto de Ciências Biomédicas, Universidade Federal do Rio de Janeiro. Correio eletrônico: srehen@anato.ufrj.br

à boca por meio de reflexos de sucção relacionados ao ato de mamar. Objetos maiores que não podem ser agarrados (uma bola, uma caixa), podem no entanto ser empurrados, rolados ou derrubados, e os resultados dessa manipulação são assimilados e incorporados à memória na forma de aprendizagem. Outros objetos, ao serem manipulados (chaves, por exemplo), fazem barulho, e essa informação auditiva é assimilada para diferenciá-los da bola, da caixa. As conexões sensoriais e motoras do sistema nervoso do bebê, portanto, possibilitariam a assimilação de informações sobre o ambiente, associando-as e coordenando-as de modo cada vez mais complexo, até que apareçam os primeiros elementos do pensamento, ajudados pela emergência da linguagem.

O segundo estágio é chamado *pré-operacional*, estendendo-se dos 2 aos 6 anos. A criança já fala e se locomove. Sua capacidade de interagir com o ambiente se amplia a cada dia, e ela se torna capaz de criar "teorias" sobre as coisas, resultantes de suas associações: "a bola não quer parar", "o cachorro está zangado", "o sol está nos seguindo". O terceiro estágio é chamado *operacional concreto*, abrangendo dos 6 aos 12 anos, através do qual a criança só raciocina mentalmente sobre situações que vivencia de forma concreta, sobre sua experiência de vida. E finalmente, no quarto e último estágio, *operacional formal*, constitui-se a partir dos 12 anos o raciocínio lógico abstrato, capaz de estabelecer relações sobre fenômenos imaginados.

Piaget construiu sua teoria dos estágios a partir de observações diretas que realizou em crianças, inclusive seus próprios filhos. Provavelmente por adotar essa abordagem observacional, e não experimental, não pôde revelar algumas capacidades que os bebês muito precoces já exibem, mas que só puderam ser evidenciadas recentemente, através de experimentos engenhosos que utilizam reações sutis provocadas por certos tipos controlados de estimulação. Por exemplo: pode-se medir o tempo que um bebê permanece olhando um certo objeto, antes de desviar o olhar para outra direção. Quando o objeto já foi visto e se tornou familiar, o tempo do olhar torna-se mais breve, e os olhos são rapidamente desviados para outro objeto. Se este for desconhecido, o bebê permanecerá olhando-o durante um tempo maior. Isso significa que consegue diferenciar entre ambos, e se a diferença entre esses objetos for controlada pelo experimentador, é possível identificar quais características dos objetos são percebidas. Assim foi possível verificar que bebês recém-nascidos não têm apenas reflexos simples: são capazes de distinguir tamanho, forma e cor dos objetos já nos primeiros meses após o nascimento, bem como perceber profundidade, localizar sons no espaço, identificar sons complexos (como a voz da mãe, diferente da voz de outras mulheres da casa...) e até mesmo identificar diferenças melódicas e rítmicas de segmentos musicais simples. A percepção musical precoce dos bebês é tradicionalmente explorada pelos adultos de todas as culturas, que utilizam uma linguagem "cantada" quando se dirigem a eles.

Mais recentemente se descobriu que bebês recém-nascidos são capazes de distinguir quantidades, algo que segundo Piaget dependeria estritamente de aprendizagem: por exemplo, diferenciam o número de biscoitos escondidos dentro de um recipiente, manifestando mais interesse por dois do que por um biscoito, e por três do que por dois ou um. E mais: computam também variáveis contínuas, como volumes: interessam-se mais por um biscoito grande do que por dois pequenos.

Apesar dessas recentes descobertas sobre as surpreendentes capacidades cognitivas das crianças pequenas, permanece válida a proposição de que o desenvolvimento cognitivo se dá em estágios, através da interação com o ambiente. Busca-se agora correlacionar a emergência das propriedades psicológicas humanas com as mudanças anátomo-funcionais do sistema nervoso durante o desenvolvimento pós-natal, na expectativa de que essa correspondência psicofisiológica permita definir melhor os estágios.

Um ponto de inflexão importante ocorre aos 2-3 meses de vida, quando desaparecem alguns reflexos inatos (como a preensão palmar mencionada anteriormente). Acredita-se que isto se deva à inibição dos neurônios motores do tronco encefálico e da medula por parte do córtex cerebral, e à entrada em funcionamento de grande contingente de interneurônios inibitórios nas diferentes regiões do SNC. A inibição do tronco encefálico pelo córtex provocaria também a diminuição do choro e o aparecimento do sorriso social, uma característica dessa idade.

Entre os 7 e os 12 meses ocorre outra transição importante: o surgimento da linguagem, possibilitado pelo aperfeiçoamento de um tipo de memória chamada operacional, que permite que a criança ligue mentalmente os eventos do presente em sequências temporais, e possa portanto emitir e compreender sons sequenciais significantes. Nessa fase ocorre a diferenciação dos neurônios das regiões frontais do cérebro, envolvidos com essas funções. O vocabulário aumenta, e isso coincide com a diferenciação dos neurônios das regiões temporais, especialmente da chamada *formação hipocampal*[A], uma área cerebral ligada à consolidação da memória (leia sobre a memória no Capítulo 18, e sobre a linguagem no Capítulo 19).

O 2º ano de vida da criança é marcado pela aquisição de importantes competências: (1) compreensão plena e expressão da linguagem; (2) inferência sobre estados mentais e emocionais dos outros; (3) ajuste social (podem-se fazer certas coisas, mas outras não...); e (4) autoconsciência. É escasso o conhecimento da base neural desses processos, mas algumas correlações podem ser feitas. Por exemplo: a mielinização dos feixes de fibras da substância branca começa no tronco encefálico nos primeiros meses, ascendendo ao diencéfalo e telencéfalo no final do primeiro ano. Além disso, aumenta bastante o número de sinapses no córtex cerebral a partir dos 2 anos de idade. Durante o 2º ano de vida, portanto, aumenta a conectividade e a comunicação entre áreas corticais do mesmo hemisfério, e entre os hemisférios através do corpo caloso. Presume-se que a crescente velocidade de propagação de impulsos em todo o cérebro propicie os progressos cognitivos que a criança apresenta.

Você pode observar que a descrição anterior ainda é vaga e superficial. É que na verdade as correlações anátomo-funcionais que se observam não estabelecem uma relação sólida de causa e efeito entre os eventos psicológicos e os eventos cerebrais.

O TEMPO NÃO PARA: ENVELHECIMENTO E MORTE DO SISTEMA NERVOSO

POR QUE ENVELHECEMOS?

A ação do tempo sobre o sistema nervoso não se resume ao desenvolvimento embrionário e pós-natal. Lentamente, depois de atingir a maturidade, o sistema nervoso vai envelhecendo, um processo que se acentua mais tarde e resulta na morte simultânea do indivíduo e de seu cérebro. O envelhecimento, entretanto, não inclui necessariamente a ideia de "doença", e envolve uma multiplicidade de alterações tanto no cérebro como em todos os demais órgãos do corpo, resultantes da entropia[G] crescente que caracteriza todos os sistemas naturais.

As causas do envelhecimento são ainda mal conhecidas, havendo, no entanto, hipóteses promissoras sob investigação. Como o tempo de vida de um indivíduo depende da espécie a que pertence, acredita-se que haja alguma determinação genética nesse processo. Assim, enquanto os seres humanos raramente ultrapassam 100 anos, as tartarugas podem atingir 2 séculos de vida. Por outro lado, animais como o camundongo e o rato não chegam a 2 anos. Isso indica que o tempo de vida dos animais é característico da espécie. O biólogo norte-americano Leonard Hayflick fez um experimento interessante a esse respeito: contou o número de vezes que os fibroblastos[G] humanos conseguem se dividir em placas de cultura de tecidos[G]. Constatou que os fibroblastos de indivíduos jovens dividem-se mais do que os de indivíduos velhos. Depois, comparou os fibroblastos de diferentes espécies e verificou que os de camundongos se dividem menos vezes que os de humanos, e estes menos que os da tartaruga. Hayflick sugeriu a existência de um relógio biológico determinado geneticamente: esse relógio controlaria o tempo de vida das células e, consequentemente, dos indivíduos.

Outra hipótese postula a existência de redundância gênica, havendo múltiplos genes para cada fenótipo. O envelhecimento começaria com o esgotamento dos genes redundantes causado por sucessivas mutações, espontâneas ou provocadas ao longo da vida, o que resultaria na degeneração funcional e morfológica típica da velhice. Recentemente, descobriu-se que, sempre que as células se dividem, as pontas de seus cromossomos – chamadas telômeros – encurtam-se um pouco (Figura 2.21). Como os telômeros são repetições de certas sequências de bases do DNA que protegem os cromossomos durante a divisão celular, o seu encurtamento pode levar as células à morte quando se dividem, ou causar aberrações cromossômicas prejudiciais às funções celulares. As células podem produzir uma enzima que corrige o encurtamento dos telômeros – a telomerase. Não se sabe, entretanto, se a telomerase atua fisiologicamente, porque muitas vezes não é identificada em células normais, e quando está presente em quantidade provoca câncer, isto é, um comportamento proliferativo descontrolado.

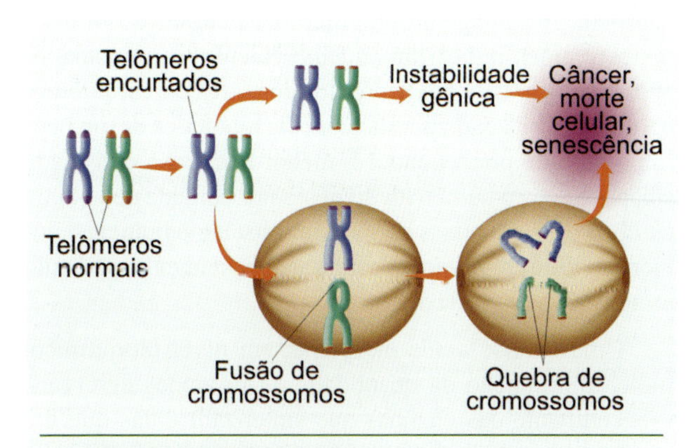

Figura 2.21. *Na falta da telomerase ocorre encurtamento dos telômeros, com sérias consequências para as células. Desprovidas de proteção nas extremidades dos cromossomos, as células são levadas à morte por instabilidade do DNA, ou produzem-se aberrações cromossômicas pela fusão inadequada das pontas dos cromossomos durante a mitose. Em ambos os casos, aumenta a probabilidade de câncer, senescência dos tecidos, e outras anomalias. Modificado de S. E. Artandi (2006)* New England Journal of Medicine, *vol. 355: pp. 1195-1197.*

Quaisquer que sejam as causas do envelhecimento, o fato é que o sistema nervoso é também atingido pela longevidade, o que provoca sua gradativa degeneração e finalmente o colapso funcional e a morte.

O CÉREBRO DO IDOSO E O IDOSO

O cérebro do indivíduo idoso apresenta claras diferenças morfológicas em relação ao do indivíduo jovem: o seu tamanho é menor, em média, o que resulta em menor peso

(Figura 2.22A, B). Alguns giros são mais finos e separados por sulcos mais abertos e profundos (Figura 2.22C, D). Os ventrículos e demais cavidades cerebrais são mais largos, o que resulta em menor espessura das regiões corticais. Esses sinais macroscópicos de atrofia podem ser identificados nos indivíduos vivos utilizando técnicas de imagem como a tomografia computadorizada[G] e a ressonância magnética[G] e, após a morte, pela inspeção direta do cérebro. Essa análise indica que as alterações não ocorrem igualmente em todo o cérebro: geralmente são maiores nas regiões frontais e temporais, justamente as que estão envolvidas com as funções cognitivas mais sofisticadas, que necessitam da memória para sua operação normal.

A observação ao microscópio frequentemente indica a presença, no espaço extracelular, de pequenos depósitos de material denso e fragmentos de neurônios formando as chamadas *placas senis* (Figura 2.22E). A presença de placas senis também foi observada em macacos idosos. Além disso, no cérebro humano, muitos neurônios apresentam no citoplasma verdadeiros novelos de neurofibrilas (Figura 2.22F) que representam a desorganização do citoesqueleto neuronal. A contagem do número de neurônios em diferentes regiões indica uma queda: calcula-se que, aos 90 anos, cerca de 10% dos neurônios do córtex cerebral foram perdidos, perfazendo uma taxa média hipotética de um neurônio perdido por segundo! É menor também a densidade sináptica (*i.e.,* o número de sinapses por unidade de volume cerebral). Nas diversas regiões da substância branca, o número de fibras mielínicas declina acentuadamente, podendo atingir 40% de perda aos 90 anos.

Uma análise ainda mais fina, em nível bioquímico, indica diminuição da quantidade de proteínas cerebrais, especialmente das enzimas que sintetizam e das que degradam neuromediadores, o que resulta em uma deficiência dessas substâncias tão importantes para a transmissão de mensagens no cérebro (veja o Quadro 2.3). Ocorre também diminuição do metabolismo de oxigênio no cérebro, causado por uma redução do fluxo sanguíneo, especialmente na substância cinzenta[A]. Aparecem também, sobretudo nas placas senis, peptídeos anômalos que possivelmente resultam da quebra de proteínas precursoras normais. O principal desses peptídeos anômalos que constituem as placas senis é o chamado ß-amiloide. Essas alterações tendem a se acentuar com o avanço da idade do indivíduo, mas variam muito em indivíduos diferentes de mesma idade. Quando são muito pronunciadas, começam a provocar sintomas físicos e psicológicos, configurando um quadro de doença conhecido como *doença de Alzheimer* ou *demência senil,* a principal forma de demência dos idosos, correspondendo a cerca de 50% dos casos.

O idoso geralmente apresenta pequenos lapsos de memória, menor velocidade de raciocínio e episódios passageiros de confusão que passam despercebidos ou são tolerados socialmente. Alguns pesquisadores chamam essas capacidades cognitivas alteradas com a idade de "inteligência fluida", para diferenciá-las da "inteligência cristalizada", que chamamos coloquialmente de "sabedoria", e cujas características não se alteram muito com o envelhecimento. É o caso da memória remota, do vocabulário, da memória de procedimentos motores (quem aprende a escrever não esquece nunca mais...).

Fisicamente, o idoso pode apresentar dificuldades de locomoção, falta de equilíbrio, mãos trêmulas, insônia noturna com sonolência diurna e outras manifestações consideradas naturais da velhice. Na pessoa com mal de Alzheimer, entretanto, estas características acentuam-se subitamente, e se transformam em sintomas. Os lapsos transformam-se em grandes e frequentes perdas de memória recente, e pode ocorrer acentuada confusão mental que torna difícil ou mesmo inviável a convivência social. A saúde física do doente deteriora porque o declínio súbito atinge também os demais sistemas orgânicos, e ele muitas vezes se torna incapaz de locomover-se e realizar os atos motores mais simples da vida cotidiana. Outros sintomas e complicações associadas agravam o quadro, e em geral após cerca de 7 a 10 anos ocorre finalmente a morte do indivíduo.

Acredita-se que com o avançar da idade o indivíduo passe a apresentar deficiências no controle genético da produção de proteínas estruturais, enzimas e fatores tróficos. Além disso, o envelhecimento atinge também os mecanismos de reparação molecular que as células possuem para corrigir defeitos no DNA, na conformação das proteínas e na compactação dos cromossomos, muitos deles provocados por fatores extrínsecos como agentes oxidantes, incidência de radiação, substâncias tóxicas. Essas deficiências bioquímicas, por sua vez, repercutem na sobrevivência e na função das células nervosas e da neuroglia, tornando mais difícil a gênese, a condução e a transmissão de impulsos nervosos, e muitas vezes impedindo a transmissão sináptica. Recentemente, tem-se demonstrado que um estranho fenômeno ocorre nas doenças neurodegenerativas do envelhecimento: certas proteínas ou peptídeos (como o β-amiloide, no caso da doença de Alzheimer) tendem a se associar, formando agregados pequenos, conhecidos como oligômeros[G], além de agregados maiores, como as protofibrilas e fibrilas amiloides. Acredita-se hoje que os oligômeros são bastante danosos, em particular às sinapses do sistema nervoso central, cuja função se torna então deficiente, causando os sintomas iniciais da doença (veja mais sobre isso no Quadro 2.3). As fibrilas amiloides constituem as placas senis, que representam as fases patológicas mais avançadas.

Deficitárias de proteínas essenciais e depositárias de substâncias anômalas, as células degeneram, acumulando fragmentos de organelas nos novelos intracelulares de

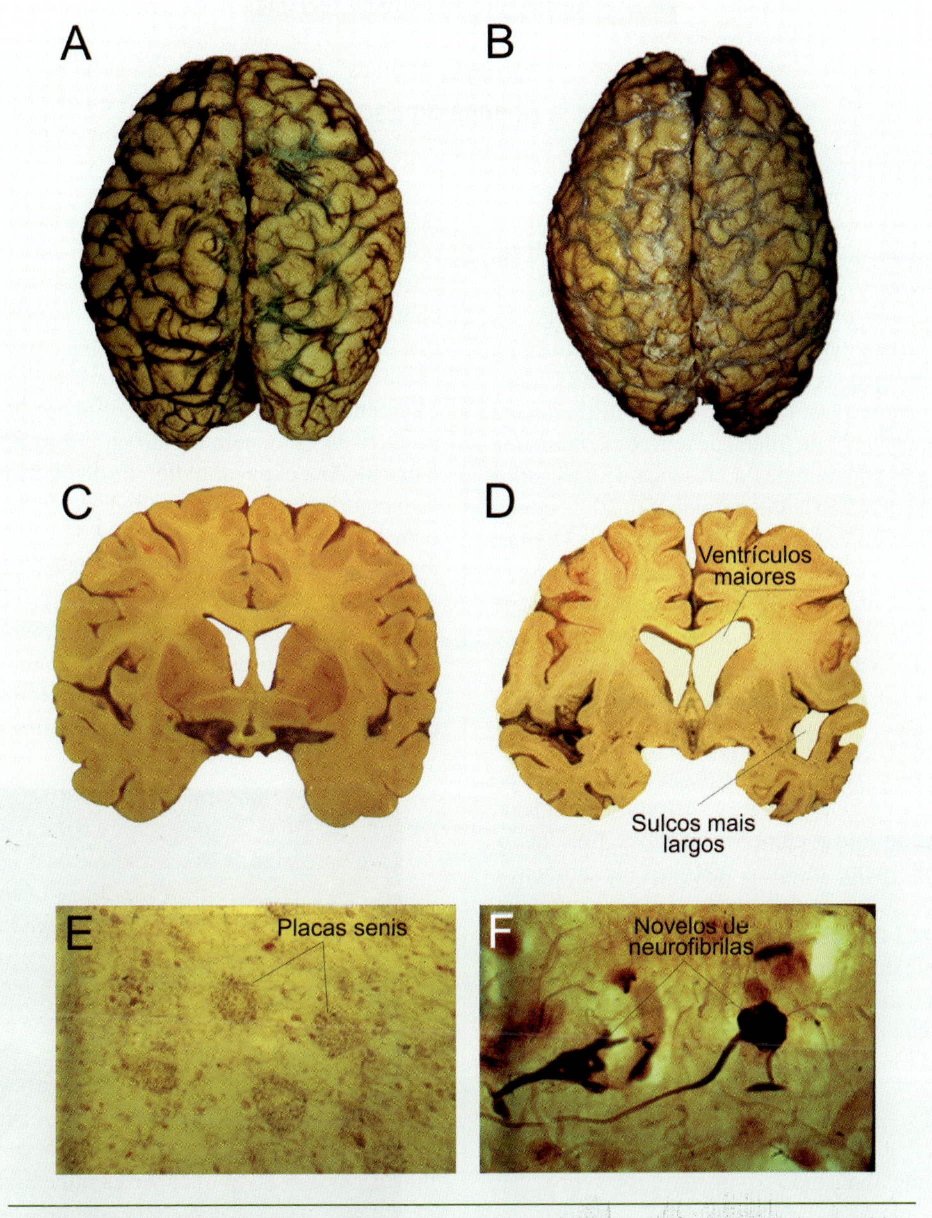

▶ **Figura 2.22.** *O cérebro de um idoso portador da doença de Alzheimer (**B**) é menor que o de um indivíduo normal da mesma idade (**A**). Além disso, os giros são mais finos, e os sulcos e ventrículos, mais alargados (**D**, em comparação com **C**). Examinado ao microscópio, apresenta placas senis devidas ao acúmulo de certas proteínas anômalas como a ß-amiloide (**E**), e produtos de degeneração celular não absorvida, como os novelos neurofibrilares (**F**). Fotos cedidas por Leila Chimelli, do Departamento de Anatomia Patológica da Faculdade de Medicina, UFRJ.*

neurofibrilas, e finalmente rompendo-se e gerando detritos que se aglomeram nas placas senis. O processo acentua-se porque tanto o sistema imunitário como a neuroglia – também atingidos pelo envelhecimento – tornam-se incapazes, nesses indivíduos, de remover os detritos da degeneração. É esse conjunto de alterações que resulta na diminuição observada do número de neurônios em várias regiões do sistema nervoso, e possivelmente também na queda generalizada do volume cerebral. Alguns dos sintomas, como as alterações de memória, devem-se ao fato de que certos circuitos cerebrais se encontram particularmente atingidos pela doença, e esses são efetivos participantes dos mecanismos da memória. É o caso dos neurônios colinérgicos centrais, isto é, aqueles cujo neuromediador principal é a acetilcolina. Dentre as regiões mais atingidas estão o hipocampo[A] e o córtex pré-frontal[A], reconhecidamente envolvidos com a consolidação da memória (ver o Capítulo 18), além de outras funções neuropsicológicas.

NEUROCIÊNCIA EM MOVIMENTO

Quadro 2.3
Alzheimer: a Doença do Esquecimento

*Fernanda De Felice**

Sou professora do Instituto de Bioquímica Médica da UFRJ desde 2002. Antes disto, cursei o Doutorado também na UFRJ de 1997 a 2002, sob orientação do Professor Sergio T. Ferreira, e obtive treinamento em biofísica química de proteínas, com foco no enovelamento incorreto e agregação dessas moléculas. Desde então me interesso em estudar a doença de Alzheimer, que tem como marcante característica histopatológica a presença de agregados formados pelo peptídeo beta-amiloide. Em 2005, comecei a me dedicar ao Pós-doutorado nos Estados Unidos, onde trabalhei com o Professor Wiliam L. Klein, na *Northwestern University*. Durante este período pude expandir os conhecimentos sobre as bases celulares e moleculares dessa doença devastadora. No final de 2007, retornei ao Brasil, onde atualmente chefio o Laboratório de Neurobiologia da Doença de Alzheimer.

Considero o sistema nervoso central um objeto fascinante de estudo, devido a sua estrutura complexa, e porque ele controla as emoções humanas. Entretanto, e parcialmente pelos mesmos motivos, ele também é alvo de vários distúrbios debilitantes e ainda incuráveis, como a doença de Alzheimer. Sabemos que o sintoma mais marcante dessa doença – falha ou perda da memória – vem na maioria das vezes acompanhado de outros sintomas, como alucinações, pesadelos, insônias e alterações de personalidade, que variam muito de paciente para paciente. Em estágios avançados da doença, ocorre a perda de neurônios em áreas cerebrais responsáveis por memória e aprendizado. O cérebro do paciente fica atrofiado e apresenta um acúmulo excessivo de placas senis, o que levou à ideia inicial, amplamente difundida, de que essas estruturas anormais fossem as grandes vilãs da doença de Alzheimer. Assim, durante muitos anos, a doença foi considerada como resultante das placas senis, encontradas em diferentes locais do sistema nervoso central, formadas principalmente pelo peptídeo beta-amiloide aglomerado em fibrilas amiloides.

Esse conceito foi aceito até recentemente, quando estudos pioneiros do grupo de Klein mostraram que outros agregados, bem menores do que os encontrados na placas – denominados oligômeros – também existem e se encontram aumentados no cérebro de pacientes com Alzheimer. Assim como as fibrilas amiloides que formam as placas, os oligômeros também são aglomerados do peptídeo beta-amiloide, porém em forma de pequenas bolinhas. Em vez de se depositarem em placas como as fibrilas, os oligômeros, por serem pequenos, permanecem livres e circulam por entre os neurônios. Acredito que os oligômeros podem ser a chave para se entender como são desencadeadas as disfunções cerebrais típicas da doença: essas pequenas bolinhas são capazes de produzir um bloqueio rápido da informação sináptica, o que ajuda a explicar a dificuldade de armazenamento da memória nos pacientes portadores de Alzheimer. Mas como os oligômeros são capazes de causar a perda de memória e degeneração observadas em pacientes com Alzheimer? Mostramos que esses pequenos agregados agem como neurotoxinas que literalmente atacam as sinapses dos neurônios (Figura), ligando-se com alta especificidade a elas e induzindo várias disfunções nas células do cérebro. Observamos que, quando os oligô-

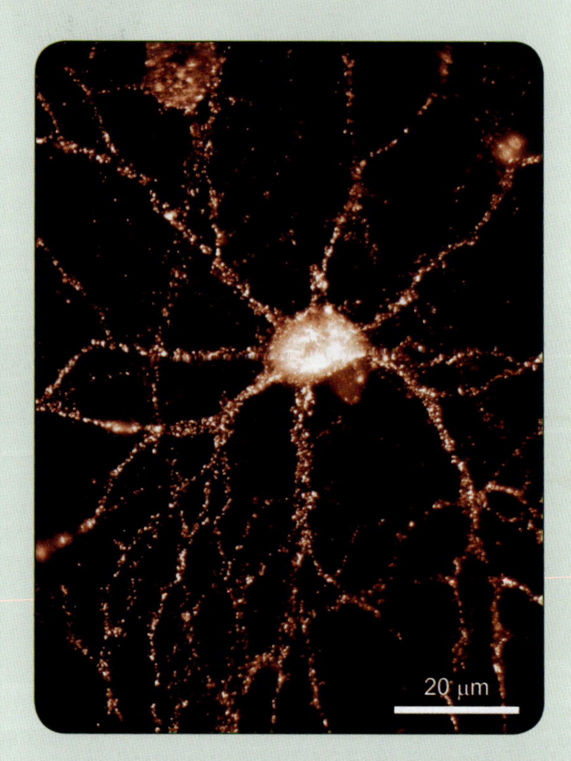

A imagem mostra um neurônio cultivado em laboratório, que foi exposto a oligômeros do peptídeo beta-amiloide. Os pontinhos que vemos são os oligômeros marcados por um anticorpo fluorescente, e que se encontram "colados" nos prolongamentos dos neurônios. Foi possível observar que os oligômeros se ligam com alta especificidade às sinapses, sugerindo que está aí o seu mecanismo de agressão.

meros estão colados aos dendritos, ocorrem a alterações de composição, estrutura, funcionamento e integridade das sinapses. Com o passar do tempo, as sinapses são finalmente destruídas.

Como normalmente se encontra nos bons livros e filmes de mistério, as fibrilas amiloides, que por muitos anos foram consideradas as principais suspeitas de causar a neurodegeneração, não mais pareciam ser as verdadeiras "*serial killers*" presentes nos cérebros de pacientes com a doença de Alzheimer. Percebemos que os oligômeros do peptídeo beta-amiloide, até pouco tempo desconhecidos e escondidos (por serem pequenos), agora se apresentam como as reais neurotoxinas que causam a disfunção precoce nos neurônios, resultando na incapacidade de formar novas memórias que pacientes com a doença apresentam. Com o passar do tempo, o ataque persistente dos oligômeros às sinapses acaba por causar a morte dos neurônios, e o paciente fica completamente demenciado.

Conhecer a identidade dos oligômeros, as toxinas que realmente causam a doença de Alzheimer, foi uma descoberta muito importante. A compreensão de como os oligômeros atacam os neurônios é o primeiro passo para prevenir a progressão dessa doença devastadora, que tira dos idosos o que talvez seja o seu bem mais valioso: o conjunto de recordações coletado ao longo de suas vidas.

Fernanda De Felice entre suas filhas Amanda e Bruna, em 2008.

* *Professora adjunta do Instituto de Bioquímica Médica da Universidade Federal do Rio de Janeiro. Correio eletrônico: felice@bioqmed.ufrj.br*

Outros sintomas são comuns a outras doenças degenerativas da idade, como, por exemplo, a *doença de Parkinson.* Neste caso, aparecem alterações motoras (tremores, incoordenação e movimentos anormais) e o sinal patológico mais notável é a degeneração de neurônios dopaminérgicos (que utilizam a dopamina como neuromediador principal) localizados em regiões do cérebro que participam do controle da motricidade. Na doença de Parkinson, uma proteína chamada α-sinucleína muda de conformação e tende a se associar, formando oligômeros, de forma semelhante ao que ocorre na doença de Alzheimer. Estudos recentes vêm demonstrando o papel neurotóxico dos oligômeros de α-sinucleína na doença de Parkinson.

O quadro de saúde do idoso agrava-se aos poucos. O indivíduo termina incapaz de se locomover, e a inatividade motora contribui para o aparecimento de outras dificuldades: circulatórias, respiratórias, digestivas e outras. O resultado final é a morte.

GLOSSÁRIO

AUTONÔMICO: relativo ao sistema nervoso autônomo, parte do sistema nervoso que se encarrega das funções vegetativas, controlando a atividade de vísceras, vasos sanguíneos e glândulas. Maiores detalhes no Capítulo 14.

BAINHA DE MIELINA: fita espiralada disposta em torno de alguns axônios periféricos e centrais, que tem função isolante e contribui para aumentar a velocidade de condução do impulso nervoso.

CÉLULAS-TRONCO: células indiferenciadas capazes de proliferar e dar origem a múltiplos tipos celulares. São elementos essenciais na regeneração dos tecidos.

CICLO CELULAR: sequência de eventos entre duas mitoses, durante a vida de uma célula. Consta das fases M (de mitose), da transição G1 (do inglês *gap*), da fase S (de síntese), em que ocorre replicação do material genético, e da segunda transição G2, seguida de nova mitose e então um novo ciclo.

CITOARQUITETONIA: conjunto de características morfológicas de cada região do sistema nervoso central, que resultam da agregação de neurônios migrantes de origem embrionária similar.

CITOESQUELETO: conjunto de estruturas tubulares e filamentares que dão forma às células e conferem motilidade à maioria delas. Veja detalhes no Capítulo 3.

CONEXÃO: circuito neural formado por um neurônio, seu axônio e o neurônio com o qual estabelece contato. O mesmo que projeção.

CULTURA DE TECIDOS: técnica de manutenção de células vivas fora do organismo, em frascos contendo um fluido nutriente apropriado.

ENTROPIA: grandeza termodinâmica que descreve a desordem de um sistema natural fechado. Também é chamada "flecha do tempo", para indicar que todo sistema só pode evoluir de uma configuração complexa e organizada para configurações mais simples e desorganizadas.

FIBROBLASTO: célula do tecido conjuntivo, capaz de intensos movimentos ameboides.

GRADIENTE: diferença gradual entre uma extremidade e outra de um espaço qualquer, quanto ao valor quantitativo de uma grandeza medida (concentração, voltagem, intensidade luminosa etc.).

MAGNETOENCEFALOGRAFIA: técnica de registro de sinais magnéticos produzidos pela atividade bioelétrica do cérebro, e captados por sensores colocados no crânio, após o nascimento, ou na parede abdominal de gestantes, para análise pré-natal.

MATRIZ EXTRACELULAR: conjunto de moléculas que formam uma verdadeira rede entre as células, capaz de veicular sinais para a interação intercelular.

MICROSCÓPIO ELETRÔNICO DE VARREDURA: tipo de equipamento que revela a superfície tridimensional de estruturas microscópicas, mediante a deposição prévia de metais. Neste caso, o feixe de elétrons não atravessa a preparação, como acontece na microscopia de transmissão.

NERVO RAQUIDIANO: nervo formado pela convergência das raízes medulares dorsal e ventral, antes de emergir da coluna vertebral para o organismo, quando passa a se chamar nervo espinhal.

NEUROMEDIADOR: termo que se refere a toda substância sintetizada pelo neurônio, que atua na sinapse. Os neuromediadores podem ser neurotransmissores ou neuromoduladores. Maiores detalhes no Capítulo 4.

NEUROTRANSMISSOR: substância de baixo peso molecular sintetizada pelo neurônio, armazenada em vesículas e liberada para o espaço extracelular com a função de transmitir informação entre um neurônio e outra célula.

NEURULAÇÃO: sequência de eventos morfogenéticos que começa com a formação da placa neural e termina com o aparecimento do tubo neural.

OLIGÔMERO: molécula resultante da associação de moléculas iguais, os monômeros, em pequeno número. Quando o número de monômeros é maior, a resultante é chamada polímero.

ONTOGÊNESE: o mesmo que desenvolvimento. Pode-se referir ao período embrionário, fetal ou pós-natal.

RESSONÂNCIA MAGNÉTICA: técnica de produção de imagens do interior do corpo baseada na reorientação molecular em resposta a um intenso campo magnético aplicado de fora. A imagem é obtida por computador, em fatias seriadas. Detalhes no Capítulo 13.

SINAPSE: especialização morfológica que caracteriza as regiões de contato entre dois neurônios, ou entre um neurônio e uma célula muscular, por onde passa a informação neural. Maiores detalhes no Capítulo 4.

SUPRARRENAL: glândula endócrina formada por um tecido externo de origem mesodérmica, chamado córtex, e um tecido interno chamado medula, de origem neuroectodérmica. O córtex secreta hormônios esteroides, e a medula secreta catecolaminas como a adrenalina.

TECIDO: conjunto organizado de células de tipos específicos, que faz parte de um órgão. Ex.: tecido nervoso, tecido muscular, tecido conjuntivo.

TIMIDINA: um dos quatro componentes (oligonucleotídeos) que formam o DNA. É específica do DNA e substituída pela uridina no RNA.

TOMOGRAFIA COMPUTADORIZADA: técnica de imagem do corpo baseada na aplicação de finos raios X captados por sensores e processados por computador para a obtenção de imagens em fatias seriadas.

ULTRAESTRUTURA: estrutura interna da célula e suas organelas, visível apenas por meio dos grandes aumentos possibilitados pelo microscópio eletrônico.

ZIGOTO: célula única que origina o embrião, resultante da penetração do espermatozoide no óvulo, com a fusão das fitas simples do DNA dessas células e a formação da fita dupla característica das células diploides. Também chamada ovo ou célula-ovo.

SABER MAIS

LEITURA BÁSICA

Kagan J. e Baird A. Brain and behavioral development during childhood. Capítulo 7 de *The Cognitive Neurosciences III* (Gazzaniga MS, org.), EUA: MIT Press, 2004, pp. 93-103. Texto básico que descreve as correlações possíveis entre o desenvolvimento biológico do cérebro e o desenvolvimento psicológico da criança.

Bear MF, Connors BW, Paradiso MA. Wiring the Brain. Capítulo 23 de *Neuroscience – Exploring the Brain,* 3ª ed., Nova York, EUA: Lippincott, Williams & Wilkins, 2007, pp. 689-723. Texto abrangente que cobre o desenvolvimento e a plasticidade do sistema nervoso.

Uziel D. O desenvolvimento do cérebro e do comportamento. Capítulo 5 de *Neurociência da Mente e do Comportamento* (Lent R, coord.), Rio de Janeiro: Guanabara-Koogan, 2008, pp. 89-110. Texto didático e bem ilustrado que abrange o desenvolvimento neural e comportamental dos mamíferos.

Harris WA e Hartenstein V. Cellular Determination. Capítulo 15 de *Fundamental Neuroscience,* 3ª ed., Nova York, EUA: Academic Press, 2008, pp. 297-320. Texto avançado focalizando um aspecto do desenvolvimento: a determinação do destino neuronal.

Bronner-Fraser M e Hatten ME. Neurogenesis and Migration. Capítulo 16 de *Fundamental Neuroscience,* 3ª ed., Nova York, EUA: Academic Press, 2008, pp. 351-376. Texto avançado focalizando a neurogênese e a migração neuronal.

Kolodkin AL e Tessier-Lavigne M. Growth Cones and Axon Pathfinding. Capítulo 17 de *Fundamental Neuroscience,* 3ª ed., Nova York, EUA: Academic Press, 2008, pp. 377-400. Texto avançado que aborda os mecanismos celulares do crescimento axônico direcionado.

Burden SJ, O'Leary DDM e Scheiffele P. Target Selection, Topographic Maps, and Synapse Formation. Capítulo 18 de *Fundamental Neuroscience,* 3ª ed., Nova York, EUA: Academic Press, 2008, pp. 401-437. Texto avançado focalizado nas pistas de encontro dos alvos axônicos e na sinaptogênese.

LEITURA COMPLEMENTAR

Harrison RG. The outgrowth of the nerve fiber as a mode of protoplasmic movement. *Journal of Experimental Zoology* 1910; 9:787.

Spemann H. *Embryonic development and induction.* Hafner, Nova York, EUA, 1938.

Rakic P. Mode of cell migration to the superficial layers of foetal monkey neocortex. *Journal of Comparative Neurology* 1972; 145:61-83.

Sperry RW. Chemoaffinity in the orderly growth of nerve fiber patterns and connections. *Proceedings of the National Academy of Sciences of the USA* 1963; 50:703-710.

Letourneau P. Cell-to-substratum adhesion and guidance of axonal elongation. *Developmental Biology* 1975; 44:92-101.

Teillet MA, Kalcheim C, Le Douarin NM. Formation of the dorsal root ganglia in the avian embryo: segmental origin and migratory behavior of neural crest progenitor cells. *Developmental Biology* 1987; 120:329-347.

Levi-Montalcini R. The nerve growth factor 35 years later. *Science* 1987; 237:1154-1162.

McConnell SK e Kaznowski CE. Cell cycle dependence of laminar determination in developing neocortex. *Science* 1991; 254:282-285.

Hamburger V. History of the discovery of neuronal death in embryos. *Journal of Neurobiology* 1992; 23:1116-1123.

Hemmati-Brivanlou A e Melton DA. Follistatin, an antagonist of activin, is expressed in the Spemann organizer and displays direct neuralizing activity. *Cell* 1994; 77:283-296.

Menezes JRL e Luskin M. Expression of neuron-specific tubulin defines a novel population of proliferative layers of the developing telencephalon. *Journal of Neuroscience* 1994; 14:5399-5416.

Rubenstein JL, Martinez S, Shimamura K, Puelles L. The embryonic vertebrate forebrain: the prosomeric model. *Science* 1994; 266:578-580.

McAllister AK, Lo DC, Katz LC. Neurotrophins regulate dendritic growth in developing visual cortex. *Neuron* 1995; 15:791-803.

Tessier-Lavigne M e Goodman CS. The molecular biology of axon guidance. *Science* 1996; 274:1123-1133.

Katz LC e Shatz CJ. Synaptic activity and the construction of cortical circuits. *Science* 1996; 274:1133-1138.

Hedin-Pereira C, de Moraes EC, Santiago MF, Mendez-Otero R, Lent R. Migrating neurons cross a reelin-rich territory to form an organized tissue out of embryonic cortical slices. *European Journal of Neuroscience* 2000; 12:4536-4540.

Rakic P. Neurogenesis in adult primates. *Progress in Brain Research* 2002; 138:3-14.

Galli R, Gutti A, Bonfanti L, Vescovi AL. Neural stem cells: an overview. *Circulation Research* 2003; 92:598-608.

DeRobertis EM. Dorsal-ventral patterning and neural induction in Xenopus embryos. *Annual Reviews of Cellular and Developmental Biology* 2004; 20:285-308.

Doetsch F e Hen R. Young and excitable: the function of new neurons in the adult mammalian brain. *Current Opinion in Neurobiology* 2005; 15:121-128.

Andrade PE. O desenvolvimento cognitivo da criança: o que a psicologia experimental e a neurociência têm a nos dizer. *Neurociências* 2006; 3:98-118.

Huang H, Zhang J, Wakana S, Zhang W, Ren T, Richards LJ, Yarowsky P, Donohue P, Graham E, van Zijl PCM e Mori S. White and gray matter development in human fetal, newborn and pediatric brains. *NeuroImage* 2006; 33:27-38.

DeRobertis EM. Spemann's organizer and self-regulation in amphibian embryos. *Nature Reviews. Neuroscience* 2006; 7:296-302.

Métin C, Baudoin JP, Rakiç S, Parnavelas JG. Cell and molecular mechanisms involved in the migration of cortical interneurons. *European Journal of Neuroscience* 2006; 23:894-900.

Gritti A e Bonfanti L. Neuronal-glial interactions in central nervous system neurogenesis: the neural stem cell perspective. *Neuron Glia Biology* 2007; 3:309-323.

Caviness VS, Bhide P e Nowakowski RS. Histogenetic processes leading to the laminated neocortex: migration is only part of the story. *Developmental Neuroscience* 2008; 30:82-95.

Breunig JJ, Arellano JI, Macklis JD, Rakic P. Everything that glitters isn't gold: a critical review of postnatal neural precursor analyses. *Cell Stem Cell* 2008; 1:612-627.

De Felice FG, Vieira MN, Bonfim TR, Decker H, Velasco PT, Lambert MP, Viola KL, Zhao WD, Ferreira ST e Klein WL. Protection of synapses against Alzheimer's-linked toxins: insulin signaling prevents the pathogenic binding of Abeta oligomers. *Proceedings of the National Academy of Sciences of the USA* 2009; 106:1971-1976.

3

As Unidades do Sistema Nervoso

Forma e Função de Neurônios e Gliócitos

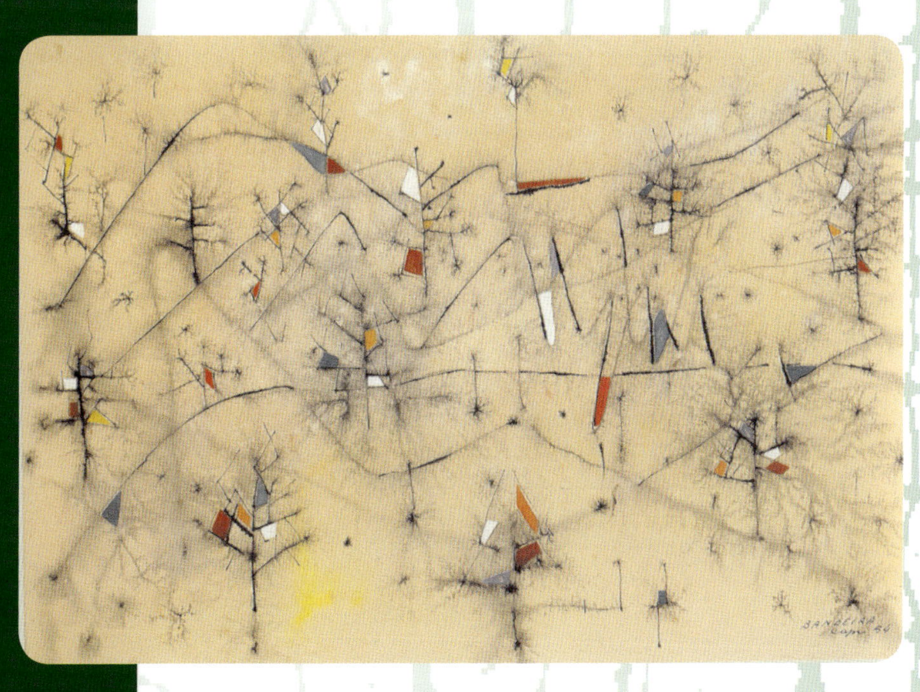

Capri, de Antonio Bandeira (1954), guache e nanquim sobre papel

SABER O PRINCIPAL

Resumo

O sistema nervoso é constituído principalmente de neurônios e gliócitos, suas duas células principais. Ambos funcionam de modo integrado, formando circuitos neurônio-gliais que dão conta não só de processar as informações que vêm do ambiente externo e do meio interno, como as que são geradas pelo próprio sistema nervoso. Tanto o neurônio quanto o gliócito são capazes de gerar sinais de informação: o primeiro, entretanto, é o único capaz de produzir sinais bioelétricos integrados às vias de sinalização bioquímica de seu citoplasma.

O neurônio, portanto, é uma célula especializada, com vários prolongamentos para a recepção de sinais (dendritos) e um único para a emissão de sinais (axônio). Sua estrutura interna é semelhante à das demais células animais, com algumas peculiaridades próprias de sua natureza sinalizadora. Essa capacidade do neurônio é conferida por sua membrana plasmática, uma estrutura especializada na produção e na propagação de impulsos elétricos. Sua característica mais importante é a presença de diferentes tipos de canais iônicos, macromoléculas embutidas na membrana capazes de permitir a passagem seletiva de íons para dentro e para fora do neurônio.

Numa situação hipotética de "repouso funcional", a membrana do neurônio apresenta um estado elétrico constante chamado potencial de repouso. Como em todas as células, o interior é negativo em relação ao exterior, o que revela uma diferença de potencial mantida constante pelo contínuo fluxo de íons através da membrana. O sinal elétrico que o neurônio utiliza como unidade de informação é o impulso nervoso ou potencial de ação. Este é um episódio muito rápido de inversão da polaridade da membrana, produzido pela abertura seletiva e consecutiva de canais de Na^+ e K^+, causando um caudaloso fluxo iônico através da membrana que provoca a inversão de sua polaridade elétrica. Como esse fenômeno elétrico é capaz de reproduzir-se em todos os pontos adjacentes da membrana, torna-se propagável ao longo do axônio e, portanto, conduzido de uma extremidade à outra do neurônio.

O segundo tipo celular do sistema nervoso é o gliócito, pertencente a uma família de células chamadas coletivamente de neuroglia ou simplesmente glia. A neuroglia é um conjunto polivalente de células não neuronais, cujas características permitem operar dezenas de funções diferentes que contribuem direta ou indiretamente com o processamento de informações pelo sistema nervoso, seja modulando a transmissão sináptica entre neurônios, trocando sinais com eles, acelerando a propagação dos impulsos nervosos, regulando o fluxo sanguíneo local em função da atividade neuronal, orientando os deslocamentos celulares durante o desenvolvimento, atuando como células-tronco em certas regiões, participando dos mecanismos de defesa imunitária do sistema nervoso, ou garantindo a infraestrutura metabólica para o funcionamento dos neurônios.

Talvez uma das características mais marcantes do tecido nervoso seja a extrema variedade – morfológica e funcional – das células nervosas. Há neurônios de todas as formas possíveis e imagináveis. Igualmente, há neurônios participando das mais diversas funções do organismo. Tomemos o exemplo do córtex cerebral, e dentro dele, para sermos mais restritos, consideremos a região auditiva, ou seja, aquela que recebe e interpreta as informações vindas dos ouvidos. A Figura 3.1A mostra um desenho feito pelo neuro-histologista espanhol Santiago Ramón y Cajal (1852-1934), no início do século 20, representando neurônios corados com sais de prata no córtex auditivo do gato. Esse método, que permite visualizar a morfologia completa dos neurônios, é utilizado até hoje (Figura 3.1B). Observamos células cujos corpos têm a forma de pirâmides, outros que parecem estrelas ou pequenos grãos, outros ainda alongados como os antigos fusos de tecelagem, e assim por diante. Alguns dos nomes que identificam esses neurônios foram criados com base na sua semelhança com esses objetos de observação comum: células piramidais, estreladas, granulares, fusiformes etc. Outras vezes receberam adjetivos descritivos de sua posição ou forma: horizontais, bipolares, multiformes. E, ainda, alguns foram associados aos nomes dos pesquisadores que primeiro os observaram: células de Cajal-Retzius, de Martinotti etc.

Recentemente, os neurobiólogos puderam conhecer muitas funções desses neurônios auditivos. Descobriram células que "percebem" tons simples, outras que só respondem a combinações de tons, outras ainda que preferem sons cuja frequência é modulada no tempo, e assim por diante. A especificidade funcional das células auditivas é tão grande, que já foram descobertos neurônios que "percebem" sons complexos que têm significado comportamental, como sons de alerta, de agressão e de aproximação sexual, específicos de cada espécie animal. Se pensarmos que essa variedade

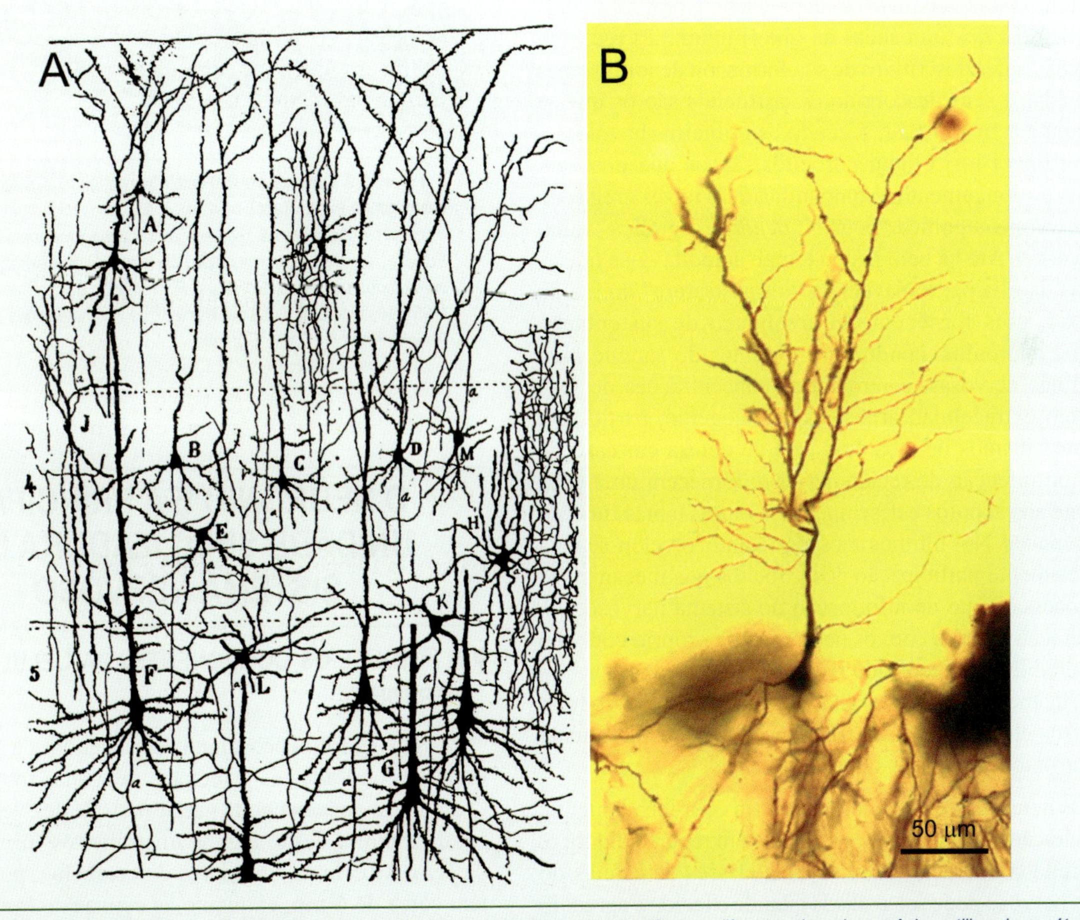

Figura 3.1. *O histologista espanhol Santiago Ramón y Cajal foi um dos primeiros a identificar os diferentes tipos de neurônios, utilizando o método desenvolvido por seu contemporâneo Camilo Golgi (1844-1926), e desenhando ele mesmo as células ao microscópio. O desenho em* **A** *representa as células nervosas do córtex cerebral de um gato. As células A, B, C, F e G são piramidais de diferentes tamanhos, enquanto E, L e M são estreladas. Os axônios estão assinalados por diminutas letras a, e algumas das camadas corticais estão indicadas pelos números à esquerda. A fotografia em* **B** *mostra um neurônio piramidal de rato, corado pelo método de Golgi.* **A** *reproduzido de S. Ramón y Cajal (1955)* Histologie du Système Nerveux de l'Homme & des Vertébrés. *Instituto Ramon y Cajal, Espanha.* **B** *cedida por Janaína Brusco, da Faculdade de Medicina da Universidade de São Paulo, em Ribeirão Preto.*

funcional existe também em regiões visuais, olfativas, linguísticas, motoras etc., poderemos imaginar a extensão fantástica dessa multiplicidade de funções.

Entretanto, há uma importante propriedade que é comum a todos os tipos neuronais, e ela é um dos temas deste capítulo: a capacidade de gerar sinais elétricos que funcionam como unidades de informação. Praticamente todos os neurônios têm essa propriedade, e os impulsos elétricos que eles produzem os tornam verdadeiros microcomputadores que contêm e processam informações a respeito do ambiente externo ou interno, comandos para a ação muscular ou a ativação de glândulas e complexos códigos que veiculam pensamentos, memórias, emoções etc. Adiante veremos como os neurônios são capazes de produzir esses sinais.

A segunda classe de células presentes no sistema nervoso compõe coletivamente a *neuroglia* (que alguns acentuam e dizem *neuróglia*, e outros abreviam e chamam *glia*), possui menor variedade morfológica e funcional, mas sua importância não pode ser depreciada. Como os neurônios, os *gliócitos* ou células da glia (Figura 3.2) recebem também nomes descritivos de sua forma, ou denominações associadas a seus descobridores: astrócitos são os que se parecem a astros do céu, segundo os primeiros histologistas a observá-los; oligodendrócitos são os que possuem poucos prolongamentos, como indicam as raízes gregas do termo (*oligos* significa "pouco"; *dendron* significa "ramo de árvore"). Até há bem pouco tempo acreditava-se que as células da glia participavam da "infraestrutura" do tecido nervoso, pois fornecem um arcabouço de sustentação para os neurônios, conduzem nutrientes do sangue para as células nervosas, controlam as concentrações de íons no meio extracelular, armazenam glicogênio, participam dos mecanismos de cicatrização e de defesa em caso de lesão ou infecção do tecido nervoso, fornecem uma capa isolante aos axônios e desempenham outras tantas funções relacionadas. Nos últimos anos, entretanto, revelou-se uma surpreendente participação dos gliócitos nos mecanismos de processamento de informação do sistema nervoso, em cooperação estreita com os neurônios. O próprio conceito de excitabilidade[G] tem sido redefinido por alguns especialistas, de modo a incluir os gliócitos, incapazes de produzir impulsos elétricos, mas capazes de influenciar fortemente os neurônios através de sinais químicos.

Os neurônios e os gliócitos operam coordenadamente. A separação de suas funções é apenas um recurso didático. A estreita cooperação entre as duas classes de células do tecido nervoso pode ser avaliada quando o tecido é agredido e lesado, pois nesses casos a glia contribui para bloquear ou diminuir a degeneração da célula nervosa, e em alguns casos facilita a regeneração e a restauração funcional.

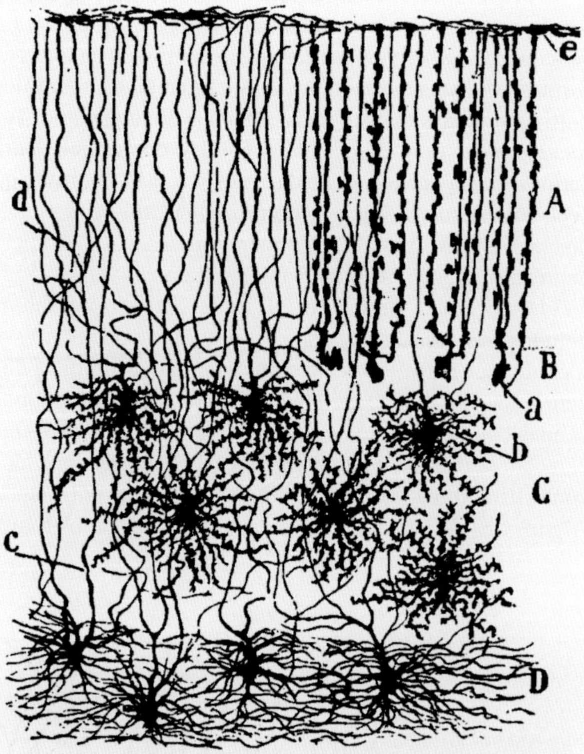

[G] *Termo constante do glossário ao final do capítulo.*

Figura 3.2. *Cajal observou e desenhou também os gliócitos. Neste caso, estão representados os astrócitos (C) e os oligodendrócitos (D) do cerebelo. As células B são neurônios (conhecidos como células de Purkinje), com um axônio marcado pela letra a. Outros elementos estão assinalados por letras diferentes. Reproduzido de S. Ramón y Cajal (1955)* Histologie du Système Nerveux de l'Homme & des Vertébrés. *Instituto Ramon y Cajal, Espanha.*

O NEURÔNIO É A PRINCIPAL UNIDADE SINALIZADORA DO SISTEMA NERVOSO

A FORMA E OS COMPONENTES DA CÉLULA NERVOSA

Todo neurônio possui um corpo celular ou soma, onde estão concentradas as principais organelas intracelulares. O diâmetro do soma pode variar mais de dez vezes de uma célula a outra, desde alguns micrômetros (μm) até cerca de cem. As células granulares do cerebelo[A], por exemplo, têm cerca de 6 μm, enquanto as células de Purkinje, suas vizinhas, podem atingir 80 μm. Essas dimensões conferem aos neurônios, individualmente, volumes da ordem de 105 μm^3, que no entanto representam apenas uma minúscula

[A] *Estrutura encontrada no* Miniatlas de Neuroanatomia *(p. 367).*

fração do volume celular total, já que quase todos eles possuem longos e numerosos prolongamentos que emergem do soma. Os prolongamentos neuronais ou neuritos são o *axônio*, geralmente único, e um ou mais *dendritos*. Esses dois tipos de prolongamento conferem ao neurônio uma polaridade que é essencial à sua função. O axônio veicula os sinais de saída do neurônio, isto é, as informações que esse neurônio gera e conduz a outras células.

Os dendritos, por sua vez, recebem as informações que chegam, provenientes de outros neurônios. A região de contato entre um axônio e a célula seguinte é a *sinapse*, tema principal do próximo capítulo. Os neuritos expressam fortemente a extrema variedade morfológica das células nervosas. O axônio pode ser muito curto e simples, como o de um cone (Figura 3.3A), célula da retina especializada em captar a energia luminosa que penetra no olho. O axônio do cone tem poucos micrômetros de comprimento, e termina em uma intumescência muito simples. No outro extremo está o axônio de um tipo de motoneurônio da medula espinhal[A] (Figura 3.3B), que comanda os músculos dos pés: seu comprimento no homem pode atingir 1 metro (cerca de 20.000 vezes o diâmetro do soma), e ele se ramifica muitas vezes, comunicando-se com outros neurônios e com várias células musculares.

No lado dos dendritos, a variedade é também muito grande. O dendrito do cone, que mencionamos há pouco, é único e curto como o axônio (Figura 3.3A). Já os motoneurônios medulares possuem vários dendritos emergindo do soma. Cada um deles se ramifica várias vezes nas proximidades do corpo celular (Figura 3.3B), formando o que se conhece como árvore ou campo dendrítico, que na verdade compõe a região "receptiva" do neurônio, ou seja, aquela que recebe as informações dos outros neurônios. A Figura 1.9C (Capítulo 1) apresenta um exemplo extremo de complexidade dendrítica, o da célula de Purkinje do cerebelo, cuja árvore é tão ramificada que permite o contato de 200.000 fibras aferentes! Essas numerosas variedades morfológicas das células nervosas não são casuais, mas, sim, representam adaptações da forma neuronal às diferentes funções exercidas pelos neurônios.

O neurônio, com seus prolongamentos, é uma unidade completamente envolvida por uma membrana que separa o compartimento intracelular do extracelular (veja no Quadro 3.1 como se chegou a essa constatação). Como veremos, essa separação não isola totalmente o interior do neurônio do meio extracelular. Muito pelo contrário, sua permeabilidade seletiva permite intensas trocas de íons entre esses dois compartimentos, e é exatamente essa propriedade que torna possível a geração e a propagação de sinais bioelétricos. A membrana plasmática aparece ao microscópio eletrônico como uma fita contínua que envolve a célula sem interrupções (Figura 3.4A). Examinando-a em grande aumento, os morfologistas verificaram que ela é constituída de três camadas (lâminas), sendo a central elétron-lúcida (transparente aos elétrons), e as duas de fora, elétron-densas (opacas ao feixe de elétrons). Essa constituição laminar reflete a estrutura molecular da membrana, que é formada por uma dupla paliçada de lipídios[G], dentro da qual flutuam

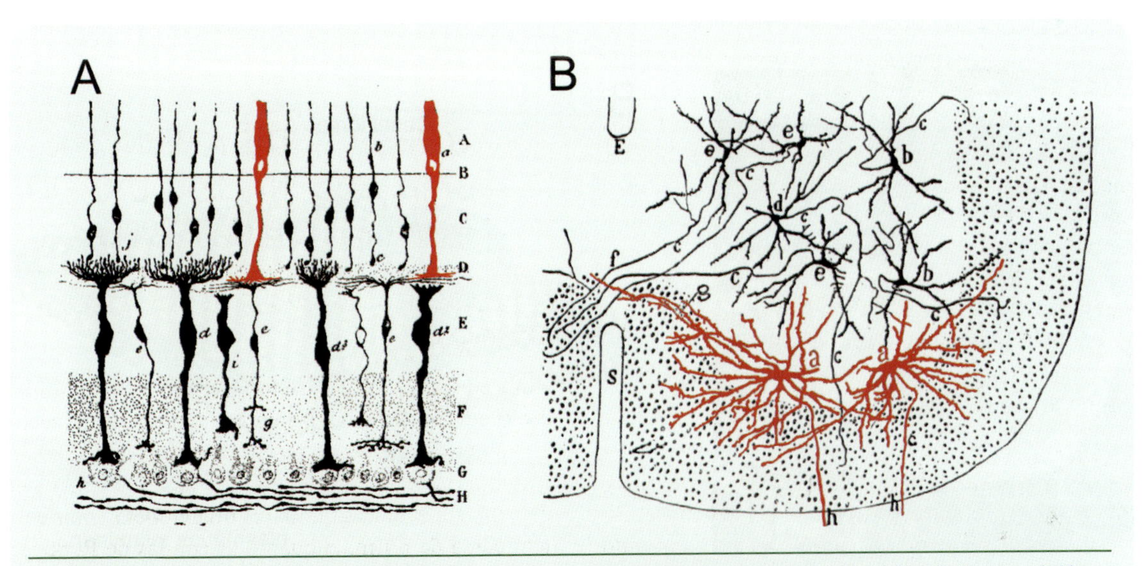

Figura 3.3. *Através dos desenhos de Cajal podemos comparar os cones da retina de um peixe (**A**), assinalados pela letra a e coloridos em vermelho, com os motoneurônios da medula espinhal de um pinto (**B**), indicados pelas letras a, também em vermelho. Outros elementos estão assinalados por letras diferentes e representados em preto. No desenho, o dendrito do cone aponta para cima, enquanto o axônio aponta para baixo. Os dendritos dos motoneurônios emergem em todas as direções, e o axônio está assinalado pela letra h.* ***A** modificado de S. Ramón y Cajal (1972)* The Structure of the Retina. *Charles C. Thomas, EUA.* ***B** modificado de S. Ramón y Cajal (1955)* Histologie du Système Nerveux de l'Homme & des Vertébrés. *Instituto Ramón y Cajal, Espanha.*

proteínas[G] de diferentes tipos e funções (Figura 3.4B). Não é só a borda externa da célula nervosa que é envolvida por membrana. Como todas as células, o neurônio também possui um complexo sistema de cisternas envolvidas por membranas de constituição e estrutura muito semelhantes às da membrana plasmática. Essas cisternas têm como função gerenciar o tráfego interno das moléculas sintetizadas sob comando genético. Além disso, o núcleo e muitas organelas celulares são também delimitados por membrana com as mesmas características da membrana plasmática.

O citoplasma e o núcleo compõem todo o interior da célula nervosa (Figura 3.4A). Não se deve imaginar que o citoplasma seja constituído exclusivamente de um líquido no qual flutuariam as organelas intracelulares. Sua constituição é bem mais complexa. Na verdade, o citoplasma é composto por um meio líquido denso (quase uma gelatina, chamada citosol) e por proteínas organizadas na forma de fibrilas, que compõem o citoesqueleto. É o citoesqueleto que mantém a forma peculiar de cada neurônio. É ele também – pelo dinamismo de sua forma altamente mutável – que permite a grande mobilidade dos neurônios jovens durante o desenvolvimento, capazes que são de migrar das regiões germinativas para sítios distantes do organismo embrionário, além de emitir, alongar e retrair ativamente seus prolongamentos. Além disso, o citoesqueleto constitui um sistema de transporte de moléculas sinalizadoras, nutrientes, fatores tróficos[G] e até mesmo vesículas membranosas, que se movem do soma até a extremidade dos neuritos e no sentido oposto.

O citoesqueleto compõe-se de três estruturas principais: os microtúbulos, os neurofilamentos (ou neurofibrilas) e os microfilamentos (Figura 3.5). Os microtúbulos (Figura 3.5A, B) são estruturas tubulares de 25-28 nanômetros de diâmetro (1 nm = 10^{-9} m), compostas por uma proteína estrutural chamada tubulina e outras associadas, conhecidas pela abreviatura MAP (do inglês *microtubule-associated proteins*). A segunda estrutura do citoesqueleto – o neurofilamento – tem dimensões um pouco menores que o microtúbulo (cerca de 10 nm de diâmetro) e compõe-se de diferentes proteínas enroladas em trança (Figura 3.5C). Finalmente, bem mais finos são os microfilamentos, com cerca de 3-5 nm de diâmetro e uma estrutura mais simples composta por uma proteína chamada actina, que tem papel importante nos movimentos celulares (Figura 3.5D). A importância do citoesqueleto pode ser avaliada ao considerarmos os graves distúrbios funcionais que podem surgir no cérebro dos indivíduos idosos portadores da demência de Alzheimer[G], cujas proteínas fibrilares apresentam alterações degenerativas e se acumulam desorganizadamente em novelos no citoplasma neuronal (ver o Capítulo 2).

O citosol é como uma sopa proteica na qual se difunde uma multidão de macromoléculas diferentes, geralmente proteínas e em especial enzimas[G]. A maioria dessas proteínas é sintetizada sob o comando dos ácidos nucleicos[G], e usualmente se encontram no citosol em trânsito para serem incorporadas ao citoesqueleto, às organelas intracelulares e ao núcleo.

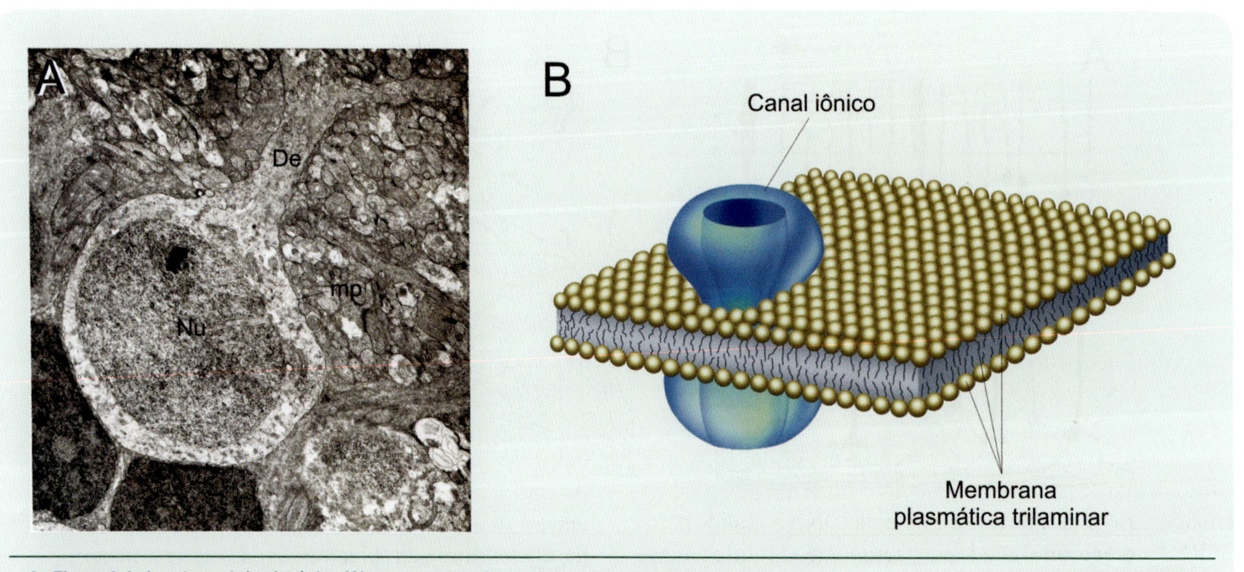

Figura 3.4. *Ao microscópio eletrônico (**A**), apenas parte do neurônio pode ser vista, porque a ampliação é muito grande e o corte que precisa ser feito é muito fino. A foto mostra um neurônio da retina de um macaco, vendo-se o seu grande núcleo (Nu) e um dendrito (De) emergindo do soma. A membrana plasmática (mp) envolve toda a célula, e sua estrutura trilaminar está representada esquematicamente em **B**, contendo uma proteína complexa (neste caso, um canal iônico) que flutua no seu interior. **A** cedida por Marilia Zaluar Guimarães e J. Nora Hokoç, respectivamente do Instituto de Ciências Biomédicas e do Instituto de Biofísica Carlos Chagas Filho, da UFRJ.*

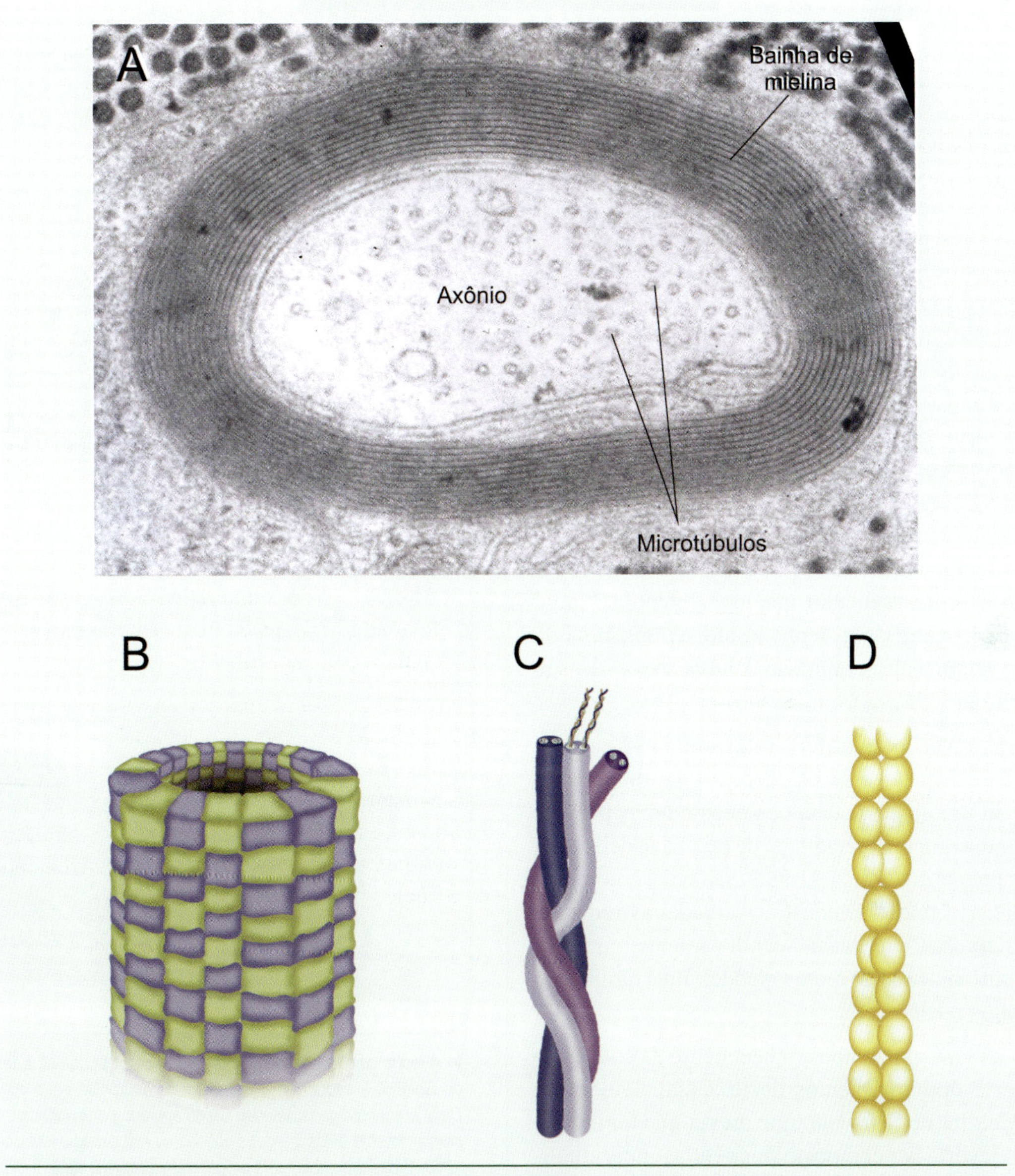

Figura 3.5. *Os elementos do citoesqueleto podem ser identificados ao microscópio eletrônico dentro de um axônio cortado transversalmente (**A**). A sua organização molecular foi decifrada por técnicas bioquímicas (**B-D**). Os microtúbulos são formados por 13 protofilamentos de tubulina formando um cilindro (**B**). Os neurofilamentos são constituídos por muitas unidades fibrilares mais finas, trançadas entre si (**C**), e os microfilamentos compõem-se de duas sequências helicoidais de moléculas globulares de actina (**D**). Foto **A** cedida por Ana M. B. Martinez, do Instituto de Ciências Biomédicas da UFRJ.*

Dentre as organelas que se localizam no soma dos neurônios, a maior é o núcleo. O núcleo é o local onde se aloja a maior parte (mas não a totalidade) do DNA e grande parte do RNA do neurônio. Pode ser facilmente identificável ao microscópio eletrônico (Figuras 3.4A e 3.6A), delimitado pela membrana ou envelope nuclear. A membrana nuclear na verdade forma um sistema de cisternas aplanadas, dispostas em placas separadas que se continuam com o retículo endoplasmático (Figura 3.6A e B). Os locais de separação entre as placas constituem amplos poros através dos quais ocorre intensa transferência de ácidos nucleicos e proteínas entre o núcleo e o citoplasma. Como a grande maioria dos neurônios dos indivíduos adultos torna-se incapaz de se dividir após uma certa etapa do desenvolvimento, o DNA nuclear encontra-se disperso dentro do núcleo (Figura 3.6A) e nunca se agrupa para formar os cromossomos tão característicos da célula em metáfase[G]. Entretanto, é no núcleo que ocorre a transcrição, isto é, a síntese de moléculas de

HISTÓRIA E OUTRAS HISTÓRIAS

Quadro 3.1
De que é Feito o Cérebro: Teia Única ou Células Individuais?

*Suzana Herculano-Houzel**

Vários prêmios Nobel são divididos por dois ou três pesquisadores, e nisso o Nobel de fisiologia ou medicina de 1906 não teve nada de excepcional: contemplou dois histologistas que contribuíram para o entendimento da estrutura e organização do sistema nervoso, um com a criação de um método histológico revolucionário, e o outro com sua aplicação. Só que os dois laureados defendiam teorias completamente opostas. Pior ainda: um deles, o espanhol Santiago Ramón y Cajal (1852-1934), havia usado a coloração desenvolvida pelo outro, o italiano Camillo Golgi (1843-1926), exatamente para jogar por terra a Teoria Reticular que este defendia. Não é de se espantar que Golgi tenha usado seu discurso da noite da premiação para atacar a nova teoria do seu adversário...

A coloração criada por Golgi em 1872 tinha a propriedade fantástica de corar, dentre os milhões de células em um bloco de tecido, somente umas poucas, que acumulavam um precipitado de prata que delineava completamente sua forma. Usando sua nova coloração, Golgi alegava poder demonstrar verdadeiras redes de células nervosas interligadas continuamente, como se fossem um sincício, isto é, uma grande célula ramificada com muitos núcleos.

Em 1887, Cajal tomou conhecimento da coloração de Golgi e dos argumentos deste. Cajal defendia a Teoria Celular de Schwann, que previa que também o cérebro deveria ser composto por células individualizadas. Muitos neurologistas relutavam em aceitar que essa teoria se aplicasse também ao sistema nervoso, e preferiam defender a chamada "teoria reticular", como Golgi. Por quê? Talvez esta visão refletisse um temor de que os mistérios da mente fossem reduzidos a um punhado de células individuais. Como histologista, Cajal vinha observando sistematicamente os mais diversos tipos celulares. Chegou então a vez do estudo histológico do sistema nervoso, "a obra-prima da vida". Cajal via na compreensão da organização do cérebro uma peça vital à construção de uma "psicologia racional", e exultou com seu sucesso inicial usando preparações de células dissociadas.

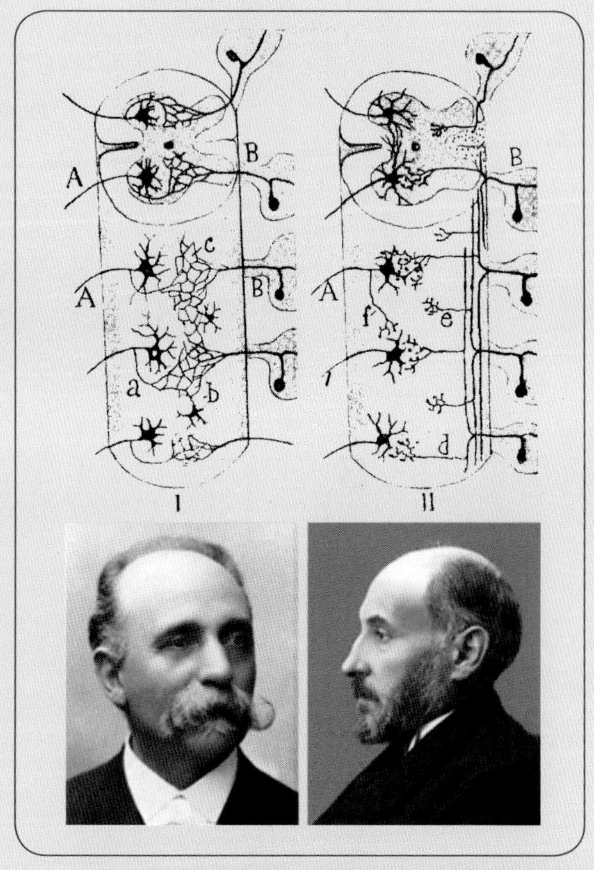

A teoria celular de Cajal (II, à direita) contrapunha-se à teoria reticular de Golgi (I, à esquerda). Para Golgi os neurônios eram contínuos, para Cajal eram contíguos. Venceu Cajal, apoiado por evidências de todo tipo, principalmente pelas imagens obtidas ao microscópio eletrônico nos anos 1950. O desenho, feito pelo próprio Cajal, representa a medula espinhal e seus elementos constituintes. Principais abreviaturas: A = eferentes motores; B = aferentes sensoriais. De S. R. Cajal (1991) Recollections of my Life. *MIT Press, Cambridge, EUA.*

O aproveitamento do método de Golgi por Cajal foi intensificado pela sua decisão de adotar o sistema nervoso ainda em desenvolvimento como seu principal objeto de estudo. Em desenvolvimento, as células nervosas, ainda pequenas, mostram-se integralmente ao microscópio em uma única lâmina, e mesmo circuitos inteiros podem ser estudados. Em suas investigações minuciosas Cajal observou que não há continuidade, mas sim contiguidade entre células cerebrais, ao contrário do que defendia Golgi (Figura). Seus contatos são organizados: as fibras nervosas terminam sobre o corpo celular e os dendritos de outras células, formando caminhos de condução bem delimitados, coerentemente com as evidências que a neurofisiologia começava a descobrir.

O trabalho de Cajal foi sintetizado na Teoria Neuronal do sistema nervoso, ainda aceita e já várias vezes confirmada. Tudo com base na coloração do seu rival Golgi – técnica que, ainda hoje, mais de 100 anos depois, não tem explicação: por que somente algumas poucas células nervosas espalhadas pelo cérebro acumulam o precipitado de prata permanece um mistério...

*Professora adjunta do Instituto de Ciências Biomédicas da Universidade Federal do Rio de Janeiro. Correio eletrônico: suzanahh@gmail.com

RNA mensageiro (mRNA), que formam réplicas perfeitas de segmentos do DNA destinadas à síntese de proteínas. E é justamente através dos poros do envelope nuclear que os mRNAs passam para o citoplasma, onde se reúnem a pequenos grânulos chamados ribossomos. Os ribossomos vão se associar em sequência ao mRNA, formando os polissomos (Figura 3.6B), e vários destes se ligarão à superfície externa do retículo endoplasmático, dando-lhe um aspecto rugoso característico. Nos polissomos ocorre a tradução (Figura 3.6C), ou seja, a síntese de proteínas do neurônio. O retículo endoplasmático rugoso é muito pronunciado nos neurônios devido à intensa atividade de síntese proteica dessas células, e pode ser identificado em preparações histológicas coradas como grânulos de aspecto "tigroide" (assim os descreveram os histologistas do século passado!) cujo conjunto ficou conhecido como substância de Nissl (Figura 3.7).

Algumas proteínas recém-sintetizadas vão-se difundir de volta ao núcleo, outras ficam no citosol para serem incorporadas às organelas citoplasmáticas, e um terceiro grupo é armazenado no interior do retículo para ser posteriormente transportado aos prolongamentos do neurônio e até secretado para o meio extracelular. Do retículo endoplasmático brotam pequenas vesículas que depois se fundem com outro sistema de cisternas citoplasmáticas que compõem o aparelho de Golgi. Deste brotam outras vesículas, que finalmente serão transportadas pelos microtúbulos do axônio e dos dendritos, em direção às extremidades. O conteúdo desses sistemas de cisternas e vesículas é formado por enzimas que regulam a síntese de neuromediadores[G], pelos próprios neuromediadores e por componentes da membrana plasmática destinados aos neuritos, no interior dos quais ocorre menos síntese de proteínas. Do aparelho de Golgi brotam também pequenas organelas citoplasmáticas chamadas lisossomos, que contêm enzimas capazes de decompor as moléculas já utilizadas pela célula nas suas unidades menores, para que estas possam ser reutilizadas na síntese de novas moléculas e, portanto, na renovação das organelas.

Duas outras organelas existentes no soma neuronal devem ser mencionadas. A primeira é a mitocôndria, muito importante para a vida de todas as células pelo fato de realizar a fixação do oxigênio e a síntese de moléculas de alta energia, que irão alimentar as reações químicas necessárias à vida do neurônio. A segunda é o peroxissomo, uma organela semelhante ao lisossomo, mas que contém uma proteção contra o peróxido, subproduto altamente oxidante que resulta da degradação molecular. Acredita-se que as mitocôndrias e os peroxissomos sejam remanescentes evolutivos de microrganismos que um dia no passado remoto se incorporaram à célula eucariota[G], criando com ela uma relação de interdependência que ficou preservada ao longo da evolução subsequente.

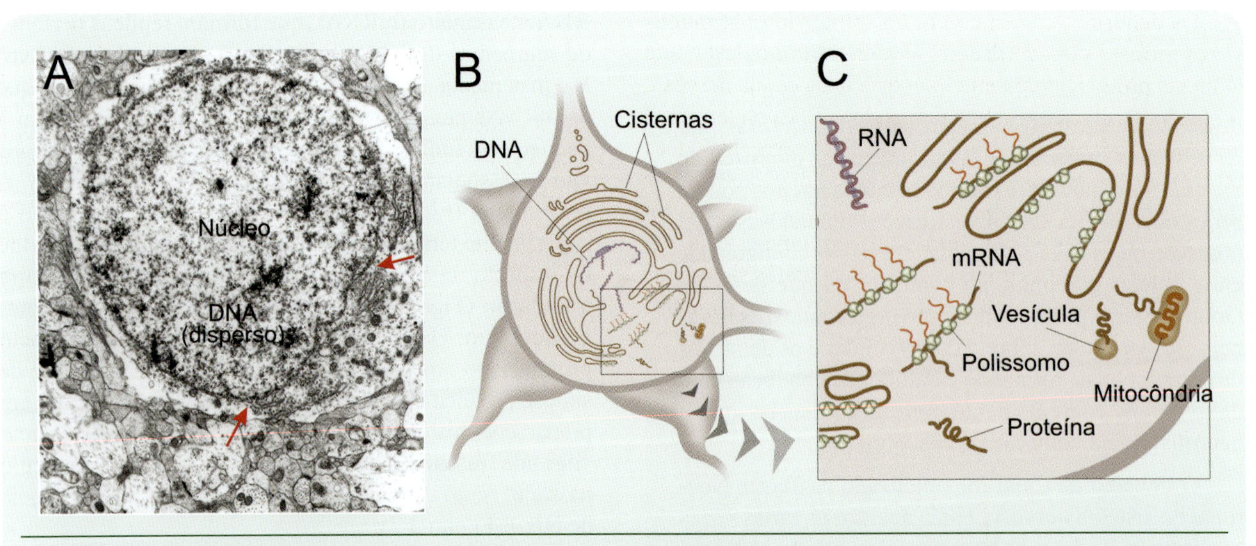

▶ **Figura 3.6.** *A membrana nuclear é contínua com o sistema de cisternas do neurônio (setas vermelhas em* ***A****). As cisternas participam ativamente da síntese de proteínas. Os RNAs mensageiros (mRNA) são sintetizados no núcleo a partir do DNA (****B****), e exportados ao citoplasma, onde se associam aos ribossomos para formar os polissomos (****C****). É nestas estruturas que ocorre a síntese das proteínas citoplasmáticas, mitocondriais e vesiculares. Foto em* ***A*** *cedida por Ana Maria B. Martinez, do Instituto de Ciências Biomédicas da UFRJ.*

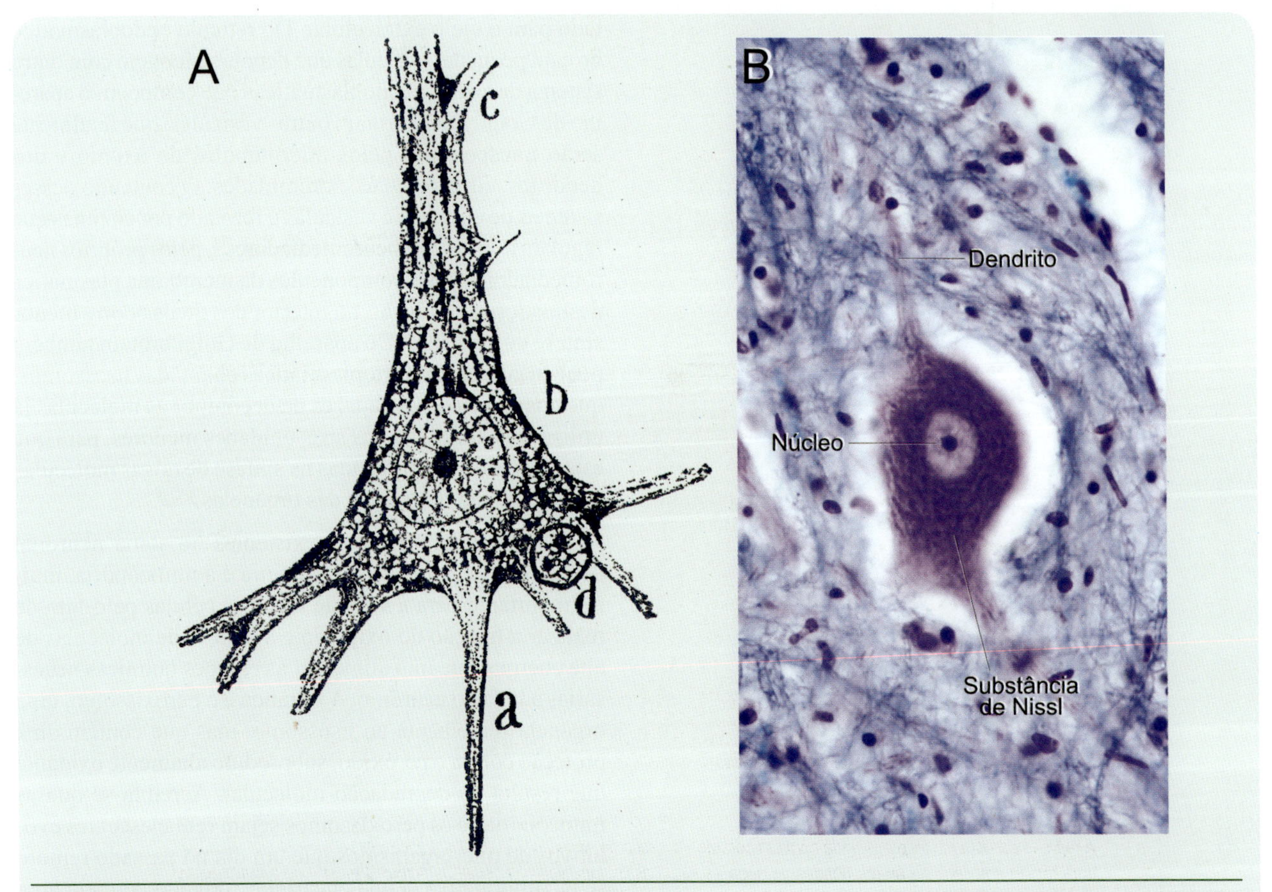

▶ **Figura 3.7.** *A chamada substância de Nissl recebeu esse nome em homenagem ao psiquiatra alemão Franz Nissl (1859-1919), o primeiro a revelá-la utilizando anilinas. O método de Nissl foi aplicado pelos primeiros histologistas e ainda é rotineiramente utilizado. A célula em* ***A*** *é um neurônio do córtex do coelho, desenhado por Cajal. Os corpúsculos de Nissl estão mostrados no citoplasma. A foto em* ***B*** *mostra um neurônio corado pelo método de Nissl e fotografado ao microscópio óptico.* ***A*** *reproduzido de S. R. Cajal (1955)* Histologie du Système Nerveux de l'Homme & des Vertébrés. *Instituto Ramón y Cajal, Espanha.*

Os dendritos que emergem do soma neuronal muitas vezes formam uma verdadeira árvore em torno deste, que aumenta pronunciadamente a superfície da célula nervosa, tornando-a capaz de receber maior número de contatos provenientes de outros neurônios. Ainda maior aumento de área receptiva resulta das numerosas espinhas que existem nos ramos dendríticos de alguns tipos neuronais (Figura 3.8). As espinhas são pequenas projeções com uma esférula na extremidade, sobre as quais se formam contatos sinápticos (Figura 3.8D). Recentemente, tem-se atribuído às espinhas dendríticas grande importância funcional porque se verificou que elas constituem microcompartimentos privilegiados que concentram íons e pequenas moléculas influentes na transmissão de informação entre os neurônios. Além disso, o padrão de espinhas de um neurônio modifica-se dinamicamente com a aprendizagem e com certas doenças mentais, fazendo supor que elas desempenham um papel importante nas mais altas funções neurais.

Praticamente todos os componentes do soma neuronal estão presentes nos dendritos, especialmente naqueles mais calibrosos que emergem do soma. Nos ramos mais finos diminui ou desaparece a substância de Nissl, assim como o aparelho de Golgi e os microtúbulos do citoesqueleto.

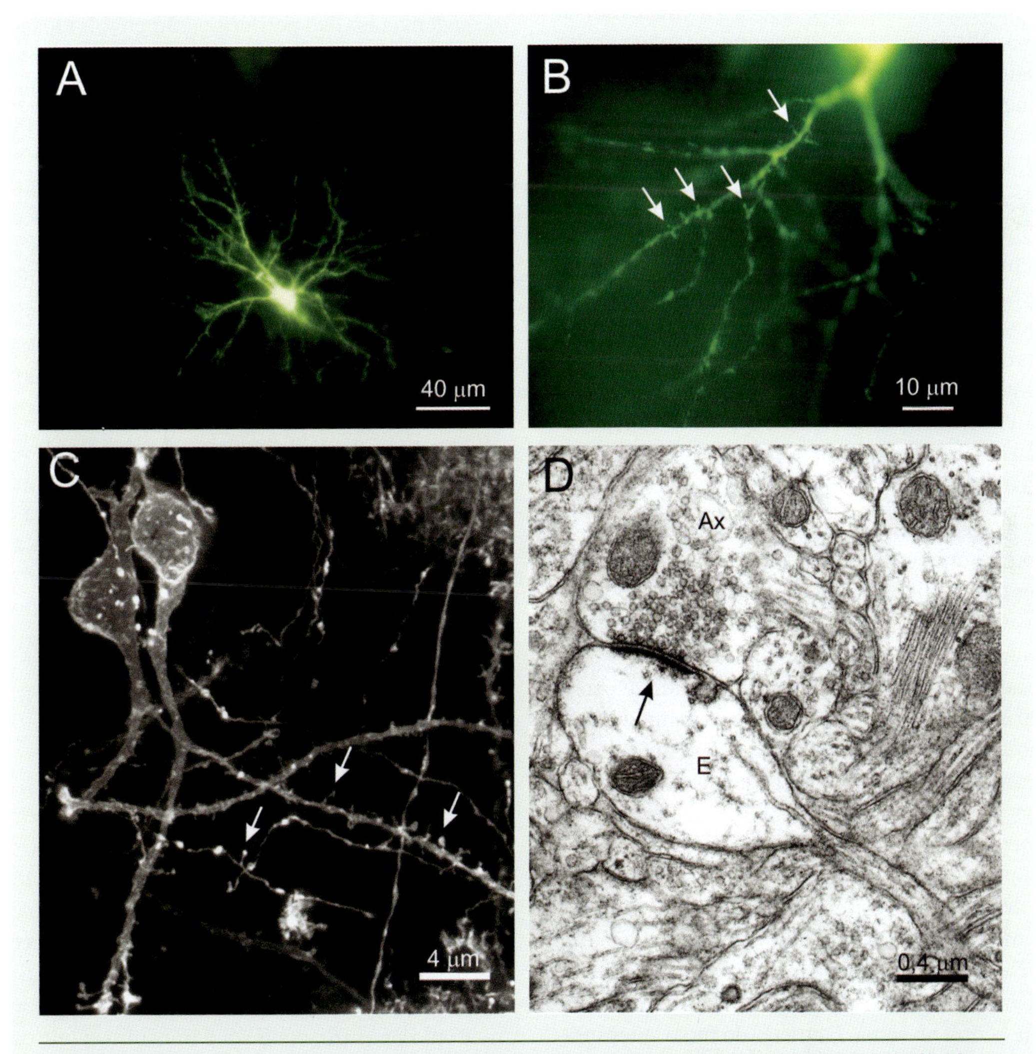

▸ **Figura 3.8.** *As espinhas dendríticas são diminutas protrusões que emergem dos troncos dendríticos principais (**A**). A foto **A** representa uma célula preenchida com um corante fluorescente, vista ao microscópio óptico em baixo aumento. **B** ilustra uma região ampliada da árvore dendrítica, onde as setas assinalam algumas espinhas. A foto **C** mostra uma outra célula em grande ampliação, cuja membrana é corada por uma substância fluorescente, e observada ao microscópio confocal[G]. As espinhas dendríticas são apontadas pelas setas. A foto **D** mostra um corte ultrafino visto ao microscópio eletrônico[G], ilustrando uma sinapse (seta) de um terminal axônico (Ax) com uma espinha (E). Fotos **A** e **B** cedidas por Monica Rocha, do Instituto de Ciências Biomédicas da Universidade Federal do Rio de Janeiro; **C** e **D** cedidas por Jorge Moreira, da Faculdade de Medicina da Universidade de São Paulo, em Ribeirão Preto.*

O axônio emerge do soma através de uma região funcionalmente especializada chamada *segmento inicial* ou *zona de disparo*. Como veremos adiante, essa região é muito excitável, e é nela que aparece o impulso nervoso que será posteriormente conduzido ao longo do axônio na direção de sua extremidade. O axônio é uma parte do neurônio de grande importância, pelo papel que exerce como condutor dos impulsos nervosos. Historicamente, axônios de animais invertebrados (como as lulas), de enorme calibre, foram os modelos experimentais que possibilitaram a compreensão dos mecanismos moleculares geradores dos sinais elétricos neuronais. A membrana do axônio recebe o nome particular de axolema, embora sua estrutura e sua função não sejam muito diferentes daquelas dos dendritos. O mesmo se pode dizer do citoplasma, que no axônio recebe o nome particular de axoplasma. No axoplasma – como no citoplasma dos dendritos mais finos – não existe o retículo endoplasmático rugoso que constitui a substância de Nissl. Por isso, as técnicas histológicas comuns (chamadas técnicas de Nissl) revelam apenas os corpos celulares e os ramos dendríticos mais calibrosos (Figura 3.7), mas não os axônios. Num corte histológico corado pela técnica de Nissl, os feixes de fibras apresentam uma imagem "negativa", isto é, sem cor, mostrando-se apenas por contraste com as regiões que contêm os corpos celulares. O axoplasma, entretanto, contém mitocôndrias esparsas, vesículas em trânsito e microtúbulos, neurofilamentos e microfilamentos. Os microtúbulos são essenciais à concretização de uma importante função de comunicação entre o soma e as extremidades do axônio: o fluxo axoplasmático.

O fluxo axoplasmático é um movimento contínuo de moléculas ou de organelas membranosas que utilizam os microtúbulos como trilhos (Figura 3.9). Sua existência é de importância evidente, pois permite a comunicação química entre os dendritos, o soma e o axônio do neurônio, geralmente separados por distâncias bastante consideráveis. O fluxo pode partir do soma em direção às extremidades do axônio, caso em que se denomina fluxo anterógrado, ou então das extremidades em direção ao soma, caso em que se denomina fluxo retrógrado. O fluxo anterógrado tem três componentes. Um deles é mais rápido, transportando vesículas com movimentos saltatórios à velocidade média de cerca de 400 μm/dia. As vesículas ligam-se aos microtúbulos por meio de pontes de cinesina, uma proteína que as "empurra" para a frente utilizando energia proveniente do metabolismo oxidativo, mas sem depender da síntese de proteínas que ocorre no soma. É através do fluxo anterógrado rápido que o soma alimenta as extremidades do axônio com as substâncias necessárias para sintetizar mais membrana. Isso é muito importante para axônios em crescimento, seja durante o desenvolvimento ou durante processos regenerativos, mas também ocorre em axônios adultos, que apresentam uma renovação contínua de suas membranas (*turnover*, como se diz no jargão técnico). Além disso, através do fluxo anterógrado rápido, os neuromediadores e outras moléculas utilizadas na comunicação intercelular chegam às extremidades do axônio, onde são secretadas para o meio extracelular. Os dois outros componentes do fluxo anterógrado são mais lentos e carreiam proteínas do citoesqueleto que serão utilizadas nos terminais: um deles se movimenta a 0,2-2,5 mm/dia, e o outro, com o dobro dessa velocidade. O fluxo axoplasmático retrógrado, por sua vez, utiliza também o sistema de microtúbulos como trilhos, carreando fragmentos de membrana e outras moléculas dentro de lisossomos para degradação ou reutilização no soma neuronal. A molécula motora, neste caso, é diferente e chama-se dineína.

Muitos axônios, tanto no sistema nervoso central como no sistema nervoso periférico, são envolvidos por uma cobertura isolante composta por lipídios e proteínas, chamada bainha de mielina (Figura 3.5). No SNC, a bainha de mielina é produzida pelos oligodendrócitos, e no SNP, pelas células de Schwann[G]. A diferença entre o SNC e o SNP quanto à bainha de mielina não se resume ao gliócito que a produz, mas se estende à sua composição molecular. Recentemente, descobriu-se que há proteínas na mielina central que bloqueiam o crescimento regenerativo de axônios lesados. Essas proteínas não existem na mielina periférica, e é isso que explica por que os axônios periféricos são capazes de regeneração, enquanto os axônios centrais não são (ver o Capítulo 5 para mais detalhes sobre esse tema).

Na sua extremidade distal, o axônio pode-se ramificar profusamente, formando uma arborização terminal chamada telodendro. Cada ramo do telodendro, por sua vez, forma múltiplos botões sinápticos que se encontram apostos aos dendritos ou ao soma de outros neurônios, formando as sinapses. Essas estruturas de comunicação entre neurônios são o tema do Capítulo 4.

A MEMBRANA E OS SINAIS ELÉTRICOS DO SISTEMA NERVOSO

Talvez seja um exagero dizer que a membrana é o constituinte mais importante do neurônio, já que muitos outros constituintes são essenciais à vida e ao funcionamento da célula nervosa. Mas é certo, pelo menos, que a membrana do neurônio apresenta uma propriedade muito particular que o distingue da maioria das células do organismo. Essa propriedade – excitabilidade – permite que o neurônio produza, conduza e transmita a outros neurônios os sinais elétricos em código que constituem a linguagem do sistema nervoso.

A descoberta dessa propriedade dos neurônios – a capacidade de gerar sinais elétricos – foi feita ainda no século 19 pelo fisiologista alemão Emil DuBois-Reymond (1818-1896), antes mesmo de se conhecer a existência dos neurônios. Os mecanismos biofísicos subjacentes, entretan-

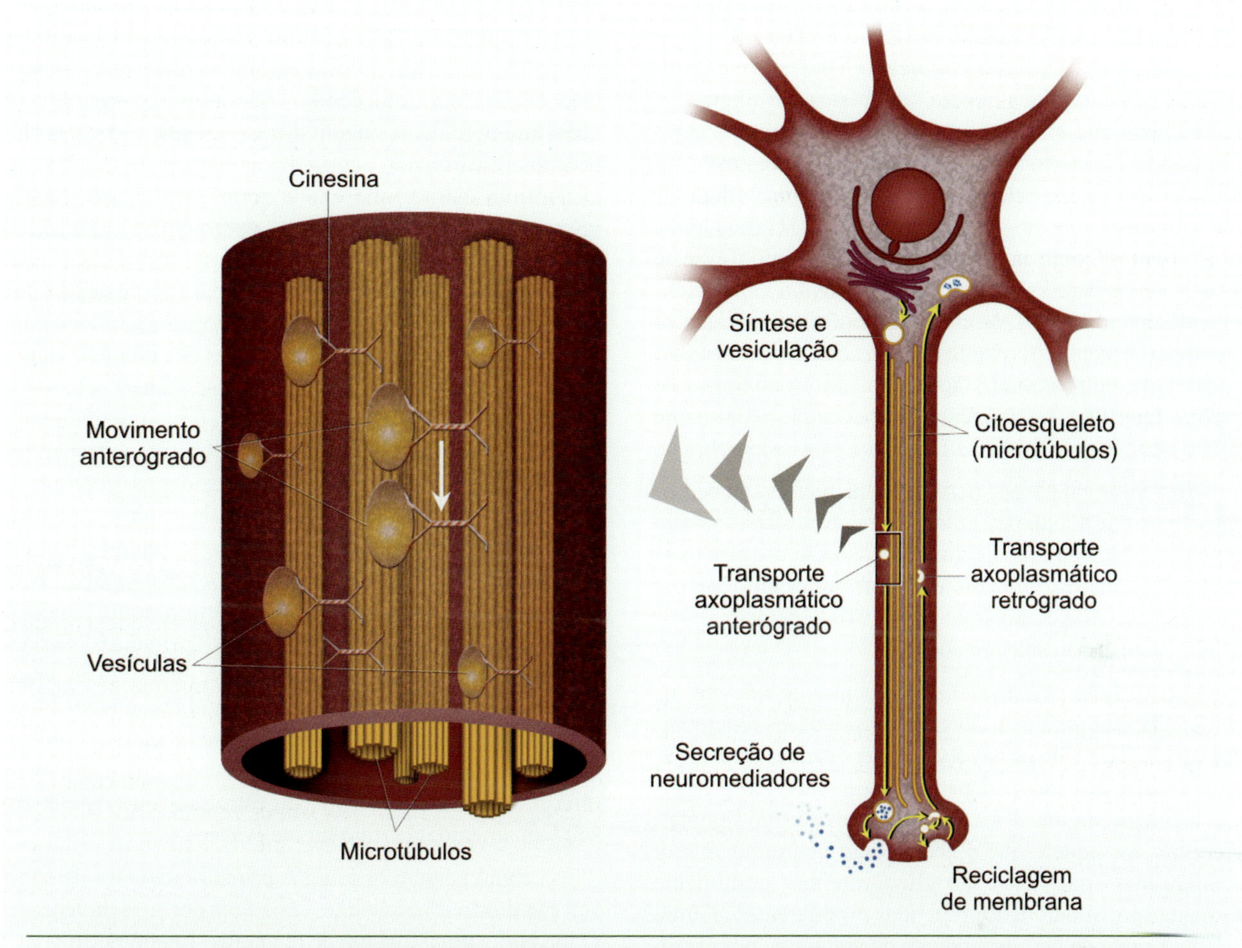

Figura 3.9. *Os microtúbulos são componentes do citoesqueleto do neurônio, que desempenham papel importante no transporte de organelas e substâncias ao longo do axônio, nos dois sentidos: do soma ao terminal (transporte anterógrado), e vice-versa (transporte retrógrado). Na ponta do terminal axônico ocorre a liberação de neuromediadores, por meio de um mecanismo que envolve a reciclagem da membrana. Os componentes necessários para essa reciclagem chegam ao terminal por meio do fluxo anterógrado. O detalhe à esquerda mostra vesículas sendo transportadas ao longo dos microtúbulos pela ação de uma proteína motora associada a eles, a cinesina.*

to, só foram revelados 100 anos depois. Desde o início se compreendeu que a bioeletrogênese não deveria depender dos elétrons, como nos circuitos elétricos comuns, mas de íons, as moléculas eletricamente carregadas tão frequentes dentro e fora das células. Cedo se compreendeu também que as correntes iônicas passavam através da membrana neuronal. No entanto, como explicar que fosse assim? Os íons biológicos são fortemente hidrofílicos, e dificilmente conseguiriam atravessar um meio lipídico como é a membrana. Era preciso imaginar a presença de poros ou canais na membrana que permitissem a passagem dos íons e, assim, possibilitassem a geração de sinais elétricos. Mas nem todos os íons atravessam a membrana neuronal. Na verdade, poucos deles conseguem passar. Logo, os canais iônicos deveriam atuar como filtros de permeabilidade seletiva, permitindo que alguns íons passassem de fora para dentro e de dentro para fora da célula, enquanto outros fossem bloqueados em um dos dois compartimentos. O conceito de canais iônicos evoluiu até os tempos atuais, e está no centro dos mecanismos moleculares que possibilitam a capacidade sinalizadora dos neurônios.

CANAIS IÔNICOS

Canais iônicos são proteínas integrais de membrana, isto é, proteínas incrustadas na bicamada lipídica, que têm a capacidade de deixar passar íons de modo seletivo, continuamente ou em resposta a estímulos elétricos, químicos ou mecânicos. Os canais que deixam passar os íons continuamente são chamados *canais abertos,* e os que só abrem em resposta a estímulos específicos são chamados *canais controlados por comportas.* Tanto uns como os outros podem ser altamente específicos: há canais para cátions[G], como o sódio (Na^+), o potássio (K^+) e o cálcio (Ca^{++}), e canais para ânions[G], como o cloreto (Cl^-). Os canais controlados por comportas podem ser abertos por alterações da voltagem que existe naturalmente na membrana entre o interior e o exterior da célula nervosa. Neste caso, são considerados *dependentes de voltagem*. Outros podem ser abertos por substâncias específicas (ligantes) como neurotransmissores[G], neuromoduladores[G] e hormônios, e neste caso são considerados *dependendes de ligantes*[1]. Diferentemente dos primeiros, os canais dependentes de ligantes são menos específicos quanto aos íons que deixam passar. Finalmente, outros canais são abertos por certos tipos de energia mecânica (estiramento, por exemplo) e radiante (como o calor) que incidem diretamente sobre a membrana.

Ao pensar em canais incrustados na membrana neuronal, capazes de deixar passar íons de modo seletivo e assim gerar sinais bioelétricos, algumas perguntas fundamentais se colocam. Qual a estrutura molecular desses canais iônicos? Como se abrem e como se fecham? Como deixam passar os íons? Como são selecionados?

Comecemos pela estrutura molecular, já que ela, na verdade, pode iluminar as diversas propriedades funcionais dos canais. Tem sido possível conhecer detalhes da estrutura molecular dos canais dependentes de voltagem, e mais recentemente de um dos canais dependentes de ligantes, precisamente aquele que é aberto pelo neurotransmissor acetilcolina. Todos eles são glicoproteínas, geralmente formadas por subunidades repetidas ou diferentes (Figura 3.10). O canal de Na^+ dependente de voltagem, por exemplo, é formado por uma subunidade de 270.000 dáltons[G] – ou 270 kDa – chamada α, e duas subunidades menores com função reguladora (39 e 37 kDa) chamadas, respectivamente, ß1 e ß2. É a subunidade α que forma o poro por onde passam os íons, e sua estrutura secundária[G] é apresentada na Figura 3.10A. Verificou-se que essa molécula é semelhante às que formam os canais de K^+ e Ca^{++}, o que sugere um parentesco genético entre elas. A organização tridimensional de alguns canais iônicos pôde recentemente ser revelada diretamente por uma técnica física chamada cristalografia de raios X (Figura 3.10B e C).

O canal de acetilcolina constitui um segundo exemplo. Tem 275 kDa e é formado por cinco subunidades parecidas. Reunidas, essas subunidades compõem a estrutura tridimensional do canal. Entretanto, como é muito difícil representar graficamente a complexa estrutura dos canais em três dimensões, geralmente eles são representados de modo estilizado, como se vê na Figura 3.10D. O posicionamento das subunidades que compõem o canal, dentro da membrana do neurônio, apresenta regiões (ou domínios, segundo a terminologia bioquímica) inteiramente contidas dentro da bicamada lipídica, e regiões projetadas para o interior e o exterior da célula. O domínio intramembranar contém o poro de passagem dos íons, e um segmento eletricamente carregado sensível à voltagem da membrana. O domínio extracelular expõe certas regiões do canal à interação química com ligantes naturais (neurotransmissores, neuromoduladores e hormônios), assim como com substâncias que facilitam ou bloqueiam a passagem dos íons. É o caso, por exemplo, das drogas que bloqueiam especificamente os canais dependentes de voltagem, muito utilizadas no estudo experimental desses canais: a tetrodotoxina, bloqueadora do canal de Na^+, e o tetraetilamônio, bloqueador do canal de K^+. Já o domínio intracelular permite a ação de substâncias produzidas no interior do próprio neurônio, que têm a capacidade de abrir ou fechar os canais, obedecendo a comandos intracelulares. É o caso dos nucleotídeos cíclicos como o AMPc e o GMPc[2], bem como o íon Ca^{++}, que por isso recebem o nome genérico de segundos mensageiros (já que os "primeiros" seriam os ligantes atuantes pelo lado extracelular). As enzimas fosforilantes de proteínas (cinases), também, podem entrar em ação em certas circunstâncias, adicionando um radical fosfato ao domínio intracelular do canal, para provocar uma mudança de conformação estrutural que resulta em seu fechamento, abertura ou inativação.

E como passam os íons? A primeira ideia foi de que a seleção dos íons permeantes seria feita por suas dimensões. O íon Na^+, com 0,095 nm de diâmetro (1 nanômetro = 10^{-9} m), atravessaria o canal de Na^+ livremente, mas o K^+, com 0,133 nm, seria bloqueado mecanicamente. No entanto, como explicar a seletividade do canal de K^+, que não deixa passar o Na^+? Descobriu-se então que os cátions em solução são hidratados, isto é, são envolvidos por moléculas de água aderidas por força eletrostática. Hidratado, o íon Na^+ tem diâmetro maior que o íon K^+. Assim, seria possível explicar pelo tamanho a seletividade do canal de K^+, mas agora ficaríamos em dificuldade para explicar a seletividade do canal de Na^+. A ideia atual propõe a existência de interações específicas entre os íons e radicais existentes na parede do canal. Haveria um verdadeiro "filtro molecular" na região central do poro, capaz de reconhecer e permitir a passagem apenas de uma espécie iônica para cada tipo de canal (Figura 3.11).

A energia que move os íons de um lado da membrana para o outro é eletroquímica. Verificou-se que as concentrações iônicas no citoplasma do neurônio diferem bastante das concentrações dos mesmos íons no meio extracelular.

[1] *Existem ainda os canais dependentes de voltagem e de ligantes ao mesmo tempo.*

[2] *Monofosfatos cíclicos de adenosina e guanosina, respectivamente.*

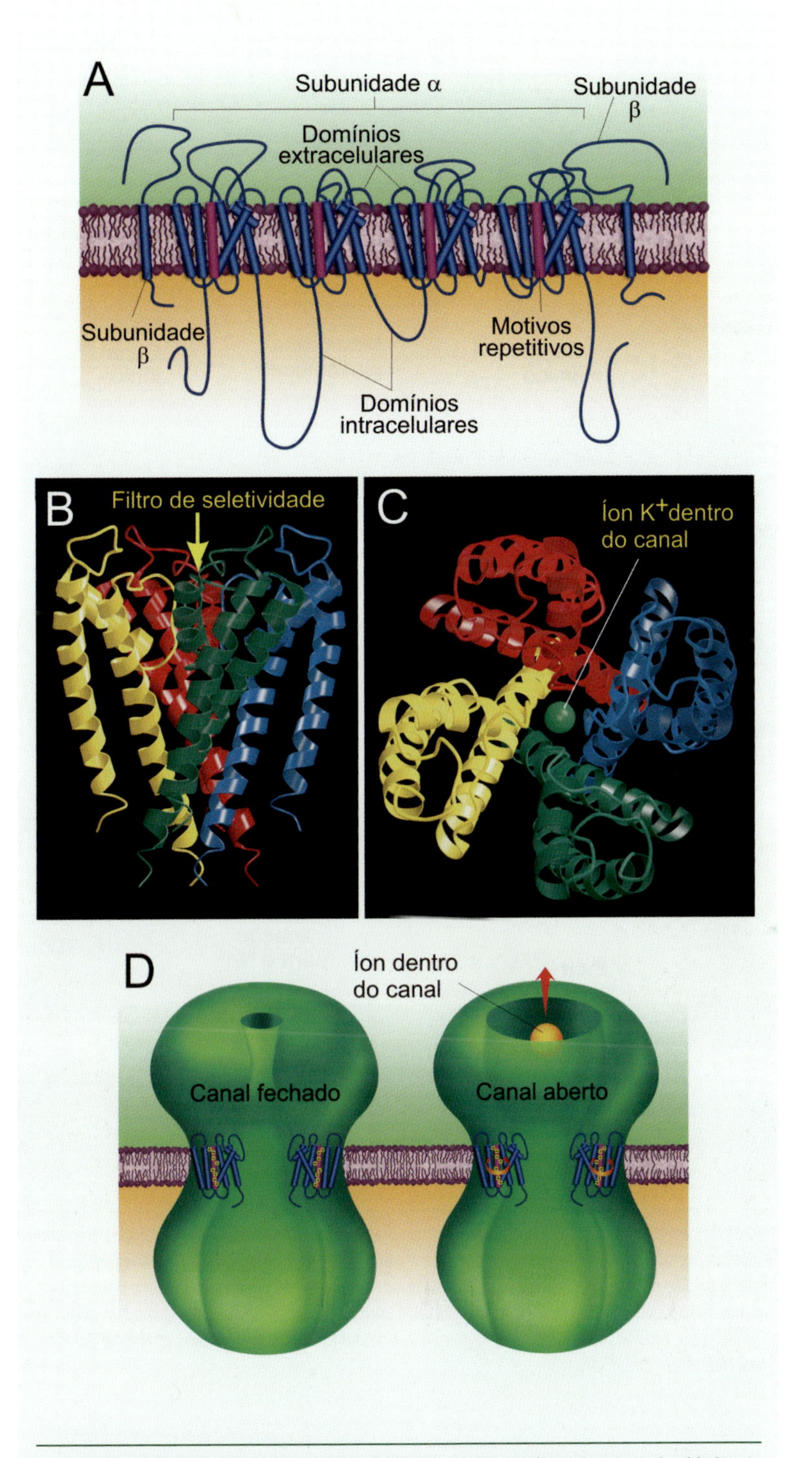

▶ **Figura 3.10.** *Os canais iônicos são proteínas, geralmente formadas por subunidades. Estas, por sua vez, podem ser formadas por motivos moleculares, isto é, sequências proteicas repetitivas.* ***A*** *representa três subunidades do canal de* Na^+ *dependente de voltagem, formadas por motivos repetitivos (em azul e violeta), unidos por sequências da mesma proteína que formam domínios intra e extracelulares.* ***B*** *e* ***C*** *representam a estrutura molecular tridimensional completa do canal de* K^+*, sendo cada subunidade representada por uma cor diferente.* ***B*** *é uma vista lateral,* ***C*** *é uma vista superior, com o íon* K^+ *representado dentro do canal.* ***D*** *é a representação estilizada de um canal, como empregamos neste livro.* ***B*** *e* ***C*** *modificados de D. A. Doyle e cols. (1998) Science vol. 280: pp. 69-77.*

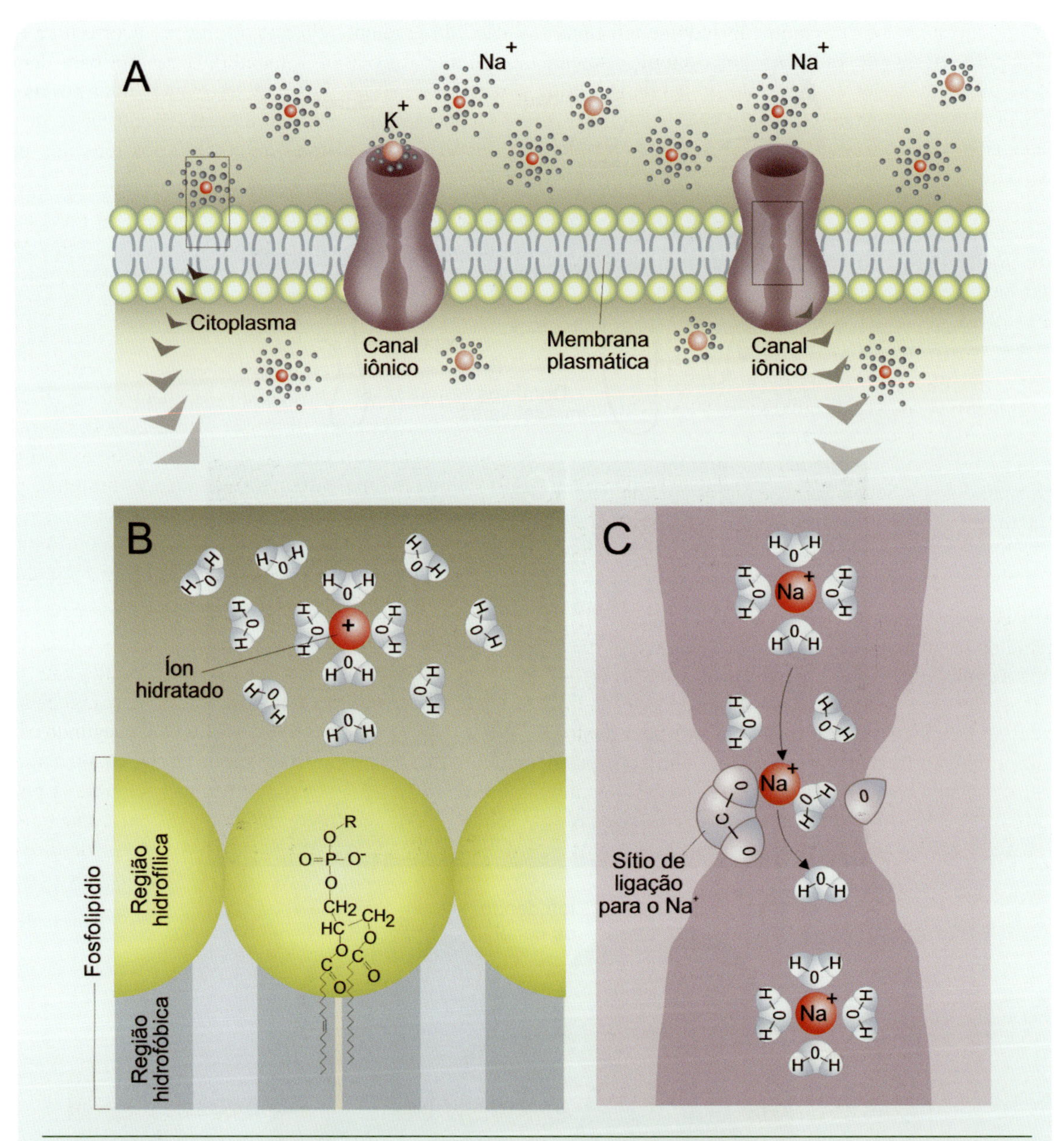

Figura 3.11. *Os dois compartimentos separados pela membrana plasmática (**A**) contêm íons hidratados (envoltos por uma nuvem de moléculas de água). Nessa condição (**B**), os íons interagem com a parte externa da membrana (região hidrofílica), mas não conseguem ultrapassar a parte interna (região hidrofóbica). Os canais iônicos fornecem uma via de passagem seletiva para os íons. Alguns canais como o de Na^+ (**C**) possuem um "filtro molecular seletivo" no seu interior, na verdade um sítio de ligação para o Na^+ que permite a sua passagem para o outro lado da membrana. Modificado de S.A. Siegelbaum e J. Koester (2000), em Principles of Neural Science, 4ª ed. (E. R. Kandel e cols., orgs.). McGraw-Hill, Nova York, EUA.*

O meio extracelular é mais rico em sódio e cloreto (Figura 3.12A), enquanto o citoplasma é mais rico em potássio e proteínas com carga negativa (ânions orgânicos). Essas diferenças de concentração constituem o que se conhece por gradientes[G] químicos, e fornecem a energia potencial para o movimento iônico do compartimento mais concentrado para o de menor concentração. É o que acontece, por exemplo, quando um pingo de tinta azul cai em um copo d'água: inicialmente se forma um gradiente colorido do pingo (de azul mais forte) para as demais regiões do volume d'água (incolores), mas depois a tinta vai se difundindo até a concentração (e a cor da água) se tornar homogênea.

Abrindo-se um canal de passagem livre de Na^+ e Cl^- através da membrana, esses íons tendem a difundir-se para dentro da célula como a tinta no copo d'água, enquanto os íons K^+ tendem a sair da célula para o meio extracelular, pelo mesmo mecanismo. Entretanto, abrindo-se um canal específico para um tipo de íon (o K^+, por exemplo), só ele tende a se difundir de dentro para fora da célula (Figura 3.12B). Como esses movimentos iônicos não são idênticos, estabelece-se uma aglomeração de cátions em fina nuvem na superfície externa da membrana (Figura 3.12C), que resulta no aparecimento de uma diferença de potencial elétrico através da membrana neuronal, constituindo o que se chama gradiente elétrico. O gradiente elétrico, neste caso, opõe-se à passagem de mais K^+ de dentro para fora, já que as cargas positivas aglomeradas na face externa da membrana tendem a repelir esses cátions. O fluxo de K^+, assim, vai diminuindo até um ponto de equilíbrio. Na verdade, todos os canais iônicos abertos estão envolvidos nesse fenômeno, bem como os tipos iônicos correspondentes. A passagem efetiva dos íons através da membrana, portanto, depende de saber qual dos gradientes fornece maior energia para o movimento iônico. Em conjunto, o gradiente químico e o gradiente elétrico somam-se algebricamente, formando o que se conhece como gradiente eletroquímico.

O conceito de gradiente eletroquímico permite explicar facilmente os movimentos iônicos através da membrana. Esta separa compartimentos diferentes quanto à concentração de íons. Por essa razão, abertos os canais para os íons Na^+, estes se difundem naturalmente de fora para dentro da célula, impulsionados pelo gradiente químico e pelo gradiente elétrico. No caso dos canais de K^+, o movimento tem sentido inverso, de dentro para fora da célula, pois predomina a força do gradiente químico sobre a "oposição" do gradiente elétrico. O mesmo ocorre para os íons Cl^-, que atravessam a membrana de fora para dentro do neurônio. Tudo se passa como se a membrana normalmente "represasse" as correntes iônicas e controlasse de forma precisa o fluxo através da seleção dos íons que passam pelos canais.

Os canais abertos têm funcionamento mais simples que os canais controlados por comportas. Estes últimos apresentam um problema para os biofísicos. Como explicar a abertura e o fechamento das comportas? A expressão "controle por comportas" não descreve exatamente o que se passa. Tem o sentido figurado de uma "represa", cujas comportas se abririam parcialmente para dar vazão ao fluxo iônico. Na verdade, os canais controlados por comportas apresentam uma propriedade típica das proteínas, chamada *alosteria*. Por meio desta propriedade, as proteínas podem assumir conformações moleculares diferentes, modificando sua disposição espacial. Quando assumem uma certa conformação, os canais não permitem a passagem dos íons através do poro central. São ditos então fechados.

Em certas condições, entretanto, as subunidades proteicas modificam-se espacialmente, passando a permitir o fluxo iônico. Esta mudança de conformação molecular pode ser provocada por mecanismos diferentes, segundo o tipo de canal. Nos canais dependentes de voltagem, uma alteração da diferença de potencial elétrico da membrana pode ser um estímulo disparador da mudança conformacional. Nos canais dependentes de ligantes, por outro lado, ocorre uma

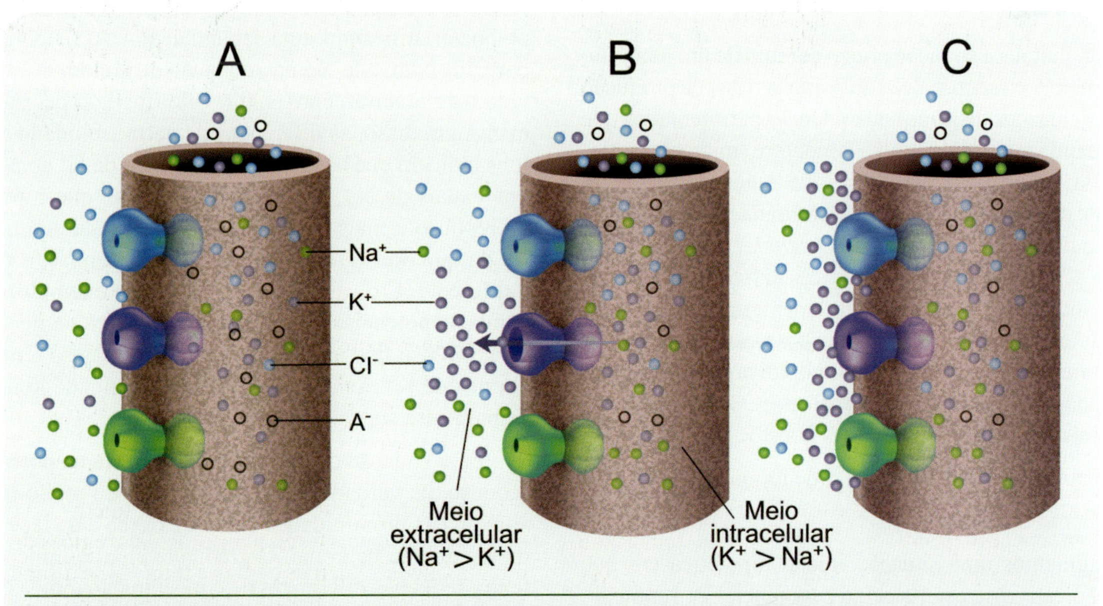

Figura 3.12. A. *O meio extracelular tem maior concentração de Na^+ e Cl^-, enquanto o meio intracelular tem maior concentração de K^+ e ânions inorgânicos (A^-).* **B.** *Quando os canais de um íon se abrem, por exemplo os de K^+, estes íons deslocam-se movidos pelo seu gradiente químico, e as suas concentrações externa e interna tendem a se igualar. Isso não ocorre, entretanto, porque eles se aglomeram na borda externa da membrana formando uma fina camada positiva* (**C**), *o que cria um gradiente elétrico que tende a frear a saída de K^+, estabilizando a situação.*

reação química não covalente do ligante (um neurotransmissor, por exemplo) com o domínio extracelular do canal. E, nos canais "mecânicos" e "térmicos", é necessário um estiramento da membrana ou uma alteração da temperatura local para provocar a abertura da comporta. O estudo experimental dos canais indicou que o comportamento dinâmico deles apresenta três estados funcionais distintos:

1. um estado de repouso, durante o qual o canal está fechado, mas pode ser ativado (aberto) a qualquer momento;
2. um estado ativo, durante o qual o canal está aberto, e por ele passa o fluxo iônico;
3. um estado refratário, durante o qual está fechado e não pode ser ativado.

No estado ativo, um só canal pode deixar passar até 100 milhões de íons por segundo. Esse número sugere que, mesmo em pequeno número, os canais iônicos podem ser bastante eficientes na geração de sinais elétricos através da membrana neuronal.

O conhecimento da estrutura molecular e a clonagem dos genes responsáveis pela "fabricação" dos canais iônicos têm permitido esclarecer certas doenças dos músculos e do sistema nervoso – as *canalopatias* – derivadas de mutações que causam defeitos moleculares nos canais, e consequentemente distúrbios na produção de sinais elétricos por essas células e sérios sintomas nos seus portadores.

NEURÔNIOS EM SILÊNCIO: O POTENCIAL DE REPOUSO

Suponhamos a situação pouco comum de um neurônio em "silêncio", ou seja, inativo do ponto de vista da produção de sinais elétricos de informação. Um experimentador que inserisse uma minúscula agulha condutora (microeletródio) dentro da célula observaria uma diferença de potencial constante entre as duas faces da membrana. Essa diferença de potencial é conhecida como *potencial de repouso*, e reflete a separação de cargas elétricas entre a face externa e a face interna da membrana celular (Figura 3.13). Como vimos anteriormente, esta separação de cargas é mantida pela natureza isolante da bicamada lipídica que constitui a membrana e pelo gradiente químico entre os meios intra e extracelular. Aparecem então duas questões importantes:

1. Como é gerado o potencial de repouso?
2. Como ele é mantido?

Imaginemos uma situação inicial hipotética em que ainda não estivesse estabelecido o potencial de repouso[3], isto é, que a diferença de potencial através da membrana fosse igual a zero. O íon K^+ seria empurrado pelo gradiente químico através dos seus canais abertos para fora da célula. Ao sair, produziria um gradiente elétrico de sentido oposto, e tenderia a sair cada vez menos, até um ponto de equilíbrio no qual o interior da célula seria negativo em relação ao exterior, de um certo valor chamado potencial de equilíbrio do K^+. Pode-se calcular matematicamente o potencial de equilíbrio utilizando uma equação derivada pelo físico-químico alemão Walther Nernst (1864-1941). No caso do íon potássio, o potencial de equilíbrio é geralmente igual a −75 mV. A medida do potencial de repouso do neurônio, entretanto, não coincide com esse valor, situando-se em torno de −60 a −70 mV. É preciso supor, então, que o potencial de repouso do neurônio seria gerado não só pelo K^+, mas também por outros íons. De fato, já sabemos que a membrana é também permeável ao Na^+ e ao Cl^- porque possui canais abertos para esses íons.

Assim, em nossa situação imaginária inicial de potencial zero, esses íons também seriam empurrados pelo gradiente químico, só que de fora para dentro da célula (Figura 3.13A), porque a concentração deles é maior no meio extracelular. Igualmente, ao entrar, produziriam um gradiente elétrico de sentido oposto e tenderiam a passar cada vez menos, até o seu potencial de equilíbrio. O potencial de equilíbrio calculado para o Na^+ seria igual a +55 mV, e para o Cl^- seria igual a −60 mV. O potencial de repouso, naturalmente, resultaria da combinação dos movimentos desses íons, que, como vimos, dependem da concentração de cada um deles e de sua permeabilidade através da membrana neuronal. Pode-se calcular matematicamente esse potencial utilizando uma segunda equação físico-química parecida com a de Nernst (equação de Goldman). O resultado bate precisamente com o valor medido de −60 a −70 mV. Além disso, as diferenças de permeabilidade entre os íons indicam que há mais canais abertos de K^+ no neurônio que canais de Na^+ e de Cl^-, e é por isso que o potencial de repouso é mais próximo do potencial de equilíbrio do K^+ do que do Na^+ e do Cl^-. Em outras células, a situação é diferente. É o caso dos astrócitos, por exemplo. Nessas células o potencial de repouso medido é exatamente igual a −75 mV, o que nos leva a supor que elas só têm canais abertos de K^+. As medidas de permeabilidade iônica confirmam essa suposição.

Essa situação de equilíbrio que resulta no potencial de repouso, na verdade ocorre em um espaço muito pequeno situado nas proximidades da face externa e da face interna da membrana neuronal. O gradiente eletroquímico, entretanto, reflete as diferenças de concentração iônica em todo o volume intracelular e em todo o volume extracelular. Isso significa que os fluxos iônicos transmembranares não se interrompem quando a situação de equilíbrio elétrico é atingida. Esse equilíbrio é dinâmico, e os movimentos iônicos continuam indefinidamente. Mas se isso é verdade,

[3] *Essa situação é irreal, pois não há célula viva sem potencial de repouso. Serve apenas como recurso didático para a compreensão da bioeletrogênese.*

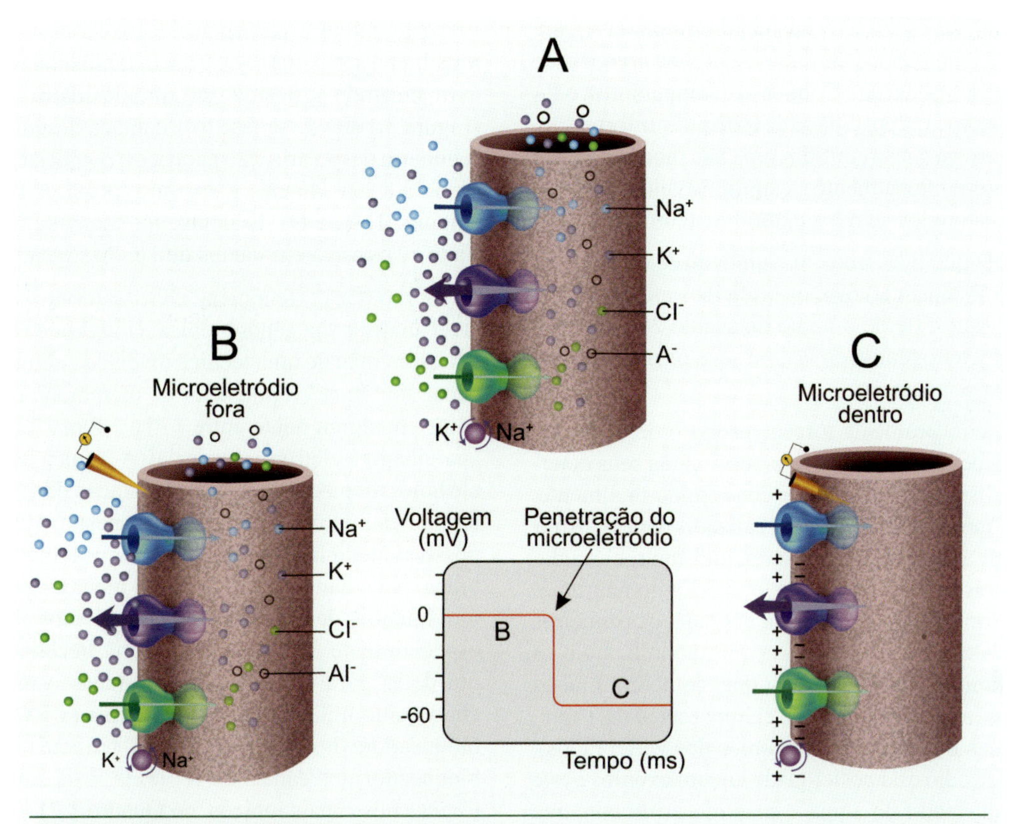

Figura 3.13. *A. O potencial de repouso existe porque o fluxo de K^+ para fora do neurônio é grande, o de Na^+ e Cl^- para dentro é pequeno, e os ânions orgânicos (A^-) permanecem "estacionários". A esfera maior violeta-clara representa a bomba de Na^+/K^+.* ***B.*** *Quando um microeletródio está fora do neurônio, ele registra a diferença de potencial entre dois pontos isoolótricos, isto é, zero.* ***C.*** *Quando o eletródio é inserido através da membrana, capta a negatividade da face interna em relação à face externa, registrando uma diferença de potencial negativa. O gráfico mostra o registro de potencial zero antes do eletródio atravessar a membrana (**B**), o momento do transpasse (seta), e o registro de potencial negativo depois, quando o eletródio já está no interior do neurônio (**C**).*

logo mudariam as concentrações relativas dentro e fora do neurônio, e consequentemente mudaria também o gradiente eletroquímico. Como se explica que isso não ocorra?

Entra em cena um elemento importante: a ATPase de Na^+/K^+, apelidada comumente de "bomba de Na^+/K^+" (Figura 3.13). A bomba é uma molécula que faz parte de uma classe de proteínas integrais da membrana chamadas *transportadores ativos*, capazes, como o nome já diz, de translocar íons e moléculas pequenas de um lado a outro da membrana celular. A bomba é formada por duas subunidades diferentes: uma subunidade catalítica[G] que atravessa a membrana (subunidade α), e uma subunidade glicoproteica reguladora (ß). A subunidade α tem sítios intracelulares de ligação para Na^+ e para uma molécula de alta energia, o ATP[4], e sítios extracelulares específicos para o K^+. O ATP transfere fosfato para a subunidade α, em presença de Na^+ do lado de dentro e de K^+ do lado de fora. A energia dessa reação de fosforilação possibilita a exteriorização de três íons Na^+, em troca de dois íons K^+ levados ao interior do neurônio. Devemos perceber que esses movimentos iônicos se dão contra o gradiente eletroquímico, e por isso precisam da energia química fornecida pelo ATP. Além disso, devemos considerar a relevância da bomba de Na^+/K^+ como um mecanismo de reposição automática das concentrações iônicas, mutáveis pelo fluxo passivo que ocorre constantemente através dos canais iônicos abertos. Estima-se que a bomba de Na^+/K^+ consuma cerca de 20 a 40% de toda energia consumida pelo cérebro, o que dá uma medida de sua importância.

NEURÔNIOS EM ATIVIDADE: O POTENCIAL DE AÇÃO

O que caracteriza o neurônio não é o potencial de repouso que, afinal, existe em todas as células vivas do reino

[4] *Trifosfato de adenosina.*

animal e do reino vegetal. É o *potencial de ação* (PA), um sinal elétrico muito rápido e de natureza digital, como o que os computadores produzem. Como nos computadores, o PA confere ao neurônio a capacidade de transmitir informação, já que o número de sinais emitidos em cada momento pode ser variado proporcionalmente a estímulos vindos de fora, ou mesmo a estímulos gerados dentro do neurônio.

Cientes de que lidavam com a unidade de código empregada pelo sistema nervoso, os biofísicos mostraram-se muito interessados, desde o início do século 20, em compreender a bioeletrogênese do PA, ou seja, os mecanismos envolvidos na sua geração.

Um primeiro problema a resolver era o de como registrar o fenômeno elétrico sem conhecer ainda seus determinantes biofísicos. Isso pôde ser conseguido facilmente, utilizando o mesmo experimento realizado para registrar o potencial de repouso. Empregou-se um microeletródio inserido através da membrana para o interior do neurônio, seja em seu soma ou no axônio. Na verdade, os primeiros pesquisadores envolvidos com essa questão utilizaram os chamados axônios gigantes de lula que, como em muitos invertebrados, apresentam grande calibre (cerca de 1 mm, até 1.000 vezes maiores que os axônios dos vertebrados). Se o microeletródio está posicionado em um axônio, e este estiver desconectado do soma e mantido artificialmente em um meio líquido apropriado, é preciso estimular a membrana com minúsculos choques elétricos para obter potenciais de ação. Entretanto, se o experimento é realizado no soma de um neurônio íntegro, mantido artificialmente em cultura ou então dentro do SNC do animal, muitas vezes não é preciso estimulá-lo eletricamente, pois aparecem PAs espontaneamente na membrana.

Dois pesquisadores britânicos, Alan Hodgkin (1914-1998) e Andrew Huxley (1917–), destacaram-se muito nesses experimentos pioneiros e contribuíram fortemente para desvendar a bioeletrogênese do impulso elétrico do neurônio, sendo por isso contemplados com o prêmio Nobel de fisiologia ou medicina em 1963. Nos experimentos de Hodgkin e Huxley (Figura 3.14), um axônio gigante era removido da lula e mantido dentro de uma cubeta com líquido contendo íons e nutrientes. Um par de eletródios de estimulação era posicionado na superfície da membrana em um ponto do axônio, e outro par era posicionado a uma certa distância, para registro dos fenômenos elétricos. No par de eletródios de registro, um deles era um microeletródio de ponta muito fina, e podia ser inserido dentro do axônio através da membrana. Desse modo era possível registrar a diferença de potencial transmembranar (entre o axoplasma e o meio externo).

Hodgkin e Huxley observaram que, em condições de repouso, seus aparelhos de registro mostravam um potencial de repouso constante de −70 mV (Figura 3.14A). Quando aplicavam um estímulo elétrico à membrana, ocorria uma variação súbita e passageira desse valor. O potencial da membrana aproximava-se de zero rapidamente e o ultrapassava, tornando-se positivo em aproximadamente 40 a 50 mV (Figura 3.14B). Essa fase foi chamada despolarização. Em seguida, a despolarização parava e o potencial da membrana retornava rapidamente a um valor próximo ao de repouso (Figura 3.14C e D). Essa fase foi chamada repolarização. Tudo se passava em menos de 1 milissegundo!

A rapidez do fenômeno elétrico tornava quase impossível analisar sua gênese iônica. Hodgkin e Huxley, então, lançaram mão de uma técnica inventada alguns anos antes, capaz de "fixar" o potencial da membrana do axônio gigante em algum ponto entre −70 e +40mV, utilizando uma aparelhagem eletrônica especial. A técnica tem sido usada até hoje e ficou conhecida como fixação de voltagem. Com o potencial da membrana fixo no mesmo valor, tornou-se possível medir as correntes iônicas que atravessam a membrana. No entanto, os registros de medida combinavam os movimentos de todos os íons envolvidos no fenômeno, especialmente o Na^+ e o K^+. Seria necessário bloquear um deles para poder observar apenas o outro. Isso foi conseguido utilizando a tetrodotoxina (TTX), uma toxina bloqueadora dos canais de Na^+, e o tetraetilamônio (TEA), bloqueador dos canais de K^+ (veja mais sobre a ação de toxinas nos canais iônicos, no Quadro 3.2).

Sob ação do TEA, e com o potencial da membrana fixado em 0 mV, registrava-se uma corrente rápida de fora para dentro, atribuída aos íons Na^+ (grande seta azul na Figura 3.14B). Sob a ação da TTX, entretanto, registrava-se uma corrente um pouco mais lenta, com polaridade inversa, isto é, com sentido de movimento de dentro para fora (seta roxa na Figura 3.14C). Quando o registro era feito sem nenhum dos bloqueadores, a curva obtida indicava uma composição das duas correntes iônicas. A certeza de que eram o Na^+ e o K^+ os íons envolvidos no PA veio da utilização de isótopos radioativos desses íons, que permitiu medir as concentrações de um lado e de outro da membrana (através da medida da radioatividade dos isótopos) antes e depois do experimento.

Concluiu-se que a fase de despolarização do PA era causada por uma súbita abertura dos canais de sódio dependentes de voltagem, que permitia um caudaloso movimento dos íons Na^+ para dentro do axônio durante menos de 1 milissegundo. Os canais de Na^+, então, tornavam-se inativos, o que fazia cessar em alguns milissegundos a corrente de sódio. A fase de repolarização do PA, entretanto, é mais rápida que a diminuição do fluxo de Na^+. A explicação é que entra em cena o potássio, cujos canais dependentes de voltagem se abrem um pouco depois que os do sódio. A saída de K^+ restaura a polaridade da membrana para os níveis de repouso, mas durante um certo tempo ela permanece inexcitável, incapaz de gerar outros PAs. Essa fase inexcitável chama-se período refratário, e deve-se ao fato

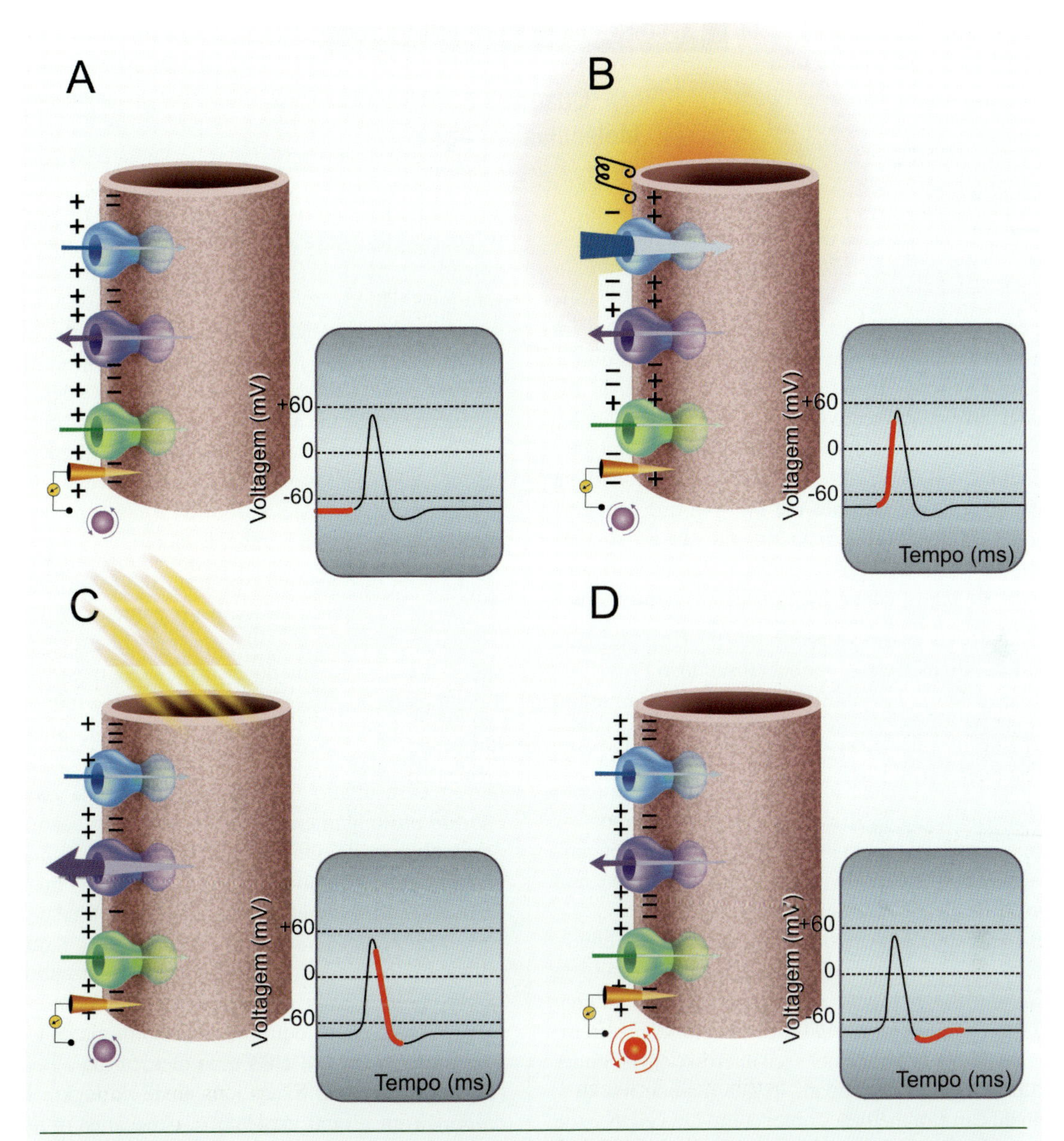

Figura 3.14. *O potencial de ação (PA) pode ser registrado por um microeletródio intracelular, do mesmo modo que o potencial de repouso. Inicialmente (**A**), aparece apenas o potencial de repouso, como mostra o segmento vermelho no traçado do PA. Quando se abrem os canais de Na^+ (azuis), estes cátions difundem-se para o interior do neurônio (seta azul em **B**), despolarizando a membrana (observe o gráfico correspondente). A seguir (**C**), abrem-se os canais de K^+ (roxos), e estes íons difundem-se para fora do neurônio (seta roxa em **C**), repolarizando a membrana até mais do que o "necessário". Para restabelecer o potencial de repouso (**D**), entra em ação a bomba de Na^+/K^+ (esfera vermelha), que restaura as concentrações iônicas iniciais. O registro completo do potencial de ação, tal como captado por um microeletródio intracelular, tem a forma mostrada pelos traçados em preto nos gráficos.*

de que, após se abrirem, os canais iônicos passam ao estado inativo ou refratário, e não ao estado de repouso. Mais tarde os canais voltam ao estado de repouso, e a membrana do axônio torna-se outra vez excitável. Além disso, a bomba de Na^+/K^+ encarrega-se de restaurar o gradiente eletroquímico original.

Atualmente, consegue-se registrar a atividade elétrica de neurônios de mamíferos, o que confirma os experimentos e conclusões de Hodgkin e Huxley utilizando o axônio gigante da lula. Nos neurônios, os potenciais de ação são produzidos na região de emergência do axônio no corpo celular, uma região conhecida por segmento inicial ou zona de disparo, já mencionada. Essa é uma região especializada que contém uma alta densidade de canais iônicos dependentes de voltagem, o que lhe confere maior excitabilidade. Como consequência, o segmento inicial tem o mais baixo limiar de

NEUROCIÊNCIA EM MOVIMENTO

Quadro 3.2
Moléculas em Ação

*Paulo Sérgio L. Beirão**

Eu tinha menos de 4 anos quando minha mãe encontrou um escorpião na toalha que eu estava prestes a usar. Na época, Belo Horizonte era infestada pelo escorpião amarelo (ainda é em alguns bairros, o mesmo acontecendo em várias outras cidades do Sudeste). Não fosse pela intervenção da minha mãe, talvez eu não estivesse escrevendo essas linhas. Não sei o quanto esse episódio, guardado por anos no meu inconsciente, contribuiu para as opções que fiz na minha carreira, mas sempre me intrigou que criaturas pequenas e frágeis (podem facilmente ser esmagadas com uma chinelada) sejam capazes de causar acidentes graves, e até fatais, em crianças e adultos debilitados.

Quando eu estudava medicina na Universidade Federal de Minas Gerais, conheci o saudoso Prof. Carlos Ribeiro Diniz (1919-2002), um pioneiro mundial no estudo de venenos e toxinas animais. Ele me falava de experimentos que sugeriam de forma indireta que o principal componente tóxico do escorpião amarelo *Tityus serrulatus*, agia através dos canais de sódio – os mesmos canais descritos neste capítulo como essenciais à geração e propagação do impulso nervoso. Ao mesmo tempo, o Prof. Diniz lamentava que não houvesse no Brasil quem pudesse demonstrar diretamente esse efeito, pois para isso seria necessário usar uma técnica chamada fixação de voltagem (conhecida pela expressão *voltage clamp*, em inglês), que nenhum laboratório brasileiro dominava. Fui contagiado pelo seu interesse em entender como essas moléculas atuam, o que acabou me desviando da carreira médica. Tomei como uma espécie de desafio pessoal trazer essa técnica para o Brasil. Mesmo que fosse tarde para usá-la com a toxina do escorpião amarelo, eu estaria pronto para estudar outras toxinas da nossa biodiversidade.

No entanto, antes disso fiz uma curta mas importante digressão. Por insistência do Prof. Diniz, e por ter-me deixado contaminar pelo entusiasmo do Prof. Leopoldo de Meis, da Universidade Federal do Rio de Janeiro, fui fazer pós-graduação com ele no Instituto de Biofísica. Lá não fui trabalhar com venenos nem toxinas, não trabalhei com canais de sódio e nem mesmo com tecido nervoso, e muito menos com fixação de voltagem. Perda de tempo? De forma alguma: lá vivi um ambiente muito estimulante de pesquisa e de discussão, com grande liberdade para novas ideias, mas muito cuidado em passá-las pelo crivo da experimentação. Na época, o laboratório estava na fronteira dos estudos visando entender como funciona a bomba de cálcio do retículo sarcoplasmático, um reservatório desses íons na célula muscular. Isso me deixou uma marca importante: querer entender como funcionam as moléculas. Aprendi também como descrever as transformações pelas quais passa uma molécula ao realizar sua função, usando para isso um esquema cinético, ou seja, uma sequência de reações que descreve cada etapa do processo. Isso foi feito pioneiramente pelo próprio Prof. Leopoldo e seus colaboradores com a bomba de cálcio.

Depois do mestrado, fiz um estágio na Filadélfia (EUA), onde aprendi a trabalhar (e a montar) a desejada técnica de fixação de voltagem, mas já era tarde para aplicá-la para a toxina do escorpião. Na mesma época, a demonstração direta de que essa toxina inibe o processo de inativação do canal de sódio fora publicada, e por cientistas estrangeiros (para a tristeza do Prof. Diniz). O resultado desse efeito primário da toxina é o enorme prolongamento dos potenciais de ação, o que desequilibra todo o funcionamento do sistema nervoso, levando à morte. Com o trabalho que realizei nos EUA, demonstrei diretamente a saturação do transporte de Ca^{2+} através dos canais desse íon, usando a fixação de voltagem. Isso constituiu minha tese de doutorado. Nessa altura, eu já conseguira uma posição de docente no Departamento de Bioquímica e Imunologia da UFMG. Atualmente trabalho com uma técnica mais poderosa (Figura), chamada fixação focal de voltagem (*patch clamp*), com a qual estudamos o mecanismo de ação de várias toxinas, principalmente da aranha armadeira (*Phoneutria nigriventer*), e demonstramos ações de suas toxinas em canais de Na^+, Ca^{2+} e K^+. Algumas dessas ações possivelmente poderão ser aplicadas para a geração de novos medicamentos.

Mas o nosso escorpião não foi esquecido. Por atuar especificamente e com alta eficácia no processo de inativação de canais de Na^+, uma de suas toxinas está nos ajudando a entender como esse processo é controlado. Sabemos agora que ela se liga com alta afinidade a uma das regiões do canal de Na^+ que sentem o potencial de membrana (os chamados sensores de voltagem). Mostramos que este sensor está relacionado especificamente com o controle da inativação, e a ligação da toxina limita o seu movimento, o que resulta em uma menor velocidade da inativação. Inspirados pelo Prof. Leopoldo,

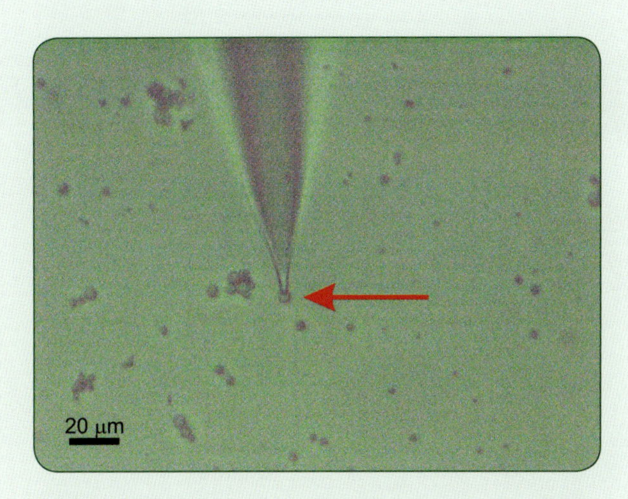

Qualquer célula, em princípio, pode ser estudada pela técnica de fixação focal de voltagem. Usando uma micropipeta cheia com um fluido condutor, a célula é aderida à ponta de vidro (seta vermelha), e a voltagem na pequena área da membrana plasmática em contato com a micropipeta é mantida constante por uma aparelhagem eletrônica. As correntes iônicas que passam pelos canais, então, podem ser medidas.

fizemos a descrição completa desse fenômeno com um esquema cinético. Se a demonstração do que essa toxina faz não ocorreu no Brasil, podemos dizer agora que foi aqui que se demonstrou exatamente como ela atua.

Hoje o Prof. Diniz já não ficaria triste por não termos competência nacional para resolver esse tipo de problema.

Paulo Beirão em seu laboratório.

**Professor-titular do Instituto de Ciências Biológicas da Universidade Federal de Minas Gerais. Correio eletrônico: pslb@ufmg.br*

excitabilidade do neurônio, isto é, produz PAs quando seu potencial atinge −55 mV, ou seja, é despolarizado de apenas 10 mV. Isso contrasta com o corpo celular, cujo limiar é bem mais alto (cerca de −45 mV). Essa particularidade do segmento inicial faz com que nele esteja a origem natural dos PAs do neurônio e que estes sejam conduzidos não em direção ao soma, mas no sentido dos terminais telodêndricos do axônio.

Nos últimos anos, os mecanismos de gênese dos PAs têm sido estudados no nível dos canais iônicos, já que se tornou possível registrar as correntes microscópicas que passam por um único canal com o emprego de uma técnica que ficou conhecida como fixação focal de voltagem (*patch clamp*, em inglês). Essa análise microscópica confirmou praticamente todas as conclusões de Hodgkin e Huxley, e além disso permitiu conhecer com grande detalhe a interação entre os íons e a membrana, na gênese dos sinais bioelétricos.

A Propagação dos Sinais Elétricos dos Axônios

Depois do segmento inicial, que tem uma forma cônica, o axônio assume uma forma cilíndrica e se estende como um tubo sinuoso através do tecido nervoso até atingir as suas células-alvo (Figura 3.15). Ao longo de sua extensão, esse tubo pode-se ramificar várias vezes. Alguns ramos, chamados colaterais, emergem próximo ao corpo celular e retornam às vizinhanças dele, formando contatos sinápticos com outros neurônios nessa região. Outros colaterais emergem mais distalmente e podem alcançar diferentes regiões do sistema nervoso, bem longe da posição do corpo celular de origem. Na extremidade de cada colateral o axônio bifurca-se e ramifica-se várias vezes, formando uma ou mais arborizações terminais que podem ser bastante densas e profusas. É nas extremidades dos ramos dessas árvores terminais que se estabelecem as sinapses com as células-alvo. Alguns axônios, ao longo de sua extensão, podem estar envoltos por uma capa espiral de natureza predominantemente lipídica, chamada bainha de mielina. Outros axônios não a possuem. Essa capa tem propriedades isolantes, e sua ocorrência traz consequências importantes para a propagação do impulso nervoso, como será visto adiante.

É preciso então compreender de que modo o PA produzido no segmento inicial chega aos milhares de ramos terminais que se formam nos colaterais.

A membrana do axônio amielínico e seus ramos possui grande densidade de canais iônicos em todo o seu comprimento, sendo portanto altamente excitável. Quando se abrem os canais de Na^+ da zona de disparo e surge um potencial de ação (Figura 3.16A), a membrana ali fica com polaridade oposta à das regiões vizinhas, uma delas situada

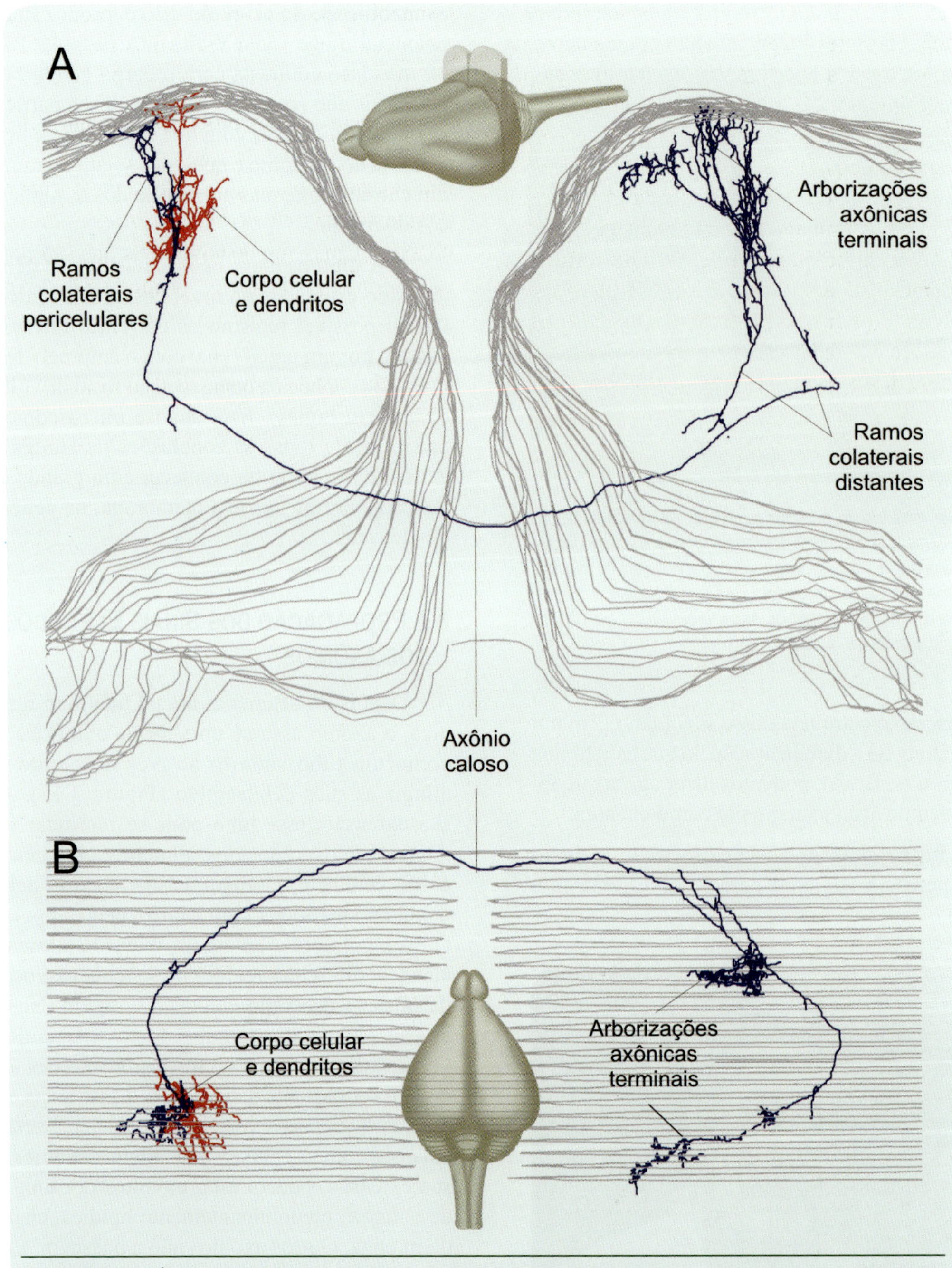

Figura 3.15. *É possível reconstruir um neurônio completo a partir de cortes histológicos, usando um microscópio computadorizado. Neste exemplo obtido no rato, trata-se de um neurônio que projeta seu axônio para o hemisfério oposto através do corpo caloso*[A]*. Os cortes histológicos estão representados em cinza, o corpo celular e os dendritos, em vermelho, e o axônio, seus ramos colaterais e arborizações terminais estão representados em azul.* ***A*** *mostra uma vista coronal do axônio, indicada pelo pequeno encéfalo de cima.* ***B*** *mostra uma vista horizontal do mesmo axônio, como indica o pequeno encéfalo de baixo. Reconstruções cedidas por Jean-Christophe Houzel, do Instituto de Ciências Biomédicas, UFRJ.*

mais próximo ao soma do neurônio, e a outra situada no outro lado, na direção dos terminais. Isso significa que, além das correntes iônicas que atravessam a membrana, aparecerão correntes locais no axoplasma e no meio externo justaposto à superfície (setas pretas na Figura 3.16). Essas correntes locais, ao contrário do que poderia parecer, não são produzidas pelo movimento "lateral" dos íons, mas pela transferência de suas cargas de uns aos outros, da mesma forma que ocorre com as correntes elétricas nos fios metálicos.

Para o lado do soma, cujo limiar de excitabilidade é mais alto, essas correntes locais não são suficientemente intensas para provocar a abertura dos canais iônicos dependentes de voltagem. Na outra direção, entretanto, a despolarização provocada pelas correntes locais é capaz de atingir o limiar, e um novo PA será disparado. O processo, então, repete-se nas regiões vizinhas situadas à frente, ou seja, na direção dos terminais, mas não naquelas situadas atrás. Por quê? A explicação está no período refratário. Embora o potencial de ambas as regiões vizinhas ao PA esteja igualmente próximo ao nível de repouso, os canais de trás das regiões excitadas estão em estado inativo porque a membrana dessa região acabou de produzir um PA, tornando-se inexcitável. Ao contrário, os canais situados à frente estão em estado de repouso e a membrana da região está plenamente excitável.

A repetição desse processo causa um aparente deslocamento do potencial de ação no sentido dos terminais, mas não no sentido oposto. O deslocamento é apenas aparente, porque não se trata do mesmo PA que "trafega" ao longo do axônio, mas sim de novos PAs que são produzidos em cada segmento vizinho da membrana do axônio. Tudo se passa como as luzes de um anúncio luminoso: não são elas que se deslocam, mas é a sequência com que são ligadas e desligadas que dá a impressão de deslocamento. Diz-se, por

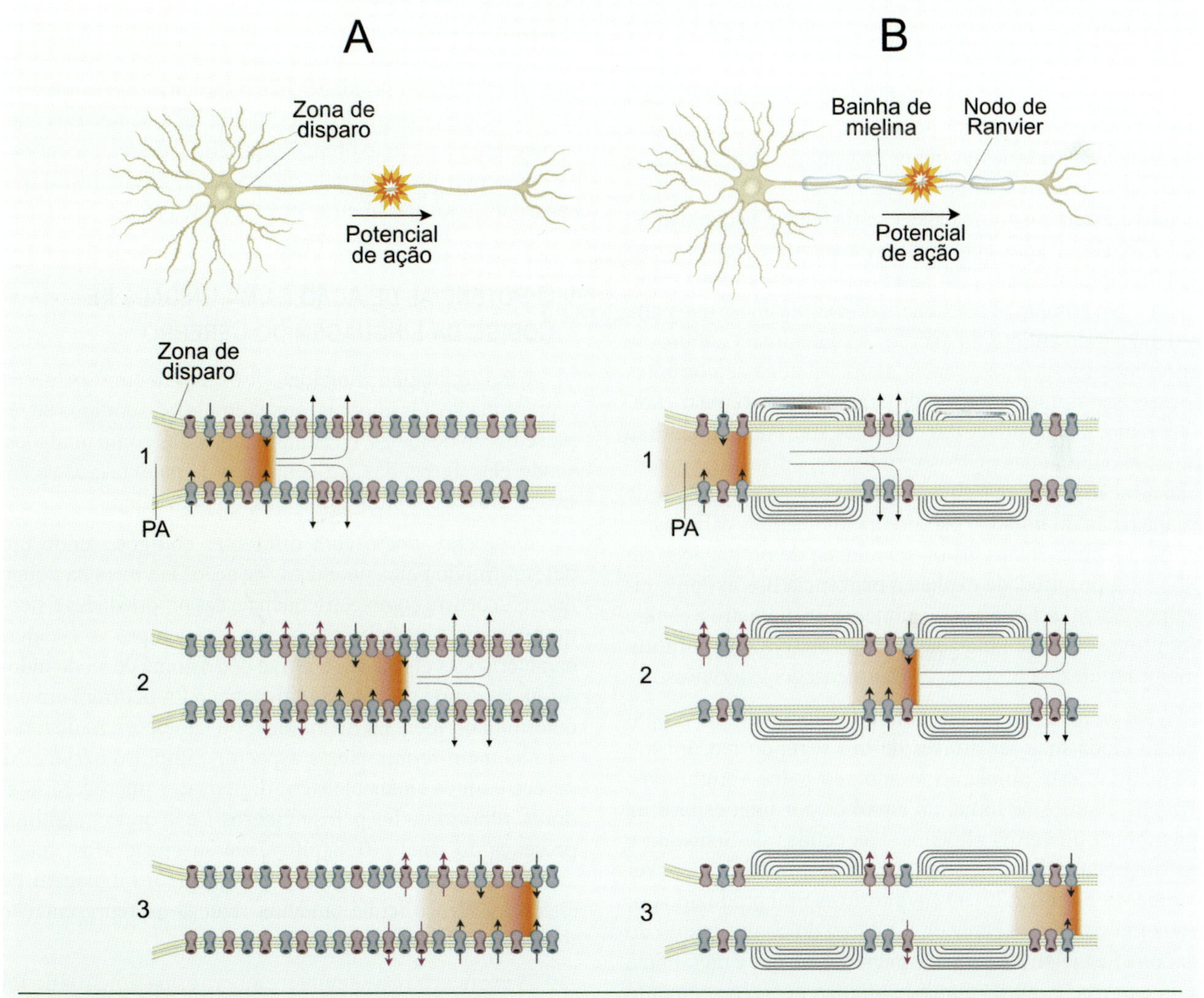

Figura 3.16. *A propagação do potencial de ação é mais lenta nos axônios amielínicos (em **A**) do que nos axônios mielínicos (em **B**). Como se pode ver nas sequências de 1 a 3 em **A** e **B**, em cada região onde ocorre um PA (1) as correntes de Na^+ através da membrana (setas cinzas) geram correntes locais dentro do axônio (setas pretas) que despolarizam a região vizinha até o limiar, provocando nela também um PA (2 e 3). Atrás da região ativa segue sempre a região de repolarização, onde atuam as correntes transmembranares de K^+ (setas violetas em 2 e 3). Nos axônios mielínicos (**B**) os pontos "vizinhos" são os nodos de Ranvier, que estão separados por uma bainha isolante composta de mielina. Como só os nodos são excitados, tudo se passa como se os PAs "saltassem" de um nodo a outro, resultando em maior velocidade de propagação do impulso.*

essa razão, que o potencial de ação é um fenômeno autorregenerativo ou autopropagável, isto é, algo que se multiplica em cada local vizinho da membrana cujo potencial é levado ao limiar pelas correntes locais.

Deve-se a essa propriedade autorregenerativa do potencial de ação o fato de que, nos pontos de bifurcação, ambos os ramos produzem PAs idênticos. Se a propagação fosse devida a um simples deslocamento do impulso nervoso, ele teria que "escolher" um dos trajetos em cada ponto de bifurcação, ou então se dividir em dois. A consequência seria que apenas um dos milhares de terminais sinápticos do axônio receberia o potencial de ação gerado no segmento inicial, ou então que todos eles receberiam potenciais de tamanho insignificante. No entanto, devido à autorregeneração do PA, ocorre justo o contrário: um PA gerado no segmento inicial do axônio chega igualmente a todos os seus ramos terminais, com a mesma amplitude e a mesma forma da origem.

Como a propagação do PA depende das correntes locais que se movem no interior do axônio e no meio externo, a resistência elétrica desses meios determina a intensidade da corrente, como em qualquer circuito elétrico. A resistência do meio externo é muito baixa e varia pouco, já que o meio externo não se apresenta compartimentado e tem por isso grande volume total, pois se comunica por todo o organismo. No entanto, a resistência do axoplasma é mais alta e depende do calibre do axônio. Axônios mais calibrosos apresentam menor resistência axoplasmática às correntes locais. Isso significa que, sendo a resistência interna menor, será maior a intensidade das correntes, mais rapidamente se atingirá o limiar das regiões vizinhas para disparar o potencial de ação e, em consequência, será maior a velocidade de propagação do impulso nervoso. Axônios mais calibrosos, portanto, apresentam maior velocidade de propagação do PA. Essa propriedade explica a existência dos axônios gigantes dos invertebrados – o aumento do diâmetro axônico foi provavelmente uma adaptação evolutiva que permitiu maior rapidez na propagação das mensagens nervosas.

No entanto, foi possível atingir velocidades de propagação ainda maiores através de um segundo mecanismo adaptativo, este amplamente adotado pelos vertebrados. Alguns axônios se tornaram envoltos por uma espiral da membrana de certos gliócitos – as células de Schwann e os oligodendrócitos –, como se vê na Figura 3.17A (ver também a Figura 2.20). O envoltório espiral produzido por cada gliócito cobre cerca de 1 a 2 mm do comprimento do axônio. Segue-se um pequeno intervalo em que a membrana está exposta, e outra bainha de mielina ocupa o segmento seguinte. O intervalo entre as bainhas chama-se *nodo de Ranvier* (Figura 3.17B). Como a bainha de mielina representa um empilhamento espiral da membrana dos gliócitos, e a membrana, como sabemos, é basicamente constituída por lipídios, resulta um envoltório altamente isolante, que impede a ocorrência de correntes iônicas transmembranares. Além disso, nas fibras mielínicas os canais iônicos se acumulam nos nodos de Ranvier (Figura 3.17C), tornando-os regiões de baixo limiar de excitabilidade. O potencial de ação gerado em um dos nodos produz uma corrente local do mesmo modo que nos axônios amielínicos. Diferentemente destes, entretanto, as correntes locais irão despolarizar apenas a membrana do nodo seguinte, onde aparecerá outro PA (Figura 3.16B). O nodo anterior não é excitado porque está em período refratário. O processo então se repete para frente, mas com velocidade muito maior, já que a excitação se dá de modo saltatório, ou seja, de nodo em nodo.

Outra consequência importante da propriedade autorregenerativa do potencial de ação é que suas características elétricas são idênticas em qualquer ponto da membrana de um axônio. A amplitude do PA será a mesma, bem como sua duração, e também a forma de onda que apresenta quando registrado em gráfico, características relativamente estáveis que refletem as propriedades físico-químicas da membrana, do citoplasma e do meio externo imediatamente adjacente ao neurônio e a seu axônio. Outra célula, entretanto, poderá apresentar propriedades ligeiramente diferentes, o que repercutirá nos parâmetros dos PAs que produz.

O POTENCIAL DE AÇÃO É UMA UNIDADE DE CÓDIGO DA LINGUAGEM DO CÉREBRO

Uma linguagem funciona por meio de um código de representação. Os idiomas, por exemplo, são códigos de representação de ideias, que empregam letras como unidades, sendo elas agregadas em conjuntos de palavras, estas em frases, frases em parágrafos e assim por diante.

O cérebro opera com diferentes códigos, sendo um deles formado pelos potenciais de ação. Já vimos há pouco que o PA ocorre como consequência das propriedades físico-químicas do neurônio, tendo por isso sempre as mesmas características elétricas. A isso se deu o nome de lei do tudo-ou-nada, expressão que significa que o PA ocorrerá em um determinado local da membrana, ou não ocorrerá de todo. Não há meio-termo. Nesse aspecto, o impulso nervoso se parece com os sinais elétricos digitais dos microcomputadores, representados pelos números 1 e 0, onde 1 significa presença do sinal e 0 significa sua ausência. Mas, sendo assim tão simples, como é possível que a linguagem do sistema nervoso tenha tamanha riqueza na representação de ideias e comportamentos?

A explicação é a seguinte: embora os parâmetros do PA não mudem em cada neurônio, o intervalo de tempo entre os PAs é altamente variável. Falar de intervalo entre PAs é o mesmo que falar de frequência, ou seja, do número de PAs que ocorrem em cada unidade de tempo. O intervalo, ou período, é o inverso da frequência. E é justamente a variação da frequência de disparo dos neurônios que lhes permite

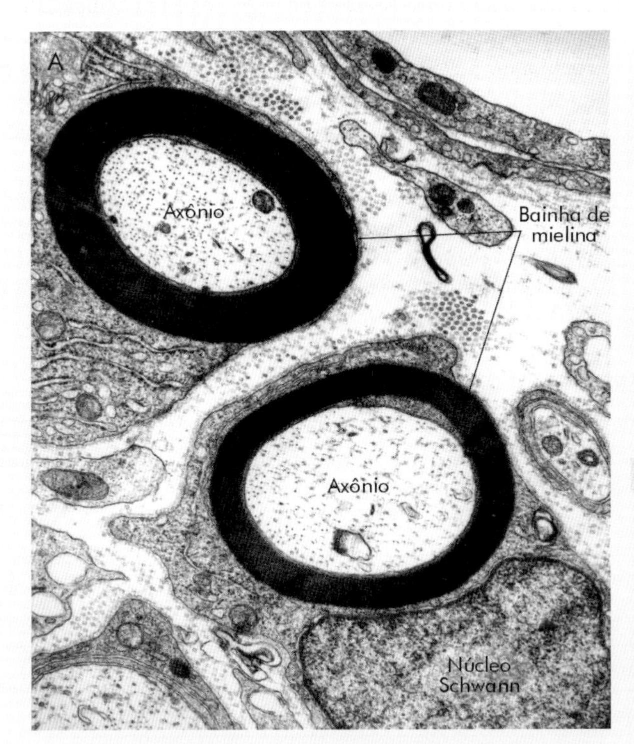

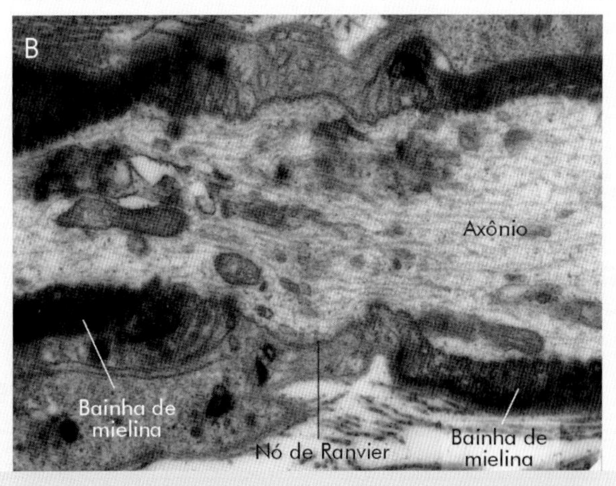

Figura 3.17. *A. Espirais de membrana das células de Schwann em torno do axônio formam a bainha de mielina, identificada em dois axônios cortados transversalmente e visualizados ao microscópio eletrônico de transmissão. Vê-se também o núcleo e o citoplasma de uma célula de Schwann.* ***B.*** *Um corte longitudinal permite identificar o nodo de Ranvier entre as bainhas de duas células de Schwann.* ***C.*** *A utilização de marcadores fluorescentes específicos permite reconhecer uma alta densidade de canais de Na⁺ no nodo de Ranvier (em branco, no centro da foto). Fotografias cedidas por Ana M. B. Martinez, do Instituto de Ciências Biomédicas, UFRJ.*

veicular, em código, diferentes mensagens. Você verá vários exemplos de codificação neural em frequência de PAs em diversos capítulos deste livro, mas poderá apreciar maiores detalhes dessa propriedade no Capítulo 6.

O GLIÓCITO É A CÉLULA POLIVALENTE DO SISTEMA NERVOSO

A primeira suposição dos cientistas do século 19, ao descobrirem a existência de uma numerosa população de células não-neuronais no sistema nervoso, foi a de que essas células representavam o arcabouço de sustentação mecânica dos neurônios. Nessa ocasião acreditava-se que formassem um sincício[G], e por isso elas receberam o nome coletivo de *neuroglia,* que significa "cola neural". Essa função estrutural das células gliais já não é considerada tão importante, e atualmente se conhecem inúmeras outras funções – de alta relevância – de que participam ativamente. Essa constatação coloca os gliócitos no papel de verdadeiros elementos polivalentes no sistema nervoso. De tal forma esse conceito evoluiu, que é crescente o número de neurocientistas que considera o tecido nervoso como uma rede intercomunicante de células neuronais e gliais, sendo estas últimas muito mais do que mantenedoras da "saúde" dos neurônios, mas ativas participantes dos mecanismos de processamento de informação neural.

Considere as funções sumariadas a seguir e listadas na Tabela 3.1 para perceber que não é um exagero: os gliócitos participam da transmissão e do processamento de informações através da propagação de alta velocidade do impulso nervoso, da modulação da transmissão sináptica e da sincronização da atividade neuronal; têm ação hemodinâmica, mediando a regulação do fluxo sanguíneo local segundo a atividade neuronal, e participando da seleção de substâncias que transitam entre o sangue e o tecido nervoso; atuam como células-tronco durante o desenvolvimento e até mesmo no adulto; orientam o posicionamento dos neurônios recém-nascidos durante o desenvolvimento; participam da regulação da secreção hormonal, especialmente da glândula hipófise; participam das respostas imunitárias que o sistema nervoso oferece em condições de inflamação e trauma; protegem os neurônios de dano por excesso de aminoácidos excitatórios; participam da regeneração de axônios periféricos lesados; e regulam a produção e o fluxo do líquido cefalorraquidiano (líquor). Como se diz popularmente, as células gliais estão em todas (Quadro 3.3).

Os Tipos de Célula Glial

A classificação dos tipos celulares neurogliais que se aceita atualmente deve-se basicamente a Ramón y Cajal, autor de extensas e detalhadas descrições sobre a estrutura fina dessas células. No sistema nervoso central consideram-se duas grandes classes: a *macroglia* e a *microglia*, assim chamadas pelas dimensões de seus corpos celulares. A macroglia (Figura 3.2) é formada por *astrócitos*, *oligodendrócitos* e *células NG2*, recentemente descobertas[5]. Os três

[5] *Por terem sido recém-descobertas, sua denominação ainda não se consolidou. Além de NG2, elas são conhecidas também como polidendrócitos, sinantócitos, células complexas e células precursoras de oligodendrócitos (neste caso, apenas durante o desenvolvimento).*

TABELA 3.1. FUNÇÕES DOS DIFERENTES TIPOS DE CÉLULA GLIAL

Tipo Celular		*Funções*
Macroglia	Astrócito	Hiperemia funcional (regulação neurodependente do fluxo sanguíneo local
		Formação e manutenção da barreira hematoencefálica
		Célula-tronco durante e após o desenvolvimento
		Orientação do crescimento axônico durante o desenvolvimento
		Promoção de sinaptogênese durante e após o desenvolvimento
		Migração radial de neurônios durante o desenvolvimento
		Modulação da transmissão sináptica (comunicação glioneuronal bidirecional)
		Recaptação de glutamato, proteção antiexcitotóxica
		Proliferação (gliose) reativa
		Mobilização de outros gliócitos durante inflamação e/ou trauma
		Sincronização neuronal via junções comunicantes
		Modulação da secreção de hormônios pela neuro-hipófise (tanicitos e pituicitos)
	Oligodendrócito	Mielinização durante o desenvolvimento
		Propagação do impulso nervoso em alta velocidade
		Regeneração axônica
	Célula NG2	Células-tronco durante o desenvolvimento
		Controle do brotamento axônico nos nodos de Ranvier
Microglia	Microgliócito	Resposta imunitária (fagocitose, apresentação de antígenos)
Glia periférica	Célula de Schwann	Mielinização durante o desenvolvimento
		Regeneração axônica
	Célula ganglionar satélite	Isolamento elétrico de neurônios?
Não classificadas	Ependimócito	Regulação da troca de substâncias entre o sangue, o tecido nervoso e o líquido cefalorraquidiano (líquor)
		Formação do plexo coroide (estrutura especializada na produção de líquor)
		Participação no fluxo direcional de líquor
		Manutenção da barreira hematoliquórica
	Glia embainhante olfatória	Mielinização
		Célula-tronco olfatória

têm origem embrionária neuroectodérmica, como os neurônios (confira, a esse respeito, o Capítulo 2). A microglia, por outro lado, é formada por um conjunto homogêneo de células de origem mesodérmica, aparentadas às células do sistema imunitário em estrutura e função. O sistema nervoso periférico apresenta um tipo glial principal, as *células de Schwann*, originadas da crista neural do embrião, estrutura que dá origem não apenas a células neurais, mas também a células não neurais, como os melanócitos da pele e as células da medula adrenal. Além delas existem também *células satélites* nos gânglios periféricos, de função pouco conhecida.

Outras células presentes em regiões mais específicas têm classificação incerta, não sendo facilmente afiliadas nem à macroglia nem à microglia do SNC, e tampouco à glia do SNP.

Os *astrócitos* possuem prolongamentos muito numerosos que emergem do soma e se ramificam profusamente, formando uma densa arborização. Esses prolongamentos ocupam os meandros do espaço interneuronal, envolvendo sinapses e nodos de Ranvier, formando verdadeiras capas envoltórias dos capilares sanguíneos do sistema nervoso e constituindo o revestimento interno da parede das cavidades intracerebrais e das meninges (Figura 3.18). Essa distribuição extensa delimita territórios próprios de cada astrócito, com uma certa área de superposição com os astrócitos vizinhos, onde se dá a "conversa" entre eles. O território de um astrócito inclui milhares de sinapses e inúmeros vasos sanguíneos sobre os quais ele exerce influência, como veremos adiante.

Além de suas características morfológicas, os astrócitos têm sido identificados mais recentemente pela expressão de uma proteína que lhes é exclusiva, a chamada proteína ácida fibrilar glial (conhecida pela sigla GFAP, abreviada da denominação inglesa da molécula). A GFAP pode ser localizada no astrócito por meio de anticorpos monoclonais[G] fluorescentes ou coloridos, e assim ser utilizada para reconhecer esse tipo celular (Figura 3.19A). Consiste de

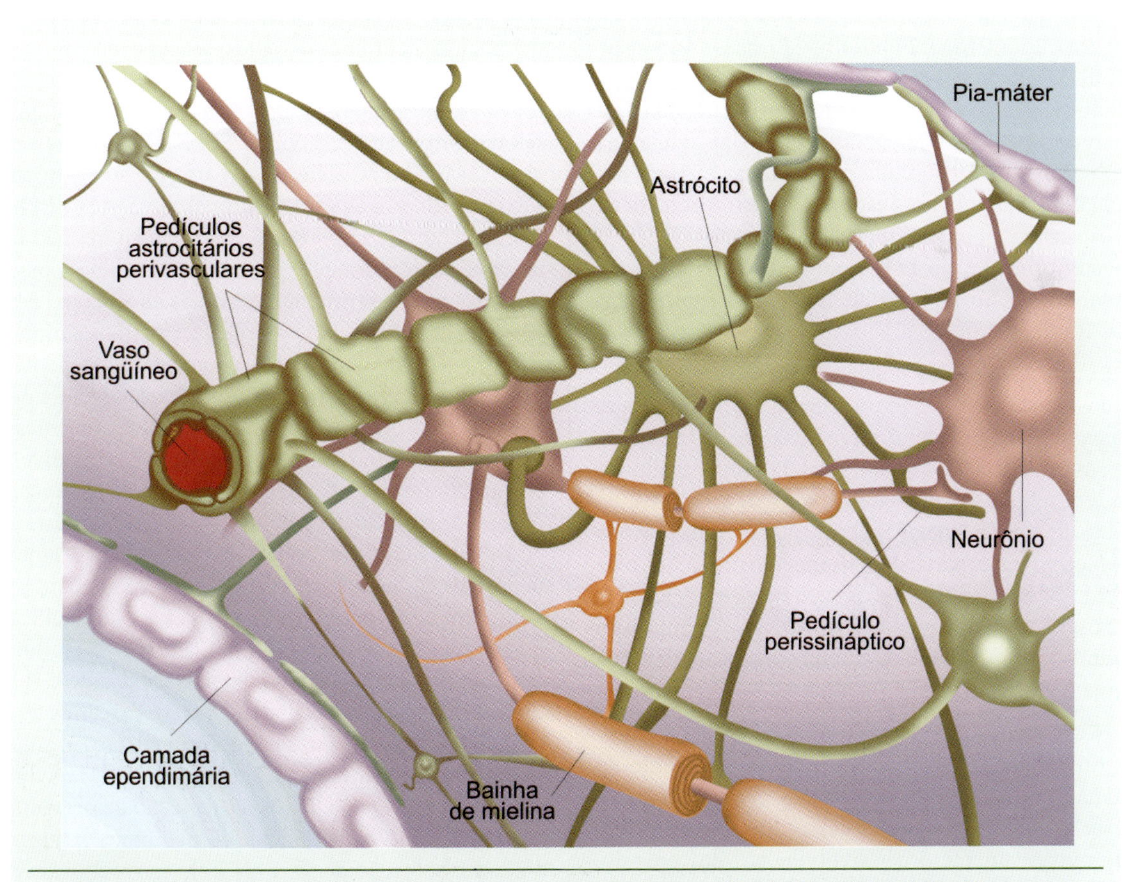

Figura 3.18. *Os astrócitos têm múltiplas funções. Recobrem os vasos sanguíneos, participando da barreira hematoencefálica; envolvem as sinapses com pedículos que participam da reposição de íons e moléculas envolvidos na transmissão sináptica; ancoram-se na camada ependimária dos ventrículos e na pia-máter, participando da troca de moléculas entre o líquido cefalorraquidiano e o tecido nervoso. Outras funções dos astrócitos não estão ilustradas, como a sua capacidade de reação a traumatismos e o seu papel durante o desenvolvimento. Modificado de A. Kimelberg e R. Noremberg (1989)* Scientific American *vol. 260: pp. 66-72.*

NEUROCIÊNCIA EM MOVIMENTO

Quadro 3.3

Interações neurônio-glia: quando a conversa com o parceiro determina a personalidade

*Flávia Carvalho Alcantara Gomes**

O cérebro humano é a estrutura mais complexa dos vertebrados. Grande parte desta complexidade deve-se à enorme variedade de tipos celulares que o formam. Essa é uma das principais e mais fascinantes questões da neurobiologia do desenvolvimento: entender como os diversos tipos de neurônios e células da glia são gerados a partir de um número relativamente pequeno de precursores. Se esta pergunta me fosse feita até meados de 1994, eu responderia sem medo de errar: "*o material genético determina a identidade de cada célula*". Com uma formação prioritariamente em biologia molecular, foi nessa época que comecei a me interessar pelo papel dos astrócitos na determinação celular no sistema nervoso.

Após um Mestrado realizado parcialmente no Instituto Weizmann de Pesquisa, em Israel e no Instituto de Biofísica Carlos Chagas Filho (IBCCF), da Universidade Federal do Rio de Janeiro, onde estudei os mecanismos de controle gênico em protozoários, fui contagiada pela paixão do Prof. Vivaldo Moura Neto pelas células da glia. No final de 1994, comecei a estudar o papel das interações celulares no desenvolvimento do sistema nervoso central, durante o meu doutoramento no IBCCF e, posteriormente, no Laboratório de Neurobiologia Celular que chefio, no Instituto de Ciências Biomédicas da UFRJ.

Com o advento da doutrina neuronal, a partir de meados do século 19, que pressupunha ser o neurônio a única unidade estrutural e funcional do sistema nervoso, as células da glia foram mantidas, durante muitos anos, em segundo plano. Nos últimos 10 a 15 anos, no entanto, as Neurociências experimentaram uma drástica mudança no seu cenário, com o aumento progressivo de "gliófilos". Tive o prazer de vivenciar essa mudança. Há 14 anos, não era incomum ficar frustrada ao contar para alguém sobre meu tema de trabalho e ser questionada sobre a que células eu me referia.

Nessa época interessei-me pelas ações dos hormônios tireoidianos (HTs) durante o desenvolvimento do sistema nervoso central, especialmente no cerebelo. Apesar de déficits nos níveis desses hormônios alterarem dramaticamente o desenvolvimento do cerebelo, poucos são os genes diretamente modulados pelos HTs nos neurônios cerebelares. Colocava-se em xeque, na minha percepção, a fragilidade do programa genético em explicar o desenvolvimento celular. Utilizando um sistema de cultura de neurônios e astrócitos de ratos que mimetiza parcialmente as interações que ocorrem no cérebro *in vivo*, estudamos o papel dos astrócitos como mediadores das ações dos HTs no desenvolvimento cerebelar. Mostramos que astrócitos tratados pelos hormônios da tireoide secretam fatores de crescimento (como o EGF, fator de crescimento da epiderme) e proteínas da matriz extracelular (como a laminina e a fibronectina), que induzem a proliferação de precursores neuronais e a diferenciação de neurônios cerebelares, respectivamente.

Após retornar de um estágio na Universidade Paris VI, em 2001, comecei a me interessar por um tipo especializado de célula, denominada glia radial (GR). Essas células foram descritas, inicialmente, como responsáveis por guiar os neurônios durante o processo de migração e formação das camadas do córtex cerebral (veja o Capítulo 2). Terminado o período de migração, as células de GR dão origem aos astrócitos. Em 2001, demonstrou-se que essas células, além de dar origem aos astrócitos, são também progenitores neuronais do córtex cerebral: inicialmente se comportam como progenitores neurogênicos e, posteriormente, gliogênicos. Como é possível uma mesma célula originar neurônios e astrócitos? Nesse período, já em meu laboratório, formulamos a hipótese de que à medida que a população neuronal aumenta, os neurônios gerariam sinais indutores do aparecimento da glia, alterando, desta forma, o potencial de especificação celular. Nos últimos anos, em colaboração com diversos pesquisadores e estudantes, tenho me dedicado a estudar o papel de moléculas derivadas dos neurônios neste processo. Utilizando um modelo de cultura de progenitores neurais de camundongos (Figura A), demonstramos que neurônios do córtex cerebral ativam a via de sinalização do fator de crescimento TGF-β1 (fator de crescimento transformante beta 1) e induzem as células de GR a se diferenciarem em astrócitos (Figura B). Esse trabalho foi pioneiro em identificar uma molécula neuronal solúvel moduladora da diferenciação astrocitária. Mais ainda, demonstramos que, através da secreção de neurotransmissores como o glutamato, os neurônios induzem a síntese e secreção de TGF-β1 pelos astrócitos, evento responsável pela indução da maturação astrocitária.

Disfunções nas interações neuroastrocitárias estão associadas a diversas desordens neurológicas e doen-

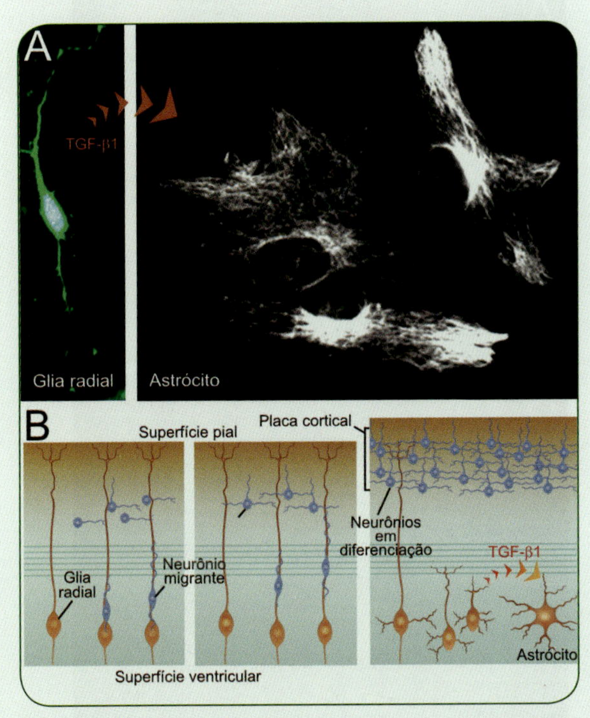

*Cultura de células de glia radial derivadas de córtex cerebral de camundongos (fotos cedidas por Joice Stipursky, do Laboratório de Neurobiologia Celular). O tratamento dessas células com o fator de crescimento TGF-β1 (**A**) ou o contato com neurônios induz sua diferenciação em astrócitos (**B**).*

Flávia C. Alcantara Gomes com Bruna e Gabriel A. Gomes Carneiro.

ças neurodegenerativas como epilepsia, Alzheimer, Parkinson, esclerose lateral amiotrófica, dentre outras. Acreditamos que entender os mecanismos de geração e diferenciação das células astrocitárias poderá contribuir no futuro para a criação de estratégias terapêuticas para algumas dessas doenças.

Se hoje, em 2010, 16 anos depois de ser apresentada a um astrócito, alguém me perguntar: "Como os diversos tipos de neurônios e células da glia são gerados a partir de um número pequeno de precursores?", eu responderei sem medo de errar: *"É o balanço entre fatores genéticos e as interações que essas células farão ao longo do seu desenvolvimento"* e, sinceramente, arrisco-me a dizer que a balança pesará bem mais para o último.

**Flavia C. Alcantara Gomes é professora associada do Instituto de Ciências Biomédicas da Universidade Federal do Rio de Janeiro. Correio eletrônico: fgomes@anato.ufrj.br*

um dos componentes dos filamentos intermediários do citoesqueleto da célula, que são os responsáveis pela forma típica que ela assume. A intensidade de expressão de GFAP permite subclassificar os astrócitos: os que se situam na substância cinzenta[A] têm corpo celular irregular, possuem prolongamentos muito ramificados e apresentam intensa expressão de GFAP. São chamados astrócitos protoplasmáticos, e expressam propriedades funcionais características, como um potencial de membrana muito negativo, correntes de K^+ independentes de voltagem, pronunciada endocitose de glutamato e extenso acoplamento juncional com outras células. Os astrócitos localizados na substância branca[A] são mais alongados e menos ramificados, além de expressar pouco GFAP: a eles reserva-se a denominação astrócitos fibrosos. Suas propriedades funcionais são distintas dos protoplasmáticos, ou seja: têm potencial de membrana menos negativo, correntes de K^+ e Na^+ dependentes de voltagem, baixa interiorização de glutamato, e desacoplamento juncional – exatamente o contrário dos protoplasmáticos.

Os *oligodendrócitos* possuem também prolongamentos que emergem do soma, mas não tão numerosos e ramificados como os dos astrócitos. Os prolongamentos dos oligodendrócitos emitem expansões aplanadas (Figura 3.19B) que se enrolam em torno dos axônios centrais, formando as bainhas de mielina. Sua marca molecular característica é a proteína básica da mielina, conhecida pela sigla inglesa MBP. As bainhas de mielina, como vimos anteriormente, são elementos isolantes importantes que possibilitam o alcance de maiores velocidades de propagação do impulso nervoso ao longo dos axônios. A mielina produzida pelos oligodendrócitos possui constituição predominantemente lipídica, mas contém também proteínas específicas que podem ser utilizadas para marcar os oligodendrócitos seletivamente (Figura 3.19B). A mielina central, produzida pelos oligodendrócitos, contém também moléculas proteicas que bloqueiam a capacidade regenerativa dos axônios centrais. A mielina periférica, entretanto, produzida pelas células de Schwann, não apresenta essas proteínas bloqueadoras, o que confere ao sistema nervoso periférico uma capacidade de regeneração que permite a recuperação de lesões que atingem os nervos. Sobre a capacidade regenerativa dos neurônios, você pode consultar o Capítulo 5 para maiores informações.

As características funcionais dos oligodendrócitos são mais homogêneas que as dos astrócitos: enquanto os primeiros "estão em todas", como comentamos antes, os oligodendrócitos (e também as células de Schwann) praticamente são especializados em formar e manter a bainha de mielina. Isso, entretanto, não diminui a sua importância, como se pode depreender das consequências devastadoras de certas doenças do sistema imunitário, nas quais ocorre a produção de anticorpos contra a mielina da própria pessoa, e esta se desfaz gradualmente. São as doenças desmielinizantes, causadoras de uma gradual deterioração da capacidade motora do indivíduo, podendo levá-lo à morte por parada respiratória.

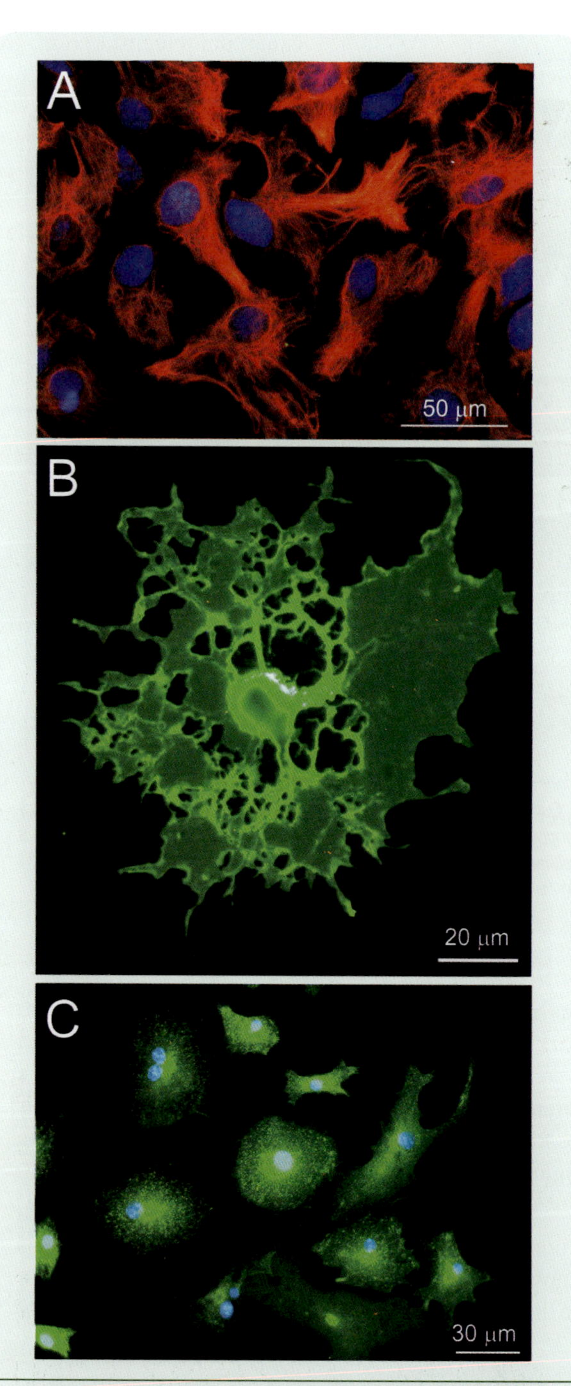

Figura 3.19. *Os gliócitos podem ser identificados pela presença de moléculas específicas que cada tipo expressa, mesmo quando perdem um pouco a forma que apresentam no tecido, ao serem cultivados em laboratório. A foto em* ***A*** *mostra astrócitos cultivados do cérebro de camundongos, com a proteína ácida fibrilar glial (GFAP) marcada em vermelho. Em* ***B*** *um oligodendrócito cultivado em laboratório, com a proteína O4 marcada em verde. O corpo celular está no centro, e à sua volta as membranas que normalmente circundam os axônios para formar a bainha de mielina. A foto em* ***C*** *apresenta microgliócitos de camundongo, também cultivados, com a molécula IB4 marcada em verde. Os núcleos em* ***A*** *e* ***C*** *aparecem em azul.* ***A*** *cortesia de Luciana Romão,* ***B*** *cedida por Luciana Nogaroli, e* ***C*** *de Anna Carolina Fonseca, todas do Instituto de Ciências Biomédicas da UFRJ.*

As *células NG2* representam um terceiro tipo macroglial, distinto tanto de astrócitos como de oligodendrócitos. Não expressam GFAP nem MBP, mas sim uma molécula de matriz extracelular conhecida pela sigla NG2 (neuroglicano-2), que lhes dá o nome. Verificou-se que existem nas substâncias branca e cinzenta em número expressivo, no córtex cerebral[A], hipocampo[A] e cerebelo[A]. Durante o desenvolvimento as células NG2 são células-tronco, dando origem a astrócitos e neurônios, mas permanecem na vida adulta, exercendo funções importantes. Uma delas é o controle da emissão de ramos nos nodos de Ranvier, que separam os segmentos dos axônios cobertos por mielina. Recentemente, os neurocientistas produziram evidências de que, pelo menos no cerebelo e no hipocampo, as células NG2 recebem sinapses de neurônios. O significado dessas redes neurônio-gliais será comentado adiante.

As *células de Schwann* são os principais gliócitos mielinizantes do SNP. Diferem dos oligodendrócitos pela produção de moléculas que favorecem a regeneração axônica, ao contrário destes, que produzem moléculas inibidoras do crescimento axônico, com ação antirregenerativa. O Capítulo 5 desenvolve essas diferenças. Aparentadas às células de Schwann são as chamadas *células-satélites*, que envolvem os corpos dos neurônios ganglionares periféricos, presumivelmente para lhes fornecer um certo isolamento elétrico. Na fronteira entre o SNP e o SNC encontra-se a chamada *glia embainhante olfatória*, que fornece cobertura mielínica aos axônios olfatórios, e que além disso tem propriedades de célula-tronco, sendo muito estudada recentemente pela possibilidade de sua utilização para fins terapêuticos.

Por fim, os *microgliócitos* têm corpo pequeno e alongado e poucos prolongamentos que se ramificam moderadamente. Houve sempre muita controvérsia acerca da sua origem (neuroectodérmica ou mesodérmica?), mas atualmente se consolidou a evidência de que têm origem mesodérmica, podendo penetrar no sistema nervoso através da corrente sanguínea. Considera-se também que os microgliócitos são representantes do sistema imunitário no sistema nervoso central, sendo capazes de fagocitose[G] e apresentação de antígenos, como os monócitos e os macrófagos presentes no sangue. Os microgliócitos podem ser identificados seletivamente no SNC através de técnicas específicas de coloração, ou pela reação com anticorpos monoclonais (Figura 3.19C). Apresentam-se em duas formas básicas: os microgliócitos ramificados, que são quiescentes, isto é, não proliferam nem atuam em processos patológicos, e os ameboides (ou macrófagos cerebrais), que têm atividade fagocítica e proliferam bastante na vigência de agressões e traumatismos do SNC.

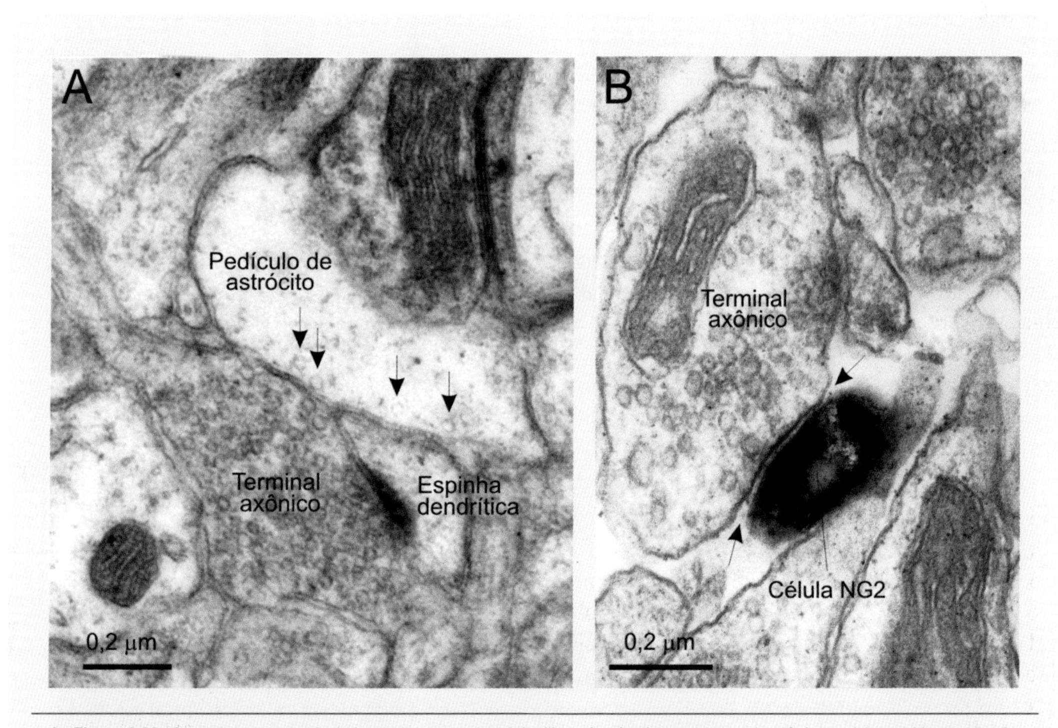

▸ **Figura 3.20.** *A mostra uma possível sinapse entre um astrócito liberador de glutamato e um neurônio, também no hipocampo. As setas apontam vesículas que presumivelmente contêm o neurotransmissor.* ***B*** *mostra uma possível sinapse (setas) entre um axônio do hipocampo e uma célula glial NG2, marcada com uma reação escura que a identifica. Foto* ***A*** *cedida por Vidar Gundersen, do Departamento de Anatomia da Universidade de Oslo. Foto* ***B*** *cedida por Peter Somogyi, da Unidade de Neurofarmacologia Anatômica do Conselho Médico de Pesquisa, Inglaterra.*

A REDE NEURÔNIO-GLIAL DE INFORMAÇÃO

Ninguém discutiria a afirmativa de que o sistema nervoso é constituído de uma rede de células que formam os circuitos neurais, quando essas células são identificadas como neurônios. No entanto, sempre se negou que as células gliais participassem ativamente desses circuitos, a não ser como elementos acessórios e passivos. Atualmente, entretanto, acumulam-se as evidências de que os circuitos neurais são na verdade neurônio-gliais.

Classicamente, por exemplo, considerava-se o neurônio uma célula excitável, e a célula glial inexcitável. A definição de excitabilidade envolvia apenas a capacidade de gerar impulsos bioelétricos, como é o caso dos neurônios (e das células musculares). Mas logo se verificou que as células gliais, especialmente os astrócitos, embora de fato não produzam potenciais de ação ou potenciais sinápticos, geram correntes internas de Ca^{++} com alta capacidade de sinalização, utilizadas para ativar a expressão gênica dessas células, e vias bioquímicas de diversos tipos.

Verificou-se também que essas "ondas de cálcio" se espraiam por todo o citoplasma do astrócito, surgindo espontaneamente ou provocadas por atividade neuronal: nesse momento, os astrócitos liberam moléculas sinalizadoras para o meio extracelular, que têm ação em outras células, inclusive neurônios. As moléculas liberadas são os chamados *gliotransmissores*, dois deles semelhantes aos neurotransmissores, o glutamato e o aspartato, e outros menos conhecidos, como o ATP, a taurina e a D-serina. Discute-se ainda o modo de liberação desses gliotransmissores, havendo quem defenda a liberação vesicular (Figura 3.20A), como ocorre nas sinapses químicas entre neurônios. Assim, os astrócitos são células que sinalizam a outras através de transmissores químicos; essa é uma parte da história. O circuito se fecha quando se constata que algumas células gliais – astrócitos e NG2 – recebem sinapses de axônios, podendo assim ser ativadas por estes (Figura 3.20B). A conclusão é que as células gliais participam dos circuitos neurais junto com os neurônios, formando as redes neurônio-gliais, unidades de processamento de informação complexas, capazes de modular a transmissão sináptica entre os neurônios (Figura 3.21).

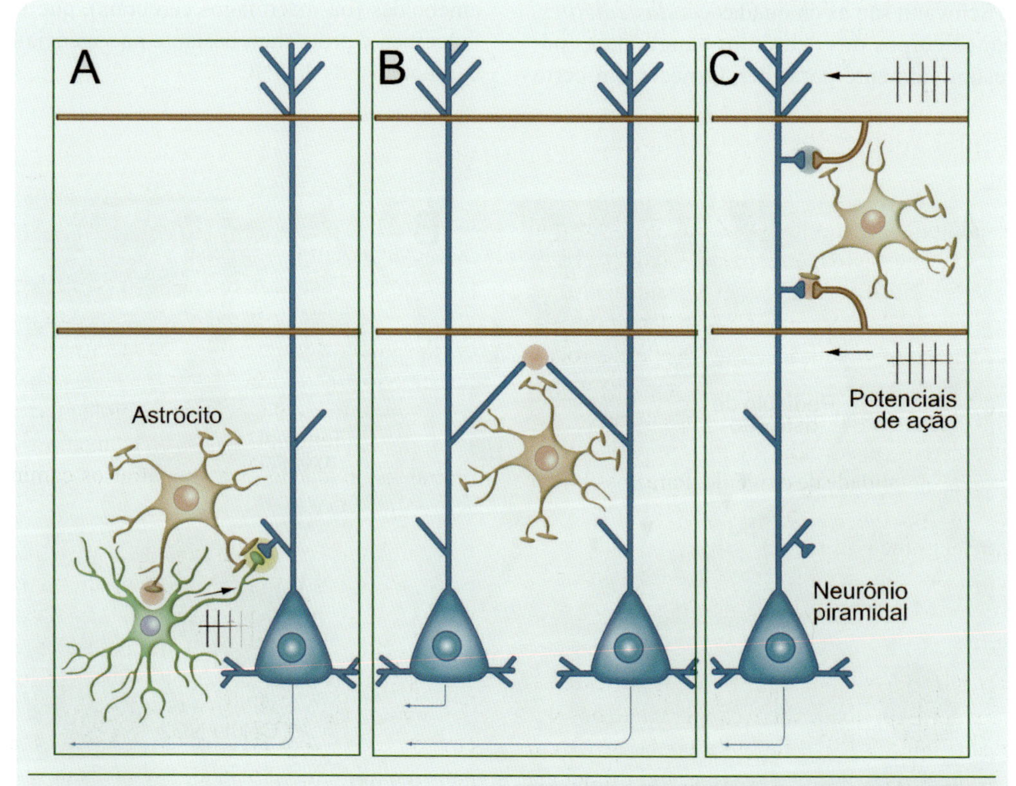

Figura 3.21. *Ao contrário do que se supunha há pouco tempo, os astrócitos participam do processamento da informação transmitida pelas sinapses.* ***A*** *mostra um circuito de retroação inibitória intermediado por um astrócito. A transmissão sináptica de um interneurônio inibitório (verde) para um neurônio piramidal (azul) é reforçada por um astrócito (bege) que libera glutamato (em vermelho) nas proximidades do corpo celular do interneurônio. Desta forma, a inibição do neurônio piramidal fica mais forte. No exemplo em* ***B****, os dois neurônios piramidais não estão conectados sinapticamente, mas são interligados por um astrócito, que os ativa sincronicamente liberando glutamato (representado em vermelho). Em* ***C****, a ativação da sinapse mostrada em vermelho provoca a síntese de ATP pelo astrócito interposto, que provoca inibição pré-sináptica na fibra vizinha, mostrada em azul. Modificado de A. Volterra e J. Meldolesi (2005)* Nature Reviews Neuroscience, *vol. 6, pp. 626-640.*

Mas não se esgota aí a participação funcional das células gliais no processamento da informação pelo sistema nervoso. Como você pode constatar lendo o Capítulo 4, as sinapses são os *chips* neurais: nelas a informação é transmitida, modificada, e até bloqueada, entre um neurônio e outro. Ocorre que muitas sinapses são envolvidas por astrócitos (Figura 3.18), cujas funções são:

1. interiorizar o excesso de neurotransmissor que emana da fenda sináptica, especialmente se este for excitatório (glutamato, por exemplo), potencial causador de excitotoxicidade que pode ser fatal ao neurônio;

2. modular a transmissão sináptica, não apenas pelo controle da quantidade de neurotransmissor presente no intervalo entre os neurônios, mas também liberando seus próprios gliotransmissores e assim interferindo diretamente na mensagem interneuronal (Figura 3.21).

A comunicação entre os neurônios, desse modo, é fortemente influenciada por astrócitos e células NG2. Mas também os oligodendrócitos, as células de Schwann e a glia embainhante olfatória participam a seu modo desse processo. Isso porque essas células são as produtoras e mantenedoras da bainha de mielina, que como vimos, é capaz de permitir uma maior velocidade de propagação do impulso nervoso ao longo dos axônios.

O Fluxo Sanguíneo a Serviço da Função Neuronal

O fluxo sanguíneo, como todos sabem, é o principal fornecedor de nutrientes e oxigênio para o tecido nervoso. O que poucos sabem, no entanto, é que esse tecido consome muito mais oxigênio que os demais tecidos (Capítulo 13), e que isso se acentua em função da atividade neuronal. Quer dizer: quando ativamos fortemente uma certa região do cérebro – a região visual do córtex, por exemplo, que você está ativando ao ler esta página – as células da região consomem grande quantidade de oxigênio. Para possibilitar esse consumo diferenciado, é preciso aumentar ligeiramente o fluxo sanguíneo da região visual, em correlação direta com a atividade neural de cada momento. O mesmo ocorre com todas as regiões do encéfalo, e suas funções correspondentes.

Quem faz isso, pelo menos em parte, é o astrócito, cujos pedículos formam uma cobertura na parede dos vasos sanguíneos (Figura 3.18), e na outra ponta envolvem as sinapses, como vimos. Ao que se sabe, tudo funciona da seguinte maneira: Os astrócitos são estimulados pelos neurotransmissores excitatórios produzidos pelos neurônios nas sinapses, pois possuem receptores específicos para eles em suas membranas. Resultam correntes de Ca^{++} que se espraiam por toda a célula, chegando aos pedículos perivasculares, onde são liberadas moléculas que provocam vasodilatação local nas arteríolas, possibilitando maior irrigação sanguínea. Esse fenômeno é conhecido como *hiperemia funcional*, ou seja, aumento do fluxo sanguíneo local correlacionado com a atividade funcional da região. É possível que os astrócitos não sejam os únicos atores nesse mecanismo, já que uma família de neurônios chamados nitridérgicos (produtores de óxido nítrico, um neurotransmissor gasoso com ação vasoativa), sabidamente também estabelece o vínculo entre a atividade funcional de cada região e o seu fluxo sanguíneo.

Essa função dos astrócitos é a base para importantes métodos de neuroimagem, especialmente a chamada ressonância magnética funcional (RMf), e você poderá encontrar mais detalhes sobre isso no Capítulo 13.

Todo Apoio ao Desenvolvimento e à Regeneração

Durante o desenvolvimento, as células gliais ainda são relativamente imaturas, mas nem por isso deixam de exercer importantes funções, como se verifica lendo o Capítulo 2. Muitas delas são células-tronco, isto é, capazes de proliferar e originar astrócitos, oligodendrócitos e até mesmo neurônios: esse é o caso da glia radial e das células NG2 imaturas. Parte da capacidade multipotente dessas células persiste na vida adulta em locais específicos (o hipocampo, por exemplo), representando raros sítios de reposição neuronal, cuja função está ainda sendo estudada.

A glia radial, por sua disposição ortogonal no tubo neural, funciona como um verdadeiro trilho para a migração dos jovens neurônios recém-nascidos, que assim podem posicionar-se nas suas camadas e nos núcleos adequados, onde irão diferenciar-se para exercer as suas funções. Outras células gliais, geralmente da linhagem astrocitária, ficam posicionadas em locais estratégicos do sistema nervoso em desenvolvimento, e emitem moléculas sinalizadoras que orientam os axônios em crescimento e os neurônios migrantes, ajudando-os a encontrar os caminhos corretos e seus alvos finais.

Também é função conhecida dos astrócitos durante o desenvolvimento fornecer sinais químicos que propiciam a formação das sinapses. E ao final desses estágios ontogenéticos, entram em ação as células embainhantes – oligodendrócitos e células de Schwann, principalmente – que identificam os axônios a serem "embainhados", envolvendo-os com as camadas de mielina, tão importantes para garantir uma velocidade adequada de propagação dos impulsos. Na vida adulta, as células de Schwann ajudam bastante a regeneração de fibras nervosas lesadas no sistema nervoso periférico. Mas os oligodendrócitos e os astrócitos, muito pelo contrário, ao proliferar nas redondezas de uma lesão, tudo que fazem é produzir uma cicatriz glial que impede a regeneração dos axônios. Leia mais sobre isso no Capítulo 5.

UMA POLÍTICA DE FRONTEIRAS

As células gliais são também especializadas em garantir as fronteiras do tecido nervoso. A borda externa do SNC, por exemplo, é coberta por uma membrana conjuntiva chamada pia-máter, que é mantida em posição por uma paliçada de pedículos de astrócitos (Figura 3.18), uns ao lado dos outros. Acredita-se que esses pedículos mantenham uma barreira seletiva à comunicação química entre o líquido cefalorraquidiano (também chamado líquor), que banha o SNC completamente, e o tecido propriamente dito. Do lado de dentro do encéfalo e da medula, entretanto, ficam as cavidades – ventrículos[A], como são chamados – também cheias de líquor. Novamente, as paredes internas dos ventrículos são cobertas por um tipo especial de célula glial – o ependimócito – que "vigia" a fronteira interna do tecido nervoso. Os ependimócitos, durante a vida embrionária, enovelam-se com vasos sanguíneos em certas regiões, produzindo uma estrutura especialmente dedicada à produção de líquor. É o plexo coroide[A], sobre o qual você poderá obter mais informações no Capítulo 13.

Assim, as células da glia são encarregadas de manter as fronteiras do sistema nervoso, controlando o tráfego das substâncias que devem e não devem transitar entre o tecido nervoso, o líquor, e também o sangue, como já vimos.

DEFESA E ATAQUE NO SISTEMA NERVOSO

Os astrócitos proliferam quando ocorrem lesões no tecido nervoso. Neste caso, multiplicam-se e se deslocam para as proximidades da lesão, formando uma cicatriz glial em seu redor. O processo chama-se gliose. Essa presença abundante de astrócitos em regiões de lesão constitui um análogo da reação inflamatória que ocorre em circunstâncias semelhantes em outros tecidos do organismo. Como os astrócitos são capazes de produzir fatores tróficos (como o NGF, mencionado no Capítulo 2), sendo também células apresentadoras de antígenos como os macrófagos e os monócitos do sangue, o resultado é duplo: os fatores tróficos liberados na região da lesão contribuem para a sobrevida dos neurônios atingidos, e os antígenos exteriorizados na membrana astrocítica provocam a ação defensiva de células do sistema imunitário (os linfócitos T). Por outro lado, a gliose reativa, tão abundante em regiões neurais inflamadas, produz uma verdadeira cicatriz glial, rica em moléculas da matriz extracelular como os proteoglicanos, que apresentam ação inibitória do crescimento neurítico. Assim, acabam "atrapalhando" um processo potencial de regeneração axônica do SNC lesado.

Os microgliócitos têm também papel importante nessa função defensiva do sistema nervoso. Em caso de necessidade, ocorre intensa entrada de monócitos do sangue no tecido nervoso e sua transformação em microgliócitos ameboides. Ocorre também a ativação dos microgliócitos ramificados, que passam a proliferar e assumem a forma ameboide. Então, esses verdadeiros macrófagos cerebrais exercem sua capacidade fagocítica, o que permite a interiorização de partículas de origem externa (no caso de lesões ou invasão de microrganismos) e de detritos resultantes da degeneração de neurônios e axônios. Além disso, produzem um coquetel de substâncias potencialmente citotóxicas (isto é, capazes de "agredir" células invasoras no caso de infecções), como radicais livres de oxigênio, proteases (enzimas proteolíticas) e citocinas pró-inflamatórias (mensageiros do sistema imunitário, que desempenham grande número de funções relacionadas, entre outras coisas, à proteção do sistema nervoso).

Glossário

Ácidos nucleicos: Moléculas compostas por oligossacarídios, que constituem o material genético de todas as células. Os dois tipos básicos são o DNA, abreviatura em inglês de ácido desoxirribonucleico, e o RNA, de ácido ribonucleico.

Ânion: íon de carga negativa.

Anticorpo monoclonal: proteína sintetizada por células do sistema imunitário, capaz de ligar-se especificamente a alguma molécula natural ou exógena ao organismo.

Catálise: facilitação de uma reação química por uma substância (catalisador) que não se modifica com a reação. As enzimas são catalisadores biológicos.

Cátion: íon de carga positiva.

Célula de Schwann: célula da glia típica do sistema nervoso periférico, que produz a cobertura mielínica dos axônios.

Dálton: unidade de massa molecular equivalente à massa de um próton. Abrevia-se Da.

Demência (doença) de Alzheimer: doença degenerativa característica de indivíduos idosos, que apresentam perda de memória, confusão mental e distúrbios motores, e que pode resultar na morte.

Enzima: proteína que tem a função de regular a velocidade das reações químicas orgânicas, geralmente as acelerando.

Estrutura secundária: corresponde à representação espacial de uma proteína, ao contrário da estrutura primária, que consiste apenas na sequência de aminoácidos que a compõe.

Eucarioto: organismo cujas células alojam o material genético em núcleos. Opõe-se a procarioto, organismo desprovido de núcleo, em que o material genético fica disperso no citoplasma. Os eucariotos podem ser uni ou multicelulares, mas os procariotos são sempre unicelulares (bactérias).

Excitabilidade: classicamente, é a propriedade fundamental das células nervosas e musculares, caracterizada pela gênese e propagação de impulsos bioelétricos através da membrana plasmática. O conceito está sendo modificado atualmente, procurando-se incluir também os gliócitos, que produzem sinais químicos de informação aos neurônios, embora não produzam sinais bioelétricos.

Fagocitose: interiorização de partículas presentes no meio extracelular em vacúolos situados no citoplasma. Propriedade de algumas células do sistema imunitário, células de Kuffler do fígado e outras.

Fator trófico: substância capaz de interromper os processos de morte celular natural, possibilitando a sobrevivência do neurônio.

Gradiente: diferença gradual entre uma extremidade e outra de um espaço qualquer, quanto ao valor quantitativo de uma grandeza medida (concentração, voltagem, intensidade luminosa etc.).

Lipídio: um dos constituintes químicos básicos dos seres vivos, pouco solúvel em água, formado por cadeias de unidades menores, os ácidos graxos. Também chamado gordura.

Metáfase: fase da divisão celular (mitose) em que os cromossomos, já contendo dupla quantidade de DNA (duas cromátides), dispõem-se no plano equatorial da célula. Segue-se a separação das cromátides (telófase) e a clivagem da célula-mãe em duas células-filhas.

Microscópio confocal: tipo de microscópio óptico que forma imagens por meio de um feixe de luz *laser*, permitindo grande acuidade de foco e eliminação da luz de fundo.

Microscópio eletrônico: tipo de microscópio que forma imagens por meio de um feixe de elétrons que atravessa a preparação. Permite visualizar em grandes ampliações a ultraestrutura das células.

Neuromodulador: substância sintetizada pelo neurônio, que atua na sinapse alterando (modulando) a transmissão sináptica feita pelo neurotransmissor. Maiores detalhes no Capítulo 4.

Neurotransmissor: substância de baixo peso molecular sintetizada pelo neurônio, armazenada em vesículas e liberada para o espaço extracelular com a função de transmitir informação entre um neurônio e outra célula.

Proteína: um dos constituintes químicos básicos dos seres vivos, sintetizado sob comando genético direto, formado por cadeias de elementos menores chamados aminoácidos.

Sincício: conjunto de células não individualizadas, cujos núcleos habitam um mesmo citoplasma, associados em um mesmo envoltório de membrana. É o caso da fibra muscular esquelética.

SABER MAIS

LEITURA BÁSICA

Bear MF, Connors BW, Paradiso MA. Neurons and Glia. Capítulo 2 de *Neuroscience – Exploring the Brain,* 3ª ed., Nova York, EUA: Lippincott, Williams & Wilkins, 2007, pp. 23-73. Texto que cobre a diversidade morfofuncional do sistema nervoso, mas não o processamento de sinais dos neurônios.

Bear MF, Connors BW, Paradiso MA. The Action Potential. Capítulo 3 de *Neuroscience – Exploring the Brain* 3ª ed., NovaYork, EUA: Lippincott, Williams & Wilkins, 2007, pp. 75-100. Texto dedicado à gênese e condução do impulso nervoso.

Moura-Neto V e Lent R. Como Funciona o Sistema Nervoso. Capítulo 4 de Neurociência da Mente e do Comportamento (Lent R, coord.), Rio de Janeiro: Guanabara-Koogan, 2008, pp. 61-88. Texto resumido sobre a fisiologia celular de neurônios e gliócitos.

Hof PR, De Vellis J, Nimchinsky EA, Kidd G, Claudio L, Trapp BD. Cellular Components of Nervous System. Capítulo 3 de *Fundamental Neuroscience,* 3ª ed. (Squire L e cols., orgs.), Nova York, EUA: Academic Press, 2008 pp. 41 a 58. Texto focalizando as características gerais dos principais elementos celulares do tecido nervoso: neurônios, gliócitos e células vasculares.

McCormick DA. Membrane Potential and Action Potential. Capítulo 6 de *Fundamental Neuroscience*, 3ª ed., (L. Squire e cols., orgs.), Nova York, EUA: Academic Press, 2008, pp. 112-132. Texto avançado sobre eletrofisiologia neuronal.

LEITURA COMPLEMENTAR

Cajal SR. *Histology of the Nervous System of Man and Vertebrates* (trad.). Oxford, Inglaterra: Oxford University Press,1909, 1995.

Hodgkin AL e Katz B. The effect of sodium ions on the electrical activity of the giant axon of the squid. *Journal of Physiology* 1949; 108:37-77.

Fernandez-Moran H. EM observations on the structure of the myelinated nerve sheath. Experimental Cell Research 1950; 1:143-162.

Hodgkin AL e Huxley AF. A quantitative description of membrane current and its application to conduction and excitation in nerve. *Journal of Physiology* 1952; 117:500-544.

Brock LG, Coombs JS, Eccles JC. The recording of potentials from motoneurones with an intracellular electrode. *Journal of Physiology* 1952; 117:431-460.

Llinás RR. The intrinsic electrophysiological properties of mammalian neurons: insights into central nervous system function. *Science* 1988; 242:1654-1664.

Kimelberg H e Norenberg MD. Astrocytes. *Scientific American* 1989; 26:66-76.

Lemke G. The molecular genetics of myelination: an update. Glia 1993;7:263-271.

Gehrmann J, Matsumoto Y Kreutzberg GW. Microglia: intrinsic immuneffector cell of the brain. *Brain Research Reviews*1995; 20:269-287.

Armstrong CM e Hille B. Voltage-gated ion channels and electrical excitability. *Neuron* 1998; 20:371-380.

Doyle DA, Cabral JM, Pfuetzner RA, Kuo A, Gulbis JM, Cohen SL et al. The structure of the potassium channel: Molecular basis of K^+ conduction and selectivity. *Science* 1998; 280:69-77.

Barradas PC e Cavalcante LA. Proliferation of differentiated glial cells in the brain stem. *Brazilian Journal of Medical and Biological Research* 1998; 31:257-270.

Fróes MM, Correia AH, Garcia-Abreu J, Spray DC, Campos de Carvalho AC e Moura-Neto V. Gapjunctional coupling between neurons and astrocytes in primary central nervous system cultures. *Proceedings of the National Academy of Sciences of the USA* 1999; 96:7541-7546.

Gomes FC, Garcia-Abreu J, Galou M, Paulin D, Moura-Neto V. Neurons induce GFAP gene promoter of cultured astrocytes from transgenic mice. *Glia* 1999; 26:97-108.

Caterall WA. A 3D view of sodium channels. *Nature* 2001; 409:998-999.

Fields RD e Stevens-Graham B. New insights into neuron-glia communication. *Science* 2002; 298:556-562.

Hanson E e Ronnback L. Glial neuronal signalling in the central nervous system. *FASEB Journal* 2003; 17:341-348.

Volterra A e Meldolesi J. Astrocytes, from brain glue to communication elements: The revolution continues. *Nature Reviews. Neuroscience* 2005; 6:626-640.

Sherman DL e Brophy PJ. Mechanisms of axon ensheathment and myelin growth. *Nature Reviews. Neuroscience* 2005; 6:683-690.

Jordan PC. Fifty years of progress in ion channel research. *IEEE Transactions on Nanobioscience* 2005; 4:3-9.

Kim SU e de Vellis J. Microglia in health and disease. *Journal of Neuroscience Research* 2005; 81:302-313.

Paukert M e Bergles DE. Synaptic communication between neurons and NG2+ cells. *Current Opinion in Neurobiology* 2006; 16:515-521.

Guillery RW. Relating the neuron doctrine to the cell theory: Should contemporary knowledge change our view of the neuron doctrine? *Brain Research Reviews* 2007; 55:411-421.

Taber KH e Hurley RA. Astroglia: not just glue. *Journal of Neuropsychiatry and Clinical Neuroscience* 2008; 20:1-129.

Ransohoff RM e Perry VH. Microglial physiology: unique stimuli, specialized responses. Annual Review of Immunology 2009; 27:119-145.

Araque A. Astrocytes process synaptic information. Neuron Glia Biology 2009; 4:3-10.

4

Os *Chips* Neurais

Processamento de Informação e Transmissão de Mensagens através das Sinapses

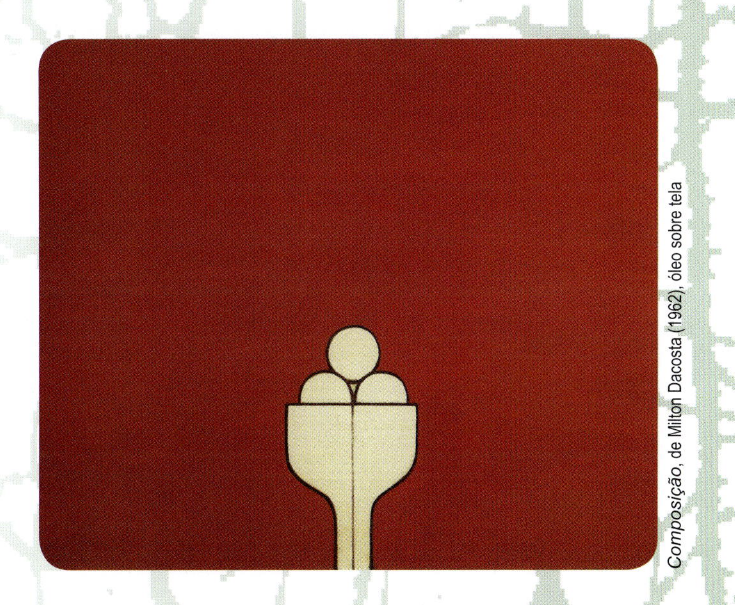

Composição, de Milton Dacosta (1962), óleo sobre tela

SABER O PRINCIPAL

Resumo

A sinapse é a unidade processadora de sinais do sistema nervoso. Trata-se da estrutura microscópica de contato entre um neurônio e outra célula, através da qual se dá a transmissão de mensagens entre as duas. Ao serem transmitidas, as mensagens podem ser modificadas no processo de passagem de uma célula à outra, e é justamente nisso que reside a grande flexibilidade funcional do sistema nervoso.

Há dois tipos básicos de sinapses: as químicas e as elétricas. As sinapses elétricas – chamadas junções comunicantes – são sincronizadores celulares. Com estrutura mais simples, transferem correntes iônicas e até mesmo pequenas moléculas entre células acopladas. A transmissão é rápida e de alta fidelidade; por isso as sinapses elétricas são sincronizadoras da atividade neuronal. Por outro lado, têm baixa capacidade de modulação.

As sinapses químicas são verdadeiros *chips* biológicos porque podem modificar as mensagens que transmitem de acordo com inúmeras circunstâncias. Sua estrutura é especializada no armazenamento de substâncias neurotransmissoras e neuromoduladoras que, liberadas no exíguo espaço entre a membrana pré e a membrana pós-sináptica, provocam, nesta última, alterações de potencial elétrico que poderão influenciar o disparo de potenciais de ação do neurônio pós-sináptico.

Uma sinapse isolada teria pouca utilidade, porque a capacidade de processamento de informação do sistema nervoso provém justamente da integração entre milhares de neurônios, e entre as milhares de sinapses existentes em cada neurônio. Todas elas interagem: os efeitos excitatórios e inibitórios de cada uma delas sobre o potencial da membrana do neurônio pós-sináptico somam-se algebricamente, e o resultado desta interação é que caracterizará a mensagem que emerge pelo axônio do segundo neurônio, em direção a outras células.

Desde que se reconheceu, no final do século 19, que o sistema nervoso é constituído por células distintas, tornou-se inevitável supor que os neurônios tinham de estar conectados de algum modo para que as informações que cada um deles gerasse ou recebesse pudessem ser transmitidas a outras células. O termo *sinapse*, definido como o local de contato entre dois neurônios, foi criado pelo eminente fisiologista britânico Charles Sherrington (1857-1952), detentor do prêmio Nobel de fisiologia ou medicina de 1932. Também a expressão *transmissão sináptica*, definida como a passagem de informação através da sinapse, foi criada por Sherrington. Esses conceitos, entretanto, permaneceram muitos anos como concepções teóricas. Somente a partir da década de 1950, com o uso mais frequente e sofisticado do microscópio eletrônico e das técnicas de registro dos sinais elétricos produzidos pelos neurônios, foi possível determinar experimentalmente as bases morfológicas e funcionais desses conceitos (Quadro 4.1).

É preciso ter bem claro, antes de tudo, em que consiste a transmissão sináptica. Intuitivamente, poderíamos pensar que os potenciais de ação gerados em um neurônio e propagados ao longo do seu axônio são todos transmitidos sem alterações para o segundo neurônio. Assim, a transmissão sináptica seria simplesmente a passagem incondicional de informações entre os neurônios. No entanto, se esse fosse sempre o caso, não haveria necessidade da sinapse! Bastaria que as células nervosas formassem um sincício[G], como se pensava antes que o histologista espanhol Santiago Ramón y Cajal individualizasse o neurônio ao microscópio óptico. Desse modo, haveria continuidade entre as membranas dos neurônios e estaria garantida a passagem dos potenciais de ação por todos eles. A consequência dessa construção, entretanto, seria um sistema nervoso incapaz de "tomar decisões", isto é, de interpretar e modificar as informações que recebe. A espécie humana não teria atingido o desenvolvimento que atingiu, pois seu sistema nervoso seria incapaz de criar informações, isto é, de pensar.

Na verdade, embora haja exemplos de transmissão sináptica de tipo mais simples, como o que acabamos de mencionar, na grande maioria dos casos não é assim. Nem os potenciais de ação "passam" de uma célula à outra, nem o seu conteúdo de informação é transmitido sempre inalterado. A transmissão sináptica consiste em uma dupla conversão de códigos. A informação produzida pelo neurônio é veiculada eletricamente (na forma de potenciais de ação) até os terminais axônicos, e nesse ponto é transformada e veiculada quimicamente para o neurônio conectado. A seguir, nova transformação: a informação química é "percebida" pelo segundo neurônio e volta a ser veiculada eletricamente, com a gênese e a condução de outros potenciais de ação. Nessa dupla conversão, o conteúdo de informação que o primeiro neurônio veicula é quase sempre modificado, pois o número e a distribuição temporal dos potenciais de ação que o segundo neurônio produz tornam-se diferentes daqueles originados no primeiro neurônio.

[G] *Termo constante do glossário ao final do capítulo.*

Essa característica transformadora é justamente a propriedade mais importante da sinapse, pois é ela que confere ao sistema nervoso a sua enorme e diversificada capacidade de processamento de informação. A sinapse é um *chip* biológico, pois nela se realizam as computações de que os circuitos neurais são capazes – de filtragem, amplificação, adição, bloqueio e tantas outras. É claro que essa capacidade de processamento se enriquece quando as sinapses se associam. Cada neurônio, em média, recebe cerca de 10.000 sinapses, todas elas "processando", isto é, modificando as informações aferentes. O resultado final é a chamada atividade de cada neurônio, propriedade que lhe é específica e que difere bastante da atividade dos neurônios precedentes.

Neste capítulo estudaremos a estrutura das sinapses, seus mecanismos moleculares de funcionamento e a forma como muitas sinapses interagem em um neurônio. O estudo das sinapses não é importante apenas para a compreensão do processamento de informação pelo sistema nervoso; é essencial para o entendimento dos mecanismos de ação da maioria das substâncias neuroativas, desde aquelas utilizadas para recreação (muitas delas perigosas por causarem dependência), como as que são empregadas como medicamentos.

SINAPSES ELÉTRICAS: SINCRONIZADORES CELULARES

Uma das primeiras hipóteses sobre a transmissão sináptica foi a de que sua natureza seria elétrica. No entanto, a demonstração de que a transmissão química era majoritária no sistema nervoso da maioria dos animais, especialmente os vertebrados, levou quase ao descrédito a ideia de que a transmissão elétrica pudesse mesmo existir.

Hoje se sabe que efetivamente existem sinapses elétricas no sistema nervoso central dos vertebrados, mais frequentemente durante o desenvolvimento, mas também na vida adulta. A estrutura dessas sinapses foi desvendada através do microscópio eletrônico e outras técnicas, e predominou o nome *junção comunicante*[1] para caracterizá-la, já que estruturas semelhantes com esse nome tinham sido identificadas em outros tecidos do organismo, como o fígado, a pele e o coração.

[1] *O termo* gap junction *é utilizado na literatura de língua inglesa.*

HISTÓRIA E OUTRAS HISTÓRIAS

Quadro 4.1
Da Concepção à Comprovação da Sinapse

Suzana Herculano-Houzel*

Nos tempos do filósofo francês René Descartes (1596-1650), dizia-se que fluidos corriam por dentro dos nervos como o sangue nas veias. No século 19, depois que a Anatomia mostrou que os nervos não eram ocos e a Fisiologia descobriu eletricidade no cérebro, admitiu-se que sinais elétricos percorriam o tecido nervoso em todas as direções. Mas com a existência de pequenos espaços entre as células nervosas, como o histologista espanhol Santiago Ramón y Cajal havia proposto, a Neurofisiologia viu-se obrigada a explicar como os impulsos nervosos "pulam" de uma célula para outra.

Sentindo que o pequeno espaço entre as células teria grande importância no funcionamento do sistema nervoso, o neurofisiologista inglês Charles Sherrington (1857-1952) percebeu a necessidade de dar-lhe um nome, antes mesmo de esse espaço intercelular ser aceito pela comunidade científica. Sherrington escrevia um capítulo para o *Textbook of Physiology*, preparado por seu primeiro orientador, Michael Foster (1836-1907), e publicado em 1897. Primeiro pensou em "sindesma"; mas acabou preferindo "sinapse" e este foi o nome que apareceu no livro.

Nomeada a sinapse, restava explicar como a transmissão de impulsos funcionava através dela. Este papel não coube a Sherrington, apesar de já em 1906 ele haver previsto várias das suas propriedades, como a somação temporal, a partir de observações sobre a fisiologia da condução nervosa. Foi um de seus estudantes em Oxford, o australiano John Eccles (1903-1997), quem ofereceu uma explicação, defendendo a teoria da transmissão elétrica, com grande aceitação nos anos 1930, que dizia que a própria corrente elétrica do impulso nervoso atravessa a sinapse e excita a próxima célula diretamente.

A teoria rival, da transmissão química, foi proposta pelo inglês Henry Dale (1875-1968) em 1937. Já se suspeitava que os nervos liberam substâncias biologicamente ativas, desde quando o alemão Otto Loewi (1873-1961) identificou uma substância produzida pelo nervo vago[A] que age sobre o coração: a acetilcolina. Dale propôs então que o impulso nervoso, ao chegar à sinapse, causa a liberação de uma minúscula quantidade de acetilcolina, que, por sua vez, atravessa a sinapse e age sobre a próxima célula, efetuando assim a transmissão. Ironicamente, foi o próprio Eccles, ao fazer os primeiros registros intracelulares em neurônios motores, em 1951, quem forneceu a comprovação de que a transmissão através da sinapse é química e não elétrica. Ao mesmo tempo, Eccles diferenciava também transmissão sináptica excitatória e inibitória. E abandonava sua antiga teoria...

A comprovação final da existência do espaço sináptico, no entanto, somente foi feita com o advento do microscópio eletrônico. Em 1959, Edward Gray publicou fotomicrografias eletrônicas da fenda sináptica (Figura), e pôde identificar dois tipos de sinapses, diferentes quanto à simetria ou à assimetria do espessamento da membrana de cada lado da fenda. Hoje se sabe que essas sinapses são associadas à transmissão inibitória ou excitatória, respectivamente.

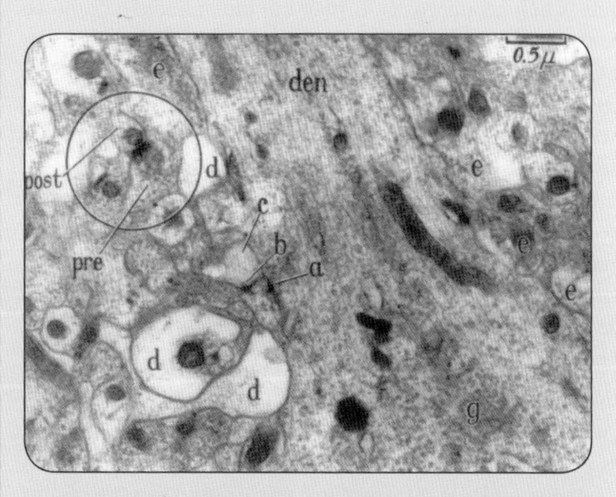

A primeira demonstração da existência das sinapses foi feita em 1959, utilizando o microscópio eletrônico. A sinapse circulada é do tipo assimétrico (excitatória), enquanto a sinapse marcada com a letra a é do tipo simétrico (inibitória) Principais abreviaturas: den = dendrito apical de um neurônio cortical; pre = terminal pré-sináptico; post = elemento pós-sináptico. Reproduzido de E. G. Gray (1959) Journal of Anatomy *vol. 93: pp. 420-433.*

**Professora adjunta do Instituto de Ciências Biomédicas da Universidade Federal do Rio de Janeiro. Correio eletrônico: suzanahh@gmail.com*

A junção comunicante é uma região de aproximação entre duas células (Figura 4.1A), onde as membranas ficam separadas por um espaço exíguo de cerca de 3 nm (3 x 10^{-9} m). A membrana dessa região, em ambas as células, possui canais iônicos especiais (os *conexons*) formados por seis subunidades proteicas chamadas *conexinas*, que em certas situações se acoplam quimicamente, formando verdadeiros poros de 2 nm de diâmetro (Figura 4.1B). Em comparação com outros canais iônicos, esse é um grande diâmetro. Por isso, quando um conexon se acopla a outro situado na célula contígua, por eles passam várias espécies iônicas e até mesmo moléculas pequenas. Diz-se, então, que as duas células estão *acopladas*. Nesse caso, quando uma das células entra em atividade, ou seja, produz potenciais de algum tipo, as correntes iônicas correspondentes passam diretamente pelas junções comunicantes para a outra célula. Não há intermediários químicos, e por isso a transmissão é ultrarrápida, durando apenas centésimos de milissegundo.

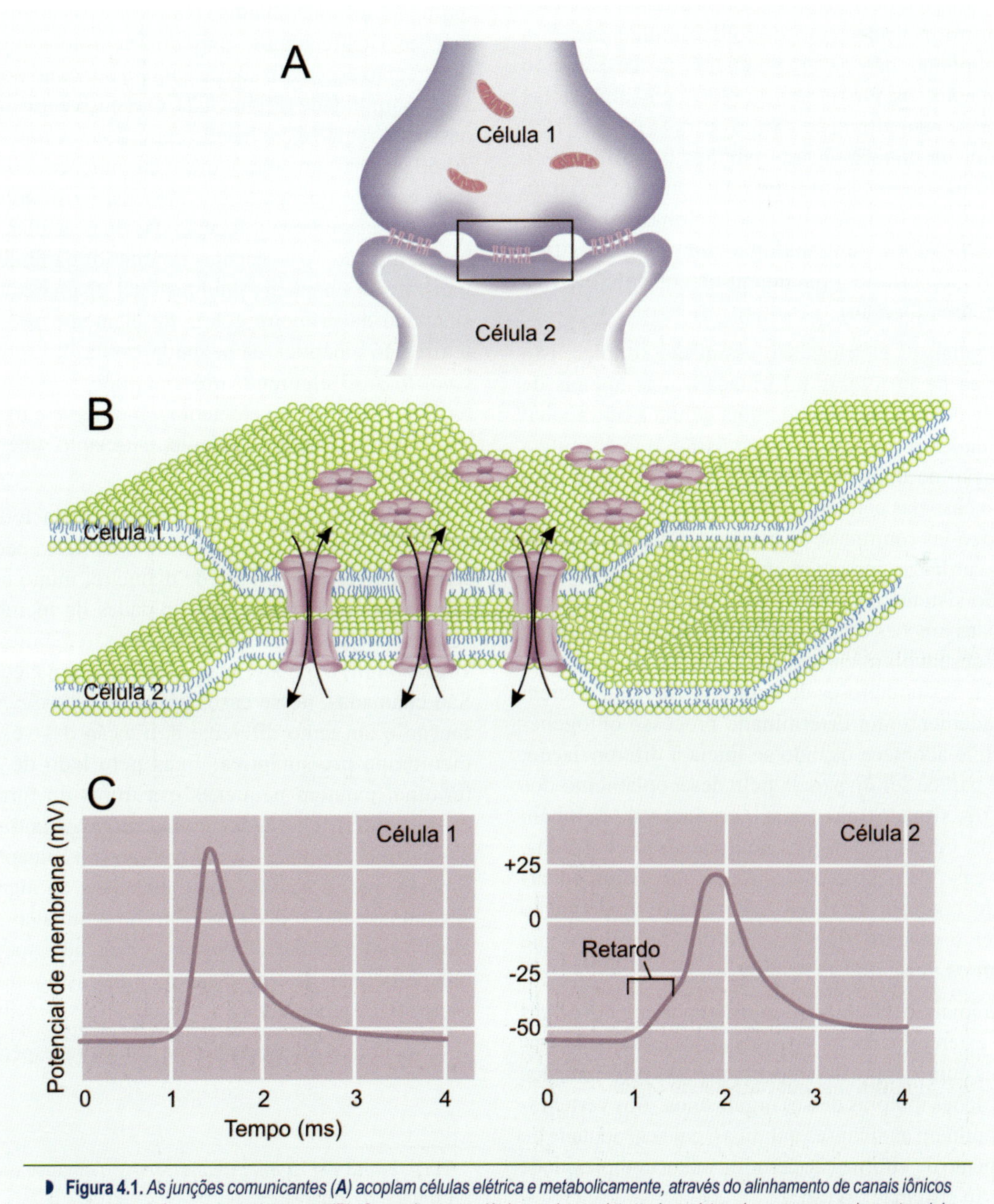

Figura 4.1. *As junções comunicantes (**A**) acoplam células elétrica e metabolicamente, através do alinhamento de canais iônicos (conexons) que formam grandes poros (**B**). O acoplamento elétrico pode ser detectado registrando a passagem dos potenciais elétricos de uma célula a outra (**C**) com mínimo retardo "sináptico". **B** modificado de E. J. Furshpan e D. D. Potter (1959)* Journal of Physiology *vol. 145: pp. 289-325.*

A transmissão elétrica através das junções comunicantes pode ser controlada pelas células acopladas. O acoplamento pode ser "ligado" ou "desligado" pela variação de parâmetros metabólicos do citoplasma, como o pH[G] e a concentração de íons Ca^{++}, e até mesmo o potencial das membranas acopladas. Acredita-se que, nessas condições (queda do pH, elevação da concentração citoplasmática de Ca^{++}, ou despolarização da membrana), os conexons das células ligadas pelas junções comunicantes "se reconhecem", ou seja, reagem quimicamente, o que muda sua conformação espacial, como o diafragma de uma câmera fotográfica, abrindo-se para permitir a passagem de íons e moléculas. Nas células acopladas não há propriamente processamento de informação: os potenciais gerados em uma delas passam quase sem alteração para a outra (Figura 4.1C). Além disso, na maioria dessas junções é indiferente o sentido de passagem da informação, embora existam algumas junções comunicantes unidirecionais (chamadas *junções retificadoras*, por analogia com um dispositivo eletrônico que permite a passagem de corrente elétrica apenas em uma direção).

Se as sinapses elétricas são assim tão simples, isto é, incapazes de processar informação, mas apenas de transmiti-la como uma cópia de uma célula a outra, qual a sua utilidade? A rapidez de transmissão, que permite a sincronização de numerosas populações de células acopladas. No caso das células cardíacas, por exemplo, é necessário fazê-las contrair-se ao mesmo tempo, para que as cavidades cardíacas possam impulsionar o sangue adiante. No caso do sistema nervoso, o acoplamento e o desacoplamento das junções comunicantes é particularmente útil durante o desenvolvimento, quando é preciso fazer com que populações numerosas de neurônios juvenis iniciem sincronizadamente um determinado processo ontogenético. É o que acontece quando se inicia a diferenciação, etapa que parece ser disparada pelo desacoplamento dos neuroblastos situados nas zonas germinativas. Também nos adultos, certas populações neuronais são acopladas, como é o caso de neurônios do tronco encefálico encarregados do controle do ritmo respiratório, uma função que requer o disparo sincronizado dos neurônios que comandam os músculos da respiração.

Nos animais invertebrados, cujo comportamento é mais simples e estereotipado, as sinapses elétricas são relativamente mais numerosas e desempenham papel relevante nos reflexos e ações motoras desses organismos. Nos vertebrados, predominam as sinapses químicas, cuja capacidade de processamento de informação permitiu maior complexidade funcional ao sistema nervoso.

SINAPSES QUÍMICAS: PROCESSADORES DE SINAIS

A ESTRUTURA DA SINAPSE QUÍMICA É ESPECIALIZADA NO PROCESSAMENTO DE SINAIS

A ultraestrutura[G] da sinapse química[2] é um exemplo interessante de integração entre estrutura e função na natureza.

Em primeiro lugar, o processo evolutivo, que presumivelmente ocorreu das sinapses elétricas para as sinapses químicas, tornou vantajoso para o processamento de informações o aparecimento entre dois neurônios adjacentes de uma região especializada de contato por contiguidade, mas sem continuidade (Figura 4.2). O espaço entre as membranas nessa região é conhecido como *fenda sináptica* e mede 20-50 nm, bastante maior que o das junções comunicantes. Esse espaço é ocupado por uma matriz proteica adesiva que favorece não só a fixação das duas células, mas também a difusão de moléculas no interior da fenda. Como a transmissão sináptica é unidirecional, chamaremos a região sináptica da primeira célula de elemento *pré-sináptico*, e a região sináptica da segunda célula de elemento *pós-sináptico*. O elemento pré-sináptico é geralmente um terminal axônico, e o elemento *pós-sináptico* é geralmente um dendrito. Veremos adiante, entretanto, que há muitas exceções a essa regra.

O terminal pré-sináptico tem como característica mais saliente a presença das *vesículas sinápticas*, pequenas esférulas de cerca de 50 nm de diâmetro, muito numerosas, que se aglomeram nas proximidades da membrana pré-sináptica. Algumas dessas esférulas são maiores (cerca de 100-200 nm) e o material em seu interior é elétron-denso. São chamadas, nesse caso, *grânulos secretores*, pois sua função é um tanto diferente da função das vesículas. Na membrana pré-sináptica, fixas pelo lado de dentro do terminal existem pequenas estruturas de forma cônica ou piramidal, chamadas *zonas ativas*. Finalmente, em alguns tipos de sinapses, a membrana pós-sináptica é mais espessa que as regiões mais afastadas da membrana da segunda célula. Todas essas estruturas situadas na sinapse alojam um exército de proteínas bastante especializadas, que participam de cada etapa do mecanismo molecular da transmissão sináptica.

Vejamos então como essa estrutura especializada é

[2] *Deste ponto em diante, chamaremos a* sinapse química *simplesmente de* sinapse.

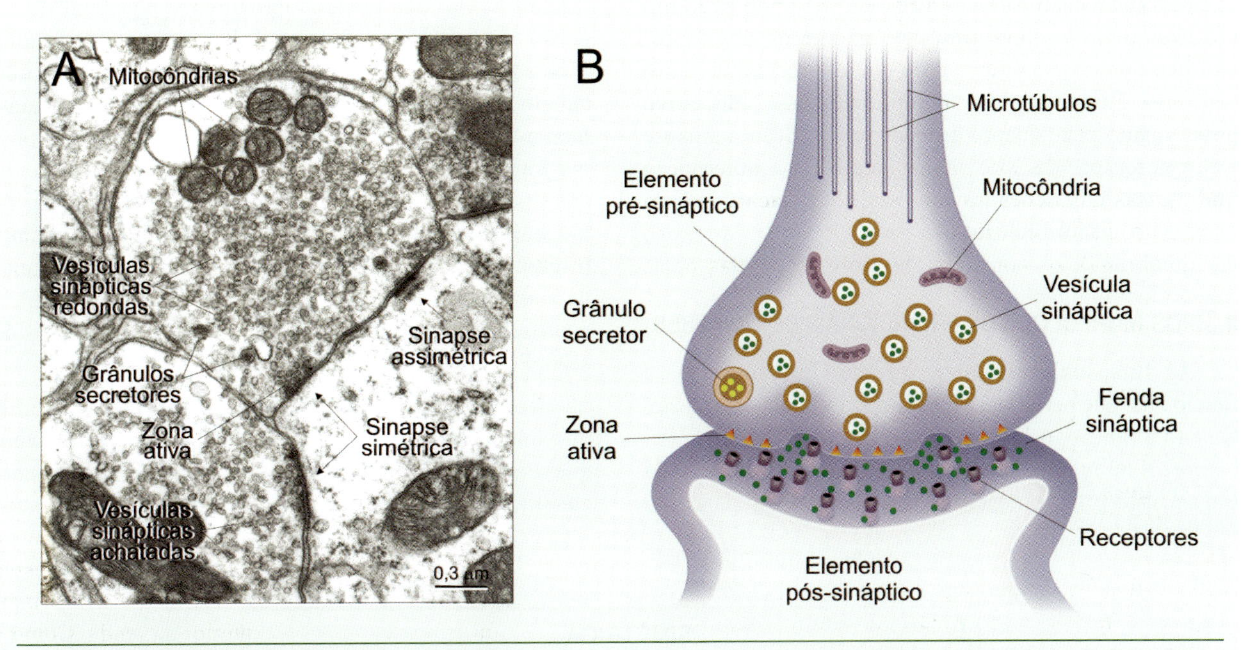

Figura 4.2. *A ultraestrutura da sinapse pode ser visualizada ao microscópio eletrônico (**A**). Alguns dos seus componentes aparecem na foto, e outros podem ser vistos no esquema em **B**. O esquema não reproduz exatamente as proporções reais. Fotomicrografia reproduzida de A. Peters e cols. (1976)* The Fine Structure of the Nervous System. *W. B. Saunders Co., EUA.*

capaz de realizar a transmissão sináptica (confira como se estudam as sinapses no Quadro 4.3).

A informação que chega ao elemento pré-sináptico vem na forma de potenciais de ação propagados pelo axônio até os terminais. A seguir, como a larga fenda sináptica e a ausência de conexons impedem a passagem direta de correntes iônicas para a célula pós-sináptica, ocorre a conversão da informação elétrica conduzida pelos potenciais de ação em informação química. Os potenciais de ação causam a liberação, na fenda sináptica, de uma certa quantidade de substância que geralmente está armazenada no interior das vesículas. Essa substância recebe o nome genérico de *neuromediador*[3]. As moléculas do neuromediador, uma vez na fenda sináptica, difundem-se até a membrana pós-sináptica, onde pode ocorrer: (1) a reconversão da informação química para informação de natureza elétrica, ou então (2) a transferência da informação química para uma cadeia de sinais moleculares no interior da célula. No primeiro caso, a ação do neuromediador pode resultar em um *potencial pós-sináptico* na membrana da segunda célula, que então altera a atividade elétrica de seu axônio, produzindo mais ou menos potenciais de ação propagados até uma terceira célula, onde o processo se repetirá. No segundo caso, a ação do neuromediador aciona diferentes vias de sinalização molecular do neurônio pós-sináptico, sem necessariamente interferir na sua sinalização elétrica.

O primeiro caso descrito anteriormente é o mais frequente e típico no SNC. A dupla conversão de informação, do modo elétrico para o modo químico e outra vez para o modo elétrico, permite que haja interferência sobre o seu "conteúdo" na própria sinapse, chamada *modulação* da transmissão. Adiante, veremos como isso se passa. A modulação da transmissão sináptica ocorre na maioria das sinapses, mas não em todas. Na sinapse neuromuscular, por exemplo, aquela que põe em contato um axônio motor com uma célula muscular esquelética, é desejável que não haja falhas de transmissão: a cada comando motor é preciso que a célula muscular se contraia. Nesse caso, em condições normais, todo potencial de ação que chega ao terminal pré-sináptico resulta em liberação do neuromediador acetilcolina, e este inevitavelmente provoca um potencial pós-sináptico despolarizante na célula muscular, que então se contrai.

Nas sinapses entre neurônios, entretanto, na maioria das vezes o que se quer é um maior número de opções: aumentar, diminuir ou até mesmo bloquear a atividade do neurônio pós-sináptico. Nesse caso, os potenciais de ação que chegam ao terminal pré-sináptico nem sempre provocam a liberação de neuromediador em quantidade capaz

[3] *Há uma certa confusão terminológica na literatura, entre* neuromediador, *termo atualmente atribuído a qualquer substância que medeia informação sináptica, e* neurotransmissor, *termo usado inicialmente como sinônimo do primeiro, mas atualmente empregado de modo mais específico para qualificar um certo tipo de neuromediador (ver. a Tabela 4.1).*

de provocar exatamente a mesma atividade no neurônio pós-sináptico. A informação que emerge de um neurônio quase sempre é diferente da que ele recebe de outro neurônio. Esse é justamente o grande passo adaptativo possibilitado pela sinapse química, em relação à sinapse elétrica: a capacidade de alterar (modular) a informação transmitida entre as células nervosas, como um verdadeiro microcomputador biológico.

Tipos Morfológicos e Funcionais de Sinapses

As sinapses apresentam variantes morfológicas e funcionais, que permitem especializar bastante a sua ação. Quanto à função, por exemplo, as sinapses podem ser *excitatórias* ou *inibitórias*. No primeiro caso, o resultado da transmissão é um potencial pós-sináptico despolarizante (Figura 4.3A), que tende a aproximar o potencial de repouso do nível limiar[G] da zona de disparo, onde se origina o potencial de ação, que logo é propagado ao longo do axônio (mais detalhes no Capítulo 3). Fica, então, mais fácil a ocorrência de potenciais de ação no neurônio pós-sináptico, e por isso se diz que ele foi excitado. No caso das sinapses inibitórias acontece o oposto: o resultado da transmissão é um potencial pós-sináptico hiperpolarizante (Figura 4.3A), que afasta o potencial de repouso do limiar da zona de disparo do neurônio. Fica mais difícil para o neurônio pós-sináptico, neste caso, produzir potenciais de ação. Por isso, diz-se que ele foi inibido.

A eficácia funcional das sinapses, sejam elas inibitórias ou excitatórias, depende em parte do local do neurônio em que se localizam (Figura 4.3B). Por essa razão é importante classificar as sinapses, quanto à natureza de seus elementos,

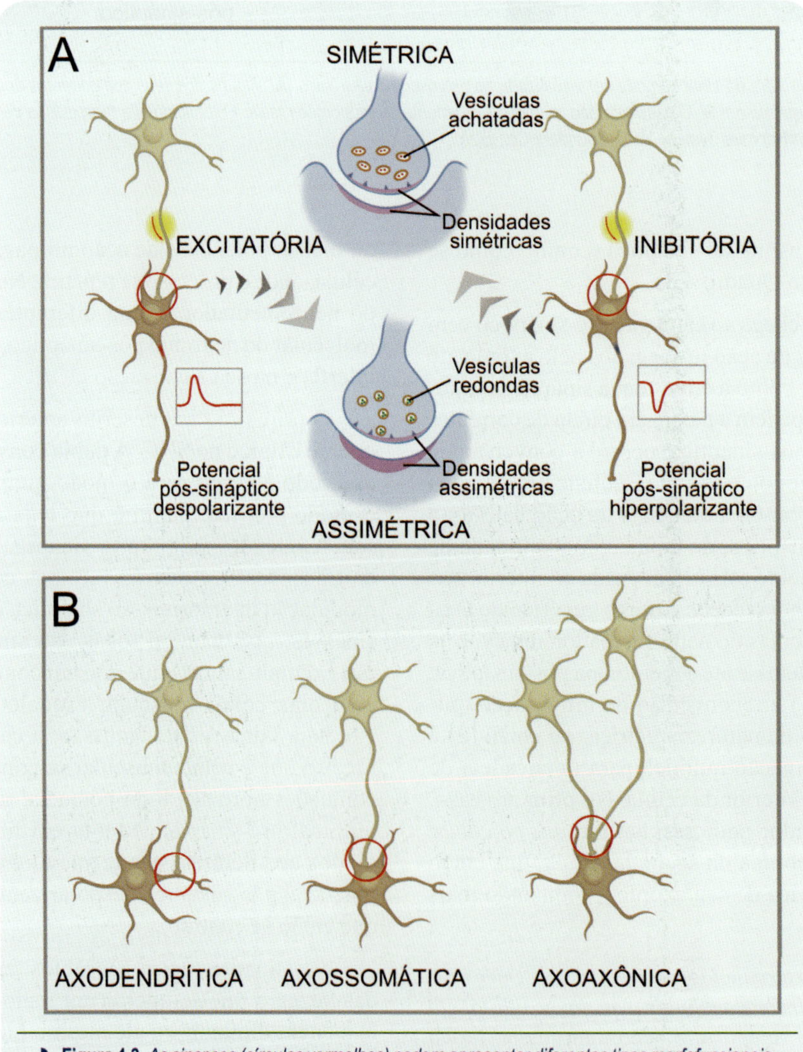

Figura 4.3. *As sinapses (círculos vermelhos) podem apresentar diferentes tipos morfofuncionais. As sinapses assimétricas são excitatórias, e as simétricas são inibitórias (**A**). Tanto umas como as outras, entretanto, podem estar localizadas em dendritos, no soma ou em axônios (**B**).*

em *axodendríticas, axossomáticas, axoaxônicas, dendrodendríticas e somatossomáticas*. Como se pode inferir da terminologia, os três primeiros tipos conectam terminais axônicos respectivamente com um dendrito, o soma ou o próprio axônio do neurônio pós-sináptico. Os dois últimos tipos, mais raros, conectam dois dendritos e duas regiões do soma diretamente. É claro que as sinapses axossomáticas tendem a ser mais eficazes que as axodendríticas, porque exercem sua ação mais perto da zona de disparo do neurônio, situada logo após o cone de implantação do axônio. Nem sempre isso acontece, entretanto, porque há outros fatores que também influenciam a eficácia sináptica, como veremos mais adiante. A sinapse axoaxônica pode conectar um terminal axônico com outro: nesse caso, o primeiro axônio poderá influenciar diretamente a sinapse do segundo axônio com um terceiro neurônio!

Outra forma de classificar as sinapses diz respeito à sua morfologia (Figura 4.3A). Sinapses *assimétricas* são aquelas que apresentam a membrana pós-sináptica mais espessa que a membrana pré-sináptica. Sinapses *simétricas*, obviamente, apresentam as duas membranas com igual espessura. Ocorre que as sinapses assimétricas geralmente apresentam vesículas sinápticas esféricas, enquanto as sinapses simétricas apresentam vesículas achatadas. E mais: verificou-se que as assimétricas, com vesículas esféricas, são funcionalmente excitatórias, e que as sinapses simétricas, com vesículas achatadas, são inibitórias. Essa correlação, evidentemente, deu um sentido maior à classificação morfológica.

Todos esses tipos de sinapses ocorrem no sistema nervoso central e no sistema nervoso periférico. Neste último, entretanto, especial menção deve ser feita à sinapse neuromuscular, já mencionada. Essa é uma sinapse especializada, com uma morfologia particular cuja utilidade é garantir a eficácia do comando motor (Figura 4.4). A membrana pós-sináptica, que pertence à célula muscular, apresenta dobras juncionais que aumentam a área da fenda sináptica e possibilitam maior tempo de contato entre o neuromediador e as moléculas que o vão reconhecer. As zonas ativas, no terminal pré-sináptico, são alinhadas em fila bem defronte às dobras juncionais, permitindo que a liberação do neuromediador ocorra já na posição mais favorável à sua ação. A sinapse neuromuscular, por suas grandes dimensões e fácil acesso, foi utilizada com grande sucesso pelos primeiros pesquisadores como modelo experimental para desvendar os mecanismos da transmissão sináptica.

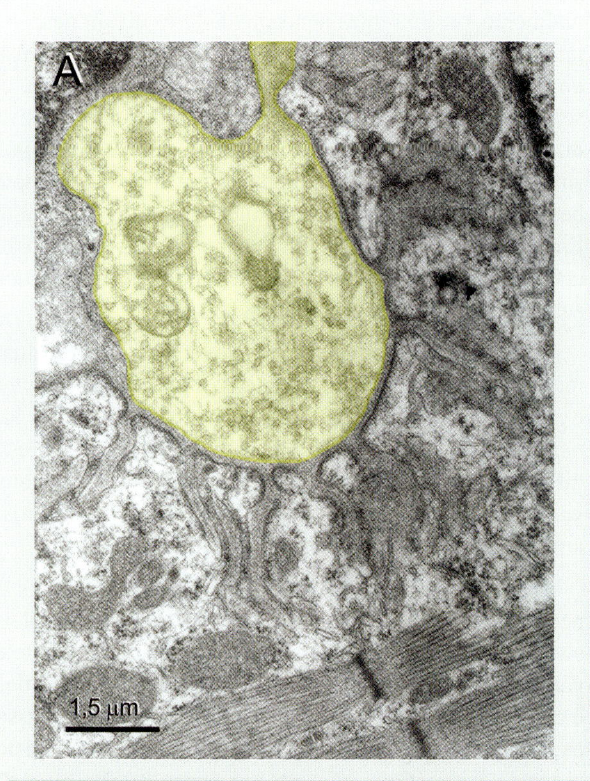

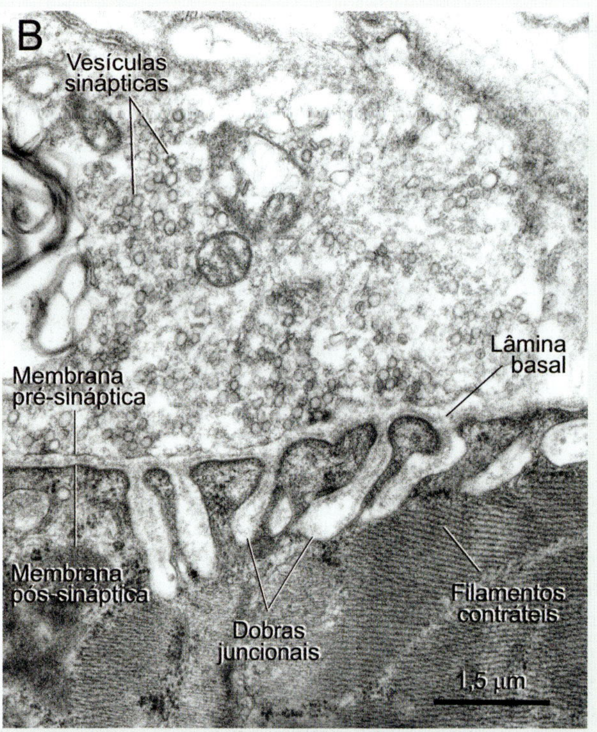

Figura 4.4. *A sinapse neuromuscular tem características estruturais especiais, visíveis ao microscópio eletrônico. As mais evidentes são as dobras juncionais da membrana pós-sináptica (muscular), e a presença da lâmina basal na fenda sináptica. Na foto em* **A**, *o terminal nervoso está delineado em amarelo. Os filamentos contráteis da célula muscular são vistos à direita, embaixo. Na foto em* **B** *a ampliação foi um pouco maior, tornando possível visualizar mais detalhes. Neste caso, os filamentos contráteis foram cortados obliquamente. Fotos cedidas por Jorge E. Moreira e Gabriel Arisi, do Departamento de Morfologia e Biologia Celular da Faculdade de Medicina de Ribeirão Preto (USP).*

Outro comentário relativo ao SNP: em muitos casos, o axônio periférico termina nas proximidades das células-alvo, e faz com elas sinapses modificadas, diferentes das que acabamos de descrever. O mecanismo de transmissão é semelhante, envolvendo vesículas, neuromediadores, potenciais sinápticos e tudo o mais, mas a membrana pós-sináptica fica a uma distância maior e, portanto, não há fenda sináptica propriamente dita. Isso faz com que a transmissão seja mais difusa e lenta. Maiores detalhes podem ser encontrados no Capítulo 14.

TRANSMISSÃO SINÁPTICA

Já vimos que a transmissão sináptica envolve a conversão do impulso nervoso, de natureza elétrica, em uma mensagem química carreada por substâncias neuromediadoras, e depois novamente em impulsos elétricos já na célula pós-sináptica. As etapas da transmissão sináptica podem então ser resumidas do seguinte modo:

1. síntese, transporte e armazenamento do neuromediador;
2. deflagração e controle da liberação do neuromediador na fenda sináptica;
3. difusão e reconhecimento do neuromediador pela célula pós-sináptica;
4. deflagração do potencial pós-sináptico;
5. desativação do neuromediador.

Essas etapas, obviamente, dizem respeito a uma sinapse individual, mas é preciso considerar que cada célula recebe em sua superfície dendrítica e somática dezenas de milhares de sinapses. O resultado final, em termos da atividade do neurônio pós-sináptico, depende da interação dos potenciais produzidos por todas essas sinapses, um processo conhecido como *integração sináptica.* Comecemos analisando o que ocorre em uma só sinapse.

OS VEÍCULOS QUÍMICOS DA MENSAGEM NERVOSA

Até há bem pouco tempo se considerava ainda válida a chamada "lei de Dale", atribuída ao fisiologista britânico Henry Dale (1875-1968), detentor do prêmio Nobel de fisiologia ou medicina de 1936. Dale dizia que cada neurônio possui um e apenas um neuromediador, e que o efeito que ele é capaz de produzir depende da célula pós-sináptica. Passou-se a usar um sufixo próprio para os neurônios, de acordo com o seu (único) neuromediador: colin*érgicos*, aqueles que empregam a acetilcolina; noradren*érgicos*, os que empregam a noradrenalina; serotonin*érgicos*, aqueles que usam a serotonina, e assim por diante. O neurônio motor – colinérgico – é excitatório porque a acetilcolina produz, na membrana da célula muscular esquelética, um potencial despolarizante. Já o neurônio que inerva o coração – também colinérgico – é inibitório porque a mesma acetilcolina produz, na membrana da célula muscular cardíaca, um efeito diferente, hiperpolarizante.

Recentemente, a "lei de Dale" foi ultrapassada, pois se descobriu que um mesmo neurônio pode alojar diversas substâncias que atuam na transmissão sináptica. Isso levou a uma certa confusão terminológica que devemos esclarecer (acompanhe o texto consultando a Tabela 4.1). O nome clássico *neurotransmissor* ficou reservado para as substâncias primeiro descobertas, todas de baixo peso molecular, e cuja ação se exerce diretamente sobre a membrana pós-sináptica, quase sempre produzindo nela um potencial pós-sináptico (excitatório ou inibitório). Manteve-se também o uso correspondente do sufixo *érgico*. Para as substâncias descobertas mais recentemente, criou-se o termo *neuromodulador*. Nesse caso, a variedade de tipos químicos e ação funcional é grande: muitas substâncias têm alto peso molecular (como os neuropeptídeos), outras são moléculas muito pequenas (como os gases óxido nítrico e monóxido de carbono), e seus mecanismos de ação são muito diversos. Quando se quer denominar os mensageiros sinápticos de um modo geral, é melhor utilizar o termo *neuromediador*. Conceitualmente, os diferentes neuromediadores de um neurônio interagem na sinapse: o neuromodulador influencia a ação do neurotransmissor sem modificá-la essencialmente, ou seja, modula a transmissão sináptica. Pode também ativar diferentes vias de sinalização molecular no neurônio pós-sináptico, influenciando a transmissão sináptica de modo bastante indireto. Veremos adiante como tudo isso é feito. Em alguns casos, pode-se dizer que um neurônio possui *cotransmissores*, para indicar que emprega mais de uma substância ativa na membrana pós-sináptica.

Os neurotransmissores (mais de 100 descritos atualmente!) são de três tipos químicos: *aminoácidos*, *aminas* e *purinas* (veja o Quadro 4.2). Os neuromoduladores são *peptídeos, lipídios* e *gases* (Tabela 4.1). Entretanto, essa diferença não é absoluta, pois há peptídeos que atuam como verdadeiros neurotransmissores, bem como aminoácidos e aminas que atuam como neuromoduladores.

Para que a sinapse funcione normalmente, ambos os neurônios (pré e pós-sináptico) devem manter um complexo sistema de síntese e armazenamento das substâncias relevantes à transmissão sináptica. O neurônio pré-sináptico, é claro, deve ser capaz de sintetizar seu neurotransmissor e os neuromoduladores. Essa síntese é geralmente feita por sistemas enzimáticos existentes no corpo celular, ou então no próprio terminal axônico (Figura 4.5). Os aminoácidos, por exemplo, estão normalmente disponíveis no citoplasma de todas as células do organismo, geralmente sintetizados a partir da glicose ou de proteínas decompostas em seus

TABELA 4.1. ALGUNS NEUROMEDIADORES MAIS COMUNS

Neurotransmissores			*Neuromoduladores*		
Aminoácidos	*Aminas*	*Purinas*	*Peptídeos*	*Lipídios*	*Gases*
Ácido γ-aminobutírico (GABA)	Acetilcolina (ACh)	Adenosina	Gastrinas: gastrina, colecistocinina (CCK)	Endocanabinoides: anandamida, 2-araquidonoilglicerol (2AG)	Óxido nítrico (NO)
Glutamato (Glu)	Adrenalina ou epinefrina	Trifosfato de adenosina (ATP)	Hormônios da neuro-hipófise: vasopressina, ocitocina		Monóxido de carbono (CO)
Glicina (Gly)	Dopamina (DA)		Insulinas		
Aspartato (Asp)	Histamina (H)		Opioides: encefalinas (Enk), endorfinas, dinorfinas, nociceptina		
	Noradrenalina ou norepinefrina (NA ou NE)		Secretinas: secretina, glucagon, peptídeo intestinal vasoativo (VIP)		
	Serotonina (5-HT)		Somatostatinas		
			Taquicininas: substância P (SP), substância K (SK)		

elementos constituintes. É o que ocorre com o glutamato e a glicina, e vale para os neurônios também. A exceção é o ácido gama-aminobutírico (GABA), sintetizado especificamente pelos terminais dos neurônios que o utilizam como neurotransmissor, a partir do glutamato (Figura 4.6).

As aminas são também sintetizadas no citoplasma do terminal sináptico, como o GABA. A acetilcolina, por exemplo, é sintetizada pela enzima colina-acetiltransferase a partir da colina proveniente da alimentação, ou resultante da degradação da própria ACh, e do acetato que o citoplasma normalmente possui (Figura 4.7A). As indolaminas[4] têm como principal representante a serotonina, que é sintetizada a partir de um aminoácido, o triptofano, utilizando uma cadeia de duas reações enzimáticas (Figura 4.7B). Finalmente, as catecolaminas, grupo que inclui a dopamina, a adrenalina e a noradrenalina, são sintetizadas em sequência a partir do aminoácido tirosina (Figura 4.7C), que é normalmente captado para o citoplasma do terminal, utilizando diferentes sistemas enzimáticos para cada etapa de síntese. O conhecimento das diferentes etapas de síntese dos neurotransmissores é especialmente importante para os neurologistas e psiquiatras, uma vez que algumas doenças atingem diretamente a síntese dos neurotransmissores. É o caso do parkinsonismo, uma doença de indivíduos idosos que produz distúrbios motores porque certos neurônios dopaminérgicos do sistema nervoso perdem a capacidade de sintetizar dopamina (e posteriormente degeneram e morrem). É o caso também de certos tipos de depressão, que parecem atingir os mecanismos de síntese da serotonina e da noradrenalina em neurônios do SNC.

Já que muitas dessas moléculas são sintetizadas também por células não neuronais, e por alguns neurônios e não outros, o que as torna neurotransmissores é a capacidade que esses neurônios específicos têm de armazenar essas substâncias nas vesículas sinápticas, em cujo interior atingem concentrações muito altas. Por exemplo, cada vesícula colinérgica dos axônios motores contém cerca de 10 mil moléculas de acetilcolina!

Alguns neurotransmissores completam a sua síntese no interior das vesículas, mas outros são levados ao interior delas por moléculas transportadoras embutidas na membrana vesicular, com domínios voltados para fora e outros voltados para dentro. Essas moléculas transportadoras verdadeiramente "agarram" os neurotransmissores, "jogando-os" para dentro da vesícula. Os neurônios glutamatérgicos, por exemplo, sintetizam glutamato como qualquer célula, mas se diferenciam pela presença de um transportador de

[4]*Os termos indolamina e catecolamina referem-se aos anéis aromáticos (indol e catecol) que caracterizam essas moléculas. Em conjunto, os dois grupos são conhecidos como aminas biogênicas, ou simplesmente aminas.*

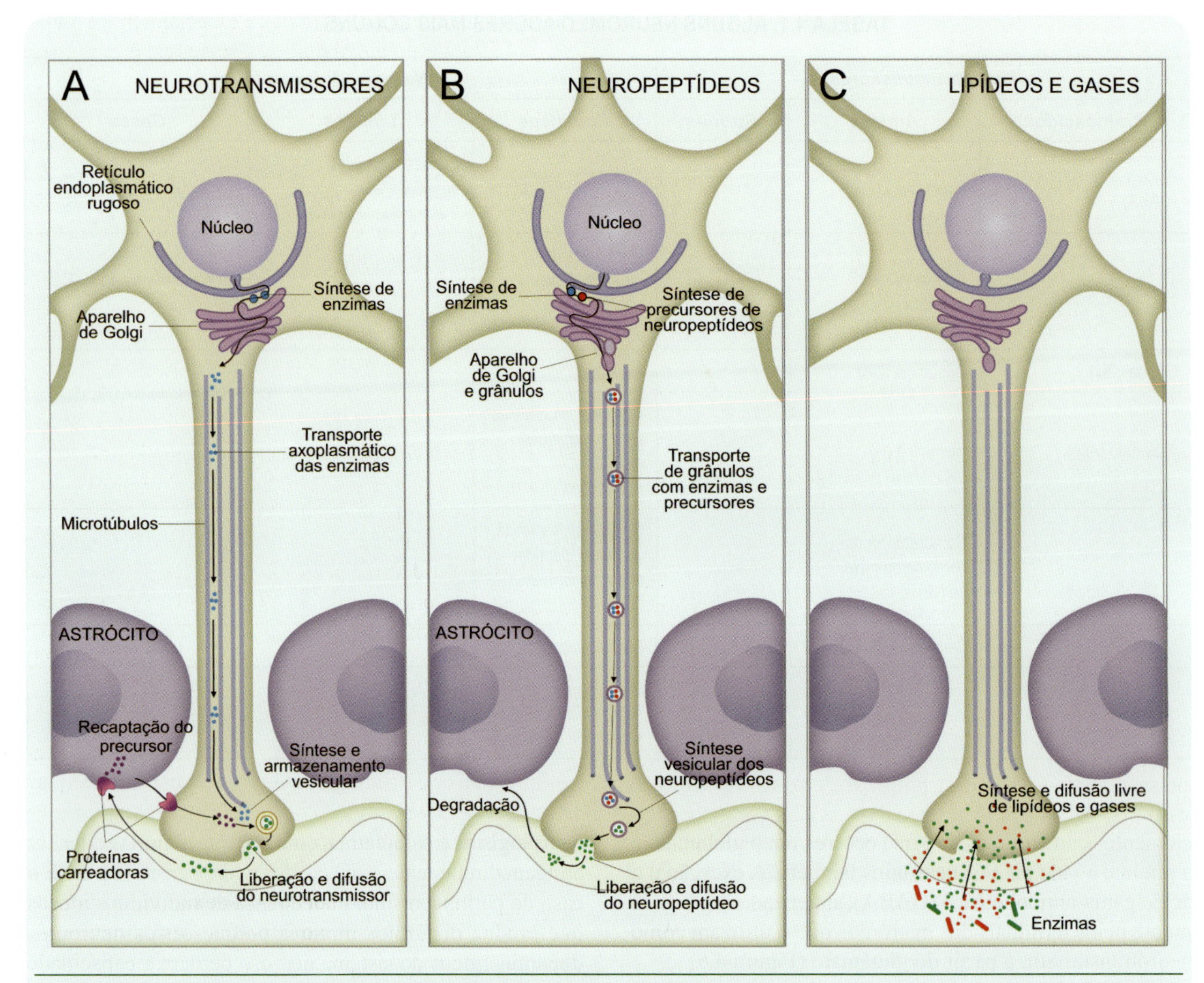

Figura 4.5. A. *Os neurotransmissores atravessam um ciclo que começa com a síntese de enzimas no citoplasma do neurônio. Segue-se o transporte axônico dessas enzimas até o terminal, a síntese e o armazenamento dos neurotransmissores em vesículas, e a liberação vinculada à chegada de potenciais de ação. O neurotransmissor então se difunde na fenda, pode ser aí desativado e as moléculas assim formadas, recaptadas como precursores para dentro do terminal, diretamente ou através de astrócitos posicionados ao redor das sinapses.* ***B.*** *Os neuropeptídeos são sintetizados a partir de proteínas precursoras, e transportados dentro de grânulos até o terminal, onde são armazenados e liberados quando necessário. Após a ação sináptica difundem-se e são depois inativados por degradação.* ***C.*** *Lipídios e gases são neuromediadores diferentes, porque não podem ser contidos dentro de vesículas, já que se difundem livremente através das membranas. Por isso, logo após a síntese enzimática, espalham-se em todas as direções, agindo sobre os elementos pós-sinápticos situados nas redondezas. Modificado de D. Purves e cols. (2004)* Neuroscience *(3ª. ed.). Sinauer Associates, Sunderland, EUA.*

glutamato na membrana das vesículas sinápticas. Em alguns neurônios noradrenérgicos, por outro lado, é a dopamina que é transportada para as vesículas, sendo utilizada no interior delas para sintetizar noradrenalina.

Ao contrário dos neurotransmissores, os neuromoduladores peptídicos são sintetizados no retículo endoplasmático rugoso do soma do neurônio (Figura 4.5B). Primeiramente são sintetizados precursores de grande peso molecular, verdadeiras proteínas. Estes são posteriormente "cortados" em moléculas menores no aparelho de Golgi, sendo algumas delas os peptídeos neuromoduladores. A partir do aparelho de Golgi formam-se os grânulos secretores já contendo os peptídeos e ainda precursores e enzimas, e eles são transportados pelo sistema de microtúbulos do axônio até o terminal. Não é incomum a presença de diferentes peptídeos nos mesmos grânulos. Os grânulos, além disso, não só possuem maiores dimensões do que as vesículas, mas diferem destas também por não apresentarem moléculas transportadoras na membrana.

Os neuromoduladores lipídicos e gasosos são peculiares, pois funcionam como mensageiros retrógrados (Figura 4.5C), sintetizados nos neurônios pós-sinápticos por enzi-

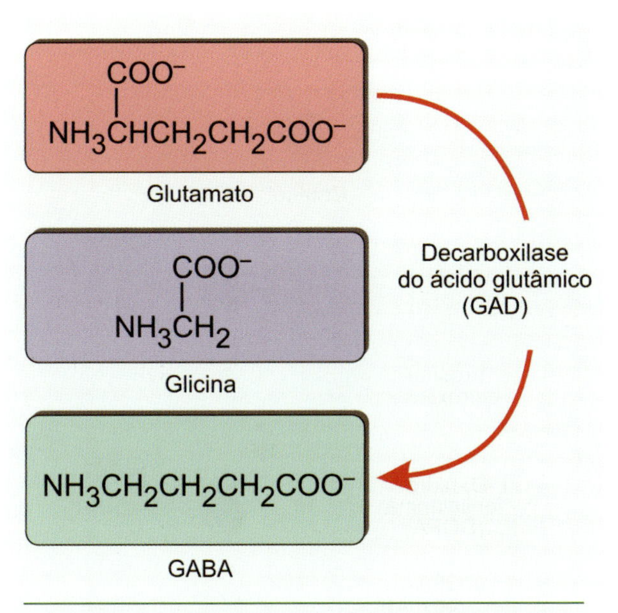

Figura 4.6. *O glutamato e a glicina são sintetizados no citoplasma a partir de glicose ou de proteínas degradadas. O ácido gama-aminobutírico (GABA) é sintetizado no terminal axônico a partir do glutamato, por meio da enzima GAD, que retira uma de suas carboxilas.*

mas especiais. Como têm a propriedade de atravessar livremente as membranas das organelas e a membrana neuronal, não podem ser armazenados em vesículas ou grânulos. Após a síntese (enzimática), difundem-se em todas as direções, penetram nos terminais pré-sinápticos e exercem sua ação neles imediatamente, seja através de receptores específicos (os lipídios) ou influenciando diretamente vias bioquímicas citoplasmáticas (os gases). Trabalhos recentes dos farmacologistas têm revelado que os neurotransmissores gasosos participam até das funções mais complexas que o sistema nervoso é capaz de coordenar (veja o Quadro 4.4).

O POTENCIAL DE AÇÃO COMANDA A LIBERAÇÃO DOS NEUROMEDIADORES

A seção precedente anunciou que ocorre na sinapse uma conversão entre a energia bioelétrica, representada pelos potenciais de ação que afluem ao terminal sináptico, e a energia química, representada pela quantidade de neuromediador liberada na fenda sináptica. É preciso agora analisar os mecanismos pelos quais se dá essa conversão, isto é, de que modo um potencial de ação é capaz de provocar a liberação do conteúdo das vesículas dentro da fenda sináptica.

Como se sabe, os potenciais de ação chegam ao terminal sináptico na forma de ondas de despolarização da membrana, que alcançam também a região onde se encontram as zonas ativas, aquelas pequenas estruturas cônicas existentes na face interna do terminal (Figura 4.8A). Constatou-se que toda a membrana do terminal, e especialmente a região que faz face com a membrana pós-sináptica, é muito rica em canais de Ca^{++}, e que esses canais são dependentes de voltagem. Isso significa que a despolarização que ocorre durante os PAs (Figura 4.8B) provoca a abertura dos canais e a passagem de íons Ca^{++} em grande quantidade para o interior do terminal (Figura 4.8C), já que a concentração extracelular desse íon é milhares de vezes maior do que a concentração intracelular.

O fenômeno que se observa a seguir, causado pelo aumento súbito da concentração intracelular de Ca^{++}, é chamado *exocitose* e consiste na fusão da membrana das vesículas com a face interna da membrana do terminal sináptico (Figura 4.8D), especificamente nas zonas ativas. Resulta a liberação do conteúdo das vesículas na fenda sináptica. As zonas ativas são relevantes nesse processo, porque funcionam como "docas" nas quais "ancoram" as vesículas, prontas para fundir-se com a membrana do terminal. Além disso, é justamente nas zonas ativas que ocorre maior concentração de canais de Ca^{++}. Os neuromoduladores peptídicos, sintetizados no soma do neurônio e armazenados nos grânulos de secreção, são liberados de modo diferente dos neurotransmissores. É que os grânulos não "ancoram" nas zonas ativas. Por essa razão, sua adesão à face interna da membrana do terminal é mais difícil, uma vez que é necessário atingir maior frequência[G] de PAs para elevar suficientemente os níveis de Ca^{++} até o ponto exigido para a ocorrência de exocitose. Além disso, em caso de alta atividade sináptica e consequente exaustão dos grânulos, a reposição é mais lenta, pois a síntese ocorre no soma do neurônio e depende do fluxo axoplasmático para o transporte até os terminais. Não é por acaso, portanto, que a mensagem sináptica transmitida pelos neurotransmissores é mais rápida, enquanto a que é veiculada pelos neuromoduladores é mais lenta.

Tanto maior será o número de vesículas e grânulos que sofrerão exocitose quanto mais prolongada for a despolarização provocada pelos PAs, ou seja, quanto maior a frequência dos PAs que chegam ao terminal. Baixas frequências provocam exocitose de vesículas, e altas frequências provocam exocitose de mais vesículas, e também de grânulos. Então, se o número de vesículas e grânulos que sofrerão exocitose é proporcional à frequência de PAs, conclui-se que esta variável determina, em última análise, a quantidade de moléculas de neurotransmissor e/ou neuromoduladores liberada na fenda sináptica. É importante salientar que esse processo de liberação, iniciado com a chegada dos PAs ao terminal, demora apenas uma fração de milissegundo!

Essa é a essência da conversão "elétrico-química" a que nos referimos há pouco. Trata-se de uma conversão que os informatas chamam "digital-analógica", já que consiste na passagem de um código digital[G], com base na frequência de um sinal elétrico invariável (o PA) para um código

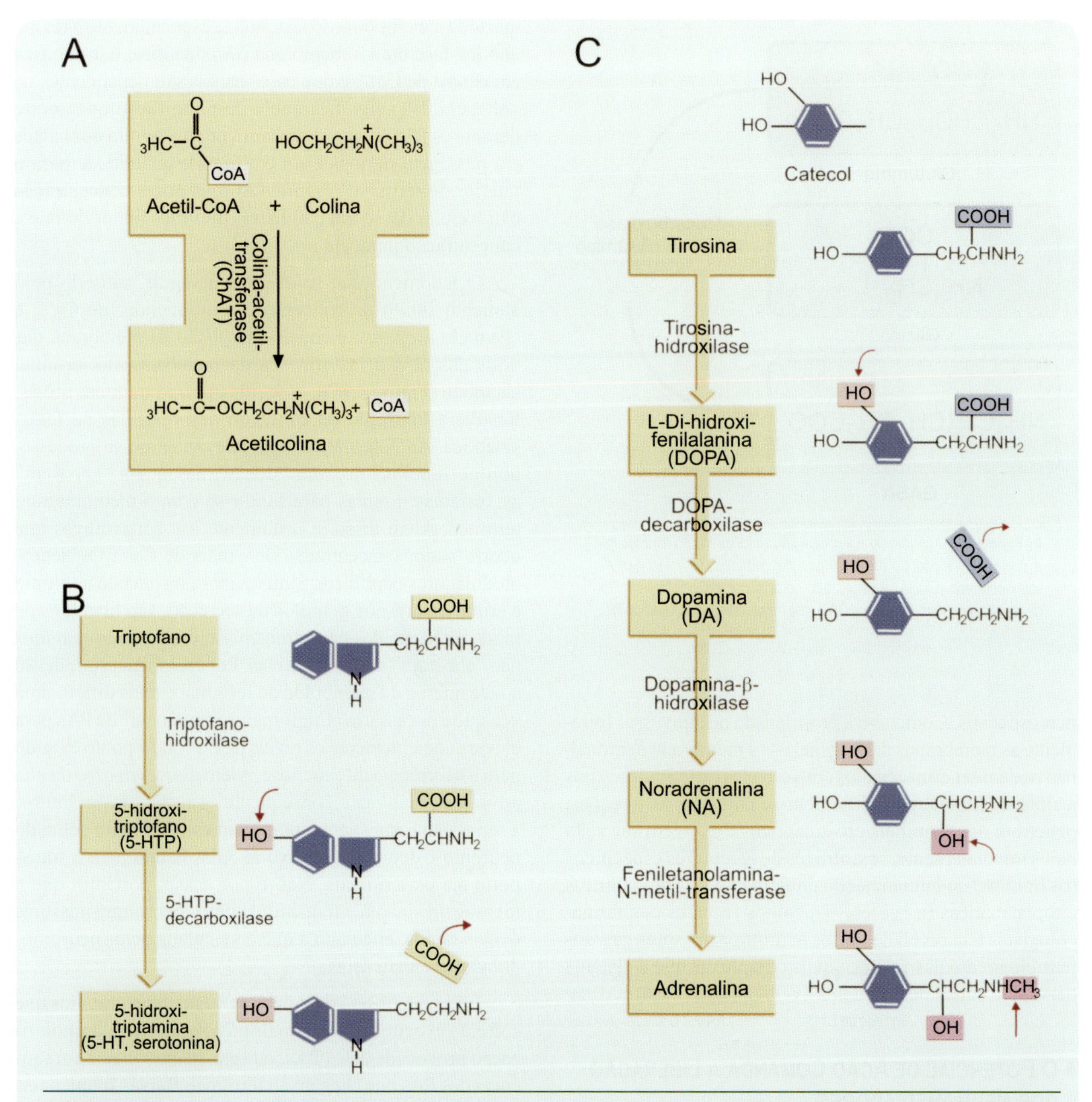

Figura 4.7. A. *A síntese da acetilcolina é realizada por uma só enzima, a partir de colina e acetilcoenzima A (acetil-CoA).* **B.** *A síntese de serotonina (5-HT) é realizada por uma cadeia de duas enzimas a partir do aminoácido triptofano.* **C.** *As catecolaminas são sintetizadas por uma cadeia de enzimas (duas para a dopamina, três para a noradrenalina e quatro para a adrenalina). Os neurônios dopaminérgicos só expressam as duas primeiras enzimas, os noradrenégicos, as três primeiras, e os adrenérgicos todas elas.*

analógico[G], com base na amplitude[G] de um sinal químico variável (a quantidade de moléculas de neurotransmissor). Veremos a seguir que ocorrerá uma segunda conversão de códigos, desta vez de sentido inverso ("análogo-digital"), na membrana pós-sináptica.

Você pode estar se perguntando: Se as vesículas e os grânulos se fundem à membrana do terminal para propiciar a liberação de neuromediadores, com o tempo o terminal iria crescer de tamanho por adição de membrana, e a julgar pelo número de vesículas e grânulos e a grande atividade sináptica de alguns neurônios, rapidamente teríamos terminais gigantes no sistema nervoso... De fato, o acréscimo de membrana plasmática incorporada pela fusão de vesículas e grânulos ao terminal poderia significar um aumento de tamanho deste, não fora a ocorrência do fenômeno inverso, *endocitose*, que "devolve" ao citoplasma essa quantidade

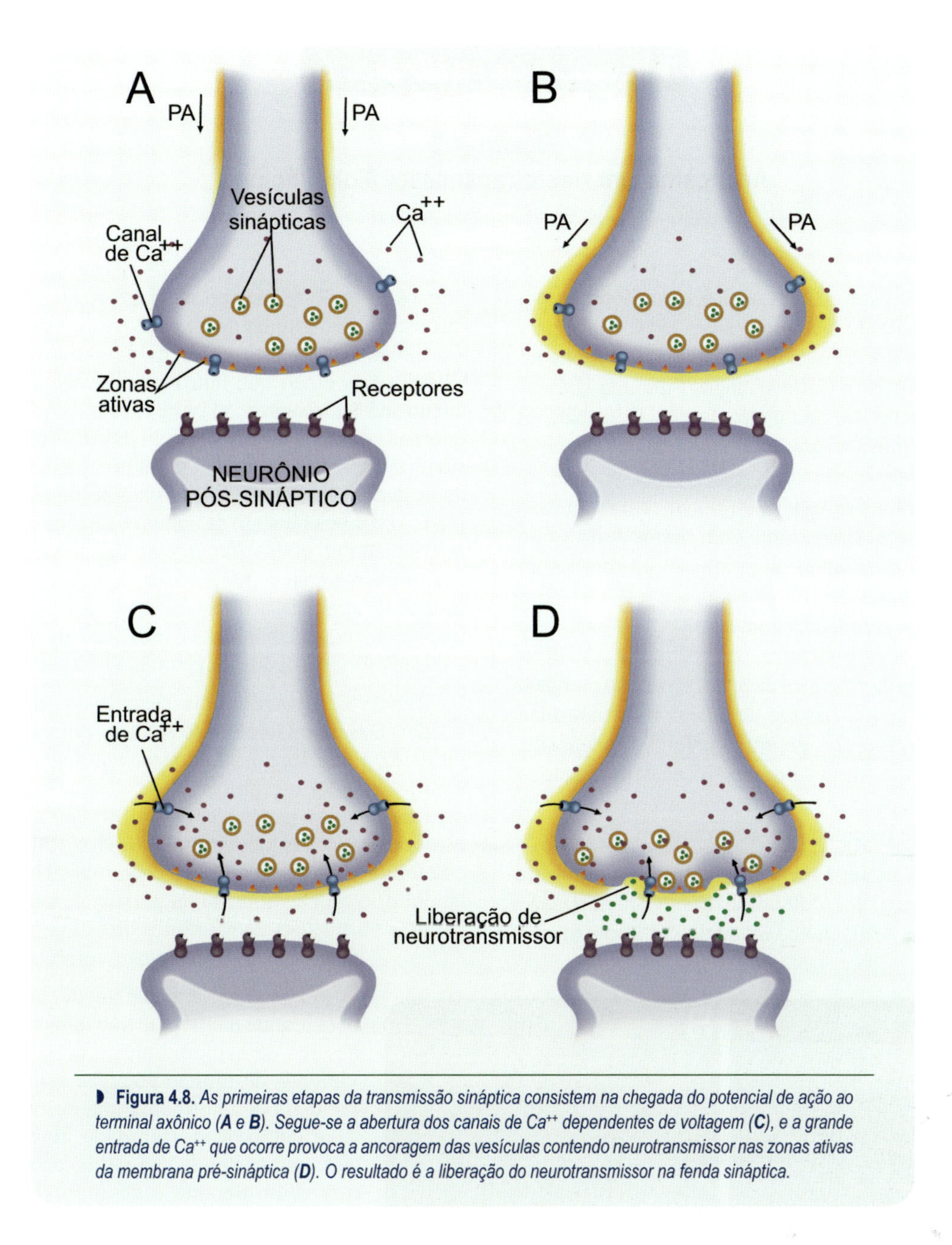

▸ **Figura 4.8.** *As primeiras etapas da transmissão sináptica consistem na chegada do potencial de ação ao terminal axônico (**A** e **B**). Segue-se a abertura dos canais de Ca^{++} dependentes de voltagem (**C**), e a grande entrada de Ca^{++} que ocorre provoca a ancoragem das vesículas contendo neurotransmissor nas zonas ativas da membrana pré-sináptica (**D**). O resultado é a liberação do neurotransmissor na fenda sináptica.*

extra de membrana, permitindo a formação de novas vesículas, como se fosse um vídeo passado no sentido reverso. E mais: através da endocitose o terminal pode recaptar neurotransmissores, seus precursores e outras moléculas disponíveis no meio extracelular circundante. Esse mecanismo, no entanto, não vale para os grânulos, que são formados no corpo celular a partir do aparelho de Golgi, e contêm peptídeos sintetizados no retículo endoplasmático.

O que acontece em períodos de grande atividade do terminal sináptico? Primeiro, ao se esgotarem as vesículas e os grânulos existentes nas proximidades das zonas ativas, o terminal mobiliza aqueles que existem em uma espécie de "reserva", presos no citoesqueleto do axônio. Segundo, se mesmo assim prosseguir a fase de alta atividade e esgotarem-se também as vesículas e os grânulos de reserva, o terminal atravessa uma fase de fadiga, e a transmissão diminui ou se interrompe até que sejam recompostas as reservas de neuromediador e de vesículas e grânulos sinápticos.

▸ Mensagem Transmitida: Os Receptores e os Potenciais Sinápticos

Na maioria das vezes, o resultado final da ação do neuromediador é o aparecimento de uma alteração no potencial da membrana pós-sináptica, chamada *potencial pós-sináptico*, ou simplesmente potencial sináptico. A

NEUROCIÊNCIA EM MOVIMENTO

Quadro 4.2
Adenosina, um Neurotransmissor Multifuncional

*Roberto Paes de Carvalho**

Interessei-me pela pesquisa quando ainda era estudante de medicina, e em 1977 entrei para o laboratório do Prof. Fernando G. de Mello no Instituto de Biofísica Carlos Chagas Filho, da Universidade Federal do Rio de Janeiro. Fernando acabara de voltar dos Estados Unidos e pretendia montar um novo laboratório onde continuaria seus estudos na área de desenvolvimento neuroquímico do Sistema Nervoso Central. Participei então, junto com outros colegas, do estabelecimento de linhas de pesquisa que abordavam neurotransmissores como a dopamina e o GABA. Em 1978, obtivemos resultados interessantes mostrando que o nucleosídeo adenosina promovia acúmulo de AMP cíclico em retinas de embriões de pinto, um efeito mediado pela ativação de um subtipo de receptor de superfície celular (o receptor A2 – Figura). O efeito da adenosina sofria grandes variações durante o desenvolvimento, e este perfil ontogenético era diferente do observado na estimulação de receptores de dopamina.

Em 1979, entrei para o mestrado no Instituto de Biofísica, e em 1981 defendi a tese "Caracterização do acúmulo de AMP cíclico induzido por adenosina na retina de pinto". No mesmo ano, ingressei no doutorado interessado em estudar as interações entre a dopamina e a adenosina durante o desenvolvimento da retina. Observamos então que outro subtipo de receptor de adenosina (o receptor A1) era expresso na retina, e que sua ativação produzia inibição do acúmulo de AMP cíclico induzido por dopamina. Em 1983 fui contratado como professor assistente na UFF, onde iniciei o estabelecimento de um novo laboratório. Ainda matriculado no doutorado, iniciei no novo laboratório experimentos com o AMP cíclico, e experimentos de ligação de agonistas e antagonistas marcados, a receptores de adenosina. Foi nessa época que caracterizamos o desenvolvimento dos receptores A1 na retina.

Em 1987, defendi minha tese de doutorado intitulada "Desenvolvimento do sistema purinérgico em retina de pinto: Regulação do sistema dopaminérgico embrionário por receptores A1 de adenosina", e viajei para os Estados Unidos para realizar um estágio de pós-doutorado nos laboratórios dos Drs. Ruben Adler e Solomon Snyder, na Universidade Johns Hopkins. O laboratório do Dr. Adler tinha grande experiência em culturas purificadas de neurônios de retina: podíamos visualizar facilmente os fotorreceptores.

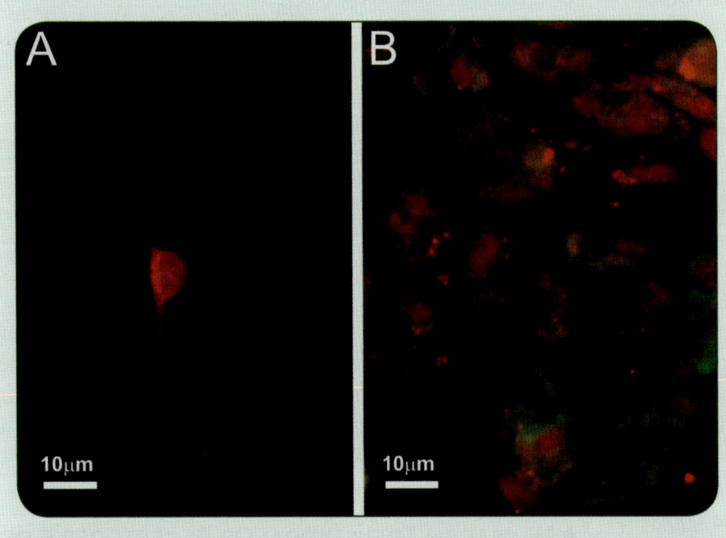

▸ *Neurônios e gliócitos da retina de embrião de galinha podem ser cultivados em laboratório, e marcados por meio de anticorpos fluorescentes específicos que revelam as moléculas que essas células possuem. Em **A**, vê-se um neurônio portador do receptor A2a de adenosina (em vermelho), e em **B**, gliócitos da retina identificados por uma proteína específica (2M6, em verde), além do receptor A2a em vermelho. As fotos são cortesia de Mariana R. Pereira e Elisa V. Moraes.*

O laboratório do Dr. Snyder era famoso pelo grande número de trabalhos relevantes na área de neuroquímica e pelo desenvolvimento de muitas técnicas importantes, incluindo a autorradiografia de receptores. Tive então a oportunidade de estudar o sistema purinérgico da retina tanto em cultura como durante o desenvolvimento do tecido "intacto". Estudamos inicialmente os mecanismos de captação e liberação de adenosina nas culturas purificadas de neurônios e fotorreceptores, e observamos que a captação ocorria com alta afinidade em uma população de neurônios multipolares e em todos os fotorreceptores. A adenosina captada também podia ser liberada por despolarização com altas concentrações de potássio e de maneira dependente da presença de cálcio no meio extracelular. Estudamos também a localização dos receptores A1 de adenosina e dos sítios de captação na retina e observamos sua localização preferencial nas camadas plexiformes desde etapas precoces do desenvolvimento, sugerindo sua colocalização em regiões ricas em sinapses.

Voltei ao Brasil em 1989 e retomei minhas atividades docentes, agora como professor adjunto e chefe do laboratório de Neurobiologia Celular do departamento de Neurobiologia do Instituto de Biologia da Universidade Federal Fluminense. Foi um período extremamente difícil para nós, e o desenvolvimento da nossa pesquisa esbarrou em muitos obstáculos relacionados com dificuldades na obtenção de recursos e deficiências na infraestrutura. Graças ao apoio de colegas do departamento, especialmente Ana Lúcia Marques Ventura e Elizabeth Giestal de Araujo, nosso trabalho evoluiu e tivemos oportunidade de orientar diversos estudantes, tanto de iniciação científica como de mestrado e doutorado. Nesse período o laboratório diversificou suas linhas de pesquisa, estudando a liberação de GABA em colaboração com José Luiz Martins do Nascimento, da Universidade Federal do Pará, e o desenvolvimento do sistema do óxido nítrico na retina em conjunto com Jan Nora Hokoç, da UFRJ.

Roberto Paes de Carvalho e seus alunos.

Em paralelo, continuamos estudando a liberação de adenosina nas culturas e mostramos sua estimulação por glutamato, o envolvimento do sistema de transporte de alta afinidade também na liberação, e sua dependência de cálcio e cinases dependentes de calmodulina. Nessa época também observamos que a adenosina tinha um importante papel neuroprotetor nas culturas de retina, bloqueando a toxicidade induzida por glutamato. O laboratório teve grande impulso em 1998, com a criação do programa de pós-graduação em Neuroimunologia da UFF (hoje Neurociências), dedicando-se a desenvolver trabalhos sobre as interações do glutamato com a adenosina, o óxido nítrico e a vitamina C, além das vias de sinalização celular envolvidas nos efeitos destes neuromediadores.

**Professor associado do Instituto de Biologia da Universidade Federal Fluminense. Correio eletrônico: robpaes@vm.uff.br*

pergunta fundamental que se colocou aos bioquímicos e eletrofisiologistas que primeiro estudaram a sinapse foi: de que modo o neuromediador provoca um potencial sináptico?

Pelo simples exercício da lógica, dever-se-ia supor que houvesse necessariamente algum tipo de reação química específica entre o neuromediador e a membrana pós-sináptica. Foi o que pensou, já em 1906, o farmacologista inglês John Langley (1852-1925) ao estudar a sensibilidade da célula muscular à nicotina e ao veneno curare: na membrana pós-sináptica deveriam existir "moléculas receptoras" específicas para essas drogas, inexistentes em outras células.

De fato, desde essa época até hoje, o conceito de *receptor sináptico* não só se revelou verdadeiro como adquiriu precisão molecular. Receptor[5], assim, é um complexo molecular de natureza proteica, embutido geralmente na membrana pós-sináptica[6] e capaz de estabelecer uma ligação química específica com um neurotransmissor ou um neuromodulador. A reação química entre o neuromediador e o seu receptor é que provoca o potencial pós-sináptico (Figura 4.9). Veja no Quadro 4.3 como se estudam as sinapses e os seus receptores.

Existem duas classes principais de receptores sinápticos (Tabela 4.2): (1) *ionotrópicos*, que são canais iônicos dependentes de ligantes[G]; e (2) *metabotrópicos*, cujos efeitos sobre o neurônio pós-sináptico são produzidos indiretamente por meio de uma proteína intracelular chamada proteína G, ou através de ação enzimática intracelular efetuada pelo próprio receptor.

Como funcionam os receptores ionotrópicos? Seus ligantes, evidentemente, são os neuromediadores e substâncias quimicamente aparentadas a eles, capazes de reagir de modo mais ou menos específico com esses receptores. Quando o neuromediador atravessa a fenda sináptica e se liga ao receptor, sendo este o próprio canal iônico, a mudança de conformação tridimensional (alosteria) que essa reação química promove causará a abertura do canal e a passagem de íons através da membrana. Os receptores sinápticos não são tão seletivos para o íon que atravessará a membrana quanto os canais iônicos dependentes de voltagem. Por isso é comum a passagem de íons diferentes através do mesmo receptor. Se predominar o fluxo de Na^+ (de fora para dentro da célula), a ligação do mediador com o receptor provoca uma despolarização da membrana pós-sináptica e o receptor é então dito despolarizante ou excitatório, porque a despolarização aproxima a mem-

[5] *Não confundir* receptor molecular, *de que estamos tratando neste capítulo, com* receptor sensorial, *que abordamos no Capítulo 7. Embora os conceitos sejam muito diferentes, ambos são frequentemente denominados apenas pela palavra receptor.*

[6] *Mas também existem* receptores pré-sinápticos, *bem como* receptores intracelulares.

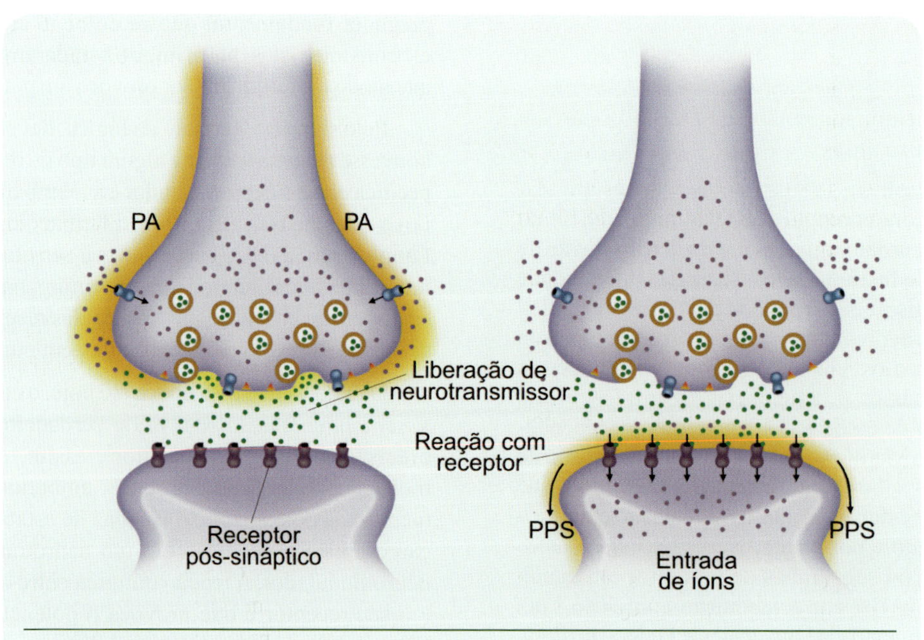

Figura 4.9. *O neurotransmissor liberado na fenda sináptica difunde-se até os receptores situados na membrana pós-sináptica (**A**). Como muitos receptores são ao mesmo tempo canais iônicos, a reação do neurotransmissor com eles provoca a abertura dos canais e a entrada de cátions (**B**). Resulta um potencial pós-sináptico (PPS).*

QUESTÃO DE MÉTODO

Quadro 4.3
Como se estudam as sinapses e os receptores?

A partir da década de 1950, vários pesquisadores realizaram experimentos importantes sobre a transmissão sináptica, associando a farmacologia com a bioquímica e a eletrofisiologia para compreender a transmissão da mensagem química pelo neuromediador, e a gênese da nova mensagem elétrica na célula pós-sináptica. Inicialmente, esses experimentos consistiam na inserção de micropipetas de vidro na célula pós-sináptica e na colocação de eletródios de metal no neurônio pré-sináptico. Desse modo era possível estimular a fibra nervosa pré-sináptica, provocando nela PAs que se propagavam até o terminal. Os potenciais da membrana pós-sináptica podiam ser captados pela micropipeta de vidro, pois esta continha uma solução eletrolítica capaz de conduzir correntes iônicas. As interações bioquímicas que ocorriam na fenda sináptica eram analisadas colocando, na preparação, substâncias que "imitam" os efeitos do neuromediador (chamadas *agonistas*), ou outras que impedem a ação dos agonistas (denominadas *antagonistas*). Mais recentemente, esse trabalho atingiu as dimensões moleculares, o que permitiu em muitos casos identificar e decifrar a estrutura química da molécula dos receptores, identificar e clonar os genes responsáveis pela síntese deles, e elucidar as etapas bioquímicas desde a reação entre o neuromediador e o seu receptor até a gênese do potencial pós-sináptico correspondente.

Como a caracterização molecular dos receptores é feita utilizando agonistas e antagonistas, muitas vezes os tipos de receptores encontrados são classificados segundo os agonistas que têm. Um exemplo é o dos receptores colinérgicos: o da célula muscular esquelética é chamado *nicotínico*, pois seu agonista mais conhecido é a nicotina. No entanto, a nicotina não faz efeito no receptor colinérgico da célula muscular cardíaca, mas sim a muscarina, e é por isso que esse outro tipo de receptor colinérgico é chamado *muscarínico*.

brana do neurônio pós-sináptico do limiar de disparo de potenciais de ação (Figura 4.10A). O potencial sináptico correspondente é chamado *potencial pós-sináptico excitatório* (PPSE). Em contraste, se predominar o fluxo de Cl^- (também de fora para dentro da célula), ou de K^+ (de dentro para fora), a reação ligante-receptor provoca uma hiperpolarização e o receptor é então chamado hiperpolarizante ou inibitório, porque a hiperpolarização afasta o neurônio pós-sináptico do limiar, tornando mais difícil o aparecimento de PAs (Figura 4.10B). O potencial hiperpolarizante chama-se *potencial pós-sináptico inibitório* (PPSI).

Um bom exemplo de receptor ionotrópico despolarizante é o da sinapse neuromuscular (Figura 4.4). O neurotransmissor é a acetilcolina, e a molécula receptora – cuja identidade molecular já foi desvendada – alcança alta concentração nas bordas das dobras juncionais, em linha com as zonas ativas. Imediatamente após a chegada dos PAs aos terminais que inervam a célula muscular ocorre a liberação da acetilcolina na fenda sináptica. Seguindo o gradiente químico, a ACh difunde-se em direção à membrana pós-sináptica, onde é grande a probabilidade de encontrar moléculas de receptor. Nesse momento ocorre a ligação química da ACh com o receptor, este muda sua conformação espacial e torna-se um canal aberto. Passam então pelo receptor tanto Na^+ como K^+, mas, como predomina o primeiro, o resultado é a gênese de um PPSE na membrana da célula muscular. O receptor da célula muscular esquelética é chamado nicotínico (ACh-N), mas não é o único dos receptores colinérgicos. Um outro tipo é o receptor muscarínico (ACh-M), que se encontra na membrana das células musculares cardíacas. Esse receptor, ao contrário do primeiro, é do tipo metabotrópico, e seu efeito final é hiperpolarizante. Por essa razão, o efeito da acetilcolina sobre o coração é inibitório. Os receptores colinérgicos muscarínicos ocorrem também nas sinapses neuroviscerais (como no trato gastroentérico, por exemplo) e em diversas regiões do SNC.

Os receptores colinérgicos ilustram bem a lógica da denominação dos receptores, que frequentemente recebem nomes derivados de substâncias agonistas[G] que podem reagir com eles em substituição ao neuromediador natural. É o caso do receptor colinérgico nicotínico, cujo nome deriva da nicotina, seu agonista. Da mesma forma o receptor muscarínico, cujo nome deriva da muscarina. Você verá adiante que o mesmo tipo de lógica orienta a nomenclatura de outros receptores.

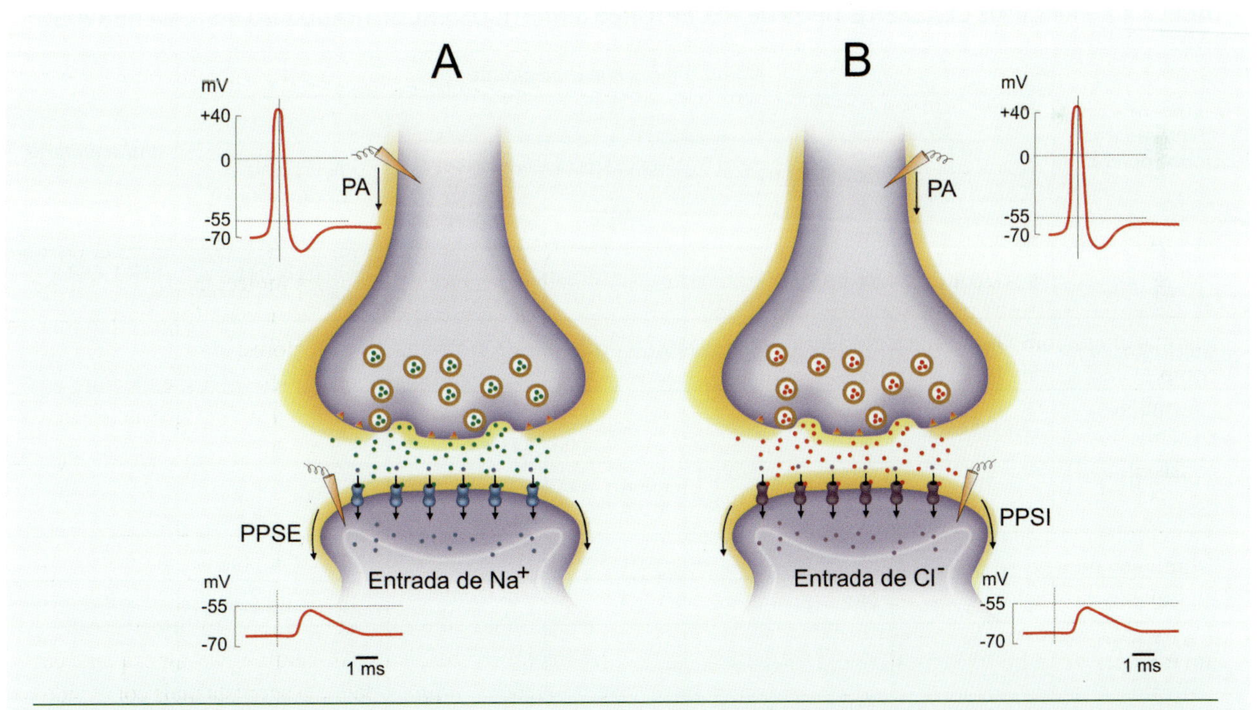

Figura 4.10. *Quando se registra o potencial de membrana do terminal axônico, sempre se obtém um potencial de ação cuja forma de onda é semelhante em todos os neurônios (gráficos de cima em **A** e **B**). Mas quando se registra o potencial pós-sináptico que ocorre como consequência da transmissão sináptica, em alguns neurônios a resposta é despolarizante (gráfico de baixo em **A**) e o potencial pós-sináptico é dito excitatório (PPSE), enquanto em outros é hiperpolarizante (gráfico de baixo em **B**) e o potencial pós-sináptico é inibitório (PPSI). Isso resulta da combinação do neurotransmissor específico com o receptor correspondente, que no primeiro caso deixa passar cátions de fora para dentro da célula, e no segundo deixa passar Cl^- (ou K^+, no sentido contrário).*

Dentre os receptores despolarizantes, talvez os mais importantes no SNC sejam aqueles que respondem ao glutamato, muito frequentes no cérebro dos animais. Acredita-se que cerca de metade das sinapses do SNC sejam glutamatérgicas, o que dá uma boa ideia de sua importância funcional. Entretanto, apesar dessa relevância, o excesso de ativação glutamatérgica é extremamente tóxico e pode provocar a morte dos neurônios pós-sinápticos. O tecido cerebral tem mecanismos para evitar essa ocorrência, através dos astrócitos que envolvem as sinapses, capazes de capturar o excesso de glutamato para o seu citoplasma, e inativá-lo lá dentro. Mas em circunstâncias patológicas, como na epilepsia, a atividade glutamatérgica sai do controle, e quando não é equilibrada por meio de medicamentos, pode ocasionar séria perda neuronal para o indivíduo.

Há três tipos de receptores glutamatérgicos: três são ionotrópicos e um é metabotrópico (Tabela 4.2). Os ionotrópicos são diferenciados pela sua sensibilidade a substâncias agonistas e antagonistas[G]: o receptor do tipo NMDA é um canal para cátions em geral (Na^+, K^+ e Ca^{++}), que responde ao agonista glutamatérgico N-metil-D-aspartato (NMDA); os dois receptores do tipo não-NMDA são canais para Na^+ e K^+ apenas, e respondem a agonistas diferentes do NMDA. É comum esses três tipos de receptores glutamatérgicos atuarem em consonância. Os receptores não-NMDA são fortemente despolarizantes, atuam com rapidez e seu mecanismo é semelhante ao dos demais receptores ionotrópicos conhecidos. O receptor NMDA é mais complexo (Figura 4.11A): atua mais lentamente e despolariza pouco a membrana pós-sináptica. Além disso, apresenta as peculiaridades de ser também dependente de voltagem e de exigir a coparticipação da glicina com o glutamato para ser ativado. O aminoácido glicina, neste caso, é o cotransmissor do glutamato. Em condições de repouso, o canal apresenta-se bloqueado pela ligação constante de íons Mg^{++} na molécula do receptor, mas quando a membrana se despolariza pela ação de outros receptores (por exemplo, dos receptores não-NMDA), o Mg^{++} é removido de seu sítio e o canal abre-se sob a ação de glutamato e glicina, permitindo o fluxo de cátions que pode resultar em um PPSE ainda maior. Essa interação entre os receptores glutamatérgicos e entre os dois cotransmissores (Glu e Gly, suas abreviaturas oficiais) é um exemplo interessante de integração sináptica, tema que será analisado adiante.

Exemplos de receptores hiperpolarizantes são os que existem em certos neurônios pós-sinápticos do córtex cerebral, que recebem terminais pré-sinápticos GABAérgicos. Neste caso também existem tipos farmacológicos diferentes, que são denominados por letras subscritas ($GABA_A$, $GABA_B$ etc.) e diferenciados por seu mecanismo de ação,

TABELA 4.2. PRINCIPAIS CLASSES E TIPOS DE RECEPTORES SINÁPTICOS ENCONTRADOS NO SISTEMA NERVOSO*

Membranares Ionotrópicos	***Membranares Metabotrópicos***					***Intracelulares***
	Proteína G				Tirosina-cinase	
	Ação da proteína G sobre canais iônicos	Ação da proteína G através de segundos mensageiros			Ação enzimática citoplasmática do receptor	
		AMPc	DAG/IP_3	Ác. araquidônico		
ACh-N (Na^+ e K^+)	ACh-M (K^+)	NA-β (Ca^{++})	Glu-m	H1, H2 e H3	Trk-A, Trk-B, Trk-C e p75	ESR-1, ESR-2, TR-β
$GABA_A$ e $GABA_C$ (Cl^-)	$GABA_B$ (K^+ ou Ca^{++})	NA-α_2 (K^+)	5-HT (Ca^{++})			
Glu-nNMDA (Na^+ e K^+)	O-μ, O-δ e O-κ	5-HT (K^+ e Ca^{++})	ACh-M (Ca^{++})			
Glu-NMDA (Na^+, K^+ e Ca^{++})		DA	ATP-A e ATP-P			
Gly (Cl^-)		ATP-A e ATP-P				
5-HT_3 (Na^+ e K^+)		CB1, CB2				
ATP-P_{2X} (Na^+, K^+ e Ca^{++})						

**O número de receptores atualmente identificados é bastante superior aos listados nesta tabela, onde se apresentam apenas os mais conhecidos. Abreviaturas: ACh-M = colinérgicos muscarínicos; ACh-N = colinérgicos nicotínicos; ATP (A e P) = purinérgicos tipos A e P; ATP-P_{2X} = purinérgicos tipo P_{2X}; CB1 e CB2 = endocanabinoides tipo 1 e 2; DA = dopaminérgicos; ESR = receptores para estrogênio; $GABA_A$ = GABAérgico tipo A; $GABA_B$ = GABAérgico tipo B; Glu-m = glutamatérgicos metabotrópicos; Glu-nNMDA = glutamatérgicos tipo não-NMDA; Glu-NMDA = glutamatérgicos tipo NMDA; Gly = glicinérgico; H = histaminérgicos; NA-α = noradrenérgicos tipo α; NA-ß = noradrenérgico tipo ß; O = opioides; TR = receptores para hormônios tireoidianos; Trk = receptores tirosina-cinase; 5-HT = serotoninérgicos; 5-HT_3 = serotoninérgico tipo 3.*

seus agonistas e antagonistas (Tabela 4.2). Os receptores $GABA_A$ e $GABA_C$ são ionotrópicos (Figura 4.11B), e o receptor $GABA_B$ é metabotrópico. Entretanto, todos são inibitórios. O GABA contido nas vesículas sinápticas é liberado na fenda logo após a chegada dos PAs nos terminais, difunde-se seguindo o gradiente químico e liga-se aos receptores situados na membrana pós-sináptica. Os receptores $GABA_A$ e $GABA_C$ são canais de Cl^-, e ao mudarem de conformação alostérica, abrem-se à passagem desse íon para o interior do neurônio pós-sináptico, o que provoca o aparecimento de um PPSI na membrana pós-sináptica. O receptor $GABA_B$ será mencionado adiante.

Como funcionam os receptores metabotrópicos? Como eles não são canais iônicos, a transmissão da mensagem química é exercida indiretamente, isto é, através de reações químicas intracelulares (Figura 4.12) que podem fosforilar canais iônicos independentes do receptor, situados nas regiões adjacentes da membrana, ou então provocar outros efeitos. Na maioria dos casos, essas reações intracelulares são iniciadas por uma molécula intermediária ancorada ao receptor pela face interna da membrana pós-sináptica, chamada *proteína G*, a "proteína que liga trifosfato de guanosina (GTP)". Na situação "de repouso", a proteína G tem três subunidades (α, ß, e γ), com uma molécula de difosfato de guanosina (GDP) ligada à subunidade α (Figura 4.12A). Quando o neurotransmissor ou o neuromodulador mudam a conformação alostérica do receptor (Figura 4.12B), a proteína G libera o seu GDP e o substitui por um GTP retirado do citosol. A incorporação do GTP separa a subunidade α do complexo, e esta "desliza" internamente na membrana até encontrar, nas proximidades, outras proteínas integrais[G] da membrana (Figura 4.12C), que realizam diferentes funções. Estas últimas são chamadas proteínas efetoras, porque são elas que vão completar o efeito da transmissão sináptica, seja transformando a mensagem química em um potencial pós-sináptico, seja provocando reações bioquímicas diversas no neurônio pós-sináptico, que influenciarão de maneira indireta a transmissão (Figura 4.12D).

No caso dos neurotransmissores, a proteína efetora ativada pela subunidade α da proteína G é frequentemente um canal iônico. Ocorre então que esse canal se abre e aparece um potencial pós-sináptico. É isso que se passa nas sinapses de neurônios com as células cardíacas, que apresentam receptores colinérgicos muscarínicos: uma vez ligados à acetilcolina, eles ativam proteínas G cujas subunidades α provocam a abertura de canais de K^+, abundantes na membrana das células musculares do coração (Figura 4.13). O fluxo de K^+, como sabemos, é hiperpolarizante, resultando em um potencial inibitório. Mecanismo semelhante ocorre com os receptores $GABA_B$ mencionados anteriormente: a proteína efetora é também um canal de K^+, e o resultado é o aparecimento de um PPSI no neurônio pós-sináptico.

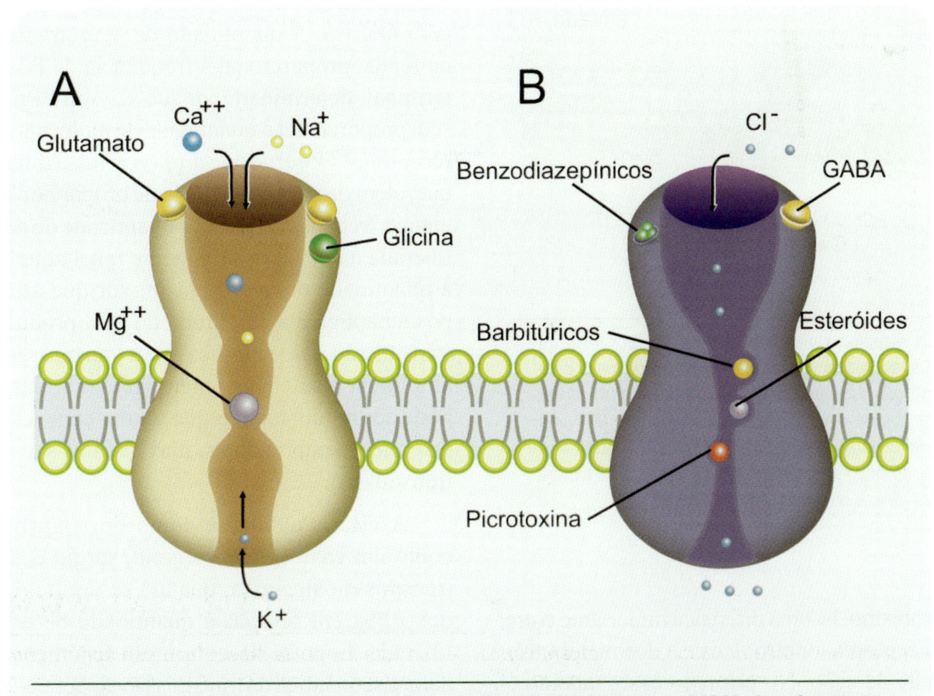

Figura 4.11. *Os principais receptores ionotrópicos do SNC são glutamatérgicos e GABAérgicos.* ***A*** *mostra um receptor glutamatérgico do tipo NMDA, com seus sítios de ligação para os dois cotransmissores (glutamato e glicina), e para o bloqueador Mg^{++}.* ***B*** *mostra o receptor $GABA_A$, com seus sítios de ligação para o neurotransmissor e para alguns de seus agonistas (esteroides, barbitúricos e benzodiazepínicos) e um antagonista (a picrotoxina).*

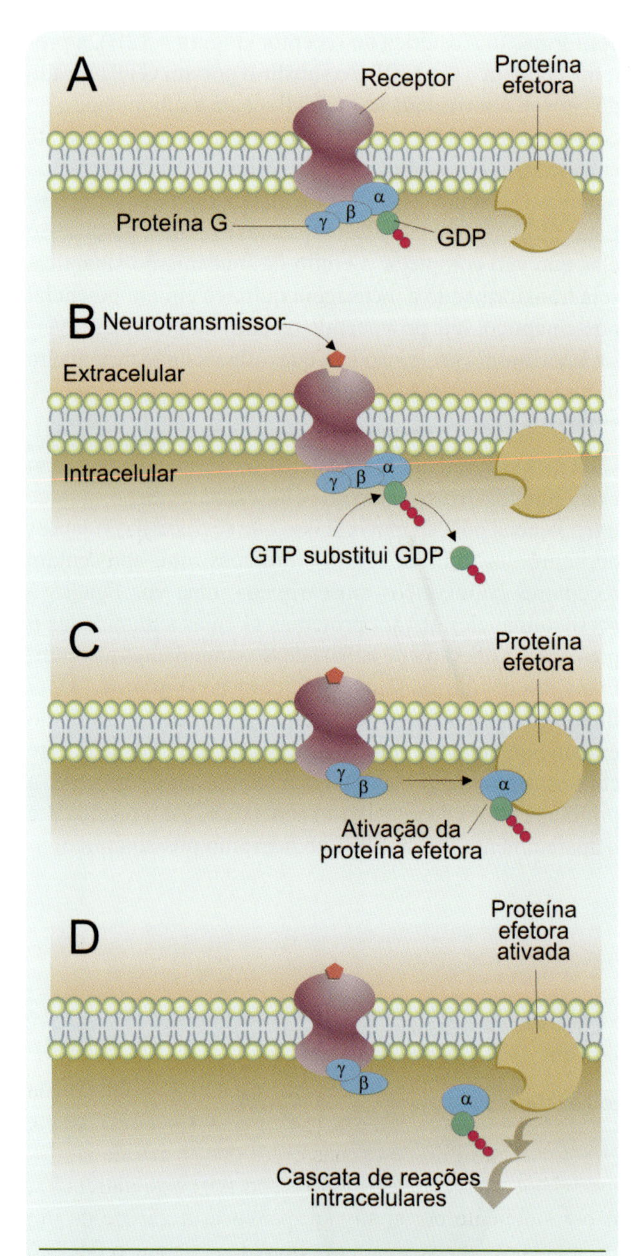

▸ *Figura 4.12. Os receptores metabotrópicos atuam por meio de reações químicas intracelulares. Muitos empregam a proteína G para colocar em comunicação o receptor com a proteína efetora (**A**). Neste caso, quando o receptor é ativado pelo neurotransmissor (**B**), uma das subunidades da proteína G desliza na membrana até encontrar a proteína efetora (**C**), ativando-a por fosforilação (**D**). É a proteína efetora que irá ativar canais iônicos ou outras reações intracelulares.*

Além do mecanismo, há uma diferença importante entre a operação dos receptores ionotrópicos e a dos metabotrópicos: a velocidade de ação. No primeiro caso, quando o neurotransmissor se liga ao receptor, em menos de 1 milissegundo já aparece um potencial sináptico. No segundo, esse tempo estende-se a dezenas de milissegundos. A ação dos receptores metabotrópicos que utilizam segundos mensageiros (ver adiante) e dos que utilizam a tirosina-cinase é ainda mais lenta (minutos). E mais lenta ainda é a ação dos neuromediadores que atuam sobre receptores intracelulares, pois esses receptores frequentemente têm como função regular a expressão gênica para a síntese de proteínas, o que pode levar 1 hora ou mais. Assim, a ação desses neuromediadores pode nem mesmo chegar a ativar canais iônicos, e seu efeito torna-se altamente indireto através da regulação do metabolismo do neurônio pós-sináptico.

Nos últimos anos, descobriu-se que a mesma molécula receptora (especialmente no caso dos metabotrópicos que utilizam a proteína G) pode possuir mecanismos de ativação intracelular diferentes, ativados por substâncias exógenas distintas (agonistas, antagonistas e outros tipos). Esse fenômeno foi chamado *seletividade funcional*, e aponta para uma complexidade maior do que se imaginava anteriormente na transmissão sináptica. Além disso, representa um desafio para os farmacologistas na busca de drogas que ajam na via específica que produz sintomas de doenças, e não nas demais, que podem produzir efeitos colaterais indesejados.

▸ NATUREZA QUÂNTICA DA TRANSMISSÃO SINÁPTICA

De tudo o que estudamos até o momento, podemos concluir que o trabalho da maioria dos neurotransmissores consiste na reconversão da mensagem química em mensagem elétrica. A quantidade de neurotransmissor liberado na fenda, proporcional à frequência de PAs que afluem ao terminal, determinará por sua vez um PPS cuja amplitude será proporcional à quantidade de moléculas que atingem os receptores. Observe que *proporcional* é diferente de *igual*, e que, além disso, o coeficiente de proporcionalidade que relaciona a frequência de PAs à quantidade de neurotransmissor liberada não é necessariamente igual àquele que relaciona a quantidade de neurotransmissor que ativa a membrana pós-sináptica e a amplitude do PPS produzido no final da transmissão. Isso significa que a transmissão sináptica pode amplificar ou atenuar a mensagem original. Esta, portanto, pode ser modificada, o que é uma característica dos *chips* dos microcomputadores, mas não dos seus fios e cabos de transmissão.

A visão da sinapse como um *chip* biológico, e não como um cabo de transmissão, surgiu cedo no estudo da transmissão sináptica, quando se verificou a dependência dos PPSs em relação à quantidade de neurotransmissor liberada. Logo se descobriu um fenômeno interessante: a natureza quântica da transmissão sináptica. A descoberta foi do fisiologista alemão Bernard Katz (1911-2003), ganhador do prêmio Nobel de fisiologia ou medicina em 1970. Katz registrava pequenos potenciais sinápticos na célula muscular, quando verificou que todos tinham amplitude múltipla

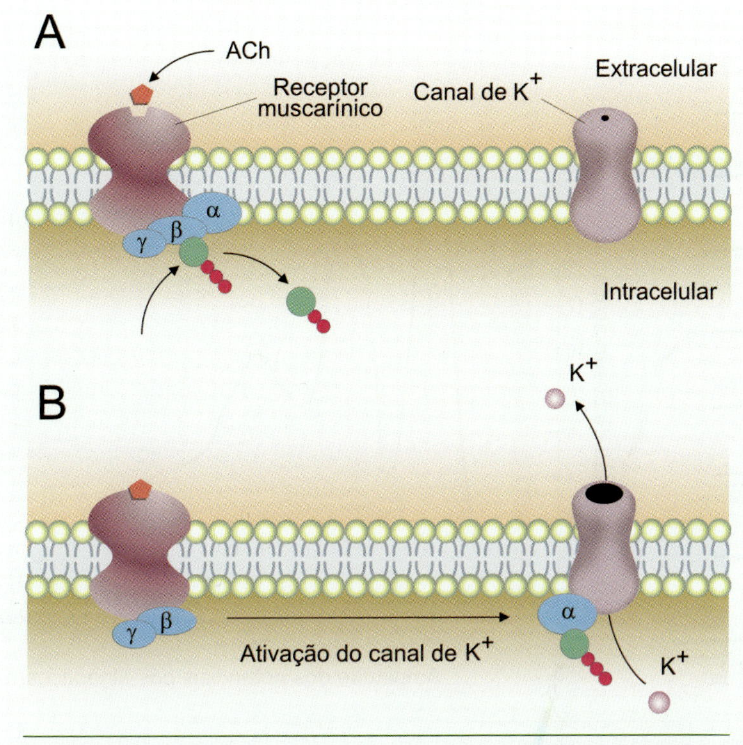

Figura 4.13. *A inervação colinérgica do coração apresenta um exemplo de receptor metabotrópico cuja proteína efetora é um canal iônico. Neste caso (**A**), o neurotransmissor é a acetilcolina (ACh), o receptor é do tipo muscarínico e a proteína efetora é um canal de K^+. O canal é ativado (**B**) pela subunidade α da proteína G ligada ao receptor.*

de um valor unitário muito pequeno (menor que 1 mV), um verdadeiro *quantum*[G] (Figura 4.14). Sugeriu então que o potencial unitário (quântico) refletiria a quantidade de neurotransmissor contida em uma única vesícula sináptica, e que por isso os PPSs registrados nos experimentos eram sempre múltiplos inteiros dele. Posteriormente, verificou-se que uma vesícula de acetilcolina na sinapse neuromuscular contém milhares de moléculas desse neurotransmissor, e que essa quantidade de moléculas, quando administrada à sinapse experimentalmente, provocava um potencial de amplitude inferior a 1 mV.

Por outro lado, verificou-se também que um único PA na fibra nervosa provoca a liberação do conteúdo de cerca de 200 vesículas na sinapse neuromuscular, gerando um PPSE com amplitude de cerca de 50 mV. Esta característica da sinapse neuromuscular confere-lhe um alto "fator de segurança", índice que indica alta probabilidade de sucesso na transmissão sináptica. É natural que seja assim, pois é necessário que o motoneurônio seja sempre capaz de ativar, sem falha, a célula muscular. Quando o fator de segurança da sinapse neuromuscular cai, como acontece, por exemplo, em uma doença autoimune[G] chamada miastenia grave[G], a transmissão sináptica falha, e os músculos respondem defeituosamente aos comandos do sistema nervoso.

Nas sinapses do SNC a situação é bem diferente: cada PA pode liberar o conteúdo de uma única vesícula, o que resulta em um PPS de apenas cerca de 0,1 mV de amplitude. Uma variação de potencial tão pequena, entretanto, não é suficiente por si só para provocar a gênese de um PA no neurônio pós-sináptico. Isso significa que o fator de segurança das sinapses centrais é frequentemente baixo. Conclui-se que as mensagens transmitidas no SNC devem envolver muitas sinapses sobre um mesmo neurônio, para que sejam convertidas em novas mensagens conduzidas por esse neurônio. A interação entre as muitas sinapses que incidem sobre um mesmo neurônio é a essência do desempenho do sistema nervoso como um sistema inteligente, e será objeto de maiores comentários adiante.

A AÇÃO SILENCIOSA DOS NEUROMODULADORES

Vimos até agora que a transmissão sináptica química consiste na liberação, pelo terminal axônico, de uma molécula neurotransmissora que atravessa a fenda sináptica e se liga a um receptor, provocando nele uma mudança

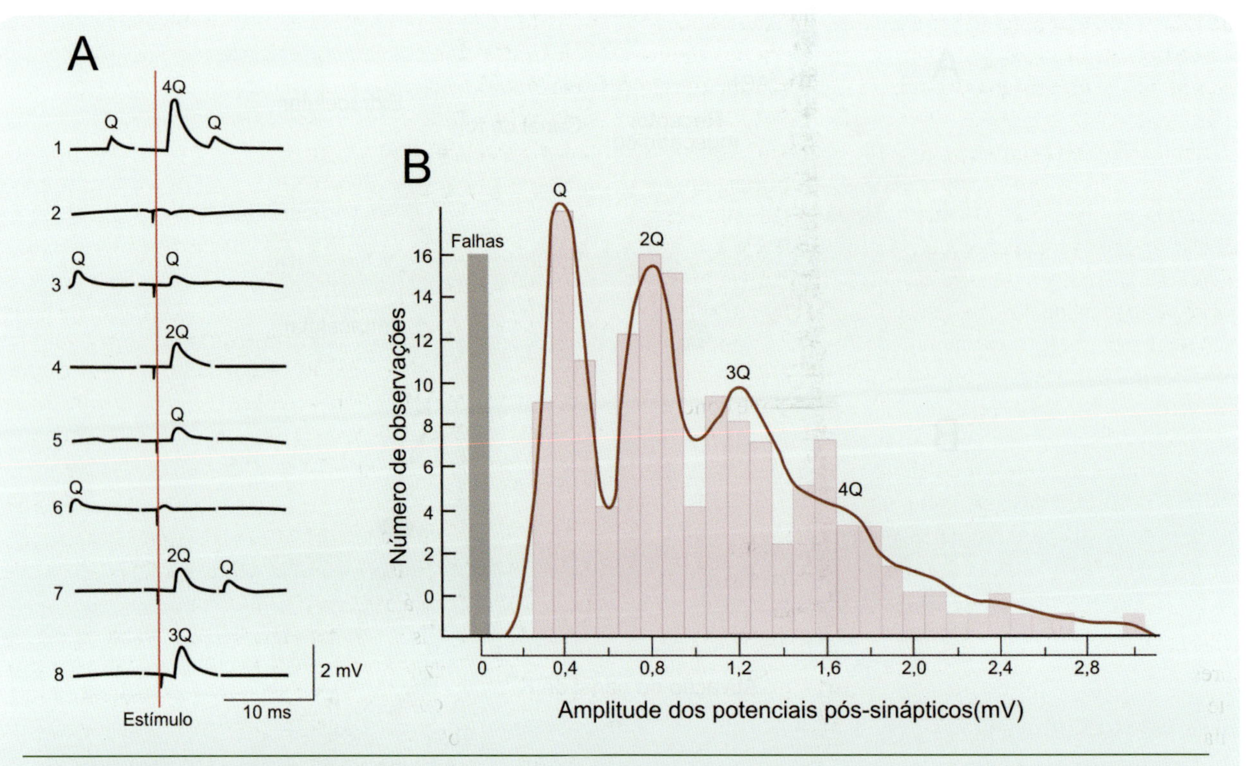

Figura 4.14. *O experimento de Bernard Katz revelou que os potenciais pós-sinápticos são sempre múltiplos de um valor mínimo – quantum – que presumivelmente representa o efeito da liberação do conteúdo de uma única vesícula sináptica. Em* ***A****, oito registros de PPSs em uma sinapse neuromuscular após estímulos elétricos aplicados na fibra nervosa (linha vermelha) mostram potenciais múltiplos de um valor quântico (Q). Em* ***B****, o número de observações de PPSs de diferentes amplitudes mostra maior incidência de potenciais unitários (Q), duplos (2Q), triplos (3Q) etc.* ***A*** *modificado de A. W. Liley (1956)* Journal of Physiology *vol. 133: pp. 571-587.* ***B*** *modificado de I. A. Boyd e A. R. Martin (1956)* Journal of Physiology *vol. 132: pp. 74-91.*

conformacional. Como vimos, se o receptor for ele próprio um canal iônico (receptores ionotrópicos), logo se produz um potencial na membrana da célula pós-sináptica. Vimos também que o receptor pode não ser ele mesmo um canal (receptores metabotrópicos). Neste caso, ainda assim sua mudança de conformação pode ativar moléculas intermediárias (como a proteína G), que – direta ou indiretamente – terminarão influenciando canais iônicos próximos da membrana pós-sináptica, o que poderá resultar na produção de um potencial pós-sináptico. A transmissão sináptica não é tão rápida, mas ainda se completa em menos de 100 milissegundos.

No entanto, pode acontecer que a proteína G atue não sobre um canal iônico vizinho, mas sobre uma enzima que flutua na membrana pós-sináptica do mesmo modo que os canais, e cuja função é produzir um mensageiro químico intermediário que atua mais longe na membrana, ou mesmo no interior da célula pós-sináptica. A esse intermediário se dá o nome de *segundo mensageiro* (já que o primeiro é o próprio neuromediador). Nesse caso, a transmissão sináptica é mais lenta, podendo atingir tempos da ordem de 1 segundo ou mais. Ainda: a ação do segundo mensageiro pode ser a de ativar uma cascata enzimática envolvendo várias etapas até, finalmente, expressar-se como um potencial pós-sináptico. A transmissão então é muito lenta e difusa, podendo chegar a vários minutos. E mais ainda: a cascata enzimática disparada pela ativação do receptor pode produzir alterações metabólicas intracelulares que nem cheguem a provocar potenciais sinápticos, mas produzam alterações de longo prazo no desempenho funcional do neurônio, incluindo a síntese de novas proteínas através da ativação da expressão gênica.

Essa ampla escala de tempos de transmissão confere grande variabilidade às sinapses químicas. Quando esses processos ocorrem em tempos prolongados, fica sem sentido chamá-los de transmissão sináptica, já que às vezes seu efeito resulta em alterações difusas e sutis da excitabilidade do neurônio, mas não propriamente em uma mensagem elétrica nítida na forma de potenciais de ação. O nome que se reserva para esses casos, então, é *neuromodulação*. Como esse conceito é relativo e depende de um espectro contínuo de tempo, é claro que existe uma faixa intermediária em que o fenômeno sináptico pode ser considerado tanto transmissão como modulação.

Neuromoduladores, então, são as substâncias químicas liberadas na fenda sináptica, cujas ações pós-sinápticas modulam, isto é, influenciam a ação mais rápida e eficiente dos neurotransmissores. Na Tabela 4.1 apresentamos alguns exemplos de neurotransmissores e neuromoduladores, e na Tabela 4.2, alguns dos receptores correspondentes. Geralmente, os neuromoduladores são peptídeos, lipídios e gases. No entanto, às vezes a ação de um neurotransmissor sobre um determinado receptor é tão lenta que ele opera mais como modulador do que como transmissor propriamente dito. É o caso da noradrenalina (NA), quando atua sobre receptores de um tipo particular chamado α_2 (Figura 4.15A). Esses receptores são numerosos em neurônios do SNC. Quando os PAs que trafegam pelos axônios noradrenérgicos causam a liberação de NA nos terminais, e esta se liga aos receptores α_2, ocorre a incorporação de GTP na proteína G e a separação da subunidade α. O efeito desta última, entretanto, é inibir uma enzima situada nas proximidades da membrana pós-sináptica, cuja função consiste em desfosforilar um composto de alta energia muito abundante no citosol, o ATP, transformando-o em monofosfato cíclico de adenosina ou AMP-cíclico (AMPc). Essa enzima é chamada *adenililciclase*, e o seu produto é um dos segundos mensageiros mais bem conhecidos da transmissão sináptica química.

Acontece que a ação intracelular normal do AMPc consiste na ativação de outra enzima fosforilante chamada proteína-cinase A (PKA), que se encontra dissolvida no citoplasma. A ação fosforilante da PKA é exercida sobre os canais de K^+ da célula pós-sináptica, abrindo-os, e isso resulta no aumento do fluxo de K^+ e, consequentemente, na hiperpolarização do neurônio. Sob ação da NA, entretanto, ocorre justamente o oposto. A adenililciclase é inibida, o que diminui a síntese de AMPc, reduzindo também a ação da PKA sobre os canais de K^+ do neurônio pós-sináptico. Resultado: estes permanecerão fechados, predominará ligeiramente o fluxo de Na^+ e ocorrerá uma pequena despolarização da membrana. O efeito final da NA sobre os receptores α_2, assim, é o de aumentar levemente a excitabilidade dos neurônios pós-sinápticos.

Bastante diferente é a ação da noradrenalina presente em alguns dos terminais nervosos que inervam o coração. Neste caso, ela atua sobre receptores de tipo ß, que também empregam o AMPc como segundo mensageiro (Figura 4.15B). No entanto, a proteína G, agora, atua diferentemente, provocando a ativação da adenililciclase, o aumento da produção de AMPc e, consequentemente, a ativação da PKA. Na célula muscular cardíaca, a PKA fosforila os canais de Ca^{++} dependentes de voltagem, abundantes na membrana. Ocorre despolarização seguida de contração dessa célula. O resultado final da ação dos terminais noradrenérgicos no coração é um aumento da frequência e da força dos batimentos cardíacos.

Observe a lógica dos fenômenos sinápticos exemplificados anteriormente. A mensagem elétrica dos axônios noradrenérgicos que atuam em receptores α_2 sofre a ação de inúmeros processos bioquímicos intermediários e é por isso mais lenta, resultando indiretamente num ligeiro aumento de excitabilidade do neurônio pós-sináptico, mas raramente provocam o disparo de potenciais de ação no segmento inicial do axônio pós-sináptico. Outros axônios que fazem sinapse com esse mesmo neurônio, então, neste momento encontrarão a membrana ligeiramente despolarizada, o que facilitará a transmissão das mensagens que conduzem. O efeito da noradrenalina terá sido o de *modular* a transmissão sináptica de outros axônios. A sinapse noradrenérgica com receptores α_2 não é a única que utiliza o AMPc como segundo mensageiro, mas a sequência geral dos mecanismos sinápticos moduladores do AMPc é semelhante na maioria dos casos.

O AMPc não é o único segundo mensageiro. Outro sistema bem conhecido é o do *fosfoinositol*, de funcionamento mais complexo que o do AMPc (Figura 4.16). Neste caso, a proteína G ativada pelo receptor liga-se a uma enzima integral da membrana pós-sináp-tica, diferente da adenililciclase: a fosfolipase C (PLC). O substrato desta enzima é um fosfolipídio que faz parte da estrutura da membrana, chamado difosfato de fosfatidilinositol ou PIP_2 (conhecido simplesmente como fosfoinositol). Sob ação da PLC, o PIP_2 divide-se em duas moléculas que atuam como segundos mensageiros: o diacilglicerol (DAG) e o trifosfato de inositol (IP_3). O DAG é lipossolúvel e continua imerso na membrana do neurônio pós-sináptico, ativando nela a proteína-cinase C (PKC), uma enzima fosforilante que atua sobre diferentes substratos da membrana e do citoplasma, a maioria deles não relacionados com a transmissão sináptica, mas sim com o metabolismo neuronal. O outro segundo mensageiro que resulta da clivagem do PIP_2, o IP_3, é hidrossolúvel, e por essa razão destaca-se da membrana e cai no citoplasma do neurônio pós-sináptico. Um de seus efeitos no citoplasma é ligar-se a receptores da membrana do retículo endoplasmático, provocando a saída de Ca^{++} de dentro do retículo para o citosol. O aumento do Ca^{++} citoplasmático, por sua vez, pode ativar diversas reações metabólicas no interior da célula, inclusive a abertura de canais iônicos da membrana, o que resulta finalmente em potenciais pós-sinápticos. Alguns receptores serotoninérgicos utilizam esta via de segundos mensageiros para responder à ligação da serotonina na fenda sináptica.

Ninguém imaginaria que o sistema nervoso empregasse gases como neuromoduladores (Quadro 4.4). É exatamente isso, entretanto, que foi descoberto recentemente por diferentes pesquisadores, especialmente o farmacologista norte-americano Solomon Snyder. O óxido nítrico (NO) e o monóxido de carbono (CO) são moléculas gasosas muito pequenas, produzidas por enzimas específicas existentes em algumas células, a NO-sintase e a heme-oxigenase. A síntese desses gases aumenta quando ocorre ativação sináptica excitatória, especialmente mediada por glutamato através

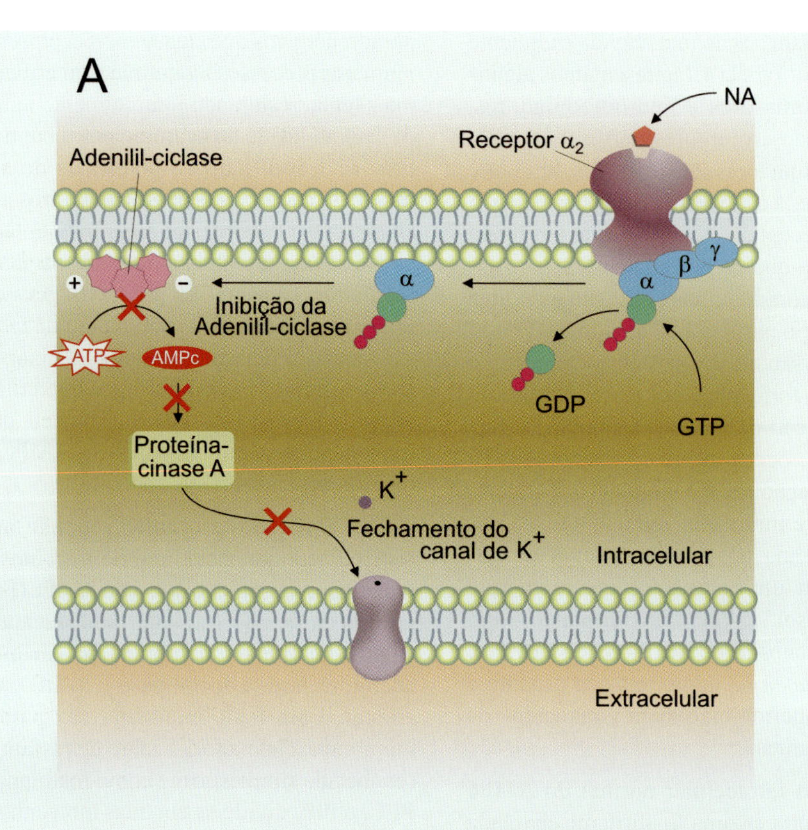

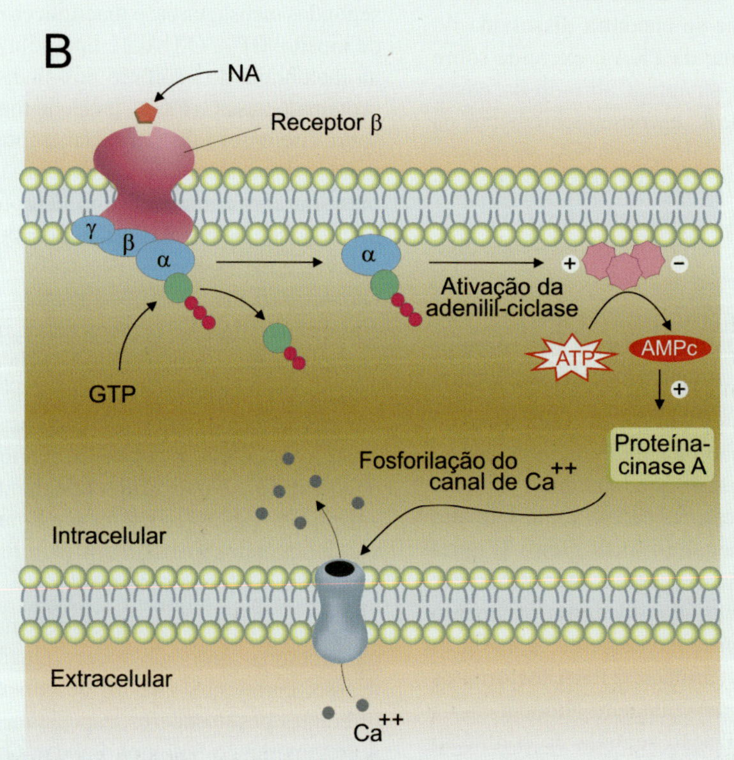

Figura 4.15. *Os axônios noradrenérgicos apresentam exemplos de receptores metabotrópicos, cujas proteínas efetoras são canais iônicos diferentes.* ***A*** *mostra a ação da noradrenalina (NA) sobre os receptores do tipo α_2, presentes na musculatura lisa dos vasos sanguíneos. O efeito da sinalização intracelular é a inibição da adenililciclase, provocando assim o fechamento de canais de K^+. Resultado: aumento da duração dos PPSEs.* ***B*** *mostra o exemplo oposto, em que a NA atua sobre receptores ß, presentes no coração e nas vias respiratórias. A sinalização intracelular causa abertura dos canais de Ca^{++}, resultando no aumento de amplitude dos PPSEs.*

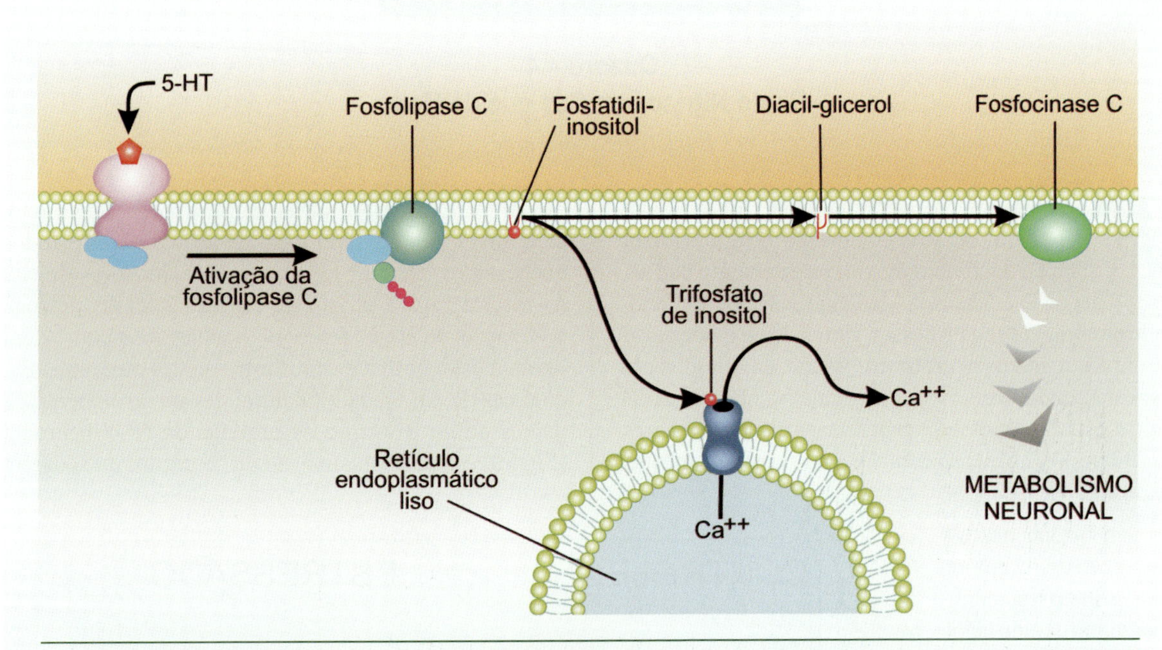

Figura 4.16. *Alguns receptores para serotonina (5-HT) empregam como segundo mensageiro o trifosfato de inositol (ou IP_3), que se difunde no citosol até encontrar e fosforilar canais de cálcio no retículo endoplasmático liso, liberando Ca^{++}, que então terá diversos efeitos metabólicos, inclusive a ativação de canais iônicos.*

dos receptores tipo NMDA. Ao serem sintetizados, suas moléculas pequenas difundem-se imediatamente através das membranas em todas as direções. Por essa razão, não há possibilidade de contê-las em vesículas ou grânulos de secreção. Também por essa razão sua ação é pouco específica e não propriamente sináptica. Esses neuromoduladores transcelulares atuam não apenas nos elementos pós-sinápticos, mas também nos elementos pré-sinápticos ou mesmo em sinapses vizinhas, utilizando o monofosfato cíclico de guanosina (GMPc) como segundo mensageiro. Quando atuam retrogradamente (isto é, sobre os elementos pré-sinápticos), provocam uma facilitação da transmissão sináptica que causou a sua síntese e liberação. Cria-se um circuito de retroação positiva[7], em que a ação dos neuromoduladores gasosos aumenta cada vez mais a transmissão sináptica que os origina, e esta cada vez mais a ação dos gases. Em função disso, tem-se admitido a hipótese de que esses neuromoduladores transcelulares estejam ligados a processos moleculares ligados à memória.

Outra ação importante dos neuromoduladores gasosos é sobre o endotélio das arteríolas cerebrais, provocando a sua dilatação e consequentemente o aumento do fluxo sanguíneo nas regiões sinapticamente mais ativas. Esse vínculo entre a atividade neural e o fluxo sanguíneo é atualmente empregado como base para as técnicas modernas de imagem funcional, como a ressonância magnética e a tomografia de emissão de pósitrons. Você poderá encontrar mais detalhes sobre isso no Capítulo 13.

Após os gases, mais recentemente se identificou uma segunda família de neuromediadores não convencionais, os chamados endocanabinoides. Foram chamados assim porque são moléculas que atuam nos mesmos receptores sobre os quais atua o Δ^9-tetra-hidrocanabinol, princípio ativo da maconha. Os endocanabinoides são na verdade ácidos graxos derivados dos lipídios da membrana plasmática, e portanto não podem ser armazenados em vesículas, e quando são sintetizados conseguem atravessar as membranas celulares. Desse modo, têm ação sobre receptores (chamados CB1 e CB2) localizados em terminais pré-sinápticos, influenciando a liberação dos seus neuromediadores. O GABA, por exemplo, é um dos neuromediadores cuja liberação pode ser inibida – em alguns locais do cérebro – pelos endocanabinoides.

Fim da Transmissão Sináptica: o Botão de Desligar

A transmissão sináptica não seria eficiente se não houvesse um mecanismo ágil para "desligá-la". Isso porque o neuromediador permaneceria na fenda sináptica durante

[7] *Em inglês,* positive feedback.

NEUROCIÊNCIA EM MOVIMENTO

Quadro 4.4
Óxido Nítrico, um Gás que dá Medo

*Francisco S. Guimarães**

Formei-me em medicina pela Universidade Federal do Rio Grande do Sul, e realizei meu doutoramento do Departamento de Farmacologia da Faculdade de Medicina de Ribeirão Preto, onde atualmente sou Professor Titular. Meu laboratório tem investigado os neurotransmissores envolvidos em respostas emocionais. Nos últimos anos tenho-me dedicado a estudar o possível papel de neurotransmissores considerados atípicos, como o óxido nítrico, nestas respostas.

No sistema nervoso central, a ativação de receptores NMDA pelo glutamato, com o consequente influxo de cálcio, ativa a enzima sintase do óxido nítrico (NOS). A NOS neuronal é constitutiva – isto é, sintetizada pelo próprio neurônio – e está expressa em uma pequena porcentagem de células nervosas. Embora ela possa interagir com diferentes alvos, muitos dos seus efeitos parecem envolver o segundo mensageiro 3',5'-monofosfato cíclico de guanosina (GMPc). Através deste mecanismo, o óxido nítrico é capaz de modificar uma variedade de funções cerebrais, tais como a regulação da excitabilidade neuronal e a plasticidade sináptica.

Receptores de glutamato de tipo NMDA já há algum tempo haviam sido relacionados com a elaboração de respostas emocionais de medo. Como existe uma grande concentração de neurônios contendo a NOS em regiões responsáveis por estas respostas, como a grísea periaquedutal dorsal (GPd) e a amígdala[A] medial, iniciei em 1994, com meus colaboradores, uma investigação sobre o possível papel deste neurotransmissor gasoso na ansiedade. Mostramos que a injeção direta de inibidores da formação do óxido nítrico na GPd produz efeitos semelhantes aos observados com drogas ansiolíticas clássicas. Este trabalho foi o primeiro a relacionar, diretamente, o óxido nítrico com o medo, sugerindo, além disso, um possível local de ação. Outros estudos que fizemos a seguir mostraram que doadores de NO na mesma região produzem reações intensas de fuga e ativação de áreas cerebrais ligadas ao medo. Além disso, a exposição a eventos estressantes ou a ameaças, como as de um predador natural, levam ao aumento da expressão do RNAm e da proteína da NOS neuronal (Figura) e produzem ativação de neurônios que contêm a enzima NOS em regiões relacionadas à elaboração de respostas de medo e estresse. Trabalhos mais recentes do grupo têm mostrado que a inibição da formação do óxido nítrico no hipocampo[A] atenua respostas a estímulos estressores de forma semelhante ao observado com drogas antidepressivas.

CONTROLE | ESTRESSADO | 100μm

Ratos submetidos ao estresse de imobilização forçada mostram um aumento significativo de neurônios que expressam a enzima sintase do óxido nítrico (revelados aqui por uma técnica histoquímica que tinge a enzima) na porção dorsolateral da grísea periaquedutal, uma "área-chave" na elaboração de respostas de medo.

***Francisco S. Guimarães**

Professor-titular do Departamento de Farmacologia da Faculdade de Medicina da Universidade de São Paulo, em Ribeirão Preto. Correio eletrônico: fsguimar@fmrp.usp.br

[A] *Estrutura encontrada no Miniatlas de Neuroanatomia (p. 367).*

longos períodos, ligado ao receptor, e só lentamente, por difusão lateral, seria eliminado da fenda. Ocorreria permanência das ações sinápticas, seguida de dessensibilização dos receptores. Um mecanismo tão ágil e sofisticado no ligar seria lento e ineficaz no desligar.

A natureza selecionou dois mecanismos fundamentais para a interrupção da transmissão sináptica, além da difusão lateral já mencionada: (1) recaptação do neuromediador e (2) degradação enzimática do neuromediador.

A recaptação é possível porque a membrana dos terminais pré-sinápticos frequentemente possui proteínas transportadoras específicas para os neurotransmissores e neuromoduladores que produz. Com exceção da acetilcolina, identificaram-se moléculas transportadoras para praticamente todos os neurotransmissores conhecidos, e alguns neuromoduladores. Além disso, também os astrócitos possuem moléculas transportadoras para certos neurotransmissores, particularmente os excitatórios, como o glutamato e o aspartato, mas também os inibitórios, como o GABA e a glicina. Esse mecanismo, na verdade, constitui um importante mecanismo de proteção contra os efeitos tóxicos (chamados excitotóxicos) dos aminoácidos excitatórios, cuja ação descontrolada, como ocorre na epilepsia, pode levar à morte neuronal. Além disso, não há dúvida de que a remoção desses neurotransmissores da fenda sináptica pelos astrócitos, em condições normais, desempenha uma função moduladora da transmissão sináptica, conferindo a essas células gliais um papel importante também no processamento da informação neural (veja mais sobre isso no Capítulo 3).

As moléculas transportadoras pertencem a uma mesma família, utilizam ATP para sua atividade e dependem da presença de cátions para funcionar. A recaptação dos neuromediadores é um mecanismo muito frequentemente influenciado por drogas de vários tipos, e essa é a base molecular de suas ações maléficas ou benéficas. A cocaína, por exemplo, bloqueia a recaptação das aminas biogênicas em sinapses centrais. Certos medicamentos antidepressivos, por outro lado, bloqueiam mais especificamente a recaptação de serotonina no córtex cerebral.

O segundo mecanismo de desligamento sináptico é o da degradação enzimática, utilizado em sinapses colinérgicas, aminérgicas, histaminérgicas e peptidérgicas. O exemplo mais conhecido é o da sinapse neuromuscular. Em suas dobras juncionais, a membrana basal contém uma enzima – a *acetilcolinesterase* – que degrada a acetilcolina em duas moléculas diferentes, a colina e o acetato. Enquanto o acetato se difunde no meio extracelular para ser utilizado em diferentes vias bioquímicas, a colina é recaptada para o interior do terminal colinérgico por transportadores específicos, e reutilizada na síntese de acetilcolina pela colina-acetiltransferase. Os peptídeos neuromoduladores, de ações sinápticas lentas e difusas, difundem-se lateralmente e são degradados por peptidases presentes no espaço extracelular, mas não localizadas especificamente nas sinapses. Além disso, os peptídeos não são recaptados, porque as membranas do neurônio, mesmo as dos grânulos de secreção, não possuem moléculas transportadoras específicas para eles. Essas características reforçam a natureza moduladora desses compostos.

INTEGRAÇÃO SINÁPTICA

Embora tenhamos descrito a transmissão sináptica individualmente, é fácil entender que a sinapse isolada é uma situação quase inexistente no sistema nervoso, sobretudo nos mamíferos superiores. Cada neurônio recebe sinapses de milhares de outros. Além disso, em cada sinapse muitas vezes operam vários mecanismos de transmissão e de modulação. Visto desse modo, recebendo sinapses de inúmeras regiões diferentes do sistema nervoso, o neurônio aparece como um verdadeiro computador, capaz de reunir potenciais sinápticos de diferentes origens e tipos, associá-los e só então elaborar uma resposta, um "pacote" de informações emitido por seu axônio. Essa computação de múltiplos sinais sinápticos chama-se *integração sináptica*.

COTRANSMISSÃO E COATIVAÇÃO

Para compreender esse processo, vamos considerar um neurônio motor da medula espinhal[A], o mesmo que envia seu axônio ao músculo, encarregado de comandar a contração muscular através da sinapse neuromuscular que analisamos anteriormente. O motoneurônio está situado na ponta ventral da medula, e apresenta abundante árvore dendrítica que se ramifica intensamente nas proximidades do corpo celular (Figura 4.17). A decisão de emitir potenciais de ação em direção ao músculo é tomada longe dos dendritos, na zona de disparo do axônio, a região de mais baixo limiar da membrana neuronal. Nessa região existe uma altíssima concentração de canais de Na^+ dependentes de voltagem. O corpo do motoneurônio é coberto por sinapses simétricas e assimétricas, provenientes principalmente de interneurônios cujos somas se situam também dentro da medula. Os dendritos apresentam inúmeras espinhas, pequenos bastões curtos que emergem dos troncos dendríticos. Espinhas e troncos dendríticos do motoneurônio, por sua parte, são também cobertos de sinapses assimétricas, provenientes de neurônios distantes, alguns deles sensitivos, situados nos gânglios espinhais adjacentes à medula, e outros motores, situados em diferentes níveis superiores do SNC.

Em cada momento da vida do indivíduo, esse único motoneurônio deve "decidir" se dispara ou não potenciais de ação, e em que frequência. Sua decisão definirá se a célula

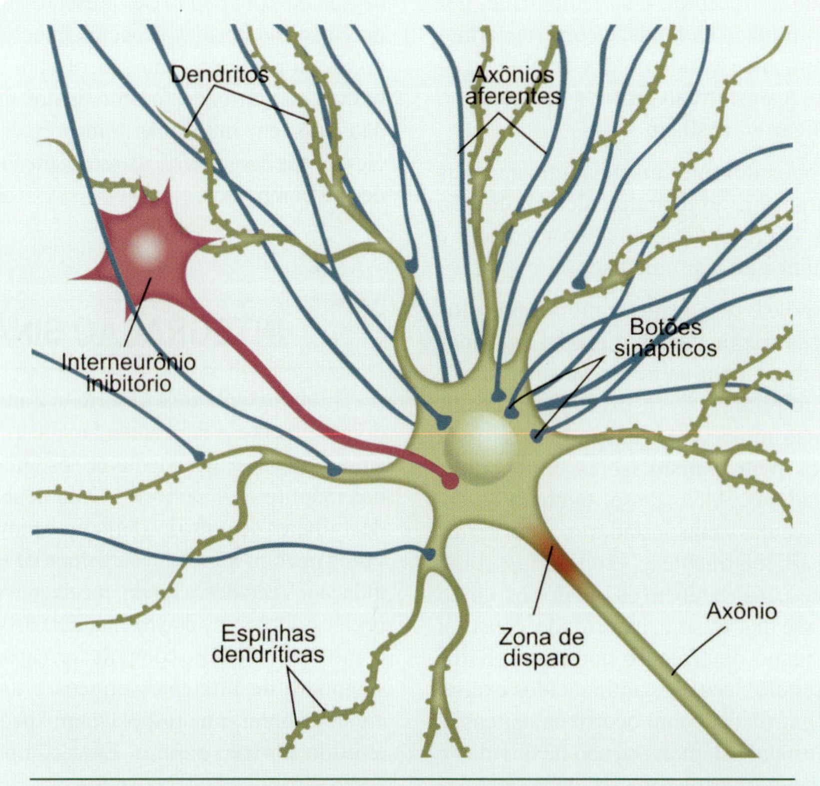

Figura 4.17. *Muitas vezes um neurônio tem que decidir se produzirá ou não potenciais de ação em sua zona de disparo. Faz isso com base nas informações que recebe de cerca de 10 mil sinapses de axônios aferentes vindos de neurônios longínquos ou de interneurônios situados nas proximidades, algumas excitatórias, outras inibitórias. A integração sináptica é justamente a computação de toda essa massa de informação, para definir como será a informação de saída do neurônio.*

muscular que inerva vai se contrair ou não, e em que medida. O motoneurônio deve tomar essa decisão em função do conjunto de informações que estiver recebendo das cerca de 10.000 sinapses que apresenta em sua membrana.

Suponhamos que em dado instante o músculo que o motoneurônio inerva recebe um estímulo qualquer – um toque que o estira levemente, por exemplo. O estímulo atinge as fibras sensitivas que se distribuem pelo tecido muscular, e provoca nelas uma salva de PAs que são imediatamente conduzidos em direção à medula, onde terminam nas sinapses assimétricas existentes nas espinhas dendríticas. Já vimos que as sinapses assimétricas são excitatórias, e neste caso empregam o glutamato como neurotransmissor. Se o estímulo for fraco e rápido, produzirá em poucas fibras sensitivas uma salva de PAs passageira e de baixa frequência, que será conduzida a poucas sinapses de nosso motoneurônio (Figura 4.18A). No SNC o fator de segurança é geralmente baixo, o que significa que cada sinapse excitatória provoca a liberação de glutamato, ativação dos receptores não-NMDA e uma despolarização pós-sináptica de poucos milivolts. Como o limiar da zona de disparo do motoneurônio está a cerca de 10-15 mV do potencial de repouso do soma, os receptores glutamatérgicos ativados não serão suficientes para disparar um só PA no motoneurônio.

Suponhamos agora que o estímulo se torne um pouco mais forte: o mesmo número de fibras sensitivas é atingido, mas cada uma delas produzirá uma salva de PAs de maior frequência (Figura 4.18B). O PPSE produzido em cada sinapse excitatória nas espinhas dendríticas é agora um pouco maior, já que desta vez há liberação de glutamato e glicina em maior quantidade, uma despolarização de maior amplitude e o recrutamento dos receptores NMDA pelo deslocamento dos íons Mg^{++} provocado pela alteração do potencial da membrana. A *cotransmissão* (utilização de dois neurotransmissores na mesma sinapse – neste caso glutamato e glicina) e a *coativação* de receptores diferentes (neste caso NMDA e não-NMDA) amplificam o potencial sináptico, e constituem tipos simples mas eficazes de integração sináptica.

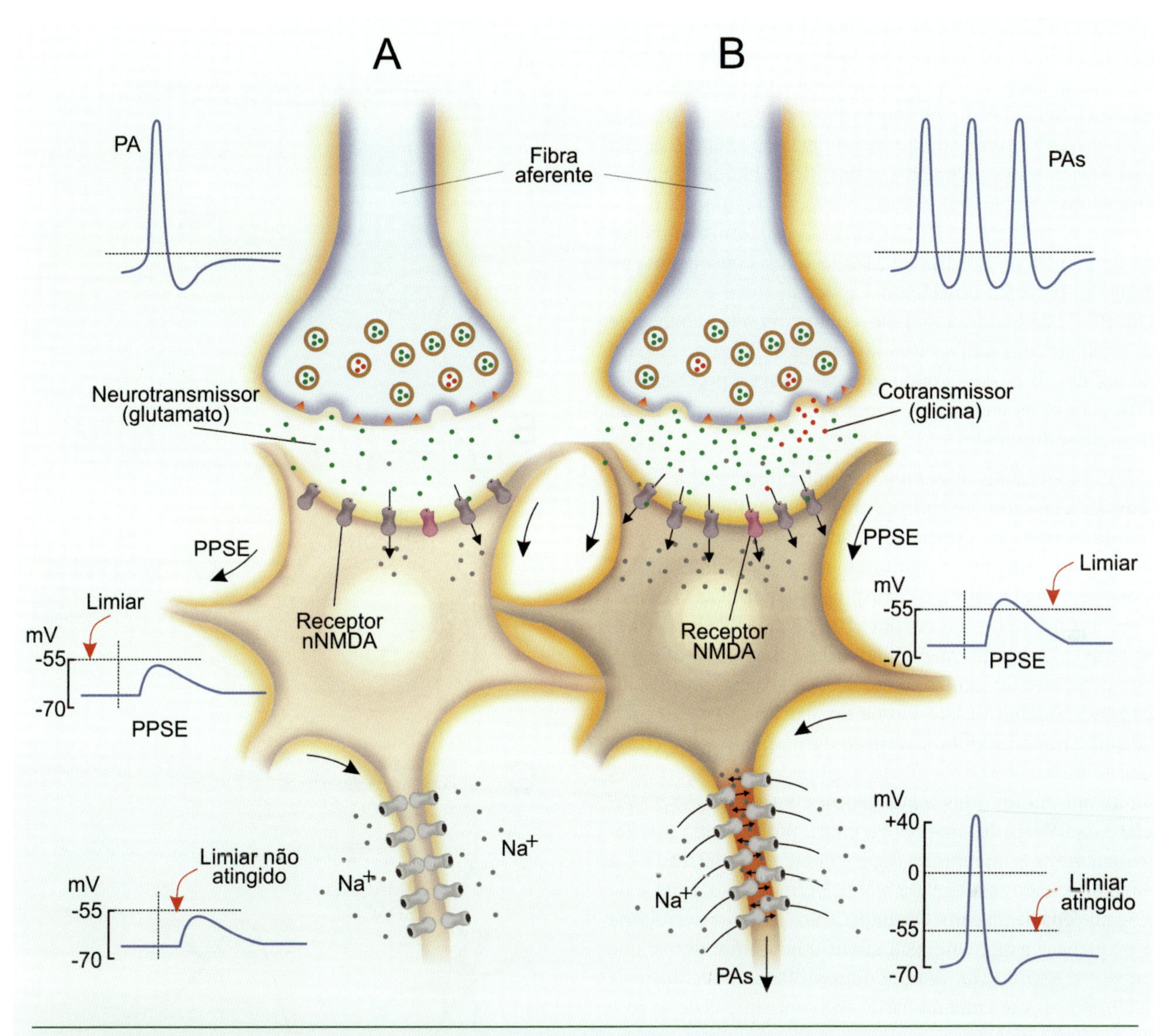

Figura 4.18. *A coativação é uma das formas de integração sináptica.* ***A*** *mostra a chegada de poucos potenciais de ação na fibra aferente (representados por apenas um PA), resultando na liberação de glutamato em pequena quantidade e assim um potencial pós-sináptico excitatório (PPSE) de baixa amplitude, insuficiente para atingir o limiar da zona de disparo. Em* ***B*** *ocorre a chegada de maior frequência de PAs, resultando na liberação de mais glutamato e também do cotransmissor glicina, o que provoca a ativação dos receptores nNMDA e dos receptores NMDA. Agora o PPSE é maior, e atinge o limiar da zona de disparo.*

Existem outros exemplos de cotransmissão no sistema nervoso, geralmente associando um neurotransmissor com um neuromodulador peptídico. A própria sinapse neuromuscular do motoneurônio pode ser lembrada a esse respeito, pois, além da ACh, libera um neuromodulador chamado *peptídeo relacionado ao gene da calcitonina* (conhecido pela sigla inglesa CGRP). O CGRP ativa a adenililciclase da célula muscular, e o AMPc sintetizado provoca o aumento da fosforilação enzimática de proteínas que participam da contração muscular. O resultado é o aumento da força de contração.

INTERAÇÃO ENTRE POTENCIAIS SINÁPTICOS

A força do estímulo incidente sobre o músculo, em nossa simulação, ainda não foi suficiente para provocar o aparecimento de muitos PAs no axônio de nosso motoneurônio hipotético (Figura 4.19A). Vamos então aumentá-la, tornando o estímulo ainda mais forte e duradouro. O resultado é uma salva de PAs de maior frequência nas fibras aferentes sensitivas (Figura 4.19B). Novamente, ocorre liberação de glutamato e ativação dos receptores glutamatérgicos a cada PA que chega nos terminais sinápticos. Em cada vez, um pequeno PPSE aparece na membrana pós-sináptica. Cada um deles decai com um curso temporal característico da membrana daquele neurônio, até o retorno ao potencial de repouso. Se, antes do retorno ao nível de repouso, ocorrer um outro PPSE, encontrará a membrana pós-sináptica ainda parcialmente despolarizada, e um PPSE maior resultará. Diz-se que houve, nesse caso, *somação temporal*. É comum a ocorrência de PPSEs sucessivos, com o aumento da frequência de PAs nas fibras sensitivas, consequente ao aumento da força do estímulo aplicada sobre o músculo. Um PPSE de maior amplitude, então, terá mais chance de se espalhar pelo soma e atingir o limiar da zona de disparo do axônio. É possível que neste caso haja a produção de PAs pelo motoneurônio, o que promoverá a contração do músculo estimulado.

Consideremos agora um aumento ainda maior da intensidade do estímulo aplicado no músculo (Figura 4.19C). Maior número de fibras é recrutado, resultando em maior número de sinapses excitatórias ativadas. Muitas dessas sinapses estão localizadas em espinhas dendríticas vizinhas. Em cada uma delas aparece um PPSE, e cada PPSE espalha-se através da membrana do dendrito e do soma neuronal. Se se tratasse de um só potencial, a distância entre as sinapses axodendríticas e a zona de disparo provocaria um decaimento da amplitude da despolarização que impediria que se atingisse o limiar de excitabilidade: não haveria PAs no axônio motor. Mas o que ocorre é a *somação espacial* entre os PPSEs de sinapses vizinhas, porque cada um deles encontra a membrana ligeiramente despolarizada e a despolarização resultante é maior, permitindo a gênese de PAs na zona de disparo. Quando a ação sináptica excitatória é pequena, insuficiente para ativar o neurônio, diz-se que ele sofre *facilitação*, porque outros PPSEs poderão mais facilmente levar a membrana do segmento inicial do axônio ao limiar de disparo.

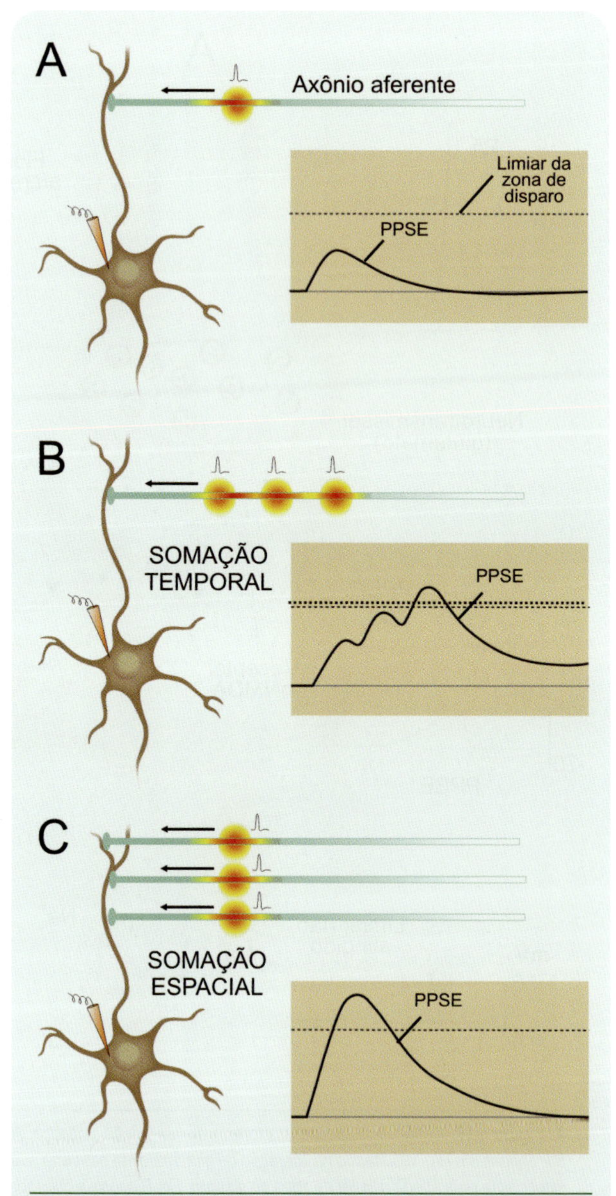

Figura 4.19. *A integração sináptica pode-se dar por somação temporal e espacial. Em **A**, o potencial pós-sináptico excitatório (PPSE) é insuficiente para atingir o limiar da zona de disparo do neurônio. Em **B**, como a frequência de PAs é mais alta, os PPSEs somam-se e já atingem o limiar: o PPSE final resulta da soma algébrica dos PPSEs subsequentes na mesma sinapse (somação temporal). Em **C**, somam-se os PPSEs de sinapses próximas, produzindo um PPSE resultante de amplitude superior ao limiar da zona de diparo (somação espacial). Modificado de M. Bear e cols. (2007) Neuroscience: Exploring the Brain (3ª. ed.). Lippincott Williams & Wilkins, EUA.*

Até agora levamos em conta, em nossa simulação, apenas sinapses excitatórias, mas não podemos esquecer que os neurônios recebem também grande número de sinapses inibitórias, a maioria delas GABAérgicas e glicinérgicas. São as sinapses simétricas, que predominam no corpo celular. Suponhamos, então, que é preciso impedir a contração muscular, apesar do estímulo aplicado sobre o músculo. Digamos que, se o músculo se contrair fortemente, o indivíduo perderá o equilíbrio e cairá. Regiões motoras supramedulares são então mobilizadas, e enviam fortes salvas de PAs que trafegam por fibras inibitórias descendentes medula abaixo, até o soma do nosso motoneurônio (Figura 4.20). Ao mesmo tempo, o estímulo no músculo terá provocado as salvas de PAs nas fibras sensitivas, que terão ativado os receptores glutamatérgicos já mencionados.

Os PPSEs somados espalham-se pelos dendritos, mas quando chegam ao soma enfrentam a ação das sinapses inibitórias glicinérgicas no soma: um forte fluxo de Cl^- que pode resultar em um PPSI, ou seja, hiperpolarização da membrana pós-sináptica. Ocorre novamente somação espacial, só que de potenciais com sinais opostos. Trata-se de uma soma algébrica; portanto, o resultado final pode ser apenas uma ligeira despolarização, insuficiente para

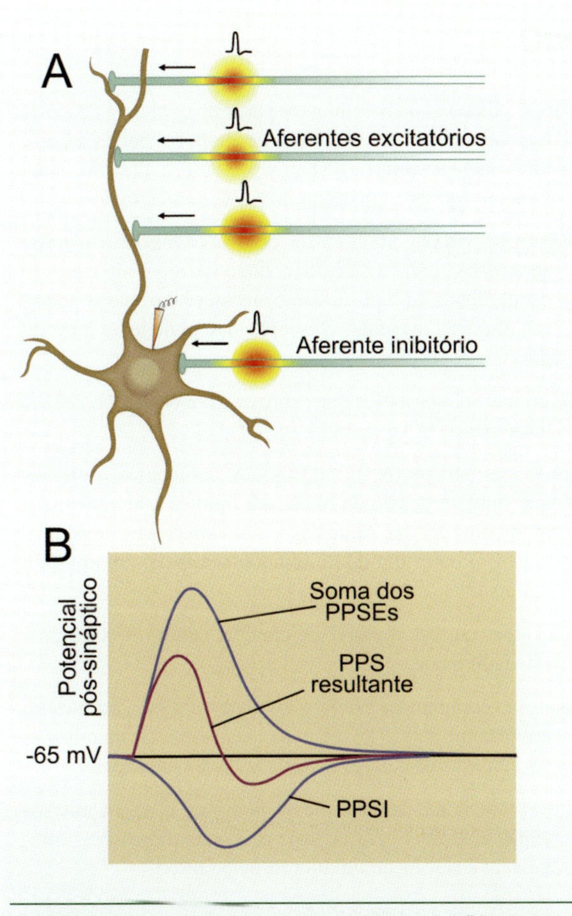

Figura 4.20. *A integração de sinapses excitatórias e inibitórias (**A**) produz na zona de disparo do neurônio um potencial pós-sináptico resultante (**B**) que representa a soma algébrica dos PPSEs e PPSIs provocados pelas várias fibras aferentes. Modificado de M. Bear e cols. (2007) Neuroscience: Exploring the Brain (3ª. ed.). Lippincott Williams & Wilkins, EUA.*

atingir o limiar da zona de disparo. Houve, então, o bloqueio da informação motora que emergiria pelo axônio do motoneurônio.

A TOPOGRAFIA SINÁPTICA

Podemos imaginar a complexidade do trabalho do neurônio, se pensarmos que a cada momento entram em ação simultaneamente milhares de sinapses. Mais ainda se imaginarmos que na medula existem milhares de motoneurônios! Muitas dessas sinapses são excitatórias, outras tantas são inibitórias. Em cada pequena região da membrana dos dendritos e do soma estarão ocorrendo processos integrativos como os descritos anteriormente, e o resultado final da computação efetuada a cada momento leva o segmento inicial do axônio a "decidir" os parâmetros de sua atividade.

Mas há ainda outro fator que deve ser levado em conta. A influência das sinapses depende de sua posição na "arquitetura" do neurônio. É fácil compreender. Uma sinapse excitatória situada na ponta de um dendrito precisa produzir um PPSE de grande amplitude para, ao menos, facilitar a zona de disparo, porque o espalhamento da despolarização pós-sináptica é passivo e, portanto, decai em amplitude com a distância. Evidentemente, o problema é ainda maior quando o dendrito é longo. O oposto também é verdadeiro: uma sinapse situada no soma tem grande possibilidade de influenciar a zona de disparo, pela sua proximidade dela. É por isso que as sinapses inibitórias tendem a se localizar estrategicamente no corpo dos neurônios. Esta posição confere-lhes um alto poder de controle sobre a atividade neuronal.

Outra posição estratégica para a ação sináptica é o terminal. Sinapses axoaxônicas situadas no terminal sináptico controlam o nível de despolarização da membrana pré-sináptica. Ao chegarem ao terminal, os PAs podem encontrar uma membrana mais despolarizada: nesse caso, será maior a quantidade de neuromediador liberada na fenda. Ao contrário, podem encontrar uma membrana inibida: a liberação de neuromediador estará diminuída, ou mesmo bloqueada.

Essas diferenças de eficácia determinadas pela topografia sináptica são aproveitadas em muitos circuitos sinápticos do sistema nervoso. Por exemplo, no cerebelo[A], as células de Purkinje desta região rombencefálica possuem uma árvore dendrítica plana mas muito densa (veja a Figura 12.20), que se estende em direção à pia-máter. Um conjunto de fibras excitatórias provenientes de outras células cerebelares – as fibras paralelas – passa em grande número como fios elétricos passam pelos postes, fazendo sinapses com as extremidades dos dendritos. Outro conjunto de fibras excitatórias – as fibras trepadeiras – atinge o tronco dendrítico de baixo para cima, e enrola-se pelos dendritos ao longo de seu comprimento. Em parte por sua arquitetura topográfica, as sinapses das fibras trepadeiras provocam fortíssimos PPSEs nas células de Purkinje, secundados por potenciais menos expressivos das sinapses das fibras paralelas. O resultado é o disparo de PAs no segmento inicial. Mas não é só isso: há sinapses inibitórias de grande eficácia posicionadas no soma da célula de Purkinje, constituindo verdadeiras redes em forma de cesta em torno do corpo celular, e limitando a frequência de disparo do segmento inicial.

Arranjo semelhante existe no córtex cerebral. As células piramidais possuem longos dendritos apicais que se estendem até próximo à pia-máter, além de dendritos basais que arborizam nos arredores do soma. As sinapses excitatórias concentram-se no tronco e nos ramos dendríticos, especialmente dos apicais, enquanto o soma recebe grande número de sinapses inibitórias, controladoras da saída final de informação pelo axônio.

GLOSSÁRIO

AGONISTA: substância que mimetiza a ação sináptica de um determinado neurotransmissor.

AMPLITUDE: grandeza que mede o tamanho de um potencial, e, portanto, avalia a quantidade de energia elétrica nele contida.

ANTAGONISTA: substância que impede a ação sináptica de um determinado neurotransmissor ou seus agonistas.

CÓDIGO DIGITAL: sistema de representação simbólica no qual o sinal (símbolo) é invariável, e a representação das quantidades é obtida pela frequência de sua ocorrência.

CÓDIGO ANALÓGICO: sistema de representação simbólica no qual o sinal (símbolo) é variável, e a representação das quantidades é obtida pela sua amplitude, isto é, o seu tamanho.

DOENÇA AUTOIMUNE: doença causada pela produção de anticorpos contra proteínas do próprio indivíduo, provocando interferência nas funções que elas desempenham normalmente.

FREQUÊNCIA: grandeza que mede o número de eventos que ocorrem em um certo período de tempo. A frequência de PAs, por exemplo, é expressa como o número de PAs que passa na membrana por segundo.

LIGANTE: molécula de pequeno tamanho que se liga a outra maior durante reações bioquímicas de grande especificidade. Aplica-se a neurotransmissores, hormônios, substratos enzimáticos, drogas e outras substâncias.

LIMIAR: potencial da membrana a partir do qual uma despolarização provoca a deflagração de um potencial de ação. É mais baixo na zona de disparo do axônio, o que torna mais fácil e frequente a ocorrência de PAs nessa região.

MIASTENIA GRAVE: doença na qual o organismo produz anticorpos contra o receptor colinérgico nicotínico, provocando falhas na transmissão neuromuscular que resultam em fraqueza muscular crescente, que pode levar à morte por parada respiratória.

pH: grandeza logarítmica que expressa a concentração de íons hidrogênio (H^+) em uma solução.

PROTEÍNAS INTEGRAIS DA MEMBRANA: moléculas proteicas que flutuam dentro da bicamada lipídica que constitui a membrana celular. Além das regiões imersas na bicamada, podem possuir um domínio citoplasmático, um domínio extracelular, ou ambos.

QUANTUM: unidade natural de energia, carga ou outra propriedade física.

SINCÍCIO: conjunto de núcleos celulares imersos no mesmo citoplasma, dentro de um mesmo envelope de membrana. As células musculares esqueléticas são sinciciais.

ULTRAESTRUTURA: aquela que só pode ser vista ao microscópio eletrônico, já que suas pequenas dimensões ultrapassam a resolução do microscópio óptico.

SABER MAIS

LEITURA BÁSICA

Bear MF, Connors BW, Paradiso MA. Synaptic Transmission. Capítulo 5 de *Neuroscience – Exploring the Brain* 3ª ed. , Nova York, EUA: Lippincott Williams & Wilkins, 2007, pp. 101-132. Texto que abrange os mecanismos da transmissão sináptica.

Bear MF, Connors BW, Paradiso MA. Neurotransmitter Systems. Capítulo 6 de *Neuroscience – Exploring the Brain* 3ª ed., Nova York, EUA: Lippincott Williams & Wilkins, 2007, pp. 133-166. Texto que resume os conceitos básicos da farmacologia dos neurotransmissores.

Deutch AY e Roth RH. Neurotransmitters. Capítulo 7 de *Fundamental Neuroscience* 3ª ed., (Squire LR e cols., org.), Nova York, EUA: Academic Press, 2008, pp. 133 a 156. Texto avançado focalizando os principais neurotransmissores.

Schwarz TL. Release of Neurotransmitters. Capítulo 8 de *Fundamental Neuroscience* 3ª ed., (Squire LR e cols., org.), Nova York, EUA: Academic Press, 2008, pp. 157 a 180. Texto avançado sobre os mecanismos moleculares da liberação dos neurotransmissores.

Waxham MN. Neurotransmitter Receptors. Capítulo 9 de *Fundamental Neuroscience* 3ª ed., (Squire LR e cols., org.), Nova York, EUA: Academic Press 2008, pp. 181 a 204. Texto avançado focalizando a farmacologia dos receptores sinápticos.

Byrne JH. Postsynaptic Potentials and Synaptic Integration. Capítulo 11 de *Fundamental Neuroscience* 3ª ed.,(Squire LR e cols., org.), Nova York, EUA: Academic Press 2008, pp. 227 a 246. Texto avançado sobre a eletrofisiologia sináptica.

Leitura Complementar

Langley JN. On nerve endings and on special excitable substances in cells. *Proceedings of the Royal Society of London (Series B, Biological Sciences)* 1906; 78:170-194.

Dale H. Pharmacology and nerve-endings. *Proceedings of the Royal Society of Medicine* 1935; 28:319-332.

Fatt P e Katz B. An analysis of the end-plate potential recorded with an intracellular electrode. *Journal of Physiology* 1951; 115:320-370.

Palay SL. The morphology of synapses in the central nervous system. *Experimental Cell Research* Suppl. 1958; 5:275-293.

Furshpan EJ e Potter DD. Transmission at the giant motor synapses of the crayfish. *Journal of Physiology* 1959; 145:289-325.

Sakmann B. Elementary steps in synaptic transmission revealed by currents through single ion channels.*Neuron* 1992; 8:613-629.

Hille B. Modulation of ion-channel function by G-protein-coupled receptors. *Trends in Neuroscience* 1994; 17:531-536.

Bennett MV. Gap junctions as electrical synapses. *Journal of Neurocytology* 1997; 26:349-366.

Magee JC. Dendritic integration of excitatory synaptic input. *Nature Neuroscience Reviews* 2000; 1:181-190

Haydon PG. Glia: listening and talking to the synapse. *Nature Neuroscience Reviews* 2001; 2:185-193.

Vautrin J e Barker JL. Presynaptic quantal plasticity: Katz's original hypothesis revisited. *Synapse* 2003; 47:184-199.

Walsh MK e Lichtman JW. In vivo time-lapse imaging of synaptic takeover associated with naturally occurring synapse elimination. *Neuron* 2003; 37:67-73.

McGee AW e Bredt DS. Assembly and plasticity of the glutamatergic postsynaptic specialization. *Current Opinion in Neurobiology* 2003; 13:111-118.

Hestrin S e Galarreta M. Electrical synapses define networks of neocortical GABAergic neurons. *Trends in Neurosciences* 2005; 28:304-309.

Mayer ML. Glutamate receptor ion channels. *Current Opinion in Neurobiology* 2005; 15:282-288.

Barry PH e Lynch JW. Ligand-gated channels. IEEE Transactions on Nanobioscience 2005; 4:70-81.

Takeichi M e Abe K. Synaptic contact dynamics controlled by cadherin and catenins. *Trends in Cell Biology* 2005; 15:216-221.

Sohl G, Maxeiner S e Willecke K. Expression and functions of neuronal gap junctions. *Nature Reviews. Neuroscience* 2005; 6:191-200.

Urban JD, Clarke WP, von Zastrow M, Nichols DE, Kobilka B, Weinstein S. Functional selectivity and classical concepts of quantitative pharmacology. *Journal of Pharmacology and Experimental Therapeutics* 2007; 320:1-13.

Yeager M e Harris AL. Gap junction channel structure in the early 21st century: facts and fantasies. *Current Opinion in Cell Biology* 2007; 19:521-528.

Gundersen V. Co-localization of excitatory and inhibitory transmitters in the brain. *Acta Neurologica Scandinavica* (supl.) 2008; 188:29-33.

Newpher TM e Ehlers MD. Glutamate receptor dynamics in dendritic microdomains. *Neuron* 2008; 58:472-497.

Lajoie P, Goetz JG, Dennis JW, Nabi IR. Lattices, rafts, and scaffolds: domain regulation of receptor signaling at the plasma membrane. *Journal of Cell Biology* 2009; 185:381-385.

5

Os Neurônios se Transformam

Bases Biológicas da Neuroplasticidade

Árvore, de Antonio Henrique Amaral (1991), óleo sobre tela

SABER O PRINCIPAL

Resumo

As células do sistema nervoso não são imutáveis, como se pensava há algum tempo. Muito ao contrário, são dotadas de plasticidade. Isto significa que os neurônios podem modificar, de modo permanente ou pelo menos prolongado, a sua função e a sua forma, em resposta a ações do ambiente externo. A plasticidade é maior durante o desenvolvimento, e declina gradativamente, sem se extinguir, na vida adulta. Manifesta-se de várias formas: regenerativa, axônica, sináptica, dendrítica e somática.

A regeneração consiste no recrescimento de axônios lesados. Ela é forte no sistema nervoso periférico, facilitada pelas células não neurais que compõem o microambiente dos tecidos do corpo, mas no sistema nervoso central é bloqueada pelas células gliais que produzem a mielina (os oligodendrócitos) e também pelos astrócitos, que produzem moléculas de diversos tipos capazes de inibir o crescimento dos axônios.

Os terminais axônicos de neurônios sadios podem reorganizar sua distribuição em resposta a diferentes estímulos ambientais. É a plasticidade axônica, máxima durante os períodos críticos do desenvolvimento, mas que parece ocorrer também, de modo limitado, na vida adulta. A plasticidade sináptica tem atraído grande interesse dos neurocientistas, pois pode ser a base celular e molecular de certos tipos de memória das pessoas adultas; consiste no aumento ou na diminuição, prolongados ou permanentes, da eficácia da transmissão sináptica, e pode resultar na estabilização das sinapses existentes, e até mesmo na formação de novas sinapses.

Os dendritos de neurônios sadios podem também reorganizar sua morfologia em resposta a estímulos ambientais. Essa é a plasticidade dendrítica, máxima durante os períodos críticos do desenvolvimento, que se manifesta nos troncos, ramos e espinhas dendríticas. Nos adultos, a plasticidade dendrítica parece se restringir às espinhas dendríticas, sede estrutural da plasticidade sináptica.

Pode-se considerar que a plasticidade somática seja a capacidade de regular a proliferação ou a morte de células nervosas, o que poderia resultar em acréscimo de neurônios após o período de desenvolvimento. Nos mamíferos, somente o SNC embrionário é dotado de capacidade proliferativa, e esta geralmente não responde a influências do mundo exterior. No entanto, há regiões restritas do SNC adulto que mantêm a capacidade de proliferar, sendo esse fenômeno possivelmente um mecanismo adicional de plasticidade adulta.

A neuroplasticidade pode ter valor compensatório, mas nem sempre isso ocorre, porque as transformações neuronais que respondem ao ambiente nem sempre restauram funções perdidas. Ao contrário: às vezes produzem funções mal adaptativas ou patológicas. Essa pode ser a base de algumas doenças que provocam lesões do SNC.

Um indivíduo dirige seu automóvel pela rua de uma grande cidade em um dia comum de semana. De repente, perde a direção e choca-se violentamente contra um muro. O motorista, sem ter o cinto de segurança afivelado, sofre fratura de crânio e perda de tecido cerebral. Segue-se prolongado coma, lenta recuperação no hospital com a gradativa mas incompleta restauração das funções atingidas. Outro indivíduo presencia o fato de longe. A visão do acidente impressiona-o fortemente, ao verificar os ferimentos do motorista. Nunca mais esquece o que viu. Um terceiro indivíduo lê no jornal que os cintos de segurança efetivamente protegem os motoristas, convence-se do que lê e passa a usá-lo.

Que haveria de semelhante nas três situações? Em cada caso, o ambiente externo influiu sobre o sistema nervoso de diferentes maneiras, e com diferentes intensidades. No motorista vitimado, o acidente provocou uma lesão no cérebro. Na testemunha, a visão do acidente provocou uma forte impressão emocional, mas nenhum dano material ocorreu em seu cérebro. E o leitor de jornal simplesmente absorveu informações obtidas através da leitura, e modificou seu comportamento de acordo com o que leu. Os cérebros desses três indivíduos responderam ao ambiente. Que terá ocorrido neles? De que modo se modificaram? Terá havido alterações identificáveis em seus neurônios?

A capacidade de adaptação do sistema nervoso, especialmente a dos neurônios, às mudanças nas condições do ambiente que ocorrem no dia a dia da vida dos indivíduos, chama-se *neuroplasticidade*, ou simplesmente plasticidade, um conceito amplo que se estende desde a resposta a lesões traumáticas destrutivas, até as sutis alterações resultantes dos processos de aprendizagem e memória. Toda vez que alguma forma de energia proveniente do ambiente de algum modo incide sobre o sistema nervoso, deixa nele alguma marca, isto é, modifica-o de alguma maneira. E como isso ocorre em todos os momentos da vida, a neuroplasticidade é uma característica marcante e constante da função neural.

Os Tipos e Características da Neuroplasticidade

Uma primeira constatação que os neurocientistas fizeram a respeito da neuroplasticidade é que o seu grau varia com a idade do indivíduo. Durante o desenvolvimento ontogenético, o sistema nervoso é mais plástico, e isso é de se esperar, uma vez que o desenvolvimento é justamente a fase da vida do indivíduo em que tudo se constrói, tudo se molda de acordo com as informações do genoma e as influências do ambiente. Mesmo durante o desenvolvimento, há uma fase de grande plasticidade denominada *período crítico*, na qual o sistema nervoso do indivíduo é mais suscetível a transformações provocadas pelo ambiente externo. Depois que o organismo ultrapassa essa fase e atinge a maturidade, sua capacidade plástica diminui, ou pelo menos se modifica. Isso leva a supor, então, que a plasticidade ontogenética difere da plasticidade adulta, sendo ambas os dois grandes tipos de manifestação dessa propriedade geral do sistema nervoso (Tabela 5.1). A plasticidade ontogenética confunde-se com o próprio desenvolvimento, pois seus mecanismos celulares são semelhantes aos mecanismos do desenvolvimento normal. Outros processos podem entrar em ação na plasticidade adulta, embora se saiba que em alguns casos ocorre uma reativação da expressão dos genes do desenvolvimento.

Mas, quando falamos de modificações provocadas pelo ambiente, de que exatamente estamos falando? O que ocorre no sistema nervoso? Como ele se modifica? Eis aí uma questão que impressionou também os neurocientistas que se dedicaram a estudar o assunto. Constataram que, em alguns casos, é possível identificar mudanças morfológicas resultantes das alterações ambientais: uma plasticidade morfológica (Tabela 5.1). São novos neurônios gerados numa dada região, ou neurônios que desaparecem por morte celular programada. São também novos circuitos neurais que se formam pela alteração do trajeto de fibras nervosas, uma nova configuração da árvore dendrítica do neurônio, ou modificações no número e na forma das sinapses e das espinhas dendríticas[G]. No entanto, em outros casos só foi possível identificar correlatos funcionais, sem alterações morfológicas evidentes: fala-se então em plasticidade funcional, geralmente ligada à atividade sináptica de um determinado circuito ou um determinado grupo de neurônios. Finalmente, é preciso considerar que essas mudanças estruturais e funcionais do sistema nervoso produzem efeitos no comportamento e no desempenho psicológico do indivíduo, o que obriga a admitir também uma plasticidade comportamental.

REGENERAÇÃO E RESTAURAÇÃO FUNCIONAL

Quando se fala em regeneração, geralmente se pensa em proliferação celular e recomposição do tecido lesado. É o que ocorre na maioria dos tecidos do organismo, que dispõem de um estoque de células-tronco capazes de proliferar e gerar os tipos celulares deficitários. No entanto, o Capítulo 2 nos mostra que a capacidade proliferativa dos neurônios se esgota muito precocemente durante o desenvolvimento, com exceção de algumas regiões restritas do sistema nervoso central, que mantêm células-tronco capazes de proliferar durante a vida adulta. Mesmo nessas regiões

[G] *Termo constante do glossário ao final do capítulo.*

TABELA 5.1. TIPOS E CARACTERÍSTICAS DA NEUROPLASTICIDADE

Segundo a Idade	*Segundo a Manifestação*	*Segundo o Alvo*	*Segundo o Fenômeno Observado*
Plasticidade ontogenética	Morfológica	Somática	Neurogênese, morte celular programada
		Axônica	Regeneração de fibras lesadas
			Brotamento de fibras íntegras
			Regulação da mielinização
		Dendrítica	Ramificação dendrítica e brotamento de espinhas
		Sináptica	Sinaptogênese
	Funcional	Neuronal	Parâmetros de atividade neuronal
		Sináptica	Fortalecimento e consolidação sináptica
	Comportamental	---	Aprendizagem, memória
Plasticidade adulta	Morfológica	Somática	Neurogênese, morte celular
		Axônica	Regeneração de fibras lesadas apenas no SNP
			Brotamento de fibras íntegras
		Dendrítica	Formação e desaparecimento de espinhas
		Sináptica	Formação de novas sinapses
	Funcional	Sináptica	Habituação, sensibilização, LTP, LTD, e outras
	Comportamental	---	Aprendizagem, memória

que apresentam neurogênese adulta, no entanto, é limitada a possibilidade de reposição numérica da população neuronal quando ocorre uma lesão. Portanto, a perda de tecido neural após a fase proliferativa embrionária não resulta em retomada da proliferação, e qualquer resposta plástica depende dos neurônios sobreviventes e é de outra natureza. Quando um insulto ambiental incide sobre o tecido nervoso, pode atingir muitas células, mas não necessariamente todas, nem de forma idêntica. Dentre as atingidas, as que tiverem o corpo celular lesado provavelmente morrerão, mas as que tiverem apenas os prolongamentos danificados podem regenerá-los. A regeneração neural, assim, deve ser vista como uma capacidade das populações neuronais cujos prolongamentos são atingidos por um insulto ambiental, e consiste no recrescimento desses prolongamentos possibilitando a restauração do circuito danificado.

REGENERAÇÃO AXÔNICA PERIFÉRICA: UMA HISTÓRIA DE SUCESSO

Há muito se sabe que os nervos periféricos lesados são suscetíveis de regeneração. A imprensa frequentemente veicula notícias sobre o reimplante de dedos ou membros amputados, e descreve o trabalho do cirurgião tentando reconectar vasos sanguíneos e nervos, para que restabeleçam a vascularização e a inervação da parte reimplantada. Uma história de sucesso.

De fato, as fibras nervosas do SNP são alvo frequente de lesões traumáticas, porque sua distribuição cobre toda a extensão do organismo. Quando ocorre um traumatismo, as fibras nervosas que constituem os nervos podem ser esmagadas sem que o nervo seja interrompido, ou então completamente cortadas, quando há transecção do nervo. No primeiro caso, a regeneração é quase sempre bem-sucedida, havendo reinervação da região-alvo e apreciável recuperação funcional. No segundo, entretanto, a regeneração só ocorrerá sob intervenção médica, se um cirurgião conseguir unir as extremidades separadas do nervo, para que as fibras regenerantes consigam reencontrar os seus alvos e restabelecer as funções perdidas.

O que acontece quando há lesão? Como reagem os diferentes constituintes do neurônio lesado?

Nos indivíduos adultos, muitos corpos celulares geralmente sobrevivem à transecção do axônio. Isso é verdade tanto para os neurônios sensitivos, situados nos gânglios espinhais ao lado da coluna vertebral, quanto para os motores, localizados no corno ventral da medula. A sobrevivência do soma é fundamental, porque ocorrem sob seu comando os fenômenos que resultarão em recrescimento axônico, baseados na reexpressão de genes do desenvolvimento que normalmente têm sua ação interrompida no adulto. Outro aspecto essencial ao sucesso da regeneração axônica dos nervos periféricos é a existência de um microambiente propício ao crescimento axônico nas redondezas das fibras nervosas.

A lesão do nervo periférico geralmente envolve fibras mielinizadas e fibras não-mielinizadas. A interrupção do axônio separa-o em dois cotos (Figura 5.1A): o coto distal[G], situado entre a lesão e o alvo denervado (um músculo, por exemplo), e o coto proximal[G], que permanece conectado ao corpo celular. O coto distal do axônio degenera, fragmentando-se gradualmente em pedaços menores (Figura 5.1B), talvez pela interrupção do aporte energético proveniente do soma, ou mesmo por ação de fatores intrínsecos ao próprio axônio. A mielina se desorganiza e também se fragmenta. Os produtos da degeneração do coto distal – tanto do axônio quanto da mielina – são então rapidamente removidos por células de Schwann, e por macrófagos provenientes da corrente sanguínea. Ao mesmo tempo, as células de Schwann começam a proliferar em torno das estruturas em degeneração e posteriormente se tornam capazes de fabricar nova mielina (Figura 5.1C). Além disso, tanto elas quanto os macrófagos começam a sintetizar fatores neurotróficos e outras moléculas que se difundem nas redondezas, estimulando o crescimento do axônio lesado. Produzem também moléculas que irão compor a matriz extracelular, como a laminina, a fibronectina e outras, todas muito propícias ao crescimento do novo axônio.

O lado proximal da lesão também apresenta alterações morfológicas. No soma, à distância, aparecem sinais transitórios de sofrimento e regeneração, com alterações da substância de Nissl (o retículo endoplasmático rugoso do neurônio), que se torna fragmentada e rarefeita, tornando o neurônio mais claro e cheio de vacúolos. Os patologistas conhecem esse fenômeno como cromatólise (Figura 5.1B). Mas logo o corpo celular se recupera e, em algumas horas, volta a apresentar uma morfologia normal. Inicia-se então um programa de expressão gênica semelhante ao que ocorre durante o desenvolvimento, e a maquinaria de síntese proteica recomeça a funcionar, agora com maior intensidade sob estímulo dos fatores neurotróficos secretados pelas células de Schwann. Isso permite gerar novos componentes de membrana para recompor o trajeto do axônio lesado, assim como organelas e estruturas do citoesqueleto do novo axônio. O coto proximal, então, não degenera. Ao contrário: a membrana lesada solda-se imediatamente, e a ponta do coto logo se transforma em um cone de crescimento (Figura 5.1C), como nos estágios ontogenéticos precoces.

Para o cone de crescimento, um problema logo se coloca: como encontrar o rumo certo de crescimento e reinervar exatamente o alvo denervado? Os axônios lesados facilmente encontrarão os alvos se a lesão tiver ocorrido próximo a eles (Figura 5.1D). Quando a lesão ocorre à distância dos alvos, sem que haja interrupção completa do nervo, a estrutura degenerada do coto distal fornece

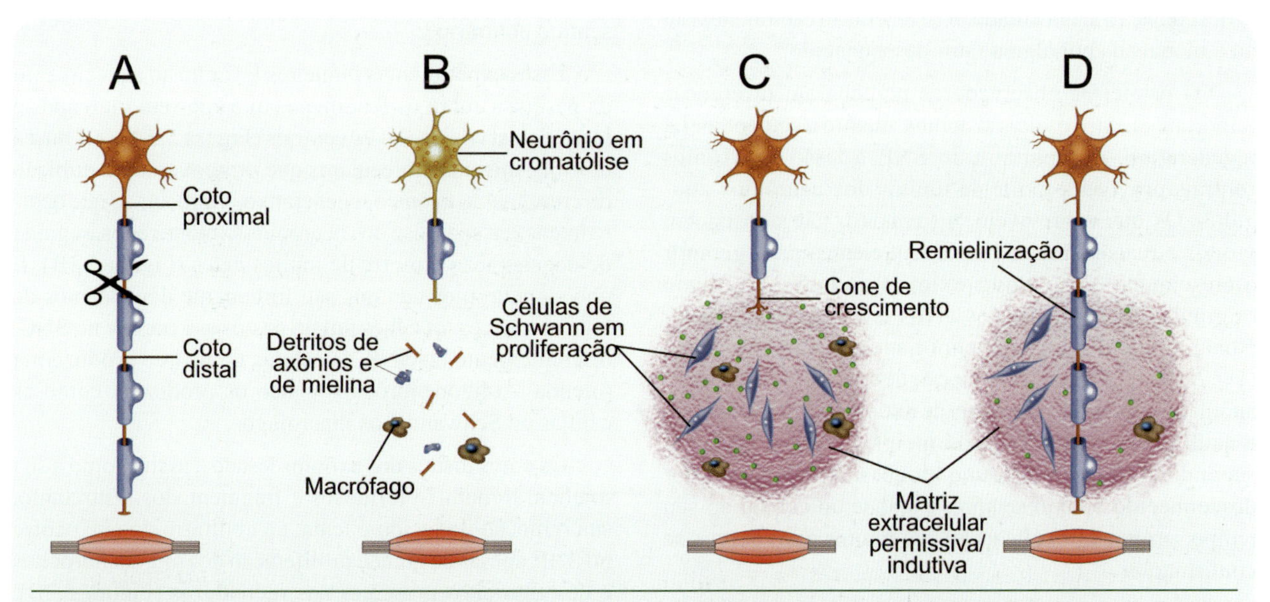

Figura 5.1. *Quando um axônio do SNP é cortado (**A**), pode ocorrer regeneração. Neste caso, o coto distal e a mielina degeneram, mas o coto proximal sobrevive, embora ocorram sinais de sofrimento do corpo celular (**B**). Células do sangue invadem o tecido e provocam a proliferação de novas células de Schwann (**C**). Com a produção de matriz extracelular favorável ao crescimento axônico, forma-se um cone de crescimento na ponta do coto proximal, que se move em direção ao alvo, restabelecendo a conexão (**D**). O novo axônio é então remielinizado pelas novas células de Schwann. Modificado de M. Bähr e F. Bonhoeffer (1994)* Trends in Neuroscience *vol. 17: pp. 473-479.*

um arcabouço para o crescimento regenerativo. Assim, os axônios regenerantes acabam por encontrar os seus alvos seguindo os fragmentos do coto distal degenerado, e ao final formam sinapses funcionais capazes de restabelecer a função perdida. No entanto, a regeneração se frustra quando a lesão do nervo é completa e distante dos alvos. Neste caso, os cones de crescimento dos axônios regenerantes perdem-se pelo caminho.

Geralmente, na prática médica, quando há lesão completa de um tronco nervoso calibroso, os cirurgiões aproveitam o coto distal e unem-no ao coto proximal com pontos de sutura no tecido conjuntivo envolvente, fornecendo artificialmente ao coto proximal a estrutura-guia para o crescimento regenerativo dos axônios lesados. De forma experimental, estuda-se como estimular a regeneração, utilizando diferentes substâncias e também células-tronco. Essa é uma linha de pesquisa de extrema importância para a medicina (veja, a esse respeito, o Quadro 5.1). Nas proximidades do alvo, as fibras regenerantes sensitivas restabelecem suas terminações receptoras e os axônios motores reconectam-se às células musculares, formando sinapses funcionantes.

REGENERAÇÃO AXÔNICA CENTRAL: INEXISTENTE OU BLOQUEADA?

A história de sucesso da plasticidade regenerativa das fibras nervosas periféricas não se repete no caso dos axônios do SNC, e essa diferença marcante constituiu um grande enigma desde os primeiros tempos da neurobiologia, que só agora começa a ser decifrado. A regeneração central inexiste ou é bloqueada por algum fator desconhecido?

Os primeiros observadores perceberam diferenças importantes entre os dois sistemas, quanto a seu potencial regenerativo. Ao contrário do SNP, a lesão de axônios centrais provoca a morte de muitos dos neurônios atingidos. Os que sobrevivem, no entanto, não conseguem produzir reações regenerativas suficientes para garantir o crescimento dos cotos proximais ao longo do trajeto original, a reinervação dos alvos e a recuperação funcional. O histologista espanhol Santiago Ramón y Cajal (1852-1934) observou a formação de cones de crescimento anômalos nos cotos proximais de axônios centrais lesados, e qualificou essa regeneração incipiente como abortiva, supondo que ela seria mesmo bloqueada por algum fator desconhecido. Como sempre, Cajal se antecipou ao seu tempo, propondo explicações que muitos anos depois se confirmaram.

A percepção dos cientistas sobre a capacidade plástica regenerativa do SNC de mamíferos adultos começou a mudar nos anos 1980, com os experimentos do argentino Albert Aguayo, que então trabalhava na Universidade de Montreal, no Canadá. O grupo de Aguayo utilizou ratos adultos submetidos à transecção do nervo óptico[A], que aloja as fibras nervosas que ligam a retina aos núcleos subcorticais responsáveis por algumas das funções visuais (Figura 5.2A). Logo depois da interrupção do nervo óptico, Aguayo extraía do mesmo animal um longo segmento de um nervo periférico (o ciático, por exemplo), unia-o ao coto proximal do nervo óptico cortado e inseria a outra extremidade no colículo superior do mesencéfalo, um dos alvos das fibras retinianas cortadas (Figura 5.2B). Todo o trajeto do nervo periférico implantado no nervo óptico situava-se fora do crânio. Depois de alguns meses, os cientistas verificaram que as células ganglionares sobreviventes na retina atingida haviam conseguido regenerar seus axônios utilizando como guia o nervo ciático implantado. Os cones de crescimento regenerantes chegavam ao mesencéfalo pelo trajeto extracraniano, penetravam no tecido alguns micrômetros, mas logo interrompiam seu crescimento. Algumas sinapses chegavam a se formar na região-alvo, e tornavam-se capazes de veicular informação visual proveniente da retina (Figura 5.2C).

Aguayo tirou duas importantes conclusões de seus experimentos. (1) Os axônios centrais são capazes de regenerar através de longas distâncias, desde que estejam em contato com o microambiente do SNP. Nessas condições, são capazes até mesmo de formar sinapses funcionantes com seus alvos naturais, embora limitadamente. (2) O microambiente do SNC, por outro lado, não favorece o crescimento regenerativo dos axônios centrais, que se interrompe imediatamente, logo que estes saem do SNP e penetram no SNC. O que haveria no SNP capaz de favorecer a regeneração? E o que haveria no SNC atuando no sentido contrário?

Esses experimentos pioneiros levaram ao aquecimento da pesquisa sobre os fenômenos que ocorrem logo após a lesão de nervos ou feixes centrais (Figura 5.3A), e à busca dos mecanismos moleculares que promoveriam a inibição do crescimento axônico regenerativo. Verificou-se que ocorre intensa cromatólise dos neurônios axotomizados, seguida de degeneração e morte de muitos deles (Figura 5.3B). É que os neurônios centrais são fortemente dependentes de fatores tróficos, que lhes faltam neste caso porque no SNC, diferentemente do SNP, as células gliais que produzem a mielina – oligodendrócitos – não os produzem como as células de Schwann e os macrófagos.

Os cotos distais dos axônios lesados, assim como a sua mielina, tornam-se tortuosos e fragmentados. Entretanto, sua remoção do tecido é lenta, ao contrário do que ocorre no SNP, apesar da grande proliferação dos oligodendrócitos e dos astrócitos presentes nas redondezas (Figura 5.3B). Surgem também, possivelmente provenientes da corrente

[A] *Estrutura encontrada no Miniatlas de neuroanatomia (p. 367)*

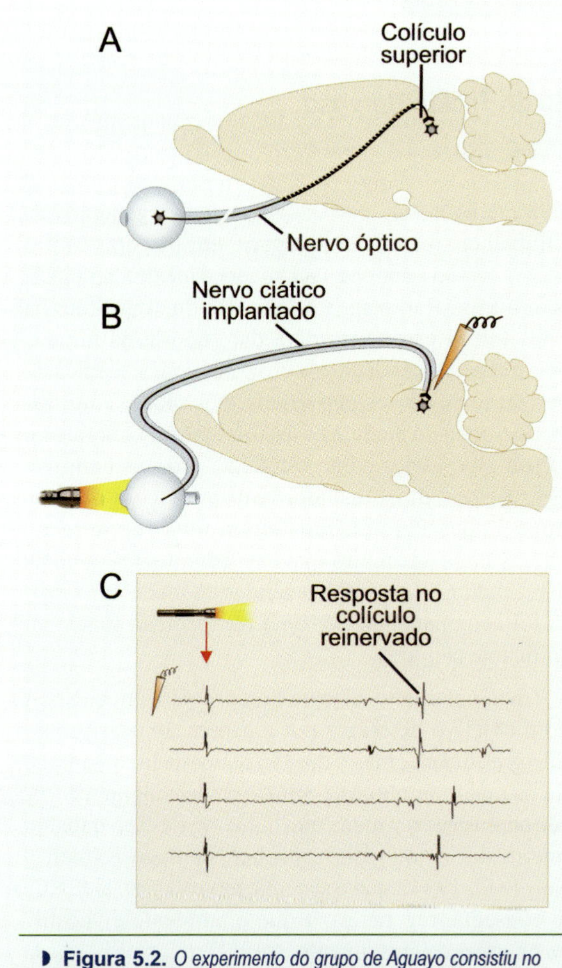

Figura 5.2. *O experimento do grupo de Aguayo consistiu no implante de um segmento de nervo periférico (**B**) no coto proximal do nervo óptico seccionado (**A**). A seguir os pesquisadores conseguiram registrar potenciais de ação em neurônios do colículo superior reinervado, em resposta à estimulação luminosa através do olho (**C**). Modificado de S. A. Keirstead e cols. (1989)* Science, *vol. 246: pp. 255-257.*

sanguínea, grandes quantidades de microgliócitos. Através de estudos utilizando culturas de células, verificou-se que esses gliócitos reativos não só não produzem as moléculas promotoras do crescimento axônico que aparecem no SNP (fatores tróficos, moléculas da matriz extracelular e outras), como liberam moléculas que fazem o contrário: inibem a regeneração.

Os oligodendrócitos sintetizam proteínas incorporadas à mielina central, que apresentam forte efeito inibitório do crescimento axônico. São conhecidas como proteínas *Nogo* (acróstico da expressão inglesa *no go*, isto é, *proibido avançar*) que, ao se ligar a moléculas específicas posicionadas na membrana dos cotos proximais, disparam uma cadeia de reações intracelulares que terminam por imobilizar os cones de crescimento. Os astrócitos se associam ao bloqueio da regeneração, sintetizando moléculas da matriz extracelular diferentes das que as células de Schwann produzem. São os proteoglicanos, glicoproteínas com forte ação antirregenerativa. Resulta desse processo que a intensa proliferação e concentração glial nas redondezas da lesão, mais uma matriz extracelular hostil, formam uma verdadeira cicatriz que dificulta mecânica e quimicamente a progressão dos axônios regenerantes. Sob o efeito fortemente limitante de todos esses fatores, portanto, os cones de crescimento que se formam nos cotos proximais dos axônios centrais lesados não são capazes de crescer em busca dos alvos e se restringem às redondezas da lesão. Possivelmente, a falta de um conduto tubular organizado, como é o caso dos nervos periféricos, contribui ainda mais para o fracasso da regeneração.

A descoberta das moléculas antirregenerativas levou a uma indagação importante: por que o sistema nervoso central as produz, se a sua atuação parece ser tão fortemente desfavorável ao organismo? Como afirmamos no Capítulo 2, os gliócitos imaturos desempenham funções promotoras da migração neuronal e do crescimento axônico durante o desenvolvimento normal. Ao final da ontogênese, passam a apresentar ações opostas, com a expressão de moléculas inibidoras do crescimento axônico. A hipótese mais provável é que essas moléculas desempenhem uma função delimitadora das bordas permissíveis para o crescimento de fibras nervosas e a formação dos feixes no SNC. Inicialmente, seria necessário atrair e orientar os axônios em crescimento, mas no final do desenvolvimento seria preciso circunscrevê-los aos tratos e feixes, evitando ou diminuindo o extravio de axônios que pudessem "perder-se" no trajeto!

A descoberta das moléculas antirregenerativas abriu também novas esperanças para a medicina, uma vez que tornou possível tentar terapias farmacológicas que estimulem a regeneração, como a aplicação de anticorpos anti-Nogo ou antiproteoglicanos, e terapias celulares, como a deposição de células-tronco no local, capazes de sintetizar e liberar para o meio os fatores neurotróficos protetores dos neurônios lesados.

PLASTICIDADE AXÔNICA

A plasticidade axônica de tipo regenerativo, como vimos anteriormente, ocorre como resultado de uma ação drástica do ambiente (uma lesão) sobre um axônio, e se caracteriza pelo recrescimento do coto proximal do mesmo axônio. Para esse tipo de fenômeno usa-se normalmente o termo regeneração axônica. No entanto, as ações do ambiente podem provocar respostas plásticas de axônios não diretamente atingidos. Além disso, essas respostas, reunidas

NEUROCIÊNCIA EM MOVIMENTO

Quadro 5.1
Da Degeneração à Regeneração do Tecido Nervoso

*Ana Maria B. Martinez**

Durante os primeiros anos do curso de medicina na Universidade Federal da Bahia (UFBA), interessei-me pelo estudo do sistema nervoso e, após estágio de férias no Serviço de Anatomia Patológica, fui seduzida pela neuropatologia. Orientada pelo Dr. Aristides Cheto de Queiroz, comecei a estudar algumas patologias do sistema nervoso central e publicamos três modestos trabalhos. Foi o início de uma carreira voltada para a Neurociência. No início dos anos 1980, após concluir o primeiro ano de residência médica em Anatomia Patológica no Hospital Universitário da UFBA, viajei para a Inglaterra, onde iniciei o Doutorado na Universidade de Londres. Ali conheci as maravilhas da microscopia eletrônica, surgindo então uma nova paixão: a ultraestrutura. Continuo fiel a essas duas paixões (neurociência e ultraestrutura) até hoje. Nessa época, rompi meus laços com a neuropatologia, já que a oportunidade que me ofereceram foi na área de neurobiologia. Meus estudos em Londres, orientados pelo Prof. Gerry Allt, focavam os eventos iniciais da degeneração walleriana (que ocorre no coto distal – desconectado do corpo celular – da fibra nervosa atingida por uma lesão). Estudávamos um modelo animal de lesão nervosa periférica. Na época, fiquei intrigada com o fato de ainda não sabermos como essa degeneração era deflagrada; afinal o fenômeno havia sido descrito por Augustus Waller em 1850!

De volta ao Brasil, ingressei como professora na Universidade Federal do Rio de Janeiro (UFRJ), onde trabalho até hoje. Na UFRJ, dei prosseguimento aos meus estudos em degeneração walleriana e, mais recentemente, comecei a pesquisar estratégias antidegenerativas e pró-regenerativas para lesões traumáticas periféricas e centrais. Isto me pareceu um passo "natural", já que estudando os eventos e mecanismos deflagradores da degeneração, eu estava também "identificando" possibilidades de tratamento. Na época, meu grupo de pesquisa utilizava inibidores de proteases ativadas por cálcio (calpaínas) para tentar inibir ou bloquear a degeneração de fibras nervosas no nervo óptico, após esmagamento cirúrgico. Colaboraram neste estudo a Profª Jan Nora Hokoç, os alunos Marcelo Narciso e Luciana Couto, e mais recentemente, a Profª Patrícia Gardino e Silmara Lima. Esses estudos geraram os resultados esperados, mas não absolutos em termos da recuperação funcional. Isto talvez tenha sido o motivo pelo qual comecei também a me interessar por estratégias pró-regenerativas. Os trabalhos que iniciei na época, em parceria com o Prof. Francesco Langone, da Universidade de Campinas, e com o Prof. Radovan Borojevic (do meu instituto na UFRJ) foram essenciais para dar suporte às minhas novas ideias. Aprendi com o Prof. Langone a técnica de tubulização de nervos periféricos após secção e utilizei células-tronco de medula óssea (obtidas no Laboratório do Prof. Borojevic) como estratégia pró-regenerativa. Os resultados desse estudo, realizados com a aluna Fátima Lopes Pereira, mostraram uma regeneração de fibras nervosas muito mais exuberante nos animais que receberam o enxerto de células de medula óssea, e isso foi acompanhado por uma recuperação funcional significante (Figura).

Trabalhar com o sistema nervoso periférico (SNP) com o objetivo de otimizar a regeneração nervosa era muito gratificante, mas o desafio maior de lidar com um sistema mais complexo e limitado em termos de regeneração atraía-me enormemente. Sabia-se, desde o trabalho pioneiro do histologista espanhol Santiago Ramón y Cajal (1852-1934), que o sistema nervoso central (SNC) não consegue regenerar porque o ambiente é "hostil" para os cones de crescimento que se formam na borda da lesão. Anos mais tarde, o pesquisador argentino Alberto Aguayo, trabalhando no Canadá, mostrou, em modelos experimentais lindamente delineados, que o SNC era capaz de regenerar se um ambiente de SNP fosse intercalado na área de lesão. Abria-se uma área fantástica de pesquisa, já que desses e de outros estudos se podia concluir que os neurônios centrais tinham também a capacidade de regenerar seus axônios, desde que um ambiente propício lhes fosse ofertado ou que se anulassem os efeitos hostis do microambiente central. Embarquei nessa nova jornada e iniciei estudos em modelos de lesão de medula espinhal e estratégias incentivadoras da regeneração central e recuperação funcional. Este tem sido um dos principais focos de interesse do meu laboratório nos últimos 4 anos, e os resultados obtidos até o momento são bastante encorajadores. Novas parcerias, iniciadas nesse período, viabilizaram os projetos, como, por exemplo, com o Prof. Stevens Rehen, de quem obtive outros tipos de células-tronco. A participação de alguns alunos foi essencial para o desenvolvimento desse estudo, como as fisioterapeutas Suelen Adriani Marques, Fernanda Almeida Martins e Abrahão Fontes Baptista.

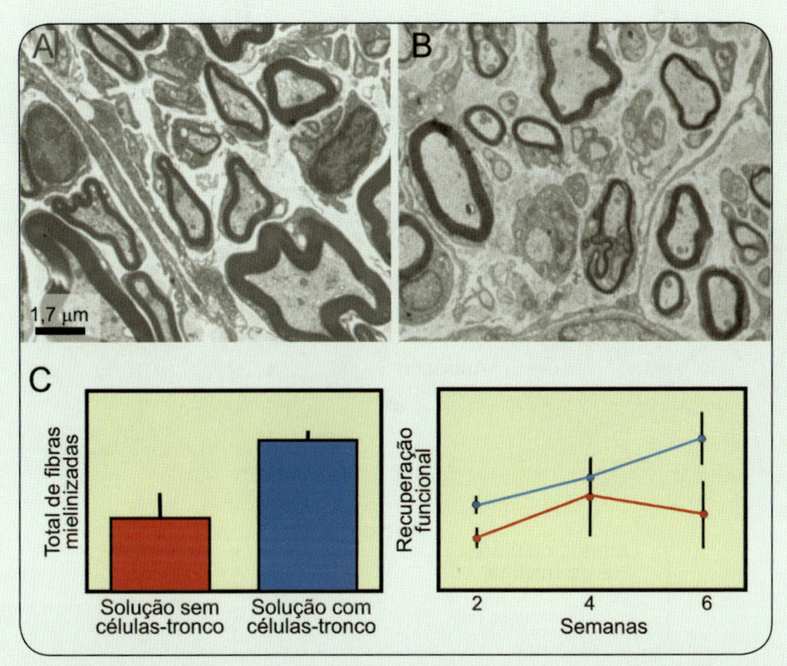

▶ *As duas fotos de cima são imagens em microscopia eletrônica de cortes transversais de nervos ciáticos em regeneração, 6 semanas após a lesão.* ***A*** *representa o grupo que recebeu um enxerto de células-tronco da medula óssea, e* ***B*** *ilustra o grupo que recebeu apenas uma solução sem células. Pode-se observar que as células-tronco proporcionaram maior mielinização. Os gráficos em* ***C*** *mostram a contagem do número de fibras mielinizadas em cada um desses grupos (à esquerda), e uma medida de recuperação funcional da motricidade nos animais com células-tronco (em azul) e sem elas (em vermelho).*

▶ *Ana Martinez junto a seus alunos.*

Eles contribuíram muito para o sucesso destes projetos, pois me incentivaram a trazer para o laboratório testes funcionais que validam os nossos estudos.

Sinto-me satisfeita com a minha trajetória e empolgada em continuar formando novos alunos e pesquisando na área de neurociências. Curiosamente, volto a trabalhar com uma área muito mais voltada para a medicina, já que meus trabalhos atuais têm clara aplicação em patologia humana.

**Professora-associada do Instituto de Ciências Biomédicas da Universidade Federal do Rio de Janeiro. Correio eletrônico: martinez@histo.ufrj.br*

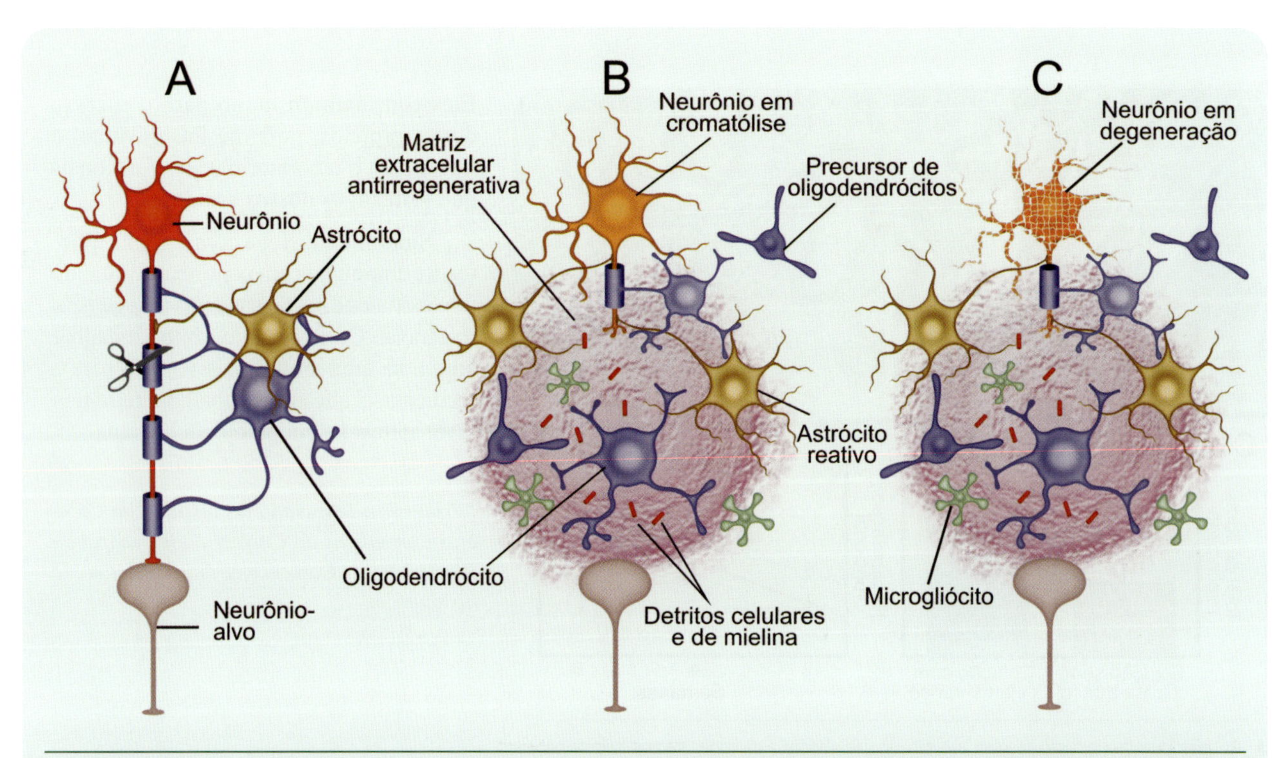

Figura 5.3. *Quando um axônio do SNC é cortado (**A**), o neurônio pode morrer (**C**). No entanto, mesmo se sobreviver após um período de cromatólise (**B**), a regeneração axônica não é bem-sucedida porque os cones de crescimento encontram detritos celulares e de mielina, bem como diferentes células reativas e uma matriz extracelular não favorável que, em conjunto, criam um ambiente impróprio para o movimento do cone em direção ao neurônio-alvo. Modificado de M. Bähr e F. Bonhoeffer (1994)* Trends in Neuroscience *vol. 17: pp. 473-479.*

sob o termo genérico *plasticidade axônica,* podem ocorrer após ações sutis do ambiente, não necessariamente drásticas como as que provocam lesões.

A sensibilidade dos axônios em responder a ações indiretas do ambiente, ou seja, o grau de plasticidade que apresentam, depende da idade do animal, que reflete o estágio de desenvolvimento que o sistema nervoso atravessa. Como já mencionamos, para cada conjunto de axônios de uma dada espécie animal pode-se determinar um período de maior plasticidade, chamado período crítico. A plasticidade que ocorre durante o período crítico é, então, chamada plasticidade axônica ontogenética.

PLASTICIDADE AXÔNICA ONTOGENÉTICA

A plasticidade ontogenética dos axônios está documentada em alguns casos de malformações congênitas de indivíduos humanos, como ocorre com aqueles que nascem com defeitos ou mesmo ausência do corpo caloso[A], o calibroso feixe de fibras que liga os dois hemisférios cerebrais. Algum mecanismo ainda desconhecido impede o cruzamento desses axônios através da linha média, durante a vida embrionária, mas as fibras nervosas mudam seu trajeto para formar feixes aberrantes que se dispõem longitudinalmente nos dois lados do cérebro (Figura 5.4). A plasticidade axônica ontogenética também foi demonstrada no sistema visual, ou seja, no conjunto de regiões do SNC envolvidas com a percepção de informações luminosas que chegam à retina, utilizando modelos animais do fenômeno chamado ambliopia (falta de visão tridimensional), que é provocado por um desalinhamento dos olhos durante um certo período crítico do desenvolvimento.

Acompanhe a breve descrição do sistema visual que se segue (ou veja o Capítulo 9 se quiser maiores detalhes) para entender a plasticidade axônica, tão bem demonstrada nesse sistema. Os neurônios que emergem de cada retina em direção ao cérebro fazem-no através do nervo óptico (Figura 5.5A). As fibras nervosas que constituem esse nervo terminam em vários locais, principalmente no tálamo[A], em um núcleo específico chamado geniculado lateral (GL). O GL dos mamíferos superiores apresenta camadas celulares organizadas (Figura 5.5B; veja também a Figura 9.8), e os axônios de cada olho arborizam em camadas específicas, separadamente. Em cada lado do cérebro há camadas que recebem do olho esquerdo, e outras que recebem do olho direito, alternadamente. A informação proveniente de cada olho é portanto mantida separada no tálamo. O mesmo ocorre na chegada ao córtex visual, pois os axônios que emer-

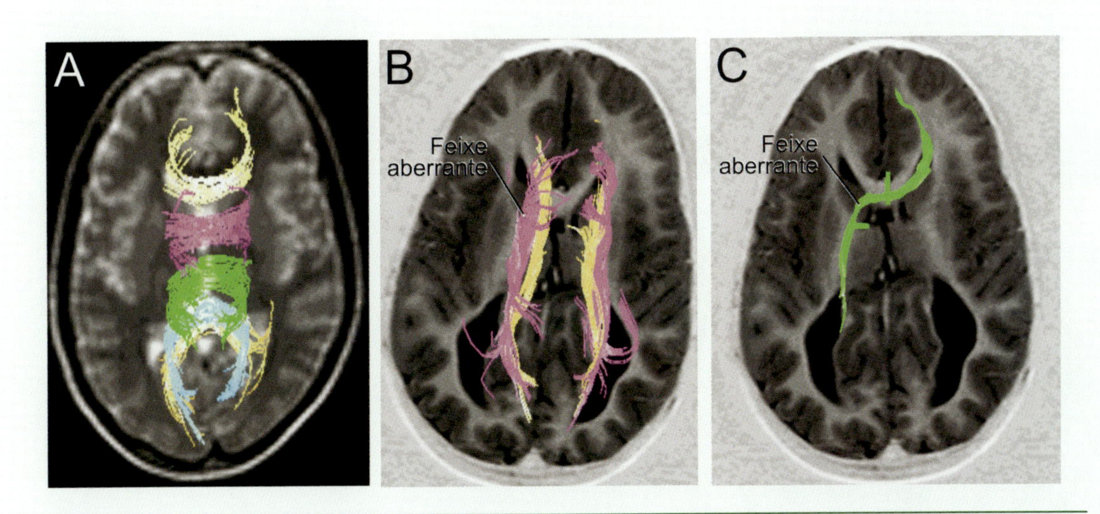

▸ **Figura 5.4.** *A imagem em* ***A*** *mostra vários fascículos de fibras do corpo caloso em um indivíduo normal, revelados por uma modalidade de ressonância magnética que reconstrói por computação gráfica os circuitos neurais (fascigrafia). As imagens em* ***B*** *e* ***C*** *apresentam os feixes aberrantes que se formam em indivíduos acalosos congênitos (respectivamente em violeta e em verde). O feixe longitudinal representado em amarelo, em* ***B****, é o feixe do cíngulo, que se apresenta morfologicamente normal nesses pacientes. Modificado de F. Tovar-Moll e cols. (2007)* Cerebral Cortex, *vol. 17: pp.531-541.*

gem dos neurônios talâmicos em direção cortical formam arborizações separadas na camada 4 do córtex, dispostas alternadamente de acordo com a representação de cada olho (detalhe na Figura 5.5B). São as chamadas bandas, colunas ou domínios de dominância ocular (Figuras 9.13 e 9.14). No entanto, essa organização independente das vias retinianas de cada olho, embora se forme precocemente durante o desenvolvimento, consolida-se mais tarde sob influência da experiência visual. Isso significa que a segregação binocular só se mantém normalmente se estiver sob controle funcional durante uma certa fase da infância, ou seja, se ambas as retinas se mantiverem recebendo estímulos luminosos provenientes do meio ambiente. Dito com outras palavras: o sistema é dotado de plasticidade ontogenética, porque se molda sob a influência do ambiente luminoso durante o desenvolvimento. Vejamos como isso ocorre.

As bandas de dominância ocular podem ser demonstradas através de experimentos simples, que consistem na injeção de substâncias rastreadoras no olho ou no tálamo de gatos ou macacos (Figura 5.6). Essas substâncias são interiorizadas pelas células da retina ou do tálamo, acabam chegando ao córtex visual levadas pelo fluxo axoplasmático anterógrado[G], e podem ser identificadas posteriormente pela sua radioatividade ou por reações químicas específicas que lhes conferem visibilidade ao microscópio. Como se pode ver na Figura 5.7 (foto inferior), uma das camadas do córtex visual aparece marcada por colunas brancas alternadas com colunas escuras. As colunas brancas são as regiões que apresentam o rastreador, transportado pelos axônios que veiculam as informações provenientes de um olho, e que se originam dos neurônios talâmicos correspondentes. As colunas escuras, não marcadas, indicam as regiões correspondentes ao olho oposto.

Se esse tipo de experimento é adequado para mostrar a posição dos axônios talâmicos de representação monocular no córtex visual, então seria possível visualizar como se formam essas conexões monoculares durante o desenvolvimento, realizando experimento semelhante em animais recém-nascidos de diferentes idades. Esse experimento mostrou (Figura 5.7) que nos animais muito jovens, antes mesmo da abertura dos olhos, as bandas já estão presentes, embora ainda não tão nítidas quanto nos adultos.

Com esse mesmo tipo de experimento, pode-se testar se e como a formação dos domínios de dominância ocular é influenciada pelo ambiente, isto é, se e como o mundo visual dos animais interfere sobre o crescimento dos axônios de representação monocular. Isso foi feito tomando animais recém-nascidos e realizando uma sutura permanente nas pálpebras de um dos olhos logo após o nascimento, até a maturidade. Essa intervenção experimental – que de certa forma mimetiza o que ocorre com crianças portadoras de catarata[G] congênita – faz com que o animal cresça sem acesso ao mundo visual através do olho suturado, a não ser por alguma luminosidade que atravessa as pálpebras fechadas. A Figura 5.8 mostra o resultado desse experimento de privação monocular. Nos animais experimentais, as bandas corticais do olho que permanece aberto tornam-se

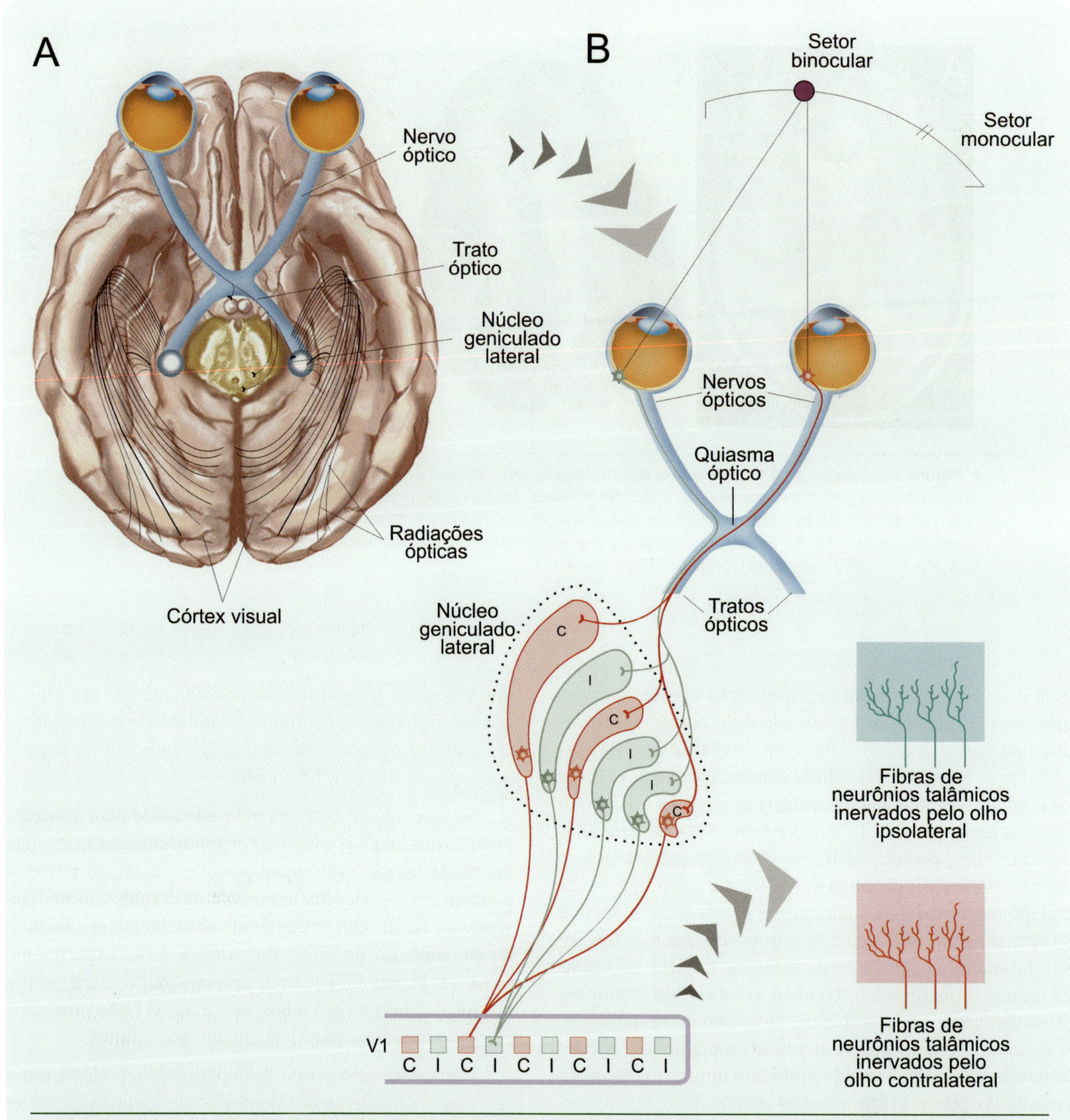

Figura 5.5. *O sistema visual (**A**) apresenta um modo muito específico de organização (**B**), tal que um ponto no setor binocular do campo visual é projetado sobre ambas as retinas, mas sua representação cerebral permanece separada nas lâminas do núcleo geniculado lateral do tálamo (contorno pontilhado), e nas bandas ou colunas de dominância ocular do córtex visual primário (V1^A^). C = contralateral; I = ipsolateral. Em cada coluna cortical (detalhe à direita) terminam apenas as fibras talâmicas que representam o mesmo hemicampo visual.*

mais largas (Figura 5.8C), e as do olho suturado tornam-se finas, às vezes praticamente virtuais (Figura 5.8D). É possível, assim, chegar às seguintes conclusões: (1) em condições normais, sob estimulação visual natural, os axônios de representação monocular de cada olho competem para manter o território cortical que ocuparam durante o desenvolvimento ontogenético, e como apresentam condições equivalentes de estimulação visual, mantêm a ocupação de territórios do mesmo tamanho; (2) quando a estimulação visual é desequilibrada pela sutura palpebral, o olho estimulado "vence" a competição e ocupa a maior parte do território cortical. Em termos gerais, conclui-se que

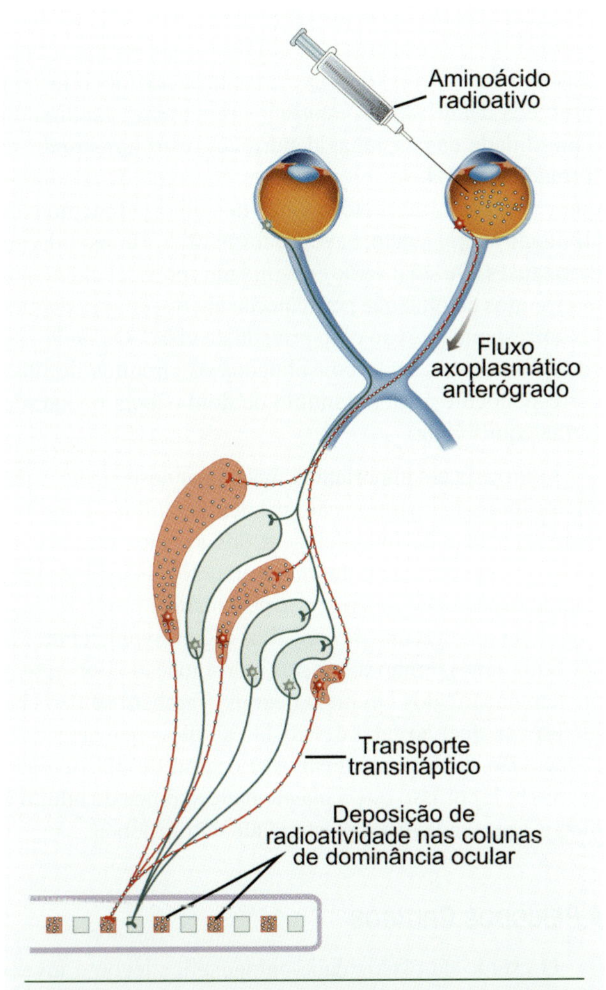

Figura 5.6. *Experimentos como este (descrito no texto) permitiram revelar as colunas de dominância ocular em gatos e macacos, através do transporte axoplasmático transináptico de proteínas radioativas (pontilhado) desde a retina até o córtex visual primário.*

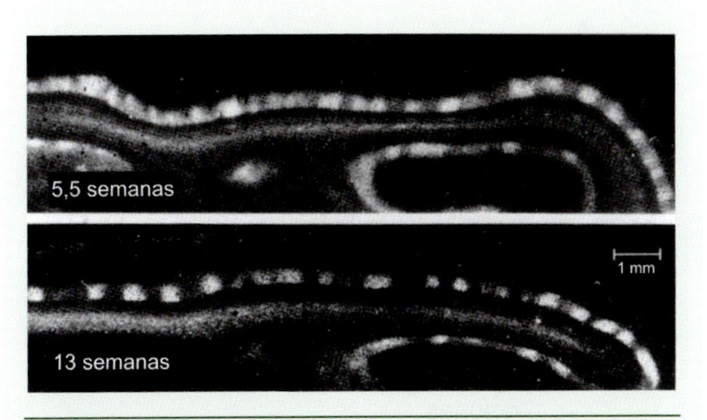

Figura 5.7. *Com a injeção de moléculas radioativas no olho de gatos de diferentes idades, é possível acompanhar o desenvolvimento das colunas de dominância ocular no córtex visual. Nos animais jovens, as colunas de dominância ocular podem ser identificadas, mas são menos nítidas do que nos animais adultos. As fotos representam cortes parassagitais através do córtex cerebral, e os pontos radioativos, representados em contraste negativo (branco), são tão numerosos que confluem. Modificado de S. LeVay e cols. (1978)* Journal of Comparative Neurology, *vol. 179: pp. 223-244.*

o desenvolvimento das bandas de dominância ocular está submetido à plasticidade ontogenética, porque é controlado pelo ambiente visual no qual se desenvolvem os animais. Em termos ainda mais gerais: ocorre plasticidade axônica ontogenética sempre que o ambiente influenciar de um modo ou de outro o desenvolvimento normal.

Permanece um problema. Os experimentos iniciais de rastreamento abordaram a plasticidade axônica ontogenética ainda de forma muito genérica. Não foram capazes de demonstrar diretamente alterações na morfologia dos axônios individuais sob influência do ambiente visual. Esse passo foi dado por pesquisadores que puderam marcar seletiva e individualmente os axônios talâmicos e suas terminações no córtex visual (Figura 5.9), acompanhando o seu desenvolvimento em várias etapas após o nascimento do animal. Verificaram que os axônios tálamo-corticais formavam arborizações mais extensas no recém-nascido. Gradualmente, entretanto, essas arborizações eram como que podadas, até se restringirem, no adulto, às dimensões de uma coluna de dominância ocular. Em animais submetidos à sutura monocular em período precoce do desenvolvimento, os axônios que recebiam informação visual do olho aberto mantinham as arborizações extensas e arborizavam ainda mais profusamente, enquanto aqueles conectados ao olho privado tornavam-se ralos e pouco arborizados. A conclusão agora pôde ser mais firme: os animais recém-nascidos estão submetidos à plasticidade axônica ontogenética, uma vez que *seus axônios* se desenvolvem sob controle e influência do ambiente.

Existe uma explicação para o fenômeno que vai aos detalhes moleculares. Quem detecta o desalinhamento interocular devido a estrabismo ou privação sensorial seria um grupo de neurônios inibitórios cujo neurotransmissor é o aminoácido GABA (ácido gama-aminobutírico). Trata-se na verdade de um grupo específico de neurônios GABAérgicos com o nome estranho de *células amplas com dendritos em cesta*, ou mais simplesmente *células em cesta*. Esse grupo de interneurônios[G] apresenta axônios horizontais que intercomunicam os domínios de dominância ocular e, ao que tudo indica, são aptos a detectar qualquer desequilíbrio interocular. O desequilíbrio se reflete no seu padrão de ativação, isto é, no modo como irão inibir horizontalmente os neurônios piramidais dos domínios de dominância ocular.

Se o desequilíbrio entre excitação e inibição ocorrer durante o período crítico, os neurônios piramidais sofrerão alterações neuroquímicas envolvendo especialmente uma molécula da matriz extracelular chamada *ativador de plas-*

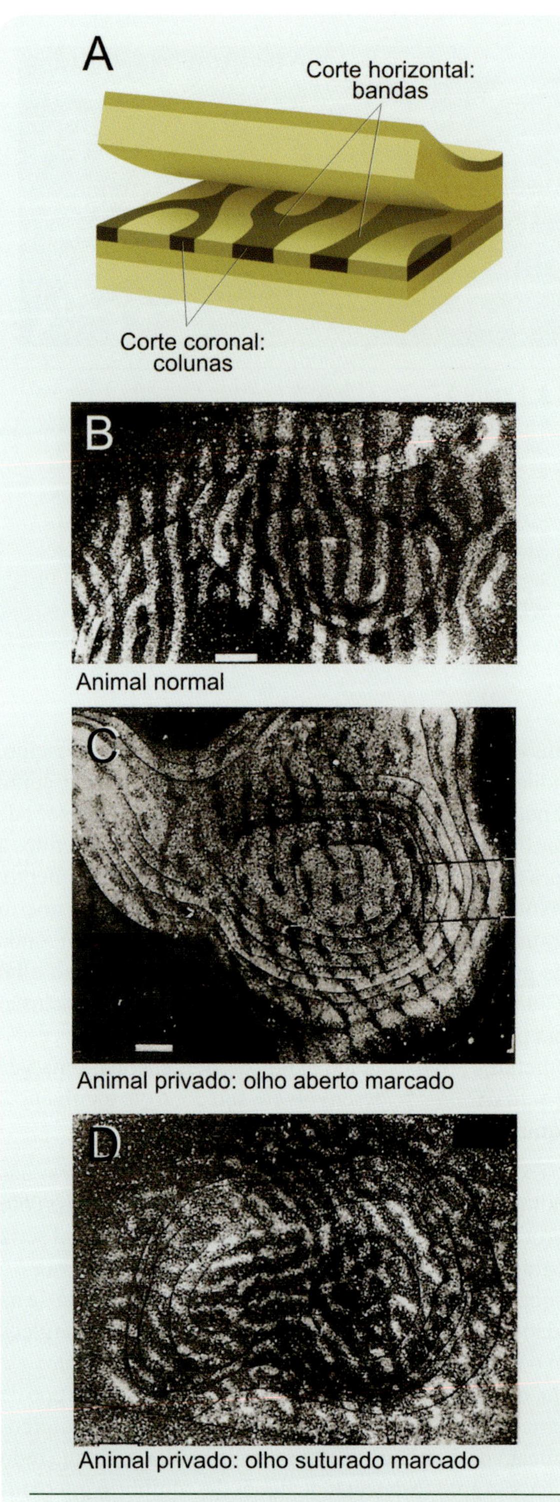

Figura 5.8. *As colunas de dominância ocular são na verdade bandas, melhor reveladas em cortes tangenciais (**A**). O padrão de um animal adulto normal é apresentado em **B**. Quando um olho é suturado na infância, o adulto apresenta um padrão diferente: as bandas do olho que permaneceu aberto tornam-se maiores (**C**) que as do olho suturado (**D**). **B**, **C** e **D** modificados de D. Hubel e cols. (1977)* Transactions of the Royal Society of London, Series B Biological Sciences *vol. 278: pp. 377-409.*

minogênio de tipo tissular (abreviadamente *tPA*, da sigla inglesa). O tPA transforma plasminogênio em plasmina, uma protease[G] que "dissolve" a matriz extracelular em torno dos dendritos dos neurônios piramidais, facilitando a motilidade das espinhas dendríticas, estruturas onde se formarão as sinapses provenientes dos axônios talâmicos que veiculam a informação vinda dos olhos. Onde houver atividade neural, então, haverá a formação e a consolidação de sinapses. Ou seja: serão consolidados preferencialmente os circuitos do olho que permaneceu aberto, em vez daqueles correspondentes ao olho privado de visão. Ou então, na situação normal, serão consolidados os circuitos do olho correspondente a cada domínio de dominância ocular, de forma equilibrada.

Outro aspecto importante a mencionar neste ponto é que a base biológica para a ação plástica do ambiente, nestes casos, é a fase de remodelagem dos axônios que ocorre normalmente durante o desenvolvimento. Os axônios têm grande capacidade de crescer (mecanismos progressivos) e também de regredir (mecanismos regressivos), tendo esses fenômenos, embora opostos, participação cooperativa na "lapidação" dos circuitos neurais. Também se percebe facilmente que, ao final dessas fases ontogenéticas, cessa a operação desses mecanismos e o grau de plasticidade decresce. É por isso que a plasticidade axônica do adulto é menos acentuada que a plasticidade ontogenética.

Períodos Críticos

O estudo da plasticidade ontogenética levou à investigação dos períodos críticos para os vários componentes funcionais do sistema nervoso, e para as diferentes espécies de animais, inclusive o homem. No caso do homem, desde o século 18 vários relatos e observações já apontavam a existência de uma fase na infância durante a qual a influência do ambiente é determinante para o estabelecimento das características fisiológicas e psicológicas do indivíduo. Você com certeza já ouviu falar de casos de "meninos selvagens", crianças encontradas na selva em companhia de animais, aparentemente sem contato prévio com outros seres humanos. Há pelo menos 40 desses casos bem descritos. Ressalta entre eles um traço comum: quanto mais tarde as crianças são encontradas e submetidas ao ensino de uma língua e outras habilidades cognitivas, pior o seu desempenho. É como se a possibilidade de aprendizagem dessas habilidades se esgotasse durante a infância: os observadores desses casos descreveram os períodos críticos muito antes que eles fossem assim conceituados.

Para o desenvolvimento da linguagem humana, o período crítico parece estender-se até a adolescência (há alguma controvérsia nessa avaliação). Crianças portadoras de lesões corticais que atingem as regiões linguísticas são suscetíveis de considerável recuperação funcional quando as lesões

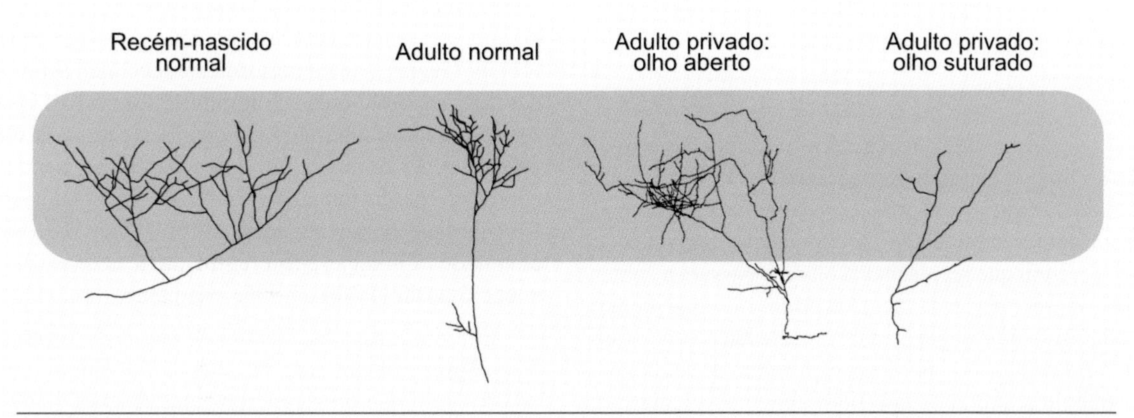

Figura 5.9. *A plasticidade axônica ontogenética pode ser revelada quando se reconstrói a forma das arborizações terminais dos axônios que projetam ao córtex visual. O recém-nascido apresenta árvores terminais largas, que depois se tornam mais restritas no adulto. No adulto submetido a sutura monocular precoce (privação visual), os terminais correspondentes ao olho que permaneceu aberto são mais largos e densos que os do olho suturado. Modificado de A. Antonini e M. P. Stryker (1993)* Science, *vol. 260: pp. 1819-1821.*

ocorrem durante o período crítico. Lesões semelhantes que atingem adolescentes ou adultos jovens provocam déficits de difícil recuperação.

Esses "experimentos não planejados" em seres humanos, é claro, não permitem controlar todas as variáveis envolvidas, todos os fatores que poderiam influenciar o desenvolvimento cerebral e psicológico. Por essa razão o estudo dos períodos críticos e da plasticidade ontogenética ganhou maior consistência quando passou a ser abordado através de experimentos com animais.

Etologistas e psicólogos estudaram o desenvolvimento de certos comportamentos sociais em aves e em primatas, e concluíram que alguns deles dependem de experiências interativas com outros membros da mesma espécie, durante o período crítico. O canto de algumas aves só se estabelece se durante a infância elas o ouvirem de outras aves adultas da mesma espécie (veja sobre isso o Capítulo 19). O reconhecimento de indivíduos da mesma espécie e um adequado comportamento social, tanto em aves como em macacos, só se estabelecem se os animais puderem interagir com suas mães logo após o nascimento, sejam elas naturais ou adotivas.

Para os neurocientistas, o sistema visual tem representado um importante modelo para o estudo da plasticidade e dos períodos críticos. O período crítico do desenvolvimento dos circuitos binoculares, por exemplo, pôde ser determinado para o gato (entre o nascimento e o 4º mês de vida), para o macaco (até o 2º ano de vida do animal) e para o homem (até 10 anos de idade). Esses circuitos participam ativamente da visão estereoscópica ou tridimensional. Quando se formam defeituosamente, a criança terá um déficit de acuidade visual conhecido sob o nome de ambliopia, mencionado acima. É o que acontece em crianças portadoras de catarata congênita ou estrabismo[G] que não sejam tratadas por cirurgia ou uso de lentes prismáticas durante o período crítico. Seu sistema visual apresentará circuitos binoculares defeituosos, possivelmente semelhantes aos que foram demonstrados nos animais submetidos às manipulações ambientais descritas anteriormente.

PLASTICIDADE AXÔNICA DE ADULTOS: BROTAMENTO COLATERAL?

A descoberta dos períodos críticos levou os investigadores à conclusão de que nos adultos não haveria plasticidade axônica, isto é, a capacidade de mudança dos circuitos neurais desapareceria depois de uma certa idade. Essa conclusão mostrou-se equivocada à luz de recentes observações experimentais.

Uma dessas observações originou-se de uma grande confusão com ingredientes políticos, que envolveu um grupo de pesquisadores dos Institutos Nacionais de Saúde dos Estados Unidos. Certo número de macacos adultos havia sido submetido a uma cirurgia experimental em que as raízes dorsais da medula correspondentes aos membros superiores eram cortadas. Desprovidos completamente de informações somestésicas[G] dos braços, os animais estavam sendo mantidos em um dos biotérios da instituição quando estes foram invadidos por militantes radicais de movimentos de proteção aos direitos dos animais, que depois conseguiram a sustação judicial da pesquisa sob o argumento de maus-tratos infligidos aos macacos. O caso arrastou-se na Justiça durante mais de 10 anos, os macacos operados envelheceram, e um outro grupo de pesquisadores conseguiu finalmente autorização para a realização de uma nova pesquisa antes que os animais morressem.

A nova pesquisa foi dirigida pelo fisiologista Michael Merzenich, e consistiu em verificar se a região do córtex cerebral que normalmente receberia as informações provenientes do braço mantinha suas características funcionais, apesar da desnervação sensorial feita 10 anos antes. O grupo de pesquisadores surpreendeu-se com a descoberta de que a região cerebral que representava o braço passara a conter uma nova representação da face. A face dos macacos, então, havia adquirido uma dupla área de representação no córtex cerebral. As conclusões de Merzenich foram as seguintes: (1) os circuitos axônicos que normalmente veiculariam informações do braço não foram capazes de regenerar após a interrupção das raízes dorsais correspondentes; (2) os circuitos axônicos que veiculavam informações da face – não atingidos diretamente pela cirurgia – apresentaram plasticidade, passando a ocupar as regiões cerebrais anteriormente dedicadas ao braço; e portanto (3) o cérebro de animais adultos seria dotado de plasticidade axônica.

Outra observação interessante, sugestiva da ocorrência de plasticidade axônica no cérebro de indivíduos adultos, foi feita pelo psicólogo de origem indiana Vilayanur Ramachandran, ao estudar a fisiologia sensorial de indivíduos com membros amputados. Sabia-se de longa data que esses indivíduos apresentavam uma condição estranha, até então mal explicada, chamada síndrome do membro fantasma, através da qual continuavam a apresentar sensações (até mesmo dor!) provenientes do membro amputado, como se ele ainda estivesse presente (Quadro 5.2). As primeiras tentativas para explicar esse estranho fenômeno atribuíam as sensações-fantasmas à cicatriz da cirurgia de amputação. No entanto, a anestesia do coto, obtida por meios farmacológicos ou mesmo cirúrgicos, não eliminava essas sensações. Ramachandran estudou cuidadosamente a sensibilidade tátil das regiões corporais vizinhas ao membro amputado. Em um indivíduo que havia sofrido amputação do braço vários meses antes, verificou que a estimulação da face com um cotonete provocava sensações que pareciam provir do polegar, do indicador ou do dedo mínimo, dependendo da exata posição do cotonete na face do indivíduo (Figura 5.10A). Igualmente, a estimulação do coto do membro amputado provocava sensações que pareciam originar-se dos dedos (Figura 5.10B).

Ramachandran propôs nova explicação para a síndrome do membro fantasma, baseada na hipótese de ocorrência de plasticidade axônica. Em algum ponto do sistema somestésico dos indivíduos amputados, os axônios que estariam normalmente representando apenas a face ou o antebraço estendem-se às regiões de representação da extremidade amputada, já que estas se tornam inativas após terem sido desaferentadas[G]. De acordo com essa hipótese, haveria *brotamento colateral,* ou seja, o aparecimento de ramos colaterais nos axônios das regiões não atingidas pela amputação, e o seu crescimento em direção às regiões cerebrais "vazias", que anteriormente recebiam informações das regiões amputadas. Entretanto, é possível imaginar uma explicação alternativa: as regiões corporais vizinhas poderiam ser normalmente interconectadas, sendo essas conexões mantidas "silenciosas" sob constante inibição. Com o desaparecimento dos circuitos axônicos do membro amputado, a inibição seria removida, e as conexões antes silenciosas entrariam em funcionamento.

Embora essas observações de natureza fisiológica ou psicológica tenham sido recentemente comprovadas por estudos com neuroimagem funcional (Figura 5.10C), elas são compatíveis com a hipótese de plasticidade axônica no adulto, mas não a provam diretamente. É preciso buscar evidências diretas de que os axônios de indivíduos adultos – mesmo sem ser diretamente atingidos por uma influência ambiental – são realmente capazes de recrescer e modificar sua morfologia. Esse trabalho tem sido feito há vários anos, mas os resultados ainda não podem ser considerados conclusivos.

PLASTICIDADE DENDRÍTICA

Como antenas receptoras das informações transmitidas através das sinapses de um neurônio a outro, os dendritos são candidatos potenciais à ocorrência de plasticidade estrutural, morfológica. De fato, existem evidências de que essa suposição seja verdadeira. No entanto, apenas as espinhas dendríticas são sujeitas à plasticidade nos animais adultos, enquanto nos animais em desenvolvimento tanto elas quanto os próprios troncos dendríticos podem ser modificados por ação do ambiente.

PLASTICIDADE DENDRÍTICA ONTOGENÉTICA

O desenvolvimento dendrítico parece depender – pelo menos parcialmente – de um plano geral codificado no genoma do neurônio, porque quando se separam neurônios imaturos do tecido nervoso embrionário, dissociando-os uns dos outros e cultivando-os no laboratório, eles são capazes de desenvolver suas árvores dendríticas de modo semelhante ao normal. A expressão das instruções genéticas, entretanto, é característica de cada tipo de neurônio, e é por isso que há neurônios com morfologia tão distinta no SN. O plano geral do desenvolvimento dendrítico consiste em determinar, por exemplo, se um neurônio será piramidal, tendo então um longo dendrito apical que arboriza na superfície do córtex cerebral. O ambiente é capaz de interferir sobre esse plano geral sem modificar a natureza piramidal do neurônio. No entanto, pode determinar alterações no

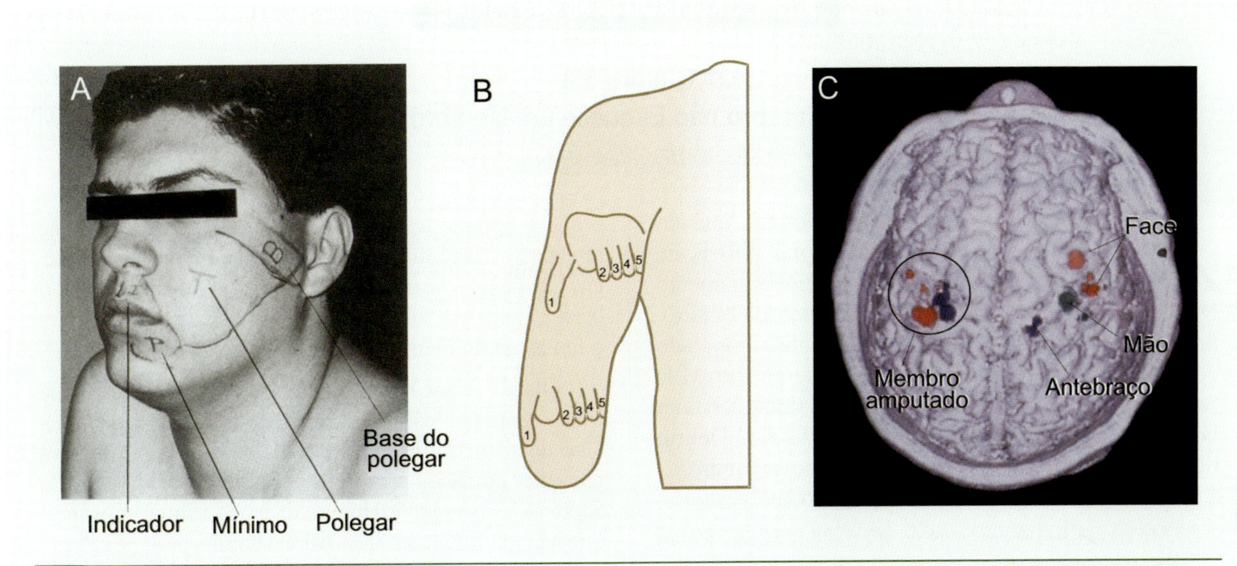

Figura 5.10. *A estimulação com um cotonete de certas regiões do corpo de indivíduos amputados provoca neles a sensação "fantasma" de que o membro ausente é que foi estimulado: um notável exemplo de plasticidade em adultos.* ***A*** *mostra os locais da face de um indivíduo amputado, que provocam sensações referidas aos dedos da mão ausente.* ***B*** *mostra um outro caso, em que as sensações "fantasmas" são provocadas estimulando o coto do membro amputado.* ***C*** *representa uma imagem de ressonância magnética funcional do cérebro de um amputado, na qual se percebe a desorganização da topografia corporal no hemisfério contrário ao lado amputado (dentro do círculo).* ***A*** *e* ***B*** *modificados de V.S. Ramachandran (1993)* Proceedings of the National Academy of Sciences of the USA, *vol. 90: pp. 10413-10420;* ***C*** *modificado de V. S. Ramachandran e D. Rogers-Ramachandran (2000)* Archives of Neurology, *vol. 57: pp. 317-320.*

número, no comprimento e na disposição espacial das ramificações dendríticas, bem como no número e na densidade de espinhas.

Evidências de que isso é possível foram produzidas há vários anos por experimentos do neurocientista brasileiro Rafael Linden e seu colega inglês Hugh Perry. Eles fizeram pequenos cortes com bisturi na retina de ratos recém-nascidos, interrompendo os axônios de algumas células ganglionares[G]. Como as ganglionares recém-nascidas axotomizadas morrem, eles puderam criar uma região totalmente desprovida dessas células, mas apresentando outras cujos axônios não foram atingidos. Depois de algumas semanas, estudaram a morfologia dendrítica das células sobreviventes das margens dessa região, comparando-a com a dos neurônios de regiões distantes da mesma retina. Os neurônios ganglionares distantes apresentavam dendritos que emergiam do soma em todas as direções, mas os neurônios das margens da lesão apresentavam uma árvore dendrítica deformada, com mais dendritos dirigidos para a região lesada do que para o lado não lesado. Concluíram que deveria haver normalmente uma competição entre os dendritos pelos aferentes de outras células retinianas, uniformemente distribuídos em torno do corpo celular.

Nas margens das regiões lesadas, no entanto, os dendritos que apontavam para a lesão tendiam a crescer mais, uma vez que o faziam em território desprovido de aferentes, e portanto em melhores condições competitivas (estavam sozinhos na região). Concluíram também que o fator modulador da morfologia dendrítica, neste caso, deveria ser uma substância trófica liberada pelas fibras aferentes situadas em torno do soma. Recentemente, mostrou-se que essa substância trófica é o chamado BDNF (abreviatura em língua inglesa de *fator neurotrófico derivado de cérebro*), sendo provável que o ajuste da forma dos dendritos seja promovido pela formação das sinapses sobre eles, e pela sua entrada em operação produzindo potenciais sinápticos, o que envolveria também neuromediadores, além de fatores tróficos. De fato, mostrou-se que a árvore dendrítica das células ganglionares da retina, assim como as dos neurônios do GL no tálamo, podem ser modeladas pela atividade neural incidente, porque aparecem alterações observáveis no número de ramificações dendríticas e no número de espinhas, quando se banham as células aferentes com TTX[1] ou bloqueadores do receptor glutamatérgico do tipo NMDA.

No córtex cerebral, o crescimento e a arborização do dendrito apical dos neurônios piramidais são regulados, durante o desenvolvimento, por moléculas atratoras e repulsoras expressas na hora certa nas duas superfícies do

[1] Tetrodotoxina, *um bloqueador dos canais de Na+ que interrompe a excitabilidade da membrana.*

HISTÓRIA E OUTRAS HISTÓRIAS

Quadro 5.2
Quando o Cérebro não Esquece um Membro Perdido

*Suzana Herculano-Houzel**

Antes da descoberta dos antibióticos, quando uma ferida nos braços ou nas pernas de um paciente necrosava, o único tratamento eficiente para evitar a morte era a amputação (Figura). Só que, muitas vezes, o fantasma do membro amputado continuava assombrando o paciente – literalmente. Ele "sentia" o membro amputado, ou, pior, tinha dor num braço que não mais possuía. Seria alucinação? Delírio dos pacientes, incapazes de aceitar sua nova condição? E quando a dor era muita, onde aplicar o analgésico?

Até o século 19, casos de membros fantasmas foram descritos apenas ocasionalmente. Um dos primeiros foi apresentado pelo francês Ambroise Paré (1510-1590), pioneiro da cirurgia. O filósofo e cientista René Descartes (1596-1650) e, 200 anos depois, o fisiologista François Magendie (1783-1855) também descreveram casos de membros fantasmas. Mas analisando casos isolados era difícil encontrar algum indício de uma explicação fisiológica para essa estranha sensação. Se é que os "fantasmas" existiam mesmo, e não eram só produtos da imaginação dos pacientes traumatizados – como nas histórias de fantasmas, quem quisesse que acreditasse...

Até que uma guerra produziu dezenas de casos para um só cirurgião, o americano Silas Weir Mitchell (1829-1914), que servia na Filadélfia durante a guerra civil norte-americana (1861-1865). Os hospitais enchiam-se de soldados feridos; Mitchell chegou a examinar 90 pacientes amputados. Desses, 86 logo passaram a sentir o fantasma do membro removido – só quatro o "esqueceram". Mitchell observou que as histórias de membros fantasmas eram coerentes. Por exemplo, várias vezes eles pareciam incompletos ou mais curtos do que o membro restante. Além do mais, muitos eram dolorosos e podiam ser sentidos por toques no rosto, por um bocejo, ou por mudanças no vento. Como muitos outros cientistas depois dele, Mitchell acreditava que os fantasmas eram causados por irritação dos nervos interrompidos, e tentava tratá-los por cauterização, analgésicos locais, e, frequentemente, com uma segunda amputação. Tudo, em geral, sem efeito.

Somente no fim do século 20, com as técnicas de registro eletrofisiológico da atividade cortical, foi possível identificar uma origem para as sensações fantasmas. Dois grupos independentes, coordenados pelos americanos Michael Merzenich e Edward Taub, descobriram que a porção de córtex somestésico desaferentada pela remoção de um membro é invadida por aferentes das áreas corticais vizinhas, representando o tronco e o rosto. A consequência é que a porção desaferentada pela amputação torna-se ativada por estímulos a essas regiões vizinhas. Só que, em vez de provocar sensações correspondentes a elas, o córtex mantém a "memória" da representação original – e o fantasma do membro aparece.

Quanto à dor fantasma, também ela parece ter uma causa central, e não periférica, como Mitchell pensava. Usando imagens funcionais por ressonância magnética em pacientes humanos, o grupo de Edward Taub, trabalhando agora na Universidade Humboldt, em Berlim, demonstrou que há uma forte correlação direta entre o grau de reorganização cortical após a amputação e a intensidade da dor fantasma. Os fantasmas, portanto, não são pura imaginação, mas sim produtos de um cérebro que muda com a nova realidade, mas não esquece suas imagens passadas.

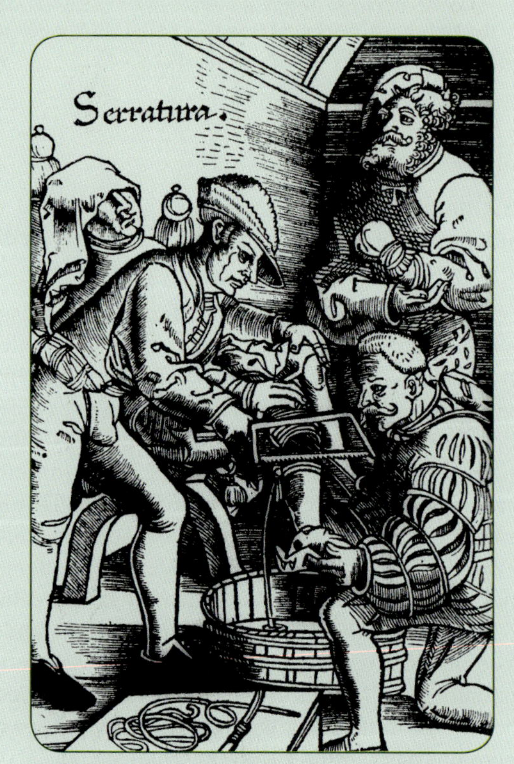

Figura. *Primeira representação de uma amputação, tal como era realizada no século 16. Na falta de anestesia, o paciente geralmente era contido e tinha os olhos vendados. De H. Von Gersdorf (1517)* Manual de campanha de cirurgia de ferimentos.

**Professora-adjunta do Instituto de Ciências Biomédicas da Universidade Federal do Rio de Janeiro.Correio eletrônico: suzanahh@gmail.com*

córtex. Desse modo, os dendritos apicais são sempre radiais, estendendo-se no sentido da borda do córtex revestida pela meninge pia-máter e arborizando ali, ou então se retraindo para arborizar mais abaixo. Manipulações experimentais e doenças do desenvolvimento podem alterar o curso dos acontecimentos, causando maior incidência de alterações do número e morfologia dos ramos dendríticos (como é o caso da esquizofrenia e das síndromes do X frágil e de Down, por exemplo).

PLASTICIDADE DENDRÍTICA EM ADULTOS

Uma vez estabelecida durante o desenvolvimento, a árvore dendrítica básica de cada neurônio torna-se relativamente consolidada no adulto, embora haja inúmeras evidências de alterações quantitativas na complexidade das ramificações. Em diferentes espécies de animais já se encontrou aumento do comprimento e do número de ramificações dendríticas, com concomitante aumento do número de sinapses, em adultos submetidos a ambientes enriquecidos. Em seres humanos é difícil definir controladamente o que é um ambiente enriquecido, mas há relatos de correlação entre o nível educacional e a complexidade dendrítica na área de Wernicke, uma região do córtex cerebral ligada à compreensão e outros aspectos da linguagem. Também há relatos de maior complexidade dendrítica na região cortical de representação dos dedos da mão, em profissionais que os usam muito, como digitadores.

O que se pode concluir é que a morfologia dendrítica básica dos neurônios é fixada durante o desenvolvimento, e que uma vez consolidada, ela aceita influência limitada do ambiente, preferencialmente sobre as ramificações mais finas e terminais. Deve-se, entretanto, levar em conta que a maioria dos estudos sobre esse tema tem utilizado técnicas de observação estática e análise populacional, sendo as conclusões baseadas em avaliações estatísticas de grandes números de células de cada tipo. Só bem recentemente tornaram-se disponíveis ferramentas de análise dinâmica e de longa duração da morfologia neuronal, permitindo acompanhar longitudinalmente no tempo a morfologia de neurônios selecionados. Esse tipo de abordagem revelou grande instabilidade – maior do que se supunha – das espinhas dendríticas (ver adiante), e devemos esperar que surjam revelações semelhantes, no futuro próximo, a respeito dos dendritos mais calibrosos.

Em adultos, portanto, a plasticidade estrutural que se pode observar nos dendritos restringe-se às espinhas. Foi Cajal quem descobriu as *espinhas dendríticas* – pequenas protrusões que emergem dos troncos dendríticos, formadas por um talo fino com extremidade esferoide (confira a Figura 3.8). Desde então se suspeitou que pudessem estar envolvidas em fenômenos plásticos, já que as evidências se foram acumulando de que elas constituem compartimentos privilegiados de sinapses excitatórias (glutamatérgicas), que se multiplicam em número quando o ambiente da gaiola de animais experimentais é enriquecido com objetos, cores, mecanismos móveis e outros elementos, e que são escassas em crianças com retardo mental. O século 20 trouxe o envolvimento das sinapses excitatórias com a plasticidade sináptica, que veremos adiante, e por extensão com a memória e a aprendizagem. Daí porque se tornou febril a pesquisa sobre alterações morfológicas das espinhas dendríticas que pudessem ser correlacionadas com esses fenômenos tão importantes para o comportamento e a cognição, particularmente em seres humanos.

A principal descoberta dos últimos anos foi que as espinhas dendríticas não são estáticas, mas sim altamente instáveis e móveis. Ao longo de minutos, algumas espinhas dendríticas aparecem em um pequeno campo de visualização ao microscópio, e outras desaparecem (Figura 5.11). Além disso, as espinhas que se mantêm movem-se ativamente. Essa intensa motilidade é possibilitada pela grande concentração de actina – uma molécula contrátil do citoesqueleto – no interior das espinhas. Não se sabe exatamente qual o significado dessa intensa motilidade, mas é razoável supor que sejam mais instáveis e móveis as espinhas cujas sinapses não se tenham ainda consolidado pelos processos de aprendizagem e memória, e estáveis aquelas que representem memórias de longo prazo. Como as espinhas dendríticas estão sempre ligadas a terminais axônicos aferentes através de sinapses assimétricas (excitatórias), a instabilidade das primeiras resulta em instabilidade das últimas (ou vice-versa, não se sabe). Esse fenômeno das espinhas, assim, reflete a plasticidade sináptica, como veremos adiante.

PLASTICIDADE SINÁPTICA

Nos anos 1940, um psicólogo canadense de grande projeção em sua época, Donald Hebb (1904-1985), publicou um livro no qual propôs uma teoria para a memória com base na plasticidade sináptica, antes mesmo que se tivesse certeza de que as sinapses existiam. Hebb raciocinou da seguinte maneira: a transmissão de informações entre dois neurônios deveria ser facilitada e tornar-se estável quando ocorresse coincidência temporal (sincronia) entre os disparos do primeiro e do segundo neurônio. Desse modo, a transmissão de mensagens entre os neurônios poderia ser regulada: não seria um fenômeno rígido e imutável, mas sim algo modulável conforme as circunstâncias. A teoria de Hebb da plasticidade sináptica permaneceu durante mais de 30 anos sem grande repercussão, até que os neurocientistas começaram a descobrir fenômenos comportamentais e celulares que poderiam ser explicados por ela. Atualmente, ela se tornou um modelo celular e molecular da memória.

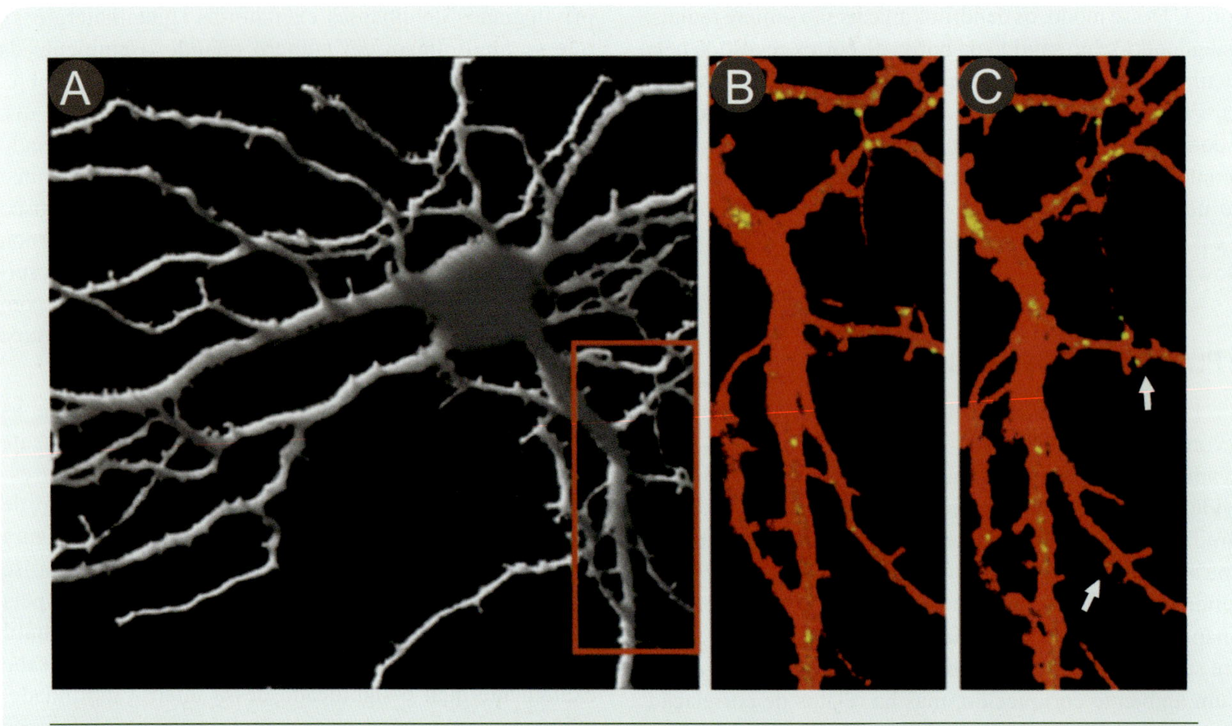

Figura 5.11. *As fotos **B** e **C** mostram imagens obtidas em um microscópio confocal[G] do campo delimitado em **A**, em dois momentos separados por 2 horas. Os dendritos estão em vermelho e os receptores glutamatérgicos em amarelo. As setas mostram o aparecimento de novas espinhas dendríticas, pelo menos uma delas expressando novos receptores glutamatérgicos. Reproduzido de M. Segal (2005)* Nature Reviews. Neuroscience, *vol. 6: pp. 277-284.*

Nos casos mais simples, esses fenômenos foram descritos em animais invertebrados como a aplísia (Figura 5.12A), uma espécie de caramujo marinho sem concha, muito abundante nas costas do Pacífico Norte, e que foi amplamente utilizado para estudos de plasticidade sináptica pelo grupo de pesquisa do psiquiatra norte-americano Eric Kandel, prêmio Nobel de fisiologia ou medicina em 2000. Por que a aplísia? Como todos os invertebrados, esse caramujo possui um sistema nervoso simples, com apenas cerca de 20.000 neurônios e um repertório comportamental reduzido. Neste caso, alguns reflexos defensivos foram selecionados para estudo, como os movimentos de encolhimento da cauda e da cabeça, e a retração da brânquia e do sifão[G], que resultam da estimulação dos mesmos com diferentes intensidades (Figura 5.12B). A estimulação fraca do sifão, por exemplo, provoca a contração deste e às vezes também da brânquia. A estimulação fraca da cauda, por sua vez, provoca a imediata retirada desta, do mesmo modo que ocorreria em um animal vertebrado. Quando a estimulação é muito forte, pode ocorrer também a emissão de uma "tinta" defensiva que tinge o meio em torno (Figura 5.12C).

A simples observação comportamental desses reflexos defensivos mostrou algumas características intrigantes. (1) Quando o estímulo é muito fraco, o reflexo ocorre nas primeiras vezes em que é aplicado, mas com a repetição a contração diminui e o reflexo acaba desaparecendo. Esse fenômeno foi chamado *habituação.* (2) Quando se apresenta um estímulo muito forte uma vez, provocando a imediata retirada da parte estimulada, e logo depois se toca de leve a mesma ou outra região, ocorre uma contração ainda mais forte que a anterior. A esse fenômeno deu-se o nome de *sensibilização.* (3) Quando o estímulo forte é aplicado várias vezes, a sensibilização prolonga-se no tempo, tornando-se duradoura. O animal passa semanas reagindo de forma intensa a estímulos fracos, como se estivesse lembrando do estímulo nocivo aplicado anteriormente.

O raciocínio do grupo de Kandel foi o de investir na busca de fenômenos sinápticos que pudessem explicar esses fenômenos comportamentais. O primeiro passo consistiu em identificar quais os neurônios envolvidos com cada um dos três fenômenos, uma tarefa perfeitamente possível, tendo em vista a simplicidade do sistema nervoso da aplísia. O passo seguinte, é claro, teria que ser o estudo da transmissão sináptica entre os neurônios envolvidos durante a ocorrência dos reflexos. Os resultados desse trabalho têm revelado que os mecanismos moleculares e celulares da plasticidade

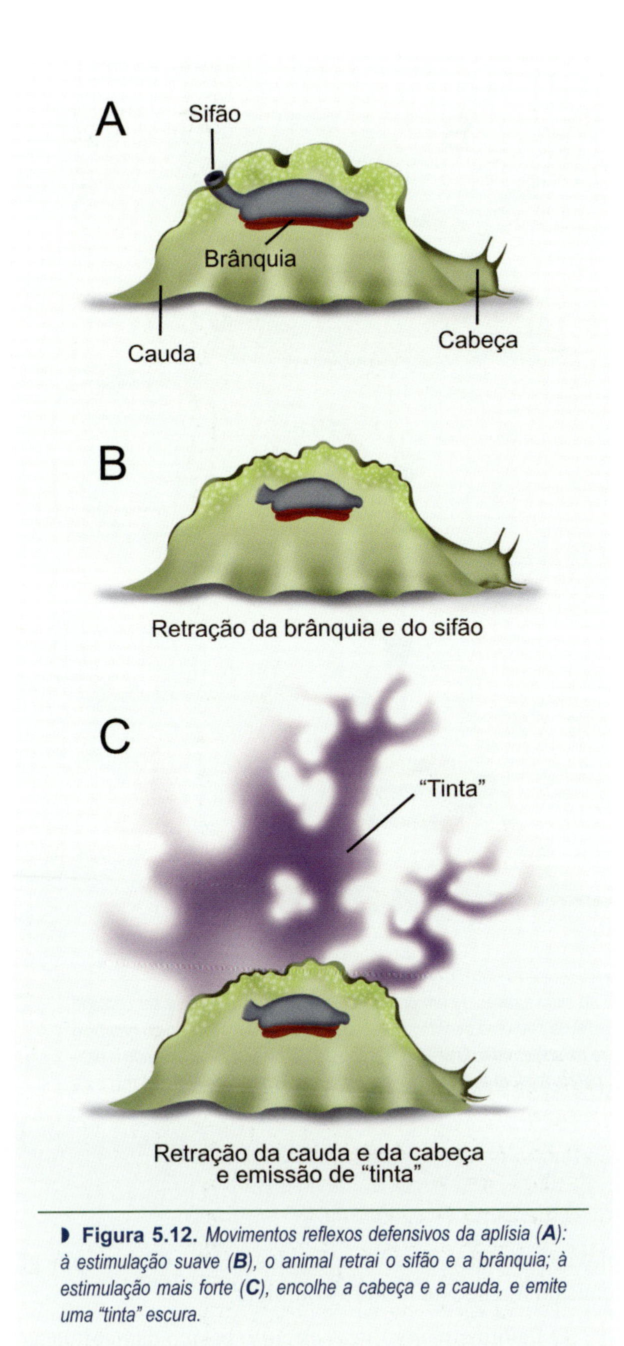

Figura 5.12. *Movimentos reflexos defensivos da aplísia (**A**): à estimulação suave (**B**), o animal retrai o sifão e a brânquia; à estimulação mais forte (**C**), encolhe a cabeça e a cauda, e emite uma "tinta" escura.*

sináptica na aplísia são equivalentes aos que se encontram nos vertebrados. A plasticidade sináptica, atualmente, é considerada uma propriedade universal dos sistemas nervosos, representando a base material da memória. Obtenha mais informações sobre a memória no Capítulo 18.

Habituação

O termo "habituação" é bem apropriado: uma resposta que diminui com a repetição. Trata-se de um fenômeno natural entre os animais: todos se habituam a estímulos repetitivos inócuos e deixam de responder a eles. Exemplo disso é a resposta motora da aplísia, de retração da brânquia, que ocorre quando se estimula de leve o sifão. Estimula-se uma vez com um pincel fino, a brânquia retrai-se. Estimula-se outra vez, a brânquia retrai um pouco menos. Com a repetição, é como se o animal se habituasse realmente a um estímulo inócuo, e a brânquia não se retrai mais.

O fenômeno envolve um circuito composto pelos neurônios representados na Figura 5.13. Neurônios sensitivos que inervam as várias regiões do corpo da aplísia (entre as quais o sifão) conectam-se com neurônios motores que ativam a brânquia (e outras regiões). Os neurônios motores recebem sinapses diretamente dos neurônios sensitivos que inervam o sifão, ou indiretamente através de interneurônios. A sinapse que liga diretamente o neurônio sensitivo com o neurônio motor é excitatória. As sinapses dos interneurônios com o neurônio motor são algumas excitatórias, outras inibitórias. Para revelar o fenômeno da habituação em nível celular, os pesquisadores implantam um microeletródio[G] no neurônio sensitivo, outro no neurônio motor, e provocam a estimulação do sifão com um borrifo d'água, um pincel ou outro estímulo fraco. Ao primeiro estímulo, constata-se o aparecimento de um potencial de ação (PA) no neurônio sensitivo, e a seguir um potencial pós-sináptico excitatório (PPSE) no neurônio motor (Figura 5.13A). Com a repetição, o PA do neurônio sensitivo continua invariável, enquanto o PPSE do neurônio motor cai de amplitude a cada teste, desaparecendo em alguns minutos (Figura 5.13B).

O decréscimo do PPSE do neurônio motor, na verdade, é causado por um decréscimo na liberação de glutamato no terminal pré-sináptico excitatório do neurônio sensitivo, porque cada vez menos vesículas sinápticas ancoram nas zonas ativas da membrana pré-sináptica (ver o Capítulo 4). O experimento mostra que os fenômenos celulares da habituação estão ocorrendo na sinapse do neurônio sensitivo com o neurônio motor. Os mecanismos intracelulares não são ainda bem conhecidos, mas parece que com a estimulação repetitiva ocorre a inativação dos canais de Ca^{++} de um certo tipo (tipo N), o que causa a diminuição da entrada de íons Ca^{++} no terminal e, consequentemente, maior dificuldade para a ancoragem das vesículas sinápticas nas zonas ativas para a liberação do neurotransmissor.

É importante observar que este tipo de plasticidade sináptica, baseado na redução passageira da eficácia de transmissão, representa um mecanismo celular simples para a memória de curta duração. Como ocorre em neurônios comuns, e não em sistemas especificamente dedicados ao processamento da memória, talvez se possa generalizar e postular que todos os circuitos sinápticos dispõem desse mecanismo para armazenar informação durante curtos períodos, e que, portanto, esse tipo de memória é universal no sistema nervoso. Você pode obter maiores detalhes sobre isso no Capítulo 18.

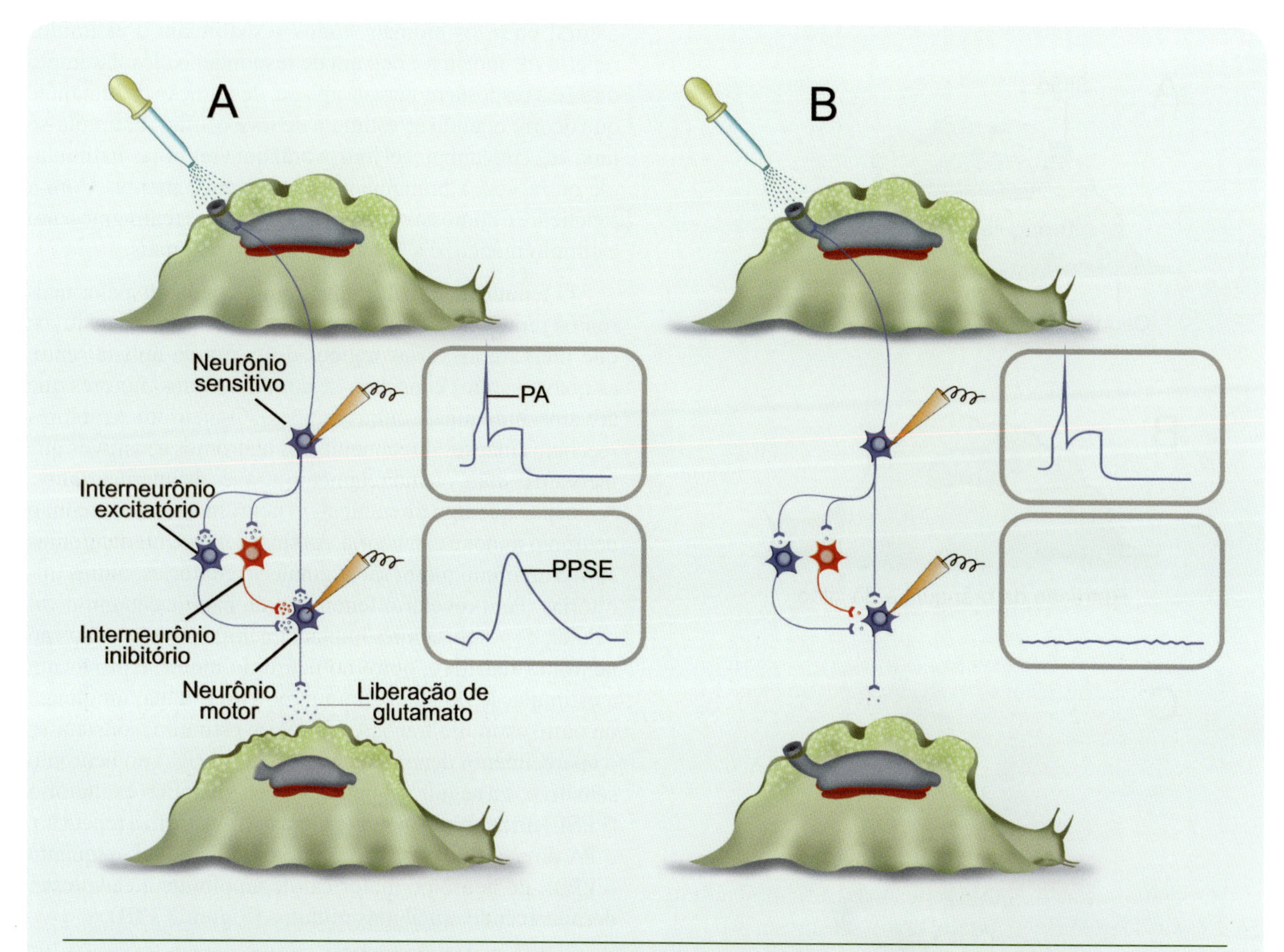

Figura 5.13. *O neurônio sensitivo da aplísia acusa um estímulo aplicado no sifão através de um potencial de ação (PA) que pode ser captado por um microeletródio. Nas primeiras vezes em que o estímulo é aplicado (**A**), o PA do neurônio sensitivo é capaz de provocar a ativação do neurônio motor, que exibe um potencial pós-sináptico excitatório (PPSE) captado por outro microeletródio. O sifão e a brânquia se retraem. Mas, quando o estímulo se repete (**B**), o neurônio sensitivo continua a acusar o estímulo com PAs, porém a informação não passa mais para o neurônio motor. A resposta comportamental deixa de ocorrer.*

SENSIBILIZAÇÃO

A sensibilização é um pouco mais complexa do que a habituação (Figura 5.14). O termo também é bastante descritivo – uma resposta que aumenta quando precedida de algum "sinal de aviso". Também é uma aprendizagem comum entre os animais: se um estímulo é muito forte, o organismo reage a ele e fica avisado de que outros podem surgir. Qualquer que seja o próximo estímulo, então, provocará igual reação. Para a aplísia, o "sinal de aviso" pode ser um estímulo forte qualquer – um jato d'água mais forte no próprio sifão, o beliscão de uma pinça aplicado à cauda, ou um estímulo elétrico produzido pelo pesquisador. Imediatamente ocorre uma forte reação do animal: não apenas a retirada da brânquia e do sifão, mas também a retração da cauda e da cabeça e a secreção defensiva de tinta. A seguir, o animal parece mesmo "sensibilizado": novos estímulos, mesmo aplicados de leve com um pincel, causam a resposta motora completa.

O fenômeno envolve o circuito básico da habituação com mais alguns elementos, dentre eles um interneurônio facilitador cujo axônio estabelece sinapses axoaxônicas com os terminais pré-sinápticos do neurônio sensitivo do sifão. Inicialmente, o registro do microeletródio posicionado no neurônio motor mostra um PPSE de uma certa amplitude, que precede a resposta motora (Figura 5.14A). A seguir, o pesquisador aplica um choque elétrico na cauda, que provoca a forte resposta comportamental correspondente (Figura 5.14B). Finalmente, um novo estímulo suave com um pincel agora provocará forte reação, revelada em nível celular pelo registro, no neurônio motor, de um grande PPSE (Figura 5.14C), bem maior que anteriormente.

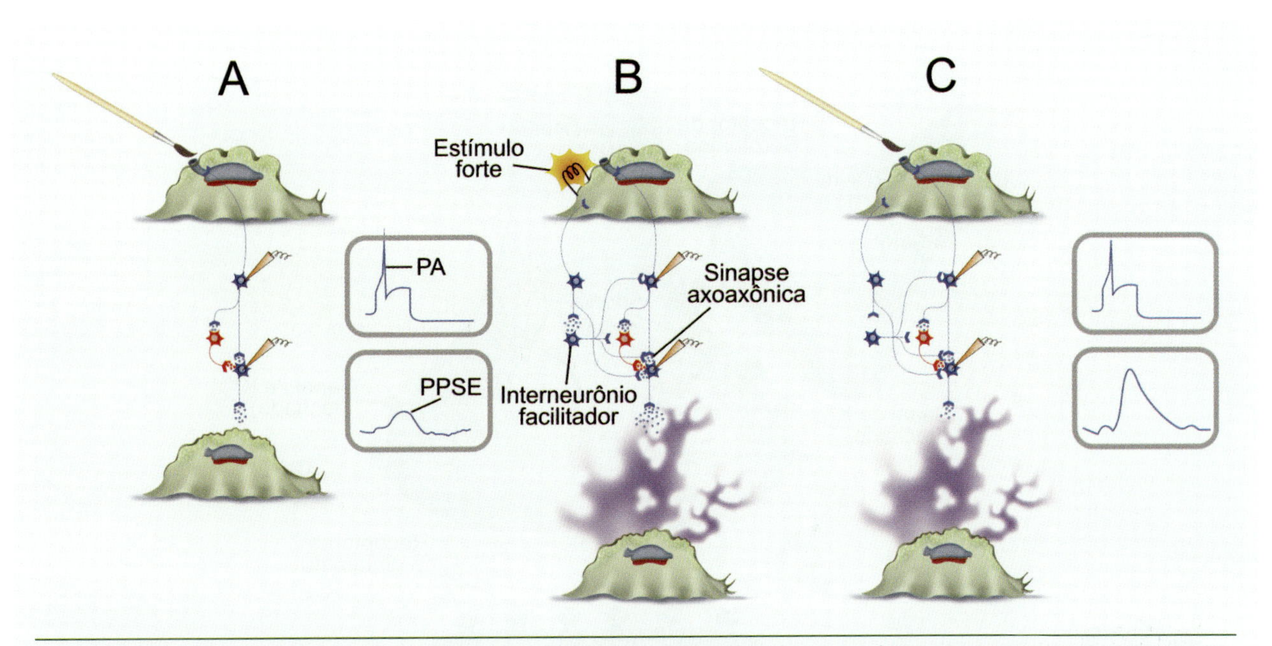

Figura 5.14. *Na sensibilização entra em cena um interneurônio facilitador. Inicialmente (**A**) a aplísia responde com a retração do sifão e da brânquia a um estímulo suave com o pincel. Entretanto, um choque elétrico aplicado na cauda (**B**) provoca forte resposta comportamental, e a mesma resposta aparece a seguir (**C**), mesmo que a estimulação volte a ser suave como antes. O interneurônio facilitador exerce sua ação principalmente através de uma sinapse axoaxônica com o terminal do neurônio sensitivo.*

O xis da questão aqui é a ação desse interneurônio facilitador. Descobriu-se que o seu neurotransmissor é a serotonina, reconhecida por receptores metabotrópicos situados na membrana do terminal pré-sináptico do neurônio sensitivo do sifão (Figura 5.15). Esses receptores moleculares (saiba mais sobre o seu mecanismo de funcionamento lendo o Capítulo 4) acionam duas vias de sinalização intracelular: a da adenililciclase, que produz o segundo mensageiro AMPc, e a da fosfolipase C (PLC), que produz diacilglicerol (DAG). O aumento da concentração desses segundos mensageiros no terminal sensitivo, por sua vez, ativa proteína-cinases que têm duas ações principais: (1) o fechamento dos canais de K^+, que retarda a fase de repolarização do impulso nervoso prolongando a duração dos PAs que chegam ao terminal; e (2) a abertura dos canais de Ca^{++} do tipo N, que aumenta a entrada de íons Ca^{++} no terminal. O resultado é o aumento do número de vesículas sinápticas que ancoram nas zonas ativas e, consequentemente, o aumento da liberação de glutamato na fenda sináptica entre o terminal axônico sensitivo e o neurônio motor. O prolongamento da despolarização da membrana do terminal e o aumento da liberação de neurotransmissor excitatório é uma típica ação facilitadora da sinapse entre o neurônio sensitivo e o neurônio motor, produzida pelo interneurônio serotoninérgico.

Este tipo de plasticidade sináptica consiste na elevação da eficácia da transmissão, justamente o oposto da habituação. Como em todo tipo de plasticidade, o ambiente (estímulo forte na cauda da aplísia, no exemplo utilizado) é capaz de modificar de algum modo o desempenho ou a morfologia do sistema nervoso (neste caso, a transmissão sináptica que medeia o reflexo de retirada da brânquia). A sensibilização representa também um exemplo de memória de curta duração que pode ocorrer em muitos circuitos neurais inespecíficos.

Ocorre que, com o prosseguimento das pesquisas utilizando a aplísia como modelo, descobriu-se que a sensibilização poderia ser muito mais duradoura, se em vez de um único "sinal de aviso", muitos fossem utilizados. Isto é, se vários estímulos fortes fossem aplicados ao animal, a resposta subsequente aos estímulos fracos iria tornar-se sensibilizada durante semanas, em vez de horas. Para explicar essa longa permanência da plasticidade sináptica, tornou-se necessário investigar mecanismos que envolvessem algum tipo de informação enviada ao núcleo do neurônio sensitivo. Essa informação retrógrada seria capaz de ativar a expressão gênica, produzindo mais enzimas fosforilantes que prolongassem o efeito facilitador sobre os canais iônicos e as zonas ativas das sinapses envolvidas, e também mais proteínas estruturais e moléculas de adesão que permitissem a formação de novas sinapses ou a ativação de sinapses silenciosas. Esses mecanismos de sinalização ao núcleo, e deste de volta aos terminais sinápticos, foram já revelados em grande medida, sendo semelhantes aos que

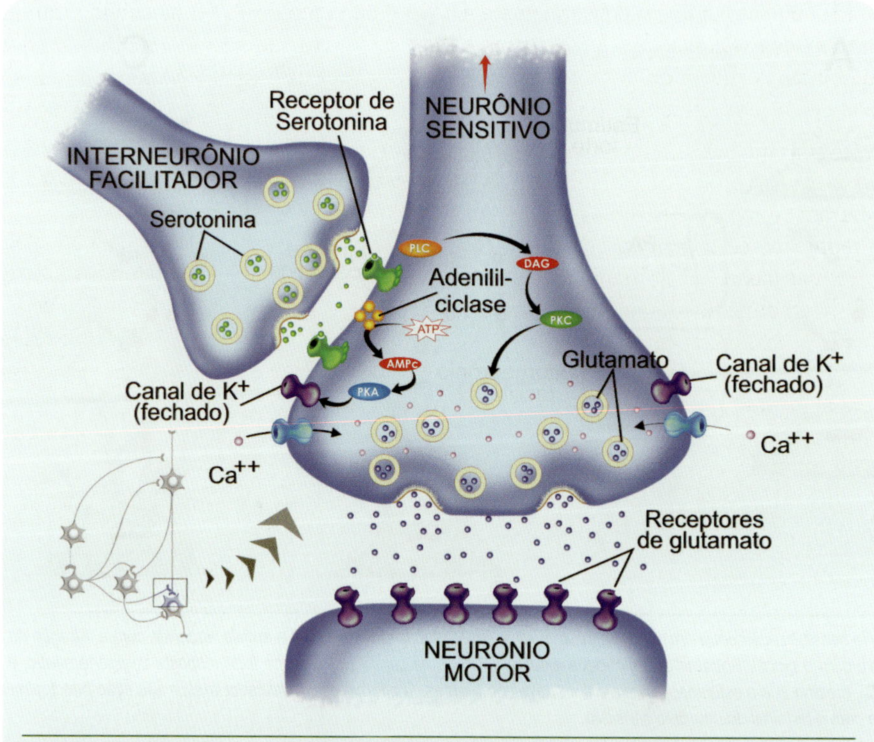

Figura 5.15. *Os mecanismos moleculares da sensibilização baseiam-se nas sinapses axoaxônicas entre o interneurônio facilitador e o terminal do neurônio sensitivo. Essas sinapses são serotoninérgicas, e o receptor pós--sináptico é metabotrópico. A cadeia de sinais intracelulares que é disparada pela serotonina no terminal sensitivo resulta no prolongamento da liberação de glutamato que atua sobre o neurônio motor. ATP = trifosfato de adenosina; DAG = diacilglicerol; PKA = fosfocinase A; PKC = fosfocinase C; PLC = fosfolipase C.*

caracterizam os fenômenos plásticos dos vertebrados. Uma descrição mais detalhada deles encontra-se adiante.

A sensibilização, assim, pode ser considerada um fenômeno celular típico da memória. No entanto, difere da hipótese proposta por Hebb pelo fato de que a sinapse realmente plástica não é aquela entre o primeiro e o segundo neurônio, como queria Hebb, mas entre o primeiro neurônio e um interneurônio interposto no caminho. A verdadeira sinapse hebbiana foi descoberta mais tarde.

POTENCIAÇÃO DE LONGA DURAÇÃO

A descoberta da sinapse hebbiana começou com um fenômeno descrito pela primeira vez no hipocampo[A] por dois pesquisadores da Noruega, Timothy Bliss e Terje Lφmo, e chamado por eles *potenciação de longa duração,* conhecida mais frequentemente pela abreviatura LTP (do inglês *long--term potentiation*). A LTP logo passou a ser considerada um dos mecanismos moleculares da memória dos vertebrados. Ambas – LTP e memória – podem ser caracterizadas pelo seu curso temporal comum: têm uma curta *fase inicial* que dura alguns minutos, uma *fase precoce* de algumas horas, e uma *fase tardia* de várias horas, semanas, ou até uma vida inteira (no caso da memória). Um atributo de ambas é a sua dependência de síntese de RNA e de proteínas para chegar à fase tardia, como se verá a seguir.

Para compreender a LTP, é preciso conhecer a organização básica dos circuitos neurais do hipocampo, uma região do lobo temporal[A] responsável por alguns aspectos da neurobiologia da memória que estão descritos com detalhe no Capítulo 18. Essa região antiga do córtex cerebral é composta por duas áreas principais (Figura 5.16A): o corno de Amon[2] (subdividido em quatro campos numerados de 1 a 4 e abreviados CA1, CA2, CA3 e CA4), e o giro denteado (GD). Os aferentes vindos de fora do hipocampo são as fibras perfurantes, que fazem sinapses com as células granulares do giro denteado. Os axônios das células granulares estendem-se até a região CA3, onde estabelecem sinapses com os dendritos das células piramidais. Estas, por sua vez, projetam seus axônios para

[2] *Nome grego para um deus egípcio. Os primeiros anatomistas julgaram a forma do hipocampo semelhante a um chifre presente em algumas representações de Amon.*

fora do hipocampo, mas enviam também colaterais para a região CA1 (os colaterais de Schaffer), que fazem sinapses com os dendritos de outras células piramidais aí situadas, cujos axônios projetam para fora do hipocampo.

Bliss e Lφmo aplicaram uma estimulação elétrica repetitiva (também chamada *tetânica*) nas fibras colaterais de Schaffer, e registraram com microeletródios a atividade pós-sináptica resultante que se espraiava dos dendritos apicais até o corpo celular das células piramidais de CA1 (Figura 5.16A). Esse procedimento simularia o que acontece quando entra informação no hipocampo. Comparando o PPSE obtido nessas condições, com o que ocorria antes da estimulação tetânica, os dois verificaram um expressivo aumento do PPSE na célula piramidal (Figura 5.16B), que, no entanto, não acontecia quando estimulavam outros aferentes da mesma célula piramidal. O mais interessante é que esse aumento do PPSE se mantinha durante várias horas (algumas vezes até mesmo por dias!) depois que eles interrompiam a estimulação tetânica (Figura 5.16C). O estímulo deve ser forte o bastante para ativar muitos colaterais de Schaffer simultaneamente. Além disso, só ocorre nas sinapses entre os colaterais de Schaffer e as espinhas dendríticas das células piramidais de CA1. Trata-se então de plasticidade sináptica específica, que ocorre entre um neurônio pré e um neurônio pós-sináptico, exatamente como Hebb havia previsto.

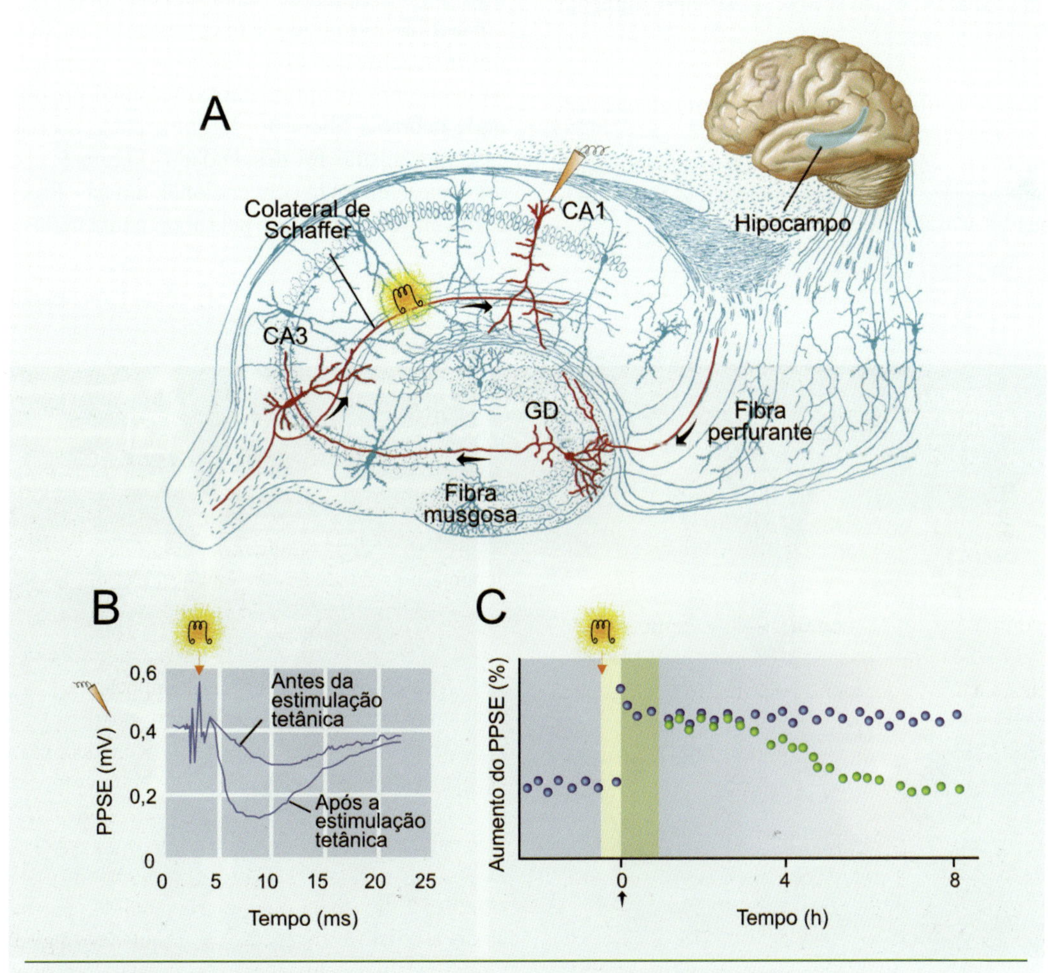

Figura 5.16. *A potenciação de longa duração (LTP) pode ser detectada em diversas regiões do SNC, especialmente no hipocampo (detalhe à direita, acima). Em* **A** *estão representados os circuitos básicos do hipocampo. Os neurobiólogos tomam uma fatia mantida em cultura e aplicam um forte estímulo tetânico em aferentes de células piramidais de CA1, registrando simultaneamente o PPSE produzido em seus dendritos apicais após estímulos comuns.* **B** *mostra que o PPSE é maior após a estimulação tetânica do que antes dela. Medindo o aumento do PPSE várias vezes na mesma preparação (pontos azuis em* **D***), verificou-se que o efeito se mantém durante horas. Quando os dendritos são cortados e separados do corpo celular, a LTP decai em algumas horas (pontos verdes em* **D***), e o mesmo acontece quando inibidores de RNA são adicionados ao meio (barra amarela), e quando são adicionados inibidores de síntese proteica (barra verde).* **A** *e* **B** *modificados de R. A. Nicoll e cols. (1988)* Neuron, *vol. 1: pp. 97-103.* **C** *modificado de J. P. Adams e S. M. Dudek (2005)* Nature Reviews. Neuroscience, *vol. 6: pp. 737-743.*

Quais os mecanismos desse processo? As sinapses entre os colaterais de Schaffer e as espinhas dendríticas das células piramidais de CA1 são glutamatérgicas (Figura 5.17). A membrana pós-sináptica das espinhas dendríticas, entretanto, diferentemente das membranas pós-sinápticas comuns, possuem três tipos de receptores glutamatérgicos: o tipo NMDA[3], o tipo não-NMDA (também chamado AMPA[4]) e o tipo metabotrópico (confira o funcionamento desses receptores relendo o Capítulo 4). O tipo não-NMDA é o primeiro a responder à ação do glutamato liberado na fenda sináptica, logo após os primeiros PAs que chegam aos terminais de Schaffer. O resultado é a abertura desses canais à passagem de Na^+ e K^+, provocando a despolarização da membrana pós-sináptica. Essa despolarização, ao atingir um certo valor, remove o íon Mg^{++} que normalmente bloqueia o canal do tipo NMDA, e este se abre. Resultado: aumenta o deslocamento transmembranar dos cátions monovalentes, e além disso passa pelo canal grande quantidade de Ca^{++}, do exterior para o interior das espinhas. Outros canais de Ca^{++}, dependentes de voltagem e não ligados ao receptor NMDA, são também abertos, amplificando o efeito. Possivelmente, nesse momento também é ativado o receptor glutamatérgico metabotrópico, e a sua ação através da fosfolipase C se soma à liberação de Ca^{++} do retículo endoplasmático para ativar as cinases dependentes de Ca^{++} (como a Ca^{++}-calmodulina-cinase, já mencionada).

Tudo se extinguiria nesse ponto, se aí terminasse o mecanismo molecular da LTP. Entretanto, o fenômeno pode durar horas, às vezes dias. Logo, é necessário postular um mecanismo adicional, que prolongue a liberação de glutamato pelo terminal de Schaffer. Esse mecanismo deve ter um sentido retrógrado, isto é, transmitir de algum modo a informação de que está ocorrendo a potenciação do PPSE na célula pós-sináptica para o terminal pré-sináptico (de onde ocorre a liberação de glutamato). Só recentemente esse mecanismo foi desvendado (Figura 5.17). Emprega um mensageiro não convencional: um gás. Precisamente o óxido nítrico (conhecido pela abreviatura inglesa, NO), que

[3] *Abreviatura de* N-metil-D-aspartato, *um agonista glutamatérgico específico desse receptor.*

[4] *Abreviatura de um outro agonista glutamatérgico, específico desse segundo receptor, chamado* propionato de α-amino-3-hidroxil 5-metil-4-isoxalol.

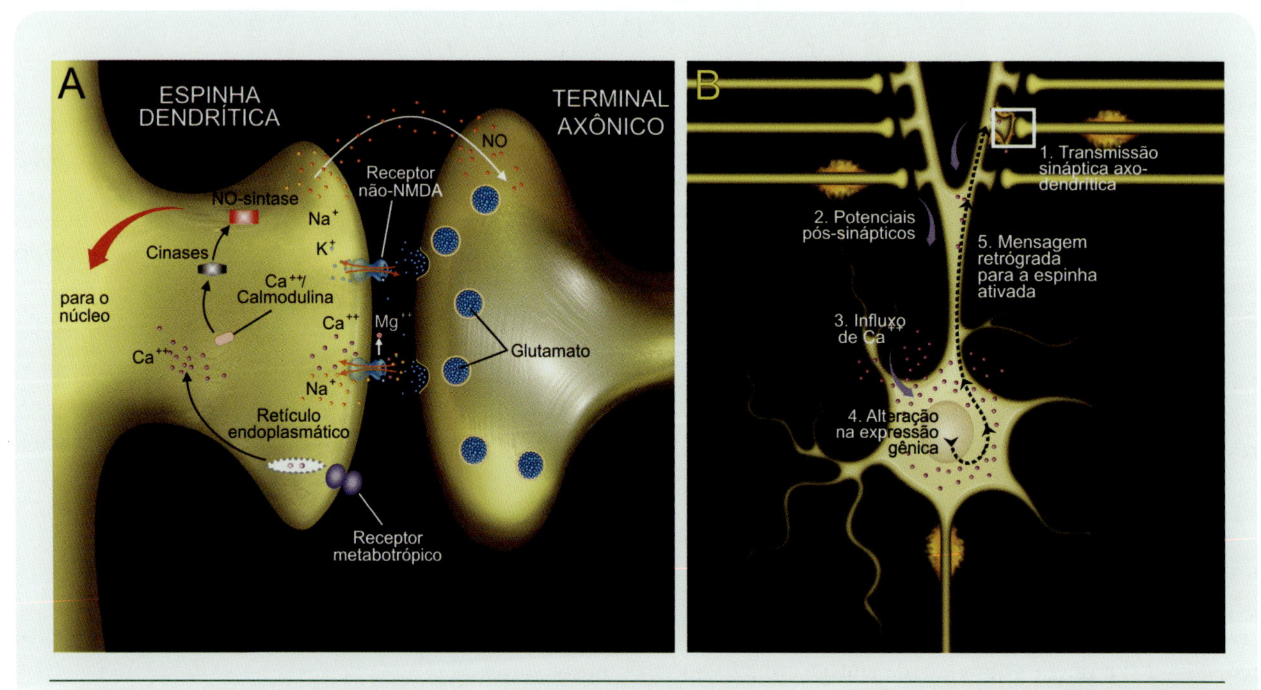

Figura 5.17. A. *O mecanismo molecular da LTP envolve três receptores glutamatérgicos (de cima para baixo, na figura). O primeiro a ser ativado é o receptor não-NMDA, que se abre aos cátions e despolariza a membrana. A despolarização remove o Mg^{++} do receptor NMDA, e mais cátions atravessam a membrana, acentuando a despolarização. O terceiro receptor, metabotrópico, ativa uma cadeia de reações intracelulares que acabam por liberar íons Ca^{++} para o citosol. O efeito despolarizante prolonga-se ainda mais com a entrada em ação da NO-sintase, que produz óxido nítrico, um gás que atravessa livremente as membranas e acaba fazendo com que mais glutamato seja liberado pelo terminal pré-sináptico. Abreviaturas como na Figura 5.15.* ***B.*** *Tudo indica que a transmissão sináptica na espinha dendrítica (1) produza potenciais pós-sinápticos dendríticos (2) que aumentam o influxo de Ca^{++} (3) e acabam ativando a expressão gênica (4) do neurônio pós-sináptico, originando uma mensagem retrógrada (proteínas?) endereçada às sinapses que tinham sido ativadas originalmente (5).* ***B*** *modificado de J. P. Adams and S. M. Dudek (2005)* Nature Reviews. Neuroscience, *vol. 6: pp. 737-743.*

é produzido por ação da NO-sintase, uma enzima existente nas espinhas dendríticas das células piramidais de CA1, e cuja ativação é provocada justamente pelas cinases dependentes de Ca^{++} que atuam nesse fenômeno plástico. Sendo um gás, o NO não é um neuromediador convencional. Não é armazenado em vesículas, pois atravessa livremente as membranas plasmáticas. Ao ser sintetizado, difunde-se em todas as direções, e pode influenciar todos os elementos pré-sinápticos situados dentro do seu raio de ação. A ação do NO seria a de aumentar a liberação de glutamato pelo terminal pré-sináptico. Além do NO, também o monóxido de carbono (CO) tem sido considerado mensageiro gasoso nos fenômenos plásticos das sinapses centrais.

A ação dos mensageiros retrógrados pode explicar as LTPs que duram horas, mas e as que duram dias? Só há uma saída: a explicação deve repousar na ativação da expressão gênica capaz de provocar a síntese de proteínas como novos receptores glutamatérgicos, moléculas de adesão e componentes de novos sítios pós-sinápticos nas espinhas dendríticas. De fato, as evidências mais recentes convergem para essa explicação. Inibidores da síntese de RNA aplicados um pouco antes ou durante o estímulo indutor de LTP, provocam decaimento mais rápido da potenciação, e o mesmo efeito é causado pela aplicação de inibidores da síntese proteica até 15 minutos após a estimulação (Figura 5.16). Esses mesmos inibidores não têm efeito depois dessa faixa temporal, o que indica que a sinalização dos dendritos para o núcleo deve ocorrer nesses primeiros momentos da LTP. A participação do núcleo é atestada pelo fato de que dendritos separados do corpo neuronal não apresentam a fase tardia da LTP (Figura 5.16).

Conclui-se que o sinal que viabiliza a fase tardia da LTP, dando-lhe permanência, chega ao núcleo a partir das espinhas dendríticas (Figura 5.17B), provocando nele a ativação da expressão gênica que ativa a síntese de proteínas. Que sinal é esse? Existem duas possibilidades. Uma primeira hipótese admite o transporte de moléculas sinalizadoras até o núcleo – talvez as próprias cinases ativadas pelos receptores NMDA, ou fatores de transcrição como o fator nuclear κB (NF-κB) e os chamados CREBs[5], ou ainda proteínas de transporte chamadas importinas. Outra hipótese propõe que o disparo de PAs no segmento inicial do axônio do neurônio pós-sináptico pode por si só induzir a transcrição gênica pela translocação de moléculas do soma ao núcleo, ou por ativação direta devida à entrada de Ca^{++}. A primeira hipótese tem contra si a rapidez de início da síntese proteica após a LTP, incompatível com o tempo necessário para o transporte de sinais moleculares (as cinases, por exemplo) dos dendritos ao núcleo, e as baixíssimas concentrações desses sinais desde o seu aparecimento nas espinhas dendríticas potenciadas, até o núcleo. A segunda hipótese, embora mais concebível, carece ainda de provas concretas. Possivelmente essa questão será esclarecida nos próximos anos. E ainda resta um problema. Qualquer que seja o mecanismo de sinalização entre a espinha dendrítica potenciada e o núcleo da célula pós-sináptica, é preciso que os produtos da transcrição gênica provocada sejam endereçados para a espinha certa (Figura 5.17B). É necessário portanto que as espinhas potenciadas sejam marcadas de algum modo, e que essas marcas sejam reconhecidas pelos produtos gênicos consequentes. A existência de marcas específicas – embora ainda não sua identidade – foi verificada recentemente: as espinhas dendríticas potenciadas são capazes de "capturar" RNAm e proteínas recém-sintetizados.

[5] *Abreviatura da expressão inglesa* cAMP-responsive element-binding protein.

Os neurocientistas têm empregado como instrumentos de análise a microscopia eletrônica e o registro dinâmico de imagens por videomicroscopia óptica. Em alguns experimentos, foi possível produzir LTP em fatias isoladas de hipocampo acompanhadas eletrofisiologicamente[G], e durante o fenômeno, fixar o tecido, cortá-lo em finíssima espessura, corar os cortes e observá-los através do microscópio eletrônico. Esse procedimento mostrou o aumento da área da membrana pós-sináptica e o aparecimento de um tipo especial de junção, a sinapse perfurada (Figura 5.18), que é considerada por alguns como uma junção de alta eficiência de transmissão, e portanto a unidade estrutural da memória de longo prazo. Essa proposição está ainda em plena investigação.

É muito significativo que um tipo de plasticidade sináptica como a LTP ocorra exatamente no hipocampo, uma região do SNC diretamente envolvida com a memória. Mas sabe-se que regiões do neocórtex estão também envolvidas nos mecanismos da memória, como se pode ver no Capítulo 18. E, efetivamente, também no neocórtex foram detectados exemplos de LTP, sobretudo durante o período crítico do desenvolvimento.

Depressão de Longa Duração

Um tipo de plasticidade sináptica semelhante à LTP – mas com sinal contrário – ocorre no cerebelo[A], no hipocampo e no neocórtex. É a LTD, ou *depressão de longa duração*. No hipocampo, o circuito envolvido é o mesmo da LTP: as sinapses dos colaterais de Schaffer com os neurônios piramidais de CA1 (Figura 5.19). No cerebelo, o neurônio pós-sináptico é a célula de Purkinje, cujos dendritos recebem sinapses das fibras trepadeiras e das fibras paralelas. A LTD, neste caso, tem características associativas, pois exige a ativação simultânea das duas vias aferentes. Nos vertebrados, o cerebelo parece sediar a memória motora, isto é, a memória dos atos motores aprendidos. Nada mais coerente, portanto, do que a presença de plasticidade sináptica nessa região. Você pode obter maiores informações sobre o cerebelo no Capítulo 12.

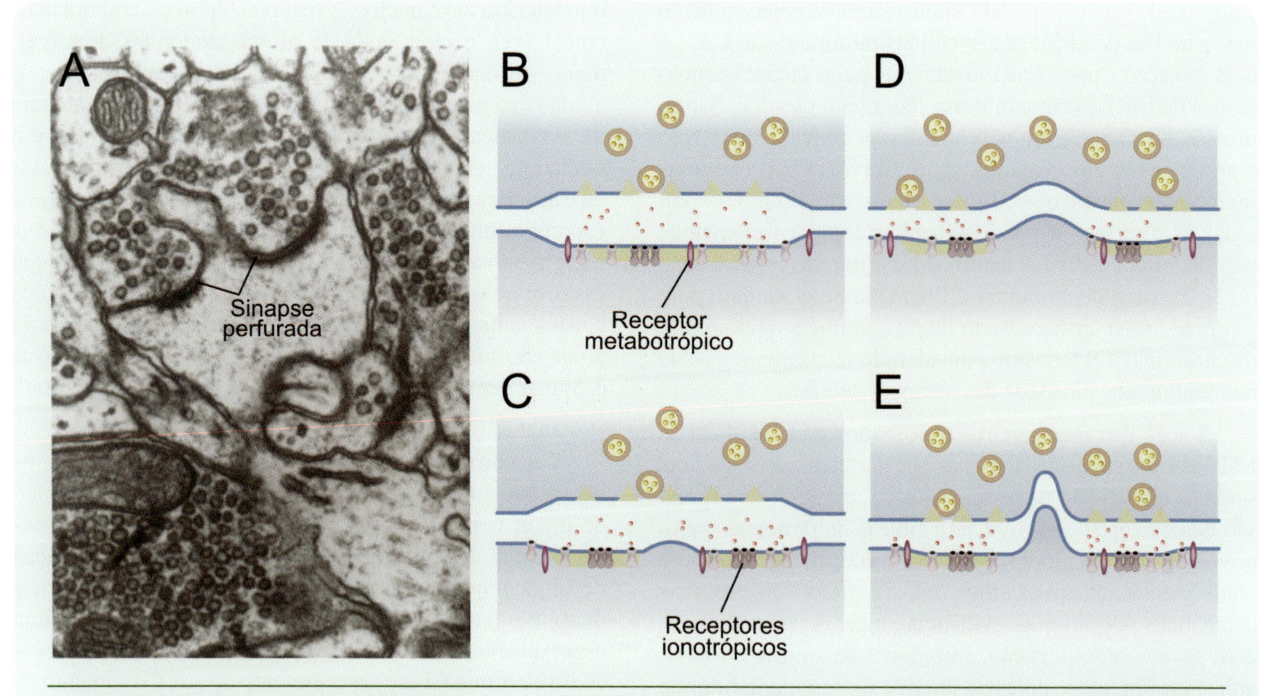

Figura 5.18. *Alguns neurocientistas consideram a sinapse perfurada (**A**) como possível resultante da LTP. Sua formação seria produzida pelo receptor glutamatérgico metabotrópico, cuja sinalização intracelular provocaria a reorganização da membrana pós-sináptica e a redistribuição dos demais receptores (**B-E**). **A** modificado de J. E. Lisman e K. M. Harris (1993)* Trends in Neuroscience, *vol. 16: pp. 141-147. **B-E** modificado de F. A. Edwards (1995)* Trends in Neuroscience, *vol. 18: pp. 250-255.*

A circuitaria sináptica do cerebelo – em particular a do córtex cerebelar – tem sido estudada há muitos anos, e o seu padrão básico já foi minuciosamente desvendado (Figura 12.21). O elemento celular mais importante para compreender a LTD é a célula de Purkinje. Trata-se de um neurônio situado no córtex cerebelar, de morfologia muito característica, com uma frondosa árvore dendrítica e um axônio que sai do córtex e se estende aos núcleos profundos do cerebelo. A célula de Purkinje recebe dois tipos de aferentes: um deles provém de um núcleo bulbar chamado oliva inferior, que veicula informações sensoriais originárias dos músculos. Os axônios da oliva constituem as fibras trepadeiras, chamadas assim porque ascendem em torno da célula de Purkinje, enrolando-se pelos troncos dendríticos. No seu trajeto, cada fibra trepadeira faz centenas de sinapses excitatórias com a célula de Purkinje, e sua atividade é extremamente eficaz, capaz de provocar grandes PPSEs nessa célula. O outro tipo de aferente das células de Purkinje é intrínseco ao córtex cerebelar, pois é composto de axônios das células granulares, muito numerosas, que ocupam uma camada vizinha à das células de Purkinje. Os axônios das células granulares ascendem no córtex, formam a sua camada mais superficial, onde se bifurcam em T, e trafegam em conjunto, como um feixe, sendo por isso chamados fibras paralelas. O sistema se parece com uma rede elétrica, pois as fibras paralelas interceptam perpendicularmente a árvore dendrítica da célula de Purkinje, como se esta fosse um poste de eletricidade. Cada célula de Purkinje recebe sinapses de cerca de 1.000 fibras paralelas.

A existência de plasticidade sináptica nesse circuito tão peculiar foi detectada pelo neurofisiologista japonês Masao Ito e sua equipe. Ito, primeiro, estimulou eletricamente as fibras paralelas e registrou com microeletródios os PPSEs produzidos na célula de Purkinje. Depois, pareou essa estimulação das fibras paralelas com uma estimulação semelhante das fibras trepadeiras. Essa estimulação, ao contrário da que provoca a LTP, tem que ser de baixa frequência. O resultado é a ocorrência de PPSEs menores que anteriormente. Durante minutos ou horas depois da estimulação pareada, a estimulação isolada das fibras paralelas continua a produzir PPSEs menores. Por essa razão, o fenômeno foi denominado depressão de longa duração ou LTD.

Os mecanismos moleculares da LTD não são tão bem conhecidos quanto os da LTP, mas se sabe que as vias intracelulares envolvidas são diferentes: neste caso, em vez de ativação de enzimas fosforilantes são ativadas fosfatases dependentes de Ca^{++}, que são enzimas *des*fosforilantes (Figura 5.19). Ao que parece, a estimulação de baixa frequência provoca uma pequena entrada de Ca^{++} nos dendritos,

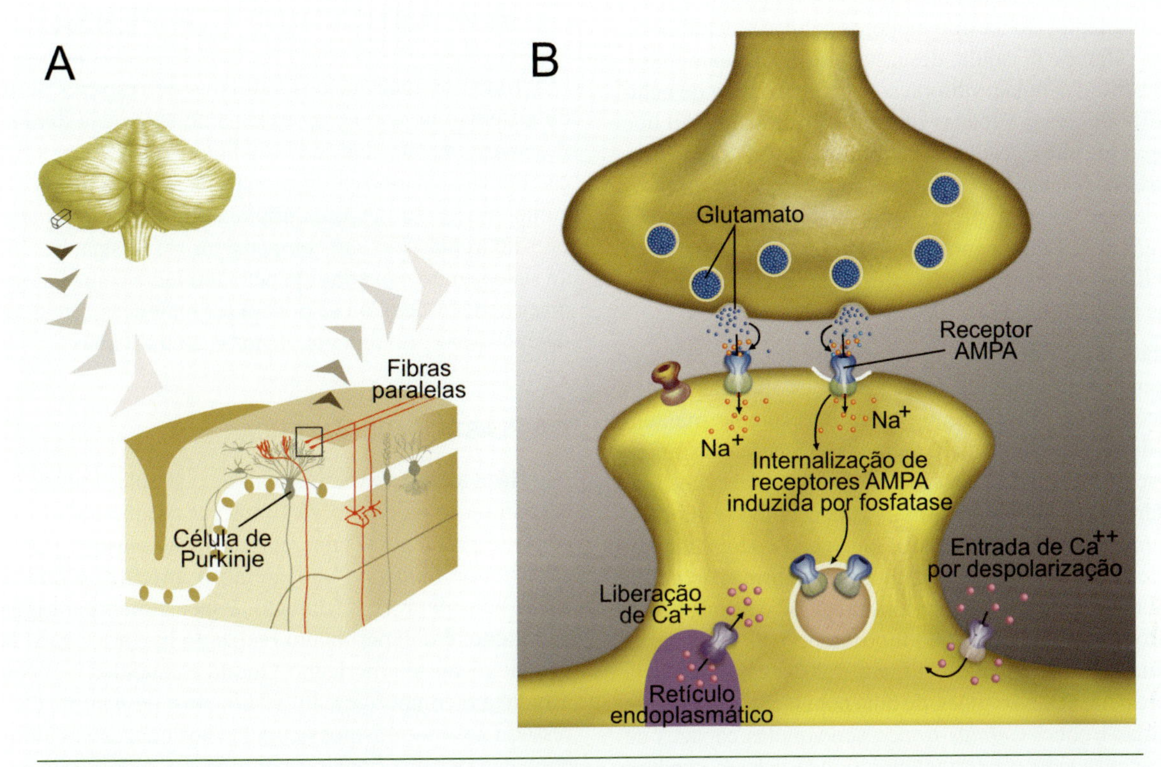

Figura 5.19. *A LTD é um fenômeno associativo inverso à LTP, no qual duas vias aferentes do cerebelo (**A**) produzem a ativação pós-sináptica de enzimas desfosforilantes (fosfatases), removendo receptores AMPA da membrana (**B**), e assim reduzindo a amplitude do potencial pós-sináptico resultante. A figura mostra apenas a sinapse glutamatérgica de uma fibra paralela sobre uma espinha dendrítica de Purkinje. Modificado de D. Purves e cols. (2004)* Neuroscience *(3ª ed.), p. 596. Sinauer: Sunderland, EUA.*

que é "lida" intracelularmente pelas fosfatases; quando a estimulação é de alta frequência, as cinases é que "lêem" a mensagem. O resultado da ação das fosfatases é inverso à ação das cinases: ocorre a retirada de receptores glutamatérgicos de tipo AMPA por endocitose, o que acarreta a diminuição da sensibilidade da membrana pós-sináptica e consequentemente a depressão da resposta.

PLASTICIDADE SOMÁTICA

A NEUROGÊNESE COMO MECANISMO NEUROPLÁSTICO

A primeira década deste século tem apresentado mudanças radicais nos conceitos fundamentais da Neurociência. Uma delas atingiu em cheio a ideia prevalente no século passado, de que em nenhuma hipótese ocorreria neurogênese no sistema nervoso de mamíferos adultos. Apareceram fortes evidências de que um pequeno estoque de células-tronco permanece ativo em certas regiões como a zona subventricular que circunda os ventrículos laterais[A] dos hemisférios cerebrais e a camada subgranular do giro denteado do hipocampo. Outras regiões capazes de neurogênese têm sido descritas, mas sua efetiva existência depende ainda de confirmação.

O dogma da não proliferação dos neurônios adultos foi pela primeira vez abalado quando se verificou que os epitélios sensoriais especializados retêm alguma atividade proliferativa, ou pelo menos mantêm células precursoras neurais capazes de se diferenciar em neurônios maduros. É o caso da mucosa olfatória, a estrutura celular do nariz responsável pela captação das moléculas odoríferas; da membrana basilar, o epitélio auditivo situado no ouvido interno, que capta as ondas sonoras; e da membrana otolítica, um epitélio semelhante ao auditivo, mas que nos dá o "sentido" do equilíbrio corporal, percebendo as alterações de posição da cabeça em relação ao solo. Essas regiões contêm neurônios receptores altamente especializados, células gliais e outras células de apoio (veja o Capítulo 6 para maiores detalhes). Organizam-se em camadas, de modo semelhante à pele. Na pele, aliás, as camadas mais profundas são dotadas de potencial proliferativo, capazes de repor as células superficiais que descamam em contato com o ambiente. Do mesmo modo, as células receptoras da mucosa olfatória do adulto desgastam-se paulatinamente, e são substituídas pela proliferação e diferenciação de células indiferenciadas situadas mais profundamente. Ao que parece, o mesmo ocorre nos epitélios auditivo e otolítico, sujeitos ao desgaste do ambiente sonoro que envolve os indivíduos, e ao atrito mecânico resultante de seu próprio mecanismo de funcionamento. Seu potencial proliferativo é bem menor, levando a um processo de diferenciação das células mais profundas.

Mais difícil de explicar, entretanto, foi a descoberta surpreendente de que mesmo em regiões situadas dentro do encéfalo existem ilhas proliferativas que se mantêm ativas depois de o desenvolvimento ontogenético terminar. Trata-se de regiões situadas na parede rostral dos ventrículos laterais, que geram neurônios para o bulbo olfatório[A], e em uma camada celular do giro denteado do hipocampo, além de outras regiões que demandam confirmação, como o hipotálamo[A], a retina, a substância negra[A] e a amígdala[A]. A neurogênese que ocorre no hipocampo e na zona subependimária do telencéfalo (Figura 5.20) explica-se pela permanência, nessas regiões, de uma população permanente de células-tronco. *Células-tronco* são aquelas capazes de *autorregeneração* e *multipotencialidade*, isto é, capazes de ciclar continuamente gerando outras células-tronco e tipos celulares maduros diversos. Como se pode supor, há células-tronco em graus diversos, desde aquelas totipotentes, capazes de gerar qualquer tipo celular do organismo e que existem apenas nos embriões mais precoces, até aquelas multipotentes mais restritas, capazes de gerar diversos tipos celulares, mas dentro de um mesmo sistema orgânico. Este é o caso das células-tronco situadas no encéfalo, que se supõe sejam capazes de gerar neurônios e gliócitos de tipos diferentes.

Ainda não está estabelecido firmemente se a neurogênese adulta é apenas um mecanismo de reposição de neurônios, ou se participa ativamente dos mecanismos da neuroplasticidade. Há indícios experimentais de que a segunda hipótese seja verdadeira, baseados na influência positiva do exercício físico sobre a neurogênese do hipocampo, possivelmente através da formação de vasos sanguíneos que liberam fatores tróficos pró-neurogênicos. Efeito contrário se produz no caso de estresse comportamental, que atua mediante a secreção de glicocorticoides antineurogênicos. A proliferação de precursores neuronais provocada por essas influências ambientais resulta na integração de uma parcela dos novos neurônios aos circuitos do hipocampo, onde eles se tornam funcionais. Na vigência desses fatores ambientais pró ou antineurogênicos, a LTP aumenta ou diminui correspondentemente. No sistema olfatório há evidências semelhantes de influências ambientais sobre a neurogênese: o acasalamento, a gestação e a lactação, por exemplo, são fatores pró-neurogênicos identificados.

A PLASTICIDADE COMPENSA?

Todos os mecanismos celulares de resposta plástica do sistema nervoso às ações do ambiente, seja durante o desenvolvimento, seja na vida adulta, levam a uma indagação relevante para os profissionais da saúde: a plasticidade compensa? Essa pergunta implica questionar se as alterações neuroplásticas são compensatórias, ou seja, benéficas ao sistema nervoso atingido pelo ambiente (especialmente no caso de lesões), ou se podem ser maléficas, isto é, mal-adaptativas e, finalmente, danosas ao indivíduo.

A PLASTICIDADE MALÉFICA

Há evidências experimentais de que a plasticidade pode ser danosa ao indivíduo. Já vimos que os amputados – cujo córtex cerebral sofre uma reorganização plástica – podem sentir "dor fantasma" no membro ausente, o que lhes causa considerável sofrimento. Especialmente intrigante, entretanto, é o experimento realizado há vários anos pelo psicólogo norte-americano Gerald Schneider. Schneider estudava o comportamento visuomotor de *hamsters*, interessado nos mecanismos neurais pelos quais esses animais eram capazes de orientar a sua cabeça e depois todo o corpo, quando um estímulo relevante aparecia na região mais periférica de seu campo visual. Os animais eram colocados em uma plataforma alta e estreita, da qual não podiam sair sem cair. Em seguida, eram ensinados a olhar para frente sem se mover. O pesquisador, então, agitava uma semente de girassol (alimento preferido dos *hamsters*) na periferia do campo visual por um dos lados, de trás para frente. Obviamente, todos os animais viravam a cabeça para a direita quando a semente de girassol entrava no campo visual pela direita, e o inverso acontecia para o lado esquerdo. Realizando lesões em diferentes locais do sistema visual desse animal, Schneider concluiu que esse comportamento dependia da integridade do mesencéfalo, especificamente de uma região deste chamada colículo superior, para onde se distribuía grande parte dos axônios da retina (veja maiores detalhes sobre o colículo no Capítulo 9). Os neurônios do colículo superior identificam a posição do estímulo no espaço e transmitem essa informação topográfica aos motoneurônios que comandam a musculatura do pescoço e do tronco. O resultado dessa organização funcional é um reflexo de orientação que possibilita o giro da cabeça e do tronco na direção da semente de girassol.

Pois bem. Quando a cirurgia experimental era feita logo após o nascimento, e desde que fosse feita combinando lesões em certas regiões do sistema visual, ocorria plasticidade axônica ontogenética das fibras retinianas no colículo superior, de tal modo que o mapa topográfico do mundo visual passava a ser invertido no mesencéfalo. O animal passava a exibir um comportamento visuomotor bizarro:

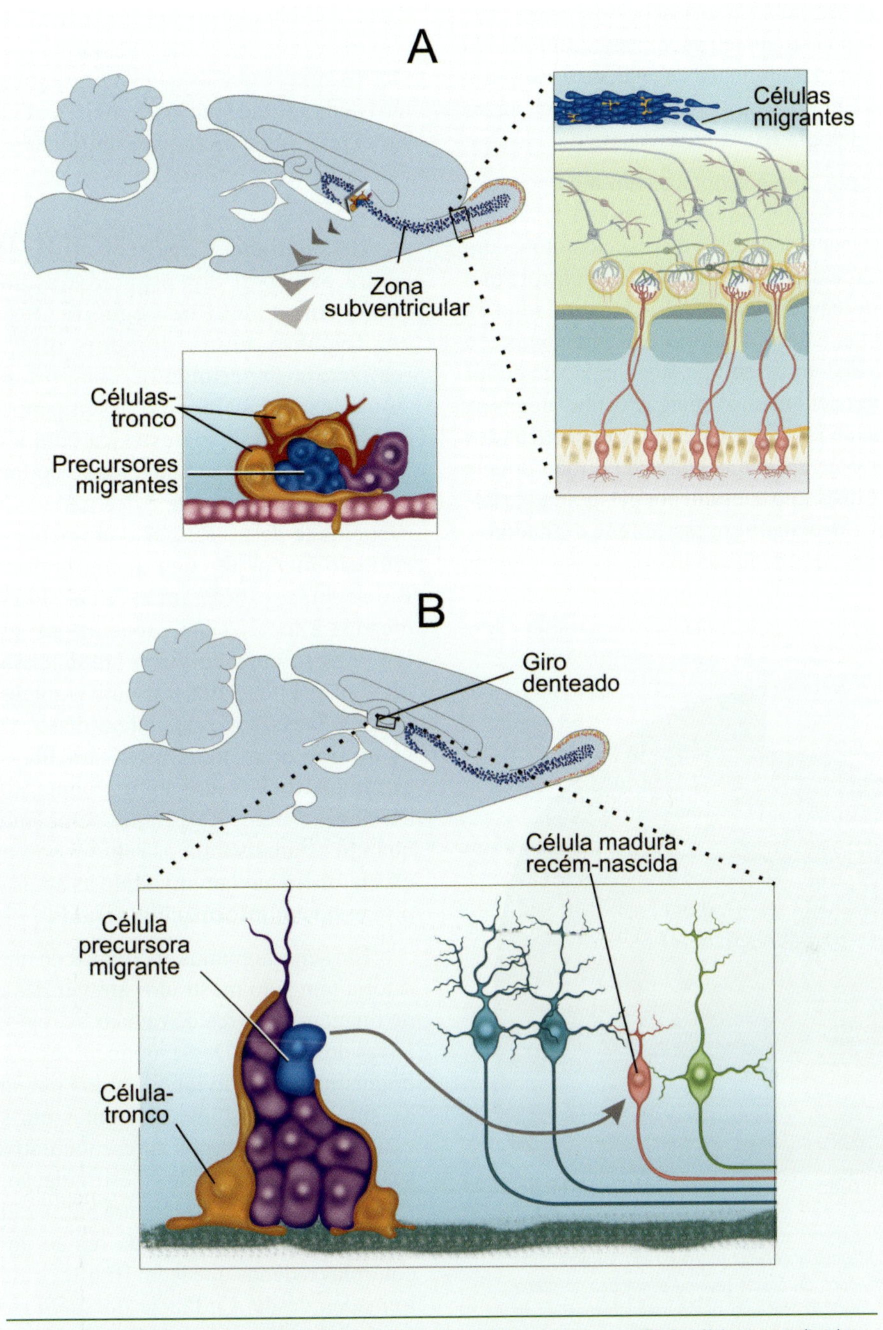

Figura 5.20. *Neurogênese adulta na zona subventricular (**A**) e no hipocampo (**B**). As células-tronco situadas na zona subventricular proliferam e migram em sentido rostral até atingirem o bulbo olfatório, onde se estabelecem. No caso da camada subgranular do giro denteado, os neurônios recém-nascidos integram-se à circuitaria da região. Modificado de P. M. Lledo e cols. (2006)* Nature Reviews. Neuroscience, *vol. 7: pp. 179-193.*

quando confrontado com uma semente de girassol em um lado de seu campo visual, sua cabeça girava para o lado oposto! O experimento mostrou que as conexões anômalas formadas entre a retina e o mesencéfalo após as lesões se haviam tornado funcionais, embora sua ação levasse a um comportamento anormal. Com base nesse resultado, Schneider propôs a tese de que a neuroplasticidade nem sempre levaria à restauração funcional; ao contrário, poderia levar a resultados mal-adaptativos e, portanto, danosos ao indivíduo. Schneider avançou mais em sua proposição: seria possível imaginar que algumas doenças neurológicas e mentais pudessem resultar de lesões ocorridas durante o desenvolvimento, seguidas de alterações plásticas mal-adaptativas. Essa hipótese pioneira tem sido comprovada em anos recentes, pela possibilidade de detectar a reorganização dos circuitos cerebrais utilizando o registro do eletro ou do magnetoencefalograma.

Veja, por exemplo, o que acontece com uma pequena proporção dos músicos, que apresenta distonia focal, um distúrbio motor causado por excesso de prática motora com os dedos. Os dedos travam, e a pessoa perde o controle fino necessário para o desempenho musical. A História registra que esse talvez tenha sido o distúrbio que interrompeu a carreira de pianista do famoso compositor alemão do período romântico, Robert Schumann. O magnetoencefalograma desses artistas mostra fusão da representação cortical dos dedos no hemisfério cerebral que comanda a mão doente (Figura 5.21). Esse distúrbio causado por plasticidade mal-adaptativa foi também relatado em escritores e digitadores, usuários "excessivos" dos dedos da mão.

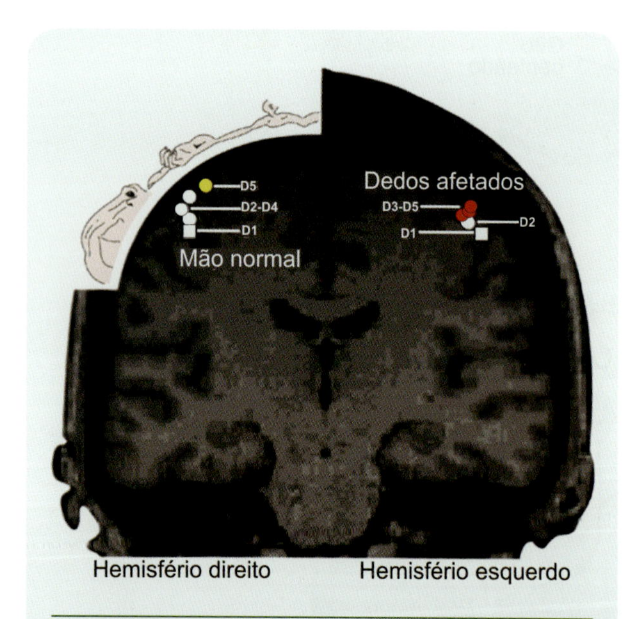

Figura 5.21. *Magnetoencefalograma realizado nos dois lados do cérebro de indivíduos distônicos revelou alterações no mapa somatotópico do hemisfério esquerdo, que recebe informações da mão direita. Modificado de T. Elbert e cols. (1998)* NeuroReport, *vol. 9, pp. 3571-3575.*

A PLASTICIDADE BENÉFICA

O valor compensatório dos fenômenos plásticos também tem sido explorado pelos neurocientistas. Aliás, o senso comum mesmo admite que os cegos, por exemplo, têm maior acuidade auditiva que os indivíduos que veem. Outros dizem que os cegos têm também uma percepção tátil mais apurada que os demais, que talvez seja a responsável pela sua extrema sensibilidade e rapidez na leitura dos caracteres Braille. Que grau de verdade existe nessas suposições?

Os neurocientistas têm utilizado recentemente a sutura palpebral dos primeiros estudos experimentais como um modelo de cegueira. Só que, neste caso, empregam a sutura dos dois olhos. Primeiramente realizaram experimentos comportamentais em gatos suturados, comparando o desempenho de sua audição e de sua percepção somestésica com a de gatos normais. Verificaram que sua capacidade de localização espacial de sons era melhor que a dos gatos normais, e que a sua capacidade de investigar o ambiente com as vibrissas^{G} era pelo menos tão boa quanto a dos animais normais. Em seguida, estudaram as áreas do córtex cerebral dedicadas à localização espacial dos sons e constataram que elas se apresentavam aumentadas, tendo invadido regiões que nos gatos normais eram dedicadas a funções visuais. Nessas regiões, além disso, verificou-se que os neurônios eram mais precisamente sintonizados para estímulos localizados no ambiente do que no caso dos animais normais. Resultados semelhantes foram obtidos quando se analisaram as regiões somestésicas vizinhas: elas também haviam invadido as áreas que anteriormente processavam informações visuais.

Em seres humanos, exemplos de plasticidade compensatória têm sido mostrados através das modernas técnicas de imagem, capazes de revelar as regiões funcionalmente ativas do cérebro. Desse modo, já se mostrou que as regiões linguísticas de indivíduos surdos que utilizam linguagem de sinais são bastante diferentes em sua organização e extensão; que os cegos apresentam ativação das áreas visuais quando submetidos à estimulação auditiva e quando realizam leitura Braille (Figura 5.22), e além disso possuem uma representação maior da região do córtex motor que controla os dedos que leem Braille; e até que os violinistas treinados desde a infância possuem maior representação cortical dos dedos da mão esquerda!

Os mecanismos celulares da plasticidade compensatória não estão completamente esclarecidos. É possível pensar em várias hipóteses, ainda não demonstradas: (1) entrada em atividade de circuitos previamente existentes, antes silenciosos; (2) estabilização de conexões transitórias, que desapareceriam em circunstâncias normais; ou (3) brotamento colateral de axônios vizinhos às regiões lesadas ou inativas.

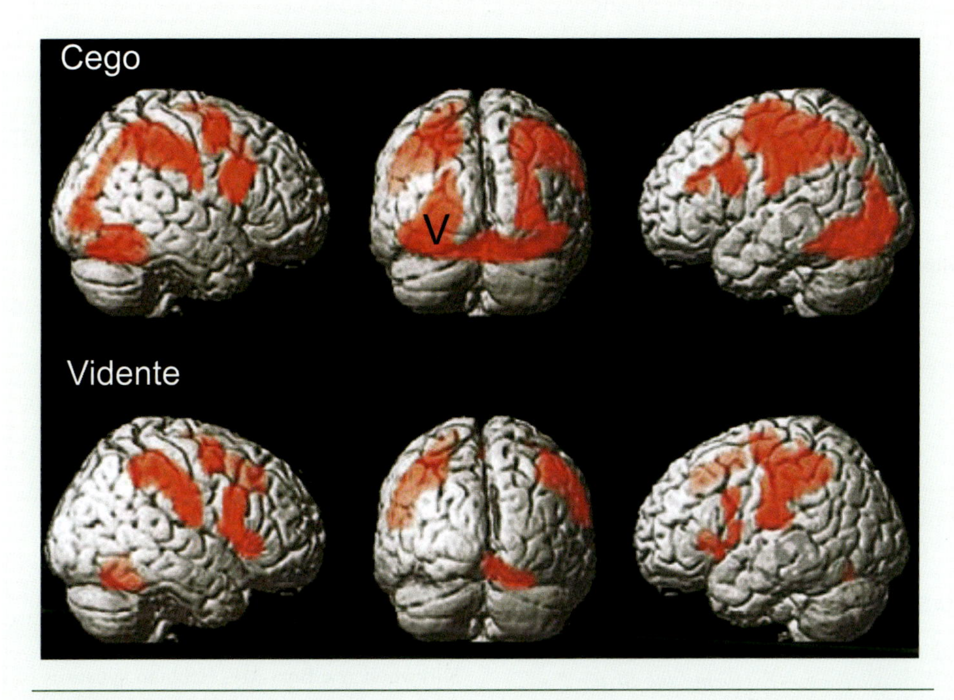

Figura 5.22. *Nos cegos, a imagem de ressonância magnética funcional mostra ativação do córtex visual (V) quando o indivíduo realiza uma leitura Braille, ao contrário do vidente, que praticamente só apresenta ativação das regiões somestésicas do córtex cerebral. Modificado de N. Sadato e cols. (2002)* Neuroimage, *vol. 16: pp. 389-400.*

GLOSSÁRIO

CATARATA: condição patológica na qual os meios transparentes do olho se tornam opacos, impedindo a passagem de luz e, assim, bloqueando a visão.

CÉLULAS GANGLIONARES RETINIANAS: neurônios cujos axônios saem da retina pelo nervo óptico, levando informações ao cérebro. Recebem sinapses de outras células retinianas situadas em camadas adjacentes. Maiores detalhes no Capítulo 9.

DESAFERENTAÇÃO: retirada, geralmente cirúrgica ou acidental, das fibras aferentes que de outro modo inervariam uma determinada região do SNC.

DISTAL: qualificativo para qualquer estrutura situada longe de um ponto de referência (no caso, o corpo do neurônio cujo axônio foi lesado). É o contrário de proximal.

ELETROFISIOLOGIA: conjunto de técnicas de captação e registro em papel, fita magnética ou computadores, dos potenciais elétricos produzidos pelas células isoladamente, por grupos pequenos de células, ou por populações inteiras.

ESPINHAS DENDRÍTICAS: pequenas protrusões que emergem dos troncos dendríticos de certos neurônios, sobre as quais se estabelecem muitas sinapses axodendríticas.

ESTRABISMO: condição patológica na qual ocorre desalinhamento de um ou de ambos os olhos, provocando a visão de imagens duplas.

FATORES DE TRANSCRIÇÃO: proteínas que controlam a síntese de RNA mensageiro de genes específicos, interagindo com o DNA ou atuando indiretamente próximo a ele.

FLUXO AXOPLASMÁTICO ANTERÓGRADO: corrente de substâncias carreadas através dos microtúbulos do axônio, do corpo celular para os terminais sinápticos.

GENES IMEDIATOS: genes ativados rápida e transitoriamente pela atividade neuronal através de proteína-cinases que migram até o núcleo. Sua ação pode ser exercida diretamente nos genes tardios, ou através de proteínas que sintetizam.

INTERNEURÔNIO: neurônio de circuito local, com axônio curto, que estabelece conexão dentro de uma mesma região ou núcleo, ou entre regiões ou núcleos vizinhos. Alguns são inibitórios, outros são excitatórios.

MICROELETRÓDIO: geralmente um cone de vidro de ponta finíssima (frações de micrômetro de diâmetro), cheio com uma solução iônica e ligado a um sistema de amplificação, capaz de captar mínimas correntes ou potenciais elétricos produzidos pela membrana da célula.

MICROSCÓPIO CONFOCAL: tipo de microscópio cujo sistema de iluminação é um raio *laser* que varre a preparação, provocando a emissão de luz por moléculas fluorescentes. A imagem obtida tem a vantagem de apresentar ótimo contraste em um plano focal restrito.

PROTEASE: enzima que degrada proteínas em peptídeos menores, e em aminoácidos isolados. Também são chamadas enzimas proteolíticas.

PROXIMAL: qualificativo para qualquer estrutura situada perto de um ponto de referência (no caso, o corpo do neurônio cujo axônio foi lesado). É o contrário de distal.

SIFÃO: protrusão carnosa das aplísias, situada acima da brânquia, que expele água do mar e restos alimentares.

SOMESTESIA: percepção do corpo através do tato, dos movimentos corporais, da posição dos membros no espaço, da temperatura e da dor. Ver o Capítulo 7 para maiores detalhes.

VIBRISSAS: bigodes ou pelos longos e espessos localizados no focinho de vários animais, como os felinos e os roedores, e que constituem verdadeiros órgãos de exploração tátil do ambiente.

SABER MAIS

LEITURA BÁSICA

Bear MF, Connors BW e Paradiso MA. Wiring the Brain. Capítulo 23 de *Neuroscience – Exploring the Brain* 3ª ed., Nova York, EUA: Lippincott Williams & Wilkins, 2007, pp. 689-723. Texto abrangente que cobre tanto a plasticidade quanto o desenvolvimento do sistema nervoso.

Lent R. Neuroplasticidade. Capítulo 6 de *Neurociência da Mente e do Comportamento* (Lent R, coord.), 2008, pp. 111-132. Texto resumido sobre as principais formas de neuroplasticidade.

Byrne JH. Learning and Memory: Basic Mechanisms. Capítulo 49 de *Fundamental Neuroscience* 3ª ed., (Squire L. e cols., orgs.), Nova York, EUA: Academic Press, 2008, pp. 1133 a 1152. Texto avançado focalizando os mecanismos da plasticidade sináptica.

LEITURA COMPLEMENTAR

Hebb DO. *The Organization of Behavior: A Neuropsychological Theory*. Nova York, EUA: Science Editions, 1961, 335 pp.

Hubel DH e Wiesel TN. The period of susceptibility to the physiological effects of unilateral eye closure in kittens. *Journal of Physiology* 1970; 206:419-436.

Bliss T.P e Lφmo T. Long-lasting potentiation of synaptic transmission in the dentate area of the anaesthetized rabbit following stimulation of the perforant path. *Journal of Physiology* 1973; 232:331-356.

Hubel DH. The visual cortex of normal and deprived monkeys. *American Scientist* 1979; 67:532-543.

Ito M. Long-term depression. *Annual Review of Neuroscience* 1989; 12:85-102.

Shatz C. Impulse activity and the patterning of visual connections during CNS development. *Neuron* 1990; 5:745-756.

Antonini A e Stryker M. Rapid remodelling of axonal arbors in the visual cortex. *Science* 1993; 260:1819-1821.

Bliss TVP e Collingridge GL. A synaptic model of memory: Long-term potentiation in the hippocampus. *Nature* 1993; 361: 31-39.

Kirkwood A e Bear MF. Hebbian synapses in visual cortex. *Journal of Neuroscience* 1994; 14:1634-1645.

Alberini CM, Ghirardi M, Huang YY, Nguyen PV, Kandel ER. A molecular switch for the consolidation of long-term memory: cAMP-inducible gene expression. *Annals of the New York Academy of Sciences* 1995; 758:261-286.

Carter DA, Bray GM, Aguayo AJ. Regenerated retinal ganglion cell axons form normal numbers of boutons but fail to expand their arbors in the superior colliculus. *Journal of Neurocytology* 1998; 27:187-196.

Yuste R e Sur M. Development and plasticity of the cerebral cortex: from molecules to maps. *Journal of Neurobiology* 1999; 41:1-6.

Engert F e Bonhoeffer T. Dendritic spine changes associated with hippocampal long-term synaptic plasticity. *Nature* 1999; 399:66-70.

Ramachandran VS e Rogers-Ramachandran D. Phantom limbs and neural plasticity. *Archives of Neurology* 2000; 57:317-320.

Crowley JC e Katz LC. Early development of ocular dominance columns. *Science* 2000; 290:1321-1324.

Taupin P e Gage FH. Adult neurogenesis and neural stem cells of the central nervous system in mammals. *Journal of Neuroscience Research* 2002; 69:745-749.

Schwab ME. Increasing plasticity and functional recovery of the lesioned spinal cord. *Progress in Brain Research* 2002; 137:351-359.

Ito M. The molecular organization of cerebellar long-term depression. *Nature Reviews Neuroscience* 2002; 3:896-902.

Martin SJ e Morris RG. New life in an old idea: the synaptic plasticity and memory hypothesis revisited. *Hippocampus* 2002; 12:609-636.

Carmichael ST. Plasticity of cortical projections after stroke. *Neuroscientist* 2003; 9:64-75.

Adams JP e Dudek SM. Late-phase long-term potentiation: getting to the nucleus. *Nature Reviews. Neuroscience* 2005; 6:737-743.

Fields RD. Myelination: An overlooked mechanism of synaptic plasticity? *The Neuroscientist* 2005; 11:528-531.

Segal M. Dendritic spines and long-term plasticity. *Nature Reviews. Neuroscience* 2005; 6:277-284.

Lledo P-M, Alonso M, Grubb MS. Adult neurogenesis and functional plasticity in neuronal circuits. *Nature Reviews. Neuroscience* 2006; 7:179-193.

Yiu G e He Z. Glial inhibition of CNS axon regeneration. *Nature Reviews. Neuroscience* 2006) 7: 617-627.

Yin Y, Henzl MT, Lorber B, Nakazawa T, Thomas TT, Jiang F, Langer R e Benowitz LI. Oncomodulin is a macrophage-derived signal for axon regeneration in retinal ganglion cells. *Nature Neuroscience* 2006; 9: 843-852.

Saxena S e Caroni P. Mechanism of axon degeneration: From development to disease. *Progress in Neurobiology* 2007; 83:174-191.

Cafferty WB, McGee AW, Strittmatter SM. Axonal growth therapeutics: regeneration or sprouting or plasticity? *Trends in Neuroscience* 2008; 31:215-220.

Sjöström PJ, Rancz EA, Roth A, Rausser M. Dendritic excitability and synaptic plasticity. *Physiological Reviews* 2008; 88:769-840.

Li Y, Mu Y, Gage FH. Development of neural circuits in the adult hippocampus. *Current Topics in Developmental Biology* 2009; 87:149-174.

Feldman DE. Synaptic mechanisms for plasticity in neocortex. *Annual Reviews in Neuroscience* 2009; 32:33-55.

6

Os Detectores do Ambiente

Receptores Sensoriais e a Transdução: Primeiros Estágios para a Percepção

Composição mista, de Anna Letycia (1962), xilogravura

Saber o Principal

Resumo

A percepção começa quando uma forma qualquer de energia incide sobre as interfaces situadas entre o corpo e o ambiente, sejam elas externas (na superfície corporal) ou internas (nas vísceras). Nessas interfaces localizam-se células especiais capazes de traduzir a linguagem do ambiente para a linguagem do sistema nervoso: os receptores sensoriais. São eles que definem o que comumente chamamos *sentidos*: visão, audição, sensibilidade corporal, olfação e gustação. Mas nosso cérebro é capaz de sentir muito mais – consciente e inconscientemente – do que esses cinco sentidos clássicos permitem supor. Ele detecta alterações sutis da posição do corpo quando nem nos damos conta disso, mudanças sutis da pressão, composição e temperatura do sangue que jamais chegam à nossa consciência, imperceptíveis movimentos viscerais.

Mesmo se considerarmos os grandes sentidos ou modalidades sensoriais, em cada um deles percebemos diferentes aspectos (submodalidades sensoriais): visão de cores, de movimento; sensibilidade tátil, térmica, dolorosa; audição de diferentes tons, timbres e intensidades dos sons; e assim por diante. No fim das contas, os receptores começam a esboçar as respostas às principais perguntas que os sistemas sensoriais suscitam: O que sentimos? Onde está o que sentimos? Quanto sentimos? Por quanto tempo?

Os receptores são específicos, isto é, especializados na detecção de certas formas de energia: energia mecânica (mecanorreceptores), luminosa (fotorreceptores), térmica (termorreceptores) e química (quimiorreceptores). Isso porque apresentam, em sua membrana plasmática, proteínas capazes de absorver seletivamente uma única forma de energia, e passar a mensagem para a membrana na forma de um potencial bioelétrico. Cada tipo, além disso, subdivide-se em subtipos ainda mais específicos: há mecanorreceptores que detectam sons, há os que detectam estímulos incidentes sobre a pele, há os que detectam alongamento dos músculos e vários outros. Também há fotorreceptores especializados em detectar radiação próxima do azul, outros mais sensíveis à radiação próxima do verde, e assim por diante.

Todos eles são capazes de produzir potenciais receptores quando estimulados. São alterações lentas da voltagem da membrana, em tudo proporcionais aos parâmetros do estímulo, que podem posteriormente ser transformadas em potenciais de ação, a unidade digital de código do sistema nervoso. A tradução da energia incidente em potenciais receptores é chamada transdução, e a conversão análogo-digital destes para potenciais de ação é denominada codificação. A transdução consiste primeiro na absorção da energia incidente por certas proteínas da membrana plasmática dos receptores, seguida do emprego dessa energia na abertura de canais iônicos, gerando assim o potencial receptor. Este se espraia ao longo da membrana e ativa outros canais iônicos que produzem potenciais de ação, ou então provocam a liberação de neuromediadores que ativam outras células nervosas da cadeia sensorial.

Se uma rocha se desprende de uma montanha onde não há qualquer animal, ela faz barulho? Uma fruta que ninguém nunca provou, tem gosto? A Terra era azul antes que o Homem a visse do espaço? Questões como essas têm sido levantadas há muito tempo pelos filósofos, depois pelos psicólogos, e mais recentemente pelos neurocientistas. Não são questões inteiramente resolvidas, mas admitem algumas considerações que dizem respeito aos sentidos e à percepção.

O Mundo Real É Diferente do Mundo Percebido?

Os neurocientistas têm respostas negativas para essas perguntas. Não há som se não há ninguém que o ouça; não há gosto se ninguém o provar; não há cores sem que alguém as veja. Essas respostas, que de certa forma agridem o senso comum, têm uma explicação. As coisas do mundo existem independentemente umas das outras, é claro, e porque existem possuem atributos físicos e químicos que lhes são próprios. Assim, a rocha que se desprende da montanha emite vibrações que se propagam pelos meios materiais circundantes até se dissiparem à distância. Mas essas vibrações só se transformarão em som se houver nas proximidades algum ser vivo dotado de um sistema nervoso com capacidade de senti-las e percebê-las como tal. Do mesmo modo, sem um sistema sensorial capaz de perceber como paladar algumas das substâncias presentes na fruta, elas só existem como entidades químicas. Finalmente, a Terra não tem cor se as radiações de diferentes comprimentos de onda que ela reflete não puderem ser absorvidas seletivamente pelos neurônios sensoriais especializados da visão humana.

Existem, portanto, dois mundos na natureza: o mundo real e o mundo percebido. Serão iguais, o segundo um reflexo do primeiro? Ou diferentes, um e outro com distintos atributos? Novamente, a resposta que as neurociências trazem a essa questão antiga surpreenderá o senso comum: o mundo percebido é diferente do mundo real.

Duas pessoas não percebem do mesmo modo uma obra musical. Além disso, a mesma pessoa não perceberá igualmente a mesma música se a ouvir em momentos diferentes de sua vida. Há duas razões para isso. Primeiro, as capacidades sensoriais dos neurônios auditivos são ligeiramente diferentes nos diversos indivíduos, tanto porque o seu genoma é distinto, como porque foram submetidos a diferentes experiências e influências ambientais. Segundo, o mesmo indivíduo atravessa diversos estados fisiológicos e psicológicos ao longo de um dia e ao longo da vida, e esses estados – níveis de consciência, estados emocionais, saúde, doença – são capazes de modificar as informações que os sentidos veiculam, provocando percepções dessemelhantes.

Se o mundo real é diferente do mundo percebido, torna-se muito importante compreender o que os torna diferentes, e como isso ocorre. É o sistema nervoso o "culpado", em particular as regiões neurais que compõem os sistemas sensoriais. Importa, então, definir preliminarmente esses conceitos. *Sensação* é a capacidade que os animais apresentam de codificar certos aspectos da energia física e química que os circunda, representando-os como impulsos nervosos capazes de ser "compreendidos" pelos neurônios. A sensação permite a existência dos *sentidos*, ou seja, as diferentes modalidades sensoriais que advêm da tradução pelo sistema nervoso das diversas formas de energia existentes no ambiente. A energia luminosa, por exemplo, em certas condições dá origem ao sentido da visão. A energia mecânica vibratória pode originar o sentido da audição, mas pode também se transformar em tato ou mesmo em dor.

Sistemas sensoriais, então, representam os conjuntos de regiões do sistema nervoso, conectadas entre si, cuja função é possibilitar as sensações. *Percepção* é um tanto diferente. Trata-se da capacidade de vincular os sentidos a outros aspectos da existência, como o comportamento, no caso dos animais em geral, e o pensamento, no caso dos seres humanos. O sentido da audição nos permite detectar diferentes sons, por exemplo, mas é a percepção auditiva que nos permite identificar, apreciar e lembrar uma música. Igualmente, o sentido da visão permite-nos detectar os diversos objetos de uma sala, mas é a percepção visual que nos permite diferenciar um copo de um pente, pegá-los com a mão e saber usá-los adequadamente. Portanto, a percepção apresenta um nível de complexidade mais alto do que a sensação, e por isso mesmo ultrapassa os limites estruturais dos sistemas sensoriais, envolvendo também outras partes do sistema nervoso, de funções não sensoriais. A percepção atingiu níveis mais altos na espécie humana: homens e mulheres são capazes de planejar e construir novos objetos, alguns deles destinados a ampliar ainda mais a sua capacidade perceptual; indagar-se sobre a origem, o passado e o futuro das coisas que percebem e até mesmo imaginar coisas imperceptíveis, na ausência de qualquer estimulação sensorial correspondente. Os diferentes sistemas sensoriais são tratados nos Capítulos 7 a 10, e a percepção, no Capítulo 17. Neste capítulo, verificaremos apenas como tudo isso começa.

Para que Serve a Informação Sensorial?

Em geral acreditamos que toda informação sensorial resulta necessariamente em percepção, tornando-se consciente. Mas não é assim. A percepção é apenas uma das consequências da sensação, e esta nem sempre se torna inteiramente disponível à nossa consciência, pois é filtrada pelos mecanismos de atenção, emoção, sono e outros. Por exemplo: neste exato momento em que você lê este capítulo, talvez haja sons no ambiente que não estão sendo percebidos, embora se possa provar que estão ativando os neurônios do seu ouvido. Talvez também haja outros objetos, ao redor do livro, que você não percebe, apesar de estarem formando imagens nas suas retinas, ativando os neurônios aí presentes. Felizmente, a percepção é mais seletiva que os sentidos: o sistema nervoso tem mecanismos para bloquear as informações sensoriais irrelevantes a cada momento da vida do indivíduo, permitindo que ele se concentre em apenas um pequeno número de informações mais importantes. É isso que permite que você aprenda o que está lendo: sua atenção está concentrada no texto, e não na mosca que esvoaça ao redor. Talvez isso lhe pareça pouco importante, mas pode ser questão de vida ou morte: a presa deve concentrar sua atenção no predador, senão... E você, quando dirige, deve-se concentrar no que está à frente do carro e não na paisagem que vê pelos vidros laterais...

Mas a informação sensorial tem outras "utilidades", além da percepção: (1) permite o controle da motricidade; (2) participa da regulação das funções orgânicas; e (3) contribui para a manutenção da vigília. No primeiro caso, para que os nossos movimentos sejam corretos, isto é, atinjam os objetivos a que se propõem, é preciso que o sistema nervoso perscrute o ambiente para planejar corretamente os movimentos, e depois monitore como eles estão sendo executados. Essa tarefa é realizada pelos sistemas sensoriais. Um exemplo: suponhamos que durante a leitura você precise virar a página do livro. Você primeiro visualiza a exata posição do livro sobre a mesa, para que o seu sistema motor[G] possa planejar e depois executar os movimentos adequados do braço, da mão e dos dedos. Durante a própria execução dos movimentos, o sistema motor recebe informações sensoriais vindas dos músculos, das articulações e da superfície cutânea do membro, que lhe permitem checar se a tarefa (virar a página) está sendo cumprida corretamente, corrigindo os erros de trajeto e execução que porventura estejam sendo cometidos. Nesse processo, não é necessário que as informações sensoriais se tornem conscientes, isto é, sejam percebidas, porque são irrelevantes para a compreensão do que está sendo lido.

A segunda "utilidade" da informação sensorial é a regulação das funções das vísceras, dos órgãos em geral e dos vasos sanguíneos, o que é feito automaticamente, sem atingir a consciência. Exemplo: quando faz calor, suamos sem perceber, o que se dá pela ativação neural das células secretoras das glândulas sudoríparas e pela dilatação dos vasos sanguíneos que as irrigam, obtida também através de comandos neurais. Mas quem informa aos neurônios que comandam as glândulas e os vasos sanguíneos que a temperatura subiu? Novamente, essa função é realizada pelos sistemas sensoriais, neste caso aqueles que monitoram as variações da temperatura da pele e do sangue. Finalmente, a informação sensorial que constantemente bombardeia o sistema nervoso contribui para que este se mantenha desperto, sem que nos demos conta disso. O sono vem mais facilmente quando estamos em ambiente silencioso e escuro, ou seja, em condições de mínima estimulação sensorial.

OS ATRIBUTOS DOS SENTIDOS

O QUE SENTIMOS: MODALIDADES E SUBMODALIDADES SENSORIAIS

O que sentimos? Quais as qualidades da experiência sensorial? "Sentimos" luz, ou seja, vemos. "Sentimos" sons, ou seja, ouvimos. Sentimos um toque nas costas, ou uma fonte de calor. Sentimos dor. Sentimos um gosto na boca, ou um cheiro no ar. Os sentidos correspondem à tradução para a linguagem neural das diversas formas de energia contidas no ambiente, o que torna possível classificá-los de acordo com essas formas de energia. Assim, em termos técnicos, os sentidos são chamados *modalidades sensoriais*, aceitando-se geralmente a existência de cinco: visão, audição, somestesia (que o senso comum chama impropriamente de *tato*), gustação ou paladar e olfação ou olfato. Essa classificação diz respeito apenas às modalidades que se transformam em percepção, excluindo aquelas que geralmente não atingem a consciência, servindo apenas ao controle motor e das funções orgânicas.

Para cada uma dessas modalidades sensoriais, a forma de energia é única e característica, com exceção da somestesia. Assim, a visão é propiciada pela luz, que é definida como energia eletromagnética situada em uma faixa restrita de comprimentos de onda[G] chamada espectro visível[G]. O espectro visível não é o mesmo para cada espécie. Certos pássaros e insetos, por exemplo, como os beija-flores e as abelhas, percebem a radiação ultravioleta, invisível para nós. A audição é ativada pelo som, que é uma forma vibratória de energia mecânica que se propaga pelo ambiente que cerca os animais. A faixa de frequências[G] perceptíveis pelo sentido da audição é também limitada, e por analogia com o sistema visual é chamada espectro audível[G]. Semelhante à visão, o espectro audível não é o mesmo em todas as espécies. Os cães e os morcegos, por exemplo, percebem ultrassons, inaudíveis para o ouvido humano. A olfação e a gustação são sentidos químicos, isto é, ambas são ativadas por substâncias químicas presentes no meio. A diferença é que as substâncias químicas que podemos cheirar são voláteis, e portanto se difundem pelo ar, enquanto as que impressionam nosso paladar são veiculadas em meio líquido ou sólido. A somestesia é a única das modalidades sensoriais ativada por diferentes formas de energia: mecânica, térmica e química. O termo somestesia equivale a sensibilidade corporal (do grego *soma*, corpo + *aesthesis*, sensibilida-

[G] *Termo constante do glossário ao final do capítulo.*

de), e inclui toda sensação proveniente da estimulação da superfície e do interior do corpo.

Quando consideramos as modalidades sensoriais, estamos nos referindo à nossa capacidade de perceber luzes, sons, estímulos sobre o nosso corpo, cheiros e gostos. Entretanto, isso é pouco para dar conta de todos os atributos dos sentidos. É necessário então introduzir o conceito de *submodalidades sensoriais*, definidas como os aspectos qualitativos particulares de cada modalidade. Em visão, são submodalidades a visão de cores, a detecção de formas, a detecção de movimentos e outros atributos. São submodalidades da audição o reconhecimento de tons[G] e de timbres, a localização espacial dos sons. As submodalidades somestésicas são o tato, a sensibilidade térmica, a dor, a propriocepção[G] e outras. Na gustação, aceitamos como submodalidades básicas a sensibilidade a cinco sabores: doce, amargo, salgado, azedo e temperado. A olfação é diferente: são tantos os cheiros que podemos perceber (milhares!), que não é possível definir submodalidades básicas como nos outros sentidos.

Onde, Quanto e por Quanto Tempo Sentimos

A experiência sensorial, além de permitir identificar o tipo (modalidade) de estímulo que incide sobre nosso corpo, permite também, dentro de certos limites, saber de onde ele se origina, medir a quantidade de energia que ele encerra e por quanto tempo se mantém.

O primeiro desses atributos dos sentidos é a *localização espacial,* através da qual podemos identificar a precisa posição de um objeto em meio a uma cena complexa, perceber a origem de uma sirene de ambulância que se aproxima no trânsito, detectar em que parte do nosso corpo sentimos um ponto doloroso, e assim por diante. É claro que a capacidade de localização espacial é mais apurada em algumas modalidades do que em outras, e em algumas submodalidades do que em outras. A visão humana, por exemplo, é mais precisa para localizar estímulos do que a audição. Os estímulos táteis podem ser mais precisamente localizados na superfície corporal do que os estímulos dolorosos profundos (em geral, não sabemos determinar o ponto exato de uma dor abdominal...).

O segundo atributo é a *determinação da intensidade* de um estímulo, através da qual somos capazes de diferenciar lâmpadas com brilhos diferentes, distinguir o volume de um som, dizer se um cheiro é forte ou fraco, e assim por diante. Os sistemas sensoriais são capazes de realizar uma avaliação bastante precisa da quantidade de energia contida em um determinado estímulo.

Finalmente, o último desses atributos dos sentidos é a *determinação da duração* de um estímulo, por meio da qual podemos precisar o momento em que uma luz é ligada, durante quanto tempo permanece acesa e quando é desligada. Também somos capazes de perceber com precisão o início de um som, sua duração e o momento em que desaparece. É assim também para as demais modalidades, com maior ou menor exatidão.

PLANO GERAL DOS SISTEMAS SENSORIAIS

Os sentidos representam a tradução das formas de energia incidentes sobre o organismo para a linguagem do sistema nervoso, permitindo uma percepção adequada do mundo. Os sistemas sensoriais representam os conjuntos de estruturas neurais encarregadas desse processo de tradução. As questões que se colocam, então, são: como se organizam os sistemas sensoriais? Como funcionam?

Componentes Estruturais: Células e Conexões

Todo sistema sensorial, como qualquer parte do sistema nervoso, é composto de neurônios interligados formando circuitos neurais que processam a informação que chega do ambiente. O ambiente – externo ou interno em relação ao organismo – é, portanto, a origem dos estímulos sensoriais. Estes geralmente incidem sobre uma superfície onde se localizam células especialmente adaptadas para captar a energia incidente. Essas células são os primeiros elementos dos sistemas sensoriais, os chamados *receptores sensoriais*[1]. Os receptores são também chamados células primárias (ou de primeira ordem) dos sistemas sensoriais (Figura 6.1). Nem sempre são neurônios: os receptores visuais, por exemplo, bem como os auditivos, os gustativos e os receptores vestibulares (encarregados de avaliar a posição da cabeça) são células epiteliais modificadas. Neurônios ou não, todos se conectam através de sinapses com neurônios secundários ou de segunda ordem, estes com neurônios terciários ou de terceira ordem, e assim por diante. Esses circuitos em cadeia levam a informação traduzida do ambiente pelos receptores a níveis progressivamente mais complexos do sistema nervoso.

Por dever de ofício, os receptores estão sempre situados em posições estratégicas no organismo, favoráveis

[1] *Você não deve confundir* receptor sensorial, *de que tratamos neste capítulo, com* receptor molecular, *que abordamos no Capítulo 4 e mais adiante neste mesmo capítulo. Embora se trate de conceitos muito diferentes, ambos são geralmente mencionados apenas pelo termo* receptor.

à captação privilegiada dos estímulos para os quais são especializados. Por exemplo, há receptores que informam o sistema nervoso sobre os níveis de pressão sanguínea: é claro que o melhor lugar para eles é a parede dos vasos. Nessa posição estratégica, tornam-se altamente sensíveis a qualquer mínimo estiramento da parede vascular, que geralmente ocorre em função das variações de pressão arterial. Em outros casos, tornou-se mais eficiente, ao longo da evolução, aglomerar as células receptoras em *órgãos receptores* e associá-las a outras células que facilitem a sua função. Um exemplo típico é o dos receptores visuais ou fotorreceptores, situados todos na superfície interna do olho. Este é o órgão receptor da visão, e possui tecidos transparentes que funcionam como verdadeiras lentes promovendo a formação de uma imagem focalizada sobre os receptores; músculos externos que os direcionam aos objetos luminosos de interesse; músculos internos que possibilitam o ajuste do foco e vários outros tecidos coadjuvantes da função dos receptores.

Enquanto os receptores estão posicionados em diferentes tecidos e órgãos, nervosos ou não, mas sempre os mais favoráveis à captação da energia que os vai estimular, os neurônios subsequentes estão sempre localizados dentro do sistema nervoso, seja o SNP, seja o SNC. As fibras desses neurônios muitas vezes estão compactadas em nervos ou feixes que compõem as *vias aferentes* dos sistemas sensoriais. As vias aferentes representam as cadeias de neurônios que levam as informações sensoriais até o córtex cerebral, onde serão realizadas as operações que resultarão na percepção, ou aquelas necessárias às funções de controle motor ou controle orgânico.

OPERAÇÃO DOS SISTEMAS SENSORIAIS

A função primordial dos sistemas sensoriais é realizar a tradução da informação contida nos estímulos ambientais para a linguagem do sistema nervoso, e possibilitar ao indivíduo utilizar essa informação codificada nas operações perceptuais ou de controle funcional necessárias em cada momento. A primeira etapa dessa função é realizada pelos receptores, e se chama *transdução*. Consiste na transformação da energia do estímulo ambiental – seja luz, calor, energia mecânica ou outra – em potenciais bioelétricos gerados pelas membranas dos receptores. Geralmente, o primeiro potencial que resulta da transdução é chamado *potencial receptor* ou potencial gerador. A seguir, o potencial receptor pode provocar a gênese de potenciais de ação na mesma célula, ou de outros potenciais no neurônio de segunda ordem mediante transmissão sináptica. Daí em diante, os potenciais são propagados aos terminais sinápticos subsequentes e ocorre uma nova transmissão sináptica da informação aos neurônios de ordem superior. Ao longo dessa cadeia de transmissão, entram em ação diferentes mecanismos de integração sináptica, que possibilitam a análise dos diversos atributos dos estímulos, e depois a sua utilização em outros processos fisiológicos ou na reconstrução mental dos objetos, característica da percepção.

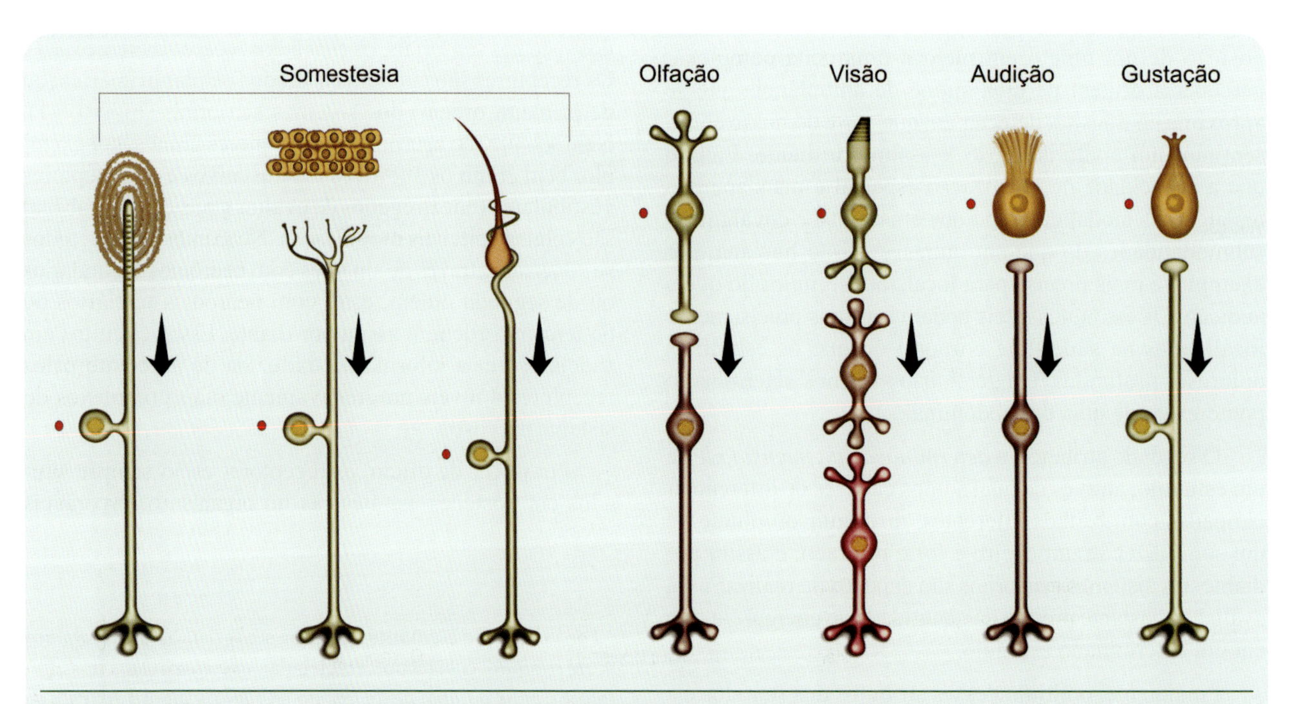

Figura 6.1. *Os receptores sensoriais (assinalados por pontos vermelhos) são células especializadas em captar a energia que provém do ambiente (externo ou interno ao organismo). São também as células primárias dos sistemas sensoriais.*

Este capítulo está dedicado aos primeiros estágios das operações sensoriais, tal como ocorre nos receptores. Os estágios subsequentes são estudados em capítulos posteriores (7 a 10), para cada um dos sentidos.

PRINCÍPIOS GERAIS DE FUNCIONAMENTO DOS RECEPTORES

DIVERSIDADE DE TIPOS

Dada a extrema diversidade das formas de estimulação do organismo, é grande também a diversidade de tipos morfológicos e funcionais de receptores (Tabelas 6.1 e 6.2). As formas de energia determinam uma classificação dos receptores, divididos em cinco tipos funcionais, cada um deles subdividido em diferentes tipos morfológicos[2]: (1) mecanorreceptores (ou, abreviadamente, mecanoceptores); (2) quimiorreceptores (ou quimioceptores); (3) fotorreceptores (ou fotoceptores); (4) termorreceptores (ou termoceptores) e (5) nociceptores. Certos peixes possuem eletrorreceptores, sensíveis a variações de campo elétrico no ambiente circunjacente, e outros possuem magnetorreceptores, sensíveis à orientação do campo magnético da Terra.

Os *mecanorreceptores* são sensíveis a estímulos mecânicos contínuos ou vibratórios. Entre estes estão os receptores que veiculam a modalidade somestésica da percepção com suas diferentes submodalidades, assim como os receptores auditivos, sensíveis a certas vibrações do ar que nos envolve, e os receptores do equilíbrio, sensíveis às variações de posição da cabeça. Entre os mecanorreceptores estão também os que veiculam informações sensoriais utilizadas para o controle motor e das funções orgânicas, como certos neurônios ganglionares da raiz dorsal, cujas fibras são sensíveis às variações de ângulo das articulações, e neurônios sensoriais situados no tronco encefálico, cujas fibras inervam as paredes das vísceras digestivas, sendo sensíveis à distensão delas, que ocorre regularmente após as refeições. De acordo com a sua função, os mecanorreceptores podem ser muito simples ou apresentar especializações que facilitam seu desempenho funcional.

Alguns neurônios receptores somestésicos – como os nociceptores – emitem fibras que se ramificam na derme como terminações livres, sendo especialmente sensíveis a estímulos lesivos (Figura 6.2A). Outros enrodilham-se nos folículos pilosos da superfície cutânea, tornando-se capa-

[2] *O fisiologista inglês Charles Sherrington (1857-1952) propôs uma classificação alternativa dos receptores, pouco utilizada mas de interesse funcional:* interoceptores *seriam os receptores do interior do corpo, em vísceras, ossos e vasos sanguíneos;* proprioceptores *seriam aqueles localizados nos músculos e articulações;* exteroceptores *seriam os receptores localizados na superfície corporal; e* teleceptores *seriam aqueles envolvidos com a localização de estímulos à distância, como os dos olhos e ouvidos. As modalidades sensoriais, de acordo com Sherrington, seriam também classificadas desse modo. Os termos de Sherrington são ainda utilizados, mas seus significados já são diferentes, à luz dos dados experimentais mais recentes.*

TABELA 6.1. OS SISTEMAS SENSORIAIS DO HOMEM E SEUS RECEPTORES

Modalidade	Submodalidade	Estímulo Específico	Órgão Receptor	Tipo Funcional	Tipo Morfológico
Visão	Todas	Luz	Olho	Fotoceptores	Cones e bastonetes
Audição	Todas	Vibrações mecânicas do ar	Ouvido	Mecanoceptores auditivos	Células estereociliadas da cóclea
Somestesia	Tato	Estímulos mecânicos	-	Mecanoceptores	Neurônios ganglionares da raiz dorsal
	Sensibilidade térmica	Calor e frio	-	Termoceptores	Neurônios ganglionares da raiz dorsal
	Dor	Estímulos mecânicos, térmicos e químicos intensos	-	Nociceptores	Neurônios ganglionares da raiz dorsal
	Propriocepção	Movimentos e posição estática do corpo	Fuso muscular, órgão tendinoso	Mecanoceptores	Neurônios ganglionares da raiz dorsal
	Interocepção	Múltiplos estímulos	-	Todos	Neurônios ganglionares da raiz dorsal
Olfato	-	Substâncias químicas voláteis	Nariz	Quimioceptores	Neurônios da mucosa olfatória
Paladar	Todas	Substâncias químicas	Boca	Quimioceptores	Células das papilas gustativas

zes de detectar as menores variações de posição dos pelos quando estes são estimulados por objetos, pelas mãos ou mesmo pelo vento (Figura 6.2B). Outros mecanorreceptores associam-se a células não neurais, constituindo miniórgãos especializados, como os chamados corpúsculos de Pacini, formados por terminações nervosas envolvidas por camadas de tecido conjuntivo (Figura 6.2C) que absorvem parte da estimulação mecânica, tornando-os incapazes de detectar estímulos prolongados, mas altamente diferenciados para assinalar a presença de estímulos vibratórios. Finalmente, outros mecanorreceptores apresentam-se agrupados em grande número e associados a outras células e tecidos, formando órgãos receptores macroscópicos (Figura 6.3). É o caso do ouvido, um órgão receptor capaz de canalizar as ondas sonoras, amplificá-las e separá-las de acordo com a sua frequência, facilitando o trabalho dos mecanorreceptores situados no seu interior.

Os *quimiorreceptores* são sensíveis a estímulos químicos, ou seja, à ação específica de certas substâncias com as quais entram em contato direto. Essas substâncias podem ser veiculadas por fontes distantes através do ar, por fontes próximas por meio dos alimentos, ou mesmo através do sangue e de outros fluidos corporais. No entanto, para serem detectadas devem estar sempre dissolvidas no líquido que banha as células receptoras. Uma grande família desses receptores é a dos receptores olfatórios, que são muito diversificados, capazes de identificar milhares de espécies químicas diferentes (milhares de cheiros!) quanto ao tipo, mas sem grande precisão quantitativa: no máximo, permitem a percepção de cheiros "fortes" ou "fracos". Outros, ao contrário, são especializados na detecção de um ou poucos tipos moleculares, mas com considerável precisão quantitativa. É o caso de certos neurônios posicionados próximo a capilares sanguíneos do hipotálamo[A], capazes de medir as menores variações da concentração sanguínea de Na^+, ativando circuitos que provocam a sensação de sede e causando comportamentos de ingestão de líquidos (Tabela 6.2). Do mesmo modo que os mecanorreceptores, os quimiorreceptores também podem encontrar-se agrupados formando estruturas histológicas diminutas, ou então associados a outros tecidos, formando verdadeiros órgãos sensoriais (Figura 6.3), como é o caso do nariz.

Os *fotorreceptores* são sensíveis a estímulos luminosos, e geralmente estão ligados à modalidade visual, embora participem também da regulação dos níveis hormonais que oscilam, sincronizados com o ciclo noite-dia. Nos animais vertebrados, associam-se a tecidos de origem não neural, formando o complexo órgão receptor da visão – o olho. A morfologia desses receptores, bem como a do olho, é especializada na captação de radiação eletromagnética nas melhores condições possíveis de transparência e mínima distorção na formação de imagens.

[A] *Estrutura identificada no Miniatlas de Neuroanatomia (p. 367).*

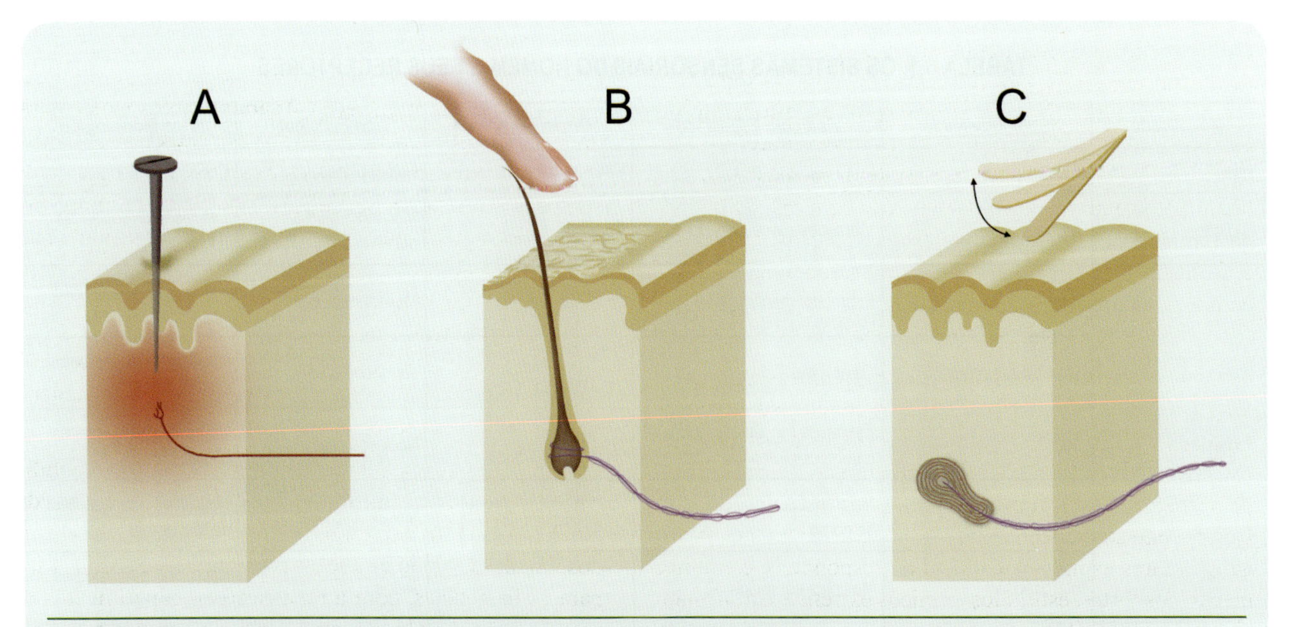

Figura 6.2. *Há muitos tipos de mecanorreceptores. Alguns (**A**) são nociceptores, terminações livres da pele, sensíveis a fortes estímulos mecânicos capazes de provocar lesão dos tecidos. Outros (**B**) são terminais de fibras mielínicas que se enrodilham em torno dos pelos, detectando os menores movimentos deles. Outros ainda (**C**) são corpúsculos formados por camadas de tecido conjuntivo em torno da extremidade de fibras sensitivas, capazes de detectar estímulos vibratórios (corpúsculos de Pacini).*

Figura 6.3. *O artista enfatiza os órgãos receptores. Commedia dell'Arte N. 2, óleo sobre tela de Caulos (1998)* Pinturas, *L&PM Editores, Brasil.*

Termorreceptores são aqueles sensíveis a variações térmicas em torno da temperatura corporal (na maioria dos mamíferos, 37°C). Muitos estão situados na superfície corporal (Figura 6.2), mas alguns se localizam dentro do cérebro, precisamente no hipotálamo. No primeiro caso, são capazes de acusar as variações da temperatura do ambiente. No segundo caso, detectam as mínimas variações da temperatura do sangue. A informação que veiculam é utilizada pelo SNC para organizar reações orgânicas e comportamentais destinadas a conservar ou dissipar calor, segundo as necessidades do organismo.

Os *nociceptores* são sensíveis a estímulos de diferentes formas de energia, mas que têm em comum sua extrema intensidade, que põe em risco a integridade do organismo, causando lesões nos tecidos e nas células. Representam, principalmente, a submodalidade somestésica da dor. Geralmente são terminações livres de fibras de neurônios ganglionares espinhais, capazes de responder a estímulos mecânicos fortes, estímulos térmicos extremos e a substâncias químicas irritantes ou lesivas.

Especificidade dos Receptores: A Lei das Energias Específicas

Como acabamos de constatar, é grande a diversidade morfológica e funcional dos receptores. Cada tipo é especializado em captar uma determinada forma de estímulo. Diz-se, assim, que os receptores são específicos para uma determinada forma de energia, e que sua sensibilidade está sintonizada para uma faixa restrita de estimulação e de resposta. Essa característica foi percebida ainda no século 19 por um cientista alemão, Johannes Müller (1801-1858), que atribuiu aos sentidos a chamada lei das energias específicas, pela qual se considera que cada sentido está relacionado com uma e apenas uma forma de energia. Na verdade, não são os sentidos que são específicos, mas os receptores, ainda desconhecidos na época de Müller.

Dizer que um receptor é específico para uma determinada forma de energia significa dizer que a sua sensibilidade é máxima para essa forma de energia, ou então, de modo inverso, que o seu limiar de sensibilidade é mínimo para essa forma de energia. Assim, os fotorreceptores têm sensibilidade máxima para a energia eletromagnética, embora possam também ser ativados – com mais dificuldade – por outras formas de energia. Por exemplo: qualquer mínima quantidade de energia luminosa é capaz de ativar um fotorreceptor de mamífero. Acredita-se mesmo que o limiar de sensibilidade deles chegue a 1 fóton. No entanto, pode-se ativar o mesmo fotorreceptor utilizando estímulos elétricos e estímulos mecânicos de intensidade relativamente alta. A expressão "ver estrelas" indica a ativação mecânica (traumática) do olho, que provoca a visualização de escotomas cintilantes[G]. A razão para essa grande especificidade dos receptores está em parte na sua morfologia e na estrutura dos órgãos receptores, e em parte em características moleculares da membrana plasmática e de outras organelas subcelulares. Em última análise, os responsáveis pela transdução sensorial são macromoléculas situadas na membrana – os receptores moleculares – que absorvem a energia ambiental e, ao mudar de conformação tridimensional, geram sinais bioelétricos ou bioquímicos que conterão a informação original, transferindo-a para os neurônios seguintes da cadeia, até o cérebro. Estas características serão consideradas adiante com mais detalhes, para cada um dos principais tipos de receptor sensorial.

Os biofísicos podem especificar o limiar de sensibilidade de um determinado receptor, registrando sua atividade bioelétrica isolada em resposta a estímulos físicos controlados. Foi desse modo que se estabeleceu o limiar de 1 fóton para os bastonetes, com a realização de experimentos de registro eletrofisiológico em retinas de animais mantidas

TABELA 6.2. RECEPTORES COM FUNÇÕES DE CONTROLE

Função	*Estímulo Específico*	*Órgão Receptor*	*Tipo Funcional*	*Tipo Morfológico*
Equilíbrio	Posição e movimentos da cabeça	Labirinto	Mecanoceptores	Células ciliadas do labirinto
Controle motor	Estiramento muscular	Fuso muscular	Mecanoceptores	Neurônios ganglionares da raiz dorsal
Controle motor	Tensão muscular	Órgão tendinoso	Mecanoceptores	Neurônios ganglionares da raiz dorsal
Controle motor	Ângulo articular	-	Mecanoceptores	Neurônios ganglionares da raiz dorsal
Controle cardiovascular	Pressão sanguínea	Seio carotídeo	Mecanoceptores (Baroceptores)	Neurônios do tronco encefálico
Controle cardiorrespiratório	pH, pCO2, pO2	-	Quimioceptores	Neurônios do hipotálamo
Controle da hidratação (sede)	Concentração sanguínea de Na+ (osmolaridade)	Órgãos circunventriculares	Quimioceptores (natrioceptores)	Neurônios do hipotálamo e do tronco encefálico
Controle da alimentação (fome)	Concentração sanguínea de nutrientes	Órgãos circunventriculares	Quimioceptores	Neurônios do hipotálamo e do tronco encefálico
Controle da temperatura corporal	Temperatura do sangue	Órgãos circunventriculares	Termoceptores	Neurônios do hipotálamo e do tronco encefálico
Controle da digestão	Distensão visceral	-	Mecanoceptores	Neurônios do tronco encefálico
Reprodução e sexualidade	Substâncias químicas específicas (feromônios)	Órgão vômero-nasal*	Quimioceptores	Neurônios da mucosa olfatória
Interações sociais	Substâncias químicas específicas (feromônios)	Órgão vômero-nasal*	Quimioceptores	Neurônios da mucosa olfatória

** A existência do órgão vômero-nasal no homem ainda é controvertida.*

artificialmente fora do organismo. A cada estimulação o pesquisador registra a resposta elétrica da célula, e vai diminuindo a quantidade de energia do estímulo. Haverá um momento em que o receptor não mais será ativado, abaixo de um certo valor. Diz-se, então, que esse valor da intensidade do estímulo é o limiar de sensibilidade do receptor.

Mas o mesmo conceito de limiar de sensibilidade pode ser estendido a um indivíduo inteiro em experimentos psicofísicos realizados por psicólogos (Figura 6.4). Neste caso, o sujeito do experimento é colocado em frente a uma tela em ambiente escuro ou na penumbra, e solicitado a avisar, verbalmente ou apertando um botão, cada vez que for capaz de ver um ponto luminoso na tela. O pesquisador vai, gradativamente, diminuindo a intensidade do estímulo até o ponto em que o sujeito não mais possa detectá-lo. Diz-se, então, que esse valor é o limiar de sensibilidade visual do indivíduo. O mesmo pode ser feito para as demais modalidades e submodalidades sensoriais. É claro que o limiar do indivíduo é diferente (geralmente mais alto) que o do receptor isolado, uma vez que o experimento psicofísico depende de condições fisiológicas, psicológicas e ambientais que estão ausentes no experimento biofísico. O limiar de sensibilidade, é claro, é o inverso da sensibilidade: quanto menor o limiar, maior a sensibilidade, e vice-versa.

A especificidade dos receptores é ainda maior que a preferência por uma determinada forma de energia. Os diferentes tipos de receptores são *sintonizados* para certas faixas restritas de estimulação, de modo ainda mais específico. Por exemplo: há fotorreceptores que são mais sensíveis à cor azul, ou seja, aos comprimentos de onda da luz entre 420 e 450 nm*, outros que são mais sensíveis à cor verde (entre 480 e 500 nm) e outros ainda que são mais sensíveis às tonalidades próximas do vermelho (em torno de 600 nm). Da mesma forma, os mecanorreceptores auditivos são também sintonizados (isto é, têm menor limiar de sensibilidade) a sons em faixas restritas de frequência (veja a Figura 8.14A).

O conceito de especificidade dos receptores, portanto, depende da sua sensibilidade a um tipo específico de

* *Nanômetro, equivalente a 10^{-9} m.*

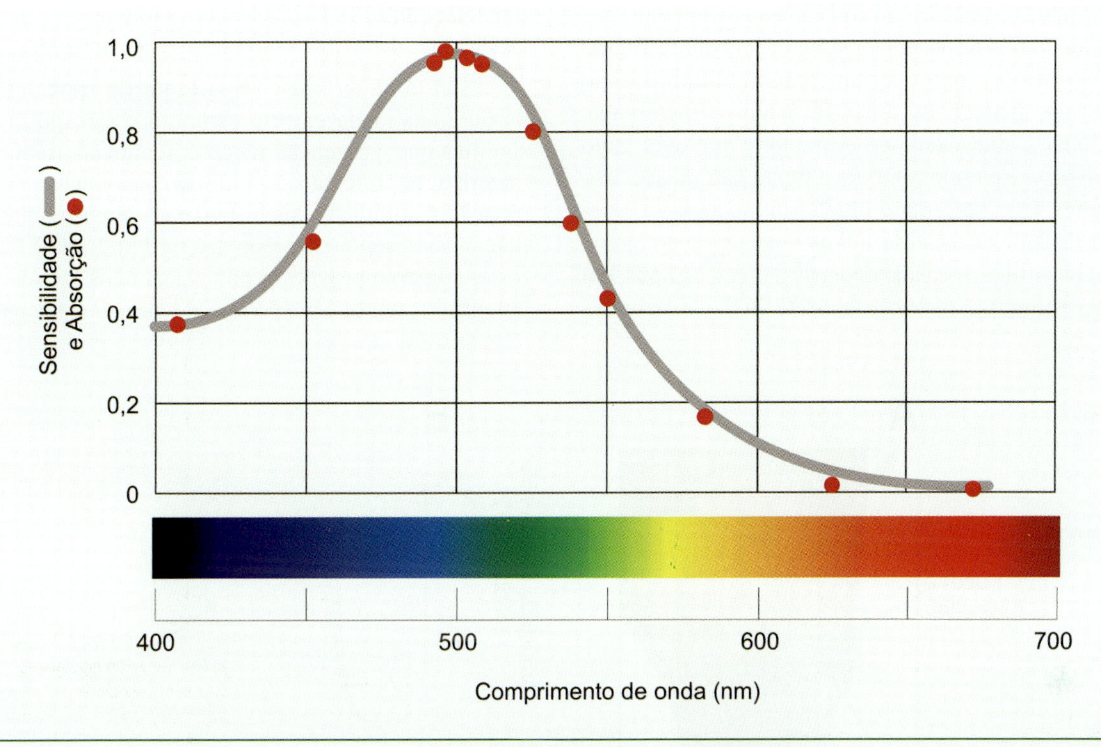

Figura 6.4. *A sensibilidade de um indivíduo a luzes de diferentes cores é comparável à dos fotorreceptores. A curva em cinza apresenta o limiar de sensibilidade de um indivíduo adaptado ao escuro, ou seja, a mínima intensidade luminosa (relativa) que ele é capaz de detectar (na ordenada) para cada cor (na abscissa). Os pontos vermelhos mostram a energia luminosa absorvida pelas moléculas fotossensíveis dos receptores da retina para as mesmas cores. A ordenada representa unidades relativas à maior sensibilidade (100% ou 1,0), geralmente em torno da cor verde. Modificado de R.L. Gregory (1997)* Eye and Brain. *Princeton University Press, EUA.*

energia, e também da sua sintonia a uma faixa restrita de apresentação dessa forma de energia. Além disso, o conceito estende-se a cada um dos sistemas sensoriais, genericamente, porque cada tipo de receptor dá origem a vias específicas até o córtex cerebral, as chamadas *linhas sensoriais exclusivas*, encarregadas de processar exclusivamente a informação selecionada do ambiente pela especificidade dos receptores.

TRANSDUÇÃO: ENTRE A LINGUAGEM DO MUNDO E A LINGUAGEM DO CÉREBRO

O mecanismo de tradução da "linguagem do mundo" (as formas de energia contidas no ambiente) para a "linguagem do cérebro" (os potenciais bioelétricos produzidos pelos neurônios) é semelhante em seus princípios básicos para todos os receptores, e consiste em duas etapas fundamentais: *transdução* e *codificação*. A transdução consiste na absorção da energia do estímulo seguida da gênese de um potencial bioelétrico lento (o potencial receptor ou potencial gerador). A codificação consiste na transformação do potencial receptor em potenciais de ação.

Os tipos de transdução acompanham os tipos de receptores. Assim, os mecanorreceptores realizam uma transdução mecanoneural ou mecanoelétrica (audioneural ou audioelétrica, no caso particular dos receptores auditivos), os fotorreceptores realizam uma transdução fotoneural ou fotoelétrica, e assim por diante: transdução termoneural ou termoelétrica e transdução quimioneural ou quimioelétrica.

Como ocorre a transdução? Vamos utilizar como exemplo um experimento realizado com um órgão mecanorreceptor do sistema somestésico, de grande importância para o controle da motricidade: o fuso muscular (Figura 6.5A). O neurocientista pode isolar o músculo de um animal, mantendo-o anestesiado e em condições saudáveis durante várias horas. Um fuso muscular pode então ser identificado e isolado, e a atividade elétrica dos seus terminais nervosos, captada por um microeletródio inserido através da membrana, e ligado a um sistema eletrônico de amplificação e registrado em computador. Ao mesmo tempo, com um dispositivo eletromecânico de dimensões muito pequenas, podem-se provocar pequenos estiramentos da membrana do receptor, de intensidades e durações definidas previamente, simulando o que ocorreria se o músculo todo fosse estirado.

O experimento consiste então em relacionar os parâmetros do estímulo com a resposta bioelétrica do receptor (Figura 6.5B). Verifica-se, logo que um estímulo é aplicado ao receptor, que aparece um potencial lento na membrana, proporcional à intensidade do estímulo, e que dura tanto quanto durar o estímulo (embora a figura não mostre isso claramente). Essa resposta é o potencial receptor. O mecanismo de bioeletrogênese dos potenciais receptores é função da abertura de canais iônicos de diversos tipos, em resposta à estimulação e ao consequente fluxo iônico que se estabelece entre os dois lados da membrana (Figura 6.5C). Os detalhes desse processo serão vistos adiante.

Uma característica importante da transdução é a proporcionalidade entre o estímulo e a resposta, o que significa que o potencial receptor realmente traduz as características principais do estímulo: sua intensidade e sua duração. Estímulos mais fortes (mais intensos) provocam potenciais receptores maiores, e estímulos mais duradouros igualmente provocam potenciais mais duradouros. O potencial receptor é um potencial lento, de tipo analógico,

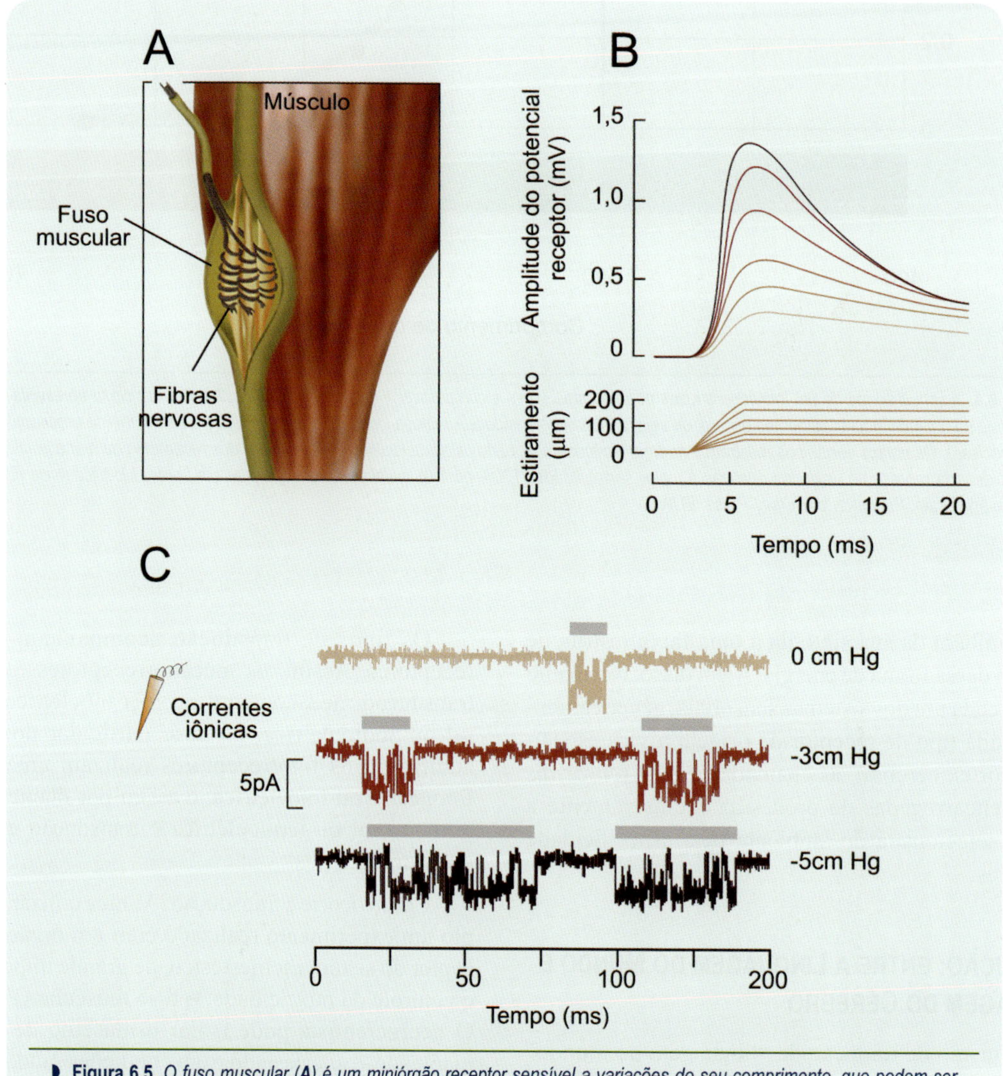

Figura 6.5. *O fuso muscular (**A**) é um miniórgão receptor sensível a variações do seu comprimento, que podem ser produzidas por pequenos estiramentos do músculo no qual está inserido. Neste experimento (**B**), um microeletródio é posicionado em uma fibra nervosa do fuso (ela é o receptor sensorial propriamente dito), para registrar os potenciais receptores produzidos a cada estiramento artificialmente provocado. Os estiramentos estão representados pelas curvas de baixo e os potenciais receptores, pelas de cima. Observa-se que a amplitude do potencial é proporcional à magnitude do estiramento correspondente. A duração do estímulo e da resposta não é representada de forma adequada, porque o gráfico é interrompido em 20 ms. **C** mostra a passagem de corrente iônica através de canais iônicos isolados na membrana do receptor, quando este é submetido a estímulos mecânicos (barras cinzas) de magnitudes indicadas sobre cada traçado. **B** modificado de D. Ottoson e G. M. Shepherd (1971) em* Handbook of Sensory Physiology, *vol. 1. Springer-Verlag, Alemanha. **C** modificado de F. Sachs (1990)* Seminars in Neuroscience *vol. 2: pp. 49-57.*

semelhante aos potenciais sinápticos: seus parâmetros de amplitude e duração variam proporcionalmente aos parâmetros equivalentes do estímulo. A transdução é uma conversão análogo-analógica, ou seja, envolve dois códigos analógicos. Haverá a seguir uma conversão análogo-digital, em que os parâmetros do estímulo passarão a ser representados por um código digital com base em impulsos nervosos (Figura 6.6).

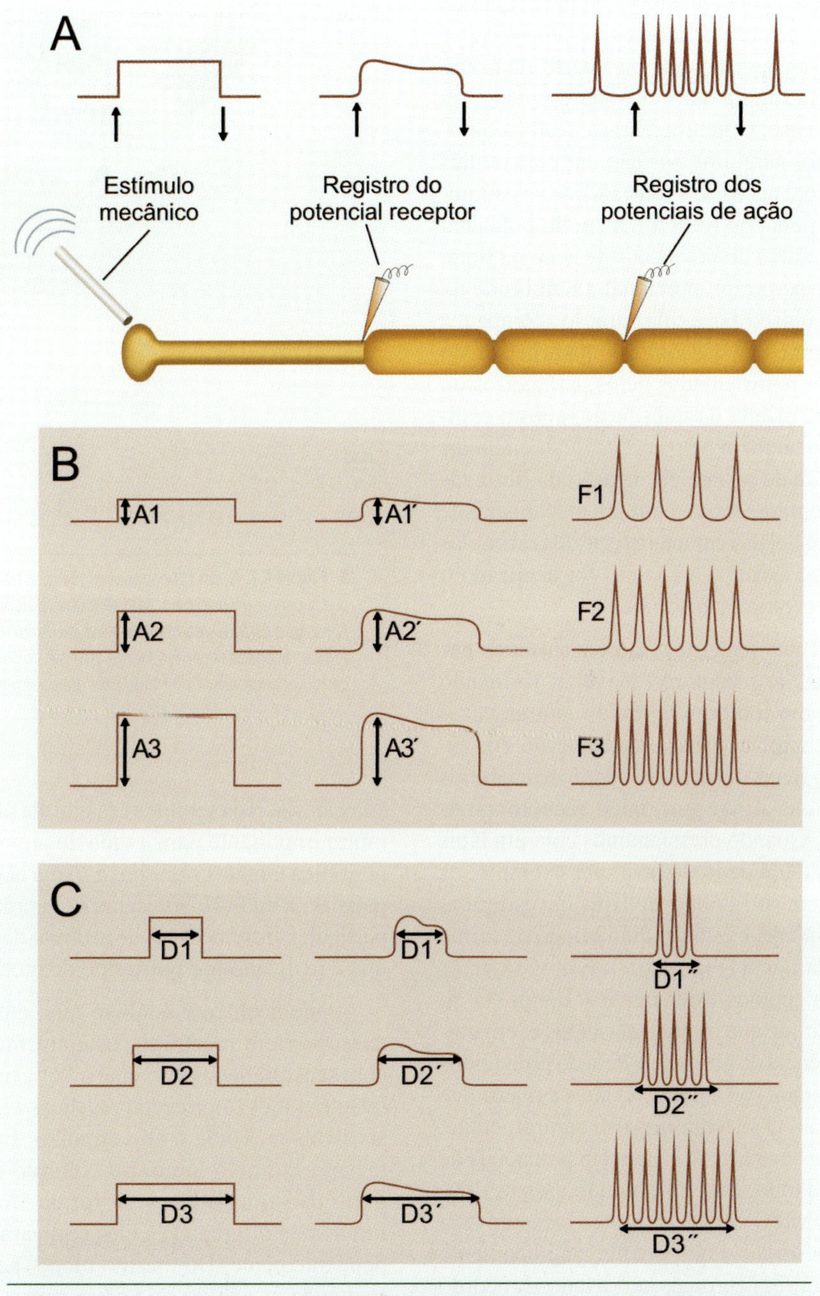

Figura 6.6. A. *A transdução e a codificação podem ser estudadas em um receptor variando os parâmetros do estímulo aplicado (neste exemplo, mecânico), e ao mesmo tempo registrando a certa distância o potencial receptor e os potenciais de ação produzidos pela fibra. O início e o final do estímulo são assinalados pelas setas para cima e para baixo, respectivamente.* **B.** *Quando a amplitude do estímulo aumenta (A1 < A2 < A3), a amplitude do potencial receptor aumenta de forma proporcional (A1' proporcional a A1; A2' proporcional a A2 etc.), e assim também acontece com a frequência da salva de potenciais de ação que a fibra produz (A1 e A1' proporcionais a F1; A2 e A2' proporcionais a F2 etc.).* **C.** *Quando é a duração do estímulo que aumenta, a duração do potencial receptor acompanha proporcionalmente (D1' proporcional a D1; D2' proporcional a D2 etc.), e o mesmo ocorre com a duração da salva de potenciais de ação (D1 e D1' proporcionais a D1"; D2 e D2' proporcionais a D2" etc.).*

CODIFICAÇÃO NEURAL: A LINGUAGEM DO CÉREBRO

A codificação neural consiste na representação dos parâmetros do estímulo sensorial incidente por parâmetros de um código digital, como nos computadores. A codificação pode ocorrer na mesma célula receptora, em uma segunda célula conectada com o receptor através de uma sinapse química, ou mesmo em um terceiro ou quarto neurônio na cadeia sensorial. Na Figura 6.6A está representado um exemplo do primeiro caso. O neurocientista desloca o microeletródio de registro para uma posição um pouco mais distante ao longo da fibra nervosa, e constata que ao estimular mecanicamente a ponta do receptor, além do potencial receptor aparece uma salva de potenciais de ação na fibra, cuja frequência de disparo é proporcional à amplitude do potencial receptor (Figura 6.6B), e cuja duração acompanha a duração deste (Figura 6.6C). Como os parâmetros do estímulo passam a ser representados pelos parâmetros do potencial receptor que resulta da transdução, após a codificação passam a sê-lo também pelo *código de frequências* e pela duração da salva de potenciais de ação da fibra. Os sistemas sensoriais contam, assim, com um mecanismo de representação bastante fiel das características dos estímulos ambientais. Confira no Quadro 6.1 como foi decifrado o código binário dos receptores sensoriais.

Em geral os sistemas sensoriais são constituídos por conjuntos organizados de receptores, às vezes formando órgãos receptores, como o olho e o ouvido, outras vezes distribuídos por uma vasta superfície de captação dos estímulos, como a pele. Sendo assim, em condições naturais raramente um estímulo atinge um único receptor, mas vários de uma só vez. Quando pressionamos com um lápis a superfície da pele de um dedo da mão, por exemplo, os receptores situados bem sob a ponta do lápis são estimulados com maior intensidade, e esta vai diminuindo de forma gradual para longe da ponta (Figura 6.7). É óbvio que os potenciais receptores gerados exatamente sob a ponta do lápis têm maior amplitude que os mais afastados e, em correspondência, a frequência de potenciais de ação produzidos nas fibras que se originam sob a ponta do lápis é maior que nas regiões periféricas. O sistema nervoso central, então, recebe na verdade um "mapa" codificado em potenciais de ação, que representa a topografia do estímulo. Isso se deve parcialmente à *organização topográfica* que é característica de muitos sistemas sensoriais, e que envolve o agrupamento de fibras nervosas e corpos neuronais lado a lado, de acordo com a posição espacial dos receptores.

Na modalidade somestésica, essa organização chama-se somatotopia. Na modalidade visual, chama-se visuotopia se considerarmos o campo visual, ou retinotopia se considerarmos a retina. É lógico concluir que a organização topográfica é mais precisa nos sentidos em que a localização espacial é uma propriedade relevante, como a visão e a

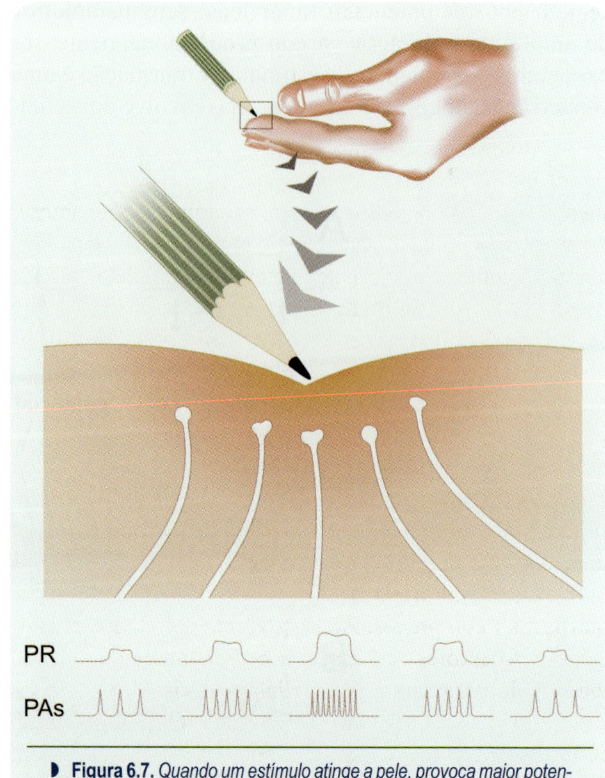

Figura 6.7. *Quando um estímulo atinge a pele, provoca maior potencial receptor (PR) e maior frequência de potenciais de ação (PAs) nas fibras que estão exatamente abaixo, no centro do ponto estimulado. As regiões vizinhas recebem menor energia de estimulação, e as fibras aí situadas respondem de modo proporcionalmente menor.*

somestesia. Nos sentidos em que ela não desempenha valor muito importante para a vida do animal, a organização topográfica é mais grosseira: é o que acontece no olfato e no paladar. A audição apresenta uma organização topográfica particular, desvinculada do atributo de localização espacial, que é realizado por outro tipo de mecanismo.

Pode acontecer também que, em uma mesma região da superfície receptora, estejam misturados receptores com sensibilidades diferentes. Por exemplo: na retina estão misturados os fotorreceptores sensíveis ao azul com aqueles sensíveis ao verde e ao vermelho. Em consequência, um mesmo estímulo luminoso colorido projetado sobre uma parte da retina ativará de forma simultânea esses tipos funcionais diferentes, e eles realizarão a transdução independentemente. Do mesmo modo, passarão a informação traduzida às células de ordem superior do sistema visual, e estas realizarão a codificação neural também de modo independente. Isso é verdade não só para as cores, mas também para outros parâmetros dos estímulos visuais, e é verdade também para as demais modalidades sensoriais. Estabelecem-se assim *vias paralelas,* que realizam independentemente o processamento de diferentes aspectos dos estímulos sensoriais. Se você pensar que na natureza os estímulos não vêm separados, mas sim misturados e em grande número, torna-se lógico admitir que o sistema nervoso tenha desenvolvido a faculdade de separá-los para melhor analisá-los.

Tomada isoladamente, toda célula sensorial, e não só os receptores, é ativada por uma porção restrita do ambiente, o *campo receptor*. Assim, cada um dos receptores ativados pela ponta do lápis, como mencionado, possui um campo receptor característico situado em um determinado ponto do dedo, estimulado completa ou parcialmente pelo lápis (Figura 6.7). O receptor ao lado apresenta um campo receptor um pouco diferente, e assim sucessivamente. O mesmo se pode dizer de cada uma das fibras nervosas que veiculam o código de frequência de potenciais de ação que representa o estímulo. É assim também para cada um dos neurônios de segunda ordem e para aqueles de ordem superior no sistema. Desse modo, todos os neurônios de uma via sensorial apresentam campos receptores, alguns menores, outros maiores, alguns de organização simples, outros mais complexos. Para a modalidade somestésica, os campos receptores se localizam na pele ou nos órgãos do interior do organismo. Na modalidade visual os campos receptores podem ser considerados em relação ao campo visual global, e nesse caso têm que ser representados em um plano imaginário, como uma tela de cinema. De forma alternativa, podem ser considerados diretamente em relação à retina. Nas modalidades químicas, como o olfato e o paladar, assim como na audição, não há propriamente campos receptores, no sentido topográfico espacial, mas às vezes a expressão é utilizada com outro sentido, como se verá adiante.

Os campos receptores são classicamente definidos como áreas circunscritas do espaço sensorial, capazes de influenciar os neurônios dos diversos níveis do SNC. Mas não devem ser vistos como algo estático. Muito pelo contrário, eles se modificam no tempo, sendo na verdade dinâmicos, porque podem expandir-se, contrair-se ou deslocar-se em função de diferentes influências como a atenção, o estresse, o cansaço do indivíduo e outras variáveis.

ADAPTAÇÃO

Nem todos os receptores são capazes de sustentar um potencial receptor durante períodos prolongados, embora os estímulos sensoriais muitas vezes sejam duradouros. Na verdade, quando o estímulo se inicia, o potencial receptor atinge uma certa amplitude e logo decresce a um valor menor que depois se torna estável. Esse fenômeno chama-se adaptação e constitui uma propriedade importante dos receptores, que muda bastante sua capacidade de representação do estímulo.

São receptores de adaptação lenta (ou tônicos) aqueles cujo potencial receptor decresce pouco depois de atingir a amplitude proporcional ao estímulo, lentamente, até atingir um nível estável e cessar de todo no momento em que o estímulo é interrompido (Figura 6.8A). Esses receptores são ótimos para representar estímulos duradouros: é o caso de certos mecanorreceptores da pele, participantes da submodalidade tato, capazes de acusar a pressão da ponta de um lápis mesmo que ela persista durante muitos minutos.

De forma diferente, os receptores de adaptação rápida (ou fásicos) são aqueles cujo potencial receptor decresce muito e rapidamente, depois de atingir a amplitude proporcional ao estímulo, podendo chegar a zero. Quando o estímulo é aplicado, o potencial de repouso atinge um certo nível, mas depois volta a zero durante a persistência do estímulo. Quando este é interrompido, no entanto, há um segundo pico do potencial de repouso, às vezes de polaridade inversa, que finalmente cessa de todo (Figura 6.8B). Assim, os receptores fásicos acusam o início e o final de um estímulo, o ligar e o desligar. Não são bons indicadores para estímulos persistentes, mas são ótimos para estímulos pulsáteis ou vibratórios, ou ainda para estímulos em movimento. Quando a ponta de um lápis risca uma região do braço, ao mesmo tempo em que se move faz vibrar as regiões estimuladas e assim ativa os mecanorreceptores fásicos aí situados. É o caso dos corpúsculos de Pacini e das fibras receptoras dos folículos pilosos.

Você poderá perceber o funcionamento dos receptores fásicos realizando um experimento simples em si mesmo. Basta selecionar um pelo do braço, deslocá-lo com um pequeno bastão, sustentá-lo na nova posição firmemente durante um certo tempo, e depois soltá-lo. Verá que pode

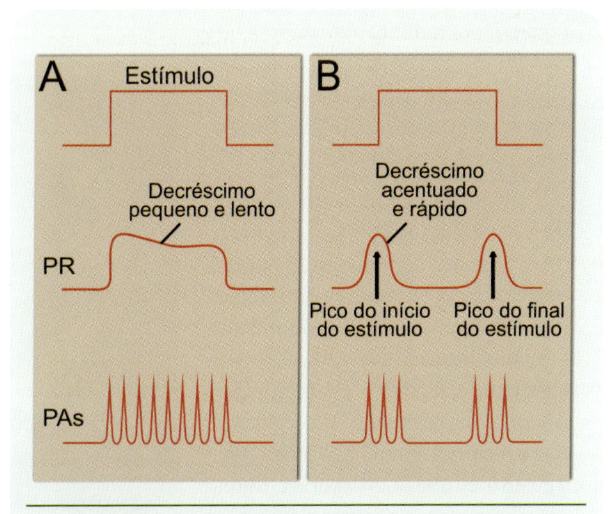

Figura 6.8. ***A.*** *Os receptores de adaptação lenta (tônicos) apresentam potencial receptor (PR) semelhante ao estímulo.* ***B.*** *Os receptores de adaptação rápida (fásicos), diferentemente, apresentam um potencial receptor "duplo", com um pico quando o estímulo começa e outro quando termina. A frequência de potenciais de ação (PAs) acompanha proporcionalmente, nos dois casos.*

HISTÓRIA E OUTRAS HISTÓRIAS

Quadro 6.1
O Código Binário dos Sentidos

*Suzana Herculano-Houzel**

Apesar de ser o cérebro que nos permite ter sensações, ele mesmo não é sensível: uma luz, um toque ou som diretamente sobre o cérebro exposto não provocam sensação alguma. Se o cérebro "vê" um filme ou "ouve" uma canção, é porque algum outro órgão, este sim sensível, passa-lhe a mensagem.

Grandes descobertas nem sempre são propositais, e não foi pensando no cérebro ou nos sentidos que o fisiologista inglês Edgar Adrian (1889-1977) fez os primeiros experimentos que o levaram a descobrir o código sensorial nas primeiras décadas do século 20. A questão na verdade começou com a contração muscular. Antes de receber Adrian em seu laboratório em Cambridge, na Inglaterra, o fisiologista inglês Keith Lucas (1879-1916) tinha uma pergunta que não lhe saía da cabeça: como é possível um músculo contrair-se apenas parcialmente? Por que a contração não é sempre total? Lucas via duas possibilidades: ou todas as fibras do músculo se contraem parcialmente, ou apenas algumas se contraem, mas inteiramente. Sem muita tecnologia ao seu dispor, ele fez um experimento simples e criativo: mediu o encurtamento de um minúsculo pedaço, com poucas fibras, de um músculo intercostal da rã em resposta a uma pequena corrente elétrica progressivamente mais forte. O resultado foi uma "escadinha", e não uma contração gradual, indicando que cada fibra ou encurta totalmente, ou não encurta nada. Em suas próprias palavras, a contração das fibras musculares é "tudo ou nada".

Em 1911, quando Adrian entrou para o laboratório de Lucas, a questão havia se transferido para o nervo: Lucas acreditava que o que provoca a contração total de apenas algumas fibras é um sinal nervoso também total sobre essas poucas fibras, e não um sinal progressivo para o músculo todo. Resolver a questão coube a Adrian. A ideia era simples: usar vapor de álcool para enfraquecer a transmissão do impulso em um ponto do nervo, mas sem bloqueá-la, e medir quanto álcool era necessário em um segundo ponto mais abaixo para, agora sim, bloquear o impulso. Se o impulso diminuísse após o primeiro ponto, seria necessário menos álcool no segundo ponto para bloqueá-lo. Se fosse do tipo "tudo ou nada", o impulso deveria atravessar intacto o primeiro ponto, e mais álcool seria necessário para bloqueá-lo no segundo ponto. Foi exatamente isto que Adrian observou.

Mas logo veio a Primeira Guerra Mundial, perturbando os planos para os experimentos seguintes. Adrian e Lucas deixaram o laboratório para ajudar o país. Adrian foi para Londres, formou-se em Medicina e deu assistência às vítimas da guerra. Lucas, infelizmente, morreu em um desastre aéreo. Adrian voltou a Cambridge em 1919 e, ao perguntar onde deveria trabalhar agora que Lucas não estava mais lá, recebeu as chaves do laboratório do seu mestre (Figura).

A guerra tinha produzido avanços tecnológicos importantes como a válvula eletrônica a vácuo, que permitia a amplificação de sinais com um mínimo de distorção. Com essa válvula, o americano e também fisiologista Alexander Forbes construiu um amplificador que aumentava o sinal elétrico do potencial de ação de um inusitado fator de 50 vezes. Adrian convidou-o para uma colaboração, e em 1921 Forbes chegava a Cambridge trazendo peças para montar um amplificador no laboratório.

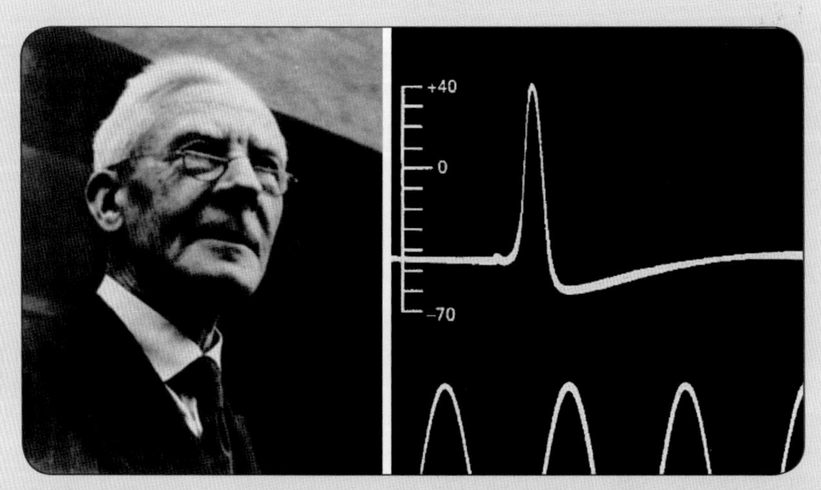

Edgar Adrian (foto à esquerda) estabeleceu as características "tudo-ou-nada" do potencial de ação, abrindo caminho para a elucidação dos seus mecanismos iônicos. O primeiro registro intracelular do potencial de ação (à direita) foi conseguido em 1939 por Andrew Hodgkin e Alan Huxley, utilizando o amplificador aperfeiçoado por Adrian. A escala na ordenada representa milivolts. Registro à direita modificado de A. L. Hodgkin e A. F. Huxley (1939) Nature, *vol. 144: pp. 710-711.*

Adrian quis testar o amplificador da maneira mais simples e barata que conhecia: usando um nervo da coxa da rã. O objetivo agora era conseguir registrar impulsos não só no nervo como um todo, mas em um único neurônio. Tentou registrar nervos com poucas fibras, mas ainda era como registrar um cabo telegráfico passando várias mensagens ao mesmo tempo. Até que um dia, antes de encerrar o expediente, seu colaborador Yngve Zotterman decidiu usar uma técnica *a la* Lucas: ir cortando o músculo até restar somente um feixe de fibras com um só fuso ainda ligado ao nervo, mandando sinais por um só axônio.

Zotterman e Adrian comprovaram naquele mesmo experimento a natureza "tudo ou nada" do sinal nervoso: os potenciais de ação de um axônio tinham todos o mesmo tamanho, e trafegavam à mesma velocidade. E, estirando o músculo um pouco mais ou um pouco menos, revelou-se o código dos sentidos: mais potenciais do mesmo tamanho para estímulos mais fortes, menos potenciais para estímulos mais fracos. Era o código binário em sua versão neuronal: ou tem um potencial de ação, ou não tem nada.

*Professora-adjunta do Instituto de Ciências Biomédicas da Universidade Federal do Rio de Janeiro. Correio eletrônico: suzanahh@gmail.com

sentir apenas o início do deslocamento e o final do estímulo, mas não a posição estável do pelo – ainda que esta seja diferente da anterior.

Os mecanismos da adaptação envolvem a inativação de canais de Na^+ e de Ca^{++} abertos pelo estímulo sensorial, ou a ativação de canais de K^+, cujo fluxo iônico tem sentido oposto ao dos primeiros. Além disso, certos receptores (como o corpúsculo de Pacini) estão associados a células conjuntivas que formam um colchão em seu redor, capaz de absorver parte da energia mecânica aplicada. Assim, o colchão conjuntivo deforma-se quando surge o estímulo, depois cede e se acomoda um pouco e, finalmente, volta à forma anterior quando o estímulo é interrompido. A estimulação do receptor no interior do colchão passará então por um "filtro" mecânico, e o potencial receptor produzido refletirá esse fenômeno.

OS SENTIDOS E SEUS RECEPTORES

Embora os princípios de funcionamento e organização dos receptores sejam comuns a todos eles, a natureza proporcionou especializações bastante elaboradas que possibilitaram otimizar a captação da informação específica de cada tipo de energia. A seguir, abordaremos cada uma delas.

Os Receptores da Sensibilidade Corporal

A sensibilidade corporal é possivelmente a modalidade sensorial mais antiga entre os animais. Originou-se da sensibilidade da própria célula, como nos protozoários, capazes de modificar o trajeto de seu movimento quando são atingidos por estímulos físicos ou químicos provenientes do meio. Os organismos multicelulares desenvolveram um sistema nervoso, e já os primeiros neurônios tiveram uma natureza sensorial, permitindo que os animais percebessem os estímulos externos que tocavam o seu corpo, assim como os estímulos internos resultantes da movimentação e do funcionamento dos órgãos.

A grande característica dos receptores da sensibilidade corporal é a sua variedade e a sua distribuição dispersa no organismo (Tabela 6.3). Alguns deles são simples terminações livres de fibras nervosas ramificadas. Outros, por sua vez, são mais complexos, associados a células não neurais e compondo pequenos órgãos receptores. Entretanto, não há nessa modalidade sensorial especializações tão complexas como os órgãos receptores da visão e da audição.

Como se pode verificar na Tabela 6.3, a maioria dos receptores da sensibilidade corporal é formada por mecanorreceptores. Alguns, entretanto, são termorreceptores, e outros, quimiorreceptores. Na maioria dos casos, o neurônio primário tem o seu corpo celular situado nos gânglios

TABELA 6.3. OS RECEPTORES DA SENSIBILIDADE CORPORAL

Tipo Morfológico	*Transdução*	*Tipo de Fibra**	*Limiar*	*Localização*	*Função*	*Adaptação*
Terminações livres	Mecanoelétrica, Termoelétrica, Quimioelétrica, Polimodal	C, Aδ	Alto (C > Aδ)	Toda a pele, órgãos internos, vasos sanguíneos, articulações	Dor, temperatura, tato grosseiro, propriocepção	Lenta
Corpúsculos de Meissner	Mecanoelétrica	Aβ	Baixo	Epiderme glabra	Tato, pressão vibratória (textura de objetos)	Rápida
Corpúsculos de Pacini	Mecanoelétrica	Aβ	Baixo	Derme, periósteo, paredes das vísceras	Pressão vibratória (textura fina de objetos)	Rápida
Corpúsculos de Ruffini	Mecanoelétrica	Aβ	Baixo	Toda a derme, ligamentos e tendões	Indentação ou estiramento da pele	Lenta
Discos de Merkel	Mecanoelétrica, Termoelétrica	Aβ	Baixo	Toda a epiderme glabra e pilosa, principalmente dedos, lábios e genitália	Tato, pressão estática (forma dos objetos)	Lenta
Bulbos de Krause	Mecanoelétrica	Aβ	??	Bordas da pele com as mucosas	Tato? Temperatura?	Lenta?
Folículos pilosos	Mecanoelétrica	Aβ	Baixo	Pele pilosa	Tato	Rápida
Órgãos tendinosos de Golgi	Mecanoelétrica	Ib	Médio	Tendões	Propriocepção	Lenta
Fusos musculares	Mecanoelétrica	Ia e II	Baixo	Músculos esqueléticos	Propriocepção	Lenta e rápida

** A classificação das fibras nervosas periféricas tornou-se complicada por razões históricas. Foram inicialmente classificadas em grupos de diâmetro decrescente chamados A, B e C, sendo as fibras A subdivididas em α, ß, γ e δ. Em seguida, outra classificação deu conta especificamente das fibras proprioceptivas, divididas em I (as de maior diâmetro) e II, sendo as do tipo I subdivididas em a e b. Maiores detalhes no Capítulo 11.*

espinhais (gânglios da raiz dorsal) ou em gânglios homólogos situados na cabeça. Trata-se de neurônios do tipo pseudounipolar (Figura 6.9, célula 4): do soma emerge um único prolongamento, que logo (ainda dentro do gânglio) se bifurca, gerando um ramo periférico e um ramo central. O primeiro estende-se até a pele ou os tecidos do interior do corpo, onde termina formando a extremidade receptora. Como os impulsos nervosos percorrem esse ramo a partir da periferia até o corpo do neurônio, funcionalmente ele é encarado como um dendrito. O ramo central, por sua vez, conduz os impulsos em direção à medula espinhal[A], e pode estabelecer contato sináptico aí mesmo com o neurônio de segunda ordem, ou então ascender até o tronco encefálico. Trata-se, então, de um axônio. Neste caso, entretanto, axônio e dendrito são contínuos e indistinguíveis morfologicamente, e por essa razão são denominados fibra sensorial (ou fibra aferente). Essa estrutura morfológica do neurônio primário faz com que as duas etapas da tradução sensorial – a transdução e a codificação – sejam efetuadas pela mesma célula. A primeira etapa ocorre na extremidade receptora, devidamente especializada para isso, e a segunda já na fibra, em região vizinha à extremidade receptora.

As extremidades receptoras das fibras sensoriais for-

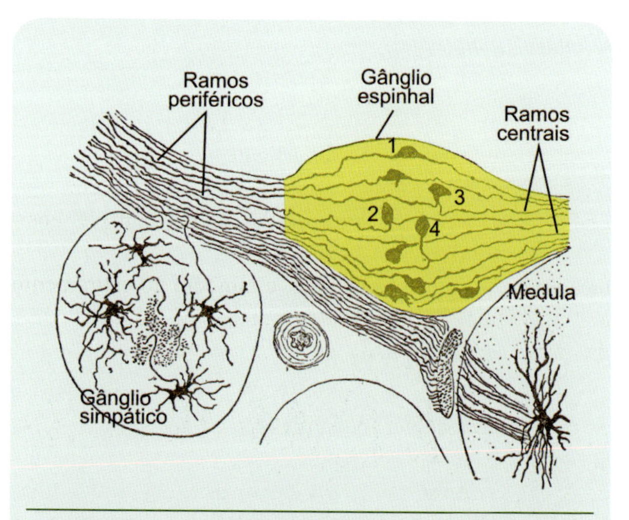

Figura 6.9. *O neuro-histologista espanhol Santiago Ramón y Cajal (1852-1934) observou os neurônios do gânglio espinhal (sombreado em amarelo) de embriões humanos, e "reconstruiu" a sua morfogênese. De acordo com ele, as células são inicialmente bipolares (1, na figura), passando por formas intermediárias (2 e 3) até adquirirem a morfologia pseudounipolar do adulto (4). Modificado de* Histologie du Système Nerveux de l'Homme et des Vertébrés *(2ª ed.), 1972, Instituto Ramón y Cajal, Espanha.*

mam especializações morfofuncionais características, e por isso recebem denominações diferentes, que incluem os nomes dos histologistas que primeiro as descreveram. Assim, podem-se identificar pelo menos nove tipos de receptores da sensibilidade corporal (acompanhe o trecho a seguir pelos números da Figura 6.10).

1. As terminações livres são as mais simples, pois não passam de pequenas arborizações terminais na fibra sensorial. Usualmente, estão presentes em toda a pele e em quase todos os tecidos do organismo. São receptores de adaptação lenta (tônicos), cujas fibras são mielínicas e amielínicas finas, com baixa velocidade de condução dos impulsos nervosos. Veiculam informações de tato grosseiro, dor, sensibilidade à temperatura (calor) e propriocepção. Os seus mecanismos de transdução são mal conhecidos.

2 e **3.** Os corpúsculos de Meissner e de Pacini são semelhantes em forma e função: ambos são encapsulados, isto é, envolvidos por estruturas conjuntivas que formam uma espécie de bolsa em torno da extremidade receptora da fibra. Localizam-se na derme profunda (os de Pacini) e na borda da derme com a epiderme (os de Meissner). Por serem fásicos, são sensíveis a estímulos vibratórios rápidos (os de Pacini) e mais lentos (os de Meissner). Isso lhes confere grande importância na identificação de texturas dos objetos que entram em contato com a pele glabra (sem pelos). Provavelmente, é através desses receptores que identificamos com a mão as superfícies lisas e as mais rugosas e conseguimos diferenciá-las. Ambos os receptores, juntos, respondem por cerca de 50% da inervação sensorial da mão.

4. Os corpúsculos de Ruffini são também encapsulados, situados na derme profunda, e ligados a fibras sensoriais mielínicas rápidas. Diferem dos corpúsculos de Meissner e de Pacini por serem tônicos, o que não lhes confere sensibilidade vibratória. Entretanto, parecem sensíveis à indentação e ao estiramento da pele, e também ao estiramento dos ligamentos de tendões. Respondem por cerca de 20% da inervação sensorial da mão.

5. Os discos de Merkel são pequenas arborizações das extremidades receptoras de fibras sensoriais mielínicas. Na ponta de cada uma delas existe uma expansão em forma de disco, estreitamente associada a uma ou duas células epiteliais. Como essas células epiteliais, observadas ao microscópio eletrônico, apresentam vesículas secretoras, especula-se que elas exerçam influências hormonais sobre o processo de transdução que os discos de Merkel efetuam. Estes são tônicos, situados na epiderme, e parecem envolvidos com informações de tato e pressão contínuas, que talvez contribuam para a percepção estática da forma dos objetos. Representam cerca de 25% da inervação da mão, e são particularmente densos nos dedos, lábios e genitália externa.

6. Os bulbos de Krause são menos conhecidos, e estão localizados nas bordas da epiderme com as mucosas. Sua função é incerta, embora alguns os considerem termorreceptores sensíveis ao frio.

7. Os terminais dos folículos pilosos são fibras sensoriais mielínicas que espiralam em torno da raiz dos pelos. Podem ser fásicos ou tônicos, e detectam o deslocamento desses pelos. Para alguns animais têm grande importância sensorial, particularmente para os roedores e os carnívoros, cujos bigodes do focinho (as vibrissas) possuem motricidade e desempenham papel importante na detecção de obstáculos do meio. Finalmente, destacam-se dois tipos de mecanorreceptores muito especializados (não ilustrados na Figura 6.10), situados nos músculos esqueléticos e respectivos tendões, envolvidos com a propriocepção consciente e inconsciente. São os fusos musculares e os órgãos tendinosos de Golgi. Suas funções são estudadas com detalhes no Capítulo 11.

De que modo esses receptores sensoriais tão diferentes realizam a transdução e a codificação? Tudo depende dos receptores moleculares que eles apresentam na região de sua membrana exposta às energias ambientais incidentes. A identidade desses receptores moleculares já foi elucidada: trata-se dos receptores TRP (abreviatura da expressão inglesa *transient receptor potential*), que formam uma superfamília com inúmeros membros. No genoma humano, cerca de 30 genes para TRPs foram identificados. Por exemplo, membros da subfamília TRPV (vaniloide) realizam a transdução mecanoelétrica e termoelétrica nos terminais dolorosos; membros das subfamílias TRPA (anquirina) e TRPM (mentol) realizam a transdução quimioelétrica que resulta na dor de queimação das pimentas, e na sensação de frescor da menta e do hortelã. Esses receptores, em sua maior parte, são ao mesmo tempo canais iônicos, que se abrem toda vez que mudam de conformação pela ação de um estímulo específico, deixando passar um fluxo de cátions que, por sua vez, gera um potencial receptor despolarizante, de amplitude proporcional à intensidade do estímulo, e duração que acompanha a duração do estímulo.

No caso dos mecanorreceptores, a extremidade da fibra possui receptores moleculares dependentes de deformação mecânica. Assim, toda vez que a bicamada lipídica da sua membrana é deformada mecanicamente, essa energia é comunicada ao canal-receptor incrustado nela, e ele logo se abre para produzir o potencial gerador através do fluxo iônico que se estabelece. No caso dos termorreceptores, os canais iônicos são sensíveis à elevação ou à diminuição da temperatura (às vezes, da ordem de centésimos de grau!). Finalmente, no caso dos quimiorreceptores, os canais iônicos são dependentes de ligantes. Nesse caso, podem ser substâncias irritantes como a capsaicina das pimentas, refrescantes como o mentol e produtoras de uma sensação tépida como a cânfora. Os canais as reconhecem e geram

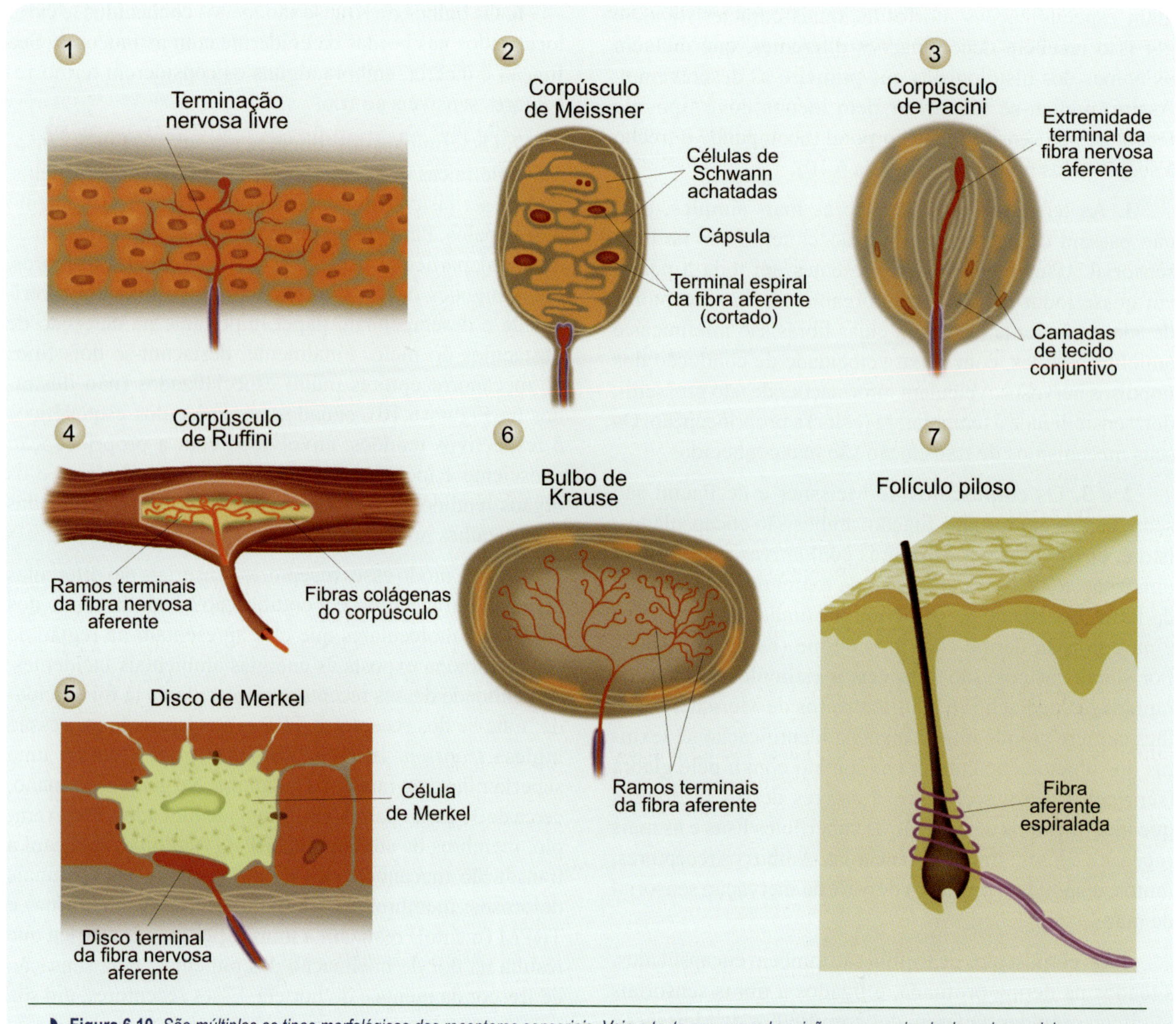

Figura 6.10. *São múltiplos os tipos morfológicos dos receptores sensoriais. Veja o texto para uma descrição pormenorizada de cada um deles.*

potenciais receptores correspondentes. Muitos quimioceptores são na verdade receptores de dor, sendo seus ligantes diferentes mediadores inflamatórios, abundantes na pele em caso de infecções, queimaduras e alergias.

Apenas a extremidade das fibras sensoriais tem capacidade de gerar potenciais receptores de tipo analógico. Um pouco mais longe da ponta desaparecem os canais dependentes de deformação mecânica, energia térmica ou ligantes, e aparecem os canais dependentes de voltagem. A membrana torna-se excitável daí para a frente, e portanto capaz de gerar potenciais de ação. Nesse local de transição, se o potencial receptor atingir o limiar de excitabilidade da membrana, provoca uma salva de potenciais de ação, cuja frequência e duração codificam a sua amplitude e duração, respectivamente. A salva de PAs, por sua vez, é conduzida ao longo da fibra em direção à medula ou ao tronco encefálico.

Os Receptores da Audição e do Equilíbrio

Durante a evolução dos animais, a possibilidade de detecção à distância de estímulos provenientes do meio tornou-se uma grande vantagem adaptativa, pois permitiu localizar e identificar presas, predadores e obstáculos, disparando as reações correspondentes antes que eles se aproximassem ou se afastassem demais. Isso levou ao desenvolvimento de órgãos auditivos sofisticados e de grande sensibilidade, capazes de detectar as menores vibrações do meio, transmitidas pelo ar ou pela água na qual viviam os organismos. Sendo mecanorreceptores, os receptores auditivos convergiram na sua forma e na sua função com outros mecanorreceptores participantes dos mecanismos de equilíbrio e ajuste postural mediante a detecção da posição da cabeça do animal. Os mecanorreceptores auditivos e do equilíbrio, por essa razão, serão aqui tratados em conjunto, embora seu desempenho funcional seja completamente diferente.

Os mecanorreceptores da audição e do equilíbrio são células de origem epitelial, capazes de gerar potenciais receptores quando estimuladas. São elas, portanto, as responsáveis pelo mecanismo de transdução mecanoelétrica. Ambas estabelecem contato sináptico com fibras nervosas pertencentes às células de segunda ordem (estas, sim, verdadeiros neurônios), e é nesses neurônios que ocorre o mecanismo de codificação neural, isto é, a geração de salvas de potenciais de ação.

Tanto em um caso como em outro, desenvolveram-se órgãos receptores complexos e extremamente miniaturizados, que possibilitam o melhor aproveitamento da energia mecânica de estimulação. No homem e nos mamíferos superiores, esses órgãos situam-se em posição bilateral na cabeça, profundamente embutidos no osso temporal, formando uma estrutura convoluta chamada labirinto ósseo. Dentro do labirinto ósseo formam-se câmaras e dutos delimitados por estruturas celulares membranosas, chamados em conjunto labirinto membranoso. O interior do labirinto é preenchido por um líquido de composição iônica característica, que banha os mecanorreceptores e possibilita a sua operação funcional.

Vejamos, em primeiro lugar, o órgão receptor da audição: o ouvido ou orelha (Figura 6.11). Dada a natureza aérea e propagada das vibrações sonoras, tornou-se útil concentrá-las, direcionando-as para os receptores. Esse é o papel do ouvido externo (chamado também de orelha externa). O ouvido externo compõe-se do pavilhão auricular, da concha e do meato auditivo externo, cuja forma permite não só concentrar as ondas sonoras, mas também as amplificar seletivamente. Por exemplo: o pavilhão auricular do homem, ao concentrar os sons incidentes, amplifica aqueles com frequência em torno de 3.000 Hz, exatamente a faixa de frequências da fala. Além disso, amplifica mais os sons que se originam do alto, contribuindo para localizá-los espacialmente. Você pode testar isso em si mesma: basta fechar os olhos, dobrar as orelhas com as mãos e tentar localizar o som produzido por um molho de chaves sacudido por outra pessoa em várias alturas. Verá que não é fácil, se as orelhas não estiverem normalmente posicionadas...

O meato auditivo externo termina na membrana timpânica (ou simplesmente tímpano), posta a vibrar quando sobre ela incide o estímulo sonoro. O tímpano separa o ouvido externo do ouvido médio (ou orelha média), uma cavidade cheia de ar que contém uma cadeia de ossículos articulados entre si (martelo, bigorna e estribo – Figuras 6.11 e 6.12A), capazes de transmitir as vibrações do tímpano para uma outra membrana que veda um orifício chamado janela oval. A membrana da janela oval separa o ouvido médio do ouvido interno, a cavidade óssea que aloja uma parte do labirinto que tem forma enrodilhada e por isso se chama cóclea (termo derivado da palavra latina para *caracol*). É justamente dentro da cóclea que estão os receptores auditivos.

O som incidente, apesar de concentrado e amplificado de forma seletiva pelo ouvido externo, seria quase totalmente refletido pelo meio líquido do ouvido interno, e pouquíssima energia chegaria aos receptores, se não houvesse um mecanismo de amplificação ainda maior que o do ouvido externo. Perda por reflexão ocorre sempre que o som se propaga de um meio aéreo para um meio líquido. Na interface, a maior parte da energia é refletida, e só uma pequena proporção penetra no meio líquido. É o que acontece quando mergulhamos numa piscina: ouvimos mal os sons do ambiente externo, embora possamos ouvir bem aqueles que são produzidos dentro d'água. O surgimento da cadeia de ossículos permitiu contornar esse problema. Ocorre no ouvido médio um duplo mecanismo de amplificação da energia sonora: o primeiro é semelhante a uma prensa hidráulica (como em alguns macacos hidráulicos que levantam automóveis), o outro se baseia num sistema de alavanca interfixa (recorde aqui o seu segundo grau, ou veja o Quadro 6.2). A amplificação de cerca de 20 x que ocorre no ouvido médio compensa quase exatamente a perda que ocorre na interface com o ouvido interno.

Após esse engenhoso mecanismo de amplificação do ouvido médio, a membrana da janela oval, vibrando, faz também vibrar com energia semelhante o líquido que preenche a cóclea. Para entender melhor o funcionamento da cóclea, imaginemos que a desenrolamos completamente, representando-a como um tubo alongado (Figura 6.12A). Vemos que o seu interior é dividido por septos que acompanham o seu comprimento, em três canais que recebem o nome de *escalas*: timpânica, vestibular e média. As duas primeiras são cheias de perilinfa, um líquido de composição semelhante ao líquor, e portanto relativamente rico em Na^+ e pobre em K^+, enquanto a escala média contém endolinfa, um líquido com alta concentração de K^+. Veremos logo em seguida a importância dessas concentrações iônicas diferentes. As três escalas vibram com o som, mas apenas a escala média tem realmente importância na transdução audioneural, porque é nela que estão localizados os receptores auditivos. Os receptores estão posicionados sobre a membrana basilar, muito sensível à vibração. E sobre eles pousa a membrana tectorial, mais rígida e menos sensível à vibração (Figuras 6.12B e C).

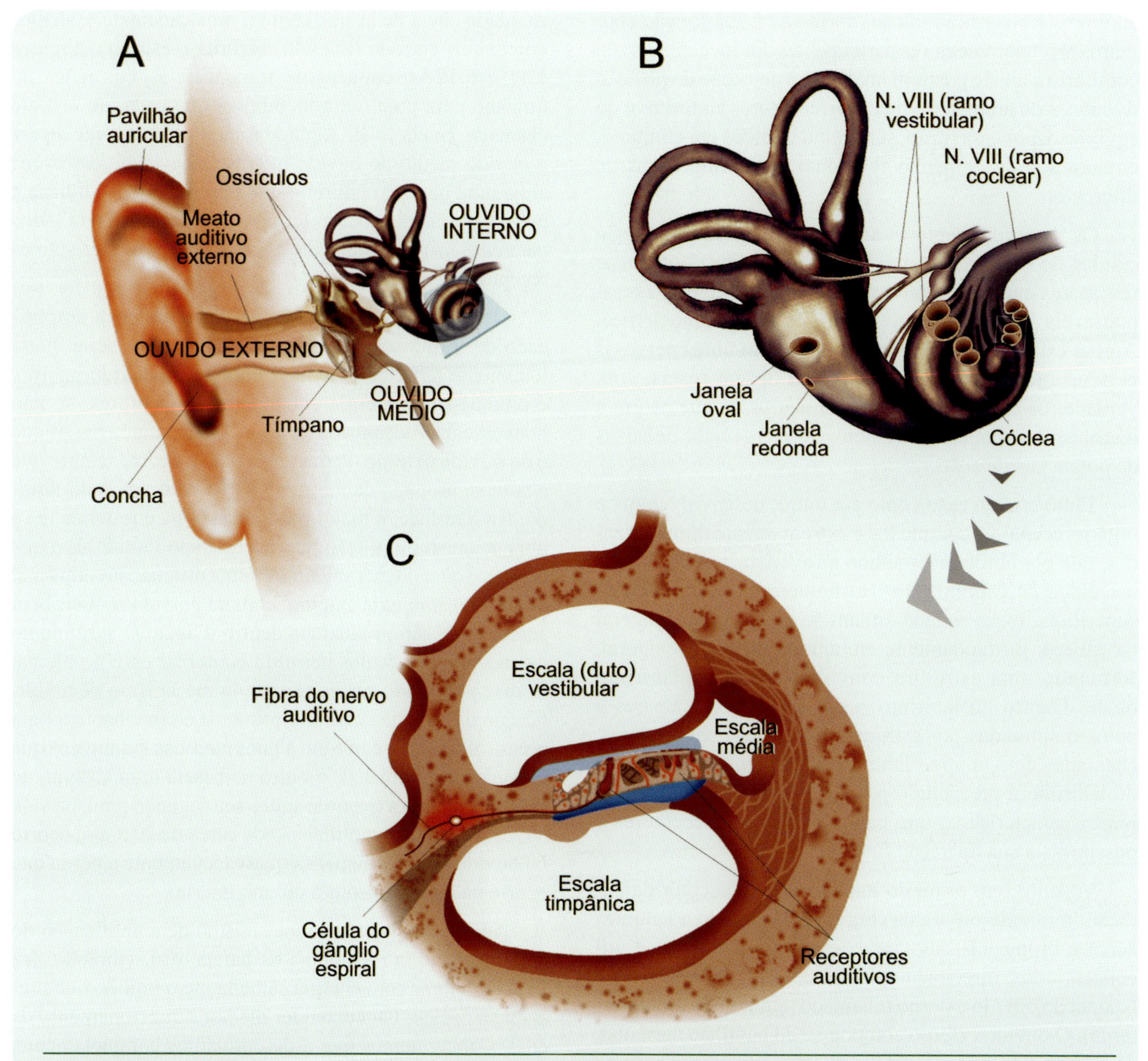

Figura 6.11. *O órgão receptor da audição é adaptado para canalizar as vibrações sonoras em direção às células receptoras no ouvido interno, através do ouvido externo e do ouvido médio (**A**), onde existem estruturas que vibram proporcionalmente ao som incidente: o tímpano, os ossículos e a janela oval. A cóclea (cortada em **B** segundo o plano mostrado em **A**) é a estrutura espiralada que compõe o ouvido interno e contém os mecanorreceptores auditivos, as fibras do nervo auditivo e outros elementos. É nela que ocorrem a transdução e a codificação audioneural. **C** mostra um corte da cóclea no plano mostrado em **B**, apresentando os dutos (escalas) e as células receptoras.*

As células receptoras (Figura 6.13A) possuem prolongamentos em dedo de luva (os estereocílios) organizados em fileiras de comprimento crescente, formando um feixe chamado feixe ciliar. São cerca de 30-200 estereocílios, e o maior deles é o único com a ultraestrutura de um verdadeiro cílio, apresentando microtúbulos alinhados regularmente. Chama-se cinocílio, mas sua função é desconhecida, uma vez que em muitos animais, inclusive no homem, ele desaparece após o nascimento. A base dos estereocílios é mais fina que o seu corpo, e o seu ápice está ancorado na membrana tectorial (Figura 6.12C). Os ápices são conectados fileira a fileira, do maior para o menor, "em escadinha", por filamentos chamados *pontes apicais*. Além disso, os estereocílios são flexíveis e contráteis, pois contêm miosina no seu citoesqueleto. Quando a membrana basilar vibra com o som, não consegue fazer vibrar igualmente a membrana tectorial, porque ela é mais rígida. O resultado é a deformação dos estereocílios, que ocorre a cada período da onda vibratória.

Quadro 6.2
A Engenharia da Natureza

Quem imaginaria mecanismo mais engenhoso que o sistema de amplificação sonora do ouvido médio? O mecanismo funciona como um transformador mecânico (como dizem os engenheiros). A área da membrana timpânica é cerca de 16 vezes maior que a da membrana da janela oval. Por isso, a força aplicada ao tímpano e transmitida aos ossículos produz uma pressão sonora maior na janela oval (lembre-se do seu curso de segundo grau: pressão é a quantidade de força por unidade de área). O resultado é uma amplificação do som por esse mecanismo. Mas não é só isso: a cadeia ossicular está suspensa por ligamentos de tal modo que ocorre um ponto de fixação próximo à cabeça do martelo. O conjunto funciona como uma alavanca interfixa, e o resultado é uma amplificação da força de cerca de uma vez e meia. A amplificação total da pressão sonora é, portanto, de 16 x 1,5 = 24 vezes. Isso corresponde a uma compensação de cerca de 75% da perda de energia devida à reflexão do som na interface com o líquido do ouvido interno, o que é suficiente para estimular os mecanorreceptores auditivos na cóclea.

Mas ainda há mais. A natureza desenvolveu um mecanismo de regulação da rigidez de condução pela cadeia ossicular. Tanto o tímpano como o estribo estão ligados a minimúsculos que são ativados quando um som de alta intensidade incide sobre o ouvido. Imediatamente, esses músculos tensores contraem-se e tracionam a membrana timpânica e o estribo de tal maneira que o conjunto se torna bem mais rígido, atenuando a amplificação e assim protegendo o sistema contra sons muito fortes. Esse mecanismo também contribui para diminuir os ruídos de fundo e concentrar a atenção do ouvinte sobre os sons que realmente interessam.

Em uma situação hipotética de "silêncio absoluto", o potencial de repouso das células estereociliadas estaria em torno de –50 mV. Esse potencial de repouso deve-se principalmente a canais de K^+ presentes nos estereocílios, muitos dos quais estão abertos deixando passar um fluxo constante desse íon para o interior da célula estereociliada, já que a endolinfa que a banha é muito rica em K^+. Quando começa uma vibração (Figura 6.13B), a crista da onda provoca o deslocamento das fileiras de estereocílios em direção ao cinocílio (quando este está presente) e aos estereocílios maiores. Esse sentido de deslocamento provoca o estiramento das pontes apicais e a abertura de um maior número de canais de K^+ e Ca^{++} existentes nos estereocílios. O fluxo desses íons para o interior dos estereocílios aumenta, despolarizando a célula ciliada e com isso iniciando um potencial receptor. Mas a onda sonora é periódica: a crista se transforma em um vale, e o deslocamento seguinte ocorre no sentido contrário (Figura 6.13B). As pontes apicais são então relaxadas, e o resultado é o fechamento dos canais iônicos, mesmo aqueles que estavam abertos na situação de repouso. Interrompe-se o fluxo de íons para dentro da célula e ela se hiperpolariza. Por essa razão, o potencial receptor é dito bifásico (Figura 6.13C). Através de uma alternância periódica de despolarizações e hiperpolarizações, ele reproduz eletricamente as oscilações da onda vibratória sonora.

É justamente no ponto de ancoramento das pontes apicais nos estereocílios que se agrupam os canais iônicos mecanossensíveis que, estirados ou relaxados pelo movimento oscilatório do feixe ciliar, abrem-se ou fecham-se, dando maior ou menor passagem a íons K^+ e Ca^{++} para o interior da célula. Os canais são mantidos no ponto de maior sensibilidade pela ação de motores moleculares (como a proteína chamada miosina Ic) no interior dos estereocílios, capazes de contrair as células fortemente. É interessante notar que a contração das células estereociliadas do ouvido interno resulta na emissão de sons – as *emissões otoacústicas* – que podem ser registradas de fora por equipamentos de áudio, representando fenômenos de utilidade diagnóstica para doenças do ouvido interno.

O fenômeno da transdução audioneural é de uma delicadeza incrível: calcula-se que os menores movimentos dos estereocílios têm 0,3 nanômetros (3×10^{-10} metro), o que corresponde ao diâmetro de um átomo de ouro! Além disso, os tempos de vibração são da ordem de 10 µs. Não é por outra razão que o mecanismo de transdução das células estereociliadas não inclui segundos mensageiros: essa cadeia bioquímica indireta seria lenta demais para o processo.

O potencial receptor auditivo espalha-se eletrotonicamente pela membrana da célula estereociliada, despolarizando também a sua base, onde existe uma sinapse química convencional com a extremidade dendrítica da célula de segunda ordem (Figura 6.13A). Este é um neurônio bipolar cujo soma está situado no *gânglio espiral* (Figura 6.11), e cujos axônios estão compactados no nervo auditivo[A], uma das duas partes do 8º nervo craniano (a outra parte é o

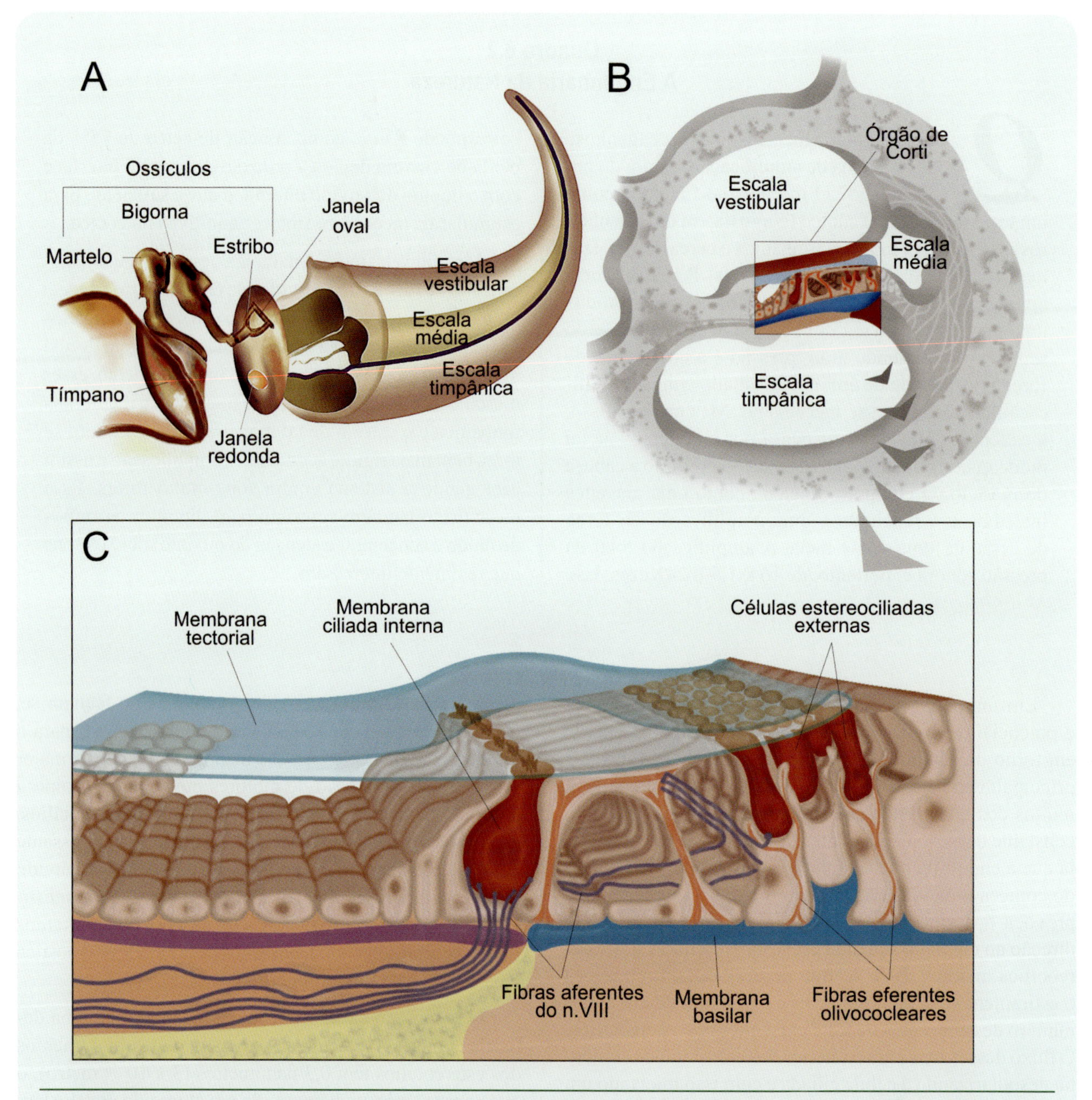

Figura 6.12. *A. "Desenrolando" imaginariamente a cóclea, fica mais fácil compreender o trajeto das vibrações da perilinfa (setas) nas escalas, resultantes das vibrações provocadas pelo som.* ***B*** *mostra um corte transversal da cóclea, salientando no quadro o órgão de Corti.* ***C*** *apresenta uma ampliação do pequeno quadro em* ***B****, mostrando a posição das células receptoras e das fibras aferentes e eferentes.* ***B*** *e* ***C*** *modificados de J. Hudspeth (2000), em* Principles of Neuroscience *(E. R. Kandel e cols., org.). McGraw-Hill, EUA.*

nervo vestibular, mencionado a seguir). A despolarização da membrana basal dos receptores dispara a transmissão sináptica química, liberando o neurotransmissor glutamato na fenda e provocando, no neurônio bipolar, potenciais pós-sinápticos excitatórios e salvas de potenciais de ação propagados através das fibras auditivas. A informação auditiva codificada será, então, conduzida através do nervo auditivo até o tronco encefálico, e daí ao córtex cerebral.

O órgão receptor do equilíbrio é chamado *órgão vestibular* (Figura 6.14A). Situa-se próximo ao órgão auditivo e, na verdade, compartilha com ele o sistema de canais cheios de líquido: o chamado labirinto membranoso, alojado dentro do labirinto ósseo. Consiste em duas partes distintas: os *órgãos otolíticos*, detectores de posição estática e de aceleração linear da cabeça, formados pelo sáculo e pelo utrículo; e os *canais semicirculares*, três detectores de

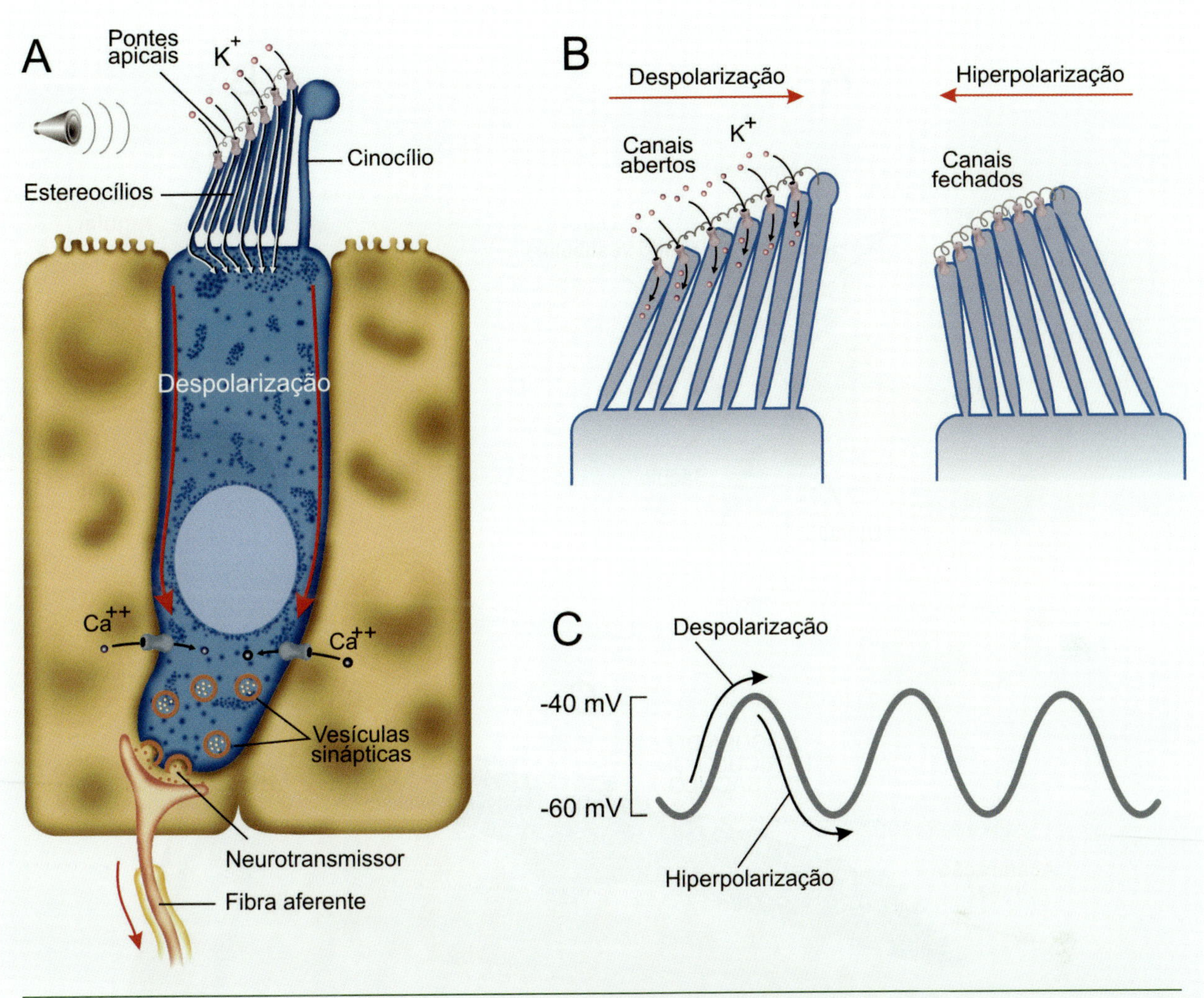

Figura 6.13. *O mecanismo de transdução audioneural ocorre nas células receptoras da cóclea, cuja estrutura é mostrada em* **A**. *Quando ocorre a vibração da membrana basilar, os estereocílios são defletidos, ocorrendo despolarização ou hiperpolarização do receptor (***B***), segundo o sentido da deflexão. Sendo uma vibração, a deflexão dos estereocílios ocorre alternadamente para um lado e para o outro, e essa alternância é acompanhada pelo potencial receptor, mostrado em* **C**.

aceleração rotacional (angular) da cabeça. O interior dessas estruturas tubulares é preenchido por endolinfa, semelhante à escala média da cóclea. A perilinfa banha o espaço entre o labirinto membranoso e o labirinto ósseo.

Os receptores são também células de origem epitelial, e estão situados em pontos restritos chamados *máculas,* no caso dos órgãos otolíticos, e *ampolas,* no caso dos canais semicirculares (Figura 6.14B). As células ciliadas têm também estereocílios e um cinocílio, organizados em fileiras e unidos por pontes apicais. Semelhante ao mecanismo de transdução da cóclea, o dos órgãos do equilíbrio também depende da deflexão dos estereocílios, seguida da gênese de um potencial receptor bifásico que se espalha à porção basal da célula estereociliada, despolarizando-a. Igualmente, ocorre transmissão sináptica química dessa informação analógica para as extremidades dendríticas de neurônios bipolares, e a codificação digital da informação, que passa então a ser conduzida pelas fibras vestibulares ao tronco encefálico.

A diferença da transdução mecanoelétrica dos órgãos do equilíbrio em relação à cóclea está no arranjo histológico e na disposição anatômica dos receptores, adaptados a captar estímulos diferentes das ondas sonoras que estimulam o sistema auditivo. No órgão otolítico, que é um detector de posição estática e de movimentos lineares da cabeça, os estímulos são a aceleração da gravidade, constantemente atuando sobre o organismo, e qualquer aceleração linear que o indivíduo exerça com a

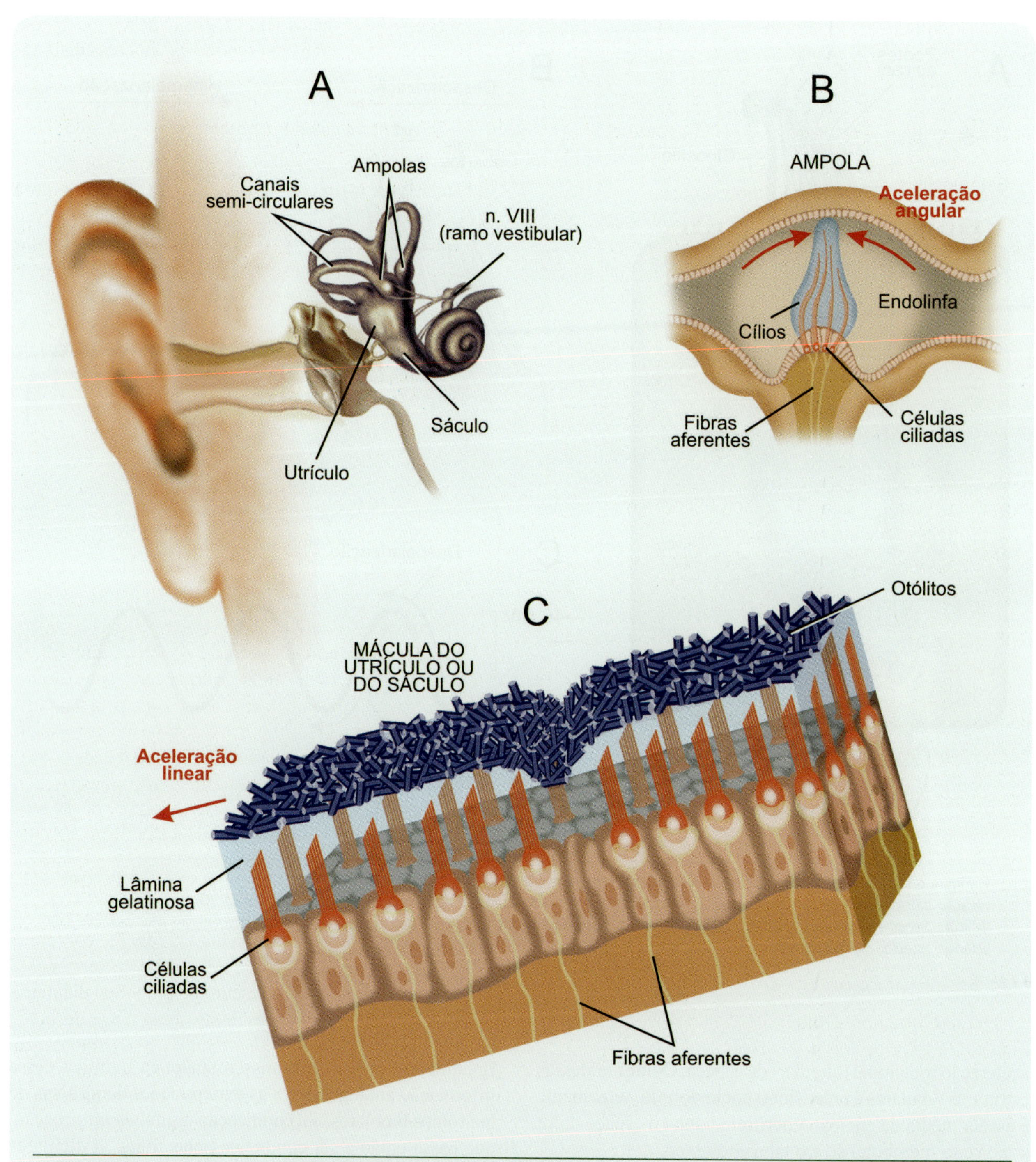

Figura 6.14. *Os órgãos receptores da audição e o do equilíbrio compartilham o mesmo sistema de túbulos ósseos e membranosos (os labirintos), incrustados no osso temporal (**A**). Os canais semicirculares cheios de endolinfa (**B**) apresentam, cada um, uma dilatação (ampola), onde estão as células estereociliadas que respondem à aceleração angular da cabeça (setas vermelhas) resultante de movimentos do pescoço. De modo parecido, os órgãos otolíticos (sáculo e utrículo) apresentam uma região (mácula) que aloja células estereociliadas (**C**). O peso dos otólitos ajuda a defletir os estereocílios a cada aceleração linear da cabeça (seta vermelha), inclusive a própria gravidade.*

cabeça (Figura 6.14C). Para captar esse tipo de estímulo, os estereocílios estão ancorados em uma espessa lâmina gelatinosa, sobre a qual estão incrustadas milhares de concreções minerais microscópicas chamadas otólitos (termo de origem grega para *pedras do ouvido*).

A ação constante da gravidade sobre os otólitos deflete os estereocílios, gerando um potencial receptor, e qualquer modificação da posição da cabeça altera também esse potencial receptor, seja despolarizando a membrana, seja hiperpolarizando-a através de mecanismo transdutor semelhante ao da cóclea. Da mesma forma, quando o indivíduo se desloca em linha reta, e portanto desloca também a sua cabeça, a aceleração linear que esta sofre "empurra" os otólitos em direção oposta (em função da sua inércia), o que mudará a posição dos estereocílios e gerará mudanças no potencial receptor. No caso dos canais semicirculares, os estereocílios estão embebidos em uma estrutura gelatinosa chamada cúpula, que forma uma espécie de êmbolo, vedando o interior do canal (Figura 6.15). Como os canais são curvilíneos, qualquer movimento de rotação da cabeça faz com que a endolinfa empurre a cúpula em direção contrária, defletindo os estereocílios. Isso ocorre no início e no final do movimento (aceleração angular positiva e negativa, respectivamente). Os mecanismos de transdução e de codificação ocorrem como já descrito.

A complexidade dos movimentos lineares e angulares da cabeça pode ser sentida pelos órgãos do equilíbrio por meio de sua ativação combinada. Os canais semicirculares são seis, três em cada lado da cabeça, e cada um orientado em um plano diferente. Do mesmo modo para os órgãos otolíticos, que são quatro, dois em cada lado da cabeça. Além disso, em cada um destes últimos as células receptoras e os seus estereocílios estão orientados em dois grupos diferentes, o que perfaz oito planos de detecção dos estímulos.

Os Receptores da Visão

Durante o tempo evolutivo, a visão tornou-se muito importante para os animais, por duas grandes razões: primeiro, como na audição, a detecção dos estímulos (predadores, presas, alimento vegetal) pôde passar a ser feita a distância; segundo, melhor que na audição, tornou-se possível identificar os estímulos com grande precisão, mesmo que eles estivessem em movimento. Assim, muito cedo se tornou adaptativamente útil para as espécies concentrar os fotorreceptores em um par de órgãos especializados capazes de otimizar a formação das imagens: os olhos.

O olho humano é um globo esférico rotatório, posicionado na *órbita*, uma cavidade aproximadamente hemisférica formada por sete ossos cranianos. Sua motilidade é possibilitada por seis músculos extrínsecos de tipo esquelético, muito precisos e rápidos. Como podemos verificar em nós mesmos, os olhos podem se mover em sincronia para todas as direções (movimentos conjugados), ou independentemente para os lados ou para o centro (movimentos disjuntivos, como quando focalizamos um objeto que se aproxima ou se afasta). Podem ainda, limitadamente, rodar em torno de um eixo anteroposterior (movimentos rotatórios).

A elaborada motilidade dos olhos possibilita o acompanhamento de estímulos que se movem, assim como a rápida fixação de estímulos já presentes ou que surgem subitamente no campo visual. Possibilita também a estabilização do mundo visual percebido, quando o observador se move, e a manutenção do foco quando observador e objeto se aproximam ou se afastam. Isso leva a supor que o sistema nervoso controla a motilidade ocular através de um sistema motor específico. De fato é assim, como se descreve no Capítulo 12.

A função do olho é parecida com a de uma câmera fotográfica digital, embora haja limitações para essa analogia: ambos possuem lentes capazes de focalizar a imagem de objetos situados a diferentes distâncias, e ambos possuem elementos fotossensíveis capazes de representar a imagem.

As lentes do olho (Figura 6.16A) são meios transparentes de natureza proteica, com poucas células e vascularização rarefeita: a mais externa é a *córnea*, uma calota esférica de grande poder de convergência[G], que fica em contato com o ar, constantemente umedecida pela secreção lacrimal produzida por glândulas situadas na mucosa ocular, e espalhada pelas pálpebras a cada piscada. Atrás da córnea está a câmara anterior, cheia de um líquido transparente, o humor aquoso, que banha a superfície anterior de uma estrutura gelatinosa mas consistente, com a forma de uma lente biconvexa: o cristalino (Figura 6.16A). Na frente do cristalino fica a íris, uma estrutura circular com um orifício no meio, a pupila. A íris contém pigmento em quantidades variáveis de acordo com o indivíduo, o que lhe confere o que se chama a "cor dos olhos". A pupila é sempre negra, pois dá passagem ao interior escuro do olho. Seu diâmetro é variável, pois as fibras musculares lisas que a formam constituem um diafragma, como em uma câmera fotográfica dessas mais antigas, não digitais. A variação de diâmetro da pupila contribui para a focalização das imagens na retina e para o controle da intensidade de luz que penetra no olho. O cristalino também é transparente, mas não tem poder de convergência tão grande quanto a córnea. Entretanto, tem sobre ela a vantagem de mudar de forma sob comando neural, o que torna variável e controlável o seu poder de convergência, permitindo a focalização de objetos situados a diferentes distâncias do observador. Atrás do cristalino está a câmara vítrea do olho, preenchida pelo humor vítreo, um gel transparente cuja face posterior toca a retina.

Os meios transparentes e as demais estruturas do olho, que acabamos de descrever brevemente (maiores detalhes no Capítulo 9), desempenham assim diferentes funções, to-

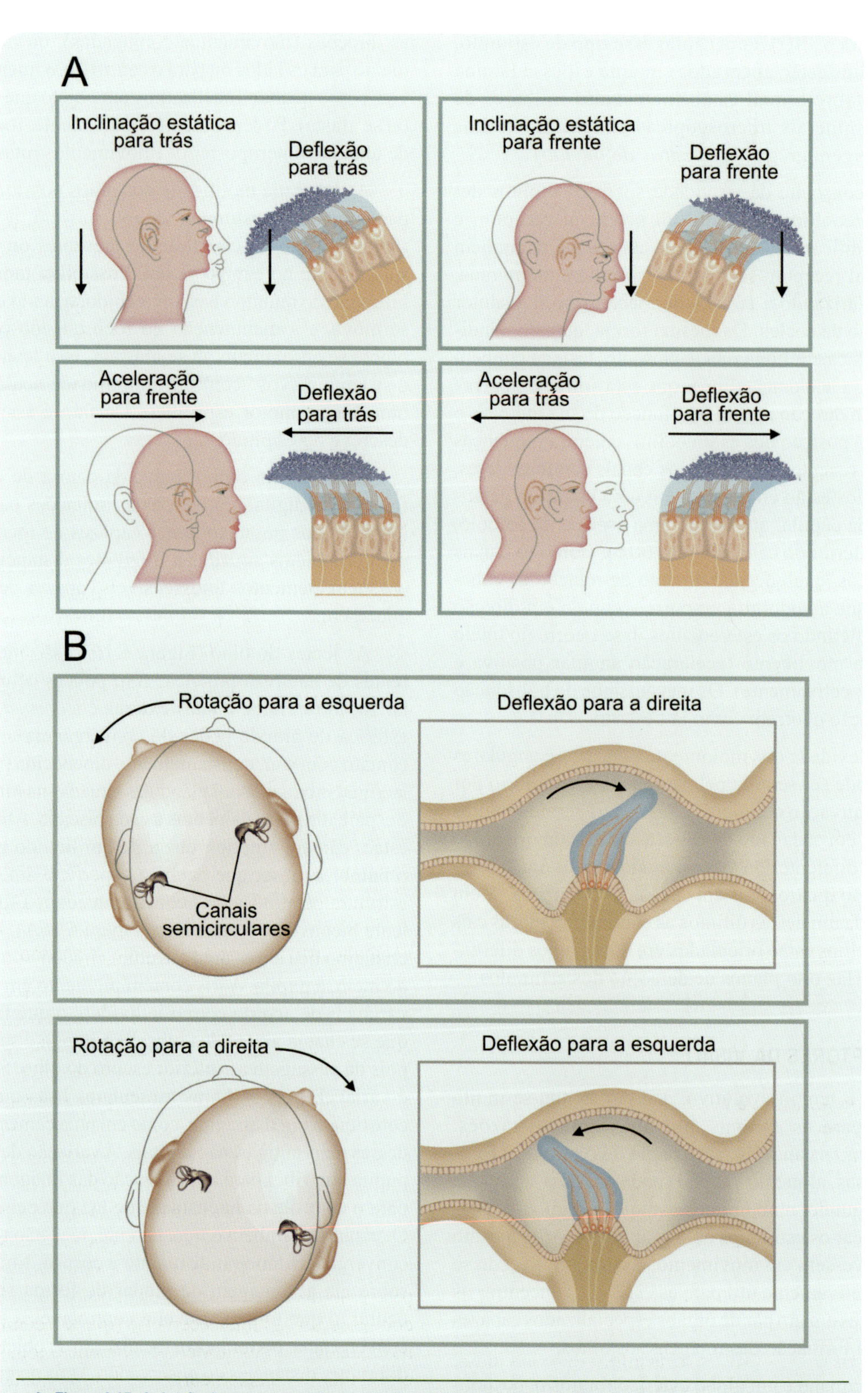

Figura 6.15. ***A.*** *A deflexão dos estereocílios nos órgãos otolíticos é provocada pelo movimento dos otólitos, e este pela ação da gravidade ou por qualquer outra aceleração linear da cabeça. A inércia da perilinfa causa o seu deslocamento "atrasado" em relação ao da cabeça, no início do movimento. No final do movimento dá-se o contrário: a perilinfa continua a "arrastar" os otólitos quando a cabeça para.* ***B.*** *Já nos canais semicirculares, a deflexão dos estereocílios é causada pela inércia da cúpula, que se desloca em sentido contrário às rotações da cabeça.*

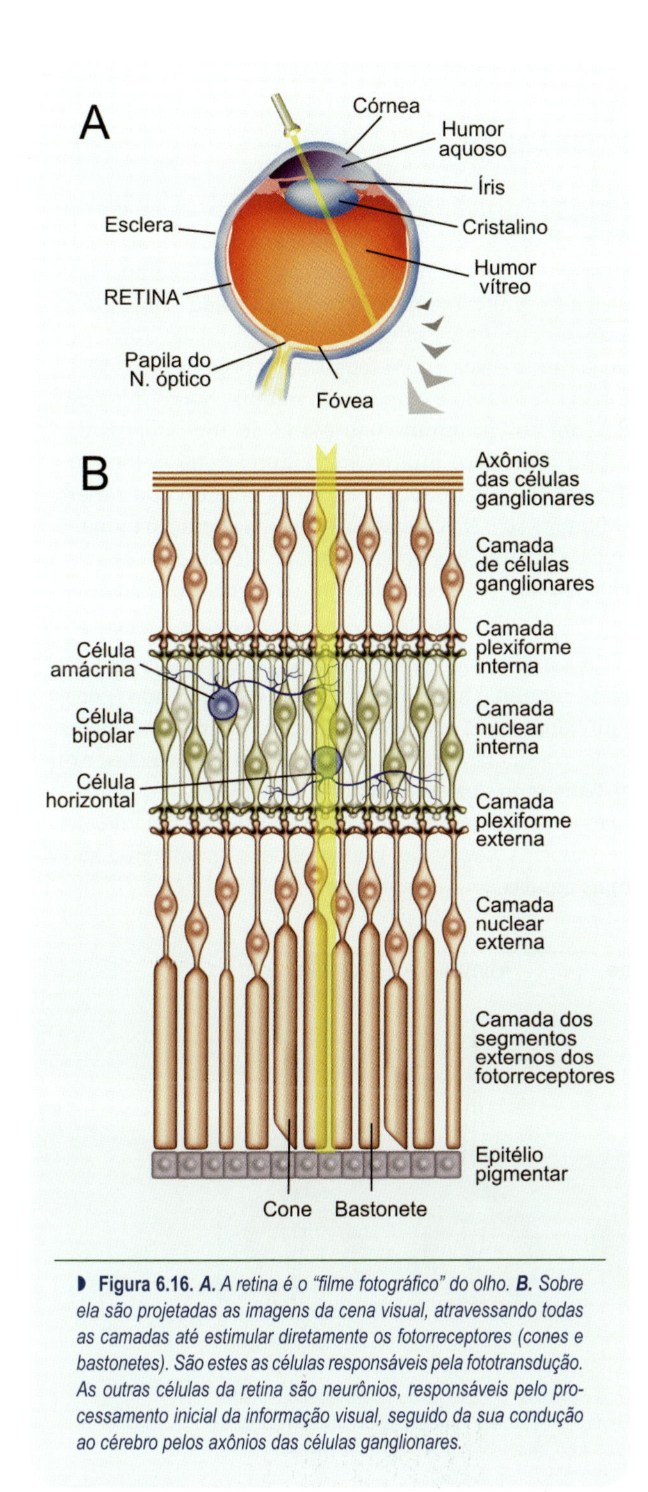

Figura 6.16. ***A.*** *A retina é o "filme fotográfico" do olho.* ***B.*** *Sobre ela são projetadas as imagens da cena visual, atravessando todas as camadas até estimular diretamente os fotorreceptores (cones e bastonetes). São estes as células responsáveis pela fototransdução. As outras células da retina são neurônios, responsáveis pelo processamento inicial da informação visual, seguido da sua condução ao cérebro pelos axônios das células ganglionares.*

das elas voltadas para a otimização da informação luminosa que incide sobre a retina, tornando mais precisa a transdução fotoneural que esta realizará. A escolha dos objetos a fixar é permitida pela movimentação ágil dos músculos extrínsecos do olho, que posicionam a imagem sobre a região da retina dotada de maior resolução[G]. A intensidade da luz incidente é controlada pelas pálpebras e pela íris, e o foco é possibilitado principalmente pela córnea e pelo cristalino, e controlado pelo último.

A retina é o "filme fotográfico" do olho. Sobre ela, portanto, é que se forma a imagem do ambiente circundante. Posicionada na superfície interna posterior do globo ocular (Figura 6.16A; mas consulte também a Figura 9.6), a retina é formada por três camadas de células, incluindo uma onde estão dispostos lado a lado os fotorreceptores. Nos olhos emétropes, isto é, aqueles que não possuem defeitos ópticos, os raios luminosos emitidos ou refletidos pelo ambiente podem formar uma imagem em foco exatamente sobre a retina (ver o Quadro 6.3). Desse modo, os fotorreceptores podem dispor de uma imagem do ambiente com ótima qualidade óptica.

A organização histológica da retina apresenta um aparente contrassenso. Os fotorreceptores estão situados na superfície externa dela, e por isso a luz tem que atravessar todas as camadas até os alcançar. Um engenheiro não a construiria assim, pois é inevitável a absorção de uma parte da luz no trajeto através das camadas. As camadas são finas e transparentes, é verdade, mas não conseguem evitar alguma absorção. Problema maior apresentam os vasos sanguíneos que nutrem a retina, e que estão localizados sobre a superfície interna dela. Neste caso, o sangue vermelho sem dúvida representa obstáculo considerável à qualidade óptica da imagem. A natureza resolveu ambos os problemas, afastando as células e os vasos sanguíneos de uma pequena área central da retina para a sua borda periférica. É justamente nessa região central que se formam as imagens dos objetos que fixamos com os olhos – essa região chama-se fóvea, e nela os fotorreceptores estão dispostos muito juntos uns dos outros, em grande densidade. A fóvea é a região de maior acuidade, isto é, onde é mais precisa a visão.

Embriologicamente, a retina origina-se da vesícula prosencefálica (Figura 2.3), sendo portanto parte do SNC. Não é o caso dos demais tecidos do olho, originários de estruturas mesodérmicas ou ectodérmicas não neurais. Um exemplo importante: a região mais externa da retina, onde estão os fotorreceptores, toca uma camada de células epiteliais que contêm melanina, o epitélio pigmentar. Este tem a dupla função de evitar a reflexão da luz de volta para os fotorreceptores, absorvendo-a, e de fagocitar[G] as partes distais dos fotorreceptores, que vão sendo renovadas continuamente. Portanto, sendo a retina na verdade uma protrusão do sistema nervoso central para fora do crânio, com exceção dos fotorreceptores (que são células epiteliais modificadas) e dos gliócitos retinianos, todas as demais células da retina são neurônios. É justamente essa característica que a tem tornado tão utilizada para os estudos experimentais de neurobiologia (Quadro 6.4).

A retina está organizada em sete camadas paralelas à superfície (Figura 6.16B): (1) camada fotorreceptora, a mais externa, onde ficam os prolongamentos externos dos

Quadro 6.3
Órgãos Receptores com Defeito

Muitas deficiências sensoriais surgem de defeitos na formação dos órgãos receptores, e não propriamente de distúrbios de natureza neurológica sobre os receptores e as demais células das vias sensoriais.

Defeitos ópticos dos olhos, por exemplo, são comuns na humanidade. Estima-se que quase 50% dos seres humanos têm algum tipo. Os mais comuns são a *miopia*, a *hipermetropia* e o *astigmatismo* (as ametropias), além da *presbiopia* e a *catarata*. Na miopia (Figura) o plano de foco da imagem não está exatamente sobre a retina, mas antes dela, seja porque o olho se alongou demais durante o crescimento do indivíduo, seja porque o cristalino provoca excesso de convergência dos raios incidentes. Corrige-se com lentes divergentes. Na hipermetropia ocorre o contrário: o plano de foco da imagem está situado após a retina, o que faz com que ela pareça borrada. O olho pode ter ficado curto demais, durante o crescimento, ou o cristalino com menor poder de convergência que o necessário. Corrige-se com lentes convergentes. No astigmatismo, a córnea não tem a forma esférica perfeita, e as deformações geralmente estão em um ou mais eixos. Nesses eixos, a imagem fica fora de foco. Corrige-se com lentes cilíndricas – mais exatamente, tóricas[G]. A presbiopia é a "vista cansada" típica dos mais velhos. O cristalino perde elasticidade, torna-se mais rígido e fica difícil focalizar os objetos próximos. Em certo sentido é o oposto da miopia, pois a imagem dos objetos próximos tem plano de foco depois da retina. Por isso, muitos indivíduos mais velhos se tornam "menos míopes": seus dois defeitos contrários subtraem-se... Na catarata ocorre uma alteração bioquímica nas proteínas do cristalino, e ele se torna opaco. Corrige-se com a substituição cirúrgica do cristalino por uma lente artificial.

Ocorrem também defeitos mecânicos do ouvido. O mais comum é a *presbiacusia* ("ouvido cansado") dos indivíduos mais velhos. Neste caso, as articulações da cadeia ossicular do ouvido médio tornam-se rígidas, e o sistema reproduz com menos fidelidade as frequências mais altas. Por isso os indivíduos idosos têm dificuldade de ouvir as vozes das mulheres, que geralmente são mais agudas.

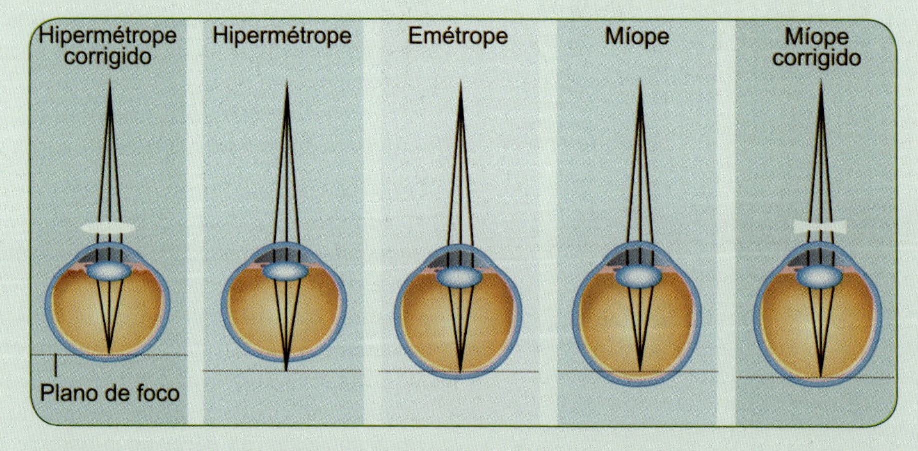

Figura. *As ametropias são defeitos muito comuns nos olhos humanos. O desenho do centro mostra um olho emétrope (normal), cuja retina coincide com o plano de foco. Os desenhos ao lado mostram as ametropias nas quais a retina fica aquém (miopia) ou além (hipermetropia) do plano de foco, gerando um borramento da imagem. Esses defeitos podem ser facilmente corrigidos com o uso de lentes (desenhos mais laterais).*

fotorreceptores, encarregados da transdução; (2) camada nuclear externa, onde se localizam os corpos celulares – e portanto também os núcleos – dos fotorreceptores; (3) camada plexiforme externa, que aloja os axônios dos fotorreceptores, os dendritos dos neurônios de segunda ordem e as sinapses entre eles; (4) camada nuclear interna, onde estão os corpos celulares dos neurônios secundários e outras células de interligação horizontal; (5) camada plexiforme interna, que reúne as sinapses entre os axônios dos neurônios de segunda ordem e os dendritos dos de terceira ordem; (6) camada de células ganglionares, onde estão os corpos celulares dos neurônios de terceira ordem do sistema visual; e, finalmente, (7) camada de fibras ópticas, por onde trafegam os axônios das células ganglionares, convergindo para uma região situada mais ou menos no centro da retina (papila ou disco óptico). Nessa região as fibras "perfuram" a retina e emergem do olho compactadas no nervo óptico[A], que penetra no crânio, estabelecendo a ligação da retina com o encéfalo.

Essa organização elaborada indica uma considerável sofisticação funcional dos primeiros estágios de processamento da informação visual. Entretanto, neste capítulo estudaremos apenas os fotorreceptores e o mecanismo de transdução que lhes é característico. Os estágios posteriores são abordados no Capítulo 9.

Os fotorreceptores dividem-se em dois tipos morfofuncionais principais[2] (Figura 6.17A): cones e bastonetes. Os cones são mais curtos que os bastonetes; cada um deles apresenta a forma alongada que lhes dá o nome, disposta no sentido radial na retina. Ambos, entretanto, têm em comum um cílio modificado, cuja membrana se invagina várias vezes, formando uma pilha de discos onde se realizam os mecanismos moleculares da fototransdução. Esse cílio modificado recebe o nome de segmento externo do fotorreceptor (Figura 6.17), e o conjunto deles, densamente empacotados lado a lado, constitui a camada fotorreceptora mencionada antes. O segmento interno, por outro lado, aloja as organelas celulares típicas de qualquer célula e emite um axônio curto que se ramifica na camada plexiforme externa, formando múltiplos botões sinápticos com os dendritos das células de segunda ordem. Embora a morfologia dos cones e dos bastonetes seja bastante semelhante, a subdivisão dos fotorreceptores manteve-se porque reflete diferenças funcionais importantes, algumas das quais serão mencionadas adiante.

Já vimos que a imagem do ambiente é projetada sobre a retina em condições adequadas de luminosidade e foco. A identificação da imagem, e portanto dos objetos que compõem a cena visual, é tarefa conjunta para milhares de fotorreceptores e os neurônios de ordem superior da retina e do cérebro. O que cada receptor "vê", no entanto, é um ponto de luz de um determinado comprimento de onda, que se projeta sobre ele durante um certo tempo, com uma certa intensidade. A função desse receptor isolado, portanto, é traduzir esses parâmetros do estímulo para a linguagem dos potenciais bioelétricos. Como isso é feito?

[2] *Estudos recentes indicam que há um terceiro tipo de fotorreceptor – as* células ganglionares intrinsecamente fotossensíveis *– encarregadas das respostas adaptativas à luz, dentre elas a sincronização dos relógios biológicos aos ciclos da natureza (o ciclo dia-noite e as estações do ano, por exemplo). Maiores detalhes nos Capítulos 9 e 16.*

Primeiro, é preciso contar com uma molécula (ou mais de uma) capaz de absorver seletivamente a luz. Depois, é necessário utilizar a energia absorvida para disparar uma sequência de reações bioquímicas que resultem na formação dos potenciais. Essas moléculas existem: são os fotopigmentos ou pigmentos visuais[3]. Trata-se de proteínas integrais de membrana, encravadas nos discos dos segmentos externos em grande número (Figura 6.17A). Nos bastonetes, o fotopigmento é a rodopsina, formada pela proteína opsina e por uma molécula pequena derivada da vitamina A, o retinal. Na ausência de luz (Figura 6.17B), uma forma não ativada do retinal (11-*cis*-retinal) fica ligada covalentemente à opsina. Quando a luz incide sobre os discos do segmento externo (Figura 6.17C), o 11-*cis*-retinal a absorve, transformando-se em *trans*-retinal e soltando-se da opsina, que por sua vez muda sua conformação alostérica[G] transformando-se em opsina ativada (R*, no caso da rodopsina). O *trans*-retinal cai no espaço extracelular e é captado pelo epitélio pigmentar, sendo aí retransformado na forma 11-*cis* e transportado de volta aos fotorreceptores. Há sempre uma perda de retinal, reposta pela alimentação, que deve ser rica em vitamina A. É por isso que a avitaminose A (carência dessa vitamina) causa a cegueira noturna, um tipo de deficiência que resulta da falta de retinal nos bastonetes.

Até este ponto, a energia contida na luz foi absorvida pelo retinal, o que mudou a conformação espacial do próprio retinal e também da opsina. De que modo, em seguida, essas transformações químicas resultarão em um potencial receptor? Descobriu-se que o domínio intracelular da opsina se liga a uma proteína G chamada – muito apropriadamente – transducina, que é ativada pela mudança de conformação alostérica provocada pela luz. O mecanismo é parecido com o que está descrito no Capítulo 4, referente aos receptores metabotrópicos: com a incidência da luz (Figura 6.18B_1 e B_2), o GDP (difosfato de guanosina) da transducina é fosforilado, transformando-se em GTP (trifosfato de guanosina). A incorporação do GTP separa a subunidade α do complexo, e esta "desliza" internamente na membrana até encontrar, nas proximidades, uma enzima que hidrolisa o GMPc (monofosfato cíclico de guanosina). A ação dessa enzima, a fosfodiesterase, reduz a concentração intracelular de GMPc. Acontece que este nucleotídeo cíclico normalmente mantém abertos, na membrana do fotorreceptor, os canais de Na^+ e Ca^{++} aí existentes (Figura 6.18B_1). Quanto maior a concentração de GMPc, maior o fluxo iônico de cátions para o interior da célula (a chamada "corrente de escuro"). O resultado é um estado constante de despolarização relativa do fotorreceptor, na ausência de luz (Figura 6.18A). Por essa razão o potencial de repouso dos bastonetes é de cerca de – 40 mV, menos negativo que

[3] *Não confundir com o pigmento do epitélio pigmentar, que não é fotossensível.*

NEUROCIÊNCIA EM MOVIMENTO

Quadro 6.4
Em Busca dos Circuitos Funcionais da Retina

*Dânia Emi Hamassaki**

Meu interesse no estudo da retina teve início durante o meu doutorado no Departamento de Fisiologia e Biofísica do Instituto de Ciências Biomédicas da Universidade de São Paulo, sob orientação do Prof. Luiz Roberto Giorgetti de Britto. Métodos eletrofisiológicos e neuroanatômicos eram utilizados para investigar a importância das diferentes conexões nas funções do núcleo óptico acessório, estrutura envolvida na estabilização de imagens na retina. Várias questões permaneciam abertas e uma delas dizia respeito aos possíveis neuromediadores que participavam desse processo. Surgiu, então, a oportunidade de estagiar no laboratório do Dr. Harvey J. Karten (Universidade da Califórnia, em San Diego), onde fizemos um mapeamento dos neuromediadores presentes nesse núcleo e investigamos a origem de vários deles por meio de injeções de rastreadores retrógrados nesse núcleo, combinados com imuno-histoquímica. O fato de a retina constituir a principal fonte de aferências para o núcleo óptico acessório explica o início do nosso interesse por essa estrutura. Uma grande diversidade de neuromediadores foi observada na retina de aves e mamíferos, mostrando a complexidade de uma estrutura aparentemente simples como a retina.

Apesar da variedade de neuromediadores que estavam sendo descritos em tipos celulares específicos da retina de vertebrados, os seus alvos pós-sinápticos eram mais difíceis de caracterizar, em razão da escassez de métodos adequados. O avanço nas técnicas de biologia molecular contribuiu sobremaneira para solucionar esse problema. Outras colaborações surgiram com pesquisadores da UCSD e do *Salk Institute* durante o meu pós-doutorado, e os meus estudos estenderam-se para os receptores ionotrópicos de glutamato (AMPA, cainato e NMDA) e o receptor nicotínico da acetilcolina, neurotransmissores amplamente encontrados em células da retina de diferentes espécies (Figura).

Assim, desde minha contratação no Departamento de Biologia Celular e do Desenvolvimento (ICB/USP) em 1993, o interesse principal do meu grupo tem sido investigar o papel de algumas proteínas envolvidas nas comunicações celulares. Para isso utilizamos retinas de animais adultos de hábitos diurnos (galinha) e noturnos (ratos e camundongos) durante o desenvolvimento e em alguns processos degenerativos induzidos ou hereditários.

Os receptores do glutamato, principal neurotransmissor de fotorreceptores, células bipolares e ganglionares, estão distribuídos diferencialmente nos tipos celulares retinianos na retina adulta de aves e mamíferos e durante o desenvolvimento. Na degeneração hereditária de fotorreceptores e nas degenerações induzidas por excesso de luz ou de glutamato e seus análogos, alguns desses receptores se mostram alterados. Além das sinapses químicas, temos investigado também a importância funcional do acoplamento entre células por meio das junções comunicantes em diversos processos que ocorrem na retina. Diferenças na expressão gênica durante o desenvolvimento sugerem a participação de conexinas específicas em processos como morte e proliferação celular da retina. Essas proteínas constituem os canais das junções comunicantes, e a modulação da expressão gênica de algumas delas para diferentes períodos de adaptação ao escuro indica papéis específicos das conexinas na adaptação a níveis distintos de luminosidade.

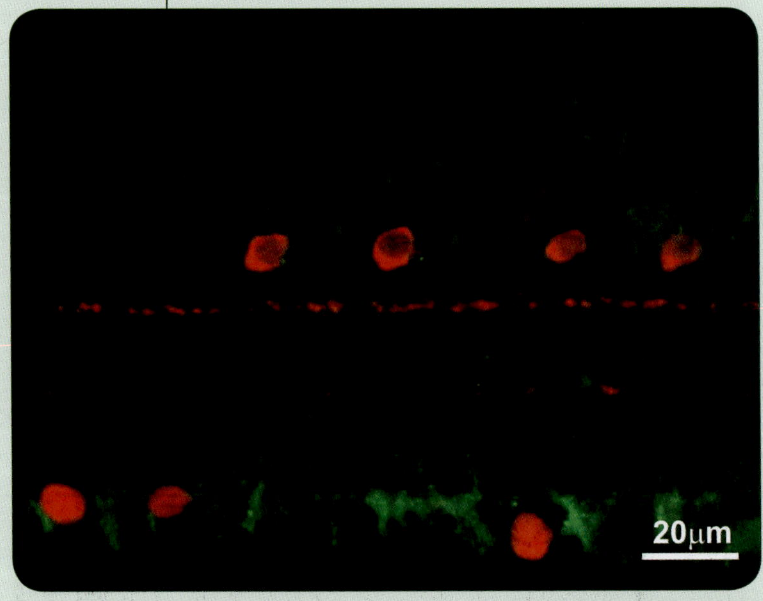

Foto de um corte transversal da retina de galinha. Células colinérgicas aparecem marcadas com um anticorpo fluorescente vermelho, específico para a enzima de síntese de acetilcolina.

Mais recentemente, em colaboração com a Dra. Marinilce Fagundes dos Santos, temos estudado um grupo de GTPases de baixo peso molecular, pertencentes à família Rho (RhoA, RhoB, Rac1 e Cdc42, entre outras), que têm participação na regulação do citoesqueleto de actina, expressão gênica das células, proliferação celular e apoptose. Nossos resultados sugerem uma possível função dessas proteínas na diferenciação neuronal, sinaptogênese e apoptose que ocorrem durante o desenvolvimento, e também na manutenção e regulação da morfologia de células gliais de Muller. Especial atenção tem sido dirigida à via de Rac1, que parece desempenhar um papel potencial na morte de neurônios retinianos que ocorre durante o desenvolvimento e na degeneração hereditária ou induzida.

Finalmente, outro aspecto que estamos investigando em colaboração com a Dra. Chao Yun Irene Yan é o possível potencial regenerativo da retina através das células-tronco retinianas. Em aves, peixes e alguns mamíferos, as células proliferantes estão localizadas na retina periférica (zona marginal ciliar) e no corpo ciliar, ao passo que em camundongos e outros mamíferos, restringem-se ao corpo ciliar.

Assim, acreditamos que para elucidar os processos que ocorrem em disfunções retinianas é necessário primeiro compreender a formação e o funcionamento da retina. Estes estudos, em conjunção com a análise de modelos animais de disfunções retinianas hereditárias e induzidas, fornecem uma perspectiva integrada da retina e dos defeitos específicos que estão por trás das patologias que acometem o órgão receptor da visão. A partir daí, esperamos contribuir para o desenvolvimento de novas abordagens terapêuticas não só para o controle da degeneração retiniana, como também para sua subsequente regeneração.

Dânia Emi Hamassaki.

*Professora-titular do Instituto de Ciências Biomédicas da Universidade de São Paulo. Correio eletrônico: dhbritto@usp.br

a maioria das células[4] (Figura 6.18D). Quando ocorre a estimulação luminosa e os fenômenos físicos e químicos descritos antes, a concentração de GMPc diminui e muitos canais iônicos se fecham. Ocorre, então, a hiperpolarização do fotorreceptor (Figura 6.18C).

Essa hiperpolarização passageira do fotorreceptor, provocada pelo estímulo luminoso, é o potencial receptor (Figura 6.18D). Trata-se de um potencial receptor diferente quanto à polaridade, por ser hiperpolarizante, e não despolarizante como nos demais receptores. Mas quanto às suas outras propriedades, é idêntico a eles. Assim, quanto maior a intensidade luminosa do estímulo, mais moléculas de pigmento absorverão luz, mais pronunciada será a queda da concentração de GMPc, mais canais iônicos serão fechados, maior será a hiperpolarização, e, portanto, maior será a amplitude do potencial receptor. Do mesmo modo com a duração. Quanto maior a duração do estímulo luminoso, maior a duração do potencial receptor nos bastonetes.

Quando cessa o estímulo luminoso, a opsina ativada é fosforilada por uma cinase específica, o que a torna suscetível de ligar uma outra proteína – a arrestina – responsável pela recomposição da transducina com suas três subunidades, levando à interrupção imediata da ação da fosfodiesterase. O trabalho da guanililciclase volta então a predominar, cresce a concentração local de GMPc, abrem-se novamente os canais de cátions e o potencial da membrana retorna aos –40 mV de antes.

Uma característica importante do mecanismo de fototransdução na retina é a sua altíssima sensibilidade, que confere aos vertebrados a capacidade de sinalizar a presença de um único fóton. Como é possível essa sensibilidade extraordinária, tendo em vista a complexidade das etapas de sinalização molecular da transdução fotoelétrica? Isso é conseguido pela grande amplificação molecular do sinal inicial. Uma só molécula de R* ativa centenas de transducinas. A fosfodiesterase, por sua vez, é uma enzima de alta eficiência, sendo sua atividade catalítica limitada apenas pela disponibilidade de GMPc: a ativação de uma única de suas subunidades catalíticas é capaz de hidrolizar dezenas de moléculas de GMPc por segundo.

A sequência de eventos moleculares da transdução fotoneural é bem conhecida para os bastonetes, menos conhecida para os cones. Acredita-se, entretanto, que a grande diferença seria a sensibilidade espectral dos pigmentos. O pigmento dos bastonetes absorve luz em uma certa faixa de comprimentos de onda do espectro visível (ver a Figura 9.20). Os cones, por sua vez, são subdivididos em três tipos, cada um com o seu pigmento sensível a uma faixa diferente de comprimentos de onda: os cones

[4] *O potencial de repouso das células geralmente fica entre –70 e –90 mV.*

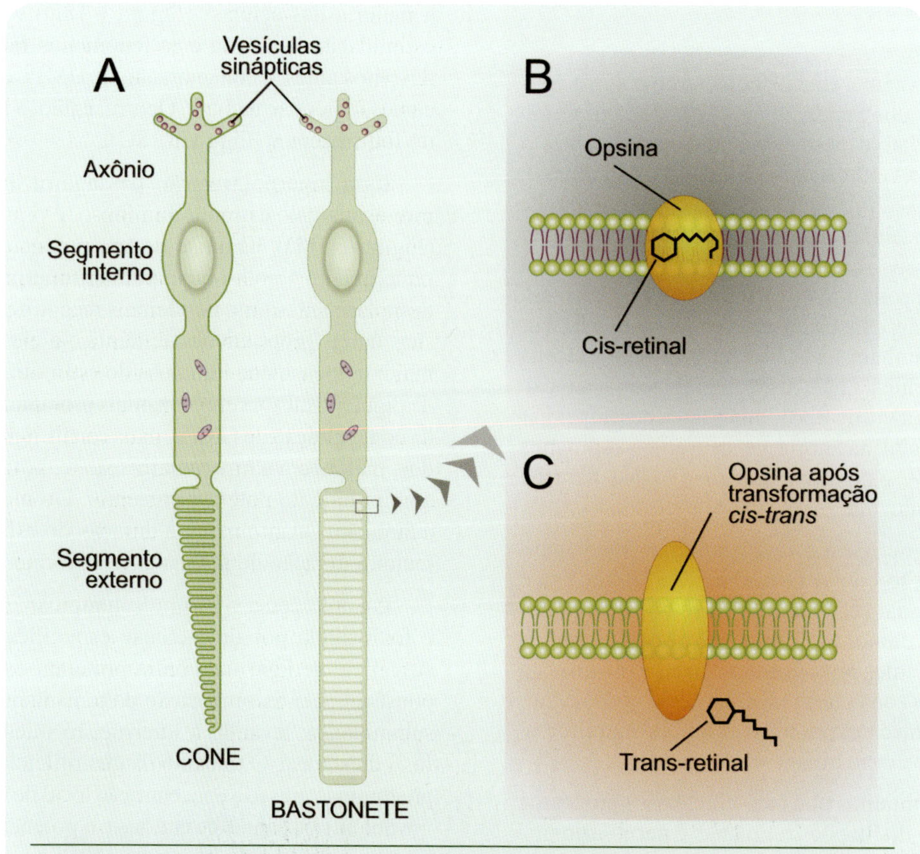

Figura 6.17. *A retina tem dois tipos principais de fotorreceptores (**A**): cones e bastonetes. Ambos apresentam dobras da sua membrana, que formam discos invaginados para o interior do segmento externo. Incrustadas nas membranas dos discos estão moléculas de fotopigmento, uma proteína que envolve uma molécula menor, fotossensível, que muda sua conformação espacial quando absorve luz. No caso dos bastonetes (quadrinho, ampliado em **B** e **C**), a molécula menor é o retinal, associada à proteína opsina. No escuro (**B**), o retinal assume a conformação cis, e no claro (**C**), a conformação trans. Quando ocorre a transformação cis-trans, o retinal se solta da opsina e cai no espaço extracelular.*

"azuis"[5] absorvem comprimentos de onda em torno de 420 nm, os cones "verdes" absorvem em torno de 530 nm, e os cones "vermelhos", em torno de 560 nm. Essa diferença de sensibilidade espectral dos cones é que permitirá a visão de cores que muitos animais possuem, analisada em detalhes no Capítulo 9.

Uma vez efetuada a transdução, o potencial receptor espraia-se eletrotonicamente pela membrana até o axônio do fotorreceptor e, sendo hiperpolarizante, inibe a liberação do neurotransmissor. Neste caso, fica criado um aparente paradoxo: ocorre maior liberação de neurotransmissor na extremidade distal quando o receptor está no escuro! (Figuras 6.18A e C). Como o neurotransmissor é excitatório (glutamato), pode-se considerar que o verdadeiro estímulo dos fotorreceptores é o escuro, não a luz! Essa consideração não é absurda, se pensarmos que vivemos em um ambiente contendo objetos que, na verdade, criam sombras em uma retina iluminada. As oscilações na quantidade de glutamato liberado, sempre proporcionais à incidência de estímulos luminosos na retina, ativam o neurônio seguinte, a célula bipolar. Esta, entretanto, é incapaz de gerar potenciais de ação, apenas potenciais pós-sinápticos de tipo analógico. Apesar disso, nova transmissão sináptica ocorre dele para o neurônio de terceira ordem (a célula ganglionar), e só aí tem lugar a codificação neural. Através desses potenciais sinápticos intermediários, entretanto, todos proporcionais ao potencial receptor, a informação luminosa é devidamente

[5] *Denominar os cones por uma cor é muito utilizado por ser prático, mas é altamente impreciso. Na verdade, além de não serem coloridos, os cones "azuis" absorvem muito o violeta, os "verdes" absorvem mais o amarelo que o verde, e os "vermelhos" absorvem mais o laranja. Por essa razão, alguns especialistas preferem denominá-los, respectivamente, de S, M e L (referentes a comprimentos de onda curtos – do inglês* short *–, médios e longos).*

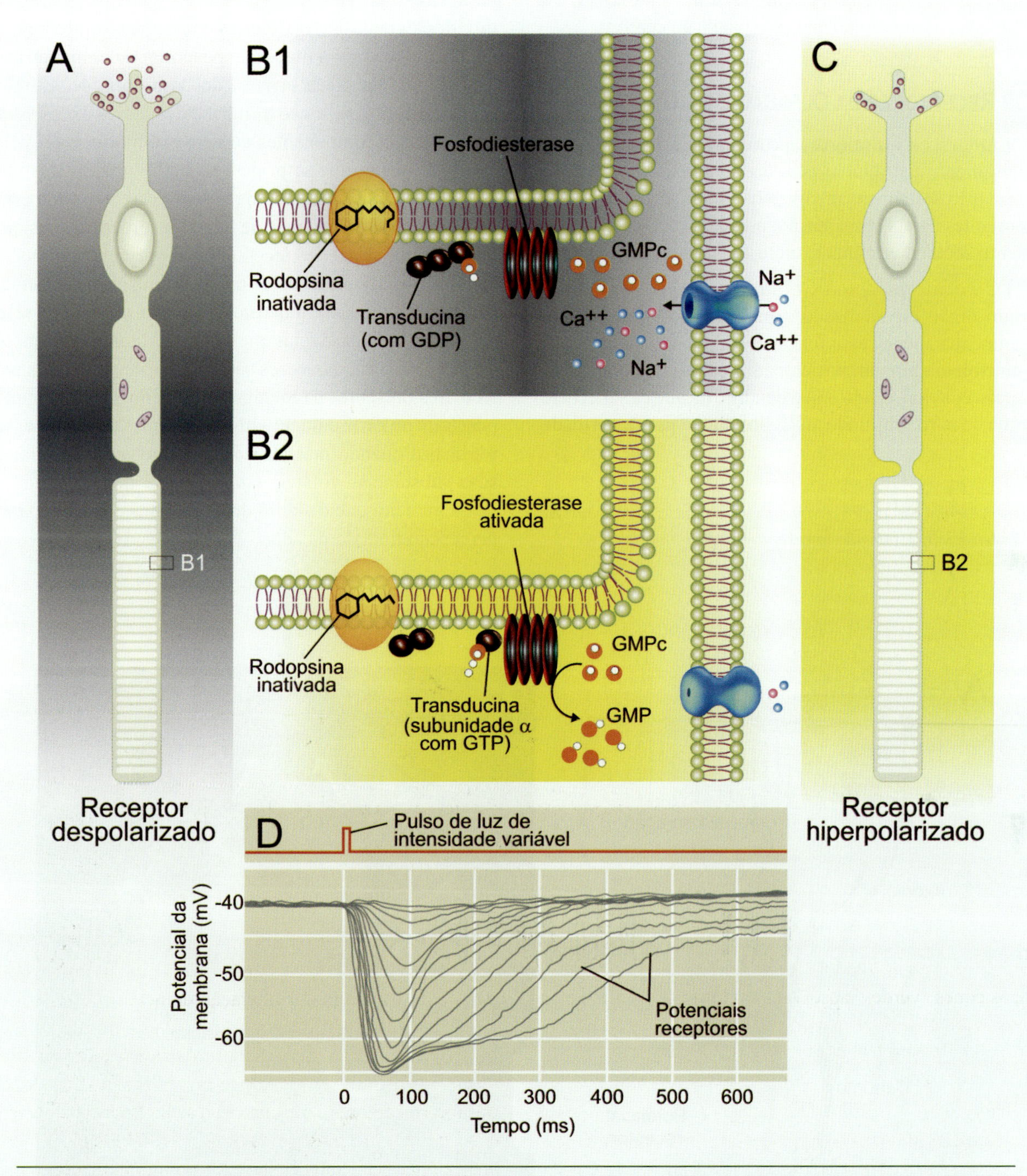

Figura 6.18. *Há um aparente paradoxo no funcionamento dos fotorreceptores. Eles são mais ativos no escuro do que no claro. No escuro (**A** e **B_1**), a rodopsina está inativada e os canais de cátions estão abertos, mantendo a célula despolarizada e capaz de liberar glutamato no seu terminal. No claro (**B_2** e **C**), a rodopsina fica ativada porque o retinal passa à forma trans, mas isso leva ao fechamento dos canais iônicos, tornando a célula hiperpolarizada e assim interrompendo a liberação de glutamato no terminal axônico. **D** mostra que o potencial receptor dos bastonetes é hiperpolarizante, e que sua amplitude é proporcional à intensidade do estímulo luminoso incidente. **D** modificado de D. A. Baylor e M. G. Fuortes (1970)* Journal of Physiology, *vol. 137: pp. 77-87.*

codificada em potenciais de ação na célula ganglionar, e a informação assim digitalizada é enviada ao cérebro.

Os Receptores da Olfação e da Gustação

Embora os quimiorreceptores sejam numerosos e extensamente distribuídos pelo organismo, os da olfação e da gustação desempenham diversos papéis particularmente importantes para a alimentação, a vida sexual e o comportamento social dos animais, inclusive do homem.

Os *quimiorreceptores olfatórios* estão localizados em um órgão especializado, o nariz, que entretanto não desempenha apenas essa função. São neurônios genuínos de morfologia bipolar, posicionados em meio a células de natureza epitelial, e cujo único dendrito alcança a superfície interna do nariz, emitindo múltiplos cílios[6] para a cavidade nasal (Figura 6.19A; ver também a Figura 10.1). Os axônios desses neurônios primários emergem no outro polo da célula, atravessam a mucosa e penetram no crânio através de orifícios da placa crivosa do osso etmoide. Embora estejam dispersos, e não compactados, esses axônios são considerados componentes do nervo olfatório, o primeiro nervo craniano, que se projeta ao bulbo olfatório[A] – uma espécie de gânglio situado na base do cérebro, onde estão localizados os neurônios de segunda ordem do sistema olfatório. Os cílios dos receptores olfatórios estão imersos em uma camada protetora de muco, produzido pelas demais células epiteliais da mucosa. No muco dissolvem-se os *odorantes*, as substâncias que ativam os quimiorreceptores e que na maioria das vezes são ligantes de receptores moleculares presentes na membrana dos cílios. Os odorantes penetram no nariz durante a inspiração, mas também por via retronasal quando mastigamos os alimentos, empurrando suas substâncias voláteis em direção à mucosa nasal. É dessa maneira que o cheiro dos alimentos contribui para a percepção final do paladar.

[6] *Embora sejam chamados assim, os cílios olfatórios diferem dos verdadeiros cílios por não apresentarem mobilidade ativa.*

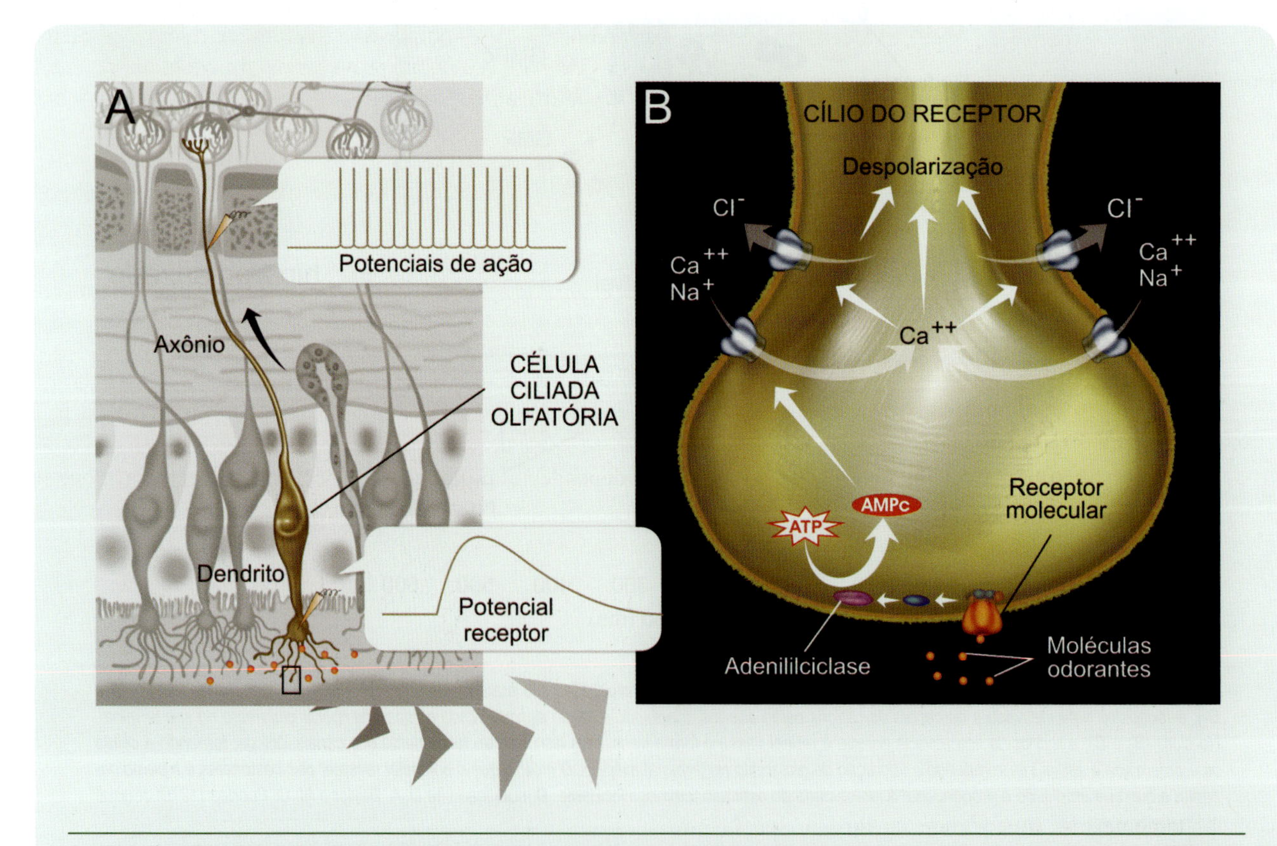

Figura 6.19. *As células ciliadas olfatórias possuem moléculas receptoras específicas para certos odorantes.* ***A.*** *Quando os odorantes (representados por pontos alaranjados) reagem com esses receptores moleculares, a mensagem é enviada dendrito e axônio acima, pela célula olfatória, até o bulbo olfatório, dentro da cavidade craniana.* ***B.*** *Nos cílios, a ligação dos odorantes aos receptores dispara uma cadeia de reações intracelulares mediadas por segundos mensageiros como o AMPc, e o resultado é a abertura de canais iônicos que provocam a despolarização da membrana. Essa despolarização, nos cílios e no dendrito, é o potencial receptor, que provoca a ocorrência de potenciais de ação mais acima no axônio.*

A transdução quimioelétrica olfatória começa pela ligação dos odorantes com esses receptores moleculares, que são muito específicos e quase sempre metabotrópicos (Figura 6.19B; ver também a Figura 10.4). Quando isso ocorre, segue-se a mudança de conformação alostérica do receptor, ativação da proteína G e da enzima adenililciclase, e a síntese de AMPc dentro do neurônio receptor. O AMPc liga-se internamente a canais de cátions (Ca^{++} e Na^{+}) que se abrem, permitindo o influxo desses íons e gerando um potencial receptor despolarizante (Figura 6.19A e B). Com a entrada de Ca^{++}, abrem-se também canais de Cl^{-} dependentes desse cátion, e como a concentração de Cl^{-} é alta no neurônio bipolar, ocorre efluxo desse ânion, acentuando o potencial despolarizante. A codificação ocorrerá no axônio do neurônio primário, se o potencial receptor for suficientemente grande para atingir o limiar do segmento inicial do axônio.

Somos capazes de perceber muitos milhares de cheiros diferentes, e já se sabe que possuímos cerca de 400 genes funcionais para as moléculas receptoras do olfato, embora apenas poucas dezenas deles tenham seus ligantes conhecidos. Na verdade, a elucidação do genoma humano mostrou cerca de 1.000 genes para receptores de odorantes. No entanto, 60% deles são pseudogenes, isto é, genes mutados ao longo da evolução, e tornados incapazes de gerar um produto, ou seja, uma proteína receptora. Cada célula do epitélio olfatório expressa um dos genes funcionais, que produz uma proteína receptora específica para um determinado odorante (Figura 6.20). Ao que parece, logo que essa proteína é expressa na célula, mecanismos repressores bloqueiam a expressão gênica das demais nessa mesma célula. Portanto, temos em nossa mucosa nasal pelo menos 400 tipos diferentes de neurônios receptores olfatórios, cada um especialista em detectar um determinado odorante.

Essa descoberta resultou do trabalho de dois neurocientistas norte-americanos, Richard Axel e Linda Buck, que por isso mereceram o prêmio Nobel de fisiologia ou medicina de 2004 (veja mais sobre isso no Quadro 10.2). Trata-se, até o momento, da maior família de genes já descoberta entre os mamíferos. Ainda assim, a diversidade da família dos receptores moleculares do olfato não é suficiente para explicar a nossa capacidade discriminativa, o que sugere que essa capacidade se deva à cooperação funcional entre os neurônios receptores e os demais neurônios da via olfatória. E há mais: na maioria dos mamíferos existe um setor da mucosa olfatória (o *órgão vômero-nasal*) que detecta substâncias inodoras, isto é, que não são percebidas conscientemente mas influenciam de forma silenciosa o comportamento sexual e reprodutor, bem como diversas interações sociais. Você poderá conhecer maiores detalhes sobre isso no Capítulo 10.

Os *quimiorreceptores gustativos* estão localizados também em um órgão especializado, a língua, que participa de outras funções, além do paladar, como a mastigação e a fala. Entretanto, não são exclusivos da língua, pois ocorrem também no palato, na epiglote e até mesmo nas regiões iniciais do esôfago. A superfície da língua está coberta de papilas gustativas (Figura 10.10), cada uma com dezenas de botões gustativos, estruturas microscópicas onde estão situados os quimiorreceptores do paladar. Cada pessoa tem entre 2.000 e 5.000 botões gustativos, cada um deles com cerca de 50 a 150 células receptoras. As células receptoras que compõem os botões não são neurônios: são células de origem epitelial, compactadas com outras de função coadjuvante. Sua extremidade apical forma microvilosidades que se aglomeram no poro do botão gustativo, expostas à saliva e, portanto, às substâncias que entram na boca e aí se dissolvem, chamadas *gustantes*. As extremidades basais das células receptoras fazem sinapses químicas com os botões das fibras nervosas das células de segunda ordem.

Os mecanismos de transdução dos receptores gustativos variam com a submodalidade. O sabor salgado, por exemplo, tem como estimulante prototípico o sal de cozinha, ou seja, NaCl. O sabor do sal é o sabor do íon Na^{+}, embora a natureza do ânion o altere. Quando o sal entra em contato com as papilas gustativas, abrem-se canais de Na^{+} (os chamados canais amiloride[7]) situados nas microvilosidades das células receptoras, provocando um potencial receptor despolarizante. Outros sais com diferentes cátions são detectados pelos outros receptores, e não evocam o sabor salgado típico do NaCl. Já o sabor azedo, característico dos ácidos, tem como estimulante prototípico o íon H^{+} e, portanto, o pH das imediações da membrana da célula receptora. O H^{+} penetra na célula através de canais específicos que também permeiam o Na^{+}, mas nessa célula em particular ocorre simultaneamente o bloqueio dos canais de K^{+}, fenômeno que acentua a despolarização. Os canais específicos para o azedo já foram identificados, sendo do tipo TRP, mencionado anteriormente. Em ambos os casos, a base das células receptoras apresenta outros canais iônicos dependentes de voltagem, especialmente os de Ca^{++}, que se abrem com o potencial receptor inicial, deixando entrar o íon Ca^{++}. Este, dentro da célula, provocará a liberação de neurotransmissores situados nas vesículas sinápticas, e a informação gustatória será repassada ao segundo neurônio da cadeia. Como os mecanismos de transdução do sabor salgado e do sabor azedo são muito parecidos, a pergunta que surge é quais aspectos desses mecanismos (possivelmente intracelulares) são responsáveis pela diferença que somos capazes de sentir entre esses dois sabores.

A transdução dos sabores doce e amargo é bastante diferente dos anteriores, mas semelhante entre si: as moléculas receptoras são metabotrópicas, ligadas a uma proteína G chamada *gustatina* ou *gustducina*, existente

[7] *Chamados assim por conta do seu antagonista farmacológico.*

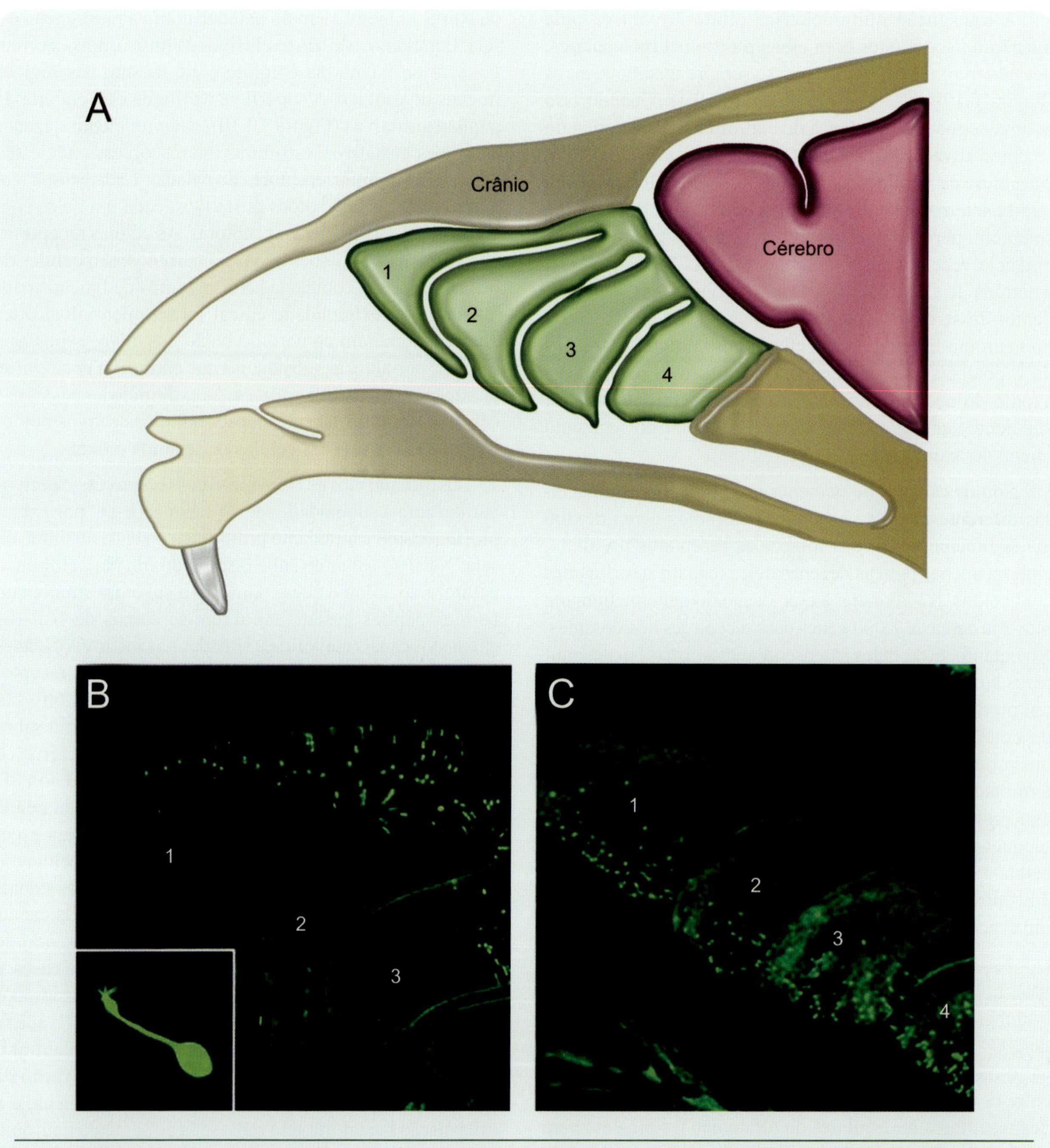

Figura 6.20. *A expressão específica dos genes dos receptores olfatórios em neurônios do epitélio olfatório foi revelada por experimentos em camundongos. **A** representa um esquema da mucosa olfatória do camundongo (em verde). Em **B**, os pontos verdes indicam a presença de um receptor chamado M71 em alguns neurônios olfatórios. O detalhe mostra uma ampliação que revela a morfologia típica do neurônio olfatório, com seu bulbo ciliado bem visível. **C** mostra que um outro receptor molecular, chamado I7, distribui-se em território diferente do epitélio olfatório. Os números 1-4 têm a intenção de permitir correlacionar **A** com **B** e **C**. **B** e **C** modificado de T. Bozza e cols. (2002)* Journal of Neuroscience, *vol. 22: pp. 3033-3043.*

nas células receptoras correspondentes. Nessas células, ocorre ativação das enzimas PLA ou PLC (fosfolipases A e C, respectivamente), que produzem trifosfato de inositol (IP_3). Esse segundo mensageiro abre canais de Ca^{++}, o que provoca o aumento da concentração desse íon no citosol da célula receptora, fazendo liberar neurotransmissor na fenda sináptica para o neurônio de segunda ordem. É interessante observar que neste caso não há potencial receptor, porque o aumento da concentração de cálcio por si mesmo é suficiente para liberar o neurotransmissor necessário para que a mensagem seja transmitida à célula seguinte.

Às quatro submodalidades clássicas do paladar associou-se recentemente mais uma, o gosto temperado (conhecido também pela palavra japonesa *umami*) característico de L-aminoácidos[G] como o glutamato monossódico (componente do tempero japonês *ajinomoto*) e o aspartato. A proteína receptora do sabor temperado é da mesma família do sabor doce, e seus mecanismos de transdução são semelhantes.

Pesquisas recentes em neurobiologia molecular permitiram identificar os genes e seus produtos que compõem as famílias dos receptores de doce, amargo e temperado. Trata-se das famílias T1R e T2R (abreviaturas da expressão inglesa *taste receptor 1* e *2*), com alguns membros conhecidos: T1R1, T1R2 etc. Essas proteínas agrupam-se em pares iguais ou diferentes (homo ou heterodímeros), e assim compõem os receptores para os diversos gustantes doces, amargos e temperados. Os experimentos que permitiram identificá-los especificamente consistiram na retirada (deleção) dos genes respectivos do DNA de camundongos, e na posterior verificação da sensibilidade gustativa das células receptoras (Figura 6.21).

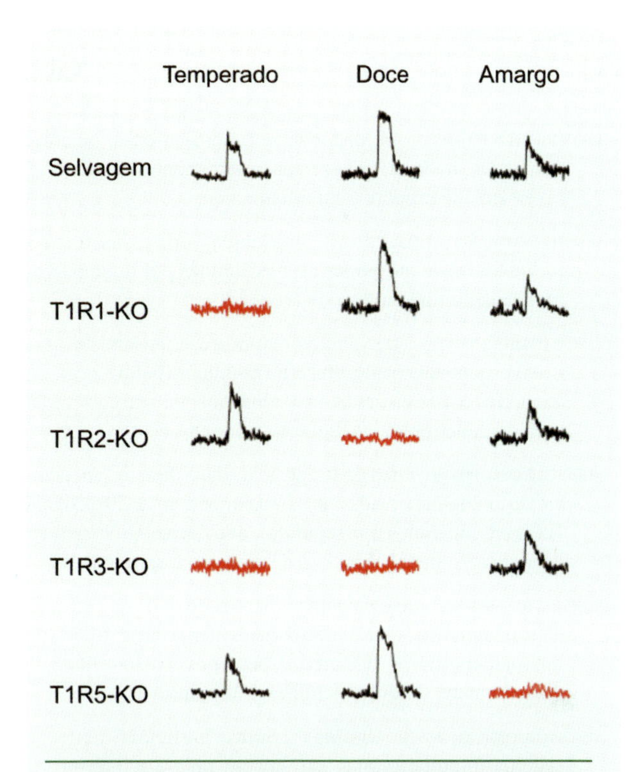

Figura 6.21. *Os traçados representam os potenciais receptores registrados nas células gustativas de camundongos selvagens (normais, sem alterações no genoma), bem como de animais cujo DNA sofreu a deleção (retirada) de um gene específico, indicado na legenda (T1R1-KO[8], T1R2-KO etc.). Verifica-se que a deleção tanto de T1R1 como de T1R3 provoca abolição da sensibilidade ao sabor temperado, o que significa que o receptor é o heterodímero T1R1+3. Da mesma forma, a deleção de T1R2, da mesma forma que a de T1R3, provoca abolição do sabor doce (heterodímero T1R2+3). O sabor amargo é produzido pelo homodímero T1R5. Modificado de J. Chandrashekar e cols.,* Nature *vol. 44: pp. 288-294 (2006).*

É interessante notar que a sensibilidade gustativa conferida pelos receptores nem sempre é restrita à mesma espécie química. Entre as substâncias de sabor doce, por exemplo, encontramos carboidratos naturais (como a glicose e a sacarose), sais orgânicos (como a sacarina), proteínas (como a monelina), peptídeos (como o aspartame), e D-aminoácidos. Isso é possível porque a mesma molécula de receptor apresenta diversos sítios ativos que reconhecem compostos diferentes.

Além disso, deve-se notar que a cavidade oral possui também receptores somestésicos que respondem a textura (mecanoceptores), temperatura (termoceptores) e certas propriedades irritantes (nociceptores) dos alimentos. É o caso da capsaicina, um componente das pimentas que provoca um fenômeno de tipo inflamatório na boca: a "quentura" que percebemos quando ingerimos excesso de pimenta é um exemplo disso. Também é o caso do mentol, componente da hortelã e da menta, que estimula os termoceptores provocando uma sensação refrescante. Esses receptores somestésicos presentes em meio aos receptores gustativos tornam o paladar um fenômeno multissensorial.

O paladar é importante para que avaliemos o conteúdo nutricional dos alimentos, e evitemos a ingestão de substâncias potencialmente tóxicas. Assim, o gosto doce possibilita identificar nutrientes ricos em energia, o salgado contribui para manter o equilíbrio eletrolítico, o gosto temperado possibilita identificar aminoácidos, o amargo e o azedo alertam-nos para substâncias possivelmente nocivas. Como sabemos, o paladar confere-nos também um grande sentimento de prazer, explorado ricamente em todas as culturas humanas.

[8] *A abreviatura KO refere-se à expressão* knock-out, *em inglês, que significa "gene retirado".*

GLOSSÁRIO

COMPRIMENTO DE ONDA: distância entre duas cristas, ou entre dois vales, de uma onda regular (geralmente senoidal). É inversamente proporcional à frequência.

CONFORMAÇÃO ALOSTÉRICA: uma entre várias das formas tridimensionais que podem ser assumidas por uma macromolécula do tipo proteico.

ESCOTOMAS CINTILANTES: pontos luminosos e pulsáteis que se veem espontaneamente em certas condições patológicas, ou quando a retina é estimulada mecanicamente, sem correlação com qualquer objeto real que esteja sendo visto.

ESPECTRO AUDÍVEL: faixa de frequências das vibrações mecânicas do ambiente, situada aproximadamente entre 20 e 20.000 Hz (hertz ou ciclos por segundo), perceptível pelo sentido da audição humana. Maiores detalhes no Capítulo 8.

ESPECTRO VISÍVEL: faixa de comprimentos de onda da radiação eletromagnética, situada aproximadamente entre 400 e 700 nm (nanômetros ou 10^{-9} metro), perceptível pelo sentido da visão humana. Maiores detalhes no Capítulo 9.

FAGOCITOSE: ação de algumas células, particularmente no sistema imunitário, mas não apenas nele, de interiorizar partículas estranhas ou detritos celulares.

FREQUÊNCIA: número de cristas ou vales de uma onda regular (geralmente senoidal), que ocorre em um determinado período de tempo. É inversamente proporcional ao comprimento de onda.

L-AMINOÁCIDO: forma tridimensional da molécula de um aminoácido capaz de girar para a esquerda o plano de polarização da luz polarizada; é como se fosse uma imagem ao espelho do D-aminoácido.

PODER DE CONVERGÊNCIA: medida da capacidade das superfícies transparentes (dioptros) de fazer convergir para um foco os raios luminosos que neles penetram. Nas superfícies esféricas, é inversamente proporcional ao raio.

PROPRIOCEPÇÃO: submodalidade somestésica através da qual registramos – consciente ou inconscientemente – a posição estática e dinâmica das partes de nosso corpo. Maiores detalhes no Capítulo 7.

RESOLUÇÃO: capacidade do sistema visual de distinguir as menores partes individuais de um objeto.

SISTEMA MOTOR: conjunto de regiões interligadas do sistema nervoso, que se encarregam de diferentes aspectos da motricidade. Maiores detalhes no Capítulo 12.

TIMBRE: percepção da combinação característica de frequências e seus harmônicos, emitidos por uma determinada fonte sonora (como um instrumento musical, por exemplo).

TOM: percepção de uma frequência pura emitida por uma fonte sonora.

TORO: sólido com a forma de um cilindro curvo.

SABER MAIS

LEITURA BÁSICA

Bear MF, Connors BW, Paradiso MA. The Chemical Senses. Capítulo 8 de *Neuroscience – Exploring the Brain* 3ª ed., Nova York, EUA: Lippincott Williams & Wilkins, 2007, pp. 251-275. Texto que cobre não apenas os quimiorreceptores, mas também os sistemas olfatório e gustativo como um todo.

Bear MF, Connors BW, Paradiso MA. The Eye. Capítulo 9 de *Neuroscience – Exploring the Brain* 3ª ed., Nova York, EUA: Lippincott Williams & Wilkins, 2007, pp. 277-308. Texto dedicado ao olho, aos fotorreceptores e à fototransdução.

Bear MF, Connors BW, Paradiso MA. The Auditory and Vestibular Systems. Capítulo 11 de *Neuroscience – Exploring the Brain* 3ª ed., Nova York, EUA: Lippincott Williams & Wilkins, 2007, pp. 23-73. Texto que cobre todo o sistema auditivo e mais o sistema vestibular.

Bear MF, Connors BW, Paradiso MA. The Somatic Sensory System. Capítulo 12 de *Neuroscience – Exploring the Brain* 3ª ed., Nova York, EUA: Lippincott Williams & Wilkins, 2007, pp. 387-422. Texto que abrange todo o sistema somestésico, e não apenas os seus receptores.

Silveira LCL. Os Sentidos e a Percepção. Capítulo 7 de *Neurociência da Mente e do Comportamento* (Lent R, coord.), Rio de Janeiro: Guanabara-Koogan, 2008, pp. 133-182. Texto que abrange não apenas os receptores, mas os sistemas sensoriais em conjunto.

Hendry SH, Hsiao SS, Brown MC. Fundamentals of Sensory Systems. Capítulo 23 de *Fundamental Neuroscience* 3ª ed., (Squire L.R. e cols., orgs.), Nova York, EUA: Academic Press, 2008, pp. 535 a 548. Texto avançado sobre os principais conceitos relativos ao funcionamento dos sistemas sensoriais.

LEITURA COMPLEMENTAR

Adrian ED e Zotterman Y. The impulses produced by sensory nerve-endings. Part 2. The response of a single end-organ. *Journal of Physiology* 1926; 61:151-171.

Wald G. Carotenoids and the visual cycle. *Journal of General Physiology* 1935; 19:351-371.

LaMotte RH e Mountcastle VB. Capacities of humans and monkeys to discriminate vibratory stimuli of different frequency and amplitude: a correlation between neural events and psychological measurements. *Journal of Neurophysiology* 1975; 38:539-559.

Baylor DA, Lamb TD, Yau KW. Responses of retinal rods to single photons. *Journal of Physiology* 1979; 288:613-634.

Shepherd GM. Discrimination of molecular signals by the olfactory receptor neuron. *Neuron* 1994; 13:771-790.

Kinnamon SC e Margolskee RF. Mechanisms of taste transduction. *Current Opinion in Neurobiology* 1996; 6:506-513.

Caterina MJ e Julius D. Sense and specificity: a molecular identity for nociceptors. *Current Opinion in Neurobiology* 1999; 9:525-530.

Zhao H e Firestein S. Vertebrate odorant receptors. *Cellular and Molecular Life Sciences* 1999; 56:647-659.

Floriano WB, Vaidehi N, Goddard WA, Singer MS, Shepherd GM. Molecular mechanisms underlying differential odor responses of a mouse olfactory receptor. *Proceedings of the National Academy of Sciences of the USA* 2000; 97:10712-10716.

Gilbertson TA, Damak S, Margolskee RF. The molecular physiology of taste transduction. *Current Opinion in Neurobiology* 2000; 10:519-527.

Kachar B, Parakkal M, Kurc M, Zhao Y, Gillespie PG. High-resolution structure of hair-cell tip links. *Proceedings of the National Academy of Sciences of the USA* 2000; 97:13.336-13.341.

Robles L e Ruggero MA. Mechanics of the mammalian cochlea. *Physiologial Reviews* 2001; 81:1305-1352.

Pepe IM. Recent advances in our understanding of rhodopsin and phototransduction. *Progress in Retina and Eye Research* 2001; 20:733-759.

Felix H. Anatomical differences in the peripheral auditory system of mammals and man. A mini review. *Advances in Otorhinolaryngology* 2002; 59:1-10.

Bozza T, Feinstein P, Zheng C , Mombaerts P. Odorant receptor expression defines functional units in mouse olfactory system. *Journal of Neuroscience* 2002; 22: 3033-3043.

Zhang Y, Hoon MA, Chandrashckar J, Mueller KL, Cook B, Wu D, Zuker CS. e Ryba RJ. Coding of sweet, bitter, and umami tastes: different receptor cells sharing similar signalling pathways. *Cell* 2003; 112:293-301.

Burns ME e Arshavsky VY. Beyond counting photons: Trials and trends in vertebrate visual transduction. *Neuron* 2005; 48:387-401.

Hudspeth AJ. How the ear's works work: mechanoelectrical transduction and amplification by hair cells. *Comptes Rendues de l' Academie des Sciences (Biologies)* 2005; 328:155-162.

Wang H e Woolf CJ. Pain TRPs. *Neuron* 2005; 46: 9-12.

Brennan PA e Zufall F. Pheromonal communication in vertebrates. *Nature* 2006; 444:308-315.

Chandrashekar J, Hoon MA, Ryba NJP, Zuker CS. The receptors and cells for mammalian taste. *Nature* 2006; 444:288-294.

Malnic B. Searching for the ligands of odorant receptors. *Molecular Neurobiology* 2007; 35:175-181.

Bandell M, Macpherson LJ, Patapoutian A. From chills to chilis: mechanisms for thermosensation and chemesthesis via thermo TRPs. *Current Opinion in Neurobiology* 2007; 17:490-497.

Hankins MW, Peirson SN, Foster RG. Melanopsin: an exciting photopigment. *Trends in Neuroscience* 2008; 31:27-36.

Roper SD. Parallel processing in mammalian taste buds? *Physiology and Behavior* 2009; 97:604-608.

Touhara K e Vosshall LB. Sensing odorants and pheromones with chemosensory receptors. *Annual Reviews of Physiology* 2009; 71:307-332.

PARTE 2

NEUROCIÊNCIA SENSORIAL

7

Os Sentidos do Corpo

Estrutura e Função do Sistema Somestésico

Composição com dois pés, de Carlos Vergara (sem data)

Saber o Principal

Resumo

A capacidade que as pessoas e os animais possuem de receber informações sobre as diferentes partes do seu corpo é a somestesia, uma modalidade sensorial constituída por diversas submodalidades, como o tato, a propriocepção, a termossensibilidade, a dor e outras. Quem realiza essa tarefa é o sistema somestésico, uma cadeia sequencial de neurônios, fibras nervosas e sinapses que traduzem, codificam e modificam as informações provenientes do corpo. Nem todas essas informações tornam-se conscientes, produzindo percepção; algumas são utilizadas inconscientemente para a coordenação da motricidade e do funcionamento dos órgãos internos.

O sistema somestésico divide-se em um subsistema exteroceptivo, outro proprioceptivo e um terceiro interoceptivo. O primeiro é preciso, rápido, discriminativo e dotado de uma detalhada representação espacial da superfície corporal; o segundo também é rápido, sendo encarregado de informar o cérebro sobre os músculos e as articulações; e o terceiro é o que nos proporciona uma noção do estado funcional do corpo, criando uma sensação geral de bem-estar ou mal-estar. Além disso, as vias ascendentes que veiculam os três subsistemas são diferentes. O exteroceptivo tem como submodalidade principal o tato. Apresenta receptores especializados situados na pele e nas mucosas; neurônios primários situados em gânglios periféricos, neurônios de segunda ordem situados no tronco encefálico do mesmo lado; neurônios de terceira ordem situados no tálamo somestésico do lado oposto e neurônios de quarta ordem situados no giro pós-central do córtex cerebral. O subsistema proprioceptivo tem como função a localização espacial das partes do corpo, principalmente para orientar a ação dos sistemas motores. Suas vias envolvem receptores situados nas articulações e nos músculos. Os neurônios primários ficam também nos gânglios periféricos, mas os de segunda ordem ficam quase sempre na medula, de onde projetam ao tálamo e ao cerebelo. Uma parte da propriocepção é consciente, a outra é inconsciente, servindo para possibilitar ações motoras rápidas e eficazes. O subsistema interoceptivo reúne as informações dolorosas, térmicas e metabólicas de todos os tecidos e órgãos, que confluem para neurônios de segunda ordem situados na lâmina I da medula, cujos axônios cruzam e ascendem a uma cadeia de regiões em vários níveis da medula e do tronco encefálico, chegando ao tálamo e depois aos córtices insular e cingulado, relacionados com as emoções.

A localização espacial dos estímulos somestésicos é permitida pela organização somatotópica das vias aferentes e das sinapses correspondentes, que implica um mapa ordenado de representação das diversas partes do corpo segundo a sua sequência natural na superfície corporal. Os mapas somatotópicos são precisos e detalhados nos sistemas exteroceptivo e proprioceptivo, mas são mais imprecisos e grosseiros no interoceptivo, já que este se destina a conferir ao indivíduo uma percepção geral de bem ou mal-estar. A discriminação dos estímulos que ativam o sistema somestésico (toque, pressão, temperatura, movimento e muitos outros) realiza-se no córtex, começando nas áreas que compõem o giro pós-central (3a, 3b, 1, 2 e S2), cada uma delas dotada de pelo menos um mapa somatotópico.

Dentre as submodalidades somestésicas, a dor se particulariza pela sua importância para a proteção e a sobrevivência dos indivíduos. Embora todas as submodalidades apresentem sistemas de modulação, o da dor é especialmente elaborado, possibilitando o controle da transmissão sináptica na medula por meio de outras vias aferentes e de vias descendentes: são os mecanismos analgésicos endógenos.

Durante a maior parte de nossa existência não nos damos conta de nosso corpo. Muita coisa acontece com ele minuto a minuto, mas só as mais significativas são registradas pela consciência, porque geralmente nossa atenção está voltada para outros aspectos do ambiente, e o nosso corpo passa despercebido. No entanto, embora a consciência não registre tudo, o sistema nervoso recebe e processa continuamente todas as informações sobre a posição e o movimento das partes do corpo e do corpo como um todo, sobre o estado de nossas vísceras, sobre a textura, a forma e a temperatura dos objetos que tocamos e sobre a integridade de nossos tecidos. Essas informações são selecionadas, filtradas e encaminhadas a diferentes regiões neurais, que as vão utilizar de diversas maneiras. A parte que atingirá a consciência servirá para orientar o comportamento e o raciocínio, podendo ser armazenada na memória para utilização posterior. A parte inconsciente servirá para gerar um estado global de bem-estar (ou mal-estar) que influi bastante sobre nossas emoções e o humor, bem como para coordenar os nossos movimentos de modo a manter a postura e o equilíbrio corporal, e para ajustar o funcionamento dos órgãos e das vísceras de acordo com as necessidades fisiológicas.

Esse amplo conjunto de informações sobre o corpo compõe a modalidade sensorial que conhecemos por *somestesia* (do latim *soma*, que quer dizer corpo, e *aesthesia*, que significa sensibilidade). A somestesia não é uma modalidade sensorial uniforme, mas sim constituída por várias submodalidades, dentre as quais as mais importantes são as seguintes: o *tato*, que corresponde à percepção das características dos objetos que tocam a pele; a *propriocepção*, que consiste na capacidade de distinguir a posição estática e dinâmica do corpo e suas partes; a *termossensibilidade*, que nos permite perceber a temperatura dos objetos e do ar que nos envolve; e a *dor*, que é a capacidade de identificar estímulos muito fortes, potenciais ou reais causadores de lesões nos nossos tecidos. Como veremos adiante, cada uma dessas submodalidades também poderia ser subdividida ainda mais, já que da nossa própria experiência e das observações dos neurologistas podemos identificar uma sensibilidade ao frio e outra ao calor, um tato fino, preciso, e outro mais grosseiro e impreciso, vários tipos diferentes de dor e ainda sensações difíceis de classificar, como a ardência e a coceira.

PLANO GERAL DO SISTEMA SOMESTÉSICO

Podemos compreender a organização estrutural do sistema somestésico imaginando-o como um conjunto sequencial de neurônios, fibras nervosas e sinapses, capaz primeiro de representar por meio de potenciais bioelétricos os estímulos ambientais que atingem o corpo, em seguida modificar esse código de potenciais a cada estágio sináptico e, por fim, conduzi-los a regiões cerebrais superiores para que sejam transformados em percepção e emoção, e eventualmente utilizados na modulação do comportamento (veja o Quadro 7.1).

O primeiro estágio dessa cadeia sequencial é o dos receptores, amplamente discutidos no Capítulo 6. Os receptores sensoriais são estruturas especializadas em traduzir as diversas formas de energia que incidem sobre o nosso corpo, transformando-as em potenciais receptores e potenciais de ação. Há receptores somestésicos em praticamente todas as partes do corpo. Uma exceção curiosa é o próprio sistema nervoso, cujo parênquima[G] não possui receptores. Por essa razão o cérebro não dói, e é possível realizar cirurgias para a remoção de tecido neural doente em pacientes submetidos apenas a anestesia local que bloqueie a sensibilidade do crânio, das meninges[G] e dos vasos sanguíneos.

Existem receptores sensoriais em todos os órgãos do corpo, embora a pele seja o "órgão somestésico" por excelência. Esses receptores são estruturas histológicas especializadas para detectar melhor os diferentes estímulos que incidem sobre o organismo (por fora ou por dentro), compostos pela extremidade de uma fibra nervosa, que pode estar livre ou então associada a células não neurais, formando um "miniórgão" (Figura 7.1). As fibras que emergem desses miniórgãos podem ser mielinizadas ou não, e vão-se juntando em filetes nervosos e nervos periféricos até, por fim, penetrar no SNC através das raízes dorsais da medula espinhal[A] ou através de alguns nervos cranianos diretamente no encéfalo. Os corpos celulares que dão origem a essas fibras ficam localizados nos gânglios espinhais (Figura 7.1) e no gânglio trigêmeo: são eles os neurônios primários do sistema somestésico.

Apesar da diversidade dos receptores e suas fibras, no SNC eles podem ser reunidos em subsistemas somestésicos diferentes, de acordo com a sua natureza funcional e a organização morfológica correspondente (Tabela 7.1). Classicamente, um desses subsistemas reuniria a maioria das fibras que veiculam a submodalidade do tato e as fibras proprioceptivas: seria o (sub)sistema epicrítico, com grande capacidade discriminativa e alta precisão sensorial (acuidade). O segundo seria o (sub)sistema protopático, que reuniria uma parte das fibras que veiculam a termossensibilidade e a dor, além de certas fibras táteis de sensibilidade mais grosseira: é pouco discriminativo e menos preciso. Essa subdivisão clássica foi recentemente revista, propondo-se de certa forma um retorno a uma proposta antiga do fisiolo-

[G] *Termo constante do glossário ao final do capítulo.*

[A] *Estrutura encontrada no Miniatlas de Neuroanatomia (p. 367).*

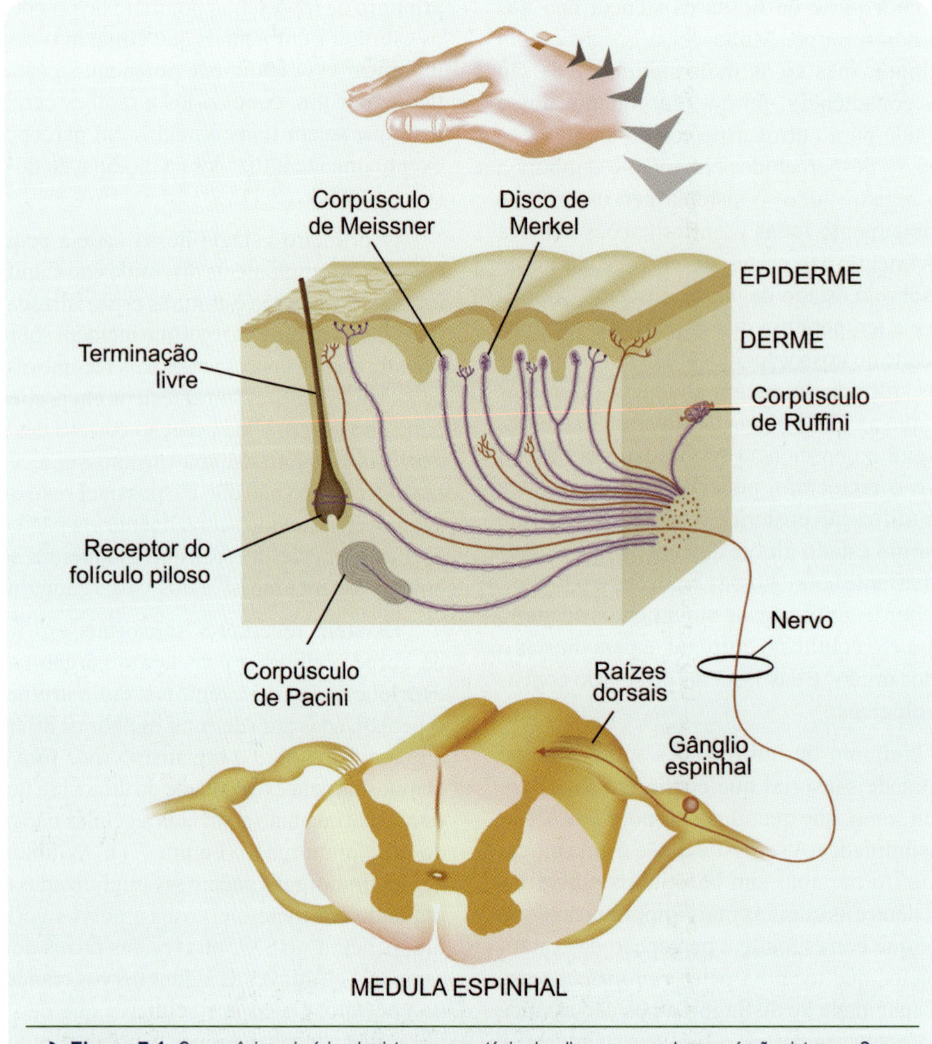

Figura 7.1. *Os neurônios primários do sistema somestésico localizam-se na pele e nos órgãos internos. Seus corpos celulares ficam nos gânglios sensitivos (como os gânglios espinhais), e seus prolongamentos distais podem ser livres ou associados a estruturas conjuntivas, formando miniórgãos receptores.*

gista inglês Charles Sherrington (1857-1952), prêmio Nobel de medicina ou fisiologia em 1932. De acordo com essa proposta retomada, seriam considerados três subsistemas (Figura 7.2): um *exteroceptivo*, que incluiria a sensibilidade tátil discriminativa proveniente da pele; um segundo, *proprioceptivo*, que incluiria a sensibilidade proveniente dos músculos e articulações, servindo essencialmente à coordenação motora; e um terceiro, *interoceptivo*, que reuniria grande diversidade de receptores situados em todo o organismo, encarregados de monitorar dinamicamente o estado funcional de nosso corpo, influenciando sensações subjetivas, emoções, e um certo sentido de conhecimento global do nosso próprio corpo. Nesses três subsistemas, o neurônio primário estabelece contato sináptico com o neurônio secundário em algum nível do SNC (na medula ou no tronco encefálico), e o axônio deste geralmente cruza a linha média antes de estabelecer contato com o neurônio de terceira ordem (Figura 7.2). Desse modo, a representação somestésica no SNC é quase sempre contralateral: o hemisfério cerebral esquerdo recebe informações do lado direito do corpo e vice-versa. A informação codificada dos estímulos ambientais, então, pode ser conduzida ao tálamo[A], onde estão os neurônios de terceira ordem, cujos axônios projetam diretamente às regiões somestésicas do córtex cerebral. Muitas fibras proprioceptivas secundárias seguem outro caminho: mantêm-se do mesmo lado, projetando diretamente ao cerebelo[A], onde se encontram os neurônios de terceira ordem. Neste caso, os neurônios de terceira ordem formam circuitos intracerebelares e não projetam às regiões somestésicas do córtex cerebral. Além disso, muitas fibras nociceptivas de segunda ordem estabelecem contato com neurônios do tronco encefálico, e estes iniciam uma sequência numerosa de sinapses que dirigem a informação dolorosa a diversas regiões cerebrais.

TATO

Um cego é capaz de aprender a utilizar a superfície dos seus dedos para identificar as pequenas elevações pontuais que constituem a escrita Braille. Nessa tarefa, ele consegue perceber elevações com até 4 centésimos de milímetro de largura e 6 centésimos de altura! Além disso, todos somos capazes de aprender a identificar objetos e descrever suas formas sem o auxílio da visão; somos muito precisos nessa tarefa, especialmente quando usamos as mãos. Também os animais utilizam o tato em suas atividades diárias. Os roedores e os carnívoros, por exemplo, usam os seus grandes bigodes (vibrissas), muito mais que as patas, como instrumentos ativos de investigação tátil do ambiente. Não é preciso salientar, portanto, a importância da submodalidade do tato para a percepção sensorial e o comportamento. Mas é preciso estudar os circuitos neuronais que veiculam essa informação somestésica e os mecanismos que utilizam.

RECEPTORES E NEURÔNIOS PRIMÁRIOS NO CORPO E NA CABEÇA

A Figura 7.1 ilustra bem a grande diversidade dos receptores táteis existentes na pele e no interior do organismo: essa característica contribui bastante para a ampla capacidade de percepção tátil de que somos capazes. Como todos esses receptores são especializações das extremidades

TABELA 7.1. DIFERENÇAS ENTRE OS SUBSISTEMAS SOMESTÉSICOS

	Subsistema Exteroceptivo	*Subsistema Proprioceptivo*	*Subsistema Interoceptivo*
Submodalidades	Tato fino	Propriocepção consciente e inconsciente	Tato grosseiro, sensibilidade visceral, termossensibilidade, dor, coceira
Receptores	Mecanoceptores	Mecanoceptores, termoceptores, quimioceptores	Mecanoceptores, termoceptores, quimioceptores
Fibras periféricas	Aβ	Ia, Ib	Aδ e C
Velocidade de condução	Alta	Alta	Média e baixa
Localização do neurônio de primeira ordem	Gânglios espinhais e gânglio trigêmeo	Gânglios espinhais e gânglio trigêmeo	Gânglios espinhais e gânglio trigêmeo
Localização do neurônio de segunda ordem	Núcleos da coluna dorsal e núcleo principal do trigêmeoA	Núcleos da coluna dorsal e núcleo principal do trigêmeo; núcleos mediais da medula*	Corno dorsal (principalmente lâmina I) e núcleo espinhal do trigêmeoA
Vias espinhais	Feixes da coluna dorsal (grácil e cuneiforme)	Feixes da coluna dorsal e feixes espinocerebelares*	Feixes da coluna anterolateral (espinotalâmico e espinorreticular), fascículo medial da coluna dorsal
Vias supraspinhais	Lemnisco medial, radiações talâmicas	Lemnisco medial, radiações talâmicas, pedúnculos cerebelares*A	Lemnisco espinhal e diferentes vias ascendentes do tronco encefálico e radiações talâmicas
Local de cruzamento	Tronco encefálico	Medula (para as vias espinhais) e tronco encefálico (para as vias trigeminais); sem cruzamento (para as vias espinocerebelares)*	Medula
Localização do neurônio de terceira ordem	Núcleo ventral posterior do tálamo	Cerebelo* e núcleos do diencéfalo	Diferentes núcleos do tronco encefálico e núcleo ventral medial do diencéfalo
Localização do neurônio de quarta ordem	Áreas somestésicas no giro pós-central e outras áreas menos conhecidas	Áreas somestésicas no giro pós-central e cerebelo*	Diferentes núcleos do tronco encefálico, núcleos ventral medial e mediodorsal do tálamo, núcleos do hipotálamo, córtex insular anterior
Somatotopia	Precisa	Pouco conhecida	Grosseira
Propriedades funcionais	Campos receptores pequenos e unimodais	Pouco conhecidas	Campos receptores grandes e polimodais

**Propriocepção inconsciente.*

Neurociência em Movimento

Quadro 7.1
Somestesia: da Evolução aos Neurônios-espelhos

*Antonio A. Pereira Jr.**

Nada em biologia faz sentido,
a não ser à luz da evolução

Theodosius Dobzhansky (1900-1975)

Quando criança, intrigava-me o comportamento dos animais. Às vezes pareciam tão diferentes da gente, enquanto em outras eram espantosamente parecidos. Claro que eu não conhecia o trabalho revolucionário de Charles Darwin, como muitas outras crianças (ainda hoje...), e a sua proposta de que o comportamento dos animais – bem como a sua estrutura – sofre as mesmas pressões da seleção natural e que, se olharmos com atenção, vamos detectar muitas semelhanças entre as espécies existentes. Esta curiosidade permaneceu e inspira uma das questões que anima a minha carreira científica: como o sistema nervoso dos mamíferos evoluiu, em especial seus sistemas sensoriais?

Iniciei minha trajetória científica profissional estudando o sistema visual de um marsupial sul-americano, o gambá, supervisionado pela Profª Eliane Volchan, do Instituto de Biofísica Carlos Chagas Filho, na Universidade Federal do Rio de Janeiro. O gambá, que foi introduzido como modelo experimental para estudos do sistema visual por Carlos Eduardo Rocha Miranda e Eduardo Oswaldo Cruz na década de 1960, possui várias características interessantes para estudos comparativos de forma e função do sistema nervoso, entre elas uma grande semelhança com o ancestral dos mamíferos que viveu na era jurássica. Estes estudos nos permitiram fazer várias inferências sobre a evolução do sistema visual dos mamíferos, como, por exemplo, a de que a evolução de novas capacidades, ou adaptações, ocorre de forma modular, sobrepondo-se e integrando-se aos circuitos preexistentes, mais antigos (Figura).

Em seguida, após o fim do doutoramento, voltei minha atenção, por razões circunstanciais, para outra ordem de mamíferos (e a que possui o maior número de espécies): os roedores. Nestes animais, o sistema sensorial mais estudado e conhecido é o sistema somestésico, que é organizado em módulos de processamento chamados barris, no tronco encefálico, tálamo e córtex, e que são maravilhosamente visíveis utilizando-se várias técnicas histológicas simples. Isto facilita bastante a correlação entre a forma e a função do sistema somestésico destes animais em situações normais e após manipulações experimentais. Junto com meus colegas Marco Aurélio Freire e Carlomagno Bahia, mostramos pela primeira vez que o campo de barris do camundongo também pode ser revelado com uma enzima que está envolvida na síntese do óxido nítrico, um neurotransmissor gasoso que desempenha um papel importante na plasticidade do sistema nervoso central adulto. Mais recentemente, também mostramos que a plasticidade do campo de barris na área somestésica primária do córtex é controlada pela maturação de proteoglicanos da matriz extracelular. Esta descoberta é importante porque sinaliza uma oportunidade para possíveis intervenções farmacológicas objetivando restaurar a função do sistema nervoso central após lesões. Com meus colegas Rubem Guedes e Cristovam Diniz, temos estudado como o processamento dos sinais somestésicos muda no cérebro dos ratos durante o envelhecimento.

Ainda dentro de uma abordagem comparativa para elucidar a evolução do sistema somestésico dos mamíferos, eu e meus colegas João Franca, Jean-Cristophe

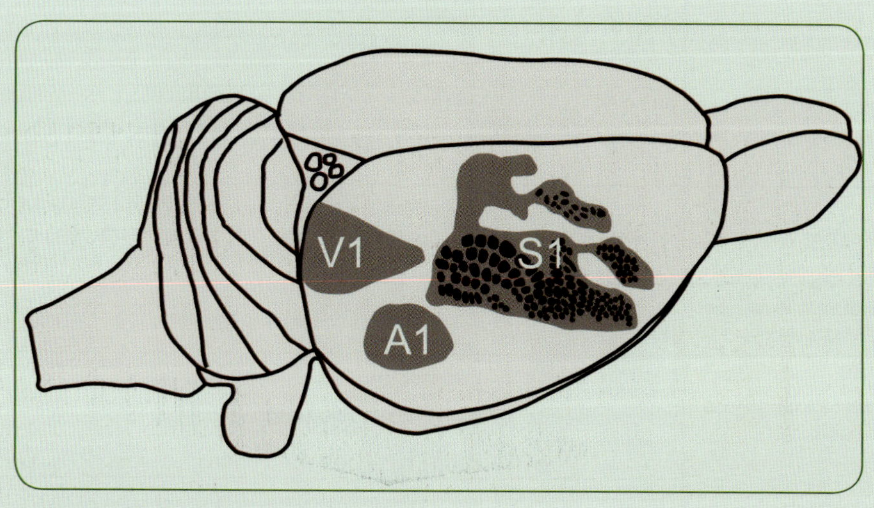

Diagrama do cérebro do rato visto de cima e de lado, mostrando as áreas corticais primárias das modalidades visual (V1), auditiva (A1) e somestésica (S1). Observar os módulos de processamento em S1, mais evidentes na região de representação da face.

Houzel, Roberto Lent, Cristovam Diniz, Emiliana Rocha, Ivanira Dias e Lucídia Santiago, introduzimos outro roedor, a cutia, como modelo experimental (*Dasyprocta agouti*). A cutia é um roedor de médio porte, com o sistema somestésico organizado de maneira semelhante ao de outros roedores, mas possui hábitos diurnos e um sistema visual bastante desenvolvido. Utilizando registros eletrofisiológicos extracelulares multiunitários e a injeção de neurorrastreadores, temos mapeado as múltiplas representações somestésicas no córtex deste roedor e a maneira como elas estão interconectadas umas às outras.

Recentemente, após um período trabalhando no laboratório do Dr. Miguel Nicolelis na Universidade Duke, nos EUA, publicamos um trabalho, junto com Sidarta Ribeiro, caracterizando eletrofisiologicamente as propriedades de resposta de grupos de neurônios hipocampais a estímulos táteis em animais acordados e durante o sono. Os resultados mostraram que esses neurônios codificam as informações táteis de maneira bastante precisa e desvinculada da posição do animal no espaço. Foi um trabalho importante, também, porque mostrou que o processamento detalhado da informação sensorial é distribuído pelo cérebro e não estritamente compartimentalizado como propõem alguns autores.

Finalmente, junto com meus colegas Luiz Gawryszewski e Allan Pablo Lameira, também venho estudando os processos de imagética motora[G] em seres humanos e de que maneira as informações somestésicas proprioceptivas interagem com os códigos motores em um paradigma experimental de rotação mental, utilizando o tempo de reação manual como parâmetro de avaliação. Estes trabalhos confirmaram que a rotação mental de objetos e partes do corpo é processada de modo diferente no cérebro, porque no segundo caso o movimento é contingenciado pelas propriedades biomecânicas do membro imaginado. Mais importante, contudo, nossos resultados nos levaram a sugerir que o substrato neural responsável pela rotação mental seja compartilhado com o sistema de neurônios-espelho (ver o Capítulo 12).

Antonio Pereira.

*Professor-adjunto da Universidade Federal do Rio Grande do Norte. Correio eletrônico: apereira@ufpa.br

das fibras nervosas sensoriais, estas se agrupam em nervos que se dirigem ao SNC. Quando situados abaixo da cabeça, penetram no SNC através das raízes dorsais da medula. Os receptores localizados na cabeça, por sua vez, ligam-se a fibras que compõem alguns dos nervos cranianos, sobretudo o nervo trigêmeo[A] (nervo craniano V), que penetra no SNC diretamente no tronco encefálico.

A organização segmentar da medula (Figura 7.3A), derivada de sua origem embriológica peculiar, também segmentada, faz com que cada par de raízes dorsais – uma de cada lado – contenha as fibras originadas de uma área restrita da superfície corporal. Acompanhando a coluna vertebral, a medula possui 30 segmentos divididos em quatro grupos: cervical (com oito segmentos, abreviados C1 a C8), torácico (T1 a T12), lombar (L1 a L5) e sacro (S1 a S5). Todos esses segmentos se organizam de modo semelhante (Figura 7.3C): no centro da medula, formando uma estrutura parecida com a letra H, encontram-se os corpos dos neurônios que recebem as informações somestésicas, além de muitos outros que desempenham outras funções. O H medular representa, portanto, a substância cinzenta. Em volta dele está a substância branca, onde se concentram milhões de fibras nervosas – algumas ascendentes, que nos interessam mais de perto neste capítulo, outras descendentes, que serão estudadas no Capítulo 12. A área da superfície corporal que é inervada por um segmento medular é chamada *dermátomo* (Figura 7.4). Os segmentos medulares, desse modo, diferem mais fortemente pelos dermátomos que representam do que por suas características anatômicas, que são na verdade bastante semelhantes. Os segmentos cervicais cobrem os dermátomos situados na parte posterior do couro cabeludo (Figura 7.4A), assim como os do pescoço, ombros e a maior parte dos braços (Figura 7.4B). Os segmentos torácicos cobrem os dermátomos do tórax e de uma parte do abdome. Os lombares recebem fibras provenientes do abdome e da região anterior das pernas. Finalmente, os segmentos sacros cobrem os órgãos genitais, o períneo e a face posterior das pernas.

Os dermátomos podem ser delineados quando ocorre uma lesão isolada em alguma raiz espinhal, como em casos de traumatismo ou cirurgia, ou em casos de infecção viral por herpes-zoster[G], que frequentemente atinge um único gânglio espinhal. A análise desses casos mostrou que a extensão dos dermátomos é variável de um indivíduo para outro, e que os limites entre eles não são precisos, o que resulta em considerável superposição de um dermátomo com outro. Isso porque as fibras táteis dos nervos espinhais não inervam apenas a área do seu próprio dermátomo, mas invadem parte dos dermátomos vizinhos. O conceito de dermátomo é importante especialmente para os neurologistas e para os dermatologistas, pois permite diagnosticar a posição segmentar de uma lesão que tenha atingido uma ou mais raízes espinhais.

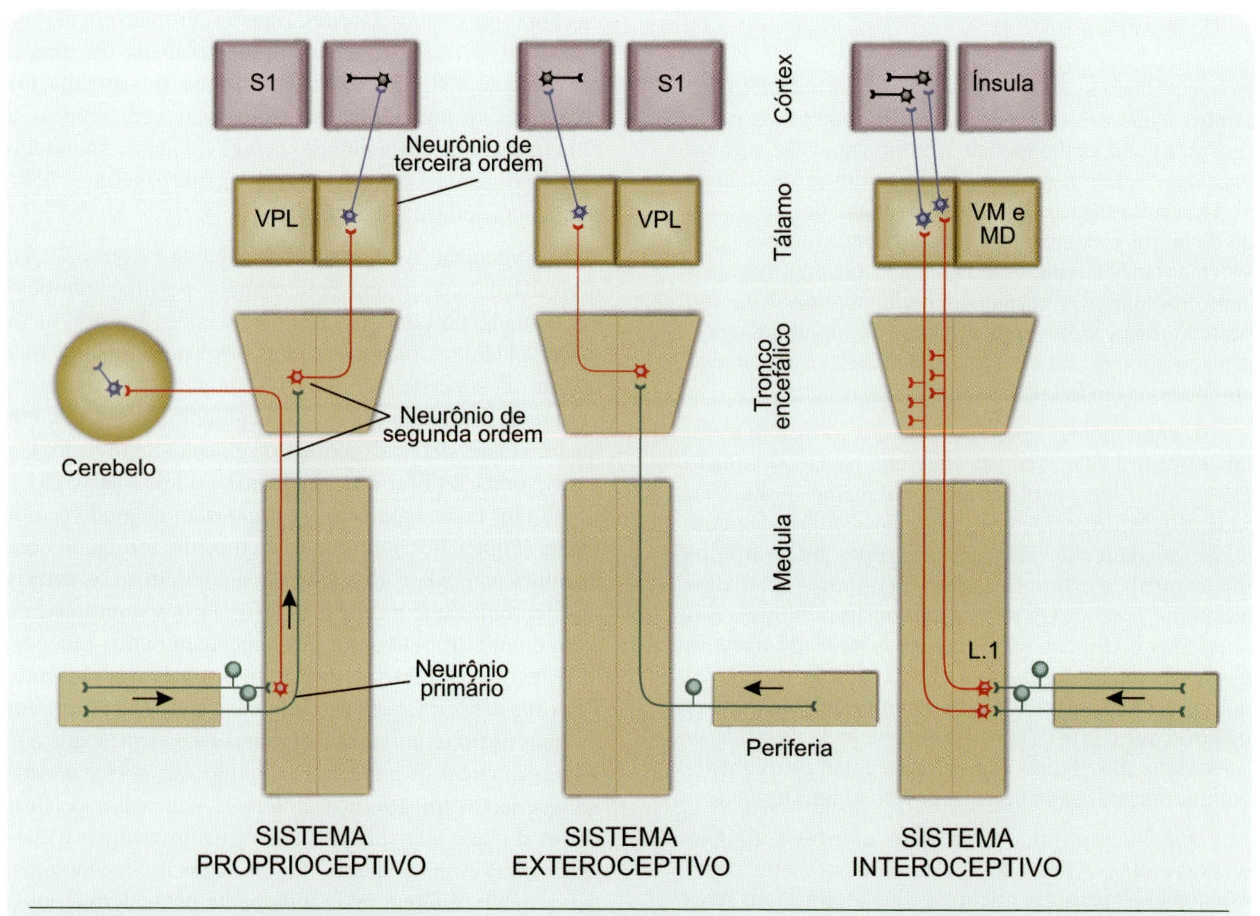

Figura 7.2. *O plano geral dos três subsistemas somestésicos é ligeiramente diferente um do outro, mudando em geral a posição do neurônio de segunda ordem (em vermelho), e portanto o nível do cruzamento através da linha média. O neurônio primário é sempre ganglionar, mas as vias ascendentes diferem quanto ao seu trajeto na medula e acima dela. A propriocepção inconsciente é veiculada pelos feixes espinocerebelares, cujo trajeto é ipsolateral.*

No caso da cabeça, sobretudo a face, a entrada somestésica não apresenta organização segmentar tão clara, pois praticamente toda a inervação tátil é canalizada ao SNC pelo nervo trigêmeo (Figura 7.3B). Entretanto, o trigêmeo possui três grandes ramos, cujo território de inervação é distinto e reminiscente dos dermátomos corporais (Figura 7.4A). O ramo oftálmico cobre o território da testa, olhos e a frente do nariz, o ramo maxilar recebe as fibras táteis das maçãs do rosto, do lábio superior, dentes superiores e cavidades nasal e oral, e o ramo mandibular cobre as têmporas continuando-se até o queixo e incluindo os dentes inferiores.

Imagine agora o que ocorre quando um objeto metálico qualquer – um bastão, por exemplo – toca uma região da superfície cutânea: por exemplo, um dos dedos do seu pé. A compressão da pele estimulada – ainda que leve – ativa os mecanorreceptores locais, que produzem os potenciais receptores correspondentes, codificados a seguir em salvas de potenciais de ação propagados ao longo das fibras táteis em direção ao SNC. Essas fibras são "dendritos" dos neurônios primários do tato, as células pseudounipolares que se situam nos gânglios espinhais. Os "axônios" desses neurônios conduzem os potenciais de ação provenientes do pé através das raízes dorsais do segmento L5 até o corno dorsal da medula (Figura 7.5). O estímulo ativa muitas fibras de maior diâmetro (Aß) e algumas menos calibrosas (Aδ). No primeiro caso (Figura 7.5), os potenciais de ação são conduzidos em grande velocidade (até cerca de 120 m/s[1]) ao longo das fibras, que dentro da medula fazem uma curva, entram na chamada *coluna* (ou cordão) *dorsal*[G] e ascendem medula acima até o bulbo[A], terminando nos *núcleos da coluna dorsal* dessa região do tronco encefálico, onde estão os neurônios de segunda ordem. Ramos colaterais emergem desses axônios logo à entrada na medula, penetram na substância cinzenta medular e estabelecem sinapses com interneurônios que se comunicarão com neurônios motores do corno ventral, cuja função é ativar uma ação reflexa que provocará um movimento brusco do pé.

[1] *Equivalentes a 432 km/h!*

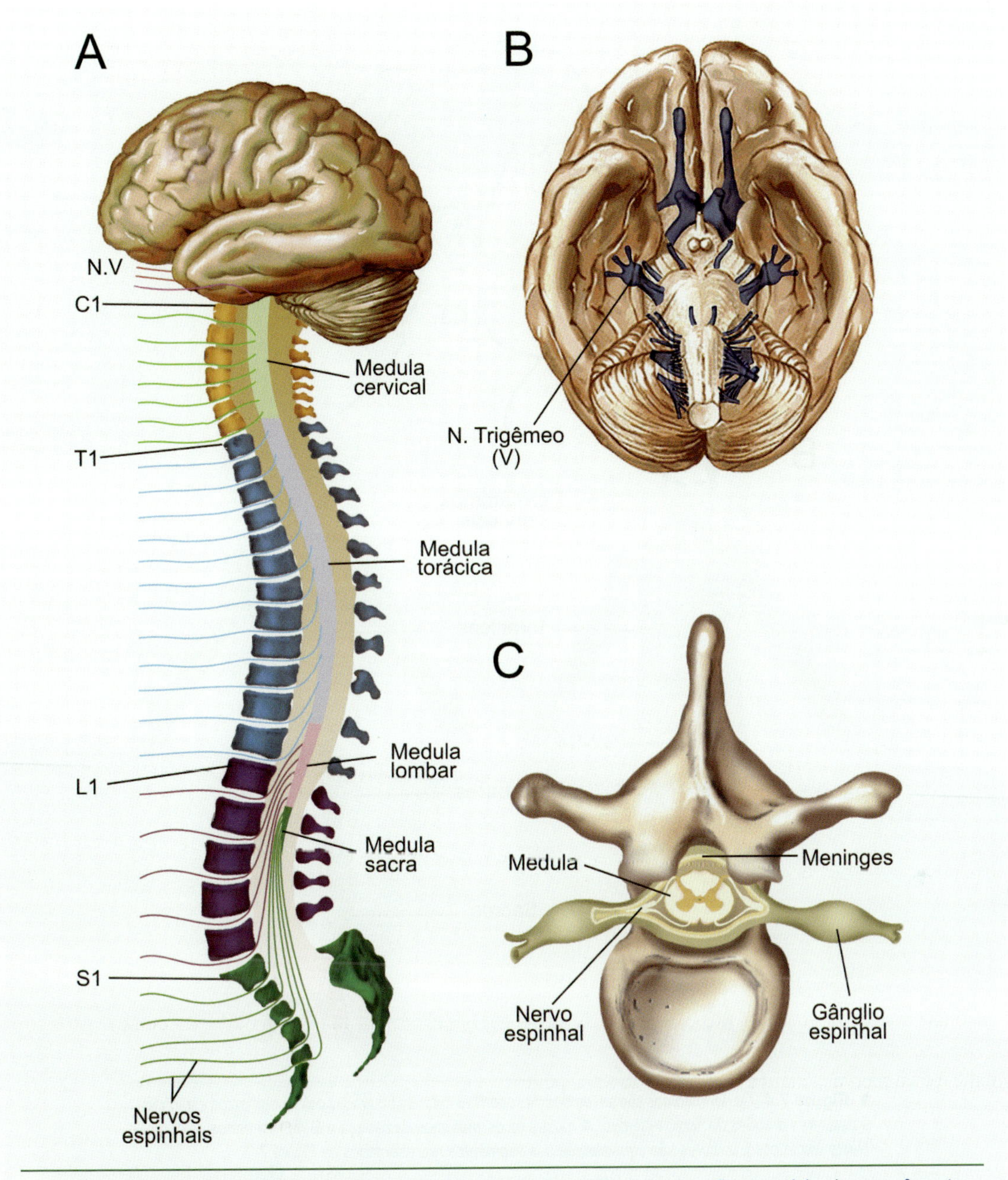

Figura 7.3. *Os nervos espinhais e o trigêmeo respondem pela quase totalidade da inervação somestésica do corpo.* ***A*** *mostra uma representação lateral dos segmentos medulares (C = cervicais; T = torácicos; L = lombares; e S = sacros).* ***B*** *apresenta uma vista ventral do encéfalo, com os nervos cranianos em azul e o nervo trigêmeo assinalado (N. V).* ***C*** *mostra um corte transversal da medula espinhal em relação com as meninges e a coluna vertebral.*

O Capítulo 11 discute de que modo a informação tátil pode ser utilizada para a geração de movimentos desse tipo, chamados movimentos reflexos. As fibras provenientes do pé, da perna, da coxa, e assim por diante, vão-se juntando na coluna dorsal, que nas regiões sacras e lombares é constituída de apenas um fascículo, mas em segmentos superiores passa a ter um segundo fascículo com a entrada das fibras provenientes da mão, braço, antebraço etc. Torna-se então necessário distingui-los nominalmente. O mais medial é o que contém as fibras originárias do membro inferior e do tronco, e chama-se *fascículo grácil* (Figura 7.5). O mais lateral, por sua vez, reúne os ramos das fibras do membro superior, ombro e pescoço, que penetram na medula nos segmentos torácicos mais altos e nos cervicais: é o *fascículo*

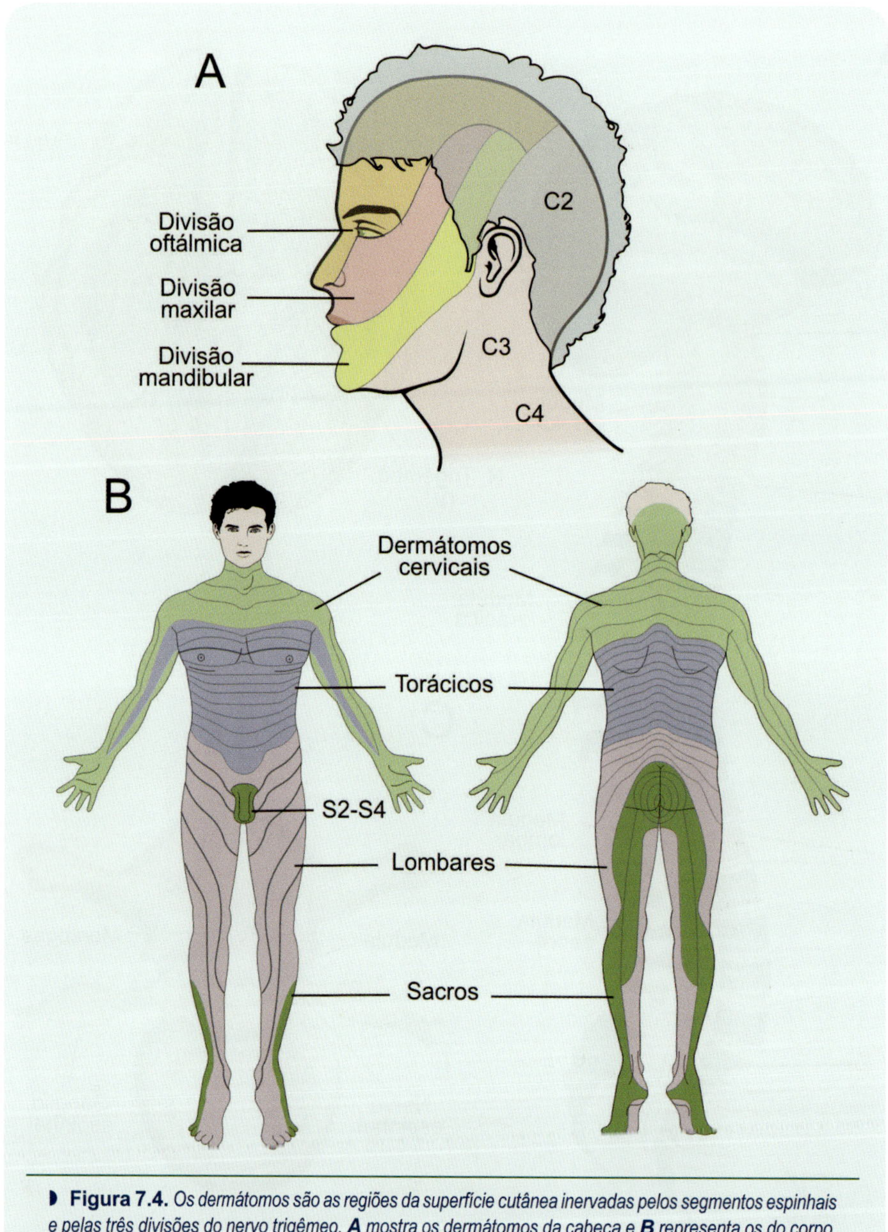

Figura 7.4. *Os dermátomos são as regiões da superfície cutânea inervadas pelos segmentos espinhais e pelas três divisões do nervo trigêmeo.* ***A*** *mostra os dermátomos da cabeça e* ***B*** *representa os do corpo. Neste último caso, as cores são equivalentes aos segmentos representados na Figura 7.3.*

cuneiforme. Correspondentemente, as fibras do fascículo grácil estabelecem sinapses com os neurônios de um dos núcleos da coluna dorsal, o *núcleo grácil* do bulbo, e as fibras do fascículo cuneiforme o fazem com os neurônios do outro, o *núcleo cuneiforme*. Recentemente se identificou, bem próximo ao plano mediano da coluna dorsal, um par de fascículos contendo fibras finas que veiculam informações dolorosas. Esses fascículos serão comentados com maior detalhe adiante.

Os potenciais de ação que resultam da ativação das fibras Aδ são conduzidos em menor velocidade (em torno de 20 m/s) até a medula, também através dos nervos raquidianos e das raízes dorsais. No entanto, a extensão intramedular dessas fibras é menor e elas terminam logo que entram no corno dorsal, estabelecendo sinapses com neurônios de segunda ordem situados nessa região. O corno dorsal não é tão simples como pode parecer a um exame ligeiro; ao contrário, é organizado em lâminas com composição neuronal distinta (Figura 7.6). As lâminas I e V são as que contêm os neurônios de segunda ordem que recebem sinapses das fibras somestésicas mais finas, e as lâminas II a IV contêm interneurônios moduladores. A maioria dos

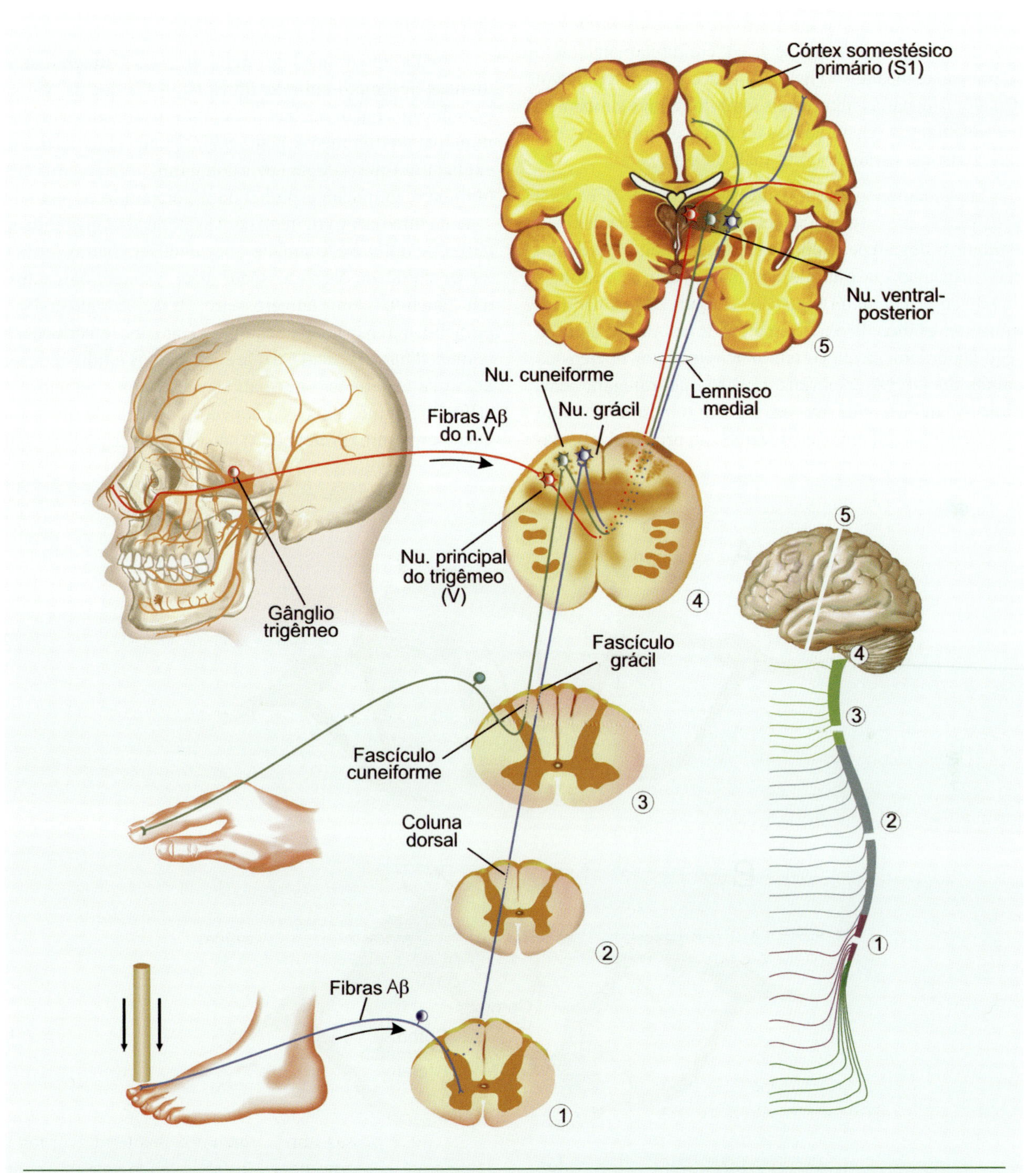

Figura 7.5. *Organização do sistema exteroceptivo. O SNC à direita mostra os planos de corte (números circulados) ilustrados à esquerda. Acompanhe o percurso da informação que se origina na pele do pé, da mão e do nariz, respectivamente, ascendendo através das vias espinhais (planos 1 a 3) e trigeminais até o bulbo (plano 4). No bulbo estão os neurônios de segunda ordem, cujos axônios cruzam e projetam ao tálamo (plano 5). No tálamo estão os neurônios de terceira ordem, que projetam ao córtex cerebral.*

axônios de segunda ordem cruza a linha média no mesmo segmento, fazendo uma curva ascendente para penetrar na *coluna anterolateral*[G] e formar os *feixes espinotalâmicos* (são dois, adjacentes), que se estendem diretamente até o tálamo, no diencéfalo[A] (Figura 7.14). A coluna anterolateral não aloja apenas as fibras táteis mais finas, mas também as que veiculam as sensibilidades térmica e dolorosa. As suas características serão descritas mais adiante.

Suponhamos agora que o mesmo bastão metálico toque a sua face. Neste caso, os potenciais de ação produzidos pelo estímulo trafegam pelas fibras táteis Aß do ramo maxilar do nervo trigêmeo, que estabelecem sinapses com os neurônios do *núcleo principal do trigêmeo*[A] (Figura 7.5), situado no tronco encefálico. Esse núcleo aloja os neurônios táteis de segunda ordem, sendo portanto homólogo aos núcleos da coluna dorsal. Os potenciais de ação que trafegam pelas fibras Aδ da face, por sua vez, seguem o mesmo caminho mas terminam em um núcleo vizinho ao principal, chamado do *núcleo espinhal do trigêmeo* (Figura 7.14), que recebe também as fibras que conduzem a sensibilidade térmica e dolorosa da mesma região estimulada.

Qual a importância de conhecer essas distinções anatômicas de trajeto entre as fibras táteis? É que as que se comunicam com os núcleos da coluna dorsal e com o núcleo principal do trigêmeo constituem o sistema exteroceptivo, enquanto as que trafegam pela coluna anterolateral e as que terminam no núcleo espinhal do trigêmeo fazem parte do sistema interoceptivo, junto com as fibras da sensibilidade térmica e dolorosa, e aquelas que conduzem outras formas de sensibilidade corporal. Quer dizer, existem dois tatos, um "tato fino" e um "tato grosseiro". É fácil compreender o primeiro, mas não tanto o segundo. O tato fino (epicrítico, na nomenclatura clássica) é o que conhecemos intuitivamente de nossa experiência pessoal. Capacita-nos a reconhecer estímulos muito suaves e pequenos com grande precisão. O tato grosseiro (protopático) não é preciso, e pode ser um

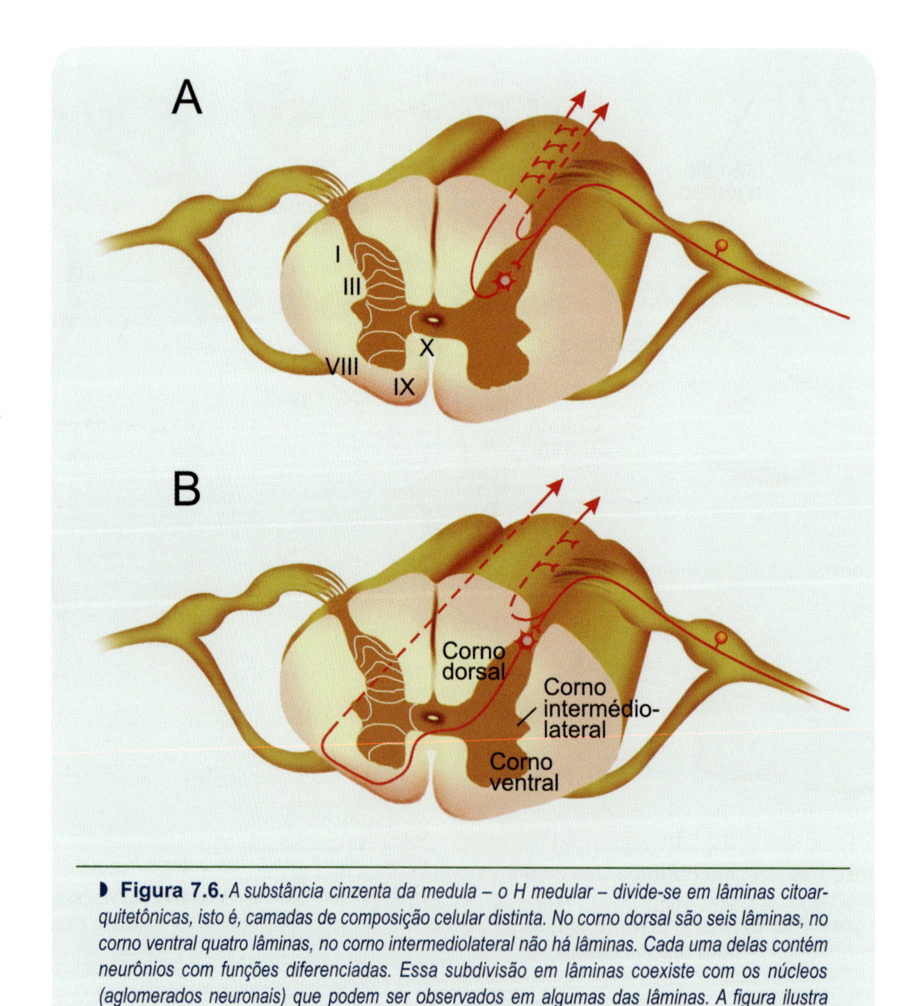

Figura 7.6. *A substância cinzenta da medula – o H medular – divide-se em lâminas citoarquitetônicas, isto é, camadas de composição celular distinta. No corno dorsal são seis lâminas, no corno ventral quatro lâminas, no corno intermediolateral não há lâminas. Cada uma delas contém neurônios com funções diferenciadas. Essa subdivisão em lâminas coexiste com os núcleos (aglomerados neuronais) que podem ser observados em algumas das lâminas. A figura ilustra a distribuição laminar associada aos neurônios de projeção e interneurônios dos subsistemas exteroceptivo (**A**) e interoceptivo (**B**).*

remanescente evolutivo das primeiras tentativas da natureza em estabelecer um sistema somestésico entre os mamíferos. Sua existência é comprovada pelos neurologistas, quando se defrontam com indivíduos portadores de lesões completas da coluna dorsal, e que ainda assim apresentam uma capacidade rudimentar de discriminação tátil.

As Grandes Vias Ascendentes do Tato

Pelo que vimos até agora, podemos localizar todos os neurônios táteis de segunda ordem (Figura 7.2): os exteroceptivos e parte dos proprioceptivos situam-se nos núcleos da coluna dorsal e no núcleo principal do trigêmeo, ambos no tronco encefálico; os interoceptivos situam-se no corno dorsal da medula e no núcleo espinhal do trigêmeo. E muitos proprioceptivos – aqueles que participam diretamente do controle motor – ficam no cerebelo. Quase todos os neurônios táteis de segunda ordem projetam seus axônios para o tálamo contralateral[G], onde estão as células de terceira ordem. Estas, por sua vez, projetam para as regiões somestésicas do córtex cerebral.

O tato fino e o tato grosseiro permanecem separados até o tálamo, constituindo vias ascendentes distintas, e isso é verdade tanto para a sensibilidade do corpo como para a da cabeça. No caso do tato fino, as fibras que emergem dos núcleos da coluna dorsal cruzam para o lado oposto reunindo-se com as que derivam do núcleo principal do trigêmeo. Os dois conjuntos permanecem lado a lado, formando um feixe achatado localizado perto do plano mediano do tronco encefálico, chamado lemnisco medial (Figura 7.5). O lemnisco[G] medial termina no *núcleo ventral posterior* do tálamo (VP), de onde emergem as radiações talâmicas[A], cujas fibras deixam o diencéfalo pela cápsula interna[A], penetrando na substância branca cortical para terminar no giro que margeia o sulco central, no lobo parietal (por isso mesmo chamado giro pós-central[A]). Nessa região cortical é encontrada a *área somestésica primária* ou *S1*. Bem mais lateralmente, quase na borda do sulco lateral[A], uma segunda área cortical recebe fibras talâmicas e de S1: é a chamada *área somestésica secundária* ou *S2* (Figura 7.12A).

No caso do tato grosseiro, as fibras que compõem os feixes espinotalâmicos reúnem-se com as que emergem do núcleo espinhal do trigêmeo para formar o *lemnisco espinhal* (Figura 7.14), vizinho do lemnisco medial que descrevemos acima. As fibras táteis do lemnisco espinhal terminam também no núcleo ventral posterior do tálamo e, após esse estágio sináptico, as informações são enviadas a S1. No lemnisco espinhal trafegam também as fibras que conduzem as sensibilidades térmica e dolorosa, e estas serão vistas em maior detalhe adiante.

Como as Vias do Tato Representam o Corpo: o Conceito de Somatotopia

Quando queremos representar uma superfície muito grande sobre outra menor, fazemos um mapa. Podemos, assim, representar as fronteiras e os acidentes geográficos de um país de muitos milhares de quilômetros quadrados em uma folha de papel que cabe sobre a mesa. Geralmente utilizamos uma escala única para que a representação seja proporcional, mas é possível ampliar mais uma determinada região que consideramos importante, aplicando-lhe outra escala. Além disso, existem técnicas matemáticas que permitem deformar os mapas de diferentes maneiras, representando uma superfície plana sobre superfícies esféricas, superfícies esféricas sobre superfícies cilíndricas, e assim por diante. Essas técnicas de representação descobertas cerca de 5.000 anos atrás, provavelmente já eram empregadas pelo sistema nervoso há pelo menos 500 milhões de anos, desde a origem dos primeiros vertebrados equipados com uma população concentrada de neurônios situada no interior de seus crânios.

Os principais sistemas sensoriais empregam mapas para representar no cérebro a superfície receptora. Assim é que o sistema visual representa a superfície esférica do interior do olho, onde fica a retina, o sistema auditivo representa a superfície helicoidal da membrana basilar alojada dentro da cóclea, e o sistema somestésico a superfície cutânea e o interior do corpo. Desse modo, o cérebro é capaz de detectar em que local da retina (e, portanto, em que parte do mundo externo) apareceu um determinado estímulo luminoso, qual região da cóclea vibrou com um certo som, e qual parte do corpo foi tocada por algum objeto.

Somatotopia é o nome que se dá à representação da superfície cutânea ou do interior do corpo nas vias e núcleos somestésicos[2] (do grego *soma* = corpo + *tópos* = lugar). É o mapa do corpo no cérebro. Praticamente todas as regiões somestésicas possuem algum tipo de representação somatotópica, às vezes muito precisa, outras vezes nem tanto, dependendo da função que exercem. A somatotopia tátil é a mais precisa de todas, e isso reflete as propriedades dessa submodalidade somestésica, que nos torna capazes de apontar com o dedo indicador o local exato da pele estimulado pela ponta de um lápis ou de um pincel. Diferente é o caso de certos tipos de dor: para indicar o local de uma dor abdominal, por exemplo, não podemos fazer mais que um movimento circular característico com a mão, que inclui vagamente a região dolorida. Em correspondência, a somatotopia das vias e dos núcleos de representação desse tipo de dor é muito vaga e imprecisa.

[2] *Dá-se esse mesmo nome também (somatotopia) à representação do corpo no sistema motor, um mapa utilizado para realizar com precisão o comando dos movimentos.*

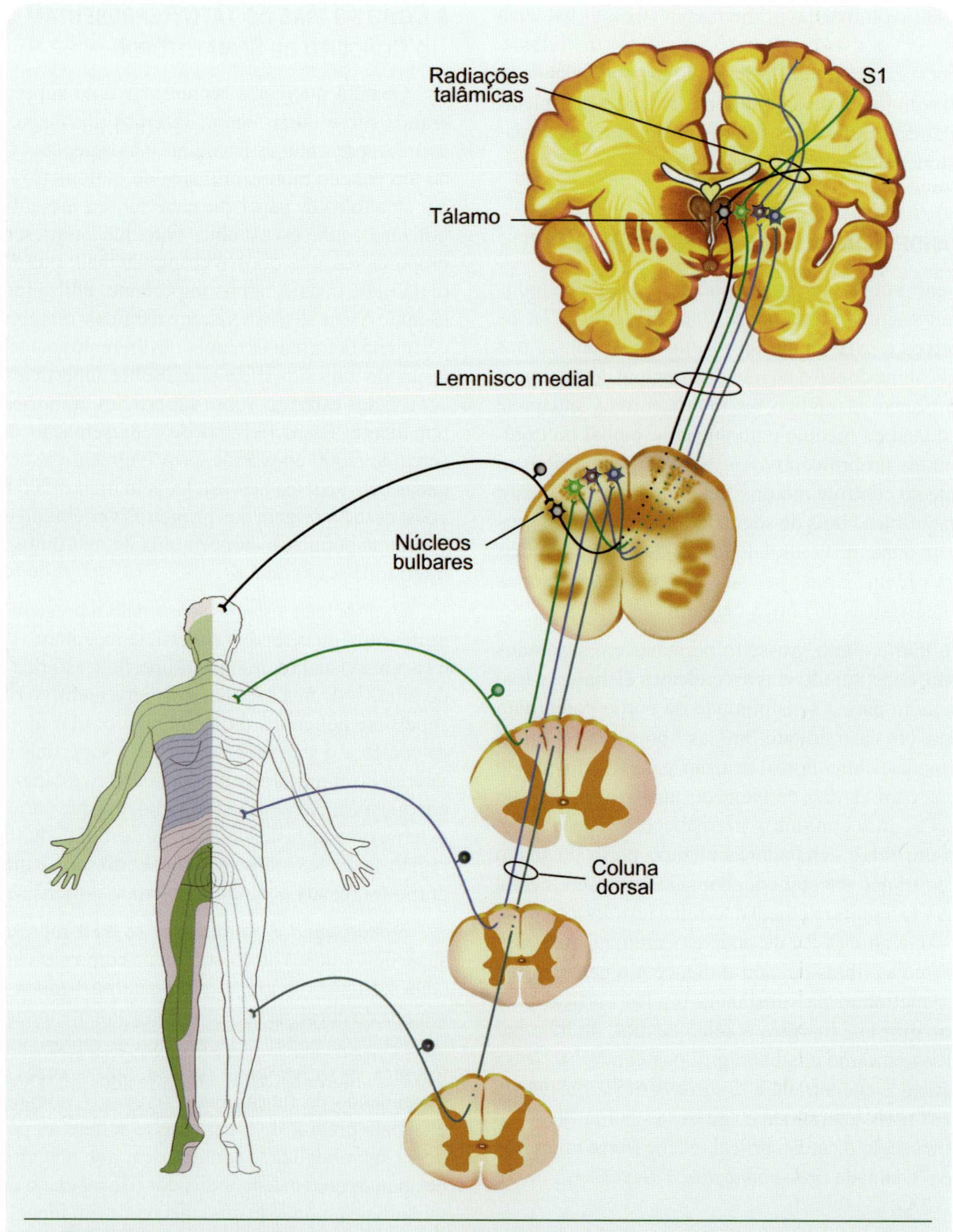

Figura 7.7. *O mapa somatotópico estabelece-se já a partir da ordenação das fibras que entram na medula e se justapõem dentro da coluna dorsal. A ordem das fibras é mantida no tronco encefálico e no tálamo, mesmo havendo inversões de sentido de todo o conjunto, como ocorre no lemnisco medial e nas radiações talâmicas.*

Como estão estruturados os mapas somatotópicos táteis? Sabemos que os neurônios de primeira ordem que inervam cada dermátomo projetam suas fibras ao segmento medular correspondente. Assim, as fibras que inervam as regiões genitais e a face posterior da perna, e que penetram na medula pelos segmentos sacros, colocam-se bem próximas à linha média na coluna dorsal (Figura 7.7). Mais acima, elas são ladeadas pelas fibras que inervam a face anterior da perna e o abdome, que entram na medula pelos segmentos lombares. Ainda mais acima, seguem-se, em posição mais lateral, as fibras que inervam o tórax e os membros superiores, e finalmente as que inervam o ombro e o pescoço. Ordenadas desse modo na coluna dorsal e mantendo intactas as suas relações de vizinhança, as fibras chegam aos núcleos grácil e cuneiforme e imprimem aos neurônios secundários essa mesma organização. Podemos, então, representar nesse par de núcleos um mapa corporal que guarda estreita relação com o nosso corpo (Figura 7.8). Essa caricatura do corpo foi chamada pelos primeiros pesquisadores *homúnculo somatotópico*. No caso dos núcleos da coluna dorsal (Figura 7.8B, nível inferior) o homúnculo não tem cabeça, já que a inervação desta penetra no SNC um pouco acima desse nível pelo nervo trigêmeo, cujas fibras terminam no núcleo principal desse nervo craniano e não nos núcleos da coluna dorsal. O núcleo principal, entretanto, fica próximo aos núcleos da coluna dorsal, e representa exclusivamente a cabeça, sem o corpo (Figura 7.8B). A cabeça é "reunida" ao corpo no tálamo, pois o núcleo ventral posterior recebe as fibras de segunda ordem tanto dos núcleos da coluna dorsal como do núcleo principal do trigêmeo, e por isso o seu homúnculo é completo. Ocorre, entretanto, uma inversão mediolateral do sentido do mapa, devido ao cruzamento das fibras para o lado oposto (Figuras 7.7 e 7.8B). Finalmente, no córtex somestésico primário, o homúnculo também é completo (Figura 7.8A), com uma nova inversão no sentido mediolateral.

Todos os animais apresentam mapas somatotópicos. É o que se pode ver na Figura 7.9. No entanto, observando os mapas de cada um podemos fazer duas observações importantes. (1) Os mapas são deformados, como verdadeiras caricaturas. Algumas partes do corpo apresentam-se aumentadas em relação à sua proporção normal no animal, enquanto outras parecem diminuídas, às vezes praticamente ausentes. (2) As deformações são diferentes segundo a espécie do animal. A representação do focinho é grande nos ratos, coelhos e gatos, muito maior que a representação das patas (Figura 7.9A, B). No macaco e no homem ocorre o contrário: a língua e os dedos da mão parecem enormes, e o nariz não se apresenta tão desproporcional (Figura 7.9C, D). É fácil entender a razão dessas anamorfoses[G]: no homem há maior densidade de receptores cutâneos na ponta dos dedos da mão, na língua e nos lábios do que nas costas ou na perna, o que reflete a maior sofisticação funcional daquelas regiões. Logo, é necessário maior volume de tecido neural para processar as informações provenientes dessas regiões, e isso resulta na "hipertrofia" delas no homúnculo. Nos ratos, coelhos e gatos, os "órgãos" táteis mais importantes são as vibrissas (bigodes), que apresentam grande especialização funcional. Daí a grande representação do focinho nos mapas somatotópicos desses animais.

A existência de mapas somatotópicos no cérebro foi intuída pelo famoso neurologista inglês John Hughlings Jackson (1835-1911), observando o deslocamento de crises epilépticas convulsivas em alguns pacientes, que se iniciavam com contrações dos dedos, depois da mão, seguindo-se o braço e o tronco. Jackson imaginou que o deslocamento da crise epiléptica poderia refletir a ordem de representação dessas regiões no córtex cerebral. Mais tarde, tiveram grande impacto os trabalhos do canadense Wilder Penfield (1891-1976), que estimulou eletricamente diferentes pontos do córtex somestésico de pacientes cirúrgicos sob anestesia local da cabeça, obtendo sensações de formigamento nas regiões correspondentes do corpo.

Modernamente, os mapas somatotópicos podem ser estudados através das técnicas de imagem funcional, como a ressonância magnética funcional (Figura 7.10). Além do mapeamento detalhado, os estudos contemporâneos verificaram que esses mapas são dinâmicos, modificando-se de acordo com a aprendizagem e outras condições ambientais. Em indivíduos amputados, por exemplo (ver o Capítulo 5), as sensações de "membro fantasma" advêm da "ocupação" do território cortical que representava o membro ausente por aferentes originários de regiões vizinhas. Assim é que a região cortical que normalmente estaria representando o braço, em um amputado, passa a representar o ombro, o pescoço ou o queixo. Como essa região "aprendeu" – antes da amputação – a interpretar os seus sinais como sendo originários do braço, qualquer movimento ou estimulação do ombro ou queixo, depois da amputação, continua a ser interpretada pelo indivíduo como proveniente do membro amputado! (Ver o Quadro 5.2).

Representação Tátil no Córtex Cerebral: da Sensação à Percepção

De que modo os sinais provenientes dos receptores se transformam em percepção tátil? Qual a contribuição de cada região nesse processo? Qual a participação do córtex cerebral?

A contribuição dos vários neurônios táteis e suas fibras pôde ser estudada eletrofisiologicamente em animais e, em alguns casos, também em voluntários humanos. Nesses estudos, microeletródios são inseridos em segmentos de pele, em nervos periféricos e em regiões somestésicas do SNC, de modo a captar os potenciais bioelétricos que as células nervosas geram e propagam. A pele do animal (ou do voluntário) é então estimulada mecanicamente por meio de instrumentos diversos (pontas de cristal, pêlos de um pincel, finos jatos de ar, objetos de diferentes formas e texturas), e as alterações da atividade elétrica de cada neurônio são analisadas em função da localização e das características do estímulo.

Esse tipo de análise permitiu verificar que cada neurônio possui um campo receptor característico em algum setor do corpo. Os neurônios primários do tato geralmente apresentam campos receptores restritos e bem delimitados na pele (Figura 7.11A). Um estímulo aplicado dentro do campo receptor provoca um aumento da frequência de potenciais de ação do neurônio correspondente. Fora do

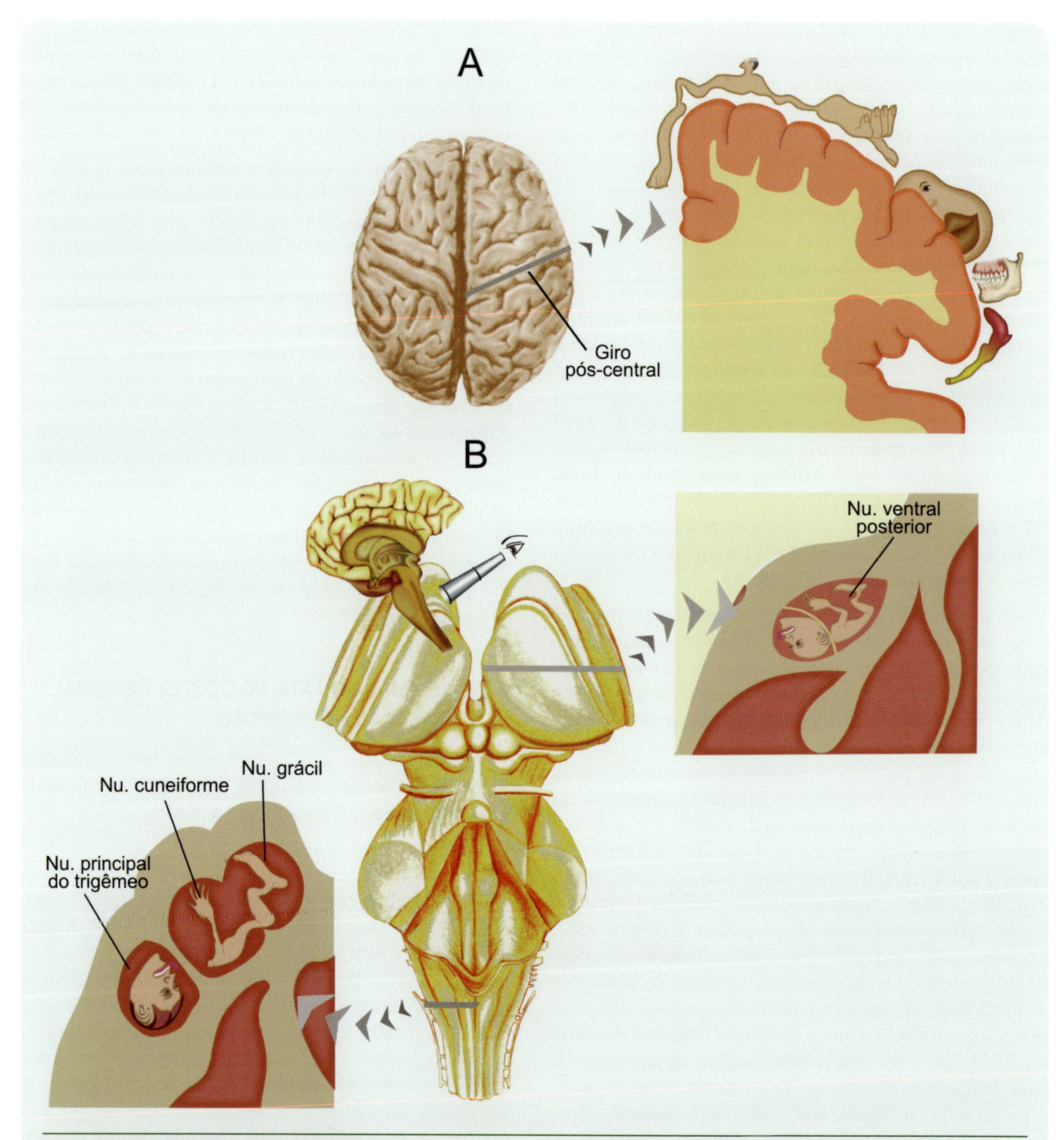

Figura 7.8. *Mapas somatotópicos nos diferentes níveis do sistema somestésico.* ***A*** *mostra uma vista dorsal do encéfalo, assinalando o plano de corte (em cinza) que passa pelo giro pós-central, representado à direita com o homúnculo simbolizando o mapa.* ***B*** *mostra uma vista dorsal do tronco encefálico (ângulo de observação indicado pela luneta). Dois níveis de corte coronal estão assinalados (em cinza): o de cima passa pelo tálamo e o de baixo pelo bulbo. Os cortes correspondentes estão representados ao lado. Observe as duas inversões de sentido dos mapas, causadas pelo cruzamento e pela rotação das fibras ascendentes do lemnisco medial, e pela nova rotação das radiações talâmicas (conferir a Figura 7.7).* ***A*** *modificado de W. Penfield e T. Rasmussen (1950)* The cerebral cortex of man. *Macmillan, EUA.*

campo receptor, a atividade do neurônio não se altera. Como há maior densidade de receptores nos dedos e nos lábios, os campos receptores nessas regiões são menores que nas costas ou nas pernas, onde a densidade de receptores é bem menor. Campos menores, é claro, favorecem a precisão na localização espacial dos estímulos. Nos núcleos da coluna dorsal, cada neurônio pode receber terminações sinápticas de mais de uma fibra receptora (Figura 7.11B). Assim, os campos receptores tornam-se maiores e mais complexos, e muitas vezes adquirem uma periferia inibitória em torno do centro excitatório (Figura 7.11C). A estimulação do centro excitatório aumenta a frequência de potenciais de ação do

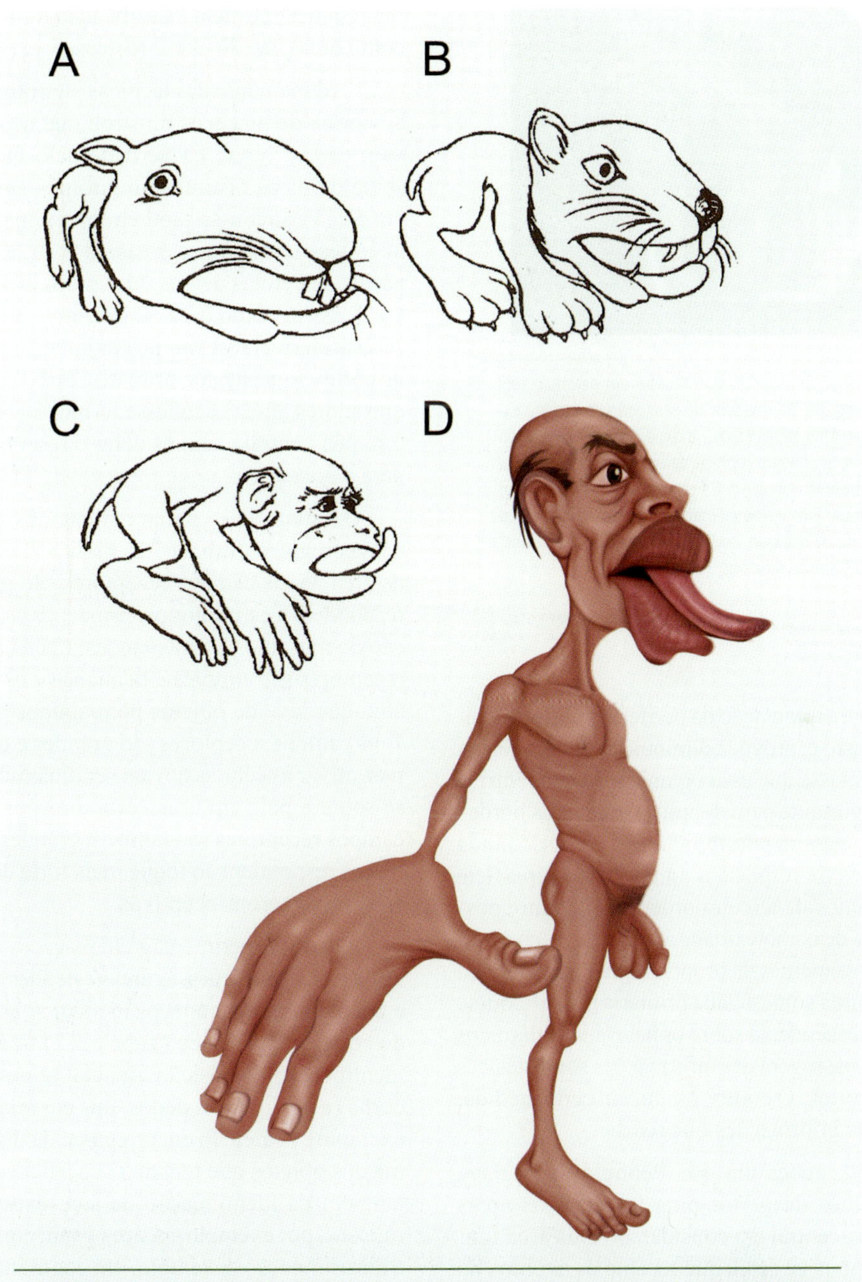

Figura 7.9. *Todos os animais apresentam mapas somatotópicos em seus núcleos somestésicos, especialmente no tálamo. Estes mapas foram feitos a partir de registros eletrofisiológicos realizados em coelho (**A**), gato (**B**) e macaco (**C**). No coelho e no gato, a representação do focinho é maior que a da pata, e o inverso ocorre no macaco. Nos seres humanos (**D**), o mapa foi inferido de exames eletrofisiológicos e com neuroimagem funcional, e revela a grande representação neural da mão e dos lábios, em comparação com outras partes do corpo. **A** a **C** modificados de J. E. Rose e V. B. Mountcastle (1959), em* Handbook of Physiology *(H. W. Magoun, org.). Williams & Wilkins, EUA.*

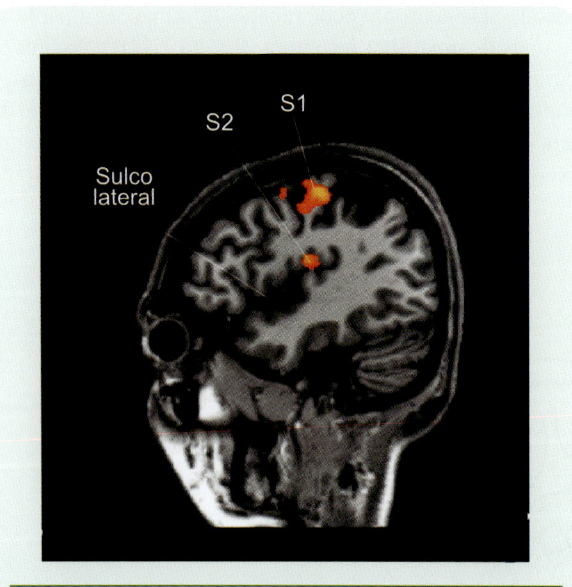

Figura 7.10. *Quando um indivíduo recebe um estímulo tátil na mão durante o registro de imagem de ressonância magnética funcional, aparece um foco de atividade na região de representação da mão em S1. Como a imagem representa um corte parassagital através do córtex cerebral, o foco em S1 parece descontínuo. Além disso, vê-se também um foco adicional mais lateral que representa a ativação simultânea de S2. Imagem cedida por Fernanda Tovar-Moll, do Instituto D'Or de Pesquisa e Ensino, Rio de Janeiro.*

neurônio, enquanto a estimulação da periferia inibitória causa efeito contrário, isto é, provoca diminuição da frequência de impulsos. Acredita-se que essa organização concêntrica antagônica seja importante para delimitar melhor as bordas do campo receptor, e assim possibilitar uma precisão ainda maior dos neurônios na resposta a uma área da superfície corporal. Os neurônios de terceira ordem, no tálamo, possuem ainda um grau de complexidade adicional: recebem sinapses de fibras provenientes da própria região cortical para a qual projetam (a área somestésica primária). Verificou-se que essa projeção descendente sobre os neurônios talâmicos permite controlar a passagem das informações somestésicas que se dirigem ao córtex. O córtex, assim, em certa medida, controla as próprias informações que recebe.

Nos anos 1950, época em que Penfield estimulava o córtex de pacientes despertos para localizar as áreas corticais, o giro pós-central era considerado uma área funcional única, e como já se sabia que recebia os axônios do núcleo ventral posterior do tálamo, era denominado área somestésica primária ou S1. Tanto a estimulação elétrica dos pacientes, que provocava sensações de formigamento, como o registro dos potenciais neuronais provocados por estimulação cutânea, em animais, mostraram a existência de um mapa somatotópico com as características apresentadas na Figura 7.8. Mais tarde, descobriu-se a existência de um segundo mapa somatotópico (menos preciso) em S2, bem lateralmente no giro pós-central próximo ao sulco lateral (Figura 7.12A; conferir também a Figura 7.10). No entanto, as investigações dos morfologistas discrepavam dessa classificação funcional, pois o giro pós-central podia ser subdividido em pelo menos quatro áreas morfologicamente distintas, alinhadas paralelamente ao sulco central, que ficaram conhecidas pela classificação numérica de Brodmann como áreas *3a, 3b, 1* e *2* (Figura 7.12B).

O refinamento das técnicas eletrofisiológicas aplicadas ao córtex de macacos mostrou que os morfologistas estavam certos: havia na verdade pelo menos quatro mapas somatotópicos distintos no giro pós-central, e ainda outro em S2. Verificou-se também que a maior parte das fibras talâmicas termina nas áreas 3a e 3b, e que axônios originários de células dessas duas áreas projetam para as áreas 1 e 2, assim como para S2 (Figura 7.12C). Por essa razão, seria preferível reservar ao conjunto 3a + 3b a denominação de córtex somestésico primário, ou S1, embora muitos pesquisadores ainda usem esse termo (S1) para denotar todo o giro pós-central e alguns deles o reservem exclusivamente para a área 3b.

O estudo das características dos campos receptores dessas regiões (Tabela 7.2, Figura 7.13) mostrou que: (1) na área 3a, os campos receptores são grandes e as células respondem a estímulos proprioceptivos, isto é, à manipulação de músculos e articulações; (2) na área 3b, os campos receptores são simples e pequenos e as células respondem ao toque leve de objetos pontiagudos na pele; (3) na área 1, os campos receptores são grandes e os estímulos ótimos para ativar as células devem ser dinâmicos, isto é, deslocar-se sobre a pele em uma certa direção; e (4) na área 2, os campos receptores são também grandes, sendo que os neurônios respondem ao toque mais forte de objetos maiores e a estímulos proprioceptivos.

Estudos experimentais em macacos utilizando pequenas lesões localizadas nessas áreas estenderam essas conclusões e consolidaram a concepção atual sobre o funcionamento do córtex somestésico (Tabela 7.2). A área 3a participa da identificação da posição espacial relativa de cada parte do corpo (a posição dos dedos, uns em relação aos outros, por exemplo). A área 3b encarrega-se da discriminação da forma dos objetos que tocam a superfície cutânea, e participa também da identificação de sua textura (se são lisos ou rugosos, por exemplo). A área 1 tem como função principal a discriminação de textura, em coordenação com a área 3b. E a área 2 discrimina objetos segundo a sua forma e o seu tamanho. Embora as propriedades das áreas somestésicas sejam distintas, você deve considerar que elas atuam em conjunto. Basta imaginar de que modo você identifica um pequeno objeto com a mão, com os olhos fechados: você o pega e o manipula ativamente, testando a sua consistência, textura, tamanho etc. Desse modo, usa a área 3a ao mover

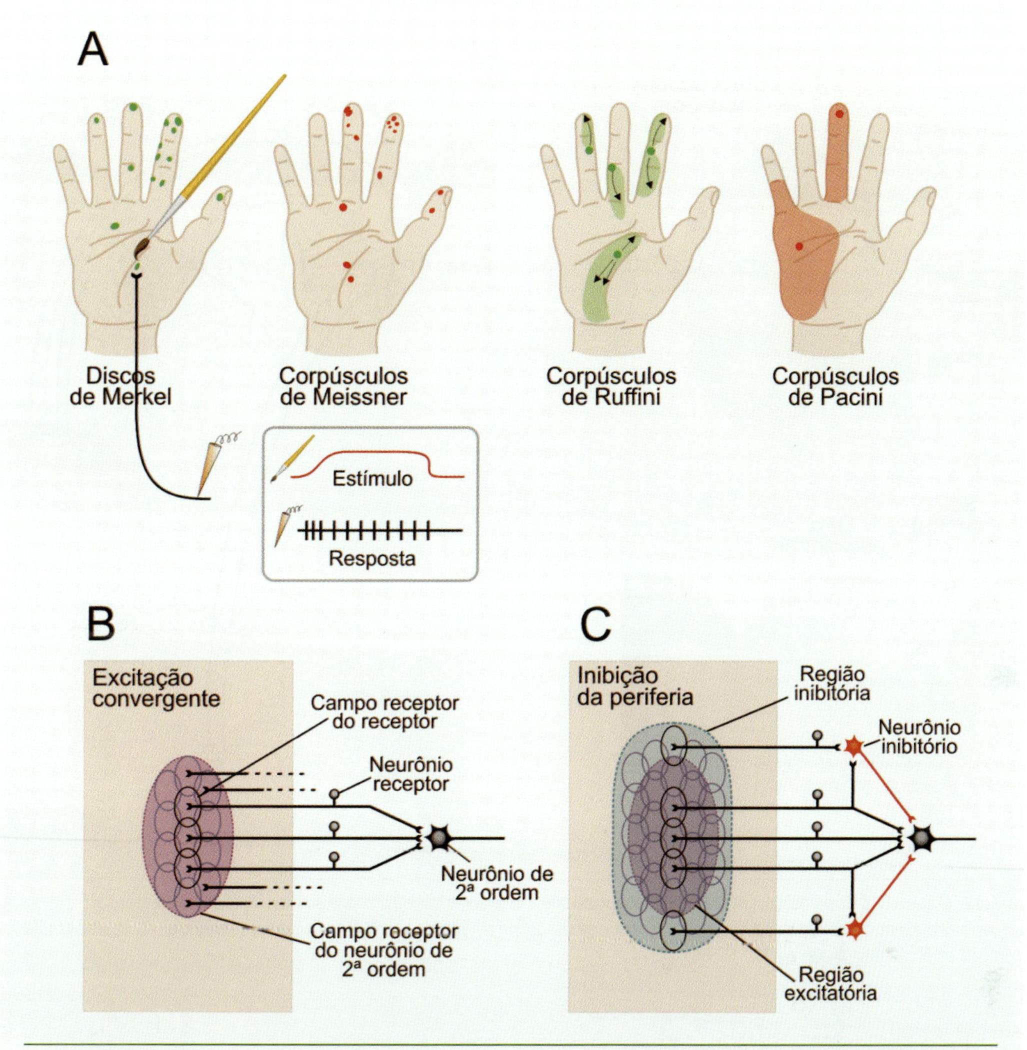

Figura 7.11. A. *Os campos receptores dos neurônios primários são geralmente pequenos e simples. Podem ser estudados estimulando a pele (com um pincel, no exemplo), e registrando os potenciais de ação de uma fibra isolada. A fibra dispara PAs (traçado inferior do quadro, em preto) durante a ocorrência do estímulo (traçado superior, em vermelho).* ***B****. Os campos receptores dos neurônios de segunda ordem podem ser formados pela convergência de neurônios primários.* ***C****. Alguns campos mais complexos são formados pela interferência de neurônios inibitórios (em vermelho).* ***A*** *modificado de R. S. Johansson e A. B. Vallbo (1983)* Trends in Neurosciences, *vol. 6: pp. 27-32.* ***B*** *e* ***C*** *modificados de E. P. Gardner e E. R. Kandel (2000)* Principles of Neural Science *(4ª ed.). Elsevier, EUA.*

os dedos, a 3b e a 1 ao deslocar os dedos sobre o objeto para avaliar a sua textura, e a 2 para ter uma ideia do tamanho. Tudo ao mesmo tempo!

A função de S2 começa agora a ser melhor conhecida. Sabe-se que recebe aferências do tálamo e de S1, tendo acesso assim às informações primárias sobre os objetos que tocam a pele. Sua somatotopia é pouco precisa, e seus neurônios respondem a estímulos orientados sobre campos receptores grandes que muitas vezes ocupam vários dedos da mão simultaneamente. Isso pode significar que S2 participa da importante tarefa de integrar diferentes regiões da pele estimuladas ao mesmo tempo, como quando você manipula um lápis e com isso estimula ao mesmo tempo vários dedos da mão. Sabe-se também que os neurônios de S2 projetam para o córtex insular[A] e regiões do lobo temporal[A] relacionadas com a memória. Isso pode significar que S2 participa dos processos de aprendizagem tátil (imagine como isso é importante, por exemplo, para um cego que se disponha a aprender a ler Braille).

Só recentemente se têm obtido dados mais precisos sobre as áreas que ficam logo atrás do giro pós-central (Figura 7.12A, B): sabe-se que integram as informações táteis

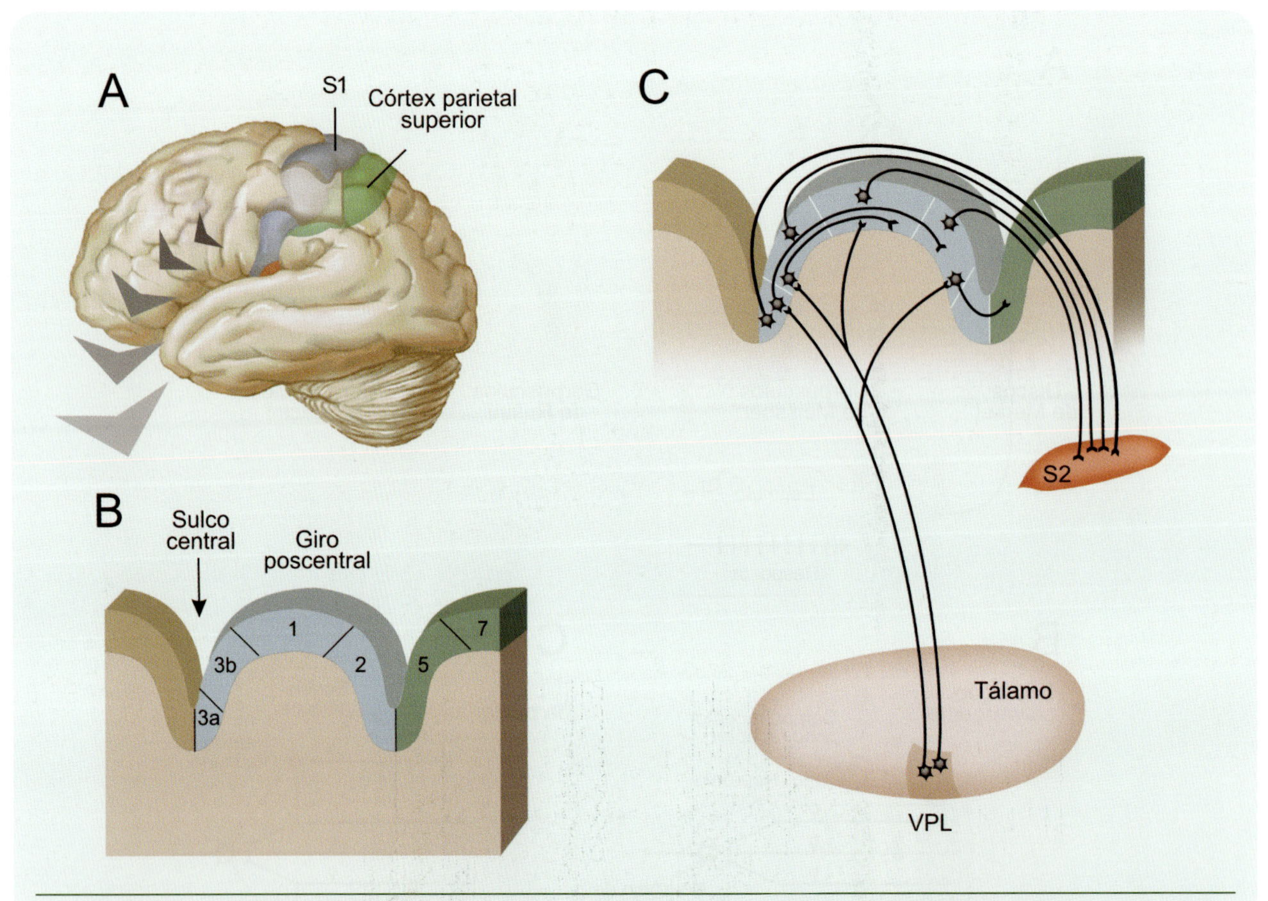

▶ **Figura 7.12.** *O que é S1? Os primeiros neurobiólogos pensavam que a área somestésica primária ocupava todo o giro pós-central (azul, em* ***A****). Depois se verificou que havia quatro áreas dentro desse giro (**B**), e ainda se descobriu a participação de áreas parietais (em verde). As conexões tálamo-corticais e córtico-corticais estão representadas em* ***C****.*

da pele com as informações proprioceptivas provenientes dos músculos e articulações. A área 5 apresenta abundantes conexões inter-hemisféricas através do corpo caloso[A], e parece ser importante em especial para a coordenação intermanual quando as duas mãos agem em conjunto (como quando você abotoa a sua blusa, por exemplo). A área 7, um pouco mais atrás, além de informações somestésicas, recebe também informações visuais e é importante para possibilitar a avaliação de relações espaciais entre objetos e entre estes e o corpo do indivíduo. Você pode obter maiores detalhes sobre isso no Capítulo 17.

PROPRIOCEPÇÃO: ONDE ESTÃO AS PARTES DO NOSSO CORPO?

Mesmo de olhos fechados somos capazes de saber exatamente em que posição estão as diversas partes de nosso corpo em cada momento. Assim também, somos capazes de perceber os movimentos dos membros e do corpo em geral. Esse tipo de percepção se chama propriocepção, um termo criado por Charles Sherrington para indicar a "percepção de posição do próprio corpo". Embora o termo não seja ideal pelo simples fato de que utilizamos todos os sentidos para perceber as posições assumidas pelo nosso corpo, é útil por reunir os receptores situados nos músculos e nas articulações e suas conexões com o SNC até o córtex cerebral.

A propriocepção tem um componente consciente, como acabamos de mencionar, mas tem também um forte componente inconsciente que faz parte dos sistemas de controle da motricidade. As mesmas informações geradas pelos receptores musculares e articulares e conduzidas até o córtex cerebral, onde se transformam em percepções conscientes, são utilizadas também para gerar respostas e ajustes motores capazes de tornar adequadas a cada situação as posições do corpo, e eficientes os movimentos corporais. Detalhes sobre os receptores proprioceptivos e o componente inconsciente da propriocepção podem ser encontrados no Capítulo 11.

TABELA 7.2. CARACTERÍSTICAS DAS PRINCIPAIS ÁREAS SOMESTÉSICAS CORTICAIS

Funções	Áreas Corticais					
	3a	3b	1	2	S2	5 e 7
Campos receptores	Grandes	Pequenos*	Médios	Grandes	Grandes	Muito grandes
Estímulos preferenciais	Toque forte, manipulação de músculos e articulações	Toque leve de pequenos objetos	Deslocamento de objetos sobre a pele	Toque de objetos complexos	Toque leve de objetos orientados	Movimentos complexos
Efeito de lesões restritas	Déficits de identificação de posição	Déficits de discriminação de forma, tamanho e textura dos objetos	Déficits de discriminação de textura	Déficits de coordenação digital e na identificação da forma e tamanho de objetos	Desconhecido	Déficits de coordenação visuomotora

** Maiores, no entanto, do que os campos receptores dos neurônios de ordem inferior (dos gânglios espinhais, por exemplo)*

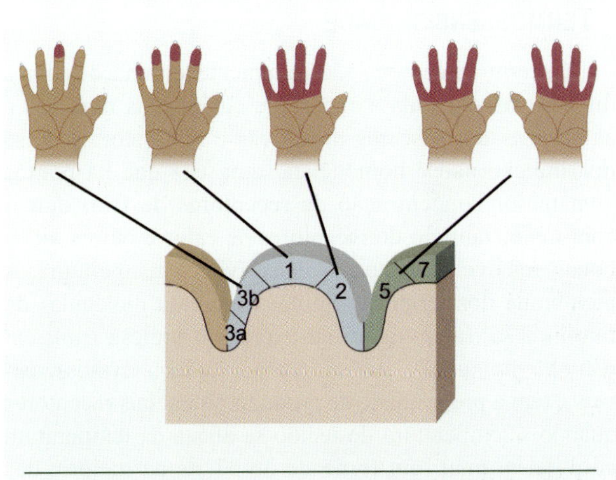

Figura 7.13. *Diferenças entre os campos receptores (em violeta) de neurônios encontrados nas várias áreas somestésicas. Em algumas áreas há neurônios cujos campos se estendem por vários dedos, e até bilateralmente.*

Receptores e Vias Aferentes Proprioceptivas do Corpo e da Cabeça

Os receptores proprioceptivos são mecanorreceptores situados no interior dos músculos, tendões e cápsulas articulares.

Os receptores musculares são fibras aferentes de tipo Ia (portanto mielínicas, de grosso calibre e alta velocidade de condução), que fazem parte de minúsculos órgãos especializados chamados *fusos musculares,* capazes de detectar as variações de comprimento do músculo no qual estão situados. Quando o músculo aumenta de comprimento, aparece um potencial receptor de amplitude proporcional que provoca o disparo de uma salva de potenciais de ação conduzidos pelas fibras Ia em direção à medula através dos nervos espinhais, ou rumo ao tronco encefálico através do nervo trigêmeo. O sistema entra em ação no músculo bíceps do braço, por exemplo, quando levamos a mão do ombro ao joelho, provocando o relaxamento do bíceps e portanto o aumento do seu comprimento.

Os receptores tendinosos, por sua vez, são fibras aferentes do tipo Ib (também mielínicas, mas de diâmetro ligeiramente menor), que fazem parte de outros miniórgãos especializados chamados *órgãos tendinosos de Golgi.* Neste caso, o estímulo que provoca potenciais receptores nessas fibras é a tensão sobre os tendões. Esse estímulo atua nos tendões do bíceps do braço, por exemplo, quando tentamos levantar um objeto muito pesado. Quando isso ocorre, o músculo não muda necessariamente de comprimento (porque não conseguimos levantar o objeto), e, como encontra resistência, traciona os tendões exercendo força sobre eles, e assim ativando os receptores dos órgãos tendinosos. Resultam salvas de PAs produzidos pelos potenciais receptores nas fibras Ib e conduzidos até a medula pelos nervos espinhais, ou até o tronco encefálico pelo nervo trigêmeo.

Os receptores articulares são conhecidos por suas características fisiológicas, mas sua morfologia ainda não foi devidamente caracterizada. Sabe-se que não há órgãos receptores especializados nas articulações, mas apenas terminações livres de fibras de tipo mal conhecido, que se integram aos nervos espinhais e ao nervo trigêmeo junto com as demais fibras sensitivas. Conhece-se, no entanto, o estímulo que as ativa: variações de ângulo articular. Alguns desses receptores são ativados quando a articulação se abre (aumento do ângulo articular), outros são ativados pelo movimento oposto, que resulta em fechamento da articulação.

Como praticamente todos os músculos, tendões e articulações dispõem de proprioceptores, de um modo ou de outro quaisquer movimentos do corpo, ativos ou passivos, e até mesmo a manutenção deste em uma posição estática, provocam a ativação das fibras aferentes. No caso das que se originam na cabeça, como já vimos, os seus somas pertencem a neurônios primários situados no gânglio trigêmeo e as suas terminações sinápticas contactam os neurônios de segunda ordem situados no núcleo principal desse nervo craniano. No caso das fibras que se originam no corpo, os seus somas estão situados nos gânglios espinhais, e seus prolongamentos centrais trafegam pelo feixe da coluna dorsal até os núcleos grácil e cuneiforme, onde se situam os neurônios de segunda ordem. Daí em diante, as fibras secundárias unem-se às do núcleo principal do trigêmeo no lemnisco medial, até atingirem o núcleo ventral posterior do tálamo, onde fazem sinapses com os neurônios de terceira ordem. A região cortical que recebe as informações proprioceptivas é a área 3a do giro pós-central do lado oposto (Tabela 7.2). A organização estrutural e as características funcionais das vias proprioceptivas são semelhantes às do tato fino (Tabela 7.1).

É importante notar, no estudo das vias ascendentes proprioceptivas, que muitas das fibras primárias que constituem o sistema de propriocepção consciente emitem ramos colaterais logo ao entrar no SNC, os quais atingirão o cerebelo e outras estruturas rombencefálicas participantes do sistema de propriocepção inconsciente. Desse modo, as mesmas informações codificadas pelos proprioceptores musculares, tendinosos e articulares são utilizadas pelo sistema nervoso simultaneamente para produzir percepção e para exercer o controle da motricidade.

SENSIBILIDADE TÉRMICA: FAZ CALOR OU FRIO?

Do mesmo modo que a propriocepção, a termossensibilidade também apresenta um componente consciente e outro inconsciente, e os mesmos receptores que transduzem e codificam as informações que se tornam conscientes participam do componente inconsciente. Através do primeiro componente, somos capazes de perceber a temperatura ambiente e organizar o nosso comportamento de modo apropriado. Se faz frio, você procura se abrigar em um ambiente aquecido e veste roupas que a aqueçam. Se faz calor, você bebe líquidos gelados, liga equipamentos de ventilação e refrigeração e veste roupas leves. Os animais agem de modo semelhante, cada espécie à sua maneira. A temperatura dos alimentos e do ar inspirado também pode ser percebida através de termorreceptores situados na parede das vísceras digestivas e respiratórias. O componente inconsciente difere do consciente porque, além dos receptores cutâneos e viscerais, utiliza receptores especiais situados no sistema circulatório e até no próprio cérebro para modular as respostas vegetativas destinadas a gerar, conservar ou dissipar calor. Quando faz frio, por exemplo, mesmo se não nos damos conta disso, trememos ou nos movimentamos para gerar calor muscular, e empalidecemos por força de uma vasoconstrição cutânea capaz de diminuir a perda de calor pela pele. Quando faz calor, ocorrem fenômenos opostos: tendemos a diminuir nossa movimentação corporal, coramos e suamos para perder calor pela pele. Os mecanismos sensoriais utilizados no controle inconsciente da temperatura corporal são abordados no Capítulo 15. O fundamento biológico essencial da termossensibilidade – consciente ou inconsciente – é o controle da temperatura corporal para que esta não se afaste do nível ótimo para as reações químicas orgânicas das células.

RECEPTORES E VIAS AFERENTES DA TERMOSSENSIBILIDADE

Os termorreceptores são geralmente terminações livres distribuídas por toda a superfície cutânea, as mucosas e as paredes das vísceras digestivas e respiratórias. Essa distribuição não é homogênea, uma vez que há pontos com maior concentração de receptores de frio, outros com maior número de receptores de calor e outros ainda pouco sensíveis ou mesmo insensíveis à temperatura. A membrana dos termorreceptores apresenta moléculas da família TRP (abreviatura da expressão inglesa *transient receptor potential*), que são canais iônicos termossensíveis e têm a propriedade de produzir potenciais receptores quando a temperatura do tecido se afasta da temperatura corporal normal (em torno de 36-37 °C na maioria das pessoas). Alguns termorreceptores são sensíveis ao frio, isto é, respondem quando a temperatura cutânea decresce em relação à temperatura basal. Outros são sensíveis ao calor, ou seja, respondem a incrementos da temperatura cutânea. A faixa de detecção dos termorreceptores situa-se entre 10 e 45 °C. Abaixo de 10 °C o frio torna-se um forte anestésico, bloqueando a gênese de potenciais receptores e a condução de potenciais de ação. Temperaturas inferiores a 0 °C podem provocar dor. Por outro lado, acima de 45 °C começa a haver lesão tecidual e são ativados também os receptores da dor. Os receptores de frio respondem na faixa inferior (entre 10 e 35 °C), enquanto os receptores de calor são ativados na faixa superior (entre 30 e 45 °C). Na faixa entre 30 e 35 °C ambos os tipos são ativos, mas a sua resposta é diferente, pois depende do sentido da variação térmica, isto é, se a temperatura aumenta ou diminui a partir de um ponto inicial.

Tanto para os receptores de frio como para os de calor, os potenciais receptores são despolarizantes. Na membrana adjacente aos terminais, esses potenciais são codificados em salvas de potenciais de ação, e estes são conduzidos ao longo de fibras de tipo Aδ ou C (portanto, finas, com pouca ou nenhuma mielina, e baixa velocidade de condução) em direção à medula espinhal através dos nervos espinhais, ou até o tronco encefálico através do nervo trigêmeo (Figura 7.14). Os corpos dos neurônios primários estão situados nos gânglios espinhais e no gânglio trigêmeo, e as fibras que emergem desses gânglios fazem sinapses com neurônios situados no corno dorsal da medula ou no núcleo espinhal do trigêmeo. Os neurônios de segunda ordem da medula emitem axônios que cruzam a linha média na medula mesmo, e a seguir trafegam pela coluna anterolateral até o tronco encefálico, onde se encontram com os axônios originários do núcleo espinhal do trigêmeo oposto para formar o lemnisco espinhal, que se projeta até o tálamo. No tálamo, uma parte dos neurônios termossensíveis de terceira ordem situa-se no núcleo ventral posterior, e seus axônios emergem do núcleo pelas radiações talâmicas para terminar na área S1 do córtex cerebral. Uma parte considerável dos neurônios de segunda ordem da termossensibilidade localiza-se na lâmina I da medula, logo na entrada do corno dorsal. Esse subconjunto de neurônios termossensíveis – alguns deles polimodais, isto é, sensíveis ao mesmo tempo a estímulos mecânicos e químicos – conectam-se com o córtex insular através de núcleos talâmicos distintos do ventral poste-

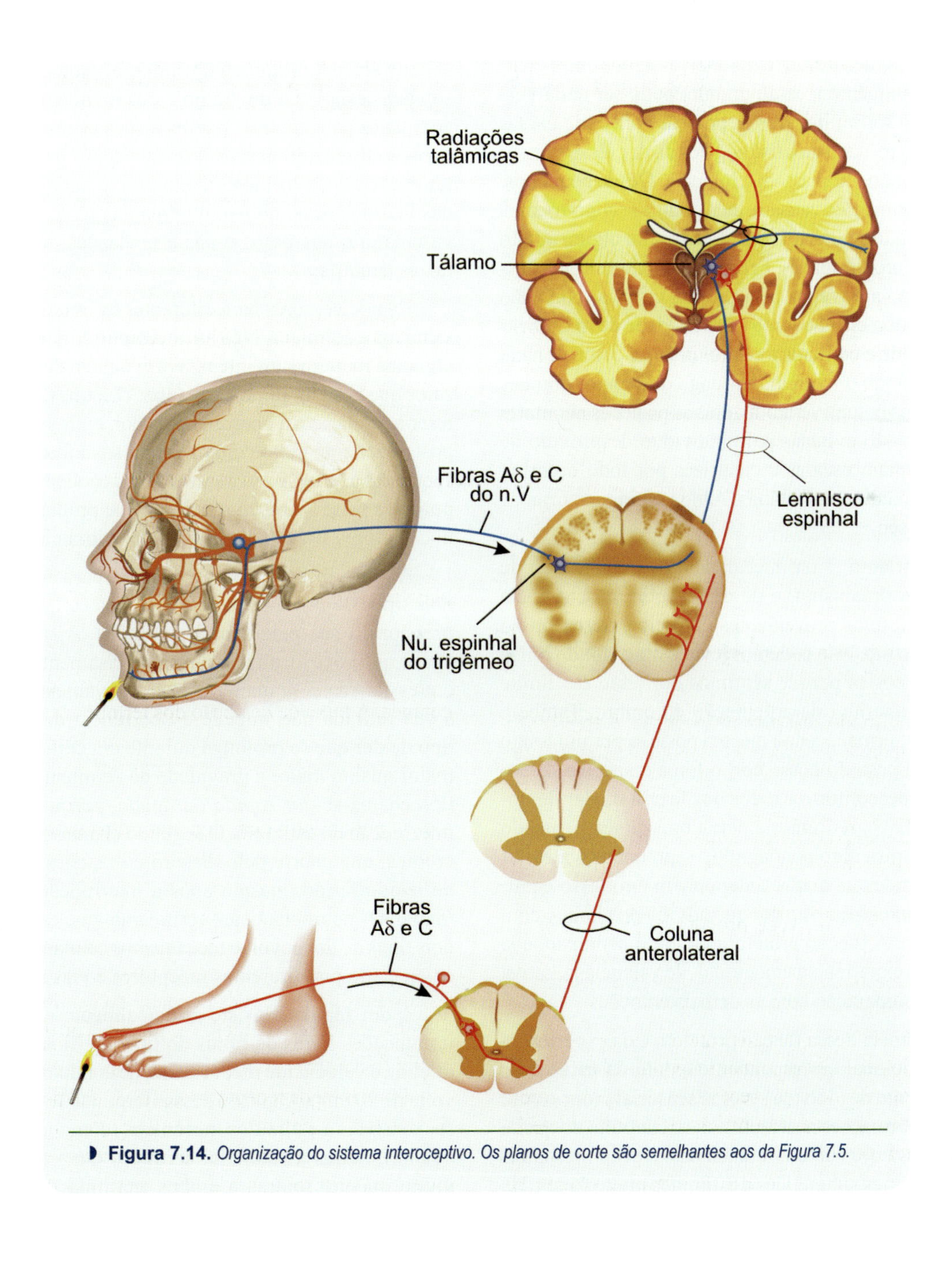

Figura 7.14. *Organização do sistema interoceptivo. Os planos de corte são semelhantes aos da Figura 7.5.*

rior. Em conjunto, as vias da termossensibilidade fazem parte do sistema somestésico interoceptivo (Figura 7.2), encarregado de gerar uma "síntese" do estado funcional do corpo como um todo. Suas características funcionais serão vistas adiante.

AS DORES DO CORPO

PESSOAS COM DOR, PESSOAS SEM DOR

Por que sentimos dor, se é uma sensação tão desagradável? Não teria sido melhor se a natureza tivesse selecionado animais desprovidos de dor, e nós estivéssemos entre eles? Resposta convincente a essa pergunta pode ser dada pela descrição de casos muito raros de pessoas com deficiências congênitas nos mecanismos fisiológicos da dor. Essas pessoas geralmente não ultrapassam a infância. Desde pequenos, os menores ferimentos causam-lhes grandes sangramentos e infecções, a não ser quando descobertos por algum adulto que esteja nas proximidades. Ferimentos maiores e até mesmo fraturas são agravados pela própria criança, pois, não tendo sofrido dor, ela não sente a necessidade de imobilizar o membro ferido e continua a se movimentar como se nada tivesse acontecido. Ocorrem, ao longo do tempo, grandes deformações na coluna vertebral, pois as posições anômalas do tronco não são evitadas pelo indivíduo desprovido de dor. Acompanham escaras e cicatrizes por todo o corpo, não raro inflamadas e infectadas. A vida cotidiana torna-se um enorme risco.

A dor, portanto, é um mecanismo de demarcação de limites para o organismo, e de aviso sobre a ocorrência de estímulos lesivos provenientes do meio externo ou do próprio organismo. Não podemos levar o braço muito longe para trás das costas porque sentimos dor: esse é o limite mecânico de abertura da articulação do ombro. Também não podemos permanecer na mesma posição por um longo tempo, pois o peso do nosso corpo força o sistema ósteo-articular, e o desconforto e a dor nos fazem mudar de posição. Além disso, retiramos a perna bruscamente quando o pé descalço pisa algo pontiagudo, e aprendemos a evitar objetos contundentes que se anteponham em nosso caminho, porque antecipamos a dor que adviria do choque com o nosso corpo. A função protetora da dor é acompanhada por uma forte experiência emocional, de valência negativa e única em comparação com as demais emoções.

A importância dessa função protetora e da experiência sensorial-emocional correspondente exigiu da natureza o desenvolvimento de todo um sistema sensorial próprio para veicular as informações nociceptivas. Ao contrário do que se poderia supor, a dor não é veiculada pelos receptores táteis e termorreceptores submetidos a estímulos muito fortes. Há receptores e vias aferentes privativos da dor, específicos para todos os estímulos capazes de ultrapassar os limites fisiológicos e provocar lesão do organismo. Pode parecer natural, mas nem sempre se pensou assim, na história da neurociência. Confira no Quadro 7.2.

MECANISMOS PERIFÉRICOS DA DOR

Os receptores da dor distribuem-se por praticamente todos os tecidos do organismo. Uma notável exceção, já mencionada, é o sistema nervoso central. Não há nociceptores no tecido nervoso, embora eles estejam presentes nos vasos sanguíneos cerebrais mais calibrosos e nas meninges que circundam o SNC. Essa característica é que permitiu a Penfield estimular eletricamente pacientes operados sob anestesia local do crânio e das meninges e mantê-los acordados para analisar sua resposta à estimulação. Com a exceção do tecido nervoso, os nociceptores estão presentes em todos os tecidos: na superfície cutânea, na parede das vísceras ocas, no parênquima das vísceras sólidas, na vasculatura, nos ossos e nas articulações, na córnea, nas raízes dentárias.

Há nociceptores para diferentes estímulos: mecânicos, térmicos e químicos. Não há nociceptores para luz, embora algumas fontes muito intensas provoquem dor pela ação do calor que emitem junto com a luz. "Luz fria" intensa pode lesar a retina sem a ocorrência de dor, embora esta apareça posteriormente junto com os processos inflamatórios consequentes à lesão. Sons muito intensos podem provocar dor porque a forte vibração mecânica que produzem atinge os nociceptores situados nas estruturas vibráteis do ouvido.

A auto-observação é suficiente para identificarmos dois tipos de dor. Pense no que acontece quando alguém pressiona a sua pele com uma agulha. Aparece uma dor aguda que você localiza pronta e precisamente. Se a agulha é pressionada com mais força, e efetivamente fere a pele, a sua retirada não impede a ocorrência de um segundo tipo de dor que se prolonga durante um certo tempo, tanto maior quanto maior a gravidade do ferimento. O primeiro tipo chama-se *dor rápida* ou *aguda*, porque cessa com a interrupção do estímulo. O segundo chama-se *dor lenta* ou crônica, que ocorre pelo disparo de reações inflamatórias no tecido ferido, mesmo após a interrupção do estímulo inicial. Os neurocientistas verificaram que cada um desses dois tipos de dor envolve mecanismos celulares diferentes e é veiculado por diferentes receptores e vias ascendentes.

A dor rápida consiste principalmente na ativação de terminações livres de fibras do tipo Aδ (finas, com pouca mielina e velocidade média-baixa de condução de PAs, por volta de 20 m/s). Algumas dessas terminações livres podem ser sensíveis a estímulos mecânicos (como no exemplo da agulha), outras a estímulos térmicos (se a agulha estiver muito quente), outras a ambos (terminações bimodais).

Em todos os casos ocorrerá um potencial receptor nas extremidades livres, e estes serão codificados em salvas de potenciais de ação conduzidos ao longo das fibras Aδ através dos nervos espinhais até a medula, ou através dos ramos do trigêmeo em direção ao tronco encefálico (Figura 7.14). Os mecanismos moleculares da transdução das energias térmica e mecânica em potenciais receptores estão descritos com maior detalhe no Capítulo 6.

A dor lenta é mais complexa. Como é provocada por lesão dos tecidos que circundam os nociceptores, ocorrem diversos fenômenos celulares que acentuam e prolongam a dor (ver o Quadro 7.3). Imagine um instrumento cortante que perfura a pele (Figura 7.15). Haverá sangramento e, portanto, anóxia do tecido nutrido pelos vasos que se romperam. Ocorre também lesão celular e depois inflamação[G]. Além de células vermelhas (hemácias), o sangramento liberará no tecido células brancas do sangue (leucócitos), dentre eles os mastócitos, que produzem e secretam substâncias algogênicas (*i. e.,* que provocam dor), como a serotonina (5-HT) e a histamina. As próprias células lesadas do tecido atingido (a pele, em nosso exemplo) também liberam substâncias fortemente algogênicas, como o peptídeo bradicinina, e substâncias irritantes, como os derivados do ácido araquidônico (as prostaglandinas), que por si sós não são algogênicas, mas que potenciam a ação das primeiras.

Os nociceptores ativados por esse coquetel de substâncias liberadas pela ação lesiva da agulha são principalmente terminações livres de fibras do tipo C (as mais finas de todas, amielínicas e com baixa velocidade de condução de PAs, em torno de 2 m/s). Tanto a agulha, diretamente, como as substâncias químicas liberadas após a lesão, ativam ou sensibilizam os nociceptores do tipo C, que são comumente polimodais, ou seja, sensíveis a mais de um tipo de estímulo. A simples sensibilização dos nociceptores, isto é, uma leve despolarização de seu potencial de repouso, aproximando-o do limiar de disparo de potenciais de ação, faz com que qualquer estímulo normalmente inócuo passe a provocar dor. É o fenômeno da *hiperalgesia,* que todos sentimos em uma região inflamada, como uma espinha ou um furúnculo, ou na pele que se torna dolorida aos menores estímulos após uma queimadura do sol de verão. Essa percepção exacerbada de dor decorre da *sensibilização* dos receptores moleculares situados nos terminais sensitivos (sensibilização periférica) ou então dos receptores sinápticos no corno dorsal da medula (sensibilização central).

A sensibilização periférica resulta da ação aditiva dos estímulos termoalgésicos e das substâncias liberadas pela reação inflamatória, como descrito acima. Cada um desses estímulos, fortes ou fracos, químicos, térmicos ou mecânicos, provoca a abertura de diferentes canais iônicos, gerando

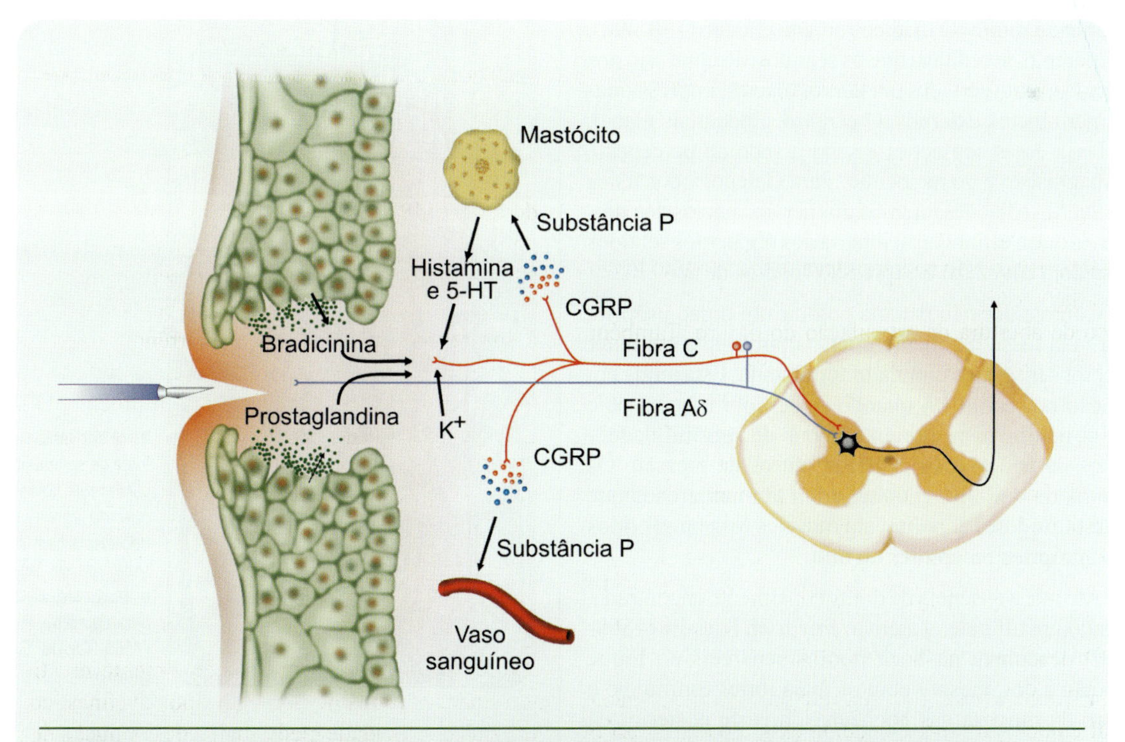

Figura 7.15. *Quando um bisturi fere a pele, ativa diretamente as fibras da dor rápida (em azul), e indiretamente as da dor lenta (em vermelho). Neste último caso, as células lesadas, os mastócitos provenientes do sangue e os próprios terminais nervosos secretam substâncias que geram uma reação inflamatória local, produzindo, além da dor, edema (inchaço) e eritema (vermelhidão). O tecido fica mais sensível (hiperalgesia) porque as fibras aferentes se tornam ligeiramente despolarizadas pelo microambiente químico.*

HISTÓRIA E OUTRAS HISTÓRIAS

Quadro 7.2
Uma Alfinetada nas Velhas Teorias da Dor

*Suzana Herculano-Houzel**

Se você beliscar bem forte o seu braço, usando a pontinha das unhas, dói, não é? Mas se você beliscar o lado de dentro da bochecha... quase não dói. Se os cientistas tivessem feito esse experimento simples mais cedo, hoje talvez soubéssemos muito mais sobre os mecanismos da dor.

Para os povos antigos, a dor era uma punição divina. Foi no século 5 a.C. que a dor deixou o campo do sobrenatural e passou a tramitar pelo próprio corpo, entrando pelos sentidos. O filósofo grego Demócrito (ca. 460-370 a.C.) acreditava que os objetos emitem "átomos" que adentram o corpo pelos seus vasos e afetam "os pequenos átomos da alma". Se eles tivessem a forma de ganchos pontiagudos, o resultado seria a dor. Aristóteles (384-322 a.C.) tinha uma visão bastante parecida. Como para ele o coração era o trono dos sentidos, as áreas do corpo ricas em sangue seriam mais sensíveis às impressões emanadas dos objetos. Com impressões demais, ou sensibilidade excessiva – por exemplo, se as paredes do coração fossem elásticas demais –, as impressões poderiam causar dor. Mesmo no século 2 d.C., as teorias da dor não haviam se modificado muito. O médico romano Galeno (130-200), por exemplo, acreditava que os sentidos, ao contrário dos músculos, eram servidos por nervos macios, impressionáveis por objetos externos. O cérebro, ainda mais macio, receberia essas sensações e seria a sede da percepção, da imaginação e do raciocínio. Para Galeno, a dor física envolveria irritações intensas dos nervos macios dos sentidos, já que a estimulação intensa dos órgãos dos sentidos causa dor (talvez daí a expressão "nervos de aço"...).

Como a dor não parecia possuir um órgão próprio, talvez ela fosse realmente iniciada por todo e qualquer receptor sensorial estimulado fortemente. Esta ainda era a noção no século 19, quando se descobriu que a pele possui pontos com diferentes tipos de sensibilidade – pontos de frio, outros de calor, outros de pressão. Os "pontos de dor", no entanto, eram tão numerosos que os pesquisadores acreditavam que eles fossem servidos pelos próprios receptores do tato.

Até que a ausência de dor foi finalmente encontrada. Usando um alfinete, o alemão Friedrich Kiesow (1858-1940) descobriu na boca pontos sensíveis ao toque mas não à dor, mesmo com os mais fortes estímulos: o centro da mucosa das bochechas, a parte posterior da língua e a metade inferior da úvula. Se é possível não sentir dor onde há tato, é porque cada um deve partir de um receptor diferente, concluiu. Com a demonstração feita por Kiesow, ficava mais fácil aceitar que devem existir receptores específicos para a dor, muito comuns nos órgãos dos sentidos em geral, mas ausentes nesses locais inusitados.

Mas para que a dor ganhasse finalmente o *status* de submodalidade sensorial, faltava ainda encontrar seus receptores e vias nervosas. Isso foi possível a partir do trabalho do histologista alemão Max von Frey (1852-1932), que associou a dor às terminações nervosas livres na pele.

Alfinetadas e beliscões podem mudar as teorias, mas os nomes continuam. Apesar de a dor hoje ser considerada uma submodalidade sensorial e um eficiente mecanismo de preservação da integridade do corpo, ela ainda carrega em seu nome a ideia de punição (Figura): o termo inglês *pain* deriva do grego *poine* e do latim *poena*, ambos significando "castigo".

A dor sempre foi uma fonte de sofrimento, particularmente no século 16, quando as enfermarias não dispunham ainda de recursos de anestesia e analgesia. Detalhe de uma figura de Paracelso (1565) Opus Chyrurgicum.

**Professora-adjunta do Instituto de Ciências Biomédicas da Universidade Federal do Rio de Janeiro. Correio eletrônico: suzanahh@gmail.com.*

potenciais receptores posteriormente codificados em salvas de potenciais de ação. Estes, finalmente, são conduzidos em direção ao SNC. E mais: a despolarização dos nociceptores provoca a secreção – pelas próprias terminações nervosas periféricas – de prostaglandinas e neuropeptídeos com ação vasodilatadora local, que acentuam a vermelhidão e o edema[G], prolongando a dor. Esta ação neurossecretora resulta na *reação inflamatória neurogênica* que acompanha a reação inflamatória primária causada pelo primeiro estímulo lesivo sobre o tecido (a penetração da agulha). Aliás, é justamente aí que atua a aspirina, inibindo a enzima ciclo-oxigenase, responsável pela síntese das prostaglandinas. A baixa velocidade de condução dos impulsos nervosos pelas fibras C e a reação inflamatória que se segue à lesão do tecido contribuem para o caráter "lento" do tipo de dor que essas fibras veiculam.

A sensibilização central provoca o fenômeno da *alodínia,* que vem a ser a indução de dor por estímulos que em geral são inócuos, sem que haja necessariamente inflamação periférica. A forma mais simples de sensibilização central advém da estimulação repetitiva de nociceptores, que provoca somação pós-sináptica na medula espinhal, potenciais pós-sinápticos maiores, e ativação dos receptores glutamatérgicos do tipo NMDA, que amplificam a transmissão sináptica. A forma mais complexa e duradoura de alodínia é provocada por um fenômeno semelhante à potenciação de longa duração (LTP, veja o Capítulo 5), que ativa a expressão gênica provocando aumento da síntese da enzima ciclo-oxigenase (COX), e assim uma maior secreção de prostaglandinas. Outras causas de alodínia têm sido descritas.

À medida que o tecido ferido cicatriza, a sensibilização declina e o limiar da dor retorna aos níveis pré-lesionais. Em certas condições patológicas, entretanto, os próprios neurônios nociceptivos são atingidos, como ocorre no diabetes[G], AIDS, esclerose múltipla[G] e em acidentes vasculares, resultando em *dor neuropática,* uma experiência dolorosa crônica, intensa e de difícil tratamento, durante a qual o paciente sente dor até mesmo provocada pelas roupas que veste.

VIAS ASCENDENTES E MECANISMOS CENTRAIS DA DOR

Uma vez estimulados química, mecânica ou termicamente, os nociceptores produzem potenciais receptores como todos os demais receptores sensoriais, e esses são codificados em salvas de potenciais de ação na membrana vizinha à extremidade especializada na transdução. Tanto as fibras Aδ como as fibras C se incorporam aos nervos periféricos, terminando por penetrar na medula através dos nervos espinhais e no tronco encefálico através de alguns nervos cranianos, principalmente o trigêmeo[G]. Ao entrar pelas raízes dorsais, essas fibras se ramificam e distribuem ramos ascendentes e descendentes que penetram no corno dorsal em vários segmentos medulares. Essa divergência multissegmentar das fibras nociceptivas é mais uma característica que confere à dor um baixo poder de localização. Os corpos dos neurônios primários da dor localizam-se – como em todas as demais submodalidades somestésicas – nos gânglios espinhais e no gânglio trigêmeo. A maioria dos neurônios de segunda ordem, entretanto, situa-se em diversas lâminas do corno dorsal da medula e no núcleo espinhal do trigêmeo, onde recebem as sinapses excitatórias (geralmente glutamatérgicas) dos aferentes de primeira ordem e de outros aferentes, formando aí pequenos circuitos locais de grande importância para a percepção final da dor. O funcionamento desses circuitos será descrito adiante. Do mesmo modo que no caso da termossensibilidade, muitos aferentes primários da dor fazem sinapses especificamente com neurônios da lâmina I da medula, no corno dorsal, integrando também o sistema somestésico interoceptivo, tratado com mais detalhe adiante.

Os neurônios de segunda ordem da dor emitem axônios dentro da medula que cruzam para o lado oposto, nos mesmos segmentos em que entraram os aferentes primários (Figura 7.16), e se incorporam aos *feixes espinotalâmicos* situados na coluna anterolateral da medula, que, como já vimos, carreiam também algumas fibras do tato e as da termossensibilidade. Os feixes espinotalâmicos ascendem por toda a medula até o tronco encefálico, onde se encontram com as fibras nociceptivas de segunda ordem do núcleo espinhal do trigêmeo para formar o lemnisco espinhal (não representadas na figura). Até este ponto, as fibras da dor rápida (principalmente Aδ) estão misturadas às da dor lenta (principalmente C), embora alguns anatomistas façam distinção entre um feixe chamado neospinotalâmico ou espinotalâmico lateral, que conduziria ao tálamo os impulsos nociceptivos da dor rápida, e outro chamado paleospinotalâmico ou espinotalâmico medial, que conduziria os impulsos nociceptivos da dor lenta ao tálamo passando através da formação reticular (Figura 7.16).

Outras fibras desse sistema nociceptivo mais antigo terminariam em regiões do tronco encefálico (formação reticular, núcleo parabraquial e grísea periaquedutal) encarregadas de promover reações comportamentais e fisiológicas à dor. O fato é que os impulsos da dor rápida são veiculados diretamente a dois núcleos talâmicos (posterior e ventral posterior), onde estão os neurônios de terceira ordem, cujos axônios projetam às áreas corticais S1 e S2. A via "direta" da dor rápida (apenas três neurônios e duas sinapses antes do córtex) explica as suas características fisiológicas principais: estrita correlação com o estímulo e precisa localização espacial. Essas características fazem com que a dor rápida consista em um sistema de sinalização de maior velocidade, capaz de ativar reflexos que possam contribuir para afastar o organismo do estímulo nocivo que a provocou.

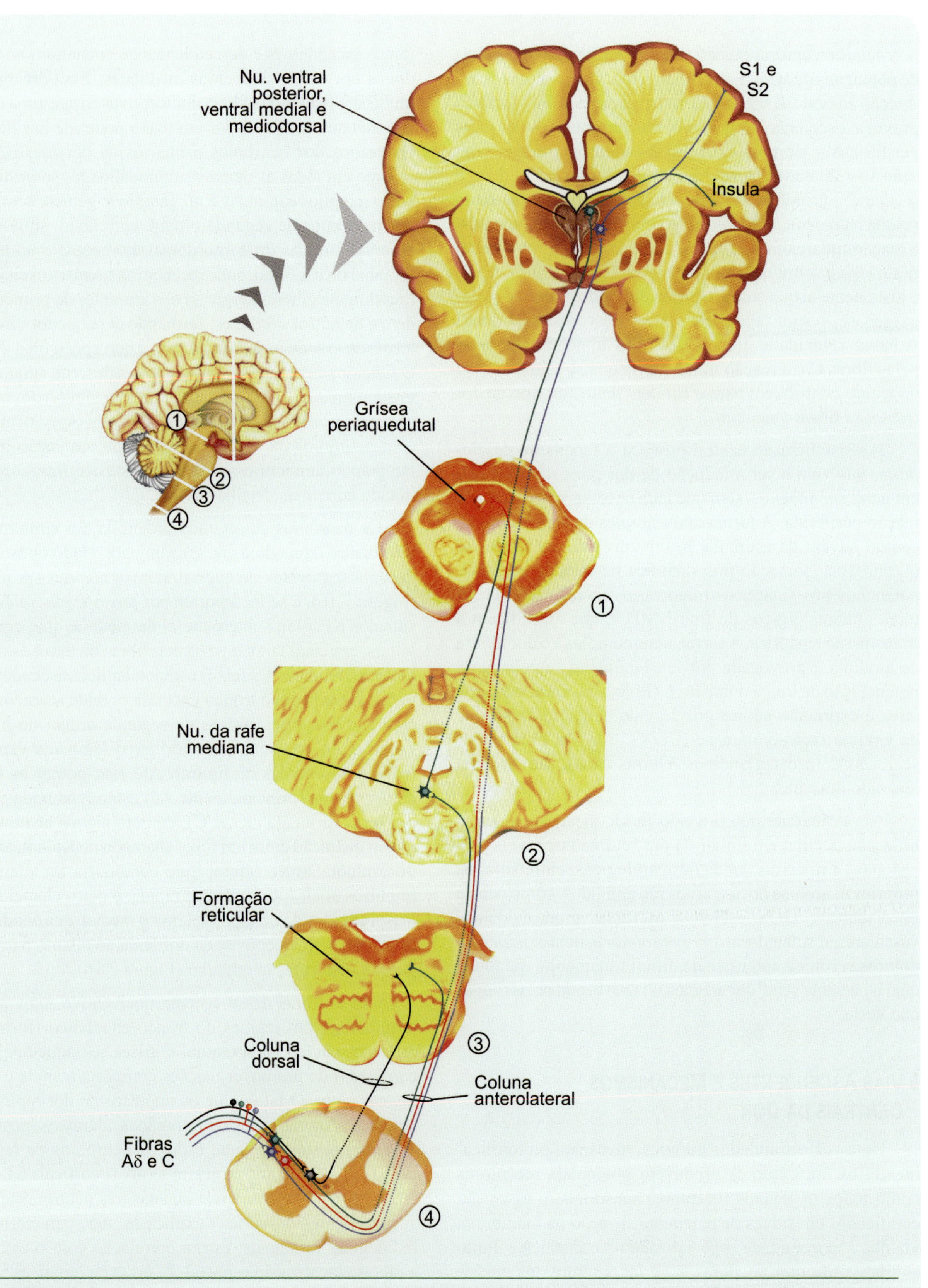

Figura 7.16. *Organização das vias ascendentes da dor, excluídas as vias trigeminais, para simplificar. As fibras do feixe neospinotalâmico estão representadas em azul, e as que se posicionam na coluna dorsal em preto. As demais (em verde e vermelho) fazem parte do paleospinotalâmico e terminam em diferentes níveis do tronco encefálico, cujos neurônios podem projetar ao tálamo. O pequeno encéfalo acima e à esquerda mostra os planos de corte representados à direita e assinalados por números circulados.*

Já a dor lenta tem características diversas: o estímulo nocivo cessa, mas ela continua; sua origem corporal é de difícil localização; ocorrem reações orgânicas mais diversas do que os simples reflexos de retirada, e tudo provoca repercussões emocionais de maior duração, que podemos sintetizar com a palavra *sofrimento*. Assim, na vigência da dor lenta, não podemos mais nos livrar do estímulo inicial, pois ele já cessou. Ficamos com um processo inflamatório que amplifica a dor, cujas consequências podem envolver alterações da frequência cardíaca e do ritmo respiratório, provocar sudorese, mal-estar, alterações digestivas e, frequentemente, um intenso sofrimento. Além disso, muitas vezes não conseguimos localizar de forma precisa a região dolorosa, sobretudo quando ela está situada em algum órgão do interior do corpo. A angina do peito ou dor do infarto[G], por exemplo, é frequentemente acompanhada de dor no braço ou no estômago. Um cálculo biliar provoca dor no abdome, como seria de esperar, mas também no alto das costas. Esse fenômeno é chamado *dor referida* (Figura 7.17A).

A dor visceral, particularmente difusa e indistinta, como bem exemplifica o fenômeno da dor referida, tem sido objeto de grandes dúvidas dos neurocientistas, acerca de como é veiculada ao SNC. Seria através do nervo vago[A], um nervo craniano que inerva a grande maioria das vísceras torácicas e abdominais? Ou seria através dos nervos periféricos que penetram na medula através das raízes dorsais, como temos descrito neste capítulo? E quais as suas vias ascendentes até o tronco encefálico e o tálamo? Ao que tudo indica, a resposta finalmente foi encontrada: a dor visceral tem vários trajetos. Além de acompanhar a via anterolateral acima descrita, foi surpreendente descobrir uma outra via, cujos neurônios de segunda ordem ficam na região mediana do H medular (Figura 7.18), e cujos axônios se posicionam na coluna dorsal! Os axônios que conduzem a dor das vísceras abdominais ocupam um fascículo situado bem no plano mediano da coluna dorsal, enquanto os aferentes que veiculam a dor das vísceras torácicas localizam-se no septo entre os fascículos grácil e cuneiforme. Os médicos

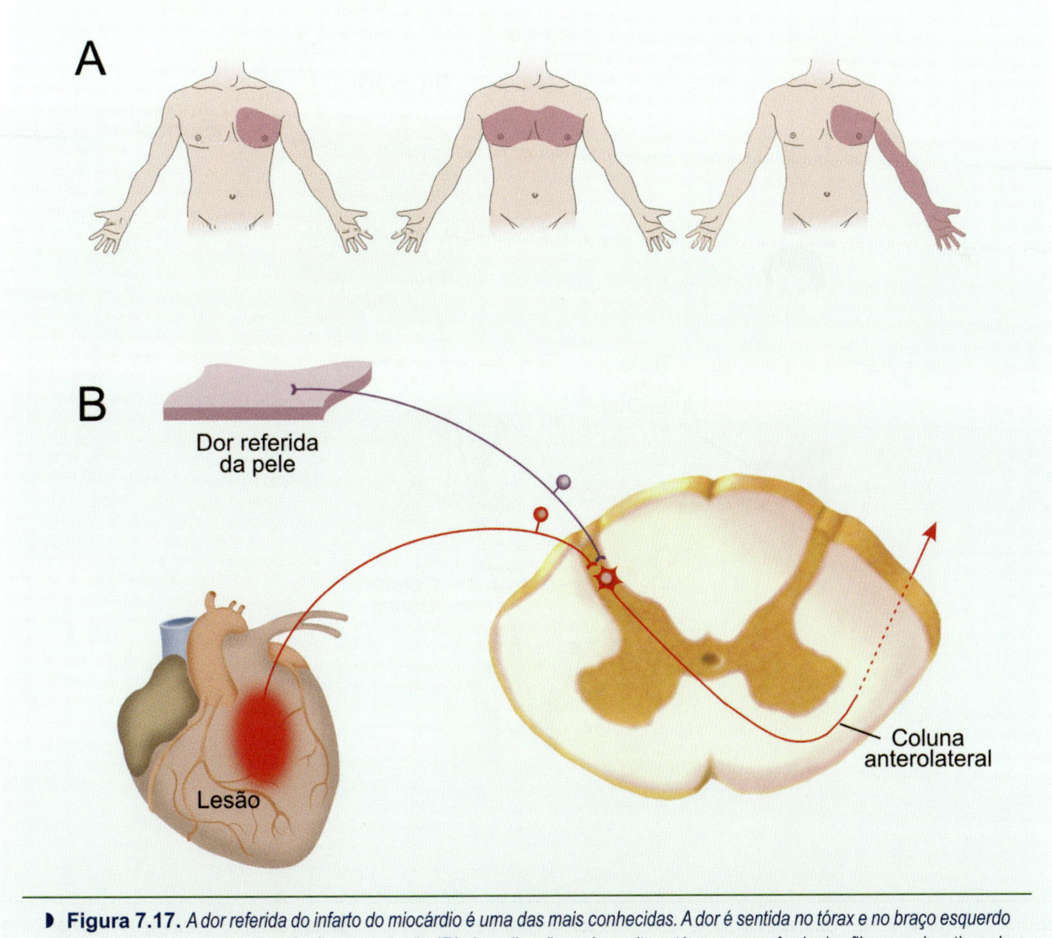

Figura 7.17. *A dor referida do infarto do miocárdio é uma das mais conhecidas. A dor é sentida no tórax e no braço esquerdo (**A**), mas a lesão que provoca a dor fica no coração (**B**). A explicação mais aceita está na convergência das fibras nociceptivas da pele e do coração sobre os mesmos neurônios secundários na medula.*

aproveitaram bem essa descoberta, e têm utilizado uma cirurgia que interrompe o fascículo mediano da coluna dorsal para aliviar a terrível dor que atinge os pacientes com câncer abdominal.

A DOR É CONTROLÁVEL?

Uma observação cotidiana de todas as pessoas é que a percepção da dor depende do contexto psicológico e social em que ela é provocada, e que em certa medida a sua intensidade pode ser autocontrolada. Há inúmeros exemplos disso, e vários estudos científicos sérios que os validam. Soldados feridos durante uma batalha sentem menos dor do que indivíduos com ferimentos semelhantes ocorridos em situações domésticas. É que a motivação para lutar ou a expectativa de ser removido do campo de batalha são fatores psicológicos atenuadores da experiência dolorosa. Justamente o contrário ocorre nos casos de acidentes domésticos: o indivíduo será

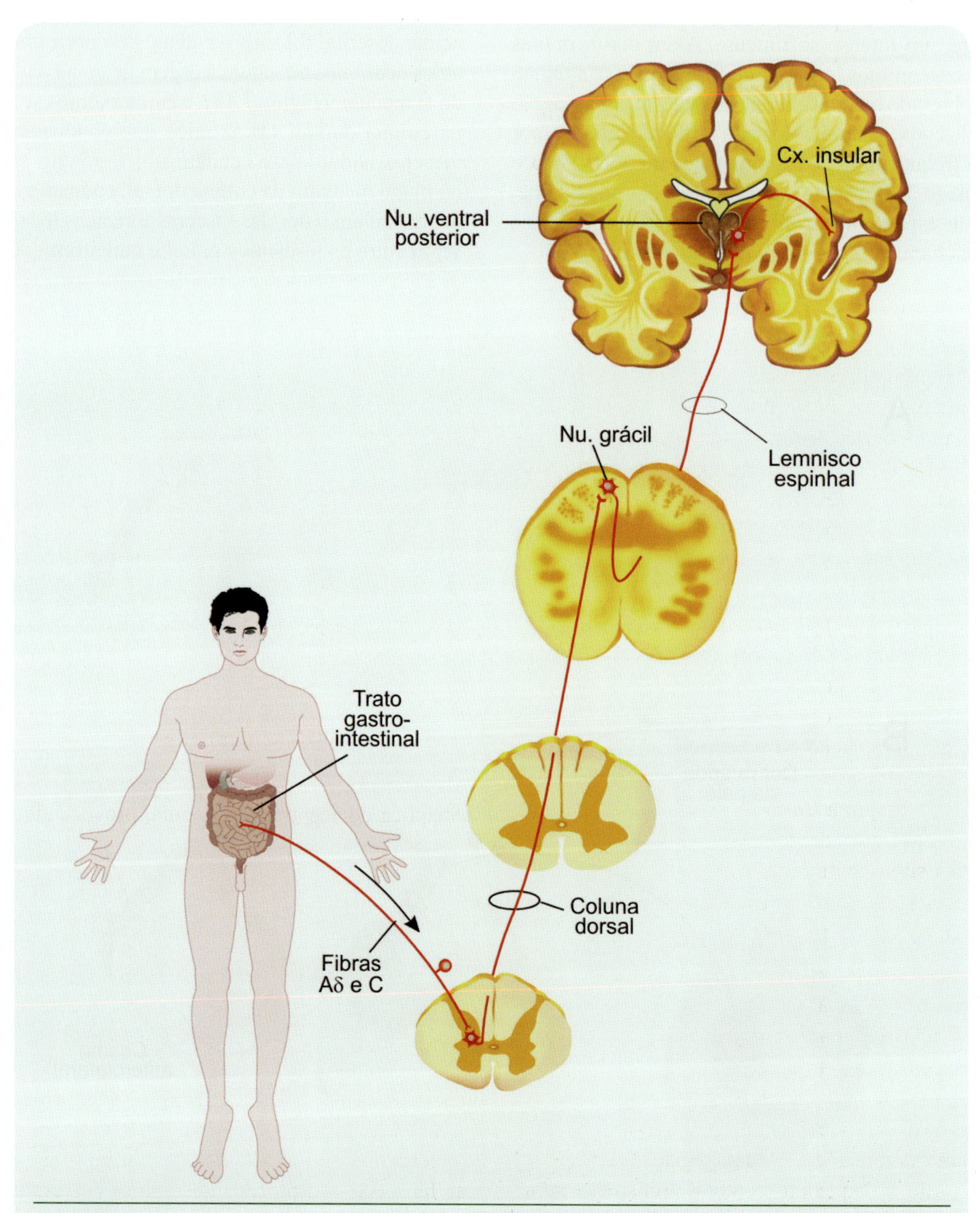

Figura 7.18. *A dor visceral adota várias vias para chegar aos níveis supraespinhais. Além da coluna anterolateral, neurônios situados bem próximo ao plano mediano do H medular recebem aferentes das vísceras abdominais e pélvicas, e posicionam seus axônios medialmente na coluna dorsal até o núcleo grácil. Do bulbo, a via cruza e segue até o tálamo, de onde os neurônios de terceira ordem projetam ao córtex insular.*

afastado de sua casa e hospitalizado, terá de gastar dinheiro para curar-se e não poderá trabalhar ou divertir-se durante algum tempo. Pessoas submetidas à dor crônica podem melhorar consideravelmente quando passam por sessões de hipnose, e esse efeito pode ser comprovado em estudos científicos cuidadosos. É o conhecido *efeito placebo*, o mesmo que faz com que a administração de substâncias inócuas a pacientes com dor provoque melhora às vezes até maior que a administração de medicamentos analgésicos. Já se sabe que o efeito placebo não é uma mera "sugestão" psicológica, pois pode ser abolido por certas substâncias que interferem com os mecanismos endógenos de controle da dor, que vamos analisar a seguir.

Existem então *mecanismos analgésicos endógenos*, ou seja, um sistema de regiões neurais conectadas às vias aferentes nociceptivas, que modulam, ou bloqueiam completamente, a passagem das informações da dor em sua trajetória ascendente em direção ao córtex cerebral. O primeiro desses mecanismos é muito simples e atua logo na entrada das fibras nociceptivas na medula (Figura 7.19). As sinapses destas com os neurônios de segunda ordem estão localizadas no corno dorsal. Esses neurônios, no entanto, recebem também sinapses inibitórias de interneurônios situados nas redondezas, os quais, por sua vez, são ativados pelas fibras Aß que veiculam as informações táteis. A consequência funcional desse circuito intramedular é que os impulsos táteis, quando chegam à medula ao mesmo tempo que os impulsos dolorosos (cada um através de suas vias aferentes específicas, é claro), podem inibir a transmissão sináptica entre o neurônio nociceptivo primário e o neurônio de segunda ordem. Quem já não percebeu que a dor de um ferimento pode ser aliviada por um carinho tátil suave em torno da região lesada? A descoberta desse circuito simples de bloqueio ou modulação da dor nos anos 1960 levou uma dupla de pesquisadores britânicos, Ronald Melzack e Patrick Wall, a propor a *teoria da comporta da dor*, que propõe que a passagem da dor pelos estágios sinápticos intermediários seria controlada por "comportas" (isto é, sinapses inibitórias) que se abririam em certas condições, mas poderiam ser fechadas em outras.

Mais recentemente, descobriu-se que as sinapses moduladoras da dor não estão presentes apenas na medula, mas nos vários níveis das vias nociceptivas, e que a origem dos circuitos inibitórios não se restringe às fibras aferentes Aß. De fato, sabe-se hoje que existem vias descendentes moduladoras da dor, que se originam no córtex somestésico e no hipotálamo[A], projetando-se a uma região mesencefálica situada em torno do aqueduto cerebral[A] (chamada substância cinzenta ou *grísea periaquedutal*), daí a diferentes núcleos bulbares, especialmente o *núcleo parabraquial* e os *núcleos da rafe*, e destes, por sua vez, ao corno dorsal da medula (Figura 7.20). A estimulação elétrica ou farmacológica experimental desses núcleos inibe a transmissão sináptica nociceptiva na medula, provocando o bloqueio da dor (ver o Capítulo 16).

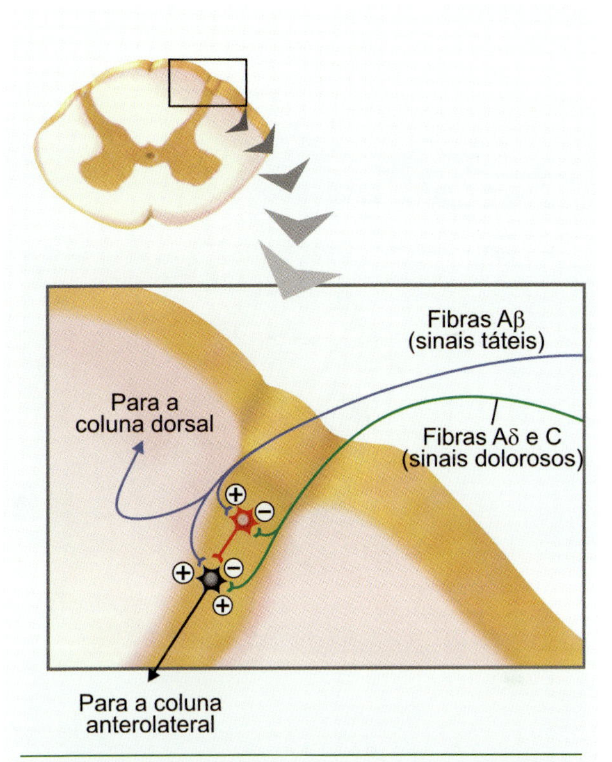

Figura 7.19. *As "comportas" da dor parecem ser constituídas por interneurônios inibitórios da medula (em vermelho), ativados por estimulação tátil concomitante à entrada de informação nociceptiva. Quando a atividade das fibras dolorosas (em verde) predomina, os interneurônios ficam bloqueados, e a informação dolorosa passa aos neurônios de segunda ordem (em preto). Mas quando a atividade das fibras táteis (em azul) predomina, os interneurônios inibitórios são ativados, o que resulta em bloqueio parcial ou completo da passagem da informação nociceptiva para os neurônios de segunda ordem, que assim deixam de conduzi-la aos níveis superiores do SNC.*

Um grande avanço na elucidação desses mecanismos analgésicos endógenos veio com a descoberta dos *peptídeos opioides* e seus efeitos. Desde tempos imemoriais é conhecida a ação da morfina (palavra derivada do nome do deus grego do sono e dos sonhos, Morfeu). A morfina é uma droga obtida da papoula, aparentada ao ópio (daí o termo "opioide" ou "opiáceo"), cujas ações euforizantes e analgésicas têm sido há muito apreciadas pelos usuários de drogas e pelos médicos. Nos anos 1970, raciocinou-se que o efeito neurofarmacológico da morfina só poderia existir se houvesse receptores moleculares correspondentes no cérebro, e que a existência de receptores naturais para a morfina no cérebro obrigaria a pensar na ocorrência também de ligantes endógenos desses receptores, cuja estrutura molecular fosse análoga à da morfina. Esse raciocínio lógico

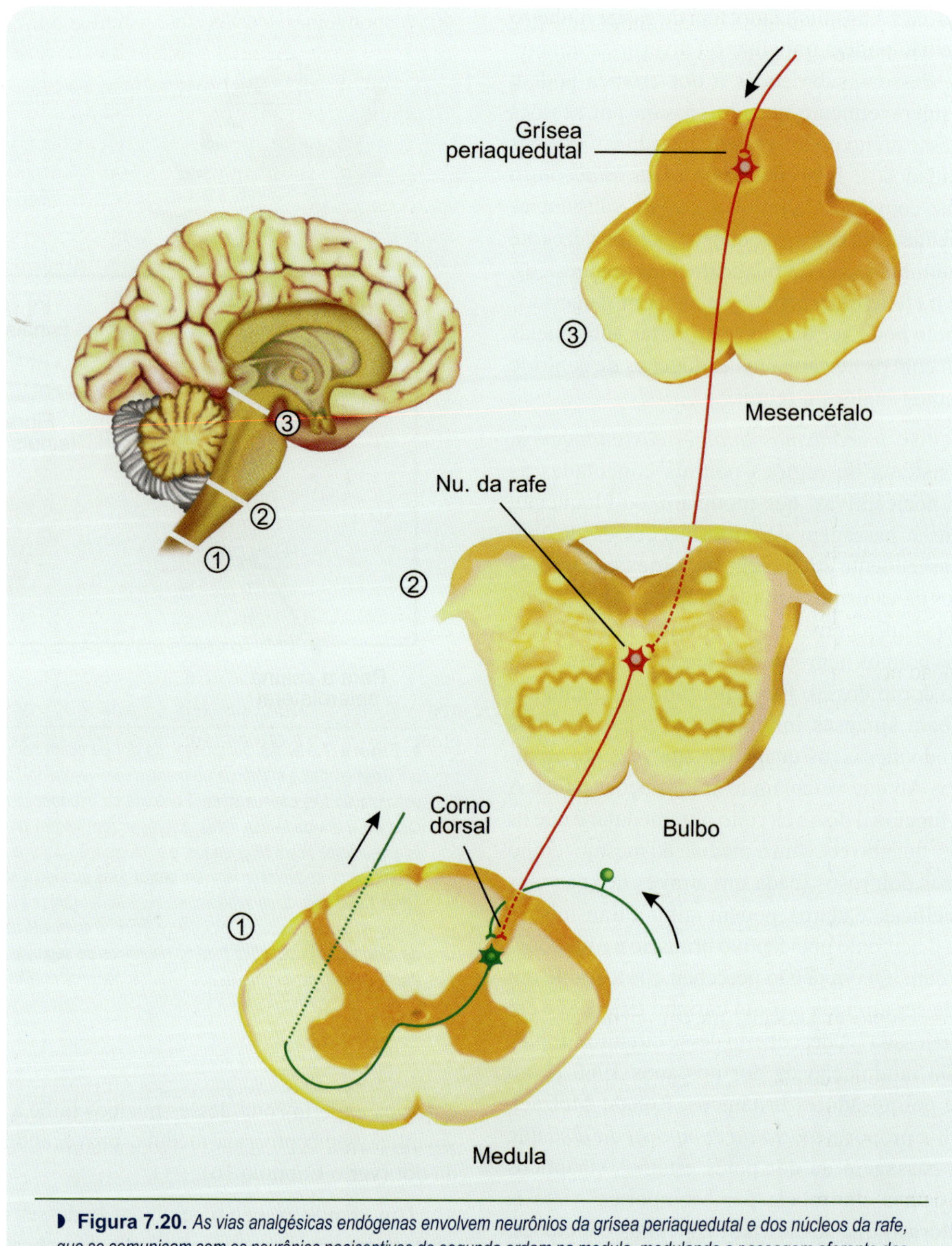

Figura 7.20. *As vias analgésicas endógenas envolvem neurônios da grísea periaquedutal e dos núcleos da rafe, que se comunicam com os neurônios nociceptivos de segunda ordem na medula, modulando a passagem aferente das informações dolorosas vindas da periferia. O pequeno encéfalo acima à esquerda mostra os planos de corte indicados por números circulados.*

se confirmou: o uso de opioides radioativos identificou a presença de receptores específicos em diversas regiões cerebrais, e a busca dos opioides naturais encontrou as encefalinas, as endorfinas e, mais recentemente, as dinorfinas (ver o Capítulo 4 para maiores detalhes). Esses peptídeos diferem quanto ao peso molecular, mas todos compartilham uma mesma sequência de aminoácidos com ação analgésica. Todos eles são encontrados na substância cinzenta periaquedutal, nos núcleos da rafe e no corno dorsal da medula. Embora os detalhes de sua ação molecular ainda estejam sob investigação, sabe-se que exercem uma função moduladora nas sinapses nociceptivas, bloqueando a liberação de neurotransmissor excitatório pelo terminal pré-sináptico e hiperpolarizando a membrana pós-sináptica.

Dessa forma, tanto os desígnios da razão (possivelmente através do córtex cerebral) como os determinantes da emoção (através do hipotálamo) podem modular a dor que sentimos, permitindo-nos em muitos casos buscar proteção e alívio sem sucumbir à gravidade dos ferimentos que a provocam.

O QUE É A COCEIRA?

Não há quem não tenha alguma vez se perguntado em que consiste a *coceira*[3] ou *prurido*. Coceira e dor são parecidas em muitos aspectos, mas na verdade representam sensações diferentes produzidas por neurônios diferentes. A coceira difere da dor porque ocorre apenas na pele e nas mucosas, enquanto a dor pode atingir também os órgãos internos. Na pele, provoca o comportamento característico de coçar, e nas mucosas pode provocar espirros, pigarros ou tosse. A dor, por outro lado, provoca comportamentos de afastamento da parte do corpo atingida pelo estímulo doloroso. Os dois comportamentos, respectivamente, aliviam o desconforto de uma e de outra. Mas o alívio da coceira pelo ato de coçar tem um componente de prazer que não existe na dor. Um prazer paradoxal, porque o ato de coçar consiste numa estimulação nociceptiva da pele, que às vezes causa abrasão, arranhões e sangramento com inflamação. Isso é explicado porque a dor inibe a coceira: de certa forma agredimos a nossa pele para aliviar o prurido.

Tanto a coceira quanto a dor são veiculadas por fibras Aδ e C, e suas vias centrais são parecidas. No entanto, enquanto a bradicinina é a mais potente substância algogênica, é a histamina que provoca maior efeito pruritogênico. Isso motivou a busca por receptores para a coceira – os *pruritoceptores* –, alguns deles já identificados e responsáveis pelo prurido provocado pela histamina. A histamina, como sabemos, é liberada pelos mastócitos que entram nos tecidos durante episódios de sangramento local, ou simplesmente durante o extravasamento de plasma, causado por uma reação alérgica. Os pruritoceptores recentemente identificados são terminais cutâneos das fibras Aδ e C que expressam receptores moleculares histaminérgicos. A histamina, entretanto, não é o único dos mediadores da coceira, havendo alguns produzidos pelas células da pele (como o fator de crescimento neural ou NGF), outros pelos próprios terminais das fibras nervosas (como a substância P), e outros ainda por células do sistema imunitário (como algumas interleucinas). É de se esperar, portanto, que diferentes pruritoceptores sejam proximamente identificados.

As fibras aferentes da coceira pertencem a neurônios ganglionares espinhais como os da dor, mas de tipo distinto, pois respondem na periferia a estímulos químicos diferentes, e não respondem (ou o fazem fracamente) a estímulos mecânicos e térmicos. Na medula, fazem sinapses com neurônios de segunda ordem nas lâminas superficiais do corno dorsal, cujos axônios ascendem ao tálamo através dos feixes espinotalâmicos. Os estudos realizados com neuroimagem funcional[G], capazes de identificar as vias centrais da coceira, mostraram o envolvimento de regiões semelhantes às da dor, envolvendo S1 (mas não S2), o córtex da ínsula que faz parte do sistema interoceptivo (veja adiante), o córtex cingulado[A] anterior responsável pelos aspectos afetivos-motivacionais (coçar é prazeroso...), e regiões motoras que organizam o ato de coçar.

[3] A sensação de coceira não deve ser confundida com a que chamamos de cócega, nem com a sensação de arrepio. Estas não têm relação com a dor, e parecem ser devidas à sensibilização dos mecanoceptores táteis. Suas bases neurais são mal conhecidas.

O SISTEMA INTEROCEPTIVO: COMO VOCÊ SE SENTE?

Vimos até o momento, uma a uma, como as diferentes sensações emanadas do corpo são geradas e conduzidas, a partir dos receptores, até o córtex cerebral. A consciência nos leva a identificá-las separadamente: você sabe, sem olhar, que um objeto em sua mão tem bordas retas, faces lisas, temperatura mais baixa que a de seu corpo e tamanho pequeno, pois cabe na mão fechada – talvez seja um cubo, um dado, por exemplo. Sabe também, se o tal cubo estiver muito quente, que ele lhe provoca dor, e faz com que você o arremesse à distância, removendo-o do contato com a mão. Todas essas sensações estão na base dos procedimentos analíticos que realizamos para tomar conhecimento do mundo que nos cerca e que entra em contato direto com o nosso corpo.

Entretanto, a somestesia tem algo mais a revelar: um sentido geral do corpo que se transforma em bem-estar ou mal-estar, que influencia nossas emoções, nosso humor, e que de forma inconsciente – e constante – regula o funcionamento dos sistemas orgânicos. Esse novo sentido genérico foi intuído pelos fisiologistas e psicólogos do início do século 20, como William James (1842-1910) e Charles Sherrington (1857-1952), mas só há poucos anos foi conceituado pelo neurocientista norte-americano Arthur Craig, que sintetizou a sua função pela pergunta que dá título a esta seção: como você se sente?

Trata-se do *sistema interoceptivo,* uma denominação criada por Sherrington para descrever as vias ascendentes originárias das vísceras, e ampliada por Craig para reunir praticamente todas as informações corporais que contribuem para nos dar esse sentido genérico do estado funcional de nosso corpo, com função ao mesmo tempo homeostática[G], motivacional[G] e emocional.

De fato, existem muitas evidências que autorizam essa conceituação do sistema interoceptivo (Figura 7.21). As fibras mais finas e pouco ou nada mielinizadas (Aδ e C), que veiculam sensações termoalgésicas de todo o corpo, desde a pele aos órgãos internos, veiculam também aspectos pouco discriminativos do tato, a coceira, informações metabólicas dos tecidos (como a concentração de ácido lático dos músculos) e do sangue (como o pH, níveis sanguíneos de oxigênio, gás carbônico e glicose), informações sobre ruptura celular (pelas concentrações extracelulares de ATP e glutamato), penetração de parasitos na pele (pela concentração tecidual de histamina), estados inflamatórios (pela concentração tecidual de serotonina, bradicinina e outros mediadores) e níveis de moléculas imunitárias e hormonais (como as citocinas e a somatostatina).

Ocorre que muitas dessas fibras, tão extensamente distribuídas no organismo, confluem para uma fina coluna de neurônios que se estende por toda a medula espinhal, e que em corte é vista como uma camada, chamada lâmina I, a mais superficial do corno dorsal do H medular (Figura 7.6). Essa é a primeira estação sináptica do sistema interoceptivo, onde está a maioria dos seus neurônios de segunda ordem (Figura 7.21). Estima-se que os axônios que emergem dos neurônios da lâmina I representam 50% das vias ascendentes que chegam ao tronco encefálico e ao tálamo.

As fibras originárias da lâmina I cruzam a linha média nos vários segmentos medulares e ascendem através da coluna anterolateral ocupando os feixes espinotalâmicos. No caminho podem emitir ramos que terminam no corno intermediolateral da medula torácica, onde ficam os neurônios eferentes da divisão simpática do sistema nervoso autônomo (veja sobre isso o Capítulo 14), encarregados do controle direto das vísceras. Mais adiante podem também emitir ramos para diversos núcleos do tronco encefálico que recebem informações adicionais das vísceras digestivas (o chamado núcleo do trato solitário[A], por exemplo), participam do controle cardio-respiratório (como a região ventrolateral do bulbo), realizam a modulação descendente da dor (como o núcleo parabraquial e a grísea periaquedutal, já mencionados). Tanto esses núcleos do tronco encefálico quanto a própria lâmina I da medula se comunicam intensamente com o hipotálamo, maestro do controle dos sistemas orgânicos (Capítulo 15), e com a amígdala[A], região do telencéfalo que funciona como o gatilho das emoções (Capítulo 20).

No tálamo, as fibras provenientes da lâmina I da medula terminam no *núcleo ventral medial,* particularmente desenvolvido nos seres humanos e demais primatas. Esse núcleo recebe também das estações sinápticas do tronco encefálico mencionadas há pouco, sendo portanto o local de confluência de todas essas informações corporais. O alvo desse importante núcleo talâmico não é o giro pós-central, como se poderia supor, mas o *córtex insular dorsal*, região "escondida" no interior do sulco lateral dos hemisférios cerebrais (Figura 7.21). Essa área cortical, por sua vez, comunica-se com diferentes regiões corticais relacionadas à emoção, especialmente o *córtex cingulado anterior.*

Essa parte do sistema interoceptivo tem sido estudada de forma experimental em macacos, e os neurônios dessas múltiplas regiões que descrevemos são invariavelmente polimodais com extensos campos receptores, isto é, recebem informações variadas provenientes das terminações livres situadas na pele e nos órgãos. Além disso, as técnicas de neuroimagem funcional têm revelado atividade nessas mesmas regiões quando os indivíduos sentem dor ou coceira, calor ou frio, além de estados emocionais relacionados de raiva, prazer sexual e nojo, todos eles fortemente associados a respostas corporais e comportamentos específicos.

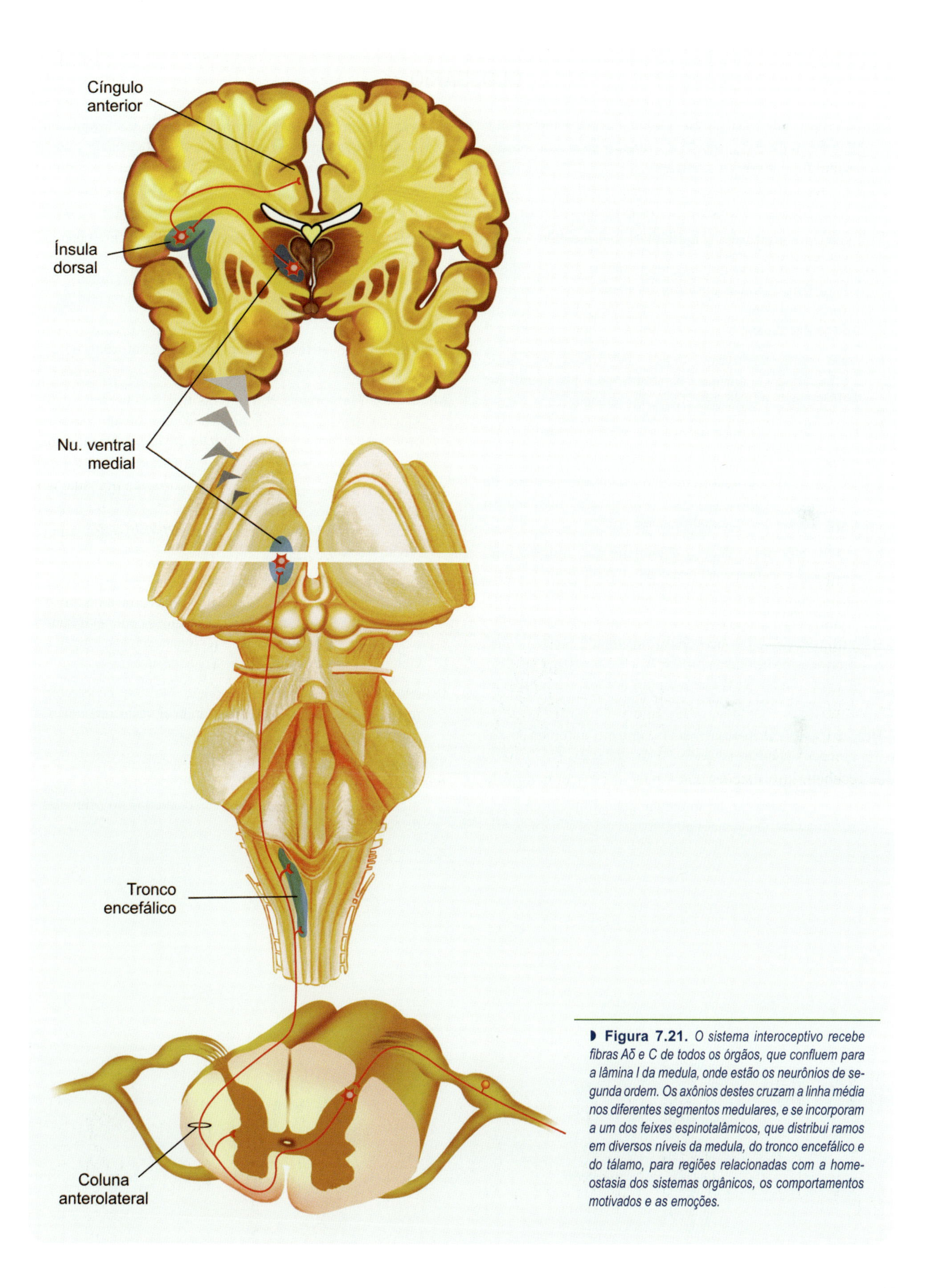

Figura 7.21. *O sistema interoceptivo recebe fibras Aδ e C de todos os órgãos, que confluem para a lâmina I da medula, onde estão os neurônios de segunda ordem. Os axônios destes cruzam a linha média nos diferentes segmentos medulares, e se incorporam a um dos feixes espinotalâmicos, que distribui ramos em diversos níveis da medula, do tronco encefálico e do tálamo, para regiões relacionadas com a homeostasia dos sistemas orgânicos, os comportamentos motivados e as emoções.*

GLOSSÁRIO

ANAMORFOSE: deformação na representação de um objeto. A imagem de certos espelhos, como os côncavos, produz anamorfose dos objetos refletidos.

COLUNA ANTEROLATERAL: feixe de fibras nervosas de calibres médio e pequeno, situadas no funículo lateral da medula, que veiculam informações somestésicas ao diencéfalo.

COLUNA DORSAL: feixe de fibras nervosas de grande calibre, situadas no funículo posterior da medula, que veiculam informações somestésicas ao tronco encefálico. O mesmo que cordão dorsal.

CONTRALATERAL: adjetivo que indica o lado oposto em relação a uma referência qualquer. Contrapõe-se a ipsolateral, que indica o mesmo lado em relação à referência.

DIABETES: doença de diferentes causas, caracterizada pela elevada concentração de glicose no sangue (hiperglicemia).

EDEMA: acúmulo de líquido em um tecido, proveniente do sangue e das células, que ocorre nos processos inflamatórios e em outras condições patológicas.

ESCLEROSE MÚLTIPLA: doença autoimune que atinge a mielina das fibras nervosas; o sistema imunitário do paciente produz anticorpos contra sua própria mielina, destruindo-a gradativamente.

HERPES-ZOSTER: vírus que possui afinidade pelos tecidos derivados do ectoderma, isto é, a pele e o sistema nervoso. Provoca lesões vesiculares muito dolorosas nas regiões cutâneas de inervação do nervo espinhal atingido.

HOMEOSTASE (OU HOMEOSTASIA): controle automático das funções orgânicas (digestivas, circulatórias, respiratórias e outras).

IMAGÉTICA MOTORA: processo mental que permite a uma pessoa imaginar um comportamento que ela própria realize.

INFARTO: diminuição ou interrupção da nutrição sanguínea de um órgão ou uma região orgânica, provocando lesão. O infarto do miocárdio é causado por bloqueio de algum ramo das artérias coronárias, que irrigam o coração. O mesmo que enfarte.

INFLAMAÇÃO: processo reativo dos tecidos que ocorre quando estes são atingidos por um agente agressor. Consiste geralmente em acúmulo de líquido, vermelhidão resultante de vasodilatação, e dor que resulta da estimulação química de nociceptores da região.

LEMNISCO: qualquer feixe de fibras do SNC com forma achatada. Do latim *lemniscus* (= fita).

MENINGES: Membranas conjuntivas que recobrem todo o sistema nervoso central, provendo um colchão líquido protetor em torno do encéfalo e da medula. Leia mais no Capítulo 13.

MOTIVAÇÃO: estado interno que nos leva a realizar certos comportamentos, alguns regulatórios (como a sede e a fome, que nos levam a beber e comer), outros nem tanto (como o sexo).

NEUROIMAGEM FUNCIONAL: técnicas de imagem capazes de identificar as regiões do sistema nervoso central mais ativas durante uma determinada função executada pelo indivíduo examinado. As principais são a ressonância magnética funcional e a tomografia por emissão de pósitrons.

PARÊNQUIMA: parte sólida de um órgão. No caso do cérebro refere-se ao tecido nervoso, excluindo os vasos sanguíneos e as meninges.

TRIGÊMEO: quinto nervo craniano, predominantemente somestésico, responsável pela sensibilidade da face. Veja maiores detalhes sobre os nervos cranianos no Miniatlas de Neuroanatomia.

Saber Mais

Leitura Básica

Bear MF, Connors BW, Paradiso MA. The Somatic Sensory System. Capítulo 12 de *Neuroscience – Exploring the Brain* 3ª. ed., Nova York, EUA. Lippincott Williams & Wilkins, 2007, pp. 387-422. Texto que abrange todo o sistema somestésico, sua morfologia e função.

Silveira LCL. Os Sentidos e a Percepção (2008) Capítulo 7 de *Neurociência da Mente e do Comportamento* (Lent R, coord.), Rio de Janeiro: Guanabara-Koogan, 2008, pp. 133-182. Texto abrangente que cobre todos os sistemas sensoriais.

Menescal-Oliveira L. As Dores. Capítulo 8 de *Neurociência da Mente e do Comportamento* (Lent R, coord.), pp. 183-201. Rio de Janeiro: Guanabara-Koogan, 2008, Texto específico para a dor e seus diversos aspectos.

Hendry S e Hsiao S. Somatosensory System. Capítulo 25 de *Fundamental Neuroscience* 3ª ed., (Squire L R e cols, orgs.), Nova York, EUA Academic Press, 2008, pp. 581 a 608. Texto avançado abordando o funcionamento do sistema somestésico.

Leitura Complementar

Mountcastle VB e Powell TPS. Neural mechanisms subserving cutaneous sensibility, with special reference to the role of afferent inhibition in sensory perception and discrimination. *Bulletin of the Johns Hopkins Hospital* 1959; 105:201 232.

Melzack R e Wall PD. Pain mechanisms: a new theory. *Science* 1965; 150:971-979.

Woolsey TA e Van der Loos H. The structural organization of layer IV in the somatosensory region SI) of mouse cerebral cortex. The description of a cortical field composed of discrete cytoarchitectonic units. *Brain Research* 1970; 17:205-242.

Christensen BN e Perl ER. Spinal neurons specifically excited by noxious or thermal stimuli: marginal zone of the dorsal horn. *Journal of Neurophysiology* 1970; 33:293-307.

McMahon SB e Koltzenburg M. Novel classes of nociceptors: beyond Sherrington. *Trends in Neuroscience* 1990; 13:199-201.

Pons TP, Garraghty PE, Mishkin M. Serial and parallel processing of tactual information in somatosensory cortex of rhesus monkeys. *Journal of Neurophysiology* 1992; 68:518-527.

Mountcastle VB. The parietal system and some higher brain functions. *Cerebral Cortex* 1995; 5:377-390.

Freund HJ. Sensorimotor processing in parietal neocortex. *Advances in Neurology* 2000; 84:63-74.

Mogil JS, Yu L, Basbaum AI. Pain genes? Natural variation and transgenic mutants. *Annual Reviews of Neuroscience* 2000; 23:777-811.

Ghazanfar AA, Stambaugh CR, Nicolelis MA. Encoding of tactile stimulus location by somatosensory thalamocortical ensembles. *Journal of Neuroscience* 2000; 20:3761-3775.

Pereira Jr A, Freire MA, Bahia CP, Franca JG, Picanço-Diniz C. The barrel field of the adult mouse SmI cortex as revealed by NADPH-diaphorase histochemistry. *NeuroReport* 2000; 11:1889-1892.

McGlone F, Kelly EF, Trulsson M, Francis ST, Westling G, Borotell R. Functional neuroimaging studies of human somatosensory cortex. *Behavioral Brain Research* 2002; 135:147-158.

Craig AD. How do you feel? Interoception: the sense of the physiological condition of the body. *Nature Reviews. Neuroscience* 2002; 3:655-666.

Rolls ET, O'Doherty J, Kringelbach ML, Francis S, Borovtell R, McGlone F. Representations of pleasant and painful touch in human orbitofrontal and cingulate cortices. *Cerebral Cortex* 2003; 13:308-317.

Tracey I. Nociceptive processing in the human brain. *Current Opinion in Neurobiology* 2005; 15:478-487.

Wiens S. Interoception in emotional experience. *Current Opinion in Neurology* 2005; 18:442-447.

Haggard P. Sensory neuroscience: From skin to object in the somatosensory cortex. *Current Biology* 2006; 16: R884-R886.

Ikoma A, Steinhoff M, Ständer S, Yosipovitch G, Schmeltz M. The neurobiology of itch. *Nature Reviews. Neuroscience* 2006; 7: 535-547.

Petersen CC. The functional organization of the barrel cortex. *Neuron* 2007; 56:339-355.

Zhuo M. A synaptic model for pain: long-term potentiation in the anterior cingulate cortex. *Molecules and Cells* 2007; 23:259-271.

Bensmaia SJ. Tactile intensity and population codes. *Behavioral Brain Research* 2008; 190:165-173.

Funez MI, Ferrari LF, Duarte DB, Sachs D, Cunha FQ, Lorenzetti BB, Parada CA e Ferreira SH. Teleantagonism: A pharmacodynamic property of the primary nociceptive neuron. *Proceedings of the National Academy of Sciences of the USA* 2008; 105:19038-19043.

Belmonte C, Brock JA, Viana F. Converting cold into pain. *Experimental Brain Research* 2009; 196:13-30.

Indo Y. Nerve growth factor, interoception, and sympathetic neuron: Lesson from congenital insensitivity to pain with anhidrosis. *Autonomic Neuroscience* 2009; 147:3-8.

8

Os Sons do Mundo

Estrutura e Função do Sistema Auditivo

Músico, de Gustavo Rosa (1998), óleo sobre tela

Saber o Principal

Resumo

Audição é a modalidade sensorial que permite aos animais e ao homem perceber sons – apresenta a vantagem adaptativa de possibilitar a identificação de estímulos à distância. Sons são certas vibrações do meio que se transmitem ao órgão receptor da audição e são transformadas em potenciais bioelétricos para processamento no sistema auditivo. Nem todas as vibrações do meio representam sons: só aquelas com frequências situadas entre 20 Hz e 20 kHz e intensidades entre 0 e 120 dB. A modalidade auditiva divide-se em algumas submodalidades: discriminação de intensidade sonora, discriminação de tons, identificação de timbres, localização espacial dos sons e compreensão da fala e dos sons complexos.

O sistema auditivo é o conjunto formado por receptores, vias ascendentes, núcleos e áreas corticais relacionados com a audição. Os receptores auditivos são as células estereociliadas, e estão situados dentro do ouvido interno, na cóclea. As fibras aferentes pertencem a neurônios bipolares situados no gânglio espiral, e constituem o nervo auditivo, parte do oitavo nervo craniano. Os núcleos auditivos formam uma sequência de estágios sinápticos até o córtex. As áreas corticais auditivas são múltiplas, dispostas em três conjuntos concêntricos situados no giro temporal superior: a região central, que inclui a área auditiva primária (A1), o cinturão auditivo e o paracinturão auditivo.

A discriminação de intensidade sonora é a submodalidade que correlaciona a amplitude da onda sonora (proporcional à quantidade de energia contida em um som) com a amplitude da vibração da membrana basilar, a amplitude do potencial receptor, a frequência de potenciais de ação das fibras auditivas e o número de elementos recrutados nesse processo. A identificação dos tons, por outro lado, é a submodalidade que correlaciona a frequência da onda sonora com a frequência e a região de vibração da membrana basilar, a frequência do potencial receptor e a frequência das salvas de potenciais de ação nas fibras auditivas. A identificação dos timbres é a submodalidade que permite diferenciar ondas complexas pela sua composição harmônica, realizando uma análise espectral através da decomposição das ondas sonoras em seus componentes senoidais simples. A função é desempenhada pela membrana basilar e acentuada pelos núcleos subcorticais tonotópicos. Finalmente, a localização espacial dos sons é a submodalidade que permite localizar a origem dos sons no eixo horizontal (à esquerda ou à direita do ouvinte) e no eixo vertical (acima ou abaixo da cabeça). A localização horizontal depende da detecção de diferenças de tempo e de intensidade da informação sonora ao chegar ao complexo olivar superior através dos dois ouvidos. A localização vertical depende da detecção de diferenças de tempo de chegada da informação sonora ao SNC, depois de diferentes reflexões no pavilhão auricular.

As submodalidades complexas da audição, sobretudo a compreensão da fala, dependem das áreas corticais auditivas, já mencionadas, e de áreas associativas relacionadas com a audição, em especial a área de Wernicke, classicamente associada à compreensão linguística verbal.

A capacidade dos animais de reagir a estímulos que tocam o corpo – somestesia – foi certamente a primeira modalidade sensorial a surgir no curso da evolução, existindo já de forma rudimentar nos primeiros seres unicelulares e especializando-se com o aparecimento do sistema nervoso. Para muitos animais, entretanto, a sobrevivência seria impossível se eles não pudessem detectar seus predadores à distância, antes que estes se aproximassem e os atacassem. Para outros, igualmente, seria impossível obter alimento se não fossem capazes de perceber de forma silenciosa a chegada de uma presa.

A visão e a audição ofereceram essa enorme vantagem adaptativa. A primeira permitiu detectar a radiação eletromagnética emitida ou refletida pelo meio ambiente, e assim perceber a presença de objetos de interesse a grande distância. A segunda tornou possível detectar as vibrações do ar e da água provocadas pelos movimentos dos animais e das plantas, bem como desenvolver todo um sistema de comunicação através da vocalização, isto é, da emissão "intencional" de vibrações do meio. Através dos sons tornou-se possível identificar a presença de certos objetos mesmo quando estes se situam fora do campo de visão, ou estão encobertos por outros objetos.

Por ser tão útil, o sistema auditivo dos animais aperfeiçoou-se de modo extraordinário. Tornou-se extremamente sensível, capaz de detectar vibrações tão pequenas quanto o diâmetro de um átomo. E, além disso, miniaturizou-se mais que os outros sistemas sensoriais, concentrando milhares de receptores em um volume não maior que um grão de arroz.

O QUE É O SOM? DA FÍSICA À PSICOLOGIA

Intuitivamente, sabemos que a audição é a capacidade de perceber os sons. Som é a perturbação vibratória do ambiente que permite a audição. Refere-se apenas às *vibrações de ar que somos capazes de perceber*. Como as capacidades auditivas dos animais variam, algumas vibrações que representam sons para um cão, por exemplo, para nós passam inteiramente despercebidas. Portanto, o conceito de som é vinculado à percepção: trata-se de uma forma de energia que deve ser sempre referida ao animal que a percebe.

O Som como Forma de Energia

O modo de vibração do ar capaz de ser percebido pelo nosso sistema auditivo pode ser compreendido se imaginarmos um alto-falante em funcionamento (Figura 8.1A). Alto-falantes são cones feitos de um material muito leve, postos a vibrar por uma bobina eletromagnética colada no vértice. Quando o cone vibra, desloca-se para frente e para trás repetidamente, o que podemos sentir tocando-o de leve com os dedos. O deslocamento do cone provoca também o deslocamento das partículas e moléculas que constituem o ar. Ao mover-se para frente, o cone comprime as partículas do ar umas contra as outras, e ao mover-se para trás ele as descomprime. O movimento de compres-são/descompressão das partículas vizinhas ao cone provoca movimento idêntico ao daquelas situadas um pouco mais longe, e assim sucessivamente. A vibração, então, propaga-se em todo o espaço que envolve o alto-falante, a uma velocidade em torno de 340 m/s (equivalente a cerca de 1.224 km/h, para usar uma unidade que avaliamos melhor). Embora seja verdade que o som se propaga em linha reta, isso ocorre nas três dimensões do espaço. Assim, devemos imaginar que o som produzido pelo alto-falante propaga-se como uma superfície esférica que cresce até encontrar objetos no caminho, nos quais se reflete gerando novas e novas esferas, ou até ser absorvido, extinguindo-se.

Outras fontes sonoras diferentes dos alto-falantes funcionam de modo parecido. Nos instrumentos musicais, por exemplo, as partículas do ar são postas a vibrar pela vibração de cordas puxadas (Figura 8.1B), percutidas ou atritadas por um arco, ou pelo movimento do ar impulsionado dentro de tubos de diferentes formatos e tamanhos. A voz humana é produzida pela vibração das cordas vocais, obtida pela ejeção de ar pelas vias respiratórias. Ruídos diversos são produzidos por impactos entre objetos ou pelo simples deslocamento deles no ar. O que há de comum entre essas fontes é a produção de um movimento vibratório, isto é, uma sequência alternada de compressões e descompressões do ar que se propaga em todas as direções.

As vibrações periódicas do ar que produzem os sons são chamadas *ondas sonoras*. Ondas são movimentos oscilatórios das partículas de matéria ou dos pacotes de energia que compõem o universo. São geralmente classificadas em dois tipos: transversais e longitudinais. Nas ondas transversais (Figura 8.2A), o movimento das partículas é perpendicular à direção de propagação da onda. É o que acontece quando uma pessoa sacode a ponta de uma corda amarrada a um poste. As ondas que ela produzirá se propagam em direção à ponta fixa, mas uma marca posicionada em qualquer ponto da corda estará se movendo para cima e para baixo, perpendicularmente ao deslocamento da onda. No caso das ondas longitudinais (Figura 8.2B), ao contrário, as partículas se movem na mesma direção de propagação. É o que acontece com as ondas sonoras: as partículas do ar se movem para frente e para trás, no mesmo eixo de propagação do som.

Acontece que os sons são as vibrações *percebidas*, quer dizer, aquelas capazes de estimular o seu sistema auditivo provocando uma percepção. Como todos sabemos de experiência própria, a percepção auditiva é múltipla:

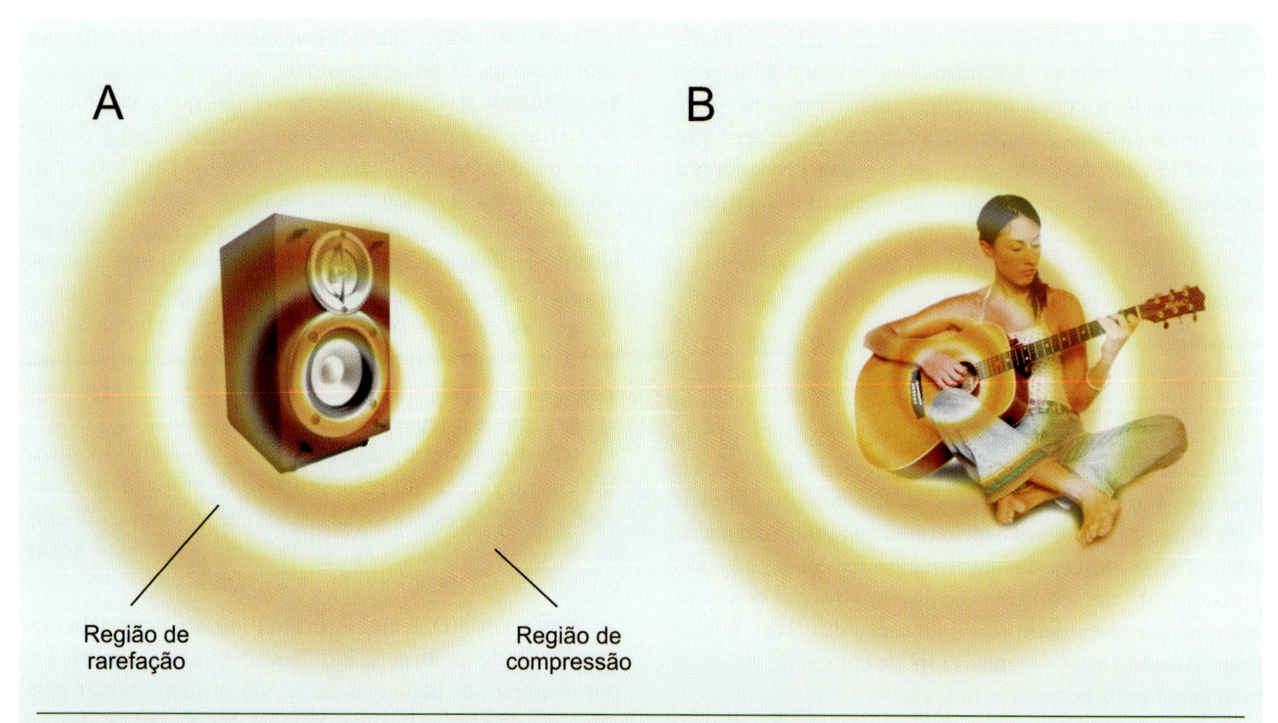

▸ **Figura 8.1.** *O som é produzido pela vibração de objetos sólidos que põem em movimento as partículas do ar circundante. Criam-se regiões de compressão e rarefação das partículas, que se deslocam para fora como superfícies esféricas de raios crescentes.*

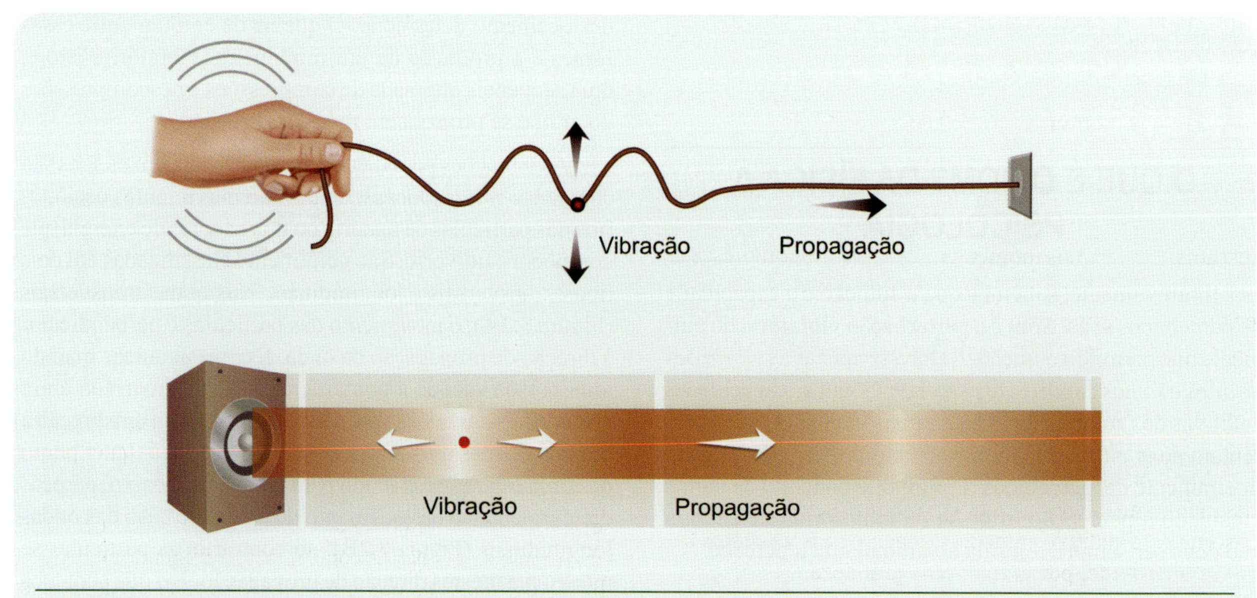

▸ **Figura 8.2.** *Nas ondas transversais as partículas vibram em direção perpendicular à sua propagação (**A**), enquanto nas ondas longitudinais, vibração e propagação têm a mesma direção (**B**).*

você é capaz de perceber tons, ritmos, timbres de diversos instrumentos, e assim por diante. Dizemos, então, que a percepção auditiva se compõe de diferentes submodalidades. É interessante, assim, relacionar as características físicas das ondas sonoras com essas submodalidades, e, para isso, é necessário entendê-las.

É comum representar as ondas sonoras por curvas senoidais[G], o que é uma simplificação um tanto exagerada, porque os sons que ouvimos na natureza não são ondas regulares, mas sim oscilações muito complexas que raramente se parecem com as senoides perfeitas que vemos nos livros. Só os tons puros são senoides perfeitas, mas eles só podem ser produzidos por instrumentos mecânicos especiais, os diapasões, ou por sintetizadores eletrônicos. Para facilitar a compreensão das características físicas das ondas sonoras, no entanto, vamos considerar inicialmente esse tipo raro de som, o tom puro.

Suponhamos que um sintetizador gere um tom puro contínuo e o passe a um alto-falante. As vibrações longitudinais do ar produzidas pelo alto-falante propagam-se em todas as direções, mas para maior simplicidade estão representadas em apenas uma direção na Figura 8.3. Se você se colocasse a uma distância fixa do alto-falante e medisse a densidade das partículas de ar em diferentes momentos durante a passagem do som, obteria uma curva senoidal em que a ordenada representaria a densidade medida e a abscissa, o tempo (Figura 8.3A). E se você pudesse medir a densidade de partículas em diferentes distâncias a partir do alto-falante, obteria também uma família de curvas senoidais, uma para cada local de medida (Figura 8.3B, pontos 1, 2 e 3). Dessa maneira imaginária você poderia observar o modo de vibração das partículas do ar ao longo do tempo e a sua propagação no espaço.

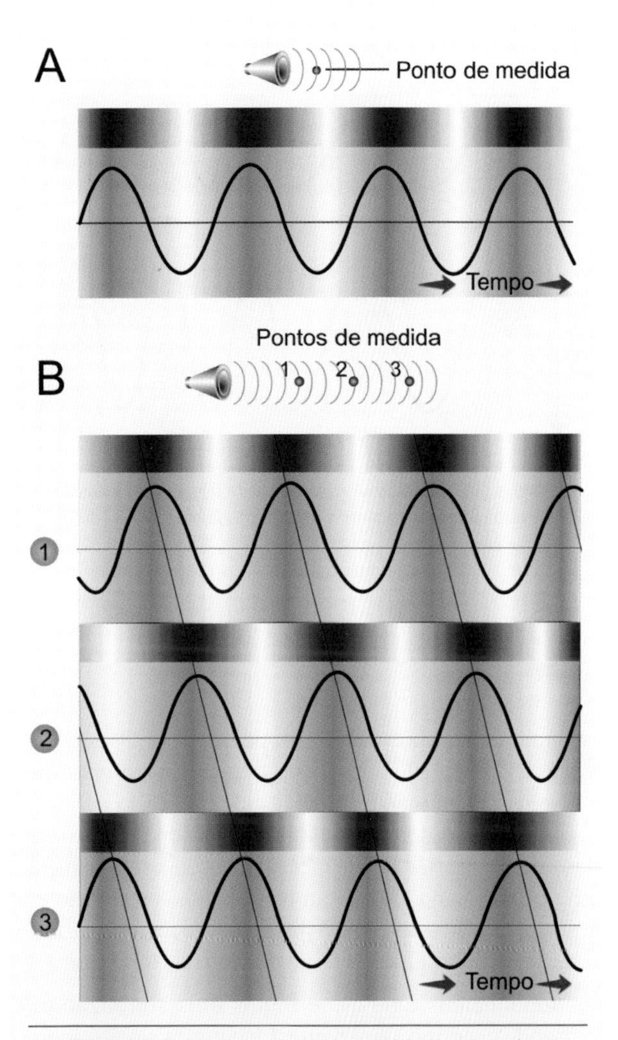

Figura 8.3. *Os tons puros são ondas senoidais. Neste experimento imaginário, mede-se a densidade de partículas em um ponto fixo durante algum tempo (**A**). Verifica-se que a densidade naquele ponto varia no tempo de acordo com uma curva senoidal. Depois (**B**) mede-se a densidade em três pontos diferentes, simultaneamente. Encontram-se as mesmas curvas em todos os pontos, mas um pouco deslocadas uma em relação à outra.*

A altura da curva senoidal dos tons puros, chamada *amplitude,* representa a densidade de partículas em cada momento. Ela é máxima nos momentos de maior compressão, e mínima nos momentos de maior descompressão. Quando o som emitido é contínuo, ocorrem inúmeros ciclos de variação de amplitude. Como os ciclos de compressão e descompressão das partículas de ar dependem da vibração do cone do alto-falante ao longo do tempo, na verdade representam as oscilações da energia sonora. Se aumentarmos a quantidade de energia levada ao alto-falante no pico do ciclo, aumentaremos igualmente a quantidade de energia da onda sonora produzida, e isso será sentido por nosso sistema auditivo como um aumento na *intensidade* do som. A amplitude, portanto, é uma grandeza proporcional à energia sonora, e portanto proporcional também à nossa percepção de intensidade do som (Figura 8.4). Pode ser medida em diversas unidades, mas a mais comum é o *decibel* (dB), que apresenta a vantagem de poder representar uma grande faixa de variação de energia, por ser logarítmica[G] e adimensional[G].

Imaginemos agora que a vibração do alto-falante se torna mais rápida, embora a quantidade de energia sonora a cada ciclo se mantenha constante. Examinando o gráfico obtido, constatamos que a senoide apresenta mais ciclos em cada unidade de tempo. Essa grandeza – número de ciclos por unidade de tempo – chama-se *frequência,* e a sua unidade de medida é o *hertz* (Hz), que equivale a um ciclo por segundo. Quando a frequência de um som aumenta, temos a sensação de que houve mudança de tom, como de um dó para um ré, por exemplo. A frequência, portanto, é

[G] *Termo constante do glossário ao final do capítulo.*

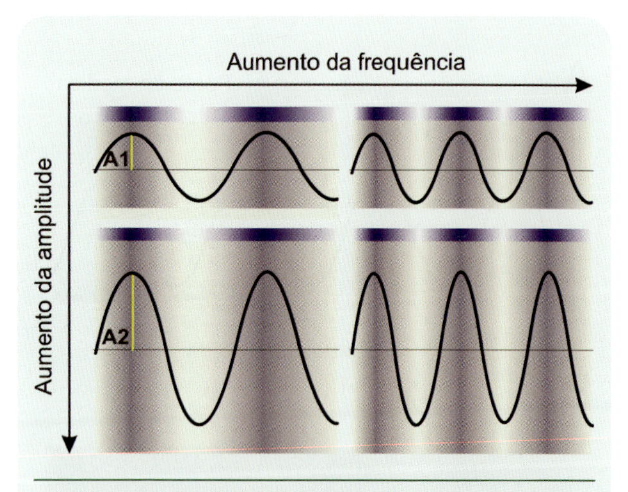

Figura 8.4. *Amplitude (A) é diferente de frequência. Enquanto a primeira permite determinar a quantidade de energia (E) contida na onda sonora em cada ponto do ciclo (A1 < A2, logo E1 < E2), a frequência representa a quantidade de ciclos que ocorrem em um certo período de tempo.*

a grandeza que representa o *tom* de um som. Os tons das escalas musicais são sons cujas frequências diferem por intervalos determinados, estabelecidos segundo as preferências culturais de cada povo e de cada época histórica. Mas podemos variar a frequência gradativa e continuamente (é o que se chama frequência modulada). A sensação é a mesma de quando fazemos vibrar a corda de um violão, e ao mesmo tempo giramos a sua cravelha de afinação.

Suponhamos agora que temos dois sintetizadores acionando o mesmo alto-falante. Ligamos os sintetizadores ao mesmo tempo (Figura 8.5A), aplicando ao alto-falante duas vibrações com a mesma frequência. O resultado é que a onda sonora produzida pelo cone do alto-falante representará a soma das duas vibrações: sua frequência será a mesma, mas sua amplitude será duas vezes maior. Como os sintetizadores foram ligados exatamente ao mesmo tempo, dizemos que as duas ondas foram emitidas em coincidência de fase. *Fase,* então, é a relação de tempo entre duas ou mais ondas. Mas podemos ligar o segundo sintetizador meio ciclo depois do primeiro. Agora o som produzido terá amplitude menor, ainda com a mesma frequência. Se as duas vibrações tiverem a mesma amplitude, não haverá som (Figura 8.5B), porque as vibrações se anularão a cada momento e impedirão o cone do alto-falante de se mover! Neste caso, diz-se que as duas ondas foram emitidas em oposição de fase.

Se os dois sintetizadores forem ligados com uma diferença de fase que não seja de meio ou um ciclo, o som resultante terá uma forma de onda complexa, resultante da composição das duas senoides originais. É o que acontece na imensa maioria dos sons da natureza e dos instrumentos criados pelo homem, musicais ou não: são quase sempre compostos de diversas vibrações simultâneas, cada uma com a sua amplitude, sua frequência e sua fase, somando-se algebricamente para resultar em ondas complexas (Figura 8.5C). Percebemos essas diversas composições de ondas de um som como *timbre*. É por essa razão que o dó de um piano soa diferente do dó de um violão: a composição de ondas de um é diferente da do outro, embora haja uma frequência (a chamada frequência fundamental) que é comum a ambos e caracteriza a nota dó. Por isso se diz que o dó do violão tem timbre diferente do dó do piano.

O Som como Forma de Percepção: As Submodalidades Auditivas

Toda essa digressão física é necessária para compreender a audição e suas submodalidades. De que é capaz o nosso sistema auditivo? Em que difere do dos outros animais?

O sistema auditivo humano é capaz de perceber sons entre 20 e 20.000 Hz. Essa faixa perceptível é chamada *espectro audível.* Na verdade, essa faixa tão extensa só existe para as crianças recém-nascidas; os adultos geralmente não alcançam mais que 15 kHz, e os idosos perdem ainda mais a percepção das altas frequências. Alguns animais percebem o que chamamos ultrassons, que são ondas de alta frequência. É o caso dos cães, capazes de perceber sons de até 40 kHz, e dos morcegos, que ouvem frequências ainda mais altas. Outros animais percebem os infrassons, como os elefantes e as baleias, cujo espectro se estende a 15 Hz no lado das frequências baixas.

O espectro audível não é percebido de forma igual em toda a sua extensão. Somos mais sensíveis às frequências em torno de 2.000 Hz, justamente a faixa de frequências que cobre a maior parte dos sons da fala. Torna-se então bastante importante determinar o audiograma dos indivíduos, tanto para definir um padrão médio característico dos seres humanos, como para identificar perdas auditivas causadas por doenças ou traumatismos. Para determinar o audiograma de uma pessoa (Figura 8.6), deve-se trabalhar com o conceito de *limiar de audibilidade* ou limiar de sensibilidade auditiva, definido como a intensidade mínima do som de uma certa frequência que o indivíduo é capaz de perceber. Usa-se um sintetizador eletrônico, que gera tons puros e permite variar o volume. Para cada frequência, o indivíduo testado poderá indicar quando deixa de ouvir um som cujo volume vai sendo diminuído a cada vez, ou quando passa a ouvi-lo quando o volume vai sendo aumentado. Esse ponto médio é o limiar de audibilidade. A curva obtida relaciona o limiar com a frequência. Observa-se, então, que na maioria das pessoas o limiar é mais alto (ou seja, a sensibilidade é mais baixa) nos extremos do espectro, e mais baixo (maior sensibilidade) na faixa dos 2 kHz. Os indivíduos idosos geralmente apresentam uma perda auditiva das altas

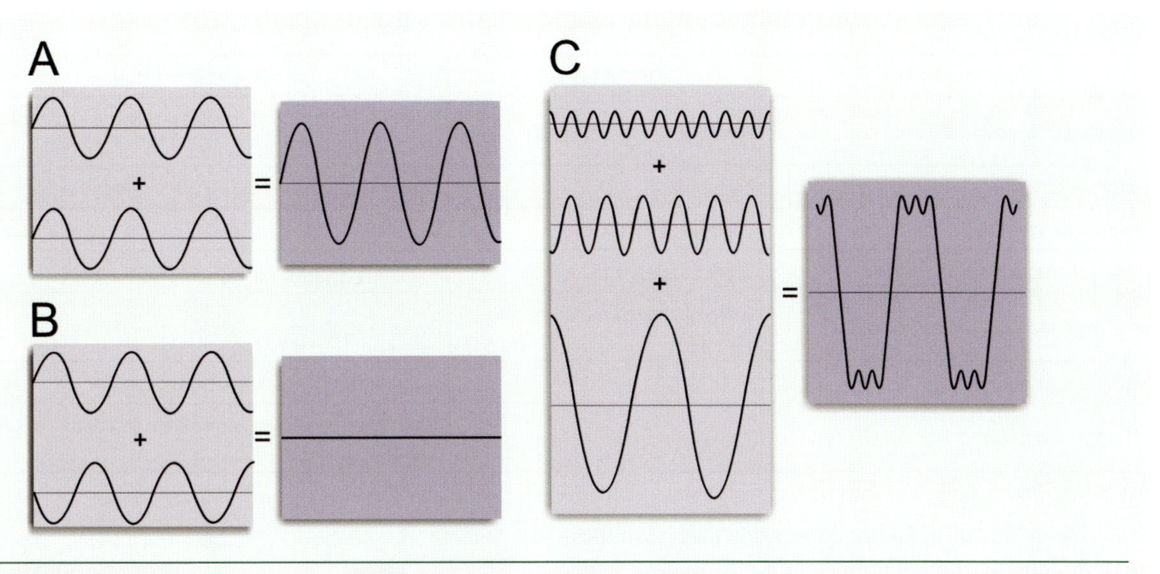

▸ **Figura 8.5.** *As ondas sonoras interagem, somando-se algebricamente.* ***A*** *representa a soma de duas ondas em coincidência de fase, produzindo uma onda resultante de maior amplitude e mesma frequência.* ***B*** *representa um caso de oposição de fase, em que as duas ondas iguais que interagem se anulam.* ***C*** *mostra a resultante da interação de três ondas diferentes. É assim complexa a maioria dos sons que ouvimos.*

frequências (Figura 8.6). Seu espectro audível, então, fica mais estreito, e as frequências superiores a 810 kHz não são mais percebidas. O inverso ocorre comumente com os roqueiros. Expostos diariamente a sons graves de altíssima intensidade, perdem, de forma gradativa, a sensibilidade às baixas frequências (Quadro 8.1).

Dentro do espectro audível, cada um de nós é capaz de identificar algumas características do som que constituem as submodalidades auditivas (Tabela 8.1).

Nosso sistema auditivo é capaz de medir a quantidade de energia contida num som. Isso se expressa na capacidade de determinar o volume ou a intensidade sonora. Entre a leveza de um deslocamento de ar até o som de um conjunto de rock, pode haver uma diferença de energia de cerca de 1 trilhão de vezes (10^{12})! A *determinação de intensidade* dos sons é efetuada pelo sistema auditivo como uma espécie de medida dinâmica, isto é, realizada continuamente, da amplitude das vibrações sonoras incidentes. Com base nessa medida dizemos que um som é mais forte ou mais fraco[1] (mais ou menos intenso), e somos capazes de avaliar, com grande precisão, essa enorme faixa de variação que caracteriza os sons do ambiente.

Uma segunda submodalidade auditiva é a *discriminação tonal*. Através dela somos capazes de identificar os diferentes tons de um som, dentro do espectro audível, ou seja, entre 20 Hz e 20 kHz. Em termos musicais, isso significa diferenciar um dó de um ré, ou o dó de uma

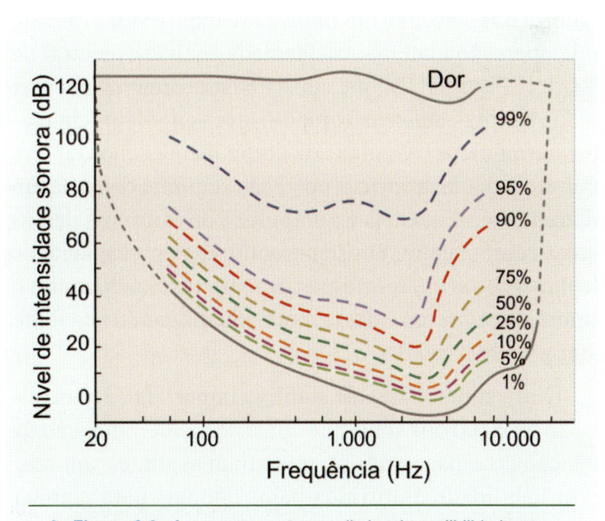

▸ **Figura 8.6.** *As curvas mostram o limiar de audibilidade para uma população de indivíduos. Os níveis de intensidade sonora que os indivíduos são capazes de ouvir ficam acima de cada curva. O grupo de indivíduos com melhor audição (1%) está representado pela curva cinza. As demais curvas representam cada uma delas uma maior proporção de pessoas na população. A curva cinza de cima mostra o limiar para dor provocada por intensidades sonoras muito fortes. Modificado de J. Pierce (1983)* Le Son Musical. *Pour la Science Diffusion Belin, França.*

[1] *Deve-se evitar utilizar os termos "alto" e "baixo" para significar sons fortes e fracos, respectivamente, porque eles se confundem com os conceitos de "agudo" (= alto) e "grave" (= baixo), que descrevem a tonalidade de um som, e não sua intensidade.*

TABELA 8.1. ALGUMAS SUBMODALIDADES AUDITIVAS E SEUS CORRELATOS FÍSICOS

Submodalidade	*Correlato Físico*	*Mecanismo Neural*
Determinação de intensidade	Amplitude	Amplitude de vibração da membrana basilar e número de fibras auditivas recrutadas
Discriminação tonal	Frequência	Sincronia de fase e tonotopia em todo o sistema auditivo
Identificação de timbre	Composição harmônica	Padrão de vibração e análise de Fourier na membrana basilar
Localização espacial do som (vertical)	Diferenças de reflexão auricular	Focalização e direcionamento pelo pavilhão auricular
Localização espacial do som (horizontal)	Diferenças interaurais de fase e de intensidade	Detecção de diferenças no complexo olivar superior
Percepção musical	-	Interpretação de padrões musicais no córtex
Percepção da fala	-	Interpretação de significados nas áreas linguísticas do córtex cerebral

oitava e o dó de outra. Somos capazes de fazer isso mesmo sem entender nada de música, e mesmo sem saber dar o nome exato a cada tom. O sistema auditivo realiza essa avaliação identificando a frequência das vibrações dos sons incidentes, operação que também é realizada continuamente. Muito ligada à discriminação tonal está a *identificação do timbre* dos sons, submodalidade mais complexa que consiste na determinação, pelo sistema auditivo, do que se chama composição harmônica das ondas sonoras. Pode-se demonstrar matematicamente que uma onda, qualquer que seja sua forma, é composta por ondas senoidais somadas. Isso é verdade também para as ondas sonoras complexas, que representam a esmagadora maioria dos sons que ouvimos. O sistema realiza, assim, uma operação matemática chamada análise espectral de Fourier (Figura 8.7), que consiste na decomposição das ondas sonoras em seus componentes senoidais (chamados harmônicos). Como cada componente senoidal tem uma frequência própria, a operação seguinte consiste em identificar a frequência e a amplitude de cada uma dessas ondas componentes. O sistema auditivo tem a capacidade de juntar todas essas informações, diferenciando assim o timbre de cada som e desse modo identificando sua fonte com grande precisão.

Outra submodalidade auditiva importante é a localização espacial dos sons, que consiste na identificação da posição do espaço onde se encontram as fontes sonoras. Essa habilidade é utilizada pelos animais para acionar reflexos de orientação da orelha, da cabeça e do corpo e facilitar as reações comportamentais rápidas que muitas vezes precisam ser executadas. A localização espacial dos sons pode ser dividida em dois componentes, horizontal e vertical, que se diferenciam apenas pelas estratégias que o sistema auditivo emprega para realizar cada uma delas.

Finalmente, duas outras submodalidades de grande

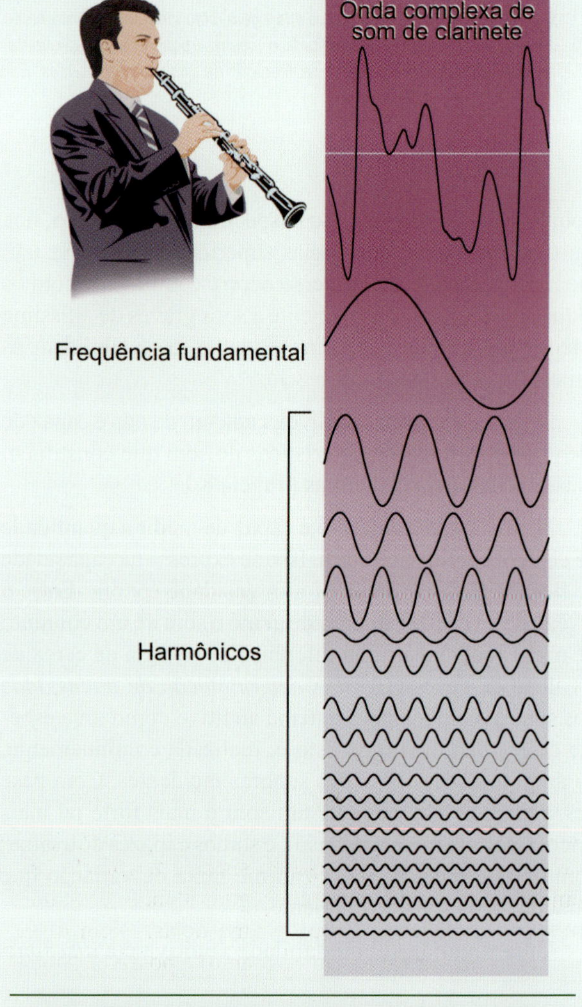

Figura 8.7. *Pode-se decompor matematicamente em ondas senoidais simples a onda complexa produzida pelo som de um instrumento musical como o clarinete. Neste caso, haverá uma frequência fundamental característica de um tom (dó, ré etc.), e uma composição de harmônicos característica do instrumento.*

Quadro 8.1
Poluição Sonora

Os jornais vivem cheios de notícias sobre poluição sonora. O que isto quer dizer? Em geral, que o nível de ruído nas ruas e nas casas das pessoas é muito alto, e que isso pode provocar danos à saúde. Verdade ou mentira? Verdade: os indivíduos expostos constantemente a grandes intensidades sonoras, em geral apresentam limiares de audibilidade mais altos que os demais, o que de início se deve a uma hiperfunção do reflexo de atenuação, mas depois se converte em um enrijecimento das articulações entre os ossículos. Resultado: surdez. Os indivíduos mais suscetíveis de surdez por poluição sonora são os músicos (roqueiros e músicos de trios elétricos). Além deles, também são suscetíveis os operários de construção que lidam com britadeiras e indivíduos que trabalham em ruas de muito movimento.

A tabela abaixo mostra as intensidades sonoras que podem ser medidas nos ambientes.

Como a faixa de intensidades dos sons é teoricamente infinita, em geral se considera uma intensidade de referência que por convenção equivale a 10^{-12} W/m^2 (watts por metro quadrado). E como a faixa de intensidades audíveis é enorme (até 1 trilhão de vezes acima do nível de referência), fica mais prático utilizar uma medida relativa logarítmica, o Bel (B). 1 B seria, então, equivalente a um som de intensidade igual à referência (10^{-12} W/m^2). O Bel deixou de ser utilizado, entretanto, porque se verificou que o ouvido humano não é sensível a diferenças menores que 0,1 B. Decidiu-se assim utilizar o deciBel (dB), que tem a vantagem adicional de, na prática, tornar desnecessário o uso de frações.

Fonte ou Descrição do Som	*Nível de Intensidade em dB*	*Intensidade em W/m2*
Limiar de dor	130	$10^1 = 10$
Show de rock	120	$10^0 = 1$
Britadeira de rua	100	10^{-2}
Rua com muito trânsito	80	10^{-4}
Estações e aeroportos	60	10^{-6}
Grande loja	50	10^{-7}
Auditório cheio	40	10^{-8}
Igreja vazia	20	10^{-10}
Limite de audibilidade (referência)	0	10^{-12}

importância para os seres humanos são a percepção musical e a percepção da fala. A razão pela qual se considera essas capacidades complexas do sistema auditivo como submodalidades é que já se conseguiu identificar regiões cerebrais específicas para cada uma delas. Além disso, em alguns animais (aves, por exemplo) é possível estudar neurônios isolados capazes de produzir impulsos nervosos quando estimulados com gravações de trechos de suas vocalizações específicas (o canto, no caso das aves). Por sua complexidade, essas duas submodalidades auditivas serão tratadas com maior detalhe no Capítulo 19.

A ESTRUTURA DO SISTEMA AUDITIVO

Como todos os sistemas sensoriais, o sistema auditivo é constituído por um conjunto de receptores que realizam a transdução dos estímulos sonoros em potenciais receptores. Os receptores transmitem a informação sonora traduzida para neurônios de segunda ordem encarregados de realizar a codificação. Os axônios destes neurônios constituem o nervo auditivo[A], que é um dos componentes do oitavo nervo craniano. Daí em diante a informação auditiva entrará no SNC, passando através de sucessivas sinapses, por uma série de núcleos, até chegar ao córtex cerebral.

O Nervo Auditivo

A sofisticada estrutura do órgão receptor da audição, bem como seu funcionamento, estão descritos no Capítulo 6. Se você puder (re)ler esse capítulo antes de continuar, estará em condições de começar o estudo estrutural a partir do nervo auditivo. As fibras que irão compor o nervo emergem de toda a extensão da cóclea, formando um amplo leque espiral convergente (Figura 8.8A). Essas fibras são inicialmente os dendritos dos neurônios bipolares, cujos somas estão situados em aglomerados de células embutidos na estrutura espiralada da cóclea e por isso mesmo são chamados em conjunto de gânglio espiral (Figura 8.8B). A partir do gânglio, os axônios dos neurônios bipolares saem da cóclea e convergem para formar o nervo auditivo, que por sua vez se reúne ao nervo vestibular para formar o oitavo nervo craniano (vestibulococlear[A], Figura 8.8A).

O nervo auditivo não é constituído exclusivamente de fibras aferentes, como poderíamos supor. Há um contingente de fibras eferentes alojado dentro do nervo. São fibras que se originam no SNC e inervam a cóclea, transmitindo informações no sentido inverso do fluxo da informação sensorial (Figura 8.8C). Qual seria a função dessas fibras de "contramão" do sistema auditivo? É o que veremos mais adiante.

As Intrincadas Vias da Audição

Como é comum em quase todos os sistemas sensoriais, as vias aferentes da audição reúnem diferentes componentes paralelos, cujos trajetos anatômicos são distintos. Durante esses trajetos, fazem sinapses com neurônios de ordem superior situados em núcleos de vários níveis do encéfalo, até alcançar o córtex cerebral.

Duas características distinguem o sistema auditivo dos demais sistemas sensoriais. A primeira é que possui estágios sinápticos em cada uma das grandes divisões do SNC: bulbo[A], ponte[A], mesencéfalo[A], diencéfalo[A] e córtex cerebral (Figura 8.9). Essa regularidade facilita a compreensão da organização anatômica do sistema. A segunda característica é que torna o sistema auditivo bastante complicado para o iniciante: quase todos os núcleos auditivos são conectados reciprocamente, e é grande o número de cruzamentos que as fibras efetuam, através de decussações[G] e comissuras[G] (Figura 8.9). Esse atributo só não é válido para as fibras aferentes do nervo auditivo, que se projetam todas para os núcleos cocleares do mesmo lado. Esta particularidade traz uma consequência médica: a lesão do núcleo coclear é a única lesão do SNC que provoca surdez unilateral. Todas as demais doenças neurológicas que afetam o sistema auditivo provocam perdas sensoriais nos dois "ouvidos".

As fibras do nervo auditivo penetram no SNC bilateralmente no nível do bulbo, onde inervam os *núcleos cocleares,* que constituem o primeiro estágio sináptico central do sistema. Os núcleos cocleares de cada lado possuem três divisões anatômicas que recebem as fibras auditivas: dorsal, anteroventral e posteroventral. Conhecê-las é importante para compreender como funciona o sistema auditivo, já que cada uma delas participa de um aspecto funcional diferente, como veremos adiante.

O conjunto de axônios que emerge dos neurônios cocleares segue à risca a característica "intrincada" do sistema auditivo. Os neurônios do núcleo coclear anteroventral e os do núcleo coclear posteroventral projetam para o *complexo olivar superior*[2], que constitui o estágio sináptico pontino do sistema auditivo. Neste caso, alguns axônios cocleares cruzam para o lado oposto pelo corpo trapezoide e pelas estrias auditivas (comissuras existentes na ponte), enquanto outros atingem o complexo olivar superior do mesmo lado. As fibras dos neurônios do núcleo coclear dorsal, por sua vez, ultrapassam o complexo olivar superior sem com ele estabelecer sinapses, seguindo direto até o próximo estágio sináptico, que fica no mesencéfalo e se chama *colículo inferior*[A]. Neste caso, a projeção é completamente cruzada.

O complexo olivar superior (chamado às vezes, abreviadamente, oliva superior) também é formado por três divisões anatômicas com funções distintas: o núcleo olivar superior lateral, o núcleo olivar superior medial e o núcleo do corpo trapezoide. As três recebem fibras provenientes dos núcleos cocleares ventrais, tanto cruzadas como ipsilaterais, e emitem axônios que formam um feixe achatado chamado lemnisco lateral, que ascende através do tronco encefálico até o mesencéfalo, terminando no colículo inferior (Figura 8.9). Vizinho ao lemnisco lateral, na ponte, existe também um pequeno núcleo de função pouco conhecida (núcleo do

[A] *Estrutura encontrada no Miniatlas de Neuroanatomia (p. 367)*

[2] *Não confundir com o complexo olivar inferior, um grande núcleo do tronco encefálico que faz parte do sistema motor e é tratado no Capítulo 12.*

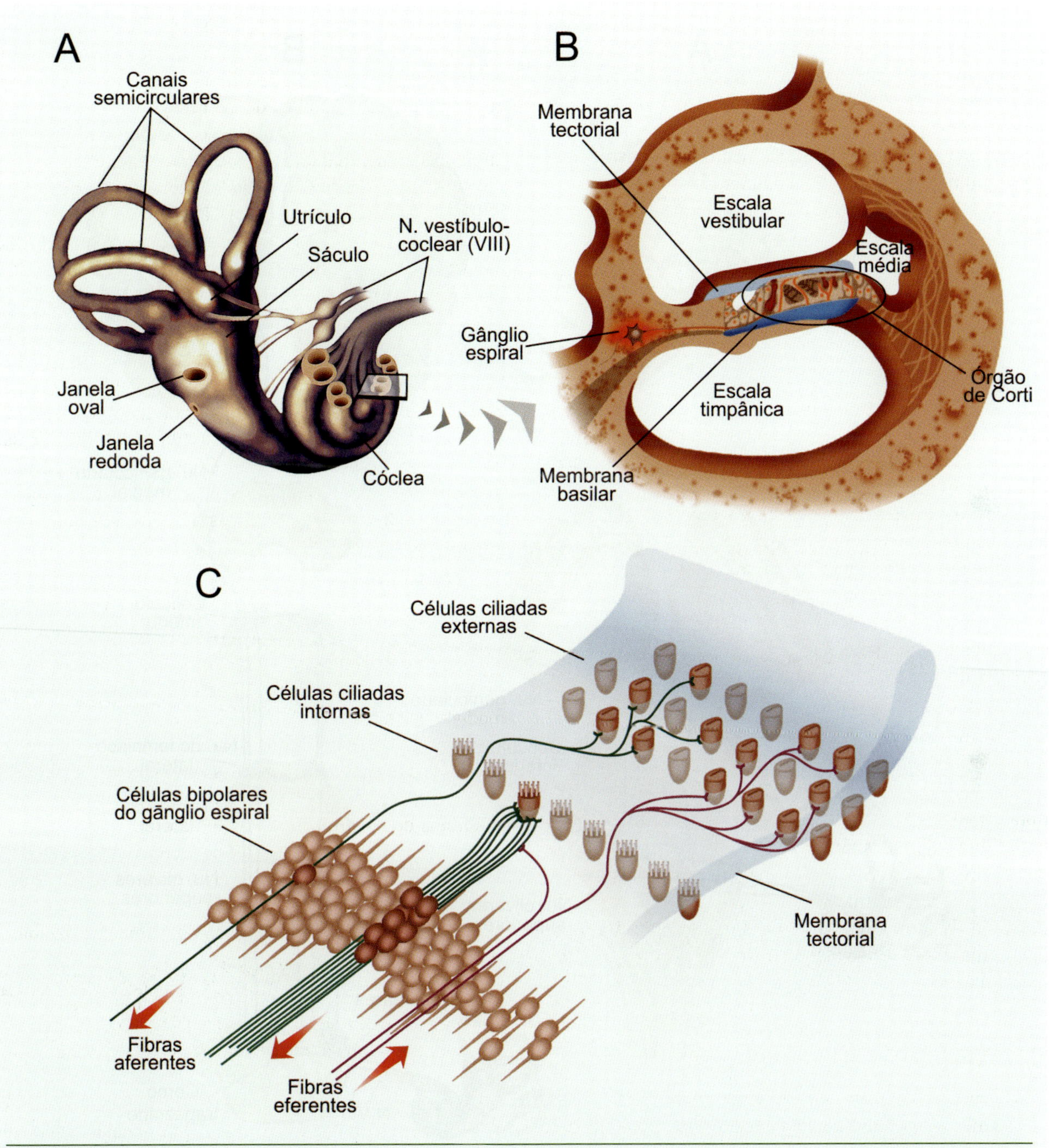

▸ **Figura 8.8.** *A cóclea, órgão receptor do sistema auditivo, fica no labirinto (**A**), uma estrutura membranosa incrustada no osso temporal. O corte de uma volta da cóclea (**B**) mostra que ela é formada por canais ou escalas, e que as células receptoras ficam situadas entre duas membranas (tectorial e basilar). A maioria das fibras auditivas é aferente, e seus somas ficam no gânglio espiral. Visto de um outro ângulo e em maior ampliação (**C**), o nervo auditivo contém fibras aferentes (em verde-escuro) mas também fibras eferentes (em roxo) que inervam os receptores. **C** modificado de H. Spoendlin (1974), em* Facts and Models in Hearing. *Springer-Verlag, EUA.*

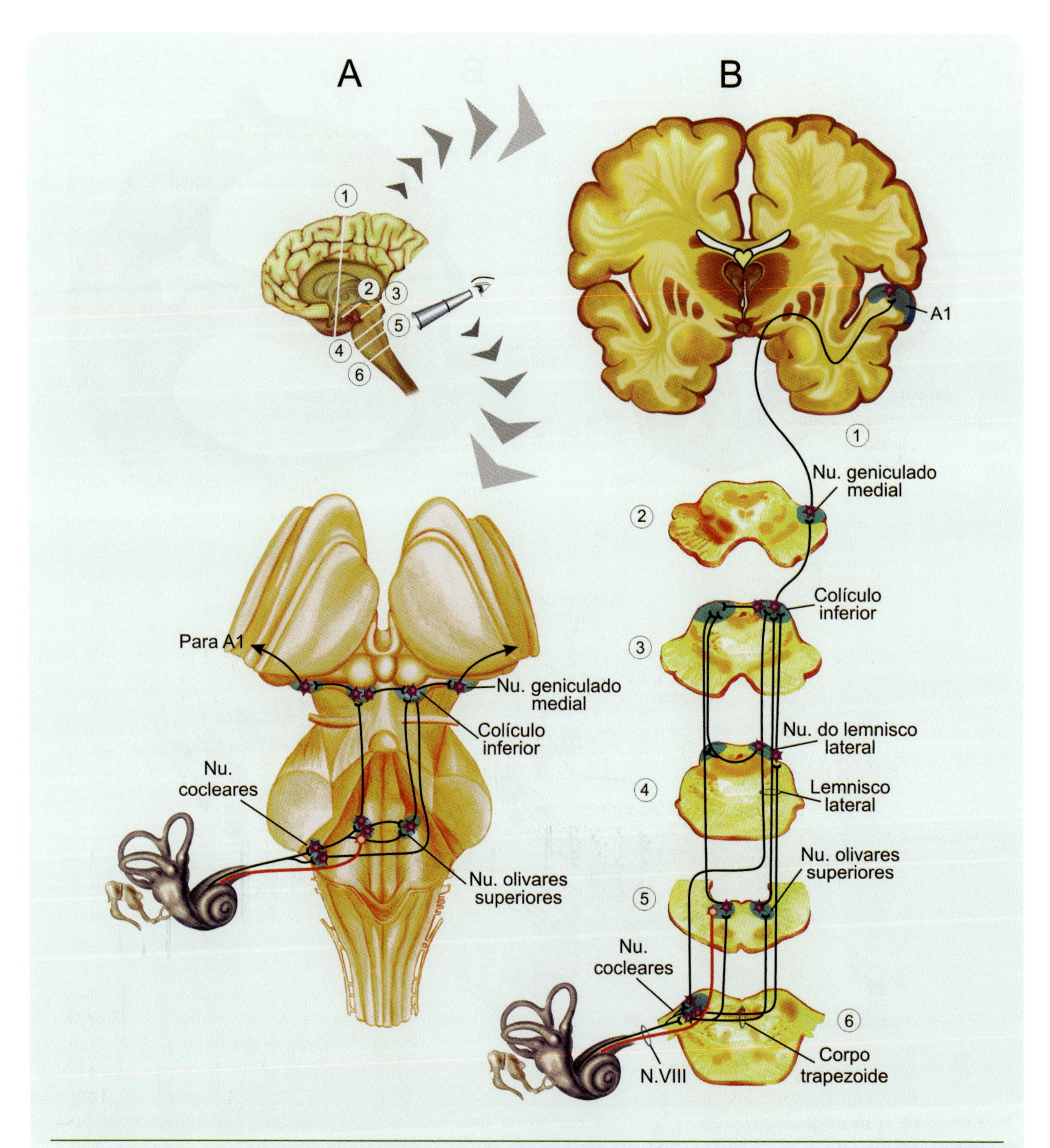

Figura 8.9. *Todos os níveis do SNC apresentam componentes do sistema auditivo.* ***A*** *é uma vista dorsal do tronco encefálico, do ângulo assinalado pela luneta no pequeno encéfalo acima. No encéfalo estão também representados os planos dos cortes (números circulados) mostrados em* ***B****. Tanto em* ***A*** *como em* ***B****, os neurônios auditivos estão representados em roxo e preto (os aferentes) e em vermelho (os eferentes).*

lemnisco lateral), que recebe fibras dos núcleos cocleares e projeta seus axônios para os colículos inferiores em ambos os lados. Partem também do complexo olivar superior as fibras eferentes que formam o feixe olivococlear, que penetram na "contramão" no nervo auditivo e terminam na membrana basilar da cóclea. Além da regulação fina das curvas de sintonia dos receptores, o complexo olivar superior participa de uma função importante: a localização espacial dos sons originários de fontes à direita ou à esquerda do ouvinte.

O colículo inferior é uma região de convergência de todas as fibras auditivas ascendentes originadas em níveis mais baixos. Divide-se também em três regiões: o núcleo central, mais volumoso, cujos neurônios projetam para o tálamo[A] auditivo; o núcleo externo e o chamado córtex dorsal. Estes dois últimos setores do colículo inferior emitem fibras para diferentes regiões do próprio mesencéfalo. Enquanto o núcleo central está envolvido em aspectos da percepção auditiva, o núcleo externo e o córtex dorsal participam dos reflexos audiomotores que permitem que o indivíduo oriente seu corpo em função da localização dos sons que ouve a cada momento. Existem fibras do colículo inferior de cada lado que se estendem até o colículo inferior do lado oposto. Esse cruzamento permite que o estágio seguinte (o tálamo) receba informações dos dois colículos inferiores.

Do mesencéfalo as fibras auditivas estendem-se ao tálamo do mesmo lado, terminando especificamente no *núcleo geniculado medial,* um montículo esferoide que se pode ver a olho nu na parte mais posterior do diencéfalo (Figura 8.9). Esse núcleo talâmico também se organiza em três partes: as divisões ventral, dorsal e medial, cujos neurônios emitem fibras que formam a radiação auditiva, projetando através da cápsula interna[A] até o lobo temporal[A] do córtex cerebral, onde se situam as áreas auditivas.

O Córtex Auditivo

As áreas do córtex cerebral que desempenham funções auditivas podem ser identificadas em animais através de experimentos anatômicos que localizam nelas as terminações axônicas provenientes do núcleo geniculado medial, e de experimentos fisiológicos nos quais se estudam neurônios que disparam potenciais de ação quando o animal recebe estimulação sonora. No homem, esse tipo de estudo dificilmente pode ser realizado, mas as regiões auditivas corticais podem ser identificadas pelo exame *post mortem* de pacientes com distúrbios auditivos, ou utilizando as modernas técnicas de imagem por ressonância magnética funcional, entre outras.

Os dados obtidos deste modo confirmaram a hipótese dos neurologistas do início do século 20, de que o córtex auditivo ocupa parte do lobo temporal em ambos os hemisférios (Figura 8.10). Um diversificado conjunto de áreas pode ser identificado em primatas no assoalho do sulco lateral[A], estendendo-se para fora dele por quase todo o giro temporal superior[A]. Algumas dessas áreas são reunidas na *chamada região auditiva central*, ocupando o chamado giro de Heschl, dentro do sulco lateral. Em torno dela fica o chamado *cinturão auditivo,* e em torno deste o *paracinturão auditivo.* Todo o conjunto é alvo das fibras talâmicas provenientes do núcleo geniculado medial, mas apenas uma delas é classicamente considerada a área auditiva primária ou *A1*, pelo fato de ser encontrada em todos os mamíferos (Figura 8.10; ver também a Figura 8.20). Mais posteriormente se destaca, em particular, a chamada área de Wernicke, há mais de 1 século reconhecida como a região do córtex cerebral especializada em interpretar os sons linguísticos, isto é, aqueles que correspondem à fala humana.

Surdez e a Localização das Lesões Auditivas

São várias as causas de surdez, desde traumatismos, infecções, substâncias tóxicas até o enrijecimento das estruturas do ouvido médio devido à idade (presbiacusia). Quando a surdez é unilateral, a causa geralmente está situada nas estruturas do ouvido ou no nervo auditivo, porque depois das primeiras sinapses nos núcleos cocleares, as fibras auditivas são distribuídas aos dois lados do cérebro, produzindo sintomas bilaterais. Sendo unilateral, a surdez pode ser "de condução", quando a lesão atinge o tímpano ou a cadeia ossicular, ou "neural" quando estão acometidos os receptores auditivos ou as fibras do nervo VIII.

Rupturas do tímpano podem ser provocadas por sons muito fortes e súbitos, ou por objetos penetrantes e contundentes. Quando não é possível restaurá-lo, ainda assim é possível restabelecer a audição através de pequenos microfones e amplificadores posicionados estrategicamente atrás da orelha e no meato auditivo externo, capazes de fazer vibrar de forma direta os ossículos remanescentes, ou mesmo a membrana basilar. Quando a surdez é causada por lesão dos receptores, mas as fibras do nervo auditivo que emergem da cóclea permanecem normais, é possível realizar os chamados "implantes cocleares". Trata-se de um finíssimo cabo com eletródios, inserido ao longo da escala vestibular da cóclea através da janela oval, capaz de estimular tonotopicamente as fibras auditivas, levando-as a conduzir a informação de frequência para os núcleos cocleares.

A surdez central é quase sempre de difícil tratamento, porque atinge as regiões auditivas do tronco encefálico, mesencéfalo, tálamo e córtex cerebral.

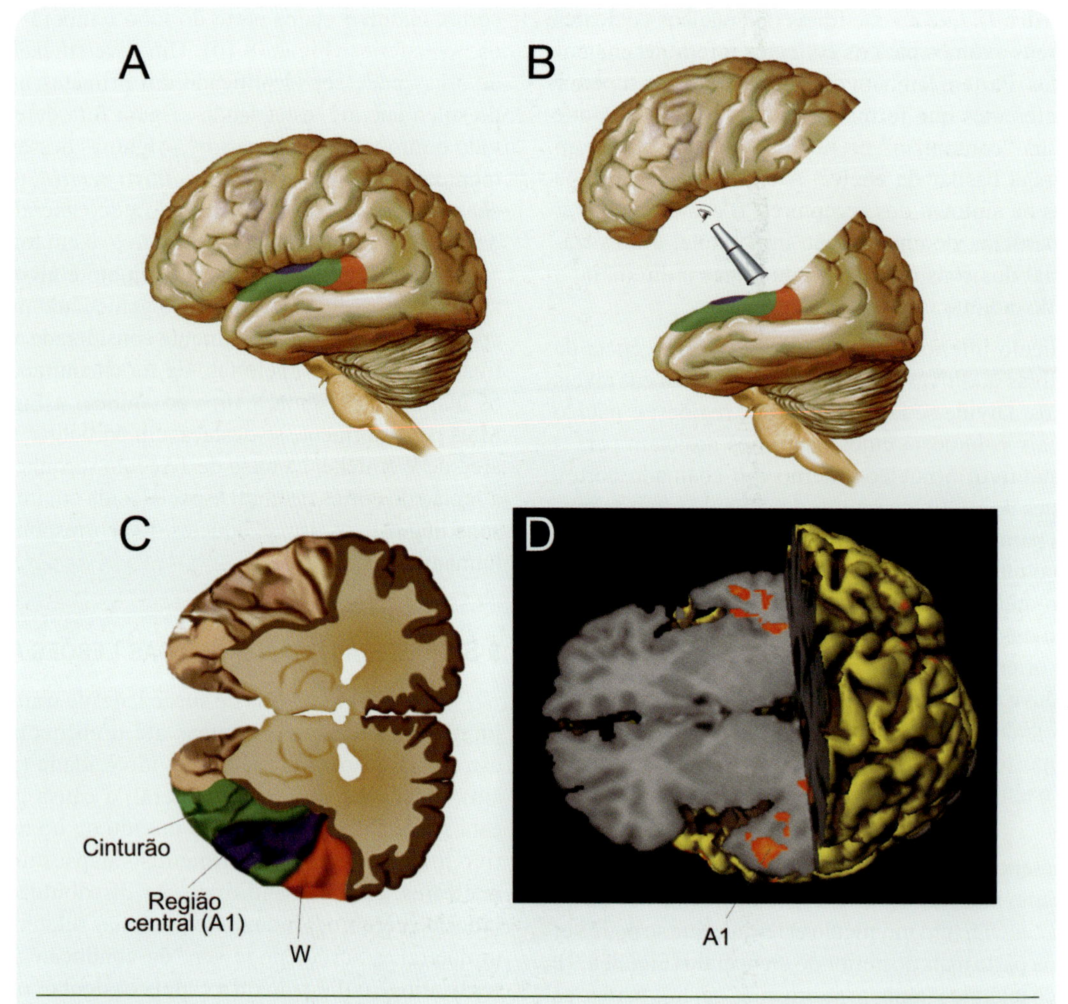

Figura 8.10. *A posição das áreas auditivas corticais no homem pode ser visualizada na face lateral do encéfalo (**A**), e mais completamente se removermos a parte superior dos hemisférios (**B**) para revelar o assoalho do sulco lateral (**C**). Através de ressonância magnética funcional a área A1 aparece (**D**) quando se oferece estimulação sonora a um indivíduo, que provoca o aumento do fluxo sanguíneo da região, resultante da atividade neuronal. A reconstrução por computador mostra os focos de ativação bilateral (em vermelho) no giro temporal superior de ambos os hemisférios. As vistas de **C** e **D** são indicadas pela luneta em **B**. W = área de Wernicke. Imagem em **D** cedida por Jorge Moll Neto, do Centro de Neurociências da Rede Labs-D'Or, Rio de Janeiro.*

SONS FRACOS, SONS FORTES E A MEDIDA DO VOLUME

Se pedirmos a alguém que dê notas entre 0 e 100, por exemplo, para um mesmo som ouvido a diferentes intensidades em sequência aleatória, será muito provável que a escala subjetiva de volume coincida de modo preciso com a escala objetiva de energia sonora, medida fisicamente por um microfone colocado próximo ao alto-falante. De que modo o sistema auditivo nos permite discriminar com tanta precisão a intensidade dos sons?

VIBRAÇÃO DA MEMBRANA BASILAR E INTENSIDADE DOS SONS

Quando um som penetra no ouvido externo, faz vibrar a membrana timpânica de modo proporcional (saiba como isso foi descoberto, ainda no século 19: Quadro 8.2). Isso quer dizer que quanto mais intenso for o som, mais "forte" vibrará o tímpano (dentro de certos limites, é claro). Ou seja: a medida da amplitude de vibração do tímpano será proporcional à amplitude da onda sonora incidente. A vibração do tímpano passa à cadeia ossicular, que a amplifica mas mantém a proporcionalidade com a amplitude da onda sonora incidente. Na extremidade do estribo, quem vibrará agora será a membrana da janela oval, gerando uma onda também na perilinfa da escala vestibular. As vibrações na perilinfa irão mover proporcionalmente a membrana basilar (Figura 8.11A e B), e a deflexão dos estereocílios dos receptores, resultante desse movimento oscilatório, gerará um potencial receptor também oscilatório, com amplitude proporcional à amplitude da onda sonora incidente (maiores detalhes no Capítulo 6). Como a proporcionalidade é sempre mantida, mesmo sob diferentes amplificações, a cada passagem entre o tímpano e os estereocílios dos receptores podemos dizer que, quanto mais intenso for o som, mais "fortemente" serão defletidos os estereocílios dos receptores.

Assim, o sistema auditivo utiliza como um dos mecanismos para a discriminação das intensidades sonoras a relação de proporcionalidade existente entre as características mecânicas do órgão receptor e o sinal bioelétrico produzido pelas células ciliadas. Essa proporcionalidade mantém-se ao longo de todo o sistema até o córtex cerebral.

Há um segundo mecanismo: o recrutamento de mais receptores, proporcional à intensidade dos sons. Vibrações muito fracas da membrana basilar ativarão um número pequeno de células ciliadas, mas o aumento do volume irá ativar um número cada vez maior, envolvendo uma área mais ampla da membrana basilar.

Codificação de Volume pelas Fibras Auditivas

As fibras do nervo auditivo pertencem aos neurônios de segunda ordem, e são elas que conduzem ao SNC a informação codificada contida no som incidente. Podemos agora ser mais concretos em relação a esse aspecto. Uma das informações contidas nos sons é a intensidade, e a questão que se coloca é como as fibras auditivas a codificam, de modo que os núcleos cocleares e estágios subsequentes "compreendam" a informação.

O esclarecimento dessa questão foi obtido através de experimentos de registro elétrico dos potenciais de ação de fibras do nervo auditivo, realizado diretamente em animais anestesiados submetidos à estimulação sonora, durante a qual se variava apenas o volume, mantendo constantes os demais parâmetros do som. Resultou a observação de que a frequência de PAs no nervo aumentava proporcionalmente à intensidade do som incidente (Figura 8.11C). Como seria de esperar, a mesma relação de proporcionalidade existe também entre a frequência dos PAs e a amplitude dos PRs das células estereociliadas.

Do nervo em diante, em todos os estágios sinápticos até o córtex, a proporcionalidade entre intensidade sonora e frequência de potenciais de ação se mantém, ainda que esta última possa ser modificada ao longo do caminho por inúmeros fatores como, por exemplo, o foco de atenção do indivíduo, que pode estar dirigido a outros aspectos do ambiente, diferentes do som que está ouvindo.

Também o recrutamento de mais receptores se transfere para o nervo e estágios subsequentes: mais fibras podem ser ativadas quando se aumenta o volume de um som. Uma população mais numerosa de neurônios fica envolvida com o processamento de sons mais intensos.

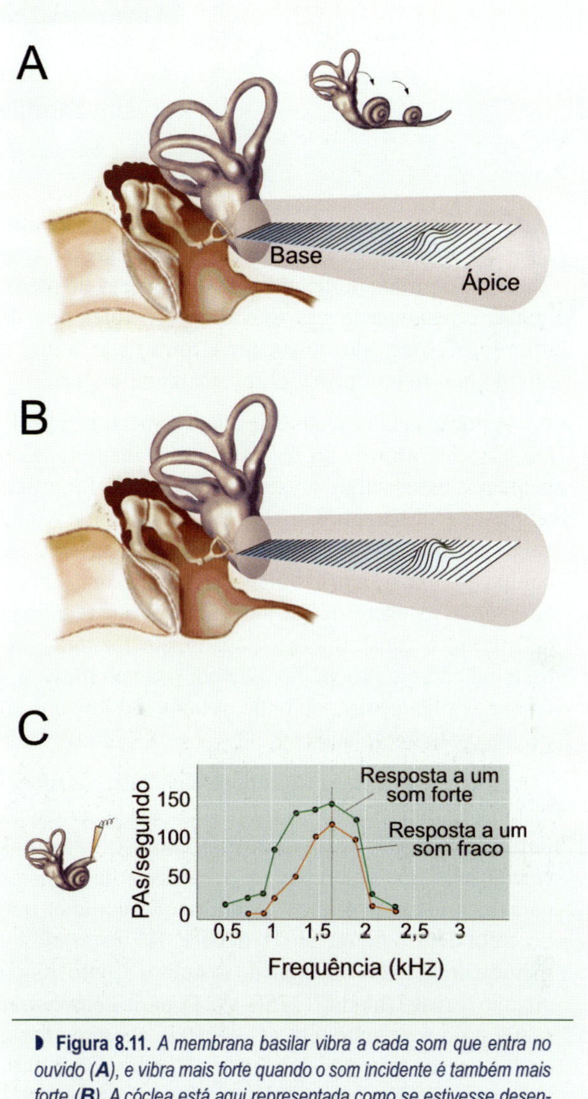

Figura 8.11. *A membrana basilar vibra a cada som que entra no ouvido (**A**), e vibra mais forte quando o som incidente é também mais forte (**B**). A cóclea está aqui representada como se estivesse desenrolada (pequeno detalhe em **A**). A relação de proporcionalidade entre a intensidade do som e a resposta dos axônios aferentes foi medida experimentalmente (**C**). Constatou-se que a frequência de PAs é maior (curva verde) para sons mais fortes. **C** modificado de J. E. Rose e cols. (1971)* Journal of Neurophysiology, *vol. 24: pp. 685-699.*

HISTÓRIA E OUTRAS HISTÓRIAS

Quadro 8.2
Um Stradivarius no Ouvido

*Suzana Herculano-Houzel**

O que têm em comum o microfone, o alto-falante e o ouvido? Em todos os três, o som é transmitido através da vibração de membranas e pequenas peças móveis. O que eles têm de diferente? Além de transmitir e amplificar sons, o ouvido tem seu próprio violino: chama-se cóclea.

A noção aceita até hoje de que o som é transmitido até a cóclea através do movimento de membranas e pequenos ossos surgiu no século 16, quando foi possivelmente escrito o primeiro livro sobre otologia. Numa época em que a anatomia do ouvido mal começava a ser compreendida, o alemão Volcher Coiter (1534-1600), o autor do livro, escreveu que a vibração do ar é recolhida pela orelha e transmitida ao tímpano, que faz mover os ossículos do ouvido médio, que por sua vez movem a janela oval da cóclea, de onde os sons são levados ao cérebro pelo nervo auditivo.

Apesar das ideias inspiradoras de Coiter, os mecanismos de transmissão do som no ouvido só começaram a ser elucidados no século 19, com experimentos engenhosos que contornavam a escassez de técnicas para demonstrar movimentos minúsculos como os que ocorrem dentro do ouvido. Um deles foi inspirado no método inventado no final do século 18 pelo físico alemão Ernst Chladni (1756-1827) para demonstrar o efeito do som sobre placas de metal: acompanhar o deslocamento de grãos de areia espalhados sobre elas. Usando esse método, o francês Félix Savart (1791-1841) demonstrou, em 1824, que a membrana timpânica vibra na presença de sons, fazendo dançar os pequenos grãozinhos.

Depois da vibração do tímpano, os ossículos, dizia Coiter. Poderia ser, no entanto, que os ossículos apenas oferecessem um meio sólido mais eficiente para a propagação das vibrações do som, como acreditava o célebre fisiologista alemão Johannes Müller (1801-1858). A demonstração de que os ossículos de fato vibram foi feita em 1864, pelo físico americano Adam Politzer (1835-1920), de maneira inventiva. Politzer fixou aos ossículos minúsculos fios que tocavam um cilindro rotatório coberto de fuligem. Com o som, o movimento dos fios, e portanto dos ossículos, ficava registrado na fuligem. Ficou confirmado, assim, que a cóclea recebe o movimento do terceiro ossículo, o estribo, sobre a janela oval.

E dentro da cóclea, o que acontece? O alemão Hermann von Helmholtz (1821-1894 – Figura) propôs, em 1857, que o som é decomposto na cóclea em mais ou menos 5.000 frequências diferentes, cada uma transmitida ao cérebro através de uma fibra nervosa específica. A proposta estendia o conceito de "energias nervosas específicas" de Müller, mentor de Helmholtz, e inspirava-se na Lei Acústica do físico alemão Georg Ohm (1789-1854) – a qual, por sua vez, baseava-se no teorema formulado em 1822 pelo matemático francês Jean-Baptiste Fourier (1768-1830), que decompunha movimentos periódicos em componentes senoidais simples. Ohm, e depois Helmholtz, acreditavam que o mesmo acontece na cóclea; afinal, os sons que ouvimos no dia a dia são, na verdade, composições complexas de ondas de várias frequências diferentes.

Mas como decompor sons na cóclea? Helmholtz propunha que a cóclea teria algo como zonas de ressonância ao longo da membrana basilar, ficando as de alta frequência na base e as de baixa frequência no ápice da cóclea. Em 1928, o fisiologista húngaro naturalizado americano (Figura) Georg von Békésy (1889-1972) comprovou que, de fato, a estrutura da cóclea presta-se a decompor os sons por frequência. Békésy construiu modelos em bronze e vidro, cheios de fluido com pó de carvão e de ouro em suspensão, para analisar como as ondas sonoras se propagam dentro da cóclea. Estimulando uma "janela oval" de borracha, ele observava o

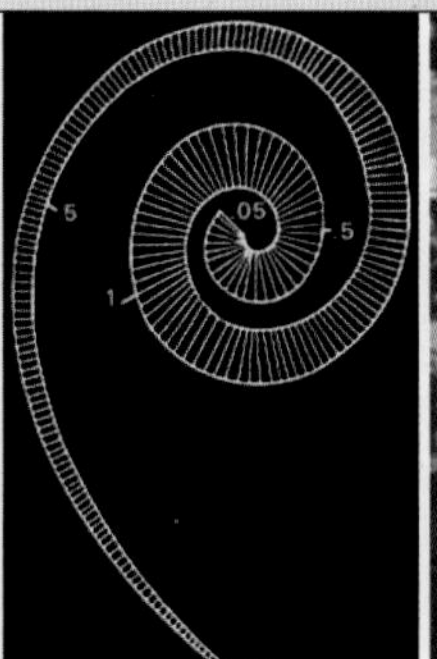

Hermann von Helmholtz (à esquerda) e Georg Von Békésy (à direita). No centro, esquema da tonotopia coclear desenhado por Békésy.

movimento das partículas em direção ao ápice da cóclea de vidro. Viu que o pico de movimento acontecia em geral antes de a onda chegar ao final – e, para cada frequência diferente, ocorria em um ponto diferente do caminho: quanto mais alta a frequência, mais próximo da "janela oval" era o pico. Exatamente como dissera Helmholtz.

Faltava ainda definir se o mesmo acontecia na verdadeira cóclea. Para isso, Békésy recorreu a cócleas humanas dissecadas. Para vê-las ele descalcificava o osso, adicionava partículas de carvão ou metal ao fluido interno, e observava seus movimentos sob luz estroboscópica. Békésy comprovou no homem o que havia descoberto com seus modelos, e foi laureado em 1961 com o prêmio Nobel. Sua descoberta mostrou que a cóclea diferencia o ouvido humano de um mero sistema de amplificação. Enquanto tímpano e ossículos de fato funcionam como simples microfones e alto-falantes, a cóclea assemelha-se a um violino, no qual as vibrações das cordas em diversas frequências despertam ressonâncias de diferentes regiões do instrumento. E, com uma gama maior de frequências, é melhor do que qualquer Stradivarius. Pena que não dá para vender e ficar rico...

---

*Professora-adjunta do Instituto de Ciências Biomédicas da Universidade Federal do Rio de Janeiro. Correio eletrônico: suzanahh@gmail.com.

O Reflexo de Atenuação

Quando o som que ouvimos em um sistema de áudio está excessivamente forte, a percepção do que ouvimos fica prejudicada e a sensação que temos pode ser muito desagradável, até mesmo provocando dor (sons mais intensos que 130 dB provocam dor – ver o Quadro 8.1). A saída é acionar o botão de controle do volume e "baixar o som". Mas, e se não tivermos acesso ao botão de volume, por exemplo entre o público de um concerto de *rock*?

O sistema auditivo possui um "botão de volume" natural. Trata-se de um mecanismo chamado reflexo de atenuação, cuja função é regular automaticamente a rigidez da membrana timpânica e da cadeia ossicular, atenuando a amplitude de suas vibrações quando os sons incidentes são muito fortes. A proporcionalidade entre intensidade sonora e amplitude de vibração dessas estruturas fica mantida, mas o coeficiente de proporcionalidade é reduzido.

Os elementos efetores do reflexo de atenuação são dois pequenos músculos estrategicamente posicionados. Um deles é o tensor do tímpano, que possui uma de suas extremidades aderida ao martelo, o ossículo que se liga ao tímpano, e a outra à parede óssea do ouvido médio. O outro músculo chama-se estapédio, que possui uma extremidade inserida no estribo, o ossículo que se liga à janela oval, e a outra à parede do ouvido médio. Quando esses músculos se contraem, aumenta muito a rigidez do conjunto, e com isso diminui a amplitude de vibração da perilinfa das escalas vestibular e timpânica. O reflexo é acionado especialmente na vigência de sons muito fortes, e é mais sensível aos tons graves que aos agudos.

As vias neurais responsáveis pelo reflexo de atenuação não são precisamente conhecidas, e sua utilidade é ainda muito debatida. De início, pensou-se que poderia fornecer um mecanismo protetor para sons excessivamente fortes, mas como sua latência[G] é grande, o efeito lesivo de sons fortes muito súbitos (como explosões, por exemplo) não poderia ser evitado a tempo pelo reflexo. Uma sugestão razoável é que, sendo a atenuação mais eficaz para sons graves, ficaria mais fácil ouvir os sons agudos (como a fala humana) num ambiente ruidoso se os sons graves dos ruídos fossem diminuídos.

A Identificação dos Tons

Sabemos, da experiência cotidiana, como o nosso sistema auditivo é eficiente na identificação dos tons, isto é, na avaliação da frequência das ondas sonoras. A arte da música não seria possível sem essa submodalidade. A percepção da fala, com todas as nuances de tonalidade que lhe dão riqueza de conteúdo racional e emocional, também não seria possível sem a discriminação tonal. Talvez por essa razão os neurocientistas tenham se preocupado sempre em desvendar os mecanismos neurais subjacentes a essa capacidade do sistema auditivo.

SINCRONIA DE FASE E O PRINCÍPIO DAS SALVAS

Um primeiro mecanismo a considerar baseia-se nas propriedades dos receptores auditivos, estudadas no Capítulo 6. Cada célula estereociliada responde com um potencial receptor bifásico (alternadamente despolarizante e hiperpolarizante) às vibrações da membrana basilar, que resultam, em última análise, do som incidente. Assim, um tom puro de 300 Hz, por exemplo, causaria uma vibração de igual frequência na membrana basilar, o que produziria potenciais receptores de 300 Hz nas células estereociliadas ativadas; um outro tom puro, de 500 Hz, produziria potenciais nessa nova frequência (Figura 8.12A).

O primeiro problema aparece quando consideramos a codificação, além da transdução. Se a frequência dos potenciais de ação produzidos nas fibras auditivas codifica a amplitude dos potenciais receptores das células estereociliadas, e portanto a intensidade do som incidente, que parâmetro codifica o tom, ou seja, a frequência das ondas sonoras? A resposta é simples, e pode ser acompanhada pela Figura 8.12B. Suponhamos um som incidente de 300 Hz, como no exemplo anterior. Além disso, suponhamos que esse som tenha um nível de intensidade de, digamos, 30 dB. O potencial receptor resultante desses parâmetros de vibração sonora provocará o disparo de salvas de PAs nas fibras auditivas, que se iniciarão sempre que começar a fase despolarizante dos PRs, mas silenciarão na fase hiperpolarizante. Haverá então uma salva de PAs em cada ciclo da onda sonora, ou então a cada dois, três ou mais ciclos (dependendo do tempo que a membrana da fibra auditiva precisa para se repolarizar completamente e gerar uma nova salva). De qualquer modo, a relação entre a periodicidade das salvas de PAs e a frequência da onda sonora será linear, o que representa um código para os diferentes tons. E a intensidade? A intensidade do som ficou codificada na frequência dos PAs dentro de cada salva! Se você ainda não entendeu, perceba que no gráfico da Figura 8.12B existem duas frequências a considerar. A primeira é a frequência de salvas, ou seja, uma salva para cada ciclo do som de 300 Hz, ou ainda, 300 salvas por segundo. Essa é a representação da frequência do som, i. e., 300 Hz. A segunda é a frequência de PAs dentro de cada salva, que representa a amplitude (intensidade) da onda sonora, 30 dB no nosso exemplo.

Mas por que a frequência dentro de cada salva vai caindo com o tempo (Figura 8.12B)? Trata-se do fenômeno da adaptação dos receptores, pelo qual a resposta deles cai com a manutenção contínua do estímulo (Capítulo 6).

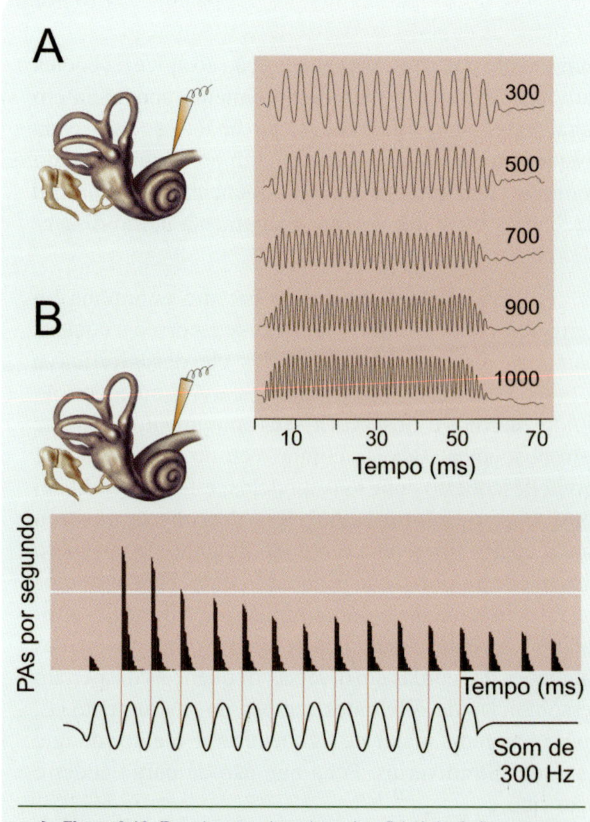

Figura 8.12. *Experimentos de registro eletrofisiológico indicaram que as variações da frequência do potencial receptor das células estereociliadas da cóclea acompanham a frequência do som incidente (**A**). O mesmo ocorre com a frequência das salvas de PAs das fibras do nervo auditivo (**B**). Mas isso só é verdade para os tons graves e médios (entre 300 e 1.000 Hz). E os agudos? **A** modificado de A. R. Palmer e I. J. Russel (1986)* Hearing Research *vol. 24: pp. 1-15. **B** modificado de N. Y. S. Kiang (1984) em* Handbook of Physiology, *section 1, vol. II, parte 2 (J. M. Brookhart e cols., org.). American Physiological Society, EUA.*

O mecanismo que acabamos de descrever chama-se sincronia de fase, expressão que representa a relação "amarrada" (1:1, 1:2 ou outra) entre as salvas de PAs das fibras auditivas e a fase das ondas sonoras. Essa teoria destinada a explicar a discriminação tonal ficou conhecida como teoria (ou princípio) das salvas.

Entretanto, há problemas com a teoria das salvas porque se verificou experimentalmente que ela só se aplica para os sons graves e médios, até no máximo 3 kHz. Como então se daria a discriminação dos tons agudos? Como o sistema auditivo consegue discriminar tons até 20 kHz?

TONOTOPIA

A maneira de explicar essa larga faixa de discriminação tonal seria imaginando uma "especialização" dos elementos do sistema auditivo para cada uma das diferentes frequências contidas no espectro audível. Algumas células poderiam ser especializadas em tons muito agudos, outras em tons não tão agudos, e assim por diante. Esta ideia revelou-se verdadeira desde os primeiros experimentos em biofísica da audição, realizados pelo húngaro Georg von Békésy (1899-1972) e que lhe valeram o prêmio Nobel de medicina ou fisiologia em 1961 (ver o Quadro 8.2).

Békésy utilizou cócleas de cadáveres humanos para investigar as características mecânicas de vibração da membrana basilar. Sua primeira descoberta foi sobre a estrutura da membrana basilar: verificou que ela é mais estreita e rígida na base do que no ápice da cóclea (Figura 8.13). Medindo cuidadosamente as características de vibração da membrana, descobriu que as frequências mais baixas fazem vibrar melhor as regiões da membrana basilar mais próximas do ápice da cóclea (Figura 8.13A), mas não conseguem mover facilmente as regiões próximas à base. O inverso acontece para as frequências altas: fazem vibrar mais a membrana basilar da base do que a do ápice (Figura 8.13B). Considerando a sua largura, a membrana basilar funcionaria então de modo similar a uma harpa. As cordas mais curtas (equivalentes à região da base da cóclea) vibram em alta frequência, produzindo tons agudos, enquanto as cordas mais longas (equivalentes ao ápice) vibram em baixa frequência, produzindo tons graves. Por outro lado, considerando a sua rigidez, a membrana funcionaria como qualquer instrumento de cordas: ao apertar a cravelha e esticar uma corda, fazemos com que ela vibre em frequências mais altas. É o que acontece na base da cóclea, onde a membrana basilar, além de mais estreita, é mais rígida (como se estivesse mais "esticada").

Essas características físicas da membrana basilar levaram Békésy a propor o conceito de *tonotopia,* que significa a representação ordenada dos tons ao longo da membrana basilar. O conceito revelou-se verdadeiro não só para a membrana basilar e os receptores auditivos, mas também para as fibras do nervo e os neurônios da maioria das regiões do SNC que fazem parte do sistema auditivo. Muitos fisiologistas, depois de Békésy, puderam registrar

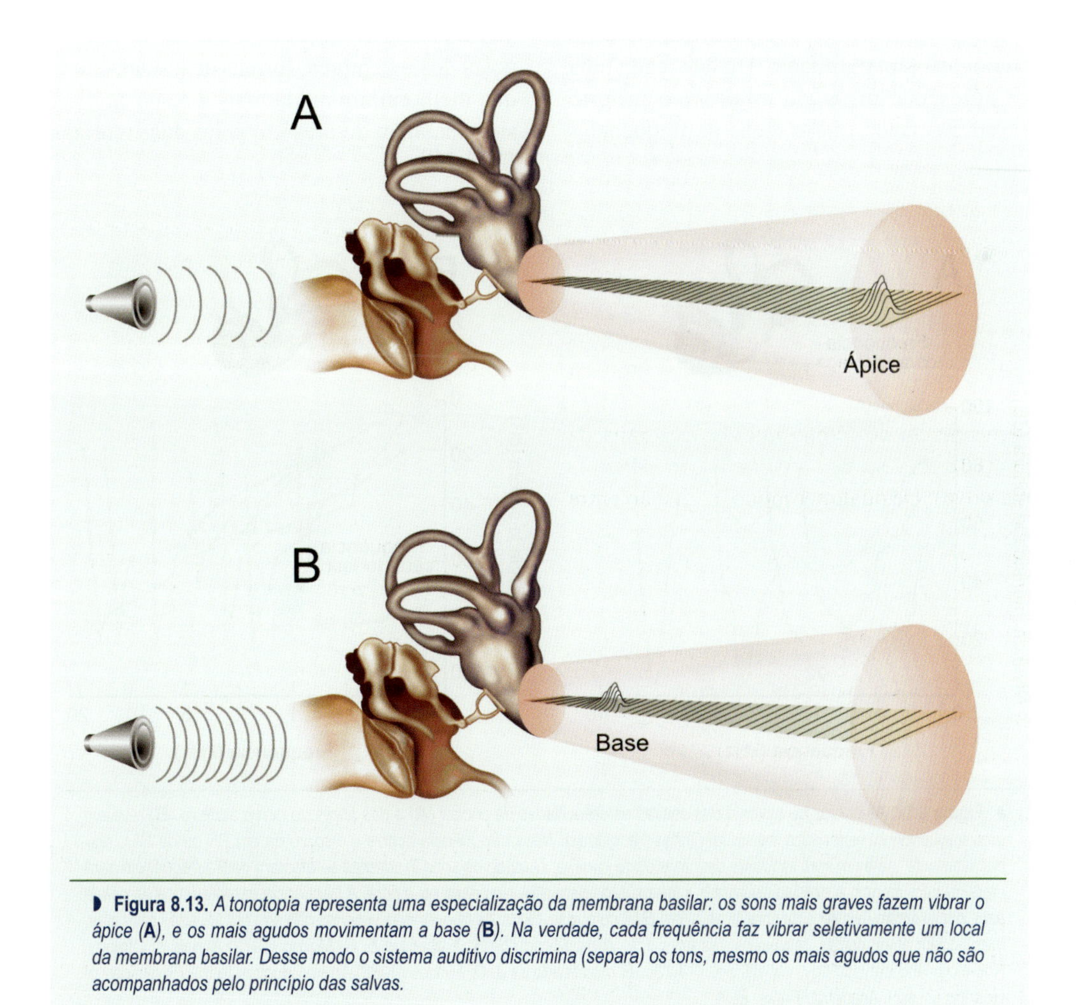

Figura 8.13. *A tonotopia representa uma especialização da membrana basilar: os sons mais graves fazem vibrar o ápice (**A**), e os mais agudos movimentam a base (**B**). Na verdade, cada frequência faz vibrar seletivamente um local da membrana basilar. Desse modo o sistema auditivo discrimina (separa) os tons, mesmo os mais agudos que não são acompanhados pelo princípio das salvas.*

a atividade elétrica desses elementos do sistema auditivo em animais vivos anestesiados, estimulando-os com sons de diferentes frequências. Verificaram que cada neurônio, do nervo auditivo até o córtex, é sintonizado para uma determinada frequência característica, capaz de produzir nele uma salva de PAs. Tons próximos da frequência característica são menos eficazes em ativar o neurônio, e tons mais distantes são completamente inócuos. Desse modo, tornou-se possível descrever a "especialidade" tonal de cada neurônio através de *curvas de sintonia* (Figura 8.14).

Pela teoria tonotópica, então, a identificação dos tons seria feita de início na membrana basilar, posta a vibrar regionalmente – e não como um todo – de acordo com a frequência do som incidente. Essa vibração regionalizada, evidentemente, ativaria apenas os receptores situados na região estimulada, e por consequência apenas as fibras auditivas correspondentes. O som de 300 Hz que utilizamos como exemplo na seção anterior faria vibrar um segmento da membrana basilar situado próximo ao ápice da cóclea, deixando imóveis as demais regiões. Igualmente, apenas as fibras originárias do ápice estariam disparando salvas de potenciais de ação, e portanto apenas grupos localizados de neurônios estariam ativos nos núcleos cocleares e olivares, no colículo inferior, e assim por diante. De fato, cada uma dessas regiões apresenta um *mapa tonotópico* próprio (Figura 8.15), representando quase todas as frequências do espectro audível da espécie e atribuindo maior espaço às frequências mais importantes para o comportamento do animal (no caso do homem, em torno de 2-3 kHz, a faixa de frequências da fala). As frequências inferiores a 200 Hz geralmente não estão representadas de forma específica, o que leva a supor que nessa faixa tonal a membrana basilar vibra como um todo. Não chega a ser um problema, porque nessa faixa ocorre sincronia de fase e a teoria das salvas responde pela codificação dos tons.

Apesar de representarem juntas um poderoso modelo explicativo da discriminação tonal, a teoria das salvas e a teoria tonotópica ainda não são suficientes para explicar todas as possibilidades de discriminação tonal de que somos capazes. Em alguns casos, nossa percepção não obedece linearmente ao que seria previsto pelas duas teorias. Ouvimos mais do que seria de se esperar. Os músicos e os compositores sabem há mais de 2 séculos que em certas condições ouvimos um terceiro tom quando somos estimulados com dois tons combinados. Além disso, a curva de sintonia de cada receptor é geralmente mais aguda do que a tonotopia da membrana basilar permitiria prever. Essas não linearidades da fisiologia e da percepção auditivas obrigaram a pensar na existência de mecanismos ativos de interferência na resposta dos receptores, formas de modulação e amplificação que melhorariam ainda mais a resposta discriminativa do sistema, além do previsto pelas duas teorias.

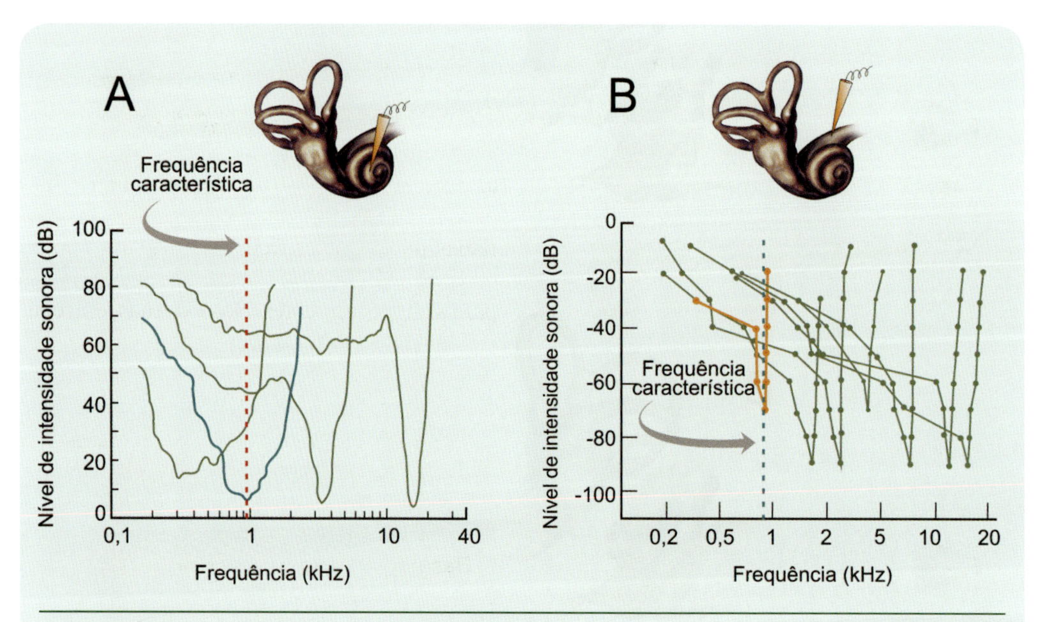

▸ **Figura 8.14.** *As curvas de sintonia das células estereociliadas da cóclea (**A**) e das fibras do nervo auditivo (**B**) revelam uma frequência característica individual (linhas tracejadas). Nessa frequência ocorre o disparo de um PR ou de PAs, respectivamente, para um som incidente de intensidade mínima. Quando os sons incidentes se afastam dessa frequência para mais ou para menos, é preciso aumentar a intensidade para ativar a célula ou a fibra. A frequência característica da célula azul, por exemplo (em **A**) e da fibra laranja (em **B**) é de quase 1 kHz. As frequências vizinhas não são tão eficazes para elas, mas podem ativar outras, representadas em cinza. **A** modificado de N. Y. Kiang e E. C. Moxon (1972)* Annals of Otology, Rhinology and Laryngology, *vol. 81: pp. 714-730. **B** modificado de J. O. Pickles (1988)* An Introduction to the Physiology of Hearing *(2ª ed.). Academic Press, EUA.*

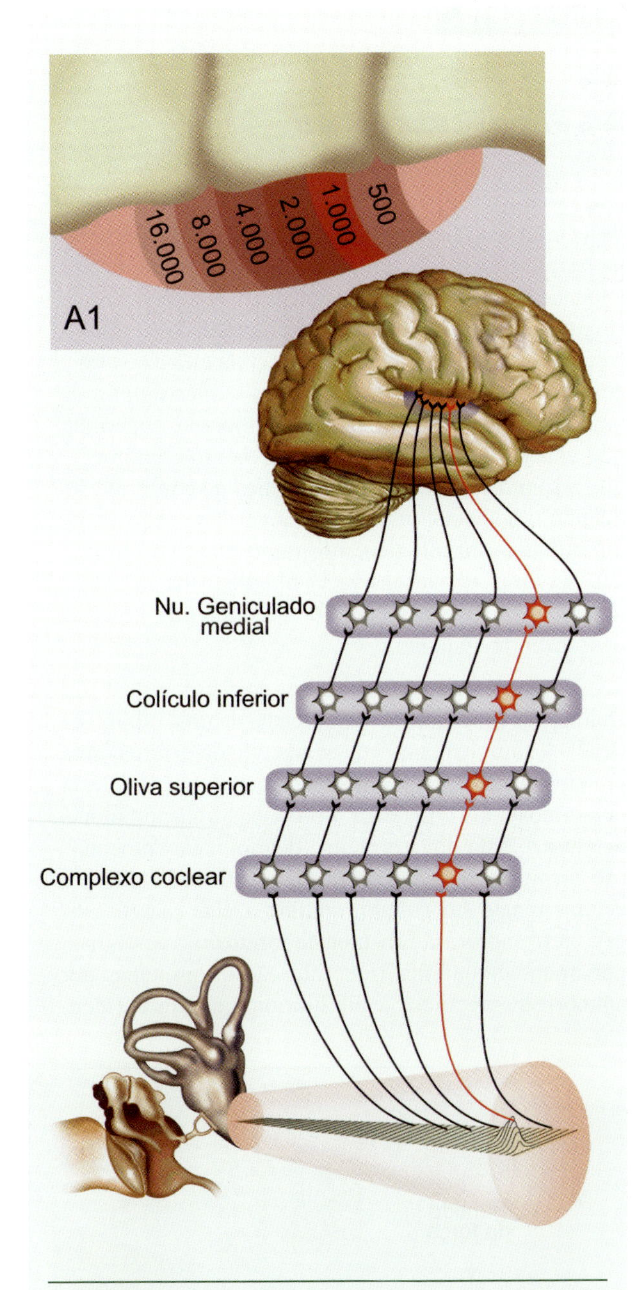

Figura 8.15. *A organização tonotópica aplica-se a todo o sistema auditivo, da membrana basilar às áreas corticais. Em todas essas regiões se encontram mapas tonotópicos, isto é, uma distribuição ordenada de neurônios que respondem à série de frequências audíveis. O detalhe acima mostra o mapa tonotópico de A1. No exemplo, a cadeia de neurônios ativada para o som que faz vibrar a membrana basilar (abaixo) está representada em vermelho em todos os estágios do sistema auditivo.*

O Amplificador Coclear

Os histologistas já sabiam há muito, estudando a estrutura do órgão de Corti, que há dois tipos de receptores auditivos: as células estereociliadas internas, em fileira única, e as células externas, em fileira tripla (Figura 8.8). Foi surpreendente constatar, entretanto, que 95% das fibras aferentes eram elementos pós-sinápticos das células internas, justamente as menos numerosas. Para que serviriam então as células estereociliadas externas? Verificou-se a seguir que elas eram inervadas pelos axônios eferentes originários do complexo olivar superior e pertencentes ao feixe olivococlear mencionado anteriormente. Sendo inervadas por fibras eferentes, as células externas tinham que ser então elementos efetores – motores ou secretores. O estudo da ultraestrutura dessas células trouxe elementos em favor da primeira possibilidade, a de que as células estereociliadas externas seriam capazes de se contrair (Figura 8.16). Primeiro, não havia sinais de vesículas ou grânulos que favorecessem a hipótese secretora. Segundo, encontrou-se uma sofisticada organização de filamentos de actina nos estereocílios e nas proteínas contráteis na membrana (maiores detalhes no Quadro 8.3). Os biofísicos contribuíram com mais evidências: isolaram células externas fora da cóclea e estimularam-nas eletricamente, observando que tanto elas mesmas como os estereocílios eram capazes de se contrair. E os fisiologistas completaram o quadro: verificaram que em certas condições era possível registrar, usando microfones miniaturizados muito sensíveis, sons produzidos pela própria membrana basilar que ficaram conhecidos como *emissões otoacústicas*, e que foram atribuídos às contrações das células estereociliadas externas.

Quando um som penetra no ouvido, então, transmite as vibrações para a membrana basilar, como já vimos, produzindo potenciais receptores nas células estereociliadas de ambos os tipos. As internas encarregam-se de realizar a transdução e transferir a informação traduzida para as fibras aferentes. Nas externas, entretanto, o potencial receptor provoca uma contração da célula. Como os estereocílios estão ancorados na membrana tectorial, que é relativamente rígida, quando as células estereociliadas externas se contraem, a membrana basilar é "puxada" na direção da membrana tectorial. Todo o conjunto se torna então mais rígido, aumentando a sensibilidade inclusive das ciliadas internas. As curvas de sintonia dos receptores e das fibras auditivas, desse modo, são refinadas pelo feixe olivococlear, e isso explica porque a tonotopia da membrana basilar apresenta uma precisão maior do que a prevista pelo mecanismo passivo descrito por von Békésy.

NEUROCIÊNCIA EM MOVIMENTO

Quadro 8.3
Em Busca do Motor Molecular para o Amplificador Coclear

*Bechara Kachar**

No começo da década de 1980, enquanto fazia meu pós-doutorado no *National Institutes of Health* (NIH), Estados Unidos, tive a oportunidade de participar de uma equipe que durante o verão ministrava parte do curso de Neurobiologia do *Marine Biological Laboratory* (MBL) em Woods Hole. No MBL, em contato com os biólogos Robert Allen e Shinha Inoue, acompanhei de perto o trabalho que eles desenvolviam em videomicroscopia, uma forma de registro dinâmico, em vídeo, de estruturas microscópicas vivas. De volta ao NIH, dediquei-me a novas aplicações para esta técnica, desenvolvendo um novo método que consiste no uso combinado da amplificação de contraste da câmera e da propriedade dos raios de iluminação oblíquos para formar imagens com melhor resolução. Naquela ocasião, o fisiologista William Brownell, da Universidade Johns Hopkins, havia conseguido isolar células ciliadas externas da cóclea e observar que elas contraíam em resposta à aplicação de acetilcolina ou estímulo elétrico. Usando videomicroscopia de alta resolução, Brownell e eu demonstramos que potenciais elétricos oscilatórios aplicados ao longo das células ciliadas externas isoladas produzem rápidos movimentos oscilatórios de alongamento e contração. Observamos que estes movimentos não dependiam de ATP, e que a amplitude deles era proporcional à força do campo elétrico. Este novo fenômeno eletrocinético que podia operar a frequências audíveis exibia as características esperadas de um mecanismo ativo, postulado como o "amplificador coclear", que poderia explicar a notável acuidade auditiva dos mamíferos.

Estudar as bases moleculares e estruturais deste fenômeno, que ficou conhecido como eletromotilidade, tornou-se um dos focos de interesse do meu laboratório, no então recém-formado *National Institute on Deafness and other Communication Disorders*. Com a colaboração de vários colegas e estudantes, especialmente Federico Kalinec, usamos a fixação focal de voltagem (*patch clamp*) para mostrar que a eletromotilidade é uma propriedade da membrana lateral das células ciliadas externas, e não do citoesqueleto. Mais interessante ainda, apontamos que a eletromotilidade pode ser observada em segmentos de membrana isolados da célula, demonstrando que a energia para a motilidade provém diretamente da variação do campo elétrico que atravessa a membrana, produzindo uma mudança de área desta (como no fenômeno piezoelétrico![G]). A membrana retrai-se diante de um potencial despolarizante e se expande em resposta a um potencial hiperpolarizante (Figura). Notamos, ainda, que a propriedade eletromotriz ao longo da parede lateral da célula ciliada externa coincide com a presença de arranjos semicristalinos de uma população de proteínas na membrana, sugerindo que estas proteínas seriam os elementos "motores" que responderiam com uma mudança de conformação quando o potencial de membrana variasse. Através de um estudo farmacológico, mostramos que essas proteínas "motoras" são insensíveis a bloqueadores de canais iônicos, contudo respondem a bloqueadores de proteínas de transporte aniônico.

No ano 2000, no laboratório do fisiologista Peter Dallos, em Chicago, foi identificada, de uma biblioteca de DNA complementar[G] da célula ciliada externa, uma proteína de membrana com uma porção de sua sequência de aminoácidos homóloga a proteínas transportadoras de ânions. Esta nova proteína, denominada "prestina" (do termo musical *presto*), quando transfectada em células renais em cultura, confere a elas características eletromotoras. Em meu laboratório, mostramos por imunocitoquímica (identificação de proteínas por anticorpos específicos) e por hibridização *in situ* (iden-

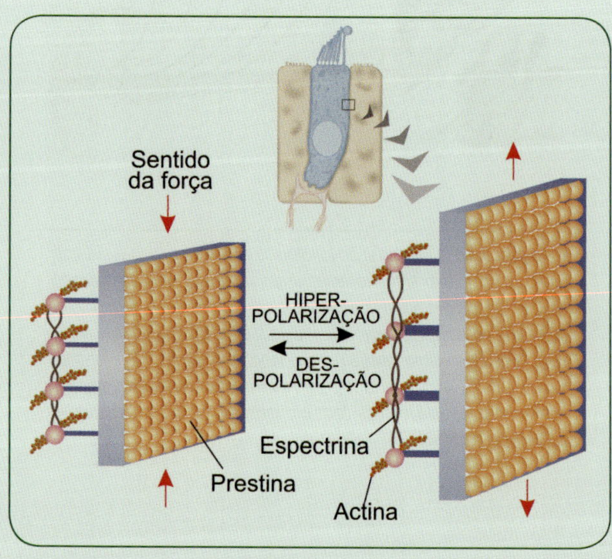

A eletromotilidade é possibilitada por proteínas como a prestina, que de algum modo detectam a despolarização da membrana causada pelo estímulo sonoro e contraem-se, provocando o encurtamento da célula ciliada.

tificação do RNA mensageiro de proteínas específicas) que a prestina se localiza exatamente na região geradora de eletromotilidade, e que sua expressão ocorre no mesmo período pós-natal em que surge a eletromotilidade. Estes resultados são uma boa indicação de que a prestina está diretamente envolvida no mecanismo de eletromotilidade. Mais recentemente, através do estudo de camundongos com deleção e/ou mutação no gene que codifica a prestina, as equipes de M. Charles Lieberman (Universidade Harvard, em Boston) e Peter Dallos (em Chicago) mostraram que tais modificações genéticas levam a perda de eletromotilidade *in vitro* e redução da sensibilidade coclear em 40 a 60 dB *in vivo*. Os resultados desses estudos confirmam que a eletromotilidade é responsável pela amplificação coclear. Existem ainda várias questões importantes a ser elucidadas: como esta proteína detecta o potencial de membrana e como ela produz as mudanças de área da membrana que definem o fenômeno de eletromotilidade da célula ciliada externa?

Bechara Kachar em seu laboratório.

Chefe da Seção de Biologia Celular Estrutural do National Institute on Deafness and other Communication Disorders, NIH, EUA. Correio eletrônico: kacharb@nidcd.nih.gov.

Assim, é possível concluir que a tripla fileira de células estereociliadas externas atua como um verdadeiro amplificador coclear, aumentando a sensibilidade e a precisão dos receptores e, consequentemente, a capacidade de discriminação tonal do sistema auditivo.

A IDENTIFICAÇÃO DOS TIMBRES

Por que determinado dó de um piano é diferente do dó correspondente de um violão? Por que podemos identificar um saxofone ouvindo-o tanto em um aparelho de CD quanto em um radinho de pilhas? Essas questões têm a ver com o conceito de timbre e com o modo como o sistema auditivo consegue diferenciar os sons complexos.

Já mencionamos que os sons complexos constituem a maioria daqueles que ouvimos na natureza e dos que produzimos com os ruídos da civilização. São chamados assim ("complexos") porque são formados pela soma algébrica de ondas senoidais de diferentes frequências, amplitudes e fases. O resultado é uma onda de aspecto irregular que dificilmente associaremos a algo musical ou vocal, pensando tratar-se de puro ruído. As combinações possíveis entre esses parâmetros sonoros são tão numerosas, que é praticamente infinito o repertório de sons que podemos gerar e ouvir. É claro, no entanto, que há sons complexos que ouvimos frequentemente, adquirindo grande sensibilidade para identificá-los, mesmo nas piores condições de audibilidade. É o caso das mães que conseguem identificar o choro do seu bebê mesmo que ele esteja mascarado por inúmeros ruídos, inclusive choros de outros bebês. É o caso dos animais, também, que conseguem identificar facilmente os sons da própria espécie, ou os sons das espécies relacionadas com a sua sobrevivência – predadores e presas.

Para identificar os sons complexos, o sistema auditivo utiliza duas estratégias distintas. A primeira relaciona-se com o timbre e baseia-se na decomposição das ondas senoidais que constituem um determinado som. A segunda relaciona-se com os padrões sonoros complexos que têm um significado qualquer. Por exemplo, um segmento musical conhecido, como os primeiros compassos da *Quinta Sinfonia* de Beethoven, representa um padrão desse tipo, que se repete sempre de modo idêntico. Alguns sons naturais também apresentam padrões estereotipados, como aqueles emitidos pelos animais nas situações de perigo, ataque, aproximação sexual e outras. Há evidências de que existem neurônios no córtex cerebral, especializados na identificação desses padrões, ou seja, sensíveis especificamente a eles, e não a outros. Esse aspecto será visto adiante, e tratado com mais detalhes no Capítulo 19.

Vejamos agora de que modo o sistema auditivo identifica os timbres.

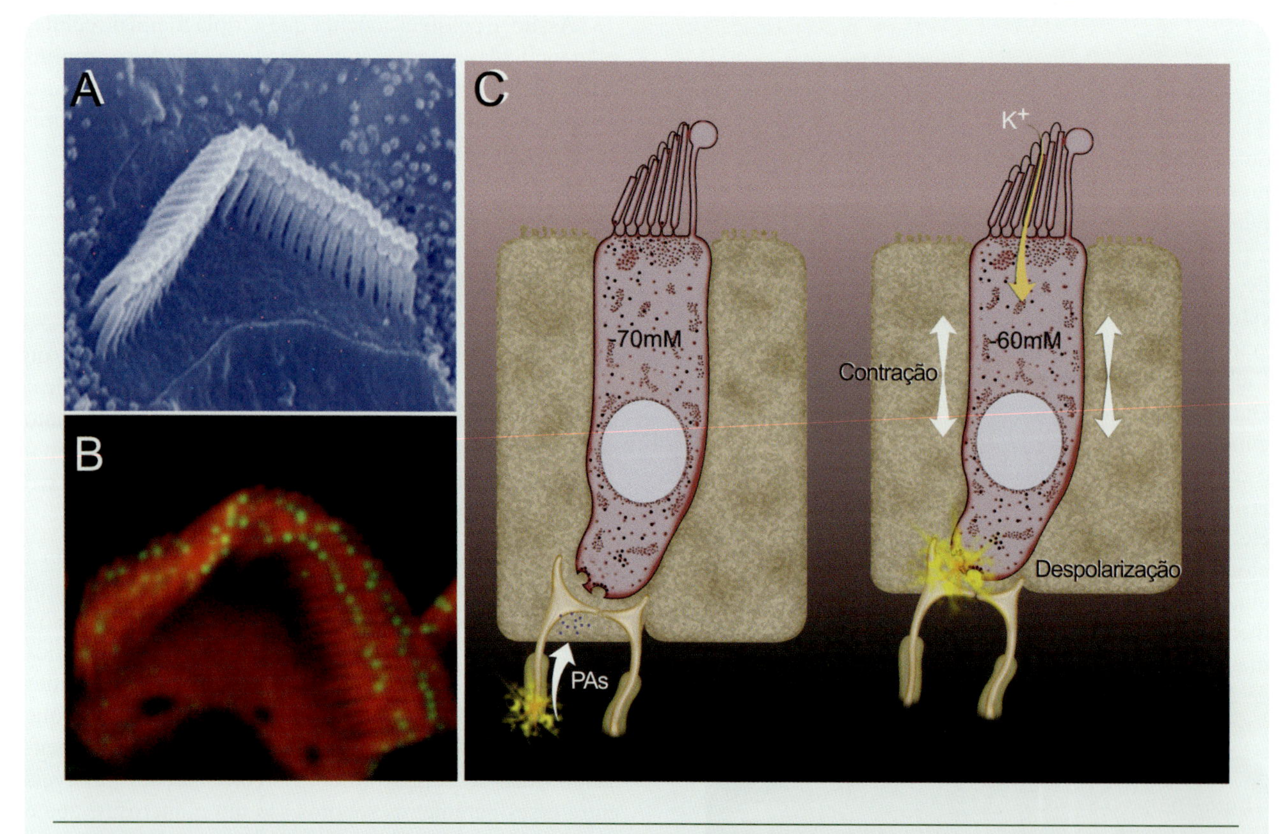

Figura 8.16. ***A***. *A fotomicrografia eletrônica mostra os estereocílios alinhados das células ciliadas externas.* ***B*** *mostra a presença de caderina (pontos verdes), uma proteína que contribui para a abertura dos canais de potássio na ponta dos estereocílios.* ***C*** *representa a motilidade dessas células receptoras em função do potencial de sua membrana. Quando ocorre uma despolarização provocada pelas fibras eferentes olivococleares (à direita), a célula se contrai, "puxando" a membrana basilar para cima e tornando mais rígido o conjunto. Fotos* ***A*** *e* ***B*** *cedidas por Bechara Kachar, do National Institutes of Health, EUA.*

ANÁLISE ESPECTRAL

Um som complexo penetra no ouvido externo do mesmo modo que os tons puros, e igualmente faz vibrar a membrana timpânica, a cadeia ossicular, a membrana da janela oval e a perilinfa das escalas vestibular e timpânica. Algo diferente ocorrerá na membrana basilar (Figura 8.17). Como ela é tonotópica, os componentes senoidais do som incidente serão "separados", cada um deles fazendo vibrar um segmento diferente da membrana basilar (com exceção, é claro, dos componentes mais graves). Assim, cada pequeno grupo de células estereociliadas internas será ativado para um componente senoidal. A separação dos componentes será então simultaneamente transmitida às fibras auditivas, e daí em diante seguirá em paralelo até o córtex. Essa operação é chamada *análise espectral* e é análoga à operação matemática que mencionamos anteriormente, de decomposição das ondas em seus componentes senoidais, chamada análise de Fourier.

O córtex cerebral recebe a informação detalhada do som que entrou no sistema: sua composição de ondas, bem como as características de cada componente (amplitude, frequência e fase). Não se conhece muito bem o que fazem os neurônios corticais com essa informação, mas é possível supor que ela será outra vez associada, em áreas de ordem superior, pela convergência das vias que veiculam cada um desses parâmetros, sobre neurônios singulares ou pequenos grupos de células nervosas que realizam a síntese da informação decomposta, permitindo a identificação do timbre.

ANÁLISE TEMPORAL

A mudança dinâmica da frequência produz sons complexos relativamente comuns, conhecidos como sons de frequência modulada. Fazemos sons desse tipo muito facilmente com a nossa própria voz, seja passando dos graves aos agudos, seja no sentido inverso. No violão podemos produzir sons com a frequência modulada se dedilharmos uma corda e, ao mesmo tempo, girarmos a sua cravelha de afinação. Na membrana basilar, é claro, o padrão de vibração desloca-se do ápice para a base ou vice-versa, como

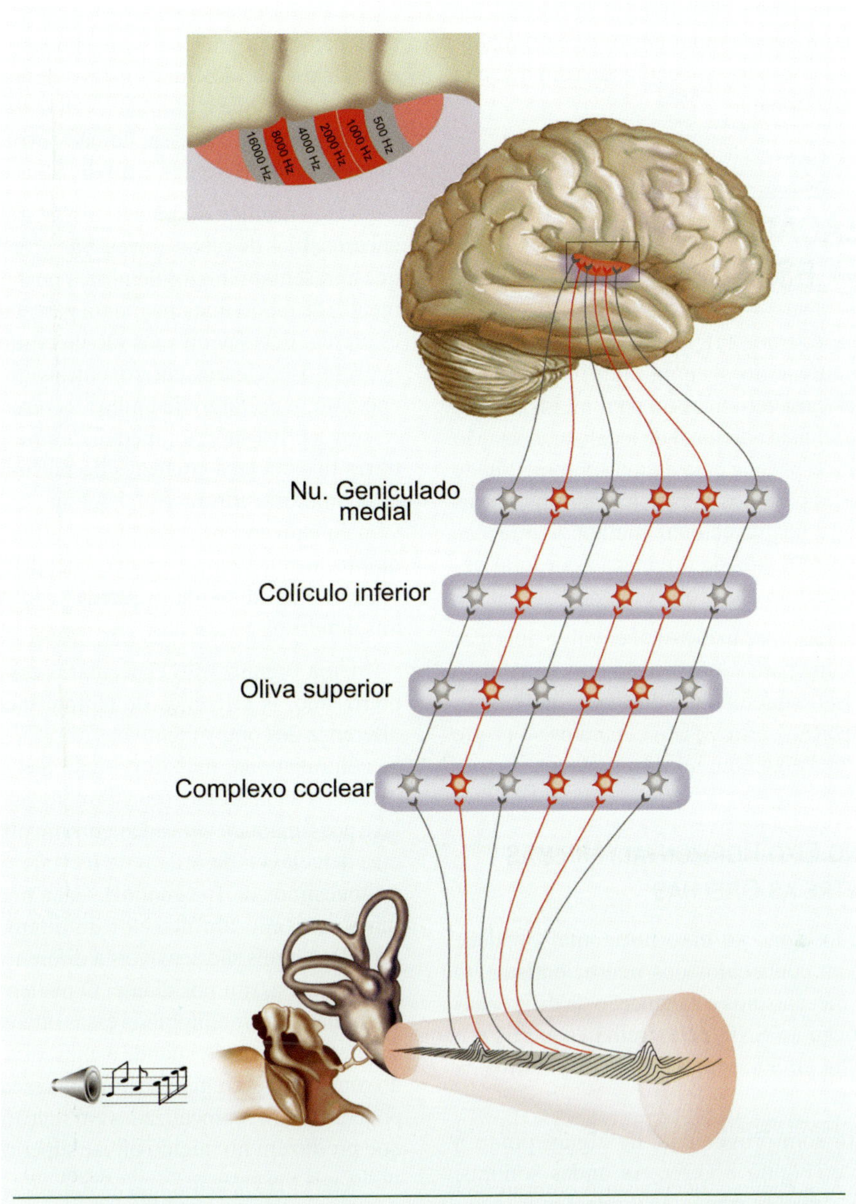

Figura 8.17. *Quando um som complexo entra no ouvido, faz vibrar ao mesmo tempo diversas partes da membrana basilar, e assim ativa – em paralelo – as regiões tonotópicas correspondentes do sistema auditivo. O desenho mostra as regiões mais ativas em vermelho, e as menos ativas em cinza ao longo do sistema.*

uma onda se desloca sobre a superfície de um líquido. O padrão temporal reproduz-se invisivelmente na atividade de fibras e neurônios do sistema auditivo, representando a sequência temporal do som incidente e obedecendo ao mapa tonotópico correspondente.

Em vários níveis do sistema auditivo, como no núcleo coclear dorsal, no colículo inferior e nas áreas corticais, existem neurônios que são mais ativados por sons de frequência modulada. Isso significa que o padrão temporal que envolve inicialmente uma sequência de receptores e fibras auditivas converge para neurônios individuais ao longo do sistema, encarregados de "identificar" esse tipo de som complexo. A existência desses neurônios especializados tem a vantagem adaptativa de facilitar a identificação de sons complexos habituais: um pássaro, por exemplo, identifica com maior facilidade o canto de sua espécie do que de espécies desconhecidas, pois apresenta neurônios especializados na modulação sonora produzida pelos animais de sua espécie. Dentre os macacos, as vocalizações que produzem são também mais facilmente reconhecidas por neurônios especializados, localizados sobretudo no córtex. Por inferência, podemos supor que os seres humanos apresentam neurônios corticais especializados em detectar as modulações da voz humana.

LOCALIZAÇÃO DOS SONS NO ESPAÇO

Até o momento, fizemos referência a várias submodalidades discriminativas do sistema auditivo, que nos permitem analisar as características do som incidente. No entanto, temos a capacidade adicional de localizar a posição das fontes sonoras no espaço, e essa é uma submodalidade de grande importância para nós mesmos e para os outros animais, pois permite-nos direcionar melhor as reações comportamentais e os reflexos de orientação corporal necessários para responder aos sons que ouvimos.

A capacidade de localização espacial envolve dois mecanismos diferentes: um para a localização horizontal, isto é, para sons situados à esquerda ou à direita do indivíduo, e outro para a localização vertical, isto é, para os sons que surgem de cima ou de baixo com relação à cabeça.

LOCALIZAÇÃO NO EIXO HORIZONTAL: MÍNIMAS DIFERENÇAS ENTRE AS ORELHAS

A localização dos sons no eixo horizontal obedece a mecanismos já bem conhecidos dos neurocientistas. O fundamento desses mecanismos é a detecção de diferenças entre o som que chega ao SNC pela orelha esquerda e o que chega pela orelha direita, sendo ambos originários da mesma fonte sonora.

Imaginemos um som proveniente de algum ponto à esquerda do ouvinte (Figura 8.18A). As ondas sonoras, emitidas em todas as direções, chegarão diretamente ao ouvido esquerdo, mas para atingir o ouvido direito deverão se refletir várias vezes no ambiente. É claro que, nesse trajeto em ziguezague, as ondas sonoras chegarão um pouco depois no ouvido direito do que no esquerdo (é o que se chama diferença de tempo interaural). Além disso, os sucessivos choques com obstáculos do ambiente, inclusive a própria cabeça do ouvinte, provocarão também um certo grau de absorção em cada choque, o que resultará em perda de energia e consequentemente em uma diferença de intensidade interaural. As diferenças de tempo entre os diversos trajetos do som provocarão diferenças de fase entre os sons incidentes em cada orelha, que serão mais bem identificadas nas frequências baixas (até cerca de 3 kHz). Por outro lado, as diferenças de intensidade serão mais bem detectadas nos sons agudos. Há, portanto, uma complementaridade entre essas duas estratégias de detecção.

A dupla estratégia de detecção de diferenças interaurais (para sons graves e sons agudos) é acompanhada por uma dualidade dos mecanismos neurais correspondentes. Constatou-se que o complexo olivar superior é a estrutura neural que realiza essa função, utilizando mecanismos ligeiramente diferentes e subdivisões distintas.

Os neurônios do núcleo olivar superior *medial* são os encarregados dos sons graves. São grandes células bipolares que apresentam longos dendritos posicionados transversalmente, de modo que um aponta para a direita e outro para a esquerda. Esses neurônios são inervados pelos axônios dos neurônios cocleares anteroventrais de ambos os lados do encéfalo, e portanto de ambos os ouvidos (Figura 8.18C). Assim, a oliva superior medial *direita*, por exemplo, recebe fibras dos núcleos cocleares do mesmo lado, que realizam uma trajetória curta até alcançá-los, mais curta que os que vêm do lado oposto. Além disso, as fibras do núcleo coclear direito fazem sinapses com os dendritos direitos da oliva, enquanto as fibras da esquerda (contralaterais) terminam nos dendritos esquerdos.

Uma organização especular a essa existe na oliva do outro lado. A diferença de tempo interaural, junto com a diferença de comprimento das fibras ipsilaterais em relação às contralaterais, mais a posição das sinapses nos longos dendritos do neurônio, transformam-se em uma diferença de fase pós-sináptica em cada neurônio olivar, muito pequena, mas detectável: da ordem de μs (microssegundos, ou seja, milionésimos de 1 segundo!). Cada neurônio olivar, então, funciona como um detector de diferença de fase (Figura 8.18B). Alguns são sensíveis a diferenças de 100 μs, outros a 200 μs, e assim por diante. O núcleo como um todo está continuamente monitorando essas diferenças. Como cada diferença de fase corresponde a uma certa distância da origem do som no espaço em relação à linha média, as fontes sonoras poderão assim ser localizadas em função da diferença de fase que produzem no núcleo olivar superior medial.

Até 3 kHz, a estratégia de detectar diferenças de tempo interaural funciona. Mas acima dessa frequência entra em ação o segundo mecanismo, capaz de detectar diferenças de intensidade. Os encarregados desse mecanismo são os neurônios do núcleo olivar superior *lateral*. O segundo mecanismo se parece com o primeiro, mas há nele a intervenção de neurônios inibitórios do núcleo do corpo trapezoide, que projetam para a oliva superior lateral do mesmo lado (Figura 8.19). Vejamos como o sistema funciona.

As fibras provenientes do núcleo coclear anteroventral *direito*, por exemplo, terminam nos dendritos dos neurônios do núcleo olivar superior lateral do mesmo lado. Ocorre que estes recebem sinapses de neurônios inibitórios do núcleo do corpo trapezoide, que recebem fibras do núcleo coclear anteroventral esquerdo. Organização especular semelhante existe a partir do ouvido esquerdo. Essa organização leva ao seguinte resultado: as ondas sonoras que chegam ao ouvido

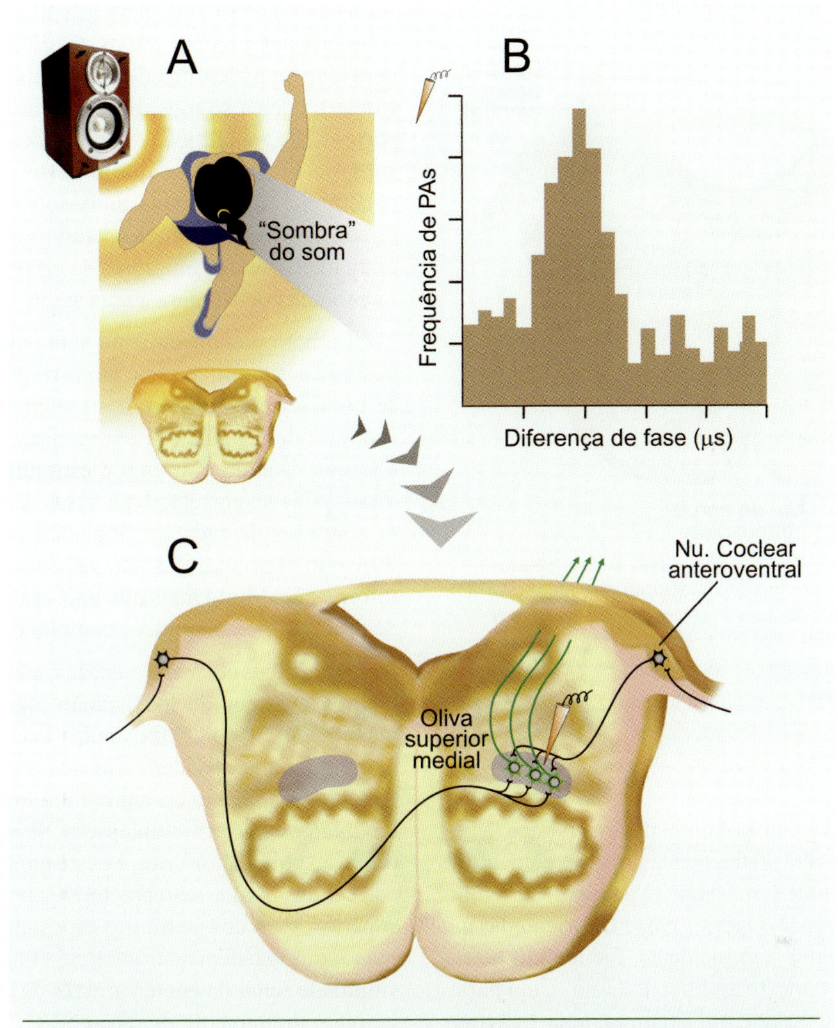

Figura 8.18. ***A.*** *Um som que incide de lado atinge primeiro uma das orelhas e forma uma "sombra" atrás da cabeça. A outra orelha será atingida por reflexão da onda incidente nos objetos do ambiente próximo.* ***B.*** *Cada um dos neurônios do complexo olivar superior, indicados em* ***C****, apresenta disparo de PAs em maior frequência para certas diferenças de fase que resultam da diferença do tempo de chegada do som às duas orelhas.*

mais próximo (o direito, suponhamos), produzem excitação dos neurônios ipsilaterais do núcleo olivar superior lateral e inibição dos neurônios correspondentes no lado esquerdo. Por outro lado, as ondas sonoras que chegam ao ouvido mais distante (neste caso, o esquerdo) produzem uma excitação menor dos neurônios da oliva superior lateral esquerda e uma inibição menor dos neurônios do outro lado. Somados esses fatos, vemos que o lado direito ficou mais ativado e menos inibido, e o lado esquerdo ficou menos ativado e mais inibido. Uma coisa reforçou a outra, resultando em diferenças detectáveis nas frequências de PAs que emergem da oliva superior lateral de cada lado, em direção ao colículo inferior. Como a oliva superior lateral projeta para ambos os colículos inferiores, é possível que estejam nestes núcleos mesencefálicos as células detectoras das diferenças de intensidade codificadas no nível pontino. Pode ser também que isso seja feito no córtex, uma vez que pacientes humanos com lesões corticais, embora mantenham uma capacidade residual de localização espacial dos sons, perdem precisão nessa função.

Localização no Eixo Vertical: O Papel da Orelha

A localização no eixo vertical parece depender da morfologia da orelha, mas os mecanismos neurais participantes não são ainda conhecidos. A participação da orelha externa nessa função pode ser atestada por qualquer um de nós, simplesmente dobrando o pavilhão de ambas orelhas com as mãos, fechando os olhos, e tentando localizar a posição de

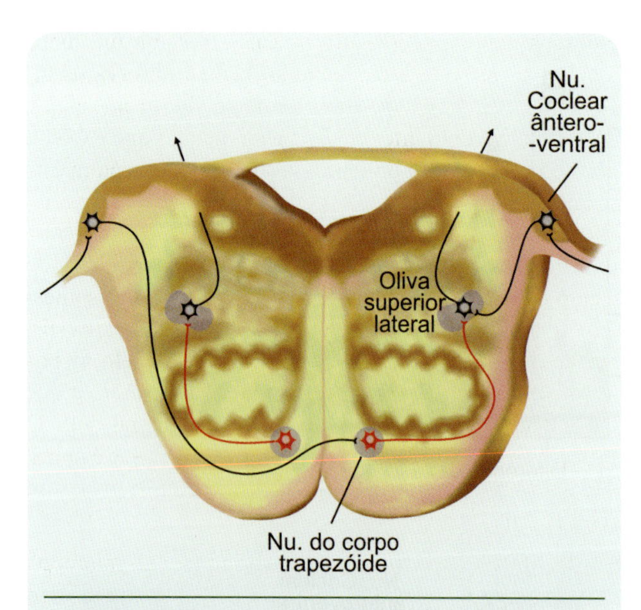

Figura 8.19. *Os neurônios do núcleo olivar superior lateral detectam diferenças de intensidade dos sons incidentes em cada orelha, com a intervenção de neurônios inibitórios do núcleo do corpo trapezoide (em vermelho). Este mecanismo é mais eficiente para a localização espacial dos sons agudos.*

um molho de chaves agitado por outra pessoa. Parece fácil, mas nessas condições será praticamente impossível identificar com precisão de onde vem o som. O pavilhão auricular possui dobraduras e concavidades – em geral orientadas na vertical – que refletem o som incidente, facilitando o seu direcionamento para o meato auditivo externo. Uma parte do som que se origina do alto, por exemplo, pode penetrar diretamente no meato e fazer o tímpano vibrar, mas outra parte vai refletir-se nas dobras da orelha e chegar "atrasada" à membrana timpânica. A diferença no tempo de chegada ao tímpano das ondas diretas e refletidas na orelha, embora seja mínima (milionésimos de segundo), será percebida por alguma região do sistema auditivo (ainda não identificada), e essa informação será transformada na identificação do local de origem do som. O mesmo tipo de fenômeno repete-se para sons que vêm de locais abaixo da cabeça, mas haverá diferenças no padrão de reflexão, causadas pela morfologia assimétrica da orelha.

AUDIÇÃO COMPLEXA E O CÓRTEX CEREBRAL

A percepção auditiva – como toda percepção sensorial – consiste em uma fase analítica inicial, em que os primeiros estágios do processamento neural "extraem" cada uma das diferentes características do som (tom, intensidade, timbre, localização), e uma fase sintética posterior, em que estágios subsequentes reúnem toda essa informação fragmentada para realizar a identificação completa do estímulo original. Como a cóclea se mostrou capaz de realizar uma grande parte da fase analítica (exceto a localização espacial dos sons), e reconhece-se que o córtex cerebral é a região encefálica com funções mais sofisticadas, imaginou-se erradamente que os núcleos auditivos intermediários não eram mais que transmissores da informação processada na membrana coclear para a área auditiva primária do córtex.

Embora o conhecimento sobre as funções da maioria dos núcleos auditivos seja ainda muito incipiente, tornou-se possível estudar a resposta elétrica dos neurônios de cada um desses núcleos em animais experimentais anestesiados, quando o animal é estimulado com sons. Além disso, pôde-se correlacionar esses dados fisiológicos com as conexões de cada um dos núcleos. Estudos desse tipo tornaram claro que eles não são simples transmissores de informação. Muito mais que isso, realizam diferentes tipos de processamento auditivo complexo.

Os núcleos cocleares ventrais, como vimos, participam dos mecanismos de localização espacial horizontal. No núcleo coclear dorsal, por outro lado, foram encontrados neurônios cuja atividade elétrica era aumentada quando o estímulo aplicado ao animal era um som de frequência modulada, e não um simples tom. Seus neurônios projetam direto ao colículo inferior, e neste também foram encontradas células com essas características funcionais. Na oliva superior, além dos neurônios especializados em diferenças interaurais, existem neurônios cuja função é modular a sensibilidade tonal da cóclea através das fibras eferentes que inervam diretamente os receptores. O núcleo externo e o córtex dorsal do colículo inferior estabelecem conexões com núcleos motores dos nervos cranianos e participam de inúmeros reflexos audiomotores de orientação dos olhos e da cabeça em direção aos sons. O núcleo central é fortemente tonotópico e projeta ao núcleo geniculado medial do tálamo, onde se encontram neurônios que respondem a padrões temporais complexos: sons de frequência modulada, pares de tons curtos com intervalos específicos, vocalizações da espécie do animal estudado etc.

Apesar dessa grande sofisticação funcional, ainda assim as funções do córtex auditivo são as mais complexas.

AS ÁREAS AUDITIVAS

As áreas auditivas do córtex cerebral são definidas como aquelas cujos neurônios respondem aos sons, modificando a sua atividade elétrica de algum modo, e que além disso são alvos preferenciais do corpo geniculado medial do tálamo. Existem muitas áreas desse tipo no córtex cerebral, todas elas situadas no lobo temporal, em torno do sulco lateral (Figura 8.20). O difícil é delimitá-las, pois nem sempre os mapas tonotópicos são nítidos, e muitas vezes não se correlacionam bem com os critérios histológicos de parcelamento cortical. Para simplificar, consideram-se três grandes divisões regionais das áreas auditivas: a *região central,* o *cinturão auditivo* e o *paracinturão auditivo.* A Figura 8.20 mostra que cada uma dessas divisões apresenta diversas áreas, quase todas conectadas de forma recíproca. Além disso, muitas delas são organizadas tonotopicamente. A identificação e o estudo funcional dessas áreas têm sido realizados em macacos com bastantes detalhes (Figura 8.20A), e ainda foram incompletamente confirmados em seres humanos (Figura 8.20B), através de métodos de neuroimagem funcional, estudos eletrofisiológicos e a comparação de casos de pacientes com lesões corticais restritas.

Organização da Área Auditiva Primária

A área auditiva primária (A1) é uma das três áreas da região central dos primatas, sendo a única encontrada em todos os mamíferos (Figura 8.20). Apresenta um mapa tonotópico preciso, semelhante ao que se observa na divisão ventral do núcleo geniculado medial e no núcleo central do colículo inferior. Do mesmo modo que em S1 e em V1 (a área visual primária), a superfície receptora está representada por completo no córtex auditivo primário. Diferentemente dessas outras áreas sensoriais, entretanto, o mapa é unidimensional, isto é, ocupa apenas um eixo do tecido cerebral. É fácil entender por que. Tanto na somestesia quanto na visão, os mapas topográficos são espaciais, portanto envolvem mais de uma dimensão (pelo menos duas). Na audição, entretanto, o mapa é temporal, já que a frequência de um som é um aspecto temporal dele. O tempo é a quarta dimensão, dizem-nos os físicos, e é única, podendo ser representada ao longo de uma linha, ou um só eixo de um gráfico.

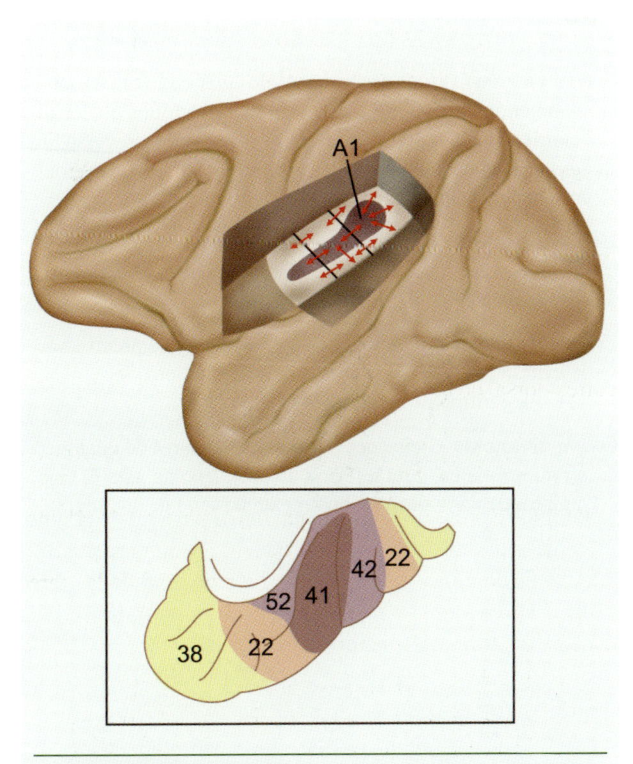

Figura 8.20. *Estudos experimentais no macaco (acima) têm permitido identificar diferentes áreas no assoalho do lobo temporal (visualizado por meio de um "corte" das regiões sobrepostas). A partir de A1, essas áreas mostraram-se fortemente interconectadas (setas vermelhas). No córtex humano (abaixo), os estudos não têm ainda precisão comparável, mas pode identificar-se a área 41 de Brodmann como a região auditiva primária (A1), 42 e 52 como o cinturão auditivo, e 22 e talvez 38 como o paracinturão. Modificado de T. A. Hackett e J. Kaas (2004), em* The Cognitive Neurosciences *(3ª ed.) (M. S. Gazzaniga, ed.). MIT Press: Cambridge, EUA.*

De fato, experimentos realizados em macacos mostraram que o mapa tonotópico de A1 ocupa o eixo anteroposterior (Figura 8.15), ao longo do qual podem ser mostradas bandas isotonais (de mesma frequência). Infere-se a existência de um arranjo semelhante no córtex humano. As bandas isotonais são faixas de córtex dispostas ortogonalmente ao eixo anteroposterior, cujos neurônios respondem a frequências características semelhantes, sendo portanto finamente sintonizados (Figura 8.14). Em cada ponto das bandas isotonais, colunas de neurônios auditivos que atravessam as camadas corticais mantêm a sensibilidade a um único tom.

Esse mapa tonotópico colunar se cruza com uma distribuição alternada dos neurônios binaurais. Já vimos que, devido aos vários cruzamentos das vias ascendentes, praticamente todos os neurônios auditivos do SNC são influenciados pelos dois ouvidos, isto é, são binaurais. Entretanto, alguns neurônios sofrem excitação de ambos os ouvidos (neurônios EE), enquanto outros são excitados pelo esquerdo e inibidos pelo direito, ou vice-versa (neurônios EI). Nos núcleos subcorticais esses dois tipos encontram-se misturados, mas em A1 se separam em *colunas binaurais* de dois tipos: colunas de somação, nas quais predominam os neurônios EE, e colunas de supressão, nas quais predominam os neurônios EI.

A área auditiva primária contém também neurônios pouco sintonizados, isto é, sensíveis a uma ampla gama de tons, bem como neurônios mais complexos, que respondem a sons de frequência modulada, vocalizações e ruídos aparentemente inespecíficos como cliques e sopros. Sua função na percepção auditiva ainda é desconhecida.

A Compreensão da Fala e o Córtex

Desde o século 19 se conhece a existência de uma vasta área cortical ligada aos sons da fala, situada posteriormente a A1 (Figura 8.10), e que penetra no assoalho do sulco lateral mas se estende também pela face lateral do encéfalo, ocupando parte do giro temporal superior. Essa área de limites pouco claros recebeu o nome de seu descobridor, o neurologista alemão Karl Wernicke (1848-1904), que estudou indivíduos portadores de lesões nessa região, cujo sintoma maior era sempre uma grande dificuldade de compreender os significados da fala. De grande relevância foi o fato identificado por Wernicke, de que apenas lesões do hemisfério esquerdo produziam esses sintomas, o que o levou a concluir que a área de compreensão da fala é uma região especializada do hemisfério esquerdo. Mais tarde se verificou a existência de alguns casos em que essa função se encontra lateralizada no hemisfério direito. Esse aspecto é abordado com mais detalhes no Capítulo 19.

Estando na confluência entre as áreas auditivas, visuais e somestésicas, a área de Wernicke apresenta situação estratégica favorável para processar vários aspectos da percepção linguística, e não apenas aqueles ligados à audição. Lembrar que a escrita, por exemplo, é uma forma de linguagem que independe da audição. Entretanto, são pouco detalhadas ainda as informações disponíveis sobre a sua função, já que os animais experimentais não são dotados de fala e nos seres humanos não é possível realizar muitos dos experimentos que se realizam em animais. Há relatos científicos, entretanto, obtidos a partir de pacientes e indivíduos normais com técnicas de imagem funcional, que indicam que a porção auditiva da área de Wernicke apresenta subdivisões funcionais, com regiões mais ligadas aos sons verbais, e outras relacionadas aos sons musicais.

GLOSSÁRIO

ADIMENSIONAL: refere-se a uma grandeza que não tem dimensão, por resultar da razão entre duas grandezas de mesma dimensão. No caso do decibel, ele representa a razão entre a intensidade de um som qualquer e a intensidade de um som de referência.

COMISSURA: feixe de fibras que atravessa transversalmente a linha média do encéfalo ou da medula. O corpo caloso[A], a comissura anterior[A] e a comissura branca medular são exemplos. Maiores detalhes no Capítulo 19.

DECUSSAÇÃO: conjunto de fibras, não necessariamente agrupado em um feixe, que cruza a linha média em direção oblíqua, não transversal. A decussação piramidal e o quiasma óptico[A] são exemplos.

DNA COMPLEMENTAR: fita simples de DNA sintetizado a partir de um RNA mensageiro, em reação catalizada pela enzima transcriptase reversa. É frequentemente utilizado para clonar genes específicos.

EFEITO PIEZOELÉTRICO: fenômeno pelo qual certos materiais, submetidos a uma tensão mecânica, geram um potencial elétrico. Este fenômeno também funciona ao reverso, *i. e.*, quando submetidos a um potencial elétrico, o material muda de forma.

LATÊNCIA: tempo decorrido entre um estímulo e uma resposta qualquer. No caso, entre o estímulo sonoro e a contração dos músculos do ouvido médio.

LOGARITMO: expoente que indica a potência a que precisamos elevar um número para obter um outro número. Se $A^2 = N$, 2 é o logaritmo de N na base A.

ONDAS SENOIDAIS: oscilações periódicas regulares de qualquer grandeza física, com a forma de uma senoide, isto é, cuja amplitude varia proporcionalmente ao seno de um ângulo.

Saber Mais

Leitura Básica

Jourdain R. *Música, Cérebro e Êxtase*. (trad. da edição original de 1997). Rio de Janeiro, Brasil: Editora Objetiva, 1997. Uma abordagem acessível da psicofísica da música.

Bear MF, Connors BW, Paradiso MA. The Auditory and Vestibular Systems. Capítulo 11 de *Neuroscience – Exploring the Brain* 3ª ed., Nova York, EUA: Lippincott, Williams & Wilkins, 2007, pp. 23-73. Texto que cobre todo o sistema auditivo e mais o sistema vestibular.

Silveira LCL. Os Sentidos e a Percepção. Capítulo 7 de *Neurociência da Mente e do Comportamento* (Lent R, coord.), Rio de Janeiro: Guanabara-Koogan, 2008, pp. 133-182. Texto abrangente sobre todos os sistemas sensoriais.

Brown MC e Santos-Sacchi J. Audition. Capítulo 26 de *Fundamental Neuroscience* 3ª ed., Nova York, EUA: Academic Press, 2008, pp. 609 a 636. Texto avançado abordando o sistema auditivo da orelha ao córtex cerebral.

Leitura Complementar

von Békésy G. *Experiments in Hearing*. Wever EG (trad.). Nova York, EUA: McGraw-Hill, 1960.

Merzenich MM e Brugge JF. Representation of the cochlear partition on the superior temporal plane of the macaque monkey. *Brain Research* 1973; 50:275-296.

Clopton BM, Winfield JA, Flammino FJ. Tonotopic organization: Review and analysis. *Brain Research* 1974; 76:1-20.

Liberman MC. Single-neuron labeling in the cat auditory nerve. *Science* 1982; 216:1239-1241.

Liberman MC e Brown MC. Physiology and anatomy of single olivocochlear neurons in the cat. *Hearing Research* 1986;. 24:17-36.

Nadol Jr JB. Comparative anatomy of the cochlea and auditory nerve in mammals. *Hearing Research* 1988; 34:253-266.

Oertel D. The role of intrinsic neuronal properties in the encoding of auditory information in the cochlearnuclei. *Current Opinion in Neurobiology* 1991; 1:221-228.

Ruggero MA. Responses to sound of the basilar membrane of the mammalian cochlea. *Current Opinion in Neurobiology* 1992; 2:449-456.

Rauschecker JP, Tian B, Hauser M. Processing of complex sounds in the macaque nonprimary auditory cortex. *Science* 1995; 268:111-114.

Kaas JH, Hackett TA. Subdivisions of auditory cortex and processing streams in primates. *Proceedings of the National Academy of Sciences of the USA* 2000; 97:11793-11799.

Konishi M. Study of sound localization by owls and its relevance to humans. *Comparative Biochemistry and Physiology (Series A)* 2000; 126:459-469.

Rauschecker JP, Tian B. Mechanisms and streams for processin of "what" and "where" in auditory cortex. *Proceedings of the National Academy of Sciences of the USA* 2000; 97:11800-11806.

Kachar B, Parakkal M, Kurc M, Zhao Y, Gillespie PG. High-resolution structure of hair-cell tip links. *Proceedings of the National Academy of Sciences U.S.A.* 2000; 97:13336-13341.

Janata P, Birk JL, Van Horn JD, Leman M, Tillmann B, Bharucha JJ. The cortical topography of tonal structures underlying Western music. *Science* 2002; 298:2138-2139.

Yan J e Ehret G. Corticofugal modulation of midbrain sound processing in the house mouse. *European Journal of Neuroscience* (2002). 16:119-128.

Pollack GD, Burger RM, Klug A. Dissecting the circuitry of the auditory system. *Trends in Neuroscience* 2003; 26:33-39.

Hackett TA e Kaas JH. Auditory cortex in primates: Functional subdivisions and processing streams. In *The Cognitive Neurosciences,* 3 ed. (Gazzaniga MS, ed.). Cambridge, EUA: MIT Press, 2004.

Middlebrooks JC, Bierer JA, Snyder RL. Cochlear implants: the view from the brain. *Current Opinion in Neurobiology* 2005; 15:488-493.

Scott SK. Auditory processing – speech, space and auditory objects. *Current Opinion in Neurobiology* 2005; 15:197-201.

Christensen-Dalsgaard J e Carr CE. Evolution of a sensory novelty: tympanic ears and the associated neural processing. *Brain Research Bulletin* 2007; 75:365-370.

Wang WJ, Wu XH, Li L. The dual-pathway model of auditory signal processing. *Neuroscience Bulletin* 2008; 24:173-182.

Brown SD, Hardisty-Hughes SE, Mburu P. Quiet as a mouse: dissecting the molecular and genetic basis of hearing. *Nature Reviews. Genetics* 2008; 9:277-290.

Rauschecker JP e Scott SK. Maps and streams in the auditory cortex: nonhuman primates illuminate human speech processing. *Nature Neuroscience* 2009; 12:718-724.

9

Visão das Coisas

Estrutura e Função do Sistema Visual

Sem título, de Siron Franco (1980), óleo sobre tela

SABER O PRINCIPAL

RESUMO

O sentido da visão é proporcionado aos animais pela interação da luz com os receptores especializados que se encontram na retina. Esta é um "filme inteligente" situado dentro de um órgão – o olho – que otimiza a formação de imagens focalizadas e precisas dos objetos do mundo exterior. O olho é uma câmera superautomática, capaz de posicionar-se na direção do objeto de interesse, focalizá-lo precisamente e regular a sensibilidade do "filme" de forma automática, de acordo com a iluminação do ambiente.

A imagem projetada na retina provoca uma reação de transdução fotoneural nos receptores, gerando um potencial receptor que, por sua vez, provoca nas células seguintes da retina outros potenciais bioelétricos. Resulta um código de potenciais de ação que emerge pelo nervo óptico em direção às regiões visuais do encéfalo, situadas no mesencéfalo, no diencéfalo e em diversas áreas do córtex cerebral.

A informação visual codificada pelo sistema visual percorre vias paralelas da retina ao tálamo e deste ao córtex, especializados no processamento de aspectos específicos da cena visual. São essas vias paralelas que permitem ao indivíduo realizar as principais submodalidades visuais: a localização espacial dos estímulos luminosos, a medida da intensidade, a identificação da forma dos objetos, a detecção de objetos móveis e a visão de cores.

A localização dos objetos no espaço depende de mapas topográficos (visuotópicos) precisos, representados principalmente no colículo superior do mesencéfalo, cujos neurônios estão ligados ponto a ponto com neurônios motores que ativam os músculos dos olhos, do pescoço e do corpo. A medida da intensidade luminosa começa na retina e propicia a regulação da sensibilidade do sistema aos ambientes claros e escuros. A identificação da forma é processo complexo que depende de neurônios que sinalizam as características das bordas dos objetos, sobretudo o contraste e a sua orientação no espaço, além de suas características tridimensionais. A detecção de movimento envolve neurônios que sinalizam a direção em que se movem os objetos, bem como neurônios que identificam os comandos para a movimentação dos olhos e da cabeça do indivíduo. Finalmente, a visão de cores começa na retina, já que os cones têm sensibilidade específica para certos comprimentos de onda da luz e sua atividade se combina para sinalizar ao sistema as cores presentes no ambiente externo. No encéfalo, a combinação de cores complementares adquire complexidade, determinando o padrão de resposta de neurônios de áreas corticais especialmente voltadas para a visão cromática.

Intuitivamente, todos sabemos o que é a luz, porque ela faz parte de nossa experiência sensorial pelo menos desde que nascemos. No entanto, não nos damos conta facilmente de que as imagens que percebemos graças à luz que entra em nossos olhos representam muito mais que uma simples estimulação física. Elas resultam de um complexo conjunto de ações que envolvem várias partes do corpo e do sistema nervoso. São, na verdade, uma construção mental que apenas começa com a estimulação física pela luz (ver, no Quadro 9.1, como os antigos pensavam a esse respeito).

É necessário, entretanto, para estudar o efeito que a luz causa em nosso sistema nervoso, conhecê-la com mais detalhe.

A LUZ COMO FORMA DE ENERGIA

Os físicos nos ensinam que a luz é uma forma de energia radiante que se manifesta ao mesmo tempo como partícula e como onda. Isso significa que ela se apresenta em pequenos "pacotes" – os fótons[G] – capazes, ao mesmo tempo, de se propagar (irradiar) em um determinado sentido e de vibrar em uma direção ortogonal ao sentido de propagação. Para o estudo da visão, os neurocientistas dão mais ênfase às características irradiantes e ondulatórias da luz do que à sua natureza particulada.

Ao se propagarem como ondas, os fótons descrevem uma trajetória vibratória que pode ser representada por uma curva senoidal[G], muito prática para conhecer os dois parâmetros físicos fundamentais das radiações: a *amplitude* e o *comprimento de onda* (Figura 9.1A). A primeira representa a quantidade de energia contida numa dada radiação: no caso da luz, quanto maior a sua amplitude, mais forte ela é (Figura 9.1B). O comprimento de onda é a distância entre dois pontos homólogos da curva senoidal, por exemplo, dois picos subsequentes (Figura 9.1A). Relaciona-se inversamente a um outro parâmetro importante, a *frequência*, que descreve o número de vibrações que os fótons apresentam ao longo do tempo: quanto maior a frequência, menor o comprimento de onda e mais rápida a vibração dos fótons. Veremos adiante que a amplitude da luz determina a intensidade (ou brilho) percebida pelo indivíduo, enquanto o comprimento de onda se relaciona com a cor (Figuras 9.1B e C).

A trajetória de propagação da luz seria uma reta perfeita se estivéssemos no vácuo total. Poderíamos, então, falar de "raios de luz" sem estar sendo imprecisos. Mas vivemos imersos em meios materiais, e não no vácuo, e a luz interage com esses meios de formas variadas, mudando muitas vezes a sua trajetória, bem como a intensidade e até o comprimento de onda. Por aproximação, entretanto, dizemos que a luz se propaga em linha reta no ar, e por simplificação consideramos a intensidade e o comprimento de onda como invariantes e característicos de cada fonte[1]. As interações mais importantes da luz com a matéria que compõe os meios através dos quais ela se propaga são a absorção, a reflexão e a refração. Há outras, que omitiremos aqui.

A absorção ocorre quando parte ou toda a energia de um raio de luz que penetra em um meio é transferida a ele. A reflexão, por sua vez, ocorre em uma interface[G] entre dois meios, quando um raio de luz (ou parte dele) deixa de penetrar no segundo meio, sendo rebatido ou reemitido de volta ao primeiro, com uma mínima parcela de absorção. Finalmente, a refração ocorre quando o raio de luz atravessa a interface, mudando a direção de sua propagação. Na superfície de um metal cromado ocorre reflexão quase completa, mas na superfície de um vidro parte da luz é refletida de volta ao ar e outra parte é refratada no interior do vidro. Uma superfície opaca de cor preta, por outro lado, absorve grande parte da energia luminosa incidente.

O que chamamos *luz* é na verdade apenas uma parte de todas as radiações eletromagnéticas existentes na natureza, que vão dos raios cósmicos às ondas de rádio (Figura 9.1D). Todas elas são semelhantes, variando apenas a frequência (e portanto também o comprimento de onda). A luz se posiciona entre 400 e 700 nm (nanômetros, ou 10^{-9} metro). Essa faixa de comprimentos de onda é chamada espectro visível. Fora do espectro visível pode haver radiação, mas não há luz nem cor: tudo é escuridão.

A LUZ COMO FORMA DE PERCEPÇÃO: AS SUBMODALIDADES VISUAIS

Embora a percepção visual seja o resultado mais intrigante da capacidade que o nosso sistema nervoso apresenta de captar e processar a informação luminosa, algumas funções "imperceptíveis" são também ativadas pela luz. Sabe-se, por exemplo, que a luz sincroniza alguns ciclos biológicos, especialmente aqueles "amarrados" à sequência noite-dia (ritmos circadianos – ver o Capítulo 16). Tendemos a sentir sono durante a noite, permanecendo acordados durante o dia, e isso não se dá por acaso, mas pela ação sincronizadora de certas regiões do sistema nervoso que são estimuladas pela luz do dia. A temperatura corporal, bem como a concentração sanguínea de alguns hormônios, oscila ciclicamente a cada 24 horas, sob a influência desse mesmo ciclo natural.

[G] *Termo constante do glossário ao final do capítulo.*

[1] *Na verdade, empregamos aqui conceitos da óptica geométrica, que permitem "resolver problemas práticos" relativos às trajetórias da luz, e que minimizam bastante os conceitos aceitos pela óptica física moderna. Esta enfatiza as propriedades quânticas da luz e as suas interações com os diversos meios, mas não é tão útil para os propósitos deste capítulo.*

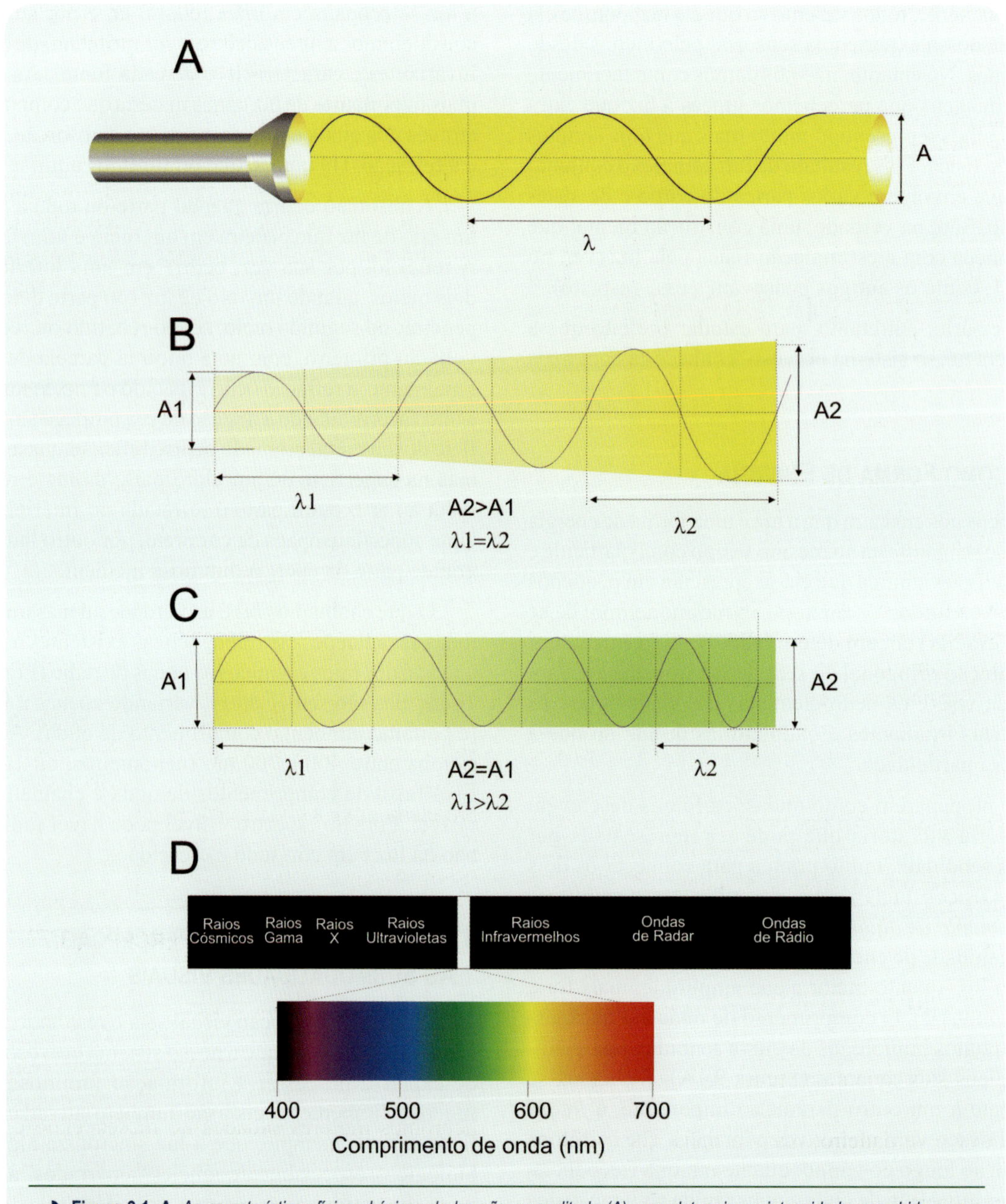

Figura 9.1. A. *As características físicas básicas da luz são a amplitude (A), que determina a intensidade percebida, e o comprimento de onda (λ), que determina a cor.* ***B.*** *Quando A varia, mas λ permanece constante, a intensidade muda, mas a cor não se altera.* ***C.*** *A cor se altera quando λ muda.* ***D.*** *O espectro visível é apenas uma fração de todo o espectro de radiação eletromagnética existente na natureza.*

A percepção, entretanto, é o aspecto mais apurado e sofisticado da modalidade visual. Como todas as demais modalidades sensoriais, a visão também se subdivide em submodalidades diferentes, que representam os vários aspectos que podemos identificar no mundo externo que reflete ou emite luz. Destacamos seis delas: (1) *a medida da intensidade da luz ambiente*, provavelmente a forma mais primitiva de visão, e que é usada nas funções que variam com o ciclo dia-noite; (2) a *localização espacial,* que nos permite identificar em que posição no campo de visão aparece um determinado objeto que nos interessa; (3) a *medida do brilho* de cada objeto em relação aos demais e ao ambiente em que se encontra; (4) a *discriminação de formas,* que nos permite diferenciar e reconhecer os objetos segundo os seus contornos; (5) a *detecção de movimento*, através da qual percebemos que alguns objetos se movem, enquanto outros permanecem parados; e, finalmente, (6) a *visão de cores*.

Cada uma dessas submodalidades resulta da ativação de um conjunto específico de regiões neurais interconectadas, que recebem informações provenientes do órgão receptor da visão, o olho.

O OLHO, UMA CÂMERA SUPERAUTOMÁTICA

Já é tradicional fazer analogia do olho com uma câmera fotográfica. De fato, ambos possuem características comuns que os capacitam a registrar imagens para utilização posterior. Mas entre a engenharia da natureza e a do homem, a primeira leva enorme vantagem. O olho é uma câmera superautomática, que se direciona "sozinha" ao objeto de interesse, focaliza-o automaticamente e transmite ao cérebro instantaneamente uma representação codificada da imagem. O filme do olho – a retina – não precisa ser trocado, tem sensibilidade regulável, uma região de "grão mais fino" no centro, e sua "revelação" dura apenas alguns milésimos de segundo! Além disso, a existência de dois olhos funcionando coordenadamente ajuda bastante a representação tridimensional dos objetos. E, por fim, o olho normalmente não precisa de manutenção: é "autolimpante", sendo suas superfícies mantidas sempre em condições ótimas de transparência.

Posicionamento Automático dos Olhos

Sempre se acreditou que a função básica dos músculos extraoculares seria a de mover os olhos de modo a posicionar a imagem na região retiniana de maior precisão sensorial. Isso é verdadeiro, mas há mais. Os músculos extraoculares não apenas otimizam a percepção: são verdadeiramente essenciais para que ela ocorra, pois a paralisação completa deles, ou a utilização de truques experimentais que fixam a imagem em um mesmo ponto da retina, resultam no rápido desaparecimento da percepção porque os receptores se adaptam (veja adiante o que é "adaptação") e param de enviar sinais para os neurônios seguintes. Por isso, em condições normais, mesmo que os olhos estejam fixando firmemente algum objeto, ocorrem pequeníssimos movimentos oculares que deslocam a imagem para um ponto e outro da retina, impedindo o apagamento da percepção.

Há muitos tipos de movimentos oculares, que servem a diferentes funções. Quanto à coordenação binocular, podem ser *conjugados*, se os dois olhos se movem no mesmo sentido e com a mesma velocidade; ou *disjuntivos*, se se movem em sentidos diferentes (convergentes ou divergentes). Quanto à velocidade, podem ser *sacádicos*, se forem muito rápidos e independentes do movimento dos objetos externos; ou *de seguimento*, se forem lentos e "presos" ao deslocamento de algum objeto. Finalmente, quanto à trajetória, podem ser *radiais*, quando o eixo visual[G] se desloca angularmente para qualquer sentido; ou *torsionais*, quando o eixo permanece fixo, movendo-se os olhos em rotação à sua volta. Alguns mamíferos (como o gambá) têm ainda a possibilidade de projetar os olhos para dentro e para fora da órbita, mas esse não é o caso dos seres humanos.

Na vida cotidiana, executamos todos esses movimentos sem sentir. Um amplo movimento sacádico é realizado quando terminamos de ler uma linha de texto à direita, e transferimos o olhar para a linha seguinte à esquerda. Movimentos sacádicos mais curtos são feitos a cada palavra, ou a cada pequeno grupo de palavras do mesmo texto. Mas se o texto se mover, como os créditos do final de um filme, que se deslocam de baixo para cima, os olhos realizam também movimentos de seguimento para conseguir ler o que está escrito neles. Os movimentos de seguimento são mais lentos que os sacádicos, acompanhando a velocidade dos objetos fixados pelos olhos. Mas não é possível realizar movimentos lentos na ausência de objetos visuais (no escuro, por exemplo). Se um livro está distante e o aproximamos de nós para poder ler, fazemos movimentos convergentes dos olhos para que a mesma palavra possa ser projetada sobre a fóvea de cada olho. Se deslocamos o livro no sentido inverso, afastando-o do rosto, os movimentos oculares serão divergentes, pela mesma razão. Finalmente, compensamos pequenas inclinações da cabeça que fazemos a todo momento sem perceber, realizando movimentos oculares torsionais em sentido contrário aos da cabeça.

Essa complexa capacidade motora dos olhos é função de apenas três pares de músculos estriados inseridos em pontos estratégicos do globo ocular e do crânio (Figura 9.2). Esses seis pequenos músculos são comandados por neurônios motores situados no mesencéfalo e no tronco encefálico, cujos axônios constituem três dos 12 pares de nervos cranianos (Tabela 9.1).

O controle da motilidade ocular está descrito com maiores detalhes no Capítulo 12. Desde já podemos imaginar, entretanto, que esse controle deve ser bastante preciso. Um dado movimento muitas vezes requer a contração de mais de um músculo extraocular do mesmo olho, e certamente a contração sincrônica dos músculos de ambos os olhos. Além disso, a ativação de um músculo deve ser acompanhada da desativação (inibição) do seu antagonista. Um simples movimento de seguimento dos olhos para a direita, por exemplo, é obtido pela ativação do músculo reto lateral direito através dos neurônios do nervo abducente[A] direito,

[A] *Estrutura encontrada no* Miniatlas de Neuroanatomia *(p. 367).*

HISTÓRIA E OUTRAS HISTÓRIAS

Quadro 9.1
Pela Luz dos Olhos Teus...

*Suzana Herculano-Houzel**

"Quando a luz dos olhos meus e a luz dos olhos teus resolvem se encontrar..." é o começo de uma bela canção de Vinícius de Moraes, mas bem poderia ser um poema da Grécia Antiga. Afinal, os gregos acreditavam que a visão somente é possível graças a um "fogo interno", emanado dos nossos olhos, iluminando os objetos do mundo...

Os gregos seguiam a chamada doutrina jônica, segundo a qual "semelhante é percebido por semelhante". A percepção do som, que é ar em movimento, ocorreria graças à presença de ar nos ouvidos; e, como escreveu Aristóteles (384-322 a.C.), "assim como a visão seria impossível sem luz [entre o objeto e o olho], também o seria se não houvesse uma luz interior [ao próprio olho]."

No século 5 a.C., o grego Alcmaeon, talvez o primeiro cientista a dissecar e estudar o nervo óptico, acreditava que a visão requer a presença de "fogo" nos olhos ("fogo" incluía não só chama, mas também luz e calor vermelho) e comparava o olho a uma lanterna acesa porque, quando golpeado, uma "luz" se acende em seu interior... Semelhantemente, Platão (ca. 429-348 a.C.) acreditava que os olhos emitiam uma espécie de fogo "que não queima" e que, unindo-se aos raios da "luz exterior", formava um único corpo, compacto e homogêneo, estendendo-se dos olhos ao campo visual. Somando-se às emanações dos objetos visíveis, esse corpo composto da luz exterior e do fogo interior transmitiria as características do objeto de volta ao olho. À noite, a visão cessaria porque o fogo interior encontraria um "elemento dissimilar", e não mais a luz do dia. Aliás, o sono e os sonhos ocorreriam porque, fechando-se as pálpebras, o fogo interior não deixaria mais os olhos...

Mais tarde, Epicuro (ca. 341-270 a.C.) considerou que a visão era devida à emanação não de uma luz interna aos olhos, mas sim de partículas provenientes dos próprios objetos visíveis – que, aliás, não terminariam por desaparecer porque essas partículas seriam continuamente repostas por outras. A ideia de que os próprios olhos emitem algo que torna possível a visão permaneceria viva, no entanto, ainda por mais 500 anos. O grego Galeno (130-200 d.C.) rejeitava a concepção de Epicuro de que a visão dependia de partículas emitidas pelos objetos, pois assim não seria possível apreciar seu tamanho real. Afinal, uma montanha, por exemplo, teria que encolher dramaticamente para passar pela pupila... Galeno acreditava que os espíritos animais ficavam armazenados nos ventrículos cerebrais[A], e eram enviados aos olhos através dos nervos ópticos, os únicos, segundo ele, a ser verdadeiramente ocos, permitindo o fluxo dos espíritos – que então eram denominados "visuais". Os espíritos visuais deixariam os olhos – mas somente até chegar ao objeto – e modificariam o ar ao redor, iluminado pelo sol, dando-lhe então propriedades especiais. O ar

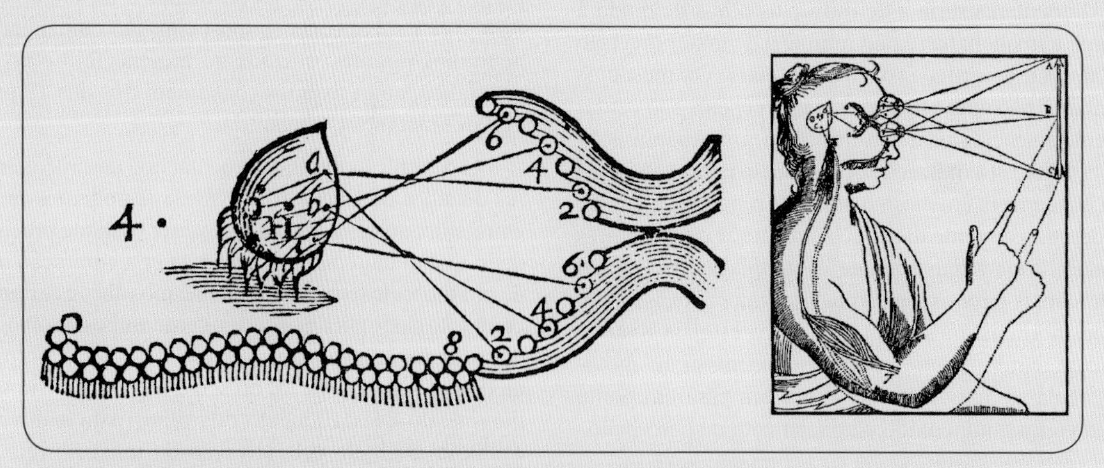

Desde o tempo de Galeno até René Descartes (1596-1650) ainda não se sabia que os nervos ópticos cruzavam parcialmente no quiasma (no centro da figura), e acreditava-se que alguma coisa emanava da glândula pineal (em forma de gota, à esquerda) na direção dos olhos através dos nervos ópticos. Os olhos seriam uma fonte de energia luminosa que emanava para fora até os objetos (à direita). Desenhos de René Descartes no Tratado do Homem, *publicado na França em 1664.*

transformado traria de volta aos olhos as características do objeto, se encontraria com os espíritos visuais no cristalino, e esses voltariam então aos ventrículos pelo próprio nervo óptico levando a informação colhida.

Galeno notou que os nervos ópticos se encontravam no quiasma, e acreditava que eles se comunicavam nesse ponto, apesar de permanecerem cada um de seu lado (Figura). Essa convergência permitiria a interação dos espíritos visuais associados a cada um dos olhos, e, por sua vez, a percepção de uma única imagem visual. A visão binocular serviria à cobertura de uma porção maior do mundo do que seria possível com um olho só; aliás, se um olho fosse perdido, os espíritos visuais seriam encaminhados inteiramente ao remanescente, compensando a perda. A organização parcialmente cruzada dos nervos ópticos somente seria proposta 1.500 anos mais tarde, pelo físico inglês *Sir* Isaac Newton (1642-1727). Seguindo somente sua intuição, Newton percebeu que o cruzamento parcial dos nervos ópticos seria a explicação mais lógica para a visão binocular. Em 1755, seu palpite foi confirmado anatomicamente pelo holandês Johann Gottfried Zinn (1727-1759).

Professora-adjunta do Instituto de Ciências Biomédicas da Universidade Federal do Rio de Janeiro. Correio eletrônico: suzanahh@gmail.com.

pela coativação do reto medial esquerdo pelos neurônios do nervo oculomotor[A] esquerdo, e pela inibição do reto lateral esquerdo e do reto medial direito através dos nervos abducente esquerdo e oculomotor direito, respectivamente. Imagine-se então a complexidade do controle dos movimentos irregulares, sacádicos e de seguimento, que fazemos ao assistir a uma peça de teatro ou uma partida de futebol!

Os neurônios dos núcleos mencionados (ver a Figura 12.8), cujos axônios constituem os três nervos cranianos atuantes na motricidade ocular, representam apenas a etapa final, de comando, dos movimentos do globo ocular. Quando esses movimentos são voluntários, provocados ou não por objetos situados dentro do campo de visão do indivíduo (um texto escrito, um animal que se move etc.), regiões específicas do córtex cerebral são ativadas antes do início de cada movimento, para programar a sequência exata de ativação muscular necessária em cada momento. Todas as possibilidades de movimento são admitidas nesse caso, já que o indivíduo pode acompanhar o texto, parar no meio de uma linha para examinar um outro objeto, voltar a ler, olhar pensativo para o horizonte, e assim por diante. Há casos mais simples, entretanto, em que os movimentos são reflexos de orientação dos olhos e da cabeça para estímulos visuais. Nestes casos, as regiões envolvidas são subcorticais, incluindo especificamente o colículo superior[A], no mesencéfalo, que recebe aferências da retina e envia axônios diretamente aos núcleos dos nervos cranianos. Os reflexos visuomotores serão mencionados com mais detalhes adiante, neste e no Capítulo 12.

AUTOFOCO

Quando usamos uma câmera fotográfica, giramos a lente objetiva para aproximá-la ou afastá-la do objeto, e assim conseguir que os raios de luz provenientes dele convirjam na proporção exata, ao entrar na câmera, para que a imagem seja projetada em foco sobre o filme. A natureza desenvolveu um mecanismo diferente para obter esse mesmo resultado, como veremos a seguir.

O olho possui duas lentes principais que participam de modo importante na formação da imagem na retina: a córnea e o cristalino (Figura 9.3A). Compete a elas fazer convergir os raios luminosos provenientes do ambiente, durante a sua travessia para o interior do olho. A córnea contribui com um poder de convergência[G] de cerca de 40 dioptrias[G], enquanto o cristalino adiciona cerca de 10 dioptrias. Outras interfaces esféricas entre os meios transparentes do olho também influem, embora em menor escala. Os raios provenientes da cena visual sofrem grande refração ao penetrar a córnea, tanto porque é grande a diferença entre o seu índice de refração e o do ar, quanto porque é acentuada a sua curvatura esférica. O resultado é a convergência dos raios de luz ao ultrapassar a face anterior da córnea. A refração

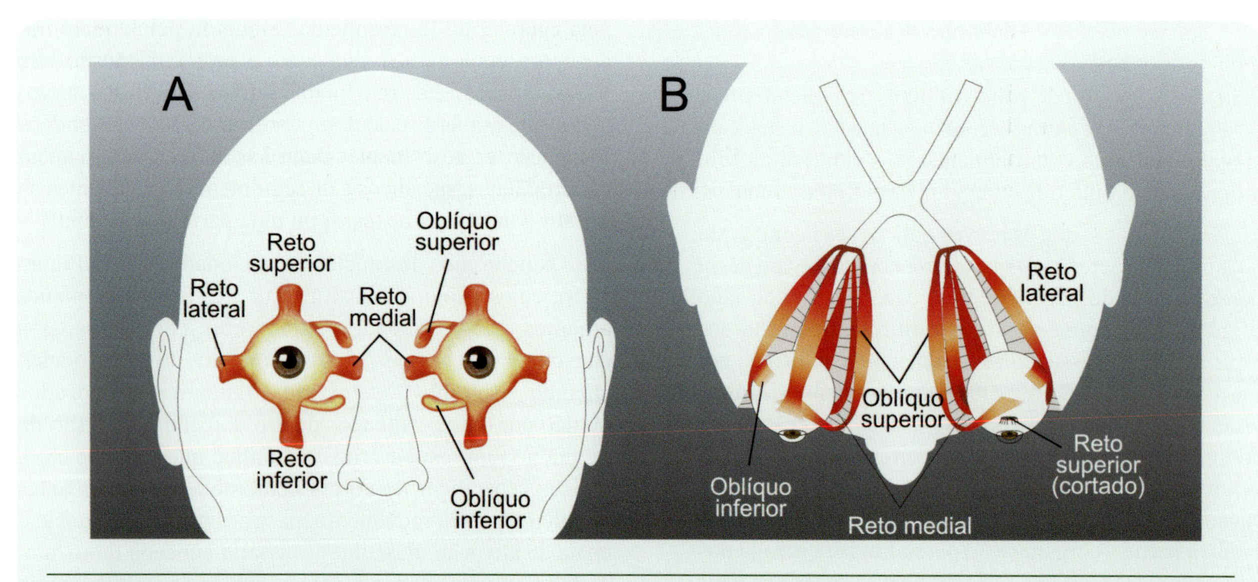

Figura 9.2. *Os três pares de músculos extraoculares são os responsáveis pela motilidade do globo ocular.* ***A*** *apresenta uma vista frontal dos olhos e dos músculos, e* ***B*** *mostra uma vista dorsal dos mesmos.*

TABELA 9.1. OS MÚSCULOS OCULARES, SUA FUNÇÃO E INERVAÇÃO

Músculo Ocular	*Tipo de Fibra Muscular*	*Tipos de Movimentos Produzidos pela Contração*	*Inervação*
Reto superior	Estriada esquelética	Vertical de elevação, sacádico e de seguimento	Fibras motoras somáticas do N. oculomotor (III)
Reto inferior	Estriada esquelética	Vertical de abaixamento, sacádico e de seguimento	Fibras motoras somáticas do N. oculomotor (III)
Reto lateral	Estriada esquelética	Horizontal de abdução, disjuntivo divergente, sacádico e de seguimento	Fibras motoras somáticas do N. abducente (VI)
Reto medial	Estriada esquelética	Horizontal de adução, disjuntivo convergente, sacádico e de seguimento	Fibras motoras somáticas do N. oculomotor (III)
Oblíquo superior	Estriada esquelética	Torsional, sacádico?	Fibras motoras somáticas do N. troclear (IV)
Oblíquo inferior	Estriada esquelética	Torsional, sacádico?	Fibras motoras somáticas do N. oculomotor (III)
Ciliar	Lisa	Relaxamento da zônula e aumento da curvatura do cristalino	Fibras motoras autonômicas do gânglio ciliar
Circular da íris	Lisa	Miose	Fibras motoras autonômicas do gânglio ciliar
Radial da iris	Lisa	Midríase	Fibras motoras autonômicas do gânglio cervical superior

é muito menor quando os raios passam da face posterior da córnea para a câmara anterior do olho, que contém humor aquoso (Figura 9.3A). Isso porque a diferença entre os índices de refração desses meios não é tão grande. O feixe de luz convergente passa através da pupila, e ao atravessar o cristalino sofre nova convergência, para então passar pelo humor vítreo e projetar-se sobre a retina.

O pulo-do-gato que a natureza utilizou no olho dos mamíferos para obter a focalização automática dos objetos visuais baseia-se na natureza elástica do cristalino e na sua particular sustentação pelas fibras conjuntivas da zônula. Estas se inserem na borda circular do cristalino e estendem-se radialmente até o outro lado, fixando-se ao corpo ciliar, uma estrutura formada por fibras de músculo liso. Em repouso, o cristalino fica ligeiramente esticado, submetido a uma certa tensão pela sua própria elasticidade, que encontra a resistência das fibras da zônula fixadas no corpo ciliar. Quando as fibras musculares deste se contraem sob comando neural, diminui a tensão sobre o cristalino e a elasticidade deste faz com que se torne mais esférico, com uma curvatura mais acentuada (Figura 9.3B). O mecanismo é contraintuitivo, pois a contração de um músculo (o músculo ciliar) provoca o relaxamento de um ligamento (a zônula), e não o contrário, como seria de esperar. Isso provém do modo inverso de inserção das fibras da zônula no corpo ciliar. Resulta desse mecanismo a variação controlada

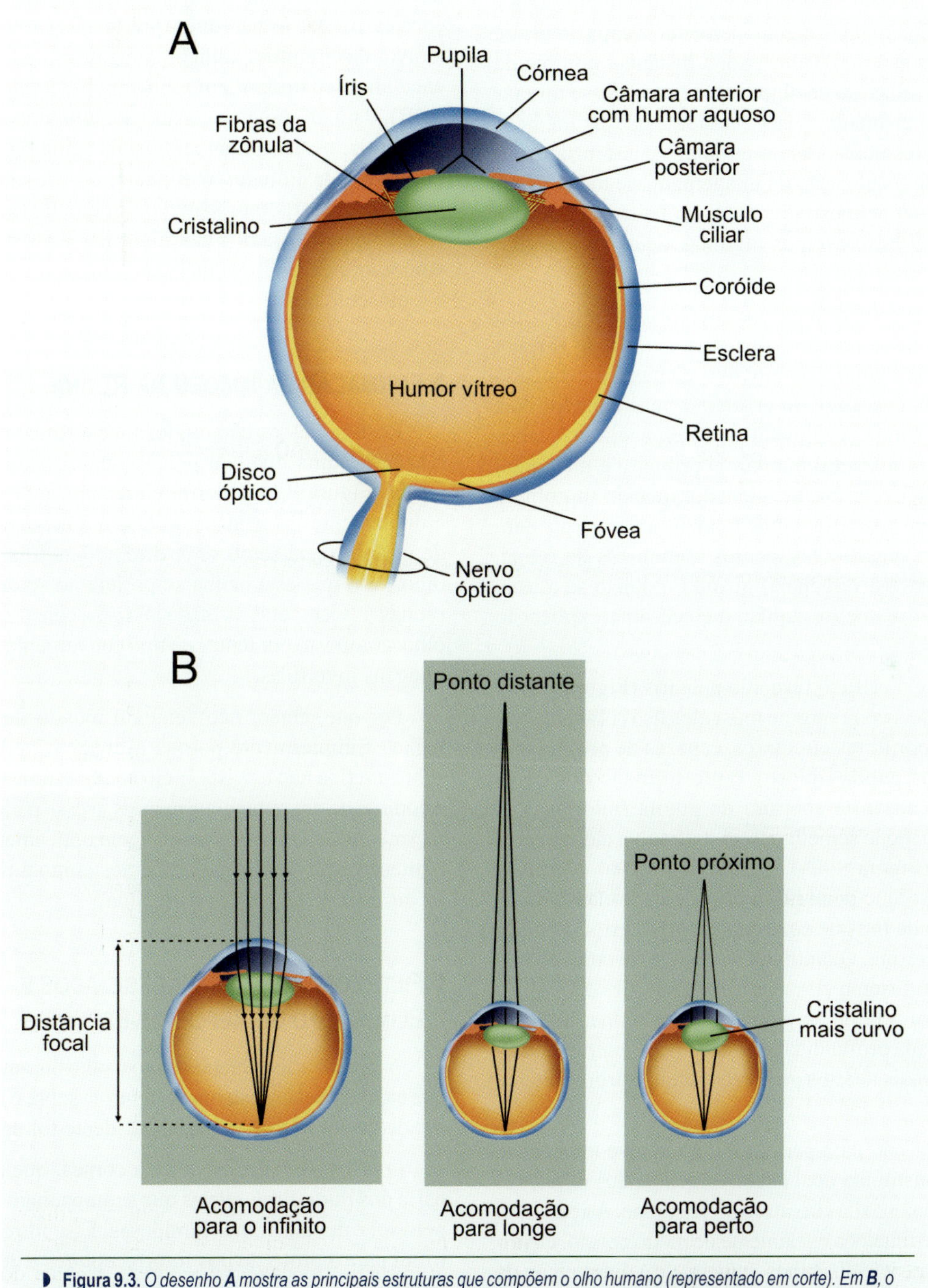

Figura 9.3. *O desenho **A** mostra as principais estruturas que compõem o olho humano (representado em corte). Em **B**, o olho se encontra acomodado para o infinito ou para um ponto distante, e o cristalino estirado (à esquerda e ao centro); quando o objeto se aproxima (à direita), o cristalino se torna mais curvo e globoso, para manter o foco (acomodação para perto).*

da curvatura do cristalino, e portanto do seu poder de convergência, possibilitando a focalização da imagem sobre a retina tanto para objetos situados a grandes distâncias (ponto distante) como para aqueles posicionados a cerca de 25 cm do olho (ponto próximo) (Figura 9.3B).

A capacidade de focalização automática da imagem pelo olho, assim, depende muito da elasticidade do cristalino, que decresce com a idade. À medida que envelhecemos o cristalino fica um tanto rígido, perdendo a capacidade de tornar-se mais esférico. Com isso, a distância mínima de 25 cm para focalização de objetos próximos vai-se tornando maior. É a chamada "vista cansada", que os médicos chamam de presbiopia. As ametropias[G] causam também deficiências de focalização da imagem, quase todas passíveis de correção pelo uso de óculos ou lentes de contato. No Capítulo 6 descrevemos algumas delas com algum detalhe. Verifique.

O fenômeno fisiológico de focalização automática da imagem sobre a retina chama-se *acomodação* (Figura 9.3B). Esta, entretanto, não envolve apenas o mecanismo de variação da curvatura do cristalino, mas também dois outros mecanismos coadjuvantes: a vergência dos olhos e a variação do diâmetro pupilar. O primeiro é mais fácil de compreender e já foi mencionado: quando um objeto se aproxima do rosto, os olhos tendem a convergir para que a imagem incida sobre pontos homólogos da retina. Ocorre o oposto (divergência) quando o objeto se afasta. A variação do diâmetro pupilar merece uma explicação mais detalhada.

A pupila é o orifício formado pela íris (Figura 9.3A). Esta contém dois conjuntos de músculos lisos (Tabela 9.1), um formado por fibras circulares, capazes de promover o fechamento da pupila (miose), outro formado por fibras radiais, que causam a abertura da pupila (midríase). A pupila atua de modo semelhante ao diafragma das câmeras fotográficas (Figura 9.4A). Quando se fecha, estreita o feixe luminoso que penetra no cristalino, tornando mais agudo o cone de luz que emerge dele no interior do olho, em direção à retina. Quanto mais agudo esse cone de luz, menos o nosso sistema visual percebe variações de posição da imagem em relação ao plano focal na retina: torna-se maior a chamada profundidade de foco. Em contraposição, cones de luz mais abertos produzem menor profundidade de foco.

A acomodação para perto, assim, envolve uma tríade fisiológica constituída de: (1) convergência dos olhos, (2) miose e (3) aumento da curvatura do cristalino. A acomodação para longe funciona exatamente de modo oposto, envolvendo a divergência dos olhos, midríase e a diminuição da curvatura do cristalino. A *tríade da acomodação* é também um reflexo visuomotor, controlado por núcleos subcorticais situados em uma região do cérebro entre o mesencéfalo e o diencéfalo[A], chamada área pré-tectal ou simplesmente pré-tecto (Figura 9.4B). Núcleos dessa região recebem terminações de fibras provenientes da retina, que acusam qualquer pequena desfocalização da imagem que ocorra pelo movimento dos objetos que estamos fixando, ou pela nossa própria movimentação. Nesse momento, a ativação dos neurônios pré-tectais é levada aos núcleos oculomotor e abducente de cada lado, e estes acionam os músculos retos laterais e mediais, de modo a obter a vergência necessária a cada caso. Mas os neurônios pré-tectais não fazem só isso: através de circuitos axônicos com outros núcleos do tronco encefálico, controlam a musculatura lisa intraocular (Figura 9.4B). Para promover a constrição pupilar e o relaxamento da zônula, os neurônios pré-tectais acionam os neurônios do núcleo de Edinger-Westphal[A], no mesencéfalo, cujos axônios se incorporam ao nervo oculomotor (nervo craniano III). Estes alcançam o gânglio ciliar do sistema nervoso autônomo, cujas fibras inervam o músculo circular da íris e o músculo ciliar.

Formação da Imagem na Retina

Resulta desses elaborados mecanismos ópticos a formação de uma imagem precisamente focalizada sobre a retina (Figura 9.5). Ocorre, entretanto, que essa imagem é duplamente invertida: o que está à esquerda no campo de visão projeta-se no setor direito da retina de ambos os olhos, e o que está acima se projeta no setor inferior das retinas. E vice-versa. A razão disso é a construção óptica do olho, composto por lentes de tipo convergente, que formam imagens invertidas.

Por que, então, não vemos o mundo de cabeça para baixo? Simplesmente porque a imagem óptica projetada sobre a retina não é "vista" pelo cérebro; uma tradução dela é codificada em potenciais neurais, e esse padrão de sinais, mesmo proveniente de uma imagem opticamente invertida, é interpretado desde que nascemos como a representação de um mundo de cabeça para cima.

Filtragem de Raios Indesejados e Eliminação de Reflexos Espúrios

A natureza aperfeiçoou tanto o olho durante a evolução, que até mesmo um sistema de controle sobre o tipo e a quantidade de energia da radiação incidente foi desenvolvido.

O primeiro deles envolve a córnea, que absorve uma parte dos raios ultravioletas que acompanham a luz emitida pelo sol e demais fontes luminosas. Esse filtro natural contribui para a proteção dos fotorreceptores e demais células retinianas, que poderiam ser danificados por essa radiação mais penetrante.

O segundo envolve o fechamento reflexo da pupila, já descrito como um mecanismo participante da tríade de aco-

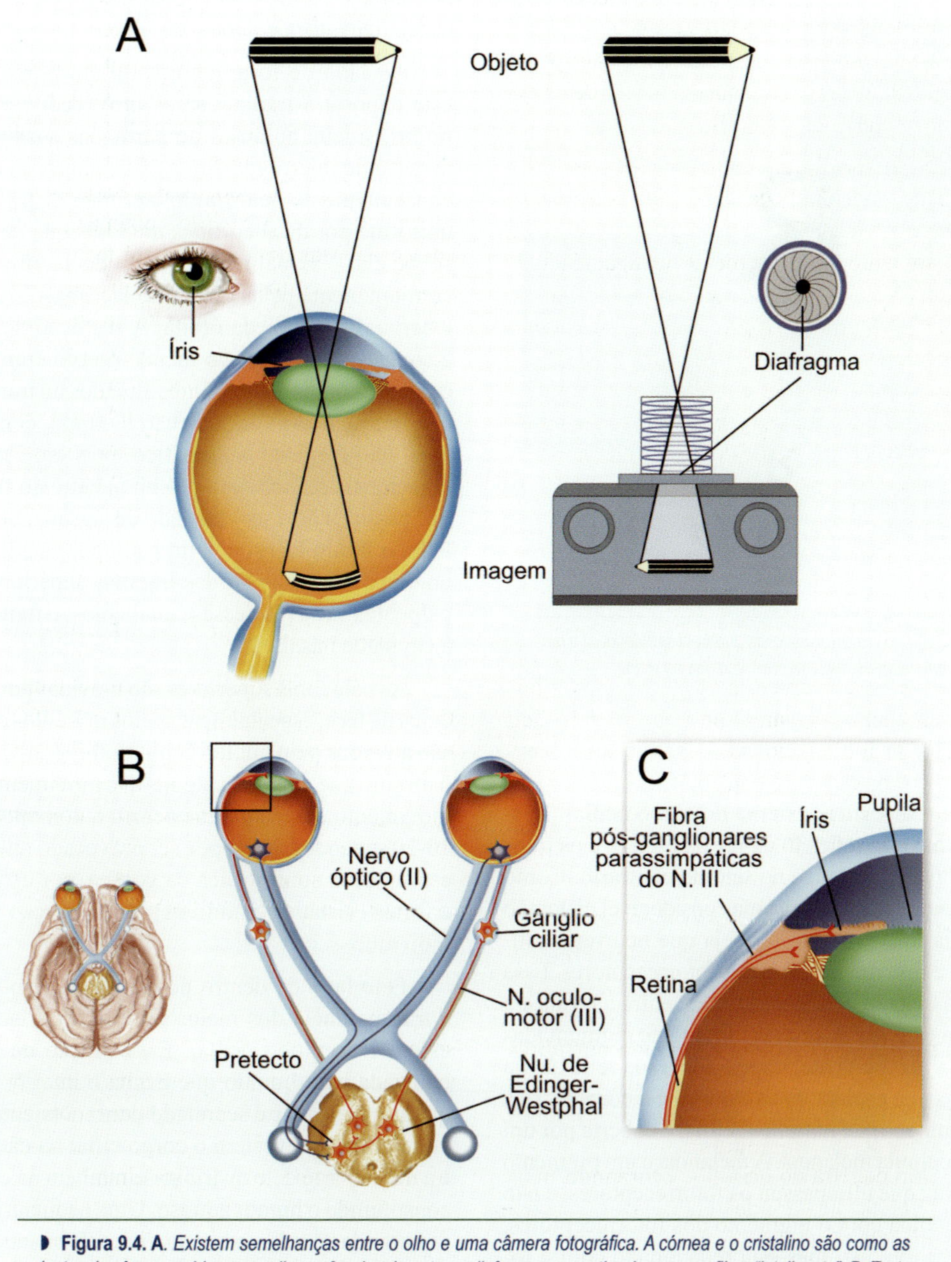

▶ **Figura 9.4. A.** *Existem semelhanças entre o olho e uma câmera fotográfica. A córnea e o cristalino são como as lentes da câmera, a íris assemelha-se funcionalmente ao diafragma, e a retina é como um filme "inteligente".* ***B.*** *Tanto a íris como o cristalino, entretanto, exercem sua função sob comando de núcleos subcorticais e gânglios autonômicos, e não movidos pela mão humana como a câmera. O detalhe em* ***C*** *mostra fibras autonômicas que inervam a íris e o músculo ciliar. Modificado de D. Purves e cols. (1997).* Neuroscience. *Sinauer Associates: Nova York, EUA.*

modação. Essa reação automática da íris ocorre quando há um aumento da intensidade da luz incidente, e tem o efeito de diminuir a quantidade de luz que chega à retina. O oposto ocorre quando há uma diminuição da intensidade luminosa incidente. Esse *reflexo fotomotor* da pupila representa um mecanismo de regulação da luminância da imagem que se forma sobre a retina. É utilizado pelos médicos para avaliar o estado funcional do mesencéfalo e do tronco encefálico dos pacientes, mediante a sua observação com uma pequena lanterna subitamente ligada sobre o olho.

Apesar de todos esses mecanismos de filtragem, o feixe luminoso é forte o suficiente para penetrar na retina, ativar o mecanismo da transdução fotoneural e, finalmente, atingir a face interna da esclera, a estrutura de cor branca

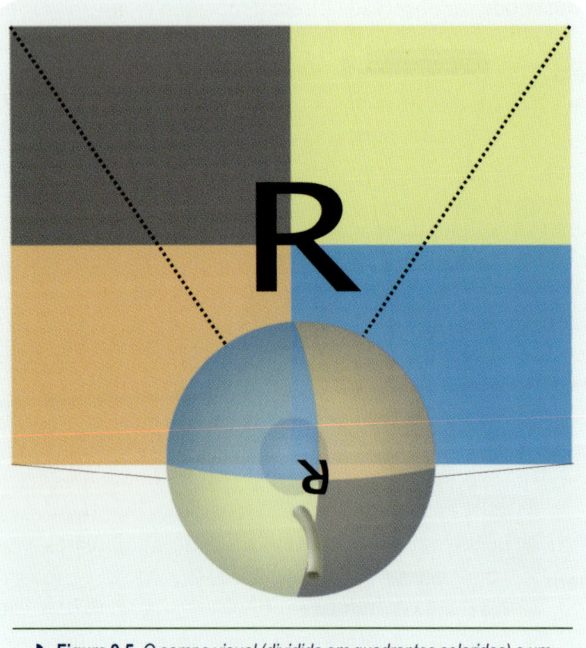

▶ **Figura 9.5.** *O campo visual (dividido em quadrantes coloridos) e um objeto (R) formam imagens duplamente invertidas na retina.*

que caracteriza a superfície externa do globo ocular. Nessas condições, haveria reflexão da luz na esclera e os raios voltariam a atravessar a retina no sentido contrário. Como podemos imaginar, isso causaria uma considerável distorção na qualidade da imagem percebida, já que ocorreria estimulação dupla e fora de sincronia dos fotorreceptores. Essa possibilidade é evitada pela interposição, entre a retina e a esclera, de uma camada de células fortemente pigmentadas que absorvem a luz incidente, impedindo a sua reflexão na borda clara e lisa da esclera. Essa camada é a coroide, rica em vasos sanguíneos que nutrem a retina, e coberta por um epitélio[G] que acumula melanina. A melanina é um pigmento que absorve a luz que ultrapassou os fotorreceptores, e não deve ser confundida com o pigmento dos fotorreceptores, que também absorve luz, mas está relacionado com a fototransdução.

O epitélio pigmentar (Figura 9.6D, E) tem uma função adicional muito importante. Em contato próximo com os fotorreceptores, essas células epiteliais fagocitam os segmentos externos, fornecendo assim um mecanismo de reciclagem dos discos que contêm o fotopigmento e que são continuamente sintetizados pelos receptores.

▶ Manutenção e Lubrificação dos Meios Transparentes

A transparência dos meios ópticos do olho e a forma esférica do globo ocular são requisitos essenciais para que a visão seja normal. Para mantê-los estáveis há mecanismos específicos, fora e dentro do olho.

Do lado de fora, a córnea é um ponto frágil porque está exposta a traumatismos provocados por objetos variados, sujeita ao atrito de partículas suspensas no ar e à invasão de microrganismos. No entanto, a córnea é lavada constantemente pelo fluido lacrimal, distribuído de modo uniforme por duas cortinas mucosas que descem e sobem sobre ela – as pálpebras. O fluido lacrimal é secretado continuamente pelas glândulas lacrimais, situadas na parte externa e superior da órbita. A secreção dessas glândulas é controlada pelo nervo facial[A] (nervo craniano VII), que contém axônios de neurônios situados no tronco encefálico. O controle neural da secreção lacrimal, como todos sabemos, não é apenas automático, pois em certas condições emocionais ocorre secreção abundante do fluido lacrimal, que passa então a ser chamado de lágrima. Secretado de um lado, o fluido lacrimal é drenado por canalículos situados no outro lado, nas bordas internas superior e inferior das pálpebras. Através desses canalículos, o fluido é conduzido à cavidade nasal.

As pálpebras superiores são movidas por diversos músculos da face, especialmente pelos músculos elevadores, que são ativados pelo núcleo oculomotor[A] (nervo craniano III), o mesmo que comanda alguns dos movimentos oculares. O movimento das pálpebras ocorre automaticamente a cada 10-20 segundos, mas pode ser provocado reflexamente pela estimulação somestésica da córnea, por estímulos súbitos e fortes (visuais e auditivos), ou pela ação da vontade do indivíduo.

Pelo lado de dentro do olho é preciso manter não só a transparência dos meios ópticos, mas também a forma esférica do globo ocular. Essa função de manutenção é realizada pelo líquido que banha o interior do olho. O líquido intraocular é secretado continuamente pelas células epiteliais que revestem o corpo ciliar na câmara posterior, e a maior parte dele distribui-se também na câmara anterior constituindo o humor aquoso. Uma pequena parte atravessa as fibras da zônula e o humor vítreo, formando um fino filme líquido entre este e a retina. A secreção ativa e contínua do líquido intraocular origina uma pressão interna que deve ser mantida em torno de 15-16 mmHg. A estabilidade dessa pressão intraocular depende do equilíbrio entre a secreção e a drenagem do humor aquoso. Esta ocorre em um canalículo em forma de anel (canal de Schlemm) que contorna a córnea, abrindo-se, de um lado, em pontos do ângulo desta com a íris e, de outro lado, em vênulas que se comunicam com o sistema venoso do olho.

Quando ocorre obstrução do canal de Schlemm aumenta a pressão intraocular, causando opacificação dos meios ópticos e lesão da retina. Essa condição é chamada glaucoma. A opacificação dos meios ópticos é a catarata, que pode ter outras causas além do glaucoma.

A ESTRUTURA DO SISTEMA VISUAL

RETINA E NERVO ÓPTICO[A]

A função essencial do complexo sistema óptico que acabamos de descrever é posicionar com precisão sobre a retina uma imagem focalizada, originada de uma parte do enorme campo de visão à nossa frente. É na retina, como se vê no Capítulo 6, que ocorrem os mecanismos de transdução da informação luminosa incidente. Potenciais receptores serão produzidos nos fotorreceptores atingidos pelo estímulo luminoso, e essa nova informação traduzida na linguagem bioelétrica do cérebro será transmitida por uma cadeia de células retinianas até emergir codificada em potenciais de ação pelas fibras das células ganglionares que compõem o nervo óptico.

Os mamíferos terrestres, especialmente o homem, em geral utilizam o sistema visual sob uma grande variedade de condições ambientais, entre a escuridão mais completa e a claridade mais ofuscante, de tal forma que temos uma visão para baixos níveis de luz (visão escotópica) e outra para altos níveis de luz (visão fotópica). No primeiro caso, dificilmente será possível discriminar detalhes dos objetos situados no campo de visão, mas é necessária grande sensibilidade à luz para que as menores intensidades sejam percebidas. No segundo caso, por outro lado, é preciso diminuir a sensibilidade para não ocorrer ofuscamento, mas pode-se aproveitar a claridade para distinguir formas, cores e detalhes do mundo visual.

Foi exatamente essa capacidade de operar em uma ampla faixa de luminosidade que a natureza desenvolveu na retina dos mamíferos. Essa flexibilidade da retina tornou-se possível porque ela possui uma especialização regional que lhe confere uma natureza dupla. Próximo ao centro da hemisfera retiniana fica uma região circular com escassos vasos sanguíneos, e que justamente por isso às vezes apresenta uma tonalidade amarelada que justifica sua denominação: mácula lútea (Figura 9.6A). A mácula lútea pode ser observada diretamente pelo exame de fundo de olho que os médicos realizam com frequência (Figura 9.6B). Pode também ser observada histologicamente, e o que se vê é que no centro dela existe uma concavidade na qual só há fotorreceptores, especialmente cones, estando os neurônios de segunda e terceira ordem afastados para as bordas (Figura 9.6C). Essa concavidade é a *fóvea* – especialização de grande importância funcional por constituir a região retiniana de maior acuidade visual, ou seja, aquela de onde extraímos os maiores detalhes da imagem. A fóvea participa da visão fotópica: seus fotorreceptores são quase exclusivamente cones, estreitos e densamente empacotados (Tabela 9.2). Os cones, como sabemos, não têm grande sensibilidade à intensidade luminosa, mas por outro lado, detectam luz de diferentes faixas de comprimentos de onda, o que é "interpretado" pelos circuitos da retina e do cérebro e possibilita a visão de cores. Além disso, na fóvea cada cone se conecta a uma só ou a poucas células bipolares situadas nas bordas da mácula, e estas igualmente se conectam a uma ou a poucas células ganglionares (Figura 9.7A). São as chamadas linhas exclusivas. Desse modo, as fibras do nervo óptico que conduzem a informação proveniente da fóvea o fazem, cada uma delas, de uma região muito restrita, às vezes correspondente a um único cone, isto é, a cerca de 0,005 grau de ângulo visual.

A retina periférica tem características opostas às da retina central (Tabela 9.2). Todos os tipos celulares estão representados (Figura 9.6D e E), formando as camadas características descritas no Capítulo 6. Os cones vão escasseando cada vez mais, à medida que nos afastamos das bordas da mácula em direção à periferia da retina (Figura 9.7B). Ao contrário, os bastonetes vão-se tornando mais frequentes. Muitos deles agora se conectam com uma única célula bipolar, e muitas destas por sua vez projetam a uma ganglionar, diretamente ou com a intermediação de uma célula amácrina. Cada fibra do nervo óptico, desse modo, veicula informação proveniente de uma área retiniana maior, coberta por inúmeros fotorreceptores. Não há, portanto, linhas exclusivas, e a convergência dos

TABELA 9.2. DIFERENÇAS ENTRE A RETINA CENTRAL E A RETINA PERIFÉRICA

Característica	*Retina Central*	*Retina Periférica*
Melhor desempenho	Visão fotópica	Visão escotópica
Receptor mais frequente	Cone	Bastonete
Circuito mais frequente	Linha exclusiva	Projeção convergente
Sensibilidade à intensidade	Baixa	Alta
Discriminação de formas	Ótima	Precária
Visão de cores	Ótima	Precária
Resultado de lesão	Cegueira total localizada	Cegueira noturna

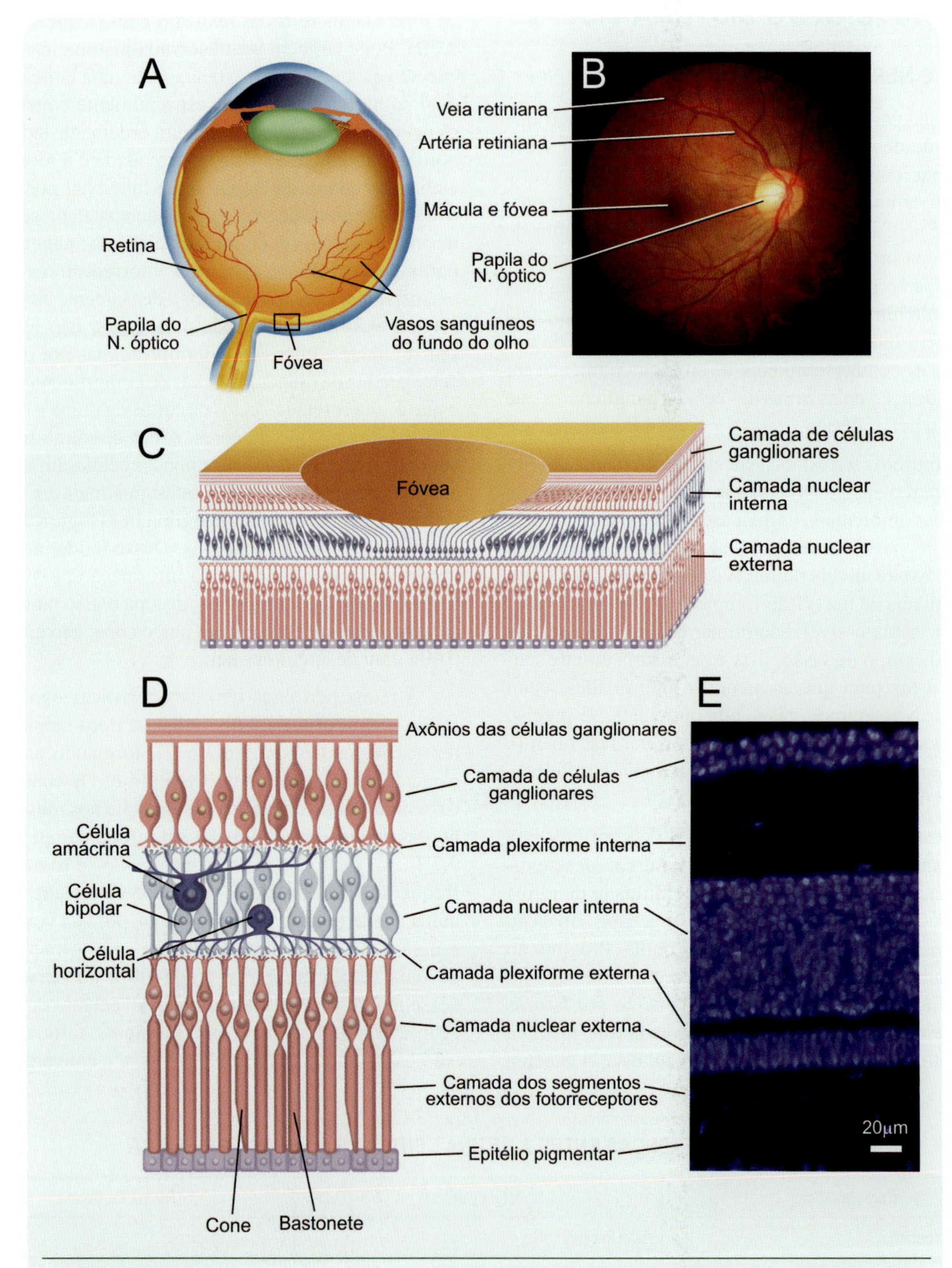

▶ **Figura 9.6.** *Quando os oftalmologistas investigam o interior do olho humano (**A**), vêem uma imagem característica que se chama "fundo de olho" (**B**). Na mácula lútea (pequeno retângulo em **A**), os vasos sanguíneos estão afastados e a retina apresenta uma pequena depressão, a fóvea (**C**). As camadas da retina e as células que as compõem só podem ser visualizadas em cortes histológicos examinados ao microscópio (**D**, **E**). A foto **E** representa um segmento de retina de um pinto, cortada transversalmente como o esquema em **D**, com os núcleos celulares marcados com um corante fluorescente azul. As espessuras das camadas variam com a espécie e a idade do animal. **B** cedida por Miguel Padilha, da Oftalmoclínica Botafogo, Rio de Janeiro. **E** cedida por Patrícia Gardino, do Instituto de Biofísica Carlos Chagas Filho, da UFRJ.*

circuitos é grande (Figura 9.7A). Na retina periférica, a rede vascular dispõe-se de modo característico sobre ela, e pode ser vista no exame de fundo de olho (Figura 9.6B). Essa organização em camadas, bem como a convergência dos circuitos e a presença de vasos na retina periférica são características desfavoráveis à visão precisa de detalhes. Diferentemente dos cones, os bastonetes não apresentam sensibilidade espectral[G]. Por outro lado, são extremamente sensíveis a baixas intensidades luminosas. Acredita-se que um bastonete pode gerar um potencial receptor quando estimulado por um único fóton! Essa grande sensibilidade dos bastonetes advém do fato de que eles apresentam maior número de discos contendo fotopigmento, em comparação com os cones (Figura 9.7A).

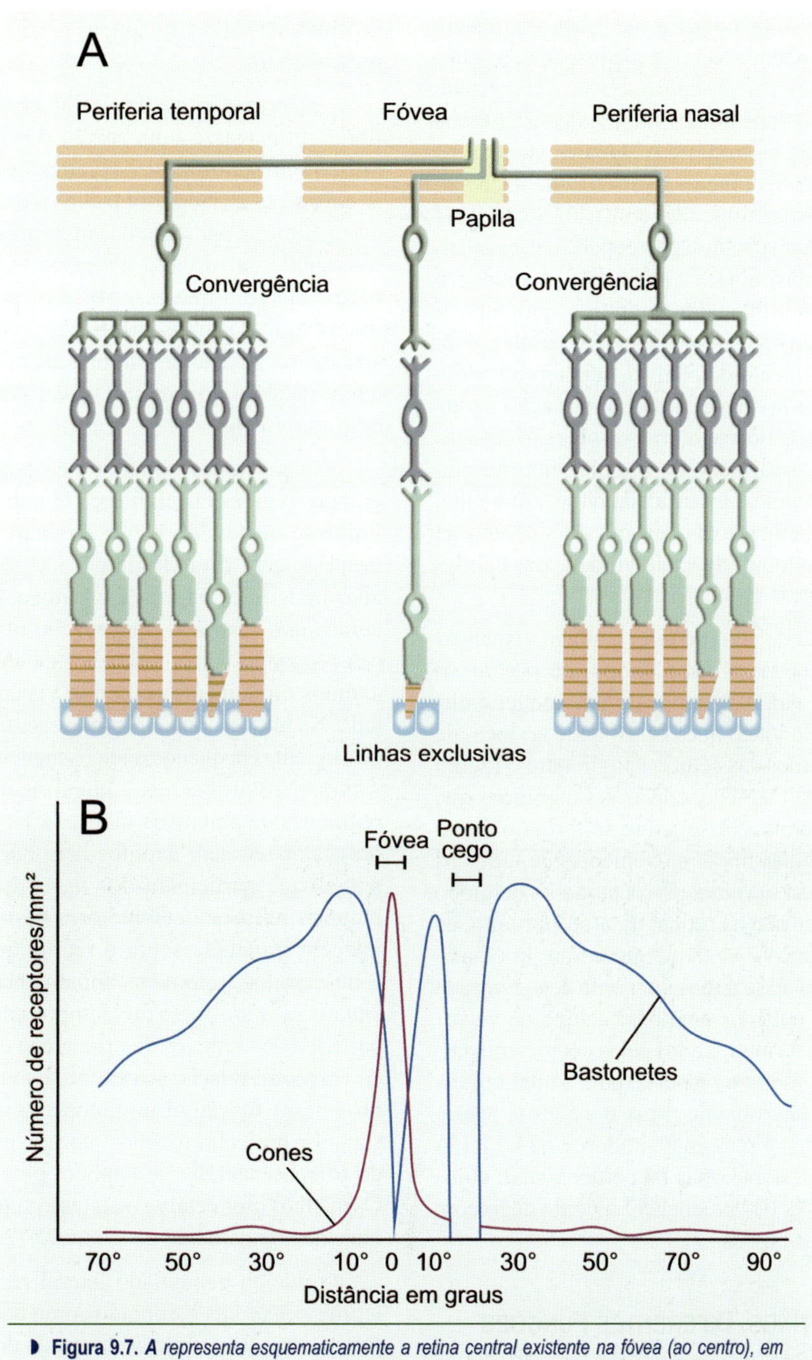

Figura 9.7. ***A*** *representa esquematicamente a retina central existente na fóvea (ao centro), em comparação com a retina periférica temporal (à esquerda) e nasal (à direita).* ***B*** *ilustra as diferenças regionais na retina, em número de cones e de bastonetes. Observar que no ponto cego não há receptores.*

A duplicidade de organização da retina originou-se durante a evolução. Surgiram os bastonetes, com sensibilidade diferente dos cones, o que representou um mecanismo adaptativo favorável à sobrevivência. Essa, entretanto, não foi a única vantagem com que a evolução brindou os vertebrados daquela época: a retina adquiriu a capacidade de regular a sua sensibilidade, um fenômeno que leva o nome de *adaptação*. Seria como utilizar um filme fotográfico cuja sensibilidade variasse dinamicamente em função da luminosidade do ambiente: de certo modo é o que fazem atualmente as câmeras digitais. Podemos sentir a adaptação ao escuro quando entramos em um cinema com a sessão já começada. Inicialmente cegos, só após alguns minutos conseguimos visualizar as fileiras de poltronas e os lugares vazios. Ao sair do cinema ocorre o fenômeno inverso, a adaptação ao claro: ficamos inicialmente ofuscados com a luz do dia, mas o ofuscamento vai lentamente desaparecendo. Vários eventos fisiológicos contribuem para a adaptação. A mudança no diâmetro pupilar contribui para diminuir ou aumentar a quantidade de luz incidente. Ocorre também regulação da quantidade de fotopigmento disponível, seja um aumento por ressíntese, no escuro, ou a diminuição por ação da luz intensa, no claro. Além disso, os fotorreceptores são capazes de regular as vias de sinalização intracelular, interferindo na fototransdução segundo a intensidade da luz ambiente. E finalmente, ocorre facilitação da transmissão sináptica na retina pela redução do limiar de excitabilidade das células bipolares e ganglionares.

O exame de fundo de olho permite também visualizar uma estrutura importante: o *disco óptico*, ou *papila do nervo óptico* (Figura 9.6B). Trata-se de um pequeno círculo próximo à mácula lútea, que corresponde ao local de convergência dos axônios das células ganglionares (Figura 9.7A), por onde passam também os vasos sanguíneos que irrigam e drenam a retina. Nesse ponto se forma o nervo óptico, com a reunião das fibras provenientes de todos os quadrantes da retina, e a sua emergência para fora do globo ocular. No disco óptico não há retina: trata-se, portanto, de um *ponto cego* (Figura 9.7B). A pergunta que imediatamente se coloca, então, é: se temos um ponto cego em cada retina, por que não o notamos em nosso campo de visão? Essa pergunta foi feita há muitos anos pelos neurocientistas, mas só recentemente surgiu a resposta, para a qual contribuiu o trabalho dos neurofisiologistas brasileiros Mario Fiorani, Ricardo Gattass e seus colaboradores, na UFRJ. A resposta não estava na retina, mas no córtex visual, cujos neurônios eram capazes de "preencher" o ponto cego com a estimulação das suas bordas.

DIFERENTES DESTINOS, DIFERENTES FUNÇÕES DAS FIBRAS ÓPTICAS

O nervo óptico é o nervo craniano II, que reúne o conjunto das fibras das células ganglionares retinianas e pode ser visto claramente na base do cérebro (Figura 9.8A). De cada globo ocular parte um nervo em direção à linha média, e ambos se encontram no *quiasma óptico*[A], uma estrutura em forma de X onde cruzam para o lado oposto cerca de 60% (no homem) das fibras retinofugais[G]. Do quiasma emergem os *tratos ópticos,* que inicialmente se parecem com nervos, mas depois se fundem com o encéfalo formando um verdadeiro feixe de fibras. No encéfalo, as fibras retinofugais começam a divergir, aproximando-se de diferentes alvos sinápticos situados no diencéfalo e no mesencéfalo.

Um primeiro destino pouco conhecido de algumas fibras retinianas é uma região do hipotálamo[A] chamada *núcleo supraquiasmático* (Figura 9.8A). Esse núcleo situa-se em ambos os lados, logo depois e acima do quiasma (daí o seu nome) e participa da sincronização do nosso relógio biológico com o ciclo dia-noite. A informação visual é necessária para que essa sincronização se faça, uma vez que as regiões neurais encarregadas disso precisam "saber" se é dia ou se é noite. Maiores detalhes sobre essa função temporizadora do sistema visual podem ser encontrados no Capítulo 16.

A maioria das fibras do nervo óptico dirige-se a três grandes regiões encefálicas: (1) o diencéfalo, (2) a região limítrofe deste com o mesencéfalo e (3) o mesencéfalo propriamente dito (Figura 9.8A). No diencéfalo está o alvo mais relevante para a percepção visual – o *núcleo geniculado lateral* –, que recebe fibras provenientes das células ganglionares retinianas de ambos os olhos e envia axônios diretamente ao córtex visual primário do mesmo lado. Na junção diencéfalo-mesencefálica fica um conjunto de diferentes pequenos núcleos mencionados anteriormente – os *núcleos pré-tectais* –, que formam sinapses com fibras retinianas de ambos os olhos. Já vimos que os neurônios pré-tectais emitem axônios para núcleos dos nervos cranianos que participam dos mecanismos de acomodação e outros reflexos oculomotores destinados a estabilizar a imagem projetada sobre a retina, quando o mundo e/ou o observador se movem. Finalmente, no mesencéfalo se situa o *colículo superior*[A], importante alvo retiniano que participa dos reflexos de orientação dos olhos, da cabeça e do corpo em relação aos estímulos visuais. Como se esperaria dessa função visuomotora, os neurônios do colículo superior projetam axônios para diversos núcleos motores do tronco encefálico e também para a medula espinhal[A]. Os núcleos pré-tectais e o colículo superior serão estudados mais detalhadamente no Capítulo 12.

O núcleo geniculado lateral recebeu esse nome (do latim *geniculatus* = dobrado como um joelho) devido à sua forma curva, em primatas, em torno do trato óptico[A] (Figura 9.8B). Apresenta seis camadas celulares, identificadas por números crescentes das mais internas para as mais externas. As camadas 2, 3 e 5 recebem fibras da retina do mesmo lado

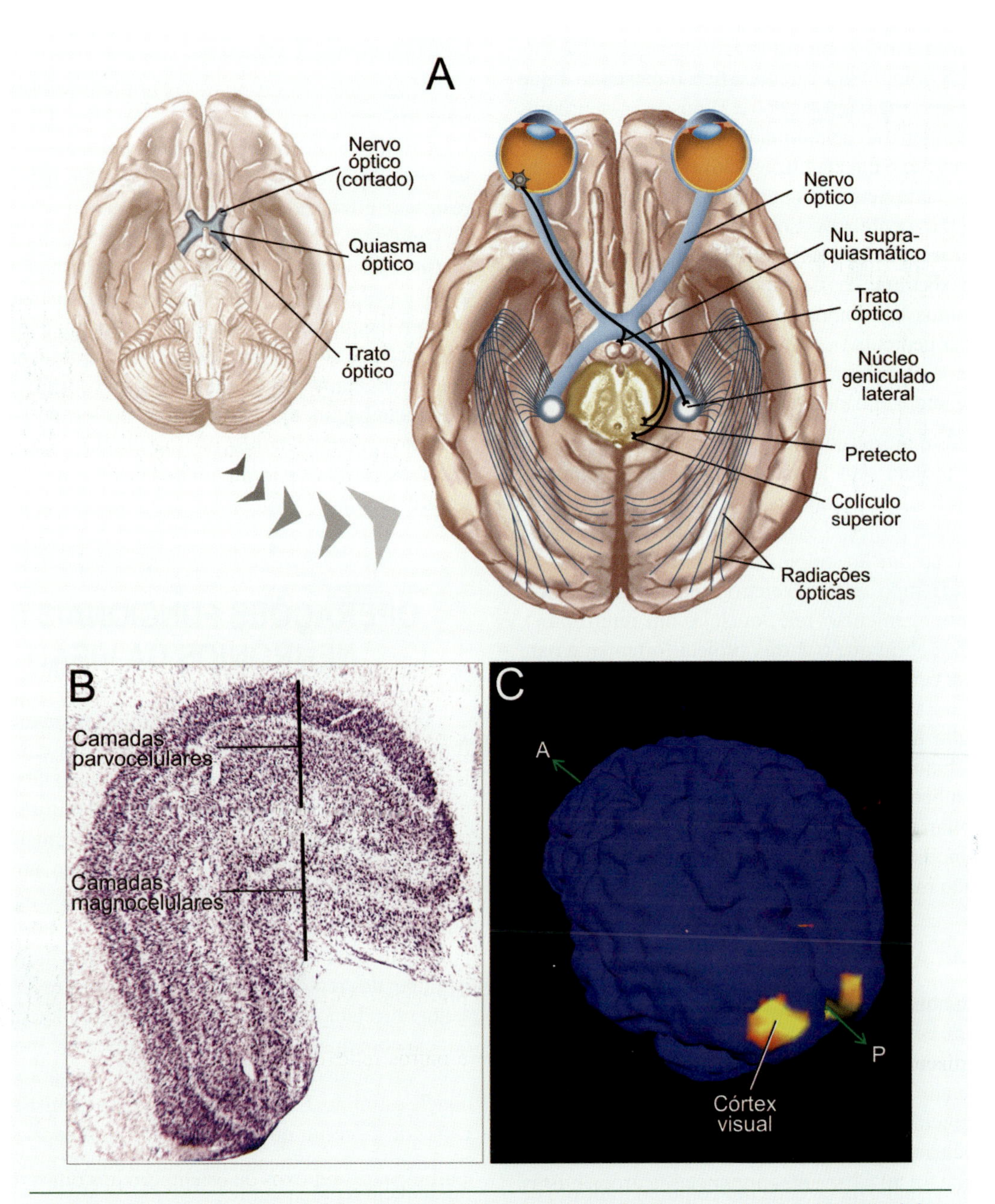

▶ **Figura 9.8.** *A. As vias visuais podem ser vistas parcialmente na base do encéfalo (o nervo, o quiasma e o trato ópticos). As fibras da retina saem do trato em vários pontos para terminar no diencéfalo e no mesencéfalo. Do diencéfalo emergem as radiações ópticas, formadas por fibras talâmicas que terminam no córtex visual primário (e também por fibras de V1 que terminam no tálamo).* ***B*** *mostra um corte de tálamo de um macaco-prego, corado com violeta de cresila que permite a visualização do núcleo geniculado lateral com as suas camadas características: magnocelulares (M) e parvocelulares (P).* ***C*** *mostra uma imagem de RMf de um indivíduo submetido a estimulação luminosa. A região em cores claras corresponde a um setor de V1 ativado em ambos os hemisférios. Foto em* ***B*** *cedida por Ricardo Gattass, do Instituto de Biofísica Carlos Chagas Filho, da UFRJ. Imagem em* ***C*** *cedida por Fernanda Tovar-Moll, do Instituto D'Or de Pesquisa e Ensino, Rio de Janeiro.*

(ipsilaterais), enquanto as camadas 1, 4 e 6 recebem fibras do lado oposto (contralaterais). Essa organização significa que, embora cada geniculado receba de ambas as retinas, as fibras provenientes de um olho ficam segregadas das que vêm do outro olho. Outra característica importante é que as duas camadas mais internas (1 e 2) possuem neurônios grandes e são por isso denominadas camadas magnocelulares (Figura 9.8B). Em contraposição, as demais camadas (3 a 6) apresentam neurônios pequenos, sendo conhecidas então como parvocelulares. Entre essas camadas tradicionais identificaram-se células muito pequenas e numerosas com funções distintas das demais, que ficaram conhecidas como neurônios interlaminares. Esses detalhes morfológicos sobre o geniculado serão importantes adiante, para compreender o funcionamento do sistema visual como um todo e desse núcleo talâmico em particular.

A grande maioria dos neurônios do núcleo geniculado lateral projeta seus axônios para o córtex cerebral. Pensou-se inicialmente que a forte inervação retiniana associada a essa projeção ascendente maciça conferia ao geniculado uma função simples de transferência (usou-se durante muito tempo um termo eletrotécnico para descrever a sinapse retinogenicular: relé, ou seja, um interruptor). Depois se descobriu que o córtex projeta fortemente para o geniculado: cerca de 80% das sinapses excitatórias desse núcleo são de axônios corticais. Além disso, terminam no geniculado fibras provenientes do tronco encefálico. Os estudos fisiológicos mostraram que essas aferências corticais e subcorticais modulam a transmissão sináptica retinogenicular, significando que a informação transmitida ao córtex é modificada (processada) pelo geniculado, o que faz dele então mais do que um simples interruptor.

▶ MÚLTIPLAS ÁREAS DO CÓRTEX VISUAL

As fibras que emergem do geniculado em direção ao córtex são as *radiações ópticas*[A], que entram na cápsula interna[A] formando um leque que se reúne novamente na substância branca cortical[A] (Figura 9.8A). Na altura de V1[A], as fibras geniculares penetram na substância cinzenta[A] e terminam na camada 4.

O córtex visual é na verdade um conjunto múltiplo de diferentes áreas funcionais, cada uma encarregando-se de um aspecto da grande função visual (Figura 9.9A). A mais conhecida, e mais nítida morfológica e funcionalmente, é a *área visual primária* ou *V1*, também chamada *área estriada*[A] (Figura 9.9), que recebe informação maciçamente do núcleo geniculado lateral. Em torno de V1 distribuem-se outras áreas de função visual, conjuntamente conhecidas como *áreas extrastriadas,* que recebem nomes específicos ou são chamadas simplesmente de V2, V3, V4, V5, V6 e outras siglas (Figura 9.10). As aferências do diencéfalo para as áreas visuais extrastriadas não são consideradas tão importantes, funcionalmente, quanto as conexões recíprocas[G] que elas mantêm entre si. A descoberta dessa multiplicidade de áreas e conexões visuais no córtex cerebral causou grande perplexidade aos neurobiólogos, pois ainda é incerto o papel funcional de cada uma.

Uma tentativa de reuni-las em dois sistemas funcionais diferentes foi feita pelos norte-americanos Leslie Ungerleider e Mortimer Mishkin, com base na análise dos sintomas apresentados por pacientes com lesões corticais restritas e nos estudos fisiológicos com macacos. A hipótese de Ungerleider e Mishkin propõe duas vias de informação distribuídas a partir de V1 (Figura 9.9B): a primeira seria a via dorsal, responsável pelos aspectos espaciais da visão, como a localização dos objetos no espaço, a identificação da direção de objetos em movimento e a coordenação visual dos movimentos. A segunda seria a via ventral, responsável pelo reconhecimento dos objetos, suas formas e suas cores. Pode-se ver com detalhes, no Capítulo 17, como as diferentes áreas corticais participam dos mecanismos subjacentes a essas funções.

OPERAÇÕES FUNCIONAIS DOS NEURÔNIOS DA VISÃO

O sistema visual tem sido muito favorável ao estudo funcional, principalmente em virtude das características físicas da luz. É possível projetar sobre uma tela plana estímulos luminosos bem definidos, escolhendo-se sua forma, cor, posição, direção e velocidade de deslocamento, além de outros parâmetros físicos. Ao mesmo tempo, um animal de laboratório pode ser mantido anestesiado ou acordado, de olhos abertos em frente à tela, e submetido ao registro dos potenciais produzidos por neurônios visuais individuais, em qualquer das regiões que acabamos de descrever. O pesquisador correlaciona o surgimento do estímulo em um ponto da tela com qualquer alteração da atividade bioelétrica do neurônio estudado e conclui que aquele neurônio "processa" aquele estímulo. Em outras palavras, o pesquisador torna-se capaz de discernir quais são os estímulos capazes de ativar ou desativar especificamente este ou aquele neurônio, desta ou daquela região neural.

Esse paradigma[G] experimental tem sido amplamente utilizado para todas as partes do sistema visual, da retina ao córtex, e levou à compreensão das operações funcionais dos neurônios da visão.

▶ NEURÔNIOS E CIRCUITOS DA RETINA: AS PRIMEIRAS AÇÕES DE PROCESSAMENTO VISUAL

Pode-se ver, no Capítulo 6, que da fototransdução resulta um potencial receptor hiperpolarizante, nos cones

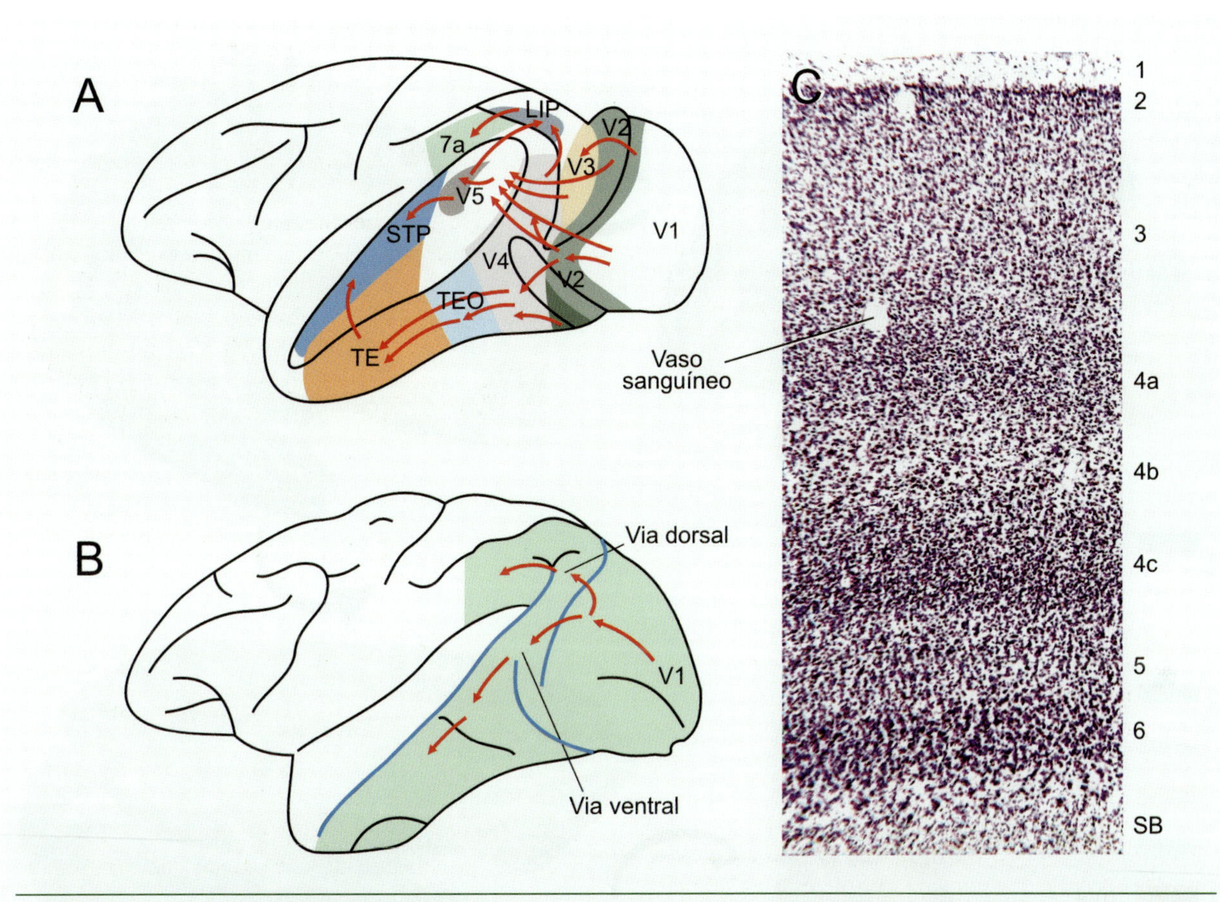

▸ **Figura 9.9.** *A representa uma vista lateral do hemisfério cerebral esquerdo de um macaco (Macaca mulatta) muito utilizado em experimentos sobre visão. Os sulcos indicados em azul em **B** aparecem semiabertos em **A**, para melhor visualizar as áreas situadas no seu interior. As principais áreas visuais estão indicadas por abreviaturas convencionais e cores diferentes. As setas vermelhas indicam as conexões principais entre elas. LIP = área parietal inferior lateral; STP = área temporal superior polissensorial; TE = área inferotemporal anterior; TEO = área inferotemporal posterior; 7a = área 7a de Brodmann. **B** representa uma síntese das duas vias de processamento visual paralelo: a via dorsal e a via ventral, indicadas pela sequência de setas vermelhas. **C**. Corte histológico de V1 de um macaco-prego, corado com violeta de cresila. Os números à direita indicam as camadas. **A** e **B** modificados de Farah e cols. (1999), em* Fundamental Neuroscience *(M. J. Zigmond e cols., orgs.). Academic Press, Nova York, EUA. Foto **C** cedida por Juliana Soares, do Instituto de Biofísica Carlos Chagas Filho, UFRJ.*

e bastonetes, sempre que estes são atingidos pela luz. Quando o fundo está iluminado, entretanto, e o estímulo que atinge os fotorreceptores é escuro, resulta um potencial despolarizante. A polaridade do potencial receptor visual, assim, depende da relação de luminosidade entre o estímulo e o fundo.

Os receptores visuais não são capazes de produzir potenciais de ação, nem isso seria necessário, pois as células são muito curtas e não é preciso conduzir a informação através de grandes distâncias. A despolarização dos pedículos dos fotorreceptores provoca a liberação de glutamato pelas vesículas sinápticas e causa a ativação de receptores moleculares[2] presentes na membrana pós-sináptica das células bipolares. A hiperpolarização, evidentemente, diminui a liberação desse neurotransmissor excitatório. A transmissão sináptica produz um potencial despolarizante que se espraia pela membrana da célula bipolar até as sinapses que ela estabelece com os dendritos das células ganglionares (Figura 9.6D). Novamente, a célula bipolar não é capaz de produzir potenciais de ação. O mesmo se aplica às células amácrinas e às células horizontais, mas não às ganglionares, já que estas possuem axônios longos que emergem da retina e estendem-se até os núcleos visuais do encéfalo.

Na fóvea, onde é frequente a ocorrência de linhas exclusivas através das quais cada cone se conecta a uma célula bipolar, e cada bipolar a uma ganglionar (Figura 9.7A), o tamanho mínimo do estímulo (isto é, área de retina) capaz de estimular essa cadeia de neurônios é muito pequeno, quase correspondente à dimensão do próprio

[2] *Lembre-se da distinção entre receptores sensoriais e receptores moleculares. São coisas diferentes!*

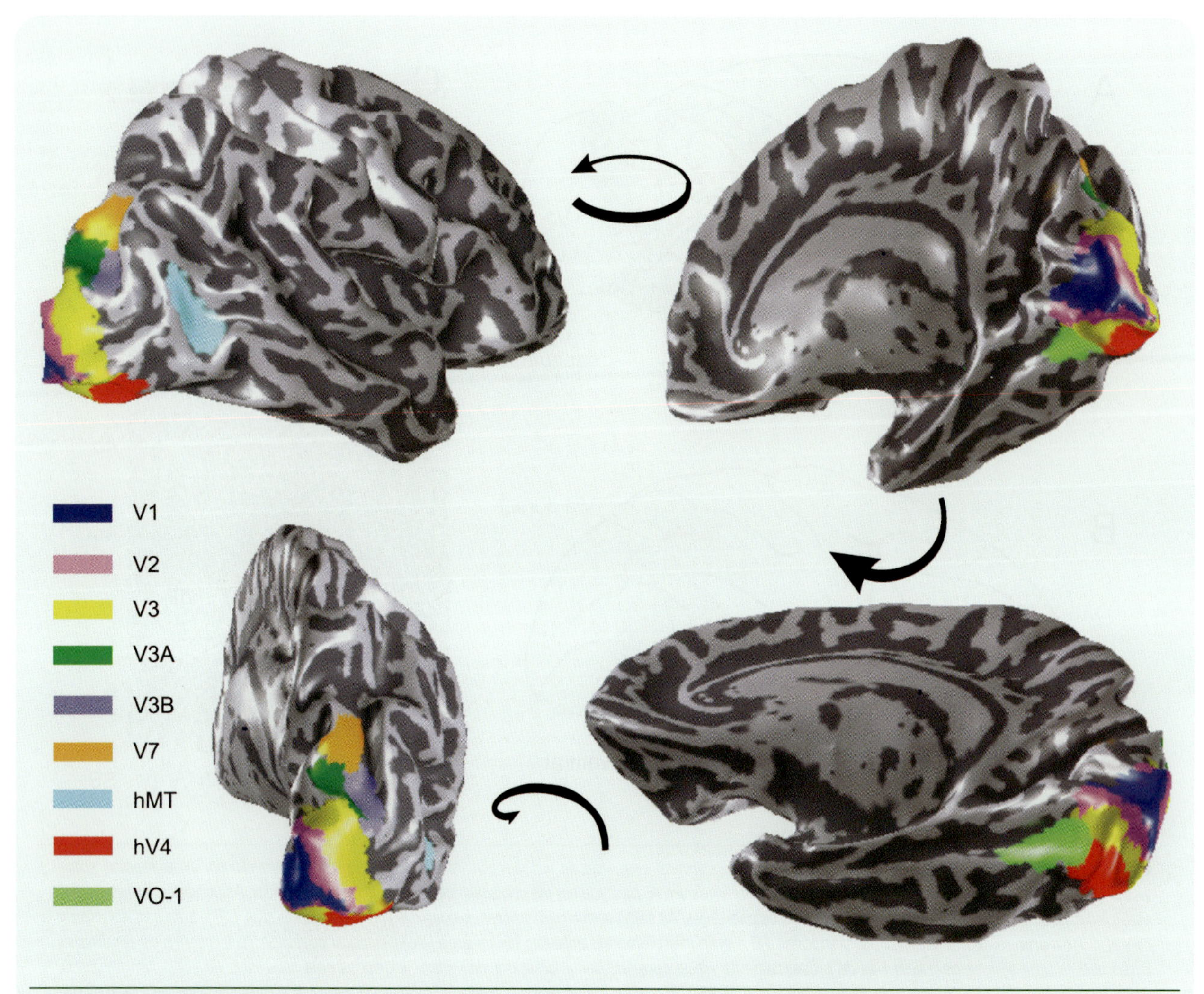

Figura 9.10. *As técnicas modernas de ressonância magnética funcional permitem identificar com grande detalhe as áreas visuais no córtex cerebral humano. O córtex é reconstruído em computador a partir de imagens reais de um indivíduo, sendo os sulcos ligeiramente abertos (representados em cinza mais escuro) para permitir a visualização das áreas contidas no seu interior. A mesma representação pode sofrer rotações em diferentes sentidos e planos (setas). As áreas visuais são representadas em diferentes cores e denominadas segundo terminologia específica (abreviaturas à esquerda). Imagens gentilmente cedidas por Brian Wandell, do Departamento de Psicologia da Universidade Stanford, EUA.*

cone. No entanto, mesmo nessa região retiniana de visão central existem circuitos que distribuem a informação no plano da retina, propiciados pela morfologia transversa dos dendritos das células horizontais e das células amácrinas. Por isso, quando se registra a atividade elétrica de qualquer dessas células, sob estimulação luminosa incidente sobre uma tela plana defronte ao animal (Figura 9.11A), pode-se delimitar uma pequena região em algum ponto da tela, cuja estimulação faz aumentar ou diminuir a amplitude dos potenciais sinápticos, ou a frequência dos potenciais de ação (no caso das ganglionares). Essa pequena região chama-se *campo receptor*. Uma vez definida a posição do campo receptor, o pesquisador pode estudar a natureza do estímulo que influencia mais eficazmente a atividade elétrica do neurônio visual: um círculo de luz amarela que pisca, um retângulo de luz verde que se move para a direita, uma borda de contraste preto-e-branco inclinada de 60°, e assim por diante.

O estudo dos campos receptores dos neurônios da retina revelou que essa estrutura sensorial não apenas realiza a fototransdução, mas também efetua as primeiras operações de processamento da informação visual. Tanto as células bipolares como as ganglionares possuem campos receptores circulares com uma região central e uma periferia antagônica (Figura 9.11B). Quando um estímulo luminoso incide exclusivamente sobre o centro do campo receptor e a célula aumenta sua atividade elétrica, diz-se que ela é do

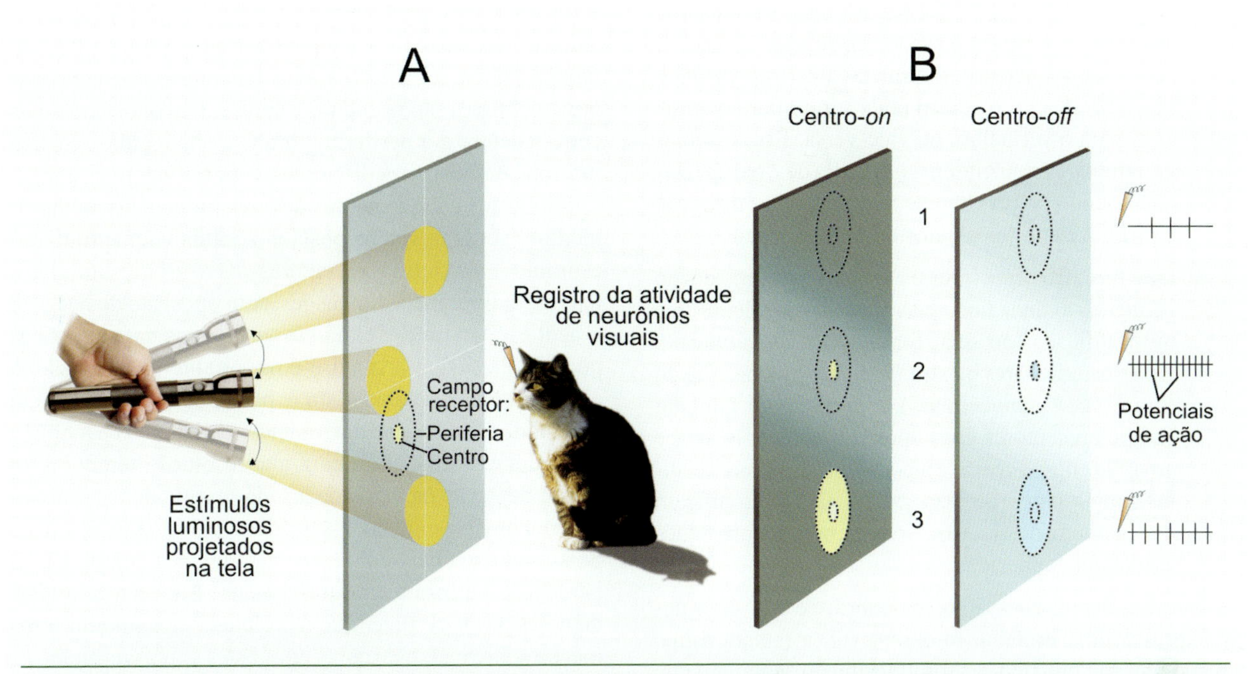

Figura 9.11. *Um experimento de registro eletrofisiológico da atividade de células da retina de um gato (**A**). O gato — que pode estar anestesiado ou desperto, dependendo do experimento — olha para uma tela escura sobre a qual o pesquisador projeta formas geométricas luminosas, ou para uma tela iluminada sobre a qual incidem formas escuras (sombras). Movendo o estímulo, o pesquisador encontra o campo receptor em algum ponto da tela. **B** ilustra dois neurônios hipotéticos: um que dispara pouco quando não há estímulo sobre a tela (**B_1** à esquerda), dispara muito quando um círculo de luz é projetado exclusivamente no centro do campo receptor (**B_2** à esquerda), e pouco quando o estímulo invade também a periferia do campo (**B_3** à esquerda). Este é um neurônio centro-on. O outro neurônio (à direita em **B**) responde "em negativo" (centro-off): a tela é toda iluminada e o estímulo é um círculo escuro.*

tipo centro-*on* (*on*, como sabemos, é um termo em inglês equivalente a "ligado"). Nesse caso, aumentando o tamanho do estímulo para que ele atinja também a periferia do campo receptor, observa-se que a atividade da célula diminui: a periferia exerce ação antagonista ao centro.

Quando, ao contrário, utiliza-se um estímulo mais escuro que o fundo, também incidente exclusivamente sobre o centro do campo receptor, algumas células retinianas aumentam a sua frequência de disparo: são as células do tipo centro-*off* (do termo em inglês equivalente a "desligado"). Essa organização antagonista entre o centro e a periferia do campo receptor indica que as células horizontais (talvez também as amácrinas) são responsáveis por esse fenômeno, fornecendo conexões inibitórias ou excitatórias que criam as periferias dos campos receptores. O mecanismo é capaz de delimitar melhor as bordas do setor restrito do mundo visual que ativa uma determinada célula bipolar ou ganglionar. Trata-se de uma primeira operação de processamento visual, capaz de acentuar o contraste das bordas das imagens que se formam sobre a retina.

As células ganglionares foram muito estudadas pelos neurocientistas em diferentes animais, tendo em vista que é desses neurônios que parte a informação enviada ao cérebro pela retina. Esses estudos possibilitaram correlacionar a morfologia dessas células com as suas propriedades fisiológicas, resultando a descoberta de muitos tipos morfofuncionais diferentes, que veiculam ao cérebro informações paralelas sobre aspectos diversos da imagem visual. Essas descobertas foram feitas no macaco, e há vários indícios sugerindo que possam ser extensivas ao homem. Apesar da multiplicidade de tipos morfológicos (cerca de 12), três tipos parecem desempenhar papéis mais importantes no processamento visual.

1. Aproximadamente 10% das ganglionares do macaco e dos seres humanos têm soma e dendritos de grandes dimensões, campos receptores também grandes, axônios calibrosos com grande velocidade de condução, e uma resposta rápida e passageira aos estímulos. São chamadas células do *tipo M* (de "magnocelular") e, como veremos adiante, parecem estar relacionadas à detecção de objetos em movimento.
2. Cerca de 80% das ganglionares dos primatas têm características opostas: são pequenas, mas com árvores dendríticas bastante ramificadas, campos receptores também pequenos, axônios mais finos de

velocidade de condução menor e resposta mantida aos estímulos. Além disso, o centro e a periferia de seus campos receptores frequentemente apresentam oposição de cor: o centro pode ser *on* para o verde e *off* para o vermelho, ou vice-versa. Essas células ganglionares constituem o *tipo P* (de "parvocelular"), sendo possivelmente relacionadas à detecção de forma e cor dos objetos do mundo visual.

3. Um terceiro tipo, menos frequente, tem corpo pequeno, axônio fino, mas uma árvore dendrítica biestratificada (ou seja, formando duas camadas). Essas ganglionares biestratificadas pequenas são do *tipo K* (de "coniocelular"), e apresentam também campos receptores com oposição das cores azul e amarela entre o centro e a periferia. As demais células ganglionares são mais raras e não se classificam em nenhum desses três tipos, tendo propriedades ainda mal conhecidas.

Recentemente, entretanto, descobriu-se que uma delas expressa uma proteína fotossensível, a melanopsina, e responde por um tipo de fototransdução independente dos cones e bastonetes, desvinculada da percepção visual, mas envolvida com a detecção dos níveis de luminosidade ambiente. Essa função é necessária para informar o hipotálamo sobre o ciclo dia-noite, e assim sincronizar com ele os ritmos fisiológicos (sono-vigília, níveis hormonais, atividade motora e outras funções). A função dessas células ganglionares diferentes, intrinsecamente fotossensíveis, é abordada com maior detalhe no Capítulo 16.

As Vias Paralelas da Retina ao Tálamo[A]

Os três tipos de células ganglionares têm endereço privativo no tálamo, formando verdadeiras vias paralelas (ou "canais", como gostam de dizer os fisiologistas) de processamento de diferentes aspectos da informação visual: são as vias M, P e K (Figura 9.12). No canal M, os axônios das ganglionares M projetam às camadas magnocelulares do geniculado: as fibras de cada olho que cruzam no quiasma terminam na camada 1, enquanto as que permanecem do mesmo lado terminam na camada 2 (Figura 9.12A). Correspondentemente, no canal P os axônios das ganglionares P projetam às camadas parvocelulares do geniculado: os que cruzam terminam nas camadas 4 e 6, enquanto os ipsilaterais terminam nas camadas 3 e 5 (Figura 9.12B). E no canal K, os axônios das ganglionares K terminam nos espaços interlaminares do geniculado (Figura 9.12C), onde há neurônios também, tão pequenos que motivaram o nome do canal, derivado do grego *konios* (= poeira).

Os campos receptores dos neurônios do geniculado são semelhantes aos das ganglionares retinianas. Os das células magnocelulares são grandes, apresentam organização centro-periférica antagônica e respondem a estímulos acromáticos porque recebem informações provenientes de todos os tipos de cones; a resposta dessas células é também rápida e passageira. Os campos receptores dos neurônios parvocelulares são pequenos e apresentam oposição de cor entre o centro e a periferia, porque essas regiões recebem informações de cones diferentes, especialmente os que são sensíveis aos comprimentos de onda longos (vermelhos) e médios (verdes); sua resposta é mantida enquanto dura o estímulo. E os campos receptores dos neurônios interlaminares têm diferentes dimensões, com oposição de cor entre o azul e o amarelo. Tendo em vista essas características, pode-se dizer que o canal P é importante para a visão de alta resolução[G] espacial, isto é, para a detecção precisa do tamanho, forma e cor dos objetos, enquanto o canal M é importante para a visão com alta resolução temporal, ou seja, a detecção da velocidade e do sentido dos objetos em movimento. No entanto, essas diferenças não são absolutas, pois os dois canais cooperam nas funções complexas de percepção da forma e do movimento. Em relação à visão de cores, pode-se dizer que as células P transmitem informação sobre o eixo de cores oponentes verde-vermelho, as células K sobre o eixo azul-amarelo e as células M sobre o eixo branco-preto.

Módulos e Paralelismo no Córtex Visual Primário

O estudo dos campos receptores do córtex visual primário foi realizado a partir dos anos 1950 por uma dupla de pesquisadores da Universidade Harvard, nos Estados Unidos, David Hubel e Torsten Wiesel. Os estudos de ambos produziram importantes descobertas e novos conceitos sobre o processamento visual no córtex cerebral e valeram-lhes o prêmio Nobel de medicina ou fisiologia de 1981.

Um dos experimentos engenhosos de Hubel e Wiesel consistiu na injeção de um aminoácido radioativo (porém de baixa radioatividade) em um dos olhos de macacos anestesiados. Após vários dias, verificaram que a radioatividade tinha sido transportada ao longo das fibras do nervo óptico, transferida através das sinapses geniculares para os axônios das radiações ópticas e acumulada na camada 4 de V1. Esta camada era sabidamente o sítio mais importante de terminação das fibras genículo-corticais. O que não se sabia era que essas fibras produziam grande densidade de arborizações terminais em regiões alternadas para cada olho. Examinando cortes ortogonais à superfície cortical, apareciam colunas de maior radioatividade na camada 4 (correspondentes ao olho contralateral, injetado) alternadas com colunas de baixa radioatividade (correspondentes ao olho ipsolateral, não injetado). Examinando cortes obtidos no mesmo plano da camada 4, as colunas se revelaram bandas, e foram chamadas *colunas ou bandas de dominância ocular*, formando todo um sistema modular alternado de

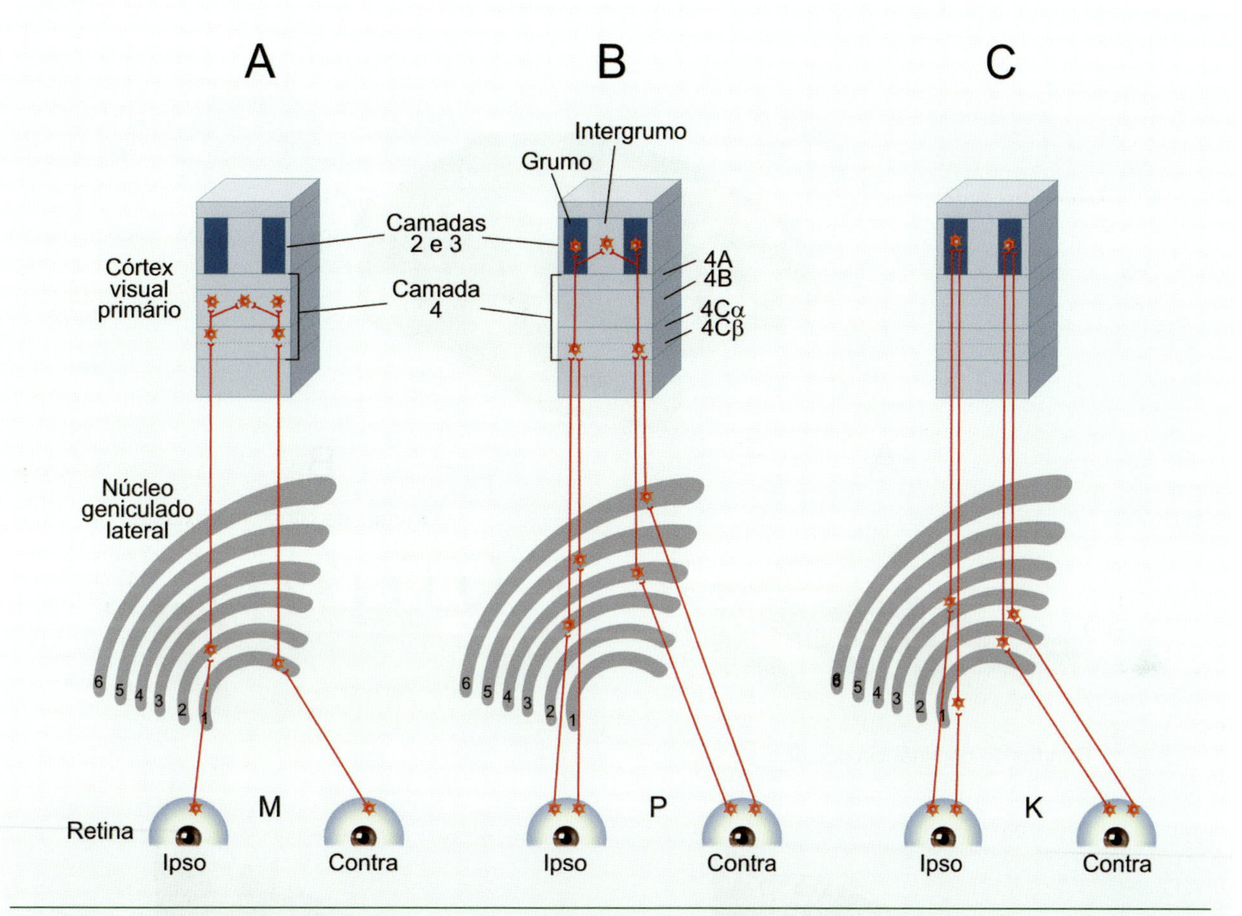

▸ **Figura 9.12.** *Representação esquemática das vias paralelas do sistema visual (primeiros estágios).* ***A*** *ilustra a via M (o canal do movimento), das células ganglionares grandes da retina até o córtex visual primário, passando pelo tálamo. No córtex as camadas são delimitadas por linhas horizontais, e os módulos estão indicados pelos retângulos escuros (grumos) e claros (intergrumos).* ***B*** *representa a via P (o canal de forma e cor).* ***C*** *representa a via K, presumivelmente formada pelas células ganglionares biestratificadas da retina (outro canal de cor).*

representação dos dois olhos (veja as Figuras 5.6 a 5.8). Posteriormente, o experimento de Hubel e Wiesel pôde ser reproduzido com outras técnicas (Figura 9.13A): como no geniculado lateral, no córtex a informação proveniente de cada olho também permanecia segregada nas bandas adjacentes da camada 4. O registro da atividade elétrica era coerente: os neurônios da camada 4 eram ativados predominantemente por um dos olhos em uma banda e pelo outro na banda adjacente.

Os estudos de Hubel e Wiesel revelaram também que os campos receptores dos neurônios de V1 são diferentes dos retinianos e dos talâmicos. Embora sejam encontrados campos receptores circulares na camada 4, outros campos nessa mesma camada e aqueles encontrados nas demais camadas do córtex são alongados, cada um deles apresentando faixas antagonistas ladeando uma faixa central. A estrutura alongada dos campos receptores mostra um novo parâmetro dos estímulos visuais: sua orientação no espaço. Em vez de círculos de luz ligados, desligados ou movimentados dentro do campo receptor, os neurônios corticais eram mais bem ativados por retângulos de luz, que obviamente tinham de ser inclinados de acordo com a orientação do campo receptor.

Além da dominância ocular, Hubel e Wiesel descobriram assim uma nova característica funcional dos neurônios visuais: a *sensibilidade à orientação* dos estímulos. E foram além. Descobriram que os neurônios seletivos à mesma orientação (Figura 9.14A) formavam colunas atravessando toda a espessura do córtex, alinhadas com cada banda de dominância ocular da camada 4. Colunas adjacentes tinham preferência por orientações ligeiramente diferentes, de modo que ao longo de cada banda de dominância ocular estavam representados os 180° possíveis de inclinação dos estímulos. Além disso, alguns neurônios sensíveis à orientação do estímulo podem ser ativados por retângulos de luz ligados ou desligados dentro do campo receptor, mas

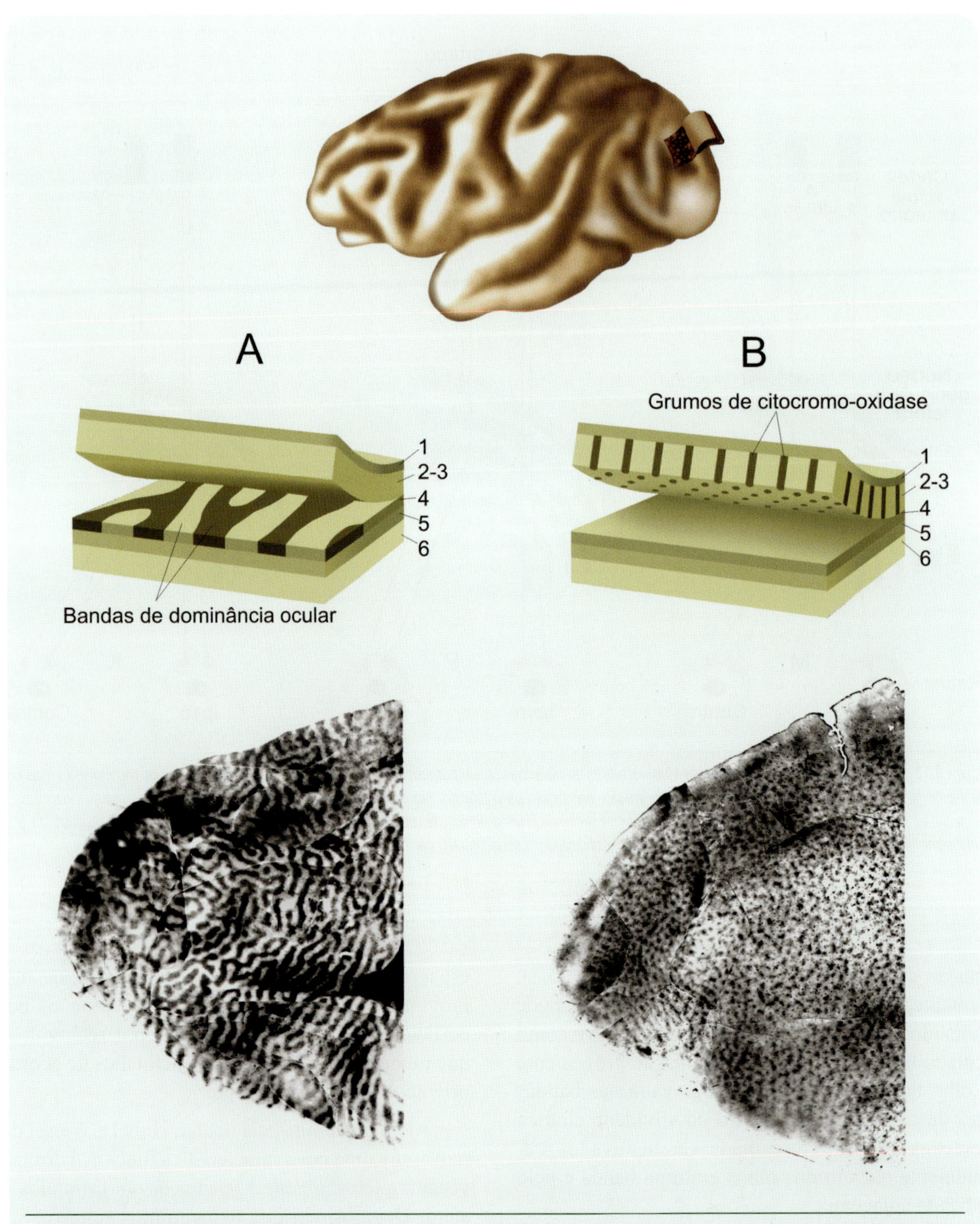

Figura 9.13. *Os módulos do córtex visual primário podem ser visualizados através da atividade de uma enzima metabólica, e mais bem revelados em planos paralelos às camadas corticais. Em* **A**, *as bandas de dominância ocular do macaco-prego, na camada 4 de V1. Em* **B**, *os grumos de citocromo-oxidase na camada 3. As duas fotos de baixo são montagens fotográficas de cortes histológicos paralelos ao plano das camadas do córtex. Fotos cedidas por Sheila Nascimento Silva, do Instituto de Ciências Biomédicas da Universidade Federal do Rio de Janeiro.*

outros exigem que os retângulos se movam em uma direção determinada. Essas células, além de sensíveis à orientação do estímulo luminoso, apresentam como característica funcional adicional a *sensibilidade à direção* de estímulos em movimento.

As bandas de dominância ocular e as colunas de orientação são módulos funcionais característicos de V1. Mas não são os únicos. Uma descoberta acidental revelou a existência de um outro sistema de módulos. A pesquisadora americana Margaret Wong-Riley estudava a presença de

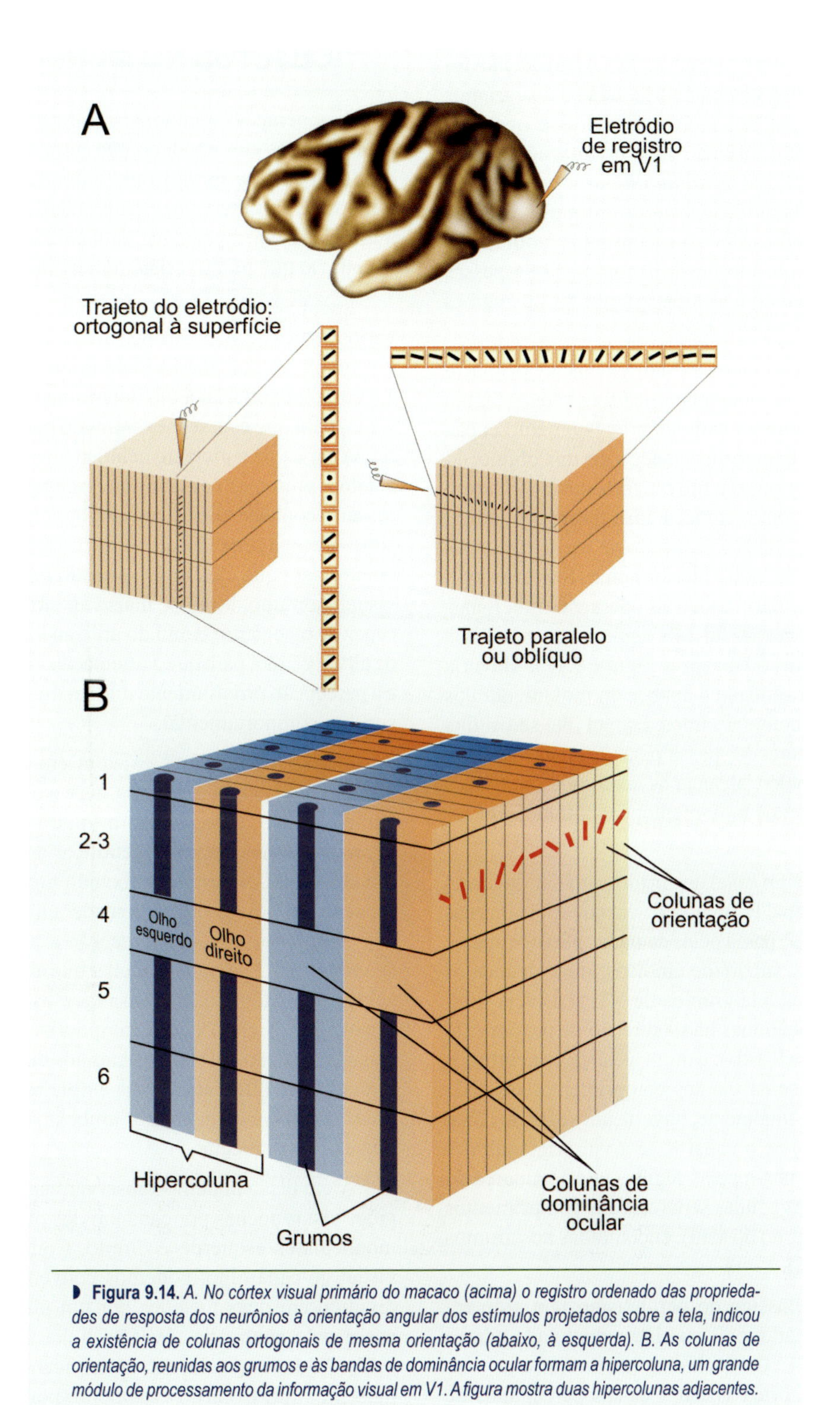

Figura 9.14. *A. No córtex visual primário do macaco (acima) o registro ordenado das propriedades de resposta dos neurônios à orientação angular dos estímulos projetados sobre a tela, indicou a existência de colunas ortogonais de mesma orientação (abaixo, à esquerda). B. As colunas de orientação, reunidas aos grumos e às bandas de dominância ocular formam a hipercoluna, um grande módulo de processamento da informação visual em V1. A figura mostra duas hipercolunas adjacentes.*

uma enzima mitocondrial no córtex (chamada citocromo-oxidase) quando se deparou com a presença de grumos, pequenos pilares de atividade enzimática mais intensa, distribuídos como um mosaico em toda a camada 3 de V1 (Figura 9.13B). Tais grumos (ou *blobs*, em inglês) não passariam de uma irregularidade na expressão de uma enzima cerebral, não fosse a sua correlação com as propriedades funcionais dos neurônios corticais. Essa correlação foi determinada por Hubel, que encontrou dentro dos grumos neurônios com campos receptores circulares e oposição de cor, sendo, portanto, insensíveis à orientação do estímulo, mas portadores de *sensibilidade ao comprimento de onda,* ou seja, sensibilidade à cor do estímulo. Na área visual secundária também foram encontrados módulos de citocromo-oxidase, com a forma de bandas finas e espessas (e regiões interbandas) em vez de grumos (e de regiões intergrumos).

Os módulos encontrados no córtex visual primário podem ser reunidos conceitualmente na *hipercoluna* (Figura 9.14B), uma verdadeira unidade de processamento capaz de analisar as principais propriedades de um objeto do mundo visual: sua forma, seu movimento, sua cor. Dentro da hipercoluna, os módulos começaram a fazer sentido funcional quando relacionados ao conceito de *paralelismo* das vias visuais, já mencionado anteriormente. Segundo esse conceito, que já se tornou clássico, as operações funcionais realizadas pelo sistema visual são segregadas em canais paralelos de informação (reveja a Figura 9.12). Haveria um canal funcional destinado à análise do movimento dos objetos, o canal M: como já vimos, é a via que se origina nas células ganglionares M, passa pelas camadas magnocelulares do geniculado e alcança os neurônios seletivos à orientação e à direção de movimento, encontrados em V1 (Figura 9.12A).

Haveria também um canal destinado à análise da forma e cor dos objetos, o canal P. Trata-se da via que se origina nas células ganglionares P, passa pelas camadas parvocelulares do geniculado e aí se subdivide em duas: uma alcança os neurônios das regiões intergrumos de V1, sensíveis principalmente à orientação mas não à direção de movimento dos estímulos (Figura 9.12B); a outra alcança os neurônios nos grumos de V1, sensíveis aos comprimentos de onda verde e vermelho. E, finalmente, haveria um segundo canal para a análise de cores, o canal K: é a via originada das ganglionares K, que passa pelas regiões interlaminares do geniculado e chega às células sensíveis aos comprimentos de onda curtos (em torno do azul), encontradas nos grumos de V1 (Figura 9.12C).

Esse conceito clássico de paralelismo tem sido recentemente questionado, pois sua individualidade parece desaparecer após V1. Os canais se misturam, e as vias dorsal e ventral do córtex visual – canais perceptuais de identificação da localização e da forma dos objetos, respectivamente – passam a exibir propriedades mistas dos canais originais.

LOCALIZAÇÃO ESPACIAL DOS OBJETOS NO MUNDO VISUAL

As operações funcionais realizadas pelos diferentes neurônios das vias paralelas que compõem o sistema visual destinam-se a permitir ao indivíduo realizar as diferentes tarefas que caracterizam as submodalidades visuais. A primeira delas é a capacidade de localizar objetos no mundo visual. De que modo o sistema visual realiza essa tarefa?

Localizar objetos no mundo visual é importante sob vários pontos de vista. Primeiro, é preciso dispor de reflexos visuomotores que possibilitem orientar os olhos, a cabeça e o corpo em relação a um determinado setor do campo de visão, para que este seja examinado pela fóvea, a região da retina capaz de suficiente acuidade para a identificação de detalhes presentes nessa região do campo. Além disso, é necessário conhecer as relações topográficas entre as diversas partes de uma cena visual, ou entre as diversas partes de um objeto, para que eles façam sentido perceptual. O sistema visual, portanto, torna-se mais vantajoso a um animal se é capaz de reconstruir o mundo utilizando mapas topográficos de alta precisão, para que a orientação visuomotora do corpo e a percepção propriamente dita sejam realizadas com mais sucesso comportamental.

Mapas topográficos existem em praticamente todas as regiões visuais do sistema nervoso. Para compreender como eles são, é necessário primeiro estabelecer um sistema de referências para identificar as diversas partes do mundo visual. Se estamos fixando um ponto qualquer do espaço com nossos olhos, consideramos que toda a região desse espaço acessível à percepção é o nosso campo visual (Figura 9.15). Podemos perceber que ele é delimitado pelos acidentes anatômicos de nossa face: as rebordas orbitárias, o nariz etc. É claro que o campo visual completo resulta da superposição parcial dos campos de cada olho, que são ligeiramente diferentes. Uma ampla região à nossa frente é vista simultaneamente por ambos os olhos, e por isso é dita campo binocular.

Além disso podemos observar, para os lados, duas regiões vistas apenas por cada um dos olhos: são os campos monoculares esquerdo e direito. Considerando o campo visual de cada olho, podemos convencionar que ele seja dividido em duas metades por um plano imaginário que passa pelo centro da fóvea (a linha vermelha na Figura 9.15). As duas metades são os hemicampos nasal (por estar mais próximo ao nariz) e temporal (por estar mais próximo à têmpora). Por convenção, podemos também dividir os hemicampos imaginando um plano horizontal que passe pela fóvea. Agora o campo visual de cada olho estará dividido em quatro quadrantes: superior nasal, superior temporal, inferior nasal e inferior temporal. Com os dois olhos abertos, normalmente fixando o mesmo ponto do espaço, esses planos imaginários determinam um meridiano horizontal e um meridiano vertical (como nos mapas de geografia) cujo cruzamento é o centro visual do campo.

A partir daí, diferentes sistemas de coordenadas podem ser construídos para identificar com precisão a posição de quaisquer pontos no campo visual: é o que se vê em cada lado do mapa da Figura 9.15. Assim, por exemplo, a posição de um ponto em qualquer quadrante do campo visual de um olho pode ser descrita a tantos graus acima do meridiano horizontal e a tantos graus de afastamento do meridiano vertical (à direita no mapa da Figura 9.15), ou a tantos graus de afastamento do meridiano vertical e a tantos graus de afastamento do centro do campo (à esquerda no mapa da Figura 9.15).

As coordenadas do campo visual podem ser também aplicadas à retina. Nesse caso, entretanto, tudo será invertido, já que a imagem que se forma sobre a retina é invertida pelo sistema óptico do olho. Desse modo, o quadrante temporal inferior de cada olho corresponde ao quadrante nasal superior do campo visual do mesmo olho, e assim por diante. Ainda que de modo invertido, a hemisfera retiniana reproduz fielmente o campo visual correspondente (Figura 9.15). Ocorre que as fibras do nervo óptico preservam essa organização retinotópica (ou visuotópica, se preferirmos considerar o campo visual) e transferem-na aos seus alvos

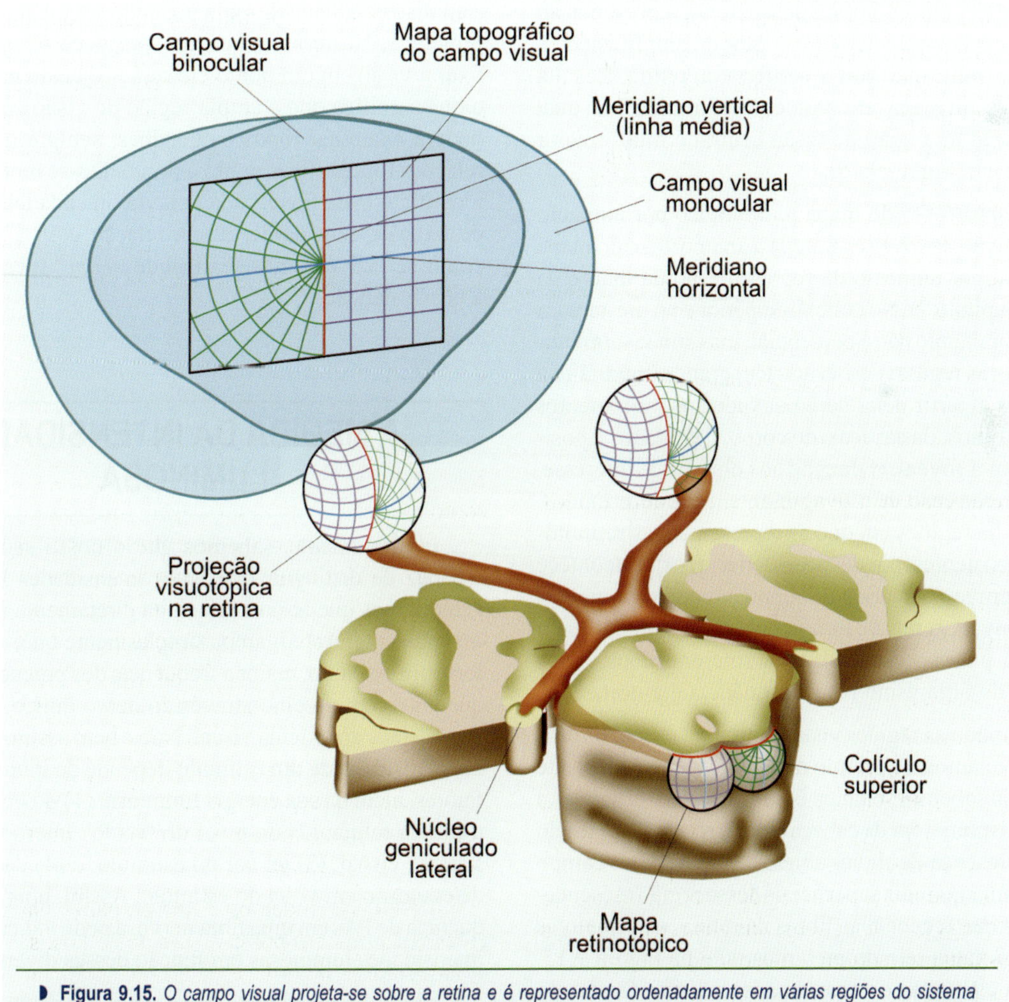

Figura 9.15. *O campo visual projeta-se sobre a retina e é representado ordenadamente em várias regiões do sistema nervoso. Se o dividirmos em coordenadas, como um mapa topográfico, essas mesmas coordenadas podem ser projetadas à retina, e representadas nas regiões visuais. O mapa topográfico do campo passa a ser um mapa visuotópico na retina, e um mapa retinotópico nas regiões centrais. A figura apresenta dois tipos de coordenadas: polares (em verde, no hemicampo esquerdo) e azimutais (em roxo, no hemicampo direito). Os mapas de cada hemicampo apresentam-se invertidos nas retinas, e os mapas de cada hemirretina encontram-se em um só lado do cérebro.*

subcorticais. Existem, portanto, mapas retinotópicos no colículo superior, no pré-tecto e no núcleo geniculado lateral. Mapas retinotópicos existem também nas diferentes áreas corticais. Trata-se de uma representação topográfica, isto é, ordenada, do campo visual no tecido nervoso, algo semelhante aos mapas somatotópicos do sistema somestésico, que consistem numa representação ordenada do corpo no tecido nervoso correspondente (Capítulo 7).

O modo como cada região visual irá utilizar a informação topográfica contida nesses mapas retinotópicos será determinado por sua função. Também as características dos mapas variam de acordo com a operação funcional das diferentes regiões visuais. O núcleo geniculado lateral e o córtex visual primário participam de funções perceptuais baseadas no reconhecimento de detalhes de forma, movimento e cor, detectados a partir da fóvea. Por isso a fóvea, que ocupa uma fração pequena da superfície da retina mas contém grande densidade de receptores, possui uma extensa representação nessas regiões. Diz-se então que o fator de amplificação é maior para a fóvea que para a periferia da retina. Resulta nessas regiões um mapa retinotópico "deformado", no qual a representação da região de visão central é muito maior que a periférica (Figura 9.16).

Essa anamorfose[G] do mapa retinotópico por aumento da representação da fóvea é análoga à anamorfose do mapa somatotópico por aumento da representação da mão e da face (ver o Capítulo 7). No colículo superior e no pré-tecto, a função predominante não é perceptual, mas sim visuomotora: neste caso, as regiões periféricas têm grande importância relativa, pois a partir delas serão ativados os movimentos reflexos dos olhos, da cabeça e do corpo, destinados a posicionar melhor a fóvea em direção aos objetos de interesse. Os mapas, nesse caso, não se apresentam tão deformados. Finalmente, há regiões em que as representações retinotópicas são inexistentes, por desnecessárias. É o que acontece no núcleo supraquiasmático do hipotálamo, cuja função é detectar os níveis gerais de luminosidade do ambiente sem distinção de posição espacial, para sincronizar os ciclos fisiológicos do organismo com a sequência dia-noite.

De que modo as regiões visuais utilizam os mapas retinotópicos? Vejamos o exemplo do colículo superior. Neste caso, como já sabemos, o mapa é utilizado para propiciar a orientação visuomotora da cabeça e do corpo, e desse modo localizar a presença de algum objeto de interesse no campo visual. As camadas mais superficiais dessa região mesencefálica são as que recebem as fibras da retina, e portanto as que alojam o mapa retinotópico mostrado na Figura 9.15. Mas o mapa é preservado nas camadas mais profundas do colículo superior, que originam as vias eferentes.

Os setores mais posteriores do colículo superior esquerdo, por exemplo, que representam a hemirretina nasal direita (= hemicampo temporal direito), projetam fibras para regiões do tronco encefálico, que por sua vez contactam os núcleos do nervo abducente direito e do nervo oculomotor esquerdo. Esse circuito torna possível ativar seletivamente os músculos oculares apropriados, e assim mover reflexamente os olhos na direção certa sempre que surge um estímulo luminoso à direita, na extremidade temporal do campo visual. O esquema é semelhante para as demais regiões do campo, conforme a visuotopia correspondente. Os neurônios das camadas profundas do colículo também projetam seus axônios para os segmentos cervicais da medula espinhal contralateral, através de um feixe chamado tecto-espinhal. Assim, no mesmo exemplo anterior, poderão ser ativados também os músculos do pescoço que giram a cabeça para a direita. O controle visuomotor pode ser mais bem estudado no Capítulo 12.

A retinotopia é também muito importante para a percepção, especialmente porque a grande amplificação da região de representação da fóvea (como ocorre em V1) permite a análise detalhada de cada pequeno segmento da imagem projetada. Neste momento em que você lê este livro, ao fixar a visão em um ponto ele será projetado na sua fóvea, o que significa que a ampla região de visão central de V1 poderá examinar todos os detalhes, sempre mantendo as relações topográficas ponto a ponto. Desse modo podemos identificar cada frase, cada palavra ou cada letra da região de fixação, sem perder a sua relação com a vizinhança, como se estivéssemos realizando *zooms* sucessivos com a nossa atenção.

A MEDIDA DA INTENSIDADE LUMINOSA

Intuitivamente, sabemos que o nosso sistema visual é capaz de distinguir diferentes intensidades luminosas e acreditamos que isso se relaciona diretamente à energia da luz incidente. Acreditamos simplesmente que, quanto mais forte um estímulo, maior a frequência dos potenciais de ação que emergem do olho através do nervo óptico, em direção aos núcleos do sistema visual. Não é bem assim. A avaliação da intensidade de um estímulo depende de inúmeros outros fatores, além da sua energia luminosa: (1) do nível de adaptação da retina; (2) do nível de "ruído" interno do próprio sistema visual; (3) da cor do estímulo; e (4) das condições de contorno em volta do estímulo. Assim, uma mesma frequência de PAs em uma fibra nervosa pode indicar diferentes intensidades luminosas em função desses diversos fatores.

Vimos anteriormente que a adaptação é um mecanismo de regulação da sensibilidade retiniana. No escuro, somos mais sensíveis à intensidade luminosa. Por isso, a luz de uma vela nessas condições nos parece bastante forte. No entanto, a mesma vela acesa em um ambiente claro quase nos passa despercebida. É que a hipersensibilidade da retina adaptada ao escuro faz com que a luz da vela seja codificada com uma alta frequência de PAs, enquanto a mesma luz da mesma vela produz uma menor frequência de impulsos quando a retina está adaptada ao claro. Na vigência de uma condição constante de adaptação, entretanto, é válida a proporcionalidade entre energia incidente e frequência de impulsos: duas velas produzem maior frequência de PAs do que uma única vela.

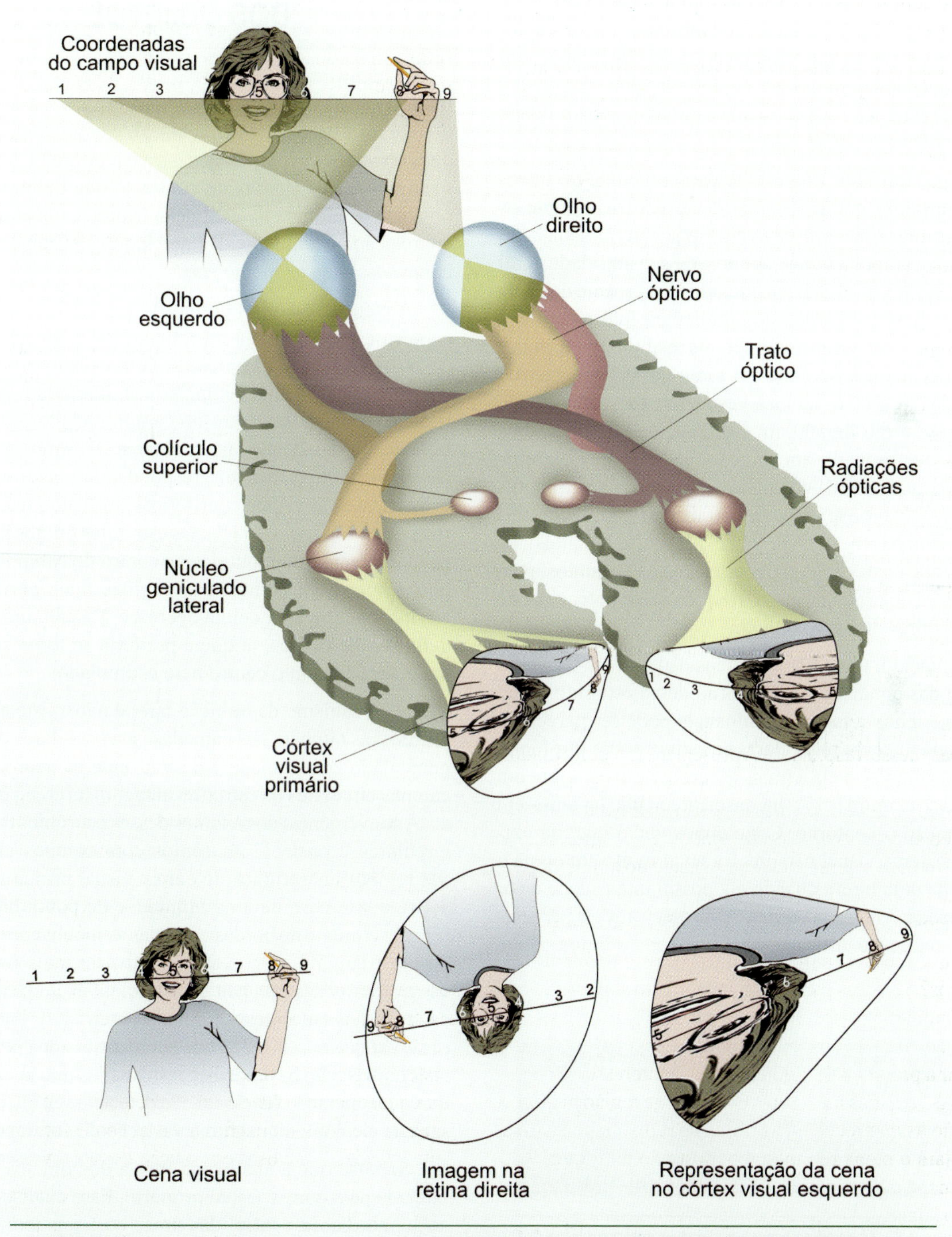

▶ **Figura 9.16.** *A anamorfose do mapa visuotópico no córtex visual primário produz uma maior representação das regiões centrais do campo, projetadas na fóvea. Desse modo, maior número de neurônios corticais encarrega-se de processar as informações provenientes da fóvea, do que as que se originam na periferia do campo. Modificado de J. Frisby (1980).* Seeing. *Oxford University Press, Oxford, Inglaterra.*

Um complicador: os neurônios geralmente possuem uma atividade espontânea, isto é, disparam impulsos a uma certa frequência mesmo na ausência completa de estimulação luminosa. Na linguagem dos engenheiros de comunicações, a atividade espontânea é o ruído do sistema. Isso determina o limite inferior da sua sensibilidade. Quer dizer: estímulos muito fracos não são detectados, mesmo que sejam capazes de provocar a ativação dos fotorreceptores. Como o ruído neural varia com o ciclo circadiano, com as condições metabólicas gerais do indivíduo, com o seu estado de saúde etc., fica claro que o limiar de sensibilidade varia também com esses fatores.

A cor é um fator importante para a medida de intensidade luminosa que o sistema visual realiza, porque os fotorreceptores são mais sensíveis a uma determinada faixa do espectro, como já vimos. A curva de sensibilidade geral da retina, assim, pode ser considerada uma espécie de soma algébrica da sensibilidade dos diferentes fotorreceptores (ver adiante). Na visão fotópica, a sensibilidade é maior para comprimentos de onda em torno de 555 nm (verde-amarelado), enquanto na visão escotópica a sensibilidade é maior em torno de 500 nm (verde-azulado), em ambos os casos decrescendo em direção aos menores comprimentos de onda (azul) e também em direção aos maiores (vermelho). Logo, se estivermos olhando para estímulos verdes e azuis de mesma luminância[G] (equiluminantes), os primeiros nos parecerão mais fortes que os segundos, pois são capazes de produzir maior frequência de potenciais de ação nas fibras do nervo óptico.

Finalmente, a medida de intensidade de um estímulo depende das condições de contorno desse estímulo. Uma figura que tenha a mesma luminância pode ser percebida como mais intensa (mais clara) se estiver sobre um fundo escuro, ou menos intensa (mais escura) se estiver sobre um fundo claro (Figura 9.17). Inconscientemente, levamos em consideração o contorno. Concluímos então que, na verdade, o sistema visual não precisa levar muito em conta o interior de uma figura quando ela possui intensidade e cor homogêneas. Antes, as bordas é que precisam ser percebidas com nitidez, e utilizadas para comparar a figura com o fundo. A intensidade do interior da figura é extrapolada a partir da medida do lado de dentro da borda.

Figura 9.17. *As setas da esquerda são mais escuras que as da direita? Pura ilusão. O fundo à esquerda é que é mais claro que à direita. Conclusão: o contorno de um objeto influencia a avaliação de intensidade pelo sistema visual.*

A IDENTIFICAÇÃO DA FORMA DOS OBJETOS

A identificação da forma dos objetos presentes no mundo visual é realizada pela combinação de atividades dos canais M e P do sistema visual, e envolve pelo menos duas operações perceptuais básicas: a primeira consiste na identificação de bordas de contraste que delimitam cada objeto, e a segunda na avaliação tridimensional do objeto em relação ao ambiente. De que modo o sistema visual dá conta dessas duas operações?

A identificação das bordas de contraste, como vimos, começa a esboçar-se já na retina, através do mecanismo de inibição lateral propiciado pela estrutura tangencial das células horizontais e amácrinas, que criam uma periferia antagônica ao centro do campo receptor das células bipolares e das células ganglionares. É como se a região central do campo receptor, respondendo mais fortemente, "silenciasse" as regiões periféricas, tornando mais fraca a sua resposta (Figura 9.11B). Os estímulos ótimos para essas células devem estar contidos no centro do campo receptor, pois sempre que atingem as regiões mais periféricas a atividade elétrica da célula decresce. Resulta uma melhor definição de bordas, já que a periferia se torna silenciosa em contraste com o centro bem estimulado.

O mecanismo da inibição lateral não existe apenas na retina, mas também nas camadas parvocelulares do núcleo geniculado e na camada 4 de V1, onde há neurônios com campos circulares de estrutura antagonista como os da retina. A convergência dos axônios desses neurônios de campos circulares "constrói" neurônios com campos alongados nas regiões intergrumos do córtex visual primário (Figura 9.18), e isso permite uma infinidade de possibilidades no reconhecimento de bordas em todas as inclinações. A figura de um triângulo, por exemplo, ativaria mais fortemente os neurônios das colunas de V1 seletivas à orientação de cada um dos lados dessa figura geométrica. É interessante observar que o triângulo pode ser identificado apenas pelas suas bordas, não havendo necessidade – como já vimos – de qualquer operação funcional que detecte o seu interior, a não ser que ele contenha alguma variação de contraste ou cor.

Sabe-se que a análise da forma dos objetos é apenas iniciada pelo córtex visual primário. Essa análise continua ao longo da via ventral das áreas corticais extrastriadas, seguindo uma sequência que passa pelas regiões interbandas de V2, depois V4 e, finalmente, o córtex inferotemporal (no giro temporal inferior[A]). Nesse trajeto, os campos receptores dos neurônios vão-se tornando maiores e a retinotopia

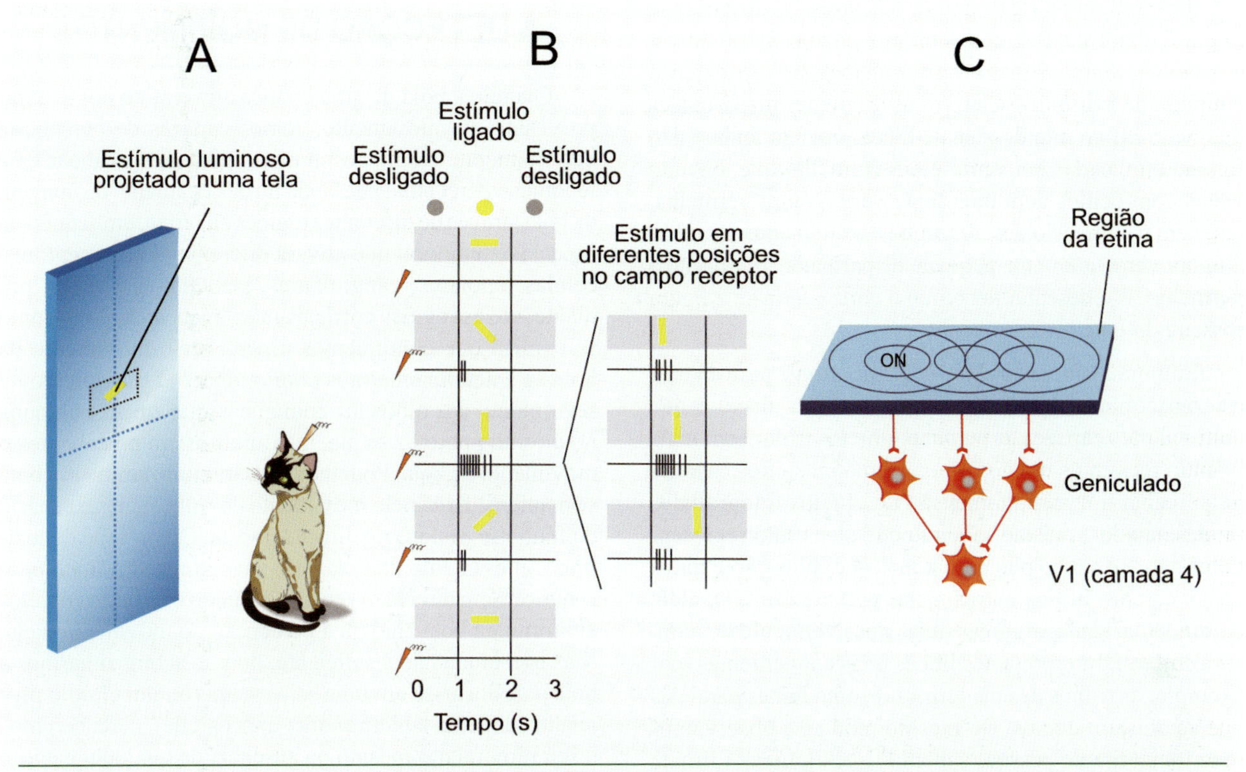

Figura 9.18. *Os experimentos dos neurofisiologistas no córtex visual de animais como o gato (**A**) permitiram identificar neurônios que respondem a estímulos alongados em uma determinada orientação (**B**). Toda vez que o estímulo sai daquela orientação e invade a periferia do campo, o neurônio dispara menos. A hipótese mais aceita é que os campos receptores alongados encontrados no córtex sejam "construídos" pela convergência de neurônios com campo circular de estrutura antagonista (**C**).*

menos precisa, mas os requisitos de estimulação para ativar as células passam a ser mais sofisticados. No córtex inferotemporal, por exemplo, cerca de 10% dos neurônios são ativados por figuras que representam mãos ou faces, em posições bastante específicas. Talvez esses neurônios, chamados provocativamente de células gnósticas (células do saber, do grego *gnosis*), sejam unidades de reconhecimento de formas complexas. O seu papel real na percepção de formas, entretanto, ainda é mal conhecido e será mais detalhadamente discutido no Capítulo 17.

O estudo de indivíduos com lesões restritas nessas áreas tem comprovado seu envolvimento com a percepção de formas. Esses pacientes perdem a capacidade de reconhecer objetos e desenhos (agnosias), mesmo aqueles mais comuns no cotidiano de todos. Alguns perdem a capacidade de reconhecer faces (prosopagnosia), até mesmo a sua própria, vista em um espelho!

Na vida real, os objetos não possuem apenas uma forma bidimensional, como se estivessem todos desenhados ou fotografados em papel. Possuem consistência sólida, conferida pela terceira dimensão do espaço, a profundidade. A detecção de profundidade, também chamada visão tridimensional (3D) ou estereoscópica, é uma submodalidade relacionada à detecção de formas, que depende de inúmeros fatores.

Um primeiro fator é a cooperação entre os dois olhos, chamada binocularidade. Temos dois olhos afastados cerca de 6 cm um do outro, e a consequência disso é que cada olho vê um mesmo objeto tridimensional a partir de ângulos ligeiramente diferentes. Podemos nos dar conta disso fixando um objeto e fechando alternadamente um olho, depois o outro, e assim repetidamente. Cada ponto de um objeto visto pelos dois olhos simultaneamente produz imagens situadas em pontos não homólogos em ambas as retinas. Por isso, a imagem que vemos com um olho é diferente da que vemos com o outro olho. Considerando uma dessas imagens, pode-se medir a distância que a separa do ponto "correto", isto é, do ponto homólogo à retina oposta. Essa distância é chamada disparidade, que é uma das grandezas que o sistema visual utiliza para medir a profundidade dos objetos.

Verificou-se que alguns neurônios binoculares do córtex visual são seletivos para disparidade, isto é, produzem maior frequência de potenciais de ação quando ativados por dois estímulos ligeiramente díspares. A disparidade ótima é maior para alguns neurônios, menor para outros, e a consequência é que o córtex dispõe de um extenso conjunto de neurônios seletivos às diferentes disparidades que ocorrem no mundo visual. Talvez você já tenha visto figuras duplicadas em verde e em vermelho que, quando vistas com óculos com uma lente verde, outra vermelha, parecem tridimensionais. O truque é exatamente desenhar a figura verde com uma pequena disparidade em relação à vermelha. E o desenho faz o que o córtex faria se a figura fosse realmente tridimensional.

Embora a binocularidade seja importante para a visão estereoscópica, ela não é essencial. Prova disso é que continuamos capazes de perceber objetos tridimensionais quando fechamos um dos olhos. Também somos capazes de perceber a terceira dimensão de objetos fotografados ou desenhados, mesmo sabendo que eles estão representados sobre o único plano do papel. A explicação é que o nosso cérebro utiliza outras pistas para a visão 3D, além da binocularidade, algumas delas possivelmente de natureza cultural. Interpretamos linhas retas convergentes (por exemplo, os trilhos de uma ferrovia) como linhas paralelas que se afastam de nós. Do mesmo modo, se observamos uma longa fila de pessoas sabemos que algumas formam imagens pequenas na retina porque estão distantes, não porque sejam anãs! O tamanho relativo das imagens retinianas produzidas por objetos conhecidos dá-nos indicações do quanto eles estão afastados de nós (Figura 9.19). Igualmente, os objetos que estão em perfeito foco quando observamos uma cena são aqueles situados no plano de nossa atenção, ficando fora de foco os mais distantes e os mais próximos.

A DETECÇÃO DE MOVIMENTOS

Quando a bola de uma criança atravessa o nosso campo visual, em movimento, somos capazes de percebê-la perfeitamente. De modo intuitivo, podemos explicar esse fenômeno perceptual pensando no deslocamento da imagem da bola através de diferentes regiões da retina, em sequência espacial e temporal que ativará diferentes fotorreceptores, células bipolares, ganglionares, geniculares e assim por diante, até as regiões corticais mais avançadas. Mas como se explica que continuemos a perceber o movimento da bola se a acompanharmos com o olhar? O movimento de seguimento dos olhos faz com que a imagem se mantenha no mesmo ponto da retina, mas ainda assim percebemos o movimento da bola. Podemos pensar: muito simples, a bola se mantém "fixa" pelo movimento dos olhos, mas o cenário de fundo se desloca na direção oposta. Quem sabe deduzimos o movimento da bola pelo aparente deslocamento do cenário? Sem dúvida, o cenário de fundo e os outros objetos em torno da bola ajudam a percepção do movimento dela. Mas isso ainda não é suficiente, pois se acompanharmos a bola a deslocar-se em uma sala escura (ou um círculo projetado com uma lanterna sobre uma parede), perceberemos o seu movimento mesmo na ausência de qualquer cenário coadjuvante. E não basta imaginar que o movimento ocular de seguimento é trêmulo ou imperfeito, insuficiente para "fixar" a imagem da bola no mesmo ponto retiniano, pois mesmo a pós-imagem[G] de uma bola, percebida no escuro, parece mover-se quando os olhos se movem. Então, qual a explicação?

O sistema visual pode obter informação sobre os objetos que se movem no campo visual a partir de dois

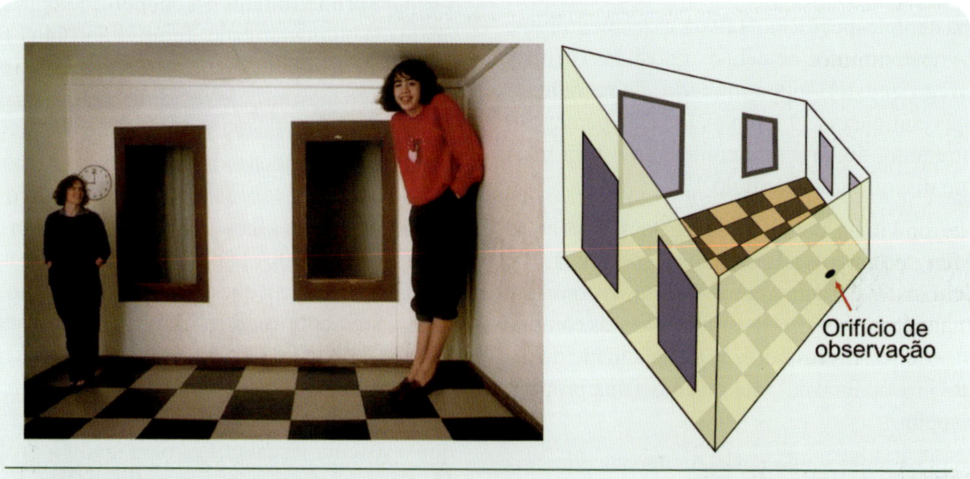

Figura 9.19. *A mulher da esquerda é anã, ou a menina da direita é gigante? Nenhuma das duas opções: a casa é que está construída de modo distorcido (à direita), enganando a nossa percepção de profundidade. Esta ilusão foi criada pelo pintor e psicólogo americano Adelbert Ames II (1880-1955).*

mecanismos diversos. O primeiro consiste simplesmente na passagem das imagens sobre diferentes locais da retina, em sequência temporal e espacial que se reproduz ao longo de todo o sistema visual até o córtex. É o que acontece quando a bola atravessa o nosso campo visual, ou o cenário o faz em sentido contrário. O segundo mecanismo consiste na informação proprioceptiva e motora originada da ativação dos músculos extraoculares pelos núcleos correspondentes. É esse último mecanismo que explica a percepção de movimento da bola ou de sua pós-imagem, quando a observamos no escuro.

O Canal de Movimento

Já vimos que o deslocamento da imagem de um objeto sobre a retina ativa em sequência um conjunto de fotorreceptores, depois as células bipolares e a seguir as ganglionares. Dentre estas, tanto as células M quantos as P contribuem para a sensação de movimento, a qual depende de como as coordenadas espaciais dos objetos variam no tempo em diferentes níveis de contrastes; as células M sinalizam com grande precisão, como vimos, o momento de ocorrência dessas mudanças, enquanto as células P sinalizam acuradamente as coordenadas espaciais dos objetos, ambas funções fundamentais para a percepção do movimento. O processamento de movimento estende-se aos grumos da camada 4B de V1, às bandas largas de V2 e depois às áreas V3 e V5 da via dorsal do córtex visual (Figura 9.9).

Nessas diferentes áreas corticais serão ativados os neurônios sensíveis ao sentido e à velocidade do movimento do objeto, situados nas regiões retinotópicas correspondentes à posição do objeto em cada momento. É possível que alguns desses neurônios estejam simultaneamente envolvidos na identificação da forma do objeto móvel, já que os seus campos receptores são também sensíveis à orientação e outros aspectos do estímulo.

A área V5 (conhecida também pela sigla inglesa MT, correspondente a "temporal média") parece ser a região cortical mais específica para o movimento, uma vez que há casos de pacientes com lesões cerebrais aí localizadas que apresentam acinetopsia, uma condição neurológica que os torna incapazes de perceber visualmente o movimento das coisas. Além disso, V5 aparece ativada em imagens de ressonância magnética funcional de indivíduos normais quando eles são seletivamente estimulados com imagens em movimento.

A Cópia Eferente, um Caso de Espionagem Visual

O segundo mecanismo de percepção visual de movimento é um caso de "espionagem visual", cuja base neural ainda é pouco conhecida. Postula-se a existência de uma região do sistema visual que receberia uma cópia do programa motor que é executado pelos núcleos motores dos músculos extraoculares, a cada movimento que os olhos realizassem. Essa informação motora é chamada cópia eferente, pois consiste exatamente no padrão de comandos a serem seguidos pelos núcleos motores do globo ocular. Considera-se possível, mas menos eficiente, que essa mesma região receba informações proprioceptivas dos receptores sensoriais situados na musculatura extrínseca do globo ocular. Menos eficiente, porque a informação nesse caso chegaria ao SNC depois que o movimento tivesse começado.

A região neural que recebe a cópia eferente não é ainda conhecida com segurança, mas não precisa necessariamente estar localizada no córtex. Certos núcleos do pré-tecto, como o núcleo do trato óptico, apresentam neurônios particularmente sensíveis ao movimento dos estímulos, recebem axônios provenientes do córtex visual e não são propriamente motores. É possível que comparem as informações visuais do movimento com a cópia eferente do programa oculomotor, mas essa hipótese ainda aguarda confirmação experimental.

VISÃO DE CORES

Ver cores não é apenas um prazer, é um recurso importante para aumentar a nossa percepção de detalhes e permitir-nos identificar melhor e mais rapidamente os objetos em meio a cenas visuais complexas. Ela também contribui para memorizarmos com mais facilidade uma cena visual. Dentre os mamíferos, os primatas antropoides diurnos (inclusive o homem) são os que têm essa capacidade visual mais desenvolvida, vendo verde, vermelho, azul, amarelo, branco, preto e suas combinações. Os demais mamíferos vêem apenas azul, amarelo, branco, preto e suas combinações, sendo que alguns têm apenas a visão do branco, do preto e dos cinzas. Outros animais não mamíferos também possuem visão de cores sofisticada (alguns insetos, por exemplo), em alguns casos mais sofisticada que a dos primatas antropoides.

Três Cores Bastam? Três Cones Bastam?

O interesse dos cientistas pela visão de cores intensificou-se depois que o físico inglês Isaac Newton (1642-1727), em um famoso experimento, utilizou um prisma de cristal para decompor um feixe de luz branca, produzindo, do outro lado, um feixe multicolorido formado pelas diferentes cores do arco-íris, separadas e visíveis. Mais tarde, descobriu-se que a luz branca resulta da combinação de radiações de diferentes comprimentos de onda, o que levou à conclusão de que a cor de uma luz está ligada aos comprimentos de onda que a compõem. Essa descoberta gerou uma pergunta fundamental: como o cérebro é capaz de identificar tantas cores, sendo praticamente infinita a quantidade possível de comprimentos de onda da luz, e enorme a nossa capacidade de vê-los? Os neurocientistas da atualidade calculam que somos capazes de ver cerca de 16 milhões de cores diferentes! A primeira resposta a essa pergunta coube ao inglês Thomas Young (1773-1829), que se deu conta da impossibilidade de nossa retina conter tantos fotorreceptores diferentes quantas são as cores perceptíveis. Young experimentou misturar feixes de luz de diferentes cores, variando a sua intensidade, e percebeu que com algumas poucas cores que denominou "primárias" podia produzir todas as demais que somos capazes de ver. Raciocinou imediatamente que as "partículas" da retina (como eram chamados os atuais fotorreceptores) deviam ser de apenas três tipos, sensíveis cada um deles às cores primárias: vermelho, verde e azul.

A teoria tricromática de Young foi muito questionada, mas estabeleceu-se como verdadeira recentemente, quando se conseguiu medir a sensibilidade espectral dos fotorreceptores, identificando cinco tipos de pigmentos visuais segundo sua capacidade de absorver a luz preferencialmente em certas faixas do espectro (Figura 9.20). O grupo dos cones possui três tipos diferentes de pigmentos, cada um deles absorvendo preferencialmente uma das três cores primárias. Os bastonetes possuem um único tipo de pigmento – a rodopsina –, cuja maior absorbância[G] situa-se na faixa do azul. E um tipo de célula ganglionar intrinsecamente fotossensível possui um pigmento diferente – a melanopsina, cujo pico de sensibilidade fica próximo do dos bastonetes. Já sabemos que os cones se concentram na fóvea e preferem operar em condições fotópicas (reveja a Tabela 9.2): são eles os receptores da visão cromática. Os bastonetes, ao contrário, têm maior sensibilidade a luzes de baixa intensidade, mas seu único pigmento não lhes permite informar ao cérebro sobre cores. As ganglionares fotossensíveis têm função ainda pouco conhecida: participam da regulação dos ciclos circadianos, mas sua influência na percepção visual é ainda especulativa.

A maior sensibilidade de cada cone a uma faixa restrita de comprimentos de onda significa apenas que é maior a probabilidade de um fóton ser absorvido se estiver vibrando na frequência preferencial do seu pigmento. Para identificar o tipo de cone, costumamos chamá-los pela cor primária correspondente (cones "azuis", "vermelhos" e

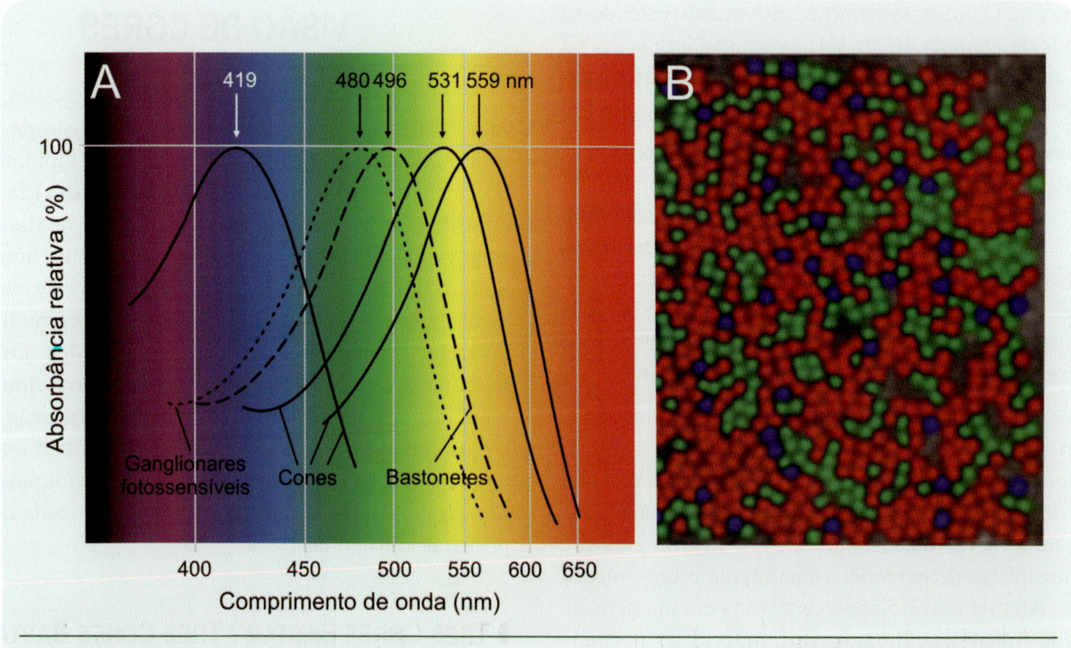

Figura 9.20. ***A.*** *Os bastonetes são de um único tipo: absorvem preferencialmente luz em torno de 496 nm. Mas os cones apresentam três tipos, cada um com um pigmento diferente: os "azuis" (ou L), que absorvem em torno de 419 nm; os "verdes" (ou M), que absorvem em torno de 531 nm; e os "vermelhos" (ou S), que absorvem luz de cor alaranjada (pico em 559 nm). Os apelidos dados a cada um dos tipos não são muito apropriados, mas ilustram a seletividade cromática dos cones. As células ganglionares fotossensíveis absorvem em torno de 480 nm. Observe que todos os fotopigmentos "parecem" absorver a mesma intensidade máxima de luz. Não é assim; se a ordenada estivesse expressa em valores absolutos, as curvas dos cones seriam "achatadas", pois a sua sensibilidade absoluta é muito menor que a dos bastonetes.* ***B.*** *Os três tipos de cones distribuem-se aleatoriamente na retina humana, formando um mosaico capaz de representar cada sensibilidade cromática em todas as partes da retina, e portanto também do campo visual. Foto cedida por Heidi Hofer, do Centro para a Ciência Visual da Universidade de Rochester, EUA.*

"verdes"), embora essa forma de denominação seja imprecisa, pois leva a supor, por exemplo, que apenas os fótons "vermelhos"[3] sejam absorvidos pelos cones "vermelhos", e assim sucessivamente, o que não é verdade. Um cone "vermelho" pode absorver também um fóton "amarelo" ou um fóton "verde" – embora com menor probabilidade. Seu potencial receptor, entretanto, será semelhante em qualquer caso. Outra forma de denominar os cones considera a faixa de comprimentos de onda de maior absorção. Assim, haveria cones S (de *small*, relativo a comprimentos de onda curtos), com pico de absorção no violeta; cones L (de *large*, relativo a comprimentos de onda longos), com pico no amarelo; e cones M (relativo a comprimentos de onda médios), com pico no verde-amarelado.

Quando se trata de milhões, bilhões de fótons incidentes, o jogo de probabilidades favorece decisivamente o comprimento de onda adequado para cada cone. Conclui-se que uma retina que dispõe apenas de um tipo de fotopigmento não é capaz de informar ao cérebro se uma luz incidente é multicromática (composta por radiação de vários comprimentos de onda) ou monocromática, e, sendo monocromática, qual o seu comprimento de onda, ou seja, a sua cor. O cone "vermelho", seguindo o exemplo citado, não saberá se a luz incidente é composta por fótons "vermelhos", "verdes" ou "amarelos" (luz monocromática), ou por vários deles juntos (luz multicromática). Já uma retina com dois fotopigmentos é capaz de discriminar cores, embora em número menor que uma com três fotopigmentos de cones.

Os fótons de uma luz monocromática amarela de 560 nm, por exemplo (Figura 9.20), serão absorvidos em maior número pelo cone "vermelho", mas também, em menor número, pelo cone "verde". As proporções serão diferentes para comprimentos de onda de 570 nm, 580 nm e assim por diante. No entanto, uma retina com esses dois tipos de cone não poderá responder a uma luz violeta, porque os fótons dessa faixa do espectro terão pequena probabilidade de ser absorvidos. É semelhante ao que acontece nos indivíduos portadores de daltonismo, uma anomalia genética na qual ocorre ausência ou mutação do gene que codifica um dos três pigmentos visuais dos cones.

Na retina humana normal, com três pigmentos visuais, aumentam as possibilidades de variação das proporções de ativação dos cones, tornando-se enorme a capacidade de discriminação cromática. Para cada cena visual formada por diferentes objetos coloridos, uma combinação particular de fotorreceptores entra em ação em cada setor da retina. Para identificar uma flor alaranjada refletindo luz de 600 nm, por exemplo, estarão ativos muitos cones "vermelhos" e uma menor proporção de cones "verdes". Um objeto ciano (azul esverdeado), por outro lado, envolverá a participação dos três tipos de cones, em proporções dependentes da composição espectral da cor refletida.

Fica claro até aqui que o modo de operação dos fotorreceptores na visão de cores é necessariamente cooperativo. Essa atividade neural cooperativa, entretanto, só faz sentido para a percepção cromática porque os sinais enviados pelos cones são comparados nos neurônios seguintes da retina, sendo essa informação preservada nos demais estágios da via visual que leva ao núcleo geniculado lateral e ao córtex visual.

Os Canais de Cor

Os experimentos dos neurofisiologistas utilizando macacos – especialmente os macacos do Velho Mundo, cujo sistema visual é muito semelhante ao do homem – revelaram os neurônios que constituem os canais de cor (veja o Quadro 9.2). Isto é, revelaram quais as células ganglionares retinianas que recebem a informação convergente dos cones relativa à composição espectral dos estímulos luminosos incidentes, quais os neurônios do núcleo geniculado lateral do tálamo que transferem ao córtex visual a informação cromática recebida da retina e quais as células das diferentes áreas corticais envolvidas com a percepção cromática.

A retina e o geniculado contêm células cromáticas funcionalmente semelhantes, embora algumas sejam do tipo P, que sinalizam a informação sobre os vermelhos e verdes, e outras do tipo K, que sinalizam informação sobre os azuis e amarelos. Soma-se a isso o papel das células M, que sinalizam informação sobre brancos e pretos. Isso significa que há pelo menos dois canais de cor, o canal P e o canal K. Em ambos os casos, os neurônios cromáticos caracterizam-se por apresentar campos receptores de oposição cromática simples, isto é, excitados por uma cor primária e inibidos pela cor complementar[G] (Figura 9.21A, B). Há dois tipos de campos receptores de oposição cromática: os coextensivos (Figura 9.21A), nos quais o par de oposição atua em toda a área do campo, e os concêntricos (Figura 9.21B), nos quais a oposição de cor é segregada no centro e na periferia. Neurônios desse tipo foram descobertos e estudados no macaco, estimulando o campo receptor com luz de uma cor (vermelho, na figura) e depois, ou simultaneamente, com luz da cor complementar (verde). Observou-se que aumenta a frequência de disparo de potenciais de ação com uma cor, e diminui com a outra.

O córtex visual é mais complexo. Seus neurônios cromáticos estão situados principalmente dentro dos grumos de citocromo-oxidase de V1, das bandas finas de V2 e em toda a extensão de V4. Em V1 seus campos receptores são concêntricos e apresentam oposição cromática dupla (Figura 9.21C), ou seja, o neurônio pode ser ativado quando

[3] *Essa denominação para os fótons, obviamente, também é simbólica, pois não existem fótons coloridos: nossa percepção deles é que os faz "vermelhos", "verdes" etc.*

NEUROCIÊNCIA EM MOVIMENTO

Quadro 9.2
Navegando no Espaço de Cores

*Luiz Carlos Lima Silveira**

Na psicofísica visual, as cores são definidas pela combinação de três propriedades: matiz, saturação e brilho. Variando esses três parâmetros independentemente, verifica-se que o homem é capaz de distinguir cerca de 16 milhões de cores! Utilizamos esta incrível capacidade para descobrir a cor de um determinado objeto ou, melhor ainda, percebê-lo a partir do contraste de cores entre ele e a cena em que está situado. Para representar essas inumeráveis possibilidades criou-se o espaço de cores (Figura 1), uma das concepções mais interessantes da psicofísica visual. Nele, utilizando um sistema de três coordenadas, é possível representar todas as cores que o homem vê. A necessidade de três coordenadas deriva do fato de a visão humana fotópica ser tricromática, ou seja, usar informação fornecida por três classes diferentes de cones.

Nos últimos anos, tenho-me dedicado a entender o espaço de cores e desvendar os mecanismos neurais que nos permitem identificar os locais desse espaço. Meus trabalhos têm sido feitos em colaboração com diversos colegas e alunos, empregando métodos morfológicos, eletrofisiológicos e psicofísicos para investigar a visão dos primatas da Amazônia e compará-la com a do homem.

Nossas perguntas são as seguintes: A visão de cores pode ser explicada pelas propriedades dos neurônios visuais? Quais são eles e como operam? O pesquisador alemão Ewald Hering (1834-1918) acreditava que sim, e propôs, em 1878, a existência de três mecanismos que combinariam algebricamente os sinais provenientes dos cones para fornecer a visão de cores humana. Acredita-se que o primata ancestral possuía dois desses mecanismos: um que transmite informação sobre as tonalidades de preto, cinza e branco e outro que transmite informação sobre contraste azul-amarelo. Assim, esse nosso antepassado filogenético tinha um tipo de visão de cores semelhante ao de uma pessoa daltônica. Ao longo da evolução, os primatas mais próximos do homem adquiriram um terceiro mecanismo, que sinaliza o contraste verde-vermelho e, a partir daí, a visão tricromática tornou-se possível. Esses três mecanismos da visão de cores podem ser identificados no nível das células ganglionares da retina. A Figura 2 apresenta um resultado dessa abordagem interdisciplinar. Em A está

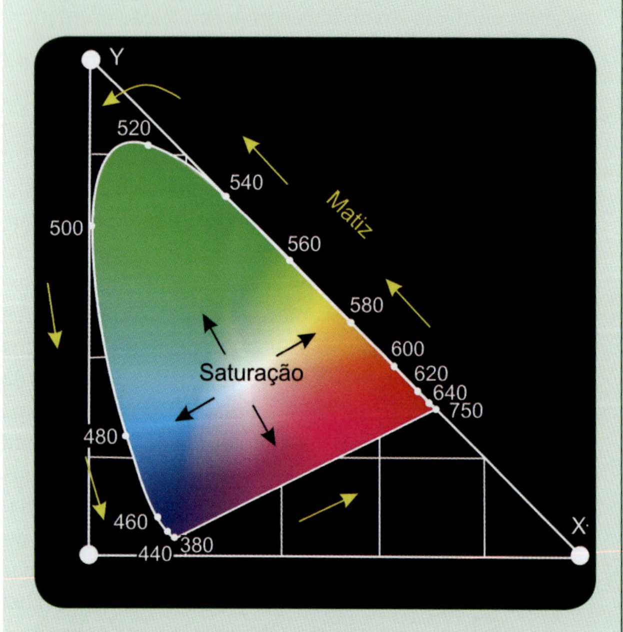

Figura 1. *No Diagrama de Cromaticidade da CIE (Comission Internationale de l´Éclairage, 1931), as quantidades de três cores primárias definem a posição de qualquer ponto do espaço de cor. Nesta representação estão incluídos todos os matizes e suas saturações, em duas dimensões. A terceira dimensão, não mostrada, representa as variações de brilho. Os números indicam os comprimentos de onda dos pontos assinalados no espaço de cor, em nanômetros. Observar que a maior parte do contorno do diagrama representa as cores do espectro na sequência em que elas ocorrem, mas na base da "ferradura" estão as cores não espectrais, os púrpuras!*

Luiz Carlos Silveira.

ilustrada a resposta de uma célula ganglionar da retina do macaco-prego, que sinaliza o contraste azul-amarelo, registrada pela nossa equipe na UFPA. Observe que esta célula é excitada por estímulos azuis e inibida por estímulos amarelos. Em B vemos a morfologia dessa classe de células, que correspondem às chamadas células biestratificadas pequenas. Os detalhes do corpo celular e do campo dendrítico dessa célula foram obtidos por um marcador retrógrado depositado no nervo óptico. Na figura nós representamos em azul os dendritos localizados mais internamente na retina, que recebem informação excitatória de estímulos de comprimento de onda curto (como o da luz azul), e em amarelo os dendritos situados mais externamente, que recebem informação inibitória de estímulos de comprimento de onda longo (como o da luz amarela).

Assim as respostas começam a aparecer, entre elas a de que a fascinante capacidade do homem para colorir o mundo que o cerca dentro da sua mente se origina da atividade elétrica dos neurônios do sistema visual.

---

* *Professor-associado do Departamento de Fisiologia do Centro de Ciências Biológicas da Universidade Federal do Pará. Correio eletrônico: luiz@ufpa.br.*

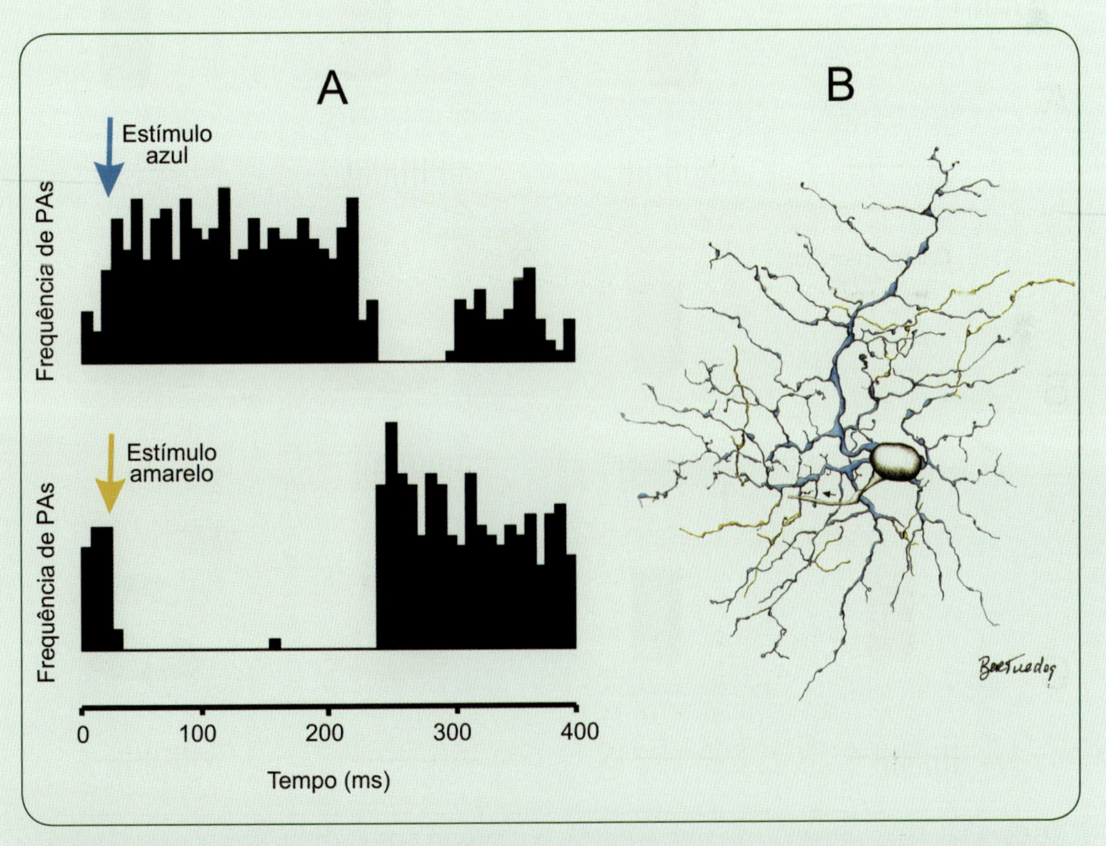

Figura 2. *Forma e função das células retinianas codificadoras de cor do canal azul-amarelo.* **A.** *Variação da frequência de potenciais de ação de uma célula ganglionar da retina do macaco-prego quando estimulada por pulsos de luz colorida (setas). A célula é excitada por um estímulo azul (λ = 468 nm) e inibida por estímulos amarelos (λ = 595 nm).* **B.** *Célula ganglionar biestratificada pequena da retina do macaco--prego marcada retrogradamente com biocitina depositada no nervo óptico. Esta célula recebe informação excitatória de células bipolares conectadas com cones C através dos seus dendritos internos (azuis no desenho) e informação inibitória de células bipolares conectadas aos cones M e L através dos seus dendritos externos (amarelos no desenho). Modificado de L. C. L. Silveira e cols.,* Visual Neuroscience, *vol. 16: pp. 333-343 (1999).*

o centro do campo receptor é estimulado por uma cor (vermelho, na figura) e inibido pela cor complementar (verde), enquanto a periferia é inibida pela primeira cor (vermelho) e estimulada pela cor complementar (verde). Na área V4 descobriu-se a existência de neurônios que respondem à cor percebida, e não necessariamente ao comprimento de onda correspondente. Parece incongruente, mas não é. De fato, esses neurônios complexos de V4 podem representar a base neurobiológica do fenômeno da constância de cor, que veremos adiante.

A PERCEPÇÃO DAS CORES

Nossa percepção das cores depende de inúmeros fatores, alguns deles celulares, outros ambientais, outros ainda de natureza cultural. Vários aspectos dessa sofisticada capacidade visual podem já ser explicados pela organização biológica do sistema visual, ainda que de modo incompleto e tentativo. Destacam-se particularmente quatro: a discriminação das cores, a oposição cromática, o contraste de cor e a constância de cor.

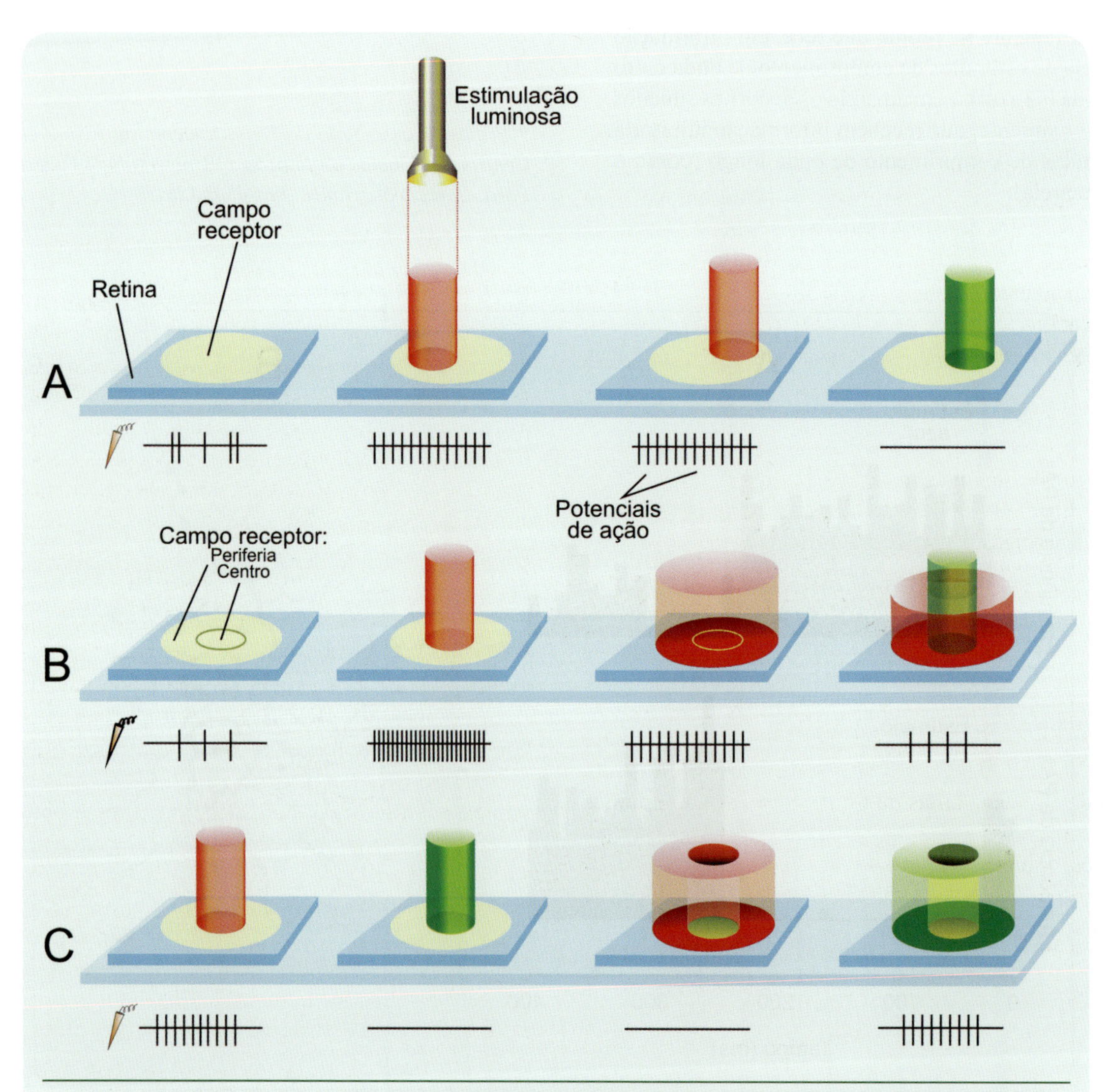

Figura 9.21. *Neste experimento, a retina é estimulada com luz vermelha ou luz verde, e ao mesmo tempo se registra a atividade de uma célula cromática da retina ou do geniculado (traçados em **A** e **B**), ou então de V1 (traçados em **C**). **A** representa uma célula de oposição cromática simples, com campo coextensivo: um círculo de luz vermelha ativa o neurônio em qualquer posição dentro do campo receptor, mas um círculo verde o inibe. **B** ilustra uma célula de oposição cromática simples com campo receptor concêntrico: neste caso o círculo de luz vermelha ativa mais o neurônio quando é projetado no centro, e menos quando o estímulo alcança a periferia do campo. Ocorre inibição quando o centro é estimulado com luz verde, e a periferia com luz vermelha. **C** representa uma célula de oposição cromática dupla, típica do córtex: ativada por luz vermelha no centro do campo e inibida por luz vermelha na periferia, e também inibida por luz verde no centro e ativada por luz verde na periferia.*

Já ficou claro o modo como discriminamos as diferentes cores do mundo. O processo depende da existência de três tipos de fotorreceptores (cones), ativados em proporções diferentes para cada tonalidade cromática. Uma cor magenta resulta da ativação dos cones vermelhos e dos cones azuis, em uma certa proporção. Igualmente, o ciano resulta da combinação dos cones verdes com os azuis. Outros tons envolvem a ativação composta dos três tipos de cones. A composição resultante é veiculada aos estágios sinápticos seguintes, ainda na retina, ou no tálamo e no córtex visual. No córtex, cada padrão específico de ativação é comparado com os outros que chegam a regiões vizinhas do mapa visuotópico, e assim, ponto a ponto, a cena visual vai sendo diferenciada quanto à sua composição de cores.

Mas já repararam que certas "tonalidades" de cor são impossíveis[4]? Não existe um "verde-avermelhado", ou um "amarelo-azulado", embora exista um azul-avermelhado (magenta) e um verde-azulado (ciano). Mais estranho ainda seria falar de "preto-claro", ou "branco-escuro". Por quê? Por que o verde "se opõe" ao vermelho, o azul ao amarelo e o branco ao preto? Podemos buscar a explicação na oposição cromática característica dos neurônios ganglionares, geniculares e corticais. Para esses neurônios, o verde excita, enquanto o vermelho inibe, ou vice-versa. O mesmo ocorre para o azul e o amarelo. A estimulação simultânea de um neurônio desse tipo com vermelho e verde (ou com amarelo e azul) cancela qualquer variação da frequência de disparo de PAs, impedindo a detecção do estímulo luminoso pelos estágios sinápticos posteriores (Figura 9.21B).

A oposição cromática dupla dos neurônios corticais permite explicar um outro aspecto da percepção de cores: o contraste de cor (Figura 9.22). Uma figura vermelha em um fundo verde ressalta muito mais do que a mesma figura sobre um fundo preto. O contraste é maior. Do mesmo modo o amarelo sobre um fundo azul. O fundo parece "influenciar" o estímulo! A explicação para esse fenômeno provém do fato de que nas bordas da figura com o fundo estamos otimizando a ativação das células corticais de oposição cromática dupla. É como se considerássemos apenas a fileira de células corticais que "veem" a borda, cada uma delas em sua condição de máxima ativação. Quando as cores contrastadas não são primárias, o fundo parece também influenciar a figura: por isso, o centro cinza-claro da Figura 9.22 parece arroxeado quando está em fundo amarelo, e amarelado quando está em fundo roxo.

Figura 9.22. *O centro cinza da flor violeta parece amarelado, e o centro da flor amarela parece levemente arroxeado, mas ambos são de um tom cinza absolutamente igual...*

Um outro fenômeno estranho, há muito conhecido dos psicólogos, tem agora uma explicação biológica: a constância de cor. Uma rosa vermelha parece ser da mesma cor quando iluminada pela luz do sol, por uma lâmpada de tungstênio ou por uma lâmpada fluorescente. O tom do vermelho percebido pode ser ligeiramente diferente, mas não temos dúvida de que é o mesmo vermelho, da mesma rosa. No entanto, a diferença de composição espectral da luz refletida nessas diferentes condições ambientais pode ser muito maior que a diferença de tom do vermelho que percebemos. A cor da rosa parece-nos constante, e isso independe da sua composição espectral!

Esse aparente paradoxo foi explicado pelo engenheiro norte-americano Edwin Land (1909-1991), o inventor da fotografia polaroide, através de uma teoria que pretendeu complementar a teoria tricromática de Thomas Young. Land chamou sua teoria de "retinex", para salientar a ação coordenada do sistema visual da retina ao córtex. A teoria retinex admitiu que a percepção de cores é obtida pela comparação entre diferentes pontos da cena visual, o que corresponde a diferentes pontos também na retina e no restante do sistema visual, e não pela detecção isolada de cada ponto independentemente. O sistema visual analisaria em conjunto as cores de toda a cena visual: a rosa continuaria a parecer vermelha sob iluminação fluorescente porque toda a cena está sob iluminação fluorescente.

Ainda não se conhece exatamente em que região do sistema visual se dá essa comparação. Mas já foram detectados neurônios da área V4 do córtex visual que respondem a uma cor, mesmo que estimulados por diferentes composições espectrais. E sabe-se também que a constância de cor desaparece em animais submetidos a lesões específicas de V4.

[4] *Estamos falando aqui de cores projetadas, isto é, da mistura de luzes monocromáticas. Quando se fala de mistura de pigmentos (tintas), a situação é bem diferente, pois devemos considerar neste caso a fração de luz absorvida e a fração de luz refletida pelo pigmento.*

GLOSSÁRIO

ABSORBÂNCIA: medida da capacidade de absorção de luz de um meio.

AMETROPIA: deficiência de focalização da imagem sobre a retina, devida à falta de adequação das dimensões do olho com o poder de convergência dos meios ópticos do olho. Ex.: miopia, hipermetropia, astigmatismo.

ANAMORFOSE: o mesmo que deformação, alteração da forma normal.

CONEXÕES RECÍPROCAS: circuitos de fibras nervosas que conectam regiões neurais nos dois sentidos, de A para B e de B para A.

CORES COMPLEMENTARES: cores opostas: vermelho x verde; azul x amarelo; branco x preto.

CURVA SENOIDAL: curva plana que representa as variações do seno em um círculo trigonométrico.

DIOPTRIA: unidade de convergência de uma lente ou uma superfície esférica com distância focal de 1 metro. É o mesmo que "grau", quando falamos de óculos.

EIXO VISUAL: linha reta imaginária que passa pelo centro da córnea e pelo centro da fóvea.

EPITÉLIO: tipo de tecido de origem embrionária ectodérmica, constituído por células cilíndricas ou cuboides, que geralmente revestem as superfícies externa e interna dos organismos. A epiderme é um epitélio.

FÓTON: partícula elementar de luz. Tipo de *quantum*, a partícula elementar de todas as formas de radiação eletromagnética, visíveis ou não.

INTERFACE: borda de separação entre dois meios: a superfície de um vidro, por exemplo.

LUMINÂNCIA: quantidade de energia luminosa que emerge de uma fonte.

PARADIGMA EXPERIMENTAL: abordagem metodológica geral para um certo tipo de questão científica.

PODER DE CONVERGÊNCIA: capacidade refrativa de uma lente ou superfície esférica, dependente de sua curvatura e equivalente ao inverso da distância focal. O mesmo que convergência.

PÓS-IMAGEM: imagem negativa de um objeto muito claro fixado durante um tempo prolongado, e observado em seguida com os olhos fechados ou em um ambiente escuro.

RESOLUÇÃO: parâmetro que expressa a precisão de um sistema de análise ou de representação. Pode ser espacial ou temporal, se se considerar respectivamente as dimensões do espaço, ou a 4ª dimensão, o tempo.

RETINOFUGAL: adjetivo que denota algo que se afasta da retina; no caso, as fibras das células ganglionares, que projetam ao encéfalo.

SENSIBILIDADE ESPECTRAL: o mesmo que sensibilidade cromática, isto é, capacidade de diferenciar estímulos luminosos de diferentes comprimentos de onda.

SABER MAIS

LEITURA BÁSICA

Bear, MF Connors BW, Paradiso MA. The Central Visual System. Capítulo 10 de *Neuroscience – Exploring the Brain* 3ª ed., Nova York, EUA: Lippincott, Williams & Wilkins, 2007 pp. 309-342. Texto que cobre apenas o sistema visual, mas não o olho e a retina, tratados à parte.

Silveira LCL. Os Sentidos e a Percepção. Capítulo 7 de *Neurociência da Mente e do Comportamento* (Lent R, coord.). Rio de Janeiro: Guanabara-Koogan 2008. Texto abrangente que cobre todos os sistemas sensoriais.

Reid RC e Usrey WM. Vision. Capítulo 27 de *Fundamental Neuroscience* 3ª ed., Nova York, EUA: Academic Press, 2008, pp. 581-608. Texto avançado a fisiologia do sistema visual, inclusive o olho e a retina.

LEITURA COMPLEMENTAR

Hecht S, Shlaer S, Pirenne MH. Energy, quanta and vision. *Journal of General Physiology* 1942; 25:819-840.

Kuffler SW. Discharge patterns and functional organization of mammalian retina. *Journal of Neurophysiology* 1953; 16:37-68.

Kaas JH, Guillery RW, Allman JM. Some principles of organization of the lateral geniculate nucleus. *Brain, Behavior and Evolution* 1972; 6:253-299.

Wiesel TN, Hubel DH, Lam DMK. Autoradiographic demonstration of ocular-dominance columns in the monkey striate cortex by means of transneuronal transport. *Brain Research* 1974; 79:273-279.

Hubel DH e Wiesel TN. Brain mechanisms of vision. *Scientific American* 1979; 241:150-162.

Horton JC e Hubel DH. Regular patchy distribution of cytochrome oxidase staining in primary visual cortex of macaque monkey. *Nature* 1981; 292:762-764.

Shapley R e Perry VH. Cat and monkey retinal ganglion cells and their visual functional roles. *Trends in Neuroscience* 1986; 9:229-235.

Hubel DH. *Eye, Brain and Vision*. Princeton, EUA: Scientific American Library, 1988.

Yamada ES, Silveira LC, Gomes FL, Lee BB. The retinal ganglion cell classes of New World primates. *Revista Brasileira de Biologia* 1996; 56 (supl. 1):381-396.

Lennie P. Single units and visual cortical organization. *Perception* 1998; 27:889-935.

Boycott B e Wassle H. Parallel processing in the mammalian retina: the Proctor lecture. *Investigative Ophthalmology and Visual Science* 1999; 40:1313-1327.

Gattass R, Pessoa LA, de Weerd P, Fiorani M. Filling-in in topographically organized distributed networks. Anais da Academia Brasileira de Ciências 1999; 71:997-1015.

Andrade da Costa BL e Hokoc JN. Photoreceptor topography of the retina in the New World monkey *Cebus apella*. *Vision Research* 2000; 40:2395-2409.

Tsukamoto Y, Moriginva K, Ueda M, Sterling P. Microcircuits for night vision in mouse retina. *Journal of Neuroscience* 2001; 21:86161-8623.

Xias Y, Wang Y, Fellerman DJ. A spatially organized representation of colour in macaque cortical area V2. *Nature* 2003; 421:535-539.

Murray SO, Olshausen BA, Woods DL. Processing shape, motion and three-dimensional shape-from-motion in the human cortex. *Cerebral Cortex* 2003; 13:508-516.

Callaway EM. Structure and function of parallel pathways in the primate early visual system. *Journal of Physiology* 2005; 566.1:13-19.

Horton JC e Adams DL. The cortical column: a structure without function. *Philosophical Transactions of the Royal Society B* 2005; 360:837-862.

Wandell BA, Brewer AA, Dougherty RF. Visual field map clusters in the human cortex. *Philosophical Transactions of the Royal Society B* 2005; 360:693-707.

Hofer H, Carroll J, Neitz J, Neitz M, Williams DR. Organization of the human trichromatic cone mosaic. *Journal of Neuroscience* 2005; 25:9669-9679.

Tkatchenko AV, Walsh PA, Tkatchenko TV, Gustinchich S, Raviola E. Form deprivation modulates retinal neurogenesis in primate experimental myopia. *Proceedings of the National Academy of Sciences of the USA* 2006;103:4681-4686.

Solomon SG e Lennie P. The machinery of colour vision. *Nature Reviews. Neuroscience* 2007; 8:277-286.

Priebe NJ e Ferster D. Inhibition, spike threshold, and stimulus selectivity in the primary visual cortex. *Neuron* 2008; 57:482-497.

Balasubramanian V e Sterling P. Receptive fields and functional architecture in the retina. *Journal of Physiology* 2009, 586 (Pt 12):2753-2767.

Alonso JM. My recollections of Hubel and Wiesel and a brief review of functional circuitry in the visual pathway. *Journal of Physiology* 2009; 587(Pt 12):2783-2790.

10

Os Sentidos Químicos

Estrutura e Função dos Sistemas Olfatório, Gustatório e Outros Sistemas de Detecção Química

Díptico, de Antonio Henrique Amaral (1982), óleo sobre tela

Saber o Principal

Resumo

Os animais – inclusive o homem – são capazes de perceber as diferentes substâncias que atingem o seu corpo através do ar e dos líquidos que os envolvem. Além disso, são capazes de detectar, embora não conscientemente, substâncias que circulam no meio líquido intracorporal.

As substâncias que vêm pelo ar são percebidas pelo sistema olfatório, constituindo a modalidade sensorial chamada olfação. Fazem parte do sistema olfatório um órgão receptor específico – o nariz – onde se encontram os quimiorreceptores olfatórios e suas fibras. Cada neurônio receptor olfatório expressa especificamente um receptor molecular capaz de reconhecer um odorante em particular – os seres humanos apresentam cerca de 400 genes ativos para os receptores moleculares do olfato. Além dos quimiorreceptores do nariz, são as seguintes as estruturas do sistema nervoso central envolvidas com o olfato: o bulbo olfatório, que recebe os axônios dos neurônios receptores, e o córtex piriforme, a amígdala e outras estruturas que recebem os axônios do bulbo olfatório. A função do sistema olfatório é traduzir a estimulação dos odorantes em padrões de impulsos que sejam reconhecidos pelas regiões corticais apropriadas.

As substâncias que penetram pela boca são percebidas pelo sistema gustatório, e constituem a modalidade sensorial chamada gustação. Faz parte desse sistema um órgão receptor específico – a cavidade oral – onde se encontram os quimiorreceptores gustatórios. Além disso, compõem o sistema gustatório as fibras aferentes de três nervos cranianos, que se conectam ao núcleo do trato solitário, no tronco encefálico. Este distribui a informação para o tálamo e o córtex, ou para regiões de controle da digestão e outras funções orgânicas.

Além da olfação e da gustação, existe um sentido misto que envolve terminações livres situadas nas mucosas faciais, a somestesia química, capaz de detectar substâncias irritantes e poluentes, gerando percepções de ardência ou dor e disparando reflexos de expulsão (vômito, tosse). A somestesia química contribui fortemente com a gustação, tornando o paladar uma percepção eminentemente multissensorial, uma vez que para ele contribuem também as características de temperatura, textura, irritabilidade e dor que muitas substâncias levadas à boca possuem.

Os animais são também capazes de detectar as concentrações sanguíneas dos gases respiratórios através de quimiorreceptores situados na parede de grandes vasos sanguíneos, bem como a osmolaridade do meio extracelular através de osmorreceptores situados em núcleos prosencefálicos específicos. Essa capacidade não alcança a consciência, mas serve para acionar circuitos de controle automático da respiração, da ingesta hídrica e da diurese.

É fácil perceber que os animais vivem imersos em um oceano de moléculas. Os animais aquáticos são expostos a moléculas dissolvidas na água, além daquelas que circulam dentro do seu próprio corpo. Os terrestres, por outro lado, ficam expostos, externamente, às moléculas voláteis, isto é, aquelas que se encontram dissolvidas ou suspensas no ar, e, internamente, àquelas que circulam no sangue e em outros líquidos corporais ou estão no meio extracelular. Nem todos se dão conta, entretanto, de que muitas dessas moléculas constituem um sofisticado sistema de sinalização, ao qual respondem circuitos neurais especializados. Sinais moleculares são utilizados pelo organismo para motivar comportamentos de alimentação ou ingestão de água, comportamentos sexuais, de agressão, submissão ou aproximação. Além disso, sinais moleculares são também emitidos pelo próprio organismo e analisados pelo sistema nervoso central "silenciosamente" sem que nossa consciência se aperceba deles, o que possibilita a operação de mecanismos de regulação automática do funcionamento do corpo.

Consideremos alguns exemplos ilustrativos. Utilizamos o sentido da olfação para distinguir as pessoas com quem convivemos daquelas que não conhecemos, e os ambientes familiares dos ambientes estranhos. Disso temos plena consciência, e as informações obtidas por essa via sensorial são comparadas às obtidas por outros sentidos, como a visão, a audição etc. Mas através do mesmo sentido da olfação podem ocorrer fenômenos de que não nos damos conta facilmente: as mulheres que coabitam com outras diariamente, alunas internas de um colégio, por exemplo, frequentemente têm o seu ciclo menstrual sincronizado, resultado da detecção olfatória inconsciente dos seus cheiros corporais, que influi no funcionamento de suas glândulas endócrinas. Outro exemplo: utilizamos o sentido da gustação para distinguir os sabores dos alimentos, e isso pode nos dar extremo prazer consciente – o prazer da gastronomia. Mas se de repente sentimos um sabor desagradável ao mastigar um alimento, reflexos incontroláveis (independentes da nossa consciência) podem ser disparados, como a tosse e o vômito, capazes de expulsar essas substâncias de estranho sabor, que muitas vezes são tóxicas.

Sensibilidade desse tipo é característica dos sentidos químicos, aqueles originados pela exposição de células receptoras especiais a certas moléculas de um mesmo tipo, ou a misturas de moléculas de tipos diferentes. São três os sentidos químicos: a *olfação* (também chamada olfato), a *gustação* (ou paladar) e a *somestesia química*, uma sensibilidade intermediária entre os sentidos químicos e a somestesia, responsável pela ardência das pimentas, o frescor da hortelã e outras sensações. Vamos abordar neste capítulo essas três modalidades sensoriais, e também a sensibilidade inconsciente que provém de receptores químicos distribuídos em várias regiões do organismo, capazes de monitorar alguns índices do sangue e do meio extracelular, como um laboratório de análises *on line*.

A PERCEPÇÃO DAS MOLÉCULAS QUE VÊM DO AR

Chamamos de *cheiros* ou odores a experiência perceptual que sentimos através do nosso sistema olfatório. Nossa vivência individual indica sempre uma relação entre o cheiro que sentimos e uma determinada substância emitida de perto ou de uma certa distância por uma fonte qualquer: uma flor, um animal, um alimento. A primeira tentativa dos estudiosos da olfação foi classificar os cheiros e investigar se haveria cheiros básicos, como as cores primárias da visão (ver o Quadro 10.1). Havendo cheiros básicos, seria natural supor que haveria também tipos moleculares primários que pudessem ser relacionados aos primeiros, como as luzes de determinados comprimentos de onda, no caso da visão. Nos anos 1950 surgiu uma classificação empírica e subjetiva dos cheiros: irritantes, florais, almiscarados, canforados, mentolados, etéricos e pútridos. A tentativa de encontrar os cheiros básicos, entretanto, foi malsucedida, e a classificação dos cheiros passou a ser apenas um modo de descrevê-los melhor.

Concluiu-se que não há cheiros básicos, cuja mistura em diferentes proporções pudesse produzir a infinidade de cheiros que sentimos. Dentre eles, entretanto, foi possível separar o grupo dos cheiros destinados à comunicação entre indivíduos da mesma espécie ou de espécies diferentes – os *feromônios*[1]. São cheiros paradoxais porque não são de fato sentidos conscientemente. Os animais os emitem (através da urina, por exemplo) para demarcar o seu território, ou por meio de glândulas da superfície do corpo para atrair o sexo oposto ao acasalamento e à reprodução. Verificou-se que o sistema neural de detecção desses cheiros apresenta uma organização morfofuncional separada, no sistema olfatório, como veremos adiante.

Correspondentemente, ao buscar as substâncias *odorantes* encontrou-se de quase tudo: álcoois, éteres, ácidos, aminoácidos, carboidratos, e alguns outros tipos de moléculas. Verificou-se que cada uma provocava um cheiro diferente, gerando uma percepção única. É o caso do cheiro de côco, devido a um composto chamado lactona ácida hidroxi-octanoica, e do cheiro pútrido, devido ao dimetilsulfeto. Mas cada cheiro, por outro lado, pode não só ser provocado por um único tipo molecular, como também por misturas de moléculas em proporções características. É o que acontece com os perfumes, e o cheiro das bebidas alcoólicas como o uísque e o vinho. A capacidade do sistema olfatório de perceber tão múltiplo repertório de cheiros sugere que a percepção olfatória deve ser obtida pela combinação da atividade de diferentes e numerosos quimiorreceptores e mecanismos moleculares.

---

[1] *Escreve-se assim mesmo: feromônios, e não ferormônios.*

HISTÓRIAS E OUTRAS HISTÓRIAS

Quadro 10.1
Gostos Cheirosos, Cheiros Gostosos

*Suzana Herculano-Houzel**

Lembra que quando criança aquele remédio ruim ou o suco de beterraba só descia com o nariz tapado? Desde pequenininhos aprendemos, sem saber, que o gosto da maior parte do que colocamos na boca depende, na verdade, do seu cheiro. Não é de espantar: afinal, nós sentimos milhares de cheiros diferentes e apenas quatro gostos básicos, certo? Pois na Grécia Antiga de Platão e Demócrito, enquanto uns sete sabores básicos diferentes eram reconhecidos, os odores eram divididos simplesmente entre agradáveis e desagradáveis. Foi provavelmente Aristóteles quem inaugurou uma era de mais de 2.000 anos de confusão entre gostos e cheiros, ao prescrever odores correspondentes a seis dos sete gostos básicos que identificou (Figura).

Mesmo no século 18, a classificação dos gostos e odores era baseada na vivência dos cientistas, e não em experimentos controlados isolando um sentido do outro. Isso explica a presença de variedades como "aromático" e "pútrido" na lista dos "gostos" básicos do anatomista e fisiologista suíço Albrecht von Haller (1708-1777), por exemplo (ver a Tabela a seguir). Haller, aliás, considerava que os odores podiam ser classificados numa escala entre dois extremos, doce e fétido. Essa classificação parece condizente com a época: até a revolução microbiológica iniciada pelo francês Louis Pasteur (1822-1895), acreditava-se que cheiros pútridos tinham o poder de espalhar doenças, enquanto perfumes poderiam prevenir infecções, e o ar emanado por crianças seria benéfico à saúde por ser "doce".

A confusão entre sabores e odores só foi resolvida no século 20, quando o fisiologista italiano Luigi Luciani (1840-1919) demonstrou a importância de testar os sentidos isoladamente, controlar variáveis como a parte da língua que é estimulada, ter um período de espera entre dois estímulos e usar o método "cego", em que o voluntário não é informado sobre as substâncias testadas. Tomando esses cuidados, Luciani pôde demonstrar, em

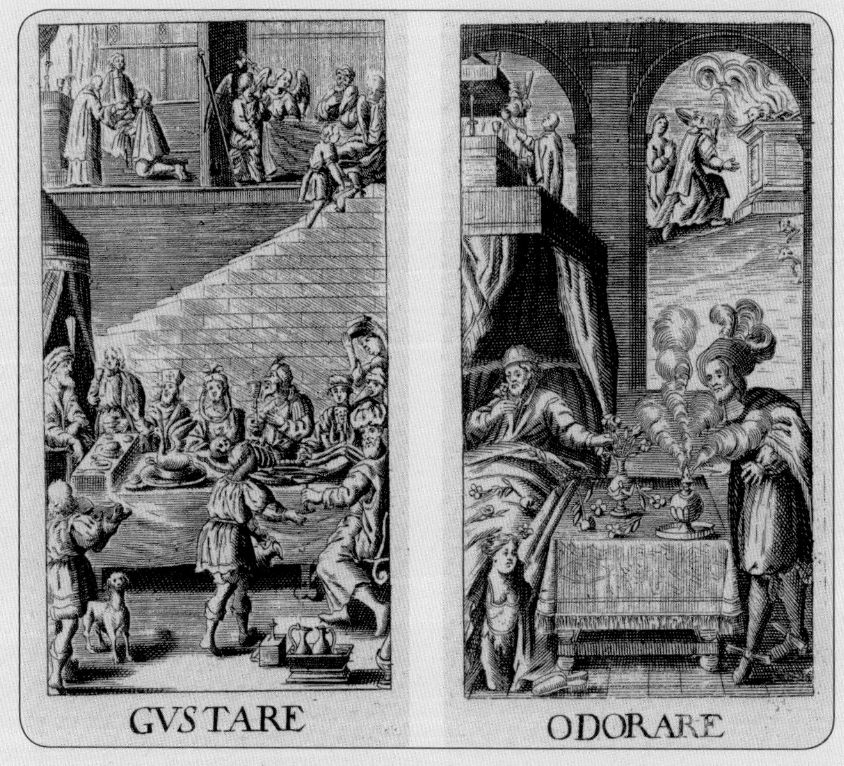

Representação renascentista dos sentidos do paladar e do olfato. Xilogravuras de Nikolaus von der Horst (1598?-1646).

OS GOSTOS E OS CHEIROS NA HISTÓRIA

Autores	*Gostos Básicos*	*Odores Básicos*
Demócrito (ca. 460-370 a.C.)	Doce, amargo, azedo, salgado, ácido, pungente, suculento	Agradáveis e desagradáveis
Aristóteles (384-322 a.C)	Doce, amargo (os dois extremos), azedo, salgado, adstringente, pungente, desagradável (os intermediários)	Doce, azedo, pungente, desagradável, suculento, fétido (correspondente ao amargo)
Carolus Linnaeus (1707-1778)	Doce, amargo, ácido, salgado, adstringente, pungente, oleoso, viscoso, insípido, aquoso, nauseante	Aromático, fragrante, aliáceo (alho), hircino (bode), repulsivo, nauseante
Albrecht von Haller (1708-1777)	Doce, amargo, azedo, salgado, áspero, urinoso, espirituoso, aromático, acre, pútrido, insípido	Doce, fétido e intermediários
Wilhelm Wundt (1832-1920)	Doce, amargo, azedo, salgado, alcalino, metálico	
Edward Tichener	Doce, amargo, azedo, salgado, vápido (doce-salgado)	
Henning (1885-?)	Doce, amargo, azedo, salgado	Fragrante, etéreo (frutado), resinoso, picante, pútrido, queimado

1917, que as qualidades aromática, alcoólica, nauseante, oleosa, pungente, adstringente e seca não são gustatórias, pois dependem dos sentidos do olfato e do tato. A partir de então, permaneceram como básicas apenas as quatro qualidades que já vinham sendo aceitas pela maioria dos cientistas: doce, amargo, azedo e salgado. Recentemente, foram descobertos receptores específicos para o glutamato monossódico, o sabor que existe no atum e no *Ajinomoto*, chamado *umami* pelos japoneses. Foram descobertos também receptores para a água. O sabor umami e o sabor de água passam então a ser também considerados gostos básicos.

Quanto aos odores básicos, fora os extremos "doce" e "fétido", não houve realmente um consenso entre os cientistas. Também, pudera: enquanto o sistema visual trabalha com quatro pigmentos, a gustação com cinco receptores e o tato com uma dezena, os americanos Linda Buck e Richard Axel descobriram, em 1991, que o olfato dispõe de cerca de 1.000 genes capazes de codificar receptores moleculares diferentes para perceber os cheiros! Como já havia advertido o psicólogo americano Edward Titchener, em 1915, "o olfato... tem mais sensações do que podemos contar ou dar nomes; mais sensações, provavelmente, do que todos os outros sentidos juntos".

**Professora-adjunta do Instituto de Ciências Biomédicas da Universidade Federal do Rio de Janeiro. Correio eletrônico: suzanahh@gmail.com.*

O ÓRGÃO E OS RECEPTORES DA OLFAÇÃO

O mecanismo neural responsável pela olfação é realizado por uma cadeia de neurônios que começa no nariz. Este, por conseguinte, é considerado o órgão receptor da olfação (embora participe também de outras funções importantes, como a respiração e a fala). A anatomia do nariz humano, bem como a dos mamíferos em geral, é bem adaptada para a canalização do ar inspirado e o seu direcionamento à traqueia e aos pulmões (Figura 10.1). O ar é aspirado para dentro da cavidade nasal pela ação dos músculos inspiratórios torácicos e do diafragma, e conduzido à traqueia por canais existentes nas paredes internas do nariz. Essas paredes são cobertas por uma mucosa[G], na qual estão incrustados os neurônios quimiorreceptores da olfação. A estrutura da mucosa nasal é simples (Figura 10.1): consiste em uma única camada celular composta por neurônios receptores olfatórios, células de suporte semelhantes a gliócitos e as chamadas células basais, que são precursoras de novos neurônios receptores. Em meio a esses elementos existem glândulas produtoras de muco.

O muco é continuamente secretado pelas glândulas e também pelas células epiteliais, e torna-se totalmente renovado a cada 10 minutos. É viscoso, formado principalmente por mucopolissacarídeos[G], e contém enzimas e anticorpos que conferem uma proteção inicial contra moléculas nocivas e microrganismos que penetram pelo nariz. O muco tem grande importância funcional para a olfação, pois é nele que se dissolvem as moléculas odorantes, antes de entrar em contato com a membrana dos neurônios receptores. Recentemente se descobriu que o muco contém também *proteínas ligadoras de odorantes*, especialmente produzidas pela mucosa nasal, cuja função é "capturar" os odorantes lipossolúveis (que se dissolvem com dificuldade no meio aquoso do muco), facilitando o seu contato com a membrana dos quimiorreceptores.

A população de quimiorreceptores é totalmente renovada em cada 6 a 8 semanas, através da proliferação e diferenciação das células basais. Os quimiorreceptores

[G] *Termo constante do glossário ao final do capítulo.*

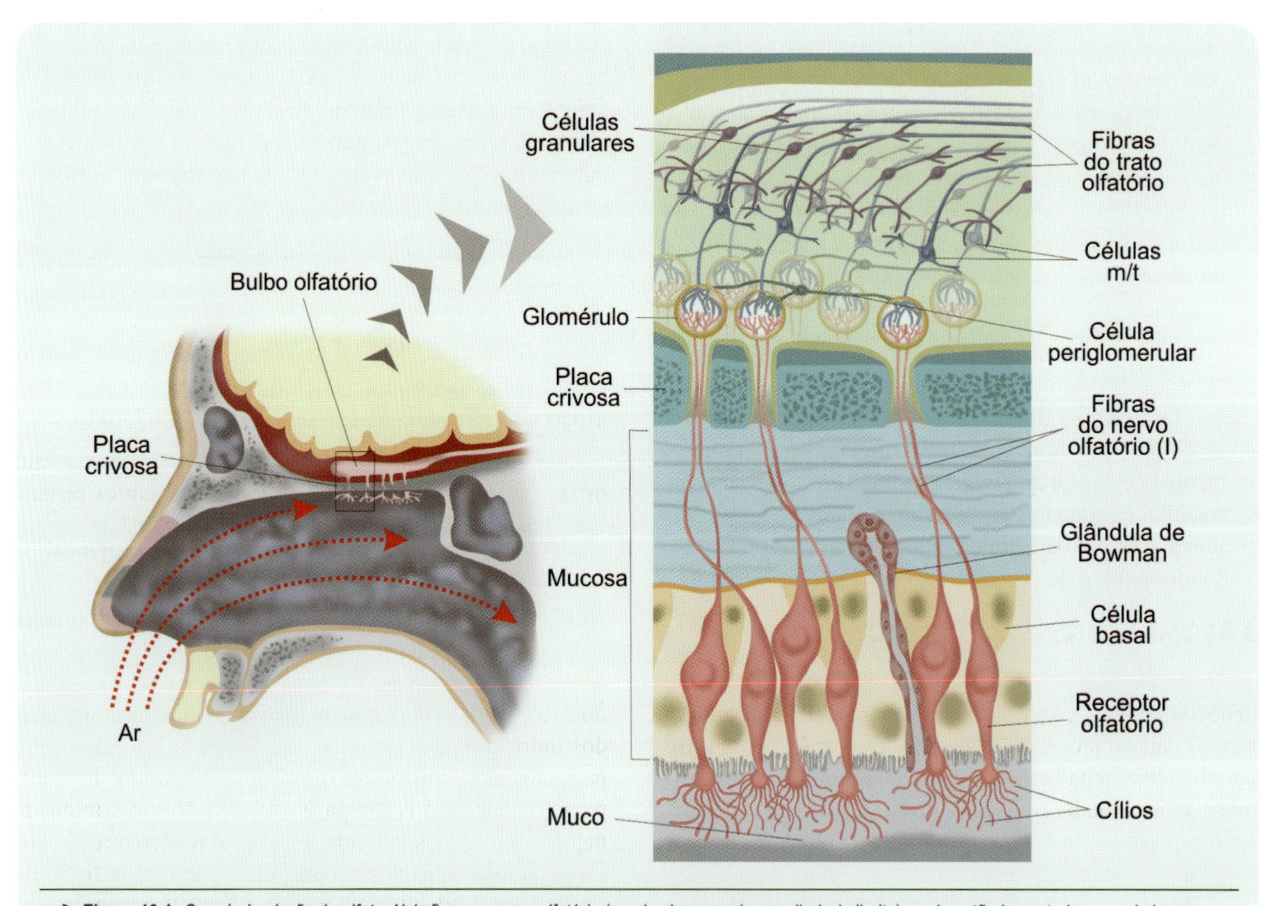

Figura 10.1. *O nariz é o órgão do olfato. Nele fica a mucosa olfatória (quadro à esquerda, ampliado à direita), onde estão incrustados os quimiorreceptores e outros elementos. Os quimiorreceptores emitem axônios que atravessam a placa crivosa do osso etmoide, e terminam dentro do crânio, no bulbo olfatório. No bulbo estão os glomérulos, onde ficam as sinapses das fibras primárias com os neurônios de segunda ordem (células mitrais e tufosas, m/t), cujos axônios por sua vez se estendem ao córtex e a outras regiões encefálicas.*

"velhos" desaparecem e novos neurônios assumem o seu lugar. Esse é um exemplo notável que contraria o dogma de que os neurônios são incapazes de proliferar depois de terminado o desenvolvimento ontogenético (ver, a esse respeito, o Capítulo 2).

Os quimiorreceptores olfatórios são neurônios bipolares cujo dendrito aponta em direção à cavidade nasal (Figura 10.1), terminando em uma intumescência bulbosa que emite de seis a 12 cílios muito finos (0,1 a 0,2 μm de diâmetro). Os cílios ficam imersos no muco nasal, formando uma densa rede enovelada na superfície da mucosa. É justamente na membrana dos cílios que se encontram concentradas as moléculas receptoras responsáveis pela transdução quimioneural, que são chamadas receptores olfatórios (veja o Quadro 10.2, a esse respeito). Do outro pólo do neurônio receptor emerge um axônio direcionado para cima, que penetra na cavidade craniana através dos orifícios da placa crivosa do osso etmoide[G]. Por toda a mucosa nasal, o conjunto dos axônios dos quimiorreceptores vai formando filetes nervosos que se distribuem em forma de leque, convergindo dorsalmente para o etmoide. Os axônios dos quimiorreceptores são na realidade as fibras de primeira ordem do sistema olfatório. Os filetes nervosos que eles formam constituem o primeiro nervo craniano, o nervo olfatório (ver o Quadro 10.3). Esse é um nervo diferente, pois não constitui um cilindro compacto como os demais, mas sim um leque de filetes separados que vão terminar no bulbo olfatório[A], no encéfalo.

O nariz apresenta uma especialização funcional situada na mucosa que recobre o vômer, um dos folhetos ósseos que formam o septo nasal. Chama-se *órgão vômero-nasal*, não é observável macroscopicamente e reúne os quimiorreceptores especializados na detecção dos feromônios, particularmente aqueles com significado sexual e reprodutor. Na verdade ainda há dúvidas sobre a existência real do órgão vômero-nasal nos seres humanos (embora haja fortes evidências de que respondemos sim a feromônios). Esse órgão, entretanto, é bem identificado em animais como roedores, carnívoros e muitos outros.

As Vias Centrais da Olfação

O bulbo olfatório fica posicionado estrategicamente dentro do crânio[A], bem no ponto onde as fibras primárias atravessam a placa crivosa. O bulbo tem a forma de um gânglio situado na base do encéfalo (Figuras 10.1 e 10.3), e nele estão situados os neurônios de segunda ordem da via olfatória, bem como interneurônios que realizam os primeiros estágios de processamento da informação transduzida pelos receptores e levada ao encéfalo (Figura 10.2).

Os neurônios de segunda ordem da via olfatória são as células *mitrais* e as células *tufosas* (abreviadamente chamadas de m/t, para simplificar). Elas recebem sinapses axodendríticas das fibras olfatórias primárias dentro de estruturas histológicas especializadas chamadas *glomérulos* (Figuras 10.1 e 10.2), que são pequenas esferas delimitadas por interneurônios periglomerulares e células gliais, contendo principalmente os terminais das fibras primárias e os dendritos das células m/t. Além das células de segunda ordem, que enviam a informação olfatória para o estágio sináptico seguinte, que fica fora do bulbo, existem dois tipos de interneurônios que estabelecem conexões entre as células m/t do mesmo glomérulo, ou com glomérulos vizinhos (Figuras 10.1 e 10.2). Esses interneurônios são as células periglomerulares, já mencionadas, e as células granulares.

O bulbo olfatório apresenta uma região especializada que pode ser identificada histologicamente, o bulbo acessório (Figura 10.3). Essa é a região que recebe as fibras primárias provenientes do órgão vômero-nasal, constituindo um sistema especializado na detecção de feromônios. Sua existência nos seres humanos ainda não foi confirmada.

A partir do bulbo olfatório, a informação segue direto para o córtex cerebral, inervando uma extensa área chamada córtex olfatório primário ou *córtex piriforme*[2] (Figura 10.3). Nesse aspecto, o sistema olfatório é diferente dos demais sistemas sensoriais, pois a informação chega ao córtex sem passar pelo tálamo[A]. É verdade que o córtex piriforme é um tipo mais antigo e simples de córtex, chamado por isso mesmo, genericamente, paleocórtex[G]. E é verdade também que o paleocórtex olfatório se comunica com o tálamo, e este com o lobo frontal[A] do neocórtex[G], restabelecendo-se então o esquema "normal" de conectividade sensorial. De qualquer modo, acredita-se que essa via indireta ao neocórtex é a responsável pela percepção olfatória, ou seja, pelos aspectos conscientes da experiência sensorial olfatória.

Os longos axônios das células m/t, reunidos no trato olfatório lateral, não projetam apenas para o córtex piriforme. Muitos terminam em outras regiões prosencefálicas, como o núcleo olfatório anterior, o tubérculo olfatório, a área entorrinal e o complexo amigdaloide[A] (Figuras 10.3 e 10.4). Esse conjunto de regiões aloja neurônios de terceira ordem que projetam para o hipotálamo[A] e o hipocampo[A], conectando o sistema olfatório com o chamado sistema límbico (Figura 10.4), cuja participação na vida emocional dos indivíduos é examinada nos Capítulos 15 e 20. Já se pode adiantar, entretanto, que esses circuitos neurais são responsáveis pela participação da olfação em comportamentos motivados, ou seja, aqueles que derivam de um forte impulso nem sempre consciente, como são a fome e o sexo. Igualmente, a percepção olfativa tem um componente

[A] *Estrutura encontrada no* Miniatlas de Neuroanatomia *(p. 367).*

[2] *Alguns autores se referem a essa área cortical como pré-piriforme.*

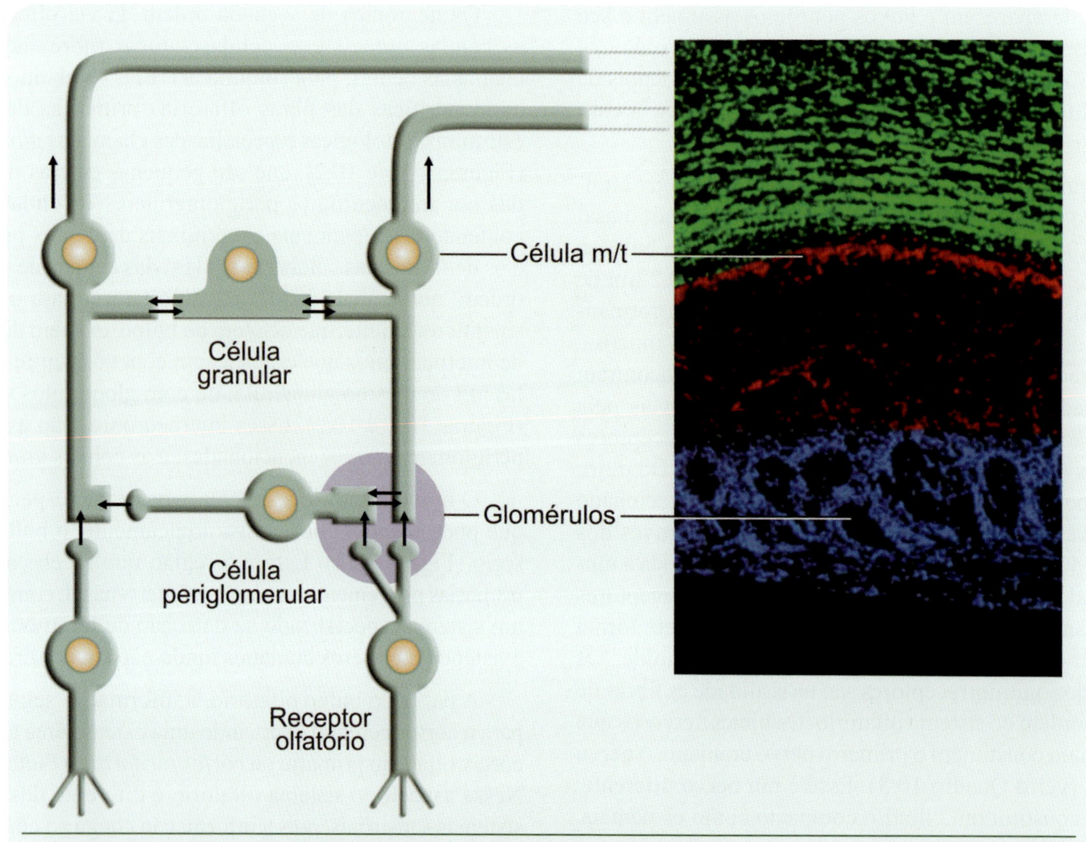

Figura 10.2. *O bulbo olfatório apresenta uma especialização sináptica muito aparente — o glomérulo — onde ficam as sinapses entre as fibras primárias e os dendritos das células m/t. O esquema à esquerda representa o circuito básico existente no bulbo. O fluxo de informação vai dos receptores para as células m/t, e destas em direção ao córtex. Interações laterais, entretanto, são possibilitadas pelas células periglomerulares e granulares. O circuito bulbar tem uma certa semelhança com o circuito retiniano (confira na Figura 9.6). A foto à direita ilustra um corte histológico do bulbo olfatório de um camundongo, corado artificialmente de modo a revelar a camada glomerular (em azul), a camada de células m/t (em vermelho) e a camada granular (em verde), onde trafegam os axônios que se dirigem ao córtex piriforme e às adjacências. Foto de Matt Valley, Columbia University, EUA (Wikimedia Commons).*

cognitivo, racional, o que envolve o córtex pré-frontal, como bem indica a Figura 10.4.

Desprovida de submodalidades, a olfação não apresenta a mesma segregação clara em vias paralelas, como é o caso de outros sistemas sensoriais. No entanto, do que se expôs anteriormente pode-se depreender que a via que leva a informação olfatória ao lobo frontal do neocórtex tem uma função perceptual que nos permite tomar consciência dos cheiros que nos cercam, enquanto a via que conecta o bulbo olfatório com o sistema límbico apresenta outro tipo de função, pela qual os cheiros do ambiente são utilizados como informações necessárias para realizar comportamentos ligados à homeostasia[G] e à vida emocional.

Como o Cérebro Processa os Cheiros

O estudo funcional da olfação começa pelos quimiorreceptores. O primeiro passo para a transdução dos estímulos olfatórios ocorre quando os odorantes que entram no nariz com o ar inspirado são dissolvidos no muco ou "capturados" pelas proteínas ligadoras de odorantes (no caso dos que não se dissolvem em água). Como dentro do muco há uma multidão de cílios e portanto milhões ou bilhões de moléculas receptoras, é inevitável que cada odorante acabe por encontrar o seu "par" molecular, ou seja, aquela molécula receptora à qual é capaz de se ligar. Foi essa noção que levou os neurocientistas a tentar identificar as moléculas receptoras para os diferentes odorantes. Descobriram que há milhares delas, constituindo uma superfamília de moléculas receptoras acopladas a uma proteína G específica do epitélio olfatório (a G_{olf}). Essas moléculas são produzidas por mais de 1.000 genes diferentes, dos quais cerca de 400 são funcionais, ou seja, capazes de produzir receptores moleculares para o olfato (veja no Quadro 10.2 como foram feitas recentemente as principais descobertas sobre essas moléculas).

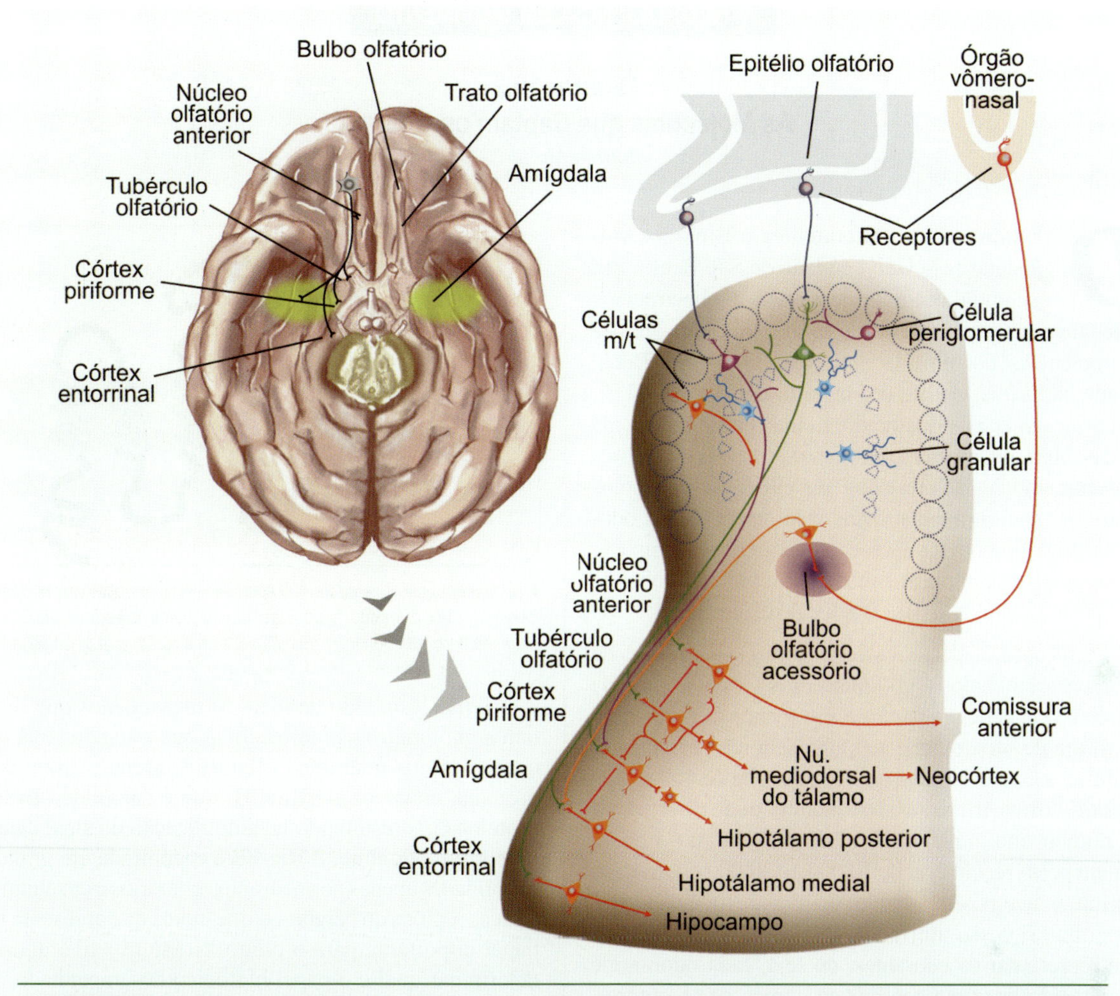

Figura 10.3. *As estruturas componentes do sistema olfatório podem ser quase todas visualizadas na base do encéfalo (à esquerda). O esquema à direita representa os circuitos formados pelos axônios das células m/t do bulbo, que projetam para o córtex piriforme e outras regiões, e delas para o tálamo e o hipotálamo. Observar que o sistema olfatório não apresenta um relé talâmico antes do córtex, como todos os demais sistemas sensoriais. Esquema modificado de G. M. Shepherd (1989)* Neurobiology, *4ª ed., Oxford University Press, Nova York, EUA.*

Quando um odorante se liga a um receptor molecular (Figura 10.5A), ocorre uma modificação alostérica neste, que ativa a G_{olf} pela face interna da membrana do cílio. A G_{olf} liga-se a uma molécula de GTP[3], e uma de suas subunidades destaca-se do receptor (Figura 10.5B) e ativa uma cadeia de segundos mensageiros (ver o Capítulo 4). Na grande maioria dos quimiorreceptores, o segundo mensageiro é o AMPc[4], sintetizado pela enzima adenililciclase sob ativação da G_{olf} (Figura 10.5C). O AMPc ativa enzimas fosforilantes (cinases) que provocam a abertura de canais inespecíficos de cátions (Na^+ e Ca^{++}, Figura 10.5D), despolarizando a membrana e assim provocando um potencial receptor que se espalha por toda a célula, até o cone de implantação do axônio olfatório. A entrada de Ca^{++} para o interior dos cílios provoca a abertura de canais de Cl^- dependentes de Ca^{++} (Figura 10.5E). Como a concentração desse ânion no interior dos cílios é maior que a concentração externa, resulta a saída de Cl^- e uma despolarização ainda maior. Esse é um mecanismo multiplicador do efeito dos odorantes, que explica a grande sensibilidade que temos (pelo menos alguns de nós...) para cheiros produzidos por pequeníssimas concentrações de odorantes. Estima-se que os seres humanos são capazes de perceber odorantes em concentrações de poucas moléculas por trilhão de moléculas de ar!

Recentemente, descobriu-se que os mecanismos moleculares da transdução olfatória podem ser mais complexos do que se imaginava. Não apenas os canais de Na^+ e Ca^{++} são ativados, mas também os de K^+. Estes, no entanto, são hiperpolarizantes, opondo-se à gênese de potenciais

[3] *Trifosfato de guanosina.*

[4] *Monofosfato cíclico de adenosina, ou AMP cíclico.*

NEUROCIÊNCIA EM MOVIMENTO

Quadro 10.2
As Moléculas que Captam os Cheiros

*Bettina Malnic**

Doutorei-me em Bioquímica e Biologia Molecular pela Universidade de São Paulo. Em seguida, decidi aplicar meus conhecimentos moleculares ao estudo de questões intrigantes na área de Neurociências. Escolhi o laboratório da Dra. Linda Buck, situado na Escola Médica de Harvard, em Boston, EUA, para fazer o meu pós-doutorado. Linda Buck é conhecida por descobrir, juntamente com Richard Axel, os receptores olfatórios, moléculas presentes nos cílios dos neurônios olfatórios, que são responsáveis pela detecção dos odorantes. Esta descoberta apresentou um enorme impacto na comunidade científica, e resultou no prêmio Nobel de medicina ou fisiologia para Buck e Axel, em 2004.

Os receptores olfatórios pertencem à superfamília de receptores acoplados à proteína G (os GPCRs, sigla da expressão em inglês), e portanto apresentam uma estrutura em forma de serpentina e acoplam-se a uma proteína G olfatória, a G_{olf}. O homem possui por volta de 400 receptores olfatórios diferentes. No entanto, pode discriminar um número muito maior de odorantes (estima-se que o homem possa reconhecer de 10.000 a 400.000 odorantes). Durante o meu pós-doutorado, demonstrei que os receptores olfatórios são utilizados de maneira combinatória para representar os odorantes, ou seja, cada odorante é reconhecido por uma combinação única de receptores. Dado o número de possíveis combinações de 400 receptores diferentes, este esquema combinatório permite a identificação de um número imenso de odorantes.

Hoje, em meu laboratório de pesquisa na Universidade de São Paulo, continuo a dedicar-me ao estudo do olfato utilizando ferramentas moleculares. Um dos meus interesses atuais é compreender como os odorantes são reconhecidos pelo sistema olfatório e como as percepções correspondentes são geradas. Para isto, pretendemos identificar os receptores olfatórios humanos que são ativados por diferentes odorantes. Utilizamos um sistema artificial montado no laboratório que permite a análise simultânea de vários receptores olfatórios quanto à sua ativação por diversos odorantes. Por exemplo, será que há receptores olfatórios que reconhecem apenas cheiros ruins? Outros que reconhecem apenas cheiros de frutas? Quais os receptores que reconhecem cheiro de churrasco? Estes odorantes desencadeiam comportamentos diferentes, como repulsão ou atração. É possível que os receptores olfatórios que os detectam enviem informações a diferentes regiões do cérebro, resultando em distintos comportamentos.

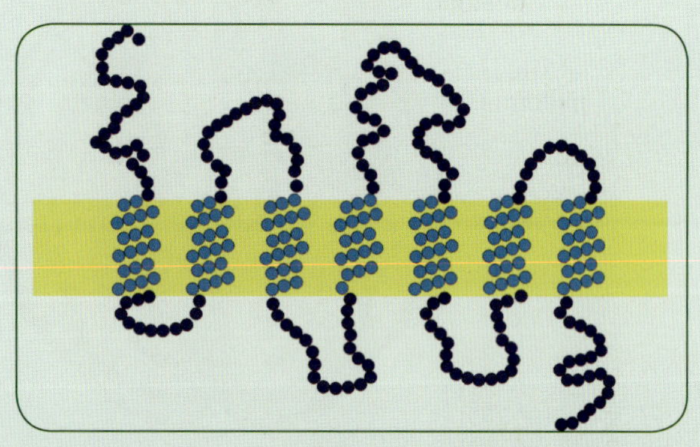

O homem possui cerca de 400 tipos de receptores olfatórios que estão localizados nos cílios dos neurônios olfatórios. Estes receptores são GPCRs e apresentam sete domínios que atravessam a membrana plasmática.

Temos estudado também os mecanismos que regulam a via bioquímica intracelular que traduz o sinal dos odorantes nos neurônios olfatórios. Identificamos uma proteína, chamada de Ric-8B, que é capaz de ativar a proteína G_{olf}, resultando na amplificação do sinal causado por um odorante. A Ric-8B é encontrada em grandes quantidades apenas nos neurônios olfatórios e em algumas poucas regiões do cérebro, o que indica que apresenta um papel importante para o olfato. Nosso objetivo agora é determinar qual é o papel biológico desempenhado por Ric-8B. Para isto, pretendemos gerar camundongos com o gene que codifica para Ric-8B inativado. Em seguida, analisaremos estes camundongos quanto à anatomia do seu sistema olfatório e quanto à sua capacidade de detectar odorantes. Quem sabe desse modo possamos decifrar mais um pouco dos mecanismos moleculares da olfação.

Bettina Malnic e Gabriela.

Professora-associada do Departamento de Bioquímica do Instituto de Química da Universidade de São Paulo. Correio eletrônico: bmalnic@usp.br

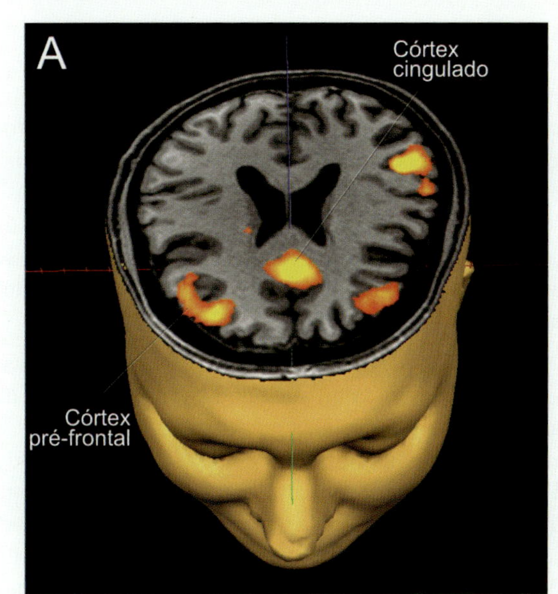

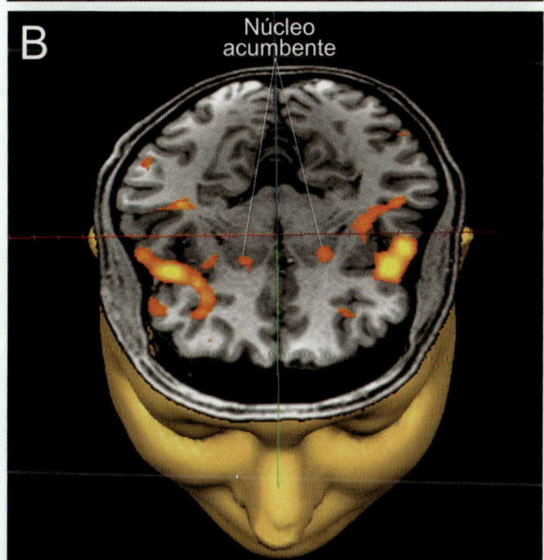

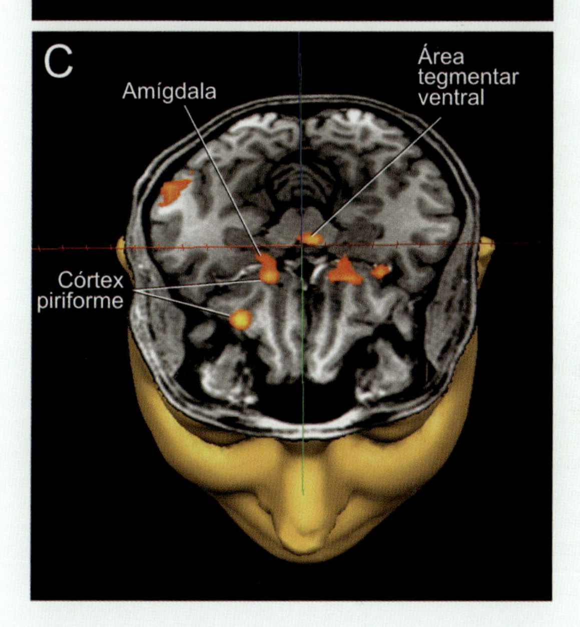

Figura 10.4. *Experimentos feitos com voluntários, utilizando imagens de ressonância magnética funcional, podem indicar os componentes do sistema olfatório e regiões de processamento subsequente. Neste caso, o voluntário foi exposto ao aroma de grãos de café torrado. As imagens mostraram desde os primeiros estágios de processamento olfatório (como o córtex piriforme, em* ***C****) às regiões do sistema de recompensa que produzem a sensação de prazer (área tegmentar ventral, em* ***C****, e núcleo acumbente, em* ***B****), e aquelas mais vinculadas às emoções (córtex cingulado, em* ***A****) e à razão (córtex pré-frontal, em* ***A****). Imagens gentilmente cedidas por Jorge Moll Neto, do Instituto D´Or de Pesquisa e Ensino.*

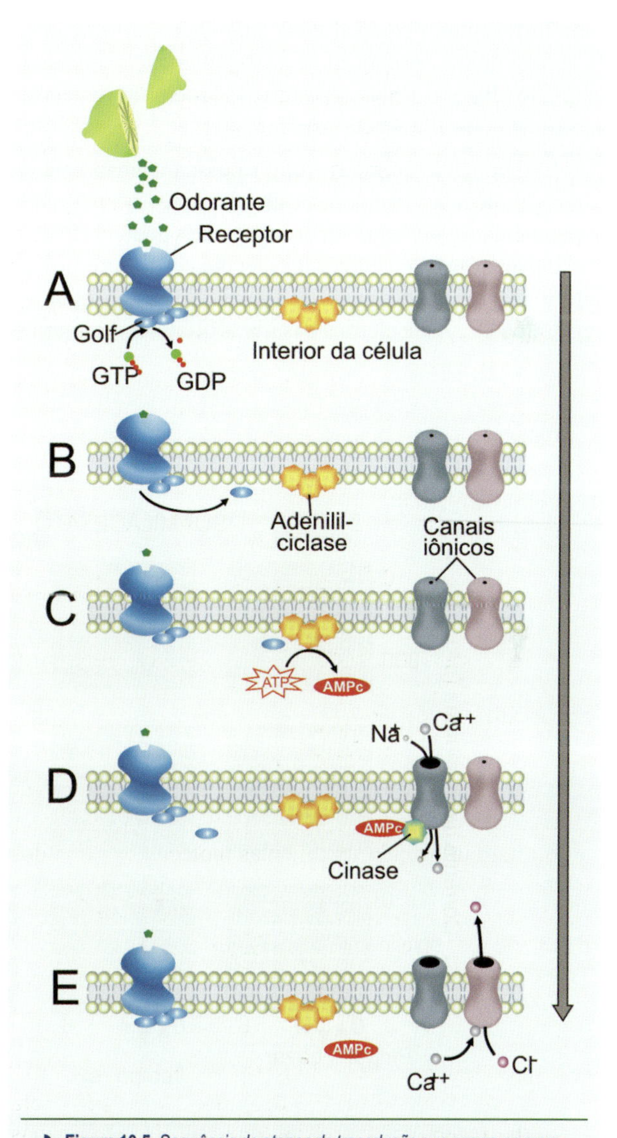

Figura 10.5. *Sequência de etapas da transdução que ocorre na membrana do quimiorreceptor a partir da captação do odorante (****A****), seguida da síntese de segundos mensageiros como o AMPc (****B*** *e* ***C****), e finalmente a abertura de canais iônicos (****D*** *e* ***E****) que resulta no potencial receptor.*

receptores. O que se imagina é que a saída de K^+ dos cílios em algumas circunstâncias possa representar uma forma de modulação da quimiotransdução. Além disso, descobriu-se também, no epitélio olfatório, a presença de uma enzima que sintetiza monóxido de carbono (CO), um gás ao qual se atribui papel modulador da transdução. E mais: sabe-se que a olfação é um sentido capaz de adaptação, propriedade que pode ser exemplificada pela nossa incapacidade de sentir os cheiros comuns de nossa própria casa, que no entanto as pessoas que chegam sentem imediatamente. Pois bem: a adaptação parece ser devida a um mecanismo do próprio quimiorreceptor, pelo qual o aumento da concentração intracelular de Ca^{++} provocado pela despolarização inicial do estímulo olfatório acaba causando o bloqueio das moléculas receptoras nos cílios pela sua face interna.

Embora cada quimiorreceptor possua apenas uma ou poucas moléculas receptoras, estas não apresentam grande especificidade, ou seja, vários odorantes podem ativar o mesmo neurônio. A natureza inespecífica dos neurônios olfatórios foi revelada quando os pesquisadores conseguiram registrar a atividade elétrica das fibras olfatórias primárias, o que causou considerável surpresa porque tornou mais difícil explicar a capacidade dos animais – algumas vezes muito apurada – de discriminar cheiros diferentes. Esse tipo de experimento é semelhante ao que se realiza em outros sistemas sensoriais: o pesquisador anestesia um animal, insere um microeletródio na mucosa ou em um filete nervoso olfatório, e capta os potenciais receptores, os potenciais de ação ou mesmo as correntes iônicas produzidas quando se estimula a mucosa com concentrações diversas de odorantes de composição conhecida (Figura 10.6A).

Os PAs, já se sabe, são produzidos pela ultrapassagem do limiar no cone de implantação do axônio da célula bipolar, e a frequência de disparo que resulta disso é proporcional à amplitude do potencial receptor, sendo esta por sua vez proporcional à concentração de odorante (Figura 10.6B). Esse tipo de experimento tornou possível definir um *espectro receptor* para cada neurônio olfatório, em analogia com a faixa de comprimentos de onda capaz de ativar os fotorreceptores. O espectro receptor de um neurônio olfatório, então, é concebido como o conjunto de moléculas capaz de ativá-lo. Muitas vezes, o espectro

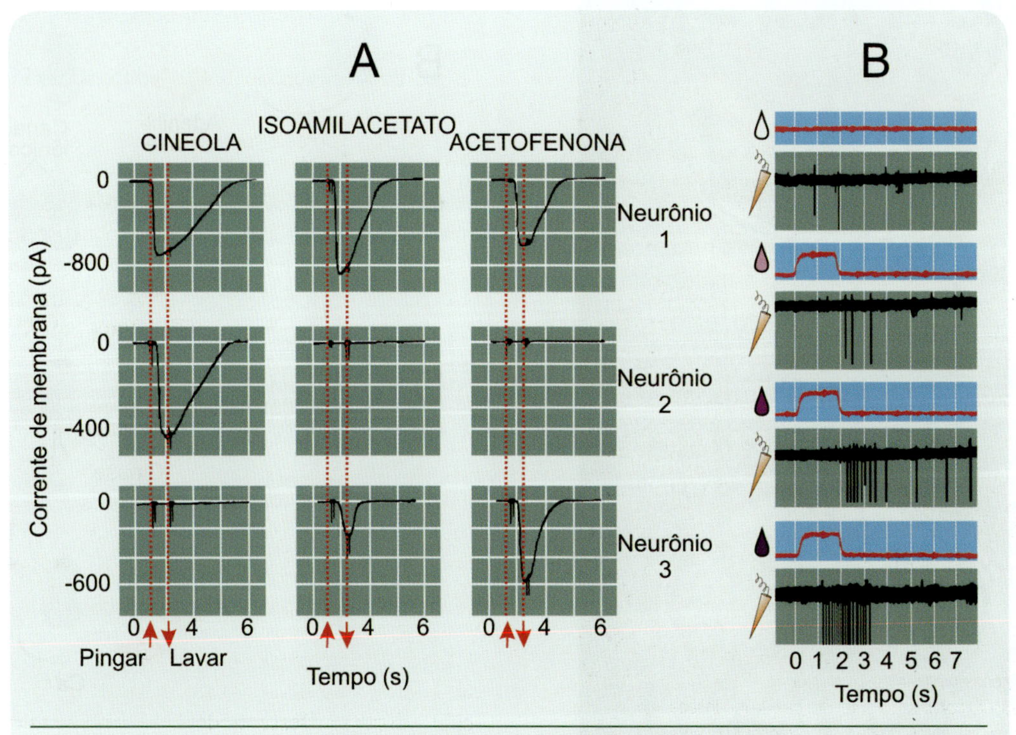

Figura 10.6. *Os quimiorreceptores olfatórios podem responder especificamente ao tipo e à concentração do odorante.* ***A*** *mostra a corrente medida na membrana do receptor, quando sobre ele se pingam diferentes odorantes (setas vermelhas). O neurônio 1 responde aos três odorantes, mas os neurônios 2 e 3 são seletivos para um (ou dois) deles.* ***B*** *mostra que a resposta do receptor é proporcional à concentração do odorante (neste caso, isoamilacetato). Os traçados vermelhos representam os momentos de pingar e lavar o odorante. As gotas de cima para baixo representam concentrações crescentes. Observam-se frequência e números cada vez maiores de potenciais de ação poucos segundos depois da estimulação, à medida que a concentração aumenta.* ***A*** *modificado de S. Firestein e cols. (1991)* Journal of Neuroscience *vol. 11: pp. 3565-3572.* ***B*** *modificado de T. V. Getchell e G. M. Shepherd (1978)* Journal of Physiology *vol. 282: pp. 521-540.*

receptor pode ser definido em função do número de átomos de carbono das moléculas de uma família de odorantes do mesmo tipo molecular.

A estimulação da mucosa com um odorante constituído por um só tipo molecular, assim, provoca a ativação de um conjunto de quimiorreceptores que, em função da concentração do odorante, dispara em direção ao bulbo olfatório uma certa frequência de PAs. A distribuição dos quimiorreceptores de um mesmo espectro receptor no epitélio olfatório é bastante difusa (ver a Figura 6.20), uma propriedade útil para otimizar o "encontro" dos odorantes em tão baixa concentração no muco, com os receptores moleculares correspondentes. Respondendo à presença de um certo odorante, então, uma família de quimiorreceptores dispara PAs para os glomérulos do bulbo olfatório, onde vai ocorrer a primeira sinapse do sistema.

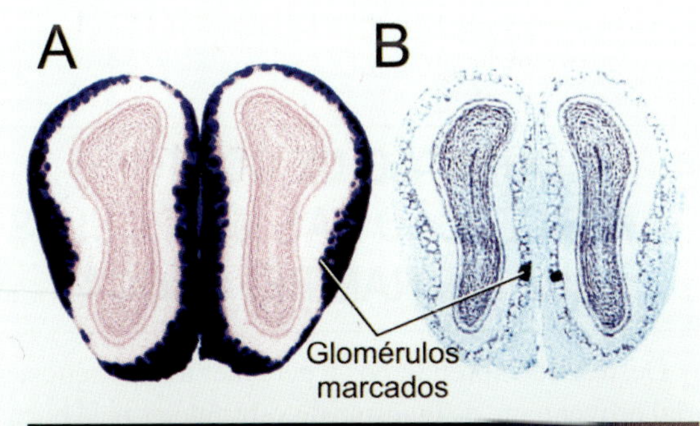

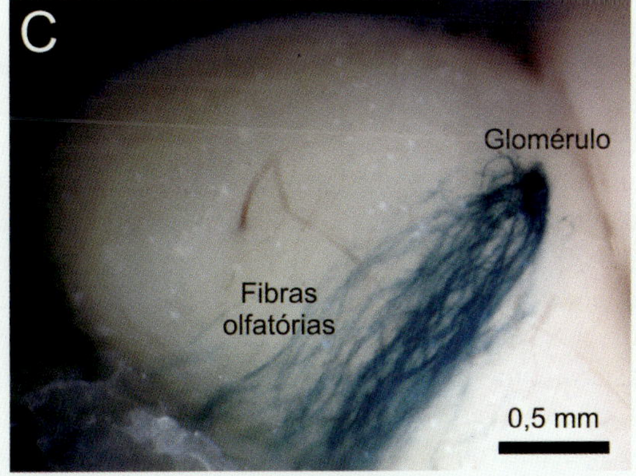

Figura 10.7. *A foto em* ***A*** *representa um corte coronal através dos bulbos olfatórios de um camundongo, mostrando o conjunto de fibras olfatórias primárias e os glomérulos onde terminam, corados em azul escuro por meio de uma técnica que reconhece uma proteína existente nessas fibras. A foto em* ***B****, ao contrário, apresenta apenas um glomérulo marcado, exatamente aquele que recebe as fibras correspondentes ao receptor molecular conhecido como P2, presente em apenas um tipo específico de quimiorreceptor olfatório.* ***C*** *mostra uma vista dorsal do bulbo olfatório, apresentando as fibras primárias chegando ao seu glomérulo. Neste caso, o marcador é específico para o receptor molecular conhecido como M72.* ***A*** *e* ***B*** *modificado de P. Mombaerts e cols. (1996)* Cell, *vol. 87: pp. 675-786.* ***C*** *gentilmente cedida por Dong-Jing Zou, da Universidade Columbia.*

O que acontece então nos glomérulos do bulbo? As células m/t são ativadas, mesmo que a concentração de odorante na cavidade nasal seja mínima, porque é grande a convergência de fibras olfatórias que terminam em cada glomérulo (calcula-se uma proporção de 500-1.000 fibras para cada célula m/t). Pode-se marcar molecularmente um único glomérulo de acordo com o odorante que ele processa, identificando a sua posição no bulbo, e com isso mostrar o grau de convergência das fibras que terminam nos glomérulos (Figura 10.7). Pode-se ainda obter um mapa de representação dos cheiros nesse primeiro estágio do sistema olfatório (Figura 10.8). É uma espécie de "imagem" de cada cheiro no SNC! O mapa odorante, como se pode perceber, mesmo para odorantes quimicamente aparentados, não tem a organização topográfica precisa de outros mapas sensoriais, não só porque alguns odorantes são representados em mais de um local no bulbo olfatório, mas também porque não se conseguiu até o momento correlacionar a ordem de representação dos odorantes com alguma característica química ou de outro tipo, ordenada de modo semelhante. De todo modo, os glomérulos representam individualmente cada odorante e seu receptor molecular (ou pelo menos um pequeno número deles).

Não é muito o que se conhece sobre o processamento da informação olfatória no bulbo, embora os circuitos básicos aí existentes já tenham sido identificados (Figura 10.2B). No entanto, parece que é no bulbo que a percepção olfatória começa a se tornar mais específica, ou seja, capaz de identificar cada cheiro individualmente. Isso é conseguido pela ação dos circuitos neuronais do bulbo, que interconectam os diversos glomérulos. Sabe-se que a ativação das células m/t pelas fibras primárias – muito eficaz, como se viu – é modulada por neurônios diversos. Alguns são neurônios locais, cuja função é a inibição lateral, um mecanismo capaz de "sintonizar" melhor o espectro receptor do neurônio secundário, tornando-o insensível a alguns dos odorantes que haviam estimulado os quimiorreceptores.

A inibição lateral – um recurso para a acentuação de contrastes empregado em vários sistemas sensoriais – pode ser detectada no sistema olfatório através de experimentos nos quais se estimula a mucosa com odorantes da mesma família química, que diferem apenas no número de átomos de carbono na molécula (Figura 10.9). Ao mesmo tempo, o experimentador registra a atividade elétrica de neurônios do bulbo olfatório, identificando as respostas a cada odorante. Desse modo, constatou-se que os espectros receptores no bulbo são mais estreitos (*i. e.,* sintonizados) do que no epitélio olfatório. As células mitrais respondem a certas moléculas, mas podem ser inibidas por outras muito parecidas, às vezes com um só átomo de carbono a mais (Figura 10.9A). Os responsáveis por essa operação de sintonia fina são as células granulares e periglomerulares do mesmo glomérulo ou de glomérulos vizinhos, que estabelecem sinapses dendrodendríticas e axodendríticas

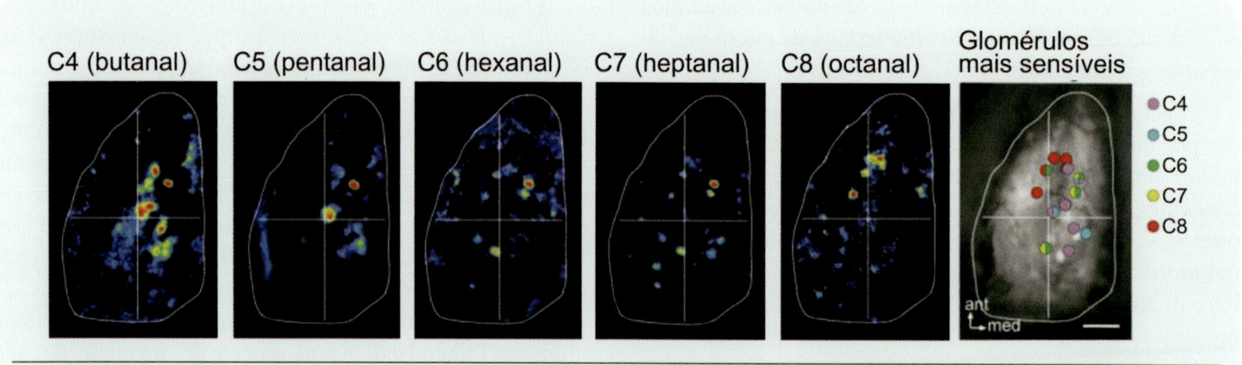

Figura 10.8. *O mapa dos cheiros no bulbo olfatório pode ser revelado estimulando um camundongo fortemente com um odorante, e depois medindo a liberação de neurotransmissores nas sinapses dos glomérulos ativados pela estimulação, através de um composto fluorescente que emite luz durante a transmissão sináptica. Cada foto mostra o padrão de ativação em vista dorsal de um dos bulbos olfatórios, para aldeídos que diferem apenas por um átomo de carbono, apresentados ao nariz do animal em concentrações mínimas. Os glomérulos mais ativos são mostrados em cor vermelha. À direita vê-se o mapa que resultou do experimento, com as cores representando cada composto de acordo com seu número de átomos de carbono. Nota-se que o mapa é difuso, ou seja, um mesmo odorante pode estar representado em diferentes glomérulos, e um mesmo glomérulo pode ser ativado por mais de um odorante. Modificado de T. Bozza e cols. (2004)* Neuron *vol. 42: pp. 9-21.*

com as células m/t. Algumas dessas sinapses "laterais" são inibitórias, permitindo o "bloqueio" das moléculas parecidas, mas que não sejam exatamente aquelas capazes de ativar o circuito.

Axônios provenientes de longe também terminam no bulbo olfatório, mas a sua função real ainda é mal compreendida: fibras noradrenérgicas do *locus coeruleus*, fibras serotoninérgicas dos núcleos da rafe do tronco encefálico e fibras colinérgicas do prosencéfalo basal[A].

Se pouco se sabe sobre o processamento olfatório no bulbo, menos ainda se conhece sobre as operações neurais realizadas nos estágios subsequentes. De qualquer modo, duas hipóteses são consideradas para explicar a nossa capacidade de discriminar cheiros. A primeira admite a existência de "linhas exclusivas", pelas quais cada cheiro percorreria um caminho neural determinado, diferente dos demais cheiros. Essa hipótese é apoiada pela existência de uma certa topografia de ativação dos glomérulos do bulbo olfatório, mas é desautorizada pela baixa especificidade de muitos neurônios olfatórios em todos os níveis. A segunda hipótese propõe o aparecimento de "padrões de ativação" envolvendo diferentes populações de neurônios a cada cheiro. A particular combinação da atividade dos quimiorreceptores para cada cheiro seria detectada por neurônios de ordem superior situados em um dos estágios da via olfatória. Essa hipótese não requer especificidade dos neurônios olfatórios, porque a identificação dos cheiros dependeria da combinação dos neurônios ativos, e não de cada neurônio individualmente.

QUESTÃO DE GOSTO: A PERCEPÇÃO DAS MOLÉCULAS QUE ENTRAM PELA BOCA

Desde cedo aprendemos a perceber a experiência sensorial proveniente da ingestão de substâncias pela boca. Os recém-nascidos sugam avidamente o leite materno, mas respondem com uma careta ao contato com uma gota de remédio. Trata-se da modalidade sensorial da gustação ou paladar: a percepção das moléculas que se dissolvem na saliva, entrando em contato com o sistema gustatório. Chamamos *sabores* às diferentes qualidades dessa modalidade, e sabemos que cada sabor se relaciona com algo que se dissolveu na boca. Do mesmo modo que no caso da olfação, buscou-se encontrar desde o início alguns poucos sabores básicos, cuja combinação resultaria na síntese de todos os sabores que somos capazes de sentir. Inicialmente foi possível determinar quatro: salgado, doce, azedo e amargo. Mais recentemente um novo sabor básico foi identificado e adicionou-se a esses, sendo chamado temperado. O reconhecimento do sabor salgado de alguns sais é importante para manter o equilíbrio eletrolítico. A detecção do sabor doce e do sabor temperado permite o reconhecimento de muitos açúcares e alguns aminoácidos, tão necessários para o fornecimento de energia ao organismo, e sua aceitação para a deglutição. O sabor azedo é o sabor dos ácidos, inclusive os aminoácidos essenciais que nosso organismo utiliza para a síntese proteica. E, finalmente, o sabor amargo

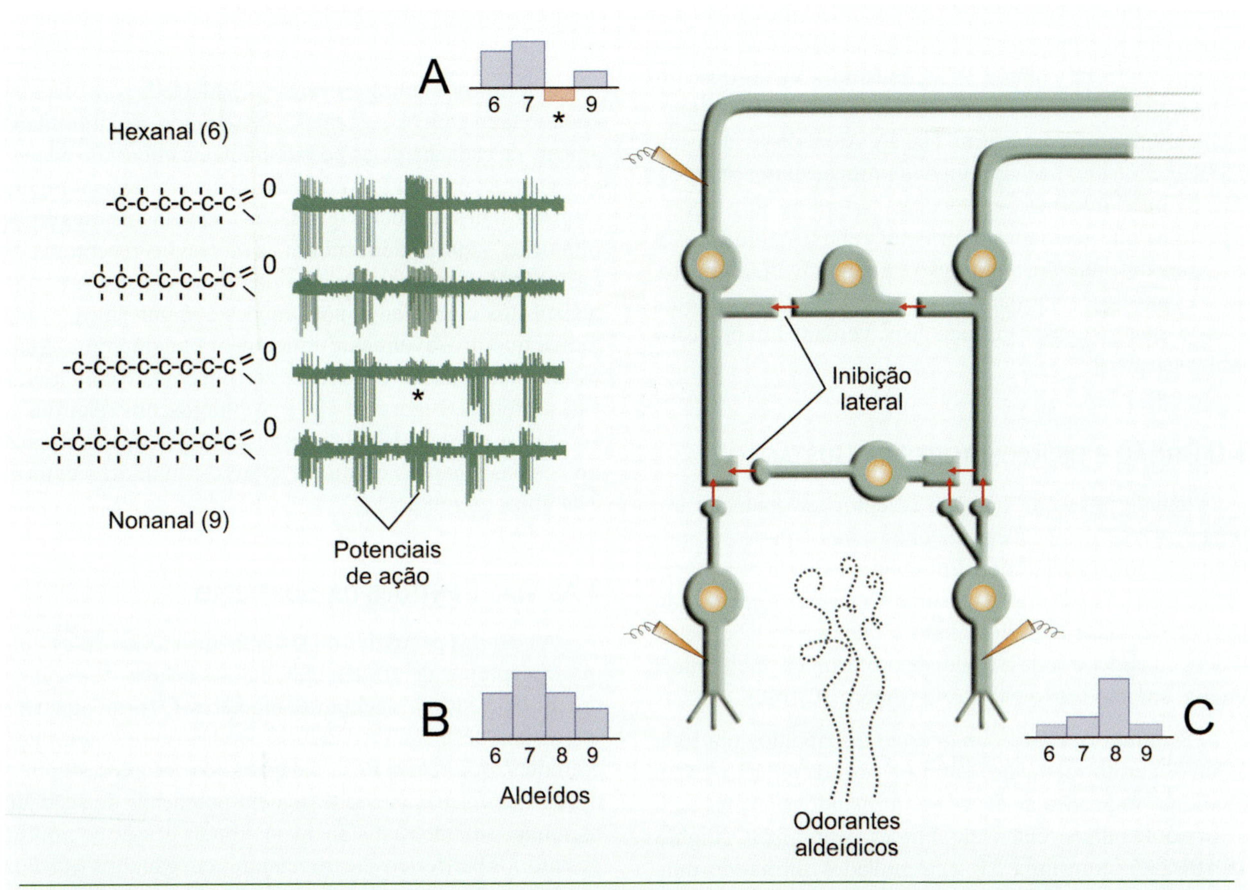

▶ **Figura 10.9.** *A especificidade das células m/t pode ser comparada com a dos receptores, registrando a sua atividade após a estimulação com odorantes aldeídicos que diferem em um único carbono (fórmulas à esquerda). Enquanto os receptores podem ser ativados por muitos aldeídos (**B** e **C**), as células m/t podem ser até inibidas por um deles (asteriscos). No exemplo em **A**, os traçados verdes representam os potenciais de ação disparados por uma m/t ao ser estimulada pelos odorantes mostrados à esquerda. Os histogramas ilustram a resposta das células para cada composto. Repare que a célula m/t (**A**) é inibida pelo octanal (oito carbonos), mas é ativada pelos outros. Por outro lado, o receptor em **C** é mais ativado justamente por esse aldeído. Acredita-se que a inibição possa ter surgido da atividade dele, transmitida "com sinal contrário" pelas células periglomerulares e granulares (setas vermelhas). Baseado em S. Nakanishi (1995)* Trends in Neuroscience *vol. 18: pp. 359-364.*

representa um sinal de possível toxicidade, sendo muitas vezes rejeitado por mecanismos reflexos. Mas não sabemos até que ponto esses sabores têm uma determinação biológica ou são o resultado de um aprendizado de natureza cultural. A expressão dessa incerteza é que alguns povos percebem gostos "básicos" que outros não reconhecem como tal. Quem dentre nós poderia lembrar facilmente do gosto do glutamato monossódico, que os japoneses sentem e chamam de *umami* e os ocidentais traduzem como "delicioso" ou "temperado"? Também é a cultura que nos ensina a gostar de alguns sabores amargos, como o das bebidas alcoólicas. E, além disso, há muitos sabores que não podemos classificar em nenhum desses tipos, como os picantes (da pimenta, do gengibre), os metálicos, os adstringentes e tantos outros.

Da mesma forma que na olfação, a tarefa seguinte é relacionar os sabores com substâncias químicas definidas capazes de provocar a sensação de sabor – os *gustantes*. Temos então, novamente, um problema. Fora o sabor salgado, reconhecidamente devido ao cloreto de sódio, os demais podem ser provocados por inúmeras substâncias diferentes. Até mesmo o sabor doce, que poderíamos atribuir exclusivamente ao grupo dos açúcares, pode atualmente ser produzido por substâncias quimicamente muito diferentes dos açúcares, que são os adoçantes artificiais.

Veremos a seguir que a gustação é em muitos aspectos semelhante à olfação, embora algumas diferenças sejam dignas de nota. Gustação e olfação, na verdade, funcionam em conjunto. Você já experimentou um pedaço de cebola durante um resfriado forte, com o nariz congestionado? O gosto, nessas condições, pode ser facilmente confundido com o de uma pêra... O paladar de uma comida, entretanto, não depende só da gustação e da olfação, mas também de outros sentidos, como o tato, que nos permite apreciar a textura dos alimentos, a termossensibilidade que sinaliza a temperatura da comida, e até mesmo a visão que nos fornece um sentido de prazer estético antecipatório e altamente motivador para a alimentação. Além disso, a gustação não contribui apenas com a identificação dos sabores, mas fornece informações "ocultas" sobre as substâncias ingeridas, que regulam importantes reflexos somáticos e viscerais destinados à deglutição e à digestão do alimento, ou à expulsão de substâncias tóxicas. Levando em conta essas características, a gustação é na verdade um processo multissensorial.

O Órgão e os Receptores da Gustação

Considera-se que o órgão receptor da gustação é a língua, porque é nela que se encontra a maior parte dos quimiorreceptores gustatórios. Entretanto, existem receptores também na mucosa oral, na faringe, na laringe e até mesmo nas porções superiores do esôfago. É mais apropriado, desse modo, considerar toda a cavidade orofaríngea, incluindo a língua, como o órgão gustatório (Figura 10.10A).

Os quimiorreceptores não estão distribuídos por toda a mucosa uniformemente, como é o caso da olfação. Estão reunidos em grupos de 50 a 150, formando esférulas com a forma de alhos, chamadas *botões gustatórios* (Figura 10.10B, C), com uma das extremidades formando uma espécie de poro, ou depressão, na superfície. Temos cerca de cinco mil botões gustatórios, três quartos dos quais na língua. Nela os botões estão situados em indentações da mucosa que se chamam *papilas gustatórias* (Figura 10.10A, B). Podemos ver as nossas próprias papilas no espelho, mas os botões só podem ser visualizados ao microscópio. Ao espelho, poderemos perceber diferenças morfológicas entre as papilas. As que ficam na metade anterior da língua se parecem com pequenos cogumelos, e são por isso chamadas fungiformes. As que se localizam nos lados são alongadas, e por isso se denominam papilas foliadas. Finalmente, podemos ver no fundo da língua uma fileira de grandes papilas que parecem mamilos, chamadas circunvaladas. Essas diferenças não são simples variações anatômicas, mas têm um significado funcional que se verá adiante.

Através do microscópio podemos identificar dois tipos celulares nos botões gustatórios: os quimiorreceptores e as células basais, estas provavelmente precursoras dos primeiros (Figura 10.10C), encarregadas da sua reposição à medida que eles vão degenerando e morrendo a cada 2 semanas. Além disso, vemos terminais aferentes que vêm de neurônios situados à distância. Os quimiorreceptores gustatórios são células epiteliais, e não neurônios – nisso a gustação difere da olfação. Entretanto, apresentam especializações moleculares e estruturais próprias dos neurônios: estabelecem sinapses químicas com as fibras aferentes e expressam algumas moléculas de superfície típicas de neurônios.

A forma dos quimiorreceptores é adaptada para oferecer contato fácil com os gustantes. Desse modo, a extremidade apical[G] de cada um deles possui inúmeras microvilosidades que se projetam para fora do botão, imersas na saliva (Figura 10.10C). É nessas microvilosidades – semelhantes aos cílios olfatórios – que se concentram as moléculas receptoras da gustação. Os corpos celulares dos quimiorreceptores são justapostos e acoplados por junções comunicantes, o que indica que provavelmente funcionam em sincronia. Suas extremidades basais e laterais estão em contato com terminais aferentes (Figura 10.10C). Ao microscópio eletrônico verifica-se que há vesículas e espessamentos de membrana, típicos das sinapses químicas, entre os quimiorreceptores e as fibras aferentes.

As Vias Centrais da Gustação

As células primárias do sistema gustatório são os quimiorreceptores, de origem epitelial. As células de segunda ordem são neurônios genuínos, bipolares. Os prolongamentos distais destes – verdadeiros dendritos – são as fibras aferentes, que recebem as sinapses dos receptores e conduzem a informação codificada em potenciais de ação até os somas, situados à distância. Os somas desses neurônios gustatórios periféricos ficam reunidos em gânglios situados em pontos diferentes do crânio, em ambos os lados, e seus prolongamentos distais reúnem-se em ramos de três nervos cranianos (ver o Quadro 10.3): facial (VII), glossofaríngeo (IX) e vago (X).

As fibras aferentes ramificam-se bastante nas proximidades dos botões gustatórios, de tal modo que diferentes quimiorreceptores – até mesmo diferentes botões – comunicam-se com uma fibra-tronco, e portanto com um único neurônio (Figura 10.10C). Trata-se de uma convergência com implicações funcionais, como veremos adiante.

Há uma certa organização no modo como esses nervos cranianos inervam o órgão da gustação (Figura 10.11A). O facial (VII) termina principalmente nas papilas fungiformes da região anterior da língua e no palato mole; o glossofaríngeo (IX), nas papilas circunvaladas da região posterior e nas foliadas das faces laterais, assim como nos botões da nasofaringe; e o nervo vago[A] (X) termina nos botões da epiglote e do esôfago superior. Os prolongamentos proximais – na verdade, axônios – convergem todos para um mesmo núcleo situado no tronco encefálico, o *núcleo do trato solitário*[A] (Figura 10.11A). A organização topográfica dos nervos cranianos se mantém nesse núcleo de terceira ordem: o facial projeta para um setor mais rostral do núcleo, o vago, para um setor mais caudal, e o glossofaríngeo, para uma posição intermediária. O núcleo do trato solitário não recebe apenas aferentes gustatórios, mas também outros

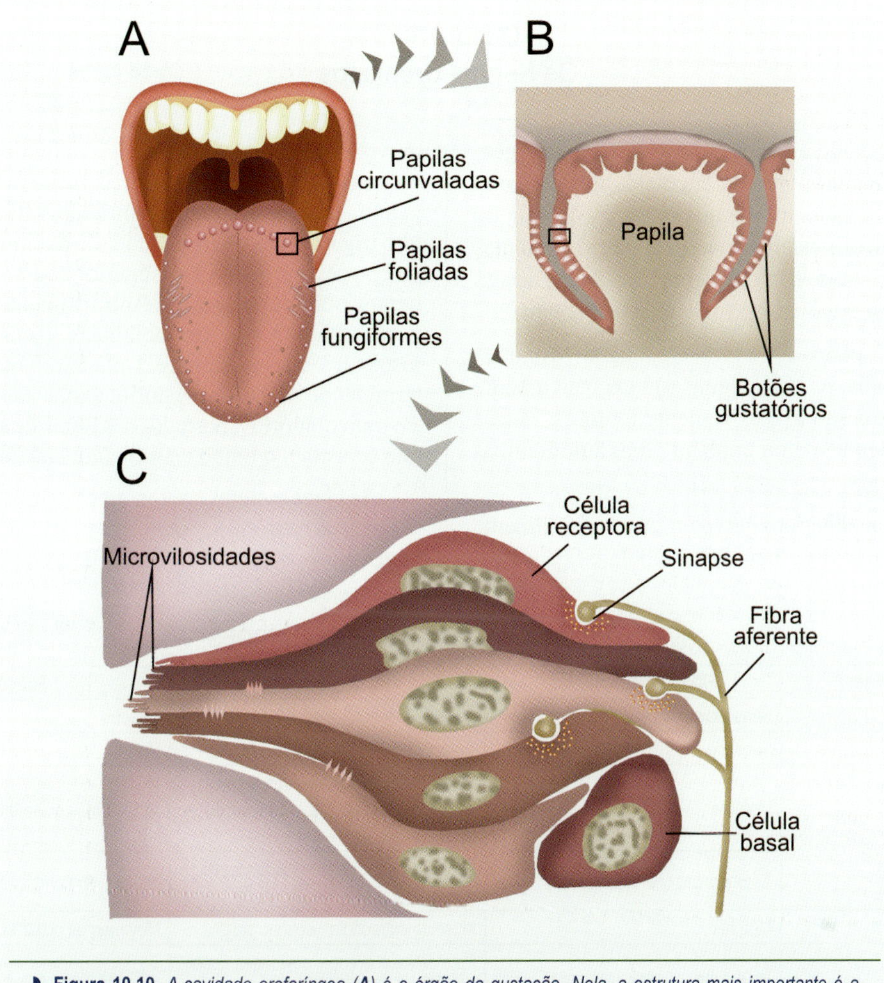

▸ **Figura 10.10.** *A cavidade orofaríngea (**A**) é o órgão da gustação. Nela, a estrutura mais importante é a língua, que possui grande número de papilas gustatórias de tipos diferentes. Cada papila apresenta numerosos botões (**B**) onde se concentram os quimiorreceptores em posição estratégica para captar os gustantes. No botão gustatório (**C**) ficam não apenas os receptores mas também outras células e as fibras aferentes que conduzem a informação para o SNC.*

aferentes viscerais que participam da digestão e de funções correlatas (veja, a esse respeito, o Capítulo 14).

Dos neurônios do núcleo do trato solitário emergem axônios ascendentes (Figura 10.11B) que projetam direta ou indiretamente ao *núcleo ventral posterior medial* do tálamo. E, finalmente, a informação gustatória chega ao córtex cerebral, em uma região situada dentro do sulco lateral[A] do encéfalo ou próxima a ele (Figura 10.11C), chamada *córtex insular*[A], que representa o córtex gustatório primário. Essa é a principal via gustatória, aquela que veicula as informações que produzirão a percepção dos sabores. Do mesmo modo que na olfação, entretanto, há outras vias gustatórias envolvidas com os reflexos e os comportamentos motivados que participam da regulação do meio interno. Para isso são essenciais as informações gustatórias que se obtêm dos alimentos. Assim, o núcleo do trato solitário se conecta com os núcleos motores de alguns nervos cranianos, um circuito que participa de reflexos de deglutição, tosse e vômito, fenômenos destinados a aceitar alimentos apropriados (agradáveis) e rejeitar os inapropriados (desagradáveis). O núcleo do trato solitário também se conecta indiretamente com o hipotálamo e a amígdala[A], regiões límbicas relacionadas com a fome, suas reações e suas emoções (Capítulo 15).

▸ Processamento Neural dos Sabores

Quando levamos um alimento à boca e o mastigamos, ele se desdobra em fragmentos menores e muitas de suas substâncias se dissolvem na saliva. Imediatamente ocorre

Quadro 10.3
Os Nervos Cranianos

Os nervos cranianos são aqueles que emergem de algum ponto do encéfalo, apresentando um trajeto intracraniano antes de sair do crânio por algum orifício, para ramificar-se em diferentes regiões da cabeça ou do corpo. Diferenciam-se dos nervos espinhais porque estes emergem da medula espinhal[A].

Existem 12 pares de nervos cranianos (Miniatlas de Neuroanatomia, p. 367): alguns são exclusivamente sensoriais, outros são exclusivamente motores, outros são mistos, podendo incluir também fibras autonômicas (Tabela).

As fibras sensoriais dos nervos cranianos geralmente são longos dendritos de neurônios bipolares (p. ex., o nervo vestibulococlear[A]) ou pseudounipolares (p. ex., o nervo trigêmeo[A]) cujos somas ficam aglomerados em gânglios (como o gânglio espiral do VIII nervo e o gânglio trigeminal do V), ou então são axônios de neurônios receptores ou de ordem superior (como é o caso dos nervos olfatório e óptico, respectivamente). As fibras do nervo olfatório não são facilmente vistas, pois formam fascículos que passam pela placa crivosa do etmoide, terminando no bulbo olfatório. O que se vê com clareza é o trato olfatório[A], portador das fibras de segunda ordem que conectam o bulbo com o córtex piriforme.

As fibras motoras e autonômicas (parassimpáticas) são axônios de neurônios cujos somas estão situados em diferentes núcleos do mesencéfalo e do tronco encefálico.

OS NERVOS CRANIANOS E SUAS FUNÇÕES[A]

Nervo Craniano	*Fibras Componentes*	*Alvo ou Origem Periférica*	*Funções*
I. Olfatório	Sensoriais	Epitélio olfatório	Olfação
II. Óptico	Sensoriais	Retina	Visão
III. Oculomotor	Motoras	Músculos extraoculares: retos sup., inf. e med.; oblíquo inf.; elevador da pálpebra	Movimentos oculares
	Autonômicas (parassimpáticas)	Músculos intraoculares: constritor da pupila e ciliar	Miose e acomodação
IV. Troclear	Motoras	Músculo extraocular: oblíquo sup.	Movimentos oculares
V. Trigêmeo	Sensoriais	Pele da face, córnea, cavidades nasal e oral, dura-máterA	Somestesia
	Motoras	Músculos da mastigação; músculo tensor do tímpano	Abertura e fechamento da boca; regulação da tensão do tímpano
VI. Abducente	Motoras	Músculo extraocular: reto lateral	Abdução do globo ocular
VII. Facial	Sensoriais	2/3 anteriores da língua	Gustação
	Motoras	Músculos mímicos; músculo estapédio	Movimentos da face; regulação da tensão da cadeia ossicular
	Autonômicas (parassimpáticas)	Glândulas salivares e lacrimais	Salivação e lacrimejamento
VIII. Vestibulococlear	Sensoriais e audiomotoras	Cóclea e aparelho vestibular	Audição e equilíbrio
IX. Glossofaríngeo	Sensoriais	1/3 posterior da língua; faringe; trompa de Eustáquio, ouvido médio; corpo carotídeo	Gustação, somestesia, quimiorrecepção, barorrecepçãoG
	Motoras	Músculo estilofaríngeo	Deglutição
	Autonômicas (parassimpáticas)	Glândula parótida	Salivação
X. Vago	Sensoriais	Faringe, laringe, esôfago, ouvido externo, corpúsculos aórticos, vísceras torácicas e abdominais	Somestesia, químio e barorrecepção; sensibilidade visceral
	Motoras	Palato mole, faringe, laringe e esôfago	Fala, deglutição
	Autonômicas (parassimpáticas)	Vísceras torácicas e abdominais	Controle das funções orgânicas
XI. Acessório	Motoras	Músculos do pescoço e dos ombros: esternoclidomastóideo e trapézio	Movimentos da cabeça e ombros
XII. Hipoglosso	Motoras	Músculos da língua	Movimentos da língua

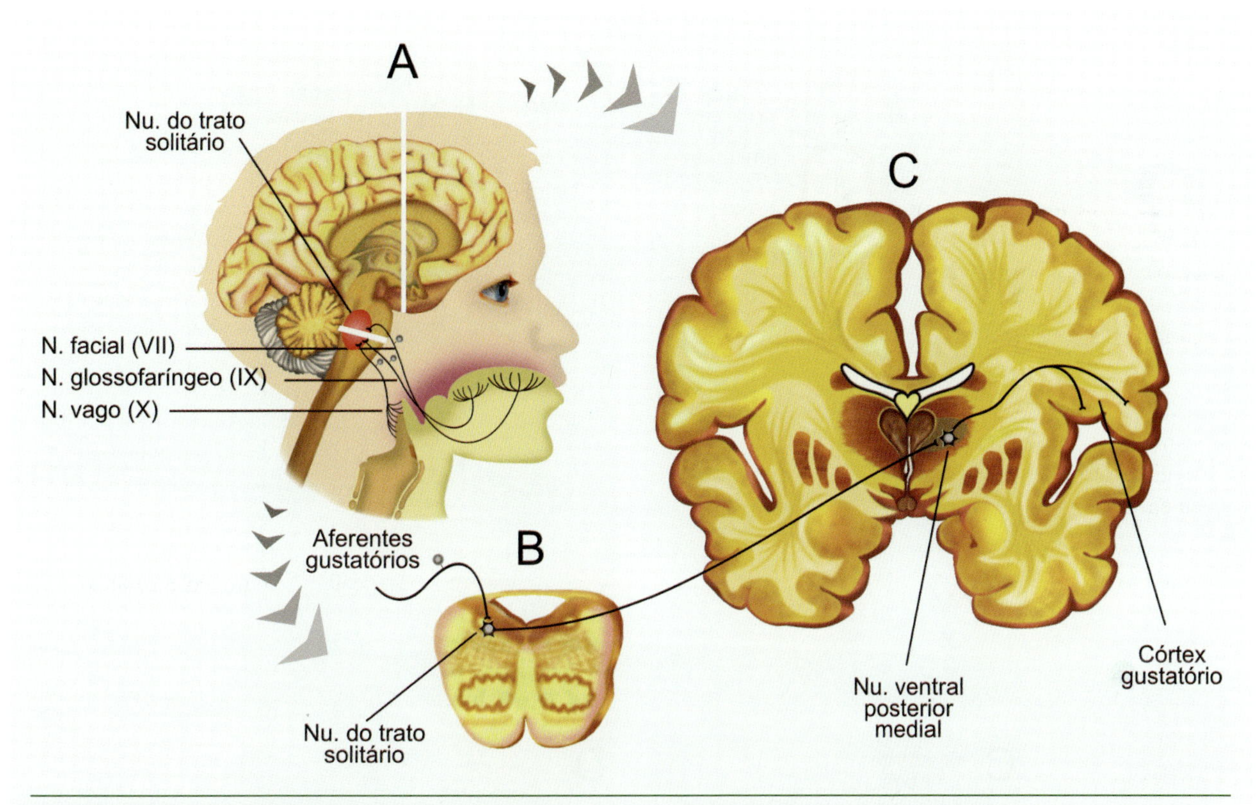

Figura 10.11. *A. As vias gustatórias emergem das fibras aferentes dos botões e juntam-se a três nervos cranianos organizados topograficamente: VII, IX e X. Todos eles projetam ao núcleo do trato solitário, no tronco encefálico.* ***B*** *e* ***C****. O núcleo do trato solitário projeta ao tálamo direta ou indiretamente, e este ao córtex gustatório, situado nas proximidades do lobo da ínsula*[A]*. Os planos dos cortes ilustrados em* ***B*** *e* ***C*** *estão assinalados em* ***A****.*

o contato direto com a multidão de receptores moleculares presentes nas microvilosidades das células quimiorreceptoras. Cada gustante então se acopla ao receptor que lhe corresponde, e inicia-se a operação do sistema gustatório.

Cada um dos sabores básicos apresenta um mecanismo definido de transdução, como está descrito com detalhe no Capítulo 6. A transdução do salgado (Figura 10.12A) deve-se à ação direta do íon Na^+ que compõe os sais mais comuns, em especial o sal de cozinha (NaCl) que usamos nos alimentos. O ânion, entretanto, modifica o sabor do cátion: por isso são diferenciados os sabores que sentimos ao provar diferentes sais de sódio. Muitos quimiorreceptores apresentam canais abertos para o íon Na^+, parecidos com os que existem nos túbulos renais para propiciar a reabsorção desse íon e assim evitar a excessiva eliminação pela urina. O sal ingerido simplesmente provoca grande aumento da concentração extracelular de Na^+, e o gradiente que se cria move os íons para dentro das microvilosidades através dos canais, criando na célula quimiorreceptora um potencial receptor despolarizante.

A transdução do sabor azedo (Figura 10.12B) deve-se ao íon hidrogênio que se dissocia dos ácidos presentes, por exemplo, nas frutas cítricas como o limão. Com a ingestão de ácidos, o íon H^+ acumula-se no meio extracelular, e o gradiente assim criado o move através dos mesmos canais de Na^+ que acabamos de descrever. A questão que se coloca é: se o H^+ dos ácidos e o Na^+ dos sais penetram ambos pelos mesmos canais, devendo presumivelmente ativar as mesmas células quimiorreceptoras, como então conseguimos diferenciar o salgado do azedo? Já se sabe que um mecanismo adicional caracteriza a transdução ácida: os íons H^+ (mas não os íons Na^+) bloqueiam canais de K^+ existentes nas microvilosidades de algumas das células (mas não de outras), interrompendo o fluxo natural desse íon para fora da célula, e com isso acentuando a despolarização produzida na membrana. Recentemente se descobriu um receptor específico para ácidos, membro da família TRP[5], cuja deleção gênica em camundongos remove a capacidade dos animais perceberem sabores ácidos. Supõe-se, então, que outros mecanismos devam existir que diferenciam os quimiorreceptores de salgado dos que são sensíveis ao sabor azedo.

[5] *Abreviatura da expressão inglesa* Transient Receptor Potential. *Ver o Capítulo 6 para maiores detalhes.*

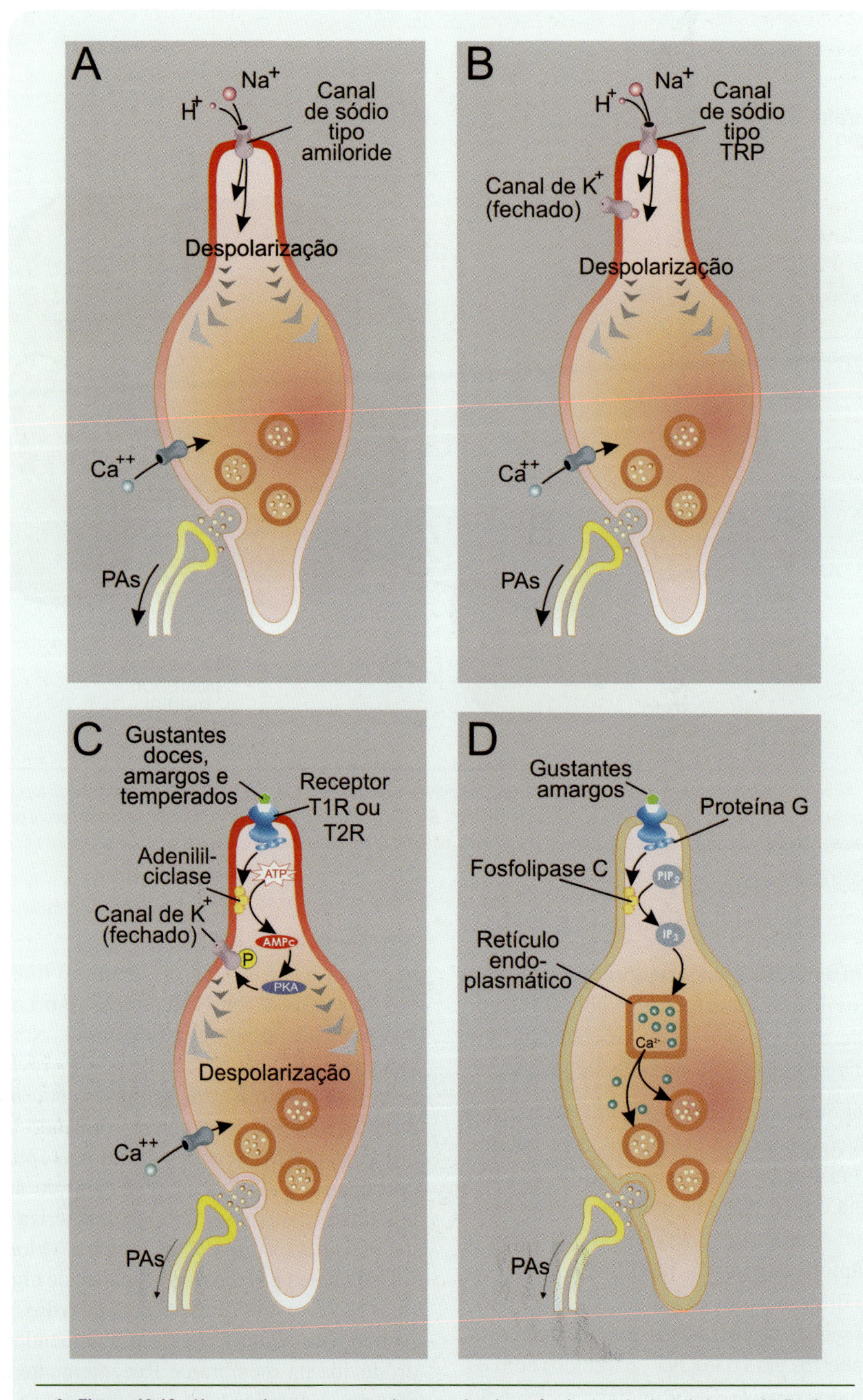

Figura 10.12. *Já se conhecem os mecanismos moleculares fundamentais da quimiotransdução dos cinco sabores básicos. A transdução do salgado (**A**) ativa um canal para os íons Na^+ e H^+, a do sabor ácido (**B**) ativa este mesmo canal e bloqueia um canal de K^+. Em ambos os casos o movimento dos íons provoca despolarização da membrana, e a consequência é a entrada de Ca^{++} e a liberação de neurotransmissor na sinapse com a fibra aferente. A transdução das substâncias doces, amargas e temperadas (**C**) envolve receptores semelhantes das famílias T1R e T2R, que ativam sempre um segundo mensageiro que fecha canais de K^+ despolarizando a célula. Finalmente, a transdução dos sabores amargos (**D**) é a única que não envolve despolarização da membrana: tudo se passa dentro da célula, com segundos mensageiros provocando diretamente a liberação de Ca^{++} no citosol, e em conseqüência a liberação de neurotransmissor na fenda sináptica.*

A transdução dos sabores doce e temperado (Figura 10.12C) é mais complexa, e envolve mecanismos semelhantes. Os receptores correspondentes foram recentemente clonados[G], e tudo indica que se trate de receptores T1R um pouco diferentes, combinados em conjuntos de duas ou três unidades, e acoplados a uma proteína G típica dos receptores gustatórios, chamada *gustatina* ou *gustducina*. Essas moléculas receptoras não parecem ser muito específicas, já que reconhecem gustantes bastante diferentes: sacarídeos (glicose, frutose, sacarose), peptídeos (aspartame), ânions orgânicos (sacarina sódica) e proteínas (monelina); e o glutamato monossódico, no caso do sabor temperado. Sabe-se, entretanto, que esses diferentes ligantes utilizam sítios distintos das moléculas receptoras, e que as vias metabólicas intracelulares que acabam sendo ativadas são diferentes. Assim, a gustatina, em resposta a gustantes sacarídicos (adoçantes naturais) aciona vias intracelulares diferentes das que são ativadas por gustantes não sacarídicos (adoçantes artificiais). Resta saber se essas vias estão presentes nos mesmos quimiorreceptores ou em células diferentes. No caso dos gustantes sacarídicos, o segundo mensageiro é o AMPc (Figura 10.12C). A gustatina, entretanto, não ativa a adenililciclase, como se poderia pensar, mas fosfodiesterases (fosfolipase C) que acionam a via dos terceiros mensageiros IP_3 e DAG. O resultado é o fechamento de canais de K^+ existentes nas microvilosidades, o que provoca a gênese de um potencial receptor despolarizante. No caso dos gustantes não sacarídicos e do glutamato monossódico (Figura 10.12D), o segundo mensageiro é também o IP_3, produzido pela enzima fosfolipase A (PLA). Ele possivelmente atua sobre canais de Ca^{++}, provocando a sua entrada na célula e assim um potencial receptor despolarizante.

A transdução do sabor amargo (Figura 10.12C e D) envolve moléculas receptoras T2R, também acopladas à gustatina, e utilizando o IP_3 como segundo mensageiro. Os gustantes típicos são o quinino, a cafeína e sais de césio e magnésio. Neste caso, entretanto, parece que o IP_3 atua diretamente sobre os estoques intracelulares de Ca^{++}, liberando esse íon para o citoplasma e com isso provocando diretamente a liberação de neurotransmissor do quimiorreceptor para os terminais aferentes. Se essa evidência for confirmada, tratar-se-á de um caso de transdução que não envolve a gênese de potencial receptor!

Na maioria dos casos, entretanto, quando as células receptoras gustatórias se despolarizam a partir das correntes iônicas geradas nas microvilosidades, é o potencial receptor que provoca a ancoragem das vesículas sinápticas acumuladas na base da célula. O principal neuromediador liberado na fenda sináptica é o ATP, mas há evidências de envolvimento de outros neuromediadores, como a serotonina, o glutamato e a acetil-colina. Segue-se imediatamente um potencial pós-sináptico no terminal aferente, e logo uma salva de potenciais de ação que percorrerá a fibra em direção ao núcleo do trato solitário. A concentração de gustante determinará a amplitude do potencial receptor, e esta por sua vez, a frequência dos PAs nas fibras dos nervos cranianos correspondentes.

Experimentalmente, pode-se registrar esses PAs que percorrem as fibras aferentes gustatórias de um animal sob estimulação controlada. Pode-se mesmo prover uma gotícula de gustante a uma única papila, e retirá-la com rapidez por aspiração ou lavagem (Figura 10.13). Nessas condições foi possível estudar as preferências das fibras aferentes pelos gustantes. Os resultados mostraram alguma especificidade, embora os espectros receptores fossem bastante amplos. A especificidade acompanha a topografia da inervação gustatória: cada uma das fibras do nervo facial[A] (Figura 10.13) responde melhor (mas não exclusivamente) a um tipo definido de gustante, seja doce, salgado ou azedo (mas não a gustantes amargos). No conjunto, esse nervo veicula os três sabores. Do mesmo modo, as fibras do nervo glossofaríngeo[A] respondem melhor aos estímulos azedos e amargos, e as do vago preferem gustantes azedos e a água pura. O pouco que se conhece até o momento sobre as respostas gustatórias dos neurônios do núcleo do trato solitário é compatível com esses dados obtidos nas fibras dos nervos cranianos gustatórios.

Essas propriedades das vias gustatórias significam que não há – ou são pouco importantes – linhas exclusivas para cada um dos sabores básicos, uma vez que os neurônios individuais não são suficientes para a discriminação dos sabores. É provável, portanto, que essa discriminação sensorial dependa, como se supõe também para a olfação, da particular combinação da atividade neural dos neurônios mobilizados por um determinado sabor. Acredita-se que essa atividade populacional combinada produza um padrão de ativação que pode ser reconhecido em níveis superiores (cortical, talvez?). A memória do gosto do pimentão, por exemplo, refere-se a um determinado padrão de atividade neural de uma certa população de quimiorreceptores e neurônios centrais. Toda vez que esse padrão é reproduzido, quando ingerimos pimentão, a memória é evocada e fazemos o reconhecimento desse alimento pelo seu sabor (mesmo que não o tenhamos visto!).

A participação do córtex nesse processo é inteiramente hipotética, mas há notícia de pacientes com ageusia (deficiência de percepção gustatória) após lesões do córtex insular.

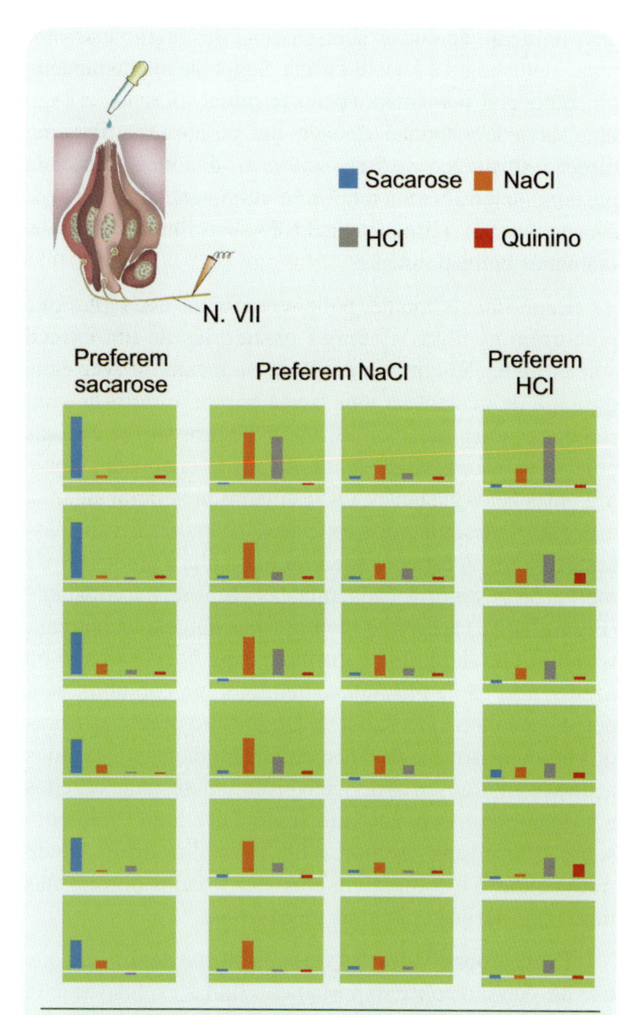

Figura 10.13. *A preferência das fibras aferentes gustatórias pode ser estudada registrando-se a atividade do nervo facial (VII), por exemplo, após a estimulação de uma ou mais papilas com gustantes específicos (detalhe no topo à esquerda). Cada gráfico representa uma fibra; as barras indicam a frequência de potenciais de ação para cada sabor. Encontram-se fibras que preferem sabores doces (como sacarose), outras que preferem salgados (no centro), e outras ainda que preferem sabores azedos (à direita). Os sabores amargos ativam preferencialmente as fibras do nervo glossofaríngeo (IX), não representadas. Modificado de D. V. Smith e M. E. Frank (1993), em* Mechanisms of taste transduction *(S. Simon e S. Roper, orgs.). CRC Press, Boca Raton, EUA.*

SOMESTESIA QUÍMICA?

As mucosas da face (não só a nasal e a oral, mas também a mucosa ocular) apresentam nociceptores particularmente sensíveis a substâncias irritantes e poluentes, adicionando aos sabores e aos cheiros outras qualidades: dor, ardência ou a sensação de frio. Nem sempre essas qualidades são negativas. Basta pensar no efeito refrescante do mentol, adicionado a alguns alimentos e até a algumas marcas de cigarros. Deve-se mencionar também o efeito da capsaicina, o gustante de sabor picante que caracteriza as pimentas. Sua adição aos alimentos, quando moderada, provoca uma ligeira ardência ao sabor da comida, que muitos de nós apreciamos. O uso imoderado da pimenta provoca efeitos típicos de outras substâncias irritantes, como a salivação, a secreção nasal e o lacrimejamento, todos eles reflexos autonômicos que permitem a "lavagem" ou a diluição das substâncias causadoras da irritação das mucosas. A mucosa oral apresenta também termorreceptores e receptores ao tato, que contribuem para a percepção da temperatura e da textura dos alimentos, componentes importantes da receptividade que manifestamos a eles.

Esse sistema de detecção da natureza mecânica e térmica, bem como de substâncias químicas irritantes nas mucosas constitui uma submodalidade fronteiriça entre a somestesia e os sentidos químicos, uma espécie de somestesia química. Pouco se conhece sobre os receptores correspondentes, mas tudo indica que são terminações livres de três nervos cranianos: o trigêmeo, o glossofaríngeo e o vago, exatamente os mesmos que veiculam as informações gustatórias. Essas terminações distribuem-se por toda a mucosa oral (e também a mucosa nasal), estando em contato com os mesmos compostos que ativam os quimiorreceptores gustatórios e olfatórios. As fibras aferentes desses nervos cranianos projetam ao núcleo do trato solitário, como vimos anteriormente, e também aos seus núcleos próprios (o núcleo principal do trigêmeo[A] é um exemplo importante).

As dimensões "somestésicas" dos gustantes (irritantes como a dor e a ardência, ou coadjuvantes do paladar como o frio, o calor e a textura) são transmitidas desses núcleos do tronco encefálico ao núcleo ventral posterior medial do tálamo, seguindo tanto ao córtex insular quanto aos córtices somestésicos primário e secundário. Em paralelo, as dimensões "gustatórias/olfatórias" desses estímulos químicos também são veiculadas ao córtex insular, como já mencionamos (Figura 10.14). Note-se que essas regiões corticais ficam muito próximas umas das outras, o que favorece a sugestão de que funcionam de forma cooperativa para propiciar ao indivíduo uma percepção simultaneamente gustatória e somestésica dos gustantes que chegam à boca.

OS SENTIDOS QUÍMICOS OCULTOS

Vivemos em um oceano de moléculas. Isso significa que não só o nosso corpo vive imerso nelas; também as nossas células, individualmente, estão imersas em uma enorme variedade de moléculas dissolvidas nos líquidos corporais. É preciso dispor de um sistema de monitoração e controle das concentrações dessas moléculas, já que

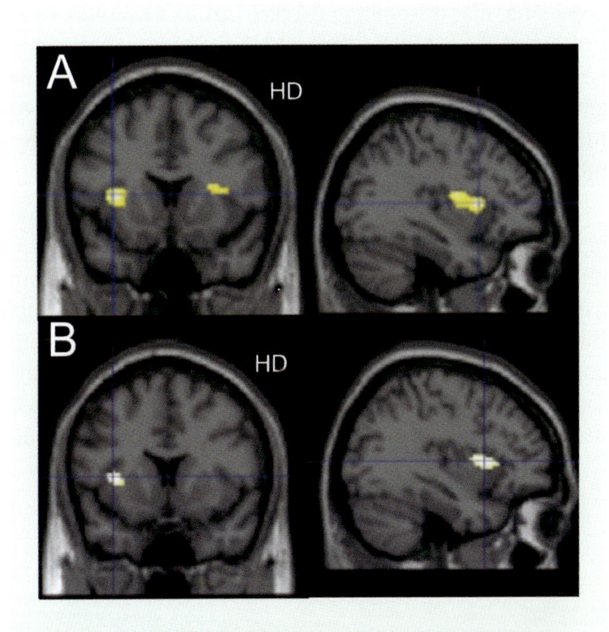

Figura 10.14. *A. Imagem de ressonância magnética funcional que mostra a ativação do córtex insular em ambos os lados, após a administração, a um voluntário, de um composto viscoso mas sem gosto. A área ativada é representada em amarelo-claro sobre um corte coronal (à esquerda) e sobre um corte parassagital (à direita).* ***B.*** *Imagem semelhante da ativação do córtex insular após a estimulação com um composto doce (sacarose). HD = hemisfério direito. Modificado de I. E. de Araujo e E. T. Rolls (2004)* Journal of Neuroscience, *vol. 24: pp. 3086-3096.*

algumas delas são essenciais à vida, como o oxigênio, o gás carbônico e a glicose. A presença desse conjunto numeroso de moléculas em nosso organismo cria uma pressão osmótica[G] que tende a transferir água de um compartimento a outro, alterando os volumes de líquido do organismo. A pressão osmótica, portanto, deve também ser monitorada e regulada. E, finalmente, o mesmo se aplica ao próprio volume de líquido circulante no sangue e em outros fluidos.

Não é necessário, no entanto, que a monitoração desses parâmetros químicos e físicos alcance a nossa consciência. Ao contrário, a natureza criou "sentidos químicos ocultos" para que tudo se passe automaticamente durante a nossa vida cotidiana e a consciência possa estar dedicada a outras coisas. Esses "sentidos ocultos" fornecem as informações necessárias para que se faça a regulação automática das funções orgânicas. É o que se conhece como *homeostasia*, um conceito clássico da fisiologia geral criado pelo americano Walter Cannon (1871-1945), e analisado com mais detalhes no Capítulo 14.

Quais são, então, esses sentidos secretos? De que modo funcionam?

DOSAGEM AUTOMÁTICA DOS GASES DA RESPIRAÇÃO

Todos sabem que os gases da respiração são o oxigênio (O_2) e o dióxido de carbono (CO_2). Todos sabem também que obtemos do ar o oxigênio que nossas células utilizam, e que eliminamos o gás carbônico que resulta do metabolismo do organismo. Isso significa que ambos os gases, mas especialmente o oxigênio, devem existir no ar que circula em nossos pulmões em uma determinada concentração. É verdade que o ar do ambiente pode conter mais ou menos O_2 e CO_2 em função de variáveis geográficas, climáticas e outras. Mas é no sangue, onde esses gases circulam para serem levados às células ou retirados delas, que as alterações de concentração podem repercutir mais sobre a fisiologia do organismo. Por exemplo: entre o repouso e o exercício extenuante pode haver uma variação de cerca de dez vezes no consumo de oxigênio do sangue. O sistema nervoso deve detectar essas condições e comandar a regulação dos ritmos respiratório e cardíaco de acordo com as necessidades. O cérebro, em particular, é muito sensível a essas mudanças metabólicas, especialmente em relação ao O_2. Alguns segundos de anóxia[G] podem provocar inconsciência, e poucos minutos levam à morte neuronal, causando lesões irreversíveis no tecido nervoso.

Por essa razão o organismo deve dispor de um mecanismo bem ajustado de regulação de parâmetros metabólicos, como o ritmo e a profundidade da respiração, a frequência cardíaca e o diâmetro vascular, em função dos níveis sanguíneos de O_2 e CO_2. Então, as questões que se colocam são as seguintes: quem detecta os níveis sanguíneos desses gases? Que receptores o fazem? Onde estão situados?

Desde a década de 1930 sabe-se que existem sensores de oxigênio situados estrategicamente nas paredes da aorta e da artéria carótida comum quando ela se bifurca para formar a carótida interna, principal via de irrigação arterial do cérebro. Nessa região existem órgãos receptores especializados chamados, respectivamente, *corpos aórticos* e *carotídeos* (Figura 10.15A), que alojam não apenas quimiorreceptores, mas também mecanorreceptores sensíveis ao estiramento das paredes arteriais. Os quimiorreceptores dos corpos aórticos e carotídeos são as células *glomus* (Figura 10.15B), que recebem inervação aferente de fibras dos nervos glossofaríngeo e vago, respectivamente, com quem estabelecem sinapses químicas, de modo semelhante ao que ocorre no sistema gustatório. Experimentos realizados com células *glomus* cultivadas isoladamente em laboratório permitiram verificar que elas apresentam canais de K^+ e de Ca^{++} sensíveis à concentração de O_2 no meio de cultura. Quando se diminui a concentração de O_2, ocorre bloqueio dos canais de K^+ e abertura dos de Ca^{++}. Com a entrada de Ca^{++}, ocorre despolarização da membrana e aumenta a concentração de Ca^{++} no citosol (Figura 10.15C). Outras evidências sugerem também que as células *glomus* expressam proteínas que alojam moléculas de heme, o radical envolvido na captura de oxigênio pela hemoglobina. Nesse caso, seriam formados verdadeiros quimiossomos no interior da célula, capazes de cooperar com os canais iônicos na detecção dos níveis de O_2. Os canais da membrana seriam rápidos na detecção e na resposta, enquanto os quimiossomos seriam mais lentos, respondendo em condições crônicas.

Em seguida à detecção e à despolarização da célula *glomus*, ocorre liberação de neurotransmissores na fenda sináptica e o aparecimento de PAs nas fibras aferentes. A célula *glomus* apresenta vesículas contendo vários neurotransmissores, mas não há certeza sobre quais estão realmente envolvidos com a transmissão sináptica para as fibras aferentes. Alguns indícios sugerem que se trata da dopamina, mas há também registro de que a acetilcolina, a substância P e o ATP possam estar envolvidos, alguns com ação excitatória, outros com ação inibitória. O registro da atividade neural das fibras aferentes em animais intactos confirma a sua sensibilidade à concentração de O_2, bem como a proporcionalidade entre esta e a frequência de PAs.

Os neurônios sensoriais do nervo glossofaríngeo, como já se sabe, projetam ao núcleo do trato solitário. Os neurônios de segunda ordem aí situados, de sua parte, distribuem a informação a inúmeros núcleos do tronco encefálico cuja função é estabelecer os ritmos respiratório e cardíaco, bem como controlar o diâmetro das vias aéreas e dos vasos sanguíneos (ver o Capítulo 14 para maiores detalhes), por meio da inervação motora dos músculos respiratórios, do

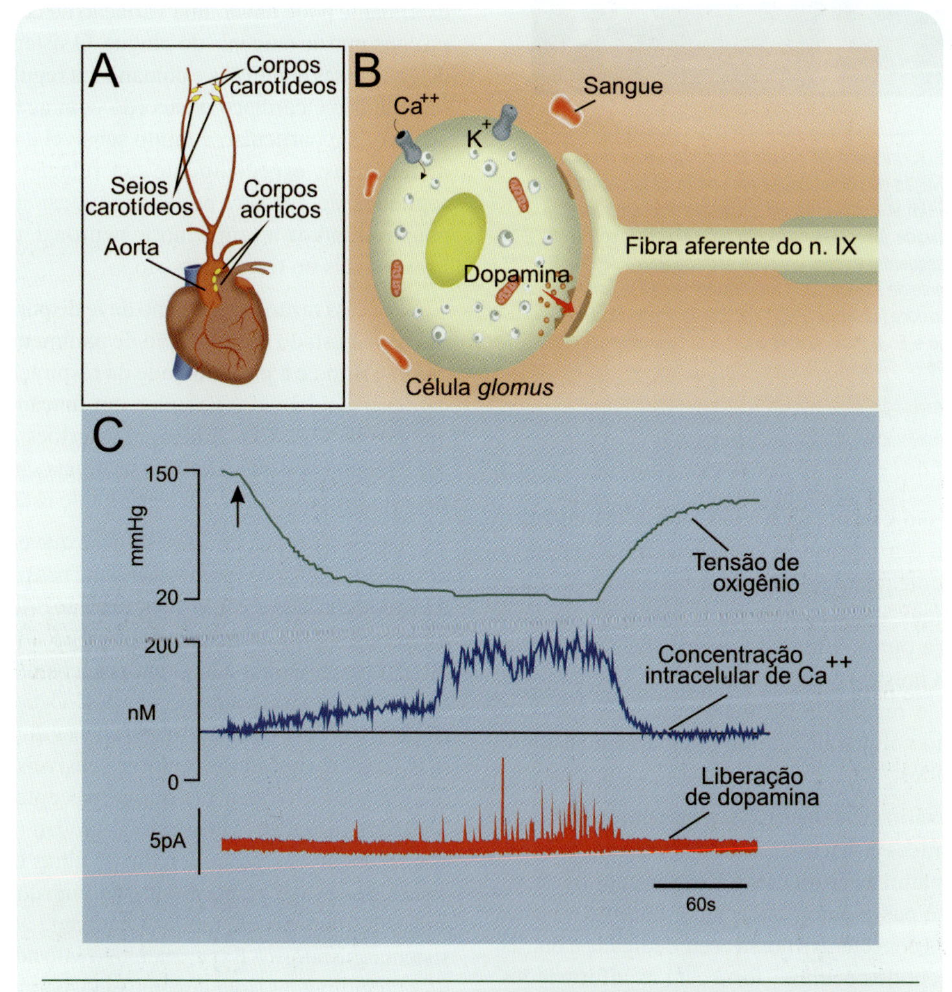

Figura 10.15. ***A.*** *Muitos monitores químicos do organismo (em amarelo) estão concentrados próximo ao coração, nas paredes da aorta e das carótidas, junto com receptores mecânicos sensíveis à pressão arterial.* ***B.*** *No corpo carotídeo, o receptor de O_2 é a célula glomus, que parece sinalizar a tensão de oxigênio no sangue através da liberação de dopamina.* ***C*** *representa um experimento com a célula glomus, submetida a um súbito decréscimo da tensão de O_2 (seta), que provoca aumento da concentração intracelular de Ca^{++}. Segue-se a liberação de dopamina, que ativa a fibra aferente. Modificado de J. López-Barneo (1996)* Trends in Neuroscience, *vol. 19: pp. 435-440.*

músculo cardíaco e da musculatura lisa da árvore brônquica e dos vasos. Neste caso, a informação aferente sobre o nível sanguíneo de O_2 não chega às regiões sensoriais do córtex cerebral, e por isso não atinge a consciência.

Praticamente nada se sabe sobre a existência e a localização dos possíveis quimiorreceptores de CO_2, mas há suspeitas de que possam estar situados dentro do tecido cerebral, em regiões bulbares.

A Monitoração da Água

Outro dado importante sobre o estado geral do organismo e das células, que deve ser monitorado continuamente pelo sistema nervoso, é a osmolaridade dos fluidos corporais. A osmolaridade é uma propriedade físico-química que depende da concentração de solutos dentro dos compartimentos orgânicos, seja o interior das células, seja o meio intersticial. Se a célula contém mais solutos do que o meio intersticial, diz-se que o meio é hipotônico em relação à célula, ou que a célula é hipertônica em relação ao meio externo. Neste caso, há uma tendência do solvente (ou seja, a água) passar para dentro da célula, e assim restabelecer o equilíbrio osmótico. Se, ao contrário, a célula contém menos solutos do que o meio intersticial (meio hipertônico), a água se move no sentido inverso, saindo para o meio extracelular.

Acontece que às vezes esse delicado equilíbrio é rompido por fatores externos, como, por exemplo, uma ingestão exagerada de sal, tornando perigosamente hipertônico o meio extracelular. Se o desequilíbrio não for logo corrigido, as células perdem água e murcham, podendo até mesmo morrer. Nessa situação extrema, os mecanismos celulares ou teciduais de correção do equilíbrio osmótico são insuficientes. É preciso então informar o sistema nervoso, para que este providencie mecanismos de reposição hídrica. Informado, o sistema nervoso comanda os reflexos destinados a interromper a diurese e a sudorese e provoca a sensação de sede para que sejam acionados os comportamentos motivados para a busca de água.

Quais são então os mecanismos neurais envolvidos? Onde estão os osmorreceptores? Como funcionam?

Os neurocientistas já sabem que existem inúmeros neurônios sensíveis a variações da osmolaridade do sangue (e, portanto, do meio extracelular). Alguns estão situados na parede dos vasos sanguíneos do fígado, mas a maioria fica mesmo dentro do próprio tecido nervoso. As regiões que contêm esses osmorreceptores estão situadas no diencéfalo[A], geralmente em torno do terceiro ventrículo[A] (Figura 10.16A). São elas: o órgão vascular da lâmina terminal, o órgão subfornical, os núcleos anteriores do hipotálamo e os núcleos neurossecretores paraventricular e supraóptico, também no hipotálamo. Esses dois últimos são responsáveis pela produção dos hormônios secretados pela neuro-hipófise (ver os Capítulos 14 e 15), dentre eles o hormônio antidiurético (HAD), um nonapeptídeo que exerce uma ação à distância sobre os túbulos renais, diminuindo a formação de urina. Exatamente o que se quer para a regulação do equilíbrio osmótico do organismo!

O sistema é conectado de modo a ativar os neurônios paraventriculares e supraópticos, fazendo com que aumentem ou diminuam a secreção de HAD, segundo as necessidades. Esses mesmos neurônios secretores são também osmossensíveis, constituindo um exemplo interessante de um circuito reflexo formado por um só neurônio, ao mesmo tempo aferente e eferente. Os outros osmorreceptores emitem axônios que terminam nos núcleos neurossecretores, além de outras regiões. Maiores detalhes sobre esses e outros quimiorreceptores centrais podem ser encontrados no Capítulo 15.

E como funciona o mecanismo de osmorrecepção (Figura 10.16B)? Uma surpresa: tudo indica que osmorreceptores possuem canais catiônicos na sua membrana, sensíveis a diminutos estiramentos e relaxamentos provocados pela variação do volume celular, em função da entrada ou saída de água. Quando o meio extracelular (o sangue) se torna muito concentrado (hipertônico), a célula "murcha" porque cede água para o meio externo. Nesse caso a membrana relaxa, sua tensão mecânica diminui e isso ativa esses canais; resulta a despolarização do neurônio, a ocorrência de potenciais de ação e, portanto, a sinalização aferente de que o meio externo se tornou hipertônico. Se o sangue se tornar hipotônico ocorre o contrário: a célula "incha" com a entrada de água, aumenta a tensão mecânica da membrana e esses canais são desativados. A rigor, portanto, os "quimiorreceptores" osmóticos são na verdade mecanorreceptores! O que se fez para descobrir isso foi simplesmente cultivar em laboratório neurônios das regiões osmossensíveis, variar a pressão osmótica do meio de cultura tornando-o hipo ou hipertônico e, ao mesmo tempo, registrar a sua atividade elétrica. Observou-se então que ocorria despolarização dos neurônios quando estes eram imersos em soluções hipertônicas, e hiperpolarização quando se utilizavam soluções hipotônicas. Os pesquisadores, além disso, aplicaram pequenos pulsos de pressão dentro da célula, mostrando despolarização para pressões negativas e hiperpolarização para pressões positivas, comprovando que a sensibilidade dos canais de cátions é mecânica e não propriamente química. Não se conhece ainda a identidade dos canais catiônicos envolvidos na osmorrecepção. O registro dos axônios que conectam os osmorreceptores com os neurônios secretores, bem como desses últimos, mostrou a ocorrência de salvas de PAs cuja frequência é proporcional à tonicidade do meio extracelular.

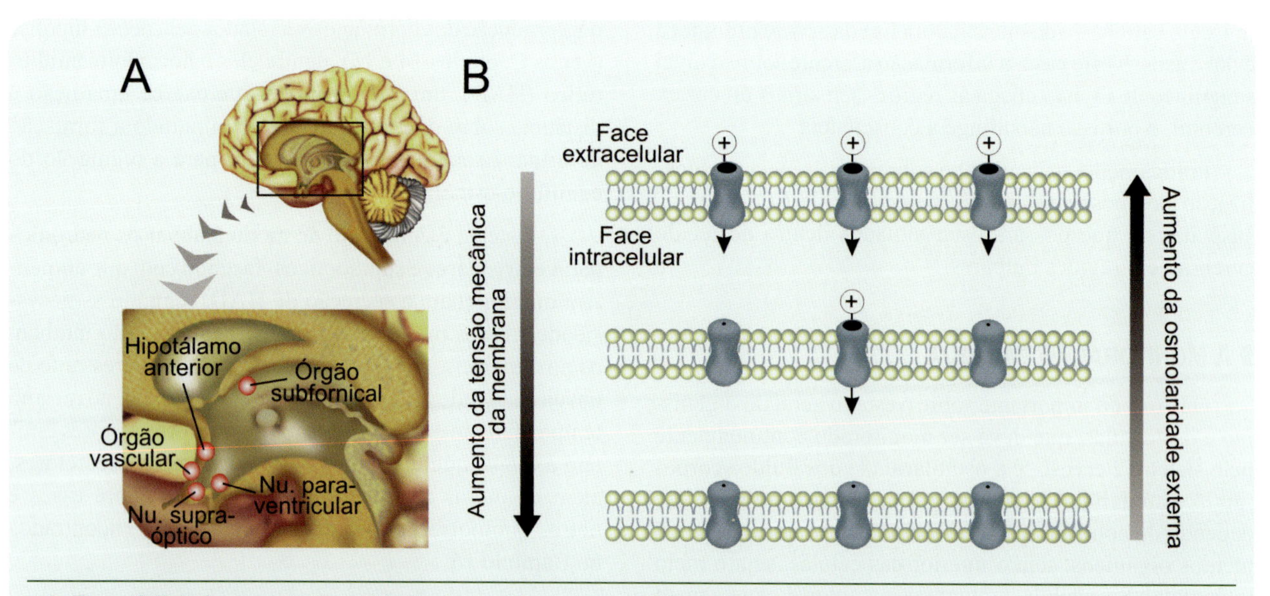

Figura 10.16. A. *Os osmorreceptores estão situados em diferentes locais do SNC, geralmente em torno do terceiro ventrículo.* **B.** *Nessas regiões, esses receptores possuem canais iônicos sensíveis à osmolaridade do sangue (meio extracelular). Quando aumenta a osmolaridade do sangue, a água tende a sair do receptor, e como então ele "murcha", a tensão mecânica da membrana diminui. O resultado é a progressiva desativação dos canais iônicos, e portanto a diminuição da frequência de potenciais de ação na fibra aferente. Ocorre o oposto quando a osmolaridade do sangue diminui. Baseado em S. H. Oliet e C. W. Bourque (1994)* Trends in Neuroscience, *vol. 17: pp. 340-344.*

GLOSSÁRIO

ANÓXIA: interrupção da entrada de oxigênio no sangue.

APICAL: refere-se ao ápice ou parte de cima de uma estrutura qualquer. Opõe-se a basal.

BARORRECEPÇÃO: Detecção de variações da pressão arterial, realizada principalmente pelos barorreceptores carotídeos.

CLONAGEM: síntese, em laboratório, do DNA capaz de codificar uma determinada molécula proteica, permitindo reconhecer detalhadamente a sua estrutura.

ETMOIDE: um dos vários ossos que compõem o crânio humano, situado na região dorsal do nariz entre os dois globos oculares.

HOMEOSTASIA: regulação e estabilização das características químicas, físicas e físico-químicas do meio interno do organismo.

MUCOPOLISSACARÍDEOS: família de carboidratos secretados pelas glândulas mucosas, que constituem o principal componente do muco.

MUCOSA: camada epitelial que reveste algumas cavidades do corpo, dotada de glândulas secretoras de muco.

NEOCÓRTEX: tipo de córtex cerebral de aparecimento recente na evolução, característico dos mamíferos. Apresenta um número maior de camadas do que os tipos corticais mais antigos.

PALEOCÓRTEX: tipo de córtex cerebral de aparecimento mais antigo na evolução. Apresenta um número menor de camadas do que o neocórtex.

PRESSÃO OSMÓTICA: tendência ao deslocamento do solvente (água, por exemplo) entre compartimentos separados por membranas semipermeáveis, em função da concentração de solutos (sais, por exemplo) em cada compartimento.

Saber Mais

Leitura Básica

Bear MF, Connors BW, Paradiso MA. The Chemical Senses. Capítulo 8 de *Neuroscience – Exploring the Brain* 3ª. ed., Nova York, EUA Lippincott, Williams & Wilkins, 2007, pp. 251-275. Trata principalmente do olfato e da gustação, mas também aborda os sentidos químicos "ocultos".

Malnic B. *O Cheiro das Coisas*. Vieira & Lent, Rio de Janeiro, 2008. Texto de divulgação científica sobre olfato, paladar, e as emoções e comportamentos correspondentes.

Scott K. Chemical Senses: Taste and Olfaction. Capítulo 24 de *Fundamental Neuroscience* 3ª. ed., Nova York, EUA: Academic Press, 2008, pp. 549 a 580. Texto avançado sobre os mecanismos neurobiológicos dos sentidos químicos principais.

Leitura Complementar

Stewart WB, Kauer JS, Shepherd GM. Functional organization of rat olfactory bulb analyzed by the 2deoxyglucose method. *Journal of Comparative Neurology* 1979; 185:715-734.

Firestein S. Electrical signal in olfactory transduction. *Current Opinion in Neurobiology* 1992; 2:444-448.

Axel R. The molecular logic of smell. *Scientific American* 1995; 273:154-159.

Mombaerts P, Wang F, Dulac C, Chao SK, Nemes A, Mendelsohn M, Edmonson J e Axel R. Visualizing an olfactory sensory map. *Cell* 1996; 87:675-686.

Smith DV, Margolskee RF. Making sense of taste. *Scientific American* 2000; 284:32-39.

Buck LB. The molecular architecture of odor and pheromone sensing in mammals. *Cell* 2000; 100:611-618.

Ma M e Shepherd GM. Functional mosaic organization of mouse olfactory receptor neurons. *Proceedings of the National Academy of Sciences of the USA* 2000; 97:12869-12874.

Xu F, Greer CA, Shepherd GM. Odor maps in the olfactory bulb. *Journal of Comparative Neurology* 2000; 10:489-495.

Dielenberg RA, Hunt GE, McGregor IS. "When a rat smells a cat": the distribution of Fos immunoreactivity in rat brain following exposure to a predatory odor. *Neuroscience* 2001; 104:1085-1097.

Caicedo A, Kim KN, Roper SD. Individual mouse taste cells respond to multiple chemical stimuli. *Journal of Physiology* 2002; 544:501-509.

Katz DB, Nicolelis MA, Simon SA. Gustatory processing in dynamic and distributed. *Current Opinion in Neurobiology* 2002; 12:448-454.

Kara T, Narkiewicz K, Somers VK. Chemoreflexes — physiology and clinical implications. *Acta Physiologica Scandinavica* 2003; 177:377-384.

Preti G, Wysocki CJ, Barnhart KT, Sondheimer SJ, Leyden JJ. Male axillary extracts contain pheromones that affect pulsatile secretion of lutienizing hormone and mood in women recipients. *Biology of Reproduction* 2003; 68:2107-2113.

Zou D-J, Feinstein P, Rivers AL, Matthews GA, Kim A, C.A. Greer, P. Mombaerts e S. Firestein Postnatal refinement of peripheral olfactory projections. *Science* 2004; 304:1976-1979.

Bozza T, McGann JP, Mombaerts P, Wachowiak M. In vivo imaging of neuronal activity by targeted expression of a genetically encoded probe in the mouse. *Neuron* 2004; 42:9-21.

deAraujo IE e Rolls ET. Representation in the human brain of food texture and oral fat. *Journal of Neuroscience* 2004; 24:3086-3093.

Prabhakar NR. O_2 sensing at the mammalian carotid body: why multiple O_2 sensors and multiple transmitters? *Experimental Physiology* 2006; 91:17-23.

Chandrashekar J, Hoon MA, Ryba NJP, Zuker CS. The receptor and cells for mammalian taste. *Nature* 2006; 444:288-294.

Brennan PA e Zufall F. Pheromonal communication in vertebrates. *Nature* 2006; 444:308-315.

Simon SE, de Araujo IE, Gutierrez R, Nicolelis MAL. The neural mechanism of gustation: a distributed processing code. *Nature Reviews. Neuroscience* 2006; 7:890-901.

Schaefer AT e Margrie TW. Spatiotemporal representations in the olfactory system. *Trends in Neurosciences* 2007; 30:92-100.

Verhagen JV. The neurocognitive bases of human multimodal food perception: consciousness. *Brain Research Reviews* 2007; 53:271-286.

Malnic B. Searching for the ligands of odorant receptors. *Molecular Neurobiology* 2007; 35:175-181.

Bourque CW. Central mechanisms of osmoreception and systemic osmoregulation. *Nature Reviews. Neuroscience* 2008; 9:519-531.

Martinez-Marcos A. On the organization of olfactory and vomeronasal cortices. *Progress in Neurobiology* 2009; 87:21-30.

MINIATLAS DE NEUROANATOMIA

JEAN-CHRISTOPHE HOUZEL, FERNANDA TOVAR-MOLL
E DANIELA UZIEL[1]
INSTITUTO DE CIÊNCIAS BIOMÉDICAS DA UFRJ E
INSTITUTO D'OR DE PESQUISA E ENSINO

[1] *Com a colaboração de Bruno Silva Pereira, Livia Seixas Migowski, Monica Bark Corrêa e Juliana de Mattos Lima Lepsch Guedes, monitores de Anatomia.*

O Miniatlas consta de cortes de encéfalos em diferentes planos, de modo a incluir as principais estruturas mencionadas no livro. Cada corte é acompanhado de uma imagem equivalente obtida em ressonância magnética, bem como da foto de um encéfalo com o plano de corte assinalado. As estruturas incluídas constam do texto dos capítulos assinaladas pela marca [A], superscrita ao lado do termo anatômico correspondente.

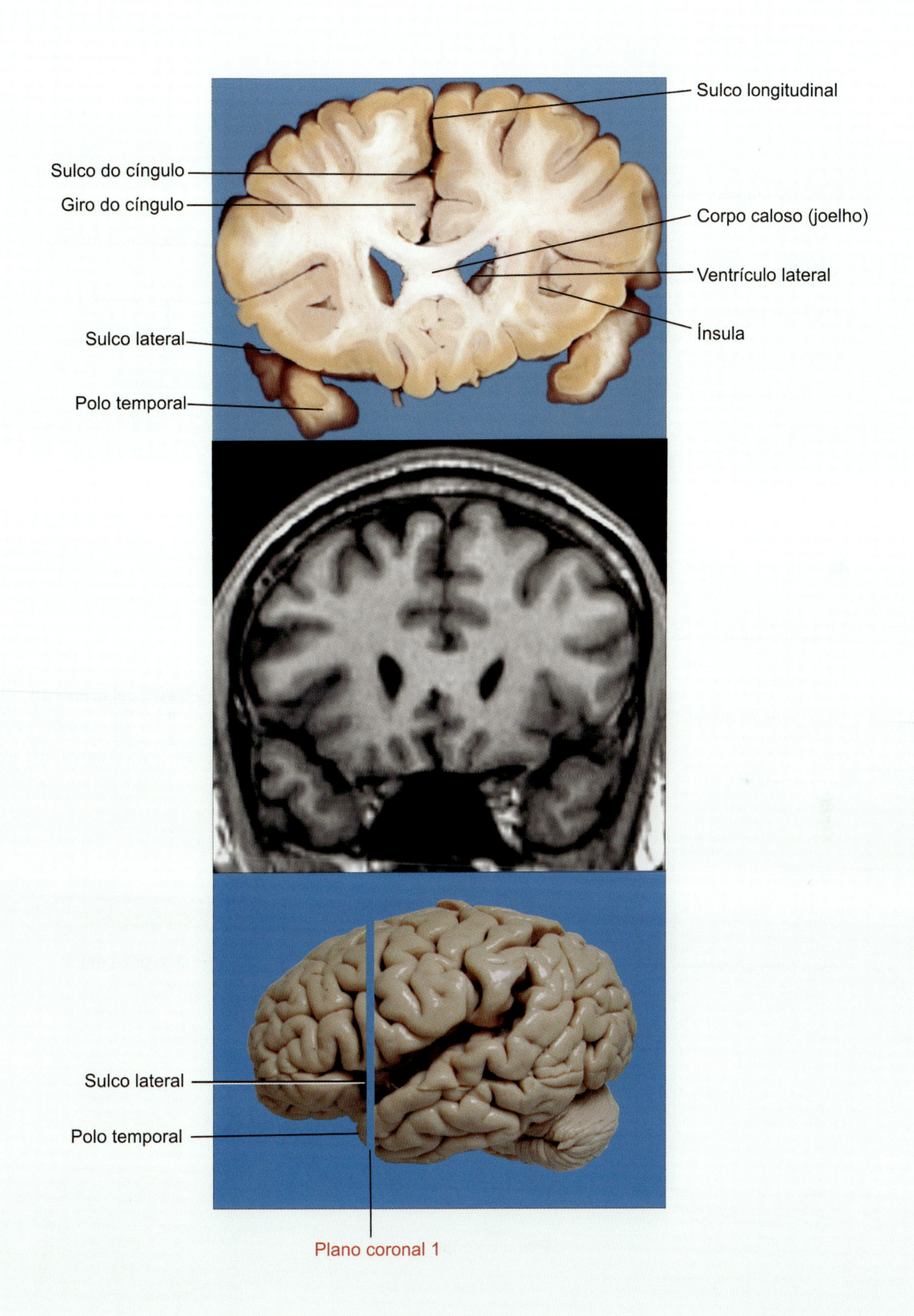
Sulco longitudinal
Sulco do cíngulo
Giro do cíngulo
Corpo caloso (joelho)
Ventrículo lateral
Ínsula
Sulco lateral
Polo temporal
Sulco lateral
Polo temporal
Plano coronal 1

Prancha 1

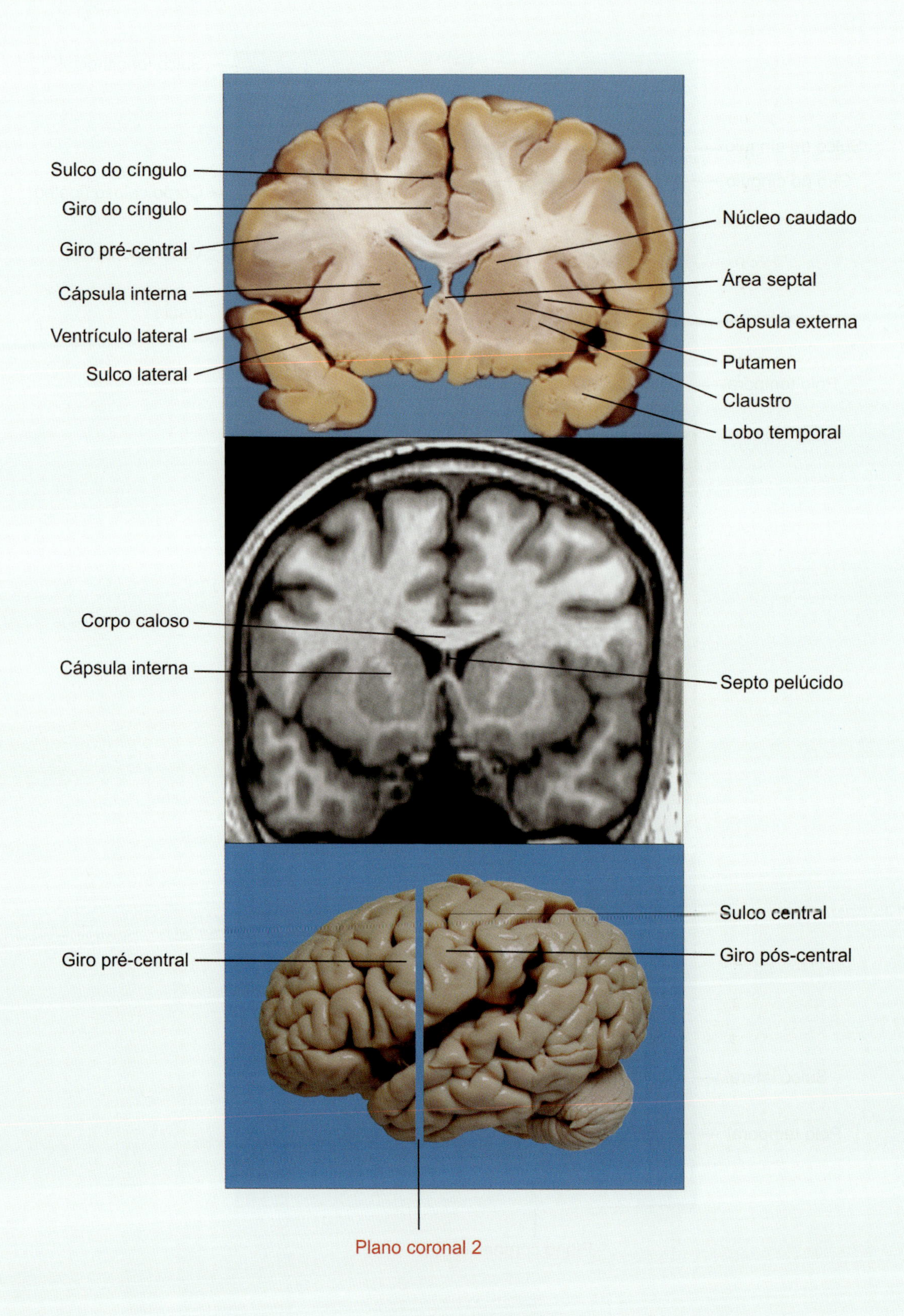
Sulco do cíngulo
Giro do cíngulo
Giro pré-central
Cápsula interna
Ventrículo lateral
Sulco lateral
Núcleo caudado
Área septal
Cápsula externa
Putamen
Claustro
Lobo temporal
Corpo caloso
Cápsula interna
Septo pelúcido
Giro pré-central
Sulco central
Giro pós-central
Plano coronal 2

Prancha 2

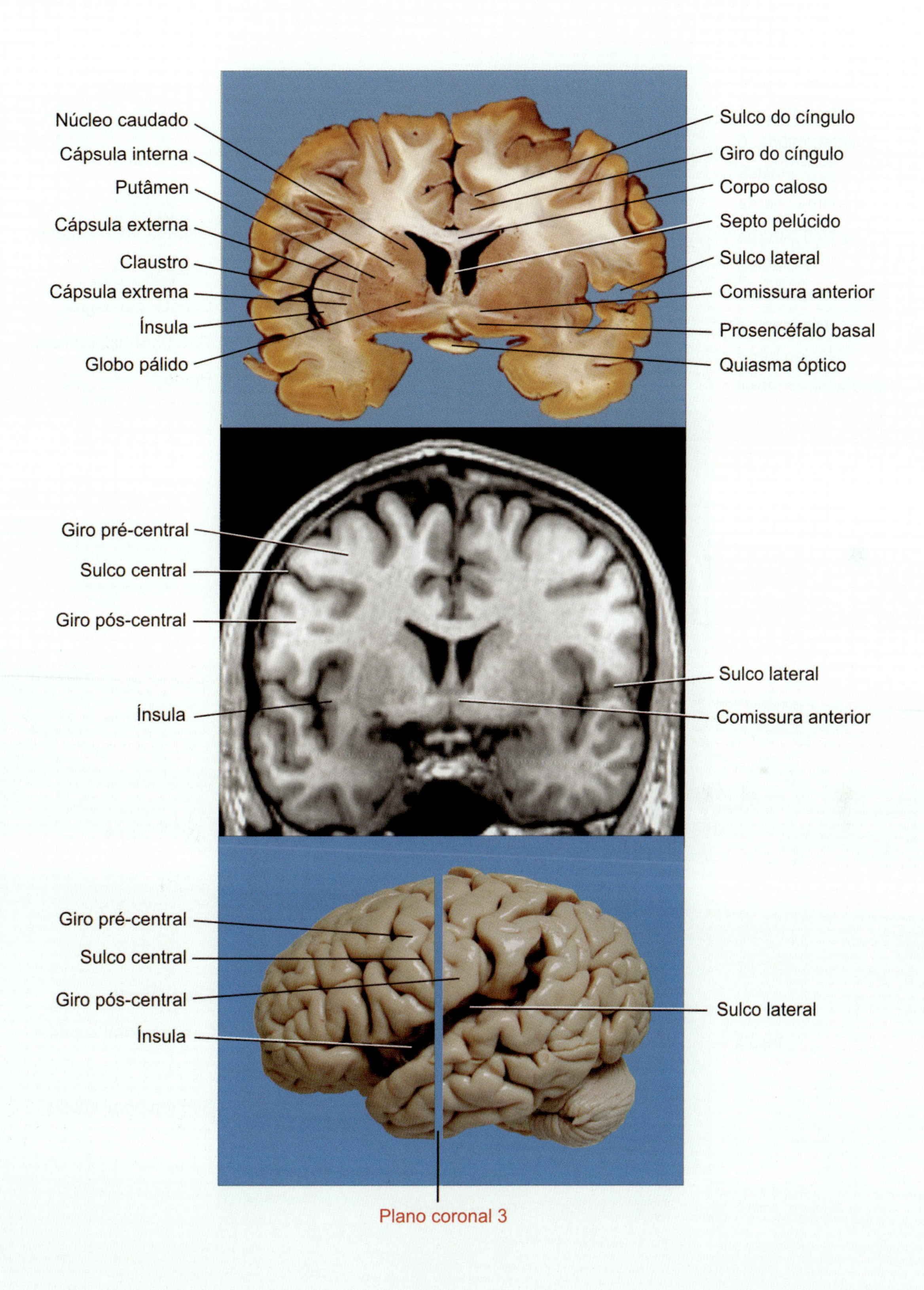
Núcleo caudado
Cápsula interna
Putâmen
Cápsula externa
Claustro
Cápsula extrema
Ínsula
Globo pálido
Sulco do cíngulo
Giro do cíngulo
Corpo caloso
Septo pelúcido
Sulco lateral
Comissura anterior
Prosencéfalo basal
Quiasma óptico
Giro pré-central
Sulco central
Giro pós-central
Ínsula
Sulco lateral
Comissura anterior
Giro pré-central
Sulco central
Giro pós-central
Ínsula
Sulco lateral
Plano coronal 3

Prancha 3

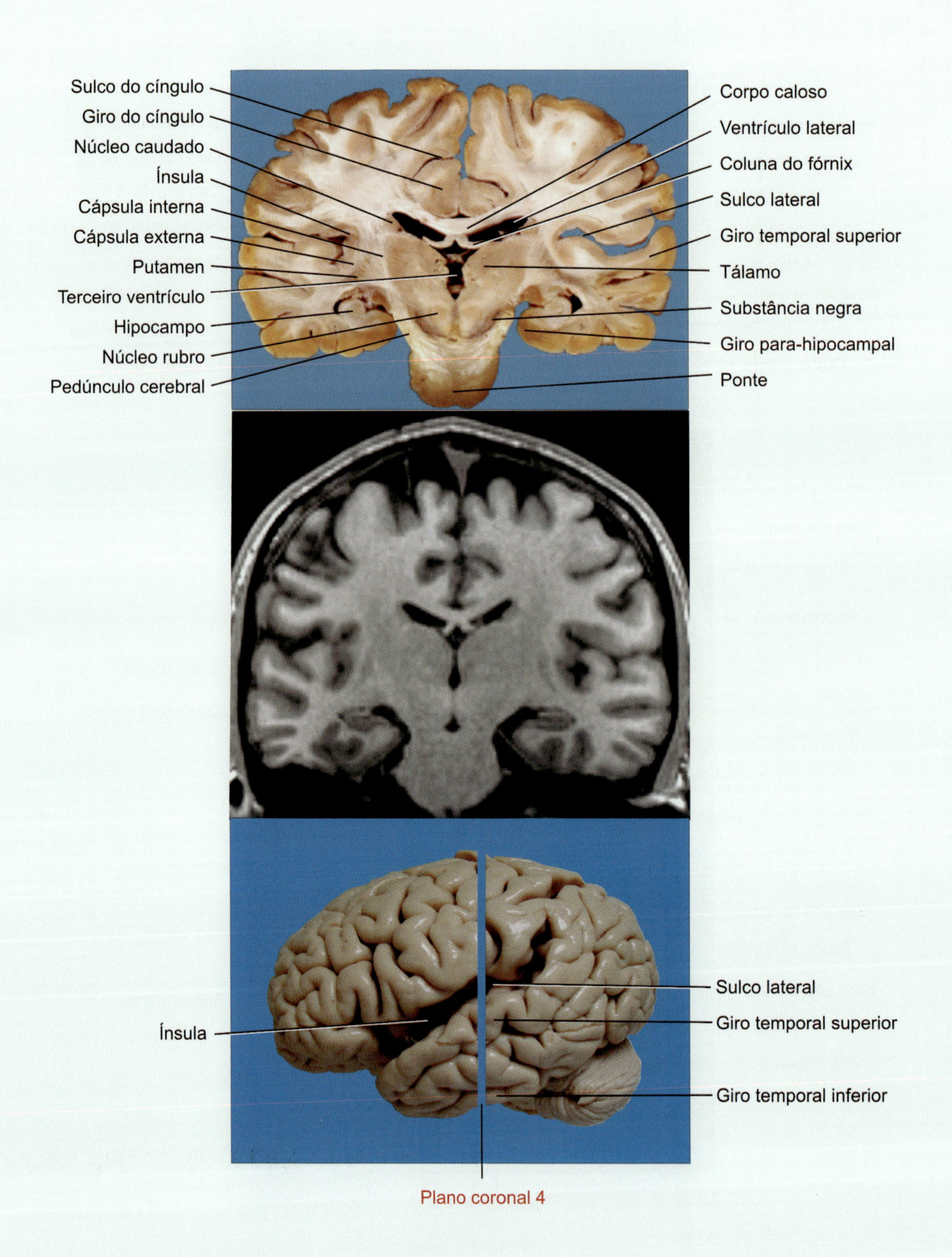
Sulco do cíngulo
Giro do cíngulo
Núcleo caudado
Ínsula
Cápsula interna
Cápsula externa
Putamen
Terceiro ventrículo
Hipocampo
Núcleo rubro
Pedúnculo cerebral
Corpo caloso
Ventrículo lateral
Coluna do fórnix
Sulco lateral
Giro temporal superior
Tálamo
Substância negra
Giro para-hipocampal
Ponte
Ínsula
Sulco lateral
Giro temporal superior
Giro temporal inferior
Plano coronal 4

Prancha 4

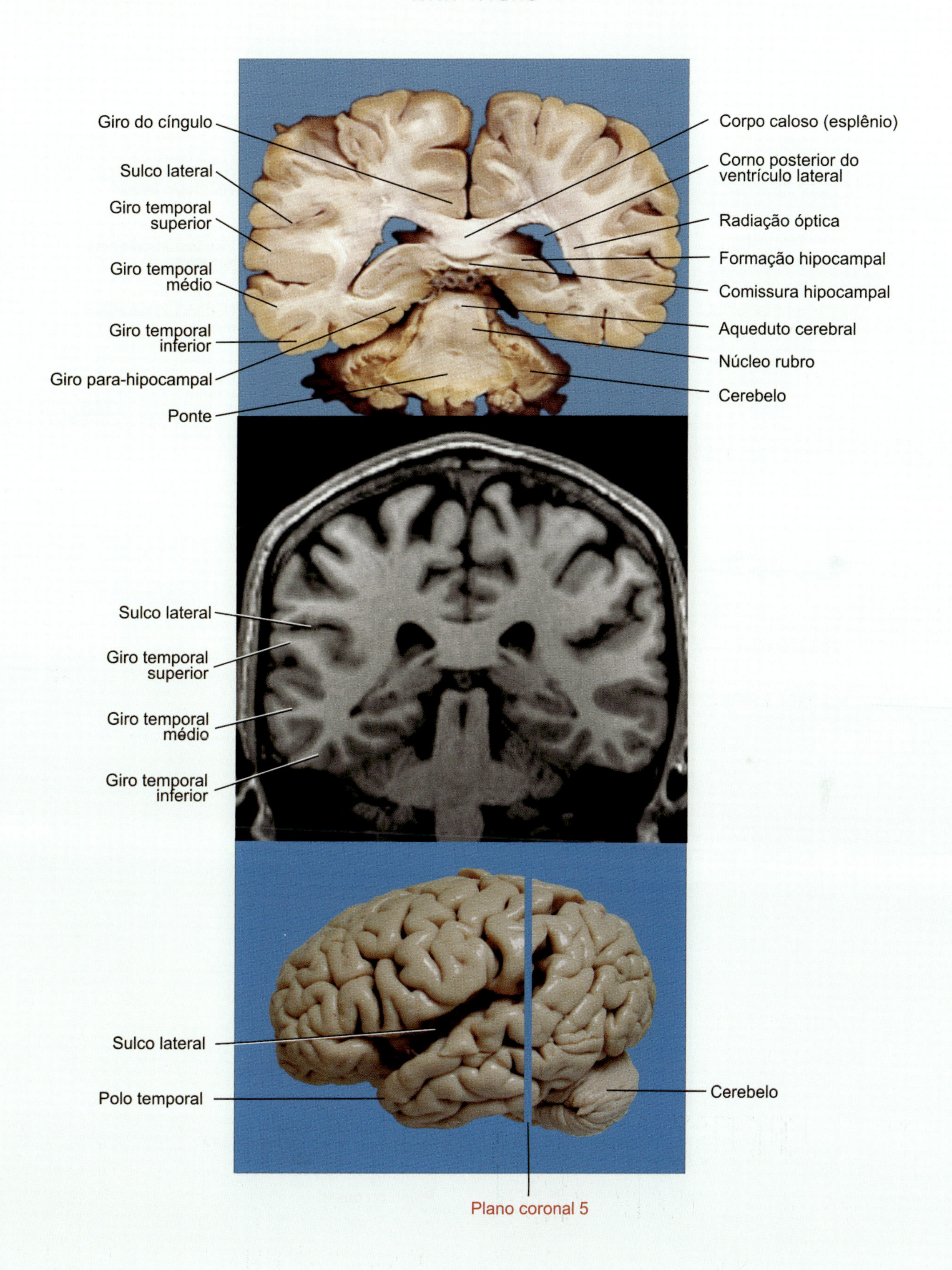
Giro do cíngulo
Sulco lateral
Giro temporal superior
Giro temporal médio
Giro temporal inferior
Giro para-hipocampal
Ponte
Corpo caloso (esplênio)
Corno posterior do ventrículo lateral
Radiação óptica
Formação hipocampal
Comissura hipocampal
Aqueduto cerebral
Núcleo rubro
Cerebelo
Sulco lateral
Giro temporal superior
Giro temporal médio
Giro temporal inferior
Sulco lateral
Polo temporal
Cerebelo
Plano coronal 5

Prancha 5

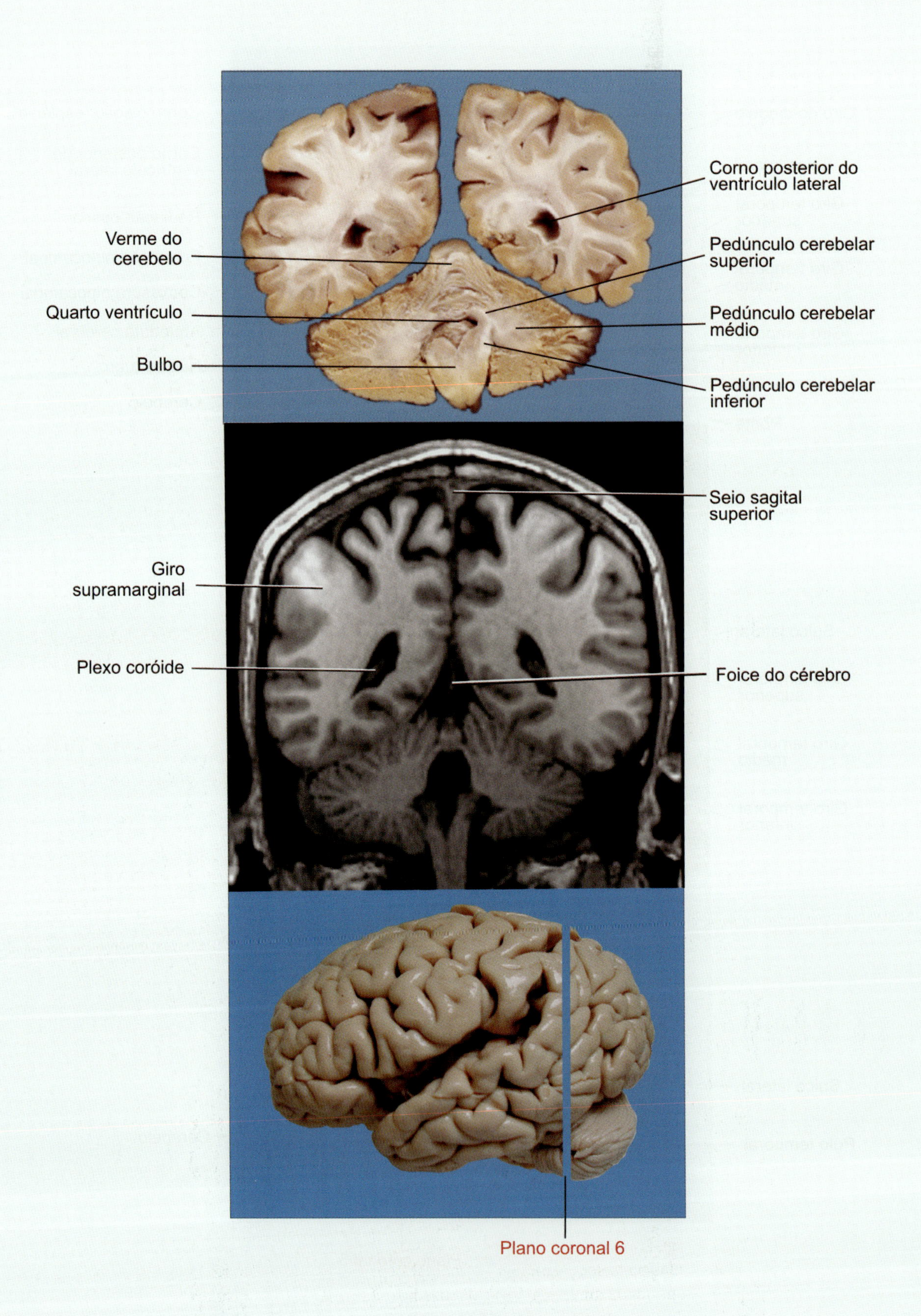
Verme do cerebelo
Quarto ventrículo
Bulbo
Corno posterior do ventrículo lateral
Pedúnculo cerebelar superior
Pedúnculo cerebelar médio
Pedúnculo cerebelar inferior
Seio sagital superior
Giro supramarginal
Plexo coróide
Foice do cérebro
Plano coronal 6

Prancha 6

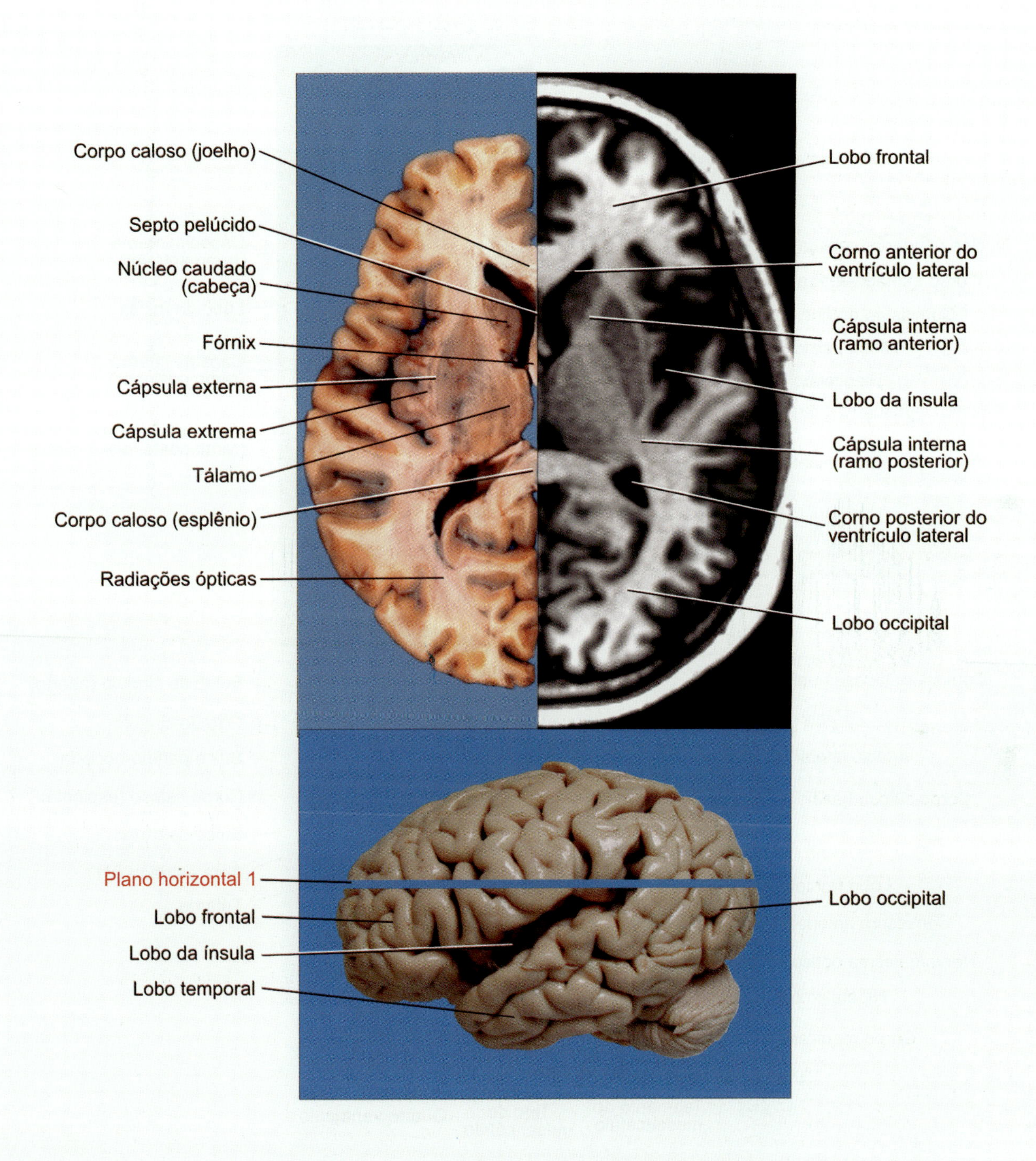
Corpo caloso (joelho)
Septo pelúcido
Núcleo caudado (cabeça)
Fórnix
Cápsula externa
Cápsula extrema
Tálamo
Corpo caloso (esplênio)
Radiações ópticas
Lobo frontal
Corno anterior do ventrículo lateral
Cápsula interna (ramo anterior)
Lobo da ínsula
Cápsula interna (ramo posterior)
Corno posterior do ventrículo lateral
Lobo occipital
Plano horizontal 1
Lobo frontal
Lobo da ínsula
Lobo temporal
Lobo occipital

Prancha 7

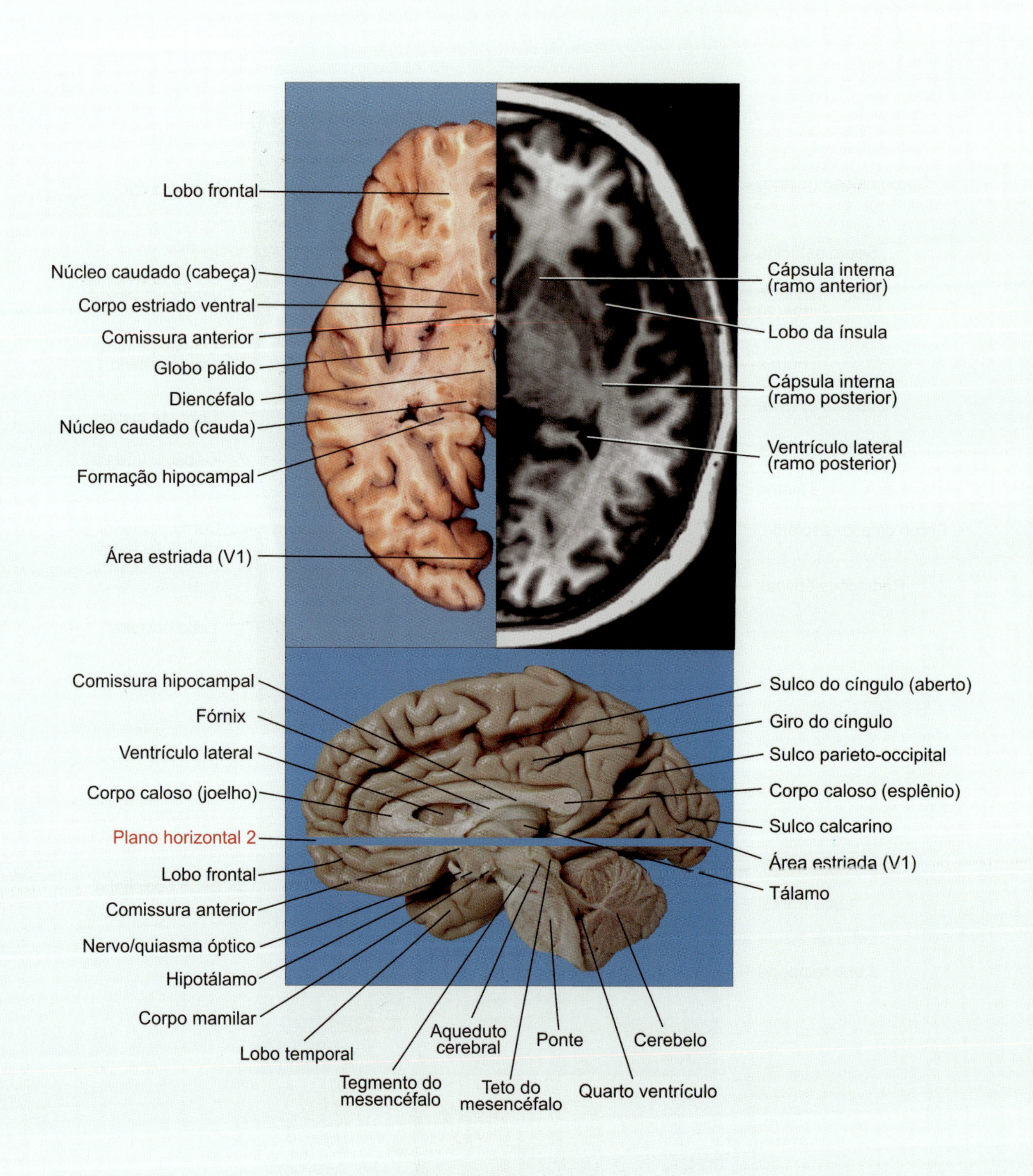
Lobo frontal
Núcleo caudado (cabeça)
Corpo estriado ventral
Comissura anterior
Globo pálido
Diencéfalo
Núcleo caudado (cauda)
Formação hipocampal
Área estriada (V1)
Cápsula interna (ramo anterior)
Lobo da ínsula
Cápsula interna (ramo posterior)
Ventrículo lateral (ramo posterior)
Comissura hipocampal
Fórnix
Ventrículo lateral
Corpo caloso (joelho)
Plano horizontal 2
Lobo frontal
Comissura anterior
Nervo/quiasma óptico
Hipotálamo
Corpo mamilar
Lobo temporal
Tegmento do mesencéfalo
Aqueduto cerebral
Teto do mesencéfalo
Ponte
Quarto ventrículo
Cerebelo
Sulco do cíngulo (aberto)
Giro do cíngulo
Sulco parieto-occipital
Corpo caloso (esplênio)
Sulco calcarino
Área estriada (V1)
Tálamo

Prancha 8

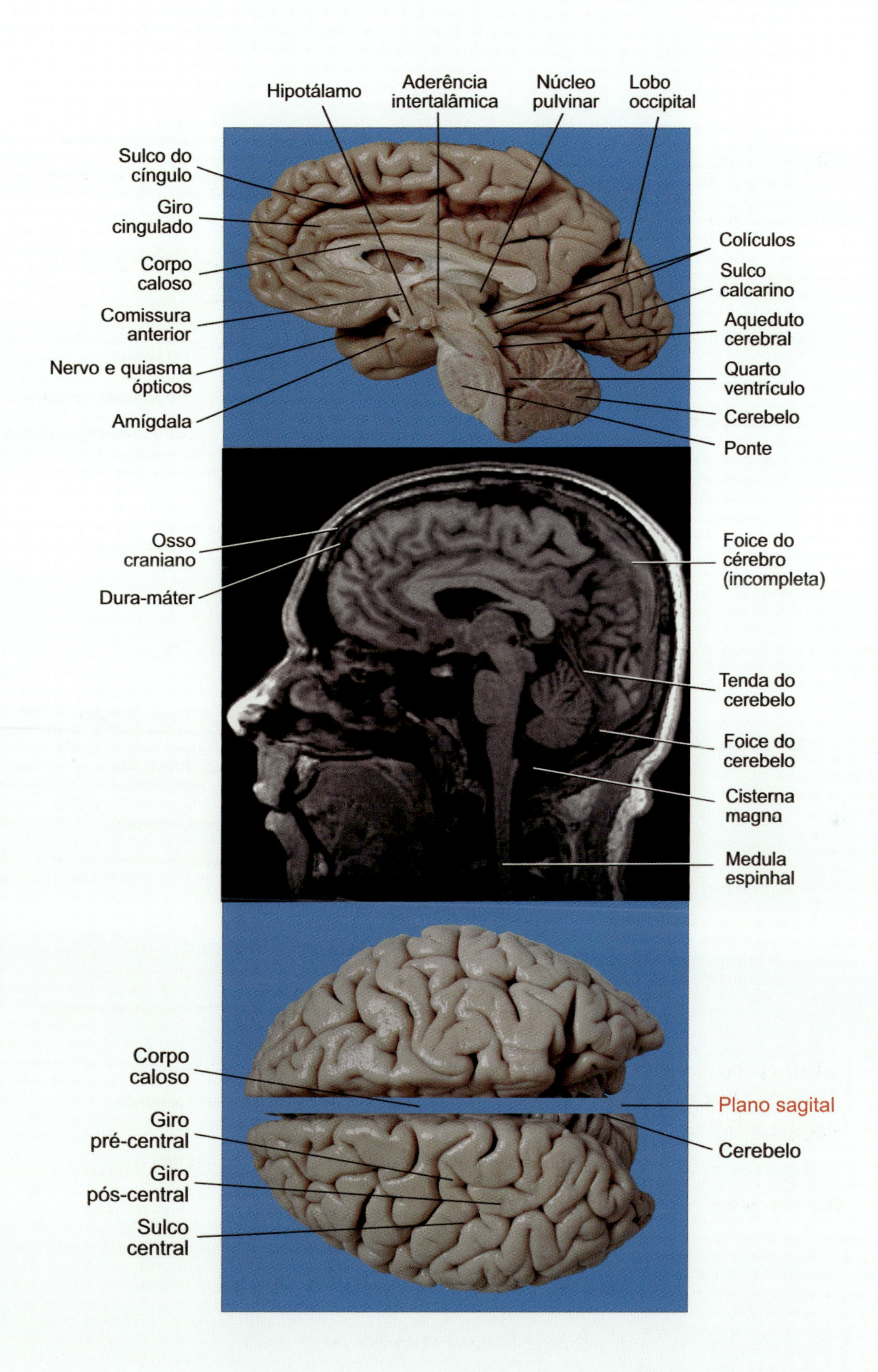
Hipotálamo
Aderência intertalâmica
Núcleo pulvinar
Lobo occipital
Sulco do cíngulo
Giro cingulado
Corpo caloso
Comissura anterior
Nervo e quiasma ópticos
Amígdala
Colículos
Sulco calcarino
Aqueduto cerebral
Quarto ventrículo
Cerebelo
Ponte
Osso craniano
Dura-máter
Foice do cérebro (incompleta)
Tenda do cerebelo
Foice do cerebelo
Cisterna magna
Medula espinhal
Corpo caloso
Giro pré-central
Giro pós-central
Sulco central
Plano sagital
Cerebelo

Prancha 9

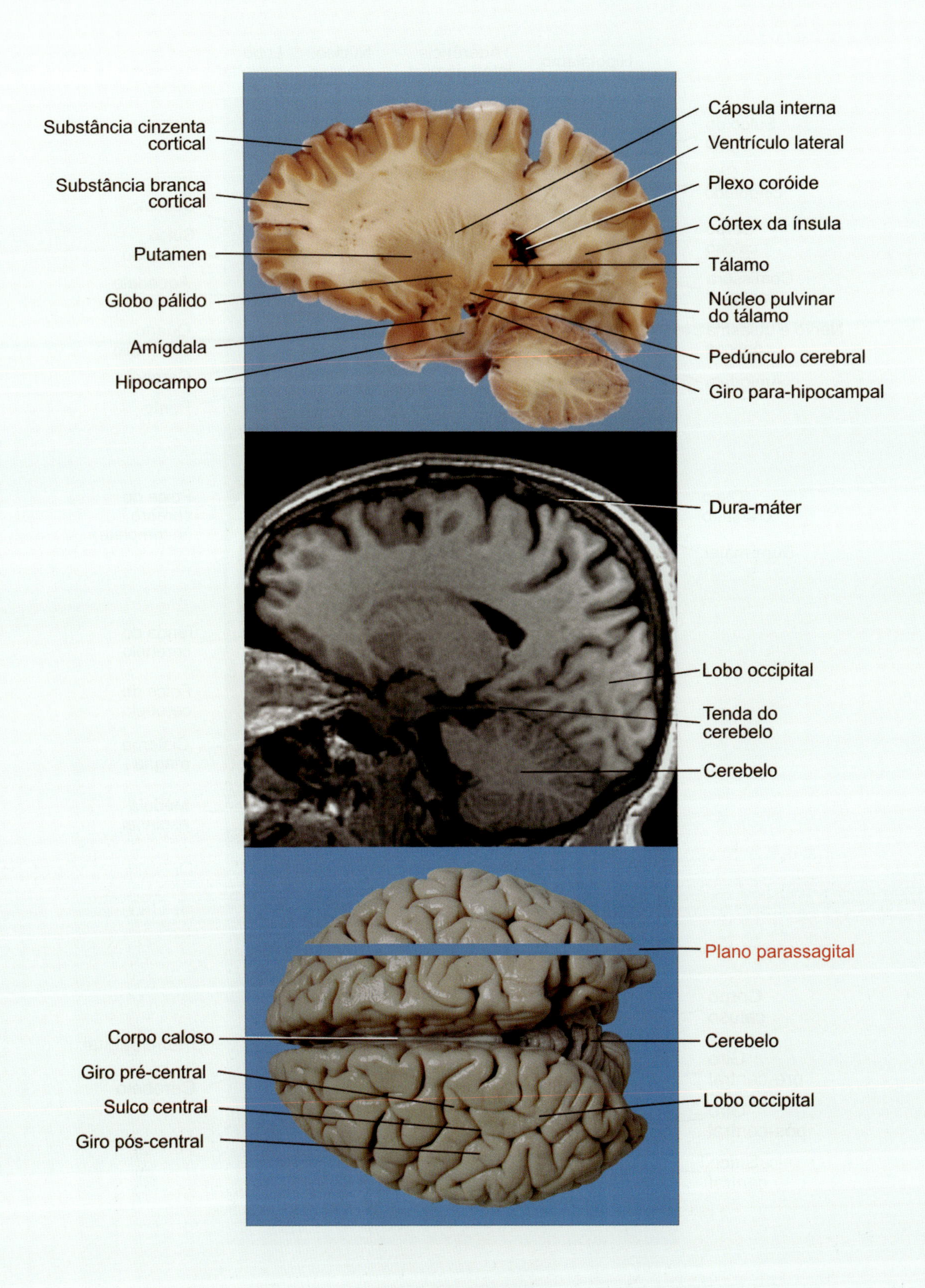
Substância cinzenta cortical
Substância branca cortical
Putamen
Globo pálido
Amígdala
Hipocampo
Cápsula interna
Ventrículo lateral
Plexo coróide
Córtex da ínsula
Tálamo
Núcleo pulvinar do tálamo
Pedúnculo cerebral
Giro para-hipocampal
Dura-máter
Lobo occipital
Tenda do cerebelo
Cerebelo
Plano parassagital
Corpo caloso
Giro pré-central
Sulco central
Giro pós-central
Cerebelo
Lobo occipital

Prancha 10

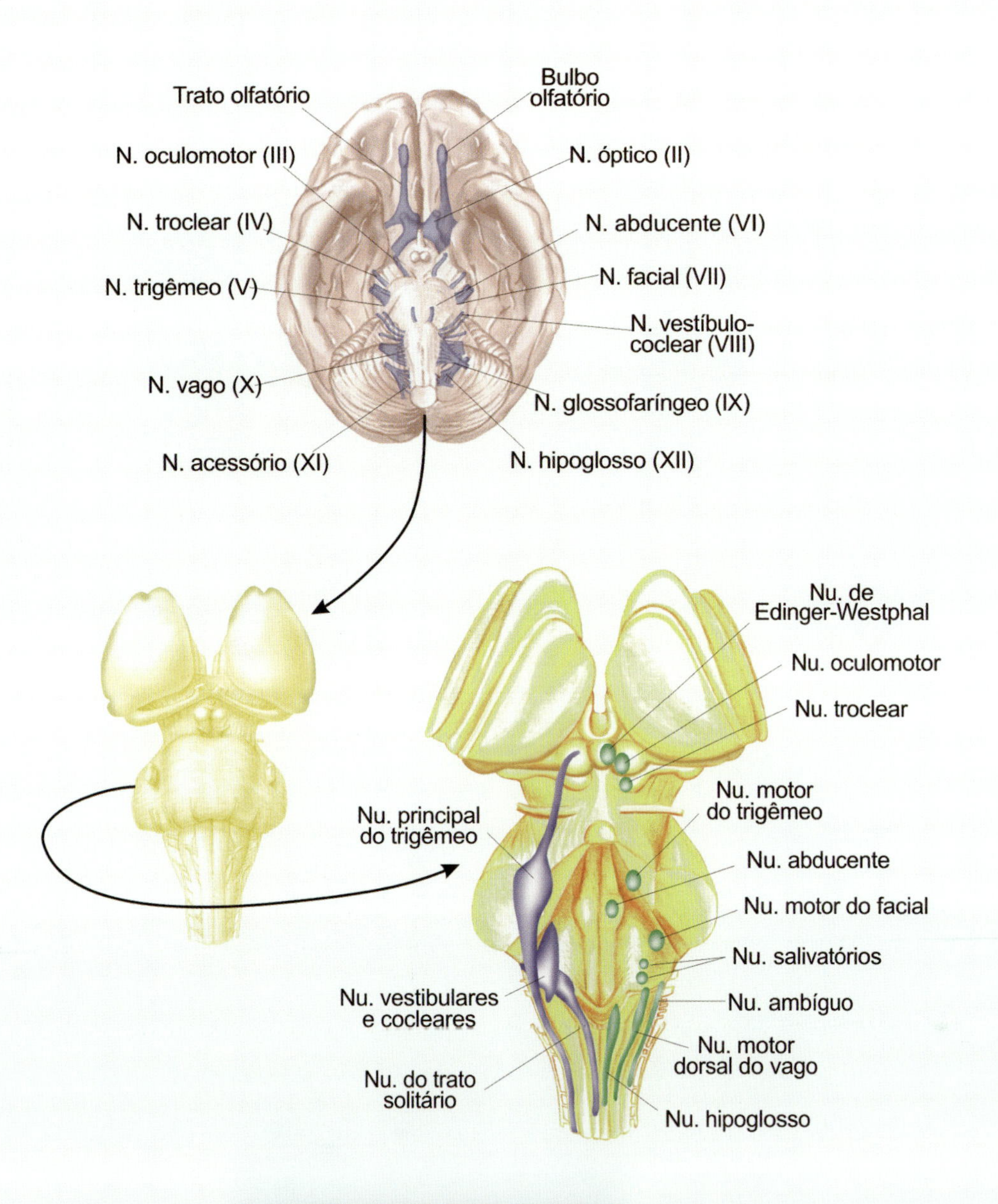

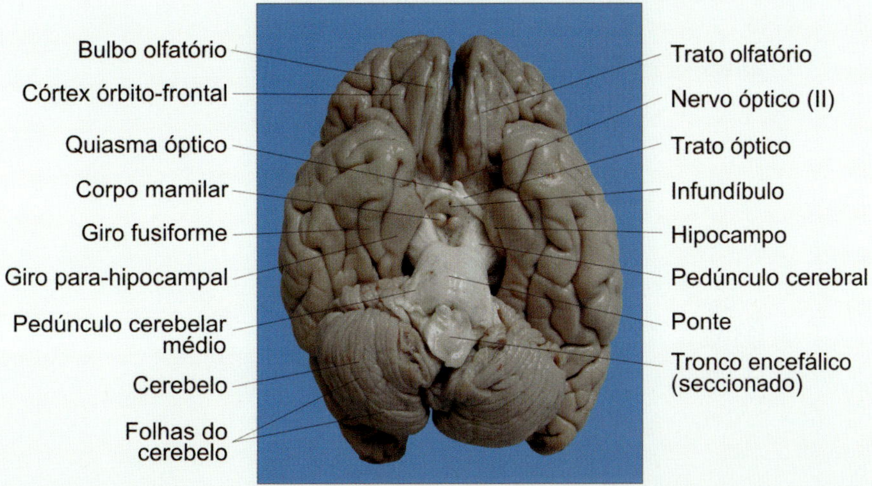

Base do encéfalo

Prancha 11

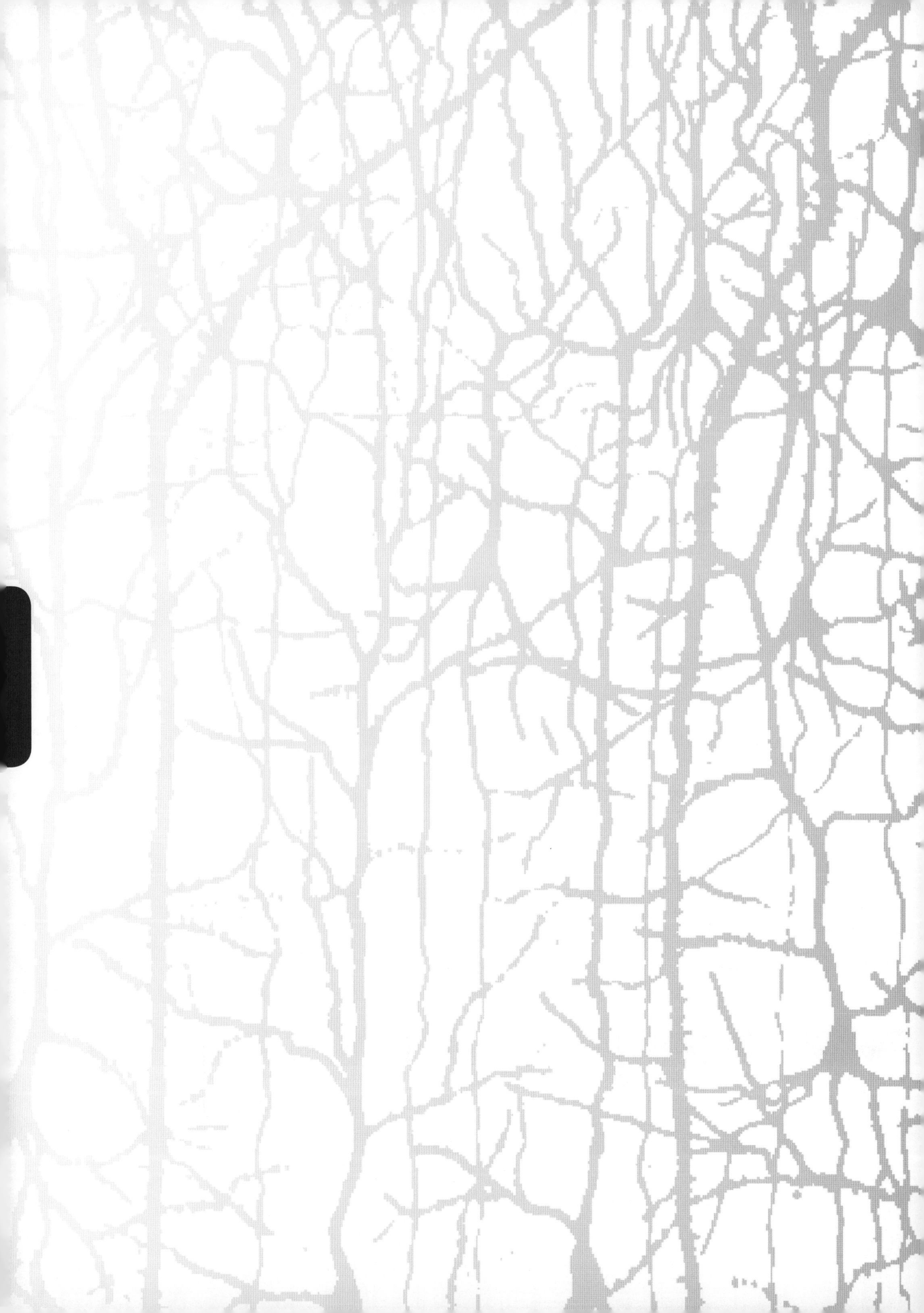

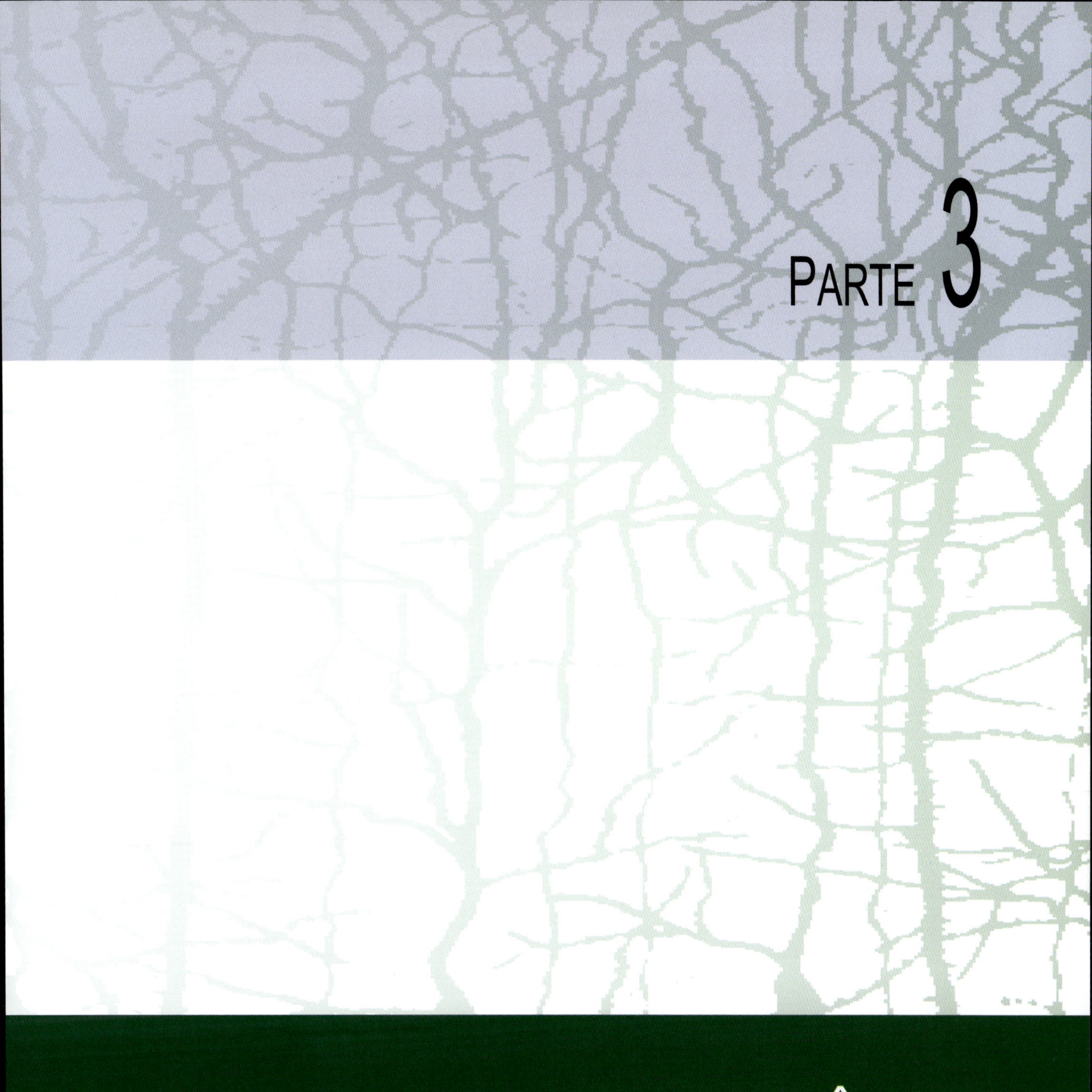

PARTE 3

NEUROCIÊNCIA DOS MOVIMENTOS

11

O Corpo se Move

Movimentos, Músculos e Reflexos

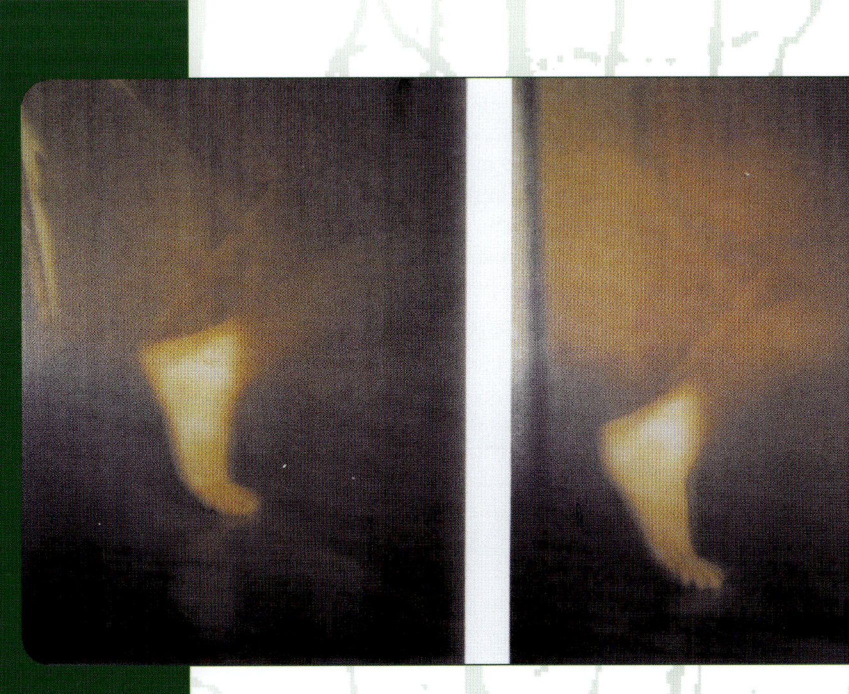

Pés (díptico), de Iole de Freitas (1973, 1977), impressão fotográfica sobre vidro

Saber o Principal

Resumo

São quatro os elementos de operação do sistema motor: os efetuadores, que realizam os movimentos; os ordenadores, responsáveis pelo comando dos efetuadores; os controladores, que zelam pela execução correta dos comandos motores; e os planejadores, responsáveis pelas sequências de comandos que produzem os movimentos voluntários complexos.

Os músculos estriados esqueléticos são os efetuadores do sistema motor somático. São formados por células musculares dentro das quais estão as proteínas contráteis. Estas moléculas são partes do citoesqueleto capazes de deslizar umas sobre as outras encurtando ou alongando cada célula muscular. Há tipos diferentes de células musculares, e a sua composição dentro de cada músculo determina as propriedades dele.

Os primeiros ordenadores, isto é, aqueles que entram em contato direto com os efetuadores musculares, são os motoneurônios da medula e do tronco encefálico. Cada motoneurônio pode inervar diferentes células musculares de um mesmo músculo, mas cada célula muscular só é inervada por um único motoneurônio. O conjunto do motoneurônio com suas células musculares é a unidade motora, a unidade de comando do sistema motor. Para que os ordenadores funcionem a contento, precisam ter acesso a informações vindas dos efetuadores, e as obtêm através dos receptores musculares: os fusos, situados dentro da massa muscular, e os órgãos de Golgi, situados nos tendões. Esses receptores informam os motoneurônios, através de fibras nervosas aferentes, sobre o comprimento e o grau de tensão dos músculos correspondentes.

Os movimentos mais simples são os reflexos, operados por circuitos de neurônios (os arcos reflexos) contidos na medula ou no tronco encefálico. Há reflexos com dois neurônios (monossinápticos) como os miotáticos, outros com três neurônios (dissinápticos) como os miotáticos inversos, e outros com muitos neurônios (multissinápticos) como os reflexos flexores de retirada. Os músculos ativados reflexamente são determinados pelo local de estimulação, e a força empregada — bem como a duração da resposta — dependem da intensidade do estímulo. Assim, os reflexos representam a forma mais elementar de comando motor coordenado.

Movimentos mais elaborados podem ser obtidos por sequências de comandos automáticos geradas por ciclos rítmicos produzidos na própria medula. É o que ocorre no ato de coçar e na locomoção.

Todos os animais se movem de algum modo, o que é essencial para a sua sobrevivência. A motricidade lhes permite manter o corpo em posição, apesar da força que a gravidade exerce para aproximá-lo do chão. Permite também que busquem o alimento de que necessitam, e que fujam de seus predadores. No homem, a motricidade assumiu grande complexidade, uma vez que as mãos se tornaram menos dependentes das necessidades posturais, podendo assim ser utilizadas para diversos fins, em especial para a confecção de utensílios e instrumentos. Além disso, associaram-se funcionalmente ao rosto para operar um sofisticado sistema de comunicação e expressão de ideias e sentimentos.

Mas os movimentos não dependem apenas dos músculos, como se poderia pensar. São o resultado de complexos processos de programação, comando e controle que envolvem diversas regiões cerebrais e terminam na contração das fibras musculares. Esse conjunto neuromuscular é conhecido como sistema motor, e é dele que tratam este e o próximo capítulo[1].

MOVIMENTOS E A ORGANIZAÇÃO BÁSICA DO SISTEMA MOTOR

Quais são as capacidades funcionais do sistema motor? Como poderíamos classificar os diversos movimentos que somos capazes de realizar?

Intuitivamente pensamos em movimentos voluntários e involuntários, isto é, aqueles que são conscientes, provocados pela nossa vontade, e os que são inconscientes, ou seja, aparecem sem que nos demos conta. Exemplos? Viramos a página do livro porque queremos continuar a leitura, mas ao ler piscamos várias vezes as pálpebras sem perceber. Ao andar, o sentido de deslocamento é determinado pela vontade, mas os movimentos alternados dos braços que fazemos durante a marcha são involuntários. Os mesmos movimentos podem ser às vezes voluntários e às vezes involuntários – até mesmo alguns movimentos viscerais podem ser provocados ou modificados pela vontade. Virar a página do livro pode ser imperceptível quando estamos absortos na leitura. E ao contrário, podemos piscar as pálpebras de forma intencional, se assim desejarmos. Do mesmo modo, podemos andar com os braços parados, se quisermos, ou movê-los alternadamente sem andar.

Alguns movimentos involuntários – não todos – são chamados atos reflexos, ou apenas *reflexos*[2]. São movimentos simples (envolvendo poucos músculos), estereotipados (sempre muito parecidos), e que em geral ocorrem automaticamente em resposta a um estímulo sensorial. É o caso do movimento brusco de retirada do braço quando encostamos a mão em algo muito quente, ou do pequeno chute que damos com a perna quando o médico percute com o martelo o nosso joelho. Quando o grau de complexidade aumenta, fala-se de *reações reflexas*, termo que descreve uma associação de diversos reflexos. Neste caso, várias partes do corpo e inúmeros músculos estão envolvidos, como quando ajustamos a posição corporal em um barco que oscila, ou quando tentamos restabelecer o equilíbrio após um tropeção.

Movimentos voluntários e involuntários misturam-se no controle da postura, e passam a ser chamados movimentos posturais. Geralmente envolvem os músculos que se posicionam próximos à coluna vertebral e por isso são chamados axiais ou proximais (os músculos e também os movimentos correspondentes). Mas os músculos das extremidades também participam dos movimentos posturais: são chamados apendiculares ou distais.

Movimentos voluntários e involuntários também se misturam nos atos motores mais delicados. O predomínio, entretanto, agora é dos músculos distais, já que são os membros e a face as partes do corpo que se destacam nesse particular. Um pianista executa muitos movimentos que se tornaram quase involuntários após tantos treinos e ensaios, mas o seu desempenho só é realmente artístico quando esses movimentos são modificados ou modulados pela sua vontade, movida ao mesmo tempo pela razão e pela emoção.

A interação entre movimentos voluntários e involuntários pode ser bem compreendida se pensarmos outra vez na nossa locomoção. Os movimentos básicos que fazemos para andar são involuntários, representam uma sequência rítmica que nos permite levar uma das pernas adiante enquanto a outra automaticamente sustenta o corpo, depois repetir o processo mudando de lado, e assim sucessivamente. Entretanto, as mudanças de direção e a velocidade da marcha são opções da nossa vontade.

De que modo o sistema nervoso consegue ativar os nossos 700 músculos para conseguir esses movimentos tão variados e complexos? Para ter uma visão de conjunto, podemos utilizar um diagrama de blocos como o que está na Figura 11.1, que representa as diferentes estruturas neurais e musculares envolvidas na motricidade.

[1] *Trataremos nestes capítulos apenas do chamado* sistema motor somático, *diferente do sistema motor visceral, também chamado* sistema nervoso autônomo, *abordado no Capítulo 15.*

[2] *Nem todos os reflexos são motores: há também reflexos secretores que não envolvem movimentos.*

O diagrama de blocos é um esquema que os engenheiros produzem quando querem planejar ou descrever uma máquina qualquer. Será útil colocar-nos imaginariamente na posição de um engenheiro que planeja um sistema motor como o nosso. Teríamos, de início, que inventar estruturas efetuadoras para executar o trabalho "braçal", ou seja, os movimentos. São os músculos que realizam essa tarefa em nosso corpo: os executores ou *efetores*. Depois, seria necessário inventar um sistema de comando, estruturas *ordenadoras* cuja função é transmitir aos músculos o comando para a ação.

Nesta categoria entra um conjunto de regiões neurais situadas na medula espinhal[A], no tronco encefálico, no mesencéfalo e no córtex cerebral. Mas quem garante que os comandos estão corretos, e que os movimentos estão sendo executados adequadamente? Por isso é necessário criar estruturas *controladoras,* capazes de checar a cada momento se o sistema funciona como desejado. No sistema motor esse papel é exercido em especial pelo cerebelo[A] e

[A] *Estrutura encontrada no* Miniatlas de Neuroanatomia *(p. 367).*

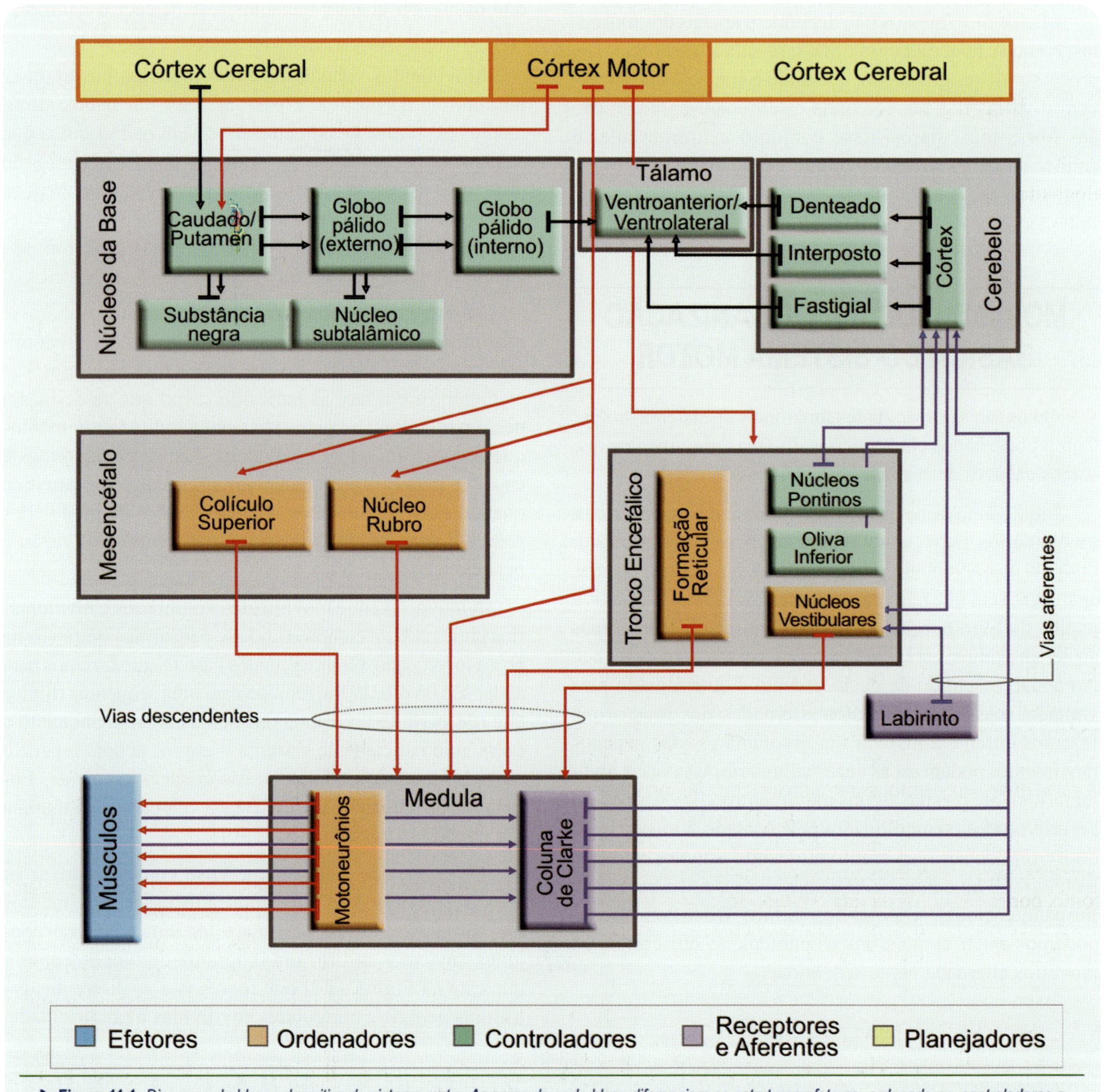

Figura 11.1. *Diagrama de blocos descritivo do sistema motor. As cores de cada bloco diferenciam as estruturas efetoras, ordenadoras, controladoras e planejadoras. As setas mostram as principais conexões do sistema.*

pelos núcleos da base, que se comunicam através do tálamo[A] com os ordenadores no córtex cerebral e são alimentados com informações veiculadas pelos receptores sensoriais e as vias aferentes. Finalmente, já que a intenção final de um ato motor depende de uma sequência complexa e ordenada de movimentos envolvendo diferentes músculos, como engenheiros devemos propor também estruturas *planejadoras* ou programadoras, cuja função seria parecida à que faz um programador de computador: a idealização de uma sequência ordenada e detalhada de instruções que fosse veiculada aos ordenadores para que eles as transmitissem aos músculos. Na realidade natural, essa função de programação e planejamento motor é exercida por regiões específicas do córtex cerebral, diferentes das regiões de comando.

MÚSCULOS, OS EFETORES

Músculos são conjuntos maciços ou frouxos de células alongadas, capazes de mudar o seu comprimento ativamente, contraindo-se ou relaxando sob controle direto ou indireto de fibras nervosas, ou mesmo de forma espontânea segundo ritmos intrínsecos que eles mesmos produzem. A capacidade contrátil das células musculares é fornecida por proteínas especializadas do citoesqueleto, ativadas por um complexo sistema de sinalização molecular disparado por potenciais de ação que percorrem a sua membrana plasmática. As células musculares, assim, são consideradas excitáveis, como os neurônios.

Segundo a organização das proteínas contráteis, que se reflete no seu aspecto ao microscópio, as células musculares podem ser lisas ou estriadas. As lisas (veja a Figura 14.10) são geralmente as responsáveis pelos movimentos das vísceras (exceto o coração): o peristaltismo do trato gastrointestinal, a constrição e a dilatação dos vasos sanguíneos e das vias respiratórias, as mudanças no diâmetro da pupila e na curvatura do cristalino, e muitos outros movimentos. As células musculares estriadas (Figura 11.2) podem ser esqueléticas (a maioria) ou cardíacas. Os músculos estriados esqueléticos, ao se contraírem, deslocam dois ou mais ossos unidos por uma articulação, ou movem estruturas como os tecidos da face e os olhos, produzindo movimentos dos membros e do corpo, movimentos oculares, movimentos respiratórios e movimentos faciais como, por exemplo, os da fala. Trataremos a seguir apenas dos músculos estriados esqueléticos, já que os demais são abordados no Capítulo 14.

A ESTRUTURA DA MÁQUINA CONTRÁTIL, DO MÚSCULO ÀS MOLÉCULAS MOTORAS

Como as células musculares são alongadas, são também chamadas fibras musculares. E são alongadas porque resultam da fusão, durante o desenvolvimento embrionário, de muitas células precursoras (os mioblastos). Essa forma alongada facilita a função do músculo, que ao final se resume em obter uma variação de comprimento e/ou de tensão por meio do encurtamento ou alongamento do citoesqueleto. Em um músculo típico (Figura 11.3), centenas ou milhares dessas fibras aglomeram-se em fascículos paralelos envoltos em tecido conjuntivo, e se estendem de uma extremidade a outra do músculo. Nas extremidades, o tecido conjuntivo torna-se mais fibroso e rígido formando os tendões que ligam os músculos aos ossos e, em alguns casos, como na face, a tecidos moles. Na superfície do músculo, o tecido conjuntivo forma uma lâmina fibrosa de revestimento, chamada aponeurose. Envolvendo toda a célula muscular,

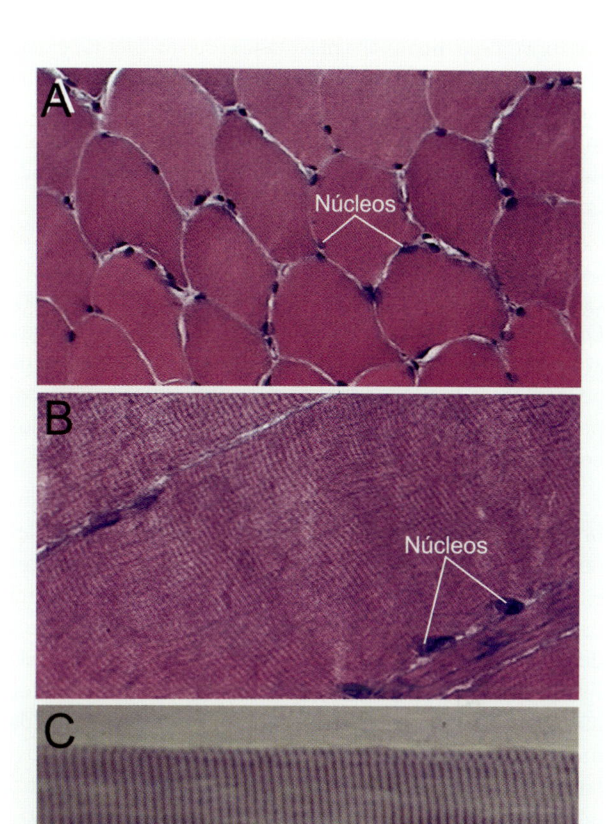

Figura 11.2. *Estrutura microscópica do músculo estriado esquelético.* ***A*** *representa um corte histológico transversal de músculo estriado esquelético, mostrando as fibras musculares dispostas lado a lado.* ***B*** *e* ***C*** *representam cortes longitudinais, em aumento maior que* ***A****, salientando as bandas estriadas que dão nome a esse tipo de músculo. Os cortes foram corados com hematoxilina-eosina, que apresenta os núcleos em azul escuro e o citoplasma em vermelho. Fotos de Mariz Vainzof, do Instituto de Biociências da Universidade de São Paulo.*

por fora da sua membrana plasmática (ou sarcolema) existe uma camada espessa da matriz extracelular chamada lâmina basal, que desempenha uma função essencial durante a morfogênese muscular. Cada fibra muscular é inervada por um único neurônio, mas como o axônio pode ramificar-se, um mesmo neurônio pode inervar diversas fibras musculares. Neurônio e célula muscular formam uma dupla extremamente interdependente, que troca fatores químicos essenciais à sobrevivência de ambos (fatores tróficos). Quando um deles desaparece, o outro sofre atrofia. É o que acontece na poliomielite, uma doença viral que acomete os neurônios da medula espinhal que inervam os músculos, provocando tanto a sua morte quanto a atrofia dos músculos correspondentes.

Sendo originada da fusão de células musculares embrionárias, a fibra muscular torna-se uma célula multinucleada (com muitos núcleos). Misturadas às fibras musculares existem células-tronco chamadas células satélites, que em caso de necessidade se transformam em mioblastos capazes de produzir novas fibras musculares. Os núcleos de cada fibra muscular (Figura 11.3) encontram-se distribuídos ao longo do seu comprimento próximo à face interna da membrana, e frequentemente ficam perto das regiões pós-sinápticas onde estão os terminais das fibras nervosas. Nesse local participam da síntese de proteínas sinápticas especializadas.

No centro da fibra muscular fica o aparelho contrátil, constituído sobretudo de miofibrilas de aproximadamente 1 μm de diâmetro (Figura 11.3). Cada miofibrila é envolta por uma especialização do retículo endoplasmático liso[G], chamada retículo sarcoplasmático[3]. A função fundamental do retículo sarcoplasmático é armazenar íons Ca^{++}, liberá-los para o citosol[G] no momento em que o sistema nervoso ordenar a ocorrência de uma contração e depois os recapturar para que haja relaxamento muscular. A membrana da célula muscular (sarcolema), que recobre todo o conjunto, emite invaginações tubulares chamadas túbulos transversos ou simplesmente túbulos T, que ficam muito próximos do retículo sarcoplasmático. Tão próximos que a estrutura formada por um túbulo T e os dois lados do retículo é chamada tríade (Figura 11.3). Como os potenciais de ação da célula muscular percorrem

[G] *Termo constante do glossário ao final do capítulo.*

[3] *O prefixo* sarco *indica o tecido muscular. Daí sarcoma (tumor de células musculares), sarcolema (a membrana da célula muscular) etc.*

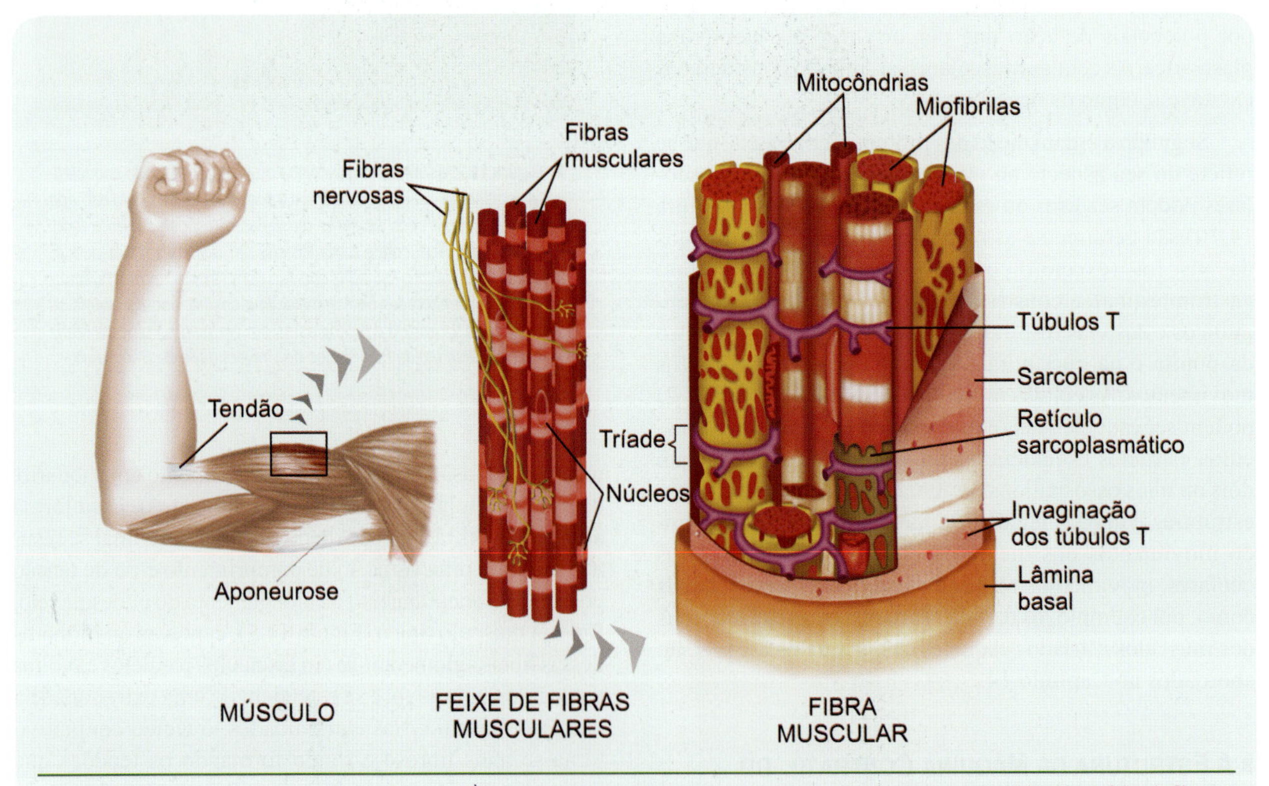

Figura 11.3. *Microestrutura das fibras musculares. À esquerda, um músculo estriado esquelético tomado como exemplo. No meio, um feixe de fibras musculares com as fibras nervosas que a inervam. À direita, uma reconstrução idealizada que revela os componentes internos de uma única fibra muscular. Modificado de M. F. Bear e cols. (2007)* Neuroscience. *Lippincott Williams & Wilkins, Baltimore, EUA.*

toda a membrana, inclusive os túbulos T, é precisamente na tríade que ocorre o acoplamento entre a excitação elétrica da membrana e os sinais químicos necessários à contração muscular.

A miofibrila tem uma estrutura muito organizada. É formada por unidades repetitivas de alguns micrômetros de comprimento, chamadas sarcômeros (Figura 11.4). São os sarcômeros que fornecem a alguns músculos o aspecto estriado que lhes dá o nome. Vistos ao microscópio eletrônico, os sarcômeros são formados por conjuntos longitudinais de filamentos grossos e finos, delimitados por bandas perpendiculares chamadas linhas Z. Esses filamentos constituem as proteínas contráteis, os motores moleculares responsáveis pela contração das fibras musculares e do músculo como um todo, aliás responsáveis pela motilidade de muitas outras células, inclusive os neurônios.

Os filamentos grossos contêm principalmente a proteína miosina, composta por duas cadeias trançadas, cada uma com uma sequência linear de aminoácidos que termina de modo enovelado, como a cabeça de um taco de golfe (Figura 11.5). Cada filamento grosso é formado por muitas moléculas de miosina associadas em feixe, sobressaindo-se as cabeças como os "pelos" de uma escova cilíndrica. As cabeças da miosina são ATPases, enzimas que quebram o ATP[G] para gerar energia. A elas se ligam os filamentos finos.

Os filamentos finos são ancorados nas linhas Z: contêm duas proteínas alongadas trançadas (Figura 11.5), a actina-F[4] e a tropomiosina, e uma terceira globular chamada troponina (não ilustrada na figura). A troponina é uma proteína ligadora de Ca^{++}. As linhas Z contêm uma proteína chamada α-actinina.

Os bioquímicos e os fisiologistas já puderam revelar como funciona essa complexa organização molecular da fibra muscular (veja o Quadro 11.1, a esse respeito). É o que veremos a seguir.

▸ A MÁQUINA MOLECULAR EM AÇÃO

Tudo começa na junção neuromuscular, uma sinapse excitatória como as que estão descritas no Capítulo 4. A fibra nervosa motora conduz potenciais de ação que despolarizam a membrana do terminal (Figura 11.6) numa região especializada chamada placa motora, que

[4] *A actina-F (filamentosa) é um polímero composto por unidades globulares de actina-G.*

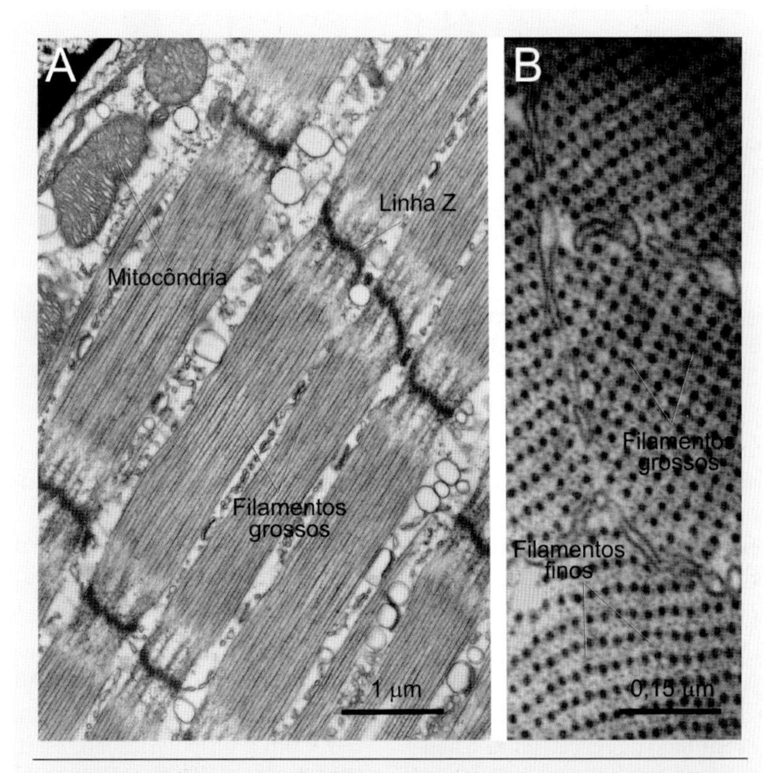

▸ **Figura 11.4.** *O microscópio eletrônico revela a organização ultraestrutural das fibras musculares esqueléticas.* ***A*** *e* ***B*** *permitem visualizar os filamentos contráteis em corte longitudinal (****A****) e transverso (****B****). Duas linhas Z delimitam um sarcômero, a unidade contrátil da fibra muscular. Fotos cedidas por Jorge E. Moreira e Janaína Brusco, da Faculdade de Medicina da Universidade de São Paulo em Ribeirão Preto.*

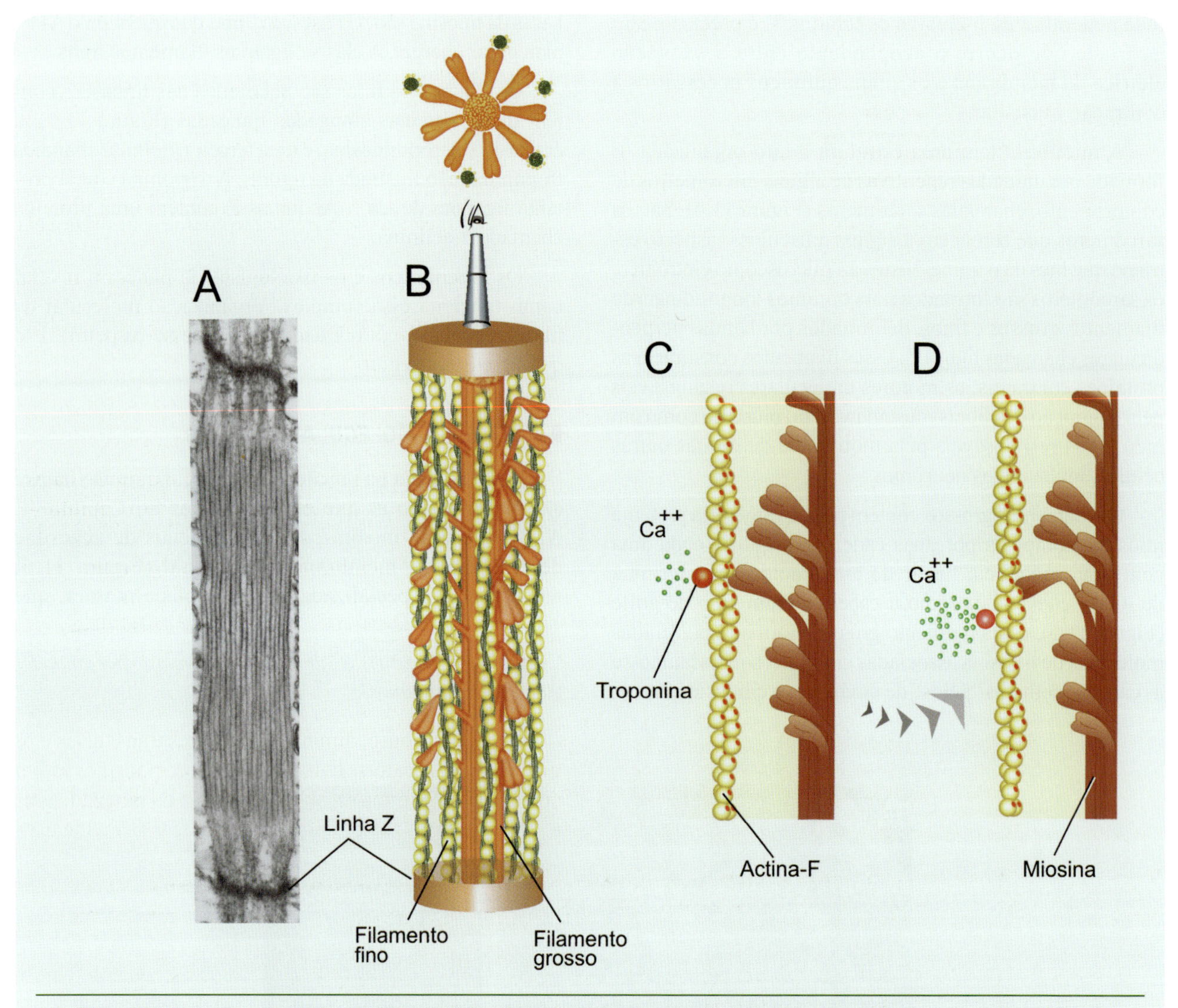

Figura 11.5. *A estrutura molecular das proteínas contráteis pode ser desvendada por meio de técnicas bioquímicas.* ***A*** *mostra um sarcômero fotografado ao microscópio eletrônico. A relação espacial entre os filamentos grossos e finos de um sarcômero está representada esquematicamente em* ***B****. No esquema, a estrutura das moléculas contráteis dos filamentos pode ser vista "de frente" (desenho inferior) e "de cima" como mostra a luneta (desenho superior). A relação entre a miosina e a actina, e o deslizamento de uma sobre a outra durante a contração muscular encontram-se representadas em* ***D****.*

corresponde à junção neuromuscular (veja a Figura 4.4). Tem início a etapa de *transmissão neuromuscular*. Com a despolarização da membrana pré-sináptica ocorre a liberação do neurotransmissor, a acetilcolina. Ao atravessar a fenda sináptica e ligar-se a receptores colinérgicos de tipo nicotínico, estrategicamente situados no segmento da membrana plasmática da fibra muscular que constitui o espessamento pós-sináptico, a acetilcolina promove a *excitação do músculo*. O resultado da reação entre o neurotransmissor e o seu receptor, como acontece em todas as sinapses excitatórias, é a abertura seletiva de canais de Na^+ e K^+, e a ocorrência de um potencial pós-sináptico despolarizante (chamado neste caso potencial de placa motora). Segue-se a excitação das regiões vizinhas da placa motora (Figura 11.6), e, se o limiar for atingido, surge um potencial de ação muscular que se espraia rapidamente por todo o sarcolema. O espraiamento do potencial de ação muscular é completo, atingindo inclusive o interior dos túbulos T até o ponto onde eles formam tríades.

Na tríade começam os mecanismos iônicos da contração muscular (Figura 11.7). A membrana dos túbulos T contém canais de Ca^{++} dependentes de voltagem (do tipo L[5]). Com a despolarização, esses canais se abrem para a entrada de íons Ca^{++}. Ocorre que os canais de Ca^{++} do tipo

[5] *A denominação provém das correntes de longa duração que esses canais veiculam.*

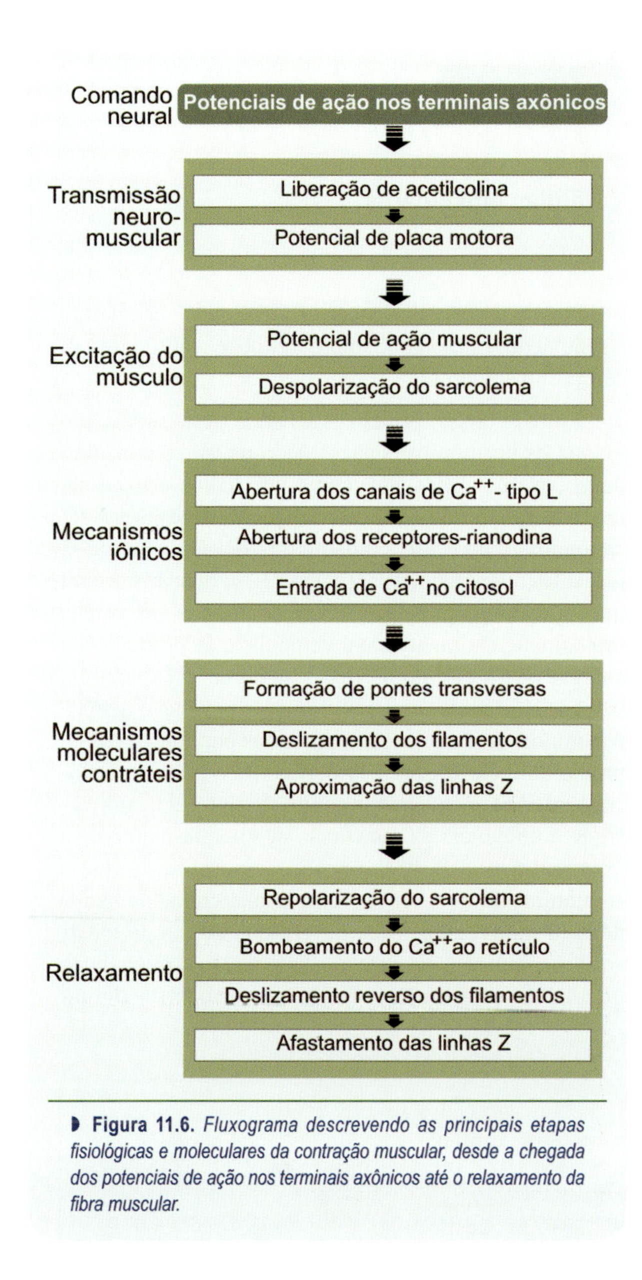

Figura 11.6. *Fluxograma descrevendo as principais etapas fisiológicas e moleculares da contração muscular, desde a chegada dos potenciais de ação nos terminais axônicos até o relaxamento da fibra muscular.*

L existentes na membrana dos túbulos T estão justapostos a canais de Ca^{++} de outro tipo (chamados receptores rianodina), estes ancorados na membrana do retículo sarcoplasmático. Sensíveis à abertura dos canais de tipo L, os receptores rianodina mudam sua conformação molecular e liberam para o citosol ainda mais íons Ca^{++}, desta vez vindos de dentro do retículo sarcoplasmático. O movimento do Ca^{++} acompanha o gradiente químico desse íon, muito mais concentrado dentro do retículo do que no citosol.

A entrada de Ca^{++} no citosol dá início aos mecanismos moleculares da contração muscular. Os íons Ca^{++} alcançam as moléculas contráteis imediatamente, já que as miofibrilas estão bastante próximas do retículo sarcoplasmático. É a troponina que os capta, o que faz com que se altere a conformação do complexo molecular dos filamentos finos. Resulta um afastamento entre a tropomiosina e a actina, expondo os sítios desta última, capazes de se ligar à miosina. Quando isso ocorre, formam-se verdadeiras pontes entre a actina e as cabeças da miosina, chamadas por isso mesmo de pontes transversas. Estas acabam por fazer deslizar a actina sobre a miosina (Figura 11.5C e D), aproximando as linhas Z, o que resulta em encurtamento do sarcômero e, assim, na contração da fibra muscular (Figura 11.8). Tanto maior será a contração muscular quanto maior a aproximação entre as linhas Z.

O mecanismo da contração muscular geralmente é possibilitado *pelo acoplamento excitação-contração*, um termo que descreve os fenômenos eletroquímicos que estabelecem o vínculo entre os potenciais de ação da célula muscular e o encurtamento das miofibrilas. Quando cessa a despolarização do sarcolema, ocorrem fenômenos inversos que resultam no relaxamento da fibra muscular. A concentração de Ca^{++} no interior do retículo sarcoplasmático é restaurada por ATPases (bombas de cálcio) da membrana do retículo, que transportam de volta os íons Ca^{++} do citosol.

Os movimentos que fazemos, em última análise, dependem da formação das pontes transversas que ligam os filamentos grossos com os finos, e provocam o deslizamento de uns sobre os outros, seja para encurtar as fibras musculares na contração, ou para alongá-las no relaxamento. Com o músculo em repouso, diminuem as pontes transversas e os filamentos deslocam-se livremente. Por isso podemos estirar um músculo de forma passiva, puxando-o ou movendo uma articulação. Sua resistência dependerá apenas da elasticidade das fibras musculares e do tecido conjuntivo que as envolve. Mas quando um músculo se contrai aumenta o número de pontes transversas, e com elas a resistência ao estiramento. A energia para a contração muscular é fornecida sobretudo pelas mitocôndrias das fibras musculares. Quando ocorre a morte do indivíduo cessa subitamente o fornecimento de energia para a contração muscular: "congelam-se" as pontes transversas e o resultado é a rigidez do cadáver, conhecida pelos médicos como *rigor mortis*.

Os Tipos de Fibras Musculares

Bem antes dos bioquímicos e biólogos moleculares decifrarem o funcionamento da maquinaria molecular envolvida na contração muscular, os histologistas examinavam detalhadamente cortes de músculo corados de várias maneiras. Desse trabalho resultou a descoberta de que dentro de um músculo esquelético há diferentes tipos de fibras musculares, dispersamente distribuídas (Figura 11.9). Na verdade, a simples observação da "carne" de frango pode indicar uma diferença visível entre os músculos: os do peito do frango são claros, enquanto os da coxa são escuros. A diferença reflete a proporção dos tipos de fibras musculares em cada músculo. A importância de conhecer os tipos morfológicos de fibras musculares vem do fato de que eles se correlacionam estreitamente com a função que exercem. Isso repercute

NEUROCIÊNCIA EM MOVIMENTO

Quadro 11.1
A Produção de Energia nas Células Musculares

*Mauro Sola-Penna**

As células musculares são estruturas altamente especializadas em se contrair, gerando os mais diversos tipos de movimentos corporais. Graças a estas células somos capazes de nos locomover, de respirar e nosso coração pode-se contrair ritmadamente. Para garantir o bom funcionamento dessas propriedades há necessidade de controlar os processos contráteis para que os movimentos não aconteçam de forma desordenada. Entretanto, a contração não sai de graça para o músculo, sendo totalmente dependente da produção de energia tanto para a contração, promovendo o encurtamento do sarcômero, quanto para o relaxamento, removendo o Ca^{++} da célula às custas da hidrólise de ATP. Como consequência deste enorme gasto energético, as células musculares têm que ser capazes de produzir ATP rapidamente e em grande quantidade. A produção de energia ocorre nos processos metabólicos em que as células transformam nutrientes, como a glicose e os ácidos graxos, em energia na forma de ATP. A regulação do metabolismo muscular é feita através dos diversos sinalizadores, como os hormônios, e está intimamente relacionada com as estruturas contráteis.

Minha carreira científica sempre esteve envolvida com o gasto e a produção de ATP. Começou em 1988 (durante o primeiro semestre de graduação) como bolsista de iniciação científica no laboratório do Prof. Adalberto Vieyra no Instituto de Ciências Biomédicas da Universidade Federal do Rio de Janeiro, onde estudávamos as enzimas ATPases transportadoras de Ca^{++}. Os interesses na época eram os processos regulatórios desta enzima, o que acabou sendo tema de minha tese de doutorado defendida no Instituto de Biofísica Carlos Chagas Filho em 1994. Mas foi em 1995, quando me tornei professor da UFRJ, que meu interesse científico voltou-se para outro tema: "Como as células são capazes de regular a produção de ATP em curtos intervalos de tempo?" Nesse momento, já intelectualmente independente, passei a liderar o Laboratório de Enzimologia e Controle do Metabolismo – LabECoM – estudando a regulação do metabolismo de glicose, sobretudo em células musculares.

Entre os nossos principais achados, destaca-se o fato de que os hormônios capazes de aumentar o consumo de glicose pelo músculo, como adrenalina e insulina, promovem simultaneamente a ligação de enzimas relacionadas com o metabolismo de glicose na actina-F, presentes nos sarcômeros (Figura). Essa ligação faz com que as enzimas glicolíticas metabolizem glicose mais rapidamente, aumentando a velocidade de produção de energia pelo músculo. O mais interessante é que, uma vez que as enzimas responsáveis pela produção de ATP encontram-se associadas às proteínas contráteis, o ATP produzido pelo metabolismo glicolítico pode ser utilizado imediatamente para a contração muscular, aumentando a eficiência da conversão de energia metabólica em movimento. Posteriormente, demonstramos que a serotonina, que tem seus níveis plasmáticos aumentados durante a atividade física ou em quadros de *diabetes mellitus*, também promove a associação das enzimas glicolíticas com a actina-F. Esse fato pode ser direta-

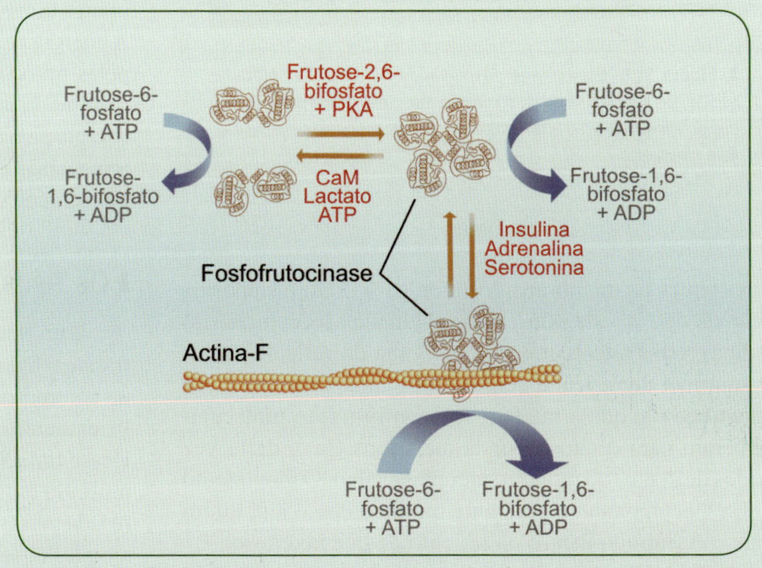

Segundo o modelo que propusemos, a fosfofrutocinase da célula muscular utiliza a energia da glicose com mais eficiência e rapidez porque se liga à actina-F, sob influência (reversível, portanto regulável) de hormônios e aminas como a insulina, a adrenalina e a serotonina. A formação dos tetrâmeros da enzima, por sua vez, é regulada por outras substâncias e enzimas presentes na célula, como o lactato, a calmodulina (CaM) e a proteína-cinase A (PKA).

mente correlacionado com a melhora do desempenho físico em atletas com níveis aumentados de serotonina sérica, assim como pode representar uma tentativa do organismo do paciente diabético em aumentar o consumo de glicose plasmática, reduzindo seus níveis. Nós também demonstramos que outros metabólitos celulares são capazes de modular a associação das enzimas com as proteínas do sarcômero. É o caso do ATP e do lactato – produto da conversão imediata de glicose em energia – que, em níveis aumentados, promovem a dissociação das enzimas, diminuindo o consumo de glicose e a produção de energia. Por outro lado, ADP e frutose-2,6-bifosfato, dois metabólitos que sinalizam a carência de energia na célula, promovem a associação das enzimas aumentando o fluxo glicolítico e a produção de ATP.

Na verdade, esse mecanismo de ativação da via glicolítica não é exclusivo das células musculares. Nós também demonstramos que tumores mamários humanos apresentam suas enzimas glicolíticas mais associadas com actina-F (nestas células, formando o citoesqueleto) quando comparadas a tecidos mamários sadios. Essa observação explica o maior consumo de glicose por estes tumores, bem como sua maior produção de energia, necessária para o crescimento acelerado que os caracteriza. De fato, quando impedimos a associação das enzimas glicolíticas com o citoesqueleto de células tumorais mamárias humanas, observamos uma significativa diminuição na sobrevivência destas células, sugerindo um novo alvo para o desenvolvimento de drogas antitumorais. A associação das enzimas glicolíticas com o citoesqueleto também ocorre em neurônios, onde além da associação estimulatória com actina-F, as enzimas também se associam a microtúbulos, que têm efeito inibitório. Ainda não se compreende bem como se dá a regulação destas ligações, mas já foram observadas interações aberrantes em pacientes com doenças neurodegenerativas como o mal de Alzheimer e a doença de Huntington.

Mauro Sola-Penna

Professor-associado da Faculdade de Farmácia da Universidade Federal do Rio de Janeiro. Correio eletrônico: maurosp@ufrj.br

no tipo de função desempenhada pelo músculo como um todo, já que em cada um deles pode predominar um dos tipos de fibras, em detrimento dos demais.

São três os tipos de fibras musculares (Tabela 11.1): (1) As fibras vermelhas lentas (L ou I) dispõem de um rico suprimento sanguíneo, muitas mitocôndrias, muita mioglobina (proteína que liga O_2 e fornece a tonalidade avermelhada dessas fibras) e metabolismo fortemente aeróbico. Por essas características, as fibras L são especializadas em contrações lentas e sustentadas, e muito resistentes à fadiga. (2) As fibras brancas rápidas (R ou IIB), ao contrário, possuem poucos capilares, poucas mitocôndrias, pouca mioglobina mas grandes reservas de glicogênio, e metabolismo anaeróbico gerador de ácido lático. As fibras R são especializadas em contrações rápidas, fortes e transitórias, mas são muito fatigáveis. (3) As intermediárias possuem características mistas. Alguns pesquisadores sustentam que as fibras R são raras ou mesmo inexistentes no homem.

Um músculo como o bíceps do braço, por exemplo, possui maior proporção de fibras do tipo R e do tipo intermediário, o que lhe confere maior força e velocidade de contração. Ao contrário, os músculos intervertebrais possuem maior proporção de fibras do tipo L, e é por isso que contribuem para a contínua sustentação do tronco. Geralmente, nos músculos distais predominam as fibras tipo R, enquanto os proximais possuem maior proporção de fibras tipo L.

OS MÚSCULOS SOB COMANDO NEURAL

Os músculos esqueléticos funcionam estritamente sob comando neural. Por essa razão as lesões neurais provocam paralisias e paresias[G]. São os executores sob comando dos ordenadores (Figura 11.1).

Os ordenadores diretamente envolvidos com o comando motor são conjuntos de neurônios motores, ou *motoneurônios*, situados na medula espinhal para os músculos do corpo e a maioria dos músculos do pescoço, e no tronco encefálico para os músculos da cabeça e alguns músculos do pescoço. Os médicos costumam chamar os motoneurônios de neurônios motores inferiores, e denominam os neurônios que os comandam, principalmente os do córtex cerebral, de neurônios motores superiores. Essa nomenclatura se reflete na descrição dos sintomas provenientes de lesões de um ou de outro tipo de neurônio.

Os motoneurônios medulares estão situados no corno ventral, enquanto os do tronco encefálico estão aglomerados em alguns núcleos dos nervos cranianos (veja o Miniatlas de Neuroanatomia). Dentre todos os motoneurônios, há uma população[6] para cada músculo. Em cada população,

[6] *Usa-se também comumente a palavra do inglês* pool, *de difícil tradução para o português.*

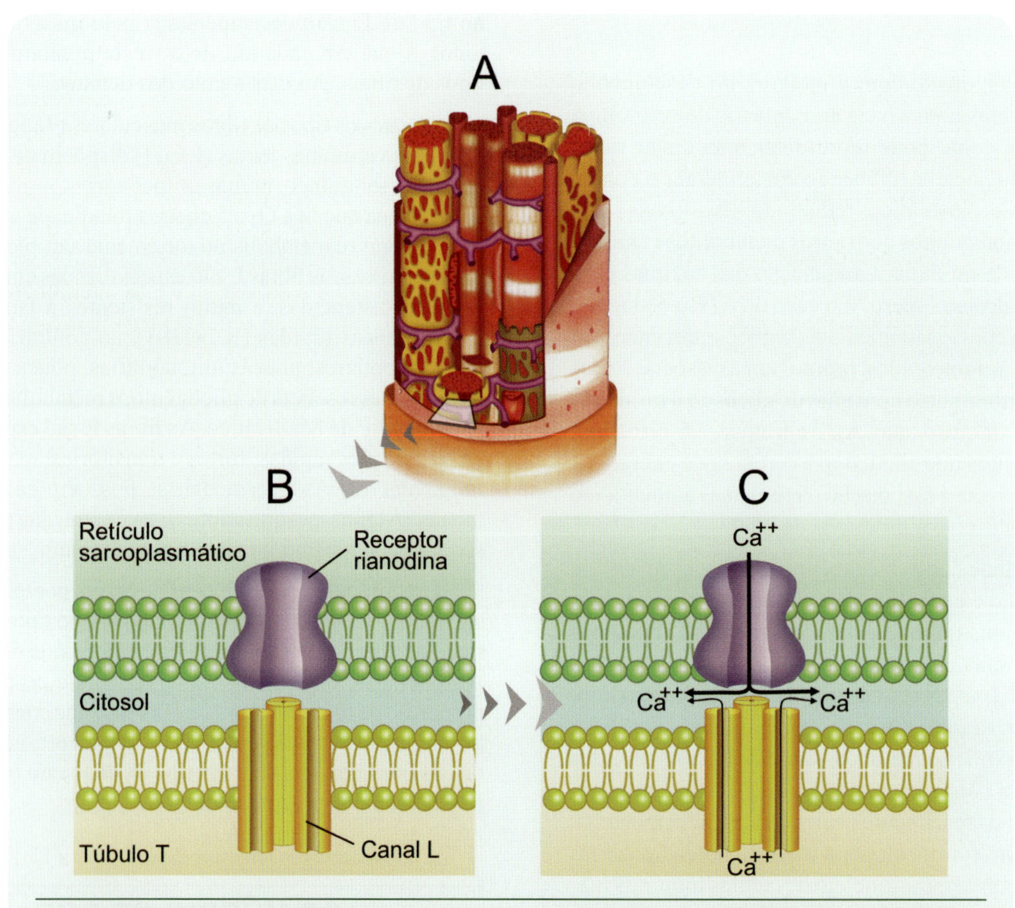

Figura 11.7. *O acoplamento entre a excitação e a contração tem lugar na tríade (quadro em **A**), onde o túbulo T "toca" o retículo sarcoplasmático (ampliado em **B**). É nessa região que o potencial de ação muscular provoca a abertura dos canais de Ca^{++} do túbulo e do retículo, promovendo a saída desse íon para o citosol da célula muscular (**C**).*

TABELA 11.1. OS TIPOS DE FIBRAS MUSCULARES

Propriedades	*Tipo L (ou I)*	*Tipo R (ou IIB)*	*Tipo Intermediário (ou IIA)*
Cor	Vermelha	Branca	Intermediária
Suprimento sanguíneo	Rico	Pobre	Intermediário
Número de mitocôndrias	Alto	Baixo	Intermediário
Grânulos de glicogênio	Raros	Numerosos	Frequentes
Quantidade de mioglobina	Alta	Baixa	Média
Metabolismo	Aeróbico	Anaeróbico	Ambos
Velocidade de contração	Lenta	Rápida	Rápida
Tempo de contração	Longo	Curto	Intermediário
Força contrátil	Baixa	Alta	Média

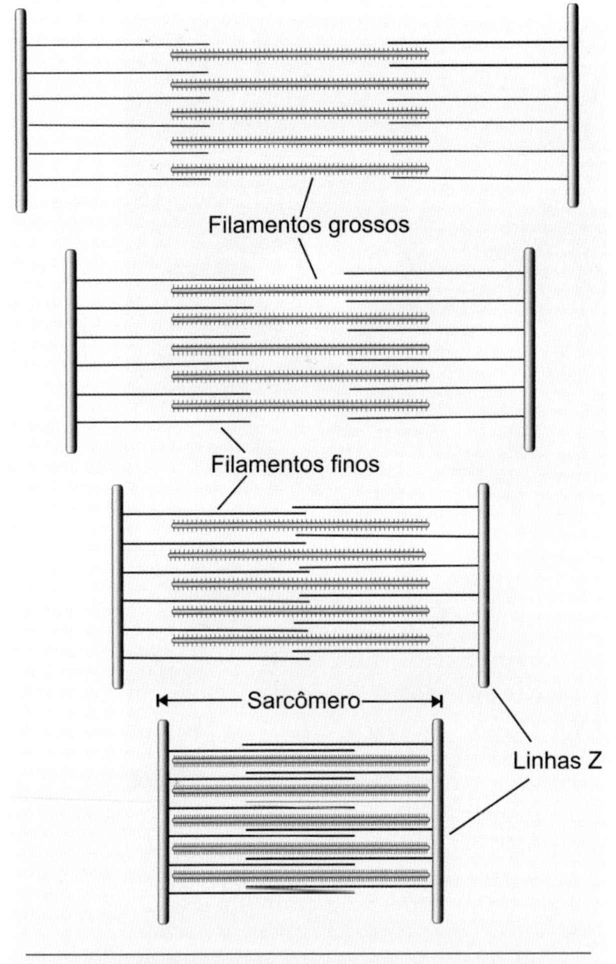

▶ **Figura 11.8.** *Mecanismo da contração muscular. Os filamentos grossos deslizam sobre os finos por meio das pontes transversas, e as linhas Z aproximam-se, encurtando o sarcômero.*

todos os motoneurônios inervam apenas aquele músculo. Se realizarmos um experimento no qual depositamos no músculo de um animal um corante rastreador[G] que é captado pelos terminais nervosos e transportado retrogradamente até os corpos celulares (Figura 11.10A), poderemos identificar a população de motoneurônios que inerva esse músculo. Nesse caso, a população aparecerá na medula como uma coluna de células no corno ventral estendendo-se por alguns segmentos[G].

O experimento pode revelar a população de motoneurônios de cada músculo (Figura 11.10B). Se o músculo de nosso experimento estiver situado na pata posterior do animal, a coluna ocupará os segmentos lombares. Se estiver situado na pata anterior, ocupará os segmentos cervicais. As colunas de dois músculos vizinhos ocuparão os mesmos segmentos, em posições ligeiramente diferentes (Figura 11.10C). Como há mais músculos e maior motricidade nas patas do que no tronco, há também mais motoneurônios nas regiões cervical e lombar, formando intumescências na medula da maioria dos vertebrados (Figura 11.11).

A relação de posição das colunas de motoneurônios medulares nos diferentes segmentos com a posição de cada músculo no corpo, representa um mapa topográfico longitudinal de representação miotópica[G]. Da mesma forma no sentido transverso: os músculos distais são comandados por colunas de motoneurônios situadas lateralmente no corno ventral, enquanto os músculos proximais são comandados por colunas mediais (Figura 11.11). Conclui-se que os motoneurônios mediais são funcionalmente relacionados com a postura, enquanto os laterais comandam os movimentos finos dos membros. Essa distinção funcional é importante e é tratada com mais detalhe no Capítulo 12.

Nos núcleos motores do tronco encefálico existem também mapas miotópicos, como descrevemos para a medula, mas a topografia é mais complexa, tanto porque o tronco se afasta, durante a embriogênese, da constituição tubular simples que a medula mantém, quanto porque os músculos da cabeça se organizam de modo mais compacto que no corpo.

▶ MOTONEURÔNIOS E INTERNEURÔNIOS

A substância cinzenta medular (Figura 11.12; veja também a Figura 3.3), especialmente o corno ventral, contém não apenas os motoneurônios mas também grande número de interneurônios – células cujos axônios são curtos e fazem sinapses nas proximidades do seu soma. O mesmo é verdadeiro para os núcleos motores dos nervos cranianos. O estudo morfológico e funcional desses neurônios mais diretamente envolvidos com os movimentos permitiu identificar alguns tipos significativos.

Dentre os motoneurônios distinguem-se três tipos, diferenciados segundo sua forma, suas conexões e sua função:

1. Motoneurônios α, que apresentam corpos celulares de tamanho grande ou médio e extensas árvores dendríticas. Seus axônios emergem através das raízes ventrais medulares (ou das raízes dos nervos cranianos) e se integram aos nervos até chegarem aos músculos correspondentes. Nos músculos, inervam a maioria das fibras musculares. São esses motoneurônios os que comandam realmente a contratilidade muscular.
2. Motoneurônios γ, que apresentam corpos celulares de tamanho diminuto e árvores dendríticas correspondentemente pequenas. Nos músculos, inervam certas fibras musculares modificadas que fazem parte de receptores sensoriais (os fusos musculares, veja adiante) especializados na monitoração do compri-

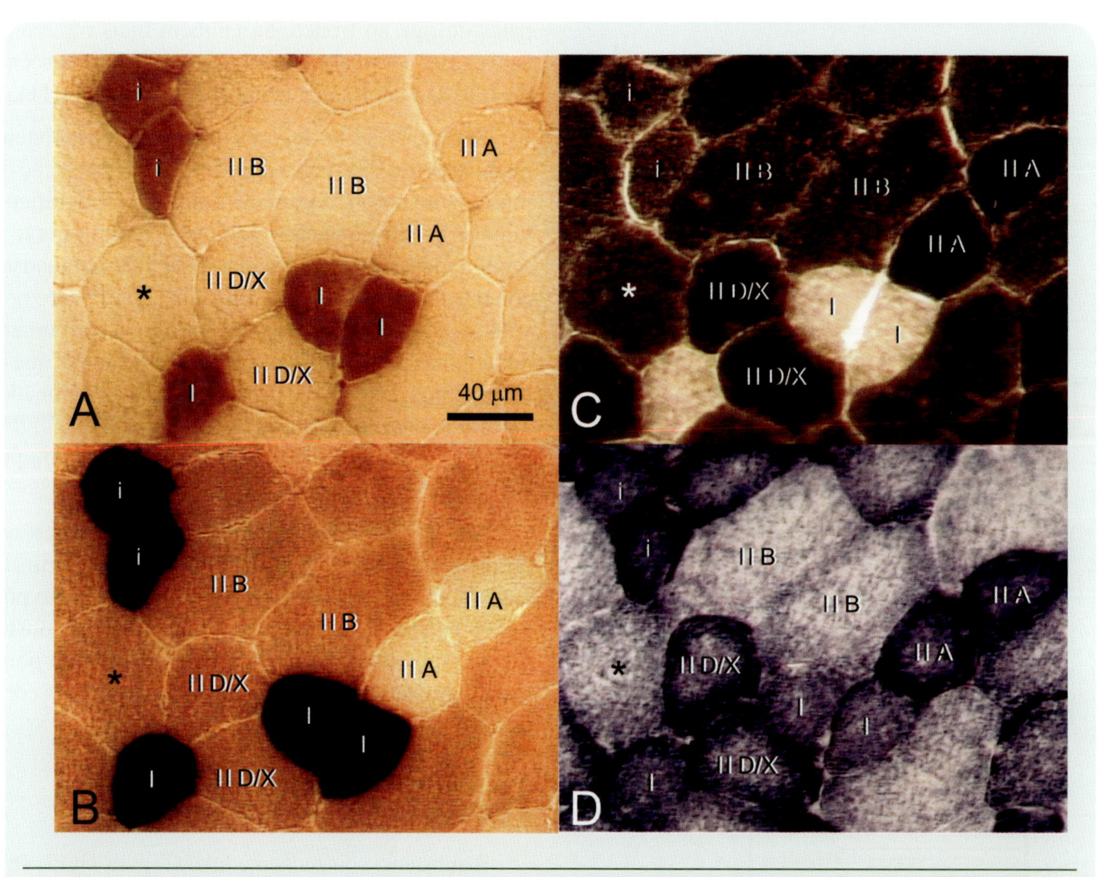

Figura 11.9. *Os tipos (e subtipos) de fibras musculares podem ser revelados histoquimicamente através de cortes adjacentes, que permitem identificar de forma diferencial as mesmas células (acompanhe, por exemplo, o asterisco em cada foto). As fotos mostram cortes histológicos transversais adjacentes do músculo tibial anterior do rato, submetidos às reações para miosina ATPase utilizando diferentes pHs: 4.1 (**A**), 4.6 (**B**) e 9.8 (**C**). A foto **D** mostra um corte submetido à reação para succinato-desidrogenase, uma enzima mitocondrial. A combinação dessas técnicas permite identificar os tipos L (ou I), R (ou II) e seus subtipos, e ainda fibras indiferenciadas (i). Fotos cedidas por Tania Salvini, da Universidade Federal de São Carlos.*

mento muscular e suas variações. Esses motoneurônios não influem diretamente sobre a contração do músculo, mas participam de um mecanismo de controle indireto da contração muscular.

3. Motoneurônios ß, que têm propriedades intermediárias: seus axônios bifurcam-se em ramos que inervam as fibras musculares comuns (como os motoneurônios α), e outros que inervam as fibras dos fusos musculares (como os motoneurônios γ). São comuns nos vertebrados inferiores, mas se acredita que cheguem a 30% dos motoneurônios dos primatas.

Os axônios dos motoneurônios, antes de emergirem do SNC, emitem ramos colaterais chamados recorrentes, que arborizam no próprio corno ventral fazendo sinapses com interneurônios da região. Os colaterais recorrentes veiculam uma espécie de "cópia" do comando enviado aos músculos, que pode ser controlada e modificada pelos circuitos locais. Como a população de motoneurônios de cada músculo forma uma coluna que se estende por diversos segmentos (Figura 11.10), os axônios que inervam um mesmo músculo podem emergir através de raízes ventrais diferentes. Por essa razão a lesão de uma raiz ventral não causa paralisia, mas apenas uma paresia do músculo correspondente.

O fisiologista americano Edward Hennemann dedicou-se a estudar as propriedades funcionais dos motoneurônios α, e descobriu que há uma correlação entre o tamanho do soma dessas células e o tipo de fibra muscular que inerva. Os motoneurônios maiores inervam as fibras R, enquanto os menores inervam as fibras L. Hennemann descobriu também que os motoneurônios pequenos são mais excitáveis que os grandes. Desse modo, para iniciar a contração de um músculo são ativados primeiro os motoneurônios pequenos, resultando na contração do contingente de fibras L do músculo, e só depois entram em ação os motoneurônios grandes, provocando a contração das fibras do tipo R. A força muscular, portanto, aumenta com o progressivo

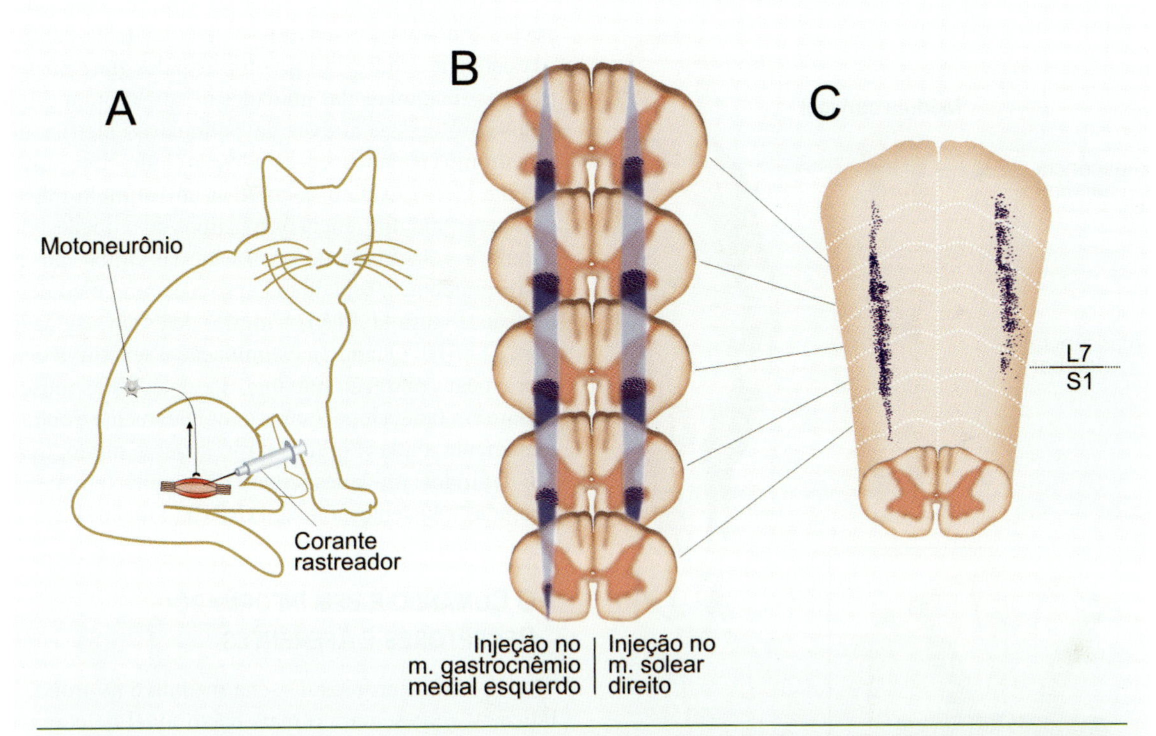

Figura 11.10. *O experimento de rastreamento retrógrado das colunas de motoneurônios consiste na injeção de um corante rastreador (**A**) que preenche os corpos neuronais na medula. Segue-se a análise ao microscópio da posição dos somas marcados no corno ventral (pontos azuis em **B** e **C**). No gato, a coluna do músculo solear estende-se de L4 a S1 (**C**), enquanto a coluna do gastrocnêmio medial vai até S3. Modificado de R. E. Burke e cols. (1977)* Journal of Neurophysiology, *vol. 40: pp. 667-680.*

recrutamento de motoneurônios de maior tamanho, o que se obtém não só pelo aumento da frequência de potenciais de ação disparados pelos motoneurônios individualmente, mas pela entrada em ação sucessivamente dos motoneurônios maiores. Esse conceito ficou conhecido como "princípio do tamanho".

Os interneurônios encontram-se misturados aos motoneurônios, na medula e no tronco encefálico. Podem ser excitatórios ou inibitórios, e participam da modulação do comando motor, como se verá detalhadamente adiante.

A UNIDADE DE COMANDO

Já mencionamos que uma fibra muscular é inervada por um único motoneurônio, mas que a recíproca não é necessariamente verdadeira, já que um motoneurônio pode inervar várias fibras musculares. Na população de motoneurônios de um músculo, portanto, a unidade funcional de comando é constituída por um motoneurônio e suas fibras musculares. Esse conjunto recebe o nome de *unidade motora*. Dito de outro modo: a unidade motora é o menor elemento de um músculo sob controle neural, ou seja, é o conjunto formado por um grupo de fibras musculares com seu motoneurônio ordenador (Figura 11.13).

Quando uma unidade motora é constituída de muitas fibras musculares, diz-se que a sua *razão de inervação* é baixa. A razão de inervação é máxima (= 1) para unidades motoras com uma única fibra muscular. Razão de inervação de uma unidade motora, então, é o inverso do número de fibras musculares. Para um músculo pode-se também calcular uma razão de inervação, que neste caso é definida como o quociente entre o número de motoneurônios e o número de fibras musculares daquele músculo. A razão de inervação reflete a função de um músculo. Assim, os músculos que movem o polegar humano apresentam alta razão de inervação (aproximadamente 0,5): sua função exige um grande número de neurônios para comandá-los. Os músculos do dorso, por outro lado, têm baixa razão de inervação (aproximadamente 0,001), pois os movimentos que apresentam são pouco precisos e mais grosseiros, necessitando de menos motoneurônios.

Do mesmo modo que a razão de inervação reflete a função de um músculo e de suas unidades motoras, também o tipo de unidade motora predominante em cada músculo se

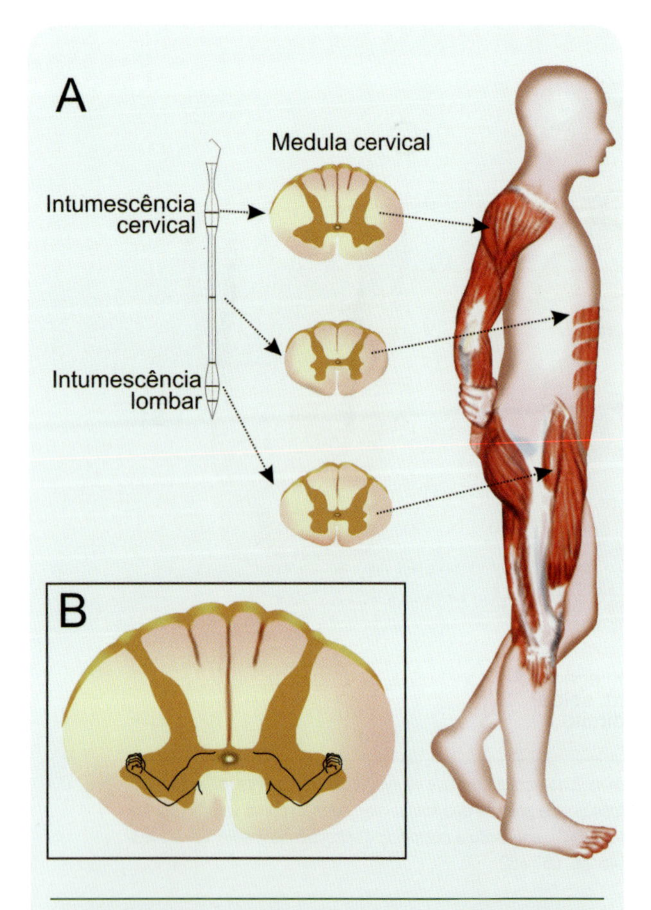

▸ **Figura 11.11.** *A medula, representada esquematicamente à esquerda, em **A**, apresenta duas intumescências (cervical e lombar). Nelas há mais neurônios, e por isso a substância cinzenta é maior, como se pode ver nos cortes transversais correspondentes, alinhados no centro. Os segmentos superiores comandam os músculos dos membros superiores, as intermediárias, os do tronco, e as inferiores, os dos membros inferiores. O desenho em **B** representa a topografia mediolateral da substância cinzenta: os motoneurônios laterais comandam os músculos distais, enquanto os mediais comandam os músculos proximais.*

correlaciona com a sua função. E os tipos de unidades motoras, por sua vez, relacionam-se com as fibras musculares que cada motoneurônio inerva. Cada unidade motora tem fibras musculares do mesmo tipo (L, R ou intermediárias), e elas se apresentam dispersas no músculo, como já comentamos. Essa dispersão tem importância protetora: quando ocorre lesão de uma unidade motora, os efeitos são "diluídos" por todo o músculo e tornam-se menos perceptíveis. A estrita correlação entre o tipo de motoneurônio e o tipo de fibra muscular que ele inerva, ou seja, a uniformidade das fibras musculares de uma unidade motora, é determinada pelo motoneurônio durante o desenvolvimento embrionário ou em situações de reinervação. A fibra muscular pode modificar o seu fenótipo morfológico e bioquímico de acordo com o axônio que recebe.

A nomenclatura usualmente leva em conta dois aspectos funcionais essenciais: a velocidade de contração e a resistência à fadiga. Essas propriedades que caracterizam os tipos funcionais das unidades motoras foram estudadas pelos fisiologistas através da estimulação elétrica de motoneurônios isolados, e o estudo das contrações resultantes (Figura 11.14). O efeito contrátil de um estímulo aplicado no motoneurônio diferencia os três tipos de unidades motoras quanto à velocidade de contração das fibras musculares correspondentes, seja quando provoca um único potencial de ação (Figura 11.14A) ou muitos deles em sequência (Figura 11.14B). Quando a estimulação é repetitiva de modo a provocar contração máxima, algumas fibras musculares entram em fadiga logo, outras mais lentamente e outras mais lentamente ainda (Figura 11.14C). Desse modo, três tipos são definidos: unidades lentas (L), rápidas fatigáveis (RF) e rápidas resistentes à fadiga (RRF) (Tabela 11.2).

▸ O Comando é bem Informado: Receptores e Aferentes

Os motoneurônios α — na medula e no tronco encefálico — representam o mais baixo nível de comando na hierarquia de ordenadores do sistema motor (Figura 11.1), isto é, o mais próximo dos efetuadores. O fisiologista britânico Charles Sherrington (1857-1952), prêmio Nobel de medicina ou fisiologia em 1932, chegou a chamá-los a *via final comum* do sistema motor. Mas todos os ordenadores, até mesmo os mais simples como os motoneurônios α, necessitam obter informações sobre o seu desempenho. Isso significa que é necessário informá-los a todo momento sobre o estado dinâmico do músculo que comandam: se está contraído ou relaxado, qual o seu comprimento e qual a tensão que está exercendo. A chegada dessas informações — acessíveis aos motoneurônios e também aos níveis mais altos de comando e planejamento motor — pode ser fundamental para corrigir erros de comando e de execução dos movimentos. Essa é a essência do funcionamento das estruturas controladoras, que são objeto de estudo específico no Capítulo 12.

Neste ponto é preciso conhecer os detectores que fornecem essas informações de retroação[G] ao SNC: os receptores situados no próprio tecido muscular e nos tendões. Trata-se de dois tipos diferentes de receptores: os fusos musculares e os órgãos tendinosos de Golgi.

Os *fusos musculares* são pequenos e sofisticados órgãos receptores cuja função é detectar as variações do comprimento muscular (Figura 11.15). Cada um deles é formado por 5-10 fibras musculares modificadas, muito finas e agrupadas, envoltas por uma cápsula conjuntiva em forma de fuso, que as separa das fibras musculares comuns (chamadas, a partir de agora, fibras extrafusais). Sendo uma fibra muscular, a fibra intrafusal também se contrai sob

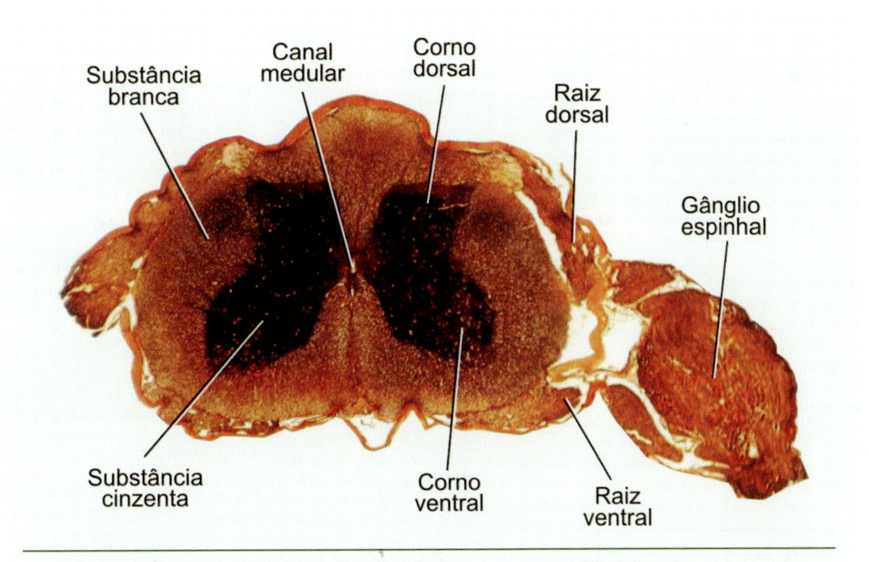

Figura 11.12. *Em um corte de medula espinhal humana pode-se visualizar o "H" medular (região mais fortemente corada), circundado pela substância branca (em marrom mais claro). Foto de David Fankhauser, Universidade de Cincinatti, EUA.*

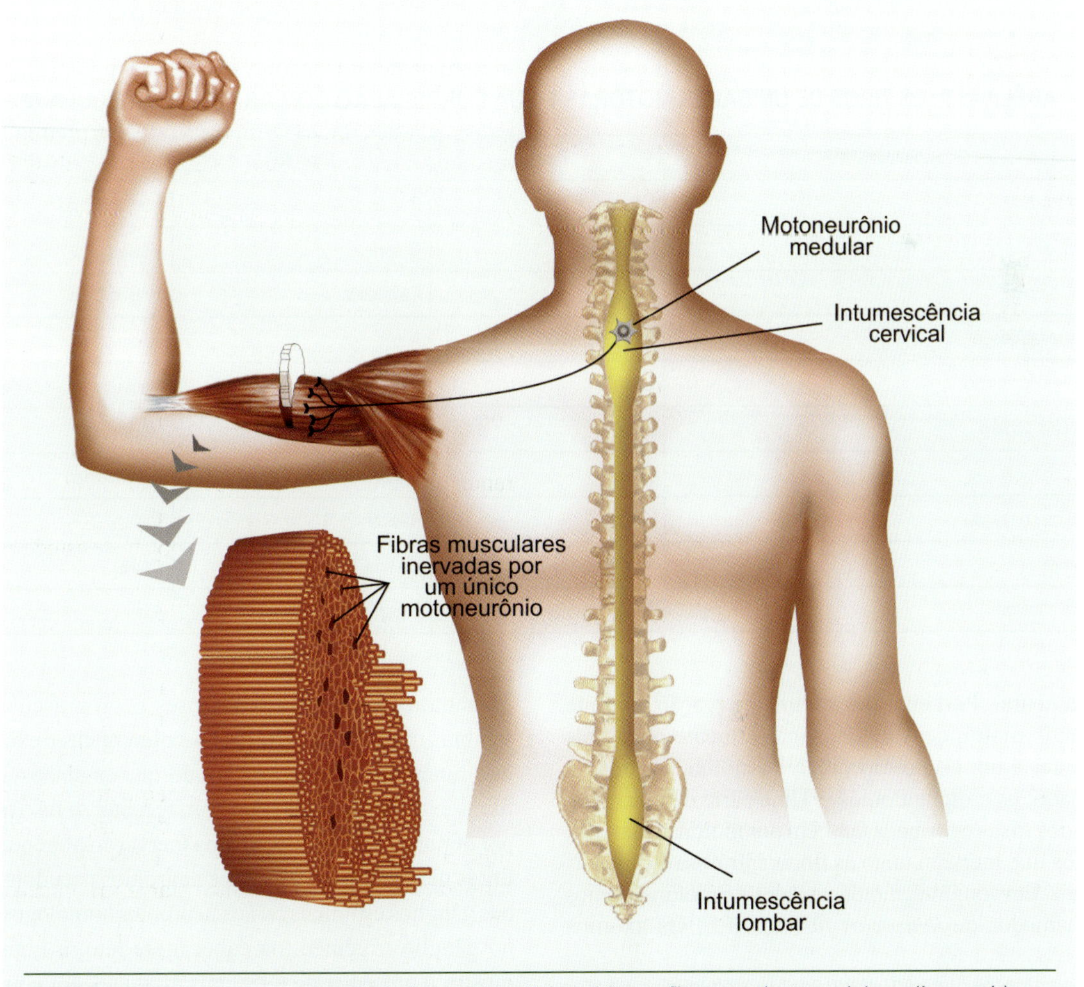

Figura 11.13. *A unidade motora compõe-se de um motoneurônio medular e as fibras musculares que ele inerva (à esquerda).*

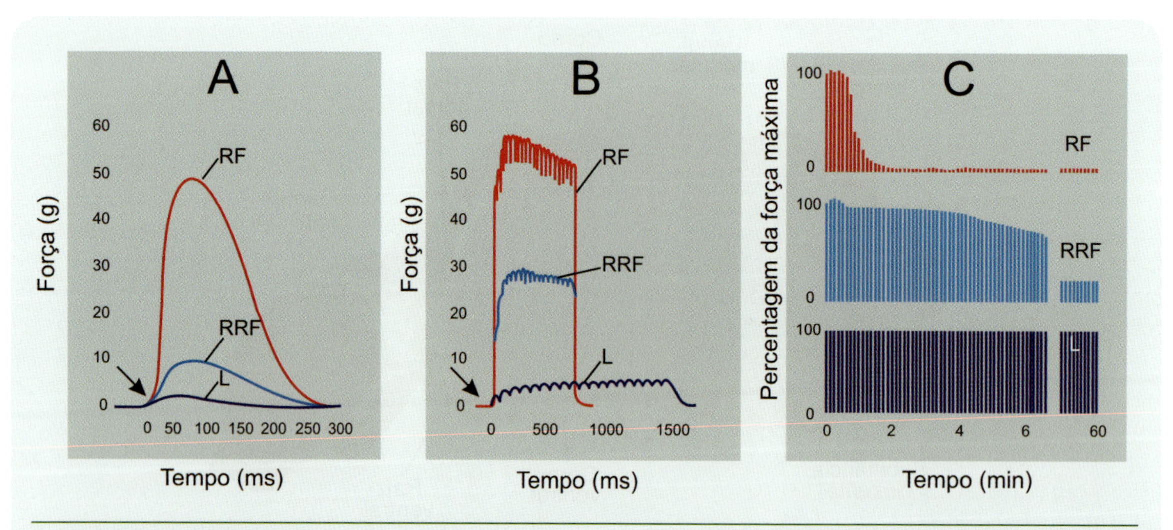

▸ **Figura 11.14.** *As unidades motoras foram estudadas pelos fisiologistas analisando a força que são capazes de produzir após a estimulação do seu motoneurônio.* ***A****. Quando o estímulo elétrico é simples (aplicado no momento indicado pela seta), algumas produzem contração intensa e muito rápida (RF), outras uma contração menor e menos rápida (RRF), e o terceiro grupo uma contração bastante lenta e fraca (L).* ***B****. Quando o estímulo é repetitivo e prolongado (seta) nota-se a mesma distinção entre os tipos.* ***C****. Finalmente, quando o estímulo é repetitivo e forte o suficiente para obter sempre a contração máxima, verifica-se que o tipo RF entra logo em fadiga, o tipo RRF resiste mais tempo e o tipo L, ainda mais. Note a diferença de escala de tempo nas abscissas: cada curva em* ***A*** *equivale a uma ondulação em* ***B*** *e a um traço vertical em* ***C****. Modificado de R. E. Burke e cols. (1974)* Journal of Physiology, *vol. 238: pp. 503-514.*

TABELA 11.2. OS TIPOS DE UNIDADES MOTORAS E SUA CORRELAÇÃO COM AS FIBRAS MUSCULARES

Propriedades	*Tipo L*	*Tipo RF*	*Tipo RRF*
Fibras musculares	L	R	Intermediárias
Motoneurônios	Pequenos	Grandes	Médios
Axônios	Finos	Calibrosos	Médios
Limiar de excitabilidade	Baixo	Alto	Médio
Velocidade de condução	Baixa	Alta	Média
Frequência de disparo	Baixa	Alta	Média
Tempo de contração	Longo	Curto	Intermediário
Velocidade de contração	Lenta	Rápida	Rápida
Força contrátil	Pequena	Grande	Média
Resistência à fadiga	Alta	Baixa	Alta

comando neural. Portanto, possui uma inervação eferente de comando motor, constituída principalmente por fibras pertencentes a um grupo específico de motoneurônios, já mencionado: os motoneurônios γ. Uma parte da inervação eferente dos fusos é formada também por motoneurônios ß, ou seja, os que inervam tanto as fibras intrafusais como as extrafusais. Em conjunto, motoneurônios γ e motoneurônios ß são chamados de *neurônios fusimotores*[7]. Os axônios fusimotores estabelecem sinapses neuromusculares com as fibras musculares intrafusais, colinérgicas e excitatórias, que funcionam do mesmo modo que as sinapses com as fibras extrafusais. Mas sendo um receptor, o fuso muscular, por definição, tem também uma inervação aferente, ou seja, fibras nervosas pertencentes a neurônios pseudounipolares dos gânglios espinhais ou aos neurônios homólogos situados no gânglio trigêmeo, na cabeça. De fato, a Figura 11.15 mostra a presença de terminais aferentes em contato com as fibras intrafusais. Trata-se de fibras aferentes mecanor-

[7] *Pela sua natureza bimodal, alguns autores chamam os motoneurônios ß de esqueleto-fusimotores.*

receptoras do tipo Ia e II (veja a Tabela 6.3, no Capítulo 6), calibrosas, mielínicas e portanto com grande velocidade de condução de impulsos nervosos.

Como funcionam os fusos musculares? Os fisiologistas já conhecem detalhes a esse respeito (Figura 11.16). Os fusos estão dispersos no tecido muscular, em paralelo com as fibras extrafusais. Quando um músculo se contrai ou se relaxa sob o comando dos motoneurônios α, seu comprimento varia, e com ele também o dos fusos musculares em seu interior. O comprimento muscular pode variar também, é claro, quando o músculo é estirado pelo próprio indivíduo ou por outra pessoa. É isso que faz o médico quando percute o joelho de um paciente para pesquisar o seu reflexo patelar[G]: atinge indiretamente o tendão do músculo quadríceps da coxa, provocando um estiramento brusco do músculo. Esse estiramento é o estímulo para o movimento reflexo resultante. A Figura 11.16A mostra a preparação experimental que o fisiologista utiliza: um músculo cujas fibras motoras podem ser estimuladas e tanto a contração resultante (traçado inferior, à direita) quanto os potenciais de ação dos aferentes Ia e II podem ser registrados (traçado superior, à direita).

Os fusos detectam as variações de comprimento do músculo em duas situações: (1) aumento do comprimento; e (2) diminuição do comprimento. Quando ocorre aumento do comprimento muscular pela aplicação de um peso (Figura 11.16B1), as fibras intrafusais são estiradas junto com as extrafusais. Isso causa uma tensão mecânica na membrana das fibras aferentes Ia que inervam o fuso, provocando o aparecimento de um potencial receptor, e consequentemente o aumento da frequência de disparo de potenciais de ação que são conduzidos à medula pelos aferentes. Por outro lado, cria-se um problema quando ocorre diminuição do comprimento muscular: em geral isso se dá pela contração das fibras extrafusais, obtida experimentalmente pela estimulação elétrica dos motoneurônios α (Figura 11.16B2). Se não houver uma contração solidária das fibras intrafusais, o encurtamento do músculo como um todo resultará em um "bambeamento" dos fusos musculares, e em consequência no desaparecimento do potencial receptor nos terminais Ia e

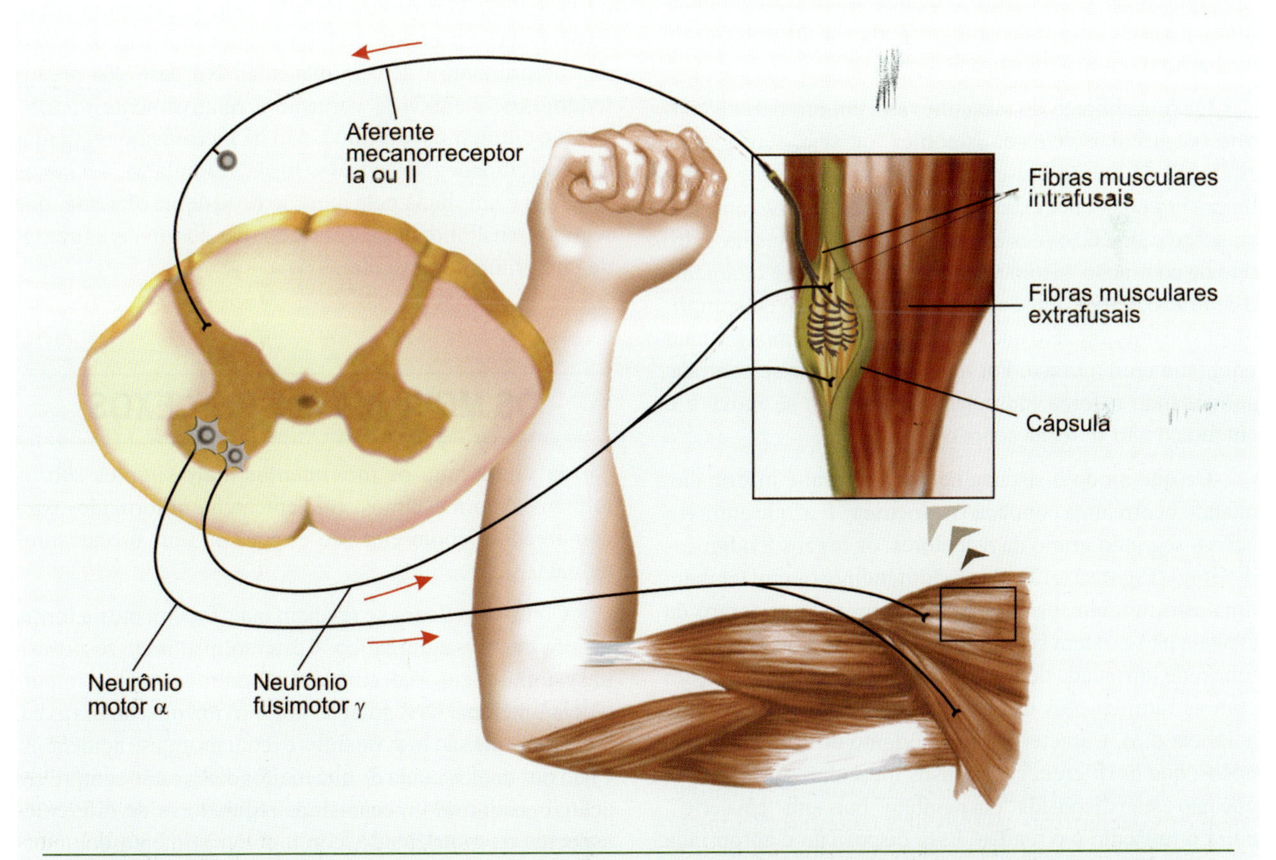

Figura 11.15. *Os fusos musculares ficam inseridos no interior do músculo (quadro), sendo inervados por fibras aferentes (sensoriais) e eferentes (motoras). As primeiras são fibras Ia e II que pertencem a neurônios ganglionares espinhais, e as segundas são fibras γ e β que pertencem a motoneurônios medulares.*

na interrupção do disparo de potenciais de ação pelas fibras aferentes. Isso pode ser detectado experimentalmente, e é conhecido como "período silente". No entanto, um detector de comprimento que se comportasse desse modo seria ineficiente porque só transmitiria informações sobre acréscimo de comprimento muscular, e nunca sobre decréscimo. Esse "defeito" é contornado pelos neurônios fusimotores (Figura 11.16B3), capazes de provocar a contração das regiões distais das fibras intrafusais.

Os fusimotores ß são automáticos: ao mesmo tempo que ativam as fibras extrafusais, ativam também as intrafusais, e ambas se contraem solidariamente. Os fusimotores γ, entretanto, por serem seletivamente dedicados às fibras intrafusais, podem funcionar de forma mais eficiente sob o controle de centros motores superiores, como o cerebelo, servindo de reguladores da sensibilidade do fuso muscular. A tensão das fibras intrafusais – que então é regulada pelos centros superiores – em última análise determinará a amplitude do potencial receptor dos terminais Ia e II, e a frequência de disparo das fibras aferentes do fuso (Figura 11.16B3, traçado à direita). Nesse caso, não há período silente. Pode-se dizer portanto que as variações do comprimento muscular são codificadas em frequência de potenciais de ação pelas fibras aferentes Ia, e constituem parte da informação de retroação que os motoneurônios precisam.

O comprimento do músculo varia em um tipo de contração muscular chamada isotônica, ou seja, sem grande alteração da tensão muscular. É isso que acontece com o bíceps braquial[G], por exemplo, quando fechamos o antebraço sobre o braço sem estar carregando algo. Mas há outro tipo de contração – isométrica – em que ocorre exatamente o contrário: varia a tensão sem grande alteração do comprimento do músculo. É o que ocorre quando tentamos levantar um piano com o braço. Por mais que o bíceps se contraia, aumentando a força muscular, o piano não se move e o antebraço não se fecha sobre o braço.

De que modo o sistema nervoso central é informado, quando ocorre uma contração isométrica? É aí que entra em ação o segundo grupo de receptores, os órgãos tendinosos de Golgi (Figura 11.17). Os órgãos tendinosos têm também uma estrutura encapsulada como os fusos, mas dentro da cápsula não existem células musculares modificadas, e sim uma rede intrincada de fibras colágenas[G] que se entrelaçam com as ramificações das fibras aferentes do tipo Ib (veja a Tabela 6.3). Característica importante dos órgãos tendinosos, que os diferencia dos fusos musculares, é o fato de que não estão dispostos "em paralelo" mas sim "em série", entre o músculo e o tendão. Essa disposição é apropriada para detectar as variações de força (tensão) muscular, que se comunicam diretamente com o tendão. Havendo aumento de tensão, por exemplo, como quando tentamos levantar um objeto muito pesado, as fibras colágenas dos órgãos tendinosos são estiradas e com isso estimulam os terminais Ib entrelaçados.

Quanto maior é a tensão, maior é o potencial receptor, e consequentemente maior é a frequência dos potenciais de ação conduzidos pela fibra aferente Ib em direção ao SNC. É o que acontece na preparação dos fisiologistas (Figura 11.18A), quando eles aplicam um peso ao músculo, aumentando o comprimento mas também a tensão no tendão (Figura 11.18B1). O aumento da frequência de potenciais de ação na fibra aferente Ib é maior quando, além do peso que puxa para baixo, a tensão é aumentada pela contração muscular provocada pela estimulação elétrica do motoneurônio α (Figura 11.18B2). Quando a tensão decresce porque cessa a contração do músculo (Figura 11.18, traçado inferior no monitor, à direita), o potencial receptor também decresce ou até mesmo desaparece, e reduz-se a frequência de disparo da fibra aferente. Neste caso não há mecanismo de regulação da sensibilidade da fibra. Além disso, o limiar de ativação do órgão tendinoso é alto, e ele só entra em ação quando um certo acréscimo de tensão é aplicado sobre o músculo.

Tanto os fusos musculares quanto os órgãos tendinosos de Golgi são receptores tônicos, isto é, possuem adaptação lenta, e portanto codificam com precisão os níveis de comprimento e tensão muscular. No caso dos órgãos tendinosos, a faixa de variação é relativamente restrita, porque o limiar é mais alto e não há mecanismo regulador da sensibilidade. No caso dos fusos musculares, a faixa de variação é ampliada pela atuação do sistema eferente, que regula a sensibilidade desses receptores aos níveis extremos de comprimento muscular.

OS MOVIMENTOS REFLEXOS

Já vimos que os movimentos mais simples são os reflexos. Agora estamos suficientemente informados para compreender como eles são e quais os seus mecanismos neurais.

Como os reflexos se revelam mais facilmente na forma de movimentos automáticos e estereotipados em resposta a um estímulo sensorial, em geral subestimamos a sua importância funcional na regulação dos movimentos do dia a dia. Achamos que são movimentos eventuais, quase acidentais, e não nos damos conta de que muitos deles estão sempre em ação, constituindo mecanismos reguladores de diferentes aspectos da motricidade, como o comprimento dos músculos nas diversas atitudes posturais e no movimento, e a força (tensão) que os músculos exercem a cada contração. É verdade, entretanto, que alguns reflexos surgem apenas em circunstâncias eventuais, como veremos a seguir.

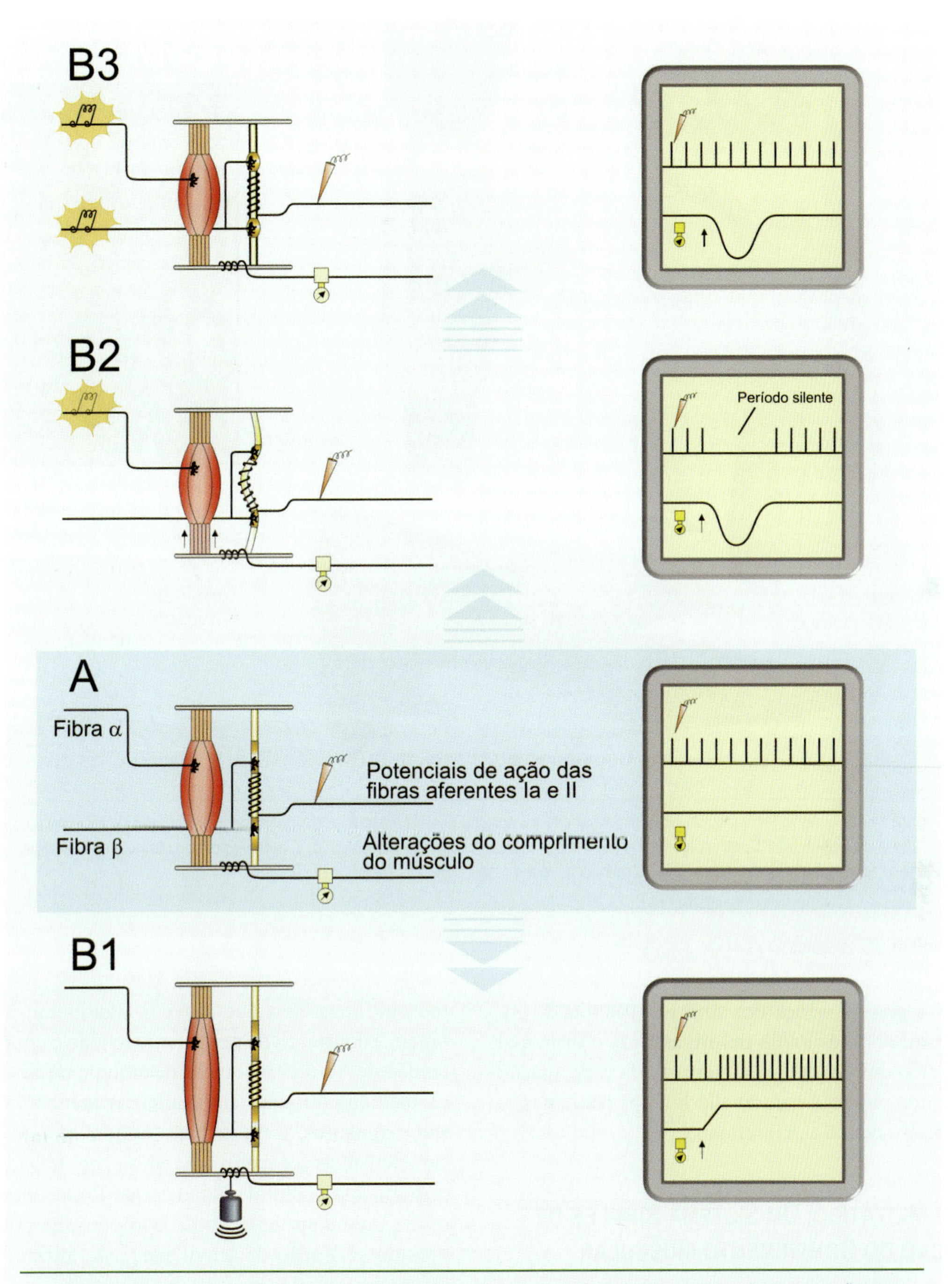

▶ **Figura 11.16.** *Funcionamento do fuso muscular. Em* ***A*** *(sombreado em azul claro), o esquema mostra a preparação experimental, na qual o fisiologista pode estimular as fibras eferentes α e γ, e registrar simultaneamente os impulsos nervosos das fibras aferentes Ia e II, e as alterações do comprimento do músculo. Os traçados gráficos são acompanhados nos monitores representados à direita, onde a abscissa representa o tempo. Cada traçado de cima mostra os potenciais de ação registrados nas fibras nervosas, enquanto o traçado de baixo representa a variação do comprimento muscular. Em* ***B1****, o comprimento do músculo aumenta pela ação de um peso (momento da seta, no monitor). Em* ***B2****, o comprimento muscular diminui pela estimulação da fibra α (seta, no monitor). Em* ***B3****, o comprimento muscular diminui, como em* ***B2****, e o fuso contrai-se pela estimulação simultânea da fibra γ. A fibra aferente responde mais quando o comprimento do fuso aumenta.*

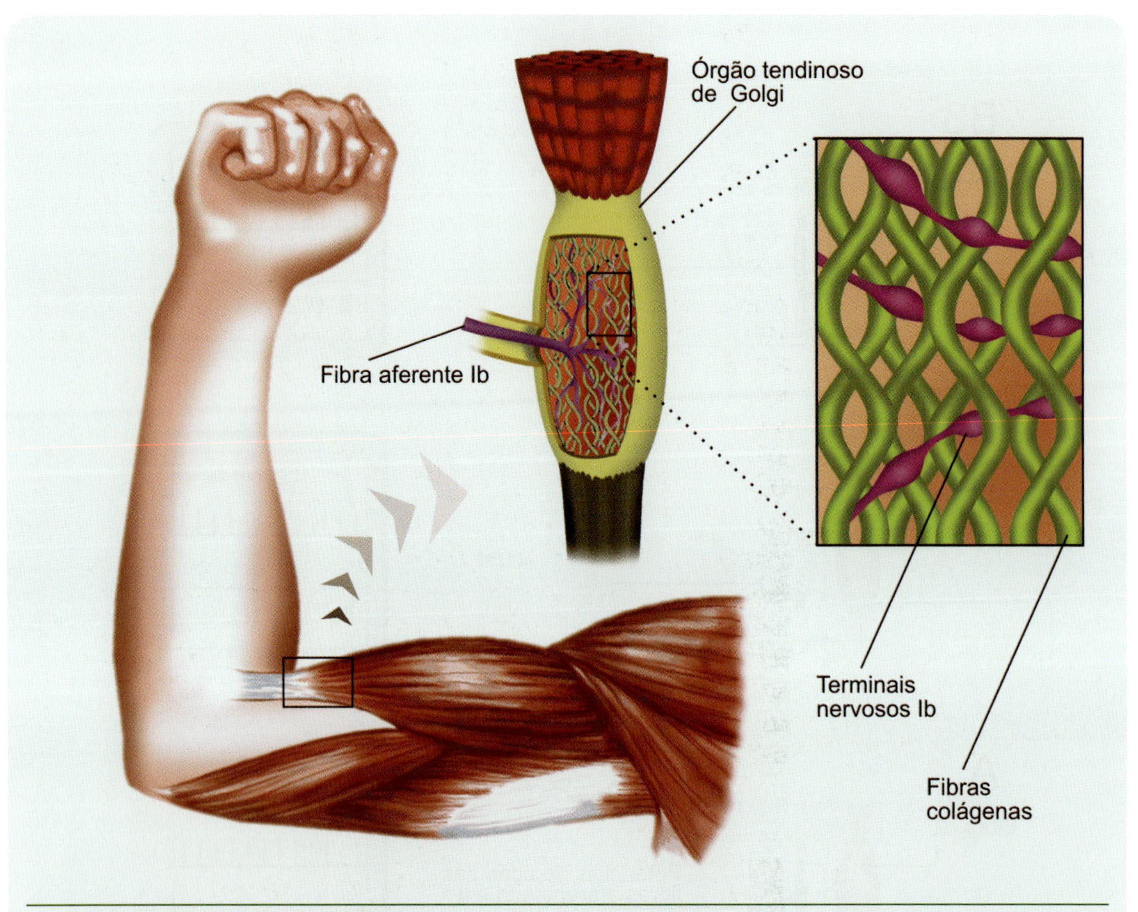

Figura 11.17. *O órgão tendinoso de Golgi fica inserido na transição entre o músculo e o tendão (pequeno quadro bem à esquerda). É um órgão encapsulado com fibras colágenas no seu interior, inervado por fibras aferentes Ib. O aumento da tensão no tendão comprime e estimula as fibras aferentes, provocando nelas potenciais receptores.*

Há várias classificações dos reflexos (Tabela 11.3), de acordo com: (1) o estímulo de origem; (2) o principal tipo de músculo envolvido; (3) a natureza da estimulação produzida pelos médicos para avaliá-los nos pacientes; e (4) o seu circuito neural (arco reflexo).

Reflexo Miotático: Um Sistema Simples de Regulação do Comprimento Muscular

Para compreender os *atos reflexos* e os seus circuitos – os *arcos reflexos* – é útil trabalhar com exemplos. Assim, já mencionamos a projeção brusca da perna após a percussão do ligamento da patela, no joelho. Esse é um típico *reflexo miotático*, o mais simples de todos, provocado pelos médicos no exame neurológico de rotina e chamado, especificamente, reflexo patelar. Semelhantes a ele, também provocados pela percussão com o martelo do médico, são o reflexo mandibular, o tricipital e o aquileu (dentre vários outros), obtidos respectivamente pela estimulação do músculo masseter, que move a mandíbula, do tríceps do braço, e do tríceps da perna, cujo tendão é conhecido como tendão de Aquiles. O que há de comum nesses reflexos que os médicos utilizam com tanta frequência? Quase todos são extensores, e muitos são antigravitários. Essas duas características conferem aos reflexos miotáticos uma grande importância postural: são eles que fornecem o arcabouço motor para a sustentação do corpo na sua postura básica, opondo-se à ação da gravidade. Essa afirmativa deve ser encarada com alguma cautela, entretanto. No homem, por exemplo, os reflexos miotáticos extensores do braço não têm a mesma importância postural antigravitária que têm os miotáticos extensores da perna, já que a postura humana é bípede. Além disso, dizer que os reflexos miotáticos são extensores é uma meia-verdade, uma vez que os músculos flexores podem também apresentar reflexos desse tipo.

De um modo geral, entretanto, podemos encarar o reflexo miotático como um reflexo extensor antigravitário de importância postural. Grande parte da regulação da postura

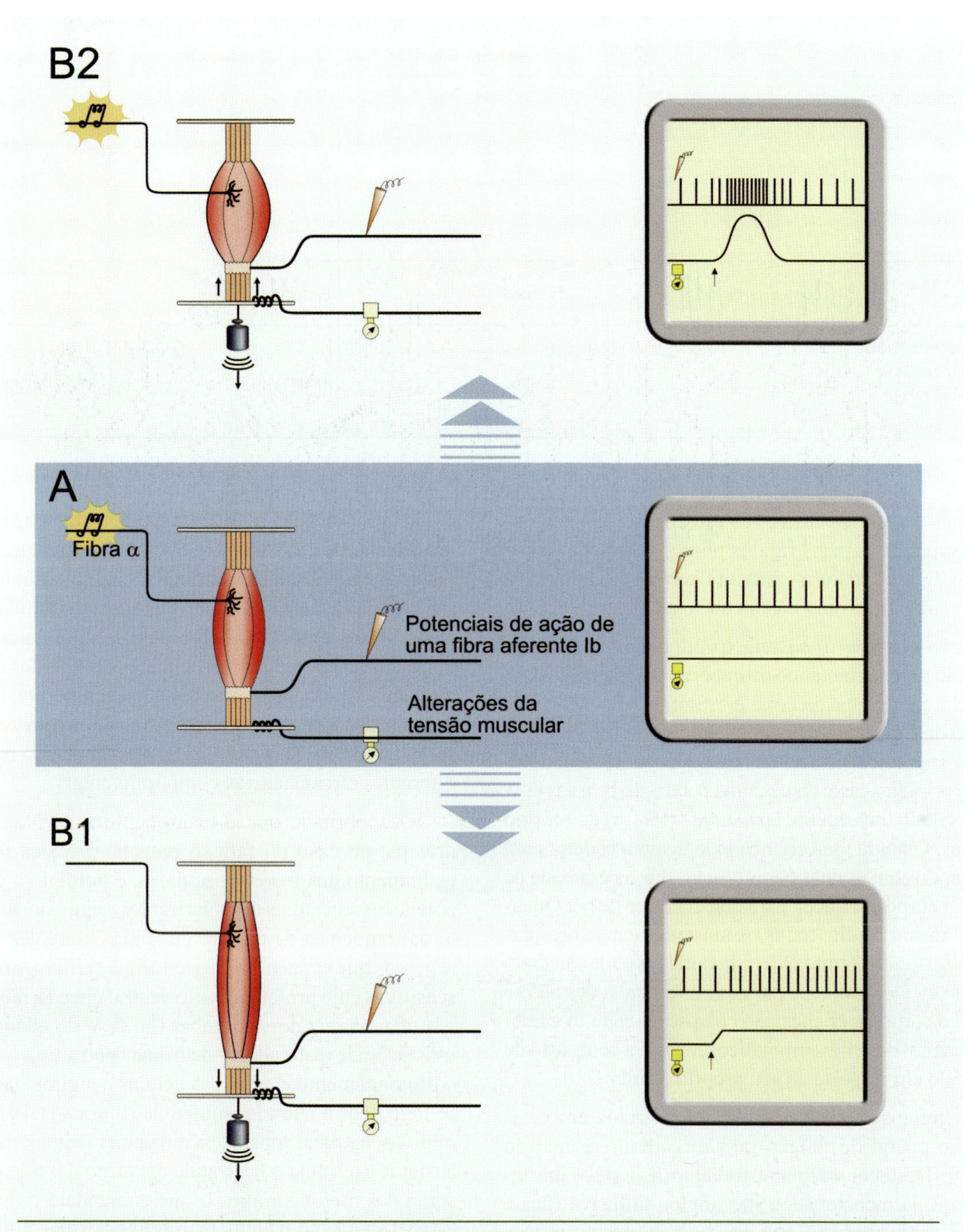

Figura 11.18. *Funcionamento do órgão tendinoso de Golgi. Em* ***A*** *(sombreado em azul claro), o esquema mostra a preparação experimental, na qual o fisiologista pode estimular uma fibra eferente α, e registrar simultaneamente os impulsos nervosos da fibra aferente Ib e as alterações da tensão do músculo. Os traçados gráficos são acompanhados nos monitores representados à direita, e as convenções são como na Figura 11.16. Em* ***B1*** *(abaixo), a tensão do músculo aumenta um pouco pela ação de um peso (seta, no monitor). Em* ***B2****, a tensão no músculo aumenta bastante porque o músculo se contrai contra o peso, ativado pela estimulação da fibra α (seta, no monitor). A fibra aferente Ib responde mais quando a tensão do músculo aumenta ainda mais.*

TABELA 11.3. CLASSIFICAÇÕES DOS PRINCIPAIS REFLEXOS

	Quanto ao Estímulo de Origem	*Quanto ao Principal Tipo de Músculo Envolvido*	*Quanto à Natureza da Estimulação*	*Quanto ao Circuito Neural*
Reflexos miotáticos ou de estiramento Mandibular Patelar Bicipital Aquileu Outros	De origem muscular	Extensores	Profundos	Monossinápticos
Reflexos miotáticos inversos	De origem tendinosa	Flexores	Profundos	Dissinápticos
Reflexos de retirada Do membro superior Do membro inferior Outro	De origem cutânea	Flexores	Superficiais	Multissinápticos

dos animais é exercida através da modulação dos miotáticos, ora tornando as patas rígidos pilares, ora atenuando a contração da musculatura extensora para que o animal se locomova, alterando dinamicamente a sua postura.

Em que consiste o ato reflexo miotático? Usemos o exemplo do reflexo miotático do quadríceps (Figura 11.19). O músculo quadríceps da coxa é estirado, seja através da percussão do ligamento patelar, efetuada pelo médico, seja pela ação da gravidade sobre o corpo, em condições fisiológicas. No primeiro caso, resulta uma contração brusca (fásica), no segundo uma contração mantida (tônica) do próprio quadríceps. Quando uma criança pula de uma cadeira para o chão caindo com as duas pernas juntas, há necessidade de sustentar o corpo em queda para que ela fique de pé. Quando os pés tocam o solo, todos os músculos extensores das pernas são estirados (entre eles os quadríceps) e de imediato contraem-se vigorosamente para que as articulações não se dobrem e o corpo da criança não colapse no chão. A característica central do reflexo miotático, então, é a contração de um músculo em resposta ao seu próprio estiramento.

Os fisiologistas mostraram-se interessados em decifrar a base neural do reflexo miotático desde o final do século 19. Destacou-se nesse trabalho o inglês Charles Sherrington, já mencionado. Sherrington utilizava cães e gatos, nos quais produzia, sob anestesia, cortes cirúrgicos completos em diversos níveis do tronco encefálico, que separavam a medula espinhal dos centros superiores. Outras vezes produzia a transecção de raízes dorsais (sensoriais) ou ventrais (motoras). Depois disso estudava as características dos reflexos, medindo a força de contração muscular, seus tempos de duração e outros parâmetros. Sherrington comprovou a natureza neural (e não muscular, como se pensava) dos movimentos reflexos, identificando os neurônios participantes. Nestes 100 anos as técnicas evoluíram, e os experimentos que no início utilizavam animais submetidos a lesões cirúrgicas do SNC e sistemas mecânicos de registro das contrações musculares, hoje podem envolver animais íntegros cujos neurônios podem ser individualmente estudados enquanto o animal executa atos reflexos específicos. De início, o objetivo do trabalho foi identificar os elementos celulares envolvidos no reflexo miotático, e portanto o circuito neural subjacente. Depois, os pesquisadores se concentraram em analisar o processamento sináptico capaz de possibilitar a modulação do reflexo sob diferentes circunstâncias comportamentais.

Descobriu-se que o estiramento muscular (do quadríceps, no caso do reflexo patelar) provoca também o estiramento dos fusos musculares, e portanto a gênese de potenciais receptores despolarizantes, seguindo-se o aumento da frequência de disparo das fibras aferentes Ia e II. Já sabemos que essas fibras pertencem a células ganglionares sensitivas cujo prolongamento central chega à medula através de uma raiz dorsal lombar (no caso do quadríceps). A utilização de rastreadores neuronais permitiu verificar que o prolongamento central das células ganglionares bifurca-se logo após a entrada na medula (Figura 11.19). Um dos ramos penetra na substância cinzenta medular, ramifica-se bastante e termina arborizando em torno dos dendritos e do soma dos motoneurônios α que comandam o quadríceps, estabelecendo com eles sinapses excitatórias. Em algumas articulações há outros músculos desempenhando função semelhante à daquele que foi estimulado. O músculo estimulado é chamado agonista principal ou simplesmente agonista (ou ainda homônimo), e os outros são chamados agonistas auxiliares ou sinergistas. Quando esse é o caso, o mesmo ramo aferente estabelece sinapses também com motoneurônios α que comandam os agonistas auxiliares. O segundo ramo da fibra aferente mantém-se na substância branca, ascendendo na coluna dorsal da medula até centros supraespinhais.

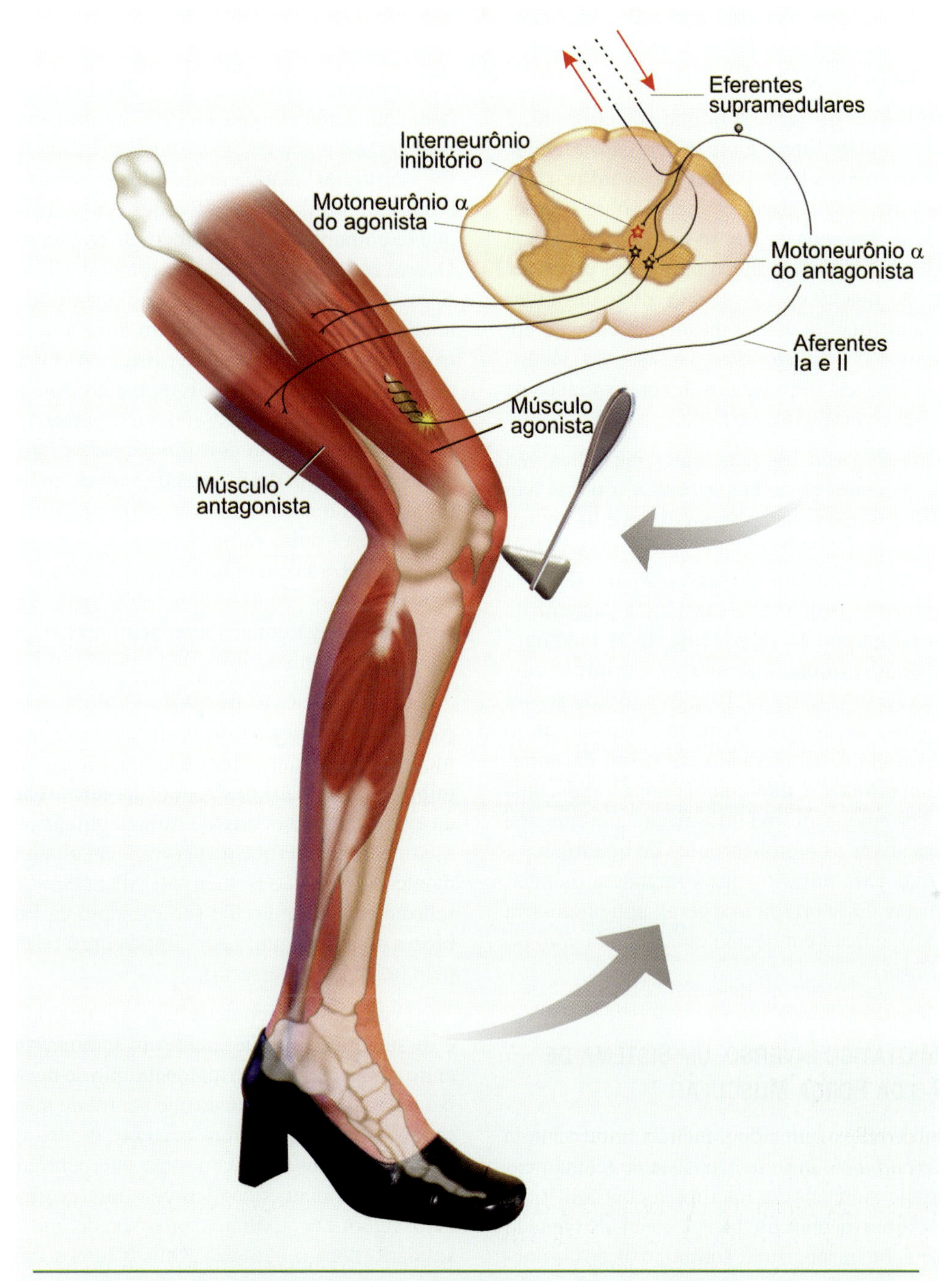

Figura 11.19. *Esquema do reflexo patelar e seu circuito. A percussão provoca um estiramento do músculo agonista, que estimula os aferentes dos fusos musculares. Na medula, estes terminam em motoneurônios que ativam diretamente o próprio agonista, e em interneurônios inibitórios que diminuem a ativação do antagonista.*

Foi possível estudar a eletrofisiologia sináptica da população de motoneurônios, e esse trabalho indicou que os potenciais de ação que chegam às sinapses provocam potenciais pós-sinápticos excitatórios nos motoneurônios do agonista principal e dos auxiliares, resultando no disparo de salvas de potenciais de ação que emergem através dos seus axônios. Desse modo, o arco reflexo que começa nos aferentes continua através dos axônios dos motoneurônios (Figura 11.19), que deixam a medula através da raiz ventral correspondente, incorporando-se aos nervos periféricos que inervam o próprio músculo estimulado (o quadríceps, em nosso exemplo), bem como aqueles que inervam os agonistas auxiliares. Segue-se, fechando o circuito, a ativação desses músculos através das sinapses neuromusculares, o que provoca a sua contração.

O circuito básico do reflexo miotático, portanto, é monossináptico: contato direto entre o neurônio aferente (sensorial) e o neurônio eferente (motor). A informação retroativa, desse modo, incide diretamente sobre o ordenador. Mas não se deve pensar que só esse circuito esteja envolvido no ato reflexo. Para que a perna seja projetada pela contração do quadríceps, é preciso inibir um outro grupo de músculos que movem a mesma articulação em sentido contrário, o dos antagonistas. No caso do quadríceps, os antagonistas são os músculos flexores situados na parte posterior da coxa (Figura 11.19).

Se essa inibição não for feita, estes músculos vão fazer oposição à contração do quadríceps, e a perna não se moverá. Não é o que ocorre, portanto deve haver um circuito complementar de inibição dos antagonistas. Sherrington descobriu que de fato um terceiro ramo da fibra aferente se destaca ao penetrar na substância cinzenta da medula, arboriza na porção intermédia do H medular[G] e estabelece sinapses com interneurônios inibitórios situados nessa região (Figura 11.19). Os axônios desses interneurônios não vão longe: estendem-se apenas até o corno ventral próximo, arborizando em torno da população de motoneurônios α que comandam os músculos antagonistas. Portanto, a mesma informação aferente que é utilizada para ativar os motoneurônios do quadríceps é também utilizada para inibir os que comandam os músculos antagonistas. Esse princípio é geral, aplicando-se a todos os reflexos, e ficou conhecido como o *princípio da inervação recíproca*.

Reflexo Miotático Inverso, um Sistema de Regulação da Força Muscular

Um segundo reflexo tem sido estudado desde o início do século 20, o *miotático inverso*. Consiste no relaxamento de um músculo submetido a uma força contrátil forte. Tomemos o exemplo do músculo bíceps do braço. Quando tentamos levantar um piano, isto é, contrair o bíceps isometricamente em oposição a uma força contrária muito grande, haverá um momento em que o antebraço "cederá" e se abrirá sobre o braço, relaxando o bíceps e até mesmo contraindo os antagonistas extensores. O relaxamento súbito do músculo que ocorre quando provocamos o reflexo desse modo foi durante muito tempo apelidado de "reflexo de canivete", uma denominação que se encontra atualmente em desuso.

Os primeiros fisiologistas acreditaram que o miotático inverso seria um reflexo protetor do músculo contra tensões muito grandes que o pudessem lesar. No entanto, recentemente se concluiu que esse reflexo opera em circunstâncias fisiológicas, embora seja ativado por tensões musculares maiores que as que se estabelecem em contrações isotônicas comuns.

O circuito envolvido no reflexo miotático inverso é bem conhecido (Figura 11.20). Seu primeiro elemento (o receptor) é o órgão tendinoso de Golgi, cujas fibras aferentes Ib – de limiar relativamente alto — são ativadas quando o músculo é submetido a tensões acima de um certo valor que se comunicam ao tendão, onde se encontra o receptor. Ocorre então um potencial receptor na extremidade dessas fibras aferentes, que a seguir provoca uma salva de potenciais de ação conduzidos em direção à medula (ou ao tronco encefálico, no caso da cabeça). As fibras Ib penetram no SNC pelas raízes dorsais da medula, ou pelas raízes de alguns nervos cranianos (como o trigêmeo). Ao chegar ao SNC bifurcam-se em dois ramos, do mesmo modo que as fibras Ia e II. Um deles ascende a níveis mais altos, levando às estruturas superiores as informações sobre a tensão muscular. O outro ramo penetra na substância cinzenta, onde arboriza fazendo inúmeras sinapses com interneurônios inibitórios, cujos axônios se estendem por distâncias curtas até chegarem aos motoneurônios α que comandam o músculo agonista.

Diferentemente do reflexo miotático, desta vez a passagem de informação do receptor ao motoneurônio é mediada por um interneurônio inibitório, e o resultado é a inibição do disparo de PAs dos motoneurônios α, em vez da excitação que ocorre no reflexo miotático. Inibidos, os motoneurônios α (que disparavam em alta frequência para manter a contração isométrica) "silenciam", provocando o relaxamento do músculo (no exemplo da Figura 11.20, o bíceps do braço, que "cede" impotente à resistência oposta pelo braço do adversário).

O circuito básico do reflexo miotático inverso, então, é dissináptico, porque inclui um interneurônio inibitório entre a fibra aferente e o motoneurônio do músculo agonista. No entanto, semelhante ao que ocorre no miotático, outros ramos emergem da fibra aferente dentro da substância cinzenta: alguns terminam sobre interneurônios inibitórios que farão contato sináptico com motoneurônios de músculos agonistas auxiliares, provocando o seu relaxamento solidário com o agonista. Outros ramos da mesma fibra aferente terminam sobre interneurônios de outro tipo – excitatórios – que ativam motoneurônios ligados a músculos antagonistas (Figura 11.20), provocando a sua contração e assim contribuindo ativamente para o efeito produzido pelo relaxamento do agonista.

Tanto o reflexo miotático quanto o miotático inverso representam mecanismos neurais simples de comando motor, e contêm em si mesmos também circuitos de controle da execução do movimento. Em certo sentido são autônomos, isto é, continuam a funcionar até mesmo quando a medula espinhal é transeccionada, tornando-se separada do encéfalo. Isso pode ocorrer em indivíduos que sofrem acidentes

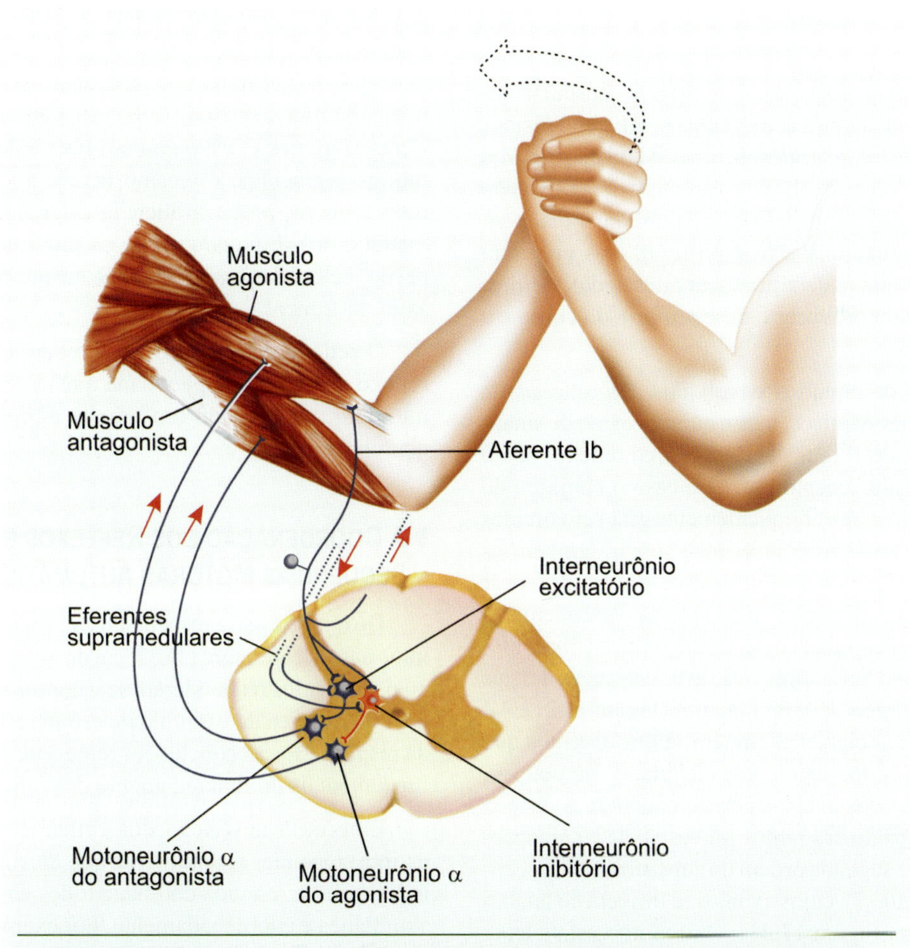

Figura 11.20. *Esquema do reflexo miotático inverso do bíceps braquial. O bíceps realiza uma contração isométrica, que aumenta a tensão no tendão estimulando os aferentes Ib dos órgãos tendinosos de Golgi. Na medula, estes terminam em interneurônios inibitórios (em vermelho) que causam o relaxamento do agonista, e em interneurônios excitatórios (em azul) que provocam contração do antagonista.*

sérios com fratura da coluna vertebral. Esses indivíduos tornam-se paralíticos de um ou mais membros (às vezes até dos quatro membros!). Apesar dessas consequências devastadoras sobre a motricidade, a transecção da medula não provoca a abolição permanente dos reflexos. É isso que indica sua relativa "independência" dos centros superiores. No entanto, nos indivíduos normais, os reflexos são constantemente submetidos ao controle dos centros superiores, que os modulam e regulam continuamente. Nas Figuras 11.19 e 11.20 pode-se observar a existência de ramos de axônios descendentes (eferentes supramedulares), que arborizam em torno dos motoneurônios e interneurônios de cada músculo. A função deles é exatamente modular os reflexos miotáticos e miotáticos inversos, fazendo-os variar de acordo com a postura e os movimentos do indivíduo. O Capítulo 12 traz mais detalhes sobre esse aspecto.

Reflexo Flexor de Retirada, Protetor e Suavizador dos Movimentos

Um terceiro tipo de reflexo diferencia-se bastante dos dois que acabamos de descrever. É o *reflexo flexor de retirada*. Tipicamente, o reflexo de retirada ocorre quando um estímulo sensorial, com frequência nociceptivo (doloroso), atinge uma das extremidades (o pé, por exemplo). Se o estímulo for forte e potencialmente lesivo (como uma tachinha no chão), todos os músculos flexores do membro inferior podem ser acionados, e não só o pé, mas também a perna e a coxa se afastam bruscamente da fonte de estímulo. Neste caso, o reflexo flexor tem uma nítida função protetora. Se o estímulo for mais fraco, apenas tátil, só o pé pode ser fletido discretamente. O reflexo, neste caso, serve como um "amaciador" dos contatos entre os dedos e os objetos. É mais ou menos o que ocorre quando tateamos o solo com os olhos fechados: cada toque produz sucessivas flexões que suavizam o contato com os obstáculos.

Ressaltam dessa descrição as diferenças entre os reflexos de origem cutânea e os de origem muscular. Os reflexos de origem cutânea são eventuais, em geral fásicos e mais frequentes nos músculos flexores. Além disso, como é óbvio, os receptores envolvidos nesse tipo de reflexo não estão situados no elemento efetuador, o músculo. Finalmente, sua utilidade funcional não é postural, mas protetora contra estímulos que podem provocar a lesão dos tecidos, e outros que podem provocar o desequilíbrio do corpo e a sua queda.

Sabe-se que os circuitos envolvidos nos reflexos de retirada são multissinápticos, mas o número exato de sinapses não é conhecido (Figura 11.21). O arco reflexo, como sempre, começa nos receptores, neste caso o conjunto de receptores cutâneos. Mais frequentemente estão envolvidos os nociceptores, mas como já se mencionou, também os demais tipos de receptores somestésicos podem provocar a retirada. As fibras aferentes nociceptivas pertencem aos grupos C e Aδ (veja a Tabela 6.3). Como todas as fibras aferentes, penetram no SNC também através das raízes dorsais ou das raízes de alguns nervos cranianos (Figura 11.21). Ao chegar à substância cinzenta, emitem ramos distintos que se estendem por vários segmentos medulares, ou ocupam grandes extensões dos núcleos correspondentes do tronco encefálico. Alguns desses ramos irão estabelecer sinapses com neurônios de segunda ordem do subsistema interoceptivo (veja o Capítulo 7), cujos axônios se dirigem ao tálamo (não ilustrados na Figura 11.21). Outros irão estabelecer cadeias de sinapses com interneurônios em sequência, que finalmente atingirão as populações de motoneurônios α que comandam os músculos flexores.

Como nos reflexos miotáticos, também nos flexores operam os princípios da inervação recíproca de músculos antagonistas. É necessário inibir os extensores para que a flexão dos membros seja eficiente para retirá-los de perto do estímulo. Mas como o reflexo de retirada é graduado de acordo com a intensidade do estímulo, a partir de um certo ponto o fenômeno tem que se estender ao lado oposto do corpo, de modo a compensar a alteração postural que advém do movimento brusco do membro. Fica mais fácil entender esse fenômeno utilizando o exemplo do reflexo de retirada da perna (Figura 11.22). Se um estímulo doloroso atingir o pé direito, a perna sofrerá flexão reflexa. Quando isso ocorre, entretanto, o corpo passa a ser sustentado apenas pela perna oposta. Logo, é preciso reorganizar a postura de modo a fortalecer os extensores da perna oposta, e assim evitar a queda do indivíduo.

A contração reflexa dos extensores do lado oposto é considerada por alguns um outro reflexo, chamado *reflexo de extensão cruzada,* propiciado por um circuito de *inervação recíproca* dos músculos dos membros (Figura 11.22). Os interneurônios cujos axônios cruzam para constituir o sistema somestésico anterolateral emitem ramos no lado oposto, e se estabelece uma segunda cadeia sináptica que desta vez irá terminar nos motoneurônios de comando da musculatura extensora. Como já na entrada da medula as fibras aferentes C e Aδ emitem ramos que se estendem a muitos segmentos, o mesmo ocorre no lado oposto, e a inervação recíproca influencia diferentes segmentos da medula, possibilitando ativar os músculos extensores do pé, do joelho, da coxa e, às vezes, até mesmo a musculatura axial do tronco!

O reflexo de retirada, desse modo, constitui um arco reflexo de maior complexidade que os reflexos de origem muscular, envolvendo um grande número de elementos neuronais.

A Coordenação dos Reflexos e Sequências Motoras Automáticas

Do que se disse a respeito dos reflexos, duas conclusões importantes emergem: (1) o local de estimulação determina quais músculos responderão, seja contraindo, seja relaxando; e (2) a força do estímulo determina a força e a duração da resposta. Essas conclusões representam dois princípios fundamentais do funcionamento dos reflexos.

Embora a descrição dos reflexos necessariamente os individualize, fazendo crer que eles operam de modo independente, na vida cotidiana todos eles estão em ação, simultânea e coordenadamente. Por exemplo, se por acaso tropeçamos ao subir uma escada, um reflexo flexor seguido de extensão é imediatamente acionado, para que possamos tentar restabelecer o equilíbrio e proteger-nos da queda. Essa é uma sequência coordenada de reflexos, que passa a ser chamada reação reflexa. Dentre as reações, as mais conhecidas são as posturais, isto é, aquelas que se destinam a promover ou restabelecer a postura de um indivíduo que se move. Por outro lado, nem todas as sequências automáticas de movimentos são reflexos, isto é, produzidos por estimulação sensorial. É o caso do ato de coçar e da locomoção, sequências automáticas de movimentos que podem ou não ser iniciadas por um estímulo sensorial, mas mesmo quando isso acontece se tornam repetitivas e independentes do estímulo original.

Reflexas ou não, quem coordena essas sequências automáticas?

No caso das reações posturais, diferentes núcleos do tronco encefálico estão diretamente envolvidos. Esse assunto é examinado com mais detalhes no Capítulo 12. No caso do ato de coçar e da locomoção, por outro lado, sabe-se que a coordenação é feita pela própria medula espinhal, capaz por si só de estabelecer um padrão repetitivo de ativação e inibição muscular. O início do ato de coçar é provocado em geral por um estímulo cutâneo. A

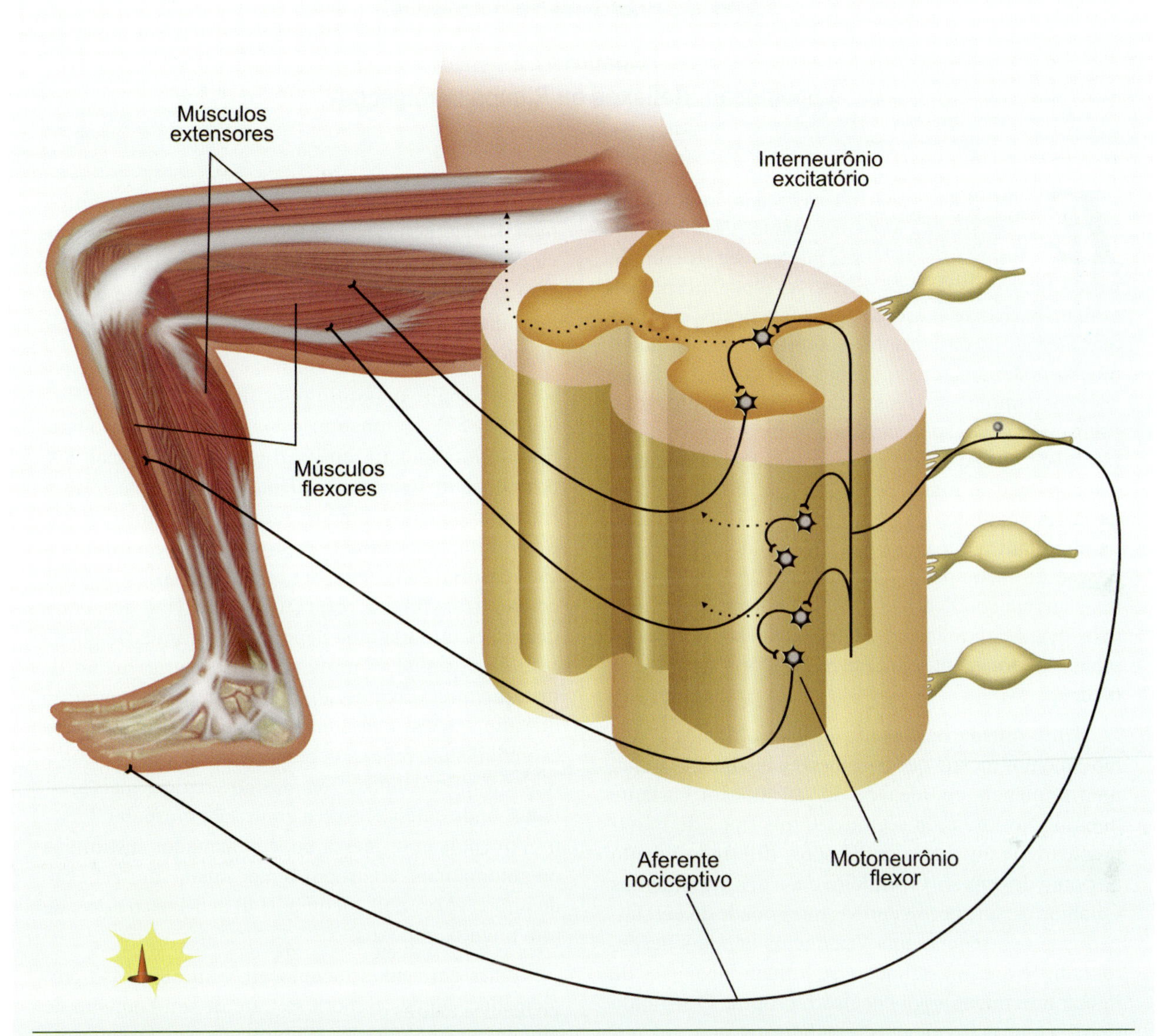

Figura 11.21. *Esquema do reflexo flexor de retirada da perna. Os aferentes cutâneos do pé são ativados por um estímulo nociceptivo. Na medula, terminam em interneurônios excitatórios de vários segmentos medulares, que promovem a contração simultânea de diferentes músculos flexores.*

locomoção, por sua vez, usualmente é iniciada por ação da vontade do indivíduo, e portanto sob comando de regiões superiores do SNC. Em ambos os casos, entretanto, uma vez iniciados os movimentos, eles se repetem de modo rítmico e estereotipado. Animais experimentais submetidos à separação sherringtoniana entre o encéfalo e a medula podem apresentar o reflexo de coçar quando sua pele é estimulada por uma substância irritante. Podem também apresentar a alternância de movimentos das patas típica da locomoção quando são segurados pelo experimentador e colocados de pé em uma esteira rolante. Neste caso, entretanto, experimentos mais recentes utilizando a secção de raízes dorsais em animais indicaram que os movimentos da locomoção persistem, o que significa que são independentes das sequências reflexas.

O modo de coordenação dessas sequências de movimentos automáticos não está totalmente esclarecido. Acredita-se que os circuitos medulares envolvidos são geradores de padrões rítmicos alternados. Após um estímulo cutâneo capaz de provocar coceira, o circuito correspondente entraria em operação sequencial, sofrendo sucessivos ciclos de ativação e inibição, até diminuir gradativamente e cessar. O primeiro movimento é reflexo (provocado por um estímulo sensorial), mas daí em diante os movimentos se tornam rítmicos e automáticos, sem depender da permanên-

HISTÓRIA E OUTRAS HISTÓRIAS

Quadro 11.2
Locomoção: Reflexos ou Ritmos Intrínsecos?

*Suzana Herculano-Houzel**

Em 1906, em seu livro *A Função Integradora do Sistema Nervoso*, o inglês Charles Sherrington (1857-1952) descreveu os componentes neuronais do arco reflexo na medula espinhal, circuito básico de execução dos atos reflexos, e propôs que mesmo os movimentos complexos como a locomoção poderiam ser explicados pela coordenação de reflexos simples pelo sistema nervoso. Sherrington acertou em cheio ao identificar a medula como a estrutura onde se encontram os neurônios que comandam a locomoção, e assim deu o pontapé inicial para as gerações seguintes de pesquisadores. Mas exagerou na importância que deu à participação dos reflexos na gênese da locomoção. Ainda assim, apenas 70 anos mais tarde a coordenação de reflexos seria substituída pela ideia de que a locomoção é comandada por ritmos criados internamente em centros geradores situados na medula.

Uma olhada na história da neurofisiologia dos movimentos mostra que considerar a locomoção como uma sequência coordenada de reflexos foi bastante natural. No início do século 19, três tipos de movimentos haviam sido identificados, diferindo quanto ao ponto de origem. O primeiro era o dos movimentos voluntários, que necessitam da integridade do cérebro para sua ocorrência, uma vez que os animais descerebrados experimentalmente se tornam incapazes de iniciar movimentos por "decisão" própria. O segundo tipo era o dos movimentos respiratórios, que, ao contrário, dependem da integridade do tronco encefálico, mas não do cérebro; e o terceiro o dos movimentos chamados involuntários, que como se acreditava na época, eram os que dependiam do "princípio da irritabilidade" — a contração provocada pela irritação direta da fibra muscular.

Em 1833, o fisiologista inglês Marshall Hall (1790-1857) demonstrou a existência de um quarto tipo de movimento, que permanecia no animal desprovido tanto do cérebro quanto do tronco encefálico. Eram movimentos como a deglutição, o espirro, a tosse e o vômito, que podiam ser provocados pela estimulação sensorial da faringe, das cavidades nasais, da glote ou da raiz da língua, respectivamente. Hall descobriu que esses movimentos dependiam da integridade da medula espinhal e, portanto, não se originavam da irritação direta do músculo, mas requeriam a condução de "impressões" causadas pelo estímulo até a medula espinhal, sua "reflexão" pela medula e recondução à região "impressionada" ou mesmo a regiões mais afastadas, onde então ocorria a contração muscular. Esses movimentos eram nessa época chamados instintivos ou automáticos; ao propor o mecanismo de "reflexão de impressões" pela medula, Hall deu-lhes o nome de movimentos reflexos.

Entra em cena a locomoção, como um caso problemático: afinal, embora se trate de um conjunto de movimentos voluntários (Figura), ela acontece mesmo

A cronofotografia do fisiologista francês Etienne Marey (1830-1904) foi uma técnica precursora do cinema. Por meio dela, Marey pôde mostrar a sequência de movimentos de um homem durante a marcha.

em animais cujo cérebro foi lesado ou desconectado da medula! Segundo a definição dos tipos de movimento de Hall, somente os reflexos restavam como mecanismo possível, e Sherrington pegou a deixa.

A virada começou nos anos 1960, quando os russos Grigori Orslovski e Mark Shik, da Academia de Ciências da então União Soviética, investigando o controle voluntário da locomoção pelo cérebro, descobriram uma região do tronco encefálico do gato, cuja estimulação com correntes cada vez mais fortes provocava primeiro marcha lenta, passando depois ao trote, e, finalmente, ao galope. Nos anos 1970, o sueco Sten Grillner passou a investigar a questão, utilizando o sistema nervoso da lampreia, mantido em uma placa de cultura para ter acesso direto aos neurônios. Estimulando o tronco encefálico, Grillner viu que o registro das raízes ventrais da medula espinhal, por onde passam os axônios dos neurônios motores, mostrava "natação fictícia". Quer dizer: uma vez dada a ordem pelo tronco encefálico, todos os comandos motores necessários à locomoção estavam sendo gerados pela medula — mesmo na ausência de informação sensorial, ou seja, independente de reflexos! Registrando neurônios diferentes durante a natação fictícia, Grillner e seus colaboradores puderam identificar os componentes de um circuito medular — o centro gerador de padrões rítmicos — que gera os comandos locomotores e os comunica aos motoneurônios executores. Hoje, acredita-se que movimentos repetitivos como a respiração e o ato de coçar são gerados através da coordenação de vários pequenos centros geradores de padrões, e não mais pela pura coordenação de reflexos.

*Professora adjunta do Instituto de Ciências Biomédicas da Universidade Federal do Rio de Janeiro. Correio eletrônico: suzanahh@gmail.com.

cia do estímulo original. No caso da locomoção, os padrões rítmicos alternados seriam coordenados bilateralmente, de tal modo que quando um lado da medula estivesse em ação produzindo flexão, o lado oposto atuaria produzindo extensão, e assim de forma sucessiva.

Do que foi dito, depreende-se que a medula é capaz de realizar um certo nível elementar de coordenação motora. No indivíduo íntegro, entretanto, os níveis supramedulares desempenham papel mais elaborado, capaz de propiciar maior complexidade dos movimentos involuntários, e acima de tudo dos movimentos voluntários. É o que se pode ver no Capítulo 12.

A Locomoção: Reflexos Rítmicos ou Ritmo de Reflexos?

A locomoção é o autodeslocamento de um animal no espaço. Pode assumir diversas formas: propulsão ondulatória, como nos peixes; rastejamento ondulatório, como nos répteis; voo, como nas aves; marcha, trote e galope, nos mamíferos quadrúpedes; marcha e corrida, nos seres humanos. Em todas essas formas, apesar das óbvias diferenças no padrão de movimentos de cada uma, destaca-se o caráter rítmico, cíclico, dos movimentos locomotores. E além disso, um certo automatismo que, naturalmente, pode ser modificado pela vontade ou imposto pelas irregularidades do ambiente.

A natureza rítmica e semiautomática da locomoção fez com que os primeiros pesquisadores – entre eles Sherrington – lhe atribuíssem um caráter reflexo (ver o Quadro 11.2). Sherrington percebeu que um cão espinhal (isto é, submetido a uma transecção da medula cervical alta), ao ser colocado de pé, executava alguns movimentos alternados típicos da locomoção. Concluiu então que esta seria uma sequência de reflexos. Mais recentemente, entretanto, outros neurocientistas realizaram diferentes experimentos com lesões, injeção intramedular de drogas e registro de atividade neural e muscular, chegando à conclusão de que a locomoção é um fenômeno bem mais complexo do que se supunha de início. Sua natureza reflexa foi questionada, já que os animais espinhais desaferentados, isto é, submetidos à secção das raízes dorsais de muitos segmentos, bilateralmente, ainda assim eram capazes de realizar movimentos locomotores quando colocados em uma esteira rolante.

A concepção que prevaleceu foi a de que existiriam *circuitos geradores de padrões rítmicos* na medula e em níveis supramedulares, responsáveis pelo comando sequencial dos músculos durante as diversas formas de locomoção. Os neurônios medulares que constituiriam esses circuitos ainda não foram identificados, mas já se sabe que eles são neurônios oscilatórios, capazes de gerar salvas cíclicas de potenciais de ação enviados a motoneurônios extensores e flexores (Figura 11.23): em um ciclo, os extensores de uma

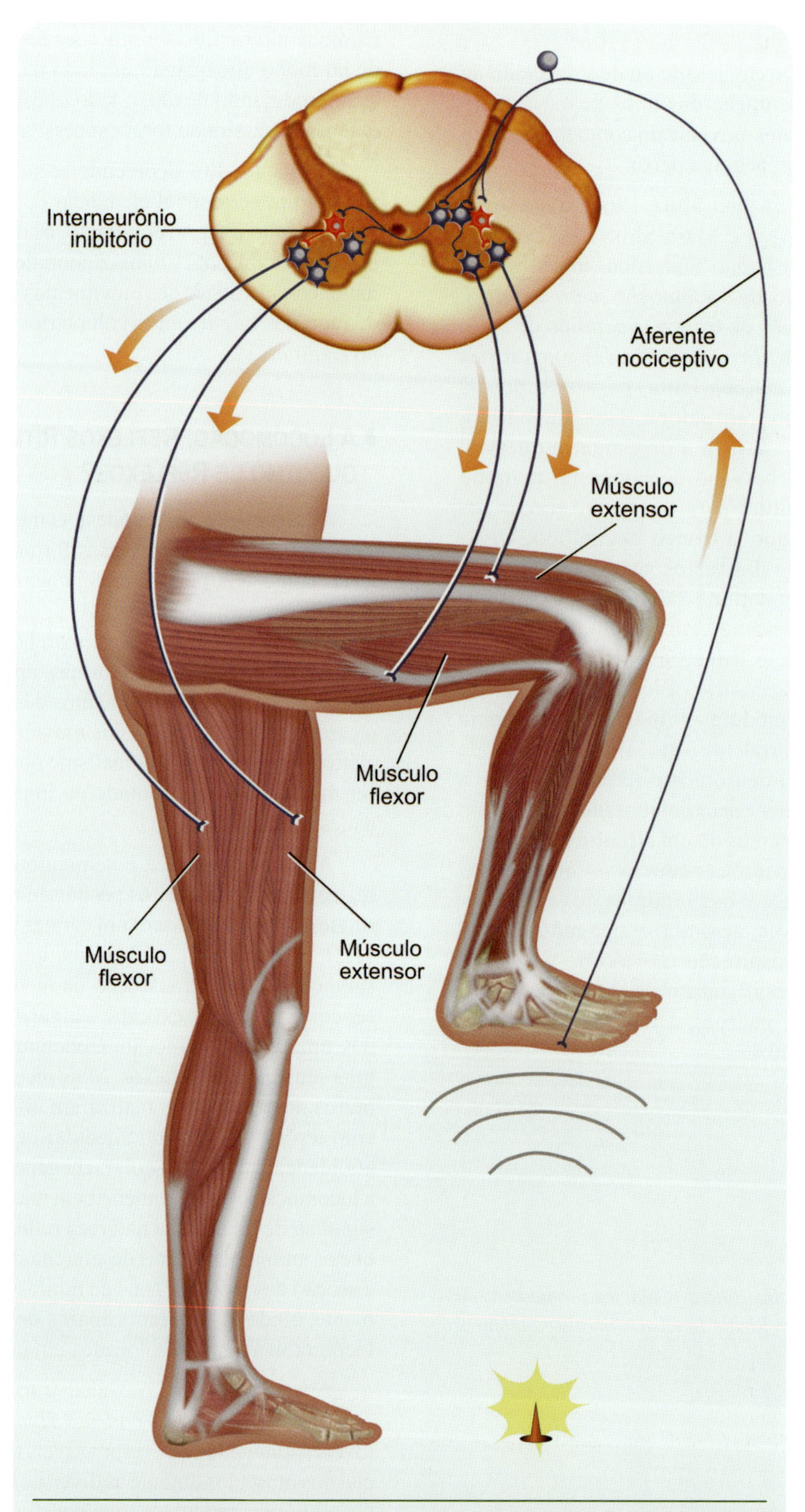

▸ **Figura 11.22.** *O reflexo de retirada de uma perna exige a ativação simultânea do reflexo extensor da perna oposta, para que o indivíduo não caia. O circuito correspondente é cruzado, envolvendo interneurônios excitatórios (em azul) e inibitórios (em vermelho).*

perna são ativados e os flexores são inibidos, ocorrendo o contrário na outra perna. No ciclo seguinte, inverte-se o padrão: os flexores são ativados e os extensores inibidos, e novamente o padrão oposto move a outra perna. Sobre esse padrão superpõem-se as informações sensoriais veiculadas pelas raízes dorsais, e as informações dos centros supramedulares veiculadas pelas vias descendentes. No homem, os circuitos geradores de padrões rítmicos da medula são muito dependentes do córtex cerebral, uma vez que os pacientes com lesões corticais apresentam sérias alterações da marcha.

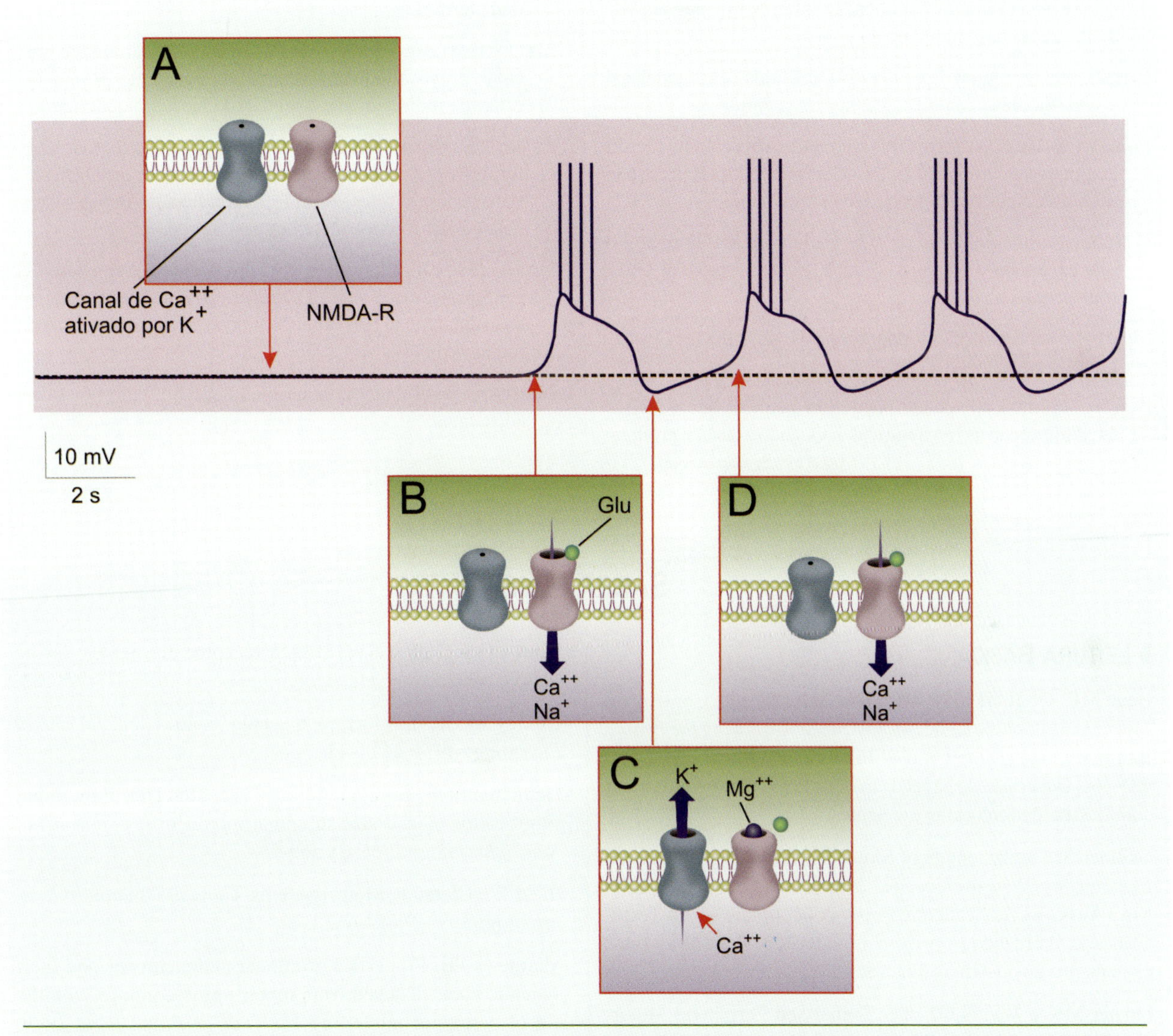

Figura 11.23. *Atividade rítmica de um neurônio oscilatório da medula espinhal (quadro violeta). Quando inativo, o neurônio apresenta canais iônicos fechados (**A**). Em um certo momento (p. ex., por um comando descendente proveniente do córtex cerebral, o neurônio se despolariza, e os canais glutamatérgicos tipo NMDA se abrem deixando entrar Ca^{++} e Na^{+} no meio intracelular (**B**). Como consequência, ocorre uma salva de PAs. A entrada de Ca^{++}, então, abre canais de K^{+} dependentes de Ca^{++}, e a saída de potássio hiperpolariza a célula (**C**). A hiperpolarização causa o bloqueio do canal NMDA pelo Mg^{++}, interrompendo o fluxo de Ca^{++} e Na^{+}. Caindo a concentração de Ca^{++}, o canal de K^{+} fecha-se, preparando a célula para um novo ciclo (**D**). Modificado de Bear e cols. (2007)* Neuroscience *(3ª ed.). Lippincott Williams & Wilkins, Nova York, EUA.*

GLOSSÁRIO

ATP: sigla em inglês de trifosfato de adenosina, uma das moléculas que armazenam e fornecem energia para os processos metabólicos das células.

BÍCEPS BRAQUIAL: músculo situado no braço, formado por duas partes na altura do ombro (duas cabeças, daí o nome) que se unem para formar o tendão inferior, que por sua vez se insere no osso rádio, do antebraço.

CITOSOL: meio interno da célula viva, excluídas as organelas e o citoesqueleto. Maiores detalhes no Capítulo 3.

FIBRAS COLÁGENAS: estruturas alongadas típicas de tecido conjuntivo e cartilaginoso, formadas por múltiplas proteínas dentre as quais o colágeno, que lhes dá o nome.

H MEDULAR: denominação da substância cinzenta da medula, que apresenta a forma da letra H quando vista em corte transverso.

MIOTOPIA: representação topográfica dos músculos nas estruturas do SNC.

PARESIA: sintoma provocado por lesões neurais, que consiste em diminuição da força muscular. Quando a lesão é pronunciada, ocorre paralisia, que corresponde à abolição completa dos movimentos.

RASTREADORES NEURONAIS: substâncias utilizadas em experimentos, capazes de marcar os prolongamentos neuronais (axônios ou dendritos), indicando de onde se originam e onde terminam.

REFLEXO PATELAR: exemplo de um reflexo de estiramento muscular, provocado pela percussão do ligamento patelar, que estimula indiretamente o tendão do músculo quadríceps.

RETÍCULO ENDOPLASMÁTICO LISO: organela citoplasmática formada por uma rede de cisternas onde se armazenam e transportam diferentes moléculas utilizadas ou secretadas pela célula. Maiores detalhes no Capítulo 3.

RETROAÇÃO: conceito proveniente da engenharia, que descreve a informação que retorna automaticamente a uma máquina, ao executar uma determinada função. Equivalente ao termo inglês *feedback*.

SEGMENTO MEDULAR: setor da medula delimitado por raízes adjacentes.

SABER MAIS

LEITURA BÁSICA

Bear MF, Connors BW, Paradiso MA. Spinal Control of Movement. Capítulo 13 de *Neuroscience: Exploring the Brain*, Baltimore, EUA: Lippincott Williams and Wilkins, 2007, pp. 423-450. Descrição do papel da medula no comando muscular, com ilustrações coloridas excelentes.

Grillner S. Fundamentals of Motor Systems. Capítulo 28 de *Fundamental Neuroscience* (3ª ed., Squire L. e cols., org.), Nova York, EUA: Academic Press, 2008, pp. 665-676. Texto avançado abordando os principais conceitos relativos ao funcionamento dos sistemas motores.

Floeter MK e Mentis GZ. The Spinal and Peripheral Motor System. Capítulo 29 de *Fundamental Neuroscience* (3ª ed., Squire L e cols., org.), Nova York, EUA: Academic Press, 2008, pp. 677-698. Texto avançado abordando o comando neuromuscular e os reflexos medulares.

LEITURA COMPLEMENTAR

Liddell EGT e Sherrington C. Reflexes in response to stretch (myotatic reflexes). *Proceedings of the Royal Society of London (Series B, Biological Sciences)* (1924; 96:212-242.

Hunt CC e Kuffler SW. Stretch receptor discharges during muscle contraction. *Journal of Physiology* 1951; 113:298-315.

Huxley AF. Review lecture: muscular contraction. *Journal of Physiology* 1974; 243:1-43.

Hennemann E, Somjenand G, Carpenter DO. Functional significance of cell size in spinal motoneurons. *Journal of Neurophysiology* 1965; 28:560-580.

Bizzi E e Clarac F. Motor systems. *Current Opinion in Neurobiology* 1999; 9:659-662.

Matthews PB. Properties of human motoneurones and their synaptic noise deduced from motor unit recordings with the aid of computer modelling. *Journal de Physiologie* 1999; 93:135-145.

Loeb GE. What might the brain know about muscles, limbs and spinal circuits? *Progress in Brain Research* 1999; 123:405-409.

Bizzi E, Tresch MC, Saltiel P, d'Avella A. New perspectives on spinal motor systems. *Nature Neuroscience. Reviews* 2000; 1:101-108.

Pearson KG. Neural adaptation in the generation of rhythmic behavior. *Annual Reviews of Physiology* 2000; 62:723-753.

Grillner S, Cangiano L, Hu G, Thompson R, Hill R, Wallen P. The intrinsic function of a motor system – from ion channels to networks and behavior. *Brain Research* 2000; 886:224-236.

Tresch MC, Saltiel P, d'Avella A, Bizzi E. Coordination and localization in spinal motor systems. *Brain Research Reviews* 2002; 40:66-79.

Bo Nielsen J. Motoneuronal drive during human walking. *Brain Research Reviews* 2002; 40:1920-201.

Chen HH, Hippenmeyer S, Arber S, Frank E. Development of the monosynaptic stretch reflex circuit. *Current Opinion in Neurobiology* 2003; 13:96-102.

Schliwa W e Wochlke G. Molecular motors. *Nature* 2003; 422:759-765.

Grillner S. Biological pattern generation: The cellular and computational logic of networks in motion. *Neuron* 2006; 52:751-766.

Kiehn O. Locomotor circuits in the mammalian spinal cord. *Annual Reviews of Neuroscience* 2006; 29:279-306.

Windhorst U. Muscle proprioceptive feedback and spinal networks. *Brain Research Bulletin* 2007; 73:155-202.

Lehman W e Craig R. Tropomyosin and the steric mechanism of muscle regulation. *Advances in Experimental Medicine and Biology* 2008; 644:95-109.

Goulding M. Circuits controlling vertebrate locomotion: moving in a new direction. *Nature Reviews. Neuroscience* 2009; 10:507-518.

12

O Alto Comando Motor

Estrutura e Função dos Sistemas Supramedulares de Comando e Controle da Motricidade

Romário, de Rubens Gerchman (1997), acrílica sobre tela

Saber o Principal

Resumo

O sistema motor dispõe de um "alto comando" organizado hierarquicamente: são os centros ordenadores do córtex e regiões subcorticais, que comandam as ações contráteis das unidades motoras através das vias descendentes. Estas constituem dois sistemas fundamentais. O primeiro é o sistema medial, que reúne as vias que controlam o equilíbrio corporal e a postura, comandando sobretudo os músculos do eixo central do corpo (a coluna vertebral) e aqueles de ligação com os membros (os músculos do ombro, por exemplo). O segundo é o sistema lateral, que reúne as vias de comando dos movimentos voluntários, principalmente aqueles efetuados pelas partes mais distais dos membros (braços, mãos e pés).

O corpo não colapsa sob a ação da gravidade, e ainda por cima é capaz de realizar movimentos simultâneos e coordenados com várias de suas partes. Isso é possível pela ação dos núcleos do tronco encefálico que modulam os reflexos de estiramento, sobretudo, possibilitando a manutenção de um tônus muscular constante, regulado a cada momento para garantir a postura. Os núcleos do tronco encefálico coordenam reações posturais, isto é, sequências reflexas que posicionam ou reposicionam automaticamente o corpo em relação ao ambiente.

Mas o corpo deve se orientar em relação aos estímulos visuais e auditivos que aparecem no mundo externo: uma presa ou um predador, um simples objeto de interesse. Os mais rápidos movimentos de orientação em relação a esses estímulos são os movimentos oculares, controlados pelo mesencéfalo e pelo córtex cerebral de modo a garantir a estabilidade da cena visual e permitir que o olhar se desvie para fixar qualquer objeto no mundo externo. Seguem-se ao movimento dos olhos, os movimentos da cabeça e do corpo, que nos permitem gerar comportamentos adequados a cada situação.

Um corpo equilibrado em posição estável, parado ou em movimento: sobre esse arcabouço motor adicionam-se os movimentos voluntários, expressão de nossa liberdade de ação. São movimentos planejados, programados e comandados por diferentes regiões do córtex motor no lobo frontal, através de mapas ordenados de representação do corpo que garantem que os neurônios motores possam bem comandar a força, a velocidade, a amplitude e a direção de cada movimento com a maior precisão.

Finalmente, o início certo dos movimentos, sua execução harmônica, o alcance do objetivo e a finalização da ação, tudo isso é controlado pelo cerebelo e os núcleos da base, regiões de "assessoria" do córtex motor, que o orientam na avaliação dos comandos enviados aos ordenadores medulares e na avaliação da execução das contrações musculares que possibilitam os movimentos.

Todos os dias em que você toma um ônibus para se deslocar ao trabalho ou à faculdade, realiza grande parte do seu repertório de movimentos sem perceber. Sentada em um banco, seus olhos acompanham distraidamente a paisagem que se desloca para trás, mas retornam sempre a um ponto frontal em um ciclo que se repete muitas vezes. Sua cabeça gira quando entra um passageiro, ou quando uma buzina soa mais forte. Em um certo momento, você identifica à distância o ponto de descida, e dá sinal ao motorista para parar. Decide então levantar-se com o ônibus em movimento para se aproximar da porta de saída. É preciso manter o equilíbrio para não cair, e ao mesmo tempo andar sobre o trepidante chão do ônibus! O ônibus começa a frear, e você é forçada a identificar de imediato a posição dos pontos de apoio para agarrá-los fortemente com as mãos. Com o ônibus parado, você inicia a descida da escada até a terra firme.

Pode parecer que não, mas você ativou todo o seu sistema motor nessa rotineira cena cotidiana. Realizou centenas de movimentos com dezenas de músculos esqueléticos. Alguns desses movimentos foram atos reflexos como os estudados no Capítulo 11, involuntários e automáticos. Outros foram reações posturais mais complexas, destinadas a mantê-la em pé mesmo com o ônibus em movimento. Ao mesmo tempo, seus olhos buscaram intencionalmente o ponto de descida e o caminho da porta do ônibus, e você iniciou conscientemente a sequência de movimentos voluntários das pernas e dos braços que a levaram à rua. Tudo ao mesmo tempo. Ou pelo menos em sequências complexas que associaram movimentos voluntários a ações involuntárias, movimentos de equilíbrio corporal a atos de locomoção, movimentos oculares de estabilização da imagem a olhares de busca de alvos distantes.

O sistema motor trabalhou duro para levá-la sã e salva do banco do ônibus até a rua! Teve que programar as sequências corretas de movimentos, iniciá-los cada um no momento certo, comandar os músculos apropriados, controlá-los para que a força, a velocidade e a direção dos movimentos fossem exatamente as necessárias, e interrompê-los um a um para que o seguinte se iniciasse.

O funcionamento completo do sistema motor não se restringe ao comando direto dos músculos, realizado pela medula espinhal[A] e pelos núcleos motores dos nervos cranianos. Envolve também ações de planejamento e programação motora realizadas por áreas específicas do córtex cerebral, ações de comando cortical sobre a medula e o tronco encefálico que modulam os reflexos e os movimentos mais grosseiros, e um sofisticado sistema de controle realizado pelo cerebelo[A] e pelos núcleos da base, cujo objetivo é zelar para que os movimentos sejam iniciados e terminados no tempo certo, e realizados harmonicamente como previsto pelas áreas de planejamento.

O presente capítulo irá tratar de todos esses aspectos. A estratégia que adotaremos, com a intenção de sermos mais claros, será inversa ao sentido real de fluxo dos comandos motores. Trataremos primeiro da modulação dos reflexos pelas vias descendentes, depois das reações posturais coordenadas no tronco encefálico, e a seguir das reações de orientação sensoriomotora que estão sob o controle do mesencéfalo. Depois disso, abordaremos o comando motor superior realizado pelas regiões primárias do córtex cerebral, o controle da motricidade efetuado pelo cerebelo e pelos núcleos da base, e, finalmente, o planejamento e a programação motora, isto é, os aspectos mais complexos que tornam a motricidade a expressão do comportamento e o mais nítido resultado da consciência humana.

ORGANIZAÇÃO DO ALTO COMANDO MOTOR

Desde os tempos do fisiologista inglês Charles Sherrington (1857-1952), os motoneurônios são reconhecidos como a via final comum do sistema motor, ou seja, o caminho final e único através do qual os comandos motores são veiculados do sistema nervoso aos músculos. A ação de comando dos motoneurônios é instruída por receptores situados nos próprios músculos ou em outros tecidos do corpo, o que constitui os arcos reflexos descritos no Capítulo 11. Os arcos reflexos, entretanto, assim como os atos reflexos que eles veiculam, não funcionam isoladamente, como se poderia concluir da descrição simplificada feita no capítulo anterior. Eles são, na verdade, uma espécie de circuito básico capaz (isoladamente) de ações motoras relativamente grosseiras, mas sobre o qual incidem múltiplas informações moduladoras[G] provenientes dos centros superiores.

É necessário conhecer com algum detalhe quais são esses centros superiores que modulam a ação dos motoneurônios, e como se organizam as vias neurais que os conectam com a medula e os núcleos motores dos nervos cranianos.

A HIERARQUIA DE COMANDO

Atribui-se ao neurologista inglês John Hughlings Jackson (1835-1911) a concepção de que os centros motores se organizam em cadeias hierárquicas, uns controlando os outros, isto é, os centros superiores controlando (por ativação ou inibição) os inferiores. Jackson foi contemporâneo de Sherrington, e tomou conhecimento dos experimentos

[A] *Estrutura encontrada no* Miniatlas de Neuroanatomia *(p. 367).*

[G] *Termo constante do glossário ao final do capítulo.*

em que este realizava secções cirúrgicas do tronco encefálico e da medula de gatos e cães. Naquele tempo, os neurofisiologistas não dispunham das técnicas de registro eletrofisiológico de neurônios ou fibras musculares, e por isso a abordagem que empregavam baseava-se na realização de lesões cirúrgicas em animais, seguida de cuidadosa análise dos distúrbios motores provocados pela lesão. Os distúrbios podiam ser de falta ou de excesso. No caso de falta, concluía-se que a região lesada seria normalmente encarregada de ativar a função deficitária. No caso de excesso, concluía-se o contrário: que a região lesada inibia a função normal antes da lesão.

Essa foi a estratégia de Sherrington. Realizava secções transversais completas em diferentes níveis do sistema nervoso e estudava as alterações provocadas nos reflexos e na motricidade natural do animal. Com a medula isolada do tronco por meio de uma transecção cervical, os gatos de Sherrington tornavam-se incapazes de realizar movimentos com as patas como faziam antes da lesão ao "brincar" com uma bola ou um objeto qualquer. Tornavam-se também incapazes de manter a própria postura. Os reflexos medulares, entretanto, inicialmente eram muito enfraquecidos, mas depois se recuperavam tornando-se praticamente normais. Da observação desses "animais medulares" concluía-se então que os movimentos voluntários seriam dependentes dos centros superiores, mas que os reflexos seriam independentes deles.

No entanto, Sherrington realizou em outros animais secções em níveis mais altos, que atingiam o tronco encefálico já na altura do mesencéfalo, encontrando um resultado diferente. Esses "animais descerebrados" apresentavam as patas esticadas rigidamente e a cabeça estendida para trás – um quadro que ficou conhecido como "rigidez de descerebração". Como os músculos envolvidos nesse distúrbio motor eram os extensores das patas e da cabeça, Sherrington imaginou que poderia estar ocorrendo uma exacerbação dos reflexos de estiramento nos animais descerebrados. Se isso fosse verdade, bastaria seccionar as raízes dorsais para obter uma atenuação da rigidez. Fez o experimento e obteve exatamente o resultado previsto. Concluiu então que a rigidez de descerebração resultava de uma hiper-reflexia[G] produzida pela transecção do tronco encefálico. Ou seja: os reflexos não eram inteiramente independentes dos centros superiores.

Como interpretar a diferença de sintomas motores entre as duas cirurgias? Sherrington raciocinou que as regiões neurais situadas entre a medula e o mesencéfalo deviam conter neurônios cujos axônios se estendiam até a medula, provocando uma excitação dos motoneurônios de comando dos músculos extensores que se somava àquela produzida pelos aferentes Ia dos fusos musculares. Concluiu também que acima do nível de corte cirúrgico deviam existir outros neurônios que normalmente inibiam os do tronco encefálico.

Jackson generalizou os dados de Sherrington, associando-os às suas próprias observações com pacientes. Propôs que os animais normais, inclusive o homem, disporiam de uma cadeia hierárquica de comando motor: os núcleos motores do tronco encefálico produziriam modulação positiva dos reflexos medulares, mas por sua vez sofreriam modulação negativa de parte do córtex cerebral. A conclusão de Jackson apoiava-se em alguns de seus próprios pacientes, aqueles com lesões da via de saída do córtex cerebral – a cápsula interna[A] – que apresentavam uma intensa paralisia flácida dos músculos. Então, de acordo com Jackson, os centros motores estariam organizados hierarquicamente, de modo que os superiores controlariam os inferiores.

A partir dos experimentos de Sherrington e da concepção hierárquica do sistema motor tal como proposta por Jackson, o esforço dos pesquisadores dirigiu-se para identificar os núcleos da cadeia de comando – os ordenadores do sistema motor (ver a Figura 11.1) – e quais eram as vias descendentes que levavam os comandos motores para os motoneurônios. Esse trabalho envolveu pesquisadores de inúmeros laboratórios em todo o mundo, que associaram experimentos em animais com observações clínicas em pacientes.

Os Centros Ordenadores e as Vias Descendentes

Hoje se conhecem os centros ordenadores que dão origem às vias descendentes de comando motor. O tronco encefálico é sede de alguns deles (Figura 12.1), além dos núcleos motores dos nervos cranianos, que alojam os motoneurônios da musculatura dos olhos, da cabeça e do pescoço.

No bulbo[A], bem próximo à ponte[A], encontra-se um conjunto de núcleos chamados *vestibulares*, cujos neurônios recebem aferentes do nervo vestibulococlear[A], originários dos mecanorreceptores do labirinto. Os axônios desses neurônios vestibulares formam os *feixes vestibuloespinhais*, vias descendentes relacionadas à manutenção da postura e do equilíbrio corporal. Um outro grupo de neurônios, mais disperso e extenso que os núcleos vestibulares, ocupa toda a extensão rostrocaudal da ponte, invadindo tanto o bulbo abaixo, como o mesencéfalo acima: é a *formação reticular*[1]. Os axônios descendentes da formação reticular constituem os *feixes reticuloespinhais*, vias que participam também dos mecanismos posturais.

[1] *Por sua natureza dispersa, esse conjunto de neurônios recebeu o nome "formação", em vez de "núcleo". E como entre os neurônios há fibras nervosas em todas as direções, formando uma verdadeira rede, acompanha-o o adjetivo "reticular".*

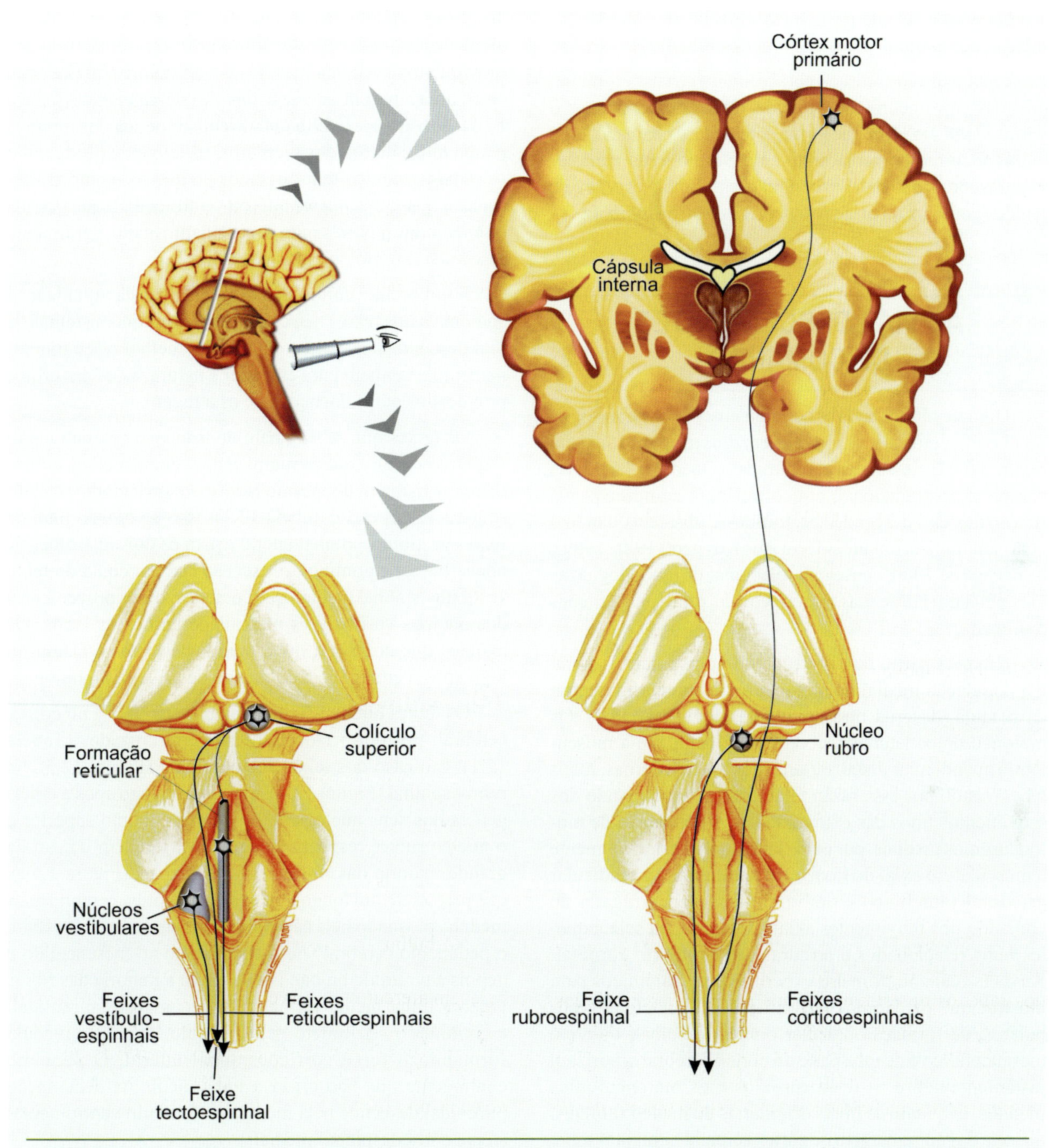

Figura 12.1. *Os ordenadores do sistema motor chegam aos motoneurônios espinhais através das vias descendentes. À esquerda estão aqueles que compõem o subsistema ventromedial, e à direita os que compõem o subsistema lateral. O pequeno encéfalo indica o plano do corte coronal à direita, e a luneta indica o ângulo de observação (dorsal) dos troncos encefálicos desenhados na parte de baixo. A figura não mostra os núcleos dos nervos cranianos e suas vias.*

No mesencéfalo há duas regiões motoras: o *núcleo rubro*[A] e o *colículo superior*[A]. O primeiro é um núcleo esferóide situado bem no interior do mesencéfalo, que forma uma via descendente chamada *feixe rubroespinhal,* coadjuvante do comando motor dos membros. O segundo fica na superfície dorsal do mesencéfalo (o tecto[G,A] mesencefálico) e dá origem ao *feixe tectoespinhal.* O colículo superior – um dos núcleos do tecto – recebe aferências multissensoriais (visuais, auditivas e somestésicas), e por isso suas fibras motoras participam das reações de orientação sensoriomotora, isto é, as que posicionam os olhos e a cabeça em relação aos estímulos que provêm do ambiente.

Finalmente, o córtex cerebral contém um vasto conjunto de áreas cujos neurônios emitem axônios descendentes: o *córtex motor primário* (de forma abreviada, é chamado M1), outras áreas motoras adjacentes e até mesmo áreas somestésicas do córtex parietal. Em conjunto, esse amplo espectro de regiões corticais dá origem aos *feixes corticoespinhais*.

AS VIAS DESCENDENTES DE COMANDO

Durante muitos anos os neurocientistas e os neurologistas classificaram as vias motoras em dois grupos: o sistema piramidal e o sistema extrapiramidal (Quadro 12.1). Essa classificação tradicional, pouco útil para compreender a função das vias descendentes, tornou-se obsoleta quando o neuroanatomista holandês Henricus Kuypers (1925-1989), na década de 1960, conseguiu relacionar de modo lógico as vias descendentes e suas origens com as principais funções motoras.

Kuypers partiu da distinção entre a população lateral e a população medial de motoneurônios do corno ventral da medula, descrita no Capítulo 11 (Figura 11.11B). Os motoneurônios laterais inervam principalmente a musculatura apendicular distal, ou seja, dos braços, pernas, mãos e pés, sendo por essa razão relacionados ao comando dos movimentos finos das extremidades. A população de motoneurônios mediais, por outro lado, inerva principalmente a musculatura axial do tronco e a musculatura apendicular proximal (antebraço e ombros), sendo encarregada do comando dos movimentos axiais do corpo, ou seja, aqueles mais relacionados à postura e ao equilíbrio corporal. Kuypers realizou primeiro experimentos anatômicos para mostrar que os axônios provenientes dos núcleos vestibulares, da formação reticular pontina e bulbar, do tecto mesencefálico e de uma parte do córtex cerebral arborizam justamente sobre os interneurônios e os motoneurônios mediais, enquanto as fibras originárias do núcleo rubro e a maioria das que emergem do córtex cerebral terminam sobre os interneurônios e os motoneurônios laterais. Não só isso: os feixes corticoespinhal medial, vestibuloespinhais, reticuloespinhais e tectoespinhal posicionam-se no funículo[G] ventromedial da substância branca da medula, enquanto os feixes corticoespinhal lateral e rubroespinhal se posicionam no funículo lateral (Figura 12.2).

Os experimentos fisiológicos de Kuypers consistiram em lesões específicas de um funículo ou outro, realizadas em gatos. Os resultados mostraram uma dissociação funcional coerente com os padrões de inervação. A lesão do funículo lateral provoca perda dos movimentos finos das extremidades com a manutenção da postura, enquanto a secção do funículo anterior provoca distúrbios posturais sem perdas dos movimentos apendiculares. Os pesquisadores propuseram então uma nova classificação das vias descendentes (Tabela 12.1): um *sistema lateral* que veicula os comandos motores para a musculatura dos membros, usualmente produzindo os movimentos voluntários finos de que os membros são capazes, e um *sistema medial* (ou ventromedial) que veicula os comandos motores para a musculatura axial, geralmente associada aos movimentos posturais.

É importante conhecer alguns detalhes da organização anatômica dos feixes que constituem esses dois sistemas de vias descendentes, para compreender melhor o seu funcionamento e também para entender a natureza dos distúrbios provocados pelas doenças que os atingem.

Os feixes que se originam no tronco encefálico baixo (bulbo e ponte), e que participam do sistema medial, comumente se mantêm do mesmo lado ao longo de todo o trajeto (Figura 12.3A e B e Tabela 12.1). Isso é verdade para os feixes vestibuloespinhal lateral e para os dois reticuloespinhais (bulbar e pontino). A exceção fica por conta do feixe vestibuloespinhal medial, que contém axônios provenientes dos núcleos vestibulares mediais de ambos os lados. Os axônios que cruzam a linha média, neste caso, fazem-no logo após a emergência do núcleo de origem, no bulbo.

Os feixes que se originam no mesencéfalo e no córtex cerebral, por outro lado, são em geral cruzados (Tabela 12.1). É o caso dos feixes tectoespinhal (Figura 12.3C) e rubroespinhal (Figura 12.4), que cruzam logo após a emergência dos seus núcleos de origem (o colículo superior e o núcleo rubro, respectivamente). E é também o caso da grande maioria das fibras corticoespinhais (Figura 12.4), que percorrem um longo trajeto desde o córtex cerebral até a medula, passando pela cápsula interna ainda no telencéfalo, o pedúnculo cerebral[A] no diencéfalo[A] e no mesencéfalo e depois a pirâmide bulbar. Nessa altura a maioria das fibras cruza a linha média formando a decussação[G] piramidal, e continua o seu trajeto pelo funículo lateral da medula formando o feixe corticoespinhal lateral. O pequeno contingente que não cruza a linha média na decussação piramidal descende pela medula no funículo ventromedial (feixe corticoespinhal medial[2]).

Muitas fibras desse feixe, entretanto, cruzam a linha média na medula ao atingir o segmento em que terminam, constituindo assim na verdade uma via de projeção bilateral. É importante notar que muitas fibras motoras que se originam no córtex cerebral terminam ao longo do caminho nos vários núcleos motores do mesencéfalo e do tronco encefálico, sem jamais chegar à medula. São essas fibras

[2] *Alguns autores chamam este feixe de corticoespinhal* ventral*; outros, de* anterior.

Quadro 12.1
Piramidal e Extrapiramidal: A Queda dos Velhos Sistemas

Até hoje encontramos nos livros a classificação tradicional dos sistemas motores em piramidal e extrapiramidal. A denominação se refere às pirâmides bulbares (Figura), um par de protuberâncias alongadas da face ventral do bulbo, por onde passam as fibras do feixe corticoespinhal. O sistema piramidal, então, seria formado pelo córtex motor e o feixe corticoespinhal, e o extrapiramidal pelo conjunto dos demais núcleos e feixes motores. Atribuía-se ao sistema piramidal o comando dos movimentos voluntários, e ao sistema extrapiramidal o comando dos movimentos involuntários.

A classificação ficou obsoleta por várias razões. Primeiro, porque o "feixe piramidal" (corticoespinhal) não contém apenas fibras motoras, mas também um forte contingente de fibras originárias do córtex somestésico, que terminam sobre núcleos somestésicos do tronco encefálico e sobre o corno dorsal da medula. Esse contingente não faz parte do sistema motor, participando em vez disso da modulação do influxo sensorial, quer dizer, da regulação da informação dirigida ao córtex a partir dos órgãos sensoriais. Em segundo lugar, a definição de sistema extrapiramidal é imprecisa, feita por exclusão ("tudo que não é piramidal"). Desse modo, reúne indevidamente regiões de controle (como os núcleos da base e o cerebelo, que não possuem vias descendentes) e regiões de comando de diferentes funções (como o núcleo rubro, o colículo superior e outros). O feixe rubroespinhal, que seria extrapiramidal, exerce na verdade função semelhante à do feixe corticoespinhal (que seria piramidal). Finalmente, ambos os sistemas operam no comando e no controle tanto de movimentos voluntários quanto dos involuntários. O córtex cerebral, por exemplo, que seria piramidal, participa da modulação dos reflexos, movimentos involuntários por excelência. E os núcleos da base, extrapiramidais, são responsáveis pelo início de todos os movimentos, voluntários ou involuntários.

A velha classificação, apesar de permanecer no jargão dos neurologistas e em alguns livros, é hoje substituída pela classificação morfofuncional de Kuypers, que separa o sistema lateral – encarregado dos movimentos finos das extremidades – do sistema medial – responsável pelos movimentos de ajuste postural do tronco.

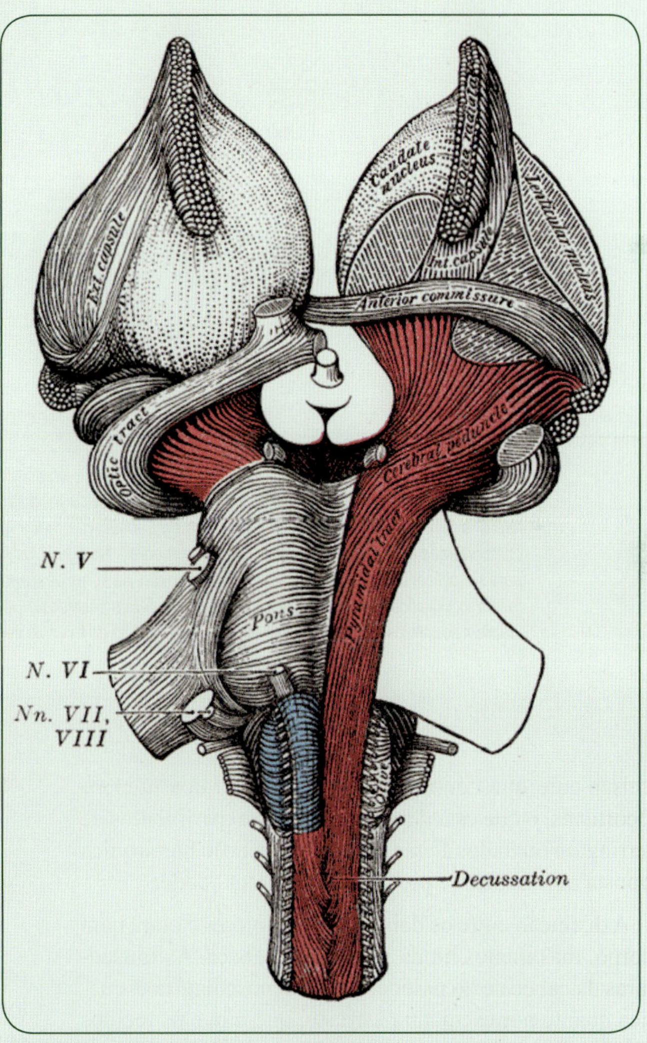

Os axônios do feixe piramidal (em vermelho) formam as pirâmides bulbares na superfície ventral do tronco encefálico, e cruzam na decussação piramidal, visível a olho nu. A ilustração é do histórico livro de Anatomia do inglês Henry Gray (1827-1861).

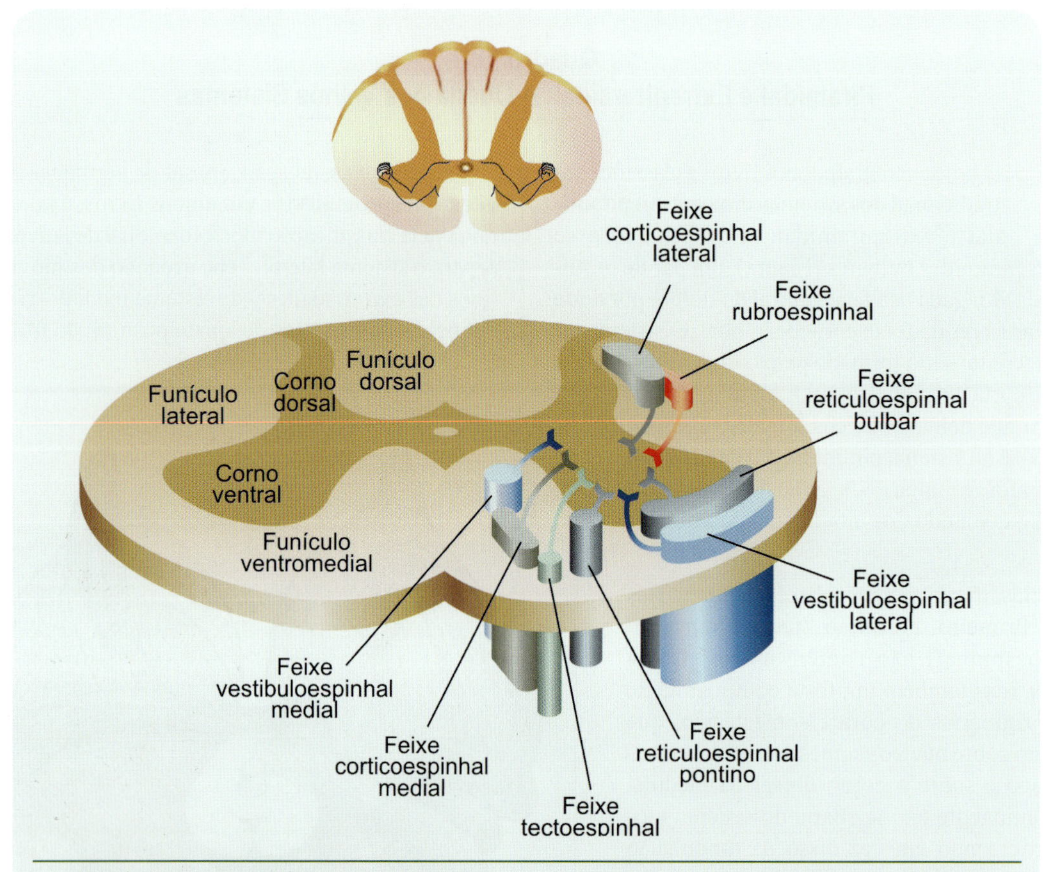

Figura 12.2. *Os diferentes feixes medulares, entidades anatômicas que alojam as vias descendentes dos ordenadores motores, ocupam regiões específicas da substância branca medular. No funículo lateral situam-se os feixes corticoespinhal lateral e rubroespinhal, ambos componentes do subsistema motor lateral. No funículo ventromedial ficam os demais feixes, componentes do subsistema medial (ou ventromedial). Na figura, os feixes estão representados apenas de um lado da medula para simplificar o esquema e facilitar a compreensão. As fibras descendentes que emergem dos feixes para terminar na medula o fazem topograficamente, representando as diferentes regiões do corpo (detalhe acima). Desse modo, as fibras do funículo lateral inervam neurônios laterais do corno ventral, enquanto as do funículo ventromedial inervam neurônios situados mais medialmente.*

precisamente que controlam o desempenho dos núcleos subcorticais, o que está de acordo com os experimentos de Sherrington relatados acima e com a concepção hierárquica proposta por Jackson e prevalente até a atualidade.

A distinção entre os dois sistemas motores é clara para o corpo, mas menos nítida no caso da cabeça. As musculaturas da cabeça e do pescoço, tanto a musculatura esquelética quanto a musculatura estriada, que move os tecidos moles da face e da boca, são inervadas por motoneurônios situados em diversos núcleos de nervos cranianos. Estes, por sua vez, recebem aferentes do córtex cerebral e dos núcleos motores do tronco encefálico, do mesmo modo que a medula. A separação anatômica das vias, entretanto, não existe, e a distinção entre os sistemas passa a ser unicamente funcional.

O CORPO EQUILIBRA-SE CONTRA A GRAVIDADE

A natureza desenvolveu dois mecanismos básicos para sustentar o corpo dos animais: os tecidos moles ficam todos dentro de uma carapaça rígida, como é o caso de muitos invertebrados, ou, ao contrário, um esqueleto rígido sustenta por dentro os tecidos moles, como acontece nos vertebrados. Dentre estes, os mamíferos terrestres, como o homem, enfrentam um sério problema: a gravidade. Há que sustentar o corpo todo o tempo, em qualquer posição que esteja, contra essa força inexorável que o atrai para o chão. Como resolver esse problema?

TABELA 12.1. CARACTERÍSTICAS DOS DOIS SISTEMAS DE VIAS DESCENDENTES

Sistema Lateral				
Origem	***Feixe***	***Lateralidade***	***Terminação***	***Função***
Córtex cerebral (áreas 6 e 4)	Corticoespinhal lateral	Contralateral (decussação piramidal)	Moto e interneurônios laterais	Movimentos apendiculares voluntários
Núcleo rubro	Rubroespinhal	Contralateral (cruzamento no tegmento mesencefálicoA)	Moto e interneurônios laterais	Movimentos apendiculares voluntários
Sistema Medial				
Origem	***Feixe***	***Lateralidade***	***Terminação***	***Função***
Córtex cerebral (áreas 6 e 4)	Corticoespinhal medial	Bilateral (cruzamento parcial na medula)	Moto e interneurônios mediais	Movimentos axiais voluntários
Colículo superior	Tectoespinhal	Contralateral (cruzamento no tegmento mesencefálico)	Moto e interneurônios mediais	Orientação sensoriomotora da cabeça
Formação reticular pontina	Reticuloespinhal pontino	Ipsolateral	Moto e interneurônios mediais	Ajustes posturais antecipatórios
Formação reticular bulbar	Reticuloespinhal bulbar	Ipsolateral	Moto e interneurônios mediais	Ajustes posturais antecipatórios
Núcleo vestibular lateral (núcleo de Deiters)	Vestibuloespinhal lateral	Ipsolateral	Moto e interneurônios mediais	Ajustes posturais para a manutenção do equilíbrio corporal
Núcleo vestibular medial	Vestibuloespinhal medial	Bilateral	Moto e interneurônios mediais	Ajustes posturais da cabeça e do tronco

Às vezes, não nos damos conta de que os nossos músculos estão sempre parcialmente contraídos – alguns mais, outros menos –, sendo esse estado permanente de contração que nos permite enfrentar a gravidade e manter a postura. Evidência contundente desse fato é o que acontece quando o sistema motor é desligado subitamente por morte, desmaio ou outras causas. O indivíduo desaba sobre o solo, perdendo completamente a postura natural porque seus músculos deixam de apresentar esse estado permanente de contração que se chama *tônus muscular*.

O tônus muscular é permanente, mas não é fixo ou imutável. Muito pelo contrário, é delicada e precisamente controlado pelo sistema nervoso, para responder às alterações de posição do corpo provocadas por mudanças no ambiente ou pela vontade do indivíduo. Consideremos o exemplo do ônibus, que mencionamos no início do capítulo. Com o ônibus parado numa rua horizontal somos capazes de ficar de pé sem problemas, e facilmente verificamos que o tônus muscular está distribuído de forma simétrica de um lado e de outro do nosso tronco. Se o ônibus parar com as duas rodas laterais sobre o meio-fio, entretanto, a distribuição do tônus muscular muda completamente. Ainda somos capazes de permanecer de pé, mas ocorre maior contração em um dos lados do tronco que no outro, para compensar a inclinação do piso. Se o ônibus agora se puser em movimento, o controle do tônus muscular terá que ser realizado dinamicamente, a cada oscilação do piso, a cada mudança de velocidade do ônibus. E se, além disso, decidirmos andar com o ônibus em movimento para chegar à porta de saída, nossos movimentos voluntários serão adicionados àqueles destinados a controlar o tônus para manter a postura. É complicado, mas sabemos que o sistema motor se sai muito bem dessa dificuldade.

A questão, então, é compreender como isso se dá.

O CONTROLE DO TÔNUS MUSCULAR

O mecanismo mais simples de controle do tônus muscular é o reflexo de estiramento, descrito no Capítulo 11. Quando estamos de pé, nossos músculos extensores antigravitários (como o quadríceps da coxa) são continuamente estirados por ação da gravidade, ativando aferentes dos fusos musculares e desse modo provocando a contração reflexa do próprio músculo. Quase todos os músculos empregam esse mecanismo reflexo simples.

Mas isso não é suficiente. Às vezes, precisamos aumentar o tônus de alguns músculos para preparar um movimento ágil. O goleiro de um time de futebol, por exemplo, ao ajustar a sua postura para defender um pênalti, aumenta o tônus da musculatura das pernas mantendo-as ligeiramente fletidas. Sobre esse tônus aumentado, será mais fácil arre-

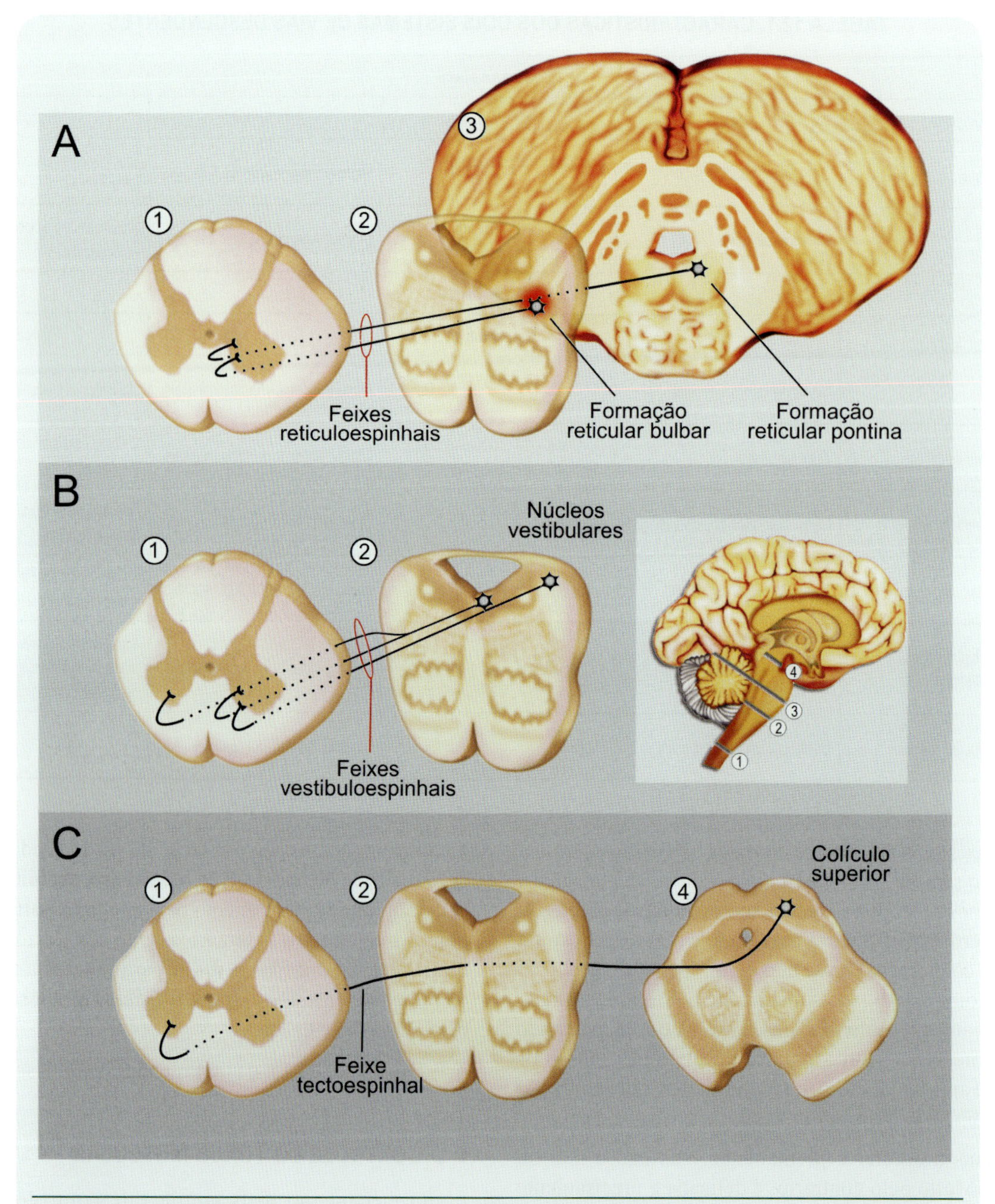

Figura 12.3. *As vias descendentes do sistema medial originam-se de diferentes regiões do tronco encefálico, mas todas terminam em motoneurônios mediais do corno ventral da medula.* **A.** *Os feixes reticuloespinhais originam-se de neurônios da formação reticular pontina e da formação reticular bulbar, e os axônios projetam para os motoneurônios do mesmo lado da medula.* **B.** *Os feixes vestibuloespinhais originam-se dos núcleos vestibulares situados no bulbo, e projetam a ambos os lados da medula.* **C.** *O feixe tectoespinhal origina-se no colículo superior, e seus axônios cruzam para o lado oposto antes de chegar à medula. Os desenhos representam cortes transversais do tronco encefálico, numerados em correspondência com os níveis representados no pequeno encéfalo do quadro.*

meter sobre a bola que vem em alta velocidade. Um gato que prepara o pulo emprega a mesma estratégia.

O tônus muscular, portanto, depende do nível de disparo dos motoneurônios α. Mas quem controla os motoneurônios α?

Conhece-se um elemento importante desse controle: nada menos que os neurônios fusimotores (ß e γ). Podemos referir ao Capítulo 11, onde se mostra que estes neurônios inervam as fibras musculares intrafusais, provocando a sua contração e assim regulando a sensibilidade do fuso muscular. É possível, assim, obter

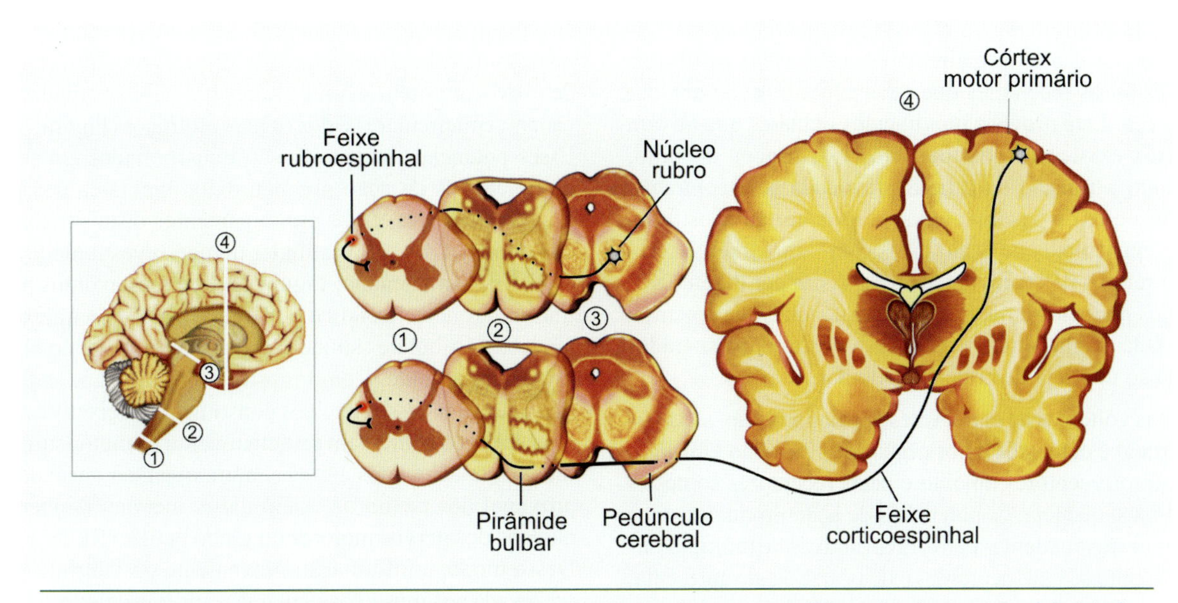

Figura 12.4. *As vias descendentes do sistema lateral originam-se no córtex cerebral e no mesencéfalo, terminando nos motoneurônios laterais do corno ventral da medula. Os feixes corticoespinhais originam-se principalmente na área motora primária, mas só o maior deles (o lateral) cruza na decussação piramidal antes de atingir a medula (o feixe corticoespinhal medial não está ilustrado na figura). O feixe rubroespinhal origina-se no núcleo rubro e cruza no tronco encefálico alto. Os desenhos representam cortes transversos numerados em correspondência com os níveis representados no pequeno encéfalo do quadro.*

a regulação voluntária ou involuntária do tônus muscular indiretamente através da ativação dos neurônios fusimotores, ou diretamente sobre os motoneurônios α. Esse controle é efetuado principalmente pelas vias descendentes mediais, capazes de regular o tônus da musculatura axial e assim também a postura do indivíduo. Os feixes vestibuloespinhais estão envolvidos com o controle involuntário, ou seja, reflexo, do tônus muscular. Sua função é repassar para os motoneurônios (α e fusimotores) as informações sobre a posição da cabeça coletadas pelos órgãos do equilíbrio no labirinto (a posição da cabeça reflete indiretamente a posição do corpo). Os feixes reticuloespinhais, por outro lado, estão envolvidos com o controle voluntário do tônus, através de reações antecipatórias como a do goleiro e a do gato, já mencionadas. Coerente com isso está o fato de que os neurônios da formação reticular recebem abundantes aferências corticais.

O tônus muscular pode estar alterado em diversas doenças do sistema motor: às vezes diminuído (hipotonia), outras vezes aumentado (hipertonia). Os neurologistas e fisioterapeutas frequentemente avaliam o tônus muscular dos seus pacientes para diagnosticar a sua doença e prescrever o tratamento apropriado. A hipertonia pode ser branda, ou muito forte — neste último caso, chama-se espasticidade.

Reações Posturais

Embora a regulação do tônus muscular seja um importante mecanismo de ajuste postural, efetuado principalmente através da modulação dos reflexos de estiramento, o sistema nervoso apresenta cadeias reflexas específicas para permitir que os ajustes posturais possam ser feitos com rapidez e eficiência. Essas sequências de reflexos são chamadas *reações posturais*.

Existem muitas reações posturais, investigadas desde o início do século 20, utilizando o gato como principal animal experimental e lesões como as de Sherrington para identificar as regiões neurais envolvidas. A seguir, descrevemos algumas delas.

Ao segurar um gato com as patas para cima e soltá-lo, ele cairá de pé. Observando seus movimentos "em câmara lenta", verificamos que no início da queda ocorre uma rotação dos olhos e da cabeça para um dos lados, seguida de rotação da metade anterior do corpo para o mesmo lado, e finalmente rotação da metade posterior, endireitando o animal com as patas para baixo. O gato as estende ao cair e elas se enrijecem imediatamente ao tocar o solo, sustentando o corpo em queda. A sequência de reflexos que leva à rotação do corpo em busca da posição "de pé" chama-se *reação de endireitamento*, e a extensão das patas durante e logo após a queda é uma *reação de sustentação*. O sinal que inicia a reação de endireitamento provém principalmente da estimulação dos canais semicirculares do labirinto vestibular, onde estão os receptores que detectam a posição angular da cabeça. Esta provoca movimentos oculares que ativam os fusos existentes nos músculos extrínsecos do olho, causando a rotação da cabeça provocada pela contração dos músculos do pescoço, o que por sua vez ativa os fusos desses músculos, que então provocam o movimento rotacional reflexo das patas anteriores e assim por diante. Nós mesmos podemos empregar essa sequência ao levantar da cama pela manhã, embora neste caso o estímulo disparador da reação não seja de origem vestibular.

Mas voltemos ao gato. Antes de atingir o solo, sua queda vertical é detectada pelos órgãos otolíticos do labirinto, pelos fotorreceptores do olho e pelos receptores somestésicos; na sequência, os potenciais de ação produzidos nos nervos correspondentes convergem através de múltiplas sinapses sobre os motoneurônios extensores: o gato apresenta, então, uma reação antecipatória involuntária de preparação para a queda. Ao tocar o solo, os receptores cutâneos são estimulados e logo a seguir os músculos extensores das patas são ainda mais fortemente estirados. Imediatamente os fusos musculares são ativados, disparando os reflexos miotáticos correspondentes. Essa sequência reflexa é a reação de sustentação, que também nós humanos empregamos quando, ao perder o equilíbrio, protegemo-nos da queda estendendo os braços reflexamente.

Em muitas outras situações, empregamos reações posturais. Quando o piso em que estamos tem uma inclinação qualquer, apresentamos *reações tônicas* do pescoço e do tronco de modo a manter o corpo na vertical e impedir que o nosso centro de gravidade se afaste do eixo longitudinal do corpo. Quando sofremos um súbito deslocamento lateral, como um esbarrão ou um empurrão lateral, apresentamos uma *reação saltatória*[3], que consiste em uma sequência de flexão e extensão lateral da perna mais próxima à direção do deslocamento, capaz de situá-la abaixo do eixo principal do corpo, evitando a queda. Finalmente, empregamos reações de posicionamento das pernas quando tropeçamos. Subindo uma escada, por exemplo, com frequência tropeçamos de leve em um degrau. A estimulação cutânea e proprioceptiva do pé dispara uma sequência de flexão e extensão frontal que recoloca o pé na posição correta para pisar no degrau seguinte.

A partir da descrição das reações posturais, podemos tirar algumas conclusões importantes quanto aos mecanismos neurais envolvidos. Por exemplo, concluímos que os estímulos que disparam essas reações podem ser de diversas naturezas, mas mais frequentemente são de origem vestibular e proprioceptiva. Os estímulos que ativam os receptores vestibulares são analisados no Capítulo 6: consistem em mudanças lineares ou angulares (rotacionais) na posição da cabeça em relação à Terra e ao corpo, capazes de provocar potenciais receptores nas células ciliadas dos canais semicirculares e dos órgãos otolíticos (Figura 12.5). Esses potenciais receptores são transformados em salvas de potenciais de ação nos neurônios bipolares dos gânglios vestibulares, cujos prolongamentos distais (axônios) constituem a divisão vestibular do nervo vestibulococlear (o VIII nervo craniano; Figura 12.5). Esses axônios penetram no tronco encefálico e vão terminar no complexo de núcleos vestibulares situado na porção mais alta do bulbo, invadindo a ponte. Como mostra a Figura 12.5, as fibras que emergem desses núcleos constituem os feixes vestibuloespinhais que inervam principalmente os motoneurônios mediais relacionados à musculatura axial e à musculatura proximal dos membros. Além disso, inervam também os núcleos dos nervos motores do globo ocular (III, IV e VI). Desse modo, a informação proveniente do labirinto pode ser levada aos músculos oculares e aos músculos axiais do pescoço e do tronco.

A segunda origem importante dos estímulos capazes de provocar reações posturais são os próprios músculos, isto é, os fusos musculares situados dentro deles (Figura 12.5). Neste caso, os aferentes Ia e II dos fusos, ao chegarem à medula ou ao tronco encefálico bifurcam-se inicialmente em dois ramos: um deles fecha o circuito dos reflexos de estiramento (não representado na figura) e o outro termina nos neurônios da coluna de Clarke, cujos axônios ascendem pelo funículo lateral até o cerebelo, formando os feixes espinocerebelares (Figura 12.5). O cerebelo possui sofisticados circuitos internos cujo funcionamento veremos adiante. Muitos de seus axônios de saída, no entanto, terminam também nos núcleos vestibulares. Desse modo, o cerebelo está envolvido na operação das reações posturais.

Uma outra conclusão que podemos tirar é que nem todas as reações posturais são automáticas, involuntárias. Muitas delas são conscientes, e constituem a maioria das reações antecipatórias. É o caso da postura do goleiro que se prepara para defender um pênalti, como exemplificamos acima. Isso significa que há de haver uma conexão do córtex cerebral com os circuitos descendentes de ativação dos movimentos posturais. De fato, inúmeras fibras do córtex cerebral terminam nas formações reticulares pontina e bulbar, sobre os neurônios cujos axônios constituirão os feixes reticuloespinhais. Desse modo, o córtex cerebral influencia os movimentos de ajuste postural de caráter voluntário.

O CORPO ORIENTA-SE NO ESPAÇO

Se os movimentos posturais têm a finalidade de manter o centro de gravidade do corpo situado em um ponto central do tronco, é sobre esse arcabouço firmemente posicionado

[3] *Também conhecida pela expressão em inglês,* hopping reaction.

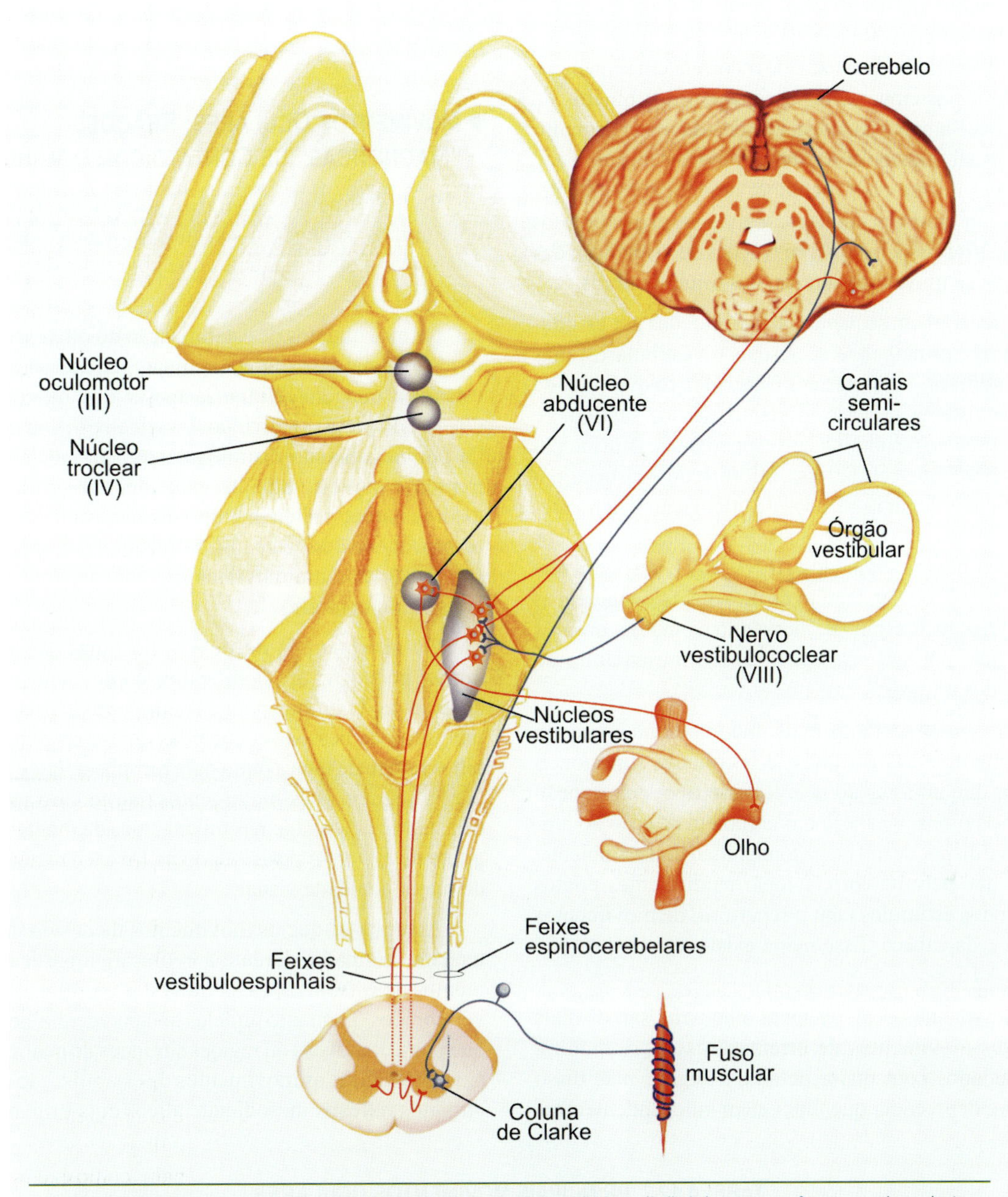

▸ **Figura 12.5.** *Alguns dos circuitos posturais têm origem nos órgãos vestibulares (à direita), outros nos fusos musculares dentro dos músculos. Desses dois órgãos receptores emergem as vias aferentes (em azul). As principais estruturas que coordenam as reações posturais são os núcleos vestibulares, que comandam a musculatura do corpo, e os núcleos motores do globo ocular, que comandam a musculatura extraocular. Por simplicidade, só estão ilustradas (em vermelho) as vias eferentes do cerebelo, núcleo abducente*[A] *e núcleos vestibulares.*

no solo e dinamicamente controlado para qualquer alteração, que se adicionam os demais movimentos realizados pelo indivíduo. Alguns desses movimentos que se sobrepõem à postura têm o objetivo de orientar o indivíduo em relação aos estímulos relevantes que provêm do ambiente.

Voltemos ao exemplo do início do capítulo. Dentro de um ônibus, seus olhos acompanham distraidamente a paisagem que se desloca para trás, mas retornam sempre a um ponto frontal em um ciclo que se repete muitas vezes. Sua cabeça gira quando entra um passageiro, ou quando uma buzina soa mais forte. Essas são típicas *reações de orientação sensoriomotora*, que utilizamos para colocar o corpo em posição mais favorável para a precisa identificação da fonte dos estímulos.

São reações de orientação alguns dos movimentos oculares, movimentos da cabeça e, às vezes, movimentos corporais. Na maioria das vezes eles ocorrem em sequência, permitindo o posicionamento da imagem dos objetos de interesse precisamente na fóvea, a região da retina de maior acuidade visual, seguido de ajustes posicionais do corpo que irão fornecer a base para o comportamento subsequente. Além dos movimentos oculares, alguns animais como os cães e os gatos possuem também reações de orientação das orelhas, que se movem na direção das fontes sonoras.

Essas reações em sequência são disparadas por estímulos sensoriais, principalmente visuais e vestibulares, mas também auditivos, somestésicos e até olfativos. As vias de entrada no sistema nervoso, portanto, são os sentidos, e estão descritas nos capítulos correspondentes. A principal região do SNC que recebe essa informação sensorial e a utiliza para coordenar as reações de orientação fica no mesencéfalo e dá origem aos axônios que controlam os núcleos motores dos nervos cranianos III, IV e VI, responsáveis pela motricidade ocular. Partem do mesencéfalo também as fibras do feixe tectoespinhal, inervando os motoneurônios cervicais que, por sua vez, comandam a musculatura do pescoço e dos ombros.

A região mesencefálica mais importante no comando dos movimentos de orientação é o colículo superior. É fácil supor que uma região neural desse tipo, cuja função é orientar os olhos, a cabeça e o corpo em relação ao ambiente, deve dispor de um mapa topográfico desse ambiente: um mapa que permita correlacionar os diferentes pontos de origem dos estímulos com o repertório de movimentos dos olhos e da cabeça. Esse mapa existe, e está ilustrado na Figura 9.15.

Os movimentos oculares, para o homem, são os mais importantes movimentos de orientação sensoriomotora. Serão estudados com maior detalhe a seguir, mas disso não se deve depreender que funcionem independentemente dos movimentos da cabeça e do corpo, que sempre os acompanham.

Movimentos Oculares: Reações "Magnéticas" de Contato com o Mundo

Os movimentos oculares podem ser reunidos em dois grupos, segundo a sua função: aqueles destinados a estabilizar o olhar e aqueles que objetivam desviar o olhar (Tabela 12.2).

Os movimentos de estabilização do olhar são involuntários e de natureza essencialmente reflexa: visam manter estável a imagem retiniana, apesar dos movimentos do objeto e do próprio indivíduo. Imagine-se novamente dentro do ônibus, olhando distraidamente pela janela. O ônibus trepida e move-se adiante, mas ainda assim a paisagem externa parece perfeitamente estável. Isso ocorre porque a cada pequeno deslocamento da cabeça e dos objetos segue-se rapidamente um movimento compensatório dos olhos, em sentido contrário.

Os movimentos de desvio do olhar são diferentes porque podem ter um significativo componente voluntário, consciente. O ônibus pára em um ponto e você identifica um grupo de pessoas conhecidas que se aproximam: seus olhos saltam de uma a outra para reconhecê-las, e ao mesmo tempo seguem seus movimentos. Neste caso não se trata de estabilizar a imagem retiniana, mas de manter sempre o ponto de interesse posicionado na fóvea, a região da retina de maior acuidade visual.

Acredita-se que os movimentos de desvio do olhar se tenham originado, durante a evolução, a partir dos movimentos de estabilização, já que estes existem em todos os vertebrados, enquanto aqueles só apareceram nos animais que possuem fóveas ou regiões similares de maior acuidade. Coerentemente, os movimentos de estabilização envolvem circuitos reflexos mesodiencefálicos cuja origem está nos

TABELA 12.2. PRINCIPAIS MOVIMENTOS OCULARES

Grupo	Características	Tipos		Circuitos
Estabilização do olhar	Involuntários, reflexos	Vestíbulo-oculares		Labirinto → Núcleos vestibulares → Cerebelo → Núcleos motores oculares
		Optocinéticos		Retina → Núcleos pretectais → Oliva inferior → Cerebelo → Núcleos vestibulares → Núcleos motores oculares
Desvio do olhar	Voluntários ou involuntários	Conjugados	Sacádicos	Córtex frontal e núcleos da base → Colículo superior → Formação reticular → Núcleos motores oculares
			De seguimento	Córtex visual → Núcleos pontinos → Cerebelo → Núcleos vestibulares → Núcleos motores oculares
		Disjuntivos ou de vergência	Convergentes	Formação reticular mesencefálica → Núcleos motores oculares
			Divergentes	

fotorreceptores do olho e nos mecanorreceptores do labirinto vestibular, enquanto os movimentos de desvio do olhar acrescentam aos circuitos subcorticais fortes influências do córtex cerebral veiculadas através de fibras que terminam no colículo superior e regiões próximas. Em ambos os casos, o ambiente visual funciona como um poderoso ímã que atrai os olhos e a cabeça para o ponto do espaço que contém o estímulo relevante.

A ESTABILIZAÇÃO DO OLHAR

Há duas condições nas quais é preciso estabilizar o olhar: quando o indivíduo se move e quando o mundo externo se move. Geralmente, ambas as condições estão juntas, mas, no primeiro caso, entram em ação os movimentos vestíbulo-oculares e, no segundo caso, os movimentos optocinéticos. Muitas vezes ambas as condições ocorrem simultaneamente, o que significa que os dois tipos de movimentos se compõem.

Os *movimentos vestíbulo-oculares* são respostas reflexas a rápidas alterações de posição da cabeça que ativam os mecanorreceptores dos canais semicirculares. Já vimos que, quando isto ocorre, as fibras dos neurônios bipolares dos gânglios vestibulares veiculam as informações de desvio angular da cabeça aos núcleos vestibulares do tronco encefálico e estes promovem a redistribuição compensatória do tônus muscular do corpo através dos feixes vestibulo-espinhais. Essa mesma informação sensorial do labirinto atinge outros neurônios vestibulares cujos axônios, no entanto, estabelecem contato direto ou indireto com os núcleos motores do globo ocular (Figura 12.6), gerando um movimento compensatório com a mesma amplitude do deslocamento original, mas de sentido contrário.

O reflexo opera contínua e automaticamente durante a vigília de olhos abertos, e normalmente não nos damos conta dele. Entretanto, podemos visualizá-lo em um indivíduo são fazendo-o sentar em uma banqueta rotatória e girando-o devagar para um dos lados. Na partida do giro, observamos que os olhos de início tendem a compensar o movimento, mantendo o olhar no ponto de partida, mas depois se movem rapidamente para o ponto central da órbita, como se fossem puxados por uma mola. Continuando a girar o indivíduo, a sequência de um movimento compensatório lento seguido de um movimento centralizador rápido será repetida. Esse movimento com duas fases chama-se nistagmo vestibular, e pode ocorrer anormalmente, sem o giro do indivíduo, em certas condições patológicas (doenças do labirinto, dos núcleos vestibulares ou de regiões a eles associadas).

Os *movimentos optocinéticos* são também respostas reflexas, mas os estímulos disparadores não são vestibulares, e sim visuais. Ou seja, é o mundo que se move, e não o próprio indivíduo. Neste caso, o deslocamento da imagem sobre a retina é veiculado aos núcleos pretectais, um conjunto de neurônios situados na borda rostral do colículo superior, entre o mesencéfalo e o diencéfalo (Figura 12.6). Neurônios desses núcleos são especialmente sensíveis a estímulos visuais em movimento, e seus axônios fazem contato com os núcleos motores do globo ocular, gerando um movimento compensatório de sentido oposto. Podemos visualizar os movimentos optocinéticos quando observamos os olhos de um indivíduo distraído na janela de um trem em baixa velocidade: seus olhos ora acompanham uma árvore que "se desloca" para trás, ora retornam ao ponto central da órbita para fixar outra árvore e acompanhá-la de novo. A sequência é composta de uma fase lenta e uma fase rápida, e por analogia com os movimentos vestibulares chama-se também nistagmo: nistagmo optocinético.

DESVIOS DO OLHAR

Quem observa os olhos de um indivíduo acordado, facilmente identifica movimentos extremamente rápidos que seus olhos executam – voluntária ou involuntariamente – entre um ponto de fixação e outro. São os *movimentos sacádicos,* ou apenas sacadas. A velocidade das sacadas é estonteante: chega perto de 800° por segundo! Isso significa que um movimento ocular de 90° pode ser feito em pouco mais de 100 milissegundos. Além da alta velocidade, os movimentos sacádicos têm extrema precisão, ou seja, um objeto de interesse localizado em qualquer local do campo visual pode ser direta e precisamente fixado por uma única sacada. Estamos lidando neste caso com um sistema bem mais complexo que o dos movimentos estabilizadores. De que modo esse sistema funciona?

Essa pergunta tem atraído a curiosidade dos neurocientistas, e muito já se sabe sobre os mecanismos neurais correspondentes. A precisão dos movimentos sacádicos faz prever a existência de um mapa topográfico do campo visual, e isso levou os pesquisadores logo de saída a estudarem o papel do *colículo superior* nessa questão. Ao registrar a atividade elétrica de neurônios do colículo estimulando-os com objetos luminosos em diferentes regiões do espaço, eles obtiveram uma correlação precisa entre as coordenadas dos campos receptores visuais (círculos, na Figura 12.7A) e a posição dos neurônios na superfície mesencefálica (pontos, na Figura 12.7B). Mas ao estimular esses neurônios com diminutas correntes elétricas, obtiveram movimentos sacádicos do animal de experiência, sendo o ponto do espaço que se correlaciona com a superfície mesencefálica o ponto final da sacada, onde estaria o objeto-alvo se o estímulo tivesse sido natural (visual) em vez de artificial (elétrico).

O mapa torna-se vetorial, ou seja, formado por vetores^G entre o ponto central da órbita e o ponto onde estaria o alvo. E estes pontos (as pontas dos vetores) são exatamente correspondentes aos campos receptores obtidos pelo registro de potenciais de ação dos neurônios coliculares (Figura 12.7A). Como o colículo superior possui um mapa

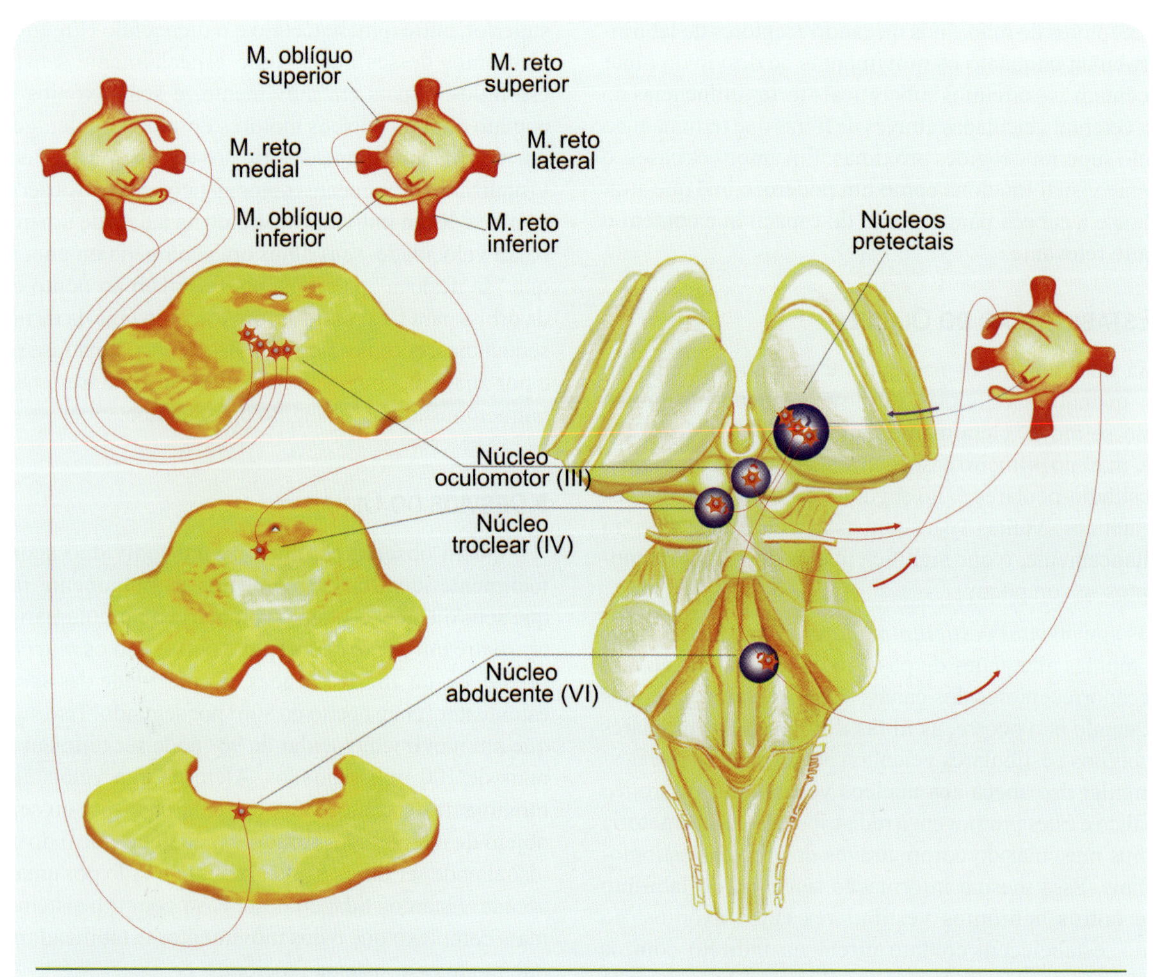

Figura 12.6. *Os axônios de comando dos movimentos oculares originam-se nos núcleos dos nervos motores do globo ocular, com um padrão específico de inervação. À esquerda estão representados cortes transversos do tronco encefálico, cuja vista dorsal está representada à direita. Os movimentos de estabilização do olhar são comandados a partir de informações veiculadas pela retina aos núcleos pretectais, que por sua vez emitem projeções até os núcleos dos nervos cranianos correspondentes. Observar que apenas o núcleo troclear[A] emite projeções cruzadas.*

visuotópico nas suas camadas mais superficiais, mas também um mapa somatotópico e um mapa auditivo em suas camadas mais internas, pode-se concluir que é nele que são comandados os movimentos sacádicos de orientação sensoriomotora, qualquer que seja a natureza do estímulo disparador. Se estamos distraídos focalizando algum ponto aleatório, dirigimos imediatamente o olhar para um objeto que apareça na periferia de nosso campo visual (um inseto, por exemplo). Olhamos também para esse ponto periférico se o inseto estiver escondido mas emitir um som qualquer. E tendemos também a olhar para um local preciso de nosso corpo se o inseto pousar nele.

A descoberta de que o colículo superior é o ordenador dos movimentos sacádicos estimulou a busca do circuito neural completo. Os axônios das células coliculares não projetam diretamente aos núcleos motores dos globos oculares, mas o fazem através de neurônios da formação reticular pontina (em azul, na Figura 12.8). Estes, sim, emitem fibras aos núcleos dos nervos cranianos que inervam os músculos extraoculares (em vermelho, na Figura 12.8). Além disso, o colículo não trabalha sozinho na programação dos movimentos sacádicos: recebe uma projeção importante de uma área do córtex frontal chamada *campo ocular frontal* ou área 8, e dos núcleos da base (Figura 12.8). São essas regiões hierarquicamente superiores as responsáveis pelo comando consciente (voluntário) dos movimentos sacádicos. É importante lembrar, neste ponto, que é o mesmo colículo superior que dá origem ao feixe tectoespinhal, o ordenador dos motoneurônios cervicais que comandam a musculatura do pescoço. É por isso que os movimentos sacádicos estão frequentemente associados ao reposicionamento da cabeça na direção do estímulo que os provocam.

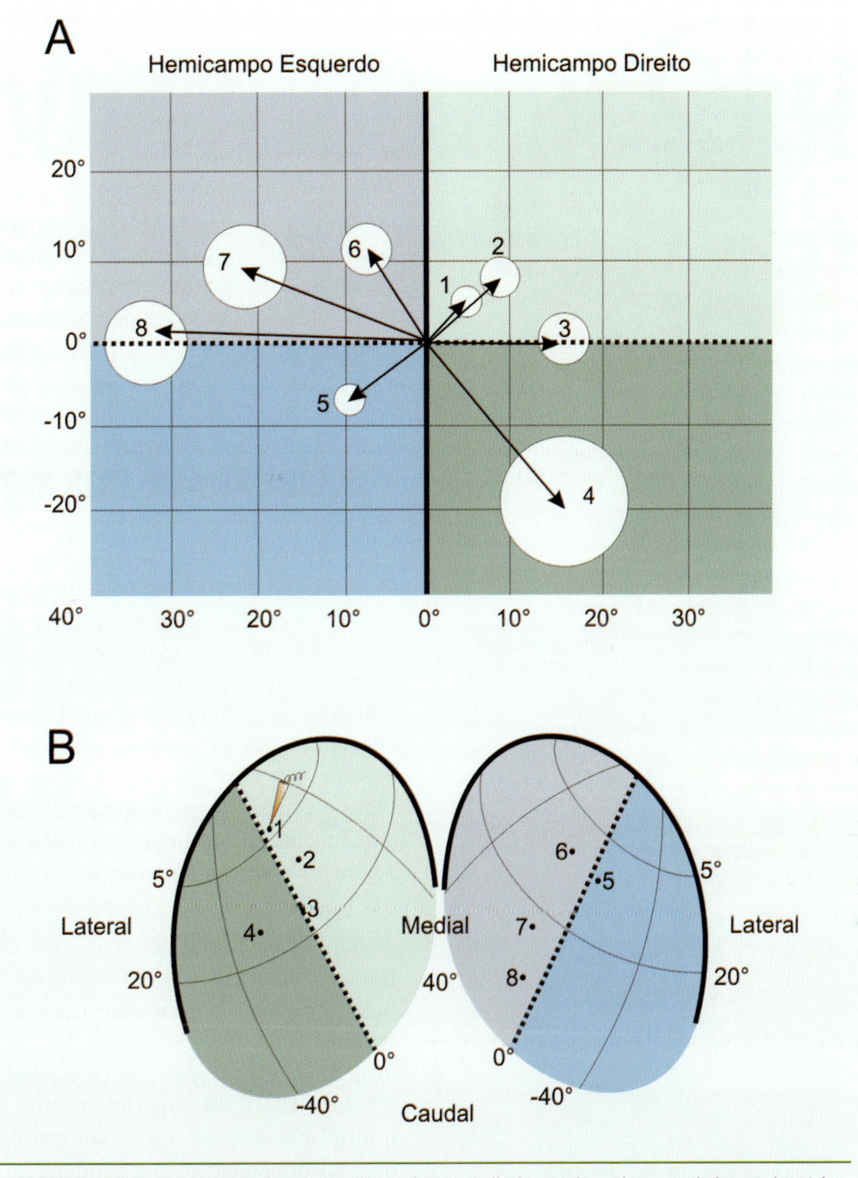

▸ **Figura 12.7.** *A representação dos movimentos oculares no colículo superior pode ser revelada experimentalmente. O pesquisador registra a atividade neuronal no colículo superior (pontos numerados, em* ***B****), e procura no campo visual a posição dos campos receptores correspondentes (círculos brancos numerados, em* ***A****). Depois estimula eletricamente a região através do mesmo eletródio, e registra o movimento ocular produzido (setas em* ***A****). Observa-se assim que os olhos do animal se movem do centro do campo visual para o centro do campo receptor, cada vez que a região correspondente do colículo superior é estimulada. O meridiano horizontal do campo visual (em* ***A****) e sua representação no colículo (em* ***B****) estão representados por uma linha pontilhada, e o meridiano vertical por uma linha contínua grossa. Os demais meridianos estão representados por linhas contínuas finas. As cores representam os quadrantes do campo (em* ***A****), e correspondem às regiões do colículo (em* ***B****). Modificado de P. H. Schiller e M. Stryker (1972). Journal of Neurophysiology vol. 35: pp. 915-924.*

Os *movimentos de seguimento* ocorrem quando nossos olhos fixam um objeto que se move e acompanham-no aonde quer que ele vá. São movimentos relativamente lentos, e não conseguem acompanhar o objeto quando este ultrapassa uma certa velocidade. Dependem estritamente da existência de um objeto visual em movimento, e não podem ser produzidos no escuro. Não se conhecem com segurança as regiões neurais envolvidas, mas há evidências da participação das áreas do córtex visual que processam movimento (como V5; ver o Capítulo 9) e de

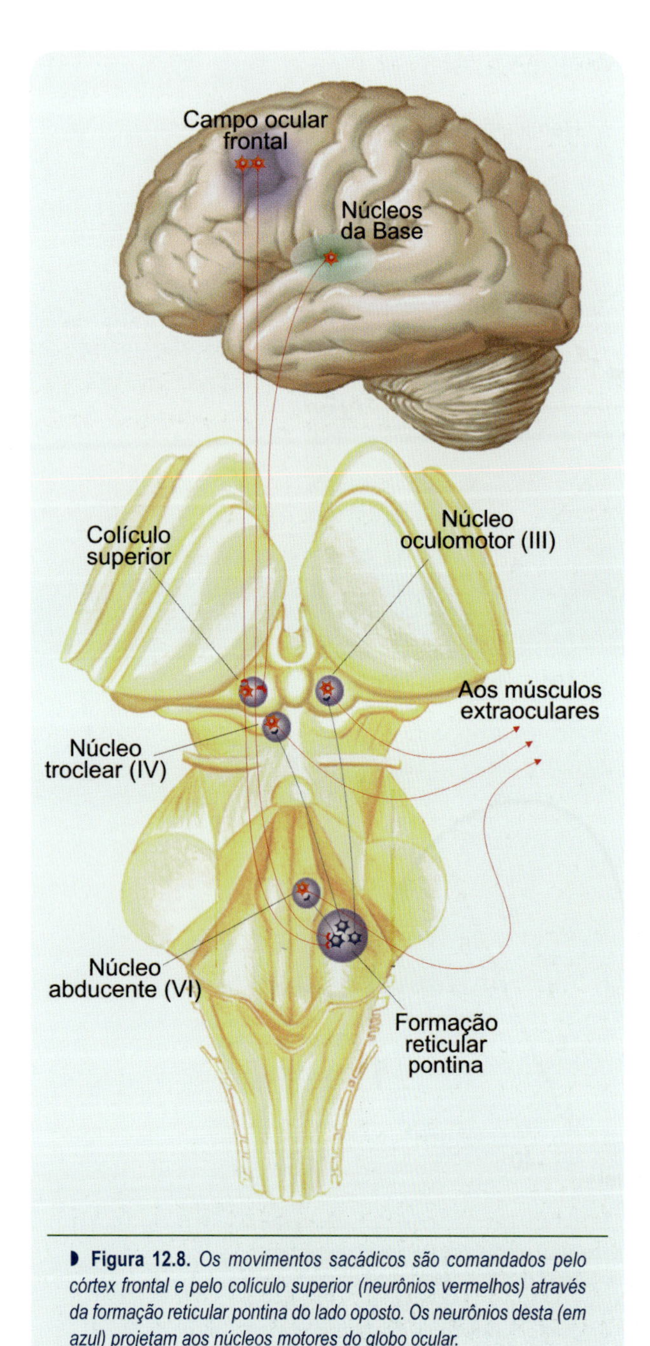

Figura 12.8. *Os movimentos sacádicos são comandados pelo córtex frontal e pelo colículo superior (neurônios vermelhos) através da formação reticular pontina do lado oposto. Os neurônios desta (em azul) projetam aos núcleos motores do globo ocular.*

neurônios situados na ponte em estreita relação com o cerebelo.

O último grupo de movimentos que provocam o desvio do olhar são os *movimentos disjuntivos* ou de vergência. Ao contrário dos anteriores, em que os olhos se movem conjugadamente, nos movimentos disjuntivos os olhos convergem ou divergem. Isso ocorre naturalmente quando um objeto se aproxima ou se afasta do observador. Podemos provocá-los em nós mesmos ou em outra pessoa aproximando ou afastando dos olhos o dedo indicador. São utilizados para manter a imagem do objeto posicionada na fóvea, e estão "amarrados" aos movimentos de fechamento e abertura da íris e os que provocam a mudança de curvatura do cristalino. Esses três movimentos, em conjunto, são conhecidos como a "tríade de acomodação", destinada a manter em foco um objeto que muda de distância em frente aos olhos. Os circuitos neurais envolvidos são ainda menos conhecidos que os dos movimentos oculares anteriormente descritos, sabendo-se apenas da existência de neurônios na formação reticular mesencefálica que modificam sua frequência de PAs um pouco antes da realização de movimentos disjuntivos.

A LIBERDADE DOS MOVIMENTOS

A concepção contemporânea acerca do que sejam os movimentos voluntários é de algo que se acrescenta a um repertório de movimentos reflexos ou endógenos, automáticos e estereotipados, modulando-os e modificando-os a cada momento em função de informações sensoriais, cognitivas, mnemônicas[G], emocionais e outras. De acordo com essa concepção, quando fazemos um movimento voluntário com a perna, por exemplo, ele se adiciona a um determinado tônus postural, ou aos movimentos da locomoção que estejam em curso. As principais regiões do SNC que planejam e comandam esses movimentos ficam no córtex cerebral.

A participação do córtex cerebral no comando dos movimentos é conhecida desde o século 19, quando os alemães Eduard Hitzig (1838-1907) e Gustav Fritsch (1837-1927) pela primeira vez aplicaram pequenos choques elétricos na superfície cortical de um cão, obtendo movimentos discretos ao estimular pontos específicos do lobo frontal (Quadro 12.2). Os experimentos de estimulação elétrica multiplicaram-se e atingiram um ponto alto quando o neurocirurgião canadense Wilder Penfield (1891-1976), já na década de 1950, estimulou diferentes pontos do córtex cerebral de pacientes sob anestesia local. Os experimentos de estimulação permitiram identificar o giro pré-central[A] como a principal área motora, já que nela os estímulos elétricos de menor intensidade eram suficientes para provocar movimentos. No entanto, outras regiões estimuladas com maior intensidade também respondiam com movimentos, e ficou a dúvida: quais são realmente as áreas motoras? Se são muitas, qual a participação funcional de cada uma delas?

AS MÚLTIPLAS ÁREAS MOTORAS DO CÓRTEX CEREBRAL E SUAS FUNÇÕES

A dúvida que surgiu com os experimentos de estimulação levou ao emprego de técnicas diferentes para esclarecê-la, e com isso propuseram-se critérios para a classificação das áreas motoras corticais. Desse modo, uma área motora deve: (1) projetar e receber de outras regiões motoras; (2) provocar distúrbios motores quando lesada; (3) provocar movimentos quando estimulada e (4) possuir atividade neural e fluxo sanguíneo aumentados precedendo e acompanhando a execução de movimentos pelo próprio indivíduo ou por terceiros.

As regiões corticais que preenchem esses critérios estão ilustradas na Figura 12.9. Podem-se considerar quatro grandes áreas motoras no córtex cerebral: a *área motora primária* (abreviada M1), que ocupa o giro pré-central do lobo frontal e relaciona-se com o comando dos movimentos voluntários; a *área motora suplementar* (ou MS), que se localiza rostral e dorsalmente a M1; a *área pré-motora* (PM), que se situa rostral e lateralmente a M1, e a *área motora cingulada* (MC), posicionada na face medial do córtex, logo acima do corpo caloso[A]. MS e PM estão mais relacionadas com o planejamento dos movimentos voluntários, que com o comando de sua execução, e MC parece participar dos movimentos que têm conotação emocional. Aceita-se atualmente que, exceto para M1, cada uma dessas áreas apresenta subdivisões com papel funcional distinto.

As áreas motoras do córtex cerebral são densamente

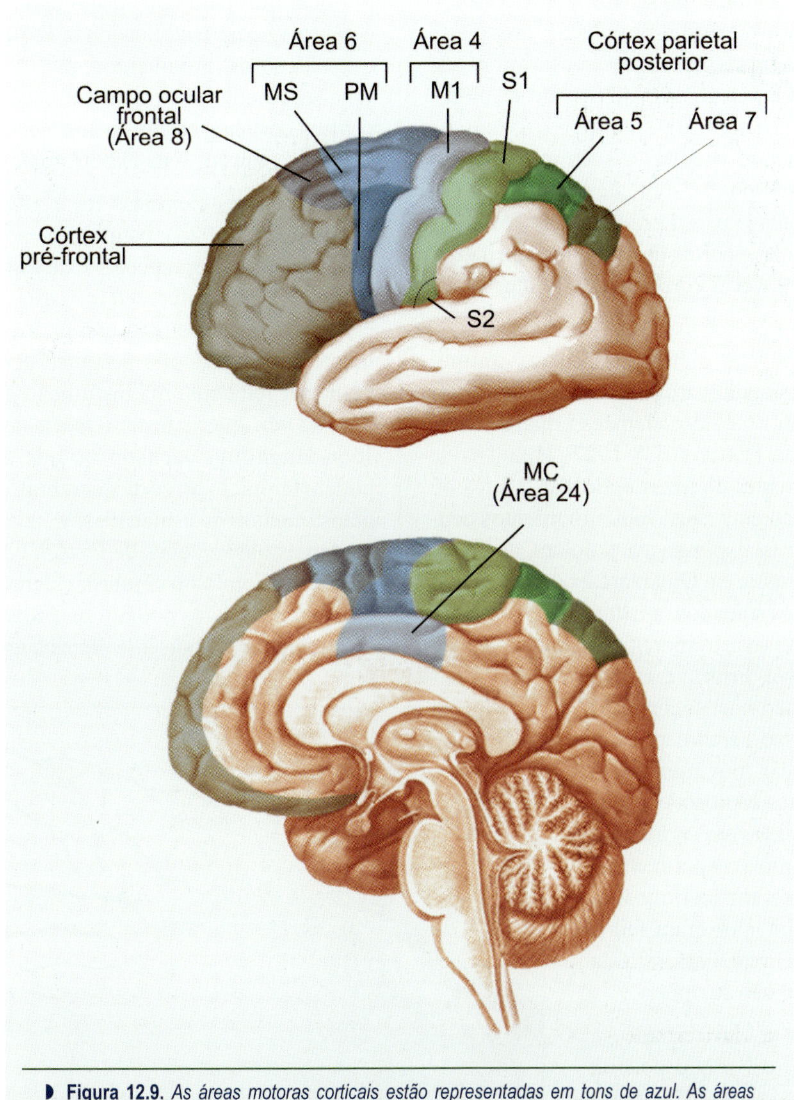

Figura 12.9. *As áreas motoras corticais estão representadas em tons de azul. As áreas representadas em tons de verde conectam-se com as primeiras, mas não são consideradas partes do sistema motor. O desenho de cima ilustra a face lateral do hemisfério esquerdo, e o desenho de baixo ilustra a face medial do hemisfério direito. Todas as áreas representadas, entretanto, existem em ambos os hemisférios. Abreviaturas no texto. Os números referem-se à classificação citoarquitetônica de Brodmann.*

HISTÓRIA E OUTRAS HISTÓRIAS

Quadro 12.2
Como o Córtex Motor Salvou Ferrier da Prisão

*Suzana Herculano-Houzel**

Por muito tempo, o principal método de estudo do cérebro foi a lesão experimental. Embora as deficiências provocadas pelo método quase sempre fossem evidentes, às vezes não era possível concluir qual a função da área destruída. Por exemplo, no caso da ausência de movimentos após uma lesão experimental do córtex: seria a região destruída verdadeiramente motora? Ou seria sensorial, provocando desuso de uma parte do corpo desprovida de sensações? Ou seriam ambas as coisas, quer dizer, sensoriomotora, como defendiam vários cientistas? No final do século 19 discutia-se muito se existem áreas motoras e sensoriais distintas, representando o corpo e seus movimentos separadamente. Uma solução somente foi proposta em pleno século 20, com o uso de minúsculas correntes elétricas para estimular o córtex de pacientes acordados, que podiam tanto mover o corpo quanto relatar o que sentiam.

A microestimulação elétrica do córtex animal começou a gerar resultados provocadores ainda no século 19, nas mãos dos médicos alemães Eduard Hitzig (1938-1907) e Gustav Fritsch (1838-1927). Hitzig havia observado que correntes elétricas aplicadas à nuca ou às orelhas frequentemente causavam movimentos oculares no homem. Fritsch, por sua vez, notara, ao servir na guerra entre a Prússia e a Dinamarca, que, ao limpar feridas no crânio dos soldados, a irritação acidental do cérebro exposto causava tremores do lado oposto do corpo. Após a guerra, Fritsch e Hitzig juntaram-se para determinar se correntes elétricas aplicadas ao cérebro podiam "irritá-lo" e provocar movimentos do corpo – o que alguns cientistas respeitáveis já haviam tentado em vão. Como na época o uso de animais experimentais ainda não era praxe em institutos de pesquisa, os experimentos eram feitos na casa do próprio Hitzig. Para sorte da ciência, Frau Hitzig não se opôs.

Prevendo que a eletricidade se espalharia pelo córtex, o que poderia confundir os resultados dos experimentos, Fritsch e Hitzig precisavam usar o mínimo de eletricidade possível – o que eles determinavam experimentando em suas próprias línguas. Em seguida, estimulavam diferentes pontos do córtex de cães em busca de tremores provocados no corpo. Graças à sua insistência, acabaram descobrindo uma zona cuja estimulação provocava movimentos das patas, focinho e pescoço do lado oposto do corpo. Essa zona ficava na porção mais anterior do cérebro, de acesso difícil, escondida dentro do crânio – e provavelmente por isso não fora encontrada por quem desistiu após testar áreas mais acessíveis do cérebro. O artigo publicado em 1870, no qual defendiam que não só os movimentos, mas "certamente algumas funções psicológicas, e talvez todas elas... precisem de centros corticais circunscritos", encorajou outros cientistas a repetirem seus experimentos.

Um desses cientistas foi o médico escocês David Ferrier (1843-1928), estimulado por seu amigo James Crichton-Browne, supervisor do asilo de loucos de West Riding. Browne ofereceu a Ferrier todo o material e o espaço necessários para conduzir experimentos semelhantes e mostrar que pesquisa de qualidade também podia ser feita em uma instituição psiquiátrica. Ferrier, por sua vez, queria testar a teoria de seu famoso amigo John Hughlings Jackson de que ataques epilépticos podem ter início no córtex cerebral. Estudando coelhos, gatos, cachorros e macacos, Ferrier (Figura) logo estendeu as observações de Fritsch e Hitzig, delimitando uma área motora no cérebro, e demonstrou que ataques epilépticos severos podiam ser provocados aumentando a intensidade da corrente elétrica aplicada ao córtex.

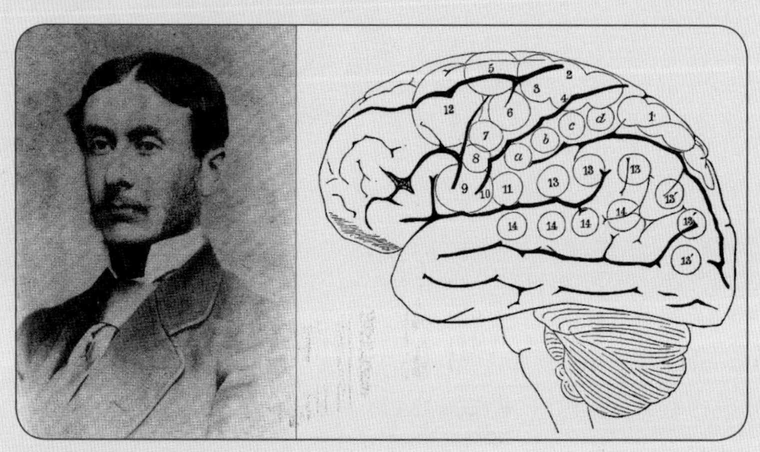

Ferrier (à esquerda) realizou seus experimentos em macacos, mas logo extrapolou os dados para o cérebro humano. Segundo ele, os pontos motores do cérebro humano são os numerados de 2 a 12, o que corresponde ao que se conhece atualmente. Desenho à direita de D. Ferrier (1876) Functions of the Brain. *Putnam, EUA.*

Enquanto Fritsch e Hitzig acreditavam que essas áreas corticais eram também somestésicas, Ferrier argumentava que elas eram puramente motoras; o córtex somestésico ficaria, segundo seus estudos, no lobo temporal. A questão da representação em separado dos movimentos e dos sentidos só foi resolvida com a microestimulação elétrica do córtex do homem. Era possível realizar esse tipo de experimento com seres humanos apenas sob anestesia local, uma vez que o tecido cerebral não apresenta receptores da dor. Isso permitia que o indivíduo relatasse de viva voz as sensações provocadas. O pioneiro foi o neurocirurgião americano Harvey Cushing (1869-1939), no início do século 20. Cushing determinou que, enquanto a estimulação da zona motora de fato provoca movimentos, a faixa imediatamente posterior, situada no córtex parietal e não no lobo temporal, resulta em sensações de tato sem provocar movimentos. Mais tarde, nos anos 1940, o neurocirurgião canadense Wilder Penfield (1891-1976) conseguiu com o mesmo método obter mapas detalhados dos córtices motor e somestésico no homem, deixando claro de uma vez por todas que existem representações motoras e sensoriais independentes, localizadas em zonas distintas.

No auge da sua fama, Ferrier foi atacado pelos ativistas da Sociedade pela Prevenção contra a Crueldade com Animais. Intimado por não portar licença para operar animais, Ferrier foi a julgamento em 1881. Tendo a oportunidade de escolher entre um júri popular ou um só juiz, Ferrier sabiamente optou pelo segundo, uma vez que o movimento antivivisseccionista era muito popular na Inglaterra vitoriana. Mas logo ficou claro que as operações não eram realizadas por Ferrier, e sim por seu colaborador, o cirurgião Gerald Yeo, que possuía todos os certificados necessários por lei. Além disso, testemunhos a seu favor alertaram o juiz para vários pacientes salvos por cirurgias baseadas nos "mapas funcionais" de Ferrier. O juiz revogou a intimação e mandou todos para casa.

Com os estudos de Ferrier tornara-se possível prever, a partir dos sintomas, a localização de abscessos e tumores e removê-los cirurgicamente. Até então, somente abscessos visíveis no crânio eram operados. Graças a Ferrier, os pacientes não mais morriam do tumor. Mas, nessa época em que as técnicas de assepsia ainda eram primitivas, muitos não resistiam à meningite que frequentemente se seguia à operação...

**Professora-adjunta do Instituto de Ciências Biomédicas da Universidade Federal do Rio de Janeiro. Correio eletrônico: suzanahh@gmail.com.*

interconectadas, e apresentam também conexões com outras regiões corticais em ambos os hemisférios, como a área somestésica primária (S1) e as áreas associativas dos lobos parietal e frontal. É importante ressaltar também que todas elas projetam para regiões motoras subcorticais e contribuem para o feixe corticoespinhal. M1, entretanto, é, dentre todas, a que possui maior densidade de neurônios que formam vias descendentes para as regiões subcorticais.

Com base nas características acima, pode-se supor que a área M1, sendo a que possui menor limiar de estimulação para a produção de movimentos e a que mais densamente projeta axônios pelas vias descendentes, representa a sede do "alto comando motor", isto é, a região de onde surgem os comandos para os movimentos voluntários, aqueles que vão superpor-se aos reflexos, às reações posturais, à locomoção e aos movimentos de orientação sensoriomotora. De fato, essa suposição é hoje aceita como um fato científico bem estabelecido, tendo em vista as inúmeras evidências experimentais e clínicas que se têm acumulado.

O Mapa do Corpo em M1

Nossa liberdade de movimentos é quase ilimitada. Em condições normais podemos mover nosso corpo de inúmeras maneiras, mudando o sentido da locomoção, alterando a postura, realizando movimentos delicados ou fortes dos membros e mais uma infinidade de possibilidades. O grande ordenador desses movimentos voluntários é o córtex motor primário. Então, de que modo ele funciona?

Os primeiros investigadores – neurologistas clínicos e experimentalistas – descobriram uma propriedade importante de M1. Na superfície cortical, as regiões corporais, os músculos e os movimentos estão representados de modo ordenado, acompanhando a ordem corporal (Figura 12.10A). Esse tipo de organização topográfica ordenada é conhecido como *somatotopia,* característica também muito proeminente das regiões somestésicas (veja as Figuras 7.8 e 7.9). Jackson pressentiu a existência da somatotopia motora quando observou certos pacientes epilépticos cujas convulsões se originavam em uma parte do corpo (o braço, por exemplo), passando sucessivamente às partes adjacentes (antebraço, ombros, tronco e assim por diante). Era como se a "crise" estivesse migrando na superfície cortical. Os neurocientistas que utilizaram a estimulação elétrica da superfície cortical, tanto em animais quanto em humanos, puderam comprovar essa suposição de Jackson e refinaram com precisão a descrição do mapa somatotópico de M1 (Figura 12.10B).

A caricatura do "homúnculo" imaginário desenhado no giro pré-central indica que as regiões da cabeça estão representadas mais lateralmente em M1, enquanto a mão, braço, antebraço e tronco ficam mais dorsalmente, e o membro inferior está representado já na face medial

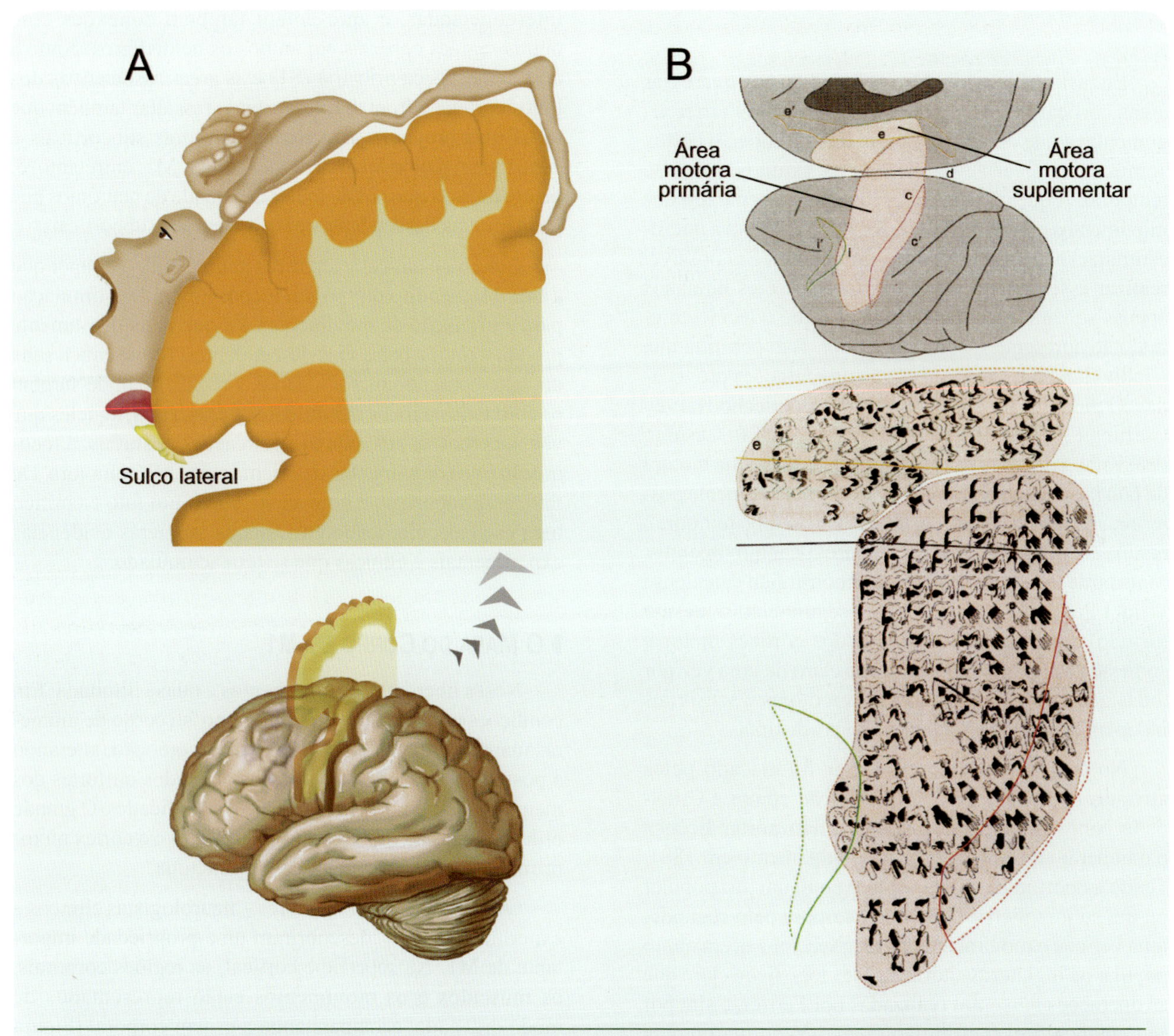

▶ **Figura 12.10.** *A somatotopia é um importante princípio de organização de M1.* ***A.*** *A estimulação elétrica de partes do giro pré-central permite idealizar um homúnculo que representaria o "mapa motor" do corpo humano na superfície cortical.* ***B.*** *Os experimentos feitos no cérebro de macacos indicaram que cada ponto estimulado pode provocar a ativação de vários músculos. O desenho de baixo representa uma ampliação do desenho de cima, e os campos em preto representam as partes do corpo do macaco que se movem quando cada ponto do córtex é estimulado eletricamente. Modificado de C. N. Woolsey e cols. (1951).* Research Publications of the Association for Research in Nervous and Mental Diseases, *vol. 30: pp. 238-264.*

do hemisfério. Indica também que as regiões distais dos membros (principalmente as mãos) e as regiões periorais da face apresentam maior representação cortical do que as demais regiões do corpo, o que é coerente com o fato de que essas são as partes do corpo com um repertório mais diversificado de movimentos finos e precisos, e músculos com mais alta razão de inervação[G]. O mapa somatotópico motor é importante para os médicos porque a face medial do giro pré-central é irrigada por uma artéria cerebral, enquanto a face dorsolateral é irrigada por outra. Assim, quando ocorre um acidente vascular cerebral (AVC[G]) em uma dessas artérias, aparecem distúrbios motores na perna contralateral, enquanto um AVC que ocorra na outra provoca distúrbios motores no braço. Empregando o conhecimento do mapa somatotópico motor, os médicos podem diagnosticar a causa provável e a localização da lesão que provoca os sintomas motores.

Tem havido considerável discussão sobre o que exatamente está representado no córtex motor. Músculos? Movimentos? Regiões corporais? A questão não está ainda perfeitamente esclarecida, mas sabe-se que o grão[G] do mapa não é fino. Ou seja, quando se estimula um ponto de

M1 obtém-se um movimento envolvendo vários músculos (Figura 12.10B), e mesmo quando se reduz o estímulo a um único neurônio motor, vários músculos ainda podem ser ativados. Isso indica que um só axônio corticoespinhal pode inervar ao mesmo tempo a população de motoneurônios de diferentes músculos, um princípio estrutural chamado divergência[G] (Figura 12.11A). A divergência pode ser comprovada morfologicamente quando se marca uma fibra corticoespinhal isolada, observando suas terminações (Figura 12.11B), estimulando-a fisiologicamente, e depois registrando os músculos ativados por ela (Figura 12.11C). Além da divergência, há também convergência, isto é, um mesmo músculo pode ser ativado por pontos próximos mas distintos em M1. Em outras palavras: diferentes neurônios motores de M1 podem convergir sobre um mesmo motoneurônio medular (Figura 12.11D).

A partir desses dados concluiu-se que um músculo é comandado por um mosaico de pequenas regiões de M1, todas ativas simultaneamente. Quando há mais de um músculo envolvido em um movimento, as regiões ativas do mosaico aproximam-se e fundem-se. De certo modo, é esta última a imagem que se obtém por ressonância magnética[G] de M1 em um indivíduo durante o movimento (Figura 12.12).

O mosaico de representação somatotópica em M1 é consideravelmente plástico (ver um exemplo no Quadro 12.3). Músicos que desde a infância tocam instrumentos de cordas (violino, violoncelo, violão), dedilhando-as com uma das mãos, apresentam no córtex motor contralateral um maior território ocupado com a representação dos dedos, em comparação com indivíduos que não tocam esses instrumentos. Além disso, em indivíduos com um membro amputado, ou mesmo anestesiado temporariamente, o comando dos músculos proximais não atingidos pela amputação ou pela anestesia é realizado por regiões corticais que antes comandavam os músculos distais. É possível que essa grande plasticidade do córtex motor seja importante para a recuperação da motricidade que ocorre em muitos pacientes portadores de lesão neurológica.

As Unidades de Comando

O estudo da somatotopia motora revela algumas características de M1, mas está longe de esclarecer de que modo os neurônios motores comandam os movimentos voluntários, modificando os demais movimentos representados em níveis subcorticais. Revelações mais esclarecedoras sobre as unidades de comando surgiram quando se começou a

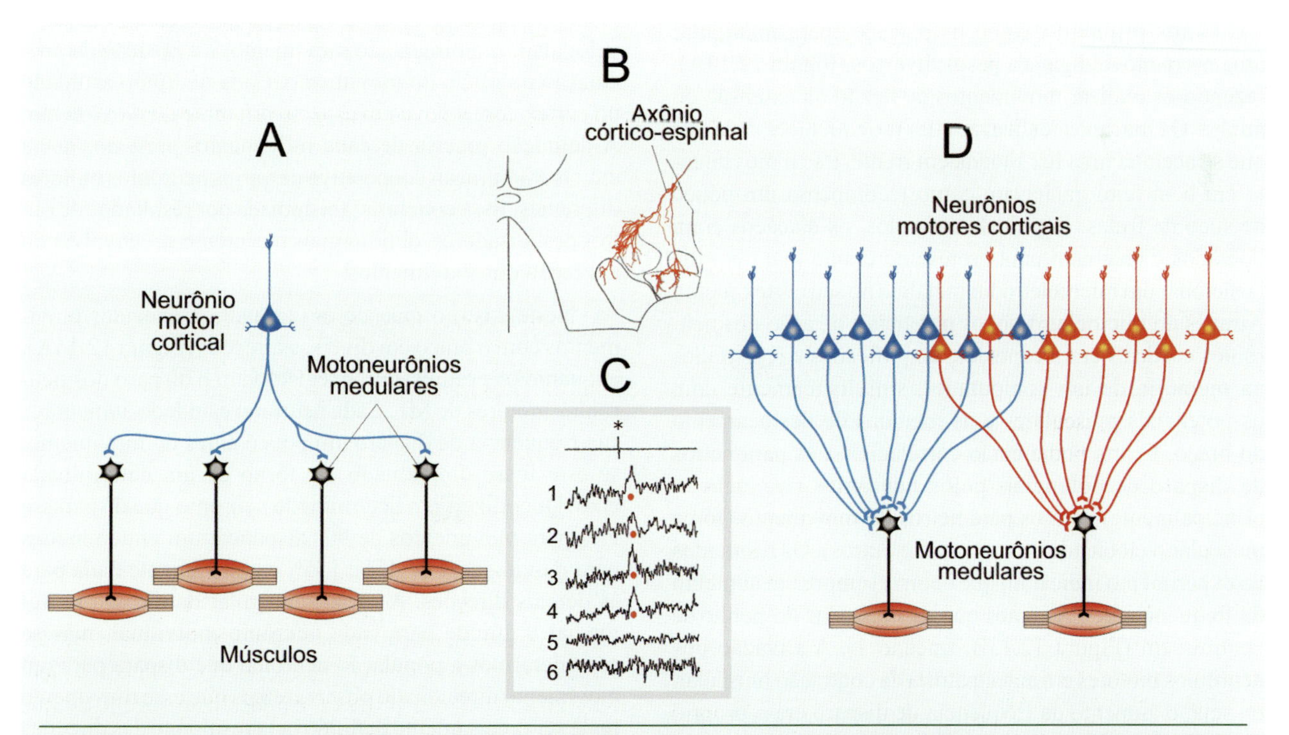

Figura 12.11. *Divergência e convergência dos axônios corticoespinhais.* ***A*** *representa um único neurônio corticoespinhal que projeta para diferentes motoneurônios (divergência), cada um deles responsável pelo comando de um músculo diferente.* ***B.*** *A morfologia de um único axônio corticoespinhal (em vermelho) revela ramificações em diferentes setores do corno ventral da medula.* ***C.*** *A estimulação elétrica de um único axônio corticoespinhal (indicada pelo asterisco sobre o traçado gráfico) ativa os músculos 1-4 (ondas assinaladas pelos pontos vermelhos), mas não os músculos 5 e 6.* ***D*** *representa a convergência: vários neurônios corticoespinhais projetam para um único motoneurônio medular.* ***B*** *modificado de Y. Shinoda e cols. (1981).* Neuroscience Letters *vol. 23: pp. 7-12.* ***C*** *modificado de E. E. Fetz e P. D. Cheney (1980).* Journal of Neurophysiology *vol. 44: pp. 751-772.*

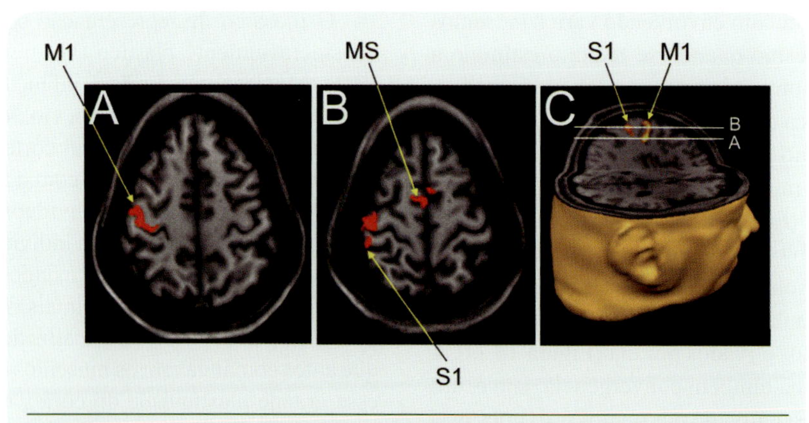

Figura 12.12. *Imagens de ressonância magnética funcional de um indivíduo durante o movimento dos dedos da mão direita. Aparecem ativas lateralmente as áreas motora primária (M1) e somestésica primária (S1), e medialmente a área motora suplementar (MS).* ***A*** *representa um plano horizontal mais profundo que* ***B****, como indicado em* ***C****. S1 é ativada por que o próprio movimento causa estimulação somestésica. Imagens cedidas por Fernanda Tovar-Moll, do Instituto D'Or de Pesquisa e Ensino.*

estudar as propriedades de neurônios isolados de M1 em macacos durante a realização de atos motores. Esse tipo de trabalho foi realizado pelo fisiologista americano Edward Evarts (1926-1985).

Evarts primeiro treinou os macacos para manipular uma barra móvel ligada a pesos diversos (Figura 12.13A), fazendo-os realizar movimentos de flexão ou extensão do punho. Os macacos realizavam um movimento a cada vez que se acendia uma luz situada em frente, e se o movimento era bem feito ganhavam como recompensa um pouco de suco de frutas. Depois de treinados, os macacos eram operados e recebiam uma prótese no crânio que permitia posicionar um microeletródio metálico no seu córtex motor. Através do microeletródio, os potenciais de ação dos neurônios corticais eram captados, amplificados e registrados na memória de um computador, simultaneamente com os potenciais musculares e as medidas de deslocamento do braço. Evarts podia então correlacionar os parâmetros de disparo de potenciais pelos neurônios (frequência, principalmente) com os parâmetros do movimento (força muscular, velocidade de contração e outros). Os resultados do experimento indicaram que ocorria sempre um aumento da frequência de PAs antes que os músculos do punho se contraíssem (Figura 12.13B, traçado 1). A ativação dos neurônios motores era antecipatória da contração muscular, ou seja, o aumento da frequência de disparo era o próprio sinal de comando motor emitido pelo córtex em direção aos motoneurônios medulares.

Evarts foi adiante. Variou a resistência da barra ao deslocamento tentado pelo macaco, adicionando-lhe diferentes pesos. Verificou então que, quanto maior a força empregada pelo macaco para mover a barra, maior a frequência de PAs disparada pelo neurônio motor (Figura 12.13B, traçados 1 e 2). Concluiu que M1 é responsável por comandar a força necessária a cada movimento. Outros parâmetros do movimento foram associados ao disparo dos neurônios motores, além da força muscular: a variação da força no tempo, a velocidade e a direção do movimento, e a posição da articulação no início do movimento. Cada neurônio estudado no córtex comandava um aspecto diferente do movimento. A definição precisa de cada movimento, portanto, devia envolver uma ação cooperativa de vários neurônios motores diferentes. Essa conclusão foi apoiada por resultados de outros pesquisadores, obtidos mais recentemente, envolvendo a direção dos movimentos.

Neste caso, o macaco era treinado a executar movimentos com o braço em diversas direções (Figura 12.14A), enquanto os pesquisadores registravam o disparo dos neurônios motores de M1. Cada neurônio estudado aumentava sua frequência de disparo um pouco antes do movimento, se este fosse direcionado em torno de um determinado eixo. Quer dizer: um determinado neurônio que disparasse PAs para movimentos de 90° disparava um pouco menos para movimentos de 45° e 135°, e praticamente nada para as demais direções. A variação angular da direção preferencial é grande para cada neurônio individual, mas se considerarmos a população neuronal que dispara para um movimento direcionado observaremos que esse movimento pode ser precisamente definido pela resultante das direções de todos os neurônios. É o que está representado na Figura 12.14B. Cada traço azul representa a direção preferencial de disparo de um neurônio, e o comprimento do traço indica a frequência de PAs. O conjunto de traços azuis representa um grupo de neurônios corticais com direções preferenciais semelhantes, e a resultante está representada por uma linha

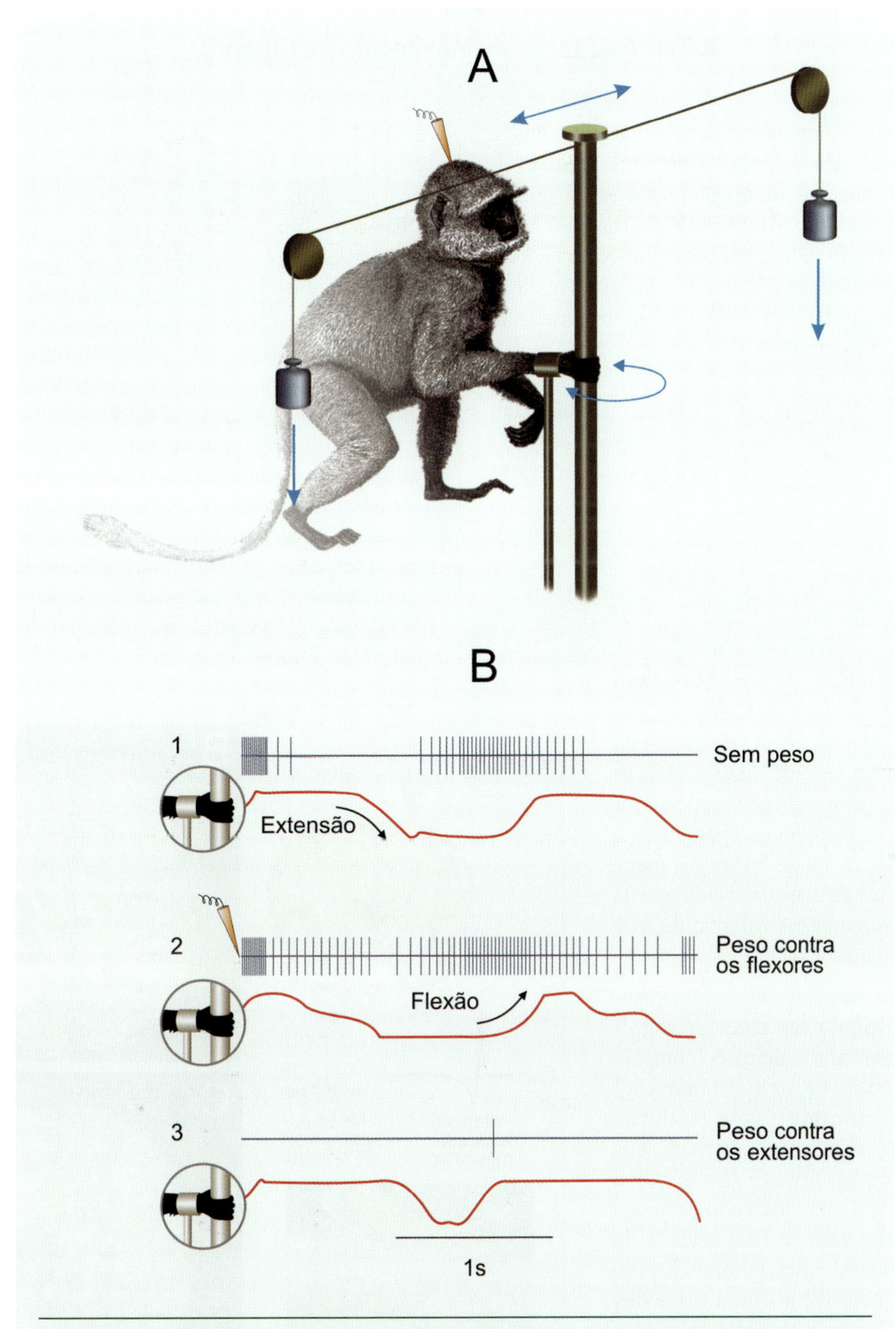

Figura 12.13. *O experimento de Evarts.* ***A.*** *O macaco era treinado a estender ou fletir o punho, e o pesquisador ao mesmo tempo registrava a atividade neuronal do seu córtex motor com um microeletródio.* ***B.*** *O traçado azul representa o disparo de potenciais de ação (cada traço vertical) de um neurônio motor cortical, enquanto o traçado vermelho indica os movimentos do punho. Observar que o neurônio começa a disparar antes da flexão (****B1****), e que a frequência de PAs é maior quando a força muscular empregada é também maior (****B2****). Quando a flexão é "ajudada" por um peso colocado contra os músculos extensores, o punho flete sem mesmo a necessidade de uma contração muscular (****B3****).* ***B*** *modificado de E. Evarts (1968)* Journal of Neurophysiology *vol. 31: pp. 14-27.*

NEUROCIÊNCIA EM MOVIMENTO

Quadro 12.3
A Representação do Movimento no Cérebro

*Claudia D. Vargas**

Sempre fui apaixonada pela complexidade e beleza dos sistemas biológicos. Iniciei minha carreira científica em 1989 no Instituto de Biofísica Carlos Chagas Filho (IBCCF) da UFRJ, sob orientação das Prof[as] Eliane Volchan e Jan Nora Hokoç, investigando os circuitos que interligam certos núcleos subcorticais do gambá. Em 1995, tive oportunidade de visitar o laboratório do Prof. Hideo Sakata, em Tóquio. O Prof. Sakata investigava então as propriedades de resposta dos neurônios do córtex parietal posterior em primatas. Estas células disparavam potenciais de ação tanto quando o macaco visualizava a forma de um certo objeto, como quando pegava o objeto. A ideia, então bastante inovadora, de que visão e ação interagem intimamente no córtex cerebral de mamíferos, mudou completamente a minha apreciação do modo de funcionamento do cérebro. Decidi, já como docente do IBCCF, dedicar-me ao estudo dos circuitos parietofrontais e do controle motor humano. Realizei um estágio pós-doutoral no Instituto de Ciências Cognitivas (ISC) de Lyon, sob a supervisão da Dr[a]. Angela Sirigu, e desde então nos temos dedicado, juntamente com um grupo de jovens, motivados e queridos colaboradores, a investigar o sistema motor humano a partir de duas vertentes principais: o controle da postura e dos movimentos voluntários, e os mecanismos de plasticidade.

Na primeira vertente, nosso foco principal tem-se dirigido aos aspectos cognitivos (ou de mais alta ordem) do controle da ação humana. O sistema motor está envolvido não somente com a produção do movimento, mas também com os seus aspectos representacionais, tais como o reconhecimento e o aprendizado de ações através da observação, e a capacidade de simulação mental de movimentos. É hoje consenso que pelo menos uma parte dos mecanismos neurais envolvidos no planejamento de um movimento seja também recrutada durante os estados de simulação, os chamados *estados S*. Entre os estados S estão as simulações mentais de movimentos, as ações pretendidas, imaginadas, as ações representadas em sonhos etc. Os estados S corresponderiam às situações em que os sistemas motores antecipam a ação manipulando os "conteúdos" ou, neurofisiologicamente falando, às redes neurais que codificam aquela ação mas não a realizam. Nosso grupo tem buscado compreender as bases neurais da postura e dos movimentos voluntários através de experimentos que envolvem a simulação mental e a observação de movimentos, utilizando a estabilometria (registro das oscilações do centro de gravidade de uma pessoa), a eletromiografia (registro da atividade elétrica muscular), a estimulação magnética transcraniana (TMS) e a eletroencefalografia (registro da atividade elétrica cerebral, EEG). Com o auxílio destas técnicas, temos investigado, por exemplo, como a deficiência visual precoce e tardia afeta a simulação mental e a execução de movimentos, quais os mecanismos cerebrais envolvidos na predição das ações, e se a atividade cerebral que precede a execução das ações é modulada pelo conteúdo emocional dos objetos aos quais o ato motor é dirigido.

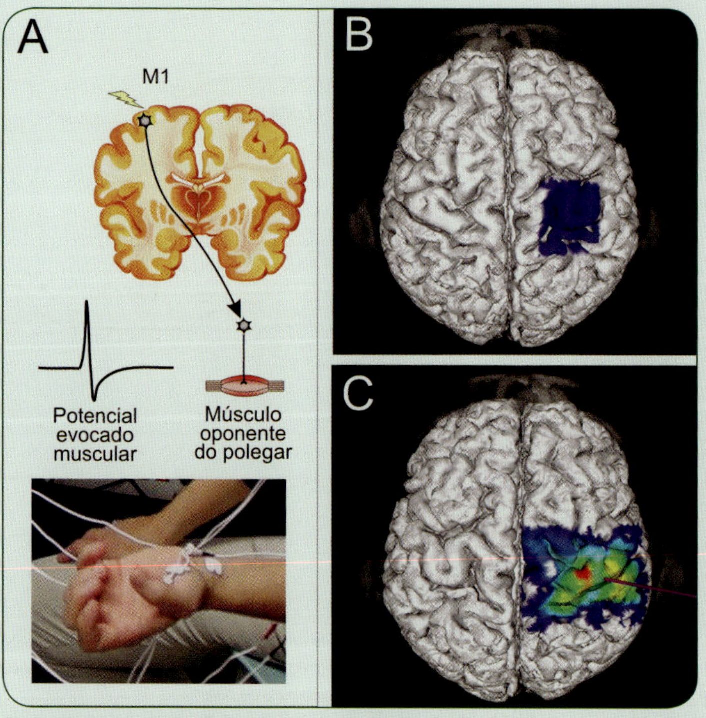

Na técnica de estimulação magnética transcraniana (**A**), estimulando-se o córtex motor primário (M1), obtém-se um potencial evocado motor no músculo oponente do polegar, graças à ativação corticoespinhal e ao registro por meio de eletrodos posicionados sobre o músculo (foto abaixo). À direita se pode ver a região de representação da mão de um paciente biamputado e bitransplantado, após 2 (**B**) e 10 (**C**) meses da realização da cirurgia. Notar que com o tempo a região cortical que comanda a mão amplia-se significativamente. Cortesia do Laboratório de Neuropsicologia da Ação, Instituto de Ciências Cognitivas de Lyon, França.

A segunda vertente em andamento hoje no laboratório surgiu ainda durante o estágio de pós-doutorado, quando tive a oportunidade de participar de um projeto inovador que visava estudar, de forma longitudinal, o fenômeno da plasticidade cerebral induzida por ocasião de um transplante bilateral de mãos em indivíduos biamputados. Pretendeu-se, pela primeira vez, abordar experimentalmente a reversibilidade em longo prazo da reorganização cerebral provocada pelo transplante de um membro, e estudar sua dinâmica temporal através de um acompanhamento pós-operatório prolongado (Figura). Com o auxílio da técnica de TMS, e graças ao apoio do programa de cooperação internacional estabelecido entre o meu laboratório e o ISC de Lyon, realizamos o mapeamento pré e pós-operatório das representações dos músculos do braço, da face e das mãos no córtex motor primário (M1) de um paciente biamputado. Os resultados indicaram que o cérebro do paciente refaz as representações dos músculos das mãos do doador alguns meses após o transplante. Estamos agora investigando, com as técnicas de EEG e DTI (imagem do tensor de difusão, veja o Quadro 1.4), se o planejamento motor e as conexões corticocorticais e corticoespinhais são modificados pela amputação do membro superior. O complexo e fascinante fenômeno da plasticidade cerebral no cérebro adulto está longe de ser um tema esgotado pela neurociência, especialmente no que tange à compreensão dos mecanismos subjacentes a essas reorganizações, assim como, em sua interface com a clínica, as estratégias para potencializar os seus ganhos funcionais.

Claudia Vargas (assinalada) e seu grupo de pesquisa.

Professora-associada do Instituto de Biofísica Carlos Chagas Filho, da Universidade Federal do Rio de Janeiro. Correio eletrônico: cdvargas@biof.ufrj.br

tracejada. Além da força muscular, portanto, os neurônios de M1 fornecem o comando neural para a direção de movimento necessária a cada comportamento.

Conclui-se que os movimentos voluntários são comandados pelo córtex através da ativação simultânea de uma certa população de neurônios motores que comandam os músculos envolvidos em cada movimento. Dessa ação coordenada e cooperativa são definidos os parâmetros do movimento. Mas quem decide quais serão os neurônios motores selecionados para comandar cada movimento? Como se explica a "vontade" para mover uma parte do corpo? Essa é a tarefa das outras áreas motoras.

PLANEJAMENTO MOTOR

Já vimos que, além de M1, existem pelo menos três outras áreas motoras, definidas segundo os critérios mencionados anteriormente. "Pelo menos", porque na verdade os experimentos de estimulação elétrica indicaram que parece haver três mapas somatotópicos na área MC, dois na área PM e dois na área MS, o que sugere que elas poderiam ser subdivididas. Por outro lado, o estudo das propriedades dos neurônios motores dessas áreas, como os que foram feitos para M1, mostrou que em todas se encontram células com propriedades funcionais parecidas. Os neurônios direcionais, por exemplo, estão presentes em todas elas. Isso indicaria o contrário: as "áreas motoras" seriam uma só... Como sair desse dilema? Como confirmar a existência de múltiplas áreas motoras e diferenciar a função de cada uma delas?

A luz no fim do túnel começou a aparecer com os estudos de neuroimagem funcional de voluntários (PET[G], SPECT[G] e RM[G]: veja o Quadro 13.2) submetidos a diversas tarefas comportamentais e psicológicas. Nessas técnicas, a imagem mostra as regiões com fluxo sanguíneo aumentado, ou com maior metabolismo neuronal. Como ambos aumentam nas regiões que apresentam maior atividade neural, a imagem indica as regiões envolvidas com a tarefa executada pela pessoa. Um indivíduo que move apenas um dedo repetidas vezes e é simultaneamente submetido a um desses métodos de imagem funcional, apresenta ativação de M1 e S1 no hemisfério contralateral (Figura 12.15A). O padrão tem lógica: M1 apresenta maior atividade neural porque está no comando dos movimentos do dedo, e S1 também é ativada como resultado da estimulação somestésica que o próprio movimento provoca. A seguir, o indivíduo é solicitado a mover os dedos em sequência, como se estivesse deslocando os aros da mola da Figura 12.15B. A imagem passa a ter outro padrão: agora não só M1 e S1 estão ativas, mas também MS e regiões do córtex pré-frontal[A] (Figura 12.15B). Conclui-se que, quando o movimento é mais complexo, envolvendo uma sequência ordenada, outras áreas entram em ação. Finalmente, o indivíduo é solicitado a apenas imaginar o movimento sequencial dos dedos, sem

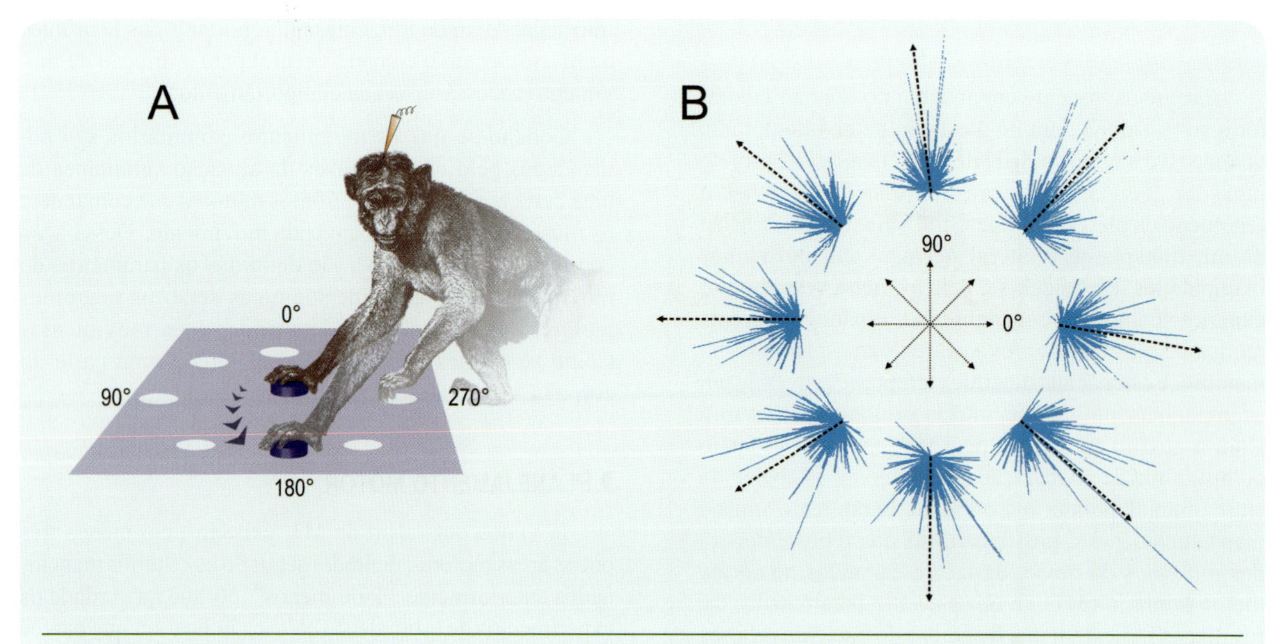

▸ **Figura 12.14.** *Além da força muscular, os neurônios corticais também comandam a direção do movimento.* ***A.*** *O macaco é treinado a realizar movimentos em determinadas direções, enquanto o pesquisador registra a atividade elétrica dos neurônios corticais.* ***B.*** *O comprimento de cada traço azul representa a frequência de disparo de PAs de um neurônio cortical antes de um movimento direcionado. As setas pretas indicam a resultante da atividade da população neuronal que dispara antes de cada movimento. Pode-se ver que a resultante é muito próxima da direção efetiva do movimento.* ***B*** *modificado de A. Georgopoulos (1988)* FASEB Journal *vol. 2: pp. 2849-2857.*

movê-los realmente. Neste caso, só a área MS aparece ativa (Figura 12.15C). A conclusão que podemos tirar é que essa área contém a ideia do movimento complexo, ou seja, uma espécie de plano ou programa para M1 executar.

A concepção de que possuímos regiões corticais que criam um plano motor é apoiada por observações de indivíduos com lesões do sistema nervoso. Certos pacientes portadores de lesões extensas de nervos periféricos sensitivos que abolem toda informação somestésica dos braços, ainda assim são capazes de realizar movimentos com as mãos descrevendo formas abstratas (um número 8, uma letra O, um triângulo), mesmo se colocados no escuro para impedir que usem a visão. Outros doentes apresentam lesões das áreas MS e PM, mas não de M1: sofrem distúrbios motores que os impedem de realizar movimentos sequenciais como os de abotoar uma camisa, mas não movimentos simples como mover um dos dedos da mão. Distúrbios desse tipo chamam-se *apraxias*. Em particular, alguns pacientes com lesões nessas áreas e regiões relacionadas apresentam apraxias chamadas ideomotoras, que os impedem de utilizar corretamente objetos corriqueiros como martelos, lápis, chaves e outros, mesmo sabendo o que são e para que servem. Às vezes não conseguem sequer imaginar os movimentos corretos para usá-los, ou interpretar corretamente a mímica gestual que alguém faça de como empregar um martelo, um lápis etc.

O que é, então, o "plano" ou "ideia" de um movimento? Não se tem certeza a esse respeito, mas os indícios parecem sugerir que há diferentes aspectos do movimento que estão "representados" no córtex cerebral rostral a M1: a localização de um alvo, a trajetória de um movimento, a velocidade de um ato motor, a distância a percorrer etc. Se tivermos que pegar um copo situado na mesa em frente, poderemos utilizar o braço esquerdo ou o direito. Além disso, o movimento será diferente se estivermos de frente, de lado ou de costas para o copo. O que importa neste caso é "pegar o copo", ou seja, alcançar o alvo e realizar o objetivo. O "plano" motor poderia consistir na seleção das unidades de comando (os neurônios motores) que melhor produziriam um movimento na direção do alvo. Em outras circunstâncias importaria mais a trajetória, ou a velocidade com que pegamos o copo. A seleção, nesses casos, seria diferente.

Podemos, então, diferenciar a função exercida por M1 daquela desempenhada pelas regiões motoras anteriores a M1, reportando-nos ao diagrama de blocos da Figura 11.1, no capítulo anterior. Enquanto M1 é uma estrutura ordenadora, responsável pelo comando motor superior, MS e PM são estruturas planejadoras, de onde sairá o programa de comandos que M1 enviará às estruturas subcorticais pelas vias descendentes, e que finalmente chegará às estruturas executoras, os músculos.

Resta ainda uma questão a esclarecer: quais as diferenças funcionais entre MS e PM, e entre elas e a área MC? Que outras áreas atuariam em associação a elas?

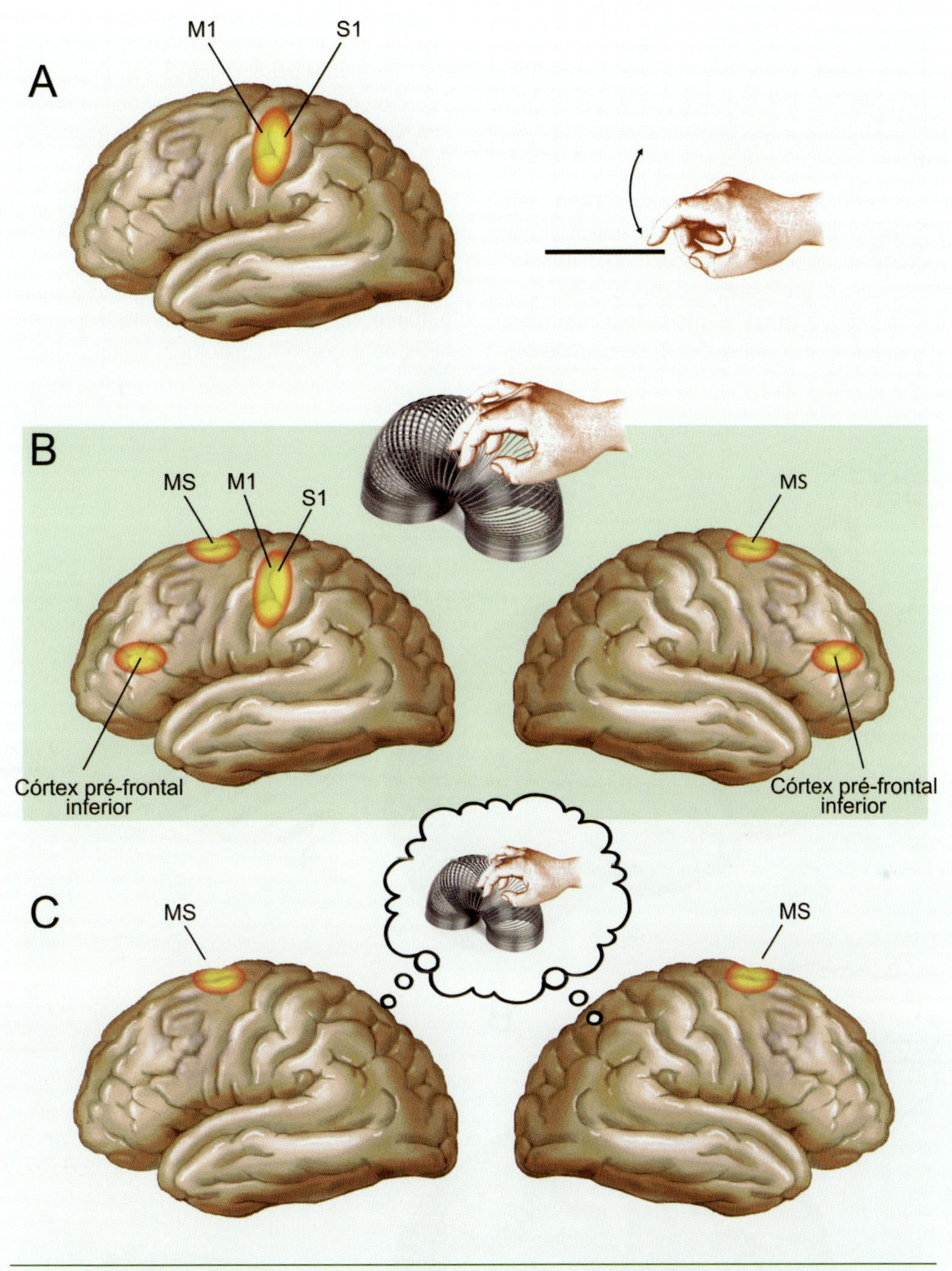

▶ **Figura 12.15.** *Planejamento e comando motor envolvem áreas diferentes do córtex cerebral.* ***A.*** *O movimento simples de um dedo provoca a ativação de M1 e S1 no hemisfério esquerdo.* ***B.*** *Um movimento complexo envolvendo vários dedos em sequência provoca a ativação de várias áreas em ambos os hemisférios.* ***C.*** *Pensar no movimento anterior, sem executá-lo, ativa apenas a região de planejamento motor. Modificado de P. Roland (1993).* Brain Activation. *Wiley-Liss, New York, EUA.*

Uma primeira indicação foi obtida recentemente por um experimento envolvendo técnicas de imagem funcional, realizado por um grupo britânico liderado pelo neurofisiologista Richard Passingham. O grupo comparou as imagens de PET obtidas quando indivíduos tentavam descobrir uma determinada sequência correta de movimentos com os dedos que havia sido previamente definida pelos experimentadores, mas não comunicada aos investigados. Estes eram avisados quando acertavam cada movimento, até que conseguiam aprender toda a sequência. Nas primeiras tentativas (movimentos "novos"), a área PM era ativada, junto com o cerebelo, o córtex parietal posterior e o córtex pré-frontal (Figura 12.16A). À medida que iam aprendendo, o padrão de ativação cerebral movia-se para a área MS, junto com o hipocampo[A] e as áreas occipitais e temporais (Figura 12.16B).

Pode-se concluir que o planejamento motor tem uma via "exterior" que se baseia na experiência sensorial não aprendida (somestésica, visual, proprioceptiva), e uma via "interior" que repousa sobre o aprendizado, a memória e o pensamento em geral. As regiões mais ativas em um e outro caso refletem essas duas situações. E no caso do córtex motor, PM seria a região de planejamento "exterior", ou seja, aquele realizado com base nos dados fornecidos a cada momento pelos sistemas sensoriais, enquanto a área MS seria a região de planejamento "interior", ou seja, que tem base nos dados armazenados na memória e os desígnios da vontade do indivíduo.

Os Neurônios-Espelho

No final dos anos 1990, um grupo de neurofisiologistas italianos, liderado por Giacomo Rizzolatti, fez uma descoberta de impacto na fisiologia motora, que repercutiu até

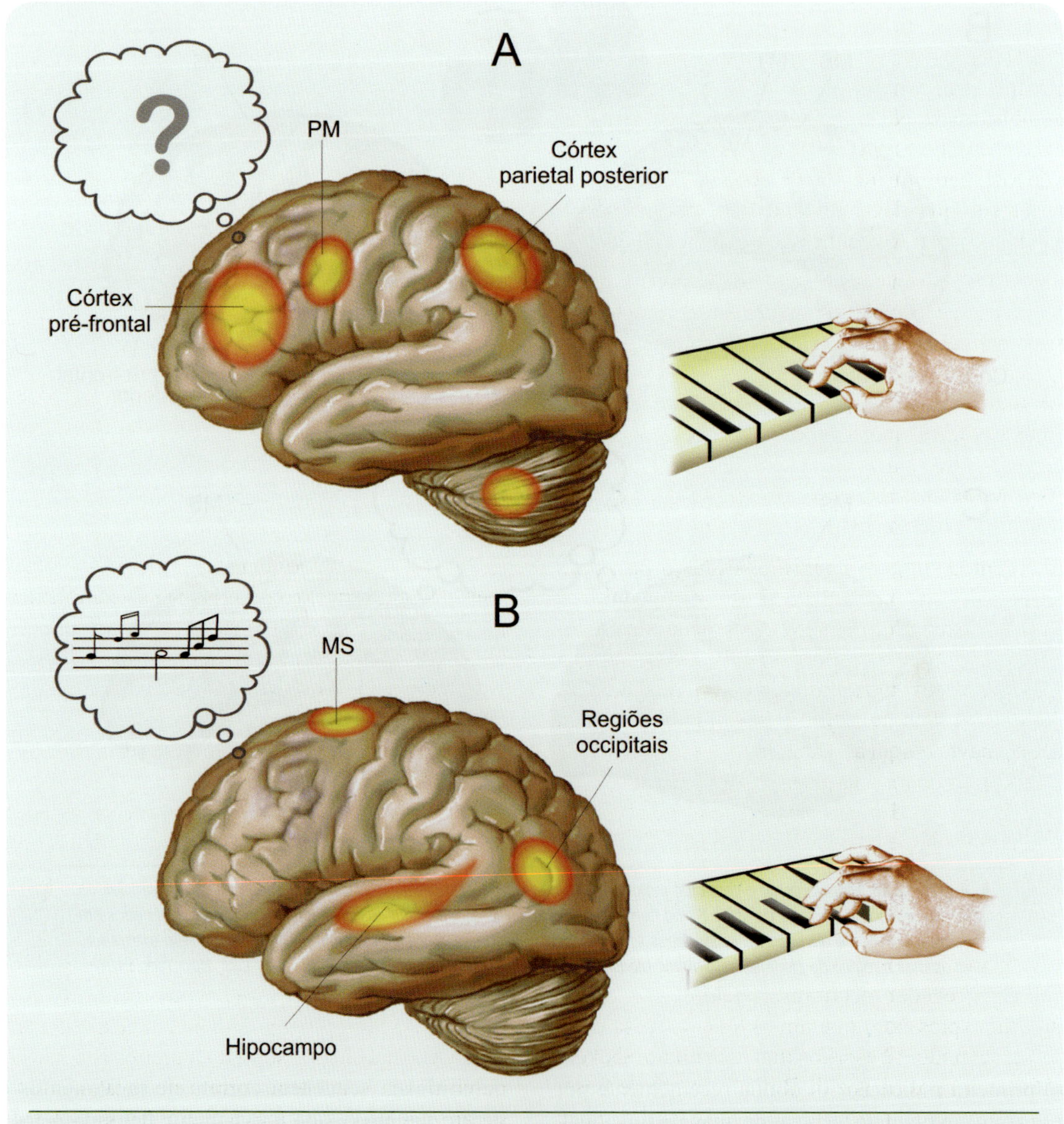

Figura 12.16. *O experimento de Passingham. Enquanto o indivíduo tenta descobrir a sequência correta de movimentos (**A**), as áreas ativadas são diferentes de quando ele a descobre (**B**). Modificado de I. H. Jenkins e cols. (1994)* Journal of Neuroscience *vol. 14: pp. 3775-3790.*

mesmo no campo da cognição. Registrando a atividade elétrica de neurônios isolados no córtex pré-motor de macacos, descobriram um tipo de neurônio que disparava potenciais de ação antes e durante um movimento do seu braço, dirigido a um objeto com a finalidade de agarrá-lo: um biscoito, por exemplo. Mas o espantoso foi que o mesmo neurônio disparava quando um outro macaco realizava o mesmo movimento, observado pelo primeiro. Parecia que esses neurônios estavam mais relacionados ao objetivo do movimento do que ao movimento propriamente dito. Rizzolatti e seus colaboradores cunharam o nome *neurônio-espelho* para essa família de células, e daí em diante esse tipo de neurônio não parou mais de ser relatado em diversas áreas cerebrais (Figura 12.17A). Foram encontrados nas áreas PM e MS, em áreas parietais responsáveis pelos mecanismos de percepção visuoespacial[G], e até mesmo áreas situadas na junção dos lobos temporal[A], parietal[A] e occipital[A], que parecem participar de funções cognitivas de alta complexidade. No homem, não é possível registrar neurônios em condições experimentais, mas o emprego de técnicas de RMf permitiu identificar *sistemas-espelho*, cuja atividade aumenta quando o indivíduo observa outras pessoas realizando movimentos conhecidos dirigidos a um alvo.

A função dos neurônios-espelho é ainda um tanto especulativa, mas parece razoável supor, pelas suas características de disparo e pela sua presença justamente nas áreas de planejamento motor, que estejam envolvidos nos processos que empregam a imitação como recurso de aprendizagem motora. Uma criança que aprende um novo movimento possivelmente utiliza para isso os seus neurônios-espelho, já que frequentemente imita os movimentos dos pais ou de outras crianças. O mesmo ocorre com os adultos.

Bem recentemente, os neurônios-espelho passaram a ser considerados essenciais para as funções cognitivas complexas. Por exemplo: como você associaria as palavras *buba* e *quiqui* com as formas abstratas mostradas na Figura 12.17B? Você e toda a torcida do Flamengo ou do Coríntians atribuiriam a palavra buba à figura mais arredondada, e a palavra quiqui à figura mais angulosa. Por quê, ninguém sabe, pois os sons das duas palavras são abstratos, e as figuras também. Mas elas têm algo em comum que teria sido identificado pelos neurônios-espelho. Com base nisso, considera-se que são os nossos sistemas-espelho que nos permitem associar informações diversas para permitir a tomada de decisões e realizar uma ação apropriada. Mais ainda: especula-se que os sistemas-espelho nos permitam até mesmo compreender metáforas e (pelo menos tentar) adivinhar pela expressão o que um indivíduo possa estar pensando ou sentindo. O escritor inglês William Shakespeare (1564-1616) pôs na voz de Romeu a seguinte frase, referindo-se a sua amada Julieta: "Julieta é o Sol". E você sabe que ele se referia à luminosidade e ao calor de Julieta, e não à possibilidade remota de que Julieta fosse o próprio astro-rei...

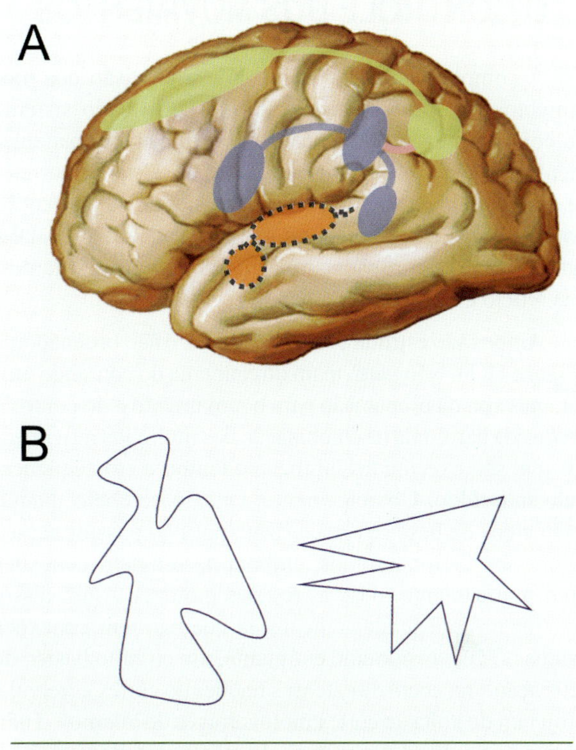

Figura 12.17. *A. Regiões onde foram encontrados neurônios-espelho, ligadas estritamente ao sistema visuomotor do córtex (em azul), a sistemas cognitivos complexos (em verde), e ao processamento de emoções (em laranja, representando a ínsula[A] e a amígdala[A]). **B.** Buba ou quiqui, qual é um, qual é o outro?*

A febril investigação dos dias atuais envolvendo neurônios e sistemas-espelho tem levado os neurocientistas a considerar os aspectos cognitivos mais complexos da ação motora: aqueles que estão na origem da "vontade" de realizar um movimento e da "intenção" dele. Neste caso, as áreas cerebrais envolvidas vão-se deslocando em sentido frontal, e confundem-se com as regiões cujas funções são "mentais" e independem mesmo da realização de atos ou comportamentos motores. As "últimas" regiões motoras, nesse sentido, seriam as áreas motoras cinguladas. Sobre elas, entretanto, pouco se pode dizer, a não ser supor que estejam envolvidas nos movimentos que contêm uma carga emocional e uma origem cognitiva, o que se depreende da vinculação dessa região com o sistema límbico (Capítulo 20). De fato, há evidências da clínica neurológica que apóiam essa hipótese. Movimentos como um sorriso de alegria genuína seriam programados pelas subdivisões da área MC, enquanto o "sorriso amarelo", isto é, os mesmos movimentos faciais produzidos sem tonalidade emocional seriam planejados pela área MS. Além disso, a identificação das diferentes opções de comportamentos que enfrentamos a cada momento, bem como a decisão final de qual deles escolher, seriam as principais funções de MC.

O CONTROLE DOS MOVIMENTOS

A complexidade, a velocidade e a precisão dos movimentos que produzimos exige um sofisticado sistema de controle que se encarregue de verificar, permanentemente, se cada movimento se inicia no instante correto, se é executado de acordo com a necessidade ou a intenção do executante e se termina no momento adequado. Tal é a função de dois agrupamentos neurais muito importantes: o cerebelo e os núcleos da base.

Ambos são estruturas controladoras, e não ordenadoras (Figura 11.1). Não participam diretamente do comando motor, mas sim da preparação para o movimento e do controle *on line* da harmonia de combinação dos múltiplos movimentos que são executados ao mesmo tempo e em sequência pelo indivíduo. Coerentemente, tanto o cerebelo quanto os núcleos da base se caracterizam por não possuir acesso direto aos motoneurônios, embora apresentem conexões com praticamente todas as regiões motoras. Além disso, funcionam independentemente, já que não têm conexões mútuas. Têm em comum, entretanto, um circuito básico de retroação[4]: recebem de extensas regiões do córtex cerebral e projetam de volta ao córtex motor através do tálamo[A]. Tudo indica que é dessa "conversa" de mão dupla entre eles e o córtex cerebral que se estabelece o controle motor, isto é, que o sistema nervoso "se assegura" de que os movimentos estão sendo produzidos de acordo com as suas ordens.

ESTRUTURA E CIRCUITOS DO CEREBELO

O cerebelo (Figura 12.18) ocupa cerca de um quarto do volume craniano no homem, e contém cerca de 80% do total de neurônios do cérebro, o que dá uma ideia de sua importância funcional. Tudo indica que a evolução brindou o cerebelo com a maior taxa de crescimento dentre as regiões cerebrais: embora seja o córtex cerebral a região que mais cresceu em volume, é o cerebelo o que mais cresceu em número de neurônios.

O cerebelo consiste em uma estrutura globosa com dois hemisférios que apresentam dobraduras paralelas transversais chamadas folhas[5], separadas por fissuras. Os primeiros anatomistas não tinham acesso à sua organização histológica e muito menos às conexões e às funções dos neurônios do cerebelo, por isso só puderam observar sua estrutura macroscópica. O que fizeram foi dividir o cerebelo em lobos e estes em lóbulos, como no cérebro. Os três lobos do cerebelo são: o lobo anterior, o lobo posterior e o lobo floculonodular, que se vê apenas quando se olha o cerebelo por baixo (Figura 12.18B), depois de cortar os pedúnculos cerebelares[A] que o ligam ao tronco encefálico.

Quando foi possível examiná-lo ao microscópio, os histologistas logo observaram que a superfície do cerebelo é formada por um *córtex* com três camadas, e uma substância branca[A] em cujo interior estão incrustados quatro *núcleos profundos* em cada hemisfério: o núcleo fastigial, os interpostos (globoso e emboliforme) e o núcleo denteado (Figuras 12.18 e 12.19). Ao estudar as relações conectivas entre o córtex cerebelar e os núcleos profundos, perceberam que os núcleos fastigiais recebem aferentes da região mediana do cerebelo (chamada verme[A] por seu aspecto alongado e segmentado; Figura 12.19A), que os núcleos interpostos recebem de zonas longitudinais intermediárias situadas entre o verme e os hemisférios, e que os núcleos denteados recebem das regiões mais laterais dos hemisférios. O córtex do lobo floculonodular conecta-se com os núcleos vestibulares (Figura 12.19B), que desse ponto de vista podem ser considerados também núcleos profundos do cerebelo, apesar de estarem localizados no tronco encefálico.

Com base nessas relações conectivas com os núcleos, histologistas propuseram então um novo zoneamento do cerebelo, que seria formado por quatro regiões de cada lado: o lobo floculonodular, o verme, o hemisfério intermédio e o hemisfério lateral. Pela comparação entre diferentes espécies animais, concluiu-se que durante a evolução o cerebelo expandiu-se mediolateralmente, sendo o lobo floculonodular e o verme as regiões mais antigas, e o hemisfério lateral a mais recente. Esse trajeto evolutivo de tamanho e forma do cerebelo foi também acompanhado pela sua função: as regiões mediais são mais envolvidas no controle de reflexos somáticos e autonômicos, e movimentos compostos como a locomoção; o hemisfério intermédio encarrega-se do controle dos movimentos voluntários; e o hemisfério lateral participa de funções cognitivas complexas, como a linguagem, sendo muito desenvolvido nos seres humanos.

De acordo com essa concepção, os fisiologistas verificaram que os circuitos do córtex cerebelar são homogêneos em todas as partes do cerebelo, e que a correlação das regiões do cerebelo com as suas funções deriva dos aferentes vindos de fora e dos eferentes que emergem dos núcleos profundos. Observaram que o lobo floculonodular não só projeta mas também recebe aferentes dos núcleos vestibulares, e que quando uma lesão é restrita a ele o animal ou o indivíduo apresentam distúrbios do equilíbrio e da postura antigravitária. O lobo floculonodular foi então chamado de *vestibulocerebelo* (Figura 12.19B). Sua função, assim, foi claramente relacionada à manutenção do equilíbrio e da postura. O verme e a zona intermédia, por outro lado, recebem forte inervação proveniente da medula através dos feixes espinocerebelares, sendo por isso reunidos no *espi-*

[4] *Equivalente ao termo inglês* feedback.

[5] *O termo cerebelo significa "pequeno cérebro". A analogia não para aí: as folhas do cerebelo equivalem aos giros do cérebro, e as fissuras equivalem aos sulcos. Hemisférios, lobos e lóbulos têm o mesmo sentido em ambas as estruturas.*

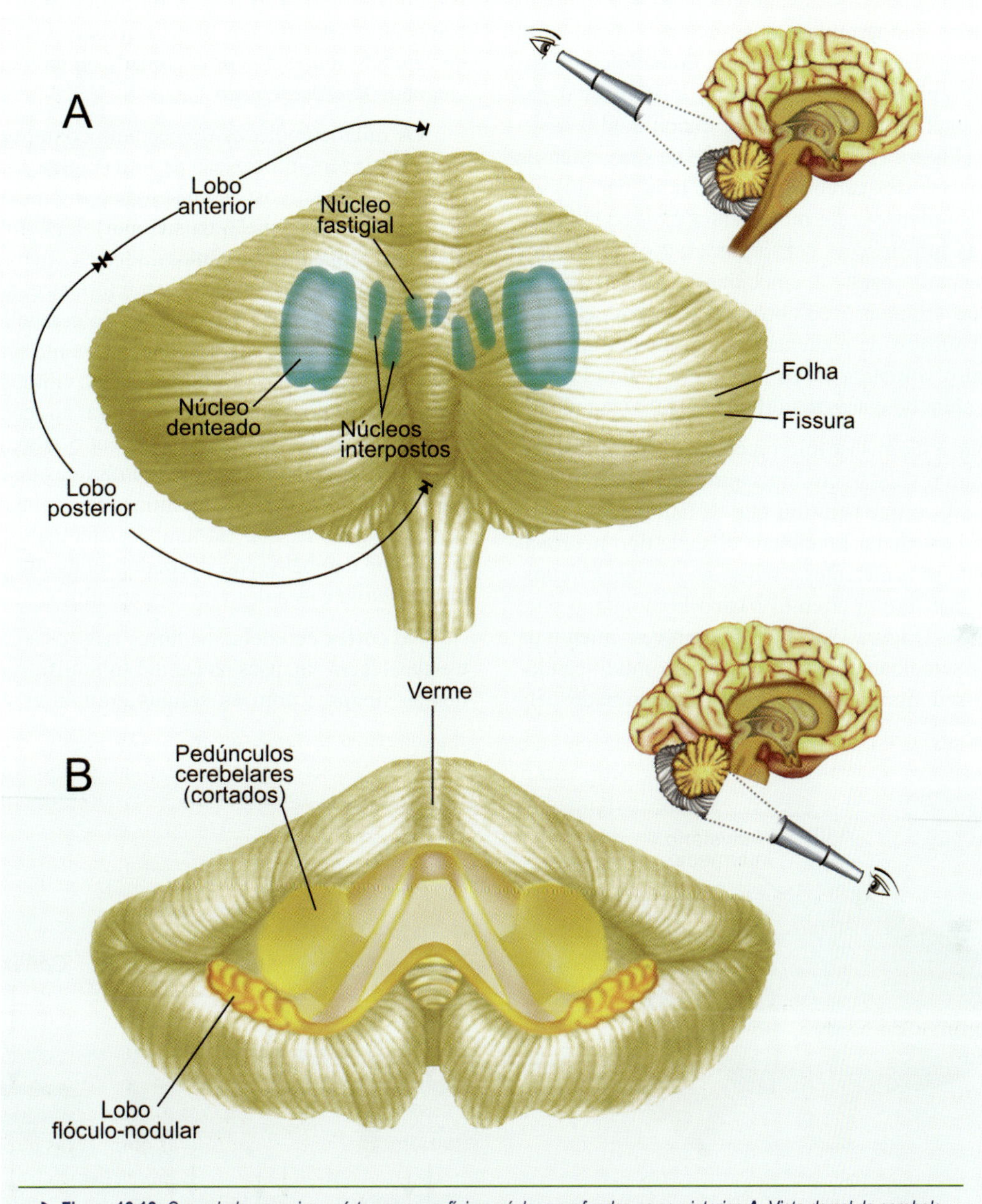

Figura 12.18. *O cerebelo possui um córtex na superfície e núcleos profundos no seu interior.* ***A.*** *Vista dorsal do cerebelo (indicada pela luneta no pequeno encéfalo acima e à direita), com os núcleos profundos desenhados em verde "por transparência".* ***B.*** *Vista ventral do cerebelo (luneta no pequeno encéfalo abaixo à direita), com os pedúnculos cerebelares cortados.*

nocerebelo (Figura 12.19B). O espinocerebelo envia fibras eferentes para o tronco encefálico e o mesencéfalo através do núcleo fastigial e dos interpostos, inervando respectivamente os núcleos do sistema descendente medial (núcleos vestibulares, formação reticular e colículo superior) e do sistema lateral (núcleo rubro).

O indivíduo apresenta erros de execução motora quando o espinocerebelo é atingido por lesões, pois deixa de contar com a informação proprioceptiva carreada pelos feixes espinocerebelares, e não é capaz de influenciar o comando motor veiculado pelas vias descendentes. Por fim, os hemisférios laterais recebem aferentes de núcleos situados na base da ponte, que por sua vez dispõem de uma extensa inervação do córtex cerebral. Essa inervação cortical tem origem no córtex frontal (regiões motoras e regiões cognitivas), no córtex parietal (regiões somestésicas e associativas) e no córtex occipital (especialmente V5, a área responsável pela percepção visual de estímulos em movimento). Os núcleos denteados, por sua vez, emitem fibras eferentes que terminam nos núcleos ventrolateral (VL) e ventroanterior (VA) do tálamo, de onde emergem axônios para o córtex motor, pré-motor e pré-frontal. Os hemisférios laterais foram, por isso, denominados *cerebrocerebelo* (Figura 12.19B). Em função de suas extensas ligações com o córtex cerebral, pode-se imaginar que ele participa da coordenação dos movimentos mais complexos, integrando as informações sensoriais com os comandos de origem mental (cognitiva, emocional). Coerentemente, as lesões que atingem o cerebrocerebelo provocam no indivíduo distúrbios de planejamento motor que alteram os movimentos voluntários e os movimentos automáticos aprendidos, além de outros distúrbios de natureza mental.

Refinando a sua análise microscópica, os neuro-histologistas puderam revelar os circuitos intrínsecos do cerebelo (Figuras 12.20), o que permitiu que os fisiologistas estudassem as propriedades funcionais de cada tipo neuronal tendo em vista seus aferentes e o destino de seus axônios. Verificaram que há um circuito básico homogêneo para todas as regiões (Figura 12.21), e que o processamento da informação é semelhante em todo o cerebelo, modificando-se apenas o seu significado funcional, determinado pela origem das fibras aferentes que chegam a cada região cerebelar e o destino das fibras eferentes. O circuito básico do cerebelo representa uma unidade ou módulo funcional, chamado *microcomplexo*.

Os microcomplexos do cerebelo começam com as fibras que trazem informação de fora (Figura 12.20A). Estas constituem dois tipos: as musgosas e as trepadeiras, assim denominadas em função da sua morfologia fina. As *fibras musgosas* provêm de neurônios de diversos núcleos do tronco encefálico (menos o núcleo olivar inferior), e são o principal sistema de entrada de informações do cerebelo. São fibras excitatórias que empregam o glutamato como neurotransmissor e que terminam no córtex cerebelar, emitindo colaterais para os núcleos profundos logo ao entrar no cerebelo (Figura 12.21). As fibras *trepadeiras,* por outro lado, originam-se especificamente no núcleo olivar inferior, situado no bulbo. São também excitatórias, terminando exclusivamente no córtex (Figura 12.21). Há também aferentes inespecíficos difusos no cerebelo (não ilustrados na figura), cuja função não é motora e está descrita no Capítulo 16.

No córtex cerebelar, as fibras musgosas ramificam-se e estabelecem sinapses na camada granular. A organização dessas sinapses com as células granulares é complexa,

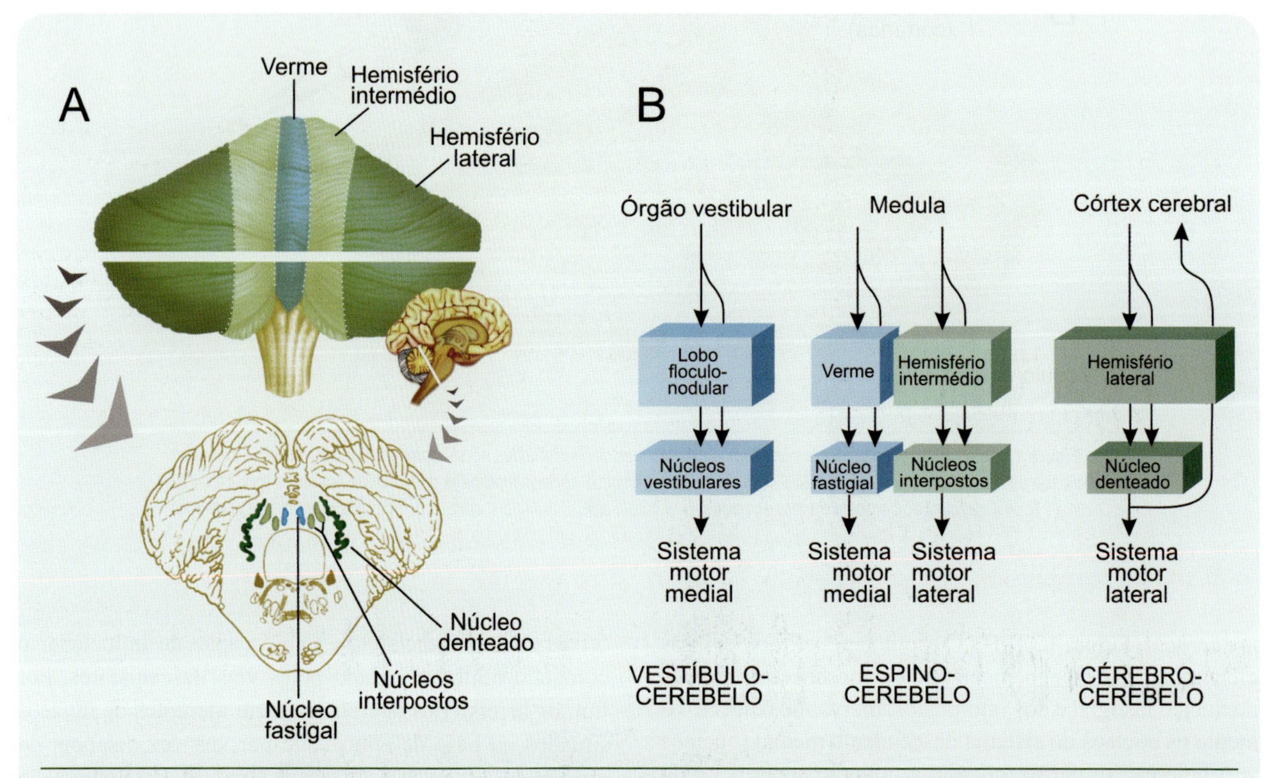

Figura 12.19. A. *Do ponto de vista das suas conexões, o cerebelo é subdividido em três regiões: verme, hemisférios intermédios e hemisférios laterais. Os núcleos profundos recebem aferentes seletivos de cada subdivisão, como se pode ver pela equivalência de cores.* **B.** *As subdivisões conectivas do cerebelo são também funcionais, e relacionam-se com os subsistemas motores, definindo o vestibulocerebelo, o espinocerebelo e o cerebrocerebelo. Os diagramas de blocos representam os aferentes e os eferentes de cada subdivisão funcional.*

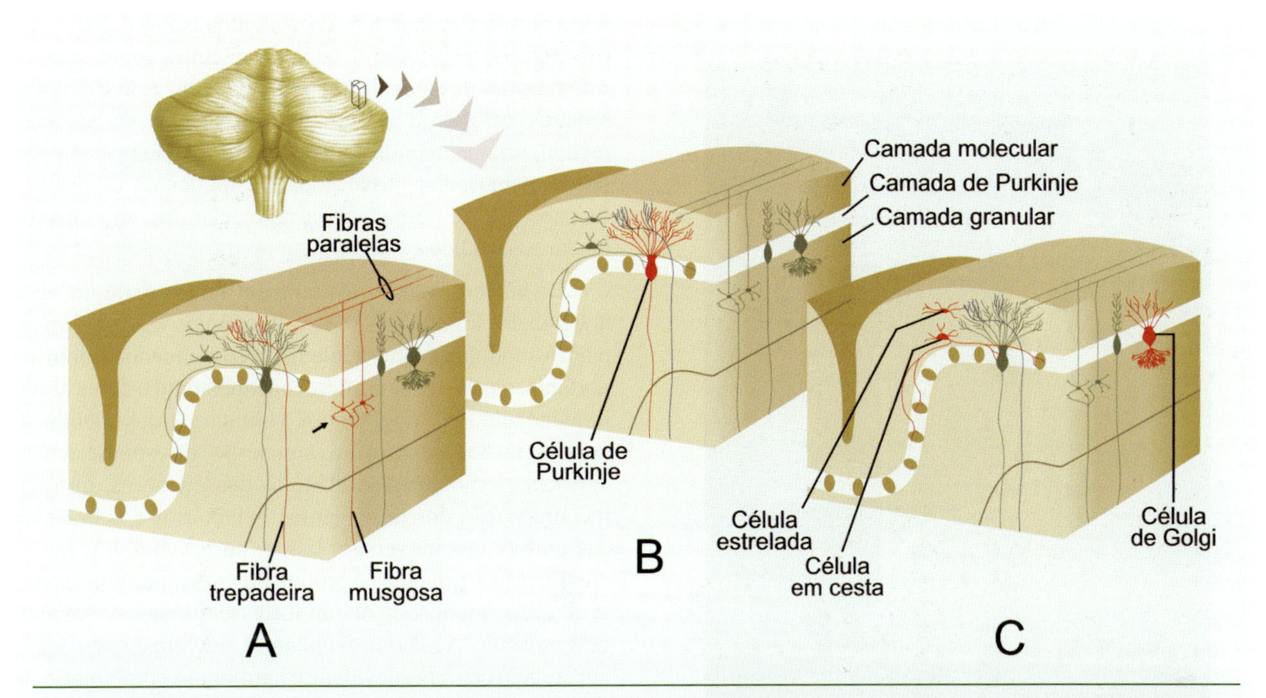

Figura 12.20. *Uma pequena fatia do córtex cerebelar (detalhe acima, à esquerda) é representativa de todas as regiões.* ***A*** *representa as fibras aferentes do cerebelo (em vermelho). A seta aponta para um glomérulo cerebelar.* ***B*** *representa as fibras eferentes do córtex cerebelar, que emergem das células de Purkinje (em vermelho).* ***C*** *ilustra os interneurônios principais (também em vermelho).* ***A-C*** *modificado de J. Martin (1996).* Neuroanatomy. *Appleton & Lange: Stamford, EUA.*

formando estruturas chamadas *glomérulos* (seta na Figura 12.20A) que incluem terminais musgosos, terminais inibitórios das *células de Golgi* (Figura 12.20C) e dendritos das *células granulares* (Figura 12.20A), tudo isso circundado por um envoltório de células gliais. O glomérulo permite uma alta eficiência na transmissão sináptica em face do isolamento propiciado pelas células gliais envolventes. Nesse ambiente isolado, os neurotransmissores têm ação na fenda sináptica, mas também se difundem para fora dela influenciando as sinapses vizinhas dentro do glomérulo. A informação aferente, assim, ativa fortemente as células granulares. Ocorre que estas projetam seus axônios para uma camada suprajacente (a camada molecular), onde eles se bifurcam em dois ramos antípodas formando um sistema de fibras paralelas que ao longo do caminho terminam sobre os dendritos de um outro tipo neuronal característico do córtex cerebelar, a *célula de Purkinje* (Figura 12.20B). Mas as células de Purkinje não são influenciadas apenas pelas fibras paralelas. Um forte efeito ativador sobre elas têm as fibras trepadeiras, que vêm dos núcleos olivares inferiores e enovelam-se em torno do soma, formando múltiplas sinapses excitatórias (Figura 12.20D).

A célula de Purkinje, assim, recebe forte ativação excitatória de ambos os aferentes: diretamente de uma fibra trepadeira e indiretamente das fibras musgosas, através dos axônios das células granulares (Figura 12.21). Cada célula de Purkinje é ativada por uma fibra trepadeira única que com ela estabelece milhares de sinapses (cerca de 25 mil, no rato; provavelmente muito mais, no homem). Além disso, a mesma célula de Purkinje recebe uma sinapse de cada uma de cerca de 180 mil fibras paralelas que passam por seus dendritos, no cerebelo humano. Apesar da forte ativação excitatória que recebem de seus aferentes, as células de Purkinje são na verdade inibitórias, tendo o GABA como neurotransmissor. Seus axônios projetam para os núcleos profundos (e os núcleos vestibulares, no caso do lobo floculonodular), constituindo a saída final do córtex cerebelar (Figura 12.21). A informação de saída do córtex cerebelar para os núcleos, assim, é inibitória.

CONTROLE *ON LINE* DA EXECUÇÃO DOS MOVIMENTOS

Quase todos os axônios que emergem dos núcleos profundos do cerebelo (inclusive dos núcleos vestibulares) são excitatórios (há alguns inibitórios que projetam à oliva inferior). São eles que fornecem a informação de saída que o cerebelo envia aos diversos núcleos motores. Em cada um destes núcleos existe um mapa somatotópico da metade ipsolateral do corpo.

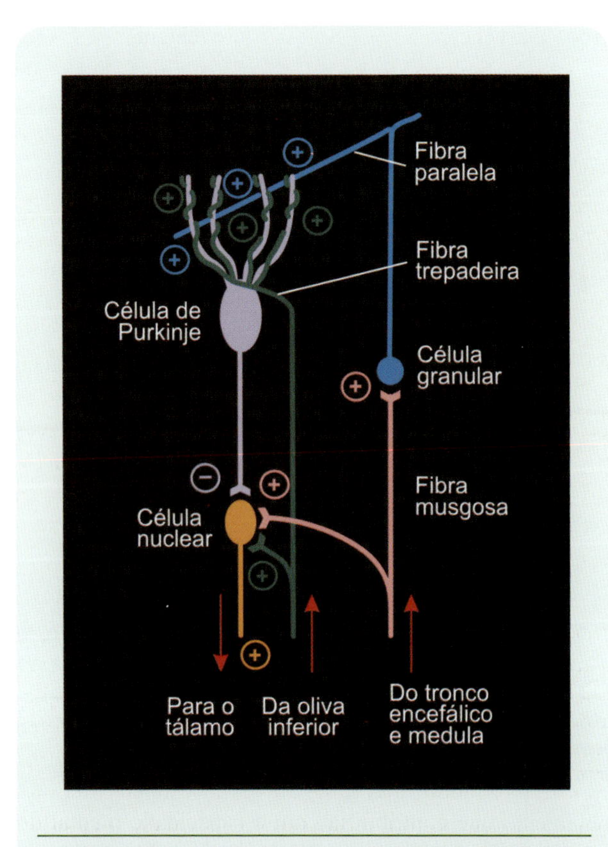

Figura 12.21. *O circuito básico do cerebelo pode ser representado esquematicamente. Notar que as fibras que saem do cerebelo a partir dos núcleos profundos são excitatórias, mas as fibras de Purkinje que sobre elas incidem são fortemente inibitórias. As fibras aferentes que chegam ao cerebelo do tronco encefálico e da medula são excitatórias.*

Os núcleos vestibulares fazem parte eles próprios do sistema medial de comando motor (Figuras 12.5 e 12.19B), e dessa forma participam dos ajustes posturais propiciados pelas informações que vêm do labirinto. Isso significa que o disparo das células de Purkinje, por ser inibitório, normalmente "freia" a ação motora dos feixes vestibuloespinhais. Por essa razão, os indivíduos com lesões do vestibulocerebelo — que deixam de possuir a modulação cerebelar — apresentam marcha e postura atáxicas[G], e quando parados tendem a manter-se com as pernas afastadas para não oscilar e cair. Uma outra parte do sistema descendente medial é constituída pela formação reticular, que recebe axônios dos núcleos fastigiais do cerebelo. Por isso, também os indivíduos com lesões do espinocerebelo apresentam movimentos atáxicos do eixo do corpo, já que os seus feixes reticuloespinhais deixam de contar com a modulação cerebelar.

O sistema medial é também formado pelo colículo superior e seus axônios eferentes. Como o colículo recebe fibras do núcleo fastigial, os indivíduos com lesões espinocerebelares apresentam movimentos oculares anormais (nistagmo patológico). Pode-se concluir, assim, que as informações de saída do vestibulocerebelo e do espinocerebelo controlam a ação motora do sistema descendente medial, seja na manutenção do equilíbrio, seja nos ajustes do tônus muscular provocados por mudanças de posição da cabeça e do corpo, ou na regulação dos movimentos oculares sacádicos.

Os núcleos interpostos também fazem parte do espinocerebelo (Figura 12.19B) e seus axônios veiculam informação modulatória ao núcleo rubro, exercendo controle, portanto, sobre o sistema descendente lateral e desse modo influenciando os movimentos voluntários dos membros. Por essa razão, os indivíduos com lesões do espinocerebelo apresentam movimentos atáxicos dos membros, ou seja, incoordenação dos movimentos voluntários dos braços e das pernas. Ao mover um braço, por exemplo, o movimento nesses pacientes é produzido em ziguezague, como se fosse acompanhado de um forte tremor, que no entanto cessa quando cessa o movimento. Conclui-se que o espinocerebelo confere suavidade e harmonia à combinação de movimentos dos membros. Acredita-se que essa função de natureza corretiva seja realizada através da estabilização dos reflexos de estiramento, por meio das vias descendentes que terminam nos motoneurônios medulares.

Finalmente, os núcleos denteados são as vias de saída do cerebrocerebelo para o córtex motor, pré-motor e pré-frontal (Figura 12.19B), através dos núcleos talâmicos VA e VL. Neste caso, estabelece-se um circuito de retroação que leva a essas regiões corticais as informações geradas no cerebelo, capazes de modular os comandos que o córtex cerebral emite para a realização de movimentos voluntários, especialmente os precisos e finos movimentos distais dos membros e as sequências de movimentos que envolvem muitas articulações. Nos indivíduos com lesões do cerebrocerebelo ocorrem diversos distúrbios da motricidade, especialmente uma incapacidade de combinar os movimentos das diversas partes do corpo em um mesmo movimento complexo (assinergia) e erros de execução espacial dos movimentos (dismetria).

Ao lado dessas observações dos neurologistas, os fisiologistas realizaram experimentos com macacos, registrando a atividade elétrica dos neurônios eferentes do cerebelo e correlacionando-a com os movimentos que os animais eram treinados para executar. Os resultados foram coerentes com o que se descreveu acima. Neurônios dos núcleos fastigiais, por exemplo, mesmo com o animal em repouso, produzem um disparo tônico de frequência média. Durante a locomoção e os ajustes posturais, aumentam sua atividade. Os neurônios dos núcleos interpostos, por outro lado, modulam sua frequência de disparo toda vez que um membro muda de posição, especialmente quando ocorre co-contração de agonistas e antagonistas. Finalmente, o estudo da atividade dos neurônios dos núcleos denteados mostrou que eles disparam antes dos movimentos complexos, especialmente aqueles associados a estímulos auditivos e visuais (movimentos não corretivos, isto é, voluntários, espontâneos).

Um outro aspecto importante da função cerebelar é a plasticidade sináptica, que foi bem documentada nas sinapses das fibras paralelas com os dendritos das células de Purkinje, mas que existe também em outras sinapses do microcomplexo cerebelar. Ocorre nessas sinapses a potenciação de longa duração (LTP, sigla da expressão em inglês) e a depressão de longa duração (LTD), ambas abordadas no Capítulo 5. Esses fenômenos são alterações duradouras da transmissão sináptica que representam formas de memória.

Quer dizer: o microcomplexo cerebelar é dotado de memória, o que explica o envolvimento do cerebelo em várias formas de aprendizagem motora. Por exemplo: se algo tocar a sua córnea, você piscará defensivamente. No entanto, você piscará também se algum objeto apenas se aproximar de sua córnea, mesmo sem tocá-la. E se associar esse estímulo a algo completamente inócuo, como um som qualquer, você piscará também. Isso porque você aprendeu que quando os objetos de aproximam perigosamente da córnea, pode ocorrer uma forte e indesejável dor. Sabe-se que essa forma de aprendizagem é um condicionamento de tipo clássico, como os reflexos condicionados descritos pelo fisiologista russo Ivan Pavlov (1849-1936). E sabe-se também que o condicionamento do reflexo corneano – bem como outras formas de aprendizagem motora – dependem da integridade do microcomplexo cerebelar para funcionar corretamente. Por extensão concluiu-se que o cerebelo é dotado de mecanismos de memória que possibilitam a aprendizagem motora.

A função desempenhada pelo cerebelo no controle dos movimentos – aprendidos ou novos – é inferida das observações dos neurologistas e dos experimentos dos fisiologistas, mas ainda há considerável controvérsia a esse respeito. A controvérsia estimulou o aparecimento de diferentes modelos funcionais para explicar a função cerebelar.

Alguns pesquisadores propuseram que o cerebelo seria um "reforçador tônico" das estruturas ordenadoras, fornecendo uma descarga tônica excitatória aos núcleos motores, que a repassariam aos músculos produzindo tônus muscular. Este modelo está de acordo com a forte projeção do cerebelo para os núcleos motores do tronco encefálico, que produzem o tônus muscular através das vias descendentes mediais. No entanto, não dá conta da projeção do cerebelo ao núcleo rubro, um ordenador de movimentos voluntários apendiculares. Um segundo modelo propôs que o cerebelo fosse encarado como um gerador de ritmos, que seria usado pelo sistema motor como um metrônomo[G], para calcular o tempo de duração dos movimentos. A ideia é compatível com alguns sintomas provenientes de lesões do cerebelo (como a dismetria, erro de alcance de um movimento). Entretanto, não se encontrou periodicidade rítmica no disparo de potenciais de ação pelos neurônios eferentes do cerebelo.

Ainda um outro modelo funcional encara o cerebelo como um comparador entre as instruções de comando geradas pelo córtex motor e a tarefa executada pelos músculos. Como o cerebelo demonstradamente recebe informações multissensoriais (proprioceptivas, visuais, labirínticas, somestésicas), sua tarefa seria compará-las com uma cópia (a "cópia eferente") dos comandos motores originados no córtex e veiculados pelas projeções que chegam através dos núcleos pontinos. Resultaria dessa comparação o envio de instruções corretivas ao córtex motor, que eliminariam erros diminuindo as oscilações dos movimentos durante a sua execução.

Recentemente se descobriu que o cerebelo participa de funções mentais, apresentando fluxo sanguíneo aumentado durante a execução de tarefas motoras de natureza superior, como a linguagem, a aprendizagem de movimentos complexos, a execução de movimentos com conteúdo emocional e outras. Assim, o cerebelo não seria apenas uma máquina de controle motor, mas também um instrumento de planejamento que contribuiria com a capacidade mental do indivíduo. Essa nova concepção do cerebelo é apoiada pela evidência de que indivíduos autistas[G] e esquizofrênicos[G] frequentemente apresentam lesões cerebelares.

ESTRUTURA E CIRCUITOS DOS NÚCLEOS DA BASE

Os núcleos da base não constituem um "órgão" bem definido como o cerebelo. São um conjunto de núcleos situados em diferentes partes do sistema nervoso, que têm conexões entre si e participação no mesmo sistema funcional de controle motor. Alguns deles são telencefálicos (Tabela 12.3), como o corpo estriado[A] e o globo pálido; outros são diencefálicos, como é o caso do núcleo subtalâmico, e outros ainda são mesencefálicos, como a substância negra[A]. Os núcleos da base apresentam três diferenças marcantes com o cerebelo: (1) recebem aferentes corticais (praticamente não há aferentes sensoriais ou de regiões motoras subcorticais, como é o caso do cerebelo); (2) emitem eferentes de saída exclusivamente para o tálamo e o mesencéfalo; e (3) esses eferentes são inibitórios (e não excitatórios, como os do cerebelo).

O *corpo estriado* deve seu nome ao fato de que as fibras da cápsula interna o atravessam (Figura 12.22A), conferindo-lhe um aspecto rajado. As relações com a cápsula interna – principal feixe de fibras que comunica o córtex cerebral com as regiões subcorticais – são importantes porque é esse feixe que separa o núcleo caudado[A] do putâmen[A] (Figura 12.22B). A separação, entretanto, é apenas morfológica,

TABELA 12.3. OS NÚCLEOS DA BASE

Origem	Complexo	Núcleos	Abreviaturas
Telencéfalo	Corpo estriado[A]	Nu. caudado[A]	Cd
		Nu. putâmen[A]	Pu
		Nu. acumbente*	Ac
		Tubérculo olfatório*	TO
	Globo pálido[A]	Externo	GPe
		Interno	GPi
		Ventral*	GPv
Diencéfalo[A]		Nu. subtalâmico	ST
Mesencéfalo	Substância negra[A]	Parte compacta	SNc
		Parte reticulada	SNr
		Área tegmentar ventral*	ATV

**Anatomicamente, estas regiões fazem parte dos núcleos da base, mas como são associadas a outros sistemas funcionais, são tratadas nos Capítulos 16 e 20.*

uma vez que a função de ambos os núcleos é semelhante. O envolvimento do corpo estriado com o controle dos movimentos é conhecido desde o início do século 20, depois que o médico americano George Huntington (1850-1916) descreveu, em 1872, a doença que levou seu nome, e que se caracteriza pela ocorrência de movimentos anormais incontroláveis que o paciente realiza sem cessar. O exame anátomo-patológico dos encéfalos desses pacientes revela uma forte degeneração de neurônios do estriado, que às vezes atinge também algumas regiões do córtex cerebral. O corpo estriado é a porta de entrada dos núcleos da base, uma vez que recebe o influxo de informação que vem de inúmeras regiões do córtex cerebral, distribuída topograficamente. Essa especificidade topográfica corticoestriada tem levado a considerar que há setores envolvidos com o sistema motor, dos quais trataremos aqui, e outros envolvidos com outras funções – emocionais, cognitivas, motivacionais. Do estriado emergem axônios que projetam aos demais núcleos da base, para o processamento que possibilitará o controle dos movimentos e demais funções.

O *globo pálido*[A] (Figura 12.22B) recebeu esse nome porque apresenta tonalidade mais clara que os núcleos vizinhos. Situa-se em posição ventromedial ao corpo estriado e subdivide-se em dois núcleos: o externo (GPe) e o interno (GPi). O pálido representa o estágio final do processamento da informação que os núcleos da base realizam, pois é do GPi que partem os axônios eferentes de saída em direção ao tálamo.

O *núcleo subtalâmico* fica em uma região diencefálica ventral ao tálamo, e é atualmente considerado um núcleo de entrada também, como o corpo estriado, pois recebe amplas projeções do córtex cerebral. E por fim a *substância negra* (Figura 12.22B), subdividida em duas partes – compacta e reticulada[6] (Tabela 12.3) – comunica-se reciprocamente com o estriado (a SNc) e projeta eferentes ao colículo superior do mesencéfalo (a SNr) (Figura 12.22B).

O estudo dos circuitos neurais dos núcleos da base deve também começar pelos aferentes originários do córtex cerebral, como fizemos para o cerebelo. Praticamente todas as regiões corticais emitem fibras destinadas ao corpo estriado (Figura 12.23A): as que chegam ao caudado são provenientes das regiões associativas, enquanto as que terminam no putâmen são geralmente originárias das regiões sensoriais e motoras. Todas essas fibras são excitatórias (glutamatérgicas) e estabelecem sinapses com a ponta das espinhas dendríticas do principal tipo neuronal do corpo estriado: a célula espinhosa média (Figura 12.24). Sobre esse neurônio, que constitui cerca de 95% da população de células do estriado, convergem também axônios dopaminérgicos provenientes da substância negra (Figura 12.23A), fibras glutamatérgicas do tálamo e axônios colinérgicos e GABAérgicos de neurônios locais, além dos aferentes corticais. Fica evidente que esses neurônios representam importantes sítios de processamento da informação, o que é atestado pelos distúrbios devastadores que surgem quando eles degeneram nos pacientes com doença de Huntington, um distúrbio motor de origem genética que provoca amplos movimentos anormais incontroláveis e gradativamente vai deteriorando a vida cognitiva do paciente até a morte por demência e total incapacidade funcional.

[6] *Os termos expressam respectivamente a maior e a menor compactação das células que compõem cada parte.*

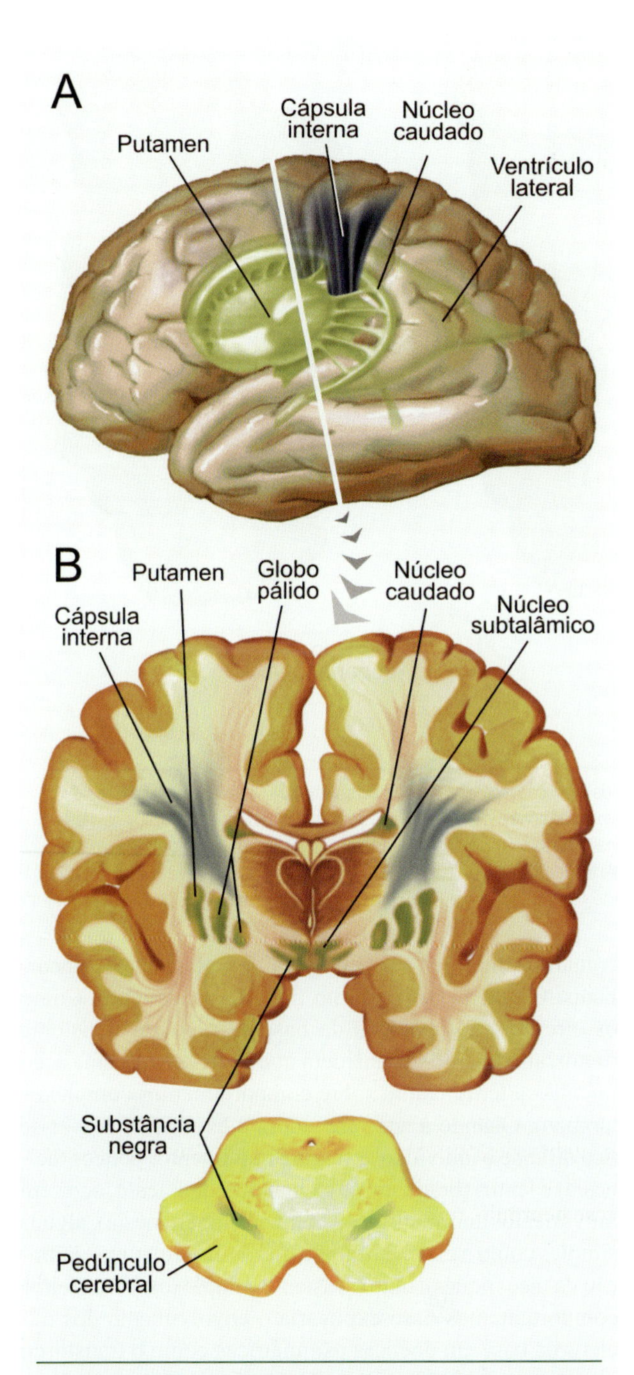

Figura 12.22. *Os núcleos da base (em verde) ficam no interior do encéfalo, e são atravessados pela cápsula interna (em azul).* ***A.*** *Representação "por transparência" dos núcleos da base, atravessados por dois dos feixes da cápsula interna.* ***B.*** *Representação do corte indicado pela linha branca em* ***A****, mostrando também os núcleos da base em relação à cápsula interna. Um plano de corte oblíquo como esse permite visualizar ao mesmo tempo os componentes telencefálicos, diencefálicos e mesencefálicos dos núcleos da base. A substância negra pode ser vista claramente acima do pedúnculo cerebral, no mesencéfalo (desenho de baixo em* ***B****).*

Na outra ponta, os axônios de saída dos núcleos da base emergem dos neurônios inibitórios (GABAérgicos) do núcleo interno do globo pálido e da substância negra reticulada. Os primeiros projetam a certos núcleos do tálamo e os segundos ao colículo superior do mesencéfalo (Figura 12.23B). O tálamo completa o circuito projetando a diversas regiões do córtex motor, e o colículo superior faz o mesmo projetando para os núcleos de comando dos músculos do olho (não ilustrado). Isso permite influenciar os movimentos corporais (a via palidotalâmica), e também os movimentos oculares (a via nigrotectal).

O que acontece no meio do caminho? Entre a entrada e a saída, o que fazem os circuitos internos dos núcleos da base? Podemos considerar que as conexões do córtex cerebral com os núcleos da base estabelecem duas vias principais (Figura 12.23C): uma via direta, que conecta o corpo estriado diretamente ao GPi, e uma via indireta, que apresenta um estágio sináptico intermediário no GPe. Em ambos os casos, como a entrada vem do córtex e a saída volta a ele, trata-se de um circuito de retroação. Mas não é tão simples como parece. Os neurônios espinhosos médios são fortemente influenciados por axônios dopaminérgicos provenientes da substância negra compacta – os da via direta possuem um subtipo de receptor (D1) que os despolariza, enquanto os da via indireta possuem um outro subtipo (D2) que os hiperpolariza. A substância negra compacta, então, é capaz de ativar (ou facilitar) alguns neurônios do estriado, e inibir outros. O balanço entre essas ações opostas das fibras dopaminérgicas da SNc é crucial para a função e a disfunção dos núcleos da base, como veremos adiante.

Além disso, o núcleo subtalâmico estabelece conexões recíprocas com o GPi (Figura 12.23C), e participa também do circuito de controle dos movimentos oculares, projetando seus axônios de saída para a substância negra reticulada. O núcleo subtalâmico recebe também expressiva projeção do córtex cerebral, o que permite concluir que o controle dos movimentos oculares utiliza uma maquinaria neuronal própria, separada da que se dedica ao controle dos movimentos corporais.

O ENIGMA DA FUNÇÃO DOS NÚCLEOS DA BASE

A função geral dos núcleos da base, bem como a participação específica de cada um deles, têm sido tradicionalmente inferidas a partir de casos de pacientes com lesões nesses núcleos. Disso resultou a concepção prevalente de que os núcleos da base são iniciadores e terminadores dos movimentos: o disparo inibitório de seus axônios de saída para o tálamo seria um "freio" permanente de movimentos indesejados. A necessidade de realizar um movimento interromperia esse disparo tônico frenador e "liberaria" os

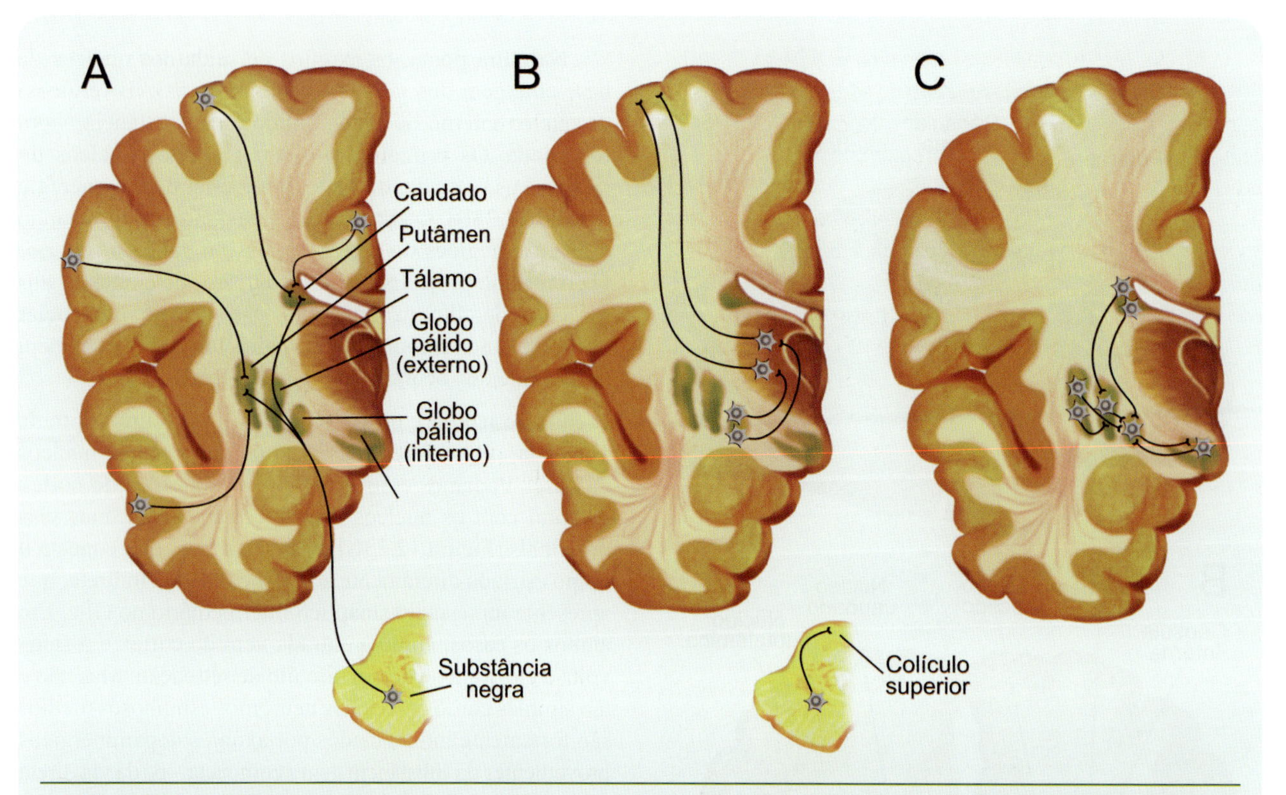

Figura 12.23. *As informações de entrada que o corpo estriado processa vêm de extensas regiões do córtex cerebral (**A**), enquanto as informações de saída seguem para certos núcleos do tálamo, que as transmite para as regiões motoras do córtex, e para o colículo superior do mesencéfalo (**B**). Os núcleos da base constituem, entre si, um complexo circuito de processamento (**C**) que transforma as informações de entrada em comandos para iniciar ou terminar um movimento simples, uma sequência deles, ou mesmo comportamentos complexos e elaborados.*

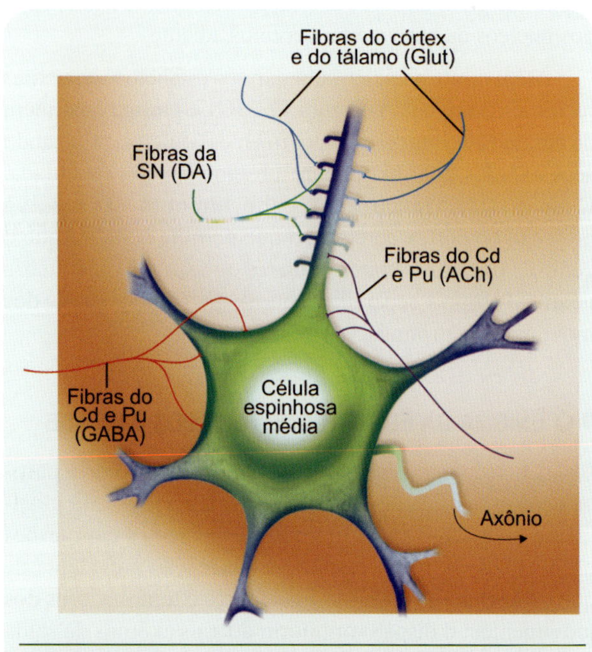

Figura 12.24. *Os aferentes da célula espinhosa média do corpo estriado são conhecidos quanto à sua origem, seu local preciso de terminação, e o seu neurotransmissor. ACh = acetilcolina; Cd = caudado; DA = dopamina; GABA = ácido gama-aminobutírico; Glut = glutamato; Pu = putâmen; SN = substância negra.*

comandos motores corticais para os ordenadores subcorticais. O oposto ocorreria no final do movimento. Como os circuitos dos núcleos da base extrapolam o sistema motor, atualmente se considera que exercem a mesma ação iniciadora/terminadora sobre comportamentos complexos também. Quando a ação frenadora é excessiva, mover-se fica difícil e o indivíduo apresenta movimentos poucos (acinesia) e lentos (bradicinesia). Quando é deficiente, ocorrem movimentos anormais incontroláveis (hipercinesia), alguns simples como a elevação súbita dos ombros ou uma contração da face (tiques), outros bastante complexos, verdadeiros comportamentos. Isso explicaria o envolvimento dos núcleos da base em doenças psiquiátricas como o transtorno obsessivo-compulsivo, que leva o indivíduo a perder a capacidade de inibir certos comportamentos e executá-los repetitiva e exaustivamente. São os pacientes que lavam as mãos ou banham-se compulsivamente, colecionam objetos inúteis que não conseguem jogar fora, dedicam-se aos jogos de azar sem conseguir parar.

A explicação mais aceita é conhecida como a hipótese das vias paralelas, que propõe a existência de um equilíbrio entre a via direta e a via indireta dos circuitos retroativos entre o córtex e os núcleos da base. Predominaria a via direta quando fosse necessário iniciar um certo movimento ou comportamento. O córtex ativaria os neurônios inibitórios do estriado, que bloqueariam os neurônios inibitórios do GPi. Resultado: o tálamo seria "liberado" para autorizar as regiões motoras a programar e comandar esse movimento ou comportamento. Em outra circunstância, predominaria a via indireta, que possui um neurônio inibitório a mais, na sequência. Nesse caso, o tálamo seria impedido de autorizar os movimentos, ou então provocaria a sua interrupção. Os demais participantes dessas vias exerceriam influências moduladoras, fazendo pender o equilíbrio para a via direta ou a indireta, para a iniciação ou a terminação de um movimento ou comportamento.

Essa concepção é apoiada pelos distúrbios apresentados por pacientes com doenças neurodegenerativas dos núcleos da base. Os portadores da doença de Parkinson, por exemplo, são vítimas de degeneração dos neurônios da substância negra compacta, as células dopaminérgicas cujos axônios projetam ao corpo estriado. Apresentam grande dificuldade de movimentar-se, rigidez muscular considerável e um tremor constante nos membros e na mandíbula. É possível explicar alguns dos sintomas utilizando o conhecimento que temos sobre os circuitos dos núcleos da base (Figura 12.25A). Assim, sem a modulação positiva (facilitação) da via direta (receptores D1), e sem a modulação negativa da via indireta (D2), o resultado seria um bloqueio da ativação cortical que o tálamo normalmente realiza (Figura 12.25B). Desautorizado pelo tálamo, o córtex motor deixaria de programar e comandar movimentos e comportamentos, e isso explicaria a acinesia desses pacientes.

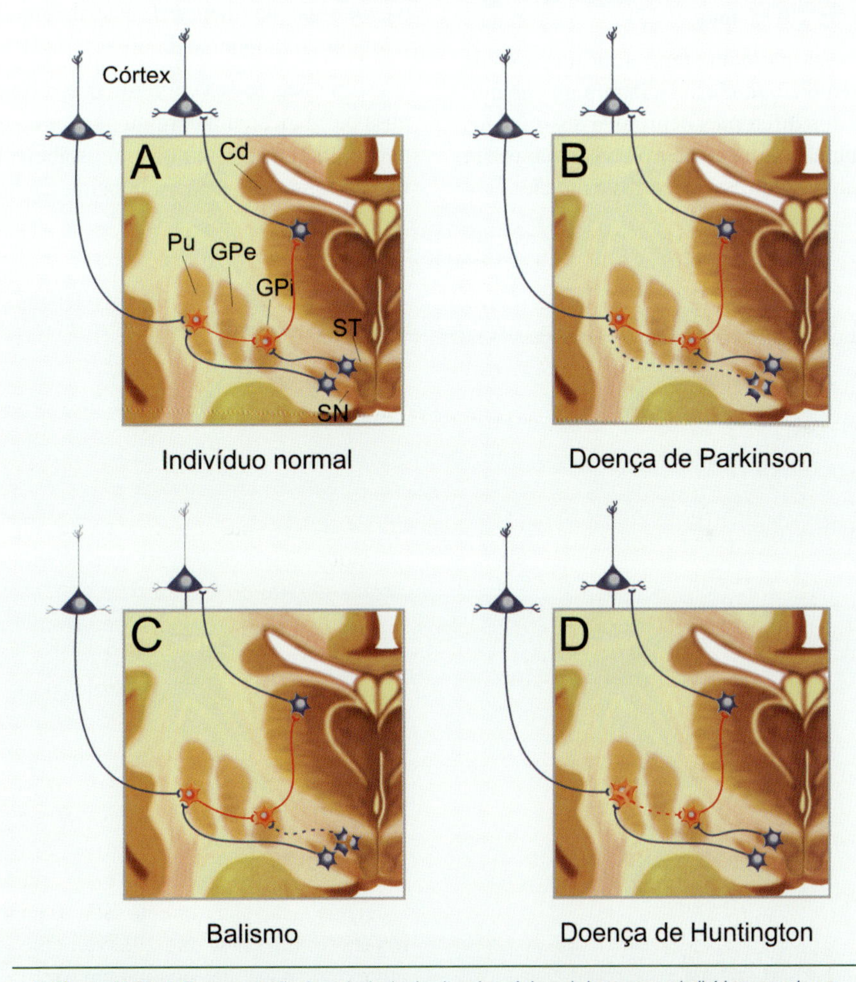

▶ **Figura 12.25.** ***A.*** *Representação dos principais circuitos dos núcleos da base em um indivíduo normal, com os neurônios inibitórios representados em vermelho e os excitatórios em azul. As conexões recíprocas não estão representadas, por simplicidade.* ***B.*** *Nos doentes parkinsonianos, neurônios negro-estriados degeneram.* ***C.*** *Nos pacientes com balismo, degeneram os neurônios subtalâmico-pálidos, e nos pacientes com doença de Huntington (**D**), são os neurônios espinhosos médios do corpo estriado que degeneram. Alguns dos sintomas dessas doenças podem ser explicadas analisando os circuitos (veja o texto). Cd = caudado; GPe = globo pálido externo; GPi = globo pálido interno; Pu = putâmen; SN = substância negra; ST = núcleo subtalâmico.*

Uma outra doença dos núcleos da base é o balismo: os pacientes neste caso apresentam hipercinesia, isto é, amplos movimentos anormais dos membros, involuntários e incontroláveis. Ocorre que no balismo estão lesados os neurônios do núcleo subtalâmico (Figura 12.25C). Consequentemente, está ausente a facilitação do segundo neurônio inibitório da via indireta (no GPi). Resultaria uma menor inibição dos neurônios talâmicos, o que causaria a ativação indevida do córtex motor, originando os movimentos anormais. Finalmente, o mesmo circuito pode ser utilizado para explicar a doença de Huntington (Figura 12.25D). Neste caso, a lesão atinge os neurônios espinhosos médios do corpo estriado: resultaria em descontrole de ambas as vias de processamento: a direta e a indireta. O paciente apresenta movimentos anormais, e não só isso. Vai-se deteriorando gradativamente a sua saúde mental em geral, ocorre demência progressiva, e o indivíduo morre em 10-15 anos.

A hipótese das vias paralelas tem sido questionada pelos fisiologistas, depois que eles estudaram as características da atividade dos diferentes neurônios dos núcleos da base. Seria de esperar que esses neurônios disparassem antes que os movimentos ocorressem, se a sua função fosse realmente a de iniciá-los. Não é assim, entretanto: os únicos neurônios que disparam antes dos movimentos são as células espinhosas médias do corpo estriado. Nos neurônios dos outros núcleos da base encontra-se correlação entre o disparo de PAs e os movimentos, mas com o transcorrer do movimento, e às vezes com o final dele. Essa incongruência é mais enigmática no caso dos neurônios do GPi, justamente as células eferentes dos núcleos da base, que supostamente seriam encarregadas de veicular ao córtex através do tálamo o resultado de sua operação.

Apesar desse questionamento, a hipótese é apoiada pela experiência prática dos neurocirurgiões, que atualmente utilizam com sucesso tanto lesões induzidas de partes do circuito, quanto a estimulação delas com marca-passos externos através de eletródios implantados, para aliviar os sintomas de doença de Parkinson, especialmente, mas também do balismo e da doença de Huntington.

Em vista dessas contradições, a função dos núcleos da base permanece um enigma por ser resolvido. Sua participação no controle motor está estabelecida, mas sua exata função ainda não está esclarecida em bases sólidas.

GLOSSÁRIO

ATAXIA: incoordenação dos movimentos das diferentes partes do corpo.

AUTISMO: distúrbio de personalidade que leva o indivíduo a alhear-se do mundo exterior e viver voltado inteiramente para si próprio.

AVC: sigla de acidente vascular cerebral, geralmente provocado por obstrução ou ruptura de um vaso sanguíneo. Também chamado – mais corretamente – AVE (acidente vascular encefálico).

DECUSSAÇÃO: cruzamento oblíquo de fibras nervosas através do plano mediano (linha média) do SNC. Difere de uma comissura, que é o cruzamento antiparalelo de fibras, em sentido ortogonal ao plano mediano. Maiores detalhes no Capítulo 19.

DIVERGÊNCIA: inervação de múltiplos alvos por um mesmo neurônio, resultante da ramificação terminal do axônio. Opõe-se à convergência, que é a inervação de um único alvo por diversos neurônios.

ESQUIZOFRENIA: distúrbio mental que provoca deformações da percepção e do contato do indivíduo com o mundo externo. Caracteriza-se por diversos sintomas, dentre os quais as alucinações.

FUNÍCULO: feixe de fibras compactas no interior do SNC. Na substância branca medular, o mesmo que cordão (cordões posterior ou dorsal, lateral, e anterior ou ventral).

GRÃO: termo usado em fotografia que indica o tamanho das partículas da emulsão fotográfica, um parâmetro que define o grau de detalhe que poderá aparecer em uma foto. Quanto mais fino o grão, mais nítidos os detalhes.

HIPER-REFLEXIA: quadro clínico caracterizado por exacerbação dos reflexos. Opõe-se à hiporreflexia, um enfraquecimento geral dos reflexos.

METRÔNOMO: instrumento que produz um batimento sonoro rítmico, usado pelos músicos para orientar os tempos de execução musical.

MNEMÔNICAS: relativas à memória.

MODULAÇÃO: variação temporal dos parâmetros de comando neural dos movimentos, que resultam em alterações suaves da amplitude dos potenciais sinápticos e da frequência de disparo das salvas de potenciais de ação dos motoneurônios.

PERCEPÇÃO VISUOESPACIAL: Computação visual das relações de posição e distância entre os vários objetos do ambiente, e o observador.

PET: sigla de *positron-emission tomography* (tomografia por emissão de pósitrons), método de imagens do fluxo sanguíneo obtidas através de um isótopo radioativo emissor de elétrons positivos (pósitrons) injetado no paciente.

RAZÃO DE INERVAÇÃO: para um músculo, é o quociente entre o número de motoneurônios que o comandam, e o número de fibras musculares que possui. Quanto maior a razão de inervação de um músculo, mais preciso o seu desempenho sob controle neural. Maiores detalhes no Capítulo 11.

RESSONÂNCIA MAGNÉTICA (RM): termo usado em Física para indicar certo tipo de resposta de átomos ou moléculas a ondas de rádio, quando colocados dentro de intensos campos magnéticos. A propriedade é empregada em uma técnica moderna de imagem computadorizada da morfologia e da função de tecidos corporais, entre eles o tecido nervoso.

SISTEMA LÍMBICO: conjunto bastante diversificado de regiões do sistema nervoso central que têm em comum participarem das funções ligadas às emoções. Maiores detalhes no Capítulo 20.

SPECT: sigla de *single-photon emission computerized tomography* (tomografia computadorizada por emissão de um único fóton), método de imagens do fluxo sanguíneo obtidas através de um isótopo radioativo emissor de fótons injetado no paciente.

TECTO MESENCEFÁLICO: termo derivado da palavra latina *tectum*, que significa "teto", "telhado", ou seja, a cobertura do mesencéfalo. Opõe-se a tegmento, que significa "assoalho".

VETOR: segmento de reta orientado, com uma origem e uma extremidade. Usado em física para definir uma trajetória.

SABER MAIS

LEITURA BÁSICA

Bear MF, Connors BW, Paradiso MA. Brain Control of Movement. Capítulo 14 de *Neuroscience – Exploring the Brain* 3ª ed.), Nova York, EUA Lippincott Williams & Wilkins, 2007, pp. 451-477. Texto genérico que cobre todo o sistema de controle motor.

Vargas CD, Rodrigues EC, Fontana AP. Controle Motor. Capítulo 9 de Neurociência da Mente e do Comportamento (Lent R, coord.), Rio de Janeiro: Guanabara-Koogan, 2008, pp. 203-226. Abordagem neuropsicológica do controle motor.

Grillner S. Fundamentals of Motor Systems. Capítulo 28 de *Fundamental Neuroscience* (3ª ed.), Nova York, EUA: Academic Press, 2008, pp. 665-676. Texto avançado abordando os principais conceitos relativos ao funcionamento dos sistemas motores.

Schieber MH e Baker JF. Descending Control of Movement. Capítulo 30 de *Fundamental Neuroscience* 3ª ed., Nova York, EUA: Academic Press, 2008, pp. 699-724. Texto avançado abordando os dois sistemas descendentes de controle e comando motor.

Mink JW. The Basal Ganglia. Capítulo 31 de *Fundamental Neuroscience* 3ª ed., Nova York, EUA: Academic Press, 2008, pp. 725-750. Texto avançado focalizando nos núcleos da base.

Mauk MD e Thomas Thach W. Capítulo 32 de *Fundamental Neuroscience* 3ª ed., Nova York, EUA: Academic Press, 2008, pp. 751-774. Texto avançado focalizando o cerebelo.

LEITURA COMPLEMENTAR

Jackson JH. *Selected Writings of John Hughlings Jackson*. (J. Taylor ed.). Londres, Inglaterra: Hodder & Stoughton, 1931.

Eccles JC, Ito M, Szentágothai J. *The Cerebellum as a Neuronal Machine*. Springer, Nova York, EUA, 1967.

Evarts EV. Relation of pyramidal tract activity to force exerted during voluntary movement. *Journal of Neurophysiology* 1968; 31:14-27.

Penfield W. *The Mystery of the Mind*. Princeton University Press, Princeton, EUA, 1975.

Georgopoulos AP, Kalaska JF, Caminiti R, Massey JT. On the relations between the direction of twodimensional arm movements and cell discharge in primate motor cortex. *Journal of Neuroscience* 1982; 2:15271537.

Thach WT, Perry JG, Kane SA, Goodwin HP. Cerebellar nuclei: rapid alternating movement, motor somatotopy, and a mechanism for the control of muscle synergy. *Revue de Neurologie* 1993; 149:607-628.

Graybiel AM. Building action repertoires: memory and learning functions of the basal ganglia. *Current Opinion in Neurobiology* 1995; 5:733-741.

Jeannerod M, Arbib MA, Rizzolatti G, Sakata H. Grasping objects: the cortical mechanisms of visuo-motor transformation. *Trends in Neuroscience* 1995; 18: 314-320.

Thach WT. A role for the cerebellum in learning movementt coordination. *Neurobiology of Learning and Memory* 1998; 70:177-188.

Prochazka A, Clarac F, Loeb GE, Rothwell JC, Wolpaw JR. What do reflex and voluntary mean? Modern views on an ancient debate. *Experimental Brain Research* 2000; 130:417-432.

Brooks DJ. Imaging basal ganglia function. *Journal of Anatomy* 2000; 196:543-554.

Middleton FA e Strick PL. Basal ganglia and cerebellar loops: motor and cognitive circuits. *Brain Research* 2000; 31:236-250.

Gaymard B, Siegler I, Rivaud-Pechoux S, Israel I, Pierrot-Desilligny C, Berthoz A. A common mechanism for the control of eye and head movements in humans. *Annals of Neurology* 2000; 47:819-822.

Nicolelis MA. Actions from thoughts. *Nature* 2001; 409:403-407.

Pierrot-Deseillgny C, Muri RM, Ploner CJ, Gaymard B, Rivaud-Pechoux S. Cortical control of ocular saccades in humans: a model for motricity. *Progress in Brain Research* 2003; 142:3-17.

Branco DM, Coelho TM, Branco BM, Schmidt L, Calcagnotto ME, Portuguez M, Neto EP, Paglioli E, Palmini A, Lima JV e Da Costa JC. Functional variability of the human cortical motor map: electrical stimulation findings in perirolandic epilepsy surgery. *Journal of Clinical Neurophysiology* 2003; 20:17-25.

DeZeeuw CI e Yeo CH. Time and tide in cerebellar memory formation. *Current Opinion in Neurobiology*, 2005; 15:667-674.

Apps R. e Garwicz M. Anatomical and physiological foundations of cerebellar information processing. *Nature Reviews. Neuroscience*, 2005; 6:297-311.

Graybiel AM. The basal ganglia: learning new tricks and loving it. *Current Opinion in Neurobiology*, 2005; 15:638-644.

Ito M. Cerebellar circuitry as a neuronal machine. *Progress in Neurobiology*, 2006; 78:272-303.

DeLong MR, Wichmann T. Circuits and circuit disorders of the basal ganglia. *Archives of Neurology*, 2007; 64:20-24.

Georgopoulos AP e Stefanis CN. Local shaping of function in the motor cortex: motor contrast, directional tuning. *Brain Research Reviews*, 2007; 55:383-389.

Hoshi F e Tanji J. The dorsal and ventral premotor areas: anatomical connectivity and functional properties. *Current Opinion in Neurobiology* 2007; 17:234-242.

Reilly KT e Sirigu A. The motor cortex and its role in phantom limb phenomena. *Neuroscientist* 2008; 14:195-202.

Kreitzer AC. Physiology and pharmacology of striatal neurons. *Annual Reviews of Neuroscience* 2009; 32:127-147.

Aziz-Zadeh L e Ivry RB. The human mirror neuron system and embodied representations. *Advances in Experimental Medicine and Biology* 2009; 629:355-376.

PARTE 4

NEUROCIÊNCIA DOS ESTADOS CORPORAIS

13

Macro e Microambiente do Sistema Nervoso

Espaços, Cavidades, Líquor e Circulação Sanguínea do Sistema Nervoso

Floração, de Frans Krajcberg (1968), relevo com flores e madeira pintada

Saber o Principal

Resumo

O sistema nervoso não está em contato com o ar. Muito ao contrário, flutua em um ambiente líquido especial que o protege mecanicamente e favorece trocas metabólicas. Esse ambiente líquido é delimitado externamente pelas meninges (dura-máter, aracnoide e pia-máter). Abaixo da aracnoide fica o espaço subaracnóideo, que se comunica com as cavidades internas do SNC (ventrículos e canais). O líquido que preenche esse sistema de compartimentos é o líquor ou líquido cefalorraquidiano, produzido por estruturas especializadas situadas dentro dos ventrículos, chamadas plexos coroides. A partir dos plexos coroides, o líquor circula pelos ventrículos, passa ao espaço subaracnóideo e é finalmente drenado para o sangue venoso.

O ambiente líquido que banha o exterior do sistema nervoso e o interior de suas cavidades não é suficiente para garantir a sua nutrição e o aporte de oxigênio para o tecido nervoso. Para isso é necessária uma rede vascular bastante ramificada e extensa. O sangue penetra no encéfalo através de duas grandes vias arteriais: a via anterior ou carotídea, e a posterior ou vertebrobasilar. Ambas se comunicam por um círculo anastomótico na base do encéfalo, e os ramos arteriais que emitem irrigam as diversas partes do encéfalo. A medula é irrigada também pela via vertebrobasilar, mas além dela recebe aporte arterial proveniente de ramos segmentares da aorta descendente.

O sangue arterial nutre o tecido nervoso através de uma rede capilar que tem características especiais, diferentes dos demais tecidos. Trata-se da barreira hematoencefálica, formada pelas células endoteliais que constituem a parede dos capilares, fortemente unidas umas às outras por junções oclusivas. A barreira não é completa, mas sim seletiva, permitindo a passagem de algumas substâncias e bloqueando outras. Esse mecanismo seletivo é capaz de garantir aos neurônios e gliócitos o aporte de substâncias nutricionais, além dos gases respiratórios, e ao mesmo tempo bloquear algumas substâncias tóxicas ou neuroativas nocivas.

Após as trocas filtradas pela barreira hematoencefálica, o sangue deixa a rede capilar e é drenado ao sistema venoso para ser levado de volta ao coração. A drenagem venosa é iniciada por vênulas e veias finas, depois passa a veias mais calibrosas que podem desaguar em estruturas tubulares formadas pela dura-máter — os seios venosos. O sistema de seios venosos garante não apenas a drenagem sanguínea, mas também o escoamento do líquor do espaço subaracnóideo. O sangue venoso assim formado acaba por chegar às veias de saída do sistema nervoso, que o conduzem ao coração.

O sistema nervoso central (SNC) é altamente protegido: um sistema com segurança máxima contra abalos mecânicos e influências químicas indesejáveis. Todo ele é revestido por membranas conjuntivas que mantêm um compartimento cheio de líquido no qual flutuam o encéfalo e a medula espinhal[A]. Esse líquido, que banha o SNC por fora, transita também nas suas cavidades internas. Os abalos mecânicos que atingem o crânio e a coluna vertebral, assim, são devidamente amortecidos antes de alcançar o encéfalo e a medula. Até a ação da gravidade é atenuada. Além disso, agentes químicos que poderiam chegar às superfícies externa e interna do SNC passam obrigatoriamente pelo filtro das estruturas que produzem esse líquido.

Mas o SNC poderia sofrer influência de substâncias químicas nocivas trazidas pela circulação. Não sofre porque as paredes dos capilares sanguíneos que o irrigam formam uma barreira seletiva que controla rigorosamente o trânsito de moléculas. Nada passa do sangue para o tecido nervoso, e vice-versa, sem um rígido controle dessa barreira.

É fácil compreender por que é preciso proteção tão rigorosa. A maior parte das funções neurais baseia-se na comunicação por sinais elétricos gerados pelas membranas dos neurônios e sinais químicos transmitidos de um neurônio a outro. Ambos devem estar protegidos de quaisquer interferências externas que possam perturbar a precisão das mensagens: a energia do ambiente externo só pode entrar no microambiente interno através dos sistemas sensoriais, isto é, pela via neural, ou então através do sangue, pela via circulatória. Já pensaram se os movimentos que fazemos com a cabeça, mesmo os mais suaves, não fossem amortecidos no interior do crânio e atingissem o tecido neural?

Essa energia mecânica poderia estimular diretamente os neurônios, causando uma confusão de potenciais de ação em diversas regiões, em conflito com aqueles normalmente gerados pelo pensamento, pela memória, pela motricidade e assim por diante. Além disso, já pensaram se as condições químicas do microambiente neural fossem sujeitas livremente às alterações do meio externo, ou mesmo do meio interno? Se, por exemplo, as toxinas eliminadas pelos microrganismos patogênicos de um simples furúnculo, circulando pelo sangue, conseguissem penetrar no sistema nervoso? Ou se a adrenalina secretada em situações de estresse passasse livremente ao tecido nervoso? Poderia ocorrer grande instabilidade na capacidade de sinalização dos neurônios, e tanto a rapidez como a precisão da comunicação neural seriam prejudicadas seriamente.

O bloqueio da passagem dos agentes químicos nocivos e de substâncias neuroativas, entretanto, deve-se dar sem prejuízo da entrada das substâncias que o SNC precisa, como oxigênio e glicose, por exemplo. Como isso ocorre? De que modo é possível reconhecer as substâncias necessárias à função neural e deixá-las passar; e aquelas potencialmente lesivas, que devem ser bloqueadas?

Este capítulo apresenta a constituição e a função da rede vascular do SNC, bem como das estruturas que se encarregam de proteger o tecido nervoso, separando-o dos demais tecidos orgânicos e do meio externo. Em conjunto, essas estruturas encarregam-se da entrada de nutrientes e outras substâncias necessárias ao funcionamento neural, do bloqueio dos agentes nocivos e do controle da passagem direta de energia – mecânica, química e outras – para o SNC. Os mecanismos de regulação do meio interno – homeostasia[G] – são temas dos Capítulos 14 e 15.

ENVOLTÓRIOS E CAVIDADES

O neurocirurgião que precisa ganhar acesso ao encéfalo para operá-lo tem que passar por diferentes "camadas" de tecidos dispostas umas sobre as outras, até chegar ao tecido nervoso (Figura 13.1). Primeiro tem que remover a pele, depois o tecido subcutâneo e os músculos (dependendo da região). Para ultrapassar o rígido tecido ósseo do crânio[A], emprega instrumentos especiais para abrir um orifício, mas ainda não alcança o tecido nervoso porque o encéfalo que se encontra dentro do crânio é completamente recoberto por um triplo sistema de envoltórios: três membranas conjuntivas que o separam do osso suprajacente e recebem o nome genérico de *meninges*.

AS TRÊS MENINGES[1]

A meninge mais externa é chamada *dura-máter*[A], um termo de origem latina que faz justiça à sua consistência. Como todo tecido conjuntivo, a dura-máter é rica em fibroblastos[G]. Só que, neste caso, estas células produzem uma grande quantidade de colágeno que torna essa membrana rígida e resistente. É vascularizada e inervada, apresentando sensibilidade dolorosa. No encéfalo, a dura-máter é formada por dois folhetos justapostos. O folheto externo fica aderido à superfície interna dos ossos cranianos, funcionando como um periósteo[G], que no entanto contribui apenas limitadamente para a soldagem óssea quando ocorre uma fratura[2].

[A] *Estrutura encontrada no* Miniatlas de Neuroanatomia *(p. 367).*

[G] *Termo constante do glossário ao final do capítulo.*

[1] *Os anatomistas frequentemente consideram apenas duas membranas, chamando a dura-máter de* paquimeninge *(o prefixo* paqui *= espessa), e reunindo a aracnoide e a pia-máter sob a denominação* leptomeninge *(o prefixo* lepto *= fina).*

[2] *Isso pode parecer uma desvantagem, mas você já pensou se se formasse um calo ósseo interno? Certamente haveria irritação e compressão do tecido nervoso subjacente, e interferência com as funções neurais.*

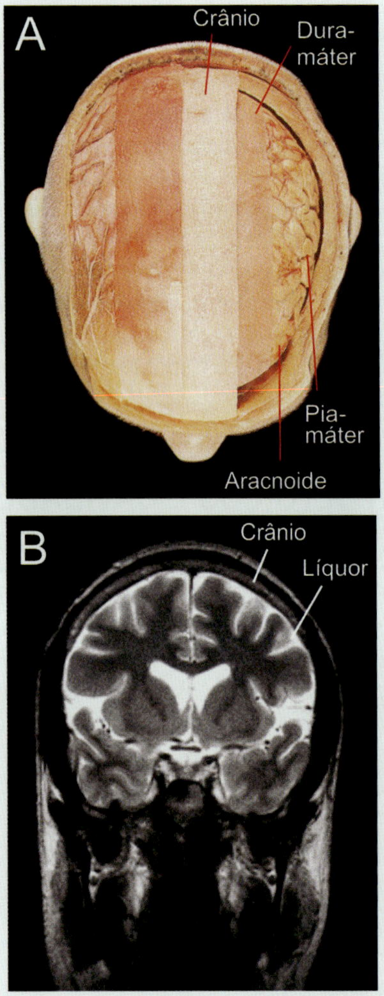

▸ **Figura 13.1.** *As meninges podem ser visualizadas imediatamente abaixo do crânio, delimitando espaços preenchidos por líquido.* ***A*** *mostra as sucessivas camadas de tecido até o crânio, e abaixo deste, as três meninges.* ***B*** *apresenta uma imagem de ressonância magnética em corte coronal do encéfalo, mostrando em branco o líquido que preenche o espaço abaixo da aracnoide (líquor) e nos ventrículos. Na ressonância é difícil visualizar as meninges diretamente.* ***A*** *modificado de M. A. England e J. Wakely (1991)* A Colour Atlas of the Brain & Spinal Cord. *Wolfe Publishing, Inglaterra. Imagem em* ***B*** *cedida por Jorge Moll Neto, do Centro de Neurociências da Rede Labs-D'Or.*

O folheto interno fica aderido ao externo, exceto em alguns pontos em que se separa dele para formar canais (chamados "seios" – veja adiante) que contêm sangue venoso (Figura 13.2). Ocorre que, ao se afastarem para formar os seios, os folhetos internos também formam pregas que contribuem para a separação entre os dois hemisférios cerebrais e entre estes e o cerebelo (Figura 13.2A e B), além de outras. A prega que separa os hemisférios cerebrais chama-se foice do cérebro[A], e penetra fundo no sulco inter-hemisférico. A que separa os hemisférios do cerebelo é denominada tenda do cerebelo[A]. Os nomes são bem sugestivos de sua forma.

Na medula, há uma diferença importante (Figura 13.3): existe apenas um folheto, contínuo com o folheto interno da dura-máter encefálica e que não adere à face

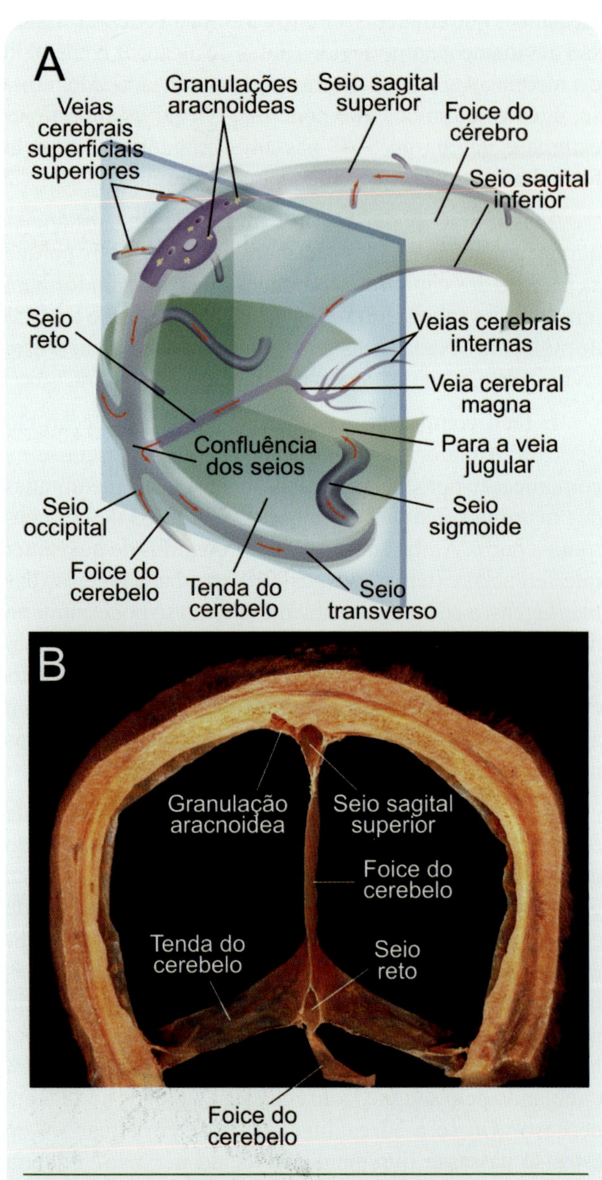

▸ **Figura 13.2.** *A dura-máter é formada por dois folhetos, que em certos locais se separam, formando os seios venosos, e em outros reúnem-se, formando as pregas meníngeas.* ***A*** *mostra uma reconstrução tridimensional dos principais seios e pregas. A direção do fluxo sanguíneo das veias cerebrais para a veia jugular através dos seios venosos é mostrada pelas setas vermelhas. Em* ***B*** *vê-se um corte coronal através do crânio de um cadáver humano (no plano indicado em* ***A****), mostrando especialmente o seio sagital superior, a foice do cérebro e a tenda do cerebelo.* ***A*** *modificado de A. Machado (1999)* Neuroanatomia Funcional. *Atheneu, Brasil. A foto em* ***B*** *foi obtida de peça da Unidade de Plastinação do Instituto de Ciências Biomédicas da UFRJ.*

interna do canal vertebral. Nem poderia, pois a coluna é formada por vértebras articuladas que permitem a flexibilidade necessária para que nos possamos curvar, agachar, sentar, inclinar o corpo para os lados... A medula e os seus envoltórios meníngeos devem estar livres no interior da coluna, para permitir essa flexibilidade toda. É uma disposição estrutural bem diferente do crânio, composto por ossos não articulados, praticamente soldados entre si formando uma rígida carapaça. A dura-máter medular, embora acompanhe a forma da medula (como um saco ou "dedo de luva"), deve também permitir a emergência dos nervos raquidianos em cada lado, resultantes da confluência das raízes e dos gânglios espinhais. As raízes ficam quase completamente dentro do canal vertebral, mas emergem através dos forames intervertebrais ao formar os gânglios e depois os nervos que seguem em direção à periferia. A dura-máter acompanha-os até um certo ponto (Figura 13.3), terminando por fundir-se ao tecido conjuntivo que envolve os nervos periféricos (epineuro). Desse modo, os "furos" na dura-máter, que são necessários para a saída dos nervos do canal vertebral, têm as suas bordas seladas com o epineuro, impedindo o vazamento do líquido para o interior do organismo.

Abaixo da dura-máter está a segunda das meninges, chamada *aracnoide* porque apresenta um aspecto de teia de aranha (Figura 13.4). É também formada por tecido conjuntivo, mas sua consistência é menos rígida que a da dura-máter porque é formada por trabéculas e pertuitos como uma esponja. Apresenta-se adjacente à dura-máter, separada dela por um fino filete de líquido que lubrifica o contato entre as duas meninges. No entanto, está separada da terceira meninge pelas trabéculas, o que gera um amplo espaço preenchido por líquido (veja adiante).

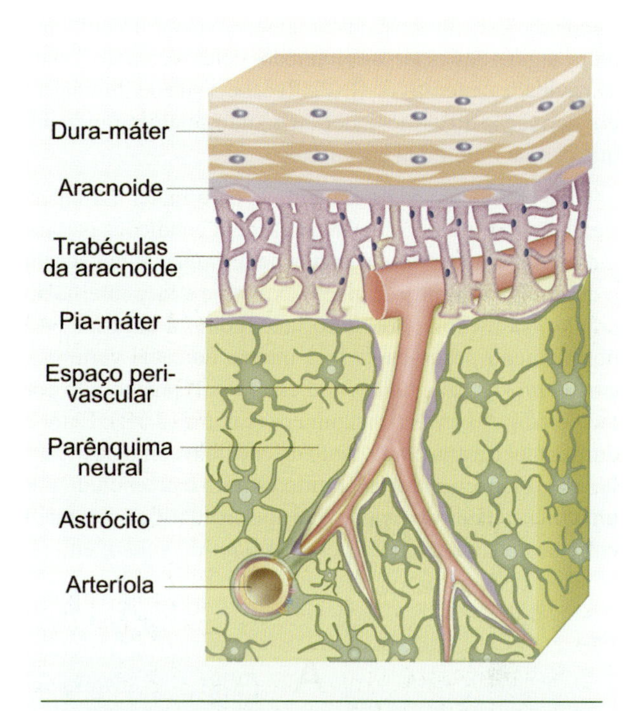

Figura 13.4. *A aracnoide é a meninge que fica logo abaixo da dura-máter. Suas trabéculas criam um espaço dentro do qual flui o líquido cefalorraquidiano (espaço subaracnóideo). Em contato direto com o tecido nervoso fica a pia-máter, que acompanha os sulcos e também o percurso dos vasos sanguíneos até um certo ponto no interior do tecido. As paredes dos vasos que penetram no parênquima são cobertas pelos pedículos dos astrócitos, o que tem importância para regular o trânsito de substâncias entre o sangue e o tecido nervoso.*

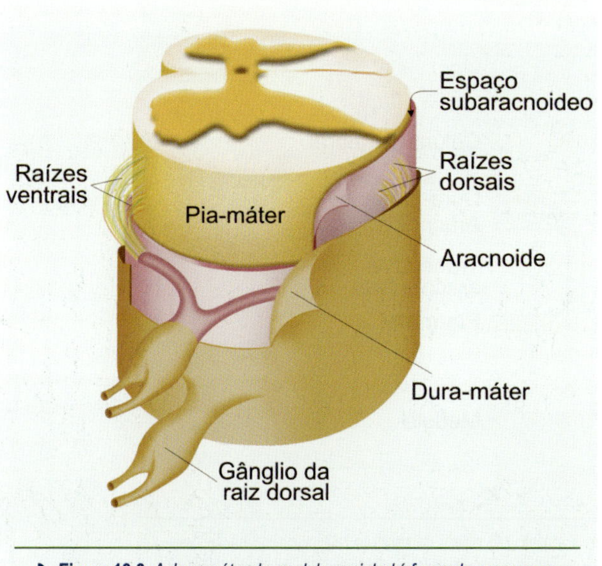

Figura 13.3. *A dura-máter da medula espinhal é formada por apenas um folheto, que se funde com o epineuro dos nervos espinhais. As demais meninges são semelhantes às do encéfalo.*

Finalmente, a terceira das meninges é a chamada *pia-máter*, a mais fina e delicada de todas, também formada por tecido conjuntivo que recobre a superfície do SNC acompanhando os giros e os sulcos e penetrando ligeiramente no tecido neural para seguir os vasos até um certo ponto dentro do parênquima[G] neural. Neste caso, torna-se contínua com o tecido conjuntivo que recobre a parede dos vasos.

ESPAÇOS COMUNICANTES

Não é possível conhecer as funções desempenhadas pelas meninges sem compreender que elas delimitam espaços comunicantes, cheios de líquido, e que esses espaços na verdade fazem parte dos grandes compartimentos gerais do SNC. Assim, podem-se considerar quatro desses grandes compartimentos: (1) *intracelular*, que consiste no citoplasma dos neurônios e gliócitos tomados como conjunto; (2) *intersticial*, que consiste no espaço entre as células, cheio de líquido e de matriz extracelular; (3) *sanguíneo* e (4) *liquórico*. Este último é, justamente, o compartimento que reúne alguns dos espaços delimitados pelas meninges e mais as cavidades internas do SNC. Recebe a sua denominação por derivação do termo líquor ou líquido cefalorraquidiano, que denota o fluido aí encontrado.

No crânio não há espaço entre a dura-máter e a superfície óssea (Figura 13.5A), a não ser em condições patológicas, como acontece em certas hemorragias que causam o descolamento entre o folheto externo e a face interna do crânio. Na medula, por outro lado, como a dura-máter é normalmente separada da face interna do canal vertebral, existe um *espaço epidural* (ou extradural) preenchido por tecido adiposo e vasos sanguíneos (Figura 13.5B). Entre a dura-máter e a aracnoide, tanto do encéfalo como da medula, está o espaço *subdural,* muito estreito e preenchido por uma fina camada de líquido que apenas lubrifica o contato entre as duas meninges. O espaço *subaracnóideo,* entre a aracnoide e a pia-máter, é o mais importante de todos: é amplo, cheio de líquor, e aloja os vasos sanguíneos superficiais (tanto artérias quanto veias piais) que se ramificam internamente para irrigar ou drenar o tecido nervoso. É o espaço subaracnóideo que se comunica com as cavidades do interior do encéfalo e da medula espinhal (Figura 13.6). Além disso, como a pia-máter acompanha o relevo da superfície do encéfalo mas a aracnoide não, as dimensões do espaço subaracnóideo variam, formando-se desde grandes dilatações chamadas cisternas[A], nas regiões de maiores reentrâncias da superfície do encéfalo (Figura 13.6), até microespaços em torno dos vasos (espaços perivasculares, Figura 13.4), que por serem cheios de líquor contribuem para amortecer o impacto dos pulsos de pressão sanguínea que ocorrem a cada batimento cardíaco.

O último espaço a considerar é virtual: trata-se do *espaço subpial,* que só aparece quando a pia-máter é descolada

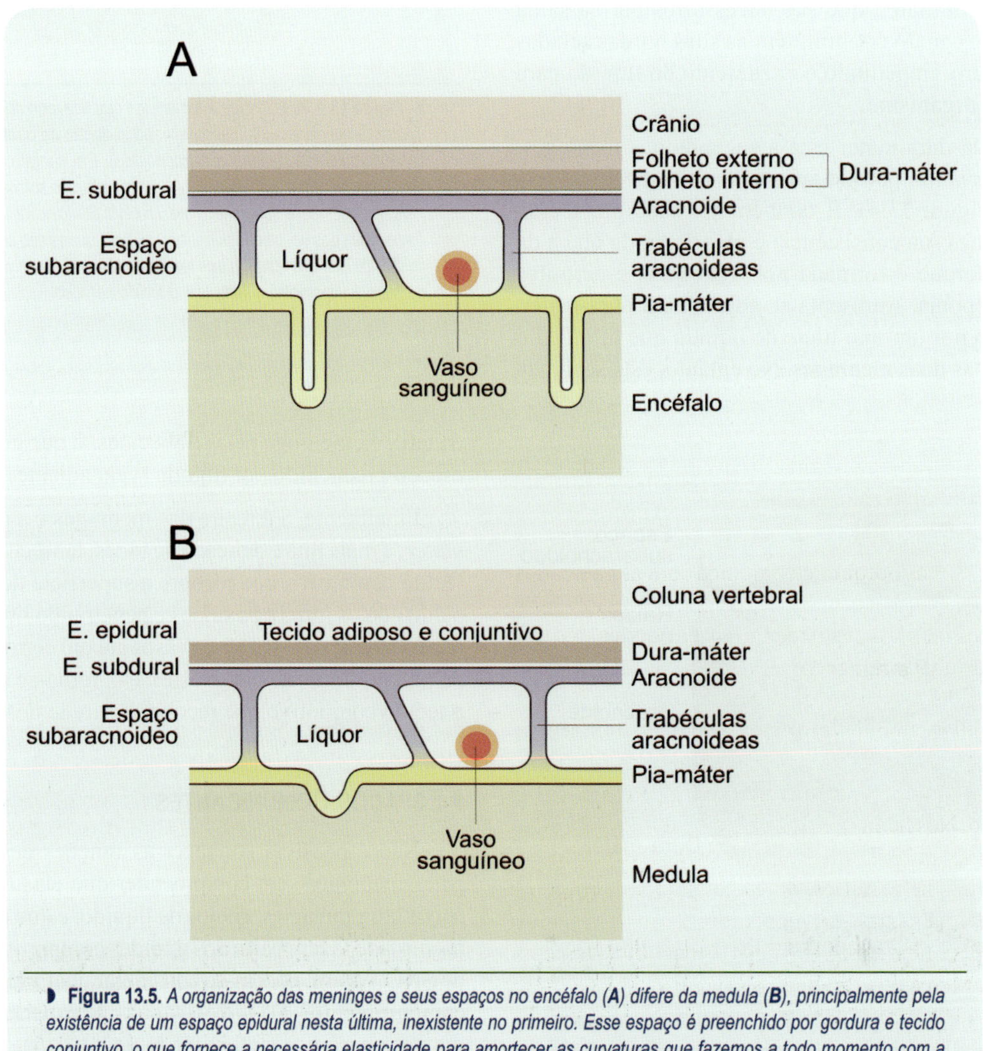

Figura 13.5. *A organização das meninges e seus espaços no encéfalo (**A**) difere da medula (**B**), principalmente pela existência de um espaço epidural nesta última, inexistente no primeiro. Esse espaço é preenchido por gordura e tecido conjuntivo, o que fornece a necessária elasticidade para amortecer as curvaturas que fazemos a todo momento com a coluna vertebral.*

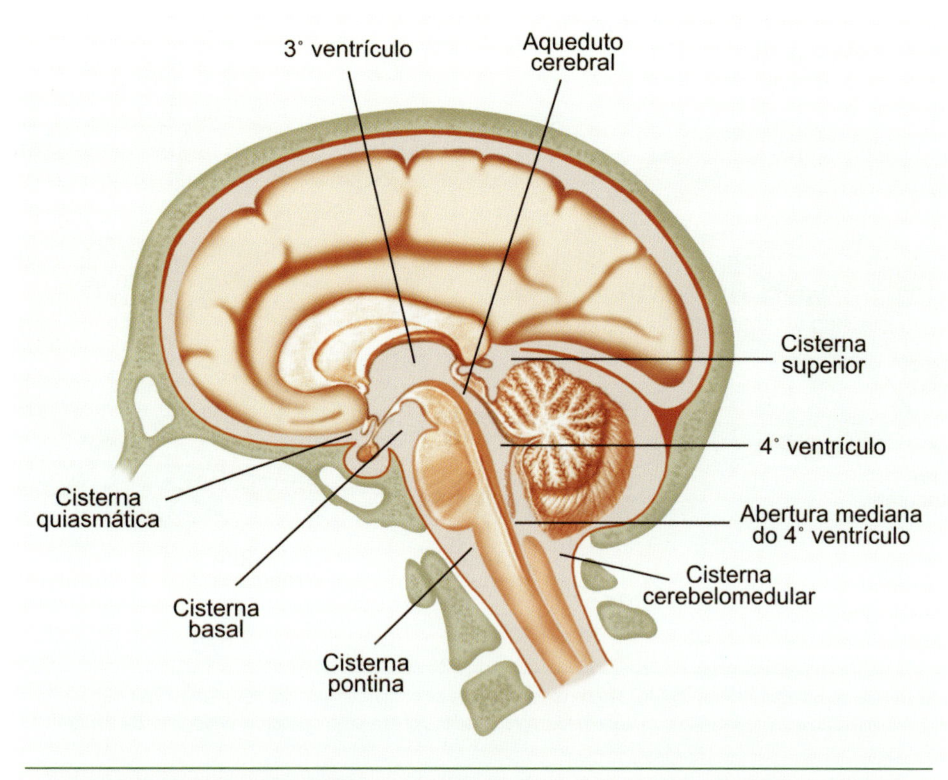

Figura 13.6. *O espaço subaracnóideo (em azul claro) comunica-se com as cavidades internas do SNC através de uma abertura mediana e dois forames laterais (estes últimos, não representados), permitindo a livre passagem de líquor de dentro para fora do encéfalo e da medula.*

da superfície encefálica por hemorragias. A pia-máter, na verdade, fica aderida à superfície encefálica porque sobre ela ancoram os prolongamentos (pedículos) dos astrócitos (veja a Figura 3.18), em grande número, formando uma verdadeira membrana chamada pioglial.

O espaço subaracnóideo é o mais importante não só por seu volume, mas porque se comunica com as cavidades internas do SNC, também cheias de líquor. As cavidades são amplos espaços internos chamados *ventrículos*[A], unidos uns aos outros por aberturas, forames ou canais que recebem nomes específicos. Os ventrículos são revestidos por uma camada de células cuboides chamada *epêndima*, que separa o tecido nervoso do líquor e, como se pode imaginar, desempenha função importante na regulação homeostática do tecido nervoso. Nos hemisférios cerebrais estão os ventrículos laterais[A] (Figura 13.7), que acompanham grosseiramente a morfologia dos hemisférios, apresentando pontas que se estendem a cada um dos principais lobos. Os ventrículos laterais comunicam-se com a cavidade diencefálica (terceiro ventrículo[A]) através dos forames interventriculares, um de cada lado (Figura 13.7). O terceiro ventrículo é estreito como o espaço entre duas mãos em posição de oração, e desemboca na cavidade mesencefálica, que consiste em um estreito canal chamado aqueduto cerebral[A] (ou de Sylvius). O aqueduto estende-se até o quarto ventrículo[A], na altura do tronco encefálico, e este por sua vez comunica-se com o canal medular, um fino cilindro que termina em ponta cega na medula sacra. É no quarto ventrículo que as cavidades internas do encéfalo se comunicam com o espaço subaracnóideo por meio de três aberturas: uma mediana (Figura 13.6) e duas laterais (Figura 13.7B).

LÍQUOR: UM FLUIDO DE FUNÇÃO POLIVALENTE

O fluido que preenche o espaço subaracnóideo e as cavidades internas do SNC é o líquido cefalorraquidiano ou *líquor*, que desempenha funções essenciais para a proteção e a homeostasia do tecido nervoso. A primeira delas é a de suporte mecânico para o encéfalo e a medula. Como o SNC flutua no líquor, o seu peso, que no ar gira em torno de 1.300-1.500 gramas, fica reduzido para cerca de 300 gramas no líquor. Podemos avaliar o que isso significa se lembrarmos como se torna fácil sustentar uma pessoa nos braços se ela estiver dentro de uma piscina cheia d'água... A redução de peso que ocorre no líquor tem a vantagem de facilitar a manutenção da forma do encéfalo e da medula, bem como reduzir os danos que poderiam ocorrer pela deformação das estruturas neurais provocada pelo próprio

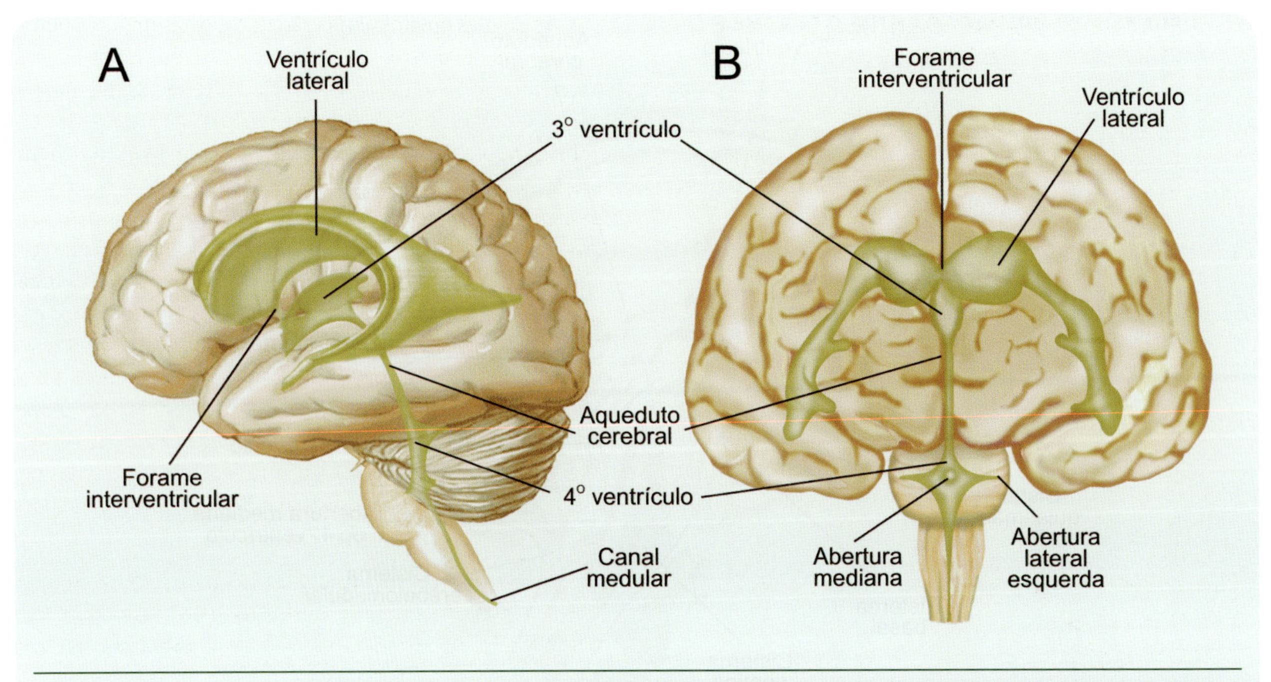

Figura 13.7. *As principais cavidades internas do SNC são os ventrículos, que se comunicam por forames (como o inter-hemisférico) e canais (como o aqueduto cerebral).* ***A*** *é uma vista lateral do encéfalo, com as cavidades apresentadas "por transparência" em cor verde-clara.* ***B*** *é a vista frontal correspondente.*

peso do SNC. Flutuando no líquor, o encéfalo e a medula ficam também protegidos dos impactos externos e internos, bastante atenuados antes de atingirem o tecido nervoso.

Dentre os impactos externos, geralmente pensamos em grandes acidentes, mas sem essa proteção do líquor o SNC poderia sofrer consequências até mesmo dos movimentos naturais que fazemos com a cabeça e o corpo, que poderiam levar o encéfalo e a medula a se chocarem contra a parede interna do crânio e do canal vertebral. Dentre os impactos internos, já mencionamos a pulsação sanguínea: a cada contração do coração ocorre um pico de pressão arterial que se transmite por toda a rede vascular. Como os grandes vasos têm paredes relativamente rígidas, o maior impacto de cada ciclo incide sobre as arteríolas, cujas paredes são elásticas. Se estas ficassem em contato direto com o tecido nervoso, o impacto seria transmitido a ele, com consequências que já comentamos. Entretanto, as arteríolas que irrigam o SNC ficam imersas no líquor do espaço subaracnóideo (Figura 13.4), e mesmo aquelas que penetram no parênquima são acompanhadas pelos espaços perivasculares ao longo de alguns milímetros. Os picos de pressão, assim, vão sendo dissipados ao passar pelo líquor, e não causam interferências no tecido nervoso. Em função disso, tornam-se irrelevantes na altura da circulação capilar.

Uma segunda função do líquor é a de excreção de produtos do metabolismo neural, uma espécie de circulação linfática[G] que não existe como tal no sistema nervoso, mas cuja função é parcialmente exercida pelo líquor. Deste modo, os metabólitos do tecido nervoso que circulam no líquor são levados ao sangue dos seios venosos e, assim, drenados para a circulação sistêmica[G].

Finalmente, outro papel importante desempenhado pelo líquor é o de veículo de comunicação química. Não se conhece exatamente toda a extensão dessa função, mas sabe-se que ocorre intensa troca entre o líquor e o compartimento intersticial do tecido nervoso, seja através dos espaços perivasculares, seja através da camada ependimária que recobre a superfície interna dos ventrículos e demais cavidades. Na região do hipotálamo[A], por exemplo, ocorre secreção hormonal dos axônios para o espaço intersticial (veja o Capítulo 15 para obter mais informações sobre isso). Embora esses hormônios secretados pelo hipotálamo sejam capturados pelos capilares da região e levados à circulação hipofisária e à circulação sistêmica, uma fração deles termina passando para o líquor por entre as células ependimárias que revestem os ventrículos, podendo por essa via exercer efeitos em outras regiões neurais. Além disso, o próprio epêndima parece sintetizar e secretar peptídeos (hormônios, fatores de crescimento) com função autócrina (sobre si mesmo), parácrina (sobre células vizinhas) ou endócrina (sobre células e estruturas situadas à distância).

O que é então o líquor? Qual a sua composição, como é produzido?

TABELA 13.1. COMPARAÇÃO ENTRE O PLASMA E O LÍQUOR

Componente	*Líquor**	*Plasma**
Água (%)	99	93
Proteínas (mg/dL)	35	7.000
Glicose (mg/dL)	60	90
Osmolaridade (mOsm/L)	295	295
Na^+ (mEq/L)	138	138
K^+ (mEq/L)	2,8	4,5
Ca^{++} (mEq/L)	2,1	4,8
Mg^{++} (mEq/L)	0,3	1,7
Cl^- (mEq/L)	119	102
pH	7,33	7,41

* *Valores médios.*

O líquor é produzido pelo plexo coroide[A] (Figura 13.8A, B), uma estrutura altamente vascularizada situada nos ventrículos, e em menor quantidade pelas células ependimárias que recobrem as cavidades. O plexo retira do sangue a "matéria-prima" para o líquor, mas não se deve pensar que a composição deste seja exatamente igual à do plasma (Tabela 13.1). O líquor normal tem muito menos proteínas, menos glicose e menos cátions como potássio, cálcio e magnésio. As diferenças são devidas ao seu mecanismo de produção: não se trata de uma mera filtração passiva do sangue, mas sim de uma filtração seletiva, complementada pela secreção de componentes pelas células do plexo coroide. Essa característica permite falar de uma *barreira hematoliquórica* separando o sangue do líquor, capaz de selecionar o que passa de um a outro a cada momento.

O plexo é uma estrutura folhosa composta por dobras da pia-máter, vasos sanguíneos em grande número e uma cobertura de células ependimárias modificadas. Cada um dos quatro ventrículos possui o seu plexo coroide flutuando no líquor que ele mesmo produz. Os plexos surgem durante a embriogênese (Figura 13.8C), quando o teto dos ventrículos, que em certos pontos é muito fino e composto apenas da camada ependimária aderida à pia-máter, começa a proliferar acentuadamente em torno dos capilares, e com eles invagina-se para dentro da cavidade. As células ependimárias representam o elemento mais importante na produção do líquor, seja aquelas que fazem parte do plexo coroide, especializadas nessa função, ou as que recobrem as paredes das cavidades ventriculares. Trata-se de células cúbicas ou cilíndricas dotadas de uma multidão de microvilosidades na membrana que faz face com a cavidade ventricular, e cuja face oposta faz contato direto com a parede capilar (Figura 13.9A e B).

As células ependimárias são justapostas umas às outras por junções oclusivas, que mantêm as células fortemente aderidas e vedam a passagem de substâncias do sangue para o líquor através do espaço intersticial (Figura 13.9C), "obrigando-as" a utilizar o caminho através da membrana celular, por dentro do citoplasma. As substâncias transportadas pelo sangue saem livremente dos capilares dos plexos coroides, porque as paredes desses capilares apresentam aberturas entre as células endoteliais – chamadas fenestrações. As substâncias do sangue, então, não encontram barreira na parede endotelial dos capilares do plexo, mas quando alcançam a parede ependimária deste, são impedidas de passar pelas junções oclusivas. Desse ponto em diante, o plexo só permite que passem do sangue para o líquor (e vice-versa) as substâncias reconhecidas por moléculas transportadoras ou canais específicos encravados na membrana das células ependimárias.

Assim, a produção de líquor (Figura 13.9A) envolve diferentes mecanismos de transferência de moléculas e íons do sangue e do compartimento intersticial para o interior das células ependimárias, e destas para a luz das cavidades ventriculares. Esses mecanismos são os seguintes: (1) transporte ativo de moléculas (contra o gradiente[G] de concentração); (2) difusão facilitada de moléculas (a favor do gradiente); (3) passagem de íons através de canais (a favor do gradiente) e (4) transporte de íons por meio de "bombas" transportadoras (contra o gradiente). Em todos esses casos, é óbvio, torna-se necessária a presença estratégica de proteínas especiais (moléculas transportadoras, canais e bombas iônicas) na membrana das células ependimárias, seja na face basal voltada para os capilares, ou na face apical voltada para os ventrículos.

Há plexos coroides nos quatro ventrículos, e células ependimárias recobrindo todas as cavidades. Em conjunto, essas estruturas produzem cerca de 500 mL de líquor por dia. Como o volume liquórico total – nas cavidades e no espaço subaracnóideo – é de aproximadamente 150 mL, isso significa que renovamos todo esse volume três a quatro vezes por dia. Pela lógica, então, deve-se supor que haja um processo de absorção (ou drenagem) do líquor que compense a taxa de secreção e mantenha o volume constante. Além disso, se o líquor é secretado nos ventrículos e absorvido em outro lugar, pode-se imaginar a existência de um fluxo circulatório.

De fato, os fisiologistas demonstraram que a circulação de líquor é unidirecional e pulsátil, dos ventrículos laterais para o terceiro e o quarto ventrículos, e deste último para o espaço subaracnóideo através de duas aberturas laterais e uma mediana (Figura 13.10). No espaço subaracnóideo, o líquor circula em torno da medula espinhal e do encéfalo até atingir as regiões de drenagem no topo do encéfalo e ao longo da medula. As células da aracnoide são também fortemente justapostas por meio de

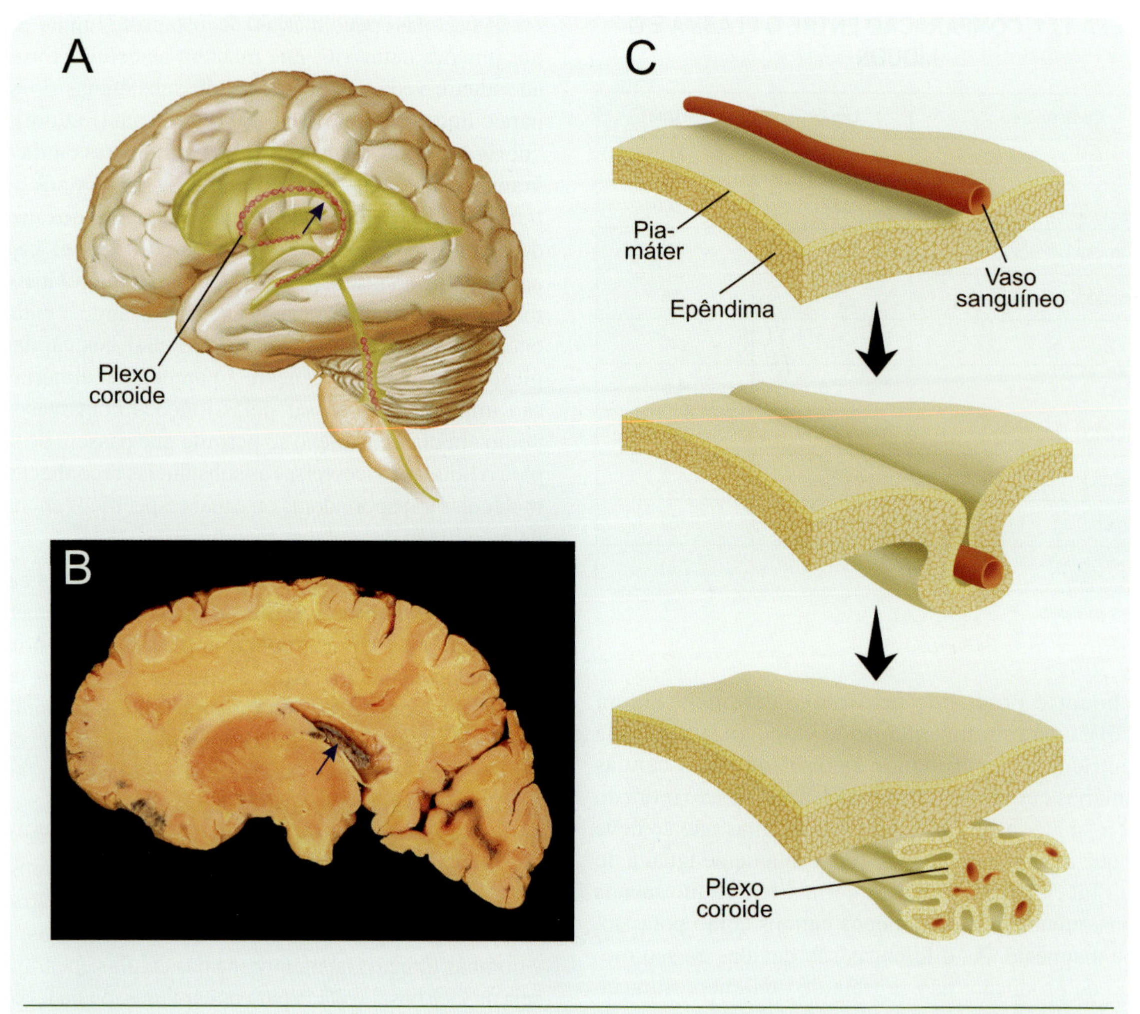

Figura 13.8. *O plexo coroide é a estrutura que sintetiza o líquor.* ***A*** *mostra a posição do plexo coroide no interior dos ventrículos.* ***B*** *mostra o aspecto do plexo em um corte parassagital de encéfalo humano, no setor do ventrículo lateral apontado pelas setas em* ***A*** *e* ***B***. ***C*** *apresenta a morfogênese do plexo no embrião, com o enovelamento do epêndima em torno dos vasos sanguíneos. Foto* ***B*** *cedida pela Unidade de Plastinação do Instituto de Ciências Biomédicas da UFRJ.*

junções oclusivas que impedem a passagem do líquor e restringem a drenagem a regiões específicas, especializadas para isso. O movimento circulante do líquor pode ser avaliado em seres humanos utilizando técnicas de imagem por ressonância magnética.

Além de se abrir para o espaço subaracnóideo que envolve todo o SNC, o quarto ventrículo também se comunica com o canal central da medula. Este, entretanto, tem fundo cego. Por essa razão não há fluxo de líquor no interior da medula, embora as diferentes substâncias que ele contém difundam-se livremente por toda a extensão do canal. Na passagem do líquor pelas cavidades ventriculares e pelo espaço subaracnóideo, intensas trocas ocorrem através do epêndima com o líquido intersticial e com o sangue, tanto no plexo coroide quanto nas paredes ventriculares e sobretudo nos espaços perivasculares.

A drenagem do líquor ocorre através de "válvulas" especiais situadas nas chamadas *granulações* e *vilosidades aracnóideas*. Trata-se de pequenas invaginações da aracnoide para dentro dos seios venosos (Figura 13.11A), os espaços formados pela separação entre os folhetos da dura-máter. As invaginações são as vilosidades aracnóideas[3], que com frequência se aglomeram formando estruturas macroscópicas – as granulações –, principalmente na linha média dorsal do encéfalo e nos locais de saída dos nervos espinhais. Nas vilosidades, o líquor está separado do sangue venoso que circula dentro dos seios e das veias radiculares apenas por uma fina camada de células aracnóideas. Essas células, aí,

[3]*Não confundir com as microvilosidades que emergem da face ventricular da membrana das células ependimárias.*

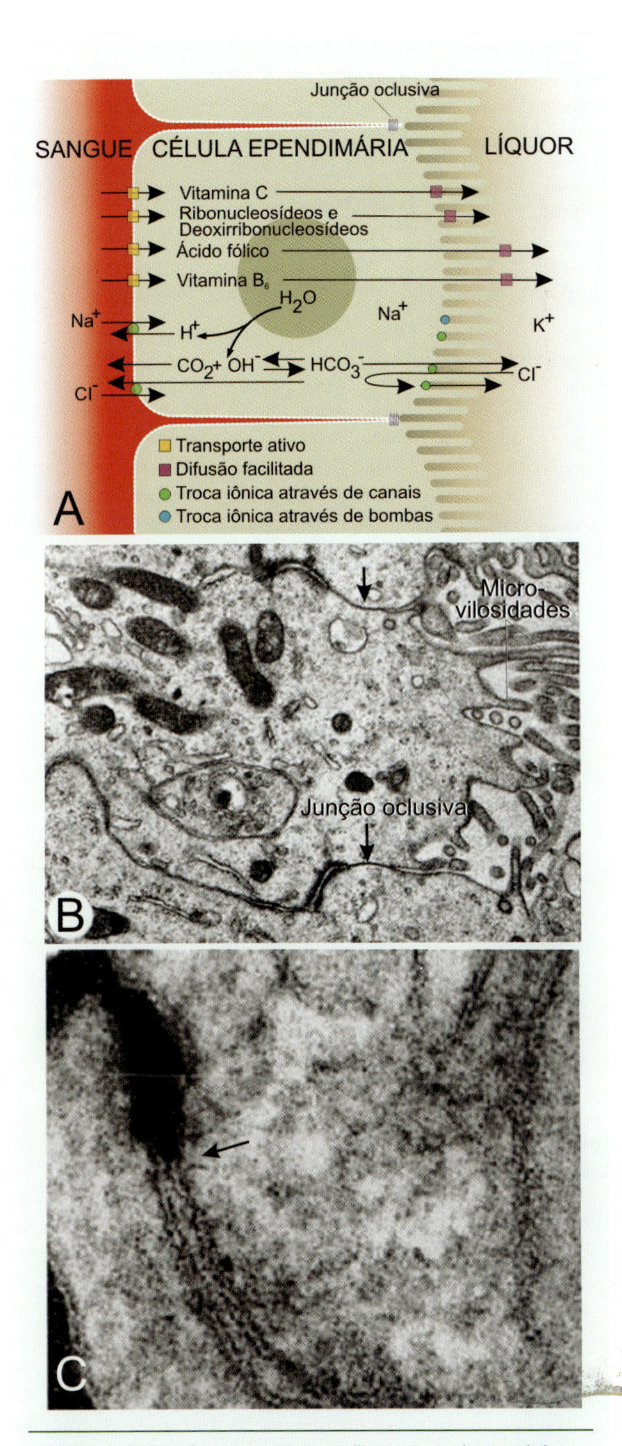

▶ **Figura 13.9.** *A. O esquema mostra os diversos mecanismos seletivos de transferência de substâncias do sangue para o líquor, através das células ependimárias que constituem o plexo coroide.* ***B.*** *A micrografia eletrônica mostra células ependimárias do plexo coroide, com as junções oclusivas assinaladas por setas.* ***C*** *mostra um experimento realizado pelos britânicos Michael Brightman e Tom Reese, que injetaram um corante proteico na circulação e buscaram a sua presença no plexo coroide. Vê-se, à esquerda, a mancha escura do corante, que penetra entre as células ependimárias apenas até as junções oclusivas (seta).* ***A*** *modificado de R. Spector e C. E. Johanson (1989)* Scientific American *vol. 261: pp. 68-74. Fotos em* ***B*** *e* ***C*** *modificadas de M. W. Brightman e T. S. Reese (1969)* Journal of Cell Biology *vol. 40: pp. 648-677.*

apresentam intensa formação de vacúolos (Figura 13.11B) que transportam líquor de um lado a outro, do espaço subaracnóideo para o seio venoso. Além disso, há também fenestrações entre as células aracnóideas das vilosidades, que permitem a passagem do líquor para o sangue diretamente por entre as células, movido pela diferença de pressão entre o espaço subaracnóideo e o sangue venoso. Ao final, portanto, o líquor é drenado nas vilosidades aracnóideas para o sangue venoso na mesma taxa com que é secretado.

Tem-se discutido bastante sobre a drenagem do líquor, que representa uma espécie de drenagem linfática especializada do SNC. Inicialmente parecia ser esta a única forma de drenagem de metabólitos do tecido nervoso, já que não há vasos linfáticos nele. Entretanto, hoje se sabe que existe também uma forma direta de drenagem do líquor ao longo dos nervos, sobretudo dos filetes do nervo olfatório que passam pelos orifícios da placa crivosa do osso etmoide. Nesse caso, o líquor atinge a mucosa nasal e é drenado finalmente pelos vasos linfáticos do pescoço.

O líquor tem grande importância para os médicos, sobretudo na realização de diagnósticos e como veículo para certos medicamentos, como anestésicos, por exemplo. Através da pressão que ele produz no espaço subaracnóideo, que pode ser medida, é possível detectar, por exemplo, a presença de obstrução em algum ponto das cavidades. Quando o fluxo liquórico está obstruído, a pressão intracraniana sobe perigosamente, podendo causar lesões no tecido nervoso. A composição química do líquor pode também ser medida, extraindo-se amostras através de punções no espaço subaracnóideo, geralmente na coluna lombar. A punção lombar consiste na inserção de uma agulha entre as vértebras L4 e L5, abaixo de onde termina a medula sacra (L1) e onde se encontra apenas a cauda equina (veja o Capítulo 1 para obter mais detalhes sobre a anatomia dessa região). O médico utiliza uma seringa e retira pequenos volumes que podem ser analisados para aferir se a composição do líquor apresenta alterações que indiquem doenças. A presença de bactérias pode indicar a ocorrência de meningites, a presença de sangue indica hemorragias, e alterações mais sutis sugerem distúrbios do metabolismo neural.

A CIRCULAÇÃO ARTERIAL DO SISTEMA NERVOSO

Se o líquor banha as superfícies externa e interna do SNC, é o sangue que se encarrega de alcançar o interior do tecido nervoso, como ocorre em qualquer órgão. As artérias que levam o sangue para o encéfalo e a medula abrem-se em vasos cada vez mais finos, que por fim se

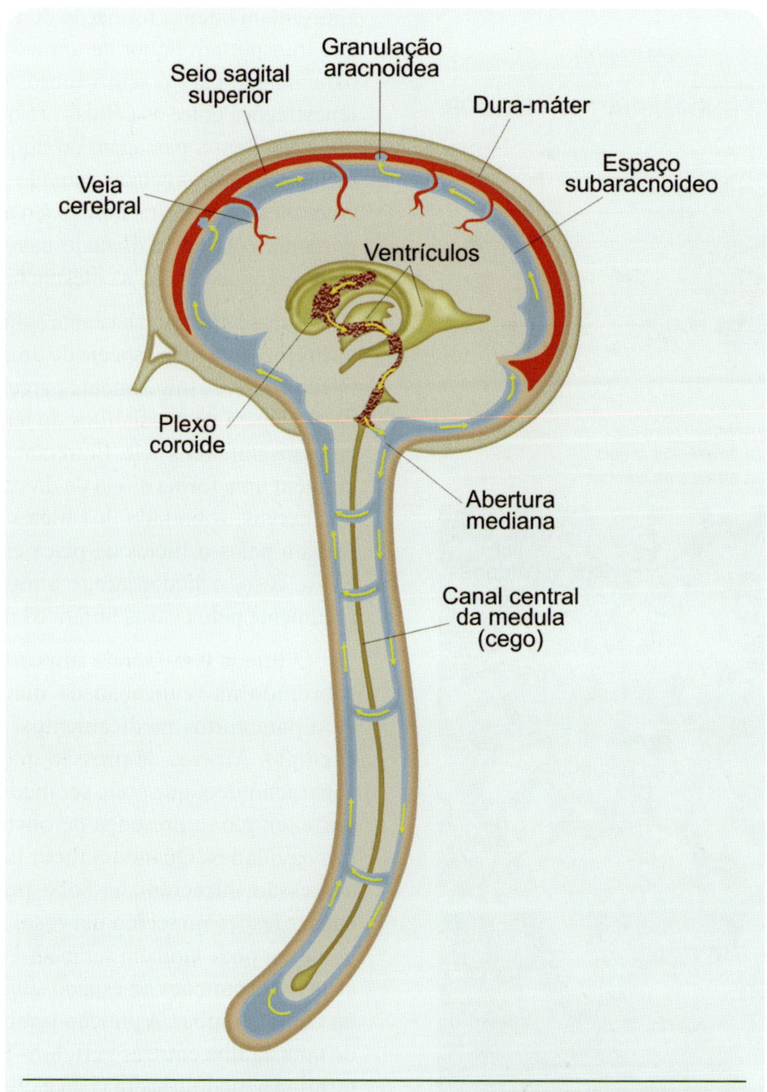

Figura 13.10. *O líquor gerado nos plexos coroides dentro dos ventrículos emerge através das aberturas do quarto ventrículo (no esquema vê-se apenas a abertura mediana) para o espaço subaracnóideo. Dentro do espaço subaracnóideo o líquor circula em torno da medula e do encéfalo, sendo finalmente reabsorvido nas granulações aracnóideas do seio sagital superior e das raízes medulares. Modificado de A. Machado (1999)* Neuroanatomia Funcional. *Atheneu, Rio de Janeiro, Brasil.*

ramificam em uma extensa rede capilar capaz de irrigar todas as regiões neurais, levando-lhes o oxigênio e os nutrientes de que precisam para o seu funcionamento. No entanto, a rede vascular do sistema nervoso tem particularidades morfológicas e funcionais que a distinguem da circulação sistêmica.

Não é para menos. O sistema nervoso é altamente dependente da circulação sanguínea, muito mais que os demais órgãos do corpo. O encéfalo representa apenas cerca de 2% da massa corporal de uma pessoa, mas recebe 15% do fluxo sanguíneo e consome aproximadamente 20% do oxigênio disponível na circulação. Isso reflete uma alta taxa metabólica do tecido nervoso. Também a glicose é intensamente consumida pelos neurônios, que a utilizam como fonte anaeróbica de energia. Como nem a glicose nem o oxigênio são armazenados pelo tecido nervoso, é necessário um aporte contínuo e ininterrupto desses componentes através do sangue arterial. Quando ocorre anóxia[G] ou isquemia[G] de poucos segundos, o indivíduo pode apresentar sintomas neurológicos que dependem da região atingida, e se essas ocorrências se prolongarem por alguns minutos, ocorre morte neuronal.

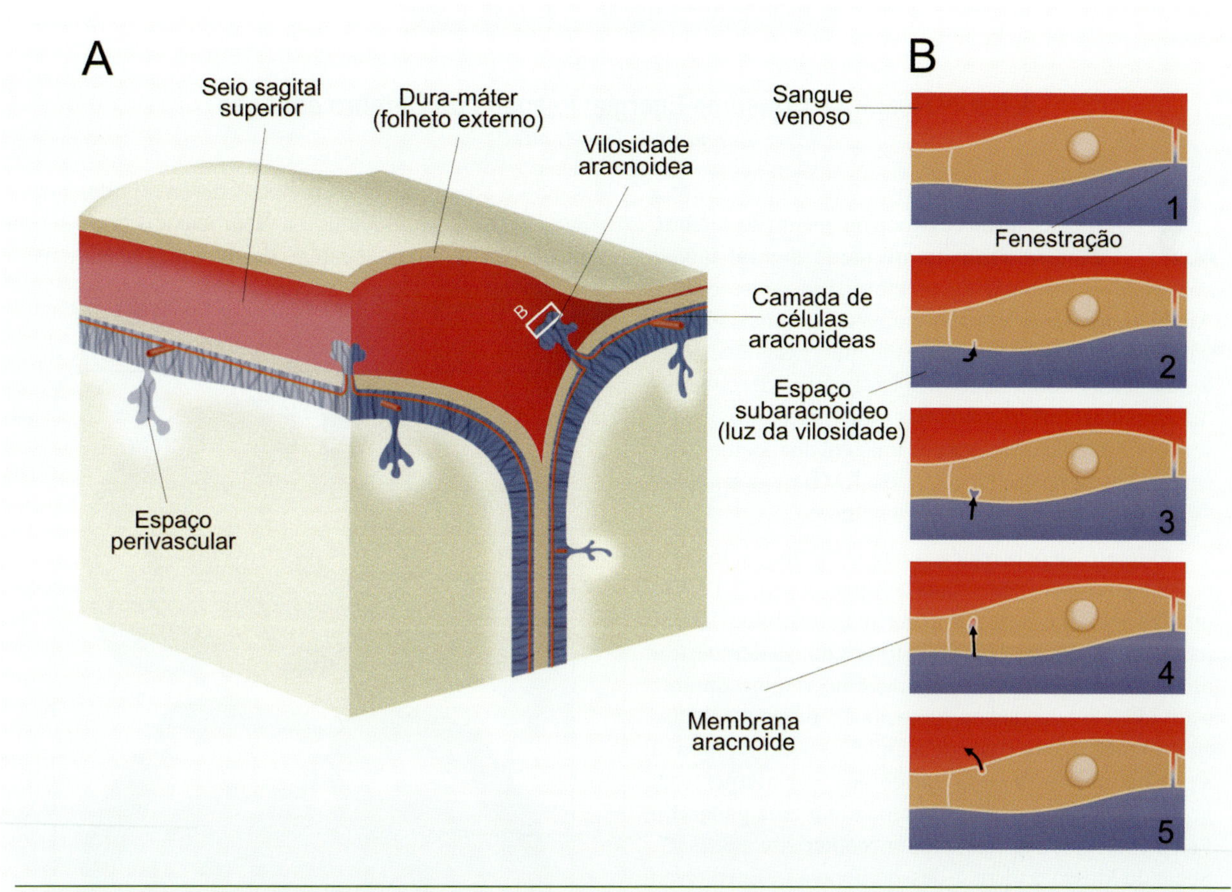

Figura 13.11. *A drenagem do líquor dá-se principalmente nas vilosidades aracnóideas (**A**). A parede das vilosidades (retângulo em **A**, ampliado em **B**) é constituída por células aracnóideas com fenestrações entre elas. Ocorre passagem de líquor através das fenestrações ou por dentro das células aracnóideas por meio de vesículas que são transportadas para a outra face e então exteriorizadas para o sangue venoso (sequência de 1 a 5 em **B**).*

Por outro lado, em circunstâncias normais o metabolismo dos neurônios se intensifica muito quando estes se tornam mais ativos; e, quanto mais ativos, mais sangue precisam receber pela circulação (Quadro 13.1). Se você estiver intensamente concentrada ouvindo música, as regiões auditivas do seu sistema nervoso estarão mais ativas do que, por exemplo, as olfatórias, e portanto apresentarão metabolismo mais acentuado. Para dar conta dessa ativação metabólica, o fluxo sanguíneo local é também intensificado. Na verdade, é nessa relação entre fluxo sanguíneo e atividade neural que se baseiam os recentes métodos de imagem funcional como a ressonância magnética, a tomografia por emissão de pósitrons e outros (Quadro 13.2).

Assim, a circulação sanguínea do SNC deve apresentar características especiais que deem conta da delicada relação entre atividade funcional, metabolismo e fluxo sanguíneo no tecido nervoso. Essa delicada relação apresenta uma dificuldade operacional. A pressão arterial deve permanecer estável para a proteção do tecido nervoso, mas o fluxo é mais importante para a atividade funcional dos neurônios. Se por um lado o fluxo deve ser mantido estável dentro de uma certa faixa para não haver grande oscilação de pressão arterial, por outro precisa ser regulado localmente em função das variações de atividade neural que ocorrem em cada região, em cada momento. Quer dizer: é preciso garantir uma faixa de estabilidade do fluxo sanguíneo cerebral, mas possibilitar variações locais dentro dessa faixa. Além de tudo isso, o parênquima neural deve ser protegido da penetração – por intermédio da circulação sanguínea – de substâncias que possam interferir na função dos neurônios. E não pensem que apenas as toxinas entram nessa categoria: alguns inocentes aminoácidos utilizados como neurotransmissores podem exercer influências nocivas sobre os neurônios se a sua concentração sanguínea se elevar, como de fato ocorre em momentos de estresse e até mesmo em situações normais.

Então, o que tem de diferente o sistema circulatório que irriga o sistema nervoso, capaz de regular o aporte de energia e nutrientes de acordo com as necessidades de cada

HISTÓRIAS E OUTRAS HISTÓRIAS

Quadro 13.1
A Mente Respira e Consome Energia: Imagens do Cérebro em Ação

*Suzana Herculano-Houzel**

Se é verdade que existe uma relação entre a mente humana e o funcionamento do cérebro, alguma pista da atividade mental talvez possa ser encontrada no metabolismo desse órgão. Afinal, quanto mais ativa está uma célula, mais glicose e oxigênio ela consome. Investigando essas questões, o americano Louis Sokoloff (1921-) fez descobertas fundamentais que levaram, nos últimos 20 anos, ao desenvolvimento das técnicas de imagem do metabolismo cerebral humano (como a PET e a RMf) e seu uso para "ver a mente humana em funcionamento".

O interesse pela relação entre o metabolismo cerebral e a atividade mental data do final do século 19. Em um dos primeiros estudos nessa área, o fisiologista italiano Angelo Mosso (1846-1910) acreditava demonstrar um aumento do volume de sangue no cérebro durante a atividade intelectual ou "emocional" de seus voluntários. O método era bastante simples: Mosso repousava a pessoa sobre uma mesa equilibrada precariamente na horizontal sobre um único apoio, como uma gangorra. Pedia então que seu colaborador "começasse a pensar". Segundo Mosso, a mesa se desequilibrava – e em direção à cabeça do voluntário, que teria se tornado mais pesada pela alteração na distribuição corporal do sangue, agora mais acumulado no cérebro.

A primeira vez em que "se visualizou a mente em funcionamento" foi com a descoberta do EEG, na década de 1920, pelo psiquiatra alemão Hans Berger (1873-1941). Curiosamente, Berger havia anteriormente passado mais de 10 anos tentando, sem sucesso, encontrar uma relação entre mudanças na temperatura cerebral e o nível de atividade mental dos seus pacientes. Em comparação, registrando a eletricidade cerebral humana, Berger descobriu que a atividade mental provocava o bloqueio das ondas alfa no EEG. Se a alteração das ondas elétricas cerebrais corresponde a um aumento da excitação neuronal, a atividade mental deveria corresponder a um aumento do metabolismo cerebral.

A relação entre o metabolismo cerebral e a atividade mental só começou a ser estudada com mais seriedade a partir de 1948, quando o americano Seymour Kety (1914-2000) desenvolveu métodos "mais científicos" de medição do fluxo sanguíneo e também do consumo de oxigênio no cérebro do ser humano consciente. Justamente nessa época, Kety acolheu Louis Sokoloff em seu laboratório para um estágio de pós-doutorado. Usando e aprimorando os métodos desenvolvidos por Kety, Sokoloff revolucionou a Neurociência, e de seu trabalho nasceu o novo campo das imagens funcionais do cérebro.

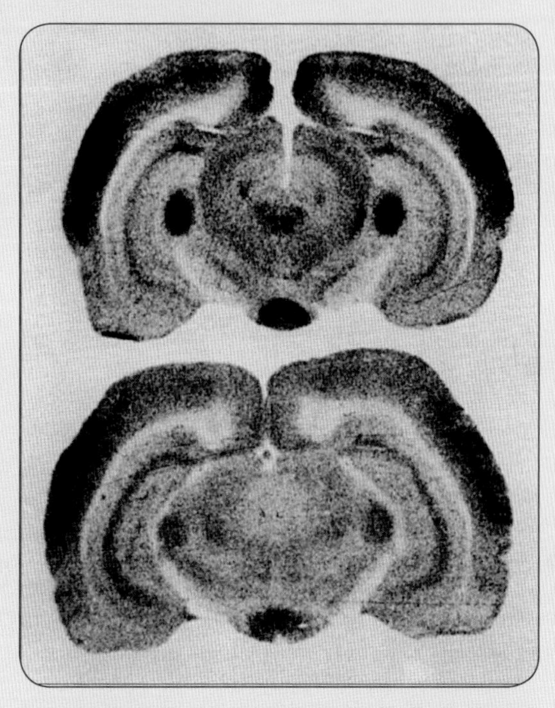

As primeiras imagens funcionais do cérebro estavam longe da precisão obtida atualmente. A foto de cima foi produzida pela equipe de Louis Sokoloff nos anos 1970, documentando o cérebro de um rato que havia sido previamente injetado com 2-desoxiglicose radioativa. A foto de baixo corresponde ao cérebro de um rato anestesiado. As regiões escuras indicam maior utilização regional de 2-desoxiglicose. Fica nítido o metabolismo mais ativo do animal desperto. Foto de L. Sokoloff e cols. (1977) Journal of Neurochemistry *vol. 28: pp. 897-916.*

Em 1955, Sokoloff comparou o fluxo sanguíneo e o consumo de oxigênio no cérebro humano em repouso e durante cálculos mentais complicados – e não encontrou nenhuma diferença! Como explicar a ausência de alteração? Talvez a "eficiência" dos neurônios tivesse aumentado, realizando mais trabalho com a mesma quantidade de energia. Ou... talvez o consumo de energia aumentasse em algumas regiões do cérebro e diminuísse em outras, de modo que, na média, o metabolismo total não se alterava. Para testar essa hipótese, era necessário medir o metabolismo localmente.

A primeira maneira encontrada foi a medida da distribuição de um gás radioativo inerte no cérebro, refletindo o fluxo sanguíneo em cada local. Mais tarde, Sokoloff desenvolveu um composto de glicose radioativa — a 2-desoxiglicose — que era apenas parcialmente decomposto pelas células, acumulando-se nelas quanto maior fosse a sua atividade metabólica (Figura). Usando essas técnicas, Sokoloff observou, em 1961, um aumento do fluxo sanguíneo nas áreas visuais do cérebro do gato com a estimulação luminosa da retina, demonstrando, pela primeira vez, um aumento localizado do fluxo sanguíneo no cérebro, relacionado com a atividade neuronal. Representando a medida da radioatividade segundo um código de cores sobre uma imagem do cérebro, era possível obter um mapa funcional colorido da atividade cerebral.

O primeiro desses mapas metabólicos coloridos da atividade cerebral foi apresentado na reunião internacional da *Society for Neuroscience*, em 1978. Vinte anos depois, com possantes aparelhos capazes de detectar quantidades mínimas de radioatividade e alterações na oxigenação do sangue no cérebro, mapeiam-se as áreas cerebrais humanas envolvidas em atividades mentais como a memória e a imaginação, graças ao princípio demonstrado por Sokoloff: a mente respira e precisa de energia.

**Professora-adjunta do Instituto de Ciências Biomédicas da Universidade Federal do Rio de Janeiro. Correio eletrônico: suzanahh@gmail.com.*

momento e cada local, e ao mesmo tempo protegê-lo de impactos mecânicos e agentes químicos nocivos?

Uma Rede Vascular Especial

A rede vascular arterial do SNC apresenta algumas especializações morfofuncionais engenhosas. As artérias são geralmente muito sinuosas, característica que contribui para a dissipação do impacto provocado pelos picos de pressão de cada ciclo cardíaco. As artérias menores e arteríolas posicionadas na superfície do encéfalo e da medula (chamadas artérias piais) ficam imersas no líquor do espaço subaracnóideo, e as que penetram no parênquima (arteríolas penetrantes) são acompanhadas alguns milímetros adentro pelos espaços perivasculares também cheios de líquor (Figura 13.4): essa é outra característica favorável à atenuação dos impactos de pressão arterial. Há poucas vias de comunicação entre artérias e entre arteríolas (anastomoses). Isso torna cada região neural dependente da irrigação realizada por uma única artéria e seus ramos, e se eles não derem conta do recado não haverá circulação colateral para compensar a perda, como ocorre em outros órgãos. Por outro lado, existe alguma superposição nas bordas entre o território irrigado por uma artéria e o território irrigado por outra, vizinha. Nessas bordas, a perda de uma delas pode ser parcialmente compensada pela outra.

Uma característica funcional bastante importante das arteríolas do sistema nervoso é a capacidade de sofrer uma regulação local do seu diâmetro, seja para manter o fluxo sanguíneo constante, seja para alterá-lo em resposta às necessidades funcionais. Não se conhece(m) bem o(s) mecanismo(s), mas sabe-se que o diâmetro das arteríolas responde a pequenas variações da pressão arterial sistêmica, na faixa entre 60 e 150 mmHg*, e a sutis alterações da concentração sanguínea dos gases respiratórios (O_2 e CO_2). A capacidade dessas artérias menores e arteríolas de variar o seu diâmetro depende da estrutura de sua parede (Figura 13.12A), composta por uma camada de fibras musculares lisas sujeitas ao controle de nervos simpáticos. Gradativamente, à medida que essas arteríolas vão-se tornando menores, transformam-se em capilares cuja contratilidade é menos eficaz porque depende dos pericitos, células isoladas e não tão adaptadas a se contrair quanto o músculo liso. Há indícios de que a contratilidade dessas arteríolas menores e desses capilares seja controlada por mediadores locais secretados pelo próprio endotélio (como o óxido nítrico), pelos pedículos dos astrócitos ancorados na parede, e por prolongamentos de axônios que terminam nas proximidades (Figura 13.12A).

Quando cai a pressão arterial no organismo de um indivíduo, geralmente ocorre uma vasoconstrição com-

* *Milímetros de mercúrio, unidade de pressão.*

pensatória em certos órgãos do corpo, provocada pela ação de regiões do tronco encefálico e do sistema nervoso autônomo (veja maiores detalhes sobre isso no Capítulo 14). Controla-se a pressão à custa do fluxo sanguíneo para os órgãos, que se torna menor. Entretanto, se o mesmo ocorresse no sistema nervoso, a função neuronal sofreria consequências adversas, devido à extrema dependência dos neurônios por oxigênio e glicose. Por isso, no sistema nervoso é prioritário controlar o fluxo, mesmo porque as variações da pressão sanguínea encefálica teriam pouca influência sobre a pressão sistêmica. Então, o mecanismo de autorregulação do diâmetro vascular no sistema nervoso atua no sentido inverso, dentro da faixa mencionada anteriormente: em vez de vasoconstrição, ocorre vasodilatação. Assim, a queda de fluxo que seria causada pela vasoconstrição sistêmica é compensada pela vasodilatação neural, e ele (o fluxo) permanece constante no encéfalo e na medula. Quando há elevação da pressão sistêmica, ocorre o oposto: vasoconstrição neural. Desse modo, o aporte de sangue para o encéfalo e a medula pode ser mantido constante, independentemente das variações sistêmicas. Fora dessa faixa de 60 a 150 mmHg, entretanto, a pressão e o fluxo no SNC acompanham as variações sistêmicas.

Em certas condições, no entanto, o fluxo sanguíneo cerebral pode sofrer grandes alterações. É o que acontece quando cai – mesmo ligeiramente – a concentração sanguínea relativa de oxigênio (ou cresce a de CO_2: uma está

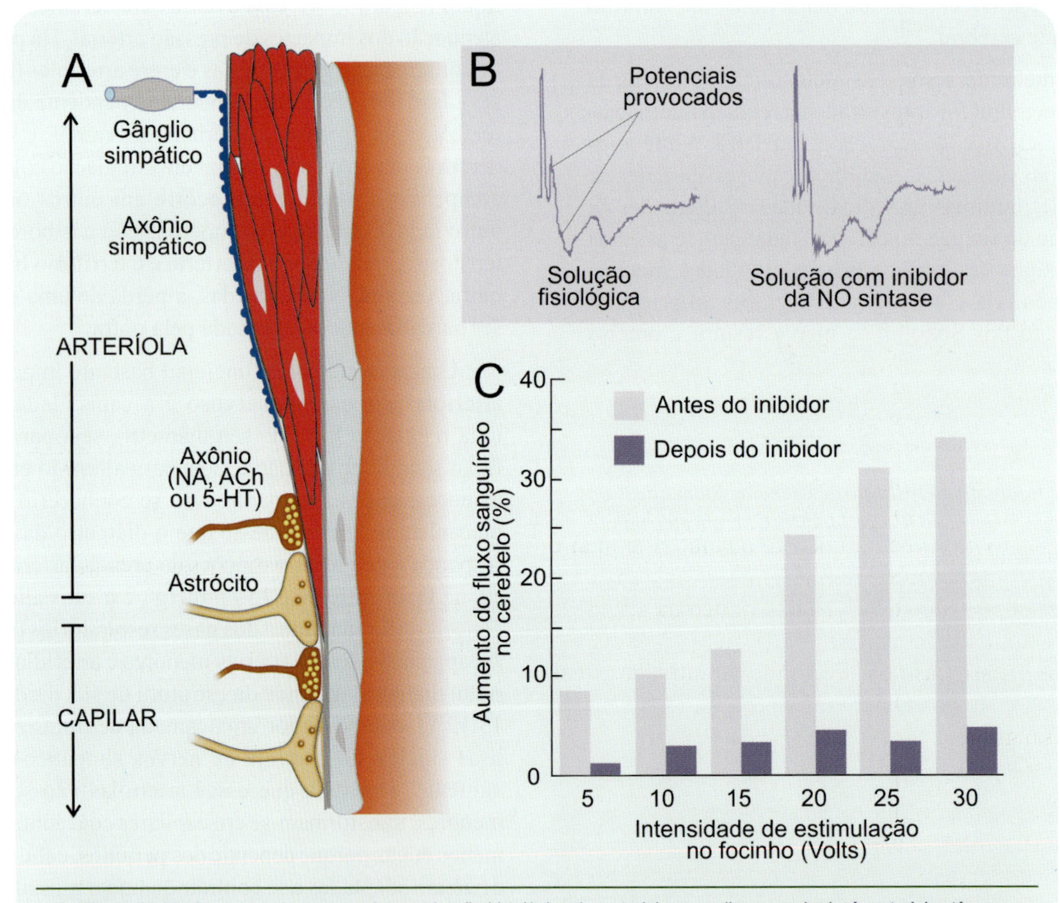

Figura 13.12. *A mostra um esquema da organização histológica das arteríolas e capilares cerebrais. As arteríolas têm uma camada muscular lisa com eficiente capacidade de controle do diâmetro. À medida que a vasculatura se aproxima da rede capilar, desaparecem as fibras musculares e o endotélio torna-se circundado por astrócitos, neurônios e pericitos (não representados na figura). No experimento mostrado em* **B** *e* **C**, *os pesquisadores registraram potenciais elétricos provocados no cerebelo de um gato pela estimulação elétrica do focinho. A atividade neural provocada pela estimulação (***B***) não sofre alteração quando o cerebelo é banhado por uma solução fisiológica (traçado à esquerda) ou por uma solução contendo um inibidor da enzima de síntese do NO (traçado à direita). No entanto (***C***), embora o fluxo sanguíneo local no cerebelo aumente com a intensidade de estimulação (barras claras), isso não acontece quando a superfície é banhada com o inibidor da NO sintase (barras escuras). Conclui-se que a atividade neural influi sobre o fluxo sanguíneo através do óxido nítrico.* **A** *modificado de H. Girouard e C. Iadecola (2006)* Journal of Applied Physiology, *vol. 100: pp. 328-335.* **B** *e* **C** *modificados de G. Yang e cols. (1999)* American Journal of Physiology, *vol. 277: pp. R1760-R1770.*

ligada à outra). Alerta geral: o sistema nervoso pode entrar em anóxia! Imediatamente ocorre vasodilatação e grande aumento do fluxo sanguíneo encefálico: a inalação de ar com 7% de CO_2 (o ar atmosférico tem geralmente apenas cerca de 0,04% de CO_2) é capaz de duplicar o fluxo sanguíneo no sistema nervoso.

Mas embora o fluxo sanguíneo total do sistema nervoso seja mantido basicamente constante, já vimos que em cada região ele varia um pouco de acordo com a atividade neural (veja a Figura 2 do Quadro 13.2); um pouco, mas o suficiente para atender às demandas metabólicas de cada região mais ativa. Essas variações locais são provocadas também por alterações do diâmetro vascular, especialmente das arteríolas. Portanto, há de haver uma informação transmitida dos neurônios em atividade para as arteríolas, para que estas possam regular o seu diâmetro de acordo com as oscilações de atividade neural. Quais seriam os mensageiros que veiculariam essa informação? De que maneira o comando para a vasodilatação chegaria dos capilares até as arteríolas correspondentes? Recentemente tem-se atribuído ao óxido nítrico (NO) essa tarefa, com base em experimentos utilizando bloqueadores da sua enzima de síntese. Esse estranho neuromodulador (que é um gás; veja o Capítulo 4) está presente em numerosos neurônios regularmente distribuídos por todo o sistema nervoso.

Quando uma região é funcionalmente ativada, ocorre vasodilatação local que resulta em aumento do fluxo sanguíneo. No cerebelo de um animal ativado por estimulação somestésica, essa vasodilatação pode até mesmo ser vista com uma lupa, porque provoca um aumento da tonalidade avermelhada da superfície cortical. Usando esse modelo, os neurofarmacologistas demonstraram que o aumento de fluxo não ocorre quando o animal é tratado com bloqueadores da enzima de síntese do óxido nítrico, embora o registro eletrofisiológico da atividade neural se mantenha sem alterações (Figura 13.12B e C). Quer dizer: nesse caso os neurônios são ativados, mas não há liberação de NO nem o aumento correspondente do fluxo sanguíneo.

Esse tipo de experimento gerou a hipótese de que o óxido nítrico atua de forma direta sobre a musculatura lisa das arteríolas próximas aos neurônios que o liberam. Cada neurônio nitridérgico[G], assim, seria uma fonte de óxido nítrico que se difundiria radialmente em todas as direções, controlando os vasos situados em torno dele. Como o NO passa livremente através das membranas celulares, haveria maior difusão dele para o microambiente extracelular quanto maior fosse a atividade desses neurônios. O resultado seria a vasodilatação e o aumento do fluxo sanguíneo local, proporcionalmente ao aumento da atividade neuronal.

A hipótese da regulação do diâmetro vascular por meio do NO foi comprovada, mas não é o único mecanismo atuante nesse complexo acoplamento entre a atividade neural e o fluxo sanguíneo local no cérebro. Os movimentos iônicos resultantes da atividade elétrica dos neurônios, que resultam em aumento da concentração extracelular de K^+, são capazes de hiperpolarizar as fibras musculares lisas, relaxando-as e assim contribuindo para a vasodilatação. O próprio endotélio secreta peptídeos vasoativos, e alguns agem na membrana dos pericitos, sugerindo uma regulação também do diâmetro capilar. Os astrócitos do mesmo modo desempenham papel importante, pois secretam mediadores vasoativos como o gás monóxido de carbono (CO), o nucleosídeo adenosina e o ácido araquidônico. Enfim, considera-se na atualidade que estão em ação permanentemente, no sistema nervoso central, *unidades neurovasculares* que incluem de forma integrada neurônios, astrócitos perivasculares, arteríolas e capilares, capazes de regular precisamente o aporte de sangue necessário ao nível de atividade funcional de cada região. Essa regulação do fluxo sanguíneo em função da atividade neural é chamada *acoplamento neurovascular*.

Se as arteríolas são importantes, a rede capilar do tecido nervoso também é especial. O sangue que chega aos capilares neurais encontra neles uma característica que os diferencia radicalmente dos capilares dos demais órgãos: uma barreira que seleciona com rigor o que pode e o que não pode passar do sangue para o parênquima neural e vice-versa. A *barreira hematoencefálica*, como é conhecida, é um obstáculo eficiente à penetração de substâncias potencialmente tóxicas ao tecido nervoso, sem no entanto impedir a entrada de substâncias nutrientes e outras com papel funcional na fisiologia do tecido nervoso. Veremos mais adiante quem ela é e como funciona.

ORGANIZAÇÃO DO SISTEMA ARTERIAL QUE IRRIGA O SNC

Pode não parecer mas, apesar da complexidade, não é difícil compreender, em sua organização básica, o sistema de irrigação arterial do SNC. Existem três vias de entrada (Tabela 13.2): (1) a via anterior ou carotídea, que irriga os hemisférios cerebrais e o tronco encefálico; (2) a via posterior ou vertebrobasilar, que compartilha com as carótidas a irrigação do tronco encefálico e encarrega-se também da medula espinhal; e (3) a via sistêmica, que irriga a medula por anastomose com a via posterior. As grandes artérias que constituem essas três vias têm trajetos mais ou menos consistentes em todos os indivíduos (com pequenas variações, é claro), e ao longo desse trajeto emitem numerosos ramos. Alguns deles são superficiais, isto é, cobrem a superfície externa do encéfalo e da medula, gerando finalmente arteríolas penetrantes que se aprofundam no tecido e se abrem na rede capilar. Outros ramos são profundos, orientando-se para as estruturas internas do encéfalo, como os núcleos da base, o diencéfalo[A] e outras.

QUESTÃO DE MÉTODO

Quadro 13.2
Neuroimagem por Ressonância Magnética

Jorge Moll Neto e Ivanei E. Bramati***

As técnicas de neuroimagem têm como objetivo obter e integrar informações funcionais e estruturais, permitindo um estudo não invasivo *in vivo* do sistema nervoso humano em seu estado normal ou patológico. Dentre estes métodos, a ressonância magnética (RM) destaca-se pela flexibilidade, rapidez e resolução espacial. A geração do sinal de RM ocorre da seguinte forma: o indivíduo a ser estudado é submetido a um campo magnético homogêneo e de alta intensidade. Os núcleos dos átomos comportam-se como pequenos magnetos, e seus *spins* (relacionados com uma propriedade conhecida como momento magnético) alinham-se em uma direção paralela ao campo magnético gerado pelo aparelho. A aplicação de um pulso de ondas de radiofrequência fornece energia, que ao ser absorvida faz com que esses núcleos ampliem o ângulo com que eles giram em torno do eixo do campo. Quando o pulso de radiofrequência é interrompido, os núcleos retornam à sua posição original de menor energia, devolvendo a energia ao meio sob a forma de ondas de rádio. Essa energia pode então ser captada por sensores especiais, constituindo o sinal da RM. Através de manipulações complexas deste sinal por ferramentas computacionais, imagens anatômicas de alta resolução são formadas.

Mais recentemente, surgiu a possibilidade de obter informações dinâmicas da atividade cerebral utilizando a RM. Esta técnica ficou conhecida como RM funcional (RMf). A RMf fornece uma medida indireta do aumento local da atividade neuronal em resposta a estímulos sensoriais ou durante a realização de tarefas motoras e mentais. Foi demonstrado que aumentos da atividade sináptica de uma região estão relacionados com aumentos do fluxo sanguíneo cerebral regional (Figura 1).

A cadeia de eventos deste processo envolve, resumidamente, a liberação – pelos neurônios ativos – de mediadores neurovasculares de ação local, que levam a uma redução da resistência vascular (vasodilatação) e, em consequência, ao aumento do aporte de sangue arterial. Curiosamente, esse aumento de aporte de sangue com alto teor de oxigenação não se acompanha necessariamente de um aumento proporcional da extração de oxigênio pelo tecido. O resultado final é uma elevação relativa da concentração de oxi-hemoglobina e redução da desoxi-hemoglobina (Figura 2).

A desoxi-hemoglobina tem propriedades paramagnéticas, causando distorções locais do campo magnético e consequente redução do sinal de RM, enquanto a oxi-hemoglobina é magneticamente inerte. Este fenômeno, conhecido como *contraste dependente do nível*

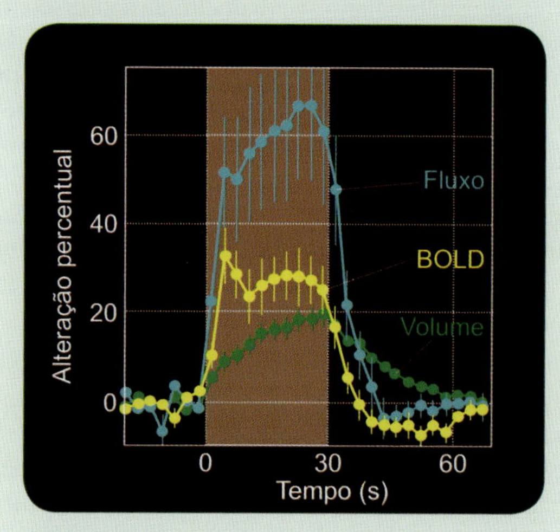

Figura 1. *O sinal da imagem de ressonância (efeito BOLD) relaciona-se com o fluxo e o volume sanguíneos cerebrais. Quando se observa o aumento de um (no tempo 0), os outros aumentam também.*

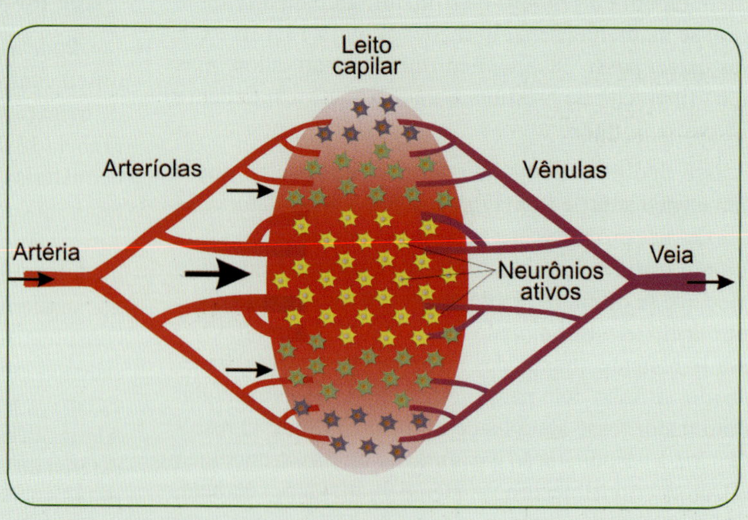

Figura 2. *A atividade neuronal desencadeia um efeito de vasodilatação local, com consequente aumento do aporte de sangue oxigenado à região ativada.*

de oxigenação do sangue ou BOLD (referente à sigla dessa expressão em inglês), constitui a base dos estudos atuais de RMf. Regiões do cérebro mais ativas durante a realização de uma determinada tarefa (por exemplo, a movimentação dos dedos da mão direita) apresentarão um relativo aumento de sinal de RM em certas regiões do córtex, em comparação com uma "condição-controle" (p. ex.: repouso) (Figura 3).

Devido ao fato de esta diferença de sinal relativo da área ativada ser muito pequena (cerca de 1 a 5%), para a criação dos mapas estatísticos de ativação, torna-se necessária a aquisição de imagens durante várias fases de tarefa e controle. Assim, os dados da RMf consistem em vários conjuntos de cortes (volumes) através do cérebro, obtidos ao longo do tempo. Cada corte tem a espessura de alguns milímetros e é constituído por uma matriz de elementos formadores de imagem, denominados *voxels* (*volume elements*). Durante cada experimento são adquiridos diversos volumes, sequencialmente. Desta forma, o sinal de cada *voxel* é medido em vários pontos no tempo, resultando então em uma série temporal ou onda de resposta. Técnicas estatísticas são então empregadas para testar, em cada *voxel*, a possibilidade de que o seu sinal esteja correlacionado com a tarefa experimental. Finalmente, de acordo com os resultados desta análise, mapas coloridos representando o grau de ativação de cada *voxel* são gerados e superpostos às imagens anatômicas.

Desta forma, é possível combinar informações anatômicas de alta resolução com os dados de ativação neuronal das diversas áreas cerebrais. A ressônancia magnética funcional, apesar de já ter alcançado uma posição fundamental no campo da neurociência básica e clínica, certamente ainda evoluirá muito em sua capacidade de ajudar na compreensão do funcionamento do cérebro humano.

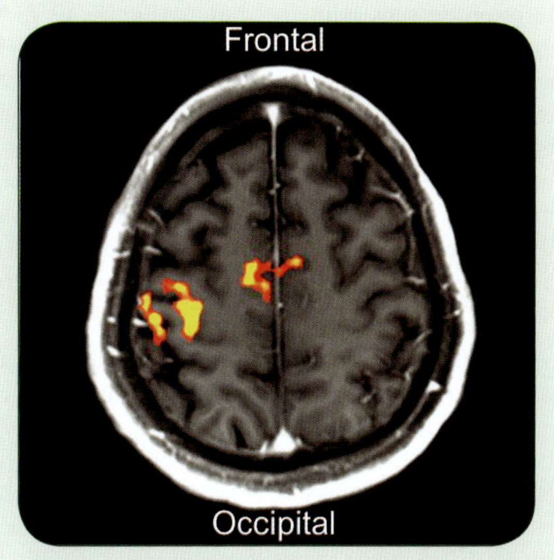

Figura 3. *Mapa de ativação motora do córtex cerebral (em cores) superposto à imagem anatômica correspondente (em cinza), neste caso obtida no plano transversal. O sujeito é solicitado a mover os dedos, o que ativa as regiões motoras e somestésicas do córtex. Um código de cores criadas pelo computador (pseudocores) indica a intensidade do sinal: quanto mais amarelo, mais intenso.*

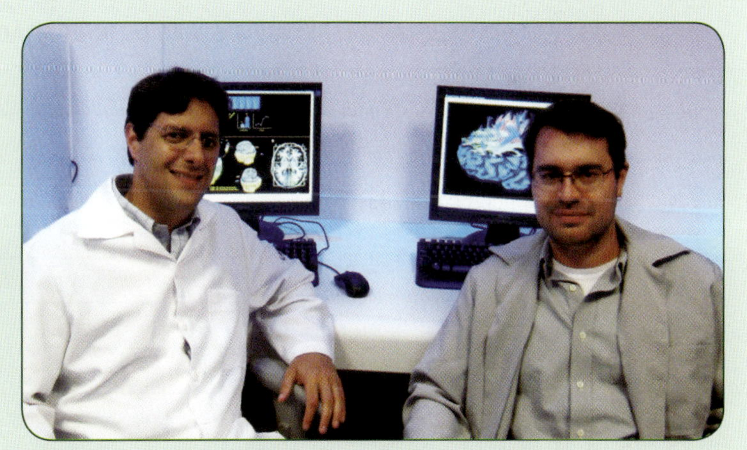

Figura 4. *Jorge Moll à esquerda do leitor, Ivanei Bramati à direita*

**Médico e **físico-médico do Instituto D'Or de Pesquisa e Ensino. Correio eletrônico: moll.jorge@gmail.com.*

Tanto a via anterior quanto a posterior originam-se da aorta ou de seus primeiros ramos (Figura 13.13A), dos quais emergem em cada lado do pescoço uma artéria carótida comum e uma vertebral. Enquanto as vertebrais penetram diretamente no crânio pelo forame magno junto à medula (via posterior), as carótidas comuns dividem-se na parte mais alta do pescoço, cada uma delas em uma carótida interna e uma externa. As internas vão constituir a via anterior de irrigação arterial do encéfalo, penetrando no crânio através dos forames carotídeos, enquanto as externas vão irrigar os tecidos extracranianos.

A via anterior (ou carotídea) é formada pelas carótidas internas e por seus ramos. As carótidas internas apresentam um trajeto tortuoso (amortecedor de picos de pressão, lembra-se?) atravessando a dura-máter, próximo à base do encéfalo, na altura do quiasma óptico[A]. A partir daí, a rede arterial carotídea distribui-se no espaço subaracnóideo, dividindo-se em ramos sucessivamente menos calibrosos que logo penetram entre os sulcos rumo às estruturas internas (ramos profundos) ou se estendem pela superfície encefálica (ramos superficiais). Em ambos os casos se ramificam muitas vezes até o ponto em que as arteríolas penetram no interior do parênquima. Na base do encéfalo, cada carótida interna se divide em dois ramos maiores e um menor. Os dois maiores são as artérias cerebrais anterior e posterior, respectivamente (Figura 13.13B), e o ramo menor é a artéria comunicante posterior. É grande o contraste entre elas. Enquanto as cerebrais, em cada lado, irrigam grandes extensões dos hemisférios cerebrais, as comunicantes são curtas e emitem poucos ramos, sendo na verdade anastomoses que comunicam a via anterior com a posterior.

A via posterior (ou vertebrobasilar) é formada pelas duas artérias vertebrais que, depois de penetrar no crânio pelo forame magno, unem-se na altura do bulbo[A] para formar uma artéria única chamada basilar (Figura 13.13A, B), posicionada na linha média da superfície basal da ponte[A]. Das artérias vertebrais, emergem bilateralmente ramos que se dirigem para baixo e irrigam a medula (Tabela 13.2), e uma das artérias que irrigam o cerebelo[A]. Da basilar emergem de cada lado duas artérias cerebelares e várias artérias pontinas. A basilar termina bifurcando-se em duas artérias cerebrais posteriores, que irrigam amplas áreas posteriores dos hemisférios cerebrais. São as cerebrais posteriores que se unem às artérias comunicantes posteriores, mencionadas antes.

A terceira via (via sistêmica) é própria da medula espinhal (Figura 13.14), e conecta-se com a via posterior. É formada pelas artérias radiculares, ramos de várias artérias segmentares do pescoço e do tronco que emergem da aorta descendente (Figura 13.14A) e penetram no espaço subarac-

TABELA 13.2. PRINCIPAIS VIAS DE IRRIGAÇÃO ARTERIAL DO SNC

Vias	*Principais Ramos*			*Principais Territórios*
Via anterior	Carótida comum (par bilateral)	Carótida interna (par bilateral)	Cerebral anterior* (par bilateral)	Regiões mediais dos lobos frontal[A] e parietal[A], cápsula interna[A]
			Cerebral média (par bilateral)	Regiões laterais dos lobos frontal, parietal, temporal[A] e da ínsula[A], cápsula interna e núcleos da base
			Comunicante posterior (par bilateral)	Anastomose com a via posterior
			Oftálmica (par bilateral)	Nervo óptico[A] e retina
			Coróidea anterior (par bilateral)	Hipocampo[A], diencéfalo[A] e núcleos da base
Via posterior	Vertebral (par bilateral)	Basilar (única, mediana)	Cerebelar inferior anterior (par bilateral)	Regiões inferiores e rostrais do cerebelo[A]
			Pontinas (várias bilaterais)	Ponte[A]
			Cerebelar superior (par bilateral)	Regiões superiores do cerebelo
			Cerebral posterior	Regiões mediais e laterais do lobo occipital[A]
		Cerebelar inferior posterior (par bilateral)		Regiões inferiores e caudais do cerebelo
		Espinhal anterior (única, mediana)		Região anterior da medula espinhal[A]
		Espinhal posterior (par bilateral)		Região posterior da medula espinhal
Via sistêmica	Segmentares (algumas, bilaterais)	Radiculares (muitas, bilaterais)		Anastomose com a via posterior

**As duas artérias cerebrais anteriores frequentemente são ligadas por uma curta anastomose: a artéria comunicante anterior.*

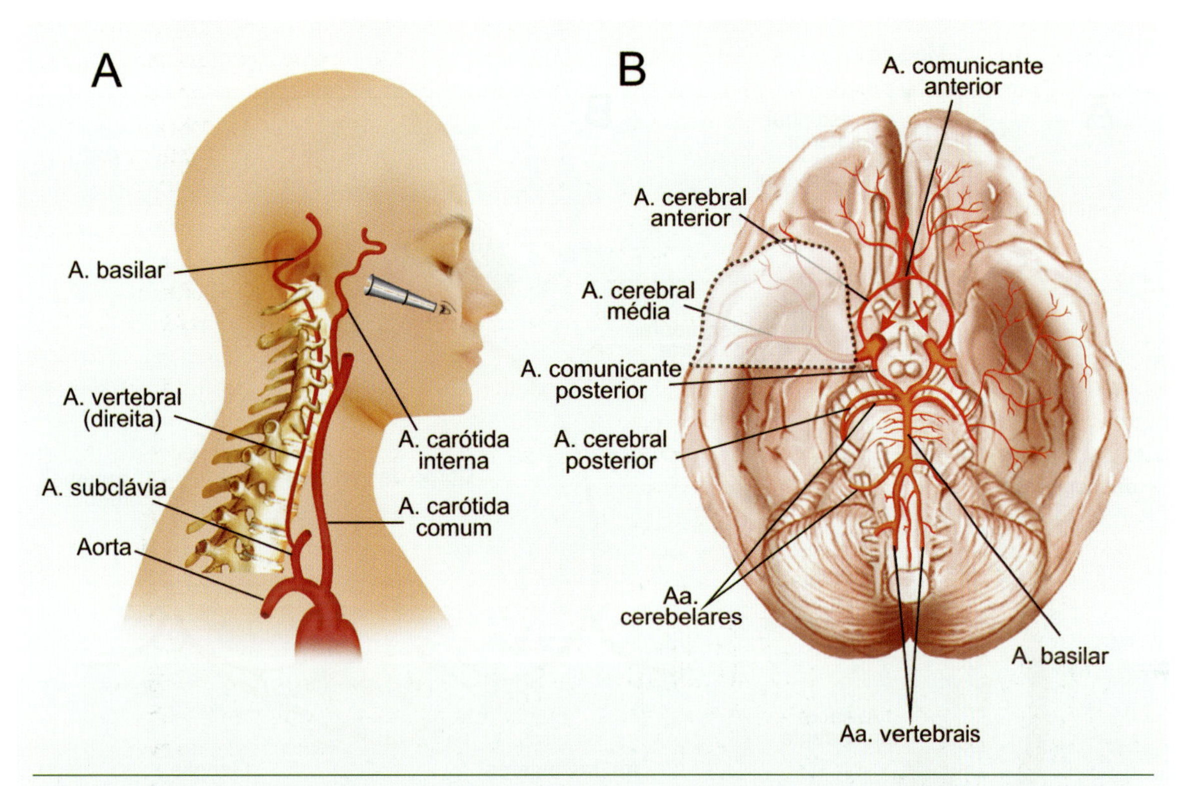

Figura 13.13. *A. Os dois sistemas de irrigação arterial do encéfalo originam-se da aorta: um é mais anterior, envolvendo as artérias carótidas internas; o outro é posterior, envolvendo as artérias vertebrais e basilar. Para simplificar, estão representadas apenas as artérias do lado direito. B. Vistos pelo ângulo indicado pela luneta em **A**, os dois sistemas de irrigação podem ser identificados com seus ramos principais. As duas carótidas internas aparecem cortadas (setas vermelhas). O polo temporal direito está representado por transparência, para permitir a visualização da artéria cerebral média, que se localiza dentro do sulco lateral.*

nóideo junto com os nervos espinhais, anastomosando-se aí com as artérias espinhais da via posterior (Figura 13.14B).

As vias de irrigação arterial do sistema nervoso apresentam poucas anastomoses, em relação ao que ocorre em outros órgãos. Entretanto, essas poucas anastomoses são dignas de nota porque representam as únicas alternativas para manter irrigada uma região – pelo menos parcialmente – quando a sua artéria principal sofre algum tipo de obstrução. A principal estrutura anastomótica é o chamado *círculo arterial* da base do encéfalo (também chamado polígono de Willis, em homenagem ao seu descobridor). O círculo arterial (Figura 13.15) é formado pelas artérias cerebrais anteriores, conectadas pela comunicante anterior, e pelas carótidas internas, conectadas com as cerebrais posteriores pelas comunicantes posteriores. A comunicante anterior conecta a circulação de ambos os lados, enquanto as comunicantes posteriores anastomosam a via anterior com a posterior. Em muitos indivíduos o círculo é incompleto, faltando uma ou mais das artérias comunicantes. Apesar disso, não há qualquer prejuízo funcional. No encéfalo, há outras anastomoses menos expressivas entre ramos superficiais das artérias cerebrais. Na medula, é digna de nota a anastomose entre as vias posterior e sistêmica, realizada pela conexão entre as artérias radiculares e as espinhais (Figura 13.14B).

OS TERRITÓRIOS DE IRRIGAÇÃO ARTERIAL

É importante – especialmente para os médicos – conhecer com detalhes os territórios de irrigação das principais artérias do SNC, porque as doenças agudas e crônicas desses vasos podem provocar sintomas muito específicos, que dependem da área do tecido nervoso irrigada por cada uma delas. Por essa razão, frequentemente os neurologistas pedem a realização de exames de imagem que mostrem a árvore vascular de determinadas artérias sob suspeita (Figura 13.16). Para o estudo fundamental, entretanto, é necessário apenas conhecer os princípios gerais de organização dos territórios arteriais (Tabela 13.2).

Os hemisférios cerebrais são irrigados pelas artérias cerebrais (anteriores, médias e posteriores – Figura 13.17). Em cada lado, a cerebral anterior emerge da carótida interna em direção rostral, próximo à linha média. Insere-se no sulco inter-hemisférico e contorna o joelho[A] do corpo

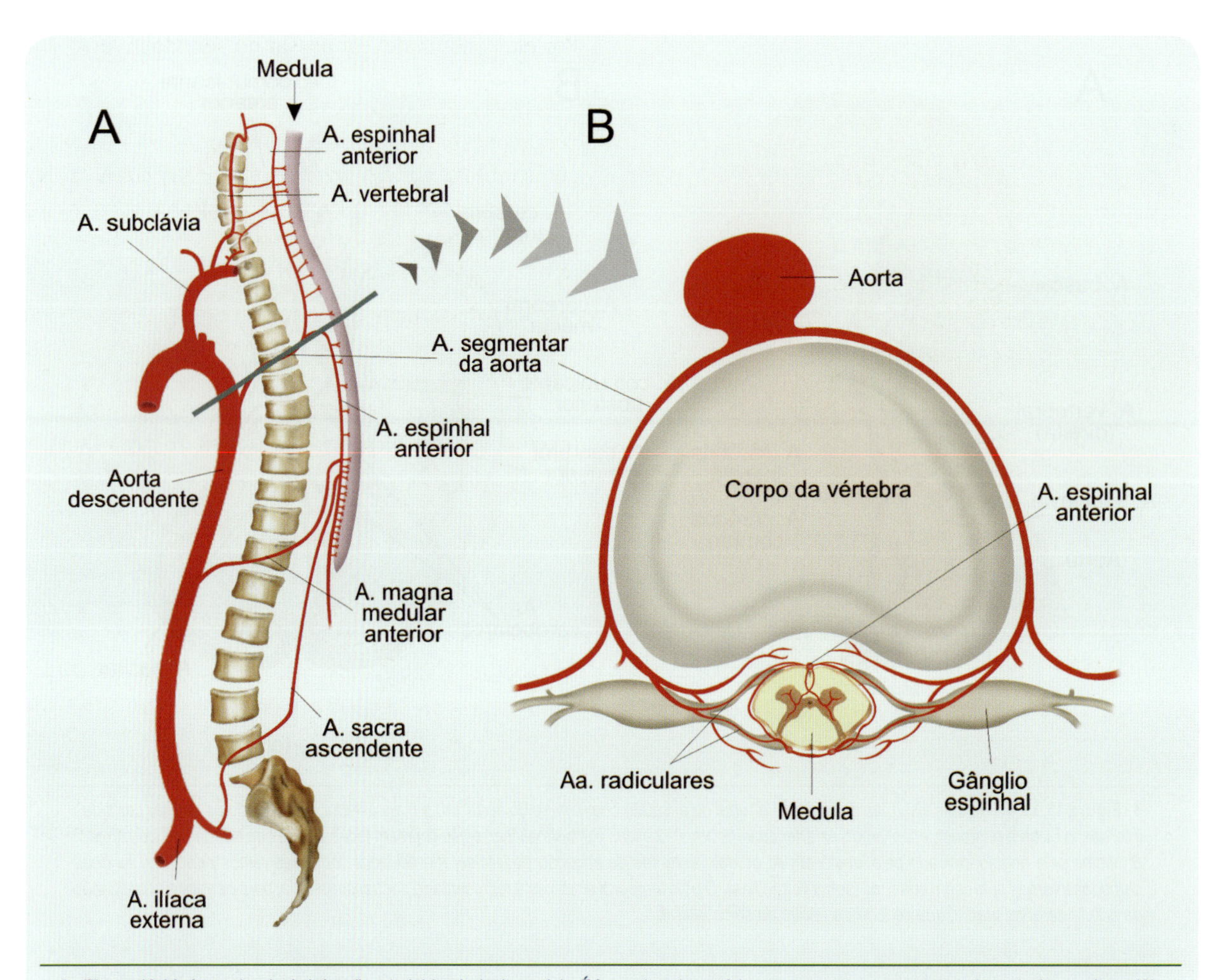

Figura 13.14. *A terceira via de irrigação arterial é própria da medula. É formada pelas artérias segmentares que emergem da aorta descendente (**A**), penetrando no canal vertebral junto com os nervos e gânglios espinhais. No canal vertebral (**B**) ramificam-se em artérias radiculares, que finalmente se anastomosam com as artérias espinhais que vêm do sistema vertebrobasilar. **B** representa o plano transverso assinalado por uma linha turquesa em **A**. Modificado de J. C. M. Brust (2000), em* Principles of Neural Science *(E. R. Kandel e cols., org.), 4ª ed. McGraw-Hill, EUA.*

caloso^{A} para trás, deixando no trajeto vários ramos que irrigam as faces medial e dorsal do córtex cerebral (Figuras 13.16A-C e 13.17B). A artéria cerebral média, por sua vez, emerge da carótida interna em sentido lateral (Figura 13.13B) e se aloja no sulco lateral^{A}, reaparecendo lateralmente na superfície externa do encéfalo (Figura 13.17A), onde se ramifica para baixo e para cima, irrigando toda a face lateral do lobo temporal^{A}, a face dorsolateral dos lobos frontal^{A} e parietal^{A} e o lobo da ínsula^{A}. Finalmente, a artéria cerebral posterior origina-se da basilar (Figura 13.13B), contorna o tronco encefálico e se ramifica profusamente por toda a superfície medial e lateral do lobo occipital^{A} (Figuras 13.17A e B).

Os núcleos da base e o diencéfalo são irrigados pelos ramos profundos das três artérias cerebrais e por um ramo que emerge diretamente da carótida interna, a artéria coróidea anterior, que também irriga parte do hipocampo^{A} (Tabela 13.2). A retina e o nervo óptico^{A} são irrigados por um outro ramo da carótida, a artéria oftálmica. O mesencéfalo e o tronco encefálico são alimentados pelas artérias que constituem a via posterior.

A REDE CAPILAR: UM SISTEMA PROTEGIDO

O sangue que chega aos capilares do SNC trafega ao longo de uma "fronteira" com o compartimento intersticial do tecido nervoso, que dá acesso ao compartimento intracelular. Por essa fronteira devem passar o oxigênio e os nutrientes, mas não as substâncias que possam causar dano ou interferir com a função dos neurônios.

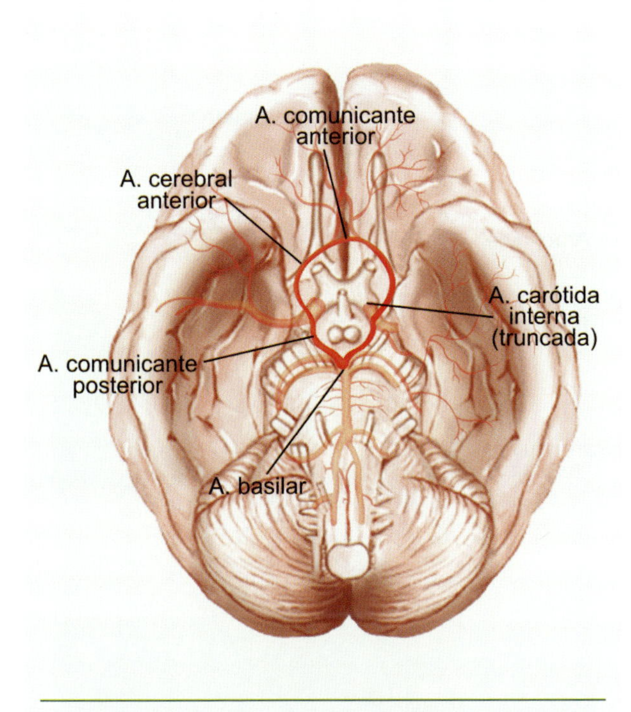

▶ **Figura 13.15.** *A principal anastomose do SNC é o círculo de Willis, aqui enfatizado em vista ventral do encéfalo.*

Por ela também devem passar no sentido inverso (ou ser impedidas de fazê-lo...) algumas substâncias secretadas pelas células do sistema nervoso. Trata-se, pois, de uma verdadeira barreira seletiva, que por isso mesmo ficou conhecida como *barreira hematoencefálica*. A expressão não é inteiramente apropriada porque a barreira existe também na medula, e não apenas no encéfalo. Mas é o termo de uso consagrado.

A barreira hematoencefálica não é a única fronteira seletiva que separa os compartimentos no SNC. Já vimos que a camada ependimária do plexo coroide é uma outra barreira (hematoliquórica), e também que a camada de células aracnóideas fortemente seladas entre si representa uma barreira que mantém o líquor confinado dentro do espaço aracnóideo. Essas barreiras (Figura 13.18) consistem sempre na justaposição das células (endoteliais, ependimárias ou aracnóideas), mantidas bem seladas por junções oclusivas que impedem a passagem de líquido pelo interstício. Não é o que acontece em certas regiões do encéfalo onde há necessidade de comunicação livre entre o sangue e o tecido neural – como é o caso dos núcleos que ficam em torno do terceiro ventrículo. Também o epêndima ventricular – não o do plexo coroide – apresenta-se permeável ao movimento de líquido dos ventrículos para o tecido neural e vice-versa. Conclui-se que a natureza faz uso de barreiras sempre que

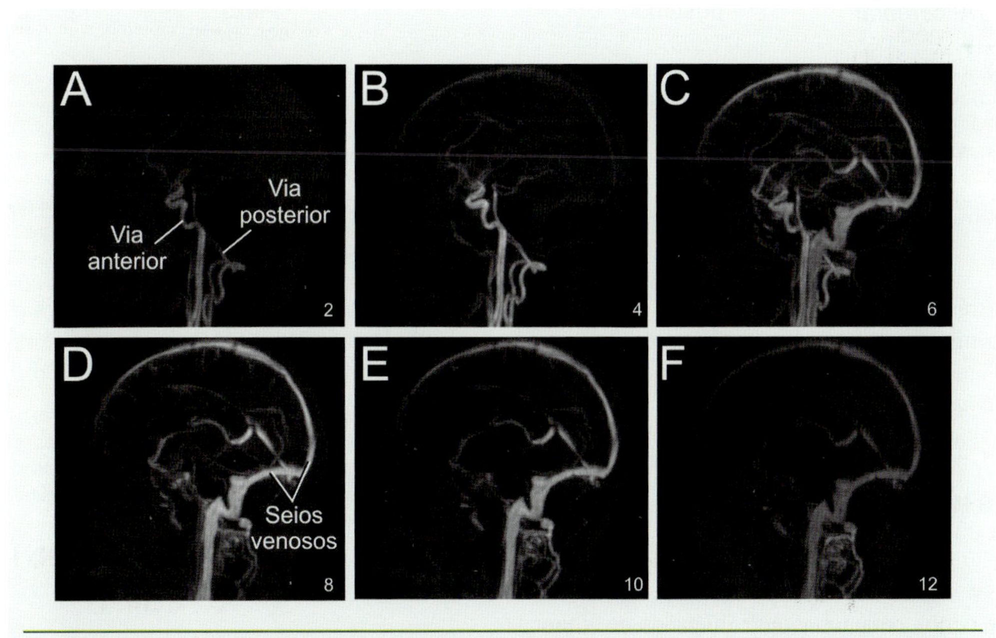

▶ **Figura 13.16.** *A circulação cerebral pode ser visualizada por meio de imagens de ressonância magnética 4D (3D + tempo), injetando um corante radiopaco na carótida interna através de um cateter. Inicialmente (**A**) é possível visualizar a entrada do corante pelas duas vias arteriais do encéfalo. Após poucos segundos (**B**), já se delineia a rede arterial, que a seguir (**C**) se desenha integralmente, deixando aparecer até os seios venosos. Na sequência, a cada 2 segundos (**D-F**), a rede venosa sobressai, devolvendo o corante à circulação sistêmica. Imagens cedidas por Jaime Araujo Vieira Neto, da Rede Labs-D´Or.*

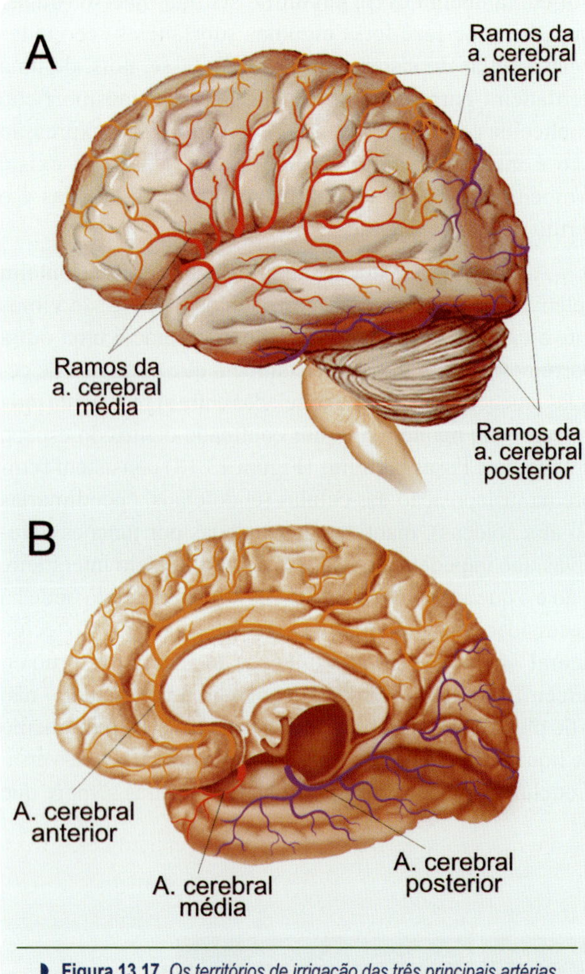

▶ **Figura 13.17.** *Os territórios de irrigação das três principais artérias cerebrais cobrem todo o cérebro. O território da artéria cerebral anterior está representado em amarelo-alaranjado, o da cerebral média, em vermelho, e o da cerebral posterior, em azul.* ***A*** *é uma vista lateral do hemisfério esquerdo,* ***B,*** *uma vista medial do hemisfério direito.*

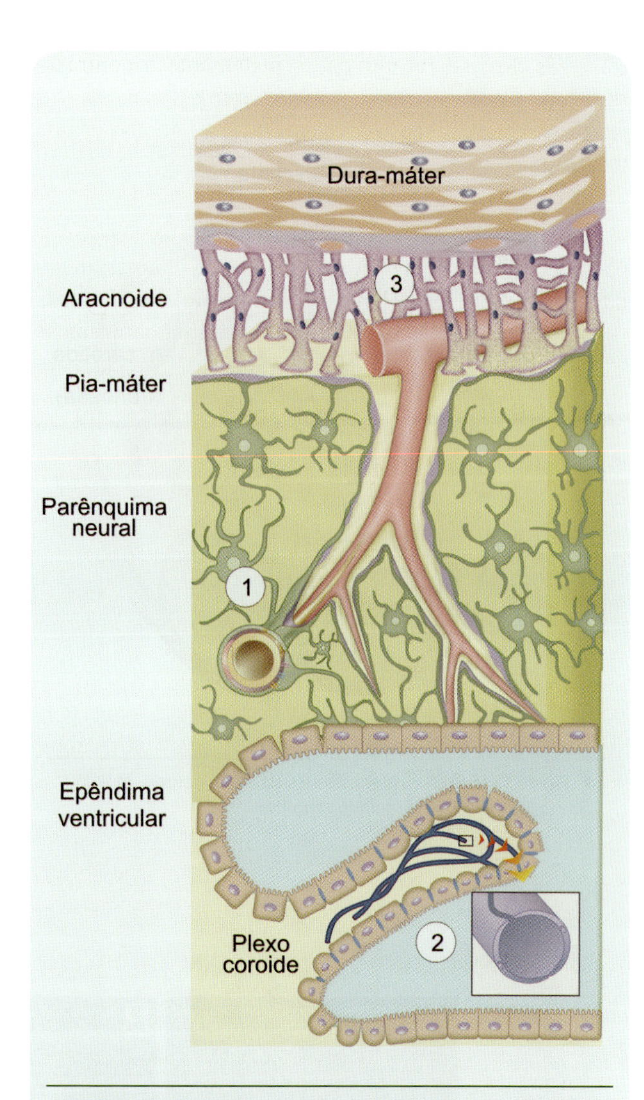

▶ **Figura 13.18.** *São três as barreiras seletivas entre compartimentos do sistema nervoso central. A mais importante é a barreira hematoencefálica (assinalada com o número 1), que seleciona quais substâncias do sangue devem ser admitidas no parênquima neural. Outra barreira importante é a hematoliquórica (assinalada com o número 2), que permite a síntese do líquor pelo plexo coroide. E a terceira (número 3) é a barreira aracnoide, que mantém o líquor confinado no espaço subaracnóideo. Em todos esses casos, a seletividade das barreiras depende do fechamento do interstício intercelular pelas junções oclusivas. Em outras fronteiras não há necessidade de barreiras, e as camadas celulares apresentam fenestrações entre as células, permitindo o livre trânsito de substâncias de um compartimento a outro. É o caso do epêndima ventricular, da pia-máter e de alguns capilares de certas regiões do SNC.*

é preciso restringir a passagem de substâncias de um compartimento a outro, e deixa o trânsito livre quando o oposto é necessário – passagem liberada.

▶ CAPILARES MUITO ESPECIAIS

Os primeiros indícios da existência da barreira hematoencefálica surgiram ainda no século 19, quando se observou que certos corantes vitais[G] injetados no líquor tingem as células nervosas, deixando de fazê-lo, entretanto, quando injetados no sangue. Não é o que acontece com os órgãos em geral, que se tornam corados através do sangue. Concluiu-se que haveria uma diferença importante entre os capilares do tecido nervoso e os capilares sistêmicos. Que diferença seria essa?

Muito simples. A camada celular que constitui a parede dos capilares sistêmicos é formada por células endoteliais dispostas lado a lado, entre as quais existem amplos espaços ou poros (chamados fenestrações), por onde passam livremente inúmeros componentes do sangue, até mesmo moléculas relativamente grandes (Figura 13.19A). Nos capilares do sistema nervoso é justamente o contrário: as células endoteliais são perfeitamente justapostas, sem fenestrações, e entre elas existem junções oclusivas[G] que impedem a passagem de moléculas entre o compartimento sanguíneo e o intersticial (Figura 13.19B).

Nos capilares neurais (Figura 13.20A), assim, a passagem de moléculas do sangue para o compartimento intersticial só pode ocorrer *através* das células endoteliais, isto é, passando por dentro delas. Esse caminho transmembranar ou transcelular força uma seleção entre as moléculas capazes de passar e as que não conseguem fazê-lo. No caso dos capilares sistêmicos (Figura 13.20B) existe a passagem transcelular também, mas como é frequente a ocorrência de fenestrações, a seletividade é bem menor. E mais: a passagem transcelular que ocorre nos capilares sistêmicos é de natureza vesicular, ou seja, ocorre pela interiorização de pequenos volumes de líquido em invaginações da membrana que se transformam em vesículas, processo conhecido como pinocitose. A pinocitose é geralmente inespecífica: a membrana da célula endotelial engolfa e internaliza substâncias junto com o seu veículo. Mas pode ser também seletiva, mediada por receptores moleculares específicos situados na membrana. Os capilares neurais são diferentes também quanto a esse aspecto (Figura 13.20A): além da falta de fenestrações, possuem um endotélio pobre em transporte vesicular. Tudo deve passar pela membrana. Aliás, por "duas" membranas: a luminal, que faz face com a luz[G] do capilar, e a abluminal, que fica do outro lado, fazendo face com o compartimento intersticial do tecido nervoso. Um duplo controle!

A parede dos capilares do SNC, portanto, é especial pela sua seletividade à passagem de substâncias nos dois sentidos. Entretanto, como a parede capilar tem outros componentes (Figura 13.19B), quais seriam os reais responsáveis pela barreira? Esses outros componentes são os pericitos, um tipo celular aparentado às células musculares lisas e com capacidade contrátil; a membrana ou lâmina basal, uma estrutura da matriz extracelular; os pedículos dos astrócitos ancorados no endotélio (veja uma ilustração desses últimos também na Figura 3.18, Capítulo 3); e alguns terminais axônicos de interneurônios das redondezas.

A dúvida foi resolvida por um experimento simples realizado nos anos 1960 por um grupo de pesquisadores liderados pelo morfologista inglês Thomas Reese. Eles injetaram uma substância marcadora na circulação, como os antigos pioneiros do século 19, e foram procurar a sua distribuição no tecido nervoso utilizando um microscópio eletrônico. Verificaram que a substância marcadora podia ser identificada em torno da face luminal dos capilares, sem ter conseguido ultrapassar as junções oclusivas. O parênquima neural estava livre dela. Depois fizeram o experimento inverso: injetaram o marcador no espaço subaracnóideo e foram procurá-lo no tecido. Neste caso, puderam identificar

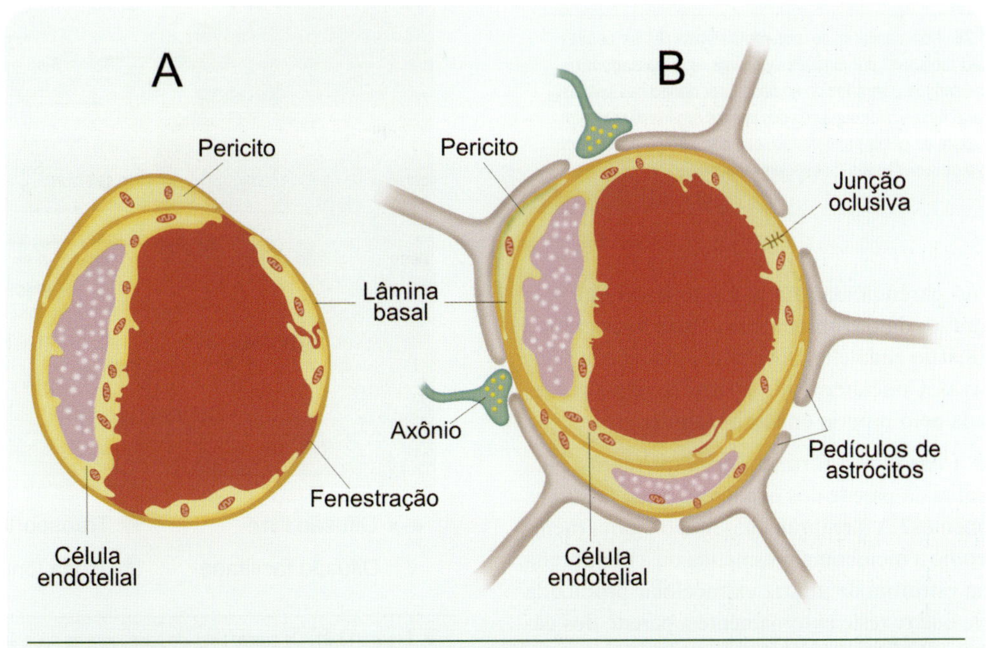

Figura 13.19. **A** *mostra um corte transversal de capilar sistêmico, apresentando os componentes de suas paredes. Destacam-se as fenestrações entre células endoteliais, que permitem a passagem livre de substâncias.* **B** *mostra um capilar do SNC, que não apresenta fenestrações mas sim junções oclusivas entre as células endoteliais, além de uma cobertura de pedículos de astrócitos. Essa arquitetura é responsável pela barreira hematoencefálica.*

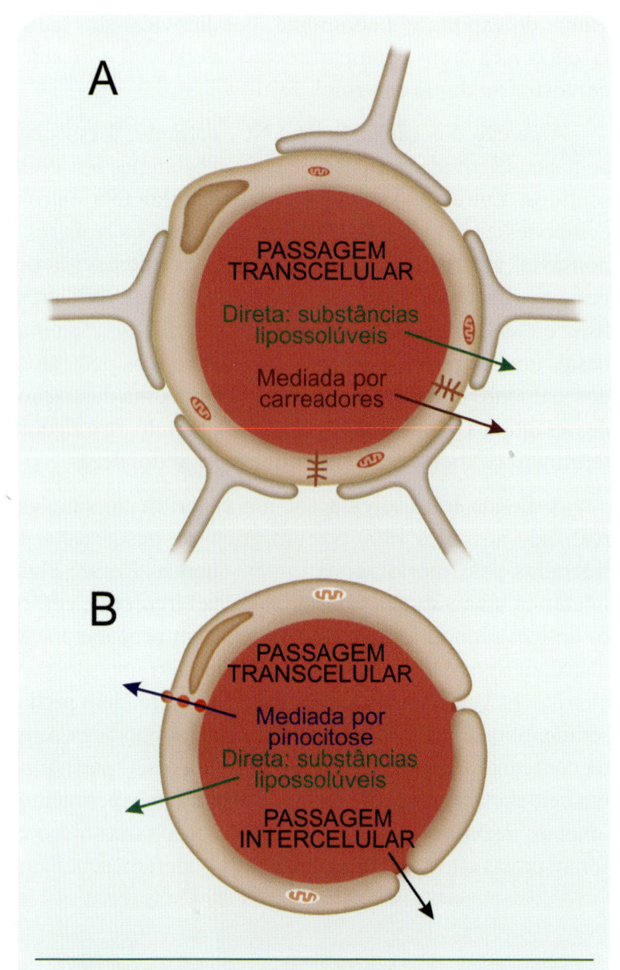

Figura 13.20. *Nos capilares do sistema nervoso (**A**) as células endoteliais são "seladas" por junções oclusivas, e a passagem de substâncias do sangue para o tecido só ocorre por dentro das células (passagem transcelular). Nos capilares dos demais órgãos (**B**) existem fenestrações entre as células endoteliais, que permitem a passagem menos seletiva de substâncias (passagem intercelular).*

a substância no parênquima: ela havia passado entre os astrócitos e através da membrana basal, mas ficara retida na face abluminal do endotélio, novamente bloqueada pelas junções oclusivas. Concluíram que a barreira hematoencefálica é formada pelo próprio endotélio capilar.

Então, se a barreira é formada principalmente pela camada endotelial da parede dos capilares, o que fazem os outros componentes? A membrana basal não é uma membrana típica, como a membrana plasmática ou a membrana nuclear: é uma estrutura da matriz extracelular produzida pelos pericitos, que reveste externamente a parede dos capilares. Existe em todos os capilares do organismo, e não apenas no sistema nervoso. Neste último sua função não é ainda bem conhecida, mas há indícios de que participe da integridade funcional da barreira hematoencefálica porque, quando sua composição é alterada, a barreira apresenta distúrbios funcionais. Os pericitos existem também nos capilares do organismo em geral: parecem participar dos mecanismos de reparo dos capilares no caso de lesões, e como apresentam capacidade contrátil, têm um papel também na regulação do diâmetro dos capilares.

Uma Barreira Altamente Seletiva

Estabelecida a identidade da barreira hematoencefálica, foi preciso saber como ela funciona, de que modo controla a passagem das substâncias. Em última análise, isso significa conhecer os mecanismos seletivos da barreira.

Os fisiologistas têm trabalhado bastante nessa questão, e verificaram que há quatro tipos de passagem de substâncias através dessa barreira (Figura 13.21), semelhante ao que ocorre na barreira hematoliquórica do plexo coroide: (1) difusão livre; (2) transporte mediado por receptores a favor do gradiente de concentração (difusão facilitada); (3) transporte mediado por receptores contra o gradiente de concentração (transporte ativo); e (4) passagem por canais iônicos.

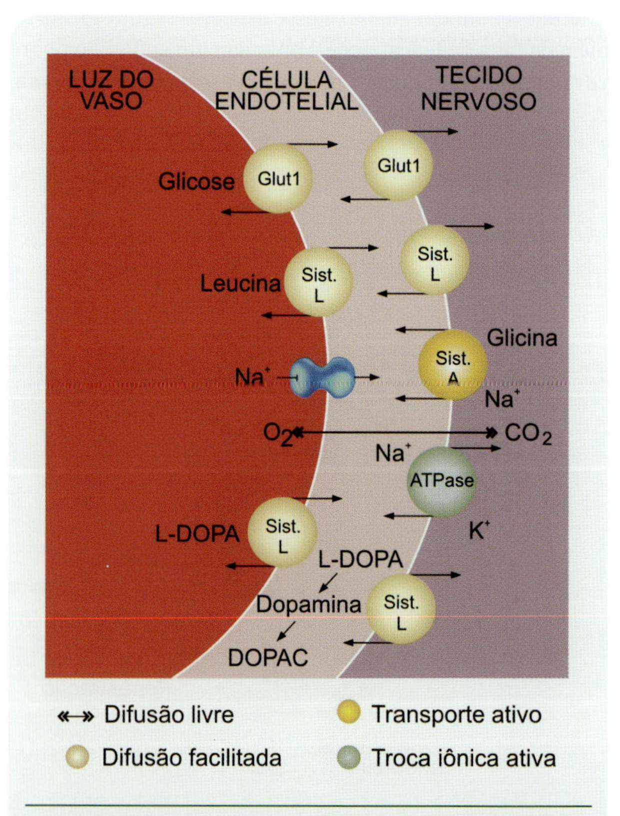

Figura 13.21. *Os quatro tipos de passagem de substâncias através da barreira hematoencefálica. DOPAC = ácido di-hidroxifenilacético; L-DOPA = L-di-hidroxifenilalanina; GLUT1 = sistema transportador de glicose, isotipo 1. Modificado de J. Laterra e G. W. Goldstein (2000)* Principles in Neural Science *(E. Kandel e cols., orgs.). McGraw-Hill, EUA.*

Se o primeiro tipo (difusão livre) fosse completamente livre, não haveria barreira. De fato, a difusão livre só é possível para as substâncias lipossolúveis, ou seja, aquelas que por suas características físico-químicas são capazes de dissolver-se nos lipídios que constituem a membrana plasmática. Substâncias desse tipo atravessam facilmente a parede endotelial impulsionadas pelo gradiente químico, isto é, do lado mais concentrado para o menos concentrado. O_2 e CO_2 – os gases da respiração – estão nesse caso, atravessando livremente a barreira do sangue para o parênquima neural. Os farmacologistas tiram proveito dessa característica da barreira, buscando as melhores substâncias terapêuticas entre aquelas com maior coeficiente de solubilidade em lipídios (Figura 13.22). De fato, muitas substâncias neuroativas são fortemente lipossolúveis, sejam elas medicamentos ou drogas de adicção. É o caso do diazepam, um tranquilizante. E também da nicotina, do etanol e da heroína. O fenobarbital e a fenitoína, medicamentos anticonvulsivantes de ação lenta, são bastante lipossolúveis mas não penetram bem a barreira hematoencefálica porque se associam a proteínas plasmáticas, formando compostos com baixa solubilidade em lipídios. As exceções do outro lado do gráfico (Figura 13.22) são a glicose e a L-DOPA. Ambas as substâncias – um composto fisiológico importantíssimo e um medicamento usado contra a doença de Parkinson – são pouco lipossolúveis, mas penetram facilmente a barreira. A explicação foi encontrada quando se descobriu que as duas possuem mecanismos transportadores específicos na membrana endotelial, que as levam do sangue para o parênquima neural.

O caso da glicose é o exemplo mais ilustre do segundo tipo de passagem pela barreira hematoencefálica, que é a *difusão facilitada,* um transporte mediado por receptores e a favor do gradiente químico (Figura 13.21). O transportador da glicose foi identificado: trata-se de uma proteína de cerca de 500 aminoácidos, fortemente encravada na membrana endotelial, e conhecida pela sigla inglesa[4] GLUT1. O GLUT1 existe tanto na membrana luminal como na abluminal, o que garante que a glicose seja transportada do sangue para o citoplasma endotelial, e depois deste para o tecido nervoso. Alguns aminoácidos grandes e neutros[5] são transportados também desse modo por meio de um transportador chamado sistema L. É o caso da valina e da leucina, e também da L-DOPA (Figura 13.21). A difusão facilitada não depende de energia e apenas favorece a

[4] *Correspondente a* glucose transporter, isotype 1.

[5] *Sem carga elétrica.*

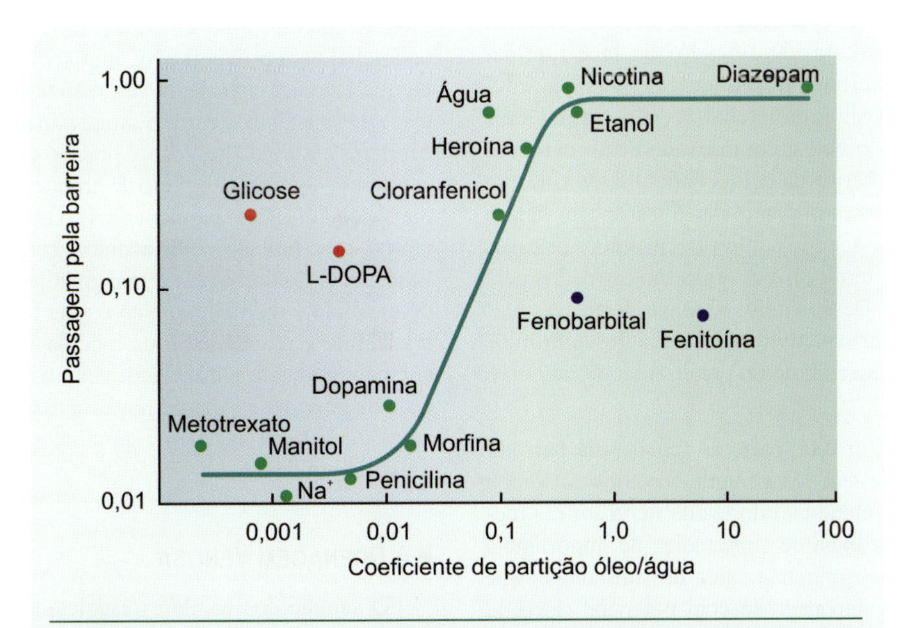

Figura 13.22. *O gráfico mostra como se comportam diversas substâncias em relação à barreira hematoencefálica. A ordenada indica a facilidade relativa de passagem pela barreira, e a abscissa reflete a solubilidade em lipídios (maior o coeficiente dos mais solúveis). Os pontos verdes no topo à direita indicam as substâncias que passam facilmente pela barreira, por serem lipossolúveis. Os pontos longe da curva representam as exceções: substâncias lipossolúveis bloqueadas por se associarem a proteínas plasmáticas (pontos azuis-escuros), e substâncias pouco lipossolúveis que, no entanto, passam a barreira utilizando sistemas transportadores específicos (pontos vermelhos). Modificado de G. W. Goldstein e A. L. Betz (1986)* Scientific American *vol. 255: pp. 74-83.*

passagem transmembranar dessas substâncias, carreadas pela diferença de concentração, que é geralmente maior no sangue do que na célula endotelial e no tecido nervoso.

Outros aminoácidos, pequenos e neutros como a glicina, a alanina e a serina, são carreados por sistemas *transportadores dependentes de energia,* que os levam de um compartimento a outro contra o seu gradiente de concentração (transporte ativo, Figura 13.21). Esses transportadores são peculiares porque se encontram apenas na membrana abluminal do endotélio e atuam "na contramão", ou seja, do meio intersticial do tecido nervoso para dentro da célula endotelial. No caso da glicina, um neurotransmissor inibitório particularmente abundante na medula espinhal, esse parece ser um mecanismo importante para remover o excesso resultante da ativação das vias inibitórias. No caso dos demais, não se conhece ainda com precisão a sua função, embora se especule que a remoção do excesso de glutamato liberado pelas sinapses excitatórias do encéfalo possa ser feita também por esses sistemas transportadores do endotélio, além do mecanismo já comprovado para os astrócitos (veja o Capítulo 3 a esse respeito). A energia necessária para o transporte contra o gradiente químico é fornecida por uma enzima que hidrolisa o ATP, chamada Na^+-K^+-ATPase ou bomba de Na^+/K^+, que também atua como transportador iônico (Figura 13.21).

Finalmente, a membrana endotelial apresenta *canais iônicos* que permitem a passagem de diferentes íons. Canais desse tipo foram identificados na face luminal (Figura 13.21), permitindo a passagem de íons Na^+ e K^+ (Na^+ para dentro da célula endotelial, K^+ para fora). Desse modo, pelo menos o Na^+ é comprovadamente carreado do sangue para o interior da célula endotelial, e o K^+ no sentido inverso. Mas para completar o transporte para o meio intersticial e no sentido contrário (em ambos os casos contra o gradiente químico), esses íons são carreados pela bomba de Na^+/K^+. Desse modo, o sangue fornece o Na^+ extracelular necessário à atividade elétrica dos neurônios e remove o K^+ que se acumula no meio intersticial como resultado dela.

Podemos concluir que, entre as funções da barreira hematoencefálica, estão: (1) garantir o equilíbrio iônico do compartimento intersticial do tecido nervoso; (2) mediar a entrada controlada de substâncias de importância fisiológica; e (3) possibilitar a saída de substâncias que se acumulem no tecido nervoso com potencial risco de neurotoxicidade. Além disso, recentemente se revelou uma quarta – e importante – função da barreira, que é a de metabolizar as aminas circulantes, inativando-as para que não penetrem no tecido nervoso e interfiram com a transmissão sináptica. Essa função metabólica da barreira requer a existência de sistemas enzimáticos especiais no interior da célula endotelial. O primeiro a ser encontrado foi o sistema de degradação da dopamina, capaz de transformar a L-DOPA[6] em dopamina, e esta em DOPAC[7] (Figura 13.21). Esse sistema metabólico é importante para os médicos porque a L-DOPA é utilizada como medicamento antiparkinsoniano. Os farmacologistas tiveram que "enganar" a barreira para fazer com que a L-DOPA chegasse aos neurônios dopaminérgicos: fizeram isso associando-a a um inibidor da enzima DOPA-descarboxilase, que a transforma em dopamina dentro do endotélio.

A barreira hematoencefálica existe em quase todas as regiões do SNC, exceto algumas que desempenham funções neurossecretoras ou quimiorreceptoras. Essas regiões permeantes, isto é, sem barreira, situam-se geralmente próximas à parede dos ventrículos, sendo por isso chamadas de órgãos circunventriculares (veja o Capítulo 15 para maiores detalhes). Em algumas dessas regiões os capilares são fenestrados, em outras, as células endoteliais apresentam abundante transporte vesicular inespecífico.

O SANGUE QUE SAI DO SISTEMA NERVOSO

A rede capilar do tecido nervoso fornece uma superfície de troca de substâncias estimada em cerca de 180 cm^2 por grama de substância cinzenta[A]. Isso significa, grosseiramente, algo em torno de 20 m^2 de superfície endotelial para prover o SNC humano com as substâncias de que ele necessita. Uma vez realizado esse trabalho de troca de substâncias entre o sangue arterial que aporta aos capilares e o tecido nervoso, é preciso coletar o sangue dos capilares – agora desprovido de grande parte do oxigênio e mais rico em CO_2 – para conduzi-lo de volta ao coração e renová-lo no pulmão, como acontece com os demais órgãos. Essa tarefa de drenagem é realizada pelo sistema venoso do encéfalo e da medula. Não é uma tarefa difícil, já que o encéfalo e grande parte da medula situam-se acima do coração, podendo a drenagem venosa ser favorecida pela ação da gravidade. Aliás, é por essa razão que a parede das veias do sistema nervoso é geralmente fina e quase sem musculatura lisa.

A DRENAGEM VENOSA

O sangue dos capilares é coletado pelas vênulas do parênquima; estas vão-se reunindo em vênulas maiores, depois em veias mais calibrosas. A drenagem da medula e da porção caudal do bulbo é realizada por vênulas do tecido que desembocam em veias superficiais. Estas emergem

[6] *L-di-hidroxifenilalanina.*

[7] *Ácido di-hidroxifenilacético.*

junto com os nervos espinhais e se incorporam diretamente à circulação venosa sistêmica que leva o sangue de volta ao coração.

A drenagem venosa do encéfalo, entretanto, é indireta. Inicialmente, o sangue dos capilares é também coletado em vênulas do parênquima, e estas vão-se reunindo em veias mais calibrosas (Figura 13.23) – superficiais ou profundas – que levam o sangue a um conjunto de estruturas tubulares formadas pelas meninges, conhecidas como seios venosos e descritas anteriormente (Figura 13.2). A existência dos seios venosos parece ter sido uma solução engenhosa da natureza para acoplar à drenagem venosa a eliminação do líquor, que é feita através das células das vilosidades aracnóideas (Figura 13.11). Os seios venosos recebem, assim, tanto o sangue venoso que emerge da rede capilar que irriga o encéfalo, como o líquor que flui pelos ventrículos e o espaço subaracnóideo.

O sistema dos seios venosos pode ser facilmente compreendido se o subdividirmos em dois conjuntos: (1) os seios da abóbada craniana e (2) os seios da base do crânio. Os nomes informam claramente sobre a sua posição anatômica.

Os primeiros situam-se na superfície dorsolateral do encéfalo (Figuras 13.2 e 13.16). O seio sagital superior, que drena a face dorsolateral dos hemisférios, o seio occipital, que drena as regiões ventrais dos hemisférios, e o seio reto, que traz o sangue venoso das veias profundas através da veia magna, convergem a uma "encruzilhada" chamada confluência dos seios venosos. A veia magna, por sua vez, recebe das veias profundas que drenam o diencéfalo e os núcleos da base. O sangue que chega à confluência, então, é conduzido aos seios transversos, que se continuam com os seios sigmoides. Estes, finalmente, conduzem o sangue a cada uma das veias jugulares internas do pescoço, e assim de volta ao coração.

Os seios da base são mais difíceis de visualizar (Figura 13.24) porque não apresentam forma claramente tubular como os da abóbada. Na verdade, são como um conjunto de tubos e espaços intercomunicantes. Alguns drenam para os seios sigmoides, outros, diretamente para as veias jugulares internas, e outros ainda, para o sistema venoso vertebral. O mais importante dos seios da base é o seio cavernoso, que realiza a drenagem venosa dos olhos e de algumas regiões encefálicas. Sua importância é grande especialmente para os médicos, porque as artérias carótidas e alguns nervos cranianos passam por dentro deles, não sendo incomum a ocorrência de sangramentos arteriovenosos nessa região delicada. A medula espinhal não tem seios, sendo a drenagem venosa realizada apenas por veias, como comentamos.

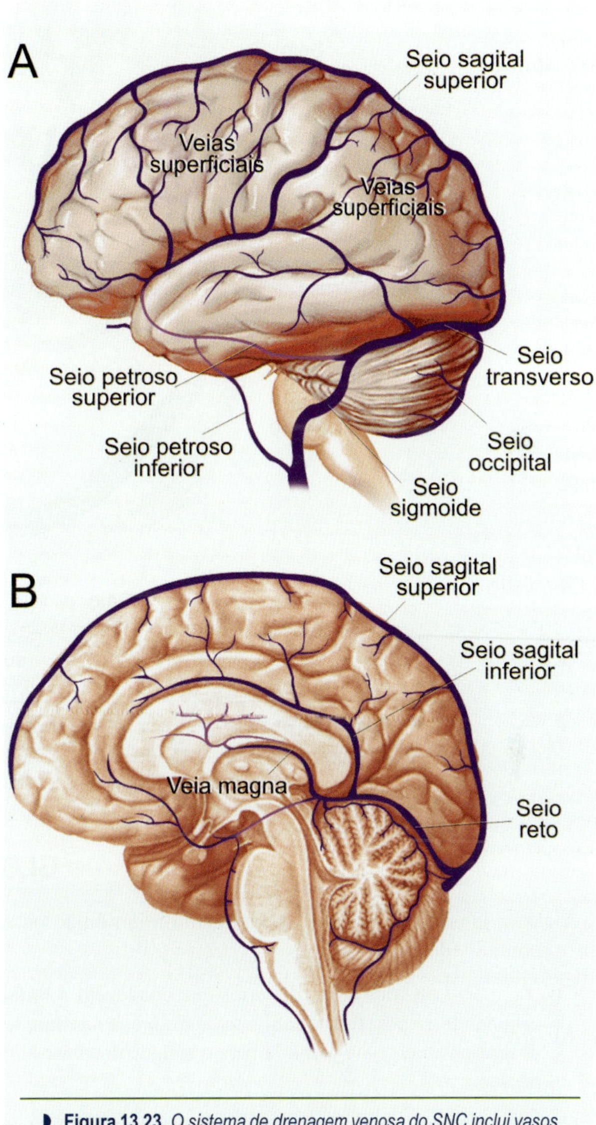

Figura 13.23. *O sistema de drenagem venosa do SNC inclui vasos e seios da dura-máter, e desse modo associa a drenagem de sangue com a de líquor. Ao final, o sangue venoso do encéfalo desemboca na veia jugular em direção ao coração.* ***A*** *é uma vista lateral e* ***B,*** *uma vista medial.*

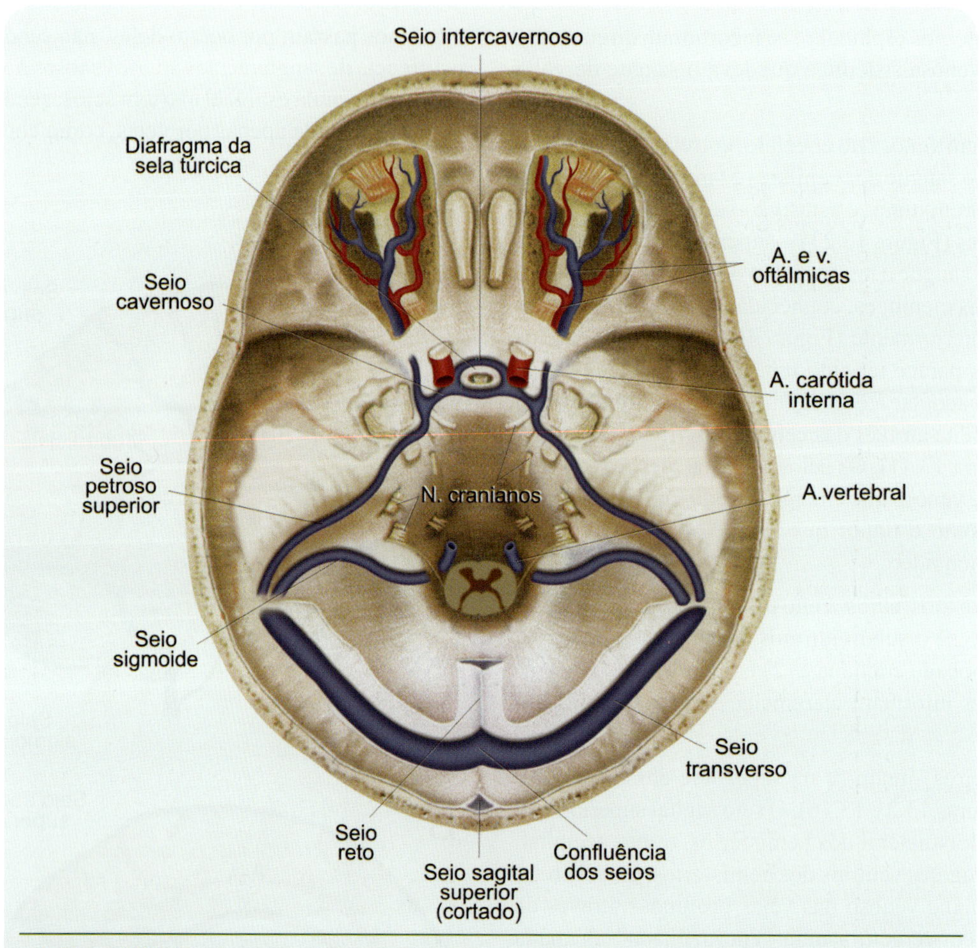

Figura 13.24. *Os seios venosos da base do crânio são um conjunto de tubos e espaços que se comunicam entre si e com os seios da abóbada.*

GLOSSÁRIO

ANÓXIA: interrupção da oferta de oxigênio a um órgão ou a um indivíduo.

CIRCULAÇÃO LINFÁTICA: rede de vasos que conduzem a linfa, originando-se nos tecidos conjuntivos frouxos e confluindo progressivamente até drená-la para o sangue dos vasos do pescoço.

CORANTES VITAIS: substâncias capazes de corar as células vivas sem lhes causar dano.

FIBROBLASTOS: células típicas do tecido conjuntivo, que proliferam e movimentam-se bastante, e além disso produzem componentes fibrosos da matriz extracelular.

GRADIENTE DE CONCENTRAÇÃO: diferença de concentração de uma determinada substância entre um compartimento e outro ou dentro de um mesmo compartimento, que provoca a difusão dessa substância do lado mais concentrado para o menos concentrado. O mesmo que gradiente químico.

HOMEOSTASIA: capacidade de manutenção dinâmica relativamente constante das condições do meio interno, apesar das flutuações mais intensas do meio externo. Maiores detalhes no Capítulo 14.

ISQUEMIA: diminuição do fluxo de sangue arterial que irriga um órgão.

JUNÇÃO OCLUSIVA: estrutura adesiva que une estreitamente duas células. Conhecida também pela expressão *tight junction*, em inglês.

LUZ: interior de uma estrutura orgânica tubular.

NITRIDÉRGICO: qualificativo de um neurônio capaz de produzir óxido nítrico.

PARÊNQUIMA: termo que denota o tecido de um órgão propriamente dito, sem considerar as membranas anexas que o recobrem, a vasculatura que o irriga e os nervos que o inervam.

PERIÓSTEO: membrana conjuntiva que envolve os ossos, sendo a responsável pela osteogênese em casos de fraturas.

SISTÊMICA: termo que denota o organismo como um todo.

SABER MAIS

LEITURA BÁSICA

Purves D, Augustine GJ, Fitzpatrick D, Hall WC, LaMantia A-S, McNamara JO e Williams SM. Vascular supply, the meninges, and the ventricular system. Appendix B de *Neuroscience* 3ª ed., Sunderland, EUA: Sinauer Associates, 2004, pp. 763-773.

Meneses MS e Ramina R. Meninges. Capítulo 6 de *Neuroanatomia Aplicada* (Meneses MS, org.), Rio de Janeiro: Guanabara-Koogan, 2006, pp. 72-80. Texto neuroanatômico conciso e bem ilustrado, com aplicações clínicas.

Meneses MS e Bacchi AP. Líquor. Capítulo 7 de *Neuroanatomia Aplicada* (Menezes MS, org.), Rio de Janeiro: Guanabara-Koogan, 2006, pp. 81-89. Texto neuroanatômico conciso e bem ilustrado sobre o sistema ventricular, com aplicações clínicas.

Meneses MS e Jackowski AP. Vascularização do Sistema Nervoso Central. Capítulo 22 de *Neuroanatomia Aplicada* (Meneses MS, org.), Rio de Janeiro: Guanabara-Koogan, 2006, pp. 320-345. Texto neuroanatômico bem ilustrado sobre a vasculatura do cérebro e da medula, com aplicações clínicas.

Lent R. A Estrutura do Sistema Nervoso. Capítulo 2 de *Neurociência da Mente e do Comportamento* (Lent R., coord.), Rio de Janeiro: Guanabara-Koogan, 2008, pp. 19-42. Texto mais abrangente que os objetivos deste capítulo, mas com seções dedicadas ao tema.

LEITURA COMPLEMENTAR

Reese TS e Karnovsky MJ. Fine structural localization of a blood-brain barrier to exogenous peroxidase. *Journal of Cell Biology* 1967; 34:207-217.

Brightman MW e Reese TS. Junctions between intimately apposed cell membranes in the vertebrate brain. *Journal of Cell Biology* 1969; 40:648-677.

Goldstein GW e Betz AL. The blood-brain barrier. *Scientific American* 1986; 255:74-83.

Kalaria RN, Gravina SA, Schmidley JW, Perry G e Harik SI. The glucose transporter of the human brain and blood-brain barrier. *Annals of Neurology* 1988; 24:757-764.

Spector R e Johanson CE. The mammalian choroid plexus. *Scientific American* 1989; 261:68-74.

Lyons MK e Meyer FB. Cerebrospinal fluid physiology and the management of increased intracranial pressure. *Mayo Clinics Proceedings* 1990; 65:684-707.

Segal MB. The choroid plexus and the barriers between the blood and the cerebrospinal fluid. *Cellular and Molecular Neurobiology* 2000; 20:183-196.

Fricke B, Andres KH, Von During M. Nerve fibers innervating the cranial and spinal meninges: morphology of nerve fiber terminals and their structural integration. *Microscopy Research and Technique* 2001; 53:96-105.

Rhoton Jr AL. The cerebral veins. *Neurosurgery* 2002; 51:S159-S205.

Johnston M e Papaiconomou C. Cerebrospinal fluid transport: a lymphatic perspective. *News in Physiological Sciences* 2002; 17:227-230.

Kin B, Abraham CS, Deli MA, Kobayashi H, Niwa M, Yamashita H, Busija DW e Ueta Y. Adrenomedullin, an autocrine mediator of blood-brain barrier function. *Hypertension Research* 2003; 26(suppl.):S61-S70.

Redzic ZB, Segal MB. The structure of the choroid plexus and the physiology of the choroid plexus epithelium. *Advanced Drug Delivery Reviews* 2004; 56:1695-1716.

Abbott NJ, Ronnback L, Hansson E. Astrocyte-endothelial interactions at the blood-brain barrier. *Nature Reviews.Neuroscience* 2006; 7:41-53.

Iadecola CD, Nedergaard M. Glial regulation of the cerebral microvasculature. *Nature Neuroscience* 2007; 10:1369-1376.

Quan N. Immune-to-brain signaling: How important are the blood-brain barrier-independent pathways? *Molecular Neurobiology* 2008; 37:142-152.

Johansson PA, Dziegielewska KM, Liddelow SA, Saunders NR. The blood-CSF barrier explained: When development is not immaturity. *Bioessays* 2008; 30:237-248.

Weller RO, Djuanda E, Yow HY, Carare RO. Lymphatic drainage of the brain and the pathophysiology of neurological disease. *Acta Neuropathologica* 2009; 117:1-14.

14

O Organismo sob Controle

O Sistema Nervoso Autônomo e o Controle das Funções Orgânicas

Sem título, de Siron Franco (1980), óleo sobre tela

SABER O PRINCIPAL

Resumo

O organismo é uma máquina que funciona continuamente sob forte influência do ambiente externo. Como controlá-lo? Como manter constantes as suas condições internas de operação? Essa contínua tarefa de manter o equilíbrio interno é a homeostasia, e para ela o sistema nervoso contribui com o funcionamento do sistema nervoso autônomo (SNA). Trata-se de um conjunto de neurônios situados na medula espinhal e no tronco encefálico, cujos axônios se comunicam com quase todos os órgãos e tecidos do corpo. O SNA, entretanto, não é totalmente autônomo, e suas ações são coordenadas por regiões superiores do SNC.

O SNA apresenta duas divisões clássicas e uma ainda controvertida. As duas clássicas são a divisão simpática e a parassimpática. A controvertida é a divisão gastroentérica, constituída pelos plexos intramurais, uma intrincada rede de neurônios situados nas paredes das vísceras, que participam do controle da função digestória. A divisão simpática difere da parassimpática em vários aspectos, entre os quais sua organização anatômica: a simpática ocupa a medula toracolombar, enquanto a parassimpática tem uma parte no tronco encefálico e outra na medula sacra. Ambas as divisões apresentam uma sinapse entre o neurônio central e o alvo periférico: a sinapse ganglionar. Mas seus circuitos diferem: a simpática em geral apresenta um neurônio pré-ganglionar curto e um pós-ganglionar longo, enquanto a parassimpática apresenta um pré-ganglionar longo e um pós-ganglionar curto. O neurotransmissor da sinapse ganglionar é geralmente a acetilcolina nas duas divisões. Mas no alvo, a divisão simpática libera em geral a noradrenalina, enquanto a parassimpática libera a acetilcolina. No aspecto funcional, a divisão simpática atua fortemente em situações de emergência, embora participe também do controle orgânico do dia a dia. A divisão parassimpática faz o oposto: atua de forma destacada na contínua regulação dos órgãos e sistemas, mas participa também das situações estressantes que possam surgir.

O SNA exerce o seu controle sobre os órgãos ativando dois tipos de efetores: fibras musculares (lisas na maioria das vísceras, estriadas no coração) e células glandulares. No sistema digestório, o SNA regula a secreção das glândulas que dissolvem o bolo alimentar e lubrificam a sua passagem pelo trato gastrointestinal, além de produzir os movimentos peristálticos que propelem o bolo adiante. No sistema cardiovascular o SNA regula a frequência e a força dos batimentos cardíacos, bem como o diâmetro dos vasos sanguíneos, controlando com isso a pressão arterial e a irrigação dos vários tecidos, de acordo com as necessidades de cada momento. O SNA participa também do controle da função respiratória. Neste caso, os movimentos ventilatórios dependem muito de músculos estriados comandados por outras regiões neurais, mas a ativação das glândulas mucosas das vias aéreas, e principalmente suas variações de diâmetro, são controladas pelo SNA. No sistema urinário, a principal participação do SNA é na micção: a contração da bexiga e o relaxamento de um dos seus esfíncteres são provocados no momento de urinar, e o oposto quando é o momento de armazenar a urina produzida nos rins. Finalmente, o ato sexual conta também com a participação do SNA, o responsável pela ereção da genitália masculina e o ingurgitamento da feminina, bem como da produção do esperma e das secreções vaginais.

Você levanta da cama subitamente de manhã, acordada pelo despertador. Sua cabeça, que estava no mesmo nível horizontal do coração, posiciona-se agora 40 centímetros acima dele. O sangue que fluía pela circulação cerebral quase sem esforço, agora tem que enfrentar a gravidade para vencer a distância entre o coração e a cabeça. Se isso não for possível, seu cérebro ficará sem sangue, uma possibilidade dramática que no mínimo a levaria a um desmaio. Por que você não desmaia? Não desmaia, e ainda exige mais da sua circulação: movida pela pressa, você se veste correndo, toma café a jato e dispara porta afora para não perder o horário. O esforço ativa fortemente os seus músculos: é preciso mais oxigênio no sangue e mais sangue nos músculos. Se isso não ocorrer, você não terá forças para chegar ao trabalho. Por que você não despenca no chão de cansaço logo ao primeiro esforço?

Não é difícil imaginar que o nosso organismo deve ter um sistema de controle da circulação do sangue capaz de enfrentar essas variações que a vida cotidiana impõe, e assim garantir o equilíbrio das funções. E também não é difícil estender o raciocínio a todas as esferas do funcionamento orgânico: o metabolismo de células e órgãos, a respiração, a digestão dos alimentos, e assim por diante. Tudo deve estar sob controle, de preferência um controle automático e inconsciente para que não precisemos nos preocupar com isso e possamos concentrar nossas atenções em outros aspectos da vida.

De fato, esse controle automático existe, e recebe o nome de *homeostasia* (ou homeostase). O conceito de homeostasia foi criado pelo eminente fisiologista americano Walter Cannon (1871-1945), e refere-se à permanente tendência dos organismos de manter uma certa constância do meio interno (Quadro 14.1). É o que Cannon denominou "sabedoria do corpo". A homeostasia aperfeiçoou-se bastante durante a evolução, permitindo cada vez maior grau de independência dos animais em relação ao meio externo em que vivem. Como sobreviver durante o inverno nos países frios, se não for possível manter a temperatura corporal relativamente constante, dentro de uma faixa estreita de variação? Como enfrentar a escassez de alimento durante algumas épocas do ano, se não for possível mobilizar as reservas energéticas do próprio corpo? Como resistir a um agressor sem preparar a musculatura para um esforço maior?

A manutenção desse frágil equilíbrio, que a qualquer momento pode ser quebrado pelo meio externo, é coordenada por regiões do sistema nervoso especialmente dedicadas a isso. A tarefa não é simples: é preciso coordenar respostas reflexas locais (no coração, nos vasos, no trato gastrointestinal) com reações globais que envolvam todo o organismo e com comportamentos voluntários que contribuam para o esforço homeostático. Quando a temperatura externa cai, por exemplo, você empalidece porque ocorre vasoconstrição cutânea, que diminui a perda de calor do sangue para o ambiente. Além disso, seus músculos tremem sem você querer, gerando calor. E você contribui com esse esforço homeostático vestindo um casaco e buscando refúgio em um ambiente mais quente. A homeostasia, portanto, envolve não apenas ações orgânicas de natureza reflexa, mas também atos comportamentais voluntários.

Da integração de todas essas ações homeostáticas participam regiões do SNC situadas principalmente no diencéfalo[A] (em particular no hipotálamo[A]) e no tronco encefálico. Também participam a medula espinhal[A] e uma extensa rede do SNP chamada sistema nervoso autônomo. Os sistemas endócrino e imunitário são também mobilizados, e com isso entram em ação efetores situados em todas as partes do organismo: glândulas exócrinas[G] e endócrinas[G], órgãos linfoides, o músculo estriado do coração e do sistema respiratório e a musculatura lisa das vísceras.

Estudaremos neste capítulo as ações homeostáticas de natureza automática, reflexa, e no Capítulo 15, aquelas que envolvem reações fisiológicas e comportamentos coadjuvantes dos mecanismos homeostáticos mais simples.

A REDE QUE CONTROLA O ORGANISMO

Sistema nervoso autônomo (SNA) é um termo inadequado, mas consagrado. Apesar da definição imprecisa, entretanto, o sistema tem funções bem conhecidas. Esse paradoxo se deve um pouco à história do seu descobrimento e aos primeiros passos que os neurocientistas deram para compreendê-lo, e outro tanto à natureza difusa, pouco específica, de suas funções.

A denominação do SNA foi criada pelo fisiologista britânico John Langley (1853-1925), acreditando que os seus componentes funcionariam em considerável grau de independência do restante do sistema nervoso. O conceito demonstrou-se errado, e outros nomes foram propostos: sistema regulatório visceral (que parece o mais adequado de todos), sistema motor visceral, sistema neurovegetativo, vegetativo, automático. Nenhum deles "pegou", e o nome que prevaleceu, apesar de sua limitação, foi o proposto por Langley.

Há consenso entre os neurocientistas de que o SNA reúne um conjunto de neurônios situados na medula e no tronco encefálico que, através de gânglios periféricos, controla a musculatura lisa dos vasos sanguíneos, das vísceras diges-

[A] *Estrutura encontrada no* Miniatlas de Neuroanatomia *(p. 367).*

[G] *Termo constante do glossário ao final do capítulo.*

HISTÓRIA E OUTRAS HISTÓRIAS

Quadro 14.1
Corpo, Cérebro e Mundo: um Equilíbrio Delicado

*Suzana Herculano-Houzel**

Quando a natureza inventou a membrana plasmática, surgiram organismos capazes de apresentar um ambiente interno bastante diferenciado do externo: são os seres vivos que conhecemos hoje, desde as bactérias até o homem. Mas como nada é de graça, mesmo a simples invenção de um ambiente interno tem o seu custo: a sobrevivência dos organismos depende da manutenção desse ambiente, não importa o que aconteça do lado de fora.

A constância do ambiente interno foi observada pelo fisiologista francês Claude Bernard (1813-1878), aprendiz de François Magendie (1783-1855), o pai da fisiologia experimental na França. Claude Bernard observou que a composição química do fluido corporal no qual as células vivem é em geral bastante estável, variando apenas dentro de uma faixa limitada, independentemente de quanto sejam grandes as mudanças no meio que envolve o organismo. A esse ambiente estável deu, em 1865, o nome *milieu intérieur*, ou meio interno, expressão usada até hoje.

Tanto para organismos unicelulares quanto para pluricelulares, a manutenção do meio interno requer, além de seu autocontrole, reações adequadas a mudanças no ambiente externo. Em seres microscópicos, captar sinais sobre essas mudanças, comandar reações e executá-las através da simples difusão de moléculas é viável. Mas não nos macroscópicos: afinal, quanto maior é o organismo, mais problemático é depender da difusão para o trânsito de sinais, já que o tempo de difusão cresce com o quadrado da distância. Não é por coincidência então que todos os seres razoavelmente grandes, plantas inclusive, apresentam um sistema circulatório. Nem é coincidência que todos os animais possuem um sistema nervoso. Portanto, não é de se espantar que o sistema nervoso desempenhe um papel importante na manutenção do meio interno animal.

Ao que se sabe, Claude Bernard foi o primeiro a perceber que o equilíbrio químico do corpo pode ser controlado pelo sistema nervoso. Em 1849, Bernard descobriu que uma pequena lesão no assoalho do quarto ventrículo[A] do cérebro do gato torna o animal temporariamente diabético. Mais tarde, em 1852, observou que o corte de um nervo no pescoço do coelho causa não apenas constrição pupilar, como também rubor e aumento da temperatura da orelha.

O setor do sistema nervoso envolvido em funções como o controle do fluxo sanguíneo e do ritmo cardíaco foi descrito três décadas mais tarde pelos ingleses Walter Gaskell (1847-1914) e John Langley (1852-1925). Os dois estudaram em detalhes a estrutura do que Langley chamou "sistema nervoso autônomo". Mas foi o fisiologista americano Walter Cannon (1871-1945) quem demonstrou, já no século 20, como o sistema nervoso autônomo regula o meio interno do corpo.

Inicialmente, Cannon estudava os mecanismos da digestão, e não o sistema nervoso autônomo. Aplicando os recém-descobertos raios X, ele demonstrou, em 1912, que a dor da fome é devida a contrações do estômago semelhantes à cãibra muscular. Ao observar que os movimentos estomacais e intestinais em seus animais de laboratório cessavam com a excitação emocional, seu interesse voltou-se para o sistema nervoso.

Cannon publicou com seus alunos uma longa série de estudos que mostravam que, sob condições de estresse emocional, o sistema nervoso simpático e a medula adrenal produzem adrenalina e noradrenalina. Por exemplo, observou que a excitação emocional é associada a uma ativação global do sistema nervoso simpático. Com a liberação de adrenalina na corrente sanguínea pela adrenal, sobem a pressão arterial e a taxa de açúcar no sangue, que por sua vez flui menos para as

No tempo de Walter Cannon (foto) não havia instrumentos eletrônicos, e o registro dos fenômenos fisiológicos era feito em "quimógrafos" — um tambor giratório (à esquerda) dotado de papel coberto com fuligem, sobre o qual uma pena inscrevia os traçados do experimento.

vísceras e mais para os músculos; todas essas alterações contribuem para que o animal possa reagir rapidamente ao estímulo.

À primeira vista, todas essas mudanças corporais parecem contrariar a noção de estabilidade do meio interno. No entanto, Cannon demonstrou que gatos desprovidos dos gânglios simpáticos mostram perturbações se criados sob estresse; somente se criados num ambiente sereno e uniforme esses animais podem levar uma vida normal. Para Cannon, isso sugeria que o sistema simpático adrenal é responsável pela produção de ajustes viscerais finamente adequados à preservação do indivíduo através da mobilização de recursos fisiológicos. Era um conceito que ia além da noção de meio interno de Claude Bernard. Os estudos de Cannon culminaram na publicação, em 1932, do livro *A Sabedoria do Corpo*, onde ele deu o nome homeostasia às "reações fisiológicas coordenadas que mantêm constante a maioria dos estados do corpo... e que são características do organismo vivo".

Hoje se acredita que o sistema nervoso autônomo é o efetor de um sistema homeostático maior cujos "painéis de controle" ficam situados em vários núcleos do tronco encefálico, do hipotálamo e do prosencéfalo basal[A], supridos de sinais contínuos de todas as partes do organismo. Hoje também se reconhece que os pontos de ajuste homeostático podem sofrer mudanças ao longo da vida, e podem inclusive ser parcialmente influenciados pelo contexto em que os mecanismos sensitivos atuam. Por isso, o bioquímico Steven Rose propôs, em 1998, que se usasse a palavra "homeodinâmica" no lugar de homeostasia. Mas como você pode ver neste capítulo, o novo nome ainda não pegou...

Professora-adjunta do Instituto de Ciências Biomédicas da Universidade Federal do Rio de Janeiro. Correio eletrônico: suzanahh@gmail.com

tórias e outros órgãos; a musculatura estriada do coração; e inúmeras glândulas exócrinas e endócrinas espalhadas por todo o corpo. Em função disso, muitos autores consideram que o SNA é um sistema exclusivamente eferente, constituído de neurônios secretomotores e visceromotores. Uma análise fisiológica mais apurada, entretanto, revela que as funções autonômicas dependem de informações provenientes das vísceras sobre volume, pressão interna, tensão das paredes e parâmetros físicos e físico-químicos como temperatura, osmolaridade[G] e outros.

Como essas informações são veiculadas aos neurônios eferentes por receptores e suas fibras aferentes, surgem as questões: Que aferentes são esses? Serão componentes dos sistemas sensoriais (somestésico, principalmente)? Ou componentes específicos do SNA (aferentes autonômicos)? Essa questão gerou outra controvérsia de definição, porque um grupo de neurocientistas adota a primeira opção (os aferentes são sensoriais, não autonômicos), enquanto outro grupo prefere considerar que os aferentes viscerais são parte integrante do sistema nervoso autônomo. Também é complicado estabelecer os limites entre a parte central do SNA e outras regiões neurais que influenciam sua ação (o hipotálamo, por exemplo). Controvérsias terminológicas à parte, o que nos interessa é saber que o SNA: (1) não é realmente autônomo, mas depende do controle de regiões neurais supramedulares; (2) não funciona apenas através de comandos eferentes "cegos", mas modula sua operação a partir das informações veiculadas pelas vias aferentes viscerais. Mais adiante voltaremos a este tema.

O SNA Tem Divisões: Duas ou Três?

Classicamente, o sistema nervoso autônomo é subdividido em dois grandes subsistemas: a divisão *simpática* e a divisão *parassimpática*. Esses nomes estranhos derivam da palavra grega que significa "harmonia, solidariedade", e relacionam-se com a ideia de que sua função é homeostática.

A organização básica dessas duas divisões inclui uma população de neurônios centrais situados no tronco encefálico e na medula, cujos axônios emergem do SNC e constituem nervos que terminam em uma segunda população de neurônios, estes periféricos, situados em gânglios ou distribuídos em plexos nas paredes das vísceras. Os axônios desses últimos inervam as estruturas efetoras já mencionadas. Considerando os gânglios como pontos de referência, chamamos os neurônios centrais (e seus axônios) de *pré-ganglionares*, e os periféricos de *pós-ganglionares*[1]. Há uma diferença estrutural importante entre as duas divisões do SNA. O simpático possui axônios pré-ganglionares curtos

[1] *Os corpos dos neurônios pós-ganglionares ficam nos gânglios, mas geralmente não são chamados ganglionares, como se poderia supor.*

que terminam em gânglios próximos à coluna vertebral (Figura 14.1B) e axônios pós-ganglionares longos que se incorporam aos nervos e estendem-se por todo o organismo até os órgãos-alvo.

Ao contrário, no parassimpático as fibras pré-ganglionares é que são longas (Figura 14.1C), terminando em gânglios ou plexos situados muito próximos ou mesmo dentro da parede das vísceras, enquanto as fibras pós-ganglionares são curtas. Essa organização estrutural do SNA – com uma sinapse periférica posicionada entre o neurônio eferente central e o órgão-alvo – difere da organização do sistema motor somático (Figura 14.1A), cujo neurônio eferente central (o motoneurônio) inerva diretamente o músculo estriado. As sinapses ganglionares permitem a ocorrência de divergência periférica no SNA, que não ocorre no sistema motor somático. Assim, o axônio de um único neurônio pré-ganglionar pode estabelecer sinapses com inúmeros neurônios pós-ganglionares. Como cada um destes ramifica extensamente seu axônio no território-alvo, a divergência se amplia, resultando em uma ação funcional difusa, diferente do comando muscular preciso e específico que caracteriza o sistema motor somático.

Outra característica de ambas as divisões do SNA que as distingue do sistema motor somático é a presença de sinapses modificadas entre o neurônio pós-ganglionar e a estrutura-alvo, seja ela uma fibra muscular lisa ou uma célula glandular (Figura 14.2A, B). Os numerosos ramos das fibras simpáticas e parassimpáticas no território-alvo apresentam varicosidades em sequência, como as contas de um colar, que ficam próximas, mas geralmente não contíguas à célula-alvo como acontece nas sinapses neuromusculares. Essas varicosidades, examinadas ao microscópio eletrônico (Figura 14.2C), apresentam inúmeras vesículas parecidas com as vesículas sinápticas. De fato, outros estudos demonstram que as vesículas contêm neurotransmissores, liberados ao meio extracelular pelos potenciais de ação que, originados no segmento inicial do axônio pós-ganglionar, são conduzidos adiante e despolarizam a membrana das varicosidades. As células-alvo apresentam receptores moleculares específicos para os neurotransmissores autonômicos, mas não há especializações pós-sinápticas. Os neurotransmissores geralmente se difundem por grandes distâncias (muitos micrômetros, em comparação com os poucos nanômetros da fenda sináptica típica) até chegar aos receptores de várias células da região, e não só da mais

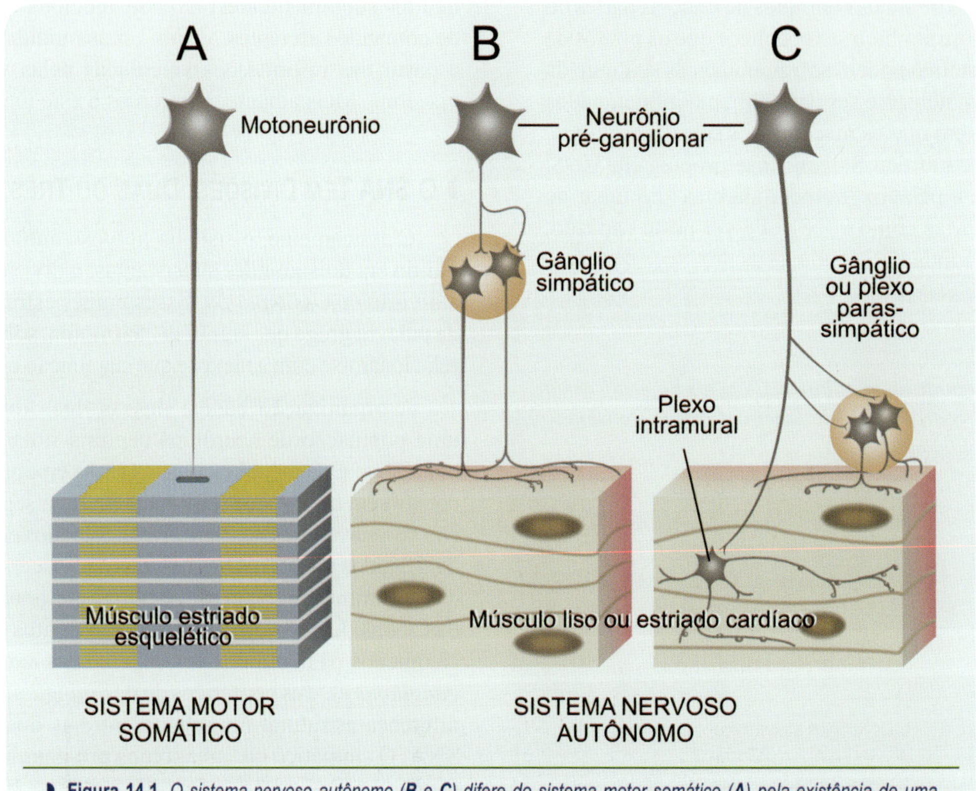

Figura 14.1. *O sistema nervoso autônomo (**B** e **C**) difere do sistema motor somático (**A**) pela existência de uma sinapse periférica entre a fibra eferente de origem central e o neurônio que inerva as células efetoras. Essa sinapse periférica localiza-se em gânglios e plexos situados fora das vísceras ou no interior da parede visceral.* ***B*** *representa a organização básica da divisão simpática, e* ***C****, a da divisão parassimpática.*

próxima. Essa estrutura sináptica modificada contribui ainda mais para que a ação funcional do SNA seja difusa e extensa: por essa razão, os especialistas utilizam frequentemente a denominação "sinapse não direcionada" para qualificar os contatos neuroefetores do SNA.

O fisiologista Walter Cannon criou duas expressões mnemônicas na língua inglesa que durante muito tempo ilustraram as diferenças funcionais entre a divisão simpática e a parassimpática do SNA. Segundo ele, a função simpática seria *fight or flight* (lutar ou fugir), enquanto a parassimpática seria *rest and digest* (repousar e digerir). O primeiro trocadilho de Cannon refere-se ao forte envolvimento da divisão simpática na homeostasia das situações de emergência, nas quais o indivíduo se confronta com a iminência de um ataque, por exemplo, perante o qual deverá exercer um grande esforço físico, seja para lutar ou para fugir. O segundo descreve a participação da divisão parassimpática na contínua homeostasia do dia a dia, em que o organismo realiza as funções normais do repouso fisiológico, em particular as funções digestórias. Embora tenham sido aceitas durante muito tempo, as pesquisas recentes não autorizam que se levem ao extremo essas generalizações de Cannon, já que se demonstrou que a divisão simpática participa também da homeostasia "de repouso", bem como a divisão parassimpática da homeostasia "de emergência". Na verdade, a concepção prevalente hoje em dia é a de que ambas interagem continuamente na regulação do funcionamento orgânico.

Os fisiologistas que estudaram, nas últimas décadas, a inervação autonômica das vísceras digestórias ficaram surpresos com a complexidade que encontraram nas paredes do trato gastrointestinal. Descobriram nelas grande número de neurônios dispersos ou reunidos em pequenos gânglios ou plexos densamente interconectados. Nesses plexos, é grande a variedade de tipos neuronais, inúmeros os neurotransmissores e respectivos receptores e, portanto, diversas as propriedades funcionais, constituindo uma verdadeira rede de controle da motilidade digestória e vascular. Essa surpreendente complexidade e variedade morfofuncional levou-os a propor a existência de um terceiro subsistema do SNA, que denominaram *divisão gastroentérica*, ou mais de forma mais simples, divisão entérica. Não obstante essa proposta, os estudos mais recentes têm tendido a considerar a "divisão" gastroentérica como uma rede multissináptica sob comando tanto da divisão simpática quanto da parassimpática.

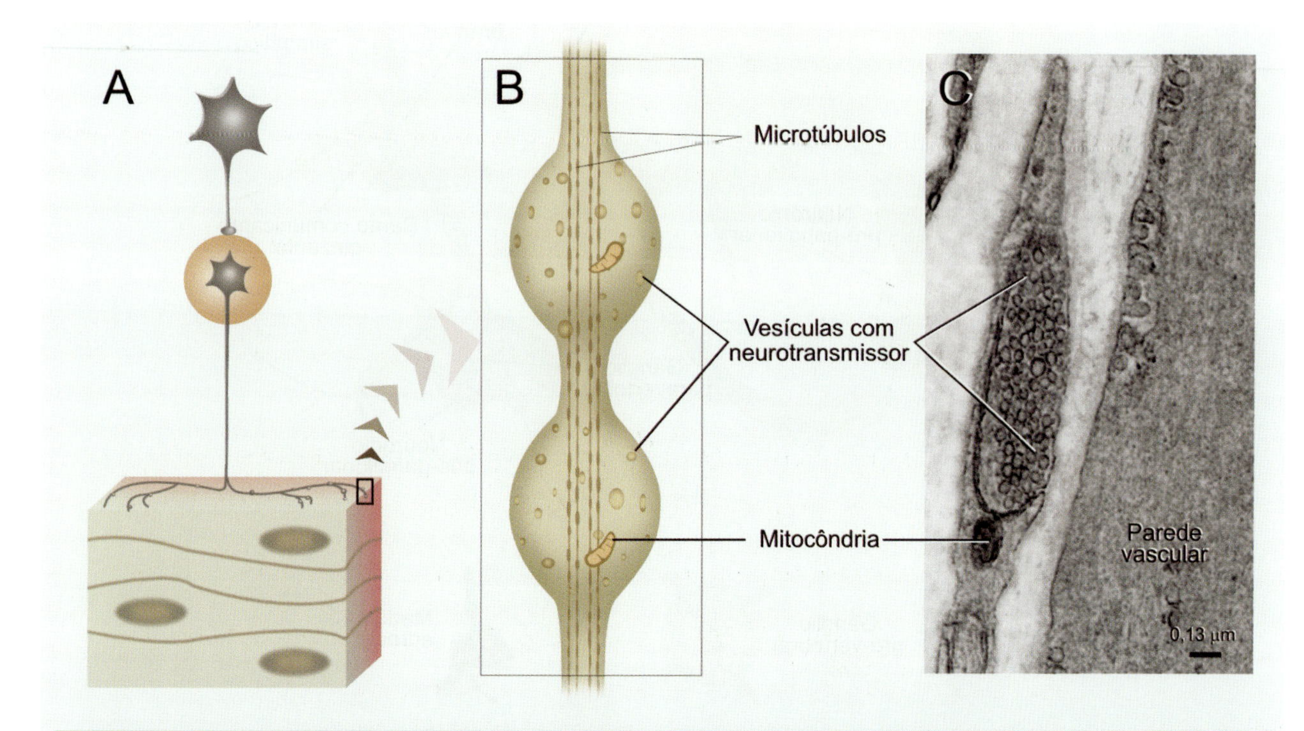

Figura 14.2. A e **B.** *Os axônios autonômicos pós-ganglionares não formam sinapses típicas com as células efetoras, como é o caso do sistema motor somático. Próximos a elas os axônios ramificam-se bastante, e cada ramo terminal forma varicosidades com muitas vesículas que contêm neurotransmissores e neuromoduladores. Essas substâncias são liberadas no meio extracelular sob comando neural, mas têm que se difundir a uma certa distância para encontrar os receptores moleculares específicos na membrana das células efetoras.* **C.** *Fotografia, em microscópio eletrônico de transmissão[G], de varicosidade de uma fibra simpática que inerva a musculatura lisa de um vaso sanguíneo cerebral do rato. Observar que, embora haja estruturas pré-sinápticas, inclusive vesículas, não há estruturas pós-sinápticas típicas. Observar também que o espaço entre o terminal e o alvo é cerca de sete vezes maior que a largura da fenda sináptica comum. Foto cedida por Andrzej Loesch, University College, Londres. Direitos reservados.*

ORGANIZAÇÃO DA DIVISÃO SIMPÁTICA

A grande maioria dos somas dos neurônios pré-ganglionares simpáticos humanos está localizada na chamada coluna intermédia[2] da medula (Figura 14.3), bilateralmente entre os segmentos T1 e L2. São neurônios pequenos que emitem axônios mielínicos finos. Alguns desses axônios (os que controlam as vísceras torácicas, os vasos sanguíneos, as glândulas sudoríparas e os músculos piloeretores[G]) emergem pelas raízes ventrais juntamente com os axônios motores somáticos, mas logo formam um desvio chamado ramo comunicante branco (tonalidade conferida pela mielina) e entram em um dos gânglios paravertebrais situados em ambos os lados da coluna, dentro dos quais formam sinapses com as células pós-ganglionares. Outros axônios pré-ganglionares (os que controlam as vísceras abdominais) seguem o mesmo caminho pelo ramo comunicante branco, mas atravessam os gânglios paravertebrais sem interrupção e vão estabelecer sinapses em um segundo grupo de gânglios, chamados pré-vertebrais.

[2] *Também chamada* intermediolateral, *para salientar a posição mais lateral dos neurônios pré-ganglionares.*

Em ambos os casos, cada fibra simpática pré-ganglionar ramifica-se para inervar cerca de dez neurônios pós-ganglionares situados no mesmo gânglio ou em gânglios vizinhos. Os gânglios paravertebrais são interconectados por troncos nervosos por onde passam os ramos ascendentes e descendentes das fibras pré-ganglionares, e assim formam duas cadeias, uma em cada lado da coluna vertebral. Funcionalmente, modulam e transmitem a informação do neurônio pré para o pós-ganglionar. Já os gânglios pré-vertebrais são interconectados de maneira aparentemente desordenada, sem formar cadeias, e por isso são muitas vezes chamados *plexos*. Quase todos são estruturas ímpares, e não bilaterais. Além disso, são funcionalmente mais complexos, pois contêm fibras aferentes viscerais e interneurônios, constituindo um sofisticado sistema de controle ligado aos plexos intramurais[G] (a divisão gastroentérica) das vísceras digestórias.

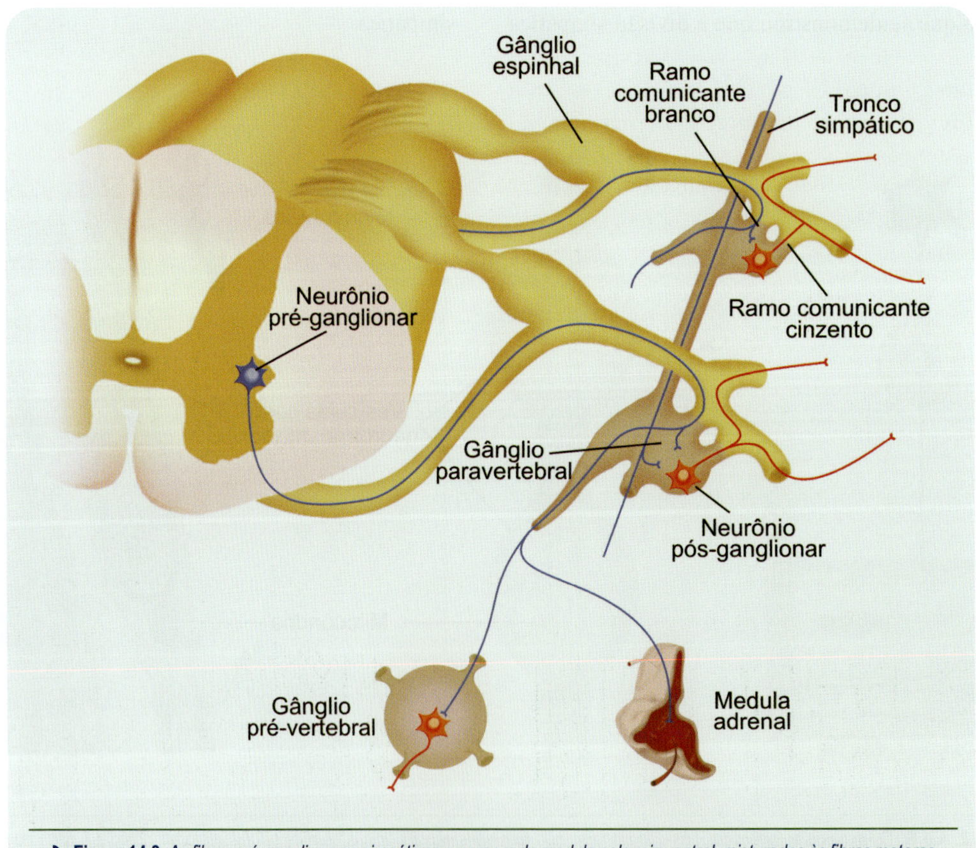

Figura 14.3. *As fibras pré-ganglionares simpáticas emergem da medula pela raiz ventral, misturadas às fibras motoras somáticas. Logo em seguida deixam os nervos espinhais pelos ramos comunicantes brancos e fazem sinapses com os neurônios pós-ganglionares. Os axônios pós-ganglionares da cadeia paravertebral retornam aos nervos espinhais pelos ramos comunicantes cinzentos, e depois se incorporam aos nervos periféricos, enquanto os dos gânglios pré-vertebrais formam nervos periféricos diretamente. Alguns axônios pré-ganglionares inervam de forma direta a medula adrenal, que nesse sentido é um "gânglio simpático" modificado.*

Os axônios pós-ganglionares simpáticos são amielínicos e muito finos. Emergem dos gânglios pelos ramos comunicantes cinzentos (tonalidade mais escura devido à falta de mielina) (Figura 14.3), que acabam por se reunir a nervos mistos (como o isquiático) ou, em alguns casos, formar nervos exclusivamente autonômicos (como os cardíacos).

A segmentação da cadeia ganglionar (Figura 14.4) acompanha aproximadamente a segmentação vertebral (um gânglio para cada segmento) no que se refere ao controle das estruturas da pele do tronco e dos membros: vasos, glândulas e pelos (Tabela 14.1). Não é assim para os gânglios cervicais, que se fundem durante o desenvolvimento, formando gânglios maiores que não mais refletem a segmentação vertebral. Esses gânglios emitem axônios que inervam os órgãos e as estruturas da cabeça, bem como algumas vísceras torácicas. Além disso, para as vísceras abdominais e pélvicas entram em cena os gânglios pré-vertebrais, que também não acompanham a segmentação vertebral (Figura 14.4 e Tabela 14.1).

A medula da glândula adrenal[G] (ou suprarrenal) é um caso especial que merece comentário à parte. Embriologicamente, esse tecido glandular deriva da crista neural (veja o Capítulo 2). Suas células, portanto, são neurônios atípicos, desprovidos de prolongamentos e capazes de secretar catecolaminas (principalmente adrenalina). Como recebem inervação pré-ganglionar simpática (confira a Figura 20.9), assemelham-se a gânglios dessa divisão autonômica, sendo suas células secretoras verdadeiros neurônios pós-ganglionares cujo "neurotransmissor" é na verdade um hormônio que terá ação à distância através da circulação sanguínea, amplificando e generalizando os efeitos locais da ativação simpática.

Organização da Divisão Parassimpática

Diferentemente da divisão simpática, os neurônios pré-ganglionares parassimpáticos estão localizados em dois setores bem separados (Figura 14.5): um conjunto de núcleos do tronco encefálico e a coluna intermédia da medula sacra (segmentos S2 a S4). Por essa razão, os neuroanatomistas comumente se referem ao parassimpático como a divisão craniossacra do SNA.

Os núcleos onde se situam os neurônios pré-ganglionares parassimpáticos são relacionados com os nervos cranianos oculomotor (III), facial (VII), glossofaríngeo (IX) e vago (X). Você poderá encontrar maiores detalhes sobre os nervos cranianos no Miniatlas de Neuroanatomia. Como se pode supor, os três primeiros desses nervos cranianos suprem a inervação da cabeça, enquanto o nervo vago[A] se encarrega de todo o corpo, exceto da região pélvica, que é inervada pelos neurônios pós-ganglionares sacros (Figura 14.5 e Tabela 14.2).

Os gânglios parassimpáticos cranianos são estruturas arredondadas bem delimitadas e posicionam-se perto dos alvos correspondentes, como é característico da divisão parassimpática. O gânglio ciliar, por exemplo, fica atrás do globo ocular, bem próximo ao nervo óptico[A], enquanto

TABELA 14.1. OS GÂNGLIOS SIMPÁTICOS E SEUS ALVOS*

Cadeia ou Grupo	*Gânglio*	*Principais Alvos*
Paravertebral	Cervical superior ou plexo solar	Musculatura lisa dos olhos, vasos dos músculos cranianos e vasos cerebrais; glândulas salivares, lacrimais e sudoríparas
	Cervical médio	Musculatura estriada do coração, musculatura lisa dos pulmões e brônquios
	Cervical inferior ou estrelado	
	Torácicos	Musculatura estriada do coração, musculatura lisa dos pulmões e brônquios, vasos sanguíneos e pelos do tórax e dos membros superiores; glândulas sudoríparas
	Lombares	Musculatura lisa dos vasos sanguíneos e pelos do abdome e dos membros inferiores; glândulas sudoríparas
	Sacros	Musculatura lisa dos vasos sanguíneos e pelos do abdome e dos membros
Pré-vertebral	Celíaco	Musculatura lisa e glândulas do estômago, fígado, baço, rins e pâncreas
	Mesentérico superior	Musculatura lisa e glândulas do intestino delgado e colo ascendente
	Mesentérico inferior	Musculatura lisa e glândulas de parte do colo transverso
	Pélvico-hipogástrico	Musculatura lisa e glândula do colo descendente e vísceras pélvicas
	Medula adrenal	–

** Não estão aqui incluídos os plexos intramurais das diferentes vísceras digestórias, bem como plexos nervosos do vago (n. X) no coração, nos pulmões e nos rins.*

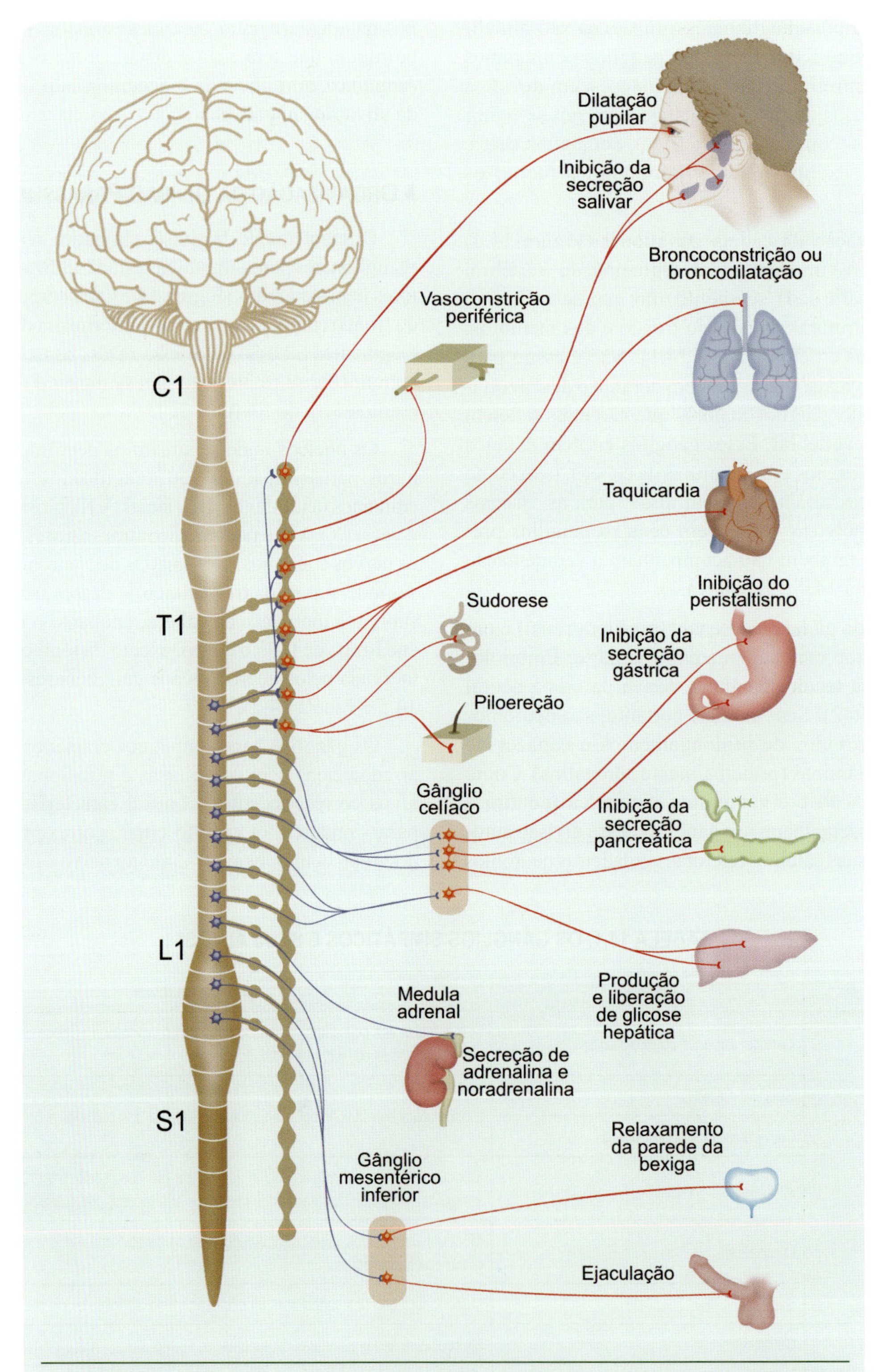

Figura 14.4. *Quase todos os órgãos do corpo são funcionalmente influenciados pelas fibras pós-ganglionares simpáticas (em vermelho). Estas se originam de neurônios situados na cadeia de gânglios paravertebrais (onde há também muitos interneurônios, não representados), e em gânglios pré-vertebrais. Os gânglios que parecem "vazios" na figura, na verdade alojam os neurônios pós-ganglionares que inervam os vasos sanguíneos de todo o corpo, bem como as glândulas sudoríparas e os folículos pilosos da superfície cutânea. Os neurônios pré-ganglionares simpáticos (em azul) situam-se em segmentos torácicos e lombares da medula espinhal. Compare com a Tabela 14.1.*

o pterigopalatino fica dentro do osso craniano, próximo às mucosas nasal e oral, e o submandibular e o ótico[3] ficam próximos às glândulas salivares.

Já os neurônios pós-ganglionares parassimpáticos do corpo, inervados pelo nervo vago e por seus ramos, ficam localizados em gânglios ou plexos situados próximo ou dentro da parede das vísceras torácicas e abdominais. O mesmo se passa com os neurônios pós-ganglionares pélvicos, inervados pelos nervos parassimpáticos esplâncnicos que alojam as fibras pré-ganglionares provenientes da coluna intermédia sacra. Em ambos os casos, os gânglios são menores, mais numerosos e muito interconectados, sendo por isso chamados comumente plexos. Alguns deles se situam fora das vísceras correspondentes: é o caso dos gânglios cardíacos. A maioria fica no interior das paredes viscerais, formando os dois principais plexos intramurais já mencionados que, além dos neurônios pós-ganglionares, contêm também neurônios sensoriais e interneurônios, sendo extensamente interconectados. Os neurônios pós-ganglionares propriamente ditos inervam a musculatura lisa do trato gastrointestinal e se responsabilizam pelos movimentos peristálticos[G] que propelem o bolo alimentar. Mas sua atuação é modulada e organizada pelos demais neurônios que formam o plexo.

DIVISÃO GASTROENTÉRICA

A surpresa dos neurobiólogos que se dedicaram a estudar os neurônios do trato gastrointestinal foi mesmo grande: eles encontraram um número estimado de cerca de 80 a 100 milhões de neurônios embutidos nas paredes dessas vísceras, nos seres humanos. Um número semelhante ao da medula espinhal! Puderam determinar que esses neurônios tão numerosos se concentram em dois plexos interconectados (Figura 14.6A): o *mioentérico* ou plexo de Auerbach, localizado entre as camadas circular e longitudinal de músculo liso; e o *submucoso* ou plexo de Meissner, entre a camada circular de músculo liso e a camada mucosa.

Nessa extensa rede, encontraram neurônios eferentes que controlam a musculatura lisa, outros que comandam as glândulas produtoras de muco, e outros ainda que regulam o diâmetro de vasos locais (Figura 14.16B). Nada de espantar, até aí. Só que os pesquisadores encontraram também neurônios sensoriais capazes de "medir" a tensão da parede e outros sensíveis a sinais químicos provenientes da luz[G] dessas vísceras. Os estudos fisiológicos mostraram o envolvimento do plexo mioentérico com a produção dos movimentos peristálticos das vísceras digestórias, e o submucoso com a secreção glandular, funções coerentes com a posição estratégica de cada um deles na parede.

Os movimentos peristálticos obedecem a uma sequência ordenada (veja a Figura 14.16). Em cada momento do trânsito do alimento, a musculatura lisa da região onde está o bolo alimentar apresenta-se relaxada, e a parede mostra uma certa tensão de estiramento decorrente da presença do bolo. Ocorre então um anel de constrição da parede em um determinado ponto posicionado oralmente em relação ao bolo, e ao mesmo tempo um anel de relaxamento em posição anal relativamente ao bolo. O anel de constrição propele o bolo em direção ao anel de relaxamento, e este se transforma em uma região de estiramento da parede. O processo então se repete, e o bolo alimentar vai sendo

[3] *Não confunda o termo* óptico, *que se refere ao olho, com* ótico, *que se refere ao ouvido.*

TABELA 14.2. OS NÚCLEOS PARASSIMPÁTICOS, SEUS GÂNGLIOS E SEUS ALVOS

Núcleo Pré-ganglionar	*Fibra Pré-ganglionar*	*Gânglio*	*Alvos*
Nu. acessório do nervo oculomotor (ou Nu. de Edinger-Westphal[A])	N. oculomotor (III)	Ciliar	Músculos ciliar e circular da íris
Nu. salivatório[A] superior	N. facial (VII)	Pterigopalatino	Glândulas lacrimais e mucosas nasais e palatais
		Submandibular	Glândulas salivares e mucosas orais
Nu. salivatório inferior	N. glossofaríngeo (IX)	Ótico	Parótida e mucosas orais
Nu. dorsal do vago[A] e Nu. ambíguo[A] ou ventral do vago	N. vago (X)	Gânglios parassimpáticos e plexos intramurais	Musculatura lisa e glândulas das vísceras torácicas (respiratórias e digestórias) e abdominais (digestórias até o colo ascendente), musculatura estriada da faringe, laringe e esôfago; musculatura estriada do coração
Coluna intermédia sacra (S2 a S4)	N. esplâncnicos pélvicos	Plexo pélvico	Colos transverso e descendente, vísceras pélvicas

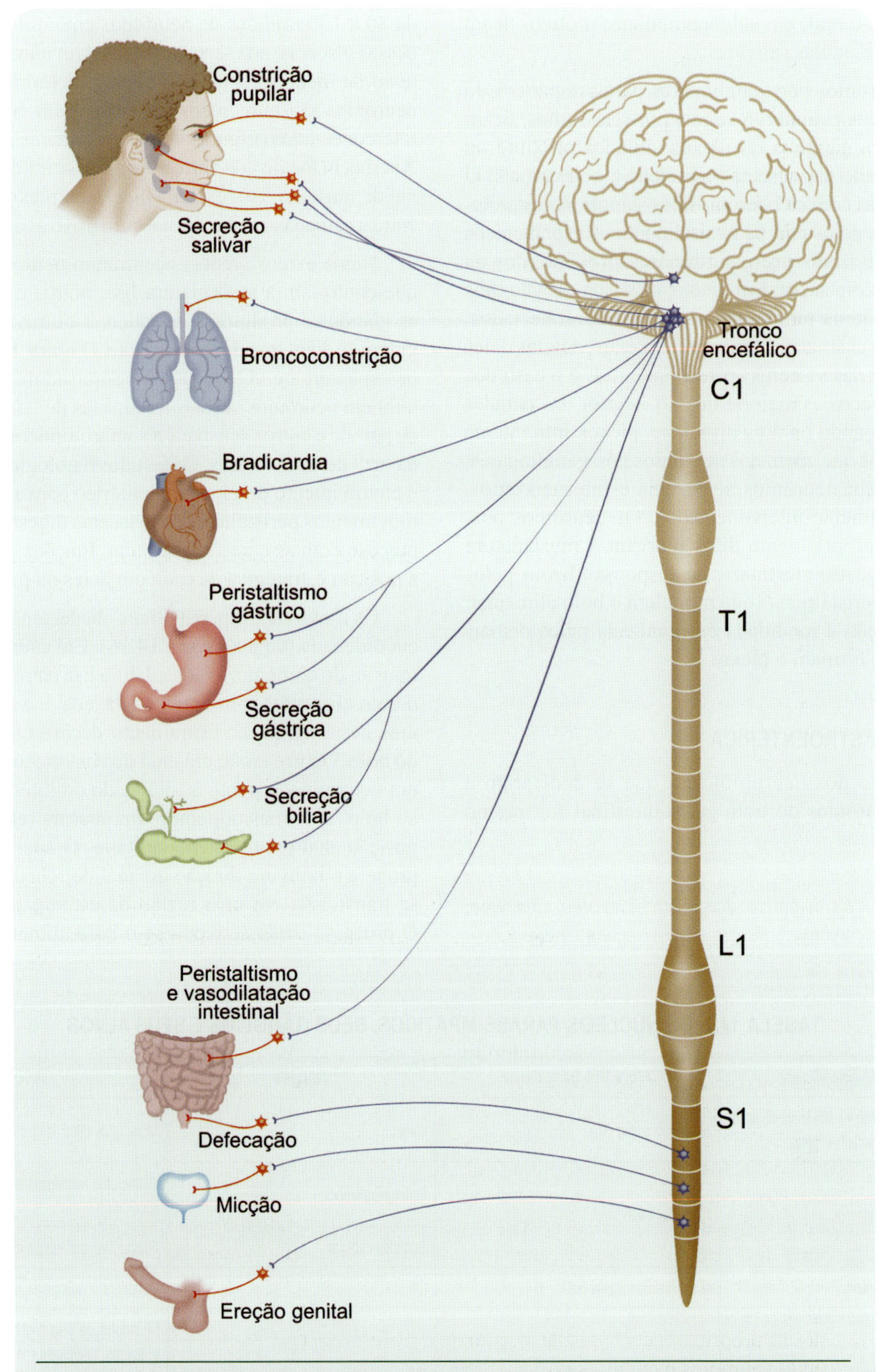

Figura 14.5. *Da mesma forma que no caso da divisão simpática, quase todos os órgãos do corpo são funcionalmente influenciados pelas fibras parassimpáticas pós-ganglionares (em vermelho). Estas se originam de neurônios situados em gânglios ou plexos próximos aos efetores. Os neurônios pré-ganglionares parassimpáticos (em azul) situam-se no tronco encefálico e em segmentos sacros da medula espinhal. Por isso a divisão parassimpática é conhecida também como craniossacra. Compare com a Tabela 14.2.*

deslocado adiante. De que modo esses movimentos rítmicos são controlados?

Descobriu-se que os neurônios mecanorreceptores dos plexos detectam o estiramento da parede causado pela chegada do bolo alimentar. Diretamente, ou através de interneurônios, promovem a inibição da musculatura lisa distal (o anel de relaxamento) e a contração da musculatura lisa proximal (o anel de constrição). Esse duplo efeito permite a ocorrência da peristalse. Os fisiologistas perceberam que, quando o trato é desnervado das fibras pré ou pós-ganglionares autonômicas, os movimentos peristálticos não cessam, mas se tornam menos rítmicos e mais desordenados. Concluíram que a divisão gastroentérica apresenta uma certa independência funcional do SNA, mas que por outro lado é este que lhe confere o ritmo certo, concatenando sua operação não apenas com as informações provenientes de todo o organismo, mas também com aquelas relacionadas à esfera emocional (quem já não teve uma cólica em alguma situação estressante?)

O ORGANISMO SOB CONTROLE

De que modo as divisões do SNA controlam o organismo? De que modo conseguem manter constante o meio interno, esse difícil equilíbrio homeostático?

O SNA dispõe de dois modos de controle do organismo: um modo reflexo e um modo de comando. O "modo reflexo" envolve o recebimento de informações provenientes de cada órgão ou sistema orgânico e a programação e execução de uma resposta apropriada. Por exemplo: durante uma refeição, os mecanorreceptores situados na parede do estômago indicam que ele está cheio. Imediatamente, tanto a divisão gastroentérica como a divisão parassimpática acionam os seus neurônios, e os efetores (células produtoras de muco e de enzimas digestórias, células produtoras de ácido clorídrico e fibras musculares lisas) entram em ação para lubrificar, dissolver, digerir e propelir adiante o bolo alimentar. Outro exemplo: quando você se levanta da cama subitamente, os mecanorreceptores situados na parede da aorta e das carótidas acusam uma tendência de queda da pressão arterial, e imediatamente acionam a divisão simpática que promove um pequeno aumento da frequência cardíaca e uma vasoconstrição periférica, o que reequilibra a pressão. Os reflexos empregados nesse tipo de controle podem ser locais, isto é, situados na própria víscera, ou então centrais, quer dizer, envolvendo neurônios e circuitos do SNC.

O "modo de comando" envolve a ativação do SNA por regiões corticais ou subcorticais, muitas vezes voluntariamente. Exemplos ilustrativos: você pode ficar sexualmente excitado(a) com um simples pensamento, capaz por si só de ativar a divisão parassimpática que promove a vasodilatação nos corpos cavernosos[G] do pênis e do clitóris. A lembrança de uma emoção pode provocar taquicardia, sudorese, salivação e muitas outras reações orgânicas, sem que haja necessariamente qualquer ativação sensorial ou aferente. Muitas vezes o SNA emprega simultaneamente o modo reflexo e o modo de comando. Outras vezes – como nos exemplos mencionados – só um deles entra em ação.

Os Efetores

Efetores, em geral, são células ou órgãos que realizam uma certa "tarefa" em resposta a uma mensagem química transmitida por via sináptica, difusional ou através da circulação sanguínea (hormonal). Para reconhecer a mensagem, portanto, os efetores precisam expressar na superfície celular os receptores moleculares apropriados, capazes de reconhecer os mensageiros químicos correspondentes.

Os efetores do SNA recebem mensagens difusionais, porque a maior parte dos mensageiros químicos autonômicos (os neurotransmissores e neuromoduladores das fibras pós-ganglionares) não são tipicamente sinápticos nem veiculados pela circulação, mas sim liberados no meio extracelular, onde se difundem até os receptores. Os efetores e os terminais axônicos, portanto, devem estar localizados próximos uns aos outros, para que os receptores dos primeiros possam reconhecer e reagir com os mensageiros dos segundos.

Existem apenas dois tipos de efetores autonômicos: células secretoras (glandulares) e células contráteis (musculares ou mioepiteliais). Ambos podem constituir órgãos específicos (como o pâncreas, que é uma grande glândula, e o coração, que é um órgão contrátil (Figura 14.7), ou então se misturar a outros tecidos sem se reunir em órgãos. É o que acontece na parede do trato gastrointestinal, por exemplo, que contém células isoladas produtoras de muco em meio a outras de função absortiva (Figura 14.8A), e camadas de fibras musculares lisas interpostas a outras de diferentes funções (Figura 14.6). Em muitos casos, esses dois tipos de efetores estão juntos e cooperam, como acontece nas glândulas sudoríparas e lacrimais, por exemplo, em cujos dutos de secreção existem elementos contráteis (as células mioepiteliais) que ajudam a expelir o fluido secretado (Figura 14.8B). Em todos esses exemplos, as fibras autonômicas pós-ganglionares ramificam-se na intimidade do tecido que contém os efetores, para que os neurotransmissores liberados nas varicosidades axônicas possam alcançar por difusão os receptores.

Devemos mencionar novamente o caso da medula adrenal, cujas células secretoras, chamadas cromafins, são na verdade neurônios pós-ganglionares modificados (Figura 14.9). São neurônios porque se originam da crista neural durante a vida embrionária, e são modificados porque não apresentam dendritos nem axônios. Sua função é tipicamen-

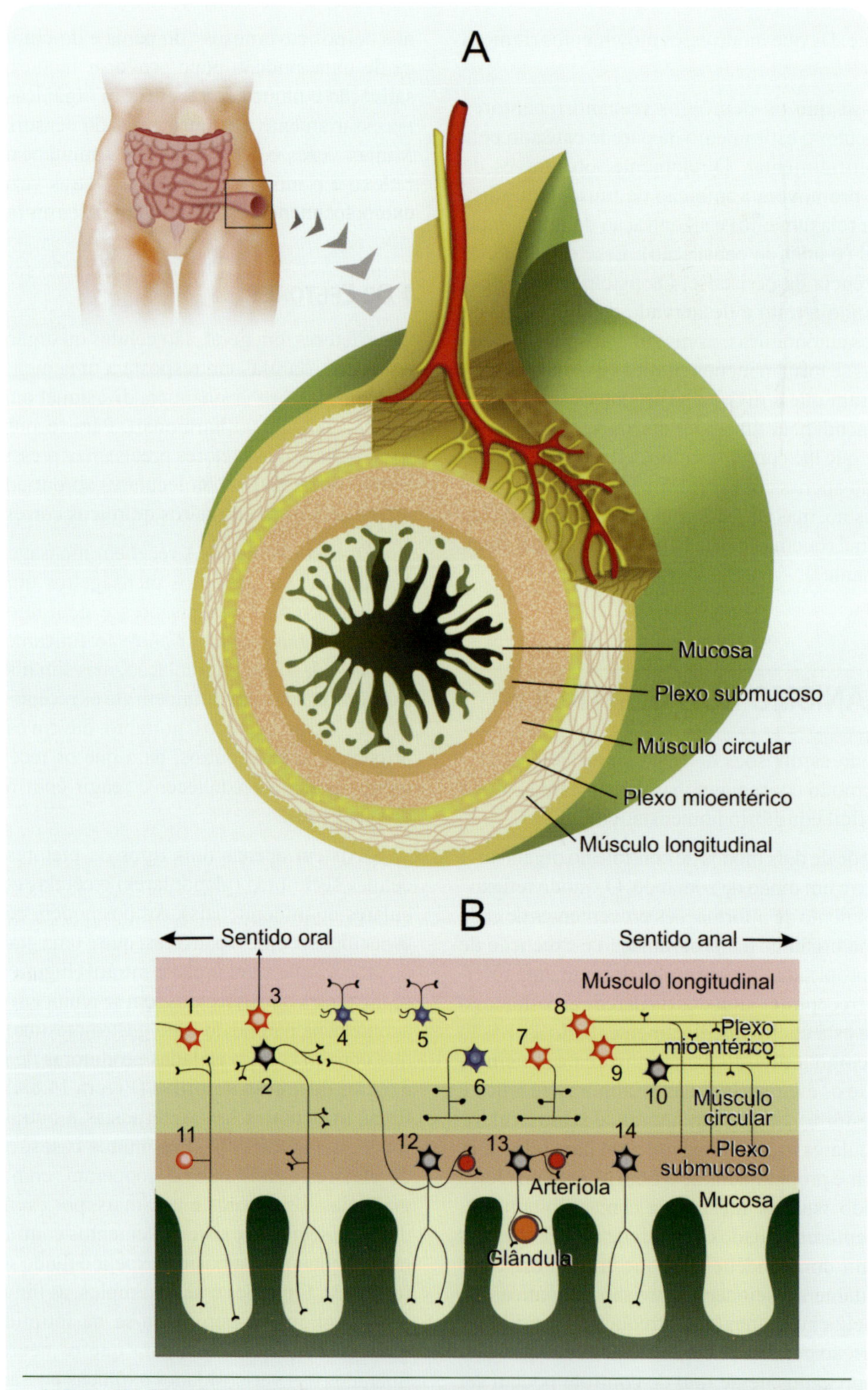

Figura 14.6. *Para muitos neurobiólogos, a rede de neurônios dos plexos intramurais das vísceras digestórias é tão complexa que merece ser considerada uma terceira divisão autonômica — a divisão entérica. Os plexos situam-se entre as camadas circular e longitudinal de músculo liso (plexo mioentérico), ou adjacente à mucosa (plexo submucoso).* ***A*** *representa esquematicamente um corte transversal de uma víscera digestória, mostrando a posição dos dois plexos em relação às camadas da parede.* ***B*** *representa esquematicamente os tipos de neurônios e circuitos encontrados na divisão entérica, com as suas funções. O neurônio 1 é um interneurônio ascendente; os neurônios 2 e 11 são aferentes; o neurônio 3 conduz informações para fora do intestino; os neurônios 4 a 7 controlam a musculatura lisa; 8, 9 e 10 são neurônios descendentes; 12, 13 e 14 são secretomotores (12 e 13 são também vasodilatadores).* ***A*** *e* ***B*** *modificado de J. Furness e M. Costa (1980)* Neuroscience *vol. 5: pp. 1-20.* ***C*** *modificado de J. Furness (2000)* Journal of the Autonomic Nervous System, *vol. 81: pp. 87-96.*

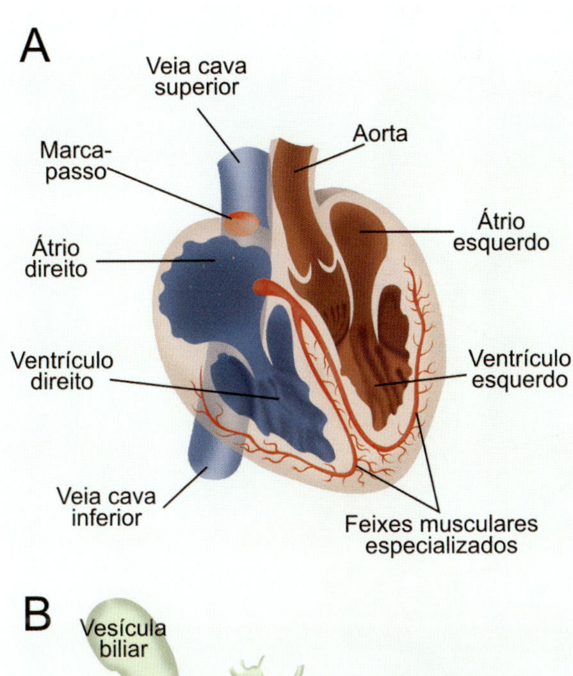

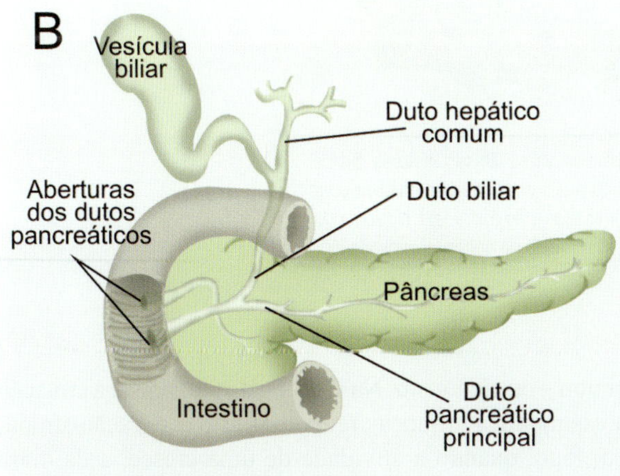

Figura 14.7. *O coração (**A**) e o pâncreas (**B**) são grandes órgãos efetores do SNA que contêm, respectivamente, células contráteis (as fibras musculares estriadas cardíacas) e células secretoras (as células pancreáticas exócrinas).*

te glandular, e por isso a medula adrenal é considerada uma das glândulas endócrinas[4]. Sob comando pré-ganglionar as células cromafins secretam adrenalina e noradrenalina, que são então distribuídas a alvos distantes através da circulação sanguínea. Como se verá adiante, a secreção sistêmica dessas catecolaminas reforça a ação mais localizada da divisão simpática nas situações de emergência.

[4] *A medula adrenal está histologicamente associada à córtex adrenal. Ambas formam a glândula adrenal (ou suprarrenal). Trata-se de uma situação semelhante à da hipófise, formada por uma parte de origem neural (a neuro-hipófise) e outra de origem não neural (a adeno-hipófise).*

A ação autonômica sobre os efetores glandulares é de dois tipos: (1) diretamente sobre as células secretoras, provocando a produção e a liberação dos produtos de secreção; e (2) indiretamente sobre a rede vascular da glândula, provocando alteração da circulação sanguínea local, e desse modo influenciando o volume e a concentração do fluido secretado. Nas glândulas salivares, por exemplo, a atividade parassimpática provoca uma secreção fluida e copiosa, enquanto a ativação da divisão simpática produz uma saliva viscosa e rica em amilase. Isso porque a primeira atua diretamente sobre as células glandulares, enquanto a inervação simpática age também sobre os vasos, causando vasoconstrição.

Os efetores contráteis são bastante difundidos no organismo, especialmente as fibras musculares lisas (Figura 14.10B), que promovem a motilidade do trato gastrointestinal, das vias respiratórias, do cristalino e da íris do olho, dos dutos urinários e da bexiga, bem como de vários dutos glandulares, dos corpos cavernosos e de toda a rede vascular (arterial e venosa). As fibras musculares lisas são células fusiformes mais curtas que as estriadas esqueléticas. Como estas, são agrupadas em feixes; mas não são sincícios[G] típicos, embora funcionem como tal porque são acopladas metabólica e eletricamente através de junções comunicantes (sobre esse tipo de junção, veja o Capítulo 4). O acoplamento juncional é também típico das fibras miocárdicas (Figura 14.10A), e permite que a contração seja um evento sincronizado que envolve um grande número de fibras. As proteínas contráteis responsáveis pelo encurtamento das fibras lisas são semelhantes às das fibras estriadas, mas não se dispõem de modo regular como nestas, formando bandas. Ao contrário, parecem dispersas dentro do citoplasma. Na verdade, a contração dos miofilamentos é transmitida a estruturas do citoesqueleto, e acaba por provocar o encurtamento da célula como um todo. Além disso, a tensão e o movimento produzidos em uma fibra somam-se mecanicamente aos produzidos pelas fibras vizinhas, já que todas estão fortemente ligadas por junções que as tornam solidárias, como um conjunto único.

A contração das células musculares lisas pode ser obtida pela ativação autonômica, mas também pode ocorrer de forma espontânea em algumas delas. Nesse caso, as fibras que se contraem espontaneamente são chamadas marcapassos e ditam um ritmo próprio à motilidade da víscera, que é apenas modificado ou regulado pela inervação autonômica. Muitos experimentos demonstram que as vísceras continuam dotadas de motilidade quando são desnervadas. Entretanto, seus movimentos tornam-se desordenados e pouco eficientes, resultando em graves distúrbios funcionais. O trato gastrointestinal desnervado torna-se expandido e incapaz de propelir adequadamente o bolo alimentar; é o que ocorre na doença de Chagas, que apresenta lesão dos eferentes autonômicos e plexos intramurais, provocada pelo parasito.

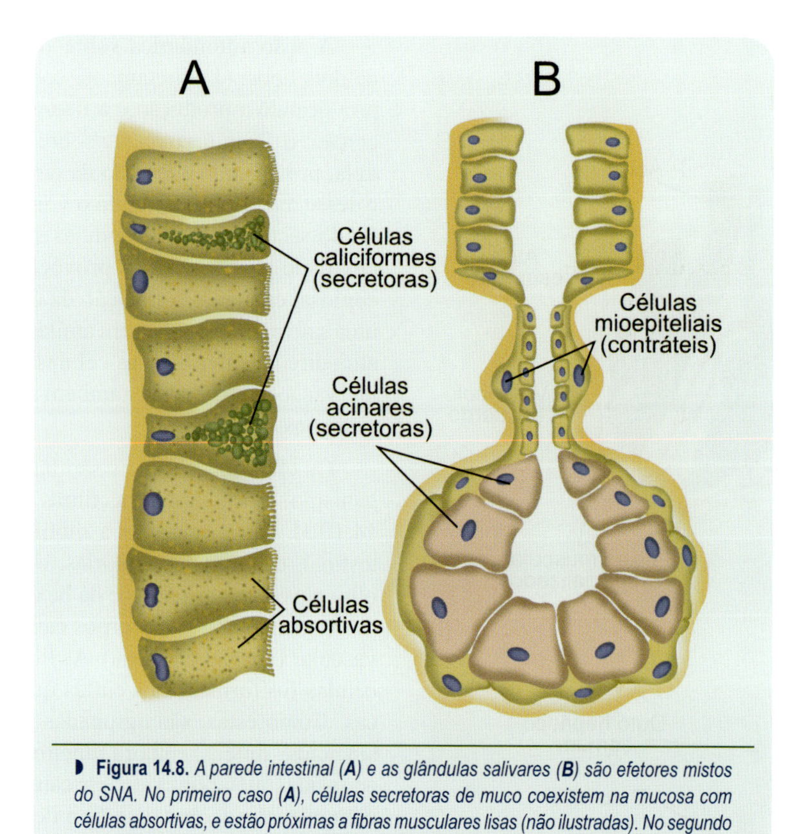

Figura 14.8. *A parede intestinal (**A**) e as glândulas salivares (**B**) são efetores mistos do SNA. No primeiro caso (**A**), células secretoras de muco coexistem na mucosa com células absortivas, e estão próximas a fibras musculares lisas (não ilustradas). No segundo caso (**B**), células secretoras coexistem com células contráteis de natureza mioepitelial.*

No coração, as células marcapassos são concentradas em regiões específicas, como os nódulos sinoatrial e atrioventricular (Figura 14.7). Essas finas fibras musculares especializadas são mais abundantemente inervadas que as do miocárdio comum, o que representa uma organização mais eficiente para controlar o ritmo cardíaco.

Estratégias de Controle

Qualquer que seja o modo de controle – reflexo ou de comando –, o SNA emprega diferentes estratégias para comandar os efetores de maneira capaz de regular com precisão a função dos órgãos. E a função dos órgãos muitas vezes exige uma regulação bastante fina: basta pensar na sequência bem ordenada dos movimentos peristálticos, sem a qual o bolo alimentar não seria propelido adiante, ou no preciso calibre das arteríolas, indispensável para determinar o fluxo sanguíneo a um determinado território do organismo.

A grande maioria dos órgãos e tecidos é inervada tanto pela divisão simpática quanto pela divisão parassimpática (Tabela 14.3). Neste caso, os axônios pós-ganglionares podem interagir para modular o efeito final (Figura 14.11). Essa interação pode ser de dois tipos: *antagonista* – a mais comum – ou *sinergista.* Na estratégia antagonista a ativação parassimpática provoca efeito contrário à ativação simpática; logo, quando a atividade de uma cresce, a da outra diminui. Na estratégia sinergista, por outro lado, ambas as divisões provocam o mesmo efeito. Em alguns casos, entretanto, a inervação autonômica é de um único tipo, e a estratégia de controle pode ser denominada *exclusiva.*

Um exemplo bastante ilustrativo da estratégia antagonista é o do coração. Esse órgão é inervado por fibras pós-ganglionares simpáticas dos gânglios cervical inferior e torácicos mais altos, e também por fibras pós-ganglionares parassimpáticas. Os fisiologistas podem, com facilidade, estimular eletricamente as fibras autonômicas de um e de outro sistema em animais e observar o efeito sobre o funcionamento do coração (Figura 14.12). O resultado é nítido: a estimulação simpática provoca taquicardia[G] (e também aumento da força contrátil), enquanto a estimulação parassimpática tem efeito contrário, ou seja, bradicardia[G]. Logo, se é preciso acelerar o coração, a atividade simpática cresce e a parassimpática diminui.

A estratégia antagonista é empregada na maioria dos órgãos e tecidos (Tabela 14.3). No olho, por exemplo, a ativação simpática provoca dilatação pupilar (midríase) por contração das fibras musculares lisas radiais da íris,

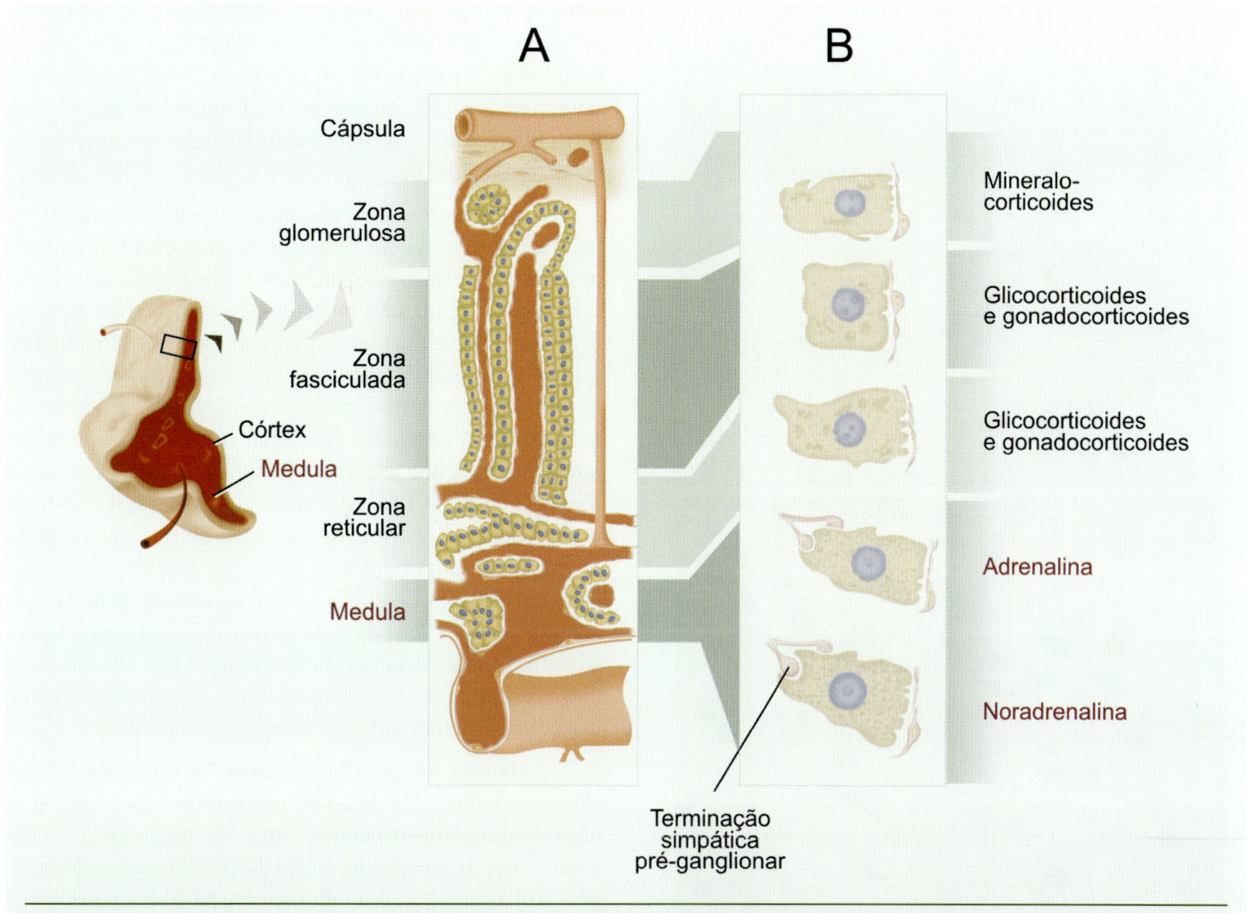

Figura 14.9. *A glândula adrenal (à esquerda) apresenta dois componentes de origem embriológica distinta (**A**): cortex, com suas zonas histológicas específicas, e medula. A secreção hormonal nesses dois componentes difere bastante (**B**): as células da córtex adrenal secretam hormônios corticoides para a circulação sanguínea, enquanto as da medula secretam adrenalina e noradrenalina sob comando pré-ganglionar simpático. Os hormônios adrenérgicos da medula adrenal têm ação sistêmica que potencializa a ativação simpática dos órgãos.*

enquanto a ativação parassimpática provoca constrição da pupila (miose) pela contração das fibras circulares. Assim é regulado o diâmetro pupilar (veja o Capítulo 9). No sistema respiratório, o simpático provoca broncodilatação e o parassimpático, constrição brônquica. O calibre dos brônquios e bronquíolos, tão importante para uma boa ventilação pulmonar, pode assim ser precisamente regulado. Na bexiga, a ativação parassimpática causa o esvaziamento vesical através da contração da musculatura lisa e do relaxamento do esfíncter interno[5], enquanto a ativação simpática provoca o relaxamento da musculatura e o fechamento do esfíncter, favoráveis ao enchimento. O que caracteriza esses e os demais exemplos é a interação – no caso, de sinais contrários – entre a divisão simpática e a divisão parassimpática do SNA, capazes assim de executar uma regulação fina e precisa das funções orgânicas.

A estratégia sinergista é mais rara. O exemplo mais conhecido é o da inervação das glândulas salivares. Essas glândulas recebem fibras simpáticas e parassimpáticas, mas ambas provocam a secreção de saliva. No caso das glândulas sudoríparas, a inervação é exclusivamente simpática e provoca sudorese. No entanto, uma parte das fibras simpáticas expressa o neurotransmissor típico da divisão parassimpática (a acetilcolina – veja adiante), embora o efeito seja o mesmo.

Finalmente, o exemplo típico da estratégia exclusiva é o dos vasos sanguíneos. Com algumas exceções, a musculatura lisa vascular é inervada apenas pela divisão simpática, que mantém, em condições normais, um estado relativamente constante de contração muscular chamado *tô-*

[5] *Na bexiga (bem como no ânus) existe também um esfíncter externo, formado por fibras musculares estriadas e sujeito a controle voluntário. Por isso se consegue controlar a micção (e a defecação) de acordo com as circunstâncias sociais (dentro de certos limites, é claro...).*

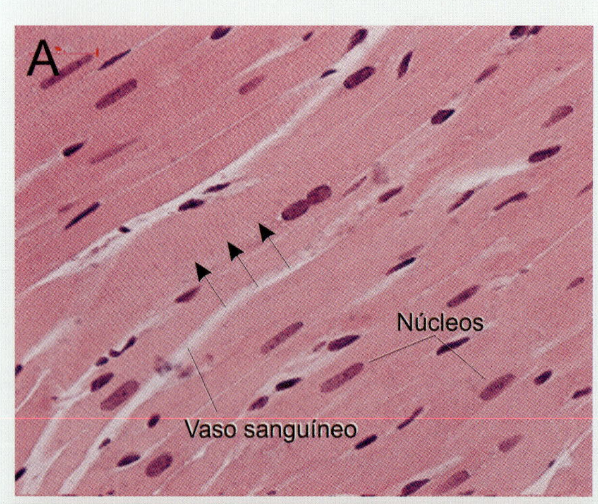

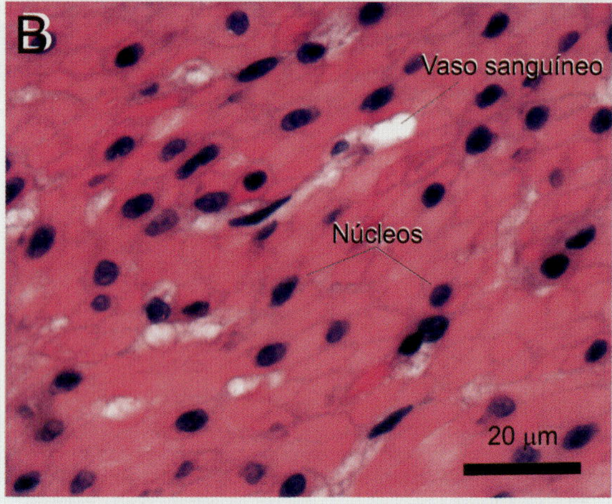

Figura 14.10. *As fibras musculares cardíacas (**A**) apresentam estrias transversais que as lisas não têm (**B**). **A** mostra um corte de tecido cardíaco, com as setas apontando para estrias. **B** apresenta um corte da parede intestinal. Foto **A** cedida por Antonio Carlos Campos de Carvalho, do Instituto de Biofísica Carlos Chagas Filho da UFRJ; e **B** cedida por Cristina Takyia, do Instituto de Ciências Biomédicas da UFRJ.*

nus simpático (ou tônus vascular). As variações de diâmetro necessárias à regulação da pressão arterial e do fluxo sanguíneo são obtidas variando para mais ou para menos o tônus simpático. Quer dizer: quando as fibras pós-ganglionares simpáticas aumentam sua frequência de disparo, eleva-se o tônus vascular, ocorrendo vasoconstrição. Quando as fibras diminuem sua frequência de disparo de PAs, ocorre o oposto: vasodilatação.

A NEUROQUÍMICA AUTONÔMICA

Você pode perceber, pelo exame da Tabela 14.3, que a grande maioria dos órgãos é controlada através da estratégia antagonista. Estratégia de controle semelhante é empregada pelo sistema motor somático, como você pode conferir no Capítulo 12. Só que há uma diferença crucial entre a organização do sistema neuromuscular esquelético, de um lado, e a do sistema neuromuscular cardíaco e liso, de outro (Figura 14.13).

Os motoneurônios que comandam as fibras musculares esqueléticas fazem sempre a mesma coisa: produzem potenciais sinápticos excitatórios (despolarizantes) que resultam em contração muscular. Isso porque os receptores colinérgicos existentes na membrana pós-sináptica da placa motora são de um único tipo (nicotínico), e sempre despolarizantes. Desse modo, a inibição que é necessária para qualquer regulação funcional só pode ser obtida por interneurônios que alterem a excitabilidade dos motoneurônios (Figura 14.13A). Além disso, em geral os músculos esqueléticos se distribuem em torno de uma articulação, de modo que um grupo a move em um sentido (os agonistas e sinergistas) e outro a move no sentido contrário (os antagonistas). A "estratégia antagonista" do sistema motor somático, então, depende da distribuição dos músculos em torno das articulações, e não das fibras eferentes, que no fim das contas operam todas da mesma maneira.

Os motoneurônios que comandam as fibras musculares cardíacas e lisas têm de ser de tipos diferentes porque elas não movimentam articulações, mas sim tecidos moles com características mecânicas muito diversas de ossos articulados. Em alguns casos, como na íris, há fibras musculares "agonistas" e "antagonistas" relativamente separadas (radiais e circulares). Mas em outros casos, como no trato gastrointestinal e no coração (Figura 14.13B), "agonistas e antagonistas" estão misturadas. A natureza desenvolveu então um jeito de resolver esse problema: uma estratégia antagonista que se baseia nas diferenças neuroquímicas entre a divisão simpática e a divisão parassimpática, e não na disposição dos efetores. Os efetores (e não apenas as fibras musculares lisas, mas também as células glandulares) apresentam receptores para diferentes neurotransmissores, e estes sim é que são separados: um tipo básico para a divisão simpática, outro para a divisão parassimpática.

A maioria das sinapses entre os neurônios pré e os neurônios pós-ganglionares de ambas as divisões é do tipo colinérgico (Figura 14.14A). Isso significa que os axônios pré-ganglionares empregam a acetilcolina como principal neurotransmissor, embora na membrana pós-sináptica dos neurônios pós-ganglionares se tenham encontrado tanto receptores nicotínicos quanto muscarínicos (veja maiores informações sobre receptores no Capítulo 4). Em alguns gânglios, além disso, há também sinapses noradrenérgicas e dopaminérgicas, bem como receptores para diversos neuropeptídeos, como a substância P e outros (Figura 14.14A). Como há interneurônios e fibras sensoriais em alguns gânglios, conclui-se que a transmissão da informação do

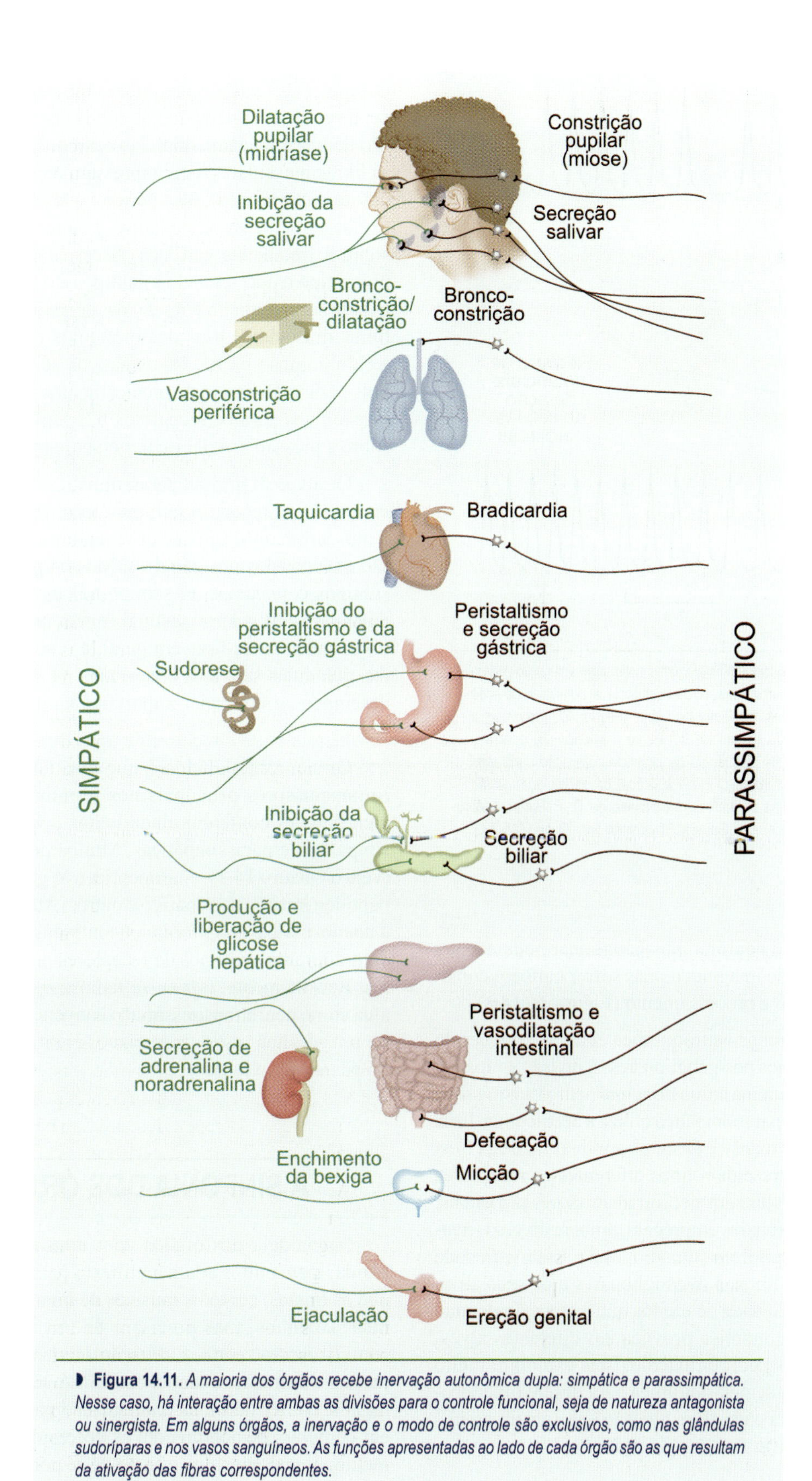

Figura 14.11. *A maioria dos órgãos recebe inervação autonômica dupla: simpática e parassimpática. Nesse caso, há interação entre ambas as divisões para o controle funcional, seja de natureza antagonista ou sinergista. Em alguns órgãos, a inervação e o modo de controle são exclusivos, como nas glândulas sudoríparas e nos vasos sanguíneos. As funções apresentadas ao lado de cada órgão são as que resultam da ativação das fibras correspondentes.*

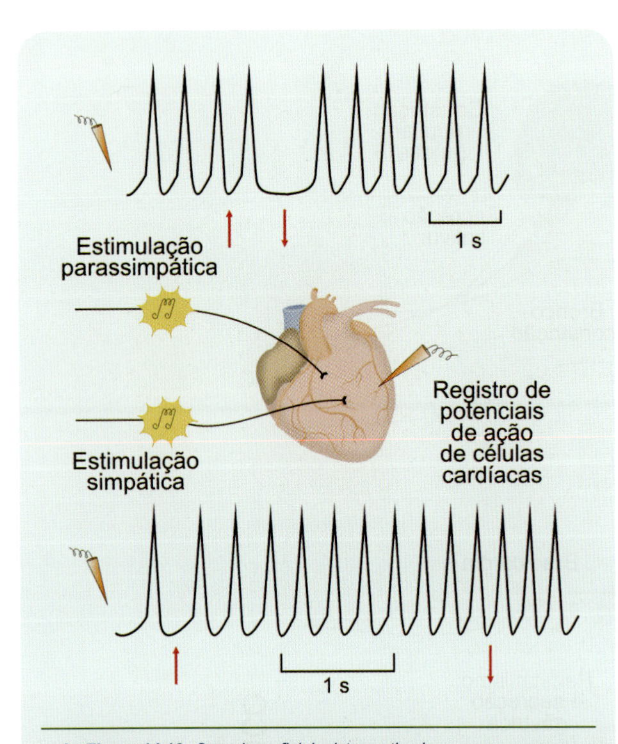

Figura 14.12. *Quando os fisiologistas estimulam um nervo parassimpático (**A**) registram diminuição da frequência de potenciais de ação nas fibras musculares cardíacas logo após o estímulo (que provoca bradicardia). Quando estimulam um nervo simpático (**B**) ocorre o contrário: aumento da frequência de potenciais de ação cardíacos (que provoca taquicardia). O início e o final da estimulação estão assinalados por setas vermelhas. Modificado de O. F. Hutter e W. Trautwein (1956)* Journal of General Physiology *vol. 39: pp. 715-733.*

neurônio pré para o neurônio pós-ganglionar pode não ser tão simples como se imaginava, mas sofrer também considerável modulação e processamento (Figura 14.14B).

A grande diferença neuroquímica entre as divisões do SNA está nos axônios pós-ganglionares. A divisão simpática emprega a noradrenalina como principal neurotransmissor[6], enquanto a divisão parassimpática utiliza a acetilcolina. Essa dualidade, entretanto, não é absoluta por duas razões: (1) as células efetoras apresentam tipos diferentes de receptores moleculares, e (2) além dos neurotransmissores principais, as fibras pós-ganglionares empregam também diversos neuromoduladores peptídicos (Quadro 14.2). Essa variedade neuroquímica das fibras pós-ganglionares e de seus alvos é que explica a variedade de efeitos que a ativação de uma mesma divisão autonômica provoca em diferentes alvos. Por conta disso, os neurofarmacologistas exploram muito bem essa diversidade neuroquímica para desenvolver drogas específicas para cada alvo, que não apresentem efeitos colaterais indesejáveis em outras regiões.

[6] *Com exceção das glândulas sudoríparas, já mencionadas.*

Considere, por exemplo, a inervação simpática do coração e dos vasos sanguíneos. No primeiro caso, os receptores adrenérgicos que as células cardíacas expressam são de um tipo chamado ß. No caso dos vasos, entretanto, as fibras musculares lisas expressam receptores adrenérgicos de outro tipo (α). Isso permite que haja medicamentos exclusivamente vasodilatadores, e outros que atuem apenas sobre a frequência cardíaca. A variedade é ainda maior, pois o tipo α apresenta dois subtipos e o tipo ß, pelo menos três. Predominam no coração os receptores do tipo ß1, nas fibras musculares lisas dos brônquios os do tipo ß2 e no tecido adiposo os ß3. Os asmáticos se beneficiam disso, pois podem fazer uso de medicamentos broncodilatadores (específicos para os receptores ß2) sem efeitos colaterais sobre a pressão arterial ou o metabolismo das gorduras.

Os alvos da divisão parassimpática não ficam atrás em variedade de receptores colinérgicos. O tipo prevalente é o muscarínico (M), já que os receptores nicotínicos (N) só são encontrados nos gânglios. Mas há pelo menos quatro subtipos conhecidos. O subtipo M1 predomina nas glândulas do trato gastrointestinal, o M2 no miocárdio e nas fibras musculares lisas em geral, e o subtipo M3 é típico das glândulas salivares e lacrimais. O subtipo M4 parece desempenhar um papel importante na divisão entérica do SNA.

Os neuromoduladores que coexistem com os neurotransmissores principais nos terminais axônicos pós-ganglionares conferem ainda maior diversidade às ações simpáticas e parassimpáticas. Muitos deles são peptídeos (veja o Quadro 14.2): neuropeptídeo Y, galanina, dinorfina, peptídeo intestinal vasoativo e outros. Até as purinas, como a adenosina e o ATP, foram encontradas nesses terminais, com diferentes subtipos de receptores presentes nos efetores. Recentemente, tornou-se famoso o óxido nítrico, que atua como neurotransmissor não convencional (pelo fato de ser um gás) nos vasos coronarianos e nos corpos cavernosos do pênis e do clitóris.

A SINFONIA DOS ÓRGÃOS

A analogia dos órgãos com uma orquestra já ficou batida, mas muitos ainda a utilizam para ilustrar o fato de que os órgãos, como os músicos de uma orquestra, podem tocar sozinhos, mas precisam de um regente para lhes conferir o ritmo certo, a afinação adequada, a sincronia de pausas e entradas, a emoção. O SNA seria o maestro dos órgãos, conferindo-lhes coordenação para que funcionem em conjunto, de acordo com as necessidades de cada momento. A analogia falha a partir deste ponto, porque o SNA não opera isoladamente, e há todo um conjunto de regiões neurais encarregadas de articular sua função coordenadora

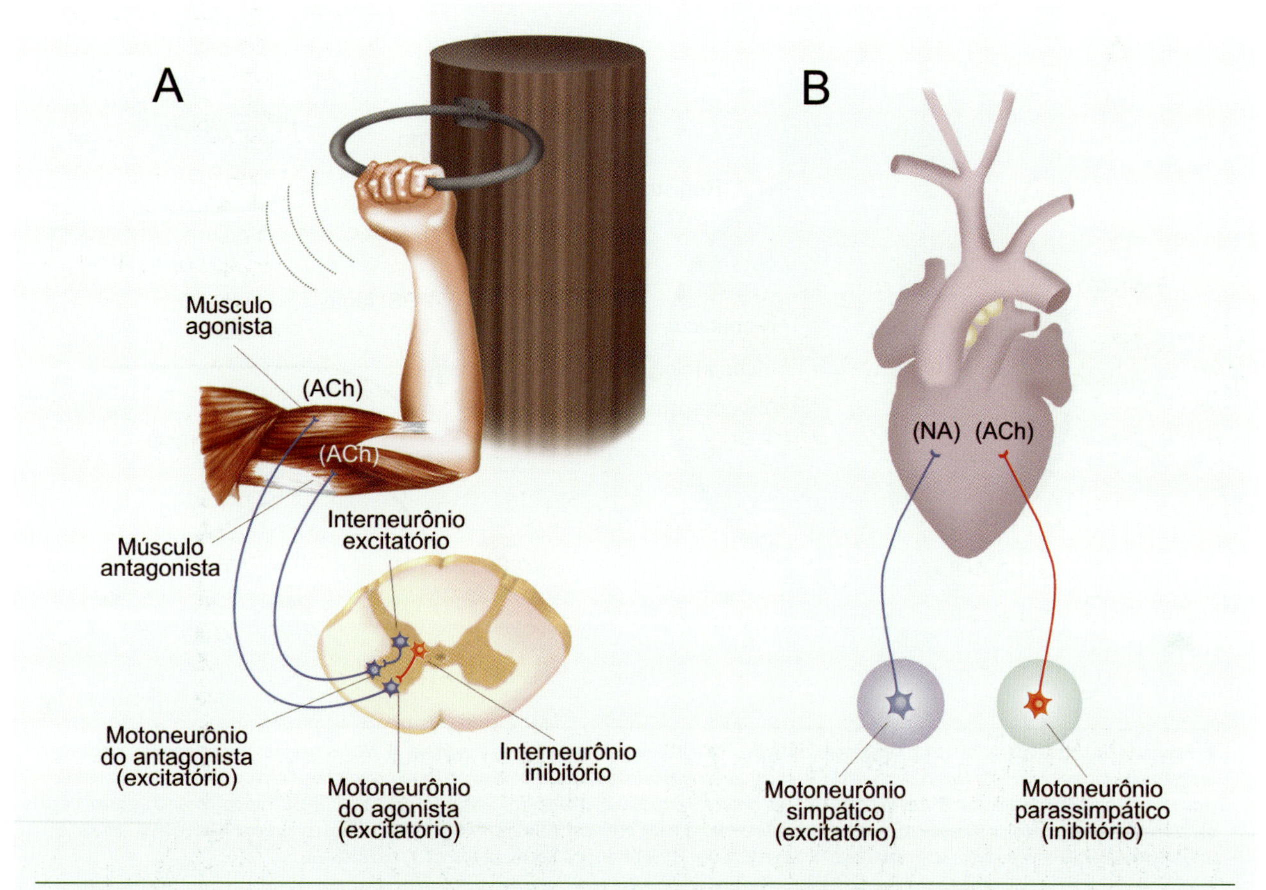

Figura 14.13. *A estratégia antagonista do sistema motor somático difere da do sistema nervoso autônomo. No primeiro (**A**), os efetores é que têm ação oposta, enquanto a inervação tem o mesmo efeito (contração muscular) porque o neurotransmissor é um só (ACh) e o receptor também (nicotínico). No segundo caso (**B**) a inervação tem efeitos opostos, porque os neurotransmissores e receptores do simpático são diferentes do parassimpático.*

com outros aspectos da vida do indivíduo, como o seu comportamento, as suas emoções, o seu raciocínio. A orquestra dos órgãos teria um maestro coletivo, a *rede autonômica central* (Figura 14.15).

A Rede Autonômica Central: O Alto Comando das Funções Orgânicas

Os neurônios pós-ganglionares podem ser considerados como a via final comum dos sistemas eferentes de comando dos órgãos, do mesmo modo que os motoneurônios são a via final comum de comando dos músculos esqueléticos. Analogamente, as estações neurais de controle formam uma hierarquia descendente, as superiores regulando a função das inferiores, de modo semelhante ao modo de organização dos sistemas motores descrito no Capítulo 12. E além disso, há todo um sistema ascendente de veiculação das informações viscerais que instrui a operação dos centros de controle para que o funcionamento dos órgãos esteja de acordo com as necessidades impostas pelo ambiente (externo e interno).

O corno lateral da medula e alguns núcleos do tronco encefálico compõem um primeiro nível hierárquico (Figura 14.15), acima dos neurônios pós-ganglionares: são os neurônios pré-ganglionares, já descritos amplamente. Ao lado deles, no tronco encefálico, estão neurônios que controlam as funções cardiovascular, respiratória e digestória. Um componente-chave desse nível de controle é o *núcleo do trato solitário*, porque recebe aferentes que participam de diversos reflexos: cardiovasculares, como os que regulam a pressão arterial; respiratórios, como os que regulam a frequência respiratória em função da concentração de oxigênio e CO_2 do sangue; e digestórios, como os que provocam movimentos peristálticos quando o alimento chega ao trato gastrointestinal. O núcleo do trato solitário, além disso, conecta-se com o nível hierárquico imediatamente superior, composto pela formação reticular. Alguns reflexos emergenciais são produzidos nesse nível do tronco encefálico, em

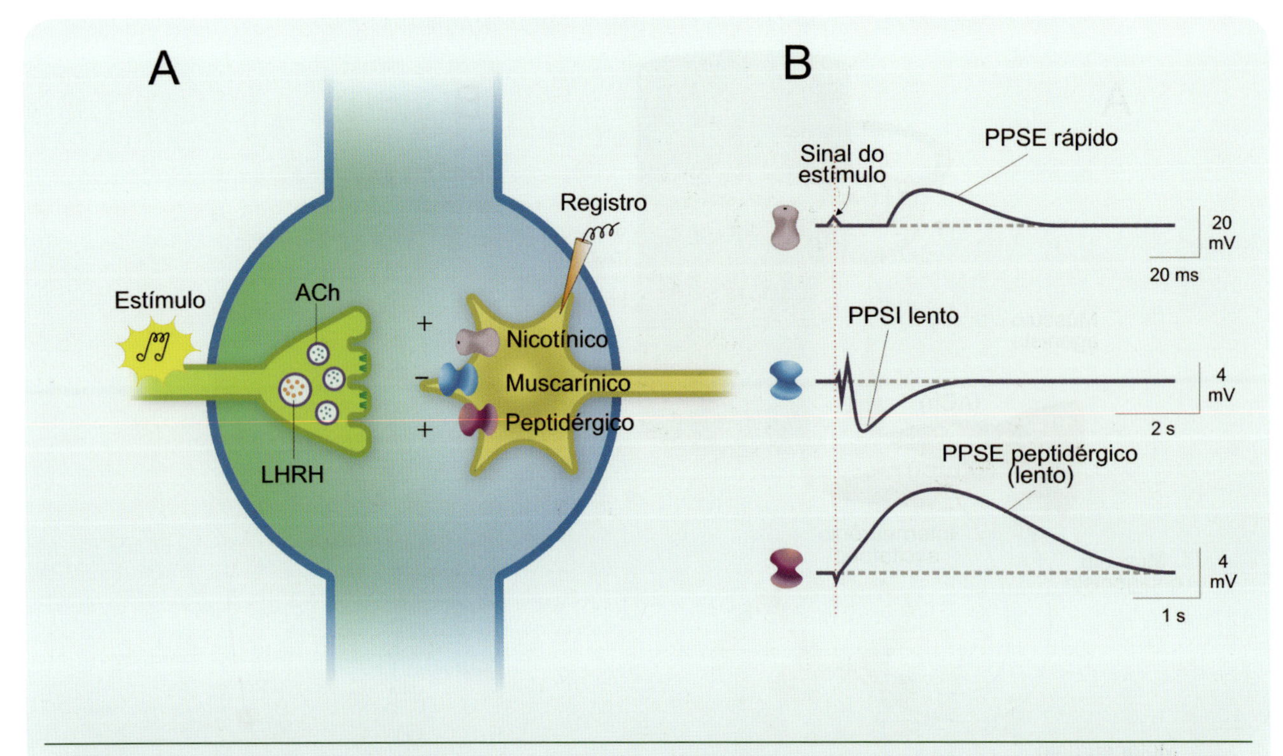

Figura 14.14. *A transmissão sináptica nos gânglios autonômicos é mais complexa do que se imaginava.* ***A.*** *Muitas sinapses são colinérgicas e contêm também moduladores peptídicos (como, por exemplo, o LHRH, um hormônio de liberação hipotalâmico). Os receptores pós-sinápticos são bastante variados, o que resulta em diferentes efeitos.* ***B.*** *A ativação do receptor nicotínico provoca um potencial pós-sináptico excitatório (PPSE) rápido (observe as diferentes escalas à direita do gráfico). A ativação do receptor muscarínico provoca um potencial inibitório (PPSI) mais lento, e a do receptor peptidérgico, um PPSE ainda mais lento que os anteriores. Modificado de L. Y. Jan e Y. N. Jan (1986)* Trends in Neuroscience *vol. 6: pp. 320-325.*

resposta a informações periféricas, como a tosse, o espirro e o vômito, reações necessárias à expulsão de algo irritante ou tóxico que tenha sido aspirado ou ingerido.

O nível hierárquico imediatamente acima fica situado no mesencéfalo e no diencéfalo, e envolve o *núcleo parabraquial* e o *hipotálamo*. Como essas regiões recebem conexões ascendentes do núcleo do trato solitário, e por sua vez conectam-se ao tálamo[A], córtex e amígdala[A], é nesse nível que se estabelece a articulação dos reflexos específicos com as reações homeostáticas gerais. Por exemplo, um comportamento complexo de medo ou de agressão pode incluir reações antecipatórias que preparem o organismo para um esforço energético maior: o coração e a respiração se aceleram, o peristaltismo gastrointestinal é interrompido, aumenta a glicogenólise[G] hepática e o indivíduo posiciona-se de modo característico, com os músculos tensos e em "alerta". Comportamentos menos emergenciais também envolvem a participação dessas regiões, em particular do hipotálamo: é o caso dos chamados comportamentos motivados (tema principal do Capítulo 15), como por exemplo os de fome e de sede, estados que não só produzem diversas reações autonômicas destinadas a poupar energia metabólica e a evitar a perda de líquido, mas também ativam diversos hormônios com o mesmo objetivo homeostático.

Os comportamentos motivados também nos levam a buscar alimento e água ativamente, na geladeira, no supermercado ou na mata, dependendo das circunstâncias. Isso ocorre com o envolvimento do nível hierárquico mais elevado de controle dos órgãos: o córtex cerebral e as regiões prosencefálicas associadas, como a *amígdala*. É nesse último nível – especificamente nas regiões mais rostrais do *córtex cingulado*[A], e no *córtex insular*[A] *posterior* – que se dá a apreciação consciente das sensações viscerais e do paladar.

O Controle da Digestão

São numerosos os eventos que ocorrem no organismo desde quando o indivíduo sente fome e prepara-se para comer até o momento em que defeca, eliminando os resíduos não absorvidos durante o trajeto do bolo alimentar.

Tudo pode começar antes mesmo que o alimento seja ingerido, já que a fome e a simples imaginação da comida, ou a visão dela antes da ingestão, são capazes de provocar

TABELA 14.3. AÇÕES DO SIMPÁTICO E DO PARASSIMPÁTICO

Órgão ou Tecido	*Ativação Simpática*	*Ativação Parassimpática*	*Mecanismo*
Bexiga	Enchimento (relaxamento da musculatura lisa e contração do esfíncter interno)	Esvaziamento (contração da musculatura lisa e relaxamento do esfíncter interno)	Antagonista
Brônquios	Broncodilatação (relaxamento da musculatura lisa)	Broncoconstrição (contração da musculatura lisa)	Antagonista
Coração	Taquicardia e aumento da força contrátil	Bradicardia e diminuição da força contrátil	Antagonista
Cristalino	Acomodação para longe (relaxamento do músculo ciliar)	Acomodação para perto (contração do músculo ciliar)	Antagonista
Esfíncteres digestórios	Fechamento (contração da musculatura lisa)	Abertura (relaxamento da musculatura lisa)	Antagonista
Fígado	Aumento de liberação de glicose	Armazenamento de glicogênio	Antagonista
Glândulas digestórias	Diminuição da secreção	Aumento da secreção	Antagonista
Glândulas lacrimais	Lacrimejamento (vasodilatação e secreção)	Diminuição do lacrimejamento (vasoconstrição)	Antagonista
Glândulas salivares	Salivação viscosa	Salivação fluida	Sinergista
Glândulas sudoríparas	Sudorese*	-	Sinergista ou exclusivo
Íris	Midríase (contração das fibras radiais)	Miose (contração das fibras circulares)	Antagonista
Órgãos linfóides (timo, baço e linfonodos)	Imunossupressão (redução da produção de linfócitos)	Imunoativação (aumento da produção de linfócitos)	Antagonista
Pâncreas endócrino	Redução da secreção de insulina	Aumento da secreção de insulina	Antagonista
Pênis e clitóris	Supressão da ereção e do intumescimento após o orgasmo	Ereção e intumescimento (vasodilatação)	Antagonista
Tecido adiposo	Lipólise e liberação de ácidos graxos	-	Exclusivo
Trato gastrointestinal	Diminuição do peristaltismo (relaxamento da musculatura lisa)	Ativação do peristaltismo (contração da musculatura lisa)	Antagonista
Vasos sanguíneos em geral	Vasoconstrição	-	Exclusivo
Vasos sanguíneos pélvicos e de algumas glândulas(salivares, digestórias)	Vasoconstrição	Vasodilatação	Antagonista

** As glândulas sudoríparas possuem apenas inervação simpática, mas alguns terminais são colinérgicos, outros são adrenérgicos, e ambos provocam secreção glandular.*

ativação autonômica, resultando em secreção salivar e gástrica, bem como nos movimentos peristálticos do estômago.

A presença do alimento na boca começa por ativar uma sequência voluntária de movimentos de mastigação comandados por diversos nervos cranianos que contêm fibras motoras. Ao mesmo tempo, os aferentes gustatórios dos nervos facial (VII), glossofaríngeo (IX) e vago (X) informam – direta ou indiretamente – o núcleo do trato solitário da presença da comida. Este ativa imediatamente as fibras pré-ganglionares parassimpáticas vagais, resultando na secreção de saliva. Em seguida, o alimento umidificado, fragmentado e lubrificado é impelido em direção ao esôfago: é o fenômeno da deglutição, uma complexa sequência de movimentos voluntários e involuntários que coordenam o bloqueio das vias respiratórias com a abertura do esfíncter esofágico superior (Figura 14.16). O terço superior do esôfago é revestido de fibras musculares estriadas, e daí para baixo estas são substituídas por fibras lisas. Ao comando autonômico (predominantemente parassimpático) adiciona-se o dos plexos intramurais, e surge um movimento peristáltico ordenado que leva o bolo alimentar adiante. O trânsito é facilitado pela secreção das glândulas mucosas.

NEUROCIÊNCIA EM MOVIMENTO

Quadro 14.2
Neuropeptídeos em todo o Corpo

*Jackson C. Bittencourt**

Os neuropeptídeos (ou proteínas neurais) são sequências específicas de aminoácidos. Eles já foram chamados de moléculas da emoção, moléculas de cura ou moléculas mensageiras tanto na literatura leiga quanto na especializada. O neurocientista americano Charles Stevens escreveu uma vez que *"pelo menos três dos sete pecados capitais são mediados por neuropeptídeos"*. Apesar do nome, os neuropeptídeos não são exclusivos de células nervosas. Podem estar presentes em outros tipos celulares, como algumas células dos sistemas imunitário, digestório e circulatório. O termo neuropeptídeo ficou consagrado porque eles foram descritos primeiramente em neurônios, participando do processo de transmissão sináptica. Atualmente, já está bem aceito que a ação dos neuropeptídeos também envolve as outras células que compõem o tecido nervoso, os gliócitos. Em neurônios, o papel funcional dos neuropeptídeos pode ser entendido de diferentes maneiras.

1 Como neuromoduladores, ou seja, substâncias químicas que, liberadas na sinapse após um estímulo qualquer da cadeia neuronal, podem agir tanto no neurônio seguinte como no próprio neurônio que a liberou, seja promovendo o aumento da liberação do neurotransmissor clássico característico daquela sinapse, ou impedindo que esse mesmo neurotransmissor seja liberado.

2. Como neurotransmissores propriamente ditos, entre neurônios que parecem não apresentar neurotransmissores clássicos (noradrenalina, ácido gama-aminobutírico e outros); é o caso do núcleo do trato solitário[A], cujos neurônios, quase todos, possuem somente três neuropeptídeos co-localizados: somatostatina, encefalina e inibina beta.

3. Como moléculas mensageiras entre distintas partes do nosso corpo, verdadeiros hormônios, que comunicam o sistema digestório e o sistema nervoso central, por exemplo (SNC). A colecistocinina, um neuropeptídeo secretado no tubo digestório, informa ao SNC o nosso estado de plenitude gástrica após uma refeição, sinalizando, portanto, que está na hora de parar de comer.

4. Como fatores de liberação ou inibição de neuro-hormônios; nessa função, um neuropeptídeo secretado por determinado grupo de neurônios hipotalâmicos atua na adeno-hipófise, estimulando a liberação ou inibição de um hormônio secretado naquela glândula; esse mesmo neuropeptídeo pode existir em outros grupamentos neuronais, participando da circuitaria neural como neuromodulador. Um bom exemplo é o fator liberador de corticotrofina (conhecido por sua sigla em inglês como CRF), produzido no núcleo paraventricular do hipotálamo e liberado para a circulação sanguínea, por onde chega à adeno-hipófise e estimula a produção do hormônio adrenocorticotrófico (ACTH). O CRF também existe em neurônios do núcleo central da amígdala e lá parece funcionar como um modulador dos circuitos do sistema límbico.

Após o meu Doutorado no Departamento de Anatomia do Instituto de Ciências Biomédicas da Universidade de São Paulo, voltei para a cidade e para a faculdade onde havia me graduado em medicina, a Faculdade de Medicina de Marília, para praticar a neurocirurgia. Depois de alguns anos veio o desencanto com a prática cirúrgica, e optei pela carreira acadêmica, prestando concurso no departamento onde me doutorei. Aprovado e contratado, 2 anos depois (1988) parti para um estágio de pós-doutorado no Instituto Salk para Estudos Biológicos, em San Diego, Califórnia. Foi lá que me interessei pelos neuropeptídeos, sob a orientação de Paul Sawchenko, um importante neurocientista que havia descrito a leucoaglutinina do *Phaseolus vulgaris* (um rastreador neuronal anterógrado). Sawchenko colaborava com Wylie Vale (que em 1981 havia descoberto o CRF), e me propôs um projeto de procura do hormônio concentrador de melanina (MCH) em mamíferos. Junto com outro pós-doutorando da época, Jean-Louis Nahon, acabamos por descobrir o MCH no rato. Em 1996, o pesquisador Danqing Qu e seus colaboradores do Centro Joslin de Diabetes, nos EUA descobriram que o MCH é um neuropeptídeo com função orexígena (ou seja, provoca fome). Após essa descoberta, a comunidade científica afeita ao tema de controle do comportamento alimentar passou a estudar intensamente a participação do MCH nessa e em outras funções. No final da década de 1990 já estavam identificados os seus receptores e, em mais alguns anos, também os seus antagonistas.

Na minha segunda visita ao laboratório de Sawchenko (1995-1996), participei da descoberta do segundo membro da família do CRF de neuropeptídeos, a urocortina-1 (Figura), a qual se liga ao receptor CRF2 (preferencialmente) e também ao CRF1. Assim como o CRF, a urocortina-1 aumenta a liberação de ACTH e promove vasodilatação, e se localiza principalmente no núcleo de Edinger-Westphal e no núcleo lateral superior da oliva. Tudo indica que a urocortina-1 participa da resposta ao estresse.

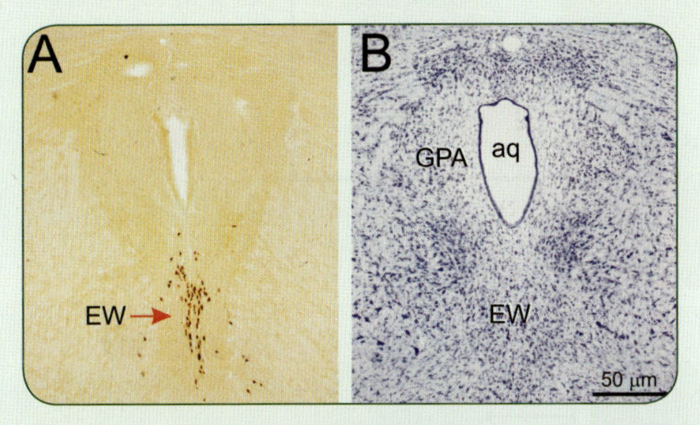

Os neurônios marrons em **A** foram marcados com um anticorpo específico para a urocortina-1, localizados no núcleo de Edinger-Westphal (EW). **B** mostra um corte próximo, em que todos os neurônios estão corados, permitindo visualizar mais claramente as mesmas estruturas. Ambos os cortes atravessam o mesencéfalo de um rato, mostrando o aqueduto cerebral[A] (aq) no centro, e em volta dele a substância cinzenta periaquedutal (GPA).

Jackson Bittencourt.

Professor-titular do Departamento de Anatomia, Instituto de Ciências Biomédicas, Universidade de São Paulo. Correio eletrônico: jcbitten@icb.usp.br

Esse tipo de sequência funcional é reproduzido ao longo de todo o trato gastrointestinal, envolvendo as seguintes etapas (Figura 14.17): (1) detecção da presença do bolo alimentar através de mecanorreceptores sensíveis ao estiramento da parede visceral; (2) ativação parassimpática de glândulas com ação lubrificante e solubilizante (como as salivares e as glândulas mucosas de todo o trato); (3) ativação parassimpática e intramural de movimentos peristálticos em resposta à informação sensorial; esses movimentos incluem sempre uma região de relaxamento receptivo e um anel de contração proximal; (4). abertura e fechamento de esfíncteres[7] (não ilustrada na Figura 14.17) sob comando coordenado do parassimpático, do simpático e dos plexos intramurais; (5) ativação parassimpática e intramural das glândulas digestórias situadas na parede gastrointestinal (como as glândulas oxínticas do estômago, por exemplo) e aquelas que constituem órgãos separados (como o pâncreas e o fígado); e, finalmente, (6) interrupção da motilidade e da secreção, sob controle simpático.

Walter Cannon havia atribuído à divisão parassimpática do SNA uma atuação nas situações de repouso e digestão (*rest and digest*), em contraposição à do simpático nos momentos de luta ou fuga (*fight or flight*). Essa visão clássica foi acentuada com a ideia de que a dualidade autonômica se estenderia aos seus mensageiros químicos: a acetilcolina no parassimpático e as catecolaminas no simpático. Agora vemos que não é bem assim. O parassimpático não trabalha sozinho na digestão: divide sua influência com reflexos locais coordenados pelos plexos submucoso e mioentérico (Figura 14.17: etapas 3, 5 e 7), com ações hormonais locais e sistêmicas (Figura 14.17: etapa 8), e com a atividade simpática que geralmente encerra os ciclos de motilidade e secreção. Além disso, nem sempre o neurotransmissor parassimpático com ação no trato gastrointestinal é a acetilcolina. Muito pelo contrário: é bastante frequente a participação do peptídeo intestinal vasoativo (conhecido pela sigla inglesa VIP) no comando do peristaltismo e do movimento dos esfíncteres.

O CONTROLE DA CIRCULAÇÃO SANGUÍNEA

O controle da circulação do sangue envolve o coração e os vasos sanguíneos. Diferentemente do sistema digestório, que apresenta ciclos de motilidade e secreção em função da periódica ingestão de alimentos, o sistema circulatório precisa manter o sangue em constante movimento. Além disso, o sistema digestório é aberto, ou seja, o alimento entra por uma extremidade, é processado durante o trajeto

[7] *Os esfíncteres inicial e terminal do sistema digestório (esofágico superior e anal externo) são constituídos por fibras musculares estriadas, inervados por motoneurônios medulares e sujeitos a controle voluntário.*

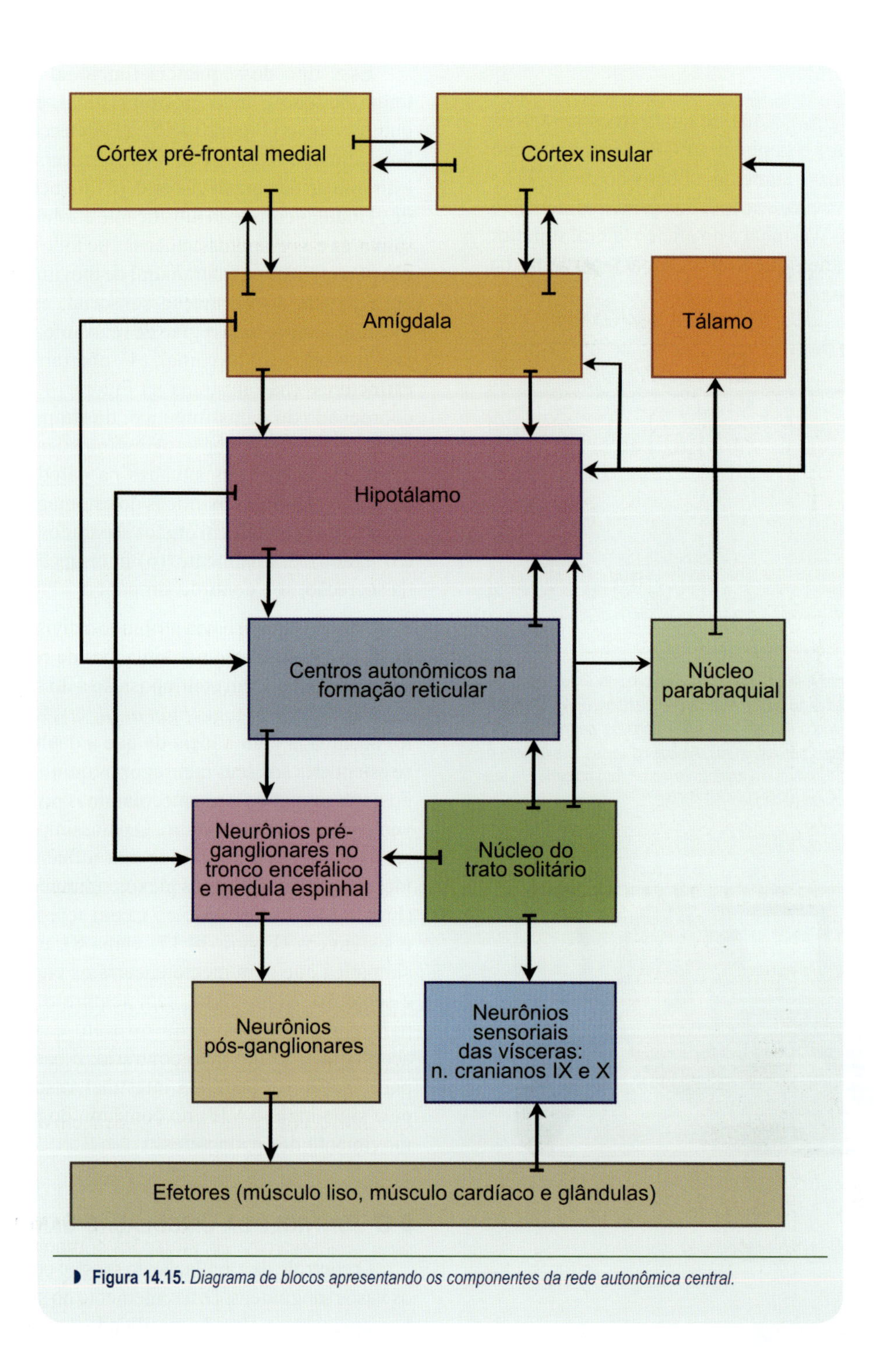

Figura 14.15. *Diagrama de blocos apresentando os componentes da rede autonômica central.*

e os resíduos são eliminados na outra extremidade. Já o sistema circulatório é fechado, porque o sangue circula continuamente do coração aos tecidos e vice-versa.

O sistema circulatório, então, é dotado de uma bomba propulsora permanentemente ativa – o coração – e um sistema tubular de distribuição e coleta – a rede vascular. Não há movimentos peristálticos; os átrios contraem-se antes dos ventrículos, mas ambos de uma vez só, e no final o sangue é ejetado para as artérias, para a rede capilar, e finalmente para as veias já no caminho de volta. É vantajoso para o organismo poder regular a frequência e a força de contração do coração, porque nesse caso estará controlando a pressão e o fluxo de sangue propelido aos tecidos. Além disso, é vantajoso também regular o diâmetro de certos vasos distribuidores (chamados pelos fisiologistas de vasos de resistência) – as arteríolas – porque isso torna possível direcionar mais sangue para alguns tecidos do que para outros. A regulação desses parâmetros é exatamente uma função do SNA, mas, como veremos, ele também não age sozinho neste caso.

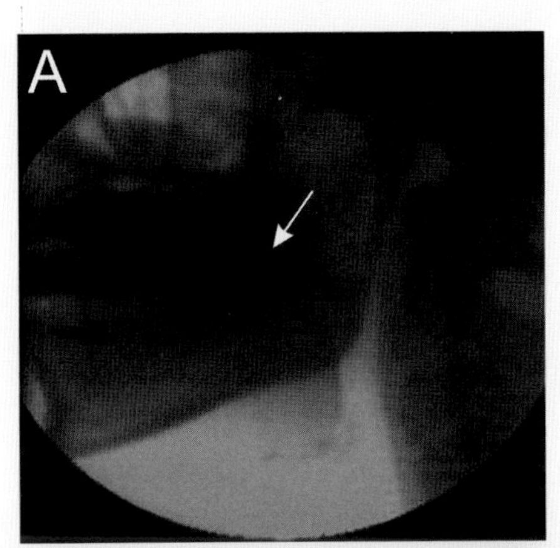

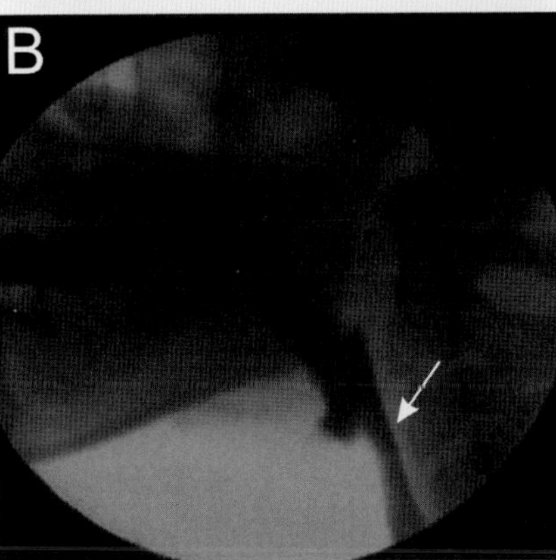

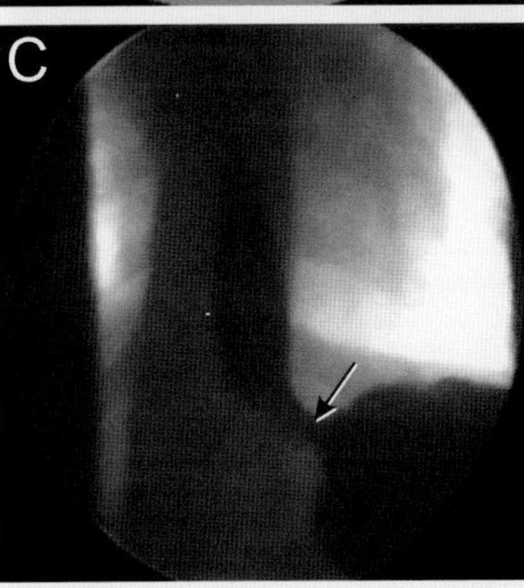

Figura 14.16. *O trajeto do bolo alimentar (mancha escura) pode ser acompanhado dinamicamente (setas) com imagens videofluoroscópicas desde a boca (**A**) até a entrada no esôfago (**B**), ao longo do esôfago (não ilustrado) e depois na chegada ao esfíncter esofagiano inferior até a entrada no estômago (**C**). Imagens cedidas por Milton Costa, do Instituto de Ciências Biomédicas, UFRJ.*

A pressão arterial é diretamente detectada por mecanorreceptores situados na parede da aorta e das carótidas, logo à saída do sangue do coração (Figura 14.18). São fibras aferentes que se ramificam dentro da parede arterial, respondendo ao estiramento desta que, evidentemente, aumenta quando a pressão arterial se eleva. As fibras barorreceptoras (nome específico desses mecanorreceptores que detectam a tensão das paredes vasculares e, portanto, a pressão sanguínea) têm seus corpos celulares situados em gânglios parassimpáticos, dos quais emergem axônios que se incorporam aos nervos vago e glossofaríngeo, terminando no núcleo do trato solitário (Figura 14.18). Os neurônios deste núcleo têm dois alvos sobre os quais atuam de modo antagonista: os núcleos de origem do nervo vago (dorsal e ambíguo) e os núcleos bulbares de controle simpático. Quando a pressão arterial se eleva, aumenta a frequência de PAs conduzidos pelos barorreceptores e também a frequência de PAs dos neurônios "solitários". Segue-se a ativação dos neurônios pré-ganglionares vagais (dos núcleos dorsal e ambíguo) e simultaneamente a inibição, através de interneurônios (em vermelho na Figura 14.18), dos neurônios bulbares que controlam os pré-ganglionares simpáticos. O resultado final é o aumento da atividade parassimpática e a diminuição da atividade simpática nos neurônios pós-ganglionares que terminam no miocárdio, reduzindo a frequência e a força contrátil do coração, e assim também a pressão arterial. Além disso, diminui a atividade dos neurônios simpáticos vasomotores, relaxando a parede dos vasos, provocando vasodilatação e contribuindo ainda mais para a redução da pressão. Esse intrincado reflexo autonômico é chamado *reflexo barorreceptor.*

Outros receptores participam também da regulação da pressão arterial, mas as vias eferentes são as mesmas. Trata-se de mecanorreceptores situados no coração, nos vasos coronários e no pericárdio, e quimiorreceptores situados na aorta e nas carótidas (corpos aórticos e carotídeos, mencionados no Capítulo 10). Há indícios de que outros quimiorreceptores existam também em órgãos importantes para a regulação da pressão arterial, como os rins.

O SNA é levado a alterar os parâmetros cardiovasculares não apenas em resposta reflexa a queda ou elevação da pressão arterial. Há situações comportamentais e emocionais em que isso ocorre. O "coração dispara" quando vivenciamos uma forte emoção, e a pressão pode elevar-se até mesmo antecipatoriamente quando prevemos uma situação de estresse. Esses efeitos são produzidos pelas mesmas vias eferentes descritas, principalmente aquelas vinculadas ao sistema simpático, ativadas particularmente pelo hipotálamo. É o modo de comando, que mencionamos antes. Nesse caso desempenha papel muito importante a amplificação sistêmica da ativação simpática regional, obtida pela secreção de catecolaminas pela medula adrenal. Circulando no sangue, as catecolaminas da adrenal podem atingir praticamente todos os alvos que expressam receptores adrenérgicos.

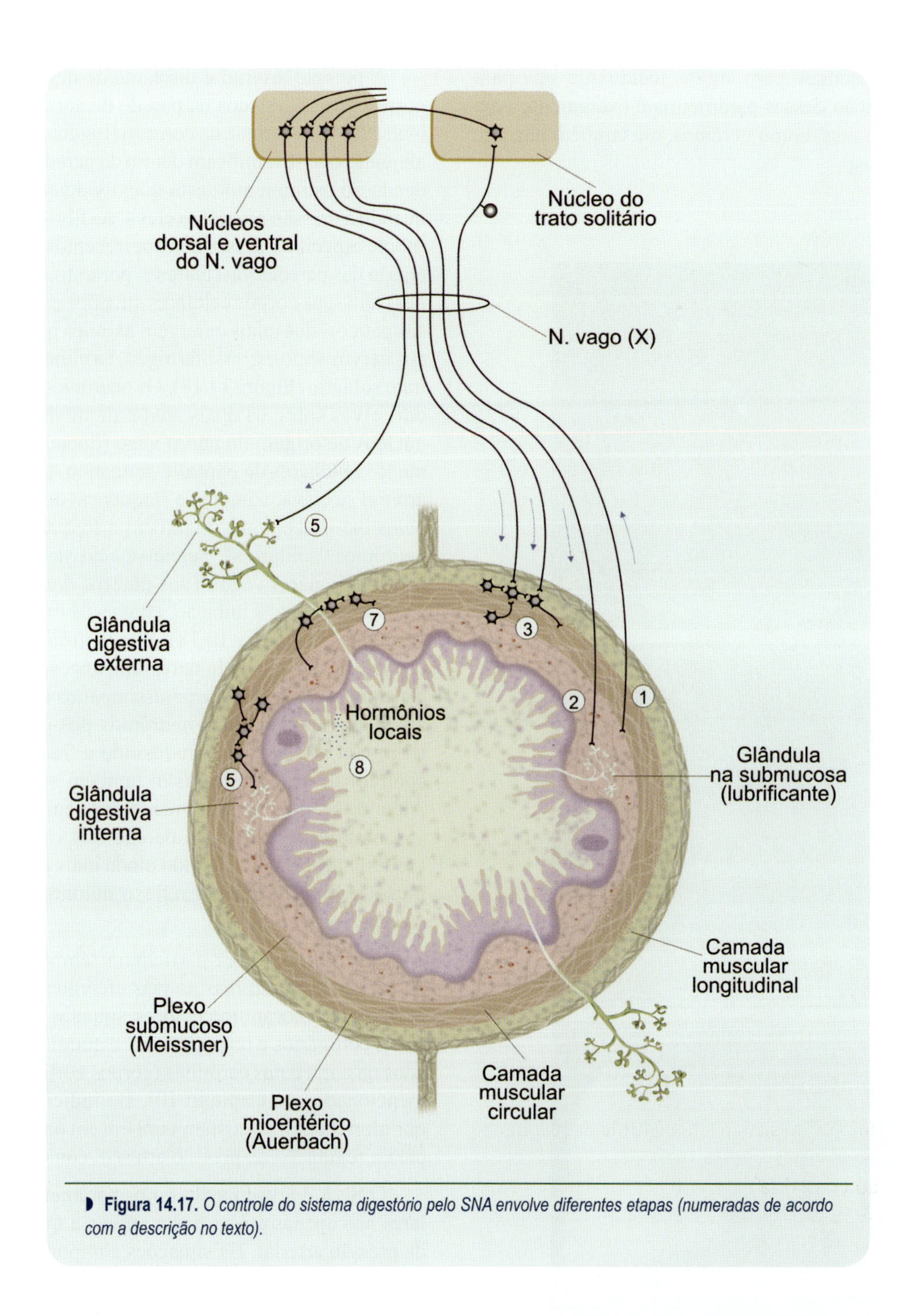

Figura 14.17. *O controle do sistema digestório pelo SNA envolve diferentes etapas (numeradas de acordo com a descrição no texto).*

Um outro aspecto importante do controle autonômico do sistema cardiovascular refere-se à distribuição regional de sangue, necessária durante o exercício físico, por exemplo, situação em que é preciso privilegiar o suprimento sanguíneo dos músculos esqueléticos e dos pulmões, ou durante a digestão, quando é preciso privilegiar a irrigação das vísceras digestórias. O fluxo sanguíneo cerebral é particularmente suscetível a uma distribuição regional seletiva, ligada à maior atividade das regiões envolvidas com cada função (Capítulo 13). A distribuição regional seletiva do fluxo sanguíneo é obtida não apenas pela ativação topográfica de vias vasomotoras simpáticas específicas, mas também pela liberação local de hormônios, neurotransmissores e outras substâncias vasoativas. Dentre eles destacam-se o óxido nítrico, a endotelina e a bradicinina, que têm participação na circulação coronariana; a angiotensina II e a vasopressina, que atuam sobre a circulação renal; a colecistocinina e a gastrina, que agem sobre a circulação das vísceras digestórias.

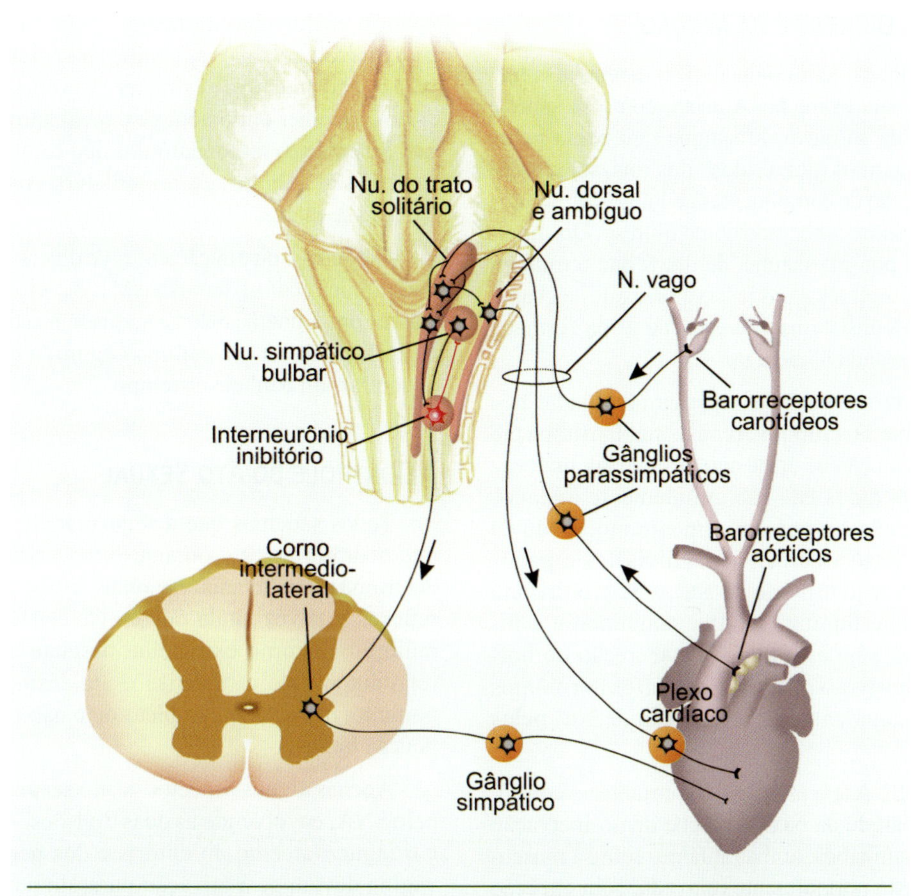

Figura 14.18. *O reflexo barorreceptor é um dos modos de controle autonômico do sistema cardiovascular. Como o nome indica, tudo "começa" com a ativação dos barorreceptores aórticos e carotídeos, seguindo-se o processamento da informação no tronco encefálico e depois a ativação diferencial dos eferentes autonômicos que inervam o tecido cardíaco.*

CONTROLE DA RESPIRAÇÃO

A tarefa principal do sistema de controle da respiração consiste em ajustar a ventilação pulmonar às condições metabólicas e ao comportamento do indivíduo. Parte importante dessa função é desempenhada pelos movimentos respiratórios, cuja frequência e profundidade podem ser reguladas. Como os músculos respiratórios são estriados esqueléticos, estão sob comando de motoneurônios medulares e sob controle das vias descendentes descritas no Capítulo 12. Os parâmetros dos movimentos são determinados por regiões do tronco encefálico, a partir de informações provenientes de quimiorreceptores aórticos e carotídeos, bem como de mecanorreceptores situados nas paredes das vias aéreas. Além disso, como a respiração precisa ser coordenada com a fala, a mastigação, a deglutição, a postura e os movimentos corporais, um sem-número de informações de outras procedências acabam por influenciar também a gênese do ritmo respiratório mais adequado.

O papel do SNA no controle da respiração restringe-se à passagem do ar pelas vias aéreas. As duas divisões inervam as paredes da árvore respiratória e atuam sobre a musculatura lisa dos brônquios, regulando o seu diâmetro e, assim, a passagem de ar. De um modo geral a divisão parassimpática é broncoconstritora, utilizando receptores muscarínicos expressos pelas fibras musculares lisas. A divisão simpática, entretanto, pode ter efeitos constritores ou dilatadores, segundo predomine a ativação de receptores ß pela noradrenalina, ou de receptores α pela adrenalina. Muitos outros neurotransmissores e neuropeptídeos, e seus respectivos receptores, parecem atuar no controle do diâmetro das vias aéreas, como o VIP, o óxido nítrico e a substância P.

A inervação autonômica controla também as glândulas secretoras de muco, e assim contribui para a filtragem do ar inspirado e a proteção do epitélio alveolar.

CONTROLE DA DIURESE E DA MICÇÃO

O sistema urinário tem como função essencial a formação de urina e sua excreção. A urina, como se sabe, é o resultado final da filtração do sangue que passa pelos capilares que formam os glomérulos[G] dos rins, seguida de reabsorção e secreção de componentes ao longo dos túbulos renais. Esse processo é conhecido como diurese. Dos túbulos, a urina passa por um sistema de dutos que terminam canalizados pelos ureteres a um reservatório que se chama bexiga. A micção consiste na excreção da urina formada pelos rins e armazenada na bexiga.

Embora exista inervação simpática abundante nos vasos sanguíneos e nos túbulos renais, sua participação no controle da formação de urina não é essencial, uma vez que os rins desnervados não são grandemente afetados em sua função, a não ser por um aumento moderado da excreção de Na^+. Isso significa que a divisão simpática influi sobre a excreção urinária de Na^+, seja produzindo vasoconstrição, que diminui o fluxo sanguíneo e a filtração glomerular, seja estimulando a secreção do hormônio renina, que ativa a produção de outros hormônios que, por sua vez, aumentam a reabsorção de Na^+ pelos túbulos renais.

Entretanto, o SNA tem um papel importante no controle da micção. A parede da bexiga recebe densa inervação parassimpática e simpática, ambas atuantes sobre a musculatura lisa. Esta está normalmente relaxada, com exceção da que forma o esfíncter interno, normalmente contraída: diz-se assim que o tônus parassimpático é baixo, e o tônus simpático é alto, em condições basais. Essa configuração permite o enchimento gradativo da bexiga com a urina formada nos rins. O enchimento vai estirando a parede, o que é monitorado pelos mecanorreceptores aí situados. O arco reflexo da micção (Figura 14.19) envolve principalmente os nervos espinhais dos segmentos mais inferiores da medula. No início do processo, com a bexiga ainda vazia, uma expansão moderada da parede sinaliza aos neurônios da medula e do tronco encefálico que é preciso manter baixo o tônus parassimpático e aumentar o tônus simpático, relaxando a musculatura lisa da bexiga e fechando o esfíncter interno da uretra. Isso permite o enchimento gradativo da bexiga.

Pouco a pouco, a parede desta vai sendo tensionada mais fortemente, e a partir de um certo limiar ocorre o oposto (é preciso urinar!): aumenta o disparo de impulsos pelos nervos parassimpáticos sacros que controlam a musculatura lisa da parede, e esta começa a se contrair. Simultaneamente, cai o tônus simpático e o esfíncter interno se relaxa. Nesse momento, a micção fica contida apenas pela contração do esfíncter externo, constituído por fibras musculares estriadas sob o comando voluntário exercido por neurônios da ponte[A] (núcleo de Barrington) e motoneurônios da medula sacra. O núcleo de Barrington recebe informação sensorial sobre o enchimento da bexiga, bem como comandos do prosencéfalo relativos às condições socialmente adequadas para o relaxamento do esfíncter externo. O indivíduo pode, assim, escolher o momento e o local apropriados para urinar. Só então os motoneurônios que comandam o esfíncter externo são inibidos, e a musculatura estriada do esfíncter externo se relaxa.

O controle da micção envolve diversas regiões da rede autonômica central, inclusive M1, o córtex motor primário, e áreas pré-frontais. Não há surpresa nisso. Afinal, às vezes é preciso exercer um esforço cognitivo considerável para encontrar um banheiro a tempo...

CONTROLE DO ATO SEXUAL

Todos sabemos que a sequência de comportamentos que ocorrem antes e durante o ato sexual tem múltiplas determinações: sociais, racionais, emocionais, sensoriais, reflexas e talvez ainda outras. Na espécie humana, esse múltiplo contorno extrapolou bastante a simples função reprodutora que caracteriza o ato sexual dos animais e, portanto, um estudo completo dele não pode ser feito em poucas linhas.

Apenas alguns aspectos do ato sexual são controlados pelo SNA, envolvendo as duas divisões. A ereção do pênis e o ingurgitamento do clitóris e dos pequenos lábios da vagina devem-se à ativação parassimpática (através dos nervos pélvicos que se originam na medula sacra). Ocorre dilatação dos corpos cavernosos, que permitem então a entrada maciça de sangue. Recentemente se demonstrou que o óxido nítrico desempenha papel importante como mediador desse efeito vasodilatador (e não a acetilcolina, como seria de supor), o que permitiu à indústria farmacêutica o desenvolvimento de medicamentos eficazes contra a impotência masculina, baseados na ativação de uma enzima que participa da ação ativadora desse neurotransmissor gasoso. O trânsito de esperma é produzido por ativação simpática que provoca a contração da próstata, das vesículas seminais, epidídimos e canais deferentes. Na mulher, ocorre lubrificação do canal vaginal através da secreção de glândulas mucosas sob estimulação autonômica de natureza incerta. Em ambos os sexos, a ereção ou o ingurgitamento, a ejaculação e o orgasmo inibem outros reflexos autonômicos como a micção e a defecação. Ao final da cópula o simpático interfere para interromper a ereção, provocando vasoconstrição dos corpos cavernosos e relaxamento do pênis. E ao mesmo tempo, a ativação de motoneurônios da medula sacra, que comandam a musculatura pélvica estriada, provê os movimentos rítmicos característicos da cópula, tanto no homem como na mulher.

A genitália externa de ambos os sexos possui densa inervação somestésica que desempenha papel fundamental

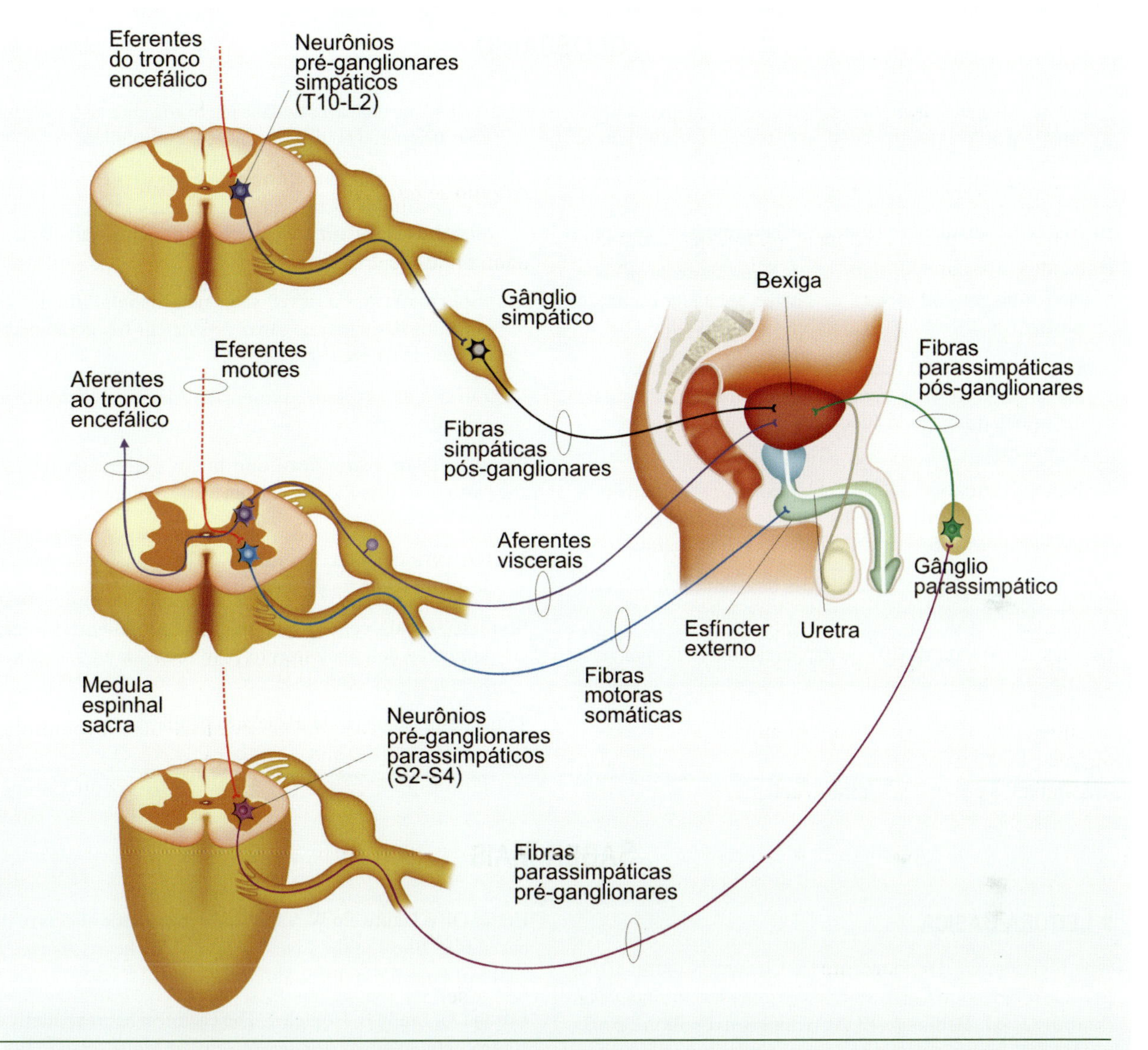

Figura 14.19. *O controle da micção é um exemplo de interação entre um reflexo autonômico (involuntário) e comandos voluntários de origem cortical. Os mecanorreceptores da parede da bexiga monitoram o estiramento dela durante o enchimento com urina, até um ponto em que ocorre ativação parassimpática e desativação simpática, provocando contração da musculatura lisa da bexiga e relaxamento do esfíncter interno da uretra. Tudo fica então dependente do esfíncter externo, de controle voluntário, que só se relaxará se as condições sociais permitirem.*

na excitação sexual. Entretanto, não são bem conhecidos os circuitos centrais que articulam as aferências sensoriais com os eferentes autonômicos e somáticos ativos durante o ato sexual. Sabe-se, no entanto, que as aferências somestésicas levam informações a diversos níveis do SNC, incluindo o núcleo grácil do bulbo[A], o tálamo, o hipotálamo e o córtex cerebral. A participação de cada uma dessas regiões no ato sexual é ainda discutida.

O ato sexual, para os seres humanos, além de sua função reprodutora, apresenta forte componente emocional, envolvendo por isso a ação de inúmeras regiões do hipotálamo, dos circuitos mesolímbicos de recompensa, e do córtex cerebral. Trata-se – como todos sabemos – não apenas de uma simples cadeia de reflexos, mas de uma complexa sequência de comportamentos, sensações, percepções e sentimentos que impactam fortemente a psicologia humana.

GLOSSÁRIO

ADRENAL: glândula endócrina adacente ao rim, constituída de uma região central (medula), que secreta catecolaminas, e uma região superficial (córtex), que secreta hormônios esteroides. Também conhecida como *suprarrenal*.

BRADICARDIA: diminuição da frequência cardíaca.

CORPOS CAVERNOSOS: espaços intercomunicantes do pênis e do clitóris, que se enchem de sangue durante a excitação sexual.

GLÂNDULA ENDÓCRINA: aquela cujos produtos (os hormônios) são secretados para o sangue, onde circulam para ter ação à distância. A hipófise e a tireoide são glândulas endócrinas.

GLÂNDULA EXÓCRINA: aquela cujos produtos são secretados para as cavidades dos órgãos, ou para o exterior do corpo. As glândulas sudoríparas e as salivares são exócrinas.

GLICOGENÓLISE: sequência de reações bioquímicas que levam à produção de glicose a partir de glicogênio.

GLOMÉRULO RENAL: novelo de capilares envolvido por uma cápsula, onde se dá a filtração do sangue para a produção de urina.

LUZ: termo que indica a cavidade interna de uma víscera, de um vaso sanguíneo ou de um ventrículo encefálico.

MICROSCÓPIO ELETRÔNICO DE TRANSMISSÃO: aparelho que possibilita identificar as organelas internas de uma estrutura celular por meio de cortes ultrafinos devidamente corados.

MOVIMENTOS PERISTÁLTICOS: sequência ondulatória de movimentos das vísceras, capaz de propelir o bolo alimentar no sentido da boca ao ânus.

MÚSCULOS PILOERETORES: musculatura lisa que "arrepia" os pelos do corpo.

OSMOLARIDADE: grandeza que mede a concentração de partículas dissolvidas em um certo volume de líquido, geralmente a água.

PLEXOS INTRAMURAIS: conjuntos de neurônios localizados dentro das paredes do trato gastrointestinal.

SINCÍCIO: célula com muitos núcleos, geralmente formada durante o desenvolvimento pela fusão de várias células mononucleares embrionárias.

Taquicardia: aumento da frequência cardíaca.

SABER MAIS

LEITURA BÁSICA

Bear MF, Connors BW, Paradiso MA. Chemical Control of the Brain and Behavior. Capítulo 15 de *Neuroscience: Exploring the Brain* 3ª. ed., Baltimore, EUA: Williams and Wilkins, 2007, pp. 481-507. Apenas uma parte deste capítulo aborda o sistema nervoso autônomo.

Powley TL. Central Control of Autonomic Functions: Organization of the Autonomic Nervous System. Capítulo 35 de *Fundamental Neuroscience* 3ª. ed. (Squire LR et al., orgs.), New York, EUA: Academic Press, 2008, pp. 809-828. Texto avançado sobre a organização e a fisiologia do sistema nervoso autônomo.

LEITURA COMPLEMENTAR

Langley JN. *The Autonomic Nervous System*. Heffer & Sons, Cambridge, EUA, 1921.

Cannon WB. *The Wisdom of the Body*. Norton, Nova York, EUA, 1932.

Hutter OF e Trautwein W. Vagal and sympathetic effects of the pacemaker fibers in the sinus venosus of the heart. *Journal of General Physiology* 1956; 39:715-733.

Elfvin LG, Lindh B, Hokfelt T. The chemical neuroanatomy of sympathetic ganglia. *Annual Reviews of Neuroscience* 1993; 16:471-507.

Costa M e Brookes SJ. The enteric nervous system. *American Journal of Gastroenterology* 1994; 89 (suppl.):S129-137.

Powley TL. Vagal circuitry mediating cephalic-phase responses to food. *Appetite* 2000; 34:184-188.

Furness JB. Types of neurons in the enteric nervous system. *Journal of the Autonomic Nervous System* 2000; 81:87-96.

McCrimmon DR, Ramirez JM, Alford S, Zuperku EJ. Unraveling the mechanism for respiratory rhythm generation. *Bioessays* 2000; 22:6-9.

Sved AF, Cano G, Card JP. Neuroanatomical specificity of the circuits controlling sympathetic outflow to different targets. *Clinical and Experimental Pharmacology and Physiology* 2001; 28:115-119.

Myers AC. Transmission in autonomic ganglia. *Respiratory Physiology* 2001; 125:99-111.

Galligan JJ. Pharmacology of synaptic transmission in the enteric nervous system. *Current Opinion in Pharmacology* 2002; 2:623-629.

Giuliano F, Rampin O. Neural control of erection. *Physiology and Behavior* 2004; 83:189-201.

Coolen LM, Allard J, Truitt WA, McKenna KE. Central control of ejaculation. *Physiology and Behavior* 2004; 83:203-215.

Fowler CJ, Griffiths D, de Groat WC. The neural control of micturition. *Nature Reviews. Neuroscience* 2008; 9:453-466.

Burnstock G. Non-synaptic transmission at autonomic neuroeffector junctions. *Neurochemistry International*, 2008; 52:14-25.

Wood JD. Enteric nervous system: reflexes, pattern generators and motility. *Current Opinion in Gastroenterology* 2008; 24:149-158.

Benarroch EE. Autonomic-mediated immunomodulation and potential clinical relevance. *Neurology* 2009; 73:236-242.

Gourine AV, Wood JD, Burnstock G. Purinergic signaling in autonomic control. *Trends in Neuroscience* 2009; 32:241-248.

15

Motivação para Sobreviver

Hipotálamo, Homeostasia e o Controle de Comportamentos Motivados

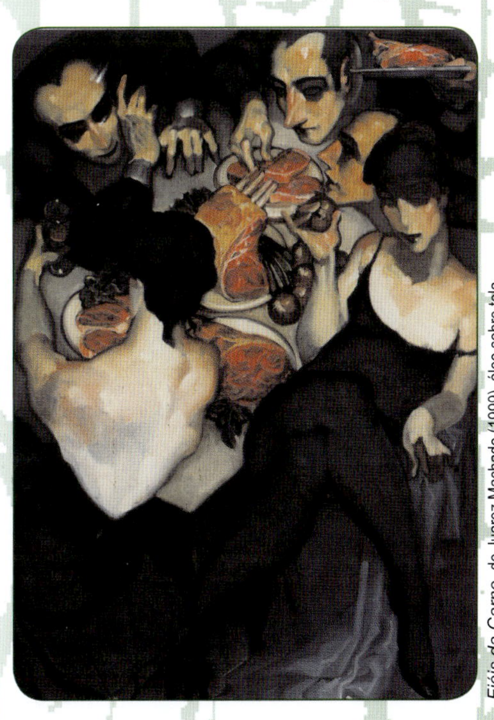

Fiéis da Carne, de Juarez Machado (1999), óleo sobre tela

Saber o Principal

Resumo

As motivações ou estados motivacionais são impulsos internos que nos levam a realizar certos ajustes corporais e comportamentos. Em alguns casos fazem parte dos mecanismos homeostáticos, isto é, de manutenção de uma certa constância do meio interno do organismo. É o caso das sensações de calor e frio, que nos ajudam a regular a temperatura corporal; da sede, que contribui para a regulação do equilíbrio hidrossalino; e da fome, que nos leva a regular a oferta de energia e nutrientes, e em última análise o nosso peso. Esses estados motivacionais e os respectivos ajustes fisiológicos e comportamentos são essenciais à sobrevivência do indivíduo. Outras motivações são mais ligadas à sobrevivência da espécie; tal é o caso do sexo. E outras ainda são talvez mais ligadas ao nosso equilíbrio psicológico do que propriamente à nossa vida biológica; o maior exemplo é a busca de fontes de prazer.

O hipotálamo é a região cerebral que centraliza essas funções. Utiliza para isso informações neurais provenientes de diversos receptores sensoriais estrategicamente posicionados (como os termorreceptores da pele e os osmorreceptores de alguns vasos sanguíneos, por exemplo); e informações químicas provenientes de diversas substâncias circulantes, principalmente hormônios secretados pelas glândulas endócrinas. De posse dessas informações sobre o organismo, o hipotálamo ativa o sistema nervoso autônomo e o sistema endócrino, e emite através deles comandos neurais e químicos para os diversos órgãos e tecidos realizarem os ajustes fisiológicos necessários. Além disso, ativa outras regiões neurais que por sua vez irão provocar os comportamentos motivados: ações de busca de abrigos aquecidos, água e alimentos, atos sexuais e outros.

A termorregulação é dentre todos o mais simples, e pode ser comparado a um servomecanismo, isto é, um dispositivo que se regula sozinho, automaticamente. O organismo tem um ponto de ajuste de aproximadamente 37 ºC, e o hipotálamo monitora continuamente as oscilações em torno dessa temperatura, comandando os ajustes e comportamentos compensatórios. A regulação da ingestão hídrica e a regulação da ingestão alimentar são semelhantes, mas os mecanismos de ambas são mais complexos que o da termorregulação. No primeiro caso, é preciso manter constante o volume extracelular de líquido e a concentração de sal do organismo, no segundo o nível circulante de nutrientes e as reservas acumuladas no tecido adiposo. O hipotálamo monitora esses parâmetros e toma as providências para que eles sejam mantidos constantes o mais precisamente possível. Finalmente, o sexo e a busca do prazer são impulsos de todos os animais, muito complexos, regulados pelo hipotálamo e outras regiões neurais através da interação entre hormônios, neurotransmissores e atividade neuronal.

Quando refletimos sobre os diversos comportamentos que realizamos em nossa vida, concluímos que muitos deles não têm conteúdo cognitivo ou emocional explícito, nem são tão simples e automáticos como um reflexo. Comer e beber, por exemplo, são atos – às vezes, bastante complexos – que realizamos por um impulso interior surgido seja de necessidades corporais (fome, sede), seja de forças instintivas mal conhecidas. Esse "impulso interior" chama-se *motivação* ou *estado motivacional,* e os atos que ele provoca chamam-se *comportamentos motivados*. A fome é um dos estados motivacionais, enquanto o ato de comer é um dos comportamentos motivados provocados por ela (há outros, como se verá adiante). Os estados motivacionais criam uma espécie de tensão (às vezes até um desconforto) que eleva o nível de alerta do indivíduo e dispara a execução de uma sequência ordenada de comportamentos dirigidos ao objetivo de gerar prazer ou dissipar a tensão e o desconforto iniciais.

Como nós, os animais também comem, bebem e praticam sexo. Dentre os animais, entretanto, os estados motivacionais e os comportamentos motivados são mais fortemente vinculados à sobrevivência do indivíduo e da espécie, embora muitas evidências indiquem que eles também podem ser movidos por um certo estado interior semelhante ao que nós humanos chamamos "prazer".

MOTIVAÇÕES, AJUSTES CORPORAIS E COMPORTAMENTOS MOTIVADOS

Podemos identificar três classes de comportamentos motivados. A primeira é formada por comportamentos elementares, provocados por forças fisiológicas bem definidas. São os que têm a vantagem adaptativa direta de garantir a sobrevivência do indivíduo em seu ambiente. É o caso da regulação da temperatura corporal dos mamíferos, que envolve reflexos autonômicos e somáticos de diversos tipos (veja o Capítulo 14 para maiores detalhes), mas também alguns comportamentos de busca de agasalho e abrigo. Tudo é simples e definido, neste caso: a temperatura ambiente varia (aliás, varia muito), mas a temperatura corporal deve ser mantida próxima a 37 °C na maioria dos mamíferos. Os reflexos autonômicos e somáticos visam conservar e gerar energia, no caso de queda da temperatura ambiente, ou dissipar energia no caso contrário. Em ambas as situações, um impulso interior (o estado motivacional: desconforto com o frio ou o calor) nos leva a vestir um casaco e tomar um café bem quente, ou então colocar uma roupa mais leve e ligar o ventilador. Fazem parte dessa classe de comportamentos motivados elementares também a regulação da ingestão de líquidos e da ingestão de alimentos. O estado motivacional que determina os comportamentos termorreguladores não tem um nome específico, mas o que determina a ingestão de líquido chama-se sede e o que provoca a ingestão de alimentos chama-se fome.

A segunda classe de comportamentos motivados obedece a forças fisiológicas reguladoras não tão bem definidas. O sexo é o melhor exemplo. Um impulso interior nos leva a escolher um(a) parceiro(a) sexual, e realizamos inúmeros comportamentos para conquistá-lo(a) e concretizar atos sexuais que nos dão prazer. Os comportamentos sexualmente motivados fixaram-se na natureza como um meio de garantir a sobrevivência da espécie, facilitando a reprodução. Nesse sentido, têm uma dimensão claramente biológica. No entanto, não podemos dizer que as nossas atividades sexuais tenham sempre a procriação como motivação principal. Ao contrário, na maioria das vezes o estado motivacional que nos move é a pura busca de prazer. Além disso, também não está definido se esse estado motivacional inclui alguma carência fisiológica – como é o caso da fome e da sede – que nos motive ao sexo.

Por último, há uma terceira classe de comportamentos motivados muito complexos, que realizamos sem qualquer determinação biológica identificável. Assim, estudamos e trabalhamos motivados pelo desejo de ascensão social e melhoria do nosso nível de vida; compramos livros e vamos ao cinema porque isso nos dá prazer; atuamos em partidos políticos, organizações comunitárias ou igrejas porque acreditamos em ideias coletivas. Nestes casos, os comportamentos que realizamos são motivados por impulsos interiores puramente subjetivos. Alguns desses comportamentos são chamados afiliativos, porque envolvem a criação e manutenção de relações sociais com nossos semelhantes.

Essas três classes de comportamentos motivados envolvem dois tipos de ações: as chamadas ações ou *comportamentos apetitivos,* que são os atos preparatórios para a satisfação da necessidade motivante; e os *comportamentos consumatórios*[1], que realizam efetivamente a satisfação final. A procura de alimento na geladeira é um comportamento apetitivo, como são também a busca de um agasalho no armário ou as ações de sedução de um possível parceiro sexual. Já os atos de comer e vestir um casaco, bem como o ato sexual propriamente dito, são os comportamentos consumatórios correspondentes. A diferença fundamental entre as ações apetitivas e as consumatórias é que as primeiras são geralmente aprendidas, enquanto as segundas são mais automáticas e reflexas.

Duas forças fundamentais atuam em todos os comportamentos motivados: a *homeostasia* e a busca do *prazer.* O prazer é de entendimento intuitivo; os neuropsicólogos o relacionam a uma recompensa ou reforço positivo para

[1] *Termo ainda não dicionarizado, que denota os comportamentos que consumam (concretizam) uma motivação.*

indicar que os comportamentos correspondentes são induzidos à repetição por um estímulo positivo para o indivíduo (que causa satisfação, bem-estar). O prazer é um objetivo psicológico tão poderoso que pode produzir a compulsão de repetir exageradamente um comportamento consumatório (como "comer demais"), ao ponto até mesmo de causar dependência dele – psicológica ou física. É o que ocorre com a dependência das drogas psicoativas, do álcool à cocaína. A outra força motriz dos comportamentos motivados envolve o conceito de homeostasia, criado pelo eminente fisiologista americano Walter Cannon (1871-1945).

Homeostasia significa a permanente tendência dos organismos a manter uma certa constância do meio interno. É o conjunto de "forças fisiológicas" mencionadas acima que induz a realização de comportamentos motivados de natureza reguladora (o Capítulo 14 trata deste assunto com mais detalhes). Alguns neurocientistas atualmente acreditam que há uma distinção entre "querer" (a motivação para algo) e "gostar" (o componente hedônico[G], de prazer). Isso porque às vezes buscamos coisas sem necessariamente sentirmos prazer ao obtê-las. Essa concepção surgiu de observações feitas em pacientes com eletródios implantados em certas regiões do cérebro por razões terapêuticas, pelos quais podia passar uma pequena corrente elétrica. Os pacientes se estimulavam repetidamente através dos eletródios, porém relatavam não sentir necessariamente prazer com isso, apenas a compulsão da autoestimulação. Chamou-se esse fenômeno de *saliência do incentivo* (para evitar a palavra "prazer"), um termo que pode ser aplicado também a drogas de adicção e a algumas motivações compulsivas. Um dependente muitas vezes busca uma droga sem necessariamente sentir prazer em utilizá-la.

O estudo das bases neurais dos estados motivacionais e dos comportamentos que produzem tem avançado mais no âmbito das motivações da primeira classe, que são mais simples, em particular a termorregulação, a fome e a sede. As bases neurais subjacentes aos comportamentos sexuais são menos conhecidas, e menos ainda se sabe sobre as motivações da terceira classe, de caráter inteiramente subjetivo.

O HIPOTÁLAMO NO COMANDO DA HOMEOSTASIA

Desde o início do estudo neurobiológico da motivação, o hipotálamo[A] apareceu como um centro integrador fundamental. É de se esperar que assim seja, pois essa região diencefálica: (1) comunica-se extensamente com grande número de regiões do SNC; (2) comunica-se com diversos órgãos periféricos através do sistema nervoso autônomo[2] (SNA) e do sistema endócrino e (3) recebe informações de todos os órgãos que controla.

Os primeiros neurocientistas a mostrar a participação dessa região verificaram que certas lesões localizadas no hipotálamo de animais experimentais provocam extrema desmotivação (causando, por exemplo, afagia, isto é, interrupção da ingestão de alimentos, e adipsia, interrupção da ingestão de líquidos). A seguir realizaram experimentos de estimulação elétrica ou infusão de neurotransmissores no hipotálamo de animais despertos, e puderam observar a ocorrência ou a interrupção de comportamentos motivados (como a ingestão de alimentos e de líquidos). Os experimentos foram sendo gradativamente refinados, e tornou-se possível registrar a atividade elétrica de neurônios hipotalâmicos individuais, relacionando-a com os estados motivacionais e seus comportamentos. A simples visão dos alimentos, por exemplo, pode provocar a ativação de neurônios hipotalâmicos.

Três conclusões gerais puderam ser tiradas dessa série de experimentos que se iniciou na década de 1920, estendendo-se até os dias atuais. A primeira foi que o hipotálamo é uma espécie de *ordenador* dos comportamentos motivados, embora não atue isoladamente, sendo articulado com: (1) áreas corticais de controle, que se encarregam dos estados motivacionais em sua acepção subjetiva; (2) sistemas motores somáticos, que comandam os comportamentos correspondentes e (3) sistemas eferentes neurais e humorais[G], como o SNA, o sistema endócrino e indiretamente o imunitário, que executam as ações fisiológicas reguladoras (sobre as interações neuroimunoendócrinas). A segunda conclusão foi de que essa ação coordenada do hipotálamo com outras regiões neurais exclui a ideia antiga de "centros" de função antagônica (um "centro da fome" X um "centro da saciedade", por exemplo). Finalmente, a terceira conclusão foi de que a divisão de tarefas entre as diversas regiões neurais envolvidas reserva ao hipotálamo a coordenação dos comportamentos consumatórios, muito mais que os apetitivos. Os tremores de frio, assim, seriam controlados pelo hipotálamo em resposta a uma diminuição da temperatura ambiente e/ou da temperatura sanguínea. A busca de agasalho, por outro lado, seria controlada por regiões corticais, por depender de aprendizagem associativa que relaciona certos tipos de vestimenta à geração de calor, certos tipos de móveis à guarda de roupas, e assim por diante (veja, no Capítulo 18, mais informações sobre os tipos de aprendizagem).

[G] *Termo constante do Glossário ao final do capítulo.*

[A] *Estrutura encontrada no* Miniatlas de Neuroanatomia *(p. 367).*

[2] *O adjetivo* autônomo, *embora consagrado pelo uso, é inadequado para qualificar esse sistema, que mais apropriadamente deveria ser chamado sistema* regulatório visceral. *V. o Capítulo 14 sobre isso.*

O hipotálamo, desse modo, pode ser considerado o grande coordenador da homeostasia, pois além dos comportamentos consumatórios controla também os ajustes fisiológicos que ocorrem em paralelo.

A ESTRUTURA DO HIPOTÁLAMO

O hipotálamo ocupa a porção mais ventral do diencéfalo[A]. Visto pela base do encéfalo (Figura 15.1), engloba a região coberta pelo quiasma óptico[A] e se estende para trás até a borda do mesencéfalo. Logo atrás do quiasma emerge uma haste de tecido neural em forma de funil, que conecta o hipotálamo com a hipófise: é o chamado infundíbulo[A]. O infundíbulo é geralmente seccionado quando os anatomistas retiram o encéfalo do crânio[A], porque a hipófise fica dentro de uma câmara osteomeníngea de abertura estreita (a sela túrcica) que a retém. Atrás do infundíbulo fica uma pequena elevação de tonalidade acinzentada, chamada túber cinéreo[3] (não ilustrado na figura), e a seguir duas saliências esféricas que são os corpos mamilares[A]. Visualizar esses acidentes anatômicos é útil para compreender a organização dos núcleos que compõem o hipotálamo.

Como o hipotálamo ocupa um volume relativamente pequeno, mas possui um grande número de agrupamentos neuronais distintos (Figura 15.2 e Tabela 15.1), pode-se subdividi-lo em três colunas longitudinais de cada lado. A que fica mais próxima da linha média é a coluna periventricular (em vermelho, na figura), assim chamada porque margeia o terceiro ventrículo[A], cavidade diencefálica que forma uma ponta bem ventral até o infundíbulo. Seguem-se sucessivamente o hipotálamo medial (em azul) e o hipotálamo lateral (em marrom). De um modo bastante geral, pode-se considerar que a coluna periventricular reúne os neurônios do hipotálamo que se relacionam com o sistema endócrino e o sistema imunitário, enquanto as colunas lateral e medial "conversam" mais ativamente com outras regiões do sistema nervoso, e participam da coordenação dos comportamentos motivados.

Alternativamente, pode-se subdividir o hipotálamo na dimensão rostro-caudal, surgindo então quatro grupos nucleares (Tabela 15.1). O mais rostral é a área pré-óptica, quase no mesmo plano do quiasma óptico. Segue-se o hipotálamo anterior ou quiasmático, depois a região tuberal e finalmente o hipotálamo posterior ou mamilar (Figura 15.2).

Essas regiões, por sua vez, são constituídas por numerosos núcleos cuja identificação é complicada até mesmo para os histologistas experientes (Tabela 15.1), e que serão mencionados à medida que forem descritas as diferentes funções do hipotálamo.

A multiplicidade das conexões que o hipotálamo estabelece com outras regiões faz com que ele participe, inevitavelmente, de inúmeras funções. Algumas dessas conexões entram e saem do hipotálamo de modo difuso, mas outras são reunidas em cinco grandes feixes de fibras, ilustrados na Figura 15.2: o feixe prosencefálico medial, o

[3] *Termo aportuguesado do latim* tuber cinereum, *que significa tubérculo cinza.*

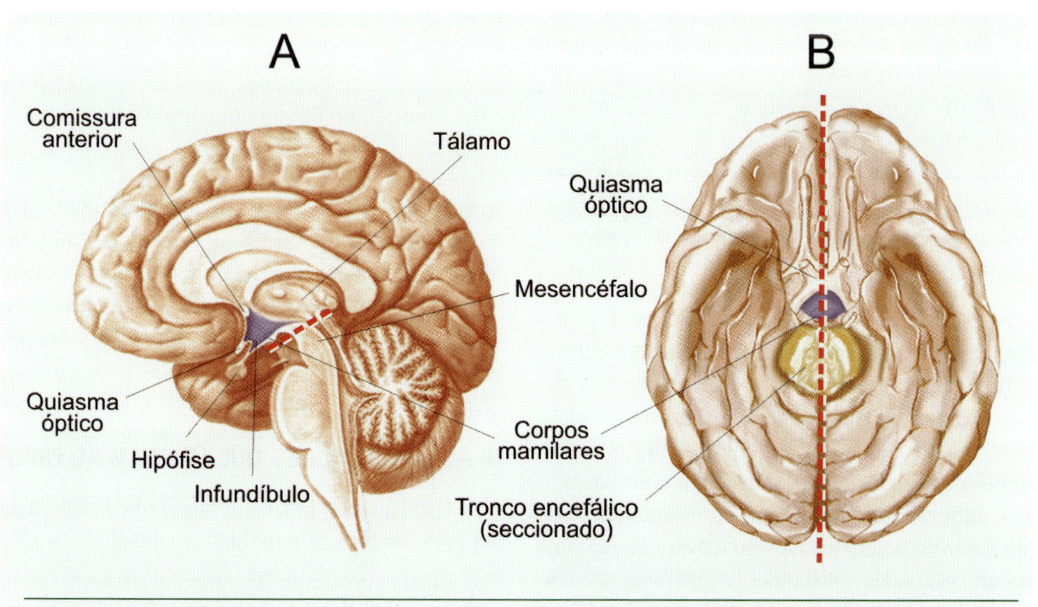

Figura 15.1. *O hipotálamo (em azul) e algumas estruturas vizinhas a ele podem ser localizados no plano mediano (**A**) ou na base do encéfalo com o tronco encefálico seccionado (**B**). O plano mediano de corte do encéfalo é apontado pela linha tracejada vermelha em **B**, e o plano transverso de corte do tronco encefálico é mostrado pela linha vermelha em **A**.*

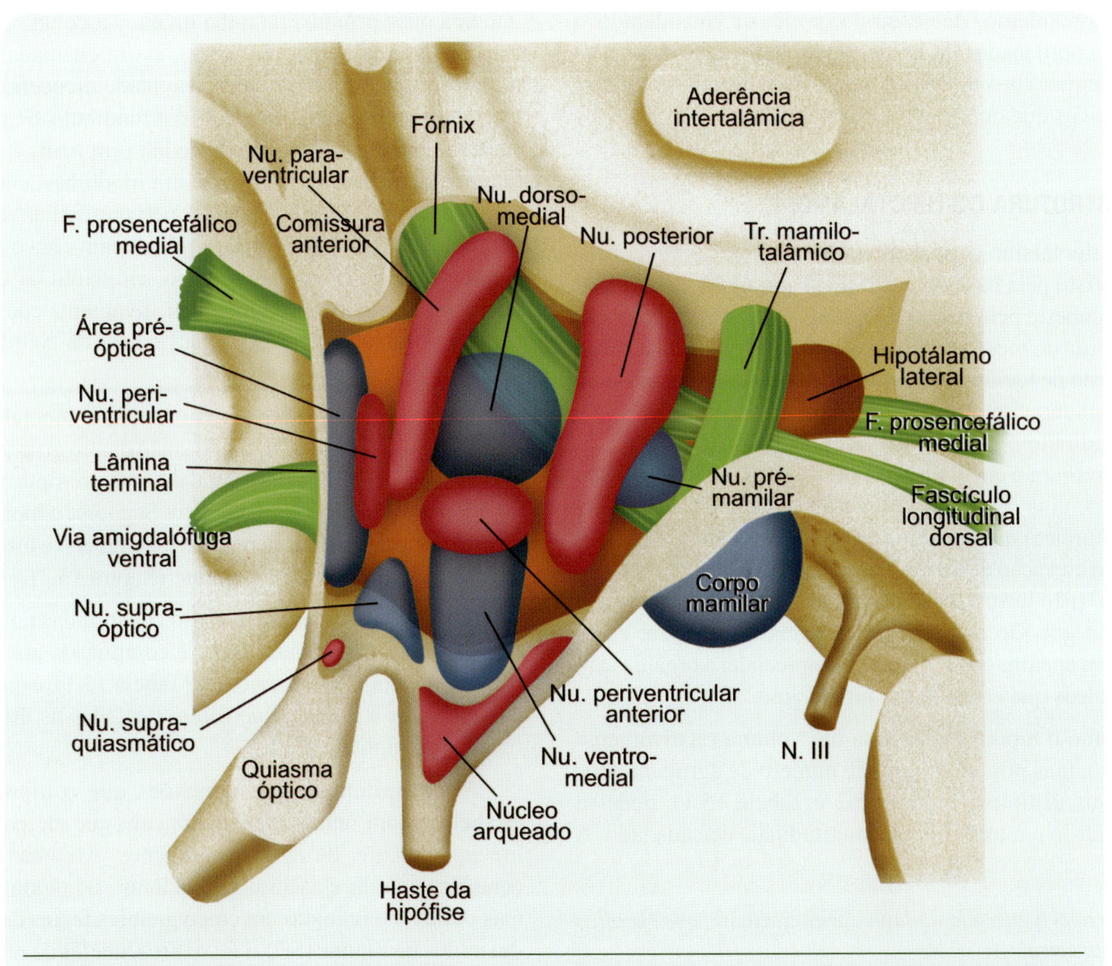

Figura 15.2. *O hipotálamo é um conjunto complexo de núcleos (em diferentes cores) e feixes (em verde) cujas relações podem ser vistas esquematicamente no plano mediano da Figura 15.1. Os núcleos em vermelho fazem parte da coluna periventricular, aqueles em azul constituem a coluna medial, e a grande área em marrom é a coluna lateral. Observe, em particular, que o feixe prosencefálico medial não é verdadeiramente medial. Ele foi chamado assim em referência ao encéfalo como um todo, já que com referência ao hipotálamo ele ocupa uma posição lateral.*

fascículo longitudinal dorsal, o fórnix, a via amigdalófuga ventral e o feixe mamilotalâmico (veja também a Figura 20.13, no Capítulo 20).

O feixe prosencefálico medial, em particular, foi um "personagem" histórico importante no que se refere à descoberta das funções do hipotálamo. É que muitas lesões experimentais realizadas pelos neurocientistas no hipotálamo de animais, inadvertidamente, atingiam as fibras desse feixe. Os primeiros pesquisadores, sem se dar conta disso, atribuíram os déficits que os animais apresentavam aos neurônios hipotalâmicos, quando na verdade eles se deviam a outros neurônios situados a distância, cujas fibras apenas passavam pelo hipotálamo "a caminho" de outros alvos. Posteriormente esse erro ficou esclarecido, e ao mesmo tempo as fibras do feixe prosencefálico medial – especialmente as dopaminérgicas[G] – assumiram uma importância enorme porque se descobriu sua participação fundamental como geradoras dos estados motivacionais de prazer e controladoras dos comportamentos positivamente reforçados. Um novo sistema surgiu, o sistema mesolímbico, cuja função está associada às motivações e aos comportamentos motivados que provocam prazer.

As Informações que Chegam ao Hipotálamo

Com quais informações o hipotálamo lida para realizar as suas funções? De onde elas vêm (Figura 15.3)?

O feixe prosencefálico medial e o fascículo longitudinal dorsal trazem grande parte da informação sensorial que o hipotálamo utiliza para orientar os comportamentos motivados. As conexões olfatórias são particularmente necessárias a dois deles: o comportamento alimentar e o sexual/repro-

TABELA 15.1. PRINCIPAIS NÚCLEOS HIPOTALÂMICOS E SUAS FUNÇÕES

	Região Pré-óptica	*Hipotálamo Anterior*	*Região Tuberal*	*Hipotálamo Posterior*
Coluna periventricular	Órgão vascular da lâmina terminal *Detecção de sinais químicos para termorregulação e sede*	Nu. supraquiasmático *Sincronização de ritmos circadianos*	Nu. periventricular intermédio	Nu. periventricular posterior
	Nu. pré-óptico mediano	Nu. periventricular anterior	Nu. arqueado *Monitoração da quantidade de gordura do tecido adiposo*	Nu. hipotalâmico posterior *Detecção de hipotermia; termorregulação*
	Nu. pré-óptico periventricular	Nu. hipotalâmico anterior *Detecção de hipotermia; termorregulação*	Eminência mediana *Secreção de hormônios de liberação e inibição de hormônios da adeno-hipófise*	
	Nu. periventricular anterolateral	Nu. paraventricular *Síntese de hormônios da neuro-hipófise; comportamentos consumatórios de sede*		
Coluna medial	Nu. pré-óptico medial *Controle de comportamentos consumatórios sexuais*	Nu. supraóptico *Síntese de hormônios da neuro-hipófise; comportamentos consumatórios de sede*	Nu. ventromedial *Controle de comportamentos consumatórios de fome e sede*	Nu. pré-mamilar dorsal
		Área retroquiasmática	Nu. dorsomedial	Nu. mamilares *Estados emocionais?*
			Nu. pré-mamilar ventral	Nu. supramamilares
				Nu. túbero-mamilares *Regulação dos comportamentos de alerta durante o despertar e a vigília*
Coluna lateral	Área pré-óptica lateral *Termorregulação*	Área hipotalâmica lateral *Controle de comportamentos consumatórios de fome*	Área hipotalâmica lateral *Controle de comportamentos consumatórios de fome*	Área hipotalâmica lateral *Controle de comportamentos consumatórios de fome*

dutor. Provêm do tubérculo olfatório e do córtex piriforme, e incluem-se principalmente no feixe prosencefálico medial. São muito importantes também as informações provenientes das vísceras, carreadas pelos nervos facial (VII), glossofaríngeo (IX) e vago (X), e utilizadas pelo hipotálamo em quase todos os comportamentos motivados. Neste caso, trata-se de projeções que o hipotálamo recebe do núcleo do trato solitário[A], da região ventrolateral do bulbo[A] e do núcleo parabraquial, e que chegam principalmente através do fascículo longitudinal dorsal.

O hipotálamo recebe também uma projeção muito específica originada na retina e no tálamo[A] visual, que termina no núcleo supraquiasmático. Esse circuito se dedica a informar o "relógio hipotalâmico" sobre as variações de luz ambiente, sincronizando sua atividade com o ciclo dia-noite. Os ciclos de atividade gerados pelo núcleo supraquiasmático são repassados a outros núcleos hipotalâmicos, que ao coordenar os ajustes fisiológicos e os comportamentos motivados o fazem também de modo cíclico. É por isso, em parte, que a temperatura corporal apresenta oscilações a cada 24 horas, a ingestão alimentar e de líquidos se repete em momentos definidos a cada dia, e a atividade sexual/reprodutora, especialmente nas mulheres, sofre oscilações mensais. Um dos ritmos mais intrigantes da fisiologia dos animais é a alternância entre a vigília e o sono. O hipotálamo participa dessa função rítmica através de um grupo de neurônios histaminérgicos[G] situados no hipotálamo posterior, e para isso recebe inúmeros colaterais de fibras aminérgicas[G] contidas no feixe prosencefálico medial, que fazem parte dos sistemas ascendentes difusos (Figura 15.3).

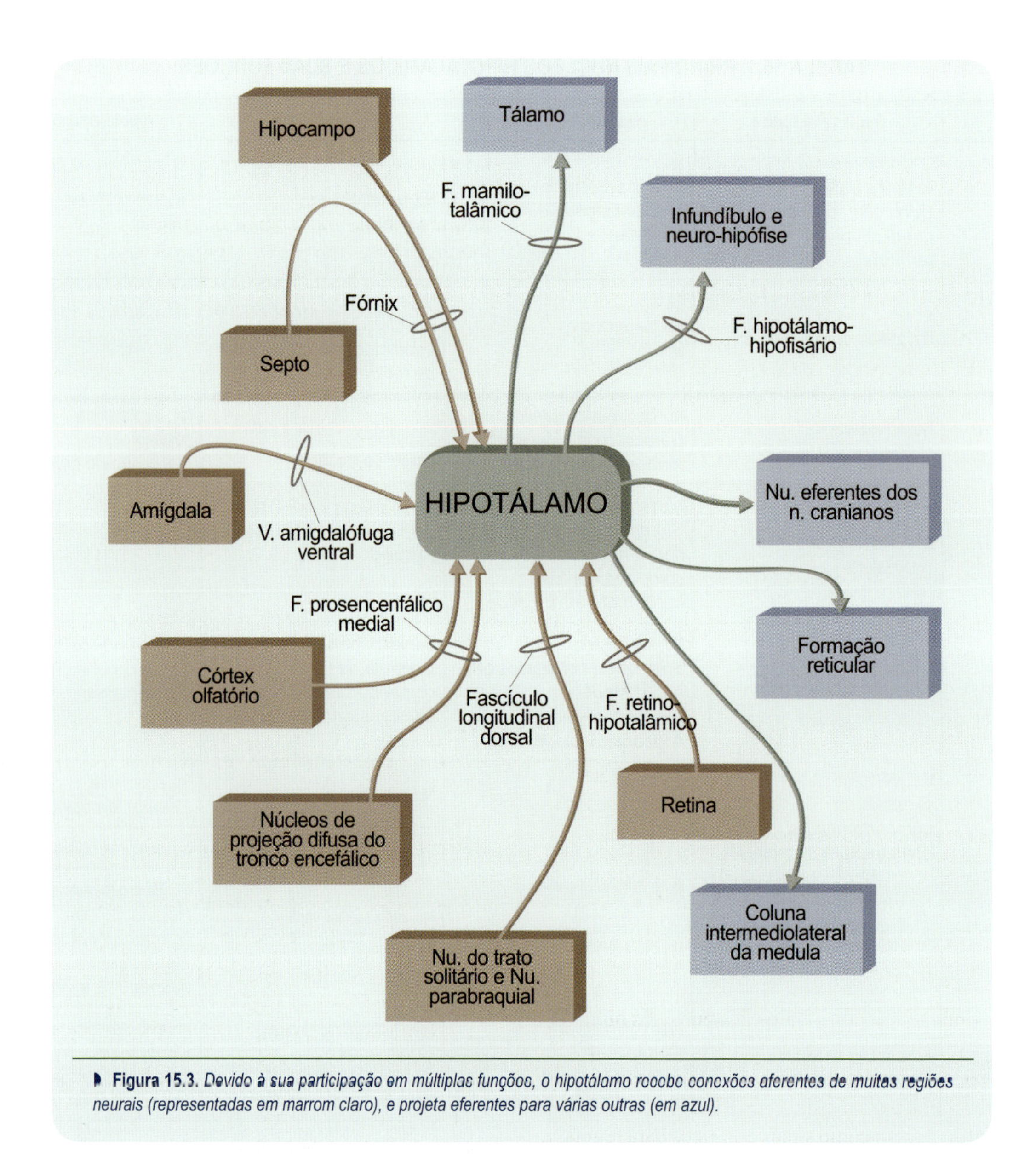

Figura 15.3. *Devido à sua participação em múltiplas funções, o hipotálamo recebe conexões aferentes de muitas regiões neurais (representadas em marrom claro), e projeta eferentes para várias outras (em azul).*

Este aspecto da função hipotalâmica é tratado amplamente no Capítulo 16.

Além das informações sensoriais e daquelas utilizadas como temporizadoras (geradoras de ritmos), o hipotálamo recebe também informações provenientes do sistema límbico (Figura 15.3), o conjunto de regiões neurais dedicadas a interpretar e responder aos estímulos externos e internos de caráter emocional. Uma parte da formação hipocampal[A] (chamada subículo) emite axônios através do fórnix para os corpos mamilares, cujas fibras por sua vez seguem ao tálamo utilizando o feixe mamilo-talâmico. Esta é a parte hipotalâmica do chamado circuito de Papez (veja o Capítulo 20). Outra região ligada ao sistema límbico – a área septal[A] – emite fibras para o hipotálamo através do fórnix e do feixe prosencefálico medial. E, finalmente o complexo amigdaloide[A], o "botão disparador" das reações emocionais, emite um numeroso contingente de fibras para o hipotálamo através da via amigdalófuga ventral. O hipotálamo utiliza essas informações para realizar os ajustes fisiológicos que são necessários nas situações que geram em nós as experiências subjetivas que chamamos emoções. É o que acontece quando temos medo, quando esperamos o início de uma prova, ou quando nos aproximamos de uma pessoa desejada. Podem-se encontrar maiores detalhes sobre esse aspecto das funções hipotalâmicas no Capítulo 20.

Todas essas informações que entram no hipotálamo o fazem através de vias aferentes que consistem em diferentes sistemas de fibras nervosas, reunidas em feixes ou não.

Trata-se então de informação codificada em sinais neurais, os potenciais de ação e potenciais sinápticos. No entanto, para grande parte dos ajustes homeostáticos que são necessários no dia a dia, essa informação neural não basta. O hipotálamo utiliza sinais químicos circulantes para modular os ajustes fisiológicos e os comportamentos motivados.

A Penetração dos Sinais Químicos

Não só o hipotálamo, mas também várias outras regiões do sistema nervoso recebem sinais químicos e físico-químicos do organismo que orientam a sua função. Ficam quase todas em torno dos ventrículos[A], e por isso são chamadas *órgãos circunventriculares* (Figura 15.4A). Duas características são típicas desses órgãos receptores especiais: (1) neles, a barreira hemato-encefálica é permeável, pois os capilares que os irrigam são fenestrados (veja, a esse respeito, o Capítulo 13); e (2) seus neurônios possuem receptores moleculares[4] para diferentes substâncias circulantes. Essas duas características fundamentais permitem que os sinais químicos provenientes do organismo possam ter acesso aos neurônios dos órgãos circunventriculares, permitindo que estes respondam especificamente a cada um deles. Os neurocientistas encontraram evidências de que também outros neurônios, situados em núcleos hipotalâmicos diferentes dos órgãos circunventriculares, possuem características semelhantes (maiores detalhes no Capítulo 10).

Nem todos os órgãos circunventriculares ficam no hipotálamo, mas quase todos têm comunicação com ele. A eminência mediana e o órgão vascular da lâmina terminal são os dois situados no hipotálamo (Figura 15.4A). A eminência mediana é um pequeno espessamento da parede do infundíbulo onde terminam axônios de neurônios hipotalâmicos. Na vizinhança dos terminais axônicos há um plexo de capilares fenestrados que deixam passar hormônios provenientes da circulação sanguínea. Estes, uma vez no meio extracelular, funcionam como sinais químicos para regular a secreção de outros hormônios pelos terminais, que portanto expressam os receptores apropriados na sua membrana. Por sua vez, os neuro-hormônios secretados pelos terminais axônicos na eminência mediana irão regular a secreção hormonal da adeno-hipófise, como veremos adiante.

O órgão vascular e as regiões hipotalâmicas vizinhas têm sido implicados na termorregulação e na regulação da ingestão de líquidos, pois aí foram encontrados receptores moleculares para citocinas[G] circulantes (cuja concentração aumentada correlaciona-se com a ocorrência de febre) e células osmorreceptoras, cuja estimulação provoca a secreção de hormônio antidiurético pela neuro-hipófise e comportamentos consumatórios relacionados à sede.

O órgão subfornicial e a área postrema não ficam no hipotálamo, mas emitem axônios para diversos núcleos hipotalâmicos (Figura 15.4B). O primeiro chama-se assim porque se situa logo abaixo do fórnix. Os seus neurônios possuem receptores para a angiotensina II, produto final de uma cadeia de hormônios de origem renal que entre várias ações causa sede e sinaliza a necessidade de ingestão e retenção de água. Essa ação da angiotensina II se dá através da estimulação dos neurônios do órgão subfornicial, cujos axônios terminam em núcleos hipotalâmicos reguladores da homeostasia hídrica do organismo.

A área postrema é o centro quimiorreceptor para o reflexo do vômito, entre outras funções que desempenha. Fica numa posição estratégica, adjacente ao núcleo do trato solitário, no tronco encefálico. Os neurônios desses dois núcleos conectam-se reciprocamente e com o hipotálamo. Desse modo, o hipotálamo pode obter informações provenientes das vísceras não só através de sinais neurais veiculados pelos nervos cranianos, mas também através de sinais químicos veiculados pela circulação sanguínea e convertidos em sinais neurais pela área postrema. É o caso da colecistocinina, um hormônio secretado pelo trato gastrointestinal quando começa a digestão, e cuja concentração sanguínea é diretamente percebida pela área postrema. Sinais químicos desse tipo são utilizados pelo hipotálamo para regular o comportamento alimentar e a função cardiovascular. O modo como esses processos se dão ainda é mal conhecido.

A neuro-hipófise (Figura 15.4) é um tecido glandular de origem neural que não possui corpos neuronais, mas sim axônios originados no hipotálamo, além de gliócitos chamados pituicitos. É uma glândula porque os axônios hipotalâmicos que aí terminam são secretores de hormônios. Mas também pode ser considerado um órgão circunventricular porque possui capilares fenestrados por onde penetram na circulação os neuro-hormônios. Entretanto, não há evidências claras de que os terminais secretores da neuro-hipófise sejam sensíveis a sinais químicos circulantes.

A glândula pineal (ou epífise) é também um tecido glandular de origem neural (Figura 15.4). Entretanto, diferentemente da neuro-hipófise, apresenta células neuronais modificadas (os pinealócitos) que secretam o hormônio melatonina sob comando indireto do hipotálamo. Sabe-se que a melatonina é um sinal químico que atua sobre vários órgãos (inclusive o próprio hipotálamo) assinalando a duração da noite. É que a sua concentração sanguínea cresce durante a noite; quanto maior a duração do período noturno, mais alta a concentração de melatonina. Os órgãos que apresentam receptores para esse hormônio têm assim a possibilidade de reconhecer a estação do ano, uma vez que a duração da noite é pequena no verão, tornando-se

[4] *Não se confunda com o uso do termo* receptor*:* Receptores moleculares *não são a mesma coisa que* receptores sensoriais. *Obtenha maiores esclarecimentos sobre uns e outros nos Capítulos 4 e 6, respectivamente.*

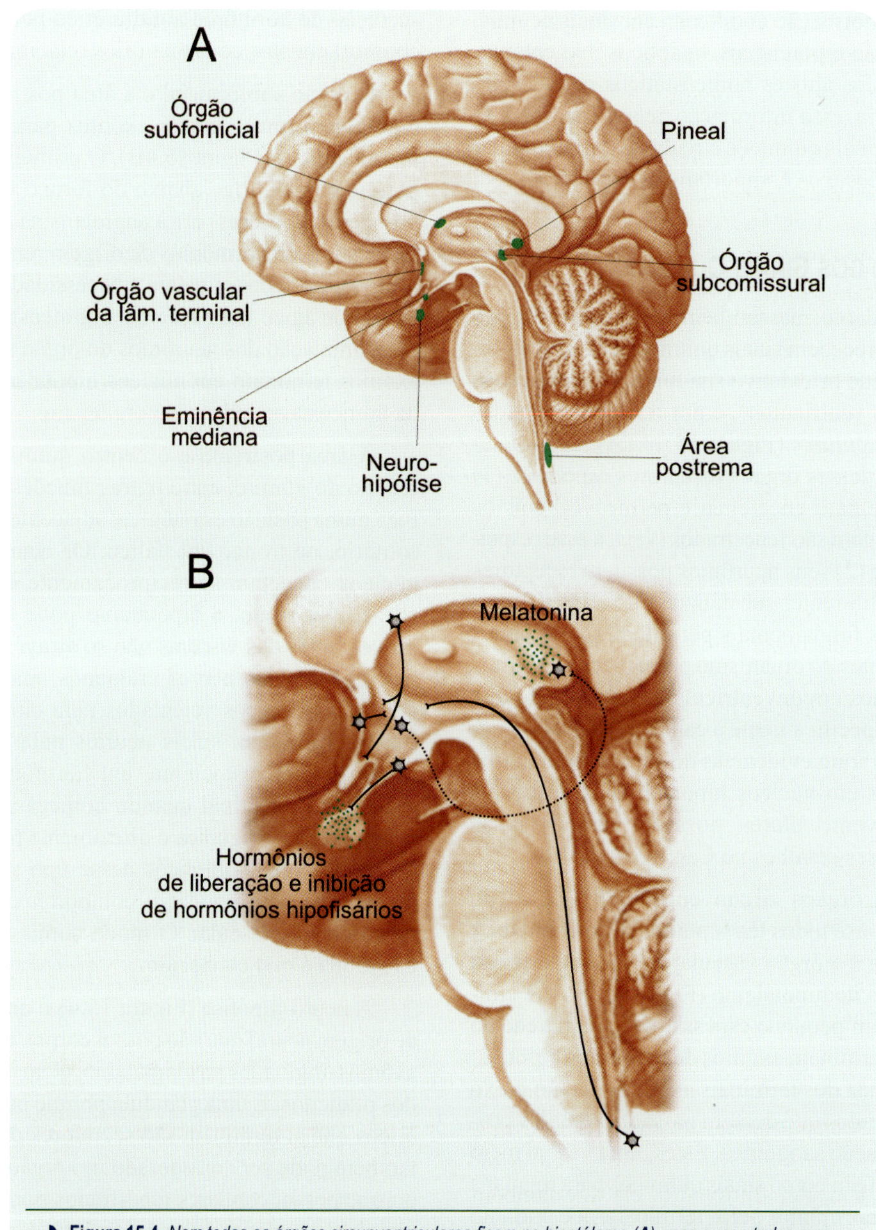

Figura 15.4. *Nem todos os órgãos circunventriculares ficam no hipotálamo (**A**), mas quase todos recebem ou enviam conexões para ele (**B**), seja diretamente (axônios contínuos) ou indiretamente ("axônios" tracejados).*

cada vez maior com a aproximação do inverno. De forma semelhante à neuro-hipófise, a pineal apresenta capilares fenestrados e barreira hematoencefálica permeável, mas não há evidências fortes de que os pinealócitos sejam sensíveis a informações químicas veiculadas pela circulação.

O menos conhecido dos órgãos circunventriculares é o órgão subcomissural, chamado assim por estar situado abaixo da comissura posterior, bem na linha média mesodiencefálica. Apresenta capilares fenestrados, mas não há muitos dados sobre a sua função.

COMANDOS NEUROENDÓCRINOS

De posse dessa extensa rede de informações neurais e químicas, os vários núcleos do hipotálamo enviam comandos neurais para outras regiões, especialmente aquelas relacionadas ao SNA. Essa articulação entre o hipotálamo e o SNA será analisada adiante. Entretanto, um outro conjunto de comandos é emitido pelo hipotálamo para produzir os ajustes fisiológicos necessários a cada situação: são os comandos neuroendócrinos. Isso significa a secreção de hormônios circulantes, cuja ação será efetuada à distância nos vários órgãos e tecidos do organismo. De que modo isso ocorre?

A existência de neurônios secretores no SNC foi descoberta na década de 1930 por histologistas alemães, que identificaram a presença de hormônios nas intumescências dos terminais axônicos da neuro-hipófise, utilizando corantes específicos e técnicas bioquímicas. Já se sabia então que esses axônios se originavam nos grandes neurônios dos núcleos supraóptico e paraventricular do hipotálamo, formando um feixe ou *eixo hipotálamo-hipofisário* (Figura 15.5), que depois se demonstrou fundamental para o controle neural da secreção de hormônios. Alguns desses axônios se estendem até a neuro-hipófise, onde formam as intumescências já referidas, que contêm numerosos grânulos de secreção. Outros não são tão longos, e terminam na eminência mediana, ou seja, na haste do infundíbulo que conecta o hipotálamo com a hipófise.

O que surpreendeu foi a descoberta do endocrinologista argentino Bernardo Houssay (1887-1971), ganhador do prêmio Nobel de medicina ou fisiologia, em 1947. Houssay analisou o sentido do fluxo sanguíneo e a morfologia da delicada vascularização entre o hipotálamo e a hipófise, e descreveu a chamada circulação porta-hipofisária (Figura 15.5), que consiste em duas redes capilares conectadas por um "vaso porta"[5]. A primeira rede capilar se distribui na eminência mediana, e a segunda na adeno-hipófise. A circulação da neuro-hipófise apresenta apenas uma rede capilar. O fato importante é que todas essas redes são constituídas por capilares fenestrados, como comentamos anteriormente. Essa característica permite que as paredes endoteliais dos capilares deem livre passagem a sinais químicos do sangue para o parênquima[G], e em sentido inverso.

A circulação porta-hipofisária é um veículo para a entrada de sinais químicos provenientes do organismo e percebidos pelo menos por alguns neurônios hipotalâmicos. Já discutimos este aspecto. Entretanto, ela age também como veículo para os comandos químicos que o hipotálamo emite, ou seja, os hormônios que os axônios supraópticos e paraventriculares secretam na neuro-hipófise e na eminência mediana, quando suas membranas se despolarizam com a chegada de potenciais de ação. Na neuro-hipófise são secretados dois peptídeos – a vasopressina[6] e a ocitocina, que penetram na circulação através dos capilares fenestrados (Figura 15.5) e vão atuar nos rins (a vasopressina) e na musculatura lisa do útero (a ocitocina). Veremos adiante que esses dois peptídeos têm ação relevante na fisiologia do comportamento sexual, pois funcionam também como neuromediadores sinápticos em diversos circuitos do hipotálamo com outras regiões neurais.

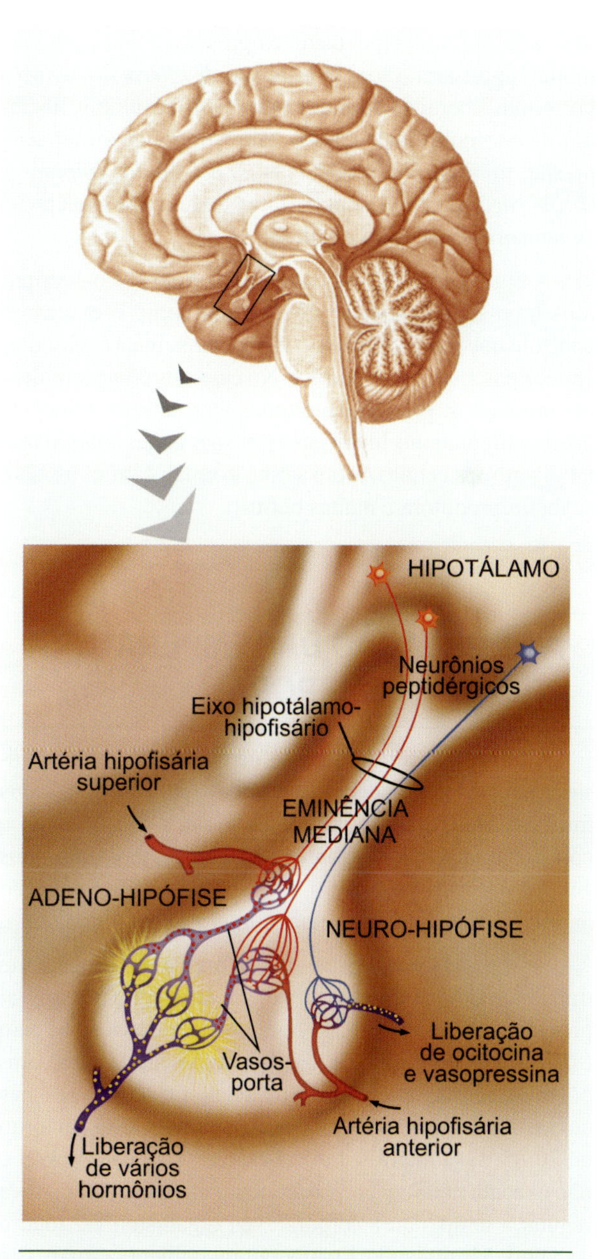

Figura 15.5. *Os comandos químicos emitidos pelo hipotálamo são hormônios que os axônios hipotalâmicos secretam na eminência mediana e na neuro-hipófise, e que são levados à circulação através da rede capilar formada pelas artérias hipofisárias. Na neuro-hipófise (abaixo à direita) esses hormônios seguem direto para órgãos distantes, mas na adeno-hipófise (à esquerda) eles saem para o tecido glandular através da rede capilar formada pelos vasos-porta, e influenciam a secreção hormonal das células hipofisárias. Os hormônios dessas células, então, reentram a circulação para serem levados aos órgãos-alvo.*

[5] *Os vasos porta são ao mesmo tempo veias (porque coletam sangue capilar) e artérias (porque se abrem em uma segunda rede capilar). Comumente se utiliza a expressão "veia porta".*

[6] *Também chamado* hormônio antidiurético, *por provocar uma retenção de urina nos rins, diminuindo a diurese.*

Na eminência mediana são secretados inúmeros hormônios que penetram na primeira rede capilar da circulação porta e saem novamente na segunda rede capilar, em pleno parênquima da adeno-hipófise. Aí atuam regulando a secreção hormonal das células secretoras da hipófise, e por isso são chamados *hormônios hipofisiotróficos*. A maioria desses hormônios hipotalâmicos provoca a secreção hormonal hipofisária: são os *hormônios de liberação*, como o hormônio liberador de tireotrofina[G] e o hormônio liberador de corticotrofina[G]. Outros, entretanto, podem ter ação oposta, inibindo a secreção: são os *hormônios inibidores de liberação*, como a somatostatina, que reduz a secreção de somatotrofina[G] pela hipófise.

A Figura 15.6 mostra como são numerosos os hormônios hipotalâmicos, e permite avaliar como é extenso o controle que o hipotálamo pode exercer sobre as glândulas endócrinas através da hipófise. No caso dos comportamentos motivados, praticamente todos eles sofrem influência do eixo hipotálamo-hipofisário por suas ações sobre o metabolismo das células, sobre a função renal, cardiovascular, sexual/reprodutora e muitas outras.

A REGULAÇÃO DA TEMPERATURA CORPORAL

Já dispomos agora da base de conhecimentos necessária para compreender de que modo operam os estados motivacionais para produzir os ajustes fisiológicos e comportamentos correspondentes. Começamos pelo mais simples: a termorregulação, que consiste na manutenção da estabilidade da temperatura corporal.

As pessoas não se dão conta, mas o seu organismo trabalha todo o tempo para manter a temperatura corporal próxima a 37 °C. Essa ação homeostática é essencial para estabilizar a configuração das macromoléculas que compõem as células e garantir a operação ótima das reações enzimáticas. Quando a temperatura ambiente está em torno de 20-35 °C, a maioria das pessoas se sente confortável e não executa nenhum comportamento ativo específico para regular a temperatura corporal: seu organismo faz todo o trabalho. Mas quando a temperatura ambiente é mais fria ou mais quente, sentimos uma sensação desconfortável de frio ou calor (os estados motivacionais) e tomamos certas iniciativas (os comportamentos motivados) para ajudar os mecanismos automáticos de termorregulação: pomos um casaco para aquecer-nos ou ligamos um ventilador para aliviar o calor. É claro que as temperaturas que provocam esses estados motivacionais variam de um indivíduo a outro, bem como os comportamentos escolhidos para aliviar o desconforto, mas o processo básico é o mesmo.

SERVOMECANISMOS

Os neurocientistas perceberam que a termorregulação apresenta grande analogia com um tipo de máquina que os engenheiros constroem, capaz de regular automaticamente o seu próprio funcionamento, e que recebe o nome geral de *servomecanismo*[7]. O sistema de climatização de um ambiente é um bom exemplo, porque se assemelha à termorregulação dos animais de sangue quente. Uma vez ajustada a temperatura que se deseja, o sistema passa a funcionar automaticamente, resfriando quando a temperatura sobe e aquecendo quando ela desce.

Os servomecanismos apresentam os seguintes elementos (Figura 15.7): (1) a variável controlada (no exemplo, a temperatura); (2) o ponto de ajuste, que é a temperatura que se julga mais adequada para o ambiente climatizado (digamos 23 °C); (3) o sistema de retroação ou *feedback*, que "informa" a máquina sobre a temperatura ambiente (um termômetro); (4) o integrador ou detector de erros (o "termostato" do sistema de climatização), que gera um "sinal de erro" sempre que a temperatura se afasta do ponto de ajuste; e (5) o controlador, representado pelo compressor que refrigera ou o aquecedor que produz o efeito contrário. O ponto de ajuste, na verdade, é o ponto médio de uma faixa que abrange, digamos, dois graus em torno de 23 °C. Assim, quando a temperatura ambiente se mantém entre 22 e 24 °C, nada se modifica. Mas quando a temperatura se eleva ou se reduz para fora dessa faixa, o sistema de retroação informa o integrador e este envia um sinal de erro que aciona o controlador. Assim, se a temperatura subir além de 24 °C, o compressor é acionado para refrigerar o ambiente; se, ao contrário, a temperatura cair abaixo de 22 °C, o aquecedor é acionado.

UM SERVOMECANISMO NATURAL

O sistema de termorregulação dos animais endotérmicos[G] funciona como um servomecanismo. O ponto de ajuste fica em torno de 37 °C na maioria dos casos, embora seja mais baixo em alguns animais (32 °C nas preguiças e nos gambás, por exemplo). Os termorreceptores periféricos e centrais constituem o sistema de retroação, o hipotálamo é o integrador e o controlador é múltiplo, formado pelo SNA, sistema endócrino e sistema neuromuscular. De que modo esse servomecanismo natural funciona?

O ponto de ajuste é determinado pelo integrador hipotalâmico. Embora característico de cada espécie, o ponto de ajuste oscila ligeiramente durante as 24 horas de cada dia: nos seres humanos a temperatura corporal cresce lentamente ao longo do dia (porque o ponto de ajuste se modifica), atinge um máximo no final da tarde e decresce lentamente

[7] *Do latim* servus, *que significa escravo.*

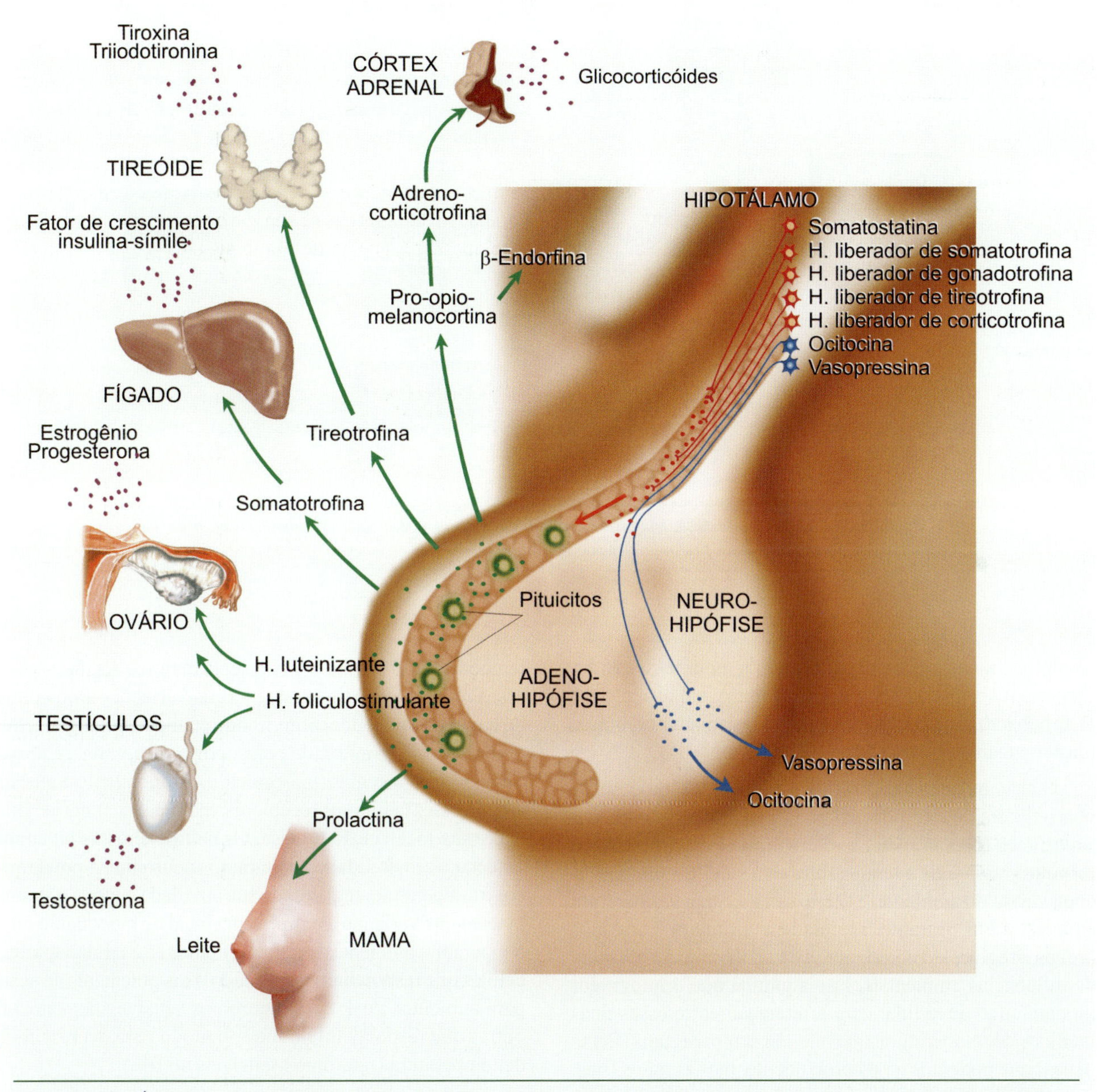

Figura 15.6. *É extensa a influência do hipotálamo sobre os órgãos através do sistema endócrino. Os hormônios hipotalâmicos liberados na neuro-hipófise estão representados em azul. Os hormônios hipotalâmicos de liberação e inibição estão representados em vermelho. Em verde estão representados os hormônios secretados pela adeno-hipófise, e em violeta aqueles produzidos pelos diversos órgãos-alvo.*

durante a noite até a madrugada, quando volta a se elevar. Essa oscilação cíclica do ponto de ajuste, e portanto da própria temperatura corporal, é sincronizada ao ciclo dia-noite pelo núcleo supraquiasmático do hipotálamo (veja o Capítulo 16) e passada às regiões – também no hipotálamo – encarregadas da termorregulação.

Algumas circunstâncias patológicas alteram o ponto de ajuste: é o que acontece nas infecções. Neste caso, além das próprias toxinas bacterianas, algumas células do sistema imunitário envolvidas no combate aos microrganismos podem liberar citocinas pirogênicas que penetram no hipotálamo através dos capilares fenestrados do órgão vascular da lâmina terminal. Como este órgão circunventricular apresenta receptores para as citocinas, acredita-se que ocorre ativação dos seus neurônios, que por sua vez se conectam diretamente com a área pré-óptica, local onde se acredita seja fixado o ponto de ajuste da temperatura corporal. Com o ponto de ajuste alterado, o servomeca-

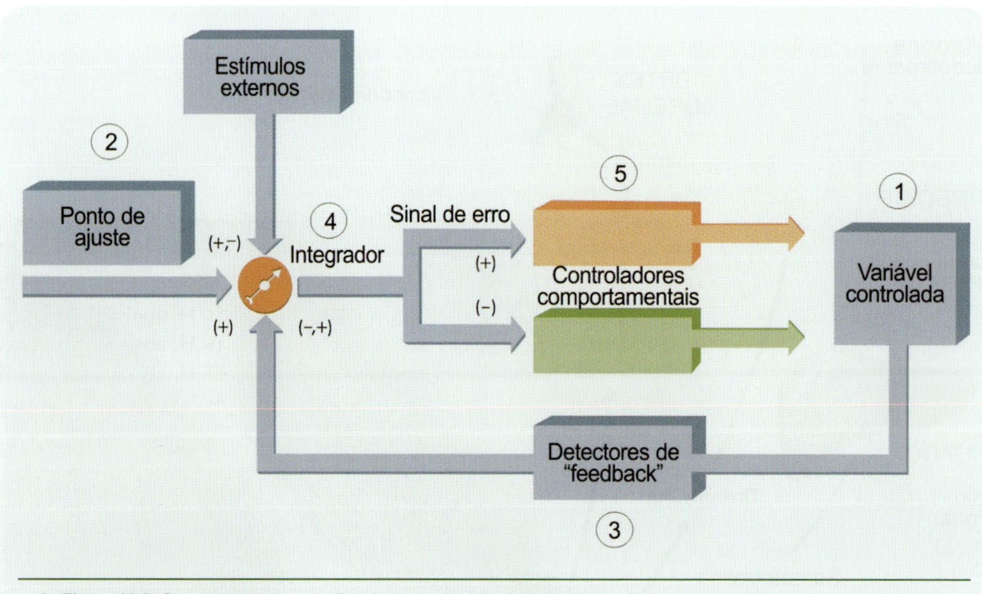

▶ **Figura 15.7.** *Os servomecanismos são máquinas capazes de autocontrole. Podem ser construídas por engenheiros ou pela natureza: em ambos os casos funcionam de modo semelhante.*

nismo termorregulador passa a admitir uma temperatura corporal mais alta do que a normal (febre), o que acelera o metabolismo facilitando a reação do organismo contra os microrganismos invasores.

O sistema controla uma única variável, a temperatura, mas o faz em duas regiões diferentes do organismo: (1) nas superfícies externa (pele) e interna (mucosas digestivas e respiratórias), onde a temperatura está sujeita a uma influência direta do ambiente; e (2) no sangue, cuja temperatura expressa com bastante fidelidade a da maior parte dos órgãos e regiões do corpo, mas está relativamente afastada de influências ambientais. Isso significa que o integrador hipotalâmico deve lidar com a interação entre essas duas medidas de temperatura, que não são sempre iguais. Basta pensar que podemos ter o corpo quente, mas as mãos frias, por exemplo. Os neurocientistas obtiveram evidências disso através de um interessante experimento: primeiro ensinaram ratos de laboratório a acionar um dispositivo que projetava um jato de ar frio sobre eles próprios quando a temperatura ambiente se elevava. Quanto mais alta a temperatura, mais vezes os ratos acionavam o jato refrescante. Aprendida a tarefa, no entanto, os pesquisadores "enganavam" o hipotálamo dos ratos, resfriando-o levemente com um líquido infundido diretamente através de uma cânula implantada. Nessa condição, os animais deixavam de acionar o jato de ar frio, apesar do calor ambiente.

A temperatura ambiente é monitorada pelos termorreceptores periféricos, fibras aferentes cujos terminais situados na pele e em algumas vísceras têm a propriedade de gerar potenciais receptores proporcionais a certas variações de temperatura. O Capítulo 5 apresenta maiores detalhes sobre esses receptores. Através da pele, as variações ambientais de temperatura podem atingir indiretamente o sangue, cuja temperatura é monitorada pelos termorreceptores centrais. Sabe-se que a região pré-óptica e o hipotálamo anterior alojam esses neurônios receptores, mas não há muita certeza sobre sua localização precisa. Os neurocientistas puderam detectar a sensibilidade de inúmeros neurônios hipotalâmicos à temperatura, registrando sua atividade elétrica e simultaneamente variando a temperatura local do hipotálamo ou a temperatura ambiente do animal (Figura 15.8). Encontraram células que respondiam disparando mais potenciais de ação para aumentos de 1-2 °C (neurônios sensíveis ao calor) e outras que respondiam do mesmo modo para decréscimos de temperatura (neurônios sensíveis ao frio).

A identidade do integrador do servomecanismo natural de termorregulação foi atribuída ao hipotálamo já pelos primeiros pesquisadores que abordaram essa questão, empregando lesões experimentais. Eles logo descobriram que os animais submetidos a lesões da região anterior do hipotálamo tornavam-se hipertérmicos crônicos: era como se eles não mais conseguissem perder calor. Por outro lado, quando as lesões eram localizadas no hipotálamo posterior ocorria o contrário: os animais tornavam-se incapazes de aquecer-se, e sua temperatura corporal tendia sempre a igualar-se à do ambiente.

Os experimentos que se sucederam passaram a empregar a estimulação elétrica do hipotálamo anterior, ou do hipotálamo posterior. Nesse caso, os animais submetidos à estimulação do hipotálamo anterior apresentavam

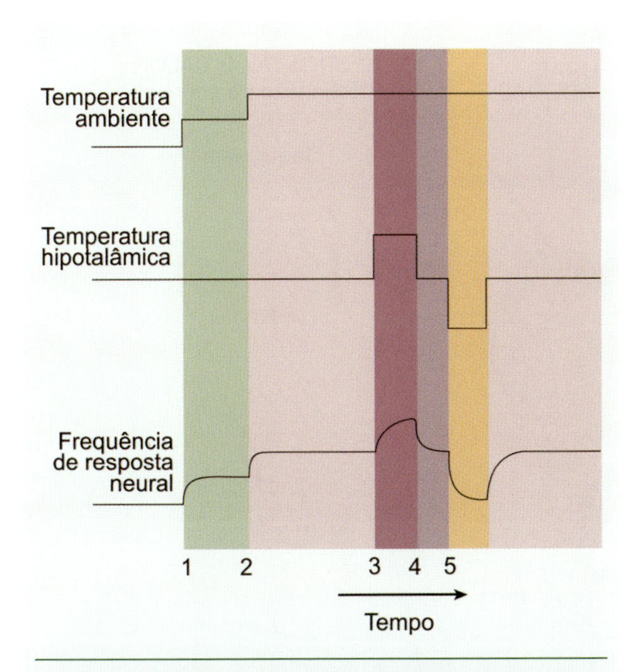

▸ **Figura 15.8.** *O hipotálamo é capaz de computar tanto a temperatura ambiente externa como a temperatura interna do tecido nervoso. Prova disso é este experimento, em que os pesquisadores modificaram ambas as temperaturas (dois traçados de cima) e ao mesmo tempo registraram a atividade elétrica de neurônios hipotalâmicos (traçado inferior). Quando elevaram a temperatura ambiente (períodos de tempo entre 1 e 2 e entre 2 e 3), a frequência de PAs aumentou proporcionalmente. Quando aumentaram também a temperatura do hipotálamo (período entre 3 e 4), a frequência de PAs aumentou ainda mais. E quando diminuiram a temperatura hipotalâmica (período entre 5 e 6) "enganaram" o hipotálamo, que passou a uma menor frequência de resposta neural apesar da temperatura externa estar elevada. Modificado de E. Satinoff (1964),* American Journal of Physiology *vol. 206: pp. 1389-1394; e de J. D. Corbit (1973)* Journal of Comparative Physiological Psychology, *vol. 83: pp. 394-411.*

mecanismos de dissipação (perda) de calor: vasodilatação cutânea, sudorese e respiração ofegante. Os animais que recebiam estimulação do hipotálamo posterior, entretanto, apresentavam vasoconstrição e tremores musculares, mecanismos de conservação e geração de calor. Concluiu-se que o integrador hipotalâmico devia ser constituído de dois componentes (Figura 15.9): uma região sensível aos "sinais de erro para cima" correspondentes ao aumento da temperatura corporal (no hipotálamo anterior) e outra sensível aos sinais de queda da temperatura corporal (no hipotálamo posterior). Tanto uma como a outra a seguir acionariam os controladores. O hipotálamo anterior ativaria os controladores sub-reguladores, isto é, aqueles capazes de diminuir o tônus vascular simpático periférico e de provocar a sudorese e o aumento da frequência e amplitude respiratórias, garantindo a dissipação do calor corporal excessivo. O hipotálamo posterior, ao contrário, ativaria os controladores suprarreguladores, ou seja, aqueles capazes de provocar a estimulação da inervação simpática dos vasos cutâneos e os tremores musculares involuntários, provocando a conservação e a geração de calor corporal.

A exata natureza da interação entre os dois componentes do integrador hipotalâmico e os seus respectivos controladores não é bem conhecida. Como os ajustes fisiológicos automáticos envolvem o SNA, não há dúvida de que existe participação das conexões do hipotálamo com os núcleos parassimpáticos do tronco encefálico e com a coluna intermédio-lateral (simpática) da medula espinhal[A]. Além desses mecanismos rápidos, entretanto, ocorrem também mecanismos de longo prazo especialmente quando a temperatura ambiental é mantida muito abaixo do ponto de ajuste. Isso ocorre no inverno em muitas regiões geográficas, e provoca respostas autonômicas e neuroendócrinas do hipotálamo. No primeiro caso, o resultado é a ativação simpática do tecido adiposo marrom[G], aumentando o seu metabolismo energético, que gera calor. No segundo caso ocorre secreção de hormônio tireotrófico pela adeno-hipófise, seguindo-se o aumento da concentração circulante de hormônios tireoidianos e consequentemente a elevação das taxas metabólicas do animal, que acabam por produzir mais energia para enfrentar o frio. Finalmente, o afastamento da temperatura ambiente do ponto de ajuste – para cima ou para baixo – ativa os comportamentos motivados apropriados. Nesse caso, acredita-se que o hipotálamo acione regiões corticais adequadas, sendo estas as que comandarão as ações de busca de abrigo, agasalho e assim por diante.

A SEDE E A REGULAÇÃO DA INGESTÃO DE LÍQUIDOS

Todos nós viemos do mar. Quer dizer, nossos ancestrais remotos eram animais marinhos que viviam em águas salgadas. Para eles – como para os atuais habitantes do mar – deve ter sido fácil controlar a "ingestão de líquido", uma vez que a água do mar tinha livre trânsito por todos os compartimentos do organismo. A coisa mudou de figura quando a vida animal migrou para a terra. Tornou-se necessário desenvolver uma superfície resistente à desidratação provocada pelo sol e o ar, e ingerir líquido e sal[8] periodicamente para manter o volume total de água dos compartimentos orgânicos e a sua salinidade. Desenvolveram-se mecanismos automáticos de regulação do equilíbrio hidrossalino, e surgiram estados motivacionais capazes de produzir comportamentos de ingestão de líquido e sal.

[8] *Neste capítulo, ao usar o termo* sal *estaremos nos referindo ao NaCl, para simplificar.*

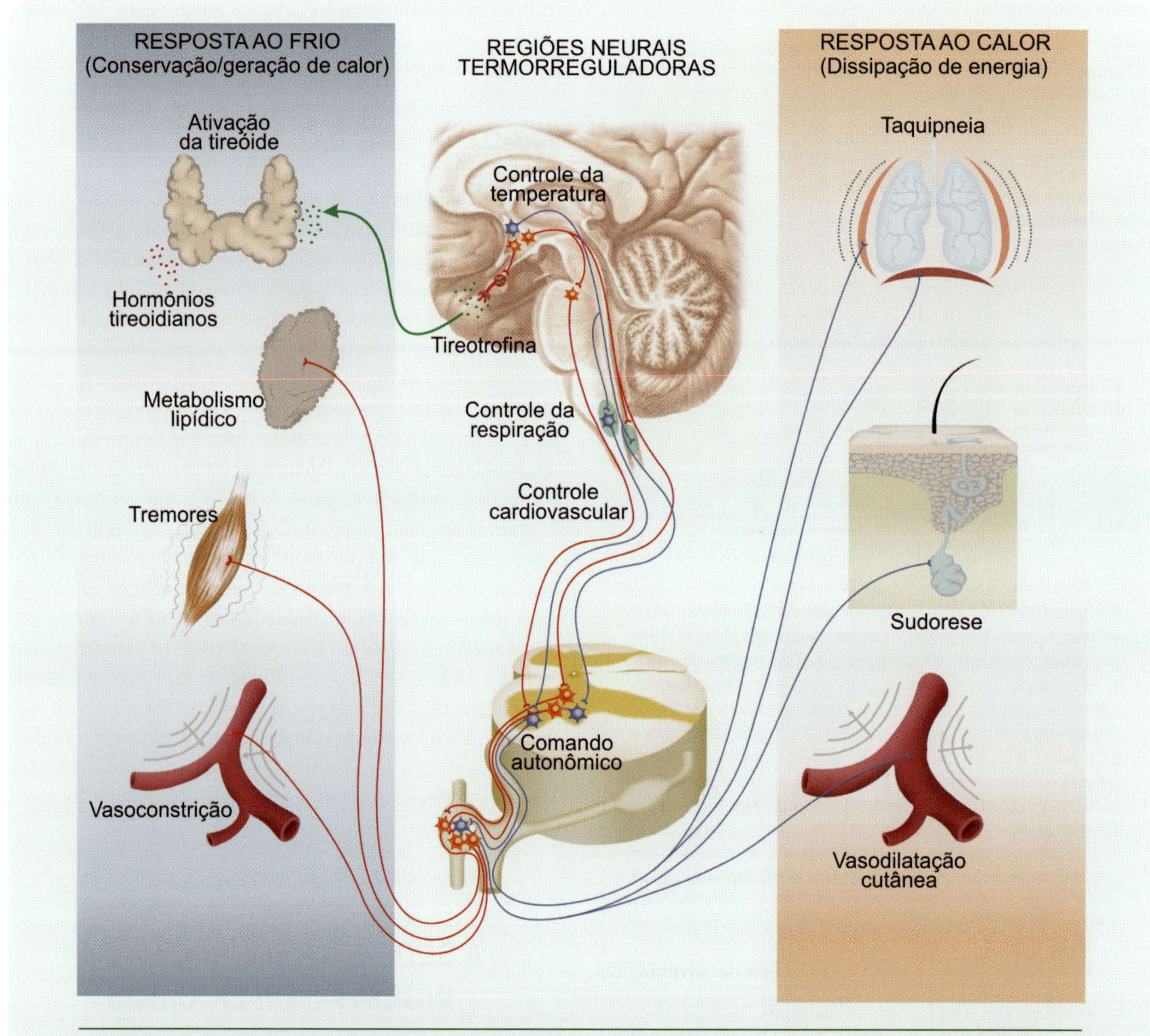

Figura 15.9. *As regiões termorreguladoras do hipotálamo acionam mecanismos diferentes quando a temperatura cai (à esquerda) ou se eleva (à direita). A resposta ao frio (conservação e geração de calor) é comandada pelo hipotálamo posterior e núcleos pontinos e medulares (neurônios vermelhos), enquanto a resposta ao calor (dissipação de calor) é comandada pelo hipotálamo anterior, regiões bulbares e medulares (neurônios azuis). Modificado de M. R. Rosenzweig e cols. (1999)* Biological Psychology *(2ª ed.). Sinauer Associates, Sunderland, EUA.*

São dois esses estados motivacionais: a *sede,* que todos conhecemos por a sentirmos todos os dias, e o chamado *apetite salino,* que consiste na necessidade de ingerir alimentos contendo sal. Impulsionados por esses dois estados motivacionais, buscamos água e ingerimos alimentos que contêm sal todos os dias, executando os comportamentos apropriados, que se adicionam aos servomecanismos reguladores naturais.

O SERVOMECANISMO DE REGULAÇÃO HIDROSSALINA

O servomecanismo que regula a ingestão de água e sal é um pouco mais complexo que o da termorregulação, porque apresenta duas variáveis controladas, e portanto dois pontos de ajuste (Figura 15.10): (1) o volume total de líquido do organismo, representado na prática pelo volume de sangue circulante (volemia) e (2) a osmolaridade[G] dos tecidos, expressa principalmente pela concentração de íons Na^+ nos compartimentos extracelulares do organismo. O ponto de ajuste da volemia difere bastante de um indivíduo para outro, principalmente em função do peso e da quantidade de gordura que cada um possui. Na maioria das pessoas, gira em torno de 5% da massa corporal. O ponto de ajuste da concentração extracelular de sódio é menos variável, estando sempre em torno de 140 mEq/L[9] .

Como a tendência mais frequente para os animais terrestres é no sentido da perda de líquido e aumento da osmolaridade tecidual, há duas condições que geram sede (Figura 15.10A e B): a diminuição do volume sanguíneo (hipovolemia) e o aumento da concentração de sódio extracelular (hipernatremia[10]). Ambas ocorrem normalmente porque eliminamos água junto com o ar expirado, o suor e a urina, e porque ingerimos alimentos salgados. Quando ocorre o contrário (hipervolemia e/ou hiponatremia), apresentamos aumento do apetite salino e sem nos dar conta buscamos ingerir alimentos que contêm sal. Fora dessas variações diárias naturais, pode haver extrema hipovolemia por hemorragia, vômito ou diarreia, condições em que o servomecanismo de regulação hidrossalina funciona a todo vapor, nem sempre com sucesso.

Quem detecta essas variáveis? Existem receptores sensoriais capazes de realizar cssa tarefa. Os barorreceptores são sensíveis às alterações da pressão sanguínea e, por tabela, também da volemia, já que a pressão sanguínea reflete o volume de sangue circulante. Por outro lado, os osmorreceptores detectam as alterações osmóticas (Figura 15.10C). Ambos são na verdade mecanorreceptores, isto é, células capazes de detectar o estiramento de suas membranas, seja quando as variações de pressão sanguínea decorrentes de alterações da volemia atuam sobre a parede dos vasos, ou quando as variações de concentração de Na^+ (principalmente) provocam murchamento ou intumescimento celular por saída ou entrada de água, respectivamente. O Capítulo 10 traz maiores detalhes sobre esses receptores. Outros receptores envolvidos nesse processo são mais tipicamente quimiorreceptores, pois detectam a presença de certos hormônios que participam da regulação da ingestão de líquidos e sal, como a angiotensina II e a aldosterona.

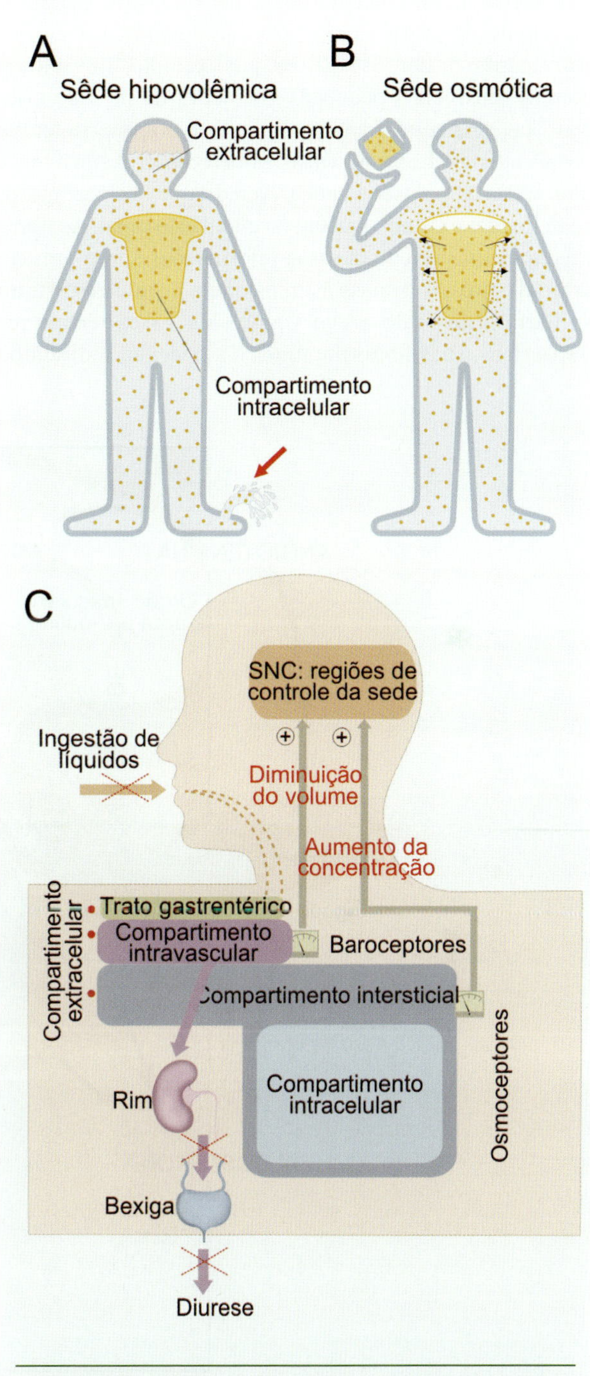

Figura 15.10. *Pode-se sentir sede por perda de líquido (seta vermelha em* **A***) ou por ingestão excessiva de sal (***B***). Nesses casos, o hipotálamo é informado respectivamente por barorreceptores ou osmorreceptores periféricos e centrais (***C***), e providencia a diminuição da diurese e os comportamentos consumatórios de ingestão de líquidos. Modificado de M. R. Rosenzweig e cols. (1999)* Biological Psychology *(2ª ed.). Sinauer Associates, Sunderland, EUA.*

[9] *mEq/L = miliequivalentes de Na+ por litro de água. 1 mEq/L corresponde a 23 mg de Na+ para cada litro de água, logo 140 mEq/Lcorrespondem a 3,22 g de Na+ para cada 1 litro de água. Em termos de NaCl, essa concentração equivale a cerca de 9 gramas de sal para 1 litro de água (ou 0,9%).*

[10] *O termo deriva do latim* natrium, *que significa sódio.*

Alguns desses receptores são periféricos, situando-se na parede de vasos sanguíneos estratégicos. Os corpos carotídeos e os corpos aórticos, por exemplo, apresentam células sensíveis a pequenas alterações da pressão arterial. Nas veias que drenam o coração e no próprio tecido atrial[G] existem fibras nervosas barorreceptoras sensíveis a alterações da pressão venosa. Acredita-se que receptores semelhantes existam também na circulação renal. As fibras aferentes que veiculam essas informações sobre pressão arterial e pressão venosa as transmitem ao núcleo do trato solitário através do nervo vago[A] (X). Esses receptores periféricos, suas fibras aferentes e a conexão indireta do núcleo do trato solitário com os núcleos paraventricular e supraóptico do hipotálamo constituem um dos braços do sistema de retroação que alimenta o integrador hipotalâmico regulador do equilíbrio hidrossalino (Figura 15.11). O outro braço é formado pelos receptores centrais, situados em vários órgãos circunventriculares (como o órgão vascular da lâmina terminal, o órgão subfornicial e a área postrema) e em algumas regiões hipotalâmicas (como a área pré-óptica, o hipotálamo anterior e o núcleo supraóptico). A queda do volume sanguíneo detectada nos rins provoca a secreção da enzima renina, que cataliza no sangue a síntese dos peptídeos angiotensina I e II, a partir

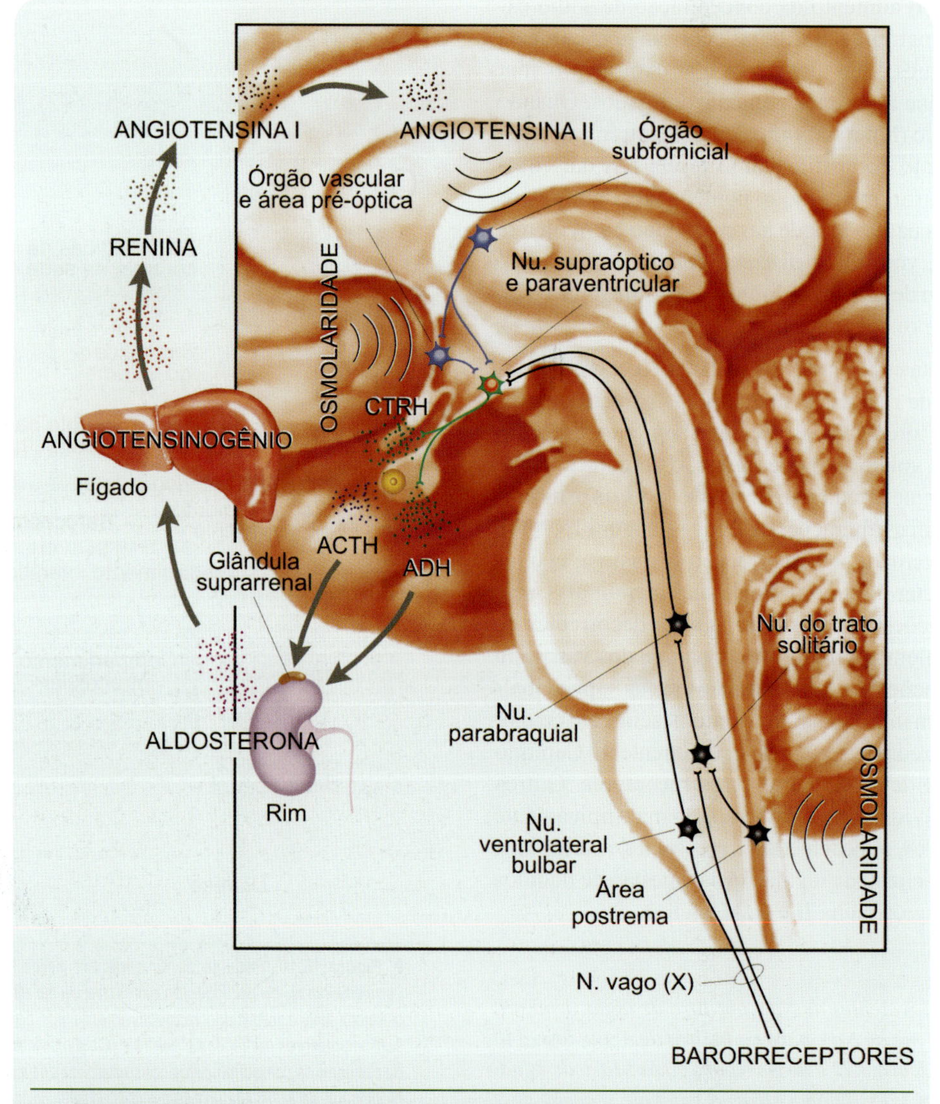

Figura 15.11. *Os circuitos neurais de regulação do equilíbrio hidrossalino propiciam a chegada de informações ao hipotálamo provenientes de várias fontes: barorreceptores periféricos, osmorreceptores e quimiorreceptores centrais (situados nos órgãos circunventriculares ou no próprio hipotálamo). O resultado é a liberação de hormônios que controlam a diurese (como o ADH e a aldosterona), e a ativação de comportamentos de ingestão alimentar (não ilustrados). ACTH = adrenocorticotrofina; ADH = hormônio antidiurético ou vasopressina; CTRH = hormônio liberador de adrenocorticotrofina.*

da molécula precursora (angiotensinogênio) secretada pelo fígado. O aumento da concentração circulante de angiotensina II é percebida pelos órgãos circunventriculares e pela área pré-óptica do hipotálamo, fechando a alça de retroação.

O conjunto dessas informações retroativas sobre volemia e osmolalidade que alcançam o hipotálamo, acaba por chegar ao eixo hipotálamo-hipofisário através de circuitos ainda mal conhecidos. Os núcleos hipotalâmicos que originam o eixo (paraventricular e supraóptico) constituem os dois principais integradores do servomecanismo de regulação hidrossalina (Figura 15.11). Quando o sinal detectado é de hipovolemia, certos neurônios desses núcleos são ativados, e o resultado é a secreção de vasopressina (o hormônio antidiurético) pela neuro-hipófise. Este hormônio tem ação vasoconstritora periférica e uma ação renal que resulta em reabsorção de sódio e de água pelos túbulos renais, diminuindo a formação de urina. Quando o sinal detectado é de hipernatremia, outros neurônios desses mesmos núcleos, cujos axônios terminam na eminência mediana, secretam hormônio liberador de adrenocorticotrofina, conhecido como CRH[11]. Resulta então a secreção da adrenocorticotrofina (também conhecida como ACTH, da expressão em inglês) pela adeno-hipófise, o que estimulará a córtex suprarrenal a secretar aldosterona (ou hormônio antinatriurético), cuja ação renal favorece a reabsorção de Na^+ e assim diminui a formação de urina.

O hipotálamo contribui também para a produção dos comportamentos consumatórios de ingestão de líquido e de sal. É o que permitem concluir os experimentos empregando lesões do hipotálamo anterior: os animais operados param de produzir hormônio antidiurético e apresentam adipsia (interrupção da ingestão de líquido), mesmo quando há suficiente água à sua disposição na gaiola. Observou-se também que o limiar para beber é mais alto do que o limiar para a secreção de hormônio antidiurético. Isso significa que o servomecanismo regulador entra em ação antes dos comportamentos motivados correspondentes, o que é útil para evitar que nos desviemos dos nossos afazeres para beber água, a não ser quando a carência de líquido não tenha sido compensada pelo mecanismo automático. No entanto, não se sabe exatamente quais os circuitos envolvidos nos comportamentos de ingestão de água e sal. Os comportamentos motivados de tipo apetitivo, tais como a busca e obtenção ativas de água e a ingestão de alimentos salgados, envolvem a participação de regiões corticais.

[11] *Sigla para* hormônio liberador de adrenocorticotrofina, *do termo em inglês.*

A FOME E A REGULAÇÃO DA INGESTA ALIMENTAR

Você come porque tem fome? Pára de comer porque está saciada? Essas podem parecer perguntas banais, mas para os neurocientistas não são. A maioria deles sempre considerou que comer é o resultado da diminuição das reservas de combustíveis metabólicos e outros nutrientes disponíveis no organismo, ou seja: um déficit nutricional. Isso causaria o estado motivacional chamado *fome* e impeliria o indivíduo a comer. O inverso ocorreria com a *saciedade:* a presença de nutrientes em abundância no organismo faria com que a pessoa parasse de se alimentar. Recentemente, no entanto, uma nova ideia surgiu com força: o impulso para comer seria constante (um mecanismo *default*[G]), quase um instinto permanente, que no entanto permaneceria inibido por sinais químicos e neurais provenientes dos alimentos e das reservas energéticas do organismo, a não ser nos momentos em que fosse necessário comer. Ainda não se chegou a um consenso sobre essas duas alternativas.

A fome é o estado motivacional que provoca os comportamentos apetitivos de busca de alimento. É um estado motivacional complexo (V. o Quadro 15.1, a esse respeito), porque muitas vezes deve ser antecipatório: o animal deve prever que necessitará de alimento dentro de algum tempo e providenciar a busca através da caça, da pesca ou da simples coleta, atividades que podem demorar bastante e que para serem bem-sucedidas não devem ser realizadas com urgência ou precipitação. Os seres humanos dedicam muito trabalho para poder concretizar o ato de comer: mobilizam recursos financeiros e operacionais, plantam, criam animais de corte, armazenam alimentos, e assim por diante. Apesar disso, a fome crônica está em toda parte, causando estragos inclusive no cérebro.

A fome provoca também comportamentos consumatórios característicos de cada espécie: o ataque a uma presa e o dilaceramento da carne; a coleta de frutas e a utilização das mãos ou patas para extrair a sua polpa; a utilização de talheres. Finalmente, a fome provoca uma série de ajustes fisiológicos automáticos que podem ser descritos em conjunto como um servomecanismo capaz de manter o metabolismo das células, atendendo às demandas energéticas do seu funcionamento constante, em cada momento da vida. Esse processo é conhecido como *homeostasia alimentar.* A homeostasia alimentar é mais do que a homeostasia calórica ou energética, porque envolve não apenas o equilíbrio das fontes de energia metabólica do organismo (os macronutrientes, como as proteínas, os carboidratos e os lipídeos), mas também de outras substâncias químicas que são essenciais aos processos metabólicos (os micronutrientes, como alguns aminoácidos, vitaminas, certos minerais etc.).

NEUROCIÊNCIA EM MOVIMENTO

Quadro 15.1
No Fim da Trilha de Migalhas de Doce também Está a Neurobiologia

*Carla Dalmaz**

Quando eu era criança, a palavra cientista para mim evocava a imagem de um sujeito de guarda-pó realizando coisas muito misteriosas que eu acreditava jamais ser capaz de compreender. Lembro que meu pai me estimulava a seguir uma carreira envolvendo ciência e eu adorava química quando estava no colégio. Saí de minha cidade para estudar Farmácia, mas nunca havia pensado em me tornar uma pesquisadora. Essa ideia continuava a ser a de algo distante e misterioso.

Durante a faculdade, apaixonei-me pela bioquímica e comecei a trabalhar na iniciação científica. Posteriormente, tive a sorte de poder fazer meu mestrado na Universidade Federal do Rio Grande do Sul (UFRGS) e o doutorado na Universidade Federal do Paraná, sob a orientação do Prof. Iván Izquierdo, que já era um neurocientista importante. O Prof. Izquierdo nos propunha um problema para estudar, mas nos deixava bastante à vontade para desenvolver os experimentos e propor novas abordagens e interpretações. Ele foi uma pessoa muito importante na minha formação e na decisão de seguir a carreira acadêmica. Uma das coisas que estudávamos eram os hormônios do estresse como moduladores da memória. Trabalhei juntamente com o Prof. Izquierdo com o hormônio adrenocorticotrófico (ACTH), liberado em situações de estresse e que estimula a córtex da glândula adrenal a liberar glicocorticoides. Observamos que pequenas variações na dose de ACTH poderiam ter efeitos bastante variados sobre a memória.

Fiz meu pós-doutorado na Universidade da Califórnia em Irvine, trabalhando com o Prof. James McGaugh, outro grande nome na neurobiologia da memória. Foi nessa época que realmente me decidi a estudar a neurobiologia do estresse, tendo muito contribuído em minha decisão uma conferência a que assisti (com o Dr. Robert Sapolsky). Ao voltar à UFRGS, iniciamos um estudo sobre estresse e memória, e observamos alguns prejuízos na memória quando animais são submetidos ao estresse crônico, além de também termos observado que isso induz, no hipocampo dos animais, aumento do estresse oxidativo e danos no DNA. Contudo, com o desenrolar dos experimentos, novas observações foram surgindo. Muitas pessoas participaram nestes trabalhos, alguns de forma mais definitiva, como Giovana Gamaro, Fernanda Fontella, Ana Paula Vasconcellos e Patrícia Pelufo Silveira, hoje colegas trabalhando em diferentes instituições em nosso país e no exterior.

Fazíamos um teste de memória do tipo apetitivo em animais estressados cronicamente por contenção. Se eles escolhessem determinado lado de um labirinto, recebiam pequenas rosquinhas de cereal doce (com sacarose). No entanto, observamos que os animais estressados comiam bem mais que os não-estressados. Sabíamos que o estresse era capaz de afetar o comportamento alimentar, mas nos perguntávamos como esse efeito se apresentava em situações de estresse agudo ou crônico e quais seriam os mecanismos responsáveis pelas eventuais variações. Um detalhe interessante foi que, como esse estresse não era muito intenso, não havia variação no consumo da ração padrão, embora o consumo desse alimento doce – que os ratos comem mesmo quando não têm fome – estivesse aumentado.

Na verdade, o estresse crônico pode levar tanto ao aumento quanto à redução do apetite por coisas doces. Modelos de estresse crônico em que há *redução* no consumo de alimentos ou soluções doces em geral são considerados modelos animais de estados depressivos. No caso do aumento no consumo, verificamos inicialmente que ele parecia estar associado a um aumento de ansiedade, pois pequenas doses de ansiolíticos revertiam esse efeito.

Os ratos manipulados na infância consomem mais rosquinhas doces. É o que mostra o gráfico à direita, que retrata o consumo de alimento doce de ratos adultos submetidos a uma manipulação breve logo após o nascimento (pontos vermelhos), em comparação com animais não manipulados (pontos azuis). A medida foi feita em períodos de exposição repetidos, por 3 minutos a cada vez. Cada ponto representa a média das medidas, e as barras representam o erro padrão, um parâmetro estatístico que permite avaliar quanto as medidas se afastam da média.

Outros modelos de intervenção foram estudados, capazes de afetar a resposta ao estresse e ao mesmo tempo o consumo de alimento doce. Por exemplo, sabíamos de outros autores que a manipulação de ratos durante o período neonatal era capaz de reduzir a resposta ao estresse no animal adulto. Observamos que esses animais também apresentavam maior consumo de alimento doce, mas não de ração comum (Figura). Como pensávamos que o prazer de consumir doces seria um fator importante por trás desse efeito, investigamos os níveis de dopamina no núcleo acumbente, região cerebral envolvida com esse tipo de resposta (veja neste Capítulo). Foi interessante observar que a taxa de renovação desse neurotransmissor diminuíra, assim como havia menos respostas afetivas ao sabor doce. Esses resultados sugerem que esses animais apresentam resposta distinta a tais estímulos, e que essa resposta também pode ser modulada de forma diferente em animais estressados cronicamente na idade adulta.

Como numa versão mais alegre da fábula de João e Maria, ainda estamos seguindo as migalhas doces deixadas na trilha rumo ao desconhecido: recém começamos a descortinar os efeitos do estresse crônico sobre o comportamento alimentar e a motivação para ingerir (ou não) alimentos. Ainda temos muito trabalho pela frente, tanto nesse tema quanto em muitos outros das neurociências, e se você tem interesse em se tornar um neurocientista, tenha certeza que é um caminho apaixonante (e que continuo achando misterioso...)!

Carla, Camila e Sofia.

* *Professora associada do Instituto de Ciências Básicas da Saúde da Universidade Federal do Rio Grande do Sul. Correio eletrônico: cdalmaz@ufrgs.br*

O Servomecanismo da Regulação Alimentar

Há uma diferença essencial entre a obtenção de energia através da alimentação e através da respiração. Esta última emprega o oxigênio do ar, abundante mas que não pode ser armazenado no organismo. A energia dos alimentos, por outro lado, pode ser armazenada nos tecidos, especialmente no tecido adiposo, onde é contida nas ligações químicas dos triglicerídeos[G]; e nos músculos esqueléticos e no fígado, incorporada ao glicogênio[G]. A quantidade de glicogênio armazenável tem um limite, mas a de triglicerídeos não. Por essa razão, os carboidratos em excesso são convertidos em triglicerídeos, e estes são armazenados no tecido adiposo. É por isso que uma pessoa pode engordar mesmo comendo apenas vegetais ou frutas.

O servomecanismo da regulação alimentar, portanto, precisa receber informações não apenas sobre a quantidade de nutrientes presentes no trato gastrointestinal e na circulação sanguínea, mas também daqueles acumulados nos tecidos de reserva. É como uma grande loja que precisa acompanhar o setor de compra e venda, mas também o setor de estoque.

O servomecanismo natural que regula a ingestão de alimentos é mais complexo que o da termorregulação e o da ingestão hidrossalina, porque: (1) seu ponto de ajuste é altamente variável; (2) as variáveis controladas são mal definidas; (3) os sinais de retroação são inúmeros e (4) os circuitos neurais envolvidos são mais complexos. Alguns pesquisadores até mesmo questionam se é válido, neste caso, qualificar o sistema de regulação alimentar como um servomecanismo. Além disso, deve-se considerar que a regulação alimentar envolve mecanismos de curta duração, responsáveis por cada refeição que iniciamos e a sua interrupção; e mecanismos de longa duração, que dão conta do nosso metabolismo energético ao longo do tempo. Os primeiros resolvem o problema do dia-a-dia: sentimos fome, buscamos alimento, comemos e paramos de comer. Os segundos destinam-se a manter a estabilidade relativa de nosso peso e nossas reservas energéticas (nem sempre com sucesso...).

É fácil intuir que o ponto de ajuste varia de um indivíduo a outro, porque observamos em todas as espécies indivíduos muito gordos, outros menos gordos, outros magros e ainda outros muito magros. Mas o ponto de ajuste varia também em um mesmo indivíduo em função de sua vida emocional, do tipo de alimento que ingere, da quantidade de exercício que faz, de sua idade e de fatores genéticos e culturais. Essa enorme variação do ponto de ajuste individual é um dos argumentos dos neurocientistas adeptos da teoria *default*; eles acham que não pode haver sinais de erro quando não há um ponto de ajuste minimamente estável. Logo, não se poderia falar de um déficit a ser compensado por ajustes fisiológicos e comportamentos motivados, salvo em circunstâncias extremas de carência alimentar.

Não há consenso entre os neurocientistas sobre quais seriam as variáveis controladas pelo servomecanismo de regulação da ingestão alimentar, se é que ele de fato existe. Pode-se pensar imediatamente no peso corporal, mas não é provável que ele seja realmente uma dessas variáveis, porque até o momento não foram encontrados "receptores" de peso corporal em qualquer parte do organismo. Além disso, o peso varia pouco na vida diária (a regulação de curto prazo), embora possa variar muito ao longo do tempo (a regulação de longo prazo). Mais prováveis como candidatos a variáveis para a regulação alimentar são a concentração sanguínea de glicose e de lipídeos, os combustíveis mais utilizados pelas células. Efetivamente, algumas evidências experimentais deram origem a duas concepções ainda não inteiramente comprovadas, as *hipóteses glicostática*^G e *lipostática*^G. De acordo com a primeira, uma queda da glicemia provocaria a ingestão de alimentos, e a restauração dos níveis glicêmicos normais interromperia a refeição. No caso da segunda hipótese, o aumento da concentração sanguínea de lipídeos sinalizaria a necessidade de diminuir a quantidade ingerida de alimentos, e a lipidemia baixa provocaria o disparo dos comportamentos alimentares.

De fato, a glicemia sobe quando nos alimentamos, e cai mais tarde quando o pâncreas secreta insulina, um hormônio que controla os processos metabólicos de síntese e armazenamento de glicogênio e outras substâncias energéticas em vários tecidos. A presença de insulina na circulação coincide com o final da ingestão alimentar, e permite que a glicose sanguínea seja absorvida e metabolizada pelas células dos tecidos, o que ocorre mais acentuadamente após as refeições, quando os alimentos vão sendo absorvidos pelo trato gastrointestinal. A glicemia cai depois disso porque a glicose circulante vai sendo transformada em glicogênio e armazenada no fígado, ou então utilizada nos músculos para a geração de energia. Horas depois, com a glicemia em baixa, é hora de comer novamente.

Coerente com essa hipótese, observou-se que a injeção de insulina em ratos – que causa hipoglicemia -- provoca o início do comportamento de ingestão alimentar. Além disso, observou-se que um composto tóxico análogo à glicose – a áureo-tioglicose –, quando injetado em animais, é seletivamente absorvido por neurônios do núcleo ventromedial do hipotálamo, causando a sua destruição. Os animais passam a comer demais e se tornam obesos. Finalmente, a medida da glicemia de ratos minutos antes da sua alimentação espontânea indicou uma baixa concentração de glicose (Figura 15.12). Tudo parecia fazer sentido. No entanto, a grande dúvida a respeito da teoria glicostática surgiu quando se descobriu que a glicemia dos animais que recebiam insulina artificialmente tornava-se muito mais baixa do que a concentração atingida durante o período de absorção alimentar. Assim, o efeito que se obtinha poderia equivaler a uma resposta de emergência, e não a um evento fisiológico normal. Além disso, jamais se conseguiu provocar a interrupção da ingestão alimentar com a injeção de glicose em animais normais. Atualmente, a tendência prevalente é considerar o mecanismo glicostático apenas como uma alternativa de emergência para a hipoglicemia pronunciada, pondo em questão a sua participação na homeostasia dos níveis fisiológicos.

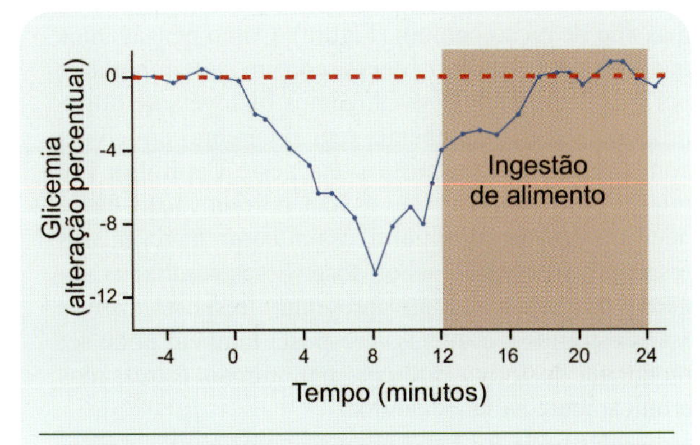

Figura 15.12. *A teoria glicostática parece ser verdadeira apenas como mecanismo de emergência para situações de grande carência nutricional. Dentre as evidências que a sustentam está o experimento simples realizado em ratos, através do qual se verificou a queda da glicemia minutos antes do início do comportamento de ingestão alimentar dos animais. Modificado de L. A. Campfield e F. J. Smith (1986)* Brain Research Bulletin, *vol. 17: pp. 427-433.*

A ideia de que o cérebro monitora, ao longo do tempo, a quantidade de gordura corporal (hipótese lipostática) surgiu há cinquenta anos, mas logo se viu que o sinal indicador do estoque de gordura devia ser uma proteína e não um lipídeo, porque se descobriu um gene cuja deleção provoca obesidade em camundongos. Ficaram famosos, nesse campo, os experimentos de *parabiose* do pesquisador norte-americano Douglas Coleman, que trabalhava em uma empresa de criação de animais de laboratório (veja adiante). Coleman e seus colaboradores estabeleceram o conceito de que seria um hormônio chamado leptina[12] a variável do sistema de regulação alimentar de longo prazo. A hipótese lipostática passou a ser *adipostática*^G, porque a quantidade de leptina circulante é proporcional à quantidade de tecido adiposo do indivíduo. Ao que parece, entretanto, evidências mais recentes sugerem que há sinais lipostáticos também, além da informação adipostática proporcionada pela leptina.

NEUROBIOLOGIA DA FOME: ENTRE A REGULAÇÃO DO DIA A DIA E O CONTROLE DO ESTOQUE

As incertezas acerca das possíveis variáveis controladas pelo sistema de regulação da ingestão alimentar não impe-

[12] *Termo derivado do grego* leptós, *que significa fino, magro.*

diram que inúmeros avanços fossem realizados no estudo dos neurônios e circuitos envolvidos nesse processo, bem como dos sinais neurais e químicos disparadores de cada etapa. A pouco e pouco foi-se chegando à concepção de que existem diversos sistemas reguladores da alimentação, envolvendo sinais químicos e neurônios diferentes.

As primeiras evidências que indicaram a participação do hipotálamo foram obtidas nos anos 1950 pela realização de amplas lesões cirúrgicas experimentais em ratos. Quando o hipotálamo lateral era lesado bilateralmente, os animais deixavam de comer (afagia), tornando-se cada vez mais magros e chegando mesmo a morrer. Ao contrário, quando as lesões eram posicionadas no hipotálamo medial, os animais passavam a comer mais (hiperfagia) e se tornavam obesos (Figura 15.13). Concluiu-se então que no hipotálamo lateral estaria o "centro da fome", enquanto no hipotálamo medial ficaria o "centro da saciedade". Essa explicação simplista deixou de ser aceita quando se observou que os animais lesados apresentavam também sintomas de adipsia, inatividade motora e indiferença sensorial.

Descobriu-se que as lesões do hipotálamo lateral atingiam o feixe prosencefálico medial, e que os sintomas observados podiam ser devidos à interrupção das fibras dopaminérgicas existentes nesse feixe. De fato, comprovou-se depois que muitas dessas fibras constituem um complexo sistema de controle de comportamentos motivados que respondem a reforços positivos (o sistema mesolímbico: veja adiante), enquanto outras participam do controle da motricidade em conjunto com os núcleos da base (veja o Capítulo 12 para maiores detalhes). Além disso, os animais que se tornavam afágicos podiam ser alimentados com cânulas para que não morressem, e logo voltavam a se alimentar espontaneamente, embora mantendo seu peso em um patamar mais baixo. Também os animais obesos por lesão hipotalâmica medial não engordavam indefinidamente (Figura 15.13): atingiam um novo patamar de peso e passavam a controlar a ingestão alimentar em torno desse novo peso. Em ambos os casos, era como se os animais lesados tivessem modificado o seu ponto de ajuste – para baixo ou para cima. Quer dizer, o animal ainda era capaz de gerar

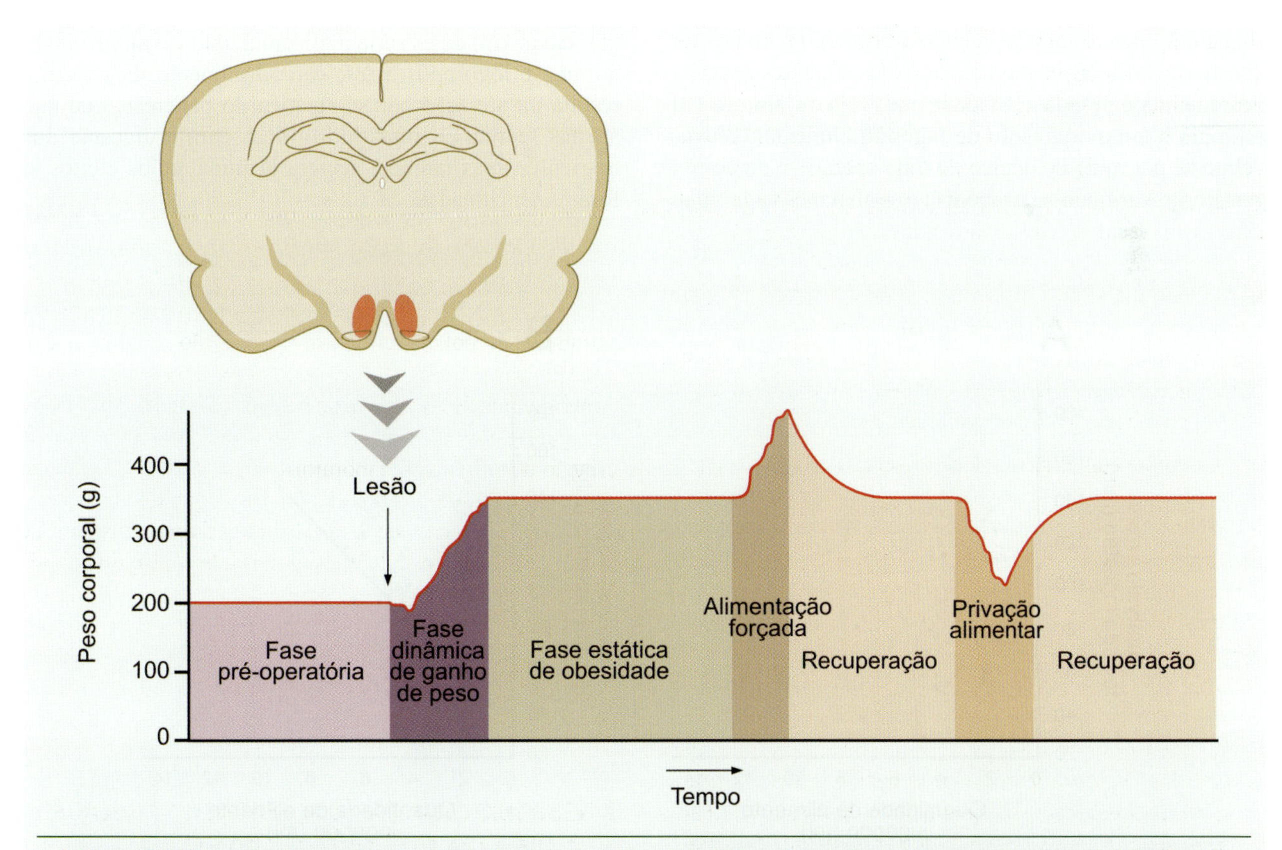

Figura 15.13. *Ratos submetidos a lesões bilaterais do hipotálamo medial (áreas vermelhas no desenho de cima) tornam-se obesos (fase dinâmica de ganho de peso, no gráfico de baixo) mas não engordam indefinidamente (fase estática de obesidade). Sob alimentação forçada engordam ainda mais, mas logo recuperam o peso anterior. Por outro lado, sob privação alimentar forçada perdem peso, mas podem voltar ao peso anterior. O experimento permite concluir que na ausência do hipotálamo medial alguma outra região deve assumir a função de controlar a ingestão alimentar no novo ponto de ajuste. Modificado de A. Sclafani e colaboradores (1976)* Physiology and Behavior, *vol. 16: pp. 631-640.*

sinais de fome e de saciedade, embora em um ponto de ajuste diferente. Logo, o hipotálamo lateral não devia ser o único "centro da fome" e o hipotálamo medial não devia ser o único "centro da saciedade".

A questão era mais complexa do que a ideia simplista dos dois centros parecia indicar. Passou-se a buscar os sinais envolvidos na homeostasia alimentar, que orientam o animal a iniciar ou a terminar uma refeição.

Os experimentos de registro contínuo dos tempos de repouso e alimentação espontânea de ratos tinham indicado algo sugestivo: quando o intervalo que antecedia uma refeição era longo, isso não significava necessariamente que o animal comeria mais; mas quando ele comia muito, o intervalo seguinte era quase sempre prolongado (Figura 15.14). A conclusão desses estudos foi de que a alimentação podia produzir sinais de saciedade (retroação negativa) tanto mais abundantes e eficazes quanto maior a quantidade de alimento ingerido em uma refeição, que manteriam inibidos os comportamentos da próxima refeição. Quais seriam esses sinais?

Alguns foram identificados. De um modo geral, a ingestão alimentar é estimulada quando os primeiros alimentos chegam à boca, e inibida quando a absorção começa, no intestino. Verificou-se que a ativação dos aferentes gustatórios que inervam toda a cavidade oral (veja o Capítulo 10) estimula o comportamento de ingestão alimentar, provavelmente por meio do núcleo do trato solitário e do córtex gustatório. Verificou-se também que os aferentes vagais que inervam o estômago assinalam o seu enchimento pela distensão da parede gástrica e enviam essa informação também ao núcleo do trato solitário, que a repassa ao hipotálamo lateral e possivelmente ao córtex cerebral. A chegada do alimento ao estômago provoca a secreção de hormônios que têm ação local, mas que também são levados à circulação sanguínea passando a ter ação direta em alguns dos órgãos circunventriculares, onde foram detectados receptores moleculares específicos.

Um exemplo é o da colecistocinina (conhecida pela abreviatura CCK, do inglês), que atua diretamente na área postrema e no núcleo do trato solitário adjacente, somando-se aos sinais neurais provenientes do nervo vago. Além da CCK, outros peptídeos atuantes no trato gastrointestinal reduzem a ingestão alimentar quando são administrados sistemicamente, como a neurotensina, a bombesina e o peptídeo semelhante ao glucagon-1 (GLP-1, da sigla em inglês). Serão também sinais de saciedade? Esses dados estão de acordo com a observação intuitiva de todos nós de que o estômago cheio é um sinal para pararmos de comer.

Mas como não voltamos a comer logo que o estômago se esvazia, é de supor que outros sinais mais duradouros mantenham sob bloqueio os comportamentos de ingestão alimentar. Um deles seria a glicemia, que vai aumentando durante e logo após a refeição. O aumento da glicemia resulta na ativação parassimpática do pâncreas, que não apenas secreta enzimas hidrolíticas para a digestão dos nutrientes, mas também secreta insulina, cujos efeitos já foram mencionados.

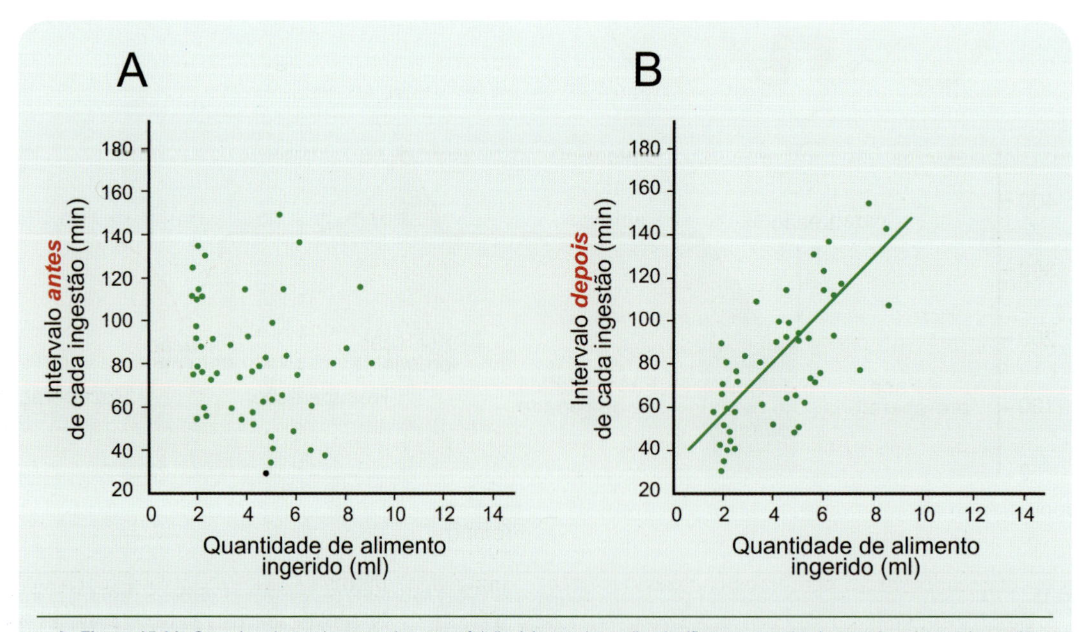

▶ **Figura 15.14.** *Quando o intervalo antes de uma refeição é longo, isso não significa que o animal comerá mais: por isso não há correlação entre a ordenada e a abscissa no gráfico* ***A****. Mas quando o animal come muito, é bastante provável que o intervalo depois da refeição seja prolongado: neste caso, existe correlação positiva entre a ordenada e a abscissa do gráfico* ***B****. Modificado de D. W. Thomas e J. Mayer (1968)* Journal of Comparative Physiological Psychology, *vol. 66: pp. 642-653.*

Como mencionamos, recentemente detectou-se a existência de um hormônio secretado pelas células do tecido adiposo, chamado leptina, que atua no hipotálamo informando-o da quantidade de gordura acumulada no organismo. A leptina, liberada proporcionalmente à quantidade de células adiposas e ao seu tamanho, seria o sinal para o "controle do estoque", de acordo com a metáfora da loja utilizada acima. A primeira evidência de que um fator circulante participaria da regulação de longo prazo da homeostasia alimentar surgiu de interessantes experimentos *parabióticos*, mencionados anteriormente. Nesse tipo de experimento, os pesquisadores conectam cirurgicamente os sistemas circulatórios de dois animais e eles passam a compartilhar todos os sinais químicos veiculados pelo sangue.

Observou-se que quando um deles é alimentado em excesso ou submetido a uma lesão bilateral do hipotálamo medial, tornando-se obeso, o animal conectado emagrece. A conclusão é de que algum fator humoral que sinaliza o excesso de gordura no animal obeso é transferido ao animal conectado, inibindo os comportamentos de ingestão alimentar. O mesmo não ocorre no obeso porque os pesquisadores forçam a alimentação para engordá-lo, ou lesam o núcleo hipotalâmico que presumivelmente identifica esse sinal químico. Atualmente já se conhece muito da cadeia de sinalização química responsável pela regulação de longo prazo da alimentação, que chamamos figuradamente de regulação do estoque. O mediador circulante é o hormônio leptina, cujo gene (denominado *ob*) é conhecido, bem como suas ações no hipotálamo. Já mencionamos que, quanto maior a quantidade de tecido adiposo, maior a concentração circulante de leptina.

O resultado é a inibição crônica da ingestão, o que representa um controle do apetite, e não propriamente dos comportamentos alimentares. Ou seja: uma inibição direta do estado motivacional de fome. Camundongos mutantes nos quais o gene *ob* está ausente são obesos e diabéticos, mas se forem conectados parabioticamente com animais normais não provocam o emagrecimento destes porque não sintetizam leptina. No entanto, emagrecem por efeito da leptina dos animais normais com quem estão conectados, o que significa que são capazes de sintetizar os receptores moleculares da leptina. Com o gene identificado, tanto o da leptina como o dos seus receptores, tornou-se possível detectar a distribuição desses receptores em animais normais, trabalho que mostrou o envolvimento de mais um núcleo hipotalâmico na homeostasia alimentar: o *núcleo arqueado* (veja a Figura 15.2).

O núcleo arqueado possui neurônios capazes de sintetizar diferentes neuropeptídeos sinápticos: alguns desses neurônios são inibidores do apetite (produzem os peptídeos "anoréticos"), outros fazem o contrário (expressam os peptídeos "orexígenos"). Quando a concentração sanguínea de leptina vai ficando alta (perigo de obesidade!) predomina a atividade dos neurônios inibidores do apetite, que aumentam a sua frequência de disparo à medida que os receptores da leptina, que eles possuem, a reconhecem e "medem" a sua concentração no sangue. Como esses neurônios emitem axônios para o núcleo paraventricular (Figura 15.15, em vermelho), ocorre a liberação sináptica hipotalâmica dos peptídeos correspondentes, e o resultado é o aumento do metabolismo dos tecidos, pela secreção dos hormônios hipofisários ACTH e TSH, estimuladores da córtex suprarrenal e da tireoide, respectivamente. Além disso, essa família de neurônios arqueados projeta axônios descendentes para a medula toracolombar provocando uma ativação simpática que provoca diminuição dos reflexos digestórios, e vasoconstrição com um ligeiro aumento da temperatura corporal (o que contribui ainda mais para a aceleração do metabolismo das células). Finalmente, esses neurônios peptidérgicos do núcleo arqueado projetam axônios também para o hipotálamo lateral, bloqueando o comportamento de busca e ingestão de alimentos.

Quando a concentração sanguínea de leptina vai ficando baixa (emagrecimento excessivo!), não só diminui a atividade dos neurônios mencionados acima, como entra em ação a segunda família neuronal do núcleo arqueado, produtora de peptídeos estimuladores do apetite (Figura 15.15, em azul). O resultado é a diminuição do metabolismo dos tecidos para maior conservação e armazenamento de energia, e a ativação dos comportamentos alimentares apetitivos e consumatórios.

Conclui-se que os neurônios arqueados são os "gerentes de estoque" da gordura do nosso organismo, articulando-se com o hipotálamo lateral, o núcleo paraventricular e outras regiões neurais para regular o apetite e os comportamentos de busca e ingestão alimentar.

O SEXO E A BUSCA DO PRAZER

Vimos que o estudo da fome e dos mecanismos homeostáticos que ela produz ensejou a alguns pesquisadores questionar o conceito de estado motivacional como decorrente de uma carência orgânica. O estudo do sexo fortalece esse questionamento e a nova concepção, já que não se pode detectar um déficit orgânico que cause o impulso sexual. Este, então, seria também uma tendência *default* entre os animais, inibida normalmente por fatores biológicos e sociais, mas que seria liberada em circunstâncias especiais. Dentre os animais, o impulso sexual otimiza a reprodução porque aproxima o macho da fêmea, criando condições para que ocorra o ato sexual e garantindo, assim, a sobrevivência da espécie. Nos seres humanos, o sexo adquiriu uma importante característica, incerta dentre os animais: confere enorme prazer. E esse prazer contribui ainda mais para aproximar

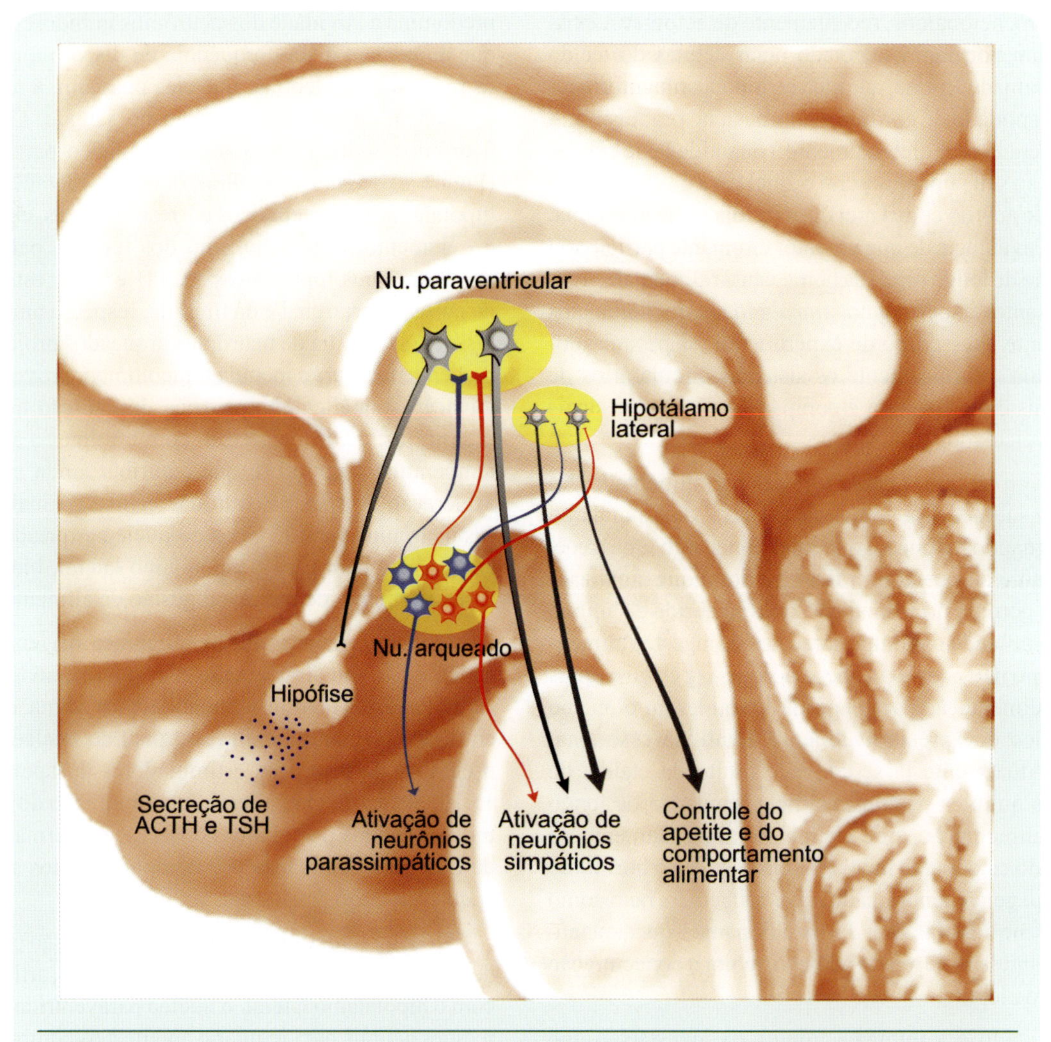

Figura 15.15. *O núcleo arqueado é o regulador do estoque de gordura disponível ao organismo. Seus neurônios são sensíveis à leptina, que atua como variável para o servomecanismo de regulação alimentar de longo prazo. Os neurônios representados em vermelho expressam os chamados "peptídeos anoréticos", que respondem ao aumento da leptina circulante aumentando o metabolismo e inibindo os comportamentos de ingestão alimentar. Os neurônios representados em azul, por outro lado, expressam os "peptídeos orexigênicos", que têm efeitos opostos.*

homens e mulheres, garantindo, além disso, a reprodução de nossa espécie. Mas não se deve pensar nem que os fatores biológicos estejam ausentes entre nós, nem que os fatores sociais (mais precisamente: ecológicos) deixem de influir também sobre os animais. Essa complexidade do estado motivacional e dos comportamentos ligados ao sexo torna difícil estabelecer analogias com os servomecanismos, tão úteis para compreender os mais simples, como vimos para a termorregulação, a sede e mesmo a fome.

Não sabemos se o sexo foi a primeira fonte de prazer que os seres humanos adquiriram ao longo da evolução. Mas duas coisas são certas. Primeiro: o lado prazeroso do sexo tornou-o independente de sua função original voltada para a reprodução. Como todos sabem, podemos praticar sexo para obter prazer, e não apenas para ter filhos. Segundo: nem só o sexo nos dá prazer. Os humanos de hoje são capazes de sentir prazer em muitas outras situações que nada têm a ver com o sexo ou a reprodução: comer e beber, participar de jogos e esportes, ler e assistir a espetáculos artísticos, e muitos outros. A vida humana em sociedade consiste em uma busca ininterrupta de prazer.

Veremos que o comportamento sexual depende da interação entre sinais neurais e químicos provenientes de todo o corpo, integrados pelo hipotálamo com a participação de outras regiões. Veremos também que o prazer depende de um outro conjunto de regiões que compõem o chamado *sistema mesolímbico,* um sistema capaz de responder a estímulos reforçadores positivos gerando um estado motivacional complexo que nos faz repetir comportamentos para obter mais e mais prazer. E pode mesmo fazê-lo até o ponto extremo em que o processo se transforma em compulsão e dependência.

COMPORTAMENTOS SEXUAIS

Como todos os comportamentos motivados, os sexuais podem ser também apetitivos e consumatórios. Os primeiros têm a função de atrair machos e fêmeas um para o outro, provocar excitação sexual que os atrai ainda mais, e assim preparar o organismo para os comportamentos consumatórios que compõem o ato sexual.

O primeiro estágio do comportamento sexual consiste na atração entre machos e fêmeas distantes ou desatentos (Figura 15.16). Uns e outros emitem sinais detectados pelo parceiro: apresentam seus órgãos sexuais, ainda que dissimuladamente; emitem cheiros naturais (ou utilizam perfumes artificiais...); vocalizam caracteristicamente ou, no caso dos seres humanos, emitem frases com conteúdo sedutor. Em muitos casos, esses comportamentos apetitivos de atração são regulados pelos níveis dos hormônios sexuais das gônadas, que nas fêmeas variam ciclicamente (é o ciclo estral ou menstrual). Machos e fêmeas aproximam seus corpos, realizando padrões estereotipados de movimentos. Nos seres humanos, como sabemos, os movimentos dc aproximação são menos estereotipados, variando com os indivíduos e com a sua cultura. Há troca de olhares, gestos sedutores, movimentos de exposição do corpo, e assim por diante.

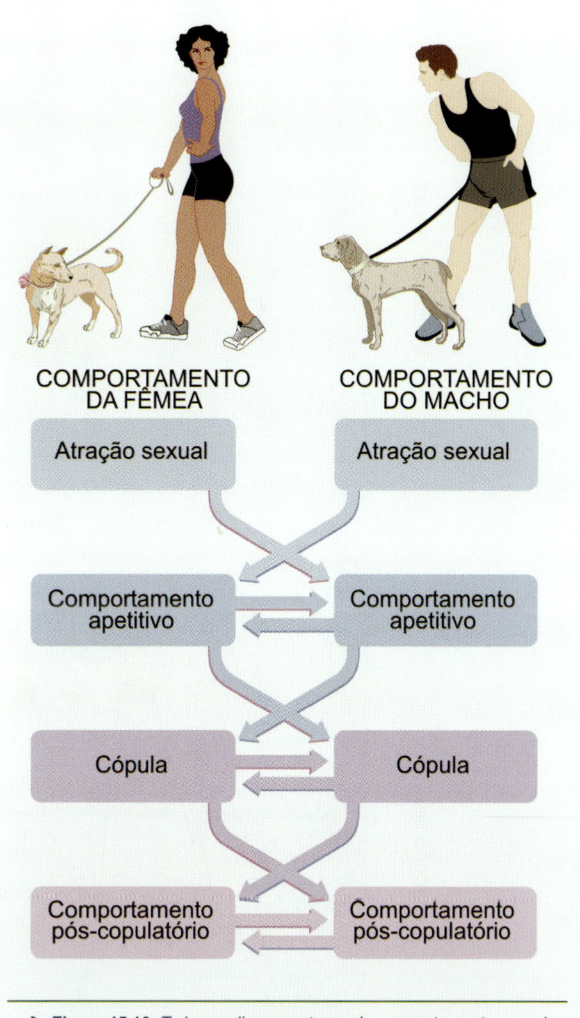

Figura 15.16. *Todas as diversas etapas do comportamento sexual dos animais envolvem uma rica interação entre machos e fêmeas.*

Entre os animais, a fêmea aceita o macho se estiver no período fértil do ciclo estral, mas entre os seres humanos não existe essa restrição, e a decisão pelo ato sexual é em princípio livre e igual para os dois parceiros. Os comportamentos motivados que realizam passam então a preparar o corpo para o segundo estágio: a cópula. Nessa transição, ocorre um período de excitação sexual mediada por estimulação tátil dos órgãos genitais, que resultam em ereção do pênis e intumescimento do clitóris e dos lábios vaginais, bem como a lubrificação das vias genitais femininas (veja o Capítulo 14 para compreender como o SNA produz esses fenômenos). Dentre os animais, geralmente a fêmea se deixa montar pelo macho em posição estereotipada. No caso dos seres humanos, as posições adotadas são muito mais variadas e constituem fonte adicional de prazer.

A cópula consiste no acoplamento dos órgãos genitais, seguido da penetração do pênis no canal vaginal. Os movimentos tornam-se repetitivos e mais rápidos, aumentando a excitação e muitas vezes terminando no orgasmo dos dois parceiros, que consiste em um clímax de prazer e na ejaculação pelo macho, com a emissão do sêmen que contém os espermatozoides. O estudo científico do comportamento sexual humano é algo muito recente na civilização humana, pois tem sido tradicionalmente estigmatizado pela sociedade (embora praticado ativamente...). Recentemente, no entanto, médicos e psicólogos têm estudado as diferenças entre o comportamento sexual do homem e da mulher, em particular durante a cópula (Figura 15.17). Mostrou-se o que todos nós sabíamos, mas não nos atrevíamos a admitir. A excitação sexual cresce em paralelo nos dois parceiros, atingindo um patamar a partir do qual reflui, ou então evolui para o orgasmo. Os homens geralmente têm apenas um orgasmo, seguindo-se um período refratário durante o qual a excitação diminui e permanece baixa durante um certo tempo. A maioria das mulheres não apresenta um período refratário, e por isso pode ter múltiplos orgasmos.

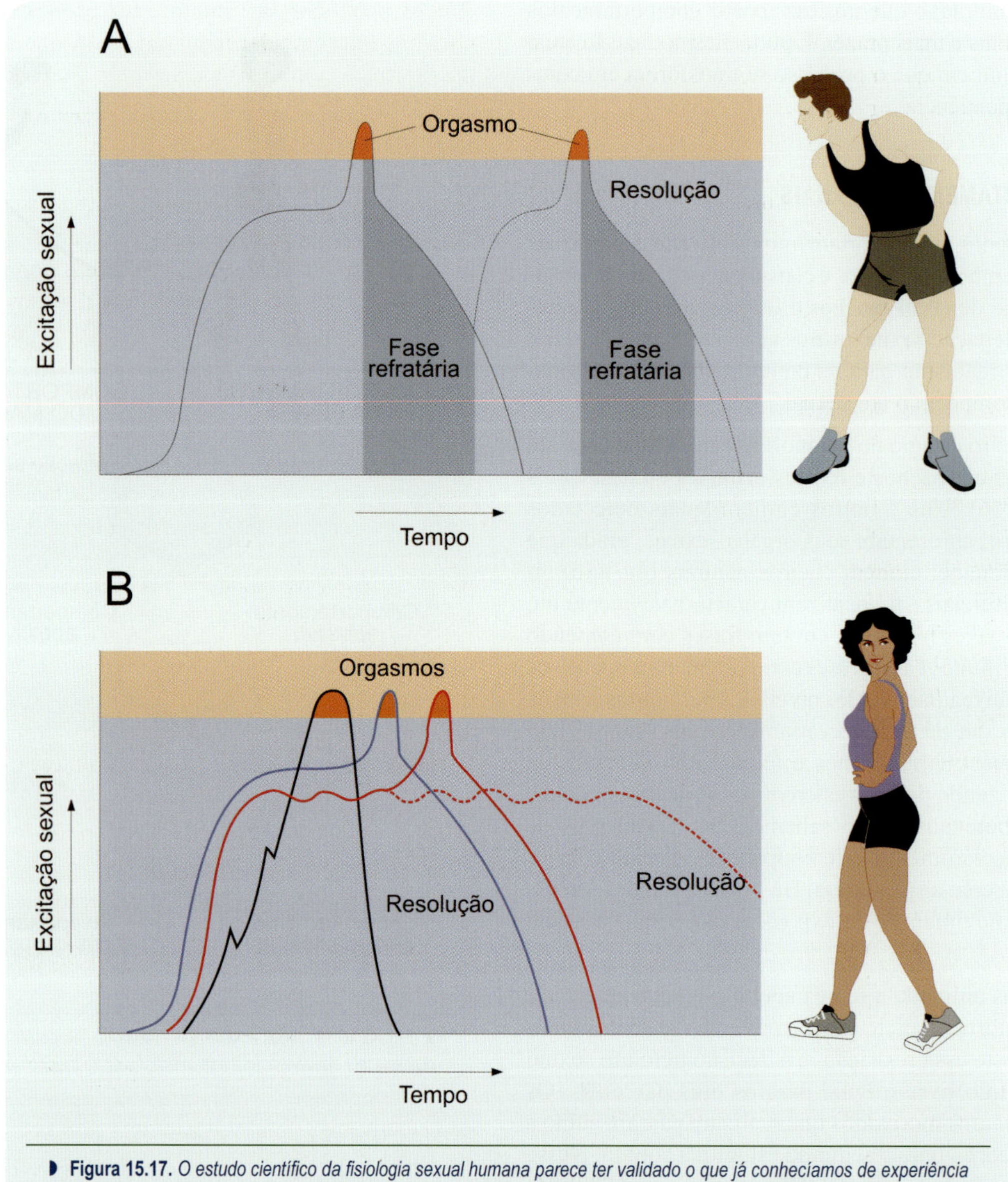

Figura 15.17. *O estudo científico da fisiologia sexual humana parece ter validado o que já conhecíamos de experiência própria. De acordo com este estudo, o homem norte-americano (**A**) apresenta uma curva de excitação sexual mais estereotipada que a mulher, com uma fase refratária após cada orgasmo. Na mulher (**B**) a excitação pode levar ao orgasmo rápida ou lentamente, e não há período refratário. Modificado de W. H. Masters e V. E. Johnson (1966)* Human Sexual Response. *Little & Brown, EUA.*

COMPORTAMENTOS AFILIATIVOS

A cópula pode produzir gravidez em todas as espécies animais, e pode provocar também, em algumas espécies inclusive a humana, comportamentos sociais chamados *afiliativos*, através dos quais o macho e a fêmea formam um par relativamente estável, preparando-se ambos para receber o(s) filhote(s). Quando a prole nasce, outro comportamento afiliativo se estabelece: o apego entre a mãe e o filhote (mais comum) e entre o pai e o filhote (mais raro). Os comportamentos afiliativos dessa natureza são muito importantes biologicamente, pois protegem a fêmea durante a gravidez, e garantem a sobrevivência da prole após o nascimento, quando os filhotes não têm ainda a maturidade fisiológica necessária para a vida independente. No caso dos seres humanos, os comportamentos afiliativos de formação de grupos parentais (casais, famílias) criam também um conjunto de sentimentos prazerosos que contribuem para a manutenção desses laços.

Mas as estratégias das diferentes espécies animais para garantir a reprodução não são as mesmas. As girafas, orangotangos e outros mamíferos empregam a poliginia, estratégia pela qual um macho acasala com várias fêmeas, mas cada fêmea com um só macho. Nos gorilas e alguns grupos humanos, a poliginia assume a forma de harém. A poliandria é a estratégia oposta, mas mais rara na natureza. Poliginia e poliandria são formas de poligamia. A monogamia é relativamente rara na natureza (cerca de 3% das espécies mamíferas), mas muito frequente nas aves (cerca de 90% das espécies).

Os neurocientistas têm utilizado técnicas de neuroimagem funcional para identificar as regiões neurais e os mecanismos envolvidos na produção dos comportamentos afiliativos, bem como para desvendar a relação entre as determinações biológicas (genéticas, por exemplo) e as influências sociais (culturais, por exemplo). Mas como as possibilidades de experimentação em humanos são mais limitadas, buscam também modelos animais. Dentre os vários modelos já utilizados, merece referência especial o estudo de duas espécies muito próximas de camundongos silvestres da América do Norte, cujos comportamentos sociais são completamente opostos, apesar de seu parentesco genético muito próximo. Trata-se do camundongo-das-pradarias[13] (*Microtus ochrogaster*) e seu primo próximo, o camundongo-das-campinas[14] (*Microtus pennsylvanicus*). O primeiro é um animal extremamente social, que quando acasala se liga monogamicamente formando um par "para toda a vida". Além disso, tanto a mãe quanto o pai estabelecem forte vínculo com os filhotes, formando um grupo familiar forte que favorece muito a reproduçao e a criação dos filhotes. A outra espécie é completamente diferente: não forma qualquer vínculo entre macho e fêmea após o acasalamento, e o comportamento subsequente é promíscuo e associal.

Os estudos com esses animais permitiram revelar que há genes que produzem hormônios capazes de influenciar circuitos neuronais específicos, que por sua vez determinam a expressão de comportamentos apetitivos de natureza social e sexual. De que modo essa complexa sequência de eventos é coordenada pelo sistema nervoso? É o que veremos a seguir.

Hormônios, Neurotransmissores e Neurônios no Comando do Comportamento Sexual

O hipotálamo foi logo identificado como o principal integrador do comportamento sexual, e dois neuropeptídeos foram apontados como os principais moduladores neurais dos comportamentos sexuais: a ocitocina e a vasopressina. Ambos peptídeos são sintetizados pelos neurônios dos núcleos paraventricular e supraóptico do hipotálamo, e conduzidos até os terminais axônicos na neuro-hipófise, onde são liberados para a corrente sanguínea para exercer os seus efeitos periféricos sobre a musculatura lisa do útero e das glândulas mamárias, e sobre os vasos sanguíneos renais. No entanto, o que poucos sabem é que esses mesmos peptídeos são produzidos por outros neurônios centrais, participantes essenciais dos circuitos envolvidos nos comportamentos sexuais. A ocitocina é secretada em diversos núcleos hipotalâmicos, na amígdala[A] e no núcleo acumbente, além de regiões do tronco encefálico e medula. A vasopressina é produzida no núcleo supraquiasmático do hipotálamo, no núcleo do leito da estria terminal e na amígdala medial. Verificou-se, em mamíferos, que a vasopressina está envolvida mais fortemente nos comportamentos sexuais masculinos, enquanto a ocitocina atua predominantemente nas fêmeas. Ambos peptídeos são fortemente secretados durante a excitação sexual tanto nos machos como nas fêmeas, atingindo o nível mais alto durante o orgasmo.

A hipótese que surgiu dos experimentos com animais, principalmente utilizando as duas espécies de camundongos *Microtus* já mencionados, postula que os hormônios sexuais (testosterona e estrogênios) ativam a síntese e liberação de ocitocina e vasopressina nos circuitos cerebrais e suprarregulam a expressão dos receptorcs correspondentes na área pré-óptica medial, área tegmentar ventral, núcleo do leito da estria terminal, amígdala e bulbo olfatório[A]. O cérebro fica assim "preparado" para emitir os comportamentos afiliativos e sexuais adequados para as situações de acasalamento ou de cuidados com a prole.

No camundongo-das-pradarias, por exemplo, que naturalmente forma um vínculo monogâmico entre macho e fêmea logo após a primeira cópula, mostrou-se que a administração de doses intracerebrais de ocitocina e vasopressina provoca a formação do vínculo independente do acasalamento. O experimento contrário também foi feito - bloqueio farmacológico da ação dos peptídeos após a cópula. Resultado: o vínculo monogâmico não se forma, e os camundongos comportam-se de modo promíscuo totalmente distinto da normalidade fisiológica. No entanto, o mesmo não ocorre no camundongo-das-campinas, a espécie que apresenta comportamento promíscuo e ausência de vínculos afiliativos entre macho e fêmea. A explicação surgiu imediatamente: enquanto o camundongo-da-pradaria tem grande quantidade de receptores para ocitocina e vasopressina no núcleo acumbente e demais regiões mencionadas acima, o camundongo-das-campinas é carente desses receptores. No entanto, quando se manipula o seu genoma, inserindo nele, por meio de vetores virais, o gene do receptor para vasopressina, os animais passam a comportar-se como os primos, expressando comportamentos afiliativos monogâmicos.

[13] *Do inglês,* prairie vole *ou* pairie mouse.

[14] *Do inglês,* meadow vole *ou* meadow mouse.

A atuação de cada um desses núcleos e regiões neurais nos diferentes aspectos do comportamento sexual ainda é mal conhecida, e mais ainda o seu envolvimento específico no comportamento humano.

No caso do comportamento consumatório, demonstrou-se que o núcleo ventromedial das fêmeas controla os comportamentos de posicionamento sexual para a cópula (Figura 15.18B). Ratas com esse núcleo lesado bilateralmente não curvam a coluna vertebral (lordose), como é característico da sua atitude receptiva em relação aos machos. Além disso, a lordose é imediatamente provocada em ratas normais quando se injeta estradiol através de microcânulas posicionadas no ventromedial. O núcleo ventromedial emite axônios que terminam na grísea periaquedutal, uma região que se situa em torno do aqueduto cerebral[A], no mesencéfalo, e que participa também de outros comportamentos com conteúdo emocional (veja o Capítulo 20, a esse respeito). Os neurônios da grísea projetam à formação reticular bulbar, que emite o feixe retículo-espinhal, cujas terminações controlam a ação dos motoneurônios da medula. Esse circuito bem definido é essencial para comandar os movimentos da fêmea.

Nos machos, o núcleo pré-óptico medial é que parece dar as cartas (Figura 15.18A). Ratos submetidos a lesões desse núcleo não conseguem montar as fêmeas. Esse comportamento de montada é imediatamente provocado em ratos normais quando se infundem androgênios através de microcânulas na área pré-óptica. O núcleo pré-óptico medial projeta ao tegmento mesencefálico[A], e este aos núcleos da base. Esse parece ser o circuito que comanda o comportamento de montada. Outros neurônios do tegmento mesencefálico projetam à medula, de onde parte a inervação motora para a penetração e a inervação simpática que comanda a ejaculação. O sinal químico que dispara esse processo no hipotálamo dos machos não é a testosterona, como se poderia supor. Surpreendentemente, a testosterona é transformada em estradiol por uma enzima chamada aromatase (veja adiante), presente no tecido hipotalâmico, e é o estradiol que é reconhecido pelos receptores moleculares para os esteroides gonádicos.

Os núcleos da amígdala estão envolvidos no reconhecimento dos indivíduos da mesma espécie, em contraposição àqueles de outras espécies. Os primeiros, em princípio, são "amigos". Os demais podem ser predadores. O núcleo acumbente e a área tegmentar ventral fazem parte do sistema mesolímbico dopaminérgico de recompensa: acredita-se que possibilitam alguma sensação de prazer – se é que se pode assim descrever o que "sentiria" um animal – na aproximação, corte e acasalamento entre macho e fêmea.

Tanto nos machos como nas fêmeas, informações sensoriais também contribuem para a realização do ato sexual (Figura 15.18). Informações olfatórias específicas veiculadas pelos feromônios sexuais são captadas pelo órgão vômero-nasal e veiculadas ao complexo amigdaloide, que projeta ao hipotálamo. É provável que outras informações sensoriais também participem, particularmente nos seres humanos.

Na nossa espécie, inúmeros trabalhos têm sido feitos empregando neuroimagem por ressonância magnética funcional, em diferentes condições: durante a visualização de fotos e vídeos de pessoas amadas, durante a excitação sexual e o orgasmo, durante a visualização de imagens dos filhos e a escuta de sua voz. Nessas condições, é possível discernir as diferenças de ativação cerebral em situações de paixão, erotismo, amor materno e muitas outras. Invariavelmente, ocorre ativação do hipotálamo durante o sexo, mas não no amor materno (Figura 15.19). Além disso, nessas condições de amor erótico, são desativadas as áreas frontais envolvidas com o julgamento e a razão. Tem razão, portanto, o senso comum, ao preconizar que "o amor é cego" e que durante a paixão "perdemos a razão". A perda da razão torna possível o impossível: a união de pares improváveis, favorecendo a variabilidade biológica. É como disse o filósofo e cientista francês Blaise Pascal (1623-1662): "o coração tem razões que até a razão desconhece", frase que se tornou lugar-comum para descrever o bloqueio dos processos racionais durante as fortes emoções positivas do amor erótico e da paixão.

DIFERENCIAÇÃO SEXUAL DO SISTEMA NERVOSO

Quantos sexos existem? Como eles se estabelecem durante o desenvolvimento? Que fatores determinam e controlam esse processo?

De um modo geral, podemos identificar com clareza os dois gêneros mais comuns: masculino e feminino. Os animais utilizam a morfologia do corpo e o comportamento como sinais para reconhecer os sexos. Os seres humanos utilizam a forma do corpo como indicador principal, mas também outros sinais característicos – cheiros, gestos, movimentos corporais, modos de falar, maneiras de olhar e muitos outros. Quando os indicadores são corporais, é geralmente fácil distinguir um homem de uma mulher, embora a existência de indivíduos intersexuais mostre que a distinção não é inteiramente bipolar. Mas quando os indicadores são comportamentais, torna-se muito difícil distinguir os gêneros humanos, não só porque há sempre numerosas nuances intermediárias entre o que seriam o comportamento masculino e o comportamento feminino, mas também porque todo esse universo é fortemente influenciado pela cultura e pela vida social.

Sabemos que os gêneros diferem pelos seus cromossomos sexuais, e consequentemente pela sua composição genética: XX e XY são os sexos genéticos, que determinam respectivamente a expressão de características sexuais primárias e secundárias das fêmeas e dos machos, em maior ou

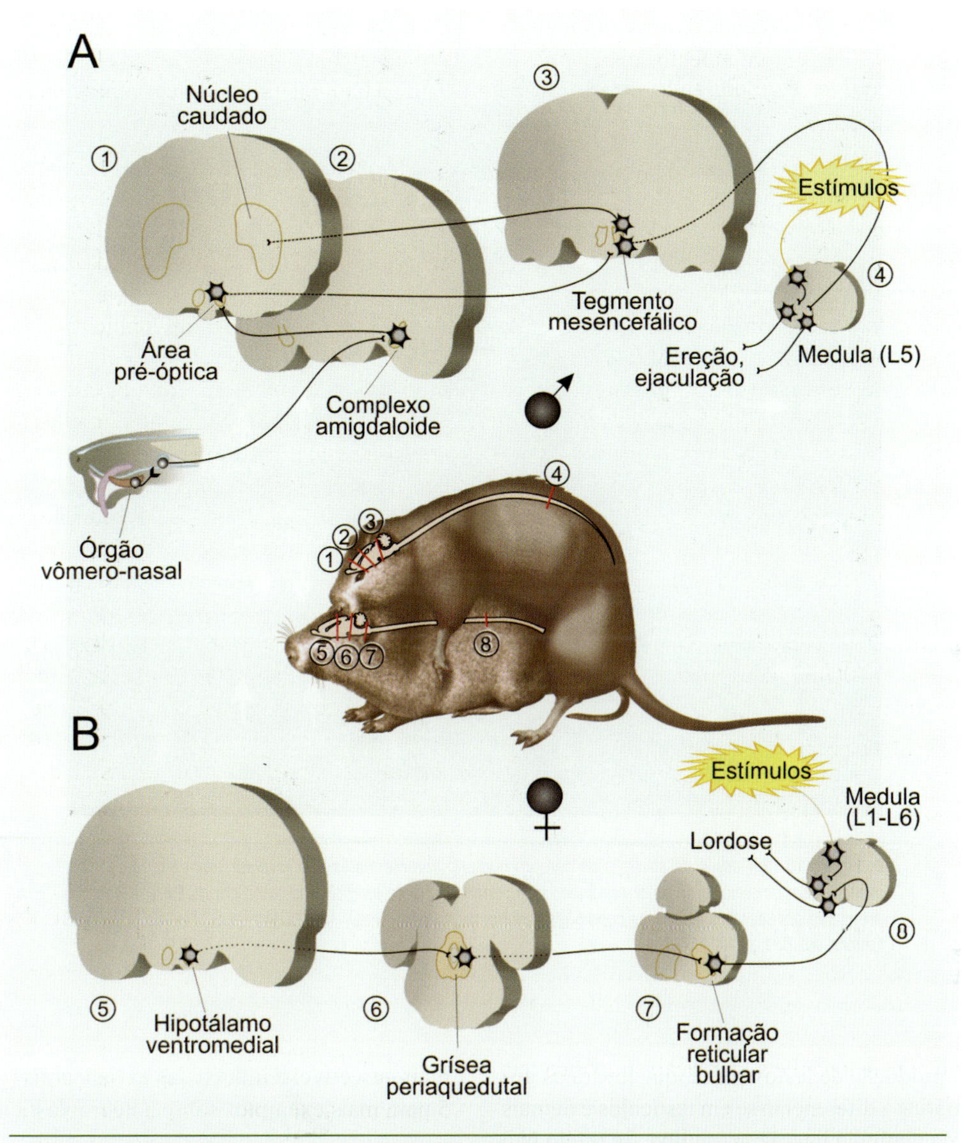

Figura 15.18. *As regiões neurais envolvidas no comportamento sexual consumatório dos machos (**A**) são diferentes daquelas atuantes nas fêmeas (**B**). Vários níveis do SNC (números circulados) participam da sequência que leva à lordose na fêmea e à montada do macho. Modificado de M. R. Rosenzweig e cols. (1999)* Biological Psychology *(2ª ed.). Sinauer Associates, Sunderland, EUA.*

menor grau. Comparado ao X, o cromossomo Y tem menos genes e funções menos diversificadas; no entanto, contém um segmento gênico chamado "região determinante do sexo do cromossomo Y" (conhecido pela sigla SRY, da expressão em inglês), que codifica a proteína chamada "fator determinante de testículo" (TDF, abreviatura da expressão em inglês). O sexo é sempre determinado pela presença ou ausência do gene *tdf*, de tal modo que pessoas XX ou XXX são do sexo feminino, e pessoas XY ou XXY são do sexo masculino. Há outros genes que influenciam o sexo, mas parece que todos são regulados pelo gene *tdf*.

De qualquer modo, se o corpo e o comportamento se diferenciam em dois gêneros mais comuns, devemos encontrar também diferenças entre o sistema nervoso do macho e da fêmea, do homem e da mulher. E devemos supor duas possibilidades: ou essas diferenças já existem desde o início da embriogênese, ou aparecem em algum momento da vida do indivíduo.

Durante as seis primeiras semanas de gravidez, as gônadas humanas se mantêm indiferenciadas, podendo originar os ovários da mulher ou os testículos do homem. Se o feto tem um cromossomo Y, e portanto o segmento

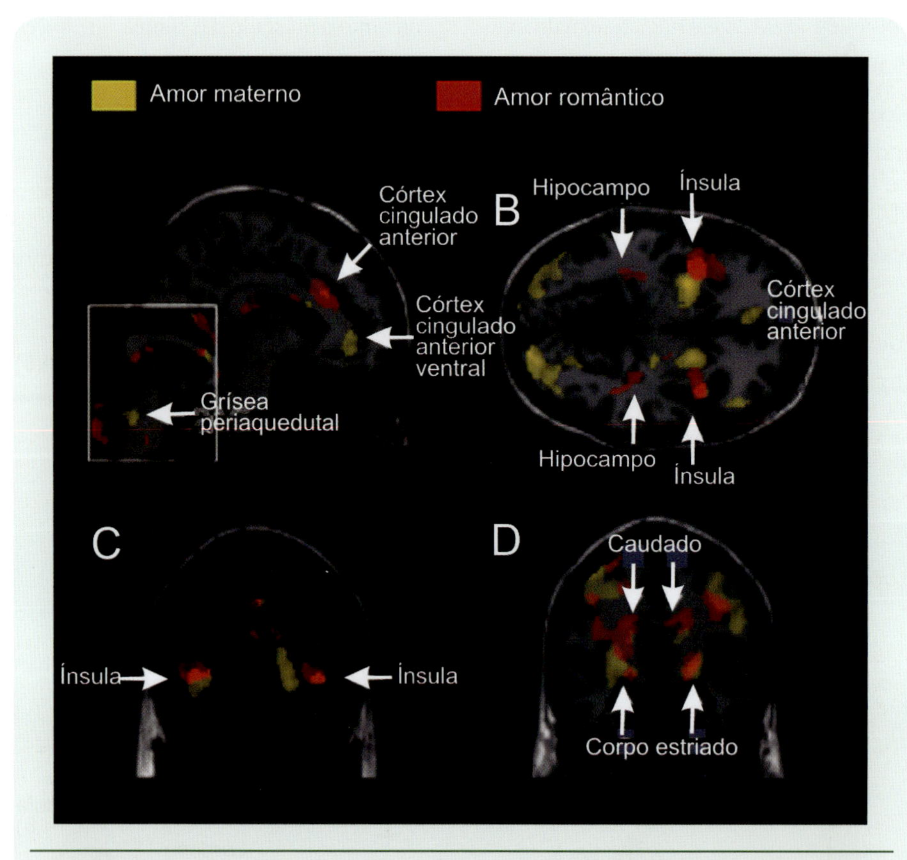

Figura 15.19. *Padrão de ativação do cérebro humano durante testes que revelam sentimentos de amor materno (em amarelo) e de amor romântico (em vermelho), tanto em homens como em mulheres. Algumas áreas são ativadas em ambas as condições (sobreposição das cores). Modificado de S. Zeki (2007)* FEBS Letters, *vol. 581: pp. 2575-2579.*

SRY, ocorrerá produção de testosterona, que levará as gônadas embrionárias a diferenciar-se em testículos e demais componentes da genitália interna masculina. Se o feto não tem cromossomo Y, e portanto tampouco o segmento SRY, a diferenciação das gônadas embrionárias seguirá um caminho que dará origem à genitália interna feminina.

Como a fisiologia e o comportamento sexual são diferentes entre machos e fêmeas, pode-se prever que os cérebros de um e outro gênero sejam diferentes. De fato, existe um dimorfismo[15] sexual no sistema nervoso dos animais, e ele se estabelece ao longo do desenvolvimento embrionário e pós-natal através de um processo chamado *diferenciação sexual* do sistema nervoso. Esse processo depende dos hormônios das gônadas e ocorre durante períodos críticos do desenvolvimento, quando o cérebro é mais suscetível a influências extraneurais (veja o Capítulo 5 para mais exemplos sobre a neuroplasticidade).

São muitos os exemplos de dimorfismo sexual no sistema nervoso, que em geral ocorrem justamente no hipotálamo, coerentemente com a importância dessa região no controle da vida sexual dos indivíduos. Na maioria dos casos já descritos, a diferença entre os sexos é de volume do núcleo, geralmente maior no macho do que na fêmea. Há também exemplos de dimorfismo na morfologia e na quantidade de espinhas dendríticas e de sinapses.

Os núcleos que controlam o canto, nos canários e outros pássaros, são muito maiores nos machos do que nas fêmeas (cerca de cinco vezes). Essa diferença morfológica é consistente com o fato de que o canto dos canários machos é mais elaborado e complexo do que o das fêmeas. Mostrou-se que o tamanho desses núcleos é regulado pelo nível de androgênios circulantes, não só durante o desenvolvimento, mas também na vida adulta. Em alguns pássaros, o nível de androgênios oscila com as estações do ano, e o mesmo ocorre com o volume desses núcleos.

[15] *No homem, o consagrado termo* dimorfismo *tende a ser substituído por* alomorfismo, *para levar em conta a existência (ainda controversa) de diferenças morfológicas no cérebro de pessoas homossexuais.*

Em ratos, mostrou-se que existe um núcleo sexualmente dimórfico na área pré-óptica dos machos, cerca de três vezes maior do que em fêmeas (Figura 15.20). Esse núcleo responde também ao nível circulante de hormônios masculinos, mas apenas durante o desenvolvimento. Não se conhece perfeitamente a sua função, mas há evidências de que possa estar relacionado ao comportamento de demarcação de território, característico dos machos. Não só o hipotálamo apresenta regiões sexualmente dimórficas. Há evidências de que certas regiões corticais, bem como as comissuras cerebrais, têm morfologia diferente em homens e mulheres. A medula espinhal apresenta um exemplo interessante: o núcleo que controla o músculo bulbo-esponjoso existe em machos, mas não em fêmeas. Esse músculo circunda a base do pênis. Nos recém-nascidos existe em ambos os sexos (no pênis e no clitóris), mas durante o desenvolvimento pós-natal os androgênios mantêm o músculo dos machos, enquanto o músculo das fêmeas atrofia e desaparece. É que apenas os primeiros expressam os receptores apropriados para os androgênios. A atrofia muscular que ocorre nas fêmeas retira o suporte trófico dos motoneurônios correspondentes da medula, estes entram em apoptose[G] e desaparecem (maiores detalhes sobre fatores tróficos no Capítulo 2). O dimorfismo do núcleo do bulbo esponjoso, assim, tem origem indireta, dependendo do dimorfismo primário do seu alvo muscular.

De que modo esse processo diferenciador ocorre durante o desenvolvimento? A primeira hipótese a respeito foi lançada pelo fisiologista americano William Young (1899-1965), e ficou conhecida como a *hipótese organizadora*. De acordo com Young, existiria uma tendência *default* do desenvolvimento, pela qual todos os organismos seriam femininos, não fosse a ação "organizadora" dos hormônios

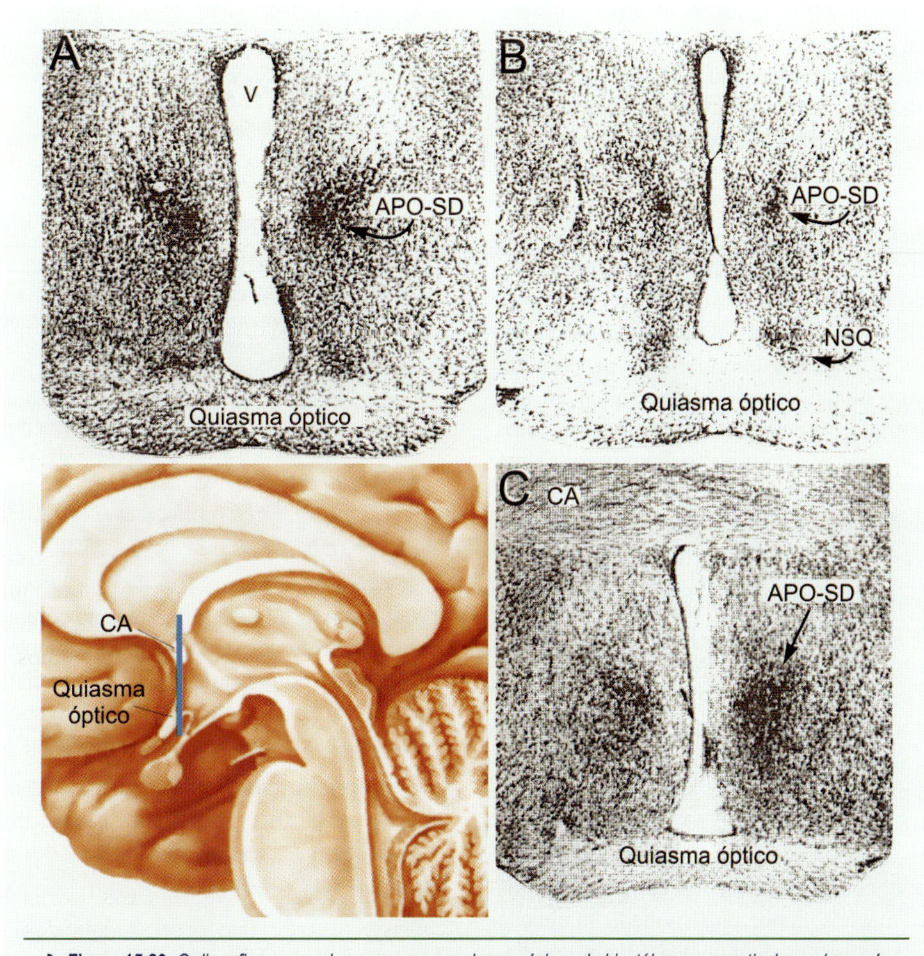

▶ **Figura 15.20.** *O dimorfismo sexual se expressa em alguns núcleos do hipotálamo, em particular na área pré-óptica (APO-SD). Ratos machos (**A**) apresentam esse núcleo com volume bem maior que nas fêmeas (**B**). Nas fêmeas tratadas com testosterona (**C**), a área pré-óptica adquire volume semelhante à dos machos. O desenho à esquerda mostra o nível equivalente dos cortes (linha azul), no cérebro humano. CA = comissura anterior[A]; NSQ = núcleo supraquiasmático; V = ventrículo. Fotos **A-C** reproduzidas de R. Gorski (1987)* Masculinity/Feminity: Basic Perspectives *(J. M. Reinisch e cols., orgs.). Oxford University Press, Inglaterra.*

esteroides testiculares dos machos, que a modificam masculinizando o corpo, o cérebro e o comportamento durante a vida pós-natal. Esse efeito organizador da testosterona seria exercido durante um período crítico (durante o desenvolvimento até a puberdade), e se tornaria permanente. As ações posteriores dos hormônios sexuais passariam a ser apenas ativadoras, uma vez que a diferenciação já ocorrera em um sentido ou outro.

A hipótese de Young teve que ser modificada quando se descobriu a aromatização dos androgênios, isto é, a transformação da testosterona em estradiol pela enzima aromatase, que consiste na inserção de ligações duplas na molécula, transformando o primeiro anel carbônico da testosterona no anel aromático[G] do estradiol (Figura 15.21A). Essa descoberta causou um aparente paradoxo, porque significou admitir que são os estrogênios – hormônios gonádicos femininos – que masculinizam o cérebro! A nova hipótese da aromatização foi apoiada pela descoberta de que em vários núcleos do hipotálamo – tanto em machos como em fêmeas — existem numerosos receptores moleculares para estrogênios (Figura 15.21B), mas não para androgênios. E mais: tanto nos pássaros como nos ratos, são justamente as regiões dimórficas do cérebro que contêm maior número de receptores para estrogênios e maior concentração da enzima aromatase. Esse dado é consistente com a ideia de que a ação diferenciadora dos androgênios (principalmente a testosterona) não se exerce diretamente, mas através da sua transformação enzimática em estrogênios (principalmente o estradiol). Mas criou um novo problema: se for assim, por que os estrogênios que circulam nas fêmeas não masculinizam o hipotálamo delas? A explicação não tardou a ser encontrada: é que os fetos de ambos os sexos apresentam uma proteína plasmática (a α-fetoproteína) que se liga aos estrogênios circulantes (mas não aos androgênios), "sequestrando-os" e impedindo a sua passagem para o tecido cerebral pela barreira hematoencefálica.

Os machos, então, se caracterizam pela capacidade de seus neurônios de produzir aromatase, a enzima que transforma a testosterona em estradiol. A presença de maiores concentrações de estradiol no cérebro, função da maior presença de testosterona na circulação e da ação da aromatase, é reconhecida pelos neurônios que expressam os receptores correspondentes, principalmente no hipotálamo. Segue-se uma ação do estradiol sobre a expressão gênica, que vai gradativamente moldando os circuitos neurais masculinos de modo a possibilitar a manifestação dos comportamentos característicos dos machos: maior agressividade, marcação de território, comportamentos de montada para o acasalamento etc. Ao mesmo tempo, a testosterona circulante age sobre o corpo em geral, desenvolvendo os caracteres sexuais secundários típicos do sexo masculino.

O oposto acontece nas fêmeas, nas quais a menor concentração de testosterona, o sequestro dos estrogênios

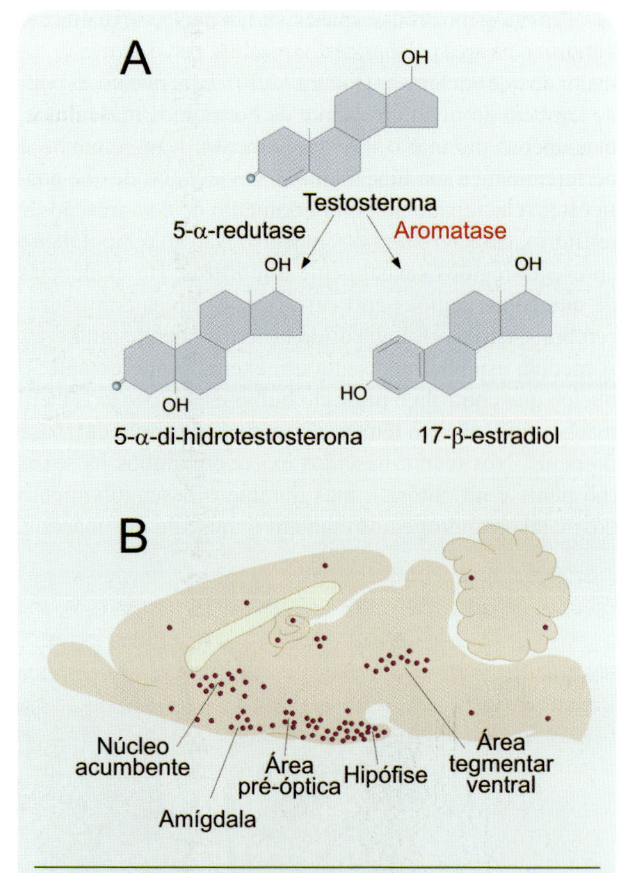

Figura 15.21. *Parece um paradoxo, mas não é: apenas o SNC dos machos expressa a enzima aromatase, que transforma a testosterona em estradiol (**A**), embora tanto machos como fêmeas apresentem receptores moleculares para estrogênios (mas não para a testosterona) (**B**). O estradiol circulante das fêmeas não passa a barreira hematoencefálica por estar ligado à α-fetoproteína, mas isso não ocorre com a testosterona, que tem passe livre ao tecido cerebral, onde é aromatizada e vira estradiol.*

circulantes e a falta da aromatase no cérebro, levam a diferenciação do cérebro e do comportamento em outra direção, expressando comportamentos sexuais distintos. Enquanto isso, os estrogênios circulantes atuam sobre o corpo diferenciando caracteres sexuais secundários femininos.

Esse efeito, em ambos os casos, se acentua na puberdade, fase em que ocorre um pico na secreção dos hormônios sexuais, com as consequências que todos nós conhecemos e não é preciso descrever.

O Sistema Mesolímbico: Vias Dopaminérgicas de Reforço Positivo

Mais complexos ou menos complexos, os estados motivacionais produzem comportamentos apetitivos e consumatórios. Vimos que os consumatórios são comandados pelo hipotálamo, que monitora continuamente cada uma das variáveis controladas ou o nível dos hormônios relevantes para cada caso. Mas e os comportamentos apetitivos, que são aprendidos, isto é, associados a sentimentos de prazer que nos fazem repeti-los muitas e muitas vezes? Que regiões estariam envolvidas com esse tipo de comportamento motivado? De que forma atuariam?

A chave dessas questões já se podia entrever nos antigos experimentos de lesão e estimulação das décadas de 1940 e 1950. Como já vimos, os experimentos empregando extensas lesões cirúrgicas do hipotálamo de ratos revelaram severas síndromes de desmotivação que incluíam afagia, adipsia, acinesia e indiferença sensorial. Os pesquisadores da época atribuíram os sintomas à lesão dos núcleos hipotalâmicos, mas recentemente os neurocientistas desconfiaram dessa interpretação e realizaram lesões mais refinadas, utilizando substâncias químicas que destroem apenas os neurônios, mas não as fibras de passagem. O resultado foi revelador: os sintomas eram bem menos severos, restringindo-se aos comportamentos consumatórios de comer e beber, mas não aos comportamentos apetitivos correspondentes. Suspeitou-se então do envolvimento das fibras do feixe prosencefálico medial, que passam justamente nas regiões mais laterais do hipotálamo, nos comportamentos apetitivos.

Paralelamente, uma dupla de pesquisadores pioneiros, os canadenses James Olds e Peter Milner, realizava experimentos de estimulação que trouxeram resultados surpreendentes. Implantavam microeletródios no cérebro de ratos sob anestesia e os prendiam permanentemente ao crânio por meio de parafusos ortopédicos. Depois da anestesia, recuperados da cirurgia, os ratos tinham à sua disposição, na gaiola, alavancas que podiam manipular à vontade. Primeiro por acaso, depois intencionalmente, os ratos manipulavam as alavancas. Cada vez que isso acontecia, um pulso elétrico de baixa intensidade era automaticamente aplicado ao tecido cerebral onde se localizava a ponta do eletródio. Olds e Milner se espantaram – e espantaram o mundo científico – ao relatar que os ratos pareciam gostar do experimento, pois passavam a repetir esse comportamento muitas e muitas vezes, ininterruptamente (ver o Quadro 15.2). Parecia que a estimulação elétrica do cérebro lhes estava provocando enorme "prazer". A interpretação desses pesquisadores foi compatível com as concepções da época: tinham encontrado o "centro do prazer" no cérebro dos ratos. A explicação não satisfez os pesquisadores subsequentes, que repetiram os experimentos variando a posição dos eletródios. Foi possível, assim, mapear as regiões cerebrais que provocavam autoestimulação (para empregar um termo mais cauteloso do que "prazer").

Encontraram que essas regiões se situavam em torno das fibras que compunham o feixe prosencefálico medial, desde o tronco cerebral e o mesencéfalo, até os núcleos da base e as regiões mediais do córtex cerebral (Figura 15.22).

Observou-se que o feixe prosencefálico medial contém diferentes sistemas de fibras. Entretanto, os sintomas de desmotivação surgiam apenas quando os animais experimentais recebiam lesões químicas específicas para as fibras que empregam a dopamina como neurotransmissor. Além disso, a autoestimulação podia ser modificada especificamente por substâncias agonistas e antagonistas da dopamina. O sistema foi denominado mesolímbico, e envolve principalmente a área tegmentar ventral do mesencéfalo, o hipotálamo, o corpo estriado[A] ventral (constituído principalmente por um núcleo chamado *acumbente*), o córtex cingulado[A] e o córtex pré-frontal[A] (Figura 15.22). Outras fibras dopaminérgicas coexistem no mesmo sistema, mas participam mais especificamente do controle motor: são as

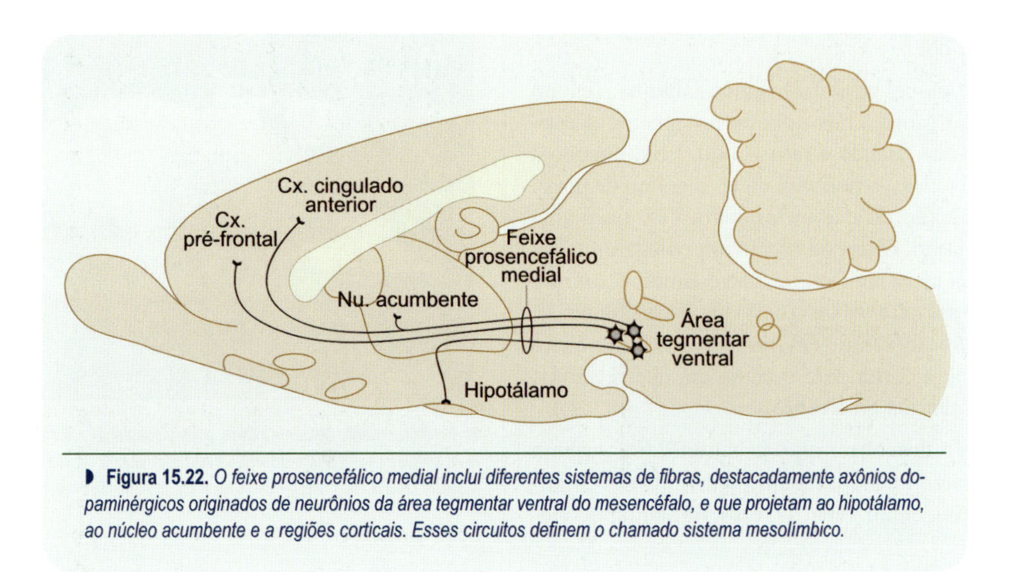

Figura 15.22. *O feixe prosencefálico medial inclui diferentes sistemas de fibras, destacadamente axônios dopaminérgicos originados de neurônios da área tegmentar ventral do mesencéfalo, e que projetam ao hipotálamo, ao núcleo acumbente e a regiões corticais. Esses circuitos definem o chamado sistema mesolímbico.*

HISTÓRIA E OUTRAS HISTÓRIAS

Quadro 15.2
Um Pouquinho mais de Eletricidade, por Favor...

*Suzana Herculano-Houzel**

De tudo o que é bom a gente quer mais. Mas o que é "bom" para o cérebro? O que faz o cérebro querer mais de alguma coisa? Curiosamente, a primeira demonstração de que uma certa região encefálica faz o animal "querer mais" resultou de um experimento com a intenção contrária: determinar se a sua estimulação era aversiva. Um experimento que, nesse sentido, deu errado.

O experimento aconteceu em 1953, numa época em que as funções recém-descobertas da formação reticular mesencefálica causavam alvoroço entre os cientistas que buscavam entender os mecanismos da consciência. Um pouco antes, em 1949, a dupla ítalo-americana Giuseppe Moruzzi e Horace Magoun havia mostrado que a estimulação elétrica dessa estrutura faz animais adormecidos despertarem, e coloca o cérebro de animais já acordados em estado de alerta. A descoberta provocou uma onda de experimentos semelhantes, alguns dos quais levantavam a suspeita de que em certas circunstâncias a estimulação poderia ser aversiva.

Era justamente o que o americano James Olds (1922-1976) estava tentando determinar, antes de prosseguir com seus experimentos no laboratório do famoso psicólogo canadense Donald Hebb. Olds implantara eletródios supostamente na formação reticular mesencefálica de um rato que ele então soltava sobre uma mesa. Sempre que o rato vinha a um dos cantos da mesa, Olds aplicava uma corrente elétrica através dos eletródios. Se a estimulação fosse aversiva, o rato deveria passar a evitar aquele canto; se não fosse, continuaria circulando normalmente pela mesa toda, como fazem os ratos em um ambiente novo.

Só que o animal gostou. Deu uma saidinha... e logo voltou àquele canto. Olds aplicou novamente a estimulação elétrica quando o rato voltou. Continuando a exploração da mesa, o rato saiu dali... e voltou de novo, ainda mais rápido do que na primeira vez, para uma nova estimulação. Olds pediu para um colega escolher outro lugar da mesa para associar ao estímulo – e o rato rapidamente passou a visitar o novo lugar assiduamente. Depois, em um laboratório em forma de T, o mesmo rato logo aprendeu a correr para o canto em que recebia a estimulação elétrica no cérebro.

Olds logo descobriu que seus eletródios tinham sido mal posicionados e foram parar perto do hipotálamo. Tentou, então, repetir o erro, implantando eletródios em outros animais. Não deu exatamente certo: alguns animais tinham reações ambíguas, e outros mostravam aversão ao lugar da mesa onde recebiam o estímulo elétrico. Parecia que a posição exata dos eletródios fazia uma diferença enorme. Olds abandonou então seu projeto de pesquisa original e, junto com o doutorando Peter Milner (que veio a se tornar um grande nome da Psicologia nos EUA), desenvolveu um experimento para testar mais rapidamente o efeito da estimulação elétrica em locais diferentes dessa região do cérebro.

Era uma modificação da "caixa de Skinner", uma pequena caixa com uma alavanca que ao ser apertada pelo animal faz aparecer um grão de comida em uma janelinha. Na versão de Olds e Milner, havia apenas um grande pedal que ligava o estímulo elétrico, e uma pequena abertura por onde passavam os cabos ligados aos eletródios (Figura). Como a caixa era pequena e o pedal ficava numa posição estratégica onde era apertado cada vez que o animal tentava olhar pela única abertura da caixa, o animal apertava o pedal umas 60 vezes em dez minutos, sem estimulação. Desse modo, um efeito aversivo ficaria evidente. O risco seria deixar escapar alguns casos de efeitos positivos. Mas não houve dúvida: quando funcionava, o animal apertava o pedal até 1.000 vezes nos dez minutos de teste!

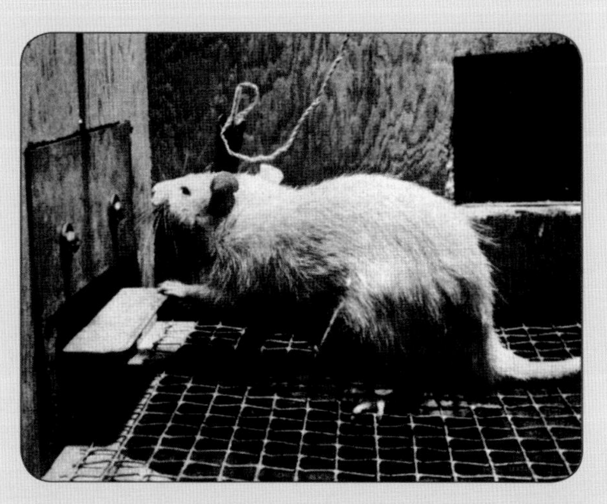

No experimento de James Olds, o rato recebia uma corrente elétrica diminuta através de um eletródio implantado no crânio, toda vez que pressionasse a barra. De J. Olds (1956) Psychobiology, pp. 183-188. W. H. Freeman, EUA.

Variando a posição dos eletródios, Olds pôde determinar que a estrutura cerebral cuja estimulação fazia o animal "querer mais" é o feixe prosencefálico medial, que contém axônios que terminam principalmente no tálamo, e uma grande quantidade de fibras monoaminérgicas (repletas de noradrenalina, serotonina ou dopamina) que terminam no córtex pré-frontal. Um sistema poderoso o suficiente para fazer um ratinho apertar um pedal até 100 vezes por minuto. Imagine o que é apertar um botão repetidamente a cada batida do coração. É como se a estimulação provocasse o maior "barato" nos animais. Tanto que Olds chamava sua versão da caixa de Skinner de "Caixa do Prazer". E não é à toa que esse tipo de experimento, chamado "autoestimulação", foi adaptado para a autoaplicação de opioides ou cocaína em ratinhos, um teste usado rotineiramente hoje em dia no estudo dos mecanismos de ação das drogas psicotrópicas.

---

*Professora-adjunta do Instituto de Ciências Biomédicas da Universidade Federal do Rio de Janeiro. Correio eletrônico: suzanahh@gmail.com.

fibras nigroestriadas (veja o Capítulo 12), responsáveis pela acinesia dos experimentos de lesão.

Experimentos mais recentes selaram a participação dessas regiões nos comportamentos motivados apetitivos. Macacos foram ensinados a realizar tarefas em troca de recompensas (por exemplo, suco de frutas). Ao mesmo tempo, os pesquisadores registravam a atividade elétrica de neurônios isolados situados na via mesolímbica. Constataram que os neurônios disparavam salvas de potenciais de ação para os estímulos apetitivos, mas não quando os pesquisadores os trocavam por estímulos aversivos (como desagradáveis jatos de ar no focinho). O aumento da atividade neuronal ocorria durante e depois dos estímulos apetitivos, mas depois de algum tempo passava a ocorrer também antes deles. Quer dizer, os neurônios eram capazes de antecipar os reforços positivos, o que significa uma aprendizagem, isto é, de certa forma a noção de expectativa de prazer.

A descoberta do sistema mesolímbico adquiriu grande importância mais recentemente, pois se passou a atribuir a ele possíveis disfunções que podem resultar em dependência de drogas e em doenças psiquiátricas como a psicose maníaco-depressiva. O primeiro caso é típico dos comportamentos motivados repetidos em função de um reforço positivo (a droga). O segundo envolve um distúrbio funcional, já que os comportamentos obsessivos característicos da mania nem sempre têm um vínculo claro com reforços positivos. O estudo da farmacologia das drogas de adicção revelou que efetivamente muitas delas têm ações relacionadas à neurotransmissão dopaminérgica, geralmente aumentando a liberação de dopamina pelos terminais mesolímbicos. No caso da psicose maníaco-depressiva, o uso bem-sucedido de medicamentos antipsicóticos (que são antagonistas dopaminérgicos) apóia essa interpretação.

GLOSSÁRIO

ADIPOSTÁTICO: termo que indica um dispositivo de monitoramento e regulação da quantidade de tecido adiposo no organismo, do mesmo modo que um termostato regula a temperatura de um ambiente.

AMINÉRGICO: qualificativo de neurônios e axônios que utilizam como neurotransmissor principal uma das aminas biogênicas, entre as quais estão a adrenalina, a noradrenalina, a dopamina e a serotonina.

ANEL AROMÁTICO: estrutura química formada por seis átomos de carbono unidos por três ligações simples e três duplas. O mesmo que anel benzênico.

APOPTOSE: mecanismo de morte celular programada geneticamente, que ocorre em várias células do organismo. Difere da necrose, a morte celular que tem causas externas.

ATRIAL: referente aos átrios, par de cavidades do coração que recebem o sangue venoso da circulação.

CITOCINAS: grupo de substâncias secretadas principalmente por células imunitárias, que têm múltiplas ações biológicas, dentre as quais as de sinalizar uma inflamação e estimular as reações anti-inflamatórias naturais.

CORTICOTROFINA: hormônio da adeno-hipófise que regula a secreção hormonal da córtex suprarrenal.

DEFAULT: termo que extrapolou a sua origem na área de Informática, e significa um processo programado para ocorrer automaticamente, mas que pode ser desviado por outras instruções.

DOPAMINÉRGICO: qualificativo de neurônios e axônios que utilizam como neurotransmissor principal a dopamina.

ENDOTÉRMICOS: animais que dispõem de mecanismos metabólicos internos para regular automaticamente a sua temperatura corporal. Os que dependem da temperatura ambiente são os ectotérmicos.

ESTEROIDES: compostos derivados do colesterol, secretados pelas gônadas e outras glândulas. Dividem-se em androgênios (como a testosterona) e estrogênios (como o estradiol).

GLICOGÊNIO: carboidrato formado por inúmeras moléculas de glicose em sequência.

GLICOSTÁTICO: termo que indica um dispositivo de monitoramento e regulação da quantidade de carboidratos no organismo, do mesmo modo que um termostato regula a temperatura de um ambiente.

HEDÔNICO: relativo a hedonismo, uma corrente filosófica que busca o prazer acima de tudo.

HISTAMINÉRGICO: qualificativo de neurônios e axônios que utilizam como neurotransmissor principal a histamina.

HUMORAL: relativo a humor, termo do latim que significava originalmente líquido, fluido. Usa-se para indicar que os sinais de comunicação são químicos (por exemplo, hormônios).

LIPOSTÁTICO: termo que indica um dispositivo de monitoramento e regulação da quantidade de lipídeos no organismo, do mesmo modo que um termostato regula a temperatura de um ambiente.

OSMOLARIDADE: grandeza que mede a concentração de partículas dissolvidas em um certo volume de líquido, geralmente a água. Difere ligeiramente da osmolalidade (com "l"), pois esta se refere à concentração de partículas dissolvidas em uma certa massa de líquido.

PARÊNQUIMA: tecido típico de um órgão, diferente das partes conjuntivas, vasculares ou neurais inseridas nele. O parênquima nervoso, por exemplo, é constituído por neurônios, gliócitos e seus prolongamentos.

SOMATOTROFINA: hormônio secretado pela adeno-hipófise, que entre várias ações provoca o crescimento do esqueleto. O mesmo que hormônio do crescimento.

TECIDO ADIPOSO MARROM: tipo de tecido gorduroso cujas células apresentam muitas mitocôndrias (daí a sua coloração escura) e são particularmente eficientes na produção de energia metabólica.

TIREOTROFINA: hormônio da adeno-hipófise que regula a secreção hormonal da glândula tireoide.

TRIGLICERÍDEOS: gorduras formadas por um radical glicerol ligado covalentemente a três radicais de ácidos graxos.

SABER MAIS

LEITURA BÁSICA

Bear MF, Connors BW, Paradiso MA. Chemical Control of the Brain and Behaviour. Capítulo 15 de *Neuroscience: Exploring the Brain* 3ª ed., Baltimore, EUA: Williams and Wilkins, 2007, pp. 481-507. Apenas uma parte deste capítulo aborda o hipotálamo neurossecretor.

Bear MF, Connors BW, Paradiso MA. Motivation. Capítulo 16 de *Neuroscience: Exploring the Brain* 3ª ed., Baltimore, EUA: Williams and Wilkins, 2007, pp. 509-530. Texto didático que aborda as funções do hipotálamo na regulação dos comportamentos motivados, com ênfase no comportamento alimentar.

Bear MF, Connors BW, Paradiso MA. Sex and the Brain. Capítulo 17 de *Neuroscience: Exploring the Brain* 3ª ed., Baltimore, EUA: Williams and Wilkins, 2007, pp. 533-560. Texto abrangente que trata de diferentes aspectos da neurobiologia do comportamento e da fisiologia sexual.

Canteras NS e Bittencourt JC. Comportamentos Motivados e Emoções. Capítulo 10 de *Neurociência da Mente e do Comportamento* (Lent R, coord.), Rio de Janeiro: Guanabara-Koogan, 2008, pp. 227-240. Texto que abrange a relação entre os comportamentos motivados e o processamento neural das emoções.

LEITURA COMPLEMENTAR

Anand BK e Brobeck JR. Localization of a "feeding center" in the hypothalamus of the rat. *Proceedings of the Royal Society of Experimental Biology and Medicine* 1951; 77:323-324.

Olds J e Milner P. Positive reinforcement produced by electrical stimulation of septal area and other regions of rat brain. *Journal of Comparative Physiology and Psychology* 1954; 47:419-427.

Mayer J. Regulation of energy intake and the body weight: The glucostatic thoery and the lipostatic hypothesis. *Annals of the New York Academy of Sciences* 1955; 63:15-43.

Kupfermann I. Neural control of feeding. *Current Opinion in Neurobiology* 1994; 4:869-876.

Wong ML e Licinio J. Circumscribed lesion of the medial forebrain bundle area causes structural impairment of lymphoid organs and severe depression of immune function in rats. *Molecular Psychiatry* 1998; 3:397-404.

Frohlich J, Ogawa S, Morgan M, Burton L, Pfaff D. Hormones, genes and the structure of sexual arousal. *Behavioral Brain Research* 1999; 105:5-27.

Savino W e Dardenne M. Neuroendocrine control of thymus physiology. *Endocrinology Reviews* 2000; 21:412443.

Swanson LW. Cerebral hemisphere regulation of motivated behavior (1). *Brain Research* 2000; 886:113-164.

Stricker EM e Sved AF. *Thirst*. Nutrition 2000; 16: 821-826.

Parkinson JA, Cardinal RN, Everitt BJ. Limbic cortical-ventral striatal systems underlying appetitive conditioning. *Progress in Brain Research* 2000; 126:263-285.

Koob GF e Le Moal M. Drug addiction, dysregulation of reward, and allostasis. Neuropsychopharmacology 2001; 24:97-129.

Bakker J, Honda S, Harada N, Balthazart J. The aromatase knock-out mouse provides new evidence that estradiol is required during development in the female for the expression of sociosexual behaviors in adult hood. *Journal of Neuroscience* 2002; 22:9104-9112.

Kiriaki G. Brain insulin: regulation, mechanisms of action and functions. *Cellular and Molecular Neurobiology* 2003; 23:1-25.

Gerdeman GL, Partridge JG, Lupica CR, Lovinger DM. It could be habit forming: drugs of abuse and striatal synaptic plasticity. *Trends in Neuroscience* 2003; 26:184-192.

Cottrell GT e Ferguson AV. Sensory circumventricular organs: central roles in integrated autonomic regulation. *Regulatory Peptides* 2004; 117:11-23.

Lam TKT, Schwartz GJ, Rosseti L. Hypothalamic sensing of fatty acids. *Nature Neuroscience* 2005; 8:579-584.

Zeki S. The neurobiology of love. *FEBS Letters* 2007; 581:2575-2579.

Swaab DF. Sexual differentiation of the brain and behavior. *Best Practice and Research Clinical Endocrinology and Metabolism* 2007; 21:431-444.

Schober JM. e Pfaff D. The neurophysiology of sexual arousal. *Best Practice and Research Clinical Endocrinology and Metabolism* 2007; 21:445-461.

Debiec J. From affiliative behaviors to romantic feelings: a role of nanopeptides. *FEBS Letters* 2007; 581:2580-2586.

Crowley VE. Overview of human obesity and central mechanisms regulating energy homeostasis. *Annals of Clinical Biochemistry* 2008; 45:245-255.

Bourque CW. Central mechanisms of osmosensation and systemic osmoregulation. *Nature Reviews. Neuroscience* 2008; 9:519-153.

Sharma A e Brody AL. In vivo brain imaging of human exposure to nicotine and tobacco. *Handbook of Experimental Pharmacology* 2009; 192:145-171.

Moll J. e Schulkin J. Social attachment and aversion in human moral cognition. *Neuroscience and Biobehavioral Reviews* 2009; 33:456-465.

Papadimitriou A e Priftis KN. Regulation of the hypothalamic-pituitary-adrenal axis. *Neuroimmunomodulation* 2009; 16:265-271.

16

A Consciência Regulada

Os Níveis de Consciência e os seus Mecanismos de Controle. O Ciclo Vigília-sono e outros Ritmos Biológicos

Gaggio Montano, de Carlos Scliar (1945), desenho em papel

Saber o Principal

Resumo

A repetição diária do ato de dormir é o mais conhecido dos ritmos da vida. Todos os vertebrados o apresentam. No entanto, existem muitos outros ritmos: de atividade motora, de desempenho cognitivo, de temperatura corporal, secreção hormonal, atividades reprodutoras e assim por diante. São atividades e funções que se repetem periodicamente, em geral sincronizadas com ciclos da natureza. A sincronia entre o organismo e a natureza, podemos bem imaginar, apresenta grande valor adaptativo para todos.

Mas a questão maior é a seguinte: quem gera os ritmos? E quem os sincroniza com os ciclos naturais? A resposta: os organismos têm osciladores naturais, conjuntos de células cujas funções variam em ciclos, espontaneamente. Nos animais superiores, muitos desses osciladores ficam no sistema nervoso, constituídos por neurônios especiais que disparam sinais de modo periódico. Esses "relógios biológicos" recebem informações do ambiente, e desse modo a sua oscilação espontânea fica acoplada aos ciclos ambientais. No hipotálamo está o relógio dos ritmos do dia a dia (circadianos); no epitálamo fica o relógio dos ritmos sazonais (circanuais).

O mais conhecido dos ritmos é o ciclo vigília-sono, que nada mais é do que uma oscilação do nível geral de atividade do sistema nervoso: maior atividade durante a vigília, menor durante o sono (o que não quer dizer que durante o sono não haja atividade neural – há muita!). Regulam este ciclo os sistemas moduladores difusos, conjuntos de neurônios – cada um deles com neuromediadores diferentes – que emitem extensos e longos axônios que estabelecem sinapses em grandes territórios do córtex cerebral e regiões subcorticais, do tálamo à medula espinhal.

Por ação dos sistemas moduladores difusos, ao final do dia adormecemos: nossa consciência apaga-se e mergulhamos no inconsciente, os músculos repousam, as funções orgânicas ficam mais lentas e pausadas. O eletroencefalograma indica que atravessamos gradualmente os estágios do sono de ondas lentas. Subitamente, o EEG faz crer que vamos acordar: engano, entramos em um segundo estado, o sono paradoxal, no qual nos movemos pouco mas sonhamos muito. O sono de ondas lentas é regulado por sistemas neuronais situados no tronco encefálico: alguns deles controlam a passagem de informação para o córtex, através do tálamo. O sono paradoxal tem outro mecanismo, que envolve neurônios diferentes do tronco encefálico. Ao final de tudo, o indivíduo desperta e a vigília é restabelecida.

Ninguém sabe a utilidade do sono. As teorias existentes ainda não foram confirmadas cientificamente. Mas uma coisa é certa: o sono é necessário, não podemos viver sem ele. Não podemos tê-lo de menos (insônias) nem demais (hipersônias). Estamos destinados a passar um terço de nossas vidas dormindo.

Existem coisas na vida que fazemos religiosamente quase todos os dias: comer, beber, ir ao banheiro, dormir. Para as três primeiras, é fácil encontrar uma razão biológica. Mas para o sono de toda noite, qual a explicação? Por que temos que passar um terço de cada dia (um terço de nossas vidas!) dormindo? Quem pensar em descanso das atividades do dia provavelmente está errado: pessoas fisicamente cansadas não dormem mais do que normalmente o fazem, e além disso podem descansar sem dormir. E as pessoas descansadas dormem tanto quanto as cansadas. Então, qual a explicação?

Essa questão tem intrigado os neurocientistas desde sempre, e ainda não está resolvida. Mas tem também levado a um grande interesse científico, não só pelas razões do sono diário, mas também devido aos mecanismos utilizados pelo sistema nervoso para produzi-lo infalivelmente dia após dia.

OS RITMOS DA VIDA

O sono é cíclico. Quer dizer: a cada 24 horas os seres humanos dormem pelo menos uma vez. Apesar das variações entre os indivíduos, e num mesmo indivíduo ao longo do tempo em função de contingências pessoais e sociais, essa repetição diária configura um ciclo ou ritmo.

Há vários ritmos na vida dos animais. Não só o ato de dormir se repete a cada 24 horas. O mesmo acontece com as atividades motoras e o repouso (mesmo que o animal não durma), com o desempenho psicomotor, a percepção sensorial, a secreção de alguns hormônios, a temperatura corporal e vários outros fenômenos fisiológicos e psicológicos (Figura 16.1A). Esses ritmos que se repetem a cada dia são por isso mesmo chamados *circadianos* (o prefixo latino *circa* significa *cerca de*). Mas nem todos os ritmos da vida são circadianos. Alguns se repetem com um ciclo maior que uma vez por dia (por exemplo, uma vez por mês), e são chamados *infradianos*[1] (Figura 16.1B), enquanto outros se repetem com um ciclo menor (digamos, quatro vezes por dia), os *ultradianos* (Figura 16.1C).

A secreção hormonal fornece exemplos para todos os tipos de ritmos: dentre as gonadotrofinas[G], o hormônio luteinizante apresenta uma concentração plasmática que varia em um ciclo de algumas horas (ritmo ultradiano), enquanto o hormônio folículo-estimulante apresenta variações de concentração plasmática de periodicidade aproximadamente mensal (ritmo infradiano). Um outro hormônio hipofisário, a somatotrofina ou hormônio do crescimento, tem ciclo circadiano. O comportamento sexual e reprodutor da maioria dos animais obedece a um ritmo infradiano que varia com a espécie: é o ciclo estral das fêmeas dos mamíferos, e o ciclo menstrual das mulheres. Outros ritmos infradianos acompanham as estações do ano: um bom exemplo é a hibernação de animais como os ursos e as marmotas, que vivem em regiões frias do planeta.

Os ritmos biológicos são universais: todos os seres vivos os apresentam. O que se acreditou inicialmente foi que eles seriam determinados pelos ciclos ambientais da natureza, como a alternância do dia e da noite. Seriam passivos, isto é, dependentes do ambiente externo. Talvez o primeiro trabalho científico a contestar essa ideia intuitiva tenha sido o do físico francês Jean-Jacques de Mairan (1678-1771), no século 18. Mairan observou que as folhas da planta sensitiva (*Mimosa pudica*) se fecham toda tarde. Intrigado com a regularidade do fenômeno, imaginou primeiro que ele ocorresse como resultado da diminuição da luminosidade do dia. Colocou então a planta dentro de um baú no porão de sua casa, e surpreendeu-se ao verificar que o ritmo se mantinha até mesmo no escuro. A melhor explicação para o fenômeno é que existiria um relógio biológico a determiná-lo.

Hoje se sabe que há sistemas orgânicos especializados em gerar os ciclos funcionais que caracterizam os ritmos biológicos. Em alguns animais como a mosquinha-das-frutas (*Drosophila sp.*) e os camundongos, já foram identificados "genes-relógios" e as proteínas que eles produzem, capazes de gerar oscilações circadianas no comportamento (como a atividade motora e a eclosão[G]). Quais são as células que expressam esses genes ainda é matéria em debate; sabe-se que pelo menos nos fotorreceptores existentes no corpo das drosófilas, esses genes de expressão circadiana estão ativos. Nos vertebrados, especialmente os mamíferos, há também genes-relógios que podem ser identificados através de mutantes, e acredita-se que eles atuem em neurônios do sistema nervoso central. Neste caso, a identidade de algumas dessas células já está bem determinada: constituem o relógio interno de que falamos antes.

A existência de um relógio interno (talvez mesmo mais de um) pode ser facilmente revelada em animais e vegetais, quando estes são mantidos em um ambiente constantemente iluminado, ou constantemente escuro (como Mairan fez com as sensitivas). Sua atividade motora, o ciclo vigília-sono e outros ritmos circadianos se mantêm, embora assumam gradualmente uma periodicidade diferente de 24 horas. Um experimento desse tipo foi feito na década de 1950 com voluntários humanos que viveram alguns meses

[1] *Para entender essa nomenclatura, lembre-se de que o período é o inverso da frequência. Nos ritmos infradianos o período pode ser até de meses (maior que 1 dia), mas a frequência é baixa (alguns ciclos por ano). Daí o prefixo* infra. *Nos ritmos ultradianos ocorre o contrário: o período é de horas (menor que 1 dia), mas a frequência é alta (vários ciclos por dia). Daí o prefixo* ultra.

[G] *Termo constante do glossário ao final do capítulo.*

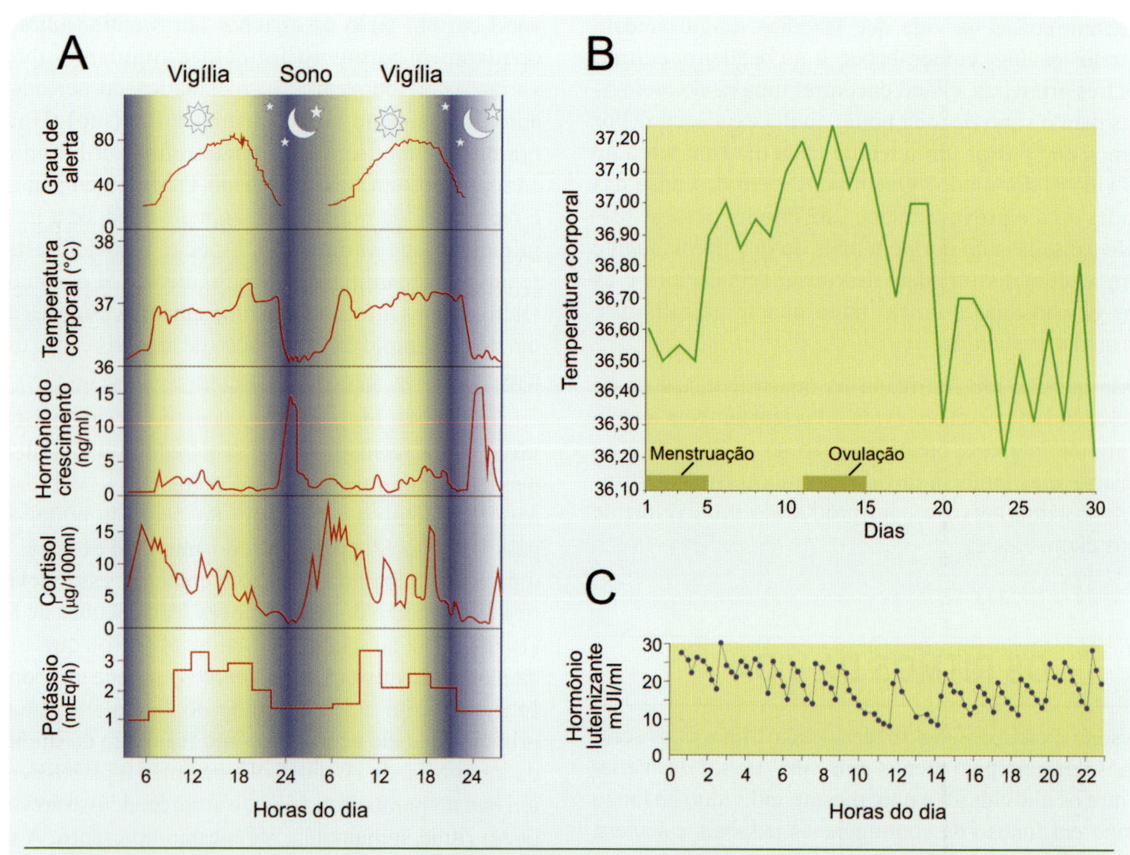

Figura 16.1. *Muitos são os ritmos da vida.* ***A*** *apresenta a variação circadiana de um parâmetro comportamental (grau de alerta) e índices fisiológicos (temperatura corporal, concentrações sanguíneas de hormônios e a excreção urinária de* K^+*). Em* ***B****, constata-se que a temperatura corporal das mulheres, quando medida sempre à mesma hora, apresenta também uma variação infradiana que atinge o pico no período da ovulação.* ***C*** *apresenta a ritmicidade ultradiana da concentração sanguínea do hormônio luteinizante, medida na mulher no 15º dia do ciclo mensal, após a ovulação.* ***A*** *modificado de R. M. Coleman (1986)* Wide Awake at 3:00 AM by Choice or by Chance? *W. H. Freeman, EUA.* ***B*** *modificado de J. Cipolla-Neto e cols. (1988)* Introdução ao Estudo da Cronobiologia. *Ícone Editora/EDUSP, São Paulo, Brasil.* ***C*** *modificado de R. L. Vande Wiele e M. Ferin (1974)* Chronobiological Aspects of Endocrinology *(J. Aschoff e outros, orgs.). F. K. Schattuer, Alemanha.*

em uma caverna profunda e totalmente escura, sem informações sobre o andar do tempo. Depois disso, o experimento foi repetido em condições de laboratório, com os mesmos resultados (Figura 16.2). Os ritmos circadianos, como no caso dos animais, adquiriam períodos diferentes de 24 horas, geralmente mais longos, mas variando de indivíduo para indivíduo.

Esses experimentos indicaram que o relógio interno, qualquer que fosse ele, geraria uma oscilação funcional automática, que no entanto seria sincronizada com um ciclo natural (como a alternância dia-noite). Isso significa que as células osciladoras (também chamadas marcapassos) devem estar de algum modo acopladas a outras que detectam as variações ambientais e produzem os efeitos cíclicos, respectivamente. Podemos então considerar que os relógios biológicos são ajustáveis ao ambiente pela ação de células sensoriais e vias aferentes, tornando-se sincronizados com os ciclos naturais. Seus efeitos, por outro lado, são produzidos por vias eferentes. Esses três componentes (aferentes, marcapassos e eferentes) caracterizam os chamados *sistemas temporizadores* (Figura 16.3), que induzem certas funções e comportamentos a operar em ritmos bem sincronizados com os ciclos naturais. Isso tem grande importância adaptativa, pois permite aos seres vivos, por exemplo, cada um a seu modo, prever a aproximação da noite e do inverno, momentos em que é necessário modificar o comportamento e o funcionamento do organismo.

O Relógio Hipotalâmico e os Ritmos do Dia a Dia

O sistema temporizador circadiano dos mamíferos tem sido bastante estudado, e muito já se conhece sobre ele. Um dos seus marcapassos foi identificado: fica no diencéfalo[A]

[A] *Estrutura encontrada no* Miniatlas de Neuroanatomia *(p. 367).*

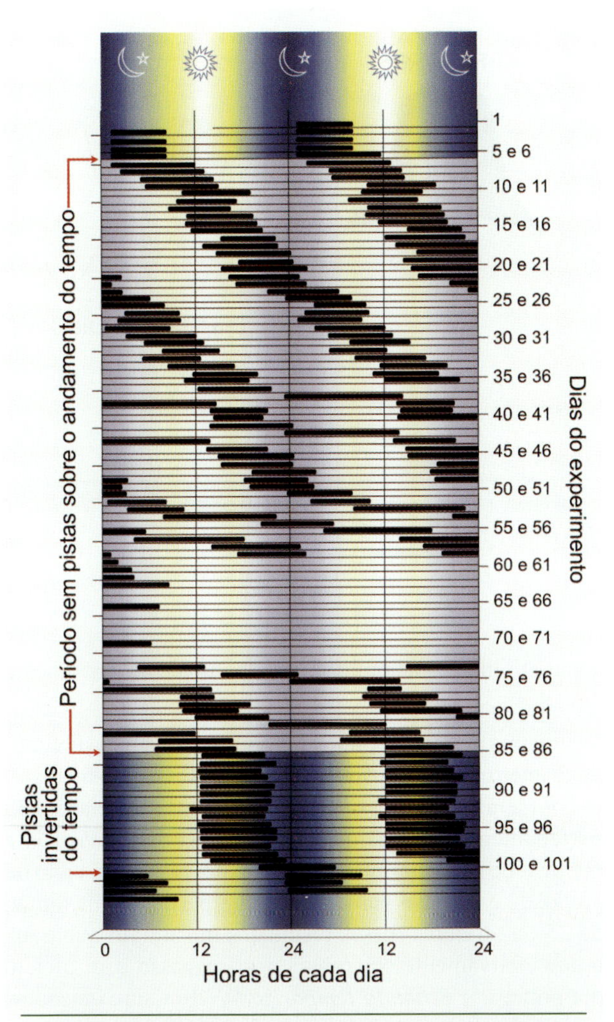

Figura 16.2. *Neste experimento, um indivíduo submeteu-se ao registro diário de seus períodos de sono (barras pretas). Inicialmente, dormia regularmente à meia-noite e acordava em torno das 8 da manhã. No sexto dia, todas as pistas que pudessem indicar-lhe o andamento do tempo foram retiradas (relógios, sons externos, variações de luminosidade etc.). Seus períodos de sono foram então se afastando gradativamente, passando a obedecer a um ciclo em torno de 26 horas. No 84º dia os pesquisadores lhe forneceram pistas invertidas da sequência dia-noite, e ele voltou ao ciclo de 24 horas, mas passou a dormir ao meio-dia, acordando às 8 da noite. No 100º dia o experimento se encerrou, e o indivíduo voltou ao ritmo circadiano normal. Modificado de E. D. Weitzman e cols. (1981)* Neurosecretion and Brain Peptides *(J. B. Martin e cols., org.). Raven Press, Nova York, EUA.*

e tem o nome de *núcleo supraquiasmático*, porque se situa no hipotálamo[A], bem acima do quiasma óptico[A] (Figura 16.4). Trata-se de um par de núcleos pequenos que recebem axônios provenientes de ambas as retinas, originários de certas células ganglionares da retina que ao mesmo tempo são fotorreceptores, capazes de detectar mudanças de luminosidade do ambiente através de um pigmento fotossensível chamado *melanopsina*. Esses axônios são glutamatérgicos e saem do trato óptico[A] logo após o cruzamento quiasmático para formar um feixe muito curto, chamado retino-hipotalâmico. Uma outra região do sistema visual estende axônios para o núcleo supraquiasmático: o tálamo[A], especificamente a porção ventral do núcleo geniculado lateral.

As aferências que chegam ao núcleo supraquiasmático, portanto, são adequadas à função que se postula para ele, de temporizador circadiano, ou seja, capaz de gerar um ritmo acoplado ao ciclo dia-noite. A luz é absorvida pela melanopsina das células ganglionares fotorreceptoras, cujos axônios excitatórios ativam os neurônios do supraquiasmático: estes, portanto, aumentam sua frequência de disparo durante o dia, e a diminuem durante a noite. Que fazem então os axônios eferentes, que emergem dos neurônios do supraquiasmático? Esses, mais diversificados que os primeiros, podem ser divididos em duas classes principais: (1) os que projetam para diversos outros núcleos do hipotálamo; (2) os que projetam para o prosencéfalo basal[A] e o tálamo. O acesso aos diversos núcleos hipotalâmicos coloca o núcleo supraquiasmático em boa posição para interferir sobre as funções autonômicas de controle visceral (sobre isso, veja o Capítulo 14), e o acesso ao prosencéfalo basal e o tálamo permitiria influenciar diversos comportamentos motivados (Capítulo 15). Além disso, como veremos adiante, ambos os circuitos eferentes são apropriados para influenciar o ciclo vigília-sono.

Saber as conexões do núcleo supraquiasmático, entretanto, não garante que ele seja um marcapasso, e muito menos que seja sincronizado pela luz do dia e transfira essa sincronização para as funções cíclicas circadianas.

Os neurofisiologistas realizaram vários experimentos para testar essas hipóteses. Se o núcleo supraquiasmático é realmente o marcapasso do sistema temporizador circadiano, então um animal submetido à lesão cirúrgica desse núcleo deve-se tornar incapaz de ciclar. De fato. Quando se mede a atividade locomotora de roedores de laboratório (Figura 16.5), registrando-a continuamente em um computador, o registro mostra um nítido ritmo circadiano relacionado com o fotoperíodo[G] no qual se mantêm os animais. Se então se realiza uma cirurgia para remoção dos dois núcleos supraquiasmáticos de cada animal, e novamente se registra a atividade locomotora deles, o resultado é claro: desaparece a ritmicidade, e os momentos de atividade tornam-se completamente aleatórios.

Como os mesmos resultados são obtidos para outras funções circadianas, além da atividade locomotora, conclui-se desse tipo de experimento que o núcleo supraquiasmático confere periodicidade às funções, mas não participa delas, já que continuam normais exceto quanto à ritmicidade. Mas o que se pode dizer da sincronização com o ciclo natural dia-noite? Um marcapasso confere um ritmo, mas este pode não ser sincronizado com os ritmos da natureza. O esclarecimento dessa questão veio de outros experimentos

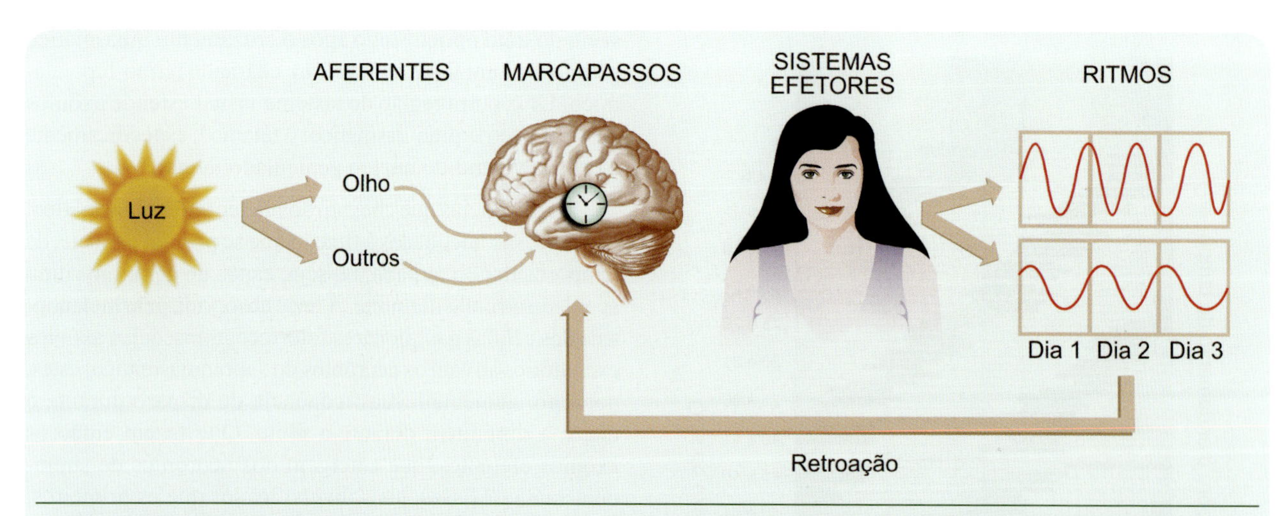

Figura 16.3. *Componentes básicos dos sistemas temporizadores que sincronizam os ritmos internos de cada indivíduo com os ciclos naturais. Modificado de M. R. Rosenzweig e cols. (1999)* Biological Psychology *(2ª ed.), Sinauer Associates, Sunderland, EUA.*

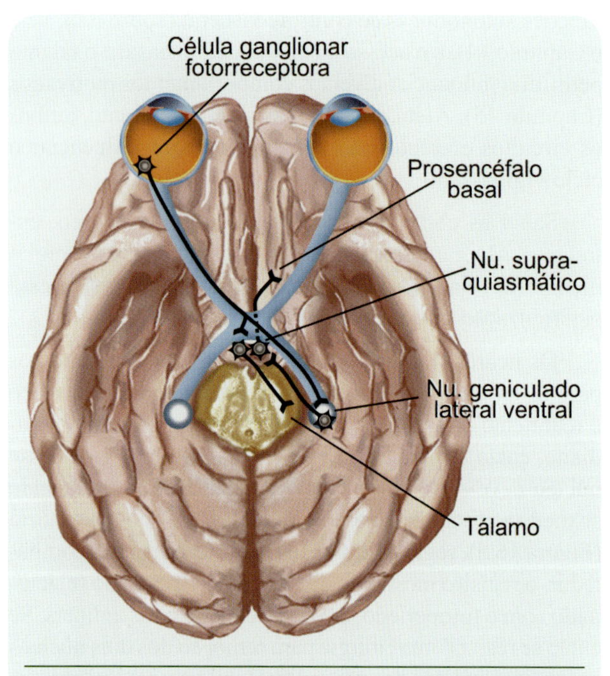

Figura 16.4. *Os componentes neurais do sistema temporizador circadiano dos mamíferos incluem um marcapasso no hipotálamo (o núcleo supraquiasmático), seus aferentes provenientes das células ganglionares fotorreceptoras e do tálamo (núcleo geniculado lateral ventral), eferentes ao prosencéfalo basal e ao tálamo, e eferentes a outros núcleos do hipotálamo (não ilustrados).*

com lesões diferentes. Os animais eram primeiro submetidos à interrupção do trato óptico (não do nervo óptico[A]), preservando os feixes retino-hipotalâmicos e os núcleos supraquiasmáticos: tornavam-se cegos, ou seja, incapazes de realizar comportamentos dependentes da visão, mas a sua atividade locomotora geral permanecia periódica e circadiana.

Outros animais serviam de contraprova; eram submetidos à interrupção exclusivamente dos feixes retino-hipotalâmicos (sem a lesão dos núcleos). Neste caso, permaneciam perfeitamente capazes de identificar estímulos visuais e também de se locomover normalmente, mas o seu ciclo de atividade e repouso passava a ter um período mais longo, de 25 ou 26 horas. Esses resultados mostraram que a luz é que efetivamente sincroniza o marcapasso com o ciclo dia-noite; é *o estímulo temporizador*[2] (ou sincronizador) principal dos ritmos circadianos, e sua influência chega ao marcapasso (o núcleo supraquiasmático) através das fibras retino-hipotalâmicas.

O selo definitivo sobre a função temporizadora do núcleo supraquiasmático proveio de experimentos de transplantes do núcleo para animais previamente submetidos à lesão cirúrgica dele. Após a primeira cirurgia, os animais tornavam-se acíclicos como os descritos anteriormente, até que o transplante era depositado no terceiro ventrículo[A], bem próximo ao quiasma óptico. A partir daí voltavam a ciclar, de acordo com o ritmo do doador, o que não só confirma a participação do núcleo mas também indica que pelo menos alguns dos sinais eferentes enviados ao hipotálamo são químicos e eficazes, mesmo que as conexões com o hipotálamo vizinho não tenham sido restauradas, como era o caso.

De que modo funciona o relógio hipotalâmico? Essa questão foi esclarecida pelos fisiologistas que registraram

[2] *Equivalente em português do termo em alemão muito utilizado em textos técnicos:* Zeitgeber.

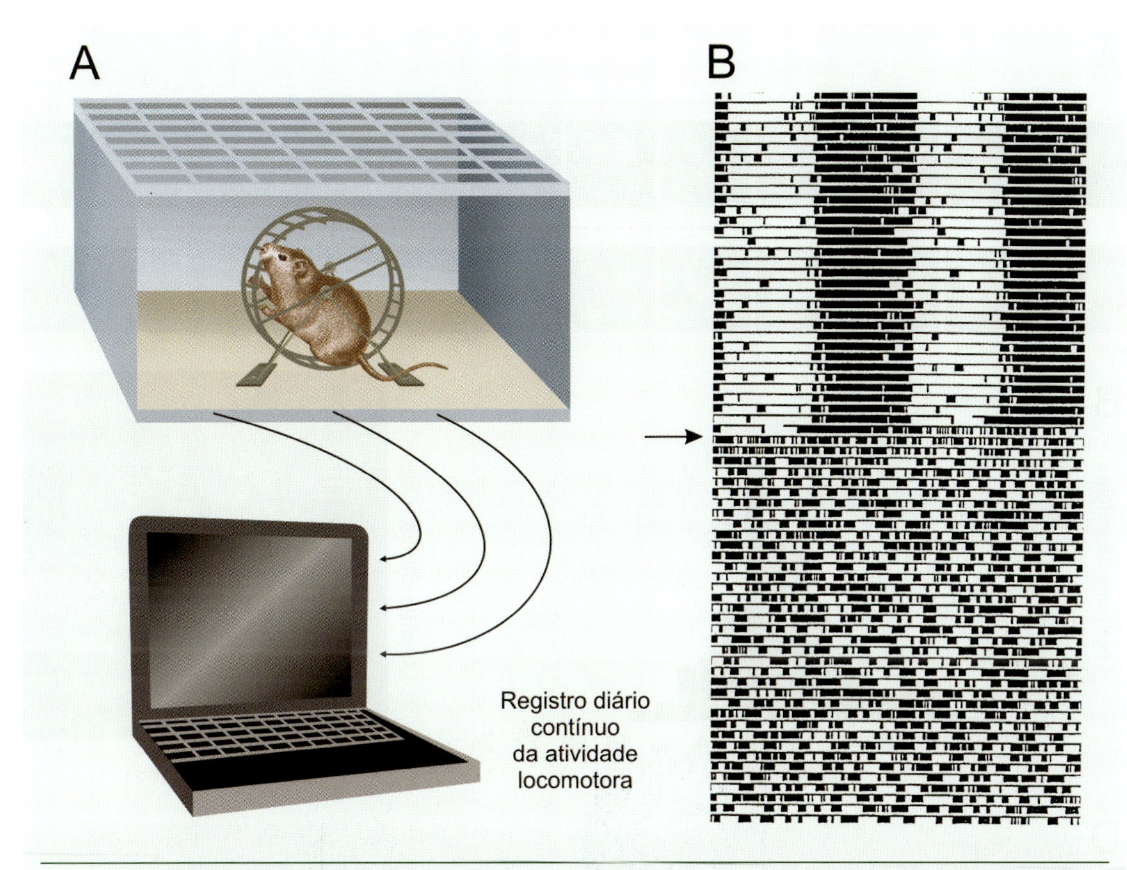

▸ **Figura 16.5.** *O ritmo circadiano da atividade locomotora de um animal de laboratório pode ser registrado através de dispositivos simples como o que está ilustrado em **A**: trata-se de uma roda que o animal utiliza com muita frequência, cujas rotações são registradas em um computador, indicando a atividade locomotora diária do animal. Os registros diários são então compostos em sucessão de cima para baixo pelo computador, gerando o gráfico mostrado em **B**. Neste experimento (**B**), o animal mostra um ritmo circadiano bastante regular até o momento da remoção bilateral dos núcleos supraquiasmáticos (seta), quando sua atividade se torna totalmente irregular. **B** modificado de R. Y. Moore (1999)* Fundamental Neuroscience *(M. J. Zigmond e cols., orgs.). Academic Press, Nova York, EUA.*

a atividade de neurônios do núcleo supraquiasmático em animais normais. Eles constataram que esses neurônios são "osciladores naturais", ou seja, seu potencial de repouso (PR) varia ciclicamente, em vez de manter-se estacionário, como ocorre com os demais neurônios. Quando o neurônio marcapasso se despolariza a cada ciclo, o PR aproxima-se do limiar de disparo do neurônio, e então surgem potenciais de ação que, naturalmente, são conduzidos adiante pelo axônio. Na repolarização, o PR é restaurado ao seu valor normal, mas logo volta a se despolarizar lentamente e o ciclo se repete. Essa é uma propriedade intrínseca da membrana dos neurônios marcapassos (Figura 16.6), comandada de algum modo pela expressão de genes-relógios, e que persiste quando eles são cultivados fora do encéfalo. Existe no feto antes da sinaptogênese e não é bloqueada pela tetrodotoxina – um bloqueador específico dos canais de Na^+ dependentes de voltagem.

Em resumo, o relógio hipotalâmico por si só é "impreciso", tem um ciclo um pouco diferente de 24 horas. Por essa razão precisa ser sincronizado ao ciclo natural dia-noite. Para que isso seja feito, a intensidade da luz (do dia) é diariamente monitorada pelo núcleo supraquiasmático através de seus aferentes visuais, o que serve de ajuste para os neurônios osciladores desse núcleo. As conexões eferentes do supraquiasmático (com outros núcleos hipotalâmicos e com o prosencéfalo basal) veiculam os comandos para que algumas das funções autonômicas, neuroendócrinas e comportamentais – inclusive a vigília e o sono – possam ser reguladas de acordo com o período de 24 horas.

Você pensará imediatamente que a luz do dia não deve ser o único estímulo temporizador. É verdade. Para o homem, especialmente, as circunstâncias sociais são eficientes temporizadores: é o caso dos turnos de trabalho, das oportunidades de lazer noturno e da própria luz elétrica, que prolonga a luminosidade do dia pela noite adentro, além de outros. Um aspecto importante adicional é que o fotoperíodo natural não é sempre o mesmo durante o ano: varia com as estações. Será que há outros relógios sincronizados com as estações?

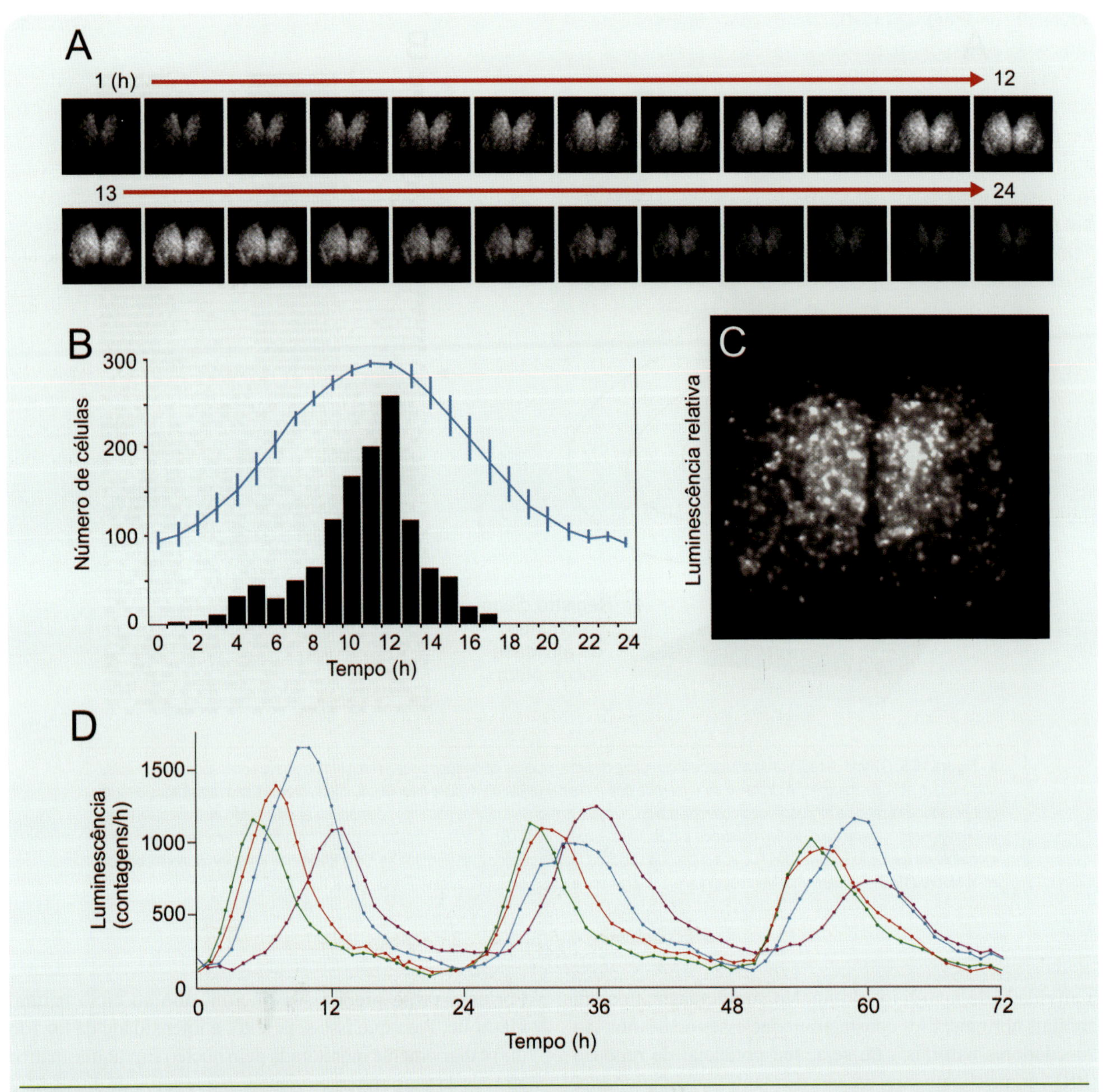

Figura 16.6. *O núcleo supraquiasmático funciona ciclicamente mesmo quando é isolado do cérebro e cultivado em laboratório por alguns dias. Neste experimento, os pesquisadores inseriram um gene que produz uma substância luminescente sob controle de um gene-relógio dos neurônios do núcleo. A expressão cíclica desse gene-relógio era indicada pela bioluminescência do núcleo (**A**), e representada pela curva azul em **B**. A luminescência crescente mostrou-se correlacionada com o número também crescente de neurônios ativos, como mostra o gráfico de barras. Observando o núcleo em maior aumento (**C**), foi possível identificar os neurônios, cinco dos quais tiveram a sua luminescência registrada individualmente (**D**, curvas de diferentes cores). Modificado de S. Yamaguchi e cols. (2003)* Science, *vol. 302: pp. 1408-1412.*

O Relógio Epitalâmico e o Ritmo das Estações

Realmente, há evidências de que existem outros relógios biológicos para controlar os ritmos não circadianos. O mais conhecido deles fica no epitálamo, uma parte do diencéfalo situada dorsalmente ao tálamo (o prefixo *epi* significa, entre outras coisas, *sobre*, *acima de*). A parte mais saliente do epitálamo é a *glândula pineal* ou epífise (Figura 16.7), que emerge do diencéfalo como um pequeno cogumelo cuja cabeça cai para trás, ficando ligeiramente sobre o mesencéfalo entre os dois colículos superiores[A].

A pineal é um marcapasso do sistema temporizador infradiano circanual (mas veja o Quadro 16.1 para conhecer novos dados sobre a pineal), encarregado de monitorar as estações do ano e sincronizar com elas algumas funções que variam anualmente, como o comportamento reprodutor de muitos animais, o fenômeno da hibernação e outros. A luz é também o estímulo temporizador para a pineal, mas o circuito responsável é mais indireto que o do supraquiasmático (Figura 16.7). Estão envolvidos: (1) o feixe retino-hipotalâmico, já descrito; (2) conexões do supraquiasmático com outros núcleos do hipotálamo (especialmente o núcleo paraventricular); (3) longas projeções descendentes desses núcleos para o corno intermediolateral da medula espinhal[A], onde ficam os neurônios pré-ganglionares da divisão simpática do sistema nervoso autônomo (veja o Capítulo 14); (4) as fibras pré-ganglionares simpáticas que inervam o gânglio cervical superior, componente periférico do sistema nervoso autônomo, onde estão os neurônios pós-ganglionares; e (5) as fibras pós-ganglionares, que finalmente inervam a pineal utilizando a noradrenalina como neurotransmissor.

Através desse longo circuito, o sistema temporizador circadiano se integra ao sistema temporizador circanual. E o que faz a pineal? Sob ativação simpática, que aumenta durante a noite, as células da pineal aumentam a síntese e a secreção de um hormônio que tem ficado famoso nos últimos tempos: a *melatonina* (veja o Quadro 16.1). Sabe-se que uma das ações da melatonina envolve a redução da função das gônadas durante o inverno, quando os dias são curtos e as noites, longas. Pois bem, a secreção de melatonina atinge maiores concentrações plasmáticas justamente quando as noites são mais longas, e é por isso que as funções gonadais se tornam reduzidas no inverno. A pineal, então, é um sensor da duração do fotoperíodo, e é por essa sua propriedade que a melatonina tem sido utilizada com relativo sucesso como medicamento capaz de diminuir os efeitos do *jet-lag*, as alterações de ritmo circadiano que ocorrem quando se viaja de avião a jato para o leste ou para o oeste.

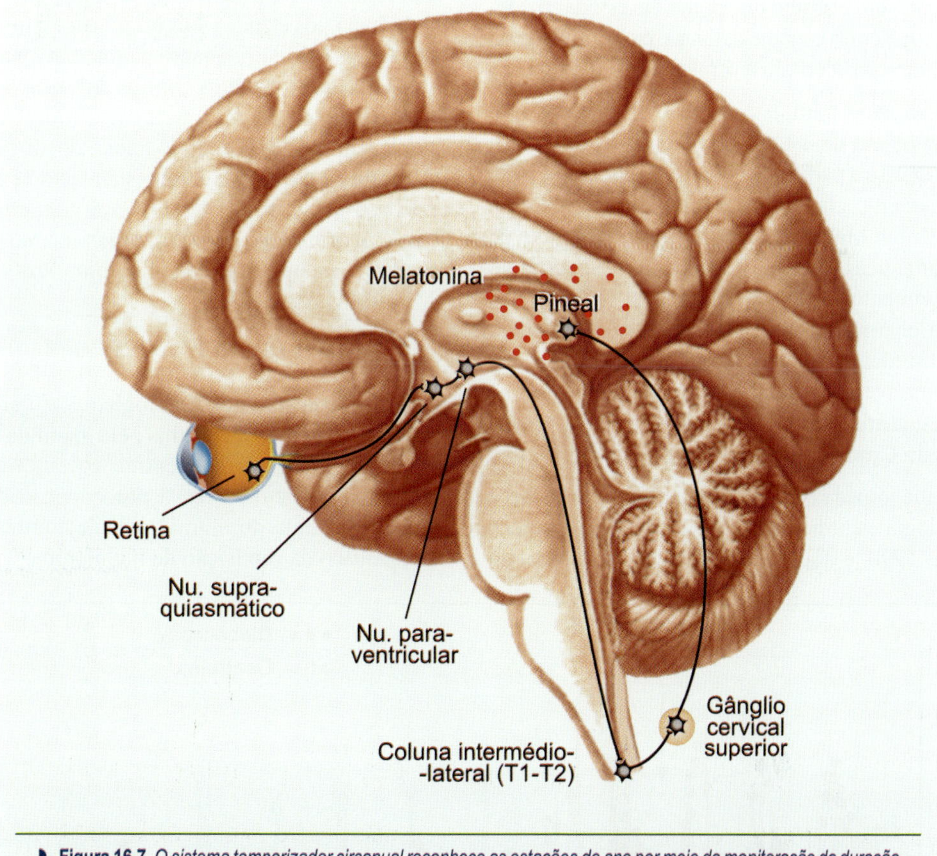

Figura 16.7. *O sistema temporizador circanual reconhece as estações do ano por meio da monitoração da duração dos dias, feita pelo núcleo supraquiasmático com informações da retina, e das noites pelo aumento da concentração sanguínea do hormônio melatonina. Seus componentes envolvem um longo circuito que termina na glândula pineal, que por sua vez secreta melatonina. Este hormônio parece ser o efetuador dos fenômenos fisiológicos que variam com as estações do ano. Quanto mais longa a noite (no inverno), maior fica a concentração de melatonina no sangue, e mais intenso o seu efeito sobre os órgãos e tecidos periféricos.*

NEUROCIÊNCIA EM MOVIMENTO

Quadro 16.1
A Melatonina como Temporizador Circadiano

*José Cipolla Neto**

Escrever um quadro sobre meu trabalho neste capítulo é duplamente prazeroso. Primeiro, pelo convite, e segundo por que nele são abordados dois assuntos que me são muito caros: o ciclo vigília-sono e a ritmicidade biológica.

Minha carreira de cientista teve sua formação inicial através do estudo do ciclo vigília-sono, lá pelos idos da década de 1970. Nessa época, no grupo do então Departamento de Fisiologia e Biofísica da Faculdade de Medicina da Universidade de São Paulo, juntamente com Juarez Aranha Ricardo e Núbio Negrão, resolvemos estudar o controle neural da atividade elétrica cortical durante o ciclo vigília-sono de áreas paleocorticais[G]. Mais especificamente, focalizamos o córtex olfativo primário para compará-lo com o bem conhecido controle neural de áreas neocorticais.

Obviamente, um trabalho que pretendia estudar o controle da atividade elétrica cerebral durante o ciclo vigília-sono tinha de levar em consideração a ritmicidade biológica.

No entanto, para mim, a colocação dos ritmos biológicos como objeto de estudo e preocupação científica fundamental deu-se a partir do começo da década de 1980 quando, juntamente com Luiz Menna Barreto, Nelson Marques e Miriam Marques, constituímos no Instituto de Ciências Biomédicas da USP o Grupo Multidisciplinar de Desenvolvimento e Ritmos Biológicos. O GMDRB, como ele era chamado, foi o responsável por introduzir no Brasil os estudos científicos sobre Cronobiologia. Foi, ainda, o responsável pela formação de várias gerações de pesquisadores na área, de onde saíram as primeiras teses e dissertações em Cronobiologia no Brasil.

Essa minha jornada como copartícipe da implantação da Cronobiologia científica no país levou-me, no começo da década de 1990, a iniciar uma linha de pesquisa voltada para o estudo da glândula pineal e seu hormônio, a melatonina. Meu interesse, a princípio, foi substituir os estudos do controle neural da ritmicidade comportamental, essencialmente multideterminada, por um parâmetro fisiológico que, a princípio, seria de mais fácil análise: a secreção diária de melatonina pineal.

Mal sabia eu, à época, o universo imenso e importante que era o estudo da pineal e da melatonina. O que era, a princípio, um índice fisiológico para estudos cronobiológicos, passou a ser um objeto em si e toda a minha carreira científica, desde então, centrou-se no estudo do controle neural e nos aspectos fisiológicos celulares da produção e secreção de melatonina pineal e, acima de tudo, no estudo do papel fisiológico desse hormônio e seus mecanismos de ação.

Com uma quantidade grande de colegas da Fisiologia, da Farmacologia e da Medicina, constituímos um grupo de referência nos estudos sobre a pineal e a melatonina, tanto na ciência brasileira quanto na internacional. De imediato estabelecemos contatos com os dois grupos expoentes da pesquisa internacional, na época, o de David C. Klein, nos Institutos Nacionais de Saúde dos Estados Unidos, e de Russel J. Reiter, da Universidade do Texas. Na mesma época, estabelecemos, também, um contato bastante profícuo com um grupo europeu importante nos estudos sobre pineal e melatonina, liderado pelos Profs. Paul Pévet e Mireille Masson-Pévet.

As principais linhas de pesquisa que realizamos sobre a fisiologia da glândula pineal foram: controle neural e mecanismos fisiológicos celulares envolvidos com a síntese de melatonina pela glândula pineal; efeitos e mecanismos de ação, centrais e periféricos da melatonina, em particular com a preocupação de caracterizar a fisiopatologia do animal pinealectomizado, e o papel terapêutico da reposição de melatonina.

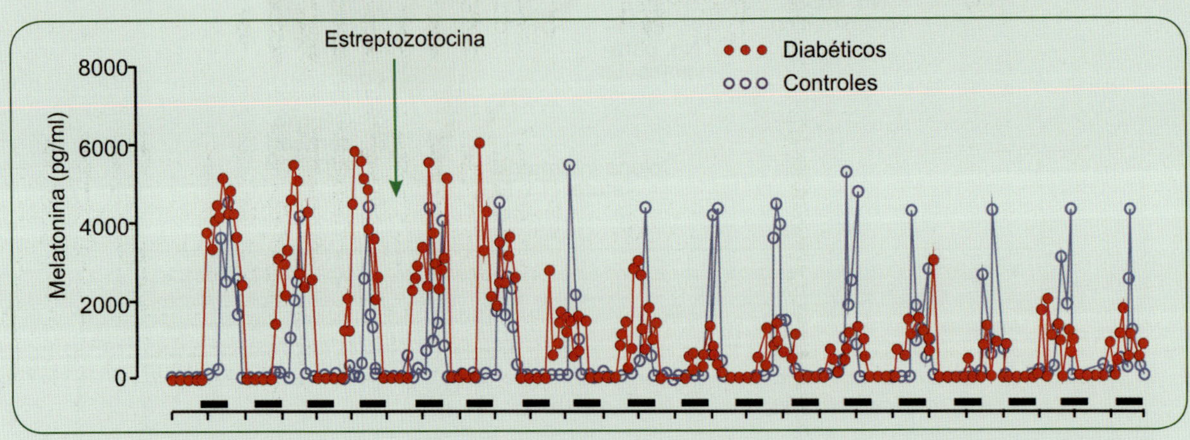

Produção diária de melatonina pineal, avaliada por microdiálise da glândula de um animal antes e após a indução do quadro de diabetes por estreptozotocina.

Em todos esses estudos tivemos sempre a preocupação primeira de entender o papel funcional básico da pineal e da melatonina na regulação dos fenômenos rítmicos circadianos, dentro da hipótese funcional de que a melatonina é o marcador circadiano, pela sua presença (ou maior concentração) noturna e sua ausência (ou menor concentração) diurna. Dentro desta perspectiva, juntamente com diversos colegas** do Departamento de Fisiologia e Biofísica do ICB da USP, demonstramos que a melatonina é um importante agente potenciador das ações centrais e periféricas da insulina, além de regular sua secreção circadiana, e temporizar as funções do tecido adiposo e muscular de acordo com as exigências energéticas do organismo. Demonstramos, ainda, através de estudos com o uso da técnica de microdiálise da glândula pineal, em trabalho da Drª Fernanda Gaspar do Amaral, uma redução drástica da produção de melatonina no animal diabético (Figura). Esse resultado e os dados anteriores sugerem que a redução da melatonina é um dos componentes importantes na resistência insulínica do paciente diabético ou, mesmo, do idoso.

Dessa maneira, além dos dados clássicos que atribuem à melatonina extrema importância na temporização circadiana do ciclo vigília-sono, acrescenta-se, agora, a esse hormônio, o papel funcional de temporizar as funções metabólicas diárias no sentido de alocar ao dia e à noite o maior ou menor dispêndio energético ou a menor ou maior capacidade de armazenamento de nutrientes. Esses dados, associados a outros mostrando uma alteração radical na ciclagem diária dos genes-relógios em tecidos periféricos, indicam, claramente, o importante papel temporizador circadiano da melatonina, ao lado do papel muito bem estabelecido de temporizador sazonal.

José Cipolla Neto

Professor-titular do Instituto de Ciências Biomédicas da Universidade de São Paulo. Correio eletrônico: cipolla@icb.usp.br

*** Fábio Bessa Lima, Ângelo Rafael Carpinelli, Ubiratan Fabres Machado, Carla R. de Oliveira Carvalho, Silvana Bordin e Solange Castro Afeche*

A ação da melatonina é possibilitada pelos receptores específicos para ela (receptores MT_1 e MT_2), que algumas células sintetizam e expressam na membrana. É o caso do próprio núcleo supraquiasmático, sítio de grande concentração desses receptores. Assim, essa estreita relação do sistema temporizador circadiano com o circanual se fecha "quimicamente", uma vez que a concentração de melatonina circulante é detectada pelos neurônios supraquiasmáticos, cuja atividade é então regulada de acordo.

SISTEMAS MODULADORES

O ciclo vigília-sono é um dos ritmos circadianos, e, portanto, é também sincronizado pelo sistema temporizador regido pelo núcleo supraquiasmático. Há evidências disso nos animais com lesões desse núcleo hipotalâmico e em indivíduos humanos portadores de certos tumores que atingem o núcleo. Uns e outros apresentam distúrbios do ciclo vigília-sono.

No caso de uma função hormonal como a secreção de hormônio do crescimento, por exemplo, é fácil identificar os mecanismos e circuitos neurais envolvidos, porque sabemos que esse hormônio é produzido e secretado pela hipófise, e que esta é controlada por certos núcleos do hipotálamo (mais detalhes no Capítulo 15). Como esses núcleos recebem aferentes do núcleo supraquiasmático, tudo fica coerente e claro.

Podemos utilizar a mesma estratégia para compreender de que modo o sistema temporizador circadiano regula o ciclo do sono, mas neste caso os circuitos e mecanismos são muito mais complexos e irão ocupar todo o restante deste capítulo.

A primeira impressão que você tem, ao pensar no que se passa quando você adormece, é de que o seu cérebro estaria sendo "desligado". É o que pensaram também os primeiros neurocientistas ao abordar a fisiologia do sono. Enganaram-se parcialmente, como se pode ver no Quadro 16.2. Pensaram que bastaria que os sistemas sensoriais se desligassem para o indivíduo dormir, e religassem para o despertar. Não é bem assim. Para ligar ou desligar o conjunto de uma só vez, é necessário um sistema de conexões bastante espalhado, difuso mesmo, capaz de ligar (ou desligar) muitas áreas ao mesmo tempo. Não seria eficiente utilizar os sistemas sensoriais um a um, por exemplo, e ir ligando (ou desligando) a visão, a audição, a somestesia etc., separadamente. É como a rede elétrica de um teatro. O iluminador pode acionar um projetor específico para um ponto do palco, ou então todas as luzes da sala ao mesmo tempo. Mas pode também utilizar atenuadores[3],

[3] Dimmers, *em inglês.*

diminuindo ou aumentando a intensidade de luz de cada projetor separadamente, ou de toda a sala em conjunto. Para o sistema nervoso, os circuitos que controlam cada "projetor" são chamados *sistemas específicos* (sensoriais, motores e outros), e os que controlam a "sala" (o SNC em conjunto) são os *sistemas difusos*. Os equivalentes neurais dos atenuadores são os *sistemas moduladores*, que podem ser também específicos ou difusos. Exemplo de sistema modulador específico é o que controla os mecanismos atencionais (veja detalhes no Capítulo 17). Através dele podemos prestar atenção a um determinado som do ambiente, destacando-o dos outros estímulos presentes naquele momento: sons, luzes, objetos etc. O sistema atencional faz isso modulando a excitabilidade auditiva para favorecer a percepção daquele som e nada mais. É mesmo como um projetor dirigido ao palco do teatro, que leva o público a dirigir a sua percepção a um ponto específico.

Os sistemas moduladores difusos fazem o papel dos atenuadores gerais do teatro: controlam o nível de consciência e o comportamento do indivíduo como se fosse a intensidade de iluminação da sala toda. Podemos estar acordados, extremamente alertas e fazendo várias coisas ao mesmo tempo; acordados mas distraídos, sem muitos movimentos; sonolentos e escarrapachados numa poltrona; levemente adormecidos; ou dormindo profundamente na cama. Trata-se de uma faixa contínua de níveis de consciência e de comportamento que oscilam a cada 24 horas: um ritmo circadiano muito conhecido nosso, o ciclo vigília-sono.

NEUROANATOMIA E NEUROQUÍMICA DOS SISTEMAS MODULADORES

Quem primeiro suspeitou da existência de sistemas difusos que controlassem os níveis de consciência e as ações comportamentais foram os neurofisiologistas interessados em decifrar os mecanismos do sono e da vigília. Os dados que obtiveram levaram-nos a postular a existência desses sistemas, sem saber ao certo se existiam de fato. Entraram em ação então os neuroanatomistas. Alguns deles – de inclinação mais descritiva – buscaram neurônios cujos axônios tivessem trajeto ramificado e difuso atingindo extensas regiões do sistema nervoso. Outros – de tendência mais neuroquímica – preferiram identificar sistemas de neurotransmissores cuja ação dispersa pudesse estar de acordo com o caráter difuso que os fisiologistas haviam previsto. Resultaram dois conjuntos de dados – morfológico e neuroquímico – que só recentemente puderam ser reunidos.

Diferentes sistemas difusos foram identificados, e a maioria dos neurônios que lhes dão origem reside no tronco encefálico, às vezes reunidos em núcleos bem definidos, outras vezes frouxamente distribuídos em meio a uma rede de fibras nervosas dispostas em todas as direções, constituindo um conjunto que recebe o nome genérico de *formação reticular* (Figura 16.8A). A formação reticular estende-se desde o bulbo[A] até o mesencéfalo. Muitos neurônios dela preenchem as condições para exercer funções moduladoras difusas: seus corpos celulares são pequenos, mas seus axônios – muito ramificados – apresentam ramos ascendentes capazes de exercer suas ações sobre o diencéfalo e o telencéfalo, e também ramos descendentes que chegam à medula (Figura 16.8B).

Outros neurônios com características semelhantes foram identificados em núcleos distintos do bulbo e da ponte[A] (Figura 16.8A), como é o caso do *locus ceruleus* e dos núcleos da rafe mediana; no tegmento[G,A] mesencefálico; e até mesmo no prosencéfalo basal, como o núcleo de Meynert e a área septal[A].

Os neurônios dessas regiões foram estudados pelos fisiologistas, que puderam registrar a sua atividade em experimentos com animais de laboratório. Os experimentos constataram que esses neurônios, por terem somas pequenos, apresentam axônios finos e, por isso, baixas velocidades de condução (em torno de 1 m/s). No entanto, disparam PAs como metrônomos[G], *i. e.,* a frequências bastante regulares (entre 1 e 10 Hz). Essas características funcionais, associadas à natureza difusa de seus axônios, são compatíveis com a hipótese de que se trate realmente de neurônios moduladores. Outros experimentos, que veremos adiante, confirmaram essa hipótese.

Um grande avanço na compreensão dos mecanismos de ação dos sistemas moduladores ocorreu com a aplicação de técnicas histoquímicas[G] e imuno-histoquímicas[G], que identificaram os neurotransmissores (e a maquinaria molecular que os sintetiza) em cada grupo de células. Constatou-se a existência de diferentes sistemas moduladores difusos, cada um deles caracterizado por empregar um determinado neurotransmissor. Emergiu uma visão original do efeito que eles causam nas extensas regiões que inervam: a criação de "microclimas" neuroquímicos. Quando um sistema que utiliza a noradrenalina, por exemplo, aumenta sua atividade, ocorre a liberação desse neurotransmissor nas amplas áreas que recebem os axônios respectivos – cria-se um "microclima noradrenérgico", como se o tecido se tornasse banhado em noradrenalina. Se no momento seguinte um outro sistema predominar, por exemplo o que emprega a serotonina como neurotransmissor, o microclima torna-se serotoninérgico. O balanço entre os diversos neurotransmissores de liberação difusa no tecido neural faria modular a excitabilidade dos neurônios, e com isso seria possível controlar dinamicamente o seu nível geral de atividade. Em conjunto, o resultado funcional seria o controle do nível de consciência e da atividade comportamental geral do indivíduo.

Ao identificar um a um os diferentes sistemas de neurônios moduladores através dos seus neurotransmissores, os neuroquímicos criaram uma nomenclatura para eles que

HISTÓRIA E OUTRAS HISTÓRIAS

Quadro 16.2
Ligar o Sono ou Desligar a Vigília?

*Suzana Herculano-Houzel**

Desde a Antiguidade até quase a metade do século 20, acreditou-se que o sono ocorria passivamente quando os estímulos sensoriais diminuíam, por exemplo, quando o animal procurava um ambiente tranquilo e escuro para repousar, reduzindo o nível de ativação do cérebro. Pode-se dizer que foi graças a uma epidemia de encefalite letárgica, a "doença do sono", que essa visão começou a mudar.

No inverno europeu de 1918-1919, milhares de pessoas foram atingidas pela encefalite letárgica, que curiosamente causava efeitos opostos em pessoas diferentes: algumas ficavam efetivamente letárgicas, num estado de sonolência permanente, enquanto outras eram atacadas pela insônia. Fazendo a autópsia de pacientes derrubados pela encefalite, o barão austríaco Constantin von Economo (1876-1931), neurologista eminente da época, descobriu que, regularmente, uma certa região do cérebro havia sido lesada nos insones e outra nos letárgicos. Os insones foram reveladores. Se a ocorrência de sono dependia do funcionamento de uma porção do cérebro, o processo cerebral de adormecer ou acordar não podia mais ser tão passivo assim. Semelhante a Broca, que identificara uma área frontal do cérebro como o "centro da fala" pelos sintomas causados por sua destruição, von Economo anunciou ter descoberto o "centro do sono".

Foi o suíço Walter Hess (1881-1973) que explorou de forma experimental a novidade do controle ativo do sono, lesando ou estimulando eletricamente porções definidas do cérebro do gato. Em 1922, ele pôde atribuir o controle do sono a duas regiões próximas do hipotálamo, com funções opostas: uma necessária ao sono, outra, à vigília. A descoberta lhe valeu o prêmio Nobel de medicina ou fisiologia de 1949.

No mesmo ano de 1949, o italiano Giuseppe Moruzzi (1910-1986) e o americano Horace Magoun (1907-1991) cometeram um erro providencial (Figura). Posicionaram errado os eletródios que empregavam para estimular o cérebro do gato, e por acaso descobriram que a estimulação elétrica da formação reticular mesencefálica causava modificação no EEG semelhante à que ocorre na transição do sono à vigília. Moruzzi e Magoun chamaram o processo de "ativação do EEG". Um detalhe importante é que o processo de ativação independia de estímulos sensoriais, sugerindo que a formação reticular poderia funcionar como um centro interno de controle do estado do cérebro.

E não era só isso: 10 anos depois, o trabalho do francês Michel Jouvet deixaria claro que a mesma formação reticular que ativa o cérebro na transição à vigília também é ativada durante um determinado estado do sono. Este estado é o de sono paradoxal, descoberto por Nathaniel Kleitman e seu estudante Eugene Aserinsky, em 1953, e logo associado ao período em que acontecem os sonhos. Quer dizer: o cérebro controla ativamente o sono, e é estimulado pela formação reticular mesencefálica não só para sair dele, mas também para iniciar os sonhos.

A utilização do aparelho estereotáxico para a localização precisa de regiões intraencefálicas não evitou o erro virtuoso de Horace Magoun (foto) e seu colega Giuseppe Moruzzi. Foto de 1957 publicada em L. H. Marshall e H. W. Magoun (1998) Discoveries in the Human Brain. *Humana Press, EUA.*

Professora-adjunta do Instituto de Ciências Biomédicas da Universidade Federal do Rio de Janeiro. Correio eletrônico: suzanahh@gmail.com.

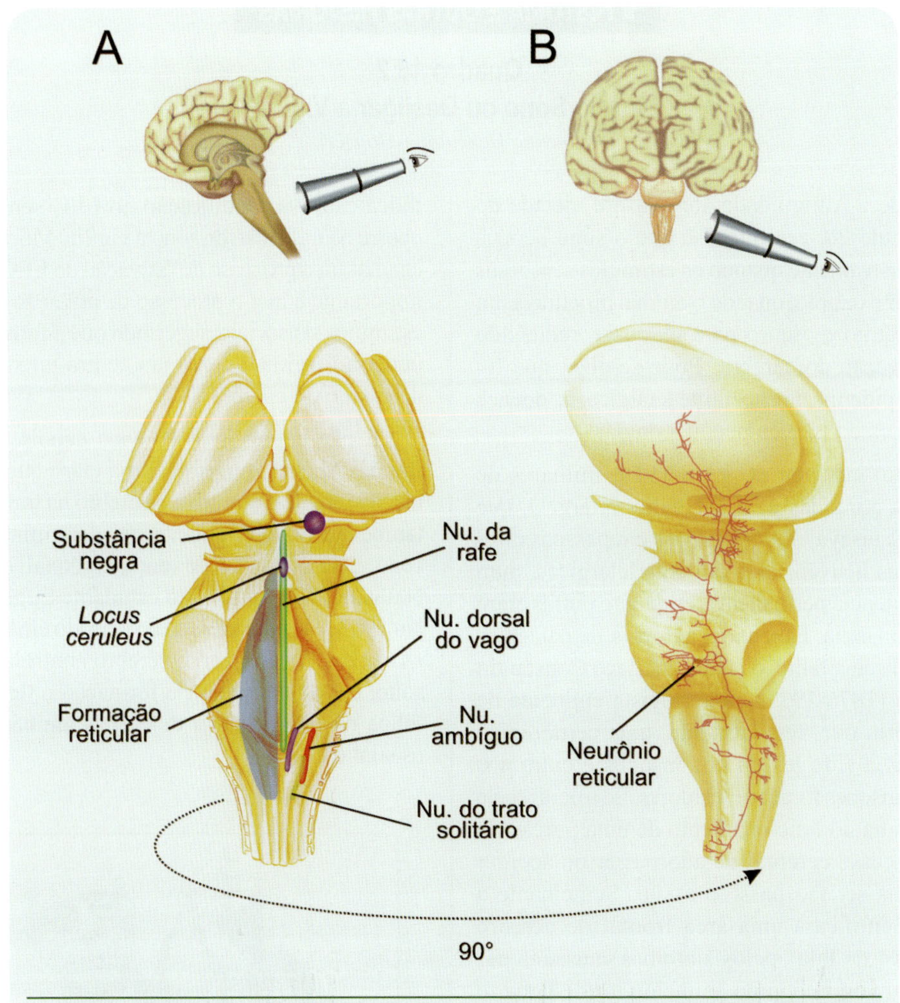

Figura 16.8. *A. A posição relativa dos núcleos que participam dos sistemas moduladores difusos pode ser representada em uma vista dorsal do tronco encefálico (como indica a luneta, acima). **B.** Muitos neurônios desses núcleos emitem fibras extensas, frequentemente bifurcadas, com ramos ascendentes e descendentes. Neste exemplo, um neurônio da formação reticular está representado em vista lateral do tronco encefálico (como indica a luneta correspondente), rodado 90º em relação a **A**. **B** modificado de M. E. Scheibel e A. B. Scheibel (1958)* Reticular Formation of the Brain *(H. H. Jasper e cols., org.). Little & Brown, Nova York, EUA.*

diferiu da nomenclatura tradicional dos núcleos e regiões neurais. Cada sistema foi codificado com uma letra e um número (Tabela 16.1): a letra indica o neurotransmissor e o número assinala aproximadamente a localização rostrocaudal de cada grupo de neurônios que têm aquele neurotransmissor. Os números menores indicam níveis mais caudais, e os maiores, níveis mais rostrais (com exceção da acetilcolina, codificada exatamente ao contrário).

Os neurônios noradrenérgicos formam o conjunto mais numeroso (Figura 16.9). Constituem duas colunas: dorsal e ventral. A coluna ventral contém neurônios associados ao núcleo ambíguo[A] (A1), enquanto a coluna dorsal contém neurônios dos núcleos do trato solitário e motor do vago (A2), e da formação reticular (A3). As duas colunas situam-se no bulbo e os seus neurônios emitem projeções para o hipotálamo, participando do controle das funções cardiovasculares e neuroendócrinas (veja o Capítulo 14 para maiores detalhes). Mais acima na ponte estão os grupos A5 e A7, que compõem a formação reticular pontina, com projeções descendentes para a medula toracolombar e participação na modulação dos reflexos autonômicos. Na ponte ficam também os grupos A4 e A6, que correspondem ao *locus ceruleus*. Este tem grande importância no controle do ciclo vigília-sono, e suas projeções estão de acordo com essa função: os axônios cerúleos estendem-se e ramificam-se por praticamente todo o SNC, do córtex cerebral à medula espinhal (Figura 16.9B)!

TABELA 16.1. OS SISTEMAS MODULADORES

Neurotransmissor	*Classificação Neuroquímica*	*Equivalência Anatômica*	*Projeção*	*Função*
Noradrenalina	A1	Núcleo ambíguo[A]	Ascendente (hipotálamo)	Modulação cardiovascular e endócrina
	A2	Núcleo do trato solitário[A] e Núcleo dorsal do vago[A]	Ascendente (hipotálamo)	Modulação cardiovascular e endócrina
	A3	Formação reticular bulbar	Ascendente (hipotálamo)	Modulação cardiovascular e endócrina
	A4 e A6	*Locus ceruleus*	Ascendente (todo o prosencéfalo e mesencéfalo) e descendente (rombencéfalo e medula)	Modulação da excitabilidade cortical e subcortical; regulação do ciclo vigília-sono
	A5 e A7	Formação reticular pontina	Descendente (medula)	Controle do tônus muscular
*Dopamina**	A8, A9 e A10	Substância negra e área tegmentar ventral	Ascendente (núcleos da base e regiões límbicas)	Coordenação motora, modulação emocional e comportamentos motivados
	A11 a A15	Hipotálamo	Local (infundíbulo[A] e neuro-hipófise) e descendente (coluna intermediolateral da medula	Controle neuroendócrino e regulação do tônus simpático
	A16	Bulbo olfatório[A]	Local	?
	A17	Retina	Local	Modulação da adaptação retiniana
Serotonina	B1 a B3	Núcleos da rafe bulbar	Descendente (coluna intermediolateral da medula)	Regulação do tônus simpático
	B4	Núcleo magno da rafe	Descendente (corno dorsal da medula)	Modulação da dor
	B5 a B9	Núcleos da rafe pontina e mesencefálica (grísea periaquedutal)	Ascendente (todo o prosencéfalo)	Modulação da excitabilidade cortical e subcortical
Adrenalina	C1	Núcleo ambíguo	Ascendente e descendente (hipotálamo e coluna intermediolateral da medula)	Regulação do tônus vasomotor simpático e controle cardiovascular
	C2	Núcleo do trato solitário	Ascendente (núcleo parabraquial)	Modulação da motilidade gastrointestinal
*Acetilcolina***	Ch1 a Ch4	Área septal, núcleos da banda diagonal e núcleo basal de Meynert	Ascendente (todo o córtex cerebral) e descendente (tronco encefálico)	Modulação da excitabilidade cortical e da memória
	Ch5 e Ch6	Núcleos pontinos rostrais e formação reticular mesencefálica	Ascendente (mesencéfalo e diencéfalo) e descendente (bulbo)	Manutenção da vigília; iniciação do sono paradoxal
Histamina	E1 a E5	Núcleo tuberomamilar do hipotálamo posterior	Ascendente (todo o prosencéfalo) e descendente (rombencéfalo)	Manutenção da vigília; controle do nível de alerta comportamental

** Os neurônios dopaminérgicos recebem a mesma letra (A) que os noradrenérgicos, porque as técnicas histoquímicas iniciais não permitiam distingui-los.*
*** Os neurônios colinérgicos, de identificação recente, não seguem a mesma lógica alfanumérica dos demais. Há também neurônios colinérgicos de projeção local no corpo estriado.*

Parentes próximos dos neurônios noradrenérgicos são os adrenérgicos (C1 e C2), não só pela semelhança química entre a noradrenalina e a adrenalina, mas também porque se encontram misturados no bulbo (com os grupos A1 e A2, respectivamente; Figura 16.9A). As células C1 projetam à coluna intermediolateral da medula toracolombar, onde se situam os neurônios pré-ganglionares simpáticos que controlam o diâmetro vascular periférico (confira no Capítulo 14). Outros neurônios C1 projetam ao hipotálamo, participando aí também da regulação da função cardiovascular. As células C2 são componentes do núcleo do trato solitário, e participam da modulação da motilidade gastrointestinal.

Os grupos de neurônios que utilizam a dopamina como neurotransmissor (A8 a A17) são bastante diversificados. Alguns (A8 a A10) incluem a substância negra[A] no mesencéfalo e a área tegmentar ventral adjacente (Figura 16.10A). Uma parte projeta para os núcleos da base (veja a respeito o Capítulo 12), e portanto participa do controle motor. Outros neurônios emitem axônios que se estendem por diversas regiões límbicas prosencefálicas, constituindo um sistema modulador do humor. Outros neurônios dopaminérgicos (A11 a A15) situam-se no hipotálamo e projetam localmente à eminência mediana e à neuro-hipófise, ou vão mais longe, até a medula toracolombar (Figura 16.10B). No primeiro caso são controladores da secreção hormonal hipofisária, e no segundo modulam os neurônios pré-ganglionares simpáticos. Um terceiro conjunto de células dopaminérgicas localiza-se no bulbo olfatório e na retina, onde elas parecem desempenhar funções no processamento sensorial correspondente.

Os neurônios que contêm serotonina (Figura 16.11) são todos concentrados bem próximo à linha média do tronco encefálico, ocupando os *núcleos da rafe* (*raphé*, em francês, quer dizer *sutura*, *junção*). Os mais caudais, situados no bulbo, têm projeções descendentes e participam do controle simpático (B1 a B3) e da modulação endógena da dor (B4), descrita no Capítulo 7. Os mais rostrais (B5 a B9) são muito importantes para a regulação do ciclo vigília-sono, como veremos adiante, e participam também da modulação de comportamentos motivacionais e emocionais (Capítulos 15 e 20, respectivamente). Na verdade, os núcleos da rafe pontina continuam-se sem interrupção com a grísea periaquedutal do mesencéfalo, uma estrutura com importante participação nos comportamentos emocionais. Os neurônios serotoninérgicos mais rostrais (B5 a B9) projetam amplamente a todo o prosencéfalo e ao cerebelo[A].

Finalmente, os neurônios colinérgicos e histaminérgicos foram descobertos há pouco tempo. Os colinérgicos do prosencéfalo basal (Figura 16.12A: Ch1 a Ch4) assumiram grande importância médica, porque estão entre os primeiros a degenerar em indivíduos idosos com doença de Alzheimer, o que naturalmente nos leva a concluir que participam dos

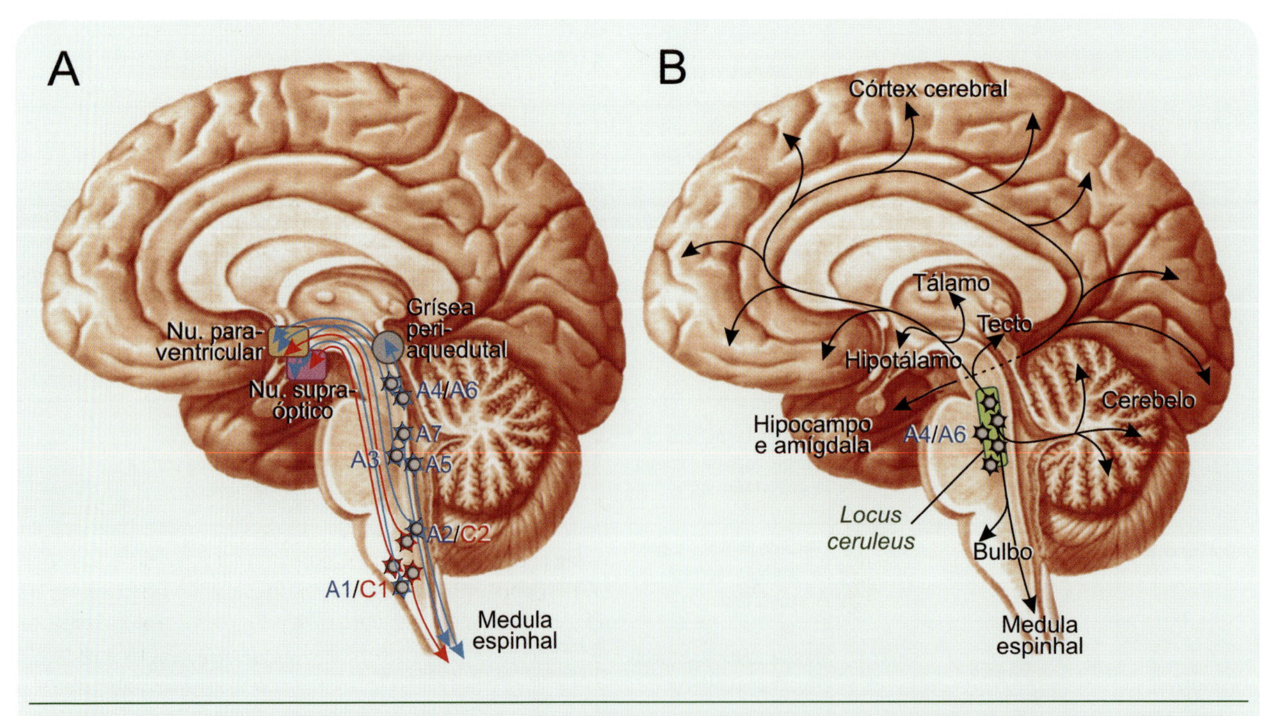

Figura 16.9. *Os sistemas moduladores noradrenérgicos (grupo A) e adrenérgicos (grupo C) originam-se no tronco encefálico. Em* **A**, *os sistemas noradrenérgicos estão representados em azul e os adrenérgicos, em vermelho.* **B** *representa em separado as extensas conexões noradrenérgicas do locus ceruleus (A4 e A6).*

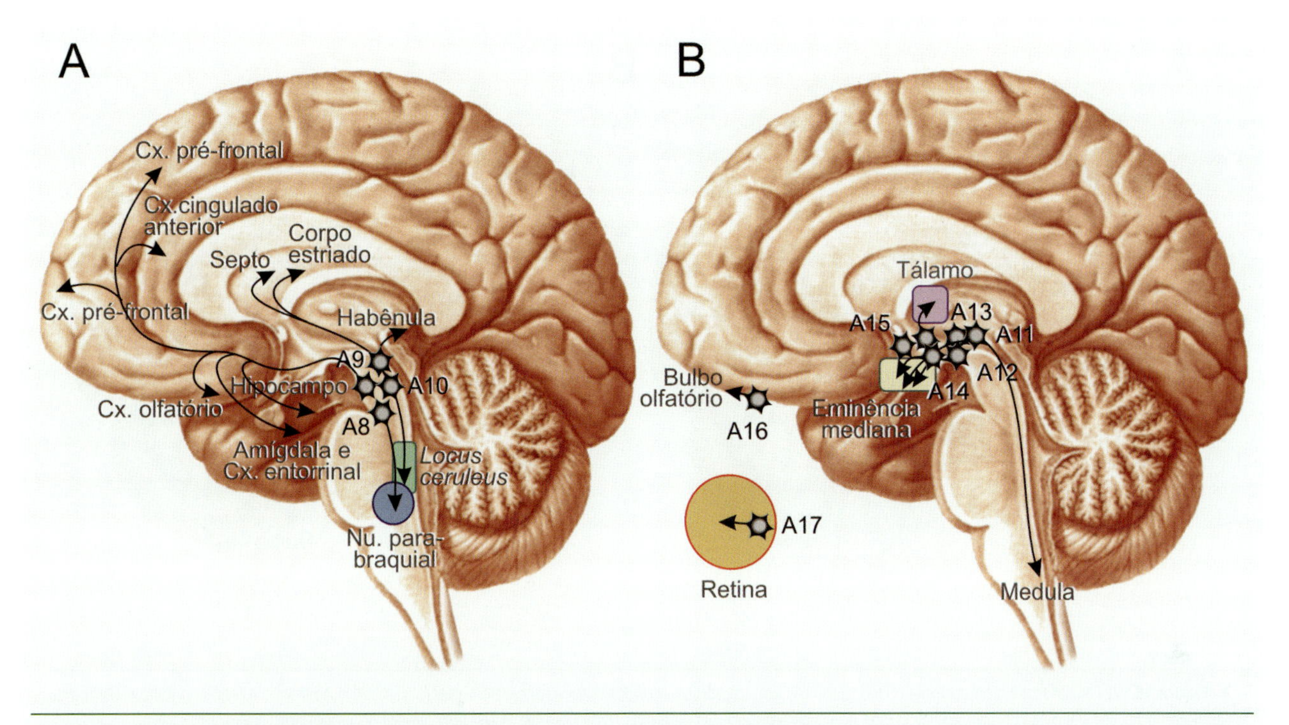

▸ **Figura 16.10.** *Os sistemas moduladores dopaminérgicos também são incluídos no grupo A porque as técnicas histoquímicas iniciais não eram capazes de distingui-los dos noradrenérgicos e adrenérgicos.*

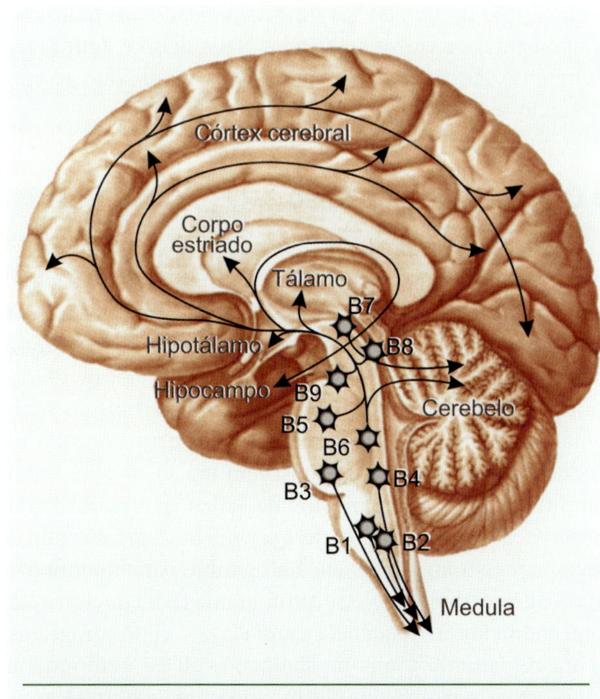

▸ **Figura 16.11.** *Os sistemas moduladores serotoninérgicos (grupo B) apresentam neurônios concentrados na linha média do tronco encefálico e do mesencéfalo. Os mais rostrais emitem axônios ascendentes, enquanto os mais caudais projetam para a medula.*

mecanismos da memória. Sabe-se também que participam da regulação do ciclo vigília-sono. Os colinérgicos mais caudais, situados na ponte (Figura 16.12A: Ch5 e Ch6), têm projeção ascendente para o mesencéfalo e o diencéfalo, e descendente para o bulbo. Em ambos os casos, participam da regulação do ciclo vigília-sono. Os neurônios que sintetizam histamina localizam-se no hipotálamo (Figura 16.12B: E1 a E5), têm projeções ascendentes e descendentes que se ramificam em vastas regiões do prosencéfalo e do rombencéfalo. Participam da regulação dos comportamentos de alerta, ou seja, modulam a excitabilidade cortical durante a vigília.

Se você conseguiu ultrapassar os aborrecidos parágrafos precedentes, deve estar se perguntando que sentido se pode dar a todo esse conjunto complexo de núcleos, neurotransmissores e siglas. Há um sentido geral. Alguns dos sistemas moduladores são relativamente específicos, tanto do ponto de vista morfológico como do funcional. É o que acontece com os neurônios dopaminérgicos da retina (A17), por exemplo, que atuam localmente no processo de adaptação à luz e ao escuro. Os neurônios serotoninérgicos do núcleo magno da rafe (B4), por outro lado, atuam de modo um pouco mais distribuído, controlando a transmissão das informações nociceptivas no corno dorsal da medula e assim modulando a dor. Em ambos os casos, ocorre um tipo de modulação funcional que pouco tem a ver com o ciclo vigília-sono.

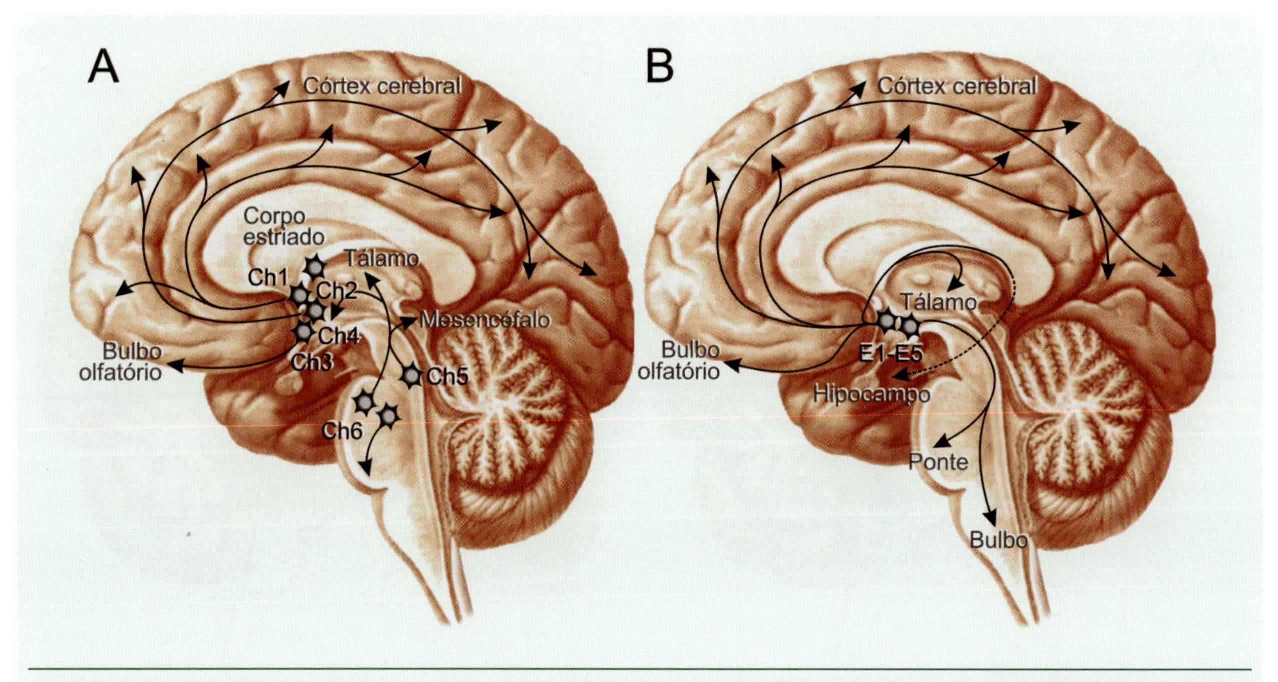

Figura 16.12. *Os sistemas moduladores colinérgicos (**A**) têm neurônios situados no prosencéfalo basal (Ch1-Ch4) e no tronco encefálico (Ch5 e Ch6). Há também neurônios colinérgicos de axônios curtos no corpo estriado. Os sistemas histaminérgicos (**B**) têm origem no hipotálamo posterior (E1-E5).*

Mas há outro grupo de sistemas moduladores, em geral mais difusos, que participam do ciclo vigília-sono. Alguns deles são moduladores extremamente difusos (ascendentes e descendentes), como os neurônios noradrenérgicos do *locus ceruleus* (A4 e A6) e os serotoninérgicos da rafe pontina e mesencefálica (B5-B9). Os axônios desses sistemas inervam praticamente todo o SNC, modulando a sua excitabilidade global e assim controlando o nível de consciência do indivíduo, entre o alerta e o sono profundo. Outros sistemas moduladores participam dos mecanismos do sono e da vigília de modo um pouco menos difuso. Por exemplo: os neurônios noradrenérgicos descendentes da formação reticular pontina (A5 e A7) são os responsáveis pela diminuição do tônus muscular que ocorre quando o indivíduo adormece. Ao mesmo tempo, as células noradrenérgicas ascendentes do tronco encefálico (A1 e A3) modulam as regiões do hipotálamo encarregadas do controle cardiovascular e neuroendócrino, e assim produzem as alterações de frequência cardíaca e de secreção hormonal que ocorrem durante o sono e a vigília.

SONO

Cada um de nós tem o seu ritual particular para dormir. Uns bebem água, outros comem um doce, muitos escovam os dentes. Todos os seres humanos, entretanto, atravessam as mesmas etapas ao transitar entre a vigília e o sono: o corpo vai ficando mole, as pálpebras se fecham, a percepção do mundo vai ficando pálida, e aos poucos o mundo exterior vai-se apagando. Nada disso é definitivo, entretanto. Ao final de algumas horas, o indivíduo acorda e o ciclo recomeça.

OS FENÔMENOS DO SONO

Os eventos comportamentais e fisiológicos que ocorrem nos seres humanos durante a vigília e durante o sono, bem como na transição de uma para o outro, foram bem estudados pelos fisiologistas e neurologistas em laboratórios e clínicas de sono. Tipicamente, esses laboratórios oferecem a voluntários ou a pacientes com distúrbios do sono uma sala climatizada com uma boa cama e uma decoração aconchegante. Além disso, possuem um visor com vidro unidirecional e equipamentos de vídeo que permitem a observação de fora pelos pesquisadores. Outros equipamentos registram o eletroencefalograma (para monitorar a atividade cerebral), o eletrocardiograma (para documentar especialmente a frequência cardíaca), o eletromiograma (para registrar o tônus muscular), o eletro-oculograma (que acusa a ocorrência de movimentos oculares), e às vezes outros parâmetros fisiológicos. Em conjunto, esse tipo de documentação múltipla do sono chama-se registro polissonográfico. Em laboratórios que utilizam animais não humanos para o estudo da neurobiologia do sono, além do registro polissonográfico pode-se também realizar registros intracranianos para estudar a atividade neuronal e associá-los à microinjeção de drogas neuroativas, lesões do sistema nervoso e outros experimentos que não podem ser realizados em seres humanos.

Com essa parafernália de monitoração, pôde-se acompanhar detalhadamente todos os fenômenos do ciclo vigília-sono, que foram então divididos em três categorias: comportamentais, autonômicos e eletroencefalográficos.

Durante a vigília, a pessoa responde a estímulos sensoriais provenientes do ambiente e apresenta comportamento ativo com base em intensa atividade motora e locomotora. A postura, muito dinâmica, muda constantemente, apoiada em um certo tônus muscular. Quando o indivíduo adormece, entretanto, tudo se modifica: ele diminui sua reatividade aos estímulos externos, apresenta redução da atividade motora e assume uma postura estereotipada (geralmente deitado com os olhos fechados). O eletromiograma e o eletro-oculograma tornam-se menos ativos.

Muitos fenômenos autonômicos ocorrem usualmente caracterizados por uma redução geral das funções vegetativas: diminui a frequência cardíaca e a frequência respiratória, e com isso cai a pressão arterial; diminui a motilidade gastrointestinal; a temperatura corporal cai um ou dois graus, acompanhada de redução da atividade metabólica dos órgãos e tecidos.

O eletroencefalograma (EEG) acusa grandes alterações na atividade cerebral (veja o Quadro 16.3). Durante a vigília, o EEG apresenta um ritmo rápido de baixa voltagem e alta frequência, que é substituído durante o sono pelo seu oposto, um ritmo lento de alta voltagem e baixa frequência. Essa transformação do EEG é conhecida como *sincronização*, porque representa a atividade sináptica simultânea (sincronizada) dos neurônios que permanecem ativos. Analogamente, o EEG da vigília é descrito como dessincronizado, por representar a atividade sináptica não coincidente de uma enorme população de neurônios de todos os tipos.

Os Dois Estados de Sono

Os fenômenos do sono foram estudados com particular detalhe na década de 1950 pelo neurofisiologista americano Nathaniel Kleitman e seus alunos William Dement e Eugene Aserinsky. Por acaso, os três descobriram algo fundamental: o sono não é o mesmo durante toda a noite, mas possui vários estágios e dois estados diferentes.

Kleitman e seus alunos realizavam registros polissonográficos de indivíduos normais durante o adormecimento, o sono e o acordar, e ao mesmo tempo observavam o seu comportamento. Durante o adormecimento, quando o indivíduo se tornava sonolento, observaram que o EEG passava de um traçado dessincronizado típico, chamado ritmo ß (Figura 16.13), para um traçado ligeiramente diferente, de voltagem um pouco maior e menor frequência, o ritmo α. O eletro-oculograma (EOG) e o eletromiograma (EMG), muito ativos e variáveis porque o indivíduo acordado realiza vários movimentos, tornavam-se mais estáveis. Esse foi denominado estágio 1. A seguir o indivíduo se tornava mais adormecido, e seu EEG passava a apresentar algumas ondas de alta voltagem (chamadas fusos do sono e complexos K – estes últimos assim denominados em homenagem a Kleitman). O EOG e o EMG mantinham-se estáveis. Era o estágio 2. Logo vinham os estágios 3 e 4: o sono se tornava mais profundo e era mais difícil acordar o indivíduo, que a esta altura estava imóvel, dormindo tranquilamente com ocasionais mudanças de posição. O EEG apresentava-se mais e mais sincronizado (Figuras 16.13), finalmente apresentando um ritmo de alta voltagem e baixa frequência, o chamado ritmo δ.

O indivíduo já dormia há mais de 1 hora, quando de repente os pesquisadores observaram que o EEG voltava a se tornar dessincronizado (Figura 16.13, traçado inferior). O EOG revelou que os olhos passaram a mover-se ativamente, embora o corpo do indivíduo permanecesse mais imóvel do que nunca, a julgar pelo EMG liso e estável. Kleitman e seus dois estudantes tentaram acordá-lo, mas encontraram dificuldade. Finalmente conseguiram, e ele lhes relatou um sonho delirante. Tudo parecia diferente, neste estado de sono. O indivíduo dormia mais profundamente que antes (pois não acordava facilmente), mas seu EEG parecia-se com o da vigília. Seu corpo mantinha-se absolutamente paralisado, mas os olhos apresentavam grande movimentação. Um paradoxo.

Com a reprodução dessa mesma sequência em várias outras pessoas, os pesquisadores puderam considerar que se tratava de dois estados diferentes de sono: o primeiro – com seus quatro estágios – foi denominado *sono de ondas lentas,* pela natureza progressivamente mais sincronizada do EEG; e o segundo foi chamado *sono paradoxal* ou *sono REM*[4]. Posteriormente, vários estudos mostraram que o sono paradoxal e o sono de ondas lentas diferem em muitos aspectos (Tabela 16.2), inclusive nos seus mecanismos neurobiológicos.

Uma Noite de Sono

Todos os vertebrados dormem, mas a quantidade de sono, os períodos do dia ou da noite em que ele ocorre e a proporção entre os estados de sono, variam bastante. Em geral, animais maiores dormem menos que os menores: bois, girafas e elefantes dormem 4 a 5 horas a cada 24 horas, enquanto alguns primatas pequenos e os morcegos podem permanecer 18 horas dormindo. Alguns dormem

[4] *Sigla da expressão em inglês* rapid eye movements.

QUESTÃO DE MÉTODO

Quadro 16.3
As Ondas do Encéfalo

Quando o psiquiatra austríaco Hans Berger (1873-1941) descobriu que um par de fios metálicos colocados sobre o crânio de uma pessoa e ligados a um amplificador era capaz de mover para cima e para baixo uma pena inscritora sobre um papel em movimento (Figura 1), foi desprezado pelos céticos por ter descoberto um traçado sem significado, e saudado pelos otimistas como o descobridor das bases fisiológicas do pensamento humano. Nem uma coisa nem outra. O eletroencefalograma (EEG) transformou-se em um exame complementar bastante útil para o diagnóstico de algumas doenças, principalmente a epilepsia, e um registro fisiológico muito utilizado nos estudos sobre sono.

Ninguém pode garantir exatamente o que significam as ondas do EEG, mas sabe-se que são geradas pela atividade sináptica, principalmente proveniente do tálamo, sobre os neurônios piramidais do córtex cerebral (Figura 2). Quando o tálamo transmite ao córtex as informações provenientes dos sistemas sensoriais, ou mesmo as que vêm de outras regiões corticais, o número e a variedade dos potenciais sinápticos gerados são tão grandes que os eletródios posicionados do lado de fora do crânio só conseguem captar a sua soma algébrica que se aproxima de zero. O resultado é um traçado dessincronizado (Figura 3), isto é, composto por ondas de baixa voltagem e alta frequência (ritmos α e β). É o que ocorre quando o indivíduo está acordado. Mas quando o tálamo não deixa passar tão facilmente a informação que recebe, tornam-se menores, menos variados e mais sincronizados os potenciais sinápticos no córtex. Resulta um traçado sincronizado, composto por ondas de alta voltagem e baixa frequência (ritmos θ e δ*).

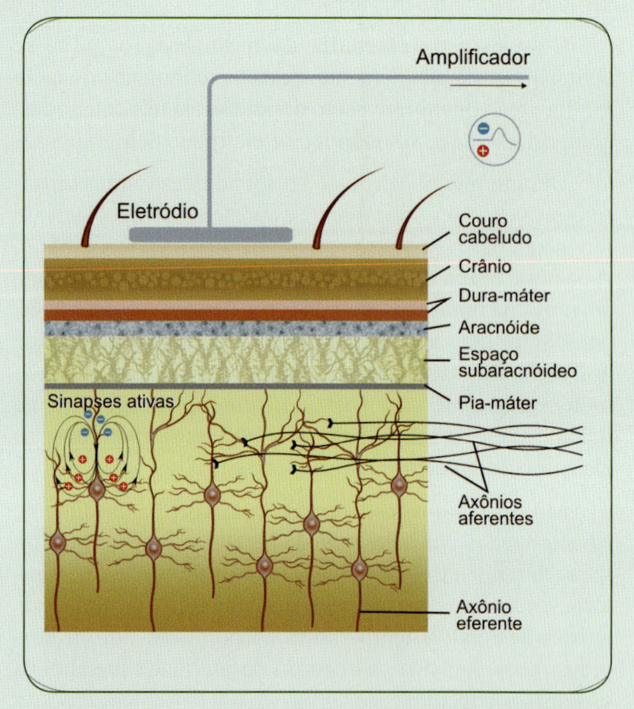

Figura 2. *O que o eletródio capta na superfície da cabeça é a soma algébrica, a cada momento, dos potenciais elétricos produzidos pela atividade sináptica no córtex cerebral. Esses fenômenos elétricos são conduzidos através do meio iônico que compõe os vários tecidos da cabeça, mas chegam muito atenuados ao eletródio, e por isso devem ser amplificados para visualização.*

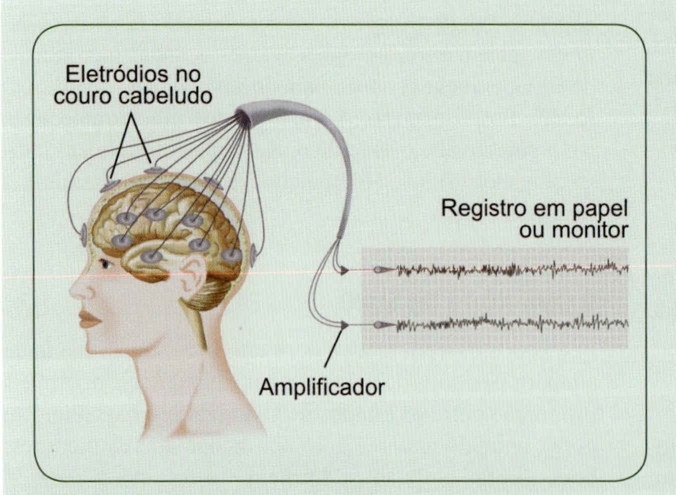

Figura 1. *O EEG é o registro amplificado (em um formulário contínuo em movimento, ou em um monitor) das ondas produzidas pelas minúsculas variações de voltagem que ocorrem no cérebro de uma pessoa, captadas por pares de eletródios colocados em locais padronizados do couro cabeludo.*

As vantagens do EEG são o seu baixo custo, a natureza inócua e prática do exame e a sua boa resolução temporal, isto é, a capacidade de detectar variações muito rápidas (milissegundos a segundos) da atividade encefálica. Sua grande desvantagem é a baixa resolução espacial, ou seja, a grande área sob os eletródios que gera os traçados em cada ponto. Localizar um fenômeno fisiológico ou patológico através do EEG significa admitir um erro de vários centímetros. Atualmente, a utilização

*Teta e delta, respectivamente.

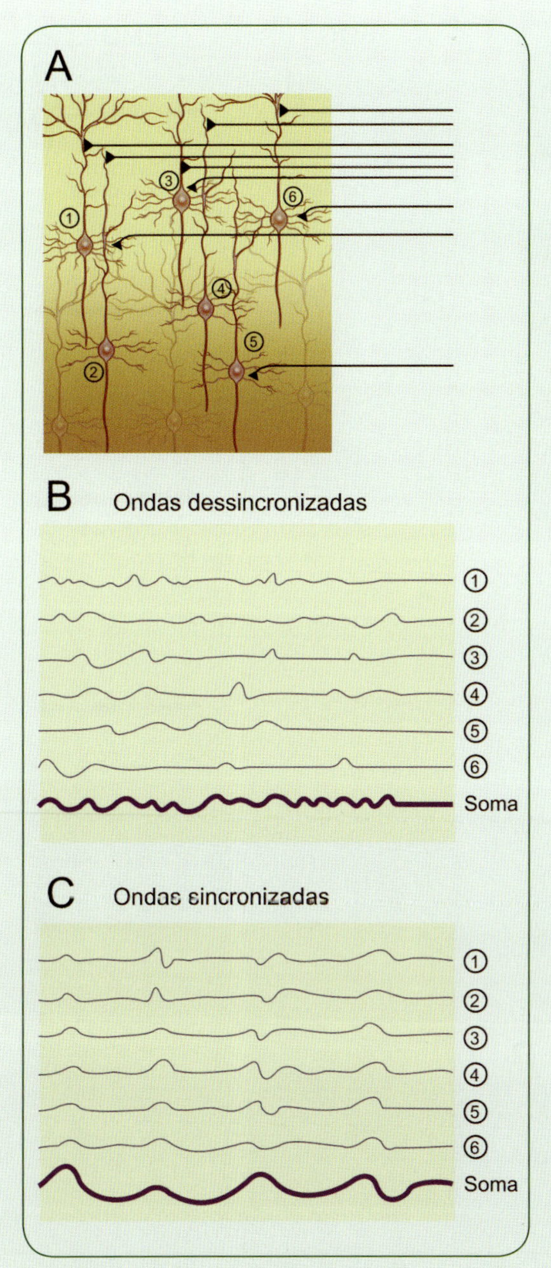

Figura 3. *Suponhamos que o EEG seja produzido pela soma algébrica da atividade dos neurônios numerados em **A**. Quando a atividade de cada neurônio é independente dos demais (**B**), a soma algébrica gera um traçado de baixa amplitude e alta frequência (EEG dessincronizado). Mas quando a atividade dos neurônios for sincronizada, simultânea, a soma algébrica produz um traçado (**C**) de alta amplitude e baixa frequência (EEG sincronizado).*

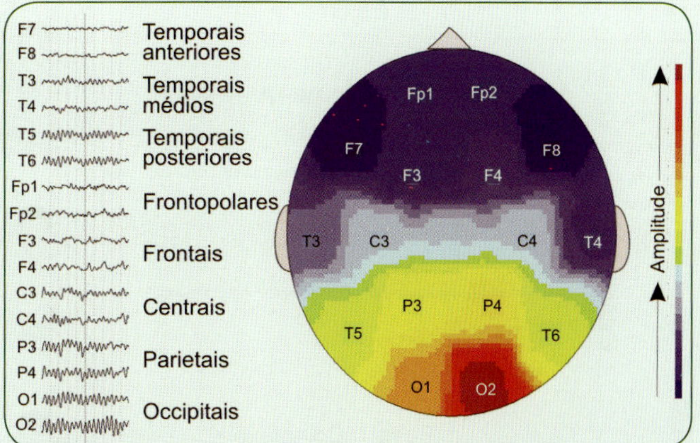

Figura 4. *O mapa representa a distribuição espacial do ritmo α do EEG em um indivíduo normal. As cores correspondem às amplitudes dos traçados alinhados à esquerda, para cada região de posicionamento dos eletródios. As letras com números mostram o posicionamento dos eletródios. Observar que o ritmo α (mais sincronizado) predomina nas regiões posteriores (occipitais, parietais e temporais posteriores), com maior amplitude no lado direito. Registros cedidos por Vladimir Lazarev e M. Alice Genofre, do Serviço de Neurologia do Instituto Fernandes Figueira, Fiocruz.*

de um grande número de eletródios (centenas) minora esse problema, e o uso de microcomputadores acoplados ao EEG permite realizar um verdadeiro "mapeamento cerebral", isto é, gerar um mapa colorido que representa a posição aproximada dos diversos ritmos na superfície cortical (Figura 4). Computadores também podem ser empregados para promediar (tirar a média ponto a ponto) vários traçados do mesmo indivíduo em cada ponto do crânio, relacionando as ondas obtidas com eventos psicológicos ou fisiológicos: são os potenciais evocados e os potenciais relacionados com eventos (veja maiores detalhes no Capítulo 17).

A pobre resolução espacial do EEG tem sido contornada pela utilização do *magnetoencefalograma* (MEG), o registro dos (pequeníssimos!) campos magnéticos produzidos pelas correntes elétricas cerebrais. O MEG, entretanto, é um exame caro, pois depende de uma sala bem isolada do campo magnético terrestre e de outros ruídos, assim como de detectores muito sensíveis e resfriados por hélio líquido a –269 °C.

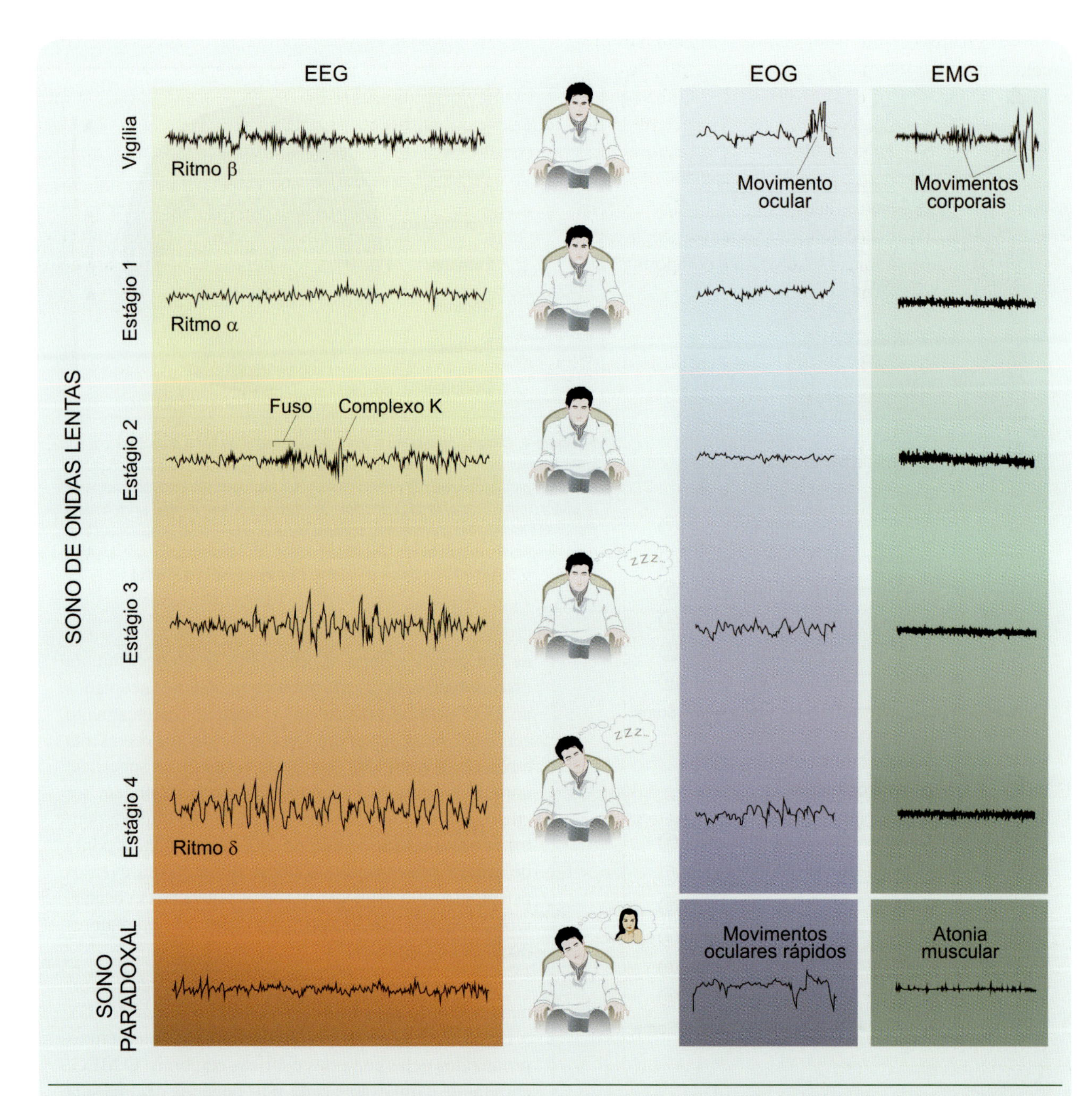

Figura 16.13. *A transição da vigília para o sono de ondas lentas é registrada no eletroencefalograma (EEG) como a passagem de um ritmo rápido e de baixa amplitude (traçado superior) para ritmos cada vez mais lentos e de alta amplitude (estágios 1-4). O eletro-oculograma (EOG) e o eletromiograma (EMG) mostram a diminuição dos movimentos oculares e corporais. No entanto, tudo muda no sono paradoxal (traçados inferiores): o EEG torna-se novamente dessincronizado, aparecem movimentos oculares rápidos e ocorre atonia muscular.*

durante a noite, como o homem; outros durante o dia, como os roedores. Durante o período de sono, alguns dormem continuamente (o sono monofásico dos seres humanos adultos), enquanto outros o fazem interruptamente (o sono polifásico dos bebês humanos, dos idosos, dos roedores e de outros animais). O sono de ondas lentas é universal para os vertebrados, mas o sono paradoxal só existe em animais endotérmicos[G] (aves e mamíferos), o que significa que surgiu mais tarde na evolução. A proporção que esse estado de sono ocupa no período total de sono também varia: alguns mamíferos primitivos (monotremos) não o apresentam; nos roedores, ocupa cerca de 10% do tempo total de sono; no homem, o sono paradoxal ocupa cerca de 20%.

As diferentes características do sono nos animais provavelmente representam especializações adaptativas. Um exemplo interessante é o de certas aves marinhas que se mantêm voando durante dias e dias sem parar: dormem durante o voo, frequentemente, mas em episódios curtíssimos de alguns segundos. Alguns mamíferos marinhos (certos golfinhos e baleias) "adormecem" um hemisfério cerebral enquanto o outro permanece acordado, uma estratégia capaz de evitar que a forte inibição fisiológica e comportamental do sono cause afogamento e morte.

Há também variações individuais. Sabemos de nossa experiência própria que isso é muito comum entre os seres humanos. Alguns dormem 4 a 5 horas sem se sentirem cansados, outros precisam de 9 a 10 horas; alguns dormem cedo e acordam de madrugada; outros dormem tarde e só acordam no meio do dia. Entretanto, os registros polissonográficos indicam uma razoável regularidade na noite de sono dos seres humanos adultos (Figura 16.14). Geralmente, ao adormecer, em menos de 1 hora seu sono passará pelos estágios 1 a 4 do sono de ondas lentas, depois alternará

TABELA 16.2. AS DIFERENÇAS ENTRE A VIGÍLIA E OS DOIS ESTADOS DE SONO

	Vigília	*Sono de Ondas Lentas*	*Sono Paradoxal*
Fenômenos comportamentais	***Comportamento ativo***	***Comportamento diminuído***	***Comportamento diminuído***
Atividade motora	Intensa	Discreta	Quase ausente, com abalos musculares isolados
Tônus muscular	Normal	Diminuído	Ausente, exceto diafragma, m. oculares e do ouvido
Movimentos oculares	Numerosos, de vários tipos	Raros movimentos oculares lentos	Frequentes movimentos oculares rápidos
Postura	Variável	Estereotipada	Estereotipada
Reflexos	Normais	Diminuídos	Ausentes
Despertar provocado	-	Variável com o estágio	Difícil
Despertar espontâneo	-	Ocasional	Frequente
Fenômenos autonômicos	***Variáveis segundo as necessidades***	***Atividade simpática reduzida, parassimpática aumentada***	***Irregulares***
Frequência cardíaca	Normal	Regular e mais baixa	Irregular
Frequência respiratória	Normal	Regular e mais baixa	Irregular
Pressão arterial	Normal	Mais baixa	Irregular
Temperatura corporal	Normal (36 °C)	Mais baixa (34-35 °C)	Tende à temperatura ambiente
Motilidade gastrointestinal	Normal	Diminuída	Irregular
Taxa metabólica	Variável	Baixa	Baixa
Ereção genital	Ocasional	Ausente	Frequente
Fenômenos eletrográficos	***Ativos e variáveis***	***Pouco ativos***	***Pouco ativos***
Atividade neuronal	Frequente, variável	Diminuída	Localizada
EEG	Dessincronizado	Tendendo à sincronização (4 estágios)	Dessincronizado
EMG	Ativo e variável	Estável, pouco ativo	Inativo, com picos ocasionais
EOG	Ativo e variável	Estável, pouco ativo	Picos rápidos
Fenômenos mentais	***Numerosos e variáveis***	***Raros sonhos***	***Numerosos sonhos***
Sonhos	-	Raros, lógicos	Frequentes, ilógicos

entre os estágios 3 e 4 durante cerca de meia hora, a seguir passará por um período de aproximadamente 20-30 minutos de sono paradoxal, e repetirá tudo outras vezes. De 90 em 90 minutos haverá alternância entre o sono de ondas lentas e o sono paradoxal, mas ao longo da noite a duração de cada estágio e do sono paradoxal ficará gradualmente maior. Ao final do período de sono, é provável que você acorde de modo espontâneo durante um período de sono paradoxal e relate algum sonho.

Nem sempre foi assim em sua vida. Ao nascer, o ritmo circadiano do sono não está estabelecido, e isso leva cerca de 4 meses. O bebê dorme durante vários períodos de algumas horas, e muitas vezes troca o dia pela noite: no total, passa 18 horas diárias dormindo. Depois, durante a infância, dorme-se mais do que na vida adulta, geralmente acrescentando uma sesta no meio do dia. Esse padrão bifásico do sono das crianças é substituído pelo padrão monofásico dos adultos (a não ser em algumas culturas, onde a sesta após o almoço permanece), mas retorna com a idade avançada, embora a quantidade total de sono dos idosos seja menor que a dos adultos mais jovens. A proporção de sono paradoxal é maior nas crianças (pode atingir 80% do período total de sono!). Nos idosos, diminui a proporção dos estágios 3 e 4, que podem desaparecer após os 90 anos.

SONHOS

Os sonhos, todos sabemos, são uma experiência subjetiva que temos durante o sono, mas da qual só tomamos conhecimento completo quando acordamos. O estudo científico dos sonhos, portanto, tem uma séria limitação: depende do relato verbal dos indivíduos, que devem ser acordados durante ou logo após a sua ocorrência. Desse modo, é difícil sequer saber se existem sonhos nos animais,

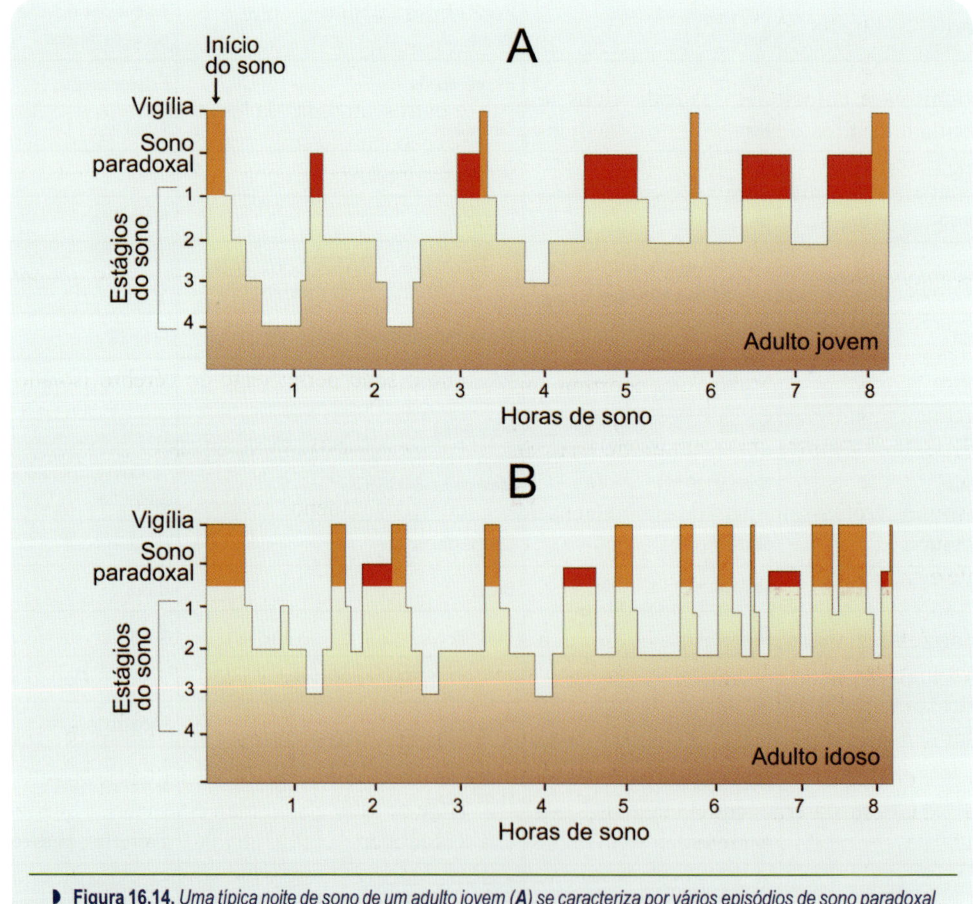

Figura 16.14. *Uma típica noite de sono de um adulto jovem (**A**) se caracteriza por vários episódios de sono paradoxal (em vermelho) alternados com os estágios do sono de ondas lentas e alguns momentos fugazes de vigília (em laranja). O adulto idoso, entretanto (**B**), não chega aos estágios mais profundos do sono de ondas lentas, tem menos episódios de sono paradoxal e desperta um maior número de vezes durante a noite. Modificado de A. Kales e J. Kales (1970)* Journal of the American Medical Association, *vol. 213: pp. 2229-2235.*

que dirá estudá-los com a mesma riqueza de informações como nos humanos; e mesmo nestes, nada garante que o relato seja fiel, pelo esquecimento ou pela ocultação de detalhes emocionais de algum modo embaraçosos. De fato, a Neurociência tem contribuído pouco para o conhecimento das razões e dos mecanismos biológicos da experiência de sonhar (conheça uma teoria pioneira sobre a biologia dos sonhos no Quadro 16.2).

A ocorrência de sonhos é mais frequente durante o sono paradoxal do que durante o sono de ondas lentas. Além disso, os sonhos que ocorrem neste último são mais curtos, menos vívidos, menos emocionais e mais lógicos do que os que ocorrem durante o sono paradoxal. Estes são muitas vezes estranhos, surrealistas, ilógicos e emocionais: frequentemente, o indivíduo acorda preso por forte emoção.

Apesar de os sonhos serem mais frequentes durante o sono paradoxal, este não é suficiente para sonhar, pois as crianças – que têm muito sono paradoxal – parecem sonhar menos que os adultos. Além disso, certos indivíduos nunca se lembram ou relatam sonhos, mesmo quando acordados durante o sono paradoxal, que todos têm.

O significado dos sonhos e a relação do seu conteúdo com a vida cognitiva e emocional dos indivíduos têm atraído a curiosidade de filósofos, psicólogos, médicos e neurocientistas. Estes últimos tentaram – sem sucesso – manipular o ambiente externo aos indivíduos adormecidos e investigar se os seus sonhos refletiam o que acontecia em torno. Abrir os olhos de um indivíduo antes ou durante um sonho não faz com que o tema do sonho tenha relação com o que o indivíduo pudesse ter visto. Privá-lo de água 24 horas antes de dormir não faz com que sinta sede nos sonhos. As ereções genitais – que ocorrem em 80% a 90% dos homens durante os sonhos – não significam que estes tenham sempre conteúdo erótico. Além disso, pacientes impotentes por lesões da medula são capazes de ter sonhos eróticos, inclusive com imagens de orgasmo. Tampouco os movimentos oculares rápidos que ocorrem durante o sono paradoxal mostraram relação com o conteúdo dos sonhos. Quando ocorre uma sequência de movimentos horizontais alternados para a esquerda e a direita, por exemplo, isso não significa que o indivíduo esteja sonhando com uma partida de pingue-pongue ou algo relacionado.

Não há dúvida de que o material dos nossos sonhos é a nossa própria vida. Esse material, entretanto, é fragmentado e distorcido de um modo aparentemente ilógico. O sentido que se pode atribuir aos sonhos, como momentos de emergência de sentimentos, percepções e pensamentos inconscientes, é ainda, para os neurocientistas, matéria de especulação. Permanece o mistério.

QUEM REGULA O SONO E A VIGÍLIA?

Quais os sistemas moduladores envolvidos com a iniciação, a manutenção e a interrupção da vigília e do sono? Como fazem isso? Quais deles participam da regulação do sono de ondas lentas, quais participam do sono paradoxal? Essas e outras perguntas têm sido feitas pelos neurofisiologistas há décadas, combinando experimentos em animais com lesões localizadas e registro de neurônios isolados, rastreamento de circuitos neurais, observação comportamental, e o acompanhamento polissonográfico já mencionado. Os resultados, entretanto, não permitem ainda uma visão completa da determinação neurobiológica de todos os fenômenos do sono.

Inicialmente, os experimentos com lesões foram imprecisos porque não se conseguia realizar lesões muito restritas. O fisiologista belga Frédéric Bremer (1892-1988), por exemplo, na década de 1930, realizou em gatos experimentos que se tornaram clássicos. Em alguns animais, efetuava a transecção completa do tronco encefálico na altura do limite entre o bulbo e a medula. Esse tipo de experimento foi chamado "encéfalo isolado": o animal era capaz de dormir e acordar normalmente, apesar da paralisia e outros sintomas da lesão. Em outros realizava uma transecção mais rostral, passando pelo meio do mesencéfalo. A preparação ficou conhecida como "cérebro isolado": neste caso, o animal mantinha-se em coma (ou uma espécie de sono permanente), sem conseguir mais acordar. Foi a primeira vez que se atribuiu a regiões do tronco encefálico a função de manter a vigília.

Com base em seus experimentos, Bremer concluiu que o sono permanente do cérebro isolado era devido à interrupção da maioria das vias sensoriais (exceto as visuais e as olfatórias), impedidas pelo corte cirúrgico de chegar ao tálamo e depois ao córtex cerebral. Supostamente, isso ocorria em menor grau no encéfalo isolado, uma vez que os núcleos dos nervos cranianos permaneciam conectados aos níveis superiores. O sono, de acordo com a explicação de Bremer, era produzido pelo desligamento dos sistemas sensoriais, que então seriam os responsáveis pela manutenção da vigília. A explicação ficou conhecida como hipótese "passiva" do sono (conheça a sequência histórica dessa e das outras hipóteses lendo o Quadro 16.2).

A situação mudou consideravelmente desde então. Hoje se sabe que há sistemas neurais que mantêm o indivíduo alerta e ativo durante a vigília, outros que iniciam os fenômenos do sono e controlam a transição gradual pelos estágios do sono de ondas lentas, outros ainda que "ligam" e "desligam" os fenômenos do sono paradoxal ciclicamente, e ainda outros que possibilitam o despertar.

Sabe-se também que, em todos os estágios e estados do sono, há grupos de neurônios com fibras ascendentes que controlam a excitabilidade do tálamo e do córtex cerebral, e outros com fibras descendentes que regulam a atividade dos órgãos (coração, pulmão, trato digestório e outros) e dos músculos. Os neurocientistas não querem só identificar os sistemas moduladores envolvidos nessas operações de controle, mas determinar como eles interagem, e como são todos por sua vez controlados pelos sistemas temporizadores circadianos, que em última análise fazem com que o ciclo funcional se repita a cada 24 horas.

MANUTENÇÃO DA VIGÍLIA: AS VIAS ATIVADORAS ASCENDENTES

Bremer interpretou mal os seus experimentos, mas a sua ideia de que os sistemas sensoriais são mantenedores da vigília, pelo menos parcialmente, não estava muito longe da verdade. É o que se descobriu em tempos recentes.

Os neurônios-relés[G] (talamocorticais) dos núcleos específicos do tálamo apresentam dois modos de operação: um "modo de transmissão" e um "modo de disparo em salvas" (Figura 16.15). O primeiro é característico da vigília, e consiste na permanente ativação das vias talamocorticais pelas sinapses excitatórias (glutamatérgicas) das fibras aferentes. Os potenciais de ação que chegam pelas fibras provenientes da retina, por exemplo, quase sempre provocam potenciais pós-sinápticos excitatórios nos neurônios do núcleo geniculado lateral, que por sua vez provocam a ocorrência de potenciais de ação conduzidos ao córtex visual (Figura 16.15A). O mesmo ocorre com os neurônios auditivos, somestésicos etc. É necessário que esses neurônios sejam mantidos com um alto nível de excitabilidade, "à flor da pele", por assim dizer. É isso que garante a constante transmissão das informações sensoriais e outras informações ascendentes ao córtex cerebral. O modo de disparo em salvas é diferente e característico do sono: os neurônios-relés tornam-se menos excitáveis e só conseguem disparar potenciais de ação de tempos em tempos, em salvas periódicas (Figura 16.15B), e não constantemente, de acordo com a chegada contínua e irregular de impulsos aferentes.

A explicação para os dois modos é simples: durante a vigília, os neurônios talamocorticais são mantidos ligeiramente despolarizados, com o potencial de membrana próximo ao limiar de disparo (veja o Capítulo 3 se precisar rever estes conceitos). A transmissão sináptica é altamente eficaz nessas condições, e resulta na ativação massiva dos dendritos das células corticais: por isso o EEG da vigília é dessincronizado (Figura 16.15A). Muitos dendritos de cada neurônio geram PPSEs em tempos ligeiramente diferentes, e todos estes confluem em todas as direções para o corpo celular. Durante o sono, entretanto, os neurônios talamocorticais ficam hiperpolarizados, com o potencial de membrana longe do limiar. A transmissão sináptica torna-se muito menos eficaz, os neurônios talâmicos disparam apenas ocasionalmente (em salvas) e o resultado é um EEG sincronizado no córtex (Figura 16.15B).

Ocorre que os neurônios talâmicos possuem um canal de Ca^{++} muito especial, dependente de voltagem, que

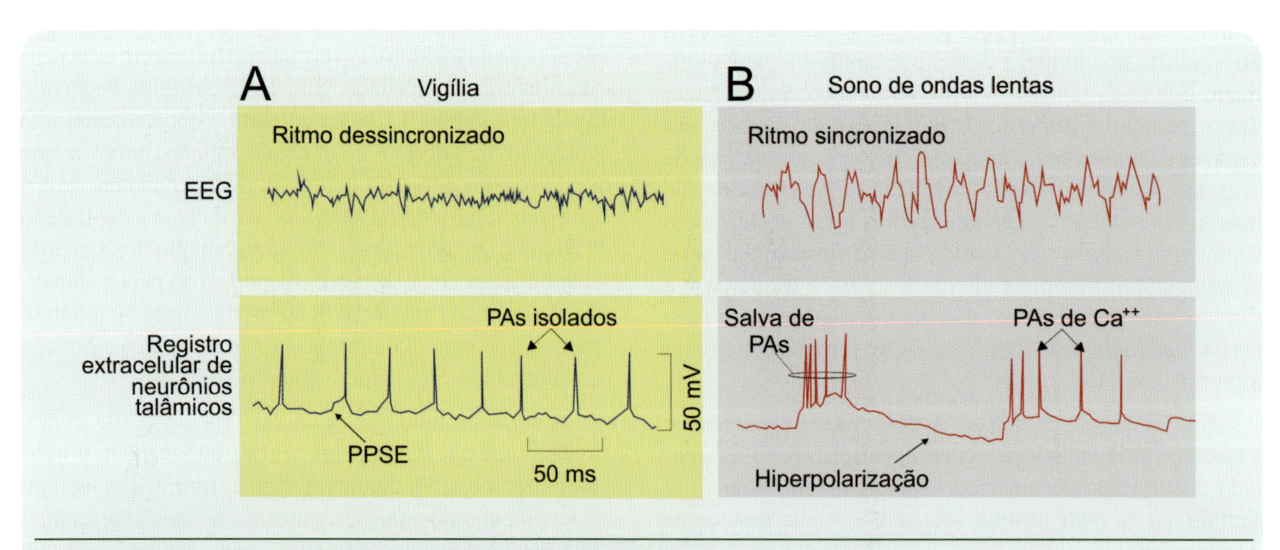

Figura 16.15. *Os neurônios talâmicos apresentam dois modos de operação. O modo de transmissão (**A**) é característico da vigília, como indica o traçado do EEG. O registro intracelular mostra que cada potencial pós-sináptico excitatório (PPSE) resulta em um potencial de ação (PA). O modo de disparo em salvas (**B**), característico do sono de ondas lentas, apresenta uma salva de PAs para cada PPSE, e depois um longo período de hiperpolarização. Modificado de C. B. Saper (2000).* Principles of Neural Science *(E. R. Kandel e cols., org.). McGraw-Hill, Nova York, EUA.*

se torna ativo quando a membrana hiperpolariza, mas é desativado quando ela despolariza. Assim, no modo de transmissão não entra cálcio através desses canais, mas no modo de disparo em salvas os canais abrem-se quando a membrana hiperpolariza, produzindo um "potencial de cálcio" despolarizante, que atinge o limiar e provoca alguns PAs. Só que a despolarização fecha o canal, a membrana se hiperpolariza novamente e o ciclo se repete. A atividade se torna rítmica e sincronizada.

O que isso tem a ver com a vigília e o sono? É que existem núcleos no próprio tálamo e no tronco encefálico cuja função é controlar o modo de operação dos neurônios-relés. O do tálamo chama-se *núcleo reticular* (Figura 16.16), e contém neurônios com os mesmos canais de Ca^{++} dependentes de voltagem que mencionamos. A maioria dos neurônios reticulares é inibitória, empregando o GABA como neurotransmissor. Seus axônios inervam amplamente os demais núcleos talâmicos, e quando estão ativos os hiperpolarizam. O núcleo reticular não recebe aferentes sensoriais para operar no modo de transmissão, mas recebe aferentes dos sistemas difusos aminérgicos e colinérgicos. Assim, seus canais de Ca^{++} impõem-lhe um modo de disparo em salvas que é "repassado" aos demais neurônios talâmicos durante o sono, sincronizando-os.

É isso que está sob controle de um terceiro componente da cadeia de regulação da atividade cortical: os sistemas moduladores aminérgicos[G] do tronco encefálico (A4 e A6, o *locus ceruleus*, e B6, os núcleos da rafe), que estendem axônios aos neurônios reticulares e ao próprio tálamo (Figura 16.16). Quando os neurônios aminérgicos disparam,

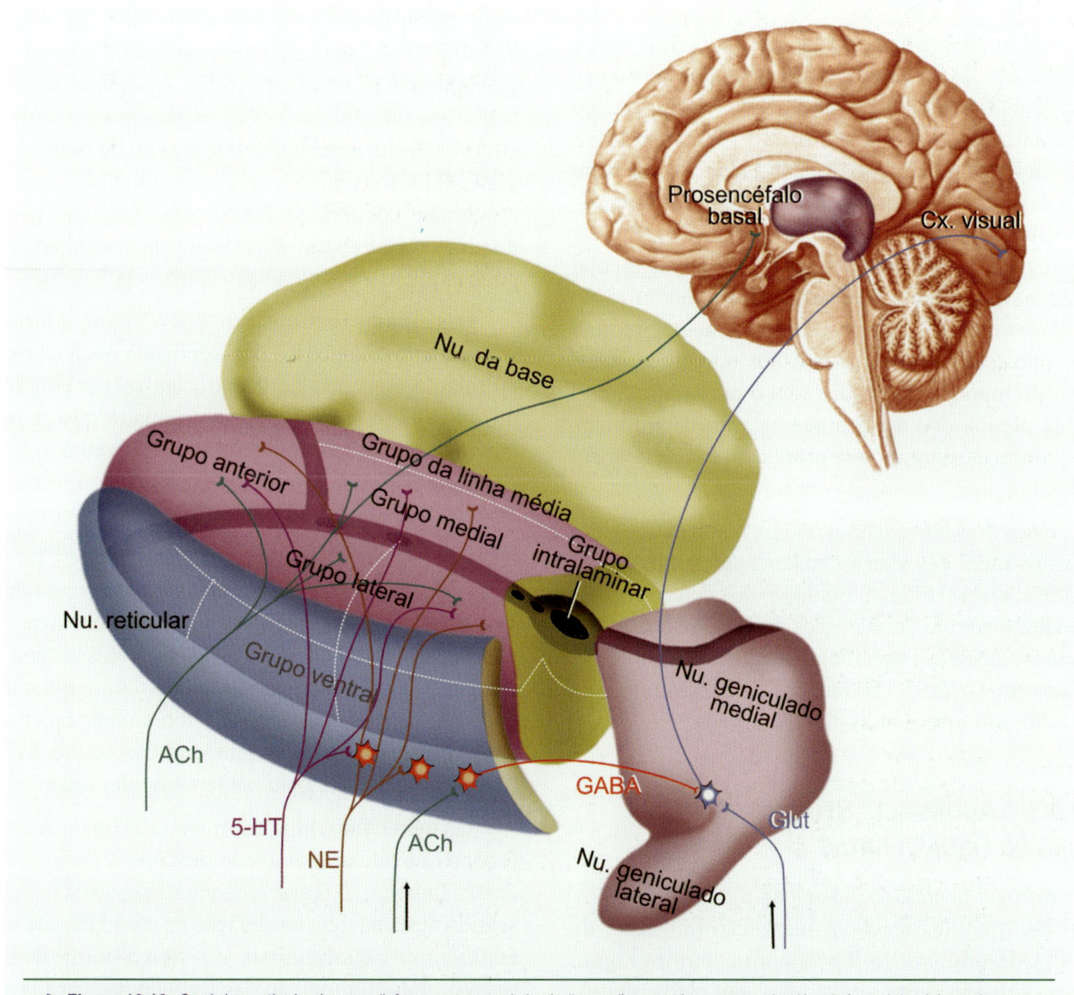

▸ **Figura 16.16.** *O núcleo reticular (em azul) forma uma espécie de "casca" que cobre o resto do tálamo (em violeta) lateralmente. Seus neurônios (em vermelho) emitem axônios inibitórios aos núcleos talâmicos específicos (como o núcleo geniculado lateral, por exemplo). Quando os neurônios reticulares estão ativos, os talamocorticais passam do modo de transmissão ao modo de disparo em salvas. O tálamo, bem como o prosencéfalo basal, é também modulado por aferentes aminérgicos e colinérgicos vindos do tronco encefálico. Modificado de J. H. Martin (1996)* Neuroanatomy *(2ª ed.). Appleton & Lange, EUA.*

ativam os neurônios inibitórios do núcleo reticular talâmico, que assim hiperpolarizam as células talamocorticais. Estas passam a disparar em salvas, produzindo sincronização cortical e sono de ondas lentas, o que pode ocorrer da vigília para o sono, ou do sono paradoxal para o sono de ondas lentas. O oposto, é claro, ocorre no sentido contrário. Os neurônios aminérgicos, então, são gatilhos do sono que interrompem a vigília.

As vias sensoriais talamocorticais, portanto, contribuem sim para a manutenção da vigília, como queria Bremer. Mas não é só este o mecanismo operante nesse processo. Durante os anos subsequentes ao trabalho pioneiro de Bremer, vários experimentos combinando lesões maiores e menores, bem como a estimulação elétrica intracefálica, puderam identificar as chamadas *vias ativadoras ascendentes,* isto é, capazes de provocar a dessincronização do EEG, e portanto o despertar, a vigília e, como veremos adiante, também o sono paradoxal.

Particularmente importantes no caso da vigília mostraram-se as vias ativadoras originárias dos neurônios histaminérgicos do hipotálamo posterior (E1-E5, núcleo tuberomamilar: reveja a Tabela 16.1 e a Figura 16.12B). Essa região hipotalâmica envolvida com a fisiologia do sono havia sido descoberta no início do século 20 pelo neurofisiologista suíço Walter Hess (veja o Quadro 16.2). Projeta amplamente para o córtex cerebral, e a lesão experimental dela produz estupor comportamental (coma) e sincronização do EEG. A estimulação elétrica, coerentemente, produz resultados opostos. O envolvimento dos neurônios histaminérgicos do hipotálamo condiz com o conhecido efeito colateral de alguns dos medicamentos anti-histamínicos utilizados contra as alergias, que provocam sonolência em muitas pessoas.

Pelo menos dois mecanismos, então, mantêm a vigília: (1) a ação ativadora das vias ascendentes histaminérgicas sobre o córtex cerebral e (2) a modulação do núcleo reticular talâmico pelos sistemas aminérgicos do tronco encefálico, que mantém os núcleos específicos do tálamo no modo de transmissão para o córtex. O que, então, interrompe esse processo e faz com que o indivíduo adormeça?

O Indivíduo Adormece: Regulação do Sono de Ondas Lentas

Descobriu-se, acerca dos sistemas moduladores histaminérgicos, que eles recebem inervação inibitória de neurônios GABAérgicos do hipotálamo anterior (Figura 16.17). Nessa região foram registrados, em gatos, neurônios que se revelaram muito mais ativos durante o sono de ondas lentas do que na vigília (Figura 16.18, traçados 2). No hipotálamo posterior, contrariamente, os neurônios mostraram-se mais ativos durante a vigília do que durante o sono de ondas lentas, e totalmente silenciosos durante o sono paradoxal (Figura 16.18, traçados 1). Isso pode significar que os primeiros (os neurônios do hipotálamo anterior) entram em ação no início do sono de ondas lentas, silenciando os neurônios histaminérgicos que mantêm a vigília. Em parte, portanto, o sono de ondas lentas pode ser produzido pelo "desligamento da vigília", ou seja, das vias ativadoras histaminérgicas.

Por outro lado, existem mecanismos "ativos" para a produção do sono de ondas lentas. Os indivíduos adormecem quando esses mecanismos começam a operar, provocando a sincronização do EEG, a inibição dos motoneurônios medulares, a diminuição da atividade simpática na coluna intermediolateral da medula e assim por diante.

A sincronização do EEG é um fenômeno ascendente: depende de projeções que atingem o tálamo e o córtex cerebral. Um dos sistemas que preenche esse requisito está situado no hipotálamo anterior, onde, além das células GABAérgicas já mencionadas, há também neurônios colinérgicos cuja distribuição se estende do tronco encefálico ao prosencéfalo basal (Tabela 16.1 e Figura 16.17). É possível que alguns dos neurônios encontrados nessas regiões pelos neurocientistas, ativos especificamente durante o sono de ondas lentas (Figura 16.18, traçados 2), sejam componentes desse sistema modulador colinérgico. Muitas dessas células colinérgicas do prosencéfalo basal são ativadas pela temperatura, o que pode explicar a sonolência produzida pela febre.

O segundo mecanismo "ativo" para a produção de sono de ondas lentas é a passagem dos núcleos específicos do tálamo ao modo de disparo em salvas (Figura 16.18, traçados 3). A modulação da atividade desses neurônios talamocorticais (glutamatérgicos) sincroniza o EEG e faz com que o indivíduo adormeça. Isso acontece pela ação moduladora dos neurônios aminérgicos do tronco encefálico sobre o núcleo reticular do tálamo, ao final da vigília.

Pode-se concluir, assim, que o sono de ondas lentas que se segue à vigília pode ser produzido por pelo menos três mecanismos: (1) o bloqueio das vias ativadoras histaminérgicas; (2) a ativação do sistema modulador colinérgico do tronco encefálico, prosencéfalo basal e hipotálamo anterior; e (3) a passagem dos neurônios talamocorticais ao modo de disparo em salvas, regulada pelo núcleo reticular talâmico.

Quando o indivíduo adormece, não apenas ocorrem os fenômenos que acabamos de descrever, de sentido ascendente. Também são característicos do sono os fenômenos de sentido descendente: modulação da atividade dos neurônios autonômicos que regulam o sistema cardiorrespiratório (provocando diminuição das frequências cardíaca e respiratória), e inibição parcial dos motoneurônios (provocando redução do tônus muscular). São também os neurônios do tronco encefálico que provocam esses efeitos descendentes, ativando vias inibitórias multissinápticas GABAérgicas e glicinérgicas sobre o tronco encefálico e a medula.

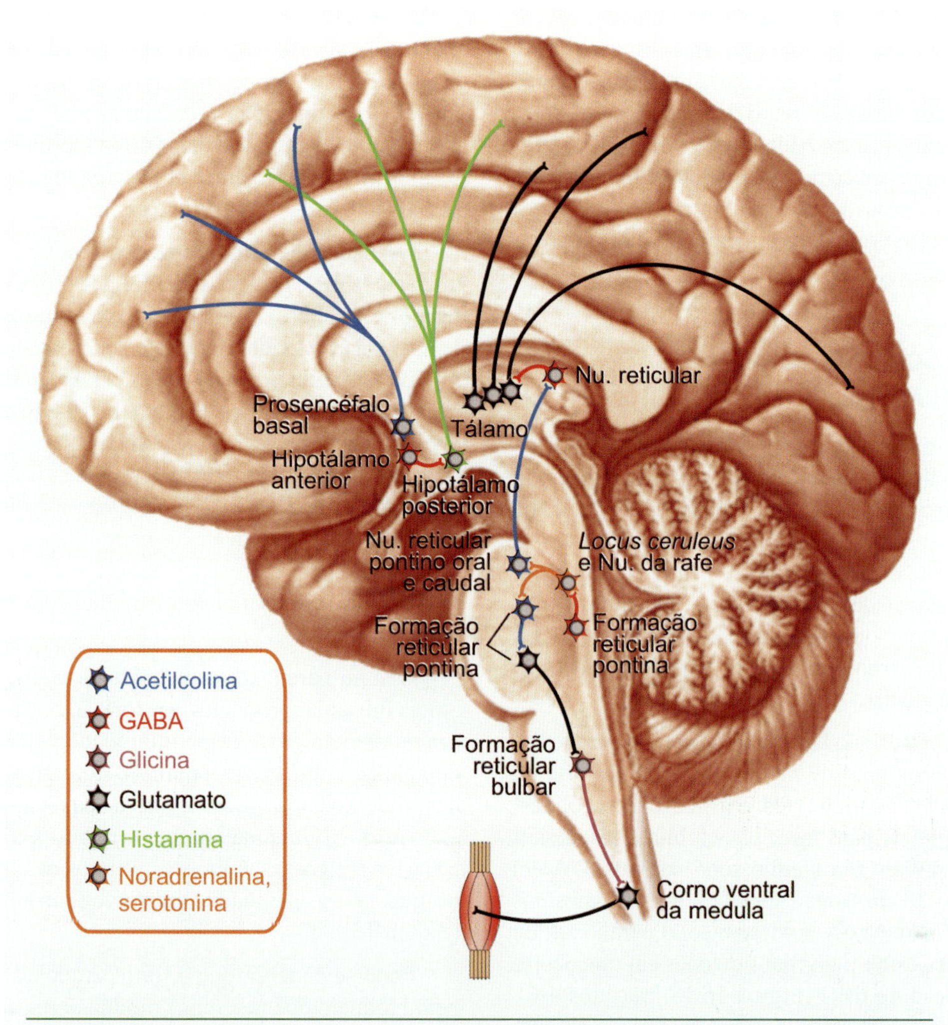

Figura 16.17. *Esquema sumário dos circuitos envolvidos com o sono de ondas lentas e o sono paradoxal. Não estão representadas as projeções longas do locus ceruleus, dos núcleos da rafe e da formação reticular. Os detalhes encontram-se no texto.*

Um ponto fundamental, entretanto, é ainda mal conhecido: o que dispara o processo? O que faz com que ao final do dia esses mecanismos sejam ativados para provocar o sono? Sabe-se que um dos marcapassos circadianos (o núcleo supraquiasmático) está envolvido, mas não se conhece exatamente o modo pelo qual ele se conecta aos sistemas moduladores que provocam o sono.

Uma das hipóteses recentes para a gênese do sono que ocorre todas as noites envolve a adenosina, um nucleosídeo que existe em todas as células do organismo e constitui um dos "tijolos" para a construção do DNA. Além disso, a adenosina é relacionada com as moléculas que armazenam energia nas células, o ATP e o ADP[5]. Pois bem, quando a adenosina se acumula no espaço extracelular de alguns tecidos excitáveis, como o músculo liso dos vasos sanguíneos, o músculo cardíaco e alguns neurônios, pode ser reconhecida por receptores metabotrópicos específicos, que produzem hiperpolarização da membrana. Os primeiros pesquisadores que estudaram essa molécula especularam que ela bem poderia atuar como um controlador da hiperatividade celular. E parece que acertaram. No cérebro, a adenosina atua tanto como neuromodulador quanto como neuroprotetor: quando há hipóxia e excesso de aminoácidos excitatórios que podem lesar os neurônios, a adenosina extracelular entra em ação, reduzindo a liberação desses aminoácidos, e/ou bloqueando a entrada de Ca^{++} que eles provocam.

Verificou-se que a concentração de adenosina aumenta gradativamente durante a vigília, mais ainda quando a vigília é prolongada de várias horas. Será que essa molé-

[5] *Trifosfato e difosfato de adenosina, respectivamente.*

cula tão simples e básica seria um fator hipnogênico? De fato, várias evidências parecem comprovar essa hipótese. Neurônios colinérgicos do prosencéfalo basal mostraram-se sensíveis à ação da adenosina, o que indica que o sono pode ocorrer por ação desta. Além disso, o acúmulo extracelular de adenosina parece provocar também um aumento da expressão gênica que resulta em síntese de receptores moleculares para ela própria, realimentando o mecanismo de produção de sono.

O Indivíduo Sonha: Regulação do Sono Paradoxal

Depois de cerca de hora e meia, o indivíduo adormecido passa a um estado[6] diferente de sono – o sono paradoxal –, que dura aproximadamente 20-30 minutos e cede a vez novamente para o sono de ondas lentas. O ciclo se repete de 90 em 90 minutos. Alguns neurocientistas o consideram um ritmo ultradiano, o que os leva a supor que talvez exista um circuito marcapasso para ele, que produza esse ciclo de "ligar" e "desligar" o sono paradoxal várias vezes dentro do sono de ondas lentas.

A dessincronização do EEG, típica do sono paradoxal, depende de um conjunto de neurônios que faz parte da formação reticular pontina, rico em neurônios colinérgicos. Há evidências para isso: lesões bilaterais desses neurônios em animais eliminam o sono paradoxal. Além disso, nessa região do tronco encefálico esses mesmos neurônios tornam-se ativos durante o sono paradoxal, ou na transição entre este e a vigília, situações em que ocorre a dessincronização do EEG (Figura 16.18, traçados 4-6). Como muitos desses neurônios são colinérgicos (Figura 16.17), e recebem sinapses de neurônios aminérgicos do *locus ceruleus* (A4 e A6) e dos núcleos da rafe pontina (B5 a B9), o pesquisador norte-americano J. Alan Hobson e seus colaboradores propuseram a ideia de que existiria um circuito interativo recíproco responsável pela geração periódica de sono paradoxal. O exato funcionamento desse circuito marcapasso, entretanto, ainda é mal conhecido. Sua atuação deve envolver as células colinérgicas de projeção ascendente situadas tanto na formação reticular pontina como no prosencéfalo basal, que controlam respectivamente o núcleo reticular talâmico, o tálamo e o próprio córtex cerebral (Figura 16.16). Faz sentido, já que durante o sono paradoxal alguns neurônios pontinos disparam em salvas (Figura 16.18, traçados 5 e 6), ao mesmo tempo em que os neurônios talamocorticais passam gradativamente ao modo de transmissão, e a atividade cortical torna-se dessincronizada.

Esse fenômeno parece ocorrer pelo menos no tálamo e córtex visuais, e em regiões límbicas como a amígdala[A], o que explica o aparecimento de ondas de alta voltagem no EEG (conhecidas tecnicamente como "complexos pontogenículo-occipitais" ou PGO). É possível também que o fenômeno esteja ligado à observação de que a maioria dos sonhos é "visual" e com forte conteúdo emocional.

Os neurônios aminérgicos do *locus ceruleus* e dos núcleos da rafe, que possuem longas projeções a extensos territórios do SNC, são mais ativos durante o sono de ondas lentas, mas silenciam durante o sono paradoxal, quando o microclima aminérgico no córtex cerebral é substituído pelo microclima colinérgico (Figura 16.19). Essa conclusão é apoiada por estudos farmacológicos: drogas antiaminérgicas e procolinérgicas tendem a provocar o sono paradoxal, enquanto as drogas pró-aminérgicas e anticolinérgicas o eliminam. Coerentemente, os neurônios aminérgicos recomeçam a disparar potenciais de ação com maior frequência no final do sono paradoxal e reinício do sono de ondas lentas (Figura 16.19).

O sono paradoxal caracteriza-se também por intensa atonia muscular produzida por forte inibição dos motoneurônios medulares. A responsabilidade parece ser também de células colinérgicas pontinas, que ativam um circuito descendente constituído por uma sequência de neurônios excitatórios (glutamatérgicos) e inibitórios (glicinérgicos e GABAérgicos), sendo estes últimos os que diretamente bloquearão a atividade dos motoneurônios medulares (Figura 16.17).

Pode-se concluir que o sono paradoxal é: (1) iniciado pelo bloqueio dos neurônios moduladores aminérgicos do tronco encefálico; e (2) mantido pelos sistemas moduladores colinérgicos e por outros neurônios pontinos.

O Indivíduo Acorda: Recomeça a Vigília

A partir do sono paradoxal, o indivíduo adormecido pode reentrar no sono de ondas lentas ou então acordar. Os sinais para o acordar podem ser produzidos pelo ambiente externo e veiculados pelos sistemas sensoriais (neste caso, precisam ser sinais intensos), pela diminuição dos níveis de adenosina no tecido, ou pelo sistema temporizador circadiano, que assinala a iminência do final do período de sono. Não se conhecem conexões entre o relógio circadiano e os circuitos do sono que apoiem essa hipótese. Sabe-se, no entanto, que há neurônios no tronco encefálico – provavelmente os neurônios noradrenérgicos do *locus ceruleus* – que aumentam sua atividade justamente na transição entre o sono paradoxal e a vigília. Seriam "neurônios de despertar", que projetam a todo o córtex, dessincronizando ainda mais o EEG; ao próprio tronco encefálico, produzindo movimentos oculares rápidos; e à medula, provocando a movimentação corporal característica do indivíduo que desperta.

[6] *O termo "estado" é preferível em vez de "fase" para salientar que os mecanismos biológicos determinantes de um e outro são diferentes.*

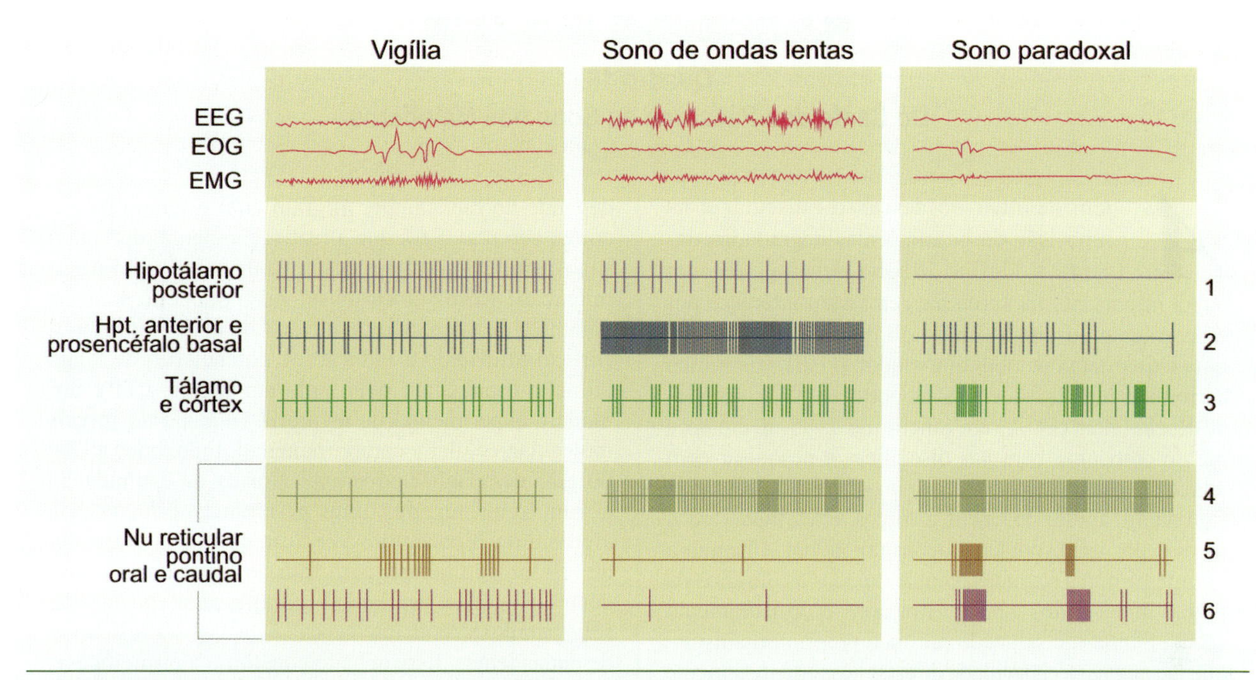

▶ **Figura 16.18.** *Nestes experimentos, os pesquisadores registraram em gatos os potenciais de ação (representados por traços verticais) de diferentes neurônios cuja atividade pudesse estar relacionada com o sono. Os traçados alinhados horizontalmente (1 a 6) representam a atividade de neurônios individuais durante a vigília (à esquerda), o sono de ondas lentas (no meio) e o sono paradoxal (à direita). Os traçados polissonográficos estão representados acima, em vermelho. Modificado de A. Rechtschaffen e J. Siegel (2000)* Principles of Neural Science *(E. R. Kandel e cols., orgs.). McGraw-Hill, Nova York, EUA.*

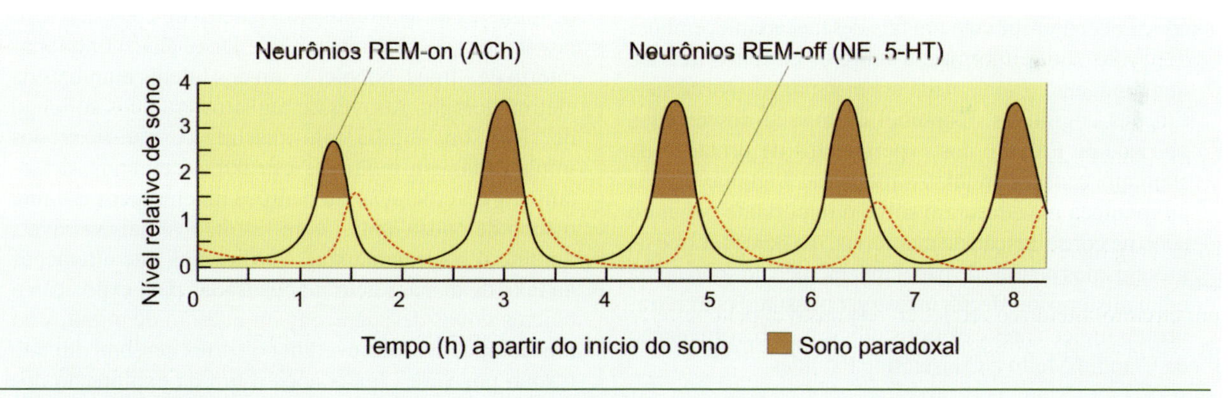

▶ **Figura 16.19.** *Em uma noite de sono, ciclos de sono de ondas lentas e de sono paradoxal alternam-se, em consonância com os ciclos de disparo dos neurônios colinérgicos (geradores de sono paradoxal), e neurônios aminérgicos (geradores de sono de ondas lentas). Modificado de R. McCarley (2007)* Sleep Medicine, *vol. 8: pp. 302-330.*

PARA QUE SERVE O SONO?

Como todos dormimos, e como não podemos deixar de fazê-lo por muito tempo, parece inevitável concluir que o sono é necessário.

Experimentos de privação do sono como um todo, ou especificamente de um dos dois estados, falam a favor dessa afirmativa. Têm sido realizados em animais e em seres humanos para esclarecer até quando se pode viver sem dormir. A privação durante alguns dias geralmente provoca o fenômeno do rebote, isto é, a ocorrência de um aumento da quantidade de sono depois que se recomeça a dormir. O ciclo vai-se normalizando aos poucos, mas depois disso se constata que a quantidade de sono "perdido" não é reposta inteiramente durante o rebote. A privação durante muitos

NEUROCIÊNCIA EM MOVIMENTO

Quadro 16.4
Do Canto dos Pássaros ao Sono dos Mamíferos

*Sidarta Ribeiro**

Além de atuar no descanso muscular e na reposição de biomoléculas degradadas durante a vigília, o sono desempenha um papel importante na aprendizagem. Meu interesse por esse assunto surgiu no início do doutorado, devido a uma experiência pessoal que mudou o curso de minha carreira científica. Adentrei os portões da Universidade Rockefeller (EUA) em janeiro de 1995, decidido a me desempenhar bem nas disciplinas e pesquisar com afinco a representação do canto no cérebro de pássaros. Entretanto, apesar dos meus esforços, era tomado todos os dias por uma sonolência constrangedora. Cheguei a dormir 16 horas seguidas, sonhando com os desafios da língua inglesa, dos cursos avançados e do isolamento social. Sentia-me sabotado por meu próprio organismo, que me negava a capacidade de estar desperto justamente quando mais necessitava. E então, após cerca de 3 meses, a sonolência desapareceu como que por encanto. Tornei-me fluente em inglês, adquiri familiaridade com os temas científicos correntes e fiz amigos. Era evidente que o sono havia catalisado minha adaptação à nova situação.

Busquei o principal livro-texto de neurociência da época e deparei-me com um fato desconcertante: embora houvesse muita informação sobre os circuitos neurais que produzem o sono, nada era mencionado sobre suas funções cognitivas. Estranhei a omissão dos estudos oníricos de Freud e dos experimentos de privação de sono que causam prejuízo à memória. Algumas visitas à biblioteca me educaram sobre o importante papel do sono na consolidação de memórias. Ao perceber que os mecanismos neurais do papel mnemônico do sono ainda eram misteriosos, decidi investigar o assunto com ferramentas moleculares e eletrofisiológicas, sob a orientação de Claudio Mello e Constantine Pavlides.

Focamos nossa atenção nos genes de expressão imediata (GI) capazes de regular modificações sinápticas que perenizam memórias. Através do método de hibridização *in situ* para detecção de mRNA, demonstramos que ratos previamente expostos a um ambiente enriquecido com objetos novos apresentavam alta expressão cerebral do GI zif-268 após o primeiro episódio de sono paradoxal pós-experiência, mas não após o sono de ondas lentas. Controles negativos, não expostos ao ambiente enriquecido, tinham baixa expressão de zif-268 após ambas as fases do sono. O efeito era concentrado no hipocampo e no córtex cerebral.

Desde o clássico caso do paciente H. M. (Capítulo 18), sabemos que memórias declarativas, cuja aquisição depende do hipocampo, migram com o tempo para o córtex cerebral. Será que a reativação neural durante o sono paradoxal poderia desempenhar um papel nessa migração? Resolvemos investigar o papel do sono na dinâmica de expressão de zif-268 no eixo hipocampo-cortical utilizando a indução de potenciação de longa duração (conhecida pela sigla em inglês, LTP), um modelo experimental de memória validado nos níveis molecular, celular e comportamental. Induzimos a LTP no giro denteado hipocampal através da estimulação de alta frequência das fibras perfurantes, principal via aferente do hipocampo. Verificamos que a expressão de zif-268 se propaga para fora do hipocampo e para dentro do córtex cerebral (Figura) a cada episódio de sono paradoxal, com interrupção a cada episódio de sono de ondas lentas. Esse achado constituiu a primeira evidência experimental de que o sono paradoxal promove a migração de memórias hipocampais.

Para pesquisar a evolução temporal do processamento hipocampo-cortical durante o sono, resolvi investigar potenciais de ação de neurônios individuais e potenciais de campo representando o influxo sináptico de milhares de neurônios. Em janeiro de 2001, iniciei o pós-doutorado na Universidade Duke (EUA) no laboratório de Miguel Nicolelis, um dos líderes mundiais da eletrofisiologia. Através de registros crônicos ao longo do ciclo sono-vigília com matrizes de multieletrodos implantadas em múltiplas estruturas cerebrais, detectamos a reverberação de padrões mnemônicos durante o sono de ondas lentas, com resultados mais variáveis durante o sono paradoxal. Verificamos que alterações na taxa de disparo neuronal causadas pela exposição a objetos novos desaparecem em questão de minutos no hipocampo, mas perseveram no córtex cerebral durante o sono por várias horas após o fim da exploração dos objetos. Da mesma forma, confirmamos que a expressão de GI arrefece após poucos ciclos de sono paradoxal no hipocampo, mas persiste no córtex cerebral.

Os resultados indicam que os dois estados do sono cooperam para promover a propagação de memórias desde seu ponto de entrada (hipocampo) até seu destino final (córtex cerebral). Enquanto o sono de ondas lentas reverbera e amplifica mudanças sinápticas recentemente adquiridas, o sono paradoxal dispara a expressão cortical de genes relacionados com a estabilização e propagação da memória. Experiências novas são seguidas por múltiplas ondas de plasticidade cortical, à medida que os ciclos de sono se sucedem. Em consequência, as memórias tornam-se mais dependentes do córtex que do

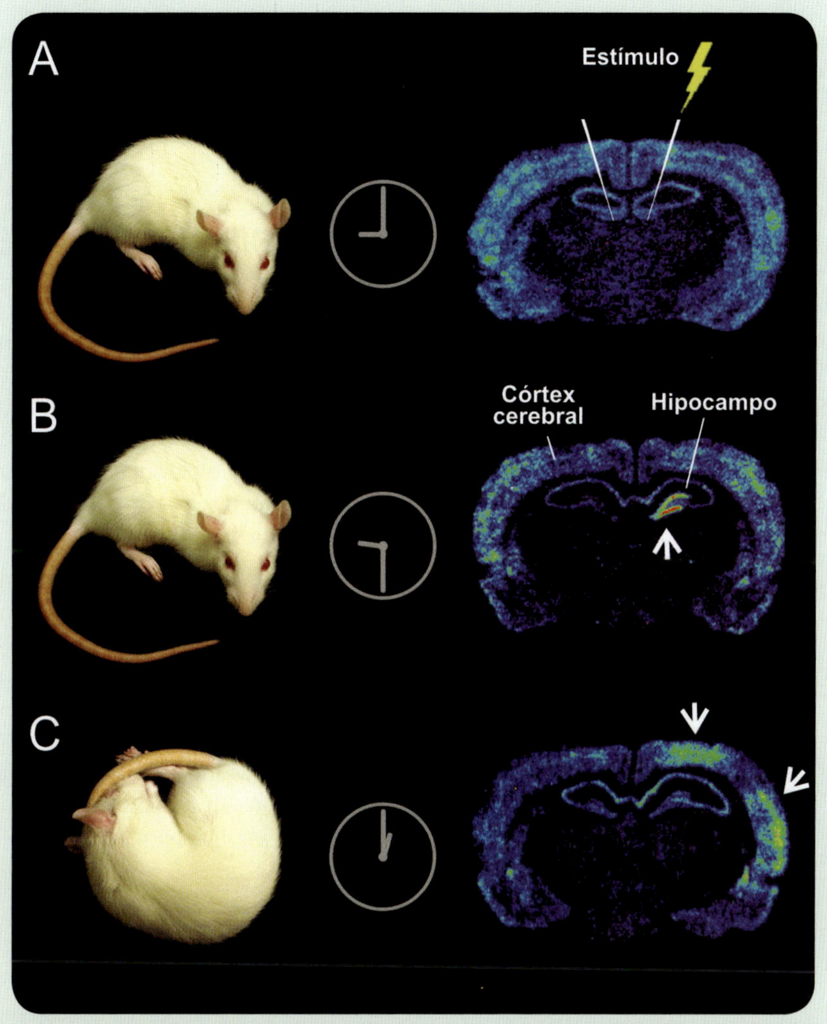

Com o animal acordado (**A**), aplica-se uma estimulação elétrica no hipocampo através de finos eletrodos. Algum tempo depois (**B**), o animal revela expressão do gene imediato zif-268 no hipocampo (seta). Quando o animal adormece (**C**), a expressão do gene desloca-se para o córtex cerebral (setas).

Sidarta Ribeiro entre seus pais e sua irmã.

hipocampo com o transcorrer do sono, migrando dos circuitos de entrada para redes corticais mais profundas.

Hoje compreendo um pouco melhor o papel adaptativo que o sono desempenhou no início do meu doutorado. Desde 2005, investigo diversas questões em aberto sobre a relação entre sono, sonho e memória no Instituto Internacional de Neurociências de Natal Edmond e Lily Safra e na Universidade Federal do Rio Grande do Norte.

*Pesquisador do Instituto Internacional de Neurociências de Natal Edmond e Lily Safra, e Professor-titular da Universidade Federal do Rio Grande do Norte. Correio eletrônico: ribeiro@natalneuro.org.br

dias pode ser fatal, pelo menos em animais de laboratório. De qualquer forma, dormir é incontornável, logo, o sono é necessário. Mas para que ele serve? Essa questão fundamental não tem ainda uma resposta clara. Há sugestões e teorias, mas as evidências a favor de cada uma delas são controvertidas.

A teoria mais difundida é a de que o sono serve para restaurar energias gastas durante a vigília. De fato, consumimos menos energia quando dormimos porque nossa atividade motora é mais baixa, assim como o fluxo sanguíneo, a respiração, a temperatura corporal e, consequentemente, a taxa metabólica global. A favor dessa ideia está o fato de que dormem mais os animais que gastam mais energia durante a vigília (os que têm volume corporal menor). Também fala a favor a constatação de que durante o sono secretamos mais somatotrofina, um hormônio hipofisário que, entre outros aspectos, influencia positivamente os mecanismos de síntese de proteínas das células em geral. Mas como explicar que dormimos a mesma quantidade de horas quando estamos cansados e quando estamos descansados? E como explicar que os indivíduos tetraplégicos durmam tanto quanto os indivíduos sadios?

Relacionada com essa hipótese está a ideia de que o sono possa servir para restaurar o sistema imunitário. Há evidências a favor: (1) ratos privados de sono morrem em 15 a 20 dias, e a *causa mortis* é geralmente a ocorrência de infecções oportunistas causadas por imunodeficiência; (2) igual destino têm pacientes humanos que sofrem de uma doença rara, a insônia fatal familiar, devida a malformação do tálamo.

Outra teoria difundida propõe que o sono seria restaurador de nossas capacidades mentais. Mas atenção: a ideia comum de que a privação do sono provocaria alterações perceptuais ou mentais provém de relatos anedóticos, não é apoiada por estudos controlados. Entretanto, parece haver relação entre o sono paradoxal e a memória: ratos privados especificamente desse estado de sono aprendem tarefas simples mais lentamente do que os animais-controles; estes, por sua vez, quando submetidos a muitos testes de aprendizagem durante a vigília, apresentam maior proporção de sono paradoxal quando dormem. Também há correlações intrigantes em seres humanos: crianças deficientes mentais têm menos sono paradoxal, enquanto crianças bem-dotadas têm mais do que a média; e um estudo com estudantes universitários americanos mostrou que a proporção de sono paradoxal aumenta em épocas de provas. No entanto, como explicar que os sonhos só sejam lembrados se acordarmos no momento em que sonhamos? E mesmo assim, se os escrevermos ou relatarmos a alguém...

Ainda uma outra ideia, mais recente, propõe que o sono seja importante para a consolidação da memória e a fixação da aprendizagem (veja sobre isso no Quadro 16.4). Os experimentos que abordaram essa hipótese produziram resultados contraditórios, mas tem crescido o número de evidências envolvendo o sono com os fenômenos moleculares e celulares da plasticidade sináptica. Se essa ideia se mostrar verdadeira, mais valerá você estudar durante o dia e a seguir ter uma boa noite de sono, do que virar a noite correndo atrás do prejuízo de não ter estudado no dia anterior.

DISTÚRBIOS DO SONO

Várias causas podem provocar distúrbios do sono. Muitas são secundárias, como a insônia provocada por dor, depressão, ansiedade ou mudança súbita de fuso horário. Outras são primárias, provenientes de alterações neurológicas dos mecanismos do sono. A distinção entre elas depende muitas vezes de o paciente se internar em uma clínica do sono para que o registro polissonográfico do seu período de sono possa ser feito.

Dentre os distúrbios primários, os mais comuns são as *insônias,* que dificultam o início ou a manutenção do sono. Acredita-se que cerca de 15% da população sofra de insônia primária. Mais raras são as *hipersônias,* que causam sonolência exagerada e crises de sono durante a vigília. Mais raras ainda são as *parassônias,* consideradas distúrbios do acordar. Embora incomuns, esses distúrbios são reveladores dos fenômenos e mecanismos que produzem o ciclo vigília-sono.

SONO A MENOS

A insônia é um sintoma. Define-se como insuficiência de sono, isto é, algo que causa desconforto ao indivíduo. Quem dorme pouco sem se sentir desconfortável não tem insônia.

Dentre as causas primárias de insônia persistente, a mais conhecida é a chamada apneia obstrutiva do sono. O indivíduo queixa-se de sonolência e cansaço durante o dia, mas não apresenta alterações da hora de dormir e de acordar. O registro polissonográfico é revelador nesses casos: ocorre excessiva atonia muscular durante o sono de ondas lentas, atingindo o diafragma e os demais músculos respiratórios, inclusive os da faringe, que colapsa e fecha-se. A respiração cessa de repente, o indivíduo sufoca e desperta para restabelecer a respiração. Na verdade nem se dá conta de que desperta, porque permanece no estágio 1 do sono de ondas lentas, suficiente para restaurar o ritmo respiratório e retomar os demais estágios. Mas o problema repete-se logo depois, e o resultado é que o indivíduo apresenta muitas interrupções durante o período de sono.

Pode ocorrer apneia do sono também em indivíduos obesos, cuja faringe colapsa devido à gordura excessiva.

Neste caso a respiração também se interrompe e o mesmo fenômeno ocorre, mas as causas são mecânicas, e não neurológicas. Os roncos do sono podem ser provocados pela obesidade (também por outros tipos de obstrução respiratória), e geralmente não têm causas neurológicas.

SONO A MAIS

Dorme demais quem permanece sonolento após o tempo normal de sono, sem que haja apneia obstrutiva. São as hipersônias. O exemplo mais impressionante é a narcolepsia. Os pacientes narcolépticos apresentam verdadeiros ataques de sono durante a vigília, que duram alguns minutos e depois desaparecem. A pessoa pode "apagar", isto é, perder a consciência, ou manter a consciência mas perder completamente o tônus muscular (cataplexia). Podem ocorrer também alucinações hipnagógicas, ou seja, verdadeiros episódios de sonhos durante a vigília.

A narcolepsia é um distúrbio do sono paradoxal que parece ter determinação genética, pelo menos em animais. Em humanos, pouco se sabe além de uma perda neuronal específica de certos neurônios do hipotálamo produtores de peptídeos chamados orexinas (ou hipocretinas), que normalmente inibem o sono paradoxal. Na ausência desses neurônios, o sono paradoxal é desregulado e ocorre no meio da vigília, sem apresentar a transição dos estágios do sono de ondas lentas. Como esses neurônios projetam para diversos sistemas moduladores difusos, a sua falta provoca a proliferação de receptores colinérgicos na ponte, e de receptores noradrenérgicos no *locus ceruleus*. Isso sugere a existência de hipersensibilidade colinérgica e noradrenérgica, e explica a ocorrência de maior quantidade de episódios anormais de sono paradoxal nos narcolépticos. A cataplexia não tem explicação firmada, mas pode-se supor que ocorra por hiperatividade dos mecanismos descendentes de inibição dos motoneurônios espinhais.

PARASSÔNIAS: DISTÚRBIOS DO ACORDAR

Quem não tem um parente que fala dormindo, outro que urinou na cama até a adolescência, outro que senta na cama e até se levanta (sonambulismo)? São distúrbios que atingem alguns dos mecanismos neurais do sono paradoxal e do sono de ondas lentas, ativados inapropriadamente, de forma errada e nos momentos errados.

Há outros distúrbios desse tipo, menos folclóricos e mais desconfortáveis: são exemplos o terror noturno infantil e o sono paradoxal sem atonia. Neste último caso, o indivíduo readquire o tônus muscular sem dessincronizar completamente o EEG, o que impede que ele acorde mas provoca movimentos bruscos e violentos que podem ferir quem esteja do lado ou o próprio indivíduo. Fenômenos desse tipo foram produzidos em gatos com lesões no *locus ceruleus*; por isso se considera que as parassônias atingem os mecanismos de transição entre o sono paradoxal e a vigília.

GLOSSÁRIO

AMINÉRGICO: relativo às aminas biogênicas, conjunto de neurotransmissores que reúne adrenalina, noradrenalina, dopamina e serotonina. As três primeiras são catecolaminas; a última é uma indolamina.

ECLOSÃO: emergência do inseto adulto a partir de uma forma embrionária, a pupa.

ENDOTÉRMICOS: capazes de manter constante a temperatura corporal, independentemente da temperatura do ambiente.

FOTOPERÍODO: período claro do ciclo dia-noite, natural ou artificialmente produzido.

GONADOTROFINAS: polipeptídeos secretados pela hipófise, cuja ação principal consiste em estimular o crescimento e a função secretora das gônadas. O hormônio luteinizante age sobre o corpo lúteo, e o hormônio folículo-estimulante, sobre os folículos do ovário.

HISTOQUÍMICA: conjunto de técnicas que revelam a existência de determinadas moléculas em um tecido (geralmente enzimas), utilizando autofluorescência ou a própria atividade enzimática para produzir uma coloração que marca o local. A citoquímica tem a mesma definição, sendo aplicada, no entanto, a células individuais.

IMUNO-HISTOQUÍMICA: conjunto de técnicas que revelam a existência de determinadas moléculas em um tecido, utilizando anticorpos específicos em uma série de reações que resultam em um composto corado. A imunocitoquímica tem o mesmo significado, mas é aplicada a células individuais.

METRÔNOMO: instrumento utilizado pelos músicos para estabelecer o ritmo de uma execução.

NEURÔNIOS-RELÉS: neurônios que recebem sinapses das fibras ascendentes e transmitem a informação ao córtex cerebral. A palavra relé significa "interruptor".

PALEOCÓRTEX: setor do córtex cerebral de origem evolutiva mais antiga do que o neocórtex. Inclui principalmente o córtex olfativo primário e as regiões vizinhas.

TEGMENTO: termo genérico referente à metade ventral do tronco encefálico (p. ex.: tegmento mesencefálico). Opõe-se a tecto[A], que se refere à metade dorsal.

SABER MAIS

LEITURA BÁSICA

Bear MF, Connors BW, Paradiso MA. Brain Rhythms and Sleep, Capítulo 19 de *Neuroscience. Exploring the Brain* 3ª ed., Nova York, EUA: Lippincott Williams & Wilkins, 2007, pp. 585-616. Texto abrangente cobrindo a cronobiologia e o estudo do ciclo vigília-sono.

Tufik S, Andersen ML, Pinto Jr LR. Sono e Sonhos, Capítulo 13 de *Neurociência da Mente e do Comportamento* (Lent R, coord.), 2008, Rio de Janeiro: Guanabara-Koogan, pp. 271-286. Texto resumido sobre os principais aspectos da fisiologia do sono.

Weaver DR e Reppert SM. Circadian Timekeeping. Capítulo 41 de *Fundamental Neuroscience* 3ª ed. (Squire LR e cols., org.), Nova York, EUA: Academic Press, 2008, pp. 931-958. Texto avançado sobre cronobiologia.

Pace-Schott EF, Alan Hobson J, Stickgold R. Sleep, Dreaming, and Wakefulness. Capítulo 42 de *Fundamental Neuroscience* 3ª ed. (Squire LR e cols., org.), Nova York, EUA: Academic Press, 2008, pp. 959-986. Texto avançado sobre a neurofisiologia do sono e da vigília.

LEITURA COMPLEMENTAR

Moruzzi G e Magoun H. Brain stem reticular formation and activation of the EEG. *Electroencephalography and Clinical Neurophysiology* 1949; 1:455-473.

Aserinsky E e Kleitman N. Regularly occurring periods of eye motility, and concomitant phenomena, during sleep. *Science* 1953; 118:273-274.

Dement W e Kleitman N. Cyclic variations in EEG during sleep and their relation to eye movements, bodymotility, and dreaming. *Electroencephalography and Clinical Neurophysiology* 1955; 9:673-690.

Jouvet M. Neurophysiology of the states of sleep. *Physiological Reviews* 1967; 47:117-177.

Ralph MR, Foster RG, Davis FC, Menaker M. Transplanted suprachiasmatic nucleus determines circadian period. *Science* 1990; 247:975-978.

Warren WS e Cassone VM. The pineal gland: Photoreception and coupling of behavioral, metabolic and cardiovascular circadian outputs. *Journal of Biological Rhythms* 1995; 10:64-79.

Moore RY. Entrainment pathways and the functional organization of the circadian system. *Progress in Brain Research* 1996). 111:103-119.

Hobson JA, Pace-Schott EF, Stickgold R, Kahn D. To dream or not to dream? Relevant data from new neuroimaging and electrophysiological studies. *Current Opinion in Neurobiology* 1998; 8:239-244.

Kalsbeck A e Buijs RM. Output pathways of the mammaliar suprachiasmatic nucleus: coding circadiantime by transmitter selection and specific targeting. *Cell and Tissue Research* 2002; 309:109-118.

Pace-Schott EF e Hobson JA. The neurobiology of sleep = genetics, cellular physiology and subcortical networks. *Nature Reviews Neuroscience* 2002; 3:591-605.

Hobson JA e Pace-Schott EF. The cognitive neuroscience of sleep: neuronal systems, consciousness and learning. *Nature Reviews Neuroscience* 2002; 3:679-693.

Yamaguchi S, Isejima H, Matsuo T, Okura R, Yagita, K, Kobayashi M e Okamura H. Synchronization of cellular clocks in the suprachiasmatic nucleus. *Science* 2003; 302:1408-1412.

Lu J, Sherman D, Devor M, Saper CB. A putative flip-flop switch for control of REM sleep. *Nature* 2006; 441:589-594.

Frank MG e Benington JH. The role of sleep in memory consolidation and brain plasticity: dream or reality? Neuroscientist 2006; 12:477-486.

McCarley RW. Neurobiology of REM and NREM sleep. *Sleep Medicine* 2007; 8:302-330.

Moore RY. Suprachiasmatic nucleus in sleep-wake regulation. *Sleep Medicine* 2007; 8:S27-S33.

Saper CB e Fuller PM. Inducible clocks: Living in an unpredictable world. *Cold Spring Harbor Symposia on Quantitative Biology* 2007; 72:543-550.

Ribeiro S, Shi X, Engelhard M, Zhou Y, Zhang H, Gervasoni D, Lin SC, Wada K, Lemos NA e Nicolelis MA. Novel experience induces persistent sleep-dependent plasticity in the cortex but not in the hippocampus. *Frontiers in Neuroscience* 2007; 1:43-55.

Mackiewicz M, Naidoo N, Zimmerman JE, Pack AI. Molecular mechanisms of sleep and wakefulness. *Annual Reviews of the New York Academy of Sciences* 2008; 1129:323-329.

Vassali A e Dijk DJ. Sleep function: current questions and new approaches. *European Journal of Neuroscience* 2009; 29:1830-1841.

PARTE 4

NEUROCIÊNCIA DAS FUNÇÕES MENTAIS

17

Às Portas da Percepção

As Bases Neurais da Percepção e da Atenção

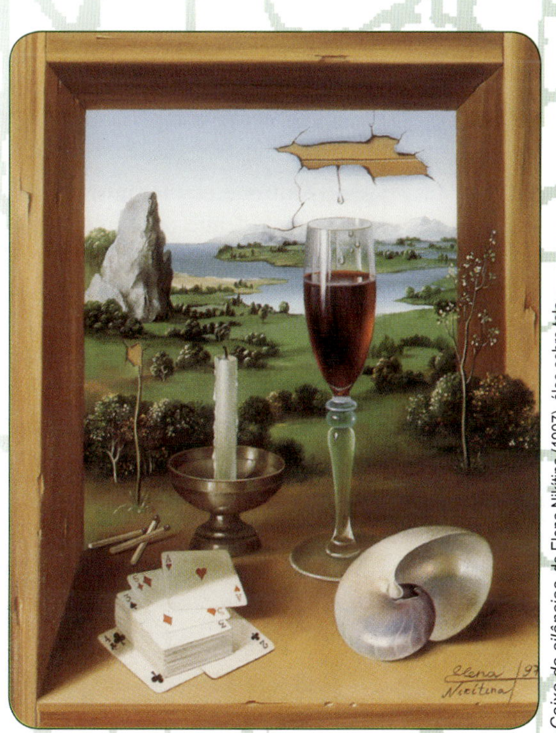

Caixa de silêncios, de Elena Nikitina (1997), óleo sobre tela

SABER O PRINCIPAL

Resumo

Percepção é a capacidade de associar as informações sensoriais à memória e à cognição, de modo a formar conceitos sobre o mundo e sobre nós mesmos e orientar o nosso comportamento. Tudo que é percebido pela mente é sentido pelo corpo de algum modo, mas nem tudo que é sentido pelo corpo atinge a percepção. O conceito de percepção é diferente do de sensação.

Os primeiros estágios da percepção consistem no processamento analítico realizado pelos sistemas sensoriais, destinados a extrair de cada objeto suas características, que na verdade consistem nas submodalidades sensoriais: cor, movimento, localização espacial, timbre, temperatura etc. Combinações dessas características passam então por vias paralelas cooperativas no SNC, que gradativamente reconstroem o objeto como um todo, para que ele possa ser memorizado ou reconhecido, e para que possamos orientar nosso comportamento em relação a ele. A modalidade visual é a que está mais bem estudada a esse respeito, conhecendo-se uma via cortical dorsal, destinada à identificação das relações espaciais dos objetos com o observador e com o mundo, e uma via ventral cuja função é reconhecer o objeto, dando-lhe um nome e identificando a sua função e a sua história. A via dorsal envolve regiões do lobo parietal, enquanto a via ventral envolve regiões do lobo temporal. Paralelismo semelhante vai aos poucos se estabelecendo também no caso da percepção auditiva, onde uma via ventral cuida do reconhecimento dos sons complexos, incluindo a fala que ouvimos, e uma via dorsal articula a percepção auditiva com o comportamento motor, responsável entre outras coisas pelo incontrolável impulso que temos de acompanhar com o corpo o ritmo das músicas.

Para que os mecanismos da percepção possam ser otimizados, é preciso selecionar dentre os inúmeros estímulos provenientes do ambiente aqueles que são mais relevantes para o observador. Para isso, o SNC conta com a atenção, um mecanismo de focalização dos canais sensoriais capaz de facilitar a ativação de certas vias, certas regiões e até mesmo certos neurônios, de modo a colocar em primeiro plano sua operação, e em segundo plano a de outras regiões que processam aspectos irrelevantes para cada situação.

O neurologista americano Oliver Sacks publicou em 1970 um livro que depois se tornou famoso, chamado *O Homem que Confundiu sua Mulher com um Chapéu*. Não era um livro humorístico, como o título poderia fazer supor, mas um relato de casos clínicos extraordinários para o público leigo. No caso que dá título ao livro, Sacks descreve as dificuldades de seu paciente, Dr. P, portador de uma lesão cerebral que lhe causara dificuldades para reconhecer objetos e faces, entre as quais a de sua esposa e — ainda mais surpreendente — a sua própria face refletida no espelho. Dr. P tinha uma desordem neurológica que atingira um aspecto específico da percepção. Embora pudesse descrever o nariz, a boca, a testa e demais características da face de uma pessoa, não era capaz de saber de quem se tratava, a não ser quando ouvia a sua voz.

Reconhecer objetos e faces é algo tão natural em nossa vida cotidiana que não nos damos conta de que o fazemos. Muito menos imaginamos que há mecanismos neurais específicos para realizar essas tarefas tão cotidianas. Como conseguimos identificar na multidão a pessoa que nos interessa, e acompanhá-la com o olhar sem perceber as demais? Como conseguimos saber que uma cadeira continua sendo a mesma cadeira mesmo que a vejamos por trás ou por cima, bem ou mal iluminada, vazia ou ocupada por uma pessoa que a encobre parcialmente? Como conseguimos acompanhar uma conversa em uma festa barulhenta? Reconhecer a voz de um filho em meio à algazarra de seus colegas de escola? Identificar uma personalidade pública por sua caricatura de poucos traços publicada no jornal? Reconhecer o hino nacional logo depois dos primeiros acordes?

Essa estranha e apurada capacidade é o que chamamos de *percepção*. Seus mecanismos neurais são o objeto deste capítulo.

A PERCEPÇÃO E SUAS DESORDENS

Percepção, para os seres humanos, é a capacidade de associar as informações sensoriais à memória e à cognição[G], de modo a formar conceitos sobre o mundo e sobre nós mesmos e orientar o nosso comportamento. Isso significa duas coisas: primeiro, que a percepção é dependente mas diferente dos sentidos, isto é, tem um "algo mais" que a torna uma experiência mental particular; segundo, que ela envolve processos complexos ligados à memória, à cognição e ao comportamento.

Um dos aspectos mais importantes da percepção e que a diferencia das sensações é a chamada *constância perceptual*. Para os sentidos, cada posição de um objeto produz uma imagem visual diferente, mas para a percepção trata-se do mesmo objeto. Sabemos a quem pertence uma voz familiar, e temos certeza de que ela provém da mesma pessoa, quer esteja rouca após uma gripe, sussurrando num ambiente silencioso ou gritando em meio a uma multidão. No entanto, nessas diferentes condições, os sons que ouvimos são bastante diferentes. Como conseguimos a proeza?

A percepção, é claro, apresenta estreita ligação com os sentidos; por isso pode-se falar em percepção visual, auditiva, somestésica etc. Imagens dos objetos que refletem ou emitem luz são formadas na retina, codificadas e assim enviadas aos sucessivos estágios neurais que compõem o sistema visual. Do mesmo modo, os sons ambientes são transduzidos, codificados e enviados até o córtex através do sistema auditivo. E assim também nos outros sentidos. Os sistemas sensoriais se encarregam das primeiras etapas da percepção, tornando-se responsáveis pela sua fase analítica. É como se os alvos da percepção fossem minuciosamente dissecados em suas partes constituintes e propriedades: cores, tons, cheiros e tudo o mais. No entanto, ao final do processo não tomamos consciência dessa soma de partes e propriedades, mas sim dos objetos como percepções globais, unificadas. Isso faz supor que além dos mecanismos analíticos devem existir outros de natureza sintética, capazes de reunir as partes e propriedades em um conjunto único que faz sentido. Mecanismos analíticos e sintéticos são ambos partes integrantes da percepção. A transição dos primeiros aos segundos é gradual, e na interface há uma grande área de superposição.

O estudo científico da percepção começou com a observação de casos clínicos bizarros como o do Dr. P, descritos pelos neurologistas desde pelo menos o século 19. São as desordens da percepção. Exemplo típico: um indivíduo com história prévia de hipertensão arterial relata episódio de tonteira seguido de fraqueza no braço e na perna esquerdos, que depois desaparecem. Nos dias subsequentes apresenta dificuldade de reconhecer lugares que antes eram familiares, objetos conhecidos e pessoas da própria família. Estimulado a lembrar-se, o indivíduo é capaz de descrever esses lugares, uma evidência de que não se trata de perda de memória. Também é capaz de descrever detalhadamente os objetos e as pessoas que vê, embora não consiga nomeá-los. Dirá que um indivíduo tem o rosto claro, dentes grandes, nariz adunco e uma cicatriz na testa, mas só identificará seu próprio irmão quando ouvir a sua voz. Dirá que tem na sua frente um objeto preto e alongado, oco por dentro e que serve para pôr os pés, mas não conseguirá dizer que está vendo um sapato.

A esse conjunto de sintomas os neurologistas dão o nome *agnosia* (derivado do grego *gnosis*, conhecimento), um termo cunhado pelo criador da psicanálise, Sigmund Freud (1856-1939). As agnosias são geralmente causadas por lesões do córtex cerebral. Dependendo da região atingi-

[G] *Termo constante do glossário ao final do capítulo.*

da, podem ser visuais (como no exemplo que descrevemos antes), auditivas ou somestésicas. Menos comuns são as olfatórias e as gustatórias. Além disso, podem ser específicas, quando causadas por lesões menores e que refletem a especialização funcional das regiões corticais. Assim, dentre as agnosias visuais destaca-se a prosopagnosia, incapacidade de reconhecer faces. Dentre as auditivas são especialmente características a amusia, incapacidade de reconhecer sons musicais, e a agnosia verbal ou afasia receptiva, cujo portador deixa de compreender a fala emitida por seus interlocutores. E dentre as agnosias somestésicas é mais comum a assomatognosia ou síndrome de indiferença, na qual o indivíduo não reconhece partes de seu corpo ou mesmo regiões inteiras do espaço extracorporal (veja um exemplo famoso no Quadro 17.1).

ANATOMIA DA PERCEPÇÃO

O estudo das lesões cerebrais encontradas nos pacientes com agnosia revelou que elas se situam geralmente em áreas do córtex parietal[A] posterior e do córtex inferotemporal[A] ou na face lateral do lobo occipital[A] (Figura 17.1). Que têm essas áreas em comum?

Situadas na confluência entre as áreas sensoriais primárias, essas regiões do córtex cerebral têm sido conhecidas – à falta de termo melhor – como *córtex associativo.* O termo reflete a concepção antiga dos neurofisiologistas de que o comportamento envolveria a associação entre as informações sensoriais e os comandos motores. Prováveis candidatas a realizar essa função seriam as áreas corticais "silenciosas", isto é, as que não respondem com potenciais evocados[G] quando o indivíduo ou o animal experimental recebe alguma estimulação sensorial, nem provocam movimentos quando estimuladas com correntes elétricas. Verificou-se que as regiões associativas na verdade constituem a maior parte do córtex cerebral dos primatas, maior ainda no homem que nos primatas sub-humanos.

O desenvolvimento dos métodos modernos de registro eletrofisiológico e a identificação morfológica de neurônios individuais em animais, principalmente primatas, bem como das técnicas de imagem funcional realizadas em seres humanos, permitiu desvendar a identidade e inúmeros aspectos do funcionamento das áreas associativas. Foi possível, especialmente, identificar as áreas envolvidas nos mecanismos neurais da percepção.

[A] *Estrutura encontrada no* Miniatlas de Neuroanatomia *(p. 367).*

VIAS SEQUENCIAIS OU PARALELAS?

Os neurocientistas chegaram às áreas associativas a partir das áreas sensoriais primárias, de mais fácil abordagem experimental. Nessas regiões, como vimos nos capítulos correspondentes, é possível detectar a presença de mapas de representação do espaço sensorial: mapas do mundo visual (visuotópico ou retinotópico), do corpo (somatotópico) e do espectro de frequências audíveis (tonotópico) (Figura 17.2). Além disso, o estudo cuidadoso das propriedades funcionais dos neurônios dessas regiões permitiu conhecer o tamanho e a organização dos seus campos receptores, bem como suas preferências quanto aos estímulos específicos capazes de ativá-los. Essa abordagem experimental passou a ser utilizada também nas regiões vizinhas, e o resultado foi a descoberta de um grande número de áreas uni e multissensoriais, além das áreas primárias inicialmente estudadas. Essa descoberta foi especialmente marcante no sistema visual: a meia dúzia de áreas com resposta visual conhecida na década de 1980 transformou-se em mais de 30 na década seguinte! Revelou-se também que as bordas citoarquitetônicas[G] definidas pelos neuro-histologistas não eram suficientes para delimitar as múltiplas áreas detectadas pelo registro de mapas topográficos e propriedades eletrofisiológicas dos neurônios.

Para que tantas áreas? Uma primeira possibilidade levantada pelos neurocientistas é que formassem uma hierarquia em que cada uma utilizasse a informação veiculada pela precedente para adicionar complexidade perceptual, até que a reconstrução mental do objeto percebido pudesse ser comparada com o "banco de imagens" (não só visuais) contido na memória. Essa hipótese sequencial hierárquica do processamento perceptual foi inicialmente adotada pelos neurocientistas, principalmente em virtude dos resultados experimentais obtidos no sistema visual por David Hubel e Torsten Wiesel, ganhadores do prêmio Nobel de medicina ou fisiologia em 1981. Hubel e Wiesel propuseram que as propriedades dos campos receptores dos neurônios do córtex visual eram construídas a partir das propriedades dos neurônios precedentes, ao longo de uma cadeia de conexões que os ligavam um a um. De fato, os campos receptores dos neurônios de V1[A] e V2[G] podem ser classificados de acordo com a sua complexidade, e faz sentido lógico imaginar que os mais complexos são construídos a partir da convergência dos mais simples (Figura 17.3).

O estudo que os neurofisiologistas fizeram a seguir sobre as várias áreas visuais indicou algumas tendências que favoreciam a hipótese sequencial hierárquica de Hubel e Wiesel. O tamanho dos campos receptores das células corticais, por exemplo, aumenta à medida que se caminha

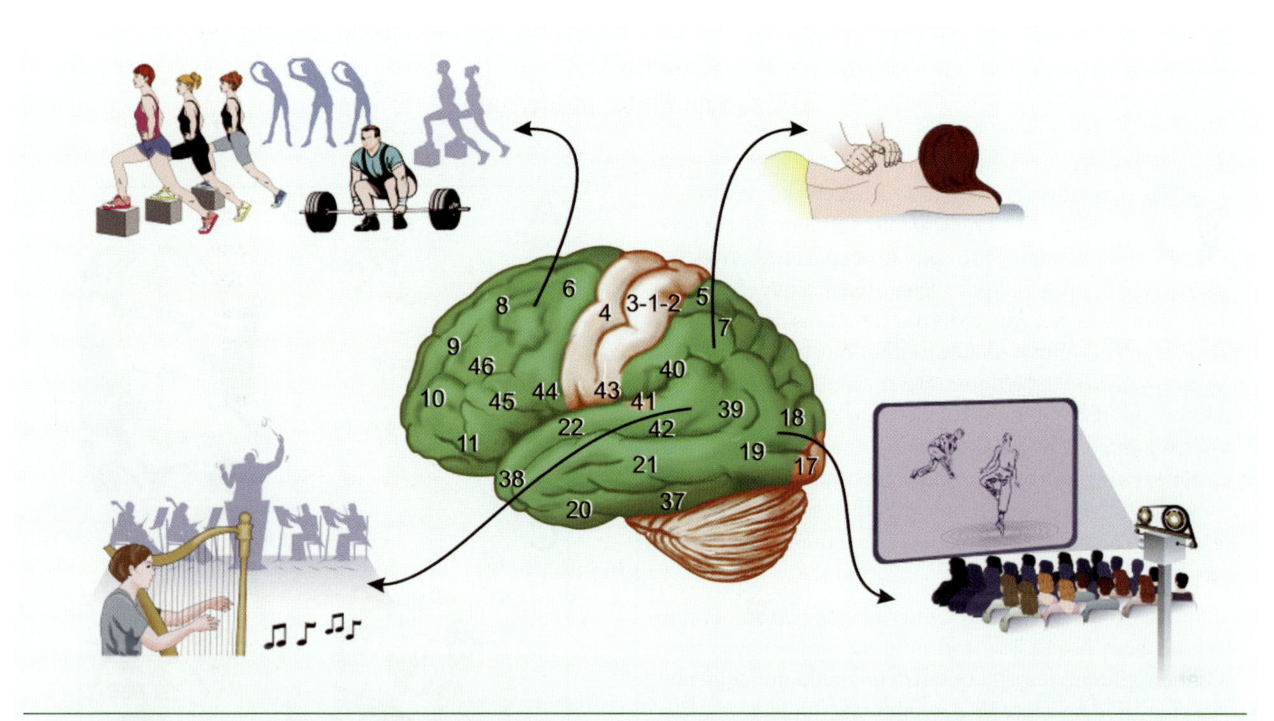

▶ **Figura 17.1.** *As áreas corticais envolvidas com a percepção (sombreadas em verde) são mais amplas e numerosas que as regiões primárias (em bege claro), e fazem parte do chamado "córtex associativo". As lesões que ocorrem no córtex associativo produzem as agnosias, distúrbios da percepção que atingem a visão, a audição, a sensibilidade a respeito do corpo e do ambiente externo. Os números correspondem à nomenclatura criada por Korbinian Brodmann (1868-1918) para as áreas corticais (confira a Figura 20.17B).*

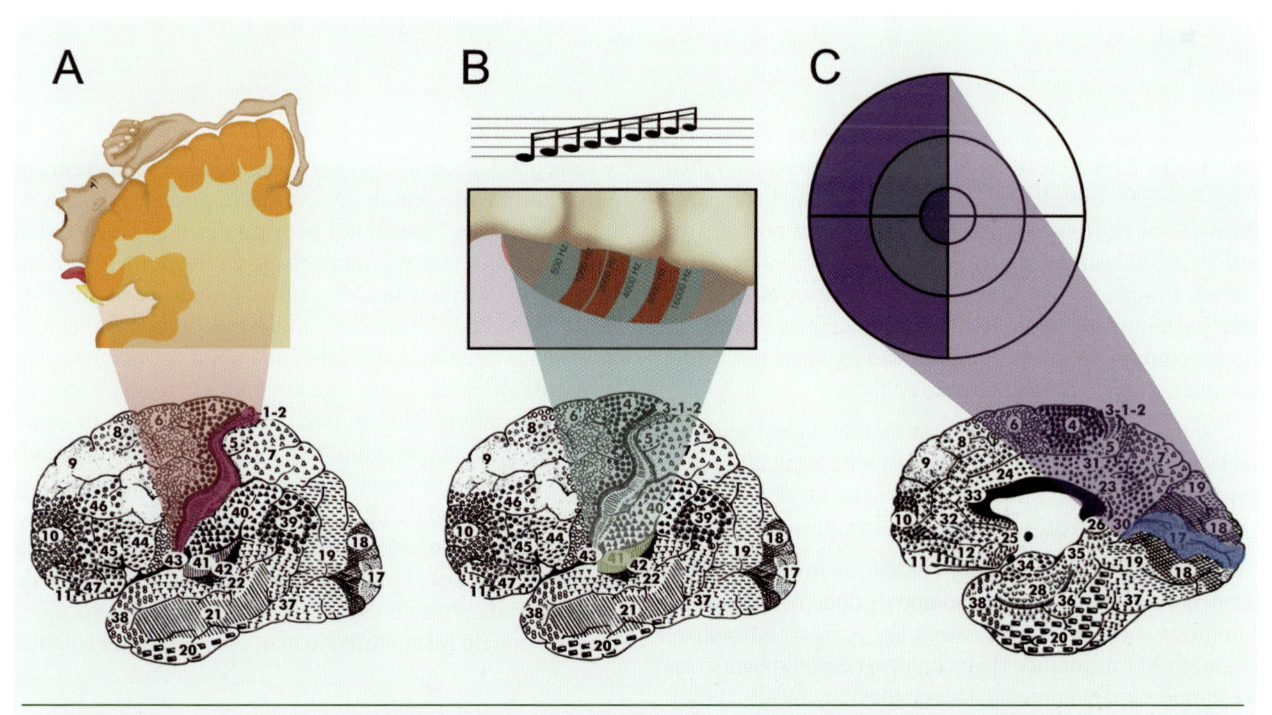

▶ **Figura 17.2.** *Os mapas topográficos sensoriais são encontrados em diferentes regiões do SNC, mas são mais típicos das áreas corticais primárias, como a somestésica (**A**), a auditiva (**B**) e a visual (**C**). Os desenhos de baixo representando as áreas corticais são originais de Brodmann.*

Quadro 17.1
O Caso do Pintor Indiferente

O pintor alemão Anton Raederscheidt (1892-1970) teve um acidente vascular encefálico que danificou seu lobo parietal direito, causando-lhe uma síndrome de indiferença que ele registrou através de sua arte. Dois meses depois do acidente, Raederscheidt pintou o autorretrato mostrado em A na figura. O lado esquerdo de sua autoimagem ficou em branco, bem como todo o lado esquerdo da tela. Três meses e meio depois do acidente um novo autorretrato já atestava alguma recuperação, como se vê na figura em B. Maior recuperação funcional podia ser vista 6 meses depois do acidente (C) e recuperação completa 9 meses depois (D).

O caso Raederscheidt é interessante não só porque retrata bem o que é a síndrome de indiferença, mas também porque ressalta que os efeitos de um acidente vascular podem regredir parcialmente. Quando ocorre isquemia (diminuição do fluxo sanguíneo local), uma região pode ser lesada irreversivelmente, mas regiões adjacentes podem sofrer apenas edema (acúmulo de líquido resultante de inflamação), e este pode ser gradativamente absorvido, possibilitando a regressão dos sintomas do paciente.

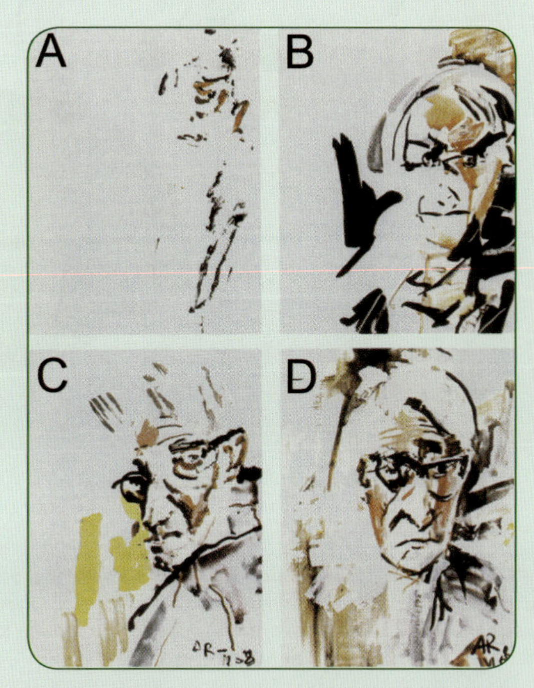

*Em seus autorretratos, o artista documentou a evolução da sua própria síndrome de indiferença, 2 meses após o acidente neurológico (**A**), 3 meses e meio depois (**B**), 6 meses (**C**) e 9 meses depois (D). Reproduzido de R. Jung (1974)* Psychopatologie Musischer bestaltungen, *pp. 29-88. Schaltauer, Alemanha.*

de V1 para V2, V3 etc. Coerentemente, o mapa topográfico torna-se menos preciso. Por outro lado, os estímulos capazes de ativar os neurônios tornam-se mais e mais complexos: em V1, simples formas geométricas como círculos e barras são suficientes para fazer disparar os neurônios, desde que posicionados dentro do campo receptor; no córtex inferotemporal, muitas células só são ativadas por perfis complexos que representam mãos e faces!

A hipótese hierárquica linear, entretanto, foi questionada quando se descobriu a existência de especializações funcionais entre as várias áreas visuais, mesmo aquelas situadas mais à frente na cadeia de conexões.

A área V4, por exemplo, contém neurônios particularmente sensíveis ao comprimento de onda dos estímulos luminosos empregados para ativá-los. A área V5 (também chamada MT[1]), por outro lado, contém neurônios sensíveis a estímulos em movimento, independentemente de sua cor, e cada um deles é ativado por estímulos que se movem em um determinado sentido. Na verdade, essa segregação de "especialidades" funcionais pode ser detectada já na retina (ver o Capítulo 9), e acompanhada ao longo da via visual através do tálamo[A], do córtex visual primário e das regiões adjacentes. Pode-se conceber assim a existência de "canais funcionais" distintos, capazes cada um deles de processar aspectos diferentes dos objetos visuais: forma e cor (o canal P[2]), movimento (o canal M) e cor apenas (o canal K). Surgiu, então, uma hipótese alternativa à do processamento hierárquico linear: a percepção seria obtida através de *processamento paralelo,* por meio do qual a informação proveniente do mundo externo ou do próprio corpo seria segmentada e distribuída em subsistemas encarregados de analisar cada atributo específico. O conceito de processamento paralelo foi confirmado mas, como veremos adiante,

[1] *Do inglês* middle temporal.

[2] *As siglas P, M e K referem-se a tipos celulares subcorticais e módulos corticais que constituem cada canal. Veja o Capítulo 9 para detalhes.*

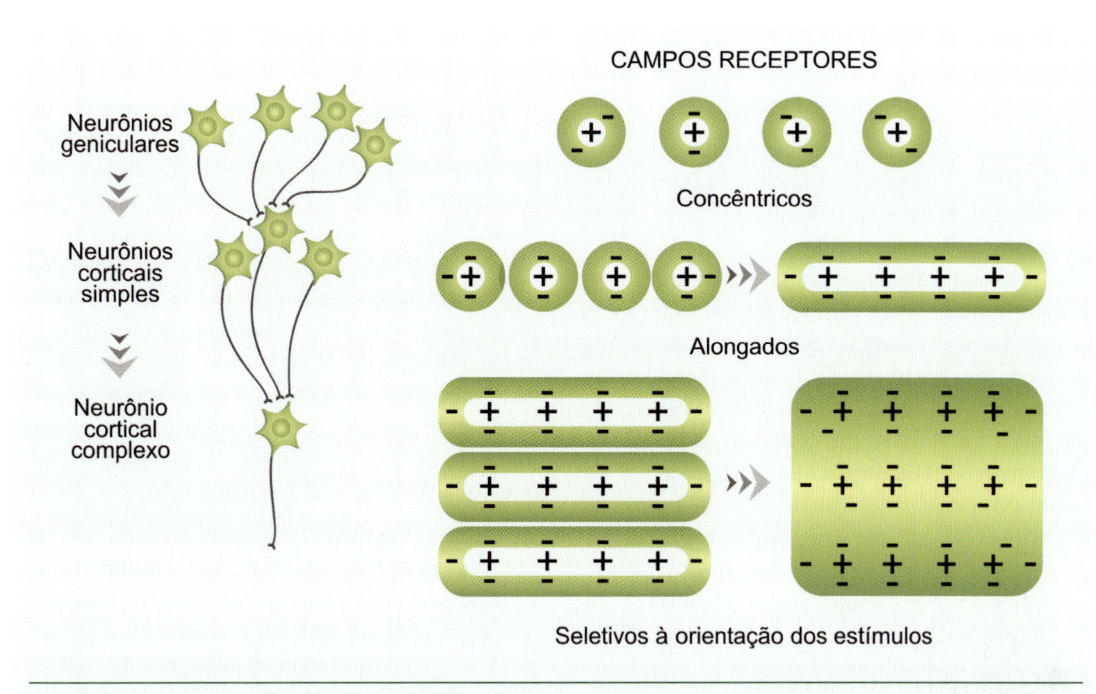

Figura 17.3. *Segundo a hipótese de Hubel e Wiesel (à esquerda), as propriedades dos neurônios visuais seriam "construídas" pelos neurônios precedentes. Assim, os campos receptores concêntricos do núcleo geniculado lateral (à direita) seriam associados no córtex para gerar os campos alongados simples, e estes por sua vez gerariam os campos complexos seletivos à orientação dos estímulos. Por essa razão, o tamanho dos campos receptores seria cada vez maior na progressão de V1 para as áreas associativas visuais.*

não aboliu o conceito de processamento hierárquico, e atualmente ambos são considerados coexistentes.

No presente, são muitas as evidências em favor das *vias paralelas,* particularmente no sistema visual. Alguns neurologistas relataram a ocorrência de casos raros de indivíduos que perdem a percepção de movimento sem qualquer outro distúrbio. Trata-se de uma condição conhecida como acinetópsia. O paciente é capaz de perceber um carro que surge no início da rua, mas só se dá conta de que ele se move quando já está muito próximo! É capaz de derramar água de uma garrafa em um copo, mas não percebe quando o nível da água chega à beira do copo, e não pode evitar que ela extravase. O movimento das pessoas e das coisas, relata, parece fragmentado como um filme com defeito. Documentou-se, usando técnicas de imagem de alta definição, que esses raros pacientes apresentam lesão em um setor muito preciso do córtex, que equivale à área V5 bem definida nos macacos. Há casos também de acromatopsia, isto é, incapacidade de perceber cores devida a uma lesão cortical circunscrita à área V4. Os métodos de imagem funcional atualmente disponíveis permitem identificar V4 e V5 em indivíduos normais, quando eles são estimulados, respectivamente, por objetos coloridos estáticos e objetos móveis com a mesma cor.

Os neuropsicólogos têm também concordado com a ideia de canais paralelos, com base na aplicação de testes perceptuais. Um deles é o chamado "teste de busca", idealizado pela psicóloga canadense Anne Treisman, nos anos 1970. O teste consiste na realização de uma tarefa: o indivíduo deve verificar se há ou não um elemento discrepante (o "alvo") dentre um certo número de elementos diversos (os "distratores") apresentados em uma cartela (Figura 17.4). Quando chegar à conclusão final (se o elemento discrepante está presente ou não), o indivíduo deve apertar um botão. O psicólogo registra o tempo decorrido até ele apertar o botão. Faça o teste você mesma: nas cartelas da Figura 17.4A, existe um "O" azul? Rapidamente você concluirá que sim, tanto para poucos distratores (acima) quanto para muitos (abaixo). Agora tente novamente com as cartelas da Figura 17.4B: existe um "O" azul? Provavelmente você levou um pouco mais de tempo para chegar à conclusão final, especialmente na cartela de baixo. Por quê?

No primeiro caso, você analisou apenas uma característica do alvo: sua cor. Como a cor dos distratores é diferente, você rapidamente "apertou o botão". Seu tempo de reação não varia muito, mesmo aumentando o número de distratores (Figura 17.4, gráfico à esquerda). No segundo caso, entretanto, você analisou duas características diferentes presentes simultaneamente: a cor e a forma. Isso provavelmente a obrigou a analisar uma, depois a outra, e finalmente compará-las para verificar se estão presentes no mesmo local (*i. e.,* no mesmo alvo). Por isso, seu tempo de reação agora é maior e cresce com o número de distratores (Figura 17.4, gráfico à direita). Os resultados do teste de busca são compatíveis com a ideia de processamento paralelo: devemos analisar a cor e a forma através de canais perceptuais separados, o que leva mais tempo.

Com base nas evidências dos neurologistas e dos psicólogos, além de um vasto conjunto de dados produzidos pelos neurobiólogos em estudos experimentais com primatas, os americanos Leslie Ungerleider e Mortimer Mishkin propuseram duas vias paralelas corticais distintas para a percepção visual (Figura 17.5A). A primeira, responsável pela percepção espacial, é chamada *via dorsal* por ser formada pela sequência de áreas corticais que ligam principalmente o canal M com a área V5 do córtex temporal através de V1, V2 e V3. A área V5 distribui a informação para áreas próximas do lobo parietal[A] (Figura 17.5B). A segunda é a *via ventral*, responsável pela percepção de formas e cores que permitem o reconhecimento dos objetos do mundo visual. A via ventral é assim chamada porque conecta os canais K e P com a área V4 do córtex temporal através de V1, V2 e também V3. A área V4, por sua vez, distribui a informação para outras áreas do lobo temporal[A] (Figura 17.5B).

A existência das duas grandes vias paralelas do sistema visual foi também demonstrada no córtex humano através de neuroimagens funcionais (Figura 17.6).

Vias Paralelas: Independentes ou Cooperativas?

A existência de vias perceptuais paralelas está bem demonstrada para a visão, mas não tanto para a audição e a somestesia, e praticamente nada para os sentidos químicos. A especialização funcional que caracteriza as vias paralelas permite uma conclusão importante sobre os mecanismos da percepção. Os primeiros estágios são analíticos, isto é, envolvem a decomposição do objeto em suas propriedades principais: forma, cor, movimento, no caso da percepção visual. Tons, no caso da percepção auditiva. Cada uma dessas propriedades primordiais do objeto são analisadas em canais próprios cujos neurônios são especializados em detectá-las. Mas em que momento ocorre a "reconstrução" mental do objeto? Mais precisamente: de que maneira as informações sobre forma, cor e movimento se entrecruzam no sistema nervoso, de modo a possibilitar o reconhecimento cognitivo que nos permite dizer: "essa é a poltrona do meu quarto", ou "esse é o Joaquim"?

Se as vias paralelas fossem concebidas como canais inteiramente independentes, esse resultado final da percepção não seria possível. De fato, os neuroanatomistas puderam verificar, estudando os circuitos que conectam as áreas corticais, que além de inúmeras conexões recíprocas entre áreas de uma mesma via e as conexões entre áreas homólogas dos dois hemisférios, há muitas ligações entre a via ventral e a via dorsal (Figura 17.5B). Já mesmo em V1 existem conexões entre a camada 4 (que recebe do canal M) e as camadas 2 e 3 (que recebem do canal P). Em V2 existem neurônios horizontais que conectam as bandas e interbandas de citocromo-oxidase (detalhes sobre essas estruturas no Capítulo 9). E há sistemas de fibras que conectam reciprocamente V3, V4 e V5. Correspondentemente, verificou-se que muitos neurônios de V5, sensíveis a movimento, são

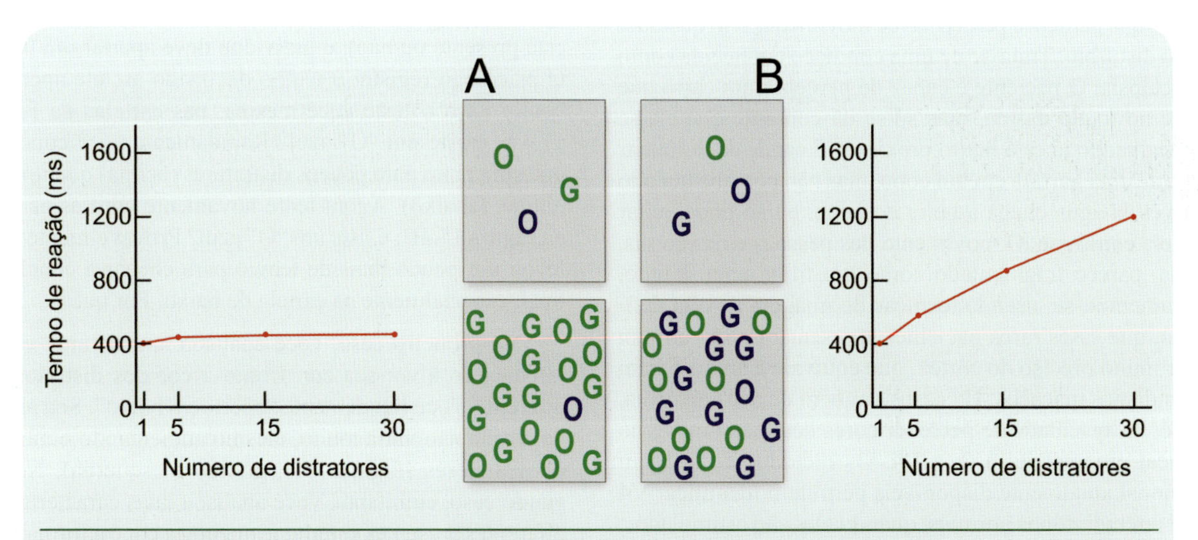

Figura 17.4. *No teste de busca de Treisman, o sujeito deve dizer se o objeto discrepante (neste exemplo, a letra O azul) está presente ou não. Quando apenas a cor é a característica discrepante (**A**), a resposta é rápida e independe do número de distratores, como se vê no gráfico à esquerda. Mas quando há duas características discrepantes, cor e forma (**B**), a resposta vai ficando mais lenta com o acréscimo de distratores (gráfico à direita). Presume-se que o indivíduo precise de mais tempo para decidir porque utiliza dois canais perceptuais, e não um só. Modificado de A. M. Treisman e G. Gelade (1980)* Cognitive Psychology, *vol. 12: pp. 97-136.*

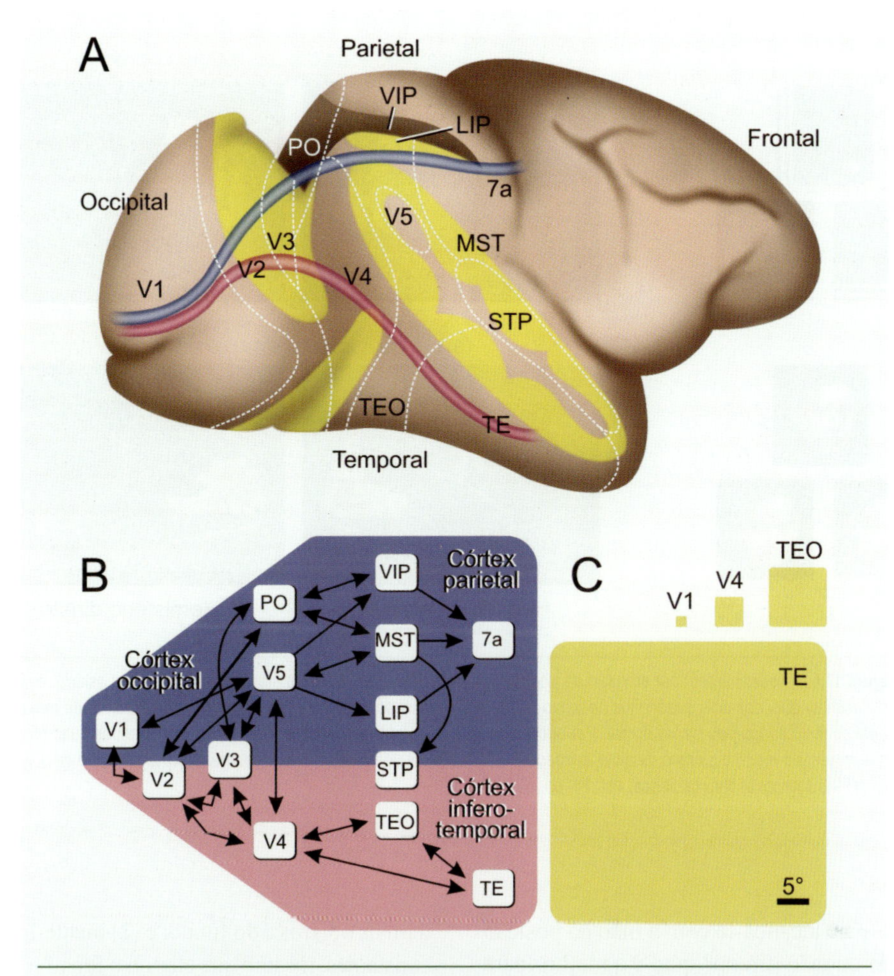

Figura 17.5. *Estudando as conexões e a função das diversas áreas visuais do macaco (**A**), os neurobiólogos puderam identificar duas vias paralelas de processamento, a partir de V1. Na figura, os sulcos do cérebro do macaco estão representados abertos, para facilitar a representação das áreas internas. Embora paralelas, as vias não são independentes, como mostram as conexões que apresentam entre si (**B**). O esquema em **C** mostra que o tamanho dos campos receptores dos neurônios vai aumentando a partir de V1 até o córtex inferotemporal. As siglas denotam as abreviaturas das diversas áreas.*

ativados por estímulos coloridos movendo-se em um fundo de outra cor, mas com igual brilho. Ou seja: são sensíveis também ao comprimento de onda dos estímulos.

Esses dados obrigaram a uma reconceituação do proposto sistema de processamento paralelo. As vias paralelas não parecem operar isoladamente, mas sim cooperativamente. São vias cooperativas, e não independentes.

De qualquer forma, a via ventral pode ser compreendida como a que responde mais eficientemente à pergunta: "o quê?", enquanto a via dorsal responde à pergunta: "onde?". Isso significa que a operação das áreas que compõem a via ventral permite o reconhecimento dos objetos visuais, enquanto o funcionamento das áreas que constituem a via dorsal permite identificar as três dimensões dos objetos, bem como os relacionar espacialmente entre si e com o observador que os percebe. Parece complicado, mas não é. Suponha a seguinte situação: você procura os seus óculos, que esqueceu em algum lugar. Seus olhos buscam aquele objeto característico formado por dois contornos fechados interligados, e duas hastes em L. Você tem uma imagem dele na sua memória, e imediatamente o identificará onde estiver, esteja ele pousado na mesa com as lentes para cima, virado ao contrário no chão com as hastes abertas, ou meio inserido entre as almofadas do sofá. Ao encontrá-lo, você precisa relacioná-lo com o ambiente para orientar o seu comportamento, isto é, determinar se você vai estender o braço para pegá-lo na mesa, curvar-se para alcançá-lo no chão, ou inserir a mão entre as almofadas para retirá-lo. Para reconhecer a forma e a cor dos seus óculos você precisa da

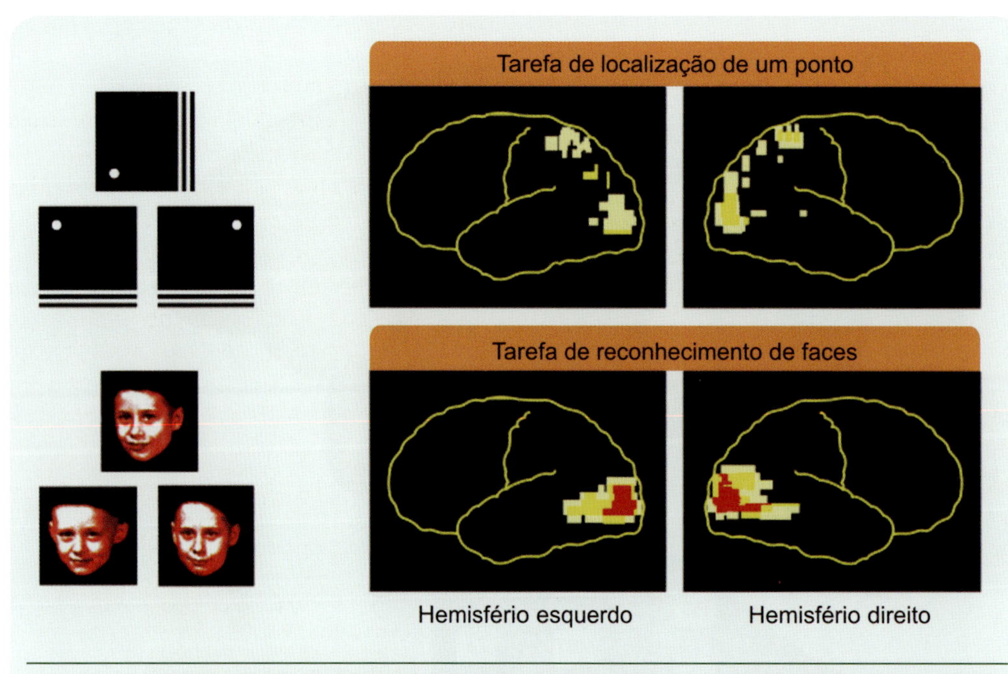

Figura 17.6. *A neuroimagem por emissão de pósitrons pode detectar as vias paralelas no homem. Neste estudo, o sujeito devia identificar qual dos dois quadrinhos de baixo representa uma rotação do de cima. A imagem correspondente mostrou o aumento do fluxo sanguíneo na via dorsal. Por outro lado, quando o sujeito foi solicitado a identificar qual das duas faces de baixo representa o mesmo menino de cima, a imagem mostrou a via ventral com o fluxo aumentado. Modificado de J. Haxby e cols. (1994)* Journal of Neuroscience, *vol. 14: pp. 6336-6353.*

sua via ventral, mas para alcançá-lo com a mão na posição certa (mão esquerda ou mão direita? qual é a melhor para pegar os óculos agora?) você precisa de sua via dorsal. No entanto, ambas realizam uma análise de forma, seja para não confundir os seus óculos com os de outra pessoa, seja para pegá-los corretamente. Daí se conclui que o reconhecimento dos objetos e a percepção espacial, embora sejam duas operações perceptuais distintas realizadas por vias paralelas, são também dois aspectos de uma mesma operação mental, realizados coordenadamente pelo mesmo cérebro de um mesmo indivíduo.

RECONHECIMENTO DOS OBJETOS: "O QUÊ?"

Chamamos objetos às "coisas" do mundo: um carro, uma música, um cheiro, uma palavra escrita em Braille. Para o estudo da percepção, o termo se aplica a todas as coisas que conhecemos através dos sentidos. No entanto, há também objetos exclusivamente mentais, imaginários, não menos importantes que os objetos concretos do mundo exterior. Qualquer sistema – biológico ou artificial – capaz de reconhecer objetos, deve conseguir: (1) separá-los dos demais objetos e do fundo; e (2) mantê-los perceptualmente constantes, mesmo que eles ou o fundo se movam, que mude a iluminação, ou que outros objetos o encubram parcialmente. De que modo o sistema nervoso consegue essa façanha?

TEORIAS DA PERCEPÇÃO

Foram várias, ao longo da História, as teorias criadas para explicar a percepção (conheça uma delas no Quadro 17.2). O maior problema, entretanto, foi sempre o de as articular com a Neurociência.

O psicólogo britânico David Marr (1945-1980) propôs uma teoria engenhosa para dar conta dessa questão, aplicada à percepção visual (Figura 17.7). De acordo com ele, tudo começaria com um "esboço primitivo" com base nas diferenças de intensidade e cor no mapa retiniano, que produziriam bordas contrastantes capazes de impressionar diferencialmente as células da retina e dos primeiros estágios pós-retinianos do sistema visual. A seguir se produziria o que ele chamou de "esboço 2½D", baseado na computação das distâncias entre as bordas e nas texturas existentes nos intervalos. Marr inventou o termo "2½D" para indicar que nesse estágio já existe uma percepção de profundidade com base na imagem do objeto, mas esta não é completa, por não ter sido ainda associada aos outros ângulos de visão do mesmo objeto (outros esboços 2½D). Emergiria então uma imagem mental provisória do objeto, que ainda não possibilitaria o seu reconhecimento mas permitiria que o indivíduo se orientasse no espaço em relação a ele. A etapa seguinte consistiria na criação de um "modelo 3D", que reuniria todos os esboços 2½D do mesmo objeto existentes na memória, para detectar seus eixos internos, criando uma imagem invariante. O modelo 3D (um para cada objeto), sendo composto por todos os esboços 2½D do objeto, incluiria também as partes "ocultas" deste, isto é, sua vista de trás, regiões encobertas, e assim por diante. O modelo 3D seria então, por sua vez, armazenado na memória, e poderia ser recuperado cada vez que fosse necessário reconhecê-lo de novo.

Um outro psicólogo, o norte-americano Irving Biederman, modificou ligeiramente a teoria de Marr. A partir do esboço primitivo, as partes componentes dos objetos seriam detectadas pela disposição de suas bordas de contraste formando relações espaciais típicas. Em vez de múltiplos esboços 2½D para cada objeto, o sistema visual seria capaz de identificar unidades perceptuais que Biederman chamou "geons"[3], presentes em diversos objetos (Figura 17.7). A combinação de geons característica de cada objeto seria armazenada na memória à primeira exposição para posterior utilização. Biederman identificou cerca de 24 *geons*; calculou que mais de 5.000 objetos poderiam ser especificados por dois *geons*, e cerca de 140 mil objetos poderiam ser especificados por três *geons*. Os 24 *geons* combinados em pequenos números teriam então uma capacidade perceptual imensa.

[3] *Acrônimo de* geometric ions, *ou seja, unidades de forma simples.*

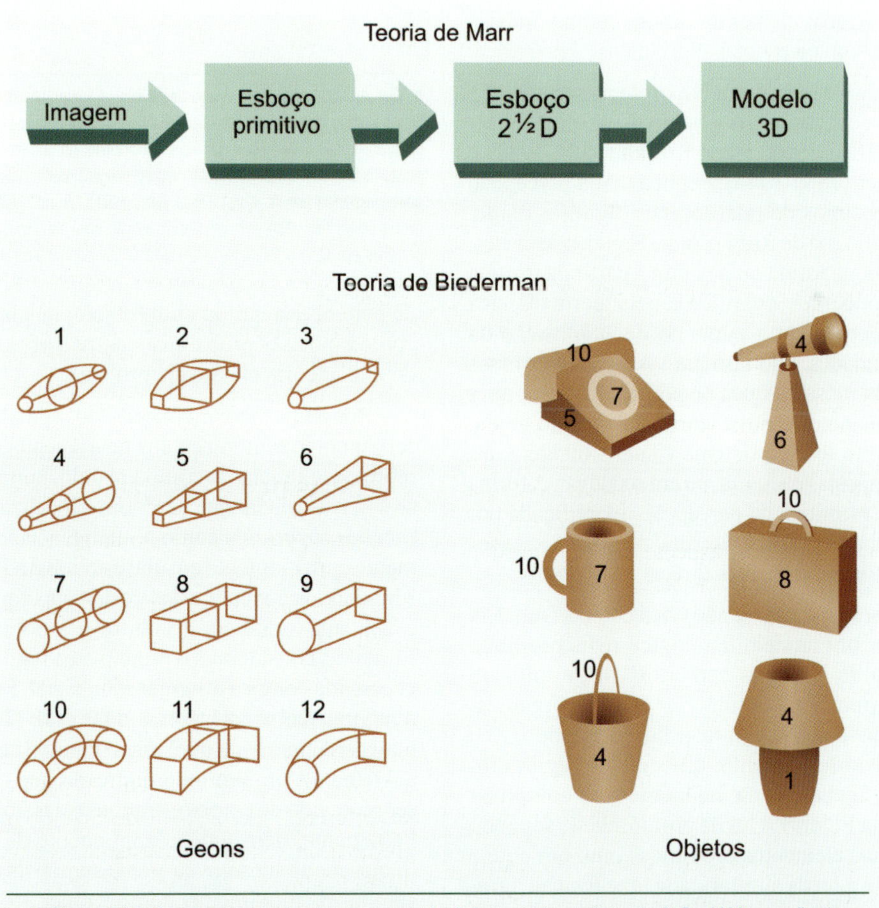

Figura 17.7. *Duas importantes teorias da percepção. Acima, as etapas da teoria de David Marr, explicadas no texto. Abaixo, a contribuição de Irving Biederman, pela qual os objetos seriam representados no cérebro por unidades perceptuais simples aprendidas na infância, os geons. Os números em cada um dos objetos à direita indicam a combinação de geons (à esquerda) que permitiria a sua identificação. Modificado de I. Biederman,* Visual Cognition and Action *(D. H. Osherson e cols., org.), 1990, vol. 2, pp. 41-72. MIT Press, Cambridge, EUA.*

HISTÓRIA E OUTRAS HISTÓRIAS

Quadro 17.2
Gestalt: Como 1 + 1 Pode não Ser Igual a 2

*Suzana Herculano-Houzel**

Um objeto é a soma de suas partes, certo? Então, para percebermos um objeto será suficiente perceber as suas partes uma a uma? A teoria clássica de Hermann von Helmholtz (1821-1894) e Wilhelm Wundt (1832-1920) dizia que sim: a energia dos objetos seria analisada pelos receptores sensoriais e decomposta em sensações inconscientes simples e independentes. Através da experiência, aprenderíamos a reconhecer quais objetos mais provavelmente dão origem a cada constelação de sensações simples. Uma consequência dessa concepção era que também deveria ser possível compreender o cérebro pela simples decomposição de suas partes. Contra essas ideias, o psicólogo austríaco Christian von Ehrenfels (1859-1932) fundou em 1890 o movimento Gestalt – termo alemão que significa forma, configuração. Ehrenfels argumentava que a forma é mais do que a soma de seus elementos, assim como a música é mais do que a soma das notas individuais.

À primeira vista, o movimento oferecia soluções ao problema da percepção. Seus principais teóricos, Wolfgang Köhler (1887-1967), Kurt Koffka (1886-1941) e Max Wertheimer (1880-1943), explicavam a percepção através dos princípios de relação entre figura e fundo. Como no caso do vaso de Rubin (A, na Figura): para eles, a percepção de uma forma ou de outra a partir da mesma ilustração não poderia ser explicada pela teoria clássica da percepção construída a partir da decomposição da imagem em unidades pelo sistema visual, já que essas unidades são as mesmas quer se perceba o vaso, quer as duas faces. Segundo a nova teoria, a forma do objeto agiria diretamente sobre o sistema visual – ou além das unidades decompostas da figura, ou em seu lugar. A forma seria a unidade primitiva da percepção, identificada por "campos cerebrais" preestabelecidos no sistema sensorial, que produziriam respostas diretas ao objeto.

No entanto, a nova teoria não era tão boa assim. Em vez de fornecer um modelo fisiológico mais profundo que o conceito de "campos cerebrais", o gestaltismo limitou-se a propor um conjunto de "leis de organização" segundo as quais separamos figura e fundo. São exemplos a lei do fechamento, que diz que regiões incompletas são "fechadas" mentalmente para completar um objeto (B, na Figura), a lei da proximidade, segundo a qual agrupamos elementos próximos como um objeto (C, na Figura); e a lei da similaridade, que leva ao agrupamento de unidades semelhantes (D, na Figura).

O gestaltismo foi duramente criticado por não poder sugerir explicações fisiológicas a suas próprias leis. Além do mais, os críticos ressaltavam que essas leis de organização representam simplesmente hipóteses sobre quais regiões do campo visual têm maior probabilidade de pertencer a um ou outro objeto, ou então ao fundo. E como hipóteses probabilísticas, não oferecem nada além do que a teoria clássica já propõe...

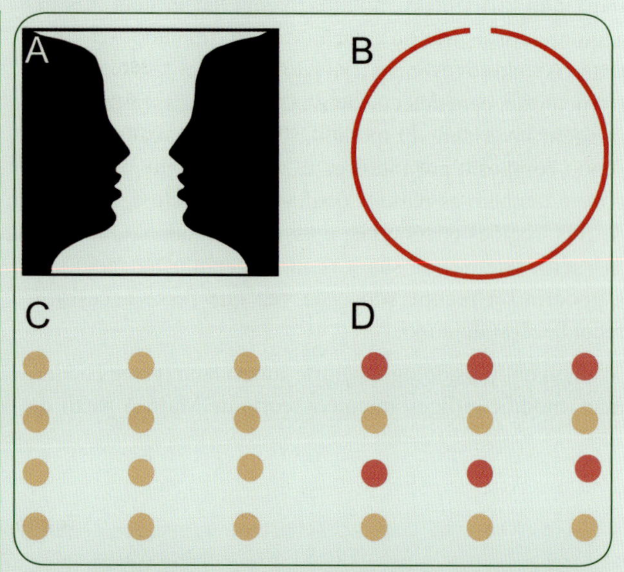

*Em **A**, você vê antes o vaso de Rubin, ou duas faces frente a frente? Em **B**, você diria que vê um arco ou um círculo? Em **C**, você vê colunas verticais ou filas horizontais? E em **D**: filas horizontais ou colunas verticais? Para os gestaltistas, seu sistema visual não consegue mesmo decidir entre as duas possibilidades em **A**, e você fica em conflito. Já nos outros casos, a lei do fechamento faz você ver um círculo em **B**, a lei da proximidade faz você ver colunas em **C**, e a lei da similaridade faz você ver filas em **D**.*

Por outro lado, o conceito de unidade da percepção serviu como lembrança aos neurocientistas de que o cérebro deve funcionar como um todo, numa época em que se tentava arduamente descobrir a localização cerebral de funções superiores como a inteligência. Mas, principalmente num momento em que estourava a Primeira Guerra Mundial, os conceitos dos gestaltistas foram deturpados e aplicados também à cultura e à política. O próprio Ehrenfels considerava o princípio da unidade uma defesa necessária contra a miscigenação racial. Mais extremado, o naturalista barão Jacob von Uexkull (1864-1944) clamava ardentemente que, assim como o cérebro, também a Alemanha era um todo unificado que devia, portanto, ser protegido de corpos estranhos e das impurezas raciais. Felizmente, nem todo o contingente de gestaltistas de língua alemã subscreveu essa extensão da teoria, e figuras centrais do movimento, como Köhler, Koffka e Wertheimer, fugiram da Europa para os Estados Unidos durante a guerra, onde continuaram seu trabalho.

**Professora-adjunta do Instituto de Ciências Biomédicas da Universidade Federal do Rio de Janeiro. Correio eletrônico: suzanahh@gmail.com.*

Essas duas teorias da percepção são centradas no objeto: ambas atribuem a ele eixos invariantes ou típicas associações de bordas que, armazenadas na memória, serviriam para o reconhecimento posterior. Têm o defeito de considerar o sistema nervoso como um computador, programado para realizar certas operações que resultariam em percepção. Propostas mais recentes, ainda baseadas nas ciências da computação, têm levado em conta a capacidade de aprendizagem tanto dos cérebros como da última geração de computadores adaptativos[G]: na primeira vez que vemos um objeto, armazenamos na memória algumas imagens bidimensionais dele. Para reconhecê-lo outras vezes, as imagens subsequentes, ligeiramente diferentes das primeiras, seriam comparadas a elas. Se fossem parecidas, o objeto seria reconhecido como o mesmo anterior. Se não, seria classificado como novo objeto. À medida que o número de imagens semelhantes aumentasse, a probabilidade de acerto aumentaria e a precisão do reconhecimento também. Neste caso, trata-se de uma teoria centrada no indivíduo, e não no objeto, e fortemente baseada na aprendizagem.

Todas essas engenhosas teorias respondem às duas questões essenciais da percepção: isolar o objeto em relação aos demais e ao fundo, e mantê-lo perceptualmente constante. Além disso, admitem uma sequência lógica que vai do simples ao complexo, envolvendo etapas analíticas seguidas de mecanismos sintéticos de "reconstrução mental". Mas será que tudo isso tem relação com a biologia do sistema nervoso? De que modo se podem relacionar os mecanismos da percepção com o funcionamento das vias paralelas, e com as operações realizadas pelos neurônios corticais?

O Cérebro que Reconhece Objetos

Os trabalhos dos neurofisiologistas com macacos revelaram um conjunto importante de dados para esclarecer essa questão. Os experimentos são feitos com macacos anestesiados ou acordados[4], em cujo cérebro se implanta um sistema miniaturizado de registro da atividade elétrica neuronal (Figura 17.8). O animal fica defronte a uma tela plana ou de um monitor de computador, no qual aparecem diferentes estímulos luminosos escolhidos pelo pesquisador. Este tem acesso contínuo a diferentes gráficos de frequência de potenciais de ação de cada neurônio estudado, individualmente, através de um segundo computador.

[4] Recentemente têm aparecido trabalhos de registro de neurônios isolados do córtex cerebral e de regiões subcorticais de seres humanos, obtido durante a realização de neurocirurgias.

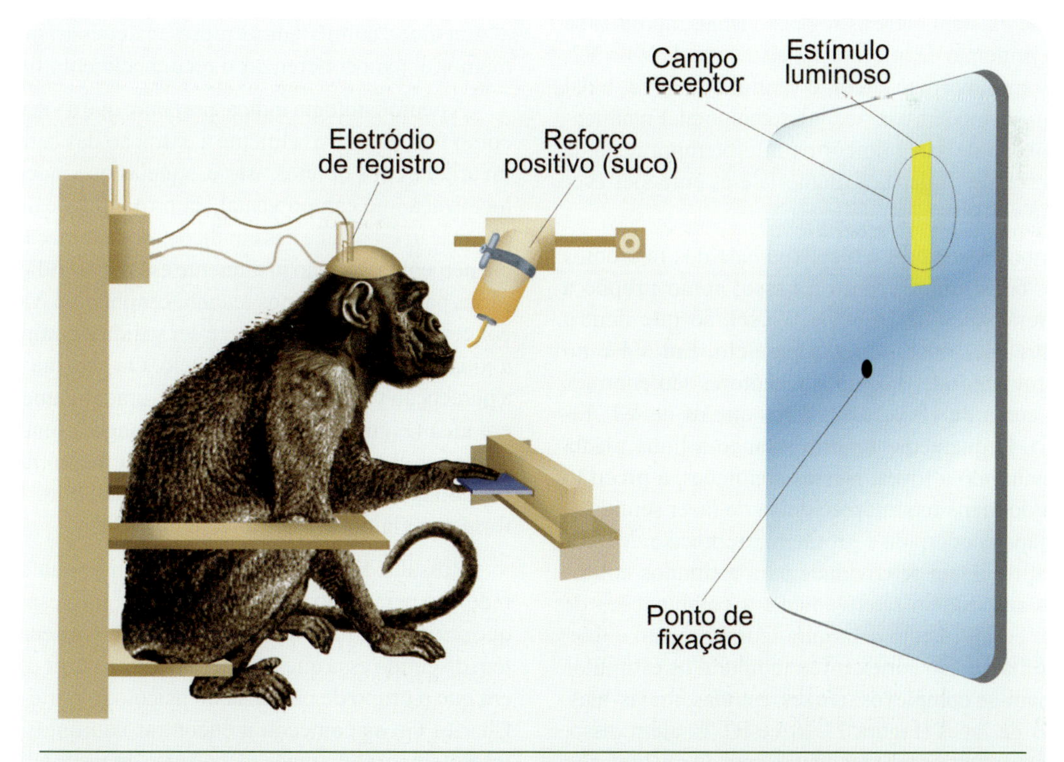

Figura 17.8. *Em experimentos como este, os animais aprendem a pressionar uma alavanca para receber um pouco de suco. Mas só se procederem corretamente: por exemplo, olhando fixamente para o ponto no centro da tela. Enquanto isso, o neurofisiologista projeta estímulos luminosos na tela, e registra a resposta dos neurônios visuais por meio de eletródios implantados no cérebro.*

Depois de posicionar o microeletródio[G] de registro na área desejada, o experimentador movimenta um estímulo luminoso qualquer na tela, até que encontra uma região cuja estimulação provoca o disparo de um neurônio. Ele pode então "mapear" o campo receptor, isto é, delimitar as suas bordas e desenhá-las na tela. Logo em seguida, varia as características do estímulo, buscando forma, cor, inclinação (orientação) e direção de movimento que provocam melhor o disparo da célula. Essa rotina lhe fornece dados sobre a posição e o tamanho do campo receptor, sua estrutura interna e os parâmetros ótimos para estimular o neurônio.

Quando o microeletródio é posicionado em V1 (Figura 17.9A), os campos receptores são pequenos e alongados (poucos graus de diâmetro, veja também a Figura 17.5C) com regiões excitatórias e regiões inibitórias (Figura 17.9B). O neurônio responde com um aumento da frequência de PAs quando o estímulo passa sobre a região excitatória, e com uma diminuição de frequência quando passa sobre uma região inibitória. Os estímulos ótimos são círculos ou retângulos de luz que podem ser ligados e desligados sobre o campo receptor, ou movimentados através dele de um lado a outro em uma certa orientação. Em V2, os campos receptores tornam-se um pouco maiores (Figura 17.9A) e os neurônios já respondem seletivamente ao comprimento, largura, orientação ou à cor de um retângulo mais claro ou mais escuro que o fundo. Tendo em vista a distribuição das conexões que existem entre as regiões visuais, acredita-se que o fluxo principal da informação visual vai de V1 a V2, depois a V4 na superfície lateral e ventral do córtex, e daí às regiões que compõem o córtex inferotemporal. Finalmente, a informação de saída do córtex inferotemporal segue para outras regiões, ligadas à memória e às emoções (ver Capítulos 18 e 20).

Os campos receptores e a seletividade dos neurônios vão sendo "construídos" passo a passo, como propõe a hipótese hierárquica de Hubel e Wiesel, só que dentro da via ventral de processamento paralelo. Em V4 e no córtex inferotemporal, os campos receptores são enormes (diâmetros cerca de 10 vezes maiores que os de V1; Figura 17.5C), frequentemente atravessando a linha média e sempre incluindo a fóvea. Nessas condições, a precisão topográfica do mapa retinotópico deixa de fazer sentido, e de fato o mapa encontrado é grosseiro, impreciso. Muitos neurônios apresentam seletividade para estímulos coloridos. Outros respondem seletivamente a combinações de parâmetros: comprimento + largura, comprimento + cor, e assim por diante. No córtex inferotemporal os estímulos ótimos tornam-se complexos: cruzes, estrelas, meias-luas, mãos, perfis de faces (Figura 17.10A e B). E, além disso, são igualmente eficazes independentemente do seu tamanho e brilho. Também se verificou que o disparo das células de V4 e do córtex inferotemporal depende do nível de atenção que o animal presta à estimulação. Finalmente, o estudo da formação hipocampal[A], região ligada à memória, revelou neurônios que respondem ao mesmo objeto sob diferentes ângulos e representações. Um estudo realizado no hipocampo[A] de pacientes durante cirurgias para o tratamento de epilepsias resistentes a medicamentos mostrou neurônios que respondem a fotos, desenhos ou simplesmente ao nome escrito de uma pessoa representada em diferentes ângulos e formas (Figura 17.10C).

Conclusões importantes podem ser tiradas desses estudos eletrofisiológicos. Primeiro, todas as áreas da via ventral possuem neurônios sensíveis à forma, cor ou textura dos objetos visuais, o que fala a favor da hipótese de que essa via pelo menos participe do reconhecimento dos objetos. Segundo, como o mapa retinotópico deixa de ser importante ao longo da via e os campos receptores adquirem grandes dimensões, as regiões mais avançadas, como V4 e o córtex inferotemporal, reúnem condições para responder a estímulos independentemente de sua localização precisa, o que é um requisito importante para a tarefa de reconhecer os objetos onde quer que eles estejam. Terceiro, os estímulos se tornam complexos e independentes de tamanho e brilho, esses também requisitos importantes para reconhecer os objetos quer estejam próximos ou distantes, bem ou mal iluminados. Quarto, a atividade dos neurônios passa a ser influenciada fortemente pelo nível de atenção do indivíduo, um elemento contribuinte para o reconhecimento dos objetos. E, finalmente, a figura global do objeto percebido é de algum modo comparada às representações armazenadas na memória, para concretizar o reconhecimento final.

A neurofisiologia indica, portanto, que a via ventral tem como função provavelmente a extração das características invariantes dos objetos, isto é, aquelas que independem da localização no campo visual, da proximidade da retina, da orientação espacial e das condições de iluminação (constância perceptual). E são justamente essas as condições necessárias para que possamos reconhecer objetos! Além disso, a concepção hierárquica parece ser válida e compatível com a ideia de processamento paralelo. Ou seja, na via ventral a percepção vai sendo "construída" gradativamente de área em área (Figura 17.11), até que a imagem final do objeto possa ser checada com os arquivos da memória, nomeada ou utilizada para orientar o comportamento. Da mesma forma na via dorsal, como veremos adiante.

Ressalta disso tudo uma questão importante: podemos reduzir a percepção à operação de neurônios especializados que sozinhos fariam o "trabalho nobre"? Os neurocientistas têm discutido essa questão ativamente, a partir do momento em que o grupo de pesquisa do psicólogo norte-americano Charles Gross começou a encontrar neurônios, no córtex inferotemporal do macaco, capazes de responder seletivamente a mãos e faces. Gross e seus cols. — entre os quais o brasileiro Carlos Eduardo Rocha Miranda — provocativamente os chamaram *neurônios gnósticos*, isto é, as células do conhecimento, propondo que seriam os elementos uni-

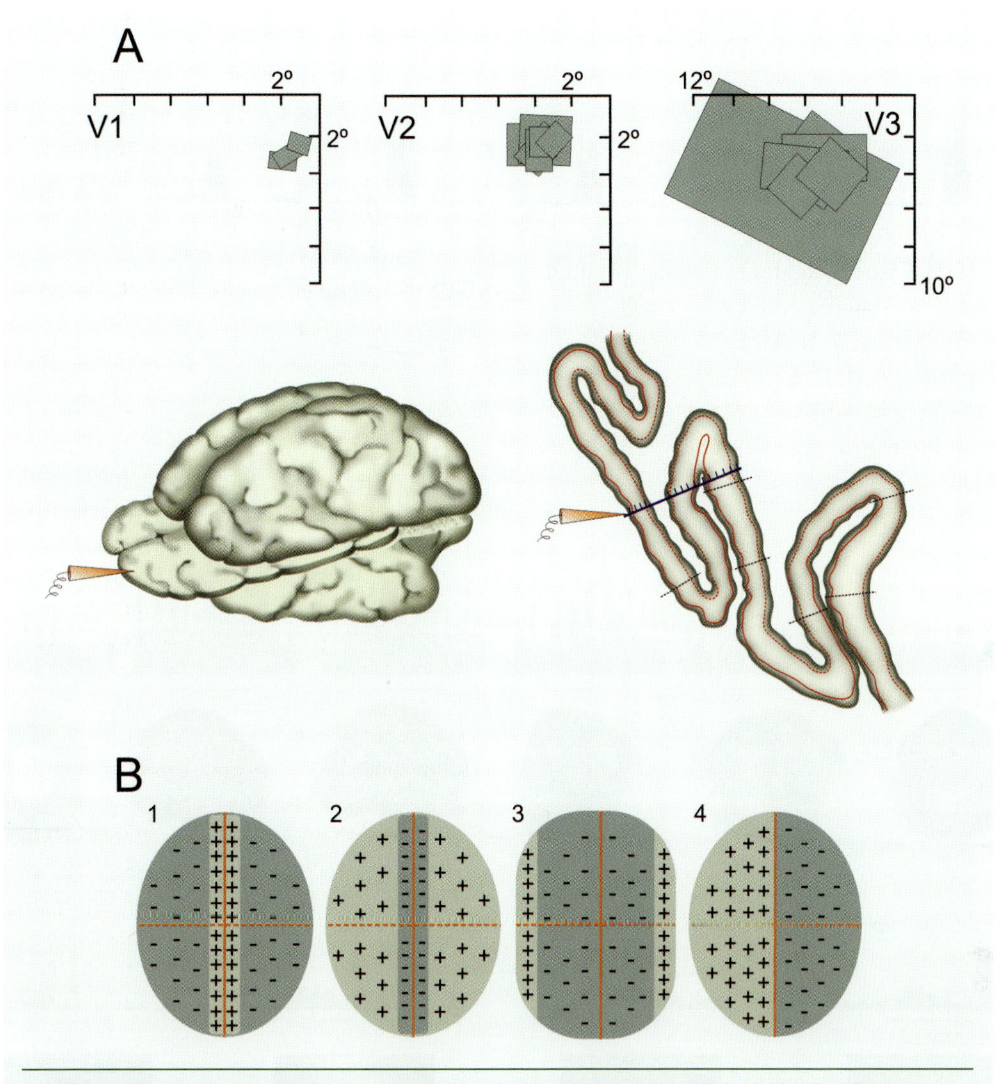

▶ **Figura 17.9.** *A representa os campos receptores típicos (retângulos verdes) de neurônios de V1, V2 e V3 do macaco. Nos experimentos, o microeletródio é posicionado na área a ser estudada, e vai sendo inserido lentamente, passando pelas regiões da superfície cortical, e por aquelas situadas no interior dos sulcos.* ***B*** *representa a organização interna dos campos receptores tal como representada originalmente por Hubel e Wiesel, com setores capazes de provocar o aumento da frequência do neurônio (+++), e outros que provocam o contrário (---). Modificado de S. Zeki (1993)* A Vision of the Brain, *pp. 91-92. Blackwell, Londres, Inglaterra.*

tários situados no topo da hierarquia perceptual. Neurônios com características semelhantes foram encontrados também em regiões associativas ligadas à audição. Nesses casos, as células respondem especificamente a estímulos sonoros complexos, como por exemplo gritos de alerta de animais da mesma espécie, de ataque e defesa, de corte sexual, e assim por diante. Em indivíduos epilépticos, durante cirurgias para a remoção do foco patológico no córtex, foi possível registrar neurônios corticais que respondiam seletivamente a sons da fala humana!

A hipótese reducionista ficou conhecida caricaturalmente como a "hipótese das células da vovó", isto é, as células especializadas em reconhecer "objetos" muito específicos, tão específicos quanto a nossa avó. No entanto, apesar do caráter provocativo e polêmico que estimulou bastante a pesquisa na área, hoje se reconhece que a hipótese reducionista apresenta problemas conceituais. Primeiro, seria preciso um número enorme de células gnósticas para perceber todos os objetos do mundo. Segundo, uma percepção baseada em neurônios desse tipo seria muito vulnerável, pois a morte de poucas células provocaria grande perda perceptual. Finalmente, como explicar a nossa capacidade de reconhecer objetos novos? Nosso sistema nervoso seria capaz de "fabricar" células gnósticas indefinidamente?

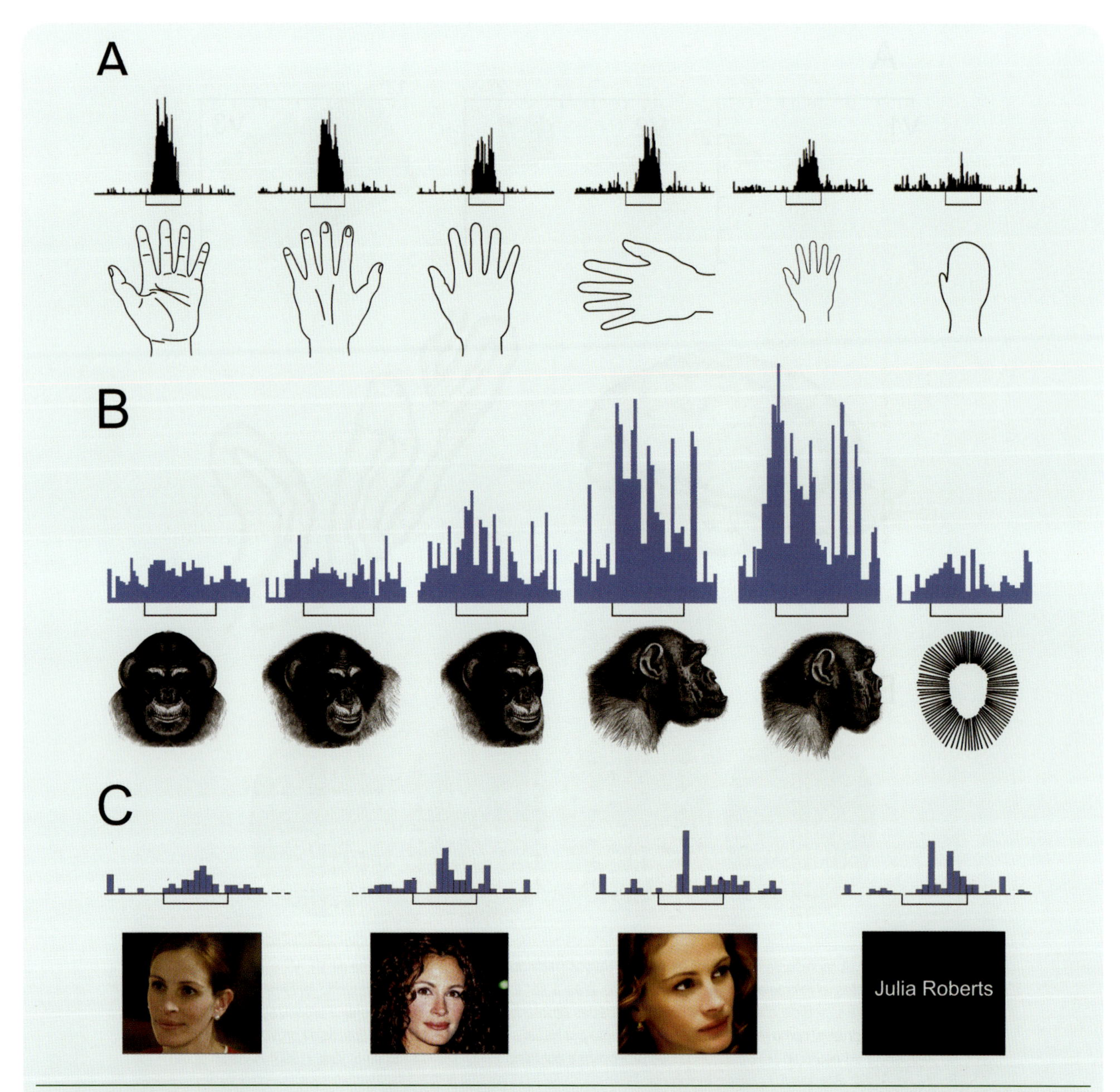

Figura 17.10. *Nas regiões associativas, como o córtex inferotemporal, os campos receptores são grandes e os neurônios respondem a estímulos complexos.* ***A*** *ilustra o neurônio de um macaco que responde seletivamente à imagem de uma mão humana espalmada, como se depreende dos histogramas, que representam a frequência de PAs.* ***B*** *representa um outro neurônio, cuja preferência é por imagens da cabeça de outro macaco, posicionada de perfil.* ***C*** *mostra um neurônio registrado no hipocampo de um paciente durante uma cirurgia para epilepsia, capaz de responder a fotos ou ao nome escrito da atriz Julia Roberts (****C****). Em todos os gráficos, o período de apresentação dos estímulos está assinalado pelo colchete abaixo de cada histograma.* ***A*** *e* ***B*** *modificados de R. Desimone e cols. (1984)* Journal of Neuroscience, *vol. 4: pp. 2051-2062.* ***C*** *modificado de R. Q. Quiroga e cols. (2005)* Nature, *vol. 435: pp. 1102-1107.*

Como a existência dos neurônios gnósticos não pode ser contestada, já que eles têm sido encontrados por diferentes laboratórios em todo o mundo, parece necessário buscar uma hipótese alternativa para explicar o seu papel. Nesse sentido, é razoável supor que eles formem redes gnósticas no córtex associativo, elas sim preponderantes no reconhecimento final dos objetos. De qualquer forma, a proposição da existência de redes gnósticas transfere o problema para populações neuronais, mas não o resolve: continuamos sem saber exatamente como o sistema nervoso faz a "síntese final" do objeto percebido.

A vivência clínica dos neurologistas tem permitido identificar não apenas a via ventral da percepção visual no homem, mas também outras regiões associativas ligadas ao

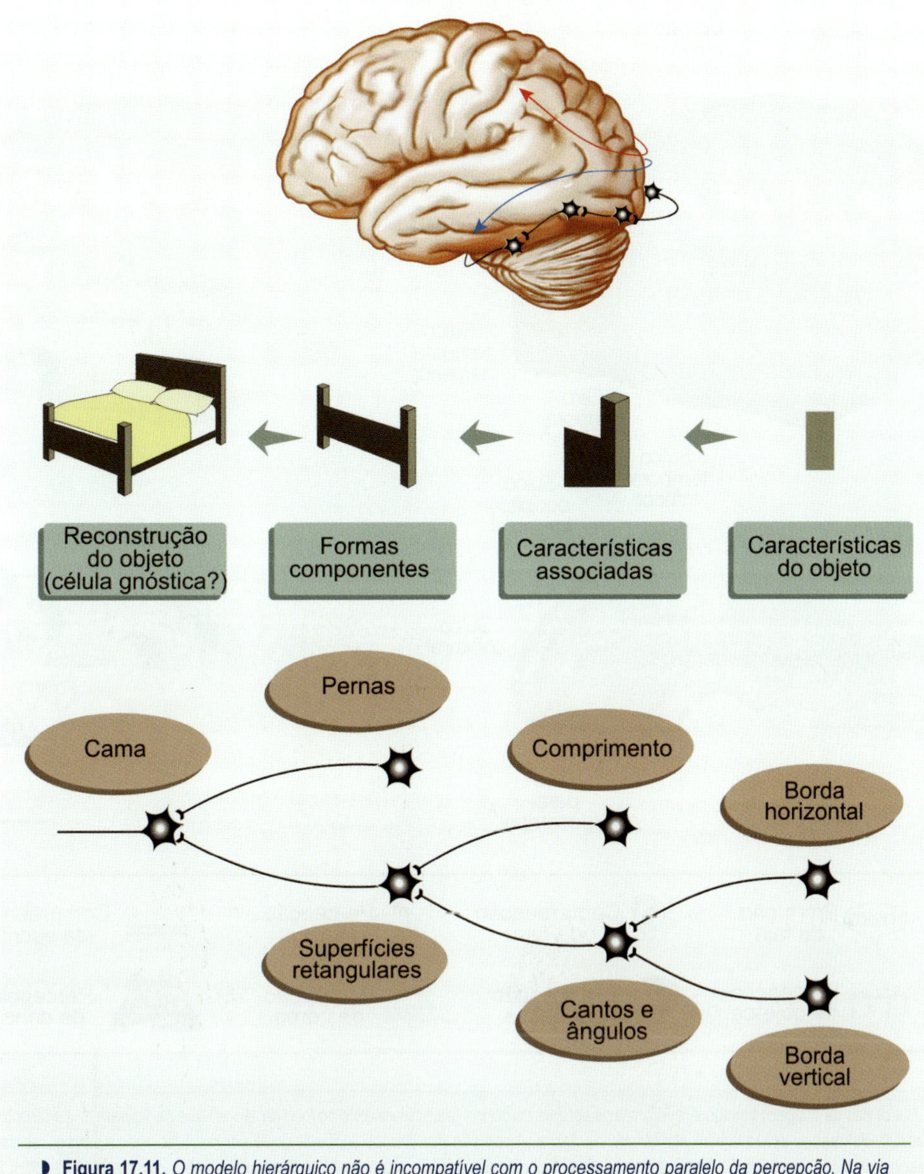

Figura 17.11. *O modelo hierárquico não é incompatível com o processamento paralelo da percepção. Na via ventral, por exemplo (em azul no desenho de cima), a cadeia de neurônios "vê" primeiro as características mais simples de um objeto (uma cama "decomposta"), depois as vai associando (da direita para a esquerda, na figura) até que emerja a imagem integral do objeto.*

reconhecimento de sons especiais (música, sons da fala) e de imagens também especiais (como as palavras escritas, por exemplo). Esses dados têm sido obtidos com as técnicas de imagem funcional e com a análise da localização de lesões em pacientes portadores de agnosias.

A região de reconhecimento de objetos e faces, no homem, atinge setores mais ventrais do que no macaco, ocupando especialmente o giro fusiforme[A] do lobo temporal inferior (Figura 17.12), já muito próximo do hipocampo. O hipocampo aparece também nas imagens funcionais produzidas por estimulação perceptual, indicando participação no reconhecimento de faces, objetos em geral e material verbal escrito. Este último tipo de "objeto" (palavras escritas) ativa também regiões mais laterais do lobo temporal, vizinhas à área auditiva primária. E, por fim, as áreas de percepção de cores foram identificadas em posição mais posterior na superfície ventral do lobo temporal.

Outro aspecto importante revelado nesses estudos foi a lateralização das habilidades perceptuais no ho-

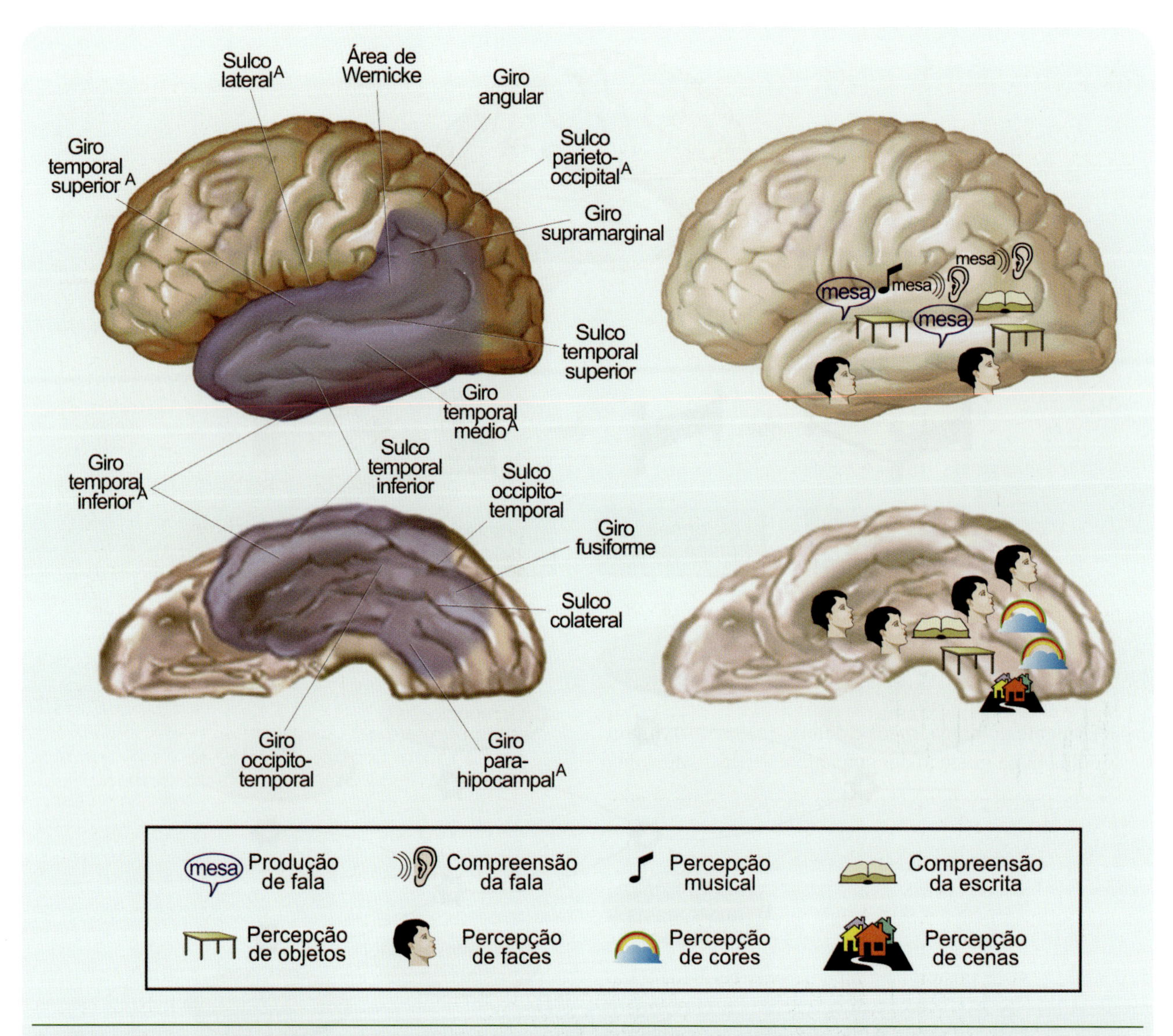

▸ **Figura 17.12.** *Os exames de imagem funcional revelaram os setores do córtex (particularmente no lobo temporal) que participam das diferentes especialidades da percepção. O resultado desses estudos está sumariado na figura. A posição dos ícones à direita pode ser correlacionada com os acidentes anatômicos representados à esquerda. Modificado de M. Farah e cols. (1999)* Fundamental Neuroscience *(M. J. Zigmond e cols., org.), pp. 1339-1361. Academic Press, Nova York, EUA.*

mem, um tema que está mais bem discutido no Capítulo 19. Brevemente: o hemisfério direito revelou-se melhor para o simples reconhecimento dos objetos, enquanto o hemisfério esquerdo era utilizado quando fosse preciso nomeá-los. Por exemplo, indivíduos com lesões do lobo temporal esquerdo mostravam-se capazes de reconhecer objetos superpostos colorindo-os (Figura 17.13), mas não conseguiam dizer o nome do que acabavam de colorir. E o contrário ocorria após lesões do hemisfério direito. Assim, as agnosias chamadas *aperceptivas* são típicas do hemisfério direito, enquanto as ditas *associativas* são mais frequentemente encontradas quando ocorre uma lesão à esquerda.

PERCEPÇÃO ESPACIAL: "ONDE?"

Lembra do exemplo dos óculos? Suponha que você os ache meio inseridos entre duas almofadas do sofá. Ao mesmo tempo em que realiza uma análise de forma que permite identificar os seus óculos sem confundi-los com os de outra pessoa, você realiza também uma outra análise de forma, menos elaborada, que apenas o situa no espaço (entre as almofadas). Dizemos "duas análises de forma" apenas para salientar que uma delas é semântica[G], ou seja, destinada ao reconhecimento cognitivo do objeto, enquanto outra é pragmática[G], isto é, visa orientar o com-

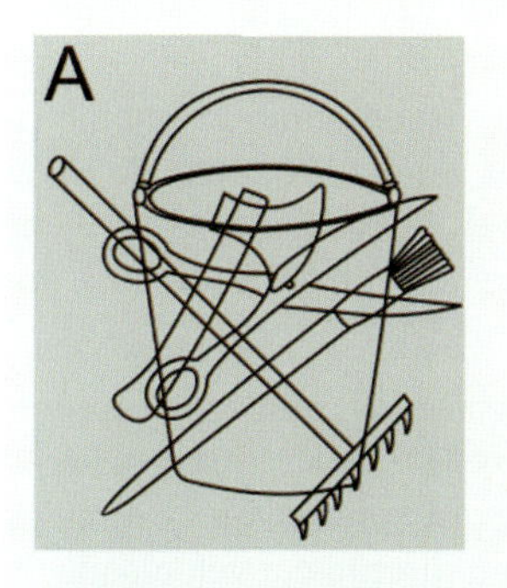

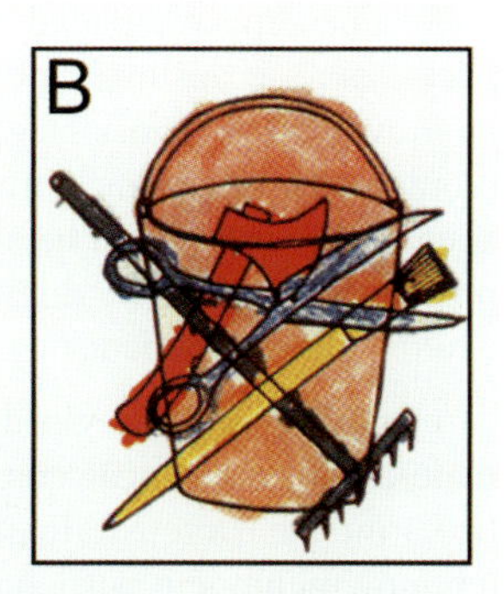

Figura 17.13. *Quando se apresenta a uma pessoa com lesão no lobo temporal esquerdo um painel de objetos como em **A**, ele não é capaz de nomeá-los verbalmente, mas indica que reconhece cada objeto, colorindo-os (**B**). Modificado de M. S. Gazzaniga e cols. (1998)* Cognitive Neuroscience*, p. 186. W.W. Norton, EUA.*

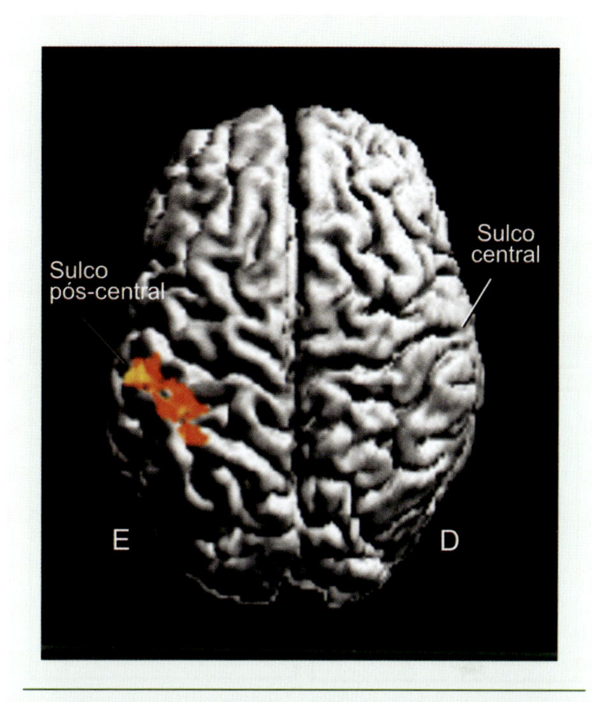

Figura 17.14. *A localização das regiões participantes da via dorsal pode ser obtida, por exemplo, solicitando a um indivíduo que imagine os movimentos necessários para utilizar um determinado objeto (uma ferramenta, por exemplo). Quando ele visualiza mentalmente o movimento que faria com a mão direita, a imagem captada pelo aparelho de ressonância magnética indica ativação do córtex parietal posterior esquerdo (em cores), nas imediações do sulco pós-central[A]. A forte lateralização para o hemisfério esquerdo (E) é típica para imaginação do uso de ferramentas. Imagem de Jorge Moll Neto, do Instituto D'Or de Pesquisa e Ensino, Rio de Janeiro.*

portamento e permitir a preensão do objeto com a mão. Em outras palavras, sua via ventral é ativada e permite que você reconheça os seus óculos, e ao mesmo tempo a sua via dorsal trabalha para orientar o movimento do seu corpo e especialmente do braço, mãos e dedos, que se aproximam dos óculos já na posição adequada, e os retiram do sofá.

A via dorsal, portanto, é a via do "onde?". Novamente, disso não se pode depreender que ela não realize também operações perceptuais que envolvem o reconhecimento da forma dos objetos. A necessidade de que o faça vem da importância de avaliar a forma do objeto que será tomado com a mão (Figura 17.14). Para pegar os óculos – antes mesmo de fazê-lo –, você posiciona a mão de uma certa maneira. Se se tratasse de um anel, você o faria de outra maneira, provavelmente posicionando o indicador e o polegar e não os demais dedos.

Para responder à pergunta "onde?" e desse modo orientar o comportamento, é preciso coordenar diversas informações sensoriais e motoras. Essa função é feita pelas áreas parietais posteriores do córtex cerebral (veja a Figura 17.5). Nas áreas parietais anteriores, já sabemos, estão as regiões somestésicas, separadas pelo sulco central das áreas motoras do lobo frontal[A]. Mais para trás, no lobo occipital, ficam as diversas áreas visuais que também já mencionamos. O córtex parietal posterior é um centro de convergência de fibras provenientes desses três conjuntos de regiões (motoras, somestésicas e visuais) e a sua função reflete essa característica anatômica.

A observação de pacientes com lesões do córtex parietal posterior (geralmente no hemisfério direito, não se sabe bem porquê) tem sido importante para definir melhor a sua função. Os pacientes parietais apresentam uma condição clínica conhecida como *síndrome de indiferença*[5]. Esses indivíduos geralmente ignoram tudo o que se passa à sua esquerda: o lado esquerdo do seu corpo, o lado esquerdo dos objetos, o lado esquerdo do campo visual. Se tomarmos a sua mão esquerda e lhes mostrarmos, dirão que não é sua, é de alguma outra pessoa. Se pedirmos que vistam o paletó, colocarão o braço direito na manga correspondente, mas não o farão para o braço esquerdo, que permanecerá desvestido. Se pedirmos que desenhem uma flor, representarão as pétalas todas do lado direito; um relógio será desenhado com todos os números do lado direito... (Figura 17.15). Se pedirmos que imaginem a praça principal de sua cidade como se estivessem olhando-a de frente, de costas para a igreja, descreverão as casas, lojas e ruas do lado direito, mas não saberão o que há no lado esquerdo. Entretanto, se pedirmos que imaginem a mesma praça agora como se estivessem de costas para ela, descreverão o lado antes ignorado (agora à direita, na sua nova posição imaginária), e nada dirão sobre o lado antes descrito (agora à esquerda).

[5] *Comumente conhecida pelo termo inglês* neglect syndrome.

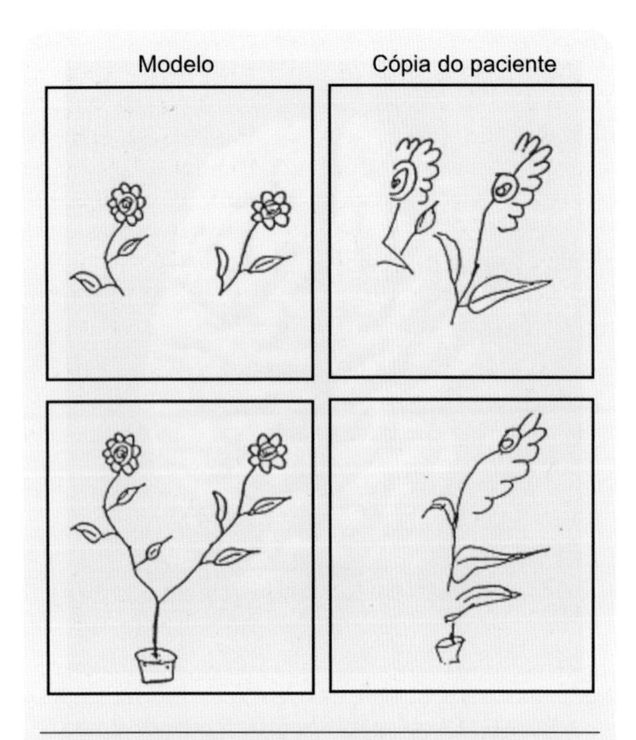

Figura 17.15. *Desenhos de um paciente com a síndrome de indiferença. O paciente copia apenas o lado direito dos modelos, ignorando quase tudo que está à esquerda. Modificado de J. C. Marshall e P. W. Halligan (1993)* Journal of Neurology, *vol. 240: pp. 37-40.*

Esses sintomas estranhos têm algo em comum (veja o Quadro 17.1). É como se os pacientes não conseguissem posicionar-se em relação ao eixo de simetria bilateral das coisas (inclusive do seu próprio corpo), e não pudessem perceber o espaço que se localiza à esquerda desse eixo. A indiferença à esquerda reflete o fato de que o hemisfério direito é mais importante (na maioria das pessoas) para essa função de percepção espacial. Os testes neuropsicológicos aplicados a esses pacientes indicam que eles não têm qualquer déficit propriamente visual, porque podem responder corretamente que horas são olhando para o relógio. Também não têm um déficit de memória, pois conseguem lembrar-se dos dois lados da praça, dependendo da posição imaginária em que estejam. Na verdade, apresentam um distúrbio de percepção espacial característico da via dorsal, especialmente do córtex parietal posterior.

A sua indiferença atinge tanto o espaço peripessoal, isto é, aquele que está ao alcance dos membros, como o espaço extrapessoal, aquele que pode ser alcançado apenas pelos movimentos oculares. Só lhes é possível, desse modo, relacionar-se com um hemimundo, aquele representado no seu hemisfério são. Quando a lesão que apresentam é mais restrita, os sintomas podem ser mais específicos, o que permite localizar melhor as "subfunções" que compõem a percepção espacial. Pode haver apenas indiferença peripessoal, e assim os déficits serão mais nítidos para os movimentos de orientação visuomotora dos membros (como pegar os óculos entre as almofadas); ou pode haver apenas indiferença extrapessoal, e haverá incapacidade de posicionar os olhos na direção dos objetos (à procura dos óculos, longe do alcance das mãos).

Os neurônios da via dorsal têm campos receptores maiores em comparação com os de V1 e V2. Sua característica principal é a sensibilidade que apresentam a estímulos em movimento, em particular à direção e à velocidade do seu deslocamento através do campo receptor. Essa característica é típica de V5 (ou MT), reconhecida pelos neurofisiologistas como a área visual de percepção de movimentos. Nas áreas parietais posteriores, a resposta dos neurônios é também influenciada pela atenção, e quase sempre precede o movimento sacádico em direção ao estímulo.

A conclusão que se pode tirar dos estudos até agora realizados envolvendo a via dorsal de percepção, é que as regiões que a compõem têm em comum o fato de participar de funções que relacionam a percepção dos objetos, simplesmente, com as interações que estabelecemos com eles. Uma ferramenta, por exemplo, é tipicamente um objeto associado a uma ação. Não nos interessa apenas saber o nome de um martelo, mas saber também como usá-lo. E isso envolve um reconhecimento associado a uma ação, responsabilidade precípua da via dorsal. Um martelo geralmente não é apenas contemplado com os olhos; ele é alcançado com a mão, que o agarra de um modo particular e realiza com ele movimentos de um certo tipo. Por essa razão encontra-se grande ativação do córtex parietal posterior – região componente da via dorsal – quando o indivíduo observa, imagina ou utiliza ferramentas.

As regiões da via dorsal apresentam também grande número de neurônios-espelho[G], o que indica que participam do aprendizado motor que somos capazes de obter por meio da observação visual e da imitação de atos motores realizados por outras pessoas.

A PERCEPÇÃO AUDITIVA DE ALTA COMPLEXIDADE

Como a grande maioria dos estudos sobre a percepção tem envolvido prioritariamente a visão, muito menos se sabe sobre as outras modalidades sensoriais. É o caso da audição. Entretanto, a percepção auditiva alcança grande sofisticação em muitos animais, especialmente nos seres humanos. Basta pensar na nossa capacidade de perceber (e produzir!) música, bem como na habilidade que temos em identificar e compreender os sons da fala de nossos conterrâneos.

O sistema auditivo, ao que parece, também apresenta duas vias paralelas para a percepção dos sons, de modo semelhante à organização do sistema visual. A *via auditiva ventral* envolve uma sequência altamente interconectada de áreas corticais que dirige o fluxo de informações de A1 (a área auditiva primária) para as áreas componentes do *cinturão auditivo lateral*, seguindo-se aquelas que compõem o *paracinturão auditivo* e finalmente uma série de outras regiões do córtex temporal (encontre maiores detalhes sobre essas estruturas no Capítulo 8). Acredita-se que essa via se dedica sequencialmente à análise e depois à síntese das características do som: a identificação dos tons, dos timbres e das estruturas sonoras que compõem palavras e frases ouvidas, melodias, sons estruturados da natureza (o canto de uma ave, por exemplo) e ruídos complexos produzidos pelo homem (uma buzina de automóvel, o som de uma fábrica em atividade...). A *via auditiva dorsal* tem uma organização diferente, dirigindo o fluxo de informações auditivas para regiões do córtex frontal, inclusive regiões motoras. Neste caso, haveria uma preferência pela identificação da origem dos sons, e uma incrível associação entre o sistema auditivo e o sistema motor.

Neste último caso, pense no movimento instintivo que você realiza com os pés ou as mãos quando ouve um bom samba sincopado. O ritmo é um dos mais importantes componentes da música, e a análise temporal necessária para compreendê-lo está fortemente associada aos mecanismos neurais que o produzem. Em outras palavras: quando você bate os pés sem querer, acompanhando uma melodia ritmada, você está reproduzindo inconscientemente os movimentos que o percussionista realiza para produzir aquele ritmo. Interessantes estudos por meio de neuroimagem funcional, têm comprovado essa associação audiomotora possibilitada pela via auditiva dorsal. Quando um indivíduo sem preparo musical é treinado a tocar uma melodia simples em um teclado, e depois ouve a música que acabou de aprender a tocar, encontra-se atividade neural aumentada não apenas em suas áreas auditivas, mas também nas motoras (Figura 17.16A). O mesmo não ocorre quando ouve uma melodia que não aprendeu a tocar. Já um pianista, ao ouvir uma melodia que sabe tocar, ativa fortemente o córtex auditivo, e um pouco menos o córtex motor (Figura 17.16B). Mas quando toca a mesma música sem ouvir o que toca (num teclado sem som), ativa o seu córtex motor mas não as regiões auditivas. O experimento ressalta a estreita interação entre as áreas de processamento auditivo complexo e aquelas responsáveis pelo planejamento motor.

Um aspecto importante da percepção é que ela não reflete exatamente a realidade física, ao contrário do que poderíamos supor. Podemo-nos convencer de que essa assertiva é verdadeira se imaginarmos uma cena corriqueira vista e ouvida ao mesmo tempo por um de nós, um cão, um morcego e um beija-flor. Nós somos tricromatas[6], e assim vemos a cena com uma riqueza de cores muito maior que os cães, que são dicromatas, ou alguns morcegos, que são monocromatas. Por outro lado, os beija-flores são tetracromatas, capazes de perceber também o ultravioleta, invisível para nós, cães e morcegos. Além disso, cães e morcegos têm sensibilidade para perceber ultrassons[7], o que torna seu mundo auditivo muito mais rico que o nosso e o dos beija-flores. O mundo físico é o mesmo, mas cada um o percebe de modo diferente...

E às vezes isso acontece dentro da mesma espécie: a percepção pode nos enganar completamente, como é o caso das ilusões. Saiba mais sobre esse tema consultando o Quadro 17.3.

ATENÇÃO E PERCEPÇÃO SELETIVA

Intuitivamente, todo mundo sabe o que é atenção. Prestar atenção é focalizar a consciência, concentrando os processos mentais em uma única tarefa principal e colocando as demais em segundo plano. É natural intuir que essa ação focalizadora só se torna possível porque conseguimos sensibilizar seletivamente um conjunto de neurônios de certas regiões cerebrais que executam a tarefa principal, inibindo as demais. Isso significa que a atenção tem dois aspectos principais: (1) a criação de um estado geral de sensibilização, conhecido atualmente como *alerta*, e (2) a focalização desse estado de sensibilização sobre certos processos mentais e neurobiológicos – a atenção propriamente dita. Podemos focalizar a atenção em estímulos sensoriais: um ruído vem da porta da sala, alguém está entrando... Podemos também prestar atenção em um processo mental, como um cálculo matemático, uma lembrança ou outro pensamento qualquer. A atenção mental pode ser chamada *cognição seletiva*, enquanto a atenção sensorial é chamada *percepção seletiva*. A cognição seletiva é tratada no Capítulo 20; a percepção seletiva será objeto dos comentários que se seguem.

COMO SE MEDE A ATENÇÃO?

O americano Michael Posner desenvolveu um método simples e eficiente para medir a atenção visual tanto em humanos como em macacos (Figura 17.17). No primeiro caso, a pessoa se senta defronte a uma tela fixando o olhar em um ponto central. Aparece então na tela, sob o comando

[6] *Os tricromatas possuem três diferentes pigmentos visuais na retina, enquanto os dicromatas possuem apenas dois.*

[7] *Sons com frequências superiores a 20 kHz, inaudíveis para os seres humanos.*

NEUROCIÊNCIA EM MOVIMENTO

Quadro 17.3
Sobre a Lua e as Ilusões

*Marcus Vinícius Baldo**

Quando nasce ou se põe, a lua parece grande e amarela, muito maior que a que é vista quando vai alta no céu. No entanto, em ambas as condições, a imagem da lua projetada em nossas retinas possui o mesmo tamanho, e a diferença que acreditamos enxergar constitui-se em uma das mais antigas e célebres ilusões visuais. Mas, afinal, o que é uma *ilusão*? A maioria de nós responderia que é a percepção de algo que não existe, ou a interpretação errônea de uma sensação. Doce ilusão! A essa altura, você já deve ter aprendido que nossas percepções são construídas gradualmente ao longo das vias sensoriais, dependendo de influências oriundas de memórias, da atenção e da forma que interagimos com o mundo. Ao analisar as bases fisiológicas de nossas percepções, damo-nos conta de que os mecanismos que as geram são exatamente os mesmos que produzem as ilusões. Ou seja, toda percepção é uma ilusão: uma ilusão que dá certo! Mas, o que quero dizer com *"uma ilusão que dá certo"*?

Durante meu pós-doutoramento, em Berkeley, Estados Unidos, comecei a estudar uma ilusão visual muito simples, que não tinha uma explicação fisiológica tão simples assim. Nessa ilusão, se um objeto estático aparece subitamente no campo visual, em perfeito alinhamento com um objeto em movimento que passa ao seu lado naquele exato momento, perceberemos um desalinhamento entre os dois, com o objeto em movimento percebido à frente do estático no momento em que este apareceu. Essa ilusão (Figura), chamada de efeito *flash-lag* (EFL), está intimamente relacionada não só a aspectos relevantes da fisiologia sensorial, mas também a fenômenos comuns que habitam o nosso dia a dia.

Alguns poucos mecanismos fisiológicos são capazes de explicar a essência do EFL, o que pude mostrar recentemente por meio de um modelo computacional relativamente simples de rede neural. Podemos entender essa ilusão como o resultado das diferentes latências (tempos de retardo) requeridas pelo sistema nervoso para processar diferentes estímulos. Essas latências dependem tanto das características sensoriais de um objeto, tais como brilho, tamanho e localização, quanto da atenção distribuída a diferentes

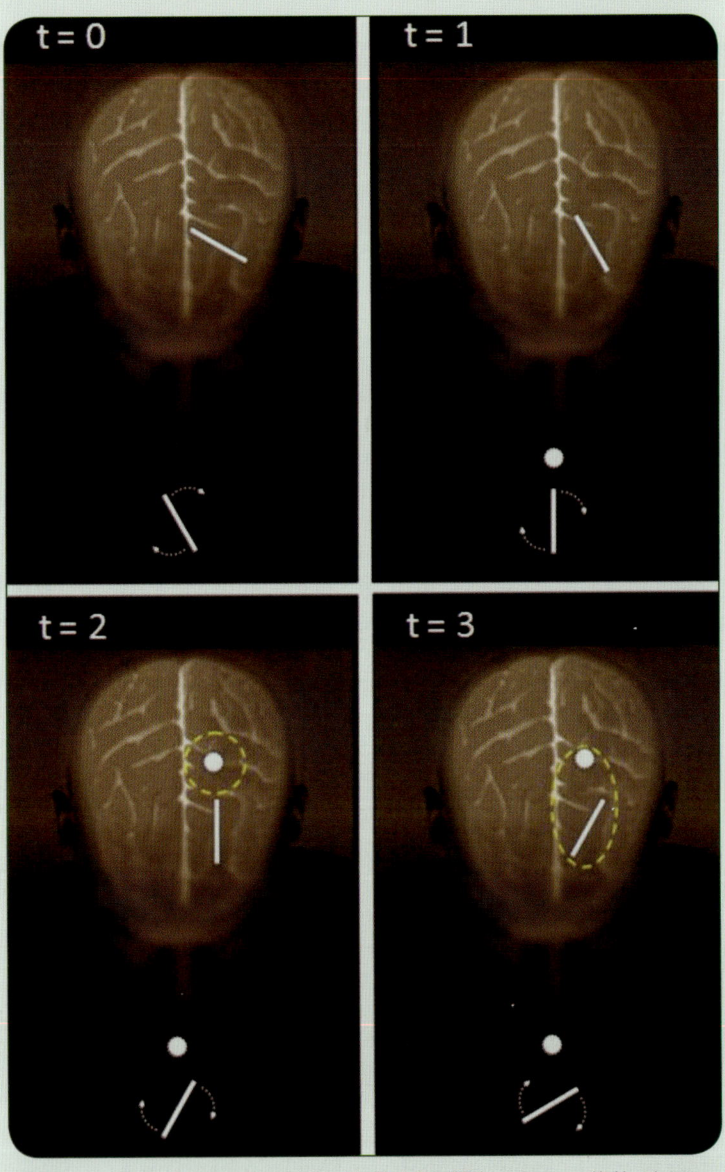

Esquema que ilustra, figurativamente, o efeito flash-lag (EFL) em 4 tempos (t). Uma barra que gira em nosso campo visual, bem como um ponto que surge subitamente, alinhado a ela, são percebidos com atraso em função de latências próprias do processamento neural. Para que uma comparação espacial seja feita entre ambos os estímulos, suas respectivas atividades neurais precisam ser amalgamadas em um único percepto (contorno tracejado amarelo), o que envolveria mecanismos atencionais, tomando um tempo finito. Essa pequena demora seria o suficiente para que a barra em movimento fosse percebida à frente do estímulo estático, conduzindo ao EFL.

estímulos, a qual influencia a eficiência com que um percepto é formado. Assim, o mundo que percebemos é, de fato, um "mosaico temporal", onde os objetos que vemos, ouvimos e tocamos são percebidos em momentos ligeiramente diferentes uns dos outros. Muitos dos eventos que percebemos como simultâneos ou sincronizados (por exemplo, quando ouvimos a voz e vemos os lábios de quem fala) resultam de mecanismos neurais plásticos que os *fazem parecer* simultâneos ou sincronizados (ou seja, uma ilusão!).

Se as nossas percepções são gêmeas das ilusões, por que parecem tão distintas, as primeiras confiáveis e as segundas enganosas? A construção de percepções permite-nos agir sobre o mundo à nossa volta, sendo os mecanismos fisiológicos responsáveis por construir nossos perceptos selecionados e refinados ao longo da evolução. Logo, a forma com que vemos, ouvimos e sentimos o mundo é o resultado das ações emitidas por nós e por nossos ancestrais: se um dado percepto produz uma ação adaptativa, tornando o indivíduo mais ajustado ao ambiente, ele é preservado; caso contrário, desaparece. Portanto, não há nada de especial em nossas percepções que as torne essencialmente diferentes das ilusões. Ambas decorrem dos mesmos princípios fisiológicos que, não raramente, levam a perceptos ambíguos. O "juiz" que desfaz essa ambiguidade é o valor adaptativo da ação que emana do percepto gerado: o percepto que dá certo! Quando topamos com essa ambiguidade – por exemplo, ao comparar o tamanho da lua no horizonte àquela no zênite – surpreendemo-nos com esta aparente contradição, e a chamamos de *ilusão*, mais presente em nosso cotidiano do que imaginamos. Por exemplo, com alguns colegas, encontrei evidências da participação do EFL em uma situação corriqueira, mas relevante para muitos de nós: quando um "bandeirinha" marca um impedimento, anulando indevidamente uma jogada que acabaria em gol, ele pode estar agindo honesta e fielmente ao que percebeu – o atacante sendo visto à frente de seu adversário no momento do passe, ainda que o tira-teima mostre que estavam na mesma linha. Uma causa possível para essa "ilusão" é que o efeito *flash-lag* esteja, literalmente, em jogo, compondo a percepção do bandeirinha, a quem deveríamos xingar depois de termos dado o devido desconto.

Marcus Vinícius Baldo.

Assim, as ilusões são ferramentas úteis no estudo da percepção, podendo ser manipuladas e quantificadas experimentalmente. Em meu laboratório, procedimentos psicofísicos vêm sendo empregados no estudo não só do EFL, mas também na investigação de outros aspectos da percepção humana, tais como seus determinantes espaço-temporais, sua interrelação com as ações motoras e, também, como pode ser simulada em modelos computacionais. Aos poucos, talvez, possamos ir compondo um quadro cada vez mais nítido, que nos revele, afinal, os segredos da percepção (ou será ilusão?).

**Professor-associado do Instituto de Ciências Biomédicas da Universidade de São Paulo. Correio eletrônico: baldo@usp.br*

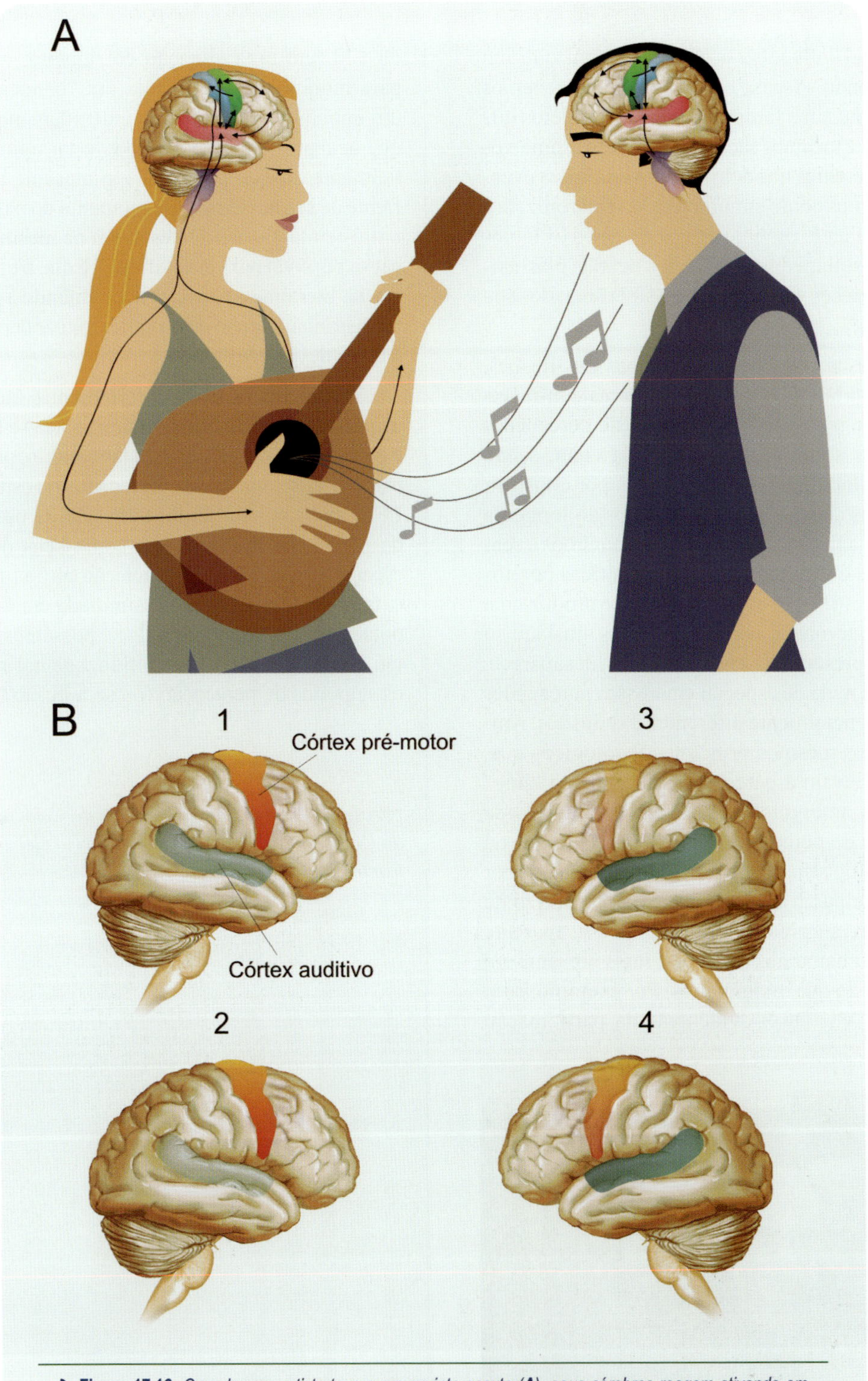

Figura 17.16. *Quando uma artista toca e um ouvinte escuta (**A**), seus cérebros reagem ativando em proporções diferentes a via ventral e a via dorsal. A artista pode perceber o som que ela mesma produz, enquanto o ouvinte só escuta a música, embora possa também tamborilar com os dedos, bater os pés ou mover o corpo de acordo com o ritmo. No primeiro caso, as regiões auditivas e as regiões motoras são ativadas quando ele interpreta e ouve o que interpreta (**B1**); as regiões auditivas são ativadas um pouco menos (**B2**) quando ele interpreta com obstrução dos ouvidos (i. e., não ouve o som que produz, mas sabe o que está tocando...). Já no ouvinte, o córtex auditivo predomina quando ele apenas escuta (**B3**), mas o córtex pré-motor cresce quando ele acompanha o ritmo com o corpo (**B4**).*

do pesquisador, uma pista neutra (um ponto branco, por exemplo: Figura 17.17A) ou uma pista direcionadora da atenção (que pode ser uma seta apontando para a periferia do campo visual à direita – Figura 17.17B). O sujeito não pode desviar o olhar quando a pista aparece, mas ela lhe indica uma maior probabilidade de aparecer um estímulo-alvo na área apontada pela seta. Quando o estímulo-alvo finalmente aparece, o sujeito indica que o percebeu apertando um botão com um dedo da mão, ou simplesmente realizando um movimento ocular sacádico em direção a ele.

O pesquisador pode então medir o *tempo de reação* do sujeito, computando o tempo decorrido entre o aparecimento do estímulo-alvo e a resposta motora. Menores tempos de reação são interpretados como decorrentes de maior grau de atenção do indivíduo para o local ou a natureza do estímulo-alvo, o que facilitaria a sua detecção. Essa técnica de medida baseada no tempo de reação, por sua simplicidade, passou a ser frequentemente utilizada por neuropsicólogos e neurofisiologistas para o estudo experimental ou clínico em humanos, e para o estudo experimental com animais. O método ficou conhecido como *cronometria mental*.

O profissional que utiliza essa técnica pode variar alguns aspectos dela: (1) as relações de tempo e espaço entre a pista direcionadora e o estímulo-alvo; (2) a probabilidade de aparecimento do estímulo-alvo em diferentes locais do campo; e (3) o método de registro da resposta do sujeito.

Ao variar o primeiro aspecto, o pesquisador estará manipulando a atenção. No exemplo descrito, o indivíduo

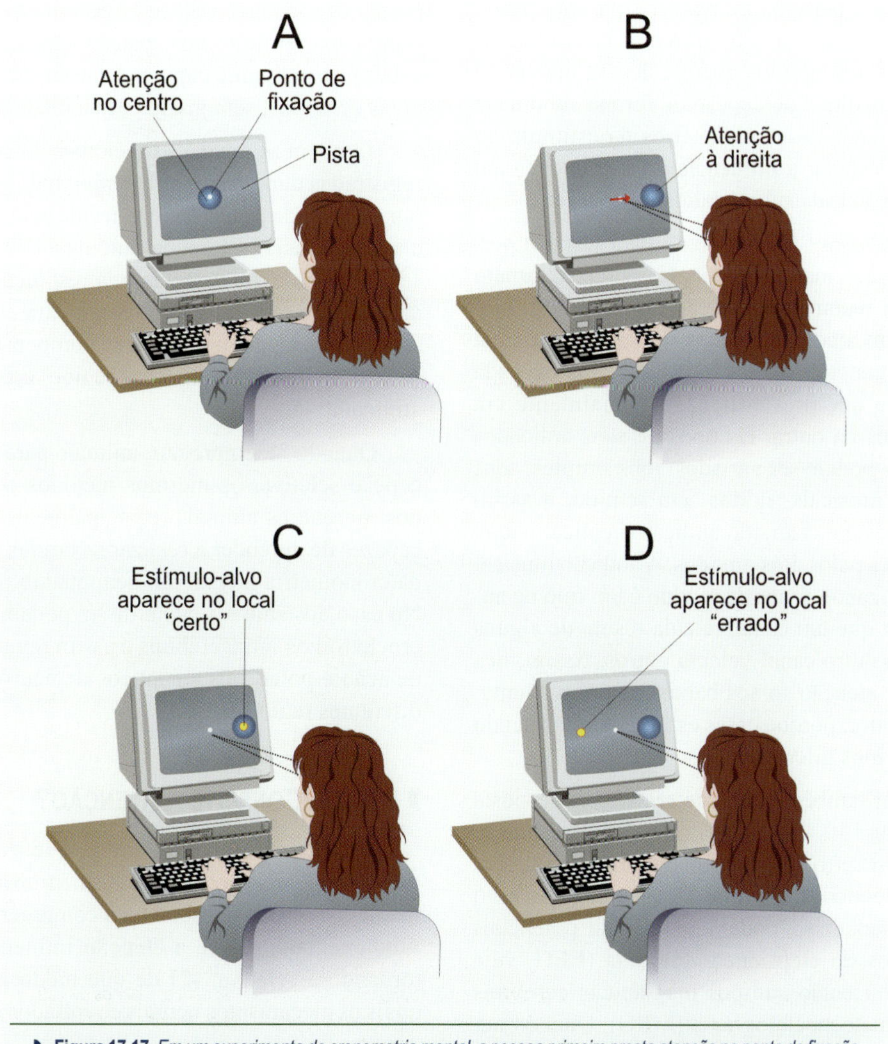

Figura 17.17. *Em um experimento de cronometria mental, a pessoa primeiro presta atenção no ponto de fixação (**A**), depois no local da tela indicado pela pista direcionadora (seta em **B**). O foco atencional está representado como um círculo azul. O sujeito responde no teclado logo que o estímulo-alvo aparece (no lado "certo", como em **C**, ou no lado "errado", como em **D**). O computador mede automaticamente o tempo de reação. Modificado de M. F. Bear e cols. (2007)* Neuroscience *(3ª ed.). Lippincott Williams & Wilkins, Nova York, EUA.*

não se move nem move os olhos: permanece fixando o olhar no centro da tela, embora preste atenção ao local indicado pela pista direcionadora. Está em teste em que medida o sujeito consegue modular (prestando atenção) a sua capacidade de localizar estímulos no espaço. Seu tempo de reação indicará a rapidez da localização espacial de estímulos visuais quando a atenção é focalizada em local de maior probabilidade de ocorrência de um estímulo. Mas o pesquisador pode "enganar" o indivíduo, fazendo aparecer o estímulo-alvo no local menos provável, isto é, no lado oposto ao indicado pela pista direcionadora. O tempo de reação, neste caso, medirá também a rapidez com que o sujeito desatrela a atenção para perceber o estímulo-alvo em um local improvável.

Podem-se avaliar outras capacidades perceptuais: a discriminação de formas, por exemplo. Basta que se peça ao sujeito que só aperte o botão para círculos, e que se utilizem, depois da pista direcionadora, estímulos de diversas formas geométricas, além dos círculos que ele deverá indicar. O tempo de reação medirá a percepção de formas modulada pela atenção. Variando esses parâmetros da estimulação visual, é possível estudar a influência do foco atencional sobre a percepção de cada submodalidade sensorial.

O método de Posner foi projetado para testar a percepção seletiva visual, mas outras técnicas simples tornam possível também testar a percepção seletiva auditiva. Nesse caso, o indivíduo porta fones de ouvido em cada orelha e o experimentador aplica sons diferentes em cada lado, pedindo-lhe que preste atenção inicialmente em uma orelha, depois na outra. Os tipos de sons aplicados aos fones, é claro, podem ser variados: tons simples, sons verbais, padrões musicais, ruídos sem sentido, e assim por diante. Esse teste é chamado audição dicótica, isto é, audição simultânea pelos dois ouvidos. A audição musical estereofônica utilizando fones de ouvido é um tipo de audição dicótica em que um canal veicula o som de alguns instrumentos, e o outro canal veicula outros. Assim, fica mais fácil prestar atenção só aos baixos de um conjunto, ou só à voz do cantor, porque esses estímulos estão sendo conduzidos a ouvidos diferentes.

Pode-se variar também o tipo de registro da resposta do indivíduo (Figura 17.18). No exemplo descrito antes, o sujeito executa um certo comportamento, e o profissional mede o tempo decorrido até que esse comportamento ocorra. Mas, em vez disso, podem-se registrar potenciais elétricos extraídos do eletroencefalograma (EEG, veja o Capítulo 16), ou então campos magnéticos cerebrais extraídos do magnetoencefalograma (MEG). Quando um potencial do EEG aparece sempre no mesmo momento após um determinado evento e pode ser modificado variando o evento, conclui-se que ele foi provocado ou de alguma forma influenciado por este. Potenciais desse tipo são chamados *potenciais relacionados a eventos*. O mesmo se aplica ao MEG, e os campos magnéticos correspondentes são conhecidos como campos relacionados a eventos.

Pode-se medir o tempo entre o aparecimento do estímulo e a ocorrência do sinal cerebral (potencial ou campo), obtendo um valor chamado tempo de latência ou simplesmente latência. Latências curtas indicam que poucas sinapses ocorreram entre a entrada sensorial (o aparecimento do estímulo-alvo na tela) e o processamento cerebral. Isso seria sugestivo de que a modulação atencional incide sobre os estágios analíticos da percepção. Latências longas, é claro, indicam o contrário, ou seja, que a modulação atencional incide sobre estágios tardios. Além disso, a amplitude do sinal pode também ser medida, indicando o maior ou o menor envolvimento de uma determinada região cerebral no processo seletivo da atenção. A grande vantagem dos registros eletro e magnetofisiológico é a sua resolução[G] temporal. Sua resolução espacial, entretanto, não é muito boa, porque os eletródios de captação aplicados sobre a pele da cabeça do indivíduo captam sinais provenientes de amplas áreas cerebrais, sem grande capacidade de localização.

Também as imagens funcionais do cérebro podem ser registradas durante a tarefa perceptual, como a tomografia por emissão de pósitrons (conhecida pela sigla inglesa PET) e a ressonância magnética funcional (RMf, veja o Quadro 13.2). Nesse caso, entretanto, a resolução temporal é baixa porque é preciso muito tempo para colher as imagens, uma desvantagem amplamente compensada pela precisão na localização anatômica das regiões cerebrais com maior atividade.

Quando se empregam animais para o estudo da percepção seletiva, os mesmos métodos podem ser utilizados, porque os animais (principalmente os primatas) são capazes de aprender a realizar as tarefas comportamentais da cronometria mental tão bem quanto os seres humanos. No caso dos animais, além disso, podem-se empregar microeletródios intracerebrais e assim registrar os potenciais de ação e potenciais sinápticos de neurônios isolados em diferentes regiões.

EM QUE CONSISTE A ATENÇÃO?

Armados com os métodos que descrevemos para estudar a percepção seletiva, os neuropsicólogos e neurofisiologistas têm-se proposto a compreender três questões fundamentais: (1) se a atenção influencia a percepção, tornando-a seletiva; (2) de que modo isso ocorre; e (3) quais os mecanismos neurais envolvidos nessas operações.

Logo de saída foi possível perceber que há diferentes tipos de atenção. Na *atenção explícita* ou aberta, o foco da atenção coincide com a fixação visual. Os movimentos do foco atencional, neste caso, são atrelados aos movimentos oculares. Prestamos mais atenção, geralmente, aos objetos

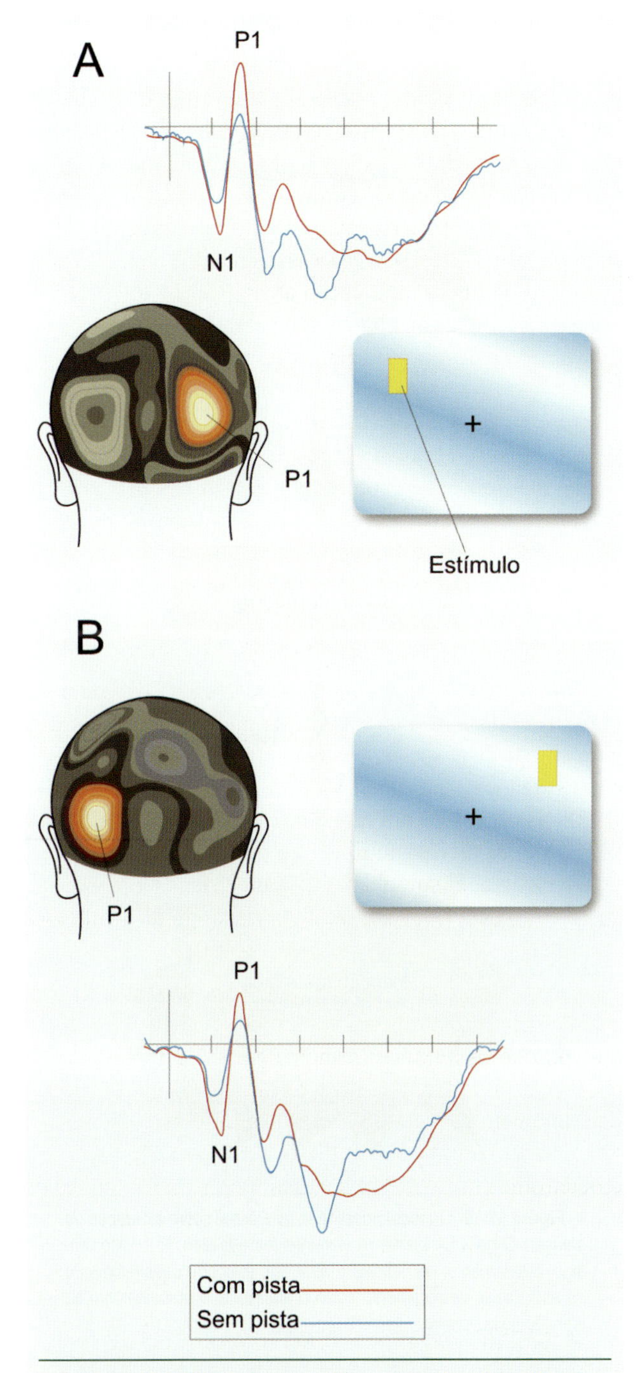

▸ **Figura 17.18.** *O teste de cronometria mental pode ser feito utilizando registros de potenciais relacionados a eventos (N1 e P1). O sujeito fixa o ponto central da tela, e o experimentador projeta o estímulo-alvo à esquerda ou à direita, com ou sem uma pista direcionadora projetada previamente. Em **A**, o estímulo-alvo é projetado no local indicado pela pista. Em **B**, no local oposto. Os potenciais são sempre maiores quando a pista provoca aumento da atenção do sujeito. Os mapas à esquerda indicam a região cortical em que é maior a diferença do potencial P1 entre a condição "com pista" e a condição "sem pista". Modificado de G. R. Mangun e S. A. Hillyard (1991)* Journal of Experimental Psychology and Human Perception and Performance, *vol. 17: pp. 1057-1074; e de G. R. Mangun e cols. (1993).* Attention and Performance XIV *(D. E. Meyer e S. Kornblum, orgs.), pp. 219-243. MIT Press, Cambridge, EUA.*

que fixamos com o olhar. A seleção dos objetos a serem percebidos depende de seu posicionamento no centro da fóvea. Você está neste momento prestando atenção às palavras que está lendo, isto é, àquelas que se posicionam no seu eixo visual. No entanto, nem sempre é assim. Muitas vezes o foco da atenção não coincide com o olhar: é a *atenção implícita* ou oculta. Quer dizer: você pode estar com o olhar focalizado no livro, mas na verdade prestando atenção ao que se passa na televisão ligada, no canto do quarto. Os mecanismos neurais que permitem a seleção dos objetos a serem percebidos, neste caso, operam nas regiões vizinhas à representação do eixo visual, ou mesmo na periferia do campo. Os objetos a serem percebidos aí não são selecionados apenas pelo local onde tendem a aparecer, mas também por outros parâmetros. Podemos procurar uma pessoa com boné vermelho numa multidão, e nesse caso os mecanismos perceptuais selecionarão objetos de cor vermelha e forma de boné para a busca perceptual, independentemente do local exato onde estejam.

A atenção explícita tende a ser automática: sem nos darmos conta, vamos movimentando o foco atencional pelo ambiente à medida que movimentamos os olhos. O controle voluntário é o mesmo do olhar; o foco atencional segue junto com ele. Mas quando o olhar está fixo em um ponto, podemos também movimentar o foco atencional livremente pelas regiões vizinhas do campo visual. Dificilmente o fazemos, entretanto, a não ser voluntariamente. Quer dizer, a atenção implícita tende a ser uma operação mental voluntária.

O método de Posner permitiu estudar ambas as formas de atenção. No caso da atenção explícita, pôde-se variar o tempo entre o aparecimento da pista direcionadora (a seta da Figura 17.17) e a ocorrência do estímulo-alvo. Verificou-se que quando esse tempo aumenta, o tempo de reação também aumenta. É como se o indivíduo fosse diminuindo a sua atenção àquele local, um fenômeno chamado *inibição de retorno.* Isso significa que existe um mecanismo de interrupção da atenção que entra em ação quando a pista direcionadora deixa de ser preditora da ocorrência do estímulo-alvo. Na atenção implícita ocorre algo parecido quando a pista direcionadora aponta para um lado, mas o estímulo-alvo é projetado na posição oposta. O tempo de reação aumenta, indicando menor atenção para aquele lado. Se isso se repetir várias vezes, ocorrerá um fenômeno análogo à inibição de retorno chamado *extinção.*

Com base nesses resultados, o próprio Posner propôs um modelo descritivo dos processos que ocorrem durante a seleção perceptual promovida pela atenção implícita (Figura 17.19). Na condição inicial, o indivíduo está alerta e tem a sua atenção fixada em um determinado ponto do espaço, ou em um determinado objeto da cena perceptual que muitas vezes coincide com o ponto de fixação do olhar. Esse objeto atencional pode ser visual, auditivo ou de outro sentido. A seguir, movido pela vontade ou por um estímulo direcionador, o indivíduo desatrela o foco atencional do estímulo inicial e move-o para um outro "ponto" da cena (onde está um outro estímulo). Ocorre então uma nova fixação da atenção, seguida ou não dos movimentos oculares correspondentes.

O modelo de Posner não é uma explicação, mas uma descrição dos fenômenos atencionais. Então, afinal, em que consiste a atenção? Seria um filtro destinado a proteger a percepção de um excesso de informações sensoriais? Ou um mecanismo seletivo destinado a separar os estímulos relevantes dos irrelevantes, criando as melhores condições para perceber os relevantes? Os dados indicam que a última hipótese está mais próxima da realidade. Vejamos.

Os experimentos de registro de potenciais do EEG e campos magnéticos relacionados a eventos indicaram que a focalização atencional provoca o aumento da amplitude desses sinais (Figura 17.20). Em outras palavras: se a pista direcionadora aponta para a esquerda e o estímulo-alvo efetivamente aparece à esquerda, o potencial registrado tem maior amplitude que quando o estímulo-alvo aparece do lado não previsto. Conclui-se que a atenção deve consistir em um mecanismo de sensibilização ou facilitação das respostas perceptuais do córtex cerebral. Mas quais regiões corticais seriam suscetíveis de ter sua atividade ampliada pela atenção? A seleção perceptual dos objetos relevantes seria precoce (nas áreas sensoriais primárias) ou tardia (nas áreas associativas)?

Para responder a essa questão, o registro de sinais relacionados a eventos – de baixa resolução espacial – não é o método adequado. Foi preciso utilizar as técnicas de estudo eletrofisiológico em macacos – que têm boa resolução tanto espacial quanto temporal. As primeiras áreas escolhidas foram V4 e o córtex inferotemporal, porque seus grandes campos receptores facilitam a coutilização de pistas direcionadoras e estímulos-alvo. Experimentos desse tipo são trabalhosos: implicam primeiramente ensinar o macaco a fixar o olhar em um ponto central da tela plana que fica defronte a seus olhos (Figura 17.21), prestando atenção a uma pequena região próxima. Depois que o animal está convenientemente treinado, mapeia-se o campo receptor de um neurônio cortical e tenta-se descobrir os estímulos capazes de provocar uma resposta do neurônio. Encontra-se que os estímulos – mesmo os menos eficazes – têm sua resposta aumentada se são projetados dentro do foco atencional do campo receptor. Os resultados desses experimentos concordaram com a ideia de que o foco atencional de algum modo facilita a resposta dos neurônios corticais, e além disso indicaram que esse efeito existe em todas as áreas corticais estudadas no sistema visual, inclusive V1. É, entretanto, mais forte nas áreas associativas como V4 e IT. Conclui-se que a seleção perceptual resulta de um mecanismo facilitador das respostas neuronais, e que tal mecanismo ocorre tanto nas áreas sensoriais como nas associativas.

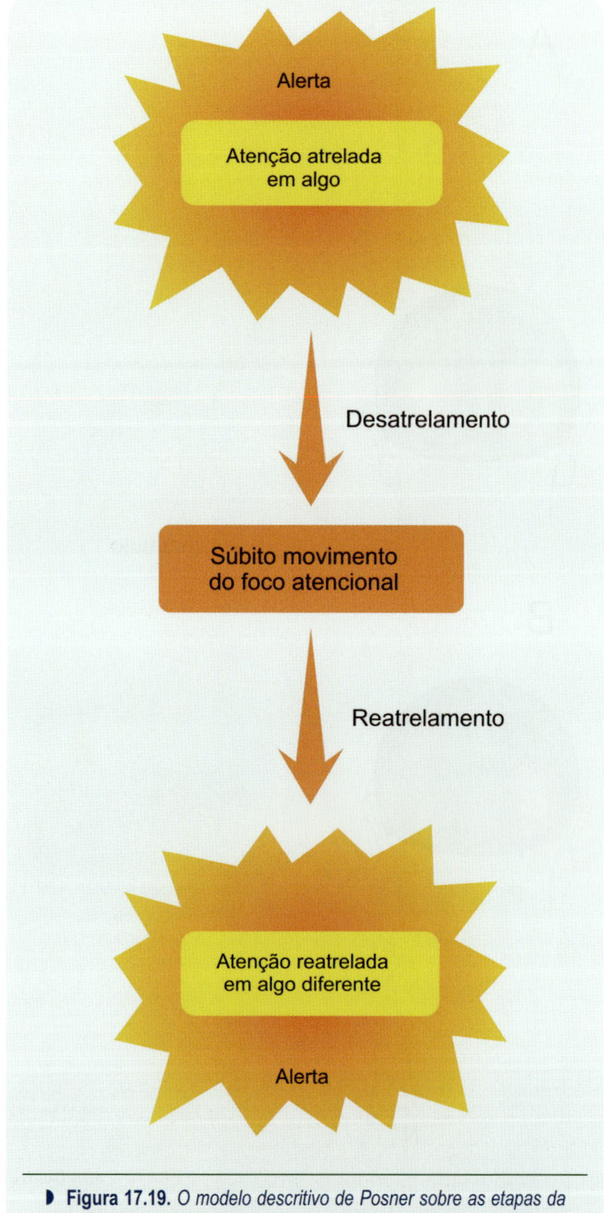

Figura 17.19. *O modelo descritivo de Posner sobre as etapas da atenção. O indivíduo alerta, inicialmente, tem sua atenção atrelada em algo. Subitamente, outra coisa o atrai, isto é, ocorre desatrelamento do alvo inicial, deslocamento do foco atencional e reatrelamento da atenção no novo alvo.*

De fato, todas as áreas corticais recebem projeções recíprocas das áreas seguintes, especialmente daquelas situadas no lobo temporal e no córtex parietal posterior. Atribui-se a esses circuitos recíprocos a função de facilitar o processamento sináptico para cada parâmetro sobre o qual incide o foco atencional, seja ele um local do espaço ou uma característica específica do objeto de interesse.

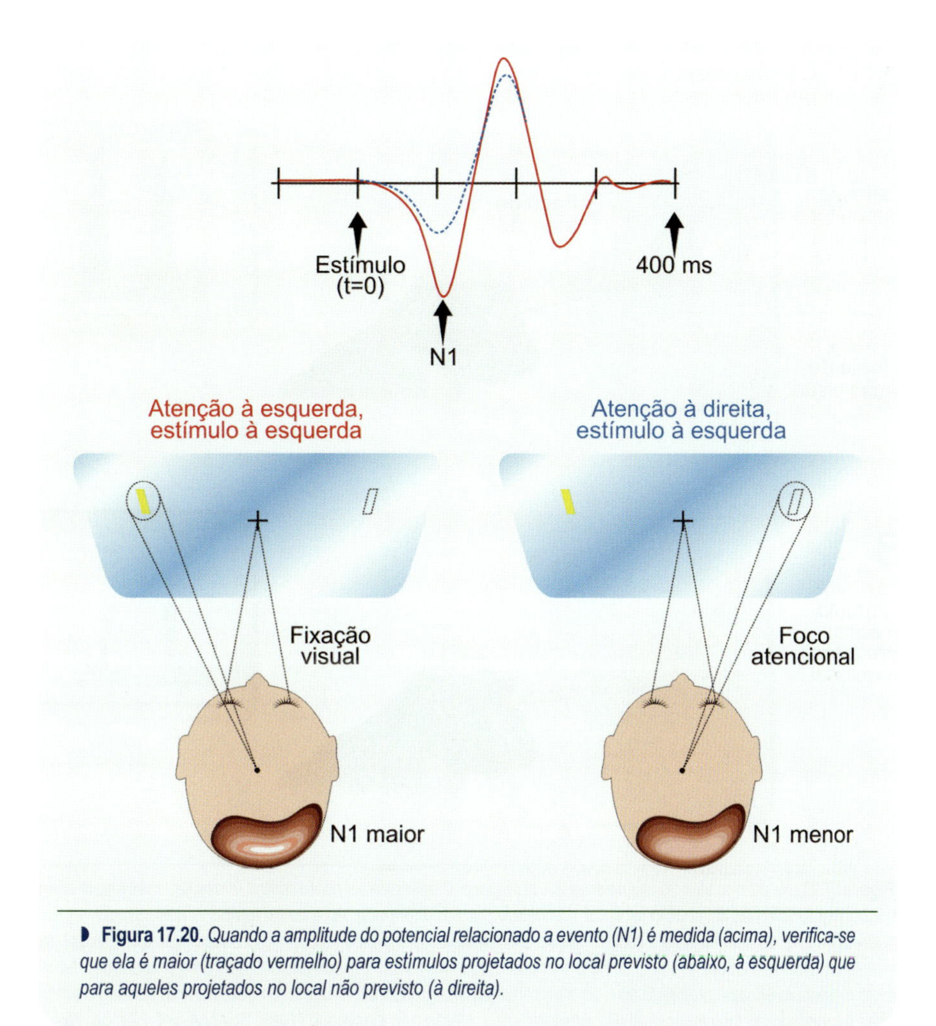

Figura 17.20. *Quando a amplitude do potencial relacionado a evento (N1) é medida (acima), verifica-se que ela é maior (traçado vermelho) para estímulos projetados no local previsto (abaixo, à esquerda) que para aqueles projetados no local não previsto (à direita).*

Além disso, verificou-se que o *núcleo pulvinar*[A], situado no tálamo, talvez seja uma estrutura-chave na modulação atencional da percepção: também possui conexões recíprocas com praticamente todas as áreas sensoriais, e a sua lesão ou tratamento farmacológico com agonistas e antagonistas GABAérgicos provoca alterações da resposta atencional de seres humanos (no caso de lesões) e macacos (no caso dos experimentos farmacológicos). Outra estrutura que parece ter um papel na modulação atencional é o chamado *campo ocular frontal,* uma área do córtex frontal envolvida com o planejamento de movimentos oculares. Há evidências de que essa região programa movimentos sacádicos oculares utilizados para a movimentação do foco atencional relacionado à fixação do olhar.

O modelo que emergiu desses estudos (Figura 17.22) consiste na operação de vias moduladoras formadas pelos axônios descendentes dos circuitos recíprocos que existem a cada estágio dos sistemas sensoriais, e de regiões especificamente envolvidas com os mecanismos atencionais, como o pulvinar e o campo ocular frontal. As vias recíprocas atuam mais fortemente nas regiões associativas, ligadas à percepção mais elaborada dos objetos sensoriais. Seu modo de ação consistiria na facilitação sináptica das respostas dos neurônios dessas regiões corticais a alguns parâmetros dos estímulos sensoriais, geralmente definidos pela vontade do indivíduo: local de ocorrência no mundo exterior, forma, cor, padrão de frequência (para "objetos" auditivos), e assim por diante.

Suponha que você quer encontrar nesta página uma palavra em ***negrito***. Possivelmente partirão de seu córtex pré-frontal, especialmente do campo ocular frontal, comandos descendentes que atrelarão seus movimentos oculares ao foco atencional. Ao mesmo tempo, esses comandos acionarão os axônios descendentes que estabelecem conexões recíprocas com os neurônios visuais (em vermelho, na Figura 17.22A) encarregados de identificar a espessura dos traços que compõem as letras. Seus olhos percorrem a página, enquanto os axônios "atencionais" aumentam a excitabilidade dos neurônios visuais especializados na análise de contraste e forma. Quando seu

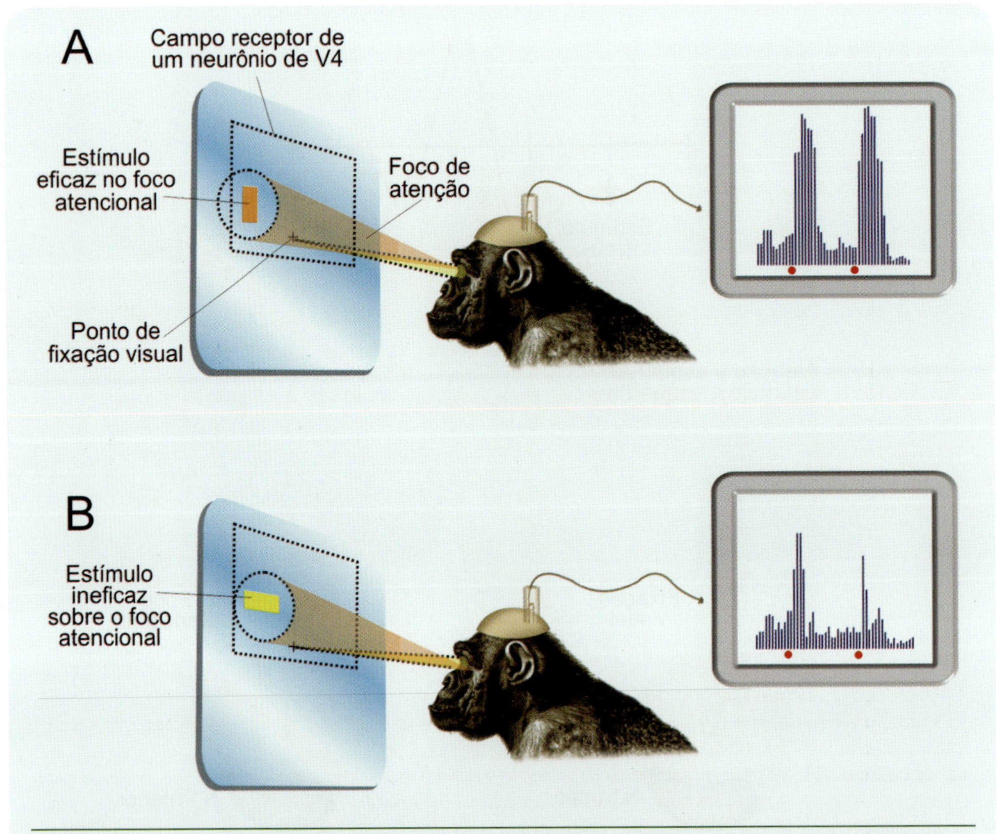

Figura 17.21. *Neurônios atencionais na área V4 do macaco. O animal fixa o ponto central (cruzinha), mas presta atenção em outra região (círculo) do campo receptor (delineado por um retângulo). Ao mesmo tempo, o pesquisador registra a frequência de PAs de um neurônio a cada projeção dos estímulos (pontinhos vermelhos nos histogramas à direita), tanto o preferencial (barra vertical laranja), como o ineficaz (barra horizontal em amarelo). O neurônio responde fortemente quando o estímulo eficaz é projetado no foco atencional (**A**), mas responde também (embora menos) quando o estímulo ineficaz é projetado no foco atencional (**B**). Baseado em J. Moran e R. Desimone (1985)* Science, *vol. 229: pp. 782-784.*

olhar alcança uma palavra em negrito, esses neurônios imediatamente respondem com maior frequência, seja porque seu disparo espontâneo foi previamente aumentado (e assim, sensibilizado) pela atenção (Figura 17.22B), ou porque as vias descendentes provocaram um sincronismo de disparo que aumenta a somação temporal^{G} nas sinapses das cadeias ascendentes de neurônios visuais (Figura 17.22C). Seu cérebro habilitou um filtro para "espessura de linhas pretas", e o resultado é que você foi capaz de identificar com rapidez e eficiência a entrada na sua fóvea da palavra em negrito.

Processos semelhantes ocorrem nas demais modalidades sensoriais: você é capaz de identificar numa festa a voz de seu namorado, porque a guardou na memória e selecionou as suas características físicas para diferenciá-la das demais vozes que constituem o ambiente ruidoso da festa. Você é capaz de identificar no escuro do fundo do armário aquela camisa preferida para vestir, prestando atenção pelo tato nas características que conhece dela. E assim por diante.

A metáfora mais utilizada para descrever a atenção é a de um refletor ou lanterna que dirigimos aos pontos relevantes de um ambiente sob penumbra quando queremos encontrar alguma coisa. Abandonamos as regiões adjacentes para nos concentrar naquelas que são relevantes para nossos propósitos.

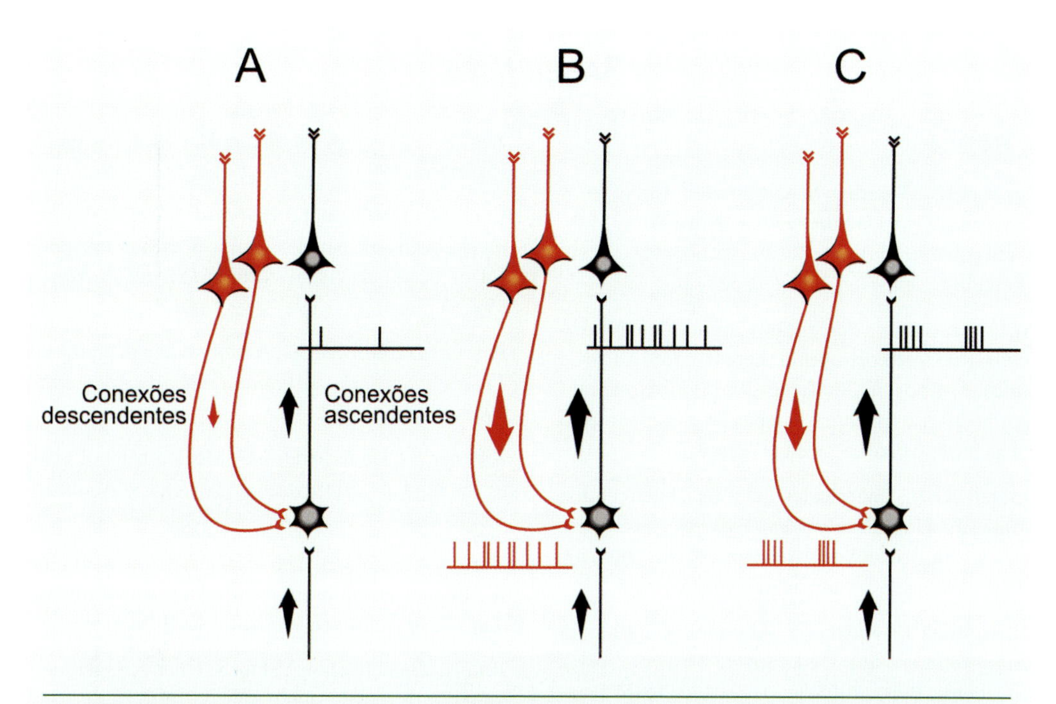

Figura 17.22. *As hipóteses sobre os mecanismos neurais subjacentes à atenção envolvem a percepção seletiva de alguns parâmetros do processamento sensorial. Em um momento inicial antes da focalização da atenção, as vias ascendentes levam a informação sensorial de uma região a outra de nível hierárquico superior (**A**). Quando ocorre a focalização atencional, as conexões descendentes encarregam-se de aumentar a excitabilidade dos neurônios ascendentes que processam o parâmetro escolhido, seja aumentando a frequência espontânea de potenciais de ação (**B**), ou promovendo um maior sincronismo sináptico (**C**), que salienta o processamento desse parâmetro, e não de outros aspectos do mundo percebido.*

GLOSSÁRIO

Citoarquitetonia: conjunto de características morfológicas dos neurônios de cada região do SNC que permite atribuir-lhe uma unidade morfológica e assim a denominar núcleo subcortical ou área cortical. O mesmo que citoarquitetura.

Cognição: ações mentais destinadas a conhecer o mundo ou o próprio indivíduo. Equivale a pensamento. Maiores detalhes no Capítulo 20.

Computadores adaptativos: máquinas baseadas no conceito de redes neurais, capazes de modificar o seu desempenho em função das informações que vão armazenando.

Microeletródio: finíssimo cone de metal ou de vidro contendo uma solução condutora, capaz de captar os diminutos potenciais produzidos pelas células nervosas, conduzindo-os a um sistema de amplificação.

Neurônios-espelho: células de certas regiões do córtex cerebral, que não apenas disparam quando o indivíduo realiza movimentos, mas também quando observa movimentos realizados por outros. Ver o Capítulo 12 para maiores detalhes.

Potenciais evocados: potenciais lentos colhidos no eletroencefalograma, geralmente provocados por estimulação sensorial.

Pragmático: qualificativo de algo prático, utilitário.

Resolução: grau de detalhe que uma medida permite apreciar, seja na dimensão tempo ou nas dimensões espaciais.

Semântico: qualificativo de algo que tem um significado.

Somação temporal: fenômeno sináptico que aumenta a amplitude de um potencial pós-sináptico quando dois impulsos chegam quase ao mesmo tempo na mesma sinapse.

V1 e V2: áreas visuais primária e secundária, respectivamente, situadas no lobo occipital e equivalentes às áreas 17 e 18, segundo a nomenclatura de Brodmann.

SABER MAIS

LEITURA BÁSICA

Bear MF, Connors BW, Paradiso MA. Attention, Capítulo 21 de *Neuroscience. Exploring the Brain* 3ª ed., Nova York, EUA: Lippincott Williams & Wilkins, 2007) pp. 643-659. Texto resumido abordando exclusivamente a atenção.

Silveira LCL. Os Sentidos e a Percepção. Capítulo 7 de *Neurociência da Mente e do Comportamento* (Lent R, coord.), Rio de Janeiro: Guanabara-Koogan, 2008) pp. 133-181. Texto abrangente que aborda desde as primeiras etapas do processamento sensorial, até as bases psicofísicas da percepção.

Pessoa L, Tootell RBH, Ungerleider LG. Visual Perception of Objects. Capítulo 45 de *Fundamental Neuroscience* 3ª ed. (Squire LR e cols., org.), Nova York: Academic Press, 2008) pp. 1067-1090. Texto avançado focado na percepção visual.

Reynolds JH, Gottlieb JP, Kastner S. Attention. Capítulo 48 de *Fundamental Neuroscience* 3ª ed. (Squire LR e cols., org.), Nova York: Academic Press, 2008) pp. 1113-1132. Texto avançado focalizando os processos atencionais.

LEITURA COMPLEMENTAR

Gross CG, Rocha-Miranda CE, Bender DB. Visual properties of neurons in inferotemporal cortex of the macaque. *Journal of Neurophysiology* 1972; 35:96-111.

Marr D. *Vision: A Computational Investigation into the Human Representation and Processing of Visual Information.* Freeman, Nova York, EUA, 1982.

Mishkin M, Ungerleider L, Macko KA. Object vision and spatial vision: Two cortical pathways. *Trends in Neuroscience* 1983; 6:415-417.

Zeki S. Colour coding in the cerebral cortex: The responses of wavelength-selective and colour-coded cells in monkey visual cortex to changes in wavelength composition. *Neuroscience* 1983; 9:767-781.

Biederman I. Recognition-by-components: A theory of human image understanding. *Psychological Reviews* 1987; 94:115-147.

Livingstone M e Hubel D. Segregation of form, color, movement, and depth: Anatomy, physiology, and perception. *Science* 1988; 240:740-749.

Desimone R. Face-selective cells in the temporal cortex of monkeys. *Journal of Cognitive Neuroscience* 1991; 3:1-8.

Mangun GR e Hillyard SA. Modulations of sensory-evoked brain potentials indicate changes in perceptual processing during visual-spatial priming. *Journal of Experimental Psychology, Human Perception and Performance* 1991; 17:1057-1074.

Zeki S. *A Vision of the Brain.* Blackwell Scientific, Londres, Inglaterra, 1993.

Luck SJ, Chelazzi L, Hillyard SA, Desimone R. Neural mechanisms of spatial selective attention inareas V1, V2, and V4 of macaque visual cortex. *Journal of Neurophysiology* 1997; 77:24-42.

Posner MI e Gilbert CD. Attention and primary visual cortex. *Proceedings of the National Academy of Sciences of the USA* 1999; 96:2585-2587.

Kastner S e Ungerleider LG. Mechanisms of visual attention in the human cortex. *Annual Reviews of Neuroscience* 2000; 23:315-341.

Bartels A e Zeki S. The architecture of the colour centre in the human visual brain: new results and a review. *European Journal of Neuroscience* 2000; 12:172-193.

Rao H, Zhou T, Zhou Y, Fan S, Chen L. Spatiotemporal activaton of the two visual pathways in form discrimination and spatial location: a brain mapping study. *Human Brain Mapping* 2003; 18:79-89.

Freiwald WA e Kanwisher NG. Visual selective attention: Insights from brain imaging and neurophysiology. In: *The Cognitive Neurosciences III* (Gazzaniga MS, ed.), EUA: MIT Press, 2004; pp. 575-588.

Culham JC, Valyear KF. Human parietal cortex in action. *Current Opinion in Neurobiology* 2006; 16:205-212.

Tsao DY, Freiwald WA, Tootell RB, Livingstone MS. A cortical region consisting entirely of face-selective cells. *Science* 2006; 311:670-674.

Fritz JB, Elhilali M, David SV, Shamma SA. Auditory attention: Focusing the searchlight on sound. *Current Opinion in Neurobiology* 2007; 17:437-455.

Zatorre RJ, Chen JL, Penhune VB. When the brain plays music: Auditory-motor interactions in music perception and production. *Nature Reviews. Neuroscience* 2007; 8:547-558.

Orban G. Higher order visual processing in macaque extrastriate visual cortex. *Physiological Reviews* 2008; 88:59-89.

Foxe JJ. Multisensory integration: frequency tuning of audiotactile integration. *Current Biology* 2009; 19:R373-R375.

Chen JL, Penhune VB, Zatorre RJ. The role of auditory and premotor cortex in sensorimotor transformations. *Annals of the New York Academy of Sciences* 2009; 1169:15-34.

Berlucchi G e Aglioti SM. The body in the brain revisited. *Experimental Brain Research* 2009; publicação eletrônica adiantada.

18

Pessoas com História

As Bases Neurais da Memória e da Aprendizagem

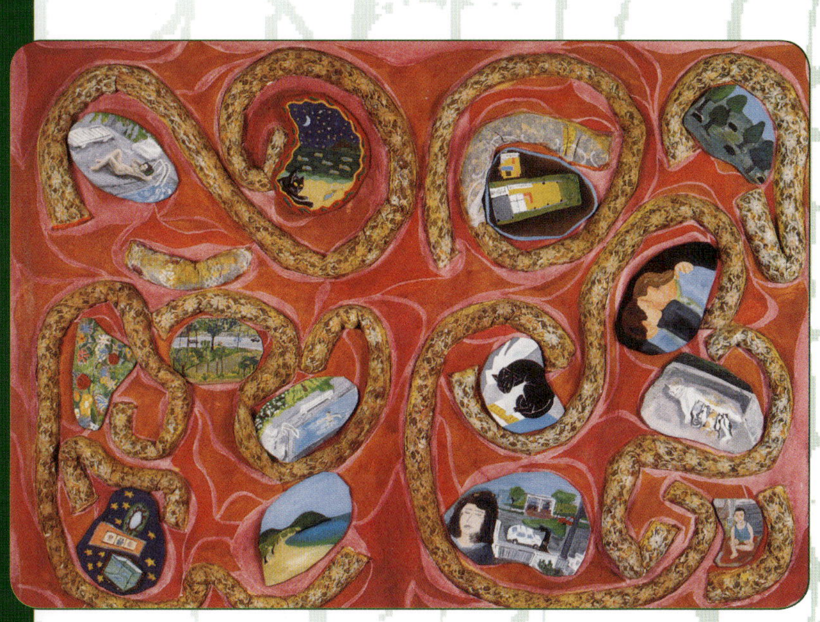

Memórias, de Leda Catunda (1988), acrílica e óleo sobre tela

Saber o Principal

Resumo

A memória é a capacidade que têm o homem e os animais de armazenar informações que possam ser recuperadas e utilizadas posteriormente. Difere da aprendizagem, pois esta é apenas o processo de aquisição das informações que vão ser armazenadas.

São vários os processos da memória. O primeiro deles é a aquisição (aprendizagem), seguindo-se a retenção durante tempos variáveis. A retenção por tempos curtos pode ser transformada em retenção de longa duração pelo processo da consolidação da memória. Em ambos os casos, entretanto, pode haver evocação (lembrança) ou esquecimento das informações memorizadas.

São vários também os tipos e subtipos de memória. Levando em conta o tempo de retenção, pode-se considerar a memória ultrarrápida, de curta duração e longa duração. Já quanto à sua natureza, podemos considerar as memórias implícita, explícita e operacional. A primeira é a memória dos hábitos, procedimentos e regras, de representação perceptual, a aprendizagem associativa e a não associativa, todas formas de memória que não precisam ser descritas com palavras para serem evocadas. Em contraposição, a memória explícita costuma ser descrita com palavras ou outros símbolos, e consiste em um subtipo chamado episódico (a memória dos fatos que ocorrem ao longo do tempo) e um subtipo chamado semântico (a memória dos conceitos atemporais). Finalmente, a memória operacional é a que nos serve para a utilização rápida no raciocínio e no planejamento do comportamento.

Os mecanismos neurais da memória não são completamente conhecidos. Considera-se que as informações transitórias e duradouras são armazenadas em diversas áreas corticais, de acordo com a sua função: memórias motoras no córtex motor, memórias visuais no córtex visual, e assim por diante. Dessas regiões elas podem ser mobilizadas como memória operacional pelas áreas pré-frontais, em ligação com áreas do córtex parietal e occipitotemporal. Além disso, as memórias explícitas podem ser consolidadas pelo hipocampo e áreas corticais adjacentes do lobo temporal medial, em conexão com núcleos do tálamo e do hipotálamo. Finalmente, o processo de consolidação é fortemente influenciado por sistemas moduladores, sobretudo aqueles envolvidos com o processamento emocional, como o complexo amigdaloide do lobo temporal.

Vários mecanismos celulares e moleculares foram propostos como bases biológicas da memória: são os mecanismos da plasticidade sináptica e outros fenômenos de modificação dinâmica da função e da forma do sistema nervoso, em resposta às alterações do ambiente.

Todo mundo tem uma história. Cada um, ao longo da vida, vai acumulando fatos, emoções, percepções, conceitos, hábitos, rotinas motoras e muitas outras informações em sua história. Uma parte desse conjunto fica registrada na memória, à disposição para a lembrança instantânea. Na verdade, o número de informações que recebemos diariamente é imenso, muito maior do que o que realmente incorporamos à nossa história de vida. A cada minuto selecionamos uma pequena parte do que vivenciamos para armazenar na memória. Às vezes sabemos precisamente o que estamos selecionando, como acontece quando estudamos para aprender alguma coisa. Mas outras vezes a seleção é misteriosa e leva-nos a lembrar algum detalhe de um fato ou de uma pessoa sem ter a menor ideia de sua importância ou relevância, e de porque lembramos justamente aquele aspecto. O mesmo se passa com o esquecimento: às vezes estudamos arduamente a matéria de uma prova, e 1 semana depois percebemos que já não nos lembramos das coisas mais fundamentais que estudamos... Outras vezes nem mesmo nos preocupamos em "estudar", mas guardamos perfeitamente o conteúdo de uma aula bem dada ou um texto bem escrito.

De que modo o sistema nervoso consegue essa proeza?

Não é simples responder a essa pergunta, porque só recentemente os neurocientistas vêm conseguindo esclarecer as bases neurais da memória, após uma longa controvérsia histórica. Existiria um "centro da memória", ou seja, uma região no sistema nervoso encarregada de operar os mecanismos de aquisição, seleção, armazenamento e evocação de novas informações? Ou os mecanismos seriam múltiplos, localizados em diferentes partes do sistema nervoso central? E se fossem múltiplos, haveria um certo número de áreas cerebrais especializadas, ou todas elas seriam dotadas de capacidade de memória, já que todos os circuitos neuronais são dotados de plasticidade? As evidências experimentais e as observações clínicas têm levado a considerar a memória como um sistema múltiplo. Algumas regiões específicas de particular relevância nos processos mnemônicos[G] foram identificadas, e há indicações de que muitas outras participam também desses processos.

AS PRIMEIRAS TENTATIVAS DE EXPLICAÇÃO

No início do século 20 pouco se sabia sobre a neurobiologia da memória. Alguns modelos teóricos foram então concebidos para explicar a operação dos seus mecanismos, principalmente por uma escola de pensamento que se originou na década de 1920 com os experimentos do psicólogo experimental norte-americano Karl Lashley (1890-1958).

[G] *Termo constante do glossário ao final do capítulo.*

Lashley elaborou um experimento para "medir" a memória de ratos normais e compará-la com a de animais submetidos a lesões cerebrais. Seu objetivo era encontrar a sede do *engrama*[G], como ele chamou a "unidade" teórica da memória, o "rastro" biológico que armazenaria as informações. Se houvesse uma determinada região cerebral encarregada de guardar os engramas, ela poderia ser atingida por uma lesão cirúrgica experimental e o animal seria incapaz de lembrar-se de qualquer coisa (amnésia), o que não ocorreria quando a lesão fosse posicionada em outros locais do sistema nervoso. Os ratos – normais e lesados – eram então colocados um a um em um labirinto (Figura 18.1A), e Lashley contava o número de erros que eles cometiam para encontrar a saída, em sucessivos testes. É claro que os animais normais melhoravam a cada teste, pois aprendiam o caminho da saída, cometendo cada vez menos erros.

Os animais com lesões no córtex cerebral (Figura 18.1B), entretanto, apresentavam um desempenho pior, errando muito para encontrar a saída do labirinto. Só que não importava onde a lesão era feita, mas sim a quantidade de tecido removido (Figura 18.1C). Quanto maior a lesão, pior o desempenho do animal, mas não havia diferenças quanto ao posicionamento das lesões. Com base nesses resultados, Lashley concluiu que a memória tinha localização distribuída no sistema nervoso. Foi além, e exagerou: propôs que também as demais funções neurais careciam de localização precisa, sendo representadas igualmente em todas as regiões. Como se verificou depois, ele interpretou erradamente seus experimentos: os animais lesados levavam mais tempo para chegar ao final do labirinto porque tinham déficits visuais, somestésicos, motores e outros que prejudicavam o seu desempenho. Naturalmente, os déficits se associavam quando as lesões eram maiores, e o desempenho do animal era pior ainda. As concepções antilocalizacionistas de Lashley foram derrotadas pelos experimentos que utilizaram testes mais precisos de aferição das funções, e definitivamente superadas quando mais tarde foi possível registrar a atividade elétrica dos neurônios em diferentes regiões do sistema nervoso. No entanto, não foi assim no caso específico da memória, e a ideia de uma representação distribuída dessa função permaneceu latente e demonstrou-se mais tarde verdadeira.

Um aluno de Lashley, o canadense Donald Hebb (1904-1985), levou à frente a concepção antilocalizacionista da memória (veja o Quadro 18.1). Imaginou que, quando um evento fosse percebido por uma pessoa, certos circuitos do neocórtex seriam ativados. Esses circuitos, então, "representariam" o evento, e a sua evocação (lembrança) consistiria na reativação deles. Com a repetição, a ativação de apenas alguns componentes do circuito já seria suficiente para evocar o evento. Este poderia entrar no sistema nervoso pela visão, e assim envolveria as regiões visuais. Se entrasse pela audição, envolveria as regiões auditivas.

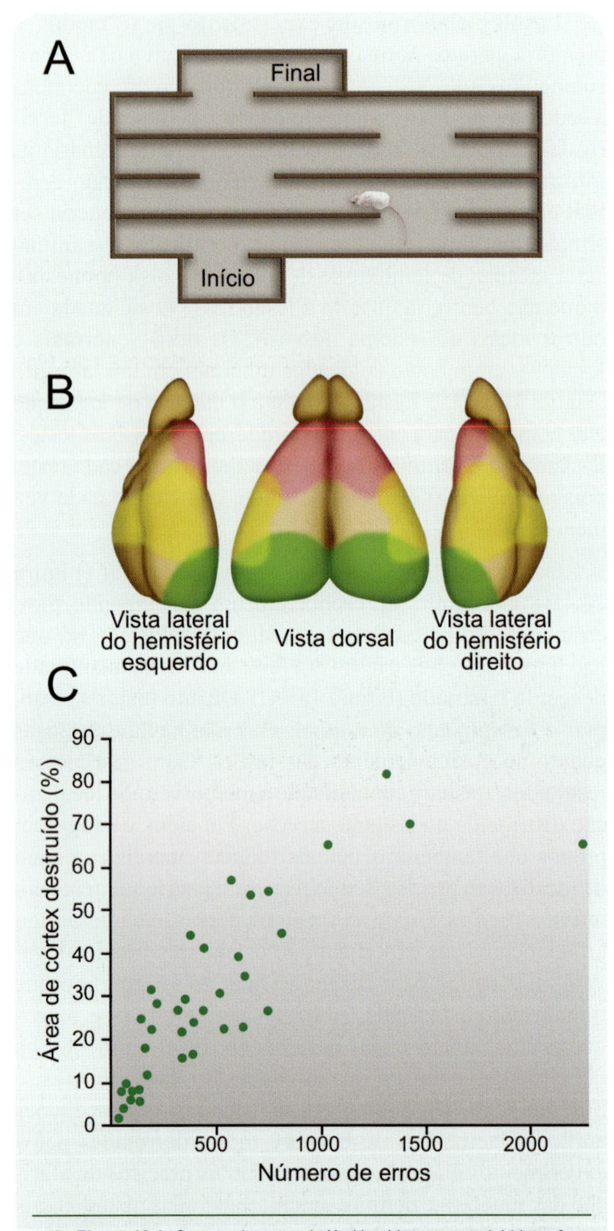

▸ **Figura 18.1.** *Os experimentos de Karl Lashley com seu labirinto.* ***A.*** *O rato acaba chegando ao ponto de término, entrando cada vez menos nos "becos sem saída" do labirinto.* ***B.*** *Cada área colorida representa uma lesão bilateral no cérebro de um animal.* ***C.*** *O número de erros aumenta proporcionalmente à proporção de córtex cerebral lesado. Modificado de K. Lashley (1929)* Brain Mechanisms and Intelligence. *University of Chicago Press, EUA.*

Se fosse uma habilidade motora aprendida, envolveria as regiões motoras. E assim por diante. A memória, então, seria uma propriedade distribuída, inerente a todos os circuitos neurais. Na década de 1940, quando Hebb criou o seu modelo, as sinapses eram ainda uma hipótese, mas ele imaginou que as conexões mais ativas seriam fortalecidas e estabilizadas, enquanto o contrário ocorreria com as conexões que permanecessem inativas. Essas novas ideias estabeleceram as bases conceituais da plasticidade sináptica, comprovadas nos mais recentes experimentos celulares e moleculares (Capítulo 5).

Um outro psicólogo, o britânico David Marr (1945-1980), já no final da década de 1970, elaborou um modelo computacional a partir dos conceitos de Hebb. Surgiu então a ideia de *redes neuronais,* isto é, circuitos de neurônios (ou *chips* de computadores...) capazes de aprender, armazenando informações a cada passo para serem utilizadas em etapas subsequentes de sua operação. As redes neuronais são atualmente utilizadas para a construção de computadores adaptativos, a última geração de máquinas com capacidade de aprendizagem.

O modelo de Hebb/Marr foi criticado porque o número de eventos que somos capazes de memorizar exigiria um número enorme de circuitos, talvez acima da nossa real capacidade biológica. Além disso, a evocação por ativação parcial poderia resultar em erros, já que eventos diferentes poderiam ser evocados pelo mesmo conjunto parcial de componentes. Em resposta a essas críticas, Marr sugeriu a existência de um processador separado que armazenaria as memórias temporariamente para depois transferi-las ao córtex. Esse processador funcionaria como a memória RAM dos computadores, e tornou-se uma explicação aceitável com a descoberta de que havia realmente regiões cerebrais – no lobo frontal[A] e no lobo temporal[A] – envolvidas com o armazenamento temporário das informações novas (veja adiante).

A MEMÓRIA POSSÍVEL

Por ser uma característica bem desenvolvida na espécie humana, e de natureza bastante introspectiva, não é difícil para qualquer um de nós imaginar os processos mentais utilizados na memória. Foi o que fizeram os psicólogos, estabelecendo uma sequência de processos que descrevem mais detalhadamente o que ocorre quando memorizamos um evento qualquer.

▸ SEQUÊNCIA DE PROCESSOS OU PROCESSOS SEM SEQUÊNCIA?

O primeiro dos processos mnemônicos é a *aquisição*, que consiste na entrada de um evento qualquer nos sistemas neurais ligados à memória (Figura 18.2). Por "evento" entendemos qualquer coisa memorizável: um objeto, um som, um acontecimento, um pensamento, uma emoção,

[A] *Estrutura encontrada no* Miniatlas de Neuroanatomia *(p. 367).*

uma sequência de movimentos. Você pode se lembrar do seu primeiro tênis, dos acordes iniciais do hino nacional, dos movimentos necessários para amarrar o cordão dos sapatos, do que ocorreu no dia em que fez vestibular, de como se multiplica 24 por 13, do que sentiu durante o seu primeiro beijo. Para o estudo da memória, todos são eventos: podem-se originar do mundo externo, conduzidos ao sistema nervoso através dos sentidos, ou então do mundo interior da pessoa, surgidos "misteriosamente" de nossos próprios pensamentos e emoções. Durante a aquisição ocorre uma *seleção:* como os eventos são geralmente múltiplos e complexos, os sistemas de memória só permitem a aquisição de alguns aspectos mais relevantes para a cognição, mais marcantes para a emoção, mais focalizados pela nossa atenção, mais fortes sensorialmente, ou simplesmente priorizados por critérios desconhecidos.

Após a aquisição dos aspectos selecionados de um evento, estes são armazenados por algum tempo: às vezes por muitos anos, às vezes por não mais que alguns segundos. Esse é o processo de *retenção* da memória, durante o qual os aspectos selecionados de cada evento ficam de algum modo disponíveis para serem lembrados (Figura 18.2). Com o passar do tempo, alguns desses aspectos ou mesmo todos eles podem desaparecer da memória: é o *esquecimento.* Isso significa que a retenção nem sempre é permanente – aliás, na maioria das vezes, é temporária. Quando você vai ao cinema, logo ao sair é capaz de lembrar de muitas cenas e diálogos do filme (não todos...). No entanto, já no dia seguinte só se lembra de alguns, e após 1 ano talvez nem mesmo se lembre do tema do filme! O tempo de retenção, portanto, é limitado pelo esquecimento, e ambos são definidos, entre outros aspectos, pelo tipo de utilização que faremos de cada evento memorizado. Assim, não é importante guardar a fisionomia da moça da bilheteria do cinema, e talvez tampouco dos personagens secundários do filme. Mas geralmente guardamos o rosto da atriz principal, seja porque é bonita, seja porque o seu papel é importante no contexto do filme.

Os psicólogos têm estudado a capacidade de retenção das pessoas, e sabem que ela pode variar de indivíduo para indivíduo, bem como em diferentes situações e momentos de cada um. De qualquer modo, está estabelecido que para algumas formas de memória (como a memória operacional – veja adiante) a capacidade de retenção é finita e parece não ultrapassar um pequeno número de itens de cada vez. Para outras formas, a capacidade de retenção é praticamente infinita. Testes com voluntários normais mostraram que, se lhes apresentamos sequências de letras para memorizar, o limite médio de retenção gira em torno de sete letras. Quando lhes apresentamos sequências de palavras, igualmente só são capazes de memorizar cerca de sete. E quando são expostos a sequências de frases, o mesmo número 7 representa o limite médio para a retenção. Isso reforça o conceito de evento que delineamos: nos testes de retenção, os eventos inicialmente foram letras, depois palavras compostas de muitas letras, e depois frases compostas de muitas palavras.

Os psicólogos também têm estudado os determinantes do esquecimento. Por que retemos algumas coisas e esquecemos outras? Quais os fatores que determinam um caminho ou o outro? Descobriu-se que a retenção é fortemente influenciada pela presença de elementos distratores[G], e que o número de distratores determinará maior ou menor retenção. Tente memorizar um número de telefone com alguém a seu lado lendo alto uma outra sequência de números... Além da interferência de distratores, também a ordem de apresentação de uma sequência de itens a serem memorizados influi sobre a retenção. Tendemos a reter mais facilmente os primeiros e os últimos de uma série, e esquecemos aqueles situados no meio. Faça você mesma um teste utilizando uma sequência aleatória de números.

O esquecimento é uma propriedade normal da memória. Provavelmente desempenha papel muito importante como mecanismo de prevenção de sobrecarga nos sistemas cerebrais dedicados à memorização, e tem ainda a virtude de permitir a filtragem dos aspectos mais relevantes ou importantes de cada evento. Mas há casos em que o esquecimento é patológico, para mais ou para menos. Chama-se *amnésia* quando o indivíduo apresenta esquecimento "demais", e *hipermnésia* quando ocorre o oposto – uma exacerbada capacidade de retenção que impede a separação entre aspectos relevantes e irrelevantes dos eventos.

Depreende-se do que acabamos de dizer que, dentre os vários aspectos de um evento, alguns serão esquecidos imediatamente, outros serão memorizados durante um certo período, e apenas uns poucos permanecerão na memória prolongadamente. Neste último caso, diz-se que houve *consolidação* (Figura 18.2) quando o evento é memorizado durante um tempo prolongado, às vezes permanentemente. Lembramos de algumas coisas durante muito tempo, embora possamos em algum momento esquecê-las. Mas lembramos de outras durante toda a vida, como o nosso próprio nome e a data do nosso aniversário.

Finalmente, o último dos processos mnemônicos é a *evocação* ou lembrança, através do qual temos acesso à informação armazenada para utilizá-la mentalmente na cognição e na emoção, por exemplo, ou para exteriorizá-la através do comportamento (Figura 18.2).

TIPOS E SUBTIPOS DE MEMÓRIA

O trabalho dos psicólogos permitiu também classificar a memória em tipos diferentes (Tabela 18.1), de acordo com as suas características. Essa classificação se mostrou importante, pois se verificou que os tipos de memória são operados por mecanismos e regiões cerebrais diferentes.

▶ História e Outras Histórias

Quadro 18.1
Aprendizagem Hebbiana 30 Anos antes de Hebb

*Suzana Herculano-Houzel**

Um livro duramente atacado por Sigmund Freud esconde em suas páginas uma teoria sobre os sonhos, a memória, a lembrança e a aprendizagem, cuja essência viria a ser conhecida como os princípios de aprendizagem de Donald Hebb. Não se trata, no entanto, do livro do próprio Hebb, mas sim de um zoólogo francês que, ao ficar cego, passou a se dedicar ao estudo introspectivo da consciência e dos sonhos.

Yves Delage (1854-1920) era diretor da Estação Biológica de Roscoff, na França, onde fez descobertas importantes sobre a fisiologia e a embriologia de animais marinhos. Suas atividades envolviam microcirurgias e manipulações minuciosas. Em vez de descansar, Delage relaxava trocando de espécie, abusando do uso do microscópio; somado à sua miopia pronunciada, isso acabou provocando um descolamento da retina que lhe custou a visão. Em 1912, com 58 anos de idade e completamente cego, ele teve de deixar a experimentação e o ensino. Passou então a se dedicar a duas atividades: a manutenção do material náutico do laboratório (acabou projetando e construindo o batireômetro, um instrumento que mede a velocidade de correntes marinhas) e o estudo introspectivo dos sonhos. Auxiliado por Marie Goldsmith, sua colaboradora devotada que se tornara responsável por tomar anotações e revisar a literatura, Delage terminou em 1914 seu livro *O Sonho: Estudo Psicológico, Filosófico e Literário*. Mas estourou a guerra, e os custos de publicação tornaram-se proibitivos; seu livro só pôde ser publicado em 1919, 1 ano antes de sua morte.

Delage analisou 168 sonhos, alguns de cientistas como Delboeuf, Vaschides e o próprio Freud, e 76 dele mesmo. Com base em sua continuidade lógica e na tendência dos temas de seguirem eventos ocorridos durante o dia, Delage propôs uma base fisiológica para a associação de ideias, que acreditava ser a força motriz não só dos sonhos, mas também da consciência. Sua teoria baseava-se na hipótese de "paracronização", ou sincronização temporária, dos "modos vibratórios neuronais". Cada neurônio teria um modo vibratório característico, o qual poderia ser imposto aos vizinhos de acordo com a força de sua interação, causando a vibração sincronizada dos neurônios. Em consequência, as propriedades representadas pelos neurônios sincronizados seriam reunidas e assim percebidas como "uma única ideia". A própria sincronização deixaria um rastro nas conexões interneuronais, facilitando a paracronização futura: seria o fortalecimento das interações entre os neurônios ativos simultaneamente, como mais tarde postulou Hebb.

Delage atacava Freud diretamente, alegando que sua psicanálise dos sonhos era "uma nova psicose", que atribuía à mente humana "uma deformação teratológica cuja vítima principal era ele mesmo". Freud retribuiu o ataque, e acabou roubando a atenção que Delage merecia ter recebido. Ao que parece, o próprio Hebb desconhecia a teoria de Delage. Teoria que, afinal, há uns 10 anos vem recebendo o apoio experimental de dezenas de estudos mostrando a associação da sincronização da atividade oscilatória neuronal com a percepção, os sonhos e a memória.

▶ *Representação artística de um pesadelo. De Henry Fuseli (1781)* O Pesadelo, *óleo sobre tela, Detroit Institute of Arts, EUA.*

**Professora-adjunta do Instituto de Ciências Biomédicas da Universidade Federal do Rio de Janeiro. Correio eletrônico: suzanahh@gmail.com.*

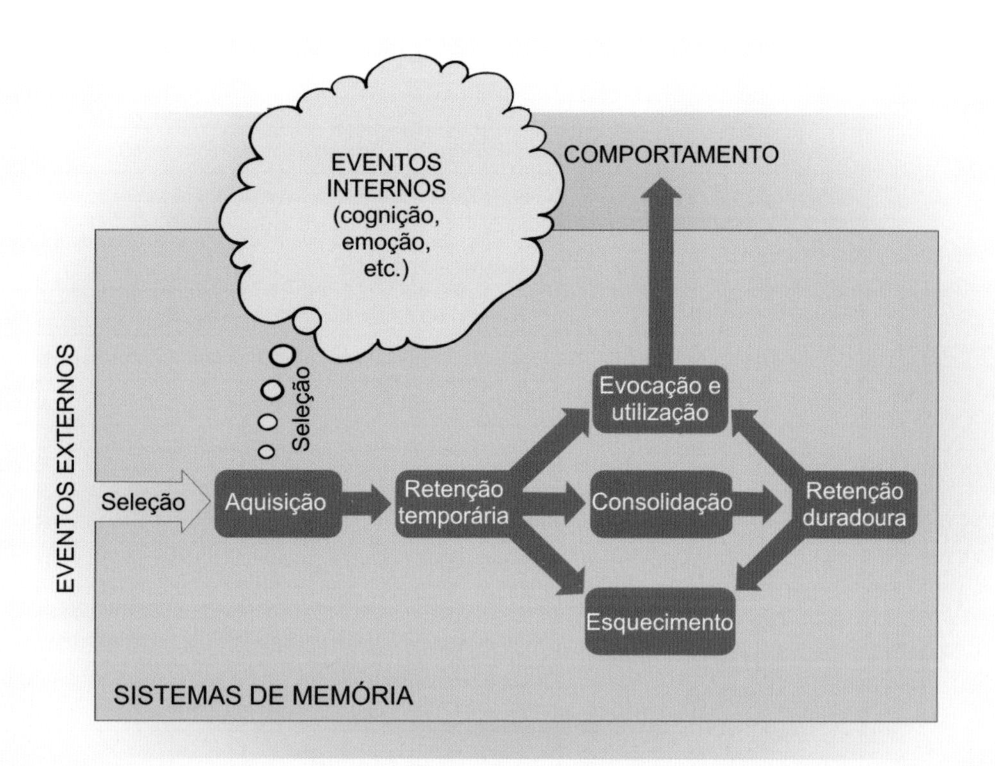

Figura 18.2. *A operação dos sistemas de memória pode ser esquematicamente representada por uma sequência de etapas, a partir da entrada de um evento novo, proveniente do ambiente externo ou mesmo da mente do indivíduo.*

A memória pode ser classificada quanto ao tempo de retenção em (1) *memória ultrarrápida* ou *imediata,* cuja retenção não dura mais que alguns segundos; (2) *memória de curta duração*, que dura minutos ou horas e serve para proporcionar a continuidade do nosso sentido do presente, e (3) *memória de longa duração*, que estabelece engramas duradouros (dias, semanas e até mesmo anos).

Imagine a seguinte cena cotidiana. Você se dirige à sala de aula para realizar uma prova difícil. No caminho, alguém a intercepta e pergunta quais assuntos cairão na prova. Você começa a responder, e a cada frase precisa reter por alguns segundos a primeira palavra para emitir a segunda com coerência; a seguir, precisa reter a segunda para emitir a terceira, e assim por diante. Você utilizou a sua memória ultrarrápida: se alguém lhe perguntar logo depois quais foram exatamente as palavras que pronunciou ao responder sobre os temas da prova, não se lembrará. Ao chegar à sala de aula, um colega lhe pergunta se foi homem ou mulher a pessoa que a interceptou no caminho. Você responderá corretamente utilizando a sua memória de curta duração, e se concentrará na prova. Alguns dias depois, tudo que restará em sua memória daquele dia na universidade provavelmente será a prova, ou talvez apenas as questões mais difíceis, que foram armazenadas na sua memória de longa duração...

A memória pode também ser classificada, quanto à sua natureza (Tabela 18.1), em: (1) *memória explícita* ou declarativa; (2) *memória implícita* ou não declarativa e (3) *memória operacional* ou memória de trabalho.

A memória explícita reúne tudo que só podemos evocar por meio de palavras (daí o termo "declarativa") ou outros símbolos (um desenho, por exemplo). É formada facilmente, mas pode-se perder também facilmente. Pode ser *episódica*, quando envolve eventos datados, isto é, relacionados ao tempo; ou *semântica*[1], quando envolve conceitos atemporais. Ao lembrar que foi ao teatro no domingo passado assistir *Romeu e Julieta*, você empregou a sua memória episódica. Mas saber que o teatro é uma forma de arte cênica e que *Romeu e Julieta* é uma peça do escritor inglês William Shakespeare, é um exemplo de memória semântica. A memória episódica é geralmente específica de cada indivíduo, característica de sua trajetória de vida. A memória semântica, por outro lado, é compartilhada por muitas pessoas, fazendo parte da cultura.

A memória implícita, por sua vez, é diferente da explícita porque não precisa ser descrita com palavras. Além disso, requer mais tempo e treinamento para se

Também chamada conhecimento conceitual.

TABELA 18.1. TIPOS E CARACTERÍSTICAS DA MEMÓRIA

	Tipos e Subtipos	*Características*
Quanto ao tempo de retenção	Ultrarrápida ou imediata	Dura de frações de segundos a alguns segundos; memória sensorial
	Curta duração	Dura minutos ou horas, garante o sentido de continuidade do presente
	Longa duração	Dura horas, dias ou anos, garante o registro do passado autobiográfico e dos conhecimentos do indivíduo
Quanto à natureza	Explícita ou declarativa	Pode ser descrita por meio de palavras e outros símbolos
	Episódica	*Tem uma referência temporal: memória de fatos sequenciados*
	Semântica	*Envolve conceitos atemporais: memória cultural*
	Implícita ou não declarativa	*Não precisa ser descrita por meio de palavras*
	De representação *perceptual*	*Representa imagens sem significado conhecido: memória pré-consciente*
	De procedimentos	*Hábitos, habilidades e regras*
	Associativa	*Associa dois ou mais estímulos (condicionamento clássico), ou um estímulo a uma certa resposta (condicionamento operante)*
	Não associativa	*Atenua uma resposta (habituação) ou aumenta-a (sensibilização) através da repetição de um mesmo estímulo*
	Operacional ou memória de trabalho	Permite o raciocínio e o planejamento do comportamento

formar, mas persiste mais duradouramente. Pode ser de quatro subtipos. O primeiro é a chamada *memória de representação perceptual*, que corresponde à imagem de um evento, preliminar à compreensão do que ele significa. Um objeto, por exemplo, pode ser retido nesse tipo de memória implícita antes que saibamos o que é, para que serve etc. Outro subtipo de memória implícita é a *memória de procedimentos*: trata-se, aqui, dos hábitos e habilidades e das regras em geral. Sabemos os movimentos necessários para dirigir um carro, sem que seja preciso descrevê-los verbalmente.

Sabemos também que numa frase em português o sujeito geralmente vem antes do verbo, e elaboramos as frases de acordo com essa regra previamente memorizada, sem nos dar conta disso. Finalmente, dois subtipos muito importantes de memória implícita são conhecidos como *associativa* e *não associativa*. Ambas se relacionam fortemente a algum tipo de resposta ou comportamento. Empregamos a memória associativa, por exemplo, quando começamos a salivar bem antes que a comida chegue à nossa boca, por termos em algum momento da vida associado o seu cheiro ou aspecto à alimentação. Por outro lado, empregamos a memória não-associativa quando sem sentir aprendemos que um estímulo repetitivo que não traz consequências é provavelmente inócuo, o que nos faz "relaxar" e ignorá-lo.

O terceiro tipo é a *memória operacional*, através da qual armazenamos temporariamente informações que serão úteis apenas para o raciocínio imediato e a resolução de problemas, ou para a elaboração de comportamentos, podendo ser descartadas (esquecidas) logo a seguir. Guardamos em nossa memória operacional, por exemplo, o local onde estacionamos o automóvel quando vamos fazer compras, uma informação que nos servirá apenas até o momento de voltar ao carro para ir embora. Depois disso, essa informação será provavelmente esquecida em definitivo.

APRENDIZAGEM: AQUISIÇÃO DE DADOS PARA PENSAR E AGIR

Esse repertório de capacidades mnemônicas de tipos diferentes começa com a aquisição de informações, isto é, com a entrada dos dados selecionados para o sistema de armazenamento da memória. O processo de aquisição das novas informações que vão ser retidas na memória é chamado *aprendizagem*. Através dele nos tornamos capazes de orientar o comportamento e o pensamento. Memória, diferentemente, é o processo de arquivamento seletivo dessas informações, pelo qual podemos evocá-las sempre que desejarmos, consciente ou inconscientemente. De certo modo, a aprendizagem pode ser vista como um conjunto de comportamentos que viabilizam os processos neurobiológicos e neuropsicológicos da memória. Como os conceitos de aprendizagem e de memória, embora diferentes, são muito próximos, é comum utilizar um termo como sinônimo do outro.

Todos os animais são capazes de aprender, o que significa que todos têm algum tipo de memória. E a capacidade de aprendizagem dos animais pode ser reduzida a dois tipos principais, *associativa* e *não associativa,* que se confundem com os subtipos de memória implícita de igual denominação.

Se você estiver sozinha em casa, à noite, o ruído repentino de um inseto batendo asas contra a vidraça pode lhe causar um pequeno susto. Você fica imóvel, alerta, esperando que alguma coisa aconteça. Pensa: pode ser um inseto, mas pode ser também algo pior... Após alguns minutos o ruído se repete, e depois outra vez, e outra mais. Como nada acontece, você vai relaxando, seu susto vai passando, e a hipótese de que seja realmente um inseto lhe dá tranquilidade suficiente para ir olhar o vidro da janela e achar efetivamente a fonte do ruído. Você aprendeu com a repetição inócua do ruído que não se tratava de algo ruim. Esse subtipo de aprendizagem não associativa chama-se *habituação.*

Mas a história pode transcorrer de modo diferente... Em vez de um ruído na janela, de repente um morcego arremete para dentro da sala, e você quase morre de susto. Seu coração dispara, você não sabe o que fazer, e após alguns minutos aterrorizantes o morcego consegue encontrar o vão da janela por onde entrou, e desaparece. Nas noites subsequentes, você se assusta do mesmo modo com qualquer ruído que venha da janela, e passam-se muitas noites até que você "esqueça" o episódio inicial. Aprendeu a esperar algo assustador e colocou-se em estado de alerta para qualquer eventualidade. Trata-se de um outro subtipo de aprendizagem não associativa, de certo modo oposto à habituação, que se chama *sensibilização.*

Tanto a habituação como a sensibilização são consideradas por muitos pesquisadores (mas há controvérsias...) formas não-associativas de aprendizagem, porque através de um único estímulo (o ruído repetitivo, no primeiro exemplo, e a entrada do morcego, no segundo) você se torna capaz de fazer uma previsão do futuro, e assim preparar as suas ações de modo apropriado: relaxar, porque o estímulo deve ser inócuo, ou manter-se alerta, porque o estímulo pode ser nocivo. Depreende-se disso que esses são mecanismos muito úteis à sobrevivência dos animais. Talvez por essa razão originaram-se tão precocemente durante a evolução, e mantiveram-se conservados até a espécie humana. A forma não associativa de aprendizagem depende de repetição, que é na verdade uma estratégia que empregamos para memorizar algo.

Mas podemos aprender também associando eventos. No episódio imaginário do morcego, você pode ter percebido um assovio repetido antes que o morcego entrasse em sua sala, e agora sempre que o assovio se repete lá fora você corre a fechar a janela. Ocorreu uma associação entre o assovio e o morcego que lhe provocou susto: você aprendeu a identificar o som emitido por esses animais, e passou a orientar o seu comportamento correspondentemente. Trata-se de uma forma de aprendizagem associativa entre dois estímulos (o assovio e o morcego) chamada *condicionamento clássico*. Como o morcego lhe provoca sempre um susto, neste caso é considerado um estímulo incondicionado. O assovio, entretanto, normalmente não lhe provocaria qualquer reação, mas como foi associado à presença assustadora do morcego, passa a ser chamado estímulo condicionado.

Esse tipo de aprendizagem associativa foi descoberto e estudado pelo fisiologista russo Ivan Pavlov (1849-1936) durante a primeira metade do século 20, e é por essa razão que recebe o adjetivo "clássico". Em uma série de experimentos bem conhecidos, Pavlov primeiro estimulava a secreção salivar em cães através da oferta direta de alimento ao animal (o estímulo incondicionado), e depois fazia preceder a oferta de alimento pelo piscar de uma luz (o estímulo condicionado). Observou que se estabelecia uma associação entre os dois estímulos, e após algum tempo o animal salivava ao simples piscar da luz (Figura 18.3A).

Um pouco antes de Pavlov um outro tipo de aprendizagem associativa havia sido descrito, denominado posteriormente *condicionamento operante* ou instrumental, e que se caracterizava pela associação entre um estímulo e uma determinada resposta comportamental. Tipicamente, aprendemos que uma determinada ação que realizamos pode estar associada a uma experiência positiva (um reforço ou recompensa), ou então a uma experiência negativa (uma punição). O resultado é que realizamos mais vezes a ação reforçada, e menos vezes a ação punida. Neste último caso, podemos também realizar uma ação que evite a punição. O condicionamento operante foi estudado pelos psicólogos experimentais utilizando gaiolas especiais com instrumentos para os animais manipularem (Figura 18.3B): alavancas, botões, cordas. Os animais aprendiam a manipular os instrumentos do modo desejado pelos pesquisadores, associando o seu comportamento com um estímulo qualquer (luminoso, sonoro) sob motivação positiva ou negativa (um pouco de alimento, um choque elétrico).

O estudo experimental dos tipos de aprendizagem, além de ter contribuído com o conhecimento dos processos psicológicos pelos quais se dá a aquisição da informação para os sistemas mnemônicos, tem sido especialmente útil para o estudo das bases neurobiológicas da memória. Isso porque possibilitou a elaboração de diversos experimentos engenhosos com animais, associados a lesões de regiões neurais específicas, o registro da atividade elétrica neuronal e até mesmo o emprego de técnicas bioquímicas e moleculares. Um exemplo muito frutífero desse esforço foi o estudo das bases moleculares da aprendizagem em invertebrados, um tema descrito amplamente no Capítulo 5. Além disso, essas mesmas técnicas de condicionamento operante associadas ao registro da atividade neuronal são empregadas em diversos experimentos com animais, quando se deseja conhecer os mecanismos neurobiológicos da percepção, da atenção, emoção e várias outras funções neurais.

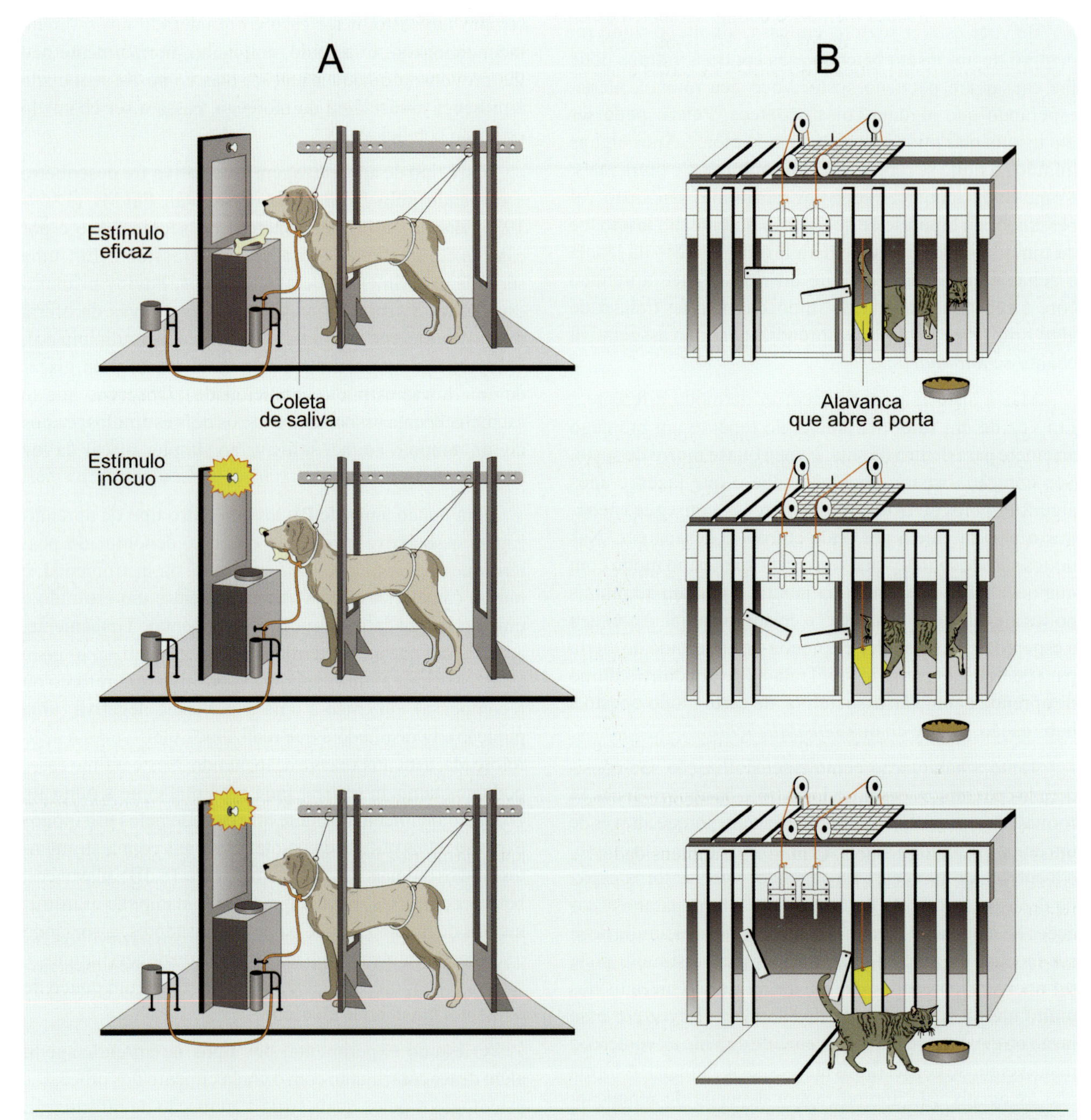

Figura 18.3. *A. O fisiologista russo Ivan Pavlov (1849-1936) criou o conceito original de condicionamento clássico, observando que um cão que salivava somente ao abocanhar o alimento (acima), passava a salivar também quando um estímulo inócuo (uma luz, por exemplo) era associado ao alimento (no meio), e até mesmo quando a luz lhe era apresentada sem o alimento (abaixo).* ***B.*** *O americano Edward Thorndike (1874-1949) empregou outro conceito importante: o de condicionamento operante, observando que gatos motivados pela visão do alimento (acima e no meio) eram capazes de associar comportamentos e assim aprender a abrir as portas da gaiola (abaixo).*

OS DEFEITOS DA MEMÓRIA

Nos seres humanos, embora recentemente se tenha tornado possível realizar experimentos semelhantes, associados à obtenção de imagens funcionais durante a realização de operações mentais e comportamentos específicos, a maior parte dos dados de que dispomos sobre a memória proveio da prática e do estudo de casos clínicos pelos neurologistas.

Como a memória explícita é tipicamente (embora talvez não unicamente) humana, os casos de pacientes com distúrbios da memória tornam-se muito importantes para a elucidação dos mecanismos neurobiológicos subjacentes. Os neurologistas acumularam descrições detalhadas de casos clínicos relativamente comuns, como os de pacientes com doença de Alzheimer e os de alcoólatras com a síndrome de Korsakoff, ambos portadores de amnésias graves. Há também relatos pormenorizados de casos raros com lesões cerebrais localizadas ou de indivíduos com cérebros aparentemente normais que, no entanto, apresentam amnésias ou hipermnésias. Geralmente se tenta correlacionar os sintomas com as regiões cerebrais lesadas, para tirar conclusões sobre os mecanismos da memória humana. A localização das lesões pode ser feita pelo estudo da anatomia patológica após a morte, mas atualmente pode também ser feita em vida com grande precisão, utilizando os métodos de imagem cerebral morfológica e funcional.

MEMÓRIA DE MENOS

Teve grande repercussão na literatura médica e psicológica o caso do paciente canadense Henry Molaison, falecido aos 82 anos no final de 2008, e que ficou conhecido em vida pelas iniciais HM. HM era portador de epilepsia grave desde a adolescência. O número e a intensidade das crises que sofria diariamente levaram os neurologistas a recomendar uma cirurgia radical, durante a qual se faria a remoção dos focos epilépticos situados no setor medial do lobo temporal, bilateralmente (Figura 18.4A, B). A cirurgia foi realizada em 1953, quando HM tinha 27 anos. Logo após a operação constatou-se melhora do quadro epiléptico, mas infelizmente também um grave distúrbio da memória.

Examinado por uma equipe de neurologistas e psicólogos durante vários anos após a cirurgia, HM não se lembrava da operação, sempre relatava ter 27 anos, não reconhecia os profissionais de saúde que o atendiam e era incapaz de lembrar de qualquer fato que tivesse acontecido a partir de 1953. Lembrava-se perfeitamente, entretanto, dos fatos mais antigos de sua vida, exceto aqueles ocorridos em um período de 2 ou 3 anos imediatamente precedente à cirurgia. O quadro era de uma *amnésia anterógrada* total, isto é, completa perda de memória para os fatos ocorridos após a lesão de seu sistema nervoso, associada a uma *amnésia retrógrada* parcial restrita ao período imediatamente anterior à cirurgia, e tanto mais forte quanto mais próxima do momento da lesão cirúrgica. Os psicólogos o examinaram detalhadamente, constatando que sua inteligência era normal e que ele era capaz de compreender tudo o que lhe diziam, responder normalmente a perguntas, raciocinar sobre dados que lhe eram apresentados, realizar cálculos aritméticos, bem como aprender novas habilidades motoras. Seu quadro de amnésia permaneceu inalterado permanentemente.

Os neurocirurgiões relataram haver removido todo o setor medial do lobo temporal em ambos os lados (Figura 18.4A), e de fato um exame de ressonância magnética (RM) morfológica realizado em 1997 demonstrou ausência dessa região cerebral, com exceção de uma porção mais posterior (Figura 18.4B), que no entanto poderia estar funcionalmente alterada.

O caso HM permitiu concluir que as regiões mediais do lobo temporal participam de modo fundamental do processo de consolidação da memória explícita (Figura 18.5). Como justificar essa importante conclusão? Primeiro, a neuroimagem confirmou que as estruturas do lobo temporal medial é que haviam sido atingidas, sendo elas portanto as responsáveis pelas funções perdidas. Segundo, nem a aquisição nem a retenção temporária da memória sofreram alterações com a lesão, já que HM se mostrou capaz de aprender tarefas típicas da memória de procedimentos, como novas habilidades motoras, e reter informações de curta duração em sua memória operacional, para utilizá-las em testes que envolviam raciocínio, cálculos e outras operações mentais. Portanto, as funções atingidas pela lesão envolviam especificamente a memória explícita. Em terceiro lugar, os engramas já consolidados haviam sido preservados, o que permitia que HM lembrasse normalmente de fatos ocorridos antes da cirurgia, exceto aqueles ocorridos próximo a ela. A lesão não havia atingido a retenção duradoura das memórias antigas nem os seus processos de evocação. Finalmente, os déficits apresentados por HM se restringiam à consolidação da memória explícita, provocando amnésia anterógrada (incapacidade de reter novas memórias) e amnésia retrógrada pré-lesional (incapacidade de consolidar as memórias de curta duração que haviam sido adquiridas pouco tempo antes da cirurgia).

O caso HM estimulou bastante a observação neurológica de outros pacientes com déficits da memória, o que permitiu especificar melhor quais subtipos da memória explícita são representados no lobo temporal medial (memória episódica ou memória semântica?), e quais estruturas do lobo temporal estão envolvidas mais especificamente (hipocampo? amígdala?). Voltaremos a esse assunto mais adiante.

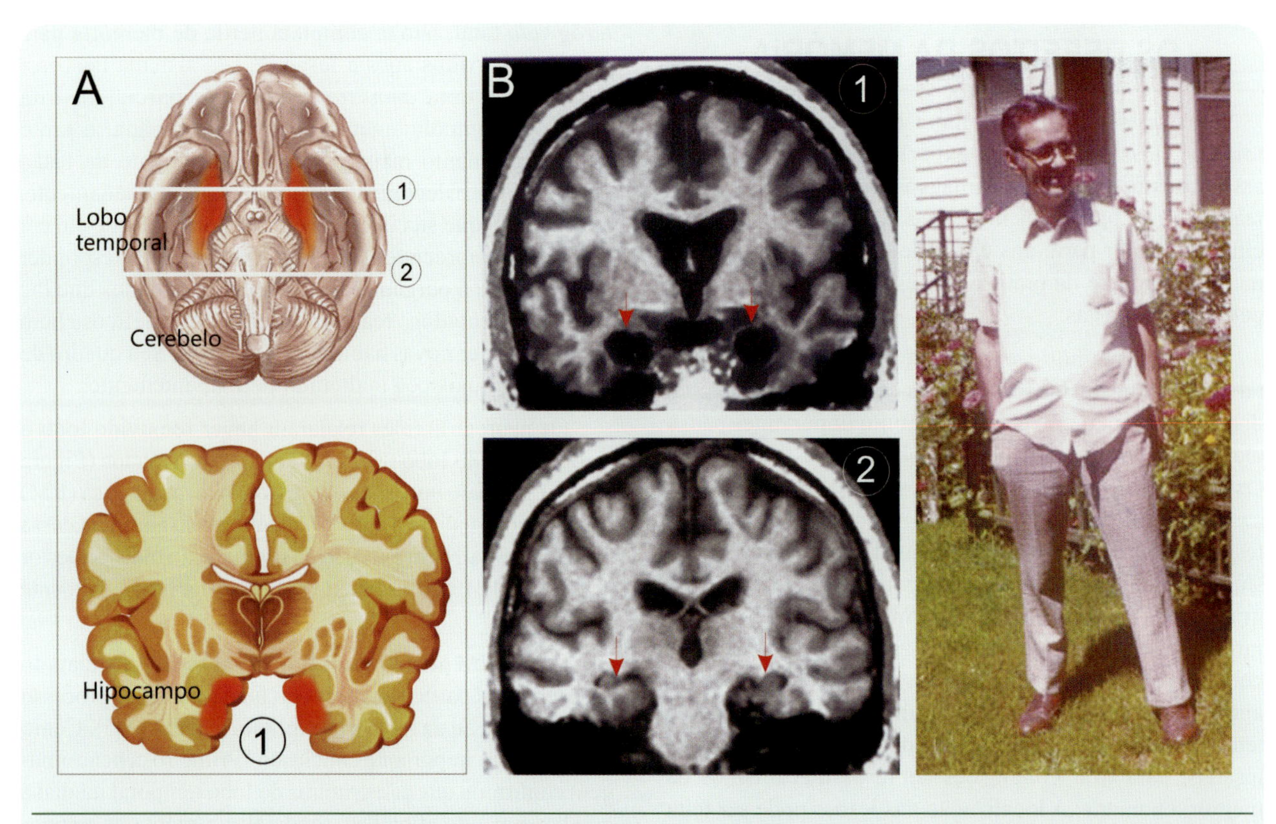

Figura 18.4. *O paciente HM (à direita), em foto tirada cerca de 20 anos após ser submetido à remoção cirúrgica bilateral das porções mediais do lobo temporal, que incluiriam o hipocampo*[A] *e regiões adjacentes (áreas em vermelho, em* **A***). Ressonância magnética realizada recentemente, entretanto, mostrou que a região posterior do hipocampo (setas vermelhas no nível 2, em* **B***) foi preservada. Imagens de RM modificadas de S. Corkin e cols. (1997)* Journal of Neuroscience *vol. 17: pp. 3964-3979.*

Muitos outros casos de amnésia foram estudados pelos neurologistas, relacionados a lesões neurais localizadas ou generalizadas. Ocorre amnésia retrógrada isolada, por exemplo, em certos casos de lesões do lobo temporal lateral e ventral. Nesses casos, o indivíduo pode perder a capacidade de dar nome às coisas (anomia) – sabe para que servem, como são, mas não encontra na memória o nome de cada uma. Ocorre déficit na memória operacional em casos de lesão do giro supramarginal[A] (situado na fronteira do lobo occipital[A] com o lobo parietal[A]), e do córtex pré-frontal[A] lateral. Profunda amnésia completa (retrógrada e anterógrada) é característica dos casos avançados da doença de Alzheimer, um processo neurodegenerativo que atinge extensas áreas cerebrais, do hipocampo[A] e adjacências ao neocórtex frontal. Traumatismos ou uma diminuição momentânea da irrigação sanguínea cerebral podem causar amnésias globais transitórias: a pessoa recupera a memória, mas fica com um "buraco" correspondente ao período da crise. Faremos menção a alguns desses casos em relação aos diferentes tipos e processos da memória.

MEMÓRIA DEMAIS

O neurologista russo Aleksandr Luria (1903-1978) acompanhou desde os anos 1920 as venturas e desventuras de um jovem repórter de jornal que tinha uma fantástica característica: hipermnésia e incapacidade de esquecer! O caso real de Solomon Sherashevski antecipou o personagem *Funes, el Memorioso*, do escritor argentino Jorge Luis Borges (1899-1986). Sherashevski era capaz de memorizar listas de 70 a 100 itens (palavras e números, especialmente), repetindo-os em qualquer ordem. Como Funes, "não só recordava cada folha de cada árvore de cada monte, como também cada uma das vezes que a tinha percebido ou imaginado". Sua extraordinária memória explícita fez com que deixasse a profissão para ganhar dinheiro exibindo-se em apresentações populares. Mas o que seria uma vantagem tornou-se uma desvantagem. As sucessivas séries de itens que tinha de memorizar não podiam ser esquecidas, e a cada vez se tornava mais difícil diferenciá-las umas das outras! Sua capacidade de pensar era limitada, porque não conseguia ignorar detalhes para generalizar alguma coisa.

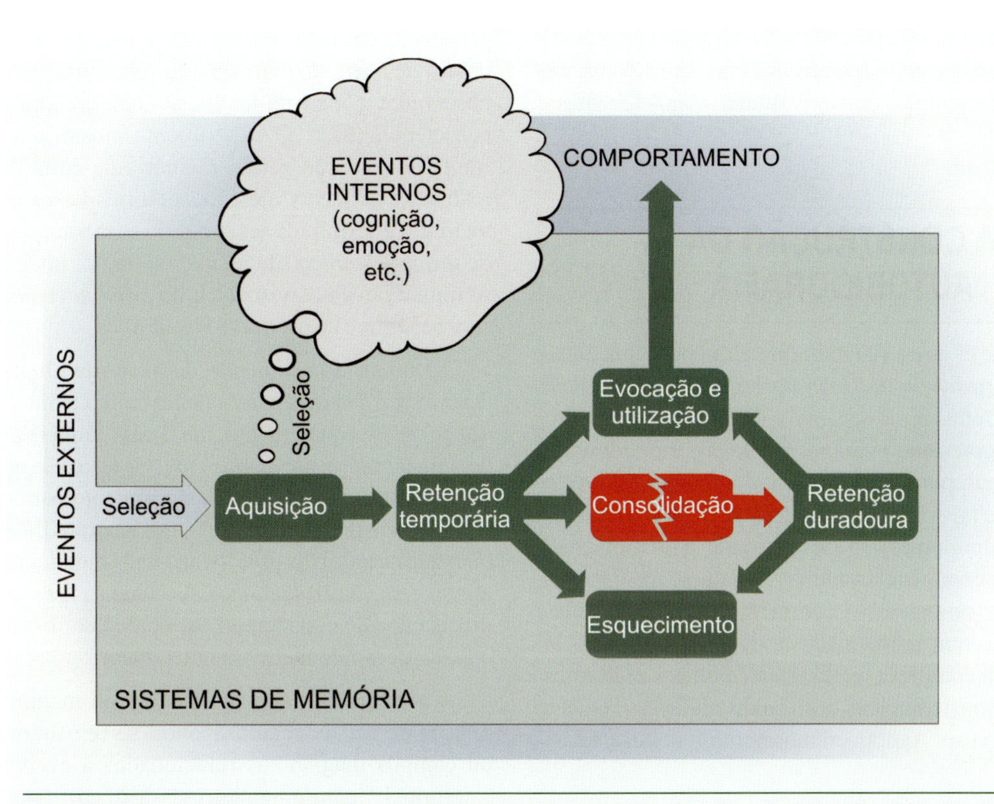

Figura 18.5. *O estudo dos sintomas apresentados por HM permitiu concluir que o hipocampo está envolvido especificamente com os processos de consolidação da memória explícita.*

Luria investigou o mecanismo utilizado por seu paciente e concluiu que ele apresentava uma anomalia perceptual chamada sinestesia, valendo-se dela para a sua extraordinária memória. Cada palavra (ou número, ou um evento qualquer) era associada a uma imagem visual, a uma sensação corporal, a um cheiro e a um gosto. Uma vez declarou, lembrando-se de uma pessoa: "– Tem a voz amarela e crocante." O número de associações sensoriais que estabelecia com objetos e fatos facilitava a memorização, mas dificultava muito sua compreensão. A cada palavra de cada frase que ouvia, imediatamente associava imagens, sons e outras sensações. Ao final, perdia-se na compreensão do sentido.

Os casos de hipermnésia são relativamente raros, e ainda não foi possível compreender sua determinação neurobiológica. Alguns indivíduos autistas apresentam hipermnésia: são conhecidos como *savants*[2] pelos educadores e neuropsicólogos.

MEMÓRIA PROVOCADA

Menos misteriosos e mais esclarecedores sobre a localização cerebral da memória humana foram os trabalhos do neurocirurgião canadense Wilder Penfield (1891-1976). Penfield (veja o Capítulo 12) estimulava eletricamente o córtex cerebral de pacientes acordados sob anestesia local, com o objetivo de determinar com precisão as regiões patológicas a serem removidas. Em um desses casos, ao estimular o giro temporal superior[A] de uma mulher, ouviu dela o seguinte relato: "– Acho que ouvi uma mãe chamando seu filhinho em algum lugar. Parece alguma coisa que aconteceu anos atrás... Alguém do lugar onde eu moro..." Em outro momento, Penfield estimulou o córtex inferotemporal[A], e obteve da paciente o seguinte relato: "– Tive uma lembrança – uma cena em um pátio onde eles estavam conversando – e eu vi, vi perfeitamente em minha memória".

Os resultados obtidos com a estimulação elétrica de diversas regiões corticais fortaleceu a ideia de que existem múltiplos sistemas mnemônicos, ou seja, de que os engramas da memória explícita ficam contidos nas próprias regiões funcionais específicas, de acordo com as propostas de Hebb. Desse modo, a estimulação das regiões temporais próximas ao córtex auditivo provoca a evocação de memórias auditivas, enquanto a estimulação do córtex inferotemporal, sabidamente ligado à percepção visual, evoca lembranças visuais.

Atualmente, a localização das áreas do sistema nervoso envolvidas com os vários processos e tipos de memória

[2] Sábios, *em francês.*

pode ser feita com muita precisão utilizando as técnicas de imagem funcional, como a ressonância magnética. Veremos adiante alguns exemplos desses resultados mais recentes.

A CONSTRUÇÃO DA AUTOBIOGRAFIA

Pode-se dizer que a sua memória alimenta a sua autobiografia, o repositório das suas vivências e sentimentos. Uma autobiografia, como se sabe, é diferente de uma biografia, isto é, representa a vida vista pelo próprio indivíduo que a vive, e não por terceiros. Quando alguém escreve a sua autobiografia, seleciona os aspectos e fatos que mais lhe parecem importantes. Do mesmo modo, a memória não reúne todas as experiências que vivenciamos, mas apenas aquelas que selecionamos – consciente ou inconscientemente – para serem armazenadas e depois lembradas. Já vimos que essa complexa tarefa é realizada por diferentes processos neuropsicológicos, utilizando múltiplas regiões do sistema nervoso. Agora veremos como isso ocorre.

MEMÓRIA ULTRARRÁPIDA: O *FLASH* INICIAL

Já mencionamos que o primeiro processo que se pode detectar no funcionamento dos sistemas mnemônicos surge quando um evento qualquer – externo ou interno – ativa alguma região neural. Os eventos externos são mais acessíveis aos métodos objetivos da neurociência. Os eventos internos têm sido analisados por introspecção, isto é, observando e relatando os nossos próprios pensamentos e sentimentos, ou então, mais recentemente, por meio das técnicas de imagem funcional e registro eletrofisiológico não invasivo[G].

Como os eventos externos incidem sobre o sistema nervoso através dos sentidos, pode-se supor que os primeiros processos mnemônicos devem ocorrer nos sistemas sensoriais. É a chamada *memória sensorial*. A característica dessa forma de memória ultrarrápida é ser pré-consciente, isto é, não alcançar a consciência. Os neuropsicólogos perceberam a sua existência quando passaram a utilizar técnicas de "relato parcial" para detectar as informações que porventura fossem armazenadas por um indivíduo, ainda que por pouco tempo, e que não pudessem ser evocadas facilmente.

Suponhamos que um quadro de letras como o da Figura 18.6A seja projetado como um *flash* durante poucos segundos sobre uma tela visualizada por um observador. Pergunta-se a seguir a este quais as letras que ele pôde memorizar, e ele não consegue ultrapassar o limite de retenção de cerca de sete itens, já mencionado anteriormente. Entretanto, se lhe pedirmos que relate as quatro letras projetadas em uma das fileiras (qualquer uma), depois as quatro de outra, e finalmente as da última, veremos que o observador pôde retê-las todas (12), embora não tivesse consciência disso. O experimento mostra que, embora o limite de retenção para a memória de curta duração seja realmente pequeno, ele é duas ou três vezes maior para a memória ultrarrápida sensorial. Essa memória foi chamada de *arquivo icônico* (de *ícone* = símbolo, imagem) quando se trata de eventos visuais, e de *arquivo ecoico* (de *eco* = som repetitivo) para eventos auditivos.

Fala-se em *decaimento* da memória ultrarrápida para descrever o seu desaparecimento com o tempo. Não é adequado dizer esquecimento, neste caso, uma vez que se trata de uma memória pré-consciente. Os testes de relato parcial indicaram que os tempos de decaimento para os arquivos icônicos são de meio segundo, no máximo. Indicaram também que os arquivos ecoicos são mais duradouros, podendo atingir cerca de 20 segundos. A diferença faz sentido porque precisamos de mais tempo para processar os sons verbais, e assim compreender o que nos falam.

Um correlato eletrofisiológico da memória ultrarrápida pode ser detectado quando se registram potenciais ou campos magnéticos relacionados a eventos[G] (veja o Capítulo 17 para entender essa técnica). Neste caso podem ser detectados os chamados potenciais ou campos "de discrepância" (Figura 18.6B), interpretados como a manifestação eletrofisiológica do arquivo ecoico de um tom discrepante que aparece entre tons iguais repetidos. O registro é obtido em localização compatível com o córtex auditivo, indicando que esse tipo de memória é armazenado nas áreas sensoriais correspondentes. Quando o intervalo entre o tom discrepante e os tons repetidos excede 10-20 s, o sinal desaparece, o que está de acordo com o tempo de decaimento avaliado pelos testes de relato parcial.

MEMÓRIA OPERACIONAL: O ARQUIVO DINÂMICO DE INFORMAÇÕES

Após a entrada das informações iniciais e a sua passagem pela memória ultrarrápida, ocorre a primeira seleção do que poderá ser armazenado durante um tempo um pouco maior, suficiente para orientar o pensamento e o comportamento. Inicialmente, acreditava-se que as informações selecionadas pela memória ultrarrápida necessariamente passariam às diferentes categorias da memória de curta duração, e somente então sofreriam consolidação para se transformar na memória de longa duração (Figura 18.7). Ao longo desse "percurso" ocorreriam momentos de seleção e esquecimento (uma espécie de filtragem gradativa), o que resultaria na memorização duradoura de apenas uma fração dos eventos que haviam inicialmente chegado aos sistemas mnemônicos. Verificou-se, entretanto, que essa concepção linear não é verdadeira, já que existem casos de pacientes

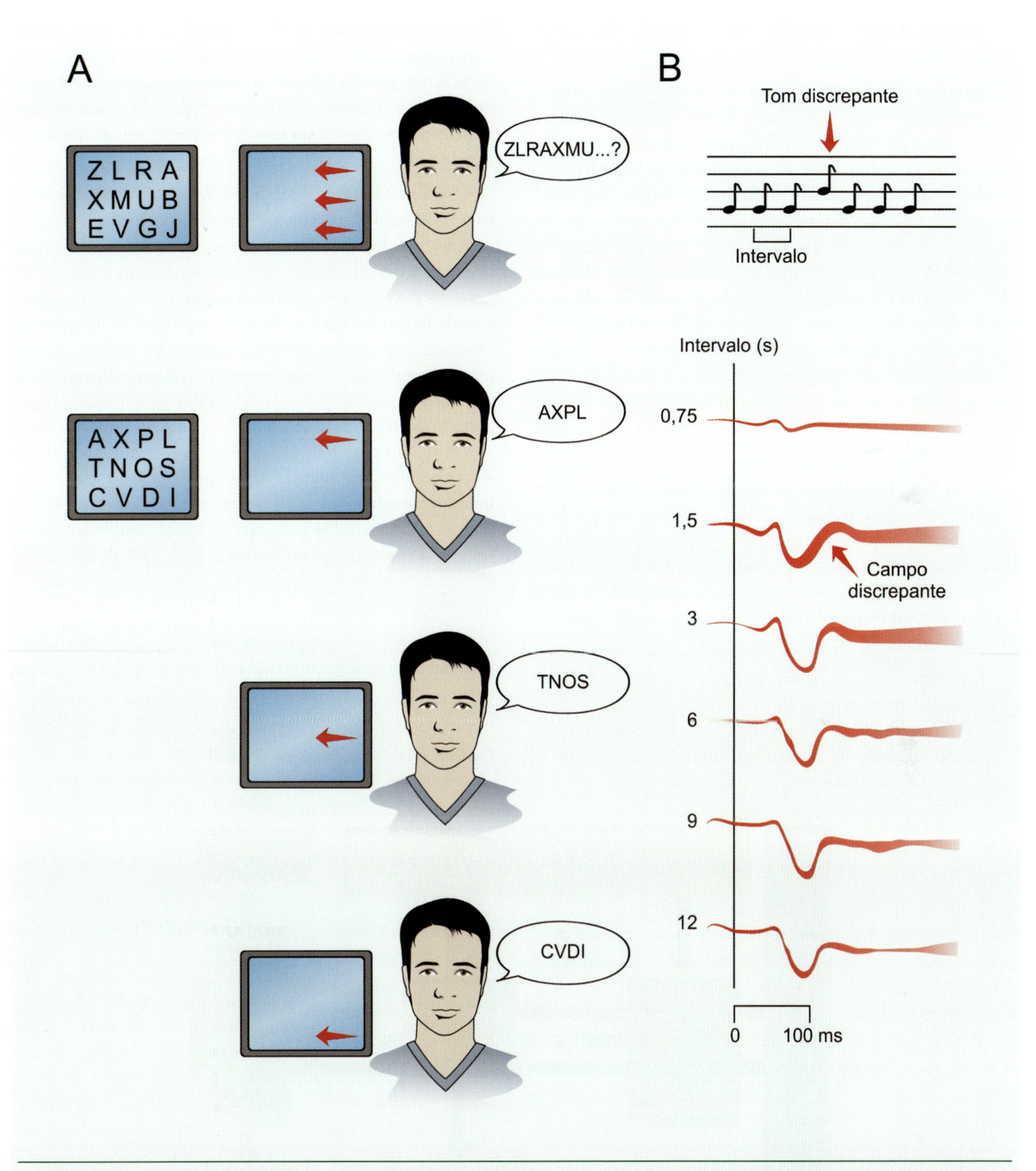

▸ **Figura 18.6.** *A memória ultrarrápida pode ser detectada por experimentos simples como o ilustrado em* ***A****. O indivíduo vê um painel com 12 letras projetadas durante poucos segundos, e é solicitado a evocá-las em ordem. Não lembra mais do que sete. Depois vê um painel semelhante, mas é solicitado a evocar uma linha de cada vez. Neste caso, mostra que armazenou as 12 letras, sem se dar conta disso. No experimento em* ***B*** *o indivíduo ouve um tom repetido, sob registro do seu magnetoencefalograma. A um tom discrepante de ocorrência aleatória, aparece um campo magnético correspondente, considerado a expressão neural desse tipo de memória.* ***B*** *modificado de M. Sams e cols. (1993)* Journal of Cognitive Neuroscience *vol. 5: pp. 363-370.*

com déficits na memória de curta duração sem qualquer problema na memória de longa duração. Os caminhos para os diferentes tipos de memória, então, são paralelos, e não sequenciais.

Independentemente de quais serão os seus caminhos (Figura 18.7), o fato é que apenas parte das informações será processada pela memória operacional a cada minuto. Esta, como já sabemos, destina-se a fornecer ao indivíduo a capacidade de reter essas informações durante um tempo mínimo necessário para a realização das operações do dia a dia: compreensão dos fatos, raciocínio, resolução de problemas, ação comportamental e muitas outras (Figura 18.7). A memória operacional, assim, é como a memória RAM[G] dos computadores: uma reserva dinâmica de informações disponíveis *on line*. Tendo em vista essa função, a memória operacional lida com dados provenientes da memória ultrarrápida, mas não unicamente dela: utiliza também informações armazenadas na memória de longa duração (Figura 18.7).

Com base nas evidências da neurologia clínica e dos experimentos fisiológicos, considera-se que a memória operacional é constituída por um componente executivo conhecido como *executivo central* e pelo menos dois componentes de apoio: um deles *visuoespacial* (às vezes chamado esboço visuoespacial) e outro *fonológico* (conhecido também como alça fonológica).

O componente visuoespacial foi descoberto através de casos de pacientes com lesões no lóbulo parietal inferior e nas regiões da via dorsal do córtex visual, especialmente quando situadas no hemisfério direito[3] (em laranja e amarelo na Figura 18.8). Esses indivíduos tipicamente apresentam déficits na retenção de curta duração de sequências de objetos apontados com a mão pelo pesquisador. Os objetos são tridimensionais, e ficam dispostos em uma certa configuração sobre uma mesa. O paciente deve reter a ordem de indicação dos objetos, em função da sua posição entre os outros sobre a mesa, uma tarefa visuoespacial por excelência.

O componente fonológico também foi sugerido com base no estudo clínico de pacientes, desta vez os portadores de lesões no hemisfério esquerdo, especificamente no giro supramarginal[A] (área 40, em azul na Figura 18.8). Neste caso, os pacientes se mostram incapazes de reter sequências de palavras faladas e repeti-las ao final. É interessante observar que esses indivíduos, apesar dos déficits na memória operacional, não apresentam qualquer deficiência na memória explícita de longa duração, o que indica: (1) que esses dois sistemas mnemônicos (a memória operacional e a memória explícita de longa duração) são dissociados, ou seja, operados por regiões cerebrais diferentes, e (2) que a memória operacional não é essencial para o armazenamento de longa duração. De certa forma, esses indivíduos representam a contraprova do paciente HM, cujo déficit, como vimos, é na memória explícita de longa duração, e não na memória operacional.

Finalmente, o componente executivo da memória operacional é concebido como o coordenador da alça fonológica

[3] *O fenômeno da lateralidade (especialização funcional dos hemisférios) é examinado no Capítulo 19.*

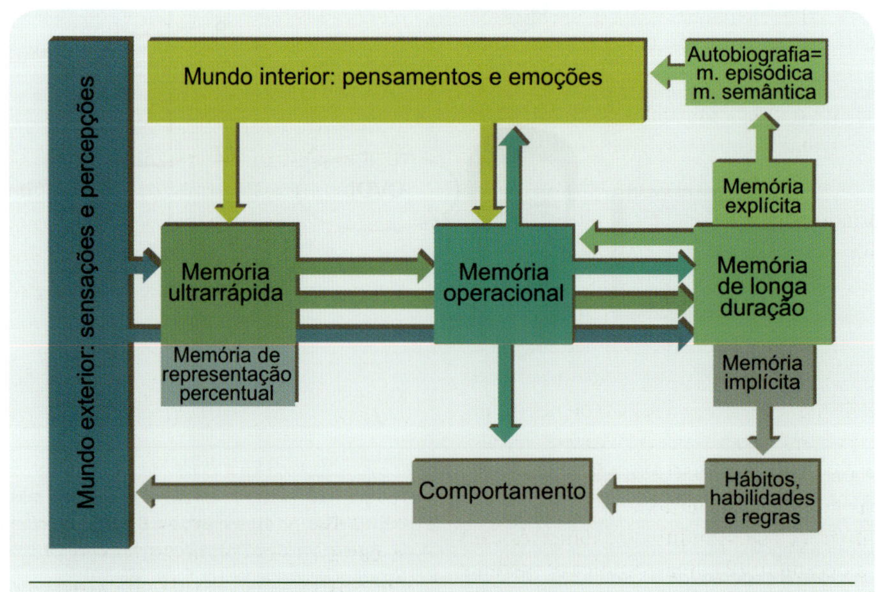

Figura 18.7. *As múltiplas relações entre a memória operacional, os demais tipos de memória, o pensamento e o comportamento. Observar que as informações não se transferem necessariamente em sequência, mas em paralelo entre os diferentes tipos de memória.*

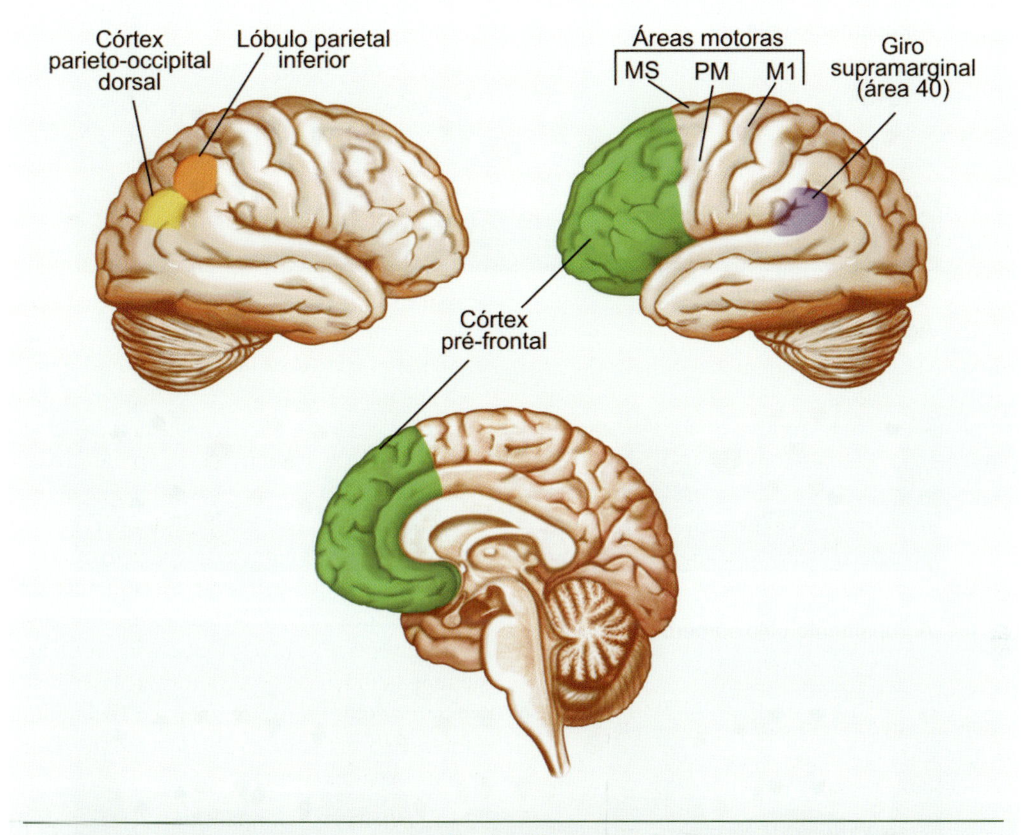

Figura 18.8. *Lesões no córtex cerebral provocam diferentes déficits da memória operacional, evidenciando os seus componentes: visuoespacial (no hemisfério direito, em laranja e amarelo), fonológico (no hemisfério esquerdo em azul) e executivo (em verde nos dois hemisférios).*

e do esboço visuoespacial. É ele que controla quais informações devem entrar para os componentes de apoio: seria quase um filtro atencional. Não há certeza sobre sua localização cerebral precisa, mas tudo indica que envolve as diferentes regiões do córtex pré-frontal (em verde, na Figura 18.8).

Aliás, o que é exatamente o córtex pré-frontal? Esse nome pouco apropriado consagrou-se, à falta de outro melhor para diferenciar as regiões do lobo frontal envolvidas com as funções cognitivas superiores, situadas no polo rostral do lobo frontal, daquelas envolvidas com a motricidade (que ocupam o giro pré-central[A] e o córtex imediatamente rostral a ele – veja o Capítulo 12). Como se pode observar na figura, o córtex pré-frontal é uma vasta região do neocórtex humano, composto por inúmeras áreas citoarquitetônicas[G] (veja a Figura 20.16 para maiores detalhes). Além disso, tem conexões recíprocas com muitas outras regiões: (1) áreas sensoriais e associativas (visuais, auditivas e somestésicas) dos lobos parietal e occipital; (2) áreas límbicas[G] mediais (córtex cingulado[A]); (3) outros sistemas mnemônicos (lobo temporal medial) e (4) o diencéfalo[A] medial. Sua complexidade estrutural e funcional está longe de ser completamente conhecida, e somente agora vem sendo desvendada em função dos métodos não invasivos de estudo funcional do sistema nervoso humano e dos métodos neuroanatômicos empregados em macacos.

Os neuropsicólogos estudam a função mnemônica das regiões pré-frontais utilizando testes como o chamado teste de Wisconsin (Figura 18.9), especificamente projetado para avaliar a memória operacional, e que consiste em solicitar ao indivíduo que agrupe cartas que contêm símbolos de forma, cor e número diferentes, utilizando um critério desconhecido para ele (forma, cor ou número). À medida que tenta, o indivíduo é informado pelo pesquisador se errou ou se acertou, e a partir de seus erros e acertos descobre o critério e realiza o agrupamento solicitado. O teste exige que o indivíduo utilize a memória operacional (lembrando seus erros e acertos em cada tentativa) para orientar o comportamento subsequente (as novas tentativas de agrupar as cartas). O envolvimento do córtex pré-frontal com essa função é evidenciado pelo fraco desempenho dos pacientes com lesões pré-frontais no teste de Wisconsin.

Em macacos, a participação do córtex pré-frontal na memória operacional foi estudada utilizando um teste

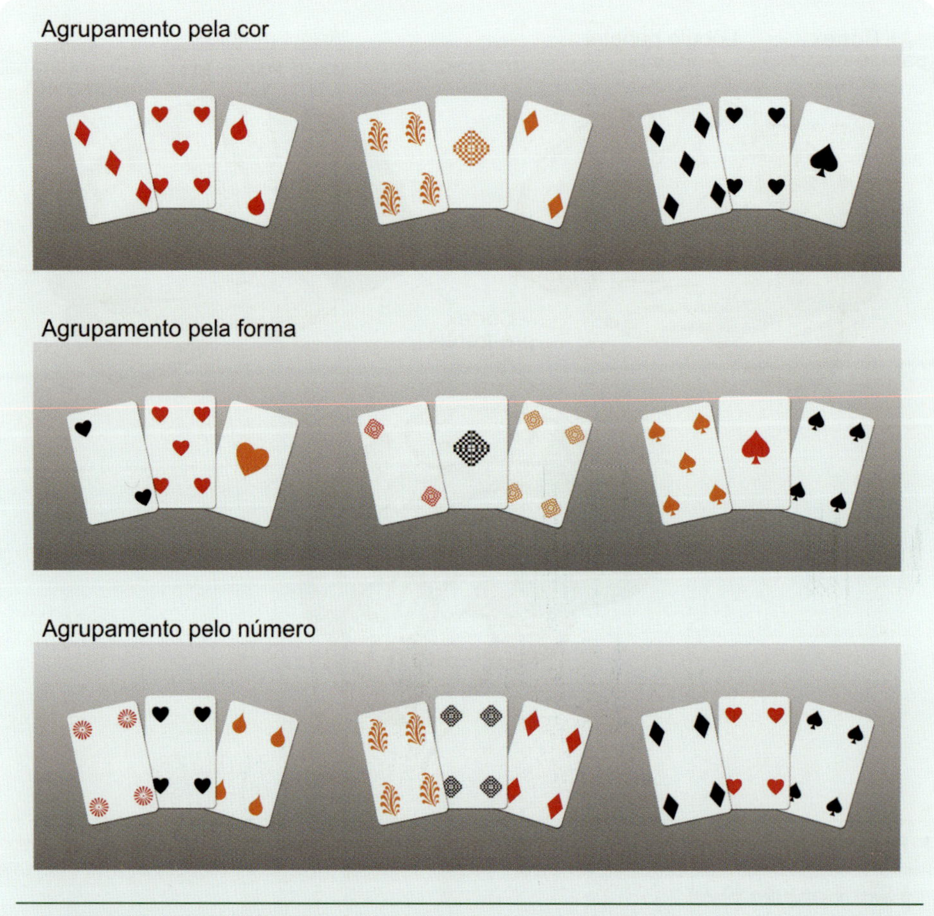

Figura 18.9. *No teste de Wisconsin, o sujeito é solicitado a agrupar as cartas como achar melhor, sem conhecer o critério de agrupamento (cor, forma ou número). O psicólogo o informa a cada tentativa se acertou ou errou, e mede o número de tentativas ou o tempo que ele leva para descobrir o critério e terminar a tarefa.*

visuoespacial que recebe o nome complicado de teste de comparação de amostras com retardo (Figura 18.10). O animal terá ao alcance da mão, fora de sua gaiola, dois orifícios onde se pode colocar amendoim (Figura 18.10A). Inicialmente, o experimentador cobre o orifício que contém o amendoim com um cartão colorido (vermelho, no exemplo), para que o animal remova o cartão se quiser retirar o amendoim (Figura 18.10B). A seguir, a visão dos orifícios é impedida durante um certo tempo por meio de uma janela de guilhotina que se fecha (Figura 18.10C). Quando a janela se abre novamente, o macaco encontra os dois orifícios cobertos: um com o cartão vermelho, e o outro com um cartão verde. No caso ilustrado, para ganhar a recompensa (o amendoim), ele deve escolher o cartão de cor diferente da escolha anterior (Figura 18.10D). Como o Wisconsin, este é também um teste de memória operacional, com a vantagem de que o experimentador pode variar o tempo de retardo para avaliar o tempo de retenção da informação visuoespacial. Podem ser submetidos a esse teste tanto animais normais como animais submetidos ao resfriamento de regiões corticais restritas, o que equivale a "lesões" reversíveis (Figura 18.11A). Neste caso, tanto os normais como aqueles com resfriamento parietal acertam em 90% das vezes, mesmo após 30 segundos de retardo, mas os animais com resfriamento pré-frontal acertam apenas em cerca de 60% das vezes (Figura 18.11B), um desempenho próximo do nível aleatório (50%).

Com base nesses resultados iniciais, os neurofisiologistas concluíram que o córtex pré-frontal está mesmo envolvido com a memória operacional, e passaram a estudar a atividade de neurônios dessa região durante os testes com retardo em macacos (Figura 18.10A-D). Detectaram a presença de células cuja atividade cresce durante os períodos de visualização do cartão inicial e do cartão final (Figura 18.10E1), e também outras cuja atividade cresce durante o retardo (Figura 18.10E2). Não se sabe exatamente o que estes últimos neurônios estão fazendo, mas a persistência de sua ativação durante o retardo sugere que podem estar mantendo "viva" a memória do cartão inicial para que possa

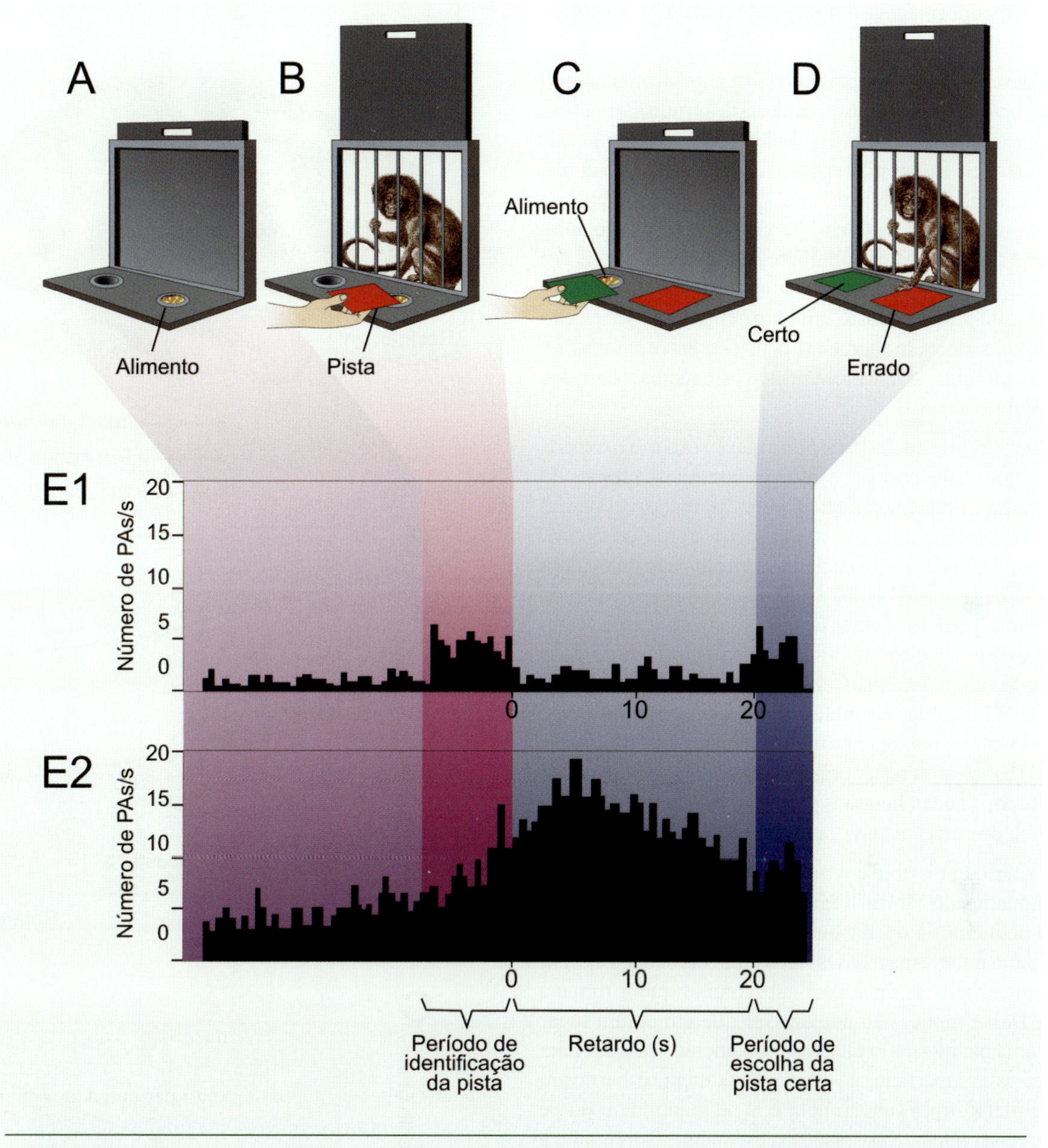

Figura 18.10. *Neste teste de comparação de amostras com retardo (**A-D**), o macaco deve apontar o cartão verde (em **D**), que não cobria o amendoim na exposição anterior (**B**). Alguns neurônios do córtex pré-frontal (**E1**), registrados durante o experimento, disparam mais nos períodos de visualização da pista, enquanto outros (**E2**) são mais ativos durante o período de retardo, sugerindo que possam estar mantendo "viva" a informação de posição dos cartões coloridos, em relação ao amendoim. Modificado de J. M. Fuster (1973)* Journal of Neurophysiology *vol. 36: pp. 61-78.*

ser utilizada na escolha posterior, quando a janela da gaiola de novo se abrir. Nos seres humanos, testes semelhantes podem ser aplicados, associados a registros de neuroimagem funcional durante o período de retardo: esses experimentos confirmaram o envolvimento do córtex pré-frontal, e além disso mostraram que essa ampla região cortical apresenta subdivisões funcionais para a memória operacional de tipo espacial e a que retém informações de detalhes dos objetos. Trata-se de uma extensão, na memória operacional, dos dois canais perceptuais da visão: o canal de movimento e espaço, e o canal de forma e cor (consulte os Capítulos 9 e 17 para maiores detalhes).

Pode-se concluir de dados como esses que o córtex pré-frontal sedia o componente executivo da memória operacional, cuja função é coordenar as informações visuoespaciais armazenadas no córtex parieto-occipital[A] direito e as informações fonológicas arquivadas no córtex temporal esquerdo.

A descoberta de conexões do córtex pré-frontal com o lobo temporal medial causou uma certa surpresa, uma vez que o caso HM e outros casos clínicos de lesões temporais indicavam que essa região cortical estaria envolvida com a memória explícita de longa duração, e não com a memória operacional. Não é bem assim: verificou-se que o lobo temporal medial participa também dos mecanismos de um tipo de memória operacional chamada *memória espacial,* que permite a formação de um mapa cognitivo de relação dos eventos de cada momento com o espaço externo no qual o indivíduo se encontra, e outros eventos ocorridos no mesmo contexto.

Esse tipo de memória operacional surgiu de experimentos com ratos normais e outros submetidos a lesões do hipocampo (uma das regiões que nos primatas ocupam o lobo temporal medial). Em um primeiro grupo de experimentos, os ratos eram colocados em um labirinto radial com oito braços (Figura 18.12A) e tinham que percorrer cada braço até o final para obter um pedaço de alimento. Com o treinamento, que envolvia sempre a memória dos braços já percorridos, os animais conseguiam alcançar todos os pedaços de alimento em pouco tempo e com poucos erros, evitando entrar nos braços anteriormente percorridos. Os animais com lesões no hipocampo tinham mau desempenho nesse teste, o que indicou aos pesquisadores que essa região participa dos mecanismos da memória operacional.

Experimentos com um outro tipo de labirinto – o labirinto aquático de Morris (Figura 18.12B) – mostraram que o tipo de memória operacional veiculada pelo hipocampo tinha um caráter espacial. Os ratos eram colocados em um recipiente cheio de água com um corante que a tornava turva. Desse modo, não podiam ver que em algum lugar havia uma plataforma oculta. Instintivamente nadavam para manter-se na superfície, até que acidentalmente esbarravam com a plataforma, subiam nela e lá se mantinham de pé sem precisar nadar. Nas sessões subsequentes aprendiam a posição da plataforma oculta, e cada vez gastavam menos tempo para atingi-la. Como não conseguiam ver sob a água turva, a aprendizagem da posição da plataforma consistia em relacioná-la com pistas do ambiente externo, o que se pôde comprovar simplesmente mudando de lugar o labirinto. Os animais com lesões do hipocampo, entretanto, saíam-se muito mal nesse teste.

Em apoio a esses experimentos dos psicólogos, os neurofisiologistas registraram a atividade elétrica de neurônios do hipocampo durante a movimentação livre de ratos normais colocados em caixas com compartimentos (Figura 18.13A), para identificar alguma relação com a sua posição espacial. Verificaram que após a exploração de um dos compartimentos, alguns neurônios hipocampais aumentavam sua atividade quando o animal passava por um

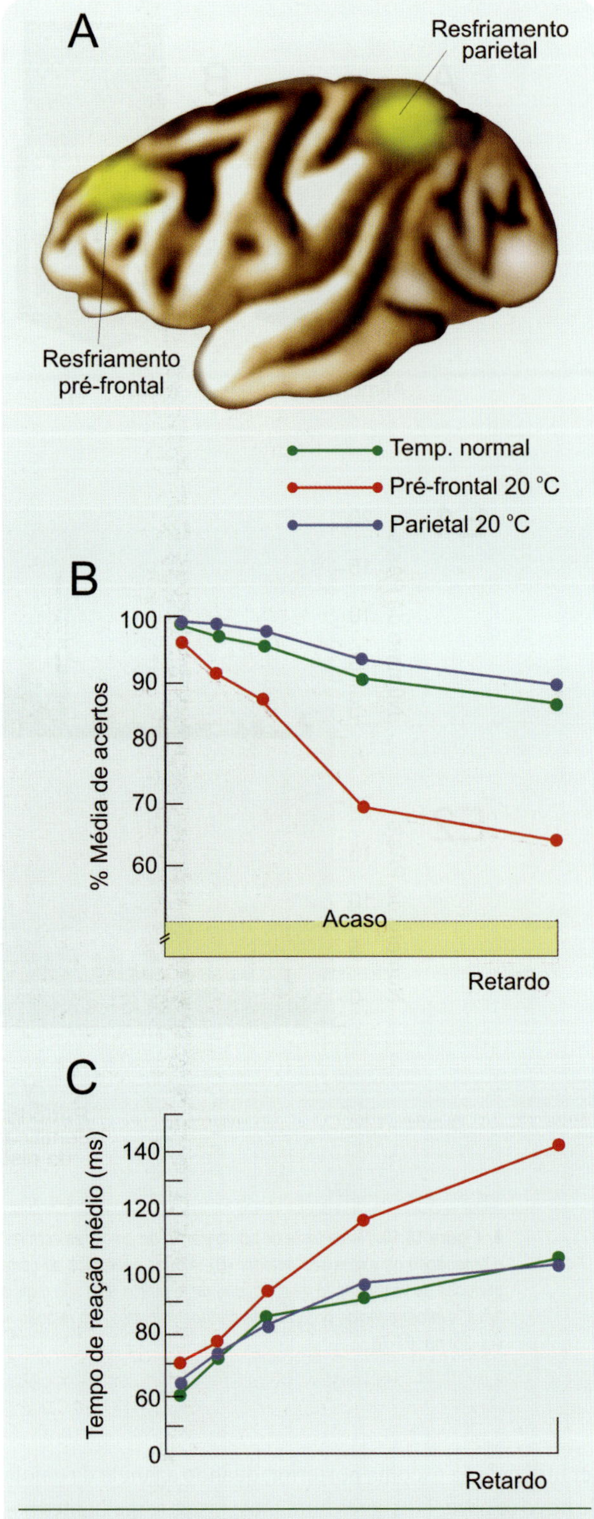

Figura 18.11. *Neste experimento, comparou-se o desempenho de macacos normais com o de animais submetidos ao resfriamento bilateral (uma "lesão" reversível) do córtex pré-frontal ou do córtex parietal (**A**). Os macacos com resfriamento pré-frontal cometiam mais erros no teste de comparação de amostras com retardo (**B**), e apresentavam maior tempo de reação para escolher o cartão certo (**C**). Modificado de J. M. Fuster (1980).* The Prefrontal Cortex, *p. 78, Raven Press, Nova York, EUA.*

Figura 18.12. *No labirinto radial de oito braços (**A**), o rato deve encontrar os braços que contêm alimento. A memória operacional comumente é avaliada pela curva decrescente do número de erros a cada sessão, o que indica que o animal vai aprendendo a evitar os braços que não contêm alimento, entre o início da sessão e o seu final. No labirinto aquático de Morris (**B**), o rato aprende a localizar a posição da plataforma submersa em relação ao ambiente, isto é, aos objetos situados em torno. Neste caso, o experimentador geralmente mede o tempo gasto entre o ponto inicial e a plataforma. Novamente, a curva decrescente atesta a aprendizagem baseada na memória operacional espacial.*

determinado setor daquele compartimento. Ao se abrir uma porta para um segundo compartimento (Figura 18.13B), o animal passava a explorá-lo, mas o neurônio não deixava de disparar quando ele voltava ao setor anterior (Figura 18.13C1). Além disso, outros neurônios do mesmo animal passavam a disparar para outros setores do segundo compartimento (Figura 18.13C2). Quando a caixa era mudada ligeiramente de lugar, os setores que provocavam o disparo deslocavam-se correspondentemente, mantendo no entanto a relação com o ambiente externo, o que sugeria que a sua função era indicar a posição relativa do animal, e não um setor fixo da caixa. Neurônios desse tipo foram chamados *células de memória espacial*[3], e foram também identificadas em macacos e em seres humanos. Recentemente se verificou que a codificação de posição espacial realizada por esses neurônios, em ambientes familiares, pode-se tornar duradoura pelo menos durante algumas semanas, o que põe em questão se de fato a memória espacial hipocampal é parte do sistema de memória operacional, ou um tipo de memória implícita mais permanente.

De todo modo, ficou estabelecido que todo um conjunto de regiões corticais participa dos mecanismos da memória operacional, destinados a fornecer-nos dados para raciocinar e agir, armazenando pelo menos durante minutos ou horas algumas das informações que continuamente chegam ao sistema nervoso através dos sentidos ou através de nossos próprios pensamentos.

MEMÓRIA EXPLÍCITA: O ARQUIVO DURADOURO

Em paralelo com a memória ultrarrápida e as várias formas da memória de curta duração, uma outra seleção de informações – mais rigorosa – tem lugar no sistema nervoso central durante a construção da nossa autobiografia. Trata-se da memória de longa duração, especialmente a memória explícita. O "objetivo" é prover a nossa mente com um enorme arquivo de dados que possam ser evocados a qualquer momento, sempre que necessário.

Como já vimos, o famoso caso do paciente HM abriu caminho para a identificação das regiões neurais envolvidas nos mecanismos da memória explícita, mas deixou várias questões em aberto. Que regiões do lobo temporal medial participam desse processo, e o que faz cada uma delas? Se é a *consolidação* da informação que se realiza sob comando do lobo temporal medial, quem controla os outros processos (retenção, evocação)? Quem controla os outros tipos de memória de longa duração, como a memória implícita de procedimentos, por exemplo?

A cirurgia realizada em HM removeu vários componentes importantes do lobo temporal medial, todos envolvidos nos mecanismos da memória (Figura 18.14): (1) o *hipocampo,* situado mais medialmente e constituído por diferentes regiões citoarquitetônicas; (2) o *córtex entorrinal,* assim denominado por se encontrar "para dentro" do sulco rinal (medialmente a ele); (3) o *córtex perirrinal* e (4) o *córtex para-hipocampal.* Além disso, retirou também uma estrutura mais rostral chamada *amígdala*[A,4], (da palavra que significa "amêndoa", em grego). O papel de cada uma dessas regiões do lobo temporal tem sido gradativamente esclarecido, principalmente pela análise comparativa de diferentes casos de amnésia, mas também pela realização de experimentos em macacos.

A participação específica do hipocampo foi elucidada recentemente por meio do caso muito raro de um paciente (conhecido pelas iniciais RB) que teve uma isquemia[G] cerebral bilateral durante uma cirurgia. Examinado, revelou sintomas idênticos aos de HM: amnésia anterógrada para memória explícita e amnésia retrógrada limitada ao período de 1 a 2 anos antes do acidente. RB faleceu alguns anos depois, e seu encéfalo foi doado para investigação anátomo-patológica. As lesões que puderam ser evidenciadas eram histológicas e não macroscópicas, restringindo-se ao hipocampo. Isso permitiu concluir que as regiões adjacentes não estão envolvidas no processo de consolidação, e que o hipocampo é mesmo a estrutura principal nessa função.

A participação do hipocampo foi também investigada utilizando macacos submetidos a lesões cirúrgicas do lobo temporal medial. Esses estudos, entretanto, revelaram diferenças em relação aos seres humanos. Na impossibilidade de avaliar pela expressão verbal a memória explícita, os macacos eram submetidos ao teste de comparação de amostras com retardo. Para retardos curtos (segundos) o desempenho dos animais lesados não diferia daquele dos animais normais, o que mostrava que a memória operacional não havia sido atingida, como seria o caso se a lesão fosse pré-frontal. Por outro lado, para retardos longos (muitos minutos) o desempenho dos animais lesados foi claramente pior que o dos animais normais. Entretanto, maiores efeitos foram obtidos quando a lesão atingia o córtex perirrinal e o córtex para-hipocampal. A amígdala foi claramente excluída desse tipo de memória. Seu papel funcional será examinado adiante.

A dúvida levantada pelos experimentos em macacos quanto à diferenciação entre a participação do hipocampo e a participação das regiões corticais adjacentes na memória humana é esclarecida quando se analisam outros pacientes. Em certos casos ocorre amnésia retrógrada isolada, como é típico da doença de Alzheimer (veja maiores detalhes sobre essa doença no Capítulo 2) e de uma infecção com o vírus do herpes que atinge o sistema nervoso central. Os pacientes apresentam amnésia retrógrada para alguns aspectos da memória episódica, mas permanecem capazes de armazenar e consolidar novas memórias explícitas. Muitas vezes, nesses doentes, as lesões são generalizadas, mas há exemplos de lesões mais restritas. Nesses casos, as regiões perirrinal e para-hipocampal estão sempre atingidas.

É possível concluir, então, que o hipocampo não é o sítio onde estão armazenados os engramas da memória explícita, mas a estrutura coordenadora do processo de consolidação desses engramas, que provavelmente se realiza em outros setores do córtex. Essa hipótese é apoiada pelas abundantes conexões que o hipocampo possui com as demais regiões do lobo temporal medial, e através destas com diversas regiões corticais, especialmente o córtex pré-

[3] Place cells, *na expressão em inglês.*

[4] *Não confundir com a* amígdala palatina, *um órgão linfoide situado na faringe.*

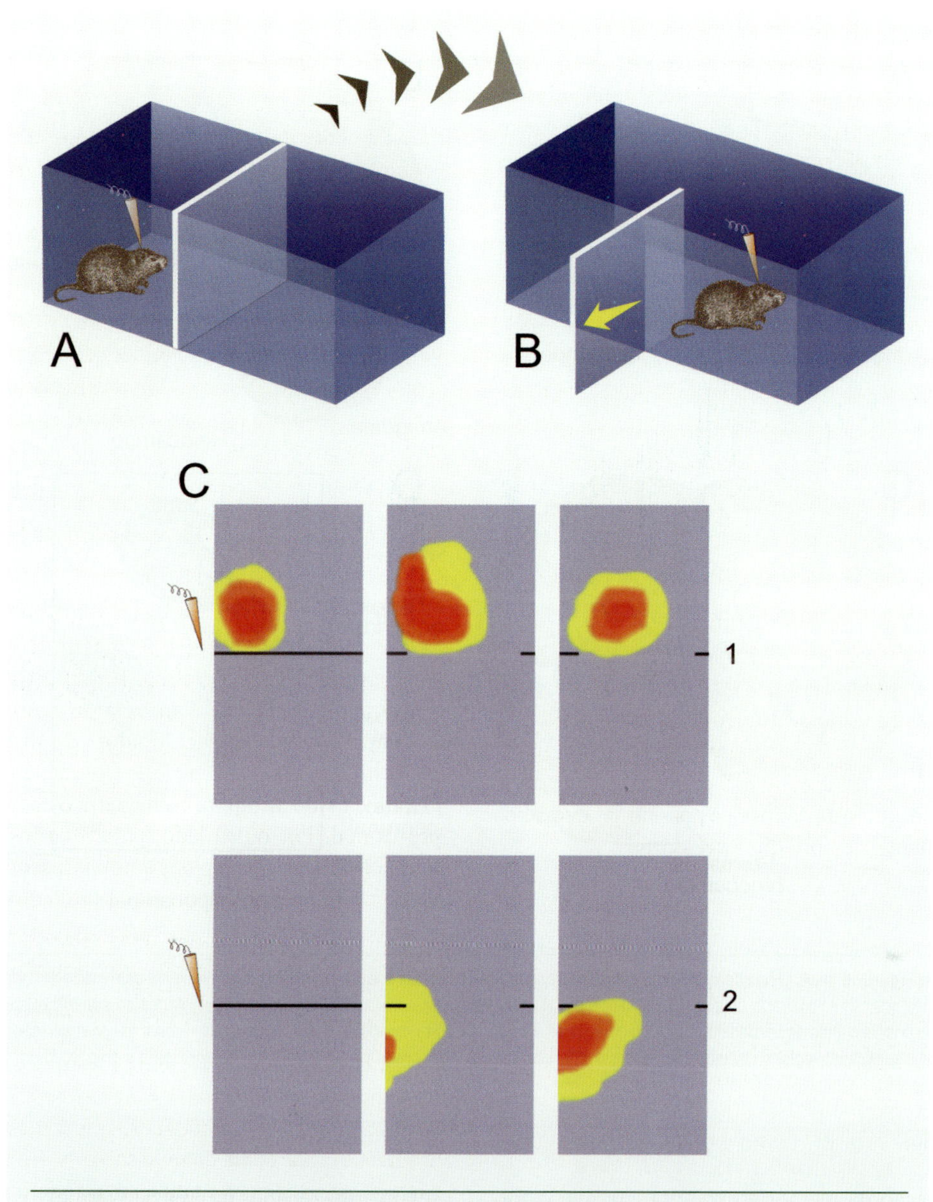

▶ **Figura 18.13.** ***A*** *e* ***B****. Neste experimento, um rato tem um eletródio permanentemente implantado no cérebro, e o pesquisador registra a atividade dos neurônios do hipocampo enquanto o animal se movimenta entre os dois compartimentos de teste, cujo acesso é controlado por uma porta.* ***C****. A frequência de PAs que cada neurônio dispara é codificada por cores (amarelo para as menores frequências, vermelho para as maiores) e relacionada à posição na caixa de teste. O neurônio ilustrado em* ***C1*** *dispara quando o rato passa por um canto do primeiro compartimento, e a resposta mantém-se mesmo quando a porta se abre e o rato pode passar ao outro compartimento. O neurônio em* ***C2****, por outro lado, dispara apenas quando o animal passa ao segundo compartimento. Modificado de M. A. Wilson e B. L. McNaughton (1993).* Science *vol. 261: pp. 1055-1058.*

frontal, o córtex parietal e as regiões anteriores e laterais do lobo temporal (Figura 18.15A, B).

A análise das conexões do hipocampo, entretanto, revela que ele possui conexões importantes também com o diencéfalo[A] – os corpos mamilares[A] do hipotálamo[A] e, indiretamente, com os núcleos anteriores do tálamo[A] (Figura 18.15B). A participação funcional dessas regiões na consolidação da memória explícita é revelada por casos de pacientes com lesões diencefálicas que apresentam sintomas amnésicos. As amnésias diencefálicas – predominantemente anterógradas – são frequentes nos alcoólatras graves que apresentam a conhecida síndrome de Korsakoff e lesões disseminadas no diencéfalo que atingem principalmente o tálamo e os corpos mamilares.

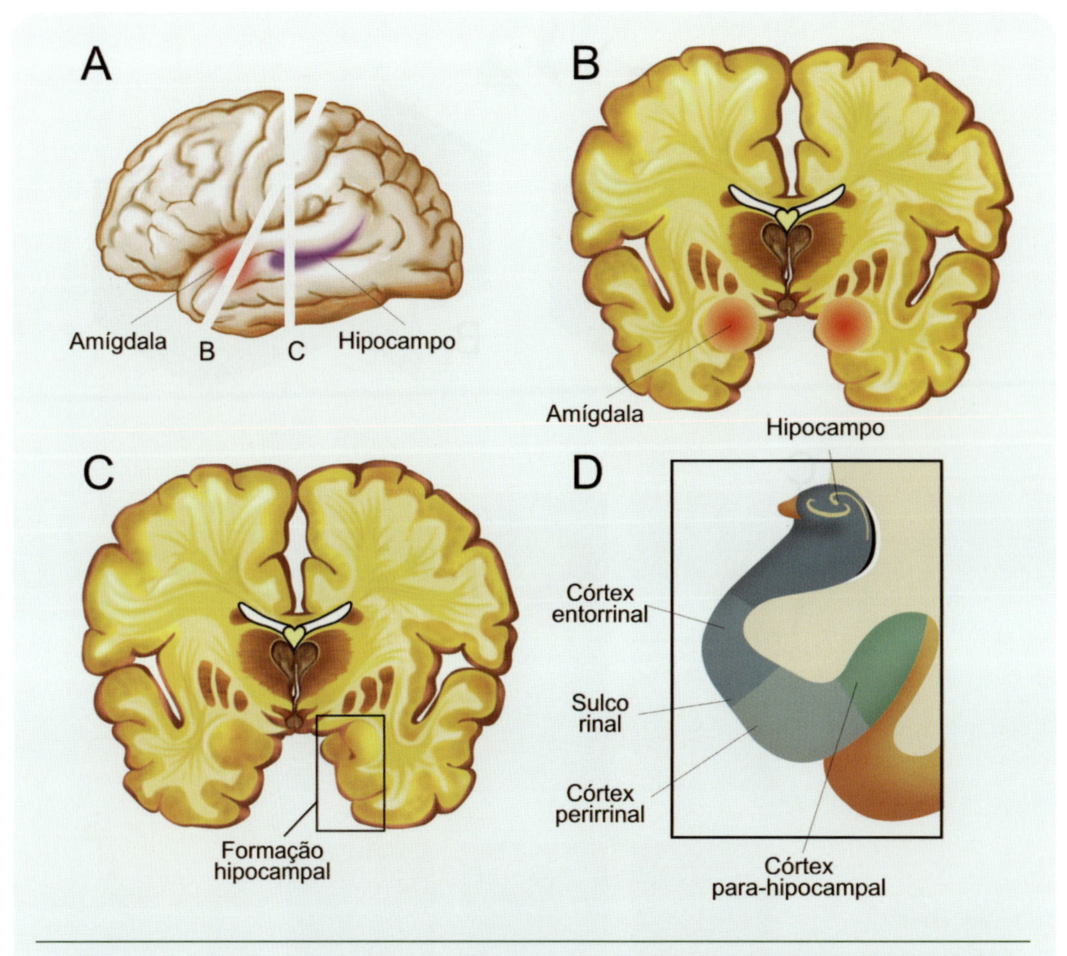

Figura 18.14. ***A.*** *O hipocampo é uma estrutura alongada que se situa no lobo temporal medial. Na frente dele está a amígdala, cuja posição é mostrada no corte* ***B****. Na figura em* ***A****, amígdala e hipocampo estão mostrados projetados na superfície lateral do encéfalo, mas na verdade posicionam-se na face medial. Um corte menos inclinado (****C****) permite — com maior ampliação (****D****) — visualizar as regiões vizinhas e funcionalmente relacionadas ao hipocampo. O quadro em* ***C*** *representa a ampliação em* ***D****.*

A consolidação da memória explícita envolve o fortalecimento das associações entre as novas memórias que chegam (provenientes dos sistemas mnemônicos de curta duração) e a informação previamente existente, um processo que pode durar alguns anos no homem. Desse processo surgem os engramas. Mas, se o hipocampo e os núcleos diencefálicos apenas coordenam a consolidação da memória explícita, onde os engramas são armazenados?

Em que pese à intensa atividade de pesquisa sobre os fenômenos da memória, a busca dos engramas ainda permanece no mesmo ponto deixado por Lashley. A hipótese mais provável, aceita por muitos neurocientistas mas ainda não comprovada, é a de que cada região cerebral de processamento complexo armazena informações sob comando hipocampal. Assim, é provável que os arquivos icônicos duradouros sejam armazenados nas diferentes áreas do córtex inferotemporal que realizam a percepção de objetos (veja o Capítulo 17); que os arquivos léxicos e fonéticos sejam armazenados na área de Wernicke e suas vizinhas – o amplo conjunto de áreas corticais situadas na confluência dos lobos temporal, parietal e occipital (Capítulo 19), e assim por diante. O mesmo se pode supor para a memória implícita de longa duração, cujos arquivos duradouros devem estar situados nas regiões motoras do córtex, núcleos da base e cerebelo[A] (Capítulo 12).

Um indício importante de que essa hipótese pode ser verdadeira provém de experimentos de registro eletrofisiológico no córtex inferotemporal de macacos. As células gnósticas dessa região cortical, que respondem a faces e outros objetos complexos (Figura 17.10), aumentam gradativamente sua atividade elétrica quando são estimuladas repetidamente com o mesmo estímulo (a mesma face, por exemplo). Essa característica foi interpretada como um correlato do processo de memorização do estímulo, que possivelmente leva ao estabelecimento definitivo do engrama correspondente no córtex inferotemporal.

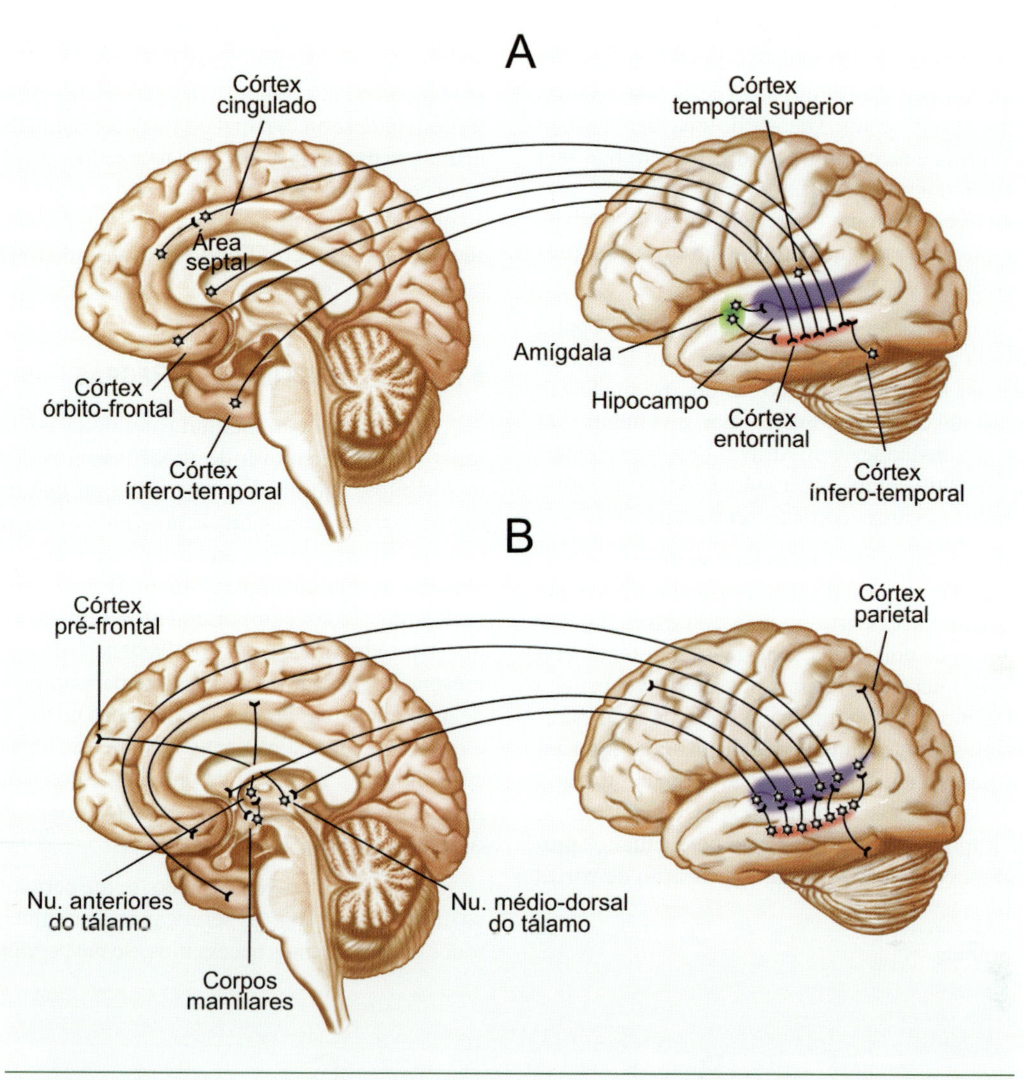

Figura 18.15. *O hipocampo se comunica com grande número de regiões do SNC. A maioria dos aferentes chega, na verdade, ao córtex entorrinal (**A**), sendo este o elo de transmissão para o hipocampo (**B**). As fibras hipocampais eferentes (**B**) projetam para diversas regiões corticais, e também para estruturas subcorticais como o hipotálamo*[A] *(corpos mamilares) e o tálamo*[A] *(núcleo mediodorsal).*

LEMBRAR SEM SABER

Como já vimos, nem toda memória é consciente. Memorizamos muito mais coisas do que nos damos conta a cada momento. Essa memória "latente", pré-consciente, é uma memória implícita.

Memória de Representação Perceptual

Talvez você não se lembre da primeira vez que viu uma fotografia de Albert Einstein (Figura 18.16A), mas provavelmente isso ocorreu na sua infância, e ele não passava então de um velho de cabelos brancos compridos: um rosto simpático, nada mais. Você viu a mesma foto outras vezes, e aprendeu quem foi e o que fez esse famoso cientista: essa informação passou a fazer parte de sua memória explícita semântica. Depois disso, com a repetição você se tornou capaz de identificá-lo rapidamente, até mesmo por meio de caricaturas muito simples que apresentam nada mais que traços fisionômicos. Se alguém lhe perguntar como você conseguiu reconhecer Einstein a partir dos traços da caricatura mais simplificada (Figura 18.16C), você não saberá responder facilmente. Terá que pensar, olhar a foto e a caricatura lado a lado, e talvez continue sem uma explicação plausível.

A memória que você utilizou para o reconhecimento da caricatura foi um tipo de memória implícita chamada memória de representação perceptual. Essa memória foi descoberta e estudada através de testes de identificação de objetos, sons e palavras a partir de partes deles apresentadas aos sujeitos dos experimentos. Trata-se de uma identificação com base na forma e na estrutura do objeto, sem que seja necessário saber seu nome ou sua função. Podem-se usar objetos impossíveis, palavras inexistentes e sons verbais sem nexo, o que prova a natureza pré-consciente, ou pré-semântica, desse tipo de memória.

A existência da memória de representação perceptual foi comprovada pelo estudo de pacientes com lesões no córtex visual ou no córtex auditivo, e que permanecem capazes de reconhecer certos objetos sem, no entanto, saber o que são e para que servem. Através desses pacientes, além disso, concluiu-se que os engramas dessa memória são armazenados nas áreas corticais sensoriais.

Duas características são típicas da memória de representação perceptual: a *repetição,* para consolidá-la (algo que muitas vezes não é necessário na memória explícita, que pode ser retida após uma única exposição), e o fenômeno da *pré-ativação*[5], necessário para a evocação. A repetição é de entendimento intuitivo, porque representa uma estratégia que usamos frequentemente para consolidar algo em nossa memória explícita. Pois bem: a mesma estratégia é comumente utilizada, sem que nos apercebamos disso, na memória implícita de representação perceptual. A pré-ativação é outra coisa: corresponde à utilização de partes do objeto original, possivelmente provocando a ativação apenas parcial dos circuitos neurais envolvidos. Trata-se de um fenômeno que lembra a teoria de Hebb, mencionada anteriormente, sobre o papel do fortalecimento das conexões neurais na memória. Com as suas conexões fisiologicamente fortalecidas pela repetição, o circuito neural correspondente ao objeto original poderia ser ativado por apenas alguns de seus elementos, permitindo a evocação do objeto inteiro a partir de uma parte.

[5] *Em inglês,* priming.

HÁBITOS, HABILIDADES E REGRAS

O outro tipo de memória implícita que depende de repetição é a memória de procedimentos. Trata-se aqui dos hábitos, habilidades e regras, algo que muitas vezes memorizamos sem sentir e utilizamos sem tomar consciência. Aprendemos a andar de bicicleta e a amarrar os sapatos treinando muitas vezes. Depois, simplesmente realizamos esses comportamentos sem raciocinar sobre quais movimentos devemos fazer a cada momento. Da mesma forma, treinamos bastante para aprender as regras de gramática, mas depois as utilizamos no dia a dia ao falar e escrever, automaticamente e sem pensar nelas. Depois de consolidada, a memória de procedimentos é muito sólida: ninguém esquece como andar de bicicleta ou como conjugar o verbo dormir.

Talvez você esteja pensando: se me perguntarem como se anda de bicicleta, eu serei capaz de explicar oralmente todos os movimentos necessários. Se me perguntarem quais

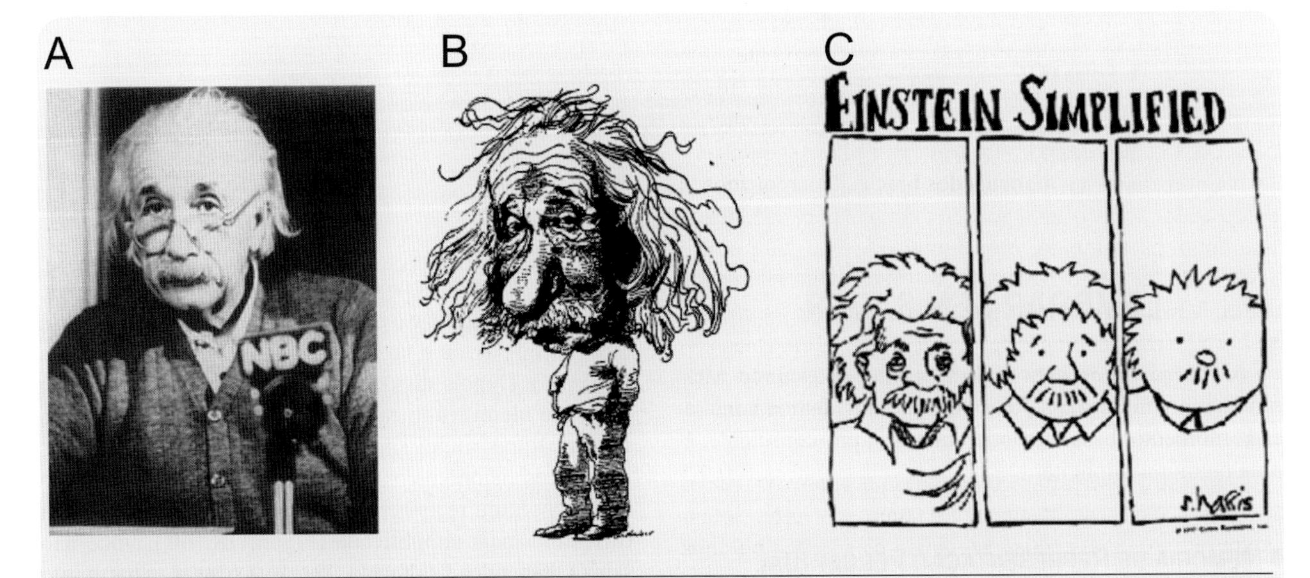

Figura 18.16. *O físico Albert Einstein (**A**) foi caricaturado por centenas de artistas em todo o mundo, como David Levine (**B**) e Steven Harris (**C**). Seu rosto se tornou tão bem fixado em nossa memória que o reconhecemos até nas caricaturas mais simplificadas. Mesmo pacientes com lesões podem declarar que conhecem a sua face, embora sem saber de quem se trata. Foto e caricaturas extraídas de* Albert Through the Looking Glass *(1998). Hebrew University of Jerusalem, Israel.*

as regras de conjugação verbal, eu também poderia explicar perfeitamente. Não seria isso uma evidência de que a memória dita implícita não é tão implícita assim? Esse foi um dilema crucial que os neuropsicólogos tiveram quando começaram a estudar esse tipo de memória. Para resolvê-lo, foi preciso elaborar testes que eliminassem o conhecimento explícito da aprendizagem de procedimentos, isolando a sua natureza implícita. Por exemplo: um indivíduo pode ser solicitado a realizar movimentos com os dedos da mão obedecendo a uma sequência que lhe parece aleatória, mas que de fato possui uma regularidade que ele não percebe (Figura 18.17A). O pesquisador então mede o tempo de reação do sujeito, isto é, o tempo que ele leva para mover cada dedo em resposta ao estímulo luminoso de comando. O que se verifica é que o desempenho melhora com o tempo (Figura 18.17B), ou seja, ele vai aprendendo gradativamente a regularidade da sequência de movimentos. Indagado sobre se sabe por que o seu desempenho melhorou, provavelmente declarará que não sabe. Ou seja, aprendeu, mas não tomou consciência de como o fez.

O experimento indica que a memória dos hábitos, habilidades e regras é primariamente inconsciente, embora possamos reconstruir das ações memorizadas – *a posteriori* – uma lógica coerente que nos faça adquirir uma memória explícita delas. Outra indicação de que isso é verdade vem dos pacientes com amnésia. Aqueles – como HM – que têm déficits da memória explícita têm, no entanto, inteira capacidade de aprender procedimentos. E há outros casos de pessoas com déficits específicos da memória implícita sem qualquer alteração da memória explícita.

A localização das regiões neurais envolvidas na memória implícita de procedimentos foi tentada em animais, utilizando os labirintos já mencionados anteriormente, e em seres humanos por meio de técnicas de imagem funcional. No primeiro caso utilizou-se o labirinto de braços radiais, mas em vez do animal percorrer os braços sequencialmente, utilizando a lembrança dos braços já percorridos, o pesquisador acendia uma pequena lâmpada em cada braço que continha alimento, e o animal criava o hábito, por associação, de percorrer apenas os braços com a lâmpada acesa. Verificou-se então que os animais que recebiam lesões do corpo estriado[A] falhavam nessa tarefa (mas não na tarefa sem lâmpada), tornando-se incapazes de adquirir esse hábito. Selou-se assim a participação desse núcleo da base na memória implícita de natureza motora.

No caso dos seres humanos, os pesquisadores utilizaram um estratagema para "enganar" o sujeito do teste. Solicitaram que executasse duas tarefas ao mesmo tempo: uma tarefa manual como a descrita, e outra, a contagem mental do número de tons que eram sonorizados durante o teste. O ato de contar os tons distraía o indivíduo da primeira tarefa, e ele aprendia a sequência de movimentos sem perceber. Simultaneamente, o indivíduo era submetido a uma tomografia

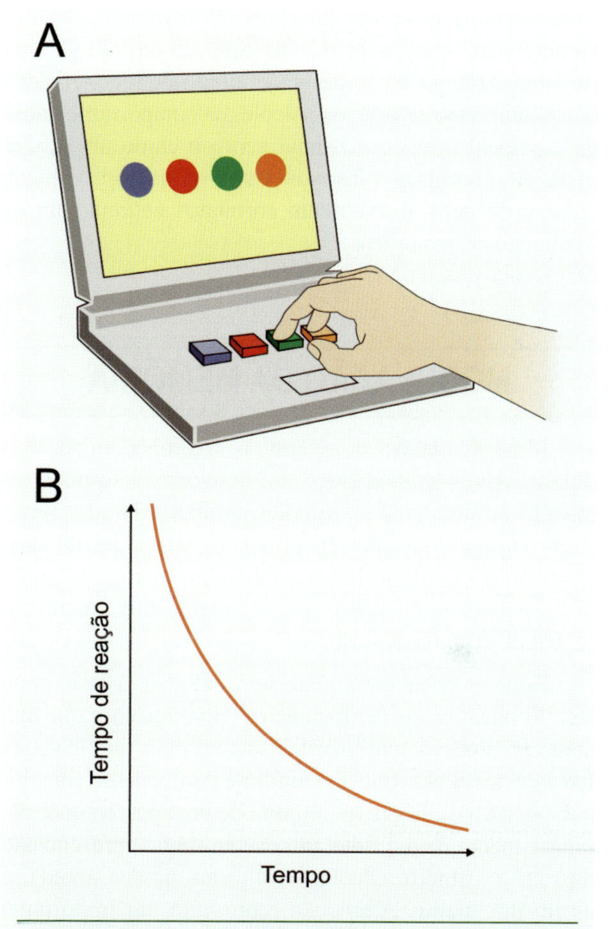

Figura 18.17. *Um programa de computador acende os círculos em ordem aparentemente aleatória, e o sujeito deve apertar o botão correspondente a cada vez (**A**). Como a ordem dos estímulos não é realmente aleatória, o indivíduo aprende o padrão inconscientemente, o que é atestado pela curva decrescente do tempo que leva para apertar o botão depois de cada estímulo (**B**). Modificado de M. S. Gazzaniga e cols. (1998)* Cognitive Neuroscience, *p. 270. W. W.* Norton & Co., *EUA.*

de emissão de pósitrons (PET), capaz de detectar as regiões encefálicas ativas durante a tarefa dupla. Constatou-se, com esse experimento, que as regiões motoras é que eram ativadas: o córtex motor e pré-motor, o corpo estriado e também o cerebelo. Os indivíduos portadores das doenças de Huntington e de Parkinson, que atingem os núcleos da base, apresentam sintomas coerentes com essa conclusão: desempenham-se bem em testes de memória declarativa, mas falham em testes de memória de procedimentos.

A conclusão é que esse tipo de memória fica armazenada nas próprias regiões motoras que coordenam os atos correspondentes.

É interessante notar, como indicam especialmente os experimentos realizados em animais, que, de certo modo, a memória de procedimentos é semelhante ao condicionamento operante, no qual se associa um estímulo a uma resposta. Trata-se então de um exemplo de reconciliação conceitual entre os antigos psicólogos comportamentalistas[6], que encaravam o sistema nervoso como uma caixa preta de mecanismos insondáveis, e os neuropsicólogos contemporâneos, que buscam correlatos neurais para os fenômenos psicológicos.

MODULAÇÃO DA MEMÓRIA

Todas as funções do sistema nervoso podem ser moduladas. Isso significa que o seu funcionamento pode ser ativado ou desativado, acelerado ou desacelerado, fortalecido ou enfraquecido segundo as necessidades de cada momento. O Capítulo 16 apresenta uma extensa discussão dos sistemas moduladores que regulam o funcionamento global do sistema nervoso.

Também a memória pode ser modulada, isto é, pode ser "fortalecida" ou "enfraquecida" por situações que dão contorno aos eventos. Guardamos com mais facilidade os fatos de nossa vida que têm um forte componente emocional, positivo ou negativo: a morte de uma pessoa querida, o nascimento de um filho, um evento trágico presenciado na rua, o primeiro encontro com uma pessoa amada, e assim por diante. A emoção representa um importante componente modulador da memória, mas não é o único. Também o estado de alerta e a atenção atuam sobre ela. Lembramos mais facilmente os acontecimentos de cada dia que ocorrem depois que passamos aquela fase sonolenta da manhã, e mais ainda se concentramos a atenção em alguma coisa importante.

Os primeiros indícios experimentais da existência de sistemas moduladores da memória surgiram da constatação de que a aprendizagem dos animais pode ser modificada após o treino de uma tarefa. Alterar a aprendizagem após o treino significa modular o processo de consolidação, isto é, torná-lo mais forte ou mais fraco. Essa modulação artificial pode ser exercida por intervenções como a estimulação elétrica de certas regiões neurais e a administração local de drogas. Se isso ocorre, o pesquisador conclui que a ativação neural e neuroquímica daquelas regiões é o elemento modulador natural. Além disso, os experimentos constataram que até mesmo hormônios, cuja ação nem sempre é exercida diretamente sobre o sistema nervoso central, podem modular a memória, particularmente os hormônios do estresse, quer dizer, aqueles que têm participação nos fenômenos emocionais. Iniciou-se então uma ativa linha de investigação sobre a modulação da memória, que incluiu a busca das regiões neurais envolvidas.

Os sistemas moduladores consistem em conjuntos diversos de fibras que terminam de modo difuso em vastas áreas do SNC. Essas fibras se originam de núcleos localizados no tronco encefálico, no diencéfalo e no prosencéfalo basal[A], e apresentam a característica marcante de atuar por meio de certos neurotransmissores bem conhecidos, especialmente as aminas e a acetilcolina.

Dentre todos esses sistemas moduladores, entretanto, um deles desempenha um papel de maior relevo pelo fato de associar as emoções (e suas repercussões em todo o organismo) com a memória. Trata-se da amígdala, à qual já nos referimos anteriormente. A amígdala é na verdade um complexo de núcleos (*complexo amigdaloide*[A]) situado em posição rostral ao hipocampo, no lobo temporal medial (Figura 18.14), que tem grande participação na fisiologia das emoções (veja o Capítulo 20). Um dos componentes desse complexo é hoje reconhecido como o modulador emocional da memória, o grupo basolateral. Esse grupo de núcleos emite projeções especialmente para o hipocampo e o córtex entorrinal, duas das regiões corticais que participam justamente do processo de consolidação da memória explícita.

Vários neurocientistas realizaram experimentos para desvendar o papel da amígdala, entre eles o neurofarmacologista Ivan Izquierdo e seus colaboradores da Pontifícia Universidade Católica do Rio Grande do Sul (veja o Quadro 18.2). A maior parte dos experimentos foram feitos com ratos, utilizando a capacidade desses animais de aprender a posicionar-se na gaiola de uma certa maneira capaz de evitar a ocorrência de um pequeno choque elétrico aplicado nas patas através das grades do piso da gaiola; um choque que não lhes causa dano físico, mas provoca um grande estresse. Na primeira vez que o experimento ocorre, os animais recebem um estímulo condicionado (uma lâmpada que se acende, por exemplo) e logo depois o estímulo incondicionado, que neste caso é o choque. O choque provoca efeitos orgânicos desagradáveis, como taquicardia, taquipneia[G] e vários outros. Com a repetição do teste, ao movimentar-se por efeito do susto, os animais "descobrem" que há uma posição na gaiola onde não há choque. E não só isso: aprendem a associar o estímulo inócuo ao choque (condicionamento clássico), e também a se colocar na posição livre de choque logo que a lâmpada se acende. Pode-se verificar se retiveram o que aprenderam, retestando-os no dia seguinte. Em um experimento como esse, os pesquisadores podem realizar várias manobras logo depois do treino e verificar que efeito elas tiveram sobre a retenção aferida no reteste.

Várias delas influenciaram a retenção, positiva ou negativamente. A estimulação elétrica da amígdala, por exemplo, prejudica a retenção: no reteste, o animal não

[6] *Ou* behavioristas, *a partir da palavra que significa* comportamento, *em inglês.*

consegue colocar-se na posição segura. A infusão na amígdala de neurotransmissores, hormônios, bem como drogas agonistas e antagonistas de seus receptores, provoca diferentes interferências sobre a retenção pós-treino. E, finalmente, a manipulação de hormônios do estresse como a adrenalina e os glicocorticoides influencia também a retenção da aprendizagem aversiva, um efeito que não ocorre em animais com lesão bilateral da amígdala. Recentemente, um experimento com seres humanos fez uso de um anestésico inalado que atua especificamente sobre a amígdala: o resultado foi a abolição da memória vinculada a influências emocionais.

As conclusões que se podem tirar desses experimentos são de que a amígdala recebe informações de natureza emocional (como a experiência de levar um choque nas patas) e as conecta com informações mnemônicas em processo de consolidação (como a melhor posição para não receber o choque), fortalecendo ou enfraquecendo a retenção (Figura 18.18).

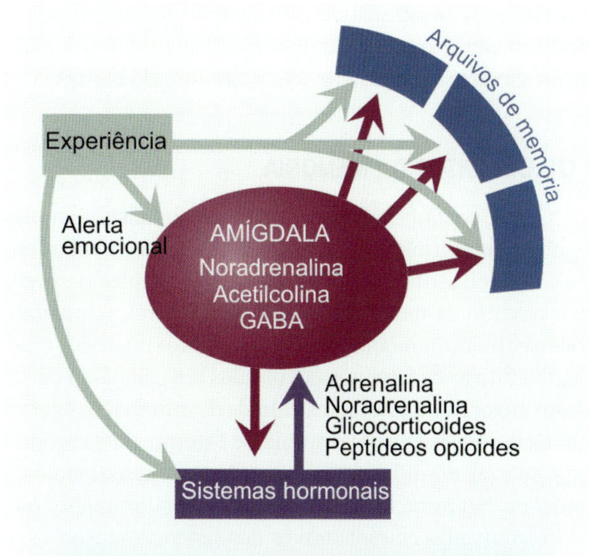

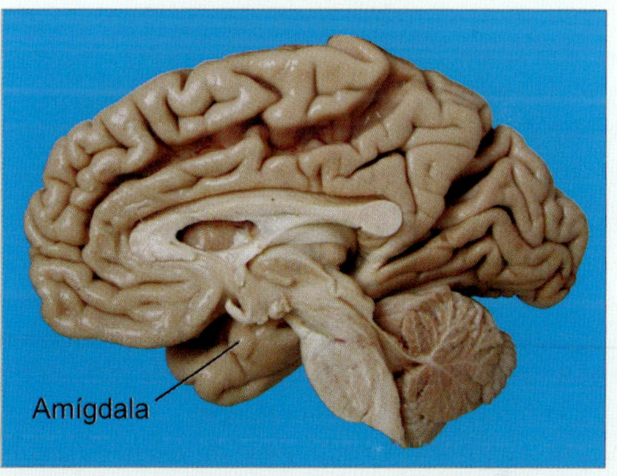

Figura 18.18. *O papel modulador da amígdala sobre a memória dá-se "intermediando" a ação de hormônios e dos estímulos emocionais sobre a consolidação dos arquivos de memória. A foto de baixo mostra a posição da amígdala no lobo temporal medial.*

OS MODELOS NEUROBIOLÓGICOS DA MEMÓRIA

HIPÓTESES, TEORIAS E INCERTEZAS

Nas últimas décadas, várias hipóteses ou mesmo teorias da memória têm sido propostas, embora sejam muitas também as incertezas sobre sua veracidade.

A primeira dessas teorias é conhecida como *teoria declarativa*. De acordo com essa proposta, as informações autobiográficas da memória episódica e as informações conceituais da memória semântica passariam por um período de fragilidade temporária, possivelmente no hipocampo e nas demais regiões do córtex temporal medial, e com a repetição e o reforço tornar-se-iam mais duradouras. A teoria declarativa sobrepõe-se um pouco a uma segunda proposta chamada *teoria da consolidação*, já mencionada anteriormente. Neste caso, caberia ao hipocampo transferir os engramas temporários para as diferentes regiões do neocórtex, onde estes se tornariam consolidados, isto é, duradouros. De algum modo o hipocampo estabilizaria os arquivos corticais da memória, o que os tornaria independentes dele, e possibilitaria a sua recuperação a qualquer tempo. A *teoria do mapa cognitivo* refere-se especialmente à memória espacial, postulando que o hipocampo alojaria uma representação alocêntrica[G] do ambiente, permitindo que o indivíduo se mova orientadamente neste. Uma ideia bastante aceita é a *teoria dos engramas múltiplos,* pela qual a mesma cena ou evento seria representada no hipocampo e em diversas áreas corticais.

No hipocampo, o engrama seria temporário, extinguindo-se pela entrada de outras informações semelhantes. No neocórtex ele seria inicialmente redundante com aquele representado no hipocampo, mas modificado e reforçado gradativamente à medida que outros engramas temporários fossem enviados pelo hipocampo. A teoria dos engramas múltiplos exigiria um centro coordenador ou polo de convergência, que permitisse a reconstrução de todos os aspectos da mesma cena, arquivados em diferentes locais. Uma variante dessa hipótese é a *teoria relacional,* pela qual o hipocampo apenas facilitaria a comunicação entre as áreas do neocórtex contendo informações distintas da mesma cena ou evento.

De qualquer modo, todas essas teorias dependem de evidências colhidas de lesões localizadas nas diferentes regiões cerebrais, em animais e em seres humanos, além de experimentos de registro eletrofisiológico em animais, e por meio de neuroimagem funcional em humanos. Em conjunto, já é possível esboçar os prováveis circuitos da memória.

Os Circuitos da Memória

Como a memória é uma função distribuída por amplas regiões neurais (talvez mesmo todo o sistema nervoso central), é difícil atribuir a qualquer circuito simples o caráter de o circuito da memória. De um modo geral, entretanto, pode-se dividir a memória em etapas aproximativas, e assim identificar os circuitos envolvidos em cada uma delas. Como mostra a Figura 18.7, a entrada de informações para a memória pode vir do meio ambiente externo, ou da própria vida interior do indivíduo, isto é, de seus pensamentos e emoções. No primeiro caso, portanto, as informações que serão arquivadas entram através dos sistemas sensoriais, e atingem o córtex cerebral onde são devidamente processadas para se transformarem em percepções. No segundo caso, as informações relevantes são de caráter subjetivo, de localização cerebral mal definida, mas certamente relacionadas às diversas áreas corticais de função neuropsicológica complexa.

Em um primeiro momento, essas informações são selecionadas, e segundo a sua relevância para o indivíduo, sua carga emocional e outros fatores, passam a um conjunto de regiões relacionadas ao hipocampo (em azul, na Figura 18.19). O hipocampo, como já foi visto, é a região encarregada de consolidar os engramas da memória explícita, seja transferindo-os para as regiões corticais adequadas (em laranja, na Figura 18.19), ou arquivando no seu território "cópias" temporárias dos engramas corticais. Esse processo se realiza em interação com outras regiões da formação hipocampal, especialmente o córtex entorrinal, fortemente interligado com os campos de Ammon e o giro denteado do hipocampo. No caso da memória implícita de tipo espacial, o hipocampo parece guardar um mapa alocêntrico capaz de representar as características dos objetos que compõem o cenário externo, e suas relações de posição. Evidência disso é a existência das células de memória espacial, documentadas no hipocampo de vários mamíferos.

Considera-se que o giro para-hipocampal, elo terminal na sequência de processamento da via visual ventral de reconhecimento de formas e cores, é a estrutura que guarda os engramas temporários referentes às características dos objetos, enquanto as áreas entorrinal e perirrinal arquivam as relações de posição entre os diversos objetos. Em conjunto, essas operações seriam reunidas temporariamente no hipocampo para reforçar os engramas espaciais permanentes, arquivados no neocórtex. Ao se mudar para um novo endereço, você leva um certo tempo reconhecendo o ambiente: seu novo apartamento, o edifício, a rua onde este fica, o caminho do ponto de ônibus, o comércio, as esquinas e praças das redondezas. Se você residir ali durante muitos anos, os engramas são reforçados diariamente e esse mapa espacial deixa de ser temporário para se tornar permanente. Os pacientes com lesões bilaterais do hipocampo, como HM, que perdeu a capacidade de consolidar novas memórias explícitas mas permaneceu capaz de lembrar-se das memórias já consolidadas, representam uma forte indicação de que os engramas permanentes estão guardados fora do hipocampo, possivelmente no neocórtex.

Como fazemos para trazê-los à nossa consciência instantaneamente, sempre que precisamos? Essa é a etapa seguinte da cadeia de operações da memória. Trata-se de uma tarefa complexa, já que uma mesma cena ou evento tem sempre diferentes componentes. Você se lembra quando pela primeira vez caminhou dentro da sua universidade? Talvez essa lembrança tenha componentes espaciais como a composição do *campus* universitário com seus vários prédios, visuais como a cor da parede de sua primeira sala-de-aula, auditivos como o zunzum dos alunos e a voz do professor, e quem sabe olfativos (um cheiro particular de café?). Tudo isso surge de repente em sua memória. Como é possível? Recentemente os neurocientistas têm colhido evidências de que a memória dispõe de um *polo de convergência,* como um *hub*[7] das redes de computadores, capaz de reunir todas as diferentes características de uma cena ou evento, e apresentá-las à consciência. Tal *hub* se situa justamente no chamado polo temporal[A], a região mais rostral do lobo temporal (Figura 18.20). A principal indicação desse fato é o sintoma dos pacientes que apresentam lesões nessa região: passam a apresentar uma condição chamada demência semântica, ou seja, tornam-se incapazes de encontrar as palavras que sintetizam as lembranças de situações complexas. Confrontados com um telefone, por exemplo, não sabem dizer o que é, nem mesmo se o ouvirem tocar ou verem alguém usá-lo. À frente de uma maçã são incapazes de identificá-la pelo nome, mesmo se a comerem ou a manipularem.

Dentre as diferentes regiões do neocórtex, destaca-se por sua participação na memória uma grande extensão dos giros temporais médio e inferior, sedes dos chamados *léxicons* linguísticos, ou seja, os "dicionários" que reúnem os termos de nossa língua que descrevem os diferentes objetos e conceitos com os quais lidamos diariamente (maiores detalhes no Capítulo 19). A região posterior do córtex parietal, por sua vez, armazena dados relativos ao espaço imediatamente em torno de nosso próprio corpo (o mapa egocêntrico por meio do qual distinguimos o que está à direita e o que está à esquerda, entre outras relações de posição). E o córtex pré-frontal medial guarda relações de distância entre locais (mais perto, mais longe...).

[7] *Termo em inglês que denomina o aparelho que centraliza todas as conexões com computadores interligados em rede.*

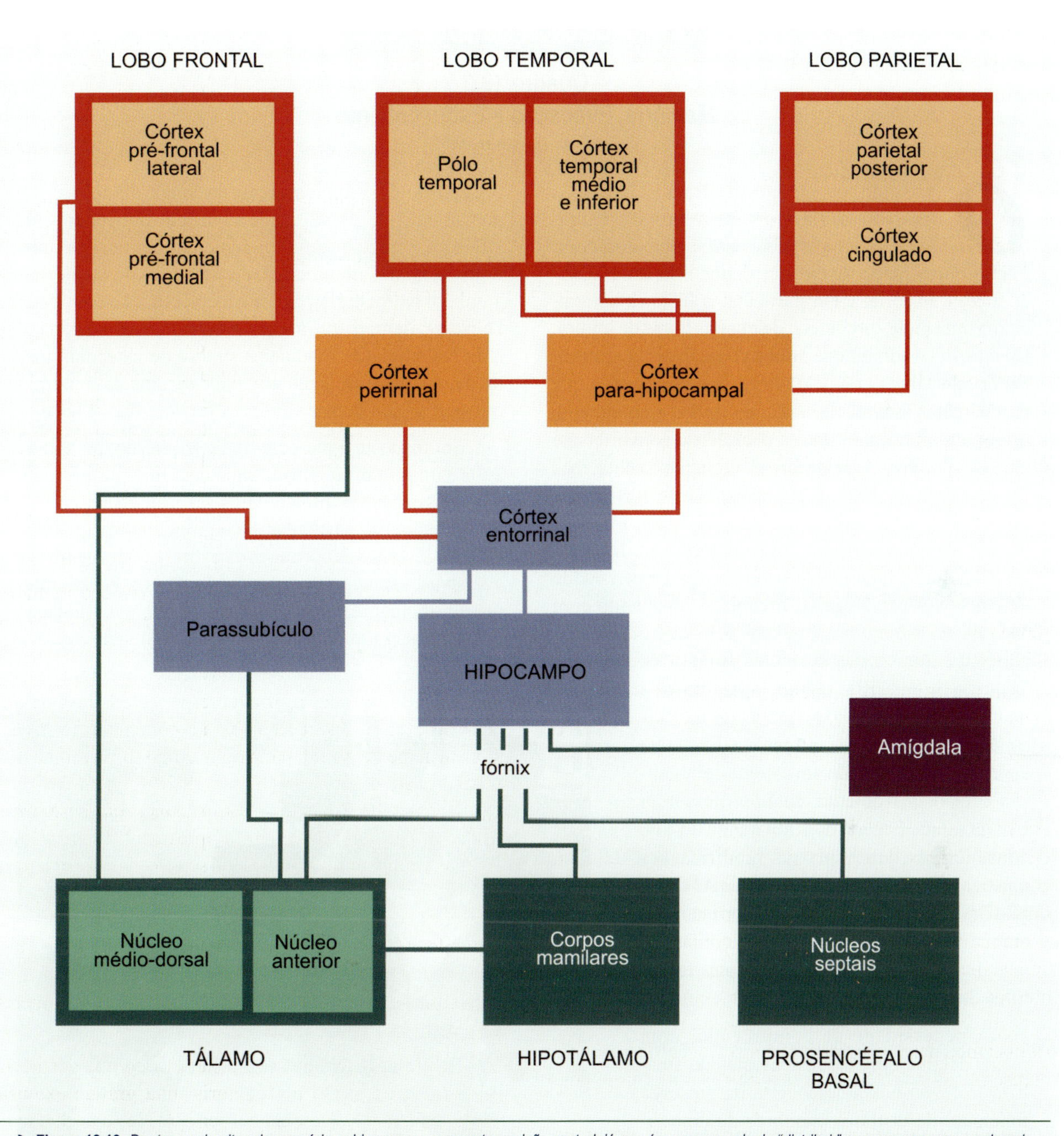

Figura 18.19. *Dentre os circuitos da memória, o hipocampo apresenta posição central, já que é o encarregado de "distribuir" os engramas para as demais regiões que os vão arquivar de modo mais duradouro. As conexões do hipocampo com as regiões corticais estão representadas em vermelho, e as conexões subcorticais em verde. A amígdala, modulador emocional da memória, está representada à parte. No esquema, para simplificar, só as regiões e circuitos principais estão indicados.*

Muito menos se sabe sobre o papel das regiões subcorticais na memória (em verde, na Figura 18.19), a não ser poucas indicações extraídas da observação de pacientes com lesões localizadas. Os núcleos diencefálicos parecem participar de algum modo ainda mal conhecido do processo de consolidação da memória explícita, cooperativamente com o hipocampo. Muito coerente: afinal são fortemente conectados com ele pelas fibras do fórnix[A]. Outras regiões como núcleos septais do prosencéfalo basal destacam-se pela forte projeção colinérgica ao hipocampo, tipicamente prejudicada nos pacientes com doença de Alzheimer. Sua função parece ser coadjuvante mas não imprescindível para a formação da memória, mas não se conhecem detalhes. A função mnemônica dos corpos mamilares do hipotálamo permanece obscura.

NEUROCIÊNCIA EM MOVIMENTO

Quadro 18.2
Memória, Evocação e Esquecimento

*Martín Cammarota**

O passado, ou melhor, a forma pela qual o passado restringe o número infinito de presentes e futuros possíveis, sempre despertou minha curiosidade. Creio que é por isso que, desde criança, a história, e em particular a história natural, ocupa uma parte substancial de minhas horas de leitura. De fato, devo admitir que minha vocação de naturalista/historiador ainda compete com a neurociência, e que não são raras as ocasiões nas quais reviso mentalmente o momento no qual tomei a decisão de converter-me em neurobiólogo. Não lembro exatamente da data, mas foi no verão de 1992, e a decisão esteve fortemente influenciada pela verve envolvente de quem iria converter-se em meu orientador de doutorado no Instituto de Biologia Celular e Neurociências da Universidade de Buenos Aires, Jorge H. Medina. Trabalhando com Medina no laboratório fundado pelo descobridor do papel fisiológico das vesículas sinápticas, Eduardo de Robertis (1913-1988), aprendi a neuroquímica e a neuroanatomia que a faculdade tinha esquecido de me ensinar. Enquanto aprendia, e trabalhando em estreita colaboração com Iván Izquierdo, então professor da Universidade Federal do Rio Grande do Sul, conseguimos determinar as modificações plásticas que sofrem os receptores AMPA e NMDA do hipocampo, em decorrência do aprendizado, além de descrever algumas das vias de sinalização ativadas por estes receptores durante a consolidação das memórias.

A necessidade de compreender com maior detalhe uma dessas cascatas de sinalização levou-nos à descoberta da presença funcional de distintos membros de uma família de fatores de transcrição (conhecidos pela sigla CREB/ATF) em mitocôndrias sinápticas e não sinápticas. Também pudemos demonstrar a ativação destes fatores durante a formação de memórias. O interesse pela neuroquímica levou-me a Newcastle, na Austrália, onde, junto com o neurocientista John Rostas, estudei os mecanismos bioquímicos que modulam a atividade da CaMKII (cálcio-calmodulina-cinase II) e controlam a participação desta enzima na potenciação de longa duração (sobre este fenômeno, veja o Capítulo 5). A potenciação de longa duração é um mecanismo de plasticidade neuronal dependente da atividade neural, que muitos acreditam ser um dos substratos celulares do processo de formação de memórias. Também na Austrália, agora em colaboração com Peter Dunkley, demonstrei a capacidade da angiotensina II e da histamina de modular a síntese de catecolaminas mediante a regulação da atividade de uma das enzimas que participam de sua síntese, a tirosina-hidroxilase.

Em resposta a um convite de Izquierdo, no ano de 2002 vim morar no Brasil, onde continuo pesquisando sobre os aspectos moleculares do processamento de informação. Em particular, meu grupo dedica-se ao estudo dos eventos decorrentes da expressão de memórias aversivas, espaciais e de reconhecimento. Nosso interesse principal reside em determinar como a utilização do traço mnemônico afeta sua perdurabilidade, e de que

Memórias persistentes. Por que algumas lembranças nos acompanham durante toda nossa vida enquanto outras parecem desaparecer quase sem deixar rastros? Será que essas memórias nas quais tanto confiamos são de fato fiéis às circunstâncias que acreditamos representarem? Ou será, talvez, que, cada vez que as evocamos, nossas memórias se debilitam e acoplam-se a outras, mais novas ou mais velhas, mas igualmente frágeis e passíveis de mudança? Aqui, quatro fotografias que documentam algumas de minhas memórias declarativas mais inabaláveis e felizes. Começando pelo extremo superior esquerdo: ***A****, almoçando com Jorge Medina (à direita) em Porto Alegre, no dia da inauguração do novo Centro de Memória na Pontifícia Universidade Católica do Rio Grande do Sul;* ***B****, com minha esposa e colaboradora, Lia Bevilaqua, na manhã seguinte à nossa chegada ao Brasil após 20 horas no avião e 4 anos na Austrália;* ***C****, com Iván Izquierdo (à esquerda), no dia em que fui nomeado membro afiliado da Academia Brasileira de Ciências;* ***D****, com minha filha Nina, na tarde de verão na qual, finalmente, ela perdeu o medo de entrar no mar.*

maneira esta é modulada pela intensidade emocional e pela relevância comportamental da experiência original. Estes estudos são fundamentais para entender a natureza de transtornos psiquiátricos como as fobias e o estresse pós-traumático, bem como para desenhar estratégias farmacológicas e terapêuticas que facilitem seu tratamento. Assim, demonstramos que a evocação repetida de uma memória aversiva pode conduzir efetivamente ao seu desaparecimento. Além disso, vimos que os mecanismos bioquímicos e as regiões neuroanatômicas envolvidos no reaprendizado deste e de outros tipos de memórias são diferentes daqueles requeridos para o aprendizado original. Ainda mais, nossos estudos indicam que durante a evocação é possível modificar uma memória já consolidada, e que, ao contrário do que se pensava, os processos que controlam a formação são distintos daqueles que determinam a persistência do traço e, portanto, é possível modulá-los diferencialmente.

*Professor-adjunto da Faculdade de Medicina e do Instituto de Pesquisas Biomédicas da Pontifícia Universidade Católica do Rio Grande do Sul (PUCRS). Correio eletrônico: martin.cammarota@pucrs.br.

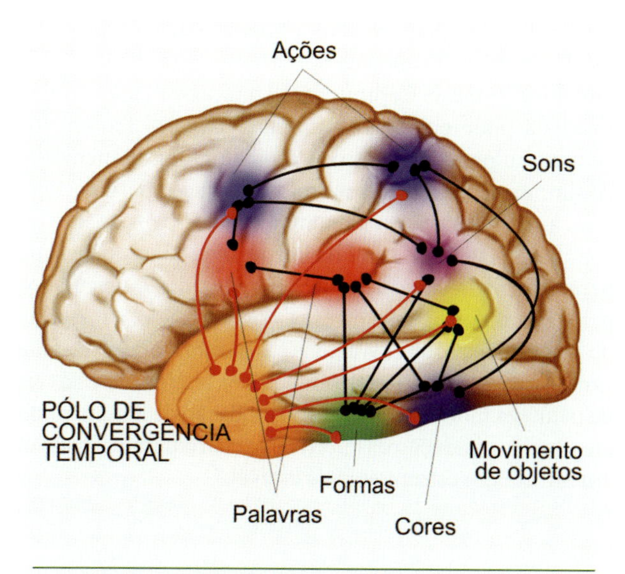

Figura 18.20. *Esquema representando o córtex temporal anterior como polo de convergência (hub), das informações relativas a uma cena ou evento de memória, que seriam aí reunidas para a sua apresentação à consciência (evocação). Modificado de K. Patterson e cols. (2007)* Nature Reviews. Neuroscience *vol. 8: pp. 976-988.*

Finalmente, outras regiões (não representadas na Figura 18.19) sabidamente participam de diferentes aspectos da memória implícita: o cerebelo parece relevante para os comportamentos associativos de condicionamento clássico, e o corpo estriado participa da aprendizagem motora de hábitos comportamentais.

MECANISMOS CELULARES E MOLECULARES

Todos os fenômenos básicos da memória foram demonstrados em diferentes animais, até mesmo os mais antigos na escala filogenética como os invertebrados. Todos os animais são capazes de aprender, e demonstram isso através de mudanças de comportamento em resposta a influências ambientais. Essa característica filogeneticamente conservada da aprendizagem sugere que se poderia considerar a memória como uma propriedade intrínseca do sistema nervoso, presente nele já a partir do seu surgimento na natureza, nos primeiros organismos multicelulares. A consequência lógica dessa concepção é supor que devem existir mecanismos celulares, e talvez mesmo moleculares, subjacentes ao armazenamento de informação pelos circuitos neurais (Quadro 18.2).

Essa hipótese se fortaleceu quando foram descobertos os mecanismos da neuroplasticidade, por definição a propriedade do sistema nervoso de alterar a sua configuração morfológica ou fisiológica sob a influência dinâmica do ambiente (veja o Capítulo 5). Uma associação lógica imediata pode então ser feita entre aqueles fenômenos celulares e os fenômenos neuropsicológicos da memória. Assim, a memória de curta duração, que é perdida logo após a sua utilização em alguma forma de pensamento ou comportamento, seria possivelmente uma consequência da permanência dos sinais elétricos produzidos e veiculados pelos neurônios e pelas sinapses. Por outro lado, a memória de longa duração, que em alguns casos dura até o fim da vida (muitos anos!), seria possibilitada por alterações estáveis de natureza morfológica. E a consolidação de algum modo envolveria a tradução da informação eletroquímica instável em um código estrutural mais estável.

Vários fenômenos da plasticidade sináptica se qualificam como possíveis mecanismos celulares e moleculares da memória, particularmente a potenciação e a depressão de longa duração (Capítulo 5), já demonstradas no hipocampo, no córtex cerebral, no cerebelo e em outras regiões neurais reconhecidamente participantes de fenômenos mnemônicos. Esses mecanismos são chamados "de longa duração" na escala de tempo eletrofisiológica, mas na verdade poderiam ser os correlatos da memória de curta duração, que são instáveis e passageiros. Às vezes esses fenômenos sinápticos podem prolongar-se na escala de dias, e até já se demonstrou que podem induzir alterações na ultraestrutura das sinapses. Nesse caso, essas alterações estruturais seriam os correlatos do fenômeno da consolidação da memória nos engramas estáveis e duradouros da memória de longa duração.

GLOSSÁRIO

Alocêntrico: referente ao espaço extracorporal, independente da posição do indivíduo. Opõe-se a egocêntrico, referente à posição do indivíduo em relação ao ambiente externo.

Áreas citoarquitetônicas: áreas do córtex cerebral delimitadas por suas características morfológicas.

Áreas límbicas: que participam do sistema límbico, o conjunto de regiões do SNC envolvidas com as funções emocionais e motivacionais. Maiores detalhes no Capítulo 20.

Campos magnéticos relacionados a eventos: sinais registrados no magnetoencefalograma (MEG) que possivelmente refletem a atividade neural resultante de processos (eventos) mentais.

Distrator: elemento que distrai a atenção de um indivíduo durante a execução de uma tarefa de memorização.

Engrama: unidade física da memória, de natureza ainda desconhecida, como se fosse o arquivo cerebral correspondente a um fato, pessoa, objeto, história, ou qualquer outro item memorizado.

Isquemia: diminuição ou interrupção completa, temporária ou permanente, da nutrição sanguínea de um órgão.

Métodos não invasivos: que não provocam riscos à saúde, por não necessitarem de nenhum procedimento cirúrgico.

Mnemônico: relativo à memória.

Potenciais relacionados a eventos: sinais registrados no eletroencefalograma (EEG) que possivelmente refletem a atividade neural resultante de processos (eventos) mentais.

RAM: da expressão em inglês *random access memory*. É a memória de leitura e gravação de um computador, cujas informações são utilizadas para a operação dos programas.

Taquipneia: frequência respiratória acelerada.

SABER MAIS

LEITURA BÁSICA

Izquierdo I. (2004) *A Arte de Esquecer*. Rio de Janeiro: Editora Vieira & Lent. Texto de divulgação científica abordando as bases neurais do esquecimento.

Bear MF, Connors BW, Paradiso MA. Memory Systems. Capítulo 24 de *Neuroscience. Exploring the Brain* 3ª ed., 2007, pp. 725-759. Nova York, EUA: Lippincott Williams & Wilkins,. Texto bastante completo abordando os principais aspectos sistêmicos da memória.

Cammarotta M, Bevilaqua LRM, Izquierdo I. Aprendizado e Memória. Capítulo 11 de *Neurociência da Mente e do Comportamento* (Lent R., coord.), Rio de Janeiro: Guanabara-Koogan, 2008, pp. 241-252. Texto conciso sobre a memória em vários animais.

Manns JR e Eichenbaum H. Learning and Memory: Brain Systems. Capítulo 50 de *Fundamental Neuroscience* 3ª ed. (Squire LR e cols., org.), 2008, Nova York: Academic Press, pp. 1153-1178. Texto avançado que focaliza os mecanismos neurofisiológicos da memória.

LEITURA COMPLEMENTAR

Hebb DO. *Organization of Behavior*. John Wiley, EUA, 1949.

Scoville WB e Milner B. Loss of recent memory after bilateral hippocampal lesions. Journal of Neurology, *Neurosurgery and Psychiatry* 1957; 20:11-21.

Luria AR. The *Mind of a Mnemonist*. Basic Books, Nova York, 1968.

Fuster JM. Unit activity in pré-frontal cortex during delayed-response performance: neuronal correlates of transient memory. *Journal of Neurophysiology* 1973; 36:61-78.

O'Keefe J. Place units in the hippocampus of of the freely moving rat. *Experimental Neurology* 1976; 51:78-109.

Warrington EK e Weiszkrantz L. Amnesia: a disconnection syndrome? *Neuropsychologia* 1982; 20:233-248.

Baddeley A. Working memory: the interface between memory and cognition. Em *Memory Systems* (Schacter DL e Tulving E, orgs.), Cambridge, EUA: MIT Press, 1994, 1994, pp. 351-368.

Miller G. The magical number seven, plus or minus two: Some limits in our capacity for processing information. *Psychological Reviews* 1994; 101:343-352.

Cahill L, Babinsky R, Markowitsch HJ, McGaugh JL. The amygdala and emotional memory. *Nature* 1995; 377:295-296.

Corkin S, Amaral DG, González RG, Johnson KA, Hyman BT. H.M.'s medial temporal lobe lesion: findings from magnetic resonance imaging. *Journal of Neuroscience* 1997; 17:3964-3979.

Kandel ER. e Pittenger C. The past, the future and the biology of memory storage. *Philosophical Transactions of the Royal Society of London (Series B, Biological Sciences)* 1999; 354:2027-2052.

Izquierdo I e McGaugh JL. Behavioural pharmacology and its contribution to the molecular basis of memory consolidation. *Behavioural Pharmacology* 2000; 11:517-534.

Erk S, Kiefer M, Grothe J, Wunderlich AP, Spitzer M, Walter H. Emotional context modulates subsequent memory effect. *NeuroImage* 2003; 18:439-447.

Da Cunha C, Wietzikoski S, Wietzikoski EC, Miyoshi E, Ferro MM, Anselmo-Franci JA et al. Evidence for the substantia nigra pars compacta as an essential component of a memory system independent of the hippocampal memory system. *Neurobiology of Learning and Memory* 2003; 79:236-242.

Parent MB e Baxter MG. Septohippocampal acetylcholine: Involved in but not necessary for learning and memory? *Learning and Memory* 2004; 11:9-20.

Rossatto JI, Zinn CG, Furini C, Bevilaqua LRM, Medina JH, Cammarota M e Izquierdo I. A link between the hippocampal and the striatal memory systems in the brain. *Anais da Academia Brasileira de Ciências* 2006; 78:515-523.

Spiers HJ e Maguire FA. The neuroscience of remote spatial memory: a tale of two cities. *Neuroscience* 2007; 149:7-27.

Patterson K, Nestor PJ, Rogers TT. Where do you know what you know? The representation of semantic knowledge in the human brain. *Nature Reviews. Neuroscience* 2007; 8:976-988.

Bird CM e Burgess N. The hippocampus and memory: insights from spatial processing. *Nature Reviews. Neuroscience* 2008; 9:182-194.

Rossato JI, Bevilaqua LR, Izquierdo I, Medina JH, Cammarota M. Dopamine controls persistence of long-term memory storage. *Science* 2009; 325:1017-1020.

19

A Linguagem e os Hemisférios Especialistas

A Neurobiologia da Linguagem e das Funções Lateralizadas

Mr. Hyde, de Caulos (sem data), óleo sobre tela

Saber o Principal

Resumo

Todos os animais se comunicam, mas só o homem fala e escreve. A linguagem humana tem uma base neurobiológica que pode ser estudada com técnicas de imagem funcional, métodos eletrofisiológicos e observações de pacientes neurológicos e indivíduos normais.

A fala – para ser emitida ou compreendida – depende da consulta a sofisticados dicionários mentais, os léxicons, em busca do som dos fonemas, das sílabas e das palavras, da organização gramatical que lhes confere sentido, e do seu conteúdo final. Além disso, um conjunto de modulações de voz, mímica facial e gestos corporais dá colorido afetivo à fala humana.

Os pacientes com distúrbios da fala e da compreensão foram a principal fonte de dados para a proposição de modelos para os mecanismos cerebrais da linguagem falada. Alguns não conseguem falar, outros não conseguem compreender, e outros ainda apresentam diversos distúrbios que lhes provocam erros de expressão e compreensão. Suas lesões, bem analisadas, mostram uma rede de áreas conectadas que compõem o sistema linguístico humano: áreas conceitualizadoras, que realizam o planejamento do conteúdo da fala e a compreensão do que é ouvido; áreas formuladoras, que se encarregam do planejamento e da compreensão da forma das palavras e das frases; e áreas articuladoras, que efetivamente comandam os movimentos necessários à fala. Além delas, inúmeras regiões corticais estão envolvidas: as áreas auditivas que primeiro percebem os sons verbais, as áreas visuais que percebem os signos da escrita; as regiões de processamento emocional, de onde se originam as nuances afetivas da fala, e assim por diante.

O cérebro tem dois hemisférios, mas eles não são iguais. Ao contrário, cada um deles tem especialidades que o outro não tem: funções lateralizadas. A linguagem é a mais lateralizada das funções, já que a maior parte de seus mecanismos é operada pelo hemisfério esquerdo na maioria dos seres humanos. Mas há inúmeras outras funções lateralizadas, cada uma revelando as especialidades de cada hemisfério cerebral. Assim, o cálculo matemático, a identificação precisa de pessoas e objetos, a avaliação métrica do espaço extrapessoal, além da linguagem e de outras funções, são especialidades do hemisfério esquerdo. A percepção musical, a identificação genérica de pessoas e objetos, a identificação de relações espaciais entre os objetos, e outras funções, são características do hemisfério direito.

Os dois hemisférios cerebrais diferentes são mantidos em comunicação direta pelas comissuras cerebrais, as pontes de fibras nervosas encarregadas de unificar a mente e as funções cerebrais. São elas: o corpo caloso, as comissuras hipocampais, a comissura anterior e outras situadas no diencéfalo e nos segmentos mais baixos do sistema nervoso central. É por meio desse sistema de comissuras que as funções lateralizadas do hemisfério esquerdo, entre elas a fala, são coordenadas com as funções do hemisfério direito, como a prosódia que confere tonalidade afetiva à fala. O indivíduo torna-se unificado pela ação integradora dessas comissuras.

Ano 1863, Paris. Em uma sessão científica da *Societé Anatomique*, o neurologista Pierre-Paul Broca (1824-1880) espantou a todos os presentes com a sua declaração bombástica: *Nous parlons avec l'hemisphère gauche!* Broca apresentava os casos de pacientes que haviam perdido a capacidade de falar, sem qualquer paralisia dos músculos da face. Alguns deles já haviam morrido, e tinha sido possível estudar os seus cérebros necropsiados. Todos apresentavam lesões na mesma região cerebral: a porção posterior e lateral do lobo frontal[A] do hemisfério esquerdo. A descoberta de Broca foi um tiro duplo de grande pontaria: ele acertou ao mesmo tempo a localização cerebral da fala e a sua natureza assimétrica, isto é, especialidade de apenas um dos hemisférios cerebrais (veja o Quadro 19.1).

Falar é humano, mas a comunicação entre indivíduos não é uma vantagem só nossa na natureza. Muitos animais se comunicam, e de diversas formas. Foi nos seres humanos, entretanto, que a capacidade de comunicação vocal se desenvolveu de modo inigualável. Também as assimetrias são comuns no mundo animal: o coração pende para o lado esquerdo, o fígado fica do lado direito, as mãos não são exatamente iguais, e assim por diante. O sistema nervoso não foge a essa regra: é assimétrico morfológica e funcionalmente, como são assimétricos também muitos comportamentos que ele controla. Mas as assimetrias neurais humanas atingiram grande complexidade, passando a possibilitar a especialização de um lado do cérebro em algumas funções, e do lado oposto em outras.

A linguagem, que a imensa maioria dos seres humanos aprende já a partir dos primeiros meses de vida pós-natal, é a mais assimétrica das funções. Foi o que Broca revelou ao mundo: um dos hemisférios cerebrais (geralmente o esquerdo) assume essa especialidade funcional. O outro colabora, mas o primeiro é quem dá as cartas.

A COMUNICAÇÃO ENTRE OS ANIMAIS

A comunicação entre os animais tem vários objetivos. O mais importante deles – mas não o único – é a reprodução. Machos e fêmeas da mesma espécie devem ser capazes de reconhecer-se e sinalizar mutuamente sua disposição para o ato reprodutor (nem sempre é o momento...). Para isso, desenvolvem sistemas de sinais que podem ser muito simples (como uma substância volátil que impressiona o olfato do parceiro ou da parceira) ou bastante complexos (como uma dança com diferentes movimentos em sequência). Outros sinais são destinados a emitir avisos sobre presas e predadores, sobre a iminência de uma agressão, os limites de um território privativo e muitos outros eventos importantes. Têm essas finalidades os sons dos grilos, a luz dos vagalumes, os feromônios[G] dos insetos e pequenos mamíferos, o canto dos pássaros, os gritos dos macacos e assim por diante. Com a evolução, a comunicação animal foi se desconectando das necessidades reprodutivas (necessárias à sobrevivência da espécie) e assumindo outras funções ligadas à sobrevivência do indivíduo.

Em alguns casos, essa sinalização tornou-se bastante complexa e sofisticada. Um bom exemplo é a conhecida dança em forma de "8" das abelhas, que indica a posição de objetos distantes. Ao longo de uma trajetória em "8" a abelha realiza movimentos que indicam a direção e a distância de uma fonte de alimento, um possível local para construir nova colmeia ou a posição de um curso d'água. Bastante complexos são também os sons de alarme emitidos por alguns macacos, destinados a sinalizar a presença de predadores terrestres distantes (leopardos) ou próximos (cobras), bem como predadores aéreos (gaviões, águias). Um som diferente para cada predador dispara os comportamentos adequados para cada caso. O grito específico para águias e falcões, por exemplo, faz com que os outros macacos olhem para cima e escondam-se entre os ramos de árvores e arbustos. O grito de alarme para leopardos e outros predadores solitários provoca o rápido escape para o alto das árvores. E no caso de um aviso para cobras, os animais do grupo olham para baixo e vasculham a vegetação rasteira.

Na maioria das vezes, os sistemas de comunicação dos animais são inatos. Em alguns casos, como o das abelhas mencionado anteriormente, não há possibilidade de adaptação ou mudança por aprendizagem, segundo as influências do ambiente. Várias espécies de aves apresentam gritos ou cantos inatos, usados para indicar aos filhotes e aos adultos que é hora de alimentar-se, abrigar-se, esconder-se ou fugir. Mas muitas vezes a comunicação inata dos animais pode ser aperfeiçoada nas crias durante um período crítico do desenvolvimento, por exposição aos sinais emitidos pelos adultos. É isso que acontece com os pássaros canoros (Quadro 19.2), que de início apresentam cantos relativamente simples, mas durante a infância aprendem formas mais complexas ouvindo os adultos de sua espécie. A aprendizagem do canto, nessas aves, assemelha-se à aprendizagem dos sons da fala pelos bebês humanos: o chamado "subcanto" delas seria equivalente ao "balbucio" destes.

Este tipo de aprendizagem da comunicação sonora é um traço bastante raro no reino animal, só ocorrendo em humanos, cetáceos (golfinhos e baleias), talvez alguns morcegos, e três ordens de aves (pássaros canoros, papa-

[A] *Estrutura encontrada no* Miniatlas de Neuroanatomia *(p. 367).*

[G] *Termo constante do glossário ao final do capítulo.*

HISTÓRIA E OUTRAS HISTÓRIAS

Quadro 19.1
A Vingança de Gall: Broca e a Localização Cortical da Fala

*Suzana Herculano-Houzel**

Identificar a zona do cérebro responsável por cada função da mente tem sido uma força motriz da Neurociência desde o seu nascimento. Alguns neurocientistas associam essa data à frenologia de Gall, e outros, à localização da linguagem por Broca. A diferença não é grande, pois a principal contribuição deste foi confirmar uma previsão do primeiro: a localização da fala numa pequena região do cérebro.

Segundo o esquema do austríaco Franz Gall (1757-1828), a linguagem ficaria localizada nos lobos frontais, bem perto dos olhos (veja a Figura 1.14). O próprio Gall apresentou evidência clínica de casos de perda da fala após lesões do lobo frontal, confirmando o que ele julgava demonstrar com a craniometria. Sua teoria encontrava apoio nos casos clínicos apresentados pelo francês Jean-Baptiste Bouillaud (1796-1881), professor influente do *Hôpital de la Charité* em Paris e membro fundador da *Societé Phrénologique*. A frenologia, no entanto, era malvista pela maioria dos cientistas, que aliás haviam impedido o ingresso de Gall como membro da *Académie des Sciences*. Bouillaud foi provavelmente o primeiro cientista a analisar um grande número de casos clínicos, que chegaram a mais de 500 no fim de sua vida. E, convencido por suas próprias observações, resolveu desafiar o *establishment*: em 1848, ofereceu um prêmio em dinheiro para quem trouxesse um caso de um paciente com lesão frontal que não tivesse problema de linguagem.

Em abril de 1861, o neurologista francês Paul Broca (1824-1880) anunciou na reunião da *Societé d'Anthropologie* que tinha um caso a mostrar: um paciente incapaz de falar, que acabara de falecer. No dia seguinte, voltou com o cérebro do paciente – que tinha uma lesão no córtex frontal esquerdo. Ao longo dos meses seguintes, Broca apresentou alguns casos semelhantes, e em 1863, desafiado por casos aparentemente contraditórios apresentados pelo grande neurologista Jean-Martin Charcot (1825-1893), descreveu oito casos de afasia, todos portadores de lesões no lobo frontal esquerdo. A lateralidade das lesões chamou sua atenção, e Broca levantou a possibilidade de uma especialização do hemisfério esquerdo para a linguagem.

Broca aparentemente desconhecia que, poucos dias antes, havia sido depositado na *Académie de Médecine* um manuscrito datado de 1836 que constatava uma associação entre lesões do hemisfério esquerdo e afasia. O manuscrito era de Marc Dax (1770-1837), um médico do sul da França, e havia sido trazido por seu filho Gustave Dax (1815-1874), também médico. Baseava-se em mais de 40 casos clínicos. Foi revisado pelo próprio Bouillaud, entre outros, mas somente foi lido na *Académie* no final de 1864. Até então, Broca havia permanecido bastante conservador em suas conclusões, certamente ciente de que, se era difícil convencer a sociedade científica anti-Gall da localização da fala, restringi-la a um só hemisfério seria ainda mais problemático (Figura). Mas em 1865, provavelmente já a par das observações de Marc Dax, Broca publicou um trabalho em que tratava diretamente, e em detalhes, a questão da lateralidade da fala. Enquanto a capacidade de conceber as conexões entre ideias e palavras pertenceria a ambos os hemisférios, Broca argumentava que a capacidade de exprimi-las com movimentos articulados na fala era exclusividade do hemisfério esquerdo.

A descoberta firmou o espírito localizacionista, e estimulou uma nova era de experimentos com lesões em animais. De certa forma, essa foi a "vingança" de Gall – quem Broca, aliás, considerava como "o ponto de partida de todas as descobertas em fisiologia cerebral do nosso século".

Dichotomies relatives aux hémisphères cérébraux XIXe siècle

Hémisphère gauche	Hémisphère droit
humanité	animalité
lobe frontal	lobe occipital
activité motrice	activité sensorielle
volition	instinct
intelligence	passion/ émotion
vie de relation	vie végétative
masculin	féminin
supériorité blanche	infériorité de couleur
conscience	non-conscience
raison	folie

Depois de Broca surgiram várias concepções errôneas sobre a especialização hemisférica, posteriormente superadas. De L'Âme au Corps (1993), Catálogo das Galeries Nationales du Grand Palais. Gallimard/Electa, França.

**Professora-adjunta do Instituto de Ciências Biomédicas da Universidade Federal do Rio de Janeiro. Correio eletrônico: suzanahh@gmail.com.*

gaios e periquitos, e beija-flores). A aprendizagem vocal nos pássaros canoros resulta em variações individuais na produção das vocalizações, que podem então ser utilizadas para o reconhecimento de indivíduos nos contextos de defesa territorial e acasalamento. Por sua vez, variações individuais nos padrões do canto levam a diferenças regionais, também conhecidas como dialetos, outra propriedade também característica da fala em humanos.

O aperfeiçoamento dos sinais de comunicação pela aprendizagem levou alguns pesquisadores a se perguntarem se os animais (especialmente os macacos mais evoluídos, como os chimpanzés e gorilas) seriam capazes de aprender a linguagem humana. As primeiras experiências foram tentativas de ensinar chimpanzés a falar. Não foram bem-sucedidas porque esses animais carecem de um aparelho fonador compatível com a emissão de sons vocais complexos como os humanos, e talvez também não disponham dos circuitos neurais com a sofisticação suficiente para propiciar a linguagem falada. A seguir tentou-se utilizar uma linguagem de sinais gestuais emitidos com as mãos, bem como símbolos pictóricos com cartões coloridos de diferentes formas. Neste caso, constatou-se que esses primatas podem aprender a utilizar alguns sinais simbólicos como seus parentes humanos, mas nunca ultrapassam o nível de uma criança de poucos anos de idade.

Concluiu-se dessas tentativas o que já se suspeitava anteriormente: que a linguagem humana é única na natureza em sua capacidade de simbolizar pensamentos – simples ou complexos, concretos ou abstratos. A pergunta que se coloca, também, é até que ponto essa capacidade seria determinada pela natureza através dos genes, e até que ponto seria modificada pelo ambiente social e – no caso dos seres humanos – a cultura. Essa questão recebeu recente impulso com a descoberta de um gene (conhecido pela sigla *foxP2*[1]) existente em animais e em seres humanos, cuja inativação interfere com a aprendizagem do canto em pássaros canoros, e cuja mutação interfere com a linguagem em humanos. A descoberta abre uma perspectiva importante de estudar a determinação biológica da comunicação linguística, desde o DNA até o comportamento.

A COMUNICAÇÃO ENTRE OS HOMENS

Os homens se comunicam de inúmeras maneiras, utilizando praticamente todos os sistemas sensoriais para perceber e interpretar os sinais que o sistema motor (de outra pessoa) produz. A comunicação humana, como também a dos animais, tem sempre dois lados: um que emite, outro que recebe, e portanto um que expressa alguma coisa e outro que a compreende. Dá-se o nome *linguagem,* numa acepção genérica do termo, aos sistemas de comunicação com regras definidas que devem ser empregadas por um emissor para que a mensagem possa ser compreendida pelo receptor. Uma acepção mais específica do termo refere-se a cada uma das modalidades linguísticas: linguagem oral, linguagem gestual etc.

As modalidades da linguagem envolvem sistemas pareados de expressão e compreensão. Assim, quando a expressão é oral ou vocal (modalidade que chamamos *fala*), a compreensão ocorre principalmente pelo sistema auditivo; quando a expressão é gestual, a compreensão é realizada pelo sistema visual. Da mesma forma, quando a expressão é escrita, é o sistema visual que possibilita a leitura. E quando a escrita é Braille, é o sistema somestésico que assume a tarefa.

Ao longo de sua existência no planeta, os seres humanos criaram e conservaram vivos cerca de 10 mil idiomas e dialetos. Todos eles consistem em símbolos associados, segundo regras lentamente definidas e modificadas, durante o percurso histórico de cada cultura. Todas as línguas têm uma modalidade falada, mas só algumas delas têm uma versão escrita. Isso porque a fala possui uma forte base neurobiológica inata que permite a aprendizagem logo aos primeiros meses de vida pela escuta dos adultos falando e pela prática da emissão de sons, enquanto a escrita é uma construção cultural cuja aprendizagem depende de um ensino formal bem mais prolongado e trabalhoso.

As unidades mais simples da linguagem falada são os *fonemas*, sons distintos cuja associação a outros cria sílabas e palavras. O som da letra *p*, por exemplo, pode ser associado ao som da letra *a* para formar a sílaba *pa*, que é também uma palavra da língua portuguesa (*pá*). Se o fonema *a*, no entanto, for precedido pelo fonema *c*, surge a sílaba *ca*, que é também uma outra palavra da língua portuguesa: *cá*. As palavras, por outro lado, são associadas em frases de acordo com regras gramaticais específicas, cujo conjunto é conhecido como *sintaxe*. A análise sintática que aprendemos a fazer formalmente na escola é assimilada muito antes intuitivamente, e passa a ser uma rotina dos sistemas linguísticos operados pelo cérebro. Quando dizemos "Ivo viu o vovô" não temos dúvida sobre quem viu quem, mesmo sem saber que um é o sujeito e outro o objeto direto. No entanto, o significado muda completamente se usarmos as mesmas palavras em outra ordem: "Vovô viu o Ivo". Nesse caso, sujeito e objeto direto não são mais os mesmos, mas até as crianças pré-escolares sabem que o sentido mudou. A ordenação das palavras nas frases é uma das regras sintáticas que empregamos para veicular o conteúdo das nossas ideias.

Para compreender esses diferentes significados – ou expressá-los, se estivermos falando e não ouvindo – em-

[1] *Da expressão em inglês* forkhead box P2.

pregamos outro tipo de elaboração mental que confere (ou identifica) o significado dos símbolos linguísticos. Trata-se da análise *semântica*. Neste caso, utilizamos o nosso "dicionário" interno para saber que vovô é o pai de nosso pai, que ele tem olhos capazes de ver, e que com eles viu um outro personagem cujo nome é Ivo. A semântica, portanto, é a relação das palavras e frases de uma língua com os seus significados.

Como se Estuda a Linguagem

Há várias maneiras de estudar a linguagem humana, que correspondem a diferentes níveis de abordagem. No entanto, consideraremos apenas duas dessas abordagens, que estão mais próximas dos objetivos deste livro: a cognitiva ou psicolinguística e a neurobiológica ou neurolinguística.

O método de trabalho dos psicolinguistas consiste geralmente em estudar o desempenho linguístico de indivíduos normais, de modo a analisar a lógica interna da linguagem e os mecanismos psicológicos subjacentes. Os principais objetivos são compreender a estrutura de cada idioma, o que todos têm em comum, as estratégias cognitivas empregadas para a expressão e a compreensão, de que modo a linguagem se desenvolve em uma criança que cresce, e assim por diante. Para isso, por exemplo, podem estudar a estrutura de diferentes línguas e compará-las para analisar suas semelhanças e diferenças. É o que fazem os pesquisadores de orientação mais antropológica, ao estudar o idioma de índios da Amazônia ou aborígines da Oceania.

Os pesquisadores de orientação mais experimental, por outro lado, geralmente idealizam testes com indivíduos normais de diferentes idades, culturas e idiomas, de modo a identificar os processos psicológicos envolvidos com a emissão ou a recepção das várias formas de linguagem. Um exemplo é o estudo da leitura utilizando medidas de tempo e direção de movimentos oculares, relacionadas com o conteúdo e a forma das palavras que o indivíduo lê (veja adiante). O trabalho de um psicolinguista eminente, o americano Noam Chomsky, levou à proposição bastante aceita atualmente de que, embora existam muitas línguas, a linguagem humana é universal, isto é, existem características universais comuns a todos os idiomas, que seriam derivadas da capacidade biológica inata do cérebro humano. A teoria de Chomsky tem inspirado pesquisas importantes no mundo todo, e será comentada outras vezes, adiante.

Os neurolinguistas geralmente empregam ferramentas da neurologia clínica e da neurofisiologia, como as técnicas modernas de obtenção de imagens funcionais do sistema nervoso (Figura 19.1) e as técnicas de estimulação e registro elétrico ou magnético do tecido cerebral. Nesse caso são utilizados tanto indivíduos normais como os portadores de doenças neurológicas envolvendo a fala e funções correlatas. Recentemente tem-se avançado muito nessa área, com a identificação das regiões e sub-regiões cerebrais envolvidas com a linguagem. As descobertas dos neurolinguistas são muito relevantes para os tratamentos de distúrbios da fala que os neurologistas e fonoaudiólogos aplicam nos seus pacientes.

As duas abordagens, apesar de empregarem técnicas diferentes, são complementares. Na verdade, ambas são cada vez mais utilizadas por equipes multidisciplinares, o que tem levado a avanços que há poucos anos não podiam ser imaginados.

A LINGUAGEM FALADA

A linguagem falada é o principal modo de comunicação dos seres humanos, prevalente em todas as culturas e sociedades até hoje conhecidas. Não há grupo humano que não fale. O que caracteriza a fala e a diferencia de outras modalidades de comunicação linguística é a produção e a compreensão de sons vocais em sequência rápida, utilizando no primeiro caso o aparelho fonador, e no segundo, o sistema auditivo. Os fonemas são associados e transformam-se em símbolos de objetos e conceitos – as palavras – e estas são também associadas em frases que tornam mais elaborados e complexos os significados. Enquanto na escrita as palavras são separadas por espaços, na fala elas são separadas por inflexões e entonações características da voz – frequentemente não há pausas entre as palavras. São essas nuances de tons de voz, acompanhadas de gestos e expressões faciais, que dão a coloração emocional da fala. A essa característica da linguagem dá-se o nome *prosódia*.

Você fala para expressar um pensamento. Logo, a primeira tarefa linguística do seu cérebro confunde-se com os mecanismos do pensamento, quando você busca os significados que quer expressar. Se o seu objetivo é simples, por exemplo nomear um animal que você esteja vendo (Figura 19.2), a busca de significado sobrepõe-se à própria percepção do objeto. Se o seu objetivo é mais complexo, como a descrição de um acidente trágico presenciado recentemente, primeiro você consulta a memória para organizar os fatos e sentimentos em sua mente. Em ambos os casos, os mecanismos cerebrais necessários à fala atravessam uma fase conceitual de planejamento, e logo a seguir uma fase de formulação. É necessário então buscar as palavras adequadas (substantivo? verbo? adjetivo?) e encontrar os fonemas para pronunciá-las. Se se tratar de uma frase, é preciso ordenar as palavras de acordo com as regras sintáticas da língua, e só depois é possível articulá-las (qual a pronúncia?). Nessa sequência, o processo sempre passa por uma busca mental dos diversos elementos da fala. Como? Onde?

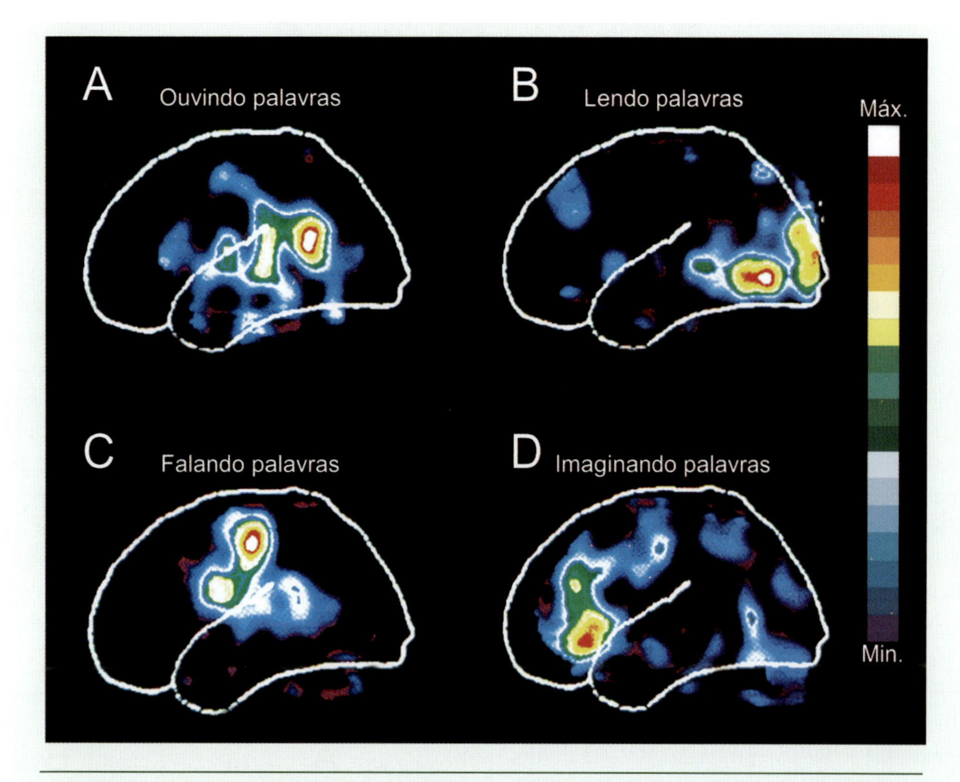

Figura 19.1. *Os neurolinguistas empregam técnicas modernas de imagem funcional para localizar as áreas cerebrais envolvidas com a linguagem. Neste exemplo, trata-se de imagens tomográficas obtidas através de um isótopo emissor de pósitrons (PET), que indica o aumento da atividade neural quando um indivíduo executa as tarefas descritas acima de cada esquema do cérebro (**A** a **D**). A escala à direita indica os níveis de atividade codificados pelas cores: máx. = atividade neural máxima; min. = atividade neural mínima. Modificado de J. A. Hobson,* Consciousness *(1999), p. 65. W. H. Freeman, EUA.*

A Busca dos Significados: Um Dicionário Mental

Os psicolinguistas consideram que existem dicionários internos – chamados *léxicons mentais* – onde estão arquivados os vários elementos da linguagem (veja a Figura 19.7 adiante). Trata-se de um sistema mnemônico como os que são discutidos no Capítulo 18. Para falar, o indivíduo consulta o *léxicon*ᴳ em busca de informações semânticas, sintáticas e fonológicas necessárias à expressão verbal de seus pensamentos. Alguns propõem um só léxicon que reuniria todas essas informações, mas há evidências de que existem diferentes *léxicons*, de acordo com o tipo de informação que armazenam: as informações semânticas seriam arquivadas em um conjunto de regiões cerebrais, as sintáticas, em outro diferente, e as fonológicas, em um terceiro conjunto.

Estima-se que o *léxicon* semântico de um adulto educado possa constar de cerca de 50 mil palavras e expressões idiomáticas. Os mecanismos de consulta a esse dicionário mental são extraordinariamente eficientes, pois permitem o reconhecimento e a produção de até cerca de três palavras por segundo, ou seja, quase 200 palavras por minuto! De que modo o *léxicon* estaria organizado no cérebro? Certamente não seria em ordem alfabética. Primeiro, porque essa ordem é arbitrária, de natureza cultural. Segundo, porque seria mais difícil encontrar e emitir palavras iniciadas por letras do meio do alfabeto (J, L, M etc.), o que não é verdadeiro. Em terceiro lugar, porque é mais fácil compreender e emitir as palavras que usamos frequentemente. Aquelas que não usamos podem ser esquecidas (excluídas do dicionário...), o que significa que o conteúdo do *léxicon* é flexível e dinâmico – depende do uso. De que modo, então, estaria o *léxicon* mental organizado no cérebro?

Uma hipótese bem aceita propõe que o *léxicon* esteja organizado segundo *redes semânticas* (Figura 19.3), isto é, de acordo com categorias de significado semelhante. Quando nos escapa uma palavra (por exemplo, *caminhão*), ao buscá-la na memória lembramos mais facilmente de *carro*, semanticamente próxima, do que de *cereja*, que nada tem a ver com ela. Além disso, alguns pacientes portadores de lesões cerebrais localizadas que apresentam distúrbios da linguagem cometem erros de compreensão e de expressão

NEUROCIÊNCIA EM MOVIMENTO

Quadro 19.2
O Cérebro das Aves que Aprendem o Canto

*Claudio Mello**

Meu trabalho aborda os mecanismos neurais associados à comunicação e aprendizagem vocal em aves, em particular os pássaros canoros. Estes representam uma das raras ordens animais que, além dos seres humanos, desenvolveram aprendizagem vocal, ou seja, a capacidade de aprender o canto através da imitação de um adulto. As áreas do cérebro que controlam o canto, inicialmente identificadas pelo neurocientista argentino Fernando Nottebohm e colegas através da análise do efeito de lesões, consistem em um grupo de núcleos cerebrais interconectados que formam o sistema de controle do canto. Ainda como estudante de doutorado na Universidade Rockefeller (EUA), descobri que ZENK, um gene imediato[G] cuja expressão é sensível à despolarização neuronal, é ativado em certas áreas do cérebro de pássaros canoros quando estes ouvem o canto de sua espécie, em particular no núcleo chamado nidopálio caudomedial (NCM). Bastante surpreendente na época foi o fato de estas áreas serem distintas dos núcleos do canto. A descoberta levou a uma série de estudos anatômicos, eletrofisiológicos e moleculares sobre o NCM, que indicaram que esta área, provavelmente análoga às camadas supragranulares do córtex auditivo de mamíferos, participa da formação de memórias auditivas do canto.

Sidarta Ribeiro, outro estudante brasileiro na Universidade Rockefeller, na época, cuja tese de doutorado coorientei, deu continuidade aos estudos de expressão de ZENK, demonstrando que os neurônios do NCM de canários têm preferência por estímulos auditivos naturais, e participam de uma representação auditiva do repertório silábico desta espécie. Tal representação depende da ativação de grupos neuronais recrutados da população total de neurônios do NCM. Subsequentemente, meu colega Erich Jarvis, agora professor associado na Escola de Medicina da Universidade Duke (EUA), demonstrou que o ZENK também é expresso nos núcleos do canto durante a produção deste, podendo portanto ser utilizado para mapear estas áreas com alta resolução. Esse mapeamento pode ser feito em animais que vocalizam no seu ambiente natural, o que revelou áreas novas de controle do canto cuja ativação, ligada aos núcleos da base, depende do contexto em que o canto é produzido.

Em seguida, em estudos comparativos, utilizamos o mapeamento com ZENK para demonstrar que aves de outras ordens, que durante a evolução desenvolveram aprendizagem vocal independentemente (periquitos e beija-flores), possuem um igual número de áreas telencefálicas ativadas durante a produção de vocalizações, e em posições muito semelhantes às dos pássaros canoros. Tais estruturas parecem, portanto, constituir um substrato neuronal mínimo necessário à aprendizagem vocal. Com o advento de técnicas avançadas de genética molecular, conseguimos identificar uma coleção de marcadores moleculares que representam especializações do sistema do canto. Estes avanços têm permitido um melhor entendimento dos mecanismos moleculares e celulares associados à comunicação e à aprendizagem vocal. Recentemente foi completado o sequenciamento do genoma do mandarim, o pássaro

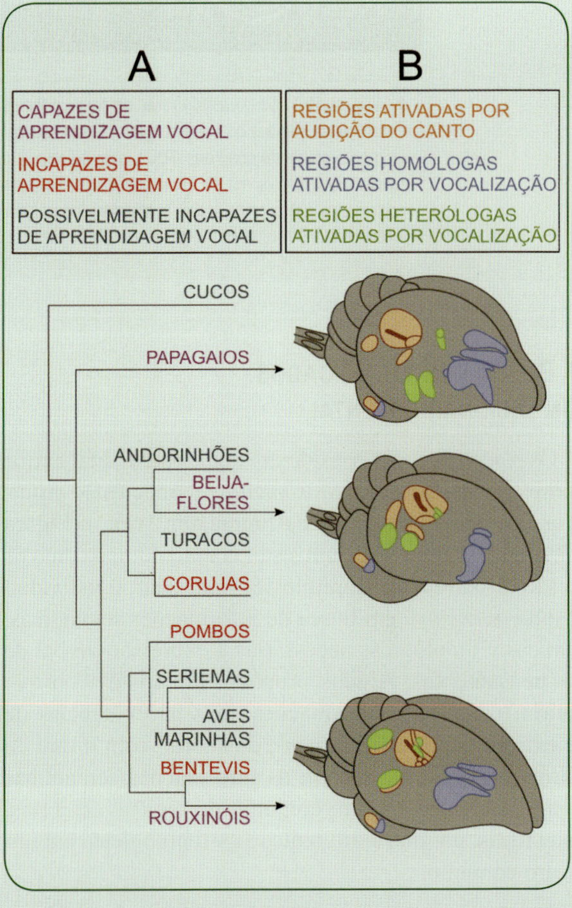

A. *A árvore ramificada mostra a evolução da vocalização nas aves. As mais antigas aves capazes de aprendizagem vocal são os papagaios, e as mais recentes, os rouxinóis.* **B.** *Os encéfalos das aves capazes de aprendizagem vocal (setas) mostram as regiões ativadas pelo gene imediato ZENK.*

canoro mais estudado em termos de neurobiologia. O estudo comparativo deste genoma com o da galinha, espécie cujas vocalizações não são aprendidas, talvez permita a identificação de elementos genômicos associados à evolução da aprendizagem vocal.

Tenho avançado também no entendimento da função da cascata bioquímica de expressão gênica iniciada em células neuronais em decorrência de sua ativação. Essa cascata, da qual participam algumas centenas de genes e da qual o ZENK é um componente inicial, parece estar ligada ao estabelecimento de modificações neuronais de longo prazo, e é forte candidata a mediar a formação de memórias de longa duração. Dados recentes indicam a participação de modulação noradrenérgica e da via de sinalização da MAP-cinase como elementos regulatórios, e de proteínas sinápticas (por exemplo, as sinapsinas) como alvos da ação do gene ZENK.

Claudio Mello com sua filha Ana Sofia.

Professor-associado da Universidade Oregon de Ciência e Saúde, EUA. Correio eletrônico: melloc@ohsu.edu

frequentemente relacionados com o significado das palavras ou conceitos que querem emitir ou compreender (parafasias semânticas). Por exemplo: ao ver um *cavalo* dizem *boi* (ambos são animais de porte e aspecto semelhante); outras vezes dizem *bicho* (categoria genérica a que pertencem os cavalos).

As redes semânticas reuniriam categorias específicas: animais, instrumentos, pessoas, cores, plantas etc. Se isso é verdade, seria possível identificar regiões cerebrais específicas para cada categoria? Sim. Essa foi a conclusão de um estudo abrangente reunindo pacientes com distúrbios linguísticos (Figura 19.4A). Os erros semânticos referentes a pessoas foram típicos de pacientes com lesões rostrais do lobo temporal[A] esquerdo; os erros relativos a animais eram mais comuns em doentes com lesões intermediárias no córtex inferotemporal[A]; e os enganos sobre instrumentos e objetos em geral ocorriam quando se tratava de lesões caudais do lobo temporal. Estudo semelhante foi feito com indivíduos normais cujas imagens tomográficas funcionais eram obtidas enquanto eles nomeavam animais, instrumentos e pessoas: nas imagens correspondentes, as mesmas regiões mencionadas mostravam-se ativas (Figura 19.4B).

A Busca dos Fonemas

As redes semânticas organizam o arquivo de palavras (e seus significados) contidas no *léxicon* correspondente. São utilizadas nas primeiras fases de planejamento da fala, ou durante a compreensão de algo que ouvimos. Mas para falar (também para compreender) você precisa encontrar os fonemas necessários à construção das palavras. Deve existir, então, um *léxicon* fonológico. Onde?

O fonema é a unidade elementar da fala. Não tem necessariamente um significado, portanto os seus mecanismos de expressão e reconhecimento podem ser diferentes das palavras. Estas têm valor semântico: são símbolos de conceitos concretos ou abstratos. Mas o fonema é apenas uma unidade de código com um som associado, cujo sentido na maioria das vezes depende de sua combinação com outros.

Os fonemas emitidos por uma pessoa podem ser analisados quanto às frequências sonoras que os compõem, gerando curvas de onda[G] e espectrogramas[G] típicos de cada voz e de cada idioma (Figura 19.5). São produzidos por movimentos muito precisos das estruturas anatômicas que compõem o aparelho fonador, cujos músculos estão sob comando da área cortical M1. Se você fechar os lábios e depois deixar passar um som vocalizado através deles, originado bem do fundo da laringe[G], terá emitido o fonema correspondente à consoante *b*. Se não vocalizar mas apenas fizer o ar passar pelos lábios anteriormente fechados, terá emitido o fonema correspondente à consoante *p*. Ambos são chamados fonemas bilabiais, cuja articulação envolve as estruturas mais anteriores da boca. Os fonemas corres-

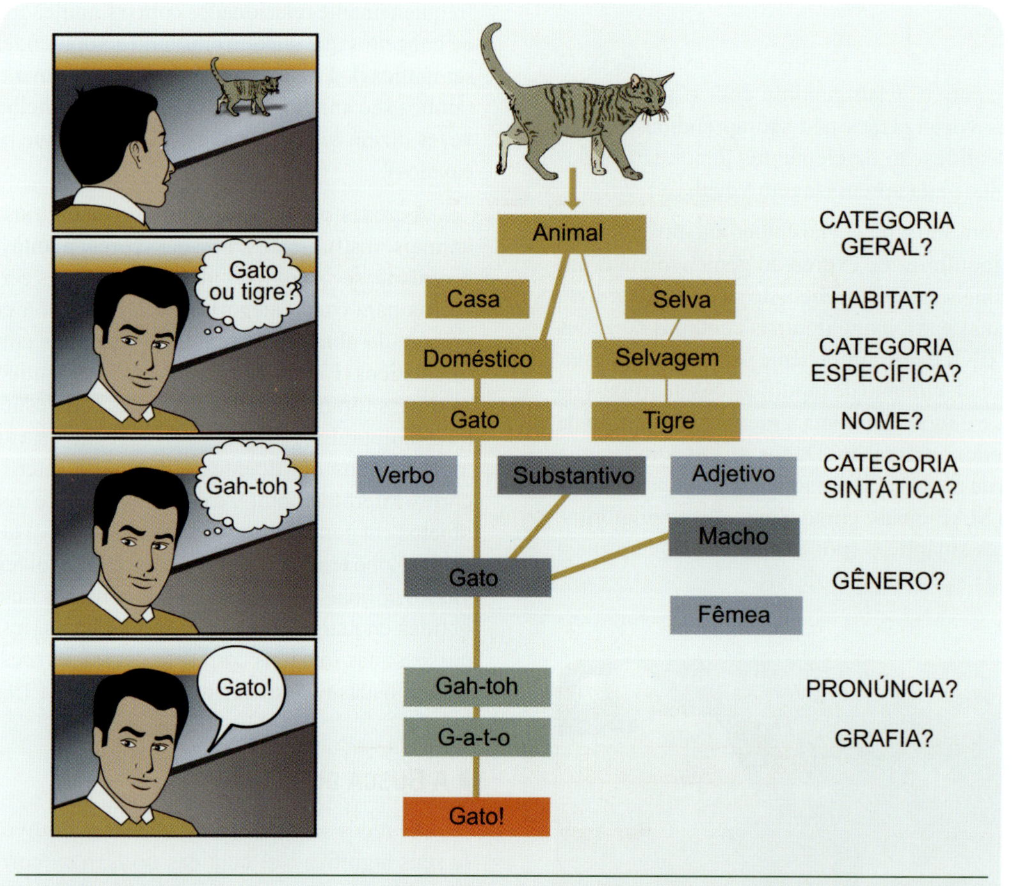

Figura 19.2. *Muitos processos mentais antecedem o ato de falar. No exemplo, o indivíduo visualiza um "objeto" à distância (o gato), e para chegar a pronunciar o seu nome precisa identificar a que categoria perceptual ele pertence, bem como encontrar as categorias linguísticas apropriadas, antes de emitir os sons correspondentes.*

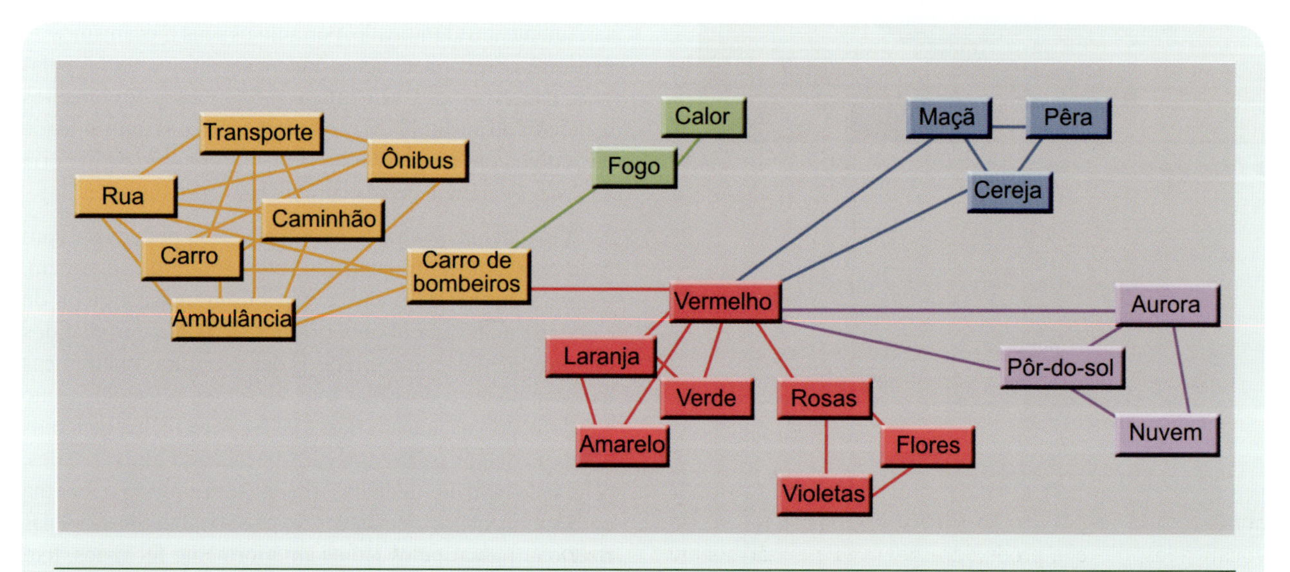

Figura 19.3. *As redes semânticas (em cores diferentes) reúnem palavras que significam objetos ou conceitos semelhantes. Modificado de M. S. Gazzaniga e cols. (1998)* Cognitive Neuroscience, *p. 290. W. W. Norton & Co., Nova York, EUA.*

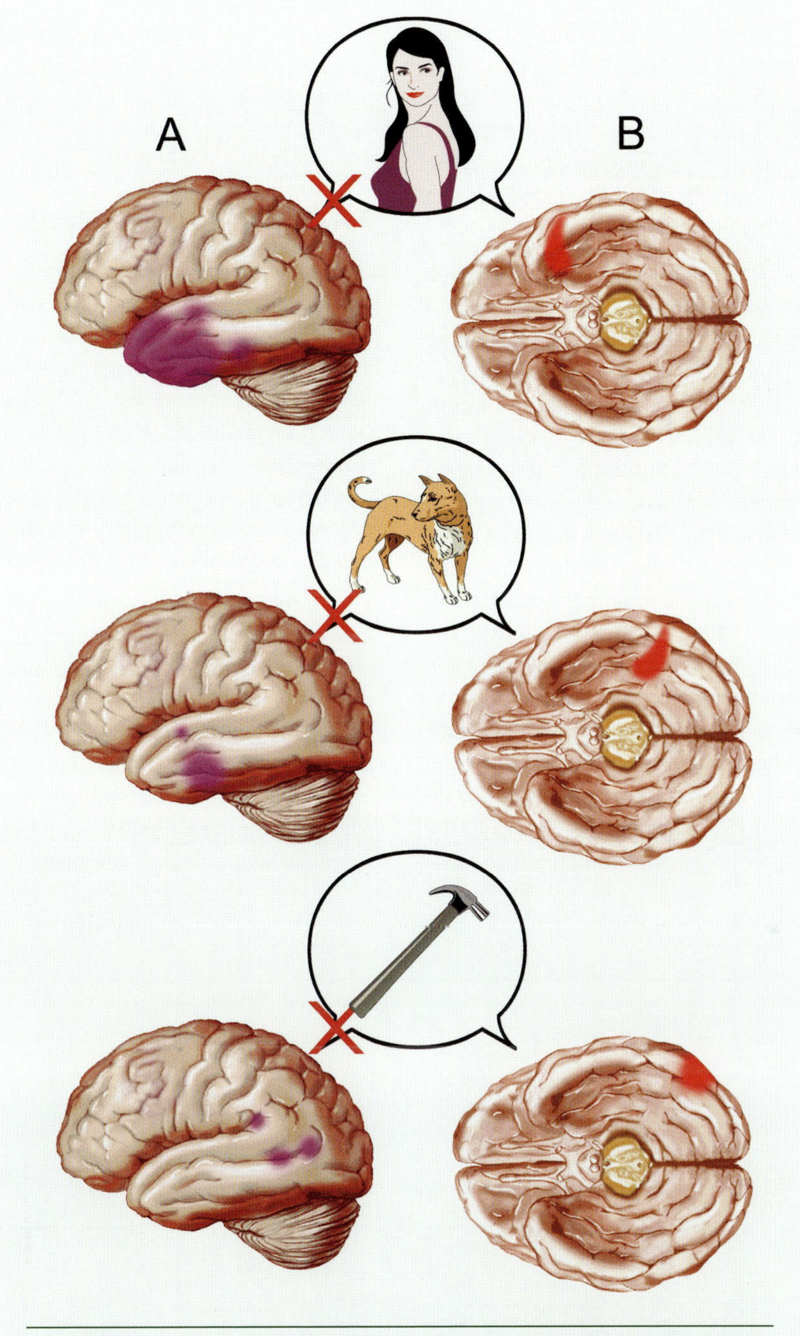

▶ **Figura 19.4.** *Os encéfalos representados em* ***A*** *ilustram a posição de lesões corticais (em roxo) de pacientes que não conseguem nomear pessoas, animais e instrumentos, respectivamente. Os encéfalos representados em* ***B*** *ilustram as regiões corticais mais ativas (em vermelho) na tomografia por emissão de pósitrons, em indivíduos durante a nomeação verbal dessas mesmas categorias. Modificado de H. Damasio e cols. (1996)* Nature *vol. 380: pp. 499-505.*

pondentes às vogais, como sugere o próprio nome, são vocalizados, ou seja, produzidos por uma emissão sonora que passa pela boca posicionada de uma certa maneira. O fonema *a* é vocalizado com a boca aberta, o *e,* com a boca semiaberta, e o *u,* com a boca quase fechada.

O estudo dos fonemas de várias línguas levou à elaboração de alfabetos fonéticos que são utilizados em alguns dicionários bilíngues para facilitar a identificação da pronúncia das palavras. Essa uniformidade sonora de vários fonemas através de diferentes línguas é considerada uma evidência dos universais linguísticos – neste caso, universais fonêmicos – propostos por Chomsky. Apenas uma parte dos fonemas de cada língua é universal. Outra parte é específica de grupos de idiomas, ou mesmo de um único idioma. Considera-se que os universais fonêmicos constituem o acervo inato de movimentos do aparelho fonador, comandados e compreendidos de modo único na natureza pelo sistema nervoso humano.

A localização do *léxicon* fonológico tem sido tentada usando métodos de imagem funcional. Um experimento simples para isso consiste em pedir a um voluntário cujo cérebro esteja sendo "fotografado" por um aparelho de ressonância magnética funcional (RMf) ou por um tomógrafo emissor de pósitrons (PET[G]) para ouvir e compreender palavras com e sem sentido, emitidas por um fone de ouvido. A partir da imagem resultante (Figura 19.6A), o computador pode subtrair a imagem que resulta das palavras sem sentido, o que nos deixa com a imagem da região ativada apenas pela compreensão do sentido (Figura 19.6B). Experimentos desse tipo revelaram várias áreas ativas em torno do sulco lateral[A] de Sylvius (regiões perissilvianas) do hemisfério esquerdo, envolvendo o córtex parietal inferior, os giros angular e supramarginal[A] da região que fica entre o lobo parietal[A] e o lobo occipital[A], o córtex frontal lateral inferior, o córtex temporal superior[A], e também a região de representação da face em M1 (veja também a Figura 19.1). O interessante é que o processamento fonológico se mostrou lateralizado à esquerda em homens, mas bilateral nas mulheres. Ao que parece, a diferença não se deve a causas genéticas, mas a diferentes estratégias de busca do *léxicon* fonológico empregadas pelas mulheres, em comparação com os homens.

A CONSTRUÇÃO DAS FRASES

Construímos frases porque conhecemos as regras de nosso idioma, ainda que de modo intuitivo, quer dizer, sem a formalização que a escola nos deu (e que geralmente esquecemos...). Imperceptivelmente, no entanto, as regras ficam armazenadas em nossa memória de procedimentos (veja o Capítulo 18), e não precisamos pensar para que as frases sejam emitidas corretamente (ou pelo menos inteligivelmente). As regras sintáticas reunidas na memória de procedimentos confundem-se com o léxicon sintático, cuja existência é suposta, mas ainda não demonstrada.

Os psicolinguistas consideram que a construção das frases começa com a fase de conceitualização (Figura 19.7), que ocorre quando planejamos o conteúdo da mensagem, uma ação mental conhecida como macroplanejamento da fala. As regiões cerebrais envolvidas com o macroplanejamento – ainda desconhecidas – são chamadas *conceitualizadoras,* porque realizam a busca ao *léxicon* semântico para encontrar os conceitos apropriados que desejamos veicular. Segue-se uma segunda etapa, de busca da forma

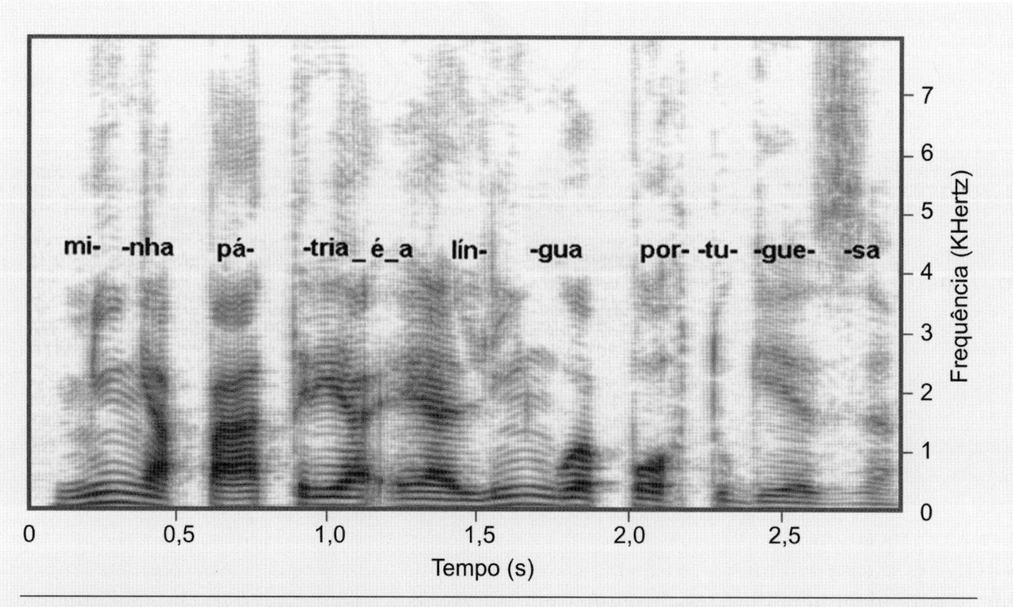

Figura 19.5. *Espectrograma da voz de um homem adulto durante a emissão da famosa frase do poeta português Fernando Pessoa. O gráfico é tridimensional: além da abscissa (representando o tempo) e da ordenada (representando a frequência), a intensidade de cinza representa a intensidade da voz. Observar que o fonema mais forte é "pá", e que a separação dos fonemas não acompanha necessariamente a separação das palavras. Registro de Leonardo Fuks, da Escola de Música, Universidade Federal do Rio de Janeiro.*

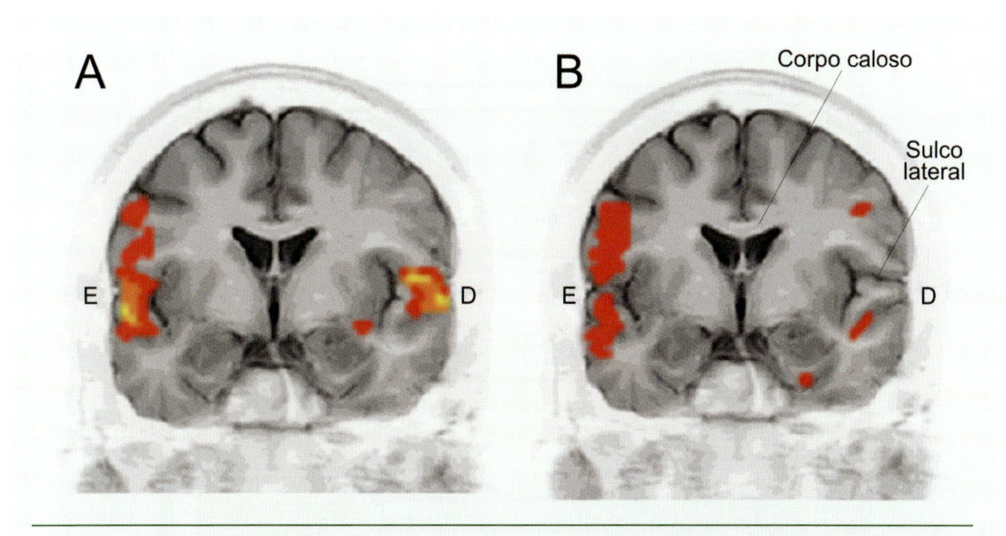

Figura 19.6. *Neste experimento de localização das áreas corticais que processam a linguagem, o indivíduo ouve palavras diversas (**A**), enquanto o pesquisador registra imagens de RMf de seu cérebro. Neste caso, as imagens representam cortes coronais. Revelam-se ativas diversas áreas em torno do sulco lateral em ambos os hemisférios. Quando o pesquisador subtrai mediante técnicas de computação a imagem resultante da estimulação com palavras sem sentido (pseudopalavras) (**B**), ressalta o envolvimento lateralizado do hemisfério esquerdo (E) na compreensão do sentido das palavras. Imagens de Jorge Moll Neto, do Instituto D'Or de Pesquisa e Ensino, Rio de Janeiro.*

da mensagem – a formulação – que corresponde à busca de fonemas, palavras e regras sintáticas, num processo chamado de microplanejamento, ou seja, a associação dos fonemas em palavras, e destas em frases apropriadas ao conteúdo que desejamos expressar. As regiões cerebrais envolvidas nessa etapa são consideradas formuladoras, e parecem envolver a região frontal lateral inferior conhecida como área de Broca, situada no hemisfério esquerdo da maioria das pessoas (veja adiante).

A EMISSÃO DA FALA

A última etapa para a emissão da fala é chamada *articulação*. Trata-se do planejamento da sequência de movimentos necessários à emissão da voz, e finalmente o envio de comandos a partir de M1 para os núcleos motores do tronco encefálico, que por sua vez comandam a musculatura facial, a língua, as cordas vocais na laringe, a faringe e também os músculos respiratórios. A articulação é uma tarefa essencialmente motora, que envolve as regiões pré-motoras do córtex frontal esquerdo e os setores de representação da face no giro pré-central[A] (Figura 19.1C), neste caso em ambos os hemisférios. Os neurolinguistas podem identificar essas regiões em imagens funcionais tomadas durante a fala de indivíduos normais, subtraídas de imagens tomadas quando os mesmos indivíduos apenas imaginam as frases, sem vocalizá-las. Essas regiões são em conjunto conhecidas como articuladoras.

A COMPREENSÃO DA FALA

Quase sempre que alguém fala, um outro alguém ouve (nem que seja o próprio indivíduo que fala). Como a via de entrada dos sinais linguísticos falados é o sistema auditivo, no início tudo se passa em comum com o processamento auditivo dos demais sons do ambiente, descrito no Capítulo 8.

Em certo momento do processamento auditivo, no entanto, o cérebro "descobre" que certos sons são linguísticos e "encaminha" a sua representação neural (na forma de potenciais de ação, potenciais sinápticos etc.) para as regiões responsáveis pela compreensão da fala. Nesse caso, para compreender o que se ouviu será preciso proceder passo a passo, quase no sentido inverso ao da emissão da fala: identificação fonológica → identificação léxica → compreensão sintática → compreensão semântica.

A consulta ao *léxicon* fonológico permite reconhecer os sons característicos de cada idioma, identificando os fonemas que compõem as palavras. Como o *léxicon* é na verdade um sistema de arquivamento de memórias, é provável que ele contenha arquivos ecoicos de fonemas, palavras, e até mesmo de expressões idiomáticas ou modos de pronunciar sequências de palavras. Por exemplo, vendo escrita a frase *ce ach qui sabi*, será difícil identificar nela pela leitura o equivalente sonoro de *você acha que sabe.* Portanto, o léxicon fonológico deve guardar os fonemas tais como pronunciados nas expressões de cada língua ou dialeto regional, e esses arquivos são diferentes daqueles que representam as versões escritas das palavras. Alguns

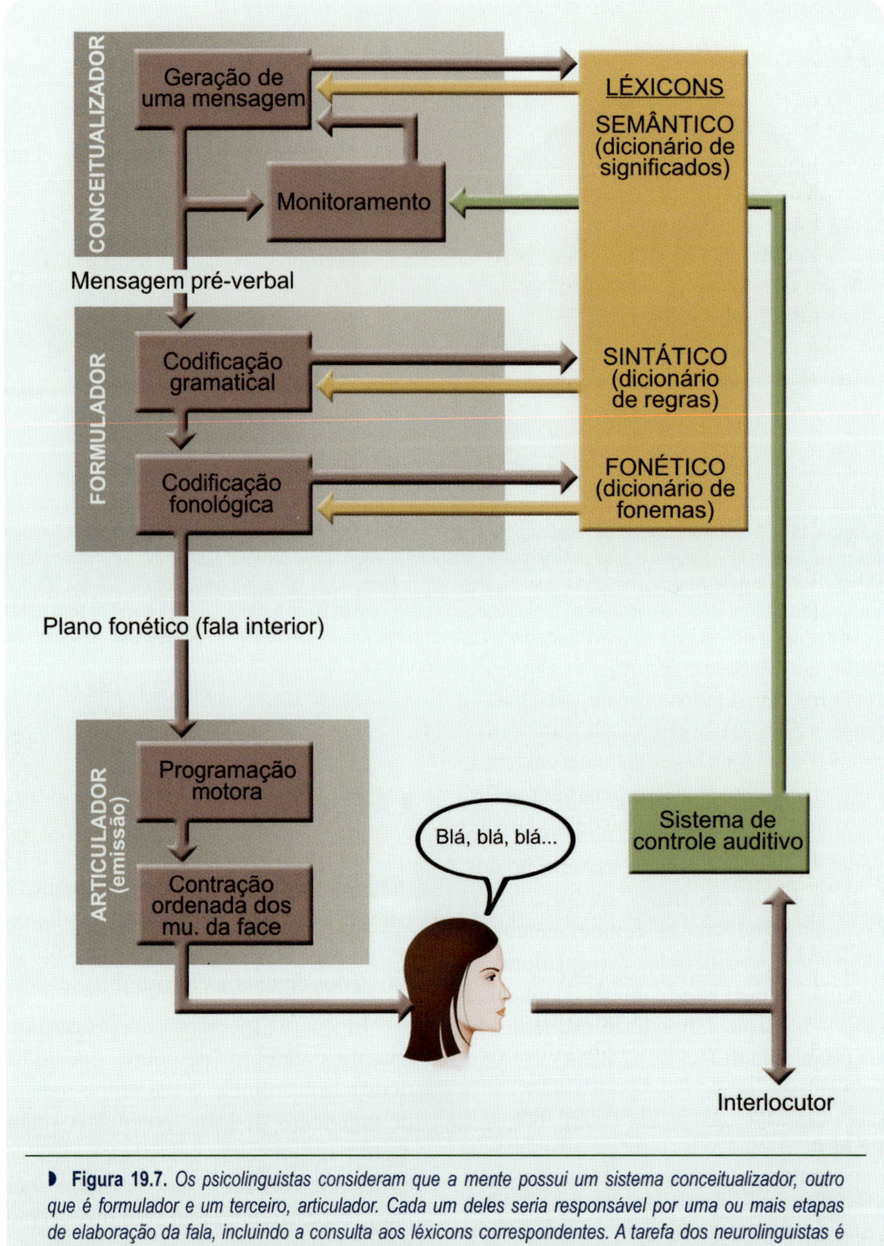

Figura 19.7. *Os psicolinguistas consideram que a mente possui um sistema conceitualizador, outro que é formulador e um terceiro, articulador. Cada um deles seria responsável por uma ou mais etapas de elaboração da fala, incluindo a consulta aos léxicons correspondentes. A tarefa dos neurolinguistas é encontrar os correlatos neuroanatômicos e fisiológicos para esses sistemas. Modificado de W. J. M. Levelt (1993) The Architecture of Normal Spoken Language, em* Linguistic Disorders and Pathologies *(G. Blanken e cols., org.). Walter de Gruyter, Alemanha.*

psicolinguistas consideram que a identificação das palavras ocorre passo a passo. Ao ouvir a sílaba *ca*, por exemplo, selecionamos várias possibilidades: carro, caminho, casamento e muitas outras. Mas logo em seguida ouvimos a sílaba *sa*: pode ser casa, mas pode ser casamata, casarão, casamento... Seguem-se as sílabas *men* e depois *to*, e as possibilidades já vão ficando menos numerosas. Ocorre então a identificação léxica: *casamento*. Mas ainda é preciso consultar os léxicons sintático e semântico, porque a palavra *casamento* pode significar a união entre duas pessoas ("casamento de João com Maria"), mas também uma coincidência de ideias ("casamento de opiniões"), ou um processo físico ("casamento de impedâncias"). A decisão levará em conta a construção sintática ("casamento de... com...", que é diferente de "casamento de..."), mas mesmo assim resta saber se o significado presumido é coerente com o contexto.

O *léxicon* semântico, portanto, considera o contexto da frase. A palavra *casamento* seguida de "opiniões" significa algo bastante diferente da mesma palavra seguida de "impedâncias". Mas às vezes as palavras vizinhas não permitem uma conclusão. A frase "esta rua tem muitos bancos" pode significar que há muitos lugares para sentar ou muitos lugares para depositar dinheiro. A decisão final depende do contexto mais amplo, isto é, das frases anteriores e posteriores relacionadas a ela, e do tema geral em que a frase está inserida. Os psicolinguistas sabem que a interpretação preferida é a mais simples ou a mais provável. Por exemplo: o que você concluiria da frase "o bandido atacou o policial com uma arma"? Quem portava a arma: o bandido ou o policial?

Quais são as regiões neurais envolvidas nesses diferentes processos de compreensão da linguagem falada? Os neurolinguistas já têm uma ideia da localização das regiões (confira a Figura 19.1A), mas estão ainda longe de entender os mecanismos neurobiológicos de operação do sistema. Um experimento muito ilustrativo a esse respeito foi realizado por uma equipe de pesquisadores franceses utilizando imagens funcionais obtidas com PET. Foram selecionados voluntários de nacionalidade francesa, divididos em grupos que ouviam diferentes trechos falados, enquanto tinham a sua atividade cerebral registrada por meio do tomógrafo (Figura 19.8). Um grupo ouviu uma história falada em tamil, uma língua hindu desconhecida para eles. Apenas as regiões auditivas em ambos os hemisférios, em torno de A1 no giro temporal superior, mostraram-se ativas (Figura 19.8A, em amarelo). Como a história em tamil não era reconhecida nem fonológica, nem sintática, nem semanticamente, pode-se supor que o cérebro a tenha tratado como um estímulo auditivo linguístico de uma língua irreconhecível.

Seria possível sugerir, com base nisso, que o léxicon fonológico estivesse situado nessas amplas regiões do córtex temporal esquerdo, acionado apenas para distinguir os sons ouvidos como sons linguísticos. Outro grupo ouviu uma lista aleatória de palavras em francês. Nesse caso, foi ativada uma área frontal no hemisfério esquerdo (Figura 19.8B, em laranja), além do giro temporal superior. Um terceiro grupo escutou frases com pseudopalavras: frases do tipo "a cranilha voneja barlos", que parecem pertencer ao nosso idioma, mas na verdade não existem. A área frontal não foi ativada (Figura 19.8C), mas sim uma região situada no polo anterior do giro temporal superior, bilateralmente (em roxo, na figura): será que nela se situaria o *léxicon* semântico, em ação de busca do impossível sentido das pseudopalavras? A mesma região apareceu ativa também quando o estímulo era formado por frases com palavras reais, mas significado irreal (Figura 19.8D), do tipo: "essa mosca come sapatos". Finalmente, uma história em francês com todo sentido era apresentada aos indivíduos, provocando ativação de outras regiões do hemisfério esquerdo, além das que tinham sido ativadas bilateralmente pelos outros estímulos: a área frontal e os giros temporais médio e superior, incluindo a chamada área de Wernicke (Figura 19.8E). Os autores concluíram que as operações de compreensão integral do significado de uma pequena história são realizadas mediante algum tipo de interação entre essas diferentes regiões.

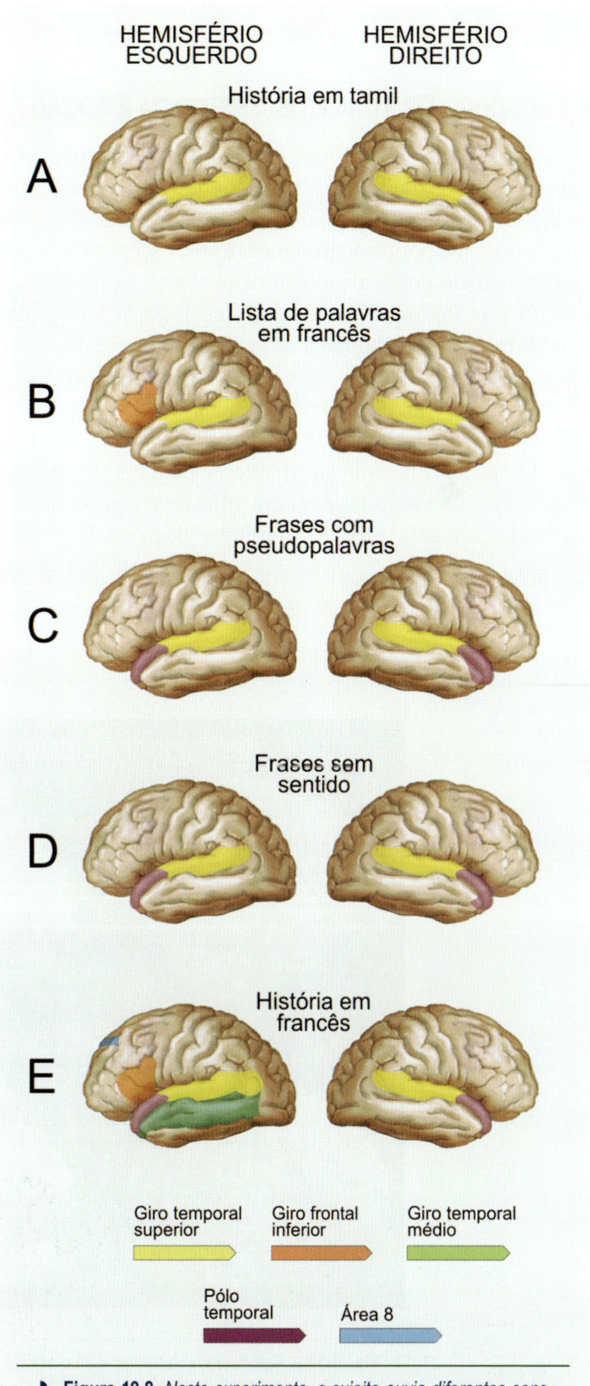

Figura 19.8. *Neste experimento, o sujeito ouvia diferentes sons verbais enquanto tinha a sua atividade neural registrada pelo tomógrafo de emissão de pósitrons. A cada tipo de estímulo linguístico (**A** a **E**), diferentes áreas eram ativadas, indicando a localização dos léxicons. Modificado de B. M. Mazoyer e cols. (1993)* Journal of Cognitive Neuroscience *vol. 5: pp. 467-479.*

Nesse experimento, a grande extensão das regiões ativadas deve-se ao fato de o estímulo final ser muito complexo: uma história. É provável que as diferentes categorias semânticas presentes na história sejam processadas por regiões ligeiramente distintas, como mencionamos anteriormente, já que o *léxicon* semântico consultado para a linguagem falada é o mesmo para a linguagem ouvida.

Prosódia: os Tons e os Gestos da Emoção

Até o momento analisamos apenas os aspectos racionais, cognitivos, da linguagem falada. Mas todos sabemos de nossa experiência cotidiana que a fala humana difere da fala de um robô porque tem nuances e entonações de voz que conferem a ela um conteúdo emocional capaz inclusive de modificar o sentido racional das frases. E mais, não apenas a modulação da voz humana serve a esses propósitos emocionais. Também a mímica facial e os gestos que fazemos com as mãos e com o corpo participam desse "código" complementar da fala. Uma frase banal (por exemplo, "não faça isso") pode ser dita com suavidade ou com agressividade; pode até mesmo ser dita com uma inflexão tal que contrarie o sentido racional da frase e signifique "faça isso"...

As inflexões de voz, a mímica facial e os gestos das mãos e do corpo são aspectos emocionais da fala conhecidos como *prosódia*. Além desses aspectos emocionais, a prosódia permite também que o emissor e o receptor diferenciem uma afirmação de uma interrogação e de uma exclamação. A entonação da frase "você vai à praia" difere de "você vai à praia?" apenas pela modulação da última palavra para frequências mais altas de vocalização. A mesma frase, com um ponto de exclamação ao final, terá também uma modulação característica quando for emitida.

A localização cerebral da prosódia não está ainda bem determinada, mas sabe-se que as áreas ativas pertencem, na maioria das pessoas, ao hemisfério direito, localizando-se nas mesmas regiões que no lado esquerdo processam os aspectos cognitivos da linguagem. As evidências provêm de pacientes com lesões do hemisfério direito, que apresentam o sintoma conhecido como *aprosódia* (= ausência de prosódia). Esses pacientes, quando a lesão é rostral, não conseguem modular a fala convenientemente, e ela emerge monótona, sem modulações. Quando a lesão atinge regiões mais posteriores do hemisfério direito, os pacientes tornam-se incapazes de compreender as modulações prosódicas de alguém que lhes fala. Trabalhos recentes com imagens funcionais confirmaram essa representação lateralizada da prosódia (Figura 19.9), e as áreas correspondentes e respectivas funções estão sendo investigadas.

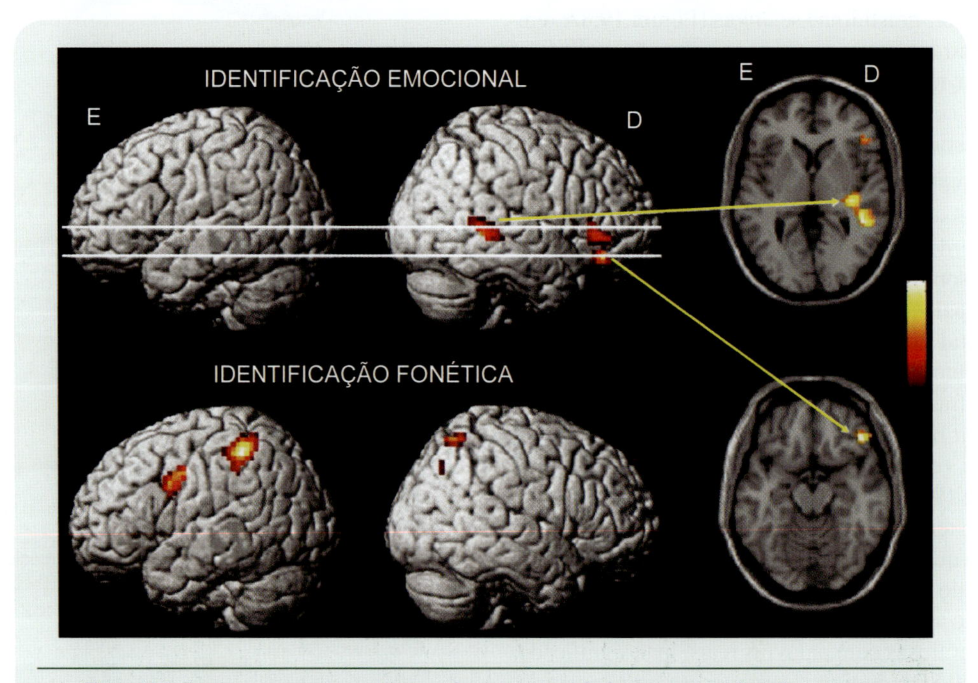

Figura 19.9. *Estudos recentes com neuroimagem funcional têm confirmado que a prosódia da linguagem humana é processada no hemisfério direito. Neste exemplo, um indivíduo normal é solicitado a identificar a entonação emocional de uma expressão emitida por um ator (acima), ou a identificar a vogal emitida na mesma expressão (abaixo). As imagens à direita representam cortes transversos nos planos assinalados pelas linhas brancas à esquerda. As setas amarelas indicam a correspondência entre os focos de atividade na apresentação tridimensional e nos cortes. Percebe-se o envolvimento preferencial do hemisfério direito no primeiro caso, e do hemisfério esquerdo no segundo. Modificado de D. Wildgruber e cols. (2005)* NeuroImage *vol. 24: pp. 1233-1241.*

OS DISTÚRBIOS DA FALA E DA COMPREENSÃO

Desde o passado remoto os médicos têm observado a ocorrência de distúrbios da fala e da compreensão verbal em indivíduos que sofrem lesões do sistema nervoso. Como já vimos, um grande avanço foi propiciado por Paul Broca no século 19, ao descobrir em vários pacientes que a lesão causadora desses distúrbios está situada no hemisfério esquerdo, ocupando uma região da face lateral do lobo frontal (veja a Figura 1.12). Broca denominou afemia o distúrbio que descobriu, mas o termo que ficou consagrado na literatura médica foi *afasia,* criado por Sigmund Freud (1856-1939).

Recebem o nome de afasia alguns dos distúrbios da linguagem falada. Estes são extremamente comuns, causados por quase a metade dos acidentes vasculares cerebrais, pelo menos na fase aguda. Os neurologistas, entretanto, distinguem as afasias propriamente ditas de outros distúrbios que interferem com a linguagem. Entendem como afasias os distúrbios da linguagem devidos a lesões nas regiões realmente envolvidas com o processamento linguístico. Outras alterações da linguagem, entretanto, podem derivar de lesões que atingem o sistema motor, o sistema atencional etc., coadjuvantes, mas não determinantes da linguagem. Neste caso, não são consideradas afasias. Por exemplo: um doente com paralisia do nervo facial[A] pode apresentar distúrbios da fala porque não consegue mover adequadamente os músculos da face. Ao contrário, os portadores de afasias podem perder a capacidade de falar sem apresentar qualquer deficiência no funcionamento da musculatura facial.

As afasias primárias podem então ser classificadas de acordo com a natureza dos sintomas apresentados pelos pacientes, e correspondem também à região cerebral atingida. Quando a lesão incide sobre a região lateral inferior do lobo frontal esquerdo, o paciente apresenta uma *afasia de expressão* (ou afasia de Broca). Sem déficits motores propriamente ditos, torna-se incapaz de falar, ou apresenta uma fala não fluente, restrita a poucas sílabas ou palavras curtas sem verbos (fala telegráfica). O paciente esforça-se muito para encontrar as palavras, sem sucesso. A Figura 19.10A ilustra um exemplo relatado pelo neurologista americano Henry Goodglass, obtido de um afásico que tenta contar ao médico por que se encontra no hospital:

> Ah... segunda-feira... ah... Papai e Paulo [o nome do paciente]... e Papai... hospital. Dois... ah médicos..., e ah... meia hora... e sim... ah... hospital. E, ah... quarta-feira... nove horas. E, ah... quinta-feira às dez horas... médicos. Dois médicos... e ah... dentes. É... ótimo.

Quando a lesão atinge uma região cortical posterior em torno da ponta do sulco lateral de Sylvius do lado esquerdo,

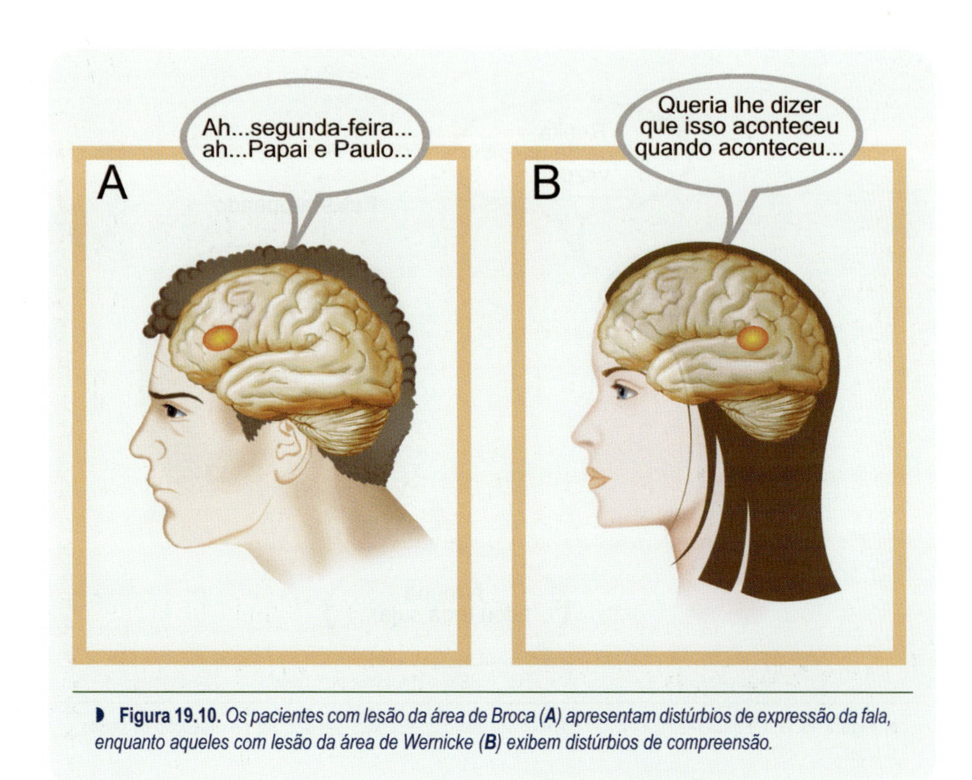

Figura 19.10. *Os pacientes com lesão da área de Broca (**A**) apresentam distúrbios de expressão da fala, enquanto aqueles com lesão da área de Wernicke (**B**) exibem distúrbios de compreensão.*

o quadro é inteiramente diferente, e o paciente apresenta uma *afasia de compreensão* (ou afasia de Wernicke[2]). Quando um interlocutor lhe fala, o indivíduo não parece compreender bem o que lhe é dito. Não só emite respostas verbais sem sentido, como também falha em indicar com gestos que possa ter compreendido o que lhe foi dito. Sua fala espontânea é fluente, mas usa palavras e frases desconexas porque não compreende o que ele próprio está dizendo. Como a prosódia é compreendida, o paciente entra na conversa nos momentos certos porque percebe que o interlocutor pausou; além disso, sabe que o interlocutor lhe perguntou algo pela modulação característica da voz. A Figura 19.10B ilustra um exemplo relatado por um outro neurologista, que perguntou a uma afásica desse tipo qual o seu trabalho:

> Queria lhe dizer que isso aconteceu quando aconteceu quando ele alugou. Seu... seu boné cai aqui e fica... ele alu alguma coisa. Aconteceu. Em tese os mais gelatinosos estavam com ele para alu... é amigo... parece é. E acabou de acontecer, por isso não sei, ele não trouxe nada. E não pagou.

As áreas atingidas pelas lesões estudadas por Broca e Wernicke receberam nomes que os homenageiam (área de Broca, área de Wernicke), mas a sua delimitação anatômica permaneceu vaga em razão da variabilidade das lesões, que dependem quase sempre dos territórios de irrigação sanguínea atingidos em cada caso. Além disso, não é precisa a correlação dessas áreas definidas por lesões e sintomas com os critérios citoarquitetônicos[G] dos anatomistas. Recentemente, entretanto, a área de Broca tem sido considerada restrita ao terço posterior do giro frontal inferior esquerdo, e a área de Wernicke, ao terço posterior do giro temporal superior esquerdo, incluindo a parte oculta no assoalho do sulco lateral de Sylvius (conhecida como plano temporal – veja adiante).

O estudo cuidadoso das afasias, realizado ainda no século 19 por Wernicke, levou-o a elaborar um modelo singelo de processamento neural da linguagem, e a prever a existência de outros tipos de afasias, ainda desconhecidas na ocasião e relatadas posteriormente. Wernicke raciocinou que se a expressão da fala é função da área de Broca, e se a compreensão é função da área que levou seu nome, então ambas devem estar conectadas para que os indivíduos possam compreender o que eles mesmos falam e responder ao que os outros lhes falam. De fato, existem conexões entre essas duas áreas linguísticas através de um feixe de fibras imerso na substância branca cortical[A], chamado feixe arqueado (Figura 19.11). Wernicke previu que a lesão desse feixe deveria provocar uma *afasia de condução,* na qual os pacientes seriam capazes de falar espontaneamente, embora cometessem erros de repetição e de resposta a comandos verbais. Os afásicos previstos por Wernicke foram

[2] *Carl Wernicke (1848-1904), neurologista alemão que primeiro descreveu a afasia de compreensão e elaborou o primeiro modelo científico do processamento neurolinguístico.*

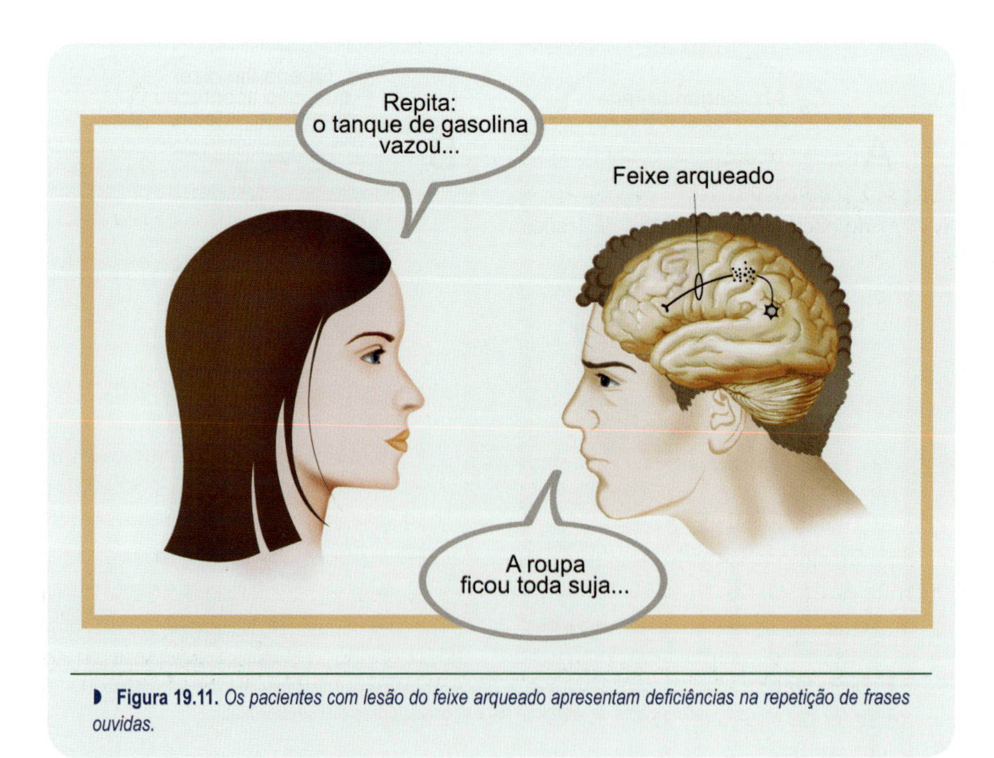

Figura 19.11. *Os pacientes com lesão do feixe arqueado apresentam deficiências na repetição de frases ouvidas.*

observados muitos anos depois. O diálogo representado na Figura 19.11 foi descrito por um neurologista sobre seu cliente, durante um teste de repetição. Obviamente, o doente compreendeu o que o neurologista disse, mas como não foi capaz de repetir, emitiu uma frase diferente de sentido equivalente.

> Neurologista: O tanque de gasolina do carro vazou e sujou toda a estrada.
>
> Paciente: A rua ficou toda suja com o vazamento do tanque do carro.

O modelo neurolinguístico de Wernicke (Figura 19.12) considerava que a área de Broca conteria os programas motores da fala, ou seja, as memórias dos movimentos necessários para expressar os fonemas, compô-los em palavras, e estas, em frases. A área de Wernicke, por outro lado, conteria as memórias dos sons que compõem as palavras, possibilitando a compreensão. Bastaria que esta área fosse conectada com a primeira para que o indivíduo pudesse associar a compreensão das palavras ouvidas com a sua própria fala. Esse modelo simples fez bastante sentido durante muitas décadas. Afinal, a área de Broca é adjacente à área pré-motora (veja o Capítulo 12), em região bastante próxima da representação somatotópica da face em M1. Desse modo, faz todo sentido supor que ela seja responsável pela programação dos movimentos da fala. Igualmente, a área de Wernicke fica no giro temporal superior, vizinha às áreas auditivas A1 e A2 (Capítulo 8), portanto em situação muito favorável para receber as informações auditivas da linguagem.

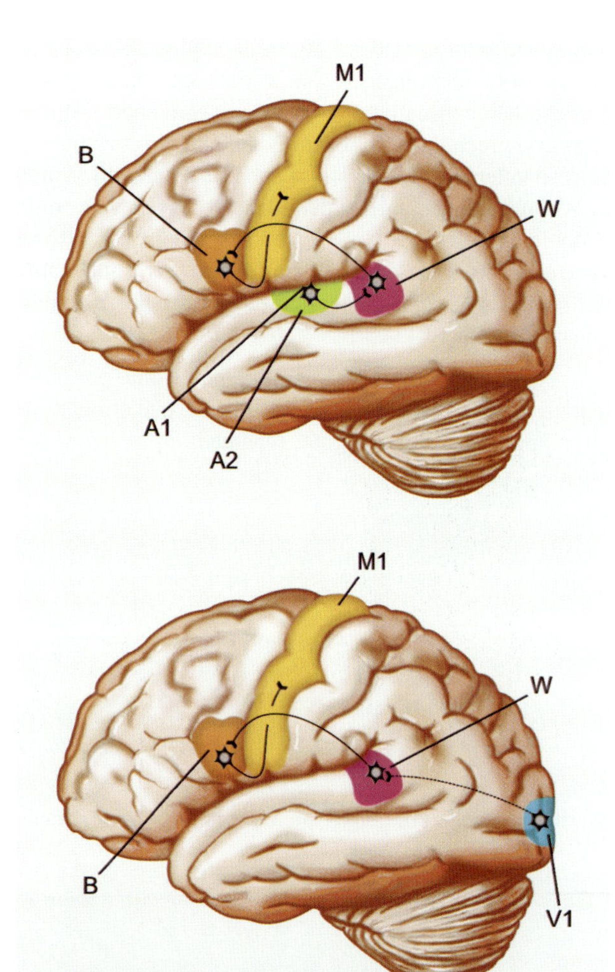

Figura 19.12. *Pelo modelo neurolinguístico de Wernicke, o indivíduo responderia a um interlocutor (desenho de cima) ativando em sequência as áreas auditivas (A1 e A2), a área da compreensão de Wernicke (W), a área de expressão de Broca (B), e finalmente a área motora primária (M1), responsável pelo comando da articulação. O indivíduo que lê em voz alta (desenho de baixo) empregaria o mesmo circuito, mas a sua área de Wernicke seria ativada pelo córtex visual primário (V1) e por áreas visuais subsequentes.*

NEUROANATOMIA DA LINGUAGEM FALADA

Recentemente, o modelo de Wernicke tem sido atualizado levando em conta as observações dos psicolinguistas, as evidências coletadas de pacientes portadores de lesões restritas e as imagens funcionais obtidas de indivíduos executando tarefas linguísticas. É possível, desse modo, estabelecer um modelo neuroanatômico conexionista da linguagem falada.

Para isso, dois aspectos iniciais devem ser considerados. Primeiro, as lesões mais comuns que causam afasias derivam de acidentes vasculares encefálicos, ou seja, uma súbita interrupção do fluxo sanguíneo de extensos territórios cerebrais que raramente se circunscrevem a uma única região funcional. Os sintomas, então, representam uma mistura de alterações derivadas de áreas cerebrais diversas. Em segundo lugar, não é trivial concluir sobre a função de uma área a partir dos sintomas provenientes de lesões. Pense como seria difícil interpretar o súbito desaparecimento da imagem de uma televisão. Se você a abrisse e encontrasse uma resistência queimada, poderia concluir que é ela sozinha a responsável pelo mecanismo de formação da imagem?

Os neurologistas tiveram que analisar cuidadosamente pacientes com lesões restritas e sintomas mais específicos, e associar suas conclusões às observações dos psicolinguistas.

A ideia inicial de que a área de Wernicke conteria as memórias dos sons para a compreensão do significado das palavras e das frases teve que ser corrigida quando se observou que os pacientes com lesões bem restritas à porção posterior do giro temporal superior (a área de Wernicke *stricto sensu*) apresentavam na verdade uma surdez linguística, e não uma verdadeira afasia de compreensão. Eram incapazes de identificar os sons verbais como palavras, e por isso não conseguiam repeti-las. Mas quando testados se as compreendiam, por exemplo apontando para figuras correspondentes, mostravam-se capazes de fazê-lo. A área de Wernicke, então, faria a identificação das palavras como símbolos linguísticos e não como sons quaisquer; não se daria ali a compreensão do seu significado. Seria então uma das sedes do *léxicon* fonológico proposto pelos psicolinguistas (Figura 19.13).

A afasia de compreensão propriamente dita, por outro lado, é típica das lesões mais posteriores, que atingem os giros angular e supramarginal (chamada às vezes afasia transcortical sensorial). Pacientes com lesões nesses locais repetem palavras corretamente, mas não entendem o que repetiram. Estaria talvez nessa região uma das sedes do *léxicon* semântico, ou até mesmo o centro conceitualizador postulado pelos psicolinguistas (Figura 19.13). Um outro tipo de afasia de compreensão aparece com lesões dos giros temporais médio e inferior, como já vimos: é a chamada afasia anômica fluente. Os pacientes falam fluentemente, a não ser pela incapacidade de identificar os nomes de pessoas (quando a lesão se situa no polo anterior do lobo temporal), e de animais e objetos (quando se localiza mais posteriormente). Seriam esses os locais do léxicon semântico específicos para essas categorias (Figura 19.13).

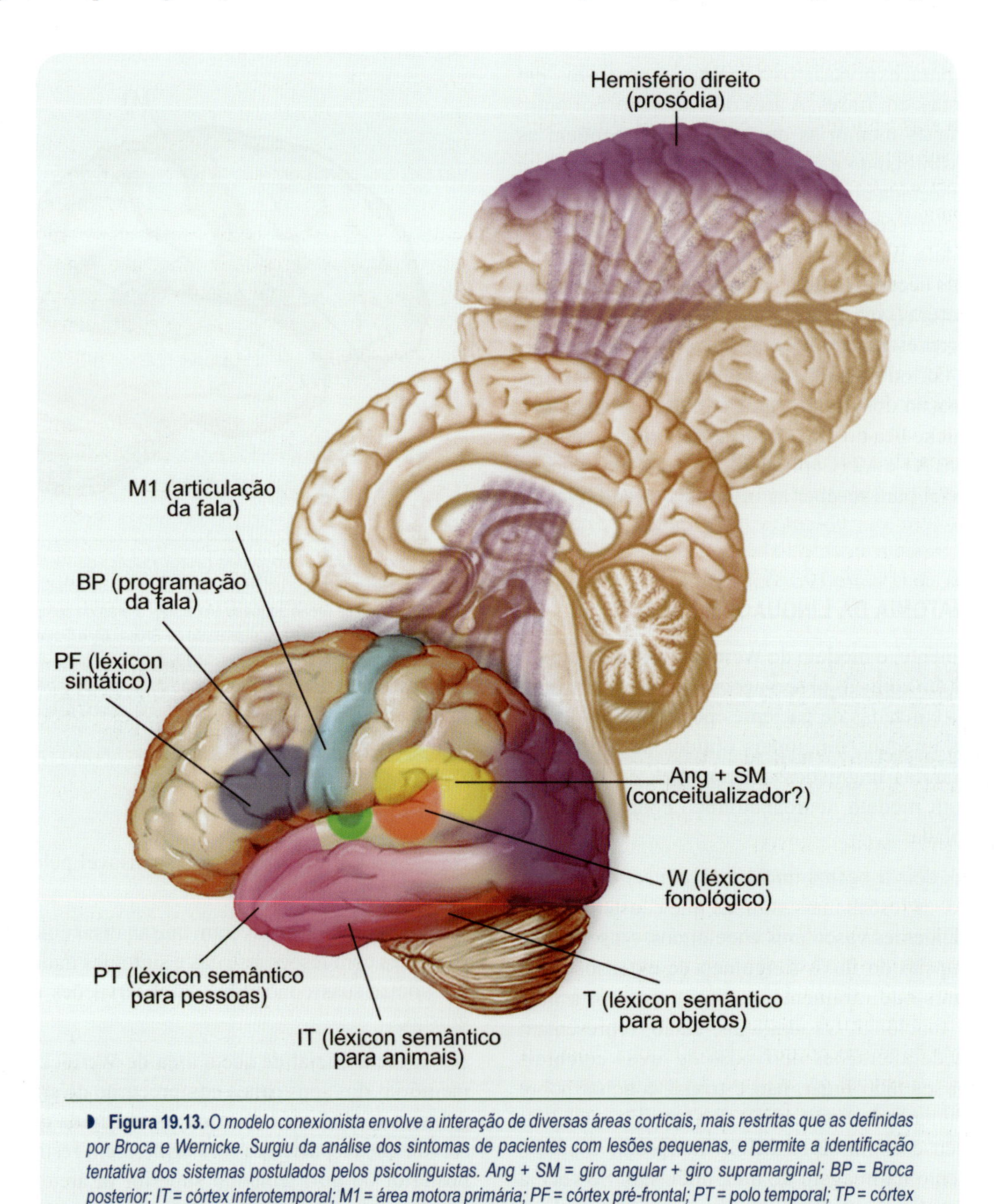

Figura 19.13. *O modelo conexionista envolve a interação de diversas áreas corticais, mais restritas que as definidas por Broca e Wernicke. Surgiu da análise dos sintomas de pacientes com lesões pequenas, e permite a identificação tentativa dos sistemas postulados pelos psicolinguistas. Ang + SM = giro angular + giro supramarginal; BP = Broca posterior; IT = córtex inferotemporal; M1 = área motora primária; PF = córtex pré-frontal; PT = polo temporal; TP = córtex temporal posterior; W = área de Wernicke.*

A concepção original sobre a área de Broca também teve que ser revista. Os portadores de afasias de expressão mais severas apresentam alguma disartria (dificuldade de articular a fala – um distúrbio claramente motor), afasia anômica não fluente (o paciente fala com dificuldade, falhando muito, principalmente nos verbos) e agramatismo (dificuldade de construir frases gramaticalmente corretas). Mas surgiram casos de lesões mais restritas em que esses sintomas apareciam dissociados. Anomia com disartria surge quando as lesões envolvem a área de Broca e as regiões motoras e pré-motoras posteriores a ela. Anomia com agramatismo ou agramatismo isolado aparecem com lesões envolvendo a área de Broca e as regiões anteriores adjacentes (Figura 19.13). Assim, o córtex frontal anterior à área de Broca é um bom candidato a sediar o léxicon sintático que os psicolinguistas postulam. E o córtex frontal posterior à área de Broca seria a sede da expressão verbal. Note-se que a afasia anômica desses pacientes atinge principalmente a sua capacidade de descrever ações através de verbos. Não seria isso coerente com as funções executivas do córtex frontal (Capítulo 20)?

O modelo de Wernicke atualizado provavelmente será expandido ainda mais no futuro próximo, já que a linguagem é o modo de expressão e de compreensão do pensamento, o que exige que as áreas linguísticas interajam com todas as demais áreas cerebrais. Um exemplo ilustrativo desse conceito conexionista da neuroanatomia da linguagem é a prosódia. Para emitir uma fala que contém os elementos afetivos da prosódia, as áreas linguísticas do hemisfério esquerdo precisam buscá-los nas áreas correspondentes do hemisfério direito, e isso se dá através das comissuras[G] cerebrais. O modelo deve adicionar, assim, um circuito inter-hemisférico (Figura 19.13).

A ESCRITA E A LEITURA

A linguagem escrita é uma modalidade de comunicação criada e mantida por algumas sociedades humanas (não todas), cuja base neurobiológica tem componentes inatos menos fortes (ou inexistentes?) do que a linguagem falada. Uma criança começa a compreender a fala e a falar alguns meses após o nascimento, pela exposição à fala dos adultos e pela prática do seu próprio balbucio; mas para aprender a escrever e a ler é preciso um esforço social que geralmente inclui a escolarização formal e só pode ser iniciado alguns anos após o nascimento. A linguagem escrita difere fundamentalmente da falada porque carece de uma dinâmica temporal que é essencial na segunda. Lemos e relemos o mesmo trecho quantas vezes forem necessárias, mas isso geralmente não é possível na linguagem falada.

A escrita resulta da aprendizagem de padrões motores realizados com uma das mãos de modo a inscrever em uma base qualquer certos símbolos (letras) que codificam os fonemas e são chamados *grafemas*. Os movimentos necessários dependem do idioma e do meio de inscrição. Quando escrevemos utilizando um teclado de computador, por exemplo, nossos movimentos são completamente diferentes de quando escrevemos utilizando uma caneta. Os grafemas são associados em palavras escritas, e estas, em frases.

A leitura, por outro lado, resulta de uma varredura ordenada feita com os olhos sobre o material escrito. Os movimentos oculares da leitura podem ser registrados e analisados. Dessa forma se verificou que o indivíduo realiza uma sequência de fixações e sacadas durante a leitura, sendo a percepção interrompida durante as sacadas e reiniciada a cada fixação. Palavras longas e palavras raras são fixadas durante mais tempo. Palavras imprevistas, também. Por outro lado, algumas palavras previsíveis ou muito curtas podem ser puladas (não fixadas), um procedimento que às vezes resulta em erros de leitura. As palavras fixadas são geralmente as de conteúdo mais relevante, como os substantivos e os verbos. Essas observações indicaram que os movimentos oculares da leitura estão sob estrito controle cognitivo. Isso significa que o córtex cerebral deve estar envolvido, e de fato está, já que as imagens funcionais registradas durante a leitura incluem o campo ocular frontal (veja o Capítulo 12).

Verificou-se que cada fixação dura em torno de 250 ms. Esse tempo extremamente curto indica que as computações mentais necessárias para compreender as palavras escritas são muito rápidas. Desse modo, a percepção visual da palavra escrita, sua identificação ortográfica e fonológica, bem como a compreensão sintática e semântica, todas ocorrem dentro desse período exíguo. Não é possível acelerar a leitura sem perda de compreensão e memorização, como propalam alguns, a não ser eliminando o tempo das sacadas. Isso só poderia ser obtido se o texto se movesse horizontalmente a uma velocidade constante que permitisse que o indivíduo mantivesse os olhos fixados no mesmo ponto.

NEUROBIOLOGIA DA LEITURA

A leitura é favorável à utilização combinada de técnicas experimentais de análise, porque o modo de entrada das informações (visual) pode ser mais bem controlado do que no caso da linguagem falada. Os estudos de imagem funcional, empregados isoladamente, têm sido bastante esclarecedores, mas não têm ainda suficiente resolução[G] temporal, isto é, são incapazes de distinguir os padrões de ativação que se sucedem rapidamente uns após os outros, de uma a outra região. É que para ganhar nitidez, as imagens precisam ser adquiridas durante tempos prolongados e repetidas várias vezes para serem promediadas[G].

A análise das imagens funcionais durante a leitura detectou a participação do córtex visual (V1 e V2) bilateralmente, de regiões visuais de ordem superior na face lateral do hemisfério esquerdo, de regiões perissilvianas parietais e temporais (incluindo a área de Wernicke e os giros angular e supramarginal, já mencionados) e do córtex pré-frontal[A] inferior esquerdo, rostral à área de Broca. Essas áreas podem ser as responsáveis por cada uma das operações mentais da leitura, mas as evidências para essa hipótese ainda são pouco expressivas.

A desvantagem "temporal" das técnicas de imagem pode ser minimizada pela utilização de métodos de registro de potenciais e campos magnéticos relacionados com eventos (veja a esse respeito o Capítulo 13). Um exemplo conhecido é o da onda N400 (Figura 19.14). Trata-se de uma onda negativa captada no eletroencefalograma de indivíduos normais, que ocorre sempre cerca de 400 ms após um evento linguístico. Esse evento é simples: o indivíduo lê uma frase escrita projetada brevemente em uma tela à sua frente, depois uma frase semelhante na qual há uma palavra anômala que não faz sentido, e finalmente uma terceira frase com uma palavra grafada com letras maiores. Simultaneamente, registra-se o seu eletroencefalograma a cada episódio de leitura e analisam-se as ondas resultantes (Figura 19.14A). Quando ocorre a palavra sem sentido, e somente neste caso (traçado verde), aparece a onda N400 sobressaindo-se do EEG. Quando a frase apresenta a palavra com letras grandes (traçado violeta) aparece outra onda, positiva, após 560 ms de leitura (P560), mas não a N400. Conclui-se que a onda N400 é uma expressão do processamento semântico durante a leitura, e não da surpresa pelo aparecimento de algo diferente, como é o caso da onda P560. Experimentos semelhantes foram feitos para identificar potenciais relacionados com eventos sintáticos (Figura 19.14B). O registro desses potenciais, entretanto, embora apresente vantagem em termos temporais, tem resolução espacial muito baixa, e não se consegue localizá-los com precisão no cérebro.

Informações mais consistentes surgem quando se associam métodos de imagem funcional com as técnicas eletrofisiológicas. Trabalho desse tipo tem sido realizado pelo neurofisiologista americano Michael Posner. Os voluntários da pesquisa foram submetidos simultaneamente a registros tomográfico (PET) e eletrofisiológico do seu cérebro, enquanto realizavam funções linguísticas simples. A Figura 19.15 apresenta uma amostra dos dados obtidos por Posner e seus colaboradores, com indivíduos solicitados a ler uma palavra e descrever a sua função por meio de um verbo. Repare que uma região ainda não mencionada, o córtex cingulado[A] anterior, é a primeira a ser ativada, seguindo-se a área de Broca e depois a área de Wernicke. O experimento, assim, permite atribuir uma sequência temporal ao processamento linguístico realizado nas diversas áreas cerebrais, o que levou Posner a propor um modelo de processamento para a leitura (Figura 19.16).

De acordo com Posner, menos de 100 ms após a fixação ocular da palavra escrita ocorre a ativação de V1. Entre 100 e 200 ms ocorrem a identificação da forma dos grafemas e das palavras no córtex associativo visual, bem como a focalização da atenção para as computações subsequentes (córtex cingulado anterior). O envolvimento do setor mais anterior da área de Broca pode revelar a realização de uma análise sintática do que foi lido (substantivo ou verbo?), e subsequentemente o início da elaboração do programa motor para a vocalização da palavra lida (no setor posterior da área de Broca). Entre 200 e 300 ms após a fixação ocorreria a interpretação semântica e fonológica da palavra (na área de Wernicke), e logo a seguir os olhos se movem em nova sacada para a palavra seguinte. A interpretação do sentido das frases ocorreria bem mais tarde.

O estudo da neurobiologia da leitura é um desafio, pois se trata de uma capacidade humana resultante da cultura e da vida social, um exemplo do modo com que a cultura humana utiliza os circuitos cerebrais que a evolução "pôs à sua disposição". A escrita foi inventada há cerca de 5.400 anos pelos babilônios, e até hoje só uma fração da humanidade é capaz de ler; portanto é impossível que alguma área cerebral tenha se desenvolvido especificamente para a leitura. Mais razoável é supor que a leitura faz uso de uma circuitaria cerebral disponível, talvez voltada para funções discriminativas visuais de alta complexidade já existentes entre os primatas não humanos. Estudos bem recentes que associam neuroimagem ao registro de potenciais cerebrais identificaram uma região de reconhecimento de palavras escritas, próxima à região de reconhecimento de faces no lobo temporal, que entra em grande atividade quando o indivíduo é exposto a palavras, mas não tanto quando as palavras são fictícias (compostas por uma sequência de consoantes, por exemplo). Seria um léxicon semântico para palavras escritas, um verdadeiro dicionário cerebral capaz de traduzir o significado das palavras da nossa língua. Trata-se da região do sulco occipitotemporal do hemisfério esquerdo (Figura 19.17), consistentemente ativada em pessoas de diferentes culturas e diferentes escritas, e cuja lesão provoca alexia (ver adiante), uma incapacidade para ler normalmente.

OS DISTÚRBIOS DA ESCRITA E DA LEITURA

Os distúrbios da linguagem escrita são as *agrafias* e *alexias* (disgrafias e dislexias[3], quando não muito severas). Os pacientes com agrafia não conseguem escrever (mas conseguem ler), e aqueles com alexia não conseguem ler (mas conseguem escrever, mesmo sem poder conferir bem o que escreveram...). Em muitos casos esses sintomas vêm associados, às vezes também a afasias.

[3] *A palavra* dislexia *é reservada por alguns neurologistas para os distúrbios de aprendizagem da leitura em crianças.*

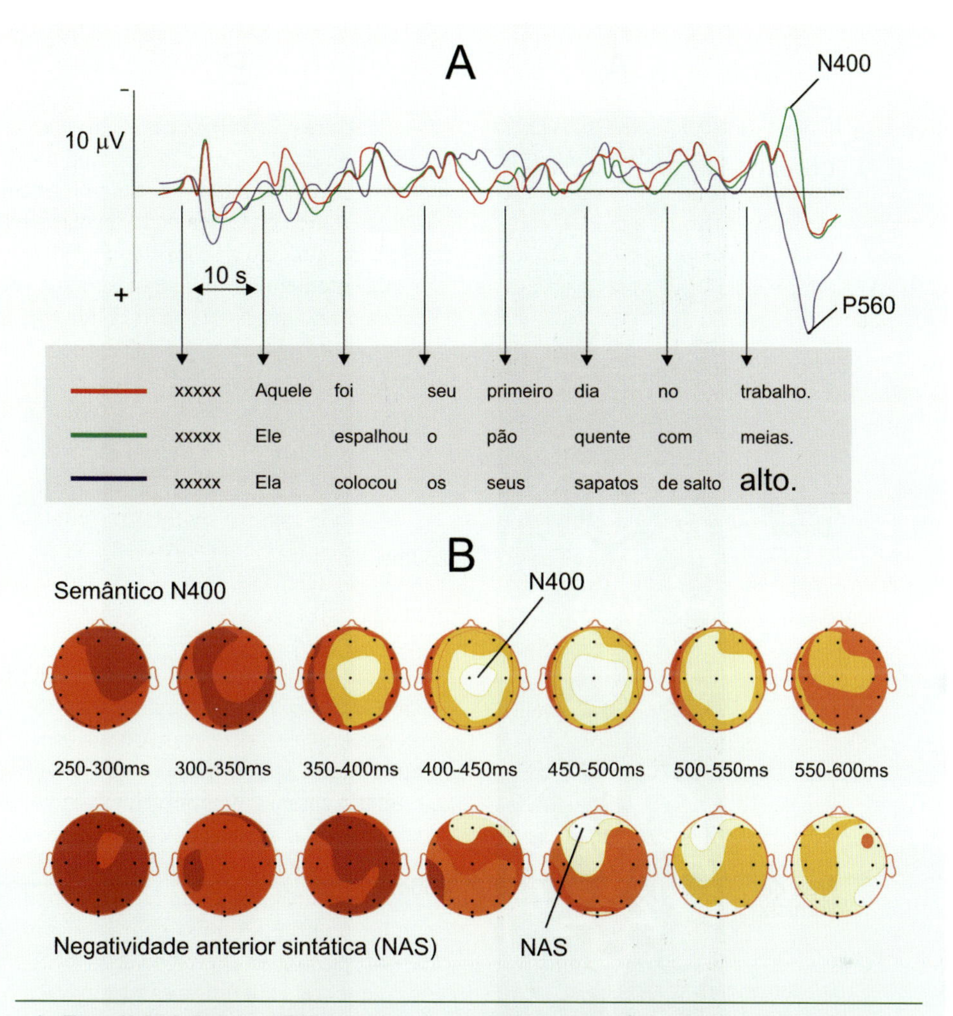

Figura 19.14. A. *Registro do EEG promediado de um indivíduo que lê as três frases mostradas no quadro cinza. No primeiro traçado (vermelho) a frase faz sentido mas não aparece qualquer potencial diferente do estímulo-controle (xxxxxx). No segundo traçado (verde) a frase não tem sentido, e aparece o potencial N400 quando o indivíduo acaba de lê-la. No terceiro traçado (roxo) a frase faz sentido, mas apresenta uma palavra graficamente diferente ("alto"): aparece o potencial P560, mas não o N400. Conclui-se que N400 é um potencial relacionado com a análise semântica.* **B**. *Representação topográfica esquemática do potencial N400, difusamente situado no centro do crânio (série de cima), e de um potencial negativo associado à análise sintática situado rostralmente (série de baixo).* **A** *modificado de M. Kutas e S. A. Hillyard (1980)* Science *vol. 207: pp. 203-205.* **B** *modificado de T. F. Munte e cols. (1993)* Journal of Cognitive Neuroscience *vol. 5: pp. 335-344.*

Os pacientes com distúrbios menos graves (disléxicos) podem perder a capacidade de associar grafemas com fonemas realizando uma leitura com erros de pronúncia. Por exemplo, podem ler a palavra "menos" como "menus". Outros cometem erros semânticos: ao ler "reflexo", por exemplo, dizem "espelho".

Como as áreas cerebrais lesadas nesses pacientes são muito semelhantes àquelas identificadas nos afásicos, apenas em alguns casos foi possível correlacioná-las especificamente com o processamento da linguagem escrita, como é o caso do sulco occipitotemporal esquerdo, ilustrado na Figura 19.17.

ESPECIALIZAÇÃO HEMISFÉRICA

Quando Paul Broca apresentou à *Societé Anatomique* os seus pacientes afásicos, contribuiu ao mesmo tempo para fortalecer o conceito de localização de funções no sistema nervoso (veja o Capítulo 1) e lançar a ideia de dominância hemisférica, precursora da concepção moderna de especialização funcional dos hemisférios cerebrais. Durante muitas décadas, os neurologistas pensaram que o hemisfério esquerdo, sede do "centro da fala" (como pensava Broca), era dominante sobre o hemisfério direito. Este, portanto, exerceria apenas funções coadjuvantes e secundárias.

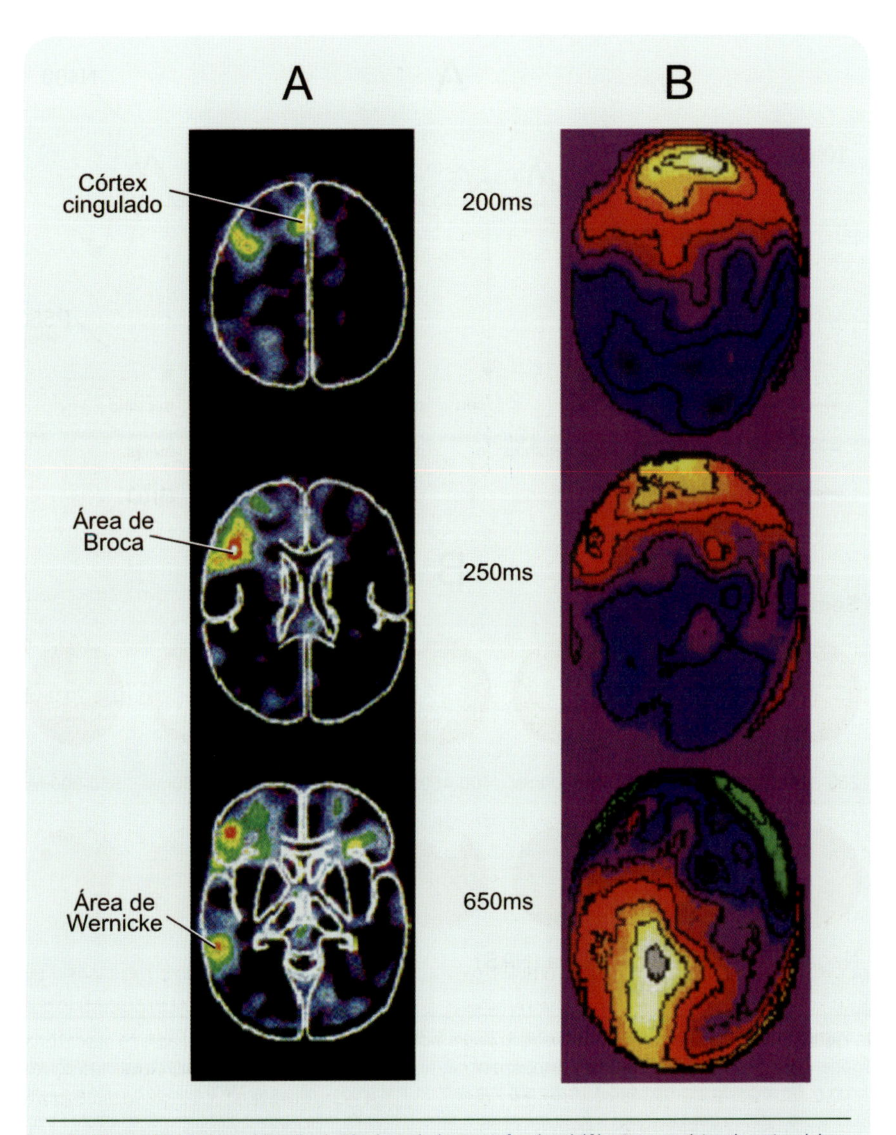

Figura 19.15. *A combinação de técnicas de imagem funcional (**A**) com o registro de potenciais relacionados com eventos (**B**) permitiu revelar a sequência de ativação das diversas áreas envolvidas na leitura. Em **A**, a tomografia por emissão de pósitrons mostra as regiões ativadas (em três planos horizontais) quando um indivíduo lê uma palavra (p. ex., sabão) e fala a sua utilidade (p. ex., lavar). Em **B**, o registro dos potenciais é representado topograficamente sobre o crânio, e sua amplitude é codificada por cores como na Figura 19.1. Conclui-se que o córtex cingulado é ativado primeiro (a 200 ms), depois é ativada a área de Broca (a 250 ms) e finalmente a área de Wernicke (650 ms). Modificado de M. I. Posner e Y. G. Abdullaev (1996)* La Recherche *vol. 289: pp. 66-69.*

Um século depois, as evidências mostraram que não era bem assim, e o conceito de dominância hemisférica tornou-se ultrapassado. Percebeu-se que não há um hemisfério dominante e outro dominado, mas sim dois hemisférios especializados. Um dos hemisférios se encarrega de um grupo de funções, o segundo encarrega-se de outro. Às vezes, são as estratégias funcionais (ou seja, os modos de executar a mesma função) que diferenciam um hemisfério do outro. Ambos, no entanto, trabalham em conjunto, utilizando-se dos milhões de fibras nervosas que constituem as comissuras cerebrais e encarregam-se de pô-los em constante interação.

O novo conceito — *especialização hemisférica* —, de certo modo, confunde-se com dois outros relacionados: o de lateralidade e o de assimetria. *Lateralidade* hemisférica é um conceito essencialmente funcional: significa que enquanto algumas funções são representadas igualmente em ambos os hemisférios (como a visão, por exemplo), outras são representadas apenas de um lado (como a fala).

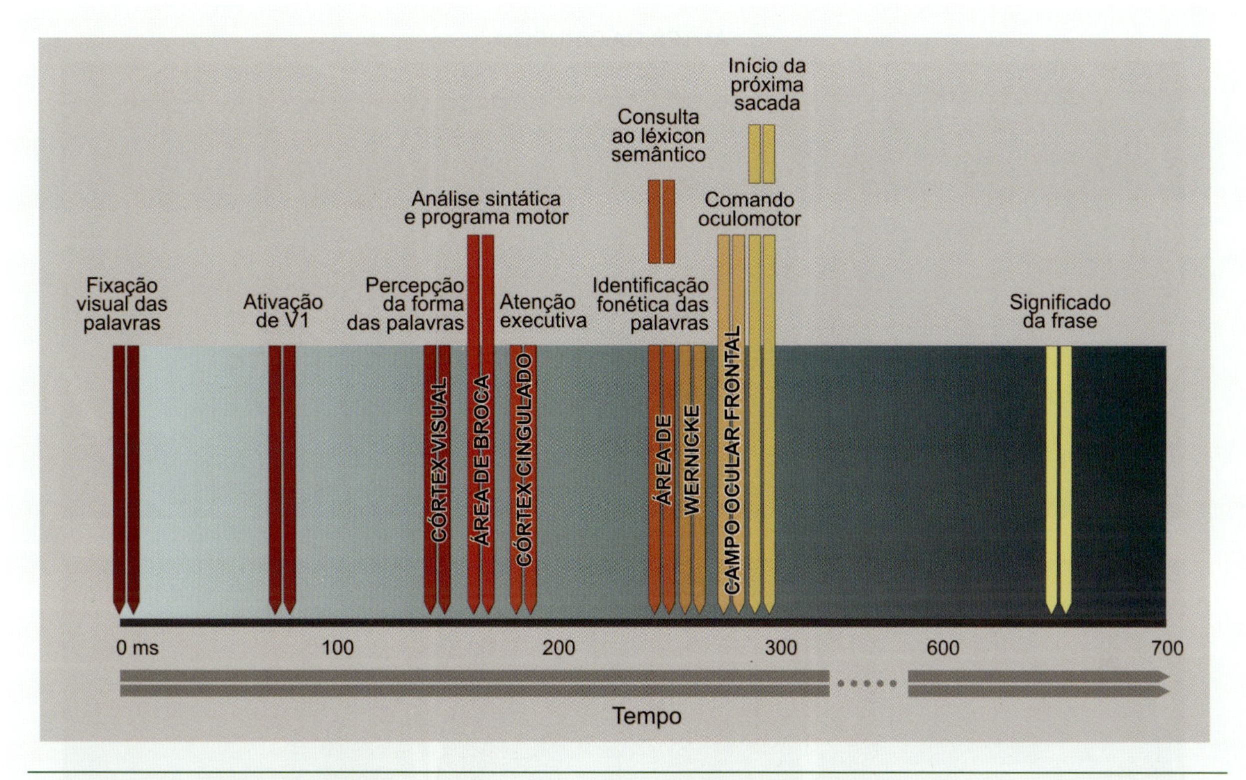

Figura 19.16. *Associando imagens funcionais com potenciais do EEG foi possível criar um modelo da sequência temporal e da localização cerebral das etapas de processamento da leitura. Modificado de M. I. Posner e Y. G. Abdullaev (1996)* La Recherche *vol. 289: pp. 66-69.*

Assimetria é um conceito mais geral, que engloba o de lateralidade e apresenta-se sob várias modalidades: assimetrias morfológicas, funcionais e comportamentais. Significa que os hemisférios não são simétricos, quando os vemos sob esses diferentes ângulos: sua forma à direita é diferente da esquerda, a representação funcional, idem, e assim também os comportamentos que os hemisférios controlam.

A descoberta da especialização hemisférica, ao ser levada a público pelos meios de comunicação, incorporou uma visão exageradamente simplista da questão: um dos hemisférios seria "verbal", o outro "espacial"; um deles usaria a razão, o outro a emoção, e assim por diante. Essas dicotomias exageradas levaram inclusive a recomendações não científicas do tipo: "pense com o hemisfério direito", "aja com o hemisfério esquerdo", e outras tantas...

PESSOAS COM O CÉREBRO DIVIDIDO

Depois de Broca, uma grande explosão de conhecimento sobre a especialização dos hemisférios surgiu a partir da década de 1960, com as pesquisas que levaram o psicólogo americano Roger Sperry (1913-1994) a merecer o prêmio Nobel de medicina ou fisiologia em 1981, por seus estudos sobre a especialização hemisférica e as comissuras cerebrais.

As comissuras cerebrais são três (Figura 19.18): o corpo caloso[A], a comissura anterior[A] e a comissura do hipocampo[A]. O corpo caloso é a maior delas, possuindo cerca de 200 milhões de fibras que interconectam a maior parte do córtex cerebral de ambos os hemisférios. A comissura anterior põe em contato as regiões inferiores e ventrais do lobo temporal, e a comissura do hipocampo conecta as regiões temporais mediais.

Embora se pudesse imaginar, até os anos 1960 ninguém sabia ao certo qual a função das comissuras, porque os experimentos realizados em animais até essa ocasião não eram muito esclarecedores, a não ser para revelar o óbvio: que as comissuras transmitiam informações entre os hemisférios cerebrais. Acresce que alguns indivíduos haviam sido submetidos à transecção cirúrgica do corpo caloso por indicação terapêutica, sem que os neurologistas pudessem detectar qualquer alteração funcional ou sintoma proveniente dessa cirurgia tão radical. Era espantoso que um feixe contendo 200 milhões de fibras não fizesse falta!

As cirurgias de transecção das comissuras cerebrais podem ser recomendadas para pacientes com epilepsias[G] muito graves. Esses pacientes podem ter dezenas de crises convulsivas por dia, o que, além de lhes inviabilizar a vida social, vai aos poucos causando a morte de contingentes

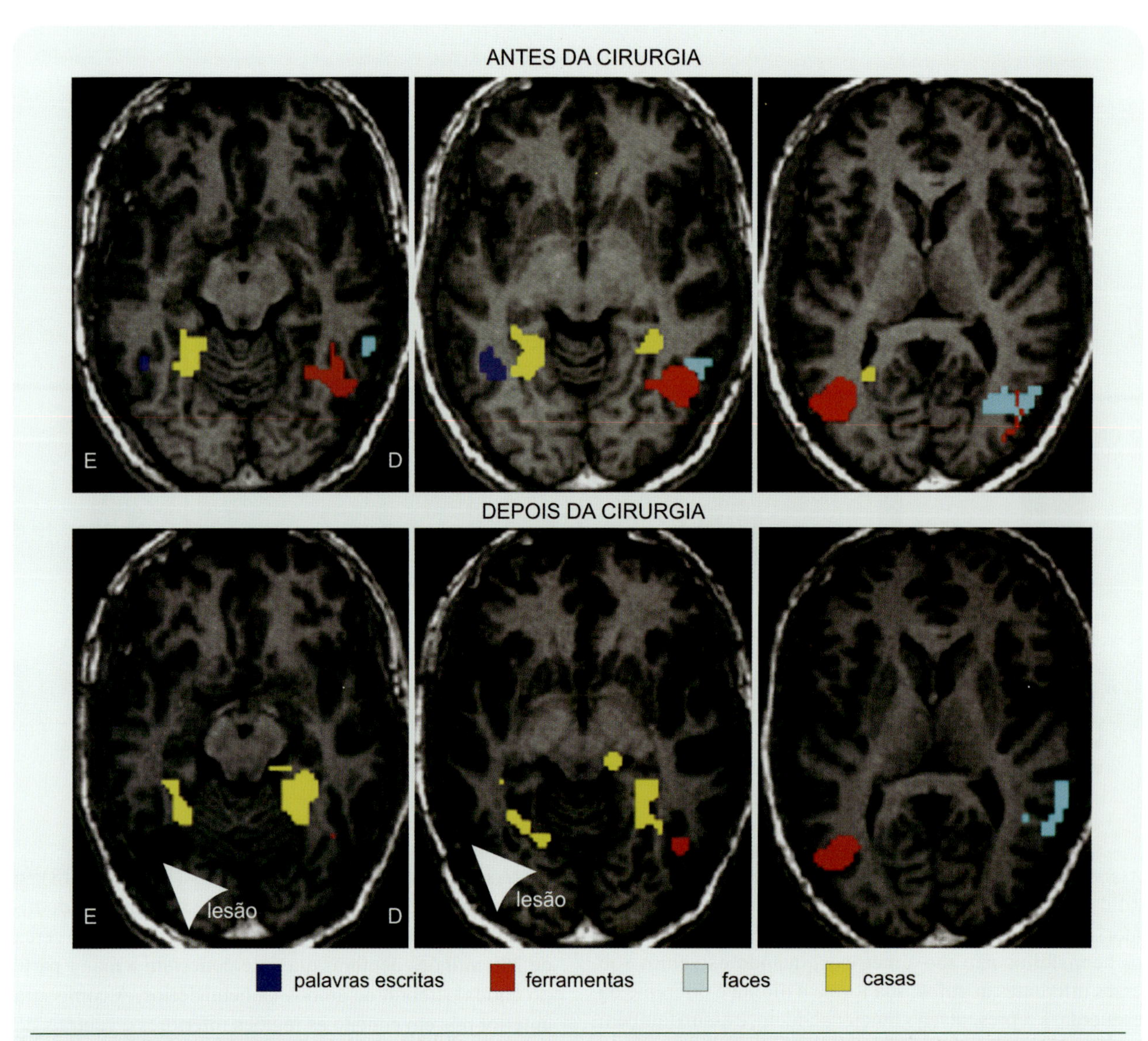

Figura 19.17. *Um caso clínico mostrou decisivamente o envolvimento do sulco occipitotemporal esquerdo na compreensão das palavras escritas. O paciente apresentava um foco epiléptico intratável na região de reconhecimento de palavras, indicada pela ressonância funcional (área em azul-escuro nas imagens de cima). Regiões adjacentes revelaram sediar os léxicons para ferramentas, faces e casas. Avaliados os custos e benefícios, o paciente consentiu em ser submetido à retirada cirúrgica do foco. Após a cirurgia (imagens de baixo), observou-se o desaparecimento do foco epiléptico, mas o paciente passou a apresentar alexia, sem alterações nas demais funções. E = hemisfério esquerdo; D = hemisfério direito. Modificado de P. Gaillard e cols. (2006)* Neuron *vol. 50: pp. 191-204.*

crescentes de células nervosas. Verificou-se empiricamente que a interrupção do corpo caloso impede que o foco epiléptico – local de origem da crise – espraie-se para o hemisfério oposto, e com isso, que a crise se generalize. Com a cirurgia, o número de crises diminui, e a epilepsia pode ser controlada com medicamentos.

Sperry imaginou um experimento engenhoso utilizando como sujeitos os indivíduos com o cérebro dividido, isto é, os pacientes cujas comissuras haviam sido interrompidas cirurgicamente. Depois de recuperado da operação, o paciente se senta em frente a uma tela translúcida (Figura 19.19A) sobre a qual o pesquisador pode projetar imagens variadas. Por trás da tela, o paciente tem acesso manual a diferentes objetos que correspondem de algum modo às imagens projetadas. O experimento começa com o indivíduo fixando um ponto bem no centro da tela. Em seguida, o pesquisador projeta, à esquerda do ponto de fixação (hemicampo visual esquerdo), uma letra (R, por exemplo), e à direita, outra (L, por exemplo). A imagem das letras permanece na tela durante apenas 150 ms, um tem-

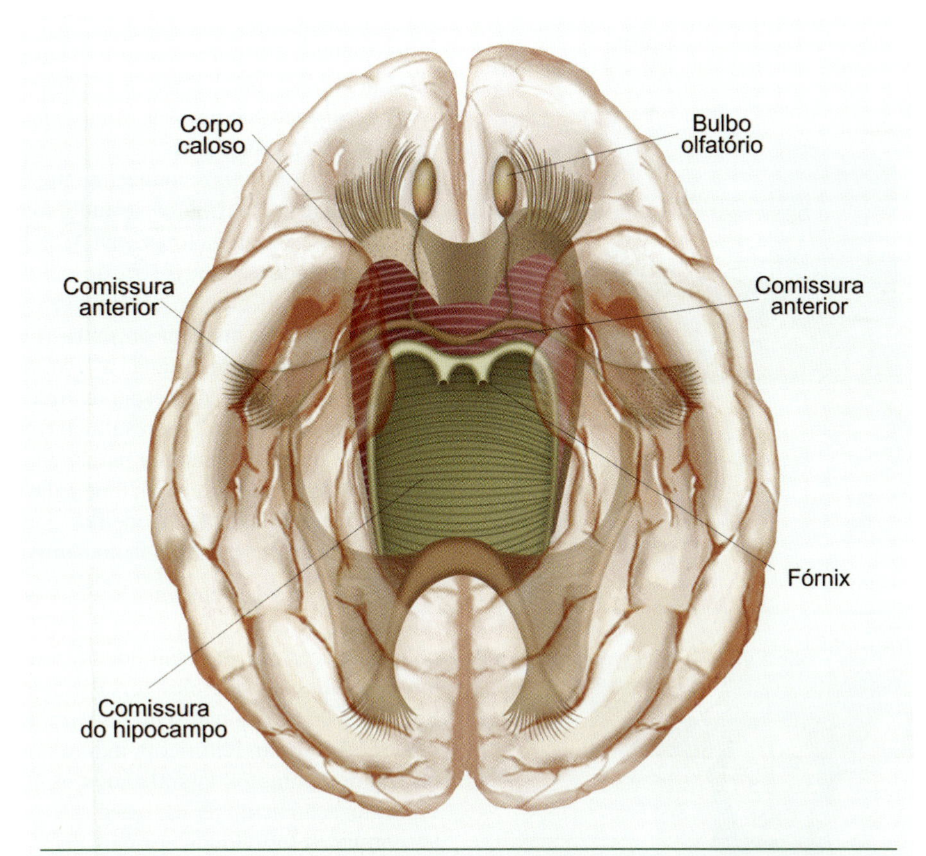

Figura 19.18. *Representação das comissuras cerebrais vistas de baixo e "por transparência". O corpo caloso e a comissura do hipocampo estão cortados longitudinalmente em ambos os lados, para facilitar a compreensão. Na verdade, nenhuma dessas comissuras tem um limite lateral preciso, pois suas fibras se continuam na substância branca cortical. Muitas fibras que trafegam na comissura do hipocampo na verdade não cruzam, mas formam o fórnix em cada lado. A comissura anterior tem um ramo anterior que conecta os bulbos olfatórios.*

po tão breve que impede que ele involuntariamente retire os olhos do ponto central de fixação. Com isso, a letra R projetada no hemicampo visual esquerdo será representada exclusivamente no hemisfério direito, e a letra L projetada no hemicampo direito será representada exclusivamente no hemisfério esquerdo (consulte o Capítulo 9, se precisar rever a organização das vias visuais). O pesquisador pode, então, perguntar ao indivíduo o que ele viu na tela (Figura 19.19B). Ele dirá: L. Mas se for solicitado a encontrar com a mão esquerda o objeto correspondente (letras de plástico atrás da tela), pegará a letra R e não a L. Parece impossível, mas a explicação é simples: só o hemisfério esquerdo viu L; portanto, o paciente só consegue falar o que o hemisfério da linguagem viu. Mas como o hemisfério direito viu R e é ele que comanda a mão esquerda, a resposta nesse caso será diferente.

Esse déficit que o paciente comissurotomizado apresenta faz parte da síndrome de *desconexão inter-hemisférica*, um termo que expressa a incapacidade dos hemisférios de trocar informações. Sperry e seus colaboradores tiraram partido dessa síndrome, desenvolvendo um modo eficiente de lateralizar estímulos, isto é, de fazê-los incidir exclusivamente sobre um dos hemisférios. Tornou-se possível então apresentar a cada hemisfério separadamente cálculos matemáticos, figuras tridimensionais para montar mentalmente, imagens com conteúdo emocional e toda sorte de estímulos. Além do sistema visual, estímulos auditivos lateralizados podem ser apresentados de forma simultânea através de fones de ouvido, e estímulos somestésicos, apresentados às mãos[4]. A resposta do hemisfério esquerdo é aferida através da fala ou da mão direita, e a do hemisfério direito através de ações da mão esquerda.

[4] *O sistema visual é o mais favorável, porque é o único que lateraliza completamente os estímulos projetados nos hemicampos visuais, em cada um dos hemisférios. Nos demais, as projeções ipsilaterais impedem a lateralização completa.*

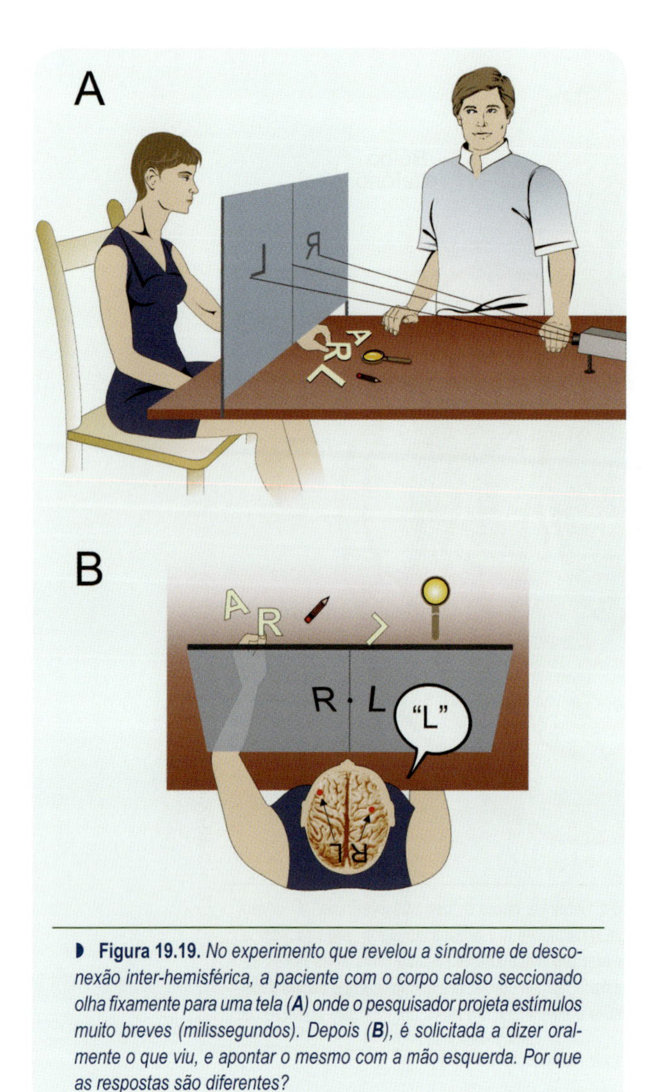

Figura 19.19. *No experimento que revelou a síndrome de desconexão inter-hemisférica, a paciente com o corpo caloso seccionado olha fixamente para uma tela (**A**) onde o pesquisador projeta estímulos muito breves (milissegundos). Depois (**B**), é solicitada a dizer oralmente o que viu, e apontar o mesmo com a mão esquerda. Por que as respostas são diferentes?*

Foi possível, assim, revelar as especialidades de cada hemisfério. E não só isso: foi possível revelar que as comissuras são responsáveis por unificar os campos sensoriais, especialmente os dois hemicampos visuais, e é delas também a responsabilidade de sincronizar o processamento funcional de ambos os hemisférios. Ao falar alguma coisa, por exemplo, simultaneamente veiculamos informação cognitiva e afetiva, e isso resulta da atividade coordenada de ambos os hemisférios através das comissuras: a fala associada à prosódia. Finalmente, o trabalho de Sperry provocou uma intensa discussão de interesse filosófico. Se temos dois hemisférios e eles são diferentes, será que isso significa que temos dois cérebros? E se temos dois cérebros, isso significa que temos duas mentes?

Um trabalho intrigante a esse respeito foi realizado recentemente por um grupo de pesquisadores norte-americanos, do qual participou Michael Gazzaniga, um neuropsicólogo da equipe original de Sperry. O estudo foi feito com o paciente comissurotomizado J. W., que já conhecia o grupo há bastante tempo. A pergunta que os pesquisadores fizeram foi a seguinte: se um dos hemisférios é melhor para reconhecer faces de pessoas, qual deles será melhor para reconhecer a nossa própria face, ou seja, qual deles seria o responsável pelo autorreconhecimento, ou reconhecimento da identidade pessoal? Para o estudo, fotos digitais de J. W. e de Michael Gazzaniga foram manipuladas por computação gráfica, de modo a adquirir 10% de características do outro, depois 20%, 30% e assim por diante, até a imagem de um se transformar na imagem do outro (Figura 19.20A). As fotos eram então apresentadas a J. W. seguindo a técnica de Sperry, e ele tinha que responder quem era: ele mesmo, ou Michael Gazzaniga? Os resultados indicaram que o hemisfério esquerdo era melhor para reconhecer a si próprio, e o hemisfério direito era melhor para reconhecer outras pessoas (Figura 19.20B). Podemos concluir que a nossa identidade pessoal é guardada no hemisfério esquerdo?

O estudo da especialização hemisférica não se restringiu aos indivíduos com o cérebro dividido. Afinal, não se pode esquecer que eles são doentes epilépticos graves, e talvez as funções que eles revelam nos experimentos de Sperry e Gazzaniga não sejam inteiramente normais. Outros estudos foram feitos com indivíduos normais, sempre utilizando estímulos lateralizados. A forma de revelar a especialização hemisférica, neste caso, tem de ser diferente, porque os indivíduos normais dispõem de comissuras que distribuem a informação para o hemisfério oposto. Para contornar essa dificuldade, utiliza-se a cronometria mental[G]. Quando um hemisfério processa uma informação que recebe diretamente, e ele mesmo comanda a resposta (neste caso geralmente manual), o tempo de reação do indivíduo tende a ser mais curto do que quando ele a recebe do hemisfério oposto. A diferença é atribuída ao tempo de passagem pelas comissuras. Nos últimos anos, as técnicas de imagem morfológicas e funcionais, bem como os métodos de registro eletro e magnetofisiológico, foram empregados em indivíduos normais para identificar a existência de assimetrias hemisféricas, associadas aos estudos morfológicos tradicionais realizados em cérebros de indivíduos falecidos. Os resultados, de um modo geral, confirmaram e ampliaram os resultados originalmente obtidos por Sperry e seus colaboradores.

Os Hemisférios Não São Iguais

Os experimentos utilizando pessoas com o cérebro dividido, complementados com os que empregam indivíduos normais, revelaram que as especialidades dos hemisférios podem ser bem diferentes (Figura 19.21). Revelaram, também, que raramente a especialização hemisférica significa exclusividade funcional. O hemisfério esquerdo controla a fala em mais de 95% dos seres humanos, mas isso não quer dizer que o direito não participe: ao contrário, é a prosódia do hemisfério direito que confere à fala nuances afetivas

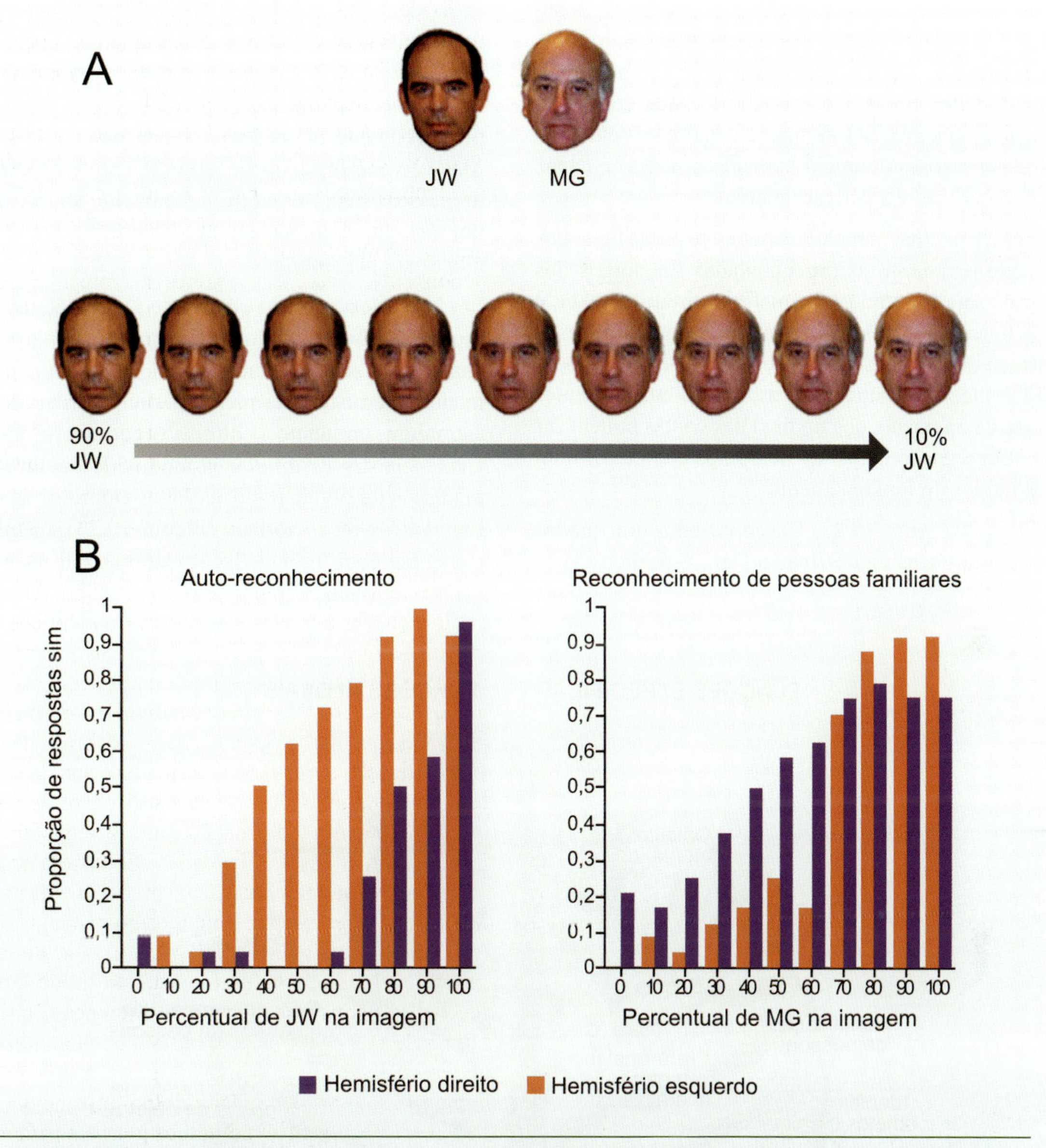

Figura 19.20. *A sequência de fotos em* ***A*** *representa manipulações por computação gráfica das fotos do paciente comissurotomizado J. W. e do pesquisador Michael Gazzaniga (M. G.), de modo a adicionar características de M. G. à foto de J. W., de 10 em 10%, da esquerda para a direita. Os gráficos em* ***B*** *mostram que J. W. identifica a si próprio usando o hemisfério esquerdo, mesmo quando a sua foto só tem 30% de suas características (gráfico à esquerda), enquanto o oposto ocorre quando J. W. emprega o hemisfério direito (gráfico à direita). Modificado de D. J. Turk e cols. (2002)* Nature Neuroscience *vol. 5: pp. 841-842.*

essenciais para a comunicação interpessoal. O hemisfério esquerdo é melhor na realização mental de cálculos matemáticos, no comando da escrita e na compreensão dela através da leitura. O hemisfério direito, por outro lado, é melhor na percepção de sons musicais e no reconhecimento de faces. O hemisfério esquerdo participa também do reconhecimento de faces, mas sua especialidade é descobrir precisamente quem é o dono de cada face (sobretudo se for o próprio indivíduo).

Da mesma forma, o hemisfério direito é especialmente capaz de identificar categorias gerais de objetos e seres vivos (livros, cães), mas é o esquerdo que detecta as categorias específicas (um exemplar de *Cem Bilhões de Neurônios?*, um pastor alemão). O hemisfério direito é melhor na detecção de relações espaciais, particularmente as relações métricas, quantificáveis, aquelas que são úteis para o nosso deslocamento no mundo (a que distância estou do carro da frente?). O hemisfério esquerdo não deixa de participar dessa função, mas é melhor no reconhecimento de relações espaciais categoriais, qualitativas (acima de, abaixo de, dentro, fora...). Finalmente, não vamos esquecer as habilidades motoras: o hemisfério esquerdo produz movimentos mais precisos da mão e da perna direitas (na maioria das pessoas) do que o hemisfério direito é capaz de fazer com a mão e a perna esquerdas.

Talvez a principal generalização que se possa fazer dos estudos que revelaram as especialidades funcionais dos hemisférios seja a de que o hemisfério direito percebe e comanda funções globais, categoriais, enquanto o esquerdo se encarrega das funções mais específicas. De certo modo, essas diferentes especialidades baseiam-se em diferentes estratégias de operação, que no final das contas podem ser devidas à segregação lateral de neurônios e circuitos com distintos modos de funcionamento.

Observe a Figura 19.22. Ela representa um quadro famoso do pintor espanhol Salvador Dalí. À primeira vista você identifica pessoas no centro da tela, observadas por uma mulher no primeiro plano à esquerda. As pessoas estão de pé em uma construção incompleta, e a mulher de torso nu se apoia em uma mesa com dois objetos. Essa descrição provavelmente lhe basta para uma percepção do quadro. Mas se você observar novamente com cuidado, o grupo de pessoas bem no centro subitamente se transforma em um rosto humano, o busto de Voltaire! É preciso um outro olhar para perceber isso.

Na observação do quadro de Dalí você utilizou duas estratégias de percepção: a primeira foi mais específica (ou analítica), a segunda, mais global (ou holística). Possivelmente o hemisfério esquerdo participou mais da primeira estratégia, enquanto o direito predominou na segunda. Evidência desses diferentes modos de operação dos hemisférios foi obtida por psicólogos empregando estímulos linguísticos ou pictóricos (Figura 19.23) apresentados a pacientes com grandes lesões do hemisfério direito e a

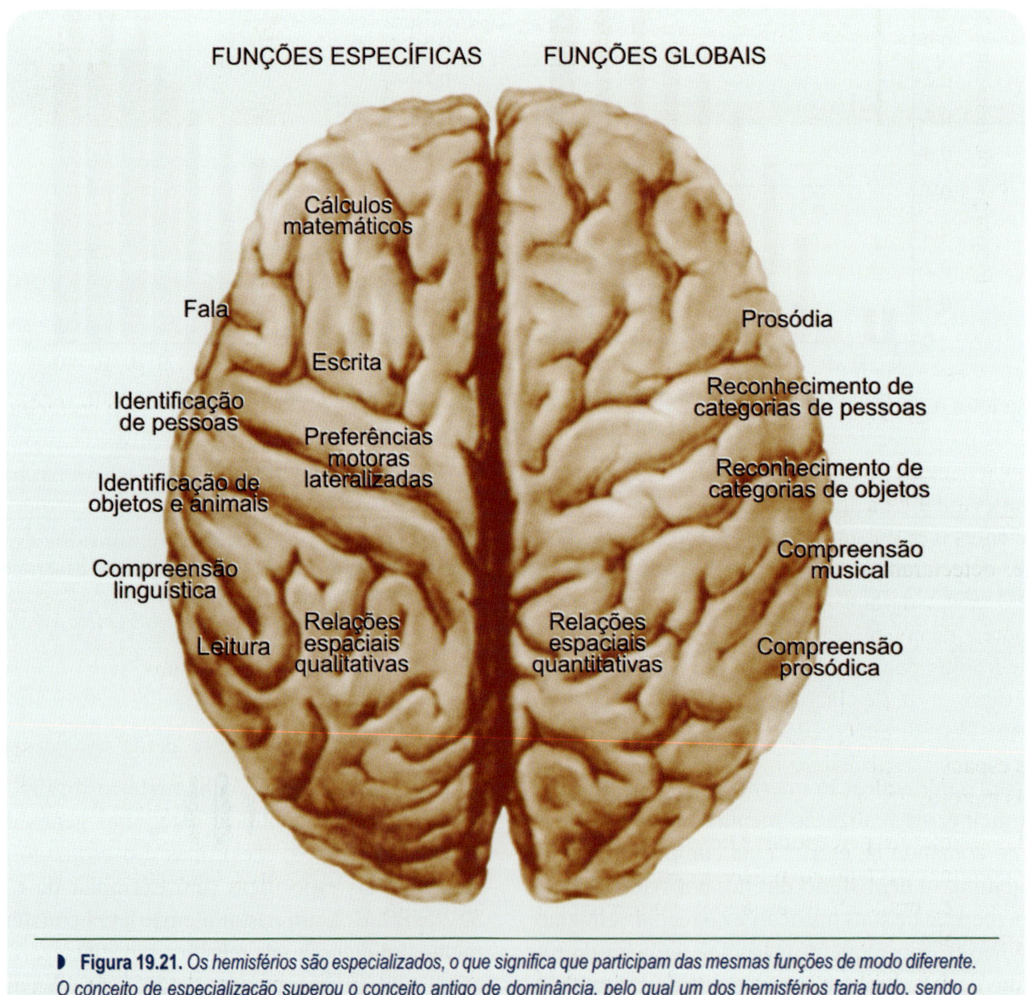

Figura 19.21. *Os hemisférios são especializados, o que significa que participam das mesmas funções de modo diferente. O conceito de especialização superou o conceito antigo de dominância, pelo qual um dos hemisférios faria tudo, sendo o outro apenas uma "reserva técnica" coadjuvante.*

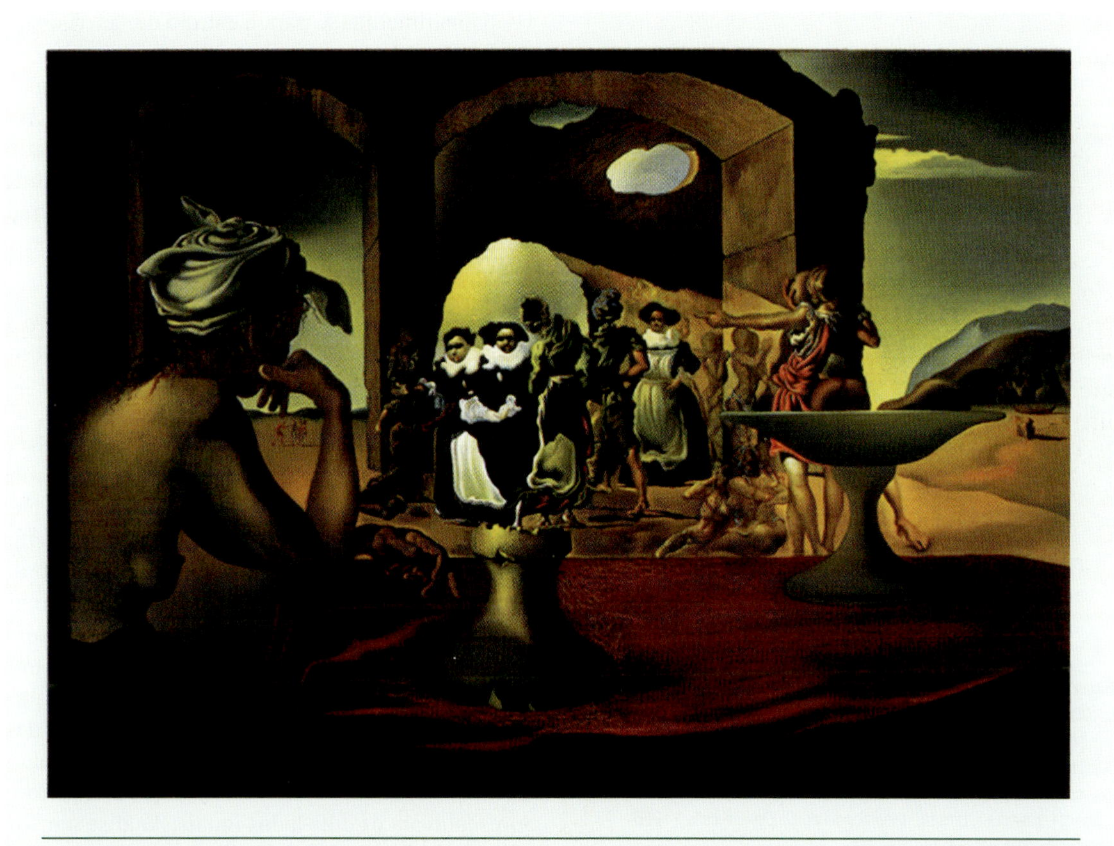

Figura 19.22. *A primeira observação do* Mercado de escravos com o busto evanescente de Voltaire, *quadro pintado em 1940 por Salvador Dalí (1904-1989), revela a estratégia perceptual do hemisfério esquerdo. Um segundo olhar mais cuidadoso revela a estratégia do hemisfério direito. Óleo sobre tela, Museu Salvador Dali, St. Petersburg, EUA.*

outros com lesões do hemisfério esquerdo. Os pacientes eram solicitados a observar um desenho e depois a copiá-lo numa folha de papel. Os que tinham apenas o hemisfério esquerdo funcionante viram os detalhes do desenho, ou seja, os componentes miúdos da figura maior. O contrário ocorreu com os pacientes que tinham apenas o hemisfério direito funcionante: detectaram a configuração global, mas não os detalhes. Desse e de outros experimentos semelhantes surgiu a hipótese de que talvez predominem no hemisfério esquerdo neurônios detectores de frequências espaciais[G] mais altas, capazes de detectar estímulos finos e pequenos. No hemisfério direito predominariam detectores de frequências espaciais mais baixas, melhores para perceber os estímulos maiores.

Além das assimetrias perceptuais e linguísticas, as assimetrias comportamentais também refletem a especialização dos hemisférios cerebrais. De todas, a mais conhecida é a preferência manual.

A grande maioria dos seres humanos (95% ou mais) é destra, ou seja, prefere utilizar a mão direita para as tarefas motoras de maior precisão. A minoria é de canhotos, e uma proporção muito pequena é constituída de ambidestros. Além da preferência manual, há uma preferência para uso dos pés, outra para uso dos olhos, e elas não estão necessariamente relacionadas. Da mesma forma, não parecem estar relacionadas a preferência manual e a lateralidade linguística. É verdade que a maioria dos destros tem a linguagem representada no hemisfério esquerdo, mas a maioria dos canhotos também... Apenas uma proporção pequena dos canhotos tem a representação linguística situada no hemisfério direito, e uma proporção menor ainda tem linguagem bilateral.

Muitos mamíferos (ratos, gatos, macacos) apresentam também preferência de uso de uma das patas em detrimento da outra. No entanto, na população como um todo, a distribuição dessa assimetria é aleatória: metade dos indivíduos usa mais a pata esquerda, enquanto a outra metade prefere a pata direita.

A preferência manual humana reflete a diferença de estratégias funcionais dos hemisférios. Quando fazemos a ponta em um lápis, por exemplo, usamos uma das mãos para segurá-lo (movimento de pequena precisão) e a outra

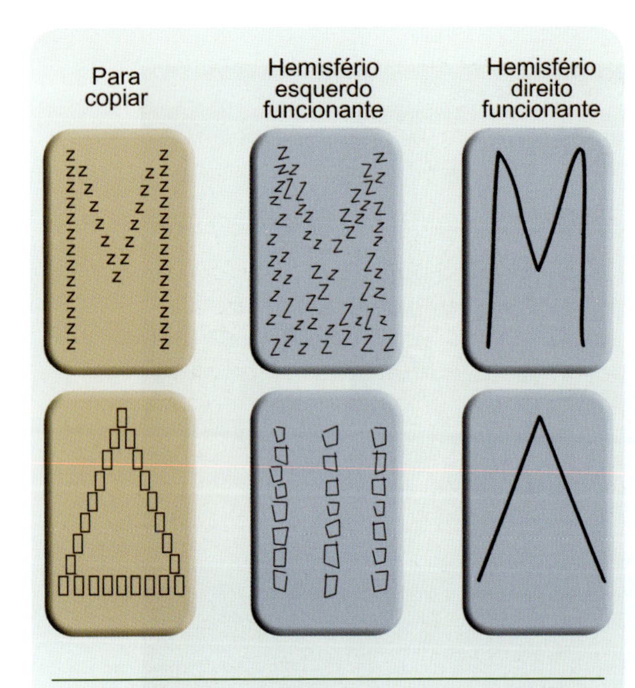

Figura 19.23. *Quando os painéis à esquerda (em bege) são apresentados para pacientes com grandes lesões hemisféricas copiarem, os que têm lesões direitas (hemisfério esquerdo funcionante) copiam os detalhes, mas perdem a forma global (painéis do meio). O contrário ocorre com os pacientes com lesões esquerdas (hemisfério direito funcionante, painéis à direita). Modificado de D. Delis e cols. (1986)* Neuropsychologia *vol. 24: pp. 205-214.*

para cortar a madeira com o canivete (movimento de maior precisão). A mão que segura o lápis é comandada pelo hemisfério direito (mesmo na maioria dos canhotos), e a mão que faz a ponta é comandada pelo hemisfério esquerdo. A diferença de estratégias para o comando manual é também evidenciada num fenômeno estranho que se observa em alguns indivíduos com o cérebro dividido: o conflito intermanual. Na ausência de comunicação entre os hemisférios, as mãos "não se entendem": iniciam movimentos opostos, à revelia do indivíduo. Uma das mãos pega uma caneta para escrever, mas a outra a intercepta, retira a caneta e a coloca de volta sobre a mesa!

Uma dificuldade para o estudo da determinação neurobiológica das assimetrias comportamentais é que elas são suscetíveis a influências ambientais. Os jogadores de futebol, por exemplo, podem ser treinados a utilizar os dois pés para chutar, embora originalmente prefiram utilizar um deles. As crianças canhotas de antigamente, muitas vezes se tornavam destras, forçadas pelos pais, que acreditavam ser a mão direita necessariamente mais hábil e precisa que a esquerda.

A constatação da existência de assimetrias funcionais e comportamentais tem levado os pesquisadores a buscar também assimetrias morfológicas nas regiões de função lateralizada. As evidências, entretanto, têm sido controvertidas, com poucas exceções. Dentre estas estão as regiões de representação das funções linguísticas, que parecem ter realmente uma forma assimétrica. De início, analisou-se a morfologia macroscópica dos hemisférios, encontrando-se uma diferença na conformação do sulco lateral de Sylvius. No hemisfério esquerdo de indivíduos destros esse sulco é mais reto, enquanto no direito apresenta uma curvatura para cima. A seguir fez-se uma comparação entre o *planum temporale*[5] do lado esquerdo e o do lado direito, em 100 cérebros de indivíduos destros. A maioria (65%) apresentou o *planum* esquerdo maior que o direito, 11% tinham o direito maior que o esquerdo, e 24% apresentavam os dois lados iguais. Análise morfométrica de uma das áreas citoarquitetônicas (temporal posterior, ou Tpt) situadas dentro da área de Wernicke mostrou também maiores dimensões à esquerda do que à direita. O mesmo foi feito na área 44, que faz parte da área de Broca, com iguais resultados. Assim, ao que parece, a especialização linguística dos hemisférios é acompanhada pela assimetria morfológica das áreas correspondentes. Não se sabe, entretanto, se essas assimetrias são causadas por maior número de neurônios, de sinapses, de circuitos neurais ou de outros elementos do tecido.

[5] *Região do assoalho da fissura de Sylvius que faz parte da área de Wernicke.*

GLOSSÁRIO

Citoarquitetonia: conjunto de características morfológicas de cada região do sistema nervoso central, resultantes da combinação de critérios citológicos e histológicos.

Comissura: feixe de fibras nervosas que conecta de modo antiparalelo duas regiões aproximadamente homotópicas do encéfalo. Difere de decussação, que é um local de cruzamento oblíquo de fibras ascendentes ou descendentes.

Cronometria mental: técnica de estudo de funções mentais baseada na medida do tempo de reação que o sujeito exibe depois de ser exposto a um problema que o experimentador lhe propõe. Maiores detalhes no Capítulo 17.

Curva de onda: representação gráfica da frequência de um som (na ordenada) contra o tempo (na abscissa). Utilizada geralmente para sons simples.

Epilepsia: doença de causas variadas, que provoca hiperexcitabilidade de uma certa região do cérebro, e com isso, sintomas de exacerbação funcional da região. No caso de atingir o córtex motor, ocorrem convulsões.

Espectrograma: representação gráfica das frequências de um som complexo (na ordenada) contra o tempo (na abscissa). Utilizado geralmente para sons verbais: fonemas, palavras ou frases faladas.

Feromônios: substâncias voláteis que certos animais emitem para demarcar o território, atrair o sexo oposto e/ou acasalar. Geralmente são percebidas por outros indivíduos inconscientemente. Maiores detalhes no Capítulo 10.

Frequência espacial: grandeza que descreve o número de elementos de um estímulo visual distribuídos em uma unidade de espaço. Uma grade desenhada, por exemplo, tem uma frequência de x linhas paralelas por metro.

Gene imediato: tipo de gene cuja expressão é rápida e transitória, associada a uma determinada ativação funcional.

Laringe: região de transição entre a traqueia e a faringe, onde ficam as cordas vocais.

Léxicon: conjunto de palavras reunidas em alguma ordem; dicionário.

PET: sigla em inglês para tomografia de emissão de pósitrons, um método de obtenção de imagens que representam o fluxo sanguíneo cerebral das regiões mais ativas.

Promediação: técnica de cálculo da média de ativação cerebral em cada ponto, realizada por sucessivas repetições da mesma imagem. Serve para diminuir a atividade espontânea aleatória do tecido nervoso.

Resolução: capacidade de distinção de pequenos detalhes, seja nas dimensões espaciais (resolução espacial), seja na dimensão temporal (resolução temporal).

SABER MAIS

Leitura Básica

Bear MF, Connors BW, Paradiso MA. Language. Capítulo 20 de *Neuroscience. Exploring the Brain* 3ª ed., Nova York, EUA: Lippincott Williams & Wilkins, 2007, pp. 617-642. Texto resumido dedicado apenas à linguagem.

Caplan DN e Gould JL. Language and Communication. Capítulo 51 de *Fundamental Neuroscience* 3ª ed. (Squire LR e cols., org.), Nova York, EUA: Academic Press, (2008) pp. 1179-1198.

Leitura Complementar

Broca P. Remarques sur le siège de la faculté du langage articulé, suivies d'une observation d'aphémie (perte de la parole). *Bulletin de la Societé Anatomique de Paris* 1861; 6:330-357.

Geshwind N. The organization of language and the brain. *Science* 1965; 170:940-944.

Sperry RW, Gazzaniga MS, Bogen JE. Interhemispheric relationships: the neocortical commissures; syndromes of hemisphere disconnection. Em *Handbook of Clinical Neurology* (Vinken PJ e Bruyn GW., orgs.), Amsterdam, Holanda: North-Holland, 1969, vol. 4, pp. 273-290.

Kutas M e Hillyard SA. Reading senseless sentences: Brain potenctials reflect semantic incongruity. *Science* 1980; 207:203-205.

Mazoyer BM, Tzourio N, Frak V, Syrota A, Murayama N, Levrier O, Salamon G, Dehaene S, Cohen L e Mehler J. The cortical representation of speech. *Journal of Cognitive Neuroscience* 1993; 5:467-479.

Gazzaniga MS. Principles of human brain organization derived from split-brain studies. *Neuron* 1995; 14:217-228.

Caramazza A. The brain's dictionary. *Nature* 1996; 380: 485-486.

Posner MI e Abdullaev YG. Dévoiler la dynamique de la lecture. *La Recherche* 1996; 289:66-69.

Posner MI, Abdullaev YG, McCandliss BD, Sereno SC. Neuroanatomy, circuitry and plasticity of word reading. *NeuroReport* 1999; 25:R12-23.

Gazzaniga MS. Cerebral specialization and interhemispheric communication: does the corpus callosum enable the human condition? *Brain* 2000; 123:1293-1326.

Lieberman P. On the nature and evolution of the neural bases of human languages. *American Journal of Physical Anthropology* suppl. 2002; 35:36-62.

Turk DJ, Heatherton TF, Kelley WF, Funnell MG, Gazzaniga MS, Macrae CN. Mike or me? Self-recognition in a split-brain subject. *Nature Neuroscience* 2002; 5:841-842.

Jeffries KJ, Fritz JB, Braun AR. Words in melody: an H2150 PET study of brain activation during singing and speaking. *NeuroReport* 2003; 14:749-754.

Gazzaniga MS. Forty-five years of split-brain research and still going strong. *Nature Reviews. Neuroscience* 2005; 6:653-639.

Wildgruber D, Riecker A, Hertrich I, Erb M, Grodd W, Ethofer T et al. Identification of emotional entonation evaluated by fMRI. *NeuroImage* 2005; 24:1233-1241.

White SA, Fisher SE, Geshwind DH, Scharff C, Holy TE. Singing mice, songbirds, and more: models for FoxP2 function and dysfunction in human speech and language. *Journal of Neuroscience* 2006; 26:10376-10379.

Dehaene S e Cohen L. Cultural recycling of cortical maps. *Neuron* 2006; 56:384-398.

Gaillard R, Naccache L, Pinel P, Clemenceau S, Volle E, Hasboun D, Dupont S, Baulac M, Dehaene S, Adam C e Cohen L. Direct intracranial, fMRI, and lesion evidence, for the causal role of left inferotemporal cortex in reading. *Neuron* 2006; 50:191-204.

Shalom DB e Poeppel D. Functional anatomic models of language: assembling the pieces. *Neuroscientist* 2008; 14:119-127.

Derakhshan I. Lateralities of motor control and the alien hand always coincide: further observations on directionality in callosal traffic underpinning handedness. *Neurological Research* 2009; 31:258-264.

20

Mentes Emocionais, Mentes Racionais

As Bases Neurais da Emoção e da Razão

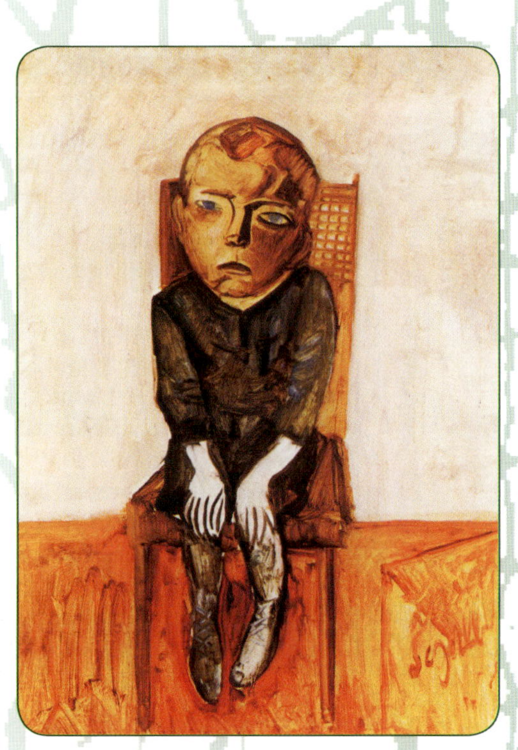

Menino enfermo, de Lasar Segall (1923), óleo sobre tela

Saber o Principal

Resumo

Emoção e razão são as funções mais complexas de que o cérebro humano é capaz. Nossa vida do dia a dia ativa operações mentais que envolvem sempre uma e outra, às vezes mais uma do que a outra, mas sempre ambas interligadas. Apesar disso, os mecanismos neurais que lhes correspondem são diferentes.

As emoções são muitas e difíceis de classificar. Envolvem sempre três aspectos: (1) um sentimento, que pode ser positivo ou negativo; (2) comportamento, ou seja, reações motoras características de cada emoção; e (3) ajustes fisiológicos correspondentes. As regiões neurais envolvidas são geralmente reunidas em um conjunto denominado sistema límbico, que agrupa regiões corticais e subcorticais situadas sobretudo, mas não exclusivamente, nos setores mais mediais do encéfalo.

As emoções negativas são mais conhecidas do que as positivas. A primeira delas é o medo, uma experiência subjetiva que surge quando algo nos ameaça, e que provoca em nós comportamentos de fuga ou luta, além de ativar o sistema nervoso autônomo, de modo a garantir o dispêndio súbito de energia que se segue. Quando o medo se prolonga e se torna crônico, o indivíduo entra em ansiedade e estresse. Outra emoção importante é a raiva, que surge frequentemente como mecanismo de defesa, outras vezes apenas como um meio de garantir a sobrevivência do indivíduo e da espécie. Assim, as presas podem agredir o predador para se defender, mas este agride as presas para alimentar-se. Ambos podem agredir seus semelhantes como meio de estabelecer hierarquias sociais, defender o seu território e disputar as fêmeas. Algo parecido ocorre com os seres humanos, no entanto modulado pela razão. Uma região do lobo temporal desempenha o papel de botão de disparo das emoções: a amígdala. Sua função é receber as informações sensoriais e interiores provenientes do córtex e do tálamo, filtrá-las para avaliar sua natureza emocional, e comandar as regiões responsáveis pelos comportamentos e ajustes fisiológicos adequados (no hipotálamo e no tronco encefálico). As emoções positivas são menos conhecidas: podemos defini-las subjetivamente, e apenas em anos recentes a Neurociência tem começado a atribuir-lhes uma base neural. Trata-se do sentimento de prazer e bem-estar, derivado geralmente de alguma percepção sensorial (auditiva, tátil e outras), e que provoca – tanto quanto as emoções negativas – comportamentos específicos e manifestações fisiológicas correspondentes.

A razão envolve também muitas operações mentais difíceis de definir e classificar. Raciocínio, resolução de problemas, cálculo mental, formulação de objetivos e planos de vida, ajuste social do comportamento, e muitas outras. Tudo indica que o córtex pré-frontal é a principal região envolvida. Uma parte dele recebe as informações correntes, armazenando-as transitoriamente como engramas operacionais (o córtex pré-frontal ventrolateral). Outra parte (pré-frontal dorsolateral) manipula as informações desse tipo de memória. Outra ainda (o córtex pré-frontal ventromedial) toma essas informações e as compara com aquelas disponíveis na memória de longa duração, como os objetivos de vida (de curto, médio ou longo prazos): o resultado é o planejamento das ações necessárias para concretizá-los. Uma região ventral chamada córtex orbitofrontal encarrega-se do ajuste social das ações, e das emoções correspondentes. E finalmente, uma quinta parte (o córtex cingulado anterior) influi sobre as duas primeiras, de modo a focalizar a atenção cognitiva, permitindo a seleção das informações relevantes a cada passo.

Você sabe definir "emoção"? E "razão"? Ao tentar, provavelmente cairá em um raciocínio circular como encontramos nos dicionários: "emoção é um abalo afetivo", ou "razão é raciocínio, julgamento". Lidamos com conceitos desse tipo a todo momento: sabemos perfeitamente o que são, mas não sabemos defini-los.

Não se incomode: os neurocientistas têm igual dificuldade em definir esses aspectos tão importantes da mente humana. Por isso adotam definições operacionais como a seguinte: razão[1] e emoção são operações mentais acompanhadas de uma experiência interior característica, capazes de orientar o comportamento e realizar os ajustes fisiológicos necessários. Duas observações: primeiro, permanece sem definição a tal "experiência interior". Segundo, enquanto o exercício da emoção quase se confunde com as suas manifestações fisiológicas, o exercício da razão não tem necessariamente uma repercussão orgânica observável ("livre pensar é só pensar", diz Millor Fernandes).

Mesmo sem definição precisa, você sabe, a partir do seu próprio dia a dia, em que consistem essas duas categorias mentais. Às vezes precisa se preparar para uma prova muito importante, e para isso planeja cuidadosamente os seus atos. Compra um livro novo, desmarca compromissos, organiza suas notas de aula, lê, escreve, estuda em grupo. Memoriza, raciocina, ensaia. Quer dizer: faz pleno uso da razão. Mas na véspera da prova tenta dormir cedo, só que a ansiedade bate e o sono demora a chegar. No dia D, na hora H, o coração dispara, a boca fica seca e você sua frio. A custo se controla, mas no fim dá tudo certo: você se concentra, seu raciocínio flui, você responde a maioria das questões e passa de ano. Bem, nem sempre a história tem esse final feliz, mas todas as variantes possíveis apresentam momentos em que predomina a razão, e outros em que predomina a emoção.

Na verdade, razão e emoção são aspectos genéricos de um mesmo contínuo, e expressam as mais sofisticadas propriedades do cérebro humano. Como parte desse contínuo podemos destacar, no extremo racional, operações como o pensamento lógico, o cálculo mental e a resolução de problemas; na ponta emocional o medo, a agressividade e o prazer. No meio, uma infinidade de possibilidades: o comportamento socialmente determinado (ajuste social), a apreciação e a criação artística, a tomada de decisões, o planejamento de ações futuras, e assim por diante.

Esse contínuo infinito é o que chamamos Mente. Ao longo da História, os filósofos e os cientistas debateram se existe e qual seria o "órgão da Mente". Os antigos apostavam no coração, um órgão "quente", consistente e pulsátil, que fica bem no meio do corpo. Seguindo essa concepção é que os antigos egípcios, ao preparar os cadáveres para mumificá-los, mantinham cuidadosamente o coração no tórax, mas retiravam o cérebro aspirando-o pelo nariz. Aos poucos o cérebro foi se firmando, apesar de "frio", gelatinoso e imóvel. Hoje não há dúvida de que existe uma forte relação entre a mente e o cérebro, embora se debata ainda intensamente se um "produz" o outro, ou é produzido por ele, ou se ambos têm existência relacionada, porém independente.

MENTES EMOCIONAIS

A emoção, como propõe a nossa definição operacional, é uma experiência subjetiva acompanhada de manifestações fisiológicas e comportamentais detectáveis. A existência dessa expressão exterior, mensurável, da experiência emocional permite que ela seja analisada mais facilmente com os métodos da Neurociência. Nos seres humanos, a descrição do componente subjetivo de uma emoção é de difícil controle, já que apenas o próprio indivíduo tem acesso a ele, e os demais não podem realizar uma verificação confiável de veracidade ou exatidão. No entanto, é possível analisar uma emoção acompanhando suas manifestações orgânicas e comportamentais, e além disso realizar o registro da atividade cerebral por meio de imagem ou de traçados eletro ou magnetofisiológicos. Em animais experimentais, evidentemente, não há possibilidade de contar com "descrições subjetivas", mas pode-se estabelecer um paralelo entre as manifestações fisiológicas e comportamentais que eles apresentam em certas situações, e as vivências interiores relatadas por homens e mulheres em circunstâncias semelhantes.

A observação dos animais para o estudo científico das emoções foi inaugurada por Charles Darwin (1809-1882) com um livro especialmente dedicado a esse tema: *A expressão das emoções no homem e nos animais*. Darwin observou semelhanças entre indivíduos de diferentes espécies na expressão comportamental de emoções como a raiva. Analisou as expressões faciais e os movimentos corporais, e concluiu que esses comportamentos têm uma determinação inata, sofrendo evolução do mesmo modo que as demais características biológicas das espécies. Se a expressão das emoções (pelo menos algumas...) é inata e conserva-se ao longo da evolução, é porque tem utilidade para a vida dos animais, isto é, tem valor adaptativo para garantir a sobrevivência dos indivíduos e da sua espécie.

De fato, podem-se admitir três grandes "utilidades" para as emoções: (1) a sobrevivência do indivíduo; (2) a sobrevivência da espécie; e (3) a comunicação social. A sobrevivência do indivíduo é um caso de vida ou morte: um animal predador só sobrevive se exercer com competência os comportamentos de agressão para dominar e matar a presa. Esta, por sua vez, depende de comportamentos de-

[1] *A razão é muitas vezes chamada também* cognição.

fensivos de ameaça para paralisar e afugentar o inimigo, ou reações de medo que possibilitem a fuga. Esse delicado equilíbrio comportamental entre presas e predadores permite que uma proporção razoável de indivíduos de ambos os grupos sobreviva até a idade reprodutiva, e portanto está ligado também à sobrevivência da espécie. Aqueles que chegam à vida adulta, sobrevivendo como indivíduos, precisam garantir a sobrevivência da espécie mediante a reprodução, e para isso exibem os comportamentos emocionais apropriados. Geralmente os machos disputam as fêmeas, criando uma hierarquia de dominância e submissão entre indivíduos da mesma espécie e delimitando territórios restritos para as fêmeas e os filhotes, em ambos os casos com exibições explícitas de agressividade. Esses comportamentos – e outros de corte e apresentação sexual — representam uma espécie de linguagem, ou seja, um meio de comunicação social que orienta o comportamento de todos os indivíduos. A expressão emocional como forma de comunicação social adquiriu grande importância nos seres humanos, cujo repertório comportamental ultrapassou em muito o estreito vínculo com as atividades de sobrevivência.

Mas esse forte vínculo biológico entre emoções e sobrevivência é muito nítido entre os animais, particularmente na emoção que chamamos *raiva*, que produz comportamentos de agressão, e na emoção que chamamos *medo*, causadora de comportamentos de ameaça ou fuga. Essas duas emoções básicas, como sabemos, existem também no homem.

QUAIS EMOÇÕES?

As emoções humanas não se restringem à raiva e ao medo. Quais seriam então as nossas emoções? Podemos identificar pares de emoções opostas, como alegria e tristeza, amor e ódio, mas também experiências únicas para as quais não há opostos claros: encantamento, agonia, desprezo, desespero, pânico, inveja e tantas outras. Essa diversidade dificulta classificá-las: elas pouco têm em comum. Pode-se dizer que algumas têm valor positivo, e por isso os comportamentos que suscitam tendem a ser repetidos. Outras têm valor negativo, e os comportamentos que provocam visam a eliminá-las. Positivas ou negativas, as diferentes emoções podem provocar comportamentos motivados (veja o Capítulo 15), o que leva alguns autores a considerarem que o único elemento comum entre elas é o *reforço*, isto é, um estímulo positivo (prazeroso) ou negativo (desagradável) que resulta na motivação por prolongar ou interromper a experiência emocional.

Quando o reforço é positivo, chama-se recompensa ou estímulo apetitivo, e quando é negativo se chama punição ou estímulo aversivo. Como veremos adiante (também em outros capítulos), muitos comportamentos de animais utilizados pelos psicólogos experimentais se baseiam no condicionamento para estímulos apetitivos ou aversivos. O animal aprende a realizar repetidamente uma determinada tarefa em troca de uma recompensa (um pedaço de alimento, por exemplo), ou aprende a esquivar-se ativamente de algo que lhe causa desprazer (um choque elétrico, por exemplo). Em ambos os casos ele pode associar os estímulos causadores diretos dessas emoções (incondicionados) a outros que normalmente não as provocam (estímulos condicionados).

Desse modo, de acordo com o reforço, podemos considerar dois grupos de emoções: as *positivas* (que provocam prazer) e as *negativas* (que provocam desprazer). O medo, a ansiedade e o estresse são emoções negativas, talvez graus diferentes de uma mesma experiência emocional. A raiva, que pode provocar agressão, é também uma emoção negativa, bem como a tristeza, que pode causar depressão. Dentre as emoções positivas estão o amor e a amizade, duas experiências essencialmente humanas, para as quais não há correlato seguro entre os animais. Há muitas outras emoções positivas, é claro, como o prazer de uma comida saborosa e o alívio da sede, que têm paralelos animais conhecidos; e o prazer de ouvir música e fazer um esporte, que parecem exclusivamente humanos. Veremos que as emoções negativas são mais conhecidas que as positivas, do ponto de vista neurobiológico, talvez porque sejam mais ricas em manifestações fisiológicas, e mais decisivas para a sobrevivência dos animais, ou porque apresentam correlatos comportamentais mais claros entre animais e seres humanos.

Além da sua valência (*i. e.,* se são positivas ou negativas), pode-se classificar as emoções humanas em três grupos: as primárias ou básicas, as secundárias, e as emoções de fundo. As *emoções primárias* são inatas e existem em todas as pessoas, independentemente de fatores sociais ou culturais. São as emoções que Darwin relatou em seu livro, atribuindo-lhes valor adaptativo, e portanto evolutivo: alegria, tristeza, medo, nojo, raiva, surpresa. As *emoções secundárias* são influenciadas pelo contexto social e cultural: são portanto aprendidas, e não inatas: culpa, vergonha, orgulho. Talvez você sinta vergonha de se despir em público, mas uma índia amazônica não terá esse mesmo sentimento. Muitas vezes essas emoções são chamadas emoções morais. Por meio delas os seres humanos obedecem (ou não) às regras de comportamento que a sociedade lhes recomenda em cada local do planeta, e a cada época histórica. Não devemos roubar, e indignamo-nos quando presenciamos um roubo. É recomendável ajudar alguém que esteja passando necessidade: sentimos satisfação em fazer isso. Mas é claro, como você deve estar pensando, que essas emoções não são absolutas, variando amplamente segundo a cultura das pessoas, sua origem social, suas condições de vida, o local onde vivem, e muitos outros condicionantes. Finalmente, as *emoções de fundo* são uma categoria definida pelo neurologista português António Damásio, e referem-se a estados gerais de bem-estar ou mal-estar, de ansiedade ou apreensão, de calma ou tensão. Você as sente de modo contínuo durante um certo período, e elas influenciam as emoções primárias e secundárias que aparecem simultaneamente. Acredita-se que esses estados são relacionados com o conjunto das informações que nosso corpo veicula ao cérebro constantemente, e que ativam o sistema somestésico interoceptivo ou protopático, descrito no Capítulo 7.

Essas categorias de emoções não existem de forma independente. É frequente estarem presentes ao mesmo tempo na vivência emocional de uma pessoa.

A Expressão das Emoções

Quando você troca um olhar com alguém que lhe atrai, seu coração bate mais rápido, sua respiração acelera-se, e talvez você core. São manifestações fisiológicas de uma emoção positiva. Se você fixar o olhar em alguém que lhe ameaça, a frequência cardíaca e a respiratória igualmente se aceleram, mas você não cora. Ao contrário, empalidece e sua frio. São os correlatos fisiológicos de uma emoção negativa. Cada emoção tem um padrão característico (mas não exclusivo) de manifestações fisiológicas, e em cada pessoa esse padrão adquire uma nuance própria e individualizada.

O que chamamos manifestações ou correlatos fisiológicos das emoções são respostas autonômicas (comandadas pelo sistema nervoso autônomo, SNA). As respostas autonômicas de caráter emocional variam com o tipo de emoção, como vimos, e também com o indivíduo. Podem ser fracas ou inexistentes para alguns, fortes e nítidas para outros. Também podem envolver diferencialmente os sistemas cardiovascular, respiratório, digestório, urinário, endócrino e imunitário: ou seja, praticamente todo o organismo.

As emoções também provocam manifestações comportamentais, ou seja, respostas motoras. Essas podem ser estereotipadas, isto é, de natureza reflexa, involuntária; ou podem ser bastante complexas, envolvendo ações voluntárias. Basta pensar como as pessoas reagem sob o impacto de uma forte emoção (primária ou secundária): podem gritar, sorrir, gesticular, chorar, correr, enfim, realizar muitos e diferentes comportamentos. Também as emoções de fundo apresentam manifestações distintas: por exemplo, a postura de um indivíduo cheio de energia e bem-estar é diferente da atitude de um deprimido. Dentre as manifestações comportamentais, a expressão facial é talvez a mais nítida e importante, como sinalizadora das emoções. A troca de olhares mencionada anteriormente pode ter provocado em você uma certa expressão facial que talvez seja compreendida pelo seu interlocutor. As ações que se seguirão dependem dessa comunicação gestual, sem que seja necessária qualquer palavra.

Na verdade, desde Darwin os neurocientistas têm-se dedicado a estudar as expressões faciais como indicadores das emoções. Um pioneiro nesse tipo de estudo foi o fisiologista francês do século 19, Guillaume Duchenne de Boulogne, um dos primeiros a empregar a estimulação elétrica para

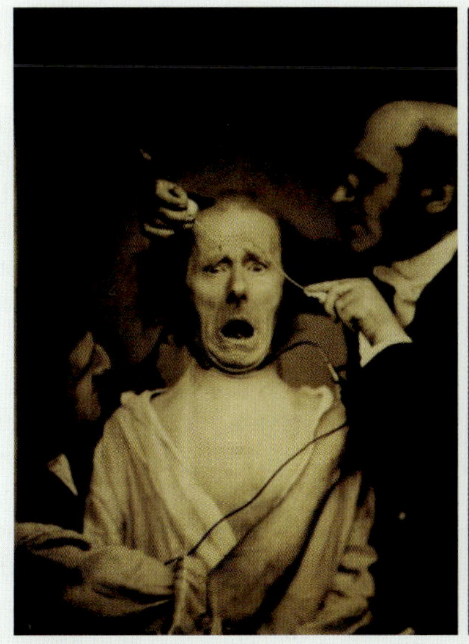

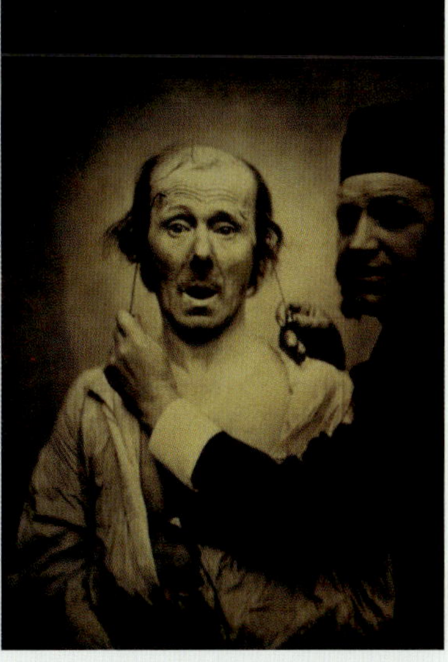

Figura 20.1. *Guillaume Duchenne de Boulogne (1806-1875) foi o primeiro a utilizar a estimulação elétrica transcutânea de músculos da face, e documentou fotograficamente a expressão facial resultante para cada combinação muscular. Em suas fotografias históricas, ele sempre aparecia ao lado de seu sujeito experimental principal, um sapateiro de Paris.*

estudos fisiológicos, e a documentar fotograficamente os resultados (Figura 20.1).

As respostas autonômicas e comportamentais que ocorrem logo no início de uma emoção, diretamente correlacionadas com um estímulo disparador, são as *respostas emocionais imediatas*. Mas as emoções podem durar mais e até se tornarem crônicas, seja porque os estímulos disparadores permanecem ou porque o indivíduo apresenta um distúrbio afetivo. Nesse caso ocorrem *respostas prolongadas*, geralmente mantidas com o envolvimento de hormônios e do sistema imunitário. É o que acontece na ansiedade ou no estresse, uma situação de tensão ou medo crônicos que, quando intensos e muito prolongados, podem causar sérios danos físicos (úlcera gástrica, por exemplo) e até a morte do indivíduo por infarto do miocárdio ou acidente vascular encefálico. Algo semelhante ocorre também na depressão endógena, uma tristeza crônica sem causa externa aparente que pode levar até ao suicídio.

Os psicofisiologistas têm utilizado os indicadores comportamentais e fisiológicos das emoções para estudar a sua base neurobiológica (Figura 20.2). Frequentemente utilizam animais normais e outros submetidos a lesões restritas do sistema nervoso, treinam-nos a realizar tarefas sob influência emocional e registram seu comportamento ou as reações autonômicas que apresentam. Mas também é possível realizar experimentos com seres humanos, normais ou doentes, e registrar indicadores corporais e cerebrais de suas emoções. Podemos considerar o exemplo dos experimentos realizados pela equipe de Eliane Volchan, na Universidade Federal do Rio de Janeiro. O grupo do Rio utiliza diversos indicadores: uma medida da atividade autonômica dos indivíduos (a sudorese na palma da mão, avaliada pela condutância[G] elétrica cutânea, que aumenta quando a pessoa sua); a atividade cerebral, documentada por imagens de ressonância magnética funcional; o tempo de reação para acionar um botão que indique a presença de uma imagem na tela em frente (influenciado por uma imagem previamente projetada, com forte conteúdo emocional); e outras técnicas engenhosas.

O registro da chamada "resposta galvânica[G] da pele" mede a elevação da condutância elétrica cutânea que ocorre quando aumenta a sudorese, uma das reações autonômicas das emoções. O registrador da resposta galvânica da pele é o conhecido "detetor de mentiras", proposto por alguns como meio de aferir se um indivíduo acusado de um crime, confrontado com a acusação, está mentindo ou não ao afirmar sua inocência. O método é aceitável para fins experimentais, porque nesse caso se utilizam respostas médias obtidas em grupos de indivíduos, tanto animais como seres humanos. Mas a sua utilização em casos individuais, e ainda mais com consequências jurídicas, é bastante discutível, tendo em vista as variações encontradas entre os indivíduos. Uma pessoa "culpada" pode ser controlada o bastante para manter inalterada a produção de suor durante a sessão. Por outro lado, um indivíduo "inocente" pode apresentar um alto grau de sudorese pelo simples fato de estar exposto a essa situação de tensão e ameaça, sem que isso signifique que tenha cometido o ilícito de que é acusado.

TEORIAS DAS EMOÇÕES

Uma das primeiras teorias para explicar as emoções foi elaborada, independentemente, pelo psicólogo americano William James (1842-1910) e pelo fisiologista dinamarquês Carl Lange (1834-1900), ainda no século 19. Ambos propuseram que as emoções não existem sem manifestações fisiológicas e comportamentais, e que na verdade a experiência emocional subjetiva seria causada por elas (Figura 20.3). De acordo com essa teoria, seria a percepção das manifestações fisiológicas (ou seja, uma informação retroativa[2]) que provocaria o estado interior correspondente. A teoria de James-Lange soa absurda: ficamos tristes porque choramos, e não o contrário??... Mas há indicações de que a informação retroativa, se não causa, pelo menos influi sobre a experiência emocional subjetiva, potencializando-a.

Um grupo de psicólogos americanos solicitou a voluntários que realizassem determinados movimentos faciais enquanto registravam seus indicadores fisiológicos. Por exemplo, pediam aos voluntários: "Levantem as sobrancelhas. Mantendo-as levantadas, aproximem-nas uma da outra. Agora levantem as pálpebras superiores e contraiam as inferiores. Agora estiquem os lábios horizontalmente..." Os movimentos faciais produziam expressões semelhantes às de medo, sem que os voluntários soubessem que essa era a intenção dos pesquisadores. O mais interessante é que os indicadores fisiológicos apresentavam alterações, e o padrão de alterações era diferente de acordo com a expressão emocional provocada. Os atores muitas vezes aprendem a realizar movimentos faciais e corporais para provocar emoções em si próprios durante o seu trabalho, e com isso parecerem mais autênticos na representação dos personagens.

Uma segunda teoria (Figura 20.3) fez a crítica das ideias de James e Lange, argumentando que as mesmas manifestações fisiológicas podiam estar presentes em emoções muito diferentes, e propôs mais objetivamente o sistema nervoso central como causador, em paralelo, tanto da experiência subjetiva emocional como de suas manifestações fisiológicas e comportamentais. Foi lançada no final da década de 1920 pelo fisiologista americano Walter Cannon (1871-1945) e seu aluno Philip Bard (1898-1977). Esses pesquisadores realizaram transecções do sistema

[G] *Termo constante do glossário ao final do capítulo*

[2] *Equivalente ao termo inglês muito comum, feedback.*

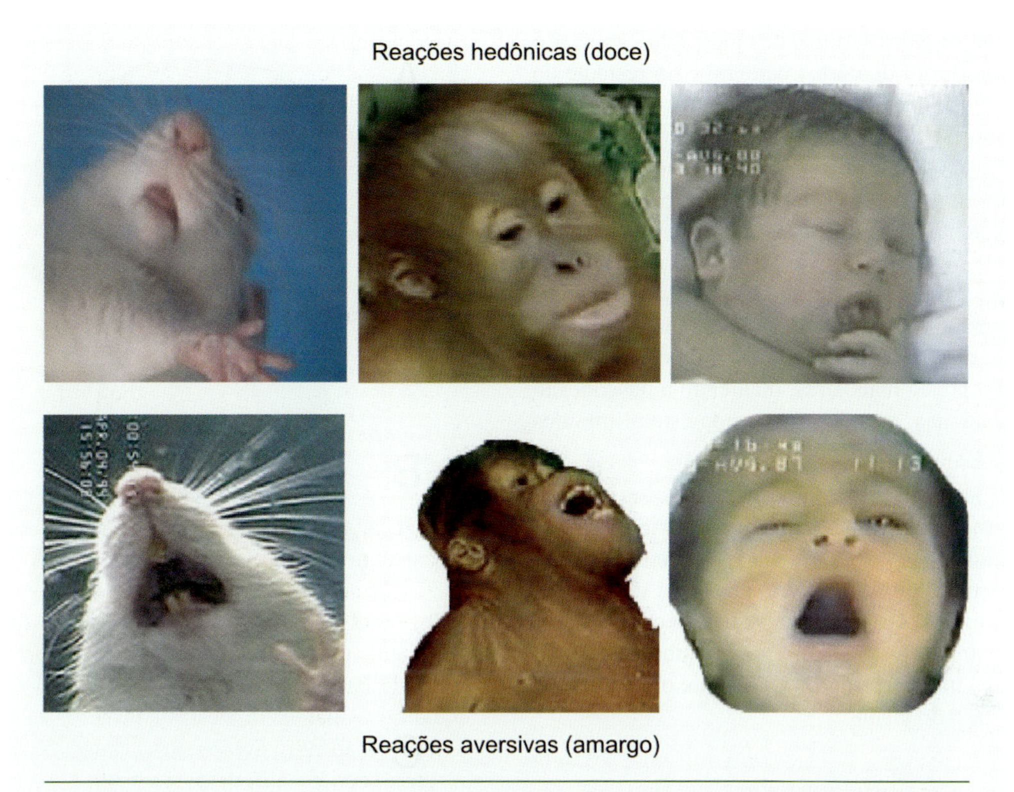

▶ **Figura 20.2.** *A expressão comportamental das emoções pode ser semelhante em diversas espécies, inclusive na humana. A série de fotos de cima representa reações hedônicas*[G] *de um rato, um chimpanzé e um bebê humano ao provarem uma substância doce. Já as fotos de baixo exemplificam reações aversivas provocadas por uma substância amarga. Modificado de S. Peciña e cols., (2006)* Neuroscientist *vol. 12, pp. 500-511.*

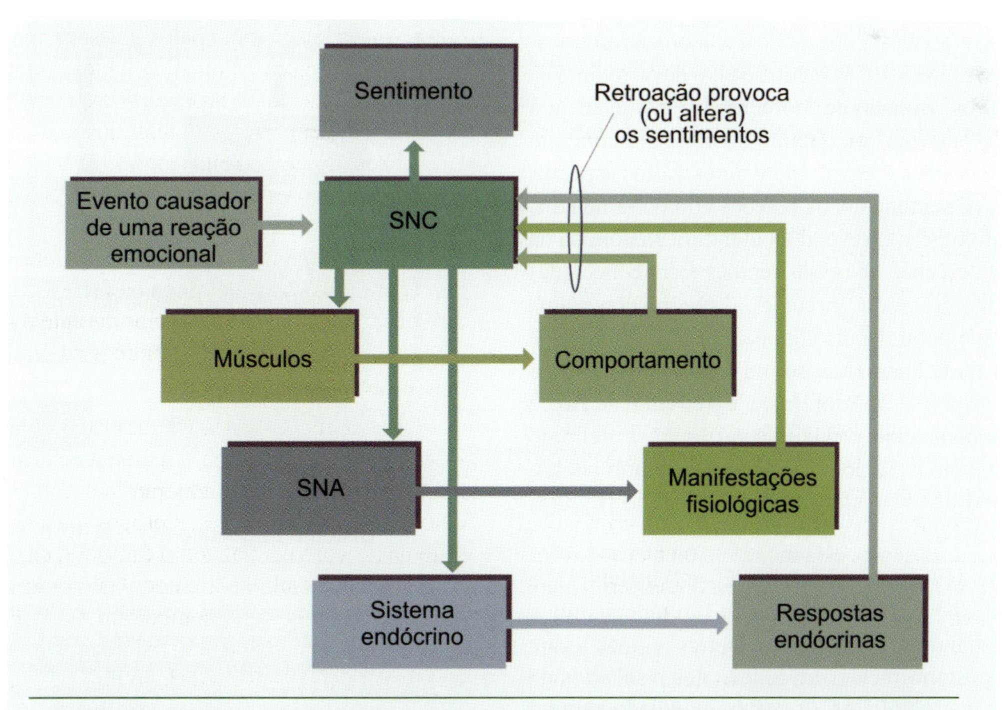

▶ **Figura 20.3.** *O fluxograma enfatiza o possível efeito das informações retroativas. Para a teoria James-Lange são elas que provocam o sentimento que acompanha as emoções. Mas para a teoria Cannon-Bard, sentimentos e manifestações corporais são ambos produzidos, em paralelo, pelo SNC. Neste caso, as informações retroativas serviriam para modular (acentuando ou inibindo) a vivência emocional.*

nervoso central de gatos adultos, de modo a desconectar o hipotálamo[A] posterior do córtex cerebral e do restante do diencéfalo[A]. Os animais lesados transformaram-se: eram pacíficos e domesticados e passaram a exibir verdadeiros ataques de raiva, a partir de estímulos anteriormente inócuos. À simples vista do seu tratador, por exemplo, com quem se relacionavam "amistosamente", como fazem os gatos normais, agora arqueavam o dorso, eriçavam os pelos, emitiam rosnados ameaçadores e atacavam com as patas. Esse comportamento emocional anômalo ficou conhecido como *pseudorraiva*, e podia ser eliminado por uma transecção um pouco mais atrás, mantendo a desconexão córtico-hipotalâmica, mas desconectando este último dos níveis inferiores do sistema nervoso.

A teoria Cannon-Bard postulou que as reações emocionais seriam produzidas pelo hipotálamo posterior por meio de suas conexões descendentes, sendo este normalmente inibido pelo córtex e o tálamo[A], o que havia deixado de ocorrer nos animais lesados. A proposta é só parcialmente verdadeira, como se verá adiante, pois embora o córtex cerebral exerça influências inibitórias sobre o hipotálamo, esse não é o caso do tálamo.

NEURÔNIOS EMOCIONAIS: O SISTEMA LÍMBICO

A teoria Cannon-Bard foi a primeira tentativa concreta de elucidar as bases neurais das emoções. As experiências que a justificaram atraíram grande atenção dos neurocientistas para a possibilidade de revelar as regiões neurais e os mecanismos envolvidos. Foi quando o anatomista americano James Papez (1883-1958) mudou o eixo de raciocínio da ideia de "centros" isolados de coordenação emocional para o conceito de "sistema" ou circuito – isto é, um conjunto de regiões associadas – envolvido com os vários aspectos das emoções (o sentimento, as reações comportamentais, os ajustes fisiológicos). Revendo a literatura anatômica da época, Papez percebeu que essas regiões eram conectadas reciprocamente de modo "circular", o que revelava uma rede neural que ficou depois conhecida como *circuito de Papez*. Mais tarde aproveitou-se um termo antigo criado pelo neurologista francês Paul Broca, e o circuito de Papez passou a ser conhecido como *sistema límbico*, definido como um conjunto de regiões localizadas, a maioria delas, na face medial dos hemisférios e no diencéfalo (Figuras 20.4A e 20.4B).

O circuito de Papez original (Fig. 20.4C) incluía: (1) o córtex cingulado[A]; (2) o hipocampo[A]; (3) o hipotálamo; e (4) os núcleos anteriores do tálamo. Outras regiões foram adicionadas posteriormente, em função dos resultados do trabalho dos neurobiólogos. O córtex cingulado sabida-

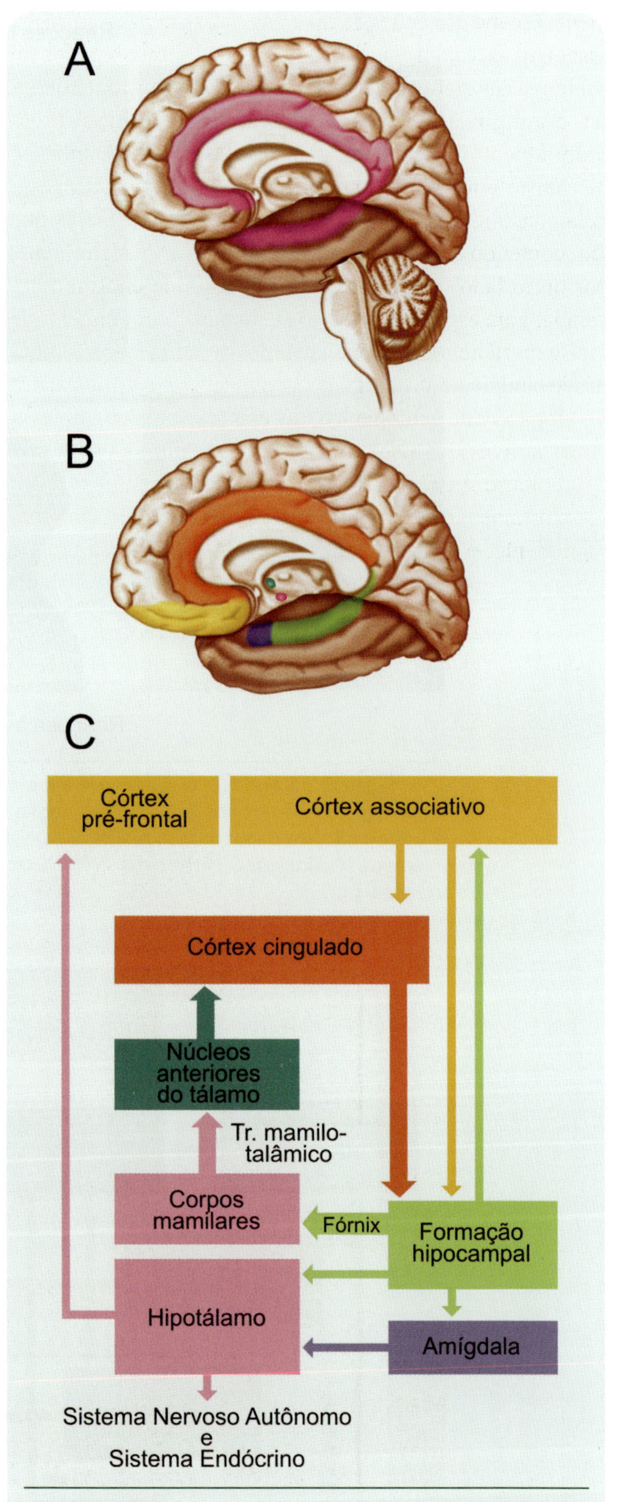

Figura 20.4. *A mostra o "lobo límbico" originalmente proposto por Broca.* ***B*** *apresenta as regiões participantes do sistema límbico, tal como proposto por Papez e seus sucessores.* ***C*** *mostra os componentes originais do circuito de Papez (interligados por setas grossas), e aqueles acrescentados por outros pesquisadores (interligados por setas finas). As cores das caixas em* ***C*** *identificam as regiões em* ***B. C*** *modificado de S. Iversen e cols. (2000), em* Principles of Neural Science, *4ª ed. (E. R. Kandel e cols., org.), Capítulo 50. McGraw-Hill, Nova York, EUA.*

[A] *Estrutura encontrada no* Miniatlas de Neuroanatomia *(p. 367).*

mente recebe projeções de diversas outras regiões corticais associativas, e com elas forneceria a base para a experiência subjetiva das emoções (Figura 20.5). Ao circuito adicionou-se a amígdala[3],A, mas verificou-se que o hipocampo propriamente dito não participa de modo determinante nos mecanismos neurais da emoção, a não ser como responsável pela consolidação da memória explícita (inclusive as que têm conteúdo emocional; veja o Capítulo 18). A amígdala, por outro lado, revelou-se uma estrutura de enorme relevância, uma espécie de "botão de disparo" e modulador de toda experiência emocional. O hipotálamo foi reconhecido desde o início como a região de controle das manifestações fisiológicas que acompanham as emoções, realizando essa tarefa através dos sistemas nervoso autônomo, endócrino e imunitário (veja o Capítulo 14). Algumas manifestações comportamentais foram também atribuídas ao hipotálamo. Finalmente, o grupo de núcleos anteriores do tálamo, até o momento, tem sido objeto de poucos estudos, e não se confirmou solidamente como participante ativo da fisiologia das emoções.

[3] *Não confundir com a* amígdala palatina, *estrutura do sistema imunitário presente na garganta.*

MORRER DE MEDO, VIVER COM MEDO

O INDIVÍDUO COM MEDO

Uma pessoa com medo geralmente tem as suas razões. Isso significa que existem estímulos que produzem medo. Dentre estes, alguns produzem medo por si mesmos, independentemente do contexto (o chamado *medo incondicionado*). Sons muito fortes e súbitos são um exemplo típico: produzem medo em todos os animais. O medo da altura é também generalizado entre seres humanos e animais. A escuridão, por outro lado, para os seres humanos é uma situação que produz medo incondicionado, mas esse não é o caso para a maioria dos animais. Entre estes, por sua

Figura 20.5. *A participação do córtex cingulado no processamento das emoções pode ser revelada apresentando a um indivíduo uma fotografia como as apresentadas à esquerda, com forte conteúdo emocional (um vôo em asa delta, um enterro, uma cena de guerra), e registrando simultaneamente as variações locais do fluxo sanguíneo cerebral utilizando a ressonância magnética. O computador revela em corte transversal um foco de atividade (em vermelho) nas regiões mediais de ambos os hemisférios cerebrais. Neuroimagem (à direita, embaixo) de Jorge Moll Neto, Instituto D'Or de Pesquisa e Ensino, Rio de Janeiro. Imagens (à esquerda e acima) para pesquisa de reações emocionais, padronizadas no IAPS (International Affective Picture System), mantido pela Universidade da Flórida, EUA.*

vez, as presas respondem com reações de medo incondicionado à simples visão dos seus predadores. Até mesmo estímulos visuais grandes, não identificados, que surgem de repente na parte superior do campo visual, têm esse efeito incondicionado.

Outros estímulos causadores de medo, talvez a maioria, são condicionados. Normalmente inócuos, em algum momento foram associados a situações ameaçadoras e tornaram-se "avisos" de que elas podem estar prestes a acontecer novamente (*medo condicionado* ou aprendido). Exemplos? O rosto de uma pessoa que alguma vez nos causou uma experiência ameaçadora, o ruído de uma freada associado a uma colisão iminente, o cheiro de um cachorro que alguma vez nos tenha mordido, e assim por diante. Os seres humanos têm também medos "implícitos", isto é, aqueles cuja causa não podem descrever com precisão, porque não foram capazes de percebê-la conscientemente quando foram expostos a ela em associação a alguma situação ameaçadora ou apenas desagradável.

O medo que sentimos pode ser rápido e passageiro – um susto ou *sobressalto* – ou mais lento e duradouro. Nos dois casos, tudo depende da natureza do estímulo que o provoca. Às vezes estamos distraídos, e um ruído súbito e intenso provoca-nos um susto, que desaparece quando percebemos que o estímulo é inócuo e já cessou. Outras vezes o estímulo é realmente ameaçador, e permanece nas redondezas, prolongando o medo. Mas há situações em que o estímulo é virtual: não está necessariamente presente, embora possa acontecer a qualquer momento. Nesse caso, o medo prolonga-se mais ainda. Quando isso ocorre continuamente durante muito tempo o sentimento se transforma em um estado de tensão ou estresse, uma emoção chamada *ansiedade*. Alguns indivíduos apresentam um estado patológico de ansiedade que lhes causa uma sensação de desastre e morte iminente, sem que haja qualquer causa externa identificável: é a síndrome do pânico. Podemos concluir que o sentimento normal de medo é uma emoção de intensidade e duração variáveis entre o sobressalto e a ansiedade.

A existência de estímulos causadores de medo, ainda que virtuais, indica que as regiões neurais envolvidas devem conectar-se de algum modo com os sistemas sensoriais. Em outras palavras: as reações de medo têm um lado aferente. Veremos adiante que isso é verdade, e não só para as emoções negativas, também para as positivas.

Mas as reações de medo envolvem também atos comportamentais e manifestações fisiológicas como a maioria das emoções, indicando a existência de vias eferentes motoras e viscerais. A pessoa com medo geralmente se sente ameaçada: para afastar a ameaça realiza um repertório estereotipado de comportamentos e ajustes fisiológicos que visam a prepará-la para um esforço físico intenso que poderá resultar em luta ou fuga. São as reações imediatas. O indivíduo torna-se extremamente alerta e assume uma postura defensiva, em geral com a musculatura do tronco tensa, pronta para movimentos bruscos, e os braços semifletidos na frente do corpo. Às vezes grita ou chora. O gato faz diferente: arqueia a coluna vertebral, eriça os pelos, rosna e pode atacar com uma das patas ou então fugir. O cão agacha-se e late, para depois contra-atacar ou fugir também. A reação agressiva resultante do medo, como veremos adiante, desempenha uma função de comunicação: é barulhenta e gestual para sinalizar ao "estímulo" (muitas vezes um animal ou indivíduo ameaçador) a disposição para o enfrentamento (que pode confirmar-se ou não).

Tamanho esforço físico exige ajustes fisiológicos imediatos e preventivos. A frequência cardíaca se acelera e ocorre vasoconstrição cutânea, aumentando e direcionando o fluxo sanguíneo para os músculos e o sistema nervoso. A respiração também se acelera e as vias aéreas dilatam-se, resultando em aumento da oxigenação do sangue e dos tecidos. Cessa o peristaltismo digestivo, que não é necessário nesse momento, e pode ocorrer sudorese e piloereção, possibilitando o aumento das trocas de calor com o ambiente externo. Ocorre também aumento dos linfócitos circulantes, por estimulação do sistema linfático, bem como aumento da produção e do acúmulo de glicose por ativação hormonal. Todo esse conjunto é acionado pela divisão simpática do sistema nervoso autônomo (veja o Capítulo 14).

As ações comportamentais veiculadas pelo sistema motor somático e os ajustes fisiológicos veiculados pelo sistema nervoso autônomo, então, representam o lado eferente dos circuitos neurais envolvidos com as reações emocionais. Conclui-se que o "coração" desses circuitos deve envolver regiões e vias que possam receber os estímulos externos e internos que provocam o medo (como o mesencéfalo e a amígdala: você verá adiante), e outras que possam programar as ações das vias eferentes.

NEUROBIOLOGIA DO MEDO

Vários componentes do circuito de Papez são bons candidatos à determinação neural do medo. De fato, os experimentos realizados em animais e as observações em seres humanos confirmaram a participação de grande parte do circuito de Papez original, e ainda detectaram a participação de outras regiões que não tinham sido associadas a ele.

Já comentamos antes que uma estrutura funciona como botão de disparo das reações emocionais: a amígdala. Essa estrutura do lobo temporal[A] é chamada pelos neuroanatomistas de *complexo amigdaloide*[A] porque reúne vários núcleos componentes que podem ser associados em três grupos distintos (Figura 20.6): (1) o grupo basolateral; (2) o grupo central; e (3) o grupo corticomedial, assim denominado porque apresenta uma estrutura laminada semelhante ao córtex cerebral. O trabalho dos neuroanatomistas revelou também que as conexões do complexo amigdaloide (Figura 20.6) o colocam em posição ideal para essa função proposta de botão de disparo das reações de medo. Assim, verificou-se que o grupo basolateral – especialmente desenvolvido em humanos – recebe extensas projeções dos sistemas sensoriais: áreas associativas visuais e auditivas dos lobos occipital[A] e temporal, e áreas associativas multissensoriais do lobo parietal[A]. Também recebe projeções do tálamo auditivo e visual e talvez também do tecto mesencefálico[A]. Desse modo, por suas conexões aferentes, a amígdala basolateral está capacitada a receber os estímulos causadores do medo.

Além disso, internamente os núcleos do grupo basolateral emitem projeções ao grupo central, que é o elo de saída do complexo. Os axônios que emergem do grupo central estabelecem conexões com o hipotálamo e os núcleos bulbares reconhecidamente envolvidos com as manifestações fisiológicas do medo, e com uma região do mesencéfalo chamada grísea periaquedutal[G] ou substância cinzenta periaquedutal, principal organizadora das reações comportamentais correspondentes. O grupo corticomedial recebe projeções do bulbo e do córtex olfatório, e parece estar envolvido com os comportamentos sexuais (veja o Capítulo 15).

Já são numerosas as evidências experimentais e clínicas obtidas pelos neurocientistas, que confirmam a hipótese de que a amígdala seria o botão disparador acionado pelos estímulos causadores de medo. Em animais, registrou-se a atividade elétrica e a atividade metabólica dos neurônios da amígdala basolateral, e constatou-se que ambas aumentam quando se aplicam estímulos ameaçadores. Lesões experimentais estrategicamente localizadas permitiram verificar que os estímulos mais simples (sons intensos e súbitos, sombras grandes e indistintas movendo-se no campo visual superior) chegam à amígdala diretamente através das vias sensoriais, com a participação do tálamo e possivelmente também do tecto mesencefálico.

Ao contrário, os estímulos mais complexos (geralmente condicionados) devem ser primeiro analisados pelo córtex cerebral para depois serem veiculados à amígdala — os auditivos, pelo córtex do giro temporal superior[A] e adjacências, e os visuais, pelo córtex inferotemporal[A] e pelas regiões associativas do lobo temporal medial. Estímulos ainda mais complexos, como certas situações sociais que nos provocam medo ou ansiedade, são veiculados à amígdala através dos córtices pré-frontal[A] e cingulado (veja adiante). Essas diferentes vias aferentes que conduzem as informações causadoras de medo à amígdala estabelecem uma gradação evolutiva, dos estímulos mais simples de medo incondicionado que constituem o repertório estereotipado de um grande número de vertebrados, até os mais complexos que produzem medo condicionado, com reações variáveis e adaptativas muito comuns nos seres humanos.

Recentemente, a utilização de técnicas de imagem funcional tornou possível comprovar o envolvimento da amígdala no reconhecimento de expressões faciais de medo em seres humanos (Figura 20.7).

Em animais, entretanto, tem sido possível identificar a participação específica de cada um dos componentes do complexo amigdaloide e de seus alvos de projeção no processamento das reações de medo. Experimentos com ratos foram realizados pela equipe do neurobiólogo americano Joseph LeDoux, com base no pareamento de determinado som com um choque elétrico aplicado no animal através do assoalho metálico da gaiola, um reflexo condicionado clássico (Figura 20.8). Inicialmente, quando o estímulo sonoro é ligado, o animal mostra que o percebeu, mas não exibe reações emocionais. Quando o som é aplicado logo antes do choque, o animal exibe um pequeno sobressalto seguido de imobilidade e as manifestações fisiológicas anteriormente descritas, muitas delas registradas com instrumentos de medida para avaliar a intensidade da resposta. Após vários pareamentos do som com o choque, o som é ligado sozinho: o animal então exibe uma reação de congelamento comportamental (absoluta imobilidade por alguns segundos), com as alterações vegetativas produzidas pelo choque. Trata-se de uma típica reação de medo condicionado, com o animal imóvel, taquicárdico e taquipneico, na expectativa do choque elétrico iminente.

LeDoux e seus colaboradores, bem como pesquisadores de outros laboratórios, utilizaram não apenas ratos normais, mas também animais que previamente haviam sido submetidos a operações cirúrgicas ou lesões químicas para remover seletivamente, uma de cada vez, as regiões-alvo da amígdala, associadas ao processamento das reações emocionais. Desse modo, junto com experimentos complementares de estimulação elétrica, conseguiram revelar a participação específica de cada uma dessas regiões (Tabela 20.1).

A partir do trabalho desses pesquisadores, pôde-se "reconstruir" o circuito neural do medo, criando um modelo hipotético que tem recebido cada vez mais confirmações experimentais e clínicas (Figura 20.6). Os estímulos causadores de medo chegariam ao "botão de disparo" (a amígdala basolateral) através do tecto mesencefálico e do tálamo sensorial, do córtex associativo uni ou multissensorial, ou de regiões pré-frontais e cinguladas. Uma via mais rápida viria diretamente do tálamo e tecto, para estímulos grandes e súbitos que demandam reação comportamental imediata. Uma via mais lenta seria veiculada pelo córtex, para estímulos mais sutis que requerem discriminação perceptual mais fina e reações comportamentais mais elaboradas. Filtrados na amígdala basolateral, os estímulos eficazes ativariam a amígdala central, encarregada de distribuir comandos para o hipotálamo, a grísea periaquedutal e o tronco encefálico, respectivamente, responsáveis por: (1) ativar os circuitos de comando do sistema nervoso autônomo, endócrino e

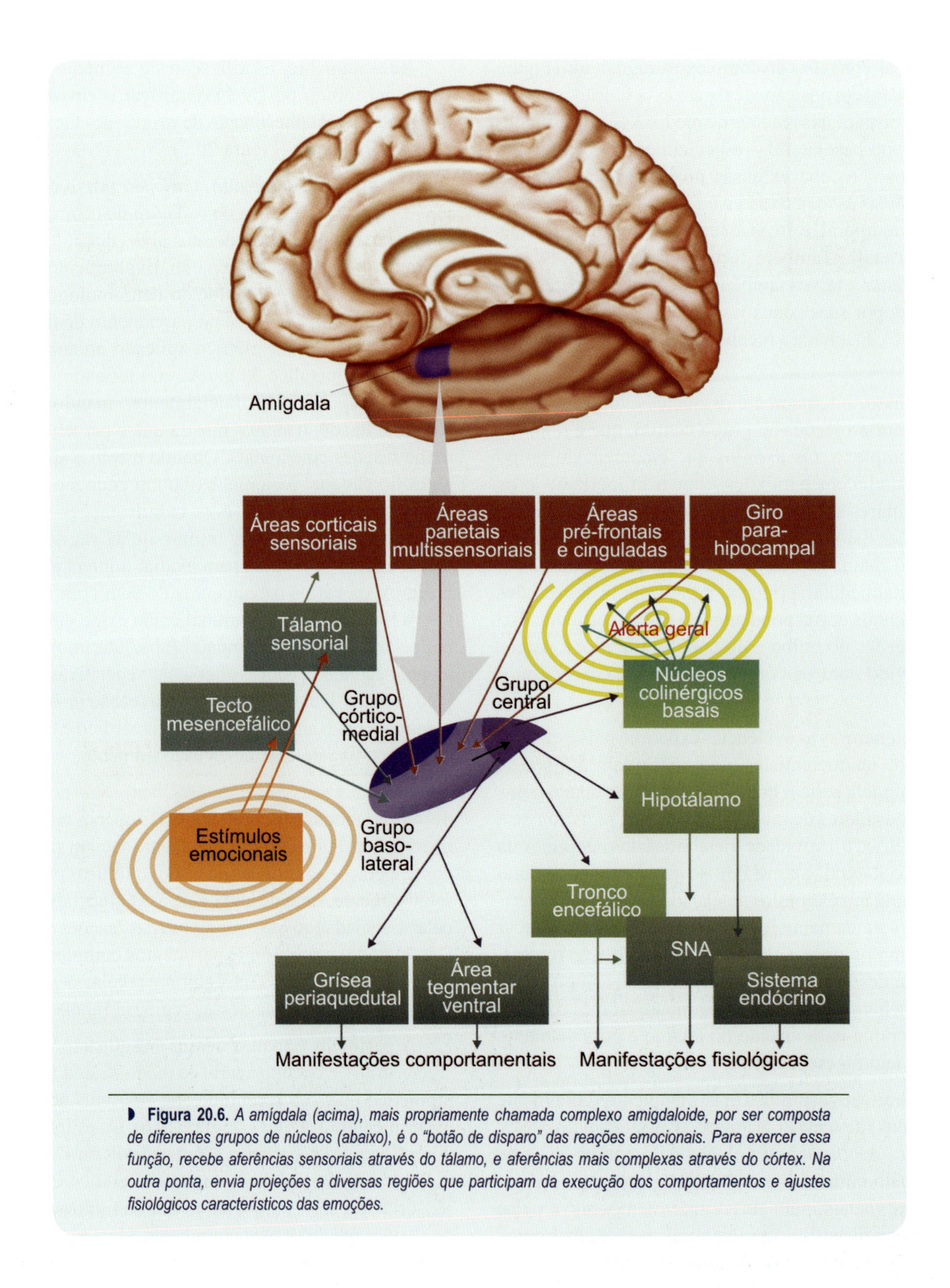

Figura 20.6. *A amígdala (acima), mais propriamente chamada complexo amigdaloide, por ser composta de diferentes grupos de núcleos (abaixo), é o "botão de disparo" das reações emocionais. Para exercer essa função, recebe aferências sensoriais através do tálamo, e aferências mais complexas através do córtex. Na outra ponta, envia projeções a diversas regiões que participam da execução dos comportamentos e ajustes fisiológicos característicos das emoções.*

também imunitário; (2) ativar os núcleos e as vias descendentes do sistema motor no tronco encefálico; e (3) ativar os sistemas ascendentes difusos do tronco encefálico. Resultariam desse processo os ajustes fisiológicos característicos do medo e as reações comportamentais correspondentes, além de uma reação de alarme geral resultante da ativação difusa do córtex cerebral (veja o Quadro 20.1). O sentimento de medo, ou seja, a experiência subjetiva característica que temos nessas circunstâncias, seria o resultado da troca de informações entre o complexo amigdaloide e as regiões corticais através do córtex cingulado, por meio de numerosas conexões recíprocas.

A participação do complexo amigdaloide nas reações de medo envolve, além do disparo das manifestações fisiológicas e reações comportamentais correspondentes, um componente importante de memória. O medo condicionado

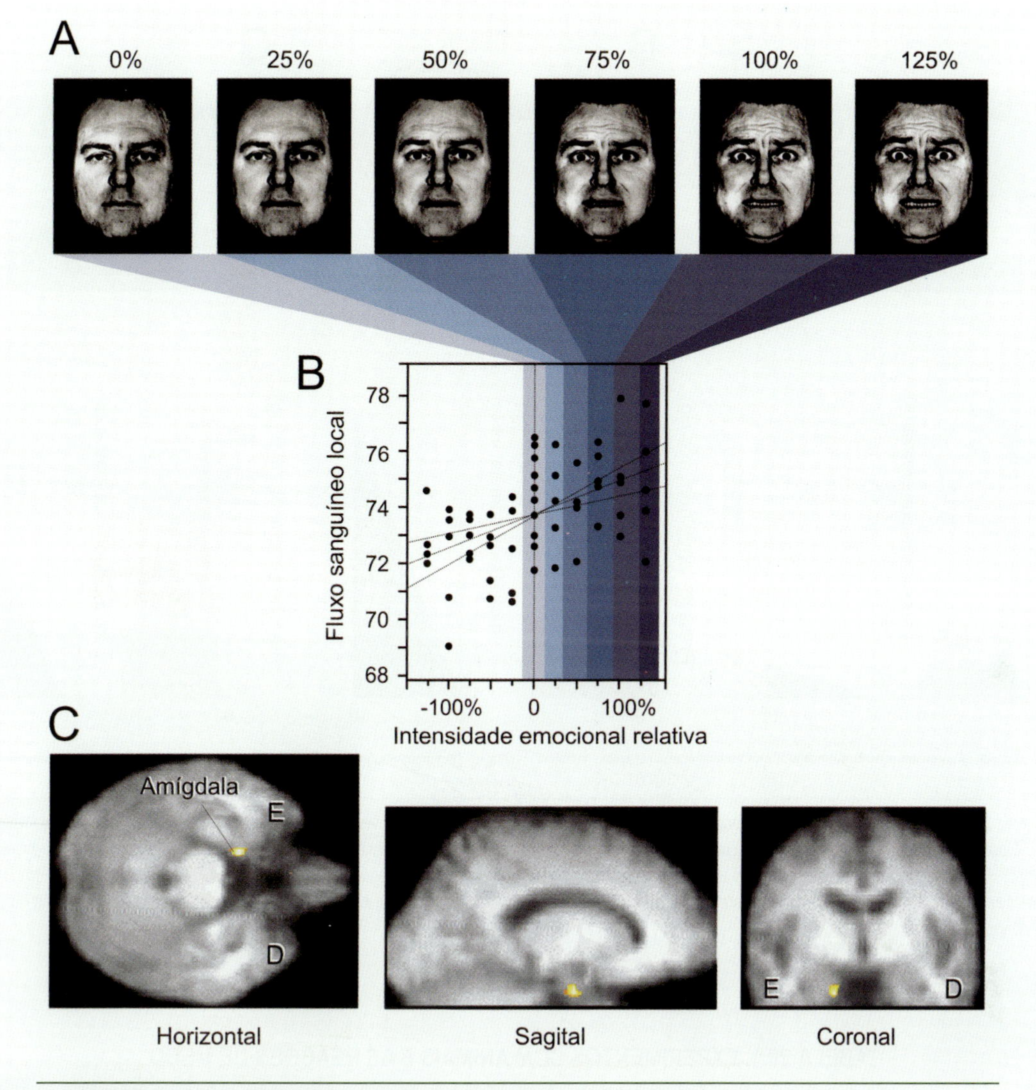

Figura 20.7. *Neste experimento, fotografias de faces representando graus crescentes de emoção (**A**) foram apresentadas a um indivíduo durante a medida (**B**) e o registro da imagem (**C**) do seu fluxo sanguíneo cerebral através de ressonância magnética funcional. Observou-se que a amígdala esquerda se apresenta mais ativa (**C**), e que sua atividade, medida pelo fluxo sanguíneo local, é proporcional ao grau de emoção veiculado pelo estímulo (**B**). E = esquerda; D = direita. Dados cedidos por John S. Morris, Wellcome Department of Cognitive Neurology, Londres, Inglaterra.*

é uma forma de memória implícita[G] que depende inteiramente da amígdala, dotada dos circuitos adequados, como vimos, e, além disso, de sinapses capazes de plasticidade, especialmente a potenciação de longa duração. Mas é interessante notar, também, que a amígdala modula a memória explícita[G] segundo a influência de estímulos emocionais relevantes. Por exemplo: lembramos melhor de fatos que tenhamos vivido ou presenciado, quando eles tiveram um peso emocional, e isso é particularmente verdadeiro para emoções negativas. A modulação emocional da memória explícita é possibilitada pelas conexões que existem entre o complexo amigdaloide e o córtex que fica em torno do hipocampo.

As conexões que a amígdala recebe do córtex pré-frontal veiculam a participação funcional deste no processamento neural das emoções expressas na face e nos gestos corporais de pessoas com quem interagimos diariamente. Interpretar as emoções dos outros é parte essencial da vida social, empregada no planejamento de nosso comportamento e de nossas ações. A tomada de decisões que temos que realizar a todo momento depende desse tipo de avaliação emocional. Esse é um exemplo importante de interação entre emoção e razão, que será mencionada mais adiante.

Utilizando a razão (isto é, o córtex pré-frontal) podemos interferir sobre nossas próprias emoções, controlando-as em

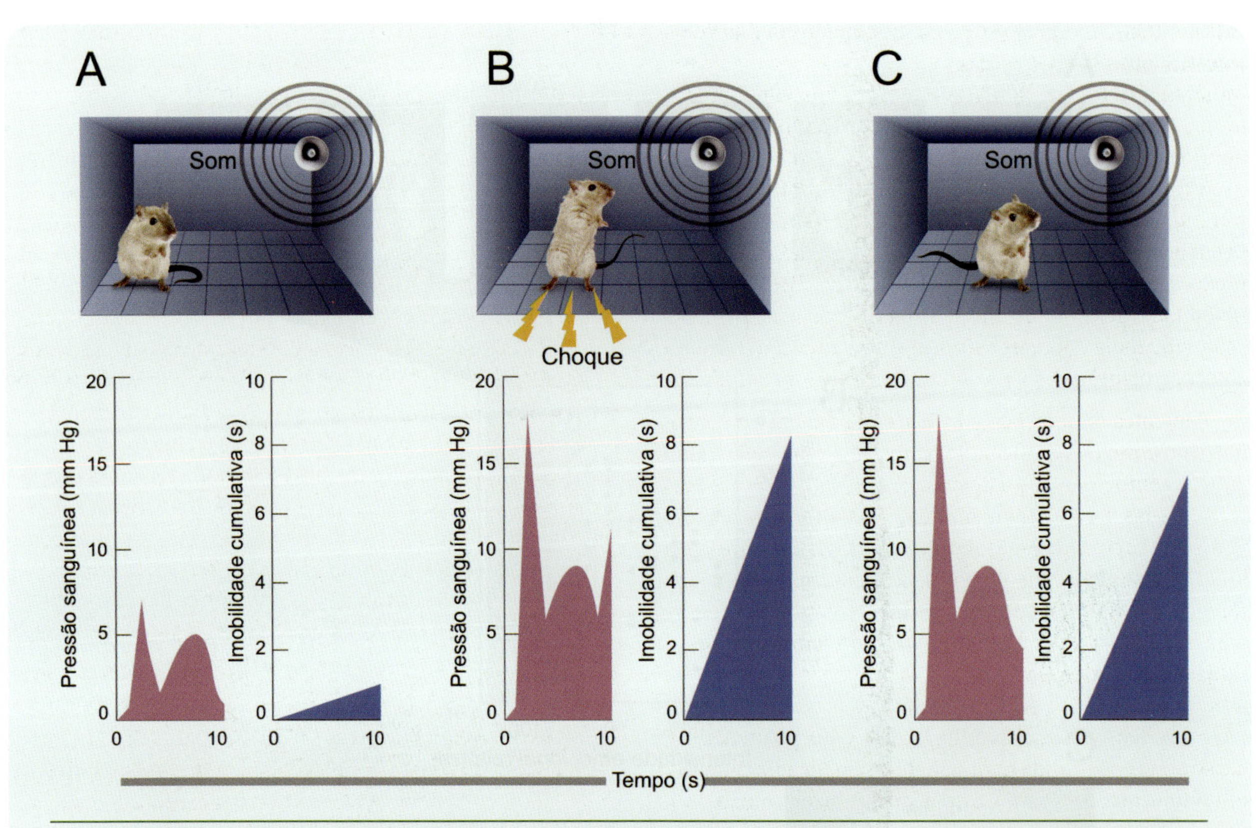

Figura 20.8. *Neste experimento, um rato primeiro ouve um som inócuo (**A**), depois o som vem associado a um choque nas patas (**B**), e finalmente o som é apresentado sozinho outra vez (**C**). Em todas as condições, o animal tem a sua pressão sanguínea e mobilidade medidas automaticamente (gráficos). Observa-se que o choque provoca um sobressalto com elevação da pressão sanguínea e depois longa imobilidade (gráficos em **B**), manifestações que a seguir ocorrem também para a simples exposição ao som (gráficos em **C**). Modificado de J. E. LeDoux (1994)* Scientific American *vol. 270, pp. 50-57.*

TABELA 20.1. EXPERIMENTOS COM ANIMAIS E AS REAÇÕES DE MEDO

Região	*Efeito da Lesão ou Desconexão com a Amígdala*	*Efeito da Estimulação*
Amígdala	Abolição completa das reações de medo	Reações comportamentais e autonômicas
Hipotálamo lateral e medial	Abolição da resposta pressora	Taquicardia, palidez, midríase[G], aumento da pressão sanguínea
Grísea periaquedutal	Abolição da reação de congelamento a estímulos nociceptivos	Congelamento
Tecto mesencefálico	Abolição da reação de congelamento a estímulos visuais e auditivos	Congelamento
Tegmento mesencefálico[A]	Abolição do alerta comportamental	Alerta comportamental e dessincronização do EEG
Formação reticular pontina	Abolição da reação de sobressalto ao choque	Aumento do sobressalto ao choque
Núcleo parabraquial do tronco encefálico	Abolição da elevação da frequência respiratória	Aumento da frequência respiratória
Núcleos motores do trigêmeo e do facial	Abolição das expressões faciais de medo	Movimentos faciais

certa medida, e modulando o comportamento em função das necessidades. Se você receber uma notícia (boa ou má) em um ambiente formal, tenderá a reagir mais contidamente do que se a receber em casa, entre amigos. Isso pode ser aferido por neuroimagem funcional: ocorre maior ativação do córtex pré-frontal nas situações em que o indivíduo tenta minimizar o impacto emocional de algo negativo, resultando em uma diminuição da ativação da amígdala! Com base nesses dados, acredita-se que o córtex pré-frontal seja um modulador (geralmente inibidor) da amígdala, controlando a sua influência sobre as estruturas que disparam as manifestações fisiológicas e os comportamentos emocionais.

Pacientes com lesões no córtex pré-frontal ventromedial, e no córtex orbitofrontal[A], apresentam um certo "aplanamento emocional" (incapacidade de sentir as emoções e de utilizá-las para orientar suas decisões). Com base nisso, é possível supor que essas regiões do córtex determinam a nossa personalidade afetiva, ou seja, o modo como em geral lidamos com as emoções – alguns mais calmamente, outros mais impulsivamente. É interessante também o fato de que a atuação do córtex pré-frontal é lateralizada: o hemisfério direito processa de forma mais eficiente as emoções negativas, e o hemisfério esquerdo, as emoções positivas. É o que se pode concluir da ressonância magnética funcional de indivíduos que assistem a clipes que induzem medo, nojo e outras emoções negativas, ou então clipes que induzem emoções positivas: no primeiro caso, o córtex pré-frontal direito aparece mais ativo, e no segundo caso, o oposto.

ANSIEDADE E ESTRESSE

O medo que discutimos até agora é provocado por estímulos repentinos que surgem diante do indivíduo ou do animal, mantêm-se durante um certo tempo e depois desaparecem. Em algumas circunstâncias, entretanto, o medo torna-se crônico, seja porque o estímulo incondicionado se mantém por perto, porque surgem estímulos condicionados que prolongam os efeitos iniciais, ou porque o indivíduo desenvolve uma expectativa de perigo ou ameaça futura. O medo crônico pode resultar em estresse e ansiedade.

Geralmente se usa o termo estresse quando se pode identificar uma causa geradora de medo crônico. Os policiais, por exemplo, vivem sob estresse porque suas atividades profissionais os submetem a constante perigo de vida. O termo ansiedade é geralmente reservado a um estado de tensão ou apreensão cujas causas não são necessariamente produtoras de medo, mas sim da expectativa de alguma coisa (nem sempre ruim) que acontecerá no futuro próximo. É o que sentimos quando esperamos uma pessoa querida que chegará brevemente de viagem após uma ausência prolongada, ou quando nosso time se prepara para jogar a partida decisiva do campeonato. Como essas diferenças são sutis, os termos ansiedade e estresse são muitas vezes empregados como sinônimos.

As manifestações de ansiedade e estresse são consideradas reações normais até o ponto – mal definido – em que começam a provocar sofrimento no indivíduo. Daí em diante ocorrem ansiedade patológica generalizada e outros distúrbios emocionais, como a síndrome de pânico e as fobias. Na ansiedade generalizada, o indivíduo vive muitos meses sob tensão constante sem causa aparente, o que lhe provoca distúrbios orgânicos de vários tipos. Na síndrome de pânico ocorrem crises episódicas de ansiedade extrema, que duram cerca de 1 hora, provocando intenso medo de alguma coisa que o indivíduo não consegue definir, e uma sensação de desastre e morte iminentes. As fobias, diferentemente, têm uma causa determinada, embora para a maioria das pessoas elas sejam inócuas: medo extremo de certos objetos, animais ou situações comuns como insetos e animais domésticos, raios e relâmpagos, doenças corriqueiras e até mesmo aglomerações em lugares públicos e ambientes fechados. Em todos esses casos, o sentimento é acompanhado das manifestações comportamentais e fisiológicas características do medo, em grande intensidade.

Na ansiedade e no estresse, os ajustes fisiológicos extrapolam o âmbito do sistema nervoso autônomo e atingem o sistema endócrino e imunitário (Figura 20.9). Por isso tornam-se mais duradouros. A ativação da divisão simpática, por exemplo, que causa taquicardia, taquipneia[G], sudorese, piloereção e outras manifestações, causa também a estimulação da medula[G] da glândula adrenal, cujas células secretam adrenalina e noradrenalina. Ambos são hormônios simpaticomiméticos (isto é, que mimetizam as ações da divisão simpática do SNA: veja o Capítulo 14). A liberação desses hormônios na corrente sanguínea irá acentuar e prolongar as manifestações fisiológicas citadas.

Além disso, sob ativação contínua da amígdala e por retroação da concentração sanguínea aumentada de adrenalina e noradrenalina, o hipotálamo passa a secretar hormônios liberadores do hormônio adrenocorticotrófico (conhecido pela sigla ACTH, do inglês), acionando uma cadeia endócrina característica. Assim, o ACTH ativará o córtex adrenal, provocando a secreção sistêmica de hormônios glicocorticoides[G], que têm efeitos sobre o metabolismo da maioria das células do organismo. Estas realizam a transformação de diferentes moléculas orgânicas em açúcares, especialmente a glicose e o glicogênio, armazenados no fígado para prover o organismo de uma fonte rapidamente mobilizável de energia. Ocorre entretanto que os glicocorticoides têm também ação anti-imunitária e anti-inflamatória, podendo provocar queda da resistência às infecções. Esse efeito pode explicar a ocorrência de úlceras gastroduodenais nos pacientes estressados crônicos, já que essas úlceras são causadas ou agravadas por bactérias *Helicobacter*, que deixam de ser então eficazmente combatidas pelo sistema imunitário. A cronificação dos efeitos fisiológicos, causada pela ansiedade, pode também aumentar a suscetibilidade do indivíduo a doenças respiratórias e cardiovasculares,

NEUROCIÊNCIA EM MOVIMENTO

Quadro 20.1
Medo: uma Função Hipotalâmica?

*Newton Canteras**

As teorias atuais sobre a organização dos sistemas que medeiam as respostas de medo têm como base o preceito formulado pelo psicólogo americano Robert Bolles (1928-1994), de que os animais teriam uma maneira limitada de reagir aos diversos tipos de ameaça (desde predadores naturais até estimulações dolorosas), emitindo o mesmo padrão de resposta, como a fuga ou a imobilidade completa (congelamento). A grande maioria dos estudos que investigaram as bases neurais das respostas de medo baseou-se em paradigmas experimentais de condicionamento pavloviano. Assim, o estímulo não condicionado (por exemplo, um choque nas patas) é pareado ao estímulo condicionado (por exemplo, um som qualquer, normalmente neutro), de tal forma que após o aprendizado associativo os animais passam a associar o estímulo neutro (condicionado) a um evento aversivo (o estímulo não condicionado). Apresentam então congelamento motor, amplamente reconhecido como a resposta de medo condicionado. Apoiados pela teoria de Bolles, os estudos utilizando o paradigma do medo condicionado serviram como base para a proposição de um sistema unitário que supostamente daria conta de explicar a organização neural de todas as manifestações de medo, onde o núcleo central da amígdala teria uma posição nodal, funcionando como um elo entre o processamento dos estímulos ameaçadores e a organização das respostas comportamentais, autonômicas e neuroendócrinas.

Nos últimos 10 anos tenho investigado a organização dos circuitos neurais envolvidos nas respostas de medo e ansiedade. Apoiado nos estudos do casal Blanchard (Robert e Caroline) da Universidade do Havaí, que caracterizou as respostas neurais em roedores expostos aos seus predadores naturais, investiguei os sítios neurais mobilizados nesta situação, utilizando a expressão da proteína Fos como marcador de atividade neural. Ratos expostos a um gato (seu predador natural) exibem respostas de medo evidentes, como por exemplo, fuga e congelamento, e nesse momento ativam um grupo de estruturas hipotalâmicas formado pelo núcleo anterior do hipotálamo, a parte dorsomedial do núcleo ventromedial, e o núcleo pré-mamilar dorsal. Conforme estudos anteriores desenvolvidos no laboratório do Prof. Larry W. Swanson, da Universidade do Sul da Califórnia, havíamos determinado que este grupo de estruturas forma um circuito hipotalâmico, que posteriormente denominamos *circuito hipotalâmico* de *defesa*. A integridade deste circuito é fundamental para a expressão das respostas de medo frente ao predador. Assim, notamos que a lesão do núcleo pré-mamilar (o sítio hipotalâmico que responde mais fortemente às ameaças predatórias) reduz de modo drástico as respostas de congelamento motor e fuga em ratos expostos a um gato.

Estudos mais recentes de nosso laboratório mostraram que a lesão do núcleo pré-mamilar dorsal também reduz drasticamente as respostas de medo em ratos subordinados, no confronto direto com animais dominantes da mesma espécie. Neste sentido, é interessante ressaltar que são naturalmente selecionados pela evolução os animais que emitem respostas de medo quando colocados frente a predadores naturais ou dominantes coespecíficos, e que estímulos puramente aversivos (como por exemplo, o choque nas patas) não provocam medo necessariamente. Desta forma, concluímos que os

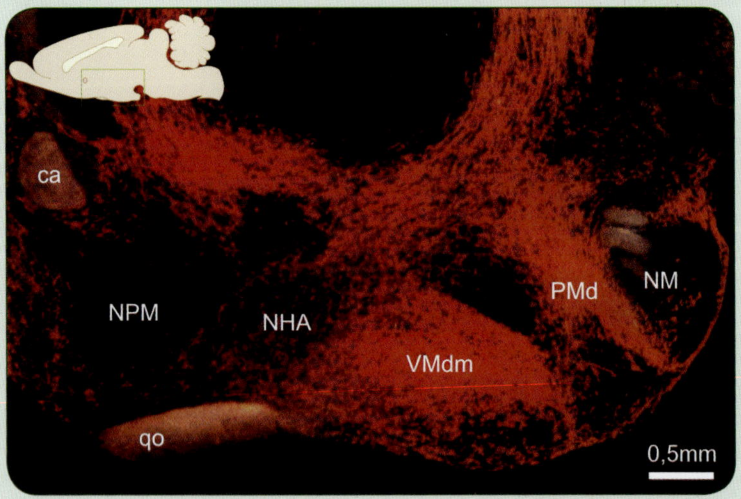

Fotomicrografia em campo escuro de um corte sagital ilustrando o hipotálamo de um rato (detalhe acima, à esquerda), que recebeu uma injeção do rastreador neural Phaseolus vulgaris na região do núcleo hipotalâmico anterior (NHA). Os neurônios desse núcleo interiorizam o rastreador e o transportam ao longo dos axônios de projeção do núcleo, que se tornam marcados e aparecem na cor vermelha. Notar que existe uma grande concentração de fibras nos núcleos que formam o circuito hipotalâmico de defesa, a saber, a parte dorsomedial do núcleo ventromedial (VMdm) e o núcleo pré-mamilar dorsal (PMd). Outras abreviaturas: NPM – núcleo pré-óptico medial, qo – quiasma óptico, NM – núcleos mamilares, ca – comissura anterior.

circuitos hipotalâmicos são fundamentais para a expressão das respostas de medo em situações naturais, quando os indivíduos se defrontam com ameaças reais.

Os estudos das bases neurais do medo inato em situações naturais mostram que a amígdala é necessária para a percepção da ameaça predatória ou de um dominante coespecífico. Estas ameaças naturais são transmitidas ao hipotálamo, que integra as respostas de medo a partir de suas ligações com sítios do tronco encefálico, em particular com a grísea periaquedutal.

As respostas de medo condicionado a um estímulo previamente pareado a estímulos aversivos artificiais, como por exemplo, o choque nas patas, não prevê o que acontece numa situação natural onde o animal se defronta com um perigo que representa uma ameaça real a sua sobrevivência, como por exemplo, um predador ou um dominante coespecífico. Na verdade, lesões do núcleo central da amígdala, elemento nodal do circuito neural amplamente aceito como mediador das respostas de medo, não atenua as respostas de medo em animais colocados frente a um predador.

Concluindo, as respostas de medo servem para proteger os indivíduos e preservar a sua integridade frente às ameaças encontradas na natureza. Assim como os outros comportamentos fundamentais para a sua sobrevivência, como o comportamento de ingestão hídrica, o comportamento alimentar, o comportamento sexual e os comportamentos reprodutivos, os comportamentos de medo são também organizados pelo hipotálamo.

Newton Canteras.

Professor-titular do Instituto de Ciências Biomédicas da Universidade de São Paulo. Correio eletrônico: newton@icb.usp.br

sendo especialmente determinante da ocorrência de infarto do miocárdio.

Os modelos experimentais de ansiedade são validados pela suscetibilidade do animal experimental ao emprego de drogas ansiolíticas, como os benzodiazepínicos e outras, e, quando associados a lesões e estimulação elétrica seletivas, podem revelar os fundamentos neurobiológicos desse processo emocional. Desse modo se determinou o envolvimento das vias serotoninérgicas e noradrenérgicas originadas no tronco encefálico, atribuindo-lhes a função de paralisar o comportamento do animal nas situações de medo (congelamento). O sistema anatômico que conecta os núcleos da rafe mediana (serotoninérgicos) e o *locus ceruleus* (noradrenérgico) com a área septal[A] e o hipocampo passou a ser chamado *sistema de inibição comportamental*. Postulou-se assim que a ansiedade poderia ser causada pela hiperativação dessas vias, e a consequente hiperatividade das sinapses serotoninérgicas e noradrenérgicas sobre componentes do circuito de Papez. Os benzodiazepínicos e outros agentes ansiolíticos atuariam justamente inibindo a taxa de renovação desses neurotransmissores, além de outras ações coadjuvantes.

DA RAIVA À AGRESSÃO

As reações de medo que ocorrem logo após o aparecimento de um estímulo ameaçador podem ser seguidas de fuga ou ataque. O ataque resultante de medo é um comportamento agressivo de natureza defensiva, característico das presas. Por essa razão é sempre barulhento e gestual. O animal precisa afugentar o seu oponente, e para isso vocaliza, emite expressões faciais aterrorizantes, move-se ativamente – um conjunto de comportamentos estereotipados de defesa.

O ataque defensivo difere bastante do ataque ofensivo, característico dos predadores. Neste caso não há vocalizações, mas sim a aproximação silenciosa. Não há espalhafato de gestos e expressões, mas sim o ataque frio e mortal, geralmente direcionado ao pescoço da presa.

A agressividade, que nos animais tem um claro valor de sobrevivência biológica, perdeu grande parte dessa característica nos seres humanos, porque a organização social tende a prover a sobrevivência de todos e os mecanismos cognitivos da razão adquiriram a capacidade de controlá-la. No entanto, sabemos todos quão relativa é essa afirmação, e quão longe a civilização humana se encontra dessa situação ideal de agressividade reduzida a níveis que não ponham em risco a saúde e a vida.

De qualquer modo, a semelhança entre a agressividade dos animais e a dos homens indica a existência de mecanismos neurais comuns preservados ao longo da evolução.

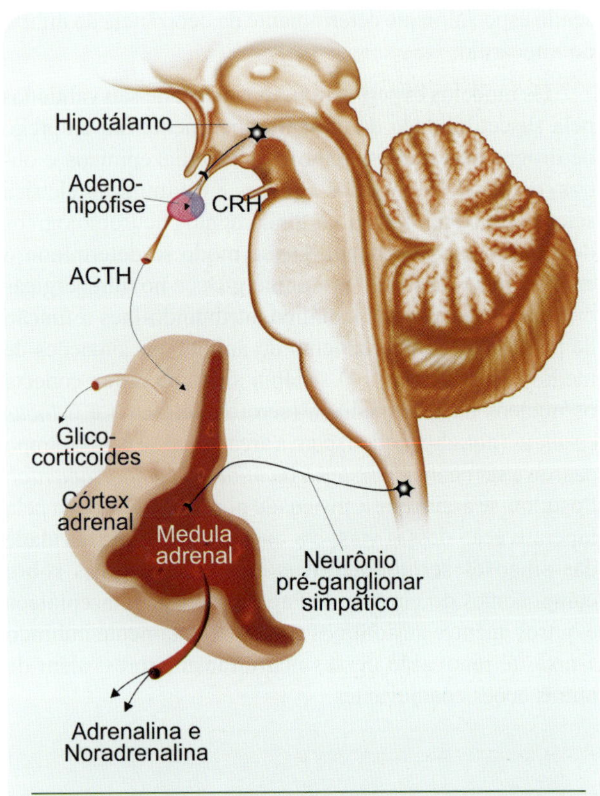

Figura 20.9. *Nas situações de ansiedade crônica, além da ativação simpática da medula adrenal, que secreta catecolaminas, ocorre também a ativação da córtex adrenal iniciada pelo hipotálamo via adeno-hipófise. Esta secreta o hormônio adrenocorticotrófico (ACTH) em resposta ao hormônio liberador correspondente (CRH) proveniente do hipotálamo. A córtex adrenal, por sua vez, secreta glicocorticoides na circulação sistêmica, e estes podem provocar efeitos imunodepressores.*

O Indivíduo com Raiva

Chama-se raiva a emoção que determina o comportamento de agressão ou ataque, seja de tipo defensivo ou ofensivo. Relaciona-se com o medo porque pode seguir-se a ele, e do mesmo modo tem um componente subjetivo (o sentimento de raiva), manifestações comportamentais e os ajustes fisiológicos correspondentes. No entanto, sabemos que essas duas emoções são diferentes em todos esses aspectos. Não é necessário comparar a experiência subjetiva que temos quando sentimos medo, com a que temos quando sentimos raiva. Na esfera comportamental, as diferenças também são nítidas: o indivíduo com raiva mais frequentemente grita, enquanto quem está com medo mais frequentemente chora (ou grita de um modo diferente). Os gestos e movimentos do indivíduo com raiva são geralmente ofensivos, de aproximação e ataque ao oponente, enquanto a pessoa com medo atua para afastar-se ou afastar o oponente, fugindo ou defendendo-se com os braços e o corpo. Também a expressão facial é diferente em um caso e outro (Figura 20.10).

As manifestações fisiológicas não são tão diferentes. Ocorre aumento da frequência cardíaca e respiratória em ambos os casos, e portanto da pressão arterial e da oxigenação do sangue. Tanto no medo como na raiva ocorrem piloereção (arrepio, nos seres humanos) e sudorese. Mas pode ocorrer micção e defecação durante o medo, raramente durante a raiva.

Neurobiologia da Agressão

Após a observação da pseudorraiva em gatos com o hipotálamo posterior desconectado, por Philip Bard, na década de 1920, aumentou o interesse dos neurocientistas pelos mecanismos neurais da raiva e da agressão, o que permitiu a conclusão de que o hipotálamo é uma estrutura-chave também na expressão comportamental e fisiológica dessa emoção (Figura 20.11). A conclusão foi reforçada por experimentos de estimulação elétrica do hipotálamo em animais despertos com eletródios implantados. No momento em que a estimulação era ligada, o animal exibia as reações da pseudorraiva, que no entanto cessavam com a interrupção da estimulação. Refinando o experimento, foi possível até diferenciar o ataque ofensivo (produzido por estimulação do hipotálamo posterior lateral) do ataque defensivo (produzido por estimulação do hipotálamo posterior medial).

Na década de 1930, um evento fortuito deslocou o interesse do hipotálamo para a amígdala. O psicólogo experimental americano Heinrich Kluver (1897-1979) e o neurocirurgião Paul Bucy (1904-1992), interessados nas funções do lobo temporal, realizaram uma extensa ablação bilateral dessa região em um macaco selvagem extremamente agressivo. A síndrome que os dois descreveram no macaco não fazia muito sentido na época: o animal tornou-se incapaz de reconhecer objetos, embora nada indicasse que estivesse cego; passou a exibir comportamento sexual anômalo, masturbando-se e montando fêmeas e machos indistintamente; passou a apresentar um comportamento compulsivo de examinar objetos tomando-os com as mãos e levando-os à boca; e tornou-se pacífico e amigável, ao contrário do que era antes. A riqueza de sintomas da síndrome de Kluver-Bucy foi depois confirmada em outros macacos, e atribuída à grande extensão da lesão. Foi preciso realizar lesões mais restritas para isolar os sintomas. Hoje se sabe que os déficits de percepção visual de objetos são causados pela remoção do córtex inferotemporal, e que a diminuição da agressividade é provocada pela remoção isolada da amígdala. Posteriormente, a síndrome foi também identificada em pacientes humanos com lesões no lobo temporal.

Um experimento mais direto envolvendo a amígdala foi realizado pelo inglês John Downer na década de 1960. Macacos como os de Kluver e Bucy tiveram uma das

▶ **Figura 20.10.** *As expressões faciais humanas são perfeitos descritores das emoções, permitindo-nos diferenciá-las. Com toda certeza, você seria capaz de nomear as emoções que o pintor francês Louis-Léopold Boilly (1761-1845) retratou, e identificar aqueles que representam a raiva. Óleo sobre madeira (sem data), Museu de Belas Artes de Tourcoing, França.*

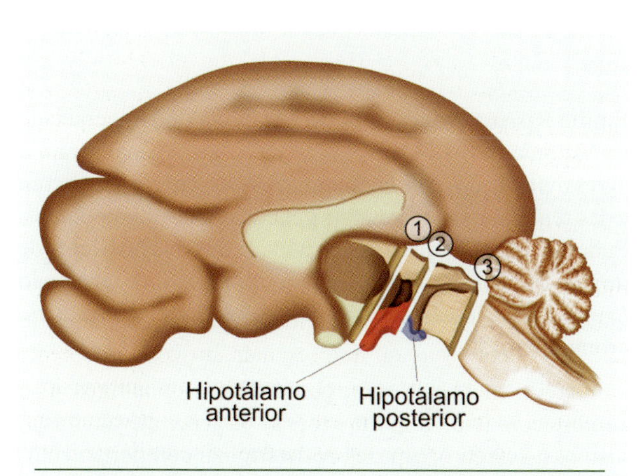

▶ **Figura 20.11.** *Quando o hipotálamo como um todo é desconectado dos hemisférios cerebrais (transecção 1), o animal apresenta manifestações de raiva sem causa aparente (pseudorraiva). O mesmo ocorre quando apenas o hipotálamo posterior é desconectado (transecção 2), mas deixa de ocorrer quando o hipotálamo permanece conectado (transecção 3). Conclui-se que o hipotálamo posterior é crucial para as manifestações comportamentais de raiva, normalmente bloqueadas pelos hemisférios cerebrais. Modificado de M. Bear e cols. (1996)* Neuroscience: Exploring the Brain. *Williams & Wilkins, Nova York, EUA.*

amígdalas removida (apenas de um lado), e além disso foram submetidos à transecção do quiasma óptico[A] e das comissuras cerebrais[A] para separar completamente um hemisfério do outro. Nessas condições, os animais eram normalmente agressivos quando portavam um tapa-olho no lado lesado, mas tornavam-se inteiramente dóceis e pacíficos se o tapa-olho era colocado no lado não-operado! Os estímulos que normalmente provocam comportamento agressivo nos macacos, como a presença de seres humanos, só eram eficazes quando visualizados por um dos olhos, aquele que mantinha conexões através do tálamo e do córtex com a amígdala normal.

Como nas reações de medo, portanto, o complexo amigdaloide é o "botão de disparo" da raiva, e a sua conexão com o hipotálamo é a via de saída para as reações correspondentes. Tanto a amígdala central quanto o hipotálamo, já sabemos, estão conectados com a grísea periaquedutal. Como vimos, as evidências indicam que a grísea é a coordenadora do comportamento de ataque defensivo característico do medo. Os estudos experimentais sobre raiva puderam identificar uma diferença entre a via de saída do medo e a da raiva. É o hipotálamo posterior medial que se conecta com a grísea periaquedutal, enquanto o hipotálamo posterior lateral se conecta com a *área tegmentar ventral*, sendo esta a responsável pelo comportamento de ataque ofensivo típico da raiva (Figura 20.12). Obviamente, não se deve entender essa diferença como algo absoluto, porque o hipotálamo medial reconhecidamente participa também dos comportamentos de medo – em especial no caso da ansiedade.

Ocorre que nas regiões mais mediais do hipotálamo situam-se alguns núcleos que participam do controle neuroendócrino, como descritos no Capítulo 15. Esse dado é coerente com a observação de inúmeros laboratórios de que a agressividade está submetida a um forte controle hormonal (isso é verdade também para a ansiedade, como vimos). É observação corrente que os animais machos são geralmente mais agressivos que as fêmeas, e isso se correlaciona com os níveis circulantes de androgênios, como a testosterona. Os níveis desse hormônio aumentam na puberdade, e é também na puberdade que a agressividade se acentua na maioria das espécies. A castração de machos tem o efeito oposto, reduzindo a agressividade, que por sua vez pode ser restaurada pela administração de testosterona. É sugestiva também a observação de que existem receptores para androgênios no hipotálamo de animais machos.

No seres humanos, a situação se complica, porque é difícil distinguir as influências biológicas, hormonais, das influências sociais. Os meninos são mais agressivos do que as meninas porque têm mais androgênios, ou porque os pais e a sociedade em geral os estimulam nessa direção? Provavelmente ambos os fatores têm o seu papel. No que tange aos androgênios, além das evidências correlativas (correlação positiva entre níveis de androgênio e agressividade), evidências mais diretas provêm do uso dos famosos esteroides anabolizantes (entre os quais se incluem androgênios) por atletas do sexo masculino e feminino, ambos respondendo com aumento da massa muscular e maior agressividade, entre outros efeitos.

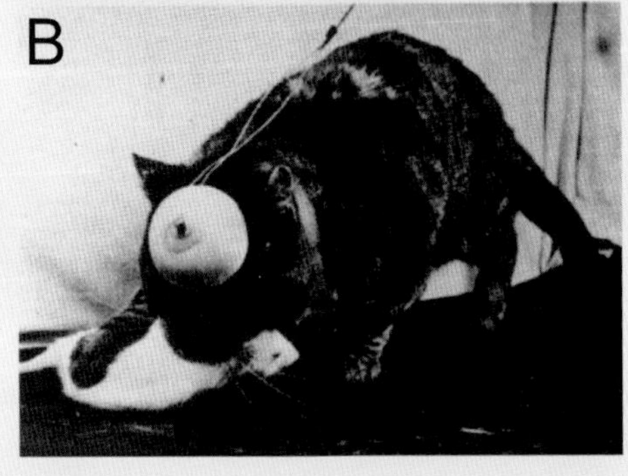

Figura 20.12. *Um gato normalmente pacífico na convivência com ratos pode ser levado a um comportamento de ataque defensivo pela estimulação elétrica do hipotálamo posterior medial (**A**), e a um ataque ofensivo quando estimulado no hipotálamo posterior lateral (**B**). Extraído de J. P. Flynn (1967),* Neurophysiology and emotion *(D. C. Glass, org.), Rockefeller University Press, Nova York, EUA.*

A AGRESSIVIDADE ENTRE A BIOLOGIA E A SOCIEDADE

A agressão entre indivíduos é um comportamento social complexo que evoluiu entre os animais no contexto da defesa e da obtenção de recursos para a sobrevivência e a reprodução. Até os invertebrados, como as moscas-das-frutas tão estudadas pelos geneticistas, exibem comportamentos de luta que servem para estabelecer uma hierarquia social entre os machos. Nos vertebrados, nem se fala: a simples entrada de um intruso na gaiola de um casal de camundongos dispara em segundos um ataque arrasador do macho residente.

Existe uma determinação genética para esse tipo de comportamento agressivo, chamado "reativo-explosivo": é o que concluiu o grupo liderado pela pesquisadora Emilie Rissman, da Escola de Medicina da Universidade da Virgínia, nos EUA. Rissman e seu grupo analisaram a agressividade dos camundongos machos, em contraste com a das fêmeas, usando animais geneticamente manipulados. Puderam concluir que a agressividade dos machos depende de pelo menos um gene situado no cromossomo Y (chamado *Sry*), e a das fêmeas, de um outro gene (*Sts*), localizado no cromossomo X.

Até aí morreu Neves, como diriam os antigos. E o cérebro com isso? Importa saber se os genes ativam mecanismos no cérebro, capazes de determinar comportamentos agressivos. A resposta é afirmativa. Diferentes mecanismos moleculares estão envolvidos e geralmente atuam na transmissão de informação entre neurônios, que emprega moléculas neurotransmissoras, em particular a serotonina.

A serotonina é sintetizada por neurônios do tronco encefálico (núcleos da rafe, veja o Capítulo 16), cujas fibras ascendem às regiões superiores, inclusive o córtex cerebral, formando circuitos cuja função é "controlar o gatilho" dos comportamentos. No córtex e em outras regiões, a serotonina é reconhecida por receptores pós-sinápticos específicos. Quando ocorre transmissão sináptica serotonérgica, o córtex bloqueia os comportamentos agressivos que seriam disparados pelas regiões mais baixas. A razão contém a emoção. Aprendemos a refrear nossos impulsos agressivos, em nome da boa educação, do diálogo e da compreensão entre os seres humanos.

Só que nem sempre é assim. Em camundongos, por exemplo, os mais agressivos apresentam baixas concentrações de serotonina no cérebro. Faz sentido: com pouca serotonina, o córtex não consegue refrear o ataque. Além disso, sempre que são tratados com drogas que interferem na síntese, no transporte ou na eliminação da serotonina, ocorrem alterações no comportamento agressivo: ficam mais plácidos ou mais agressivos, dependendo do tratamento que receberam.

O envolvimento da serotonina com a agressividade dos camundongos tem uma contrapartida humana. Pessoas violentas apresentam baixos teores de serotonina no cérebro, nas mesmas regiões associadas à agressividade dos animais. Além disso, há muito os psiquiatras tratam os psicopatas e as pessoas muito agressivas com medicamentos agonistas[G] da serotonina, e outros que aumentam a sua presença nas sinapses.

Portanto, há algo de biológico e cerebral na determinação do comportamento agressivo dos animais e dos seres humanos. Mas falta definir um elo fundamental para incorporar à análise das causas da violência humana: o papel modulador do ambiente. Será possível mostrar que as condições do meio influenciam a agressividade das pessoas através da modulação dos mecanismos cerebrais?

Algumas equipes de neurocientistas se debruçaram sobre esse aspecto, mas os resultados ainda são contraditórios. Uma primeira tentativa foi relatada em 2002 por um grupo de pesquisadores de diversos países, liderado por Avshalom Caspi, do Instituto de Psiquiatria do *King's College*, em Londres. O grupo analisou a presença de genes que produzem certas enzimas desativadoras de neurotransmissores cerebrais, em um grande número de indivíduos que sofreram maus tratos quando crianças, em comparação com outros com experiências menos sofridas. Além disso, correlacionaram os dados com o perfil de personalidade e a história de vida de cada um, identificando aqueles que haviam cometido transgressões com violência.

Os pesquisadores verificaram que os indivíduos transgressores eram justamente os que haviam sofrido maus-tratos quando crianças e, além disso, tinham uma configuração genética que produzia baixas taxas das enzimas cerebrais. O resultado não foi confirmado por outros pesquisadores, mas é sugestivo de que o caminho pode ser esse. Mais recentemente, outro grupo verificou que a exposição a filmes violentos na TV influi negativamente sobre a ativação do lobo frontal[A], região cerebral que atua no controle de comportamentos agressivos.

Pode-se concluir que um ambiente social violento e transgressor influencia fortemente aqueles indivíduos cujo perfil genético os torna suscetíveis a desenvolver comportamentos agressivos inapropriados, resultando em alterações cerebrais nas regiões que normalmente regulam esses comportamentos. Você poderia pensar: e daí? O que importa é reformular a sociedade, pois é essa a ação mais eficaz para beneficiar a maioria, evitando a expressão dos comportamentos agressivos. Certo. Mas há muito mais água embaixo da ponte. Os juristas, por exemplo, buscam diferenciar os comportamentos agressivos evitáveis daqueles inevitáveis. A atribuição de culpa criminal depende da diferenciação precisa entre a agressividade "normal" e a agressividade patológica.

A realidade não é simples, e o conhecimento científico de seus meandros é que permite lidar com cada caso da maneira mais justa: condenação ou tratamento? Prisão ou hospitalização? Nesse campo da agressividade e da violência, qualquer deslize pode causar uma violência ainda maior.

EMOÇÕES POSITIVAS, PRAZER

Até o momento comentamos apenas as emoções negativas, ou seja, aquelas que nos causam desagrado ou mesmo sofrimento. E o que podemos dizer das emoções positivas, aquelas que nos causam prazer?

Na verdade, podemos dizer muito pouco. O estudo dos sentimentos positivos começou na década de 1950 com os experimentos intrigantes dos psicólogos canadenses James Olds e Peter Milner, referidos no Capítulo 15. Eles implantaram eletródios na área septal[4] de ratos (Figura 20.13), e mantiveram-nos em gaiolas dotadas de botões ou alavancas capazes de acionar um estímulo elétrico através dos eletródios. O experimento ficou conhecido como autoestimulação, porque o próprio animal ligava o estímulo à sua vontade.

Olds e Milner observaram que o animal não só aprendia a acionar a alavanca, mas parecia gostar disso, porque passava a repetir o procedimento inúmeras vezes, parecendo ter-se tornado "viciado" na estimulação elétrica. Seria esse o "centro do prazer"? Essa efetivamente foi a interpretação dos autores, embora se possa questionar se havia realmente uma emoção em jogo, ou se se tratava na verdade de uma compulsão provocada pela estimulação elétrica.

Outros experimentos foram realizados, e indicaram a existência de um conjunto de regiões ao longo do feixe

[4] *A área septal fica mais à frente do hipotálamo medial, e participa de numerosas funções, algumas delas semelhantes às do hipotálamo.*

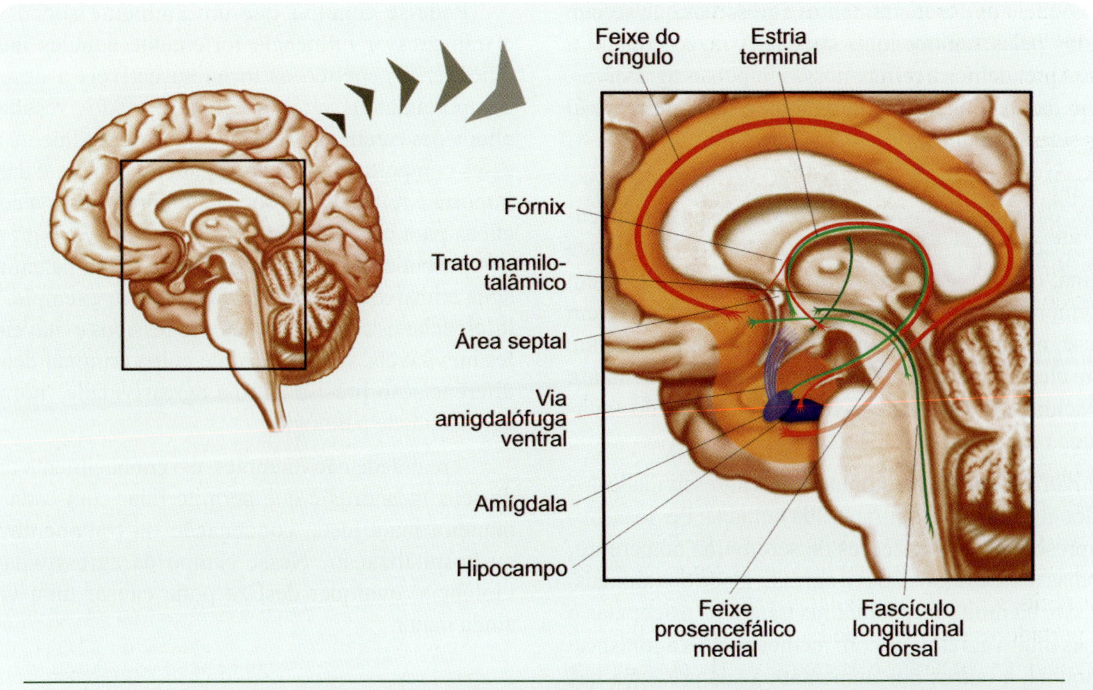

Figura 20.13. Diversas vias interconectam as regiões do sistema límbico que participam da fisiologia das emoções. Nos experimentos de autoestimulação, os pontos causadores de comportamento repetitivo estão sempre situados em torno do feixe prosencefálico medial. Modificado de R. Nieuwenhuys e cols. (1988) The Human Central Nervous System *(3ª ed.), Springer-Verlag, Alemanha.*

prosencefálico medial (Figura 20.13), além da área septal, capazes de provocar a autoestimulação "compulsiva" dos animais (veja maiores detalhes sobre essas "vias do prazer" no Capítulo 15): hipotálamo lateral, área tegmentar ventral e os núcleos pontinos dorsais. Pacientes com narcolepsia[G] e epilepsia receberam eletródios implantados em diversas áreas encefálicas, sob regime de autoestimulação para tentar controlar as suas crises. Relataram diferentes sentimentos: "prazer moderado" após a estimulação do hipocampo, da amígdala e do núcleo caudado[A]; "prazer intenso, quase um orgasmo" para a estimulação da área septal; e um "prazer de embriaguês" para a estimulação do tegmento mesencefálico[A].

Na verdade, atualmente é possível diferenciar entre a vivência emocional positiva (sentimento de prazer) e o comportamento consumatório induzido pelo prazer. Exemplos bastante eloquentes dessa diferença conceitual são os comportamentos compulsivos, incluindo a adicção por drogas. O comportamento compulsivo de comer, que se origina da emoção positiva provocada pelo paladar agradável do alimento, pode provocar obesidade e com ela diversas doenças capazes inclusive de causar a morte do indivíduo. O mesmo pode-se dizer da dependência de drogas como o álcool, a nicotina, a cocaína e outras: origina-se da sensação agradável obtida durante as fases iniciais do consumo, mas torna-se uma compulsão causadora de doença, mal-estar e degradação moral. Os comportamentos consumatórios, assim, são diferentes da emoção que os provoca, que pode ser positiva em certos momentos, e negativa em outros.

Como a sensação de prazer provém geralmente de alguma fonte de estimulação sensorial, considera-se que as regiões neurais que a produzem de algum modo "dão colorido" aos sentidos. A maioria das pessoas sente prazer em consumir alimentos doces, mas nem todas. Outras preferem alimentos apimentados ou amargos. A mesma variabilidade existe na audição, na visão e nos demais sentidos. Como as fontes de prazer são assim tão variadas, a diferença entre os indivíduos está na "cor" que as regiões neurais de prazer aplicam a cada uma delas. A pergunta que os neurocientistas devem responder, então, é de que modo o cérebro transforma um simples estímulo sensorial em um estímulo prazeroso.

O estudo da neurobiologia das emoções positivas pode ser realizado em animais, analisando suas reações simultaneamente à injeção intracerebral de diferentes substâncias, em pontos conhecidos do SNC. Esse tipo de experimento indica que os peptídeos opioides e o neurotransmissor dopamina são particularmente importantes nesse processo. Os primeiros, quando injetados no núcleo acumbente e no globo pálido[A] ventral, dois núcleos da base não relacionados ao controle motor diretamente (V. Tabela 12.3, no

Capítulo 12), aumentam as reações hedônicas ilustradas na Figura 20.2: os animais "lambem os beiços" e as patas intensamente, ao receberem gotas de sacarose na boca. Ao contrário, injeções semelhantes bloqueiam as reações de desprazer provocadas por gotas de quinino. Além disso, medidas de atividade neuronal nesses dois núcleos indicam aumento da frequência de disparo de potenciais de ação, e aumento do metabolismo celular. Coerentemente, as duas regiões apresentam grande densidade de receptores opioides do tipo μ.

Em seres humanos constatou-se fenômeno semelhante: aumento da atividade registrada por meio de neuroimagem funcional no núcleo acumbente, durante o consumo de sucos de frutas e alimentos saborosos (confira a Figura 10.4). Nesses indivíduos constatou-se também o envolvimento de regiões corticais, como o córtex insular[A], o cingulado anterior e o orbitofrontal, possivelmente envolvidas com os aspectos racionais (cognitivos) ligados às emoções. Essas mesmas regiões, quando estimuladas eletricamente em pacientes portadores da doença de Parkinson (com objetivos terapêuticos), provocaram riso e euforia. Há portanto um sistema ou circuito encarregado de produzir tanto a vivência emocional de prazer como as reações comportamentais correspondentes.

Quanto à dopamina, verificou-se que é o neurotransmissor da via que liga a área tegmentar ventral do mesencéfalo aos núcleos da base. Essa via ficou conhecida como via mesolímbica ou feixe prosencefálico medial, mencionado acima. Sua atuação nas emoções positivas parece estar mais relacionada aos comportamentos consumatórios do que propriamente às vivências emocionais de prazer (no entanto, veja na Figura 10.4 um exemplo do que parece uma interpretação oposta). É por essa razão que estão envolvidos fortemente nos processos de consumo compulsivo de alimentos e drogas, bem como comportamentos motivados dependentes de reforço (ver o Capítulo 15).

MENTES RACIONAIS

Você conhece o problema da torre de Hanói? Trata-se de três hastes verticais nas quais se encaixam três ou mais aros coloridos de diâmetros diferentes (Figura 20.14). Na situação de partida, os aros estão dispostos na haste da esquerda (Figura 20.14A), com o maior embaixo, o médio sobre ele e o menor sobre o médio. O problema consiste em mover os aros de uma haste a outra — um a um — até chegar à mesma arrumação na haste da direita (Figura 20.14B). O único requisito é sempre manter os maiores embaixo dos menores. Se você tentar resolver o problema, não terá dificuldade: precisará de cerca de dez movimentos até a solução final. Mas se depois de o fazer alguém lhe perguntar como conseguiu, que estratégia utilizou, você não saberá responder, a não ser que refaça todas as etapas, uma a uma, para tentar descobrir o seu próprio raciocínio!

A resolução do problema da torre de Hanói requer o uso da razão, isto é, exige o estabelecimento de um objetivo final e o planejamento e a execução de uma sequência de etapas lógicas (neste caso, movimentos) para atingi-lo. O indivíduo utiliza a sua memória operacional para descobrir a sequência correta de movimentos, mas a lógica global que emprega permanece oculta, inconsciente. Quer dizer: nem sempre o uso da razão é consciente, o que nos leva à necessidade de definir o termo *consciência.*

Outro termo difícil de definir! Consciência se confunde com autoconsciência (consciência de si próprio), e não é exatamente o mesmo que razão, já que esta pode ser inconsciente. Isso significa que a consciência é a percepção da lógica de nossas operações mentais. Vista desse modo, observamos que apenas uma proporção reduzida de todas as operações mentais que somos capazes de realizar preenche essas características. Na maior parte do tempo, então, fazemos uso da razão inconsciente. Usamos a razão consciente apenas em algumas (poucas) das inúmeras operações mentais que fazemos a cada momento.

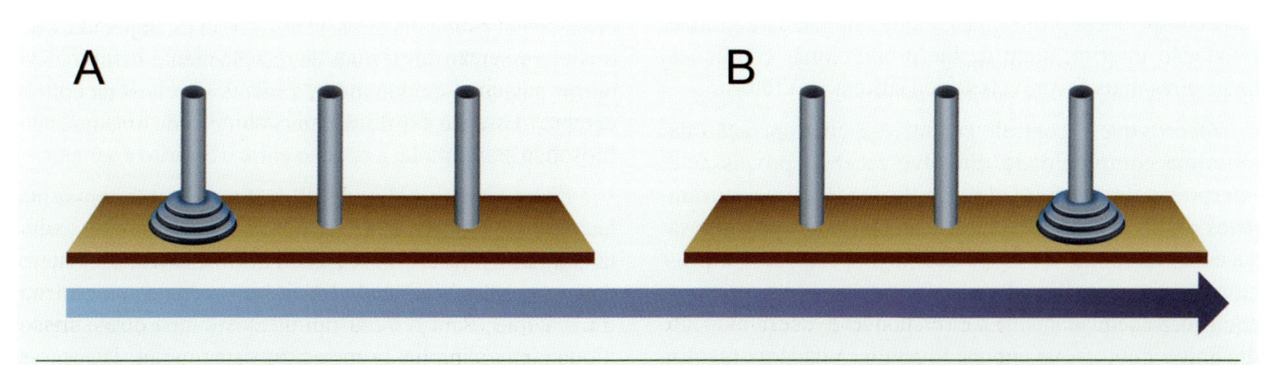

Figura 20.14. *O problema da torre de Hanói consiste em transferir as argolas da haste da esquerda para a da direita passando pela haste do meio (**A**), e terminando na mesma arrumação das argolas, com a maior em baixo e a menor em cima (**B**). Não é uma tarefa difícil, mas depois de terminar não sabemos explicar como conseguimos...*

Definida como percepção da lógica das nossas próprias operações mentais, ainda assim a consciência é um conceito sujeito a diferentes interpretações, porque o termo é também usado com uma acepção quantitativa, para indicar "nível de alerta" (veja o Capítulo 16). Nesse caso dizemos que uma pessoa está muito consciente quando está acordada, alerta e atenta; referimos que está menos consciente quando se encontra sonolenta e desatenta; dizemos ainda que a consciência é interrompida pelo sono, e que um indivíduo fica inconsciente quando desmaia ou entra em coma.

Embora esteja no topo das operações mentais que os seres humanos são capazes de realizar, a razão é fortemente relacionada com a emoção. De um modo ou outro, nossos atos e pensamentos são sempre guiados ou influenciados pelas emoções. Há mesmo quem tenha proposto, como o neurologista português António Damasio, que o uso da razão implica a busca de informações na memória, e estas são associadas a "marcadores somáticos" que representariam o padrão mental de comportamentos e manifestações fisiológicas que elas teriam provocado quando foram armazenadas. Segundo Damasio, os marcadores somáticos são particularmente importantes quando há emoções negativas associadas a uma determinada informação, e a sua existência é fundamental para o processo de tomada de decisões que caracteriza o uso da razão. O indivíduo teria à sua disposição (na memória) uma hierarquia de marcadores somáticos e escolheria para cada etapa racional a informação associada ao marcador menos negativo.

O termo *razão* é frequentemente substituído pelos neurocientistas por *cognição*, palavra de origem latina que se relaciona com o ato de "conhecer" (*cognoscere*). A função cerebral que possibilita a cognição é o *controle cognitivo,* isto é, a capacidade que as pessoas têm de elevar seus pensamentos e ações a um nível acima das meras reações ao ambiente, tornando-os abstratos e proativos. O controle cognitivo possibilita os comportamentos inteligentes – aqueles que de certa forma antecipam o futuro, coordenando e dirigindo a ele os pensamentos e as ações. Você programa seus estudos porque antecipa que assim poderá adquirir uma certa competência profissional, e que esta lhe dará grande satisfação interior, além de lhe proporcionar condições financeiras mais favoráveis ao seu sustento no futuro.

Ocorre que o controle cognitivo é uma operação de altíssima complexidade. Envolve receber, processar e interpretar uma infinidade de informações que entram pelos canais sensoriais simultaneamente e em vertiginosa sucessão temporal. Se dispuséssemos apenas de um processamento automático dessas informações, não estaríamos equipados adequadamente para responder a esse mundo tão dinâmico e complexo em que vivemos. A cada momento, a multiplicidade de informações sensoriais abre diversas opções de resposta: e muitas vezes ocorre ambiguidade na interpretação. Que fazer, então? Como tomar uma decisão? Como prever as diversas possibilidades de desfecho futuro das decisões que tomarmos?

Os comportamentos automáticos dependem apenas de informações ascendentes, enquanto os comportamentos inteligentes (também chamados controlados), acrescentam informações descendentes (*top-down*, no jargão fisiológico da língua inglesa). Essas informações descendentes é que expressam a nossa vontade, os nossos pensamentos e as nossas emoções.

Dada a complexidade que caracteriza o controle cognitivo, é fácil admitir que ele exige uma eficiente coordenação entre áreas e processos cerebrais, dependentes de circuitos que interligam muitas partes do cérebro. Para que essa complexa coordenação ocorra, é necessário dispor de um integrador principal, uma região cerebral que desempenhe o papel de polo de convergência (*hub*, como dizem os informatas). Essa região é o *córtex pré-frontal,* considerado o responsável pelo nosso comportamento inteligente. De fato, como veremos, o córtex pré-frontal comunica-se com diversos sistemas sensoriais (que processam dinamicamente a informação que vem do ambiente), e com sistemas motores (que planejam e comandam os atos voluntários e involuntários que compõem o nosso comportamento). Além disso, o córtex pré-frontal precisa ser capaz de selecionar informações, o que ocorre através da atenção; gerenciar no tempo esse fluxo constante de informações, o que caracteriza a memória operacional; e realizar essas operações de modo flexível (o que implica grande plasticidade).

FILÓSOFOS X NEUROCIENTISTAS: UMA DISPUTA SEM RAZÃO

Os mistérios da razão humana têm atraído a curiosidade dos filósofos desde a Antiguidade, e mais recentemente também dos neurocientistas. Na verdade, razão, emoção, percepção, memória e todas as demais funções que analisamos neste livro podem ser reunidas no conceito de *mente* ou espírito. E quando os homens descobriram que o cérebro é a parte do organismo que mais se relaciona com a mente, criou-se um problema ainda sem solução estabelecida, que é a determinação dos termos da relação mente-cérebro. Em outras palavras: de que modo a mente se relaciona com o cérebro? Essa é a expressão mais objetiva de uma questão filosófica mais ampla: a relação entre o espírito e a matéria.

Duas grandes correntes filosóficas destacaram-se na história das ideias quanto ao modo de encarar essa questão: o *dualismo* e o *monismo*. Para o dualismo existem duas entidades distintas: a mente e o cérebro (o espírito e a matéria). Para o monismo só existe uma delas, sendo a outra uma simples propriedade da primeira. Dentre os monistas, destacam-se de um lado os materialistas, que acreditam no primado do cérebro, considerando a mente um mero resultado da atividade cerebral; de outro lado, os espiritualistas ou idealistas, que acreditam no primado do espírito, encarando a matéria como inexistente, ou no máximo uma mera criação do espírito. Dentre os dualistas há também os que acreditam que cérebro e mente são duas entidades independentes e não relacionadas e os que preferem considerar que cérebro e mente se relacionam de algum modo. Neste caso, alguns propõem que o cérebro influi sobre a mente e outros que – ao contrário – é a mente que influi sobre o cérebro.

Esta descrição simplificada, obviamente, não faz justiça ao pensamento elaborado de tantos filósofos que abordaram essa questão fundamental. Além disso, deixa de incluir um grande número de pensadores cujas concepções representam nuances das ideias básicas resumidas antes. O objetivo é apenas situar a questão e as abordagens principais dela, para compreender como os neurocientistas podem contribuir.

Muitos neurocientistas na verdade desprezam o problema da relação cérebro-mente, e trabalham sem considerar a sua existência. Outros tomam partido e filiam-se a alguma das correntes principais, ou criam uma nova interpretação do problema. Um defensor do dualismo foi o fisiologista australiano John Eccles (1903-1997), prêmio Nobel de medicina ou fisiologia, em 1963, por suas descobertas sobre a fisiologia das sinapses e dos reflexos medulares. Eccles propunha que a mente seria inicialmente um produto do cérebro, no entanto capaz de adquirir independência dele – seria uma propriedade emergente do cérebro. Outro prêmio Nobel de medicina ou fisiologia (1981), o americano Roger Sperry (1913-1994), também defendeu ideias dualistas. Sperry reconhecia que a mente é uma entidade distinta do cérebro, produzida por ele e emergente como queria Eccles, mas, além disso, capaz de influir sobre o cérebro, modificando-o.

Talvez a maioria dos neurocientistas seja mesmo materialista: grande número deles defende o reducionismo, isto é, a concepção pela qual tudo na natureza pode ser reduzido (explicado) a suas bases celulares, químicas e físicas. Esse é o caso do psicólogo americano Charles Gross, descobridor das células gnósticas no córtex inferotemporal do macaco e defensor da ideia de que neurônios isolados podem reunir em si grande parte ou mesmo a totalidade dos mecanismos que levam à percepção. O reducionismo já não é tão amplamente aceito pelos neurocientistas como explicação, mas permanece como um método muito fértil para o estudo das propriedades neurais. Tomado como método de estudo, o reducionismo propõe o isolamento de partes componentes dos fenômenos naturais (tecidos, células, moléculas) para melhor estudá-las, e depois tentar unificá-las conceitualmente.

Em anos recentes tem-se proposto uma possível superação do reducionismo metodológico, com o aparecimento de técnicas de registro simultâneo de grandes populações de neurônios e do sincronismo ou dessincronismo de sua atividade. O registro simultâneo de dezenas de neurônios ativos em determinadas situações (como no movimento do braço para levar à boca um alimento) tem permitido a criação de neurorrobôs, dispositivos mecânicos comandados por computadores que por sua vez são alimentados pelo "pensamento". A atividade da população neuronal associada à execução daquela tarefa comportamental é transferida ao neurorrobô pelo computador (veja a Figura 1.11), e este executa a tarefa que seria realizada pelo corpo do indivíduo. Não é preciso salientar que essas novas tecnologias criarão nos próximos anos possibilidades de grande repercussão para a saúde humana, e terão grande impacto para a filosofia, a ética e a compreensão científica.

As ideias do filósofo contemporâneo Daniel Dennett têm influenciado bastante os neurocientistas, em particular aqueles que trabalham com inteligência artificial. Dennett adota uma posição chamada funcionalista, um tipo de materialismo que defende que qualquer dispositivo material (seja físico ou biológico) capaz de executar uma função, opera da mesma forma. Para ele, sendo a mente uma função do cérebro, seria possível construir uma máquina capaz de realizar funções "mentais" de modo semelhante ao cérebro. Além disso, a invenção de modelos ou máquinas seria importante para desvendar os mecanismos cerebrais que realizem as mesmas funções. É exatamente disso que se trata com relação aos experimentos de neuroengenharia ou neurorrobótica, como aquele ilustrado na Figura 1.11.

Apesar de sua relevância, a controvérsia entre filósofos e neurocientistas está longe de ser resolvida. Tudo indica que as posições negativistas parecem perder terreno: a mente pode sim ser um objeto de estudo, e os mecanismos cerebrais que a acompanham podem ser desvendados pelos neurocientistas. O que não quer dizer, necessariamente, que toda a explicação para os fenômenos mentais esteja resumida na operação dos neurônios do cérebro.

O CÓRTEX DA RAZÃO

Um marco histórico na elucidação dos mecanismos neurais envolvidos com a razão foi o famoso caso do operário Phineas Gage, que aconteceu em setembro de 1848, no estado de Vermont, EUA. Gage era tido como operário-padrão. Trabalhava na construção de ferrovias e era encarregado de preparar as cargas explosivas incrustadas na pedra para aplanar o terreno e colocar os trilhos. Furava a pedra, colocava a pólvora e o rastilho, cobria com areia e socava cuidadosamente com uma barra de ferro. Um dia distraiu-se e deixou de colocar a areia. Quando socou diretamente a pólvora com a barra de ferro, produziu a explosão antes da hora, e a barra foi projetada contra sua cabeça, entrando no crânio[A] pela reborda ocular e emergindo dorsalmente pelo osso frontal. Gage sobreviveu milagrosamente ao acidente, e foi daí em diante acompanhado pelo médico John Harlow, que o atendeu e relatou a história para a posteridade.

Seus colegas de trabalho não reconheceram mais o operário-padrão Phineas Gage. Tornou-se impaciente, rude e irreverente, dado a rompantes de raiva. Perdeu a capacidade de planejar suas ações e concatenar as ideias. Demitido, tornou-se um andarilho e foi parar na Califórnia, onde morreu vários anos depois. Harlow conseguiu a exumação do corpo, recolheu o crânio e levou-o ao Museu da Universidade Harvard, onde se encontra até hoje (Figura 20.15A). Há alguns anos, uma equipe de neurologistas reconstruiu em computador como seria o cérebro de Gage, e qual teria sido o trajeto da barra de ferro e a lesão correspondente (Figura 20.15B). As áreas atingidas foram as regiões ventromediais do córtex pré-frontal de ambos os hemisférios.

Outros casos de consequências semelhantes foram sendo descritos após o relato de Harlow sobre Gage, e sempre aparecia o setor ventromedial do córtex pré-frontal como a região atingida, responsabilizada pela mudança de personalidade e o desajuste social dos pacientes. No século 20, essa região do lobo frontal tornou-se "culpada" (abusivamente, é bom que se diga) de muitos desajustes sociais: agressividade, criminalidade, prostituição e assim por diante. A tal ponto que se propôs extirpá-la cirurgicamente para resolver o problema... (veja o Quadro 20.2).

O córtex pré-frontal situa-se no lobo frontal, anteriormente às regiões motoras. Ocupa cerca de 1/4 do córtex humano, o que em termos relativos representa a maior proporção entre todos os animais. Embora seja constituído por uma dezena de áreas citoarquitetônicas (Figura 20.16B), até o momento se podem reconhecer cinco grandes regiões funcionais (Figura 20.16A): (1 e 2) as regiões ventromedial e orbitofrontal, envolvidas com o planejamento de ações e do raciocínio, com o ajuste social do comportamento e com aspectos do processamento emocional; (3) a região ventrolateral, encarregada da memória operacional (veja o Capítulo 18); (4) a região dorsolateral, envolvida com a manipulação cognitiva dos dados da memória operacional; e (5) a região cingulada anterior, envolvida com as emoções e a atenção.

O córtex pré-frontal estabelece conexões recíprocas com praticamente todo o encéfalo: quase todas as áreas corticais, vários núcleos talâmicos e núcleos da base, o cerebelo[A], a amígdala, o hipocampo e o tronco encefálico. Podemos imaginar que uma região que possui essa rede de conexões tão variadas tem grandes possibilidades de exercer funções de controle e coordenação geral das funções mentais e do comportamento.

A determinação da função de cada uma das regiões pré-frontais tem sido realizada de diversas maneiras. Uma delas, a mais clássica, é o estudo de pacientes que sofreram lesões nesses setores do córtex. Esse tipo de estudo é limitado pela variabilidade na extensão e na localização das lesões, bem como pela dificuldade em identificar os sintomas correspondentes, nem sempre claros e objetivos.

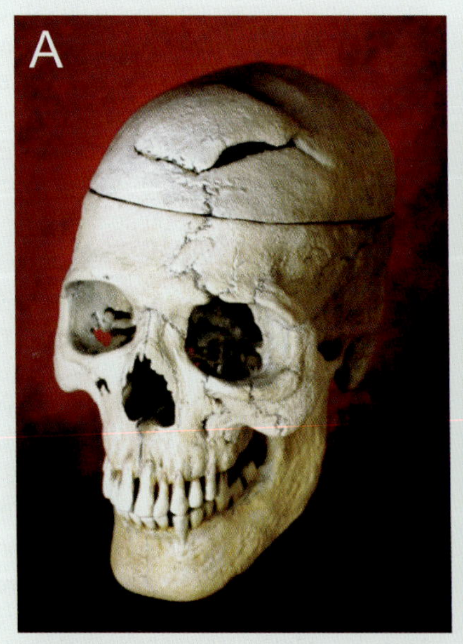

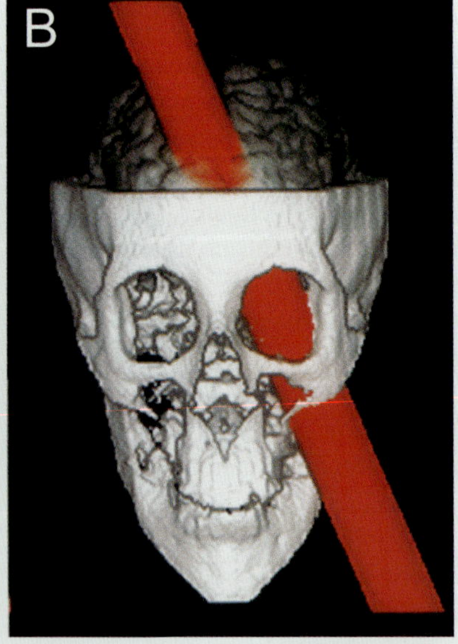

Figura 20.15. *O crânio de Phineas Gage (**A**) foi recuperado e guardado no Museu da Universidade Harvard. Só recentemente foi possível reconstruir em computador a anatomia da lesão que causou a sua mudança de personalidade (**B**). A principal área envolvida foi a região pré-frontal ventromedial, em ambos os hemisférios. **B** extraído de H. Damasio e cols. (1994) Science vol. 264, pp. 1102-1105.*

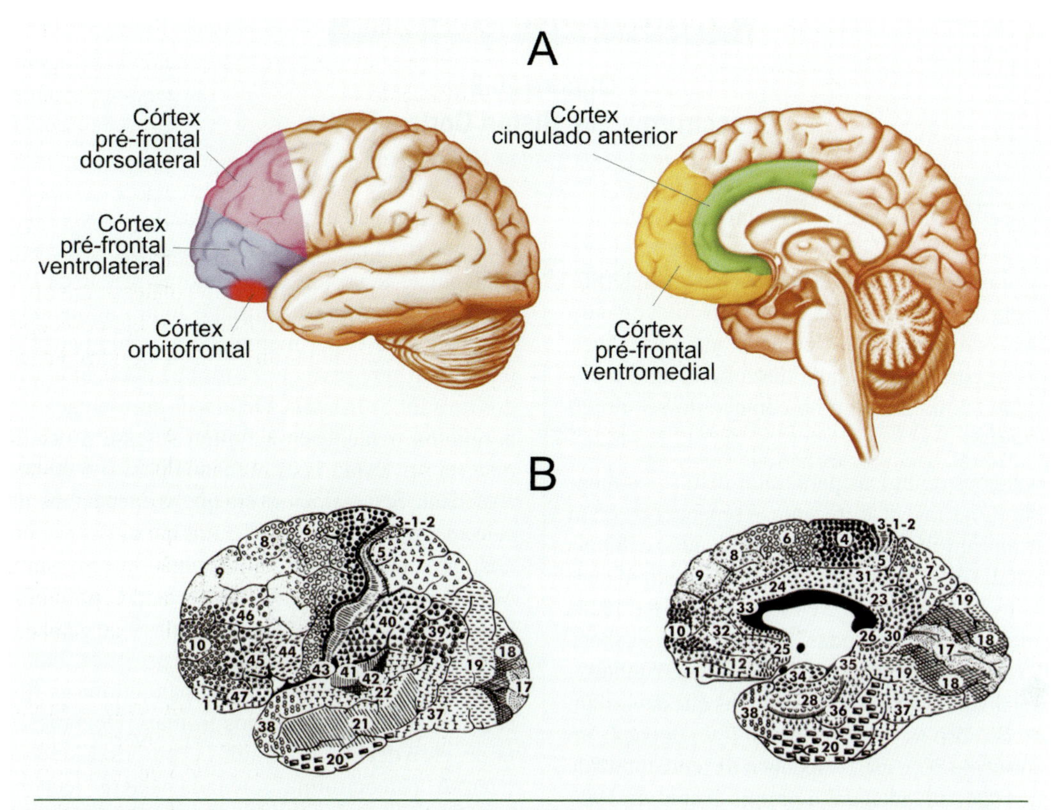

Figura 20.16. *A indica as grandes subdivisões funcionais do córtex pré-frontal, e* ***B*** *reproduz, para comparação, o desenho original do anatomista alemão Korbinian Brodmann (1868-1918), cujo sistema de numeração de áreas corticais segundo suas características histológicas é ainda plenamente aceito.*

Um segundo meio de estudo funcional do córtex pré-frontal emprega as técnicas de neuroimagem: neste caso, é possível propor tarefas cognitivas bem controladas a indivíduos sãos, e analisar quais setores do córtex são ativados durante a execução das mesmas (veja o Quadro 20.3).

No entanto, uma área cortical ativada durante uma função não significa que seja indispensável à execução dessa função. Para resolver esse dilema, os neurocientistas empregam experimentos com animais (geralmente macacos), nos quais podem realizar lesões restritas bem controladas, e analisar o desempenho dos animais nas funções correspondentes. Essa variante técnica ajuda, mas não resolve, pois, como sabemos, a capacidade cognitiva dos primatas não humanos é mais limitada que a dos seres humanos. Finalmente, é válido complementar esses estudos através do registro eletrofisiológico de neurônios isolados ou de populações neuronais – em macacos e seres humanos – ativas durante as operações funcionais correspondentes.

Depois de Phineas Gage, muitos neurologistas relataram e estudaram casos de pacientes com lesões pré-frontais. Destacaram-se o francês François Lhermitte (1877-1959) e mais recentemente o inglês Tim Shallice. Lhermitte verificou que os pacientes pré-frontais são dependentes do presente: orientam seu comportamento em função do dia a dia, sem os planos de médio e longo prazos que as pessoas normais sempre têm. É o que ficou conhecido como "comportamento utilitário". Além disso, apresentam forte tendência à imitação, e realizam comportamentos desajustados de sua própria vontade e das convenções sociais. E algumas vezes têm distúrbios emocionais associados (são apáticos, indiferentes e incapazes de perceber os sentimentos dos outros). O imediatismo do comportamento desses pacientes foi estudado mais sistematicamente por Shallice. Ele dava tarefas para os pacientes realizarem, constituídas por atos simples mas que tinham que ser executados em sequência e com uma certa disciplina. Por exemplo: ir a um supermercado antes da hora da consulta, comprar três determinados produtos e verificar o preço de três outros, depois passar no banco e verificar o valor do dólar, e finalmente relatar tudo ao médico durante a consulta. Os pacientes pré-frontais – cuja inteligência era perfeitamente normal – atrapalhavam-se completamente nessa sequência, e não conseguiam cumprir todas as tarefas. É o que se chama "síndrome desexecutiva".

Bastante variados, os sintomas observados pelos neurologistas refletem a irregularidade das lesões clínicas. Os estudos de neuroimagem, por outro lado, permitiram

HISTÓRIA E OUTRAS HISTÓRIAS

Quadro 20.2
Psicocirurgia: um Bisturi Corta a Mente

*Suzana Herculano-Houzel**

Se o cérebro é a origem ou um mero intermediário das ações da mente, ainda há quem duvide que a Neurociência consiga determinar. Mas, seja o cérebro seu criador ou apóstolo, quando a mente não vai bem é ele o culpado mais provável. Dessa lógica, combinada a uma descoberta com a experimentação animal, nasceu no começo do século 20 a psicocirurgia.

Intervenções cirúrgicas para tratar distúrbios mentais não são uma invenção recente. Trepanações eram realizadas no Egito Antigo há quatro mil anos, e depois na Idade Média e no Renascimento, como mostram quadros pintados nessas épocas. Nos séculos 17, 18 e 19, as doenças mentais eram "tratadas" aplicando-se à cabeça remédios variados como água fria e "contrairritantes", substâncias diversas que criavam pústulas que deixariam escapar do cérebro os "vapores negros" da doença. No começo do século 20, o uso terapêutico da febre induzida entrou em voga, e rendeu até o prêmio Nobel de 1927 ao austríaco Wagner von Jauregg (1862-1930), que tratava a "demência paralítica" — provavelmente sífilis do sistema nervoso — com a inoculação do protozoário causador da malária.

A invenção do século 20, a esse respeito, foi a destruição de regiões do cérebro para aliviar distúrbios psiquiátricos severos e intratáveis. Chamava-se "psicocirurgia". Ou, para seus partidários, "cirurgia psiquiátrica". E para seus oponentes, "mutilação cerebral com o objetivo de facilitar o trato com pacientes psiquiátricos, tornando-os emocional e intelectualmente obtusos".

O responsável pela disseminação da psicocirurgia como tratamento psiquiátrico foi o neurocirurgião português Egas Moniz (1874-1955). Não foi ele, no entanto, o primeiro a operar o cérebro humano com esse objetivo: o suíço Gottlieb Burckhardt o fizera no fim do século 19, e foi forçado a interromper suas operações. Mas na década de 1930 o cenário era outro. A psiquiatria vinha se mostrando incapaz de tratar distúrbios mentais graves. A teoria de Cannon-Bard recebia bastante atenção, argumentando que o córtex cerebral, e os lobos frontais em particular, exerciam controle sobre os centros do tronco encefálico, responsáveis pelas emoções primitivas. Egas Moniz era um neurologista muito respeitado, já com 61 anos.

Embora o cirurgião português declarasse que a ideia lhe ocorrera antes, a passagem à prática certamente foi influenciada por um simpósio muito concorrido sobre os lobos frontais, realizado durante o Congresso Internacional de Neurologia em Londres, agosto de 1935. Os americanos Carlyle Jacobsen e John Fulton apresentaram dados de experimentos com a chimpanzé Becky, um animal agressivo que se tornara dócil após a ablação dos dois lobos frontais. Depois da apresentação, Moniz perguntou a Jacobsen e Fulton se esse procedimento poderia ser testado em humanos para o tratamento da ansiedade. Seu raciocínio era que as doenças mentais são causadas por "ideias fixas" cujos circuitos se encontram nos lobos frontais. Os palestrantes ficaram alarmados. Mas Moniz achou que a ideia era boa, e três meses mais tarde, em novembro, realizou a primeira operação, numa ex-prostituta sifilítica considerada psicótica. Moniz usou o leucótomo, um instrumento para cortar as fibras da substância branca dos lobos frontais. Dois meses mais tarde, ele a declarou "curada". O próprio Moniz cunhou o termo "psicocirurgia", além da palavra "leucotomia", que descrevia sua operação.

Do outro lado do Atlântico, o americano Walter Freeman (1895-1972), que também havia assistido a palestra de Jacobsen e Fulton, e seu colaborador Ja-

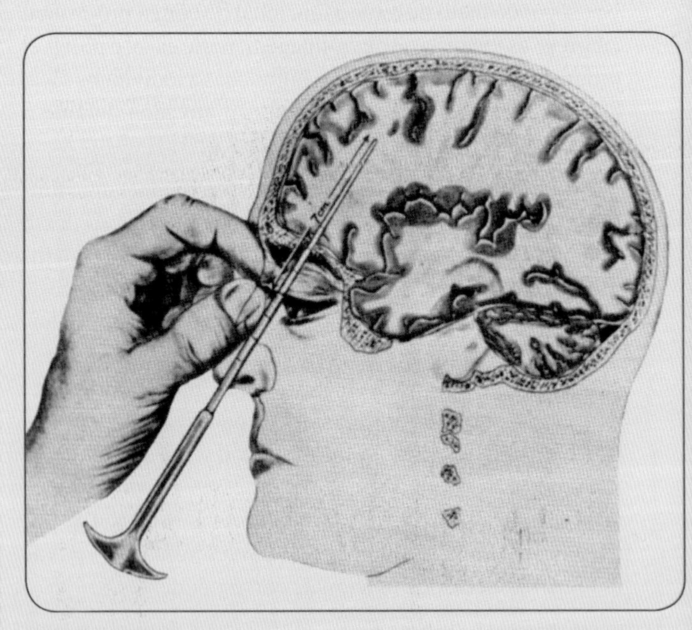

O procedimento "ambulatorial" da lobotomia transorbital, proposto por Walter Freeman, consistia na inserção de um instrumento pontiagudo através da órbita com o objetivo de cortar fibras na base do lobo frontal. Reproduzido de W. Freeman (1949) Proceedings of the Royal Society of Medicine *vol. 42 (supl.), pp. 8-12.*

mes Watts (1904-1994) começaram a operar pacientes psiquiátricos já em 1936. Freeman acreditava que a "lobotomia", sua versão do procedimento de Moniz, interrompia a conexão dos lobos frontais com os circuitos da emoção. Freeman e Watts foram os principais responsáveis pela popularização da lobotomia, que chegou a ser amplamente usada no Brasil. Freeman sugeria mesmo ensinar a psiquiatras o procedimento transorbital que eles desenvolveram (através do fino osso que forma a cavidade orbital do olho) para empregá-lo até mesmo "no consultório" (Figura).

Moniz recebeu o prêmio Nobel de medicina ou fisiologia de 1949 — ano em que também recebeu quatro tiros de um paciente paranoico, não leucotomizado, e teve de abandonar a prática. Em breve, nos anos 1950, a psicocirurgia começou a declinar com a introdução do tratamento farmacológico da esquizofrenia com a droga clorpromazina, e o rápido desenvolvimento de outras drogas psicoativas, proporcionando um tratamento mais "ameno" em comparação à irreversibilidade e à destrutividade da psicocirurgia. Nos anos 1970, no entanto, voltou-se a falar da psicocirurgia. Cogitava-se sua aplicação como terapia permanente para criminosos. Em resposta, os estados da Califórnia e do Oregon, nos EUA, passaram leis restringindo seu uso.

A questão da psicocirurgia vai além das indagações acerca da sua eficácia. Ela pode ser eficiente tendo-se em conta seus objetivos mas à custa de reduzir irreversivelmente o potencial criativo do paciente, e a sua capacidade de usufruir de experiências emocionais e intelectuais. Como se não bastasse a dificuldade de decidir pelo cérebro alheio, é preciso também considerar a utilização da psicocirurgia com fins "sociais" — seja para suprimir os ímpetos de um psicopata, condenando à morte parte de seu cérebro, ou controlar pacientes rebeldes nas instituições. Afinal, quem não tem seus momentos de rebeldia e desvario?

*Professora-adjunta do Instituto de Ciências Biomédicas da Universidade Federal do Rio de Janeiro. Correio eletrônico: suzanahh@gmail.com

realizar algumas distinções importantes, a mais clara delas entre o córtex pré-frontal lateral (dorsal e ventral) e o córtex orbitofrontal. O primeiro é ativado consistentemente durante tarefas cognitivas, sendo o ventrolateral predominante nas tarefas que envolvem a memória operacional, e o dorsolateral nas tarefas que de algum modo requisitam a manipulação das informações. Para lembrar o número da placa de um carro, você empregaria o córtex pré-frontal ventrolateral, mas se alguém lhe pedisse para dizê-lo em ordem inversa, você empregaria o pré-frontal dorsolateral. O córtex orbitofrontal, por outro lado, é ativado durante tarefas que envolvem alguma recompensa ou punição, mesmo que abstratos (ganhar ou perder dinheiro, ter sucesso ou não em um projeto, ser aceito ou rejeitado socialmente).

As evidências obtidas em seres humanos são coerentes com aquelas obtidas em macacos com lesões pré-frontais. Nesse caso, utilizam-se tarefas de comparação de amostras com retardo (V. o Capítulo 18), pelas quais os animais devem localizar onde está um objeto (à esquerda ou à direita?), algum tempo depois de vê-lo colocado ali pelo experimentador. Lesões bem localizadas nos setores dorsolaterais do córtex pré-frontal desses animais prejudicam o reconhecimento da posição do objeto, e lesões dos setores ventrolaterais prejudicam o reconhecimento do próprio objeto, mesmo alguns segundos após serem apresentados a ele. Em outros experimentos foram feitas lesões ventrais, em posições semelhantes à do córtex orbitofrontal humano. Quando isso era feito em animais dominantes, estes não conseguiam mais produzir os comportamentos adequados à sua posição na hierarquia social do grupo (agressividade, insubmissão), e eram rapidamente rejeitados pelos seus pares, perdendo a posição dominante que anteriormente tinham.

Finalmente, os experimentos neurofisiológicos com neurônios pré-frontais produziram também resultados consistentes. Os neurônios pré-frontais revelaram-se multimodais, ativados tanto por estímulos visuais como auditivos, táteis, gustatórios e de outras modalidades. A sua atividade (*i. e.*, frequência de impulsos) aumentava nos períodos de retardo em que o animal parecia estar "computando" as informações necessárias para a realização da tarefa de retardo. Além disso, descobriu-se que essa atividade é regulada por receptores dopaminérgicos, o que levou à sugestão de que existiria um mecanismo de controle realizado por vias mesolímbicas do sistema de recompensa.

O que significa essa capacidade de planejar o comportamento e adequá-lo às circunstâncias pessoais e sociais? Não nos damos conta de que a utilizamos constantemente, mas ela está sempre presente. Você deseja submeter-se a um concurso para conseguir um emprego. Estabelece isso como um objetivo a alcançar. Quais são os passos que você segue naturalmente? Em primeiro lugar, informa-se sobre o concurso e descobre que haverá muitos candidatos. Decide

NEUROCIÊNCIA EM MOVIMENTO

Quadro 20.3
Autobiografia de um Instante

*Ricardo de Oliveira Souza** e *Jorge Moll Neto***

Por fim, a imagem brotou na tela — soberba e casual, flamejando em vermelho os polos frontais de um de nós. Uma breve eternidade depois, pulávamos e nos abraçávamos, dando cambalhotas como alquimistas que celebravam o encontro da *Pedra* após incontáveis expedições infrutíferas. Ivanei Bramati, físico-médico que nos acompanhava com o olhar, sorria com guapo distanciamento, assaltado pela dúvida de haver cometido um erro irreparável ao deixar seu Rio Grande do Sul por um Rio de Janeiro habitado por uma dupla de desvairados que não davam a mínima para a madrugada raiada por mais um dia útil. Eram meados de 1999 e estávamos no subsolo do Hospital Barra D'Or, na diminuta salinha em que processávamos os dados adquiridos no ambiente da ressonância magnética, a uns 200 metros dali. Sabíamos que a imagem que nos contemplava era a primeira de um cérebro efetuando um julgamento moral, algo jamais visto. E a ativação (Figura) coincidia com as regiões que, quando lesadas, davam lugar à trágica transformação de personalidade conhecida como "sociopatia adquirida". Simplesmente, aquilo não podia ser coincidência. Parafraseando às avessas a indagação que ouvíamos da legião de infelizes com que nos deparamos ao longo de nossas vidas, pensávamos: "por que nós?", "por que conosco?"

Nos meses que precederam aquela madrugada, explorávamos a ressonância funcional com a excitação de quem desvendava mistérios com os quais sonhamos nas aulas letárgicas que sofríamos depois do almoço no curso de graduação. A materialização do sonho pegou-nos de surpresa quando "localizamos" o engrama do uso de ferramentas no sulco intraparietal esquerdo (Figura). Naquele momento, percebemos que havíamos fechado o longo ciclo inaugurado pelo neuropsiquiatra alemão Hugo Liepmann (1863-1925), que postulou que os engramas de uso de ferramentas, como a linguagem falada, residiam no hemisfério cerebral esquerdo. Mas quanto a saber exatamente em que regiões do hemisfério esquerdo, era história bem diferente. Cem anos de controvérsias depois, lá estávamos com a resposta: as memórias de uso de ferramentas depositavam-se no sulco intraparietal esquerdo e não na superfície cortical. Voltando à literatura clássica munidos dessa informação, verificamos que o sulco intraparietal estava lesado na maioria dos casos de apraxia para uso de ferramentas e ninguém havia se dado conta disso! Era muita sorte para quem mal come-

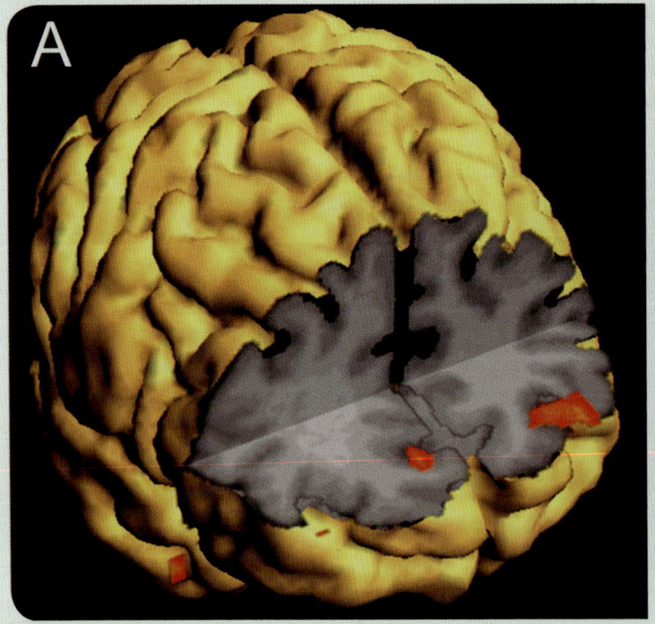

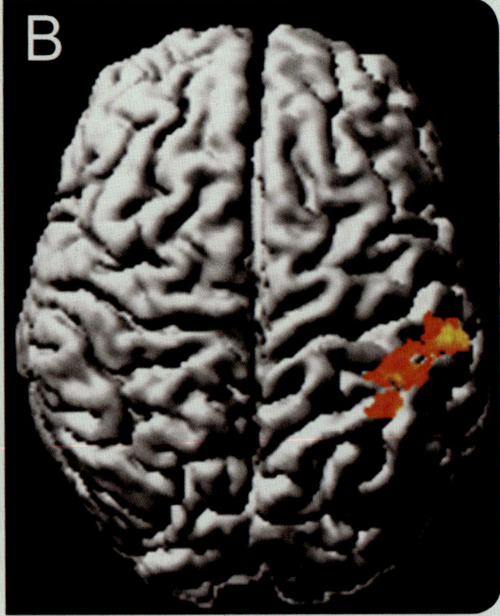

*Em **A**, imagem reconstruída em computador do cérebro de um indivíduo submetido a exame de ressonância magnética funcional, durante o qual julgava como certo ou errado frases com alto conteúdo moral (por exemplo: "o juiz condenou um homem inocente"). Julgamentos não morais constituíam condições de controle (por exemplo: "telefones nunca tocam"). Os focos em vermelho indicam as regiões ativadas pelo julgamento moral que o indivíduo efetuava. Em **B**, foco de ativação no sulco intraparietal (também em vermelho), em outro indivíduo, que desta vez imaginava mentalmente como se utiliza uma ferramenta (por exemplo, um martelo).*

çava (a bem da verdade, a ressonância funcional era tão nova no mundo inteiro na época que, a rigor, todos "mal começavam"). E como "sorte" é evento estatisticamente improvável, não a esperaríamos outra vez, não ao menos para tão breve. Felizmente, alguma coisa nesse raciocínio estava errada: o que pensamos ser um epílogo revelou-se, de fato, um prólogo. O sucesso do estudo da práxis fez com que um de nós, provavelmente inspirado por Baco, ousasse em voz alta: "Esse negócio de cognitivo é muito legal, mas e se a gente agora partisse *pra* emoção?" Da emoção à moral foi um pulo e alguns cafezais consumidos nos restaurantes das livrarias *Argumento* e *Letras e Expressões*, no Rio de Janeiro (a gente quase sentia culpa quando espiava pela janela e contemplava as multidões que morriam de tédio lá fora).

Em retrospecto, parece que o instante que mencionamos no início ainda não passou. Quem sabe, nem mesmo tenha começado no momento exato em que aquele cérebro adâmico espocou ante nossos olhos; talvez jamais termine tampouco. E de sua permanência — que, para nós, reveste-se da qualidade atemporal daquelas encruzilhadas que mudam os rumos da vida — fomos constantemente relembrados, em todos esses anos, pela incorporação à irmandade original de pessoas de boa-vontade que perfumam nossas vidas com seu entusiasmo, inteligência e afeição, não deixando que a nostalgia entorpeça nossos espíritos.

▸ *A equipe Labs-D'Or: da esquerda para a direita, Ivanei Bramati (física médica), Pedro Ângelo Andreiuolo (radiologia), Ricardo de Oliveira Souza (neurologia), Jorge Moll Neto (neurociência cognitiva) e Fernanda Tovar Moll (neurociência/neuroimagem).*

**Professor-associado, Escola de Medicina e Cirurgia da Universidade Federal do Estado do Rio de Janeiro, e pesquisador do Instituto D'Or de Pesquisa e Ensino, Rio de Janeiro. Correio eletrônico: rdeoliveira@gmail.com*

***Coordenador do Instituto D'Or de Pesquisa e Ensino, Rio de Janeiro. Correio eletrônico: mollj@neuroscience-rio.org*

então que terá que estudar todas as manhãs. Para isso, vai à livraria e compra alguns livros. Manda consertar o seu computador para poder acessar a internet e fazer consultas. Vai também à biblioteca. Dentre outras decisões, você resolve não mais sair à noite com seus amigos, para poder acordar cedo no dia seguinte e enfrentar os livros. Quando o concurso se aproxima, você radicaliza: passa a estudar o dia inteiro, e deixa de ir às festas de fim de semana. É claro que esses passos podem ser completamente diferentes de uma pessoa para outra. Além disso, você os vai modificando ao longo do tempo, para corrigi-los ou adaptá-los às circunstâncias (descobre que ficar sem o chope dos sábados é demais... ninguém é de ferro!).

Tudo indica que a região ventromedial do córtex pré-frontal é a responsável por esse aspecto da razão: o planejamento e a ordenação temporal dos atos, sua adaptação e ajuste às circunstâncias, e a seleção, entre muitas ações possíveis, daquelas mais adequadas a cada momento e aos objetivos finais.

Outros aspectos são necessários para o processamento cognitivo: (1) um sistema perceptual que informe sobre os mundos externo e interno; (2) um sistema mnemônico que forneça dados sobre o passado e permita vinculá-los ao presente; e (3) um sistema atencional de supervisão. O primeiro é analisado especialmente no Capítulo 17, e o segundo no Capítulo 18. Quanto ao terceiro, abordamos apenas um de seus aspectos, o sistema atencional de percepção seletiva (Capítulo 17), mas falta comentar um segundo aspecto, essencial para o funcionamento da razão: a cognição seletiva, isto é, a supervisão atencional sobre os processos mentais.

O envolvimento do córtex cingulado nos processos de cognição seletiva foi detectado em testes de linguagem aplicados a indivíduos normais submetidos simultaneamente ao registro eletrofisiológico de potenciais do EEG, e a técnicas de imagem funcional. Solicitava-se ao indivíduo que lesse algumas palavras em voz alta (veja o Capítulo 19, especialmente as Figuras 19.15 e 19.16), ou que falasse um sinônimo para cada uma delas. Uma das primeiras regiões ativadas, especialmente no caso dos sinônimos, era sempre o córtex cingulado anterior, e isso ocorria porque o indivíduo tinha que prestar bastante atenção nas palavras, para que a sua razão pudesse compreendê-la e fosse buscar na memória o sinônimo correspondente.

Tudo indica, portanto, que as atividades da razão que envolvem raciocínio lógico para a resolução de problemas e a tomada de decisões, a fixação de objetivos e o planejamento das ações correspondentes, começam com a focalização da atenção para as informações que chegam (Figura 20.17), vindas do meio externo ou da própria mente. O córtex cingulado anterior é o responsável por essa etapa, que consiste na modulação das informações processadas pelo córtex pré-frontal dorsolateral. É este que recebe as informações que entram através dos sistemas sensoriais e chegam a ele por meio das abundantes conexões aferentes provenientes das áreas corticais sensoriais. Compete ao córtex pré-frontal lateral (dorsal e ventral) comparar as informações novas (sensoriais) com aquelas armazenadas na memória. Essa é uma tarefa típica da memória operacional, essencial ao curso do raciocínio. Finalmente, entra em cena o córtex pré-frontal ventromedial, encarregado de adequar os dados do presente que vêm sendo processados pelo córtex pré-frontal lateral, com os objetivos de longo, médio e curto prazos estabelecidos pelo indivíduo, e com as demais circunstâncias pessoais e sociais envolventes. Essa região cortical, então, seria a responsável pelo planejamento dos comportamentos necessários para a concretização dos objetivos.

Os Polos de Convergência

Os dados obtidos por meio de neuroimagem funcional têm apontado recentemente para aspectos conceituais novos que anteriormente não eram enfatizados: (1) razão e emoção não constituem funções mentais independentes, mas sim altamente integradas e interrelacionadas; (2) a extensa integração entre essas duas funções superiores extrapola elas próprias, e na verdade revela uma integração ainda mais extensa com os demais aspectos da atividade mental das pessoas: a linguagem, a atenção, a memória, e o comportamento; e (3) dessa concepção que enfatiza a integração funcional, surgiu o conceito de polos de convergência[5] ou regiões integradoras.

Polos de convergência são regiões neurais que recebem grande número de conexões aferentes distintas, e igualmente emitem conexões eferentes para diversas outras regiões corticais ou subcorticais. A Figura 20.18 exemplifica esse conceito. Neste caso, trata-se do mapa de conectividade das diferentes regiões do córtex cerebral, obtido por técnicas matemáticas de modo a revelar as que concentram maior número de conexões distribuídas (os polos de convergência).

Na vida cotidiana, sempre que você se defronta com uma determinada situação, há geralmente uma cena real ou imaginária que você avalia com base inicialmente em informações sensoriais: visuais, auditivas e outras. Esse conjunto de informações sensoriais é então comparado com os arquivos situados na sua memória, e ponderados segundo seu significado emocional. Com base nesse conjunto de dados você avalia custos e benefícios, faz previsões sobre os prováveis resultados de suas ações, e finalmente toma as decisões que orientam o seu comportamento. Os polos de convergência como a amígdala, o córtex orbitofrontal, a parte lateral do córtex pré-frontal e o córtex cingulado anterior seriam as regiões cerebrais onde essa complexa sequência de computações é efetuada, possibilitando o planejamento do seu comportamento desse ponto em diante.

[5] *Equivalente à expressão inglesa* hub, *que define equipamentos integradores de redes de computadores.*

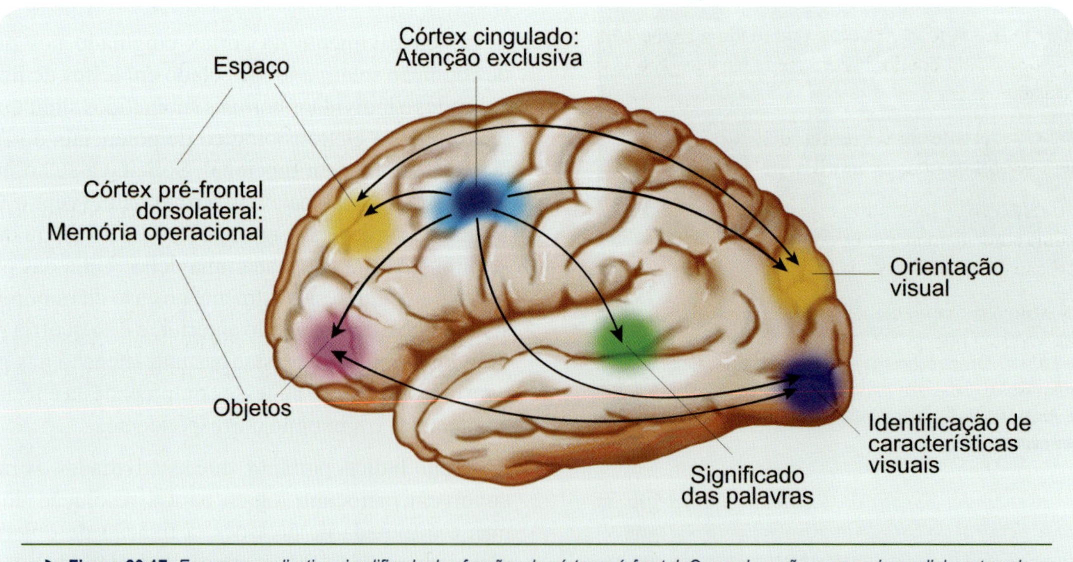

Figura 20.17. *Esquema explicativo simplificado das funções do córtex pré-frontal. O uso da razão começaria medialmente pela atividade do córtex cingulado anterior (em azul), encarregado de focalizar a atenção perceptual e cognitiva, modulando a atividade das áreas funcionais correspondentes. As áreas dorsolaterais (em amarelo) e ventrolaterais (em violeta) do córtex pré-frontal seriam encarregadas de comparar as informações novas com as antigas. E o córtex pré-frontal ventromedial (não representado) faria o ajuste de tudo com os objetivos do indivíduo e as circunstâncias sociais. Modificado de M. I. Posner e M. E. Raichle (1994)* Images of Mind. *W. H. Freeman & Co., EUA.*

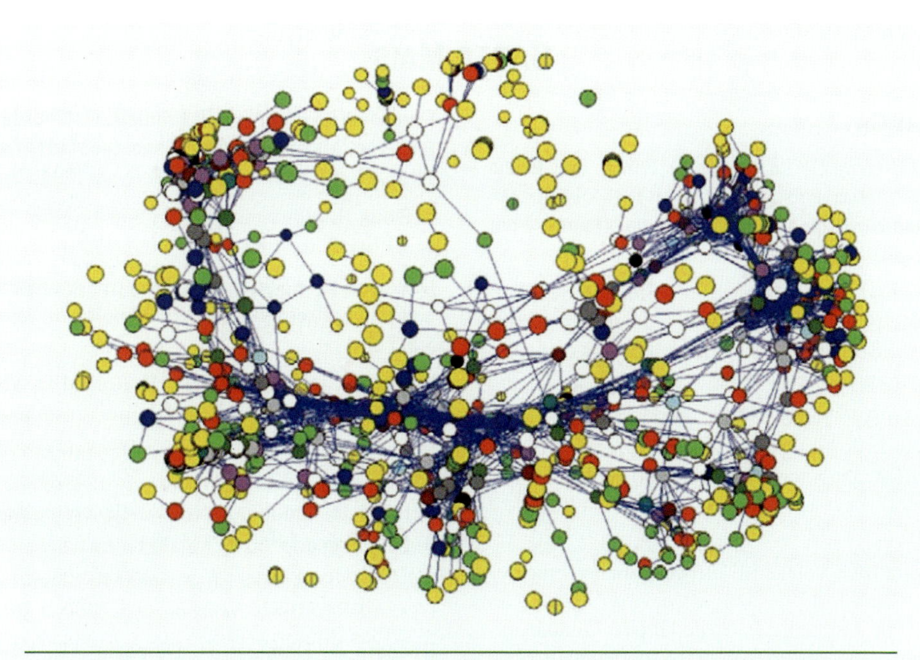

▶ **Figura 20.18.** *O estudo matemático da conectividade funcional das diferentes áreas corticais permite gerar um mapa que revela os polos de convergência (regiões com maior grau de conectividade). Os pontos amarelos, verdes, vermelhos e azuis apresentam baixo ou médio grau de conectividade, ao contrário dos pontos brancos, violetas, marrons e laranjas, considerados os polos de convergência do córtex cerebral. Modificado de O. Sporns e cols. (2004)* Trends in Cognitive Sciences *vol. 8, pp. 416-425.*

GLOSSÁRIO

AGONISTA: substância com efeito semelhante a um determinado neurotransmissor. O oposto de *antagonista*.

CONDUTÂNCIA ELÉTRICA: grandeza que mede a capacidade de um material para conduzir correntes elétricas. É o inverso da resistência.

GALVÂNICA: referente às correntes elétricas contínuas que podem ser conduzidas pela pele úmida.

GLICOCORTICOIDES: hormônios secretados pela córtex da glândula adrenal, junto com os mineralocorticoides. Os principais são o cortisol, a corticosterona e a hidrocortisona.

MEDULA ADRENAL: região interna da glândula, revestida da região externa que se chama córtex adrenal.

MEMÓRIA EXPLÍCITA: forma de memória que pode ser descrita por meio de palavras. Também chamada memória declarativa.

MEMÓRIA IMPLÍCITA: não precisa ser descrita por meio de palavras. É a memória de hábitos, habilidades motoras e regras.

MIDRÍASE: abertura da pupila. O fenômeno oposto é a miose.

NARCOLEPSIA: doença assemelhada à epilepsia, caracterizada por crises de sono incontrolável, em que o doente adormece sem poder evitar.

PERIAQUEDUTAL: refere-se a uma estrutura situada em torno do aqueduto cerebral[A] ou de Sylvius, o canal que conecta o terceiro com o quarto ventrículo[A].

REAÇÕES HEDÔNICAS: demonstrações de prazer. Deriva da corrente de pensamento conhecida como *hedonismo*, que busca o prazer acima de qualquer outra emoção.

TAQUIPNEIA: aceleração da respiração.

SABER MAIS

LEITURA BÁSICA

Damasio AR. *O Erro de Descartes* (trad.). Forum da Ciência Europa-América, Lisboa, Portugal, 1995. Livro de divulgação científica sobre a neurobiologia da consciência. O autor é um neurologista destacado.

LeDoux J. *The Emotional Brain*. Touchstone Simon & Schuster, Nova York, EUA, 1998. Livro de divulgação científica para leigos, de alta qualidade, sobre as bases neurais das emoções. O autor é um neurobiólogo especialista nessa área.

Bear MF, Connors BW, Paradiso MA. Brain Mechanisms of Emotion. Capítulo 18 de *Neuroscience: Exploring the Brain* 3ª. ed., Baltimore, EUA: Lippincott Williams and Wilkins, 2007, pp. 563-583. Descrição resumida e clara do sistema límbico e suas funções.

Oliveira L, Pereira MG, Volchan E. Processamento Emocional no Cérebro. Capítulo 12 de *Neurociência da Mente e do Comportamento* (Lent R, coord.), Rio de Janeiro: Guanabara-Koogan, 2008, pp. 253-270. Texto conciso sobre a natureza e as bases neurais das emoções.

Oliveira-Souza R, Moll J, Ignácio FA, Tovar-Moll F. Cognição e Funções Executivas. Capítulo 14 de *Neurociência da Mente e do Comportamento* (R. Lent, Coord.), Rio de Janeiro: Guanabara-Koogan, 2008, pp. 287-303. Texto que aborda o conceito, a avaliação e os transtornos da cognição.

Miller E e Wallis J. The Prefrontal Cortex and Executive Brain Functions. Capítulo 52 de *Fundamental Neuroscience* 3ª. ed. (Squire LR e cols., orgs.), Nova York: Academic Press, 2008, pp. 1199-1223. Texto avançado sobre a fisiologia e estudos neuroimagem do córtex pré-frontal.

LEITURA COMPLEMENTAR

Darwin C. *A expressão das emoções no homem e nos animais* (trad.) (1872). Rio de Janeiro: Companhia das Letras, 2000.

Cannon WB. The James-Lange theory of emotions: a critical examination and an alternative theory. *American Journal of Psychology* 1927; 39:106-124.

Bard P. A diencephalic mechanism for the expression of rage with special reference for the sympathetic nervous system. *American Journal of Physiology* 1928; 84:490-515.

Papez JW. A proposed mechanism of emotion. *Archives of Neurology and Psychiatry* 1937; 38:725-743.

Kluver H e Bucy PC. Preliminary analysis of functions of the temporal lobes in monkeys. *Archives of Neurology and Psychiatry* 1939; 42:979-1000.

Lhermitte F. "Utilization behaviour" and its relation to lesions of the frontal lobes. *Brain* 1983; 106:237-255.

Shallice T e Burgess W. Deficits in strategy application following frontal lobe damage in man. *Brain* 1991; 114:727-741.

Bechara A, Tranel D, Damasio H, Damasio A. Impaired recognition of emotion in facial expressions following bilateral damage to the human amygdala. *Nature* 1994; 372:669-672.

Damasio H, Grabowski T, Frank R, Galaburda AM e Damasio AR. The return of Phineas Gage: the skull of a famous patient yields clues about the brain. *Science* 1994; 264:1102-1105.

LeDoux JE. Emotion, memory and the brain. *Scientific American* 1994; 270:50-57.

Davidson RJ e Sutton SK. Affective neuroscience: the emergence of a discipline. *Current Opinion in Neurobiology* 1995; 5:217-224.

Morris JS, Frilt CD, Perret DI, Roland D, Yong AN, Calder AJ e Dolan RJ. A different neural response in the human amygdala is fearful and happy facial expressions. *Nature* 1996; 383:812-815.

LeDoux JE. Emotion circuits in the brain. *Annual Reviews of Neuroscience* 2000; 23:155-184.

Albright TD, Kandel ER, Posner MI. Cognitive neuroscience. *Current Opinion in Neurobiology* 2000; 10:612-624.

Bechara A, Damasio H, Damasio AR. Emotion, decision making and the orbitofrontal cortex. *Cerebral Cortex* 2000; 10:295-307.

Kawasaki H, Kaufman O, Damasio H, Damasio AR, Granner M, Bakken H, Hori T, Howard MA e Adolphs R. Single-neuron responses to emotional visual stimuli recorded in human ventral pré-frontal cortex. *Nature Neuroscience* 2001; 4:15-16.

Moll J, Oliveira-Souza R, Eslinger P. Morals and the human brain: a working model. *NeuroReport* 2003; 14:299-305.

Sporns O, Chialvo DR, Kaiser M, Hilgetag CC. Organization, development and function of complex brain networks. *Trends in Cognitive Sciences* 2004; 8:418-425.

Peciña S, Smith KS, Berridge KC. Hedonic hot spots in the brain. *Neuroscientist* 2006; 12:500-511.

Miczek KA, de Almeida RMM, Kravitz EA, Rissman EF, deBoer SF, Raine A. Neurobiology of escalated aggression and violence. *Journal of Neuroscience* 2007, 27:11803-11806.

Nelson RJ e Trainor BC. Neural mechanisms of aggression. *Nature Reviews. Neuroscience* 2007; 8:536-546.

Pessoa L. On the relationship between emotion and cognition. *Nature Reviews. Neuroscience* 2008; 9:148-158.

Velliste M, Perel S, Spalding MC, Whitford AS, Schwartz AB. Cortical control of a prosthetic arm for self-feeding. *Nature* 2008; 453:1098-1101.

Nicolelis MA e Lebedev MA. Principles of neural ensemble physiology underlying the operation of brain-machine interfaces. *Nature Reviews. Neuroscience* 2009; 10:530-540.

Robins TW e Arnsten AF. The neuropsychopharmacology of fronto-executive function: monoaminergic modulation. *Annual Reviews of Neuroscience* 2009; 32:267-287.

Moll J e Schulkin J. Social attachment and aversion in human moral cognition. *Neuroscience and Biobehavioral Reviews* 2009; 33:456-465.

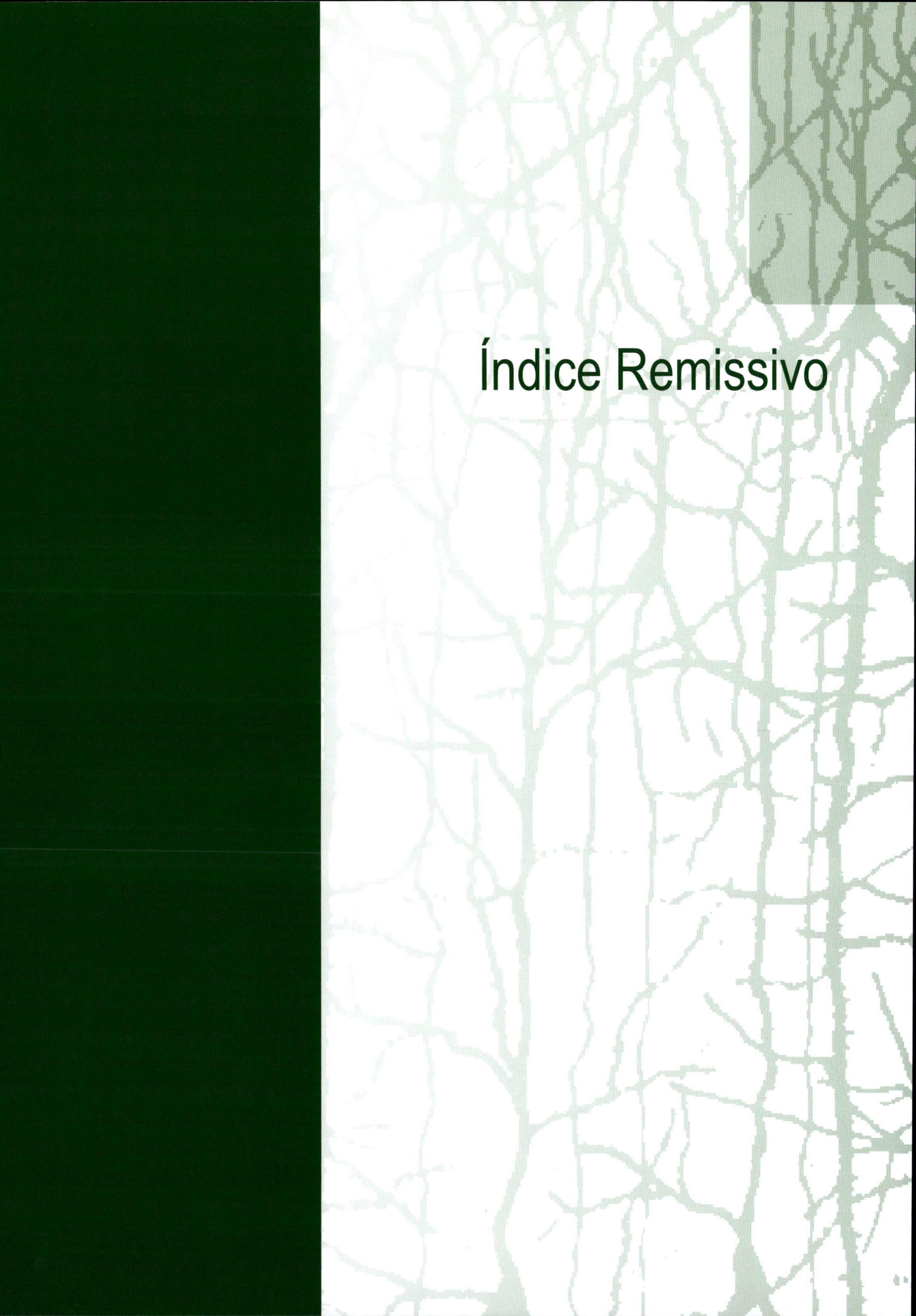

Índice Remissivo

A

B

C

E

F

G

H

I

K

L

M

N

O

P

Q

R

S

T

U

V

W